W0268065

HANDBUCH DER ANALYTISCHEN CHEMIE

HERAUSGEGEBEN

VON

R. FRESENIUS UND G. JANDER
WIESBADEN GREIFSWALD

DRITTER TEIL
QUANTITATIVE BESTIMMUNGS- UND TRENNUNGSMETHODEN

BAND III
ELEMENTE DER DRITTEN GRUPPE

Springer-Verlag Berlin Heidelberg GmbH
1942

ELEMENTE DER
DRITTEN GRUPPE

BOR · ALUMINIUM · GALLIUM · INDIUM
THALLIUM · SCANDIUM · YTTRIUM · ELEMENTE
DER SELTENEN ERDEN <LANTHAN–CASSIOPEIUM>
ACTINIUM UND MESOTHOR 2

BEARBEITET

VON

A. BRUKL · O. ERBACHER
A. FAESSLER · H. FISCHER · F. KURZ · K. LANG
G. RIENÄCKER · A. v. UNRUH · E. WIBERG

MIT 37 ABBILDUNGEN

Springer-Verlag Berlin Heidelberg GmbH
1942

Published by
J. W. Edwards

Lithoprinted by
Edwards Brothers, Inc.
Ann Arbor, Michigan, U.S.A.
1945

ISBN 978-3-662-33618-2 ISBN 978-3-662-34016-5 (eBook)
DOI 10.1007/978-3-662-34016-5

URSPRÜNGLICH ERSCHIENEN BEI SPRINGER VERLAG OHG IN BERLIN 1942
SOFTCOVER REPRINT OF THE HARDCOVER 1ST EDITION 1942

Inhaltsverzeichnis.

Verzeichnis der Zeitschriften und ihrer Abkürzungen.

Abkürzung	Zeitschrift
A.	LIEBIGS Annalen der Chemie; bis 172 (1874): Annalen der Chemie und Pharmacie.
Acc. Sci. med. Ferrara	Accademia delle scienze mediche di Ferrara.
A. Ch.	Annales de Chimie; vor 1914: Annales de Chimie et de Physique.
Acta Comment. Univ. Tartu	Acta et Commentationes Universitatis Tartuensis (Dorpatensis).
Acta med. Scand.	Acta Medica Scandinavica.
Agricultura	Agricultura
Am. Chem. J.	American Chemical Journal; seit 1917 vereinigt mit Am. Soc.
Am. Fertilizer	The American Fertilizer.
Am. J. Physiol.	American Journal of Physiology.
Am. J. Sci.	American Journal of Science.
Am. Soc.	Journal of the American Chemical Society.
Analyst	The Analyst.
An. Argentina	Anales de la asociacion quimica Argentina.
An. Españ.	Anales de la sociedad española de física y química.
An. Farm. Bioquim.	Anales de farmacia y bioquimica (Buenos Aires).
Angew. Ch.	Angewandte Chemie, vor 1932: Zeitschrift für angewandte Chemie.
Ann. Acad. Sci. Fenn.	Annales academiae scientiarum fennicae.
Ann. agronom.	Annales agronomiques.
Ann. Chim. anal.	Annales de Chimie analytique et de Chimie appliquée.
Ann. Chim. applic.	Annali di chimica applicata.
Ann. Falsific.	Annales des Falsifications et des Fraudes.
Ann. Phys.	Annalen der Physik (GRÜNEISEN und PLANCK).
Ann. Sci. agronom. Franç.	Annales de la Science agronomique française et étrangère; nach 1930: Annales agronomiques.
Ann. Soc. Sci. Bruxelles	Annales de la société scientifique de Bruxelles, Série A: Sciences mathématiques; Série B: Sciences physiques et naturelles.
Anz. Krakau. Akad.	Anzeiger der Akademie der Wissenschaften, Krakau.
Apoth. Z.	Apotheker-Zeitung.
Ar.	Archiv der Pharmazie.
Arch. Eisenhüttenw.	Archiv für das Eisenhüttenwesen.
Arch. exp. Pathol.	Archiv für experimentelle Pathologie und Pharmakologie (NAUNYN-SCHMIEDEBERG).
Arch. Néerland. Physiol.	Archives Néerlandaises de Physiologie de l'Homme et des Animaux.
Arch. Phys. biol.	Archives de Physique biologique et de Chimie-Physique des Corps organisés.
Arch. Physiol.	Archiv für die gesamte Physiologie des Menschen und der Tiere (PFLÜGER).
Arch. Sci. biol.	Archivio di scienze biologiche (Italy).
Arch. Sci. phys. nat. Genève	Archives des Sciences physiques et naturelles, Genève.
Atti Accad. Lincei	Atti della Reale Accademia nazionale dei Lincei.
Atti Accad. Sci. Torino	Atti della Reale Accademia delle Scienze di Torino.
Atti Congr. naz. Chim. pura applic.	Atti del congresso nazionale di chimica pura ed applicata.
Austr. J. exp. Biol. med. Sci.	Australian Journal of Experimental Biology and Medical Science.
B.	Berichte der Deutschen Chemischen Gesellschaft.
Ber. Dtsch. pharm. Ges.	Berichte der Deutschen Pharmazeutischen Gesellschaft.
Ber. oberhess. Ges. Naturk.	Bericht der oberhessischen Gesellschaft für Natur- und Heilkunde.
Ber. Wien. Akad.	Sitzungsberichte der Akademie der Wissenschaften, Wien.

Abkürzung	Zeitschrift
Betriebslab.	Betriebslaboratorium; russ.: Sawodskaja Laboratorija.
Biochem. J.	Biochemical Journal.
Biol. Bl.	Biological Bulletin of the Marine Biological Laboratory; seit 1930: Biological Bulletin.
Bio. Z.	Biochemische Zeitschrift.
Bl.	Bulletin de la Société chimique de France; vor 1907: Bulletin de la Société chimique de Paris.
Bl. Acad. Roum.	Bulletin de la section scientifique de l'Académie Roumaine.
Bl. Acad. Russie	Bulletin de l'Académie des Sciences de Russie; seit 1925: Bl. Acad. URSS.
Bl. Acad. Sci. Pétersb.	Bulletin de l'Académie impériale des Sciences, Pétersbourg; seit 1917: Bl. Acad. Russie.
Bl. Acad. URSS.	Bulletin de l'Académie des Sciences de l'U[nion des] R[épubliques] S[oviétiques] S[ocialistes].
Bl. agric. chem. Soc. Japan	Bulletin of the Agricultural Chemical Society of Japan.
Bl. Am. phys. Soc.	Bulletin of the American Physical Society.
Bl. Biol. pharm.	Bulletin des Biologistes pharmaciens.
Bl. Bur. Mines Washington	Bulletin, Bureau of Mines, Washington.
Bl. Inst. physic. chem. Res. (Abstr.) Tôkyô	Bulletin of the Institute of Physical and Chemical Research Abstracts, Tôkyô.
Bl. Sci. pharmacol.	Bulletin des Sciences pharmacologiques.
Bl. Soc. chim. Belg.	Bulletin de la Société chimique de Belgique.
Bl. Soc. Chim. biol.	Bulletin de la Société de Chimie biologique.
Bl. Soc. chim. Paris	vgl. Bl.
Bl. Soc. Min.	Bulletin de la Société française de Minéralogie.
Bl. Soc. Mulhouse	Bulletin de la Société industrielle de Mulhouse.
Bl. Soc. Pharm. Bordeaux	Bulletin des Travaux de la Société de Pharmacie de Bordeaux.
Bl. Soc. România	Buletinul societatii de chimie din România.
Bodenkunde Pflanzenernähr.	Bodenkunde und Pflanzenernährung; 1. Folge (Band 1 bis 45) heißt: Zeitschrift für Pflanzenernährung, Düngung und Bodenkunde.
Boll. chim. farm.	Bolletino chimico-farmaceutico.
Brit. chem. Abstr.	British Chemical Abstracts.
Bur. Stand. J. Res.	Bureau of Standards Journal of Research.
C.	Chemisches Zentralblatt.
Canadian J. Res.	Canadian Journal of Research.
Časopis českoslov. Lékárn.	Časopis československého, Lékárnictva.
Cereal Chem.	Cereal Chemistry.
Chem. Abstr.	Chemical Abstracts.
Chem. Age	Chemical Age.
Chem. eng. min. Rev.	Chemical Engineering and Mining Review
Chem. Ind.	Chemistry and Industry.
Chemist-Analyst	The Chemist-Analyst.
Chem. J. Ser. A	Chemisches Journal Serie A, Journal für allgemeine Chemie; russ.: Chimitscheski Shurnal Sser. A, Shurnal obschtschei Chimii.
Chem. J. Ser. B	Chemisches Journal Serie B, Journal für angewandte Chemie; russ.: Chimitscheski Shurnal Sser. B, Shurnal prikladnoi Chimii.
Chem. Listy	Chemické Listy pro vedu a prumysl.
Chem. N.	Chemical News.
Chem. Obzor	Chemicky Obzor.
Chem. social. Agric.	Chemisation of socialistic Agriculture; russ.: Chimisazia ssozialistitscheskogo Semledelija.
Chem. Weekbl.	Chemisch Weekblad.
Ch. Fabr.	Die chemische Fabrik.
Chim. Ind.	Chimie & Industrie.
Chim. Ind. 17. Congr. Paris	Chimie & Industrie, 17. Congrès, Paris.
Ch. Ind.	Die chemische Industrie.
Ch. Z.	Chemiker-Zeitung.
Ch. Z. Chem. techn. Übersicht	Chemiker-Zeitung, Chemisch-technische Übersicht.

Abkürzung	Zeitschrift
Ch. Z. Repert.	Chemiker-Zeitung, Repertorium.
Coll. Trav. chim. Tchécosl.	Collection des Travaux chimiques de Tchécoslovaquie.
C. r.	Comptes rendus de l'Académie des Sciences.
C. r. Acad. URSS.	Comptes rendus (Doklady) de l'académie des sciences de l'U[union des] R[épubliques] S[oviétiques] S[ocialistes].
C. r. Carlsberg	Comptes rendus des Travaux du Laboratoire de Carlsberg.
C. r. Soc. Biol.	Comptes rendus de la Société de Biologie.
Dansk Tidsskr. Farm.	Dansk Tidsskrift for Farmaci.
Dingl. J.	DINGLERS Polytechnisches Journal.
Dtsch. med. Wchschr.	Deutsche medizinische Wochenschrift.
Dtsch. tierärztl. Wschr.	Deutsche tierärztliche Wochenschrift.
Fenno-Chem.	Fenno-Chemica.
Finska Kemistsamfundets Medd.	Finska Kemistsamfundets Meddelanden; fortgesetzt unter der Bezeichnung: Fenno-Chemica.
Fr.	Zeitschrift für analytische Chemie (FRESENIUS).
G.	Gazzetta chimica italiana.
Gas- und Wasserfach	Das Gas- und Wasserfach; vor 1922: Journal für Gasbeleuchtung sowie für Wasserversorgung.
Giorn. Chim. ind. ed applic.	Giornale di Chimica industriale ed applicata.
Glückauf	Glückauf, berg- und hüttenmännische Zeitschrift.
H.	Zeitschrift für physiologische Chemie (HOPPE-SEYLER).
Helv.	Helvetica chimica acta.
Ind. Chemist	The Industrial Chemist and Chemical Manufacturer.
Ind. chimica	L'Industria chimica, mineraria e metallurgica.
Ind. eng. Chem.	Industrial and Engineering Chemistry.
Ind. eng. Chem. Anal. Edit.	Industrial and Engineering Chemistry, Analytical Edition.
Internat. Sugar J.	International Sugar Journal.
J. agric. Sci.	Journal of Agricultural Science.
J. Am. ceram. Soc.	Journal of the American Ceramic Society.
J. Am. Leather Chem.	Journal of the American Leather Chemists' Association.
J. Am. med. Assoc.	Journal of the American Medical Association.
J. Am. Soc. Agron.	Journal of the American Society of Agronomy.
J. Am. Water Works Assoc.	Journal of the American Water Works Association.
J. Assoc. offic. agric. Chem.	Journal of the Association of Official Agricultural Chemists.
J. Biochem.	Journal of Biochemistry (Japan).
J. biol. Chem.	Journal of Biological Chemistry.
Jbr.	Jahresberichte über die Fortschritte der Chemie (LIEBIG u. KOPP), 1847—1910.
Jb. Radioakt.	Jahrbuch der Radioaktivität und Elektronik.
J. Chem. Education	Journal of Chemical Education.
J. chem. Ind.	Journal der chemischen Industrie; russ.: Shurnal Chimitscheskoi Promyschlennosti.
J. chem. Soc. Japan	Journal of the Chemical Society of Japan.
J. Chim. phys.	Journal de Chimie physique; seit 1931: . . . et Revue générale des Colloides.
J. chos. med. Assoc.	Journal of the Chosen Medical Association (Japan).
Jernkont. Ann.	Jernkontorets Annaler.
J. ind. eng. Chem.	Journal of Industrial and Engineering Chemistry; seit 1923: Ind. eng. Chem.
J. Indian chem. Soc.	Journal of the Indian Chemical Society.
J. Indian Inst. Sci.	Journal of the Indian Institute of Science.
J. Inst. Brew.	Journal of the Institute of Brewing.
J. Inst. Petrol. Tech.	Journal of the Institution of Petroleum Technologists.
J. Labor. clin. Med.	Journal of Laboratory and Clinical Medicine.
J. Landwirtsch.	Journal für Landwirtschaft.
J. opt. Soc. Am.	Journal of the Optical Society of America.
J. Pharm. Belg.	Journal de Pharmacie de Belgique.
J. Pharm. Chim.	Journal de Pharmacie et de Chimie.
J. pharm. Soc. Japan	Journal of the Pharmaceutical Society of Japan.

Abkürzung	Zeitschrift
J. physic. Chem.	Journal of Physical Chemistry.
J. Physiol.	Journal of Physiology.
J. pr.	Journal für praktische Chemie.
J. Pr. Austr. chem. Inst.	Journal and Proceedings of the Australian Chemical Institute.
•*J. Res. Nat. Bureau of Standards*	Journal of Research of the National Bureau of Standards, früher: Bur. Stand. J. Res.
J. Russ. phys.-chem. Ges.	Journal der russischen physikalisch-chemischen Gesellschaft.
J. S. African chem. Inst.	Journal of the South African Chemical Institute.
J. Sci. Soil Manure	Journal of the Science of Soil and Manure (Japan).
J. Soc. chem. Ind.	Journal of the Society of Chemical Industry (Chemistry and Industry).
J. Soc. chem. Ind. Japan (Suppl.)	Journal of the Society of Chemical Industry, Japan. Supplement.
J. Zucker-Ind.	Journal der Zuckerindustrie; russ.: Shurnal Sakharnoi Promyschlennosti.
Keem. Teated	Keemia Teated (Tartu).
Kem. Maanedsbl. nord. Handelsbl. kem. Ind.	Kemisk Maanedsblad og Nordisk Handelsblad for Kemisk Industri.
Klin. Wchschr.	Klinische Wochenschrift.
Kolloid-Z.	Kolloid-Zeitschrift.
Lantbruks-Akad. Handl. Tidskr.	Kungl. Lantbruks-Akademiens Handlingar och Tidskrift.
Lantbruks-Högskol. Ann.	Lantbruks-Högskolans Annaler.
L. V. St.	Landwirtschaftliche Versuchsstationen.
M.	Monatshefte für Chemie.
Magyar Chem. Folyóirat	Magyar Chemiai Folyóirat (Ungarische chemische Zeitschrift).
Malayan agric. J.	Malayan Agricultural Journal.
Medd. Centralanst. Försöksväs. jordbruks., landwirtsch.-chem. Abt.	Meddelanden från Centralanstalten Försöksväsendet pa Jordbruksområdet, landbrukskemi.
Medd. Nobelinst.	Meddelanden från K. Vetenskapsakademiens Nobelinstitut.
Med. Doswiadczalna i Spoleczna	Medycyna Doswiadczalna i Spoleczna.
Mem. Sci. Kyoto Univ.	Memoirs of the College of Science, Kyoto Imperial University.
Met. Erz	Metall und Erz.
Mikrochim. A.	Mikrochimica acta.
Milchw. Forsch.	Milchwirtschaftliche Forschungen.
Mitt. berg- u. hüttenmänn. Abt. kgl. ung. Palatin-Joseph-Universität Sopron	Mitteilungen der berg- und hüttenmännischen Abteilung der königlich ungarischen Palatin-Joseph-Universität, Sopron.
Mitt. Kali-Forsch.-Anst.	Mitteilungen der Kali-Forschungsanstalt.
Nachr. Götting. Ges.	Nachrichten der Kgl. Gesellschaft der Wissenschaften, Göttingen; seit 1923 fällt „Kgl." fort.
Nature	Nature (London).
Naturwiss.	Naturwissenschaften.
Natuurwetensch. Tijdschr.	Natuurwetenschappelijk Tijdschrift.
Nederl. Tijdschr. Geneesk.	Nederlandsch Tijdschrift voor Geneeskunde.
Neues Jahrb. Mineral. Geol.	Neues Jahrbuch für Mineralogie, Geologie und Paläontologie.
New Zealand J. Sci. Tech.	New Zealand Journal of Science and Technology.
Öst. Ch. Z.	Österreichische Chemiker-Zeitung.
Onderstepoort J. Vet. Sci.	Onderstepoort Journal of Veterinary Science and Animal Industry.
P. C. H.	Pharmazeutische Zentralhalle.
Ph. Ch.	Zeitschrift für physikalische Chemie.
Pharm. Weekbl.	Pharmaceutisch Weekblad.
Pharm. Z.	Pharmazeutische Zeitung.
Phil. Mag.	Philosophical Magazine and Journal of Science.
Phil. Trans.	Philosophical Transactions of the Royal Society of London.
Phys. Rev.	Physical Review.
Phys. Z.	Physikalische Zeitschrift.
Plant Physiol.	Plant Physiology.

Abkürzung	Zeitschrift
Pogg. Ann.	Annalen der Physik und Chemie, herausgegeben von POGGENDORFF (1824—1877); dann Wied. Ann. (1877—1899); seit 1900: Ann. Phys.
Pr. Am. Acad.	Proceedings of the American Academy of Arts and Sciences, Boston.
Pr. chem. Soc.	Proceedings of the Chemical Society (London).
Pr. internat. Soc. Soil Sci.	Proceedings of the International Society of Soil Science.
Pr. Leningrad Dept. Inst. Fert.	Proceedings of the Leningrad Departmental Institute of Fertilizers.
Pr. Roy. Soc. Edinburgh	Proceedings of the Royal Society of Edinburgh.
Pr. Roy. Soc. London Ser. A	Proceedings of the Royal Society (London). Serie A: Mathematical and Physical Sciences.
Pr. Soc. Cambridge	Proceedings of the Cambridge Philosophical Society.
Problems Nutrit.	Problems of Nutrition; russ.: Woprossy Pitanija.
Pr. Oklahoma Acad. Sci.	Proceedings of the Oklahoma Academy of Science.
Pr. Roy. Soc. New South Wales	Proceedings of the Royal Society of New South Wales.
Pr. Soc. exp. Biol. Med.	Proceedings of the Society for Experimental Biology and Medicine.
Pr. Utah Acad. Sci.	Proceedings of the Utah Academy of Sciences.
Przemysl Chem.	Przemysl Chemiczny.
Publ. Health Rep.	Public Health Reports.
R.	Recueil des Travaux chimiques des Pays-Bas.
Radium	Le Radium, seit 1920: Journal de Physique et Le Radium.
Rep. Connecticut agric. Exp. Stat.	Report of the Connecticut Agricultural Experiment Station.
Repert. anal. Chem.	Repertorium der analytischen Chemie (1881—1887).
Répert. Chim. appl.	Répertoire de Chimie pure et appliquée (von 1864 ab: Bulletin de la Société chimique de France).
Rev. Centro Estud. Farm. Bioquim.	Revista del centro estudiantes de farmacia y bioquímica.
Rev. Met.	Revue de Métallurgie.
Roczniki Chem.	Roczniki Chemji.
Rev. univ. des Min.	Revue universelle des Mines.
Schweiz. Apoth. Z.	Schweizerische Apotheker-Zeitung.
Schweiz. med. Wchschr.	Schweizerische medizinische Wochenschrift.
Schw. J.	SCHWEIGGERS Journal für Chemie und Physik (Nürnberg, Berlin 1811—1833, 68 Bde.).
Science	Science (New York).
Sci. Pap. Inst. Tôkyô	Scientific Papers of the Institute of Physical and Chemical Research Tôkyô.
Sci. quart. nat. Univ. Peking	Science Quarterly of the National University of Peking.
Skand. Arch. Physiol.	Skandinavisches Archiv für Physiologie.
Soc.	Journal of the Chemical Society of London.
Soc. chem. Ind. Victoria (Proc.)	Society of Chemical Industry of Victoria, Proceedings.
Soil Sci.	Soil Science.
Sprechsaal	Sprechsaal für Keramik-Glas-Email.
Stahl Eisen	Stahl und Eisen.
Svensk Tekn. Tidskr.	Svensk Teknisk Tidskrift.
Techn. Mitt. Krupp	Technische Mitteilungen KRUPP.
Tôhoku J. exp. Med.	Tôhoku Journal of Experimental Medicine.
Trans. Am. electrochem. Soc.	Transactions of the American Electrochemical Society.
Trans. Butlerov Inst. chem. Technol. Kazan	Transactions of the BUTLEROV Institute. (seit 1935: KIROV Institute) for Chemical Technology of Kazan.
Trans. Dublin Soc.	Scientific Transactions of the Royal Dublin Society.
Trans. Faraday Soc.	Transactions of the FARADAY Society.
Trans. Roy. Soc. Edinburgh	Transactions of the Royal Society of Edinburgh.

Abkürzung	Zeitschrift
Trans. sci. Inst. Fert.	Transactions of the Scientific Institute of Fertilizers and Insectofungicides (USSR.).
Trans. Sci. Soc. China	Transactions of the Science Society of China.
Trav. Lab. biogéochim. Acad. Sci. URSS.	Travaux du laboratoire biogéochimique de l'académie des sciences de l'U[nion des] R[épubliques] S[oviétiques] S[ocialistes].
Uchen. Zapiski Kazan. Gosud. Univ.	Uchenye Zapiski Kazanskogo Gosudarstvennogo Universiteta (USSR.).
Ukrain. chem. J.	Ukrainian Chemical Journal (Journal chimique de l'Ukraine).
Union pharm.	Union pharmaceutique.
Union S. Africa Dept. Agric.	Union of South Africa, Department of Agriculture.
Univ. Illinois Bull.	University of Illinois, Bulletin.
U. S. Dept. Agric. Bull.	United States Department of Agriculture, Bulletins.
Verh. phys. Ges.	Verhandlungen der Deutschen physikalischen Gesellschaft.
Wchschr. Brauerei	Wochenschrift für Brauerei.
Wied. Ann.	Annalen der Physik und Chemie, herausgegeben von WIEDEMANN; s. Pogg. Ann.
Wien. klin. Wchschr.	Wiener klinische Wochenschrift.
Wien. med. Wchschr.	Wiener medizinische Wochenschrift.
Wiss. Nachr. Zucker-Ind.	Wissenschaftliche Nachrichten der Zuckerindustrie (ukrain.).
Wiss. Veröffentl. Siemens-Konzern	Wissenschaftliche Veröffentlichungen aus dem SIEMENS-Konzern (seit 1935: -Werken).
Z. anorg. Ch.	Zeitschrift für anorganische und allgemeine Chemie.
Zbl. Min. Geol. Paläont. Abt. A	Zentralblatt für Mineralogie, Geologie und Paläontologie, Abt. A: Mineralogie und Petrographie.
Z. Chem. Ind. Kolloide	Zeitschrift für Chemie und Industrie der Kolloide; seit 1913: Kolloid-Zeitschrift.
Z. El. Ch.	Zeitschrift für Elektrochemie.
Zentr. wiss. Forsch.-Inst. Leder-Ind.	Zentrales wissenschaftliches Forschungsinstitut für die Lederindustrie; russ.: Zentralny nautschno-issledowatelski Institut koshewennoi Promyschlennosti, Sbornik Rabot.
Z. ges. Brauw.	Zeitschrift für das gesamte Brauwesen.
Z. Hygiene	Zeitschrift für Hygiene und Infektionskrankheiten.
Z. klin. Med.	Zeitschrift für klinische Medizin.
Z. Kryst.	Zeitschrift für Krystallographie und Mineralogie.
Z. landw. Vers.-Wes. Österr.	Zeitschrift für das landwirtschaftliche Versuchswesen in Deutsch-Österreich; 1925—1933 genannt: Fortschritte der Landwirtschaft.
Z. Lebensm.	Zeitschrift für Untersuchung der Lebensmittel; bis 1925: Zeitschrift für Untersuchung der Nahrungs- und Genußmittel sowie der Gebrauchsgegenstände.
Z. öffentl. Ch.	Zeitschrift für öffentliche Chemie.
Z. Pflanzenernähr. Düng. Bodenkunde	Vgl. Bodenkunde Pflanzenernähr.
Z. Phys.	Zeitschrift für Physik.
Z. pr. Geol.	Zeitschrift für praktische Geologie.
Zprávy česk. keram. společnosti	Zprávy československé keramické společnosti.

Abkürzungen oft benutzter Sammelwerke.

Abkürzung	Sammelwerk
Berl-Lunge	BERL-LUNGE: Chemisch-technische Untersuchungsmethoden, 8. Aufl. Berlin 1931—1934. Bis zur 7. Aufl. „LUNGE-BERL" genannt.
GM.	GMELINS Handbuch der anorganischen Chemie, 8. Aufl. Berlin.
Handb. Pflanzenanal.	Handbuch der Pflanzenanalyse (KLEIN).
Lunge-Berl	Vgl. BERL-LUNGE.

Bor.

B, Atomgewicht 10,82, Ordnungszahl 5.

Von E. WIBERG, München.

Mit 20 Abbildungen.

Inhaltsübersicht.

Inhaltsübersicht.

Vorbemerkung.

Da für eine genaue Borbestimmung in der Praxis heute nahezu ausschließlich die Methode der Titration als Mannitborsäure in Frage kommt, ist dieses Verfahren am eingehendsten geschildert worden. Begonnen wird dabei mit dem einfachsten Fall reiner Borsäurelösungen, an den sich dann die zunehmend komplizierteren Fälle der gleichzeitigen Anwesenheit starker, mittelstarker, schwacher und sehr schwacher Säuren (Basen) anschließen. Als Säuren (Basen) im erweiterten BRÖNSTEDschen Sinne gelten dabei auch Stoffe wie Ammoniumsalze, Schwermetallverbindungen, Carbonate, Phosphate usw., also Stoffe, die nach der älteren Definition infolge *Hydrolyse* sauer oder basisch reagieren. Die Anordnung des Stoffes ist so gewählt, daß sich alle Spezialfälle der Praxis (Borbestimmung in Legierungen,

Gläsern, Mineralien, Pflanzen, Tieren, Nahrungsmitteln, Arzneimitteln, Wässern, Böden usw.) auf einen der behandelten Grundfälle zurückführen lassen.

Die Literatur wurde vom Jahre 1887 an berücksichtigt, dem Jahre der Veröffentlichung der ersten brauchbaren Borbestimmungsmethode (GOOCH). Über die vorangegangene, für die Praxis der Borbestimmung bedeutungslose Literatur unterrichten zahlreiche anderweitige Zusammenfassungen [z. B. SARGENT (1899), WINDISCH (1905), PRESCHER (1906)]. Alle indirekten Methoden oder Differenzmethoden (Bestimmung des Bors in Alkaliboraten durch Ermittlung des Alkaligehalts; Ermittlung der Bormenge aus der Differenz usw.) wurden im Literaturverzeichnis nicht berücksichtigt. Auch wurden in dieses Verzeichnis keine Spezialwerke aufgenommen, da die Behandlung von Spezialfällen über den Rahmen dieses Kapitels hinausgeht.

Wichtigste Verfahren und ihre Eignung.

Das wichtigste für die Borbestimmung in Betracht kommende Verfahren ist die *Titration als Mannitborsäure* (S. 11—62), welche Bormengen bis herab zu 20 γ zu erfassen gestattet. Starke Säuren oder Basen stören die Bestimmung nicht, da diese in Gegenwart von Indicatoren, auf welche Borsäure nicht als Säure anspricht, vor der Titration neutralisiert werden können (S. 24f.). Mittelstarke und schwache Säuren (Basen) müssen — falls man sich nicht eines Kompensationsverfahrens (S. 55f.) bedient — vor der Titration beseitigt werden (S. 30f.). Das allgemeinste Verfahren hierfür ist die Abtrennung der Borsäure als Methylester (S. 32f.); Stoffe, bei denen dieses Destillationsverfahren unwirksam ist, werden nach von Fall zu Fall verschiedenen Methoden ihrerseits von der Borsäure abgetrennt (S. 42f.).

Die *colorimetrische Borbestimmung mit Chinalizarin* (S. 75—78) erfaßt Bormengen zwischen 0,2 und 40 γ und schließt damit an die maßanalytische Bestimmung an.

Noch kleinere Bormengen, bis herab zu einigen Hundertstelgamma, lassen sich *spektralanalytisch* (S. 78—81) recht genau bestimmen.

Die früher vielfach übliche *gewichtsanalytische Borbestimmung als Calciumborat* (S. 65—73) nach vorausgegangener Destillation des Bors als Borsäuremethylester spielt heute gegenüber der ebenso genauen, aber weit weniger umständlichen maßanalytischen Borbestimmung keine Rolle mehr.

Bestimmungsmethoden.

Maßanalytische Bestimmung.

§ 1. Direkte Titration von Borsäure.

Allgemeines.

Die direkte Titration der Borsäure hat nur geringe praktische Bedeutung und kommt lediglich für orientierende Borbestimmungen in reinen Borsäurelösungen in Frage.

Dissoziationskonstante der Borsäure. Die Borsäure ist eine sehr schwache Säure. Ihre Dissoziationskonstante

$$K = \frac{[H^{\cdot}]\,[H_2BO_3']}{[H_3BO_3]}$$

beträgt in 0,1 mol und verdünnterer wäßriger Lösung bei Zimmertemperatur $6 \cdot 10^{-10}$. Mit steigender Konzentration der Borsäurelösung nimmt diese Dissoziations-„Konstante" infolge Bildung einer stärker sauren Polyborsäure sehr stark zu: So fand KOLTHOFF (g) bei 18° in 0,25 (0,5, 0,75) mol Lösung die Werte 26 (119, 408) $\cdot 10^{-10}$ (vgl. THYGESEN). Bei stärker als 0,5 mol Lösungen scheint der saure Charakter hauptsächlich von der Tetraborsäure $H_2B_4O_7$ beherrscht zu werden, in verdünnteren als 0,1 mol Lösungen findet keine nachweisbare Selbstkomplexbildung mehr statt, die Dissoziationskonstante wird hier konzentrationsunabhängig. Die zweite (dritte) Dissoziationskonstante der Borsäure liegt nach HAHN und KLOCKMANN (b) in der Größenordnung 10^{-13} (10^{-14}).

Titrationskurve. Wegen dieses sehr schwach sauren Charakters der Borsäure führt ihre direkte Titration mit Laugen unter Verwendung von Neutralisationsindicatoren nur zu ungenauen Ergebnissen. Die Verhältnisse seien an Hand der Titrationskurve in Abb. 1 diskutiert, die sich auf Potentialmessungen von SCHMIDT und FINGER stützt und die Titration einer 0,25 mol Borsäurelösung mit Natronlauge bei 16° C und konstant bleibendem Volumen wiedergibt. Die Kurve zeigt, daß Borsäure nur als einbasische Säure titrierbar ist und daß Salze wie $Na_2B_4O_7$, Na_2HBO_3 oder Na_3BO_3 unter den angegebenen Titrationsbedingungen bei der Neutralisation nicht auftreten.

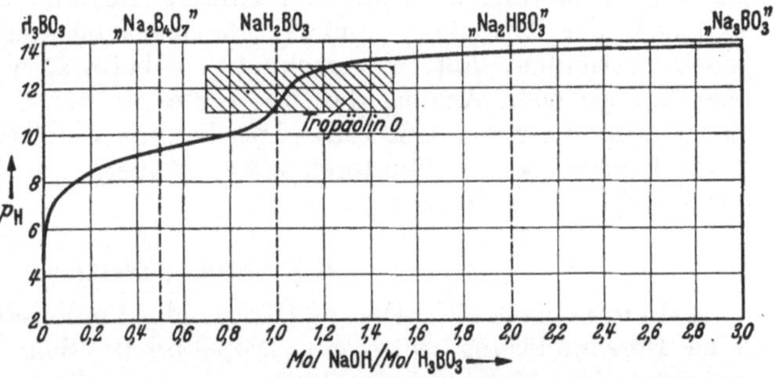

Abb. 1. Titration einer 0,25 mol Borsäurelösung mit Natronlauge bei 16° C und konstantem Volumen. (Nach SCHMIDT und FINGER.)

Weitere — in ihrem Verlauf ganz mit Abb. 1 übereinstimmende — Titrationskurven finden sich z. B. in Arbeiten von BÖTTGER (Titration einer 0,2 mol Borsäurelösung mit 0,5 n Natronlauge), VAN LIEMPT (a) (Titration einer 0,5 mol Borsäurelösung mit 1,5 n Natronlauge; vgl. S. 13), ROSENHEIM und LEYSER (Titration einer 0,2 n Natronlauge mit steigenden Mengen Borsäure), MELLON und MORRIS (b) (Titration einer 0,1 mol Borsäurelösung mit 0,2 n Natronlauge; vgl. S. 12 u. 15), MELLON und SWIM (Titration einer 0,05 mol Borsäurelösung mit 0,1 n Natronlauge; vgl. S. 18) und KRANTZ, OAKLEY und CARR (Titration einer 0,1 mol Borsäurelösung mit 0,1 n Natronlauge).

Titrierexponent. Der Titrationsendpunkt (1 Mol H_3BO_3 + 1 Mol NaOH) liegt nach Abb. 1 bei dem p_H-Wert 11,2. Die Abhängigkeit des Endpunktes von der Borsäurekonzentration und von der Temperatur ergibt sich aus den Tabellen 1 und 2, denen die Messungen der in Spalte 3 genannten Autoren zugrunde liegen.

Tabelle 1. Abhängigkeit des Titrierexponenten von der Borsäurekonzentration (Zimmertemperatur).

Molarität der Borsäurelösung	Titrierexponent	Autor
0,4	11,5	MENZEL (a)
0,25	11,2	SCHMIDT u. FINGER
0,2	11,2	MENZEL (a)
0,1	11,1	SÖRENSEN
0,04	10,9	MENZEL (a)
0,02	10,7	MENZEL (a)
0,01	10,6	MENZEL (a)

Tabelle 2. Abhängigkeit des Titrierexponenten einer 0,1 mol Borsäurelösung von der Temperatur.

Temperatur °C	Titrierexponent	Autor
10	11,2	WALBUM
20	11,0	„
30	10,8	„
40	10,6	„
50	10,4	„
60	10,2	„
70	10,0	„

Indicator. Als Indicatoren für die direkte Titration von Borsäure bei Zimmertemperatur kommen auf Grund dieser Titrierexponenten nur solche in Frage, die bei einem p_H-Wert von ungefähr 11 umschlagen (vgl. SALM und FRIEDENTHAL; HILDEBRAND). Praktisch erprobt wurden bisher Tropäolin 0 [PRIDEAUX; KOLTHOFF (b)] und Nitramin [KOLTHOFF (i)]. Tropäolin 0 besitzt ein Umwandlungsintervall von 11,0 bis 13,0 und schlägt von Gelb nach Orangebraun um,

Nitramin ändert seine Farbe im p_H-Bereich 10,8 bis 13,0 von Farblos nach Rotbraun.

Vergleichslösung. Da die Änderung des p_H-Wertes in der Nähe des Titrationsendpunktes nicht allzu groß ist (im Falle einer 0,25 mol Borsäurelösung nach SCHMIDT und FINGER beispielsweise 0,2 Einheiten bei Zusatz von 0,02 Mol NaOH je Mol H_3BO_3), ist die Verwendung einer Vergleichslösung von entsprechendem p_H-Wert erforderlich. Als Vergleichslösung empfiehlt sich zwecks gleichzeitiger Kompensation des Salzfehlers des Indicators eine Natriumboratlösung von annähernd gleicher Konzentration wie die Analysenlösung beim Titrationsendpunkt [KOLTHOFF (i); vgl. unten Bem. II]; jedoch werden von KOLTHOFF (b) auch Natriumcarbonat- oder Natriumhydroxydlösungen geeigneter Konzentration als Vergleichslösungen empfohlen. Nimmt man an, daß sich durch colorimetrischen Vergleich der Titrations- und Vergleichslösung der p_H-Wert auf 0,2 Einheiten genau bestimmen läßt, so errechnet sich bei 0,25 mol Borsäurelösungen aus dem oben angegebenen Anstieg des p_H-Wertes in der Nähe des Titrationsendpunktes eine maximale Genauigkeit von $\pm 2\%$; bei konzentrierteren Lösungen ist der Fehler etwas kleiner, bei verdünnteren etwas größer. Die Praxis (vgl. unten Bem. III) bestätigt diese Fehlergrenze.

Bestimmungsverfahren.

Arbeitsvorschrift. Die zu titrierende, kohlensäurefreie (vgl. Bem. II, S. 19) reine Borsäurelösung wird mit Tropäolin 0 (Bem. I) versetzt und unter Verwendung einer Natriumboratlösung geeigneter Konzentration als Vergleichslösung (Bem. II) mit carbonatfreier (Bem. VIII, S. 20) Natronlauge bis zum Farbton der Vergleichslösung titriert (Bem. III bis VIII).

Bemerkungen. **I. Indicatorlösung.** KOLTHOFF (b) empfiehlt die Zugabe von 0,5 bis 1 cm^3 einer 0,1%igen wäßrigen Lösung von Tropäolin 0 je 100 cm^3 Titrationsflüssigkeit. PRIDEAUX verwendet eine 0,04%ige Lösung und findet, daß 0,7 bis 0,8 cm^3 dieser Lösung je 100 cm^3 das günstigste Resultat ergeben; bei zu geringen Indicatormengen werden keine übereinstimmenden Resultate erhalten.

II. Vergleichslösung. Ist beispielsweise eine etwa 0,5 mol Borsäurelösung mit 0,5 n Natronlauge zu titrieren, so verwendet man eine 0,25 mol Natriumboratlösung (hergestellt aus äquivalenten Mengen 0,5 mol H_3BO_3 und 0,5 n NaOH) als Vergleichslösung. Benutzt man andere Vergleichslösungen, so sind diese jeweils auf den aus Tabelle 1 (S. 9) hervorgehenden p_H-Wert einzustellen. Selbstverständlich müssen die Vergleichslösungen die gleiche Indicatorkonzentration aufweisen wie die Versuchslösung.

III. Genauigkeit. PRIDEAUX fand bei der Titration von ungefähr 0,25 mol Borsäurelösungen Werte, die um 2 bis 3% voneinander abwichen (gefunden z. B. 18,00 bis 18,30 statt 18,15 cm^3 NaOH). KOLTHOFF (b) gibt für konzentriertere Borsäurelösungen eine Fehlergrenze von 1 bis 2% an.

IV. Titration in Gegenwart von Neutralsalzen. Ein Überschuß von *Natriumchlorid* in der Borsäurelösung hat nach PRIDEAUX keinen merklichen Einfluß auf die Genauigkeit der Borsäuretitration; dagegen macht die Gegenwart von *Calciumchlorid* die Titration unzuverlässig (vgl. S. 18).

V. Titration in Gegenwart von Natronlauge. Bei der Titration einiger Boraxlösungen zunächst mit Salzsäure in Gegenwart von p-Nitrophenol oder Methylorange (Neutralisation des Alkalis; vgl. S. 24f.) und dann mit Natronlauge in Gegenwart von Tropäolin 0 wurde gefunden, daß der Umschlag des letzteren von den ersteren Indicatoren nicht beeinflußt wird (PRIDEAUX). Vgl. hierzu die ausgezogene Titrierkurve in Abb. 8 (S. 25).

VI. Potentiometrische Bestimmung des Endpunktes. Der Titrationsendpunkt bei der Neutralisation von Borsäure mit Natronlauge läßt sich selbstverständlich auch potentiometrisch ermitteln. Will man dabei genaue Resultate erzielen, so muß man in der Nähe des Äquivalenzpunktes nach Hahn und Klockmann (a) die Laugenzusätze Δv so weit verkleinern, daß der größte Potentialschritt $\Delta \varepsilon_{max} \leqq$ 5 Millivolt wird. Die Titration führt bei Anwendung einer entsprechend empfindlichen Apparatur und bei zweckmäßiger Auswertung der Potentialkurve zu ebenso genauen Resultaten wie die Titration bei Gegenwart von Mannit (vgl. unten). Gegenüber der letzteren, viel einfacher auszuführenden Bestimmung besitzt aber die Methode der direkten potentiometrischen Borsäuretitration mehr wissenschaftliches Interesse.

VII. Konduktometrische Bestimmung des Endpunktes. Wie unter anderem Kolthoff (a) gezeigt hat, kann die direkte Titration von Borsäure sowohl in 0,1 mol wie in 0,01 mol Lösung vorteilhaft auch konduktometrisch erfolgen. Ebenso läßt sich Borsäure beispielsweise in Gegenwart von Essigsäure, Oxalsäure, Weinsäure oder Natriumcarbonat konduktometrisch ermitteln. Die Fehlergrenze beträgt nach Kolthoff (a) in 0,1 mol Lösung 2 bis 3% der vorhandenen Bormenge.

VIII. Endpunktsbestimmung mit einem Trübungsindicator. Naegeli hat die Borsäuretitration unter Verwendung seiner Trübungsindicatoren (Naegeli und Tyabji) ausgeführt. Er gibt Lauge im Überschuß hinzu und titriert mit 0,1 n Säure gegen einen geeigneten Indicator bis zur eintretenden Trübung zurück. Die Fehlergrenze beträgt 2 bis 3%.

§ 2. Titration als komplexe Borsäure.

Die Borsäure wird durch Zugabe eines geeigneten Komplexbildners in eine stärkere Säure umgewandelt und als solche titriert.

Vorbemerkung. Zahlreiche Oxyverbindungen des Typus >C(OH)—C(OH)< (z. B. Glycerin, Mannit, Fructose u. a.) vermögen die Acidität der schwachen Borsäure zu erhöhen. Die Aciditätssteigerung beruht nach den Untersuchungen von Böeseken (b) auf der exothermen Bildung innerkomplexer starker Säuren, z. B. gemäß dem Schema:

$$\begin{array}{l}>C-OH\\ \quad|\\ >C-OH\end{array} + \begin{array}{c}HO\diagdown\ \diagup OH\\ B\\ HO\diagup\end{array} + \begin{array}{l}HO-C<\\ \quad\ |\\ HO-C<\end{array} \rightleftarrows \left[\begin{array}{l}>C-O\diagdown\quad\diagup O-C<\\ \ \ |\qquad\quad \overset{-}{B}\qquad\quad |\\ >C-O\diagup\quad\diagdown O-C<\end{array}\right]\overset{+}{H} + 3\,H_2O^{*}.$$

Da es sich um Gleichgewichtsreaktionen handelt, hängt die Acidität bei gegebener Oxyverbindung von der Konzentration der Reaktionsteilnehmer, von der Temperatur und vom Grad der Verdünnung ab. So nimmt beispielsweise der saure Charakter mannithaltiger Borsäurelösungen mit steigender Temperatur (vgl. Bem. V, S. 20) und mit wachsender Verdünnung (vgl. S. 13) ab, da hierbei eine Zerlegung der gebildeten komplexen Mannitborsäure erfolgt; umgekehrt wird eine Borsäurelösung bei gegebener Temperatur und Borsäurekonzentration mit steigendem Mannitgehalt immer saurer (vgl. S. 13), da das obige Gleichgewicht hierbei nach rechts verschoben wird. Die Acidität einer 4 Mol Mannit je Mol Borsäure enthaltenden 0,1 mol Borsäurelösung entspricht z. B. der einer gleichmolaren Essigsäure (vgl. S. 12); Fructose hat etwa dieselbe (vgl. S. 15), Glycerin eine weit weniger große Wirkung (vgl. S. 12).

Klein (1878) war der erste, der darauf hinwies, daß man den vorgenannten Effekt zur maßanalytischen Bestimmung von Borsäure benutzen kann. Das Verdienst, die Methode erstmalig zu einem brauchbaren Titrationsverfahren — auch bei Gegenwart störender Stoffe wie Kohlensäure, Ammoniak, Eisen, Phosphorsäure — ausgestaltet zu haben, gebührt Thomson (b) (1893). Kurze Zeit darauf haben auch Barthe (1894), Jörgensen (a) (1895) und Hönig und Spitz (1896) auf die Vorteile der Titration von Borsäure als Komplexsäure hingewiesen.

---

* Das Bor weist in diesen komplexen Säuren den gleichen Bindungszustand auf wie z. B. in der Borfluorwasserstoffsäure $\left[\begin{array}{c}F\diagdown\ \ \diagup F\\ \overset{-}{B}\\ F\diagup\ \ \diagdown F\end{array}\right]\overset{+}{H}$, ist also koordinativ 4- und formal 5wertig.

I. Reine Borsäure.

Allgemeines.

A. Eignung verschiedener Komplexbildner.

1. Polyalkohole.

a) Titrationskurven. α) Vergleich verschiedener Alkohole. Die Eignung verschiedener Polyalkohole für die Titration von Borsäure ist von mehreren Autoren durch potentiometrische Ermittlung der zugehörigen Neutralisationskurven geprüft worden.

So untersuchten KRANTZ, OAKLEY und CARR den aciditätserhöhenden Einfluß von Äthylenglykol, Glycerin, Erythrit, Adonit, Mannit und Dulcit und stellten dabei fest, daß die Wirksamkeit mit steigender Zahl der Kohlenstoffatome und Hydroxylgruppen, also in der Richtung Äthylenglykol (ohne Wirkung), Glycerin, Erythrit, Adonit und Mannit bzw. Dulcit zunahm:

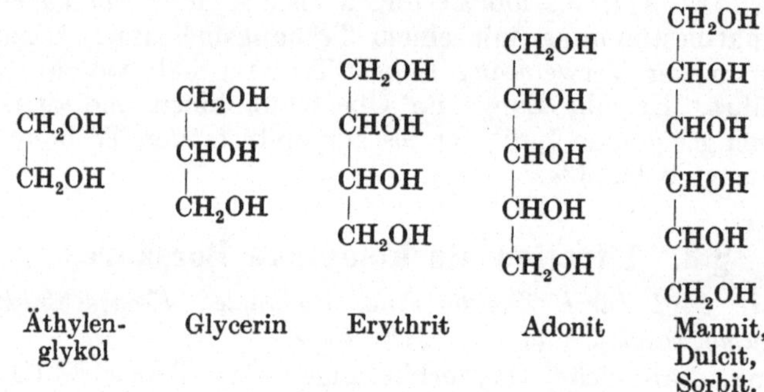

Die untersuchten Lösungen enthielten 4 g Polyalkohol in 100 cm³ 0,1 mol Borsäurelösung; die Titration erfolgte mit 0,1 n Natronlauge.

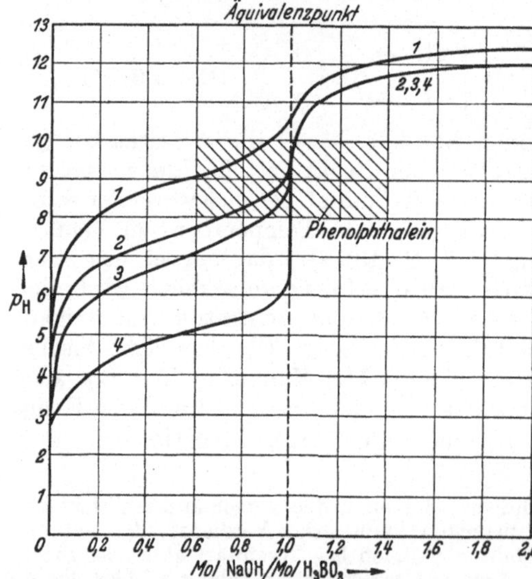

Abb. 2. Titration einer 0,1 mol Borsäurelösung mit 0,2 n Natronlauge in Gegenwart von je 4 Mol Polyalkohol je Mol Borsäure. [Nach MELLON und MORRIS (b).] Kurve 1: Borsäure allein. Kurve 2: Borsäure + Glycerin. Kurve 3: Borsäure + Erythrit. Kurve 4: Borsäure + Mannit.

Analoge Feststellungen machten MELLON und MORRIS (b). Abb. 2 gibt die von ihnen bei der Titration einer 0,1 mol Borsäurelösung mit 0,2 n Natronlauge in Gegenwart von 4 Mol Glycerin (Kurve 2), Erythrit (Kurve 3), Mannit (Kurve 4) je Mol Borsäure erhaltenen Titrationskurven wieder. Man ersieht aus ihnen die Überlegenheit von Mannit gegenüber Glycerin oder Erythrit; jedoch zeigt sich, daß auch das Glycerin bei Anwendung eines Indicators passenden Umschlagsgebietes für die acidimetrische Bestimmung der Borsäure noch geeignet ist[1]. Die mit dem Mannit stereoisomeren Hexite Sorbit und Dulcit kommen nach MELLON und MORRIS (b) dem ersteren an Wirksamkeit gleich (die Dulcitkurve liegt ein wenig oberhalb, die Sorbit-

[1] Eine nach Abschluß der Korrektur erschienene Arbeit von H. SCHÄFER [Z. anorg. Ch. **247**, 96 (1941)] enthält Kurven für die Titration einer 0,09 mol Borsäurelösung mit 2 n Natronlauge in Gegenwart von 0 bis 12 Mol Mannit bzw. 0 bis 9 Mol Erythrit bzw. 0 bis 53 Mol Glycerin je Mol Borsäure. Vgl. Anmerkung 1, S. 56.

kurve ein wenig unterhalb der Mannitkurve); die von ILES für die Zwecke der Borsäuretitration vorgeschlagene Manna ergibt bei Anwendung der dem Mannitgehalt entsprechenden Menge eine der Mannitkurve entsprechende Titrationskurve.

β) Vergleich verschiedener Alkoholkonzentrationen. Über die Abhängigkeit der Titrationskurven von der Konzentration der Polyalkohole stellten HILDEBRAND sowie VAN LIEMPT (a) Untersuchungen an. Abb. 3 gibt die nach VAN LIEMPT (a) in 0,5 mol Borsäurelösungen bei Zusatz von 0,5 Mol (Kurve 2), 1 Mol (Kurve 3) und 2 Mol (Kurve 4) Mannit je Mol Borsäure erfolgende Verschiebung der Borsäure-Neutralisationskurve (Kurve 1) wieder. Danach nimmt die Acidität der Borsäure (vgl. S. 11) mit steigendem Mannitgehalt zu (s. hierzu auch Kurve 4 in Abb. 2, entsprechend einem Gehalt von 4 Mol Mannit je Mol Borsäure).

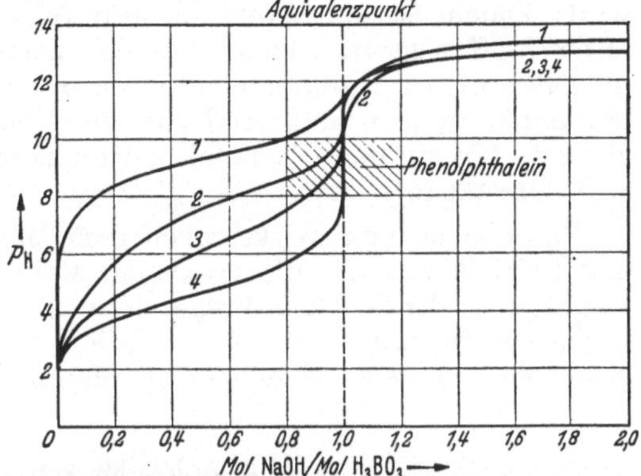

Abb. 3. Titration einer 0,5 mol Borsäurelösung mit 1,5 n Natronlauge in Gegenwart wechselnder Mannitmengen. [Nach VON LIEMPT (a).] Kurve 1: Borsäure allein. Kurve 2: 0,5 Mol Mannit/Mol Borsäure. Kurve 3: 1 Mol Mannit/Mol Borsäure. Kurve 4: 2 Mol Mannit/Mol Borsäure.

Analoges gilt nach VAN LIEMPT (a) für den Einfluß des Glycerins auf die Borsäureacidität; auch hier wird der p_H-Sprung in der Umgebung des Äquivalenzpunktes mit steigendem Glyceringehalt der Lösung größer. Jedoch ergibt sich (vgl. S. 12) auch aus den VAN LIEMPTschen Versuchen, daß die Wirksamkeit des Glycerins weit geringer als die des Mannits ist; es bedarf mit anderen Worten eines weit größeren Zusatzes, um eine der Acidität bei Gegenwart von Mannit äquivalente Borsäureacidität zu erreichen[1].

b) Erforderliche Mindestmengen Alkohol. Quantitative Versuche über die zur Borsäuretitration erforderlichen Mindestmengen an Polyalkoholen finden sich unter anderem in einer Arbeit von GILMOUR (a). GILMOUR (a) titrierte je 10 cm³ einer 0,1 mol Borsäurelösung mit 0,1 n Natronlauge bei Gegenwart wechselnder Mengen Glycerin und Mannit (Phenolphthalein als Indicator; Endpunkt: erste deutliche Rosafärbung); verbraucht wurden dabei die in Tabelle 3 verzeichneten Natronlaugemengen.

Tabelle 3. Titration von 10 cm³ 0,1 mol Borsäurelösung mit 0,1 n Natronlauge bei Gegenwart wechselnder Mengen Glycerin bzw. Mannit.

Glycerinzusatz g	Natronlaugeverbrauch cm³	Mannitzusatz g	Natronlaugeverbrauch cm³
0	0,6	0	0,6
2,0	7,8	0,20	6,0
4,0	9,4	0,40	9,0
6,0	9,7	0,50	9,5
7,0	9,8	0,60	9,9
8,0	10,0	0,65	10,0

Aus den Zahlen ergibt sich, daß für die Titration einer 0,1 mol Borsäurelösung mit 0,1 n Natronlauge in Gegenwart von Phenolphthalein als Indicator Mindestmengen von 8,0 g Glycerin oder 0,65 g Mannit je 10 cm³ Borsäurelösung (entsprechend rd. 90 Mol Glycerin bzw. $3^1/_2$ Mol Mannit je Mol Borsäure) erforderlich sind, daß also erst 12 g Glycerin der Wirksamkeit von 1 g Mannit entsprechen. Bei Anwesenheit geringerer Mannit- oder Glycerinmengen findet vorzeitiger Umschlag des Phenolphthaleins statt, wie ja auch aus den Kurven von Abb. 3 zu entnehmen ist (vgl. auch S. 11). Das gleiche ist bei größerer Verdünnung (vgl. S. 11) der Fall: 5 cm³ einer 0,1 mol Borsäurelösung verbrauchten nach GILMOUR (a) bei der Titration in Gegenwart von 0,30 g Mannit 4,9 cm³ 0,1 n Natronlauge, nach vorherigem Verdünnen der Borsäurelösung auf das Drei- (bzw. Sieben-)fache dagegen nur 4,7 (bzw. 4,2) cm³.

[1] Siehe Anmerkung 1, S. 12.

c) Schlußfolgerung. Für die alkalimetrische Borsäurebestimmung ist demnach der Mannit allen anderen bisher untersuchten Polyalkoholen, insbesondere aber dem für die Borsäuretitration vielfach noch empfohlenen Glycerin an Wirksamkeit weit überlegen. Dies wird auch durch die praktische Erfahrung zahlreicher Autoren bestätigt. Der oft ins Feld geführte Einwand des geringeren Preises von Glycerin basiert auf einem Trugschluß, da Mannit zwar das Vier- (weniger reine Sorten) bis Siebenfache (reinste Sorten) des Glycerins kostet, für eine Titration aber nur der zwölfte Teil (s. S. 13) der erforderlichen Gewichtsmenge Glycerin benötigt wird. Zudem ist der Mannit in sehr reiner Form erhältlich und vergrößert, als fester Stoff zugesetzt, kaum das Volumen der zu titrierenden Lösung, während im Glycerin des Handels erst ein meist vorhandener kleinerer Säuregehalt abgestumpft werden muß und die durch den Glycerinzusatz verdünnte opalescierende Lösung den Phenolphthaleinumschlag weniger gut erkennen läßt [vgl. z. B. MENZEL (b)].

Von den in ihrer Wirksamkeit dem Mannit gleichkommenden Hexiten Sorbit und Dulcit kommt für die Praxis der Makro-Borsäuretitration nach SCHULEK und VASTAGH (b) der Sorbit in Frage, der von der I. G. FARBENINDUSTRIE für therapeutische Zwecke unter dem Namen „Sionon“ in den Handel gebracht wird und in dieser Form bedeutend billiger als Mannit ist.

2. Anhydride von Polyalkoholen.

Die Anhydride von Polyalkoholen wirken — wenn überhaupt — weit schwächer auf die Acidität der Borsäure ein als die zugrunde liegenden Polyalkohole selbst. So sind nach KRANTZ, OAKLEY und CARR beispielsweise Epihydrinalkohol, Polygalit und Isomannid ohne Einfluß auf die Titrationskurve der Borsäure, Dulcitan wirkt etwa wie Glycerin, Mannid etwas besser, Mannitan etwas schlechter als Dulcitan. Eine Ausnahme bildet lediglich das Erythritan, dessen Wirksamkeit selbst die des Mannits übertrifft.

Epihydrinalkohol: CH_2 — CH (über O verbrückt) — CH_2OH

Erythritan: CH_2 — $CHOH$ — $CHOH$ — CH_2 (Ring über O)

Mannitan, Dulcitan: CH_2OH — $CHOH$ — CH — $CHOH$ — $CHOH$ — CH_2 (O zwischen CH und CH_2)

Polygalit: CH_2OH — CH — $CHOH$ — $CHOH$ — $CHOH$ — CH_2 (O zwischen CH und CH_2)

Mannid: CH_2OH — CH — CH — CH — CH — CH_2OH (zwei O-Brücken)

Isomannid: CH_2 — $CHOH$ — CH — CH — $CHOH$ — CH_2 (zwei O-Brücken)

Epihydrinalkohol | Erythritan | Mannitan, Dulcitan | Polygalit | Mannid | Isomannid

Für die Praxis der Borsäuretitration kommt keine der Verbindungen in Frage.

3. Zucker.

a) Titrationskurven. α) Vergleich verschiedener Zucker. Über den Einfluß verschiedener Zucker auf den Verlauf der Neutralisationskurve der Borsäure liegen potentiometrische Messungen von MELLON und MORRIS (b) vor. Zur Untersuchung gelangten die Pentosen Xylose und Rhamnose, sowie die Monosaccharide Mannose, Fructose, Glucose (letztere beide auch im Gemisch als Invertzucker) und die Disaccharide Saccharose (Rohrzucker) und Lactose (Milchzucker).

		CHO	CH_2OH
CHO	CHO	CHOH	CO
CHOH	CHOH	CHOH	CHOH
CHOH	CHOH	CHOH	CHOH
CHOH	CHOH	CHOH	CHOH
CH_2OH	$CH(CH_3)OH$	CH_2OH	CH_2OH
Xylose	Rhamnose	Mannose, Galactose, Glucose	Fructose

Abb. 4 gibt die bei der Titration von 0,1 mol Borsäurelösung mit 0,2 n Natronlauge bei Gegenwart von 4 Mol Saccharose (Kurve 2), Lactose (Kurve 3), Glucose (Kurve 4), Invertzucker (Kurve 5) je Mol Borsäure erhaltenen Neutralisationskurven wieder. Man ersieht daraus die Überlegenheit des Invertzuckers gegenüber den anderen Zuckern. Xylose und Fructose entsprechen in ihrer Wirksamkeit etwa dem Invertzucker (die Xylosekurve liegt etwas oberhalb, die Fructosekurve etwas unterhalb der Invertzuckerkurve). Glucose ist also weniger wirksam als Fructose, die Wirksamkeit des Invertzuckers ist mit anderen Worten in der Hauptsache auf den Fructosegehalt zurückzuführen[1]. Mannose und Rhamnose wirken etwa wie Glucose.

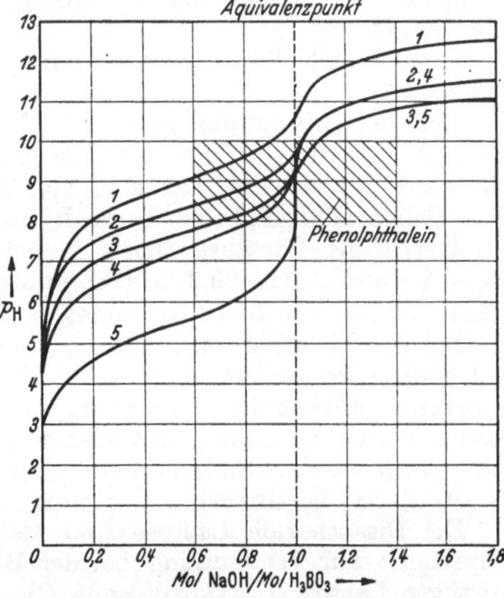

Abb. 4. Titration einer 0,1 mol Borsäurelösung mit 0,2 n Natronlauge in Gegenwart von je 4 Mol Zucker je Mol Borsäure. [Nach MELLON und MORRIS (b).] Kurve 1: Borsäure allein. Kurve 2: Borsäure + Saccharose. Kurve 3: Borsäure + Lactose. Kurve 4: Borsäure + Glucose. Kurve 5: Borsäure + Invertzucker.

β) Vergleich verschiedener Zuckerkonzentrationen. Wie bei den Polyalkoholen (vgl. S. 13) hängt auch bei den Zuckern der Verlauf der Titrationskurve der Borsäure von der Menge zugefügten Zuckers ab; und zwar wird auch hier mit wachsender Konzentration des Komplexbildners der p_H-Anstieg beim Äquivalenzpunkt steiler, wie beispielsweise potentiometrische Messungen von VAN LIEMPT (a) bei der Neutralisation von 0,5 mol Borsäurelösung mit 1,5 n Natronlauge in Gegenwart von 1 bzw. 5 Mol Fructose je Mol Borsäure ergaben[1].

b) Erforderliche Mindestmengen Zucker. Die bei der Borsäuretitration in Gegenwart von Phenolphthalein erforderlichen Mindestmengen einzelner Zucker wurden von GILMOUR (a) ermittelt. Einige der erhaltenen Resultate sind in Tabelle 4 zusammengestellt.

Es ergibt sich daraus, daß 0,1 mol Borsäurelösung mit 0,1 n Natronlauge in Gegenwart von mindestens 0,35 g Fructose, 7,2 g Glucose oder 35 g Rohrzucker je 5 cm³ Borsäurelösung (entsprechend 4 Mol Fructose, 8 Mol Glucose oder rd. 20 Mol Rohrzucker je Mol Borsäure) mit Erfolg titriert werden kann. Die Fructose entspricht also in ihrer Wirksamkeit praktisch dem Mannit.

[1] In einer nach Abschluß der Korrektur erschienenen Arbeit von H. SCHÄFER [Z. anorg. Ch. 247, 96 (1941)] finden sich Kurven für die Titration einer 0,09 mol Borsäurelösung mit 2 n Natronlauge in Gegenwart von 0 bis 36 Mol Fructose/Mol Borsäure.

Tabelle 4. Titration von 5 cm³ 0,1 mol Borsäurelösung mit 0,1 n Natronlauge bei Gegenwart wechselnder Mengen Fructose[1], Glucose oder Saccharose.

Fructose-zusatz g	Natronlauge-verbrauch cm³	Glucose-zusatz g	Natronlauge-verbrauch cm³	Saccharose-zusatz g	Natronlauge-verbrauch cm³
0	0,3	0	0,3	0	0,3
0,10	3,0	1,0	2,3	1,0	0,6
0,20	4,3	3,0	4,0	10,0	3,4
0,25	4,7	5,0	4,6	15,0	4,0
0,30	4,9	6,0	4,9	25,0	4,6
0,35	5,0	7,2	5,0	35,0	5,0

An die Stelle von Fructose kann auch Invertzucker treten; entsprechend dessen Zusammensetzung aus äquimolekularen Mengen Fructose und Glucose sowie der aus der Tabelle hervorgehenden geringen Wirksamkeit von Glucose (vgl. auch Kurve 4 in Abb. 4, S. 15) benötigt man dabei als Mindestmenge ungefähr das Doppelte des erforderlichen Fructosegewichtes. Empfohlen wird von Gilmour (a) ein Zusatz von 3 cm³ rd. 50%iger Invertzuckerlösung (vgl. Bem. IV, S. 19) je 10 cm³ 0,1 mol Borsäurelösung (entsprechend 4 bis 5 Mol Invertzucker je Mol Borsäure).

Daß bei Anwendung geringerer Mengen Invertzucker der Indicatorumschlag zu früh eintritt (vgl. Tabelle 4), zeigen auch Untersuchungen von Böeseken und Couvert, die bei der Titration von 25 cm³ 0,1 mol Borsäurelösung mit 0,072 n Barytlauge (Phenolphthalein als Indicator) in Gegenwart von 0,9 g Invertzucker (Molverhältnis Borsäure : Fructose = 1 : 1; wenig deutlicher Indicatorumschlag) einen Verbrauch von 29,3, in Gegenwart von 4 g Invertzucker (Molverhältnis 1 :4,5) einen solchen von 34,5 (berechnet 34,5) cm³ Barytlauge feststellten.

Bei der Titration verdünnterer als 0,1 mol Borsäurelösungen sind — bezogen auf gleiche Borsäuremengen — größere Zusätze an Invertzucker als die oben angegebenen notwendig. So erforderten nach Mylius (a) 20 cm³ 0,1 mol Borsäurelösung nach Verdünnung mit Wasser auf das $6^1/_2$fache bei der Titration mit 0,1 n Barytlauge (α-Naphtholphthalein als Indicator) 15 statt — unverdünnt — 6 cm³ (s. oben) 50%ige Invertzuckerlösung.

Die Disaccharide Lactose und Maltose erwiesen sich nach Gilmour (a) als ungeeignet zur Verwendung bei der Borsäuretitration. Benutzt man dagegen invertierte Lactose (= Galactose + Glucose), so genügen nach Dodd (e) 5 g der festen Substanz (bei Anwendung wäßriger Invertmilchzuckerlösungen tritt der Indicatorumschlag zu früh ein), um eine genaue Titration von 5 cm³ 0,1 mol Borsäurelösung mit 0,1 n Natronlauge (Phenolphthalein als Indicator) zu ermöglichen. Die Wirksamkeit der hydrolysierten Lactose ist dabei in der Hauptsache auf den Gehalt an Galactose zurückzuführen, denn nach Dodd (e) sind 3,5 g Galactose 5 g invertierter Lactose (= 2,5 g Galactose + 2,5 g Glucose) äquivalent. Für die Praxis der Borsäuretitration sind Invertlactose und Galactose natürlich ohne Vorteil.

Auch Berenstein fand, daß unter den von ihm untersuchten Zuckern Fructose, Galactose, Glucose, Saccharose, Lactose und Maltose lediglich die Fructose für die praktische Borsäuretitration in Frage kommt.

c) Schlußfolgerung. Unter den bisher geprüften Zuckern ist die Fructose für die Zwecke der Borsäuretitration am geeignetsten. Da die Fructose selbst verhältnismäßig teuer ist, verwendet man sie zweckmäßig in Form einer selbst bereiteten (s. Bem. IV, S. 19) Invertzuckerlösung.

Der Gebrauch von Invertzucker für die Praxis der Borsäuretitration wurde erstmalig von Böeseken (a) (1917) vorgeschlagen. van Liempt (a) (1920) war der erste, der mit Invertzucker eine erfolgreiche Borsäuretitration durchführte [vgl. van Liempt (b)], ohne indessen

[1] Die verwendete Fructose war etwa 90%ig.

eine bestimmte Vorschrift dafür zu geben. GILMOUR (a) (1921) sowie BÖESEKEN und COUVERT (1921) bewiesen dann in diesbezüglichen Untersuchungen die Eignung des Invertzuckers bei der Borsäuretitration. In neuerer Zeit hat namentlich MYLIUS (a) (1927) erneut auf die Vorteile der Verwendung von Invertzucker hingewiesen.

4. Polyphenole.

Zusatz von Brenzcatechin oder Pyrogallol zu Borsäurelösungen erhöht die Leitfähigkeit der letzteren fast ebensoviel wie ein entsprechender Zusatz von Mannit. Man könnte daraus schließen, daß auch Brenzcatechin und Pyrogallol für die Borsäuretitration geeignet sind. MELLON und MORRIS (a) fanden aber, daß diese Schlußfolgerung nicht zutrifft. Zwar zeigen — vgl. Abb. 5 — die bei der Titration von 0,1 mol Borsäurelösung mit 0,2 n Natronlauge in Gegenwart von je 4 Mol Brenzcatechin oder Pyrogallol je Mol Borsäure erhaltenen Titrationskurven (Kurven 3 und 4) in der ersten Hälfte

OH OH	OH OH OH
Brenzcatechin	Pyrogallol

erwartungsgemäß einen der Mannitkurve (Kurve 2) analogen Verlauf; jedoch fehlt der steile Anstieg beim Äquivalenzpunkt. Brenzcatechin und Pyrogallol eignen sich demnach nicht zur Borsäuretitration.

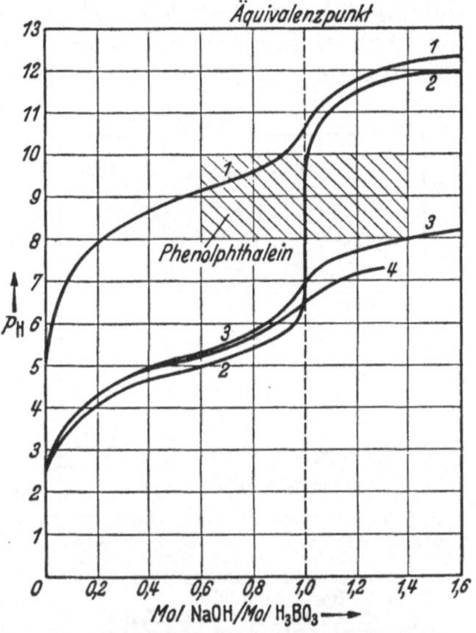

Abb. 5. Titration einer 0,1 mol Borsäurelösung mit 0,2 n Natronlauge in Gegenwart von 4 Mol Polyphenol je Mol Borsäure. [Nach MELLON und MORRIS (a).] Kurve 1: Borsäure allein. Kurve 2: Borsäure + Mannit (zum Vergleich). Kurve 3: Borsäure + Brenzcatechin. Kurve 4: Borsäure + Pyrogallol.

5. Oxysäuren.

Auch die von MELLON und MORRIS (a) untersuchten Oxysäuren Oxal-, Malon-, Milch-, Glykol-, Äpfel-, Wein- und Gallussäure (letztere auch in Form von Tannin) kommen für eine Verwendung bei der Borsäuretitration nicht in Frage.

COOH COOH	CH_2OH COOH	COOH CH_2 COOH	COOH CHOH COOH	COOH CHOH CH_2 COOH	COOH CHOH CHOH COOH	COOH HO OH OH
Oxalsäure	Glykolsäure	Malonsäure	Milchsäure	Äpfelsäure	Weinsäure	Gallussäure.

Bei Gegenwart der aliphatischen Säuren resultieren Titrationskurven, die einer getrennten Neutralisation von Oxysäure und Borsäure entsprechen; die beiden aromatischen Oxysäuren Gallussäure und Tannin ergeben bei der Annäherung an den Endpunkt der Titration tiefe Färbungen, welche ihre Anwendung bei der Borsäuretitration sowieso schon verhindern.

6. Neutralsalze.

In der Literatur finden sich vielfach Hinweise darauf, daß auch gewisse Neutralsalze die Acidität der Borsäure zu steigern imstande sind (vgl. z. B. PFYL, ferner PRIDEAUX sowie CIKRITOVA und SANDRA). MELLON und SWIM ermittelten daher auf potentiometrischem Wege die Kurven für die Titration von 0,05 mol Borsäurelösung mit 0,1 n Natronlauge in Gegenwart von Lithiumchlorid, Natriumchlorid, Kaliumchlorid, Calciumchlorid, Natriumsulfat, Kaliumsulfat, Natriumnitrat, Kaliumnitrat. Es ergab sich dabei, daß Kaliumchlorid, Natriumsulfat, Kaliumsulfat, Natriumnitrat und Kaliumnitrat für die Borsäuretitration ungeeignet sind. Dagegen waren bei Natriumchlorid, Lithiumchlorid und Calciumchlorid aciditätserhöhende Wirkungen festzustellen, die in der Reihenfolge der genannten Salze zunahmen. Als anwendbar für die Borsäuretitration erwies sich lediglich das Calciumchlorid. Der Verlauf der Titrationskurve ist, wie aus den Kurven 1 bis 6 der Abb. 6 hervorgeht[1], von der Menge zugesetzten Calciumchlorids abhängig. Ein Zusatz von 50 Mol Calciumchlorid je Mol Borsäure (Kurve 5) sollte danach genügen, um mit Phenolphthalein als Indicator eine einigermaßen genaue Borsäuretitration zu ermöglichen[2].

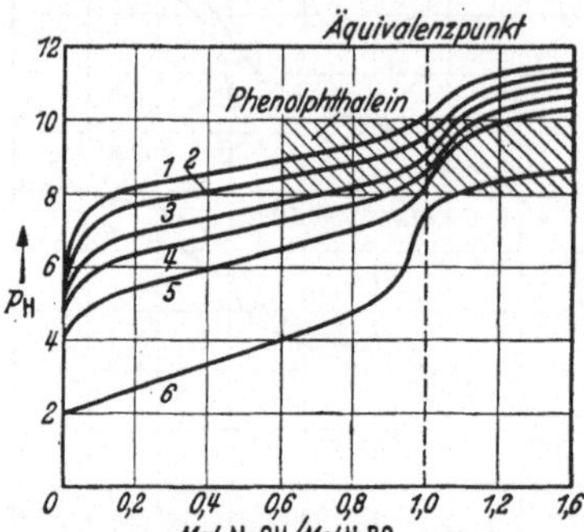

Abb. 6. Titration einer 0,05 mol Borsäurelösung mit 0,1 n Natronlauge in Gegenwart wechselnder Calciumchloridmengen. (Nach MELLON und SWIM.)
Kurve 1: Borsäure allein.
„ 2: 2,5 Mol $CaCl_2$/Mol H_3BO_3.
„ 3: 12,5 Mol $CaCl_2$/Mol H_3BO_3.
„ 4: 25 Mol $CaCl_2$/Mol H_3BO_3.
„ 5: 50 Mol $CaCl_2$/Mol H_3BO_3.
„ 6: 250 Mol $CaCl_2$/Mol H_3BO_3.

Diese Schlußfolgerung findet ihre Bestätigung in einer Arbeit von PFYL, welcher 0,1, 0,5, 1, 2, 5 und 10 cm³ einer 0,2 mol Borsäurelösung nach Verdünnen mit Wasser auf etwa 30 bis 35 cm³ und Zusatz von je 30 cm³ einer 40%igen neutralen Calciumchloridlösung mit 0,1 n Natronlauge und Phenolphthalein als Indicator titrierte und dabei einen Verbrauch von 0,3, 1,05, 1,95, 4,00, 10,02 und 19,58 (berechnet 0,2, 1,00, 2,00, 4,00, 10,00 und 20,00) cm³ Natronlauge feststellte.

Für die Praxis der Borsäuretitration ist die Verwendung von Calciumchlorid an Stelle von Mannit oder Invertzucker natürlich ganz ohne Vorteil, da die Titration in Gegenwart von Mannit oder Invertzucker wesentlich genauer ist.

7. Zusammenfassung.

Faßt man alle in den vorhergehenden Abschnitten besprochenen Versuchsergebnisse zusammen, so folgt, daß Mannit (bzw. Sionon, S. 14) und Invertzucker für die Borsäuretitration am geeignetsten sind. Mannit ergibt einen etwas schärferen Indicatorumschlag, dafür hat Invertzucker den Vorzug der Billigkeit.

B. Eignung verschiedener Indicatoren.

Für die Titration etwa 0,1 mol Borsäurelösungen mit 0,1 n Natronlauge bei Gegenwart von 4 Mol Mannit je Mol Borsäure — den gewöhnlichen Bedingungen der Borsäuretitration — sind nach Kurve 4 der Abb. 2 (S. 12) Indicatoren geeignet, die im p_H-Bereich 7 bis 10 umschlagen.

Der am häufigsten angewendete Indicator ist Phenolphthalein (Umschlagsgebiet $p_H = 8{,}2$ bis 10,0; Farbumschlag Farblos-Rot). Nach PERCS wird der

[1] Daß in Abb. 6 der p_H-Sprung in Gegenwart großer Mengen Calciumchlorid (Kurve 6) bereits vor Erreichen des Äquivalenzpunktes erfolgt, hat seinen Grund wohl darin, daß das von MELLON und SWIM verwendete Calciumchlorid schwach alkalisch reagierte.

[2] In einer nach Abschluß der Korrektur erschienenen Arbeit von H. SCHÄFER und A. SIEVERTS [Z. anorg. Ch. **246**, 149 (1941)] werden Kurven für die Titration einer 0,09 mol Borsäurelösung mit 2 n Natronlauge in Gegenwart wechselnder Mengen von LiCl, NaCl, KCl, KBr, KJ, KSCN, K_2SO_4, KNO_3, $BaCl_2$, $SrCl_2$ und $BaCl_2$ wiedergegeben. Auch nach diesen Kurven erweist sich lediglich das Calciumchlorid als geeignet zur Aktivierung von Borsäure. Bei Verwendung gesättigter Calciumchloridlösungen erfolgt die Titration zweckmäßig gegen Methylrot als Indicator.

Phenolphthaleinumschlag schärfer, wenn man der alkoholischen Lösung etwas Methylenblau (3% Phenolphthalein und 0,2% Methylenblau) beifügt.

Andere in der Literatur für die Borsäuretitration in Gegenwart von Komplexbildnern vorgeschlagene Indicatoren sind unter anderem: Kresolrot [MELLON und MORRIS (b); $p_H = 7,2$ bis 8,8; Gelb-Purpur), Kresolphthalein [DODD (e); $p_H = 8,2$ bis 9,8; Farblos-Rot], Thymolblau [DODD (e); ALLEN und ZIES; $p_H = 8,0$ bis 9,6; Gelb-Blau], α-Naphtholphthalein (STRECKER und KANNAPPEL; $p_H = 7,4$ bis 8,7; Farblos-Grünlichblau) und Bromthymolblau (VOLLMER; $p_H = 6,0$ bis 7,6; Gelb-Blau), letzteres nach VOLLMER und nach SPRING (BUMPER Co., *Detroit*) zweckmäßig im Gemisch mit Bromkresolpurpur ($p_H = 5,2$ bis 6,8; Gelb-Purpur). Mit Ausnahme des α-Naphtholphthaleins [s. auch MYLIUS (e) und SCHARRER und GOTTSCHALL] besitzen diese aber dem Phenolphthalein gegenüber keinen Vorteil; für das Bromthymolblau wies DODD (e) im Gegenteil nach, daß es — erwartungsgemäß — für die Borsäuretitration ungeeignet ist.

Bestimmungsverfahren.

A. Makroverfahren (> 1 mg B).

Arbeitsvorschrift. Auf je 10 cm³ der zu titrierenden, nicht zu verdünnten (Bem. I) kohlensäurefreien (Bem. II) reinen Borsäurelösung fügt man 1 g festen Mannit (Bem. III) oder 3 cm³ 50%ige Invertzuckerlösung (Bem. IV) hinzu und titriert bei möglichst niedriger Temperatur (Bem. V) und unter möglichst geringem Umschütteln der Flüssigkeit (Bem. VI) mit 0,1 n (Bem. VII) carbonatfreier Natronlauge (Bem. VIII) oder Barytlauge (Bem. IX) mit Phenolphthalein oder α-Naphtholphthalein (Bem. X) als Indicator bis zum Umschlag. Dann fügt man nochmals $^1/_2$ g Mannit oder $1^1/_2$ cm³ Invertzuckerlösung zu (Bem. XI). Bleibt die Indicatorfarbe bestehen, so war der Endpunkt der Titration erreicht; andernfalls titriert man mit Lauge weiter bis zum abermaligen Umschlag und überzeugt sich durch erneuten Zusatz von Mannit oder Invertzucker vom Erreichen des Äquivalenzpunktes (Bem. XII bis XV).

Bemerkungen. **I. Borsäurekonzentration.** Mit zunehmender Verdünnung der Lösung findet eine Zerlegung des Borsäure-Mannit- bzw. Borsäure-Fructose-Komplexes statt (vgl. S. 11). Zweckmäßig arbeitet man daher mit 0,01 bis 0,1 mol Borsäurelösungen. Jedoch können auch verdünntere Lösungen noch recht genau titriert werden (vgl. Bem. I, S. 21).

II. Störung durch Kohlensäure. *Kohlensäure stört als schwache Säure die Borsäuretitration* (vgl. S. 31), weil sie mit der Borsäure mittitriert wird, wodurch zu hohe Borwerte vorgetäuscht werden. Auch verliert der Indicatorumschlag bei Gegenwart von Kohlensäure (Carbonaten) an Schärfe. Näheres über die Borsäuretitration bei Gegenwart größerer Carbonatmengen s. S. 43.

III. Säurefreiheit des Mannits. Man überzeuge sich durch eine Blindprobe von der *Säurefreiheit* des verwendeten Mannits, da ein etwaiger Säuregehalt zu einem zusätzlichen Laugeverbrauch Veranlassung geben und damit zu hohe Borwerte vortäuschen würde. Gegebenenfalls muß der Laugeverbrauch des Mannits bei der Berechnung des Titrationsergebnisses in Abzug gebracht werden. Statt Mannit kann auch Sionon (S. 14) verwendet werden.

IV. Darstellung von Invertzuckerlösung. Die Invertzuckerlösung wird zweckmäßig nach GILMOUR (b) wie folgt bereitet: Man löst ungefähr 3 kg Krystallzucker in 1 l destilliertem Wasser und kocht die Lösung einige Minuten bis zum Klarwerden, am besten in einem großen verzinnten Gefäß. Hierauf entfernt man die Wärmequelle, fügt rasch 25 cm³ 3 n Schwefelsäure hinzu, rührt $^1/_2$ Min., versetzt mit $1^1/_2$ l destilliertem Wasser, dem zuvor 25 cm³ carbonatfreie 3 n Natronlauge beigemischt wurden, rührt wieder um und kühlt. Die etwa 55%ige Lösung soll *neutral* und *fast farblos* sein; ihr Volumen beträgt ungefähr $4^1/_2$ l, das spezifische Gewicht 1,2 bis 1,3.

Eine andere Vorschrift gibt MYLIUS (e): Man löst 500 g Würfelzucker in 325 cm³ destilliertem Wasser unter Erhitzen über dem BUNSEN-Brenner und bringt die ziemlich dickflüssige Lösung unter Umrühren auf 85° C. Dann werden unter Umrühren 40 cm³ 0,1 n Salzsäure hinzugegeben, worauf man den mit einem Uhrglas bedeckten Kolben — nach Wiedererhitzen auf 85° C — 1 Std. auf einem siedenden Wasserbad beläßt. Die Temperatur des Kolbeninhaltes hält sich dabei zwischen 85 und 87° C. Hierauf neutralisiert man die Salzsäure mit 40 cm³ 0,1 n Lauge, kühlt auf Zimmertemperatur ab und bringt schließlich das Gesamtvolumen auf 750 cm³. Die so erhaltene Invertzuckerlösung, deren Konzentration der nach GILMOUR (b) hergestellten entspricht, ist einerseits zum bequemen Abmessen genügend leichtflüssig und andererseits doch so konzentriert, daß man für die Titration nur geringe Mengen benötigt. Daher wirkt auch die leicht bräunliche Färbung des Sirups bei der Analyse nicht störend.

Eine weitere Vorschrift für die Darstellung von Invertzucker zum Zwecke der Borsäuretitration gibt LIEM.

V. Titriertemperatur. Da die Stabilität der gebildeten komplexen Borsäure mit steigender Temperatur stark sinkt (vgl. S. 11), empfiehlt es sich, zwecks Erzielung scharfer Indicatorumschläge die Titration bei möglichst niedriger Temperatur auszuführen [KOLTHOFF (i)]. MYLIUS (e) sowie STOCK und KUSS empfehlen Titration unter Eiskühlung, RADER und HILL Titration bei 10° C; ROTH titriert die mit Leitungswasser abgekühlte Lösung.

VI. Aufnahme von Kohlendioxyd. Um Aufnahme von Kohlendioxyd (vgl. Bem. II) möglichst zu vermeiden, soll die Flüssigkeit nicht zu stark geschüttelt werden (SCHARRER und GOTTSCHALL).

SCHULEK und VASTAGH (a) empfehlen, zur Ausschaltung des störenden Einflusses von Kohlensäure die Lösung zum Sieden zu erhitzen und mit der 0,1 n Lauge in der Hitze bis zum Indicatorumschlag zu versetzen, dann sorgfältig abzukühlen (vgl. Bem. V) und die Titration in der Kälte zu beenden, wozu noch einige Tropfen Lauge benötigt werden. ROTH empfiehlt, bei Mikroborbestimmungen vor dem Abkühlen das Titrierkölbchen mit einem Natronkalkrohr zu verschließen.

VII. Einstellung der Lauge. Wie SCHULEK und VASTAGH (a) gezeigt haben, ist es gleichgültig, ob man die Lauge mit Phenolphthalein als Indicator auf Borsäure (in Gegenwart von Mannit) oder auf Salz- oder Schwefelsäure einstellt. So ergab sich z. B. als Faktor für eine 0,1 n Natronlauge beim Einstellen auf Borsäure der Wert 1,0071, auf Salzsäure der Wert 1,0069.

VIII. Carbonatfreiheit der Lauge. Da ein Carbonatgehalt der Lauge den Indicatorumschlag beeinflußt (vgl. Bem. II), ist die Verwendung carbonatfreier Lauge erforderlich. Diese stellt man am einfachsten nach der von SÖRENSEN [vgl. auch MENZEL (b)] mitgeteilten Methode dar: 250 g Natriumhydroxyd (aus Natrium) werden mit 300 cm³ Wasser in einem engen, mit Glasstöpsel versehenen Zylinder behandelt. In einer Lauge dieser Stärke ist das Natriumcarbonat unlöslich und sinkt im Laufe von ein paar Tagen zu Boden, so daß eine so gut wie vollständig carbonatfreie Hydroxydlösung abgezogen werden kann (vgl. Bem. VI, S. 22). Durch Verdünnen mit kohlensäurefreiem Wasser stellt man sich daraus eine 0,1 n Natronlauge her, die gegen Zutritt von Kohlensäure geschützt aufbewahrt wird. Eine mit Phenolphthalein versetzte und durch Zutröpfeln von Salzsäure ganz schwach rosa gefärbte Probe dieser Lauge darf durch Zugabe selbst ziemlich großer Mengen einer ausgekochten, neutral reagierenden Bariumchloridlösung nicht entfärbt werden.

Über die Darstellung einer vollkommen carbonatfreien Natronlauge aus Natrium und Wasser s. z. B. STAHL[1].

[1] STAHL, W.: Fr. 97, 86 (1934).

IX. Titration mit Barytlauge. Von verschiedenen Autoren (z. B. STRECKER und KANNAPPEL) wird die Verwendung von Barytlauge zur Titration empfohlen, weil sie sich leichter carbonatfrei (vgl. Bem. VIII) herstellen läßt als Natronlauge.

X. Indicator. GOTTSCHALL fand, daß bei der Titration kleinerer Bormengen (20 bis 50 mg B) der erstmalig von STRECKER und KANNAPPEL für die Borsäuretitration empfohlene Indicator α-Naphtholphthalein dem Phenolphthalein vorzuziehen ist (vgl. Bem. III, S. 22).

XI. Mannit- (Invertzucker-) Konzentration. Für die Titration von 10 cm³ 0,1 mol Borsäurelösung reicht man mit 1 g Mannit [z. B. SCHARRER und GOTTSCHALL sowie SCHULEK und VASTAGH (a)] oder 3 cm³ Invertzuckerlösung · [GILMOUR (a)] bequem aus (vgl. S. 13 und 16). Wird die zu titrierende Lösung vor der Titration mit Wasser verdünnt — was möglichst zu vermeiden ist (vgl. Bem. I) — so sind höhere Zusätze an Mannit und Invertzuckerlösung erforderlich (vgl. S. 16).

XII. Boräquivalent der Lauge. 1 cm³ 0,1 n Lauge entspricht 6,184 mg H_3BO_3 oder 4,383 mg HBO_2 oder 3,482 mg B_2O_3 oder 1,082 mg B.

XIII. Genauigkeit. GOTTSCHALL fand bei der Bestimmung von 46,3, 37,0, 27,8, 23,2 bzw. 18,6 mg Bor (0,1 mol Borsäurelösung, Titration mit 0,1 n Natronlauge, α-Naphtholphthalein als Indicator, Zusatz von 1 g Mannit je 10 cm³ Titrierflüssigkeit) 46,2, 37,0, 27,9, 23,1 bzw. 18,7 mg B, entsprechend einer Abweichung von maximal $\pm ^1/_{10}$ mg B für eine Einzelbestimmung. Die gleiche Fehlergrenze ermittelten z. B. STRECKER und KANNAPPEL bei der Titration von Bormengen zwischen 30 und 45 mg in 0,3 mol Borsäurelösung. Durch Ausführung mehrerer Titrationen an aliquoten Teilen der gleichen Lösung und Mittelung der erhaltenen Einzelwerte läßt sich die Fehlergrenze natürlich noch verkleinern (vgl. Bem. X, S. 35).

XIV. Jodometrische Borsäurebestimmung. Man kann sich zur maßanalytischen Borsäurebestimmung, wie JONES (b) gezeigt hat, auch der Tatsache bedienen, daß die Mannitborsäure zum Unterschied von der Borsäure selbst (vgl. Bem. IV, S. 26) aus Kaliumjodid-Kaliumjodat-Lösungen eine äquivalente Menge Jod in Freiheit setzt: $5\,J' + JO_3' + 6\,H^{\cdot} \longrightarrow 3\,H_2O + 3\,J_2$, welches mit Thiosulfat titriert werden kann. Dieses jodometrische Verfahren bietet aber gegenüber dem oben beschriebenen alkalimetrischen keinen Vorteil, zumal die quantitative Ausscheidung des Jods fast 1 Std. erfordert.

XV. Potentiometrische Borsäurebestimmung. Selbstverständlich kann der Äquivalenzpunkt bei der Borsäuretitration statt mit Hilfe eines Indicators auch potentiometrisch ermittelt werden [z. B. HILDEBRAND; VAN LIEMPT (a); MELLON und MORRIS (b); HAHN, KLOCKMANN und SCHULZ; WILCOX (b); KRANTZ, OAKLEY und CARR].

B. Mikroverfahren (0,02 bis 1 mg B).

Arbeitsvorschrift. Auf je 5 cm³ der zu titrierenden, nicht zu verdünnten (Bem. I), kohlensäurefreien (vgl. Bem. II, S. 19), reinen Borsäurelösung fügt man 5 cm³ einer konzentrierten neutralen Mannitlösung (Bem. II) und einige Tropfen 0,4%ige alkoholische α-Naphtholphthaleinlösung (Bem. III) hinzu, kocht 1 bis 2 Min. (Bem. IV), kühlt wieder ab (vgl. Bem. V, S. 20) und titriert (Bem. V) unter möglichst geringem Umschütteln der Flüssigkeit (vgl. Bem. VI, S. 20) mit carbonatfreier (vgl. Bem. VIII, S. 20) und borfreier (Bem. VI) 0,01 n (Bem. VII) Natron- oder Barytlauge (vgl. oben Bem. IX) bis zum Indicatorumschlag. Vom Laugenverbrauch (Bem. VIII) wird der Laugenverbrauch für eine in gleicher Weise mit destilliertem Wasser ausgeführte Blindprobe (Bem. IX) abgezogen (Bem. X und XI).

Bemerkungen. **I. Titrationsvolumen.** Das Flüssigkeitsvolumen soll so gering wie möglich sein, da die Stabilität der komplexen Mannitborsäure (vgl. Bem. I,

S. 19) mit steigender Verdünnung abnimmt. So fand GOTTSCHALL bei der Titration wechselnder Mengen Bor mit 0,01 n Natronlauge (1 g Mannit je 20 cm³ Flüssigkeit, α-Naphtholphthalein als Indicator) in 0,001%iger und in 0,0001%iger Lösung nebenstehende Werte.

Angewendete Bormenge	Gefundene Bormenge			
	Titration von 0,001%iger Borlösung		Titration von 0,0001%iger Borlösung	
mg	mg	%	mg	%
0,050	0,055	110	0,060	120
0,040	0,045	112	0,049	122
0,030	0,033	110	0,036	120
0,020	0,023	115	0,025	125
0,010	0,014	140	0,014	140

Danach ergaben sich also bei der Titration von 10 bis 50 γ Bor in *0,001%iger* Borlösung Abweichungen von 3 bis 5, in *0,0001%iger* Borlösung dagegen von 4 bis 10 γ B (vgl. Bem. X). Man gehe daher zweckmäßig nicht unter einen Borgehalt von 0,001%, entsprechend einer 0,001 mol Borsäurelösung (vgl. Bem. XI).

II. Mannitlösung. Es ist ratsam, den Mannit in Form einer konzentrierten Lösung zuzugeben, damit man ihn vorher neutralisieren kann (vgl. Bem. III, S. 19). Zweckmäßig löst man nach SCHULEK und VASTAGH (a) 20 g Mannit in 50 cm³ Wasser, neutralisiert die Lösung in der Hitze mit 0,01 n Lauge und α-Naphtholphthalein als Indicator und gibt von dieser Lösung je 5 cm³ (entsprechend rd. 2 g Mannit) auf 5 cm³ Titrierflüssigkeit. Nach GOTTSCHALL sollen bei Borkonzentrationen unter 0,002% 0,5 g Mannit je 10 cm³ Titrierflüssigkeit genügen; es ist aber vorteilhafter, von vornherein einen Überschuß an Mannit hinzuzugeben, damit man sich die sonst zur Kontrolle (vgl. S. 19) erforderliche erneute Mannitzugabe, die mit Umschütteln und damit mit Kohlendioxydaufnahme verknüpft ist (BROWN; vgl. Bem. VI, S. 20), ersparen kann.

III. Indicator. Für die Bestimmung kleiner Bormengen ist nach SCHARRER und GOTTSCHALL α-Naphtholphthalein als Indicator dem Phenolphthalein vorzuziehen, da sein Umschlag leichter zu erkennen ist, namentlich bei gleichzeitiger Anwesenheit von Methylrot, wie dies bei der Borsäurebestimmung in Gegenwart starker Säuren oder Basen der Fall ist (vgl. Bem. V, S. 27).

IV. Kochen der Lösung. Es ist nach SCHARRER und GOTTSCHALL notwendig, nach dem Zusatz des Mannits die dabei gegebenenfalls in Lösung gebrachte Kohlensäure (vgl. Bem. II, S. 19) durch Kochen (vgl. Bem. I und II, S. 43) zu entfernen, da man sonst (vgl. Bem. V, S. 28) leicht zu hohe Borwerte findet.

V. Titrierbürette. Als Titrierbürette empfehlen SCHARRER und GOTTSCHALL für die Mikroborsäuretitration die von DAFERT[1] beschriebene Mikrobürette, die ein Volumen von 2 cm³ aufweist und 0,01 cm³ genau, 0,005 cm³ mit großer Sicherheit abzulesen gestattet. Der Aufsatz dieser Bürette muß zum Schutz der Natronlauge gegen das Kohlendioxyd der Außenluft mit starker Lauge beschickt werden. Wichtig ist, daß die 0,01 n Natronlauge nur während des Gebrauches in der Bürette verbleibt, um eine Verklebung der gläsernen Abflußvorrichtung sowie eine Aufnahme von Kieselsäure (Kieselsäure stört als schwache Säure die Borsäuretitration; vgl. S. 31) oder Borsäure (vgl. Bem. VI) aus dem Glase zu verhindern.

VI. Borfreiheit der Lauge. Die zur Darstellung der carbonatfreien Lauge dienende konzentrierte Natriumhydroxydlösung (Bem. VIII, S. 20) sowie die daraus durch Verdünnen hergestellte Titrierlauge dürfen bei genauen Mikroboranalysen natürlich nicht in Gefäßen aus borhaltigem Glas aufbewahrt werden, da sie sonst Bor aus diesem aufnehmen. Als Gefäßmaterial empfiehlt sich Kavalierglas (HUDIG und LEHR; RADER und HILL). Weiterhin ist es zweckmäßig, die zur Darstellung von Natronlauge verwendeten Stangen oder Plätzchen vor dem Auflösen in destilliertem Wasser mit destilliertem Wasser abzuspülen, um das an der Oberfläche haftende, aus dem Glasbehälter stammende Bor zu entfernen (RADER und HILL).

[1] DAFERT, O.: Ch. Z. **49**, 917 (1925).

Um auch eine Aufnahme von Kieselsäure aus dem Glas zu vermeiden (vgl. Bem. V), empfiehlt es sich, die Natronlauge tunlichst oft frisch herzustellen oder in paraffinierten Flaschen aufzubewahren (SCHARRER und GOTTSCHALL). (Vgl. auch Bem. VIII, S. 35.)

VII. Titrierlauge. Nach SCHULEK und VASTAGH (a) ist es gleichgültig, ob die 0,01 n Natronlauge auf Borsäure (in Gegenwart von Mannit) oder auf Salz- oder Schwefelsäure eingestellt wird. So ergab sich der Faktor einer solchen Lauge bei Einstellung auf 0,02 mol Borsäurelösung zu 1,0531, bei Einstellung auf 0,01 n Schwefelsäure zu 1,0563 (Phenolphthalein als Indicator). Im allgemeinen wird die Einstellung auf eine Borsäurelösung bekannter Konzentration vorzuziehen sein; als Indicator verwendet man zweckmäßig wie bei der eigentlichen Borsäurebestimmung α-Naphtholphthalein (vgl. Bem. III).

Man verwende unbedingt 0,01 n und nicht etwa 0,1 n Natronlauge zur Mikroborsäuretitration, da sonst naturgemäß die Genauigkeit der Titration leidet. So fand GOTTSCHALL bei der Titration wechselnder Mengen Bor in 0,001 %iger Lösung bei Verwendung von 0,01 n und 0,1 n Natronlauge (Titration in Gegenwart von 1 g festem Mannit je 20 cm^3 Flüssigkeit, α-Naphtholphthalein als Indicator) nebenstehende Borwerte.

Angewendete Bormenge	Gefundene Bormenge			
	Titration mit 0,01 n Natronlauge		Titration mit 0,1 n Natronlauge	
mg	mg	%	mg	%
0,500	0,525	105	0,562	112
0,400	0,418	105	0,443	111
0,300	0,313	104	0,335	112
0,200	0,208	104	0,238	119
0,100	0,106	106		
0,050	0,055	110		

Danach ist für Bormengen zwischen 200 und 500 γ die Fehlergrenze bei Titration mit 0,1 n Natronlauge 2- bis 5mal so groß als bei Titration mit 0,01 n Lauge (vgl. Bem. X). Mit noch verdünnteren als 0,01 n Laugen zu arbeiten ist zwecklos, da dann der Umschlagspunkt des Indicators nicht mehr deutlich zu erkennen ist. Dementsprechend erhielten SCHARRER und GOTTSCHALL bei der Borsäuretitration mit solchen verdünnten Laugen keine genaueren Werte als mit 0,01 n Lösung.

VIII. Boräquivalent der Lauge. 1 cm^3 0,01 n Lauge entspricht 0,6184 mg H_3BO_3 oder 0,4383 mg HBO_2 oder 0,3482 mg B_2O_3 oder 0,1082 mg B.

IX. Blindprobe. Die Blindprobe erfaßt den auf einen etwaigen Borgehalt der Reagenzien (vgl. RADER und HILL) oder Säuregehalt des Mannits (vgl. Bem. III, S. 19) zurückzuführenden Laugenverbrauch.

X. Genauigkeit. Die Fehlergrenze ist um so enger, je höher die Borkonzentration der zu titrierenden Lösung ist. Bei der Titration 0,001 %iger Borlösungen mit 0,01 n Natronlauge fand GOTTSCHALL (vgl. Bem. I und VII) eine maximale Abweichung von 5% des vorhandenen Bors für Bormengen von 0,1 bis 0,5 mg (entsprechend Borsäuremengen von 0,6 bis 3 mg) und von 3 bis 5 γ B für Bormengen unter 0,1 mg (Borsäuremengen unter 0,6 mg). Durch Ausführung mehrerer Titrationen an aliquoten Teilen der Titrierlösung und Mittelung der erhaltenen Einzelwerte, sowie durch Ausführung einer Blindprobe (Bem. IX) läßt sich die Genauigkeit noch weitgehend steigern (vgl. Bem. IV, S. 37).

XI. Untere Grenze der Bestimmbarkeit. Die kleinste, noch gut titrierbare Bormenge beträgt nach GOTTSCHALL 0,02 mg bei einer Fehlergrenze von 0,003 bis 0,005 mg (vgl. Bem. X), entsprechend 0,03 bis 0,05 cm^3 0,01 n Lauge. Voraussetzung ist dabei, daß die Borlösung mindestens 0,0004 %ig ist, entsprechend einem Titriervolumen von höchstens 5 cm^3 je 0,02 mg B. Jedoch läßt sich auch in noch verdünnteren (z. B. 0,0001 %igen) Borlösungen eine recht genaue Bortitration durchführen, wenn ein etwas anderes Titrierprinzip angewendet wird (vgl. S. 55f.).

II. Borsäure in Gegenwart von Säuren und Basen.

Vorbemerkung. Die in Abb. 7 wiedergegebene Titrationskurve einer 0,1 mol Borsäurelösung in Abwesenheit (ausgezogene Kurve; vgl. auch Abb. 1, S. 9) und in Gegenwart (gestrichelte Kurve; vgl. auch Abb. 2, S. 12, Kurve 4) von Mannit[1] verändert sich in charakteristischer Weise, wenn der Lösung andere Säuren zugefügt werden. Dies wird in den Abb. 8 bis 11 veranschaulicht, welche die Titration von Mischungen gleicher Raummengen 0,1 mol Borsäurelösung und 0,1 n starker (Abb. 8), mittelstarker ($K = 10^{-5}$; Abb. 9), schwacher ($K = 10^{-7}$; Abb. 10) und sehr schwacher Säure ($K = 10^{-9}$; Abb. 11) wiedergeben. Der der Neutralisation der beigemengten Säure entsprechende p_H-Anstieg in der Mitte der ausgezogenen Kurven (mannitfreie Lösungen) nimmt mit abnehmender Dissoziationskonstanten dieser Säure ab und verschwindet ganz bei der schwächsten, in ihrer Stärke der Borsäure entsprechenden Säure der Dissoziationskonstanten 10^{-9}. In den mannithaltigen Lösungen (gestrichelte Kurven) verschwindet der p_H-Anstieg bei der in ihrer Stärke der Mannitborsäure entsprechenden Säure der Dissoziationskonstanten 10^{-5}; er tritt dann mit weiter abnehmender Dissoziationskonstanten der beigemengten Säure wieder auf, stellt jetzt aber die Beendigung der Neutralisation der Mannitborsäure dar.

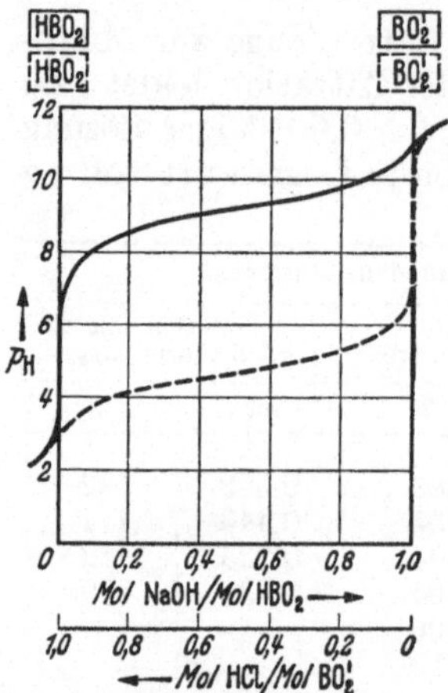

Abb. 7. Titration einer 0,1 mol Borsäurelösung mit 0,1 n Natronlauge. Ausgezogene Kurve: mannitfreie Lösung. Gestrichelte Kurve: mannithaltige Lösung.

Die verschiedene Form der Neutralisationskurven bedingt naturgemäß eine verschiedene Arbeitsweise in den einzelnen Fällen. Daher wird in den nachfolgenden Abschnitten auf diese Fälle getrennt eingegangen.

A. Anwesenheit starker Säuren (Basen).

Die vorhandene starke Säure (Base) wird vor Beginn der Borsäuretitration in Gegenwart von Indicatoren, auf welche Borsäure nicht als Säure anspricht, mit Lauge (Säure) genau neutralisiert.

Allgemeines.

a) Titrationskurve. Die in Abb. 8 wiedergegebene Titrationskurve zeigt von links nach rechts gelesen den p_H-Verlauf bei der Neutralisation einer Mischung gleicher Raumteile 0,1 mol Borsäurelösung und 0,1 n Salzsäure, von rechts nach links gelesen stellt sie entsprechend die Kurve der Titration einer äquimolaren Mischung von Borsäure und Natronlauge mit Salzsäure dar. Dasselbe Kurvenbild ergäbe sich bei anderen starken Säuren oder Basen.

Will man danach Borsäure in Gegenwart solcher Säuren oder Basen titrieren, so muß vor der Titration die beigemengte Säure (Base) durch Zugabe von Natronlauge (Salzsäure) neutralisiert werden. Bei dieser Neutralisation durchläuft man die ausgezogene Kurve von links nach rechts (rechts nach links) zwischen Ordinate A und B (C und B). Die auf solche Weise erhaltene Lösung freier Borsäure (senkrechtes Kurvenstück längs Ordinate B) dient dann als Ausgangslösung für die Borsäuretitration in Gegenwart von Mannit (gestrichelte Kurve zwischen Ordinate B und C) gemäß S. 19 bzw. S. 21.

b) Indicatoren. Die Neutralisation kann nach Abb. 8 unter den dort vorliegenden Titrationsbedingungen leicht in Gegenwart von Indicatoren durchgeführt werden, welche im p_H-Bereich 4 bis 6,5 umschlagen und deren alkalische Farbe die Erkennung des α-Naphtholphthalein-(Phenolphthalein-)Umschlags bei der eigentlichen Borsäuretitration nicht verhindert. Bei konzentrierteren (verdünnteren)

[1] Als Stärke der Mannitborsäure wurde in Abb. 7 die der Essigsäure angenommen.

Lösungen vergrößert (verkleinert) sich das genannte p_H-Gebiet etwas nach der sauren (alkalischen) Seite hin (vgl. Bem. III, S. 26).

Genauere Untersuchungen über die Eignung verschiedener Indicatoren des oben erwähnten Umschlagsbereiches für die Borsäuretitration stammen von DODD (e).

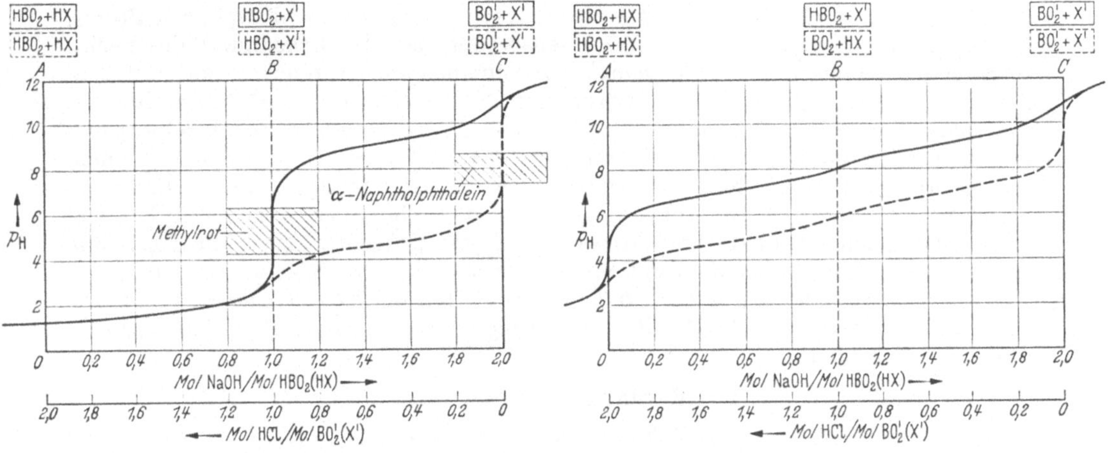

Abb. 8. HX starke Säure.

Abb. 10. HX schwache Säure ($K = 10^{-7}$).

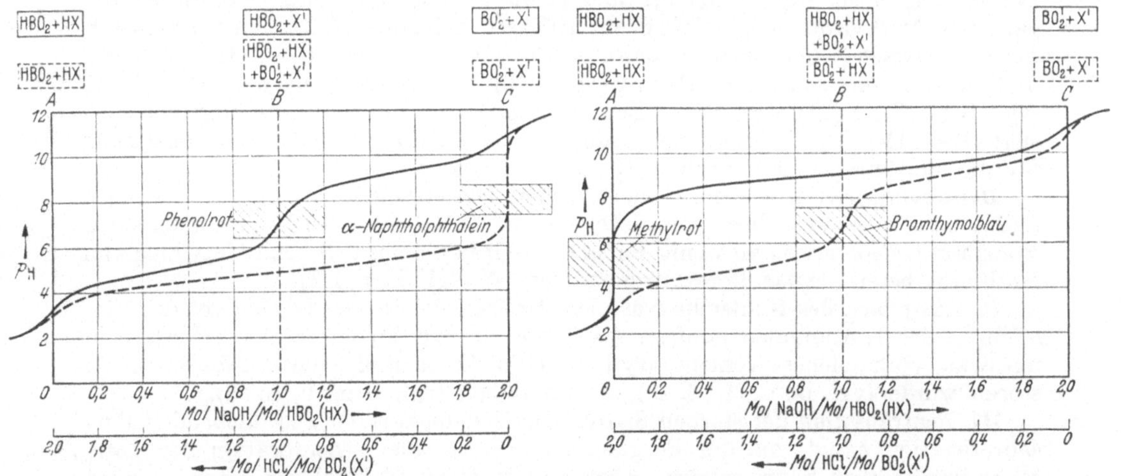

Abb. 9. HX mittelstarke Säure ($K = 10^{-5}$).

Abb. 11. HX sehr schwache Säure ($K = 10^{-9}$).

Abb. 8—11. Titration äquimolekularer Mischungen von 0,1 mol Borsäurelösung und 0,1 n Lösung einer starken (Abb. 8), mittelstarken ($K = 10^{-5}$; Abb. 9), schwachen ($K = 10^{-7}$; Abb. 10) und sehr schwachen Säure HX ($K = 10^{-9}$; Abb. 11) mit 0,1 n Natronlauge. Ausgezogene Kurven: mannitfreie Lösungen. Gestrichelte Kurven: mannithaltige Lösungen.

Die über den Ordinaten A, B und C (Zugabe von 0, 1 und 2 Mol NaOH je Mol HBO_2) angegebenen umrandeten Formeln bezeichnen jeweils die zu diesem Zeitpunkt der Titration in der Hauptsache vorhandenen Molekülsorten (ausgezogene Umrandung: mannitfreie Lösungen; gestrichelte Umrandung: mannithaltige Lösungen).

DODD (e) titrierte je 10 cm³ einer mit Schwefelsäure angesäuerten, rd. 0,1 mol Borsäurelösung mit 0,05 n Natronlauge zunächst in Gegenwart verschiedener Indicatoren bis zum 1. Äquivalenzpunkt, dann nach Zugabe überschüssigen Mannits weiter bis zum Umschlag von Phenolphthalein. Geprüft wurden die Indicatoren Methylorange (Umschlagsgebiet $p_H = 3,1$ bis $4,4$; Farbumschlag Rot-Gelb), Methylrot ($p_H = 4,2$ bis $6,3$; Rot-Gelb), Diäthylrot ($p_H = 4,5$ bis $6,3$; Rot-Gelb), Sofnol Nr. 1 ($p_H = 4,5$ bis $6,5$; Rötlich-Gelb), p-Nitrophenol ($p_H = 5,0$ bis $7,0$;

Farblos-Gelb), Bromkresolpurpur ($p_H = 5,2$ bis 6,8; Gelb-Purpur), Phenacetolin ($p_H = 3,0$ bis 6,0; Gelb-Rot) und Bromthymolblau ($p_H = 6,0$ bis 7,6; Gelb-Blau). Bis auf das — bei der Neutralisation saurer und alkalischer Borsäurelösungen auch heute noch vielfach verwendete — Methylorange, welches keinen sehr scharfen Farbumschlag ergab, erwiesen sie sich alle als zur Erkennung des Äquivalenzpunktes geeignet. Allerdings wirkte die alkalische Farbe von p-Nitrophenol, Bromkresolpurpur, Bromthymolblau und Phenacetolin bei der Erkennung des nachfolgenden Farbumschlages von Phenolphthalein ein wenig störend. Dagegen ließen die Indicatoren Methylrot, Diäthylrot und Sofnol Nr. 1 den Phenolphthaleinumschlag in alkalischer Lösung gut erkennen. Konzentriertere Borsäurelösungen sprechen nach THOMSON (d) und DODD (e) auf Sofnol Nr. 1 — und damit auch auf Methylrot oder Diäthylrot — bereits etwas sauer an (vgl. unten Bem. I), weshalb THOMSON (d) für solche Lösungen den Gebrauch von Methylorange empfiehlt. Nach SCHULEK und RÓZSA eignet sich p-Äthoxy-chrysoidin ($p_H = 3,5$ bis 5,5; Rot—Gelb) besonders gut als 1. Indicator bei der Borsäuretitration.

Zusammenfassend ergibt sich, daß *für die Titration 0,1 mol oder verdünnterer, starke Säure (Base) enthaltender Borsäurelösungen zweckmäßig Methylrot als 1. Indicator verwendet wird.*

Bestimmungsverfahren.

1. Makroverfahren (> 1 mg B).

Arbeitsvorschrift. Die zu analysierende, starke Lauge (Säure) enthaltende, zweckmäßig nicht stärker als 0,1 mol (Bem. I) Borsäurelösung wird unter Zugabe von Methylrotlösung solange mit 10%iger Salzsäure (Natronlauge) versetzt, bis sie schwach sauer reagiert, dann 1 bis 2 Min. gekocht (Bem. II), abgekühlt und mit. carbonatfreier (vgl. Bem. VIII, S. 20) 0,1 n-Natronlauge oder Barytlauge (vgl. Bem. IX, S. 21) sorgfältig (Bem. III) bis zum Indicatorumschlag neutralisiert (Bem. IV). Die so erhaltene Lösung freier Borsäure bildet die Ausgangslösung für die Borsäuretitration nach S. 19 (Bem. V und VI).

Bemerkungen. **I. Borsäurekonzentration.** In konzentrierten Borsäurelösungen findet man in Anwesenheit von Methylrot als 1. Indicator bei der nachfolgenden Borsäuretitration etwas zu wenig Borsäure, weil in diesem Fall beim Umschlag von Methylrot bereits etwas Borsäure gebunden ist (vgl. Bem. III).

II. Austreiben des Kohlendioxyds. Das Kochen der sauren Lösung vor der Einstellung des 1. Äquivalenzpunktes (vgl. Bem. I und II, S. 43) ist erforderlich, um etwa vorhandenes Kohlendioxyd, welches die nachfolgende Borsäuretitration stören würde (vgl. Bem. II, S. 19), zu vertreiben (vgl. Bem. V, S. 28).

III. Neutralisation der starken Säure. Die Genauigkeit der anschließenden Borsäuretitration hängt von der Sorgfalt ab, mit der die Neutralisation der überschüssigen starken Säure erfolgt. Fügt man zu wenig Natronlauge hinzu, so wird später die überschüssige Säure als Borsäure mittitriert; fügt man zu viel hinzu, so wird bereits hier ein Teil der Borsäure gebunden, so daß man bei der anschließenden Borsäuretitration zu wenig Bor findet. Liegt eine etwa 0,1 mol Borsäurelösung vor, so titriere man auf die Mischfarbe Orange des Methylrots, bei konzentrierten Lösungen auf ein rotstichiges Orange, bei verdünnten auf ein gelbstichiges Orange bis reines Gelb. Der Äquivalenzpunkt entspricht nach KOLTHOFF (i) bei 0,5 (0,05, 0,005) mol Borsäurelösungen einem p_H-Wert von 4,8 (5,3, 5,8); liegen noch 0,002 Mol starker Säure je Mol Borsäure vor, so beträgt der p_H-Wert 3,0 (4,0, 5,0); sind dagegen bereits 0,002 Mol der Borsäure durch starke Basen neutralisiert, so beträgt der Wasserstoff-Ionen-Exponent 6,5.

IV. Jodometrische Einstellung des 1. Äquivalenzpunktes. Die Beseitigung der überschüssigen Säure kann statt durch Neutralisation mit Lauge auf Methylrot als Indicator auch auf jodometrischem Wege durch Zugabe von Kaliumjodid-Kalium-jodat-Gemisch erfolgen [JONES (a); STOCK u. a.]: $5\,J' + JO_3' + 6\,H^{\cdot} \rightarrow 3\,H_2O + 3\,J_2$, da Borsäure aus diesem Gemisch kein Jod abscheidet (GEORGIEVIČ). Jedoch bietet dieses Verfahren gegenüber der Neutralisation durch Lauge keinen besonderen Vorteil. Man verfährt so, daß man die Lösung nach dem Austreiben des Kohlendioxyds mit überschüssiger Kaliumjodid-Kaliumjodat-Lösung versetzt und das ausgeschiedene freie Jod mit 0,1 n Natriumthiosulfatlösung genau entfernt. Dann titriert man mit Lauge zunächst ohne Zugabe von Mannit [um eine Jodausscheidung durch die stärkere Mannitborsäure (vgl. Bem. XIV, S. 21) zu vermeiden] bis zum Indicatorumschlag, entfärbt die Flüssigkeit wieder durch Zusatz von Mannit und setzt den Zusatz von Alkali und Mannit fort, bis durch Mannit keine Entfärbung der Lösung mehr hervorgerufen wird.

V. Indicatorumschlag. Bei der Zugabe von Mannit schlägt der gelbe Ton des Methylrots infolge Bildung der stärkeren Mannitborsäure nach Rot um. Diese rote Farbe der Lösung geht bei Zugabe der Titrierlauge zunächst in Gelb und dann beim Äquivalenzpunkt der Borsäuretitration in die Mischfarbe aus Gelb und der Umschlagsfarbe des 2. Indicators über. Nach STRECKER und KANNAPPEL ist bei Anwesenheit von Methylrot die Verwendung von α-Naphtholphthalein der von Phenolphthalein als Indicator für die Borsäuretitration vorzuziehen, weil der Übergang von Gelb nach Hellorange (Mischfarbe von Gelb und Rot) weniger leicht zu erkennen ist als der von Gelb nach Grün (Mischfarbe von Gelb und Blau).

VI. Genauigkeit. Die Fehlergrenze des Verfahrens ist dieselbe wie bei der Titration reiner Borsäurelösungen (Bem. XIII, S. 21; vgl. Bem. I und II, S. 43).

2. Mikroverfahren (0,02 bis 1 mg B).

Arbeitsvorschrift A. Die zu analysierende, starke Base (Säure) enthaltende, möglichst nicht unter 0,001 mol (vgl. Bem. I, S. 21) Borsäurelösung wird in Gegenwart von Methylrot als Indicator mit 1 n Salzsäure (Natronlauge) versetzt, bis sie schwach sauer reagiert, dann 1 bis 2 Min. gekocht (vgl. Bem. II, S. 26), wieder abgekühlt und mit carbonatfreier (vgl. Bem. VIII, S. 20) 0,01 n Natronlauge oder Barytlauge (vgl. Bem. IX, S. 21) — unter Rücktitration eines gegebenenfalls zugefügten Laugeüberschusses mit 0,01 n Salzsäure — sorgfältig (Bem. I) bis zum Umschlag des Indicators titriert (vgl. Bem. V, S. 22). Die so erhaltene Lösung freier Borsäure dient als Ausgangslösung für die Borsäuretitration nach S. 21 (vgl. oben Bem. V). Die hierbei verbrauchte Menge 0,01 n (Bem. II) Lauge, vermindert um den Laugenverbrauch eines in genau gleicher Weise mit destilliertem Wasser durchgeführten Blindversuchs (Bem. III und IV), ergibt die vorhandene Bormenge (Bem. V; vgl. auch Bem. VI, S. 29).

Bemerkungen A. **I. Neutralisation der starken Säure.** Die Neutralisation der überschüssigen Säure muß bei der *Mikro*borbestimmung mit ganz besonderer Sorgfalt erfolgen, da die richtige Erkennung des Äquivalenzpunktes die Voraussetzung für das Gelingen der Borbestimmung ist (vgl. Bem. III, S. 26).

SCHARRER und GOTTSCHALL schlagen folgende Arbeitsweise vor: Die nach dem Austreiben des Kohlendioxyds abgekühlte Lösung wird zunächst solange mit 1 n Natronlauge versetzt, bis die Lösung gerade alkalisch reagiert. Hierauf wird mit 0,1 n Salzsäure (2 bis 8 Tropfen) auf schwach sauer (höchstens 2 Tropfen Überschuß) titriert und mit 0,1 n Natronlauge (1 bis 2 Tropfen) auf schwach alkalisch zurücktitriert. Schließlich titriert man mit 0,01 n Salzsäure (2 bis 6 Tropfen) auf ganz schwach sauer. War der gelb-rötliche Umschlagspunkt nicht einwandfrei erkennbar, so titriert man mit 1 bis 3 Tropfen 0,01 n Natronlauge zurück und versetzt die Lösung nochmals mit 1 bis 3 Tropfen 0,01 n Salzsäure.

II. Einstellung der Lauge. Das Einstellen der 0,01 n Lauge auf eine Borsäurelösung bekannter Konzentration (vgl. Bem. VII, S. 23) erfolgt hier zweckmäßig in Gegenwart der beiden für die Borsäurebestimmung benutzten Indicatoren Methylrot und α-Naphtholphthalein. Das dem α-Naphtholphthaleinumschlag entsprechende p_H-Intervall des Mischindicators weicht ja, wenn auch nicht wesentlich, vom Umschlagsbereich des reinen α-Naphtholphthaleins ab, was beim Arbeiten mit verdünnten, 0,01 n Lösungen Fehler verursachen kann [SCHULEK und VASTAGH (a)].

III. Blindprobe. Durch die Blindprobe wird diejenige Laugenmenge erfaßt, welche durch einen etwaigen Säuregehalt des Mannits (vgl. Bem. III, S. 19), durch einen Borgehalt der verwendeten Reagenzien (RADER und HILL) und durch den Übergang vom p_H-Umschlagsbereich des 1. Indicators zu dem des 2. Indicators (vgl. Bem. IV) verbraucht wird.

IV. Laugenverbrauch zwischen dem 1. und dem 2. Indicatorumschlag. Der Übergang vom Umschlagspunkt des 1. Indicators zu dem des 2. Indicators ist naturgemäß mit einem geringen Laugenverbrauch verknüpft. So verbrauchten nach BROWN (vgl. auch ALLEN und ZIES; RADER und HILL) 75 cm³ destilliertes Wasser, die mit 0,1 cm³ 1 n Schwefelsäure angesäuert, 1 Min. gekocht, wieder abgekühlt und dann mit 0,05 n Natronlauge auf 0,1 cm³ 0,02%iger Methylorange- ($p_T = 4{,}4$) bzw. Sofnollösung ($p_T = 6{,}0$) als 1. Indicator neutralisiert worden waren, 0,17 bzw. 0,10 cm³ 0,05 n Natronlauge bis zum Umschlag von Phenolphthalein als 2. Indicator, von dem 0,4 cm³ einer 1%igen Lösung ($p_T = 8{,}3$) zugegeben worden waren.

Damit dieser Laugenverbrauch zwischen den beiden Indicatorumschlägen nicht fälschlich als Borsäure in Rechnung gesetzt wird, muß man ihn bei Mikroborbestimmungen in einer Blindprobe (vgl. Bem. III) ermitteln. Man kann den genannten Fehler auch dadurch ausschalten, daß man nur einen einzigen Indicator verwendet [z. B. SCHULEK und VASTAGH (a); FOOTE; WILCOX (b); ROTH; RADER und HILL]; in diesem Falle muß man allerdings eine in genau gleicher Weise auf Borsäure eingestellte Titrierlauge verwenden (vgl. S. 55f.).

V. Genauigkeit. Die Fehlergrenze bei der Mikroborsäurebestimmung in sauren (alkalischen) Borsäurelösungen entspricht etwa der bei der Titration reiner Borsäurelösungen (vgl. Bem. X, S. 23). So fand GOTTSCHALL bei der Bestimmung von 0,04 bis 0,35 mg Bor (äquivalent 0,25 bis 2 mg Borsäure) in einer rd. 0,001%igen Borlösung ($^1/_2$ g Mannit je 10 cm³ Flüssigkeit; α-Naphtholphthalein als Indicator; 2maliges Kochen zwecks Austreiben des Kohlendioxyds) die in der 6. und 7. Spalte folgender Zusammenstellung wiedergegebenen Borwerte [durch Mittelung mehrerer Titrationsergebnisse an aliquoten Teilen der gleichen Analysenlösung und durch Ausführung einer Blindprobe (vgl. Bem. III) läßt sich die Genauigkeit weitgehend steigern (vgl. Bem. IV, S. 37)].

Angewendete Bormenge	Gefundene Bormenge					
	kein Austreiben von CO_2		1maliges Austreiben von CO_2		2maliges Austreiben von CO_2	
mg	mg	%	mg	%	mg	%
0,344	0,389	113	0,375	109	0,364	106
0,259	0,296	114	0,278	107	0,273	105
0,172	0,187	109	0,184	107	0,178	103
0,086	0,096	112	0,094	109	0,090	105
0,043	0,055	128	0,049	114	0,048	112

Wurde das Kochen nach dem Mannitzusatz (vgl. Bem. IV, S. 22) unterlassen, so ergaben sich die in Spalte 4 und 5 angegebenen höheren Zahlen; wurde auch auf das Kochen vor der endgültigen Neutralisation der starken Säure (vgl. Bem. II, S. 26) verzichtet, so resultierten noch höhere Werte (Spalte 2 und 3). Man ersieht daraus, daß bei Mikroboranalysen ein 2maliges Erhitzen der Titrierflüssigkeit (vor der Neutralisation der sauren Lösung und nach dem Mannitzusatz) unbedingt erforderlich ist.

Arbeitsvorschrift B nach **ŞUMULEANU *und* BOTEZATU.** 0,5 bis 5 cm³ (Bem. I) der zu analysierenden, starke Säure (Base) enthaltenden, zweckmäßig nicht unter 0,001 mol (vgl. Bem. I, S. 21) Borsäurelösung werden schwach alkalisch gemacht und in das Titriergefäß A des in Abb. 12 wiedergegebenen Apparates (Bem. I) gegeben. Dann fügt man 3 bis 4 Tropfen Methylrotlösung (gesättigte Lösung in 60%igem Alkohol), 3 bis 4 Tropfen 1%ige Phenolphthalein- (α-Naphtholphthalein-)Lösung sowie 1 Tropfen Octylalkohol hinzu und titriert, während man einen kräftigen, kohlendioxydfreien Luftstrom durch das Gefäß leitet, sorgfältig (vgl. Bem. I, S. 27) mit 0,01 n Salzsäure, bis ein Orangeton bestehen bleibt. Wenn nach einigen Minuten das Kohlendioxyd aus der Lösung vertrieben ist, mäßigt man die Geschwindigkeit des Luftstroms, setzt der Lösung 0,5 cm³ 10%ige Mannitlösung (Bem. II) zu und titriert mit 0,005 n Barytlauge (Bem. III) auf Rosa (Grün). Der Laugenverbrauch zwischen den beiden Umschlagspunkten, vermindert um den Laugenverbrauch eines in genau gleicher Weise mit destilliertem Wasser durchgeführten Blindversuchs (vgl. Bem. III, S. 28), ergibt die vorhandene Bormenge (Bem. IV bis VII). Die gesamte Bestimmung erfordert etwa 5 Min.

Bemerkungen B. **I. Titrierapparat.** Der Apparat besteht aus einem Titriergefäß A aus Glas von der in Abb. 12 wiedergegebenen Form, verschlossen durch einen Gummistopfen mit vier Bohrungen. Durch diese vier Bohrungen gehen: die Enden zweier Halbmikrobüretten (10 cm³ Inhalt, Unterteilung in 0,02 cm³; vgl. Bem. V, S. 22), ein Gasverteiler B (Rohr mit Filtrationsplatte von 1 cm Durchmesser) und ein zur Saugpumpe führendes Rohr mit Hahn.

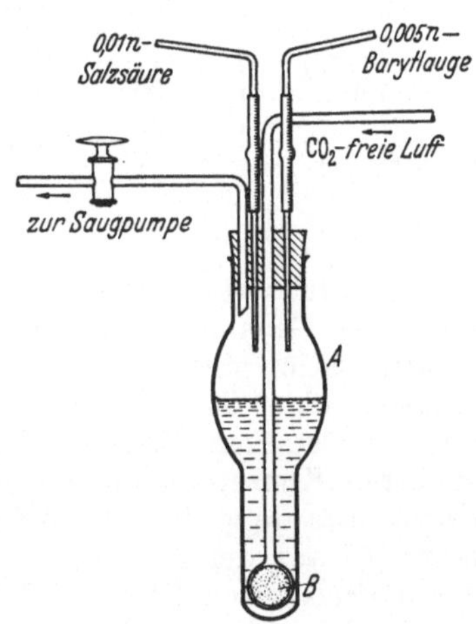

Abb. 12. Titriergefäß zur Mikrotitration verdünnter Borsäurelösungen. (Nach ŞUMULEANU und BOTEZATU.)

BROWN empfiehlt den von JACKSON[1] beschriebenen Titrierapparat.

II. Mannitlösung. Der 10%igen Mannitlösung (vgl. Bem. II, S. 22) setzt man nach ŞUMULEANU und BOTEZATU zweckmäßig einige Tropfen Chloroform zu. Ein etwaiger kleiner Säuregehalt des Mannits geht in die Blindprobe (vgl. Bem. III, S. 28) ein.

III. Titrierlauge. Zur Herstellung der Barytlauge (vgl. Bem. IX, S. 21) verdünnt man nach ŞUMULEANU und BOTEZATU 13 bis 14 cm³ einer gesättigten Lösung auf 500 cm³. Den Titer ermittelt man nach mehrstündigem Stehen der Lauge in der Weise, daß man eine bekannte Borsäuremenge (z. B. eine 0,01 mol Borsäurelösung) in der oben beschriebenen Weise titriert und vom Laugenverbrauch den eines in genau gleicher Weise mit destilliertem Wasser ausgeführten Blindversuchs abzieht.

IV. Boräquivalent der Lauge. 1 cm³ der 0,005 n Lauge entspricht 0,3092 mg H_3BO_3 oder 0,2191 mg HBO_2 oder 0,1741 mg B_2O_3 oder 0,0541 mg B.

V. Genauigkeit. Borsäuremengen von 0,1 bis 1,5 mg (entsprechend 0,02 bis 0,3 mg Bor) lassen sich nach ŞUMULEANU und BOTEZATU in der oben beschriebenen Weise mit einem maximalen Fehler von $\pm 2\%$ und einem mittleren Fehler von $\pm 0,7\%$ der vorhandenen Bormenge titrieren (vgl. hierzu Bem. V, S. 28).

VI. Untere Grenze der Bestimmbarkeit. Wie in reinen Borsäurelösungen (vgl. Bem. XI, S. 23) läßt sich nach ŞUMULEANU und BOTEZATU auch in sauren (alkalischen) Borsäurelösungen die Mikroborsäuretitration bis herab zu 0,02 mg Bor durchführen, wenn das Titriervolumen 5 cm³ nicht überschreitet.

VII. Einfluß von Beimengungen. Ein *Natriumchloridgehalt* der Borsäurelösung ist ohne Einfluß auf das Ergebnis der Titration (ŞUMULEANU und BOTEZATU; vgl. aber Bem. IX, S. 35). Die *Kationen* $Fe^{\cdots}$ und $Al^{\cdots}$ stören in Mengen über 5 mg je Liter (näheres über die störende Wirkung von Metallsalzen s. S. 30f.). So fanden ŞUMULEANU und BOTEZATU bei der Bestimmung von 0,618 mg

[1] JACKSON, J.: J. Soc. chem. Ind. **53**, **36** (**1934**).

Borsäure (1 cm³ einer 0,01 mol Borsäurelösung) in Gegenwart wechselnder Mengen $Fe^{\cdots}$ und $Al^{\cdots}$ folgende Borsäurewerte:

Zugefügte Menge Kation	Gefundene Borsäuremenge	
mg/l	mg	%
5 (Fe)	0,618	100
10 „	0,630	102
20 „	0,649	105
30 „	0,667	108
5 (Al)	0,618	100
7,5 „	0,630	102
10 „	0,636	103
20 „	0,649	105

Enthält also eine nach dem obigen Mikrobestimmungsverfahren zu analysierende Borsäurelösung mehr als 5 mg $Fe^{\cdots}$ oder $Al^{\cdots}$ je Liter, so muß die Borsäure vor der Titration von den störenden Stoffen abgetrennt werden (vgl. S. 32f.).

B. Anwesenheit mittelstarker bis sehr schwacher Säuren (Basen).

Durch geeignete Trennungsverfahren wird entweder die Borsäure von dem störenden Stoff oder umgekehrt der störende Stoff von der Borsäure abgetrennt.

Allgemeines.

a) Mittelstarke Säuren ($K > 10^{-5}$). Hält man den richtigen Titrierexponenten mit einer Genauigkeit von 0,2 Einheiten ein, so gelingt nach KOLTHOFF (d) die Neutralisation einer mittelstarken Säure neben Borsäure bei Vorliegen äquivalenter Mengen beider Säuren nur dann auf 0,5% genau, wenn die Dissoziationskonstante der mittelstarken Säure größer als 10^{-5} ist. Liegt die Borsäure in einer 100mal größeren Konzentration als die mittelstarke Säure vor, so muß deren Dissoziationskonstante größer als 10^{-3} sein. Der Titrierexponent p_T errechnet sich [KOLTHOFF (i)] aus der Beziehung $p_T = {}^1/_2 (p_K + 9{,}2) + {}^1/_2 \log r$ (p_K = Säureexponent der mittelstarken Säure, 9,2 = Säureexponent der Borsäure, r = Molverhältnis von mittelstarker zu Borsäure).

Abb. 9 (S. 25) gibt als Beispiel die Titration einer Mischung gleicher Raummengen 0,1 mol Borsäure und 0,1 n Säure HX der Dissoziationskonstanten 10^{-5} — also etwa Essigsäure — wieder. Von links nach rechts gelesen zeigt sie die p_H-Änderung bei der Neutralisation beider Säuren mit 0,1 n Natronlauge, von rechts nach links gelesen die p_H-Änderung bei der Titration ihrer Alkalisalze mit Salzsäure; die Schnittpunkte der beiden Kurven (ausgezogene Kurve: mannitfreie Lösung, gestrichelte Kurve: mannithaltige Lösung) mit Ordinate B entsprechen den p_H-Werten äquimolekularer Mischungen von Alkaliborat und mittelstarker Säure bzw. von deren Alkalisalz und Borsäure.

Der Titrierexponent beträgt in diesem Falle ${}^1/_2$ (5,0 + 9,2) + 0 = 7,1 (Schnittpunkt der ausgezogenen Kurve mit Ordinate B); 1% vor dem Äquivalenzpunkt liegt ein p_H-Wert zwischen 6,7 und 6,8, 1% nach dem Äquivalenzpunkt ein solcher zwischen 7,4 und 7,5 vor. Mit Neutralrot (p_H = 6,8 bis 8,0; Rot-Gelb) oder Phenolrot (p_H = 6,8 bis 8,0; Gelb-Rot) als Indicator und einer Vergleichslösung vom p_H-Wert 7,1 läßt sich daher in diesem Falle die neben Borsäure vorhandene mittelstarke Säure gut auf etwa ${}^1/_2$% genau neutralisieren. Die so erhaltene Lösung freier Borsäure kann dann nach Zusatz von Mannit, wodurch der p_H-Wert 7,1 der neutralisierten Lösung auf den der gestrichelten Kurve entsprechenden Wert (Schnittpunkt mit Ordinate B) herabgesetzt wird, in normaler Weise mit α-Naphtholphthalein (Phenolphthalein) als Indicator titriert werden; der p_H-Verlauf entspricht dabei dem gestrichelten Kurvenstück zwischen den Ordinaten B und C [1,0 bis 2,0 Mol NaOH/Mol HBO_2(HX)].

Der bei Borsäuretitrationen in Gegenwart *starker* Säuren oder Basen zur Erkennung des 1. Äquivalenzpunktes geeignete Indicator Methylrot (vgl. S. 24f.) wäre im vorliegenden Fall ungeeignet, da bei seiner Verwendung (vgl. Abb. 9) der Indicatorumschlag (p_H-Bereich 4,2 bis 6,3) bereits vor dem Äquivalenzpunkt erfolgen, die nachfolgende Borsäuretitration also zu viel Borsäure ergeben würde.

Sind der Borsäure mittelstarke *mehrbasische* Säuren — wie beispielsweise Phosphorsäure — beigemischt, so treten natürlich wegen der zweiten und höheren Dissoziationsstufe Komplikationen auf (vgl. Abschnitt b und c). In solchen Fällen muß der Borsäuretitration eine Abtrennung der störenden Stoffe oder der Borsäure vorausgehen (vgl. S. 32f.). In gleicher Weise ist zu verfahren, wenn man auf eine größere Genauigkeit der Borsäurebestimmung in Gegenwart mittelstarker Säuren Wert legt.

b) Sehr schwache Säuren ($K < 10^{-9}$). Die Kurven der Abb. 11 (S. 25) geben die Titration einer äquimolaren Mischung von 0,1 mol Borsäurelösung und 0,1 n Lösung einer Säure der Dissoziationskonstanten 10^{-9} — z. B. Ammoniumchlorid[1] — wieder. In einer solchen Lösung kann, wie aus der gestrichelten Kurve (mannithaltige Lösung) hervorgeht, die Borsäure in Anwesenheit von Mannit bei Gegenwart z. B. von Bromthymolblau ($p_H = 6{,}0$ bis 7,6; Gelb-Blau) als Indicator und unter Verwendung einer Vergleichslösung vom Titrierexponenten $p_T = \frac{1}{2}(9{,}0 + 4{,}7) + 0 = 6{,}8$ (vgl. S. 30; für die Mannitborsäure wurde als Säureexponent der Wert 4,7 der Essigsäure eingesetzt) auf $\frac{1}{2}\%$ genau titriert werden.

Liegt eine Lösung von Alkaliborat und der der Säure korrespondierenden Base (im Falle von Ammoniumchlorid also Ammoniak) vor (Ordinate C), so kann nach Abb. 11 durch Zugabe von Salzsäure bis zum Umschlag von Methylrot (Durchlaufen der ausgezogenen Kurve von Ordinate C bis Ordinate A) der Ausgangspunkt für die nachfolgende Borsäuretitration mit Mannit und Bromthymolblau (gestricheltes Kurvenstück zwischen Ordinate A und B) eingestellt werden.

Die normale Borsäuretitration in Gegenwart von *α-Naphtholphthalein* ($p_H = 7{,}4$ bis 8,7) oder *Phenolphthalein* ($p_H = 8{,}2$ bis 10,0) als Indicator würde zu viel Borsäure ergeben, da die genannten Indicatoren beim Äquivalenzpunkt (Schnittpunkt der gestrichelten Kurve mit Ordinate B) noch nicht umschlagen. Diese Schlußfolgerung steht mit den experimentellen Erfahrungen zahlreicher Autoren in Einklang.

Für *genaue* Borbestimmungen ist es auch hier wie oben bei den mittelstarken Säuren (s. Abschnitt a) erforderlich, Borsäure und beigemengte Säure zu trennen.

c) Schwache Säuren ($10^{-5} > K > 10^{-9}$). Ganz unerläßlich ist eine solche Trennung aber bei Anwesenheit von Säuren, deren Dissoziationskonstante zwischen der der Borsäure und der der Mannitborsäure liegt. Hier macht der Verlauf der Neutralisationskurven eine maßanalytische Borbestimmung ohne vorherige Trennung unmöglich, da diese Säuren weitgehend mit der Borsäure mittitriert werden.

So zeigt beispielsweise Abb. 10 (S. 25; ausgezogene Kurve: mannitfreie Lösung, gestrichelte Kurve: mannithaltige Lösung) die Titration einer 0,1 n Säurelösung, enthaltend äquimolekulare Mengen Borsäure und Säure der Dissoziationskonstanten 10^{-7}. Von links nach rechts gelesen gibt sie den p_H-Verlauf bei der Neutralisation beider Säuren durch 0,1 n Natronlauge wieder, von rechts nach links gelesen die p_H-Änderung bei der Titration ihrer Alkalisalze mit Salzsäure; die Kurvenschnittpunkte mit Ordinate B entsprechen den p_H-Werten äquimolekularer Mischungen von Alkaliborat und schwacher Säure bzw. von deren Alkalisalz und Borsäure.

Man ersieht aus den Kurven, daß weder in Abwesenheit noch in Gegenwart von Mannit Borsäure neben dieser schwachen Säure titriert werden kann, da der p_H-Sprung beim ersten Äquivalenzpunkt in beiden Fällen zu klein ist. Daher müssen Säuren der genannten Stärke — z. B. Kohlensäure (1. Dissoziation) oder Phosphorsäure (2. Dissoziation) — vor der Borsäuretitration entfernt werden. Ebenso darf die zur Borsäuretitration verwendete Lauge keine Salze solcher Säuren — etwa Carbonate — enthalten, da bei deren Gegenwart (vgl. Abb. 10)

[1] Auch Metall- und Ammoniumsalze wirken wie schwache Säuren (Hydrolyse).

der Umschlag von α-Naphtholphthalein bzw. Phenolphthalein zu spät erfolgt, d. h. zu viel Borsäure gefunden wird.

d) Zusammenfassung. Zusammenfassend ergibt sich somit, daß Borsäure in Gegenwart mittelstarker bis sehr schwacher Säuren (Metallsalze[1], Kieselsäure, Ammoniumsalze[1], Phosphorsäure, Kohlensäure, schweflige Säure, organische Säuren usw.) oder ihrer korrespondierenden Basen (Metallhydroxyde, Silicate, Ammoniak, Phosphate, Carbonate, Sulfite, Salze organischer Säuren usw.) nur dann genau titriert werden kann, wenn vor der Titration Borsäure und störender Stoff getrennt werden.

Zu diesem Zweck kann man entweder die Borsäure von dem störenden Stoff oder den störenden Stoff von der Borsäure abtrennen. Der erste Fall wird in Abschnitt 1 (s. unten), der zweite in Abschnitt 2 (S. 42f.) behandelt. Über eine Möglichkeit, gegebenenfalls ohne eine solche Trennung auszukommen, wird in Abschnitt 3 (S. 55f.) berichtet.

1. Abtrennung der Borsäure.

a) Abtrennung als Methylester.

Die Borsäure wird als Methylester von den störenden Stoffen abdestilliert und im Destillat titriert.

Allgemeines.

Die Methode der Abtrennung der Borsäure von titrationsstörenden Stoffen durch Abdestillieren als Methylester und anschließende Titration im Destillat nach Überführung in eine komplexe Säure stellt eine Kombination des erstmalig von Gooch im Jahre 1887 beschriebenen Destillationsverfahrens (S. 65f.) und des erstmalig von Thomson (b) im Jahre 1893 veröffentlichten Titrationsverfahrens (S. 11f.) dar und wurde von Sargent im Jahre 1899 vorgeschlagen.

Das Verfahren kann in allen den Fällen zur Anwendung gelangen, in welchen bei den zur Borsäure-Esterbildung erforderlichen Reaktionsbedingungen (Erhitzen der Substanz mit konzentrierter Schwefelsäure und Methylalkohol) keine sonstigen flüchtigen schwachen Säuren oder deren Ester gebildet werden. Sie läßt sich also z. B. auf Gemische von Borsäure (Boraten) mit Kieselsäure (Silicaten), Phosphorsäure (Phosphaten; vgl. Bem. VIII, S. 38), Metallsalzen (Metallhydroxyden) usw. anwenden; dagegen führt sie naturgemäß bei Borsäure-(Borat-)Lösungen mit einem Gehalt z. B. an Kohlensäure (Carbonaten), Ammoniumsalzen (Ammoniak), schwefliger Säure (Sulfiten), Salpetersäure (Nitraten), Fluorwasserstoffsäure (Fluoriden), organischen Verbindungen usw. nicht zum Ziele, weil hier die störenden Stoffe entweder als solche (Kohlensäure, Ammoniumsalz, schweflige Säure usw.) oder in umgewandelter Form (Salpetersäure → niedere Sauerstoffsäuren des Stickstoffs; Fluorwasserstoffsäure → Kieselfluorwasserstoffsäure und Borfluorwasserstoffsäure; organische Verbindungen → organische Säuren) mit ins Destillat gelangen. In solchen Fällen muß man zu speziellen Arbeitsmethoden (vgl. S. 42f.) greifen.

Bestimmungsverfahren.

α) Abwesenheit von Kieselsäure (Silicaten).

aa) Makroverfahren (> 1 mg B). Arbeitsvorschrift nach Schulek und Vastagh (a). Die zu analysierende Substanzprobe, die 1 bis 20 mg Bor enthalten soll, wird — gegebenenfalls nach entsprechender Vorbereitung[2] — mit möglichst wenig, höchstens 30 bis 40 cm³ Wasser in den Destillierkolben A der in Abb. 13 wiedergegebenen Apparatur (Bem. I) übergeführt und unter sorgfältigem Kühlen mit 5 cm³ konzentrierter Schwefelsäure (Bem. II) versetzt. Um Stoßen zu ver-

[1] Siehe Anmerkung 1, S. 31.

[2] Aufschließung, Zerstörung organischer Materie usw.: vgl. z. B. S. 45 und 48.

meiden, können eine Glasperle und wenig grobes Bimssteinpulver[1] zugegeben werden. Dann feuchtet man den Schliff des Kolbens mit wenig konzentrierter Schwefelsäure an und stellt die Apparatur zusammen. Als Vorlage dient ein ERLENMEYER-Kolben von 200 cm³ Inhalt, welcher etwa 10 cm³ 1 n Natronlauge enthält. Mit kleiner Flamme wird jetzt das Wasser vorsichtig abdestilliert, bis sich im Destillierkolben Schwefelsäuredämpfe entwickeln. Während dieser Destillation darf das Kühlerrohr E nicht in die Flüssigkeit der Vorlage tauchen.

Zum vollständig abgekühlten schwefelsauren Reaktionsgemisch werden durch den angeschmolzenen Hahntrichter C unter behutsamem Bewegen des Kolbens 40 cm³ Methylalkohol (Bem. III) zugeträufelt. Nachdem sich die Flüssigkeiten vermischt haben, wird der Boden der Vorlage leicht an das Kühlerrohr angedrückt und der Methylalkohol unter vorsichtigem Erwärmen mit kleiner Flamme (Schornstein auf dem Brenner) überdestilliert (Bem. V). Die in der Vorlage befindliche Flüssigkeit spielt dabei — nachdem die Luft aus der Apparatur entwichen ist — im Kondensationsrohr auf und ab, so daß eine vollkommene Absorption erreicht wird. Das Ende der Destillation wird dadurch angezeigt, daß die sich entwickelnden und sich nicht kondensierenden Methylätherdämpfe die Flüssigkeitssäule herausdrücken und in Form von Blasen entweichen; zugleich bilden sich Schwefelsäuredämpfe. Die Vorlage wird jetzt ein wenig gesenkt und die Flamme entfernt.

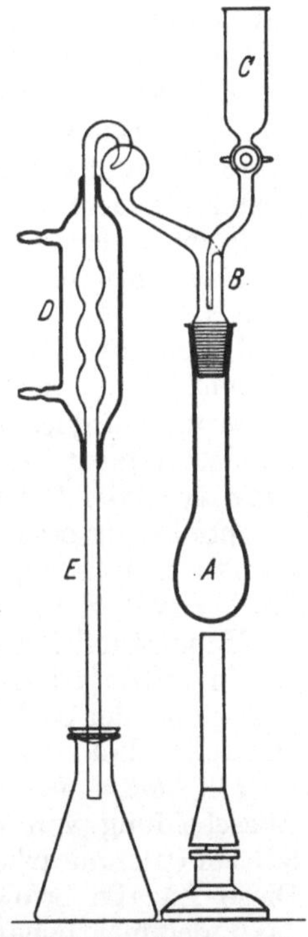

Abb. 13. Destillierapparatur zur Abtrennung der Borsäure von titrationsstörenden Begleitstoffen als Borsäuremethylester. [Nach SCHULEK und VASTAGH (a).]

Nachdem sich der Inhalt des Destillierkolbens abgekühlt hat, wird die Destillation nach vorsichtigem Zuträufeln von 20 cm³ Methylalkohol und Vermischen der Flüssigkeiten wiederholt (Bem. IV und V). Nach Beendigung auch dieser Destillation spült man das Kühlerrohr mit einigen Kubikzentimetern Methylalkohol ab.

Nun überzeugt man sich durch Zusatz von 1 bis 2 Tropfen Methylorangelösung davon, daß der Inhalt der Vorlage alkalisch geblieben ist, gibt (Bem. VI) 2 Tropfen 30%iges, phosphorsäurefreies Wasserstoffsuperoxyd (Bem. VII) hinzu und dampft die sorgfältig in eine Silberschale (Bem. VIII) von etwa 200 cm³ Inhalt übergespülte Flüssigkeit auf dem Wasserbad zur Trockne ein. Hierbei ist Sorge zu tragen, daß der Inhalt der Schale während des Eindampfens nicht in heftiges Kochen kommt, damit keine mechanischen Verluste eintreten. Der Rückstand wird über einem BUNSEN-Brenner geschmolzen; die Schmelze sei klar und durchsichtig, was leicht erreicht werden kann, wenn man etwas gepulvertes Kaliumhydroxyd auf den Rückstand streut (Bem. IX).

Die Alkalischmelze wird in etwa 3 cm³ Wasser gelöst und mit möglichst wenig Wasser in einen ERLENMEYER-Kolben übergespült. Die weitere Behandlung der Lösung erfolgt nach der auf S. 26 gegebenen Arbeitsvorschrift (Bem. X; vgl. Bem. VI bis IX, S. 37—38).

Bemerkungen. *I. Destillierapparatur.* Die Apparatur (Abb. 13) besteht aus einem als Destillierkolben dienenden KJELDAHL-Kolben A von 100 cm³ Inhalt mit aufgegeschliffenem Destillieraufsatz B samt eingeschmolzenem Tropftrichter C, sowie einem Kühler D mit Kühlerrohr E. Der KJELDAHL-Kolben kann gegen einen größeren von 250 bis 300 cm³ Inhalt ausgetauscht werden (vgl. Bem. V, S. 41).

[1] Der Bimsstein wird vorher sorgfältig granuliert, zunächst mit Wasser, dann mit Salpetersäure mehrmals ausgekocht, gewaschen und ausgeglüht [SCHULEK und VASTAGH (a)].

Von den zahlreichen sonstigen, in der Literatur beschriebenen Destillierapparaturen seien hier vor allem die in Amerika vielbenutzte, aber eine etwas zeitraubende Arbeitsweise bedingende Apparatur von CHAPIN [vgl. hierzu aus neuerer Zeit z. B. HILLEBRAND und LUNDELL; WILCOX (a); RADER und HILL; HAGUE und BRIGHT] und der von ALCOCK vorgeschlagene Apparat erwähnt.

Um eine Abgabe von Bor aus dem Glas des Destillierkolbens während der Destillation zu verhindern, verwendet man — namentlich bei Mikroboranalysen — zweckmäßig einen Kolben aus borfreiem Kavalierglas (HUDIG und LEHR; RADER und HILL) oder Quarz (HAGUE und BRIGHT). Vgl. Bem. III, S. 36.

II. Säure. Zum Freimachen der Borsäure aus ihren Salzen zwecks Esterbildung mit Alkohol und nachfolgender Borbestimmung werden in der Literatur verschiedene Säuren (Schwefelsäure, Essigsäure, Phosphorsäure, Salzsäure) empfohlen. Da die Esterbildung durch wasserentziehende Mittel gefördert wird [$B(OH)_3 + 3\,ROH \rightleftharpoons B(OR)_3 + 3\,H_2O$], verwendet man zweckmäßig konzentrierte Schwefelsäure [SCHULEK und VASTAGH (a)]. Andernfalls muß man ein wasserentziehendes Mittel hinzugeben. Als solches benutzt CHAPIN, der die Borsäure mit Salzsäure austreibt, Calciumchlorid. Bei Verwendung von Phosphorsäure zum Austreiben der Borsäure gibt man zweckmäßig Phosphorpentoxyd als Trockenmittel zu (RADER und HILL).

III. Alkohol. Für die Esterbildung ist Methylalkohol besser geeignet als Äthylalkohol [SCHULEK und VASTAGH (a)], da er wesentlich flüchtiger als dieser ist (Borsäuremethylester siedet bei 68,7°, Borsäureäthylester bei 117,4° C). Man verwende, namentlich bei Mikroborbestimmungen, einen sorgfältig über Kaliumhydroxyd oder Calciumoxyd destillierten Methylalkohol, da auch reinster Methylalkohol häufig organische Säuren oder Borverbindungen enthält (HUDIG und LEHR; RADER und HILL), die ins Destillat gelangen und dort als Borsäure mittitriert werden (vgl. S. 30f.).

Handelsüblicher Holzgeist ist ungeeignet (CHAPIN; ALLEN und ZIES), schon weil er ein gelbgefärbtes Destillat ergibt, welches die Erkennung der Indicatorumschläge bei der nachfolgenden Titration erschwert. Auch ist es nicht ratsam, einen Methylalkohol zu verwenden, der mehr als 1% Aceton enthält (ALLEN und ZIES).

IV. Stoßen der Flüssigkeit. Sollte der Inhalt des Destillierkolbens infolge der Ausscheidung von viel Salz stoßen, so wird durch Zugabe von etwa 30 mg gefälltem Calciumcarbonat gleichmäßiges Sieden erreicht [SCHULEK und VASTAGH (a)]. Diese Zugabe erfolgt nach dem Abdestillieren des Wassers, und zwar so, daß das Calciumcarbonat durch den Trichter des Kolbens mit dem Methylalkohol in den Kolben gespült wird. Das sich in langsamem Strome entwickelnde Kohlendioxyd sichert dabei ein gleichmäßiges Kochen der Flüssigkeit. Wenn nötig, wird auch bei der zweiten Destillation (Bem. V) ein wenig Calciumcarbonat zugegeben.

V. Wiederholung der Destillation. Zur Erzielung brauchbarer Resultate ist eine 2malige Destillation mit Methylalkohol unbedingt erforderlich. So erhielt GOTTSCHALL bei der Bestimmung von 2 bis 40 mg Bor (entsprechend 10 bis 200 mg Borsäure) bei 2- und bei 1maliger Destillation nebenstehende Resultate.

Angewendete Bormenge	Gefundene Bormenge			
	1malige Destillation		2malige Destillation	
mg	mg	%	mg	%
37,1	35,3	95	37,2	100
18,6	17,9	96	18,9	102
10,0	9,2	92	9,7	97
4,3	4,0	93	4,5	105
1,6	1,4	88	1,5	94

Danach ergaben sich bei nur 1maliger Destillation Bordefizite bis zu 2 mg, während die Abweichungen im Falle 2maliger Destillation maximal 0,3 mg B betrugen [bei sorgfältig durchgeführter Destillation und Titration ist die maximale Fehlergrenze im letzteren Falle (vgl. Bem. X) noch weit geringer].

VI. Zusatz von Natronlauge. SCHULEK und VASTAGH (a) fügen nach Beendigung der zweiten Destillation nochmals 10 cm³ 1 n Natronlauge hinzu. Da aber bei der späteren Borsäuretitration der 1. Äquivalenzpunkt in Gegenwart von Methylrot als Indicator wegen des auftretenden Salzfehlers um so schlechter einzustellen ist, je mehr Natriumhydroxyd vorgelegt wird (vgl. Bem. IX), verzichtet man besser auf diese zusätzliche Zugabe von Natronlauge (SCHARRER und GOTTSCHALL).

VII. Wasserstoffsuperoxyd. Durch die Zugabe von Wasserstoffsuperoxyd soll die durch Reduktion etwa entstandene, die übliche Borsäuretitration störende (s. S. 30f.) schwache schweflige Säure in die starke, neben Borsäure leicht titrierbare (vgl. S. 24f.) Schwefelsäure übergeführt werden. Das Wasserstoffsuperoxyd muß *phosphorsäurefrei* sein, da Phosphorsäure als mehrbasische mittelstarke Säure (vgl. S. 31) ebenfalls die Borsäuretitration beeinträchtigt.

VIII. Silberschale. Das Eindampfen oder Kochen alkalihaltiger Borsäurelösungen soll nicht in Geräten aus Jenaer Glas oder ähnlichem Geräteglas vorgenommen werden, weil dadurch Verunreinigung des Filtrats durch Kieselsäure erfolgen und Borsäure aus dem Glas herausgelöst werden kann. So verbrauchten nach SCHULEK und VASTAGH (a) je 0,15 g Natriumcarbonat in 5 cm³ Wasser, wenn die Lösung in einem Jenaer KJELDAHL-Kolben auf 1 bis 1,5 cm³ eingedampft und der Rest der oben beschriebenen Destillation und Titration unterworfen wurde, zur Neutralisation 0,09 bis 0,28 cm³ 0,01 n Lauge. Auf diese Weise können bei Mikroboranalysen (S. 36f.) beträchtliche Fehler entstehen.

Bei Mikroboranalysen empfiehlt es sich übrigens (SCHARRER und GOTTSCHALL), statt der Silberschale eine V2A-Schale zu verwenden (Bem. I, S. 27).

IX. Schmelze. Zweck der Operation des Schmelzens ist es, die etwaigen organischen Bestandteile (z. B. Formiat als Reduktionsprodukt des Methylalkohols) zu zerstören. Man verwende zum Schmelzen möglichst wenig Kaliumhydroxyd, da sonst beim späteren Titrieren — hauptsächlich bei der Bestimmung kleiner Bormengen — der Salzfehler merkliche Werte annehmen kann. So verbrauchten nach SCHULEK und VASTAGH (a) 5,00 cm³ 0,01 n Borsäurelösung + 3 cm³ Wasser in Gegenwart von 0,5 (1,0, 2,0) g Kaliumchlorid 5,00 (5,02, 5,05) cm³ 0,01 n Lauge, entsprechend einem Fehler von 0 (+ 0,4, + 1)% des vorhandenen Bors; zur Titration von 2,00 cm³ 0,01 n Borsäurelösung + 6 cm³ Wasser in Gegenwart von 0,5 (1,0, 2,0) g Kaliumchlorid waren 2,00 (2,03, 2,05) cm³ 0,01 n Lauge erforderlich, entsprechend einem Fehler von 0 (+ 1,5, + 2,5)%.

Das Schmelzen kann erleichtert werden, wenn die Silberschale gegen Ende des Eindampfens schräg gestellt und dadurch der eintrocknende Rückstand auf einer kleineren Fläche gesammelt wird.

SCHARRER und GOTTSCHALL begnügen sich mit einem kurzen Glühen des Rückstandes über dem BUNSEN-Brenner, sehen also von einer Kaliumhydroxydzugabe ganz ab.

X. Genauigkeit. SCHULEK und VASTAGH (a) erhielten bei der Bestimmung von Borsäure (allein und in Gegenwart verschiedener Metallsalze) nach der oben gegebenen Arbeitsvorschrift die in folgender Tabelle zusammengestellten Resultate:

Angewendete Borsäure	Gefundene Borsäure, bei Gegenwart von									
			2g $Al_2(SO_4)_3 \cdot 18\ H_2O$		1 g $PbCO_3$ + 0,5 g $CaCO_3$ + 0,5 g $Al_2(SO_4)_3 \cdot 18\ H_2O$		0,5 g $CuSO_4 \cdot 5\ H_2O$ + 0,5 g $ZnSO_4 \cdot 7\ H_2O$ + 0,5 g Ag_2SO_4		0,5 g $Fe_2(SO_4)_3$ + 0,5 g $Cr_2(SO_4)_3$	
mg	mg	%	mg	%	mg	%	mg	%	mg	%
123,68	123,62	100,0	123,41	99,8	123,31	99,7	123,53	99,9	123,28	99,7
30,92	30,88	99,9	30,82	99,7	30,80	99,6	30,86	99,8	30,82	99,7
6,18	6,24	101,0	6,20	100,3	6,21	100,5	6,21	100,5	6,21	100,5

Alle Werte sind Mittelwerte aus 2 bis 3, auf 0,1 bis höchstens 0,2 mg Borsäure miteinander übereinstimmenden Einzelwerten.

Wie die Tabelle zeigt, ist die Abtrennung der Borsäure auch in Gegenwart relativ großer Mengen von Metallsalzen durch 2malige Destillation mit Schwefelsäure und Methylalkohol praktisch quantitativ möglich. Bei der Beurteilung der Fehlergrenze bedenke man, daß 0,01 cm³ 0,1 n Titrierlauge 0,06 mg Borsäure (äquivalent 0,01 mg Bor) entsprechen. Die Fehlergrenze liegt also in der Größenordnung des Titrierfehlers.

bb) Mikroverfahren (0,02 bis 1 mg B). Arbeitsvorschrift nach SCHULEK und VASTAGH (a). Die abgewogene Substanz, welche etwa 0,05 bis 1 mg Bor enthalten soll, wird — gegebenenfalls nach entsprechender Vorbereitung[1] — mit wenig, höchstens 30 bis 40 cm³ Wasser in den Destillierkolben A der in Abb. 13 (S. 33) wiedergegebenen Apparatur (vgl. Bem. I, S. 33) gebracht und unter sorgfältigem Kühlen mit 5 cm³ konzentrierter Schwefelsäure (vgl. Bem. II, S. 34) versetzt. Im weiteren verfährt man so, wie beim Makroverfahren (S. 32) beschrieben, nur daß man bei der Destillation weniger Methylalkohol (vgl. Bem. III, S. 34) — bei der ersten Destillation 30, bei der zweiten (vgl. Bem. V, S. 34) 10 cm³ — verwendet. Als Vorlage dient in diesem Falle eine V2A-Schale (Bem. I; vgl. Bem. VIII, S. 35), in welcher ein etwa erbsengroßes Stückchen (ungefähr 0,2 g) Kaliumhydroxyd in einigen Kubikzentimetern Wasser gelöst wird (Bem. II). Man bedeckt die Schale mit einem dem Kühlerrohr entsprechend durchlochten Uhrglas und drückt den Boden der Schale auch in diesem Falle ein wenig an das Rohrende an.

Nachdem die Destillationen beendet sind, überzeugt man sich davon, daß der Inhalt der Vorlage alkalisch geblieben ist, setzt 2 Tropfen 30%iges, phorphorsäurefreies Wasserstoffsuperoxyd (vgl. Bem. VII, S. 35) zu, verdampft das Ganze zur Trockene, gibt ein wenig gepulvertes Kaliumhydroxyd zu und schmilzt (vgl. Bem. IX, S. 35) die Masse, bis sie vollkommen klar wird. Danach wird die Schmelze in 2 bis 3 cm³ Wasser gelöst und mit möglichst wenig Wasser in einen kleinen ERLENMEYER-Kolben oder in den auf S. 29 beschriebenen Titrierapparat (Abb. 12, S. 29) übergespült. Die weitere Behandlung der Lösung erfolgt nach der auf S. 27 oder 28 gegebenen Arbeitsvorschrift. Von der in Gegenwart des Mannits verbrauchten Laugenmenge wird die für einen in genau gleicher Weise mit destilliertem Wasser durchgeführten Blindversuch (Bem. III) verbrauchte Laugenmenge abgezogen (Bem. IV bis IX).

Bemerkungen. *I. V2A-Schale.* Nach SCHARRER und GOTTSCHALL ist bei Mikroborbestimmungen eine V2A-Schale der von SCHULEK und VASTAGH (a) gebrauchten Silberschale (vgl. Bem. VIII, S. 35) vorzuziehen. Schon SCHULEK und VASTAGH (a) machen darauf aufmerksam, daß aus viel gebrauchten Silbergeräten bei der Alkalischmelze ein wenig Silber (Silberperoxyd ?) in kolloide Lösung geht, welches beim Ansäuern und Aufkochen ausflockt und beim Neutralisieren Schwierigkeiten verursacht, weil es das Methylrot immer zerstört; sie empfehlen in diesem Falle, die Flocken über einem winzigen Wattebausch abzufiltrieren und das Filter 3mal mit je 1 cm³ Wasser auszuwaschen. Verwendet man statt der Silberschale eine V2A-Schale, so fallen nach SCHARRER und GOTTSCHALL die vorerwähnten Schwierigkeiten fort.

II. Vorzulegende Laugemenge. Um den Salzfehler bei der schließlichen Borsäuretitration (vgl. Bem. IX, S. 35) nicht zu stark zu erhöhen, verwende man nicht zuviel Lauge zum Auffangen des Borsäuremethylesters. GOTTSCHALL empfiehlt bei Bormengen von 0,02 bis 0,04 mg eine Vorlage von 1,5 cm³, bei Bormengen von 0,04 bis 0,08 mg eine solche von 2 cm³ und bei Bormengen von 0,08 bis 0,8 mg eine solche von 3 bis 4 cm³ 1 n Natronlauge.

III. Blindprobe. Die Blindprobe ergibt den Laugenverbrauch, welcher durch eine etwaige Borabgabe aus dem Glas des Destillierkolbens [vgl. hierzu z. B. WILCOX (a); GHIMICESCU (a); LAGRANGE; HUDIG und LEHR; RADER und HILL; Bem. I, S. 33] sowie durch die in Bem. III, S. 28 genannten Gründe bedingt wird.

[1] Vgl. Anmerkung 2, S. 32.

IV. Genauigkeit. SCHULEK und VASTAGH (a) fanden bei der Bestimmung von 3,092 (0,618, 0,062) mg Borsäure in Gegenwart verschiedener Metallsalze beim Arbeiten nach der obigen Vorschrift folgende Werte (Mittelwerte aus 2 bis 3, auf wenige Hundertstelmilligramme miteinander übereinstimmenden Einzelwerten):

Angewendete Borsäure	Gefundene Borsäure, bei Gegenwart von							
	2 g $Al_2(SO_4)_3 \cdot 18\,H_2O$		1 g $PbCO_3$ +0,5 g $CaCO_3$ +0,5 g $Al_2(SO_4)_3 \cdot 18\,H_2O$		0,5 g $CuSO_4 \cdot 5\,H_2O$ +0,5 g $ZnSO_4 \cdot 7\,H_2O$ +0,5 g Ag_2SO_4		0,5 g $Fe_2(SO_4)_3$ +0,5 g $Cr_2(SO_4)_3$	
mg	mg	%	mg	%	mg	%	mg	%
3,092	3,079	99,6	3,083	99,7	3,080	99,6	3,086	99,8
0,618	0,629	101,8	0,624	101,0	0,621	100,5	0,624	101,0
0,062	0,064	103	0,062	100	0,059	95	0,056	90

Auch hier (vgl. Bem. X, S. 35) ergibt sich also, daß die Borsäure aus schwefelsaurer Lösung mit Methylalkohol schon durch 2malige Destillation praktisch quantitativ von Metallsalzen abzutrennen ist, selbst dann, wenn nur 0,06 mg Borsäure im Gemisch mit z. B. 2 g $Al_2(SO_4)_3 \cdot 18\,H_2O$ vorliegen (entsprechend einem Gehalt von nur 0,01% B_2O_3, bezogen auf ein B_2O_3-Al_2O_3-Gemisch). Die Fehlergrenze liegt, wie man sieht, in der Größenordnung des Titrierfehlers: 0,01 cm^3 0,01 n Lauge entsprechen 0,006 mg Borsäure (0,001 mg Bor).

V. Untere Grenze der Bestimmbarkeit. SCHULEK und VASTAGH (a) haben (vgl. Bem. IV) Bestimmungen bis herab zu 0,06 mg Borsäure (entsprechend 0,01 mg Bor) mit einer maximalen Abweichung von 0,006 mg H_3BO_3 (0,001 mg B) durchgeführt. Im allgemeinen wird man aber bei der maßanalytischen Borbestimmung nicht unter eine Grenze von 0,02 mg Bor (vgl. Bem. XI, S. 23 und Bem. VI, S. 29) gehen. Kleinere Bormengen als diese ermittelt man zweckmäßig colorimetrisch (S. 75f.).

VI. Störung durch Nitrate. Enthält die auf Bor zu analysierende Substanz auch Nitrate, so können die bei der Destillation durch Reduktion daraus entstehenden niederen Sauerstoffsäuren des Stickstoffs bei der Borsäuretitration leicht zu Störungen Anlaß geben. Versuche, die Salpetersäure vor der Destillation durch Reduktion in neutraler, saurer oder alkalischer Lösung zu zerstören, führten nach SCHARRER und GOTTSCHALL zu keinem befriedigenden Ergebnis.

Die Störung scheint durch Anwendung eines möglichst kleinen Volumens Wasser (2 bis 5 cm^3 für 0,5 bis 1 g Substanz) weitgehend beseitigt werden zu können; offenbar ist bei großem Wasservolumen wegen des zum Vertreiben des Wassers erforderlichen stärkeren Erhitzens die Gefahr des Übergehens niederer Stickoxyde größer als bei geringen Wassermengen, bei denen das Wasser gemeinsam mit dem Methylalkohol überdestilliert. So erhielt GOTTSCHALL bei der Bestimmung von 0,115 (0,150, 0,300) mg Bor in Gegenwart von 1 g Natriumnitrat bei Anwendung wechselnder Mengen Wasser nebenstehende Resultate (vgl. Bem. IV).

Angewendete Bormenge	Angewendete Wassermenge	Gefundene Bormenge	
mg	cm^3	mg	%
0,115	2	0,120	104
0,115	2	0,125	109
0,150	3	0,158	105
0,150	3	0,147	98
0,150	15	0,182	121
0,300	6	0,289	96
0,300	15	0,343	114
0,300	15	0,374	125

Enthält die zu analysierende Borsäurelösung neben Alkali- oder Erdalkalinitraten keine die direkte Borsäuretitration störenden Beimengungen, so kann die Titration natürlich ohne vorherige Destillation vorgenommen werden, da Nitrate starker Basen keinen störenden Einfluß auf die Borsäuretitration ausüben (vgl. Abb. 8, S. 25).

VII. Störung durch Fluoride. Bei der Destillation von Borsäure in Gegenwart von Fluorid (vgl. Bem. VI, S. 44) findet man zu wenig Borsäure, da das Bor dann im Destillat teilweise als Borfluorwasserstoffsäure vorliegt, welche als starke Säure bereits vor der Borsäuretitration mitneutralisiert wird. So erhielt GOTTSCHALL bei der Destillation eines Gemisches von 0,150 mg Bor mit 0,5 g $Ca(H_2PO_4)_2$ bei Gegenwart wechselnder Gewichtsprozente Fluorid-Ion folgende Resultate:

Vorhandener Fluorgehalt	Gefundene Bormenge	
%	mg	%
3	0,143	95
5	0,156	104
6	0,137	91
7	0,120	80
10	0,080	53

Danach beeinträchtigt ein geringer Fluoridgehalt (< 5% F′) die Borsäurebestimmung praktisch nicht. Zu dem gleichen Resultat gelangten ALLEN und ZIES sowie CHAPIN.

Dagegen ist bei größeren Fluoridmengen eine genaue Mikroboranalyse nach dem Destillationsverfahren unmöglich. Liegen daher größere Fluoridmengen vor, so müssen diese vor der Destillation als Calciumfluorid (KERSTAN; PFLAUM und WENZKE) ausgefällt werden (vgl. S. 49f.).

Bei Verwendung von Essigsäure statt konzentrierter Schwefelsäure zum Freimachen der Borsäure (s. gewichtsanalytische Borbestimmung, S. 65f.) stören Fluoride die Borsäuredestillation nicht (vgl. Bem. XIII, S. 69).

VIII. Gegenwart von Phosphaten. Enthält die auf Bor zu analysierende Substanz Phosphate, so kann bei der Destillation infolge Veresterung eine kleine Menge Phosphorsäure mit in das Destillat gelangen. So erhielt beispielsweise ALCOCK, der eine Mischung von 1 g „künstlicher Asche“ (Gemisch von gleichen Teilen Natriumhydrophosphat, Calciumchlorid, Kieselgur, Natriumsulfat) mit 0 (5,00, 10,00, 30,00) mg Borsäure der Destillation (60 cm³ Methylalkohol, überschüssige Schwefelsäure) unterwarf, bei der anschließenden Borsäuretitration nach Abzug des Leerverbrauchs an Natronlauge (vgl. Bem. III, S. 36) 0,15 (5,12, 10,15, 30,18) mg H_3BO_3. Im Durchschnitt wurden also 0,15 mg Borsäure zuviel gefunden. Es empfiehlt sich daher, bei Anwesenheit von Phosphaten das Destillat auf Phosphat zu prüfen und die Phosphorsäure gegebenenfalls durch Zugabe von 1 oder 2 Tropfen 10%iger Calciumchloridlösung (vgl. S. 53) vor der Borsäuretitration auszufällen. Auch durch Anwendung nur *eines* Indicators statt zweier Indicatoren bei der Borsäuretitration (vgl. S. 55f.) läßt sich die Schwierigkeit beheben (z. B. RADER und HILL).

IX. Störung durch Germanium und Tellur. Außer Borsäure bilden auch Tellursäure und Germaniumsäure mit Mannit einbasische komplexe Säuren. Die zu titrierende Lösung darf daher kein 6wertiges Tellur und 4wertiges Germanium enthalten. Bei der Destillation mit Alkohol geht kein Tellur mit in die Vorlage, da es in Gegenwart von Methylalkohol offenbar zu Metall reduziert wird (RADER und HILL; HAGUE und BRIGHT). Dagegen geht das Germanium bei der Destillation teilweise (~ 10%) mit in das Destillat und täuscht hier einen zu großen Borgehalt vor (RADER und HILL; HAGUE und BRIGHT). Nach HAGUE und BRIGHT bedingen 20 mg Ge IV in der Originalsubstanz bei der schließlichen Borsäuretitration einen einer Menge von 0,5 mg Bor äquivalenten Mehrverbrauch von Natronlauge.

β) Anwesenheit von Kieselsäure (Silicaten).

Vorbemerkung. Die Bestimmung von Borsäure in künstlichen oder natürlichen Silicaten (vgl. ALIMARIN und ROMM) nach dem auf S. 32f. bzw. 36f. für die Boranalyse bei Anwesenheit titrationsstörender Stoffe beschriebenen Destillationsverfahren stößt nach SCHULEK und VASTAGH (b) auf Schwierigkeiten. Die sich kolloidal abscheidende Kieselsäure geht im Laufe der Destillation zum Teil in eine gekörnte Form über und schließt dabei die okkludierte Borsäure so fest ein, daß die zum Freimachen derselben nötige feine Zerteilung der Kieselsäure bei einer nochmaligen Destillation nur durch ein erneutes Aufschließen des Destillationsrückstandes möglich wäre. Mehrmaliges Aufschließen würde aber das Verfahren zu langwierig gestalten. Es muß daher die vorzeitige Ausscheidung der Kieselsäure während der Destillation verhütet und dafür Sorge getragen werden, daß die Ausscheidung nur am Ende der Destillation und auch dann möglichst nicht in Form eines Gels, sondern eines Pulvers erfolgt. Dies läßt sich nach SCHULEK und VASTAGH (b) durch Vergrößerung der Menge des Methylalkohol-Schwefelsäure-Gemisches (Makroverfahren: 200 statt 40 cm³ Methylalkohol, 15 statt 5 cm³ konzentrierte Schwefelsäure; Mikroverfahren: 100 statt 30 cm³ Methylalkohol, 7,5 statt 5 cm³ konzentrierte Schwefelsäure) und durch Wahl einer geeigneten Wassermenge erreichen.

Gewöhnlich genügt die relativ große Menge Methylalkohol zum quantitativen Abdestillieren der Borsäure. In einzelnen Fällen jedoch, z. B. wenn größere Mengen Schwermetalloxyde (Eisen) in der Sodaschmelze als Flocken vorhanden sind und beim Lösen der Schmelze in Wasser ungelöst bleiben, ist eine zweite Destillation nötig, weil diese borsäurehaltigen Flocken nicht durch die Methylalkohol-Schwefelsäure-Mischung, sondern erst durch die sich langsam konzentrierende Schwefelsäure zersetzt werden, zu einem Zeitpunkt also, zu dem im Kolben zu wenig Methylalkohol vorhanden ist, um die zurückgebliebene und jetzt erst freigewordene Borsäure zu verestern.

aa) Makroverfahren (> 1 mg B). Arbeitsvorschrift nach SCHULEK und VASTAGH (b). Die zu analysierende, in einem Achatmörser aufs feinste zerriebene Silicatprobe, welche 0,01 bis 0,035 g Bortrioxyd (entsprechend 3 bis 10 mg Bor) und nicht mehr als 0,20 g Siliciumdioxyd (Bem. I) und 0,10 g Eisen enthalten soll, wird in einen größeren Platintiegel (20 bis 30 cm³ Inhalt) oder eine kleinere Platinschale (30 bis 40 cm³ Inhalt) eingewogen (Bem. II) und mit der etwa 4- bis 5fachen Gewichtsmenge Natriumcarbonat pro analysi (Bem. III und IV) vermischt. Das Gemisch wird über einem BUNSEN-Brenner zuerst vorsichtig, um Verluste durch Spritzen zu vermeiden, erwärmt, dann kräftig geglüht und so lange im geschmolzenen Zustand gehalten, bis keine Blasen mehr sichtbar werden und die Schmelze, von etwa vorhandenen Schwermetalloxydflocken abgesehen, ganz klar erscheint. Der Vorgang nimmt nur wenige Minuten in Anspruch. Auf das abgekühlte Gemisch gießt man 5 bis 6 cm³ Wasser und erwärmt den Tiegel auf dem Wasserbad oder über einem Mikrobrenner, bis der Inhalt aufgelöst oder aufgelockert ist, oder man läßt den Tiegel mit dem Wasser ohne Erwärmen einige Stunden stehen. Enthält die Schmelze viel unlösliches Eisenoxyd, so wird das Auflockern und Auflösen des Kuchens durch Zerdrücken mit einem stumpfen Glasstab beschleunigt.

Der Inhalt des Tiegels wird jetzt in den Destillierkolben A der auf S. 33 (Abb. 13) abgebildeten Apparatur (Bem. V) übergeführt, wobei zum Überspülen möglichst wenig Wasser verwendet wird; die unlöslichen Metalloxyde werden mechanisch, gegebenenfalls durch Auswischen mit einem Stückchen Filtrierpapier, in den Kolben gebracht. Das Gesamtvolumen der wäßrigen Flüssigkeit im Kolben soll jetzt etwa 10 bis 12 cm³ (Bem. VI) betragen.

Nun wird der Schliff des Kolbens mit konzentrierter Schwefelsäure bestrichen und die Apparatur zusammengesetzt, wobei man, um eine vorzeitige Abscheidung von Kieselsäure zu vermeiden, darauf achtet, daß die Schwefelsäure nicht in den Kolben gelangt. Als Vorlage dient eine größere Silber- oder V2A-Schale (vgl. Bem. VIII, S. 35 und Bem. I, S. 36) von 200 bis 250 cm³ Inhalt, welche mit einem durchbohrten Uhrglas bedeckt ist und 10 cm³ 1 n Natronlauge enthält. Der Boden der Schale wird leicht an das Ende des Kühlerrohres angedrückt und durch den Tropftrichter C das abgekühlte Destilliergemisch, bestehend aus 200 cm³ Methylalkohol (vgl. Bem. III, S. 34) und 15 cm³ konzentrierter Schwefelsäure (vgl. Bem. II, S. 34), in den Kolben gegeben. Dann destilliert man mit einer ganz kleinen Flamme eines BUNSEN-Brenners (Schornstein auf dem Brenner), wobei man darauf achtet, daß der Kolbeninhalt nicht zu heftig kocht. Das Ende der

Destillation wird dadurch angezeigt, daß die zusammen mit den Schwefelsäuredämpfen auftretenden Methylätherdämpfe die Apparatur ausfüllen und die Flüssigkeitssäule aus dem Kühlerrohr herausdrücken. Nach Beendigung der Destillation wird die Vorlage gesenkt und das Kühlerrohr mit Alkohol ausgespült.

In den meisten Fällen ist eine einmalige Destillation ausreichend (Gläser, Emaillen). Bisweilen jedoch, insbesondere bei eisenhaltigen Substanzen, muß die Destillation wiederholt werden. In diesem Falle läßt man zu dem vollständig abgekühlten Kolbeninhalt 100 cm³ Methylalkohol hinzufließen und destilliert auf die eben beschriebene Weise nochmals ab. Bei dieser zweiten Destillation kann man, um ein Stoßen der Flüssigkeit (vgl. Bem. IV, S. 34) zu vermeiden, dem Destillationsgemisch 10 bis 20 mg gefälltes Calciumcarbonat zufügen.

Zu den vereinigten Destillaten gibt man (vgl. Bem. VI, S. 34) 1 bis 2 Tropfen phosphorsäurefreies, 30%iges Wasserstoffsuperoxyd (vgl. Bem. VII, S. 35) und dampft zur Trockne ein, wobei man — besonders am Anfang — darauf achtet, daß der Methylalkohol nicht ins Kochen kommt. Der borathaltige alkalische Rückstand wird, gegebenenfalls unter Zugabe von wenig festem Kaliumhydroxyd, geschmolzen (vgl. Bem. IX, S. 35), die Schmelze in einigen Kubikzentimetern Wasser gelöst und mit möglichst wenig Wasser in einen Erlenmeyer-Kolben von 50 cm³ Inhalt übergespült. Die weitere Behandlung der Lösung erfolgt nach S. 26 (Bem. VI und VII; vgl. Bem. VI bis IX, S. 37—38).

Man überzeuge sich davon, daß die im Destillierkolben zurückgebliebene schwefelsaure Flüssigkeit keine Borsäure mehr enthält, indem man vom Rückstand 30 cm³ Methylalkohol abdestilliert, das Destillat alkalisch eindampft, die eingedampfte Masse zum Schmelzen bringt, in Salzsäure auflöst und die mit 0,01 n Natronlauge unter Verwendung von Phenolphthalein als Indicator schwach rosafarben gemachte Lösung mit einer in gleicher Weise auf Rosa titrierten 20%igen Mannitlösung versetzt. War die Abtrennung der Borsäure bei der Destillation quantitativ, so muß die Flüssigkeit rosafarben bleiben oder die Rosafarbe durch höchstens 1 Tropfen 0,01 n Lauge zurückerlangen; ist jedoch die Lösung borsäurehaltig, so wird sie infolge Bildung der stärkeren Mannitborsäure sauer, also farblos (empfindlicher Borsäurenachweis!).

Bemerkungen. *I. Ausscheidung der Kieselsäure.* Werden zum Auflösen der Sodaschmelze und zum Überspülen in den Destillierkolben gerade 10 bis 12 cm³ Wasser verwendet, so wird unter den oben angegebenen Versuchsbedingungen die Kieselsäure beim Hinzufügen des Methylalkohol-Schwefelsäure-Gemisches nicht ausgeschieden; höchstens wird die Flüssigkeit — bei Gegenwart von viel (0,20 g) Kieselsäure — schwach opalisierend [Schulek und Vastagh (b)]. Die Ausscheidung beginnt erst dann, wenn die Flüssigkeit bis zum Auftreten der Schwefelsäuredämpfe abdestilliert wird.

Werden dagegen die durch Natriumcarbonat aufgeschlossenen Silicate in zu viel oder zu wenig Wasser gelöst, so scheidet sich die Kieselsäure während der Destillation in Gelform aus (vgl. Bem. II, S. 52).

II. Einwage. Nach Schulek und Vastagh (b) erwies sich eine Einwage von 0,10 bis 0,25 g Silicat als die zweckmäßigste, da die Aufschließung einer solchen Menge über einem Bunsen-Brenner nur 3 bis 4 Min. in Anspruch nimmt.

III. Aufschluß mit Natriumcarbonat. Bei Mikroboranalysen berücksichtige man, daß die Alkalicarbonate des Handels nicht frei von Bor sind (Rader und Hill; Bertrand und Silberstein). Bertrand und Silberstein empfehlen die Darstellung eines borfreien Kaliumcarbonats durch genügend häufiges Umkrystallisieren von Kaliumbitartrat und anschließendes Calcinieren des letzteren im Platintiegel bei Dunkelrotglut.

Enthält das Silicat viel Eisen (z. B. Turmalin), so gibt man die 8- bis 10fache Menge an Alkalicarbonat hinzu [Schulek und Vastagh (b)].

IV. Aufschluß mit Ätzalkalien. In manchen Fällen — z. B. bei Bleigläsern, Emaillen, Emaille-Trübungsmitteln mit merklichem Gehalt an Antimon oder Zinn — ist nach MYLIUS (c) der Aufschluß mit den hochschmelzenden Alkalicarbonaten weniger zu empfehlen, da bei der erforderlichen Gluthitze eine Zerstörung des Tiegelmaterials erfolgen kann (Bildung schmelzbarer Legierungen des Platins mit Zinn, Blei oder Antimon). MYLIUS (c) empfiehlt für die Zwecke der Boranalyse in Anlehnung an andere Autoren einen Aufschluß mit Ätzalkalien — und zwar einer Mischung von 75% Natriumhydroxyd und 25% Kaliumhydroxyd — *unterhalb der Glutgrenze.* Er verfährt so, daß er das gepulverte Silicat (10000-Maschen-Sieb) mit der 12fachen Menge des Ätzalkaligemisches bei 480° in einer Platinschale mehrere Minuten lang verschmilzt. Das Aufschließen vollzieht sich in ruhiger Weise ohne Spritzen. Die Temperatur von 480° wird zweckmäßig dadurch eingestellt, daß man vor dem Aufschluß etwas Natriumperchlorat in die auf einem Drahtnetz mit Asbesteinlage stehende Platinschale einstreut und die Flammenhöhe des darunter befindlichen BUNSEN-Brenners bei völlig geöffneter Luftzufuhr mit einem Quetschhahn reguliert, bis das Natriumperchlorat gerade ins Schmelzen kommt. Das Aufschließen von 0,5 g Bleiglas (Tafelglas, Jenaer Geräteglas, Zement, Kaolin, Porzellan, Schamotte, Siliciumdioxydmehl, Feldspat) mit 6 g Ätzalkaligemisch erfordert nach MYLIUS (c) 5 (8, 8, 10, 10, 12, 12, 12, 12) Min.; ein in Salzsäure unlöslicher, kratzender Rückstand verbleibt dabei nicht.

V. Destillierapparatur. Vgl. Bem. I, S. 33. Als Destillierkolben wird hier der eingeschliffene größere KJELDAHL-Kolben von 250 bis 300 cm³ Inhalt gebraucht.

VI. Störung durch Fluoride. Bei gleichzeitiger Anwesenheit von Fluorid und Silicat in der Ausgangssubstanz entstehen dadurch Störungen, daß Kieselfluorwasserstoffsäure gebildet wird, welche mit in das Destillat gelangt und im gleichen p_H-Bereich wie die komplexe Mannitborsäure titriert wird (RADER und HILL). Vgl. Bem. VII, S. 38.

VII. Genauigkeit. SCHULEK und VASTAGH (b) erhielten bei der Bestimmung von 3 bis 35 mg Bortrioxyd in Gegenwart von Natriumsilicat bzw. Natriumsilicat und EisenIII-sulfat beim Arbeiten nach obiger Vorschrift folgende Borwerte (Mittelwerte aus mehreren, praktisch miteinander übereinstimmenden Einzelwerten):

Destilliert wurde nur im Falle der eisenhaltigen Substanz 2mal, sonst lediglich 1mal. Bei der Beurteilung der Fehlergrenze bedenke man, daß 0,01 cm³ 0,1 n Titrierlauge 0,035 mg Bortrioxyd entsprechen.

Angewendete Bortrioxydmenge	Gefundene Bortrioxydmenge, bei Gegenwart von					
	0,30 g SiO_2		0,20 g SiO_2		0,20 g SiO_2 + 0,32 g $Fe_2(SO_4)_3$	
mg	mg	%	mg	%	mg	%
34,82	34,72	99,7	34,78	99,9	34,70	99,7
17,41			17,36	99,7		
3,48			3,49	99,7		

bb) Mikroverfahren (0,02 bis 1 mg B). Arbeitsvorschrift nach SCHULEK und VASTAGH (b). Die Arbeitsweise beim Mikroverfahren ist dieselbe wie beim Makroverfahren (S. 39). Die Einwage (∼ 0,02 g) soll 0,7 bis 3 mg Bortrioxyd (0,2 bis 1 mg Bor) entsprechen und höchstens 0,10 g Siliciumdioxyd und 0,05 g Eisen enthalten. Die erste Destillation wird mit 100 cm³ Destilliergemisch (100 cm³ Methylalkohol + 7,5 cm³ konzentrierte Schwefelsäure), eine etwa erforderliche zweite mit 50 cm³ Methylalkohol vorgenommen. In der als Vorlage dienenden V2A-Schale (vgl. Bem. I, S. 36) wird ein erbsengroßes Stückchen (0,2 g) Kaliumhydroxyd in 2 bis 3 cm³ Wasser gelöst (vgl. Bem. II, S. 36). Titriert wird mit 0,01 n Lauge nach der auf S. 27 bzw. S. 28 gegebenen Arbeitsvorschrift. Von der in Gegenwert des Mannits verbrauchten Laugenmenge muß die für einen in genau gleicher Weise mit destilliertem Wasser durchgeführten Blindversuch (vgl. Bem. III, S. 36) benötigte Laugenmenge in Abzug gebracht werden.

Bemerkungen. *Genauigkeit.* SCHULEK und VASTAGH (b) fanden bei der Bestimmung von 0,035 bis 3,5 mg Bortrioxyd in Gegenwart von Natriumsilicat bzw. Natriumsilicat und EisenIII-sulfat folgende Bortrioxydwerte (Mittelwerte aus mehreren, praktisch miteinander übereinstimmenden Einzelwerten):

Angewendete Bortrioxydmenge	Gefundene Bortrioxydmenge, bei Gegenwart von							
	0,20 g SiO_2		0,10 g SiO_2		0,20 g SiO_2 + 0,32 g $Fe_2(SO_4)_3$		0,10 g SiO_2 + 0,16 g $Fe_2(SO_4)_3$	
mg	mg	%	mg	%	mg	%	mg	%
3,482	3,478	99,9	3,474	99,8				
1,741	1,738	99,8	1,738	99,8	1,713	98,4	1,731	99,4
0,348	0,352	101,1	0,351	100,9				
0,035	0,035	100	0,033	94				

Nur im Falle der eisenhaltigen Substanzen wurde hierbei 2mal, sonst stets 1mal destilliert. Die Fehlergrenze wird in der Hauptsache durch den Titrierfehler bedingt: 0,01 cm^3 0,01 n Titrierlauge entsprechen 0,0035 mg B_2O_3.

Bei der Anwendung der Methode auf die nachfolgenden praktischen Beispiele ergab sich, wie aus der Tabelle hervorgeht, eine sehr gute Übereinstimmung der nach dem Makro- und nach dem Mikroverfahren erhaltenen Resultate.

Substanz	Eingewogene Menge g	Gefundene Bortrioxydmenge %
Jenaer KJELDAHL-Glas	0,20	7,63
	0,025	7,65
Pyrex-Reagensglas	0,15	11,89
	0,025	11,86
Duran-Reagensglas	0,13	12,85
	0,025	12,82
Rote Blechemaille	0,16	10,21
	0,02	10,27
Turmalin	0,20	8,57
	0,03	8,53

b) Andere Abtrennungsmöglichkeiten. Von anderen Möglichkeiten zur Abtrennung des Bors von titrationsstörenden Stoffen seien hier erwähnt: die Abtrennung als Borchlorid durch Erhitzen der borhaltigen Substanz im Chlorstrom (MAZZETTI und DE CARLI; Bestimmung von Bor in Eisenlegierungen) und die Abtrennung von Borsäure aus wäßrigen Lösungen durch Extraktion mit Äther, entweder bis zur quantitativen Ausschüttelung (S. 73f.) oder bis zur Einstellung des Verteilungsgleichgewichtes (S. 60f.).

2. Abtrennung der störenden Stoffe.

Die die Borsäuretitration störenden Stoffe werden nach von Fall zu Fall verschiedenen Methoden von der Borsäure abgetrennt.

Allgemeines.

Alle die Borsäuretitration störenden Stoffe, welche bei dem auf S. 32f. beschriebenen Destillationsverfahren mit in das Destillat gelangen können — z. B. Kohlensäure, Ammoniumsalze, schweflige Säure, organische Säuren —, bei denen also die Destillationsmethode nicht zum Ziele der Trennung von Borsäure und titrationsstörendem Stoff führt, müssen ihrerseits von der Borsäure durch geeignete Methoden abgetrennt werden. Gleiches gilt für solche Stoffe, die bei der Destillation in flüchtige, titrationsstörende Substanzen übergeführt werden können, wie z. B. organisches Material (→ organische Säuren), Nitrate (→ niedere Sauerstoffsäuren des Stickstoffes), Fluoride (→ Borfluorwasserstoffsäure, Kieselfluorwasserstoffsäure). Die Abtrennungsmethoden sind naturgemäß von Fall zu Fall verschieden. So kann man derartige störende Stoffe beispielsweise durch Verflüchtigung, durch oxydative Zerstörung, durch Extraktion, durch Fällung und durch Elektrolyse beseitigen.

Selbstverständlich können auch diejenigen Stoffe, von denen die Borsäure durch das Destillationsverfahren abtrennbar ist — Metallsalze, Silicate, Phosphate usw. — ihrerseits durch solche Methoden von der Borsäure abgetrennt werden. Auch hierfür werden im folgenden einige Verfahren als Beispiele beschrieben, obwohl in diesen Fällen das Destillationsverfahren vorzuziehen ist.

Bestimmungsverfahren.

a) Austreiben flüchtiger Stoffe.

Die Methode der Abtrennung durch Verflüchtigung empfiehlt sich z. B. bei Anwesenheit von Carbonaten oder von Ammoniumsalzen. Und zwar beseitigt man die störende Wirkung von Carbonaten durch Kochen der *sauren* Lösung (Entweichen von Kohlendioxyd), die störende Wirkung von Ammoniumsalzen durch Kochen der *alkalischen* Lösung (Entweichen von Ammoniak).

α) Abtrennung von Kohlensäure (Carbonaten).

Arbeitsvorschrift. Die carbonathaltige, zweckmäßig nicht stärker als 0,1 mol (vgl. Bem. I, S. 26) Boratlösung wird in einem ERLENMEYER-Kolben mit 10%iger Salzsäure auf Methylrot als Indicator vorsichtig — um Borsäureverluste durch Verspritzen zu vermeiden — schwach angesäuert, 1 bis 2 Min. (Bem. I) gekocht (Bem. II), abgekühlt (Bem. III) und mit carbonatfreier (vgl. Bem. VIII, S. 20) 0,1 n Lauge (vgl. Bem. IX, S. 21) sorgfältig (vgl. Bem. III, S. 26) bis zum Methylrotumschlag titriert (vgl. Bem. IV, S. 26). Die so neutralisierte Lösung dient als Ausgangslösung für die Borsäuretitration nach S. 19 (vgl. Bem. V und VI, S. 27).

Bemerkungen. **I. Zeitdauer des Kochens.** BROWN bestimmte 61,6 mg Borsäure in 75 cm³ Wasser bei Gegenwart von 53 bzw. 530 mg Natriumcarbonat und fand nach Ansäuern mit 1 n Schwefelsäure und verschieden langem Kochen in einem ERLENMEYER-Kolben bei der anschließenden Borsäuretitration (1. Indicator: Sofnol; 2. Indicator: Phenolphthalein; Mannit; 0,05 n Natronlauge) folgende Borwerte:

Natriumcarbonatzusatz	Gefundene Borsäure, nach einer Kochdauer von					
	1 Min.		5 Min.		10 Min.	
	mg	%	mg	%	mg	%
—	61,6	100,0	61,7	100,2	61,4	99,7
10 cm³ 0,1 n Na_2CO_3-Lösung	61,7	100,2	61,4	99,7	61,4	99,7
10 cm³ 1 n Na_2CO_3-Lösung	61,4	99,7	61,5	99,8	61,3	99,5

Man ersieht daraus, daß 1 Min. langes Kochen vollkommen ausreicht, um die Kohlensäure quantitativ auszutreiben. Zu der gleichen Schlußfolgerung gelangte WILCOX (a); er empfiehlt, den Kolben während des Erhitzens mehrere Male kräftig zu schütteln.

II. Gefahr von Borsäureverlusten. Verschiedene Autoren nehmen das Kochen am Rückflußkühler vor, um Borsäureverluste der sauren Lösung zu vermeiden. Dies ist aber unnötig, da — wie von verschiedenen Seiten (z. B. DE KONINGH (b); LÜHRIG; LOW; LIVERSEEGE und BAGNALL; DODD (e); WILCOX (a); SCHULEK und VASTAGH (a); SCOTT; PAYNE; SCHARRER und GOTTSCHALL; BROWN] gezeigt worden ist — *bei nicht allzu langem Kochen* der Lösungen solche Verluste nicht zu befürchten sind (vgl. Bem. I).

So verbrauchten nach SCHULEK und VASTAGH (a) 20 cm³ einer 0,05 mol Borsäurelösung nach 5 (10, 15) Min. langem Kochen bei der anschließenden Borsäuretitration 10,02 (10,00, 9,83) cm³ (berechnet 10,00 cm³) 0,1 n Natronlauge, entsprechend einer Menge von 100,2 (100,0, 98,3) % des angewendeten Bors. Danach können also derartige Borsäurelösungen unbedenklich 5 Min. lang ohne Anwendung eines Rückflußkühlers gekocht werden. Bei gleichzeitiger Anwesenheit von 2 g Mannit in der Lösung ergab sich auch nach 15 Min. langem Kochen kein merkbarer Borsäureverlust: die Lösung verbrauchte auch nach dieser Zeit noch 10,00 cm³ 0,1 n Natronlauge; die Mannitborsäure ist mit anderen Worten weniger flüchtig als reine Borsäure.

Auch beim Kochen *angesäuerter* Borsäurelösungen treten nach 5 Min. langem Kochen noch keine feststellbaren Borsäureverluste auf, wie DODD (e) zeigen konnte. DODD (e) kochte je 50 cm³ Flüssigkeit, enthaltend 5 cm³ 0,1 n Schwefelsäure und 32,9 mg Borsäure, unter verschiedenen Bedingungen verschieden lang und fand bei der anschließenden Borsäuretitration (1. Indicator: Sofnol; 2. Indicator: Phenolphthalein; 0,5 g Mannit; 0,1 n Natronlauge) folgende Bormengen:

Art des Kochens	Zeitdauer des Kochens	End-volumen der Lösung	Gefundene Borsäuremenge	
	Min.	cm³	mg	%
In offener Schale	5	25	32,9	100
	10	12	32,2	98
	15	2	28,4	86
	bis zur Trockne	—	26,6	81
In bedecktem Becherglas	5	47	32,9	100
	10	43	32,9	100
	15	33	32,9	100

Danach findet also beim Kochen angesäuerter Borsäurelösungen in offener Schale praktisch kein Borverlust statt, wenn die Lösungen verdünnt sind, das Kochen unter Rühren nicht viel länger als 5 Min. fortgesetzt und die Lösung nicht mehr als auf die Hälfte eingedampft wird. Beim Erhitzen in bedecktem Becherglas geht auch bei 15 Min. langem Kochen kein Bor verloren.

Selbstverständlich muß man beim Kochen dafür Sorge tragen, daß keine mechanischen Verluste durch Verspritzen, Überhitzen usw. auftreten.

III. Zeitdauer des Abkühlens. Schnelles Abkühlen und sofort anschließendes Titrieren ist zwar zweckmäßig, aber nicht unbedingt erforderlich, da die Lösung erst bei der Annäherung an den Umschlagspunkt des Phenolphthaleins atmosphärisches Kohlendioxyd nennenswert absorbiert. So erwies sich nach BROWN das Titrationsergebnis beispielsweise als unabhängig davon, ob die Titration sofort oder erst 15 Min. nach der Abkühlung vorgenommen wurde.

β) Abtrennung von Ammoniumsalzen (Ammoniak).

Arbeitsvorschrift nach VINCKE. Die ammoniumsalzhaltige Borsäurelösung wird mit einer ausreichenden Menge 10%iger Natriumcarbonatlösung (Bem. I und II) solange gekocht, bis kein Ammoniakgeruch mehr auftritt und rotes Lackmuspapier durch die Dämpfe nicht mehr gebläut wird (Bem. III). Die weitere Behandlung der Lösung erfolgt nach S. 43.

Bemerkungen. **I. Austreiben mit Natriumcarbonat.** Die Verwendung von Natriumcarbonatlösung zur Entfernung von Ammoniak ist nach VINCKE empfehlenswerter als der Gebrauch von Natronlauge, da man im letzteren Falle leicht zu hohe Borwerte erhält (vgl. Bem. II).

II. Austreiben mit Natronlauge. Verwendet man zur Entfernung des Ammoniaks statt Natriumcarbonatlösung Natronlauge, so ist es ratsam, nicht über einen Betrag von zwei Äquivalenten Natriumhydroxyd je Äquivalent Ammoniumverbindung hinauszugehen, da in Anwesenheit eines größeren Natronlaugeüberschusses leicht Kieselsäure und Borsäure aus dem Glas herausgelöst werden können, so daß fehlerhafte Borwerte resultieren. So fanden RAUB und NANN beispielsweise in 50 cm³ einer je Liter 10 g Ammoniumsulfat, 60 cm³ konzentriertes Ammoniak und 1,2, 1,4, 1,6 bzw. 2,0 g Borsäure enthaltenden Lösung bei Zugabe wechselnder Mengen Natronlauge die in der Tabelle S. 45 mitgeteilten Borwerte.

Die Zahlen zeigen, daß bei Zugaben bis zu 5 Mol NaOH je Äquivalent NH_3 die Titrationsergebnisse befriedigend sind, während bei Anwendung eines großen Natronlaugeüberschusses die Borwerte viel zu hoch ausfallen.

Angewendete Borsäuremenge mg	Zugefügte Mol NaOH je Äquivalent NH_3	Gefundene Borsäuremenge mg	%
60,0	2	60,4	100,7
70,0	2	70,2	100,3
70,0	5	70,2	100,3
70,0	10	80,2	114,6
80,0	2	80,4	100,5
80,0	5	79,8	99,8
100,0	2	100,2	100,2
100,0	5	99,9	99,9
100,0	10	106,1	106,1

Durch Verwendung einer Silberschale statt eines Glasgefäßes zum Kochen der Lösung läßt sich — wie zu erwarten — die Schwierigkeit beheben (Vincke). Da die natronlaugehaltigen Lösungen beim Kochen sehr stark zum Siedeverzug neigen, empfiehlt es sich, nur auf 95 bis 98° zu erhitzen; für das Austreiben des Ammoniaks sind unter diesen Umständen etwa 40 bis 60 Min. erforderlich (Raub und Nann).

III. Zeitdauer des Kochens. Das Austreiben des Ammoniaks durch Kochen mit Natriumcarbonatlösung erfordert nach Vincke etwa 5 bis 10 Min. Ein Borverlust ist hierbei nicht zu befürchten (vgl. Bem. II, S. 43), da die Lösung alkalisch ist.

IV. Genauigkeit. Vincke fand bei der Bestimmung von 25,6 (40,0, 60,0, 80,0, 100,0) mg Borsäure nach obiger Arbeitsvorschrift 25,4 (40,1, 59,8, 79,5, 99,6) mg entsprechend 99,2 (100,3, 99,7, 99,4, 99,6)% H_3BO_3 wieder.

b) *Oxydative Zerstörung organischer Stoffe.*

α) *Verkohlen und Veraschen.*

Vorbemerkung. Bei *Borsäurebestimmungen in organischem Material* (z. B. Nahrungsmitteln) wird die störende organische Substanz zweckmäßig durch *Verkohlen und Veraschen* in Gegenwart überschüssigen Alkalis zerstört (Alcock; Brown; Dodd (e); Liverseege und Bagnall; Monier-Williams; Scharrer und Gottschall). Es ist bei dieser Methode, die bereits von Thomson (c) (1896) angegeben wurde, wichtig, *vollständig zu verkohlen* (vgl. Bem. V, S. 46), da sonst — z. B. bei Anwesenheit von Zuckern — schwache organische Säuren entstehen können (Brown), die bei der nachfolgenden Borsäuretitration des Kohleextraktes ein Zuviel an Borsäure vortäuschen (vgl. S. 30f.).

Enthält das zu analysierende organische Material auch *Öl oder Fett*, so muß, falls der Öl- oder Fettgehalt 8% übersteigt, der Verkohlung eine Extraktion des Fettes bzw. Öls vorausgehen [Dodd (e); vgl. S. 48]; bei Öl- und Fettgehalten unter 8% kann auf diese Extraktion verzichtet werden (vgl. Bem. I, S. 48).

***Arbeitsvorschrift nach* Dodd *(e)*.** Etwa 20 g des auf Bor zu analysierenden, nicht zuviel Öl oder Fett enthaltenden (vgl. Bem. II, S. 48), fein zerteilten organischen Materials werden in einer Schale aus Platin (Bem. I) oder aus einer Gold-Platin-Legierung mit 1 n Natronlauge gegen Phenolphthalein als Indicator deutlich alkalisch gemacht, dann mit 5 cm³ überschüssiger 1 n Natronlauge versetzt (Bem. II), auf dem Dampfbad getrocknet (Bem. III) und schließlich über einem Brenner erhitzt und völlig verkohlt (Bem. IV und V). Die verkohlte Masse verreibt man in einem Porzellanmörser und bringt sie in die Platinschale zurück, wobei man den Mörser mit etwa 10 bis 15 cm³ Wasser ausspült. Dann erwärmt man den Inhalt der Schale, filtriert in ein kleines Becherglas (Bem. VI) und wäscht Filter und Filterinhalt mit etwa 5 cm³ siedendem Wasser nach.

Das Filtrierpapier mit dem verkohlten Inhalt wird wieder in die Platinschale zurückgebracht (Bem. VII), getrocknet und bei Dunkelrotglut zu einer weißen Asche geglüht. Dann führt man den Inhalt des kleinen Becherglases quantitativ in die Platinschale über, bedeckt letztere mit einer Glasplatte, säuert mit verdünnter

Salzsäure aus einer Pipette deutlich an (Bem. VIII) und erwärmt auf einem Dampfbad. Sobald das Aufbrausen infolge der Kohlendioxydentwicklung beendet ist, spült man die Glasplatte ab, setzt das Erhitzen fort, bis die Flüssigkeit auf die Hälfte (vgl. Bem. II, S. 43) eingedampft ist, filtriert und wäscht Filter und Filterinhalt mit kleinen Mengen siedendem Wasser nach.

Das Filtrat wird dann zur Entfernung etwa vorhandener Phosphorsäure nach S. 53 weiterbehandelt und anschließend die Borsäure titriert oder destilliert; die Destillation erfolgt gemäß der Arbeitsvorschrift S. 32 (Bem. IX und X).

Bemerkungen. **I. Platinschale.** Verwendet man Porzellanschalen zur Verkohlung der organischen Materie, so werden Kieselsäure und Aluminium in die Analysensubstanz gebracht, welche beide zwar bei der nachfolgenden Phosphatfällung als Calciumsilicat bzw. Aluminiumhydroxyd mitgefällt werden, dabei aber leicht etwas Borsäure mit sich führen können; überdies läßt sich in Platinschalen die quantitative Veraschung leichter durchführen als in Porzellanschalen (BROWN).

Unterwirft man den Ascheextrakt und Ascherückstand vor der Borsäuretitration noch der Destillation mit Schwefelsäure und Methylalkohol (Bem. IX), so kann man zur Veraschung auch eine Eisenschale (SCHARRER und GOTTSCHALL) oder Nickelschale (SCHULEK und VASTAGH) benutzen, da dann eine etwaige Verunreinigung mit Metallsalz, welche die direkte Borsäuretitration stört (s. Zusammenfassung S. 32), nichts schadet (vgl. S. 32).

II. Natronlaugeüberschuß. Die Gegenwart von genügend Alkali ist erforderlich, um eine Verflüchtigung der Borsäure beim nachfolgenden Verkohlen und Veraschen zu verhindern (vgl. Bem. IV).

III. Trocknen. Beim Glühen *feuchter* Proben treten leicht Borverluste auf [DODD (d)].

IV. Borverluste beim Verkohlen. Die Borverluste beim Glühen von Gemischen von Borsäure mit glycerinfreien (s. unten) organischen Substanzen in Gegenwart überschüssigen Alkalis sind gering und entsprechen in der Größenordnung etwa den Borverlusten, die beim Glühen von Borsäure mit Alkali allein auftreten. So verloren nach DODD (d) 18,6 mg Borsäure im Gemisch mit je 20 g Zucker (Stärke, Stearinsäure) beim Glühen in Gegenwart überschüssigen Alkalis (vgl. Bem. II) 0,1 (0,2, 1,0) mg, entsprechend 0,5 (1,1, 5,4)% Borsäure; bei Abwesenheit der organischen Substanz betrug der Gewichtsverlust 0,3 mg, entsprechend 1,6%.

Beträchtlich sind dagegen nach DODD [(d) und (e)] die Borverluste beim Glühen von Gemischen von Borsäure und glycerinhaltigen Substanzen, wie Fett und Öl (vgl. Bem. II, S. 48).

V. Notwendigkeit vollständigen Verkohlens. Wird organische Materie unvollständig verkohlt, so können schwache organische Säuren entstehen, die bei der nachfolgenden Titration des Kohleextraktes wie die Borsäure Natronlauge verbrauchen und daher zu hohe Borwerte vortäuschen (vgl. S. 30f.). So verbrauchte nach BROWN der salzsaure Extrakt einer unvollständig verkohlten Rohrzuckermenge (10 g) erhebliche Mengen (bis zu mehreren Kubikzentimetern) 0,05 n Natronlauge zwischen den Umschlagspunkten des 1. und des 2. Indicators der Borsäuretitration. Potentiometrische Titrationen zeigten, daß die entstandene organische Säure in ihrer Stärke etwa der Glykolsäure entsprach. Naturgemäß hing der Natronlaugeverbrauch von der Wahl der Indicatoren ab und war bei Verwendung von Phenolphthalein ($p_T = 8{,}3$) als 2. Indicator erwartungsgemäß bei Methylorange ($p_T = 4{,}4$) als 1. Indicator weit größer als bei Sofnol ($p_T = 6{,}0$). Bei vollständiger Verkohlung des Zuckers konnte nach Abzug des Leerverbrauchs (vgl. Bem. IV, S. 28) kein Natronlaugeverbrauch zwischen dem Umschlag des 1. und des 2. Indicators festgestellt werden.

Es ergibt sich hieraus die Notwendigkeit, *organische Materie vollständig zu verkohlen* (vgl. Bem. VI); weiterhin erweist es sich als zweckmäßig, zur 1. Neutralisation nicht Methylorange, sondern einen *Indicator von höherem Umschlags-p_H-Wert* — z. B. Methylrot — zu verwenden.

VI. Kriterium vollständiger Verkohlung. Farblosigkeit des Filtrats ist nach Brown kein Kriterium für vollständige Verkohlung, da — wie diesbezügliche Versuche zeigten — auch unvollständig verkohlte Substanzen farblose Extrakte ergeben können, welche zwischen dem Umschlag des 1. und des 2. Indicators der Borsäuretitration Natronlauge verbrauchen. Dagegen ist die Schärfe des Farbumschlages des 1. Indicators ein brauchbares Anzeichen für die Genauigkeit der Borsäuretitration: die Farbänderung soll durch weniger als 0,1 cm³ 0,05 n Natronlauge hervorgerufen werden (Brown); ist mehr Natronlauge erforderlich, so ist entweder die Verkohlung oder die Ausfällung der Phosphate unvollständig gewesen, was in beiden Fällen zu einem etwas zu hohen Borwert führt.

VII. Veraschung mit Kalk. Brown fügt vor der Veraschung 20 cm³ Kalkwasser hinzu, da nach seiner Erfahrung die Veraschung dann schneller vor sich geht.

VIII. Extraktion der Asche. Die vollständige Extraktion aller Borverbindungen aus der Asche organischen Materials ist, sofern nicht die Verbrennung vollständig durchgeführt und alle kohlenstoffhaltige Materie quantitativ oxydiert worden ist, keineswegs leicht, besonders dann nicht, wenn viele mineralische Bestandteile vorliegen; daher ist bisweilen doppelte und noch häufigere Veraschung und Extraktion erforderlich [Dodd (e)]. Zur Zersetzung der gebildeten Borate muß bei der Extraktion der Asche genügend Salzsäure zugefügt werden [Dodd (e)].

IX. Modifiziertes Verfahren. Empfehlenswert ist auch folgende Modifikation des obigen Verfahrens: Das zu analysierende organische Material wird mit 2 cm³ 50%iger, kurz vor der Verwendung zubereiteter und möglichst wenig mit Glas in Berührung gebrachter Kalilauge (Bem. VI, S. 22) in einer Eisenschale (vgl. Bem. I, S. 46) in oben geschilderter Weise mehrmals verascht und mit heißem Wasser ausgezogen, bis die Asche frei von Kohle ist; die vereinigten wäßrigen Filtrate dampft man auf dem Wasserbad zur Trockne, führt den Rückstand und die Asche dann mit möglichst wenig Wasser in den Destillationskolben *A* (Abb. 13, S. 33) über und verfährt nach der Arbeitsvorschrift auf S. 32 weiter (Scharrer und Gottschall).

X. Genauigkeit. Alcock setzte organischem Material, dessen Borgehalt er zuvor nach einer dem vorstehenden modifizierten Verfahren (Bem. IX) ähnlichen Methode ermittelt hatte, bekannte Borsäuremengen zu und fand bei der dann anschließenden nochmaligen Borbestimmung folgende Werte:

Analysenprobe	Zugesetzte Borsäuremenge mg	Gefundene Gesamtborsäure mg	Wiedergefundener Borsäurezusatz mg	%
40 g Korinthen .	0	4,8	—	—
40 g Korinthen .	20,0	24,8	20,0	100,0
50 g Mehl	0	0,9	—	—
50 g Mehl	20,0	20,8	19,9	99,5
50 g Mehl	40,0	41,2	40,3	100,7

Wie aus der letzten Spalte, welche die zurückerhaltene Borsäure in Prozenten wiedergibt, hervorgeht, wurde die zugesetzte Borsäure quantitativ wiedergefunden.

β) Andere Oxydationsmöglichkeiten.

Von anderen empfehlenswerten Verfahren zur oxydativen Zerstörung organischer Materie vor der Borsäuretitration seien hier erwähnt: die Oxydation mit Wasserstoffperoxyd in alkalischer Lösung (Snyder, Kuck und Johnson) und die Oxydation mit einer Mischung von Natriumperoxyd, Kaliumchlorat und Zucker (Pflaum und Wenzke; Snyder, Kuck und Johnson). Der oxydative Aufschluß mittels oxydierender Säuren (z. B. konzentrierter Schwefelsäure) ist, wie Scharrer und Gottschall am Beispiel borsäurehaltiger Stärke zeigten, nicht anwendbar, da hierbei erwartungsgemäß beträchtliche Borverluste auftreten.

Natürlich können auch andere als organische Stoffe oxydativ beseitigt werden. So läßt sich beispielsweise die störende Wirkung der schwachen schwefligen Säure nach SCHULEK und VASTAGH (a) durch Kochen der alkalisch gemachten Lösung mit 30%igem, phosphorsäurefreiem (vgl. Bem. VII, S. 49) Wasserstoffperoxyd (Umwandlung von Sulfit in Sulfat; vgl. Bem. VII, S. 49) und anschließendes Verkochen des überschüssigen Wasserstoffperoxydes beheben.

c) Extraktion organischer Stoffe.

Vorbemerkung. Die praktische Erfahrung hat gezeigt, daß Substanzen, die reich an Fett oder Öl sind, auch in Gegenwart überschüssigen Alkalis nicht ohne beträchtliche Borverluste geglüht werden können (vgl. unten Bem. II). In solchen Fällen, namentlich wenn der Öl- oder Fettgehalt 8% übersteigt (vgl. unten Bem. I), kann man daher das organische Material vor der Borsäuretitration nicht einfach durch Verkohlen und Veraschen zerstören (vgl. S. 45), sondern man muß vor dem Verkohlen das Fett oder Öl durch Extraktion entfernen [DODD (d), (e)]. Als Extraktionsmittel eignet sich nach den Untersuchungen von DODD (d) am besten Petroläther (vgl. Bem. IV, S. 49).

Arbeitsvorschrift nach* DODD *(e). 20 g des auf Bor zu analysierenden, mehr als 8% Fett oder Öl enthaltenden (Bem. I und II), fein zerteilten organischen Materials werden in einer Schale aus Platin (vgl. Bem. I, S. 46) oder aus einer Gold-Platin-Legierung mit 1 n Natronlauge auf Phenolphthalein als Indicator deutlich alkalisch gemacht und auf dem Dampfbad getrocknet (Bem. III). Den trockenen Rückstand zieht man mehrmals mit wasserfreiem (Bem. III) Petroläther (Bem. IV) aus und filtriert in einen Scheidetrichter. Rückstand und Filtrierpapier werden dann mit Petroläther gewaschen, bis sie frei von Fett und Öl sind, und in die Platinschale zurückgebracht.

Den Petrolätherextrakt im Scheidetrichter schüttelt man mit 5 cm^3 1 n Natronlauge (Bem. V) und dann mit 5 bis 6 cm^3 Wasser; die so erhaltenen wäßrigen Extrakte gießt man in die Platinschale. Dann verrührt man den Inhalt der Schale mit weiteren 5 cm^3 1 n Natronlauge (vgl. Bem. II, S. 46), dampft auf dem Dampfbad zur Trockne (vgl. Bem. III, S. 46) und verascht den Rückstand nach der auf S. 45 wiedergegebenen Arbeitsvorschrift.

***Bemerkungen.* I. Fett- und ölarme Materialien.** Enthält eine borhaltige vegetabilische Substanz weniger als 8% Öl oder Fett, so kann auf die Extraktion mit Petroläther verzichtet und die Substanz zur Zerstörung der organischen Materie direkt nach S. 45 verkohlt und verascht werden, da nach DODD (d) in diesen Fällen der Borverlust beim Glühen (vgl. Bem. II) nicht beträchtlich ist ($<$ 1 mg bei Anwendung von 20 bis 30 mg Borsäure) und dem Borverlust beim Glühen öl- oder fett*freier* organischer Materialien (vgl. Bem. IV, S. 46) entspricht, so daß eine vorherige Extraktion keinen Vorteil bringt. Es ist aber erforderlich, solche Proben nach Vermischen mit Natronlauge (vgl. Bem. II, S. 46) vor dem Glühen bei Wasserbadtemperatur vollkommen zu trocknen (vgl. Bem. III, S. 46).

II. Borverluste beim Glühen. Die beim Glühen fett- und ölhaltiger Substanzen in Gegenwart überschüssigen Alkalis auftretenden Borverluste hängen nach DODD (e) vom Grade der Vermischung von Bor- und Glycerinverbindung und von der Menge der letzteren ab. Enthält eine Substanz nur wenig Öl oder Fett, so sind die Borverluste gering (vgl. Bem. I); mit steigendem Fett- und Ölgehalt nehmen die Verluste zu, um bei Gegenwart *überschüssigen* Fettes bzw. Öls einen für die einzelnen Fette und Öle charakteristischen beträchtlichen Wert zu erreichen.

So ergaben sich nach DODD (d) z. B. Borverluste zwischen 69 und 77%, im Durchschnitt also von 73%, wenn Borsäurelösungen, enthaltend 12,4 (18,6, 31,0) mg H_3BO_3, zusammen mit 3 cm^3 1 n Natronlauge in einer Platinschale zur Trockne verdampft, die Rückstände mit wechselnden Mengen (5, 10, 15, 20 g) Olivenöl (entsprechend Borsäuregehalten von 0,06 bis 0,6%) erhitzt, geglüht, bei Dunkelrotglut verascht und die Aschen auf Bor analysiert wurden, während mit Alkali allein der Borverlust nur 1,6% (vgl. Bem. IV, S. 46) betrug. Beim Glühen von Borsäure im Gemisch mit anderen Ölen oder Fetten (Kokosnußbutter, Mandelöl, Kakaobutter, Leinöl, Sesamöl, Rüböl usw.) wurden gleichfalls charakteristische große Borverluste festgestellt.

Es ist danach also unmöglich, größere Mengen Fett oder Öl wie sonstige organische Substanzen vor der Borsäuretitration einfach durch Verkohlen oder Veraschen zu zerstören; vielmehr muß dem Verkohlen eine Extraktion des Fettes oder Öls vorausgehen.

III. Ausschluß von Feuchtigkeit. Nur bei Ausschluß von Feuchtigkeit sind Borsäure und Borate in Petroläther unlöslich (vgl. Bem. IV).

IV. Löslichkeit von Borsäure in organischen Lösungsmitteln. Die Eignung verschiedener öl- und fettlösender Lösungsmittel zur Trennung von Borsäure und Öl bzw. Fett wurde von DODD (d) untersucht. Er schüttelte gewogene Mengen reiner trockener Borsäure im Gemisch mit 5 cm³ reinem Olivenöl in einem trockenen Becherglas mit je 20 cm³ Methyläther, Petroläther, Benzol, Chloroform und Tetrachlorkohlenstoff bei Zimmertemperatur (15,6° C), extrahierte die Lösung mit Natronlauge und bestimmte im alkalischen Extrakt die Borsäure, wobei sich ergab, daß nur *Petroläther* und *Benzol* keine Borsäure mitlösen. Voraussetzung ist *vollkommene Trockenheit* von Analysensubstanz und Lösungsmittel. Die Extraktion mittels Äthers (ROBERTSON; ALCOCK) ist nach DODD (d) nicht empfehlenswert, da Borsäure in Äther merklich löslich ist.

Auch Natriumborat wird von Petroläther und Benzol nicht aufgenommen, während Äther, Chloroform und Tetrachlorkohlenstoff auch dieses deutlich lösen.

V. Ausziehen des Petrolätherextraktes. Da die Löslichkeit von Borsäure und Borat in Petroläther bei Anwesenheit von Feuchtigkeitsspuren merklich werden kann, empfiehlt es sich, den Petrolätherextrakt mit Natronlauge auszuziehen und auf diese Weise die etwa in Lösung gegangene Borsäure zurückzugewinnen [DODD (e)].

d) Fällung störender Stoffe.

Die störende Wirkung von Metallsalzen, Kieselsäure, Phosphorsäure bei der Borsäuretitration (vgl. S. 30f.) kann statt durch Abdestillieren der Borsäure als Methylester (vgl. S. 32f.) auch durch Fällung der störenden Stoffe behoben werden.

Metalle fällt man zweckmäßig als Hydroxyde oder basische Salze. Die Fällung soll *nicht aus alkalischer Lösung* erfolgen, da der unter diesen Bedingungen gebildete Niederschlag hartnäckig Borsäure festhält (PAYNE; vgl. auch S. 69). Daher scheidet man den Niederschlag möglichst aus *saurer Lösung* aus, indem man das in solcher Lösung ganz nach links verschobene Hydrolysengleichgewicht $Me^{n\cdot} + nHOH \rightleftarrows Me(OH)_n + nH^{\cdot}$ durch Abfangen der Wasserstoff-Ionen nach rechts verschiebt. Diese Abstumpfung der Säure kann beispielsweise durch *Basen* ($H^{\cdot} + OH' \rightarrow H_2O$), durch *Carbonate* ($2\,H^{\cdot} + CO_3'' \rightarrow H_2O + CO_2$) oder durch *Jodid-Jodat-Gemisch* ($6\,H^{\cdot} + 5\,J' + JO_3' \rightarrow 3\,H_2O + 3\,J_2$) erfolgen. Über die letztere Möglichkeit wird auf S. 71 berichtet. Von den zahlreichen in der Literatur angegebenen Methoden zur Fällung von Metallen durch Laugen oder Carbonate vor der Borsäuretitration seien im folgenden nur einige wenige charakteristische Beispiele herausgegriffen, da die Trennung von Metallsalz und Borsäure viel zweckmäßiger nach dem Destillationsverfahren (S. 32f.) erfolgt.

Kieselsäure kann als solche oder als Erdalkalisilicat abgeschieden werden, *Phosphorsäure* in üblicher Weise als Calciumphosphat, Magnesiumammoniumphosphat oder Eisenphosphat. Näheres hierüber, wie über andere Fällungsbeispiele, *siehe S. 53.*

Bei der Fällung eines Niederschlages vor der Borsäuretitration ist es stets empfehlenswert, den abfiltrierten Niederschlag nochmals *umzufällen* (vgl. Bem. VIII,

S. 53; Bem. X, S. 53; Bem. V, S. 54) und das so erhaltene zweite Filtrat ebenfalls der Borsäuretitration zu unterwerfen.

a) Fällung mit Laugen.

Vorbemerkung. Die Fällung von Hydroxyden 3wertiger Metalle, wie Eisen oder Aluminium, ist bei einem p_H-Wert von 6, also in schwach saurem Gebiet, praktisch bereits vollkommen. Um daher die Zugabe eines Laugenüberschusses, der zum teilweisen Wiederauflösen des Niederschlages und zu Borverlusten durch Okklusion (vgl. S. 49) führen kann, zu vermeiden, fällt man zweckmäßig in Gegenwart eines Indicators vom Umschlagspunkt $p_H = 6$ (Scott; Payne). Nicht gefällt werden dabei 2wertige Metalle, wie Zink oder Blei, die erst bei einem höheren p_H-Wert quantitativ ausfallen. Hier muß man mit überschüssiger Lauge arbeiten und ist damit gezwungen, zur Rückgewinnung der in alkalischer Lösung vom Niederschlag mitgeführten Borsäure eine mehrmalige Umfällung vorzunehmen (vgl. z. B. eine von Mylius (e) zur Fällung von Metallen und Kieselsäure mit Barytlauge angegebene Arbeitsvorschrift).

Als Beispiel für eine Fällung mit Lauge sei im folgenden ein von Scott stammendes Verfahren beschrieben, welches die Bestimmung von Borsäure in natürlichen Boraten des Natriums, Calciums und Magnesiums und speziell die Fällung von *Eisen und Aluminium* zum Gegenstand hat. Eine Modifikation des Verfahrens findet sich bei Payne.

Arbeitsvorschrift nach* Scott *(natürliche Borate). 5 g des fein gepulverten Minerals werden in einem 250 cm^3-Meßkolben mit 15 bis 20 cm^3 6 n Salzsäure (Bem. I) und der gleichen Menge Wasser am Rückflußkühler (Bem. II) 20 bis 25 Min. lang gekocht. Dann läßt man etwas abkühlen, gießt 75 cm^3 Wasser durch das Kühlerrohr in den Kolben, mischt, kocht nochmals 10 bis 15 Min. lang, läßt den Kolben wieder etwas abkühlen und gießt nun 50 cm^3 Wasser durch das Kühlerrohr in den Kolben. Dann wird der Kühler entfernt, der Kolben in kaltem Wasser gekühlt (Bem. III) und Wasser bis zur 250 cm^3-Marke hinzugefügt (Bem. IV). Nachdem sich das Ungelöste abgesetzt hat, dekantiert man die klare Lösung durch ein trockenes Filter in ein trockenes, sauberes Becherglas.

Zu 50 cm^3 des Filtrats, enthaltend 1 g der Analysensubstanz, gibt man in einem 400 cm^3-Becherglas 3 bis 4 Tropfen von dem Sofnolindicator Nr. 1 oder von einer gesättigten wäßrigen Lösung von p-Nitrophenol, stumpft die Hauptmenge der Säure mit 50%iger Natronlauge (Bem. V) ab und titriert dann mit 0,5 n Natronlauge (Bem. VI) sorgfältig (Bem. VII) bis zur bleibenden Gelbfärbung. Alles Eisen und Aluminium wird auf diese Weise gefällt. Hierauf erhitzt man schwach, läßt einige Minuten stehen, filtriert den Eisen- und Aluminiumniederschlag ab, wäscht ihn mit heißem Wasser aus und titriert im Filtrat die Borsäure nach der auf S. 26 gegebenen Arbeitsvorschrift.

Ist der Gehalt des Minerals an Aluminium und Eisen einigermaßen erheblich, so muß der Niederschlag in 6 n Salzsäure gelöst und mit Natronlauge wie zuvor nochmals gefällt werden (Bem. VIII), worauf man wie oben weiter verfährt. Die beiden erhaltenen Borsäurebeträge werden dann addiert.

***Bemerkungen.* I. Saurer Aufschluß.** Die saure Extraktion bewirkt im allgemeinen eine vollständige Auflösung der in rohen Boratmineralien enthaltenen Borate. Sollten Silicoborate anwesend sein, so schmilzt man den beim sauren Aufschluß bleibenden Rückstand mit Soda und prüft die Schmelze auf Borate (Scott). Bei wasserlöslichen Boraten kann die Extraktion natürlich mit Wasser erfolgen.

II. Rückflußkühler. Der Rückflußkühler dient zur Vermeidung von Borsäureverlusten durch Verflüchtigung (vgl. Bem. II, S. 43). Nach Payne kann man den sauren Aufschluß auch durch 30 Min. langes Digerieren in einem bedeckten Becherglas auf einem Wasserbad (gelegentliches Umschütteln ohne Entfernung des Deckels) vornehmen, ohne Borverluste befürchten zu müssen.

III. Absitzen des Ungelösten. Zugabe von 2 bis 5 g Natriumchlorid beschleunigt das Absetzen des suspendierten Materials. Das Salz beeinträchtigt nach SCOTT die Genauigkeit der Methode nicht (vgl. aber Bem. IX, S. 35).

IV. Korrektur für das Rückstandsvolumen. Die Menge des ungelösten Rückstandes ist im allgemeinen so klein, daß ihr Volumen nicht beachtet zu werden braucht. Sollte es sich doch als notwendig erweisen, das Volumen des ungelösten Rückstandes zu berücksichtigen, so setze man je Gramm Rückstand ein Volumen von 0,5 cm^3 in Rechnung (SCOTT).

V. Neutralisieren der sauren Lösung. Es empfiehlt sich, zum Neutralisieren der 6 n Salzsäure zunächst eine konzentrierte Natronlauge zu verwenden, um das spätere Titriervolumen nicht unnötig zu vergrößern (vgl. Bem. I, S. 19).

VI. Fällungsmittel. Zum Fällen des Eisens und Aluminiums kann nach SCOTT statt Natronlauge auch Natriumcarbonatlösung verwendet werden. Es ist dann aber natürlich notwendig, das überschüssige Carbonat vor der Titration durch Erhitzen der angesäuerten Lösung restlos zu entfernen (vgl. S. 43f.).

VII. Fällung von Eisen und Aluminium. Die Titration muß sorgfältig erfolgen, da bei kleinerem oder größerem p_H-Wert der Hydroxydniederschlag teilweise wieder in Lösung geht.

VIII. Umfällen der Hydroxyde. Der Eisen- und Aluminiumhydroxydniederschlag führt bei der Ausfällung in stark borsäurehaltiger Lösung stets relativ große Mengen Borsäure mit sich (SCOTT; WHERRY), so daß er, falls seine Menge einigermaßen erheblich ist, nochmals umgefällt werden muß. Die Menge okkludierter Borsäure hängt vom p_H-Wert und von der Konzentration an Borsäure und an Metallsalzen ab.

IX. Genauigkeit. Die Fehlergrenze der Methode wird von SCOTT zu 0,25% angegeben.

β) Fällung mit Carbonaten.

Vorbemerkung. Statt mit Natronlauge kann man Metalle natürlich auch mit *Natriumcarbonatlösung* (CHOTZIALOWA; FOOTE; SCOTT; vgl. auch S. 49 und Bem. VI, oben) ausfällen, jedoch bietet dieses Fällungsmittel gegenüber dem ersteren keinen besonderen Vorteil. Auch Ammoniumcarbonat ist als Fällungsreagens vorgeschlagen worden (ALIMARIN und ROMM).

Vorteilhaft ist die Fällung aus saurer Lösung mit einem *wasserunlöslichen* Carbonat wie Calciumcarbonat [WHERRY; SULLIVAN und TAYLOR; LINDGREN; CAUWOOD und WILSON; DIMBLEBY und TURNER; DIMBLEBY (b); GRIGORJEFF], da in diesem Falle selbst bei Anwendung eines Carbonatüberschusses die Lösung stets schwach sauer bleibt, so daß sich eine Titration bis zum Indicatorumschlag wie bei der Fällung mit Natronlauge (vgl. Abschnitt α) erübrigt. Auch hier erfolgt natürlich wie dort nur bei den *3wertigen* Metallen (vgl. S. 50) eine quantitative Ausfällung; *2wertige* Metalle wie Zink und Blei müssen vor der Calciumcarbonatfällung aus *alkalischer Lösung* abgetrennt werden (SULLIVAN und TAYLOR; CAUWOOD und WILSON; DIMBLEBY und TURNER; GRIGORJEFF), was aber (vgl. S. 49) die Genauigkeit der Methode beeinträchtigt.

Als Beispiel für eine Fällung mit Calciumcarbonat sei im folgenden ein von DIMBLEBY (b) angegebenes Verfahren beschrieben, welches sich auf die Boranalyse einfacher (nicht allzu borreicher, zink- und bleifreier) Gläser bezieht.

Arbeitsvorschrift nach* DIMBLEBY *(b) (einfache Gläser). 0,5 g des fein zerriebenen, bei 110° getrockneten Glases werden mit 3 g wasserfreier Soda (Bem. III, S. 40) in einem Platintiegel mit eng anschließendem Deckel möglichst rasch (Bem. I) geschmolzen. Sobald die Masse ruhig schmilzt, setzt man das Erhitzen nur noch ein paar Minuten fort, kühlt den Tiegel etwas ab, verteilt die Schmelze in dünner Schicht über den Boden und die Wandungen des Tiegels und kühlt das Ganze durch Einstellen des Tiegels in etwas kaltes Wasser. Dann wird der dünne Schmelzkuchen abgelöst und mit etwas heißem, destilliertem Wasser in einen 300- bis 350 cm³-Rundkolben übergeführt. Die zum Überführen des Schmelzkuchens und zum Ausspülen des Tiegels erforderliche Wassermenge soll 40 bis 50 cm³ (Bem. II) betragen.

Man versieht jetzt den Kolben mit einem Rückflußkühler, erwärmt schwach, um den Kuchen aufzuweichen, und fügt 7 cm³ konzentrierte Salzsäure hinzu, nachdem man mit einem kleinen Teil davon den Platintiegel ausgewaschen hat. Nach Zugabe von 1 cm³ konzentrierter Salpetersäure (Bem. III) wird dann der Kolbeninhalt am Rückflußkühler erhitzt, bis die Zersetzung des Kuchens vollständig ist (Bem. IV); nach leichtem Abkühlen gibt man festes Calciumcarbonat (Bem. V) zu, bis nach vollständiger Neutralisation der freien Säure noch ein kleiner Rest von etwa 1 g am Boden verbleibt (Bem. VI). Hierauf kocht man das Ganze 10 Min. lang kräftig am Rückflußkühler (Bem. VII). Nach dem Abkühlen auf 70 bis 60° wird die klare Flüssigkeit unter Saugen durch einen kleinen, mit engporigem Filtrierpapier versehenen BÜCHNER-Trichter oder durch einen großen mit Filtrierpapierbrei beschickten GOOCH-Tiegel *dekantiert*.

Man behandelt den Niederschlag im Kolben mit verdünnter Salzsäure (kleiner Überschuß), kocht die Flüssigkeit ein paar Minuten am Rückflußkühler, kühlt dann wieder ab und fällt den Niederschlag erneut durch Zugabe von Calciumcarbonat (kleiner Überschuß) (Bem. VIII). Wie vorher kocht man jetzt das Ganze 10 Min. lang kräftig am Rückflußkühler, kühlt nach Durchspülen des Kühlerrohres mit heißem Wasser auf ungefähr 60° ab und *filtriert* (Bem. IX) durch den BÜCHNER-Trichter oder GOOCH-Tiegel, wobei man den Niederschlag zuerst durch Dekantieren, dann auf dem Filter mit heißem Wasser wäscht.

Das so erhaltene Gesamtfiltrat wird abgekühlt und dient zur Borsäuretitration nach S. 26 (Bem. X). Vom Laugenverbrauch für die Borsäuretitration wird der Laugenverbrauch für eine in gleicher Weise unter Verwendung der gleichen Gefäße und Reagensmengen mit destilliertem Wasser ausgeführte Blindprobe abgezogen.

Bemerkungen. **I. Borverluste beim Schmelzen.** DIMBLEBY und TURNER beobachteten beim Schmelzen borsäurereicher (> 10% B_2O_3) Gläser mit Soda gelegentlich eine Verflüchtigung von Borsäure; zur Beseitigung dieser Fehlerquelle empfehlen sie bei blei- und zinkfreien Gläsern einen Zusatz von Siliciumdioxyd zur Aufschlußmischung.

II. Fällung der Kieselsäure. Nach DIMBLEBY (b) wird die Tendenz der Kieselsäure, in gelatinöser, schwer filtrierbarer Form auszufallen, durch die Verwendung von gerade 40 bis 50 cm³ Wasser zur Zersetzung des Schmelzkuchens und anschließende schnelle Zugabe der Salzsäure weitgehend vermindert (vgl. Bem. I, S. 40). Bei Gebrauch kleinerer Mengen Wasser steigt die Gefahr der Bildung gelatinöser Niederschläge; größere Wassermengen sollen nicht verwendet werden, damit kein zu großes Endvolumen für die Borsäuretitration (vgl. Bem. I, S. 19) resultiert.

III. Salpetersäurezusatz. Durch die Zugabe von konzentrierter Salpetersäure wird vorhandenes 2wertiges Eisen in 3wertiges übergeführt, das sich zum Unterschied von ersterem durch Calciumcarbonat aus saurer Lösung quantitativ ausfällen läßt (vgl. S. 50).

IV. Erhitzen. Da bisweilen heftiges Stoßen auftritt, muß das Erhitzen mit Vorsicht ausgeführt werden [DIMBLEBY (b)].

V. Fällungsmittel. Das Calciumcarbonat wird nach GRIGORJEFF zweckmäßig unmittelbar vor der Verwendung durch Umsetzung von reinem Ammoniumcarbonat mit reinem Calciumchlorid frisch gefällt, solange gewaschen, bis jede Spur einer alkalischen Reaktion verschwunden ist und dann nahezu vollständig getrocknet.

VI. Fällung. Wenn der Neutralisationspunkt annähernd erreicht ist, wird das Calciumcarbonat langsam zugefügt, damit der Niederschlag so körnig wie möglich ausfällt (WHERRY).

VII. Kochen der Lösung. Die Flüssigkeit muß einige Zeit gekocht werden, sowohl um gebildetes Calciumhydrocarbonat zu zerstören, als auch um vollständige Fällung zu bewirken. In den meisten Fällen reichen etwa 10 Min. aus, bisweilen aber — besonders wenn viel Mangan anwesend ist — scheint längere Zeit nötig zu sein (WHERRY).

VIII. Umfällen. Eine Umfällung des Niederschlags ist nach DIMBLEBY (b) besonders dann erforderlich, wenn der B_2O_3-Gehalt des analysierten Silicates 5% erreicht oder übersteigt (vgl. Bem. X).

IX. Filtrieren. Beim Filtrieren unter vermindertem Druck muß vermieden werden, daß sich in der trocknenden Masse auf dem Filter Risse bilden (GRIGORJEFF); es genügt zu diesem Zwecke, die Saugpumpe im geeigneten Moment abzustellen, bis genügend Waschwasser hinzugefügt ist. Ist das Waschen beendet, so wird ohne Rücksicht auf Rißbildung kräftig abgesaugt.

X. Genauigkeit. DIMBLEBY (b) fand bei der Bestimmung verschiedener Bortrioxydmengen bei 1maliger bzw. bei 2maliger Fällung folgende Werte:

Angewendete Bortrioxydmenge	Gefundene Bortrioxydmenge			
	bei 1maliger Fällung		bei 2maliger Fällung	
mg	mg	%	mg	%
17,7	17,3	97,7	17,3	97,7
35,4	33,8	95,5	34,9	98,6
70,8	67,3	95,1	70,0	98,9

Die Genauigkeit des Destillationsverfahrens (S. 38f.) wird also nicht erreicht (vgl. Bem. VII, S. 41).

γ) *Andere Fällungsbeispiele.*

Vorbemerkung. Selbstverständlich bestehen noch die verschiedensten anderen Möglichkeiten, um störende Stoffe durch Fällung von der Borsäure abzutrennen. So kann man beispielsweise Aluminium nach LUNDELL und KNOWLES als Oxychinolat[1] oder nach MALAPRADE und SCHNOUTKA durch Fällung aus schwefligsaurer Lösung (Verkochen des Schwefeldioxyds) beseitigen; Fluorid kann als Calciumfluorid (KERSTAN; PFLAUM und WENZKE), Phosphat als Calciumphosphat [THOMSON (c); DE KONINGH (b); SHREWSBURY; ROBERTSON; LIVERSEEGE und BAGNALL; BROWN], als Magnesiumammoniumphosphat [DE KONINGH (b); MONIER-WILLIAMS] oder als Eisenphosphat [DEERNS (a); MANIL] gefällt werden. Bezüglich der bei solchen Fällungen zu beachtenden Regeln (Vermeidung von Fällungen aus alkalischer Lösung; Umfällen der erhaltenen Niederschläge) vgl. S. 49.

Als Beispiel sei im folgenden die Entfernung von Phosphat als Calciumphosphat nach BROWN beschrieben.

Arbeitsvorschrift nach* BROWN *(Phosphate). Die auf Bor zu analysierende, phosphorsäurehaltige, mit Salzsäure angesäuerte Lösung wird in einem 100 cm^3-Meßkolben mit der für die Ausfällung der Phosphorsäure theoretisch etwa erforderlichen Menge ($Ca^{\cdot\cdot} : PO_4''' = 3:2$) · 10%iger Calciumchloridlösung (kleiner Überschuß; Bem. I) versetzt und dann unter Zugabe von 0,2 cm^3 1%iger Phenolphthaleinlösung mit 1 n Natronlauge vorsichtig — zuletzt Tropfen für Tropfen — unter dauerndem Umschütteln gerade bis zum Umschlag nach Rosa neutralisiert (Bem. II). Man gibt anschließend über diesen Punkt hinaus einen Überschuß von 0,2 cm^3 1 n Natronlauge (Bem. III) zu, verdünnt die Lösung mit destilliertem Wasser bis zur Marke, schüttelt gut durch und filtriert durch ein trockenes Filter (Bem. IV bis VI). 75 cm^3 des Filtrats werden dann nach S. 26 weiterbehandelt.

***Bemerkungen.* I. Calciumchloridmenge.** Wendet man einen zu großen Calciumchloridüberschuß an, so findet man etwas zu wenig Bor, weil Borsäure mitgefällt wird (vgl. Tabelle in Bem. VI).

[1] In einer nach Abschluß der Korrektur erschienenen Arbeit [Fr. **121**, 161 (1941)] berichten H. SCHÄFER und A. SIEVERTS ausführlich über die Fällung von Zn, Pb, Al, Fe und Ni aus Borsäurelösungen mit Hilfe von o-Oxychinolin.

II. Neutralisieren der Lösung. Nach DODD (e) ist es zwecks genauer Einstellung des Phenolphthaleinumschlagspunktes zweckmäßig, den Phosphatniederschlag absitzen zu lassen.

III. Natronlaugemenge. Wird der kleine Natronlaugeüberschuß über den Umschlagspunkt hinaus vermieden, so ist die Fällung des Phosphats unvollständig, so daß man bei der anschließenden Borsäuretitration wegen Mittitrierens von Phosphorsäure zu hohe Borwerte erhält (vgl. Tabelle in Bem. VI).

Macht man umgekehrt die Lösung zu stark alkalisch, so wird die Borsäure mit dem Phosphat mitgefällt (BROWN; LIVERSEEGE und BAGNALL; ROBERTSON; MONIER-WILLIAMS), so daß zu kleine Borwerte resultieren (vgl. Tabelle in Bem. VI). Daher muß man die Natronlauge unter dauerndem Schütteln Tropfen für Tropfen zugeben, um örtliche Alkalität und damit die Fällung von Borat (das sich in annähernd neutraler Lösung nicht wieder auflöst) zu vermeiden.

IV. Vollständigkeit der Phosphatfällung. Um sich zu vergewissern, daß das Phosphat vollständig ausgefällt ist, säuert man zweckmäßig nach der Borsäuretitration die Titrierlösung mit Essigsäure an, fügt ein paar Tropfen Ammoniumoxalatlösung hinzu und erwärmt; eine positive Reaktion zeigt an, daß genügend Calciumchlorid zur Fällung des Phosphats zugegeben worden war [DODD (e)].

V. Umfällen des Phosphatniederschlags. Zur Prüfung auf Borfreiheit empfiehlt es sich, den Phosphatniederschlag aufzulösen und in oben geschilderter Weise nochmals zu fällen (LIVERSEEGE und BAGNALL; SHREWSBURY). Das bei der ersten Fällung etwa mitgefällte Bor findet sich dann im Filtrat der Umfällung.

VI. Genauigkeit. BROWN fand bei der Bestimmung von 4,9 (24,4) mg Borsäure in Gegenwart von 8 mg P_2O_5 (als Natriumphosphat) bei Anwendung verschiedener Calciumchlorid- und Natronlaugemengen die folgenden Borsäurewerte:

Angewendete Borsäuremenge	Molverhältnis $CaO:P_2O_5$	Gefundene Borsäuremenge bei Anwendung eines Natronlaugeüberschusses von					
		0,0 cm³ 1 nNaOH		0,1 cm³ 1 nNaOH		1,0 cm³ 1 nNaOH	
mg		mg	%	mg	%	mg	%
4,9	3	6,4	131	**4,9**	**100**	4,8	98
4,9	14	5,2	106	4,6	94	4,6	94
24,4	3	25,2	103	**24,4**	**100**	24,0	98
24,4	14	24,6	101	24,1	99	23,7	97

Man ersieht daraus, daß es zur Erzielung guter Resultate (fettgedruckte Zahlen) erforderlich ist, einen größeren Calciumchloridüberschuß zu vermeiden und einen kleinen Natronlaugeüberschuß anzuwenden.

e) Elektrolytische Abtrennung störender Stoffe.

Vorbemerkung. Metalle wie Eisen, Nickel, Kupfer oder Chrom können statt durch Abscheidung mit Fällungsmitteln (vgl. S. 49f.) natürlich auch durch Elektrolyse beseitigt werden, da Borsäure hierbei nicht stört. Empfohlen wird dieses Verfahren der Elektrolyse z. B. von VINCKE, von RAUB und BIHLMAIER sowie von RAUB und NANN zur Entfernung der störenden Nickelsalze bei der maßanalytischen Bestimmung von Borsäure in Nickelelektrolysebädern.

Als Beispiel sei im folgenden eine von TSCHISCHEWSKI (a) angegebene Methode zur elektrolytischen Beseitigung von Eisen und Nickel aus borhaltigen Legierungen wiedergegeben.

Arbeitsvorschrift nach* TSCHISCHEWSKI *(a) (Legierungen). 0,5 bis 1 g der auf Bor zu analysierenden Eisen-Nickel-Legierung behandelt man mit 10 bis 15 cm³ verdünnter Schwefelsäure (1:3) und erhitzt am Rückflußkühler, bis Lösung eingetreten ist. Dann kühlt man etwas ab, gibt 3 bis 5 Tropfen 30%iges, phosphorsäurefreies (vgl. Bem. VII, S. 35) Wasserstoffperoxyd hinzu und kocht wieder ein paar Minuten.

Die mit 50 cm³ kaltem Wasser versetzte Lösung wird hierauf mit 1 n Natronlauge neutralisiert und zur Elektrolyse mit 3 bis 5 Tropfen Schwefelsäure versetzt.

Mit einem Strom von 5 Ampere und 10 bis 15 Volt schlägt man dann bei einer Temperatur unter 30° C das Eisen und Nickel im Verlaufe von 30 Min. an einer Quecksilberkathode (vgl. Abb. 14 und Bem. I) nieder. Schließlich hebert man, ohne den Strom auszuschalten, die Flüssigkeit heraus, spült Gefäß und Quecksilber mit Wasser nach und titriert — falls sonst keine störenden Bestandteile vorhanden sind — die Lösung oder einen aliquoten Teil davon nach S. 26 (Bem. II).

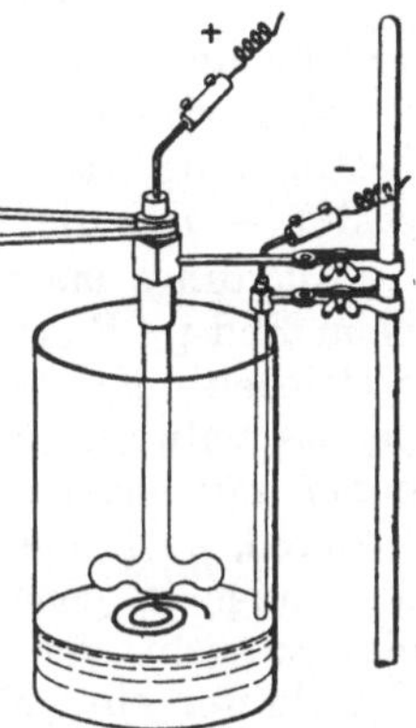

Abb. 14. Elektrolysegefäß zur elektrolytischen Abtrennung titrationsstörender Metalle aus Borsäurelösungen. [Nach Tschischewski (b)].

***Bemerkungen.* I. Elektrolysegefäß.** Die Elektrolyse wird — vgl. Abb. 14 — in einem außen mit kaltem Wasser gekühlten Becherglas von 6,5 cm Durchmesser und 11 cm Höhe vorgenommen, dessen Boden bis zu einer Höhe von 2,5 bis 3 cm mit Quecksilber (Kathode) bedeckt ist, in welches ein Platindraht als Stromzuführung eintaucht; als Anode dient ein zweiter, zu einer Spirale gebogener Platindraht, der durch einen Glasrührer (350 Umdrehungen/Min.) geführt wird.

II. Genauigkeit. Tschischewski (a) fand bei der Bestimmung von beispielsweise 13,9 (1,53) mg Borsäure beim Arbeiten nach obiger Vorschrift 13,7 (1,58) mg, entsprechend 98,6 (96,7)% H_3BO_3 wieder. Die Genauigkeit des Destillationsverfahrens (S. 32f.) wird also nicht erreicht (vgl. Bem. X, S. 35 und Bem. IV, S. 37).

3. Titration ohne vorausgehende Trennung.

a) Einstellung eines vorgegebenen p_H-Wertes.

Durch Titrieren bis zum gleichen p_H-Wert vor und nach dem Mannitzusatz wird ein Mitneutralisieren störender Stoffe während der eigentlichen Borsäuretitration vermieden.

Allgemeines.

Bei der Titration von 0,1 mol Borsäurelösung mit 0,1 n Lauge in Gegenwart von genügend Mannit wird nach Abb. 7, S. 24 (gestrichelte Kurve) der p_H-Bereich von 3 bis 7 durchlaufen. Daher darf, wenn man von einer Lösung der Wasserstoff-Ionen-Konzentration 10^{-3} ausgeht, die zu titrierende Borsäurelösung keine Stoffe enthalten, welche wie die Mannitborsäure im genannten p_H-Gebiet Lauge verbrauchen. Sind solche Stoffe vorhanden, so muß die Störung durch vorherige Neutralisation der betreffenden Stoffe in mannitfreier Lösung (vgl. S. 24f.) oder durch Abdestillieren der Borsäure als Methylester bzw. Abtrennung der störenden Stoffe (vgl. S. 30f.) beseitigt werden. Handelt es sich nun um *sehr verdünnte Borsäurelösungen*, so kann unter Umständen diese Trennung von Borsäure und störendem Stoff zu Borsäureverlusten führen. In diesem Falle ist es nach Foote zweckmäßig, auf die Trennung ganz zu verzichten und sich folgenden Prinzips der Borsäurebestimmung zu bedienen:

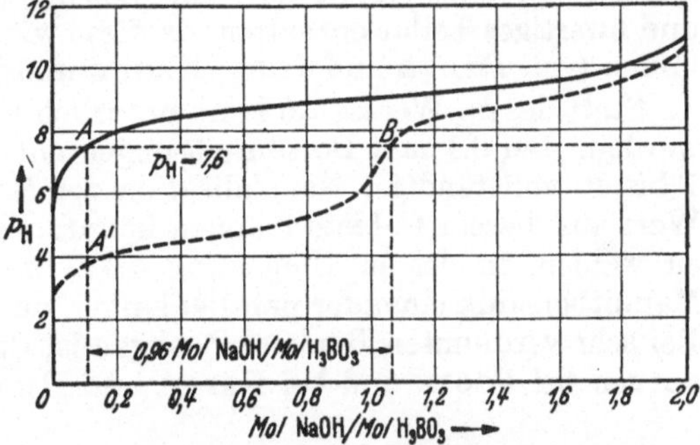

Abb. 15. Titration einer 0,1 n, äquimolekulare Mengen Borsäure und Säure der Dissoziationskonstanten 10^{-5} enthaltenden Säurelösung mit 0,1 n Natronlauge nach Foote.

Man titriert die zu untersuchende Lösung vor der Zugabe von Mannit bis auf den p_H-Wert 7,6, gibt dann genügend Mannit hinzu, wodurch die stärkere Mannitborsäure entsteht und titriert wieder bis zum gleichen p_H-Wert 7,6 zurück. In Abb. 15 ist dieses Verfahren am Beispiel der in Abb. 11 (S. 25) dargestellten

Titrationskurven wiedergegeben; im Falle der in den Abb. 8, 9 und 10 dargestellten Titrationskurven ergäbe sich ein ganz analoges Bild mit genau gleichem Natronlaugeverbrauch. Punkt A entspricht dem Anfangs-p_H-Wert 7,6, Punkt A' dem p_H-Wert nach Zusatz von Mannit, Punkt B dem End-p_H-Wert 7,6. Durch die Einstellung des gleichen p_H-Wertes vor und nach der Borsäuretitration vermeidet man ein Mittitrieren anderer Substanzen als Borsäure während der eigentlichen Borsäurebestimmung, da — abgesehen von Germanium- und Tellursäure (vgl. Bem. IX, S. 38) — nur die Borsäure durch Mannit in ihrer Acidität verstärkt wird.

Allerdings macht man bei dieser Art der Titration insofern einen Fehler, als beim End-p_H-Wert 7,6 die Mannitborsäure zwar vollständig neutralisiert ist (s. die gestrichelte Kurve in Abb. 7), beim Anfangs-p_H-Wert 7,6 die Borsäure jedoch bereits teilweise (s. die ausgezogene Kurve in Abb. 7) gebunden ist. Würde man daher mit einer in normaler Weise gegen starke Säuren eingestellten Lauge titrieren, so fände man bei diesem Verfahren zu wenig Borsäure. Stellt man aber die Lauge in genau gleicher Weise gegen Lösungen bekannten Borsäuregehaltes ein, so geht der Fehler in den bei der Einstellung der Lauge resultierenden Pseudotiter ein. Bei der Einstellung einer in Wirklichkeit 0,096 n Lauge gegen eine 0,1 mol Borsäurelösung ergäbe sich beispielsweise nicht der wahre Titer 0,096, sondern der Pseudotiter 0,100, weil beim Anfangs-p_H-Wert 7,6 (vgl. Abb. 7) bereits 4% der Borsäure neutralisiert sind, der Verbrauch an Lauge zwischen Anfangs- und Endpunkt der Titration daher nicht — wie bei der Einstellung zugrunde gelegt — 1 Mol, sondern nur 0,96 Mol Lauge je Mol verbrauchter Borsäure beträgt. Titriert man dann mit dieser als 0,1 n eingesetzten, in Wirklichkeit aber nur 0,096 n Lauge andere ungefähr 0,1 mol Borsäurelösungen in Gegenwart starker, mittelstarker oder schwacher Säuren in der oben beschriebenen Weise, so wird durch Einsetzen des Pseudotiters 0,100 der 0,096 n Lauge der Fehlbetrag von 4% Borsäure zwischen Anfangs- und Endpunkt der Titration ausgeglichen[1].

Selbstverständlich darf die zu untersuchende Borsäurelösung beim p_H-Wert 7,6 nicht zu stark gepuffert sein, da sonst dieser p_H-Wert nicht genau genug eingestellt werden kann; andernfalls muß man durch Beseitigung des puffernden Stoffes Abhilfe schaffen. Auch darf die Lösung (vgl. oben) kein 4wertiges Germanium und 6wertiges Tellur enthalten, da diese wie Borsäure mit Mannit komplexe Säuren bilden (vgl. Rader und Hill; Hague und Bright).

Statt des p_H-Wertes 7,6 kann natürlich auch ein anderer passender Wert gewählt werden. Bei 0,1 mol Borsäurelösungen entspricht ja beispielsweise der p_H-Bereich 7 bis 10 vollständiger Neutralisation der Mannitborsäure, so daß man irgendeinen Wert aus diesem Gebiete nehmen könnte. Es ist aber zweckmäßig, einen p_H-Wert zu wählen, in dessen Umgebung die Titrationskurven von reiner Borsäure und Mannitborsäure einander parallel laufen, da dann der Titrierfehler am kleinsten ist. Bei sehr verdünnten Borsäurelösungen ist dies im p_H-Bereich 7 bis 8 (vgl. Originalkurven bei Foote und bei Rader und Hill) der Fall.

Bestimmungsverfahren ($<$ 5 mg B).

Die Einstellung des gewählten p_H-Wertes kann mit Hilfe eines Indicators [Abschnitt α)] oder auf potentiometrischem Wege [Abschnitt β)] erfolgen.

[1] In einer nach Abschluß der Korrektur erschienenen Arbeit [Fr. **121**, 170 (1941)] zeigen H. Schäfer und A. Sieverts, daß bei Verwendung von *viel* Mannit oder Fructose ($\sim$ 2 Mol/l) die Borsäure bereits bei einem p_H-Wert von 5,8 praktisch vollkommen neutralisiert ist [vgl. H. Schäfer, Z. anorg. Ch. **247**, 96 (1941)]. Reine Borsäurelösungen verbrauchen bei diesem p_H-Wert praktisch noch keine Natronlauge. Titriert man daher Borsäurelösungen zunächst in Abwesenheit von Mannit (Fructose) und dann in Gegenwart von 2 Mol Mannit (Fructose) je Liter unter Verwendung von Bromkresolpurpur als Indicator bis zu einem p_H-Wert von 5,8, so kann man Titrierlaugen verwenden, die in *normaler Weise* eingestellt, worden sind.

α) Einstellung des p_H-Wertes mit Hilfe eines Indicators.

Arbeitsvorschrift nach FOOTE. 100 bis 500 cm³ der zu untersuchenden, 0,005% oder weniger Bor enthaltenden (Bem. I) Borsäurelösung werden in einem weithalsigen ERLENMEYER-Kolben aus Pyrexglas mit 1 Tropfen (Bem. II) einer 1%igen Methylrotlösung versetzt und mit Salzsäure auf diesen Indicator deutlich angesäuert. Dann kocht man 5 Min. unter gelegentlichem Umschütteln (vgl. Bem. II, S. 26) und kühlt die Flüssigkeit auf Zimmertemperatur ab. Nach Zusatz von 5 Tropfen 0,4%iger Phenolrotlösung je 100 cm³ Lösung (Bem. III) wird jetzt der Kolben mit dem in Abb. 16 wiedergegebenen Stopfen (Bem. IV) verschlossen und die Lösung unter Verwendung einer Vergleichslösung (Bem. V) auf die p_H-Stufe 7,6 gebracht (Bem. VI). Die diesem p_H-Wert entsprechende Indicatorfarbe darf sich bei 15 bis 20 Sek. langem kräftigen Schütteln nicht wahrnehmbar ändern (Bem. VI). Nun fügt man 4 g Mannit (Bem. VII) je 100 cm³ Lösung hinzu und titriert (Bem. VIII) bei möglichst niedriger Temperatur (vgl. Bem. V, S. 20) mit carbonatfreier (vgl. Bem. VIII, S. 20) „0,02 n" (Bem. IX) Natronlauge bis zum gleichen p_H-Wert 7,6 zurück, indem man Sorge dafür trägt, daß kein ausgeatmetes Kohlendioxyd in den Kolben eintritt. Der p_H-Wert muß bei 15 bis 20 Sek. langem kräftigen Schütteln wieder wie vorher konstant bleiben. Die nach Zusatz des Mannits verbrauchte Laugenmenge ergibt nach Abzug des Laugenverbrauchs für einen in gleicher Weise mit destilliertem Wasser angestellten Blindversuch (vgl. Bem. IX, S. 23) den Borsäuregehalt der untersuchten Lösung (Bem. X und XI).

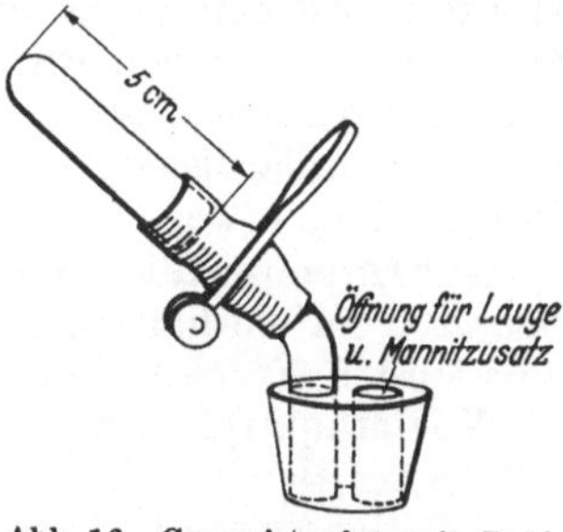

Abb. 16. Gummistopfen mit Prüfröhrchen zum Farbvergleich zwecks p_H-Einstellung bei der Titration nach FOOTE.

Bemerkungen. **I. Borsäurekonzentration.** Die Arbeitsvorschrift wurde von FOOTE zunächst an verdünnten Borsäurelösungen (z. B. natürlichen Wässern) erprobt. Jedoch spricht nichts gegen eine Anwendung auch auf konzentriertere Lösungen; in diesen Fällen wäre ein entsprechend größerer Mannitzusatz (vgl. Bem. VII) bei der Borsäuretitration erforderlich, auch müßte die Einstellung der Titrierlauge gegen eine entsprechend konzentriertere Borsäurelösung (vgl. Bem. IX) erfolgen.

II. Methylrotmenge. Man nimmt nur 1 Tropfen Methylrotlösung, um die spätere Einstellung des p_H-Wertes in Gegenwart von Phenolrot nicht zu stören.

III. Indicator. Statt Phenolrot ($p_H = 6,8$ bis 8,0; Gelb-Rot) kann man nach RADER und HILL auch Phenolphthalein verwenden, wenn man es *in geeigneter Konzentration* zugibt. Und zwar erscheint nach RADER und HILL die Rosafarbe des Phenolphthaleins in 100 cm³ einer 0,4 mol Natriumchloridlösung bei Zugabe von 20 Tropfen einer 2%igen Phenolphthaleinlösung bei einem p_H-Wert von 7,6, bei Zugabe von 10 Tropfen bei einem p_H-Wert von 7,7 und bei Zugabe von nur 1 Tropfen bei einem p_H-Wert von 8,4.

IV. Kolbenverschluß. Um die Aufnahme von Kohlendioxyd beim Abfüllen einer Lösungsprobe in ein Prüfröhrchen zwecks Farbvergleichs mit der Vergleichslösung (Bem. V) zu vermeiden, benutzt FOOTE den in Abb. 16 dargestellten Kolbenverschluß. Will man die Indicatorfarbe vergleichen, so läßt man unter Öffnen des Quetschhahns durch Umkehren des Kolbens Flüssigkeit in das Röhrchen fließen und vergleicht gegen einen weißen Hintergrund mit einer Indicatorampulle gleicher Größe.

V. Vergleichslösung. Die Vergleichslösung vom p_H-Wert 7,6 in dieser Ampulle (Bem. IV) muß selbstverständlich die gleiche Phenolrotkonzentration aufweisen wie die Versuchslösung.

VI. Einstellung des p_H-Wertes. Bei der Einstellung des p_H-Wertes verfährt man nach FOOTE zweckmäßig so, daß man zunächst mit carbonatfreier (vgl.

Bem. VIII, S. 20), etwa 1 n Natronlauge auf einen p_H-Wert von 8,0 bis 8,4 einstellt, 10 bis 15 Sek. kräftig schüttelt und dann mittels 0,1 n Salzsäure — gegebenenfalls noch unter Benutzung der später als Titrierlauge dienenden 0,02 n Natronlauge — auf die Säurestufe 7,6 zurücktitriert. Man fahre mit der Titration nicht fort, bevor der p_H-Wert den konstanten Wert 7,6 erreicht hat; denn dieser Punkt ist der Ausgangspunkt der Borsäuretitration und die Genauigkeit der Borbestimmung hängt von der Genauigkeit der Einstellung des Anfangs- und End-p_H-Wertes ab.

VII. Mannitzusatz. Nach FOOTE reicht eine Menge von 3 g Mannit je 100 cm³ Lösung für Bormengen bis zu 5 mg je 100 cm³ aus. WILCOX (b) verwendet 4 g. Die Einstellung der Lauge (Bem. IX) und die Blindprobe (Bem. IX, S. 23) müssen selbstverständlich unter Verwendung der gleichen Menge Mannit je 100 cm³ durchgeführt werden wie die eigentliche Borbestimmung.

VIII. Titrierbürette. Man verwende zum Titrieren eine in 0,05 cm³ unterteilte Titrierbürette, die 0,01 cm³ abzuschätzen gestattet (FOOTE). Vgl. Bem. V, S. 22.

IX. Einstellung der Lauge. Die Lauge darf nicht in der üblichen Weise gegen starke Säure eingestellt werden, sondern muß — auch unter Abzug des Laugenverbrauchs für einen Blindversuch (Bem. IX, S. 23) — in genau gleicher Weise wie die zu analysierende Borsäurelösung auf eine Lösung bekannter Borkonzentration standardisiert werden (vgl. S. 55f.). Die „0,02 n" Natronlauge ist also in Wirklichkeit etwas verdünnter.

FOOTE empfiehlt zur Einstellung die Verwendung einer 1 bis 5 mg Bor je 100 oder 200 cm³ enthaltenden Borsäurelösung (z. B. 10 cm³ einer Lösung von 0,7145 g Borsäure in 500 cm³ — entsprechend 2,50 mg Bor — verdünnt auf 100 oder 200 cm³).

X. Boräquivalent der Lauge. 1 cm³ der „0,02 n" Lauge (vgl. Bem. IX) entspricht 1,2368 mg H_3BO_3 oder 0,8766 mg HBO_2 oder 0,6964 mg B_2O_3 oder 0,2164 mg B.

XI. Genauigkeit. FOOTE erhielt bei der Bestimmung verschiedener Borzusätze zu 500 cm³ zweier natürlicher Wässer in Gegenwart von 10 g Mannit beim Arbeiten nach obiger Vorschrift nebenstehende Resultate. Danach ist selbst in 0,0001%iger Borlösung die Borbestimmung noch sehr genau durchführbar.

Zugesetzte Bormenge	Gefundene Bormenge	Wiedergefundener Borzusatz	
mg	mg	mg	%
0	0,455	—	—
0,500	0,960	0,505	101,0
0	0,279	—	—
0,498	0,773	0,494	99,2
2,49	2,77	2,49	99,9
4,98	5,30	5,02	100,9
9,96	10,27	9,99	100,3

Die Genauigkeit der Bestimmung ist von der Menge angewendeter Lösung weitgehend unabhängig; so fand FOOTE bei der Analyse dreier Wässer unter Verwendung von jeweils 500 (200, 100) cm³ Lösung 0,83 (0,84, 0,82) bzw. 0,41 (0,41, 0,42) bzw. 4,26 (4,27, 4,27) Gewichtsteile Bor in 10^6 Gewichtsteilen Lösung.

β) *Potentiometrische Einstellung des p_H-Wertes.*

Vorbemerkung. Zur Einstellung des konstanten p_H-Wertes vor und nach der Mannitzugabe kann man sich nach WILCOX (b) (vgl. HARDING und MOBERG) auch folgenden Prinzips bedienen:

Tauchen eine Chinhydron- und eine Silberchloridelektrode (vgl. hierzu CAVANAGH[1]) in eine Lösung der Wasserstoff-Ionen-Konzentration $[H^\cdot]$ und der Chlor-Ionen-Konzentration $[Cl']$ ein, so beträgt die elektromotorische Kraft des Elements bei 16° C: $E = 0{,}4740 + 0{,}05735 \log [H^\cdot] + 0{,}05735 \log [Cl']$. Für jeden vorgegebenen p_H-(p_{Cl}-)Wert läßt sich hiernach eine Chlor-Ionen- (Wasserstoff-Ionen-) Konzentration angeben, bei der die Potentialdifferenz zwischen den Elektroden Null wird. Ist $[Cl']$ z. B. $= 0{,}1$, so wird E dann gleich Null, wenn $\log [H^\cdot] = (-0{,}4740 - 0{,}05735 \log [Cl']) : 0{,}05735 = -7{,}3$, p_H also $= 7{,}3$ ist; ebenso folgt für $[Cl'] = 0{,}2$ der p_H-Wert 7,6, für $[Cl'] = 0{,}002$ der p_H-Wert 5,6 usw. Macht

[1] CAVANAGH, B.: Soc. **1927**, 2207.

man daher in einer nach FOOTE (S. 57) auf Bor zu untersuchenden Borsäurelösung die Chlor-Ionen-Konzentration = 0,1, so braucht man nur vor und nach dem Mannitzusatz mit Lauge bis zur Stromlosigkeit eines an die Elektroden angeschlossenen Galvanometers zu titrieren, um am Anfangs- und Endpunkt der Titration den gleichen p_H-Wert (in diesem Falle 7,3) zu haben.

***Arbeitsvorschrift nach* WILCOX (b).** 250 cm³ der zu untersuchenden Borsäurelösung, welche höchstens 1 mg Bor enthalten sollen (Bem. I), werden in einem 400 cm³-Becherglas durch Zugabe von 12,5 cm³ 2 n Natriumchloridlösung auf eine Chlor-Ionen-Konzentration von 0,1 (Bem. II) gebracht. Dann fügt man ein paar Tropfen Phenolrot- (oder Bromthymolblau-) Lösung hinzu, säuert mit 1 n Schwefelsäure an (Überschuß von etwa $^1/_2$ cm³), kocht 3 Min. unter gelegentlichem Umschütteln (vgl. Bem. II, S. 26), kühlt ab und neutralisiert annähernd mit carbonatfreier (vgl. Bem. VIII, S. 20) Natronlauge. Nach Sättigen der Lösung mit Chinhydron (0,2 g) werden jetzt eine Silberchlorid- und eine Chinhydronelektrode (Bem. III), welche mit einem Galvanometer (Bem. IV) verbunden sind, eingeführt. Durch vorsichtige Zugabe von carbonatfreier „0,2 n" Natronlauge (Bem. V) titriert man nunmehr unter Rühren bis zum Verschwinden der Potentialdifferenz. Um festzustellen, ob Gleichgewicht erreicht ist, wird die Lösung noch einige Zeit weiter gerührt. Der so erreichte p_H-Wert von etwa 7,3 (16° C) stellt den Anfangspunkt der Titration dar. Nun gibt man 10 g Mannit hinzu und titriert mit der „0,02 n" Natronlauge (Bem. V; vgl. Bem. IX, S. 58) weiter, bis das Galvanometer erneut Stromlosigkeit anzeigt. Damit ist der Endpunkt der Titration erreicht. Aus dem Laugenverbrauch zwischen Anfangs- und Endpunkt der Titration errechnet sich (vgl. Bem. X, S. 58) nach Abzug des Verbrauchs für einen unter gleichen Bedingungen mit destilliertem Wasser ausgeführten Blindversuch (vgl. Bem. IX, S. 23) der Borgehalt der Lösung (Bem. VI und VII). Während der Titration muß Sorge dafür getragen werden, daß kein ausgeatmetes Kohlendioxyd oder Kohlendioxyd der Atmosphäre in die Titrierlösung gelangt.

***Bemerkungen.* I. Borsäurekonzentration.** Bei höherem Borgehalt als 1 mg in 250 cm³ muß mit entsprechend stärkerer als hier angewendeter Lauge (Bem. V) titriert werden; denn die zur Borsäuretitration erforderliche Natronlaugemenge soll 5 cm³ nicht überschreiten, um die Chlor-Ionen-Konzentration der Lösung während der Titration so wenig wie möglich zu verändern.

II. Chlor-Ionen-Konzentration. Die Lösung selbst darf natürlich nicht schon von vornherein nennenswerte Chloridmengen enthalten. Andernfalls muß man diese bei der Berechnung des Natriumchloridzusatzes in Rechnung stellen. Kleine schon vorhandene Chloridmengen schaden nichts, da es ja in der Hauptsache darauf ankommt, daß der p_H-Wert vor und nach dem Mannitzusatz gleich groß ist, nicht aber, daß er genau 7,3 beträgt.

III. Elektroden. Die Chinhydronelektrode besteht aus einem 6 cm langen, in heißer Chromschwefelsäure gereinigten und in einer Alkoholflamme blank gemachten Platindraht von 1 mm Durchmesser. Er wird in ein Glasrohr eingeschmolzen und mittels einer Quecksilberfüllung mit dem zum Galvanometer führenden Draht verbunden.

Zur Herstellung der Silberchloridelektrode wird ein Silberdraht von 1 mm Dicke und 10 cm Länge in einer 0,1 n Natriumchloridlösung halb eingetaucht und 1 Std. lang mit einer Stromstärke von etwa 2 Milliampere gegen einen Platindraht als Kathode anodisch polarisiert.

Es empfiehlt sich, eine Anzahl solcher Elektroden auf einmal zu präparieren und 1 Woche oder länger im Dunkeln in destilliertem Wasser zu lagern. In der zu untersuchenden Borsäurelösung werden die beiden Elektroden in einer Entfernung von etwa 1 cm voneinander befestigt.

IV. Galvanometer. WILCOX (b) verwendet für die Borsäuretitration nach obiger Arbeitsvorschrift ein Zeigergalvanometer mit einer Empfindlichkeit von

$0,25 \cdot 10^{-6}$ Ampere je Teilstrich. Es kann mittels eines — zweckmäßig auf dem Boden angebrachten und mit dem Fuße zu bedienenden — Stromschlüssels in den Stromkreis eingeschaltet werden. Zum Schutze des Galvanometers wird zu Beginn der eigentlichen Borsäuretitration (Mannitzusatz) ein Widerstand zwischengeschaltet.

V. Titrierlauge. Der Titer der Natronlauge wird in der Weise ermittelt, daß man die Lauge gegen eine Borsäurelösung bekannter Konzentration (z. B. 1,00 mg Bor in 250 cm³ Wasser) in genau gleicher Weise wie bei der eigentlichen Borbestimmung titriert (vgl. Bem. IX, S. 58).

VI. Genauigkeit. WILCOX (b) fand bei der Bestimmung von 0,269 (0,538, 1,077) mg Bor in 250 cm³ Wasser beim Arbeiten nach obiger Vorschrift als Mittel je dreier, nahe beieinander liegender Werte 0,270 (0,532, 1,070) mg, entsprechend 100,4 (98,9, 99,4) % B.

VII. Störungen durch Fremdstoffe. Das Verfahren versagt nach WILCOX (b) bei Anwesenheit größerer Mengen *Silicat* oder *Phosphat*.

b) Verteilung der Borsäure zwischen zwei Lösungsmitteln.

Die Borsäure wird durch Ausschütteln der wäßrigen Lösung mit Äther zwischen Wasser und Äther verteilt, der Borgehalt der ätherischen Schicht ermittelt und mit Hilfe des Verteilungskoeffizienten daraus die Gesamtmenge des Bors errechnet.

Vorbemerkung. Eine quantitative Trennung von Borsäure und störenden Stoffen vor der Borsäuretitration läßt sich anstatt durch das S. 32f. beschriebene Verfahren auch dadurch vermeiden, daß man die saure Lösung des auf Bor zu untersuchenden, aufgeschlossenen Materials mit einem mit Wasser nicht mischbaren Lösungsmittel schüttelt, in dem sich zwar die Borsäure löst, die störenden Stoffe aber unlöslich sind. Durch titrimetrische Bestimmung des Borgehaltes in der Lösungsmittelschicht läßt sich dann bei Kenntnis des Verteilungskoeffizienten die Gesamtmenge des vorhandenen Bors mit befriedigender Genauigkeit ermitteln.

GLAZE und FINN haben dieses Prinzip zur Schnellbestimmung von Bor in Borosilicatgläsern angewendet. Als Lösungsmittel benutzen sie bei ihrer Methode eine Äther-Alkohol-Mischung.

***Arbeitsvorschrift nach* GLAZE *und* FINN.** 0,5 g des auf Bor zu analysierenden Glases werden in einem Mörser mit 1 g Natriumcarbonat innig verrieben; die Mischung wird in einen Platintiegel übergeführt. Hierauf schmilzt man bei möglichst niedriger Temperatur und nur so lange, als zum vollständigen Aufschluß erforderlich ist, läßt abkühlen, spült die Unterseite des Tiegeldeckels und die Tiegelwände mit heißem destillierten Wasser ab und löst die Schmelze unter Umrühren mit einem Platindraht auf dem Wasserbad. Dann dampft man die Lösung auf etwa 5 cm³ ein, kühlt ab und neutralisiert vorsichtig (um Borverluste durch Verspritzen zu vermeiden) die Hauptmenge des Alkalis mit Salzsäure (1:1). Unter Zugabe von 2 Tropfen p-Nitrophenollösung (Bem. I) wird die Neutralisation durch weiteren tropfenweisen Zusatz von Salzsäure beendet.

Nun fügt man 1 cm³ konzentrierte Salzsäure (D 1,18) hinzu und führt das Ganze in einen graduierten, mit einem Glasstopfen versehenen 100 cm³-Zylinder über, verdünnt auf 25 cm³, fügt 25 cm³ absoluten Äthylalkohol und 50 cm³ Äther (Bem. II) hinzu und schüttelt mit Unterbrechungen 20 Min. lang um, wobei man die Temperatur notiert (Bem. III). Dann läßt man die Schichten sich trennen, mißt ihre Rauminhalte und pipettiert eine 50 cm³-Probe der Ätherschicht für die Analyse ab.

Zu dieser 50 cm³-Probe gibt man in einem 250 cm³-ERLENMEYER-Kolben 2 Tropfen p-Nitrophenollösung (Bem. I) hinzu, titriert mit 0,5 n Natronlauge bis zum Indicatorumschlag, liest den Bürettenstand ab und setzt nach Zugabe von 1 cm³ Phenolphthaleinlösung (Bem. IV) die Titration bis zum Phenolphthaleinumschlag fort (Bem. V). Hierauf fügt man die 3fache Anzahl der zwischen beiden Titrationsendpunkten verbrauchten Kubikzentimeter 0,5 n Natronlauge hinzu und schüttelt den Kolben kräftig. Dann wäscht man die Wandungen des Kolbens mit destilliertem Wasser, füllt die wäßrige Schicht auf 40 bis 50 cm^3 auf, siedet den Äther und den Äthylalkohol so rasch wie möglich (Bem. VI) zuerst auf einem Wasser- oder Dampfbad, dann über freier Flamme restlos ab und füllt die Lösung mit destilliertem Wasser auf 35 bis 45 cm^3 auf.

Die so erhaltene alkalische Lösung wird abgekühlt und dann nach S. 26 weiterbehandelt (Bem. VII). Es empfiehlt sich, in genau gleicher Weise eine Blindbestimmung unter Verwendung eines möglichst ähnlich zusammengesetzten, aber borfreien Glases durchzuführen und eine etwa hierbei verbrauchte Laugenmenge vom Laugenverbrauch der eigentlichen Analysenprobe abzuziehen (Bem. VIII, IX und X).

Bemerkungen. **I. p-Nitrophenollösung.** GLAZE und FINN lösen 1 g p-Nitrophenol in 75 cm^3 95%igem Äthylalkohol und füllen die Lösung mit destilliertem Wasser auf 100 cm^3 auf.

II. Äther. Der zum Ausschütteln verwendete Äther soll frei von Aldehyd und Peroxyd[1] sein; seine Qualität muß in kurzen Zeitabständen geprüft werden. GLAZE und FINN empfehlen folgenden Reinheitstest:

Man versetzt 50 cm^3 Äther mit 5 cm^3 0,5 n Natronlauge und ungefähr 50 cm^3 destilliertem Wasser und destilliert wie oben (s. Arbeitsvorschrift) den Äther ab. Verdünnt man jetzt auf 35 bis 45 cm^3 und neutralisiert die Lösung mit 0,5 n Salzsäure auf p-Nitrophenol als Indicator, so darf die Lösung keine Farbe zeigen. Ist das doch der Fall oder ist der p-Nitrophenolumschlag (Gelb-Farblos) nicht scharf, so ist der Äther zu reinigen. GLAZE und FINN empfehlen hierfür eine Modifikation der von PALKIN und WATKINS[2] vorgeschlagenen Reinigungsmethode:

Man imprägniert Asbest mit einer alkalischen Kaliumpermanganatlösung (5 cm^3 gesättigte Permanganatlösung auf 15 cm^3 33%ige Natronlauge), schüttelt den Äther damit, saugt ihn in sehr feinem Strome langsam durch eine mit dem so präparierten Asbest gefüllte Säule in eine ebenfalls diesen Asbest enthaltende Flasche und bewahrt letztere an einem kühlen, dunklen Orte auf.

III. Verteilungskoeffizient. Der Verteilungskoeffizient $k = \frac{C_{\text{Äther}}}{C_{\text{Wasser}}}$ ($C_{\text{Äther}}$ = Konzentration der Borsäure in der ätherischen Schicht, C_{Wasser} = Konzentration der Borsäure in der wäßrigen Schicht) beträgt nach GLAZE und FINN für Gläser mit Borgehalten zwischen 0,7 und 16% B_2O_3 $k = 0{,}673 - 0{,}054\sqrt{t}$, wobei t die Temperatur (° C) darstellt, bei welcher das Ausschütteln erfolgt.

Für Schnellbestimmungen, bei denen die Temperatur um nicht mehr als 2° von 25° C abweicht, kann bei der Berechnung des Analysenergebnisses (vgl. Bem. IX) ohne große Einbuße an Genauigkeit $k = 0{,}403$ gesetzt werden.

IV. Phenolphthaleinlösung. GLAZE und FINN lösen 1 g Phenolphthalein in 100 cm^3 95%igem Äthylalkohol und füllen die Lösung mit destilliertem Wasser auf 200 cm^3 auf.

V. Orientierende Borsäuretitration. Die orientierende Borsäuretitration, die infolge der Anwesenheit des Äthers naturgemäß ungenau ist, dient nur dazu, die Menge Natronlauge zu ermitteln, welche erforderlich ist, um bei der nachfolgenden Entfernung des Äthers und Äthylalkohols die Borsäure mit Sicherheit zurückzuhalten.

VI. Abdestillieren von Äther und Alkohol. Man destilliert den Äther und Äthylalkohol so rasch wie möglich ab, da nach langem Stehen auf dem Wasser- oder Dampfbad später beim Neutralisieren eine Färbung der Lösung auftritt, die die

---

[1] *Peroxydhaltiger* Äther (Prüfung mit Titan- oder Chromsalz) kann beim Erhitzen mit ungeheurer Brisanz explodieren [TANDBERG, J.: Ch. Z. **62**, 731 (1938)].

[2] PALKIN, S. u. H. R. WATKINS: Ind. eng. Chem. **21**, 863 (1929).

Erkennung des p-Nitrophenolumschlages als des Ausgangspunktes der Borsäuretitration erschwert (GLAZE und FINN).

VII. Borsäuretitration. GLAZE und FINN verwenden p-Nitrophenol (vgl. S. 25) anstatt Methylrot (vgl. Arbeitsvorschrift S. 26) als 1. Indicator.

VIII. Störungen durch Fremdstoffe. Die normalerweise in Gläsern neben Siliciumdioxyd enthaltenen Mengen *Natrium-*, *Magnesium-*, *Calcium-*, *Aluminium-*, *Arsen-* und *Eisenoxyd* stören die Bestimmung nicht; *Barium*, *Fluor* (Bildung ätherunlöslicher Fluoborate) und abnorm große Mengen *Eisen* (Verdeckung des p-Nitrophenolumschlags durch die Eisenchloridfarbe) stören schwach; *Zink* stört ernstlich. Die störende Wirkung von *Barium* kann durch Zugabe von 1 Tropfen Schwefelsäure (1:1) bei der Zersetzung der Schmelze beseitigt werden (GLAZE und FINN).

IX. Berechnung des Borgehaltes. Wendet man genau 0,5 g Ausgangssubstanz an, so errechnet sich nach GLAZE und FINN der Prozentgehalt des untersuchten Glases an Bortrioxyd nach der Formel:

$$\text{Gew.-\% } B_2O_3 = 4 \cdot g_{B_2O_3}^{(50\text{ cm}^3\text{ Äther})} \cdot \left(V_{\text{Äther}} + \frac{V_{\text{Wasser}}}{k}\right).$$

[$g_{B_2O_3}^{(50\text{ cm}^3\text{ Äther})}$ = gefundene Menge B_2O_3 (in Grammen) in dem zur Borsäuretitration verwendeten 50 cm³-Äther-Anteil; $V_{\text{Äther}}$ = Volumen der ätherischen Schicht, V_{Wasser} = Volumen der wäßrigen Schicht; k = Verteilungskoeffizient (vgl. Bem. III)].

Die Formel ergibt sich aus folgender Überlegung: Bezeichnen wir die in 1 cm³ der ätherischen bzw. wäßrigen Schicht enthaltene Menge B_2O_3 in Grammen als $g_{B_2O_3}^{(1\text{ cm}^3\text{ Äther})}$ bzw. $g_{B_2O_3}^{(1\text{ cm}^3\text{ Wasser})}$, so ist die gesamte in Lösung befindliche Menge Bortrioxyd in Grammen:

$g_{B_2O_3}^{(\text{gesamt})} = g_{B_2O_3}^{(1\text{ cm}^3\text{ Äther})} \cdot V_{\text{Äther}} + g_{B_2O_3}^{(1\text{ cm}^3\text{ Wasser})} \cdot V_{\text{Wasser}}$. Da man für $g_{B_2O_3}^{(1\text{ cm}^3\text{ Äther})}$ den Wert $\frac{g_{B_2O_3}^{(50\text{ cm}^3\text{ Äther})}}{50}$, für $g_{B_2O_3}^{(1\text{ cm}^3\text{ Wasser})}$ (vgl. Bem. III) den Wert $\frac{g_{B_2O_3}^{(1\text{ cm}^3\text{ Äther})}}{k} = \frac{g_{B_2O_3}^{(50\text{ cm}^3\text{ Äther})}}{50k}$ einsetzen kann, ergibt sich:

$$g_{B_2O_3}^{(\text{gesamt})} = \frac{g_{B_2O_3}^{(50\text{ cm}^3\text{ Äther})}}{50} \cdot V_{\text{Äther}} + \frac{g_{B_2O_3}^{(50\text{ cm}^3\text{ Äther})}}{50k} \cdot V_{\text{Wasser}} = \frac{g_{B_2O_3}^{(50\text{ cm}^3\text{ Äther})}}{50} \cdot \left(V_{\text{Äther}} + \frac{V_{\text{Wasser}}}{k}\right)$$

Oder in Prozenten, bei Anwendung von 0,5 g Analysensubstanz:

$$\text{Gew.-\% } B_2O_3 = \frac{g_{B_2O_3}^{(50\text{ cm}^3\text{ Äther})} \cdot 100}{50 \cdot 0{,}5} \cdot \left(V_{\text{Äther}} + \frac{V_{\text{Wasser}}}{k}\right) = 4 \cdot g_{B_2O_3}^{(50\text{ cm}^3\text{ Äther})} \cdot \left(V_{\text{Äther}} + \frac{V_{\text{Wasser}}}{k}\right)$$

X. Genauigkeit. GLAZE und FINN fanden bei der Bestimmung von Bor in Gläsern verschiedenen Borgehaltes beim Arbeiten nach obiger Vorschrift folgende Werte:

Vorhandener B_2O_3-Gehalt (in %)	0,70	0,96	1,26	1,92	2,52	4,93	5,03	7,54	9,87	10,06	12,57	14,80
Gefundener B_2O_3-Gehalt (in %)	0,78	1,05	1,24	2,00	2,59	4,92	4,97	7,67	9,96	9,96	12,58	14,77
Gefundene Bormenge (in %)	111	109	98	104	103	100	99	102	101	99	100	100

Literatur.

AGENO, F. u. E. VALLA: G. **43 II**, 163 (1913). — ALCOCK, R. S.: Analyst **62**, 522 (1937). — ALIMARIN, I. P. u. I. I. ROMM: U.S.S.R. sci. Res. Inst. supreme Council Nat. Econ. Nr. 497. Transact. Inst. Economic Mineralogy Nr. 53 (1932); durch C. **104 I**, 464 (1933). — ALLEN, A. H. u. A. R. TANKARD: Pharm. J. [4] **19**, 242 (1904). — ALLEN, E. T. u. E. G. ZIES: J. Am. ceram. Soc. **1**, 739 (1918). — ALPERS, K.: Pharm.-Z. **54**, 376 (1909). — ANDREWS, J. W.: Chemist-Analyst **1926**, Nr 47, 16. — ASCHELROD, R. S. u. M. L. JERUCHIMOWA: Betriebslab. **3**, 121 (1934).

BARTHE, L.: J. Pharm. Chim. [5] **29**, 163 (1894). — BECKURTS, H. u. H. DANERT: Apoth. Z. **12**, 159 (1897). — BERENSTEIN, F. J.: (a) Bio. Z. **215**, 344 (1929); (b) Ukrain. chem. J. **4**, 531 (1929). — BERENSTEIN, F. J. u. L. N. AISENBERG: Ukrain. chem. J. **8**, 307 (1936). —

Bertrand, G. u. H. Agulhon: (a) Bl. [4] **7**, 125 (1910); (b) C. r. **155**, 248 (1912); Bl. [4] **13**, 395 (1913). — Bertrand, G. u. L. Silberstein: C. r. **208**, 1453 (1939); C. r. hebd. Séances Acad. Agr. France **25**, 593 (1939). — Beythien, A.: (a) Z. Lebensm. **5**, 764 (1902); (b) **10**, 283 (1905). — Beythien, A. u. H. Hempel: Z. Lebensm. **2**, 842 (1899). — Biltz, W. u. E. Marcus: Z. anorg. Ch. **77**, 131 (1912). — Bobko, J. W. u. T. W. Matwejewa: Chem. J. Ser. B **9**, 532 (1936). — Böeseken, J.: (a) Koninkl. Akad. van Wetensch. Amsterdam, Wisk. en Natk. Afd. **26**, 3 (1917); (b) Zahlreiche Arbeiten seit 1913; zusammenfassende Darstellungen z. B. R. **40**, 553 (1921); Bl. Soc. chim. Belg. **37**, 385 (1928); Inst. int. Chim. Solvay, Conseil Chim. **4**, 61 (1931); Bl. [4] **53**, 1332 (1933). — Böeseken, J. u. H. Couvert: R. **40**, 354 (1921). — Böttger, W.: Ph. Ch. **24**, 253 (1897). — Bollmann, A.: Forschungsdienst **2**, 600 (1936). — Britton, H. T. S. u. P. Jackson: Soc. **1934**, 1002. — Brophy, D. H.: Am. Soc. **47**, 1856 (1925). — Brown, W. B.: Analyst **61**, 671 (1936). — Budin: Am. J. Pharm. **103**, 46 (1931).

Carnielli, G.: G. **31 I**, 544 (1901). — Cauwood, J. D. u. T. E. Wilson: J. Soc. Glass Techn. **2**, 246 (1918). — Chapin, W. H.: Am. Soc. **30**, 1691 (1908). — Chirnside, R. C.: J. Soc. Glass Techn. **19**, 279 (1935). — Chotzialowa, W. F.: Betriebslab. **6**, 1020 (1937). — Cikritova u. Sandra: Chem. Listy **19**, 179 (1925). — Congdon, L. A. u. J. M. Rosso: Chem. N. **129**, 219 (1924). — Copaux, H.: C. r. **127**, 756 (1898). — Copaux, H. u. G. Boiteau: Bl. [4] **5**, 217 (1909). — Cornec, E.: (a) A. Ch. [8] **29**, 491 (1913); (b) [8] **30**, 63 (1913).

Deerns, W. M.: (a) Chem. Weekbl. **19**, 397 (1922); (b) **19**, 480 (1922); (c) **25**, 268 (1928). — Denigès, G.: J. Pharm. Chim. [6] **6**, 49 (1897). — Deurs, J. A. van u. O. Høybye: Kem. Maanedsbl. nord. Handelsbl. kem. Ind. **18**, 149 (1937). — Dimbleby, V.: (a) J. Soc. Glass Techn. **11**, 153 (1927); (b) **14**, 51, 62 (1930). — Dimbleby, V. u. W. E. S. Turner: J. Soc. Glass Techn. **7**, 76 (1923). — Dodd, A. S.: (a) Analyst **52**, 459 (1927); (b) **54**, 15 (1929); (c) **54**, 645 (1929); (d) **54**, 715 (1929); (e) **55**, 23 (1930). — Dubrisay, R.: (a) C. r. **156**, 894 (1913); (b) Bl. [4] **13**, 657 (1913); (c) [4] **15**, 444 (1914); (d) A. Ch. [9] **9**, 25 (1918). — Dukelski, M.: Z. anorg. Ch. **50**, 38 (1906).

Faber, Th.: Pharm.-Z. **59**, 163 (1914). — Farnsteiner, K.: Z. Lebensm. **5**, 1 (1902). — Fellenberg, Th. v. u. St. Kranze: Mitt. Lebensmittelunters. Hygiene **23**, 111 (1932). — Fischer, B.: Z. Lebensm. **3**, 17 (1900). — Foote, F. J.: Ind. eng. Chem. Anal. Edit. **4**, 39 (1932). — Fresenius, C. u. G. Popp: Z. öffentl. Ch. **3**, 188 (1897). — Fromme, J.: Tschermaks min. u. petr. Mitt. [2] **28**, 329 (1910).

Gasselin, V.: A. Ch. [7] **3**, 5 (1894). — Georgievič, P.: J. pr. **38**, 118 (1888). — Ghimicescu, G.: (a) Ann. sci. Univ. Jassy **21**, 356 (1934/35); (b) **21**, 393 (1934/35). — Ghiron, D.: Atti Accad. Lincei [6] **22**, 259 (1935). — Gilmour, G. van B.: (a) Analyst **46**, 3 (1921); (b) **49**, 576 (1924). — Gladding, Th. S.: Am. Soc. **20**, 288 (1898). — Glaze, F. W. u. A. N. Finn: Glass Ind. **17**, 156 (1936). — Göbel, E. F.: Rev. Chimica ind. 8, 18 (1939). — Goldstein, S. W.: J. Am. pharm. Assoc. **21**, 128 (1932). — Gooch, F. A.: Pr. of the Am. Acad. of Arts and Sciences 1886/87, 167; durch Fr. **26**, 364 (1887). — Gottschall, R.: Diss. Göttingen 1935. — Grebentschikow, I. u. T. Faworskaja: J. Russ. phys.-chem. Ges. **61**, 561 (1929). — Grigorjeff, P.: Sprechsaal **66**, 388 (1933).

Hague, J. L. u. H. A. Bright: J. Res. Nat. Bureau of Standards **21**, 125 (1938). — Hahn, F. L.: Angew. Ch. **35**, 298 (1922). — Hahn, F. L. u. R. Klockmann: (a) Ph. Ch. A **146**, 373 (1930); (b) **151**, 80 (1930). — Hahn, F. L., R. Klockmann u. R. Schulz: Z. anorg. Ch. **208**, 213 (1932). — Hannesen, G.: Z. anorg. Ch. **89**, 257 (1914). — Harding, M. W. u. E. G. Moberg: Pr. fifth pacif. Sci. Congr. **3**, 2093 (1934). — Hart, L.: Ind. eng. Chem. Anal. Edit. **1**, 133 (1929). — Herz, W.: Z. anorg. Ch. **33**, 353 (1903). — Hildebrand, J. H.: Am. Soc. **35**, 847, 1538 (1913). — Hillebrand, W. F.: U. S. geol. Survey Bull. **700**, 1 (1919). — Hillebrand, W. F. u. G. E. F. Lundell: Applied Inorganic Analysis. New York 1929. — Hönig, M. u. G. Spitz: Angew. Ch. **9**, 549 (1896). — Hudig, J. u. J. J. Lehr: Bodenkunde Pflanzenernähr. **9/10**, 552 (1938). — Hundeshagen, F.: Angew. Ch. **14**, 73 (1901). — Hurst, H.: Analyst **50**, 438 (1925).

Iles, L. E.: Analyst **43**, 323 (1918).

Jacobi, K.: Am. Soc. **26**, 91 (1904). — Jannasch, P. u. F. Noll: J. pr. [2] **99**, 1 (1919). — Jay, H.: C. r. **158**, 357 (1914). — Jay, H. u. Dupasquier: C. r. **121**, 260 (1895); Bl. [3] **13**, 877 (1895). — Jörgensen, G.: (a) Nordisk pharmac. Tidskrift **1895**, 213; Angew. Ch. **10**, 5 (1897); (b) Z. Lebensm. **11**, 154 (1906). — John, B. H. St.: Am. J. Pharm. **89**, 8 (1917). — Jones, L. C.: (a) Z. anorg. Ch. **20**, 212 (1899); Am. J. Sci. [4] **7**, 147 (1899); (b) Z. anorg. Ch. **21**, 169 (1899); Am. J. Sci. [4] **8**, 127 (1899). — Jungkunz, R.: Seifensieder Z. **51**, 349 (1924).

Kall, G. A.: Sprechsaal **59**, 489, 510 (1926). — Kerstan, W.: Keram. Rdsch. **38**, 393 (1930). — Klein, D.: (a) Bl. [2] **29**, 195, 198, 357 (1878); (b) C. r. **86**, 826 (1878); (c) **99**, 144 (1884); (d) J. Pharm. Chim. **4**, 28 (1878). — Köpke, O.: Arb. Kais. Gesundh.-Amt **50**, 31 (1915). — Kolthoff, I. M.: (a) Z. anorg. Ch. **111**, 1, 28, 97 (1920); **112**, 155, 165 (1920); (b) **115**, 168 (1921); Pharm. Weekbl. **58**, 885 (1921); (c) Chem. Weekbl. **19**, 449, 545 (1922); (d) Pharm. Weekbl. **59**, 129 (1922); (e) J. biol. Chem. **63**, 135 (1925); (f) R. **44**, 975 (1925); (g) **45**, 501 *(1926); (h)* ***45****, 607 (1926)*; (i) Die Maßanalyse, 2. Aufl. Berlin 1930/31; (k) Textbook of quantitative inorganic analysis, 1. Aufl. New York 1937. — Kolthoff, I. M. u. W. Bosch: R. **46**, 180 (1927). — Koningh, L. de: (a) Am. Soc. **19**, 55 (1897); (b) **19**, 385 (1897). — Kraft, Ch.:

Sprechsaal **60**, 72 (1927). — KRANTZ jun., J. C. u. C. J. CARR: J. Am. pharm. Assoc. **21**, 350 (1932). — KRANTZ, J. C., M. OAKLEY u. C. J. CARR: J. physic. Chem. **40**, 151, 927 (1936). — KRAUS, CH. A. u. E. H. BROWN: Am. Soc. **51**, 2690 (1929). — KROLL, W.: Z. anorg. Ch. **102**, 1 (1918).

LAGRANGE, R.: Documentat. sci. **5**, 108 (1936). — LE ROY, G. A.: Bl. Soc. ind. de Rouen **21**, 62 (1893). — LEVI, M. u. L. F. GILBERT: Soc. **1927**, 2117. — LIEM, H. T.: Pharm. Tijdschr. Nederl.-Indië **13**, 291 (1936); durch C. **108 I**, 2817 (1937). — LIEMPT, J. A. M. VAN: (a) Z. anorg. Ch. **111**, 151 (1920); R. [4] **39**, 358 (1920); (b) Analyst **51**, 293 (1926). — LINDGREN, J. M.: Am. Soc. **37**, 1137 (1915). — LINGLE, R. M.: Am. J. Pharm. **106**, 421 (1934). — LIPSCOMB, G. F., C. F. INMAN u. J. S. WATKINS: Am. Fertilizer **52**, 57 (1920). — LIVERSEEGE, J. F. u. H. H. BAGNALL: Analyst **49**, 133 (1924). — LONGFIELD, M. H.: Monthly Rev. Am. Electro-Platers' Soc. **23**, Nr. 5, 23 (1936). — LOW, W. H.: Am. Soc. **28**, 807 (1906). — LÜHRIG, H.: P. C. H. **42**, 50 (1901). — LUNDELL, G. E. F. u. H. B. KNOWLES: Bur. Stand. J. Res. **3**, 91 (1929).

MCGLASHAN, J.: Chem. N. **58**, 175 (1888). — MALAPRADE, L. u. J. SCHNOUTKA: C. r. **192**, 1653 (1931). — MALÝ, J.: Ch. Z. **57**, 823 (1933); Chem. Listy **29**, 24 (1935). — MANDELBAUM, R.: Z. anorg. Ch. **62**, 364 (1909). — MANIL, M.: Ann. Chim. anal. [3] **19**, 260 (1937). — MANNING, R. J. u. W. R. LANG: (a) J. Soc. chem. Ind. **25**, 397 (1906); (b) **26**, 803 (1907). — MANSIER: Durch Ar. [3] **26**, 513 (1888) (Originalarbeit nicht zu ermitteln). — MATSCHIGIN, A. u. T. KORSUCHINA: J. Russ. phys.-chem. Ges. **59**, 573 (1927). — MAZZETTI, G. u. F. DE CARLI: Atti Congr. naz. Chim. pura applic. **1923**, **444**. — MELLON, M. G. u. V. N. MORRIS: (a) Pr. Indiana Acad. Sci. **33**, 85 (1923); (b) Ind. eng. Chem. **16**, 123 (1924); (c) **17**, 145 (1925). — MELLON, M. G. u. F. R. SWIM: Ind. eng. Chem. **19**, 1354 (1927). — MENZEL, H.: (a) Ph. Ch. **100**, 276 (1922); (b) Z. anorg. Ch. **164**, 1 (1927). — MIKLASCHEWSKI, A. I.: Betriebslab. **7**, 168 (1938). — MIOLATI, A. u. E. MASZETTI: G. **31 I**, 93 (1901). — MONHAUPT, M.: Ch. Z. **29**, 362 (1905). — MONIER-WILLIAMS, G. W.: Analyst **48**, 413 (1923). — MYLIUS, W.: (a) Keram. Rdsch. **35**, 365 (1927); (b) **35**, 550, 570, 585 (1927); (c) **40**, 33 (1932); (d) Glashütte **62**, 782 (1932); (e) Ch. Z. **57**, 173, 194 (1933).

NAEGELI, K.: Kolloidch. Beih. **21**, 305 (1926). — NAEGELI, K. u. A. TYABJI: Helv. **15**, 758 (1932). — NICOLARDOT, P. u. J. BOUDET: (a) Bl. [4] **21**, 97 (1917); (b) Ann. Chim. anal. **23**, 31 (1918).

PARMENTIER, F.: (a) C. r. **113**, 41 (1891); (b) J. Pharm. Chim. **24**, 221 (1891). — PAU, L. C.: Met. Clean. Finish. **3**, 961 (1931). — PAYNE, H. L.: Ind. eng. Chem. Anal. Edit. **6**, 45 (1934). — PERCS, E.: Magyar Gyógyszerésztudományi Társaság Értesitöje **12**, 318 (1936); durch C. **107 II**, 1383 (1936). — PFLAUM, D. J. u. H. H. WENZKE: Ind. eng. Chem. Anal. Edit. **4**, 392 (1932). — PFYL, B.: Arb. Kais. Gesundh.-Amt **47**, 1 (1914). — PFYL, B. u. W. SAMTER: Z. Lebensm. **46**, 241 (1923). — POETSCHKE, P.: Ind. eng. Chem. **5**, 645 (1913). — POLENSKE, E.: Arb. Kais. Gesundh.-Amt **17**, 561, 564 (1900). — PRESCHER, J.: (a) Ar. **242**, 194 (1904); (b) Die praktischen Methoden der Bestimmung und des Nachweises der Borsäure. Lübeck 1906; (c) Z. Lebensm. **36**, 283 (1918). — PRIDEAUX, E. B. R.: Z. anorg. Ch. **83**, 362 (1913).

RADER jun., L. F. u. W. L. HILL: J. agric. Res. **57**, 901 (1938). — RAUB, E. u. K. BIHLMAIER: Mitt. Forsch.-Inst. Probieramtes Edelmetalle Staatl. Höh. Fachschule Schwäb. Gmünd **9**, 61 (1935). — RAUB, E. u. H. NANN: Mitt. Forsch.-Inst. Probieramtes Edelmetalle Staatl. Höh. Fachschule Schwäb. Gmünd **9**, 77 (1935). — RAULIN, G.: Moniteur scient. [5] **1 II**, 434 (1911). — RICHARDSON, F. W. u. W. K. WALTON: Analyst **38**, 140 (1913). — RICHMOND, H. D. u. J. B. P. HARRISON: Analyst **27**, 179 (1902). — ROBERTSON, R.: Analyst **48**, 416 (1923). — ROSENHEIM, A. u. F. LEYSER: Z. anorg. Ch. **119**, 1 (1921). — ROSS, W. H. u. R. B. DEEMER: Am. Fertilizer **52**, 62 (1920). — ROTH, H.: Angew. Ch. **50**, 593 (1937).

SALM, E. u. H. FRIEDENTHAL: Z. El. Ch. **13**, 125 (1907). — SARGENT, G. W.: Am. Soc. **21**, 858 (1899). — SCHAAK, M. F.: J. Soc. chem. Ind. **23**, 699 (1904). — SCHAFRAN, I. G.: Chem. J. Ser. B **11**, 561 (1938). — SCHAFRAN, I. G. u. M. W. PAWLOWA: Betriebslab. **7**, 1245 (1938). — SCHARRER, K. u. R. GOTTSCHALL: Bodenkunde Pflanzenernähr. **39**, 178 (1935). — SCHMIDT, C. L. A. u. C. P. FINGER: J. physic. Chem. **12**, 406 (1908). — SCHMIDT, R.: Sprechsaal **59**, 541 (1926). — SCHORLEMMER, K. u. H. SICHLING: Collegium **1906**, 90. — SCHULEK, E. u. P. RÓZSA: Fr. **115**, 185 (1939). — SCHULEK, E. u. G. VASTAGH: (a) Fr. **84**, 167 (1931); (b) **87**, 165 (1932). — SCOTT, W. W.: Ind. eng. Chem. Anal. Edit. **4**, 306 (1932). — SEUTHE, A.: Mitt. Versuchsanst. Dortmunder Union **1**, 22 (1922). — SHELTON, H. S.: Ph. Ch. **43**, 494 (1903). — SHREWSBURY, H. S.: Analyst **32**, 5 (1907). — SMITH, G. S.: Analyst **63**, 593 (1938). — SNYDER, H. R., J. A. KUCK u. J. R. JOHNSON: Am. Soc. **60**, 105 (1938). — SÖRENSEN, S. P. L.: (a) Bio. Z. **21**, 131 (1909); C. r. Carlsberg 8, 1 (1909); (b) Bio. Z. **22**, 352 (1909); C. r. Carlsberg 8, 396 (1909). — SONNTAG, G.: Arb. Kais. Gesundh.-Amt **19**, 110 (1902). — SPAETH, E.: Z. Lebensm. **4**, 920 (1901). — SPINDLER, O. v.: Ch. Z. **29**, 582 (1905). — SPRING, C. G. and BUMPER Co., Detroit V.St.A., D.R.P. Nr. 432522 (1926). — STOCK, A.: C. r. **130**, 516 (1900). — STOCK, A. u. E. KUSS: B. **56**, 789 (1923). — STOCK, A. u. E. POHLAND: B. **59**, 2215 (1926). — STRECKER, W. u. E. KANNAPPEL: Fr. **61**, 378 (1922). — SULLIVAN, E. C. u. W. C. TAYLOR: Ind. eng. Chem. **6**, 897 (1914). — ŞUMULEANU, C. u. M. BOTEZATU: Mikrochemie **21**, 75 (1936/37). — ŞUMULEANU, C., M. BOTEZATU u. A. GHEORGHIU: Revista Hidrologie medicalâ şi climatologie 12, Nr. 3 (1933). — ŞUMULEANU, C. u. G. GHIMICESCU: (a) Bl. Scc. România 15, 79 (1933); (b) Ann. sci. Univ. Jassy 21, 361 (1934/35).

TAGEJEWA, N. W.: Chem. J. Ser. B 8, 528 (1935). — THOMSON, R. T.: (a) J. Soc. chem. Ind. 6, 195 (1887); (b) 12, 432 (1893); (c) Analyst 21, 64 (1896); (d) 53, 315 (1928). — THYGESEN, J. E.: Z. anorg. Ch. 237, 101 (1938). — TREADWELL, W. D.: Tabellen und Vorschriften zur quantitativen Analyse. Leipzig und Wien 1938. — TREADWELL, W. D. u. L. WEISS: Helv. 3, 433 (1920). — TRETZEL, F.: Pharm. Z. 54, 386 (1909). — TROST, F.: Ind. chimica 4, 868 (1929). — TSCHISCHEWSKI, N.: (a) Ind. eng. Chem. 18, 607 (1926); (b) vgl. G. E. F. LUNDELL, J. I. HOFFMAN u. H. A. BRIGHT, Chemical Analysis of Iron and Steel. New York 1931.

UTZ, F.: Pharm. Z. 45, 840 (1900).

VADAM: J. Pharm. Chim. [6] 8, 109 (1898). — VASTAGH, G.: (a) Magyar Chem. Folyóirat 37, 55, 65 (1931); (b) 38, 17 (1932). — VAUBEL, W. u. E. BARTELT: Ch. Z. 29, 629 (1905). — VIEBÖCK, F. u. K. FUCHS: Pharm. Monatsh. 15, 34 (1934). — VINCKE, E.: (a) Ch. Z. 57, 695 (1933); (b) Oberflächentechnik 12, 161 (1935). — VOLLMER, A.: Laboratoriumspraxis 3, 174 (1926).

WAGNER, H.: Metallwaren-Ind. u. Galvano-Techn. 25, 171 (1927). — WALBUM, L. E.: Bio. Z. 107, 219 (1920). — WEATHERBY, L. S. u. H. H. CHESNY: Ind. eng. Chem. 18, 820 (1926). — WEDEKIND, E.: B. 46, 1198 (1913). — WELLINGS, A. W.: Analyst 58, 331 (1933). — WHERRY, E. T.: Am. Soc. 30, 1687 (1908). — WHERRY, E. T., E. C. SULLIVAN u. W. C. TAYLOR: J. Soc. Glass Techn. 2, 246 (1918). — WILCOX, L. V.: (a) Ind. eng. Chem. Anal. Edit. 2, 358 (1930); (b) 4, 38 (1932). — WILL, H.: Ar. [3] 25, 1101 (1887). — WINDISCH, K.: Z. Lebensm. 9, 641 (1905). — WINKLER, J.: Am. Soc. 29, 1366 (1907). — WOGRINZ, A. u. J. KITTEL: Ch. Z. 36, 433 (1912). — WOLFF, J.: (a) C. r. 130, 1128 (1900); Ann. Chim. anal. 5, 293 (1900); Z. Lebensm. 3, 600 (1900); A. Ch. [7] 21, 419 (1900); (b) Z. Lebensm. 4, 157 (1901).

ZSCHIMMER, E.: Ch. Z. 25, 44, 67 (1901).

Gewichtsanalytische Bestimmung.

§ 3. Wägung als Calciumborat.

Die Borsäure wird als Methylester von den Begleitstoffen abgetrennt und nach Verseifung des Esters als Calciumborat gewogen.

Allgemeines.

Eine direkte Fällung der Borsäure aus ihren Lösungen ist nicht möglich, da alle in Frage kommenden schwer löslichen Borate (z. B. Barium-, Silber-, Cadmium-, Kupfer-, Eisen-, Mangan-, Nickel-, Kobalt-, Zinkborat) gelatinöse, schlecht oder nicht filtrierbare Niederschläge ergeben, die meist beträchtliche Mengen des Fällungsmittels einschließen (STRECKER und KANNAPPEL). Man muß daher so verfahren, daß man die Borsäure durch Erhitzen mit Methylalkohol als Methylester von den Begleitstoffen abdestilliert und im Destillat durch eine gewogene, überschüssige Menge einer geeigneten Base — z. B. Kalk — bindet: $CaO + B_2O_3 \rightarrow Ca(BO_2)_2$. Die nach Beseitigung von Wasser und Alkohol verbleibende Gewichtszunahme der Base ergibt dann direkt die vorhandene Menge Bor als B_2O_3.

Die Destillation der Borsäure als Methylester kann in diesem Falle natürlich nicht in derselben Weise erfolgen wie bei dem Verfahren mit anschließender maßanalytischer Borbestimmung im Destillat (S. 32f.). So würde beispielsweise bei Verwendung von konzentrierter Schwefelsäure zum Freimachen der Borsäure Schwefelsäure mit in das Destillat gelangen, als Calciumsulfat gebunden und mit dem Calciumborat mitgewogen werden. Man muß daher die Schwefelsäure durch Essigsäure ersetzen, weil das in diesem Fall neben Calciumborat sich bildende Calciumacetat leicht wieder zu zerstören ist. Der Ersatz der konzentrierten Schwefelsäure durch Essigsäure hat aber hingegen wieder zur Folge, daß man mit einer 1- bis 2maligen Destillation nicht mehr auskommt, sondern 6- bis 7mal mit Methylalkohol abdestillieren muß. Dadurch wird das gewichtsanalytische Verfahren im Vergleich zum maßanalytischen wesentlich umständlicher und zeitraubender. Es ist daher in neuerer Zeit gegenüber dem letzteren vollkommen in den Hintergrund getreten.

Bestimmungsverfahren.

A. Abwesenheit von Aluminium, Chrom, Eisen.

***Arbeitsvorschrift nach* Gooch**[1]. Etwa 1 g reinster Kalk (Bem. I) wird in einem geräumigen Platintiegel auf dem Gebläse bis zum konstanten Gewicht (Bem. II) frisch ausgeglüht und so viel wie möglich davon in den als Vorlage dienenden trockenen Erlenmeyer-Kolben *E* (Bem. III) der in Abb. 17 wiedergegebenen Destillierapparatur (Bem. IV) gebracht und durch vorsichtigen Zusatz von etwa 10 cm³ Wasser gelöscht. Dann wird der Kolben, wie aus Abb. 17 ersichtlich, mit der Destillierapparatur verbunden. Den Tiegel mit dem restlichen anhaftenden Kalk bewahrt man in einem Exsiccator für das spätere Eindampfen des methylalkoholischen Destillates auf.

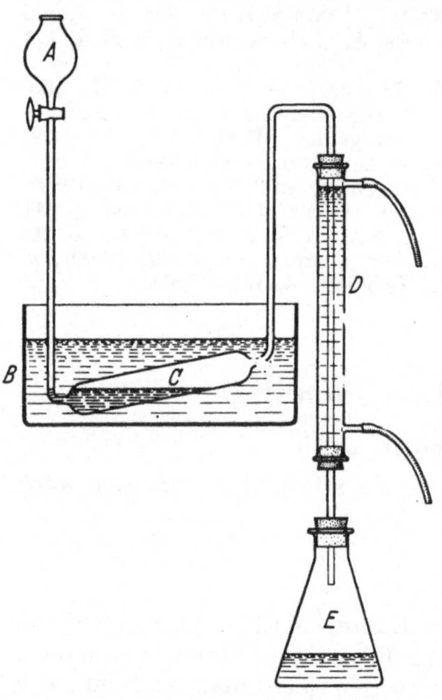

Abb. 17. Destillierapparatur zur Abtrennung der Borsäure von Begleitstoffen als Borsäuremethylester nach Gooch. Diskontinuierliche Destillation. (Nach F. P. Treadwell.)

Nun wird die wäßrige Boratlösung (30 bis 50 cm³), welche nicht mehr als 0,2 g B_2O_3 enthalten soll, mit einigen Tropfen Lackmuslösung und hierauf tropfenweise mit Salzsäure bis eben zur Rotfärbung versetzt, durch Zugabe 1 Tropfens verdünnter Natronlauge wieder schwach alkalisch und durch Zusatz einiger Tropfen Essigsäure schließlich ganz schwach essigsauer gemacht (Bem. V). Die so vorbereitete Lösung bringt man durch das Trichterrohr A in das 200 cm³ fassende Gefäß *C*, spült das Trichterrohr 3mal mit 2 bis 3 cm³ Wasser nach und schließt den Hahn.

Hierauf destilliert man die Flüssigkeit ab, indem man das Gefäß *C* in dem kleinen Paraffinbad *B* auf 130 bis höchstens 140° C erwärmt, und fängt die übergehende Flüssigkeit in der Vorlage *E* über dem Kalk auf. Ist alle Flüssigkeit abdestilliert, so senkt man das Paraffinbad, läßt die Retorte ein wenig abkühlen, gießt 10 cm³ absoluten, acetonfreien Methylalkohol durch das Trichterrohr hinzu und destilliert im Paraffinbad ab. Diese Operation wird 3mal mit je 10 cm³ Methylalkohol wiederholt. Nach der dritten Destillation fügt man 2 bis 3 cm³ Wasser und einige Tropfen Eisessig hinzu (Bem. VI), bis der Retorteninhalt deutlich rot wird, und destilliert erneut 3mal mit je 10 cm³ Methylalkohol ab. Nun befindet sich alle Borsäure in der Vorlage (Bem. VII). Um ein Springen des Destilliergefäßes beim Erstarren des Paraffins zu vermeiden, entfernt man durch Senken des Bades das Gefäß aus dem Paraffin.

Das Destillat in *E* wird jetzt kräftig geschüttelt und der Erlenmeyer-Kolben verkorkt 1 bis 2 Std. stehen gelassen. Dann gießt man den Inhalt der Vorlage in eine etwa 200 cm³ fassende Platinschale (Bem. VIII) und dampft bei möglichst niedriger Temperatur auf dem Wasserbad ein (Bem. IX). Der Alkohol darf hierbei unter keinen Umständen zum Sieden kommen. Die kleinen Reste Kalk an den Wandungen der Vorlage werden nach Zugabe 1 Tropfens ganz verdünnter Salpetersäure mit Wasser in die Platinschale ausgespült. Ist der Alkohol aus der Schale ganz vertrieben, so verdampft man — nunmehr auf dem kochenden Wasserbad — das Ganze zur Trockne. Dann erhitzt man die Schale sorgfältig über kleiner Flamme zum Glühen (Bem. X), läßt erkalten, weicht den Inhalt mit

[1] Nach F. P. Treadwell.

wenig Wasser auf und spült ihn mit wenig Wasser in den zum Ausglühen des Kalks (s. oben) benutzten Platintiegel. An der Wandung der Platinschale haften größere Mengen grau bis schwarz gefärbten Kalks, die man durch Zugabe von 1 bis 2 Tropfen ganz verdünnter Salpeter- oder Essigsäure löst und mit in den Tiegel spült. Der Tiegelinhalt wird schließlich im Wasserbad zur Trockne verdampft und dann mit aufgesetztem Deckel schwach, später stark bis zu konstantem Gewicht geglüht, indem man 30 Min. lang auf 900° C hält (Bem. XI bis XIII). Die Gewichtszunahme des Tiegels gibt die Menge B_2O_3 an.

Bemerkungen. **I. Kalk.** An Stelle des Kalks kann man nach Gooch und Jones auch Natriumwolframat mit einem geringen Überschuß an Wolframsäure verwenden, das nicht hygroskopisch ist, allerdings auch die Borsäure nicht immer ganz so quantitativ zurückhält wie Calciumoxyd (vgl. Bem. XI). Zur Eignung anderer Bindungsmittel vgl. Hehner und Bem. XII.

II. Glühen zur Gewichtskonstanz. Nach Funk und Winter ist beim Glühen des Kalks bis zur Gewichtskonstanz auf folgendes zu achten: Man verwende möglichst nicht wesentlich mehr als 1 g und glühe im Platintiegel mit aufgelegtem, gut passendem Deckel. Es ist wichtig, zwischen Glühen und Wägen eine stets gleichmäßig einzuhaltende Wartezeit einzulegen, die $^1/_2$ Std. nicht überschreiten soll. Ein Evakuieren des Exsiccators oder Füllen mit CO_2-freier Luft bringt keinen merklichen Vorteil. — Blount empfiehlt Glühen im Muffelofen.

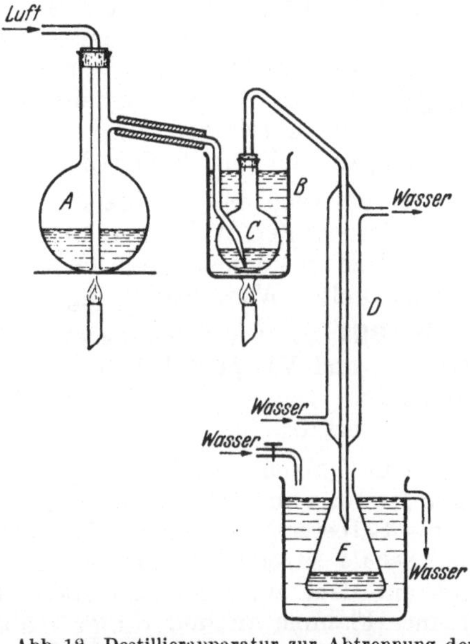

Abb. 18. Destillierapparatur zur Abtrennung der Borsäure von Begleitstoffen als Borsäuremethylester nach Gooch. Kontinuierliche Destillation. (Nach W. D. Treadwell.)

III. Vorlage. Der Kork der Vorlage E der Destillierapparatur (Bem. IV) muß mit einem seitlichen Einschnitt versehen werden, damit beim Destillieren die Luft aus dem Kolben entweichen kann.

IV. Destillierapparatur. Die Apparatur besteht im wesentlichen aus einem Trichter A, einem Paraffinbad B, einem Destilliergefäß C, einem Kühler D und einer Vorlage E. Die Verbindungsrohre sollen einen inneren Durchmesser von mindestens 0,7 cm besitzen.

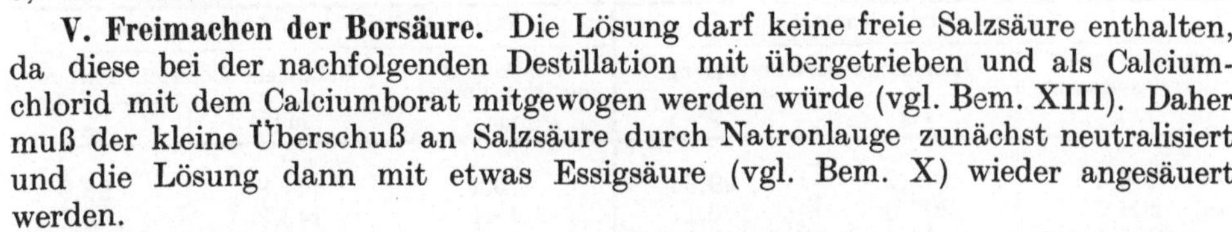

V. Freimachen der Borsäure. Die Lösung darf keine freie Salzsäure enthalten, da diese bei der nachfolgenden Destillation mit übergetrieben und als Calciumchlorid mit dem Calciumborat mitgewogen werden würde (vgl. Bem. XIII). Daher muß der kleine Überschuß an Salzsäure durch Natronlauge zunächst neutralisiert und die Lösung dann mit etwas Essigsäure (vgl. Bem. X) wieder angesäuert werden.

VI. Eisessigzusatz. Bei der wiederholten Destillation nimmt die Destillierflüssigkeit eine schwach alkalische Reaktion an, erkennbar an der Blaufärbung der anfangs zugesetzten Lackmuslösung. Die Lösung muß daher wieder essigsauer gemacht werden.

VII. Kontinuierliche Destillation. Die zahlreichen Destillationsunterbrechungen und -wiederholungen lassen sich vermeiden, wenn man eine Apparatur zur kontinuierlichen Destillation verwendet. Die Arbeitsweise gestaltet sich dann nach W. D. Treadwell wie folgt: Die wie in der obigen Arbeitsvorschrift vorbereitete borsäurehaltige Lösung wird in den Kolben C (Abb. 18) eingeführt und der große

Entwicklungskolben *A* zu $^1/_3$ mit absolutem Methylalkohol beschickt. Zur Einengung der Borsäurelösung wird letztere dann im Wasserbad *B* zum Sieden erhitzt und vom Entwicklungskolben *A* aus ein Luftstrom von 1 bis 3 Blasen je Sekunde durchgeleitet, bis die Hauptmenge der Flüssigkeit abdestilliert ist. Hieraufwird der feuchte Rückstand im Luftbad auf 140° C erhitzt und 30 bis 50 Min. lang auf dieser Temperatur gehalten. Während dieser Zeit hält man den Methylalkohol im Kolben *A* auf Siedetemperatur, so daß die Erhitzung des Rückstandes in einem konzentrierten Alkoholdampfstrom erfolgt. Nach 30 bis 50 Min. ist alle Borsäure übergetrieben, sofern der Inhalt des Destillierkolbens *C* bis zum Schluß schwach essigsauer gehalten wird. Die weitere Behandlung des Destillats erfolgt wie bei der obigen Arbeitsvorschrift.

VIII. Eindampfen des Destillats. Ist der zum Glühen des Calciumoxyds verwendete Platintiegel groß genug (80 bis 100 cm³), so kann das Eindampfen des Destillats direkt in diesem vorgenommen werden. Dabei ist es vorteilhaft, den Tiegel oberhalb des Flüssigkeitsspiegels durch eine mit Wasserdampf erwärmte Heizspirale zu erhitzen, um ein Kriechen des Calciumacetats über die Gefäßwandungen und ein Stoßen der Flüssigkeit zu vermeiden (vgl. Bem. IX).

IX. Kriechen des Destillats. Das lästige Kriechen des alkoholischen Destillats beim Eindampfen (vgl. Bem. VIII) scheint man nach FUNK und WINTER ziemlich verhindern zu können, wenn man die gefüllte Schale nicht auf ein heißes, sondern auf ein kaltes Wasserbad bringt und erst mit diesem erwärmt.

X. Bildung von Calciumacetat. Die überschüssig zugesetzte Essigsäure (vgl. Bem. V und VI) geht bei der Destillation mit über und wird als Calciumacetat gebunden. Das Glühen des Destillat-Rückstandes dient zur Zerstörung dieses Calciumacetats.

Beim Glühen verfahre man sehr vorsichtig (FUNK und WINTER), besonders dann, wenn man zur Überführung des Destillats aus der Vorlage in die Platinschale etwas Salpetersäure benutzt hat. Man entfernt am besten das an den Wänden der Schale sitzende Acetat durch Abdrücken mit einem Glasstab, vermischt es gut mit dem am Boden sitzenden Calciumoxyd und Calciumborat, wärmt mit kleiner Flamme an und bringt schließlich auf leichte Rotglut. Auf diese Weise verhindert man ein blitzartiges Verpuffen und Abbrennen des Acetats, das stets mit Zerstäuben von Substanz verbunden ist.

XI. Genauigkeit. GOOCH und JONES erhielten bei der Bestimmung wechselnder Mengen Bortrioxyd unter Verwendung von Kalk und von Natriumwolframat als Bindungsmitteln für die Borsäure folgende Resultate:

Kalk als Bindungsmittel			Natriumwolframat als Bindungsmittel		
Angewendete Bortrioxydmenge	Gefundene Bortrioxydmenge		Angewendete Bortrioxydmenge	Gefundene Bortrioxydmenge	
mg	mg	%	mg	mg	%
206,5	206,2	99,9	143,4	141,8	98,9
206,7	207,0	100,1	143,1	143,3	100,1
207,7	207,5	99,9	158,9	158,7	99,9
179,1	179,5	100,2	143,3	142,2	99,2

XII. Modifiziertes Verfahren. ASCHMAN jun. fängt den Borsäuremethylester in einer Ammoniumcarbonatlösung auf und dampft das Destillat in einer Platinschale über Ammoniumphosphat bis zur Sirupkonsistenz ein. Beim anschließenden Glühen des Rückstandes im elektrischen Tiegelofen unter allmählicher Steigerung der Temperatur bis auf 1000° erhält man das Bor in Form von Borphosphat, BPO_4. Es ist dabei wichtig, die Menge des in der Analysenprobe enthaltenen Bors ungefähr zu kennen, damit man die Menge erforderlichen Ammoniumphosphats danach einrichten kann; denn die Verflüchtigung von viel überschüssiger Phosphorsäure nimmt längere Zeit in Anspruch. Vgl. Bem. VIII, S. 75.

XIII. Störende Stoffe. *Freie Halogenwasserstoffe* und *Schwefelsäure* dürfen in der Destillierflüssigkeit nicht anwesend sein, weil sie bei der Destillation mit übergehen und das dabei entstehende Calciumhalogenid bzw. Calciumsulfat beim Glühen nicht zerstört wird. *Halogenide* und *Sulfate* dagegen stören nicht, weil Essigsäure unter den angegebenen Bedingungen aus diesen Salzen die zugrunde liegenden Säuren nicht in Freiheit setzt. Bei Anwesenheit von *Aluminium, Chrom* und *Eisen* findet man stets zu wenig Borsäure. In diesem Falle trennt man vor der Destillation die störenden Stoffe ab (vgl. unten).

B. Anwesenheit von Aluminium, Chrom, Eisen.

Allgemeines.

Bei Gegenwart von *Aluminiumsalzen* ergibt die gewichtsanalytische Borbestimmung nach dem Destillationsverfahren von GOOCH zu niedrige Borwerte (ARNDT; FUNK und WINTER). So erhielten FUNK und WINTER beispielsweise bei der Bestimmung von 70,0 mg B_2O_3 (als Borax) in Gegenwart der 10- (15-)fachen Gewichtsmenge Al_2O_3 (als Aluminiumsulfat) nach der auf S. 66 gegebenen Arbeitsvorschrift nur 63,7 (49,0) mg B_2O_3 wieder, entsprechend einem Fehlbetrag von 9 (30)% des vorhandenen Bors. Das im Destillierkolben vorhandene Aluminiumhydroxyd hält also beträchtliche Bormengen zurück.

Ebenso wird die Borbestimmung, wenn auch in geringerem Maße, durch *Salze des 3wertigen Chroms* gestört. So fanden FUNK und WINTER bei der Destillation von 64,7 mg B_2O_3 (als Borax) in Gegenwart der gleichen (3fachen) Gewichtsmenge Cr_2O_3 (als ChromIII-sulfat) nur 58,6 (58,0) mg B_2O_3 wieder, entsprechend einem Fehlbetrag von 9 (10)%.

Der störende Einfluß von *Eisensalzen* ist nur gering. Immerhin läßt sich auch in diesem Falle deutlich ein Borsäuregehalt des Destillationsrückstandes nachweisen; auch gerät das Eisen — besonders als Eisenchlorid — leicht mit in das Destillat, und die gefärbten Lösungen lassen zudem ein vorschriftsmäßiges Ansäuern unter Verwendung von Lackmus als Indicator vor der Destillation nicht zu.

Enthält also eine nach dem Verfahren von GOOCH zu analysierende Borsäurelösung Salze des Aluminiums, Chroms oder Eisens, so müssen letztere vor Beginn der Destillation abgetrennt werden. Aluminium fällt man zweckmäßig als Phosphat oder Hydroxyd, Chrom als Hydroxyd oder Bariumchromat, Eisen als Phosphat oder Sulfid (FUNK und WINTER).

I. Gegenwart von Aluminium.

Vorbemerkung. Eine Abtrennung des Aluminiums von Borsäure *in alkalischer Lösung* ist nicht möglich, weil der so gebildete Aluminiumhydroxydniederschlag stark borsäurehaltig ist und der Borsäuregehalt auch durch vielfaches Auswaschen mit heißem, ammoniakhaltigem Wasser nicht restlos entfernt werden kann (FUNK und WINTER). Es kommt daher nur eine Fällung *aus saurer Lösung* in Frage, da hier diese Schwierigkeit nicht auftritt (vgl. S. 49). Ist eine gleichzeitige Aluminiumbestimmung nicht erforderlich, so kann man das Aluminium als Phosphat (die Abscheidungsform als Phosphat ist für eine quantitative Aluminiumbestimmung nicht geeignet) abtrennen. Soll jedoch gleichzeitig eine Aluminiumbestimmung vorgenommen werden, so fällt man das Aluminium zweckmäßig als Hydroxyd.

1. Abtrennung als Phosphat.

***Arbeitsvorschrift nach* Funk *und* Winter.** Die borat- und aluminiumsalzhaltige Lösung wird mit Natriumacetatlösung und Essigsäure versetzt (Bem. I). Darauf gibt man Dinatriumhydrophosphatlösung (Bem. I) in geringem Überschuß zu und rührt während des Fällens den sich bildenden Niederschlag gut um. Nach dem Absitzen überzeugt man sich durch Zugabe einiger weiterer Tropfen Natriumphosphatlösung, ob die Fällung vollkommen war. Nach kurzem Stehenlassen filtriert man (zweckmäßig durch einen Trichter mit sogenannter Schnecke) ab (Bem. II). Dann wäscht man mit heißem, schwach essigsaurem Wasser unter gutem Aufwirbeln des Niederschlages aus, bis in der ablaufenden Flüssigkeit die ursprünglich an das Aluminium gebundene Säure nicht mehr nachweisbar ist (Bem. II). Dieser Punkt zeigt erfahrungsgemäß auch die völlige Entfernung der Borsäure aus dem Niederschlag an. Filtrat + Waschwasser, die nunmehr alle Borsäure enthalten, macht man unter Verwendung von Lackmuslösung mit Natronlauge alkalisch und engt die Flüssigkeitsmenge auf dem Wasserbad in einer nicht zu großen Porzellanschale unter öfterem Nachgießen möglichst weit ein, ohne daß es zum Auskrystallisieren von Salzen kommt. Schließlich spült man noch das Becherglas gut in die Schale aus. Die so auf ein handliches Volumen gebrachte Flüssigkeit wird dann nach S. 66 der Destillation unterworfen (Bem. III und IV).

***Bemerkungen.* I. Reagensmenge.** Funk und Winter gebrauchten für die Aluminiumfällung in einer 70 mg B_2O_3 (als Borax) und 700 mg Al_2O_3 (als Aluminiumsulfat) enthaltenden Lösung 15 cm³ 25%ige Essigsäure, 20 cm³ Natriumacetatlösung (0,1 g CH_3COONa/cm^3) und 70 cm³ Dinatriumhydrophosphatlösung (0,25 g Na_2HPO_4/cm^3).

II. Aluminiumphosphatniederschlag. Der Aluminiumphosphatniederschlag läßt sich nach Funk und Winter ziemlich gut filtrieren und ist nach einigem Auswaschen völlig frei von Borsäure.

Da das Aluminiumphosphat auf diese Weise so leicht von der Borsäure zu befreien ist, könnte man daran denken, nach vollzogener Fällung Flüssigkeit samt Niederschlag der Destillation zu unterwerfen, ohne vorher zu filtrieren. Dies ist aber nach Funk und Winter nicht möglich: Obwohl das Aluminiumphosphat beim Eindampfen weder schleimig noch sirupös wird, sondern schließlich als staubfeines Pulver zurückbleibt, hält es doch hartnäckig Borsäure fest. So wurden beispielsweise bei der Destillation von 70,0 mg Bortrioxyd (als Borax) in Gegenwart von gefälltem Aluminiumphosphat ($g_{B_2O_3} : g_{Al_2O_3} = 1 : 4{,}5$) nur 46,3 mg, entsprechend 66% B_2O_3 wiedergefunden. Es ist also notwendig, das Aluminiumphosphat abzufiltrieren und bis zur Entfernung der Borsäure auszuwaschen.

III. Eindampfen des Destillats. Da bei dem obigen Verfahren die resultierende Flüssigkeitsmenge meist immer noch ziemlich groß ist, enthält das bei der Destillation übergehende Destillat neben dem Alkohol auch viel Wasser. Dies hat zur Folge, daß das Verdampfen zur Trockne, welches — wie es die Methode verlangt — bei möglichst niedriger Temperatur ausgeführt werden soll, sehr viel Zeit in Anspruch nimmt. Diesen Übelstand umgeht man nach Funk und Winter leicht, wenn man so verfährt, daß man nach dem Überdestillieren der wäßrigen Flüssigkeit deren Hauptmenge in die Platinschale gießt, die Apparatur wieder zusammenstellt und nun erst die Destillation mit Methylalkohol ausführt. Den abgegossenen wäßrigen Teil kann man ruhig auf dem kochenden Wasserbad eindampfen. Die späteren alkoholischen Destillate verdampfen infolge des geringeren Wassergehaltes wesentlich rascher.

IV. Genauigkeit. Funk und Winter fanden bei der Analyse verschiedener Boraxmengen in Gegenwart wechselnder Mengen Aluminiumsulfat, -chlorid, -nitrat, -doppelsulfat die in der Tabelle S. 71 mitgeteilten Bormengen.

Angewendete Bortrioxydmenge mg	Zugefügte Aluminiumverbindung	Gewichtsverhältnis $B_2O_3:Al_2O_3$	Gefundene Bortrioxydmenge mg	%
175,0	Aluminiumsulfat	10:1	173,0	98,9
175,0	,,	5:1	173,1	98,9
70,0	,,	1:1	69,5	99,3
70,0	,,	1:5	69,8	99,7
70,0	,,	1:6	68,3	97,6
70,0	,,	1:10	69,3	99,0
64,7	Aluminiumchlorid	1:1	64,5	99,7
64,7	,,	1:3	63,8	98,6
64,7	,,	1:5	63,9	98,8
64,7	Aluminiumnitrat	1:2	64,2	99,2
64,7	Alaun	1:2	64,1	99,1

Die Genauigkeit ist danach recht befriedigend, jedoch nicht so groß wie bei der Destillationsmethode mit anschließender Titration (vgl. Bem. X, S. 35).

2. Abtrennung als Hydroxyd.

***Arbeitsvorschrift nach* Funk *und* Winter.** Die schwach saure (Bem. I), aluminiumsalzhaltige Borsäurelösung wird mit einem Überschuß einer Mischung gleicher Teile etwa 25%iger Kaliumjodid- und etwa 7%iger Kaliumjodatlösung (10 cm³ Mischung je 0,1 g Al_2O_3) versetzt (Bem. II), im Wasserbad etwa $^1/_2$ Std. auf 60 bis 70° erwärmt und nach dem Absitzen des Niederschlags durch ein gewöhnliches Filter filtriert (Bem. III). Dann wäscht man den Niederschlag mit heißem Wasser aus, bis die ursprünglich an das Aluminium gebundene Säure im Filtrat nicht mehr nachzuweisen ist. Dieser Punkt, welcher erfahrungsgemäß auch die völlige Entfernung der Borsäure aus dem Niederschlag anzeigt, ist meist schon dann erreicht, wenn alles Jod aus dem Filter und dem Niederschlag entfernt ist und das Waschwasser farblos abläuft. Im Filtrat wird das freie Jod durch schweflige Säure (Bem. IV) beseitigt, deren erforderliche Menge sich recht genau dosieren läßt. Die durch die so entstandene Jodwasserstoff- und Schwefelsäure meist ziemlich stark saure Lösung wird, um unnötige Volumvermehrung zu vermeiden, mit starker Natronlauge alkalisch gemacht, auf ein handliches Volumen eingeengt, abgekühlt und mit Salzsäure (Lackmuslösung als Indicator) schwach angesäuert. Sollte dabei eine Spur Jod auftreten, so wird es durch 1 bis 2 Tropfen schweflige Säure entfernt. Die weitere Behandlung der Lösung erfolgt nach S. 66 (Bem. V und VI).

***Bemerkungen.* I. Acidität.** Die Lösung soll nicht zu stark sauer sein, damit nicht unnötig viel Kaliumjodid-Kaliumjodat-Gemisch verbraucht wird (vgl. Bem. II). Enthält daher die Lösung viel freie Säure, so neutralisiert man diese bis zur beginnenden Fällung mit Natronlauge und löst einen etwaigen Niederschlag mit 1 Tropfen ganz schwacher Säure wieder auf. Ist die Lösung von Anfang an alkalisch, so säuert man so weit an, daß kein Niederschlag mehr vorhanden ist.

II. Fällung des Aluminiums. Durch die Kaliumjodid-Kaliumjodat-Mischung wird die bei der Hydrolyse der Ammoniumsalze auftretende freie Säure entfernt und auf diese Weise das Gleichgewicht $Al^{\cdots} + 3\,HOH \rightleftharpoons Al(OH)_3 + 3\,H^{\cdot}$ unter Ausscheidung von Jod $(5\,J' + JO_3' + 6\,H^{\cdot} \rightarrow 3\,H_2O + 3\,J_2)$ quantitativ von links nach rechts verschoben. Die Fällung des Aluminiumhydroxyds erfolgt auf diese Weise aus schwach saurer Lösung.

III. Filtrieren und Auswaschen. Der in obiger Weise gefällte Aluminiumhydroxydniederschlag ist vorzüglich filtrierbar. Schwierigkeiten treten nur dann auf, wenn man vom Aluminiumchlorid ausgeht; die Fällung des Aluminiums als Aluminiumhydroxyd erfolgt — namentlich in verdünnten Lösungen — langsamer und ergibt einen bedeutend schlechter filtrierbaren Niederschlag; man kann diesen Übelstand aber sofort beseitigen, wenn man etwas Kaliumsulfat oder besser noch Kaliumnitrat zusetzt (FUNK und WINTER). Der feinflockige Niederschlag, der sich rasch zusammenballt und absetzt, ist leicht auszuwaschen und von Borsäure zu befreien.

IV. Beseitigung des Jods. Nach FUNK und WINTER kann man das freie Jod nicht mit Thiosulfat direkt nach vollzogener Fällung entfernen, weil sich das entstehende Tetrathionat bei der späteren Destillation der Lösung ungünstig verhält. Dagegen erweist sich schweflige Säure als brauchbar. Allerdings kann in diesem Falle das Jod erst nach dem Abfiltrieren und Auswaschen des Niederschlages entfernt werden, da sonst durch die entstehende Schwefelsäure Aluminiumhydroxyd wieder gelöst würde.

V. Destillation. Nach dem üblichen Zusatz von Eisessig während der Destillation gehe man mit der Temperatur nicht höher als auf 120°. Sollte, wie es bisweilen vorkommt, trotzdem etwas Jod auftreten, was man an einer Gelbfärbung der Ränder der Salzkruste im Destilliergefäß erkennt, so unterbricht man die Destillation, gibt 1 bis 2 Tropfen schweflige Säure und etwas Natriumacetatlösung zu und führt nunmehr die Destillation zu Ende (FUNK und WINTER). Obwohl eine Spur übergehendes Jod nichts schadet, achte man doch darauf, daß das Destillat stets möglichst farblos abtropft.

VI. Genauigkeit. FUNK und WINTER fanden bei der Analyse verschiedener Boraxmengen in Gegenwart wechselnder Mengen Aluminiumsulfat, -chlorid, -nitrat, -doppelsulfat folgende Bormengen:

Angewendete Bortrioxydmenge	Zugefügte Aluminiumverbindung	Gewichtsverhältnis $B_2O_3 : Al_2O_3$	Gefundene Bortrioxydmenge	
mg			mg	%
194,1	Aluminiumsulfat	6:1	194,0	100,0
70,0	,,	1:1	69,6	99,4
70,0	,,	1:5	69,2	98,9
70,0	,,	1:10	69,1	98,7
50,0	,,	1:15	49,4	98,8
35,0	,,	1:20	34,3	98,0
64,7	Aluminiumchlorid	1:1	63,8	98,6
64,7	,,	1:2	63,7	98,5
64,7	,,	1:3	64,0	98,9
64,7	Aluminiumnitrat	1:2	64,7	100,0
64,7	Alaun	1:1	63,9	98,8

Die Genauigkeit ist danach die gleiche wie bei der Fällung des Aluminiums als Phosphat (vgl. Bem. IV, S. 70).

II. Gegenwart von Chrom.

Zur Trennung des Chroms von der Borsäure ist nach FUNK und WINTER die beim Aluminium beschriebene Jodid-Jodat-Methode (S. 71) brauchbar.

Die Trennung kann aber auch so ausgeführt werden, daß man das Chrom — sofern es nicht schon als Chromat vorliegt — mit Natronlauge und Wasserstoffsuperoxyd in solches überführt. Darauf wird es mit Bariumchlorid in essigsaurer Lösung als Bariumchromat gefällt. In dem mit den Waschwassern vereinigten Filtrat kann die Borsäure nach S. 66 bestimmt werden. FUNK und WINTER erhielten nach dieser Methode bei der Bestimmung von 64,7 mg B_2O_3 (als Borax) in Gegenwart der 5- (10-)fachen Gewichtsmenge Cr_2O_3 (als ChromIII-sulfat) 63,9 (64,4) mg, entsprechend 98,8 (99,5)% B_2O_3.

III. Gegenwart von Eisen.

Zur Trennung des Eisens von der Borsäure kann man nach FUNK und WINTER die beim Aluminium beschriebene Phosphatmethode (S. 70) benutzen; von 64,7 mg B_2O_3 (als Borax) in Gegenwart der 4- (3-)fachen Gewichtsmenge Fe_2O_3 (als EisenIII-sulfat bzw. -chlorid) wurden auf diese Weise 64,3 (63,9) mg, entsprechend 99,4 (98,8)% B_2O_3 wiedergefunden.

Vorzuziehen ist es jedoch, das Eisen mit Ammoniumsulfid zu fällen. In dem mit den Waschwassern vereinigten Filtrat muß man dann das überschüssige Ammoniumsulfid durch Kochen mit Perhydrol völlig zerstören, wobei die Flüssigkeit dauernd alkalisch zu halten ist. Die Destillation erfolgt wieder nach S. 66. FUNK und WINTER erhielten so bei der Bestimmung von 64,7 mg B_2O_3 (als Borax) in Gegenwart der 2- (3-, 5-)fachen Gewichtsmenge Fe_2O_3 (als EisenIII-sulfat) 64,2 (63,8, 64,4) mg, entsprechend 99,2 (98,6, 99,5)% B_2O_3 zurück. Bei Zugabe der 2-(3-)fachen Gewichtsmenge Fe_2O_3 in Form von EisenIII-chlorid resultierten die Werte 64,2 (63,8) mg, entsprechend 99,2 (98,6)% B_2O_3.

§ 4. Wägung als Borsäure.

Die Borsäure wird durch Extraktion mit Äther von den Begleitstoffen abgetrennt und nach Abdampfen des Äthers gewogen.

Allgemeines.

Schüttelt man eine wäßrige Borsäurelösung mit Äther, so verteilt sich die Borsäure zwischen den beiden Lösungsmitteln Wasser und Äther, da Borsäure in wasserhaltigem Äther merklich löslich ist (vgl. S. 60f.). Dampft man andererseits eine wasserfreie ätherische Borsäurelösung im Vakuum ein, so findet keine Verflüchtigung der Borsäure mit den Ätherdämpfen statt. Diese Eigenschaft der Borsäure haben BELLOCQ (1896) sowie PARTHEIL und ROSE (1901) dazu benutzt, um Borsäure mit Äther aus Gemischen zu extrahieren und nach dem Eindampfen der Ätherlösung als H_3BO_3 zu wägen.

Das Verfahren ist viel zeitraubender als die Methode der Abtrennung der Borsäure als Borsäuremethylester mit anschließender Titration als Mannitborsäure (S. 32f.), hat aber den Vorzug, die Borsäure als solche zu ergeben, so daß sie z. B. bei gerichtlichen Streitfällen vorgelegt werden kann.

KLINGER wendet das Verfahren von PARTHEIL und ROSE zur Bestimmung von Bor in Stahl an (vgl. Bem. VIII), MALÝ benutzt es zur Boranalyse in Vernicklungsbädern (vgl. Bem. IX).

Bestimmungsverfahren.

***Arbeitsvorschrift nach* PARTHEIL *und* ROSE.** Die mit Salzsäure angesäuerte wäßrige Borsäurelösung wird bei A in das Spiralrohr des in Abb. 19 wiedergegebenen Extraktionsapparates (Bem. I) eingegossen; man achte dabei darauf, daß die Kugel *B* höchstens bis zu einem Drittel ihrer Höhe angefüllt wird und daß nichts von der Lösung in das Kölbchen *C* oder in das Verbindungsrohr zwischen *B* und *C* gelangt. Nun spült man mit möglichst wenig Wasser nach und füllt vorsichtig frisch destillierten Äther (vgl. Bem. II, S. 61) ein, bis der durch die Borsäurelösung perlende Äther die Kugel *B* nahezu ausfüllt. In das gewogene Kölbchen *C* gibt man schließlich 20 cm^3 des gleichen Äthers und verbindet dann die Teile des Apparates gemäß Abb. 19 miteinander.

Das Kölbchen *C* wird auf einem elektrisch beheizten Wasserbad (Bem. II) so weit erwärmt, daß der Äther lebhaft siedet, d. h. daß von dem vom Kühler abfließenden Äther einzelne Tropfen nicht mehr wahrgenommen werden können.

Nach etwa 18 Std. ist die Extraktion beendet (Bem. III). Die in *C* befindliche ätherische Lösung wird hierauf in einem mit konzentrierter Schwefelsäure und gebranntem Kalk beschickten Exsiccator getrocknet (Bem. IV), der Äther unter vermindertem Druck von 12 bis 15 mm abgesaugt und die zurückbleibende Borsäure bis zur Gewichtskonstanz getrocknet (Bem. V bis IX).

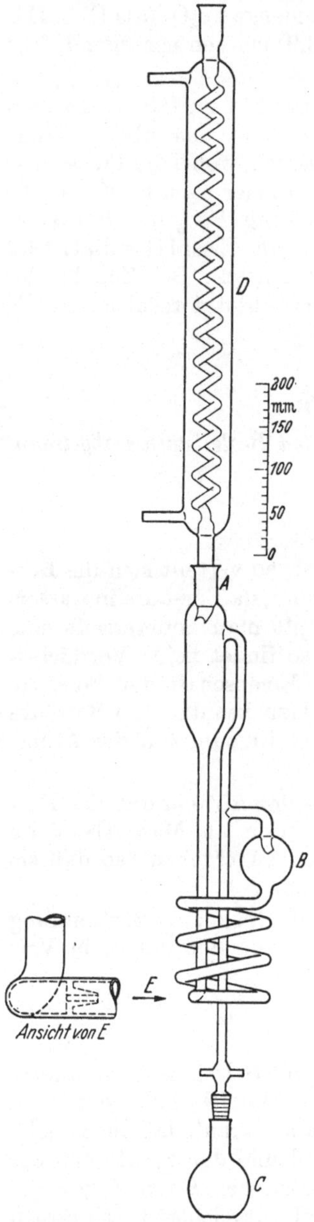

Bemerkungen. **I. Extraktionsapparat.** Der Extraktionsapparat von PARTHEIL und ROSE, der in Abb. 19 in einer verbesserten Form (nach KLINGER) wiedergegeben ist, besteht im wesentlichen aus einem Spiralrohr, welches zur Aufnahme der zu extrahierenden Borsäurelösung bestimmt und um das etwa 10 mm dicke Steigrohr für die Ätherdämpfe angeordnet ist.

Oben erweitert sich die Spirale zu einer Kugel *B*, in welcher die Trennung von wäßriger und ätherischer Schicht erfolgt. Die Kugel steht durch ein Rohr mit dem Steigrohr in Verbindung. Das Steigrohr mündet oben seitlich in ein trichterartiges Gefäß, welches bei *A* den aufgeschliffenen Kühler *D* trägt und sich unten in ein Rohr verjüngt, das bei *E* mit einer Tülle in das untere Ende der Spirale einmündet und dazu dient, den aus dem Kühler tropfenden Äther in die zu extrahierende Lösung einzuführen. Unten ist an das Steigrohr ein Kölbchen *C* angeschliffen. Zweckmäßig hält man mehrere dieser Kölbchen vorrätig.

II. Erhitzen des Äthers. Es ist zweckmäßig, zwischen Kölbchen und Spirale eine Asbestscheibe anzubringen, damit nicht durch die Wärmeausstrahlung der im Spiralrohr befindliche Äther zum Sieden kommt und die zu extrahierende Lösung in das Kölbchen gelangt (PARTHEIL und ROSE).

III. Kontrollextraktion. PARTHEIL und ROSE empfehlen, nach Beendigung der Extraktion das Kölbchen *C* gegen ein zweites gewogenes Kölbchen auszutauschen und sich durch weitere 2stündige Extraktion von der Vollständigkeit der Extraktion zu überzeugen.

IV. Flüchtigkeit der Borsäure mit Ätherdämpfen. *Wasserfreier* Äther nimmt beim Verdampfen keine Borsäure mit; dagegen verflüchtigt sich Borsäure etwas mit *wasserhaltigem* Äther (PARTHEIL und ROSE).

V. Wägen der Borsäure. Borsäure verliert im Vakuum über konzentrierter Schwefelsäure nicht an Gewicht (PARTHEIL und ROSE).

VI. Genauigkeit. Bei der Bestimmung von je 310,2 mg Borsäure in einer wäßrigen Borsäurelösung fanden PARTHEIL und ROSE beim Arbeiten nach obiger Vorschrift 310,5 (310,3) mg, entsprechend 100,1 (100,0)% H_3BO_3; eine Boraxlösung ergab 124,3 statt 124,1 mg Borsäure, entsprechend 100,2%.

Abb. 19. Apparatur zur Abtrennung der Borsäure von Begleitstoffen durch Extraktion mit Äther nach PARTHEIL und ROSE in der von KLINGER empfohlenen Form.

VII. Störungen durch Fremdstoffe. Die zu extrahierende Borsäurelösung darf natürlich keine Stoffe enthalten, die vom Äther mitextrahiert werden und beim Abdampfen des Äthers zurückbleiben; daher müssen Stoffe wie *Schwefelsäure*,

Phosphorsäure, *Salpetersäure*, *arsenige Säure*, *Eisenchlorid* usw. vor der Extraktion beseitigt werden (PARTHEIL und ROSE).

VIII. Wägung als Borphosphat. Statt die ätherische Borsäurelösung im Vakuum über konzentrierter Schwefelsäure zu verdampfen und die Borsäure als solche zur Wägung zu bringen, kann man nach KLINGER (vgl. ASCHMAN jun.) die Ätherlösung auch in einem gewogenen Platintiegel mit 1 g (bei kleinen Bormengen weniger) festem Ammoniumphosphat, $(NH_4)_2HPO_4$, zur Trockne eindampfen, den Rückstand über einem BUNSEN-Brenner bis zur Gewichtskonstanz glühen und als Borphosphat BPO_4 (Borgehalt 10,22%) wägen (vgl. Bem. XII, S. 68).

IX. Titration der Borsäure. Nach MALÝ kann man die Borsäure auch titrimetrisch bestimmen, indem man den nach dem Abdampfen des Äthers verbleibenden Rückstand in heißem Wasser auflöst und die Lösung nach der Arbeitsvorschrift auf S. 26 weiterbehandelt.

Literatur.

ARNDT, K.: Ch. Z. **33**, 725 (1909). — ASCHMAN jun., C.: Ch. Z. **40**, 960 (1916).

BAGSHAW, C. R.: Analyst **43**, 138 (1918). — BELLOCQ, A.: Rev. intern. Falsific. **9**, 119 (1896). — BERKOWITCH, W. u. I. KULJASCHEW: Chem. J. Ser. B **10**, 192 (1937). — BILTZ, H.: (a) B. **41**, 2634 (1908); (b) **43**, 297 (1910). — BLOUNT, B.: Analyst **16**, 144 (1891).

CARNIELLI, G.: G. **31 I**, 544 (1901). — CASSAL, C. E.: Analyst **15**, 230 (1890). — CONGDON, L. A. u. J. M. ROSSO: Chem. N. **129**, 219 (1924).

DELLE, E.: Rev. intern. Falsific. **11**, 30 (1898).

FUNK, H.: Z. anorg. Ch. **142**, 269 (1925). — FUNK, H. u. H. WINTER: Z. anorg. Chem. **142**, 257 (1925).

GÖBEL, E. F.: Rev. Chim. ind. **8**, 18 (1939). — GOOCH, F. A.: Am. Chem. J. **9**, 23 (1887); Chem. N. **55**, 7 (1887). — GOOCH, F. A. u. L. C. JONES: Z. anorg. Ch. **19**, 417 (1899); Am. J. Sci. [4] **7**, 34 (1899).

HEHNER, O.: Analyst **16**, 141 (1891).

JONES, L. C.: (a) Z. anorg. Ch. **18**, 66 (1898); Am. J. Sci. [4] **5**, 442 (1898); (b) Z. anorg. Ch. **32**, 164 (1902); Am. J. Sci. [4] **14**, 49 (1902).

KLINGER, P.: Vgl. G. E. F. LUNDELL, J. I. HOFFMAN u. H. A. BRIGHT, Chemical Analysis of Iron and Steel. New York 1931. — KRAUT, K.: Fr. **36**, 165 (1897). — KRÜSS, G. u. A. K. REISCHLE: Z. anorg. Ch. **4**, 111 (1893). — KRÜSS, G. u. H. MORATH: A. **260**, 161 (1890).

MALÝ, J.: Chem. Listy **29**, 24 (1935); durch C. **106 II**, 1584 (1935). — MANNING, R. J. u. W. R. LANG: (a) J. Soc. chem. Ind. **25**, 397 (1906); (b) **26**, 803 (1907). — MOISSAN, H.: (a) C. r. **116**, 1087 (1893); (b) A. Ch. [7] **6**, 428 (1895). — MONTEMARTINI, C.: G. **28 I**, 344 (1898). — MORSE, H. N. u. W. M. BURTON: (a) Am. Chem. J. **10**, 154 (1888); (b) Chem. N. **57**, 158 (1888). — MORSE, H. N. u. D. W. HORN: Am. Chem. J. **24**, 105 (1900). — MYLIUS, F. u. A. MEUSSER: B. **37**, 397 (1904).

PARTHEIL, A. u. J. ROSE: (a) B. **34**, 3611 (1901); (b) Z. Lebensm. **5**, 1049 (1902); (c) Ar. **242**, 478 (1904). — PENFIELD, S. L. u. H. W. FOOTE: Am. J. Sci. [4] **7**, 97 (1899). — PENFIELD, S. L. u. E. S. SPERRY: (a) Am. J. Sci. [3] **34**, 220 (1887); (b) Chem. N. **56**, 264 (1887). — PRESCHER, J.: Ar. **242**, 194 (1904).

ROSENBLADT, TH.: (a) Fr. **26**, 18 (1887); (b) Chem. N. **55**, 100 (1887).

SCHMIDT, R.: Sprechsaal **59**, 541 (1926). — SCHNEIDER: Apoth.Z. **11**, 747 (1896). — SCHNEIDER, A. u. GAAB: P. C. H. **37**, 672 (1896). — STRECKER, W. u. E. KANNAPPEL: Fr. **61**, 378 (1922).

THADDEEFF, K.: (a) Fr. **36**, 568 (1897); (b) Rev. intern. Falsific. **11**, 98 (1898). — TREADWELL, F. P.: Kurzes Lehrbuch der analytischen Chemie, 11. Aufl., Bd. 2. Leipzig u. Wien 1923. — TREADWELL, W. D.: Tabellen und Vorschriften zur quantitativen Analyse. Leipzig und Wien 1938.

WHITFIELD, J. E.: Am. J. Sci. [3] **34**, 281 (1887). — WINDISCH, K.: Arb. Kais. Gesundh.-Amt **14**, 391 (1898).

Colorimetrische Bestimmung.

§ 5. Bestimmung mit Chinalizarin.

Allgemeines.

Zur colorimetrischen Bestimmung von Borsäure eignet sich am besten eine Lösung von Chinalizarin in Schwefelsäure. Die zur colorimetrischen Mikroborbestimmung vielfach angewendete Curcumalösung (z. B. HEBEBRAND; SCHAFFER;

CASSAL und GERRANS; FISCHER; PRESCHER; BERTRAND und AGULHON; HALPHEN; HAWLEY; FOSTER; SCOTT und WEBB; SCHÄFER; vgl. F. D. SNELL und C. T. SNELL) kann dagegen zu großen Fehlern Veranlassung geben (vgl. z. B. GOTTSCHALL; SCHARRER und GOTTSCHALL; ŞUMULEANU und GHIMICESCU; ŞUMULEANU und BOTEZATU).

Die Farbe schwefelsaurer Chinalizarinlösungen und ihre Änderung bei Zugabe überschüssiger Borsäure hängen nach SMITH von der Konzentration der Schwefelsäure ab. Tabelle 5 gibt beispielsweise Farbe und Farbänderung einer Lösung von 0,25 mg Chinalizarin in 10 cm³ Schwefelsäure verschiedener Konzentration wieder.

Tabelle 5. Farbe einer Lösung von 0,25 mg Chinalizarin in 10 cm³ Schwefelsäure verschiedener Konzentration und Farbänderung der Lösung bei Zugabe überschüssiger (0,01 g) Borsäure. (Nach SMITH.)

Schwefelsäuregehalt in Gew.-%	Farbe der Lösung	Farbe nach Zugabe von 0,01 g Borsäure
99,5—97,5	blauviolett	blau
94	rötlichviolett	blau
88—80	rot	blau
78	rot	blauviolett
73—69	rot	rot
55	orange	blaßrot
44	rötlichgelb	orange

Man ersieht, daß die blauviolette Farbe einer Lösung von Chinalizarin in konzentrierter Schwefelsäure bei schrittweiser Zugabe von Wasser über Rötlichviolett und Rot schließlich in Orange übergeht; die Zugabe von Borsäure wirkt dieser Farbänderung bis zu einem gewissen Grade entgegen, so daß beispielsweise die Farbe einer borsäurefreien 87,5%igen Schwefelsäure der einer 69%igen, mit überschüssiger Borsäure versetzten Schwefelsäure gleicht.

Ebenso hängt nach SMITH auch die Empfindlichkeit der Farbänderung bei Borsäurezusatz von der Schwefelsäurekonzentration ab. So gibt Tabelle 6 die Mindestmengen Borsäure in Milligrammen an, welche erforderlich sind, um in einer Lösung von 0,05 mg Chinalizarin in 10 cm³ Schwefelsäure verschiedener Konzentration eine gerade erkennbare Farbänderung bzw. die blaue Endfarbe zu erzeugen.

Tabelle 6. Empfindlichkeit der Farbänderung einer Lösung von 0,05 mg Chinalizarin in 10 cm³ Schwefelsäure verschiedener Konzentration bei Zusatz von Borsäure. (Nach SMITH.)

Schwefelsäuregehalt in Gew.-%	Erforderliche Mindestmengen Borsäure (in mg) zur Erzeugung	
	einer erkennbaren Farbänderung	der blauen Endfarbe
99,5	ungefähr 0,01	ungefähr 0,03
97,5	„ 0,005	„ 0,03
94—92	„ **0,001**	„ **0,04**
87,5	„ **0,005**	„ **0,25**
78	„ 0,2	„ 20

Die größte Empfindlichkeit wird danach in einer 92- bis 94%igen Schwefelsäure erreicht. Hier genügt jeweils 0,001 mg Borsäure, um eine erkennbare Farbänderung hervorzurufen; die Farbe geht bei steigendem Borsäurezusatz von Rötlichviolett (vgl. Tabelle 5) über verschiedene Farbabstufungen schließlich bei Anwesenheit von 0,04 mg Borsäure je 10 cm³ Lösung in die Endfarbe Blau über. Auch eine 87,5%ige Schwefelsäure ist nach Tabelle 6 für die colorimetrische Borbestimmung geeignet; hier rufen jeweils 0,005 mg Borsäure eine erkennbare Farbänderung hervor, die Farbe ändert sich von Rötlich (vgl. Tabelle 5) nach Blau, und die maximal bestimmbare Borsäuremenge beträgt 0,25 mg Borsäure je 10 cm³ Lösung.

Bestimmungsverfahren.

Die nachfolgende Arbeitsvorschrift gilt für die Bestimmung von 0,001 bis 0,04 [0,005 bis 0,25] * mg Borsäure, entsprechend 0,0002 bis 0,007 [0,001 bis 0,04] mg Bor.

* Zur Bestimmung der in eckige Klammern gesetzten Bormengen müssen die in der folgenden Arbeitsvorschrift ebenfalls in eckige Klammern gesetzten Reagensmengen angewendet werden.

Arbeitsvorschrift nach SMITH. Mittels einer Pipette bringt man 1,00 [2,00] cm^3 der auf Bor zu prüfenden wäßrigen Lösung in ein Vergleichsrohr, fügt 9,00 [8,00] cm^3 konzentrierte Schwefelsäure (Bem. I) aus einer Bürette hinzu, mischt und kühlt die Flüssigkeit (Bem. II). In ein anderes Vergleichsrohr gleicher Größe kommen 10,00 cm^3 einer durch Verdünnen von genau 9 [4] Raumteilen konzentrierter Schwefelsäure mit 1 Raumteil destilliertem Wasser hergestellten Schwefelsäure (Bem. III). Jede der beiden Lösungen wird mit 0,50 cm^3 einer Lösung von 0,01 g Chinalizarin in 100 cm^3 obiger 9:1 [4:1]-Schwefelsäure versetzt und gut vermischt. Tritt in der zu untersuchenden Lösung innerhalb von 5 Min. (Bem. IV) eine rötlichviolette, blauviolette oder blaue Farbe auf, so ist — wenn störende Substanzen (Bem. V) abwesend sind — Borsäure vorhanden.

Eine rein blaue Farbe zeigt die Anwesenheit von 0,04 [0,25] mg oder mehr Borsäure an (vgl. Tabelle 6 und Bem. III). Bei Auftreten einer rötlichvioletten oder blauvioletten Farbe werden in weiteren Vergleichsrohren gleicher Größe verschiedene Mengen — im Höchstfall 8 [10] cm^3 — einer durch Auflösen von 0,0050 [0,0250] g Borsäure in 1 l der obigen 9:1 [4:1]-Schwefelsäure hergestellten Borsäurevergleichslösung (Bem. VI) mit der 9:1 [4:1]-Schwefelsäure auf 10 cm^3 aufgefüllt, mit 0,50 cm^3 der obigen Chinalizarinlösung versetzt, vermischt und 5 Min. stehen gelassen (Bem. VII). Zeigt beim colorimetrischen Vergleich eine Lösung der Vergleichsskala eine etwas stärker blaue, eine andere eine etwas stärker rötliche Färbung als die Versuchslösung, so werden zwecks genauerer Eingrenzung weitere Vergleichslösungen mit dazwischen liegenden Borgehalten hergestellt, bis Farbgleichheit einer dieser Vergleichslösungen mit der Versuchslösung erreicht ist (Bem. VIII bis X).

Bemerkungen. **I. Konzentration der Schwefelsäure.** Die konzentrierte Schwefelsäure soll 98,5 (Spielraum höchstens 97,5 bis 99,5) Gew.-% H_2SO_4 enthalten und nitratfrei sein. Für die Herstellung der Versuchsprobe und der 9:1 [4:1]-Schwefelsäure (Bem. III) ist die gleiche konzentrierte Schwefelsäure zu verwenden (vgl. Bem. VIII).

II. Temperatureinfluß. Temperaturerhöhung ändert den Farbton von Chinalizarinlösungen in der Richtung nach einem rötlicheren Farbton hin; der auf Borsäure zurückzuführende Farbeffekt wird dadurch verdeckt.

III. 9:1 [4:1]-Schwefelsäure. Die durch Vermischen von genau (vgl. Bem. VIII) 9 [4] Raumteilen der konzentrierten Schwefelsäure (Bem. I) mit 1 Raumteil destilliertem Wasser hergestellte Schwefelsäure enthält 93 (92 bis 94) [87 (86 bis 88)] Gew.-% H_2SO_4. Sie entspricht in ihrer Konzentration der durch Vermischen der wäßrigen Borsäureversuchslösung mit der konzentrierten Schwefelsäure gewonnenen Probe. Die Chinalizarin- und die Borsäurevergleichslösung werden mit der gleichen 9:1 [4:1]-Schwefelsäure bereitet. Lösungen von 0,0005 g Chinalizarin in 100 cm^3 der 9:1 [4:1]-Schwefelsäure sollen beständige rötliche Färbungen ergeben.

IV. Geschwindigkeit der Farbänderung. Die Geschwindigkeit der Farbänderung nimmt mit abnehmender Schwefelsäurekonzentration zu, soweit nicht ein großer Überschuß an Borsäure zugesetzt wird. In konzentrierter Schwefelsäure wird eine bleibende blauviolette oder blaue Farbe erst nach mehreren Stunden erhalten; in 93%iger Säure sind 5 Min. ausreichend; in 87%iger Säure erfolgt die Farbänderung unmittelbar.

V. Spezifität. Die Farbänderung scheint in Abwesenheit von Nitraten, Dichromaten, Fluoriden und solchen Substanzen, die in Schwefelsäure nennenswerte Farben ergeben, spezifisch für Borsäure zu sein. Keines der gebräuchlichen Metalle verhindert die Bestimmung, so daß das obige colorimetrische Bestimmungsverfahren beispielsweise auch auf die Bestimmung von Bor in Legierungen angewendet werden kann. Die Vergleichslösungen sollen in diesem Falle die neben Bor vorhandenen Elemente annähernd in gleicher Konzentration enthalten wie die Versuchsprobe.

VI. Borsäurevergleichslösung. 0,001 [0,005] mg Borsäure — die der Empfindlichkeitsgrenze entsprechende Menge (vgl. Bem. VIII) — ist in 0,2 cm³ der Borsäurevergleichslösung enthalten. 8 [10] cm³ der Vergleichslösung entsprechen dem maximal (vgl. Tabelle 6 und Bem. III) bestimmbaren Borsäurebetrag von 0,04 [0,25] mg.

VII. Farbbeständigkeit. Sobald die Farbtönungen voll entwickelt sind, sind sie fast unbegrenzt beständig, sofern die Lösungen in geschlossenen Rohren aufbewahrt werden, so daß kein Wasser absorbiert werden kann (vgl. Bem. VIII).

VIII. Empfindlichkeit. Die Empfindlichkeit der Bestimmung beträgt im Bereich 1 bis 40 [5 bis 250] γ Borsäure bzw. 0,2 bis 7 [1 bis 40] γ Bor 1 [5] γ Borsäure bzw. 0,2 [1] γ Bor, vorausgesetzt, daß die Schwefelsäurekonzentration in Versuchs- und Vergleichslösung genau gleich groß ist. Unterschiede von 5% im Wassergehalt zweier Lösungen gleicher Borkonzentration bedingen eine gerade wahrnehmbare Farbänderung, äquivalent 1 [5] γ Borsäure.

IX. Untere Grenze der Bestimmbarkeit. Die untere Grenze der Bestimmbarkeit von Bor nach der obigen Arbeitsvorschrift beträgt 1 [5] γ Borsäure oder 0,2 [1] γ Bor je 1 [2] cm³ wäßriger Lösung, entsprechend einer 0,0001 [0,00025]%igen Borsäure- oder 0,00002 [0,00004]%igen Borlösung.

X. Alkoholische Borsäurelösungen. Die Borbestimmung kann auch auf die nach dem Destillationsverfahren erhältlichen methylalkoholischen Lösungen von Borsäure angewendet werden, da bei dem obigen colorimetrischen Bestimmungsverfahren das Wasser ganz oder teilweise durch Methylalkohol ersetzt werden kann.

Literatur.

BERTRAND, G. u. H. AGULHON: (a) C. r. **157**, 1433 (1913); (b) Bl. [4] **15**, 197 (1914); (c) Ann. Falsific. **7**, 67 (1914). — BERTRAND, G. u. H. L. DE WAAL: Bl. [5] **3**, 875 (1936).

CASSAL, C. E. u. H. GERRANS: Chem. N. **87**, 27 (1903).

FISCHER, K.: Z. Lebensm. **8**, 417 (1904). — FOSTER, M. D.: Ind. eng. Chem. Anal. Edit. **1**, 27 (1929).

GOTTSCHALL, R.: Diss. Göttingen 1935.

HALPHEN, G.: Ann. Falsific. **8**, 1 (1915). — HAWLEY, H.: Analyst **40**, 150 (1915). — HEBEBRAND, A.: Z. Lebensm. **5**, 55, 721, 1044 (1902). — HUDIG, J. u. J. J. LEHR: Bodenkunde Pflanzenernähr. **9/10**, 552 (1938).

PRESCHER, J.: Ar. **242**, 194 (1904).

SCHÄFER, H.: Fr. **110**, 11 (1938). — SCHAFFER, F.: Schweiz. Wchschr. Pharm. **40**, 478 (1902). — SCHARRER, K. u. R. GOTTSCHALL: Bodenkunde Pflanzenernähr. **39**, 178 (1935). — SCOTT, W. W. u. S. K. WEBB: Ind. eng. Chem. Anal. Edit. **4**, 180 (1932). — SMITH, G. S.: Analyst **60**, 735 (1935). — SNELL, F. D. u. C. T. SNELL: Colorimetric Methods of Analysis, 2. Aufl. London 1936. — ŞUMULEANU, C. u. M. BOTEZATU: Mikrochemie **21**, 75 (1936/37). — ŞUMULEANU, C. u. G. GHIMICESCU: (a) Bl. Soc. România **15**, 79 (1933); (b) Ann. Sci. Univ. Jassy **21**, 361 (1934/35).

WRENSHALL, C. L.: Scientific Agric. **19**, 236 (1938).

Spektroskopische und spektralanalytische Bestimmung.

Verschiedentlich hat man die Intensität der grünen Farbe, welche durch Bor einer brennenden Alkoholflamme erteilt wird, zur Borbestimmung anzuwenden versucht (STAHL; MCHARGUE und CALFEE; CALFEE und MCHARGUE). Diese *spektroskopischen Verfahren* weisen aber gegenüber der viel einfacheren maßanalytischen und colorimetrischen Borbestimmung keinerlei Vorzüge auf und haben sich deshalb nicht eingebürgert.

Dagegen besitzt die *spektralanalytische Bestimmung* bei kleinen Borgehalten gegenüber dem maßanalytischen und colorimetrischen Verfahren große Vorteile: Man benötigt nur kleine Proben; die der Analyse vorausgehende Behandlung kann auf ein Minimum herabgesetzt werden; die Analyse erfordert nur geringe Zeit; die Resultate sind recht genau und reproduzierbar. So kommt man z. B. nach FOSTER und HORTON bei der Untersuchung von pflanzlichem Material bequem mit

100 mg Substanz aus, ein vorheriges Veraschen oder eine chemische Vorbehandlung ist unnötig, eine Einzelanalyse erfordert nicht mehr als 1 Std., und die Fehlergrenze einer Einzelbestimmung beträgt bei Borgehalten der Größenordnung 0,0001% im Höchstfall $\pm$ 10% des vorhandenen Bors. Die kleinste spektralanalytisch bestimmbare Bormenge liegt in der Größenordnung einiger Hundertstelgamma, so daß sich bei Anwendung von 100 mg Substanz noch Borgehalte der Größenordnung 10^{-4} bis 10^{-5}% ermitteln lassen.

§ 6. Bestimmung durch Spektralanalyse.

Allgemeines.

Das Bogenspektrum des Bors weist zwei sehr intensive Linien der Wellenlängen 2497,733 und 2496,778 Å auf, mit deren Hilfe der Borgehalt einer Substanz spektralanalytisch ermittelt werden kann. Die Intensität dieser Linien ist bei kleinen Borgehalten (bis zu einigen Gamma Bor je Gramm Substanz, also Borgehalten der Größenordnung 0,0001%) genau proportional der Gewichtsmenge Bor.

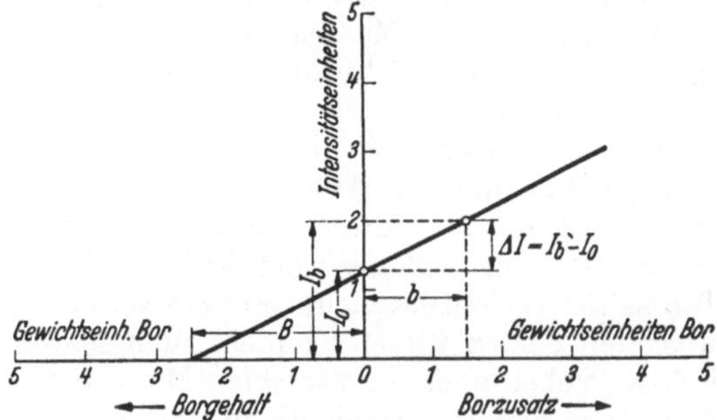

Abb. 20. Spektralanalytische Borbestimmung. (Nach Foster und Horton.)

Die spektralanalytische Bestimmung des Bors erfolgt nach Foster und Horton zweckmäßig so, daß man eine Probe der zu untersuchenden Substanz direkt, eine zweite, genau gleich große Probe nach Zusatz einer bestimmten Bormenge b der Spektralanalyse unterwirft. Ergibt die erste Probe eine Intensität I_0, die zweite eine Intensität I_b einer der beiden Borlinien, so entspricht der Intensitätszuwachs $I_b - I_0 = \Delta I$ der zugesetzten Bormenge b. Trägt man die beiden gefundenen Intensitäten in ein Koordinatensystem (Ordinate : Intensität; Abszisse : Borzusatz) ein (Abb. 20) und verlängert die Verbindungslinie der beiden Koordinatenpunkte nach links über die Ordinatenachse hinaus bis zum Schnittpunkt mit der Abszissenachse (Intensität 0 der Borlinie, entsprechend einem Borgehalt 0 der Probe), so gibt die Länge des Abszissenstückes zwischen Koordinatenanfangspunkt und Schnittpunkt die in der Probe ursprünglich vorhandene Bormenge B an. Trägt man daher vom Koordinatenanfangspunkt ausgehend nach links im gleichen Maßstab wie nach rechts die Gewichtseinheiten Bor ein, so ergibt der Schnittpunkt der Verlängerungslinie mit der Abszissenachse direkt den Borgehalt B. Mathematisch errechnet sich dieser Borgehalt aus der Beziehung $\frac{\Delta I}{I_0} = \frac{b}{B}$ oder

$$B = b \cdot \frac{I_0}{\Delta I}.$$

Die einzelnen Größen dieser Gleichung sind in das Diagramm der Abb. 20 eingetragen.

Da in der Gleichung nur das *Verhältnis* der Intensitäten vorkommt, ist es nicht nötig, die *absoluten* Intensitäten zu ermitteln. Es genügt vielmehr, die *relativen* Intensitäten der Borlinie, bezogen auf eine der Substanz beigemischte Standardsubstanz (vgl. Bem. III) einzusetzen.

Bestimmungsverfahren.

***Arbeitsvorschrift nach* Foster *und* Horton.** Von dem auf Bor zu untersuchenden pflanzlichen Material werden zwei Proben von je 100 mg abgewogen

(Bem. I) und in einem Kupfermörser (Bem. II) zu einem feinen Brei zerrieben. Zu jeder der beiden Proben fügt man nun als Bezugsstandard (Bem. III) 4 γ Gold und als Bindemittel (Bem. IV) 2 mg Lithiumtartrat, indem man mit einer Capillarpipette 0,040 cm^3 einer Lösung von entsprechendem Prozentgehalt an Goldchlorid und Lithiumtartrat zutropfen läßt. Mit einer zweiten Capillarpipette gibt man zu *einer* der beiden Proben 0,5 γ Bor in Form von 0,050 cm^3 einer Boraxlösung entsprechenden Prozentgehaltes hinzu. Das ganze wird im Kupfermörser gründlich vermischt, zerdrückt und zerkleinert (Bem. V) und jede der beiden Proben auf eine Aluminiumelektrode (Bem. VI) gebracht. Schließlich trocknet man die Elektroden samt Proben langsam in einem Exsiccator unter vermindertem Druck (Bem. VII). Die spektralanalytische Untersuchung der so vorbereiteten Proben erfolgt zweckmäßig nach einer in der Originalarbeit von FOSTER und HORTON näher beschriebenen und durch Abbildungen erläuterten Methode (Bem. VIII).

Bemerkungen. **I. Einwägen der Proben.** FOSTER und HORTON empfehlen zum Abwägen eine — in der Originalarbeit näher beschriebene — Torsionswaage.

II. Mörser. Als Material für den Mörser nimmt man zweckmäßig Kupfer, da dieses borfrei und leicht zu reinigen ist (FOSTER und HORTON). Eine Abbildung des Mörsers findet sich in der Originalarbeit von FOSTER und HORTON.

III. Bezugsstandard. Die Goldlinie der Wellenlänge 2427,9 Å erfüllt hinsichtlich der Borlinie der Wellenlänge 2497,7 Å alle an eine Bezugslinie zu stellenden Bedingungen. So rühren die beiden Linien aus Übergängen zwischen analogen Atomzuständen ($^2P_{3/2}$ — $^2S_{1/2}$) her, so daß kleine Differenzen in der Erregung das Intensitätsverhältnis nicht nennenswert ändern; die Plattenempfindlichkeit gegenüber den beiden Linien ist nicht nennenswert verschieden; das Gold ist in pflanzlichen Proben nicht in variablen Mengen vorhanden; Interferenzen mit Linien der Luft oder anderer Elemente in der Analysenprobe sind nicht zu befürchten.

IV. Bindemittel. Ein Bindemittel ist erforderlich, da sonst die ersten Funken einen zu großen Materialverlust verursachen. Auch verhütet man auf diese Weise das Auftreten loser Flocken, die einen Teil des Funkens verdecken und so eine Änderung der relativen Intensitäten verursachen können.

V. Durchmischen. Durchmischt man die Proben gründlich mit den Lösungen, so vermeidet man Fehler, die sonst durch das Zurückbleiben kleiner, aber wechselnder Substanzreste an den Wänden des Mörsers verursacht werden.

VI. Elektroden. Als Elektroden benutzen FOSTER und HORTON rechteckige *Aluminium*platten von den Kantenlängen 2,5, 1,3 und 0,1 cm. Die Proben werden im mittleren Teil der Elektroden ($\sim$1,7 cm^2 Fläche) plaziert, wobei man durch Paraffin die Flüssigkeit vor dem Ausbreiten bewahrt. Vor dem Gebrauch werden die Elektroden — wie auch alle Glasgeräte — mit Chromsäure, heißer Salpetersäure und destilliertem Wasser gereinigt. Für jede Analyse gebraucht man eine frische Anode.

Nach GOLDSCHMIDT und PETERS eignet sich auch *Kupfer* als Elektrodenmaterial, da man sowohl gewöhnliches Elektrolytkupfer als auch Kupferelektroden als praktisch borfrei bezeichnen kann, so daß die Borlinien im Bogenspektrum nicht nachzuweisen sind. Dagegen lassen sich Kohleelektroden nicht verwenden, da sowohl die speziell für spektralanalytische Zwecke in den Handel gebrachten Kohlesorten als auch Elektroden aus ACHESON-Graphit borhaltig sind, so daß die beiden Borlinien 2496,8 und 2497,7 Å im Spektrum der Kohle mit erheblicher Intensität erscheinen. Die übliche Reinigung der Kohleelektroden durch 1stündiges Ausglühen bei etwa 2700° C im TAMMANN-Ofen in einem etwas wasserstoffhaltigen Stickstoff führt nicht zur Entfernung des Borgehaltes.

VII. Trocknen. Man darf beim Trocknen den Druck nicht bis zum Sieden der Lösung herabsetzen, da sonst die Probe nicht in einer zusammenhängenden Schicht trocknet, sondern hohle Krusten bildet. Auch darf man nicht bei höherer Temperatur trocknen, da dann leicht Borverluste eintreten. So zeigten z. B. Proben, die bei 80° C getrocknet wurden, Borverluste bis zu 50% des ursprünglich vorhandenen Bors. Bei geeigneter Trocknung stellt jede Probe einen zähen, kompakten und festhaftenden Film dar; die Abbildung einer Elektrode vor und nach dem Trocknen findet sich in der Originalarbeit von FOSTER und HORTON.

VIII. Genauigkeit. FOSTER und HORTON fanden z. B. bei der Analyse ein und desselben Rübenblattes nach der oben geschilderten Arbeitsmethode folgende Borgehalte:

	Analyse Nr.						Mittel
	1	2	3	4	5	6	
Gefundener Borgehalt in γ Bor/g Substanz . . .	4,2	3,9	4,2	3,7	4,3	4,1	4,1
Abweichung vom Mittel (4,1 γ/g) in %	2,4	4,9	2,4	9,9	4,9	0,0	4,0

Man sieht daraus, daß die Abweichung einer einzelnen Bestimmung bei Gehalten von einigen Gamma Bor je Gramm Substanz im Höchstfall 10% (entsprechend einigen Zehntelgamma Bor je Gramm Substanz) und im Mittel um 4% vom Mittelwert mehrerer Bestimmungen beträgt. Man kann also nach der spektralanalytischen Methode von FOSTER und HORTON den Borgehalt von 100 mg Substanz mit einer einzigen Bestimmung bequem auf einige Hundertstelgamma genau ermitteln.

Wichtig ist zur Erreichung dieser Genauigkeit eine gute Zerkleinerung der Probe und eine gründliche Durchmischung der Standardlösung mit der Probe. So traten z. B. nach FOSTER und HORTON bei schlechter Zerkleinerung des oben genannten Rübenblattes Abweichungen bis zu 40% und mehr, bei schlechter Durchmischung von Probe und Standardlösung Abweichungen bis zu 70% und mehr vom Mittelwert 4,1 γ/g auf.

Literatur.

BRECKPOT, R. u. A. MEVIS: Ann. Soc. Sci. Bruxelles Ser. B **55**, 16 (1935).

CALFEE, R. K. u. J. S. MCHARGUE: Ind. eng. Chem. Anal. Edit. **9**, 288 (1937). — CARNIELLI, G.: G. **31 I**, 544 (1901).

FOSTER, J. S. u. C. A. HORTON: Pr. Roy. Soc. London Ser. B **123**, 422 (1937).

GOLDSCHMIDT, V. M. u. Cl. PETERS: Nachr. Götting. Ges. Math.-phys. Kl. **1932**, 402, 528.

HOLZMÜLLER, W.: Fr. **115**, 81 (1938).

MCHARGUE, J. S. u. R. K. CALFEE: Ind. eng. Chem. Anal. Edit. **4**, 385 (1932). — MILBOURN, M.: J. Soc. chem. Ind. **56**, 205 T (1937). — MURARO, F.: G. **32 I**, 173 (1902).

STAHL, W.: (a) Fr. **83**, 340 (1931); (b) **101**, 348 (1935); (c) Latvijas Univ. Raksti Chem. Ser. **1**, 401 (1930).

TIMPANARO, S.: Nuovo Cimento **3**, 169 (1926).

Aluminium.

Al, Atomgewicht 26,97, Ordnungszahl 13.

Von **H. Fischer**, Berlin, **A. von Unruh**, Berlin und **F. Kurz**, Berlin.

Inhaltsübersicht.

Bestimmungsmethoden.

Bestimmungsmöglichkeiten.

I. Für die **gewichtsanalytische Bestimmung** kommen *in erster Linie* folgende Abscheidungsformen in Betracht:

1. Aluminiumhydroxyd (bzw. überwiegend hydroxydhaltige „basische Verbindungen") § 1, I—VIII, S. 116—205.

Auf der Grundlage der Abscheidung von Aluminiumhydroxyd beruhen folgende *wichtigeren* Verfahren:

a) Ammoniakmethode (BLUM u. a.) § 1, II, 1 u. 2, S. 123.
b) Nitritmethode (SCHIRM) § 1, V, 14, S. 189.
c) Jodid-Jodat-Methode (STOCK) § 1, V, 20, S. 196.

Ferner gehören hierher:

a) Harnstoffverfahren (WILLARD und TANG) § 1, III, 1, S. 145.
b) Hexamethylentetraminverfahren (KOLLO) § 1, III, 3, S. 150.
c) Fällung mit Quecksilberamidochloriden (SOLAJA) § 1, III, 4, S. 153.
d) Hydrazinverfahren (MALJAROW) § 1, IV, 3, S. 157.
e) Pyridinverfahren (OSTROUMOW) § 1, IV, 4, S. 158.
f) Phenylhydrazinverfahren (HESS und CAMPBELL) § 1, IV, 7, S. 161.
g) Hydrazincarbonatmethode (JILEK u. a.) § 1, V, 12, S. 181.
h) Kombinierte Nitritmethoden § 1, V, 21a bis d, S. 199.
i) Aluminatmethoden (FRICKE, JAKOB u. a.) § 1, VII, 1, 2, S. 202.

Von *geringerer Bedeutung* sind bisher folgende Verfahren gewesen:

a) Äthylamin- bzw. Methylaminmethode § 1, IV, 1, S. 157.
b) Anilinverfahren § 1, IV, 5, S. 160.
c) o-Phenetidinmethode (CHALUPNY und BREISCH) § 1, IV, 6, S. 160.
d) Piperazinmethode (AZARELLO und SCALZI) § 1, IV, 2, S. 157.
e) Quecksilberoxydmethode § 1, VI, S. 202.

Speziell für Trennungen dienen folgende *wichtigeren* Verfahren:

a) Acetatverfahren § 1, V, 1, S. 165.
b) Harnstoff-Succinat-Verfahren (WILLARD) § 1, III, 2, S. 147.
c) Ammoniumcarbonatverfahren § 1, V, 7, S. 175.
d) Bariumcarbonatmethode § 1, V, 11, S. 181.

Ferner gehören hierher:

a) Succinatverfahren (C. R. FRESENIUS) § 1, V, 3, S. 171.

b) Benzoatverfahren (KOLTHOFF u. a.) § 1, V, 4, S. 172.
c) Sulfidverfahren (NICKOLLS u. a.) § 1, V, 6, S. 174.
d) Kaliumcyanatverfahren (RIPAN) § 1, V, 13, S. 188.
e) Thiosulfatverfahren (CHANCEL) § 1, V, 15, S. 191.
f) Thiosulfat-Phenylhydrazin-Methode (LEIMBACH u. a.) § 1, V, 16, S. 194.
g) Natriumhydrosulfitmethode (BARBIER) § 1, V, 18, S. 195.

Von *geringer Bedeutung* sind schließlich bisher folgende Trennungsmethoden gewesen:
a) Formiatverfahren (TOWERS) § 1, V, 2, S. 171.
b) Salicylatmethode § 1, V, 5, S. 173.
c) Thiosulfat-Sulfid-Methode (KRÜGER) § 1, V, 17, S. 195.

2. *Aluminiumphosphat* § 2, I bis IV, S. 217.
3. *Aluminiumoxychinolat* § 8, S. 245.
a) Wägung als Oxinat } nach Fällung aus schwach saurer oder schwach
b) Wägung als Oxyd } alkalischer Lösung (vgl. S. 252).

In zweiter Linie kommen folgende Abscheidungsformen in Betracht:
4. Aluminiumchloridhydrat (GOOCH und HAVENS) § 4, S. 234.
5. Lithiumaluminat (DOBBINS und SANDERS) § 5, S. 239.
6. Aluminium-Cupferron-Komplex § 9, S. 294.
7. Adsorptionsverbindung Tannin-Aluminiumhydroxyd § 10, S. 300.

Außerdem wurde vorgeschlagen:
8. Fällung mit Calciumferrocyanid (GASPAR Y ARNAL) § 6, 1, S. 241.

II. Die **maßanalytische Bestimmung** ist nach folgenden Verfahren möglich:

Acidimetrische oder alkalimetrische Verfahren. Bestimmung der gebundenen und der freien Säure.

1. Direkte Titration mit Indicatoren § 1, VIII, 1, 2, S. 206.
2. Titration nach vorheriger Umsetzung:
   a) In Gegenwart von Bariumchlorid (bei Sulfat- und schwefelsaurer Lösung) § 1, VIII, 3, S. 210.
   b) In Gegenwart von Kaliumfluorid (TELLE u. a.) § 7, 2, S. 244.
   c) In Gegenwart von Kaliumoxalat (HAHN und HARTLEB u. a.) § 12, B, S. 344.
   d) In Gegenwart von Tartrat (oder Salzen anderer Oxysäuren), Kaliumfluorid und Bariumchlorid (VIEHBÖCK und BRECHER, PAWLINOWA u. a.) § 12, A, S. 341.
   e) In Gegenwart von Kaliumferrocyanid und Bariumchlorid (IWANOW) § 6, 2, S. 241.
   f) In Gegenwart von Oxychinolin (HAHN und HARTLEB) § 8, B III, 1, S. 273.
   g) In Aluminatlösungen nach Fällung mit CO_2 (TOLKATSCHEFF und TITOWA) § 1, VII, 1 c), S. 204.

Oxydimetrische Verfahren:

1. Oxinverfahren, bromometrisch (BERG) § 8, B I, S. 268.
   Titration des Oxychinolatniederschlages oder Resttitration. Auch Mikromethode (PAGE) S. 274.
2. Jodid-Jodat-Verfahren (STOCK).
   a) Neutralisierte Aluminiumsalzlösungen (MOODY) § 1, V, 20, S. 198.
   b) In Gegenwart von Oxalat (FEIGL und KRAUSS) § 1, V, 20, S. 198 (§ 12, B 3, S. 346).
3. Arsenatverfahren (jodometrisch) § 3, S. 231.

Besondere Methoden:

1. Phosphatverfahren § 2, V, VI, S. 229 u. 230.
2. Oxalatverfahren (REIS) § 12, C, S. 347.
3. Potentiometrische Bestimmung.
   a) Potentiometrische Titration mit Natriumhydroxyd, -phosphat, Calciumhydroxyd (Überblick über bisherige Erfahrungen) § 1, IX, S. 212, § 2, VII, S. 231.

b) Natriumfluoridverfahren (TREADWELL und BERNASCONI) § 7, 1, S. 242.
c) Potentiometrische Titration des Oxychinolats mit Brom (ATANASIU und VELCULESCU) § 8, B I, S. 270.
4. Konduktometrische Bestimmung § 1, X, S. 213.
Titration mit Natriumhydroxyd und mit Bariumhydroxyd (KOLTHOFF).

III. Colorimetrische Bestimmung. *In erster Linie* kommen in Betracht:
1. Eriochromcyaninverfahren (ALTEN u. a.) § 11, A, S. 310.
2. Oxinverfahren (BERG, SCHAMS, TEITELBAUM) § 8, C, S. 275.
3. Aurintricarbonsäure-(„Aluminon")-verfahren (JOE und HILL, WINTER u. Mitarb.) § 11, B, S. 315.

Ferner liegen noch folgende Methoden vor:
4. Alizarinrot-S-Verfahren (ATACK u. a.) § 11, C, S. 322.
5. Morinverfahren (GOPPELSRÖDER, OKAČ, WHITE und LOWE) § 11, G, S. 336.
6. 1, 2, 5, 8-Tetraoxyanthrachinonverfahren (KOLTHOFF) § 11, E, S. 331.
7. Hämatoxylinverfahren (HATFIELD) § 11, F, S. 339.
8. Alizarinverfahren § 11, D, S. 330.

IV. Bestimmung durch Trübungsmessungen (nephelometrisch):
1. Trübung durch den Aluminium-Cupferron-Komplex (MARTIN, DE BROUCKÈRE und BELCKE, MEUNIER) § 9, C, S. 297.

Ferner wurden noch vorgeschlagen:
2. Kaliumferrocyanidmethode (GASPAR Y ARNAL) § 6, S. 241.
3. Trübung durch Aluminiumhydroxyd (JABLCZÝNSKI und STANKIEWICZ, s. Lit. S. 200).

V. Polarographische Bestimmung:
1. Arbeitsmethode nach PRAIZLER (neben Eisen und Chrom) § 13, S. 348.
2. Bestimmung in Silicaten nach HOHN S. 348.

VI. Sonderverfahren zur Analyse von Metallen, Legierungen usw.:

1. Trennung des Aluminiums von anderen Metallen durch Verflüchtigung von wasserfreiem Aluminiumchlorid.

a) Destillation in Chloratmosphäre (HAHN, LÖWENSTEIN) § 19, III, S. 501.
b) Destillation in Bromatmosphäre § 19, III, S. 502.
c) Destillation in Chlorwasserstoffatmosphäre (G. JANDER und Mitarbeiter) § 19, II, S. 494.

2. Rückstandsverfahren zur Bestimmung von Aluminiumoxyd in Metallen und Legierungen:

a) Rückstandsanalyse auf nassem Wege (Auflösung in Säuren oder anodische Auflösung) § 19, III, S. 502.
b) Chloraufschlußverfahren § 19, IV, S. 506.
c) Aufschluß mit Chlorwasserstoff § 19, IV, S. 508.

3. Bestimmung des Aluminiums und seine Trennung von anderen Elementen durch thermische Zersetzung der Sufate oder Nitrate § 1, XI und § 1, XII, S. 214.

4. Gasvolumetrisches Verfahren zur Bestimmung des Reinheitsgrades von Aluminiummetall § 19, I, S. 488.

VII. Spektralanalytische Bestimmungsverfahren:

1. Analysenlinien des Aluminiums (Koinzidenzen, Stör- und Kontrollinien) § 14, A, S. 351.

2. Empfindlichkeit des spektralanalytischen Aluminiumnachweises § 14, B, S. 353.

3. Spezielle Methoden zur Bestimmung des Aluminiums als *Spurenbeimengung* in Eisen und Stahl (Zinn, Kupfer, Kobalt), anorganischen Salzen (Aschen von biologischem Material), und als Legierungsbestandteil in Magnesium-Zink- und Eisenlegierungen § 14, C, S. 355.

VIII. Eignung als Mikromethoden:

Gewichtsanalytisch verwendbar sind das Oxinverfahren und die Bestimmung mit Cupferron[1].

Von den sonst bisher angeführten Verfahren eignen sich noch die *colorimetrischen*, *nephelometrischen* und *polarographischen* Methoden zur Mikrobestimmung. Schließlich gehört selbstverständlich die *spektralanalytische* Methode hierher.

Bestimmungsmethoden.

§ 1. Die Bestimmung des Aluminiums als Aluminiumoxyd auf der Grundlage der Fällung als Hydroxyd (oder hydroxydhaltige basische Verbindungen).

I. Allgemeines.

1. Die verschiedenen Zustandsformen des Aluminiumhydroxydes und ihre Entstehung.

In der analytischen Praxis kann das Aluminiumhydroxyd entweder als gallertartiges Gel oder als ein dem Analytiker meist unerwünschtes Sol oder schließlich auch als krystallisiertes Hydrat vorliegen. Zur gravimetrischen Bestimmung wird bisher hauptsächlich die Abscheidung des Hydroxydes durch Fällung mit Ammoniak angewandt. Hier entsteht das Hydroxyd in Form des gallertartigen Gels. Neben dieser weitaus am häufigsten benutzten Fällungsform werden jedoch bei gewissen, meist auf Hydrolyse beruhenden Abscheidungsverfahren auch dichte Niederschläge eines der krystallinen Aluminiumoxydhydrate verwendet.

Das Aluminiumhydroxyd-Gel ist keineswegs ein scharf definiertes Produkt. Je nach der Vorgeschichte seiner Entstehung (z. B. Fällungstemperatur, p_H-Wert des Fällungsmediums, Anwesenheit von Salzen usw.) kann es in verschiedenen Zustandsformen auftreten, die sich in ihren Eigenschaften (z. B. Dispersitätsgrad, Löslichkeit, Adsorptionsfähigkeit usw.) ganz erheblich unterscheiden können. Hinzu kommt, daß ein einmal abgeschiedenes Gel meist durchaus nicht stabil ist. Es erleidet bei längerem Liegenlassen eine allmähliche Umwandlung, die man als „Alterung“ bezeichnet. Die Alterung kann durch Erwärmen, Berührung mit verschiedenen Mitteln (z. B. alkalischen Lösungen usw.) beschleunigt werden. Gerade die in der analytischen Praxis durch Fällung mit Ammoniak erzeugten schleimigen Niederschläge sind ziemlich unbeständig. Die „jungen Gele“ gehen durch Alterung allmählich in dichtere, schwerer lösliche Formen über. Das Endprodukt der Alterung das allerdings erst nach sehr langer Zeit, abseits von den analytischen Fällungsbedingungen, erreicht werden würde, ist ein energiearmes krystallisiertes Hydroxyd. Nach HABER bilden die jungen Gele eine mit Wasser durchtränkte regellose Anhäufung von Molekeln, die sich erst im Laufe der Alterung ordnen und zu Krystallgittern zusammenfügen. Die beim Aluminiumhydroxyd möglichen Umwandlungen werden durch folgendes, im wesentlichen von KOHLSCHÜTTER stammendes Schema veranschaulicht.

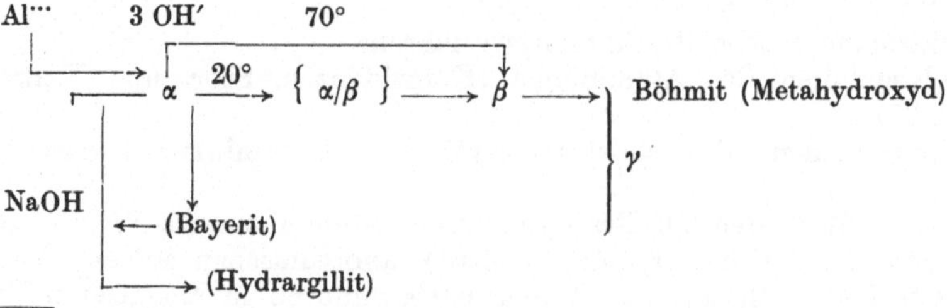

[1] Geeignet wäre vielleicht auch die Lithiumaluminatmethode.

Die das Gelgerüst aufbauenden Molekeln haben anfänglich stets etwa die Zusammensetzung $Al(OH)_3$. Diese Grundverbindung wird als „normales" Hydroxyd bezeichnet. Hieraus besteht auch zunächst der gallertartige Niederschlag, der durch Fällung von Aluminiumhydroxyd aus Aluminiumsalzlösungen mit geringem Ammoniaküberschuß in der Wärme entsteht. Dieses Hydroxyd ist sehr unbeständig. Es neigt zu den spontanen chemischen Umwandlungen, die in dem oben erwähnten Begriff „Alterungsprozeß" zusammengefaßt werden. Der Umwandlungsprozeß kann an den Gel-Micellen topochemisch gleichzeitig in zwei Richtungen verlaufen. Es hängt von den äußeren Bedingungen ab, welche Richtung bevorzugt wird.

Die eine Umwandlung führt zu β-Hydroxyd, einem sogenannten Polyhydroxyd, das durch Austritt von Wasser und kettenmäßige Vergrößerung des Moleküls entsteht. Bei Zimmertemperatur erfolgt diese Umwandlung langsamer und geht über Zwischenprodukte von gewisser chemischer Selbständigkeit (α/β). In der analytischen Praxis dürfte man wohl diesen Alterungsprodukten begegnen, wenn man z. B. das filtrierte Hydroxyd über Nacht auf dem Filter beläßt. Bei 70° wandelt sich das α-Hydroxyd rasch und unmittelbar in die β-Form um. Auch dieses Gel ist nicht stabil. Es geht langsam in eine krystallisierte, röntgenographisch definierte Endstufe, den Böhmit, über, der in seiner Zusammensetzung der Formel $Al_2O_3 \cdot 1\ H_2O$ entspricht. Das von WILLSTÄTTER, KRAUT und ERBACHER als „Metahydroxyd" bezeichnete Hydroxydpräparat ist mit Böhmit identisch.

Unter den Bedingungen der Analyse dürfte Böhmit allerdings kaum noch auftreten, da die Umwandlung sehr langsam vor sich geht und nur durch Erhitzen unter Druck bei Temperaturen über 200° vollständig zu Ende geführt werden kann. Wohl aber dürfte sich Böhmit während der Analyse beim Vortrocknen des filtrierten Niederschlages vor dem Verglühen zu Oxyd bilden.

Während in der Wärme und z. B. in Gegenwart von wasserentziehenden Mitteln überwiegend die α-β-Umwandlung abläuft, kann die mit geringerer Geschwindigkeit gleichzeitig erfolgende Umwandlung in der zweiten Richtung durch steigende Alkalität gefördert werden. Hierbei bildet sich das Trihydrat Bayerit ($Al_2O_3 \cdot 3\ H_2O$), das je nach den Alterungsbedingungen in mehr oder weniger β-Hydroxyd dispergiert ist. Diese Mischung wurde von WILLSTÄTTER und KRAUT ursprünglich als γ-Hydroxyd bezeichnet.

Während sich in Gegenwart eines nur geringen Überschusses von Ammoniak primär das α-Hydroxyd bildet, können bei Ausfällung mit einem großen Ammoniaküberschuß nach KRAUT sogleich Polyhydroxyde entstehen, bei denen sich mehrere Moleküle Aluminiumhydroxyd unter gleichzeitiger Abspaltung von Wasser zusammenketten. Das einfachste der dabei gebildeten Polyhydroxyde ist nach KRAUT das Dihydrat von der Formel $2\ Al(OH)_3 \cdot 1\ H_2O$. Auch das Polyhydroxydgel wandelt sich weiter um. In Berührung mit Wasser entsteht schließlich durch allmähliche Alterung das krystalline Trihydrat Bayerit.

Die krystallisierten Hydrate $Al_2O_3 \cdot 1\ H_2O$ (Böhmit) und $Al_2O_3 \cdot 1\ H_2O$ (Bayerit, Hydrargillit) interessieren als Endprodukte einer außerordentlich langsam verlaufenden Alterung der Gele den Analytiker im allgemeinen nicht. Wohl aber können sie wegen ihrer analytisch wertvollen Eigenschaften (s. w. unten) Interesse gewinnen, wenn sie unter bestimmten Fällungsbedingungen *unmittelbar* erhalten werden. Das krystallisierte Trihydrat Bayerit kann z. B. unmittelbar durch Abscheidung aus alkalischer Aluminatlösung mit eingeleitetem Kohlendioxyd erhalten werden (nach FRICKE und MEYRING). Wahrscheinlich dürften auch die sehr dichten, krystallinen Fällungen, die durch Hydrolyse mit Ammoniumnitrat nach SCHIRM, oder mit Jodid-Jodat nach STOCK oder mit Natriumthiosulfat nach CHANCEL (s. w. unten) entstehen, überwiegend aus diesem Hydrat zusammengesetzt sein. Ein stabileres Isomeres des Bayerits ist der Hydrargillit, der z. B. durch sehr langsame Hydrolyse aus Aluminatlösungen entsteht. Für den Analytiker ist er ohne Interesse.

Für die Entstehung von Aluminiumhydroxyd-*Sol* ist ein unter dem Neutralpunkt liegender p_H-Wert, also eine merkliche Konzentration an Wasserstoff-Ionen erforderlich. Das Sol ist unter diesen Bedingungen positiv geladen und bleibt am ehesten stabil, wenn entgegengesetzt geladene Ionen mit starker Feldwirkung, die flockend wirken, abwesend sind.

Frisch gefälltes Aluminiumhydroxyd geht in verdünnten Säuren wie verdünnter Salzsäure, Salpetersäure, Essigsäure, kolloidal in Lösung (Peptisation). Ebenso wirken wäßrige Lösungen sauer reagierender Salze, wie z. B. des Aluminiumchlorids, Ferrichlorids usw.

Die Peptisierbarkeit ist vom Alterungszustand des Gels abhängig. Stärker gealterte Gele lassen sich schwerer peptisieren als jüngere. Unter den Bedingungen der Analyse kann eine solche Peptisation z. B. eintreten, wenn beim längeren Digerieren der den bereits ausgefällten Hydroxydniederschlag enthaltenden Lösung soviel Ammoniak durch Hydrolyse der Ammoniaksalze abgespalten wird, daß die Lösung schwach sauer wird. Umgekehrt kann Aluminiumhydroxyd als Sol gelöst bleiben, wenn das Hydroxyd aus sauren Lösungen durch einen ungenügenden Zusatz von Ammoniak unvollständig gefällt wird. Auch bei der hydrolytischen Spaltung von Aluminiumsalz in wäßrigen Lösungen, z. B. beim Kochen von Aluminiumacetatlösungen, bildet sich Aluminiumhydroxyd-Sol (vgl. die sogenannte Acetatmethode S. 164). Schließlich kann Aluminiumhydroxyd auch durch dauerndes Auswaschen von frisch (vorzugsweise kalt) gefälltem Gel mit destilliertem Wasser kolloidal in Lösung gehen.

Nach Böhm ergibt die röntgenographische Analyse des durch Peptisation von frisch gefälltem Gel hergestellten Sols nur unscharfe Interferenzen. Erst nach längerem Kochen treten die Linien von γ-$Al_2O_3 \cdot 1\,H_2O$ hervor. Das nach Crum durch lang andauernde Hydrolyse des Aluminiumacetats in der Hitze hergestellte Sol zeigt ultrafiltriert bei der röntgenographischen Analyse die Linien, die dem γ-$Al_2O_3 \cdot 1\,H_2O$ (Böhmit) eigen sind, ergibt jedoch bei der chemischen Analyse annähernd die Zusammensetzung $Al_2O_3 \cdot 2\,H_2O$. Die Verbindung $Al_2O_3 \cdot 1\,H_2O$ scheint nur als Beimengung in Form von außerordentlich kleinen Kryställchen vorzuliegen, während die Hauptmasse des Kolloidteilchens anschließend amorph oder so feinkrystallin ist, daß sie keine Röntgeninterferenzen zu liefern vermag.

Die Entstehung von Aluminiumhydroxyd-Sol wird der Analytiker im allgemeinen zu vermeiden trachten. Dies gilt natürlich vor allem für die gravimetrische Bestimmung des Aluminiums als Oxyd. Da Salze wie NaCl, KCl, NH_4Cl, KNO_3, KCNS usw. auf das Aluminiumhydroxyd-Sol ausflockend wirken, so bezweckt der Zusatz von Ammoniumsalzen zur Lösung bei der Aluminiumfällung mit Ammoniak die Koagulation eines etwa entstehenden Aluminiumhydroxyd-Sols.

Allerdings gibt es auch in der analytischen Praxis Fälle, wo absichtlich Aluminiumhydroxyd-Sol erzeugt werden soll. Die zur colorimetrischen Aluminiumbestimmung dienenden Farblacke (vgl. S. 305) werden mit kolloidal gelöstem Hydroxyd gebildet. Der Solzustand wird in diesem Fall z. B. durch Peptisieren des Hydroxydes in verdünnter Essigsäure herbeigeführt.

2. Störungen der Abscheidung von Aluminiumhydroxyd.

Die Gegenwart hydroxylhaltiger, nichtflüchtiger organischer Substanzen kann die vollständige Fällung des Aluminiums aus seinen Lösungen durch Ammoniak verhindern. Durch Citronensäure wird die Fällung von Aluminium mit Ammoniak z. B. am stärksten gehemmt, dann folgen Weinsäure, Dextrin, Saccharose, Glucose und Lactose (Curtman und Dubin).

In Gegenwart von Fluor-Ionen wird die Fällung des Hydroxydes mit Ammoniak beeinträchtigt. Ammoniumfluorid wirkt z. B. lösend auf Aluminiumhydroxyd. Hingegen dürfte bei gleichzeitiger Gegenwart von Ammoniak kein reines Hydroxyd, sondern ein mehr oder weniger basisches Aluminiumfluorid ausfallen (Hinrichsen, Cavignac).

Auch in Gegenwart von Phosphaten, Arsenaten, Silicaten, Molybdaten und Wolframaten scheidet sich kein reines Aluminiumhydroxyd ab. Es bilden sich vielmehr schwer lösliche, mehr oder weniger basische Aluminiumsalze der entsprechenden Säuren. Auf diese und ähnliche Verhältnisse wird noch bei Erörterung der Adsorptionsneigung der verschiedenen Aluminiumhydroxyde eingegangen werden.

3. Analytisch wichtige Eigenschaften des Aluminiumhydroxydes.

a) Löslichkeit. Die Wasserlöslichkeit des mit Ammoniak gefällten Aluminiumhydroxyd-Gels ist je nach Art der Fällungsbedingungen, also je nach dem Grade der Alterung verschieden. Sie nimmt mit zunehmender Alterung ab. Nach JANDER und RUPERTI beträgt die Löslichkeit in Wasser bei einem Gel, das sofort nach dem Kochen heiß filtriert wurde, 1,2 mg Al_2O_3 in 1 l Wasser und bei einem gealterten Gel, das bei 12 bis 15° filtriert wurde und 1 bis 3 Tage gestanden hatte, 0,6 mg Al_2O_3 in 1 l Wasser. Diese Angaben stimmen mit den von REMY und KUHLMANN festgestellten Werten befriedigend überein. BLUM fand 0,5 bis 2 mg Al_2O_3 im Waschwasser nach Auswaschen eines 0,1 g Al_2O_3 entsprechenden Niederschlages mit 75 cm^3 heißem Wasser.

Die Löslichkeit eines amphoteren Oxydes ist naturgemäß von der Wasserstoff-Ionen-Konzentration abhängig. EDWARDS und BUSWELL stellten bei Laboratoriumsversuchen fest, daß die geringste Löslichkeit für Aluminiumhydroxyd zwischen $p_H = 5,5$ und $p_H = 7,8$ und nach Versuchen in der Praxis zwischen $p_H = 6,0$ und $p_H = 7,8$ liegt. Der Mittelwert dieser Zahlen stimmt mit dem von MASSINK gefundenen Wert von $p_H = 7$ überein.

Unterhalb des günstigen p_H-Bereiches geht das Aluminiumhydroxyd in verdünnter Säure kolloidal in Lösung (vgl. Abschnitt § 1, II). Oberhalb des erwähnten Bereiches, z. B. bei Vorhandensein eines Ammoniaküberschusses, wird eine gewisse Menge des gefällten Aluminiumhydroxyds infolge Aluminatbildung aufgelöst (TUCAN, WEIMARN, JANDER und WEBER, JANDER und WENDEHORST). Bereits von dem p_H-Wert 9 an wird eine solche Lösungstendenz merklich (BLUM).

Nach JANDER und RUPERTI kann die Löslichkeit von Aluminiumhydroxyd in Ammoniak je nach der Ammoniakkonzentration durch Aluminatbildung etwa 400- bis 600mal größer als in reinem Wasser sein, weshalb Aluminium mit Ammoniak *allein* nicht vollkommen ausfällbar ist. CROSS fand ebenfalls, daß Aluminiumoxydhydrat bei der Fällung mit Ammoniak in Lösung gegangen war, daß die aufgelöste Menge aber in keinem Verhältnis zur Konzentration des Ammoniaks stand. Auch SIDENER und EARL PETTIJOHN geben an, daß ein Überschuß an Ammoniak eine entschieden lösende Wirkung auf die Aluminiumhydroxydfällung hat, die jedoch nicht proportional dem Überschuß von Ammoniak ist. Der Ammoniaküberschuß soll daher bei der quantitativen Fällung möglichst klein sein.

Zur Erhöhung der Genauigkeit bei der gravimetrischen Bestimmung wird man selbstverständlich möglichst alle Maßnahmen treffen, um die Verluste durch Löslichkeit möglichst klein zu halten.

Die Fällung geschieht aus diesem Grunde aus einem möglichst kleinen Flüssigkeitsvolumen. Sie wird in Gegenwart von Ammoniumsalzen ausgeführt. Diese vermindern die Löslichkeit des Hydroxydes einerseits durch ihre koagulierende Wirkung, andererseits, indem sie die Hydroxyl-Ionen-Konzentration herabsetzen. Sie drängen also sowohl die kolloidale Löslichkeit als auch die Auflösung als Aluminat weitgehend zurück. Allerdings wird im Gegensatz hierzu nach G. JANDER und O. RUPERTI die Löslichkeit des Aluminiumoxydhydrates durch Anwesenheit zunehmender Ammoniumchloridmengen zunehmend erhöht, und zwar so, daß die gelösten Mengen schließlich nicht mehr vernachlässigt werden können. Bei der Filtration der Fällung in heißer Lösung nimmt die Löslichkeit, wie die Abb. 1 zeigt, noch höhere Werte an, wie bei der Filtration abgekühlter Lösung. Bei einem Volumen von 100 bis 200 ccm mit einem

Aluminiumoxydgehalt von 100 bis 200 mg und 1 % Ammoniumchlorid sind bei Fällung mit minimalem Überschuß an Ammoniak und Filtration der heißen Lösung noch 0,7 bis 1,4 mg Aluminiumoxyd gelöst, das sind 0,7 bis 1,4%. Die Fällung wurde so vorgenommen, daß zur siedenden Lösung tropfenweise 2%iges Ammoniak bis zur schwach alkalischen Reaktion gegen Lackmus gegeben wurde. Bei längerem Kochen wurde etwa weggekochtes Ammoniak unter erneuter Prüfung mit Lackmuspapier ersetzt, so daß sich das p_H nicht veränderte. Da sich das Umschlagsgebiet des Lackmus aber nicht völlig mit dem Gebiet der Ausfällung von Aluminiumoxydhydrat deckt, glaubt FRERS, daß möglicherweise hierdurch die Fällung des Aluminiumoxydhydrates nicht vollständig ist. Zur vorherigen Einstellung des p_H-Wertes der geringsten Löslichkeit wird zweckmäßig mit einem geeigneten Indicator gearbeitet. Schließlich wird das gefällte Hydroxyd zur Vermeidung einer Hydrosolbildung nicht mit destilliertem Wasser, sondern mit einer ammoniumsalzhaltigen Lösung ausgewaschen.

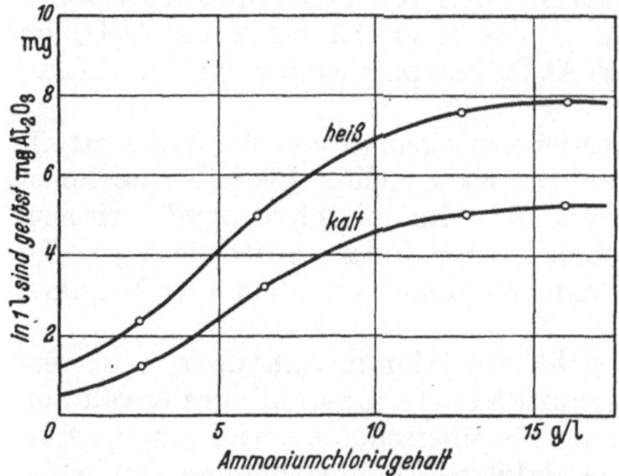

Abb. 1. Löslichkeit des Aluminiumhydroxyds in Ammoniumchloridlösungen (JANDER u. RUPERTI).

b) Form der Hydroxydniederschläge und Filtrierbarkeit. Frisch gefälltes Aluminiumhydroxyd-Gel ist eine voluminöse schleimige Gallerte, die sich, wenn sie kalt gefällt worden ist, besonders schwer filtrieren läßt. Mit zunehmendem Grade der Alterung werden die Gele grobdisperser und flockiger und verringern ihr Volumen. Am Endpunkt des Alterungsprozesses, beim Übergang in den krystallinen Zustand, erhält man sehr dichte, gut dekantierfähige Niederschläge, die ausgezeichnet filtrierbar sind (H. FISCHER).

Selbstverständlich wird der Analytiker bestrebt sein, für die Fällung möglichst solche Bedingungen zu wählen, die eine rasche Filtration und kurze Dauer des Auswaschprozesses ermöglichen. Die gravimetrischen Methoden, die auf der *unmittelbaren* Abscheidung von gealtertem, krystallinem Hydroxyd beruhen, sind in dieser Beziehung der normalen Fällung des Gels mit Ammoniak ohne Zweifel überlegen.

Für die Form der Niederschläge sind die „*Häufungsgeschwindigkeit*“ und die „*Ordnungsgeschwindigkeit*“ bei der Fällungsreaktion maßgebend (HABER). Bei starkem Überwiegen der Häufungsgeschwindigkeit, wie dies z. B. bei der raschen Ausfällung von Hydroxyden mit Ammoniak der Fall ist, entstehen zunächst die regellosen Anhäufungen von Molekeln, die ein Kennzeichen der schleimigen, schwer filtrierbaren Gele sind. Umgekehrt herrscht z. B. bei *allmählichem* Reaktionsverlauf die Ordnungsgeschwindigkeit vor, so daß an Stelle der Gele schon von vornherein mehr oder weniger krystalline Formen entstehen können. Die Ordnungsgeschwindigkeit überwiegt z. B. bei Fällungsverfahren, bei denen das notwendige Fällungsmittel erst allmählich infolge von Zersetzung abgespalten wird. Dies ist z. B. bei der Fällung von Aluminiumhydroxyd nach SCHIRM (vgl. S. 189) durch Erhitzen in Ammoniumnitrit enthaltenden wäßrigen Lösungen der Fall.

Das zur Fällung erforderliche Ammoniak wird hier erst allmählich in Freiheit gesetzt. Das Hydroxyd entsteht hier in der gealterten grobdispersen Form. Weitere Beispiele hierfür sind die Fällung von Aluminiumhydroxyd in Form von pulverigem, krystallinem Bayerit durch *langsames* Einleiten von Kohlendioxyd in Alkalialuminatlösungen nach FRICKE (vgl. S. 203) und die Abscheidung von stark gealtertem Hydroxyd durch langsame hydrolytische Spaltung nach STOCK (vgl. S. 196) aus Gemischen von Jodid, Jodat und Thiosulfat.

Für die analytische Praxis ergeben sich folgende Richtlinien für die Erzielung gut filtrierbarer Niederschläge von Aluminiumhydroxyd: Bei der üblichen Fällung des Hydroxydes mit Ammoniak wird man versuchen, die Fällungsbedingungen so einzustellen, daß eine gewisse Alterung des Gels eintritt. Dies geschieht bei höherer Temperatur. Ein Zusatz von Ammoniumsalzen beeinflußt zugleich die kolloide Beschaffenheit des Niederschlages günstig (Flockungswirkung). Das gleiche gilt wahrscheinlich auch von der möglichst genauen Einhaltung des Neutralpunktes (Vermeidung eines Ammoniaküberschusses). TANANAJEW fand, daß das Volumen der aus *konzentrierten* Lösungen gefällten amorphen Niederschläge geringer ist als das Volumen der aus verdünnten Lösungen gefällten Niederschläge; die letzteren weisen auch eine größere Adsorptionsfähigkeit auf. Auch JANDER und WEBER fällen aus einem möglichst geringen Flüssigkeitsvolumen. Ein anderer Weg besteht in der Mitfällung von Stoffen, welche die Filtrierbarkeit des Hydroxydes günstig beeinflussen (z. B. Papierbrei, Tannin), wobei möglicherweise gut filtrierbare Adsorptionsverbindungen entstehen. Besonders gut filtrierbare Fällungen erhält man naturgemäß bei der oben erwähnten unmittelbaren Abscheidung stark gealterter Formen. Die Einzelheiten über die hier angewandten Verfahren werden im speziellen Teil näher beschrieben.

c) Adsorptionsneigung und Mitfällung. Die schleimigen Hydroxydgele neigen bekanntlich zur Adsorption von Ionen aus der Lösung. Ganz allgemein ist diese Adsorptionsneigung um so geringer, je stärker gealtert das Hydroxyd ist (vgl. TANANAJEW). Bei der unmittelbaren Fällung stärker gealterter Niederschlagsformen werden Ionen von vornherein nur in geringem Maße adsorbiert. Hingegen kann ein beträchtlicher Anteil der an einem jüngeren Gel anfänglich adsorbierten Ionen allmählich wieder an die Lösung abgegeben werden, wenn die Alterung fortschreitet oder künstlich beschleunigt wird (H. FISCHER).

Wie bei allen Kolloiden ist offenbar auch bei dem z. B. mit Ammoniak gefällten Hydroxyd die Neigung zur Adsorption bestimmter Ionen oder Kationen gradmäßig verschieden. Nach MEHROTRA und DAHR werden verschiedene Anionen z. B. in folgender Reihenfolge adsorbiert:

$$C_2O_4'' > Cr_2O_7'' > (FeCN_6)'''' > JO_3' > BO_3' > S_2O_3'' > NO_2' > (FeCN_6)''' > MnO_4' > Cl'.$$

Für verschiedene Säuren hat SEN die Reihenfolge Citronensäure > Traubensäure > Oxalsäure > Schwefelsäure > Malonsäure > Bernsteinsäure > Hippursäure > Benzoesäure aufstellen können.

Nicht selten muß Aluminiumhydroxyd in Gegenwart von Sulfat-Ionen gefällt werden. Sulfat-Ionen werden bei der Fällung mit Ammoniak fast immer in merklicher Menge mitgerissen. Durch anhaltendes Auswaschen kann das Sulfat aus dem Niederschlag weitgehend entfernt werden. Der letzte Sulfatrest kann jedoch nur durch Glühen beseitigt werden. Erst nach $^1/_2$stündigem Glühen bei 1200° ist praktisch alles Sulfat beseitigt, während nicht sulfathaltiges Hydroxyd meist schon nach 10 Min. Glühzeit bei 1200° gewichtskonstant ist (FRERS). Bei stark sulfathaltigen Lösungen wird man zweckmäßigerweise das Hydroxyd doppelt fällen.

Manche adsorbierten Ionen kann man aus dem Niederschlag durch andere Ionen verdrängen, die in einer geeignet zusammengesetzten Waschlösung enthalten sind. Man wählt dann für die Waschlösung solche Ionen, welche die Bestimmung nicht stören. So gelingt es z. B. nach CHARRIOU die sonst vom Aluminiumhydroxyd hartnäckig festgehaltenen Chromat-Ionen aus dem Niederschlag mit einer Lösung von Carbonat- oder Bicarbonat-Ionen auszuwaschen (z. B. mit einer 5%igen Ammoniumbicarbonatlösung). Die Adsorption ist in manchen Fällen auch deutlich von der Säurestufe der Lösung abhängig. Dies gilt z. B. von der Mitfällung von Phosphat-Ionen. In phosphathaltigen Lösungen entspricht bei einem p_H-Wert von 4,5 die Fällung quantitativ der Formel $AlPO_4$ (MILLER). Weiterer Zusatz von Alkali bewirkt eine Verschiebung der Zusammensetzung der festen Phase unter allmählichem Ersatz (S. 218) des Phosphatanteils durch Hydroxyd. Oberhalb des p_H-Wertes 7,5 tritt die Bildung von Aluminaten ein, oberhalb des p_H-Wertes 8,5 ist der Niederschlag praktisch phosphatfrei. Ähnliches dürfte auch für eine Fällung in Gegenwart von Arsenaten gelten. Praktisch gelingt aber eine quantitative Trennung auf diesem Wege kaum, da ja das Hydroxyd bei dem hohen p_H-Wert nicht mehr vollständig abgeschieden wird.

Auch Kationen werden von den schleimigen Hydroxydniederschlägen ziemlich leicht mitgerissen, wenn auch die Fällungsbedingungen natürlich von vornherein so gewählt werden, daß die begleitenden Kationen allein unter diesen Umständen nicht ausfallen würden. Dies trifft z. B. zu bei der Anwesenheit folgender Kationen (vor allem in überschüssiger Menge): $Mg^{\cdot\cdot}$, $Mn^{\cdot\cdot}$, $Zn^{\cdot\cdot}$, $Cd^{\cdot\cdot}$, $Ni^{\cdot\cdot}$, $Co^{\cdot\cdot}$, $Cu^{\cdot\cdot}$ (vgl. DAHR, SEN und CHATTERJI). In Gegenwart eines starken Ammoniaküberschusses und von Ammoniumchlorid soll zwar nach SWIFT und BARTON die Adsorption von Metallen der Schwefelammoniumgruppe praktisch vermieden werden können, doch dürfte unter diesen Bedingungen eine ganz einwandfreie quantitative Fällung von Aluminiumhydroxyd kaum noch zu erwarten sein. In solchen Fällen sollte das Aluminiumhydroxyd mindestens doppelt gefällt werden (vgl. nähere Angaben unter „Trennungsmethoden", S. 129).

Nach den Beobachtungen von TANANAJEW ist das Volumen der aus konzentrierten Aluminiumlösungen gefällten amorphen Niederschläge von Aluminiumhydroxyd geringer als das Volumen der aus verdünnten Lösungen gefällten Niederschläge, wobei letztere auch eine größere Adsorptionsfähigkeit besitzen. Bei den Untersuchungen der Adsorptionsfähigkeit von Hydroxyden, welche aus salz- oder salpetersaurer Lösung gefällt waren, zeigte sich, daß die Adsorption von Calcium-, Magnesium-, Kalium- und Natriumsalzen bei Ausfällung aus konzentrierten Lösungen entweder ganz fehlte oder in bedeutend geringerem Maße auftrat als bei den aus verdünnten Lösungen gefällten Niederschlägen.

Das Ausmaß, in welchem Kationen adsorbiert werden, kann auch unter Umständen noch von der Art der anwesenden Anionen abhängig sein. Nach Beobachtungen von TANANAJEW werden z. B. Calcium- und Magnesium-Ionen in Gegenwart von Sulfat-Ionen stärker adsorbiert als z. B. neben Chlor- oder Nitrat-Ionen.

Bei Trennungen des Aluminiums von den Schwermetallen (Zink, Kobalt, Nickel, Kupfer, Mangan) gilt die Regel, daß um so mehr von diesen Metallen mitgefällt wird, je deutlicher die Lösung *alkalisch* reagiert. Auch wenn beim Neutralisieren zuerst alkalisch gemacht und dann wieder angesäuert wird, ist noch verstärkte Okklusion zu beobachten, da mitgefällte Schwermetallhydroxyde nicht so schnell wieder völlig aufgelöst werden. Für die Trennung von den Schwermetallen haben daher solche Verfahren am ehesten Aussicht auf Erfolg, die von vornherein bei einem relativ *niedrigen* p_H-Wert ausgeführt werden können.

4. Polymorphe Formen und Eigenschaften des Aluminiumoxydes.

Das Aluminiumoxyd ist polymorph und tritt in mehreren Modifikationen auf. γ-Oxyd bildet sich beim Entwässern von Aluminiumhydroxyd zwischen 600 und 850° C, und geht bei Temperaturen über 1000° C mit wachsender Geschwindigkeit in α-Oxyd (Korund) über (BILTZ und LEMKE). KLEVER folgert aus röntgenographischen Untersuchungen, daß das Beständigkeitsgebiet von γ-Al_2O_3 zwischen 210 und 900° liegt, daß zwischen 900 und 1200° eine Rekrystallisation von γ-Al_2O_3 stattfindet, und daß die Umwandlung in die α-Form erst oberhalb 1200° erfolgt. Nach RINNE soll diese Umwandlung bei 1220° beginnen.

Das γ-Oxyd unterscheidet sich von den anderen Modifikationen des Aluminiumoxydes durch seine große Dispersität und Hygroskopizität sowie durch seine große Löslichkeit in Säuren (RUME, BILTZ und LEMKE).

Ein bei sehr hoher Temperatur beständiges β-Oxyd bildet sich bei langsamem Abkühlen von α-Al_2O_3 in Form dreieckiger, sich teilweise überdeckende Krystallplatten, und zwar scheint für ihre Entstehung die Anwesenheit kleiner Mengen anderer Metalloxyde, wie Magnesium- oder Natriumoxyd wesentlich zu sein (RANKIN, MERWIN). Nach BARLETT geht α-Al_2O_3 beim Zusammenschmelzen mit 10% Natrium- oder Kaliumoxyd zu 75% in β-Al_2O_3 über.

Ein δ-Al_2O_3 bildet sich beim Erhitzen von Aluminiumchlorid ($AlCl_3 \cdot 6\,H_2O$) ab 540° als eine gut krystallisierte Verbindung von hexagonaler oder rhomboedrischer Symmetrie. Diese Oxydform ist durch geringe Dichte und recht großes Adsorptionsvermögen ausgezeichnet und kann als ein stark gelockertes α-Al_2O_3 aufgefaßt werden. Beim Erhitzen über 950° geht es in die α-Modifikation über (PARAVANO und MONTORO).

Das γ-Oxyd ist sehr hygroskopisch und vermag nach den Arbeiten von BILTZ und LEMKE mehr als 10% Wasser aus der Luft aufzunehmen. Auch in bezug auf die Adsorption von Farbstoffen ist das γ-Oxyd der α-Form weit überlegen (HÜTTIG und PETER). *Als Wägeform für den Analytiker kommt nur das feuchtigkeitsunempfindliche α-Oxyd in Betracht.*

Zur Überführung des Aluminiumhydroxydes in das α-Oxyd muß bei ausreichend hoher Temperatur ziemlich heftig geglüht werden, um das Wasser vollständig auszutreiben und ein möglichst wenig hygroskopisches Präparat zu erhalten. Erst beim Glühen oberhalb 1200° C, am besten bei 1300°, erhält man wie MIEHR, KOCH und KRATZERT gezeigt haben, ein praktisch nichthygroskopisches Oxyd.

Literatur.

BARLETT, H. B.: J. Am. ceram. Soc. **15**, 362 (1932). — BILTZ, W. u. A. LEMKE: Z. anorg. Ch. **188**, 127 (1933); **186**, 381 (1930); Fr. **83**, 297 (1931). — BLUM, W.: Am. Soc. **38**, 1290 (1916); Scient. Papers Bur. Stand. **19**, 515 (1916). — BÖHM, J.: Z. anorg. Ch. **149**, 208 (1925).

CAVIGNAC, H.: C. r. **158**, 948 (1914). — CHANCEL, G.: C. r. **46**, 987 (1858); Fr. **3**, 391 (1864). — CHARRIOU, A.: C. r. **176**, 679 (1923). — CROSS, C. F.: Chem. N. **39**, 161 (1879). — CRUM, W.: Soc. **6**, 218, 220, 225 (1854); A. **89**, 158, 168 (1854). — CURTMAN, L. J. u. H. DUBIN: Am. Soc. **34**, 1485 (1912); Ch. Z. **25**, 1302 (1912).

DAHR, N. R., K. C. SEN u. N. G. CHATTERJI: Kolloid-Z. **33**, 30 (1923).

EDWARDS, G. P. u. A. W. BUSWELL: Illinois State Water Surv. Bull. **22**, 47 (1925).

FISCHER, H.: Angew. Ch. **43**, 919 (1930). — FRERS, J. N.: Fr. **95**, 119, 123 (1933). — FRICKE, R.: Z. anorg. Ch. **175**, 249 (1928). — FRICKE, R. u. K. MEYRING: Z. anorg. Ch. **188**, 127 (1930).

HABER, F.: B. **55**, 1717, 1728 (1922). — HINRICHSEN, W.: Z. anorg. Ch. **58**, 83—97 (1908). — HÜTTIG, G. F. u. A. PETER: Kolloid-Z. **54**, 142 (1931).

JANDER, G. u. O. RUPERTI: Z. anorg. Ch. **153**, 233 (1926); Fr. **71**, 133 (1927). — JANDER, G. u. R. WEBER: Z. anorg. Ch. **131**, 266 (1923); Diss. Göttingen 1923 (WEBER).

KLEVER, E.: Trans. ceram. Soc. **29 II**, 156 (1929/30). — KOHLSCHÜTTER, V.: Gm., 8. Aufl. Aluminium, Teil B, S. 106. 1934; Helv. **14**, 16, 21 (1931). — KRAUT, H.: B. **64**, 1697—1708 (1931).

MASSINK, A.: Chem. Weckbl. **19**, 66 (1922). — MEHROTRA, M. R. u. N. R. DAHR: J. phys. Chem. **30**, 1189 (1926). — MIEHR, W., P. KOCH u. L. KRATZERT: Angew. Ch. **43**, 250 (1936). — MILLER, L. B.: Soil Sci. **26**, 435—439 (1928).

PARAVANO, N. u. V. MONTORO: Atti Accad. Linc. [6] **7**, 885 (1928).

RANKIN, G. A. u. H. E. MERWIN: Z. anorg. Ch. **96**, 293 (1916). — REMY, H. u. A. KUHLMANN: Fr. **65**, 161—181 (1924/25). — RINNE, F.: N. Jb. Min., Beilagebd. A **58**, 84 (1928). — RUPERTI, O.: Diss. Göttingen 1927, S. 12 (JANDER u. RUPERTI).

SCHIRM, E.: Ch. Z. **33**, 877 (1909). — SEN, K. C.: Z. anorg. Ch. **182**, 124, 130 (1930); J. phys. Chem. **31**, 691 (1927). — SIDENER, C. F. u. E. PETTIJOHN: Ind. eng. Chem. 8, 714 (1913). — STOCK, A.: B. **33**, 548 (1900). — SWIFT, E. H. u. R. C. BARTON: Am. Soc. **54**, 2219 (1932).

TANANAJEW, N. A.: Betriebslabor. (russ.) **4**, 1348 (1935). — TUCAN, FR.: N. Jb., Min., Beilagebd. **34**, 401 (1912).

WEBER, B.: Diss. Göttingen 1923 (JANDER u. WEBER). — WEIMARN, P.: Z. Chem. Ind. Kolloide **4**, 38 (1909). — WILLSTÄTTER, R. u. H. KRAUT: B. **56**, 149, 1117 (1923); B. **57**, 60, 1082 (1924). — WILLSTÄTTER, R., H. KRAUT u. O. ERBACHER: B. **58**, 2458 (1925). — WENDEHORST: Diss. Göttingen 1923.

II. Die klassische gewichtsanalytische Methode der Fällung des Aluminiums als Hydroxyd mit Ammoniak.

Vorbemerkung. Zur quantitativen Bestimmung des Aluminiums durch Fällung *mit Ammoniak* als *Aluminium*hydroxyd muß der Niederschlag aus der möglichst neutralen Lösung bei Gegenwart von Ammoniumsalzen unter Erhitzen bis zum

Sieden der Lösung gefällt werden. Man erhält dann statt eines schleimigen, gelatinösen, schwer zu filtrierenden Niederschlages, wie er in der Kälte entstehen würde, unter Ausflockung kolloider Teilchen einen feinflockigen und besser filtrierbaren Niederschlag. Zu langes Kochen ist zu vermeiden. Durch die Gegenwart der Ammoniumsalze erfolgt die Umwandlung der kolloidal löslichen Formen des Aluminiumhydroxydes, also des Hydrosols, in das unlösliche Gel beim Aufkochen ziemlich schnell. Zum Auswaschen wird eine Waschflüssigkeit benutzt, die ebenfalls Ammoniumsalz (z. B. Ammoniumnitrat) gelöst enthält.

Auf die oben erwähnten Grundtatsachen stützt sich die alte, klassische Methode der Aluminiumbestimmung, die z. B. von C. R. FRESENIUS wie folgt angegeben wird:

Bestimmungsverfahren.

1. Arbeitsvorschrift nach C. R. FRESENIUS.

Man versetzt die heiße, mäßig verdünnte Lösung mit Ammoniumchlorid, sofern dieses noch nicht zugegen ist, in ziemlicher Menge, fügt Ammoniak in geringem Überschuß zu, erhitzt fast zum Sieden und erhält bei dieser Temperatur, bis das freie Ammoniak vollständig oder fast vollständig entwichen ist (bis somit ein Tröpfchen der Flüssigkeit, welches dann wieder zurückzuspritzen ist, neutrale oder nur schwach alkalische Reaktion zeigt). Bei zu langem Erhitzen würde die Flüssigkeit durch Zersetzung des Ammoniumchlorides sauer und somit ein Teil des bereits gefällten Tonerdehydrates wieder gelöst werden, was natürlich zu vermeiden ist.

Die Fällung wird am besten in einer größeren Platinschale (steht eine solche nicht zu Gebote, in einer Porzellanschale, weit weniger gut in einem Glasgefäß) ausgeführt. Man läßt alsdann absitzen, gießt die klare über dem Niederschlag stehende Flüssigkeit durch ein Filter ab, ohne jenen aufzurühren, gießt siedendes Wasser zum Niederschlag, rührt um, läßt wieder absitzen, wäscht auf diese Art 3mal durch Dekantieren aus, bringt dann den Niederschlag aufs Filter und wäscht ihn mit siedendem Wasser vollends aus. — Beim Abfiltrieren des Tonerdehydrates leisten Saugfilter besonders gute Dienste. Nach dem Absaugen der Flüssigkeit kann der Niederschlag geglüht werden. Wendet man kein Saugfilter an, so ist das Glühen des feuchten Niederschlages mißlicher. — Will man den Niederschlag erst trocknen und dann gluhen, so trockne man ihn lange und sehr gut und glühe dann. Man gibt alsdann gelindes Feuer und hält den Tiegel wohl bedeckt, sonst erleidet man leicht durch Umherspritzen, veranlaßt durch nicht völlig trockene Beschaffenheit des gummiartigen Tonerdehydrates Verlust.

Mag man den Niederschlag auf die eine oder andere Art geglüht haben, stets ist zu empfehlen, denselben vor dem Wägen eine Zeitlang über dem Gebläse der beginnenden Weißglut auszusetzen, um sicher zu sein, daß auch die letzte Spur Wasser ausgetrieben ist. — Es ist dies um so notwendiger und muß 5 bis 10 Min. lang geschehen, wenn die Fällung aus schwefelsaurer Lösung erfolgt ist, weil das mitgerissene Sulfat erst bei fortgesetztem sehr starkem Glühen SO_3 vollständig verliert. Fehlt hierzu die Gelegenheit, so muß man entweder den ausgewaschenen oder auch den mäßig geglühten Niederschlag wieder in Salzsäure lösen (was nur durch andauerndes Erwärmen mit starker Säure gelingt) und dann nochmals mit Ammoniak fällen, oder man muß anfangs das Sulfat durch Zersetzen mit Bleinitrat, von dem man nur einen ganz geringen Überschuß zufügt, in Nitrat verwandeln und den Bleiüberschuß durch Schwefelwasserstoff entfernen.

Bemerkungen. Man versäume nie, die Tonerde zu prüfen, ob sie nicht Kieselsäure enthält, was oft der Fall ist. Erhitzen mit etwas konzentrierter Schwefelsäure oder Schmelzen mit Kaliumbisulfat lassen den Zweck leicht erreichen. Wendet man hingegen, namentlich wenn weder Ammoniumchlorid zugefügt ist, noch überhaupt Ammoniumsalze zugegen sind, einen bedeutenden Überschuß von Ammoniak an und filtriert, ohne denselben durch Erhitzen oder auch durch längeres Stehenlassen an einem warmen Ort entfernt zu haben, so kann man sehr beträchtlichen Verlust erleiden. Er wird um so bedeutender, je verdünnter die Lösung und je größer der Ammoniaküberschuß ist. — Ein bloßes Auswaschen auf dem Filter ist bei der gelatinösen Beschaffenheit des Tonerdehydrates häufig ungenügend, ein bloßes Auswaschen durch Dekantieren liefert dagegen sehr viel Waschwasser. Man vereinigt daher zweckmäßig beide Methoden, wie in der Arbeitsvorschrift angegeben.

2. Verbesserungen der klassischen Aluminiumbestimmungsmethode.

Die alte klassische Arbeitsvorschrift ist in ihren Grundzügen bis heute unverändert geblieben. Die im Laufe der Jahre vorgeschlagenen Abänderungen sollen nur eine größere Gewähr für die Sicherheit in der Durchführung geben oder die Arbeit des Analytikers erleichtern.

Folgende Änderungen sind zu erwähnen:

1. Festlegung des zur quantitativen Fällung einzuhaltenden p_H-Bereiches durch Gebrauch von Indicatoren.

2. Nur *kurzzeitiges* Erhitzen der Lösung zum Sieden (mit Niederschlag). Auf diese Weise wird zu weitgehendes Verkochen des Ammoniaks vermieden, wodurch die Lösung wieder sauer und der Niederschlag schwer filtrierbar werden kann.

3. Verwendung von Gefäßen aus Jenaer Glas statt Schalen aus Platin oder Porzellan. Die früher bekannten Glassorten gaben unter den Fällungsbedingungen Alkali ab und zwangen zur Verwendung von Platin- oder Porzellangefäßen.

4. Zusatz von Zellstoffbrei zur Erleichterung und Beschleunigung der Filtration.

5. Verwendung einer schwach ammoniakalischen Waschlösung zur Verhinderung kolloidaler Auflösung des gefällten Hydroxydes.

6. Glühen des Aluminiumoxydes im elektrischen Ofen bei 1200° C zur Umwandlung in das nichthygroskopische α-Oxyd (vgl. S. 123).

Ein Indicator zur Einhaltung der Fällungsbedingungen wurde zuerst von BLUM angegeben, dessen Arbeitsvorschrift im folgenden genauer angegeben sei, da sie die Grundlage für die neueren Arbeitsvorschriften geworden ist.

***a) Arbeitsvorschrift von* BLUM.** Zu der Lösung, welche wenigstens 5 g Ammoniumchlorid oder eine äquivalente Menge Salzsäure auf 200 cm³ enthält, fügt man einige Tropfen Methylrot (0,2%ige alkoholische Lösung) und erhitzt zum Sieden. Dann fügt man sorgfältig tropfenweise verdünnte Ammoniaklösung hinzu, bis die Farbe der Lösung in ein deutliches Gelb umschlägt. Man kocht die Lösung 1 oder 2 Min. auf und filtriert sofort.

Den Niederschlag wäscht man mit einer 2%igen Ammoniumchlorid- oder Ammoniumnitratlösung gründlich aus. Man verbrennt in einem Platintiegel und erhitzt, wenn die Kohle verbrannt ist, 5 Min. lang auf dem Gebläse. Den bedeckten Tiegel wägt man möglichst schnell. Ein zweites Glühen vor dem Gebläse ist anzuraten, besonders, da es ein schnelleres Wägen gestattet und infolgedessen zuverlässigere Werte erzielt werden.

WEBER fand die besten Werte, wenn in einem geringen Flüssigkeitsvolumen gefällt und die nach der Fällung erkaltete Flüssigkeit filtriert wurde.

***b) Arbeitsvorschrift von* MURAWLEFF *und* KRASSNOWSKI.** Sie empfehlen die BLUM-Methode für die Ausfällung des Aluminiumhydroxydes mit Ammoniak, wenden jedoch zum Auswaschen heiße 2%ige Ammoniumnitratlösung an, der Ammoniak bis zum Umschlag von Methylrot zugegeben ist (auf je 500 cm³ Lösung 4 bis 6 Tropfen 10%iges Ammoniak). Fällt die Ammoniakzugabe fort, so sollen Verluste an Aluminiumhydroxyd durch Auflösen im Waschwasser eintreten. Das Verfahren wird folgendermaßen durchgeführt:

Die auf 200 cm³ verdünnte, $2^1/_2$% Ammoniumsalz enthaltende Lösung wird einige Minuten aufgekocht; dann gibt man 6 bis 8 Tropfen Methylrot bis zur schwachen Rotfärbung und schließlich unter Umrühren tropfenweise 10%iges Ammoniak bis zum Farbumschlag nach Gelb zu. Hierauf wird das Ganze 1 bis 2 Min. gekocht. Der Niederschlag wird zum Absitzen gebracht, was 15 bis 20 Min. erfordert, die klare Flüssigkeit durch ein 11 cm-Filter gegossen und der Niederschlag mit heißer 2%iger Ammoniumnitratlösung gewaschen, zu der auf je 500 cm^3 4 bis 6 Tropfen 10%iger Ammoniaklösung bis zur deutlichen Gelbfärbung des Methylrots gegeben werden. Beim folgenden Anwärmen der Lösung wird jedesmal die Zugabe von Ammoniaklösung wiederholt. Der gewaschene Niederschlag wird wie üblich geglüht und als Aluminiumoxyd gewogen.

Um das Filtrieren und Auswaschen des Niederschlages zu beschleunigen, ist es ratsam, zu der Lösung vor dem Ausfällen des Aluminiumhydroxydes Zellstoffbrei zuzusetzen. Dieser beschleunigt den Verlauf der Filtration und des Waschprozesses um das $2^1/_2$fache.

Der im Platintiegel veraschte Niederschlag muß, falls Zellstoffbrei verwendet wurde, 20 Min. vor dem Gebläse geglüht werden. Das so erhaltene Aluminiumoxyd soll nach den Angaben von MURAWLEFF und KRASSNOWSKI nicht mehr hygroskopisch sein, was allerdings zweifelhaft ist (vgl. S. 143).

***c) Arbeitsvorschrift von* FRERS.** FRERS zieht dem von BLUM verwendeten Indicator Methylrot, dessen Umschlagsgebiet BLUM mit $p_H = 6{,}5$ bis 7,5, KOLTHOFF mit 4,3 bis 6,2 angibt, Phenolrot mit einem p_H-Wert von 7,5 vor, da nach BLUMs Angaben die Fällung des Aluminiumhydroxyds erst bei $p_H = 7$ beendet ist. Bei dem p_H-Wert 7,5 muß alles Aluminium ausgefällt sein, eine Wiederauflösung ist noch nicht zu befürchten, da diese erst bei einem höheren p_H-Wert beginnt. Offenbar hat BLUM, der bei seinen Arbeiten gute Werte erhalten hat, auch beim p_H-Wert 7,5 gefällt, wenn er Ammoniak bis zur deutlichen Gelbfärbung des Methylrots zusetzt.

Die von FRERS angegebene Vorschrift für die Einzelfällung von Aluminium mittels Ammoniaks ist folgende:

Die Aluminiumlösung wird auf 200 cm^3 verdünnt und mit 4 g Ammoniumsalz (Ammoniumchlorid oder Ammoniumnitrat) versetzt. Nach Zufügen von etwa 10 Tropfen Phenolrot als Indicator wird die Lösung zum Sieden erhitzt und dann während der Abkühlung frisch hergestellte Ammoniaklösung, die durch 5 Min. langes lebhaftes Einleiten von Ammoniak aus einer Bombe in etwa 200 cm^3 Wasser erhalten wurde, bis zum Farbumschlag zugesetzt. Dann wird 2 Min. aufgekocht und durch ein 15 cm-Filter filtriert. Zum Auswaschen wird heiße 2%ige Ammoniumsalzlösung verwendet, die gegen Phenolrot eben alkalisch reagiert. Auswaschen durch Dekantieren ist wegen des leichten Aufwirbelns des Niederschlages nicht möglich. Um auf dem Filter gut auswaschen zu können, muß dieses einen Durchmesser von mindestens 15 cm haben. Der ausgewaschene und veraschte Niederschlag wird 10 Min. bei 1200° bis zur Gewichtskonstanz geglüht. Nachdem er 1 Std. unbedeckt im Exsiccator und 10 Min. offen auf der Waage gestanden hat, wird er gewogen.

***d) Arbeitsvorschrift von* W. *und* H. BILTZ.** In dieser Vorschrift sind die früheren Erfahrungen mit Ausnahme der Angabe von FRERS (s. oben) zusammengefaßt. Sie ist daher für die Praxis besonders geeignet.

Die Aluminiumlösung wird in einem Jenaer Becherglas mit etwa 5 bis 8 cm^3 konzentrierter Salzsäure vermischt und auf 150 bis 200 cm^3 verdünnt. Sie wird zum Sieden erhitzt, von Feuer genommen, die Hauptmenge der Säure mit Ammoniak abgestumpft und dann die Fällung ausgeführt. Zur vollständigen Fällung setzt man zu der heißen Lösung einige Tropfen einer 0,2%igen alkoholischen Lösung von Methylrot und dann unter ständigem Umrühren tropfenweise reine, also kieselsäurefreie, verdünnte Ammoniaklösung, bis die Farbe der Flüssigkeit in ein schwaches Gelb umschlägt. Dann wird aufgekocht und die Fällung alsbald heiß filtriert. Man wäscht den Niederschlag, der bei dieser Art der Fällung feinflockig, aber nicht gelatinös sein soll, unter Dekantieren mit heißem Wasser, das 2% Ammoniumnitrat und einige Tropfen Ammoniaklösung (gegen Methylrot eben gelb) enthält, aus. Schließlich bringt man den Niederschlag vollständig auf das Filter, wobei man etwa festhaftende Teilchen mechanisch oder durch Lösen und Wiederausfällen von der Gefäßwandung entfernt. Nun wäscht man unter beständigem Aufwirbeln des Niederschlages mit der heißen Waschflüssigkeit aus. Der Niederschlag wird mit dem Filter im Tiegel verglüht, bis er weiß geworden ist und dann bei bedecktem Tiegel etwa 5 Min. im elektrischen Ofen (bei mindestens 1200°) erhitzt. Einem Verspritzen von Tonerde durch Dekrepetieren beugt man durch Zusammenfalten des Filters und langsame Temperatursteigerung vor. Trocknet man Aluminiumhydroxyd sehr langsam ein, so entstehen glasartige Stücke noch wasserhaltigen Gels, die wie abgeschrecktes Glas, starke innere Spannungen besitzen und daher beim Erhitzen leicht dekrepetieren. Beim Naßveraschen von Aluminiumhydroxyd enthaltenden Filtern ist dies weniger zu befürchten. Das Abkühlen und Wägen des Niederschlages erfolgt im bedeckten Porzellan- oder Platintiegel. Nach nochmaligem Glühen bei 1200° wird durch erneutes Wägen auf Gewichtskonstanz geprüft.

Genauigkeit der Bestimmung des Aluminiums durch Fällung mit Ammoniak.

a) Verfahren nach C. R. FRESENIUS. Gelegentlich der Bestimmung des Aluminiums in Eisen und Stahl hat KLINGER die Methode von C. R. FRESENIUS nachgeprüft. Dabei wurde das Aluminium in einer Kaliumalaunlösung von bekanntem Aluminiumgehalt bestimmt, und zwar wurden 10 cm³ der Kaliumalaunlösung, enthaltend 5,0 mg Aluminium und 50 cm³ dieser Lösung, enthaltend 25,0 mg Aluminium angewendet.

Die nach der Methode von FRESENIUS erhaltenen Analysenergebnisse waren folgende:

1. bei Anwendung von 5 mg Aluminium wurden folgende Werte gefunden:

bei 1 Analyse	4,9 mg Al
„ 6 Analysen	5,0 „ „
„ 4 „	5,1 „ „
„ 1 Analyse	5,2 „ „

2. bei Anwendung von 25 mg Aluminium erhielt man folgende Werte:

bei 1 Analyse	25,0 mg Al
„ 4 Analysen	25,1 „ „
„ 2 „	25,2 „ „
„ 2 „	25,3 „ „
„ 2 „	25,4 „ „
„ 2 „	25,5 „ „
„ 1 Analyse	25,7 „ „
„ 1 „	25,9 „ „

b) Verfahren nach BLUM. Nach KLINGER wurden nach der BLUM-Methode folgende Analysenresultate erhalten:

1. Bei Anwendung von 5 mg Aluminium wurden gefunden:

bei 6 Analysen	5,0 mg Al
„ 5 „	5,1 „ „
„ 3 „	5,2 „ „

2. bei Anwendung von 25 mg Aluminium waren die Ergebnisse:

bei 1 Analyse	24,6 mg Al
„ 1 „	25,0 „ „
„ 4 Analysen	25,1 „ „
„ 4 „	25,3 „ „
„ 4 „	25,4 „ „
„ 2 „	25,5 „ „
„ 1 Analyse	25,6 „ „

KLINGER gibt als Ergebnis seiner Nachprüfungen an, daß die zu hoch liegenden Befunde meist auf unzulängliches Glühen zurückzuführen sind. Bei noch so langem Glühen bei Rotglut hinterbleibt ein hygroskopisches Oxyd (γ-Al_2O_3), während bei Temperaturen über 1200° das Aluminiumhydroxyd in nicht mehr hygroskopisches α-Oxyd verwandelt wird. Trotzdem ist anzuraten, den Tiegel beim Abkühlen im Exsiccator bedeckt zu halten, da schon die beim Öffnen in den Exsiccator gelangte

Feuchtigkeit genügt, um das Gewicht etwa noch vorhandenen hygroskopischen γ-Oxydes zu erhöhen.

Die Aluminiumfällung mit Ammoniak nach BLUM ist sicherer als die Arbeitsweise nach der alten klassischen Methode von FRESENIUS, bei der durch zu langes Verkochen des überschüssigen Ammoniaks die Lösung wieder sauer und der Niederschlag schwer filtrierbar werden kann.

Über die Genauigkeit seiner Methode gibt BLUM selbst auf Grund seiner Untersuchungen folgendes an:

Es wurden zwei Proben Reinaluminium verwendet, deren Analyse folgendes ergab:

	Probe A %	Probe B %
Silicium	0,13	0,16
Kupfer	0,01	0,01
Eisen	0,25	0,17
Aluminium (Differenz) .	99,61	99,66

Etwa 1,3 g dieser Proben wurden in Salzsäure gelöst, die Lösungen mit einer kleinen Menge Salpetersäure oxydiert und filtriert, um die Kieselsäure zu entfernen. Die Filtrate wurden auf ein angemessenes Volumen verdünnt und aliquote Teile davon (etwa 0,25 g Al_2O_3) für die Aluminiumbestimmung verwendet. Das Ammoniak wurde destilliert, und es wurden nur Reagenzien verwendet, die frei von Verunreinigungen waren. Bei den gewogenen Niederschlägen wurden das Gewicht der Filterasche und die Menge des Eisenoxydes entsprechend dem bei der Analyse des angewendeten Metalles gefundenen Eisen berücksichtigt. Die Resultate waren folgende:

Probe	Gewicht der Probe	Gefunden		Al %		
		Al_2O_3	entsprechend Al	Gefunden durch direkte Bestimmung	Aus der Differenz ermittelt	
	g	g	g	%	%	%
A	0,12980	0,2445	0,12967	99,90	99,61	+ 0,29
A	0,12980	0,2443	0,12956	99,82	. . . .	+ 0,21
B	0,12884	0,2428	0,12877	99,95	99,66	+ 0,29

Danach ergibt die Methode eine Genauigkeit von mindestens + 0,3%.

HILLEBRAND und LUNDELL geben über die Genauigkeit der Ammoniakmethode nach BLUM folgendes an:

Die Genauigkeit der Methode wird durch die Resultate

0,0970 g Al_2O_3
0,0969 g „
0,0968 g „

angezeigt, die bei drei aufeinanderfolgenden Bestimmungen erhalten wurden, bei denen doppelte Fällungen durchgeführt wurden, Papierbrei nach der zweiten Fällung zugefügt und die Kieselsäure durch direkte Behandlung des Aluminiumoxydes mit Flußsäure und Schwefelsäure verflüchtigt wurde. Die angewandte Menge Al_2O_3 ist nicht angegeben.

Trennung des Aluminiums von anderen Metallen nach der Ammoniakmethode.

Allgemeines.

Allgemein läßt sich über die Trennungsmöglichkeiten nach der Ammoniakmethode sagen, daß Aluminium von den Alkalimetallen, Erdalkalimetallen, Magnesium und unter Umständen auch von Mangan und Nickel durch Fällung mit Ammoniumhydroxyd in Gegenwart von Ammoniumsalzen quantitativ getrennt werden kann. Trennungen von Kobalt, Zink und Kupfer sind nicht befriedigend. Auch die Trennung von Mangan und Nickel ist nicht immer ganz sicher. Sie erfordert doppelte Fällung und wird unzuverlässig, wenn ein großer Überschuß von Aluminium und Eisen vorhanden ist.

Diese Ergebnisse stehen im großen und ganzen in Einklang mit dem Verhalten der verschiedenen Metallhydroxyde und mit den von BRITTON (a) ermittelten p_H-Werten, bei denen die Fällung beginnt.

Es ist schwierig, die Menge von Ammoniumchlorid und Hydroxyl-Ionen bei der Analyse so zu regulieren, daß die Fällung der 3wertigen Metalle stattfindet und gleichzeitig die 2wertigen Metalle in Lösung bleiben. Die Menge von Ammoniumchlorid, welche erforderlich ist, um die Dissoziation von Ammoniumhydroxyd zurückzudrängen oder die p_H-Werte so zu erniedrigen, daß Zink, Kobalt und Nickel nicht gefällt werden, ist außerordentlich hoch. Diese Menge beträgt nach BRITTON z. B. 380 Mol Ammoniumchlorid auf 1 Mol Ammoniumhydroxyd zur Verhinderung der Kobaltfällung. Bei Mangan dagegen reichen bereits 4,5 Mol Ammoniumchlorid auf 1 Mol Mangan aus.

1. Trennung des Aluminiums von Alkalimetallen, Erdalkalimetallen und von Magnesium.

Vorbemerkung. Unter den vorstehend angegebenen Fällungsbedingungen lassen sich Trennungen des Aluminiums von den Alkalimetallen, von Magnesium und den Erdalkalimetallen aus Lösungen, welche diese Elemente neben Aluminium enthalten, mit Ammoniak in Gegenwart von Ammoniumsalzen durchführen. Jedoch ist wegen der schleimigen Beschaffenheit und wegen der adsorbierenden Wirkung des Aluminiumhydroxydniederschlages zumeist eine doppelte Fällung erforderlich, zumal wenn die begleitenden Elemente in größerer Menge vorhanden sind. Dies ist besonders für Alkalisalze und für Magnesiumsalze zu berücksichtigen.

Trennung von den Alkalimetallen. Alkalisalze sind namentlich nach einem Aufschluß mit Soda, Kaliumpyrosulfat, Natriumperoxyd (z. B. bei Untersuchungen von tonerdehaltigen Materialien wie Ton, Bauxit, Kryolith, keramischen Materialien usw.) in größeren Mengen in der Lösung vorhanden, aus der Aluminium gefällt werden soll. Daher verbleiben bei der *ersten* Fällung zumeist noch reichliche Mengen Alkalien in dem $Al(OH)_3$-Niederschlag.

Trennung von Magnesium. Für die Trennung des Aluminiums von Magnesium ist die Gegenwart von Ammoniumchlorid besonders wichtig, das neben der Regulierung der Alkalität und der Koagulation des Niederschlages die Verhinderung der Mitfällung des Magnesiums bezwecken soll. Es wurde angenommen, daß das Zurückbleiben des Magnesiums in der Lösung auf Bildung eines Doppelsalzes beruhe, doch scheint die auf die Alkalität des Ammoniaks ausgeübte Wirkung des Ammoniumchlorides für das Nichtausfallen des Magnesiumhydroxydes ausschlaggebend zu sein, was durch die Angaben von HILLEBRAND und HARNED bestätigt wird, nach denen Magnesiumhydroxyd nicht gefällt wird, wenn der p_H-Wert geringer ist als 9, während die Ausfällung des Aluminiumhydroxydes bei einem p_H-Wert von etwa 4 beginnt und bei einem p_H-Wert von 6,5 bis 7,6 vollständig ist. Dies wird annähernd durch den Farbwechsel gewisser Indicatoren wie Methylrot, Rosolsäure, Thymolblau oder Bromkresolpurpur angezeigt (vgl. auch HILLEBRAND und LUNDELL). Nach den Angaben von PARISIELLE und LAUDE wird bei der Fällung der Tonerde durch Ammoniak bei Gegenwart von Magnesiumsalzen mit dem Vierfachen der zur Aluminiumfällung erforderlichen Ammoniakmenge das Magnesium fast vollständig von dem ausfallenden Aluminiumhydroxyd mitgerissen, wenn keine Ammoniumsalze zugegen sind. Um die Tonerde frei von Magnesiumoxyd zu erhalten, muß eine große Menge von Ammoniumsalzen (mindestens 100 Moleküle auf 2 Moleküle der Aluminium- und Magnesiumsalze) zugegen sein. Eine so große Ammoniumsalzmenge ist jedoch fast nie vorhanden und außerdem ist Aluminiumhydroxyd im Überschuß von Ammoniak reichlich löslich. KLING, A. LASSIEUR und Frau LASSIEUR erhalten bei Anwesenheit der gerade zur Fällung des Aluminiums erforderlichen Ammoniakmenge eine quantitative Abscheidung des Hydroxydes durch Fällung bei einem p_H-Wert von 7 entsprechend dem Umschlag des Bromthymolblaus in Blau bei Abwesenheit von Ammoniumsalzen. Die Trennung ist auch bei Gegenwart beträchtlicher Mengen Magnesiumoxyd unter diesen

Bedingungen quantitativ. Zum Beispiel lassen sich auf diese Weise 98 mg Al_2O_3 und 107 mg MgO in einem Flüssigkeitsvolumen von 200 cm^3 bei Zusatz von 0,8 cm^3 20%igem Ammoniak quantitativ trennen. Bei Ammoniaküberschuß werden erhebliche Mengen Magnesiumoxyd, z. B. bei Anwesenheit von 3,2 cm^3 des 20%igen Ammoniaks 80 mg MgO mit der Tonerde niedergerissen. Wenn die MgO-Menge auf 50 mg/l herabsinkt, so ist keine Mitfällung des Magnesiumoxydes mehr bemerkbar. Die Ammoniumsalze wirken dem Ausfällen des Magnesiumoxydes entgegen, z. B. läßt sich bei der angeführten Fällung mit 3,2 cm^3 20%igem Ammoniak durch Zusatz von 10 g Ammoniumnitrat die Mitfällung des Magnesiumoxydes vollständig verhindern.

Trennung von Barium, Calcium und Strontium. Für die Trennung des Aluminiums von den Metallen der alkalischen Erden ist die Ammoniakmethode unter den angegebenen Bedingungen besonders geeignet, wobei jedoch darauf zu achten ist, daß eine Carbonatbildung vermieden wird, die besonders durch Verwendung einer ammoniumcarbonathaltigen Ammoniumhydroxydlösung eintreten kann. Es darf daher bei der Fällung nur carbonatfreie, am besten frisch destillierte Ammoniaklösung verwendet werden. Die Gefahr der Aufnahme von Kohlendioxyd aus der Luft während des Fällungsvorganges ist bei einem p_H-Wert von 7 bis 7,5, der bei der Fällung vorgeschrieben ist, so gut wie ausgeschlossen.

FLAMIAN und FERRICH geben folgende Methode zur Trennung des Aluminiums (und Eisens) von den Erdalkalimetallen durch NH_3-Lösung an: Zu einer heißen Lösung von 5 g Ammoniumnitrat in 75 cm^3 Wasser, die bei 80 bis 90° mit einigen Kubikzentimetern Ammoniak versetzt ist, wird die $AlCl_3$- und $FeCl_3$-Lösung unter Rühren im dünnen Strahl zugegeben. Man läßt 20 Min. bei 60° stehen, filtriert den Niederschlag ab, wäscht mit einer 0,2- bis 0,3%igen NH_4NO_3-Lösung aus, trocknet, verbrennt, glüht 10 Min. bei 1100 bis 1200° und wägt. Sind neben Aluminium (und Eisen) noch Magnesium, Calcium, Strontium und Barium vorhanden, so wird die Trennung mit frisch destilliertem Ammoniak vorgenommen. Die Hydroxyde lassen sich leicht filtrieren und auswaschen.

Genauigkeit. BLUM fand, daß aus einer Lösung mit einem Gehalt von 0,1000 g Al_2O_3 und 10 g NaCl in einem Volumen von 200 cm^3 der Niederschlag, der durch 1malige Fällung erhalten und 10mal mit 2%iger NH_4Cl-Lösung gewaschen war, nach dem Glühen 0,1071 g wog und viel NaCl enthielt, während ein in gleicher Weise gefällter und 5mal gewaschener Niederschlag nach dem Auflösen in Salzsäure, Wiederausfällen und 5maligem Auswaschen nach dem Glühen 0,1008 g wog und nur Spuren NaCl aufwies. Bei Anwendung von 0,1000 g Al in Gegenwart von 0,2000 g MgO fand BLUM nach seiner Methode bei 1maliger Fällung weniger als 0,0010 g MgO im $Al(OH)_3$-Niederschlag. Gewöhnlich ist der Niederschlag nach 2maligem Fällen frei von Magnesiumoxyd. Aus einer Lösung, die außer 0,100 g Al $CaCl_2 + BaCl$ entsprechend 0,2 g Ca und 0,2 g Ba (also das Doppelte der Aluminiummenge) enthielt, wurden von BLUM nach 5maligem Waschen mit 2%iger NH_4Cl-Lösung 0,0988 und 0,0999 g Al_2O_3 frei von Calcium und Barium erhalten.

2. Trennung des Aluminiums von Mangan, Nickel, Kobalt, Zink und Eisen.

Vorbemerkung. Die Trennung des Aluminiums von Mangan, Nickel, Kobalt und Zink nach der Ammoniakmethode ist namentlich für die beiden letzten Metalle unbefriedigend, da die für die Auflösung ihrer Hydroxyde erforderliche Alkalität eine solche ist, daß auch wahrnehmbare Auflösung des Aluminiumhydroxydes stattfindet. NOYES, BRAY und SPEAR geben an, daß in Lösungen, die gegenüber Methylrot eben alkalisch reagieren, Oxydation und Fällung des Mangans so schnell vor sich gehen, daß eine quantitative Trennung ausgeschlossen erscheint. Für solche Trennungen ziehen sie daher andere Methoden, z. B. die basische Fällung (Acetatmethode) vor (vgl. S. 168 u. 169).

SWIFT und BARTON kommen bei ihren Untersuchungen zu folgendem Ergebnis: Bei Fällung des Aluminiums aus verdünnten Aluminiumsalzlösungen bei *Abwesenheit* von *Ammoniumsalz* und bei *Vermeidung jeden Ammoniaküberschusses* durch genaue Neutralisation gegen Methylrot werden aus einer 250 mg Aluminium und 250 mg Mangan, Nickel, Kobalt oder Zink enthaltenden Lösung durch das Aluminiumhydroxyd 0,2 bis 0,3 mg Mangan, jedoch 8 bis 10 mg Nickel oder Kobalt und 75 mg Zink mit ausgeflockt. In Gegenwart von überschüssigem Ammoniak ohne gleichzeitige Anwesenheit von Ammoniumchlorid ist die Trennung nur sehr unvollständig. Wenn die Fällung durch Zufügen von konzentrierter Ammoniaklösung zu einem kleinen Volumen von 3 bis 5 cm³ einer gesättigten Ammoniumchloridlösung, die 250 mg jeden Elementes enthält, ausgeführt wird, so werden 4 bis 5 mg von jedem in Lösung befindlichen Element bei der Trennung des Aluminiums von Nickel oder Kobalt von Aluminiumhydroxyd mitgefällt. Unter diesen Umständen bleiben jedoch 2 bis 5 mg Aluminium in Lösung, die in das Filtrat gelangen.

a) Möglichkeiten der Trennung des Aluminiums von Mangan, Nickel, Kobalt, Kupfer und Zink nach der BLUM-Methode.

Arbeitsvorschrift. LUNDELL und KNOWLES haben die Trennung des Aluminiums (und Eisens oder Titans und Zirkons) von Mangan, Nickel, Kobalt, Kupfer und Zink nach der Methode von BLUM unter genauer Einhaltung der Bedingungen untersucht.

Zu der 5 g Ammoniumchlorid oder eine äquivalente Menge Salzsäure auf ein Volumen von 200 cm³ enthaltenden Lösung fügt man einige Tropfen Methylrot (man kann auch einen anderen Indicator, z. B. Dibrom-o-kresol-sulfophthalein, Bromkresolpurpur, mit einem Farbumschlag von Gelb nach Purpur bei einem p_H-Wert von 5,2 bis 6,8 benutzen) und erhitzt zum Sieden. Man fügt vorsichtig verdünnte Ammoniaklösung tropfenweise zu, bis die Farbe der Lösung gelb wird. Man kocht die Lösung 1 bis 2 Min. und filtriert sofort ab. Der Niederschlag wird mit heißer, 2%iger Ammoniumchlorid- oder Ammoniumnitratlösung gewaschen. Bei Doppelfällung wurde der erste Niederschlag mäßig gewaschen.

Genauigkeit. Die Trennung von Mangan, Nickel, Kobalt, Kupfer und Zink bei Fällung mit Ammoniak nach BLUM bei der jeweils 0,1 g Al angewendet wurde, lieferte bei den Versuchen von LUNDELL und KNOWLES folgendes Ergebnis:

Angewendete Aluminiummenge g	Bei Gegenwart von g	Zahl der Fällungen	Vom Niederschlag zurückgehaltene Menge g	
0,1	1,0 Mn	1	0,0017 Mn	Fällung nach der BLUM-Methode
0,1	1,0 Mn	2	0,00002 Mn	
0,1	0,05 Ni	1	0,0006 Ni	
0,1	0,05 Co	1	0,0041 Co	
0,1	0,05 Cu	1	0,0211 Cu	
0,1	0,05 Zn	1	0,0216 Zn	
0,1	0,05 Ni	2	—	
0,1	0,05 Co	2	0,0012 Co	
0,1	0,05 Cu	2	0,0077 Cu	
0,1	0,05 Zn	2	0,0108 Zn	

Die Trennung des Aluminiums von Nickel ist unter den gleichen Bedingungen ebenso zufriedenstellend wie die von Mangan. Dagegen ist die Trennung von Kobalt, Kupfer und Zink ungenügend, und zwar wächst die mitausfallende Menge dieser Elemente mit steigendem Atomgewicht. Mit wachsender Konzentration des Ammoniumchlorides wird eine geringe Verbesserung der Trennung erzielt. Steigert man den Gehalt an Ammoniumchlorid und Ammoniak, so wird zwar die Trennung von Kupfer und Zink verbessert, doch wird die Fällung des Aluminiums unvollständig.

Jedenfalls geht aus der ausführlichen Arbeit von LUNDELL und KNOWLES hervor, daß mäßige Mengen Aluminium (und Eisen) von Mangan und Nickel mit Ammoniak nach der Methode von BLUM ebenso zufriedenstellend getrennt werden können wie nach der basischen Fällung (Acetat- oder Bariumcarbonatmethode). Wenn Tonerde (und Eisenoxyd) vorwiegen, so stören Phosphorsäure und Vanadinsäure bei der Trennung nur unbedeutend. Liegen die Verhältnisse jedoch umgekehrt, so bilden sich unlösliche Verbindungen mit Mangan, die nicht nur bei der Ammoniak-, sondern auch bei der Anwendung der basischen Fällung (Acetat- oder Bariumcarbonatmethode) stören. Die Trennung des Aluminiums (und Eisens) von Nickel ist auch nach HILLEBRAND und LUNDELL befriedigend, wenn 0,1 g Al_2O_3 (oder Fe_2O_3) und eine gleiche Menge Nickel vorhanden sind. Bei größeren Mengen ist die Acetat-, Succinat- oder Bariumcarbonatmethode vorzuziehen.

Die Trennung des Aluminiums und Eisens von Kobalt, Kupfer und Zink nach der Ammoniakmethode ist unvollständig. Dabei verbessert ein großer Überschuß von Ammoniumchlorid die Trennung, während ein Überschuß von Ammoniak und Ammoniumchlorid zwar eine bessere Trennung von Kupfer und Zink ergibt, jedoch die vollständige Trennung des Aluminiums verhindert. Auch ist unter diesen Bedingungen die Trennung von Mangan, Nickel und Kobalt weniger befriedigend.

b) Trennung des Aluminiums von Mangan nach HILLEBRAND und LUNDELL.

Arbeitsvorschrift. Nach HILLEBRAND und LUNDELL lassen sich kleine Mengen Aluminium (und Eisen) von Mangan durch Fällung mit Ammoniaklösung in Gegenwart von Ammoniumchlorid trennen, wenn aus siedender Lösung gefällt, nicht länger als 3 Min. nach sorgfältiger Einstellung des p_H-Wertes gekocht und dann sogleich filtriert wird. Durch diese Methode, die genau der für die Aluminiumbestimmung von BLUM empfohlenen entspricht, können 200 bis 300 mg Aluminium (oder Eisen) bei zwei Fällungen von etwa 1 g Mangan getrennt werden, vorausgesetzt, daß nicht mehr Phosphor oder Vanadin zugegen ist, als von Aluminium oder Eisen mitgefällt werden kann. Die Trennung durch basische Fällung (Acetatmethode, vgl. S. 168) ist beschwerlicher und nicht befriedigender als die nach der Ammoniakmethode, mit Ausnahme von solchen Fällen, wo der Niederschlag so groß ist, daß seine Verarbeitung mit Schwierigkeiten verknüpft ist, oder wo die Färbung der Lösung den Gebrauch eines Indicators unsicher macht.

Genauigkeit. Von den Versuchen von LUNDELL und KNOWLES sei folgendes angegeben: Die bei der Trennung des Mangans von dem Niederschlag des Aluminiums (Eisens, Titans und Zirkons) bei der Ammoniakfällung zurückgehaltenen Manganmengen waren folgende:

Angewendete Mn-Menge g	Bei Gegenwart von g	Zahl der Fällungen	Vom Niederschlag zurückgehaltene Mn-Menge g	
0,05	0,05 Al 0,05 Ti 0,05 Zr	1	0,00058	nach der BLUM-Methode
0,05	0,05 Al 0,05 Fe 0,05 Ti	1	kleiner als 0,00002	nach der BLUM-Methode
1,0	0,1 Al	1	0,0017	nach der BLUM-Methode
1,0	0,1 Al	2	kleiner als 0,00002	nach der BLUM-Methode
0,05	0,05 Al 0,05 Ti 0,05 Zr	2	kleiner als 0,00002	nach der BLUM-Methode
0,05	0,05 Al 0,05 Fe 0,05 Ti	2	kleiner als 0,00002	nach der BLUM-Methode
0,05	0,05 Al	1	0,00054	durch basische Fällung (Acetatmethode)

Die Versuche zeigen, daß eine einfache Fällung unter den angegebenen Bedingungen mit Ammoniak ebenso gute Resultate ergibt wie die basische Fällung (Acetatmethode). Eine doppelte Fällung mit Ammoniak unter denselben Bedingungen gibt eine Trennung von Mangan, welche besser ist als für gewöhnliche analytische Zwecke verlangt wird, auch wenn mehr als 1 g Mangan anwesend ist.

Bei Gegenwart größerer Mengen Aluminium, Eisen, Titan und Zirkon und mäßiger Mengen Phosphorsäure ist die Trennung des Mangans von diesen Elementen ziemlich gut. Die Phosphorsäure fällt dann mit dem Al_2O_3, Fe_2O_3, TiO_2 oder ZrO_2.

Zum Beispiel waren bei Anwendung von

0,05 g Mn und je 0,05 g Al, Ti, Zr und P_2O_5 0,42 mg Mn
0,05 g Mn und je 0,05 g Al, Ti, Fe und P_2O_5 0,24 mg Mn
0,05 g Mn und je 0,05 g Al, Ti, Zr und P_2O_5 0,46 mg Mn

nach 2facher Fällung im Niederschlag vorhanden.

Bei umgekehrten Bedingungen, wenn also größere Mengen Phosphorsäure vorhanden sind, ist die Trennung wegen der Unlöslichkeit des Manganphosphats in schwacher Säure oder alkalischen Lösungen unbrauchbar. Daher versagt auch die basische Fällung (Acetatmethode) unter ähnlichen Umständen.

Bei Gegenwart von Vanadinsäure liegen die Verhältnisse ähnlich, jedoch etwas günstiger.

c) Trennung des Aluminiums von Zink nach Ardagh und Bongard.

Ardagh und Bongard haben gefunden, daß sich Aluminium (und Eisen) leicht von Zink trennen lassen, wenn man ihre Lösungen stark konzentriert, dann mit Ammoniumchlorid sättigt und überschüssiges Ammoniak zugibt. Aluminium- und Eisenhydroxyd fallen als dichter Niederschlag aus. Im Filtrat kann Zink durch Titration mit Ferrocyankalium bestimmt werden. Diese Methode kann nur als eine *Vortrennung* für Aluminium in Frage kommen, da infolge Überschusses an Ammoniak zu große Aluminiummengen (4 mg Al) in Lösung bleiben. Da diese Aluminiummengen bei der Zinktitration nicht stören, kann das Verfahren als eine Schnellmethode zur Bestimmung des Zinks neben Aluminium, z. B. in Zinkerzen, betrachtet werden, wofür sie auch gedacht ist. Das Verfahren dürfte insofern von Interesse sein, als das ausgefällte Aluminiumhydroxyd in kompaktem, leicht filtrier- und auswaschbarem Zustand ausfällt.

d) Trennung des Aluminiums von Mangan, Nickel, Kobalt, Kupfer und Zink nach Treadwell.

Arbeitsvorschrift. Treadwell (a) erreicht zwecks Trennung der 3wertigen Metalle von den 2wertigen Metallen der Schwefelammoniumgruppe durch Einblasen eines stark verdünnten Ammoniakstromes in die Lösung eine allmähliche und gleichmäßige Annäherung an den Neutralpunkt. Der Gasstrom wird erzeugt, indem man einen kräftigen Luftstrom durch eine mit gebrannter Magnesia versetzte, gesättigte Lösung von Ammoniumchlorid leitet. Bei Gegenwart von Mangan soll das Ammoniak nicht bis zur vollkommenen Neutralisation eingeleitet werden, da das 2wertige Mangan schon in der Nähe des Neutralpunktes durch den Luftsauerstoff oxydiert wird und als manganige Säure in den Niederschlag geht. Die Neutralität gegen Lackmus wird als die äußerste Grenze der Neutralisation bezeichnet. Nickel und Kobalt werden von den Hydroxyden der 3wertigen Metalle leichter mit niedergerissen als Zink und Mangan. Dieser Fehler läßt sich etwas verringern, wenn man aus noch deutlich saurer Lösung die Hauptmenge der Sesquioxyde fällt, abfiltriert und hierauf im Filtrat nach erneuter Zugabe von Ammoniumsalz den Rest der Sesquioxyde abscheidet.

e) Trennung des Aluminiums von Eisen und Nickel nach Tarnung derselben durch Überführung in Komplexverbindungen.

α) *Tarnung des Eisens als komplexes Cyanid.*

Vorbemerkung. Man hat versucht, zwecks Trennung des Aluminiums, z. B. von Eisen oder Nickel die letzteren durch Überführung mit Cyankalium in die löslichen Komplexsalze $K_4Fe(CN)_6$ und $K_2Ni(CN)_4$ überzuführen und das Aluminium aus dieser Lösung mit Ammoniak zu fällen. Zurückgreifend auf die von Crookes, ferner Ibbotson sowie Lundell, Hoffman und Bright angegebenen Methoden gibt Wainer folgende Arbeitsvorschrift zur quantitativen Trennung des Eisens von Beryllium, Aluminium, Scandium, Indium, den Elementen der seltenen Erden, Titan, Zirkon, Thorium, Chrom und Wismut an.

Arbeitsvorschrift. Eine warme, schwach schwefelsaure Lösung der Elemente wird mit Schwefeldioxyd reduziert und der Überschuß von schwefliger Säure weggekocht. Nachdem man genügend 50%ige Natronlauge zugeführt hat, um den größten Teil des Eisens zu fällen, wird schnell ein 25- bis 30%iger Überschuß von Kaliumcyanid in die Lösung eingeführt. Der abgekühlten Lösung werden 8 bis 10 g Ammoniumsulfat zugefügt. Nach dem Verdünnen auf 500 cm³ gibt man einige Tropfen Phenolphthalein zu und säuert die Lösung mit verdünnter Schwefelsäure (1:1) (etwa 1 cm³ im Überschuß) an. Es ist nötig, vor der Neutralisation mit Säure abzukühlen, weil der Komplex in heißer Lösung oder konzentrierter Säure unter Abscheidung unlöslichen Eisens zersetzt wird.

Die Lösung wird mit Ammoniaklösung gerade neutralisiert und einige Minuten zum Kochen erhitzt. Der Niederschlag wird unter leichtem Absaugen abfiltriert und mit einer geeigneten Waschflüssigkeit ausgewaschen, bis diese keine Reaktion auf Ferrocyanid-Ion mehr gibt. Für Aluminium (Beryllium, Chrom und Wismut) soll der Überschuß von Ammoniak vor der Filtration weggekocht werden. Die Waschflüssigkeit für Aluminium (Titan, Zirkon, Thorium, Chrom und Wismut) ist heiße 2%ige Ammoniumnitratlösung.

Genauigkeit nach Wainer. Die Versuchslösungen enthielten 1,0 g Fe_2O_3, zu dem 5 bis 250 mg der anderen Bestandteile zugefügt wurden.

Eine einfache Fällung ergab Resultate, die in jedem Falle 5 bis 20% zu hoch waren (infolge Fe_2O_3-Einschlusses). Der Rückstand enthielt Natrium- und Kaliumsulfat.

Bei der zweiten Fällung nach dem Lösen in Schwefelsäure wurde die Menge der Verunreinigungen um 60% reduziert, während eine dritte Fällung fast quantitativ ausfiel.

Es ist schwierig, die letzten Reste löslichen Eisens auszuwaschen. Spuren Eisen können von Aluminium, Chrom und Beryllium durch Kupferron getrennt werden. Eine doppelte Fällung ist nötig, wenn das Verhältnis der Menge des einzelnen Oxydes zur Menge Ferrioxyd größer ist als 100:1. Die Kombination der Tarnung des Eisens als komplexes Cyanid mit einem nachfolgenden geeigneten Reinigungsverfahren gibt in jedem Falle quantitative Resultate.

β) Tarnung des Nickels als komplexes Cyanid.

Vorbemerkung. Bei der Bestimmung des Aluminiums in Aluminium-Nickel-Legierungen, wenn also große Mengen Nickel im Verhältnis zu Aluminium vorhanden sind, hat Chirnside die basische Fällung (Acetatmethode) weniger wirksam gefunden als die Ammoniaktrennung in Gegenwart von Aluminiumchlorid. Bei dieser konnte selten eine vollständige Trennung des Aluminiums bei weniger als 3 Fällungen erreicht werden und der geglühte Niederschlag von Tonerde war häufig noch infolge Nickelgehaltes leicht gefärbt.

Chirnside wendet daher eine Methode an, die ebenfalls darauf beruht, daß das Nickel durch Kaliumcyanid als Cyandoppelsalz in Lösung gehalten und das Aluminium mit Ammoniak aus dieser Lösung ausgefällt wird.

Arbeitsvorschrift. Zur kalten, schwach sauren Lösung der Nickellegierung wird eine starke Lösung von Cyankalium zugefügt, bis der Niederschlag sich eben wieder unter Bildung von $K_2Ni(CN)_4$ auflöst. Die Lösung wird dann langsam und unter beständigem Umrühren in überschüssige NH_3-Lösung gegossen. Das gefällte Hydroxyd läßt man absitzen, filtriert es ab und wäscht es mit 2%iger NH_4NO_3-Lösung. Dann wird der Niederschlag getrocknet, geglüht und gewogen. Der so erhaltene Niederschlag ist rein weiß.

Bemerkungen. I. Genauigkeit. Die Methode soll nach Angaben von Chirnside befriedigende Resultate ergeben.

II. Modifizierte Methode. Nach der Methode von Moore versetzt man zwecks Trennung des Aluminiums von Eisen, Nickel und Kobalt die kalte konzentrierte Lösung der Salze dieser Metalle mit einem Überschuß von festem Natriumbicarbonat, so daß eine geringe Menge ungelöst bleibt. Den entstandenen Niederschlag bringt man durch Zusatz von Cyankalium in Lösung und erhitzt unter Zugabe von einigen Tropfen Kalilauge gelinde, bis die gelbe Farbe des Ferrocyankaliums sichtbar wird. Durch Zusatz von Ammoniumchlorid wird alsdann die Tonerde gefällt, die frei von den Begleitmetallen ist.

γ) *Tarnung des Eisens mit Thioglykolsäure.*

Vorbemerkung. Diese Trennungsmethode wurde von MAYR und GEBAUER (a) ausgearbeitet. Sie beruht darauf, daß Eisen in der Ferroform mit Thioglykolsäure in alkalischem Medium eine intensiv rot gefärbte, in Wasser leicht lösliche Komplexverbindung von Ferroammoniumthioglykolat $[Fe(SCH_2COONH_4)_2]$ bildet, während das Aluminium als $Al(OH)_3$ ausgefällt wird.

Während DUBSKÝ und ŠINDELÁŘ angeben, daß das ferrothioglykolsaure Ammonium $[Fe(SCH_2COONH_4)_2]$ farblos sei, und dem entsprechenden Ferrisalz $[Fe(SCH_2COONH_4)_3]$ die rote Farbe zukommen soll, haben MAYR und GEBAUER (b) festgestellt, daß die Farbe des Ferrosalzes von der Konzentration der Lösung abhängt. In stark verdünnten Lösungen, bei denen man weitgehende Ionisation annehmen darf, ist die Lösung farblos. In Konzentrationen über 0,2% ist die Lösung gelb bis rot gefärbt. Methylalkoholzusatz, durch den die Dissoziation zurückgedrängt wird, führt gelbe Ferrothioglykolatlösungen in rote über. Die durch Einwirkung von Ferrichlorid auf Thioglykolsäure in saurem Medium entstehende kornblumenblaue Verbindung ist als Ferrithioglykolsäure anzusprechen. Außerdem exisitiert noch ein intensiv rot gefärbter Komplex von der Formel

$$[Fe^{II}(S \cdot CH_2 \cdot COO)_2]_2 KFe^{III},$$

der als Sauerstoffüberträger die Oxydation von Thioglykolsäure zu Dithioglykolsäure katalytisch zu beeinflussen vermag.

Die Trennung wird am besten aus einer Lösung der Chloride ausgeführt. Nitrate wirken störend. Für die Fällung des Aluminiums sind die Bedingungen der Fällung mit Ammoniak einzuhalten, d. h. Zusatz einer genügenden Menge Ammoniumchlorid und Vermeidung von NH_3-Überschuß, um das Hydrosol in das Hydrogel überzuführen. Nach dem Absitzen wird der Niederschlag abfiltriert und zuerst mit einer 1%igen Ammoniumchloridlösung gewaschen, der 10 Tropfen Thioglykolsäure zugesetzt sind und die außerdem nach Zufügen von Methylrot mit Ammoniak bis zum Farbumschlag in Gelb versetzt ist. Nachdem der Niederschlag durch Aufwirbeln mit der Waschflüssigkeit eisenfrei gewaschen ist, entfernt man das Chlor-Ion durch Nachwaschen mit einer 1%igen Ammoniumnitratlösung.

Arbeitsvorschrift. Die Lösung, die Aluminiumchlorid und Eisenchlorid enthält, und dem Volumen nach nicht mehr als 100 cm³ betragen soll, wird in ganz schwach salzsaurer Lösung mit einer bei Zimmertemperatur gesättigten, wäßrigen Lösung von Schwefeldioxyd versetzt und zum Sieden erhitzt, wobei das Eisen-III-Ion in Eisen-II-Ion übergeht, was sich an der Entfärbung der Flüssigkeit erkennen läßt. Man verkocht nun den Überschuß an Schwefeldioxyd, setzt je nach der Eisenmenge 0,2 bis 2 cm³ Thioglykolsäure zu und macht gegen Methylrot alkalisch (ammoniakalisch). Bei vorsichtigem Zusatz von Ammoniak ist ein Farbumschlag von Rot nach Gelb ganz deutlich zu beobachten, was dem Farbumschlag des Indicators entspricht. Ein weiterer Tropfen Ammoniak verursacht bereits die von der Komplexverbindung herrührende Rotfärbung, wobei auch schon Aluminium als Oxydhydrat auszufallen beginnt. Nach kurzem Absitzen wird der Aluminiumniederschlag abfiltriert und gewaschen. Das Auswaschen geschieht wie oben angegeben. Der getrocknete Niederschlag wird wie gewöhnlich im Platintiegel vor dem Gebläse bis zur Gewichtskonstanz geglüht.

Das rotgefärbte Filtrat, das die gesamte Eisenmenge als Komplexverbindung der Thioglykolsäure enthält, wird zwecks Zersetzung des Komplexes mit 5 bis 3 cm³ Perhydrol versetzt, wobei sich die Lösung orangegelb färbt und beim Erhitzen auf 60 bis 70° das Eisen quantitativ als Eisenhydroxyd ausfällt.

Genauigkeit. Bei einem Gehalt der Lösungen von 60,5 mg Aluminium und steigendem Gehalt von 8,4 bis 57,1 mg Eisen wurden bei 5 Analysen Differenzen von — 0,5 bis + 0,3 mg

Al_2O_3 bei einer durchschnittlichen Differenz von —0,1 mg Al_2O_3 erhalten. Bei Gewichtsverhältnissen von Fe:Al 3:1 liefert die 1malige Trennung noch ausgezeichnete Werte, erst bei höheren Eisengehalten ergibt sich die Notwendigkeit, die Aluminiumfällung zu wiederholen.

9,6 mg Al + 21,2 mg Fe ergaben eine Differenz von —0,7 mg Al
7,2 „ „ + 21,2 „ „ „ „ „ „ —0,3 „ „
2,4 „ „ + 25,6 „ „ „ „ „ „ —0,3 „ „

δ) *Tarnung des Eisens mit α-, α₁-Dipyridyl.*

Zwecks Aufhebung des störenden Einflusses von Eisen bei der Bestimmung von Aluminium (Titan, Beryllium, Magnesium) benutzt FERRARI α,α_1-Dipyridyl, das mit 2wertigem Eisen einen Komplex bildet und durch Ammoniak nicht gefällt wird. Wenn 3wertiges Eisen vorliegt, muß es von der Bestimmung mit Schwefeldioxyd reduziert werden. Bei Zusatz von α,α_1-Dipyridyl wird Ferroeisen wirksam aus der Reaktion ausgeschaltet und man kann Aluminium (Titan, Beryllium, Magnesium) gravimetrisch bestimmen.

3. Trennung durch Fällung des Aluminiums mit Ammoniak in Gegenwart von Hydroxylamin nach JANNASCH.

Arbeitsvorschrift. JANNASCH und seine Mitarbeiter haben Hydroxylamin zur quantitativen Fällung des Aluminiums und zur Trennung von anderen Metallen benutzt. Es wurde gefunden, daß Aluminium auch bei Gegenwart von Hydroxylamin durch überschüssiges Ammoniak quantitativ gefällt wird (vgl. JANNASCH und RÜHL, FRIEDHEIM und HASENCLEVER, ferner ROLDÁN).

In einem Becherglas löst man etwa 0,5 g Kalialaun in heißem Wasser und 5 cm^3 konzentrierter Salzsäure, versetzt mit Hydroxylamin (2,5 g) und fällt die Lösung mit 30 cm^3 Ammoniaklösung. Nach $^1/_2$stündigem Stehen auf dem Wasserbad ballt sich der Niederschlag in großen Flocken zusammen und ist in diesem Zustand sehr gut und rasch filtrierbar. Den auf das Filter gebrachten Niederschlag wäscht man sorgfältig mit heißem Wasser aus, trocknet, glüht und wägt ihn als Aluminiumoxyd.

Die Fällung war vollständig, die Filtrate waren frei von Aluminium.

Bemerkungen. Die analytische Bedeutung dieser Trennungsmethoden ist allerdings heute nur noch gering. Im übrigen ist das Urteil über die Hydroxylaminmethoden nach sorgfältigen Untersuchungen von FRIEDHEIM und HASENCLEVER etwa folgendermaßen zusammengefaßt worden:

1. Brauchbare Resultate ergibt die Trennungsmethode von JANNASCH für die Trennung des Aluminiums von Mangan, Zink, Nickel und Magnesium nur dann, wenn die Fällung mindestens 1mal wiederholt wird.
2. Dieses Verfahren ist aber wegen der Schwierigkeit, die Metalle in den Filtraten zu bestimmen, höchst unpraktisch.
3. Die älteren Verfahren sind der Trennungsmethode von JANNASCH vorzuziehen, selbst in den Fällen, wo letztere glatt zum Ziele führt.
4. Die Fällung des Aluminiums allein ist nach der Methode von JANNASCH ausgezeichnet und durchaus befriedigend. Wenn es sich nur um Bestimmung des Aluminiums handelt, ist sie gegenüber der alten Fällungsmethode in möglichst neutraler Lösung von Vorteil.

Genauigkeit. Angegebene Analysenbeispiele:

I. Angewendet: 0,5697 g $AlK(SO_4)_2 \cdot 12\,H_2O$; gefunden: 0,0615 g Al_2O_3 = 10,79%. Theorie: 10,76%.

II. Angewendet: 0,7780 g $AlK(SO_4)_2 \cdot 12\,H_2O$; gefunden: 0,0834 g Al_2O_3 = 10,72%. Theorie: 10,76%.

Das Verfahren ist von JANNASCH und Mitarbeitern zur quantitativen *Trennung* des Aluminiums von Kupfer, Chrom, Eisen, Zink, Mangan, Nickel und Magnesium verwendet worden (JANNASCH und COHEN, JANNASCH und RÜHL).

Trennung des Aluminiums von Mangan.

Arbeitsvorschrift. Zu einer Lösung von Kaliumalaun und Manganammoniumsulfat in Wasser und genügend Salzsäure gibt man die entsprechende Menge Hydroxylamin (auf 0,5 g

Gesamtsubstanz 2,5 g) und fällt heiß mit 25 cm³ konzentriertem Ammoniak Aluminiumhydroxyd nach der oben angegebenen Methode. Nachdem hierauf so lange auf dem Wasserbad erwärmt worden ist, bis der Niederschlag sich abgesetzt hat, wird abfiltriert und der Rückstand mit heißem Wasser ausgewaschen usw. In den meisten Fällen reicht eine 1malige Fällung der Tonerde aus, sonst ist der Niederschlag noch einmal zu lösen.

Das alles Mangan enthaltende Filtrat wird nach der Wasserstoffperoxydmethode gefällt und als Mn_3O_4 gewogen.

Genauigkeit. Die Trennung des Aluminiums von Mangan ist bei einer 1maligen Fällung, wie sie RÜHL in seiner Dissertation angibt, nicht quantitativ durchführbar, dagegen gelingt es, bei einer 2maligen Fällung ein manganfreies Aluminiumoxyd zu erhalten. Ein Nutzen gegenüber anderen Verfahren ist aber dann nicht mehr vorhanden. Die bei einer doppelten Fällung erhaltenen Werte sind folgende:

Angewendet	Gefunden	Differenz
0,0485 g Al_2O_3 + 0,0543 g Mn_3O_4	a) 0,0486 g Al_2O_3	+0,1 mg
	b) 0,0480 g Al_2O_3	—0,5 mg

Trennung des Aluminiums von Zink.

Arbeitsvorschrift. Zu dieser Trennung hat JANNASCH ein Gemisch von Kaliumalaun und Zinksulfat benutzt. Es wird in heißem, etwa die 6fache Substanzmenge an Hydroxylamin enthaltendem Wasser gelöst. Nachdem noch einige Gramm Ammoniumchlorid hinzugefügt worden sind, erfolgt die Ausfällung des Hydroxydes mit überschüssigem Ammoniak wie angegeben. Das gefällte Hydroxyd wird auf Zink geprüft, gegebenenfalls muß die Fällung wiederholt werden.

Genauigkeit. Bei der Trennung des Aluminiums von Zink in Gegenwart von Ammoniumchlorid ist es nach FRIEDHEIM und HASENCLEVER nicht möglich, nach dieser Methode ein zinkfreies Aluminiumoxyd zu erhalten. Bei einfacher Fällung wurden von FRIEDHEIM und HASENCLEVER folgende Werte erhalten:

Angewendet Al_2O_3 g	Angewendet ZnO g	Gefunden Al_2O_3 g	Abweichung für Al_2O_3 g	Angewendet Al_2O_3 g	Angewendet ZnO g	Gefunden Al_2O_3 g	Abweichung für Al_2O_3 g
0,0450	0,1463	0,0470	+0,0020	0,0462	0,1463	0,0488	+0,0026
0,0450	0,1463	0,0494	+0,0044	0,0462	0,1463	0,0492	+0,0030
0,0462	0,1463	0,0509	+0,0047				

Trennung des Aluminiums von Nickel.

Arbeitsvorschrift. Nachdem man ein gewogenes Gemisch von Kaliumalaun und Nickelammoniumsulfat in heißem Wasser und 10 cm³ konzentrierter Salzsäure gelöst und etwas Ammoniumchlorid zugesetzt hat, wird die 5fache Substanzmenge an Hydroxylamin hinzugefügt und darauf mit überschüssigem Ammoniak die Ausscheidung des Aluminiumhydroxydes in der Siedehitze vorgenommen. Über eine 1malige oder 2malige Fällung entscheidet das normale Aussehen desselben nach dem Auswaschen.

Genauigkeit. Die Trennung des Aluminiums von Nickel ergibt nach FRIEDHEIM und HASENCLEVER nach 2maliger Fällung brauchbare Resultate. Da das Nickel enthaltende Filtrat eingedampft und geglüht werden muß, um Ammonium- und Hydroxylaminsalze zu entfernen, ist die Methode jedoch zu umständlich. Doppelte Fällung ergab folgende Werte:

Angewendet	Gefunden	Differenz
0,0485 g Al_2O_3	0,0484 g Al_2O_3	—0,1 mg
0,0711 g Ni	0,0480 g Al_2O_3	—0,5 mg

Trennung des Aluminiums von Magnesium.

Arbeitsvorschrift. Gewogene Mengen Kaliumalaun und frisch geglühte Magnesia werden in heißem Wasser und konzentrierter Salzsäure gelöst, um durch letzteren Zusatz zugleich für die Gegenwart der nötigen Menge Ammoniumsalz zu sorgen. Dann wird die erforderliche 5fache Menge Hydroxylaminchlorhydrat zugesetzt und das Aluminium kochend heiß mit Ammoniak gefällt, der Niederschlag abfiltriert und nach dem Trocknen und Glühen als Aluminiumoxyd gewogen. Aus den ausgeführten Analysen geht hervor, daß für genaue Trennungen nach dieser Methode meistens eine 1malige Fällung genügt.

Genauigkeit. Die geschilderte Trennung des Aluminiums von Magnesium ist, wie FRIEDHEIM und HASENCLEVER fanden, nach Zusatz von Ammoniumchlorid bei 1maliger Fällung möglich. Bei einer 2maligen Fällung läßt sich aber auch ohne Zusatz von Ammoniumchlorid eine quantitative Trennung leicht erzielen.

Auf Zusatz von 15 cm³ Salzsäure (D = 1,12), 6 g Hydroxylamin und 1 g Ammoniumchlorid gelang bei 1maliger Fällung eine ausreichende Trennung.

Angewendet	Gefunden	Differenz
0,0462 g Al_2O_3	0,0465 g Al_2O_3	+0,3 mg
0,3084 g MgO		

Bei einer 2maligen Fällung ist aber auch ohne Zusatz von Ammoniumchlorid eine quantitative Trennung zu erzielen.

Angewendet	Gefunden	Differenz
0,0485 g Al_2O_3	0,0491 g Al_2O_3	+0,6 mg

Man kann aber auch ebensogut ohne Hydroxylaminzusatz mit Ammoniak allein bei Gegenwart der nötigen Menge Ammoniumsalz brauchbare Resultate erhalten.

Bei Fällung des Aluminiums nach vorherigem Zusatz von 20 cm³ konzentrierter Salzsäure und 2 g Ammoniumchlorid mit überschüssigem konzentriertem Ammoniak, kurzem Aufkochen, heißem Filtrieren wurden folgende Werte gefunden:

Angewendet	Gefunden	Differenz
0,0485 g Al_2O_3	0,0479 g Al_2O_3	—0,6 mg
0,1542 g MgO		

FRIEDHEIM und HASENCLEVER finden hier zu wenig Aluminiumoxyd, da sie einen Überschuß von Ammoniak anwenden. Nach der BLUM-Methode dürften die Resultate besser ausfallen.

4. Trennung des Aluminiums von Chrom.

Arbeitsvorschrift. Für die Trennung des Aluminiums von Chrom verfährt man nach TREADWELL (b) wie folgt:

Hat man eine Lösung, die das Chrom nicht schon als Chromat, sondern als Chromisalz enthält, so oxydiert man die durch Kali- oder Natronlauge alkalisch gemachte Lösung durch Chlor oder Brom. Man säuert alsdann mit Salpetersäure schwach an, fällt das Aluminium als Hydroxyd mit Ammoniak und bestimmt es als Oxyd.

Nach VAN PELT oxydiert man bei der Trennung des Aluminiums von Chrom in saurer Lösung mit Persulfat, fällt dann durch Aufkochen mit Ammoniak und Ammoniumchlorid. Im Filtrat wird Chrom wie üblich nach der Reduktion gefällt. Der Aluminiumniederschlag ist ganz weiß.

JANNASCH empfiehlt die Fällung des Aluminiums mit ammoniakalischer Wasserstoffperoxydlösung vorzunehmen. Die Methode ergab nach VAN PELT fehlerhafte Werte.

Bemerkungen. CHARRIOU fand im Gegensatz zu VAN PELT, daß bei der Fällung von Aluminiumhydroxyd in Gegenwart von Chromaten merkliche Chromatmengen mitgerissen werden. Der Anteil an adsorbiertem Chromat steigt bei Gegenwart steigender Chromatmengen neben Aluminium. Aus dem Niederschlag kann das Chromat durch heiße Lösungen von Ammoniumnitrat, Ammoniumchlorid oder Ammoniumacetat nicht ausgewaschen werden. Durch Fällen oder Waschen mit Ammoniumbicarbonat, Ammoniumcarbonat, Natriumbicarbonat, Natriumcarbonat, Lithiumcarbonat kann man die Chromat-Ionen jedoch aus dem Niederschlag verdrängen. Zur Entfernung von Chrom aus dem Aluminiumhydroxydniederschlag genügt praktisch Waschen mit 5%iger Ammoniumbicarbonatlösung, da dieses Salz beim Glühen flüchtig ist.

Genauigkeit. Ein Analysenbeispiel VAN PELTS zeigt nach dessen Methode folgendes Ergebnis:

Aus einer Lösung, enthaltend 77,6 mg Cr und 101,3 mg Al entsprechend 191,0 mg Al_2O_3 wurden 191,4 mg Al_2O_3 gefunden. Gegebene und gefundene Menge weichen also um 0,4 mg voneinander ab.

Eine im Vergleich dazu ausgeführte Trennung nach der Methode von JANNASCH durch Fällung mit ammoniakalischem Wasserstoffperoxyd ergab bei Anwendung von 66,2 mg Cr und 111,8 mg Al entsprechend 216,2 mg Al_2O_3 eine Differenz von 45,4 mg Al_2O_3 zwischen gegebener und gefundener Menge.

5. *Trennung des Aluminiums von Gallium.*

Galliumhydroxyd, vor allem frisch gefälltes, ist in einem Überschuß von Ammoniak leicht löslich, so daß man dieses Verhalten zur Trennung des Galliums von Aluminium (und Eisen) benutzen kann. Diese Trennungsmethode ist wesentlich angenehmer und bequemer als die sonst übliche durch Fällen des Galliums mit Ferrocyankalium. Da der Aluminiumhydroxydniederschlag jedoch Gallium mitreißt, ist mehrmaliges Umfällen erforderlich. Aluminium ist von Gallium auf diese Weise leichter zu trennen als Eisen von Gallium (FRICKE und BLENCKE).

Fehlerquellen bei der Fällung und Trennung nach der Ammoniakmethode.

1. p_H-Bereich und Mitfällung anderer Kationen.

Die Fällung des Aluminiumhydroxydes beginnt bei einem p_H-Wert von etwa 4 und ist bei einem p_H-Wert von 6,5 bis 7,5 beendet, was durch geeignete Indicatoren angezeigt wird. Bei diesem p_H-Wert können Hydroxyde einiger Metalle, wie des Zinks, Kupfers und Kobalts mitgefällt werden. Die Beimengungen an diesen Hydroxyden können auch durch doppelte Fällung nicht beseitigt werden, da für ihre Auflösung eine Alkalität erforderlich ist, bei der schon merkliche Mengen Aluminium in Lösung gehen. Der Niederschlag kann auch Mangan, z. B. bei nicht genügend sorgfältiger Ammoniakfällung, enthalten. Da bei der Aluminiumfällung nach der BLUM-Methode, z. B. bei Analysen von tonerdehaltigen Mineralien, Erzen, metallurgischen Produkten noch eine Reihe anderer Metalle, wie z. B. Titan, Zirkon, Eisen, Chrom und Vanadium und, in selteneren Fällen Uran, Beryllium, Tantal, Niob, Gallium, Indium und die Metalle der seltenen Erden mitgefällt werden können, ist eine sorgfältige Prüfung des gewogenen Niederschlages erforderlich. Allerdings treten die erwähnten Metalle mehr oder weniger vereinzelt in Begleitung von Aluminium auf.

Der nichtflüchtige Rückstand, welcher nach der Behandlung mit Schwefelsäure und Flußsäure bei der Kieselsäurebestimmung zurückbleibt, liefert bereits nützliche Hinweise. HILLEBRAND und LUNDELL geben darüber folgendes an: „Wenn dieser Rückstand nicht mehr als 2 bis 3 mg wiegt und sich, wie es gewöhnlich der Fall ist, in warmer verdünnter Salzsäure nach dem Schmelzen mit wenig Soda leicht löst, so kann mit Sicherheit angenommen werden, daß Niob und Tantal in der nachfolgenden Fällung nicht gefunden werden, und daß merkliche Mengen Phosphor im Ausgangsmaterial nicht von Elementen wie Zirkon oder Titan begleitet sind. Ein großer, nichtflüchtiger Rückstand oder ein solcher, der mit Salzsäure nach einer Carbonatschmelze keine klare Lösung gibt, deutet auf außergewöhnliche Bestandteile hin. Solch ein Rückstand kann Bariumsulfat, Bleisulfat, Oxyde des Niobs, Tantals oder Antimons oder Oxyde des Titans, Zirkons oder Zinns allein oder in Begleitung von Phosphor enthalten. In solchen Fällen ist es besser, die Lösung des nichtflüchtigen Rückstandes zu prüfen, ehe sie zum Filtrat von der Kieselsäureabscheidung zugefügt wird, wenn diese Prüfung nicht durch eine vorher ausgeführte, sorgfältige qualitative Analyse überflüssig gemacht wird. Auch eine qualitative Spektralanalyse des Rückstandes könnte angebracht sein.

Bei Gegenwart von viel Eisen ist der Farbumschlag des Methylrots bis zum deutlichen Gelb schwer zu erkennen, da Eisen schon ausfällt, bevor Methylrot alkalisch reagiert. In solchen Fällen setzt man genügend Ammoniak zu, um Eisen zu fällen und kocht kurz auf, so daß sich das Eisenhydroxyd absetzen kann. Die Farbe des zweiten Indicators kann dann leicht in der überstehenden klaren Lösung erkannt werden. Man fügt dann die erforderliche Menge Ammoniak hinzu oder neutralisiert einen Überschuß von Ammoniak durch verdünnte Säure.

2. Einfluß und Mitfällung von Anionen.

Ein Unterschied in der koagulierenden Wirkung von Ammoniumchlorid oder Ammoniumnitrat ist nach den Untersuchungen von FRERS bei der Fällung nicht festzustellen. Sind in der zu fällenden Lösung *Sulfate* vorhanden, so fallen stets basische Sulfate mit aus. Das Sulfat-Ion kann jedoch aus dem Niederschlag durch wiederholtes Auswaschen und anhaltendes Glühen entfernt werden. Erst nach $^1/_2$stündigem Glühen bei 1200° ist praktisch alles Sulfat beseitigt.

Die Fällung des Aluminiumhydroxydes wird durch Gegenwart von *Fluor* beeinträchtigt. Konzentrierte Schwefelsäure kann bei Anwesenheit von Tonerde Flußsäure nicht völlig abrauchen, und zwar wird das Fluor vermutlich als Aluminiumfluorid gebunden. Bei der wiederholten Fällung des Aluminiums mit Ammoniak bildet sich unter diesen Umständen Fluorammonium, welches auf Aluminiumhydroxyd lösend wirkt. Bei der Analyse von Mineralien kann daher die Nichtberücksichtigung dieser Einflüsse Fehler bedingen. Die Fällung der Tonerde mit Ammoniak nach dem Abrauchen mit Schwefel- und Flußsäure führt nur dann zu richtigen Ergebnissen, wenn die Flüssigkeit zuvor zur Trockne eingedampft und der Rest zwecks Überführung von etwa entstandenem Aluminiumfluorid in Aluminiumoxyd schwach geglüht wird (Hinrichsen, Veitsch, Cavignac, Selch).

Die Gegenwart von *Borsäure* wird bei der Silicatanalyse als störend angesehen. Bei der Bestimmung der Kieselsäure geht ein Teil bei der Behandlung mit Flußsäure als Borfluorid flüchtig und verursacht zu hohe Resultate für Kieselsäure, während ein zweiter Teil durch Ammoniak bei der Aluminiumfällung mitgefällt wird. Der Niederschlag enthält schwerlösliche Borate des Aluminiums und der Erdalkalimetalle (Classen, Funk und Winter). Deshalb wird empfohlen, die Borsäure bei der Analyse borsäurehaltiger Silicate vorher zu entfernen. Dies kann z. B. durch wiederholtes Eindampfen der Lösung mit Salzsäure und Methylalkohol geschehen, wobei sich die Borsäure als Borsäuremethylester verflüchtigt (Singleton und Chirnside). Krasnowsky hat die Möglichkeit der Bestimmung der Tonerde im Gange der Silicatanalyse ohne vorherige Abtrennung der Borsäure unter Berücksichtigung der Löslichkeit der Borate angegeben. Danach hindert ein Gehalt von Bortrioxyd bis zu 30% die Bestimmung der Tonerde unter den Bedingungen der Silicatanalyse bei einem Gehalt an Tonerde bis zu 10% nicht, wenn die Fällung als Aluminiumhydroxyd nach der Blum-Methode ausgeführt wird. Da das Aluminiumhydroxyd Alkalien und Erdalkalien okkludiert, ist es besonders bei größerem Gehalt an Tonerde erforderlich, die Tonerde doppelt zu fällen. Daher ist vorhergehende Entfernung der Borsäure unter diesen Bedingungen nicht erforderlich, zumal sich bereits beim Eindampfen der salzsauren Lösung der Silicatschmelze Borsäure zum Teil verflüchtigt.

Es ist darauf zu achten, daß die Aluminiumlösung keine *organischen* Substanzen enthält, welche die Fällung verhindern oder beeinflussen könnten, wie z. B. Weinsäure, Citronensäure, Zucker usw. Zu deren Beseitigung müßte die Lösung mit Soda und Salpeter in einer Platinschale zur Trockne eingedampft, der Rückstand geschmolzen, dann mit Wasser aufgenommen und mit Salzsäure digeriert werden. Die Lösung müßte filtriert werden, ehe die Fällung erfolgte. Beim Auflösen des Niederschlages in Säuren für eine Doppelfällung soll die Einwirkung heißer Säure auf Filtrierpapier vermieden werden, da auf diese Weise organische Substanz in Lösung gehen kann, welche die Fällung des Aluminiums zum Teil verhindern würde.

In Gegenwart von Alkalisilicaten entsteht kein Aluminiumhydroxyd, sondern ein mehr oder weniger basisches Silicat. Britton (b) stellt bei der elektrometrischen Titration von Aluminiumsulfatlösung mit Natriumsilicatlösung unter Verwendung der Wasserstoffelektrode fest, daß ein Niederschlag bei dem gleichen p_H-Wert entsteht, bei welchem auch Aluminiumhydroxyd auftritt (etwa $p_H = 4{,}14$). Die in dem erhaltenen Niederschlag vorhandene Kieselsäuremenge war kleiner als dem normalen Metasilicat entspricht. Anzeichen für die Bildung komplexer Aluminiumkieselsäuren waren nicht vorhanden. Die benutzte Natriumsilicatlösung enthielt 2,16 Teile SiO_2 auf 1 Teil Na_2O.

Auch in Gegenwart von Alkali*molybdaten* bilden sich entsprechend basische Aluminiumsalze.

Britton und German untersuchten das Verhalten von Natriummolybdaten gegenüber Aluminiumsulfatlösung. Die mit Hilfe der Chinhydronelektrode und normalem Natriummolybdat aufgenommene Titrations-p_H-Kurve hat einen Wendepunkt bei $p_H = 5$ und zeigt relativ flachen Verlauf (von $p_H = 4{,}0$ bis $p_H = 6{,}2$, also kein ausgeprägter Potentialsprung). Der Beginn der Ausfällung lag bei einem etwas höheren p_H-Wert (4,4) als dem Fällungsbeginn von Aluminiumhydroxyd entspricht und die im erhaltenen Niederschlag vorhandene Al_2O_3-Menge zeigte kein einfaches stöchiometrisches Verhältnis zu Al_2O_3 (2,6:1), die mit dem Aluminium ausgefallene MoO_3-Menge war aber andererseits zu groß, als daß sie nur adsorptiv an ausgefallenes Aluminiumhydroxyd gebunden gewesen sein könnte.

Zu ganz ähnlichen Ergebnissen kamen die genannten Forscher bei der Titration von Aluminiumsulfatlösung mit *Natriumwolframaten*, wobei 1,73 bzw. 2,83 Mole WO_3 auf 1 Mol Al_2O_3 im erhaltenen Niederschlag gefunden wurden.

3. Einfluß von Fällungstemperatur und Fällungsdauer.

Blum gibt an, daß kurzes Aufkochen vorteilhaft ist, um Koagulation des Niederschlages zu erreichen, längeres Kochen macht das Fällungsprodukt schleimig und schwer filtrierbar. Er empfiehlt ein Aufkochen von nicht länger als 2 Min. und schnelles Filtrieren. Nach den Arbeiten von Sidener und Pettijohn bewirkt 1 Min. langes Kochen vollkommene Fällung von Aluminiumhydroxyd, während längeres Kochen Auflösung gewisser Anteile verursacht. Rinne (b) kocht höchstens $^1/_2$ Min. auf. Fällt man das Aluminium aus der Lösung bei einer Temperatur von 60° und kocht erst anschließend wie gewöhnlich, so soll statt eines gelatinösen ein körniger Niederschlag erhalten werden, der sich schnell filtrieren und gut auswaschen läßt. Diese Angabe Taylors konnte nach Versuchen von Sudgen nicht bestätigt werden.

4. Einfluß von Zusätzen zur Verbesserung der Filtration.

Nach Wilke-Dörfurt und Locher können bei Verwendung von Filterbrei zur Beschleunigung des Filtrierens dadurch Fehler entstehen, daß bei Anwesenheit von Salpeter- und Schwefelsäure bei längerer Einwirkung in der Wärme die Cellulose der Papiermasse mit Eisen- und Aluminiumsalzen Komplexe zu bilden vermag, so daß Ammoniak aus solchen Lösungen das Eisen und Aluminium nur teilweise oder gar nicht ausfällt. Diese Angabe von Wilke-Dörfurt und Locher wird durch die Arbeiten von Murawleff und Krassnowski widerlegt. Unter den von Blum angegebenen Arbeitsbedingungen, also bei Abwesenheit von Schwefelsäure, treten keine Fehler auf. Es wird empfohlen, um das Filtrieren und Auswaschen des Niederschlages zu beschleunigen, der Lösung vor der Ausfällung des Aluminiumhydroxyds Zellstoffbrei zuzugeben. Er beeinträchtigt keineswegs die Menge der gefundenen Tonerde.

Durch Zusatz von Tannin bei der Aluminiumfällung durch Ammoniak erhält man die gefällte Tonerde in einer leicht filtrierbaren Form. Wenn man zu einer Lösung, die etwa 0,1 g Al_2O_3 enthält, 2 cm³ einer 2,5%igen Tanninlösung, dann Ammoniak in geringem Überschuß zusetzt, und die Lösung aufkocht, bis der Geruch nach Ammoniak fast verschwunden ist, so wird ein Tonerdeniederschlag erhalten, der mit Hilfe einer Saugflasche schnell abfiltriert werden kann und sich leicht auswaschen läßt (Divine). Auch durch Zusatz von Glycerin an Stelle von Tannin soll eine ähnliche Wirkung erzielt werden können (Guyard). Durch Glycerinzusatz bei der Fällung mit Ammoniak konnte jedoch durch Blum keine Verbesserung des Niederschlages festgestellt werden, auch fand er im Filtrat der Fällung 5 mg Al_2O_3 bei einer angewendeten Menge von 0,1 g Al_2O_3. Bei der Fällung mit Tannin zeigte der Niederschlag eine annehmbare Verbesserung bezüglich seiner Eigenschaften, jedoch enthielt das Filtrat je nach der Dauer des Kochens 1 bis 5 mg Al_2O_3 von 0,1 g Al_2O_3.

5. Einfluß der Reagenzien (Verunreinigungen) und des Gefäßmaterials.

Häufig enthält die geglühte Tonerde noch mehr oder weniger große Mengen Kieselsäure, die aus der Probe selbst infolge ungenügender Abscheidung der Kieselsäure stammen können oder in dieselbe als Verunreinigungen der Reagenzien oder aus dem Gefäßmaterial gekommen sein können. Auch Phosphorpentoxyd und Aluminiumoxyd können auf diese Weise in die Analyse eingeführt werden. Zum

Beispiel hat DEDE aus 1 l des gleichen Mineralwassers nach dem Eindampfen in verschiedenen Schalen folgende Kieselsäure- und Aluminiumoxydmengen gefunden:

Material der Eindampfschale	SiO_2 g	Al_2O_3 g	Material der Eindampfschale	SiO_2 g	Al_2O_3 g
Metall (Platin)	0,00443	0,00019	Böhmisches Porzellan .	0,00643	0,00071
Berliner Porzellan . .	0,00592	0,00031	Gewöhnliches Porzellan	0,00744	0,00135
Meißener Porzellan . .	0,00631	0,00054			

Daher ist die Auswahl des Gefäßmaterials mit großer Sorgfalt zu treffen, am besten ist die Fällung in Platinschalen auszuführen. Die Reagenzien, besonders das zur Fällung zu verwendende Ammoniak, sind auf Reinheit zu prüfen und Verunreinigungen in Abzug zu bringen.

Kieselsäure kann bei kleinen Mengen Aluminiumoxyd aus dem gewogenen Rückstand durch Abrauchen mit 1 Tropfen verdünnter Schwefelsäure und wenigen Kubikzentimetern Flußsäure beseitigt werden. Bei größeren Mengen Aluminiumoxyd (über 50 mg) kann diese Behandlung Verluste durch Bildung flüchtiger Aluminiumverbindungen geben. In diesem Falle wird die Kieselsäure durch Schmelzen des Aluminiumoxyds mit Pyrosulfat und durch Eindampfen mit Schwefelsäure abgeschieden (HILLEBRAND und LUNDELL).

Ist Phosphorsäure vorhanden, so fällt diese mit dem Aluminium aus. Bei Vorhandensein eines Überschusses an Phosphorpentoxyd können auch Erdalkalimetalle mitgefällt werden.

Das für die Fällung verwendete Ammoniak muß kohlensäurefrei sein, da sonst Erdalkalimetalle als Carbonate mitfallen.

Reaktion der Waschwässer. Um Peptisation des abfiltrierten Niederschlages zu vermeiden, muß auch das Waschwasser ammoniumsalzhaltig sein. PENFIELD und HARPER beobachteten, daß Aluminiumhydroxyd nicht im Filtrat, sondern im Waschwasser vorhanden war. Sie benutzen daher statt heißen Wassers eine Ammoniumnitratlösung, die durch Neutralisation von 2 cm³ reiner konzentrierter Salpetersäure mit Ammoniak und Auffüllen mit Wasser zu 100 cm³ hergestellt wird. Auch viele andere Autoren verwenden als Waschflüssigkeit Ammoniumnitrat- oder -chloridlösung, die oft durch Zusatz von geringen Mengen Ammoniak bis zum Umschlag gegenüber einem Indicator wie z. B. Rosolsäure oder Methylrot schwach alkalisch gehalten wird. Lackmus soll nach FRERS als Indicator nicht geeignet sein. Fällt die Zugabe von Ammoniak zum Waschwasser fort, so können mehr als 3% vom gesamten Aluminiumoxyd in das Waschwasser übergehen.

6. Fehlermöglichkeiten bei der Wiederauflösung von Aluminiumhydroxyd.

Beim Lösen des zuerst gefällten Niederschlages in Säure zum Zwecke einer zweiten Fällung ist anzuraten, den Niederschlag vom Filter abzuspritzen, die Hauptmenge des Niederschlages in Säure zu lösen und dann das Filter mit verdünnter Säure auszuwaschen. Durch heiße oder starke Säure gehen organische Stoffe aus dem Filter in Lösung, die eine Fällung des Aluminiums zum Teil verhindern. Größere Mengen Aluminiumhydroxyd nehmen bei Gegenwart von Salzsäure eine Beschaffenheit an, bei der sie die Filterporen verstopfen und beim Waschen mit heißem Wasser trübe durch das Filter laufen. Oft löst sich das Aluminiumhydroxyd nicht vollständig in Salzsäure, und es verbleiben noch Reste in den Filterporen, was sich z. B. durch Veraschen des Filters feststellen läßt [RINNE (a)]. Wegen dieser Schwierigkeit, die letzten Reste von Aluminiumhydroxyd aus dem Filter zu entfernen, ist dieses nach dem Auswaschen und Trocknen zusammen mit dem Hauptniederschlag nach der zweiten Fällung zu veraschen. Man kann das zerfaserte Filter auch vor der zweiten Fällung der Flüssigkeit zugeben.

7. Fehlermöglichkeiten beim Aufschließen von Aluminiumoxyd.

Der beim Aufschließen von tonerdehaltigen Materialien und dem nachfolgenden Lösen der Schmelze verbleibende Rückstand muß für sich noch 1mal aufgeschlossen werden. Die Lösung dieses Aufschlusses ist mit der Lösung des ersten Aufschlusses zu vereinigen. Es ist also darauf zu achten, daß der Aufschluß vollständig ist, um Tonerdeverlust zu vermeiden. Der nach dem Abrauchen der abgeschiedenen Kieselsäure mit Flußsäure und Schwefelsäure verbleibende Rückstand muß ebenfalls aufgeschlossen werden. Die Lösung des Aufschlusses wird mit dem Filtrat von der Kieselsäure vereinigt.

8. Fehlermöglichkeiten beim Glühen und Wägen von Aluminiumoxyd.

Allen und Gottschalk glühen vor dem Gebläse bei etwa 1150° C, stellen den Tiegel darauf in den Schwefelsäureexsiccator und wägen. Sie fanden, daß die höchste Hitze des Gebläsebrenners nötig sei, um vollkommene Dehydratisierung zu erreichen. Niederschläge, die auf 1100° C erhitzt und $^1/_2$ Std. abgekühlt wurden, waren noch hygroskopisch. Handy sieht das Oxyd ebenfalls als sehr hygroskopisch an und verlangt intensive Erhitzung. Frers zeigt, daß bei der Temperatur von 1150° länger als 1 Std. geglüht werden muß, um ein nicht mehr hygroskopisches Oxyd zu erhalten. Miehr, Koch und Kratzert erhielten bei 1stündigem Glühen, je nach der Dauer des Verweilens im Exsiccator:

bei	900°	3	bis	4%	zuviel
„	1000°	1,4	„	2,7%	„
„	1100°	0,8	„	1,6%	„
„	1150°	0,4	„	0,7%	„
„	1200°	0,1	„	0,4%	„

Bei 1300° wird das Oxyd praktisch gewichtskonstant, jedoch geben die bei 1200° geglühten Produkte nach $^1/_2$- bis 1stündigem Verweilen im Exsiccator brauchbare Werte. Aluminiumhydroxyd muß also bei mindestens 1200°, besser noch bei 1300° C geglüht werden. Das geglühte Oxyd darf durch Alizarin höchstens spurenweise angefärbt werden. Werden die Bedingungen nicht eingehalten, so sind die Ergebnisse um mindestens 0,8% zu hoch und schwanken je nach den Glüh- und Abkühlungsbedingungen. Demgegenüber treten die Fehler bei der Fällung des Aluminiumhydroxyds zurück, wie z. B. das Mitreißen von Verunreinigungen wie Kieselsäure, Alkalien, basischen Salzen oder Platin aus dem Schmelztiegel.

Die Nachteile der Hygroskopizität hat man durch Bedecken des Tiegels auszuschalten versucht. Hess und Campbell halten ein Bedecken der Tiegel beim Wägen für erforderlich. Blum glüht 5 bis 10 Min. bei 1100 bis 1150°, läßt im evakuierten Schwefelsäureexsiccator abkühlen und wägt schnell. Nach Hillebrand und Lundell, die Glühen bei 1200° empfehlen, verhindert ein gut schließender Tiegeldeckel die Wasseraufnahme. Ein schnelles Wägen ist erforderlich. Dasselbe empfehlen Fricke und Meyring. Nach ihnen wird ein unhygroskopisches Oxyd durch „Totbrennen" bei 1200 bis 1300° erhalten. Nach Biltz und Lemke entsteht beim Entwässern von Aluminiumhydroxyd zwischen 600 bis 850° γ-Al_2O_3, das bei Temperaturen über 1000° mit wachsender Geschwindigkeit in α-Oxyd (Korund) übergeht. Bei 25° in einem Raum von 58% relativer Luftfeuchtigkeit nahmen die unbedeckt 1 Std. aufbewahrten Präparate nach Biltz und Lemke den nachfolgenden Gehalt an Luftfeuchtigkeit auf:

	γ-Al_2O_3			α-Al_2O_3	
Präparat hergestellt bei	600°	850°	950°	1000°	1200°
% Feuchtigkeit aufgenommen . . .	6,8	3,4	1,3	0,1	0,0 Al_2O_3

Frers glüht mindestens je 10 Min. bis zur Gewichtskonstanz bei 1200°, läßt 1 Std. im Exsiccator abkühlen und wägt nach 10 Min. langem Verweilen im Waagekasten. Bei 1200° geglühtes Aluminiumoxyd ist nicht mehr hygroskopisch. Der Umwandlungspunkt von γ-Oxyd in α-Oxyd liegt anscheinend bei 1010 bis 1015°.

Die Annahme, daß beim Glühen ammoniumchloridhaltiger Niederschläge Verluste durch Bildung von in der Hitze flüchtigem Aluminiumchlorid entstehen könnten, ist als nicht stichhaltig festgestellt (SIDENER und PETTIJOHN, DAUDT, HILLEBRAND). Aluminiumchloridlösungen lassen sich beim Eindampfen der Lösung und Glühen des Rückstandes ohne Aluminiumverlust in Oxyd überführen (BLUM, JANDER und WEBER, DAUDT). Sulfathaltige Niederschläge von Aluminiumhydroxyd sind vorteilhaft frisch gefällt in Salzsäure zu lösen und ein zweites Mal zu fällen.

Literatur.

ALLEN, E. T. u. V. H. GOTTSCHALK: Am. Soc. **24**, 292 (1900); Fr. **44**, 711 (1905). — ARDAGH, E. G. R. u. G. R. BONGARD: Ind. eng. Chem. **16**, 297 (1924).

BILTZ, W. u. H.: Ausführung quantitativer Analysen 1930, S. 63. — BILTZ, W. u. A. LEMKE: Z. anorg. Ch. **186**, 373 (1930). — BLUM, W.: Am. Soc. **38**, 1295 (1916). — BRITTON, H. TH. ST.: (a) Soc. **127**, 2110, 2120, 2148 (1925); (b) Soc. 425—436 (1927). — BRITTON, TH. H. ST. u. W. L. GERMAN: Soc. 1429—1435 (1931).

CAVIGNAC, H.: C. r. **176**, 679, 682 (1923). — CHARRIOU: C. r. **176**, 679, 682 (1923). — CHIRNSIDE, R. C.: Analyst **59**, 278 (1934). — CLASSEN, A.: Z. anorg. Ch. **142**, 257 (1925). — CROOKES, W.: Selected methods in chemical analysis. London 1894.

DANDT, H. W.: Ind. eng. Chem. **7**, 847 (1915); Fr. **55**, 486 (1916). — DEDE, L.: Ch. Z. **38**, 54 (1914). — DIVINE, ROBERT E.: J. Soc. chem. Ind. **24**, 11 (1905); Fr. **44**, 711 (1905). — DUBSKY, J. V. u. V. SINDELÁR: Microchim. A. **3**, 258 (1938).

FERRARI, C.: Ann. Chim. applic. **27**, 479 (1937); C. **1938 I**, 4507. — FERRICH, M.: Bl. Soc. chim. Yougoslavie **6**, 26—50 (1935). — FLAMIAN, H. u. M. FERRICH: III. Kongreß slovenskish Aptekara u. Jogoslaviji 1935, S. 160—169. — FRERS, J. N.: Fr. **95**, 113 (1933). — FRESENIUS, C. R.: Anleitung zur quantitativen chemischen Analyse, Bd. I, S. 242, 243. Braunschweig 1903. — FRIEDHEIM, C. u. P. HASENCLEVER: Fr. **44**, 606 (1905). — FRICKE, R.: Z. anorg. Ch. **144**, 268 (1925). — FRICKE, R. u. W. BLENCKE: Z. anorg. Ch. **143**, 197 (1925). — FRICKE, R. u. K. MEYRING: Z. anorg. Ch. **188**, 127 (1933); Fr. **83**, 297 (1931). — FUNK, H. u. H. WINTER: Fr. **67**, 68 (1924/25).

GUYARD, A.: The Druggists Circular and Chemical Gazette 1880. Z. allgem. österr. Apoth.-Vereins **18**, 445 (1880); durch Fr. **22**, 426 (1883).

HANDY, J. O.: Am. Soc. **18**, 1766—1782 (1894). — HASENCLEVER, P.: Diss. Bern 1905. — HESS, W. H. u. E. D. CAMPBELL: Am. Soc. **21**, 776 (1899); Fr. **44**, 712 (1905). — HILLEBRAND, W. F. u. H. S. HARNED: Orig. Com. 8th. internat. Congr. Appl. Chem. **1**, 217 (1912). — HILLEBRAND, W. F. u. G. F. LUNDELL: Applied Inorganic Analysis 75, 78, 314, 341, 390, 397, 398 (1929). — HINRICHSEN, W.: Z. anorg. Ch. **58**, 88 (1908).

IBBOTSON, J.: The chemical analysis of steel-work material, 1920.

JANDER, G. u. B. WEBER: Z. anorg. Ch. **131**, 269 (1923); Fr. **65**, 80 (1924/25). — JANNASCH, P.: Praktischer Leitfaden der Gewichtsanalyse, S. 59—73. 1904. — JANNASCH, P. u. W. COHEN: J. pr. (2) **72**, 14 (1905). — JANNASCH, P. u. J. RÜHL: J. pr. (2) **72**, 5 (1905). — JUPTNER, W. v.: Öst. Z. Berg- u. Hüttenw. **41**, 616 (1894); C. **1894 I**, 229.

KLINGER, P.: Arch. Eisenhüttenw. **13**, 21—36 (1939). — KLING, A. u. A. LASSIEUR u. Frau LASSIEUR: C. r. **178**, 1551 (1924). — KOLTHOFF, J. M.: Der Gebrauch der Farbenindicatoren, 3. Aufl., S. 274. Berlin 1926. — KRASNOWSKY, O. W.: Fr. **79**, 175 (1930).

LUNDELL, G. E. F., J. I. HOFFMANN u. H. A. BRIGHT: Chemical analysis of iron and steel, 1931. — LUNDELL, G. E. F. u. H. B. KNOWLES: Am. Soc. **45**, 676 (1923).

MAYR, C. u. A. GEBAUER: (a) Fr. **113**, 200 (1938); (b) **116**, 239 (1939). — MIEHR, W., P. KOCH u. H. KRATZERT: Angew. Ch. **43**, 250 (1930); Fr. 88, 125 (1932). — MOORE, TH.: Chem. N. **57**, 125 (1888). — MURAWLEFF, L. u. O. KRASSNOWSKI: Fr. **69**, 389 (1926).

NOYES, A. A., W. L. BRAY u. E. B. SPEAR: Am. Soc. **30**, 482, 532 (1908).

PARISIELLE u. LAUDE: C. r. **181**, 117 (1925). — PELT, G. VAN: Bl. Soc. chim. Belg. **28**, 101, 138 (1914). — PENFIELD, S. L. u. D. N. HARPER: Am. J. Sci. **20**, 9, 181 (1880).

RINNE, R.: (a) Ch. Z. **57**, 992 (1933); (b) Z. Pflanzenernähr. Düng. Bodenkunde A **33**, 35 (1934). — ROLDÁN, G. C.: An. Españ. **28**, 1080 (1930). — RÜHL, F.: Diss. Heidelberg 1901 (JANNASCH u. RÜHL).

SELCH, E.: Fr. **54**, 395 (1915). — SIDENER, C. F. u. EARL PETTIJOHN: Ind. eng. Chem. 8, 714 (1916). — SINGLETON, W. u. R. C. CHIRNSIDE: J. Soc. Glass. Techn. **12**, Nr 45, 18 (1928); Glastechn. Ber. **6**, 317 (1928); Fr. **79**, 175 (1930). — SUDGEN, R.: Chem. N. **104**, 35 (1911). — SWIFT, E. H. u. R. C. BARTON: Am. Soc. **54**, 2219 (1932).

TAYLOR, W. E.: Chem. N. **103**, 169 (1911). — TREADWELL, W. D.: (a) Schweiz. Ch. Z. **2**, 59 (1918); (b) Kurzes Lehrbuch der analytischen Chemie Bd. II, S. 97. 1930.

VEITSCH, J. P.: Am. Soc. **22**, 246 (1900).

WAINER, E.: J. chem. Education **11**, 526 (1934). — WEBER, B.: Diss. Göttingen **1923** (JANDER u. WEBER). — WILKE-DÖRFURTH, E. u. E. LOCHER: Fr. **64**, 436—441 (1924).

III. Fällung von Aluminiumhydroxyd mit ammoniakabspaltenden Stoffen.

Allgemeines.

Der Hauptgesichtspunkt für die Anwendung ammoniakabspaltender Stoffe an Stelle von Ammoniak selbst zur quantitativen Fällung von Aluminiumhydroxyd ist die größere Sicherheit in der Vermeidung eines störenden Hydroxyl-Ionen-Überschusses, der, wie beim Ammoniak, eine teilweise Auflösung des Aluminiumhydroxydes bewirken könnte. Zu der schwach sauren Aluminiumsalzlösung werden der ammoniakabspaltende Stoff und Ammoniumsalz hinzugesetzt. Die Ammoniakabgabe geschieht je nach Art des Reagenses in der Wärme oder auch bei Zimmertemperatur. Durch die Anwesenheit von Ammonium-Ionen kann die Alkalität noch weiterhin gepuffert werden, außerdem erleichtert die Anwesenheit von Ammonium-Ionen die Bildung komplexer Amine der 2wertigen Metalle und damit die Trennung des Aluminiums von diesen.

Als ammoniakabspaltende Reagenzien sind *Harnstoff*, *Hexamethylentetramin* und *Quecksilberamidochloride* vorgeschlagen worden. Harnstoff zerfällt in schwach saurer, siedender, wäßriger Lösung in Ammoniak und Kohlendioxyd. Hexamethylentetramin bildet unter den gleichen Bedingungen Ammoniak und Formaldehyd. Quecksilberamidochloride setzen sich in dem schwach sauren Medium bei längerem Stehen in der Kälte unter Ammoniakabspaltung um.

Eine Voraussetzung für die *quantitative* Fällung von Aluminium mit Harnstoff oder Hexamethylentetramin ist die Wahl eines gut hydrolysierenden Aluminiumsalzes, das bei der Hydrolyse möglichst ein schwer lösliches, basisches Salz ergibt. Für diesen Fall sind Aluminiumchlorid und -nitrat weniger geeignet als das stärker hydrolysierende Sulfat oder die Salze organischer Säuren. Quecksilberamidochloride werden andererseits vorzugsweise in Aluminiumchloridlösungen angewendet.

Die Vorteile dieser Fällungsverfahren bestehen in dichter und daher gut filtrierbarer und leicht auswaschbarer Abscheidungsform und in der Möglichkeit einer guten Trennung von manchen 2wertigen Metallen sowie von gewissen Anionen. Häufig reichen *1malige* Fällungen des Aluminiumniederschlages mit den obigen Reagenzien aus, während sonst z. B. bei der Fällung mit Ammoniak eine saubere Trennung sich nur bei mehrmaliger Abscheidung erreichen läßt. Ein Nachteil der Verfahren besteht unter Umständen in der längeren Abscheidungsdauer ($1^1/_2$ bis 2 Std. bei Harnstoff und Hexamethylentetramin, Stehenlassen über Nacht bei den Quecksilberamidochloriden).

1. Fällung mit Harnstoff.

Vorbemerkung. Die Zersetzung des Harnstoffs in heißer, wäßriger Lösung in Ammoniak und Kohlensäure wirkt sich günstig auf die Fällung des Aluminiums in Gegenwart verschiedener Anionen, wie Sulfat, Succinat, Seleniat, Formiat, Benzoat, Phthalat, aus. Man erhält homogene Lösungen ohne örtliche Konzentrationsunterschiede, wie sie z. B. durch Zugabe von Ammoniak auftreten können. Nach WILLARD und TANG läßt sich Aluminium bei einem p_H-Wert von 6,5 bis 7,5 aus einer Lösung, die Harnstoff, Ammoniumchlorid und -sulfat enthält durch 1- bis 2stündiges, schwaches Kochen quantitativ als basisches Sulfat ausfällen. Der erforderliche p_H-Wert kann bei einem Volumen der Lösung von 500 cm^3 durch Hinzufügen von 4 g Harnstoff, 10 bis 20 g Ammoniumchlorid und 1 g Ammoniumsulfat erhalten werden. Während des Kochens steigt der p_H-Wert infolge der Zersetzung des Harnstoffes. Der Niederschlag ist weniger schleimig als der mit Ammoniak erhaltene. Er ist daher leicht zu filtrieren und auszuwaschen. Entsprechend werden auch die Fehler reduziert, die durch Adsorption entstehen. Die allmähliche Hydrolyse des Harnstoffs ergibt einen langsamen gleichmäßigen Anstieg des p_H-Wertes, so daß einheitliche Lösungen mit niedrigem p_H-Endwert entstehen.

Die Löslichkeit des basischen Sulfates wurde als dieselbe wie die von Aluminiumhydroxyd festgestellt, entsprechend 0,2 mg Aluminiumoxyd im Liter bei einem p_H-Wert von 6,5 bis 7,5.

***a) Arbeitsweise von* WILLARD *und* TANG.** Etwa 0,1 g Aluminiummetall löst man in 5 cm³ verdünnter Salzsäure, erwärmt zuletzt mäßig, um die Auflösung zu vervollständigen, verdünnt etwas und fügt verdünntes Ammoniak zu, bis die Lösung leicht trübe wird. Dann klärt man mit verdünnter Salzsäure und fügt 1 bis 2 Tropfen im Überschuß hinzu. Man gibt 4 g Harnstoff, 20 g Ammoniumchlorid und 1 g Ammoniumsulfat zu und bringt das Volumen auf 500 cm³. Die Lösung wird dann zum Kochen erhitzt und 2 Std. lang im leichten Sieden erhalten, nachdem eine Opalescenz aufgetreten ist, worauf 1 Std. auf einer elektrischen Heizplatte belassen wird, damit sich der Niederschlag absetzen kann. Der Niederschlag wird abfiltriert. An den Glaswandungen haftende Anteile werden mit Filtrierpapier entfernt. Die letzten Spuren des Niederschlages werden in wenig Salzsäure gelöst und nach der BLUM-Methode mit Ammoniak gefällt. Man filtriert durch das Filter, welches die Hauptmenge des Niederschlages enthält.

Die vereinigten Niederschläge werden 10mal mit heißer, 1%iger Ammoniumchloridlösung, die mit Ammoniak gegen Methylrot alkalisch gemacht ist, gewaschen. Nach Glühen in einem Platintiegel über einem MÉKER-Brenner auf annähernd 1200° C wird im geschlossenen Wägeglas gewogen. Die Menge des Aluminiums im Filtrat beträgt 0,078 bis 0,1 mg und wird colorimetrisch (vgl. S. 305) bestimmt. Der Niederschlag enthält nach dem Erhitzen auf 1200° nur eine geringe, zu vernachlässigende Menge Sulfat. Sie kann durch längeres Glühen bei 1200° vollständig entfernt werden.

Genauigkeit. Nach 9 Analysen von WILLARD und TANG wurden bei Anwendung von 190,9 bis 196,0 mg Al_2O_3 bei einem endgültigen p_H-Wert der Lösung von 6,58 bis 7,27 Differenzen von $-0,3$ bis $+0,3$ mg Al_2O_3 gefunden.

b) Trennung in Gegenwart von Sulfat. Nach LUNDELL und KNOWLES kann Aluminium zwar von den Alkalimetallen, den Erdalkalimetallen, von Magnesium und mäßigen Mengen Mangan + Nickel durch Fällung nach der BLUM-Methode mit Ammoniak getrennt werden. Die Trennung von Kupfer, Kobalt und Zink ist jedoch unbefriedigend, da bei Verwendung von 100 mg Aluminium und 50 mg der begleitenden Elemente von letzteren 4 bis 20 mg nach einer Fällung und 1 bis 10 mg nach doppelter Fällung zurückbleiben (HILLEBRAND und LUNDELL).

Fällt man Aluminium in Gegenwart dieser Metalle nach der oben angegebenen Methode mit Harnstoff in Gegenwart von Ammoniumchlorid und Ammoniumsulfat, so erhält man nach den Versuchen von WILLARD und TANG nach einer *einfachen* Fällung folgendes Ergebnis:

Angewendete Aluminiummenge g	Bei Gegenwart von g		Mit dem Aluminiumhydroxyd niedergeschlagene Menge mg
0,1	Ca[1]	1,0	Spur
0,1	Mg	1,0	0,0
0,1	Ni	0,125	0,7
0,1	Co	0,125	1,0
0,1	Zn	0,125	13,6
0,1	Mn	1,0	0,1
0,1	Cd	0,125	0,4
0,1	Cu	0,125	7,3

Danach ist die Trennung des Aluminiums von Calcium, Magnesium, Mangan und Cadmium bereits durch *eine* Fällung mit Harnstoff in Gegenwart von Sulfat durchaus befriedigend. Nach dieser Methode wird durch 0,1 g Aluminium in

[1] Es wurden 0,5 g $(NH_4)_2SO_4$ angewendet, da 1 g geringe Fällung von $CaSO_4$ verursacht.

Gegenwart von 1 g Mangan nur 0,1 mg Mangan mit niedergerissen, während bei der NH_3-Fällung nach BLUM 1,7 mg Mangan im Aluminiumhydroxyd vorhanden sind. Die Trennung des Aluminiums von Nickel, Kobalt und Zink ist noch nicht befriedigend, obwohl sie bei einfacher Fällung nach der Harnstoffmethode für Nickel, Kobalt und Zink ebenso wirksam ist, wie bei einer doppelten Fällung mit Ammoniak.

2. *Fällung nach der Harnstoff-Succinat-Methode.*

a) Methode von WILLARD und TANG.

Vorbemerkung. Beim Studium des Einflusses verschiedener *Anionen* auf die Qualität der Harnstoffällungen haben WILLARD und TANG festgestellt, daß die in Gegenwart von Formiat, Oxalat, Succinat, Benzoat und Phthalat gebildeten Niederschläge dicht sind, während sie in Gegenwart von Acetat flockig ausfallen. Durch 1,5- bis 2stündiges Kochen einer Aluminiumsalzlösung mit Harnstoff in Gegenwart von Succinat und Ammoniumchlorid nach dem Auftreten einer Trübung läßt sich das Aluminium bei einem p_H-Wert von etwa 4,4 quantitativ fällen.

Arbeitsvorschrift. Zu der etwas verdünnten Aluminiumsalzlösung werden 5 g Bernsteinsäure, die in etwa 100 cm^3 Wasser gelöst sind, und darauf 10 g Ammoniumchlorid und 4 g Harnstoff zugegeben. Die Lösung wird verdünnt, zum Kochen erhitzt und nach der beginnenden Trübung noch 2 Std. leicht gekocht. Man läßt den Niederschlag einige Minuten absitzen, filtriert nach Zugabe von wenig Filterbrei und wäscht 10mal mit einer 1%igen Lösung von Bernsteinsäure, die gegen Methylrot mit Ammoniak neutral gemacht ist. Der an den Glaswandungen des Fällungsgefäßes haftende Niederschlag wird wie bei der basischen Fällung (Sulfatmethode) entfernt, jedoch getrennt abfiltriert. Die vereinigten Niederschläge werden in einem Platintiegel bei 1200° bis zum konstanten Gewicht geglüht. Die Menge des im Filtrat und in den Waschwässern befindlichen Aluminiums beträgt etwa 0,1 mg und kann praktisch vernachlässigt werden. Gegebenenfalls bestimmt man sie colorimetrisch (vgl. S. 305).

Bemerkungen. **I. Genauigkeit.** Analysen von WILLARD und TANG ergaben folgendes: Bei Anwendung von etwa 190 mg Al_2O_3 in 500 cm^3 Lösung und 2 Std. Kochdauer war die Differenz 0,0 bis —0,4 mg Al_2O_3. Der p_H-Wert betrug 4,26 bis 4,98. Bei Anwendung von etwa 100 mg Al_2O_3, Fällung aus 250 cm^3 Lösung und 2 Std. Kochdauer betrug die Differenz —0,1 bis —0,2 mg Al_2O_3 bei einem p_H-Wert der Endlösung von 4,31 bis 4,44. Bei Anwendung kleinerer Aluminiummengen, 57 bis 59 mg Al_2O_3, unter denselben Bedingungen betrug die Differenz 0,0 bis —0,1 mg Al_2O_3. Waren geringe Mengen Al_2O_3, 1,7 bis 2,5 mg, zugegen, so wurden theoretische Werte bei 3stündiger Kochdauer erhalten.

II. Modifizierte Methode. Um die durch Zersetzung des Harnstoffs herbeigeführte Neutralisation zu beschleunigen, z. B. bei saurer Flüssigkeit, setzt man zu der heißen Lösung tropfenweise verdünntes Ammoniak bis zum Auftreten einer geringen Opalescenz. Da die Trübung etwa bei dem p_H-Wert erscheint, bei dem Bromphenolblau oder Methylorange die Farbe wechselt, ist es bisweilen bequemer, einen von diesen Indicatoren zu verwenden. Wichtig ist es, den Neutralisationspunkt nicht zu überschreiten, da sonst flockige Niederschläge entstehen.

Bei der so abgekürzten Kochdauer von 1 Std. wurden von WILLARD und TANG nach dieser modifizierten Methode in 7 Analysen bei Anwendung von 189,7 bis 190,9 mg Al_2O_3 bei einem p_H-Wert der Lösung von 3,86 bis 4,03 Differenzen von —0,3 bis +0,4 mg festgestellt.

Aluminium kann demnach quantitativ durch 1- bis 2stündiges Erhitzen mit Harnstoff in Gegenwart von Succinat und Ammoniumchlorid nach dem Auftreten der ersten Trübung gefällt werden, wenn 5 mg oder mehr zugegen sind. Bei kleineren Mengen ist längeres Kochen, eine weitere Stunde, erforderlich.

b) Trennung des Aluminiums von Calcium, Barium, Magnesium, Mangan und Cadmium.

Die Bestimmung des Aluminiums in Gegenwart von Calcium, Barium, Magnesium, Mangan und Cadmium läßt sich durch eine einzige Fällung aus einem Volumen von 250 cm³ durchführen, um etwa 0,1 g Aluminium von 1 g dieser Elemente zu trennen.

Genauigkeit. Die Differenz betrug nach WILLARD und TANG bei Gegenwart von:

etwa 190 mg Al_2O_3 und	1 g Ca	— 0,2 bis	+ 0,1 mg Al_2O_3
„ 190 „ „ „	1 g Ba	— 0,1 „	± 0,0 „ „
„ 190 „ „ „	1 g Mg	— 0,4 „	+ 0,2 „ „
„ 190 „ „ „	1 g Mn	+ 0,2 „	„ „
„ 95 „ „ „	1 g Mn	+ 0,1 „	+ 0,4 „ „
„ 190 „ „ „	190 mg Mn	+ 0,2 „	+ 0,3 „ „
„ 190 „ „ „	1 g Cd	— 0,2 „	+ 0,1 „ „

c) Trennung des Aluminiums von Nickel, Kobalt und Kupfer.

Genauigkeit. WILLARD und TANG fanden folgende Werte bei der Trennung des Aluminiums vom Nickel und Kobalt:

Angewendete Mengen	Volumen der Lösung cm³	Ni oder Co im gewogenen Al_2O_3-Niederschlag mg	Abweichung von der gegebenen Al_2O_3-Menge mg
bei einmaliger Fällung:			
etwa 190 mg Al_2O_3 + 1 g Ni	250	1,8	+ 1,8
etwa 190 mg Al_2O_3 + 1 g Ni	500	1,0 bis 1,3	+ 1,6 bis + 1,7
etwa 50 mg Al_2O_3 + 1 g Ni	500	Spur	+ 0,1
etwa 190 mg Al_2O_3 + 0,5 g Ni . . .	250	0,3 bis 1,6	+ 0,1 bis + 0,3
bei doppelter Fällung:			
etwa 190 mg Al_2O_3 + 1 g Ni	250	0,2 bis 0,3	± 0,0 bis + 0,2
etwa 190 mg Al_2O_3 + 1 g Ni	500	0,1 bis 0,2	— 0,2 bis + 0,1
bei einmaliger Fällung:			
etwa 190 mg Al_2O_3 + 1 g Co	250	1,9 bis 2,0	+ 2,5 bis 2,7
etwa 190 mg Al_2O_3 + 1 g Co	500	1,2	+ 1,5 bis + 1,9
etwa 40—60 mg Al_2O_3 + 1 g Co . .	250	Spur	± 0,0 bis + 0,3
etwa 96 g Al_2O_3 + 0,5 g Co	250	0,6 bis 0,8	+ 0,9 bis + 1,3
etwa 96 g Al_2O_3 + 0,1 g Co	250	0,2 bis 0,3	+ 0,2 bis + 0,3
bei doppelter Fällung:			
etwa 190 mg Al_2O_3 + 1 g Co	250	0,1	— 0,2 bis + 0,4

Demnach kann man durch eine einmalige Fällung 0,1 g Aluminium von einer gleich geringen Menge Kobalt oder Nickel oder wenige Milligramme Aluminium von etwa 1 g Nickel oder Kobalt trennen. Jedenfalls ist die Trennung viel besser als die mit Ammoniak nach der BLUM-Methode, bei der bei einmaliger Fällung 0,6 mg Ni und 4,1 mg Co und bei doppelter Fällung 1,2 mg Co vom Aluminiumhydroxyd mitgerissen wurden.

Bestimmung von Aluminium in Gegenwart von Kupfer. Wegen der verhältnismäßigen Löslichkeit des Cuprisuccinats ist die Trennung des Aluminiums von Kupfer unvollständig. Wenn das Kupfer jedoch durch geeignete Reduktionsmittel während der Fällung in die Cuproform übergeführt wird, erhält man befriedigende Trennungsresultate.

Als Reduktionsmittel werden 4 g Hydroxylaminhydrochlorid oder 10 cm³ frisch bereitete 2 n Ammoniumbisulfitlösung angewendet und 10 g Ammoniumchlorid zu der Aluminiumchloridlösung zugefügt. Man verdünnt auf 150 cm³ und erhitzt zum Kochen, um das Kupfer in die Cuproform überzuführen. Wenn die Lösung farblos geworden ist, gibt man 5 g Bernsteinsäure und 4 g Harnstoff hinzu und bringt das Volumen der Flüssigkeit auf 250 cm³. Man fügt verdünntes Ammoniak tropfenweise zu der heißen Lösung bis zur beginnenden Trübung zu und erhält 2 Std. lang in leichtem Sieden. Der Niederschlag wird noch heiß abfiltriert und mit einer heißen Lösung ausgewaschen, die im Liter 10 g Bernsteinsäure und ferner 10 g Hydroxylaminhydrochlorid oder 40 cm³ 2 n Ammoniumbisulfitlösung enthält, nachdem man die Waschflüssigkeit mit Ammoniumhydroxyd gegen Methylrot neutral gemacht hat. Weiterhin verfährt man, wie oben angegeben.

Genauigkeit. Bei 8 Analysen, bei denen neben je 1 g Kupfer 95 bis 190 mg Al_2O_3 angewendet wurden, fanden WILLARD und TANG im Al_2O_3-Niederschlag 0 bis 0,1 mg Kupfer.

Demnach kann Aluminium von großen Mengen Kupfer durch eine einzige Fällung durch Erhitzen mit Harnstoff in Gegenwart von Succinat, Ammoniumchlorid und eines geeigneten Reduktionsmittels quantitativ getrennt werden. Bei Fällung nach der Ammoniakmethode von BLUM wurden von 100 mg Aluminium bei Gegenwart von 50 mg Kupfer nach doppelter Fällung im $Al(OH)_3$-Niederschlag noch 7,7 mg Kupfer gefunden (HILLEBRAND und LUNDELL).

d) Trennung des Aluminiums von Zink.

Genauigkeit. WILLARD und TANG geben folgende Analysenresultate an:

Angewendete Mengen	Zn im gewogenen Al_2O_3-Niederschlag mg	Abweichung von der gegebenen Al_2O_3-Menge mg
bei einfacher Fällung aus 500 cm³ Flüssigkeit:		
etwa 190 mg Al_2O_3 + 1 g Zn	1,0	+ 2,0 bis + 2,2
etwa 190 mg Al_2O_3 + 1 g Zn (nach der modifizierten Methode)	1,2	+ 1,4
etwa 190 mg Al_2O_3 + 0,1 g Zn	0,3	+ 0,8
etwa 190 mg Al_2O_3 + 0,01 g Zn.	0,3	+ 0,3 bis + 0,4
bei doppelter Fällung aus 250 cm³ Flüssigkeit:		
etwa 950 mg Al_2O_3 + 1 g Zn	0,2	+ 0,1 bis + 0,4

Bei einfacher Fällung wird bei Gegenwart von 10 mg Zink eine merkliche Menge Zink im Aluminiumniederschlag gefunden. Bei doppelter Fällung wurden bei Anwendung von 950 mg Al_2O_3 und 1 g Zn im Aluminiumoxyd 0,2 mg Zn gefunden, während bei der Ammoniakmethode von 50 mg Zn 10 mg in das Aluminiumoxyd übergehen.

Das mit dem Aluminium niedergeschlagene Zink kann durch 1stündiges Erhitzen des Niederschlages im Wasserstoffstrom, z. B. in einem bedeckten ROSE-Tiegel vollständig verflüchtigt werden. Auf diese Weise ist es möglich, Aluminium in Gegenwart großer Zinkmengen durch einfache Fällung als basisches Succinat mit darauffolgendem Erhitzen im Wasserstoffstrom zu bestimmen. Auch durch Glühen des Niederschlages mit Kohle kann das Zink abgeraucht werden. Nach einer einfachen Fällung wird dem Niederschlag vor der Filtration etwas Filterbrei zugesetzt. Der Niederschlag wird in einem bedeckten, unglasierten Tiegel (Porzellan) erhitzt, wobei der Deckel von Zeit zu Zeit gelüftet wird, um das Zink entweichen zu lassen. Man glüht so etwa 1 Std. über einem MÉKER-Brenner und erhitzt dann weiter 1 Std. im elektrischen Ofen bei 1200°.

e) Trennung des Aluminiums von Eisen.

Vorbemerkung. Ferri-Ion fängt schon bei einen p_H-Wert von etwa 2 an auszufallen, während das Eisen im Ferrozustand bei einem p_H-Wert von 5,5 auszufallen beginnt (BRITTON). Da bei der Succinatmethode der End-p_H-Wert etwa bei 4,5 liegt, müßte sich Eisen vom Aluminium gut trennen lassen, wenn Fe III zu Fe II reduziert ist. Nach den Versuchen von WILLARD und TANG hat sich als bestes Reduktionsmittel Phenylhydrazin erwiesen. Bei einem Volumen der Flüssigkeit von etwa 500 cm³ geben 2 cm³ Phenylhydrazin eine genügende Trennung von 0,1 g Al von 0,2 g Fe bei einer einfachen Fällung. Ist mehr Eisen zugegen, so ist Doppelfällung erforderlich, bei der sich z. B. 0,1 g Al von 1 g Fe oder 0,03 g Al von 2 g Fe trennen lassen.

Arbeitsvorschrift. Nach vollständiger Reduktion des Eisens durch Zugabe von Ammoniumbisulfit zu der heißen Lösung werden Ammoniumchlorid, Harnstoff, Bernsteinsäure und Reduktionsmittel (Phenylhydrazin) zugegeben. Die Lösung wird auf 500 cm³ verdünnt, zum Sieden erhitzt und bis zur beginnenden Trübung mit Ammoniak neutralisiert. Die Fällung wird wie gewöhnlich vervollständigt und der Niederschlag mit einer 1%igen Lösung von Bernsteinsäure und wenig Reduktionsmittel (Phenylhydrazin) gewaschen, die mit Ammoniak gegen Methylrot neutral gemacht ist. Bei Doppelfällung wird die erste Fällung in Salzsäure gelöst. Das das Aluminium begleitende Eisen wird nach Schmelzen des geglühten Aluminiumoxyds mit Kaliumpyrosulfat colorimetrisch bestimmt.

Genauigkeit der Methode (bei Anwendung von 2 cm Phenylhydrazin als Reduktionsmittel). WILLARD und TANG fanden bei ihren Versuchen folgendes: Bei einfacher Fällung enthielt der aus 190 mg Al_2O_3 in Gegenwart steigender Mengen von 10 bis 1000 mg Fe entstehende Niederschlag von Al_2O_3 0,13 bis 1,15 mg Fe_2O_3. Bei doppelter Fällung waren in dem Al_2O_3-Niederschlag nur noch 0,07 bis 0,15 mg Fe_2O_3 adsorbiert, wenn dieselben Al_2O_3-Mengen in Gegenwart von 1 bis 2 g Fe angewendet wurden.

Die Methode wurde von WILLARD und TANG auf die Bestimmung des Aluminiums in einem Eisenerz angewendet, das 1,01% Al_2O_3, 0,07% TiO_2 und 0,09% P_2O_5 enthielt. Das Erz wurde in Salzsäure gelöst und die Kieselsäure wie üblich abgeschieden. Die nach Abrauchen der Kieselsäure zurückbleibenden Oxyde wurden der Hauptlösung zugegeben. Das Eisen wurde reduziert, Phenylhydrazin zugegeben und das Aluminium 2mal nach der obigen Methode gefällt. Nach dem Wägen der Tonerde wurde sie mit Kaliumpyrosulfat geschmolzen. Eisen und Titan wurden mit Kupferron gefällt und das Eisen colorimetrisch bestimmt. Die Phosphorsäure wurde im Filtrat bestimmt. Von dem Gewicht des Niederschlages wurden die Verunreinigungen abgezogen.

Bei 6 Analysen fanden WILLARD und TANG 5 Werte von 0,95 bis 1,00% Al_2O_3, während der sechste Wert, 0,73% Al_2O_3, aus der Reihe fiel.

3. Fällung mit Hexamethylentetramin.

Vorbemerkung. Ein weiteres Beispiel für das Bestreben, das Ammoniak als Fällungsmittel durch seine anorganischen und organischen Derivate zu ersetzen, ist das von KOLLO zuerst zur Trennung von Eisen und Mangan empfohlene Verfahren mit Hexamethylentetramin, kurz Hexamin genannt, welches auch zur Fällung von Aluminium und Chrom dienen kann. Diese 3wertigen Metalle werden aus ihren sauren oder neutralen Salzlösungen als Hydroxyde gefällt, während 2wertige Metalle wie z. B. Mangan nur aus ihren neutralen Salzlösungen bei Siedetemperatur gefällt werden.

Die Wirksamkeit des Hexamethylentetramins wird nach RAY und CHATTOPADHYA so erklärt, daß es in saurer Lösung in Formaldehyd und Ammoniak nach der Gleichung hydrolysiert:

$$(CH_2)_6N_4 + 6\,H_2O \rightleftarrows 6\,CH_2O + 4\,NH_3\,.$$

Das gebildete Ammoniak vereinigt sich mit Wasser zu Ammoniumhydroxyd, setzt so die Wasserstoff-Ionen-Konzentration der Lösung herab und verursacht die Fällung von Ferrihydroxyd oder Aluminiumhydroxyd bei Gegenwart von Eisen- oder Aluminiumsalzen.

Die jeweilig durch Hydrolyse von Hexamin gebildete Menge von Ammoniak oder Ammoniumhydroxyd ist von der in der Lösung durch Hydrolyse der Metallsalze gebildeten Säuremenge abhängig. So verhält sich das Hexamin in der Lösung der Metallsalze zum Teil wie Ammoniumhydroxyd, doch so, daß in diesem Fall die Menge des gebildeten Ammoniumhydroxyds durch die jeweilige Hydrolyse der Metallsalze bestimmt wird. Tatsächlich ist die wirksame Menge von Ammoniumhydroxyd oder von freien Hydroxyl-Ionen, die in einem gewissen Augenblick gebildet werden können, beschränkt, und diese beschränkte Hydroxyl-Ionen-Konzentration kann weiterhin noch durch einen ausreichenden Zusatz von Ammoniumsalzen zu der Lösung vermindert werden. Es wurde beobachtet, daß Aluminium, Eisen, Chrom und Titan aus ihren Salzlösungen durch Kochen mit der Lösung des Hexamins vollständig gefällt werden können. Mangan, Zink, Kobalt und Nickel werden unter ähnlichen Verhältnissen nur zum Teil gefällt, da in diesem Fall die bei der Reaktion sich allmählich bildenden Ammoniumsalze die Hydroxyl-Ionen-Konzentration der Lösung weiter herabsetzen. Es wurde gefunden, daß durch vorherigen Zusatz von hinreichenden Mengen Ammoniumsalz die Fällung von Mangan, Zink, Kobalt und Nickel als Hydroxyde selbst aus siedenden Lösungen ihrer Salze völlig verhindert werden kann, während Aluminium, Eisen, Chrom und Titan unter denselben Bedingungen quantitativ abgeschieden werden. Dieses Verhalten bietet die Möglichkeit einer quantitativen Trennung der Sesquioxyde von den 2wertigen Metallen der Schwefelammoniumgruppe.

Liegen Aluminiumsalze als Chloride oder Nitrate vor, so läßt sich Aluminium nach Ray *nicht* quantitativ fällen und abtrennen. Jedoch findet vollständige Fällung bei Anwendung von Sulfat-Ion unter den nachstehend angegebenen Fällungsbedingungen infolge der stärkeren Hydrolyse der Sulfate und infolge Bildung unlöslicher basischer Sulfate statt. Nach den Versuchen ist eine Trennung des Aluminiums von Mangan, Kobalt, Magnesium und von geringen Mengen Zink nach dieser Methode möglich.

a) Arbeitsweise von Ray.

Die Bestimmung des Aluminiums und seine gleichzeitige Trennung von dem 2wertigen Mangan, Kobalt und Magnesium erfolgt nach der folgenden von Ray ausgearbeiteten Methode:

Die Lösung wird für je 0,1 g Al_2O_3 auf 300 cm³ verdünnt. Dazu gibt man auf je 100 cm³ Lösung 2,5 g Ammoniumchlorid und 1 bis 2 Tropfen Methylorange. Man erhitzt dann die Lösung zum Sieden und fällt Aluminium aus der siedenden Lösung unter ständigem Rühren langsam durch tropfenweisen Zusatz einer 10%igen Lösung von Hexamin. Um eine vollständige Fällung zu erreichen oder um einen Farbumschlag der Lösung von Orange nach Gelb herbeizuführen, werden etwa 2 bis 4 cm³ Hexaminlösung im Überschuß zugesetzt. Man erhitzt 2 bis 3 Min. weiter und stellt dann das Becherglas mit der Lösung je nach der Menge des ausgefällten Aluminiumhydroxyds ungefähr 1 bis $1^1/_2$ Std. auf ein siedendes Wasserbad. Das bewirkt eine mehr oder weniger vollständige Umwandlung eines zuerst gefällten, schwer löslichen, basischen Aluminiumsalzes in ein praktisch unlösliches, stärker basisches Salz oder Hydroxyd. Daß der Niederschlag aus einer Sulfat enthaltenden Lösung nie sulfatfrei ist, ist bereits bekannt[1]. Um das Absitzen und Filtrieren des Niederschlages zu erleichtern, wird Filterschlamm zugesetzt. Man nimmt das Becherglas vom Wasserbad, filtriert den Niederschlag sofort ab und wäscht ihn mit heißer 2%iger Ammoniumnitratlösung aus. Der Niederschlag wird dann naß in einem Platintiegel bei etwa 1200° C bis zur Gewichtskonstanz geglüht.

[1] Auf Zusatz von Hexamin zu der heißen Lösung von 1 g der Chloride des Aluminiums und des 3wertigen Eisens und Chroms in 100 cm³ Wasser fallen diese Metalle sowohl in Gegenwart als auch in Abwesenheit von Ammoniumsalzen als reine Hydroxyde aus. Die Fällung ist allerdings nicht ganz quantitativ (vgl. oben). Die Hydroxyde können von Hexamin befreit werden, wenn man sie etwa 2 Wochen dialysiert, bis ein dickes Gel zurückbleibt, das mit Wasser aufgerührt und nochmals eine Woche lang dialysiert wird (Lehrmann und Kabat).

Genauigkeit. Die erhaltenen Werte sind im Vergleich zu denen, die man nach BLUM durch Fällung mit frisch destilliertem Ammoniak erhält, durchaus zufriedenstellend.

Al_2O_3 gefunden durch Fällung mit Ammoniak g	Al_2O_3 gefunden durch Fällung mit Hexamin g	Differenz g
0,0958	0,0960	+ 0,0002
0,0961	0,0960	— 0,0001
0,1183	0,1184	+ 0,0001
0,1893	0,1889	— 0,0004

b) Trennung des Aluminiums von Mangan.

Aluminium wird, wie oben beschrieben, gefällt. Im Filtrat wird Mangan als Pyrophosphat bestimmt.

Genauigkeit. Bei 1maliger Fällung ergaben 6 Analysen von RAY Differenzen von +0,1 bis +0,5 mg Al_2O_3 bei Anwendung von 59,2 bis 189,7 mg Al_2O_3 und 17,6 bis 645 mg MnO. Bei doppelter Fällung aus einer Lösung enthaltend 48 mg Al_2O_3 und 120,5 mg MnO wurde die theoretische Tonerdemenge gefunden.

In den Aluminiumniederschlägen konnten, mit Ausnahme des durch doppelte Fällung erhaltenen, colorimetrisch stets Spuren Mangan nachgewiesen werden.

c) Trennung des Aluminiums von Kobalt und Nickel.

Um den Aluminiumniederschlag nach diesem Verfahren von Kobalt zu trennen, ist doppelte Fällung erforderlich. Das Filtrat wird zwecks Entfernung des Hexamins mehrere Male mit Salzsäure zur Trockne eingedampft und das Kobalt im Rückstand als $CoSO_4$ bestimmt.

Genauigkeit.

Angewendet Al_2O_3 mg	Angewendet CoO mg	Gefunden Al_2O_3 mg	Differenz Al_2O_3 mg
189,3	104,1	189,4	+ 0,1
118,3	260,2	118,6	+ 0,3
189,3	260,2	188,7	— 0,6

Im Niederschlag konnte kein Kobalt festgestellt werden. Von *Nickel* kann Aluminium selbst durch doppelte Fällung nach dieser Methode *nicht* getrennt werden, außer wenn Nickel nur in Spuren vorhanden ist.

d) Trennung des Aluminiums von Zink.

Aluminium wird vom Zink durch doppelte Fällung mit Hexamin getrennt. Bei Anwendung von 54,2 bis 162,7 mg Al_2O_3 in Gegenwart von 27,7 bis 166,1 mg ZnO fand RAY bei 5 Analysen Differenzen von —0,2 bis + 0,3 mg ZnO. Größere Zinkmengen beeinflussen die Aluminiumfällung. So betrug z. B. bei Anwendung von 189,7 mg Al_2O_3 und 1246,9 mg ZnO die Differenz 14,3 mg Al_2O_3.

e) Trennung des Aluminiums von den Erdalkalimetallen.

Für die Trennung des Aluminiums vom *Magnesium* genügt bereits eine 1malige Fällung, um vollkommene Trennung zu erreichen.

Da die Fällung des Aluminiums aus seinen Lösungen mit Hexamin nur in Gegenwart von Sulfat-Ionen vollständig verläuft, so wird, wenn solche nicht vorhanden sind, stets zuvor Ammoniumsulfat zugegeben. Aus diesem Grunde bestehen Bedenken gegen die Arbeitsweise von LEHRMANN, KABAT und WEISBERG, welche die Trennung des Aluminiums, Eisens und Chroms von den 2wertigen Elementen der 3. Gruppe durch Fällung mit Hexamethylentetramin aus kochender, Ammoniumnitrat enthaltender Lösung ausführen.

Die Trennung des Aluminiums von *Calcium* nach der Ammoniakmethode wird bekanntlich durch den Carbonatgehalt der zur Fällung verwendeten Ammoniaklösung oft gestört, da das Aluminiumhydroxyd durch Mitausfallen von Calciumcarbonat verunreinigt wird. Durch Anwendung des Hexamins (Hexamethylentetramins) für die Trennung kann nach KOLLO und GEORGIAN dieser Fehler vermieden werden. Man erhitzt die schwachsaure, Aluminium und Calcium enthaltende Lösung mit einer genügenden Menge Hexamethylentetramin 1 Min. lang zum Sieden. Dabei fällt reines Aluminiumhydroxyd quantitativ aus, das abfiltriert wird. Zu langes Kochen ist zu vermeiden. Im Filtrat kann Calcium ohne weiteres in der üblichen Weise als Oxalat gefällt werden. Ist Phosphorsäure zugegen, so wird sie mit dem Aluminium und Eisen gefällt. Sie stört nur wenig bei der Trennung, wenn Aluminium und Eisen im Überschuß vorhanden sind.

f) Trennung des Aluminiums von Beryllium.

Die Trennung des Aluminiums vom Beryllium mit Hexamethylentetramin nach AKIYAMA beruht darauf, daß Aluminium bereits quantitativ in der Kälte, Beryllium erst dagegen in der Wärme ausfallen soll. Da jedoch nach der Arbeit von RAY Aluminium erst in der Siedehitze vollständig ausfällt, wobei auch Beryllium abgeschieden wird, ist die Methode unbrauchbar.

4. *Fällung mit Quecksilberamidochloriden.*

a) Fällung mit der Verbindung $ClHgNH_2$.

Die Fällung von Aluminium mit der Quecksilberaminverbindung $ClHgNH_2$ ist von ŠOLAJA (a) angegeben worden. Die Fällung von Aluminium geschieht nach folgender Gleichung:

$$2\,AlCl_3 + 3\,ClHgNH_2 + 6\,H_2O = 2\,Al(OH)_3 + 3\,HgCl_2 + 3\,NH_4Cl.$$

Arbeitsvorschrift. Das Flüssigkeitsvolumen beträgt 200 cm³. Es werden für je 0,1 g Al_2O_3 2 g $ClHgNH_2$ und 2 g Ammoniumchlorid angewendet. Die Aluminiumlösung wird mit Ammoniak neutralisiert, die Fällung erfolgt bei gewöhnlicher Temperatur. Nach dem Stehen über Nacht wird filtriert. Die Verbindung $ClHgNH_2$, die man aus gereinigtem Quecksilberchlorid und Ammoniak bereitet, wird mit Wasser mittels eines Pistills in einer glatt glasierten Reibschale zu einer feinen Suspension verrieben und portionsweise in die Aluminiumchloridlösung hineingegossen. Zuerst entsteht eine weiße Suspension, die nach kurzer Zeit unter Mischen mittels eines Glasstabes plötzlich zu einem weißen, feinflockigen, fast feinpulvrigen, rasch zu Boden sinkenden Niederschlag gerinnt. Die Flüssigkeit oberhalb des Niederschlages bleibt vollkommen klar. Nach 3maligem Dekantieren wird der Niederschlag auf das Filter gebracht, mit reinem Wasser gewaschen, im Platintiegel auf dem Luftbad bis zur Verjagung von überschüssigem $ClHgNH_2$ erwärmt, dann bis zur Gewichtskonstanz geglüht und im bedeckten Wägegläschen gewogen. Die Genauigkeit der Methode beträgt —0,3 bis +0,1%.

Beim Konzentrieren der Filtrate ist noch eine geringe Abscheidung von Aluminiumhydroxyd bemerkbar. Bei Zusatz von $^1/_3$ 96%igem Alkohol zum Gesamtvolumen des Reaktionsgemisches und Auswaschen mit alkoholhaltigem Wasser (1:4) erfolgt die Filtration viel schneller als beim Waschen mit reinem Wasser, obwohl die Filtration nach der Fällung mit $ClHgNH_2$ etwa 10mal schneller als bei der Fällung mit Ammoniak erfolgt. In diesem Falle war auch keine nachträgliche Ausscheidung von Aluminiumhydroxyd im konzentrierten Filtrat mehr festzustellen.

Bemerkungen. **I. Genauigkeit.** Sie beträgt —0,3 bis +0,1%. Bei Anwendung von 98,1 mg Al_2O_3 wurden bei 8 Analysen Differenzen von —0,4 bis +0,1 mg Al_2O_3 und bei Anwendung von 196,2 mg Al_2O_3 bei 7 Analysen Differenzen von —0,5 bis +0,2 mg Al_2O_3 gefunden.

II. Anwendung zu Trennungen. Die Methode ist auch zur Trennung der Aluminium- und Manganionen bei Gegenwart von Ammoniumchlorid geeignet. Um die Genauigkeit der Methode festzustellen, hat Šolaja bei den Untersuchungen verschiedene Mengen von Aluminium und Mangan angewendet.

Folgende Verhältnisse der Oxyde lagen vor:

1. 1 g Al_2O_3: 1 g MnO; 2. 1 g Al_2O_3: 2 g MnO; 3. 10 g Al_2O_3: 1 g MnO. Das Aluminium-Ion wurde verhältnismäßig mit derselben Menge Aluminiumchlorid wie oben bei der Aluminiumbestimmung gefällt. Das ausgeschiedene Aluminiumhydroxyd wurde genau wie früher behandelt und gewogen. Die Filtrate nach der Fällung von Aluminium-Ion wurden eingeengt. Hierauf wurde das Mangan, ohne das anwesende Mercurichlorid zu entfernen, mit Wasserstoffperoxyd und Ammoniak gefällt und als Mn_3O_4 gewogen.

Genauigkeit des Trennungsverfahrens. Bei 4 Analysen nach den Bedingungen unter 1. ergaben sich Differenzen von 0 bis +0,3 mg Al_2O_3 und —0,4 bis +0,6 mg Mn. Nach den Bedingungen unter 2. wurden bei 4 Analysen Abweichungen von —0,4 bis +0,7 mg Al_2O_3 und —0,6 bis +0,2 mg Mn und nach den Bedingungen unter 3. bei zwei Analysen Differenzen von +0,6 und 0,9 mg Al_2O_3 und 0 und 0,3 mg Mn gefunden. Die Mitarbeiter von Šolaja, Kranjčević und Rukonić haben dasselbe Quecksilberreagens, $ClHgNH_2$, das weiße unschmelzbare Präcipitat, zur Trennung von Aluminium und Magnesium benutzt. Bei der Trennung des Aluminiums von Nickel konnten Kranjčevič und Rukońić feststellen, daß bei Anwesenheit von viel Chlor bei Fällung mit $ClHgNH_2$ auch Nickel zum Teil mitgerissen wird.

b) Fällung mit der Verbindung $Hg(NH_3)_2Cl_2$.

Vorbemerkung. Bei weiteren Trennungsversuchen verwendet Šolaja (b) das weiße schmelzbare Präcipitat, $Hg(NH_3)_2Cl_2$, das durch Einwirkung von Ammoniak auf Quecksilberchlorid bei Gegenwart von viel Ammoniumchlorid in heißer Lösung erhalten wird, wobei sich die Fällungen in fast neutralem Medium bei einer solchen Wasserstoff-Ionen-Konzentration abspielen, welche die anwesenden Ammoniumsalze selbst durch ihre Hydrolyse bedingen. Als Regulator der Wasserstoff-Ionen-Konzentration erwies sich das Fällungsreagens. Wahrscheinlich ist Ammoniak das Agens in dieser Komplexverbindung, das Wasserstoff-Ionen aus dem System entfernt. Nach den Versuchen besteht ein ganzes Gebiet von niedrigen Wasserstoff-Ionen-Konzentrationen, innerhalb dessen eine quantitative Trennung möglich ist. Die Befürchtung, daß bei sehr niedriger Wasserstoff-Ionen-Konzentration auch die 2wertigen Kationen mitgefällt werden, hat sich bei den Versuchen nicht bestätigt.

Aus den angeführten analytischen Ergebnissen ist folgendes zu entnehmen:

1. Aluminium und Phosphat lassen sich bei niedriger Wasserstoff-Ionen-Konzentration und beim Molarverhältnis $Al_2O_3:P_2O_5 = (2 \text{ bis } 3):1$ oder noch größerem mit $Hg(NH_3)Cl_2$ quantitativ fällen.

2. Aluminium und Phosphat kann man unter denselben Bedingungen von 2wertigen Metallen quantitativ trennen.

3. Aluminium läßt sich von Eisen bei Anwesenheit von Hydroxylamin unter sonst gleichen Bedingungen quantitativ trennen.

4. Aluminium und Phosphat kann man auch von Ferro-Ion unter den bei Punkt 3 angeführten Bedingungen und bei einem p_H-Wert von etwa 5,0 bis 6,5 quantitativ trennen.

5. Aluminium und Phosphat kann man von Calcium bei einem p_H-Wert von 5,0 bis 6,5, ja sogar bei noch etwas höherem p_H-Wert unter sonst gleichen Bedingungen quantitativ trennen.

6. [Dasselbe gilt auch für die quantitative Trennung von Aluminium (und Phosphat) von Magnesium.]

Arbeitsvorschrift (in Gegenwart von Phosphat). Die abgemessenen Chloridlösungen werden durch Zufügen von 1 bis 2 cm^3 konzentrierter Schwefelsäure und durch Abdampfen in Sulfate übergeführt. Sodann wird das Volumen durch Zugießen von Wasser auf etwa 200 cm^3 gebracht. Die Flüssigkeit wird sodann bis zum Sieden erhitzt, wobei das Salzgemisch in Lösung geht. Darauf wird noch heiß mit NH_3-Lösung neutralisiert, bis sich ein etwa entstandener kleiner Niederschlag durch Zutropfen von 2 n Schwefelsäure gerade wieder auflöst. Die Flüssigkeit wird dann wieder zum Sieden erhitzt, wobei sie sich zuerst trübt, später scheidet sich zum Teil ein weißer typischer Niederschlag von basischem Aluminiumphosphat aus. Um die Fällung bzw. die Trennung zu vervollständigen, gießt man in die heiße Flüssigkeit eine kalte wäßrige

Suspension von etwa 2,5 bis 3 g $Hg(NH_3)_2Cl_2$ in etwa 50 cm² Wasser ein, rührt tüchtig mit einem Glasstab um, wobei das basische Aluminiumphosphat in Form eines grünlich-gelblichen (von verschiedenen hydrolytischen basischen Produkten des Fällungsreagenses), schweren, rasch zu Boden sinkenden, flockigen Niederschlags quantitativ ausfällt. Derselbe wird sofort noch heiß abfiltriert.

***Bemerkungen*. I. Genauigkeit.** Die quantitative Fällung von Aluminium und Phosphorsäure bei einem Molarverhältnis $Al_2O_3:P_2O_5$ war etwa 3:1. Die Versuche dieser Fällung von Šolaja ergaben folgendes:

Bei Anwendung von 76,5 mg $Al_2O_3 + P_2O_5$ wurden bei 4 Analysen Differenzen von + 0,1 bis + 0,3 mg $Al_2O_3 + P_2O_6$ gefunden. Für die Trennung der Tonerde und der Phosphorsäure vom Mangan wurden bei Anwendung von 76,5 mg $Al_2O_3 + P_2O_5$ in demselben molaren Verhältnis von 3:1 und bei Gegenwart von 42,4 mg MnO bei 8 Analysen Differenzen von — 0,1 bis + 0,5 mg $Al_2O_3 + P_2O_3$ und — 0,5 bis + 0,2 mg MnO festgestellt. Wurden Lösungen mit 128,5 mg Al_2O_5 und 50,2 mg P_2O_5 entsprechend 178,7 mg $Al_2O_3 + P_2O_3$ und nur 2,3 mg MnO analysiert, so betrugen die Differenzen bei 3 Analysen — 0,1 bis + 0,7 mg $Al_2O_3 + P_2O_5$ und ± 0 bis + 0,2 mg MnO.

Fällungen bei Anwendung von P_2O_5 und Al_2O_3 in verschiedenen Molarverhältnissen ergaben folgendes:

1. Wenn das Molarverhältnis $Al_2O_3:P_2O_5$ gleich oder etwas kleiner als 2:1 ist, wird die gefundene Summe etwas zu niedrig, aber noch innerhalb zulässiger Grenzen.
2. Wenn das betreffende Verhältnis $Al_2O_3:P_2O_5$ etwa gleich 1,5:1 oder gleich 1:1 ist, wird die gefundene Summe stets kleiner sein.
3. Wenn das Verhältnis $Al_2O_3:P_2O_5$ gleich oder größer als 3:1 ist, sind die Resultate vollkommen exakt. Daraus folgt, daß die Phosphorsäure und Aluminium nur dann quantitativ aus dem erwähnten System auszuscheiden sind, wenn das Aluminium der Menge nach gegenüber der Phosphorsäure stark vorwaltet.

II. Anwendung der Methode zur Trennung des Aluminiums von Eisen. Bei der Trennung des Aluminiums von Eisen wird der Lösung zwecks Reduktion des Eisens Hydroxylaminhydrochlorid zugegeben. Die Lösung der Chloride von Aluminium und Eisen wird nach Zufügen von 2 cm³ konzentrierter Schwefelsäure und etwa 0,7 bis 1 g $NH_2 \cdot OH \cdot HCl$ „Kahlbaum" auf dem Asbestdrahtnetz bis zum Verjagen der Salzsäure erhitzt. Darauf wird das Salzgemisch durch Zugießen von Wasser auf ein Volumen von etwa 200 cm³ gebracht. Die Lösung wird aufgekocht, noch heiß mit Ammoniak neutralisiert, bis die farblose Flüssigkeit eine schwach gelbliche Farbe annimmt und der kleine weißliche Niederschlag sich durch Zutropfen von 2 n Schwefelsäure gerade noch auflöst. Darauf werden noch 10 Tropfen 2 n Schwefelsäure zugegeben und etwa 0,3 g Hydroxylaminhydrochlorid. Es wird wieder aufgekocht und schließlich das Aluminium, das schon zum Teil als basisches Phosphat durch diese zweite Aufkochung ausgeschieden ist, durch Zugießen einer kalten wäßrigen Suspension von etwa 2,5 bis 3 g $Hg(NH_3)_2Cl_2$ in etwa 50 cm³ Wasser quantitativ gefällt. Die Vollständigkeit der Aluminiumfällung ist daran erkennbar, daß im Filtrat nach kurzer Zeit ein weißer krystalliner Niederschlag von verschiedenen Additionsprodukten des Hydroxylamins mit Quecksilbersalzen entsteht.

Genauigkeit. Die Trennung ergab nach Šolaja folgende Werte:

Angewendet	Zahl der Analysen	Differenzen
93,4 mg Al_2O_3 und 100 g Fe_2O_3	4	0 bis —0,2 mg Al_2O_3 0 bis +0,7 mg Fe_2O_3
233,6 mg Al_2O_3 und 2,5 g Fe_2O_3	4	+0,4 bis +1,0 mg Al_2O_3 +0,1 bis +0,9 mg Fe_2O_3
2,3 mg Al_2O_3 und 250 mg Fe_2O_3	3	+0,3 bis +0,8 mg Al_2O_3 —0,5 bis +0,2 mg Fe_2O_3

Falls die geglühte Tonerde nicht rein weiß ist, oder wenn Eisen gegenüber Aluminium stark vorherrscht, so ist eine zweite Fällung anzuraten, was im ersten Falle nach Wiederauflösen der Tonerde in Salzsäure geschieht.

Die Trennung des Aluminiums und Eisens in Gegenwart von Phosphorsäure mit $Hg(NH_3)_2Cl_2$ ist unter der Bedingung quantitativ, daß das Aluminium im System der Menge nach stark vorwaltet. Die Fällung wird genau wie bei der Trennung des Aluminiums und Eisens durchgeführt. Der unter diesen Bedingungen gemessene p_H-Bereich der Lösung, bei der also die quantitative Trennung erfolgt, liegt zwischen 5,0 bis 6,5.

Die Dosierung ist leicht zu treffen, ein kleiner Überschuß an Fällungsreagens verursacht keine plötzliche und große Erniedrigung der Wasserstoff-Ionen-Konzentration. Dies beruht sicher auf sekundären Reaktionen, die sich zwischen dem aus $Hg(NH_3)_2Cl_2$ entstehenden Ammoniak und verschiedenen ammonobasischen Quecksilbersalzen abspielen.

Die Trennung des Aluminiums und Eisens in Gegenwart von Phosphorsäure ergab nach Analysen von ŠOLAJA folgendes:

Bei einem Gehalt der Lösung von 127,8 mg Al_2O_3, 50 mg P_2O_5 und 125 mg Fe_2O_3 ergaben 6 Analysen bei 1maliger Fällung Differenzen von — 0,5 bis + 0,8 mg $Al_2O_3 + P_2O_5$, und — 0,2 bis + 0,4 mg Fe_2O_3 und bei 2maliger Fällung bei 3 Analysen solche von — 0,3 bis + 0,4 mg $Al_2O_3 + P_2O_5$ und — 0,3 bis + 0,2 mg Fe_2O_3.

Auch die Trennung der Tonerde und Phosphorsäure von Kalk und Magnesia gelingt bei Anwendung der oben angegebenen Arbeitsvorschrift.

Literatur.

AKIYAMA, T.: J. Pharm. Soc. Japan **56**, 893—895 (1936); **57**, 19—20 (1937).

BRITTON, H. TH. ST.: Soc. **127**, 2110 (1925).

HILLEBRAND u. LUNDELL: Applied Inorganic Analysis **1928**, 391.

JANNASCH, P.: Praktischer Leitfaden der Gewichtsanalyse, 2. Aufl., S. 31 u. 53. 1904.

KOLLO, C.: Bl. Soc. Rômania **2**, 89 (1920); C. **1921 II**, 1042. — KOLLO, C. u. N. GEORGIAN: Bl. Soc. Rômania **6**, 111 (1924). — KRANJČEVIĆ, M. u. G. RUKONIĆ: Arch. Hemija Farmaciju **1**, 18 (1927).

LEHRMANN, L. u. E. KABAT: J. chem. Education **11**, 374 (1934). — LEHRMANN, L., E. KABAT u. H. WEISSBERG: Am. Soc. **55**, 3509 (1933). — LUNDELL, G. E. F. u. H. B. KNOWLES: Am. Soc. **45**, 676 (1923).

RAY, P.: Fr. **86**, 13—24 (1931). — RAY, P. u. A. K. CHATTOPADHYA: Z. anorg. Ch. **169**, 99 (1928).

ŠOLAJA, B.: (a) Ch. Z. **49**, 337 (1925); (b) Fr. **80**, 334—351 (1930).

WILLARD, H. H. u. N. K. TANG: Am. Soc. **59**, 1190 (1937); Ind. eng. Chem. Anal. Edit. **9**, 357—363 (1937).

IV. Fällung von Aluminiumhydroxyd mit Ammoniakderivaten oder anderen organischen Basen.

Allgemeines.

An Stelle von Ammoniak lassen sich grundsätzlich auch die Substitutionsprodukte des Ammoniaks oder andere organische Basen zur Abscheidung von Aluminiumhydroxyd verwenden. Die praktische Bedeutung solcher Verfahren für die quantitative Analyse ist, von einigen Sonderfällen abgesehen, im allgemeinen gering.

Man kann die bisher für die Analyse vorgeschlagenen Fällungsmittel dieser Art einteilen in solche, die stärker basisch sind als Ammoniak, und solche, die weniger stark alkalisch reagieren. Stärkere Basen als Ammoniak zu verwenden, dürfte analytisch überhaupt unzweckmäßig sein, da sie Aluminiumhydroxyd bereits mehr oder weniger angreifen, wenn sie im Überschuß vorhanden sind (E. J. FISCHER). Hier ist also die bereits beim Ammoniak bestehende Gefahr der unter Umständen nicht ganz vollständigen Fällung nur noch verstärkt. Die Notwendigkeit, den p_H-Wert in einem solchen Falle besonders genau einzuhalten, ist selbstverständlich ein Nachteil. Zu diesen stärkeren Basen gehören die Aminbasen der Fettreihe, z. B. Methylamin und Äthylamin.

Basen, die merklich schwächer sind als Ammoniak, greifen das Aluminiumhydroxyd auch dann nicht an, wenn sie im Überschuß vorhanden sind. Dies kann zuweilen für die Analyse von Vorteil sein (z. B. bei Trennungsverfahren). Eine Erleichterung der Trennung des Aluminiums von anderen, insbesondere 2wertigen Kationen können manche dieser schwächeren Basen außerdem dann bieten, wenn ihre Hydroxyl-Ionen-Konzentration nicht mehr ausreicht, um die Hydroxyde der 2wertigen Metalle auszufällen. Auf diese Weise lassen sich mit solchen Basen beispielsweise Trennungen des Aluminiums von Nickel, Kobalt, Mangan, Calcium und Magnesium manchmal glatter durchführen als durch die Ammoniakfällung. Auch 2wertiges Eisen wird von einigen schwächeren Basen nicht mehr als Hydroxyd gefällt.

Die folgende Tabelle gibt die Dissoziationskonstanten der für die quantitative Fällung von Aluminiumhydroxyd vorgeschlagenen Basen und von Ammoniak zur Kennzeichnung ihrer Basizität wieder:

Base	Temperatur °C	Dissoziations-konstante	Base	Temperatur °C	Dissoziations-konstante
Methylamin	25	$5 \cdot 10^{-4}$	Pyridin	18	$1{,}4 \cdot 10^{-9}$
Äthylamin	25	$5{,}6 \cdot 10^{-4}$	Phenylhydrazin . .	40	$1{,}6 \cdot 10^{-9}$
Piperazin	25	$6{,}4 \cdot 10^{-5}$	Anilin	25	$4 \cdot 10^{-10}$
Ammoniak	18	$1{,}75 \cdot 10^{-5}$	o-Phenetidin . . .	20	$4{,}6 \cdot 10^{-11}$
Hydrazinhydrat . .	25	$3 \cdot 10^{-6}$			

Von den in der Tabelle ausgeführten Basen beanspruchen die schwächsten z. B. Phenylhydrazin, o-Phenetidin und Pyridin noch am ehesten analytisches Interesse.

Fällung mit stärkeren Basen (stärker als Ammoniak).

1. Fällung mit Äthylamin und Methylamin.

KOZU (a) hat Äthylamin oder Methylamin und deren Carbonate für die Ausfällung des Aluminiums und seine quantitative Bestimmung verwendet.

Durch Zusatz von soviel Äthylamin zu einer Lösung von Kaliumalaun, daß Bromthymolblau als Indicator in Grün umschlägt, 30 bis 50 Min. langem Stehenlassen und Erhitzen auf dem Wasserbad, wird Aluminium als kompakter Niederschlag von Aluminiumhydroxyd vollständig ausgefällt.

Der p_H-Wert der Lösung beträgt ungefähr 7,9. In einem Überschuß des Fällungsmittels *löst* sich das gefällte Aluminiumhydroxyd *wieder auf*, wenn der p_H-Wert der Lösung 10,5 übersteigt. Wird in diese Lösung Kohlensäure eingeleitet, so wird Aluminiumhydroxyd wieder ausgefällt. Ebenso wie durch Äthylamin kann Aluminiumhydroxyd auch durch Methylamin oder durch eine Lösung von Methylamin, welche mit Kohlensäure gesättigt ist, gefällt werden.

Die Verwendung der beiden Aminbasen an Stelle von Ammoniak bietet, wie auch bereits im vorhergehenden Abschnitt (s. S. 156) bemerkt wurde, keinen Vorteil.

2. Fällung des Aluminiums und Trennung des Aluminiums und Ferrieisens vom Mangan durch Piperazin.

Aluminium und Ferrieisen werden sowohl in Abwesenheit als auch in Gegenwart hoher Ammoniumsalzkonzentrationen durch Piperazin quantitativ gefällt, während Mangan aus schwach saurer Lösung nur in Abwesenheit von Ammoniumsalzen quantitativ ausfällt. Auf Grund dieser Reaktion geben E. AZARELLO und A. SCALZI folgende Trennung des Aluminiums und Ferrieisens vom Mangan an.

Zu der schwach sauren Lösung, die nicht über 0,1 g Metall enthält, setzt man 8 g Ammonsalz und soviel einer 5%igen Lösung von Piperazin hinzu, bis ein Niederschlag entsteht. Man erwärmt und setzt weiterhin tropfenweise Piperazinlösung hinzu, bis ein schwacher Geruch nach Ammoniak bemerkbar wird. Nach kurzem Aufkochen läßt man unter Zufügen von etwas Reagenslösung 1 Std. auf dem warmen Wasserbade stehen und filtriert. Den Niederschlag wäscht man 2mal mit 5%iger und dann mit 2%iger Ammoniumnitratlösung, die durch Zusatz von Piperazin schwach alkalisch reagiert. In dem Niederschlag werden Aluminium und Eisen bestimmt, während im Filtrat das Mangan in üblicher Weise als Oxyd, Pyrophosphat oder Sulfid abgeschieden und bestimmt wird. Die Fehler sollen höchstens 0,4 mg betragen.

Fällung mit schwächeren Basen (schwächer als Ammoniak).

3. Fällung mit Hydrazinhydrat nach MALJAROW.

Vorbemerkung. Nach MALJAROW läßt sich Aluminium aus seinen Salzlösungen mit Hydrazinhydrat schnell und leicht bestimmen. Es bilden sich infolge der schwach basischen Reaktion des Hydrazins keine Aluminate, so daß eine teilweise Auflösung des Aluminiumhydroxyds bei Anwendung eines Überschusses an Fällungsmittel vermieden wird.

MALJAROW hat auf Grund von Berechnungen aus den Dissoziationskonstanten die Wasserstoffexponenten für NH_3 und $N_2H_4 \cdot OH$ berechnet und folgendes festgestellt:

Normalität	n/1	n/10	n/100
p_H für NH_4OH . . .	11,63	11,13	10,63
p_H für N_2H_4OH . . .	11,24	10,74	10,24

0,1 n und 0,01 n Ammoniaklösungen sind der Wasserstoff-Ionen-Konzentration nach fast äquivalent den 1 n und 0,1 n Hydrazinhydratlösungen, d. h. Hydrazinhydrat ist fast 10mal schwächer als Ammoniak. Bei Bestimmung *kleiner* Mengen Aluminium ist das Hydrazinhydratverfahren der Ammoniakmethode vorzuziehen, da es rascher und einfacher in der Ausführung ist und keine besonderen Vorsichtsmaßregeln erfordert. Die Aluminiumfällung mit Ammoniak verlangt hingegen bei genauem Arbeiten mehr Aufmerksamkeit und Sorgfalt. Die Löslichkeit des Aluminiumhydroxyds in den Hydrazinhydratfiltraten ist etwas geringer als in den Ammoniakfiltraten. MALJAROW fand, daß der Gesamtgehalt von Tonerde in den Hydrazinhydratfiltraten geringer als 0,1 mg war, was bei einer Filtratmenge von 150 bis 200 cm^3 mit dem Wasser, das zum Auswaschen gebraucht wurde, einen Wert ergibt, der etwas kleiner als die Löslichkeit von Tonerde in Wasser ist. Auch dieser Befund dürfte für die Brauchbarkeit des Verfahrens sprechen.

Arbeitsvorschrift. Der neutralen oder schwach salzsauren, nicht besonders stark konzentrierten Lösung (1%) des Aluminiumchlorids, die im ERLENMEYER-Kolben bis zum Sieden erhitzt wurde, wird ein geringer Überschuß der wäßrigen Lösung des Hydrazinhydrates zugegeben. Nach kurzem Erwärmen läßt man absitzen und filtriert noch warm. Man wäscht mit warmem Wasser, das eine geringe Menge Hydrazinhydrat enthält. Der Niederschlag wird wie üblich weiter behandelt und nach dem Glühen als Aluminiumoxyd gewogen.

Bemerkungen. **I. Genauigkeit.** Die Fällung des Aluminiums aus der Chloridlösung ergibt beim Fehlen fremder Kationen stets theoretische Werte, unabhängig von der Menge des gefällten Aluminiums.

Die von MALJAROW gefundenen Werte sind folgende: Bei 4 Analysen wurden bei Einwagen von 0,1430 g Al_2O_3 Differenzen von ± 0 bis $+0,1$ mg Al_2O_3 gefunden. Bei Anwendung von 0,0143 g Al_2O_3 betrugen die Differenzen bei 4 Analysen $-0,2$ bis $+0,1$ mg Al_2O_3.

II. Anwendung zu Trennungen. In Gegenwart einer großen Menge von Alkalisalzen sind die Ergebnisse infolge Adsorption stets höher als die theoretischen. In diesem Fall ist es vorteilhaft, größere Aluminiumeinwagen zu vermeiden. Kleinere Mengen des Hydroxydes lassen sich schnell und gut auswaschen, und man erhält dann gute Ergebnisse. In Gegenwart gleicher Gewichtsmengen Kaliumchlorid fand MALJAROW bei Anwendung von 0,1430 g Al_2O_3 Differenzen von 0,2 bis $+0,5$ mg Al_2O_3 und bei 0,0143 g Al_2O_3 solche von ± 0 bis $+0,2$ mg bei je 5 Analysen.

Die Methode ist zur Trennung von Aluminium (und Chrom), von großen Mengen Kalium und Natrium geeignet.

Bereits SCHIRM versuchte, Aluminium (Eisen und Chrom) mit Hydrazin als Fällungsmittel von Zink zu trennen, wobei jedoch ein großer Teil des Zinks von dem Niederschlag der 3wertigen Metalle mitgerissen wurde.

4. Fällung mit Pyridin.

Vorbemerkung. Pyridin dürfte vor allem für Trennungen in Betracht kommen. Verfahren für die Trennung des Aluminiums (Eisens und Chroms) von Mangan, Kobalt und Nickel mit Pyridin als Fällungsmittel für die 3wertigen Metalle hat OSTROUMOW ausgearbeitet. Die Wirkung des Pyridins ist der des Ammoniaks analog.

Bei Zugabe von Pyridin zu einer schwachsauren (salpeter- oder salzsauren) Lösung von Aluminium (Eisen, Chrom), Mangan, Kobalt und Nickel fallen die

3wertigen Metalle aus, während Mangan, Kobalt und Nickel wahrscheinlich unter Bildung von Doppelsalzen und komplexen Verbindungen mit dem Pyridin in Lösung bleiben. Zink wird durch Pyridin zum Teil mitgefällt.

Arbeitsvorschrift. Um einen grob dispersen Niederschlag mit geringem Adsorptionsvermögen zu erhalten, wird die Fällung am besten in der Siedehitze vorgenommen (WAGNER). Die schwachsaure Lösung, die Aluminium- (EisenIII- und ChromIII-) sowie ManganII-, KobaltII- oder NickelII-Ionen enthält, wird zum Sieden erhitzt, mit 20%iger wäßriger Pyridinlösung bis zum Umschlag des zugesetzten Methylrots nach Gelb und dann noch mit einem Überschuß von 10 bis 15 cm^3 versetzt. Dann wird wieder aufgekocht und auf dem Wasserbad zum Absetzen des Niederschlages stehen gelassen. Dieser wird abfiltriert und mit heißem, pyridinhaltigem Wasser gewaschen.

Man fällt am besten aus salzsauren Lösungen, die etwa 0,1 g Tonerde in 100 cm^3 enthalten. Die Gegenwart von Ammoniumchlorid beschleunigt das Zusammenballen des Niederschlages. Bei Fällung aus salpetersaurer Lösung setzt man Ammoniumnitrat statt Ammoniumchlorid zu. Sollte sich beim Aufkochen Pyridin verflüchtigen, was man aus dem Umschlag des Indicators nach Rot erkennt, so setzt man vor der Filtration einen Überschuß von 20%iger Pyridinlösung zu, läßt den Niederschlag absitzen und filtriert. Die Gegenwart größerer Sulfatmengen (z. B. nach einer Bisulfatschmelze) stört durch Bildung von basischen Sulfaten des Aluminiums (Eisens, Chroms), wodurch sich der Niederschlag schlecht absetzt und leicht durch das Filter läuft. Die Sulfatmenge in der Lösung soll 3 g Alkalisulfat in 200 cm^3 nicht übersteigen, wobei noch 10 g Ammoniumchlorid zuzugeben sind. Bei großen Mengen Niederschlag wird dieser am besten mit einer 2%igen Lösung von Ammoniumchlorid oder Ammoniumnitrat, der einige Tropfen Pyridin zugesetzt sind, ausgewaschen.

Die Nickelfällung im Filtrat durch Dimethylglyoxim wird durch Pyridin gestört, da dabei geringe Mengen des Nickeldimethylglyoxims in Lösung bleiben. Man treibt das Pyridin durch Kochen der Lösung mit Soda aus, säuert an und fällt dann das Nickel aus der Lösung.

Die Fällungen der Hydroxyde des Aluminiums (Eisens und Chroms) mit Pyridin setzen sich schnell ab und lassen sich gut filtrieren. Bei Fällung des Aluminiums (Eisens und Chroms) mit Pyridin erhält man gute Werte. Bei Anwendung von 22,6 mg Al_2O_3 fand OSTROUMOW Differenzen von 0,0 bis 0,1 mg Al_2O_3.

Genauigkeit. In den gefällten Niederschlägen bestimmte OSTROUMOW die Mengen der adsorbierten Anteile an MnO, CoO und NiO. Bei Anwendung von 0,1264 g $Fe_2O_3 + Al_2O_3 + Cr_2O_3$ zu etwa gleichen Anteilen wurden bei gleichzeitiger Anwesenheit von ManganII-, KobaltII- und NickelII-Ionen in der zu untersuchenden Lösung folgende Werte gefunden:

Anwesend	Mitgerissen in Abwesenheit von NH_4Cl	Mitgerissen in Gegenwart von 3 g NH_4Cl
22,2 mg MnO	0,017 mg MnO	0,008 mg MnO
20,0 mg CoO	0,038 mg CoO	0,03 mg CoO
22,3 mg NiO	0,02 mg NiO	0,03 mg NiO

Bei Bestimmung der im Filtrat erhaltenen Mengen von Mangan, Kobalt und Nickel wurden von OSTROUMOW Mengen erhalten, die sich um $\pm 0{,}1$ mg von dem theoretisch errechneten unterscheiden.

Die Pyridinmethode von OSTROUMOW wurde von C. G. MACAROVICI nachgeprüft. Danach erhält man für Aluminium in Abwesenheit anderer Metalle zu niedrige Werte. Bei der Bestimmung des Aluminiums aus Aluminiumnitrat beträgt der Fehler — 3,10% und aus Kalialaun — offenbar infolge im Aluminiumoxyd zurückgehaltenen Alkalis — nur —0,68 bis —1,76%. In Gegenwart von Kobalt-, Nickel- und Mangansalzen fallen die Al_2O_3-Werte zu hoch aus, weil die Oxyde dieser Metalle zum Teil mitgefällt und adsorbiert werden, so daß die Farbe der geglühten Tonerde-Niederschläge bläulich, grünlich oder bräunlich ist. Die absorbierten Metalloxydmengen betragen bei Anwendung von 50 mg Al_2O_3, 50 mg NiO, 100 mg CoO und 100 mg NiO.

	NiO %	CoO %	MnO %
in Abwesenheit von Ammonsalzen . .	34,7	25,7	3 bis 4
in Anwesenheit von Ammonsalzen . .	27,5	15,0	3 bis 4

5. Fällung mit Anilin.

Nach den Arbeiten von Kozu (b) kann Aluminium quantitativ aus einer Lösung von Kaliumalaun durch eine gesättigte Lösung von Anilin gefällt werden, wenn der p_H-Wert der Lösung 4,45 bis 4,50 beträgt. Der Niederschlag ist kompakt und kann leicht abfiltriert werden. Nach dem Auswaschen und Glühen wird er als Aluminiumoxyd gewogen. Weiterhin kann Aluminium quantitativ auch aus Mischungen der Sulfate in Gegenwart von Mangan, Nickel oder Kobalt gefällt werden. Durch die Anwesenheit von Zink jedoch wird die Fällung nachteilig beeinflußt.

6. Fällung mit o-Phenetidin.

Die Verwendung dieser Base bringt für die Fällung des Aluminiums kaum Vorteile. Einen gewissen Wert hat auch sie offenbar für spezielle Trennungen, z. B. des Aluminiums von Eisen.

***Arbeitsvorschrift nach* Chalupny *und* Breisch.** Aluminium fällt aus seinen Salzlösungen, sowohl aus den Sulfat- als auch aus den Chloridlösungen, mit einer Lösung von o-Phenetidin ($C_2H_5 \cdot O \cdot C_6H_4NH_2$) je nach Reinheit des verwendeten Phenetidins als braunes bis gelblichweißes Aluminiumhydroxyd quantitativ aus.

Der Niederschlag bildet sich nur in einer neutralen Aluminiumsalzlösung, dann aber nach Zugabe des Phenetidins sowohl in kalter als auch in erwärmter Lösung sehr rasch in ziemlich voluminöser, flockiger Form. Zu Beginn des Filtrierens zeigt er häufig Neigung, durch das Filter zu laufen, was durch mehrmaliges Aufgießen des Filtrats, am besten unter Zugabe einer kleinen Menge Filterbrei behoben werden kann; die Filtration nimmt längere Zeit in Anspruch, sie dauert ungefähr so lange wie bei dem durch Ammoniak gefällten Hydroxyd. Es wird eine alkoholische Phenetidinlösung (etwa 1:20, 5 g Phenetidin in 100 cm^3 Alkohol) angewendet. Vorteilhaft ist es, die Fällung in erwärmter Lösung vorzunehmen, wobei man zu dieser etwas Alkohol zusetzt, um zu rasche Ausscheidung des Phenetidins zu verhindern, da dann das Filtrieren rascher von statten geht, ohne daß eine verstärkte kolloide Löslichkeit in der heißen, alkoholischen Lösung bemerkbar ist. Das Waschen des Niederschlages geschieht mit heißem, etwas ammoniumnitrathaltigem Wasser. Der auf dem Filter verbleibende Niederschlag färbt sich infolge der Oxydation des überschüssigen Phenetidins dunkelbraun und liefert beim Veraschen des Filters Aluminiumoxyd.

Für die Fällung wird die etwa 10fache Menge Phenetidin bezogen auf Aluminiumoxyd angewendet. Die Auswage erfolgt als Al_2O_3. Da häufig die Filterkohle schwer verbrennt, ist es ratsam, den veraschten Niederschlag mit Salpetersäure vorsichtig zu befeuchten, abzurauchen und nochmals zu glühen.

***Bemerkungen.* I. Genauigkeit.** Bei einer angewendeten Menge von 47,6 bis 48,1 mg Al_2O_3 wurden bei 4 Analysen Differenzen von $-0,1$ bis $+0,4$ mg Al_2O_3 gefunden.

II. Anwendung der Methode zur Trennung des Aluminiums von Eisen. Vorbemerkung. Die Fällung des Aluminiums aus seinen Salzlösungen mit o-Phenetidin läßt sich zur Trennung von Eisen verwenden, wenn dieses in 2wertiger Form vorliegt. 2wertiges Eisen fällt bei der geringen Hydroxyl-Ionen-Konzentration der sehr schwachen Base nicht mehr als Hydroxyd aus. Die Reduktion des 3wertigen Eisens erfolgt am besten mit Schwefelwasserstoff. Nach der Reduktion muß der Schwefelwasserstoff durch Kohlendioxyd vertrieben werden, da sonst bei Zugabe der Phenetidinbase Ferrosulfid ausfällt. Aluminium scheidet sich auch bei großem Eisenüberschuß stets eisenfrei aus.

Arbeitsvorschrift. In die nicht stark salzsaure Aluminium- und Eisenlösung wird zuerst Schwefelwasserstoff, dann Kohlendioxyd eingeleitet, bis der Schwefelwasserstoffgeruch verschwunden ist. Die Lösung wird dann bis zum Verbleiben eines geringen Niederschlages mit Ammoniumcarbonat erhitzt und dieser durch Zugabe von verdünnter Salzsäure eben wieder in Lösung gebracht. Zu der so neutralisierten Flüssigkeit wird dann eine in bezug auf Al_2O_3 mindestens 10fache Menge alkoholischer Phenetidinlösung (1:20) zugefügt und die Flüssigkeit auf 80° erwärmt. Nach kurzem Erhitzen wird durch ein mit etwas Filterbrei versehenes Filter filtriert und wie oben weiter gearbeitet. Der Niederschlag läßt sich mit heißem, ammoniumnitrathaltigem Wasser sehr leicht eisenfrei waschen.

So ausgeführte Trennungen ergaben nach Angaben von CHALUPNY und BREISCH bei Anwendung von 47,7 mg Al_2O_3 und 50 bis 500 mg Fe_2O_3 bei 6 Analysen Differenzen von —0,5 bis +0,2 mg Al_2O_3. Die Höchstdifferenz betrug 0,5 mg und die durchschnittliche Differenz 0,18 mg Al_2O_3.

Bei Bestimmung des Aluminiums in einer Legierung, die neben Eisen noch Kupfer, Nickel, Mangan und Zink enthält, entfernt man das Kupfer schnellelektrolytisch aus der Auflösung der Einwage in Salpetersäure, fällt aus der entkupferten Flüssigkeit Eisen und Aluminium als basische Acetate, löst diese mit verdünnter Salzsäure vom Filter in den Fällungskolben und verfährt dann wie oben angegeben. Bei Gegenwart von Kupfer ist der Niederschlag von Eisen und Aluminium bei wiederholter Fällung nicht frei von Kupfer zu erhalten und bei Abscheidung von Eisen und Aluminium mit NH_3-Lösung und Ammoniumchlorid bleibt gewöhnlich durch den bei Gegenwart von Kupfer, Nickel und Zink nötigen NH_3-Überschuß etwa ein Drittel des Aluminiums in Lösung.

7. Fällung mit Phenylhydrazin.

Vorbemerkung. Das Phenylhydrazin ist eine Base, die merklich schwächer ist als Ammoniak. Sie gehört zu den Stoffen, welche Aluminium quantitativ als Hydroxyd fällen, ohne daß eine Spur des Niederschlages im Überschuß des Fällungsmittels gelöst wird. Zugleich führt Phenylhydrazin als starkes Reduktionsmittel das Eisen schnell in das Ferrosalz über, so daß diese Doppelrolle für die Trennung des Aluminiums von Eisen besonders günstig ist. Auch Titan, Zirkon, Thorium und Chrom können durch Phenylhydrazin quantitativ gefällt werden. Phosphor und Vanadin werden, wenn nicht im Überschuß vorhanden, mit den zu fällenden Metallen mitgefällt.

***a) Trennung des Aluminiums von Eisen nach* HESS *und* CAMPBELL. Arbeitsvorschrift.** HESS und CAMPBELL haben folgende Methode für die direkte Bestimmung von Tonerde in Gegenwart von Eisen, Mangan, Calcium und Magnesium ausgearbeitet, die später von ALLEN modifiziert wurde.

Eine abgewogene Menge des zu prüfenden Materials wird auf übliche Weise als Chlorid in Lösung gebracht. Zu 200 cm³ der Lösung, die nahe zum Sieden erhitzt wird, setzt man langsam verdünnte NH_3-Lösung, bis der gebildete Niederschlag sich schnell wieder auflöst. Zu der fast neutralen Lösung fügt man eine gesättigte Lösung von Ammoniumbisulfit tropfenweise unter Umrühren hinzu, bis die Lösung farblos wird und die vollständige Reduktion des Eisens anzeigt. Diese Ammoniumbisulfitlösung wird durch Einleiten von Schwefeldioxyd in eine gekühlte Lösung von Ammoniak (1:1) bis zum Gelbwerden der Lösung hergestellt. Sie dient dem Zweck, nicht nur Eisen zu reduzieren, sondern auch das reduzierte Eisen unter Bildung eines Komplexes mit dem überschüssigen Schwefeldioxyd und dem zugefügten Phenylhydrazin in Lösung zu halten und so seine gleichzeitige Ausfällung mit dem Aluminium zu verhindern.

Zu der heißen Lösung, die jetzt stark nach Schwefeldioxyd riecht, werden 1 bis 2 cm³ Phenylhydrazin hinzugefügt. Wenn diese Phenylhydrazinmenge einen dauernden Niederschlag erzeugt, werden noch wenige Tropfen des Reagenses zugesetzt, um eine vollständige Fällung von Aluminium herbeizuführen. Wenn 1 bis 2 cm³ keine dauernde Fällung bewirken, ist es vorteilhaft, nach Zusatz dieser Phenylhydrazinmenge vorsichtig tropfenweise verdünnte NH_3-Lösung zuzufügen und dann die vollständige Fällung durch Zugabe einiger Tropfen Phenylhydrazin herbeizuführen. Der Niederschlag besteht aus $Al(OH)_3$ oder $AlPO_4$, wenn Phosphor zugegen ist. Er wird auf einem gewöhnlichen Filter abfiltriert und mit warmem Wasser, das wenige Tropfen Phenylhydrazin enthält, gewaschen. Diese Waschlösung wird folgendermaßen hergestellt: Zu wenigen Kubikzentimetern Phenylhydrazin wird eine gesättigte Lösung von Schwefeldioxyd allmählich zugegeben, bis der Niederschlag von Phenylhydrazinsulfit, der zuerst in Form von Krystallen ausfällt, sich wieder zu einer gelben Flüssigkeit gelöst hat. Wenn nach einigen Minuten noch ein Geruch nach Schwefeldioxyd wahrnehmbar ist, werden einige Tropfen Phenylhydrazin zugesetzt, um diesen Überschuß an Schwefeldioxyd zu neutralisieren. Für die Waschlösung werden 5 bis 10 cm^3 dieser Lösung auf 100 cm^3 Wasser verdünnt. Es wird solange ausgewaschen, bis die Waschflüssigkeit mit Ammoniumsulfid keine Reaktion auf Eisen gibt. Dem Filtrat setzt man unter Umrühren 1 Tropfen Phenylhydrazin zu, um sich von der Vollständigkeit der Fällung zu überzeugen. Wenn andere Metallhydroxyde außer Eisenhydroxyd zugegen sind, muß das Waschen fortgesetzt werden, bis die Waschwässer chlorfrei sind. Der Niederschlag wird mit dem Filter im Platintiegel getrocknet, erst auf niedrige Temperatur erhitzt und nach dem Verbrennen des Filters bei heller Rotglut oder besser im elektrischen Ofen bei 1200° bis zum konstanten Gewicht geglüht. Dieser Niederschlag der Tonerde enthält das gesamte Phosphorpentoxyd, so daß das Gewicht von Aluminiumoxyd durch Subtraktion des Gewichtes des Phosphorpentoxyds, das in einer besonderen Probe festgestellt worden ist, gefunden wird.

Zur Bestimmung des Eisens im Filtrat wird dieses, wenn kein anderes durch Ammoniumsulfid fällbares Metall zugegen ist, mit Ammoniumsulfid gefällt, der Niederschlag nach dem Abfiltrieren, ohne zu waschen, in verdünnter Salzsäure gelöst und wie gewöhnlich bestimmt.

Die Methode hat sich besonders für solche Fälle gut bewährt, wo kleine Mengen Aluminium neben großen Mengen Eisen zu bestimmen sind.

Genauigkeit. HESS und CAMPBELL fanden bei Anwendung von:

702,3 mg Fe	und 0,741 mg $Al_2O_5 + P_2O_5$	— 0,006 mg $Al_2O_3 + P_2O_3$ Differenz
202,0 „ „	„ 134,52 „ „ + „	— 0,22 „ „ + „ „
59,934 „ „	„ 15,81 „ „ + „	+ 0,39 „ „ + „ „
333,9 „ „	„ 107,32 „ „ + „	— 0,72 „ „ + „ „
660,4 „ „	„ 35,77 „ „ + „	— 0,07 „ „ + „ „
551,0 „ „	„ 62,25 „ „ + „	— 0,05 „ „ + „ „
527,0 „ „	„ 32,63 „ „ + „	+ 0,37 „ „ + „ „
564,0 „ „	„ 72,62 „ „ + „	— 0,72 „ „ + „ „

Ferner wurde eine Lösung durch Auflösen von 1 g $CaCO_3$, 0,200 g $MgCO_3$, 0,571 g Fe_2O_3 und 1 g $MnCl_2$ in Salzsäure hergestellt. Zu dieser Lösung wurden 0,09016 g Al_2O_3 und 0,05234 g P_2O_5 zugefügt. Die Summe des Gewichts des Aluminiumoxyds und des Phosphorpentoxyds betrug also 0,1425 g. Nach der Methode wurden 0,1428 g $Al_2O_5 + P_2O_5$ wiedergefunden.

CLENNEL hat die Phenylhydrazinmethode bei der Trennung des Aluminiums von Eisen nachgeprüft. Danach findet die Reaktion am besten in der Kälte statt, da das Reagens sich in heißen Lösungen teilweise zu verflüchtigen scheint oder zersetzt wird. Allerdings geht das Filtrieren und Auswaschen des Hydroxyds in kalten Lösungen sehr langsam vor sich.

Bei der Bestimmung des Aluminiums in reinem Ammoniumalaun mit einem theoretischen Gehalt von 6,25% Aluminium wurden von CLENNEL bei Anwendung von 1,626 g Ammoniumalaun für jede Probe in Gegenwart von 50 mg Eisen folgende Werte festgestellt:

1. Fällung aus leicht salzsaurer Lösung, heiß, 6,15 bis 6,49% Al.
2. Fällung aus leicht schwefligsaurer Lösung, kalt, 6,19 bis 6,36% Al.
3. Fällung aus neutraler Lösung, kalt, 6,19 bis 6,34% Al.

***b) Trennung des Aluminiums von Eisen nach* HILLEBRAND *und* LUNDELL.**

HILLEBRAND und LUNDELL trennen aus sulfathaltigen Lösungen, die keine Erdalkalimetalle und kein Zink, Kobalt oder Nickel nur in mäßigen Mengen enthalten sollen, nach der von ALLEN modifizierten Methode.

Arbeitsvorschrift. Zu der schwefelsauren Lösung fügt man Methylorange hinzu, macht mit NH_3-Lösung eben alkalisch, setzt soviel Säure zu, daß die Elemente in Lösung bleiben und füllt auf 100 bis 200 cm^3 auf. Man erwärmt und reduziert durch Zusatz einer gesättigten Lösung von Ammoniumbisulfit (5 bis 20 Tropfen, je nach der vorhandenen Eisenmenge). Wird die Lösung infolge Säuremangels tiefrot, so setzt man wenige Tropfen Salzsäure zu, da das Sulfit in neutraler Lösung EisenIII-salze nicht so schnell reduziert. Jetzt neutralisiert man schnell mit Ammoniak und fügt 6 bis 7 Tropfen Salzsäure (1:1) im Überschuß hinzu. Wenn dies zu langsam geschieht, so bildet sich durch Luftsauerstoff ein wenig EisenIII-hydroxyd, welches sich nicht immer leicht in der verdünnten Säure löst. Schließlich setzt man 1 bis 3 cm^3 Phenylhydrazin entsprechend dem Gehalt an zu fällendem Aluminium hinzu und rührt um, bis sich der Niederschlag, flockig geworden, absetzt. Durch Zusatz von einigen Tropfen des Reagenses zur überstehenden klaren Lösung überzeugt man sich von der Vollständigkeit der Fällung. Die überstehende Flüssigkeit wird jetzt gegen Methylorange alkalisch und gegenüber Lackmus sauer sein. Häufig hat der Niederschlag eine bräunliche Farbe, die jedoch nicht von EisenIII-hydroxyd, sondern von nicht frisch destilliertem Phenylhydrazin herrührt, was nicht weiter stört. Es wirkt eher störend, wenn sich bei zu langem Stehen durch Einwirkung des Luftsauerstoffes dieses Oxydationsprodukt in größerer Menge bildet und ein brauner, unlöslicher Schlamm auf der Oberfläche der Flüssigkeit und an den Wandungen des Gefäßes abgesetzt wird. Man filtriert und wäscht mit einer Lösung von Phenylhydrazinsulfit, deren Zusammensetzung oben angegeben ist.

Bei genauen Analysen und stets, wenn viel Eisen zugegen war, löst man den Niederschlag in heißer verdünnter Schwefel- oder Salzsäure und wiederholt die Fällung. Schließlich glüht und wägt man als Al_2O_3.

Wenn die Lösung nicht mehr Phosphorsäure enthält, als durch die Tonerde gefällt werden kann, wird der gesamte Phosphor als Aluminiumphosphat niedergeschlagen. Reicht die vorhandene Aluminiummenge nicht aus, alle Phosphorsäure als Aluminiumphosphat mitzufällen, so kann man eine bekannte Menge Aluminiumchlorid zufügen und diese Menge von dem Gesamtgewicht abziehen.

Anwendung der Methode. GOLOWATY und SSIDOROW haben die Phenylhydrazinmethode für die Aluminiumbestimmung in Eisenerzen verwendet. Nach ihren Angaben ist die Ausfällung des Aluminiums durch Phenylhydrazin die einfachste und schnellste Bestimmungsmethode für Aluminium in Eisenerzen, die kein Chrom, Titan und Zink enthalten.

Arbeitsvorschrift. Man behandelt eine Probe des Eisenoxyds mit konzentrierter Salzsäure und Schwefelsäure, dampft bis zum Abrauchen der Schwefelsäure ein, nimmt mit Salzsäure auf, verdünnt, filtriert die Kieselsäure ab und verdünnt das Filtrat auf 250 cm^3. Man behandelt dann einen aliquoten Teil mit NH_3-Lösung bis zur schwachsauren Reaktion, reduziert das 3wertige Eisen mit Natriumbisulfit bei 80 bis 90°, gibt NH_3-Lösung bis zur schwachsauren Reaktion gegen Methylorange zu und fällt das Aluminium mit Phenylhydrazinlösung. Dann filtriert man, wäscht zuerst 3- bis 4mal mit einer Lösung von 4 cm^3 Phenylhydrazinlösung in 100 cm^3 konzentrierter Natriumsulfitlösung, auf 1500 bis 2000 cm^3 mit Wasser verdünnt, dann mit Wasser und glüht.

Literatur.

ALLEN, E. T.: Am. Soc. **25**, 421 (1903). — AZARELLO, E. u. A. ŠCALZI: Congr. Chim. ind. Nancy **18 I**, 359—367 (1938).

CHALUPNY, K. u. K. BREISCH: Angew. Ch. **35**, 233 (1922). — CLENNEL, J. E.: Metal Industry **21**, 273 (1922).

FISCHER, E. J.: Wiss. Veröffentl. Siemens-Konzern **4**, II, 171 (1925).

GOLOWATY, R. N. u. SSIDOROW: Betriebslab. **3**, 949 (1934).

HESS u. CAMPBELL: Am. Soc. **21**, 776 (1899). — HILLEBRAND u. LUNDELL: Applied Inorganic Analysis **1929**, 113.

KOZU, TOSHIO: (a) J. chem. Soc. Japan **54**, 682 (1933); Chem. Abstr. **27**, 5675 (1933); J. chem. Soc. Japan **55**, 437—457 (1934); (b) J. chem. Soc. Japan **56**, 22—30, 562—569, 683 (1935).

MALJAROW, K. L.: Arbeiten d. wissenschaftl. Naphta-Instituts, Moskau 1927, Nr. 202, 20—29. — MARCAROVICI, C. GH.: Bl. Soc. Stiinte Chij Romania **9**, 207—214 (1939); C **1939 II**, 3854.

OSTROUMOW, E. A.: Fr. **106**, 170 (1936).

SCHIRM, E.: Ch. Z. **35**, 897 (1911).

WAGNER, C. L.: M. **34**, 95 (1913); Fr. **67**, 248, 261 (1925).

V. Hydrolyseverfahren zur Fällung von Aluminium als Hydroxyd oder basisches Salz.

Allgemeines.

Die Salze des Aluminiums sind in wäßriger Lösung mehr oder weniger stark hydrolytisch gespalten. Die Hydrolyse vollzieht sich nach folgender Gleichgewichtsreaktion:

$$Al^{\cdot\cdot\cdot} + 3\,H^{\cdot} + 3\,OH' \rightleftarrows Al(OH)_3 + 3\,H^{\cdot}.$$

Die Grundlage der hydrolytischen Fällungsverfahren ist die Bindung der bei der Hydrolyse freiwerdenden Wasserstoff-Ionen. Das Gleichgewicht verschiebt sich durch Entziehung der Wasserstoff-Ionen weitgehend nach rechts. Aluminium wird dabei *quantitativ* ausgefällt. Dies geschieht durch Zusatz von Salzen mehr oder weniger *schwacher* Säuren. Die Reaktion vollzieht sich bekanntlich nach folgendem Schema: $H + Ac \rightleftarrows HAc$.

Im Reaktionsmechanismus kann man hierbei drei verschiedene Fälle unterscheiden:

A. Nach Zusatz des Salzes bildet sich eine schwache, wenig dissoziierte Säure, die sich beim Erhitzen meist weitgehend verflüchtigt. Derartige Hydrolyseverfahren verlangen möglichst Ausführung in der Siedehitze.

B. Die nach Zusatz des Salzes gebildete schwache Säure ist unbeständig und zerfällt in andere Bestandteile, die zum Teil flüchtig sind. Auch in diesem Falle werden also die Wasserstoff-Ionen dem Gleichgewichte laufend entzogen.

C. Die nach Zusatz der Salze gebildete schwache Säure wird gegen andere Stoffe umgesetzt, wobei sich flüchtige Reaktionsprodukte bilden. Auch auf diese Weise werden die Wasserstoff-Ionen zum Verschwinden gebracht.

Das klassische Verfahren der Gruppe A ist das *Acetat*verfahren. Bei Zusatz von Alkali- oder Ammoniumacetat zur schwachsauren Aluminiumsalzlösung bildet sich die wenig dissoziierte Essigsäure, die sich in der Hitze verflüchtigt. Die *Acetat*-Methode hat ihre Bedeutung einzig und allein als *Trennungsweg*. Sie wird zur Trennung des Aluminiums von den 2wertigen Schwermetallen verwendet. Ihr Hauptnachteil liegt in der sehr ungünstigen, gallertartigen Abscheidungsform des basischen Aluminiumacetates. Überdies ist die Fällung des Aluminiums (im Gegensatz zu entsprechenden Fällungen von Eisen und Titan) nicht ganz quantitativ.

Zur gleichen Gruppe gehören die Fällungen mit Formiaten, Succinaten und Benzoaten. Sie bieten zwar einige Vorteile vor der Abscheidung mit Acetat (z. B. breiterer p_H-Bereich der Fällung beim Succinat), doch ist ihr Wert als exakte Trennungsverfahren teilweise umstritten. Möglicherweise wäre das Benzoatverfahren noch am ehesten in der Lage, das unbequemere Acetatverfahren zu verdrängen, doch fehlen bisher exakte Belege für die Trennungsschärfe dieser sonst bestechenden Methode.

Schließlich gehören in diese Gruppe noch die Fällungen mit Ammoniumsulfid oder Natriumsulfid. Sie besitzen eine gewisse Bedeutung für die Trennung des Aluminiums von den Alkalimetallen oder Erdalkalimetallen, vor allem von Magnesium. Allerdings ist die Trennungsschärfe nicht besonders groß. Die Ammoniumsulfidmethode kann lediglich zur *Vortrennung* dienen.

Die bekanntesten Verfahren der Gruppe B sind die *Carbonat*-Verfahren, bei denen das Hydrolysengleichgewicht der Aluminiumsalzlösung durch Zusatz eines geeigneten Carbonates verschoben wird. Die gebildete, sehr schwache Kohlensäure zerfällt dabei unter Abgabe von Kohlendioxyd. Die beiden klassischen Methoden dieser Gruppe sind das Ammoniumcarbonatverfahren und das Bariumcarbonatverfahren. Auch sie haben lediglich als Trennungsmethoden analytische Bedeutung. Die Ammoniumcarbonatmethode ergibt ebenfalls, wie das Acetatverfahren, nicht unbedingt genaue Trennungen, da geringe Mengen Aluminium in Lösung verbleiben. Auf der Tatsache, daß einige Metalle, wie Zirkon, Thorium, Uran und Beryllium mit Ammoniumcarbonat komplexe wasserlösliche Carbonate bilden, beruhen ihre Trennungen von Aluminium (und Eisen), deren Wert aber teilweise recht zweifelhaft ist. Der Vorteil der Bariumcarbonatmethode liegt in der besseren Filtrierbarkeit der Niederschläge und der Möglichkeit, in der Kälte zu arbeiten. Unbequem ist die Notwendigkeit der nachträglichen Abtrennung des Bariums. Einen Fortschritt bedeutet die in neuerer Zeit ausgearbeitete Hydrazincarbonatmethode, welche mit gut filtrierbaren Aluminiumniederschlägen zu relativ scharfen Trennungen führt. Bemerkenswert ist auch die Möglichkeit einer brauchbaren Aluminium-Eisen-Trennung.

Geringe analytische Bedeutung hat bisher das *Kaliumcyanat*-Verfahren, bei dem die zur Hydroxydfällung erforderliche Gleichgewichtsverschiebung durch flüchtige Zersetzungsprodukte der Cyansäure (hauptsächlich Kohlendioxyd und Ammoniak) bewirkt wird. Bekannter und in verschiedener Hinsicht ausgezeichnet ist das *Nitrit*verfahren, dessen Wirksamkeit auf dem Zerfall der durch Umsetzung gebildeten salpetrigen Säure in Stickstoff und Stickstoffdioxyd, die sich beide verflüchtigen, beruht. Die Methode vereinigt gute Filtrierbarkeit des Hydroxydniederschlages mit hoher Genauigkeit und einer für viele Zwecke ausreichenden Trennschärfe.

In die gleiche Gruppe gehört auch die altbekannte *Thiosulfat*-Methode, bei der die primär entstehende Thioschwefelsäure in flüchtiges Schwefeldioxyd und in Schwefel zerfällt. Auch dieses Verfahren liefert dichte, *gut filtrierbare* Niederschläge, doch ist die Fällung nicht ganz vollständig. Es ist auf diese Weise aber eine rasche Vortrennung des Aluminiums von Schwermetallen, vor allem von Eisen, möglich. Durch Nachfällen mit Ammoniak oder besser Phenylhydrazin gelingt es, einen Teil des nicht ausgefällten Aluminiums abzuscheiden, doch auch auf diesem Wege gelingt niemals — offenbar infolge Bildung löslicher Thiosulfatkomplexe — eine restlose Abscheidung. Dagegen kann der Verlust mehr oder weniger durch von Hydroxyd mitgerissenes Alkali oder durch schwer entfernbare Spuren von Sulfat kompensiert werden. Schließlich ist speziell für die Aluminium-Eisen-Trennung noch die Hydrosulfitmethode als besonders rasches und zuverlässiges Trennungsverfahren empfohlen worden, doch ist über ihre praktische Bewährung bisher wenig bekannt geworden.

Der bekannteste Vertreter der Gruppe C ist das *Jodid-Jodat*-Verfahren. Die in schwachsaurer Aluminiumsalzlösung freigemachte Jodsäure setzt sich mit Jodid zu Jod um, das durch Thiosulfat entfernt wird. Das Verfahren ist wegen der leichten Filtrierbarkeit des Hydroxydniederschlages und wegen seiner Brauchbarkeit für Trennungen von Schwermetallen zu empfehlen. Weniger bekannt und bisher ohne analytische Bedeutung sind Verfahren, in denen Natriumnitrit mit anderen Stoffen, wie Natriumacid, Kaliumjodid oder Harnstoff kombiniert wird. Die Stoffe reagieren z. B. mit salpetriger Säure unter Bildung von Gasen oder flüchtigen Substanzen, wodurch wiederum das Gleichgewicht möglichst weit bis zur vollständigen Abscheidung von Aluminiumhydroxyd verschoben werden soll.

Verschiebung des Reaktionsgleichgewichtes durch Verflüchtigung einer schwachen Säure.

1. Acetatmethode.

Vorbemerkung. Die Acetatmethode kann zur Trennung des Aluminiums von den *2wertigen* Metallen dienen. Beim Erhitzen der Salzlösungen von Aluminium (3wertigem Eisen und Chrom) mit Alkaliacetat fallen basische Salze aus, die WEINLAND als die schwer löslichen Trimetallhexaacetatotrioxo-Körper ($M_3Ac_6(OH)_2OH$) ansah (WEINLAND). Nach den heutigen Anschauungen dürfte es sich bei allen derartigen „basischen Salzen“ wohl um feste Lösungen von Aluminiumhydroxyd und Säureanionen, z. B. Acetaten, handeln.

Den Fällungsbereich von Aluminium (und 3wertigem Eisen) als basisches Acetat, sowie seine Trennung von Zink, Mangan und Nickel nach dieser Fällungsmethode haben KLING, A. LASSIEUR und Frau LASSIEUR genauer untersucht. Danach fällt das basische Aluminiumacetat nicht aus, wenn der p_H-Wert der Lösung *unter* 4,5 liegt. Bei einem p_H-Wert von 5,2 ist die Fällung des Aluminiums vollständig. Eine merkliche Alkalität bis zu einem p_H-Wert von 8,6 beeinflußt die Fällung nicht, so daß sie bei diesem p_H-Wert noch quantitativ ist. Das basische Acetat ist um so leichter filtrierbar, je weniger sauer die Flüssigkeit ist. Der Niederschlag läßt sich also sehr schwer und nur unter Zusatz von Filterpapierbrei filtrieren, wenn die Flüssigkeit bei einem p_H-Wert von 5,2 auf der untersten zulässigen Säurestufe gehalten wird. Am bequemsten ist es, mit einem Indicator, z. B. Methylrot, zu arbeiten, dessen Umschlagsgebiet bei $p_H = 5{,}2$ bis 5,6 liegt. Die 2wertigen Metalle fallen in diesem p_H-Bereich meist noch nicht aus.

Fällung des Ferri-Ions. Das basische Acetat des 3wertigen Eisens beginnt bei $p_H = 3{,}7$ auszufallen und ist bei $p_H = 4{,}1$ vollständig abgeschieden. Bei $p_H = 3{,}86$ ist die Fällung fast vollständig, in Lösung sind dann nur noch Spuren Eisen. Eine Trennung des Eisens von Aluminium unter Einhaltung eines bestimmten p_H-Wertes ist nicht möglich, da der Unterschied zwischen dem zur vollständigen Eisenfällung nötigen p_H-Wert ($p_H = 4{,}1$) und zwischen dem zur Vermeidung der Aluminiumfällung erforderlichen p_H-Wert von höchstens 4,4 zu gering ist. Außerdem läßt sich bei Gegenwart von Eisen ein Indicator nicht anwenden.

Bei den Trennungen fällt man das Aluminium mit Eisen, das ja fast stets zugegen ist. Da stets Eisen mit dem Aluminiumniederschlag mitgerissen wird, und zwar um so mehr, je mehr Eisen vorhanden ist, wird die Acetatmethode in der Praxis selten für Aluminium allein, das also nicht von Eisen begleitet ist, angewendet.

Für die Trennung des Aluminiums von Chrom, Uran und von den meisten Elementen der seltenen Erden ist die Acetatmethode nicht anwendbar. Phosphorsäure wird mit Eisen und Aluminium quantitativ ausgefällt, wenn nicht ein Überschuß einer P_2O_5-Menge vorhanden ist, die zur Bildung von Phosphaten mit den ausfallenden Metallen ausreicht. Sonst setzt man eine bekannte Menge Eisen- oder Aluminiumsalz zu, um die Phosphorsäureausfällung zu vervollständigen. Indem man so die Phosphorsäure aus dem Gang der Analyse beseitigt, wird die darauffolgende Bestimmung der Erdalkalimetalle und des Magnesiums bedeutend erleichtert (HILLEBRAND und LUNDELL) (a). Nach TREADWELL (c) ist die Acetatmethode speziell für die Trennung des Ferri-Ions von $Zn^{\cdot\cdot}$-, $Mn^{\cdot\cdot}$-, $Ni^{\cdot\cdot}$- ($Co^{\cdot\cdot}$-) Ionen geeignet. Bei Anwesenheit von viel Ferri-Ionen werden kleine Mengen von Aluminium- und Chromi-Ionen vollständig mitgefällt, wenn dagegen Aluminium- und Chromi-Ionen *überwiegen*, bleibt ihre Fällung unvollkommen wegen der Bildung löslicher Acetatosalze. Bei der Trennung des Aluminiums mittels der Acetatmethode ist besonders darauf zu achten, daß das basische Acetat des Aluminiums (mehr noch als das des Eisens) fremde Metalle mitreißt und daß das Aluminium nicht so vollständig gefällt wird wie Eisen. Man sollte die Filtrate daher stets auf Aluminium prüfen. Wenn man nach der Fällung mit einem Acetatüberschuß heiß filtriert, so ist das Filtrat aluminiumfrei; läßt man aber beim Filtrieren abkühlen, so ist im Filtrat Aluminium nachzuweisen.

Arbeitsvorschriften.

a) Arbeitsvorschrift nach KLING, LASSIEUR und Frau LASSIEUR. Man verdünnt für die Fällung auf 350 cm³, fügt etwas Methylrot und 20 cm³ Natriumacetatlösung (10%ig) und schließlich vorsichtig Natriumcarbonat bis zum Farbumschlag des Indicators und etwas Filterpapierschleim hinzu. Man kocht 2 Min. auf, filtriert, wäscht mit warmer Lösung von 1% Ammoniumnitrat, glüht und wägt. Da mit steigender Temperatur die Hydrolyse zunimmt, ist nicht nur die Fällung selbst am besten in der Hitze auszuführen, sondern auch eine Abkühlung während des Filtrierens und Auswaschens zu vermeiden.

b) Arbeitsvorschrift nach TREADWELL (b). Die möglichst konzentrierte, ungefähr 100 cm³ betragende Lösung der Chloride versetzt man in der Kälte mit Natriumcarbonatlösung, bis eine bleibende Opalescenz entsteht, fügt hierauf einige Tropfen verdünnte Salzsäure bis zum Verschwinden der Trübung hinzu und dann für je 0,1 bis 0,2 g Aluminium (oder Eisen) 1,5 bis 2 g Natrium- oder Ammoniumacetat. Man verdünnt die Lösung auf 300 bis 400 cm³ mit siedend heißem Wasser, kocht 1 Min. und entfernt die Flamme (durch langes Kochen wird der Niederschlag schleimig und läßt sich schlecht filtrieren). Man läßt nun den Niederschlag absitzen, filtriert die überstehende Lösung sofort heiß durch ein Faltenfilter und wäscht 3mal durch Dekantieren mit heißem Wasser, dem etwas Natrium- oder Ammoniumacetat zugesetzt ist. Nun breitet man das Filter samt Niederschlag auf einer Glasplatte aus, spült den größten Teil des Niederschlages in eine Porzellanschale ab und löst den am Filter haftenden Rest durch abwechselndes Aufspritzen mit konzentrierter Salzsäure und heißem Wasser. Das Aluminium wird nach Auflösen des Niederschlages in Salzsäure in bekannter Weise mit Ammoniak gefällt usw. Nur bei Forderung großer Genauigkeit ist die Trennung zu wiederholen. In der salzsauren Lösung bestimmt man Aluminium (und Eisen).

Das Filtrat, das die 2wertigen Metalle enthält und gegen Lackmus schwach sauer reagieren soll, dampft man auf dem Wasserbad auf ein kleines Volumen ein. Damit hierbei kein Braunstein ausgeschieden wird, versetzt man die Lösung zuvor mit 5 cm³ konzentrierter Salzsäure. Nun fällt man die Metalle mit Schwefelammonium in einem ERLENMEYER-Kolben aus der fast völlig neutralisierten und luftfrei gekochten Lösung. Am besten geschieht dies durch Sättigen mit Schwefelwasserstoff und nachherigem Zusatz von Ammoniak in geringem Überschuß. Die weitere Trennung der Metalle geschieht wie üblich.

c) Arbeitsvorschrift nach BORCK. Statt die Flüssigkeit bis zur beginnenden Trübung mit Soda oder Ammoniumcarbonatlösung zu versetzen, ist es empfehlenswerter, einige Tropfen Methylorangelösung zuzugeben, und mit Ammoniak bis zum Farbumschlag zu neutralisieren. Setzt man nun einige Kubikzentimeter konzentrierte Ammoniumacetatlösung hinzu und kocht kurz auf, so fallen Aluminium und Eisen quantitativ als flockige und leicht auswaschbare Hydroxyde aus.

d) Arbeitsvorschrift nach BRUNCK sowie nach FUNK. Nach den Angaben von H. BILTZ und W. BILTZ stammt die beste Vorschrift des Natriumacetatverfahrens aus dem Laboratorium von CL. WINKLER und wurde von BRUNCK sowie von FUNK veröffentlicht. Anstatt vor dem Natriumacetatzusatz zu neutralisieren, wird nach dieser Vorschrift der meist vorhandene, große Säureüberschuß durch Abdampfen beseitigt. Um eine hydrolytische Spaltung der Salze beim Eintrocknen möglichst zu vermeiden, nimmt man das Eindampfen auf dem Wasserbad vor, wobei man der Lösung vor dem Eindampfen soviel Kaliumchlorid zusetzt, daß auf 1 Atom Aluminium oder Eisen 2 Mol dieses Salzes kommen. Es bilden sich Doppelsalze, die beim Eindampfen nicht basisch werden und sich in wenig Wasser klar lösen. Es genügt eine abgerundete Berechnung der Zusätze. Auch ein größerer Überschuß von Salzsäure ist unschädlich. Bei Gegenwart von Zink erhöht man den Zusatz an Kaliumchlorid, um auch hier das entsprechende Doppelsalz zu erzeugen. Den Eindampfrückstand löst man in wenig Wasser und fügt zu der klaren, ganz schwach mineralsauren Lösung eine mit wenigen Tropfen verdünnter Essigsäure schwach angesäuerte Lösung von Natriumacetat, und zwar etwa das Doppelte der erforderlichen Menge hinzu.

Die (bei Anwesenheit von EisenIII-Ionen blutrote) Lösung wird zum Sieden erhitzt, wobei sogleich die Abscheidung des gut filtrierbaren Hydroxyds einsetzt. Das Filtrieren der 100° warmen Lösung und das Auswaschen mit siedendem Wasser soll möglichst in $^1/_4$ Std. erledigt sein. Das nach dem Umfällen des Eisen-Aluminium-Niederschlages mittels Ammoniaks anfallende Filtrat wird durch Einengen weitgehend von Ammoniak befreit und mit dem ersten Filtrat vereinigt.

e) Arbeitsvorschrift nach MOSER und NIESSNER. MOSER und NIESSNER (a) fällen Aluminium quantitativ aus einer schwach schwefelsauren Lösung mit einer Ammoniumacetat-Tannin-Lösung, ein Verfahren, das zur Trennung des Aluminiums von Beryllium angewendet wird. Durch das Acetat bildet sich zunächst kolloidales Ammoniumhydroxyd in hochdisperser Form, das als Adsorbens auf das Adsorptiv, das Tannin, unter Bildung einer schwer löslichen Adsorptionsverbindung wirkt. Beim Erwärmen ballt sich der Niederschlag schnell zusammen. Er ist sehr voluminös, aber leicht filtrierbar.

Besonderheiten der Fällung des Aluminiums bei Gegenwart bestimmter Metalle.

a) In Anwesenheit von Mangan. **Vorbemerkung.** Aus der Lösung eines Mangansalzes allein fällt das Mangan erst von dem p_H-Wert 6,5 an aus. Bei Gegenwart von Aluminium + Mangan fällt um so mehr Mangan mit dem Aluminium aus, je mehr der p_H-Wert 5,2 überschreitet. Aus einer Lösung von 0,1025 g Al und 0,1375 g Mn wurden von dem Aluminiumniederschlag nur 0,2 mg Mn mitgerissen. Wenn dagegen die Lösung weniger sauer ist (z. B. bei einem p_H-Wert von 6,4 und darüber), wird der Manganeinschluß sehr merkbar, weshalb in diesem Falle doppelte Fällung erforderlich ist, um eine genaue Trennung zu erreichen. Die Menge des vorhandenen Mangans ist ohne Einfluß auf die Mitfällung des Mangans durch den Aluminiumniederschlag, wenn unter den angegebenen Bedingungen gearbeitet wird (KLING, LASSIEUR und Frau LASSIEUR).

Nach einer Arbeit von SEKINO über die Tonerdebestimmung in Manganerzen ist die Fällung des Aluminiums als basisches Acetat nur bei einem p_H-Wert von 5,2 bis 5,6 quantitativ. Unter diesen Bedingungen wird praktisch kein Mangan mitgefällt.

Nach CARUS sind die bei der Fällung des Aluminiums (und Eisens) in Gegenwart von Mangan im Niederschlag auftretenden Verunreinigungen bei der Acetatmethode durch eine höhere Oxydationsstufe des Mangans verursacht, die namentlich bei Anwesenheit größerer Manganmengen auftritt. Durch Zusatz von H_2O_2-Lösung kann die Bildung höherer Oxyde des Mangans verhindert werden, wodurch die quantitative Abscheidung des Aluminiums und Eisens in keiner Weise beeinträchtigt wird.

Arbeitsvorschrift nach CARUS. Die Aluminium (3wertiges Eisen) und Mangan enthaltende Lösung wird mit Sodalösung neutralisiert und entsprechend dem ungefähren Aluminium- und Eisengehalt verdünnt. Entsteht eine Trübung, so ist diese mit wenig Säure zurückzunehmen. Die Lösung muß vollkommen klar sein. Zur Sicherheit gibt man noch einige Tropfen verdünnte Salzsäure als Überschuß hinzu und stellt die nunmehr ganz schwach mineralsaure Lösung so ein, daß sie gegen Kongopapier schwach sauer reagiert. Die H_2O_2-Lösung fügt man zweckmäßig vor dem Natriumacetatzusatz zu, und zwar genügen in der Regel einige Kubikzentimeter 3%ige Lösung. Man kocht auf, läßt absitzen, fügt noch etwas Wasserstoffperoxyd vorsichtig hinzu und filtriert sogleich. Der Niederschlag wird mit schwach essigsaurem Wasser, dem etwas Natriumacetat und Wasserstoffsuperoxyd zugesetzt wird, und zum Schluß mit heißem Wasser gewaschen. Der Niederschlag ist nun vollkommen manganfrei. Der größte Teil des noch unzersetzten, im Filtrat befindlichen Wasserstoffperoxyds wird, falls er den weiteren Analysengang stört, durch anhaltendes Kochen, die letzte Spur durch einige Tropfen schweflige Säure zerstört.

Genauigkeit. Versuch I. Aus einer Lösung, enthaltend 0,0472 g Al_2O_3 und 0,0715 g Fe_2O_3 zusammen also 0,1187 g $Al_2O_3 + Fe_2O_3$ wurde ohne Zusatz von H_2O_2-Lösung mit Natriumacetat gefällt. Die basischen Acetate wurden in Salzsäure gelöst und mit NH_3-Lösung gefällt.

Gewicht der geglühten Oxyde bei 3 Analysen:

0,1177 g, 0,1180 g, 0,1178 g $Al_2O_3 + Fe_2O_3$.

Versuch II. Versuchsbedingungen wie bei Versuch I, jedoch mit Zusatz von Wasserstoffperoxydlösung.

Gewicht der geglühten Niederschläge:

bei Zusatz von	5 + 5	cm^3	H_2O_2-Lösung	= 0,1180 g	$Al_2O_3 + Fe_2O_3$
„ „ „	10 + 10	„	„	= 0,1175 g	„ + „
„ „ „	15 + 15	„	„	= 0,1182 g	„ + „
„ „ „	15 + 15	„	„	= 0,1175 g	„ + „

Die Filtrate waren frei von Aluminium und Eisen. In einem Fall waren Spuren Kieselsäure vorhanden.

Versuch III. Bedingungen wie bei den vorhergehenden Versuchen, jedoch bei Gegenwart von 7,2 g $MnCl_2 \cdot 4\,H_2O = 2$ g Mn. Es wurde in mehreren Proben nach der Natriumacetatmethode gefällt. Der Mangangehalt in den Niederschlägen schwankte zwischen 1 und 3 mg Mangan.

Versuch IV. Versuchsbedingungen genau wie bei Versuch III, aber unter Zusatz von H_2O_2-Lösung bei der Fällung mit Natriumacetat. In den Niederschlägen konnte kein oder nur eine unbedeutende Spur Mangan nachgewiesen werden.

b) In Anwesenheit von Zink. **Vorbemerkung.** Mit Acetat beginnt Zink nach KLING, LASSIEUR und Frau LASSIEUR auszufallen, wenn die salzsaure Lösung den p_H-Wert 6,0 erreicht. Die Fällung wird bei einem p_H-Wert von 7,1 vollständig (nahezu). Trotzdem die p_H-Werte, bei denen Fällungen von Aluminium und Zink erfolgen, also ziemlich nahe beieinander liegen, gelingt es bei einem p_H-Wert von 5,2 eine gute Trennung des Aluminiums von Zink zu erreichen. Jedoch fällt das Aluminium unter diesen Bedingungen in einer gelatinösen Form aus, die sich auch mit Filterschlamm nicht filtrieren läßt. Man setzt daher der Lösung eine reichliche Menge Natriumchlorid zu, wodurch der Niederschlag filtrierfähig wird. Allerdings wird durch diesen Alkalisalzzusatz der Aluminiumniederschlag alkalihaltig, weshalb er wieder aufgelöst und ein zweites Mal gefällt werden muß.

Arbeitsvorschrift nach KLING, LASSIEUR und Frau LASSIEUR. Die Zink und Aluminium enthaltende Lösung wird auf 260 cm^3 verdünnt, mit einigen Tropfen Methylrotlösung und mit Filterschlamm versetzt. Darauf gibt man 20 g Kochsalz, 20 cm^3 10%ige Natriumacetatlösung und soviel Sodalösung zu, daß der p_H-Wert der Flüssigkeit der Färbung nach zu urteilen, 5,2 beträgt. Man kocht 2 Min., filtriert den Niederschlag ab und wäscht ihn aus. Da der Niederschlag fixe Alkalien enthält, muß er nach der Lösung in Salpetersäure und dem Wiederfällen mit NH_3-Lösung (unter Benutzung von Bromthymolblau als Indicator) davon befreit werden. Das Zink kann im Filtrat elektrolytisch bestimmt werden.

c) In Anwesenheit von Nickel. Im essigsauren Medium fällt das Nickel von einem p_H-Wert von 6,10 ab aus. Eine einwandfreie Trennung läßt sich unter den angegebenen Bedingungen jedoch nicht durchführen. Auch bei doppelter Fällung enthält der Aluminiumniederschlag noch beträchtliche Mengen Nickel. Man kann zwar den Anteil an mitgerissenem Nickel verringern, wenn man bei möglichst niedrigem p_H-Wert fällt (z. B. 5), doch ist dann im Filtrat stets Aluminium nachzuweisen (LEFFLER).

d) In Anwesenheit von Kupfer. Für die Trennung des Aluminiums von Kupfer gilt das beim Nickel Gesagte.

e) In Anwesenheit von Alkalimetallen. **Vorbemerkung.** Auf die starke Adsorption von Alkalisalzen wurde bereits hingewiesen. Diese sind durch eine Umfällung zu beseitigen. Viele Autoren ziehen als Fällungsmittel Ammoniumacetat dem Natriumacetat vor.

Bei der Analyse Lithium enthaltender Tonerdesilicate muß bei Fällung mit NH_3-Lösung diese Fällung 5mal wiederholt werden, um in schwefelsaurer Lösung die Tonerde frei von Lithium zu erhalten. K. und E. SPONHOLZ haben die Trennung des Lithiums von Aluminiumoxyd mit gutem Erfolg mit Ammoniumacetat durchgeführt.

Arbeitsvorschrift. Die mäßig verdünnte Lösung von Ammoniumalaun und Lithiumsulfat wird mit Ammoniumacetat versetzt und kurze Zeit auf dem Dampfbad erhitzt, wobei während des Erhitzens nur soviel Ammoniak zugefügt wird, daß eine schwachsaure Reaktion erhalten bleibt. Die ausgefällte Tonerde wird auf dem Saugfilter mit heißem, etwas Ammoniumacetat enthaltendem Wasser gewaschen, bis sich im Waschwasser spektroskopisch kein Lithium mehr nachweisen läßt. Dabei ist es praktisch, die Saugpumpe erst dann in Tätigkeit zu setzen, wenn die Tonerde bereits vollständig auf das Filter gebracht ist. Das Auswaschen ist schneller beendet und läßt sich mit weniger Wasser durchführen. Unterläßt man diese Vorsichtsmaßregel, so tut man am besten daran, den Niederschlag nur teilweise auszuwaschen und die Fällung noch einmal vorzunehmen. Durch $^1/_4$stündiges Auswaschen wird dann die zum zweiten Mal gefällte Tonerde lithiumfrei. Die Gegenwart von Alkalien und alkalischen Erden beeinträchtigt die Vollständigkeit der Trennung nicht.

Genauigkeit. Einige von K. und E. SPONHOLZ durchgeführte Analysen ergaben folgendes:

Angewendet	Gefunden	Differenz
	2mal gefällt:	
1. 0,3379 g Al_2O_3 und 0,0993 g Li_2O	0,3375 g Al_2O_3 und 0,0990 g Li_2O	—0,12% Al_2O_3
2. 0,2575 g „ „ 0,0603 g „	0,2551 g „ „ 0,0603 g „	—0,93% „
	1mal gefällt:	
3. 0,2454 g Al_2O_3 und 0,0099 g Li_2O	0,2435 g Al_2O_3 und 0,0097 g Li_2O	—0,78% Al_2O_3
4. 0,1928 g „ „ 0,0449 g „	0,1921 g „ „ 0,0449 g „	—0,36% „

f) In Anwesenheit von Erdalkalimetallen. **Genauigkeit bei Trennung des Aluminiums und Eisens von Calcium und Magnesium.** PFEFFER hat vergleichende Untersuchungen über einige Methoden zur Trennung der Sesquioxyde von den Erdalkalien und ihre Verwendbarkeit für die Bodenanalyse nachgeprüft. Danach ergibt die Ammoniakmethode kaum abweichende Werte von der als sichersten Trennung angesehenen Fällung als basisches Acetat. Bei hohem Mangangehalt verfährt man am besten nach der Acetatmethode, und fällt mit Ammoniumacetat, wobei die Alkalien im Gang der Analyse erfaßt werden können. Wegen der besseren Filtrierbarkeit der Niederschläge ist sonst die Ammoniakmethode dem Acetatverfahren vorzuziehen. Die Ammoniumnitritmethode (vgl. S. 189) liefert ebenfalls gute Werte, doch sind die Niederschläge nur in wenigen Fällen besser filtrierbar.

MEINEKE hat die Natriumacetatmethode für die Untersuchung von verschiedenen Minette-Proben verwendet und vergleichsweise die Untersuchung auch auf die Ammoniumcarbonat- und NH_3-Methode ausgedehnt. Die Resultate der Analysen seien nachstehend angegeben.

Bei den Analysen ist ein minimaler Mangangehalt mit der Tonerde angeführt. Gefunden wurden:

	$Fe_2O_3 + P_2O_5 + Al_2O_3$ $(+ Mn_3O_4)$ %	Al_2O_3 $(+ Mn_3O_4)$ %	CaO %	MgO %
Probe 1.				
1. Fällung nach der Acetatmethode . .	37,28	4,00	24,54	0,55
2. Fällung nach der Carbonatmethode .	37,38	4,10	24,57	nicht bestimmt
3. Fällung nach der Ammoniakmethode	37,55	4,27	24,39	0,52
Probe 2.				
1. Fällung nach der Acetatmethode . .	56,30	2,81	13,90	0,70
2. Fällung nach der Ammoniakmethode	56,30	2,81	13,94	0,72
Probe 3.				
1. Fällung nach der Acetatmethode . .	56,52	5,44	9,32	0,8
2. Fällung nach der Ammoniakmethode	56,52	5,47	9,35	0,85

Bei der Trennung des Aluminiums von Beryllium durch Fällung des Aluminiums als basisches Acetat nach der Methode von PENFIELD und HARPER fällt das Aluminium nicht ganz quantitativ aus. Außerdem wird Beryllium zum Teil mitgefällt. Die Methode ist unbrauchbar.

MOSER und NIESSNER haben die Fällung mit Acetat in Gegenwart von *Tannin* zur Trennung des Aluminiums von Beryllium vorgeschlagen (vgl. S. 167). Das

Oxinverfahren (vgl. S. 249) ist dieser Methode allerdings an Genauigkeit und Bequemlichkeit in der Durchführung überlegen.

2. Formiatmethode.

Vorbemerkung. Schon frühzeitig ist vorgeschlagen worden, an Stelle von Acetat Formiat zur hydrolytischen Fällung des Aluminiums (und Eisens) bei Trennnungen zu verwenden (SCHULZE). Als Vorteil wird leichtere Auswaschbarkeit des Niederschlages im Vergleich zur Acetatfällung angegeben. Da Ameisensäure stärker dissoziiert ist als Essigsäure, dürfte wohl das Gleichgewicht der Hydrolyse (vgl. S. 164) an sich weniger weit nach rechts verschoben sein. Allerdings ist die Flüchtigkeit der Ameisensäure etwas größer als die der Essigsäure. Auf jeden Fall ist ratsam, die Methode möglichst in Gegenwart von Eisen auszuführen, da dann, ebenso wie beim Acetatverfahren, eher die Möglichkeit der quantitativen Ausfällung besteht.

***Arbeitsvorschrift nach* FUNK.** Die Salzlösung wird nach Zusatz von 2 Mol Ammoniumchlorid auf 1 Mol der zu fällenden Metalle auf dem Wasserbad eingedampft, der Rückstand mit wenig Wasser aufgenommen und die doppelte bis dreifache Menge der zur Ausfällung theoretisch erforderlichen Menge Ammoniumformiat zugesetzt. Man verdünnt dann soweit, daß der Ammoniumformiatgehalt der Lösung nicht unter $^1/_{500}$ bis $^1/_{800}$ sinkt, erhitzt bis zur Bildung des Niederschlages und setzt unter Umrühren stark verdünntes Ammoniak zu, bis die Lösung nur noch schwach sauer reagiert, d. h. bis zur Bildung des ersten Wölkchens eines andersfarbigen Niederschlages (z. B. von Kobalt). Man erwärmt 1 Min., läßt absitzen, filtriert ab und wäscht mit heißer 0,1 - bis 0,2%iger Ammoniumformiatlösung aus. Der getrocknete Niederschlag wird vom Filter möglichst entfernt, dieses verascht und der Niederschlag darauf geglüht und gewogen.

***Arbeitsvorschrift nach* TOWER.** Nach TOWER oxydiert man das Filtrat vom Schwefelwasserstoffniederschlag. Ist kein Eisen vorhanden, so müssen 5 bis 10 cm³ 0,01 n $FeCl_3$-Lösung zugefügt werden. Man verdünnt so weit, daß die Konzentration keines der Metalle 0,01 n übersteigt und erhitzt zum Kochen. Dann gibt man 10 cm³ 4 n Ammoniumformiatlösung hinzu, kocht noch 1 Min. und saugt ab.

***Trennung des Aluminiums von Eisen nach* A. LECLÈRE.** Die schwach schwefelsaure Lösung wird zur Reduktion des 3wertigen Eisens mit Ammoniumhyposulfit versetzt und nach Zusatz einer Lösung von Ammoniumformiat zum Sieden erhitzt. Das als basisches ameisensaures Salz ausfallende Aluminium wird abfiltriert und nach dem Auswaschen, Veraschen und Glühen als Tonerde gewogen. Eine Oxydation des Eisens beim Kochen ist nicht zu befürchten, da die freiwerdende Ameisensäure nur kleine Mengen Thioschwefelsäure freimacht.

3. Succinatmethode.

Vorbemerkung. Die Natriumsuccinatmethode ist eine alte Trennungsmethode des Aluminiums (und Eisens) von Mangan, Zink, Nickel und Kobalt. Sie ist allerdings an Trennschärfe, wie HILLEBRAND und LUNDELL (b) angeben, dem Acetatverfahren bezüglich Abtrennung des Aluminiums von Mangan, Zink, Kobalt unterlegen. Ihr Vorteil besteht darin, daß Aluminium vollständiger gefällt wird, als bei der Acetatmethode, und daß der p_H-Bereich der Fällung nicht so eng gehalten werden muß wie bei der Acetatfällung. Wie bei dem Acetatverfahren empfiehlt sich die Anwendung der Methode besonders, wenn viel dreiwertiges Eisen zugegen ist, wodurch die Fällung sicher vollständig wird (MITSCHERLICH). TREADWELL (b) sieht in der Verwendung der Succinatmethode an Stelle des Acetatverfahrens keinen Vorteil.

***Arbeitsvorschrift nach* C. R. FRESENIUS (a).** Man setzt zur Lösung, welche keine beträchtliche Mengen Schwefelsäure enthalten darf, sofern sie, wie dies gewöhnlich der Fall ist, sauer ist, Ammoniak, bis die Flüssigkeit rotbraun geworden ist, dann Natrium- oder Ammoniumacetat, bis die Färbung tief rot erscheint. Nun fällt man mit neutralem Natriumsuccinat unter Anwendung gelinder Wärme und filtriert nach dem Erkalten den Niederschlag von der die übrigen Metalle enthaltenden Lösung ab. Der Niederschlag wird erst mit kaltem Wasser, dann mit warmer verdünnter NH_3-Lösung ausgewaschen, wodurch derselbe die Säure größtenteils verliert und dunkler wird. Nach dem Trocknen wird der Niederschlag geglüht, mit etwas Salpetersäure befeuchtet und nochmals geglüht. Für genaue Analysen löst man den Niederschlag in Salzsäure und wiederholt die Fällung mit Ammoniak.

Im Filtrat werden die 2wertigen Metalle Zink, Mangan, Nickel, Kobalt am besten durch Schwefelammonium gefällt.

Wie bei dem Acetatverfahren empfiehlt sich die Anwendung der Methode besonders, wenn viel Eisen zugegen ist, wodurch die Fällung sicher vollständig wird (MITSCHERLICH).

4. Benzoatmethode.

Vorbemerkung. Für die Trennung des Aluminiums (Eisens und Chroms) von den anderen Ionen der 3. und 4. Gruppe empfehlen KOLTHOFF, STENGER und MOSKOVITZ die von ihnen ausgearbeitete Methode mit Benzoat. Sie begründen dies damit, daß die Ammoniakmethode zu umständlich und zum Teil unbefriedigend sei. Auch die Anwendungsmöglichkeit der Acetat- und Succinatmethode ist begrenzt. Die meisten anderen Ersatzmethoden, wie die mit Hexamethylentetramin (vgl. S. 150) und Harnstoff haben sich nach den Autoren nur wenig bewährt, da allgemein Vollständigkeit der Fällung der 3wertigen Metalle meist auf Kosten vermehrter Mitfällung anderer Elemente erreicht wird, zumal, wenn man die Mengen der angewendeten Fällungsmittel vermehrt.

Ammoniumbenzoat erreicht vollständige Fällung von Aluminium (Eisen und Chrom) bei *niedrigen* p_H*-Werten* und gibt Niederschläge, die sehr leicht filtrierbar sind.

Bei Fällung von Aluminium (und Eisen) mit Ammoniumbenzoat aus schwach essigsaurer Lösung (p_H unter 5) tritt vollständige Fällung nach 5 Min. langem Kochen ein (während für die quantitative Fällung von Chrom Kochen von 20 Min. erforderlich ist). Die Niederschläge enthalten Benzoesäure in adsorbiertem Zustand, und zwar ist die adsorbierte Menge vom p_H-Wert abhängig. Bei höherem p_H-Wert (5 bis 6) werden sie schleimiger als die Oxydhydrate. Zusatz von Ammoniak entfernt fast alle Benzoesäure.

Zur Fällung verwendet man eine Lösung von 100 g reinem Ammoniumbenzoat in 1 l Wasser, der man zwecks Verbesserung der Haltbarkeit 1 mg Thymol für 1 l Fällungslösung zugesetzt hat. Diese Lösung ist gut haltbar und hat einen p_H-Wert von rd. 6,3. Beim Waschen mit Wasser werden die Niederschläge peptisiert. Als Waschflüssigkeit benutzt man daher eine Lösung von 100 cm³ Ammoniumbenzoatreagens und 20 cm³ Eisessig. Die Lösung wird heiß verwendet, da sie bei Zimmertemperatur Benzoesäure abscheidet. Der p_H-Wert der Waschflüssigkeit beträgt rd. 3,8.

***Arbeitsvorschrift nach* KOLTHOFF, STENGER *und* MOSKOVITZ.** Eine salzsaure Lösung der Ionen, die Eisen oxydiert enthält und ein Volumen von 100 cm³ hat, wird mit verdünntem Ammoniak behandelt, bis der gebildete Niederschlag sich beim Umrühren nur noch langsam wieder auflöst. Es werden 1 cm³ Eisessig und genügend Ammoniumchlorid (mindestens 1 g) zugefügt und etwa 20 cm³ Ammoniumbenzoatreagens für je 65 mg Aluminium (oder 125 mg Eisen bzw. Chrom) langsam eingeführt. Die Suspension wird unter Umrühren bis zum beginnenden Sieden erhitzt und bei Abwesenheit von Chrom 5 Min. lang, bei Vorherrschen von Chrom bis zu 20 Min. lang in gelindem Sieden erhalten. Die Mischung wird dann durch ein 11 cm-Filter filtriert. Der Niederschlag wird 10mal mit der Waschflüssigkeit ausgewaschen. Für exakte Bestimmungen soll das Filtrat zwecks Wiedergewinnung unvollständig gefällten Aluminiums, Eisens oder Chroms auf etwa 50 cm³ eingedampft werden.

Genauigkeit. Die Vollständigkeit der Fällung von Aluminium, Eisen und Chrom nach der oben angegebenen Methode wurde geprüft, indem diese Metalle in den vereinigten Filtraten und Waschwässern bestimmt wurden. Zum Beispiel wurden in 100 cm³ 0,07 mg Aluminium, 0,08 mg Fe und 0,12 mg Chrom gefunden. In allen Fällen ist das Mitreißen anderer Ionen geringer als bei der NH_3-Methode und eine 1malige Fällung wird bei gewöhnlichen Trennungen oft genügen. Für genaue

Trennungen wird eine Doppelfällung ausgeführt. Phosphat wird teilweise mit den 3wertigen Metallen mitgefällt.

Die Menge der mitgefällten Metalle ist z. B. nach Analysen von KOLTHOFF, STENGER und MOSKOVITZ folgende:

	Angewendet		Benzoatreagens	Dauer des Kochens	Mitgefällte Menge im Niederschlag
	mg	mg	cm^3	Min.	mg
Zn	68,1 Al	180 Zn	20	5	1,45 Zn
	68,1 Al	36 Zn	20	5	1,43 Zn
	68,1 Al	1,1 Zn	20	10	< 0,15 Zn
	27,2 Al				
	56,1 Fe	90 Zn	20	15	1,0 Zn
	41,3 Cr				
Mn	68,1 Al	76,5 Mn	20	5	0,07 Mn
	68,1 Al	76,5 Mn	30	5	0,29 Mn
	27,2 Al				
	56,1 Fe	76,5 Mn	20	5	0,32 Mn
	41,3 Cr				
Co	68,1 Al	72,3 Co	20	5	0,27 Co
	68,1 Al	72,3 Co	30	5	0,60 Co
	68,1 Al	1,0 Co	20	10	0,01 Co
	27,2 Al				
	56,1 Fe	72,3 Co	20	15	0,30 Co
	41,3 Cr				
Ni	68,1 Al	82,2 Ni	20	5	0,28 Ni
	68,1 Al	2,24 Ni	20	5	0,18 Mi
	27,2 Al				
	56,1 Fe	82,2 Ni	20	10	0,32 Ni
	41,3 Cr				
Mg	68,1 Al	60 Mg	20	10	< 0,05 Mg
	27,2 Al				
	52,1 Fe	15 Mg	20	15	< 0,02 Mg
	41,3 Cr				
Ca	68,1[1] Al	62 Ca	20	5	0,38 Ca
	68,1 Al	250 Ca	30	5	< 0,03 Ca
	27,2 Al				
	56,1 Fe	100 Ca	20	15	0,13 Ca
	41,3 Cr				
	27,2 Al				
	124 Cr	50 Ca	30	15	0,25 Ca

Ganz allgemein wächst die Mitfällung mit wachsender Benzoatmenge und mit der Kochzeit.

A. PARIS fand bei der Nachprüfung der Benzoatmethode gute Werte für Aluminium und Eisen, wenn die gleichzeitig vorhandenen Mangan-, Kobalt- und Nickelmengen nicht überwiegen. Bei Gegenwart größerer Mengen dieser 2wertigen Kationen ist eine wiederholte Fällung erforderlich. Eine weitere Verbesserung läßt sich durch Zusatz von 20%iger Pyridinlösung, 25%iger Pyridinchloridlösung oder Anilinacetat (Anilin-Eisessig = 9,3:6,0) erzielen. Die Trennung des Aluminiums und Eisens vom Zink ergibt wenig befriedigende Resultate.

5. Salicylatmethode.

Nach den Angaben von YOUNG und LAY kann Aluminium aus den neutralen Lösungen seiner Salze als basisches Aluminiumsalicylat gefällt und durch Glühen als Tonerde bestimmt werden. Die Aluminiumsalicylatfällung läßt sich schneller filtrieren als der Niederschlag von Aluminiumhydroxyd. Sie ist ein basisches Salicylat von etwas wechselnder Zusammensetzung. Die nach dieser Methode erhaltenen Resultate sollen nach YOUNG und LAY besser als die nach der Lithiumaluminatmethode (vgl. S. 239) erhaltenen sein.

[1] In Gegenwart von 50 mg KH_2PO_4.

6. Ammoniumsulfid- bzw. Natriumsulfidverfahren.
(Trennung von Alkali- und Erdalkalimetallen.)

Vorbemerkung. Aluminium wird aus seinen Lösungen durch Ammoniumsulfid als Hydroxyd gefällt, weil das zuerst entstehende Sulfid durch Wasser weitgehend hydrolytisch gespalten wird. Die Fällung ist nicht ganz quantitativ, aber es bleibt meist nicht mehr als 1 mg Aluminium in Lösung. Man benutzt daher die Fällung mit Schwefelammonium zur *Vortrennung* der Metalle der Schwefelammoniumgruppe (außer den Metallen, die als Hydroxyde ausfallen Eisen, Uran, Indium, Thallium, Mangan, Nickel, Kobalt, Zink) von den *Alkalimetallen*, den Metallen der *alkalischen Erden* und von *Magnesium*.

Die Lösung, welche frei sein muß von oxydierenden Stoffen, wie z. B. freien Halogenen, ferner von Kohlendioxyd und genügend Ammoniumchlorid enthalten soll, um die Ausfällung des Magnesiums zu verhindern, versetzt man mit frisch bereitetem Schwefelammonium (das frei von Ammoniumcarbonat sein soll). Man läßt über Nacht stehen, filtriert schnell und wäscht mit schwefelammoniumhaltigem Wasser. Man hält den Trichter möglichst bedeckt.

Arbeitsvorschrift. Nach HILLEBRAND und LUNDELL (c) bringt man für die Fällung die zu untersuchende Lösung in eine geeignete Flasche von 150 bis 250 cm^3 Inhalt, neutralisiert mit Ammoniumchlorid und fügt 2 cm^2 im Überschuß hinzu. Alsdann verdünnt man auf 100 cm^3, kühlt ab, sättigt die Lösung mit Schwefelwasserstoff und gibt noch etwas Ammoniumhydroxyd (2 cm^3) im Überschuß zu. Die Lösung wird mit frisch ausgekochtem und abgekühltem Wasser bis zum Flaschenhals aufgefüllt und fest verschlossen über Nacht stehen gelassen. Man filtriert ohne Unterbrechung durch ein Papierfilter und wäscht mit einer kalten 2%igen NH_4Cl-Lösung aus, die wenig Schwefelammonium enthält. Man hält den Trichter soweit wie möglich bedeckt und saugt schließlich trocken.

Genauigkeit. Unter diesen Bedingungen wird nach HILLEBRAND und LUNDELL Aluminium *nicht vollständig* gefällt, doch beträgt die in Lösung bleibende Menge bei dem in der Vorschrift gegebenen Volumen nicht mehr als 1 mg. Bei Gegenwart größerer Mengen Magnesium geht etwas davon in den Niederschlag. In diesem Fall ist es dann nötig, den Niederschlag nach dem Filtrieren in Salzsäure zu lösen und die Fällung mit Schwefelammonium zu wiederholen. Bei Anwesenheit von Phosphorsäure ist die Trennung nicht anwendbar, weil die Elemente der 4. und 5. Gruppe teilweise mitgefällt werden können.

An Stelle von Ammoniumsulfid empfiehlt NICKOLLS Natriumsulfid. Er hat eine Methode zur Bestimmung von Aluminium neben *Magnesium* (insbesondere in Magnesiumlegierungen) ausgearbeitet. Nach seinen Angaben ist die Sulfidmethode für die Aluminium-Magnesium-Trennung der Ammoniakmethode überlegen. Trotzdem der p_H-Wert etwa bei 7,5 liegt, ist bei der Sulfidmethode keinerlei Neigung zu Mitfällungen vorhanden, da Magnesium lösliche Hydrosulfide gibt.

a) Methode bei Anwesenheit von wenig Mangan, Zink oder Nickel.

Arbeitsvorschrift. 1 g der Magnesiumlegierung wird in Salzsäure (1:1) und wenig Salpetersäure (oder Brom) gelöst und die Lösung auf dem Wasserbad zwecks Abscheidung der Kieselsäure zur Trockne gedampft. Die Chloride nimmt man in 100 cm^3 heißem Wasser und genügend Salzsäure, um Magnesiumoxychlorid zu lösen, auf und filtriert die Kieselsäure ab. In das Filtrat wird Schwefelwasserstoff eingeleitet, und es werden die Sulfide der 2. Gruppe abfiltriert. Das nach Schwefelwasserstoff riechende Filtrat wird mit NH_3-Lösung versetzt, bis die Flüssigkeit eine dunkelgrüne Farbe von Ferrosulfid hat und sich ein Niederschlag bildet. Dann wird sorgfältig Salzsäure zugegeben, und zwar unter Rühren, bis sich der Niederschlag eben löst, aber die dunkle Färbung des Eisensulfides nicht ganz verschwindet. Man fügt dann 5 cm^3 einer 6 n Na_2S-Lösung hinzu, leitet Schwefelwasserstoff bis zur Sättigung ein und erhitzt 1 Std. auf dem Wasserbad. Der Niederschlag wird abfiltriert, gut mit verdünnter NH_4NO_3-Lösung ausgewaschen, um die Magnesiumsalze zu entfernen. Calcium, Strontium, Barium können im Filtrat mit Ammoniumcarbonat gefällt werden. Der Niederschlag wird mit 20 cm^3 Salzsäure und wenig Bromwasser auf dem Wasserbad gelöst. Die Lösung enthält jetzt alles Aluminium, Eisen und Spuren Mangan, Nickel oder Zink. Eisen, Aluminium und Mangan werden mit Ammoniak in der Siedehitze gefällt. Der Niederschlag wird abfiltriert.

Eisen wird aus dem wäßrigen Extrakt der Bisulfatschmelze des geglühten und gewogenen Niederschlages durch Titration mit Titansulfatlösung bestimmt. Wenn Mangan zugegen ist, sollte es aus einer besonderen Einwage nach der Natriumwismutatmethode bestimmt und das Gewicht ebenso wie das des Eisens vom Gesamtwert des Gewichtes $Al_2O_3 + Fe_2O_3 + Mn_3O_4$ abgezogen werden.

b) Modifizierte Methode in Gegenwart von Mangan, Zink oder Nickel.

Arbeitsvorschrift. In Gegenwart von verhältnismäßig großen Mengen Zink, Mangan oder Nickel ist die Einstellung der Neutralität der Lösung nach dem Abfiltrieren der Sulfide der 2. Gruppe sehr schwierig. Zink und Mangan lösen sich nicht eher, als bis die Lösung deutlich sauer ist. Statt, wie oben, Salzsäure zuzufügen, bis der Niederschlag eben verschwindet, ist es am besten, nachdem man die Flüssigkeit leicht ammoniakalisch gemacht hat, Salzsäure zuzugeben, bis die Farbe des Ferrosulfids zu verblassen beginnt, dann Na_2S-Lösung zuzusetzen und wie oben weiter zu verfahren.

Bemerkungen. Nickel gibt einen intensiv schwarzen Niederschlag, welcher den Neutralpunkt vollkommen verdunkelt. Bei Gegenwart von Nickel fügt man vorsichtig Ammoniak zu, bis ein bleibender schwarzer Niederschlag entsteht, und gibt noch 2 bis 3 Tropfen vor der Behandlung mit Natriumsulfid hinzu. Im Filtrat von der Tonerde sollte man sich in allen Fällen durch Zugabe von wenig Ammoniak davon überzeugen, daß Eisen vollständig gefällt ist. Wenn Zink, Mangan oder Nickel in beträchtlicher Menge zugegen sind oder wenn mehr als 7% Aluminium vorliegen, empfiehlt es sich, den Niederschlag zu lösen und die Natriumsulfidtrennung zu wiederholen.

Genauigkeit. Die Methode wurde durch Zufügen bekannter Mengen Alaunlösung zu einer Lösung von 4 g Magnesiumchlorid in Wasser, in einigen Fällen zusammen mit etwas Zink-, Nickel- oder Mangansalz nachgeprüft. Die Werte für Aluminium fallen im allgemeinen *etwas zu hoch* aus, auch wenn der Al_2O_3-Niederschlag in einem Muffelofen erhitzt wurde. Magnesium konnte im Aluminiumoxyd nicht festgestellt werden.

Bei Anwendung von 10,0% Al fand NICKOLLS bei 1maliger Fällung in 5 Analysen 10,2 bis 10,6% Al, bei Anwendung von 8,0% bei 4 Bestimmungen und 1maliger Fällung 8,3 bis 8,5% Al. Bei Anwesenheit von 6,5% Al unter gleichen Bedingungen 6,5 bis 6,7% Al und bei 5,0% unter gleichen Bedingungen 4,9 bis 5,0% Al.

Bei *doppelter* Fällung wurden folgende Werte festgestellt:

Bei Anwendung von 9,9% Al		9,9 bis 10,0% Al
„ „ „ 7,9% Al		8,0 bis 8,1% Al
„ „ „ 5,0% Al	in Gegenwart von Ni	5,0 bis 5,4% Al
„ „ „ 5,0% Al	„ „ „ Zn	5,1% Al
„ „ „ 5,0% Al	„ „ „ Mn	4,9% Al

Verschiebung des Reaktionsgleichgewichtes durch Zersetzung einer schwachen Säure in flüchtige Bestandteile.

7. Ammoniumcarbonatmethode.

Vorbemerkung. Die Fällung des Aluminiums mit Ammoniumcarbonat wird hauptsächlich in Gegenwart von viel Eisen angewendet. Ähnlich wie bei der Acetatmethode wird Aluminium am ehesten in Gegenwart von Eisen annähernd vollständig gefällt. Aber selbst unter den günstigsten Bedingungen verbleiben kleine Mengen Aluminium im Filtrat, die erst durch Einengen weitgehend abgeschieden werden können. Wie das Acetatverfahren hat die Ammoniumcarbonatmethode lediglich als Trennungsmethode des Eisens und Aluminiums von den 2wertigen Metallen, vor allem von Mangan, Bedeutung. Beide Verfahren werden heute mehr und mehr durch schärfere und bequemere Trennungsmethoden verdrängt.

***a) Arbeitsvorschrift nach* MEINEKE (b).** Nach der Originalvorschrift von MEINEKE neutralisiert man eine von Sulfaten freie Lösung von Aluminium (und Eisen) und von 2wertigen Schwermetallen durch Ammoniumcarbonat so weit, daß sie zwar nicht mehr durchsichtig klar erscheint, in ihr aber ein deutlicher Niederschlag noch nicht erkennbar ist, und erhitzt zum Sieden. Es scheidet sich dann Aluminium (und Eisen) als basisches Carbonat im allgemeinen nahezu frei von 2wertigen Metallen aus. Der Niederschlag muß mit ammoniumchloridhaltigem Wasser ausgewaschen werden. Leichter wird das Auswaschen, wenn man nach vollständigem Wegkochen der Kohlensäure sehr geringe Mengen NH_3-Lösung hinzufügt, in dieser Weise die basischen Carbonate in die Hydroxyde überführt, ohne jedoch die Lösung deutlich alkalisch zu machen, und nun nochmals aufkocht.

b) Trennung des Aluminiums (und Eisens) von Mangan. (Untersuchnng von Manganerz). **Vorbemerkung.** Nach den Erfahrungen des Wiesbadener Laboratoriums FRESENIUS[1] eignet sich die Ammoniumcarbonatmethode für eine solche Erzanalyse besonders gut.

Wie bei der basischen Fällung (Acetatmethode) beruht das Prinzip auf der Einstellung der Grenz-p_H-Werte, bei denen Ferrihydroxyd und Aluminiumhydroxyd ausfällt, während Mangansalz gelöst bleibt; da der p_H-Wert der Aluminiumfällung zwischen den p_H-Werten des Mangans und Eisens, und zwar etwas näher dem p_H-Wert des Eisens liegt, fällt das Aluminium zunächst nicht ganz vollständig aus, weshalb gewöhnlich ein *Nachfällen* von Aluminiumhydroxyd im Filtrat des Eisenniederschlages erfolgen muß. Die Trennung wird von H. und W. BILTZ wie folgt angegeben.

Arbeitsvorschrift. 0,8 bis 1 g fein gepulvertes Manganerz erwärmt man in einer Porzellanschale mit konzentrierter Salzsäure unter Bedeckung mit einem Uhrglas, bis der Löserückstand hell geworden ist. Dann wird auf dem Sandbad zur Trockne gedampft, der Rückstand mit etwa 5 cm³ konzentrierter Salzsäure erwärmt, mit Wasser aufgenommen und die Lösung abfiltriert. Das feuchte Filter mit dem Löserückstand wird in einem Platintiegel verascht, und der Rückstand mit etwa der 6fachen Menge Natriumcarbonat unter Zusatz einiger Körnchen Salpeter, zuletzt über dem Gebläse geschmolzen. Wenn die Schmelze farblos ist, wird sie verworfen. Sieht sie aber grün aus, enthält sie also Mangan, so wird sie mit Wasser aufgenommen und die Lösung nach Entfernen des Tiegels mit einigen Tropfen Alkohol erwärmt. Das dadurch reduzierte Mangan fällt aus und wird auf ein kleines Filter abfiltriert. Der Niederschlag wird mit einigen Tropfen heißer, konzentrierter Salzsäure unter Nachwaschen mit etwas heißem Wasser vom Filter gelöst. Die Lösung wird eingedampft, der Rückstand mit wenig Salzsäure aufgenommen und die filtrierte Lösung mit dem Hauptfiltrat vereinigt.

Zur Entfernung von Eisen und Aluminium wird die nunmehr alles Mangan enthaltende Lösung auf etwa 400 cm³ verdünnt, mit 5 cm³ konzentrierter Salzsäure versetzt und heiß mit NH_3-Lösung bis zur schwach alkalischen Reaktion übersättigt, wobei Eisen und Aluminium mit etwas Mangan ausfallen, die Hauptmenge Mangan aber gelöst bleibt. Es wird alsbald filtriert, wobei das Filtrat in ein Becherglas zu etwas Essigsäure fließt, so daß seine Reaktion schnell dauernd sauer wird.

Der mit Ammoniak gefällte Niederschlag wird mit möglichst wenig heißem Wasser vom Filter gespritzt und der am Filter noch haftende Rest mit etwas heißer, halbkonzentrierter Salzsäure unter Nachwaschen mit heißem Wasser gelöst. Die Lösung wird in einer Porzellanschale zur Entfernung etwa vorhandenen, freien Chlors gekocht und dann zur Abtrennung des Manganrestes dem Ammoniumcarbonatverfahren unterworfen. Man löst in der — bei geringem Mangangehalt — etwa 100 cm³ betragenden, zimmerwarmen Lösung etwa 5 g Ammoniumchlorid und fügt — das ist der Hauptpunkt des Verfahrens — langsam und vorsichtig tropfenweise zuerst eine mäßig starke, zuletzt eine stark verdünnte, frisch bereitete Lösung von Ammoniumcarbonat hinzu. Der jeweils entstehende Niederschlag löst sich beim Umrühren zunächst schnell, dann langsamer. Der Endpunkt wird

[1] Auch H. BILTZ und W. BILTZ: Ausführung quantitativer Analysen, 2. Aufl., S. 208. Leipzig 1937.

daran erkannt, daß die Lösung nicht mehr durchsichtig ist, aber noch keine Spur von Niederschlag abgesondert hat; wenn sie einige Zeit bei Zimmertemperatur stehen bleibt, darf sie nicht wieder klar werden, eher etwas trüber. Wird nun langsam zum Sieden erhitzt, so scheidet sich das Aluminium von dem Eisen ab. Es wird nun heiß abfiltriert und mit ammoniumchloridhaltigem Wasser ausgewaschen. Sollte der Niederschlag noch manganhaltig sein, so muß die Fällung wiederholt werden.

Die vereinigten essigsauren Filtrate werden auf 300 cm³ eingedampft. Die Lösung wird vorsichtig mit NH_3-Lösung bis zum Umschlag von Methylorange neutralisiert, und eine geringe Abscheidung von Aluminiumhydroxyd abfiltriert. Sollte der Niederschlag bräunlich aussehen und Mangan enthalten, so wird er umgefällt und das Filtrat mit dem ersten Filtrat vereinigt.

Die vereinigten Filtrate werden mit Essigsäure angesäuert, und nach Zusatz von ungefähr 3 g Ammoniumacetat und 1 g Ammoniumsulfat mit Schwefelwasserstoff gesättigt. Dabei fallen etwa vorhandenes Kobalt und Nickel und gegebenenfalls Zink aus.

Zur Manganfällung wird das Filtrat in einer Porzellanschale auf 150 cm³ eingeengt, mit NH_3-Lösung neutralisiert und nach Zugabe von etwa 40 cm³ filtrierter Ammoniumsulfidlösung ungefähr 10 Min. gekocht. Man läßt absitzen und prüft auf Vollständigkeit der Fällung. Der Niederschlag wird unter Dekantieren auf ein dichtes Filter abfiltriert und mit ammoniumsulfidhaltigem Wasser, das außerdem etwas Ammoniumchlorid enthält, ausgewaschen. Filter und Inhalt werden in einem Platintiegel verascht, zu Mn_3O_4 verglüht und gewogen.

Der Mn_3O_4-Rückstand wird in Salzsäure unter Zusatz von 1 bis 2 Tropfen Schwefelsäure gelöst. Er muß vollständig löslich sein (sonst Anwesenheit von Kieselsäure). Die Lösung darf beim Versetzen mit NH_3-Lösung bis zu schwach alkalischer Reaktion keine Fällung (Eisen, Aluminium) geben, und nach Ansäuern mit Essigsäure mit 1 Tropfen Ammoniumsulfidlösung keine dunkle Fällung (Kobalt, Nickel) liefern.

Ferrioxyd und Tonerde werden von mitgerissenem Kobalt, Nickel und Zink getrennt, wenn man die salzsaure, heiße Lösung der Oxyde mit Ammoniumchlorid, dann mit NH_3-Lösung im Überschuß versetzt, den Niederschlag nach mehrstündiger Digestion verascht, den Rückstand wieder in Salzsäure löst, nochmals in gleicher Weise mit NH_3-Lösung fällt und diese Operation ein drittes Mal wiederholt. Aus dem Filtrat sind Nickel, Kobalt und Zink durch Schwefelammonium und nachfolgende Neutralisierung mit Essigsäure zu fällen. Von Aluminium gelangen geringe Mengen in das Filtrat. Um dem Umstande vorzubeugen, daß kleine Mengen Aluminium gelöst bleiben, empfiehlt R. FRESENIUS (b), auch im vorliegenden Falle an Stelle von NH_3-Lösung Ammoniumcarbonat zur Umfällung für die Entfernung von Kobalt, Nickel und Zink aus dem Niederschlag von Aluminium und Eisen zu verwenden.

c) Trennung des Aluminiums (und Eisens) von den Erdalkalimetallen. Bei der Trennung des Aluminiums (und Eisens) von den Erdalkalimetallen, namentlich von Barium und Calcium, ist nach der Fällung mit Ammoniumcarbonat so lange zu kochen, bis alles Kohlendioxyd sicher entfernt ist. Alsdann ist unbedenklich ein weiterer kleiner Ammoniakzusatz zu machen. Der Aluminium-Eisen-Niederschlag läßt sich nun leicht vollständig auswaschen. Hat man zuviel Ammoniak zugefügt, so daß sich dessen Geruch bemerkbar macht, so ist bis zum Verschwinden des Ammoniakgeruches zu kochen.

Genauigkeit nach den Analysen von MEINEKE (b).

1. Angewendet:	0,1267 g CaO	0,7555 g Fe_2O_3 + 0,1179 g Al_2O_3
	Summe:	0,8734 g Fe_2O_3 + Al_2O_3
Gefunden:	0,1271 g CaO	0,8725 g Fe_2O_3 + Al_2O_3
2. Angewendet:	0,0378 g MgO	0,7555 g Fe_2O_3 + 0,1179 g Al_2O_3
	Summe:	0,8734 g Fe_2O_3 + Al_2O_3
Gefunden:	0,0388 g MgO	0,8725 g Fe_2O_3 + Al_2O_3

Die Resultate sind also von befriedigender Genauigkeit. Nach der Carbonatmethode wird zusammen mit dem Eisen das gesamte Aluminium gefällt, auch in dem Falle, daß man nach vorangegangener Fällung keine NH_3-Lösung hinzugefügt hat.

d) Trennung des Aluminiums (und Eisens) von Zirkon. **Vorbemerkung.** Die von LESSNIG angegebene Trennung des Zirkons von Eisen und Aluminium beruht auf der Beobachtung, daß sich der aus einer Eisen und Aluminium enthaltenden Zirkonsalzlösung mit Ammoniak gefällte Niederschlag bei Zugabe eines Überschusses von Ammoniumcarbonat beim Erwärmen auf 50 bis 60° vollständig auflöst und, daß während Eisen und Aluminium mit Ammoniak wieder ausfallen, Zirkon auch durch einen großen Überschuß an NH_3-Lösung nicht mehr gefällt wird.

Da CLEVE für das Thorium durch Abscheidung und Untersuchung der entstehenden Salze die Bildung einer Carbonatosäure mit dem komplexen Anion $[Th(CO_3)_5]''''''$ nachgewiesen hat und Zirkon ein dem Thorium ganz analoges Verhalten zeigt, kann die Bildung einer komplexen Zirkoniumcarbonatosäure mit entsprechendem komplexen Anion angenommen werden. Am beständigsten ist das Ammoniumsalz dieser Säure, während die Salze der Alkalimetalle Kalium und Natrium in wäßriger Lösung bereits so weit hydrolysiert sind, daß sie bei kurzem, gelindem Erwärmen unter Abscheidung von Zirkonhydroxyd bzw. basischem Zirkoncarbonat zerfallen. Für die Trennung muß die Lösung daher frei von Alkalimetallen sein, um zuverlässige Resultate zu erhalten.

Am besten eignen sich Chlorid- oder Nitratlösungen, weniger Sulfatlösungen, da die Gegenwart von Sulfat-Ion eine leichtere Hydrolysierbarkeit in Zirkoniumlösungen hervorruft.

Die Anwesenheit von Titan stört die Trennung, da ein Teil des Titans auch bei doppelter Fällung mit Ferrihydroxyd und Aluminiumhydroxyd ausfällt. Gegenwart von Thorium stört bei der Trennung dagegen nicht, Thorium verbleibt mit dem Zirkon in Lösung. Die Elemente der Ceriterden (einschließlich des 3wertigen Cers) müssen zuvor durch Oxalsäure aus der schwachsauren Lösung abgeschieden werden.

Arbeitsvorschrift. Die salz- oder salpetersaure Lösung der drei Elemente wird so lange mit NH_3-Lösung versetzt, wie man noch das Ausfallen eines Niederschlages bemerkt. Dann fügt man einen kleinen Überschuß NH_3-Lösung hinzu und setzt nunmehr 100 cm^3 einer kalt gesättigten Ammoniumcarbonatlösung zu. Man verdünnt mit Wasser, so daß das Volumen der Flüssigkeit etwa 400 cm^3 beträgt. Um ein Kolloidalwerden tunlichst zu vermeiden, trägt man vor der Fällung des Niederschlages zweckmäßig etwa 2 g Ammoniumchlorid in die Lösung ein. Man erwärmt mit kleiner Flamme auf 70 bis 80° und hält auf dieser Temperatur 5 bis 10 Min. Aluminiumhydroxyd, Ferrihydroxyd setzen sich sodann in fein flockiger bis körniger Beschaffenheit rasch ab. Man filtriert noch heiß durch ein dünnes Filter, wäscht sofort mit heißem Wasser derart, daß man den Trichter stets halb gefüllt hält. Der Niederschlag wird sodann in verdünnter warmer Salzsäure gelöst und die Fällung hierauf wiederholt. Der nunmehr zirkonfreie Aluminiumhydroxyd- und Ferrihydroxydniederschlag wird, nachdem man ihn auf dem Filter zusammengespült hat, getrocknet und dann vom Filter genommen; letzteres wird für sich verascht. Den Niederschlag bringt man in einen gewogenen Porzellantiegel und glüht bis zur Gewichtskonstanz (vgl. S. 143). Auswage: $Al_2O_3 + Fe_2O_3$.

Die beiden Filtrate werden vereinigt, mit Salzsäure schwach angesäuert und auf dem Wasserbad entsprechend eingedampft. Aus dieser eingeengten Lösung fällt man das Zirkon durch Zusatz von carbonatfreiem Ammoniak als Hydroxyd, am besten bei etwa 50°. Der Niederschlag wird nach dem Auswaschen mit heißem Wasser noch feucht samt dem Filter in einen gewogenen Platintiegel gebracht und nach dem Veraschen des Filters im elektrischen Tiegelofen bei 1000° bis zur Gewichtskonstanz geglüht. Auswage ZrO_2.

Genauigkeit. Bei 8 Analysen von Lösungen, enthaltend 21,2 bis 254,6 mg Al_2O_3 und 57,1 bis 228,6 mg ZrO_2 im wechselnden Verhältnis, fand LESSNIG Differenzen von —0,3 bis +0,3 mg Al_2O_3 und von —0,5 bis —0,1 mg ZrO_2.

Ferner wurden bei weiteren 8 Analysen von Lösungen, enthaltend 108,5 mg bis 259,5 mg $Al_2O_3 + Fe_2O_3$ und 57,1 bis 228,6 mg ZrO_2 in wechselndem Verhältnis, Differenzen von —0,4 bis +0,4 mg Al_2O_3 und Fe_2O_3 und —0,5 bis +0,1 mg ZrO_2 festgestellt.

e) Trennung des Aluminiums von Beryllium. Die Trennung des Aluminiums von Beryllium mit Ammoniumcarbonat nach VAUQUELIN, die auf der Löslichkeit des Berylliumhydroxyds in Ammoniumcarbonat und der relativen Unlöslichkeit des Aluminiumhydroxyds beruht, wird durch die Gegenwart von Ammoniumchlorid begünstigt [ZIMMERMANN (a)]. Nach AARS sowie WUNDER und CHELADZÉ liefert die Methode jedoch unbrauchbare Werte.

f) Trennung des Aluminiums von Uran. **α) Verfahren nach SCHWARZ. Vorbemerkung.** Bei der einzigen bisher bekannten Methode der Trennung des Urans und Aluminiums mit einem Überschuß von Ammoniumcarbonat bei mäßiger Wärme wird Aluminium-Ion unvollständig gefällt und Uranyl-Ion zum Teil mit dem Aluminium-Ion niedergeschlagen, wodurch Kompensationsfehler auftreten, die bei gewissen Konzentrationen zu richtigen Resultaten führen können.

Nimmt man die Fällung bei einer Temperatur über 70° vor, so erhält man bei doppelter Fällung meist uranfreies Aluminiumoxyd. Auf dieser Grundlage wird folgende Arbeitsweise angegeben, die gute Resultate liefert.

Arbeitsvorschrift. Die Lösung, welche Uranylsalze und Aluminiumsalze enthält, wird nach Zusatz von 5 bis 10 g Ammoniumchlorid mit Ammoniak bis zur bleibenden Trübung versetzt. Hierauf gibt man einen großen Überschuß an gesättigter Ammoniumcarbonatlösung hinzu und erhitzt bis zum beginnenden Sieden. Hat sich der Niederschlag von Aluminiumhydroxyd gut zusammengeballt, so wird er abfiltriert und kurz mit ammoniumcarbonathaltigem Wasser ausgewaschen.

Der so erhaltene Niederschlag wird in Salzsäure gelöst und die Fällung mit Ammoniumcarbonat wiederholt. Diese Fällung ist so oft zu wiederholen, bis der Niederschlag vollkommen weiß aussieht, was meistens nach doppelter Fällung erreicht wird.

Der so erhaltene Niederschlag enthält den größten Teil des Aluminiums und ist frei von Uransalzen.

Die vereinigten Filtrate werden mit Salzsäure angesäuert und vorsichtig mit NH_3-Lösung bis zur vollständigen Fällung der Uranverbindungen versetzt. Man verascht den Niederschlag im Porzellantiegel und glüht möglichst stark. Nach dem Erkalten wird im Tiegel selbst Uranoxyduloxyd mit Salpetersäure (1:1) gelöst, während das stark geglühte Aluminiumoxyd fast nicht angegriffen wird. Der Tiegelinhalt wird hierauf in ein Becherglas gespült, mit Ammoniak neutralisiert und mit Ammoniumcarbonat im Überschuß versetzt. Dabei werden die geringen Mengen gelösten Aluminium-Ions gefällt. Man filtriert, bestimmt im Filtrat das Uran wie üblich und verascht den kleinen Rest von Aluminiumoxyd und -hydroxyd mit der Hauptmenge des Aluminiumniederschlages.

Genauigkeit. Die Methode liefert gute Resultate:
7 Analysen aus Lösungen mit einem Gehalt von 63,0 bis 315,4 mg U_3O_8 und 50,1 bis 100,2 mg Al_2O_3 in wechselndem Verhältnis ergaben Differenzen von —0,4 bis +0,3 mg U_3O_8 und —0,3 bis +0,3 mg Al_2O_3.

Bei Gegenwart von *viel* Uransalz und *wenig* Aluminiumsalz kann man mit NH_3-Lösung gefälltes Ammoniumuranat und Aluminiumhydroxyd im Platintiegel scharf glühen. Das Gemisch von Aluminiumoxyd + Uranoxyduloxyd + Aluminiumuranat wird dann im Porzellantiegel mit Salpetersäure (1:1) gelinde erhitzt. Durch Zerdrücken der größeren Stücke mit einem Glasstab gelingt es leicht, fast alles Uranoxyd in Lösung zu bringen. Die Lösung wird mit dem Rückstand in ein Becherglas gespült, mit NH_3-Lösung neutralisiert und nach Zusatz von Ammoniumchlorid mit Ammoniumcarbonat versetzt. Dabei wird das meist in Lösung gegangene Aluminium wieder gefällt. Es wird abfiltriert und mit ammoniumcarbonathaltigem Wasser gewaschen. Im Filtrat wird das Uran wie üblich bestimmt; der auf dem Filter verbleibende Rückstand wird nach dem Glühen als Aluminiumoxyd gewogen.

Diese Arbeitsweise ist jedoch nur bei Anwesenheit von wenig Aluminiumsalz anwendbar. Ebenso ist für genaue Analysen das Wägen des Gemisches von

$Al_2O_3 + U_3O_8$ nicht anwendbar, weil infolge der Bildung von Aluminiumuranat zu niedrige Summen erhalten werden.

β) Verfahren nach TREADWELL (c). Arbeitsvorschrift. Die 200 bis 300 cm³ betragende, möglichst neutrale Lösung wird in der Kälte mit Kohlendioxyd gesättigt und dann durch tropfenweisen Zusatz von NH_3-Lösung neutralisiert. Hierauf werden noch 2 bis 3 g Ammoniumcarbonat, in Wasser gelöst, zugefügt und die Lösung auf dem Wasserbad erwärmt. UO_2 bleibt als Carbonatokomplex $[UO_2(CO_3)]''''$ in Lösung, während Aluminium (und auch Eisen oder Chrom) als Hydroxyd ausfällt. Es enthält aber in der Regel noch merkliche Mengen von UO_2 adsorbiert. Der Hydroxydniederschlag wird daher nach 5maligem Auswaschen mit heißem Wasser in 2 n Salzsäure gelöst und die Fällung mit Ammoniumcarbonat wiederholt.

γ) Verfahren nach MOSER. MOSER trennt Uran von Aluminium durch Zugabe von 2 n Ammoniumcarbonatlösung in 2- bis 3fachem Überschuß zu der neutralisierten Lösung, wodurch Uran in Lösung geht, und Aluminiumhydroxyd ausfällt. Zwecks Beseitigung der adsorbierten Uransalzmengen wird die Fällung wiederholt, wodurch ein praktisch uranfreier, rein weißer Niederschlag erhalten wird. Bei dieser Arbeitsmethode erübrigt sich das von SCHWARZ angegebene umständliche Reinigungsverfahren für das geglühte Uranoxyduloxyd. MOSER fand, daß nur ganz geringe Mengen Aluminium in Lösung gehen, daß dagegen der Niederschlag stets etwas Kieselsäure enthält, die aus den Glas- und Porzellangefäßen stammt. Versuche von MOSER ergaben, daß erst bei Zugabe eines $2^1/_2$fachen Überschusses von 2 n Ammoniumcarbonatlösung Spuren Aluminium im Filtrat gefunden werden, während bei Anwendung der von SCHWARZ benutzten, gesättigten Lösung im größeren (3fachen) Überschuß die im Filtrat sich findenden Aluminiummengen schon in Betracht kommen.

8. Ammoniumbicarbonatmethode.

Vorbemerkung. Versetzt man eine Alaunlösung mit einer Lösung von Ammoniumbicarbonat und erhitzt bis zum Verschwinden des Ammoniakgeruchs, so fällt das Aluminium als basisches Carbonat (ungefähre Zusammensetzung $4\ Al(OH)CO_3 \cdot 6\ Al(OH)_3 \cdot 9\ H_2O$) quantitativ aus. Eine Arbeit über diese Art der Bestimmung des Aluminiums bringt KOZU (b). Die analytische Bedeutung des Verfahrens dürfte allerdings gering sein.

Zur Herstellung eines für die Analyse geeigneten Präparates wird eine molare Lösung von Ammoniumcarbonat des Handels mit Kohlendioxyd gesättigt, bis sich Ammoniumbicarbonat abzuscheiden beginnt. Das überschüssige Kohlendioxyd wird durch Erniedrigung des Druckes auf etwa 15 mm ausgetrieben.

Das Aluminium fällt aus seinen Lösungen mit Ammoniumbicarbonat bei Erhitzen als basisches Aluminiumcarbonat aus, dessen Löslichkeit im Liter Wasser 0,00242 g bei 20,5° C und 0,00307 bei 21,5° C beträgt. Aus einer sehr verdünnten Lösung fällt der Niederschlag in sehr fein verteilter Form aus, die für analytische Zwecke ungeeignet ist, da sie sich leicht kolloidal löst. Als geeignete Konzentration wurde z. B. 1,3459 g Kaliumalaun in 30 bis 70 cm³ befunden.

Arbeitsvorschrift. Zu einer 0,05 bis 0,1 g Aluminium (in Form von Kaliamalaun) in 30 bis 40 cm³ Wasser enthaltenden Lösung wird eine 1 m NH_4HCO_3-Lösung allmählich unter Umrühren zugefügt, bis das zuvor zugesetzte Bromthymolblau (2 Tropfen) blau wird. Ob die Kohlendioxydentwicklung aufhört, kann leicht ohne Indicator erkannt werden. Nach 20 bis 30 Min. Stehen wird der Niederschlag auf dem Wasserbad erwärmt, wobei weiter Kohlendioxyd zusammen mit Ammoniak weggeht. Man setzt das Erhitzen 40 bis 60 Min. fort, bis der Ammoniakgeruch nicht mehr bemerkbar ist, fügt etwas Wasser hinzu, jedoch nur soviel, daß das Volumen weniger als 50 cm³ beträgt. Der Niederschlag wird dann abfiltriert und mit Wasser von 60° ausgewaschen. Nach dem Trocknen bei etwa 100° C bringt man Niederschlag samt Filter in einen Tiegel und erhitzt auf ungefähr 1100°. Im Filtrat war keine Spur von Aluminium mehr nachweisbar.

Genauigkeit. Beim Einwägen von 0,1446 g Al_2O_3 ergaben 10 verschiedene Analysen Differenzen von —0,4 bis +0,5 mg Al_2O_3.

10 Analysen mit Einwagen von 0,1446 g Al_2O_3 ergaben eine Höchstdifferenz von 0,5 mg und eine durchschnittliche Differenz von 0,1 mg.

Über Trennungsmöglichkeiten fehlen bisher Angaben.

9. Natriumcarbonatmethode.

Die Verwendung von Natriumcarbonat als Fällungsmittel für Aluminium hat keine praktische Bedeutung erlangt. Wie bei den anderen 3wertigen Metallen entsteht auf Zusatz von Alkalicarbonat zur annähernd neutralen Aluminiumsalzlösung nicht Aluminiumcarbonat, sondern — infolge des kleinen Löslichkeitsproduktes — Aluminiumhydroxyd. Das Hydroxyd adsorbiert sowohl Alkali-Ionen als auch Carbonat-Ionen.

Man hat versucht mit Hilfe von Natriumcarbonat *Trennungen* des Aluminiums durchzuführen, jedoch ohne praktischen Erfolg. Erwähnt seien folgende Trennungsversuche:

a) Trennung des Aluminiums von Beryllium. Die Trennung des Aluminiums von Beryllium nach HART mit Natriumcarbonat ist nicht quantitativ, da Aluminium nicht vollständig ausfällt und Beryllium mit zunehmender Verdünnung auch zunehmend zum Teil als Berylliumhydroxyd mit abgeschieden wird (BRITTON).

b) Trennung des Aluminiums von Nickel, Kobalt, Zink, Mangan, Kupfer, Cadmium, Quecksilber und Silber. Aluminium läßt sich nach RUFF und HIRSCH von Nickel, Kobalt, Zink, Mangan, Kupfer, Cadmium, Quecksilber und Silber durch fraktionierte Fällung mit Natriumcarbonat quantitativ trennen. Diese Methode ist recht umständlich und dürfte daher keine praktische Bedeutung besitzen. Beleganalysen sind in der Arbeit nicht angegeben.

10. Natriumbicarbonatmethode.

Trennung des Aluminiums von Beryllium. Die Trennung von Aluminium und Beryllium mit Natriumbicarbonat liefert wenig günstige Werte (vgl. Band IIa, S. 74). Sie sei daher hier nur kurz erwähnt.

Nach der von PARSONS und BARNES vorgeschlagenen Trennungsmethode des Aluminiums von Beryllium fällt man Aluminium aus der heißen Natriumbicarbonatlösung und bestimmt im Filtrat das Beryllium nach dem Ansäuern mit Salzsäure auf übliche Weise als Berylliumoxyd. Die Resultate für Aluminium fallen stets merklich zu hoch und für Beryllium entsprechend zu niedrig aus, da etwas Beryllium mit dem Aluminium mitfällt [MOSER und NIESSNER (b) u. a.].

11. Bariumcarbonat- (Calciumcarbonat-) Methode.

Vorbemerkung. Aluminium (und die anderen 3wertigen Metalle Eisen und Chrom, ebenso wie Titan und Uran [aus Uranylsalzen)] werden durch eine Aufschlämmung von Calcium- oder Bariumcarbonat als Hydroxyde gefällt.

Diese Carbonate neutralisieren die durch Hydrolyse freigewordene Säure. Die 2wertigen Metalle Mangan, Nickel, Kobalt, Zink werden in der *Kälte* nicht gefällt, jedoch findet in der Wärme Hydrolyse und Abscheidung auch dieser Metalle durch Bariumcarbonat statt.

a) Trennung des Aluminiums von Mangan, Nickel, Kobalt, Zink. **Arbeitsvorschrift [nach TREADWELL (b)].** Man versetzt die in einem ERLENMEYER-Kolben befindliche, etwas freie Säure[1] enthaltende, genügend verdünnte Lösung der Chloride oder Nitrate, nicht aber der Sulfate, mit in Wasser fein aufgeschlämmtem, reinem Bariumcarbonat in mäßigem Überschuß, der sich am Boden des Kolbens deutlich sichtbar absetzt. Man verstopft den Kolben und läßt in der Kälte unter öfterem Umschütteln längere Zeit stehen. Dann wird die klare Flüssigkeit dekantiert, der Niederschlag mit kaltem Wasser aufgerührt und nach dem Absetzen nochmals dekantiert. Die Dekantation wiederholt man noch ein drittes Mal, filtriert und wäscht mit kaltem Wasser gut aus. Der Niederschlag

[1] Ist viel freie Säure zugegen, so stumpft man den größten Teil der Säure mit Natriumcarbonat ab.

enthält außer den gefällten Hydroxyden Bariumcarbonat, das Filtrat außer den nicht gefällten Metallen Bariumchlorid oder Bariumnitrat.

Den Niederschlag löst man in verdünnter Salzsäure, kocht, um die Kohlensäure völlig auszutreiben und trennt Aluminium (Eisen, Chrom, Titan, Uran) von Barium durch doppelte Fällung mit Ammoniumsulfid. Das Filtrat, welches die Metalle Mangan, Nickel, Kobalt, Zink nebst Bariumchlorid oder Bariumnitrat enthält, wird von Barium durch Fällung mit Schwefelsäure aus der mit Salzsäure angesäuerten, kochenden Lösung und Abfiltrieren des abgeschiedenen Bariumsulfates befreit.

Bemerkungen. I. Genauigkeit. Die Trennschärfe ist zahlenmäßig für die Trennung des Eisens von 2wertigen Metallen untersucht worden, doch dürften die Verhältnisse für Aluminium nicht wesentlich anders liegen. Von Kobalt und Nickel werden meist Spuren mit niedergeschlagen, namentlich, wenn viel Eisen zugegen ist. Daher ist die Trennung bei Anwesenheit von Kobalt und Nickel nicht ganz sicher. Man kann diesem Übelstand durch Zusatz von etwa 3 bis 5 g Ammoniumchlorid auf je 100 cm^3 Flüssigkeit vorbeugen (SCHWARZENBERG).

JÄRVINEN gibt an, daß bei der Trennung mit Bariumcarbonat oder Calciumcarbonat (das man statt Bariumcarbonat ebenso gut anwenden kann) starke Okklusion auch bei Gegenwart von Ammoniumchlorid stattfindet. Eine Lösung, die 0,25 g Eisen, 0,05 g Nickel und 3 g Ammoniumchlorid auf 100 cm^3 enthielt, wurde mit Calciumcarbonat gefällt. Es ergab sich, daß 12 mg Ni entsprechend 24%, mit ausfallen!

MEINEKE (a) gibt an, daß die Methode bei Gegenwart von viel Mangan nicht zu empfehlen ist, da auch bei Gegenwart von Ammoniumchlorid etwas Mangan mit ausfällt. Er fand aus einer Lösung, enthaltend 0,1068 g Mangan und 0,19 g Eisen bei Zusatz reichlicher Ammoniumchloridmengen 0,0988 statt 0,1068 g Mangan, und aus einer Lösung enthaltend 0,1072 g Mangan und 0,38 g Eisen in Gegenwart reichlicher Mengen Ammoniumchlorid 0,0974 statt 0,1072 g Mangan.

P. JANNASCH beurteilt die Bariumcarbonatmethode folgendermaßen: „Ein Übelstand der Bariumcarbonatmethode liegt in der Notwendigkeit einer Entfernung des durch die chemische Umsetzung in Lösung übergegangenen Bariumchlorids als Bariumsulfat, wobei Kobalt, Nickel usw. durch Mitreißen verloren gehen könnten. Das gleiche ist auch für Aluminium (Eisen, Chrom usw.) bei der nachträglichen Beseitigung des vorhandenen großen Überschusses mit gefälltem Bariumcarbonat als Bariumsulfat zu befürchten, so daß damit das Carbonatverfahren einen mehr qualitativen als quantitativen Wert beanspruchen darf."

II. Bereitung des Reagenses. Frisch gefälltes Bariumcarbonat ist in Suspension wirksamer als eine alte Suspension oder eine solche aus trockenem Reagens. Dasselbe gilt auch für Calciumcarbonat. Man bereitet nach WICHERS die Reagenzien durch Mischen einer Sodalösung mit dem gleichen Volumen einer Lösung von Bariumchlorid oder Calciumchlorid solcher Konzentration, daß immer ein leichter Überschuß von Chlorid vorhanden ist. Wegen seiner größeren Oberfläche scheint Bariumcarbonat schneller Hydroxyl-Ionen zu bilden als Calciumcarbonat, das besonders beim Erhitzen schnell zu einem granulierten Niederschlag umgewandelt wird. Beide Carbonate haben in Suspension fast dieselbe Alkalität. Der p_H-Wert der $BaCO_3$-Suspension beträgt 7,25 und der der $CaCO_3$-Suspension 7,4.

b) Trennung des Aluminiums von viel Zink. **Arbeitsvorschrift.** Nach den Angaben des *Chemikerfachausschusses der deutschen Metallhütten- und Bergleute* bestimmt man Aluminium in Zink folgendermaßen:

10 bis 50 g Zink werden in Salz- oder Salpetersäure gelöst. Man filtriert ab und wäscht sorgfältig aus. Der Rückstand wird mit Schwefelsäure abgeraucht und mit Ammoniak auf einen etwaigen Rückstand an Aluminium geprüft. Man stumpft mit starker Sodalösung die Hauptmenge der Säure ab, gibt tropfenweise verdünnte Natriumcarbonatlösung hinzu, bis sich eine bleibende geringe Trübung zeigt, nimmt diese mit verdünnter Salzsäure oder Salpetersäure gerade eben fort und gibt nun in Wasser aufgeschlämmtes, reines alkalifreies Bariumcarbonat hinzu, bis nach mehrmaligem Umschütteln unverbrauchtes Fällungsmittel am Boden des Kolbens bemerkbar ist. Man verschließt den Kolben, schüttelt häufig um und filtriert nach einigen Stunden ab. Der Niederschlag wird in Salzsäure gelöst und die Kohlensäure vollständig verkocht. Man leitet Schwefelwasserstoff ein, filtriert und trennt im Filtrat nach dem Auskochen des Schwefelwasserstoffes und nach

der Vereinigung mit dem etwa vorhandenen NH_3-Niederschlag des Aufschlußrückstandes das Aluminium und Eisen durch doppelte Fällung mit Ammoniak vom Barium. Man wägt den Niederschlag aus, stellt das in ihm befindliche Eisen durch Titration mit Permanganat fest und ermittelt das Aluminium durch Differenzberechnung. Man kann das Eisen und Aluminium durch Natriumhydroxyd trennen und jedes einzeln bestimmen.

Ist das Zink phosphorhaltig, so muß auch der Phosphorgehalt des Niederschlages berücksichtigt werden.

c) Trennung des Aluminiums von Beryllium mittels Bariumcarbonates. Scheerer trennt Aluminium von Beryllium durch Kochen der Lösung der Metallsalze mit überschüssigem Bariumcarbonat, wobei nur Aluminiumhydroxyd abgeschieden werden soll. Jedoch fällt Beryllium ebenfalls schon in der Kälte zum Teil aus. Die Methode ist zur Trennung nicht geeignet (Weeren).

12. Hydrazincarbonatmethode.

a) Bestimmung des Aluminiums. **Vorbemerkung.** Im Gegensatz zu den Fällungen mit Hydrazin*hydrat* erhält man bei Anwendung von Hydrazin*carbonat* für die Fällung des Aluminiums kompaktere Niederschläge, die im Überschuß des Agens ebenfalls unlöslich sind. Das neutrale Hydrazincarbonat ist besonders für die Fällung des Aluminiums und für seine Trennung von anderen Metallen gut geeignet. Jílek und Lukas haben sich mit der Ausarbeitung des Verfahrens zur Fällung und Trennung des Aluminiums von anderen Metallen mittels Hydrazincarbonat eingehend beschäftigt.

Auch nach den Angaben von Kozu (a) kann Aluminium aus einer wäßrigen Aluminiumsalzlösung bei Zimmertemperatur durch Hydrazincarbonat quantitativ gefällt werden, das durch Einleiten von Kohlendioxyd in Hydrazin hergestellt wurde. Beim Erhitzen bildet sich pulveriger $Al(OH)_3$-Niederschlag, der leicht zu filtrieren und auszuwaschen ist. Aus den Arbeiten von Jílek und Lukas sei folgendes angegeben:

Arbeitsvorschrift. Das zu untersuchende Aluminiumsalz wird in einer Menge entsprechend etwa 0,1 bis 0,2 g Al_2O_3 aus einem Volumen von 100 bis 200 cm³ gefällt. Wenn die Flüssigkeit zu sauer ist, stumpft man mit Ammoniak bis zu schwach saurer Reaktion ab. Man fällt kalt durch 2 bis 3 cm³ Hydrazincarbonat und erhitzt dann 1 Std. auf dem Wasserbad. Man filtriert, wäscht, und zwar bei Gegenwart von Alkalisalzen mit einer warmen neutralen Lösung von Ammoniumnitrat bis zum Verschwinden des anwesenden Anions. Der Niederschlag wird bis zur Gewichtskonstanz geglüht (vgl. S. 143) und in einem geschlossenen Gefäß gewogen.

Bemerkungen. I. Genauigkeit. Die Fällung des Aluminiums durch Hydrazincarbonat ist quantitativ. Die Werte fallen zumeist ein wenig zu hoch aus. Im Mittel erhält man 100,3% Aluminium. Praktisch enthalten die Filtrate kein Aluminium mehr. Überschuß des Fällungsmittels ist ohne Einfluß auf die Fällung.

Einige der Bestimmungen der Autoren seien hier angegeben:

Angewendet mg	Gefunden mg	Gefunden %	Angewendet mg	Gefunden mg	Gefunden %
55,35	55,43	100,16	44,28	44,27	99,99
55,35	55,54	100,35	22,14	22,27	100,58

Bei Gegenwart von viel Alkalisalz werden zu hohe Werte erhalten. Man muß dann den Niederschlag statt mit Wasser mit einer warmen neutralen Lösung von 1% Ammoniumnitrat auswaschen und erhält dann Werte, die sich den theoretisch errechneten nähern.

II. Herstellung des Reagenses. Zur Herstellung des Reagenses werden 50 cm³ Hydrazinhydrat des Handels in demselben Volumen Wasser gelöst. Die Lösung wird mit Kohlendioxyd[1] (bis zum Erstarren) gesättigt. Man verdünnt mit 50 cm³ Wasser und fügt von neuem 50 cm³ Hydrazinhydrat des Handels hinzu und filtriert.

[1] Das mit Kupfersulfatlösung (Durchleiten des Gases) gewaschen wird.

Während Hydrazincarbonat bei normaler Temperatur genügend beständig ist, verliert es in der Wärme Kohlensäure. Ebenso wie Hydrazinhydrat fällt Hydrazincarbonat Aluminium aus den Lösungen seiner Salze, jedoch hat der Niederschlag eine weit größere Dichtigkeit. Er läßt sich leicht abfiltrieren und waschen und besteht aus basischem Aluminiumcarbonat, dessen Zusammensetzung sehr schwankt. Die Fällungsprodukte sind unter Abgabe von Kohlendioxyd leicht zersetzbar und gehen durch Erhitzen in Aluminiumoxyd über.

Da sich Hydrazincarbonat in der Wärme in Hydrazinhydrat und Kohlensäure zersetzt, fällt beim Aufkochen nur Aluminiumhydroxyd wie bei der Ammoniakfällung aus. Am besten werden die *kalt* gefällten Niederschläge 1 Std. auf dem Wasserbad erwärmt, wodurch am leichtesten filtrierbare Niederschläge erhalten werden. Man fällt aus einem Volumen von 100 bis 200 cm^3 und wäscht nach dem Filtrieren mit kaltem oder kochendem Wasser. Die Niederschläge werden dann im Platintiegel mit dem Filter verascht (vgl. S. 143) und bis zur Gewichtskonstanz geglüht. Auf 55 mg Al = 0,1 g Al_2O_3 fügt man 2 cm^3 Hydrazincarbonat hinzu.

b) Trennung des Aluminiums von Mangan. **Vorbemerkung.** Durch Hydrazinhydrat wird Mangan mit Aluminium zusammen als Hydroxyd gefällt. Durch Zusatz einer genügenden Menge Ammoniumsalz läßt sich allerdings die Manganfällung vermeiden, wobei jedoch die Oxydation des Mangansalzes durch Luft nicht vollständig verhindert werden kann, so daß das bei Gegenwart von Ammoniumsalzen mit Hydrazinhydrat gefällte Aluminiumhydroxyd manganhaltig ist. Da Mangan durch Hydrazin*carbonat* nicht gefällt wird, besitzt dieses gegenüber dem Hydrazinhydrat bei der Trennung des Aluminiums vom Mangan einen gewissen Vorteil. Dabei ist jedoch stets eine *doppelte* Fällung erforderlich.

Arbeitsvorschrift. Zur Bestimmung des Aluminiums neben Mangan verfährt man nach Jílek und Lukas wie folgt:

Zu der die beiden Metalle enthaltenden Flüssigkeit, deren etwa zu starke Acidität gegebenenfalls durch Zusatz von Ammoniak vermindert wird, fügt man etwa 1 g Ammoniumnitrat und fällt nach dem Verdünnen auf 200 cm^3 durch Zusatz von 2 cm^3 Hydrazincarbonatreagens in der Kälte. Nachdem der Niederschlag sich abgesetzt hat, was etwa 4 Std. Zeit erfordert, bringt man ihn auf das Filter (Blauband von Schleicher & Schüll) und wäscht mit warmem Wasser. Der Niederschlag wird darauf durch verdünnte Salzsäure (1:1) oder durch Schmelzen mit Kaliumbisulfat in Lösung gebracht. Nachdem man annähernd mit Ammoniak neutralisiert und das Volumen auf 200 cm^3 gebracht hat, bewirkt man eine zweite Fällung durch Zusatz von 2 cm^3 Hydrazincarbonatlösung. Man läßt einige Stunden stehen, filtriert den Niederschlag ab und wäscht ihn mit warmem Wasser bis zum Verschwinden der SO_4- oder Cl-Ionen aus. In Gegenwart von Alkalisalzen wäscht man außerdem mit einer neutralen Lösung von Ammoniumnitrat von 1 bis 5% Gehalt.

So gereinigt wird der Niederschlag geglüht und das erhaltene Aluminiumoxyd gewogen.

Genauigkeit. Einige von Jílek und Lukas ausgeführte Analysenresultate sind nachstehend angegeben.

Angewendet		Gefunden		
Al mg	Mn mg	Al mg	Al %	
55,35	23,68	55,96	101,11	Nach jeder Fällung wurde der Niederschlag in der Kälte 7 Std. stehen gelassen
55,35	47,68	55,35	100,00	
55,35	23,68	55,43	100,16	
55,35	142,08	55,28	99,87	
55,35	47,36	55,44	100,16	Nach jeder Fällung wurde der Niederschlag in der Kälte 12 Std. stehen gelassen
33,18	71,04	33,22	100,13	
22,14	118,4	22,11	99,87	
110,7	14,19	111,4	100,63	

Man ersieht daraus, daß die Methode befriedigende Resultate (im Durchschnitt 100,24% Aluminium aus den hier mitgeteilten Werten und im Mittel 100,11% aus den gesamten von den Autoren angegebenen Resultaten) ergibt.

c) Trennung des Aluminiums von Eisen. **Vorbemerkung.** Eisensalze geben durch Reduktion mit Hydrazincarbonat eine farblose und klare, durchsichtige Lösung. Solange das Hydrazincarbonat in großem Überschuß im Verhältnis zu einer geringen Eisenmenge vorhanden ist, fällt nichts aus. Wenn jedoch zu wenig Hydrazin anwesend ist, wird die Flüssigkeit in Berührung mit Luft durch Bildung von Ferrihydroxyd gelb und trübe. Nach Jílek und Lukas muß man dann noch außer Hydrazincarbonat eine beträchtliche Menge Hydrazinsalz zusetzen, um Oxydation des Eisens zu vermeiden.

Arbeitsvorschrift nach Jílek und Lukas. Der das Aluminium- und Eisensalz enthaltenden Lösung werden 5 g Hydrazinhydrochlorid zugesetzt. Man erhitzt bis zur Entfärbung und neutralisiert annähernd mit verdünntem Ammoniak. Nachdem man 1 g Kaliumchlorid zugegeben hat, verdünnt man auf 200 cm^3 und fällt in der Kälte mit 5 cm^3 Hydrazinreagens (vgl. oben).

Nach mindestens 3stündigem Stehen wird der Niederschlag auf das Filter gebracht (Blaubandfilter von Schleicher & Schüll), mehrere Male mit kaltem Wasser gewaschen und mit warmer, verdünnter Salzsäure (1:1) gelöst. Die erhaltene Lösung wird mit 3 g Hydrazinchlorhydrat bis zur Entfärbung erwärmt, annähernd mit verdünntem Ammoniak (Indicator Methylrot) neutralisiert, auf 200 cm^3 verdünnt und endlich wieder in der Kälte mit 5 cm^3 Hydracincarbonatreagens gefällt. Man läßt wenigstens 3 Std. stehen, filtriert (durch Blaubandfilter) und wäscht zuerst mit kaltem Wasser, dann mit warmem Wasser.

Statt den Niederschlag in Salzsäure zu lösen, kann man auch mit Kaliumbisulfat aufschließen. Die geschmolzene Masse wird mit Wasser aufgenommen und aus der Lösung Aluminium von neuem gefällt. In diesem Fall wäscht man den neuen Niederschlag mit einer warmen neutralen Ammoniumnitratlösung (bis 5%) bis zum Verschwinden des SO_4-Ions. Der Niederschlag wird schließlich geglüht (vgl. S. 143) und als Aluminiumoxyd gewogen.

Durch Multiplikation mit dem Faktor 0,529 erhält man die entsprechende Aluminiummenge.

Genauigkeit. Nachstehend seien einige von Jílek und Lukas erhaltene Resultate angegeben.

Theoretische Zusammensetzung der Mischung		Gefunden		
% Al	% Fe	% Al	% Fe	
49,37	50,63	49,36	50,91	Nach der 1. Fällung wurde mit kaltem und nach der 2. Fällung mit heißem Wasser ausgewaschen
25,98	74,02	25,91	74,13	
25,98	74,02	26,07	73,83	
49,37	50,63	49,27	51,73	
59,4	40,6	59,21	41,28	
74,53	25,47	74,04	26,74	Nach der 1. Fällung wurde mit Wasser und nach der 2. Fällung mit Ammoniumnitrat ausgewaschen
93,67	6,33	93,75	6,85	
97,99	2,01	97,87	2,61	
98,66	1,34	98,42	2,20	
10,47	89,53	9,37	88,97	

Das Aluminiumoxyd ist fast stets frei von Eisen. Die Methode ergibt befriedigende Resultate im Mittel etwa 99,94% Al und 100,21% Fe. Wenn die vorhandene Eisenmenge bei Gegenwart von Aluminium 6% der Aluminiummenge nicht übersteigt, genügt eine einzige Fällung, um brauchbare Resultate zu erhalten. Bei größeren Eisenmengen ist doppelte Fällung erforderlich.

d) Trennung des Aluminiums von Zink. **Vorbemerkung.** Ähnlich wie Mangan und Eisen, die sich mit Hydrazincarbonat nicht fällen lassen, verhält sich auch Zink. Die darauf basierende analytische Trennung des Aluminiums von Zink hat gegenüber der Bariumcarbonatmethode den Vorteil, daß sie auch in der Lösung der Sulfate der beiden Elemente durchführbar ist.

Arbeitsvorschrift nach Jílek und Vřestal (a). Zu der annähernd neutralen Lösung der Sulfate, gegebenenfalls auch der Chloride (falls die Lösung sauer ist, wird mit verdünnter NH_3-Lösung neuralisiert oder, falls ein Alkalisalz zugegen ist, mit verdünnter Lauge statt mit NH_3-Lösung), die maximal 0,1 g Aluminium und 0,1 g Zink enthält, werden etwa 2 g Ammoniumsulfat (gegebenenfalls 5 g Ammoniumchlorid) zugegeben. Die Lösung wird auf ein Volumen von etwa 200 cm³ verdünnt. Es werden auf einmal etwa 100 cm³ Hydrazincarbonatreagens (vgl. S. 183) hinzugegeben. Nach der Fällung läßt man etwa 2 Std. bei gewöhnlicher Temperatur und darauf 3 Std. auf dem heißen Wasserbad stehen. Der Niederschlag wird durch ein Blaubandfilter von Schleicher & Schüll abfiltriert und nach Ablaufen des Filtrates in etwa 30 cm³ warmer verdünnter Schwefelsäure (1:4) [oder 30 cm³ warmer verdünnter Salzsäure (1:3)] auf dem Filter gelöst. Das Filter wird gründlich ausgewaschen, die überschüssige Acidität der Lösung durch Neutralisation mit verdünnter NH_3-Lösung beseitigt. Man füllt auf ein Volumen von etwa 200 cm³ auf und wiederholt die Fällung in gleicher Weise.

Der auf ein Blaubandfilter (Schleicher & Schüll) abfiltrierte Niederschlag wird bis zum Verschwinden der SO_4'' (oder Cl'-)-Reaktion mit verdünnter durch NH_3-Lösung (mit Methylrot als Indicator) neutralisierter Ammoniumnitratlösung ausgewaschen. Der ausgewaschene Niederschlag wird getrocknet und nach Verbrennung des Papierfilters in einem Porzellantiegel bis zum konstanten Gewicht in einem elektrischen Ofen erhitzt. In den vereinigten Filtraten wird das Zink entweder als Pyrophosphat oder Sulfid auf die übliche Weise bestimmt.

Genauigkeit. Bei der Fällung von Aluminium in Gegenwart von Zink wurden bei 1maliger Fällung für Aluminium immer höhere als die theoretischen Werte erzielt.

Bei der *doppelten* Fällung wurden folgende Ergebnisse erhalten:

Angewendet		Gefunden		
Al mg	Zn mg	Al mg	Al %	
104,23	103,9	104,51	100,28	Doppelte Fällung mit Hydrazincarbonat in schwefelsaurem Medium unter Zugabe von 2 g Ammoniumsulfat
104,23	103,9	103,75	99,54	
104,23	62,34	104,72	100,45	
62,55	103,9	63,07	100,85	
20,85	103,9	20,74	99,50	
104,23	83,12	104,87	100,61	
104,23	103,9	103,87	99,65	Doppelte Fällung mit Hydrazincarbonat in schwefelsaurem Medium in Gegenwart von Kaliumsulfat
104,23	103,9	103,66	99,44	
104,23	62,34	103,61	99,39	
104,23	62,34	103,87	99,64	
104,23	20,78	103,55	99,34	
104,23	20,78	103,75	99,54	
62,55	103,9	62,07	99,24	

Die verhältnismäßig besten Ergebnisse werden mit doppelten Fällungen aus schwefelsaurem Medium unter Zugabe von Ammoniumsulfat oder Kaliumsulfat erzielt. Etwas höhere Ergebnisse als die theoretischen ergibt doppelte Fällung aus salzsaurem Medium in Gegenwart von Ammoniumchlorid und verhältnismäßig die höchsten in schwefelsaurem Medium und in Gegenwart von Ammoniumnitrat.

e) Trennung des Aluminiums von Nickel und Kobalt. **Vorbemerkung.** Nickel und Kobalt werden mit Hydrazincarbonat, ebenso wie Mangan, Eisen, Zink, nicht gefällt. Die Trennung mit Hydrazincarbonat hat gegenüber der Bariumcarbonatmethode, die für die Trennung häufig angewendet wird, die Vorteile, daß kein Barium-Ion in die Lösung gebracht wird, daß der durch Hydrazincarbonat gefällte Niederschlag weniger Salz durch Adsorption zurückbehält als das Aluminiumhydroxyd, und daß die Fällung auch in Gegenwart von Sulfat-Ion ausgeführt werden kann.

Arbeitsvorschrift nach Jílek und Vřešťál (b). Man fällt bei gewöhnlicher Temperatur aus einem Volumen von etwa 200 cm³ einer schwach sauren Lösung, die im Maximum 0,1 g von jedem der in Frage kommenden Metalle enthält. Als Fällungsmittel werden 4 cm³ Reagenslösung von Hydrazincarbonat (vgl. S. 183) verwendet. Nach etwa 1stündigem Erhitzen auf dem Wasserbad wird der Niederschlag, den man abfiltriert und mit warmer, neutraler 1%iger Ammoniumnitratlösung gewaschen hat, in warmer Salzsäure gelöst. Der Überschuß der Säure wird abgedampft, worauf man wie bei der ersten Fällung verfährt. Der Niederschlag wird schließlich bis zur Gewichtskonstanz in einem elektrischen Ofen geglüht (vgl. S. 143).

Aus den gesammelten Filtraten, die konzentriert und neutralisiert werden, schlägt man Nickel und Kobalt durch Schwefelammonium als Sulfide nieder. Diese werden in Chloride verwandelt und nach den üblichen Verfahren getrennt.

Genauigkeit. Trennung des Aluminiums von Kobalt durch *doppelte* Fällung aus einem Gesamtvolumen von 200 cm³ mit 4 cm³ Hydrazincarbonat ergab die in der folgenden Tabelle zusammengestellten Resultate:

Angewendet		Gefunden	Angewendet		Gefunden
Al mg	Co mg	Al mg	Al mg	Co mg	Al mg
105,3	104,5	105,5	63,1	104,5	63,0
105,3	104,5	104,9	168,5	167,2	167,7
21,0	104,5	20,8	5,2	104,5	5,2
105,3	20,9	105,5	1,0	104,5	0,8
105,3	20,9	105,3	0,4	104,5	0,5
105,3	62,7	105,4	105,3	5,9	105,1
84,2	104,5	83,9			

Trennung des Aluminiums von Nickel (genau wie bei der Trennung des Aluminiums von Kobalt),

Angewendet		Gefunden	Angewendet		Gefunden
Al mg	Ni mg	Al mg	Al mg	Ni mg	Al mg
108,8	119,3	108,9	108,8	47,7	108,8
108,8	119,3	109,0	108,8	47,7	108,8
65,3	119,3	65,1	108,8	23,9	109,0
21,8	119,3	21,9			

Aus den Versuchsergebnissen ist ersichtlich, daß die Trennung des Aluminiums von Kobalt und Nickel durch doppelte Fällung des Aluminiums mittels Hydrazincarbonat ganz gute Resultate ergibt, wenn von jedem Metall maximal etwa 0,1 g vorhanden ist. Ähnlich gute Resultate ergibt die Methode, wenn der Aluminiumniederschlag nach der ersten Fällung statt durch Lösen in Säure nach der Verbrennung des Filters mit Alkalibisulfat im Platintiegel geschmolzen wird.

Alkali- und Ammoniumsalze wie Chloride, Nitrate und Sulfate, die vor der ersten Fällung bei der Trennung des Aluminiums von Kobalt und Nickel zugesetzt werden, haben keinen nachteiligen Einfluß bei sonst unveränderter Anwendung der Methode auf die richtige Bestimmung der angeführten Elemente, soweit die Menge der zugesetzten Alkalisalze, hauptsächlich der Sulfate, die Konzentration von 0,2 n nicht überschreitet.

13. Kaliumcyanatmethode.

Vorbemerkung. Die Methode sei der Vollständigkeit halber erwähnt. Sie bietet an sich keine bemerkenswerten Vorteile vor anderen Hydrolyseverfahren.

Kaliumcyanat ist ein empfindliches Reagens auf Aluminium-Ionen. Beim Erwärmen von Aluminiumsalzlösungen mit Kaliumcyanatlösung tritt in verdünnten Lösungen zuerst Trübung auf, dann scheidet sich unter lebhafter Kohlendioxydentwicklung Aluminiumhydroxyd weniger gelatinös als üblich, eher körnig, ab, so daß es sich gut filtrieren und auswaschen läßt. Nach RIPAN kann die Reaktion zur quantitativen Fällung des Aluminiums aus seinen Salzlösungen und zur Trennung von Mangan und Zink dienen, da das Zink- und Mangan-Ion in Gegenwart von Ammoniumchlorid und Alkalicyanat auch in der Wärme keine unlöslichen Verbindungen bilden, während Aluminiumhydroxyd sich beim Erhitzen quantitativ abscheidet. Organische Säuren verhindern die Fällung des Aluminiumhydroxydes mit Kaliumcyanat. Kieselsäure wirkt nur in konzentrierten Lösungen störend.

Bei der Reaktion zwischen dem schwach sauren Ammoniumsalz und Cyanat entsteht infolge Hydrolyse primär Cyansäure, die aber größtenteils in Ammoniak und Kohlendioxyd zerfällt. Zum Teil bilden sich auch Carbonate, Harnstoff und wahrscheinlich noch verschiedene organische Stoffe, wie Cyanursäure, Cyamelid usw.

a) Arbeitsvorschrift nach RIPAN. Man gibt zur möglichst neutralen Aluminiumlösung einige Kubikzentimeter 2 n Ammoniumchloridlösung und auf 0,02 g Aluminium 0,2 g Kaliumcyanat hinzu und erwärmt die Flüssigkeit. Der zuerst voluminöse Niederschlag wird beim Erhitzen dicht. Man filtriert die noch warme Flüssigkeit, wäscht mit Wasser, glüht (vgl. S. 143) und wägt den Niederschlag in der üblichen Weise als Aluminiumoxyd. Da Mangan und Zink durch Kaliumcyanat nicht gefällt werden, gelingt es so auch, Aluminium von diesen Metallen zu trennen.

Bemerkungen. I. Genauigkeit. DORRINGTON und WARD fanden nach RIPANS Methode für Aluminium zu niedrige und unregelmäßige Resultate, was auf die Benutzung von Wasser anstatt einer Lösung von Ammoniumnitrat zum Auswaschen des Niederschlages zurückzuführen ist. Wenn der Niederschlag nach Stehen über Nacht mit einer heißen, schwach ammoniakalischen Lösung von Ammoniumnitrat ausgewaschen wurde, fielen die Resultate regelmäßiger aus, jedoch waren die Niederschläge nicht körnig. Nach Ansicht von DORRINGTON und WARD bietet die Cyanatmethode keinerlei Vorteile gegenüber anderen Methoden wie z. B. gegenüber der Nitritmethode von SCHIRM oder dem Jodid-Jodat-Verfahren von STOCK (vgl. S. 196).

II. Anwendung zu Trennungen. Eisen und Chrom geben mit Kaliumcyanat ebenfalls Niederschläge, die leichter filtriert und gewaschen werden können als die Fällung mit Ammoniak. Eine Trennung dieser Metalle von Aluminium ist also auf diesem Wege nicht möglich.

Dagegen läßt sich Trennung des Aluminiums von Mangan und Zink durchführen.

Genauigkeit. DORRINGTON und WARD halten die Trennung des Aluminiums von Mangan und Zink nicht für scharf genug. Die Versuche von DORRINGTON und WARD zeigten, daß Mangan durch Kaliumcyanat in beträchtlichen Mengen in Gegenwart von Ammoniumchlorid gefällt wird. Ferner können Zinksulfatlösungen mit Ammoniumchlorid in Cyanatlösungen Niederschläge von Zinkcarbonat ergeben, die sich durch Reaktion mit dem durch Hydrolyse des Kaliumcyanates entstandenen Kaliumcarbonat bilden.

b) Arbeitsvorschrift nach OKÁČ. OKÁČ führte die Bestimmung folgendermaßen durch: Zu einer Aluminiumlösung werden 2 cm^3 2 n Ammoniumchloridlösung und 0,1 bis 0,3 g reines Kaliumcyanat zugefügt. Die Lösung wird gekocht und der Niederschlag abfiltriert und mit heißem Wasser gewaschen. Das gefällte Aluminium war immer leicht filtrierbar.

Bemerkungen. I. Genauigkeit. OKÁČ erhielt bei der Nachprüfung der Cyanatmethode erheblich günstigere Resultate. Die Genauigkeit geht aus folgenden Werten hervor:

Angewendet wurde Ammoniumalaun $NH_4Al(SO_4)_2 \cdot 12\,H_2O$ mit 6,13% Al nach der Nitritmethode bestimmt oder mit 5,98% Al theoretisch berechnet.

	Einwage g	Gefunden Al_2O_3 g	Al %	Berechnet %	Differenz %		Einwage g	Gefunden Al_2O_3 g	Al %	Berechnet %	Differenz %
1.	0,5104	0,0588	6,11	5,98	+0,13	4.	0,2320	0,0269	6,15	5,98	+0,17
2.	0,4576	0,0530	6,14	5,98	+0,16	5.	0,3258	0,0379	6,17	5,98	+0,19
3.	0,5364	0,0607	6,00	5,98	+0,02						

Bei Gegenwart von Mangan fand OKÁČ folgende Werte:

	Angewendet $NH_4Al(SO_4)_2 + 12\,H_2O$ g	Angewendet $MnSO_4 \cdot 5\,H_2O$ g	Gefunden Al_2O_3 g	Gefunden Al %	Berechnet %	Differenz %
1.	0,1584	0,5340	0,0185	6,19	5,98	+0,21
2.	0,2647	0,2913	0,0296	5,93	5,98	—0,05

II. Anwendung der Methode zur Trennung des Aluminiums von Zink. Für die Trennung des Aluminiums von Zink ist ein großer Überschuß an Ammoniumchlorid erforderlich. Zu 100 cm^3 einer Lösung, die 5 bis 30 mg Aluminium, 5 bis 150 mg Zink enthält, werden 50 cm^3 2 n NH_4Cl-Lösung und 0,1 bis 0,3 g Kaliumcyanat zugefügt. Die Lösung wird 10 bis 15 Min. gekocht, der Niederschlag abfiltriert, 3mal mit 5 cm^3 heißer 2 n NH_4Cl-Lösung und dann mit heißem Wasser gewaschen. Es scheint, daß der Einfluß von Ammoniumchlorid auf die Löslichkeit des $Al(OH)_3$-Niederschlages in Gegenwart von Zinksalzen nicht so groß ist wie wenn nur das Aluminiumsalz zugegen ist. Die Anwesenheit von Zinksalzen verhindert die Wirkung des Ammoniumchlorids, indem so sein Einfluß auf die Löslichkeit des $Al(OH)_3$-Niederschlages beträchtlich herabgesetzt wird.

Genauigkeit. Die Genauigkeit der Trennung erhellt aus den folgenden Ergebnissen OKÁČs: Bei Anwendung von Aluminium- und Zinksalzen in verschiedenen Verhältnissen zueinander fand OKAČ Aluminiumwerte, deren Differenz bei 8 Trennungen —0,03% bis +0,21% betrug.

Obgleich also die Cyanatmethode keine Resultate liefert, die den theoretischen Werten genau entsprechen, so ist sie dennoch praktisch anwendbar. Auch die Trennung des Aluminiums von Mangan ist nach OKÁČ durchführbar.

14. Nitritmethode.

Vorbemerkung. SCHIRM (a) hat die von WYNKOOPS gemachte Beobachtung der vollständigen Ausfällung von Aluminium (Chrom und Eisen) aus seinen Lösungen durch Natriumnitrit bestätigt und folgende quantitative Fällungsmethode mit Ammoniumnitrit, die ebenfalls auf Ausfällung des Aluminiumhydroxydes durch Hydrolyse beruht, ausgearbeitet.

Die salpetrige Säure zerfällt bei Siedehitze in Stickoxyde und Wasser, so daß die Hydroxydfällung nach folgender Gleichung stattfindet:

$$2\,AlCl_3 + 6\,NaNO_2 + 3\,H_2O = 2\,Al(OH)_3 + 6\,NaCl + 3\,NO + 3\,NO_2\,.$$

Durch die Möglichkeit, das Fällungsmittel vollständig zu verflüchtigen, das schon durch einfaches Kochen größtenteils zerstört werden kann, erlangt die Methode die gleiche Anwendbarkeit wie die NH_3-Fällung und besitzt außerdem die gleichen Vorteile wie die Jodid-Jodat-Methode (vgl. S. 196) in bezug auf die Beschaffenheit des Niederschlages, der feinflockiger und dichter ist, als die mit NH_3-Lösung erzeugten Fällungen. Der Niederschlag läßt sich gut filtrieren und auswaschen.

Bei kritischen Studien über die gravimetrischen Bestimmungsmethoden des Aluminiums kommen CONGDON und CARTER zu dem Ergebnis, daß die Nitritmethode die genaueste Fällungsmethode für Aluminium ist. Sie ziehen sie der weniger genauen BLUM-Methode mit Ammoniak vor.

Arbeitsvorschrift. Die Flüssigkeit, die 0,1 bis 0,2 g Aluminium enthalten soll, wird bei Gegenwart überschüssiger Säure mit Ammoniak neutralisiert, soweit dies ohne Bildung eines Niederschlages möglich ist, und dann auf 250 cm^3 verdünnt. Man fügt jetzt, gleichgültig ob in der Kälte oder in der Wärme, 20 cm^3 einer 6%igen

Ammoniumnitritlösung hinzu und erhitzt über freier Flamme so lange zum Sieden (Becherglas mit Uhrglas bedeckt), bis der Geruch nach Stickoxyden verschwunden ist. Nach $^1/_4$- bis $^1/_2$stündigen Absitzen auf dem Wasserbad wird der äußerst feinflockige Niederschlag zunächst durch eine 2malige Dekantation mit heißem Wasser ausgewaschen, dann auf ein 11 cm-Filter gebracht, ausgewaschen, getrocknet, im Tiegel samt Filter verbrannt, geglüht und gewogen. Enthält die ursprüngliche Lösung mehr als 1% Ammoniumsalze, so ist infolge der hydrolytischen Spaltung und der schwach sauren Reaktion der Lösung die Fällung auch bei längerem Kochen nicht vollständig. In diesem Fall fügt man nach dem Wegkochen der Stickoxyde tropfenweise Ammoniak zu der Flüssigkeit, bis der Geruch danach eben bestehen bleibt, läßt auf dem Wasserbad absitzen und verfährt weiter wie oben. Die Qualität des Niederschlages wird durch dieses nachträgliche Ausfällen der geringen noch in Lösung befindlichen Substanzmengen in keiner Weise ungünstig beeinflußt.

TREADWELL (a) erhitzt, anstatt die Lösung zu kochen, 20 Min. auf dem siedenden Wasserbad unter Durchleiten von Stickstoff oder Wasserstoff. Auf diese Weise gehen weniger basische Salze in den Niederschlag als beim Kochen der Lösung. Statt mit Ammoniumnitrit fällt man bequemer mit einem Gemisch von 1 g Kaliumnitrit, 1 bis 3 g Ammoniumchlorid und 50 cm³ Wasser, das man tropfenweise der heißen Lösung zusetzt.

Bemerkungen. I. Genauigkeit der Fällungsmethode nach den Angaben von SCHIRM. Es wurde eine Lösung von Aluminiumsulfat $[Al_2(SO_4)_3 \cdot 18\,H_2O]$ benutzt, in der der Aluminiumgehalt nach der Ammoniakmethode bestimmt wurde. Die als angewendete Aluminiummenge angegebene Zahl bildet den Mittelwert aus drei Bestimmungen nach der Ammoniakmethode.

	Angewendet Al g	Gefunden Al g	Differenz g
1.	0,1026	0,1029	+0,0003
2.	0,1026	0,1033	+0,0007
3.	0,1026	0,1038	+0,0012

Nach dem Bericht Nr. 132 des *Chemikerausschusses des Vereins deutscher Eisenhüttenleute* erstattet von KLINGER, ergaben sich folgende Werte (bei Anwendung von 10 cm³ Kaliumalaunlösung, enthaltend 5,0 mg Al und von 50 cm³ Kaliumalaunlösung, enthaltend 25,0 mg Al):

1. Bei der Fällung mit Natriumnitrit:

a) bei Anwendung von 5 mg Al		b) bei Anwendung von 25 mg Al	
bei 2 Analysen	5,0 mg Al	bei 2 Analysen	25,1 mg Al
bei 2 Analysen	5,1 mg Al	bei 1 Analyse	25,2 mg Al
		bei 1 Analyse	25,3 mg Al

2. Bei der Fällung mit Ammoniumnitrit:

a) bei Anwendung von 5 mg Al		b) bei Anwendung von 25 mg Al	
bei 1 Analyse	4,9 mg Al	bei 1 Analyse	24,9 mg Al
bei 2 Analysen	5,0 mg Al	bei 1 Analyse	25,1 mg Al
bei 1 Analyse	5,1 mg Al	bei 1 Analyse	25,3 mg Al
		bei 1 Analyse	25,6 mg Al

3. Bei der Fällung mit Kaliumnitrit:

a) bei Anwendung von 5 mg Al		b) bei Anwendung von 25 mg Al	
bei 1 Analyse	5,0 mg Al	bei 2 Analysen	25,2 mg Al
bei 1 Analyse	5,2 mg Al		

Im allgemeinen ist danach die Übereinstimmung mit den theoretischen Werten sehr gut. Ferner ist jedes Alkalisalz der salpetrigen Säure verwendbar.

II. Anwendung der Methode zur Trennung des Aluminiums (Chroms und Eisens) von Mangan, Zink, Nickel, Kobalt. Nach SCHIRM (b) wird *Mangan* bei Gegenwart von Ammoniumsalzen durch Ammoniumnitrit nicht gefällt. Die Fällung von Aluminium (Chrom und Eisen) wird, wie oben angegeben, vorgenommen, nur mit dem Unterschied, daß vor der Fällung Ammoniumsalz zugesetzt wird. Bei 1maliger Fällung enthält der Niederschlag meist noch etwa 2% Mangan. Daher ist für genaue Bestimmungen eine doppelte Fällung notwendig. Bei Zusatz von mehr Ammoniumsalz ist die Fällung nicht mehr vollständig. Zugabe von Ammoniak zur Behebung dieses Fehlers ist hier nicht angängig, weil dann größere Manganmengen mit ausfallen. Nach TREADWELL (c) ist die Nitritmethode bei Gegenwart von Mangan weniger geeignet, da hierbei das Mangan leicht zum Teil oxydiert wird und dann als schwer lösliche Verbindung $MnO(OH)_2$ mit in den Niederschlag geht.

Zink läßt sich von Aluminium (Chrom, Eisen) nicht trennen. Die Niederschläge enthalten bis 20% der angewendeten Zinkmenge. Nach einer etwas abgeänderten Methode hat JÄRVINEN eine befriedigend genaue Trennung der Metalle Aluminium (Eisen, Chrom) von Zink, Nickel, Kobalt, Mangan durchführen können.

JÄRVINEN hat folgende Lösung für seine Untersuchungen verwendet:

0,5 g Fe, je 0,1 g Al, Cr und P und je 0,1 g Zn, Ni, Co und Mn in 100 cm³.

Die Lösung wird mit Ammoniumcarbonat bis zur bleibenden Trübung nahezu neutralisiert. Die Trübung tritt bei Gegenwart von Phosphorsäure schon ein, bevor alle freie Säure abgestumpft ist. Kocht man diese Lösung, so scheidet sich alles Eisen aus, während fast das gesamte Aluminium und Chrom in Lösung bleiben (vgl. die Ammoniumcarbonatmethode, S. 175). Setzt man aber vor dem Kochen eine genügende Menge Ammonium- oder Natriumnitrit zu und kocht dann, so beginnt eine lebhafte Entwicklung von Stickoxyden und das Filtrat enthält nur wenig Aluminium und Chrom. Wendet man das Doppelte der theoretisch erforderlichen Ammonium- oder Natriumnitritmenge an, so kann das Filtrat ganz frei von den 3wertigen Metallen sein, aber der Niederschlag etwas, wenn auch nur Spuren, der 2wertigen Metalle enthalten.

Vorteilhaft ist es, der Lösung Ammoniumsulfat zuzusetzen, weil dann basische Sulfate ausfallen, die ein geringeres Volumen einnehmen, geringere Neigung zu Okklusion besitzen und sich viel leichter auswaschen lassen. Wenn die Lösung keine Sulfate enthält, setzt man etwa 3 g Ammoniumsulfate auf 1 g Eisen zu. Bei so ausgeführten Analysen enthält der Sesquioxydniederschlag niemals Monoxyde. Die im Filtrat bis zu wenigen Milligrammen vorhandenen Mengen an Aluminium und Chrom sind ein Zeichen dafür, daß der Niederschlag frei von Monoxyden ist, weil in saurer Lösung gefällt wurde. Wenn der Rest Aluminium + Chrom in gleicher Weise gefällt wird, so ist das Filtrat in der Regel frei von Aluminium. Um stets reine Sesquioxydniederschläge zu erhalten, verfährt man am besten auf folgende Weise:

Man kocht die mit Ammoniumcarbonat grob neutralisierte Lösung erst auf und setzt dann die erforderliche Menge Nitrit zu, ohne nachher zu kochen. Die Lösung bleibt dann immer schwach sauer von salpetriger Säure und der Niederschlag ist rein.

Genauigkeit. Nach der obigen Methode fand JÄRVINEN im Filtrat des Eisen, Aluminium, Chrom enthaltenden Niederschlages, z. B. folgende Zahlen für die Gesamtmenge Zn + Ni + Co + Mn (als Sulfide gefällt und in Sulfate übergeführt) wieder:

99,6, 99,9, 99,5 und 99,7%

der angewandten Menge.

JÄRVINEN hat die Nitritmethode in bezug auf Trennschärfe mit der Ammoniak-, Bariumcarbonat-, Calciumcarbonat-, Acetat- und Ammoniumcarbonatmethode verglichen. Er kommt zum Ergebnis, daß bei allen diesen Methoden, mit Ausnahme der letztgenannten, mehr Schwermetall vom Aluminium- (Eisen-, Chrom-) niederschlag mitgerissen wird, als bei der Nitritmethode. Beim Ammoniumcarbonatverfahren ist die Aluminiumfällung nicht ganz vollständig.

15. Thiosulfatmethode.

Vorbemerkung. Bei der seit langem bekannten Thiosulfatmethode von CHANCEL wird die bei der Hydrolyse von Aluminiumsalzen freiwerdende Mineralsäure durch Zusatz von Natriumthiosulfat nach der folgenden Gleichung beseitigt: $S_2O_3 + 2\,H^{\cdot} = SO_2 + S + H_2O$. Durch Zugabe von Thiosulfat und Verkochen der schwefligen Säure ist die Aluminiumfällung jedoch nicht vollständig. Dies ist erst bei Zusatz von Ammoniak der Fall. Nach Versuchen von LEIMBACH können nach längerem Kochen mit Thiosulfat beträchtliche Mengen Aluminium selbst durch NH_3-Lösung, offenbar infolge Bildung von Komplexsalz, nicht mehr gefällt werden. Das Verfahren verdient besondere Beachtung, weil es tadellos filtrierende Niederschläge ergibt und dabei keine teuren Reagenzien verlangt; allerdings ergibt es selbst bei sorgfältiger Ausführung immer etwas zu niedrige Werte. Es ist vor allem als gute Vortrennung bei Anwesenheit von viel Eisen verwendbar.

a) Arbeitsvorschrift nach CHANCEL. Die neutrale verdünnte Aluminiumsalzlösung, die etwa 0,1 g Aluminiumoxyd in etwa 200 cm³ enthalten soll, versetzt man mit einem Überschuß von Natriumthiosulfat und kocht, bis jede Spur von Schwefeldioxyd entfernt ist. Hierauf fügt man Ammoniak zu, bis ein gerade bleibender Geruch danach auftritt, kocht einige Minuten und filtriert den aus Aluminiumhydroxyd und Schwefel bestehenden Niederschlag ab. Man wäscht mit heißem Wasser, trocknet, verascht, glüht und wägt als Aluminiumoxyd. Die Methode ist anwendbar für Lösungen der Chloride und Sulfate, aber nicht für solche der Nitrate.

Bemerkungen. I. Genauigkeit. Über die bei Fällung mit Thiosulfat in Lösung bleibenden Mengen Aluminiumoxyd geben DONATH und JELLER folgendes an: Eine sehr verdünnte Alaunlösung wurde in abgemessenen Mengen mit neutralem Eisenchlorid $FeCl_3$ (stets 25 cm³ entsprechend 0,1785 g Fe_2O_3) vermischt, mit Wasser auf 400 cm³ verdünnt und nun mit einem Überschuß von Natriumthiosulfat versetzt und die Flüssigkeit auf $^3/_4$ bis $^2/_3$ ihres Volumens eingedampft.

1. 30 cm³ Alaunlösung enthaltend 0,0764 g Al_2O_3 ergaben 0,0730 g;
2. 30 „ „ „ 0,0764 g „ „ 0,0730 g;
3. 40 „ „ „ 0,1018 g „ „ 0,0984 g;
4. 40 „ „ „ 0,1018 g „ „ 0,0956 g;
5. 50 „ „ „ 0,1273 g „ „ 0,1220 g.

Die Ausfällung des Al_2O_3 war also unvollständig.

Wurden die Filtrate und Waschwässer gesammelt und bis auf weniger als die Hälfte eingedampft, so fand weitere Abscheidung von Aluminiumhydroxyd statt, welche bei Versuch 4 0,0072 g und bei Versuch 5 0,0068 g betrug. Die Gesamtmengen fallen dann meist etwas zu hoch aus, weil Aluminiumoxyd beim Glühen Schwefel (SO_3) hartnäckig festhält und erst bei anhaltendem Glühen (vgl. S. 139) vollständig abgibt.

II. Anwendung der Methode zur Trennung des Aluminiums von Eisen. Die Methode wird häufig zur Trennung des Aluminiums von Eisen angewendet, wobei Ferrieisen zu Ferrosalz reduziert und daher nicht gefällt wird; man darf in diesem Falle gegen Ende der oben beschriebenen Reaktion kein Ammoniak zusetzen, weil sonst Eisen gefällt würde. Allerdings wird dann das Aluminium *nicht vollständig* abgeschieden.

***b) Arbeitsvorschrift nach* CLENNELL.** CLENNELL hat die Methode folgendermaßen abgeändert: 100 mg des Aluminiummetalles löst man in 10 cm³ Salzsäure (50 Vol.-%), filtriert gegebenenfalls, verdünnt auf 300 cm³ und setzt dann Ammoniak in leichtem Überschuß zu. Schwefeldioxyd wird eingeleitet, bis die Flüssigkeit klar und gegen Methylorange sauer ist. Nach Zusatz von 5 g Natriumthiosulfat wird die Lösung 30 Min. unter Aufrechterhaltung des Volumens durch Zufügen von Wasser gekocht und mit heißem Wasser auf 500 cm³ verdünnt. Man läßt 10 Min. absitzen und dekantiert die klare Flüssigkeit durch ein Filter. Der Niederschlag wird schließlich auf das Filter gebracht und chlor- und thiosulfatfrei gewaschen. Am besten wird mit einer 1%igen Lösung von Ammoniumchlorid dekantiert und gewaschen. Es geht stets eine größere Menge Aluminium in das Filtrat über, die durch Zufügen von mehr Natriumthiosulfat zum Filtrat, beim Aufkochen und Filtrieren wieder zurückerhalten wird.

Genauigkeit. CLENNELL fand bei Fällung mit Natriumthiosulfat in Gegenwart von Ammoniumchlorid und beim Auswaschen mit 1%iger Ammoniumchloridlösung bei Anwendung von 100 mg Aluminiummetall mit einem Gehalt von 97,7 mg Al bei 3 Analysen 99,9, 99,0 und 100,0 mg Aluminium.

c) Ausführung unter Verwendung von Ammoniumthiosulfat. Die Verwendung von Ammoniumthiosulfat statt Natriumthiosulfat bietet offenbar keine Vorteile, wie man vielleicht erwarten könnte, da nur flüchtige Reagenzien verwendet werden und somit jede adsorbierte Verunreinigung ausgetrieben wird. Verwendet wird eine etwa 13%ige Ammoniumthiosulfatlösung, die hergestellt ist durch Mischen stark gelben Ammoniumsulfides mit dem gleichen Volumen Wasser, Einleiten von Schwefeldioxyd, bis die Flüssigkeit deutlich sauer ist und darauffolgendes Filtrieren. Im allgemeinen dürften 10 cm³ dieser Lösung für eine vollständige Fällung von 100 mg Aluminium ausreichend sein. Bei Gegenwart von viel Eisen muß eine größere Menge angewendet werden. Für die nachfolgenden Fällungen werden zumeist 50 cm³ angewendet. Im allgemeinen genügt eine Kochdauer von 20 Min.

Genauigkeit. Bei Bestimmung des Aluminiumgehaltes von Ammoniumalaun enthaltend 6,25% Aluminium fand CLENNELL bei 3 Versuchen bei Fällung mit Ammoniumthiosulfat 6,17, 6,28 und 6,05% Aluminium.

d) Trennung des Aluminiums von Eisen, Mangan und anderen Metallen nach CLENNELL. Bei Bestimmung des Aluminiumgehaltes von 1626 mg Ammoniumalaun mit 6,25% Al in Gegenwart von 50 mg Eisen erhielt CLENNELL bei 10 Analysen 6,24% bis 6,35% Aluminium. Bei Gegenwart größerer Eisenmengen war der Niederschlag unvollständig. Das Eisen wurde als Eisenchlorid zugefügt, das nach Zugabe von NH_3-Lösung durch Einleiten von Schwefeldioxyd reduziert wurde, bis die Lösung klar und farblos war. Dann wurde mit verdünnter NH_3-Lösung neutralisiert und nach Zugabe von Ammoniumthiosulfat gekocht.

Wenn die Eisenmenge der zu untersuchenden Substanz beträchtlich ist, aber weniger als die des Aluminiums beträgt, fügt man mit dem Thiosulfat 10 bis 20 cm³ verdünnte Essigsäure (1 Teil Eisessig auf 3 Teile Wasser) zu.

Wenn größere Mengen Eisen zugegen sind, oder wenn der Niederschlag eine rötliche oder gelblichrosa Färbung zeigt, wird er in heißer verdünnter Salzsäure aufgelöst, die Lösung wieder mit Ammoniak alkalisch gemacht, mit Schwefeldioxyd reduziert und der Prozeß wie zuvor wiederholt, wobei man wie oben Essigsäure zufügt, wenn die Menge des Eisens noch groß ist.

Mangan verhält sich ähnlich wie Eisen und kann durch einfache Fällung in Gegenwart von wenig Essigsäure von Aluminium getrennt werden. Für Zink dagegen ist doppelte Fällung erforderlich, während Magnesium keinen Einfluß auf das Resultat hat und unter den Bedingungen der Methode nicht gefällt wird.

Eine Prüfung der Reagenzien auf Reinheit ist bei genauen Analysen nötig und erfolgt in der Weise, daß man dieselben Mengen und dieselbe Methode wie bei der Analyse anwendet. Wo große Genauigkeit nicht verlangt wird, kann die Korrektur für die Reagenzien und für die Nachbehandlung des Filtrates unterbleiben, da die Werte bei kleinen Korrekturen oft annähernd gleich sind und die Fehler sich gegenseitig aufheben.

Genauigkeit. Die von CLENNELL nach obiger Methode erhaltenen Werte sind folgende:

1. Fällung des Aluminiums in Gegenwart von Eisen. Bei Fällung des Aluminiums mit Natriumthiosulfat aus 1626 mg Ammoniumalaunlösung mit einem Aluminiumgehalt von 6,25% in Gegenwart von 100 mg Eisen wurden bei Anwendung von 10 cm³ Essigsäure (25 Vol.-%) 6,43, 6,21, 6,26, 6,24% Aluminium gefunden.

2. Fällung des Aluminiums in Gegenwart von Mangan, Zink und Magnesium. Bei Fällung des Aluminiums aus einer Lösung von 100 mg Aluminiummetall mit 99,7% Al entsprechend 0,1880 g Al_2O_3 in Gegenwart verschiedener zugesetzter Mengen Mangansulfat, Zinkoxyd, Magnesiumoxyd und Eisen (Draht) wurde folgendes festgestellt:

	Zu 100 mg Metall mit 99,7% Al, zugegebene Stoffe	Gewicht	Essigsäure 25 Vol.-%	Anzahl der Fällungen	Gewicht des Niederschlages Hauptmenge	Gewicht des Niederschlages aus Filtrat	Gesamtmenge	Gefunden Al
		mg	cm³		g	g	g	%
1.	$MnSO_4$	500	10	1	0,1912	—	0,1912	101,4
2.	ZnO	130	—	1	0,1955	—	0,1955	103,7
3.	ZnO	130	10	1	0,1951	—	0,1951	103,5
4.	ZnO	200	—	2	0,1918	0,0013	0,1931	102,4
5.	MgO	170	—	1	0,1903	—	0,1903	100,9
6.	$MnSO_4$ ZnO MgO Fe (Draht)	500 200 200 100	10	1	0,1934	—	0,1934	102,6
7.	$MnSO_4$ ZnO MgO Fe (Draht)	500 200 200 100	10	2	0,1899	—	0,1899	100,7

Es wurde durch Zugabe von 15 g Natriumthiosulfat unter 20 Min. langem Kochen gefällt. Die Reduktion mit Schwefeldioxyd und die Neutralisation mit Ammoniak wurden, wie in der Vorschrift angegeben, durchgeführt.

Man kann demnach nach der angeführten Standardmethode von CLENNELL durch Thiosulfat eine praktisch vollkommene Fällung des Aluminiums erhalten. Bei dieser Fällung bewirken kleinere Mengen Eisen, Mangan, Zink und Magnesium keine ernstliche Störung, da diese Metalle fast vollständig in Lösung bleiben.

Größere Mengen können unter Anwendung der modifizierten Methode entfernt werden.

Das fast immer zu hohe Gewicht des endgültig gewogenen Aluminiumoxydes ist bedingt:

1. durch geringe Mengen adsorbierter Verunreinigungen von Oxyden des Eisens und anderer Metalle sowie von Kieselsäure und Sulfat als Aluminiumsulfat.

2. durch fremde Stoffe wie Ferrioxyd und Aluminiumoxyd, Kieselsäure und Phosphorsäure, die durch die verwendeten Reagenzien eingeführt sind.

3. durch Feuchtigkeit, welche nach dem Abkühlen des Aluminiumoxydes aus der Luft adsorbiert wird. Längeres Glühen bei 1200° ist erforderlich.

e) Trennung des Aluminiums von Beryllium. Die Trennung der beiden Metalle nach JOY mit Natriumthiosulfat kann als eine Modifikation des Trennungsverfahrens des Aluminium von Beryllium mit schwefliger Säure nach BERTHIER (vgl. S. 205) angesehen werden, da beim Kochen neutraler Aluminium- und Berylliumsalzlösungen mit Natriumthiosulfat durch Hydrolyse freie Thioschwefelsäure entsteht, die in Schwefel und Schwefeldioxyd zerfällt. Ebenso wie das BERTHIERsche Verfahren gibt diese Methode keine quantitative Trennung (JOY, BRITTON). Nach GIBBS ist schon die Fällung des Aluminiums allein nicht ganz quantitativ. ZIMMERMANN (b) sowie GLASSMANN erhielten bei ihren Versuchen zwar brauchbare Resultate, doch sind diese anscheinend durch Fehlerkompensation erhalten.

16. Thiosulfat-Phenylhydrazin-Methode.

Vorbemerkung. Da, wie oben bereits angegeben (vgl. S. 191), bei der Thiosulfatmethode nach CLENNELL die Aluminiumfällung nicht ganz vollständig ist, wird die Vollständigkeit der Abscheidung von Aluminiumhydroxyd erst durch Zusatz von NH_3-Lösung erreicht. Bei Gegenwart von Eisen geht in diesem Fall jedoch stets etwas Eisen in den $Al(OH)_3$-Niederschlag über, und die Trennung von Eisen ist stets unvollkommen. LEIMBACH verwendet daher statt Ammoniak schwache Basen wie z. B. Phenylhydrazin oder Anilin, die bekanntlich die 3wertigen, nicht aber die 2wertigen Metalle aus ihren Lösungen zu fällen vermögen. Es kann so eine fast vollständige Trennung des Aluminiums von Eisen bewirkt werden. Auch ISHIMARU hat eine Kombination der Thiosulfat- und der Phenylhadrazinmethode zur quantitativen Bestimmung des Aluminiums neben relativ viel Eisen verwendet.

Nach der Phenylhydrazinmethode von HESS und CAMPBELL (vgl. S. 161) kann die Trennung des Aluminiums neben relativ viel Eisen im Vergleich mit den anderen Methoden am besten ausgeführt werden. Die Methode hat nur den einen Nachteil, daß die Filtration des erzeugten $Al(OH)_3$-Niederschlages lange dauert und schwierig ist, besonders wenn die Lösung große Mengen Aluminium enthält. Es ist daher leicht denkbar, daß das Ferro-Ion während der langen Filtration wieder oxydiert und der $Al(OH)_3$-Niederschlag infolgedessen durch 3wertiges Eisen verunreinigt werden kann. Die Kombination der Thiosulfat- und der Phenylhydrazinmethode ermöglicht die Vermeidung der Ausfällung des Eisens und die Ausnutzung der Vorzüge einer leicht filtrierbaren körnigen Fällung.

Arbeitsvorschrift nach ISHIMARU. Die zu untersuchende Lösung, welche Eisen und Aluminium enthält, wird mit verdünntem Ammoniak versetzt, um den Überschuß an freier Säure zu neutralisieren, bis ein bleibender Niederschlag entsteht; dann wird zur Klärung der Flüssigkeit mit etwa 10 cm^3 1 n Salzsäure versetzt und mit Wasser auf 200 bis 300 cm^3 verdünnt. Die Farbe der Lösung soll rein gelb oder grünlichgelb sein; ist sie rötlich oder rötlichbraun, so muß noch mehr Salzsäure zugesetzt werden, um bereits kolloidal abgeschiedenes Eisenhydroxyd in Lösung zu bringen, dessen Gegenwart die Trennung erschweren würde. Zu der so erhaltenen schwach sauren Lösung gibt man einen reichlichen Überschuß von etwa 15 g Natriumthiosulfat und kocht die milchig getrübte Flüssigkeit etwa 4 bis 5 Min. auf. Nach schnellem Abkühlen auf Zimmertemperatur wird eine genügende Menge alkoholischer Phenylhydrazinlösung (1 bis 2 cm^3 Reagens in dem gleichen Volumen 95%igem Alkohol) unter ständigem Umrühren zugefügt, wobei sich der Niederschlag zusammen mit dem freien Schwefel absetzt. Man filtriert möglichst schnell und wäscht mit kaltem Wasser aus. Ein Zusatz von Phenylhydrazinsulfit (vgl. S. 162) zum Waschwasser ist bei der vorliegenden Methode nicht nötig. Der gewaschene Niederschlag wird zusammen mit dem Filter in einen Platintiegel gebracht, bei mehr als 950° geglüht und als Aluminiumoxyd gewogen.

Genauigkeit. Nach dieser Methode gelingt die quantitative Trennung von Aluminium und Eisen leicht. Verunreinigungen der Tonerde durch Eisen werden kaum beobachtet. Die von ISHIMARU erhaltenen, nachstehend angegebenen Werte sind durch einfache Fällung erhalten und im großen und ganzen als befriedigend anzusehen.

ISHIMARUS Methode wird von HONJO für die Bestimmung von Aluminium in Gegenwart großer Mengen Eisen empfohlen.

Bei Anwendung von 1 bis 175 mg Al neben 180 bis 940 mg Fe betragen die Differenzen — 0,3 bis 0,1 mg Al. Wenn neben 10 mg Al 1 bis 3 g Fe vorlagen, letzteres also in großem Überschuß vorhanden war, stiegen die Differenzen bis zu + 0,7 mg Al, und zwar bei 1maliger Fällung. In diesem Fall scheint etwas Eisen oxydiert worden zu sein, weshalb ein Nachwaschen des Niederschlages mit phenylhydrazinhaltigem Waschwasser anzuraten ist, wenn größere Eisenmengen zugegen sind.

Nach HAHN (b) erhält man durch Nachfällen mit Phenylhydrazin, Anilin usw. zwar für das Aluminium stimmende Werte, doch bleibt, selbst wenn die Werte etwas zu hoch liegen, immer noch Aluminium in Lösung. Der letzte Teil des Niederschlages nimmt Alkali aus der Lösung mit, so daß die Kompensation zweier entgegengesetzter Fehler eintritt. Das Verfahren ist also ungenau; es kann wertvoll sein, wenn es darauf ankommt, aus einer Lösung, die viel Aluminium enthält, die Hauptmenge in gut filtrierbarer Form zu entfernen.

17. Thiosulfat-Sulfid-Methode.

KRÜGER führt die Abscheidung des Aluminiums durch Natriumthiosulfat, die schon zum Stillstand kommt, bevor alles Aluminium ausgefällt ist, durch Zugabe von Schwefelwasserstoff zu Ende.

Arbeitsvorschrift nach KRÜGER. Eine Lösung von 0,8 g krystallisiertem Aluminiumchlorid ($AlCl_3 \cdot 6\,H_2O$) und 3 g Natriumthiosulfat wird in einer Druckflasche von 350 cm^3 Inhalt mit Schwefelwasserstoff gesättigt und $^1/_2$ Std. in siedendem Wasser erhitzt. Bei Öffnen der Flasche reagiert die Flüssigkeit alkalisch. Sie wird in ein Becherglas übergeführt und zur Entfernung des freien Ammoniaks einige Zeit erhitzt. Nun kann in der filtrierten Lösung kein Aluminium mehr nachgewiesen werden.

Ein zweiter, ebenso angeordneter Versuch wurde in einer Lösung von Chromchlorid ausgeführt; er ergab, daß nach diesem Verfahren auch Chromhydroxyd vollständig ausgefällt wird.

Nach KRÜGER wird durch diese, allerdings recht umständliche, Methode bei quantitativen Arbeiten die Möglichkeit geboten, die voluminösen, adsorptionsfähigen Fällungen des Ammoniumsulfids zu vermeiden, und da auch Aluminium- und Chromhydroxyd in körniger Form ausfallen, wird jede Kombination von Sulfiden und Hydroxyden in einer zur analytischen Behandlung geeigneten Beschaffenheit erhalten. Das muß sich auch bei der Trennung dieser Gruppe von den Erdalkalimetallen und dem Magnesium auswirken. Namentlich das letztere wird sonst von dem Schwefelammoniumniederschlag in erheblichem Maße zurückgehalten.

18. Natriumhydrosulfitmethode (Trennung des Aluminiums von Eisen).

Vorbemerkung. **BARBIER** empfiehlt eine Methode der Trennung der Tonerde von Eisenoxyd, die von ihm bei der Analyse einer großen Anzahl mineralogischer

Proben, wie Feldspat, Glimmer, Beryll und anderen natürlichen Silicaten, angewendet wurde und sich durch Schnelligkeit und Genauigkeit auszeichnen soll. Sie gründet sich auf Verwendung von käuflichem Natriumhydrosulfit, durch welches 3wertiges Eisen zu 2wertigem reduziert und Aluminium durch Hydrolyse quantitativ ausgefällt wird. Die Methode ist offenbar seither von anderer Seite nicht genauer nachgeprüft worden.

Arbeitsvorschrift. Die Probe, in der Eisen und Aluminium bestimmt werden soll, wird in bekannter Weise in Lösung gebracht. Man fügt zu dieser Lösung einen Überschuß an Natriumacetat hinzu, wobei die Flüssigkeit eine rötliche Färbung infolge Bildung von Ferriacetat annimmt und die Mineralsäuren weitgehend abgesättigt werden. Dann gibt man nach und nach eine Lösung von Natriumhydrosulfit (10%ig) zu, bis die rötliche Farbe verschwunden ist. Man bringt die Flüssigkeit zum Kochen. Das reduzierte Eisen bleibt in Lösung und das Aluminiumhydroxyd setzt sich in Form eines dichten Pulvers ab, das leicht zu filtrieren und auszuwaschen ist. Zur Aluminiumbestimmung verascht man das Filter nach dem Befeuchten mit Salpetersäure und wägt nach dem Glühen als Aluminiumoxyd. Das Eisen, das in der filtrierten Flüssigkeit vorhanden ist, wird nach einer der üblichen Methoden bestimmt.

Wenn z. B. bei Analysen von Beryll, die Lösung Beryllium enthält, wird Berylliumhydroxyd gleichzeitig mit Aluminiumhydroxyd gefällt. Die Mischung der beiden Hydroxyde ist ganz frei von Eisen, wenn gut ausgewaschen wurde.

Genauigkeit. Bei Anwendung der Methode auf Lösungen von bekannten Gehalten an Aluminium und Eisen fand Barbier nahezu theoretische Werte.

19. Sulfitmethode nach Berthier zur Trennung des Aluminiums von Beryllium.

Die Trennung des Aluminiums von Beryllium nach Berthier geschieht in der Weise, daß die Lösung der gefällten Hydroxyde in überschüssiger schwefliger Säure oder die mit Ammoniumsulfit versetzte Lösung der Sulfate so lange gekocht wird, bis keine schweflige Säure mehr entweicht. Hierbei soll Aluminium quantitativ als basisches Sulfit abgeschieden werden, während Beryllium in Lösung bleibt. Die Trennung ist jedoch nicht quantitativ, da ein großer Teil des Berylliums mit ausfällt (Hofmeister u. a.). Ein näheres Eingehen auf das Verfahren erübrigt sich daher.

Verschiebung des Reaktionsgleichgewichtes durch weitere Umsetzung der entstandenen schwachen Säure.

20. Jodid-Jodat-Methode.

***a) Gewichtsanalytisches Verfahren nach* Stock. Vorbemerkung.** Die Methode von Stock (a) beruht ebenfalls auf der Hydrolyse der Aluminiumsalze. Die Hauptreaktion geht nach der Gleichung vor sich

$$2\,AlCl_3 + 5\,KJ + KJO_3 + 3\,H_2O = 2\,Al(OH)_3 + 6\,KCl + 6\,J\,.$$

Hierbei wird die entstandene freie Säure durch ein Gemisch von Kaliumjodid und Kaliumjodat aufgenommen und das gebildete Jod durch Thiosulfat entfernt. Die Reaktion vollzieht sich in der Wärme in einigen Minuten. Der erhaltene Niederschlag von Aluminiumhydroxyd setzt sich infolge seiner flockigen Beschaffenheit rasch ab und läßt sich schnell filtrieren und vollkommen auswaschen. Insofern bietet dieses Verfahren gegenüber der Ammoniakmethode große Vorteile und ist für manche Trennungen daher besonders gut geeignet. So ist z. B. die Trennung von $Al^{\cdots} + Cr^{\cdots}$ von $Zn^{\cdot\cdot}$, $Ni^{\cdot\cdot}$, $Co^{\cdot\cdot}$ nach der Jodid-Jodat-Methode zu empfehlen. Trotzdem ist die Methode in ihrer Anwendbarkeit beschränkt und der Ammoniakmethode dort unterlegen, wo es sich um Trennungen des Aluminiums, Chroms und Eisens von den Alkali- und Erdalkalimetallen handelt [$Ba(JO_3)_2$ ist unlöslich] [Gooch und Osborne, Schirm (a)].

Arbeitsvorschrift. Die Aluminiumlösung muß neutral oder schwach sauer sein. Enthält sie einen größeren Überschuß an Säure, so neutralisiert man mit Natronlauge bis zur beginnenden Fällung und löst den entsprechenden Niederschlag in einigen Tropfen verdünnter Säure wieder auf. Alsdann fügt man einen Überschuß einer Mischung aus gleichen Teilen etwa 25%iger Kaliumjodid- und gesättigter Kaliumjodatlösung hinzu (etwa 7%ige KJO_3-Lösung). Nach etwa 5 Min. entfärbt man das reichlich abgeschiedene Jod genau mit einer 20%igen Natriumthiosulfatlösung und setzt noch eine kleine Menge der Jodid-Jodat-Mischung hinzu, um sich zu vergewissern, daß diese nicht noch weitere augenblickliche Jodabscheidung bewirkt, daß man also genügend davon zugegeben hatte. Nun gibt man noch einen kleinen Überschuß von Thiosulfatlösung (30 Tropfen der 20%igen Lösung waren stets genügend) hinzu und erwärmt $^1/_2$ Std. lang auf dem Wasserbad. Der rein weiße, flockige Niederschlag hat sich dann aus der klaren Flüssigkeit völlig abgesetzt und wird auf ein weitporiges Filter unter Anwendung eines Trichters mit verlängertem Fallrohr abfiltriert, mit siedendem Wasser ausgewaschen, getrocknet und geglüht.

Die Gegenwart von Borsäure beeinträchtigt die Fällung nicht, jedoch stören organische Substanzen wie Weinsäure und Oxalsäure. In Gegenwart von viel Sulfaten enthält der Niederschlag basische Sulfate. Bei längerem Kochen des Gemisches von Aluminiumsulfat, Kaliumjodid und Kaliumjodat findet jedoch schließlich vollständige Hydrolyse des unlöslichen basischen Salzes statt, so daß die Menge des bei der Reaktion freigemachten Jodes, wenn letzteres in geeigneter Weise aufgefangen und titriert wird, als Maß der freigemachten Säure und demnach des Säure-Ions des Aluminiumsalzes dienen kann. Ist Phosphorsäure zugegen, so erhält man einen Niederschlag, der der Formel $2\,Al_2O_3 \cdot P_2O_5$ entspricht. Bei Überschuß von Phosphorsäure enthält der Niederschlag eine größere Menge P_2O_5, die sich durch Auswaschen allmählich verringert, um schließlich einen Rückstand zu hinterlassen, der dem nach dem Glühen entstandenen Phosphat entspricht.

Genauigkeit. STOCK erhielt bei verschiedenen Versuchsreihen folgende Werte:

20 cm³ Alaunlösung, deren Gehalt an Aluminiumoxyd durch Fällung mit Ammoniak bestimmt worden war, wurden mit Wasser auf 100 cm³ verdünnt, mit 14 cm³ Jodid-Jodat-Gemisch gefällt und, wie angegeben, weiter behandelt. Der Niederschlag wurde mit warmem Wasser bis zum Verschwinden der Jod-Reaktion gewaschen, verascht, geglüht und gewogen. Es wurden von STOCK festgestellt:

Bei Anwendung von 0,2078 g Al_2O_3 Differenzen von —0,4 bis —0,1 mg Al_2O_3
„ „ „ 0,2033 g „ „ „ +0,3 „ +0,6 mg „
„ „ „ 0,0264 g „ „ „ +0,2 „ +0,4 mg „

CLENNELL hat die Methode an einer Aluminiumfolie mit einem Aluminiumgehalt von 99,1% nachgeprüft und folgende Werte bei einer Einwage von 0,1 g Metall gefunden:

	Gelöst in	Einzelheiten der Behandlung	Gefunden Al_2O_3 g	Gefunden Al %
1.	HCl (20 Vol.-%)	neutralisiert mit KOH, erster Niederschlag aufgeschlossen und wieder gefällt	0,1900	100,8
2.	KOH (20 Vol.-%)	neutralisiert mit HCl, sonst wie bei 1.	0,1951	103,5
3.	KOH (20 Vol.-%)	neutralisiert mit HCl,	0,1915	101,6
4.	HCl (20 Vol.-%)	neutralisiert mit KOH,	0,1831	97,1
5.	$HCl + HNO_3$	eingedampft mit HCl, neutralisiert mit KOH und HCl	0,1838	99,9
6.	$HCl + HNO_3 + H_2SO_4$	zur Trockne eingedampft, mit HCl aufgenommen und neutralisiert mit KOH und HCl	0,1941	102,97
7.	KOH mit Br	gekocht, filtriert und eingedampft mit HCl, filtriert und neutralisiert mit KOH	0,1959	103,2
8.	HCl	wie 9.	0,1916	101,6
9.	HCl	neutralisiert mit KOH, erster Niederschlag aufgeschlossen und wieder gefällt	0,1916	101,6

Entsprechend der Berechnung enthielt die Probe 0,1869 g Al_2O_3.

CLENNELL kommt zu dem Resultat, daß man mit der Methode unter geeigneten Bedingungen gute Fällungen und Trennungen erreichen kann.

Nach TREADWELL (d) eignet sich die Jodid-Jodat-Methode besonders für die Trennung des Aluminiums und Chroms von Zink, Nickel und Kobalt. Es empfiehlt sich, die 2wertigen Kationen aus dem Filtrat zunächst mit Ammoniumsulfid zu fällen und vor der Ausführung weiterer Trennungen in Königswasser zu lösen.

Nach dem Bericht des *Chemikerausschusses des Vereins Deutscher Eisenhüttenleute,* erstattet von KLINGER, wurden folgende Ergebnisse mit der Jodid-Jodat-Methode erhalten:

a) Bei einem Gehalt der Lösung von 5 mg Al in 10 cm^3

bei 4 Analysen	4,9 mg Al	bei 1 Analyse	5,1 mg Al
bei 4 Analysen	5,0 mg Al	bei 1 Analyse	5,2 mg Al

Bei einem Gehalt der Lösung von 25 mg Al in 50 cm^3

bei 1 Analyse	25,0 mg Al	bei 3 Analysen	25,3 mg Al
bei 2 Analysen	25,1 mg Al	bei 2 Analysen	25,5 mg Al
bei 2 Analysen	25,2 mg Al		

Danach sind die erhaltenen Werte ausgezeichnet.

***b) Jodometrische Bestimmung des Aluminiums nach* FEIGL *und* KRAUSS *sowie* MOODY. Vorbemerkung.** Diese Methode beruht wie die oben unter a) beschriebene gravimetrische Aluminiumbestimmung auf der Hydrolyse neutraler Aluminiumsalzlösungen in Gegenwart von $KJ\text{-}KJO_3$-Gemisch (A. STOCK, a, b):

$$2\,Al^{\cdots} + 3\,H_2O = 2\,Al(OH)_3 + 6\,H^{\cdot}$$
$$6\,H^{\cdot} + 5\,J' + JO_3' = 3\,H_2O + 6\,J.$$

Während die Wägung des erhaltenen Aluminiumhydroxyds nach dem Waschen und Glühen richtige Werte ergibt, findet man bei der direkten Titration mit Natriumthiosulfat nicht das gesamte Jod. Deshalb versuchte schon MOODY (1905) durch Entfernung des Jods aus dem Reaktionsgemisch mittels Übertreiben in eine Vorlage die Reaktion quantitativ in der angegebenen Richtung durchzuführen. Die Ergebnisse stimmten dann bei einer Einwage von 0,040 g Al auf durchschnittlich —1,4% mit den theoretischen Werten überein.

GOOCH und OSBORNE (1907) versuchten die Hydrolyse in Gegenwart von KBr-KBrO-Lösung auszuführen, fanden aber, daß nur etwa $^5/_6$ der berechneten Brommenge erfaßt werden.

In drei russischen Arbeiten aus den Jahren 1914 und 1915 wird die Hydrolyse in Gegenwart eines Überschusses von 0,1 n $Na_2S_2O_3$-Lösung ausgeführt. IWANOW (1914) kocht 5 Min. lang mit dem Thiosulfatüberschuß, OSSIPOW und KOWSCHAROWA (1915) halten die von STOCK angewendeten Konzentrationsverhältnisse ein. KOWSCHAROWA endlich empfiehlt 20 bis 30 Min. langes Kochen mit nur kleinem Thiosulfatüberschuß und achtet auf möglichst neutrale Reaktion der Aluminiumsalzlösung.

Die Anwendbarkeit des jodometrischen Verfahrens auf saure Lösungen von Aluminiumsalzen ist von der richtigen Neutralisation der freien Säure abhängig, da ja die freie Säure ebenfalls mit dem Jodid-Jodat-Gemisch reagiert. FEIGL und KRAUSS (1925) führen deshalb das Aluminium in sauren Aluminiumsalzlösungen durch Zugabe von Kaliumoxalat in das nicht hydrolysierende Aluminiumoxalat $[Al_2(C_2O_4)_3]$ über und bestimmen dann jodometrisch die freie Säure, während sie in einer zweiten Probe jodometrisch die Gesamtsäure (ohne Oxalatzusatz) ermitteln. Man kann außerdem den Grad der Basizität basischer Aluminiumsalze nach dieser Methode bestimmen, in dem man zu dem Aluminiumsalz eine bekannte Menge Säure zusetzt und dann in der klaren Lösung die nun vorhandene freie Säure bestimmt.

Über die *alkalimetrische* Bestimmung der freien Säure nach dem Oxalatverfahren vgl. S. 344.

Neuerdings gab BABKO (1937) eine neue Ausführungsform des jodometrischen Verfahrens unter Verwendung von Oxalat an, fand dabei aber keine genauen Werte. Er neutralisierte die saure Aluminiumsalzlösung nach Zusatz von Kaliumoxalat (und zum Schluß Magnesiumchlorid) gegen Methylrot, kochte dann in Gegenwart von Calciumchlorid und KJ-KJO_3-Gemisch. Das überschüssige Kaliumjodid-Kaliumjodat wird nach dem Ansäuern mit Salzsäure zurücktitriert. Da beim Kochen der neutralisierten Lösung mit Calciumchlorid neben Calciumoxalat Aluminiumchlorid entsteht und somit praktisch die gleichen Verhältnisse vorliegen, wie bei der ursprünglichen Ausführung der STOCKschen Reaktion, waren von vornherein keine genaueren Werte zu erwarten.

Arbeitsvorschrift nach FEIGL und KRAUSS. Zur Bestimmung der *freien* Säure löst man in der Aluminiumlösung, die etwa ein Volumen von 100 cm^3 hat, 3 g Natriumoxalat, gibt KJ-KJO_3-Lösung im Überschuß und eine gemessene Menge 0,1 n Thiosulfatlösung hinzu. Danach erwärmt man den durch einen Korkstopfen mit Natronkalkrohr verschlossenen Kolben 10 Min. auf dem siedenden Wasserbad und titriert nunmehr das überschüssige Natriumthiosulfat mit Jodlösung zurück. Die Bestimmung der *gesamten* Säure wird in gleicher Weise, jedoch ohne den Zusatz von Natriumoxalat ausgeführt. Aus der Differenz zwischen gesamter und freier Säure (ausgedrückt in Kubikzentimeter 0,1 n Salzsäure) errechnet sich der Aluminiumgehalt durch Multiplikation mit dem Faktor 0,000930.

Bei 14 Aluminiumbestimmungen in salzsauren und schwach salzsauren Aluminiumchloridlösungen mit 0,008 bis 0,043 g Al ergab sich ein durchschnittlicher Fehler von $\pm 0,3\%$, die größten Abweichungen betrugen 0,3 bis 0,4 mg.

Arbeitsvorschrift nach MOODY. 25 cm^3 einer 0,1 n neutralen Lösung des zu analysierenden Aluminiumsalzes werden in einem Destillierkolben mit 10 cm^3 neutraler 3%iger KJO_3-Lösung und 1 g Kaliumjodid versetzt. Unter Hindurchleiten von Wasserstoff erhitzt man, bis die Lösung fast farblos ist. In die Vorlage gibt man wäßrige KJ-Lösung (3 g KJ). Man titriert das destillierte Jod und das im Kolben zurückgebliebene mit 0,1 n Thiosulfatlösung.

21. Kombinierte Nitritmethoden.

Sie haben bisher keine analytische Bedeutung gewonnen.

a) Natriumnitrit und Natriumazid. **Vorbemerkung.** Man erhält das Aluminiumhydroxyd in reiner, dichter und leicht filtrierbarer Form, wenn die Fällung allmählich vor sich geht und möglichst am isoelektrischen Punkt vollendet ist. Am besten wird dies, wie schon erwähnt, mit solchen Fällungsmitteln erreicht, die Wasserstoff-Ionen zu binden vermögen, ohne selbst merklich alkalisch zu reagieren. HAHN (a) benutzt dazu ein Gemisch von Natriumnitrit und Natriumazid, das nach der Gleichung

$$NO_2' + N_3' + 2\,H^{\cdot} = N_2 + N_2O + H_2O,$$

die durch Hydrolyse der Aluminiumsalze entstehenden Wasserstoff-Ionen wegfängt.

Die Niederschläge sind auffallend dicht und bilden auf dem Filter eine körnige, nicht kleisternde Schicht, so daß sie sehr leicht ausgewaschen werden können.

Dichte der Niederschläge, die amorph sind:

0,2 Millimol $Al(OH)_3$, einmal mit Ammoniumchlorid und Ammoniak, einmal mit Azid und Nitrit gefällt und in Spitzröhrchen paarweise zentrifugiert, nahmen folgende Rauminhalte ein:

Gefällt	*Volumen*
mit $NH_4Cl + NH_3$	2 cm^3
mit $N_3' + NO_2'$	1 cm^3

Filtrate analytischer Fällungen wurden mit überschüssiger Säure eingedunstet, die Rückstände mit geringen Wassermengen aufgenommen und die Lösungen colorimetrisch mit Chinalizarin geprüft. Es waren im Höchstfall 0,1 bis 0,2 γ/cm^3 (0,1 bis 0,2 mg/l) in Lösung.

Arbeitsvorschrift. Herstellung des Fällungsreagenzes. 15 g Natriumnitrit und 15 g Natriumazid werden in 250 cm^3 Wasser aufgelöst und 2 cm^3 etwa 1 Mol EisenIII-chloridlösung hinzugefügt. Die Lösung färbt sich blutrot. Beim Erwärmen auf dem Wasserbad scheidet sie allmählich Eisenhydroxyd aus, das sich bald absetzt; dann wird sie filtriert und auf 500 cm^3 gebracht. 10 cm^3 dieser Lösung binden reichlich 3 Millimol Säure, fällen also 1 Millimol Salz.

Die Lösung kann von der im Nitrit stets enthaltenen Kieselsäure dadurch befreit werden, daß man ihr ein wenig FeIII-salz zusetzt, sie erwärmt und vom ausgefallenen Ferrihydroxyd abfiltriert. Sie hält sich dann unbegrenzt.

Ausführung der Fällung. Größere Mengen freier Säure werden mit Ammoniak gebunden, dann wird die Lösung auf 100 bis 150 cm^3 je Millimol Metall verdünnt. Man fügt für jedes Millimol 2 bis 3 g Ammoniumchlorid und 10 cm^3 Fällungslösung hinzu und erwärmt das

Gemisch auf dem Wasserbad. Unter lebhafter Gasentwicklung (bedeckt halten) trübt sich die Lösung. Sobald sich die Niederschläge abgesetzt haben, können sie wie üblich weiter verarbeitet werden. Den ersten Waschwässern (heiß ausgewaschen) setzt man etwas Ammoniumchlorid und Fällungslösung zu.

b) Natriumnitrit und Kaliumjodid. SCHIRM (a) ersetzte bei der Jodid-Jodat-Methode nach STOCK (vgl. S. 196) das schwer lösliche Kaliumjodat durch das leichtlösliche Natriumnitrit. Die Reaktion verläuft mit Kaliumjodid und Natriumnitrit nach der Gleichung:

$$2\,AlCl_3 + 3\,KJ + 3\,NaNO_2 + 3\,H_2O = 2\,Al(OH)_3 + 3\,KCl + 3\,NaCl + 3\,J + 3\,NO\,.$$

Man erhält wiederum dichte, gut filtrierbare Niederschläge. SCHIRM erzielte mit der Methode durchaus befriedigende Werte.

c) Natriumnitrit und Harnstoff. SCHIRM (a) benutzte weiterhin Natriumnitrit und Harnstoff als Fällungsmittel:

$$2\,AlCl_3 + 6\,NaNO_2 + 3\,CO(NH_2)_2 = 2\,Al(OH)_3 + 6\,NaCl + 6\,N_2 + 3\,CO_2 + 3\,H_2O\,.$$

Zu einer verdünnten, möglichst neutralen Aluminiumlösung fügt man eine Lösung von Natriumnitrit und Harnstoff hinzu und kocht, bis die Stickstoff- und Kohlensäureentwicklung aufhört. Nach dem Absitzen wird der Niederschlag in der üblichen Weise abfiltriert, mit heißem Wasser ausgewaschen, verascht, geglüht und gewogen. Auch diese zweite Abänderung ergab gute Resultate.

d) Natriumnitrit und Methylalkohol. Trennung des Aluminiums von Thallium. **Vorbemerkung.** Zur Trennung des Aluminiums von Thallium verwenden MOSER und REIF die Nitritmethode von SCHIRM in etwas abgeänderter Form. Durch Zusatz von Methylalkohol erreicht man, daß die bei der Reaktion gebildete salpetrige Säure sich schnell unter Bildung von Salpetrigsäuremethylester verflüchtigt und so die Bildung von Salpetersäure verhindert wird, die lösend auf das Aluminiumhydroxyd wirken würde. Die erhaltenen Aluminiumniederschläge waren leicht filtrierbar und ließen sich gut auswaschen. Da Adsorption von Thallium nicht stattfindet, genügt 1malige Fällung.

Im Filtrat wird das Thallium als Tl_2CrO_4 bestimmt. Man fällt am besten aus der Lösung der Sulfate. Da die Lösung nur schwach sauer sein soll, so muß zuerst annähernd neutralisiert werden, was jedoch nicht mit Ammoniak, sondern mit Natriumcarbonat geschieht, da Tl_2CrO_4 in Ammoniumsalzen etwas löslich ist.

Arbeitsvorschrift. Die saure Lösung der Sulfate (bis 0,3 g Al_2O_3 enthaltend) wird mit Natriumcarbonat annähernd neutralisiert, dann gibt man 20 cm³ 7%ige Ammoniumnitritlösung zu, erwärmt auf 40° C, fügt 20 cm³ 7%igen Methylalkohol zu und erhält etwa 20 Min. in schwachem Sieden. Durch neuerlichen Zusatz von etwas Ammoniumnitrit und Methylalkohol und nach kurzem Aufkochen überzeugt man sich von der Vollständigkeit der Fällung. Nach dem Absetzen des Niederschlages filtriert man heiß durch ein Papierfilter, wäscht mit ammoniumnitrathaltigem Wasser aus und erhitzt den vorgetrockneten Niederschlag samt Filter im Platintiegel auf volle Rotglut, wobei Aluminiumoxyd erhalten wird.

Man dampft das Filtrat auf 100 bis 200 cm³ ein, macht ammoniakalisch und gibt in der Siedehitze unter Umrühren so viel Kaliumchromat hinzu, daß eine 2%ige Chromatlösung entsteht. Nach dem Abkühlen setzt man noch 100 cm³ 50%igen Alkohol zu. Der ausgeschiedene Tl_2CrO_4-Niederschlag wird nach 12stündigem Stehen durch einen Glassintertiegel mit 1%iger K_2CrO_4-Lösung dekantiert und filtriert, dann mit 50%igem Alkohol so lange gewaschen, bis die ablaufende Flüssigkeit farblos ist. Der Niederschlag wird bei 120° getrocknet und dann gewogen.

Genauigkeit. Bei Anwendung von 30,5 bis 305 mg Al_2O_3 und 49,9 bis 249,4 mg Tl_2CrO_4 ergaben 4 Analysen von MOSER Differenzen von −0,1 bis +0,5 mgAl_2O_3, also im Durchschnitt von +0,2 mg Al_2O_3 und von −0,3 bis +0,4 mg Tl_2CrO_4.

Literatur.

AARS, L. A.: Fr. **46**, 445 (1907); Diss. Christiania 1905.

BABKOW, A. K.: Betriebslab. (russ.) **4**, 891—893 (1935). — BARBIER, M. PH.: Bl. Soc. Chem. **4**, Serie 7, 1027 (1910). — BERTHIER, R.: A. Ch. (3) **7**, 74 (1843); A. **46**, 182 (1843). — BILTZ, W. u. H.: Ausführung quantitativer Analysen, S. 159 und 205. 1930. — BORCK, H.: Angew. Ch. **25**, 25 (1912). — BRITTON, H. T. S.: Analyst **46**, 359, 437 (1921); **47**, 50 (1922). — BRUNCK, O.: Ch. Z. **28**, 514 (1904).

CARUS, M.: Ch. Z. **45**, 1194 (1921). — CHANCEL, G.: C. r. **46**, 98 (1858); Fr. **3**, 391 (1864). — Chemikerfachausschuß d. Deutschen Metallh. u. Bergleute: Ausgewählte Methoden für Schiedsanalysen, S. 329. 1931. — CLENNELL, J. E.: Metal Industry **21**, 273 (1922). — CLEVE, P.-T.: Bl. [2] **21**, 116 (1874). — CONGDON, L. A. u. J. A. CARTER: Chem. N. **128**, 98 (1924).

DONATH, E. u. R. JELLER: Rep. d. anal. Chem. **7**, 23; durch Fr. **28**, 97 (1889). — DORRINGTON, K. F. u. A. M. WARD: Analyst **55**, 625 (1930).

FEIGL, F. u. G. KRAUS: B. **58**, 398 (1925). — FRESENIUS, C. R.: (a) Anleitung zur quantitativen chemischen Analyse, Bd. 2, S. 578. Braunschweig 1903. (b) S. 575. — FUNK, W.: Fr. **45**, 181/196, 489/504 (1906); C. **77** II, 912 (1906).

GIBBS, W.: Am. J. Soc. (2) **87**, 356 (1865). — GLASSMANN, B.: B. **39**, 3366 (1906). — GOOCH, F. A. u. R. W. OSBORNE: Z. anorg. Ch. **55**, 88 (1907).

HAHN, FR. L.: (a) B. **65**, 64 (1932); (b) Ch. Z. **46**, 536 (1922). — HAHN, F. L. u. E. HARTLEB: Fr. **71**, 233 (1927). — HART, E.: Am. Soc. **17**, 604 (1895). — HILLEBRAND u. LUNDELL: Applied Inorganic Analysis 1927. (a) S. 70; (b) S. 74; (c) S. 59. — HOFMEISTER, V.: J. pr. **76**, 1 (1859); C. A. JOY: Am. J. Soc. **1862**; J. pr. **92**, 235 (1864). — HONJO, T.: J. chem. Soc. Japan **57**, 682—684 (1936).

ISHIMARU, S.: Sci. Reports Tôhoku. Imp. Univ. **25**, 780 (1936); Fr. **112**, 114 (1938). — IWANOW, W.: J. Russ. phys.-chem. Ges. **46**, 119 (1914).

JABLCZYŃSKI, K. u. W. STANKIEWICZ: Roczniki Chemji **7**, 534 (1927). — JÄRVINEN, K. K.: Fr. **66**, 81 (1925). — JANNASCH, P.: Praktischer Leitfaden der Gewichtsanalyse, S. 73. 1904. — JÍLEK, A. u. J. LUKAS: Coll. Trav. chim. Tchécosl. **2**, 63, 113, 161 (1930). — JÍLEK, A. u. I. VŘEŠŤÁL: (a) Chem. Listy Vedu Przemysl **26**, 497—503 (1932); (b) Chem. Listy Vedu Przemysl **28**, 113—115 (1934). — JOY, C. A.: J. pr. **92**, 253 (1864).

KLING, A., A. LASSIEUR u. Frau LASSIEUR: C. r. **178**, 1551 (1924); durch Chim. Ind. **12**, 1003 (1924). — KLINGER, P.: Arch. Eisenhüttenw. **13**, 25 (1939). — KOLTHOFF, I. M., V. A. STENGER u. B. MOSKOVITZ: Am. Soc. **56**, 812 (1934). — KOWSCHAROWA, T.: J. Russ. phys.-chem. Ges. **47**, 616—624 (1915). — KOZU, TOSHIO: (a) J. Soc. Jap. **54**, 682—694 (1933); (b) Bl. Soc. Jap. **70**, 356 (1935). — KRÜGER, A.: Fr. **93**, 422 (1933).

LECLÈRE, A.: C. r. **138**, 146—147; Angew. Ch. **17**, 1277 (1904). — LEFFLER, R. L.: Chem. N. **77**, 265 (1898). — LEIMBACH, I. G.: B. **55**, 3161 (1922). — LESSNIG, R.: Fr. **67**, 343—352 (1925/26).

MEINEKE, C.: (a) Angew. Ch. **1888**, 252—257; (b) 224. — MITSCHERLICH, E.: Jahresbericht von KOPP u. WILL 1858, 617. — MOODY, S. E.: Am. J. Soc. **20**, 181 (1905); Z. anorg. Ch. **46**, 423—427 (1905). — MOSER, L.: M. **44**, 91 (1923); Fr. **64**, 449 (1924). — MOSER, L. u. W. NIESSNER: (a) M. **48**, 113 (1927); (b) M. **48**, 113 (1927) u. H. T. S.: BRITTON Analyst **46**, 359, 437 (1921) u. **47**, 50 (1922); HILLEBRAND u. LUNDELL: Applied Inorganic Analysis, S. 405. 1929. — MOSER, L. u. W. REIF: M. **52**, 344 (1929). — MOSER, L. u. SIEGMANN: M. **55**, 14 (1930).

NICKOLLS, L. C.: Analyst **59**, 16 (1934).

OKAČ, A.: Publ. Fac. Sciences **1931**, Nr 135; durch C. **102** II, 3020 (1931). — OSSIPOW, I. u. T. KOWSCHAROWA: J. Russ. phys.-chem. Ges. **47**, 613—615 (1915).

PARIS, A.: Acta Comment. Univ. Tartu A. **35**, 5 (1940); durch C. **111** II, 2061 (1940). — PARSON, CH. L. u. S. K. BARNES: Am. Soc. **28**, 1589 (1906); Fr. **46**, 292 (1907). — PENFIELD, S. L. u. D. N. HARPER: Am. J. Sci. **32**, 107 (1886). — PFEFFER, P.: Mitt. Lab. Preuß. Geolog. Landesanstalt **1931**, Nr. 15, 1—3.

RIPAN, R.: Bl. Soc. Stiente Cluy. **3**, 311—320 (1927); C. **98** II, 2389 (1927); Fr. **84**, 253 (1931). — RUFF, O. u. B. HIRSCH: Z. anorg. Ch. **146**, 400 (1925).

SCHEERER, TH.: Pogg. Ann. **51**, 465 (1840); J. pr. **22**, 477 (1841). — SCHIRM, E.: (a) Ch. Z. **33**, 877 (1909); **35**, 980 (1911). — SCHULZE, FR.: Chem. C. **1861**, 3. — SCHWARZ, R.: Hel. **3**, 336 (1920). — SCHWARZENBERG: A. **97**, 216 (1856). — SEKINO, M.: Sci. Pap. Inst. Tokyo **28**, Nr. 610 (1933); Bl. Univ. phys. Res. Tokyo **14**, 72 (1935); durch C. **107** I, 873 (1936). — SPONHOLZ, K. u. E.: Fr. **31**, 521 (1892). — STOCK, A.: (a) B. **33**, 548 (1900); (b) C. r. **130**, 175 (1900).

TOWER, O. F.: Am. Soc. **32**, 953—957 (1910); C. **81** II, 997 (1910). — TREADWELL, W. D.: (a) Schweiz. Ch. Z. **2**, 71 (1918). (b) Kurzes Lehrbuch der analytischen Chemie, Bd. 2, S. 125 und 127. 1930. (c) Tabellen zur quantitativen Analyse, S. 77, 78, 79. 1938. (d) Tabellen zur quantitativen Analyse, S. 79. 1938.

VAUQUELIN, A.: A. Ch. **26**, 155, 170 (1798). — ROSE, H.: Handbücher der analytischen Chemie, II, 6. Aufl.. S. 60. 1871.

WEEREN, J.: J. pr. **62**, 301 (1854); Pogg. Ann. **92**, 91 (1854). — WEINLAND, R.: Komplexverbindungen, Bd. 5, S. 395. 1924. — WICHERS, E.: Am. Soc. **46**, 1826 (1924). — WUNDER, M. u. N. CHÉLADZÉ: Ann. Chim. anal. **16**, 205—209 (1911). — WYNKOOPS, G.: Am. Soc. **19**, 434—436 (1897).

YOUNG, K. u. HSIAO-CHING LAY: Contr. Inst. Chem. Nat. Acad. Peiping **1**, 181 (1935); durch Chem. Abstr. **30**, 695 (1936).

ZIMMERMANN, A.: (a) Diss. Berlin 1887. (b) Tr. **27**, 62 (1888).

VI. Abscheidung von Aluminiumhydroxyd mit Quecksilberoxyd.

Suspensionen von QuecksilberII-oxyd, die etwa den p_H-Wert 6 besitzen, fällen aus der Lösung der Chloride bei gewöhnlicher Temperatur Aluminium (Eisen, Chrom) rasch und vollständig frei von Alkalien, nicht aber von Erdalkalien aus, wenn solche vorhanden sind (VOLHARD). Diese recht alte Methode dürfte heute höchstens für die Trennung des Aluminiums von den Alkalien einige Bedeutung haben. ManganII-chlorid gibt mit QuecksilberII-oxyd in der Kälte erst nach längerem Stehen, beim Erwärmen jedoch sofort, einen Niederschlag. Man kann daher Eisen und Aluminium von Mangan durch Quecksilberoxyd voneinander trennen. Der erstmalig gefällte Niederschlag enthält noch geringe Mengen Mangan, die durch Umfällung beseitigt werden können. Zink, Kobalt, Nickel, Beryllium und Chrom werden von Quecksilberoxyd teilweise gefällt. Nach VOLHARD ist dieses Verfahren zu einer Trennung von Aluminium und Eisen verwendbar, aber nur bei *schnellster* Filtration und Wiederholung der Fällung nach dem Wiederauflösen des Niederschlages (MEINEKE). Der Gebrauch der HgO-Suspension hat deshalb gewisse Vorteile, weil der Überschuß des Fällungsmittels durch Erhitzen vollständig entfernt und das in Lösung gegangene Quecksilber durch Schwefelwasserstoff gefällt werden kann. Besonders dürfte die Methode in solchen Fällen vorteilhaft anzuwenden sein, wo es sich um Bestimmung der Alkalien in Silicaten handelt.

C. MEINEKE hat die Methode mit Erfolg zur Untersuchung von Schlacke angewendet. Die Zusammensetzung einer solchen Schlacke war z. B. 40,28% SiO_2, 10,18% Al_2O_3, 1,01% FeO, 0,41 MnO_2, 42,53% CaO, 2,74% MgO, 0,40% Na_2O, 0,45% K_2O, 0,20% P_2O_5, 1,05% S.

Literatur.

MEINEKE, C.: Angew. Ch. **1888**, 257.

VOLHARD: A. **198**, 332 (1879); vgl. auch E. F. SMITH u. P. HEYL: Z. anorg. Chem. **7**, 82 (1894).

VII. Fällung von Aluminiumhydroxyd aus Aluminatlösung.

Allgemeines.

Durch Einleiten von Kohlendioxyd in Aluminatlösungen oder Zugabe von Brom läßt sich Aluminium quantitativ als Hydroxyd abscheiden. Diese Methoden, die nach Zugabe einer genügenden Menge Alkalihydroxyd zur Bestimmung des Aluminiums auch in sauren Lösungen dienen können, haben den Vorteil, daß das Aluminiumhydroxyd in gealtertem und daher schwer löslichem und leichter filtrierbarem Zustand gefällt wird. Die Filtrierbarkeit des Niederschlages hängt von der Geschwindigkeit der Ausfällung ab (HABER). Je langsamer man einleitet, um so grobteiliger wird das ausfallende Aluminiumhydroxyd. Unter den Bedingungen der Analyse, also aus den neutralisierten Aluminatlösungen, sehr langsam (in Tagen) ausgefälltes Hydroxyd liefert röntgenographisch das Diagramm des Bayerits, einer krystallisierten Modifikation des Aluminiumhydroxyds von der Zusammensetzung $Al(OH)_3 \cdot 3\,H_2O$ (FRICKE sowie BÖHM), die schwerer löslich (stabiler) ist, als die durch Ammoniak in der Hitze ausfallenden Böhmit-(Bauxit-)Gele (BÖHM und NICLASSEN; FRICKE). Die bei 60° und bei 100° gefällten Niederschläge erwiesen sich röntgenographisch nicht als Bayerit, sondern als Böhmit (Bauxit).

Die Verfahren, insbesondere die Kohlendioxydmethode, liefern recht genaue Werte. Sie sind zwar einfacher als das Jodid-Jodat-Verfahren von STOCK (vgl. S. 196), doch ist das Anwendungsgebiet der STOCK-Methode ausgedehnter, da diese durch die Gegenwart von Calcium- und Magnesiumsalzen nicht gestört wird. Auch die Trennung des Aluminiums von den 2wertigen Schwermetallen stößt auf Schwierigkeiten, während sich Aluminium und Chrom gut trennen lassen. Auf der Basis der Kohlendioxydmethode läßt sich auch ein maßanalytisches Verfahren (von TOLKATSCHEFF und TITOWA) durchführen.

1. Fällung durch Einleiten von Kohlendioxyd.

a) Gewichtsanalytische Methode nach FRICKE und MEYRING.

Vorbemerkung. Die bereits im Jahre 1900 von ALLEN und GOTTSCHALK angegebene Fällung des Aluminiums mit Kohlendioxyd als Aluminiumhydroxyd aus Aluminatlösungen liefert ausgezeichnete Resultate.

Die Niederschläge sind gut filtrierbar, doch hat die in der Wärme ausgeführte Fällung den Nachteil, daß beträchtliche Mengen Aluminiumhydroxyd an den Glaswandungen haften bleiben und daß in den grobkörnigen Niederschlag eingeschlossene Alkalimengen schwer auswaschbar sind. Das bei 0° gefällte Tonerdehydrat ist äußerst feinteilig. Infolgedessen geht es kolloidal durch das Filter und läßt sich schlecht auswaschen.

Arbeitsvorschrift. Der von FRICKE und MEYRING angegebene Analysengang ist folgender:

I. Wenn Aluminatlösung vorliegt, so wird ein Flüssigkeitsvolumen abpipettiert, das 0,15 bis 0,30 g Aluminiumoxyd entspricht. Nach Verdünnen auf 150 bis 200 cm^3 wird zunächst der Überschuß an Alkali neutralisiert, und zwar durch vorsichtiges Zugeben von eingestellter Säure aus einer Bürette bis zur eben beginnenden Trübung. Dann versetzt man die Lösung mit einigen Tropfen Phenolphthalein und leitet durch ein weites Einleitungsrohr langsam Kohlendioxyd ein, so daß das Phenolphthalein etwa nach 15 bis 20 Min. entfärbt ist. Man fährt dann noch etwa 10 Min. mit dem Einleiten des Kohlendioxyds fort.

Anschließend wird der Niederschlag auf ein quantitatives Filter von 11 cm Durchmesser gebracht und zunächst mit dem ersten Ausspülwasser des Fällungsgefäßes 1mal kalt ausgewaschen. Das weitere Ausspülen und Waschen geschieht mit heißem Wasser. Dann wird im Platintiegel naß verbrannt und im elektrischen Ofen bis zur Gewichtskonstanz geglüht. Die Wägungen müssen, weil das Aluminiumoxyd rasch und energisch kleine Mengen Wasser anzieht, schnell im bedeckten Tiegel vorgenommen werden. (Ein Aluminiumoxyd, das kein Wasser mehr anzieht, erhält man erst durch Totbrennen bei 1200 bis 1300°) (vgl. ULLMANN).

II. Wenn eine Aluminiumsalzlösung vorliegt, so wird von dieser ebenfalls so viel genommen, wie etwa 0,15 bis 0,3 g Aluminiumoxyd entspricht. Die Probe wird mit so viel reiner Natronlauge versetzt, daß der zuerst entstandene Niederschlag sich eben wieder löst. Wenn eine Spur Aluminiumhydroxyd ungelöst bleibt, so ist dies ohne Bedeutung. Überschuß an Alkali ist zu vermeiden. Dann wird auf 150 bis 200 cm^3 verdünnt und zur Bestimmung des Aluminiums genau so verfahren, wie unter I. angegeben ist, also zunächst mit Phenolphthalein versetzt, Kohlendioxyd eingeleitet usw. Der Niederschlag wird bis zum Verschwinden der Reaktion des jeweiligen Anions im Filtrat gewaschen. Man kann dem Waschwasser auch, um das Durchlaufen von kolloidalem Aluminiumhydroxyd zu verhindern, 0,05 bis 0,1% Ammoniumnitrat zugeben.

Genauigkeit. In einer $AlCl_3$-Lösung wurde der Gehalt an Aluminium einmal nach der Vorschrift von TREADWELL durch Fällung mit Ammoniak bestimmt. Gleichzeitig wurden aliquote Teile derselben Lösung auf dem Wasserbad mit Salpetersäure zur Trockne gedampft, in einen Platintiegel übergeführt, nach dem Trocknen geglüht und so der Aluminiumoxydgehalt ermittelt. Ferner wurde zu gleicher Zeit der Aluminiumgehalt der Lösung nach der angegebenen Methode von FRICKE und MEYRING bestimmt. Die gefundenen Mittelwerte verschiedener Bestimmungen nach den drei Methoden waren folgende:

1. NH_3-Fällung	0,2634 g	Al_2O_3 in 20 cm^3 Lösung
2. Abrauchen mit HNO_3	0,2636 g	„ „ 20 „ „
3. CO_2-Fällung aus alkalischer Lösung . . .	0,2634 g	„ „ 20 „ „

Die Kohlendioxydmethode ist auch bei Gegenwart von Alkalimetallen in Form der Chloride, Nitrate und Sulfate mit Ausnahme von Lithium anwendbar.

Erdalkalimetalle stören, da sie als Carbonate ausfallen, ebenso wird auch Eisen mit ausgefällt. Bei Anwesenheit größerer Sulfatmengen sind die Niederschläge sulfathaltig. Wichtig für die Methode ist, daß vor dem Einleiten des Kohlendioxyds die überschüssige Lauge neutralisiert wird.

b) Trennung des Aluminiums von Chrom nach TREADWELL.

Für die Trennung des Aluminiums von Chrom oxydiert man das Chromsalz in der natronalkalischen Lösung mit Bromwasser oder Perhydrol zum Chromat und neutralisiert die Lösung mit Salpetersäure, bis sie Phenolphthalein nur noch *schwach* rot färbt. Man füllt die Flüssigkeit auf etwa 250 cm³ auf und leitet in die heiße Lösung einen CO_2-Strom, wodurch das als Aluminat vorliegende Aluminium vollständig als dichtes Aluminiumhydroxyd gefällt wird.

c) Maßanalytische Methode von TOLKATSCHEFF und TITOWA.

Vorbemerkung. Man gibt zu sauren oder neutralen Aluminiumsulfatlösungen einen gewissen Überschuß an 0,5 n Natronlauge und leitet dann in die erhaltene Aluminatlösung in der Hitze Kohlensäure ein. Nach Abtrennung des gut filtrierbaren Aluminiumhydroxyds kann dann im Filtrat das aus der überschüssigen Natronlauge entstandene Bicarbonat mit 1 n Säure genau zurücktitriert werden, nachdem die überschüssige Kohlensäure durch Aufkochen entfernt wurde. Bestimmt man außer der Gesamtschwefelsäure auch noch die vorhandene freie Schwefelsäure, so kann der Aluminiumgehalt berechnet werden.

Der erforderliche *Überschuß* an 0,5 n Natronlauge ist abhängig von der vorhandenen Aluminiummenge und soll so groß sein, daß bei 0,05 g Aluminium etwa 12 cm³, bei 0,2 g Aluminium etwa 60 cm³ 0,5 n Natronlauge zurücktitriert werden. Man führt daher eine Vorbestimmung des Aluminiums durch Titration mit Natronlauge und Phenolphthalein aus. Bei zu kleinem NaOH-Überschuß erhält man infolge der Adsorption von Sulfat-Ion an Aluminiumhydroxyd zu niedrige Werte für die Gesamtschwefelsäure, während bei richtiger Bemessung der NaOH-Menge eine Genauigkeit von etwa 0,2% erzielt wird.

Arbeitsvorschrift. Nach TOLKATSCHEFF und TITOWA fügt man zu 25 bis 50 cm³ der 0,25 n Aluminiumsulfatlösung eine entsprechende Menge 0,5 n Natronlauge, verdünnt die Lösung auf etwa 150 cm³ und leitet nach dem Erhitzen bis fast zum Kochen einen kräftigen CO_2-Strom ein. Wenn das Aluminiumhydroxyd ausgefallen ist, leitet man noch einige Minuten weiter ein, kühlt dann ab und füllt im Meßkolben auf 250 cm³ auf. Ein Teil der Lösung wird nun durch ein trockenes Filter in einen trockenen Kolben filtriert, worauf man 100 cm³ des Filtrates nach dem Aufkochen (zwecks Beseitigung der überschüssigen Kohlensäure) mit 0,5 n Schwefelsäure gegen Methylorange titriert.

2. Fällung durch Bromzusatz.

Vorbemerkung. Nach JAKOB wirkt Brom auf eine alkalische Aluminatlösung, bei Temperaturen *unter* 60° ausfällend auf Aluminium unter Bildung von Natriumhypobromit:

$$1.\quad 2\,Al(OH)_2ONa + H_2O + Br_2 = 2\,Al(OH)_3 + NaBrO + NaBr\,,$$

während bei Temperaturen *über* 60° Ausfällung des Aluminiumhydroxyds unter gleichzeitiger Entstehung von Natriumbromat erfolgt:

$$2.\quad 6\,Al(OH)_2ONa + 3\,H_2O + 3\,Br_2 = 6\,Al(OH)_3 + NaBrO_3 + 5\,NaBr\,.$$

Da im letzteren Fall eine vollständige Neutralisation erreicht wird und da der entstandene Niederschlag eine sehr kompakte Beschaffenheit hat, verfährt man nach der zweiten Gleichung.

Arbeitsvorschrift nach JAKOB. Zu einer in 70 bis 100 cm³ etwa 0,1 bis 0,2 g Aluminiumoxyd enthaltenden Aluminiumlösung fügt man so lange tropfenweise eine 5%ige Natronlauge, bis der entstandene Niederschlag sich wieder aufgelöst hat. Zu der kochenden Lösung fügt man zuerst tropfenweise gesättigtes Bromwasser, um eine Temperaturerniedrigung und Bildung eines gallertartigen Niederschlages zu vermeiden. Gegen Ende der Reaktion wird das Bromwasser schneller zugesetzt, bis die Lösung durch Bromüberschuß rot gefärbt erscheint. Man verkocht dann den Überschuß des Broms, bis die Lösung eine gelbe Farbe angenommen hat. Nach dem Absitzen des Niederschlages wird dieser abfiltriert und mit heißem Wasser ausgewaschen. Die an den Wandungen des Gefäßes haftenden kleinen Mengen des Niederschlages löst man in Salpetersäure und fällt sie nach der Neutralisation mit Ammoniak. Der Niederschlag wird wie üblich verascht, geglüht und als Aluminiumoxyd gewogen.

Die Methode ist besonders zur Trennung des Aluminiums von Chrom geeignet. Bei Gegenwart von Schwefelsäure, Phosphorsäure und Borsäure ist der Niederschlag mit diesen Säuren verunreinigt. Weinsäure, Oxalsäure und Zucker wirken störend auf die Fällung.

3. Fällung durch Schwefeldioxyd. Trennung des Aluminiums von Beryllium nach TRAVERS *und* SCHNOUTKA.

TRAVERS und SCHNOUTKA haben die alte Methode von BERTHIER auf ihre Brauchbarkeit zur Trennung des Aluminiums von Beryllium untersucht, die darauf beruht, daß Aluminium aus einer Lösung von Aluminiumbisulfit als basisches Sulfit von nicht definierbarer Zusammensetzung beim Eindampfen auf dem Wasserbad abgeschieden wird, während sich beim Eindampfen einer Lösung von Berylliumbisulfit kein Niederschlag abscheidet. Beim Sieden der $Be(HSO_3)_2$-Lösung scheidet sich langsam Berylliumhydroxyd aus, das geringe Mengen Sulfit enthält. Dieser Niederschlag löst sich wieder in der Mutterlauge, wenn nicht lange gekocht wird, scheidet sich aber wieder aus, wenn das Sieden längere Zeit fortgesetzt wird. Das Berylliumhydroxyd ist dann gealtert.

Ist Alkalibisulfit zugegen, so fällt nur aus verdünnten $Be(HSO_3)_2$-Lösungen ein Niederschlag aus, der sich in der Mutterlauge wieder löst. Aus konzentrierteren Lösungen mit einem großen Gehalt an Alkalibisulfit fällt nur bei sehr langer Erhitzungsdauer ein Niederschlag aus, der aus basischem Berylliumsulfit besteht. Dieses bildet mit Natriumsulfit einen löslichen Komplex, der in der Kälte stabil ist, aber beim Kochen zum Teil zersetzt wird. Aluminium wird auch bei Gegenwart von Alkalibisulfit quantitativ gefällt. Auf Grund dieses Verhaltens der Sulfite wird folgendes Trennungsverfahren für Beryllium von Aluminium angegeben.

Die frisch gefällten Hydroxyd-Gele des Berylliums und Aluminiums werden in einem Überschuß von Alkali gelöst. Nach dem Sättigen dieser Lösung mit Schwefeldioxyd erhitzt man 10 Min. zum Sieden und läßt alsdann mehrere Stunden abkühlen. Das quantitativ abgeschiedene Aluminium enthält noch etwas Beryllium, weshalb das basische Aluminiumsulfit nochmals der gleichen Behandlung unterworfen wird.

Die Fällung des Aluminiums als basisches Aluminiumsulfit wenden MALAPRADE und SCHNOUTKA zur Bestimmung des Aluminiums in Glas und Email usw. an. Die Kieselsäure und Aluminiumoxyd enthaltenden Stoffe werden durch Schmelzen mit Kaliumcarbonat aufgeschlossen, die Schmelze wird mit Wasser ausgelaugt und filtriert. Das Filtrat wird mit Schwefeldioxyd in der Kälte gesättigt und dann gekocht. Aluminium fällt vollständig als basisches Aluminiumsulfit aus, das gut filtrierbar ist. Im Filtrat soll sich die gesamte Borsäure befinden. Nach schwachem Ansäuern mit Salzsäure werden Schwefeldioxyd und Kohlendioxyd durch Kochen entfernt.

Literatur.

ALLEN, E. T. u. V. H. GOTTSCHALK: Am. Chem. J. **24**, 202 (1900); vgl. Fr. **44**, 711 (1905).

BERTHIER: A. Ch. **50**, 271 (1832). — BÖHM, J.: Z. anorg. Ch. **149**, 208 (1925). — BÖHM, J. u. H. NICLASSEN: Z. anorg. Ch. **132**, 5 (1923); R. FRICKE: Kolloid-Z. **49**, 229 (1929).

FRICKE, R.: Z. anorg. Ch. **175**, 249 (1928); **179**, 287 (1929). — FRICKE, R. u. K. MEYRING: Z. anorg. Ch. **188**, 127—137 (1930).

HABER, F.: B. **55**, 1717 (1922).

JAKOB, W.: Anz. Krakau. Akad. **1913**, Reihe A 56—62.

MALAPRADE, L. u. SCHNOUTKA: C. r. **192**, 1653—1655 (1931); J. Soc. Glass. Techn. **14**, 51 (1930).

TOLKATSCHEFF, S. A. u. J. G. TITOWA: Chimicesky Žurnal 8, 1271 (1935). — TRAVERS, A. u. SCHNOUTKA: C. r. **192**, 285—287 (1931); durch C. **1931 I**, 2236. — TREADWELL, W. D.: Tabellen und Vorschriften zur quantitativen Analyse, S. 78. 1938.

ULLMANN: Enzyklopädie der chemischen Technik, Bd. 1, S. 308. 1928.

VIII. Maßanalytische (acidimetrische) Verfahren auf der Grundlage der Abscheidung von Aluminiumhydroxyd.

Allgemeines.

a) Einteilung der acidimetrischen Methoden. Man kann die acidimetrischen Methoden zweckmäßig in *direkte Methoden*, bei welchen Aluminiumlösungen nur unter Benutzung von Säure oder Lauge und *Indicatoren* titriert werden, und *indirekte Methoden* einteilen, bei welchen man entweder die gebundene (bzw. die gesamte) Säure oder die freie Säure erst nach bestimmten Umsetzungen titriert. Im vorliegenden Kapitel werden von diesen Verfahren nur die direkten Methoden behandelt, die auf der Grundlage der Abscheidung und Wiederauflösung von Aluminiumhydroxyd beruhen.

Das Prinzip der acidimetrischen Bestimmung des Aluminiums ist einfach: Man titriert neutrale (d. h. von Säureüberschuß freie) Aluminiumsalzlösungen unter Anwendung eines geeigneten Indicators, z. B. Phenolphthalein, Thymolblau) mit Natronlauge, bis alles Aluminium als Hydroxyd ausgefallen ist, wobei der Säurerest mit der Natronlauge zu neutralem Natriumsalz zusammentritt.

Bei *sauren* Aluminiumlösungen (wie sie in der Praxis zumeist vorliegen) erhält man auf diese Weise die Gesamtmenge des vorhandenen Anions und muß die über die stöchiometrische Zusammensetzung des Aluminiumsalzes (z. B. Sulfat oder Chlorid) hinaus anwesende, sogenannte „freie" Säure gesondert ermitteln und von dem für die „Gesamtsäure" gefundenen Wert in Abzug bringen. Allerdings liefert die Titration der freien Säure nach der direkten Methode (s. oben) ziemlich ungenaue Werte, so daß man bei der Aluminiumbestimmung durch doppelte Titration der sauren Lösung mit einer Ungenauigkeit von einigen Prozenten rechnen muß. Man bestimmt die freie Säure genauer nach anderen acidimetrischen Methoden, z. B. nach der Fluoridmethode (vgl. S. 243) oder den Oxalatmethoden (vgl. § 12 S. 341).

b) Schwierigkeiten. Obwohl man, wie im voraus schon angeführt werden mag, nach der direkten acidimetrischen Methode, bei sachgemäßer Durchführung eine Reproduzierbarkeit auf wenige Prozente erreichen kann, war es bisher nicht möglich, einige von Anfang an der exakten Bestimmung im Wege stehende, grundsätzliche Schwierigkeiten ganz zu beseitigen.

Infolge der leicht eintretenden Hydrolyse der Aluminiumsalzlösungen ist es bei der Titration der freien Säure nicht möglich, jenen p_H-Wert genau einzustellen, welcher einer säurefreien Aluminiumsalzlösung entspricht (z. B. bei Aluminiumsulfat $p_H = 2{,}8$ bis 4 oder bei Aluminiumchlorid $p_H = 2{,}3$ bis etwa 3,8 je nach der Verdünnung).

Wie man sich an der elektrometrisch ermittelten Titrationskurve (p_H-Kurve) saurer Aluminiumlösungen veranschaulichen kann (vgl. potentiometrische Bestimmung des Aluminiums, S. 212), ist es eigentlich schon vom theoretischen Standpunkt aus schwierig, mit Hilfe von Indicatoren den p_H-Wert der „neutralen" Aluminiumsalzlösung scharf zu erkennen, denn es findet ein stetiger Übergang (allmählich) der Titrationskurve der freien Säure in die der gebundenen statt.

Eine zweite Schwierigkeit liegt darin, daß das bei der Neutralisation der gebundenen Säure mit Natronlauge ausfallende Aluminiumhydroxyd stets einen je nach dem vorhandenen Anion, den Konzentrations- und Temperaturverhältnissen wechselnden Teil des Anions adsorbiert enthält. Der Verbrauch an Natronlauge wird daher zu niedrig. Man erklärt diese schon frühzeitig beobachtete Erscheinung (ERLENMEYER und LEWINSTEIN) durch Bildung basischer Aluminiumsalze. Nach neueren Versuchsergebnissen (NIKOLSKI und PARAMONOWA sowie JANDER und JAHR) handelt es sich aber um Adsorptionsvorgänge an Aluminiumhydroxyd, das, wie bekannt, kolloide Eigenschaften besitzt (vgl. S. 213). Diese kolloide Natur des Hydroxydes kann aber auch durch Adsorptionserscheinungen die Umschlagsgenauigkeit der sonst geeigneten Indicatoren beeinflussen und Titrationsfehler verursachen.

Arbeitsvorschriften.

1. Bestimmung der freien Säure (vgl. oben Allgemeines).

Vorbemerkung. Es ist bereits bisher eine große Anzahl von Veröffentlichungen erschienen, die die Frage der Bestimmung der freien Säure (und meist gleichzeitig auch des Aluminiums) behandeln und versuchen, durch Anwendung verschiedenster Indicatoren und Arbeitsweisen ein genaues Verfahren für die direkte acidimetrische Titration auszuarbeiten. Wie aus den obigen Darlegungen (vgl. Abschnitt Allgemeines) hervorgeht, sind stets diejenigen Indicatoren an sich verwendbar, deren dem Zwischenfarbton entsprechender p_H-Wert sehr nahe bei dem p_H-Wert der „neutralen" Aluminiumsalzlösung liegt, wenn auch das Ende der Titration wegen zu langsamer Änderung des p_H-Wertes beim Laugezusatz nicht scharf genug erkannt werden kann. Eine Verschärfung des Farbumschlages ist durch Auswahl eines bestimmten Indicators aus einer Anzahl sonst acidimetrisch gleichwertiger Indicatoren nicht zu erwarten, jedoch können Indicatorengemische mit engerem Umschlagsbereich gegebenenfalls eine gewisse Verbesserung bringen (SEMLJANITZYN); über Mischindicatoren vgl. auch KOLTHOFF (b). Wichtig ist dabei, daß die p_H-Werte „neutraler" Aluminiumsalzlösungen von der Konzentration abhängen, worauf auch KOLTHOFF-MENZEL, ferner WHITEHEAD, CLAY und HAWTHORNE sowie DAVIS hinweisen (s. folgende Tabelle).

Normalität	Alaunlösung p_H	Aluminiumsulfatlösung p_H	Aluminiumchloridlösung p_H	Normalität	Alaunlösung p_H	Aluminiumsulfatlösung p_H	Aluminiumchloridlösung p_H
1	—	2,8	2,3	0,02	3,9	—	3,55
0,3	—	3,0	2,9	0,01	4,05	—	3,7
0,1	3,4	3,4	3,0	0,005	4,15	—	3,8
0,05	3,6	—	—				

Einige ältere Autoren benutzten die Indicatoren Hämatoxylin (GIESEKE, MERZ), Ultramarin (STEIN) und Kongorot (WILLIAMS und SMITH), welche für den vorliegenden Zweck keine praktische Bedeutung haben. Andere Indicatoren, wie alizarinsulfosaures Natrium und Anthocyan (SABALITSCHKA und REICHEL), Bromphenolblau (MARTIN) oder p-Benzolsulfosäure-azobenzylamin (BOGOLEPOW) wurden bisher nur selten angewendet.

SEMLJANITZYN titrierte mit einem Mischindicator aus gleichen Teilen 0,1%iger Methylorange- und 0,25%iger Indigocarminlösung und fand gute Werte für den Aluminiumgehalt (gebundene Säure mit Phenolphthalein).

Eine große Zahl von Autoren berichtet über die Verwendung von Methylorange ($p_H = 3,0$ bis $4,4$), so THOMSON, E. B. ATKINSON, GATENBY, LUNGE, CROSS und BEVAN, BAYER (a), v. KÉLER und LUNGE, RUOSS, GYZANDER, BELLUCCI und LUCCHESI. Auch Tropäolin 00 ($p_H = 1,3$ bis $3,2$) wurde häufig verwendet, u. a. von BAYER (b), W. v. MILLER, HILLER, SEMLJANITZYN. Thymolblau, dessen Farbumschlag im gleichen Bereich ($p_H = 1,2$ bis $2,8$) liegt, wie der von Tropäolin 00, ist nach den Angaben von DAVIS ebenfalls geeignet.

ROSENFELD titrierte *basische* Aluminiumsalzlösungen mit 1 n Schwefelsäure und Gallein (Pyrogallolphthalein) als Indicator.

Arbeitsvorschrift. Nach den vorliegenden Erfahrungen ist für die Titration der freien Säure in Aluminiumsalzlösungen Methylorange und auch Thymolblau oder Tropäolin (bei $AlCl_3$) zu verwenden (vgl. obige Tabelle). Man titriert (im Gegensatz zur Gesamtsäurebestimmung mit Phenolphthalein) in nicht zu verdünnten Lösungen (etwa 0,5 bis 1 n an Aluminium) und zweckmäßig nur unter Erreichung des Äquivalenzpunktes von der sauren Seite her bei Zimmertemperatur. Die Titration mit Säure auf den der „neutralen" Aluminiumsalzlösung entsprechenden

p_H-Wert von der alkalischen Seite her ist infolge der zu geringen Reaktionsgeschwindigkeit der vorhandenen Aluminiumhydroxydflocken unsicher (vgl. z. B. v. KÉLER und LUNGE, sowie BELLUCCI und LUCCHESI). Bei der Aluminiumbestimmung in Aluminatlösungen wird zunächst durch Salzsäure angesäuert, und es werden dann die freie und gebundene Säure titriert.

Durch Benutzung einer Vergleichslösung mit gleicher Indicatormenge und Aluminiumsalzkonzentration (rohe Vortitration) kann die Erkennung des richtigen Farbtons beim Umschlag erleichtert werden. Bei der Titration freier Säure in Aluminiumsulfat-(Alaun-)lösung mit *Thymolblau* als Indicator wird durch Zusatz von reichlichen Mengen Kochsalz eine Verschärfung des Farbumschlages bewirkt (DAVIS).

Genauigkeit. Die beschriebenen Schwierigkeiten der direkten acidimetrischen Titration der freien Säure führten in der Literatur zu widersprechenden Ergebnissen. Besondere Genauigkeitsangaben oder Beleganalysen über die Bestimmung der freien Säure wurden seltener gemacht, da meist nur die Differenz zwischen freier und gesamter Säure, d. h. also der Aluminiumgehalt, interessierte. BELLUCCI und LUCCHESI fanden zu Kaliumalaun zugesetzte Schwefelsäuremengen bei Titration mit Methylorange und 1 n Natronlauge mit einem Fehler von etwa +0,3% (bei kleineren Mengen, z. B. 5 cm³ 1 n Schwefelsäure, allerdings +2% Fehler).

Alkoholextraktionsmethode. Die zuerst von O. MILLER angewendete Extraktion freier Schwefelsäure aus festem Aluminiumsulfat mit Alkohol wurde von BEILSTEIN und GROSSET durch Überführung des Aluminiumsulfates in Alaun modifiziert. Sie wurde folgendermaßen ausgeführt:

Arbeitsvorschrift: 1 bis 2 g des Aluminiumsulfates löst man in 5 cm³ Wasser, gibt 5 cm³ einer kalt gesättigten neutralen Lösung von schwefelsaurem Ammonium hinzu, läßt $^1/_4$ Std. lang unter häufigem Umrühren stehen und fällt dann den Ammoniumalaun mit 50 cm³ 95%igem Alkohol. Man filtriert, wäscht mit 50 cm³ 95%igem Alkohol nach und titriert nach dem Vertreiben des Alkohols den Rückstand mit 0,1 n Kalilauge gegen Lackmus. — Die Autoren fanden durchschnittlich etwa 4 bis 5% zu hohe Werte. v. KÉLER und LUNGE fanden bei einer Säurezahl von 0,90% durchschnittlich um 8 bis 10% zu hohe Werte und IWANOW konnte nur teilweise befriedigende Resultate erzielen. In einer neueren Arbeit erklärt OTSUKA die zu hohen Ergebnisse nach der Methode von BEILSTEIN und GROSSET durch die geringe Löslichkeit des überschüssigen Aluminiumsulfates und seine thermische Zersetzung beim Abdampfen des Alkohols.

Das Verfahren ist gegenüber anderen bekannten Methoden (vgl. S. 243, 244) zu umständlich und hat keine besondere praktische Bedeutung.

2. Bestimmung der Gesamtsäure (vgl. oben Allgemeines).

a) Indicatoren. Mehrere Indicatoren, deren Umschlagsgebiet bei etwa p_H 7 bis 9 liegt, wurden mit Erfolg für die Titration der gebundenen bzw. gesamten Säure bzw. des Aluminiums angewendet. Einige ältere Autoren stellten Versuche mit Lackmus (p_H 5,0 bis 8,0) an, so ERLENMEYER und LEWINSTEIN, WILLGERODT, LESCOEUR, BAYER (b).

Da das Aluminiumhydroxyd Lackmus besonders stark adsorbiert, wurde dieser Indicator später nicht mehr benutzt. Rosolsäure („Corallin", p_H 6,9 bis 8,0) wurde ebenfalls schon in der älteren Literatur von MERZ sowie HERBIG angeführt, und ist auch neuerdings von BOGOLENOW angewendet worden.

Mit Thymolblau, dessen zweiter Farbumschlag bei p_H 8,0 bis 9,6 erfolgt, titrierten DAVIS sowie BIRSTEIN und KRONMAN. Nach CLARENS und LACROIX sowie nach MARTIN kann die gebundene Säure auch gegen Methylrot (p_H 4,4 bis 6,3) titriert werden, wenn Alkali bis zur deutlichen Gelbfärbung zugesetzt wird.

Kongorot ist nach den Erfahrungen von WUKOLOW als Adsorptionsindicator geeignet (s. Arbeitsvorschrift unter 3c). Weitaus die Mehrzahl aller Analytiker arbeitet mit Natronlauge und Phenolphthalein, wobei meist brauchbare, wenn auch nicht in allem übereinstimmende Ergebnisse erzielt wurden: BAYER (c); THOMSON; ATKINSON; GATENBY; LUNGE; CROSS und BEVAN; v. KÉLER und LUNGE; RUOSS; LESCOEUR; STOCK; SCHMATOLLA; SCOTT; BELLUCCI und LUCCHESI; KOLTHOFF (a); TINGLE; WÖHLK; DAVIS und FARNHAM; BOGOLEPOW; SEMLJANITZYN.

b) Fehlerquellen. *α)* **Adsorptionsfehler.** Die während der Ausfällung von Aluminiumhydroxyd durch Natronlauge stattfindende Adsorption der vorhandenen Anionen am Hydroxyd bedingt zu niedrige Ergebnisse. Der Adsorptionseinfluß ist sowohl bei Chlor-Ion als auch Nitrat-Ion[1] vorhanden und besonders bei Sulfat-Ion störend, kann aber durch Titration in der Hitze und in verdünnter Lösung auf ein erträgliches Maß vermindert werden.

β) **Titrationsendpunkt bei Phenolphthalein.** Wie mehrere Forscher feststellten [BELLUCCI und LUCCHESI; KOLTHOFF (a); BOGOLEPOW; DAVIS und E. FARNHAM], findet beim Abkühlen der mit Natronlauge gegen Phenolphthalein in der Hitze bis zur schwach roten Färbung titrierten Aluminiumsalzlösungen eine deutliche Nachrötung statt, die bei den üblichen Mengenverhältnissen einige Zehntel Kubikzentimeter 0,1 n Säure zur Rücktitration in der Kälte erfordert. Diese Erscheinung wurde bisher als („Säure"-)Wirkung des Aluminiumhydroxyds in der Hitze auf Phenolphthalein erklärt, deren Nichtberücksichtigung etwas zu hohe Werte liefert.

γ) **Kohlensäure.** Die bekannte allgemeine Vorsichtsmaßnahme der Beseitigung von Kohlensäure bei Titration mit Phenolphthalein sei nur erwähnt.

δ) **Einfluß fremder Kationen.** Eisen wird bei der Bestimmung des Aluminiums mittitriert und muß in Abzug gebracht werden. Auch andere Metalle, die durch Natronlauge gefällt werden, wie Zink, Cadmium usw. stören die Titration.

c) Arbeitsvorschriften. **Allgemeine Vorschrift.** Auf Grund der bisher vorliegenden praktischen Erfahrungen titriert man saure Aluminiumsalzlösungen direkt, alkalische Aluminiumsalzlösungen nach Zusatz eines Überschusses an verdünnter Säure (Salz- oder Schwefelsäure) und einige Minuten langem Kochen, und „neutrale" Aluminiumsalzlösungen nach Zusatz von etwa einigen Kubikzentimetern 1 n Säure. Zunächst wird bei kleinem Volumen (etwa bis 50 cm^3) und ungefähr 1 n Aluminiumkonzentration in der Kälte gegen Methylorange unter Verwendung einer Vergleichslösung titriert. Danach verdünnt man die Lösung auf etwa $^1/_{10}$ n Aluminiumkonzentration (oder weniger) und titriert mit 1 n NaOH-Lösung siedend heiß bis zur schwachen Rotfärbung von Phenolphthalein. Nach dem Abkühlen wird der geringe Alkaliüberschuß (s. oben unter Fehlerquellen) mit 0,1 n Salzsäure zurücktitriert. Es entsprechen 1 cm^3 1 n Natronlauge 0,0090 g Aluminium.

Rücktitrationsverfahren. Eine Anzahl Autoren schlug für die Aluminiumtitration in sauren oder neutralen Aluminiumsalzlösungen vor, zunächst mit einem Überschuß von Natronlauge bis zur klaren Lösung des zuerst ausgeschiedenen Hydroxyds zu versetzen und dann in der Hitze gegen Phenolphthalein und Methylorange mit Säure zurückzutitrieren (BAYER; ATKINSON; GATENBY; CROSS und BEVAN; LUNGE; LESCOEUR). Obwohl nach diesem Verfahren eine Genauigkeit von ± 1 bis 2% erreicht wurde, sind dabei folgende Punkte zu bedenken: 1. Die Titration von Rot nach Farblos mit Phenolphthalein ist ungünstiger. 2. Es ist nicht erwiesen, daß bei der Titration alkalischer Aluminiumlösungen in der Hitze mit Säure keine Adsorption von Anionen stattfindet. 3. Die Unsicherheit der Erreichung des Methylorangeumschlages von der alkalischen Seite her (vgl. S. 206).

Besondere Methoden. *α)* Methode nach WUKOLOW. Das Verfahren beruht auf der Verwendung von Kongorot als Adsorptionsindicator (vgl. FAJANS) bei der direkten acidimetrischen Bestimmung von Aluminium.

Man gibt zu 1 bis 10 cm^3 2%iger Kaliumalaunlösung 25 bis 30 cm^3 Wasser und 1 Tropfen Kongorotlösung (0,5 g Kongorot in 90 Teilen Wasser und 10 Teilen Alkohol), erhitzt die Lösung fast zum Sieden und titriert unter Umrühren mit 0,1 n (carbonatfreier) Kalilauge. Der Aluminiumhydroxydniederschlag färbt sich zuerst

[1] Aluminiumacetatlösungen können durch Abrauchen mit Schwefelsäure oder nach WÖHLK in Sulfat (Alaun) übergeführt werden. Bei normalem Aluminiumacetat erhielt HERBIG bei Titration in der Hitze gegen Rosolsäure gute Werte, basische Acetate müssen erst angesäuert werden.

violett-schwarzbraun, dann hellrot, die Lösung bleibt aber zuerst farblos. Man titriert unter Benutzung einer Vergleichslösung, bis die Lösung schwach rosa geworden ist.

Die beschriebene Titration wird bei sauren Aluminiumsalzlösungen erst nach Neutralisation der freien Säure gegen Methylorange vorgenommen. Die vom Autor erreichte Genauigkeit beträgt etwa 1%.

β) Folgende acidimetrischen Verfahren unter Verwendung von *Ammoniak* wurden vorgeschlagen, besitzen aber keine besondere praktische Bedeutung:

PRUNIER bestimmte Aluminium in Zement durch Fällung mit eingestellter Ammoniaklösung und Rücktitration des Ammoniaküberschusses mit Salpetersäure gegen Lackmus. GORMUTH löst das mit Ammoniak gefällte Aluminiumhydroxyd in einem gemessenen Überschuß an 0,1 n Schwefelsäure und titriert mit Kalilauge gegen Methylorange zurück, was praktisch wohl keinen Nutzen bringt.

γ) Verwendung von Barytwasser oder Kalkwasser an Stelle von Natronlauge als Maßflüssigkeit.

Barytwasser wurde von mehreren Autoren zur Titration des Aluminiums angewendet, so von LESCOEUR, WHITE, TELLE, TINGLE, BIRSTEIN und KRONMAN u. a. GRIGORJEW titrierte mit Kalkwasser. Wie die Erfahrung zeigte, bietet die Anwendung von Barytwasser und Kalkwasser an Stelle von Natronlauge keine Vorteile. Es wurden praktisch die gleichen Ergebnisse erzielt, auch bei Sulfatlösungen.

3. Bestimmung der Gesamtsäure in Gegenwart von Sulfat.

Vorbemerkung. Ein großer Teil aller Veröffentlichungen über die acidimetrische Bestimmung des Aluminiums bezieht sich auf die Bestimmung in Aluminiumsulfat und Alaun bzw. ihren Lösungen, was auf die technische Bedeutung dieser Salze, z. B. in der Färberei oder Papierindustrie, zurückzuführen ist.

Die besonders bei Sulfat-Ion beträchtliche Adsorption am Aluminiumhydroxyd verminderten ERLENMEYER und LEWINSTEIN schon 1860 durch Zugabe von Bariumchlorid, wodurch das gesamte Sulfat als Bariumsulfat gefällt und Aluminiumchlorid gebildet wird. Es haben sich später noch mehrere Analytiker (LESCOEUR; STOCK; BELLUCCI und LUCCHESI; KOLTHOFF; TINGLE; WÖHLK; DAVIS und FARNHAM; BOGOLEPOW) mit der acidimetrischen Bestimmung der gesamten (bzw. gebundenen) Säure in Aluminiumsulfatlösungen beschäftigt, aus deren praktischen Erfahrungen hervorgeht, daß die direkte Titration mit Natronlauge gegen Phenolphthalein unter Zusatz von Bariumchlorid gute Ergebnisse liefert, wenn sie in verdünnter Lösung und in der Hitze ausgeführt wird.

a) Arbeitsvorschrift zur Bestimmung der Gesamtsäure (vgl. oben Allgemeines) in Gegenwart von Sulfat nach BELLUCCI und LUCCHESI.

Es werden folgende Lösungen benutzt: 1 n Schwefelsäure und Natronlauge, 0,02%ige wäßrige Methylorange- und 1%ige alkoholische Phenolphthaleinlösung, kalt gesättigte Bariumchloridlösung. Die vorhandene Aluminiumkonzentration wird durch Fällung einer Probe mit Ammoniak roh geschätzt.

Freie Säure. 2 Proben der Aluminiumsulfatlösung versetzt man mit je genau 2 cm³ 1 n Schwefelsäure, 3 Tropfen Methylorange- und 5 Tropfen Phenolphthaleinlösung, verdünnt auf etwa 50 cm³ (Aluminiumkonzentration etwa 1 n) und titriert die eine Probe mit 1 n NaOH-Lösung bis zum Verschwinden der roten Färbung (unter Vergleich mit der zweiten, rot gefärbten Probe). Die verbrauchte Natronlaugemenge (vermindert um 2 cm³) entspricht der vorhandenen freien Säure.

Bestimmung der gebundenen (gesamten) Säure. Zur näherungsweisen Vorbestimmung der gebundenen Säure wird die gegen Methylorange neutralisierte Probe mit 5 cm³ Bariumchloridlösung versetzt, mit Wasser auf 300 bis 400 cm³ verdünnt und mit Natronlauge titriert, bis die schwachrote Färbung des Phenolphthaleins bestehen bleibt.

Die zweite, bisher beiseite gestellte Probe wird gleichfalls mit 5 cm³ Bariumchloridlösung versetzt und in gleicher Weise verdünnt. Darauf gibt man 1 bis 2 cm³ weniger Natronlauge, als bei der Vortitration ermittelt wurde, hinzu und erhitzt 5 Min. zum Sieden. Nach dem Erkalten wird bis zur schwachen Rotfärbung zu Ende titriert.

b) Arbeitsvorschrift nach* KOLTHOFF *u. a. Andere Autoren (KOLTHOFF (a); DAVIS und FARNHAM; BOGOLEPOW) titrieren die siedend heiße Lösung mit Natronlauge bis zur schwachen Rotfärbung des Phenolphthaleins und nehmen den kleinen Natronlaugeüberschuß in der Kälte zurück. DAVIS und FARNHAM weisen darauf hin, daß es erforderlich ist, die Aluminiumlösung vor dem Alkalizusatz (zur Vertreibung des Kohlendioxyds und nach dem Alkalizusatz 5 Min. zu kochen.

Genauigkeit. In reinen Alaun- oder Aluminiumsulfatlösungen führte die Arbeitsweise der hier zuletzt genannten Autoren zu genauen, fast theoretischen Werten. Bei sauren Lösungen wird die Genauigkeit aber durch die Fehlergrenze der Titration der freien Säure bestimmt (Differenzmethode!) und beträgt dann also nur 1 bis 2%. BELLUCCI und LUCCHESI erhielten nach der angegebenen Arbeitsweise eine Genauigkeit von etwa 0,5% bei Kaliumalaun und von etwa 1% bei sauren Aluminiumsulfatlösungen.

Literatur.

ATKINSON, E. B.: Chem. N. **52**, 311 (1885).

BAYER, K. G.: (a) Ch. Z. **14**, 736 (1890). (b) Fr. **24**, 542 (1885); **25**, 180 (1886); Ch. Z. **11**, 53 (1887). (c) Fr. **25**, 180 (1886); Ch. Z. **11**, 53 (1887); **14**, 736 (1890). — BEILSTEIN, F. u. TH. GROSSET: Bl. Acad. Sci. Pétersb. **13**, 41; Fr. **29**, 73 (1890). — BELLUCCI, I. u. F. LUCCHESI: G. **49 I**, 216 (1919); Ann. Chim. applic. II, **12**, 199 (1919). — BIRSTEIN, G. u. KRONMAN: Przemysl Chem. **18**, 317 (1934); durch C. **1935 II**, 3549. — BOGOLEPOW, N. I.: Leichtmetalle (russ.) **5**, H. **4**, 22 (1936).

CLARENS, J. u. J. LACROIX: Bl. 4/**51**, 668 (1932). — CROSS, C. F. u. E. J. BEVAN: J. Soc chem. Ind. **10**, 202 (1891).

DAVIS, H. L.: J. phys. Chem. **36**, 1449 (1932). — DAVIS, H. L. u. E. C. FARNHAM: J. phys. chem. **36**, 1057 (1932).

ERLENMEYER, E. u. G. LEWINSTEIN: J. pr. 81, 254 (1890).

FAJANS, K.: BRENNECKE-FAJANS: Neuere maßanalytische Methoden, S. 175. Stuttgart 1937.

GATENBY, R.: Chem. N. **55**, 289 (1887). — GIESEKE, C.: Dingl. J. **183**, 43 (1867). — GORMUTH, F. G.: Ind. eng. Chem. **19**, 144 (1927). — GRIGORJEW, P. N.: Feuerfeste Mat. (russ.) **5**, 105 (1937). — GYZANDER, C.: Chem. N. **84**, 296, 306 (1901).

HERBIG, W.: Färber-Z. **1912**, 418. — HILLER, H.: Laboratoriumsbuch für die Tonerdeindustrie. Halle 1922.

IWANOW, W. N.: J. Russ. Ges. **45**, 57 (1913); Ch. Z. **37**, 805, 814 (1913).

JANDER, G. u. K. F. JAHR: Kolloidberichte **43**, 295 (1935/36).

KÉLER, H. v. u. G. LUNGE: Angew. Ch. **7**, 669 (1894). — KOLTHOFF, I. M.: (a) Z. anorg. Ch. **112**, 186 (1920). (b) Säuren-Basen-Indikatoren. Berlin 1932. — KOLTHOFF-MENZEL: Die Maßanalyse. Berlin 1931.

LESCOEUR, H.: Bl. [3] **17**, 119, 706 (1897). — LUNGE, G.: J. Soc. chem. Ind. **10**, 314 (1891)· Angew. Ch. **3**, 227 (1890); **4**, 432 (1891).

MARTIN, A. E.: J. Soc. chem. Ind. Trans. **56**, 179 (1937). — MERZ, G.: Dingl. J. **220**, 229 (1876). — MILLER, O.: B. **16**, 1991 (1883). — MILLER, W. v.: Fr. **17**, 474 (1878).

NICOLSKY, B. D. u. N. S. PARAMONOVA: Ph. Ch. A **159**, 47 (1932).

OTSUKA, Y.: J. Soc. chem. Ind. Japan (Suppl.) **39**, 113 B (1936).

PRUNIER, H.: J. Pharm. Chim. 5, **10**, 97 (1884).

ROSENFELD, A.: Farmacevtices žurnal (russ.) **1**, 309 (1928); durch C. **1928 II**, 1132. — RUOSS: Fr. **35**, 143 (1896).

SABALITSCHKA, T. u. G. REICHEL: Ar. **263**, 193 (1925). — SCHMATOLLA, O.: B. **38**, 985 (1905). — SCOTT, W. W.: Ind. eng. Chem. **7**, 1059 (1915). — SEMLJANITZYN, W. P.: Leichtmetalle (russ.) **3**, 115 (1934). — STEIN, W.: Polyt. Zentralblatt **1866**, 1521; **1868**, 189; Fr. **5**, 35 (1866); C. **1868**, 126. — STOCK, A.: B. **33**, 548 (1900).

TELLE, L.: Bl. Sci. pharmacol. **16**, 656 (1909). — THOMSON, R. T.: Chem. N. **47**, 123, 135 (1883); **49**, 32, 38 (1884). — TINGLE, A.: Ind. eng. Chem. **13**, 420, 655 (1921).

WHITE, H. A.: Am. Soc. **24**, 457 (1902). — WHITEHEAD, TH., H. CLAY u. C. R. HAWTHORNE: Am. Soc. **59**, 1349 (1937). — WILLGERODT, G.: Dingl. J. **220**, 49 (1876). — WILLIAMS u. SMITH: Soc. **5**, 73 (1886). — WØHLK, A:. Ber. Dtsch. pharm. Ges. **33**, 195 (1923); Dansk. Tidsskr. Farm. **2**, 320 (1928); durch C. **1929 II**, 675. — WUKOLOW, P.: Chem. J. Ser. B **9**, 1679 (1936); durch C. **108 I**, 2827 (1937).

IX. Potentiometrisches Verfahren auf der Grundlage der Abscheidung und Wiederauflösung von Aluminiumhydroxyd.

Wenn bisher die potentiometrische Bestimmung des Aluminiums in der Praxis nur in beschränktem Umfange angewendet worden ist, so liegt dies daran, daß bei diesem Verfahren der erforderliche Aufwand an Apparaten und selbst an Zeit im Vergleich zu dem bei den einfachen gravimetrischen und den anderen maßanalytischen Aluminiumbestimmungen relativ groß ist. Nur wenn es auch im Falle des Aluminiums möglich ist, durch die Titration „auf Sprung", die zeitraubenden Aufnahmen des ganzen Verlaufes der Titrationskurve zu ersetzen, kann die potentiometrische Titration Vorteile bieten.

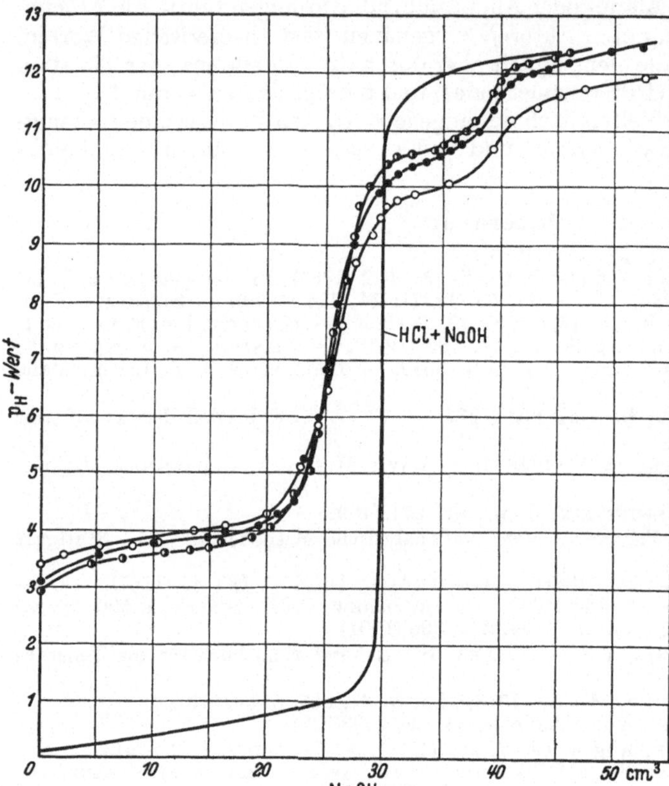

Abb. 2. Potentiometrische Titration des Aluminiums mit Natronlauge (DAVIS und FARNHAM, H_2-Elektrode/Kolomel-Elektrode).

Es ist eine größere Zahl von Veröffentlichungen über die potentiometrische Bestimmung des Aluminiums unter Anwendung von Natronlauge erschienen. Man konnte zunächst erwarten, daß die bekannten Schwierigkeiten der acidimetrischen Bestimmung des Aluminiums mit Indicatoren (vgl. S. 206) durch die elektrometrische Verfolgung der Neutralisations- (bzw. Fällungs-)reaktionen ganz zu beheben wären. Dies ist jedoch nicht der Fall. Titration mit Natronlauge in Gegenwart verschiedener Anionen ergibt nicht immer gut auswertbare Titrationskurven. Die Anwendung der potentiometrischen Bestimmungen des Aluminiums ist bisher wenig über Versuche mit *reinen Aluminiumlösungen* hinausgegangen, obwohl eine weitere Ausarbeitung von seiten des praktischen Analytikers sicher begrüßt würde.

Trotzdem sind aber die bisherigen Untersuchungsergebnisse über die elektrometrische Titration von Aluminiumsalzlösungen mit Natronlauge für die Aufklärung der Reaktionsvorgänge zwischen Aluminiumsalzen und Ätzalkalien (und Erdalkalien) von gewisser Bedeutung.

Verfolgt man den Verlauf der p_H-Änderungen von Aluminiumsalzlösungen bei Zugabe steigender Mengen Alkalilauge, so ergibt sich eine S-förmige Kurve, die grundsätzlich die gleiche Form hat, wie die bekannten Neutralisationskurven von Säuren mit Laugen. Die an Aluminium gebundene Säure wird in Alkalisalz übergeführt, während Aluminiumhydroxyd ausfällt (vgl. Abb. 2, Titrationskurven von DAVIS und FARNHAM). Durch überschüssige Natronlauge wird Aluminiumhydroxyd unter Aluminatbildung (AlO_2Na) gelöst, was durch den Verlauf der Kurve erwiesen ist. Die Konzentrationsverhältnisse haben auf den Kurvenverlauf im Gebiet der Aluminatbildung erheblichen Einfluß (DAVIS und FARNHAM). Bei sauren

Aluminiumsalzlösungen zeigt vor dem Beginn der Titration der gebundenen Säure ein gewisser Potentialsprung die Beendigung der Titration der freien Säure an.

HILDEBRAND sowie BLUM haben erstmals Neutralisationskurven von Aluminiumsulfat und Aluminiumchlorid mit Hilfe der Wasserstoffelektrode aufgenommen. Ihre Annahme, daß beim p_H-Wert 7,0 die dem vorhandenen Aluminium äquivalente Natronlaugemenge hinzugefügt ist, trifft aber nicht genau zu, wie man an Hand von Versuchen mit genau bekannten Aluminiummengen beweisen kann.

DAVIS und FARNHAM haben neuerdings die Versuche von HILDEBRAND und von BLUM nachgeprüft und dargelegt, welchen großen Einfluß auch bei der potentiometrischen Titration die Adsorption von Anionen am Hydroxyd und die kolloiden Eigenschaften des Hydroxydes überhaupt auf den Verlauf der Titrationskurven haben (vgl. auch WHITEHEAD, CLAY und HAWTHORNE, THOMAS und VARTANIAN, NICOLSKY und PARAMONOVA, G. JANDER und JAHR). Auch BRITTON (a) machte auf den wechselnden Sulfatgehalt des Aluminiumhydroxydes bei der potentiometrischen Titration von Aluminiumsulfat (Wasserstoffelektrode) aufmerksam.

Die von BRITTON (b) aufgenommenen Titrationskurven mit Barium-, Calcium- und Strontiumhydroxyd zeigen prinzipiell den gleichen Verlauf wie die NaOH-Kurve, und man kann an ihnen den der Aluminatbildung entsprechenden Potentialsprung erkennen. Der Vollständigkeit halber seien auch die Beobachtungen von WELLS angeführt, welcher gelegentlich systematischer Untersuchungen über die „Reaktion des Wassers mit Calciumaluminaten" (in Beton) Gleichgewichtspunkte zwischen Calciumhydroxyd und Aluminiumchlorid ermittelte und feststellte, daß die Fällung von Aluminiumhydroxyd durch Calciumhydroxyd zwischen $p_H = 6{,}0$ bis $p_H = 7{,}5$ vollständig ist und die Auflösung des Hydroxydes zwischen $p_H = 9{,}0$ bis 10,9 vor sich geht.

Wegen der langsamen Einstellung des Potentials kommt die Wasserstoffelektrode für praktische analytische Zwecke nicht in Betracht. Wesentlich rascher stellt sich das Potential an der Chinhydronelektrode ein, welche von DROSSBACH, von TREADWELL und ZÜRICHER, von MARTIN mit Erfolg angewendet wurde, oder auch an der Antimonelektrode, die TREADWELL und BERNASCONI, ferner TOIT sowie KANNING und KRATLI benutzten.

DROSSBACH fand bei mehreren Beleganalysen an reinen $AlCl_3$-Lösungen auf 0,5% genaue Werte und auch bei sauren $AlCl_3$-Lösungen ergab sich die Summe von Aluminium + freier Säure stets genügend genau, während der Äquivalenzpunkt für die freie Säure nur etwa mit einem Fehler von 2% festgestellt werden konnte. Größere Mengen an Alkalisalzen stören die Titration. Bei Aluminiumsulfatlösungen konnte DROSSBACH keine brauchbaren Resultate erzielen. Auch TREADWELL und ZÜRICHER erreichten bei $AlCl_3$-Lösung (auch bei basischem Salz) gute Aluminiumwerte.

MARTIN titriert Aluminium in Magnesiumlegierungen mit Natronlauge, indem er, sowohl für die Maßelektrode als auch für die Bezugselektrode, die Chinhydronelektrodenanordnung verwendete, wobei die Lösung einer gleich behandelten Probe einer ähnlich zusammengesetzten Aluminium-Magnesium-Legierung als Bezugselektrodenflüssigkeit diente. Der Potentialverlauf wurde durch direkte Messung mit einem geeigneten Millivoltmeter verfolgt. Beleganalysen hat der Autor nicht mitgeteilt.

KANNING und KRATLI erhielten mit der Antimonelektrode bei reiner $AlCl_3$-Lösung gute Ergebnisse, bei Anwesenheit größerer Eisenmengen aber nur annähernd genaue Werte.

Die praktische Handhabung der potentiometrischen Aluminiumtitration mit Natronlauge ergibt sich an Hand der allgemeinen Arbeitsmethodik der Potentiometrie von selbst. Eine Analysenvorschrift, die sich bei verschiedener stofflicher Zusammensetzung der Untersuchungslösung allgemein anwenden läßt, wurde bisher nicht ausgearbeitet.

X. Konduktometrische Titration[1] auf der Grundlage der Ausfällung und Wiederauflösung von Aluminiumhydroxyd.

Allgemeine praktische Bedeutung hat die konduktometrische Bestimmung des Aluminiums bisher nicht erlangt. Immerhin ist es aber möglich, daß besondere Fälle auftreten, in welchen die Anwendung des konduktometrischen Verfahrens nutzbringend sein kann, wie z. B. bei kontinuierlicher Betriebskontrolle. KOLTHOFF titrierte 0,1 mol Lösung von reinstem Kaliumalaun mit 1 n Natronlauge und fand Titrationskurven, in welchen recht genau nach dem zur Aluminatbildung (Gleichung 1 und 2) erforderlichen NaOH-Verbrauch ein gut erkennbarer Knickpunkt vorhanden war.

$$KAl(SO_4)_2 + 3\,NaOH = Al(OH)_3 + KNaSO_4 + Na_2SO_4 \qquad (1)$$

$$Al(OH)_3 + NaOH = AlO_2Na + 2\,H_2O\,. \qquad (2)$$

Nach Zugabe von 4 Äquivalenten NaOH auf 1 Äquivalent Al tritt eine starke Zunahme der Leitfähigkeit ein. Auch mit 0,276 n Bariumhydroxydlösung und 0,02 n Alaunlösung wurden

[1] Bezüglich der Technik der konduktometrischen Maßanalyse vgl. W. BÖTTGER: Physikalische Methoden der analytischen Chemie, 2. Teil. Leipzig 1936 und 3. Teil. Leipzig 1939 sowie G. JANDER u. O. PFUNDT: Die Chemische Analyse, Bd. 26: Leitfähigkeitstitrationen und Leitfähigkeitsmessungen, 2. Aufl. Stuttgart 1934.

gute Ergebnisse erzielt. Die umgekehrte Titration von 1 n Natronlauge bzw. Barytlösung mit Alaunlösung ergibt die gleichen Leitfähigkeitskurven. Genauer war aber das Ergebnis mit Barytlösung.

Ehrhardt hat das konduktometrische Verfahren zur Bestimmung der freien Salzsäure in Aluminiumchloridlösungen benutzt. Eisen stört dabei. Von dem zu untersuchenden Aluminiumchlorid wurde eine etwa 0,1 n Lösung hergestellt; von dieser wurden 10 cm^3 mit 0,1 n Natronlauge (Titrationsvolumen 300 cm^3) mit Hilfe des Triodometers nach Ehrhardt titriert. Während der Zugabe der ersten 10 cm^3 Natronlauge war starkes Abfallen der Leitfähigkeit, dann aber plötzlich wesentlich geringere Neigung der Titrationskurve zu beobachten.

Literatur.

Blum, W.: Am. Soc. **35**, 1500 (1913); **38**, 1284 (1916). — Britton, H. Th. St.: (a) Soc. **127**, 2121 (1925); (b) Soc. **130**, 428 (1927).

Davis, H. L. u. E. C. Farnham: J. phys. Chem. **36**, 1057 (1932). — Drossbach, P.: Z. anorg. Ch. **166**, 225 (1927).

Ehrhardt, N.: Ch. Fabr. **2**, 443, 455, 465 (1929).

Hildebrand, J. H.: Am. Soc. **35**, 863 (1913).

Jander, G. u. K. F. Jahr: Kolloid-Beihefte **43**, 295 (1935/36).

Kanning, E. W. u. F. H. Kratli: Ind. eng. Chem. Anal. Edit. **5**, 381 (1933). — Kolthoff, I. M.: Z. anorg. Ch. **112**, 181 (1920).

Martin, A. E.: J. Soc. chem. Ind. Trans. **56**, 149 (1937); Fr. **112**, 117 (1938).

Nicolsky, B. P. u. V. I. Paramonova: Žurnal prikladnoj Chim. B **2**, 687 (1931); Ph. Ch. A **159**, 47 (1932).

Thomas, A. W. u. R. D. Vartanian: Am. Soc. **57**, 4 (1935). — Toit, M. S.: South African J. Sci. **27**, 233 (1930). — Treadwell, W. D. u. Bernasconi: Helv. **13**, 500 (1930). — Treadwell, W. D. u. Züricher: Helv. **15**, 984 (1932).

Wells, L. S.: Bur. Stand. J. Res. **1**, 997 (1928). — Whitehead, Th., H. C. Clay u. C. R. Hawthorne: Am. Soc. **59**, 1349 (1937).

XI. Abscheidung von Tonerde bzw. basischem Aluminiumsulfat zur Trennung von Zink und von Beryllium durch thermische Zersetzung des Aluminiumsulfates.

Vorbemerkungen. Quantitative Trennungen durch die thermische Zersetzung von wasserfreien Mischungen von Metallsulfaten haben H. H. Willard und R. D. Fowler durchzuführen versucht.

Wenn eine Mischung von zwei nicht isomorphen Metallsulfaten auf eine bestimmte Temperatur erhitzt wird und der Druck der Gasphase über dem Gleichgewichtsdruck des ersten Sulfates und unter dem des zweiten erhalten bleibt, so wird das erste unverändert bleiben, während das zweite das unlösliche Produkt der Zersetzung bilden wird. Wenn die Mischung dann abgekühlt werden kann, ehe sich die Reaktion wahrnehmbar umkehrt, und dann mit Wasser ausgelaugt wird, wird das unveränderte Sulfat gelöst und so aus der Mischung abgetrennt. Auf diese Weise kann die Trennung des Aluminiums vom Zink und des Aluminiums vom Beryllium bewirkt werden. Mischkrystalle der isomorphen Sulfate von Kobalt und Nickel, Beryllium und Zink, Beryllium und Magnesium usw. gehen bei der thermischen Zersetzung in Mischkrystalle der basischen Sulfate oder Oxyde über. Eine Trennung ist nicht möglich, weil ein solches Gemisch einen anderen Zersetzungsdruck als die einzelnen Komponenten besitzt, der proportional dem Mischungsverhältnis ist.

In einem elektrischen Spezialofen, welcher innerhalb 0,1° zwischen 700° und 1000° auf einer beliebigen Temperatur gehalten werden kann, gelingt es, Mischungen der wasserfreien Sulfatpaare Ferrieisen-Zink, Aluminium-Zink, Aluminium-Beryllium, Cer-Lanthan, Cer-Praseodym und Cer-Neodym zu zersetzen, so daß das erstgenannte Element in unlösliches Oxyd oder basisches Salz verwandelt wird. Hierdurch wird eine quantitative Trennung ermöglicht.

Verfahren. Paare der wasserfreien Sulfate werden im gewünschten Verhältnis gemischt, in Schwefelsäure (1:5) gelöst, zur Trockne verdampft und bis zum konstanten Gewicht bei 400 bis 450° C erhitzt. Dies gilt für Mischungen von Ferrieisen, Zink, Beryllium oder Aluminium. Für Paare, die seltene Erden enthalten, geschieht die Erhitzung auf Temperaturen von 600 bis 650° C. Ein Teil der Mischung wird in ein Porzellan- oder Quarzschiffchen eingewogen, das dann in ein größeres Schiffchen gesetzt und in die Zersetzungskammer gebracht wird. Um die Absorption von Feuchtigkeit zu verhindern, werden Tiegel und Schiffchen in geschlossenen Gefäßen gewogen.

Man erhitzt, bis die Entwicklung von Schwefeltrioxyd aufgehört hat, und setzt dann das Erhitzen noch 1 Std. fort. Gewöhnlich erfordert dieses Erhitzen eine Dauer von etwa 6 Std. Nach dem Wägen der zersetzten Mischung wird sie mit Wasser behandelt und der unlösliche Teil abfiltriert. Dieser wird direkt zu Oxyd geglüht und gewogen oder in das wasserfreie Sulfat übergeführt und dann gewogen oder analysiert, während der gelöste Anteil entweder als Hydroxyd gefällt und zu Oxyd geglüht und gewogen oder aber zur Trockne gedampft, entwässert und als wasserfreies Sulfat gewogen wird.

Die thermischen Versuche werden durch photometrische Messungen und der Zustand der Zersetzungsprodukte durch röntgenographische Untersuchungen kontrolliert. Wegen der Einzelheiten des Verfahrens und der Apparaturen muß auf die Originalarbeit verwiesen werden.

Genauigkeit. WILLARD und FOWLER geben u. a. folgende Analysen an:

Trennung von Aluminium und Zink.

Temperatur: 800°. Dissoziationsdruck des $Al_2(SO_4)_3$, 2 Atm.
Druck: 740 mm. Dissoziationsdruck des $ZnSO_4$, 195 mm.

	a	b
Gewicht der angewandten Mischung	2,4563 g	2,5602 g
SO_3-Verlust	0,8788 g	0,6029 g
Theoretischer SO_3-Verlust von $(Al_2SO_4)_3$	0,8796 g	0,6036 g
Gewicht des gefundenen Al_2O_3	0,3726 g	0,2556 g
Gewicht des berechneten Al_2O_3	0,3733 g	0,2562 g
Gefunden ZnO	0,6086 g	0,8588 g
Berechnet ZnO	0,6065 g	0,8572 g

Trennung von Beryllium und Aluminium.

Temperatur: 750°. Dissoziationsdruck des $BeSO_4$ 365 mm.
Druck: 740 mm. Dissoziationsdruck des $Al_2(SO_4)_3$ 900 mm.

	a	b
Gewicht der angewendeten Mischung	2,5764 g	2,8377 g
SO_3-Verlust	0,9540 g	1,3675 g
Theoretischer SO_3-Verlust von $Al_2(SO_3)_3$	0,9548 g	1,3686 g
Gewicht des löslichen Anteils an wasserfreiem Sulfat	1,2175 g	0,8898 g
Angewendete $BeSO_4$-Menge	1,2163 g	0,8882 g
Gefunden Al_2O_3 (unlöslicher Anteil)	0,4048 g	0,5803 g
Gefunden $Al_2(SO_4)_3$	1,3586 g	1,9476 g
Angewendet $Al_2(SO_4)_3$	1,3601 g	1,9495 g

XII. Abscheidung von Tonerde zur Trennung des Magnesiums, der Erdalkali- und der Alkalimetalle und vom Uran durch thermische Zersetzung des Aluminiumnitrates.

1. Verfahren von **SAINTE CLAIRE DEVILLE.** Diese von H. SAINTE CLAIRE DEVILLE angegebene Trennung der Tonerde von alkalischen Erden, Magnesia und Alkalien, die auf der ungleichen Zersetzbarkeit der Nitrate in mäßiger Hitze beruht, ist von R. FRESENIUS empfohlen worden.

Arbeitsvorschrift. Man verdampft die Lösung der salpetersauren Salze der Metalle in einer mit einem Deckel versehenen Platinschale zur Trockne und erhitzt gradweise im Sand- oder Luftbade bis etwa 200 bis 250° C, bis ein mit Ammoniak befeuchteter Glasstab keine Entwicklung von Salpetersäuredämpfen mehr anzeigt.

Der Rückstand enthält dann Tonerde und die Nitrate der alkalischen Erden, des Magnesiums und der Alkalien, die mit einer konzentrierten Lösung von Ammoniumnitrat befeuchtete Lösung erhitzt man gelinde und wiederholt diese Operation, bis keine Ammoniakentwicklung mehr wahrnehmbar ist, wobei das verdampfende Wasser zu ergänzen ist. Das basische Magnesiumnitrat löst sich in Ammoniumnitrat zu neutralem Magnesiumnitrat unter Entwicklung von Ammoniak. Man setzt Wasser zu und digeriert bei mäßiger Wärme. Die Tonerde bleibt als körniger dichter Niederschlag zurück. Nach dem Digerieren dekantiert und wäscht man mit heißem Wasser aus, glüht und wiegt als Al_2O_3.

Diese von FRESENIUS angegebene Methode ist auch bei Gegenwart von Eisen verwendbar, das als Oxyd im Rückstand zusammen mit der Tonerde verbleibt. Bei Gegenwart von Mangan ist das Verfahren von DEVILLE nach FRESENIUS nicht zu empfehlen.

***2. Verfahren von* CHARRIOU.** Nach A. CHARRIOU wird bei der Trennung der Tonerde und des Eisenoxydes vom Kalk nach der Nitratmethode von DEVILLE um so weniger Kalk von den Sesquioxyden zurückgehalten, je niedriger die Zersetzungstemperatur der Nitrate und je höher die Ammonnitratkonzentration ist. Die Trennung gelingt, wenn das Oxydgemisch mehrere Male mit heißer 10%iger Ammonnitratlösung aufgenommen und nicht über 150° erhitzt wird. Jedoch lassen sich die gefällten Sesquioxyde wegen ihrer feinen Beschaffenheit schlecht filtrieren; daher wird empfohlen, sie vor dem Erhitzen auf 150° durch eine 11 Mole Ammoniak im Liter enthaltende Lösung zu fällen und nach dem Erhitzen mit heißem Wasser zu dekantieren. Besonders bei Gegenwart von Aluminium empfiehlt CHARRIOU nach der zweiten Dekantation den Rückstand mit Salpetersäure aufzunehmen, bei 250° zu zersetzen und dann 5%ige Ammonnitratlösung zuzufügen, um dichte und körnige Niederschläge zu erhalten.

Auch die Trennung der Magnesia von der Tonerde und dem Eisenoxyd ist nach der Nitratmethode von DEVILLE nach CHARRIOU meist unvollständig, weil die Sesquioxyde mehr oder weniger Magnesia einschließen. Die zurückgehaltene Magnesiamenge nimmt bei vermehrter Bildung von basischem Magnesiumnitrat bzw. von Magnesia zu. Daher dürfen die Nitrate nicht zu hoch erhitzt werden. Am besten wählt man eine Zersetzungstemperatur von 150°. Man zersetzt dieses Gemisch bei dieser Temperatur, nimmt 3mal mit 10%iger Ammonnitratlösung auf, dekantiert und wäscht mit siedendem Wasser. Bei dieser Arbeitsweise ist die eingeschlossene Magnesiamenge verschwindend klein. Um das Dekantieren mit Ammonnitratlösung zu vermeiden, fällt man die Oxyde mit Ammoniak in Gegenwart von Ammonnitrat, dämpft das Ganze ein und erhitzt bis höchstens 150°, worauf dann der Rückstand mit siedendem Wasser aufgenommen und gewaschen wird. Hierbei ist der Einschluß an Magnesia ebenfalls sehr gering.

***3. Verfahren von* FRIEDEL *und* CUMENGE.** C. FRIEDEL und E. CUMENGE trennen Aluminium, Vanadin und Eisen von Uran und Alkalien in der Weise, daß mit verdünnter Salpetersäure zur Trockne eingedampft wird, wobei sich die Vanadinsäure als rötlicher, in ammoniumnitrathaltigem Wasser sehr wenig löslicher Niederschlag zusammen mit dem Eisenoxyd und der Tonerde abscheidet, während Uran und Alkalien gelöst bleiben. Nach mehrmaliger Wiederholung des Abdampfens kann die Vanadinsäure gleich vom Filter durch Behandlung mit Ammoniak ausgelaugt werden, wobei Eisenoxyd und Tonerde ungelöst zurückbleiben. Nach W. F. HILLEBRAND und F. L. RANSOME ist die Trennung nicht ganz quantitativ, da wenig Uran, Eisen und Aluminium in Lösung gehen und etwas Uran, besonders bei Gegenwart von Phosphorsäure beim Vanadin verbleibt.

Literatur.

CHARRIOU, A.: (a) C. r. **174**, 751—754 (1921); C. **1922 IV**, 8.; C. r. **173**, 1360; C. **1922 I**, 623. (b) C. r. **175**, 693—695 (1922); Fr. **68**, 57 (1926); C. **1922** IV, 8.

FRESENIUS, R.: Quantitative Analyse, 6. Aufl, Bd. I, S. 560 u. 593. 1903. — FRIEDEL, C. u. E. CUMENGE: C. r. **128**, 532 (1899); C. **1891 I**, 898.
HILLEBRAND, W. F. u. F. L. RANSOME: Am. J. Sci. [4] **10**, 136 (1910).
SAINTE CLAIRE DEVILLE, H.: Ann. d. Chem. [3] **38**, 5 (1853); J. f. prakt. Chem. **60**, 9 (1853).
WILLARD, H. H. u. R. D. FOWLER: Am. Soc. **54**, 496—516 (1932); Fr. **94**, 343 (1933); C. **1932 I**, 2278.

§ 2. Bestimmung des Aluminiums nach der Phosphatmethode.

I. Allgemeines über die Bedeutung der Phosphatmethode und über die Eigenschaften der Aluminiumphosphatniederschläge.

Aus mehreren Gründen kann der Phosphatmethode besondere Bedeutung zugesprochen werden. Erstens ist das Aluminiumphosphat eine krystalline Fällung, was die Erwartung zuläßt, in der Phosphatmethode ein Verfahren zu besitzen, das in der Praxis infolge besserer Filtrations- und Auswaschmöglichkeiten der Ammoniakmethode durch geringeren Zeitbedarf und höhere Genauigkeit überlegen ist. In bezug auf letzteres erfüllt die Methode jedoch nicht alle Ansprüche. Zweitens kann die Phosphatfällung mit Vorteil zur Schnellbestimmung von Aluminium in Stählen, sowie auch in silicathaltigen, mit Eisen verunreinigten Materialien, z. B. Schamottesteinen, verwendet werden, weil durch die Reduktion der vorhandenen Ferri-Ionen zu Ferro-Ionen mit Thiosulfat die direkte Fällung des Aluminiums *ohne vorherige Abtrennung des Eisens* möglich ist. Weiterhin ist die Fällung des Aluminiums als Phosphat bei Vorhandensein von Phosphat-Ion von vornherein zweckmäßig.

1. Vergleich mit anderen Methoden.

Der Wert der Phosphatmethode scheint heute durch das Aufkommen neuerer Verfahren vermindert worden zu sein. Dies gilt von ihrer Bedeutung einmal als allgemeine Bestimmungsmethode, ferner aber auch als Schnellmethode z. B. für die Stahlanalyse. Abgesehen davon bestehen heute noch Meinungsverschiedenheiten über ihre Zuverlässigkeit, ihre Anwendungsgrenzen und ihre Genauigkeit.

In dem o-Oxychinolinverfahren z. B. besitzt die analytische Chemie eine Methode zur Fällung des Aluminiums als schwerlöslichen, krystallinen Niederschlag; das Verfahren liefert bei sachgemäßem Arbeiten sehr genaue Werte und kann infolge guter Auswaschbarkeit des Niederschlages und der Möglichkeit, titrimetrisch (mit KBr-$KBrO_3$-Lösung) zu arbeiten, auch schnell ausgeführt werden. Die Trennung des Aluminiums von Phosphat-Ion und Fluor-Ion ist durch Fällung in ammoniakalischer Lösung mit Oxin leicht möglich. Die direkte Bestimmung des Aluminiums neben Eisen, Mangan, Nickel, Cobalt, Kupfer, Chrom und Molybdän kann nach Zugabe von Weinsäure und Überführung dieser Kationen in komplexe Cyanide durch Fällung in ammoniakalischer Lösung mit Oxin erreicht werden (HECZKO). Bei der Aluminiumbestimmung in Stählen bietet außerdem die Elektrolyse mit Quecksilberkathode und schwach schwefelsaurer Lösung eine praktische Methode zur Trennung des Eisens und anderer Metalle wie Chrom, Nickel, Cobalt, Kupfer, Zinn, Molybdän und Mangan von Aluminium zwecks anschließender Fällung des letzteren mit Oxin.

Über die direkte Bestimmung des Aluminiums mit Oxin bei gleichzeitiger Gegenwart von Eisen und Phosphat liegt bisher wenig Erfahrungsmaterial vor. Hier wäre also die Phosphatmethode mit Vorteil zu benutzen, ganz besonders bei sehr großem Eisenüberschuß.

Wie man an den bei den Arbeiten des *Chemikerausschusses des Vereins Deutscher Eisenhüttenleute* in reinen Kalialaunlösungen gefundenen Abweichungen in der Phosphatauswage von maximal 1,8 mg bei 25 mg Aluminium, entsprechend 113,1 mg Aluminiumphosphat (vgl. S. 224) erkennt, handelt es sich bei der Phosphatmethode in der oben beschriebenen Ausführungsform des Chemikerausschusses nicht um eine ganz exakte Methode (deren Fehlergrenze durch den üblichen Wägefehler von $\pm 0{,}1$ bis 0,2 mg bedingt sein sollte). Bemerkenswert erscheint noch, daß die absoluten Fehler bei der kleineren Einwage von 0,005 g Aluminium ebenso groß sind wie bei der Einwage von 0,025 g Aluminium, so daß die relative Genauigkeit bei den gleichen Einwagen viel geringer ist ($\pm 6\%$). Trotzdem liefert die Phosphatmethode für die Praxis befriedigend genaue Ergebnisse, wie die Aluminiumbestimmung in synthetisch angesetzten Aluminium-Eisenlösungen, ebenso wie in

Stahlproben, zeigt. Der besondere Vorteil der Phosphatmethode liegt in der Fällbarkeit selbst kleiner Aluminiummengen von nur wenigen Milligrammen unmittelbar neben der 1000fachen Eisenmenge.

2. Zusammensetzung des Niederschlages.

Die Zusammensetzung des Aluminiumphosphatniederschlages ändert sich offenbar merklich mit den Fällungsbedingungen. Die Tatsache, daß keineswegs immer stöchiometrisch zusammengesetztes Aluminiumphosphat ($AlPO_4$) entsteht, ist offenbar der Grund für die zum Teil großen Unterschiede, welche verschiedene Autoren in der Genauigkeitsgrenze feststellen. Bei der Fällung des Aluminiums als Aluminiumphosphat aus einer Aluminiumsalzlösung mit Natriumphosphat hat der Niederschlag die Zusammensetzung $AlPO_4 \cdot x\, H_2O$, wenn der p_H-Wert der Lösung 4,5 nicht überschreitet. Nach MILLER ist die Stabilität des Phosphates vom p_H-Wert der Lösung bei Beginn der Fällung abhängig. Die Fällung bei $p_H = 4{,}5$ entspricht quantitativ der Formel $AlPO_4$. Mehr Zusatz von Alkalilauge bewirkt eine Verschiebung der festen Phase unter allmählichem Ersatz von Phosphat durch Hydroxyd unter Lösung des ersteren. Oberhalb $p_H = 7{,}5$ tritt die Bildung von Aluminaten auf und oberhalb 8,5 ist der Niederschlag praktisch phosphatfrei. Auch TRAVERS und PERRON geben an, daß bei der Umsetzung von Aluminiumsulfat mit äquivalenten Mengen Dinatriumphosphat das normale Orthophosphat von der Zusammensetzung $AlPO_4(+H_2O)$ entsteht. Bei Anwendung der doppelten Menge Na_2HPO_4, die zur quantitativen Fällung ausreicht, finden TRAVERS und PERRON einen Niederschlag von der Zusammensetzung $Al_2(PO_4H)_3$.

Im Gegensatz dazu stehen die Analysenergebnisse von anderen Autoren, nach denen das ausfallende Aluminiumphosphat einen ausgesprochen basischen Charakter hat (vgl. auch den Abschnitt über Löslichkeit und Zersetzlichkeit, S. 219) (v. WRANGEL und KOCH). Über die Bestimmung von Aluminiumphosphat durch Fällung aus seinen Lösungen mit Ammoniak oder Ammoniumacetat berichtet GLASER. Danach gelingt es unter gewissen Bedingungen, Aluminiumphosphat von der Formel $AlPO_4$ quantitativ durch Acetat aus Aluminiumphosphatlösungen zu fällen, nicht aber durch Ammoniak, bei dem ein durch Zersetzung entstandenes Defizit durch Verlust von Phosphorsäure bewirkt wird, wenn der Eintritt saurer Reaktion vermieden wird, d. h. wenn man in genau neutraler Flüssigkeit fällt. Der geringste Überschuß von Ammoniak verursacht weitere Verluste.

DROWN und McKENNA fanden, daß der aus einer mit einem Überschuß von Natriumphosphat und Natriumacetat versetzten Lösung gefällte Niederschlag nicht immer der Zusammensetzung $AlPO_4$ entspricht. Nach der Trennung von Eisen und Mangan durch Elektrolyse mit einer Quecksilberkathode in schwefelsaurer Lösung wird die filtrierte Aluminiumlösung mit einem Überschuß von Natriumphosphat und 10 g Natriumacetat versetzt. Die Lösung wird dann mit NH_3-Lösung fast neutral gemacht und dann nicht weniger als 40 Min. lang gekocht. Das so gefällte Aluminiumphosphat entspricht in seiner Zusammensetzung im Durchschnitt eher der Formel $7\, Al_2O_3 \cdot 6\, P_2O_5$ als der Formel $AlPO_4$, während der Niederschlag einen Überschuß von Phosphorsäure enthält, wenn unter denselben Bedingungen nur 5 Min. lang gekocht wird. Um vollkommene Fällung des Aluminiumphosphates zu erreichen, ist es nötig, 40 Min. zu kochen, außerdem sollte übermäßiges Auswaschen vermieden werden.

Nach LEJEUNE verursacht der geringste Überschuß der Fällungsmittel Natrium- oder Ammoniumphosphat [Na_2HPO_4 oder $(NH_4)_2HPO_4$] eine nicht konstante Zusammensetzung des Niederschlages und einen veränderlichen Gehalt des Aluminiumphosphates an Phosphorsäure, weshalb zu hohe Resultate erzielt werden.

Auch nach den Versuchen von CAMP liegt die größte Schwierigkeit beim Auswaschen des Niederschlages, dessen Endpunkt schwierig zu bestimmen ist, da das Phosphat in Wasser mäßig löslich ist (Report of the *Commitee on Phosphate Rocks*).

LUNDELL und KNOWLES erhalten bei übermäßigem Auswaschen des Niederschlages oder bei Auswaschen mit schwach saurer Waschflüssigkeit zu niedrige Werte, ebenso auch bei Fällung mit einem mäßigen Überschuß an Fällungsmittel oder bei Fällung in alkalischer Lösung. Unter diesen Bedingungen verhalten sich Aluminium und Eisen gleichartig, während Titan unveränderlich niedrige Werte gibt.

3. Löslichkeit und Zersetzlichkeit des Aluminiumphosphates.

Über die Löslichkeit des Aluminiumphosphates in Wasser geben CAMERON und HURST beim Schütteln von 1 g reinem Aluminiumphosphat ($AlPO_4$) bei 25° C während einer Zeitdauer von 48 Tagen folgende Werte an:

Wasser pro 1 g Substanz cm³	PO_4/l g	Al/l g	Wasser pro 1 g Substanz cm³	PO_4/l g	Al/l g
50	0,3886	0,0359	600	0,0516	0,0065
100	0,2110	0,0157	4000	0,0113	0,0033
250	0,0968	0,0079	8000	0,0049	—

Schütteldauer: 48 Tage. Temperatur: 25° C.

Danach nimmt die Konzentration der Lösung ab, wenn bei gleichbleibender Aluminiumphosphatmenge zunehmende Mengen Lösungsmittel vorhanden sind, jedoch wird bei allen Konzentrationen viel mehr Phosphat gelöst, als dem Verhältnis Al: PO_4 entspricht, eine Erscheinung, die für alle schwerlöslichen Phosphate, also auch für die des Calciums, Eisens und Magnesiums zutrifft. Es handelt sich also nicht um eine wahre Löslichkeit, sondern um eine Zersetzung des Phosphats (v. WRANGELL und KOCH). Der Lösungsversuch der Phosphate beruht also auf einer Zersetzung unter Mitwirkung der Wasserstoff- und Hydroxyl-Ionen des schwach dissoziierten Wassers.

In Mineralsäuren, wie Salzsäure und Salpetersäure, ist Aluminiumphosphat ($AlPO_4$) leicht löslich. Eine spezifische Kohlensäurewirkung auf Aluminium- (und Eisen-) Phosphat ist nicht nachweisbar, im Gegensatz zum Calcium- und noch mehr zum Magnesiumphosphat, die stark zersetzt werden. Das hohe Lösungsvermögen organischer Säuren wie Citronensäure, Weinsäure, Oxalsäure u. a. für Phosphate beruht wahrscheinlich auf Bildung komplexer Verbindungen (WEINLAND und ENSGRABER). Essigsäure macht eine Ausnahme insofern, als Eisen- und Aluminiumphosphat in ihr nahezu unlöslich sind. Löslichkeitsversuche von v. WRANGELL und KOCH mit tertiären Phosphaten beim Schütteln mit 0,02 n Essigsäure ergaben folgendes:

Löslichkeit in 0,02 n Essigsäure.

	P_2O_5 mg/l	Prozent der Gesamt-phosphorsäure (P_2O_5)
Tertiäres Ca-Phosphat .	365	72,8
Tertiäres Mg-Phosphat .	510	100,0
Tertiäres Al-Phosphat .	18,1	3,6
Tertiäres Fe-Phosphat .	16,1	3,2

Die geringste Löslichkeit in Wasser hat Aluminiumphosphat ($AlPO_4$) bei p_H-Werten der Lösung von 4,07 bis 6,93 (OSUGI, YOSHIE und NISHIGAKI). Durch Zusatz von Alkalisalzen wie Kaliumchlorid, Kaliumsulfat und Natriumnitrat in steigender Konzentration wird die hydrolytische Spaltung des Aluminiumphosphates durch Wasser herabgesetzt (CAMERON und HURST), ebenso auch durch Calciumchlorid und Calciumcarbonat (v. WRANGEL und KOCH).

Der beim Ausfällen von Aluminiumphosphat mit Natriumphosphat sich abscheidende Niederschlag wird mit vermehrtem Zusatz des Fällungsmittels mit steigender Alkalität der Lösung durch hydrolytische Zersetzung stets basischer, bis in stark alkalischer Lösung bei $p_H = 7,5$, bis $p_H = 10$ völlige Auflösung, vermutlich durch Aluminatbildung, stattfindet (BRITTON sowie MILLER).

Über die Wirkung von Natronlauge und Ammoniumhydroxyd auf die tertiären Phosphate geben v. WRANGELL und KOCH folgendes an:

	P_2O_5 gelöst in Wasser mg/l	P_2O_5 gelöst in n/47 Natronlauge mg/l	P_2O_5 gelöst in n/47 Ammoniak mg/l
Tertiäres Ca-Phosphat	8	12,6	11,8
Tertiäres Mg-Phosphat	33	127	4,2
Tertiäres Al-Phosphat	13	447	210
Tertiäres Fe-Phosphat	16	497	160

Schütteldauer: 1 Std.

Angewendete Menge: 0,4224 g NaOH bzw. 0,370 g NH_4OH, je 25 g PO_4 entsprechend Phosphatmengen im Verhältnis P_2O_5:6 NaOH bzw. P_2O_5:6 NH_4OH.

In der Tabelle kommt die Leichtlöslichkeit des Aluminium- und Eisenphosphates in NaOH-Lösung oder NH_4OH-Lösung im Verhältnis zu der sehr viel geringeren Wirkung dieser Hydroxyde auf das tertiäre Calciumphosphat zum Ausdruck. Magnesium-Phosphat nimmt eine Mittelstellung ein, sofern nicht, wie bei der Einwirkung der NH_4OH-Lösung eine Komplikation durch die Bildung von schwerlöslichem NH_4MgPO_4 eintritt.

Bei der Einwirkung der Natronlauge auf Aluminiumphosphat sind durch Komplexbildung Anomalien möglich.

$$AlPO_4 + 3\,NaOH = Al(OH)_3 + Na_3PO_4$$
$$Al(OH)_3 + NaOH = AlO \cdot ONa + 2\,H_2O\,.$$

In überschüssiger Natronlauge löst sich das Aluminiumhydroxyd im Gegensatz zum Eisenhydroxyd unter Bildung von Aluminat.

4. Verhalten von Aluminiumphosphat in der Hitze.

Wassergehalt und Wasseranziehung des geglühten Aluminiumphosphates sind merklich geringer als beim Aluminiumoxyd (wenn es unterhalb 1200° geglüht wurde). Nach der Arbeit von MIEHR, KOCH und KRATZERT beträgt der Wassergehalt des vor dem Gebläse geglühten Aluminiumphosphates je nach der Zeit des Verweilens im Exsiccator 0,5 bis 1,0%. Bei 1200° sinkt der Wassergehalt auf 0,2 bis 0,5% herab und hört bei 1300°, ebenso wie die Wasseranziehung, praktisch ganz auf. Bei längerem, z. B. 1stündigem Glühen bei 1300° findet Gewichtsverlust durch Verdampfen von Phosphorsäure statt, der bei mehrstündigem Erhitzen auf 1300° 1,0 bis 0,2% beträgt. Dieser Verlust spielt jedoch, da nicht stundenlang geglüht wird, für die Analyse praktisch keine Rolle. Bei 1350° ist jedoch schon ein erheblicher Gewichtsverlust festgestellt worden und im Röntgenbild sind die Korundlinien schon deutlich erkennbar. Am besten wird $AlPO_4$ demnach bei 1200 bis 1300° bis zur Gewichtskonstanz geglüht. Bei 1300° ist längeres Glühen zu vermeiden, ebenso das Glühen bei Temperaturen über 1300°, da sonst Verluste an Phosphorsäure eintreten.

Nach dem Bericht Nr. 97 des *Chemikerausschusses des Vereins Deutscher Eisenhüttenleute* (VAN ROYEN und GREWE) wird erst durch Glühen des $AlPO_4$-Niederschlages bei 1200° nach 1 Std., besser nach 2 Std. der theoretische Wert erreicht. Bei 1300° tritt bereits eine geringe Zersetzung des Niederschlages ein. Aus den Untersuchungen ist zu entnehmen, daß der veraschte und vorgeglühte Niederschlag von $AlPO_4$ entweder $^1/_2$ Std. über einem starken Gas-Preßluft-Gebläse oder $1^1/_2$ Std. in der Muffel bei 1200° zu glühen ist. In beiden Fällen überzeugt man sich durch nochmaliges, etwa 15 Min. langes Glühen, ob das Gewicht gleich geblieben ist oder um weniger als 1 mg abgenommen hat.

Literatur.

BRITTON, H. TH. ST.: Soc. **1927**, 625.

CAMERON, F. K. u. L. A. HURST: Am. Soc. **26**, 898, 899 (1904). — CAMP, L. M.: Iron Age **65**, 17 (1900). — *Committee on Phosphate Rocks:* Ind. eng. Chem. **3**, 787 (1911).

DROWN, F. M. u. A. G. MCKENNA: Chem. N. **64**, 196 (1891).

GLASER, C.: Fr. **31**, 383 (1892).

HECZKO, T.: Ch. Z. **58**, 1032 (1934).

LEJEUNE, A.: Bl. Soc. chim. Belg. **37**, 110—113. — LUNDELL, G. E. F. u. H. B. KNOWLES: Ind. eng. Chem. **14**, 1136 (1922).

MIEHR, W., P. KOCH u. J. KRATZERT: Angew. Ch. **43**, 253 (1930). — MILLER, L. B.: Soil Sci. **26 II**, 435—439 (1928).

OSUGI, S., S. YOSHIE u. N. NISHIGAKI: Bl. agric. chem. Soc. Japan **7**, 84 (1931).

ROYEN, H. J. VAN u. H. GREWE: Arch. Eisenhüttenw. **7**, 517—521 (1934).

TRAVERS u. PERRON: A. Ch. **10**, 338 (1. 1924).

WEINLAND, R. F. u. FR. ENSGRABER: Z. anorg. Ch. **84**, 340 (1914). — WRANGELL, M. v. u. E. KOCH: Landw. Jahrbuch **63**, 682—690 (1926).

II. Arbeitsvorschriften zur gravimetrischen Bestimmung des Aluminiums (allein).

Vorbemerkung. Die Phosphatmethode wird fast ausschließlich zur Trennung des Aluminiums von Eisen verwendet. Daneben hat die Verwendung des Verfahrens zur bloßen Fällung und Bestimmung des Aluminiums in reinen Lösungen nur geringe Bedeutung. Es wird daher auf diesen Fall im folgenden nur kurz eingegangen werden, während das Trennungsverfahren wesentlich ausführlicher behandelt werden muß.

HILLEBRAND und LUNDELL geben über die Bestimmung des Aluminiums als Phosphat folgendes an: Die Bestimmung des Aluminiums durch Wägen als Phosphat ist nicht ganz zufriedenstellend, denn der Niederschlag enthält fast stets einen Überschuß an Phosphorsäure, und es ist schwer zu beurteilen, wann der Überschuß durch Auswaschen entfernt ist.

$AlPO_4$ hydrolysiert mit Wasser oder mit einer Lösung, die einen Elektrolyten wie Ammoniumnitrat enthält (vgl. auch S. 219). LUNDELL und KNOWLES fanden, daß das Auswaschen durch Zufügen von Papierbrei erleichtert wird, und daß die Entfernung des P_2O_5-Überschusses durch das Verschwinden der gleichzeitig anwesenden Chloride angezeigt wird. Unter diesen Bedingungen ist die Methode sehr genau, wenn nur wenige Milligramme Aluminiumoxyd in Frage kommen. Wenn größere Aluminiummengen vorhanden sind, wird die festgestellte Genauigkeit zu gering.

1. Phosphatfällung des Aluminiums nach LUNDELL und KNOWLES.

Nach LUNDELL und KNOWLES wird $AlPO_4$ in essigsaurer Natriumacetatlösung ($p_H = 5$ bis 5,4) gefällt. Es muß wenigstens ein 5facher Überschuß von Phosphat [$(NH_4)_2HPO_4$] zugegeben werden. Fällungen mit weniger Fällungsmittel oder Fällungen in alkalischer Lösung ergeben zu niedrige Resultate.

Arbeitsvorschrift. Man verdünnt die salzsaure Lösung auf 400 cm³, stellt die Acidität der Lösung so ein, daß etwa 10 cm³ konzentrierte Salzsäure zugegen sind und fügt 1 g $(NH_4)_2HPO_4$ oder mehr hinzu, so daß ein 10facher Überschuß davon vorhanden ist. Man gibt Filterbrei von $^1/_2$ Filter und dann 2 Tropfen Methylorange hinzu, macht mit NH_4OH-Lösung eben alkalisch und stellt die rosa Farbe durch Zufügen von 0,5 cm³ Salzsäure wieder her. Nach dem Erhitzen zum Sieden gibt man 30 cm³ 25%ige Ammoniumacetatlösung zu und setzt das Kochen 5 Min. fort. Man filtriert und wäscht mit 5%iger heißer Ammoniumnitratlösung bis zum Verschwinden der Chlorreaktion. Man trocknet Papier und Niederschlag, verascht im offenen Platin- oder Porzellantiegel, verbrennt die Kohle bei möglichst niedriger Temperatur und erhitzt schließlich im bedeckten Tiegel auf etwa 1200° C bis zum konstanten Gewicht (vgl. S. 220). Die Wägung erfolgt als $AlPO_4$.

Genauigkeit. Die Genauigkeit der Methode zeigen folgende von LUNDELL und KNOWLES angegebenen Analysenergebnisse:

Angewendet Al_2O_3 g	Gefunden Al_2O_3 berechnet aus dem gefundenen $AlPO_4$ g
0,0019	0,0019
0,0094	0,0096
0,0943	0,0964
0,1886	0,1930

2. Fällung des Aluminiums nach H. BLUMENTHAL.

Neuerdings hat H. BLUMENTHAL eine Vorschrift für die Bestimmung des Aluminiums als Phosphat ausgearbeitet, wobei er von dem von J. E. STEAD angegebenen Verfahren ausging. Dieses beruht darauf, daß in Aluminiumsalzlösungen bei Anwendung einer ausreichenden Menge schwefliger Säure mit Natriumphosphat keine Fällung von Aluminiumphosphat stattfindet, daß diese Fällung aber beim Erhitzen der Lösung eintritt und durch Verkochen der schwefligen Säure vervollständigt wird. Nach STEAD setzt man zu der freie Salzsäure enthaltenden Lösung von Aluminiumsalz Natriumphosphat, sodann Natriumthiosulfat und Essigsäure zu und kocht die Lösung so lange, bis die durch Zersetzung des Thiosulfates entstandene schweflige Säure ausgetrieben ist. Dabei fällt das Aluminium als Aluminiumphosphat aus und kann so von Eisen, Mangan, Calcium und Magnesium getrennt werden, da diese Metalle nicht als Phosphate oder Hydroxyde ausfallen können. Der sich gleichzeitig abscheidende elementare Schwefel erleichtert das Filtrieren und Auswaschen des Aluminiumphosphatniederschlages.

BLUMENTHAL hat diese Methode dahin abgeändert, daß er an Stelle von Salzsäure und Natriumthiosulfat schweflige Säure und statt Natriumphosphat Ammoniumphosphat verwendet, also ein Reagens, das keine fixen Bestandteile enthält, so daß das Auswaschen des Aluminiumphosphatniederschlages erleichtert wird.

Arbeitsvorschrift. Die salz- oder schwefelsaure Aluminiumsalzlösung, die etwa 0,05 g Aluminium als Metall berechnet enthielt, wird bei einem Volumen von 100 bis 200 cm³ mit Ammoniak soweit abgestumpft, daß eben ein Niederschlag von Aluminiumhydroxyd entsteht. Nachdem man diesen mit Salzsäure gerade wieder in Lösung gebracht hat, werden 25 cm³ einer kaltgesättigten Lösung von schwefliger Säure, 20 cm³ einer 10%igen Diammoniumphosphatlösung und 15 cm³ Essigsäure (1 Teil Eisessig und 3 Teile Wasser) hinzugegeben. Die schweflige Säure muß hinreichen, um eine Fällung von Aluminiumphosphat zu verhindern. Man verdünnt auf 400 cm³ und kocht etwa 20 Min. Um ein gleichmäßiges Sieden der Flüssigkeit zu erreichen, gibt man ein Stück aschefreies Filtrierpapier hinein, das durch einen Glasstab am Boden des Gefäßes festgehalten wird. Die während des Erwärmens beginnende Ausfällung des Aluminiumphosphates wird durch Verkochen der schwefligen Säure vervollständigt. Man läßt gut absitzen und filtriert schnell durch ein Weißbandfilter von SCHLEICHER & SCHÜLL. Der Niederschlag wird mit heißem Wasser ausgewaschen, im Porzellantiegel getrocknet und auf der BUNSEN-Flamme verascht. Es wird dann in einer Muffel, deren Temperatur mit Hilfe eines Pyrometers überwacht wird, bei 1250° 1 Std. geglüht.

Genauigkeit. BLUMENTHAL fand bei je zwei Analysen von reinstem Aluminium bei Einwagen von

50 mg Aluminium . . . 100,10 und 100,2 % Aluminium
25 mg Aluminium . . . 100,12 und 100,48% Aluminium
10 mg Aluminium . . . 100,40 und 100,40% Aluminium.

Danach erhielt man etwa 0,2 bis 0,5% zu hohe Werte, als der angewandten Menge entspricht. Bei technischen Analysen kann dieser Fehler in Kauf genommen werden, zumal keine genauere und schneller durchführbare Methode bekannt ist.

Modifizierte Methode. Der Vollständigkeit halber sei noch eine Variante der Phosphatmethode angegeben, die TRAVERS und PERRON vorgeschlagen haben, die allerdings wegen ihrer Umständlichkeit kaum Bedeutung gewonnen hat. Danach genügt zur quantitativen Fällung des Aluminiums als $AlPO_4$ die doppelte Menge von Na_2HPO_4, die der Gleichung

$$3\,Na_2HPO_4 + 2\,AlCl_3 = Al_2(PO_4H)_3 + 6\,NaCl$$

entspricht.

Die Autoren bestimmen Aluminium und Phosphorsäure in Phosphaten in der Weise, daß sie das Phosphat in der doppelten theoretischen Menge Natronlauge auflösen, die Phosphorsäure mit Bariumsalz als $Ba_3(PO_4)_2$ fällen, das unlöslich und leicht auszuwaschen ist. Aluminium wird in der Lösung bestimmt. Den Niederschlag $Ba_3(PO_4)_2$ löst man in Salpetersäure und bestimmt die Phosphorsäure als Phosphormolybdat.

Literatur.

Blumenthal, H.: Metall u. Erz **37**, 315 (1940).
Hillebrand, W. F. u. G. E. F. Lundell: Applied Inorganic Analysis 398—400 (1929).
Lundell, G. E. F. u. H. B. Knowles: Ind. eng. Chem. **14**, 1136 (1922).
Stead, J. E.: J. Soc. chem. Ind. 8, 965 (1889).
Travers u. Perron: A. Ch. **10**, 2, 43—70 (1924).

III. Arbeitsvorschriften zur Trennung des Aluminiums von Eisen nach der Phosphatmethode.

Vorbemerkung. Mit der Untersuchung der Aluminium-Eisen-Trennung nach dem Phosphatverfahren hat sich der *Chemikerausschuß des Vereins Deutscher Eisenhüttenleute* eingehend beschäftigt. Es wurde dazu das von Carnot, später von Arnold, angewendete Verfahren der Aluminiumbestimmung als Phosphat in Stahl und Eisen angewendet, das von Campredon ausführlich beschrieben ist.

Nach Zusatz von Ammoniumphosphat zu einer Aluminium und Eisen enthaltenden schwachsauren Lösung wird das Aluminium durch Kochen der Lösung mit Natriumthiosulfat quantitativ als Aluminiumphosphat, frei von Eisen gefällt. Diese Aluminiumbestimmung in Eisen und Stahl ist eine bedeutende Erleichterung gegenüber den sonst angewendeten Methoden der Aluminiumbestimmung durch Fällung als Phosphat, nach denen das Eisen entweder nach dem Ätherverfahren entfernt (Ledebur) oder durch Elektrolyse abgetrennt wird (Drown und Kenna). Während die Ergebnisse bei den Bestimmungen in Ferroaluminium (van Royen) gewisse Schwankungen aufweisen, wurden nach einer genauen Festlegung der Arbeitsbedingungen durch den *Ausschuß für die Untersuchung feuerfester Stoffe* des Vereins Deutscher Eisenhütten- und Bergleute befriedigende Ergebnisse ermittelt. In dem von Klinger erstatteten Bericht Nr. 103 des *Chemikerausschusses des Vereins Deutscher Eisenhüttenleute* sind die Untersuchungsergebnisse über die Nachprüfung der Genauigkeit der Methode, an der 13 Laboratorien beteiligt waren, angegeben.

Arbeitsvorschrift. Die vollkommen klare Lösung (andernfalls weiterer Salzsäurezusatz) wird in einem 1000 cm³ fassenden Becherglas bei etwa 150 cm³ Verdünnung solange mit Ammoniak (1:1) versetzt, bis sie gegen Lackmus gerade schwach alkalisch reagiert (blaues Lackmuspapier darf beim Tüpfeln nicht gefärbt werden). Nach der Zugabe von 4 cm³ Salzsäure (1,124) wartet man bei Raumtemperatur die völlige Klärung der Lösung ab, verdünnt auf 400 cm³, gibt 15 cm³ 80%ige Essigsäure und zur Reduktion des Eisens 20 cm³ (oder mehr) einer 30%igen Ammoniumthiosulfatlösung zu, worauf die Lösung zum Sieden erhitzt wird. Nach erfolgter Reduktion fällt man in der siedenden Lösung mit 20 cm³ Diammoniumphosphatlösung (1:10) — zur Analyse von Merck — und kocht unter ständigem Umrühren bzw. unter Verwendung eines Siedestabes 15 Min. lang. Man filtriert durch ein 11 cm-Weißbandfilter von Schleicher & Schüll (ein trübes Filtrat ist belanglos, die Trübung ist lediglich durch Schwefel bedingt) und wäscht den Niederschlag 3mal mit kochendem Wasser aus. Der Niederschlag wird vom Filter in das Fällungsgefäß zurückgespült und das Filter mit heißer Salzsäure (1:3) ausgewaschen. Zum Filtrat werden 20 cm³ Salzsäure (1,19) hinzugegeben. Die salzsaure Lösung mit dem Niederschlag wird gekocht, bis sie, abgesehen von dem Schwefel, vollständig klar und durchsichtig ist. Nach der Abkühlung der Lösung wird in gleicher Weise ein zweites Mal gefällt, nur erfolgt hierbei der Diammoniumphosphatzusatz vor dem Aufkochen, unmittelbar nach dem Thiosulfatzusatz. Der

Niederschlag wird mit kochendem Wasser dekantiert und nach dem Filtrieren 6mal mit kochendem Wasser ausgewaschen, getrocknet und langsam verascht. Man glüht zunächst $^1/_2$ Std. bei 1100°, steigert die Temperatur für $^1/_2$ Std. auf etwa 1200°, wägt aus und prüft durch kurzes Nachglühen bei 1200°, ob das Gewicht konstant bleibt. Der Niederschlag kann auch nach dem Veraschen in der Muffel 1 Std. bei 1100° vorgeglüht und über einem Gas-Preßluft-Gebläse $^1/_2$ Std. nachgeglüht werden. Man erhält so ein gleichbleibendes Gewicht an Aluminiumphosphat von der Formel $AlPO_4$ mit 22,11% Aluminium.

Fällungsvorschrift nach GLASER.

Aus dem älteren Schrifttum (vgl. S. 223), das im wesentlichen als Grundlage für die sorgfältig ausgearbeitete Vorschrift des *Chemikerausschusses des Vereins Deutscher Eisenhüttenleute* (vgl. oben) gedient hat, sei noch das Verfahren von GLASER erwähnt, das allerdings erheblich umständlicher ist und offenbar eine geringere Genauigkeit besitzt. Nach GLASER versetzt man die Aluminiumoxyd und Ferrioxyd enthaltende Phosphatlösung, die allerdings kein freies Chlor enthalten darf, mit einigen Tropfen Methylorangelösung und fügt nur soviel Ammoniak hinzu, daß die Flüssigkeit noch gerade sauer reagiert. Durch Zusatz von einigen Kubikzentimetern Natrium- oder Ammoniumacetat und Erwärmen auf 70° C bewirkt man die Fällung des Aluminium- und Ferriphosphates. Eine Fällung der Calciumsalze wird hierbei fast ganz vermieden. Kleine mechanisch vom Niederschlag festgehaltene Kalkmengen werden durch Auflösen des Niederschlages in Salzsäure und Wiederholung der Fällung unter Zusatz von etwas Natriumphosphat beseitigt. Die Phosphate des Aluminiums und Eisens werden auf dem Saugfilter mit Wasser von nicht über 70° C gründlich ausgewaschen und wie üblich geglüht und gewogen.

Falls man nicht so stark erhitzt hat, daß das Ferriphosphat nicht am Tiegel festhaftet, kann man Aluminium und Eisen, wie folgt, trennen:

Nach dem Wägen der Phosphate bedeckt man sie im Tiegel mit reinem Natriumcarbonat und schmilzt 10 Min. im Gebläsefeuer. Nach dem Erkalten wird in Wasser erweicht. Das gebildete Natriumaluminat und Natriumphosphat wird vom Ferrioxyd heiß abfiltriert und letzteres wie üblich nach dem Wiederauflösen in Salzsäure und Wiederfällen mit NH_3-Lösung von dem anhaftenden Alkali befreit. Im Filtrat kann das Aluminium als Phosphat nach der Acetatmethode wieder abgeschieden werden; indessen ist dies gewöhnlich nicht nötig, da es genügt, das Gewicht der gemengten Phosphate und des Ferrioxydes zu kennen, um den Rest als Aluminiumoxyd zu berechnen.

Genauigkeit. (Methode des *Chemikerausschusses des Vereins Deutscher Eisenhüttenleute.*) Die größten Abweichungen von je 11 Bestimmungen in einer reinen Kaliumalaunlösung betrugen:

1. bei Anwendung von 0,0050 g Al:	+ 0,0001 g Al
	— 0,0003 g Al
2. bei Anwendung von 0,0250 g Al:	+ 0,0004 g Al
	— 0,0003 g Al

Die Aluminiumbestimmung in synthetischen Eisen-Aluminium-Lösungen mit 0,05, 0,5 und 5% Al, entsprechend 10, 5 und 0,5 g Einwage, ergab bei je 11 Bestimmungen folgende Höchstabweichungen:

1. bei Anwendung von 0,05% Al:	+ 0,003% Al
	— 0,000% Al
2. bei Anwendung von 0,5% Al:	+ 0,02% Al
	— 0,01% Al
3. bei Anwendung von 5% Al:	+ 0,07% Al
	— 0,10% Al

Wenn auch die Abweichungen absolut genommen meist gering sind, so ergeben sie doch bei kleineren oder mittleren Mengen Aluminium einen Prozentsatz, den man sonst bei exakten gravimetrischen Trennungen schon als ziemlich hoch ansieht (z. B. +4% oder —2% Fehler).

Neuere Bestrebungen zielen darauf hin, die Genauigkeit der Phosphatmethode noch zu steigern bzw. die Fällungsbedingungen noch besser reproduzierbar zu gestalten. Hierbei spielt nicht nur die Fällungsweise, sondern offenbar auch die Art des Auswaschens des Niederschlages eine wichtige Rolle, da das Aluminiumphosphat allmählich zu Aluminiumhydroxyd und Phosphorsäure hydrolysiert wird.

So ist zur Zeit der Chemiker-Fachausschuß der Gesellschaft deutscher Metallhütten- und Bergleute (Metall und Erz) noch damit beschäftigt, eine einwandfreie Fällungsvorschrift des Aluminiums als Phosphat auch in Gegenwart von Eisen und von anderen Metallen auszuarbeiten. Ferner sei in diesem Zusammenhang auf die bereits erwähnte Methode von BLUMENTHAL hingewiesen, bei der allerdings nicht angegeben ist, wie oft das gefällte Aluminiumphosphat mit heißem Wasser ausgewaschen wird, während z. B. der Chemiker-Fachausschuß des Vereins Deutscher Eisenhüttenleute ein 6maliges Auswaschen mit heißem Wasser vorschreibt.

HILLEBRAND und LUNDELL fanden, daß die Reduktion des Eisens durch Thiosulfat im allgemeinen zu niedrige Resultate für Aluminium wegen der Gegenwart von schwefliger Säure ergibt, die auf $AlPO_4$ eine lösende Wirkung ausübt. Diese Schwierigkeit kann durch Reduktion mit einem anderen Reduktionsmittel, wie z. B. Schwefelwasserstoff, vermieden werden. Abzug von Ferriphosphat, nachdem man Eisen und Aluminium zusammen als Phosphate gefällt hat, ergibt zu hohe Resultate, weil das gewaschene Ferriphosphat gewöhnlich einen Überschuß an Phosphorsäure enthält. Eisen ist deshalb vor der Aluminiumfällung nach Ansicht der Autoren zu entfernen, was auch für die anderen störenden Elemente gilt (vgl. weiter unten).

Bei der Bestimmung des Aluminiumgehaltes von Nahrungsmitteln wendet K. B. LEHMANN doppelte Fällung als Aluminiumphosphat nach C. L. A. SCHMIDT und D. R. HOGLAND an.

Fällungsvorschrift nach LEHMANN. Zu der Aluminium- und Eisen enthaltenden Lösung werden für je 22,2 mg Aluminium 0,5 g Diammoniumphosphat zugesetzt. Nach dem Erhitzen fügt man alsdann 5 g Ammoniumthiosulfat in Lösung, nach einigen Minuten 6 bis 8 g Ammoniumacetat in Lösung und 4 cm^3 konzentrierte Essigsäure hinzu. Das Erhitzen wird zwecks Verteilung der schwefligen Säure 30 Min. lang fortgesetzt; dann läßt man absitzen, dekantiert und wäscht einmal durch Dekantieren. Der Niederschlag wird in 2 bis 2,5 cm^3 konzentrierter Salzsäure gelöst. Nach dem Verdünnen der Lösung auf 300 cm^3 setzt man 0,5 g Diammoniumphosphat pro 22,2 mg Aluminium zu und fällt in derselben Weise. Der Niederschlag wird abfiltriert, einige Male mit heißem Wasser gewaschen, um die Chloride zu entfernen, dann im Quarztiegel verascht und bis zum konstanten Gewicht geglüht. A. K. A. BALLS empfiehlt, die Niederschläge erst mit Diammoniumphosphat und dann mit Ammoniumnitratlösung zu waschen, um Phosphorsäureverluste zu vermeiden.

Genauigkeit. LEHMANN fand bei $^1/_2$stündigem Kochen und gründlichem Verjagen der schwefligen Säure zu hohe Aluminiumwerte, weil Eisen als Ferriphosphat mitgefällt wurde. Wenn nur solange gekocht wurde, bis der Geruch nach schwefliger Säure nur schwach war, d. h. etwa 10 Min., wurden bessere Werte erhalten, die jedoch immer noch 5 bis 7% zu hoch waren. Bei Anwendung von 10 mg Aluminium und 5 mg Eisen wurden bei vier Bestimmungen 10,69, 10,70, 10,54 und 10,50 mg Aluminium gefunden.

Über die indirekte Aluminiumbestimmung durch gemeinsame Fällung und Wägung von Aluminium und Eisen als Phosphat und nachherige jodometrische Bestimmung des Eisens und Umrechnung haben R. BERG und ferner auch C. MASSATSCH Arbeiten gebracht.

Literatur.

ARNOLD, I. O.: Steel Works Analysis, 3. Aufl., 199—210. London 1907.

BALLS, A. K. A.: Biochem. Bull. 195—202 (1916). — BERG, R.: Hauszeitschrift der Ver. Aluminiumwerke, S. 78, Heft VII. Oktober 1929.

CAMPREDON, L.: Guide Practique du Chimiste Métallurgiste et de L. ESSAYEUR, 3. Aufl., S. 600. 1923. — CARNOT: C. r. 111, 914 (1890).

DROWN, TH. u. MCKENNA: Guide practique du Chimiste Métallurgiste et de L. ESSAYEUR, 3. Aufl., S. 600. — ETHERIDGE, A. T.: Analyst 54, 141 (1929).

GLASER, C.: Fr. 31, 383 (1892); durch C. 1892 I, 758.

HILLEBRAND, W. F. u. G. E. F. LUNDELL: Applied Inorganic Analysis, S. 399. New York 1929.

KLINGER, P.: Arch. Eisenhüttenw. 8, 337—347 (1934—35).

LEDEBUR, A.: Leitfaden der Eisenhüttenlaboratorien, 1925. — BAUER, O. u. E. DEISE: Probenahme und Analyse von Eisen und Stahl, 1922. — KRUG, C.: Die Praxis des Eisenhüttenchemikers, 1923. — Manuel d. Laboratoires Si dérurgiques, Brüssel 1927. — SISEO, F. T.: Technical Anal. of Steel a. steelworks-Materials, 1923. — LEHMANN, K. B.: Arch. f. Hyg. 106, 310 (1931).

MASSATSCH, C.: Hauszeitschrift der Ver. Aluminiumwerke, Heft III, S. 78. Juni 1929.
ROYEN, H. J. VAN: Ber. Chem. Ausschuß, Ver. dtsch. Eisenhl. 1919, Nr. 18.
SCHMIDT, C. L. A. u. D. R. HOGLAND: Entnommen E. E. SMITH: Aluminium Compounds in food. New York: Paul Hoeber 1928.

IV. Trennung des Aluminiums von anderen Elementen nach der Phosphatmethode.

1. Trennung des Aluminiums von den Alkali- und Erdalkalimetallen.

Alkalisalze stören nicht, auch wenn sie in beträchtlicher Menge zugegen sind.

Bei der gravimetrischen Bestimmung des Aluminiums als Phosphat in Gegenwart von Calcium ist besonders auf den p_H-Wert der Lösung zu achten, um ein calciumfreies Aluminiumphosphat ausfällen zu können. Nach HILLEBRAND und LUNDELL können Störungen durch Calcium durch Einhaltung eines p_H-Wertes unter 6, Anwendung eines großen Überschusses von Ammoniumchlorid und Wiederholung der Fällung bei Gegenwart von viel Calcium vermieden werden.

Nach GWYER und N. D. PULLEN beginnt Aluminiumphosphat bei einem p_H-Wert von etwa 3,5 auszufallen, während Calciumphosphat sich bei $p_H = 5{,}7$ bis 6,0 abscheidet. Es sollte daher, wenn die Lösung mäßig saurer als $p_H = 5{,}7$ gemacht wird, Aluminiumphosphat frei von Calcium ausfallen. Es hat sich jedoch gezeigt, daß besonders bei kleinen Mengen Aluminium in Gegenwart relativ großer Mengen Kalk Verunreinigungen von Calciumoxyd auftreten, außer wenn Acidität auf $p_H = 4{,}5$ oder 4,0 gestiegen ist. Verwendung von Bromphenolblau als colorimetrischem Indicator.)

Genauigkeit. Bei Anwendung von 0,00137% Aluminium als Sulfat und 0,0964% Calcium als Phosphat wurde nach Zusatz von soviel Essigsäure, daß die Lösung einen p_H-Wert von 4,5 hat, bei 2 Versuchen folgendes gefunden:

1. 0,00132% Al und 0,0964% Ca,
2. 0,00134% Al und 0,0956% Ca,

während bei Anwendung von weniger Essigsäure, also bei Ausfällung bei höheren p_H-Werten, Calciumoxyd mit ausfiel.

Danach kann vollständige Trennung von Aluminium- und Calciumphosphaten erreicht werden, wenn soviel Essigsäure zugegeben wird, daß man einen p_H-Wert zwischen 4,0 und 4,5 erhält. Bei höheren p_H-Werten beginnt Calciumphosphat auszufallen, und man erhält unzuverlässige Werte.

2. Trennung des Aluminiums von Zink.

Nach LUFF erhält man bei der Fällung des Aluminiums in Gegenwart von Zink erst dann brauchbare Resultate, wenn man mit dem Eisessigzusatz bis auf $^1/_5$ des Gesamtvolumens der Flüssigkeit hinaufgeht. Wenn bei Anwendung von 0,0171 g Al + 0,2000 g Zn bereits $^1/_4$ bis $^1/_2$ Std. nach der Fällung filtriert wird, so werden z. B. 0,0474 g $AlPO_4$ entsprechend 0,0104 g Al anstatt 0,0171 g Al erhalten. Die dann gefundene Zinkmenge beträgt 0,2145 g anstatt 0,2000 g. Bei mehrstündigem Stehen im verschlossenen Kolben (auch über Nacht) sind die Resultate gut, vorausgesetzt, daß die erforderlichen Mengen Eisessig vorhanden sind.

		Angewendet g	Gefunden g
Anwendung von $^1/_{20}$ des Volumens an Eisessig	Al	0,0171	0,0162
	Zn	0,2000	
„ „ $^1/_{10}$ „ „ „ „	Al	0,0171	0,0180
	Zn	0,2000	0,1982
„ „ $^1/_5$ „ „ „ „	Al	0,0342	0,0346
	Zn	0,1000	0,0989

3. Trennung des Aluminiums von Kupfer, Nickel, Mangan.

Da Kupfer bei der Reduktion des Eisens mit Ammoniumthiosulfat ausfällt, wurde die Arbeitsweise vom *Chemikerausschuß des Vereins Deutscher Eisenhüttenleute* bei Gegenwart von Kupfer dahin abgeändert, daß man vor der zweiten Fällung, nach der Reduktion mit Thiosulfat, das gefällte Kupfer mit dem in Salzsäure unlöslichen Schwefel abfiltriert. Ein Einfluß von Nickel auf die Phosphatfällung ist nicht vorhanden. Will man das Nickel, besonders bei höheren Gehalten, vor der Phosphatfällung beseitigen, so wird zweckmäßig eine Zwischenfällung des Aluminiums mit Ammoniak eingefügt.

Mangan wird von Alkali- oder Ammoniumphosphat teilweise gefällt.

4. Trennung des Aluminiums von Chrom.

Chrom beeinflußt die Ergebnisse der Phosphatfällung außerordentlich stark, es ist deshalb nötig, das Chrom vor der Fällung vom Aluminium zu trennen.

Arbeitsvorschrift. Der Chrom-Aluminiumphosphat-Niederschlag wird mit Natriumcarbonat aufgeschlossen, in der Chromatlösung wird das Aluminium durch eine Zwischenfällung mit Ammoniak von Chrom getrennt. Der $Al(OH)_3$-Niederschlag wird in Salzsäure gelöst, worauf Aluminium erneut als Phosphat gefällt wird.

Genauigkeit. (Nach Analysen des *Chemikerausschusses des Vereins Deutscher Eisenhüttenleute.*) Die Bestimmung des Aluminiumgehaltes in einer Stahlprobe mit Zusätzen von 0,5, 1 und 12% Chrom sowie 0,05, 0,5 und 5% Aluminium ergab als größte Abweichungen bei je 9 Analysen folgendes:

Zusatz von 0,05% Al + 0,5% Cr	größte Abweichung:	+ 0,03% Al — 0,00% Al
„ „ 0,5 % Al + 0,5% Cr	„ „	+ 0,04% Al — 0,00% Al
„ „ 5 % Al + 0,5% Cr	„ „	+ 0,11% Al — 0,00% Al
„ „ 0,05% Al + 1 % Cr	„ „	+ 0,03% Al — 0,00% Al
„ „ 0,5 % Al + 1 % Cr	„ „	+ 0,05% Al — 0,02% Al
„ „ 5 % Al + 1 % Cr	„ „	+ 0,11% Al — 0,00% Al
„ „ 0,05% Al + 12 % Cr	„ „	+ 0,01% Al — 0,00% Al
„ „ 0,5 % Al + 12 % Cr	„ „	+ 0,05% Al — 0,00% Al
„ „ 5 % Al + 12 % Cr	„ „	+ 0,11% Al — 0,00% Al

5. Trennung des Aluminiums von Titan.

Es beeinflußt die Aluminiumbestimmung in gleicher Weise wie Chrom. Für die gleichzeitige Fällung des Aluminiums und Titans wurde vom *Chemikerausschuß des Vereins Deutscher Eisenhüttenleute* folgende

Arbeitsvorschrift festgelegt.

Das stark salzsaure Filtrat der Kieselsäureabscheidung wird auf 300 bis 400 cm³ gebracht und auf 60 bis 70° erwärmt. Zu dieser Lösung gibt man soviel Ammoniumthiosulfatlösung (30%ig), mindestens aber 20 cm³, bis die Farbe durch den abgeschiedenen Schwefel in ein reines Weiß übergegangen ist. Die reduzierte Lösung wird dann ungeachtet der eintretenden Niederschlagsbildung so lange mit Ammoniaklösung (1:1) versetzt, bis sie gegen Lackmus gerade schwach alkalisch reagiert (blaues Lackmuspapier darf beim Tüpfeln nicht gefärbt werden). Zu der neutralen Lösung werden jetzt 4 cm³ Salzsäure (D = 1,124) und 30 cm³ Essigsäure (80%ig) gegeben. Man erhitzt zum Sieden, fügt dann 20 cm³ 10%ige Ammoniumphosphatlösung zu und kocht 15 Min. lang. Nach dem Absitzen des Niederschlages dekantiert man 1mal mit 400 cm³ heißem Wasser, dem man vor dem Aufrühren des Niederschlages noch je 4 cm³ Essigsäure, Ammoniumphosphat- und Thiosulfatlösung nacheinander zusetzt. Der Niederschlag wird auf ein Weißbandfilter gebracht und mit heißem Wasser 4- bis 5mal ausgewaschen. Das Filter mit Niederschlag wird in einem Platintiegel getrocknet und bei niedriger Temperatur verascht (nicht glühen!). Der Veraschungsrückstand wird mit 10 g wasserfreier Soda vermengt und über einer BUNSEN-Flamme aufgeschlossen. Die Schmelze hält man 15 bis 20 Min. in ruhigem Fluß und laugt sie nach dem Abkühlen in heißem Wasser aus. Die Lösung mit den ungelöst gebliebenen Oxyden des Eisens und Titans wird durch ein dichtes aschefreies Filter (Blaubandfilter) filtriert, der Rückstand mit heißer 2%iger Sodalösung 4- bis 5mal ausgewaschen, das Filtrat mit Salzsäure (1:3) vorsichtig angesäuert und das Aluminium im Filtrat nach Zugabe von 10 g Ammoniumchlorid mit NH_3-Lösung gefällt. Der Hydroxydniederschlag wird auf ein Weißbandfilter gebracht und mit heißer verdünnter Salzsäure auf dem Filter gelöst. Die salzsaure Lösung wird mit NH_3-Lösung neutralisiert und nach Vorschrift mit 4 cm^3 Salzsäure (1,124), 15 cm^3 Essigsäure (80%ig), 20 cm^3 Ammoniumthiosulfatlösung (30%ig) und 20 cm^3 Ammoniumphosphatlösung (20%ig) versetzt, zum Sieden erhitzt und 15 Min. gekocht. Der Niederschlag wird abfiltriert und als Aluminiumphosphat zur Auswage gebracht.

Der Gesamtphosphatrückstand ($AlPO_4 + Ti_2P_2O_9$) kann auch mit Kaliumbisulfat aufgeschlossen werden. Die Schmelze wird in mit Schwefelsäure angesäuertem Wasser gelöst. In einem Teil der Lösung wird das Titan colorimetrisch bestimmt. Der aus dem Titan errechnete Gehalt an Titanphosphat ($Ti \times 3{,}15 = Ti_2P_2O_9$) wird vom Gesamtphosphat in Abzug gebracht.

Genauigkeit. Aluminiumbestimmung in einer Stahlprobe mit Zusätzen von 0,2 und 1% Titan, sowie 0,05, 0,5 und 5% Aluminium.

Zusatz		größte Abweichung
Zusatz von	0,2% Ti + 0,05% Al	+ 0,00% Al — 0,00% Al
„ „	0,2% Ti + 0,5 % Al	+ 0,04% Al — 0,01% Al
„ „	0,2% Ti + 5 % Al	+ 0,13% Al — 0,03% Al
„ „	1 % Ti + 0,05% Al	+ 0,00% Al — 0,01% Al
„ „	1 % Ti + 0,5 % Al	+ 0,04% Al — 0,02% Al
„ „	1 % Ti + 5 % Al	+ 0,06% Al — 0,06% Al

6. Trennung des Aluminiums von Molybdän.

Ein Einfluß des Molybdäns auf die Fällung konnte nicht festgestellt werden. Es wurde gefunden, daß das Molybdän bei der Behandlung mit Thiosulfat zum Teil ausfällt, dann aber beim Glühen wegsublimiert.

7. Trennung des Aluminiums von Wolfram, Vanadium (nach Bericht des *Chemikerausschusses des Vereins Deutscher Eisenhüttenleute*).

Ist Wolframsäure zugegen, so wird sie nicht gemeinsam mit der Kieselsäure durch vollständiges Eindampfen quantitativ abgeschieden. Das im Filtrat von der Kieselsäure verbliebene Wolfram übt jedoch keinen Einfluß aus. Man muß nur beim Auswaschen des Kieselsäureniederschlages vorsichtig sein, damit keine Anteile der Wolframsäure in Lösung gehen. Um dies zu vermeiden, empfiehlt es sich, nach quantitativer Abscheidung der Kieselsäure und Wolframsäure die ganze Lösung in einen Meßkolben zu geben und einen aliquoten Teil zur weiteren Analyse gesondert abzufiltrieren. Immerhin wird es in vielen Fällen, namentlich bei höheren Gehalten, sicherer sein, das Wolfram vorher quantitativ abzuscheiden.

Vanadium fällt teilweise, aber bei doppelter Fällung erhält man eine gute Trennung, wenn die Menge des Aluminiums 50 mg nicht überschreitet.

Literatur.

Chemikerausschuß des Vereins Deutscher Eisenhüttenleute: Arch. Eisenhüttenw. 8, 337—347 (1934).
GWYER, A. G. C. u. N. D. PULLEN: Analyst 57, 704 (1932).
HILLEBRAND, W. F. u. G. E. F. LUNDELL: Applied Inorganic Analysis, S. 399. 1927.
LUFF, G.: Ch. Z. 46, 366 (1922).

V. Maßanalytische Bestimmung des Aluminiums nach der Phosphatmethode.

Allgemeines.

Über die maßanalytische Bestimmung des Aluminiums auf der Grundlage der Aluminiumphosphatfällung sind bisher nur wenige Veröffentlichungen erschienen. Die vorliegenden Ergebnisse weisen aber auf die Brauchbarkeit der vorgeschlagenen Methoden hin. Die Genauigkeit der maßanalytischen Aluminiumbestimmung mit Phosphatlösung ist danach größer als die der rein acidimetrischen Aluminiumtitration.

Verschiedene Formen der maßanalytischen Phosphatmethode.

Die älteste Ausführungsform der Fällung des Aluminiumphosphates aus essigsaurer Lösung durch Zugabe der Aluminiumsalzlösung zur Natriumphosphatlösung und Erkennung des Endpunktes der Reaktion am Ausbleiben weiterer Fällung (Trübung) ist wohl wegen der Unsicherheit der Endpunktsbestimmung nicht diskutabel. Die neueren Methoden kann man folgendermaßen einteilen:

a) Rücktitration des Überschusses an Na_2HPO_4 durch eingestellte Uranylacetatlösung mit $K_4Fe(CN)_6$-Lösung als Indicator (KRETZSCHMAR).

b) Titration der neutralen oder schwach essigsauren Aluminiumlösung mit Na_2HPO_4-Lösung in der Hitze mit $AgNO_3$-Lösung als Indicator (KRAUS).

c) Titration der genau neutralisierten Aluminiumlösung mit Na_3PO_4- oder Na_2HPO_4-Lösung und Erkennung des Endpunktes durch das erste Auftreten alkalischer Reaktion mit Hilfe von Methylrot als Indicator (JELLINEK und Mitarbeiter).

1. Methode nach KRAUS.

Arbeitsvorschrift. Die neutrale oder schwachsaure Lösung wird mit einigen Tropfen konzentrierter $AgNO_3$-Lösung versetzt, zum Sieden erhitzt und das Aluminium mit Na_2HPO_4-Lösung bekannten Titers bis zum Umschlag nach Gelb titriert. Die Aluminiumsalzlösung muß weitgehend chloridfrei sein.

Gleichzeitig anwesendes Eisen wird als Ferriphosphat mitbestimmt. Man titriert daher das Eisen in einer gesonderten Probe mit Kaliumpermanganat und zieht die dem gefundenen Eisen äquivalente Menge von dem Zahlenwert für die insgesamt verbrauchte Na_2HPO_4-Lösung ab.

Bei Gegenwart von Chlorid wird man entweder mit Schwefelsäure abrauchen oder die Titrationsmethode nach KRETZSCHMAR mit Na_2HPO_4 und Uranylacetatlösung anwenden.

2. Methode nach KRETZSCHMAR.

Arbeitsvorschrift. Als *Maßlösungen* wurden eine Natriumphosphatlösung mit 14,7 g $Na_2HPO_4 \cdot 2\,H_2O$ im Liter und eine 3,5%ige Uranylacetatlösung benutzt, welche auf die gravimetrisch genau analysierte Phosphatlösung eingestellt war. Die verwendete Kaliumalaunlösung enthielt in 50 cm³ 0,114 g Aluminium.

50 cm³ der schwach essigsauren ammoniumsalzfreien Alaunlösung (0,114 g Al) werden mit 10 cm³ verdünnter Natriumacetatlösung und überschüssiger Natriumphosphatmeßlösung versetzt. Man erhitzt zum Sieden und titriert das überschüssige Natriumphosphat mit der Uranylacetatlösung unter Tüpfeln in Ferrocyankaliumlösung (braune Fällung von Uranylferrocyanid) zurück. Der Farbumschlag tritt etwas zu früh ein. Die Titration muß einige Male wiederholt werden.

Eine einfache Vorbestimmung des Aluminiumgehaltes kann zweckmäßig auch durch Titration der sauren Lösung mit Natronlauge gegen Methylorange (freie Säure) und gegen Phenolphthalein erreicht werden (vgl. S. 206). Eisen wird bei der beschriebenen Arbeitsmethode mitbestimmt und muß in getrennter Probe mit Kaliumpermanganat titriert werden.

3. Methode nach Jellinek und Mitarbeitern.

***a) Anwendung von Trinatriumphosphat nach* Jellinek *und* Kresteff.** Die Aluminiumsulfatlösung wurde zunächst mit 0,1 n Natronlauge gegen Methylorange neutralisiert, dann mit einigen Tropfen Methylrot versetzt und mit 0,1 n Na_3PO_4-Lösung bis zum Umschlag von Rot nach Gelb, welcher gut zu sehen war, titriert. Der Verbrauch an Phosphatlösung stimmte reproduzierbar auf etwa $\pm$ 0,5% genau mit der zur Bildung des Doppelsalzes $6\,AlPO_4 \cdot 1\,Na_3PO_4$ benötigten Menge überein.

***b) Anwendung von Dinatriumphosphat nach* Jellinek *und* Kühn.** Auch hier entsprach der Phosphatverbrauch nicht der zur Bildung des normalen Phosphates $AlPO_4$, sondern der zur Entstehung eines Doppelsalzes $2\,Al_2(HPO_4)_3 \cdot 3\,Na_2HPO_4$ benötigten Menge, und zwar mit der gleichen Genauigkeit wie bei der Titration mit Trinatriumphosphat. Als Indicator diente ebenfalls Methylrot. Es war gleichgültig, ob die Phosphatlösung in die Aluminiumsulfatlösung oder umgekehrt die Aluminiumsulfatlösung in die Phosphatlösung eingetropft wurde.

Genauigkeit (Methode 1—3). Es ist klar, daß jene Ausführungsformen am zuverlässigsten sind, bei denen die Aluminiumphosphatfällung in grundsätzlich gleicher Weise vorgenommen wird, wie es bei der gravimetrischen $AlPO_4$-Fällung aus schwach essigsaurer Lösung der Fall ist. Denn es ist sicher, daß bei der gravimetrischen Bestimmung des Aluminiums mit Phosphat, wie sie heute üblich ist — eine endgültige Festlegung steht noch aus —, auf wenig Prozent genau eine formelgerechte $AlPO_4$-Fällung erhalten wird, was eine ausreichende Grundlage für ein maßanalytisches Schnellverfahren gibt.

Bei der acidimetrischen Titration nach Jellinek und Mitarbeitern muß aber mit der Bildung von Doppelsalzen, nämlich von $6\,AlPO_4 \cdot 1\,Na_3PO_4$ und von $2\,Al_2(HPO_4)_3 \cdot 3\,Na_2HPO_4$ (bei Titration mit Na_2HPO_4) gerechnet werden. Dies könnte für die Praxis zunächst belanglos sein, bringt aber einen gewissen Unsicherheitsfaktor in die Methode, der bei wechselnden Arbeitsbedingungen zur Geltung kommen kann. Die Genauigkeit der Titrationen von Jellinek und Mitarbeitern ist $\pm$0,5 bis 1%. Von den zwei zuerst beschriebenen Methoden (1 und 2) ist die direkte Titration von Kraus mit $AgNO_3$-Lösung als Indicator am einfachsten. Beide Methoden sind auf die Fällung des $AlPO_4$ in schwach essigsaurer Lösung aufgebaut. Die *Genauigkeit* ist bei den Beleganalysen von Kraus 0,25 bis 0,3% und jenen von Kretzschmar 0,15%.

Bezüglich aller angegebenen Methoden ist zu sagen, daß sie sich auf Versuche an reinen Lösungen gründen und umfangreichere Erfahrungen aus der Praxis nicht erwähnt werden. Auch die Angaben über die Einschaltung in den praktischen Arbeitsgang der Analysen und über die störenden Elemente bzw. Verbindungen sind spärlich. Allerdings nennt schon Fleischer (1865) als störende Stoffe: 1. Schwermetalle, 2. Erdalkalimetalle, 3. Kieselsäure, Arsensäure, Phosphorsäure, 4. organische Stoffe.

Literatur.

Fleischer, E.: Z. anal. Ch. **4**, 19 (1865); C. **36**, 1044 (1865).

Jellinek, K. u. W. Kresteff: Z. anorg. Ch. **137**, 343 (1924). — Jellinek, K. u. W. Kühn: Z. anorg. Ch. **138**, 124 (1924).

Kraus, E. J.: Ch. Z. **45**, 1173 (1921). — Kretzschmar, M.: Ch. Z. **14**, 1223 (1890).

VI. Maßanalytische Bestimmung der freien Schwefelsäure in Aluminiumsalzlösungen mit Hilfe der Phosphatmethode nach Erlenmeyer und Lewinstein.

Obwohl diese Methode heute veraltet und durch andere ersetzt ist, soll sie hier der historischen Vollständigkeit halber erwähnt werden. Erlenmeyer und Lewinstein bestimmen die freie Schwefelsäure in Aluminiumsulfat, indem sie die Lösung mit überschüssigem, frisch gefälltem Ammoniummagnesiumphosphat kochen. Dabei reagieren Aluminiumsulfat und das Phosphat nach folgender Gleichung:

$$Al_2(SO_4)_3 + 2\,NH_4MgPO_4 = 2\,AlPO_4 + (NH_4)_2SO_4 + 2\,MgSO_4\,.$$

Aluminiumphosphat ist praktisch unlöslich, Ammoniumsulfat und Magnesiumsulfat sind neutral. Die *freie* Schwefelsäure reagiert mit dem zugesetzten Magnesiumammoniumphosphat unter Bildung von löslichem sekundärem Magnesiumphosphat und Ammoniumsulfat:

$$H_2SO_4 + 2\,MgNH_4PO_4 = 2\,MgHPO_4 + (NH_4)_2SO_4\,.$$

Das sekundäre Magnesiumphosphat geht in Lösung und läßt sich nach Zusatz von Calciumchlorid mit Natronlauge titrimetrisch bestimmen:

$$6\,MgHPO_4 + 3\,CaCl_2 + 6\,NaOH = 2\,Mg_3(PO_4)_2 + Ca_3(PO_4)_2 + 6\,NaCl + 6\,H_2O\,.$$

Danach entsprechen also 2 Mol NaOH 1 Mol H_2SO_4.

Beilstein und Grosset, ferner Stein sowie v. Keler und Lunge fanden nach dieser Methode brauchbare Werte, jedoch nur bei Verwendung von *frisch* gefälltem Ammonium-Magnesiumphosphat.

Literatur.

Beilstein, F. u. Th. Grosset: Mélanges physiques et chimiques tirés du Bulletin de l'Académie Impériale des Sciences de St. Pétersbourg **13**, 41; durch Fr. **29**, 73 (1890).

Erlenmeyer u. Lewinstein: Jbr. **1860**, 638.

Kéler, H. v. u. G. Lunge: Angew. Ch. **7**, 670 (1894).

Stein, W.: Fr. **5**, 289 (1866).

VII. Möglichkeit einer potentiometrischen Bestimmung nach dem Phosphatverfahren.

Britton hat die Änderungen des p_H-Wertes einer Aluminiumsulfatlösung bei Zugabe steigender Mengen an Trinatriumphosphatlösung elektrometrisch verfolgt und festgestellt, daß der p_H-Wert zunächst sinkt. Das primär ausgeschiedene basische Aluminiumphosphat wird dann bei steigendem p_H-Wert (durch weitere Na_3PO_4-Zugabe) zu Aluminiumhydroxyd hydrolysiert, das sich in der überschüssigen Na_3PO_4-Lösung unter Aluminatbildung löst. Die erhaltene Kurve stellt im Gegensatz zu den Titrationskurven von Aluminiumsalzen mit Natronlauge (vgl. S. 212) oder NaF-Lösung (vgl. S. 243) eine nur flache S-Form dar und kann nicht zur quantitativen Bestimmung des Aluminiums benutzt werden. Das gleiche gilt von der p_H-Kurve, die Miller bei der Titration einer mit der äquivalenten Menge primären Kaliumphosphats versetzt, 0,01 Mol Aluminiumchloridlösung mit Natronlauge erhalten hat.

Literatur.

Britton, H. Th. St.: J. chem. Soc. **1927**, 622.

Miller, L.: Soil Sci. **26**, 436 (1928).

§ 3. Maßanalytische Bestimmung des Aluminiums nach der Arsenatmethode.

Allgemeines.

Ähnlich wie bei der maßanalytischen Aluminiumbestimmung nach der Phosphatmethode (vgl. S. 229) liegen bei der maßanalytischen Bestimmung nach der Arsenatmethode einige Arbeiten mit guten Ergebnissen an reinen Aluminiumlösungen vor; aber über Erfahrungen bei der praktischen Anwendung wird kaum berichtet.

Das Prinzip der Arsenatmethode ist folgendes: Man fällt das schwerlösliche Aluminiumarsenat oder basisches Aluminiumarsenat durch Zufügen der neutralen oder schwachsauren Aluminiumsalzlösung zu verdünnter Arsenatlösung und titriert entweder die Lösung des abgetrennten und gewaschenen Niederschlages oder das überschüssige Arsenat in einem aliquoten Teil des Filtrates auf jodometrischem Wege.

Als erster führte Valentin (1915) im Rahmen der Anwendung des Prinzips der Arsenatfällung auf eine größere Zahl von Metallen auch Beleganalysen an reinen Aluminiumlösungen bekannten Gehaltes mit gutem Erfolg aus. Valentin fügt die schwach essigsaure Aluminiumsalzlösung zu 50 cm³ 1%iger Lösung von primärem Kaliumarsenat, die sich mit 5 g Natriumacetat in einem 100 cm³-Meßkolben befindet, füllt bis zur Marke auf und bestimmt nach 12stündigem Stehen in 50 cm³ des Filtrates jodometrisch das überschüssige Kaliumarsenat. Die neun mit 0,0310 g Al ausgeführten Beleganalysen sind unter Zugrundelegung des basischen Arsenats $3\,AlAsO_4 \cdot Al(OH)_3$ auf 0,1 mg genau, d. h. die Abweichungen liegen unter $\pm 0,4\%$, im Durchschnitt bei $\pm 0,2\%$.

Einer Arbeit von UTZ (1921) über die maßanalytische Aluminiumbestimmung in Aluminiumacetatlösungen nach der Arsenatmethode von VALENTIN kommt wohl keine besondere Bedeutung zu, da UTZ das 12stündige Stehen nach der Fällung wegläßt, ohne seinen Einfluß zu untersuchen, und so Abweichungen bis zu 8% gegenüber dem gravimetrisch durch Fällen mit Ammoniak ermittelten Aluminiumgehalt und einen mittleren Fehler von $\pm 4\%$ findet.

WØHLK hat die VALENTINsche Arbeitsvorschrift an Hand mehrerer Aluminiumbestimmungen in Alaun- und Aluminiumacetatlösungen nachgeprüft und nur zum Teil brauchbare Ergebnisse erzielen können. Die Voraussetzung VALENTINS, daß stets nur das basische Aluminiumarsenat $3\,AlAsO_4 \cdot Al(OH)_3$ ausfällt, erscheint daher unsicher.

In neuester Zeit hat DAUBNER (a) auf Grund von (allerdings nicht näher beschriebenen) Versuchen festgestellt, daß nur bei Einhaltung gewisser Konzentrationsbedingungen neutrales Aluminiumarsenat ($AlAsO_4$) erhalten wird. Diese Bedingungen sind: Konzentration (bezogen auf das Volumen nach beendeter Fällung): 1 mg Al in 10 cm³, 0,45% As_2O_5, 5% Essigsäure, 5% NH_4Cl. Nur im Bereiche von 0,38 bis 0,53% As_2O_5 erhält man $AlAsO_4$ als Niederschlag, während bei Konzentrationen über 0,53% das saure Aluminiumarsenat $Al_2(HAsO_4)_3$ und bei solchen unter 0,38% das basische Salz $3\,AlAsO_4 \cdot Al(OH)_3$ ausfällt.

Der wesentliche Unterschied zwischen den Arbeitsweisen von VALENTIN und DAUBNER besteht darin, daß letzterer mit kleinerer Aluminiumkonzentration sowie mit NH_4Cl-Zusatz arbeitet, nach dem Fällen zum Sieden erhitzt und anschließend filtriert. Es ergibt sich hieraus ein großer Zeitgewinn, welcher der Methode von DAUBNER für die Praxis den Vorrang gibt.

Nach den Erfahrungen von DAUBNER entsteht unter den von VALENTIN angewendeten Arbeitsbedingungen das basische Aluminiumarsenat $3\,AlAsO_4 \cdot Al(OH)_3$ nicht. Für die Praxis ist es aber ziemlich belanglos, ob ein neutrales oder basisches Aluminiumarsenat ausfällt, solange es gelingt, ohne besonderen Aufwand die Fällung stets gut zu reproduzieren und somit die Arsenatlösung auf eine bekannte Aluminiummenge empirisch einzustellen. Dies war aber sowohl bei den Versuchen von VALENTIN als auch von DAUBNER nicht erforderlich, da unter Beziehung auf $(Al_4(AsO_4)OH_3)$ bzw. auf $AlAsO_4$ gute Resultate erzielt wurden.

Methode nach DAUBNER (b).

***Arbeitsvorschrift.* Herstellung der Lösung von tertiärem Ammoniumarsenat.** Der Gehalt der Lösung an As_2O_5 soll 0,9% betragen. Man löst z. B. in 1 l Wasser 27,6 g Metaarsensäure und bestimmt den As_2O_5-Gehalt maßanalytisch. Zur Arsensäurelösung gibt man die berechnete Menge NH_3-Lösung, so daß Arsensäure zu Ammoniak im Verhältnis $2\,H_3AsO_4 : 6\,NH_3$ steht, entsprechend $2\,(NH_4)_3AsO_4$. Im vorliegenden Fall würden 11,36 g NH_3 nötig sein (auf 1 Mol As_2O_5 6 Mole NH_3).

Arbeitsweise. Das Volumen der Reaktionslösung soll nach beendeter Fällung für jedes Milligramm der zu bestimmenden Aluminiummenge 10 cm³ betragen. Man bringt daher am Becherglas eine Marke an entsprechend der ungefähr zu erwartenden Aluminiummenge und gibt, bezogen auf das markierte Volumen, die Hälfte an 0,9%iger Ammoniumarsenatlösung, 5% Eisessig, 5% Ammoniumchlorid und dann die schwach essigsaure Aluminiumsalzlösung hinzu. Nach dem Auffüllen bis zur Marke erhitzt man kurz zum Sieden, läßt absitzen, filtriert heiß durch ein Papierfilter mittlerer Dichte und wäscht einige Male mit 90%igem Alkohol aus. Man löst dann den Niederschlag mit heißer 2,5 n Salzsäure vom Filter in einen

300 cm³-ERLENMEYER-Kolben mit Schliffstopfen hinein, kühlt ab, gibt etwa 1 g Kaliumjodid hinzu und läßt 15 Min. verschlossen stehen. Anschließend wird das ausgeschiedene Jod mit 0,1 n Thiosulfatlösung titriert. 1 cm³ 0,1 n Thiosulfatlösung entspricht 0,001355 g Aluminium.

I. Genauigkeit. Drei Aluminiumbestimmungen in Kaliumalaun (0,10, 0,17, 0,088 g Alaun) neben 0,07, 0,052, 0,026 g Eisenalaun ergaben (Differenzbestimmung, vgl. unter III) 5,71, 5,72, 5,78% Aluminium (theoretisch 5,71%) in Alaun.

II. Modifizierte Methode. An Stelle der Umsetzung des Arsenates mit Kaliumjodid zu Jod und Titration des letzteren hat DAUBNER (a) früher eine Reduktion des Arsenates zu Arsenit (mit Schwefeldioxyd) und Titration des Arsenites mit Jod vorgesehen. Der Vollständigkeit halber sei auch diese, etwas umständlichere Methode angegeben:

Bis zum Auswaschen des abfiltrierten Niederschlages von Aluminiumarsenat mit Äthylalkohol (einschließlich) ist das Verfahren identisch mit dem oben geschilderten.

Den Niederschlag im Filter löst man in heißer 1 n Salzsäure und gibt die Lösung in einen ERLENMEYER-Kolben von etwa 300 cm³ Inhalt. Dazu fügt man konzentrierte Lösung von Schwefeldioxyd im Überschuß und erhitzt nach 1stündigem Stehen unter gleichzeitigem Durchleiten von Kohlendioxyd zum Sieden bis das Schwefeldioxyd vollständig entwichen ist (Prüfung mit $KMnO_4$-Lösung). Man dampft auf 150 cm³ ein, kühlt ab, gibt, um nachheriges Ausfallen von Aluminiumhydroxyd zu vermeiden, einige Tropfen einer konzentrierten Weinsäurelösung zu und neutralisiert die Lösung mit einem kleinen Überschuß von Natriumbicarbonat. Nach Zusatz von 1 g Kaliumjodid und einigen Tropfen Stärkelösung titriert man zweckmäßig mit 0,1 n Jodlösung bis zur bleibenden schwachblauen Färbung. Der Verbrauch von 1 cm³ 0,1 n Jodidlösung entspricht einer Menge von 0,001355 g Aluminium bzw. 0,002555 g Aluminiumoxyd. 5 Beleganalysen an Kaliumalaun (Einwaagen 0,0201 bis 0,2507 g) ergaben einen Aluminiumgehalt von 5,71 bis 5,75%.

III. Einfluß fremder Kationen. a) *Eisen* fällt unter den Bedingungen der Aluminiumfällung nach DAUBNER (b) als saures Arsenat von der Zusammensetzung $Fe_2(HAsO_4)_3$ mit aus. Von der bei der Titration der Summe von Aluminium- und Eisenarsenat verbrauchten Menge an 0,1 n Thiosulfatlösung muß daher die dem Eisen äquivalente Thiosulfatmenge abgezogen werden. Man ermittelt diese durch Titration des Eisens mit Kaliumpermanganat in einer getrennten Probe und Multiplikation des gefundenen Wertes (in Milligramm) mit 0,6941.

b) Allgemein sind alle Kationen, die schwerlösliche Arsenate oder irgendwelche Doppelsalze mit $AlAsO_4$ bilden, zu berücksichtigen.

Literatur.

DAUBNER, W.: (a) Angew. Ch. **48**, 589 (1935); (b) Angew. Ch. **49**, 137 (1936).
UTZ: P. C. H. (2) **42**, 508 (1921).
VALENTIN, J.: Fr. **54**, 76 (1915).
WØHLK, A.: Ber. dtsch. pharm. Ges. **3**, 195 (1923).

§ 4. Trennung des Aluminiums von anderen Metallen durch Ausfällung als Aluminiumchlorid.

Die Tatsache, daß Aluminiumchlorid $AlCl_3 \cdot 6\,H_2O$ in einem mit Chlorwasserstoff gesättigten Äther-Salzsäure-Gemisch schwer löslich ist, kann zur Trennung des Aluminiums von anderen Metallen, z. B. Eisen, Zink, Kupfer, Kobalt, Quecksilber, Wismut, Alkalimetallen, Beryllium, Gallium dienen. Die Trennungen sind allerdings nicht sehr scharf, da Aluminiumchlorid immerhin noch merklich löslich ist. Das Trennungsverfahren ist, wenn man eine einigermaßen befriedigende Genauigkeit erzielen will, ziemlich umständlich. In vielen Fällen sind die Trennungen mit Aluminiumchlorid in neuerer Zeit durch einfachere Verfahren verdrängt worden. Eine gewisse analytische Bedeutung haben sie jedoch in einzelnen Fällen, vor allem als *Vortrennungs*methoden (z. B. bei großem Überschuß an Aluminium) auch heute noch.

1. Trennung des Aluminiums von Eisen.

a) Verfahren von GOOCH und HAVENS (b).

Arbeitsvorschrift. Um ein Gemisch der stärksten wäßrigen Salzsäure mit einem gleichen Volumen wasserfreien Äthers bei 15° mit Chlorwasserstoff gesättigt zu erhalten, versetzt man am besten die $AlCl_3$-Lösung mit konzentrierter Salzsäure, bis das ganze Volumen 15 bis 25 cm^3 beträgt, sättigt diese Mischung mit Chlorwasserstoff, fügt unter Kühlung mit fließendem Wasser ein gleiches Volumen Äther hinzu und behandelt schließlich das Ganze bis zur vollkommenen Sättigung noch einmal mit Chlorwasserstoff.

Bei Gegenwart größerer Eisenmengen scheidet sich zuweilen eine graue ölartige Schicht von ätherischem Eisenchlorid ab, deren Bildung durch Zugabe von mehr Äther vermieden werden kann. Daher ist für die Trennung kleiner Eisenmengen von Aluminium ein Gemisch gleicher Raumteile Äther und konzentrierter Salzsäure geeignet, während bei Anwesenheit größerer Eisenmengen ein entsprechend größerer Zusatz von Äther erforderlich ist, um die Bildung der zwei Flüssigkeitsschichten zu vermeiden.

Der erhaltene krystallinische Niederschlag von $AlCl_3 \cdot 6\,H_2O$ wird im Filtertiegel gesammelt und mit der beschriebenen Äther-Salzsäure-Mischung ausgewaschen. Sodann wird er entweder nach sorgfältigem Trocknen bei 150° C geglüht und zur Wägung gebracht, oder aber er wird in Wasser gelöst und wie gewöhnlich mit NH_3-Lösung gefällt. Da bei direktem Erhitzen des Aluminiumchlorids die Resultate etwas zu niedrig liegen, wird das Chlorid unter Zusatz von Quecksilberoxyd geglüht, indem reines Quecksilberoxyd in dünner Schicht auf das Aluminiumchlorid gebracht wird.

Genauigkeit. Zur Bestimmung des Aluminiums in Gegenwart von Eisen wird ein abgemessenes Volumen einer $AlCl_3$-Lösung, z. B. entsprechend 0,0761 g Al_2O_3 in einer Platinschale zur Trockne gedampft und eine Lösung von Eisenchlorid, entsprechend 0,15 g Fe_2O_3 in wenig Wasser hinzugegeben. Hierzu werden 15 cm^3 einer Mischung gleicher Teile starker Salzsäure und Äther gebracht und das Ganze unter guter Kühlung durch Wasser mit Chlorwasserstoff gesättigt. Sodann fügt man noch 5 cm^3 Äther hinzu, um eine vollständige Mischung zu erreichen und leitet noch einmal Chlorwasserstoff ein. Das ausgefallene Aluminiumchlorid wird auf Asbest im Filtertiegel gesammelt, mit einer durch Chlorwasserstoff gesättigten Mischung von Äther und Salzsäure ausgewaschen, $^1/_2$ Std. bei 150° C getrocknet und mit 1 g Quecksilberoxyd zunächst langsam erhitzt und schließlich auf dem Gebläse geglüht. Bei 4 Analysen wurden Differenzen von —0,4 bis —0,6 mg entsprechend 0,5 bis 0,8% Al_2O_3 erhalten [GOOCH und HAVENS (b)].

b) Verfahren von PALKIN.

Arbeitsvorschrift. Man dampft die Lösung, die etwa 0,5 g der gemischten Chloride enthält, zur Trockne, zerreibt den (Rest) Rückstand mit einem Glasstab, trocknet $^1/_2$ Std. bei 120° und nimmt mit alkoholischer Salzsäure mit einem Gehalt von 25 bis 35% Salzsäure auf, die durch Einleiten von Chlorwasserstoff in absoluten Alkohol erhalten wurde, und erwärmt, bis die Lösung vollständig klar geworden ist. Die Lösung dampft man bis zur Sirupdicke und Auskrystallisation ein. Nach Zugabe von 0,5 cm^3 alkoholischer Salzsäure erwärmt man, so daß der Rückstand vollständig damit durchdrungen ist und fügt nach der Abkühlung anteilsweise 30 cm^3 Äther ($D^{25} = 0{,}713$ bis 0,716) unter beständigem Umrühren zu. Wenn sich der ausgefallene $AlCl_3$-Niederschlag klar abgesetzt hat, gibt man noch 40 cm^3 wasserfreien Äther hinzu, läßt stehen und saugt in einen Filtertiegel ab. Man wäscht unter beständigem Auffüllen mit Waschäther, der auf 100 Teile Äther 2 Teile alkoholischer Salzsäure enthält. Das Aluminiumchlorid wird dann in Wasser aufgelöst; man fällt mit NH_3-Lösung und wägt nach dem Glühen als Aluminiumoxyd.

c) Acetylchloridmethode von MINNIG (a).

MINNIG verwendet zur Trennung des Aluminiums von Eisen (und von Beryllium) (vgl. S. 236) ein Gemisch von Acetylchlorid und Aceton.

Es wurde festgestellt, daß sich die wasserhaltige Verbindung $AlCl_3 \cdot 6\,H_2O$ quantitativ durch Aceton-Acetylchlorid (4:1) fällen (GOOCH und BOYNTON) und nach sorgfältigem Trocknen durch Glühen direkt als Oxyd bestimmen läßt. Auch in Gegenwart von Eisen ist die Aluminiumfällung quantitativ. Es ist darauf zu achten, daß phosphorfreies Acetylchlorid verwendet wird.

Am besten stellt man reines Acetylchlorid durch Einleiten eines Chlorwasserstoffstromes in ein Gemisch von Eisessig und Phosphorpentoxyd oder in gereinigtes Essigsäureanhydrid her.

2. *Trennung des Aluminiums von Zink nach* HAVENS (b).

Arbeitsvorschrift. In das abgekühlte Gemisch der Chloride des Aluminiums und Zinks wird ein Chlorwasserstoffstrom bis zur völligen Sättigung eingeleitet. Sodann wird ein der ursprünglichen Lösung gleiches Volumen Äther hinzugefügt und das Ganze nochmals mit Chlorwasserstoff gesättigt. Der entstandene krystallinische Niederschlag von Aluminiumchlorid wird im Filtertiegel abfiltriert und mit einer vorher bereiteten Mischung von gleichen Teilen Salzsäure und mit Chlorwasserstoff gesättigtem Äther (vgl. S. 234) gewaschen. Hierauf wird bei 150 bis 180° C getrocknet, mit einer Schicht von reinem Quecksilberoxyd bedeckt, worauf der Niederschlag zunächst mit kleiner Flamme unter dem Abzug vorsichtig erhitzt, später auf dem Gebläse geglüht und hierauf als Oxyd gewogen wird.

Genauigkeit. Bei Anwendung von 0,0559 bis 0,080 g Al_2O_3 wurden von HAVENS bei 7 Analysen Differenzen von —0,0013 bis ±0,0000 g Al_2O_3 erhalten.

3. *Trennung des Aluminiums von Kupfer, Quecksilber, Wismut, Kobalt.*

Die Trennung des Aluminiums von Kupfer, Quecksilber und Wismut kann in gleicher Weise wie die Trennung von Zink durchgeführt werden, indem das Aluminiumchlorid aus der Lösung der Chloride gefällt wird [HAVENS (b)].

Genauigkeit. Bei Anwendung von 0,0538 bis 0,0577 g Al_2O_3 als Chlorid fand HAVENS Abweichungen von —0,0013 bis +0,0009 g Al_2O_3 bei 10 Analysen.

In analoger Weise trennt PINERUA Kobalt und Aluminium.

4. *Trennung des Aluminiums von den Alkalimetallen.*

Um Natrium und Lithium in Aluminium zu bestimmen, scheiden SCHÜRMANN und SCHOB die Hauptmenge des Aluminiums durch Einleiten von Chlorwasserstoff in die Chlorid- oder Sulfatlösung ab und verarbeiten das Filtrat auf reines Alkalisulfat.

a) Arbeitsvorschrift nach SCHÜRMANN und SCHOB.

5 bis 20 g Aluminium löst man in Salzsäure und bringt die Lösung mit verdünnter Salzsäure auf ein Volumen von 300 bis 600 cm³. Man kühlt die Lösung durch eine Eis-Kochsalz-Kältemischung und sättigt die Lösung mit Salzsäure durch Einleiten von Chlorwasserstoff. Als Einleitungsrohr benutzt man einen umgekehrten Trichter, um eine Verstopfung durch das sich abscheidende Aluminiumchlorid zu vermeiden. Nach dem Abscheiden des fein krystallinischen Niederschlages wird filtriert und mit einer durch Chlorwasserstoff gesättigten Salzsäure ausgewaschen. Man filtriert durch einen NEUBAUER-Tiegel aus Platin oder durch einen Porzellanfiltertiegel. (Der Porzellanfiltertiegel ist vor Gebrauch mit warmer konzentrierter Salzsäure zu behandeln.) Nach dem Abfiltrieren des ausgefällten Aluminiumchlorids wird das Filtrat in einer Platinschale eingedampft, der Rückstand mit einigen Tropfen Salzsäure und Wasser aufgenommen und das noch in Lösung befindliche Aluminium (+Eisen) mit NH_3-Lösung ausgefällt. Im Filtrat wird Calcium mit NH_3-Lösung und Ammoniumoxalat gefällt und die filtrierte Lösung unter Zusatz von Schwefelsäure in einer gewogenen Platinschale eingedampft. Die Ammoniumsalze raucht man ab, glüht den Rückstand und wägt. Man löst in wenig Wasser, setzt 1 Tropfen NH_3-Lösung und etwas Ammoniumcarbonat zu, wobei keine Trübung auftreten darf. Ist dies der Fall, so wird filtriert und das Filtrat in gleicher Weise wie zuvor behandelt. Durch einen Blindversuch sind die durch Reagenzien und Glasgefäße in die Analyse gelangenden Mengen Alkali zu bestimmen und in Abzug zu bringen.

Genauigkeit.

Angewendet Al g	Zusatz von NaCl entsprechend Na_2SO_4 g	Gefunden Na_2SO_4 g	Angewendet Al g	Zusatz von NaCl entsprechend Na_2SO_4 g	Gefunden Na_2SO_4 g
5	0,0180	0,0172	10	0,1527	0,1530
5	0,0186	0,0187	4	0,0090	0,0091
5	0,0151	0,0150	4	0,0130	0,0129
3	0,0199	0,0198	5	0,0160	0,0167
10	0,3052	0,3068	5	0,0065	0,0066

b) Arbeitsvorschrift nach STEINHÄUSER.

STEINHÄUSER schlägt zur Bestimmung des Natriums in Aluminium folgende Arbeitsweise vor:

10 g Aluminiumspäne löst man, wie üblich, in Salzsäure und scheidet die Hauptmenge des Aluminiums als Chlorid durch 2maliges Einleiten von Chlorwasserstoff. In der auf etwa 2 cm^3 eingedampften Lösung wird dann das Natrium mit Zinkuranylacetatlösung nach BARBER und KOLTHOFF gefällt.

5. *Trennung des Aluminiums von Beryllium.*

Vorbemerkung. Die Aluminiumchloridmethode nach HAVENS (a) hat für die genaue Trennung beider Metalle heute nur noch geringe Bedeutung, da sie durch einfachere Verfahren, z. B. das Oxinverfahren (vgl. S. 282), überholt worden ist. Immerhin kann die Abtrennung der *Hauptmenge* Aluminium in einer Vortrennung auch hier in manchen Fällen (z. B. bei großem Aluminiumüberschuß) vorteilhaft sein.

a) Trennung nach HAVENS.

Arbeitsvorschrift. Zu der Aluminium und Beryllium enthaltenden Chloridlösung wird das gleiche Volumen einer Mischung von gleichen Teilen starker Salzsäure und Äther zugesetzt und das Ganze mit Chlorwasserstoff bei 15° C gesättigt. Darauf wird ein dem ursprünglichen Volumen der Salzsäure gleiches Volumen Äther zugesetzt und wiederum Chlorwasserstoff bis zur vollständigen Sättigung eingeleitet. Der entstandene Aluminiumchloridniederschlag wird in einem Porzellanfiltertiegel gesammelt, mit einer Mischung von gleichen Teilen Äther und Salzsäure, die mit Chlorwasserstoff bei 15° C gesättigt ist, gewaschen und 30 Min. bei 150° C getrocknet. Dann überdeckt man den Niederschlag mit einer Schicht von reinem Quecksilberoxyd, erhitzt den Tiegel vorsichtig über kleiner Flamme unter dem Abzug und glüht schließlich über dem Gebläse.

Genauigkeit. Bei einem Gehalt der Lösungen an $AlCl_3 + BeCl_2$ entsprechend 0,1049 bis 0,1068 g Al_2O_3 und 0,0194 bis 0,0199 g BeO wurden nach HAVENS Differenzen von —0,1 bis —0,9 mg Al_2O_3 und +0,2 bis +1,0 mg BeO festgestellt (5 Analysen). Wurden die ursprünglich verdünnteren Lösungen vor der Zugabe von Äther und Salzsäure konzentriert, so erhielt HAVENS bei Anwendung von Lösungen mit einem Gehalt entsprechend 0,1060 g Al_2O_3 und 0,0977 g BeO eine Differenz von —0,3 mg Al_2O_3 und —0,8 mg BeO und aus einer Lösung mit einem Gehalt entsprechend 0,1064 g Al_2O_3 und 0,1085 g BeO eine Differenz von —0,1 mg Al_2O_3 und —0,1 mg BeO. Wurde die wäßrige Lösung der Chloride direkt mit Chlorwasserstoff gesättigt und erst dann die gleiche Menge Äther zugegeben, worauf vollständige Sättigung mit Chlorwasserstoff erfolgte, so fand HAVENS bei einem Gehalt der Lösungen entsprechend 0,1046 bis 0,1076 g Al_2O_3 und 0,1071 bis 0,1086 g BeO Differenzen von —0,1 bis —0,8 mg Al_2O_3 und +0,4 bis +0,8 mg BeO. Bei großem Aluminiumüberschuß (z. B. Al:Be = 20:1) sind die Analysenergebnisse unbefriedigend.

b) Acetylchloridmethode nach MINNIG (b).

Zur Trennung des Aluminiums von Beryllium dampft man die Lösung der Chloride auf ein kleines Volumen ein und gibt unter Kühlung tropfenweise das Acetylchlorid-Aceton-Gemisch (1:4) hinzu. Das gefällte wasserhaltige Aluminiumchlorid filtriert man in einen gewogenen

Platintiegel ab, wäscht mit der Fällungsflüssigkeit sorgfältig aus, trocknet und führt durch Glühen in Aluminiumoxyd über. Das Filtrat wird nach dem Verdünnen mit Wasser zur Verjagung des Acetons erwärmt. Man fällt dann das Beryllium in der Siedehitze mit NH_3-Lösung, filtriert den Niederschlag ab und bestimmt das Beryllium in üblicher Weise als Oxyd.

Für die Genauigkeit der Methode ist die Erkennung der Vollständigkeit der Fällung des Aluminiums wesentlich. Wird zuviel Fällungsflüssigkeit zugesetzt, so scheidet sich nach dem Aluminiumchlorid auch Berylliumchlorid aus. Beide Chloride sind jedoch durch ihr Aussehen leicht zu unterscheiden. Zur Vermeidung des Einschlusses von Berylliumchlorid durch Aluminiumchlorid ist eine 2malige Fällung des Aluminiums zu empfehlen.

c) Vortrennung unter Abscheidung des Aluminiums als Aluminiumchlorid nach Churchill, Bridges und Lee.

Zur Bestimmung von Beryllium im Aluminium benutzen Churchill, Bridges und Lee die Methode von Havens mit Vorteil zur Vortrennung.

Arbeitsvorschrift. Je nach dem Berylliumgehalt werden 0,5 bis 5 g der Probe in Salzsäure (1:1), und zwar in 25 cm³ je Grammprobe gelöst. Die salzsaure Lösung wird so weit eingeengt, daß sie zu krystallisieren anfängt. Man spült die Wände des Becherglases ab, kühlt, gibt ein gleiches Volumen Äther hinzu und läßt solange einen Chlorwasserstoffstrom durch die Lösung gehen, bis die beiden Phasen vollkommen mischbar sind. Man leitet dann noch 1 Std. lang Chlorwasserstoff durch die Lösung, um sie vollkommen damit abzusättigen. Um größeren Ätherverlust zu vermeiden, ist es angebracht, das Becherglas während der Sättigung mit Chlorwasserstoff zu kühlen. Man filtriert den entstandenen Niederschlag in einen Filtertiegel ab und wäscht sorgfältig mit einer Lösung aus, die durch Sättigung eines Gemisches (1:1) von Äther und Salzsäure (spezifisches Gewicht 1,19) im Chlorwasserstoffstrom erhalten ist. Man löst das Aluminiumchlorid vom Filter mit wenig heißem Wasser und wiederholt die Fällung in gleicher Weise. Damit ist die Hauptmenge Aluminium abgetrennt.

Die vereinigten Filtrate dampft man dann bis zu einem kleinen Volumen ein. Man gibt 5 cm³ Schwefelsäure (1:3) zu, dampft bis zur Bildung von SO_3-Dämpfen ein, fügt etwas Wasser hinzu, kocht bis zur Lösung der Salze, filtriert die Kieselsäure ab und wäscht gut aus. Nach Zugabe von zwei Tropfen Rosolsäure als Indicator neutralisiert man die Lösung mit NH_4OH-Lösung, kocht kurz auf, filtriert und wäscht 2mal mit heißer, schwach ammoniakalischer Ammoniumchloridlösung (1%).

Der Niederschlag wird alsdann in heißer Salzsäure (1:1) gelöst. Die Lösung verdünnt man auf 100 cm³ und fällt wieder wie vorher. Filtrieren und Auswaschen erfolgt in gleicher Weise, wie oben angegeben. Der Niederschlag wird danach in heißer Salzsäure (1:1) gelöst. Die Lösung wird mit NH_4OH-Lösung neutralisiert und mit Salzsäure eben sauer gemacht (Methylrot). Nach dem Erwärmen der Lösung auf 60° C wird ein Überschuß von 8-Oxychinolin zugegeben. Durch Zufügen von 2 n Ammoniumacetatlösung werden restliches Aluminium, Eisen und Titan niedergeschlagen. Es soll ein Überschuß von 8-Oxychinolin vorhanden sein, der sich durch die gelbe Farbe der über dem Niederschlag stehenden Flüssigkeit zu erkennen gibt. Nach dem Absetzen des Niederschlages filtriert man und wäscht 4mal mit kaltem Wasser aus. Das Filtrat erhitzt man auf 60° C, gibt solange NH_4OH-Lösung zu, bis die Lösung gegen Methylrot alkalisch wird und fügt dann noch 2 cm³ im Überschuß hinzu. Nach dem Abkühlen filtriert man unter Absaugen, wäscht 4mal mit Wasser, das 1% Ammoniumacetat enthält, bringt Niederschlag und Filter in einen gewogenen Porzellantiegel und glüht nach dem Veraschen bei 1000° etwa 1 Std. lang. Den bedeckten Tiegel läßt man in einem Schwefelsäureexsiccator abkühlen und wägt den bedeckten Tiegel schnell.

$$Be = BeO \cdot 0{,}3605.$$

Das Eisen muß in 3wertiger Form vorliegen, wenn vollkommene Trennung mit 8-Oxychinolin erreicht werden soll. Zur Herstellung der 8-Oxychinolinlösung werden 5 g des festen Reagenses in 10 cm³ Eisessig gelöst und in 200 cm³ auf 60° C erhitztes Wasser gegossen. 1 cm³ dieser Lösung fällt 2,9 mg Aluminiumoxyd und annähernd dieselbe Menge Ferri- und Titanoxyd.

Für die Herstellung des Rosolsäureindicators löst man 0,080 g der festen Rosolsäure in 100 cm³ Äthylalkohol (1:1) auf.

Genauigkeit. Einige von Churchill, Bridges und Lee mit Standardlösungen von Aluminium- und Berylliumchlorid nach dieser Methode durchgeführte Versuche ergaben folgendes:

Angewendet Al g	Aluminiumnachfällung im Filtrat von der Hauptfällung g	Angewendet Be g	Gefunden Be g	Fehler g
0,5	0,0005	0,0504	0,0503	— 0,0001
0,5	0,0004	0,0504	0,0506	+ 0,0002
1,0	0,0014	0,0101	0,0102	+ 0,0001
1,0	0,0070	0,0101	0,0103	+ 0,0002
1,0	0,0024	0,0025	0,0026	0,0001
1,0	0,0127	0,0025	0,0025	± 0,0000
5,0	0,0058	0,0012	0,0010	— 0,0002
5,0	0,0042	0,0012	0,0011	— 0,0001

Die zweite Spalte gibt die Menge Aluminium wieder, die bei der Abtrennung der Hauptmenge des Aluminiums als Aluminiumchlorid in Lösung geblieben war und dann mit 8-Oxychinolin gefällt wurde. Der Verlust an Aluminium kann demnach zwischen etwa 0,1 und 1% liegen.

6. Trennung des Aluminiums von Gallium.

Auch dieses Trennungsverfahren hat in neuerer Zeit einen erfolgreicheren Konkurrenten gefunden. Die Trennung der beiden Metalle mit Kupferron (vgl. S. 429) ist einfacher und recht genau. Bei Gegenwart von wenig Aluminium ist die Trennung nach ATO mit Camphersäure vorzuziehen (vgl. S. 434).

Folgende Varianten der Chloridtrennung sind zu erwähnen:

a) Trennung nach GOOCH und HAVENS mittels Chlorwasserstoff gesättigter, ätherhaltiger Salzsäure.

Arbeitsvorschrift. GOOCH und HAVENS (a) trennen Aluminium von Gallium nach dem von ihnen für die Trennung des Aluminiums von Eisen angegebenen Verfahren durch Sättigung der Lösung mit Chlorwasserstoff, Zufügen von Äther und abermaliges Sättigen mit Chlorwasserstoff. Das in Lösung bleibende Gallium wird nach dem Eindampfen mit Salzsäure aufgenommen und mit Kaliumferrocyanid gefällt. Nitrate und Salpetersäure wirken störend, indem sie Ferrocyan-Ion zu Ferricyan-Ion oxydieren. Es ist daher nötig, sie durch Abdampfen mit Salzsäure zu entfernen.

Al_2O_3		Ga_2O_3	
Angewendet mg	Gefunden mg	Angewendet mg	Gefunden mg
1,3	1,1	1,0	1,2
13,2	12,9	1,3	1,5
511,4	nicht bestimmt	66,7	66,2

Nach ATO dampft man die Chloride vorher zur Trockne ein, behandelt den Rückstand mit 20 cm³ 6 n Salzsäure und 30 cm³ Äther und sättigt die Lösung unter Kühlung in Eiswasser mit HCl-Gas. Das ausgefällte Aluminiumchlorid wird abfiltriert und mit 50 cm³ der Mischung gewaschen.

Genauigkeit. ATO gibt vorstehende Versuchsresultate an.

Genauigkeit.

Al_2O_3		Ga_2O_3	
Angewendet mg	Gefunden mg	Angewendet mg	Gefunden mg
1,72	1,4	27	27,3
156,1	155,7	27	27,5
468,3	469,0	27	26,1

b) Trennung nach ATO mittels Chlorwasserstoff gesättigter acetonhaltiger Salzsäure.

Arbeitsvorschrift. In einer Mischung von je 20 cm³ 6 n Salzsäure und Aceton, die bei 0° C mit Salzsäure gesättigt wird, ist Aluminiumchlorid so wenig löslich, daß eine quantitative Trennung möglich ist. Unangenehm ist es, daß beim Eindampfen der acetonhaltigen $GaCl_3$-Lösungen schwarze Rückstände entstehen, die durch 5- bis 6maliges Abdampfen mit Salpetersäure zu beseitigen sind.

c) Trennung nach ATO mittels einer Lösung von Acetylchlorid in Aceton.

Galliumchlorid ist in Acetylchlorid-Aceton löslich, während sich Aluminiumchlorid in der Mischung nur sehr wenig löst. In 30 cm³ Mischung lösten sich 0,1 bis 0,2 mg Al_2O_3, wobei es gleichgültig war, ob 1,3, 15,6, 128,0 oder 767,0 mg Al_2O_3 vorhanden waren.

Die Lösung der Chloride wird zur Trockne eingedampft und der Rückstand unter ständigem Rühren mit 30 cm³ der Acetylchlorid-Aceton-Mischung (1:4) versetzt. Man gießt vom Ungelösten ab und wäscht dieses mit 30 bis 50 cm³ derselben Flüssigkeit durch Dekantieren. Das Aluminium wird nach dem Lösen der Aluminiumchloride in Wasser wie üblich als Hydroxyd gefällt und als Aluminiumoxyd bestimmt. Im Filtrat ermittelt man das Gallium nach dem Eindampfen, Behandeln mit Salpetersäure und Glühen des Eindampfrückstandes als Galliumoxyd.

Genauigkeit.

Al_2O_3		Ga_2O_3	
Angewendet mg	Gefunden mg	Angewendet mg	Gefunden mg
156,1	156,1	1,2	1,3
156,1	155,9	23,8	23,9
468,3	468,7	27,0	26,6
780,5	nicht bestimmt	27,1	26,4

Bei den beiden letzten Bestimmungen, bei denen der Fehler der Galliumbestimmung etwas groß ist, wurde festgestellt, daß Galliumchlorid von Aluminiumchlorid zurückgehalten worden war, das sich durch weiteres Auswaschen entfernen ließ. Der Fehler sank dann auf ± 0,1 bis ± 0,2 mg.

Literatur.

Ato, S.: Papers Inst. Phys. Chem. Res. **14**, 35 (1930); Fr. **93**, 115 (1933).
Barber, H. H. u. I. M. Kolthoff: Am. Soc. **50**, 1625 (1928).
Churchill, H. V., R. W. Bridges u. M. F. Lee: Ind. eng. Chem. Anal. Edit. **2**, 405 (1930).
Gooch, F. A. u. C. N. Boynton: Am. J. Sci. (4) **31**, 212. — Gooch, F. A. u. F. S. Havens: (a) Am. J. Sci. **11**, 416 (1896); (b) Z. anorg. Ch. **13**, 435 (1897).
Havens, F. S.: (a) Z. anorg. Ch. **16**, 15 (1898); (b) Z. anorg. Ch. **18**, 147 (1898); (c) Am. J. Sci. **11**, 416 (1896).
Minnig, H. D.: Am. J. Sci. (a) [4] **39**, 197—200 (1915); (b) [4] **40**, 482 (1915).
Palkin, S.: Ind. Eng. Chem. **9**, 951—953 (1917). — Pinerua, E.: C. r. **124**, 862—863 (1897).
Schürmann, E. u. A. Schob: Ch. Z. **48**, 97 (1924). — Steinhäuser, K.: Sitzung des *Chemikerfachausschusses des Vereins Deutscher Metallhütten- und Bergleute* 26. 4. 34.

§ 5. Fällung des Aluminiums als Lithiumaluminat.

Vorbemerkung. Prociv bestätigt die Angaben von Heyrovský, daß Lithiumaluminat durch Zufügen einer Lösung von Lithiumhydroxyd zu einer Lösung von Aluminiumsalzen oder durch Zufügen einer Lösung von Lithiumsalz zu einer Lösung von alkalischen Aluminaten gefällt wird. In allen Fällen war die Zusammensetzung des Niederschlages $LiH(AlO_2)_2 \cdot 5\,H_2O$, der bei mäßigem Erhitzen in $Li_2O \cdot 2\,Al_2O_3$ übergeführt wurde. Prociv gibt die Löslichkeit des Lithiumaluminates zu $1{,}2 \cdot 10^{-4}$ g pro Liter Wasser bei 25° an. Eine quantitative Bestimmung des Aluminiums gelingt bei Zugabe eines Überschusses von Lithiumsalzlösung zu einer Aluminiumlösung, wenn die Lösung alkalisch gemacht wird.

Nach der Arbeit von Dobbins und Sanders soll jedoch das atomare Verhältnis im Aluminat 2 Li:5 Al betragen, was der Formel $2\,Li_2O \cdot 5\,Al_2O_3$ entspricht. Der Niederschlag soll in Lösungen, die eben gegen Phenolphthalein alkalisch sind, gefällt werden. Statt Natriumhydroxyd oder Kaliumhydroxyd verwendet man besser Ammoniak, das flüchtig ist und, falls etwas Ammoniumsalz nach dem Auswaschen zurückbleibt, sich mit diesem beim Erhitzen des Niederschlages verflüchtigt. Die Methode gibt z. B. bei Untersuchung von Alaunlösungen brauchbare Resultate.

Der Niederschlag fällt in flockiger Form aus und läßt sich sehr leicht und schnell abfiltrieren und auswaschen. Er hat daher gewisse Vorzüge gegenüber der Fällung mit NH_3-Lösung, vor allem den der größeren Genauigkeit. Da er sehr voluminös ist, sollten nicht mehr als 0,1 g Lithiumaluminat verarbeitet werden.

***Arbeitsvorschrift nach* Dobbins *und* Sanders.** Aliquote Anteile von Aluminiumsalzlösungen, welche annähernd 0,1 g Lithiumaluminat ergeben würden, werden auf 100 cm³ verdünnt. Zur Lösung gibt man einige Tropfen Phenolphthalein und Lithiumchlorid im Überschuß. Unter Umrühren wird verdünnte NH_3-Lösung bis zur Wahrnehmung einer schwachen Rotfärbung zugegeben. Wenn zuviel

NH_4OH-Lösung zugesetzt wurde, wird verdünnte Salzsäure zugefügt, bis die gewünschte Rotfärbung erreicht ist. Es fällt ein voluminöser, flockiger Niederschlag aus, der schnell und leicht abfiltriert werden kann. Man läßt 5 Min. absitzen, filtriert und wäscht mit destilliertem Wasser bis die Waschwässer chloridfrei sind. Für eine Probe, die einen Niederschlag von etwa 0,1 g gibt, ist ein 11 cm-Filter erforderlich. Nach dem vollständigen Auswaschen werden Filter und Niederschlag in einen Tiegel gebracht und bei niederen Temperaturen getrocknet. Alsdann steigert man die Temperatur und glüht den Niederschlag bei einer hohen Temperatur bis zum konstanten Gewicht. Der Niederschlag wird gewogen und Aluminium nach der Formel 2 $Li_2O \cdot 5\ Al_2O_3$ berechnet.

***Bemerkungen*. I. Genauigkeit** nach Angaben von DOBBINS und SANDERS.

Gefunden: 0,1085 g, 0,1072 g, 0,0997 g, 0,10298 g 2 $Li_2O \cdot 5\ Al_2O$.
Berechnet: 0,1083 g, 0,1070 g, 0,0996 g, 0,1030 g 2 $Li_2O \cdot 5\ Al_2O$.

II. Anwendung der Methode zur Trennung des Aluminiums von Zink (FISH und SMITH jun.). Vorbemerkung. FISH und SMITH jun. bestätigen die Angaben von DOBBINS und SANDERS und wenden die Fällung des Aluminiums als Lithiumaluminat zur Trennung von Zink bei Gegenwart von Ammoniumsalzen an. Ammoniumacetat stört nicht bei der Fällung des Lithiumaluminates und verhindert die Fällung des Zinks unter denselben Bedingungen. Ebenso verhält sich Ammoniumchlorid, während Ammoniumtartrat die Fällung des Aluminiums und Zinks verhindert. Da bei der voluminösen Beschaffenheit des Lithiumaluminates etwas Zink mechanisch eingeschlossen werden kann, ist Doppelfällung erforderlich. Als Waschflüssigkeit verwendet man eine 2%ige Lösung von Ammoniumacetat, um die Fällung des Zinks mit dem Aluminium während des Auswaschens zu vermeiden. Nach der endgültigen Fällung und nach dem Auswaschen des Zinks wird destilliertes Wasser angewendet, um Ammoniumacetat aus dem Niederschlag zu entfernen. Die Trennschärfe soll nach den Angaben der Autoren größer sein als bei der Ammoniak- oder der Phosphatmethode.

Arbeitsvorschrift. Die auf ein Volumen von 100 cm³ gebrachte Lösung der Aluminium- und Zinksalze wird mit einer Lithiumchloridlösung versetzt und, zwar mit einem Überschuß über die zur Fällung von Lithiumaluminat erforderliche Menge hinaus. Darauf werden einige Tropfen Phenolphthaleinlösung und 5 g festes Ammoniumacetat zugegeben. Man fügt dann tropfenweise verdünnte NH_3-Lösung unter ständigem Umrühren hinzu, bis eine sehr schwache, rote Färbung erreicht wird. Den voluminösen Niederschlag läßt man 10 Min. absitzen, filtriert ihn ab und wäscht ihn mit einer 2%igen Lösung von Ammoniumacetat. Nach dem Auswaschen wird das Filtrat für die Bestimmung des Zinks beiseite gestellt, der Niederschlag in möglichst wenig heißer verdünnter Salpetersäure vom Filter in das Becherglas, das für die Hauptfällung benutzt worden ist, gelöst und das Filter mit verdünnter Salpetersäure gut nachgewaschen. Man fügt 5 g Ammoniumacetat, 3 cm³ Lithiumchloridlösung (10%ig) und einige Tropfen Phenolphthalein hinzu und dann tropfenweise unter Umrühren verdünnte NH_3-Lösung, bis ein schwaches Rot erscheint. Man läßt das Lithiumaluminat absitzen, filtriert ab und wäscht mit 2%iger Ammoniumacetatlösung wie zuvor. Das Filtrat wird zu dem der ersten Fällung gegeben und für die Zinkbestimmung aufbewahrt. Die Fällung wird dann in gleicher Weise noch ein drittes Mal wiederholt und nach dem Filtrieren und Auswaschen mit 2%iger Ammoniumacetatlösung schließlich mit destilliertem Wasser nachgewaschen. Man trocknet alsdann und glüht bis zum konstanten Gewicht bei 900 bis 950° C. Das Aluminium wird nach der Formel 2 $Li_2O \cdot 5\ Al_2O_3$ (47,40% Al) berechnet.

Die vereinigten Filtrate von den drei Fällungen dampft man auf 200 cm³ ein und bestimmt darin das Zink nach der Phosphatmethode.

Genauigkeit. Bei Anwendung von 39,9 mg Al und 40,3 mg Zn fanden FISH und SMITH bei 9 Bestimmungen Differenzen von — 0,8 bis + 0,6 mg Aluminium und — 0,7 bis + 0,5 mg

Zink, bei Anwendung von 55,8 mg Al und 40,3 mg Zn Differenzen von — 0,3 bis + 0,1 mg Al und — 0,1 bis + 0,8 mg Zn und bei Anwendung von 15,9 mg Al und 40,3 mg Zn Differenzen von — 0,2 bis — 0,4 mg Al und — 0,2 bis ± 0,0 mg Zn.

MAHR schlägt vor, die zweite Filtration durch das schon einmal gebrauchte Filter vorzunehmen, da sich Aluminiumsalze nur schwer aus dem Filter auswaschen lassen. Die von FISH und SMITH gelegentlich erhaltenen Minderbefunde von 0,8 mg Al bei einer Einwage von 39,9 mg Al sind anscheinend darauf zurückzuführen.

Die Methode gibt nach Ansicht der Autoren bessere Resultate als die Ammoniak- oder die Phosphatmethode.

Literatur.

FISH, F. H. u. J. M. SMITH jun.: Ind. Eng. Chem. Analyt. Edit. 8, 349 (1936).
DOBBINS, J. T. u. J. P. SANDERS: Am. Soc. 54, 178 (1932).
HEYROVSKÝ, J.: Soc. 117/118, 1013 (1920).
MAHR, C.: Fr. 109, 348 (1937).
PROCIV, D.: Coll. Trav. chim. Tchécosl. 1, 95 (1929).

§ 6. Ferrocyanidmethoden.

1. Fällung des Aluminiums mit Calciumferrocyanid nach GASPAR y ARNAL.

Zum Nachweis und zur Bestimmung des Aluminiums verwendet GASPAR y ARNAL eine wäßrig-alkoholische Lösung von Calciumferrocyanid als Reagens auf Aluminium. Zur Herstellung des Reagenses löst man 20 g Calciumferrocyanid $[Ca_2Fe(CN)_6 \cdot 12\,H_2O]$ in 670 cm^3 Wasser und setzt 400 cm^3 96%igen Alkohol zu. Zur Fällung des Aluminiums gibt man die 0,02 bis 1 mg Al je Kubikzentimeter enthaltende, neutrale Aluminiumlösung zu einer entsprechenden Menge Reagens, erhitzt zum Sieden und läßt abkühlen.

Die quantitative Bestimmung des Aluminiums nach dieser Methode kann nephelometrisch, potentiometrisch, gravimetrisch (durch Trocknen des Niederschlages bei 85 bis 90°) oder durch Bestimmung des Reagensüberschusses mittels Permanganatlösung durchgeführt werden. In diesem Fall ist der Niederschlag mit verdünntem Alkohol zu waschen und auch die Analysenlösung vor der Fällung mit Alkohol zu versetzen. Beryllium gibt ähnlich wie Aluminium einen Niederschlag mit Calciumferrocyanid, der jedoch im Gegensatz zu dem Aluminiumniederschlag in Wasser löslich ist. Daher sollen sich Aluminium und Beryllium nach den Angaben von GASPAR y ARNAL durch Fällung mit alkoholischer Lösung, durch anschließendes Verdünnen mit Wasser und Filtration voneinander trennen lassen.

2. Maßanalytische Ferrocyanidmethode zur Bestimmung der freien Säure in Aluminiumsalzlösungen nach IWANOW.

Vorbemerkung. Aus der warmen, „neutralen“ oder schwachsauren Lösung des Sulfates wird das Aluminium mittels Ferrocyankaliums gefällt. Nach Zugabe von Bariumchlorid titriert man die freie Säure mit Natronlauge.

Die Angaben IWANOWS beziehen sich nur auf die Bestimmung der freien Säure. Zur Ermittlung des Aluminiumgehaltes muß man nach einer der bekannten acidimetrischen Methoden auch die *Gesamtsäure* bestimmen (vgl. S. 206 bzw. 208).

ZSCHOKKE und HÄUSELMANN fanden bei ihren Versuchen mit der Methode von IWANOW, daß sich die Lösung nach dem Fällen mit Ferrocyanid und Bariumchlorid selbst nach 12stündigem Stehen nicht richtig klärt und daß daher die Titration mit Methylorange als Indicator unsicher ist. Die Autoren änderten die Methode nach IWANOW dahin ab, daß sie zuerst Bariumchlorid- und dann erst Ferrocyanidlösung zugaben und erreichten durch Zusatz einer kleinen Menge Gelatinelösung gute Flockung und rasches Absetzen des Niederschlages.

Arbeitsvorschrift nach ZSCHOKKE und HÄUSELMANN. In einen 100 cm^3-Meßkolben gibt man 10 cm^3 der zu untersuchenden Tonerdelösung (etwa 7 bis 9 g Al_2O_3/l), 10 cm^3 10%ige Bariumchlorid- und 5 cm^3 10%ige Kaliumferrocyanidlösung und dann 60 cm^3 siedendes Wasser. Nun fügt man unter Umschütteln tropfenweise 20%ige Gelatinelösung zu, bis der gebildete Niederschlag flockig wird und sich leicht absetzt, was nach Zusatz von 1 bis 1,5 cm^3 der Fall ist. Nach dem Abkühlen füllt man auf 100 cm^3 auf und filtriert, nachdem man den Niederschlag kurze Zeit hat absitzen lassen. 50 cm³ des klaren Filtrats werden mit 0,1 n Natronlauge unter Verwendung von Methylorange titriert.

Die Lösung soll nicht heißer als 85° C und der Ferrocyanidüberschuß nicht zu groß sein. Tonerdelösungen mit einer etwa 1 n Schwefelsäurekonzentration (etwa 5%ig) werden vor der Fällung mit 0,1 n Natronlauge abgestumpft.

Literatur.

GASPAR y ARNAL, T.: An. Soc. Espan. Fis. Quim. **32**, 868 (1934); durch C **106** I, 2051 (1935) und Fr. **103**, 210 (1935).

IWANOW, W. N.: Ch. Z. **37**, 805, 814 (1913).

ZSCHOKKE, H. u. L. HÄUSELMANN: Ch. Z. **46**, 302 (1922).

§ 7. Fluoridmethoden.

1. Potentiometrische Bestimmung mit Natriumfluorid nach TREADWELL und BERNASCONI.

Allgemeines. Als erste haben TREADWELL und BERNASCONI (1930) die Bildung des komplexen schwerlöslichen Aluminiumnatriumfluorids nach der Gleichung: $AlCl_3 + 6\,NaF = Na_3AlF_6 + 3\,NaCl$ zur potentiometrischen Aluminiumsbestimmung mit Erfolg angewendet. Die Autoren verwenden zur Endpunktsanzeige das Redoxsystem $Fe^{\cdots}/Fe^{\cdot\cdot}/Pt$ (blank), dessen Redoxpotential erst nach vollständiger Umsetzung des vorhandenen $Al^{\cdots}$ zu AlF_6''' unter Bildung des Komplexes FeF_6''' mit dem ersten überschüssigen Natriumfluorid sich sprunghaft verändert. Es liegt also das Gleichgewicht der obigen Komplexbildungsreaktion bei Aluminiumsalzen in stärkerem Maße auf der rechten Seite der Gleichung als bei Eisensalzen. Die praktische Durchführung der Titration erfolgt ganz ähnlich wie die potentiometrische Bestimmung des Fluors mit Ferrichloridlösung nach W. D. TREADWELL und A. KÖHL.

BELENKI und SSOKOLOW haben die Natriumfluoridmethode nachgeprüft und auf Farbbäder angewendet. Über den Einfluß fremder Kationen oder Anionen liegt wenig Erfahrung vor, was auch KOLTHOFF und FURMAN sowie HILTNER angeben. HARMS und G. JANDER teilen gelegentlich ihrer Versuche über die konduktometrische Bestimmung des Fluors auf der Basis der Na_3AlF_6-Fällung mit, daß die Bildung dieses Komplexes durch Chlorid-, Nitrat-, Sulfat- und Silicat-Ion nicht gestört wird.

Neuerdings hat TAZAJAN das potentiometrische Natriumfluoridverfahren nachgeprüft und auf die Bestimmung von Aluminium in Silicaten neben Eisen, Titan und Kieselsäure angewendet. Es ergaben sich gute Resultate. Auch H. STEUER fand zufriedenstellende Ergebnisse, weist aber darauf hin, daß zur Vermeidung unregelmäßiger Potentialsprünge die Zugabe der Anteile der Reagenslösung (Natriumfluorid) in gleichen Zeitabständen und das Rühren gleichmäßig erfolgen muß.

Ähnliche Versuche führte auch STEFANOVSKY und SVIRENKO durch.

Arbeitsvorschrift nach TREADWELL und BERNASCONI. **Apparatur.** Als Titrationsgefäß diente ein Becherglas von 150 cm³ Volumen mit seitlicher Einführung der Indicatorelektrode (blankes Platinblech von 1 cm² Oberfläche) und der Bezugselektrode (Silberchloridelektrode: 0,382 V gegen Normalwasserstoffelektrode). Das Becherglas war verschließbar durch eine Gummiplatte, welche mit Durchbohrungen für die Zu- und Ableitung des Kohlendioxydstroms, den Rührer und die Bürette versehen war. Durch den Kohlendioxydgasstrom wird der Luftsauerstoff ferngehalten, damit das zu der Lösung gefügte Ferrochlorid unverändert bleibt. Die elektrische Spannung der Kette wird mit Hilfe eines der üblichen Kompensationsapparate gemessen.

Titration. Die Aluminiumsalzlösung, welche höchstens 0,008 n an Säure sein soll, wird im Titrationsgefäß mit Kochsalz gesättigt und hierauf mit 96%igem Alkohol auf das Doppelte verdünnt. Nachdem 5 Min. ein kräftiger Kohlendioxydstrom eingeleitet worden ist, setzt man 2 Tropfen der Ferro-Ferri-Lösung (s. unten) zu und führt nun die Titration mit 0,5 n Natriumfluoridlösung aus. Der Kohlendioxydstrom und der Glasrührer werden während der Titration in Gang gehalten. Da die Bildung des Fluoridkomplexes Zeit beansprucht, muß die Titration langsam vorgenommen werden. Man benötigt etwa $^3/_4$ Std. für eine Aluminiumbestimmung. Zur Herstellung der Ferro-Ferri-Lösung löst man 20 g $FeCl_2 \cdot 4\,H_2O$ in 100 cm^3 Wasser und versetzt mit etwas Ferrichlorid.

Genauigkeit. STEUER hat fünf Beleganalysen ausgeführt, wobei 0,0360 g Aluminium in Anwesenheit je eines der Metalle Chrom (3), Eisen (3), Uran (6), Titan (4) mit einem Fehler von 0,2 mg (0,5%) wiedergefunden wurden. In Silicaten und Erzen mit verschiedenstem Kieselsäure- und Eisengehalt sowie Aluminiumoxydgehalten zwischen 0,25 und 0,49% erhielten STEFANOVSKY und SVIRENKO im Mittel auf etwa 1,5% mit den gravimetrischen Werten übereinstimmende Resultate.

Einfluß fremder Ionen. Die Angaben von TREADWELL und BERNASCONI beziehen sich zunächst nur auf Analysen an reinen Aluminiumchloridlösungen und deren Gemischen, bei welchen Titrationskurven von dem in Abb. 3 wiedergegebenen Typ erhalten wurden. Bei Anwesenheit von Magnesium tritt vor dem „Aluminiumsprung" ein noch ungeklärter Potentialabfall ein. Die Titration führte bei Mengenverhältnissen des Aluminiums zu Magnesium von 1:10 bis 10:1, auch noch bei Konzentrationen von 0,01 n, zu recht genauen Werten für beide Metalle.

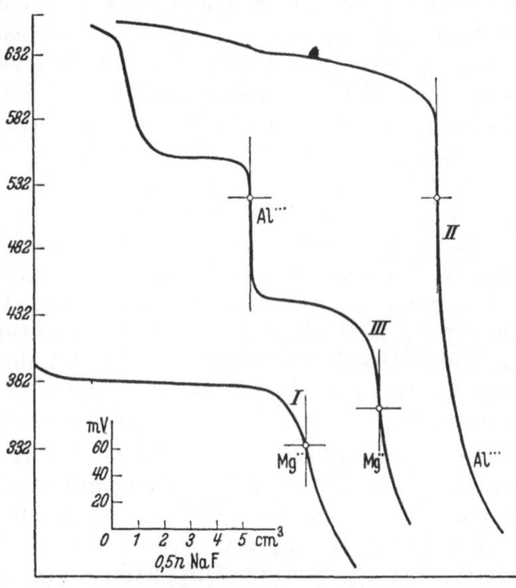

Abb. 3. Potentiometrische Titration von Aluminium-(Aluminium-Magnesium und Magnesium)lösung mit Natriumflurid (TREADWELL und BERNASCONI).

Wie bereits erwähnt, fand TAZAJAN (1939), daß das potentiometrische Natriumfluoridverfahren auch in Anwesenheit von Titan und Kieselsäure sowie Eisen ohne Störungen angewendet werden kann. Man hat danach also die Möglichkeit, das Aluminium in Silicaten sowie in metallischem Aluminium, Eisen und Titan in der mit Ammoniak erhaltenen Fällung zu bestimmen. TAZAJAN löst die Hydroxyde durch tropfenweise Zugabe von Salzsäure in der Wärme, bis die Lösung klar ist und Methylrot umschlägt. Anschließend wird die TREADWELLsche Arbeitsweise befolgt. Der Aluminiumsprung hat in Anwesenheit größerer Eisenmengen eine etwas andere Gestalt, aber es werden trotzdem gute, mit den gravimetrischen Resultaten übereinstimmende Aluminiumwerte erzielt.

2. Acidimetrische Bestimmung der freien Säure in Aluminiumsalzlösungen in Gegenwart von Kaliumfluorid.

Vorbemerkung. Durch Reaktion mit Kaliumfluorid werden Aluminiumsalze in mäßig saurer Lösung in schwerlösliches Kaliumaluminiumhexafluorid (K_3AlF_6) übergeführt. Es kann dann die freie Säure mit Lauge titriert werden, ohne daß Hydrolyse des Aluminiums zu befürchten ist; Eisen-, Chrom-, Zink- und Ammoniumsalze stören die Titration.

EDER hat eine kritische Nachprüfung verschiedener Methoden zur Titration der freien Schwefelsäure in Aluminiumsalzen durchgeführt, nämlich der direkten acidimetrischen Methode (vgl. S. 206), der Methode von BEILSTEIN und GROSSET (vgl. S. 208), der Ferrocyanidmethode nach IWANOW, ZSCHOKKE und HÄUSELMANN (vgl. S. 241), der jodometrischen Oxalatmethode nach FEIGL und KRAUSS (vgl. S. 198), sowie der Fluoridmethode nach TELLE bzw. CRAIG. Die Fluoridmethode erwies sich hierbei als am genauesten. TH. EDER (b) empfiehlt die Anwendung von Phenolrot (Umschlag p_H 6,8 bis 8,4) als Indicator an Stelle von Phenolphthalein. Die störende Wirkung kleinerer Ammoniumsalzmengen, wie sie etwa im Ammoniumalaun vorhanden sind, wird dadurch praktisch ausgeschaltet.

TELLE titrierte die gesamte und die freie Säure mit Bariumhydroxyd und Phenolphthalein in der Hitze. FISCHL titriert die freie Säure mit Natronlauge und bestimmt die gebundene Säure durch Rücktitration von im Überschuß zugesetzter Natronlauge bis zur Entfärbung von Phenolphthalein.

Auch von anderen Autoren, die allerdings die Arbeit von TELLE nicht erwähnen, wurde die Fluoridmethode benutzt, und zwar setzen CRAIG, ferner SCOTT sowie CONGDON und CARTAR eine bekannte überschüssige Menge 1 n Schwefelsäure zu, die dann einmal mit und einmal ohne Zusatz von Kaliumfluorid mit Lauge gegen Phenolphthalein zurücktitriert wird.

Die Titration der in Lösungen *basischer* Aluminiumsalze durch Zusatz von Kaliumfluorid freigemachten KOH-Menge ist kein genaues Maß für den Grad der Basizität dieser Salze; man wird deshalb stets die von den zuletzt genannten Autoren benutzte Arbeitsweise der Zugabe eines kleinen Säureüberschusses zur Aluminiumlösung anwenden. Nach Angaben von L. MALAPRADE verläuft die Umsetzung zu Kaliumaluminiumhexafluorid und Kaliumhydroxyd in Gegenwart von Seignettesalz quantitativ. Die mit der Kaliumfluoridmethode erreichte *Genauigkeit* ist meist besser als 1%. Auch in neuerer Zeit wird die Kaliumfluoridmethode vielfach erwähnt und angewendet.

***Arbeitsvorschrift nach* TELLE.** Zur Bestimmung der Gesamtsäure werden 10 cm³ 2%ige Alaunlösung mit 40 cm³ Wasser verdünnt, zum Sieden erhitzt und mit 0,1 n $Ba(OH)_2$-Lösung gegen Phenolphthalein titriert.

Zur Bestimmung der freien Säure erhitzt man 50 cm³ Kaliumfluoridlösung (mit 0,5 bis 1 g KF, in Anwesenheit von viel Erdalkalisalz entsprechend mehr) zum Sieden und neutralisiert mit Natronlauge gegen Phenolphthalein. Man fügt dann 10 cm³ Aluminiumsalzlösung zu (Konzentration entsprechend etwa 20 g Kaliumalaun pro Liter), erhält weiter im Sieden und gibt unter Umschütteln 0,1 n Barytlauge zu bis zur schwachen Rotfärbung.

***Arbeitsvorschrift nach* J. J. CRAIG.** Kaliumfluoridlösung: Es wird durch Lösen von reinstem Kaliumfluorid eine 50%ige Lösung hergestellt, welche mit Schwefelsäure- oder Natronlaugezusatz derart neutralisiert wird, daß eine auf das 10fache verdünnte Probe schwache Rotfärbung mit Phenolphthalein zeigt.

Zur Bestimmung der *freien* Säure gibt man 20 cm³ der zu untersuchenden Aluminiumsalzlösung (mit etwa 0,1 bis 0,3 g Aluminiumoxyd) unter Rühren zu 10 cm³ der Kaliumfluoridlösung, welche mit 50 cm³ Wasser verdünnt und mit 0,5 cm³ 0,2%iger Phenolphthaleinlösung versetzt wurde. Zu dem bei Anwesenheit freier Säure praktisch farblosen Gemisch gibt man langsam 0,5 n oder 0,1 n Natronlauge bis zur bleibenden schwachen Rotfärbung.

Lösungen von nahezu neutralen oder basischen Aluminiumsalzen versetzt man vor Ausführung obiger Operationen mit einer gemessenen Menge 0,5 n Schwefelsäure, erhitzt und nimmt dann die Titration der erkalteten Lösung mit Natronlauge, wie beschrieben, vor.

3. Trennung des Aluminiums von Beryllium durch Fällung des Aluminiums als Na_3AlF_6.

TANANAJEW und TALIPOW trennen Beryllium von Aluminium, Eisen, Calcium und Magnesium durch Zusatz eines Überschusses von Natriumfluorid zu der diese enthaltenden Lösung, wobei Na_3AlF_6, Na_3FeF_6, MgF_2 und CaF_2 ausfallen, während Beryllium als Komplex Na_2BeF_4 in Lösung bleibt.

Literatur.

BELENKI, L. J. u. J. J. SSOKOLOW: Za Rekonstrukziyn Tekstil Prom. **13**, Nr 11, 35—40 (1934).

CONGDON, L. A. u. A. CARTAR: Chem. News **128**, 98 (1924). — CRAIG, T. J. I.: J. Soc. chem. Ind. **30**, 184 (1911).

EDER, TH.: (a) Fr. **119**, 399 (1940); (b) **119**, 409 (1940).

FISCHL, S.: Diss. Prag 1900, Abhandl. Dtsch. naturw. med. Ver. Böhmen „Lotos" **3**, 213 (1913); Ch. Z. **46**, 504 (1922).

HARMS, J. u. G. JANDER: Z. Elektrochem. u. phys. Chem. **42**, 315 (1936). — HILTNER, W.: Ausführung potentiometrischer Analysen **1935**, 92.

KOLTHOFF, J. M. u. H. FURMAN: Potentiometric Titrations, 2. Aufl. New York 1931.

MALAPRADE, L.: Congr. chim. ind. Nancy **18**, I, 115 (1938).

SCOTT, W.: J. Ind. Eng. Chem. **7**, 1059 (1915). — STEFANOVSKY, V. F. u. V. D. SVIRENKO: Betriebslabor. **9**, 1151 (1940). — STEUER, H.: Fr. **118**, 385 (1940).

TANANAJEW, Iw. u. SCH. TALIPOW: Bull. Acad. Sci. U. R. S. S. Ser. chim. **1938**, Nr 2, 547—553 (russ.); durch C. **1939 II**, 1341. — TAZAJAN, M. A.: Betriebslabor. (russ.) **1939**, H. 3, 273. — TELLE, L.: Bl. Sci. pharmacol. **16**, 656 (1909). — TREADWELL, W. D. u. E. BERNASCONI: Helv. **13**, 500 (1930). — TREADWELL, W. D. u. KÖHL: Helv. Chim. Acta **8**, 501 (1925).

§ 8. Bestimmung des Aluminiums unter Abscheidung mittels o-Oxychinolins.

Allgemeines.

Die am häufigsten benutzten klassischen Bestimmungsmethoden des Aluminiums als Oxyd und Phosphat erlauben es bekanntlich nicht ohne erhebliche Schwierigkeiten genauere Alumniumbestimmungen mit einem relativen Fehler von nur wenigen Zehntelprozenten auszuführen, weshalb stets Bedürfnis nach einem exakteren Verfahren vorhanden war. In der Abscheidung des Aluminiums als krystallines, schwerlösliches und definiert zusammengesetztes Komplexsalz des o-Oxychinolins wurde ein Verfahren gefunden, das größere Genauigkeit und bezüglich der Behandlung des Niederschlages auch bequemeres Arbeiten ermöglicht. Die erste Vorschrift zur Aluminiumbestimmung mit Oxychinolin wurde von HAHN und VIEWEG 1927 veröffentlicht. In einer vorläufigen Mitteilung hatte HAHN (a), (b) bereits im Jahre 1926 die analytisch günstigen Eigenschaften des Aluminiumkomplexes mit Oxychinolin[1] hervorgehoben. Bald darauf beschrieb BERG (a), nachdem er bereits 1926 seine bromometrische Bestimmung des Oxychinolins angegeben hatte, „die metallkomplexbildende Eigenschaft des o-Oxychinolins und ihre analytische Verwendung" unter Angabe der Empfindlichkeit der Fällung zahlreicher Metalle mit Oxin. Daran anschließend und vor der genannten experimentellen Arbeit von HAHN und VIEWEG hatte BERG (b), (c) praktische Ergebnisse über die Bestimmung des Magnesiums und Kupfers mitgeteilt und dann (ebenfalls 1927) auch über die Bestimmung des Zinks, Cadmiums und schließlich des Aluminiums berichtet. Im gleichen Jahre hat auch KOLTHOFF gravimetrische Analysenergebnisse für Aluminium veröffentlicht.

Trotzdem die praktische Brauchbarkeit und die Bedeutung des Oxychinolinverfahrens für die quantitative Aluminiumbestimmung durch zahlreiche experimentelle Arbeiten vieler Autoren erwiesen ist, hat dieses Verfahren bisher noch nicht in allen analytischen Laboratorien eine umfangreiche Anwendung gefunden, wofür wohl nachfolgende Gründe maßgebend waren. Erstens ist Oxychinolin für Aluminium kein spezifisches Fällungsmittel (in gewissem Sinne sogar weniger spezifisch als die Fällung mit Ammoniak oder Phosphat), sondern die meisten Metalle werden, wie ein Blick auf die Kurven der p_H-Existenzbereiche der Oxychinolate (Abb. 3) zeigt, im mittleren (schwach sauren und schwach alkalischen)

[1] Von HAHN kurz „Oxin" genannt.

p_H-Bereich zusammen mit Aluminium gefällt. Solange man das Verhalten aller praktisch in Frage kommenden Elemente gegenüber Oxin noch nicht kannte, bestand selbstverständlich bezüglich der gleichzeitigen Fällung Unsicherheit [vgl. z. B. KLASSE (a), (b), (c) und KOCH], welche jedoch durch neuere systematische Untersuchungen über die p_H-Grenzen der Fällung der Metalle [vgl. FLECK und WARD (a), (b), ferner GOTÔ (a), (b), (c), sowie SCHIBA] weitgehend behoben wurde. Wie schon erwähnt, sind ja auch Aluminiumhydroxyd und -phosphat keine für Aluminium charakteristischen Abscheidungsformen und man muß, ebenso wie bei der quantitativen Bestimmung mit Oxin, in Anwesenheit fremder Metalle *Vortrennungen ausführen* (vgl. Abschnitt Trennungen). Zweitens waren zu Anfang die Arbeitsbedingungen besonders die Fällung in schwach saurer Lösung nicht scharf genug festgelegt und die Fehlerquellen sind bisher nur wenig diskutiert worden. Die Arbeitsvorschriften verschiedener Autoren weichen voneinander ab und auch über die Genauigkeit sind gewisse Widersprüche in der Literatur vorhanden. Das Oxinverfahren ist trotzdem bereits in seiner heutigen Form den anderen Verfahren zur Bestimmung des Aluminiums deutlich überlegen. Zur Schaffung einer Methode höherer Präzision wären jedoch ergänzende Untersuchungen erwünscht, welche z. B. unter Berücksichtigung der Löslichkeit des Aluminiumoxinates für die bestmögliche Genauigkeit bei sicherer Produzierbarkeit die Arbeitsbedingungen festlegen sollten.

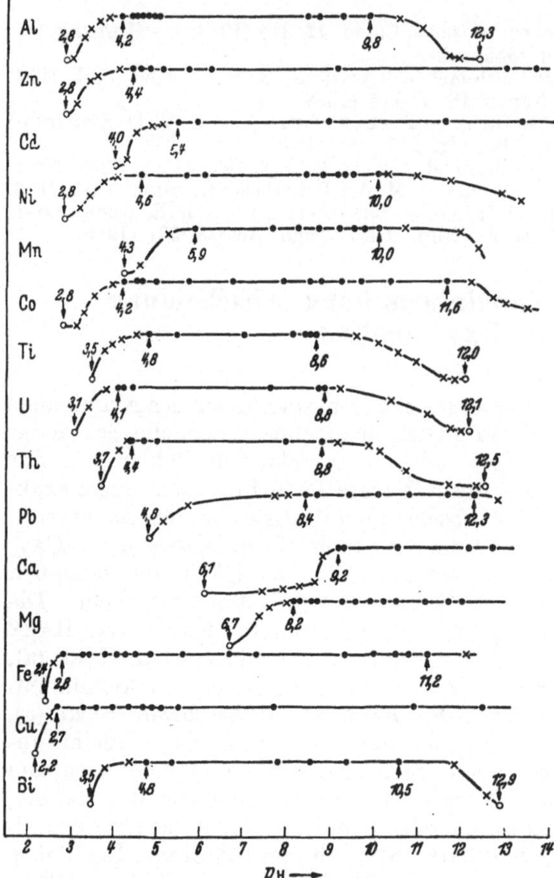

Abb. 4. p_H-Abhängigkeit der Ausfüllung von Metallen mittels Oxychinolin nach GOTÔ. • vollständige Füllung, × teilweise Füllung, o keine Füllung.

Obwohl Oxin kein spezifisches Reagens auf Aluminium ist, kann damit eine Anzahl wichtiger Trennungen ausgeführt werden, von welchen hier nur einige erwähnt seien, nämlich die direkte Aluminiumbestimmung in Anwesenheit von Beryllium oder Magnesium und der Erdalkalimetalle (in schwach essigsaurer Lösung), von Phosphat, Fluor [LUNDELL und KNOWLES; WASSILJEW], Weinsäure, Borsäure u. a. oder die Trennung von Eisen und anderen Schwermetallen nach deren Tarnung mittels Kaliumcyanids.

Das Aluminiumoxychinolat ist zugleich die einzige Abscheidungsform des Aluminiums, auf deren Grundlage fast alle üblichen analytischen Bestimmungsarten möglich und auch praktisch verwertbar sind. Es sind dies die gravimetrische, maßanalytische (auch potentiometrische) und die colorimetrische Bestimmung. Auch als gravimetrisches Mikroverfahren hat die Oxinmethode zur Bestimmung und Trennung des Aluminiums schon gute Dienste geleistet.

Eigenschaften des o-Oxychinolins. Das o-Oxychinolin oder 1,8-Oxychinolin („Oxin", Chinophenol) besitzt die Bruttoformel C_9H_7ON. Das Molekulargewicht beträgt 145,06. Die Konstitution wird durch die nebenstehende Strukturformel I wiedergegeben.

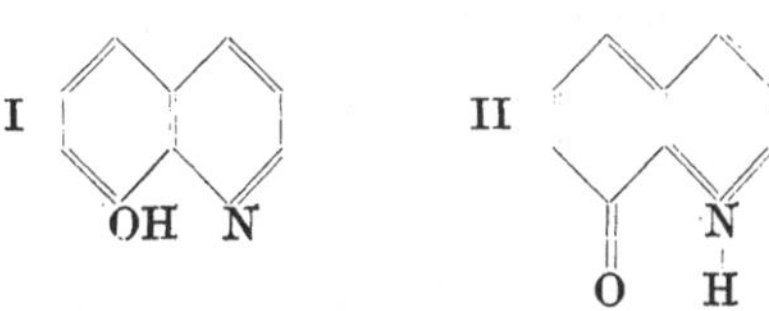

In reinem Zustand krystallisiert das o-Oxychinolin in weißen Nadeln (Prismen) von phenolartigem Geruch, deren Schmelzpunkt bei 75° C liegt. Schon bei mäßiger Temperatur, 60° C, tritt Sublimation ein. Mit Wasserdämpfen ist Oxin verhältnismäßig leicht flüchtig und kann durch Eindampfen ammoniakalischer Oxinlösung vollständig entfernt werden. Die Flüchtigkeit muß bei der maßanalytischen Bestimmung berücksichtigt werden. In wasserfreien organischen Lösungsmitteln löst sich Oxin zu — relativ zur Oxinkonzentration — nur schwach gefärbten (gelb in absolutem Methylalkohol, rötlichgelb in 99%igem Äthylalkohol) Lösungen, deren Färbungen schon bei Zusatz kleiner Wassermengen intensiver werden. Man nimmt an, daß mit dieser Farbänderung eine Umlagerung im Molekül des o-Oxychinolins entsprechend Strukturformel II stattfindet (vgl. PFEIFFER). Die Lösung reinsten o-Oxychinolins in Chloroform ist allerdings völlig farblos und bleibt es auch beim Schütteln mit Wasser!

Löslichkeit. In Wasser ist Oxin schwer löslich. Die bei 18° C gesättigte schwachgelbe Lösung ist $3{,}6 \cdot 10^{-3}$ mol (entsprechend 0,520 g/l) und hat einen p_H-Wert von 6,5 (KOLTHOFF). Bei 90° C beträgt die Löslichkeit [BERG (a)] etwa das 7fache (3,6 g/l). Eingehende Löslichkeitsuntersuchungen führte GOTÔ (c) durch.

Das Oxin verhält sich gleichzeitig wie eine schwache Säure und wie eine schwache Base, d. h. es ist eine amphotere Substanz. KOLTHOFF hat die Dissoziationskonstanten des Oxins als Säure und als Base bestimmt und folgende Werte gefunden:

$$K_S = 2 \cdot 10^{-10} \quad \text{und} \quad K_B = 2{,}3 \cdot 10^{-10},$$

woraus sich der p_H-Wert im isoelektrischen Punkt zu $p_H = 7{,}2$ berechnet. Bei diesem p_H-Wert muß die Löslichkeit des o-Oxychinolins ein Minimum haben, was die Löslichkeitsbestimmungen von KOLTHOFF bestätigen (vgl. nebenstehende Tabelle):

p_H-Wert (Phosphatpuffer)	Löslichkeit 18° C	g Oxin/l
6,0	$4{,}15 \cdot 10^{-3}$ mol	0,602
6,6	$3{,}88 \cdot 10^{-3}$ mol	0,562
7,0	$3{,}6 \cdot 10^{-3}$ mol	0,522
7,6	$3{,}95 \cdot 10^{-3}$ mol	0,572
8,4	$4{,}05 \cdot 10^{-3}$ mol	0,587

Als Chinolinderivat (Base) bildet Oxin mit Mineralsäure Chinoliniumsalze, die in Wasser mit intensiv gelber Farbe leicht löslich sind, z. B. Oxychinolinsulfat $(C_6H_7ON)_2 \cdot H_2SO_4$ oder Oxychinolinchlorid $C_6O_7ON \cdot HCl$. Oxychinolinacetat wurde bisher am häufigsten als Reagenslösung benutzt. Seine Löslichkeit ist geringer als diejenige der Salze der starken Mineralsäuren. In Natronlauge löst sich Oxin sehr leicht mit orangeroter Farbe unter Bildung des Phenolates.

Organische Lösungsmittel wie Äthyl-, Methylalkohol, Aceton, Chloroform, Benzol lösen Oxin leicht. Die Lösungen in Alkohol oder Aceton werden als Reagenslösungen benutzt, sind aber im Gegensatz zu den beständigen wäßrigen Lösungen der Chinoliniumsalze (Sulfat, Chlorid) nur wenige Wochen haltbar. — In Gemischen von 90 Teilen Wasser und 10 Teilen Äthylalkohol oder 95 Teilen Wasser und 5 Teilen Aceton ist die Löslichkeit doppelt, bei 90 Teilen Wasser und 10 Teilen Aceton dreimal so groß als in reinem Wasser [GOTÔ (c)].

Eigenschaften des Aluminiumoxychinolats. Auf Grund seiner sauren (phenolartigen) Natur bildet o-Oxychinolin mit zahlreichen zwei- und mehrwertigen Metallkationen schwerlösliche, krystalline Verbindungen, die als innere Komplexsalze zu betrachten sind. Dabei tritt eine Valenz des Kations an die Stelle des Wasserstoffatoms der Hydroxylgruppe und gleichzeitig findet noch gewisse Bindung des Metalls an das Stickstoffatom statt (vgl. Formel III für ein 2wertiges Kation). Auch eine der Strukturformel IV entsprechende Bindung (vgl. Strukturformel II des o-Oxychinolins) kann in den Bereich der Möglichkeiten gezogen werden. Im Aluminiumoxychinolat sind dementsprechend 3 Oxinreste auf 1 Atom Aluminium vorhanden, die Bruttoformel ist $(C_9H_6ON)_3Al$.

III N N O $\overset{II}{Me}$ O IV N N O $\overset{II}{Me}$ O

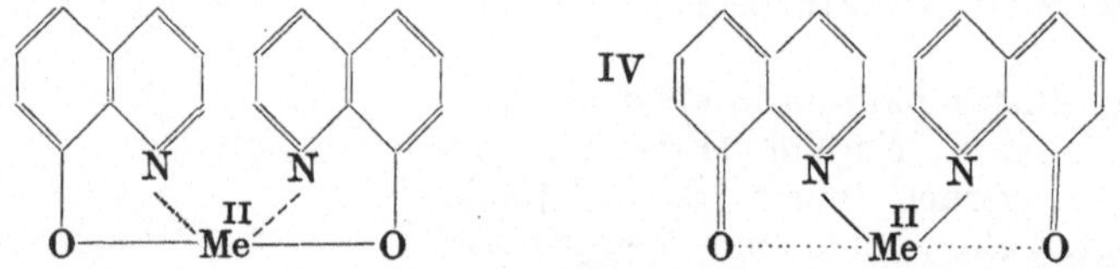

Unter den zur Fällung geeigneten Reaktionsbedingungen (s. u.) fällt das Oxinat in Form voluminöser gelbgrüner Flocken aus, die aus feinen Krystallen bestehen. Öfters bleiben diese Kryställchen in der Kälte zunächst teilweise als Trübung in dem Reaktionsgemisch fein verteilt, aber in der Hitze tritt leicht vollständige Zusammenballung und rasches Absetzen ein. Der Aluminiumkomplex enthält kein Krystallwasser und ist auch nicht hygroskopisch [Berg (f)]. Die an der Luft getrocknete Substanz enthält noch etwa 1% Wasser, das durch Trocknen bei 110° C leicht entfernt werden kann.

Die analytisch wertvollen Eigenschaften des Aluminiumkomplexes sind: 1. gute Filtrier- und Auswaschbarkeit infolge der krystallinen Beschaffenheit; 2. definierte Zusammensetzung und Beständigkeit; 3. geringe Löslichkeit; 4. geringe Neigung zu Adsorption; 5. niedriger Aluminiumgehalt (bzw. hohes Molekulargewicht), durch welchen Fehler in der Auswage des Aluminiumoxinates ausgeglichen werden und die besondere Eignung für die Mikrobestimmung des Aluminiums bedingt ist. Der Umrechnungsfaktor auf Aluminium beträgt 0,0587, auf Aluminiumoxyd 11,10 [Berg (f)].

Bezüglich der krystallinen Beschaffenheit des Aluminiumoxychinolates ist zu bemerken, daß offenbar häufig verschieden fein krystalline Niederschläge erhalten werden, was auch schon darin zum Ausdruck kommt, daß viele Autoren Filtration durch feinporige Glasfiltertiegel (Nr. G 4, Schott & Gen.) empfehlen, während man oft auch mit der Porenfeinheit einer gröberen Filtermasse (Nr. G 3) auskommt. Es besteht in dieser wichtigen Frage noch keine Klarheit. Offenbar spielt dabei ebenso wie für die Löslichkeit des frisch gefällten Oxinates neben anderen Fällungsbedingungen die Dauer des Stehens vor der Filtration und die Temperatur eine wichtige Rolle.

Gegenüber der Abscheidungsform des Aluminiums als Hydroxyd ist besonders der Vorzug hervorzuheben, daß selbst bei großen Sulfatkonzentrationen praktisch kein Sulfat durch das Oxinat adsorbiert wird[1]. Auch überschüssiges Oxychinolin wird bei sachgemäßem Arbeiten kaum adsorbiert. Eingehendere Untersuchungen hierüber wurden allerdings bisher nicht durchgeführt. Unabhängig von etwaiger adsorptiver Wirkung des Oxinates kann aber gegebenenfalls bei zu großem Reagensüberschuß Mitabscheidung von Oxychinolin stattfinden, weil die Löslichkeit des Oxins bei einem dem Neutralpunkt nahen Säuregrad des Fällungsgemisches viel kleiner ist als z. B. in Essigsäure oder Alkohol. Knowles hat bei einer Aluminiummenge von 0,1 g um etwa 0,5% (gravimetrisch) bzw. um 1 bis 2,8% (maßanalytisch) zu hohe Werte gefunden, was er durch Adsorption von überschüssigem Oxin erklärte.

Löslichkeit. Direkte Messungen der Löslichkeit des Aluminiumoxinates unter den Bedingungen der quantitativen Fällung liegen noch nicht vor, obwohl derartige Unterlagen für die Auffindung der besten Fällungsbedingungen und die Entscheidung der Frage, welche Genauigkeit mit dem Oxinverfahren überhaupt erreichbar ist, im Hinblick auf vorhandene Schwankungen in der Genauigkeit und sonstige Widersprüche, sehr wichtig wären. Die von Berg (a) und übereinstimmend

---

[1] Kolthoff hat in Gegenwart größerer Alkalisulfatmengen eigenartigerweise um 1% zu niedrige Aluminiumwerte erhalten.

auch von KOLTHOFF ermittelten Grenzkonzentrationen für die Fällung des Aluminiums mit Oxin können wohl zur näherungsweisen Beurteilung, aber nicht als Maßzahlen der Löslichkeit herangezogen werden. Man hätte im Falle der Gleichsetzung von Löslichkeit und Grenzkonzentration des Nachweises in essigsaurer, acetatgepufferter Lösung eine Löslichkeit von 0,3 mg Aluminium in 100 cm^3, in ammoniakalischer Lösung eine Löslichkeit von 0,6 mg Aluminium in 100 cm^3 Fällungsflüssigkeit. In Anwesenheit des bei der Fällung üblichen Oxychinolinüberschusses ist aber die tatsächliche Löslichkeit des Aluminiumkomplexes offenbar wesentlich kleiner.

Außer der Löslichkeit des unter den Bedingungen der quantitativen Fällung frisch abgeschiedenen und noch im Reaktionsgemisch befindlichen Aluminiumoxychinolates interessiert (besonders für die maßanalytische Bestimmung) auch die Löslichkeit des durch Filtration und Waschen isolierten Niederschlages. Während nach den Versuchen von GOTÔ unterhalb $p_H = 4,2$ nur teilweise und unterhalb $p_H = 2,8$ überhaupt keine Fällung mehr eintritt, löst sich das filtrierte und gewaschene Oxychinolat merkwürdigerweise in kalter konzentrierter Salzsäure nur langsam. Warme 10- bis 15%ige Salzsäure löst in der Wärme leicht. Noch rascher löst ein kaltes Gemisch von gleichen Teilen 10- bis 15%iger Salzsäure und Alkohol (BERG und TEITELBAUM). Die Löslichkeit des Oxinates in Alkohol oder Aceton kann sich auch schon unter verhältnismäßig geringer Alkoholkonzentration bei der Fällung des Oxinates störend bemerkbar machen [BERG (f), KOLTOFF und SANDELL], weshalb die Anwendung alkoholischer Oxinreagenslösung einer gewissen Einschränkung unterliegt [vgl. hierzu HAHN (c)].

Prüfung des Aluminiumoxinates auf Reinheit. Zum Nachweis von Kationen im gefällten Aluminiumoxinat, der gegebenenfalls bei Trennungen in Frage kommen kann, wird der Niederschlag abfiltriert (Papierfilter), gewaschen, mit dem Filter verascht und dann im Platintiegel zu Aluminiumoxyd geglüht. In diesem prüft man dann nach dem üblichen Aufschluß mit Kaliumbisulfat und dem Lösen der Schmelze in verdünnter Schwefelsäure auf die gegebenenfalls zu erwartenden Verunreinigungen.

A. Gravimetrische Bestimmung des Aluminiums mittels o-Oxychinolins.

(Die verschiedenen Möglichkeiten für die Fällung des Aluminiums als o-Oxychinolat.)

I. Allgemeines.

Die quantitative Fällung und Isolierung des Aluminiumoxychinolates ist nicht nur die Grundlage für die *gravimetrische* Aluminiumbestimmung durch Wägung des Oxychinolates, sondern auch für die maßanalytischen und colorimetrischen Bestimmungsmethoden, welchen bekanntlich die quantitative Abscheidung des Aluminiumkomplexsalzes vorausgeht. Daher kommt dem Studium der Abscheidungsbedingungen besondere Bedeutung zu. Es sollen an dieser Stelle alle im Schrifttum angegebenen Fällungsweisen aufgeführt werden, also nicht nur jene, welche durch anschließende Auswägung des Oxinates, sondern auch diejenigen, welche durch titrimetrische Erfassung des isolierten Oxinates geprüft wurden. Da nach den später (S. 267) mitgeteilten Erfahrungen die maßanalytische Bestimmung des Aluminiums der gravimetrischen Methode an Genauigkeit nicht nachsteht, ist diese Einordnung bzw. die Beurteilung der Güte einer Fällungsweise auf Grund maßanalytischer Beleganalysen ohne weiteres zulässig.

Die gemeinsame Erörterung der verschiedenen Fällungsverfahren in dieser zusammenfassenden Übersicht erscheint um so notwendiger, als Aluminiumoxinat unter recht verschiedenen Bedingungen gefällt werden kann, wodurch die Wahl der für einen praktischen Fall günstigsten Arbeitsweise zunächst erschwert wird. Wie BERG (f) 1927 zeigte, fällt Aluminiumoxinat nicht nur in schwach essigsaurer, sondern auch in ammoniakalischer Lösung aus, während in stärker natronalkalischer oder mineralsaurer Lösung keine Fällung eintritt. Hieraus ergibt sich, daß die Wasserstoff-Ionen-Konzentration einen entscheidenden Einfluß auf die Fällung ausübt, weshalb eine Kontrolle des p_H-Wertes der Lösung sehr wichtig ist. Obwohl mehrere Autoren auf diese Notwendigkeit hingewiesen haben, ist sie teilweise auch in der neuesten Spezialliteratur noch nicht allgemein entsprechend ihrer praktischen Bedeutung berücksichtigt. Die von GOTÔ 1937 ausgeführten Versuche ergaben, daß Aluminiumoxinat im ganzen p_H-Bereich von 4,2 bis 9,8 quantitativ abgeschieden wird. Danach ist also Aluminium nicht nur aus schwach essigsaurer, acetatgepufferter oder ammoniakalischer, sondern ebensogut auch aus schwach natronalkalischer oder schwach mineralsaurer (bzw. auch neutraler) Lösung quantitativ fällbar, wenn die angegebenen p_H-Grenzen eingehalten werden. Für die Fällung in natronalkalischer Lösung war dies schon vor den Versuchen von GOTÔ durch die Analysenergebnisse von BALANESCU und MOTZOC (1932) sowie von POPE (1931) bestätigt. Letzterer arbeitete (vgl. S. 274) wie GOTÔ mit Borat als Puffersubstanz. Für die Fällung in schwach mineralsaurer Lösung hat neuerdings SMITH Beleganalysen mitgeteilt unter Verwendung eines Puffergemisches von Kaliumbromid-Kaliumbromat-Natriumthiosulfat.

Die auf Grund des niedrigen Aluminiumgehaltes des Aluminiumoxinates zu erwartende hohe Genauigkeit des Oxinverfahrens wurde in der Praxis bisher nicht allgemein erreicht. Bei vollständig quantitativer Abscheidung des Oxinates wären die Aluminiumwerte auf 0,01 mg genau, da 0,01 mg Aluminium etwa 0,2 mg in der Oxinatauswage (d. h. also dem üblichen Wägefehler) entspricht. Statt dessen treten aber öfters Abweichungen von mehreren Zehntelmilligrammen Aluminium auf (entsprechend 10 und mehr Milligrammen der Oxinatauswage). Die bisher angewendeten Fällungsmethoden müssen also noch sorgfältiger festgelegt werden, wenn man die theoretisch mögliche Genauigkeit stets erreichen will. Die (durchschnittlich) erzielte relative Genauigkeit von etwa 0,3 bis 0,6% (rel.) stellt zwar gegenüber der Ammoniakmethode einen gewissen Fortschritt dar, hebt aber die neue Methode von den klassischen nicht wesentlich ab.

Ein wichtiger Punkt bei der Prüfung der Fällungsvorschriften für das Aluminiumoxinat und die Bewertung der Beleganalysen ist die Frage der zu verwendenden *Ursubstanz* für den Vergleich der Genauigkeit. Es ist selbstverständlich unzweckmäßig, die benutzte Aluminiumstammlösung nach der Ammoniak-, Nitrit- oder Phosphatmethode usw. einzustellen, wie es verschiedene Autoren (BERG, KNOWLES) getan haben. Das beste Ausgangsmaterial ist wohl reinstes Aluminium, das z. B. schon im Jahre 1927 HAHN und VIEWEG sowie LEHMANN benutzten, oder reines Aluminium mit bekannten Verunreinigungen (TAYLOR-AUSTIN, HASLAM)[1] Auch reinster, mehrfach umkrystallisierter Kaliumalaun wurde verwendet (KOLTHOFF, KOLTHOFF und SANDELL, BENEDETTI-PICHLER, ZWENIGORODSKAJA und SMIRNOWA, KLINGER).

II. Zur Methodik der gravimetrischen Bestimmung.

Da mehrere Teiloperationen der gravimetrischen Bestimmung bei den verschiedenen Arten der Ausführung (in schwach essig- oder mineralsaurer, bzw. ammoniakalischer oder schwach natronalkalischer Lösung) grundsätzlich gleichartig ausgeführt werden, sollen diese hier kurz beschrieben werden, wenn auch dadurch bei der unten folgenden Wiedergabe der Arbeitsvorschriften teilweise Wiederholungen auftreten.

1. Reagenslösungen. Es werden Oxinlösungen in organischen Lösungsmitteln (meist Alkohol oder auch Aceton) und in Säuren benutzt, und zwar hauptsächlich

[1] Die Herstellung der Aluminiumstammlösung durch Lösen von Aluminium in Salzsäure muß unter sorgfältiger Vermeidung von Verlusten durch die Wasserstoffentwicklung ausgeführt werden (Schliffkolben, Rückflußkühler).

in Essigsäure [BERG (f)] und auch in Salz- und Schwefelsäure (BUDNIKOFF und ZUKOWSKAJA; SMITH, ZUKOWSKAJA und BALJUK), wobei dann also Lösungen von Oxychinolinacetat (meist 2- bis 5%ig) oder -chlorid bzw. -sulfat vorliegen. Wie oben bereits erwähnt, sind die alkoholischen oder acetonischen Oxinlösungen nur etwa 1 bis 2 Wochen, die Oxinsalzlösungen aber längere Zeit unzersetzt haltbar. Die alkoholische Oxinlösung hat den Vorzug, den p_H-Wert der Reaktionslösung weniger zu beeinflussen, da bei der Fällung nur die dem Aluminiumsalz entsprechende Säure frei wird, während bei Verwendung von Lösungen des essig-, salz- oder schwefelsauren Oxychinoliniumsalzes auch die in letzteren an Oxychinolin gebundene Säure noch hinzukommt. Man setzt diese Lösungen der Salze des Oxins deshalb so an, daß möglichst wenig freie Säure vorhanden ist. Ein Nachteil der alkoholischen Oxinlösung ist die merkliche Löslichkeit des Aluminiumoxinates auch in verdünntem Alkohol, über die allerdings genauere Zahlenangaben offenbar nicht vorliegen (vgl. auch S. 249).

2. Fällung des Aluminiumoxychinolates. Die Fällung erfolgt wie bei allen Fällungsreaktionen [vgl. hierzu HAHN (c)] durch einen Überschuß des Reagenses und wird durch Erhitzen des Reaktionsgemisches (meist bis zum Sieden) vervollständigt. Zur überschlagsmäßigen Berechnung der erforderlichen Reagensmenge multipliziert man die vorhandene Aluminiummenge mit 20 (theoretisch 17,04). Sowohl bei der Abscheidung aus essigsaurer als auch aus ammoniakalischer Lösung wurden verschiedene *Modifikationen* der Ausführung angewendet, die sich aus der Reihenfolge des Reagenzienzusatzes, dem Zeitpunkt und der Dauer des Erhitzens und des Stehens vor der Filtration usw. ergeben.

Der wichtigste Faktor bei der Fällung ist die zuverlässige Einstellung der erforderlichen Wasserstoff-Ionen-Konzentration, welche innerhalb der p_H-Werte 4,2 bis 9,8 liegen muß. Die Berücksichtigung der in der Hitze bei p_H-Werten über 4 und der Nähe des Neutralpunktes leicht eintretenden Hydrolyse der Aluminiumsalze versteht sich von selbst. Die Anwesenheit eines ausreichenden Überschusses an Fällungsreagens wird in saurer Lösung durch schwach gelbe, im alkalischen Gebiet durch mehr orangegelbe Färbung der über dem Niederschlag stehenden Lösung bzw. des Filters angezeigt. Der Oxinüberschuß kann verhältnismäßig groß sein (50 bis 100% und sogar mehr). Es ergibt sich hieraus die Möglichkeit, bei ungefähr bekanntem Aluminiumgehalt der zu untersuchenden sauren Lösung zuerst einen Überschuß von Oxinreagens zuzusetzen und dann erst die Reaktionseinstellung (Fällung) vorzunehmen (HAHN und VIEWEG, KOLTHOFF und SANDELL, BENEDETTI-PICHLER). Dieses Verfahren ist einfacher durchzuführen als die zweite, bei unbekannter Aluminiummenge geeignete Art der Ausführung, bei welcher *nach* der Pufferung der Lösung in der Kälte so lange Oxinreagens zugesetzt wird, bis ein Überschuß davon vorhanden ist [BERG (f)]. Abgesehen von der Möglichkeit einer nachträglichen Änderung des p_H-Wertes durch das Reagens (Oxinacetat, -chlorid) ist hierbei ein mäßiger Oxinüberschuß, besonders wenn sich der Niederschlag bei kleinen Aluminiummengen in der Kälte nur langsam zusammenballt, nicht ganz leicht zu erkennen. Nicht bei allen bekannten Arbeitsvorschriften wird die Ausscheidung von überschüssigem Oxychinolin mit Sicherheit vermieden (vgl. z. B. die Fällung aus ammoniakalischer Lösung, S. 260) was im Zusammenhang mit der Tatsache, daß Oxychinolin gerade in dem für die quantitative Fällung des Aluminiumoxinates günstigen p_H-Bereich ein Minimum seiner Löslichkeit hat (s. S. 247), noch eingehender zu untersuchen wäre.

Die Zeitdauer des Erhitzens des Reaktionsgemisches und des Stehens in der Wärme vor der Filtration wurde von den einzelnen Autoren verschieden bemessen, hat aber wahrscheinlich Einfluß auf die „Alterung“ bzw. den endgültigen krystallinen Zustand des Aluminiumoxinatniederschlages und schließlich auch auf das Gesamtergebnis der Bestimmung.

Bezüglich der weiteren Einzelheiten der Fällung wird auf die verschiedenen Arbeitsvorschriften verwiesen.

3. Filtrieren und Waschen des Oxychinolates. Das *Filtrieren* und Auswaschen des krystallinen Aluminiumoxinates geht im Vergleich zu den bekannten Schwierigkeiten bei Aluminiumhydroxyd oder basischen Aluminiumsalzen außerordentlich viel einfacher und rascher vonstatten. Man benutzt für die gravimetrische Bestimmung als Oxychinolat Glasfiltertiegel, zweckmäßig die Sorte 1 G 4 (Jena), da ja nach den Arbeitsbedingungen die Feinheit der Oxinatkrystalle verschieden ausfallen kann [vgl. hierzu HAHN (c)], so daß Glasfiltertiegel 1 G 3 (Jena) nicht immer ausreichend sind. Bei nicht zu großen Niederschlagsmengen (etwa 30 mg Aluminium) kann man auch zwecks Überführung des Oxinates in Aluminiumoxyd Papierfilter benutzen. Für die Mikrobestimmung werden die bekannten Filtriervorrichtungen (Filterstäbchen, Filterbecher nach EMICH sowie SCHWARZ V. BERGKAMPF usw.) verwendet.

Über die geeignetste Ausführung des *Waschens* des Oxinatniederschlages besteht bisher noch keine Klarheit. Es werden im Schrifttum die verschiedensten Angaben gemacht. Da keine genaueren Untersuchungen über die Mitabscheidung kleinerer Oxychinolinmengen und über die Löslichkeit des Niederschlages vorliegen, ist dies erklärlich. Im Anschluß an die bereits im Jahre 1927 von BERG angewendete Arbeitsweise wird von mehreren Autoren einmal mit heißem und weiter mit kaltem Wasser bis zur Farblosigkeit des Filtrates gewaschen (BENEDETTI-PICHLER, LEHMANN). Zahlreiche Analytiker waschen nur mit kaltem Wasser (KOLTHOFF, KOLTHOFF und SANDELL, KNOWLES, ZWENIGORODSKAJA und SMIRNOWA, ZINBERG), andere mit warmem Wasser (HASLAM, ISHIMURA) und wieder andere nur mit heißem Wasser (TAYLOR-AUSTIN, JUNG, BALANESCU und MOTZOC, SMITH). Nach den bisherigen Erfahrungen kann man, ohne wesentliche Verluste befürchten zu müssen, mit warmem oder wenig heißem Wasser waschen, wobei unter Umständen mitabgeschiedene, geringe Oxinmengen mit Sicherheit entfernt werden. Selbstverständlich muß bei kleiner Aluminiummenge von nur etwa 1 mg Aluminium die Waschwassermenge entsprechend klein bemessen sein (s. S. 266), da sonst zu niedrige Ergebnisse erzielt werden (vgl. z. B. LEHMANN). Über die Notwendigkeit der Anwendung verschiedentlich empfohlener Waschlösungen liegt ebenfalls kaum aufklärendes Zahlenmaterial vor. Bezüglich der von HAHN und VIEWEG benutzten verdünnten Essigsäure vgl. S. 253. TAYLOR-AUSTIN gibt an, keine Unterschiede bei der Benutzung von 0,1%iger Essigsäure, von Ammoniumacetat oder heißem Wasser als Waschflüssigkeiten gefunden zu haben. GADEAU wäscht mit ammoniumacetathaltigem Wasser, LUNDELL und KNOWLES verwendeten bei der Fällung aus ammoniakalischer Lösung (vgl. S. 263) oxinacetathaltige Ammoniaklösung (1:40), was jedoch für die Auswägung als Oxinat nicht in Frage kommt. KLINGER benutzt 1%ige Ammoniaklösung von 50° C als Waschwasser. ZUKOWSKAJA und BALJUK waschen das aus ammoniakalischer Lösung abgeschiedene Oxychinolat mit heißer 3%iger Ammoniaklösung, die 1% Ammoniumchlorid enthält, bis zur Farblosigkeit des Filtrates.

Es kann öfters vorkommen, daß sich das Filtrat der Aluminiumoxinatfällung während des Auswaschens oder beim Erkalten trübt. Es handelt sich hierbei meist um Abscheidung von Oxychinolin, welche auf die veränderten Löslichkeitsverhältnisse zurückzuführen ist, wovon man sich durch Erhitzen zum Sieden (klare Lösung) überzeugen kann.

4. Bestimmungsform. Zur gravimetrischen Bestimmung kann außer dem getrockneten Aluminiumoxychinolat auch das durch Verglühen des Niederschlages erhaltene Aluminiumoxyd herangezogen werden. Die Wägung als Oxinat ist jedoch der als Oxyd vorzuziehen, da bei richtiger Abscheidung des Oxinates auf Grund des hohen Molekulargewichtes größere Genauigkeit erzielt werden kann. Nur wenn sich bei der Fällung des Oxychinolates auch überschüssiges Oxychinolin in unkontrollierbarer Weise mitabscheiden würde, was praktisch nicht der Fall ist (vgl. jedoch Fällungen in ammoniakalischer Lösung), müßte das Verglühen zu Oxyd stets angewendet werden. Der Arbeitsaufwand an einzelnen Operationen ist jedenfalls bei der Wägung als Oxinat geringer.

Da Aluminiumoxinat kein Krystallwasser enthält und auch das von dem Auswaschen her anhaftende Wasser leicht abgegeben wird, verläuft der *Trocknungsvorgang* ohne Schwierigkeiten. Schon nach 1 bis $1^1/_2$ Std. Trockenzeit bei 105 bis 110° C erreicht man bei Aluminiummengen von 10 bis 30 mg Gewichtskonstanz. Liegen größere Aluminiummengen vor (etwa 30 bis 60 mg), so muß längere Zeit (etwa 3 Std.) und zweckmäßig auch bei 130 bis 140° C getrocknet werden. Auch eine Temperatur von 160° C hat praktisch noch keinen störenden Einfluß.

Veraschen des Oxinates. Der in einem quantitativen Filter gesammelte feuchte Niederschlag wird mit 1 bis 3 g wasserfreier (und aschefreier) Oxalsäure überschichtet und langsam unter allmählichem Steigern der Temperatur erst vorgetrocknet und dann verglüht. Nach BERG ist ohne Oxalsäurezusatz eine quantitative Bestimmung wegen der Flüchtigkeit des Metalloxinates nicht möglich. ZINBERG gibt an, Magnesiumoxychinolat auch ohne Oxalsäurezugabe quantitativ zu Oxyd verascht zu haben.

III. Anwendungsbereich der gravimetrischen Bestimmung.

Als obere Grenze der zu bestimmenden Aluminiummenge kann wohl 0,100 g Aluminium gelten, was allerdings schon einem Aluminiumoxinatniederschlag von 1,7 g entspricht. Es werden mehrfach noch befriedigend genaue Beleganalysen mit solchen Mengen aber auch Abweichungen bis zu etwa +3% vom richtigen Aluminiumwert mitgeteilt [BERG (f), KNOWLES]. Man wird aber im allgemeinen mit Rücksicht auf sorgfältiges Auswaschen und Trocknen des Niederschlages zweckmäßig nur zwischen 20 und 50 mg Aluminium fällen. Mikrogravimetrisch können noch kleinste Aluminiummengen bis zur Größenordnung von etwa 0,1 mg quantitativ bestimmt werden (vgl. S. 266).

IV. Verfahren zur gewichtsanalytischen Bestimmung des Aluminiums als Oxychinolat (Arbeitsvorschriften).

1. Fällung des Aluminiums aus schwach essigsaurer, acetatgepufferter Lösung.

Allgemeines. Die Fällung in acetatgepufferter Lösung wurde bisher am häufigsten angewendet und nachgeprüft. Die Zahl der verschiedenen praktisch benutzten Ausführungsweisen der Fällung spiegelt am deutlichsten das Suchen nach der geeignetsten Arbeitsvorschrift wider.

Im Jahre 1927 (vgl. S. 245) erschienen in rascher Folge die ersten Arbeiten von HAHN und VIEWEG, von BERG und von KOLTHOFF, in welchen die Fällung in essigsaurer Lösung behandelt wird. HAHN und VIEWEG betonten die Wichtigkeit der Herstellung der zur Prüfung des Oxinverfahrens erforderlichen Aluminiumsalzlösung von genau bekanntem Gehalt und benutzten schließlich reinstes, 99,95%-iges Aluminium. Ihre Arbeitsweise ist durch folgende Maßnahmen charakterisiert: Hinzufügen eines Überschusses 5%iger alkoholischer Oxinlösung zur schwach sauren oder neutralen Aluminiumsalzlösung und anschließende Pufferung durch Natriumacetat, kurzes Erhitzen zum Sieden, „einige" Zeit auf dem heißen Wasserbad stehen lassen, kalt filtrieren, mit verdünnter Essigsäure und Wasser waschen. Die bei 14 Beleganalysen mit Aluminiummengen von etwa 10 bis 20 mg erzielte Genauigkeit, welche etwa 0,1% beträgt und sich damit wesentlich von den Ergebnissen der meisten Autoren abhebt, steht in gewissem Widerspruch zu späteren Erfahrungen. Infolge der Löslichkeit des Aluminiumoxinates in verdünntem Alkohol und auch in Essigsäure (vgl. unten) sollte man bei der Arbeitsweise von HAHN und VIEWEG zu niedrige Ergebnisse erwarten. Eine Erklärung für die

Richtigkeit der Resultate dieser Autoren läßt sich gegebenenfalls auch in der Annahme finden, daß das Reaktionsgemisch vor dem Filtrieren *längere* Zeit (Stunden) auf dem heißen Wasserbad stand, wodurch einerseits Alkohol verdampft[1] und andererseits eventuell eine gewisse „Alterung" des Oxinatniederschlages und damit Änderung des Verhaltens gegenüber verdünnter Essigsäure eintreten kann (vgl. S. 251, sowie den Abschnitt über die Cupferronverfahren S. 294).

Kolthoff benutzt das gleiche Prinzip wie Hahn und Vieweg und fällt in der Hitze durch Abstumpfen der essigsauren, mit einem Überschuß an alkoholischem, 5%igem Oxinreagens versetzten Lösung unter Zugabe von Natriumacetat. Die Filtration nimmt der Autor nach 15 Min. langem Stehen auf dem Wasserbad in der Hitze vor, und das Waschen des Niederschlages erfolgt mit kaltem Wasser. Die Ergebnisse von 4 an mehrfach umkrystallisiertem Kaliumalaun ausgeführten gravimetrischen Beleganalysen zeigen eine negative mittlere Abweichung von —0,3%.

Gelegentlich ihrer Versuche zur Trennung des Aluminiums von Beryllium mittels Oxins stellten Kolthoff und Sandell unter Hinweis auf obige Arbeit von Kolthoff fest, daß man infolge der Löslichkeit des Aluminiumoxinates in verdünntem Alkohol etwas zu niedrige Werte erhält und deshalb besser Oxychinolinacetatlösung als Fällungsreagens benutzt (hierauf hatte vorher schon Berg aufmerksam gemacht). Der Niederschlag wird mit kaltem Wasser gewaschen. Das Wesentliche an der Arbeitsvorschrift von Kolthoff und Sandell ist, daß die Autoren das Puffern der mit dem Reagens versetzten schwach sauren Lösung durch Ammoniumacetat bei 60° C zunächst langsam bis zu einer bleibenden Trübung durch Aluminiumoxinat vornehmen und erst dann einen Überschuß an Acetat hinzufügen, „um völlige Fällung des Aluminiums zu gewährleisten". In dieser Arbeitsweise liegt, abgesehen von dem Einfluß, den das Warten bis zum Krystallinwerden der ersten ausfallenden Anteile auf die weitere Ausfällung bzw. Krystallform der Hauptniederschlagsmenge ausüben kann, eine gewisse p_H-Einstellung der Reaktionslösung, da ja bei etwa $p_H = 3$ die Fällung des Aluminiums beginnt (vgl. die Kurven von Gotô, S. 246). Der nachträglich zugesetzte Überschuß an Ammoniumacetat regelt dann endgültig den p_H-Wert auf etwa 5 bis 6. Es ist nicht das gleiche, wenn man ohne genauere Kenntnis des ursprünglichen Säuregrades der Aluminiumsalzlösung einfach einen Überschuß an Acetatlösung zugibt (Kolthoff, Berg), denn auch bei starker Niederschlagsbildung kann die Fällung noch unvollständig sein, wenn man den p_H-Wert 4,2 nicht überschritten hat. Mißerfolge bei Anwendung des Oxinverfahrens sind vielfach auf diese Tatsache zurückzuführen. Die Arbeitsvorschriften von Hahn und Vieweg, von Kolthoff sowie auch die von Berg[2] angegebene Modifikation der Arbeitsweise von Kolthoff sind also bezüglich der p_H-Einstellung unsicher.

Benedetti-Pichler hat die Arbeitsvorschrift von Kolthoff und Sandell modifiziert (Erhitzen des Reaktionsgemisches zum Sieden, 10 Min. auf dem Wasserbad stehen lassen, heiß filtrieren, 1mal mit heißem, mehrmals mit kaltem Wasser waschen) und dann auch in eine für Mikrobestimmungen geeignete Form gebracht (vgl. unten S. 266). Der gleiche Autor stellte außerdem durch Beleganalysen an reinstem Kaliumalaun fest, daß bei Verwendung verdünnter Essigsäure als Waschflüssigkeit (vgl. oben Hahn und Vieweg) um mehrere Prozente zu niedrige Ergebnisse erhalten werden, während beim Waschen mit heißem und kaltem Wasser 4 Beleganalysen auf etwa ±0,5% richtige Aluminiumwerte ergaben.

Den bis jetzt aufgeführten Arbeitsweisen ist gemeinsam, daß die zu bestimmende Aluminiummenge größenordnungsmäßig bekannt sein muß, damit die Menge des vor der eigentlichen Fällung hinzuzufügenden überschüssigen Oxins ungefähr

[1] Das gleiche gilt wohl bei den Beleganalysen von Ishimaru (S. 287).
[2] Berg, R.: Die analytische Verwendung von o-Oxychinolin („Oxin") und seiner Derivate, S. 45. Stuttgart 1938.

geschätzt werden kann. Diese Forderung läßt sich in der Praxis meist erfüllen, zumal, wie bereits erwähnt (vgl. S. 251), der Oxinüberschuß groß sein darf.

In seiner Arbeit über die Bestimmung und Trennung des Aluminiums mittels o-Oxychinolins bringt BERG (f) Vorschriften für die Fällung des Oxins in essigsaurer und ammoniakalischer Lösung. Während HAHN und VIEWEG von der Voraussetzung ausgegangen waren durch Fällung des Aluminiums als definiert zusammengesetztes Komplexsalz (analog den Farblacken des Aluminiums mit den Alizarinen, vgl. S. 322) eine möglichst exakte Bestimmungsmethode für Aluminium festzulegen, stellte BERG zunächst die wichtige Fällbarkeit in Gegenwart von Tartrat sowie die Trennung von den Metallen der „Oxingruppe" (Kupfer, Zink, Cadmium, Magnesium) in den Vordergrund. Die BERGsche Vorschrift für die Fällung in essigsaurer Lösung unterscheidet sich von den oben angeführten Vorschriften dadurch, daß man *zuerst* die Pufferung der „ganz schwach" mineralsauren Aluminiumsalzlösung vornimmt und dann bei Zimmertemperatur so lange Oxinacetatlösung zusetzt, bis ein Überschuß davon durch Gelbfärbung der Lösung angezeigt wird. Auf diese Weise kann der Reagensüberschuß bei der Bestimmung auch ganz unbekannter Aluminiummengen richtig bemessen werden. Über die grundlegend wichtige Einstellung und Kontrolle des Säuregrades des Reaktionsgemisches, die besonders für die Einschaltung der Aluminiumfällung in den praktischen Analysengang erforderlich ist, sind keine Angaben enthalten. BERG (g) änderte später seine erste Vorschrift ab, indem er wie HAHN und VIEWEG und wie KOLTHOFF vor der Filtration zum *Sieden* erhitzt. KLINGER und auch NAVEZ verwenden trotzdem die erste Vorschrift von BERG (f).

Eine dritte Gruppe von Fällungsvorschriften bringen die Arbeiten jener Autoren, welche den p_H-Wert der Aluminiumsalzlösung vor der Fällung mittels Indicatoren prüfen. So stellten ZUKOWSKAJA und BALJUK vor der Zugabe von Natriumacetat und salzsaurer Oxinlösung mit Kongorot auf etwa $p_H = 3$ ein. Noch sicherer ist es wohl, einen p_H-Wert von 5 bis 6 einzustellen. In neuerer Zeit führte KNOWLES sorgfältige Beleganalysen aus und wies mit Recht darauf hin, daß der Säuregrad der zu analysierenden Lösung durch die im Schrifttum häufig gebrauchte Bezeichnung „schwach sauer" (oder „ganz schwach sauer") ungenügend gekennzeichnet sei. Er zeigte, daß man mit Bromkresolpurpur als Indicator (Umschlagsgebiet $p_H = 5{,}2$ bis 6,8) auch in Anwesenheit von Weinsäure genaue Resultate erhält. Wie aus den zahlreichen Versuchen von TAYLOR-AUSTIN hervorgeht, ergeben sich in Anwesenheit von Weinsäure mit Methylorange ($p_H = 3{,}0$ bis 5,0) oder Methylrot ($p_H = 4{,}7$ bis 6,4) als Indicatoren noch zu niedrige Aluminiumwerte, während bei Einstellung auf Neutralrot entsprechende saure Reaktion (Umschlagsgebiet 6,8 bis 8,0) richtige Resultate erhalten werden. Durch Tartrat findet also eine Verschiebung der unteren Grenze des p_H-Bereiches der quantitativen Fällung von Aluminiumoxinat zum Neutralpunkt hin statt (vgl. MOYER und REMINGTON, S. 474 sowie die Ausführungen S. 282 über die Trennung von Beryllium). Auch GADEAU hat die Fällung des Aluminiumoxinates in essigsaurer tartrathaltiger Lösung (im Filtrat der Ferrosulfidfällung nach GOOCH) angewendet.

a) Fällung des Aluminiumoxychinolates in acetatgepufferter Lösung nach KOLTHOFF und SANDELL sowie nach BENEDETTI-PICHLER.

Vorbemerkung. Diese Vorschrift soll als Typ derjenigen Fällungsweisen gebracht werden, bei denen der Oxinüberschuß unter der Voraussetzung, daß der Aluminiumgehalt annähernd bekannt ist, *vor* der eigentlichen Abscheidung des Oxinates zur *sauren* Aluminiumsalzlösung gegeben wird. Es liegen allerdings speziell über diese Modifikation der Arbeitsweise von KOLTHOFF und SANDELL weniger Beleganalysen vor, aber als Mikromethode hat sie sich vielfach bewährt (vgl. S. 266). Ob die Arbeitsweise von KOLTHOFF und SANDELL oder die Modifikation von BENEDETTI-PICHLER die bessere ist, ist unentschieden. Eine andere Art der

Erkennung des p_H-Wertes als mittels der ersten Trübung durch Aluminiumoxinat (Indicator, Glaselektrode) kommt hier praktisch wohl weniger in Frage.

Arbeitsvorschrift. Die schwach mineralsaure Lösung, welche maximal etwa 0,100 g Aluminiumoxyd enthalten soll, wird auf 150 cm^3 verdünnt und auf je 0,05 g vorhandenes Aluminiumoxyd mit 15 cm^3 Oxinreagens versetzt. Dann erhitzt man die Lösung zum Sieden, bringt sie auf ein kochendes Wasserbad und versetzt hier unter Umrühren mit dem Glasstab tropfenweise mit 2 n Ammoniumacetatlösung. Sobald eine Trübung bestehen bleibt, unterbricht man den weiteren Reagenszusatz so lange, bis die Fällung krystallinisch erscheint, was meist nach 1 Min. eintritt. Nun werden weitere 25 cm^3 der Ammoniumacetatlösung pro 0,05 g Aluminiumoxyd langsam zugesetzt, worauf man die Fällung noch 10 Min. auf dem siedenden Wasserbad stehen läßt. Der Niederschlag erscheint schließlich grobkrystallinisch und rein gelb. Die Lösung wird heiß durch einen Glasfiltertiegel filtriert. Der Niederschlag wird dabei am besten mit Hilfe des klaren Filtrates quantitativ in den Filtertiegel übergespült. Man wäscht nun gut aus (Rühren mit einem Glasstäbchen), 1mal mit 10 cm^3 heißem, dann 4mal mit 5 cm^3 kaltem Wasser und trocknet schließlich 3 bis 4 Std. bei 140° C.

Die ursprünglich von KOLTHOFF und SANDELL angegebene Arbeitsweise sei der Vollständigkeit halber auch noch angeführt:

Die nicht mehr als 0,1 g Aluminiumoxyd in 100 cm^3 Volumen (und 0,1 g Berylliumoxyd) enthaltende schwach saure Lösung wird auf 50 bis 60° C erwärmt und mit einem Überschuß an Oxinacetatlösung versetzt. Dann wird langsam 2 n Ammoniumacetatlösung zugegeben bis ein bleibender Niederschlag auftritt. Nun fügt man noch 20 bis 25 cm^3 Ammoniumacetatlösung hinzu, um völlige Fällung des Aluminiums zu gewährleisten. Wenn sich das Aluminiumoxychinolat abgesetzt hat, wird durch einen Jenaer Glasfiltertiegel filtriert, mit kaltem Wasser gewaschen und bei 120 bis 140° C getrocknet.

Bemerkungen. **I. Reagenslösung.** KOLTHOFF und SANDELL sowie BENEDETTI-PICHLER benutzten eine 5%ige Oxychinolinacetatlösung, welche durch Verreiben von 5 g Oxin mit 12 cm^3 Eisessig und Auffüllen auf 100 cm^3 (klare Lösung, gegebenenfalls erwärmen) hergestellt wird. Die doppelt normale Ammoniumacetatlösung wird durch Auflösen von 154 g neutralem Ammoniumacetat in Wasser und Auffüllen auf 1 l erhalten.

II. Genauigkeit. Mit Einwagen von 0,5 g Kaliumalaun erzielte BENEDETTI-PICHLER nachfolgende Werte. Die weiteren Beleganalysen von KOLTHOFF und SANDELL sowie ZWENIGORODSKAJA und SMIRNOWA wurden nach der ursprünglichen Arbeitsweise von KOLTHOFF und SANDELL ausgeführt.

BENEDETTI-PICHLER			ZWENIGORODSKAJA und SMIRNOWA			
Theoretischer Gehalt an Al_2O_3 %	Gefundener Gehalt an Al_2O_3 %	Fehler %	Gegeben Al_2O_3 g	Gefunden Al_2O_3 g	Fehler mg	Fehler %
10,77	10,78	+0,1	0,0476	0,0476	0,0	0
10,77	10,74	—0,3	0,0476	0,0478	+0,2	+0,4
10,77	10,68	—0,9				
10,77	10,77	—0,1				

KOLTHOFF und SANDELL				KOLTHOFF und SANDELL			
Gegeben Al_2O_3 g	Gefunden Al_2O_3 g	Fehler mg	Fehler %	Gegeben Al_2O_3 g	Gefunden Al_2O_3 g	Fehler mg	Fehler %
0,02691	0,02686	—0,05	—0,2	0,02691	0,02691	±0,0	±0
0,02691	0,02691	±0,0	±0	0,02691	0,02682	—0,09	—0,4
0,02691	0,02688	—0,03	—0,1	0,02691	0,02698	—0,07	+0,25

b) Fällung des Aluminiumoxychinolates aus acetatgepufferter Lösung nach BERG (f), (g).

Vorbemerkung. Bei der nachfolgend wiedergegebenen Vorschrift handelt es sich um die von BERG 1927 mitgeteilte Arbeitsweise in der später durch Erhitzen des Reaktionsgemisches zum Sieden (anstatt auf 60° C) und Anwendung kleiner Acetatkonzentration modifizierten Form. Wie bereits erwähnt wird hierbei die allgemein übliche analytische Technik angewendet, solange Fällungsreagens zuzufügen, bis ein vorhandener Überschuß erkannt wird. Dieses Erkennen wird allerdings durch das relativ langsame Ausflocken des Niederschlages in der Kälte etwas erschwert, weshalb man kräftiger rühren und etwas warten muß. Nach einiger Übung kann man die Färbung der gelblich milchigen Trübung des noch nicht ausgeflockten Oxinates ohne und mit Oxinüberschuß unterscheiden. Wie weiterhin die Versuche von KNOWLES zeigen, braucht man durch die bei der Neutralisation der Aluminiumsalzlösung auftretende Trübung keine Fehler zu befürchten. Die Anwendung von Oxychinolinacetatlösung als Fällungsreagens an Stelle der gegebenenfalls Aluminiumoxinatverluste verursachenden alkoholischen Oxinlösung wurde von BERG erstmalig empfohlen. Das Erhitzen des Reaktionsgemisches zum Sieden mit sofort anschließendem Filtrieren bringt eine Beschleunigung der Arbeitsmethode. Ob es aber eine Verbesserung der quantitativen Abscheidung mit sich bringt, scheint nicht sicher erwiesen zu sein (vgl. die beiden vorausgehenden Vorschriften). Die Lücke in der BERGschen Vorschrift bezüglich der Sicherheit der Einstellung des p_H-Wertes wurde oben bereits besprochen.

Der Autor führte nach seiner Arbeitsvorschrift auch Mikrobestimmungen aus (keine Angaben über Änderung der Mengenverhältnisse). Die angegebenen Beleganalysen von BERG (f), KLINGER und von NAVEZ beziehen sich auf die alte Fassung (1927) der Arbeitsvorschrift.

Arbeitsvorschrift. „Die ganz schwach mineralsaure Aluminiumsalzlösung von etwa 100 cm³ Gesamtvolumen wird nach Zusatz von 1 bis 3 g gelöstem Natrium- oder Ammoniumacetat in der Kälte sofort mit Oxinacetat unter lebhaftem Umrühren im Überschuß versetzt (der Überschuß ist leicht an der deutlich gelben Farbe der überstehenden Lösung zu erkennen). Nach dem Erwärmen bis zum Sieden wird der krystallin gewordene Niederschlag in der Hitze abfiltriert, zuerst mit wenig heißem, dann mit kaltem Wasser bis zur Farblosigkeit desselben gewaschen." Aus der Wägung des bei 110° C bis zur Gewichtskonstanz getrockneten Niederschlages ergibt sich nach Multiplikation mit dem Faktor 0,0587 der Aluminiumgehalt. Bei kleinem Aluminiumgehalt läßt man das Fällungsgemisch vor dem Filtrieren erkalten.

Bemerkungen. **I. Reagenslösung.** 3 g o-Oxychinolin verreibt man mit etwa 3 cm³ Eisessig, verdünnt mit 100 cm³ heißem Wasser und versetzt tropfenweise mit verdünntem Ammoniak bis zur beginnenden Trübung; nach dem Erkalten wird filtriert. Man erhält auf diese Weise eine möglichst wenig überschüssige Säure enthaltende Lösung.

II. Genauigkeit. Es liegen zahlreiche Beleganalysen über die Fällungsmethode von BERG in ihrer ursprünglichen Form vor. Die von BERG (f) mitgeteilten Resultate der gravimetrischen Bestimmung (s. Tabelle) zeigen teilweise beträchtliche negative und positive Abweichungen von dem nach der STOCKschen Jodid-Jodat-Methode eingestellten Gehalt der verwendeten Aluminiumsulfatlösung; aus diesen Werten geht zunächst nicht hervor, daß es sich bei dem Oxinverfahren um eine genaue Methode handelt; nach den von KOLTHOFF und SANDELL (s. oben) sowie von HAHN und VIEWEG ($\pm 0,1\%$) erhaltenen Ergebnissen ist dies aber der Fall. Genauer sind die neuerdings veröffentlichten Ergebnisse des *Chemikerausschusses des Vereins Deutscher Eisenhüttenleute* (KLINGER, s. Tabelle). Man erkennt besonders deutlich an der letzten Spalte der Tabelle, welche die bromometrisch ermittelten Resultate bei 25 mg Aluminium enthält, daß dem Oxinverfahren höhere Genauigkeit eigen ist und daß es sich bei den Abweichungen der gravimetrischen Bestimmungen wohl um Wäge-, Trocknungsfehler usw. handeln muß. Die relative Genauigkeit der soeben genannten titrimetrisch erhaltenen Werte beträgt $\pm 0,4\%$. Etwa $\pm 0,5\%$ fand KLASSE (a) auf Grund seiner titrimetrischen Beleganalysen.

Ergebnisse gravimetrischer Bestimmungen in Aluminiumsulfatlösung (BERG [f]).

	Gegeben Aluminium mg	Gefunden Aluminium mg	Fehler mg	Fehler (relativ) %		Gegeben Aluminium mg	Gefunden Aluminium mg	Fehler mg	Fehler (relativ) %
1	0,0932	0,0928	—0,4	—0,43	1	0,0653	0,0646	—0,7	—1,07
2	0,0688	0,0682	—0,6	—0,87	2	0,0544	0,0541	—0,3	—0,55
3	0,0460	0,0460	±0	±0,0	3	0,0381	0,0380	—0,1	—2,63
4	0,0321	0,0318	—0,3	—0,94	4	0,0272	0,0274	+0,2	+0,74
5	0,0230	0,0233	+0,3	+1,30	5	0,0163	0,0164	+0,2	+1,25
6	0,0137	0,0135	—0,2	—1,45					
7	0,0069	0,0071	+0,2	+2,90					

Etwa das gleiche Bild zeigen die *bromometrisch* durchgeführten Beleganalysen von BERG

Beleganalysen des *Chemikerausschusses des Vereins Deutscher Eisenhüttenleute.*

Gegeben: I. 10 cm^3 Kaliumalaunlösung mit 0,0050 g Aluminium,
II. 50 cm^3 Kaliumalaunlösung mit 0,0250 g Aluminium.

	Gefunden: Lösung I			Gefunden: Lösung II		
Laboratorium	Wägung als Oxinat g Al	Wägung als Oxyd g Al	Titration des Oxinates g Al	Wägung als Oxinat g Al	Wägung als Oxyd g Al	Titration des Oxinats g Al
1	0,0050	0,0051	0,0050	0,0248	0,0252	0,0250
2	0,0050	0,0051	0,0049	0,0247	0,0251	0,0249
3	0,0050	0,0053	0,0054	0,0252	0,0254	0,0250
4	0,0051	0,0053	0,0049	0,0249	0,0255	0,0253
5	0,0050	0,0052	0,0050	0,0250	0,0260	0,0250
6	0,0050	0,0051	0,0051	0,0251	0,0252	0,0251
7	0,0051	0,0051	0,0050	0,0252	0,0252	0,0251
8	0,0048	0,0051	0,0050	0,0251	0,0254	0,0249
9	0,0049	0,0051	0,0049	0,0251	0,0255	0,0251
10	0,0050	0,0051	0,0050	0,0250	0,0251	0,0251

LEHMANN erzielte, besonders auch bei kleinen Aluminiummengen, mit der BERGschen Vorschrift bei der maßanalytischen Bestimmung von reinstem Aluminium (99,90%) recht genaue Ergebnisse:

mg Al gegeben	0,30	1,0	1,0	3,0	10,0
mg Al gefunden	0,30	1,00	1,00	3,04	10,0
	0,31	1,01	1,00	3,07	10,1
	0,30	1,01	0,99	2,04	10,0
	0,33	1,00	1,00	3,10	10,0
	0,29	0,99	0,99	3,03	9,9
			1,01	3,00	
				3,01	

Auch NAVEZ prüfte die BERGsche Fällungsmethode und fand folgende Werte:
Wägung als Oxinat (gegeben 0,04806 g Al), mittlerer Fehler —0,12%,
Wägung als Oxyd (gegeben 0,03990 g Al), mittlerer Fehler —0,2%,
Titration des Oxinates (gegeben 0,01570 g Al), mittlerer Fehler —0,25%.

c) Fällung des Aluminiumoxychinolates nach KNOWLES aus schwach essigsaurer (tartrathaltiger) Lösung.

Vorbemerkung. Von den oben erwähnten Fällungsvorschriften unter Verwendung von Indicatoren soll hier nur die von KNOWLES gebracht werden, da sich andere, wie die von TAYLOR-AUSTIN oder von ZUKOWSKAJA und BALJUK in der Hauptsache nur durch die Anwendung anderer Indicatoren (s. oben) unterscheiden (die zuletzt genannten Autoren arbeiten außerdem ohne Weinsäure; vgl. maßanalytische Bestimmung S. 272). KNOWLES gab in der Annahme, daß für die Fällung des Berylliums mit Ammoniak im Filtrat des Aluminiumoxinates keine Weinsäure vorhanden sein dürfe[1], zwei verschiedene Ausführungen seiner Fällungsweise an, eine mit und eine ohne Zusatz von Weinsäure. Die Anwesenheit von Weinsäure verhindert die Hydrolyse des Aluminiumsalzes bei dem Abstumpfen der freien Säure und gestattet, die Reagenslösung rasch hinzuzufügen, da sich kein basisches Aluminiumsalz bilden konnte. In Abwesenheit von Weinsäure tritt beim Farbumschlag von Bromkresolpurpur schon erhebliche Trübung durch Hydrolyse auf, aber es findet bei langsamem Zusatz des Reagenses unter kräftigem Rühren trotzdem vollständige Fällung als Oxinat statt. Bei der Arbeitsweise von TAYLOR-AUSTIN (Anwendung von Neutralrot), ist noch bemerkenswert, daß dieser Autor nach dem Ausflocken und Absetzen des Niederschlages noch 45 Min. in der Wärme stehen läßt. Es ist dies eine der wenigen Zeitangaben über die Abscheidung in schwach essigsaurer oder neutraler Lösung. Bezüglich der praktischen Erkennung des Überschusses an Fällungsmittel bei Lösungen ganz unbekannten Aluminiumgehaltes wird nichts angegeben. Der Indicator (Bromkresolpurpur) wird durch den ausflockenden Niederschlag mitgerissen.

Arbeitsvorschrift (tartrathaltige Lösung[2]). Die saure Lösung, welche nicht mehr als 0,1 g Aluminium und 10 cm³ konzentrierte Salzsäure in 200 cm³ enthält, wird mit Weinsäure (5 Teile auf 1 Teil zu fällendes Aluminium), 15 cm³ Ammoniumacetatlösung (30 g Salz in 75 cm³ Wasser) und 8 bis 10 Tropfen Bromkresolpurpurlösung versetzt. Man neutralisiert nun mit Ammoniak (1:1) bis zur grünlichen Zwischenfarbe des Indicators und setzt unter Rühren rasch Oxinacetatreagens in einem Überschuß von 15 bis 20% zu. Dann wird 1 Min. lang zum Sieden erhitzt und nach dem Abkühlen auf 60° C durch einen Glasfiltertiegel Nr. 1 G 4 (Jena) filtriert und mit 100 cm³ kaltem Wasser gewaschen. Zur gravimetrischen Bestimmung wird der bis zu 0,1 g Aluminium enthaltende Niederschlag 3 Std. bei 135° C getrocknet und nach dem Abkühlen als Aluminiumoxychinolat gewogen.

Genauigkeit. Über die von KNOWLES an Aluminiumchloridlösung erhaltenen Resultate gibt die folgende Tabelle Aufschluß. Die besten Werte wurden bei nicht zu großen Aluminiummengen erhalten, und zwar geht man zweckmäßig bei der gravimetrischen Bestimmung nicht über 50 mg, bei der maßanalytischen bis

Tabelle: Bromometrische Titration des Aluminiumoxinat (KNOWLES).

Aluminium gegeben g	Aluminium gefunden[3] g	Fehler g	
0,0050	0,0051	+ 0,0001	I
0,0051	0,0050	— 0,0001	I
0,0051	0,0051	± 0,0	I
0,0101	0,0102	— 0,0001	I
0,0253	0,0253	± 0,0	I
0,0304	0,0304	± 0,0	I
0,0248	0,0249	+ 0,0001	II
0,0496	0,0501	+ 0,0005	II
0,0500	0,0505	+ 0,0005	II
0,0500	0,0514	+ 0,0014	III
0,1000	0,1028	0,0028	III

Aluminium gegeben g	Aluminium gefunden[4] g	Fehler g	
0,0248	0,0250	+ 0,0002	II
0,0496	0,0501	+ 0,0005	II
0,0500	0,0504	+ 0,0004	II
0,0500	0,0504	+ 0,0004	III
0,0500	0,0513	+ 0,0013	III
0,1000	0,1024	+ 0,0024	III

Bemerkungen. Es bedeutet I: Arbeitsweise B, 125 cm³ Gesamtvol., 0,2 g Weinsäure, 4 g Ammoniumacetat; II: Arbeitsweise B, 200 cm³ Gesamtvol., 1 g Weinsäure, 4 g Ammoniumacetat; III: Arbeitsweise A, 200 cm³ Gesamtvol., keine Weinsäure, 4 g Ammoniumacetat.

[1] R. BERG (g') hebt im Gegensatz hierzu besonders hervor, daß gerade in Gegenwart von Tartrat in ammoniakalischer Lösung der schwerlösliche, wenn auch wechselnd zusammengesetzte Oxinkomplex des Berylliums ausfällt, während ohne Tartrat Gemische von Berylliumhydroxyd und Oxinat entstehen.

[2] Vom Autor als „Arbeitsweise B" bezeichnet. Die „Arbeitsweise A" unterscheidet sich von Arbeitsweise B nur dadurch, daß keine Weinsäure zugegeben und deshalb nach der „Neutralisation" gegen den gleichen Indicator (Trübung!) die Oxinlösung langsam unter Rührung hinzugefügt wird.

[3] Titration des nassen Niederschlags. [4] Titration des getrockneten Niederschlags.

zu etwa 25 bis 30 mg. Die besonders bei der maßanalytischen Bestimmung der Aluminiummengen von 50 und mehr Milligrammen deutlich zu beobachtenden Überwerte erklärt KNOWLES durch Adsorption von Oxychinolin durch den Aluminiumoxychinolatniederschlag. Der Autor stellte die für die Beleganalysen verwendete Aluminiumchloridlösung durch Auflösen von reinstem Aluminium (99,975%ig) in Salzsäure her, benutzte aber den nach der Ammoniakmethode bestimmten Aluminiumgehalt als Vergleichswert.

KNOWLES erhielt bei gravimetrischen Bestimmungen des Aluminiums folgende Werte:

Aluminium gegeben g	Aluminium gefunden g	Fehler g	Fehler %		Aluminium gegeben g	Aluminium gefunden g	Fehler g	Fehler %	
0,0248	0,0249	+0,0001	+0,4		0,0500	0,0502	+0,0002	+0,4	
0,0496	0,0497	+0,0001	+0,2	II	0,0500	0,0503	+0,0003	+0,6	
0,0500	0,0500	+0,0	±0,0		0,1000	0,1005	+0,0005	+0,5	III
					0,1000	0,1003	+0,0003	+0,3	

Bemerkung: Bezügl. II und III vgl. Tabelle S. 259.

Schließlich sind hier auch noch die Ergebnisse der Beleganalysen von TAYLOR-AUSTIN anzuführen:

Aluminium gegeben mg	Aluminium gefunden mg	Fehler mg	Aluminium gegeben mg	Aluminium gefunden mg	Fehler mg
10,30	10,17	−0,13	5,15	5,04	−0,11
10,30	10,26	−0,04	5,15	5,04	−0,06
10,30	10,31	+0,01	5,15	5,10	−0,05
10,30	10,30	0,0	5,15	5,16	+0,01
			5,15	5,09	−0,06
			5,15	5,10	−0,05

Über Mikrobestimmungen des gleichen Autors s. S. 266.

2. *Fällung des Aluminiumoxychinolates aus ammoniakalischer Lösung.*

Allgemeines. Die Bestimmung des Aluminiums durch Fällung mittels Oxychinolins in ammoniakalischer Lösung wurde von BERG (f) erstmalig durchgeführt. Sie hat besonders als einfache Abscheidungsweise des Aluminiums in Gegenwart von Tartrat (z. B. im Anschluß an die Fällung des Eisens nach GOOCH mittels Schwefelwasserstoffes aus ammoniakalischer, tartrathaltiger Lösung) sowie für einige Trennungen, z. B. von Phosphorsäure, Flußsäure usw., praktisch besondere Bedeutung. Aus ähnlichen Gründen wie bei der Fällung aus essigsaurer, acetatgepufferter Lösung sind auch für die Abscheidung in ammoniakalischer Lösung mehrere Ausführungsformen, man kann hauptsächlich drei unterscheiden, angegeben und benutzt worden. Auch als Mikromethode kann man die Abscheidung aus ammoniakalischer Lösung benutzen.

Nach seiner ursprünglichen Arbeitsvorschrift fällte BERG (f) das Oxinat bei 70° C durch tropfenweise Zugabe eines *geringen* Überschusses an Oxychinolinacetatlösung zu der mit Ammoniumchlorid (5 bis 10 g) und Weinsäure versetzten und schwach ammoniakalisch gemachten Aluminiumsalzlösung (100 cm^3 Volumen), welcher dann zum Schluß noch etwa 0,5 bis 1 cm^3 konzentriertes Ammoniak zugesetzt wurden. Versuche BERGS hatten hierbei ergeben, daß größere Mengen von Ammoniumsalzen keine Wirkung ausüben, während ein beträchtlicher Ammoniaküberschuß die Ergebnisse ungünstig beeinflußt (vgl. jedoch hierzu unten LUNDELL und KNOWLES). Später machte der Autor darauf aufmerksam, daß man zu hohe Resultate erhält, wenn das Ammoniak zu rasch zugesetzt wird, und empfiehlt, an Stelle der 0,5 bis 1,0 cm^3 konzentrierten Ammoniaks nur einige Tropfen und auch nur 1 bis 2 g Ammoniumchlorid anzuwenden. Die Möglichkeit der

Mitabscheidung von Oxychinolin bringt also eine gewisse Unsicherheit mit sich. BERG erhielt allerdings bei den mitgeteilten 11 Beleganalysen mit 2 Ausnahmen nur negative Abweichungen. Als Lösung bekannten Gehalts wurde die gleiche Aluminiumsulfatlösung wie bei den Analysen des Autors in essigsaurer Lösung benutzt (Gehaltsbestimmung nach Jodid-Jodat-Methode). Die von JUNG nach der ersten Vorschrift von BERG mit 40 und 80 mg Aluminium ausgeführten 7 Beleganalysen zeigen günstigere Resultate. Die gefundenen Abweichungen waren einheitlich alle negativ und betrugen im Mittel etwa —0,5%. JUNG führt diese negative Differenz darauf zurück, daß das bei der Gehaltsbestimmung der Aluminiumlösung durch Fällen mit Ammoniak erhaltene Aluminiumoxyd nicht bei 1200° entwässert wurde. Der Autor hat *nur* mit heißem Wasser ausgewaschen, was wohl auch einen Einfluß auf die Ergebnisse hatte (zum mindesten aber die Entfernung allenfalls im Niederschlag vorhandenen mitabgeschiedenen Oxychinolins bewirkte). In neuester Zeit prüften auch NAVEZ und der *Chemikerausschuß des Vereins Deutscher Eisenhüttenleute* (KLINGER) die erste Fällungsvorschrift von BERG.

Auch die sorgfältigen Aluminiumbestimmungen von HASLAM im Filtrat des nach der Weinsäure-Schwefelwasserstoff-Methode abgetrennten Eisensulfids können hier angeführt werden, da bei sachgemäßem Arbeiten eine weitestgehend quantitative Abscheidung des Eisens nach diesem Verfahren erreicht wird. HASLAM nimmt die Fällung des Aluminiumoxinates derart vor, daß er die salzsaure Aluminiumsalzlösung zunächst gegen Methylorange mit Ammoniak neutralisiert, mit einem Überschuß von 1 cm³ konzentriertem Ammoniak versetzt und dann tropfenweise mit einem mäßigen Oxinüberschuß in der Kälte (vgl. unten LUNDELL und KNOWLES) fällt. Nun erst wird auf 90° erhitzt und schließlich nach 4stündigem Stehen filtriert und mit warmem Wasser gewaschen.

LUNDELL und KNOWLES haben der Fällung des Aluminiumoxinates in ammoniakalischer Lösung zunächst mehr Bedeutung als Trennungsverfahren beigemessen, wie aus ihrer Arbeit über die direkte Fällung des Aluminiums als Oxinat neben Phosphorsäure, Fluor, Bor, Arsen (Vanadin, Molybdän, Tantal, Niob und Titan) hervorgeht. Die Autoren zersetzen das gefällte Oxinat mit Schwefel- und Salpetersäure und bestimmen dann das Aluminium nach Fällung mit Ammoniak als Oxyd. Obwohl es sich also hier nicht um eine eigentliche Bestimmung mit Oxin handelt, können die Resultate dennoch zur Beurteilung der Vollständigkeit der Aluminiumfällung als Oxinat in ammoniakalischer Lösung herangezogen werden. Die Fällungsweise von LUNDELL und KNOWLES (s. unten) unterscheidet sich dadurch wesentlich von der Arbeitsvorschrift von BERG, daß ohne Weinsäurezusatz zur schwach sauren Aluminiumsalzlösung zuerst die Oxychinolinacetatlösung und ein mäßiger Ammoniaküberschuß in der Kälte gegeben werden, und dann die Erwärmung auf 60 bis 70° C vorgenommen wird.

Wie später LUNDELL, HOFFMAN und BRIGHT in einer modifizierten Fassung der Arbeitsvorschrift von LUNDELL und KNOWLES angeben, kann der Niederschlag (bei der Fällung neben Phosphat, Arsenat, Wolframat, Chromat, Bor- und Flußsäure) nach dem Waschen mit kalter Ammoniaklösung (1:40) auch direkt als Oxinat zur Wägung gebracht werden. Das ursprünglich von den zuletzt genannten Autoren angewendete Auswaschen mit einer kalten Waschlösung bestehend aus Ammoniak (1:40) mit 25 cm³ 2,5%iger Oxinacetatlösung pro Liter muß nur bei der Fällung des Aluminiums neben Vanadin, Molybdän, Titan, Tantal und Niob benutzt werden.

BERG[1] veröffentlichte im Jahre 1935 eine von KOKTA im Laboratorium von BÖTTGER ausgearbeitete Arbeitsvorschrift (s. unten), bei welcher die Oxinacetatlösung ebenfalls in der Kälte im Überschuß zur sauren Aluminiumsalzlösung

---

[1] BERG: „Die Chemische Analyse“, Bd. 34: Das o-Oxychinolin („Oxin“), S. 47. Stuttgart 1935.

zugegeben wird. Das Erwärmen auf 80° C nehmen diese Autoren jedoch schon vor dem Hinzufügen des Ammoniaks vor, dessen Überschuß auch hierbei klein bemessen ist. Nach dieser neuen Vorschrift lassen sich, wie BERG angibt, auch in Anwesenheit eines großen Reagensüberschusses (bis 200%) gut stimmende Ergebnisse erzielen.

a) Fällung des Aluminiumoxychinolates aus ammoniakalischer, tartrathaltiger Lösung nach BERG (g).

Arbeitsvorschrift. Die zu untersuchende Aluminiumsalzlösung (100 cm³ Volumen) wird zwecks Verhinderung der Ausfällung von Aluminiumhydroxyd mit einer ausreichenden Weinsäuremenge versetzt, nach Zugabe von 1 bis 2 g Ammoniumchlorid mit Ammoniak neutralisiert und auf 70° C erwärmt. Man fällt dann das Aluminium durch tropfenweisen Zusatz eines geringen Überschusses an 2 bis 3%iger Oxychinolinacetatlösung. Nach weiterem Hinzufügen einiger Tropfen konzentrierten Ammoniaks (vgl. oben) und 5 Min. langem Erwärmen hat sich der Niederschlag abgesetzt und wird abfiltriert. Die weitere Ausführung erfolgt wie bereits bei der Fällung aus essigsaurer Lösung beschrieben. Liegen geringe Mengen Aluminium vor, unter 5 mg in 50 cm³ Gesamtvolumen, so wird entsprechend weniger Tartrat zugefügt und erst nach dem Erkalten filtriert.

Genauigkeit. Die hier wiedergegebenen Beleganalysen beziehen sich auf die erste Form der BERGschen Vorschrift. BERG (f) gibt folgende durch bromometrische Bestimmung des Oxinates ermittelte Werte an:

Aluminium gegeben g	Aluminium gefunden g	Fehler mg	Fehler %	Aluminium gegeben g	Aluminium gefunden g	Fehler mg	Fehler %
0,1105	0,1093	—1,2	1,09	0,0528	0,0527	—0,1	0,79
0,0880	0,0874	—0,6	0,68	0,0378	0,0375	—0,3	0,79
0,0719	0,0711	—0,8	1,12	0,0181	0,0183	+0,2	1,1

Von besonderem Interesse sind auch hier wieder die Analysenergebnisse des *Chemikerausschusses des Vereins Deutscher Eisenhüttenleute* (KLINGER), da sie zeigen, welche Ergebnisse mit dem Oxinverfahren von verschiedenen Analytikern erzielt werden konnten.

Gegeben: I. 10 cm³ Kaliumalaunlösung mit 0,0050 g Aluminium,
II. 50 cm³ Kaliumalaunlösung mit 0,0250 g Aluminium.

	Gefunden: Lösung I			Gefunden: Lösung II		
Laboratorium	Wägung als Oxinat g Al	Wägung als Aluminiumoxyd g Al	Titration des Oxinates g Al	Wägung als Oxinat g Al	Wägung als Aluminiumoxyd g Al	Titration des Oxinates g Al
1	0,0048	0,0050	0,0050	0,0248	0,0252	0,0248
2	0,0050	0,0050	0,0050	0,0248	0,0248	0,0250
3	0,0050	0,0055	0,0050	0,0248	0,0255	0,0247
4	0,0051	0,0056	0,0051	0,0253	0,0256	0,0252
5	0,0050	0,0052	—	—	—	0,0253
6	0,0049	0,0049	0,0049	0,0248	0,0248	0,0247
7	0,0050	0,0051	0,0051	0,0252	0,0251	0,0251
8	0,0051	0,0051	0,0052	0,0251	0,0247	0,0253
9	0,0050	0,0051	0,0051	0,0250	0,0255	0,0255
10	0,0050	0,0050	0,0050	0,0250	0,0251	0,0250

Wie man aus der Tabelle erkennt, sind die Werte bei 5 mg Aluminium meist befriedigend, während bei 25 mg Aluminium die Abweichungen ähnlich wie bei der Bestimmung in essigsaurer Lösung mehrere zehntel Miligramme betragen. NAVEZ gibt als mittleren Fehler von 8 Beleganalysen mit je 0,04505 g Aluminium Einwage —0,5% an. Auf die Ergebnisse von JUNG wurde bereits hingeweisen.

BERG (f) führte nachfolgende *Mikro*bestimmungen nach seiner ersten Arbeitsweise aus; die besonderen Arbeitsbedingungen waren dabei: Gesamtvolumen 50 cm³, 1 bis 2 g Tartrat,

5 g Ammoniumchlorid, Filtrieren nach dem Erkalten, bromometrische Auswertung (0,05 n Kaliumbromat-Kaliumbromid-Lösung, vgl. S. 269).

b) Fällung des Aluminiumoxychinolates aus ammoniakalischer Lösung nach LUNDELL und KNOWLES.

Vorbemerkung. Bei der wiedergegebenen Arbeitsvorschrift handelt es sich um die bezüglich der Erfassung des Aluminiums als Oxinat von LUNDELL, HOFFMAN und BRIGHT modifizierte Form der Arbeitsweise von LUNDELL und KNOWLES. Die endgültige Aluminiumbestimmung kann gravimetrisch oder maßanalytisch erfolgen. Da schon während des Neutralisierens mit Ammoniak Aluminiumoxinat ausfällt, welches zur Lösung zugesetzte Indicatoren (wie z. B. Bromkresolpurpur) adsorbiert, muß man die ammoniakalische Reaktion durch den Ammoniakgeruch oder durch Tüpfeln feststellen.

Aluminium gegeben g	Verbrauch an 0,05 n $KBrO_3$-KBr-Lösung cm³	Aluminium gefunden g	Fehler mg
0,00378	33,10	0,00372	—0,06
0,00126	10,70	0,00120	—0,06
0,00063	5,90	0,00066	+0,03
0,00025	1,95	0,00022	—0,03
0,00013	0,95	0,00011	—0,02

Arbeitsvorschrift. Zu der schwach schwefel- oder salzsauren Lösung, welche nicht mehr als 0,1 g Aluminium in 100 cm³ Volumen enthält, fügt man einen kleinen Überschuß an 2,5%iger Oxychinolinacetatlösung, macht mit verdünntem Ammoniak alkalisch und setzt dann noch einen Überschuß an konzentriertem Ammoniak von 5 cm³ auf 100 cm³ Lösung hinzu. Nun erwärmt man auf 60 bis 70° C und erhält das Gemisch bei dieser Temperatur bis der Niederschlag krystallinisch geworden ist. Nach dem Abkühlen in kaltem Wasser wird durch einen Glasfiltertiegel filtriert, mit kalter Ammoniaklösung (1:40) und dann mit kaltem Wasser gewaschen.

Genauigkeit. Wie bereits erwähnt, haben LUNDELL und KNOWLES nur Bestimmungen neben Phosphorsäure, Vanadin usw. mitgeteilt und dabei die endgültige Aluminiumbestimmung durch Fällung als Hydroxyd mit Ammoniak vorgenommen. In der nachfolgenden Tabelle sind die Ergebnisse der Bestimmungen neben Phosphorsäure enthalten.

Al_2O_3 gegeben g	Phosphorsäure (P_2O_5) gegeben g	Al_2O_3 gefunden g	Fehler g	Al_2O_3 gegeben g	Phosphorsäure (P_2O_5) gegeben g	Al_2O_3 gefunden g	Fehler g
0,0945	0,05	0,0942	—0,0003	0,0945	—	0,0944	—0,0001
0,0945	0,05	0,0940	—0,0005	0,0047	1,00	0,0048	+0,0001
0,0945	0,05	0,0946	+0,0001	0,0047	1,00	0,0048	+0,0001
0,0945	0,05	0,0945	±0,0				

Die Autoren geben an, daß schon nach einmaliger Fällung von 0,050 g Aluminium neben 0,050 g Phosphorsäure (P_2O_5) weniger als 0,2 mg Phosphorsäure im Aluminiumoxyd enthalten waren.

c) Fällung des Aluminiumoxychinolates aus ammoniakalischer Lösung nach BÖTTGER und KOKTA (vgl. S. 261).

Arbeitsvorschrift. Man bringt die mit 2 g Ammoniumchlorid und Weinsäure versetzte Aluminiumsalzlösung (100 cm³ Volumen) mit verdünntem Ammoniak auf schwach alkalische Reaktion und säuert mit 2 cm³ Eisessig an. Dann gibt man 2 bis 3%ige Oxychinolinacetatlösung in der Kälte im Überschuß (über 50% mehr als erforderlich) zu, wobei eine gegebenenfalls auftretende Trübung durch einige Tropfen Eisessig in Lösung gebracht wird. Die auf 80° erwärmte Lösung versetzt man nun tropfenweise mit Ammoniak bis eine Trübung bestehen bleibt. Man wartet jetzt 1 Min. und fügt weiter Ammoniak zu, bis schwach alkalische Reaktion gegen Lackmus vorhanden ist. Nachdem einige Minuten lang erwärmt worden ist, wobei der Niederschlag sich gut zusammenballen und die überstehende Flüssigkeit ganz klar geworden sein muß, wird filtriert, mit heißem und weiter mit kaltem Wasser bis zur Farblosigkeit des Filtrates gewaschen und schließlich getrocknet. „Wenn nach dem Absetzen des Aluminiumoxinates noch viel Niederschlag auf der Flüssigkeit schwimmt oder an der Wandung des Becherglases aufsteigt, so deutet dies darauf hin, daß Oxin mit ausgefallen ist."

Genauigkeit. Beleganalysen zu dieser Vorschrift wurden von den Autoren offenbar nicht mitgeteilt.

3. Fällung des Aluminiumoxychinolates aus schwach mineralsaurer Lösung nach SMITH.

Vorbemerkung. Die Versuche von SMITH zeigten, daß die quantitative Fällung des Aluminiumoxychinolates in schwach mineralsaurer Lösung unter Anwendung eines anorganischen Puffers ebensogut verläuft wie in schwach essigsaurer acetatgepufferter Lösung. Sowohl für die Bestimmung des Aluminiums als auch für die Trennung von Magnesium hält der Autor die Einstellung eines p_H-Wertes zwischen 6 und 7 für zweckmäßig. Die benutzte Pufferlösung enthielt ein Gemisch von Kaliumbromat, Kaliumbromid und Natriumthiosulfat von der unten angegebenen Konzentration und reguliert, wenn man je 10 cm³ davon zu 100 cm³ einer 2 bis 7 cm³ freien Salzsäure enthaltenden Lösung zusetzt und 1 Min. kocht, den p_H-Wert auf 6 bis 7.

Arbeitsvorschrift. **Reagenslösungen.** 1. Pufferlösung: 60 g Kaliumbromid, 14 g Kaliumbromat und 125 cm³ Natriumthiosulfat werden in 500 cm³ Wasser gelöst. 2. Oxychinolinlösung: 3%ige Oxychinolinlösung in 0,2 n Salzsäure.

Arbeitsweise. Man versetzt die etwa 100 cm³ betragende schwach saure Lösung, die nicht mehr als 0,010 g Aluminium enthalten soll, mit 10 cm³ Oxinlösung, kocht und fügt tropfenweise 2 n Ammoniaklösung hinzu bis zur bleibenden Trübung. Durch Zusatz von 3 cm³ 1 n Salzsäure und Aufkochen wird die Lösung wieder geklärt, und dann abgekühlt. Darauf fügt man zur Einstellung der Acidität unter gutem Rühren auf einmal 10 cm³ Pufferlösung zu, erwärmt zum Sieden und erhält 1 Min. lang im Sieden. Danach filtriert man den Aluminiumoxychinolatniederschlag ab und wäscht mit heißem Wasser aus. Die Bestimmung des Aluminiums erfolgt nach dem Lösen in Salzsäure bromometrisch (vgl. S. 267).

Bei Aluminiummengen unter 5 mg setzt man 5 g Ammoniumchlorid und dann verdünntes Ammoniak bis zum Umschlag von Methylrot hinzu. Darauf erfolgt Zusatz von 10 cm³ Oxychinolinlösung, 1 bis 2 cm³ 1 n Salzsäure und, nach der Klärung der Lösung durch Kochen, von 10 cm³ Säurepufferlösung. Der dann durch 1 Min. langes Kochen erhaltene Niederschlag wird, wie oben beschrieben, weiter behandelt.

Genauigkeit. Die nachstehende Tabelle, welche auch die ausgeführten Trennungen von Magnesium enthält, zeigt, daß die Ergebnisse sehr befriedigend sind. Ob bei den kleinen Aluminiummengen von nur 1 mg entsprechend kleines Fällungsvolumen benutzt wurde, gibt der Autor nicht an.

Gegeben Al mg	Zusatz NH_4Cl g	Anwesend Mg g	Verbrauch 0,1 n $KBrO_3$-Lösung cm³		Theoretischer Verbrauch 0,1 n $KBrO_3$-Lösung cm³	Fehler %
10,0	—	—	44,5	44,6	44,5	+0,2
10,0	6	0,3	44,6	44,65	44,5	+0,3
7,5	—	—	33,4	33,5	33,4	+0,3
7,5	6	—	33,45	33,5	33,4	+0,15
7,5	6	0,8	33,6		33,4	+0,6
7,5	6 *	0,8	33,4		33,4	0
7,5	6 *	—	33,45		33,4	+0,15
5,0	—	—	22,25	22,25	22,25	0
5,0	—	1,0	22,25	22,25	22,25	0
5,0	—	5,0	22,25		22,25	0
2,50	—	—	10,6	10,9	11,1	—
2,50	10	—	11,05	11,1	11,1	1
1,25	—	—	5,0	5,1	5,55	—
1,25	10	—	5,5		5,55	—
0,5	10	—	2,15		2,2	—

* +1 g Weinsäure.

4. *Fällung des Aluminiumoxychinolates aus schwach natronalkalischer Lösung nach* BALANESCU *und* MOTZOC.

Vorbemerkung. BALANESCU und MOTZOC erhielten gelegentlich ihrer Versuche zur Bestimmung von Aluminium neben Phosphat mittels Oxychinolins nach der Methode von LUNDELL und KNOWLES (vgl. S. 263) und nach BERG (f) (in ammoniakalischer, tartrathaltiger Lösung) keine befriedigenden Ergebnisse. Sie führten dann mit gutem Erfolg die nachfolgend beschriebene Fällung in *schwach* natronalkalischer Lösung, bei einem schwacher Rötung von Phenolphthalein[1] entsprechenden p_H-Wert aus, und erreichten dabei eine gute Trennung selbst von der 20fachen Menge Phosphorsäure (P_2O_5). Die Verfasser geben an, daß die angewendete Arbeitsweise auch in Abwesenheit von Phosphorsäure, d. h. also für reine Aluminiumsalzlösungen benutzt werden kann. BERG (g) hebt hervor, daß sich die Methode von BALANESCU und MOTZOC in der von diesen Autoren gegebenen Form wegen der Anwendung alkoholischer Oxinlösung nur für kleine Aluminiummengen (s. unten) eignet, da wegen der lösenden Wirkung des Alkohols nur kleinere Reagensmengen zugegeben werden können. Es besteht aber außer der Anwendung konzentrierter alkoholischer Oxinlösung auch noch die Möglichkeit, den Alkohol durch längeres Erwärmen nach der Fällung zu vertreiben. Oxinacetat- oder Oxinchloridlösung kann wegen der Verschiebung des vor der Fällung auf etwa 9 eingestellten p_H-Wertes nach dem Neutralpunkt zu (wenigstens bei Anwesenheit von Phosphorsäure) nicht benutzt werden. Wahrscheinlich läßt sich die Fällung in natronalkalischer Lösung aber auch ebenso wie bei der Trennung des Aluminiums von Phosphorsäure in ammoniakalischer Lösung derartig ausführen, daß man zuerst überschüssige Oxinacetat- oder Oxinchloridlösung bei saurer Reaktion zusetzt und dann mit Natronlauge die schwach alkalische Reaktion einstellt (Tüpfeln in Indicatorlösung).

Im Zusammenhang mit der Arbeitsweise von BALANESCU und MOTZOC muß auch die Fällungsweise von POPE (Mikromethode, s. S. 274) angeführt werden, welcher die Oxinatabscheidung in Anwesenheit von Boraxlösung ebenfalls im schwach alkalischen p_H-Gebiete ausführt. Auch GOTÔ benutzt bei seinen Versuchen Borax zur Einstellung bestimmter p_H-Werte oberhalb p_H 7,0.

Arbeitsvorschrift nach BERG ***(g).*** Die 2 bis 15 mg Aluminium [und 20 bis 200 mg Phosphorsäure (P_2O_5)] enthaltende Lösung, deren Volumen etwa 30 cm³ beträgt, wird tropfenweise mit 0,2 n Natronlauge versetzt, bis der entstandene Aluminiumphosphatniederschlag gelöst ist. Bei kleineren Aluminiummengen (unter 2 mg), bei welchen die Trübung durch Aluminiumphosphat nicht mehr deutlich sichtbar ist, wird Phenolphthalein als Indicator zugesetzt (in Abwesenheit von Phosphorsäure ist das schon von vornherein erforderlich) und die Natronlauge bis zur Rosafärbung zugefügt. Da bei einem p_H-Wert über 9,8 keine quantitative Aluminiumoxinatfällung mehr eintritt, darf kein Überschuß an Natronlauge vorhanden sein! Nach dem Verdünnen auf etwa 80 cm³ Gesamtvolumen wird bei 45 bis 50° C mit einem Überschuß einer 5%igen alkoholischen Oxinlösung gefällt, zum Sieden erhitzt und 5 bis 10 Min. auf dem siedenden Wasserbad unter Umrühren erwärmt. Nach dem Erkalten auf etwa 50° C wird filtriert und mit heißem Wasser gewaschen bis das Filtrat farblos ist. (Die weitere Aluminiumbestimmung nehmen BALANESCU und MOTZOC maßanalytisch vor. Sie kann selbstverständlich auch durch Trocknen oder durch Veraschen und Wägen erfolgen.)

Genauigkeit. Während BALANESCU und MOTZOC bei 2,63 mg und 5,23 mg Aluminium neben der $^1/_2$- bis 20fachen Phosphatmenge (2,67 bis 100,6 mg P_2O_5) nach den ammoniakalischen Methoden von LUNDELL und KNOWLES sowie von BERG (tartrathaltige Lösung) relative Abweichungen von etwa 5 bis 15% feststellten, erzielten die Autoren nach ihrer eigenen Methode befriedigende Werte (vgl. S. 288). Die folgenden beiden Werte wurden in Abwesenheit von Phosphat nach obiger Vorschrift erhalten:

[1] Farbumschlag bei $p_H = 8{,}0$ bis 9,8.

Aluminium gegeben mg	Aluminium gefunden mg	Fehler %
2,61	2,58	—1,17
5,22	5,20	—0,39

Bemerkenswerterweise sind alle gefundenen Abweichungen (auch die bei der Nachprüfung der Methode von LUNDELL und KNOWLES sowie von BERG erhaltenen) negativ. Wahrscheinlich liegt dies daran, daß beim Auswaschen des Niederschlages mit zu großen Mengen heißem Wasser Verluste von einigen Hundertstelmilligrammen Aluminium eingetreten sind.

V. Gravimetrische Mikrobestimmung des Aluminiums mit Hilfe des Oxychinolinverfahrens.

Allgemeines. Für die mikrochemische Bestimmung des Aluminiums eignet sich das Oxinverfahren dank der geringen Löslichkeit und des hohen Molekulargewichtes des Aluminiumoxychinolates ganz besonders gut. Man kann zur Mikrobestimmung ohne weiteres die entsprechende Makroarbeitsweise unter Abänderung der Reagensmengen und des Volumens anwenden. So hat BENEDETTI-PICHLER für die gravimetrische Mikrobestimmung in essigsaurer Lösung eine Vorschrift angegeben, welche mit der oben beschriebenen makrogravimetrischen Arbeitsweise methodisch übereinstimmt. Dabei sind die angewendeten Volumen im Verhältnis zur abzuscheidenden Aluminiummenge (Größenordnung 0,1 bis 1 mg) wesentlich kleiner und die Resultate genauer als bei der von BERG zur Bestimmung kleiner Aluminiummengen in ammoniakalischer Lösung benutzten Arbeitsweise (vgl. S. 262). Die Brauchbarkeit der genannten mikrogravimetrischen Vorschrift wurde im Zusammenhang mit der Mikroanalyse von Berylliumsilicaten von BENEDETTI-PICHLER und SCHNEIDER, THURNWALD und BENEDETTI-PICHLER (a) (b), sowie neuerdings nochmals an reinen Alaunlösungen von BENEDETTI-PICHLER und PAULSON vielfach bestätigt. HECHT und KRAFFT-EBING verwenden die gravimetrische Bestimmung von Aluminium und Eisen bei der Mikroanalyse von Uranien. Sie setzen auch nach der Fällung des Aluminiumoxinates, um des richtigen Abstumpfens der Essigsäure sicher zu sein, verdünntes Ammoniak zum Reaktionsgemisch, bis bleibende weißlichgelbe Trübung durch ausfallendes Oxychinolin vorhanden ist, welches dann durch 0,05 cm³ Eisessig wieder in Lösung gebracht wird. Über die erfolgreiche Anwendung des Oxinverfahrens in der Mikroanalyse von Monaziten berichten HECHT und KRAUPA. HECHT beschrieb die gemeinsame Abscheidung der Oxinate von Eisen, Aluminium und Titan und ihre Trennung in der Mikrosilicatanalyse.

Gravimetrische Bestimmungen kleiner Aluminiummengen (0,26 bis 2,0 mg) führte auch TAYLOR-AUSTIN in essigsaurer Lösung durch, offenbar ohne dabei eine entsprechende Modifikation seiner Makromethode vorzunehmen. Die Resultate der Beleganalysen stimmen zwar auf einige Hundertstel Milligramme mit den gegebenen Werten überein (auf 5 bis 10%), sind aber in ihrer Genauigkeit nicht mit den Ergebnissen der eigentlichen mikrogravimetrischen Arbeitsweise nach BENEDETTI-PICHLER zu vergleichen. Über die Fällung kleinster Aluminiummengen mittels Oxychinolins s. auch in diesem Paragraphen unter B und C.

Gravimetrische Mikrobestimmung des Aluminiums in essigsaurer Lösung nach BENEDETTI-PICHLER.

Arbeitsvorschrift. 1 cm³ Aluminiumsalzlösung, die eine etwa 1 bis 0,6 mg Aluminiumoxyd entsprechende Menge Aluminium enthält, wird im Mikrobecher mit 1 Tropfen konzentrierter Salzsäure und 0,3 cm³ Reagenslösung versetzt. Auf dem heißen Wasserbad fügt man dann 2 n Ammoniumacetatlösung bis zur ersten bleibenden Trübung zu und nach 1 Min. langem Warten, währenddessen der Niederschlag krystallinisch wird, gibt man weiter tropfenweise noch 0,5 cm³ der Acetatlösung zu. Die angegebenen Raummengen beziehen sich auf die Anwesenheit von 1 mg Aluminiumoxyd und sind bei größeren Aluminiummengen entsprechend zu vergrößern. Nach 10 Min. langem Stehen auf dem heißen Wasserbad ist der Niederschlag grobkrystallinisch geworden, so daß man nun die Mutterlauge durch ein Filterstäbchen entfernen und den Niederschlag möglichst trocken saugen kann. Mit je 0,25 bis 0,5 cm^3 heißem Wasser wird 4- bis 5mal ausgewaschen. Anschließend trocknet man 5 Min. unter Durchsaugen von Luft in einer vom Verfasser dem PREGLschen Aluminiumblock nachgebildeten Vorrichtung bei 140° C.

Genauigkeit. Die erreichte Genauigkeit ist für mikroanalytische Verhältnisse recht groß und beträgt im Durchschnitt etwa ±0,3 bis 0,5%. Neun vom Verfasser (1929) für Kaliumalaunmengen von 2 bis 6 mg (0,14 bis 0,43 mg Aluminium) mitgeteilte Beleganalysen verschiedener Analytiker ergaben bei einem theoretischen Aluminiumoxydgehalt des Kaliumalauns von 10,77% folgende Resultate:

Gegeben $KAl(SO_4)_2 \cdot 12H_2O$ mg	Gefundener Gehalt an Al_2O_3 %	Fehler % (rel.)	Gegeben $KAl(SO_4)_2 \cdot 12H_2O$ mg	Gefundener Gehalt an Al_2O_3 %	Fehler % (rel.)
6,456	10,74	—0,3	1,725	10,86	+0,9
4,280	10,77	±0,0	1,922	10,77	±0,0
4,317	10,73	—0,4	4,307	10,82	+0,5
3,387	10,77	±0,0	1,990	10,81	+0,4
2,996	10,81	+0,4			

Drei von BENEDETTI-PICHLER und SCHNEIDER und vier von THURNWALD und BENEDETTI-PICHLER (a) nach Abtrennung größenordnungsmäßig gleicher Phosphatmengen als Phosphormolybdat und der überschüssigen Molybdänsäure mit Schwefelwasserstoff an Kaliumalaun ausgeführte Beleganalysen (2,34 bis 4,74 mg Alaun) ergaben die gleiche Genauigkeit (vgl. auch Mikrotrennung von Beryllium, s. S. 283).

B. Maßanalytische Bestimmung des Aluminiums mittels o-Oxychinolins.

Allgemeines.

Die maßanalytische Bestimmung des Aluminiums auf der Grundlage der Abscheidung des Aluminiumoxychinolates besitzt die gleiche praktische Bedeutung wie die gravimetrische Bestimmung. Sie wurde seit ihrer erstmaligen Anwendung durch BERG (f) sehr häufig benutzt.

Die maßanalytische Erfassung des Aluminiums mittels Oxins kann nach drei verschiedenen Prinzipien ausgeführt werden. Davon hat bisher nur das erste, die Titration des Oxychinolins mit Brom, also mit eingestellter Kaliumbromat-Kaliumbromid-Lösung, weitgehende praktische Verwendung gefunden. Dieses Verfahren beruht auf der von BERG (h) analytisch ausgewerteten Bildung des Dibromoxychinolins, zu welcher das Oxychinolin als Phenolderivat befähigt ist. Der Vorgang vollzieht sich nach folgenden Gleichungen:

$$KBrO_3 + 5KBr + 6HCl \rightarrow 6KCl + 3H_2O + 3Br_2 \quad (1)$$

$$C_7H_9ON + 2Br \rightarrow C_6H_5ONBr_2 + 2HBr. \quad (2)$$

Die Kaliumbromatlösung wird unter Anwendung eines geeigneten Indicators in kleinem Überschuß zugegeben, welcher nach Umsetzung mit Kaliumjodid mittels Thiosulfatlösung zurücktitriert wird. Bei Anwendung des Prinzips der potentiometrischen Endpunktsanzeige kann die dem vorhandenen Oxychinolin äquivalente Menge Bromat-Bromid-Lösung auch durch direkte Titration ermittelt werden (vgl. unten). Ebenso wie freies Oxychinolin kann selbstverständlich auch das an Aluminiumoxychinolat gebundene Oxychinolin titriert werden, welches sich ja beim Auflösen der Metallkomplexsalze in Salzsäure zurückbildet. Eine für praktische Zwecke (Schnellverfahren) nützliche Modifikation des bromometrischen Verfahrens ist die sogenannte Restmethode, bei welcher nach Fällung mit Oxinlösung das im Filtrat des Aluminiumoxinates noch vorhandene überschüssige Oxin bestimmt wird.

Eine von HAHN und HARTLEB ausgearbeitete acidimetrische Bestimmung des Aluminiums gründet sich auf der Titration der bei der Fällung des Aluminiumoxychinolates aus neutraler Aluminiumsalzlösung nach folgender Gleichung freiwerdenden Säure mit Natronlauge:

$$AlCl_3 + 3 \underset{OH\;\;N}{(\;\;)} \rightarrow Al \left[\underset{O\;\;N}{(\;\;)}\right]_3 + 3HCl.$$

Die von Castiglioni angegebene acidimetrische Aluminiumbestimmung beruht auf der Titration der bei der Bromierung des Oxychinolins mit einem Bromüberschuß (Bildung von Tribromoxychinolin) entstehenden Bromwasserstoffsäure.

Schließlich ist noch die auf dem bekannten Prinzip der Filtrationsmethode beruhende maßanalytische Bestimmung des Oxins anzuführen, welche bisher von Bucherer und Meier zur Bestimmung des Magnesiums und von Berg und Roebling bei der Bestimmung von Phosphorsäure als Anlagerungsverbindung des Oxychinolins an Phosphormolybdänsäure mit Erfolg angewendet wurde. Diese Methode besteht in einer direkten Titration des Metalls mit Oxinlösung von genau bekanntem Gehalt, wobei der Titrationsendpunkt durch Filtrieren kleiner Proben des Reaktionsgemisches und Prüfung auf weitere Fällung nach neuem Reagenszusatz im Filtrat ermittelt wird. Das Verfahren wurde ebenso wie die beiden oben angeführten acidimetrischen Methoden bisher von anderen Autoren kaum untersucht.

I. Bestimmung des Aluminiums durch bromometrische Titration des gefällten Aluminiumoxychinolates nach Berg.

Vorbemerkung. Über die bromometrische Bestimmung des Aluminiums durch Titration des in Salzsäure gelösten Oxychinolates liegt umfangreiches Erfahrungsmaterial vor. Man muß dabei aber bedenken, daß die eigentliche bromometrische Titration des Oxychinolins ein von der Fällung des Metallkomplexes unabhängiger Abschnitt dieser Aluminiumbestimmung ist. Mit anderen Worten, man kann die sich auf bekannte Aluminiummengen beziehenden Beleganalysen nur bedingt zur Beurteilung der Güte der bromometrischen Titration heranziehen, weil in ihnen gleichzeitig die in der Fällung einerseits und die in der eigentlichen Titration andererseits liegenden Fehlermöglichkeiten in Erscheinung treten. Selbst im Falle guter Übereinstimmung zwischen gefundenem und vorhandenem Aluminiumgehalt ist der Beweis für den zuverlässigen quantitativen Verlauf sowohl der Titration als auch der Abscheidung des Oxychinolates noch nicht erbracht (Kompensation von Fehlern möglich). Die eigentliche Untersuchung der bromometrischen Titration erfolgt durch Einwägen reinsten o-Oxychinolins, wie dies bisher Berg (h), ferner Kolthoff und auch Fleck, Greenane und Ward, Schulck und Clauder, sowie Atanasiu und Velculescu (s. potentiometrische Titration S. 270) getan haben. Die bromometrische Titration des Aluminiums läßt sich, falls die erforderlichen Maßlösungen stets gebrauchsfertig bereitstehen, wesentlich rascher durchführen als die gravimetrische Methode, weil das Trocknen des Niederschlages wegfällt. Die Praxis zeigt jedoch, daß bei Serienanalysen die gravimetrische Methode vorzuziehen ist (Klinger), da bei großer Zahl gleichzeitig auszuführender Aluminiumbestimmungen das Trocknen der Niederschläge ohne jegliche Wartung und das Wägen (mit Industrieschnellwaage) schnell von statten geht. Bei der maßanalytischen Bestimmung sind dagegen durch das Auflösen jedes einzelnen Niederschlages in Salzsäure, die Zugabe der verschiedenen Reagenzien und die eigentliche Titration recht zahlreiche Manipulationen auszuführen. Bei der bromometrischen Restmethode liegen die Verhältnisse in dieser Beziehung etwas günstiger.

Für die technische Schnellbestimmung des Aluminiums in Silicaten (wie z. B. Tonen, Schamotten, Gläsern) oder Erzen (Bauxite) hat die bromometrische Titration besondere Bedeutung, da sie durch Anwesenheit von *Kieselsäure* nicht gestört wird.

Zur Methodik der bromometrischen Titration.

1. Faktor, erforderliche Lösungen. Da in einem Molekül Aluminiumoxinat 3 Oxinreste enthalten sind und außerdem nach Gleichung (2) (S. 267) bei der Bildung des Dibromoxins auf 1 Molekül Oxychinolin 4 Äquivalente Brom treffen, entsprechen einem Atom Aluminium 12 Äquivalente Brom, d. h. 1 cm³ 1 n Kaliumbromat-Kaliumbromid-Lösung entspricht $26{,}97 : 12 \times 1000 = 0{,}0022475$ g Aluminium. Die Normalität der genannten Maßlösung paßt man zweckmäßig der Größenordnung der zu bestimmenden Aluminiummenge an. Mit 0,5 n Lösung kommt man in dem Bereich von 10 bis 50 mg aus, bei 1 bis 5 mg arbeitet man mit 0,1 n und darunter mit 0,05 n Lösung (vgl. S. 271, 274). Die Rücktitration des überschüssigen Broms erfolgt stets mit 0,1 n (bzw. 0,05 n) Thiosulfatlösung. Zur Herstellung der verschiedenen Bromat-Bromid-Lösungen bereitet man zunächst durch Auflösen von 27,855 g Kaliumbromat und 100 g Kaliumbromid in 1 l Wasser eine 1 n Lösung, deren Titer in einem aliquoten Teil nach dem Verdünnen auf das 10fache gegen 0,1 n Thiosulfatlösung bestimmt wird [25 cm³ der 1 : 10 verdünnten Bromat-Bromid-Lösung versetzt man mit 5 cm³ 20%iger Kaliumjodidlösung, verdünnt auf 200 cm³, fügt 40 cm³ Salzsäure (1:1) hinzu und titriert mit 0,1 n Thiosulfatlösung]. Bezüglich der Herstellung der übrigen Lösungen [0,1 n Thiosulfatlösung (25 g Salz in 1 l), 20%ige Kaliumjodidlösung und Stärkelösung] erübrigen sich hier weitere Angaben.

Zum raschen Lösen des Aluminiumoxinates in der Kälte empfiehlt BERG ein Gemisch von gleichen Teilen 15%iger Säure und Alkohol (BERG und TEITELBAUM empfehlen ein Gemisch von konzentrierter Salzsäure und Alkohol im Verhältnis 1:1).

2. Konzentrationsverhältnisse und Störungen. Die bromometrische Titration wird nach BERG in Salzsäure in etwa 2 n Lösung vorgenommen. Nach den Versuchen von FLECK und Mitarbeitern kann die Salzsäurekonzentration zwischen 0,5 und 4 n schwanken, ohne daß Störungen auftreten. BERG erwähnt, daß bei zu geringer Acidität der Reaktionslösung während der Titration mit Thiosulfat Abscheidung einer gelbfarbigen Bromsubstitutionsverbindung eintreten kann, wodurch unbrauchbare Ergebnisse erzielt werden.

Über die zulässige Höchstkonzentration von Oxin liegen offenbar nähere Angaben nicht vor. BERG (h) sowie FLECK und Mitarbeiter titrierten bei einer etwa 15 mg Aluminium äquivalenten Oxinmenge mit einem Anfangsvolumen von 100 cm³, KNOWLES hatte 25 mg Aluminium als Oxinat in 100 cm³ Lösung. KOLTHOFF gibt an, daß sich das Dibromoxychinolin bei zu hoher Oxychinolinkonzentration der zu titrierenden Lösung vor oder während des Zurücktitrierens abscheidet (keine besonderen Versuche hierüber).

FLECK, GREENANE und WARD haben verschiedentlich um 1 bis 3% zu hohe Titrationsergebnisse nach der BERGschen Vorschrift erhalten, obwohl sie bei richtiger Salzsäurekonzentration (etwa 2,5 n) arbeiteten. Der Endpunkt der Titration mit Thiosulfat war meist in jenen Fällen unscharf, in denen nach dem Zusatz des Kaliumjodids bräunliche Fällung (Jodadditionsprodukt) auftrat, und nach beendeter Titration und Klärung der Lösung eine kleine Menge eines schieferblauen Bodenkörpers vorhanden war. Man kann beobachten, wie von diesem Bodenkörper ausgehend die blaue Jodfärbung sich zurückbildet. Durch Zugabe von Schwefelkohlenstoff, in welchem der blaue Bodenkörper löslich ist, konnten die genannten Autoren das Auftreten von Überwerten bei der Titration vermeiden. Andere Analytiker wie BERG oder SMITH halten die Anwendung von Schwefelkohlenstoff für überflüssig.

Zur Vermeidung von Bromverlusten während der Titration sind von einigen Autoren besondere Titrierkolben angewendet worden (SCHULEK und CLAUDER, LAVOLLAY, GREENBERG, ANDERSON und TUFTS). Nach Ansicht von BERG (g) sind derartige Vorsichtsmaßregeln bei der Titration von Metalloxinaten bei sachgemäßem Arbeiten (langsam titrieren) nicht erforderlich.

3. Indicator. Durch direkte Titration in Anwesenheit eines Indicators läßt sich der Reaktionsendpunkt der Dibromoxychinolinbildung nicht genau erkennen, weil zur raschen Bromierung (bzw. zum scharfen Farbumschlag des Indicators) ein gewisser Bromüberschuß erforderlich ist. Man begnügt sich daher mit einer ungefähren Erkennung des Titrationsendpunktes und titriert die überschüssig zugesetzte Kaliumbromat-Kaliumbromid-Lösung mit Thiosulfat zurück. BERG empfiehlt Indigocarmin als Indicator. Da bereits während der Bromierung des Oxins auch der Indicator sich langsam verfärbt, setzt man vor Beendigung des Bromatzusatzes nochmals einige Tropfen Indigocarminlösung zu (rasche Entfärbung). SMITH setzt die Indigocarminlösung von vornherein der 0,1 n Kaliumbromat-Kaliumbromid-Lösung zu (25 cm³ 0,5%ige Lösung auf 1 l 0,1 n Bromatlösung). KOLTHOFF empfiehlt Methylrot und CSIPKE Methylenblau als Indicator. Sehr zuverlässig kann das Auftreten des ersten Bromüberschusses durch Tüpfeln in Kaliumjodidstärkelösung erkannt werden (KNOWLES).

Der Überschuß kann bei einer Aluminiummenge von 20 mg etwa 1 bis 2 cm³ 0,5 n Kaliumbromat-Kaliumbromid-Lösung betragen.

Daß es bei der Bromierung des Oxychinolins mit *kleinem* Bromüberschuß nur zur Bildung des Dibromoxychinolins kommt, geht einerseits aus den zahlreichen guten Titrationsergebnissen hervor, die nach der Arbeitsvorschrift von BERG von vielen Autoren erhalten wurden und auch aus den Resultaten der potentiometrischen Titration nach ATANASIU und VELCULESCU. Es ist übrigens belanglos, ob bei der Titration mit Indicatoren das von CASTIGLIONI bei Bromüberschuß festgestellte 5,7,0-Tribrom-8-oxychinolin entsteht — ähnlich dem Tribromphenolbrom —, da die Rücktitration mit Natriumthiosulfat stets bis zum Dibromoxychinolin führt.

4. Potentiometrische Titration. Wie ATANASIU und VELCULESCU feststellten, verläuft die Bromierung des Oxins bei 50° C genügend schnell, so daß sich die Titration auch potentiometrisch unter direkter Ermittlung des Bromatverbrauches durchführen läßt. Die Autoren nahmen jeweils die ganze Titrationskurve auf und verwendeten Platin-Nickel als anzeigendes Elektrodenpaar. An Stelle des zuerst benutzten Capillarelektrometers mit der üblichen Kompensationsschaltung erwies sich ein direkt anzeigendes Millivoltmeter als geeigneter, da man nach jedem Bromatzusatz Einstellung des Potentials abwarten mußte.

Zur Durchführung der Versuche wurden jeweils 10 cm³ 0,1 mol salzsaure Oxychinolinlösung (2%ig an Salzsäure) in einem Volumen von 150 cm³ titriert. Die bei Salzsäurekonzentrationen von 5, 10, 15 und 20% ausgeführten Titrationen ergaben, daß die Bromierungsgeschwindigkeit bei 10% bereits ihr Maximum erreicht hat. Die Titration kann auch in Gegenwart von Schwefelsäure vorgenommen werden, der Potentialsprung ist bei Salzsäure nur wenig höher. Bei Zimmertemperatur verläuft die Reaktion zu langsam, während oberhalb 50° C durch das Auftreten anderer Bormierungsvorgänge kein scharfer Knickpunkt der Titrationskurve mehr erhalten wird.

Eine ganze Anzahl fremder Säuren und Salze, wie Essigsäure, Oxalsäure, Weinsäure, Natriumacetat, Natriumsulfat, Ammoniumsulfat, Ammoniumoxalat, die Chloride von Ammonium, Aluminium, Nickel, Calcium, Magnesium usw. haben keinen störenden Einfluß auf die potentiometrische Titration. Das 10 cm³ 0,1 mol Oxinlösung äquivalente Volumen 0,1 mol Bromatlösung (6,63 cm³) wurde stets befriedigend genau wiedergefunden. Auch Eisen und Kupfer stören nicht.

Unter praktisch den gleichen Bedingungen titrierten SMITH und MAY neuerdings Magnesiumoxinat (Menge entsprechend 36 mg Magnesiumoxyd), wobei die Abweichungen von den gleichzeitig durch Wägung des Magnesiumoxinats ausgeführten gravimetrischen Bestimmungen 0,1 bis 0,3 mg Magnesiumoxyd betrugen. Diese Analytiker benutzten das Monometall-Elektrodenpaar Platin-Platin und ein Elektronenröhrenvoltmeter. Sie stellten auch fest, daß gewisse Stoffe wie z. B. Eisen-, Calcium-, Magnesiumchlorid oder Osmiumtetroxyd die Geschwindigkeit der

Bromierung des Oxychinolins etwa verdoppeln. Auch KITAJAMA hat bereits Oxychinolin potentiometrisch titriert.

*5. **Titration in Gegenwart von Eisen.*** Durch Eisen wird die Rücktitration des überschüssigen Broms gestört, da in saurer Lösung das Ferri-Ion sowohl durch Brom- als auch durch Jod-Ion zu Ferro-Ion reduziert wird. Wie BERG zeigte, läßt sich jedoch der Einfluß des Eisens mittels Komplexbildung, wie sie z. B. durch Zusatz von Phosphorsäure eintritt, beseitigen. Man kann so noch 50 mg Eisen (als Oxychinolat) in 200 cm³ 2 n Salzsäure bei Anwesenheit von 10 bis 15 cm³ konzentrierter Phosphorsäure titrieren. Die Kaliumjodidmenge ist dabei allerdings klein zu bemessen. Nach STUCKERT und MEIER treten praktisch noch keine Störungen auf, wenn die Menge des Eisens nicht mehr als 6 bis 8% des zu titrierenden Aluminiums ausmacht. BUDNIKOFF und ZUKOWSKAJA verwendeten mit gutem Erfolg Oxalsäure zur komplexen Bindung des Eisens. Der Verbrauch an 0,2 n Kaliumbromat-Kaliumbromid-Lösung (20,5 cm³ entsprechen 8 mg Aluminium), war bei Gegenwart von 0,013 g Eisen und 1 g Oxalsäure in 300 cm³ 1 n Salzsäure genau so groß, wie in Abwesenheit des Eisens. Durch die Anwendung des sogenannten Resttitrationsverfahrens, d. h. der bromometrischen Titration des überschüssigen Oxychinolins im Filtrat der Fällung von Aluminium, Eisen u. a. kann störender Einfluß größerer Eisenmengen umgangen werden (vgl. S. 272).

Arbeitsvorschrift nach BERG (h), (f), (b). Der gewaschene Aluminiumoxychinolatniederschlag wird im Filtertiegel durch Übergießen mit kalter alkoholischer Salzsäure (s. oben) oder 10- bis 15%iger Salzsäure unter Umrühren mit einem kleinen Glasstäbchen, Absaugen und Nachspülen mit warmem Wasser gelöst. Die auf 200 cm³ verdünnte kalte Lösung bringt man auf eine etwa 2 n (7%) Salzsäurekonzentration und versetzt mit einigen Tropfen 0,5%iger Indigocarminlösung bis zur deutlichen Blaufärbung.

Dann tropft man langsam unter kräftigem Mischen die eingestellte Kaliumbromat-Kaliumbromid-Lösung (s. oben) — im folgenden Titerlösung genannt — zu, bis der anfangs blaue, dann grüne Farbton in Gelb übergegangen ist. Gegen Ende der Titration setzt man nochmals etwas Indicator zu. Man gibt nun noch einen Überschuß von 2 bis 3 cm³ Titerlösung hinzu und versetzt nach $^1/_2$ Min. mit 5 bis 10 cm³ 20%iger Kaliumjodatlösung (das dabei abgeschiedene braune Jodadditionsprodukt reagiert mit Thiosulfat wie Jod-Jodkalium). Nach $^1/_2$ Min. titriert man mit Thiosulfat zurück bis das Jodadditionsprodukt gelöst ist und dann weiter wie üblich bis zum Verschwinden der Jodstärkefärbung.

Da bei kleinen Aluminiummengen die vom Indicator verbrauchte Titermenge nicht vernachlässigt werden kann, bringt man für je 10 Tropfen 0,5%ige Indigocarminlösung eine negative Korrektur von 0,5 cm³ 0,02 n Titerlösung an.

Genauigkeit. Wie die Beleganalysen von BERG sowie von FLECK und Mitarbeitern zeigen, lassen sich bei der Titration von reinem Oxin auf etwa 0,2 bis 0,4% genaue Resultate erhalten. KOLTHOFF fand maximale Abweichungen von 0,5%.

BERG erzielte bei der bromometrischen Oxin-Titration folgende Werte:

Bestimmung	Gegeben Oxin g	Verbrauch an 0,1 n $KBrO_3$-KBr-Lösung[1] cm³	Gefunden Oxin g	Abweichung mg	Abweichung %
1	0,2733	75,22	0,2728	+0,5	+0,18
2	0,1362	37,76	0,1370	+0,8	+0,59
3	0,1112	30,60	0,1109	—0,3	—0,27
4	0,0935	25,86	0,0938	+0,3	+0,32
5	0,0726	20,04	0,0727	+0,1	+0,17
6	0,0650	17,42	0,0632	+0,2	+0,32
7	0,0504	13,92	0,0505	+0,1	+0,19
8	0,0315	8,70	0,0316	+0,1	+0,31

[1] Die Bestimmungen 1 und 2 wurden mit 0,2 n, die Bestimmungen 5—8 mit 0,05 Titerlösung titriert. Die angegebenen Werte sind alle auf 0,1 n Titerlösung umgerechnet.

Die Ergebnisse, die FLECK, GREENANE und WARD bei der bromometrischen Oxinbestimmung erhielten, sind in der nachstehenden Tabelle wiedergegeben (1 cm³ Oxinacetatlösung = 0,0205 g Oxin = 5,655 cm³ 0,1 n $KBrO_3$-KBr-Lösung).

Gegeben Oxinlösung cm³	Berechneter Verbrauch an 0,1 n $KBrO_3$-KBr-Lösung cm³	Tatsächlicher Verbrauch an 0,1 n $KBrO_3$-KBr-Lösung cm³	Fehler %
10	56,55	56,82	+0,48
8	45,24	45,38	+0,27
7	39,59	39,57	—0,05
4	22,62	22,60	—0,10
2	11,31	11,36	+0,45
1	5,65	5,68	+0,54
0,5	2,82	2,81	—0,36

Bezüglich der zahlreichen, an Aluminiumlösungen bekannten Gehaltes ausgeführten Beleganalysen vieler Autoren sei auf die bereits bei der Beschreibung der verschiedenen Fällungsmethoden des Aluminiums als Oxinat gebrachten bromometrischen Bestimmungen hingewiesen (vgl. S. 258, 259, 262, 263, 264). Die Fehler sind dort infolge der aus der Fällung des Oxinates resultierenden Schwankungen häufig größer.

II. Resttitrationsmethode.

Vorbemerkung. Die Anwendung des in der Maßanalyse viel benutzten Prinzips der Rücktitration überschüssigen Fällungsmittels bei der Aluminiumbestimmung mit Hilfe von Oxychinolin wurde von HAHN und VIEWEG 1927 vorgeschlagen, aber bisher praktisch selten ausgeführt, obwohl ihr als technische Schnellmethode besonders für die Aluminiumbestimmung in Silicaten (Tonen, Schamotten) oder Bauxit besondere praktische Bedeutung zukommt. Grundbedingung für die Anwendbarkeit der Resttitration ist selbstverständlich, daß trotz der Flüchtigkeit des Oxins die angewendeten Arbeitsbedingungen während der Fällung keine störenden Reagensverluste zulassen. HAHN (c) gab 1931 eine Arbeitsweise an, bei welcher er durch Acetonzusatz zur Aluminiumsalzlösung schon unter mäßiger Erwärmung zu krystallinen Niederschlägen gelangt und so Oxinverluste durch Verflüchtigung vermeidet. Die Löslichkeit von Aluminium- und Magnesiumoxinat in 10%igem Aceton soll unbedenklich sein [vgl. hierzu jedoch BERG (f)]. Das Aceton muß vor der bromometrischen Titration des überschüssigen Oxins unter Fällung des letzteren mit Zinklösung durch anschließendes Abdampfen entfernt werden, weil es ebenfalls bromiert wird. Beleganalysen teilt HAHN (c) nur für Magnesium mit. Vorteile gegenüber der gravimetrischen Aluminiumbestimmung bietet diese umständliche Arbeitsweise nicht.

F. W. MEIER und auch L. STUCKERT beobachteten bei der Anwendung der Resttitrationsmethode erhebliche positive und negative Abweichungen, deren Ursache sich nicht völlig erklären ließ. Einige Versuche von BUDNIKOFF und ZUKOWSKAJA ergaben, daß bei 25 Min. langem Erhitzen auf 75° C in einem mit dem Uhrglas bedeckten 300 cm³-Kolben (Lösungsvolumen 150 cm³, Verbrauch an 0,2 n Kaliumbromatlösung 20 cm³) der Verlust an Oxychinolin nur 0,3% betrug.

Nach den Erfahrungen von ZUKOWSKAJA und BALJUK liegen die Oxychinolinverluste bei der Fällung in essigsaurer Lösung innerhalb niedriger Grenzen, falls man nur auf Temperaturen von 60 bis 70° C erhitzt.

Schnellbestimmung des Aluminiums in Ton, Schamotte und Bauxit nach ZUKOWSKAJA und BALJUK.

Arbeitsvorschrift. **Reagenzien und Lösungen.** 1. 50%ige Natronlauge. 2. Alkoholische Waschlauge: 2 cm³ 50%ige Natronlauge + 100 cm³ Alkohol. 3. Waschlösung für Eisen- und Titanhydroxyd: 3%ig an Kochsalz und 0,5%ig an Natronlauge. 4. Salzsäure (D 1,19). 5. Eingestellte Oxychinolinchloridlösung: 10 g Oxin löst man in 10 cm³ Salzsäure (D 1,19), füllt auf 1 l auf und filtriert. Zur Titereinstellung verdünnt man 10 cm³ Oxinlösung auf 200 cm³, versetzt mit 20 cm³ Salzsäure (D 1,19) und titriert mit 0,2 n Kaliumbromat-Kaliumbromid-Lösung wie üblich (s. oben). 6. Natriumacetat. 7. 0,2 n Kaliumbromat-Kaliumbromid-Lösung: 5,6 g Kaliumbromat und 20 g Kaliumbromid im Liter. 8. 10%ige Kaliumjodidlösung. 9. 0,2 n Thiosulfatlösung. 10. 1%ige wäßrige Indigocarminlösung. 11. 0,5-%ige Stärkelösung.

Arbeitsweise. In einem Silber- oder Nickeltiegel befreit man 4 bis 5 cm³ 50%iger Lauge vorsichtig vom Wasser und gibt 0,1 g Ton, Schamotte oder Bauxit dazu. Man durchfeuchtet alles mit der alkoholischen Lauge und entfernt den Alkohol durch vorsichtiges Erwärmen; hierauf schmelzt man die Masse zusammen, wobei man den Tiegel auf 500 bis 550°, d. h. bis zur dunklen Rotglut des Bodens erhitzt. Nach etwa 5 Min. ist der Schmelzprozeß beendet. Man kühlt ab, behandelt die Schmelze mit heißem Wasser, filtriert und wäscht den Rückstand 7- bis 8mal mit heißer 3%iger Natriumchloridlösung, die 0,5% Natriumhydroxyd enthält. Dann macht man das Filtrat mit Salzsäure sauer gegen Kongorot und gibt noch 1 bis 2 Tropfen Säure zu, verdünnt das abgekühlte Filtrat auf 150 bis 200 cm³ und setzt eine abgemessene Menge der Oxinlösung (bei Tonen und Schamotten bis 23 cm³, bei Bauxit bis 35 cm³) sowie 3 bis 4 g Natriumacetat zu. Man läßt 5 Min. kalt stehen, verschließt den Kolben durch Auflegen eines Uhrglases oder Stopfens und erwärmt 20 bis 25 Min. auf dem Wasser- oder Sandbad auf 65 bis 70°. Dann kühlt man wieder ab, bringt auf Volumen und filtriert nach Verwerfen der ersten 5 bis 10 cm³ des Filtrates in einen Meßkolben von 100 cm³. Man gießt dessen Inhalt in einen ERLENMEYER-Kolben von 250 cm³, gibt so viel Salzsäure zu, daß die Lösung einen Überschuß von 10 cm³ Salzsäure (D 1,19) enthält, und titriert mit der Bromat-Bromid-Lösung gegen Indigocarmin bis zum Umschlag nach Gelb. Nach Zugabe der Kaliumjodidlösung titriert man darauf mit der 0,2 n Thiosulfatlösung gegen Stärke das freie Jod zurück.

Genauigkeit. Die Autoren führten an 200 Proben Aluminiumbestimmungen nach dem gravimetrischen Oxinverfahren und nach der Resttitrationsmethode aus. Im Mittel weichen die nach beiden Methoden erhaltenen Aluminiumoxydgehalte um etwa 0,25% voneinander ab, was z. B. für einen Bauxit mit 50% Aluminiumoxyd einem relativen Fehler von 0,5% entspricht.

III. Acidimetrische Oxinverfahren zur Bestimmung des Aluminiums.

1. Methode nach HAHN und HARTLEB.

Vorbemerkung. Das Prinzip der Methode wurde oben (S. 267) bereits erwähnt. Man verwendet alkoholische Oxinlösung, um weitere Komplikationen durch die in Oxinacetat oder -chlorid enthaltene Säure zu vermeiden. Die in Abwesenheit von Puffersubstanzen (Natriumacetat) auszuführende Fällung des Aluminiumoxinat wird erst durch die Neutralisation der freigewordenen Säure mit Natronlauge vollständig. Das überschüssige Oxin stört die Titration bei Anwendung geeigneter Indicatoren, wie Phenolrot ($p_H = 6{,}8$ bis 8,4) oder α-Naphtholphthalein ($p_H = 7{,}3$ bis 8,7) nicht. Methylorange und Methylrot sind ungeeignet. Das ausfallende Aluminiumoxinat reißt den Indicator weitgehend nieder, weshalb man vor der ersten Rücktitration (vgl. Arbeitsvorschrift) der in kleinem Überschuß zugesetzten Natronlauge mit Salzsäure nochmals Indicator zufügen muß. Außerdem wird Lauge vom Oxinat eingeschlossen, welche jedoch durch Erwärmen mit wenig überschüssiger 0,1 n Salzsäure und anschließende zweite Rücktitration mit 0,1 n Natronlauge erfaßt wird.

Man titriert nach der vorliegenden Arbeitsweise die Gesamtsäure, d. h. die an Aluminium gebundene einschließlich der etwa vorhandenen freien Säure, welche HAHN und HARTLEB gesondert nach der Oxalatmethode (vgl. S. 347) bestimmten. Die gebundene Säure (und aus dieser das Aluminium) ergibt sich aus der Differenz zwischen Gesamtsäure und freier Säure. Wenn die gefällte Aluminiummenge so groß ist, daß der Farbumschlag des Phenolrots nicht mehr gut zu erkennen ist, filtriert man vor der zweiten Rücktitration ab und titriert nur einen aliquoten Teil des Filtrates mit Lauge zurück.

Arbeitsvorschrift (Bestimmung der Gesamtsäure). Man titriert die gegen Phenolrot „neutralisierte" und mit 5%iger alkoholischer Oxinlösung im Überschuß versetzte Aluminiumsalzlösung (Volumen etwa 100—150 cm³, Aluminiummenge 5—20 mg) heiß mit 0,1 n Natronlauge bis zur deutlich alkalischen Reaktion[1] (Rotfärbung; Farbumschlag unscharf). Ein Überschuß an Oxin ist vorhanden, wenn durch erneuten Reagenszusatz keine Gelbfärbung eintritt[2]. Anschließend wird sofort mit 0,1 n Salzsäure bis zur deutlich sauren Reaktion (Gelbfärbung) zurücktitriert. Nun erhitzt man 5 bis 10 Min. über kleiner Flamme, kühlt ab und titriert jetzt, nachdem man noch einmal etwas Indicator zugefügt hat, mit 0,1 n Lauge auf Rotfärbung (scharfer Umschlag).

Genauigkeit. Die von HAHN und HARTLEB an Aluminiumchloridlösung aus reinem Aluminium ausgeführten 8 Beleganalysen ergaben gute auf etwa ±0,2 bis 0,3% genaue Resultate.

2. Methode nach CASTIGLIONI.

Wie CASTIGLIONI eindeutig nachgewiesen hat, bildet o-Oxychinolin mit überschüssigem Bromwasser nicht 5,7-Dibrom-8-oxychinolin, sondern die *Tribromverbindung* 5,7,0-Tribrom-8-oxychinolin[3]. Da bei der Bildung dieser Tribromverbindung 3 Moleküle Bromwasserstoff entstehen, läßt sich durch Titration dieser Säure mit 1 n Natronlauge das Oxychinolin und damit auch das Aluminium im Aluminiumoxinat quantitativ bestimmen. Bekanntlich wird jedoch die Bromierung des Oxins in saurer Lösung ausgeführt, weshalb man zwei Titrationen, eine vor und eine nach der Zugabe des Bromwassers vornehmen muß. Die Differenz beider Titrationen ergibt die Menge des gebildeten Bromwasserstoffes und damit auch die des entsprechenden Oxychinolins bzw. Aluminiums.

IV. Maßanalytische Mikrobestimmung des Aluminiums mit Hilfe des Oxychinolinverfahrens.

Vorbemerkung. Die maßanalytische Bestimmung kleiner Aluminiummengen läßt sich bei Anwendung verdünnterer Kaliumbromat-Kaliumbromid-Lösung sehr einfach mit der üblichen Arbeitsweise durchführen, wobei man bis herunter zu einigen Hundertstel Milligrammen Aluminium gelangt (1 cm³ 0,05 n Kaliumbromatlösung entspricht 0,0001125 g Aluminium). Wie BERG (f, vgl. S. 262) arbeiten auch LEHMANN sowie POPE nur bromometrisch. Die zahlreichen Mikrobestimmungen von POPE sind durch die Besonderheit der Fällung aus boraxhaltiger, schwach alkalischer Lösung gekennzeichnet und auch genau.

Bromometrische Titration nach Fällung in schwach alkalischer boraxhaltiger Lösung nach POPE.

Arbeitsvorschrift. Die zwischen 0,3 und 1,0 mg Aluminium enthaltende Lösung wird mit 10 cm³ 5%iger Boraxlösung und nach dem Erhitzen zum Sieden mit 1,0 cm³ 2%iger alkoholischer Oxychinolinlösung versetzt. Um das „Kriechen" des Niederschlages zu verhindern, werden 2 Tropfen 10%iger Natriumtaurocholatlösung zugegeben. Man erhitzt nun weiter im siedenden Wasserbad um den Alkohol zu vertreiben, filtriert nach dem Abkühlen durch ein kleines Jenaer Filterröhrchen (12 G 4) und wäscht mit 5%iger Boraxlösung aus. Das Oxinat wird dann unter langsamem Durchsaugen in 40 cm³ heißer Salzsäure (1:3) gelöst. Man verdünnt

---

[1] Umschlagsfarben: gelb (sauer) in blaurot (alkalisch).

[2] Gelbfärbung tritt bei erneuter Abscheidung gegebenenfalls noch nicht gefällten Aluminiums unter Niederreißen des Indicators statt.

[3] Schmelzpunkt 128 bis 130° C (Zersetzung), leicht löslich in Chloroform und Aceton, schwer löslich in Alkohol, Methylalkohol, Äther, Tetrachlorkohlenstoff und Ligroin, unlöslich in Alkalien.

die erhaltene Lösung auf etwa 200 cm³, kühlt ab und fügt unter Umrühren langsam 10 cm³ 0,05 n Kaliumbromat-Kaliumbromid-Lösung hinzu. Nach 2 Min. versetzt man mit 5 cm³ 20%iger Kaliumjodidlösung und titriert das überschüssige Brom mit 0,05 n Thiosulfatlösung unter Zugabe von Stärkelösung zurück.

Genauigkeit. POPE führte sorgfältige Beleganalysen aus, und zwar je 5 bis 6 mit 0,2, 0,3, 0,4, 0,5 und 1,0 mg Aluminium (Alaunlösung), wobei im Mittel Abweichungen von etwa 1 bis 1,5% auftraten. Bei den 6 Bestimmungen mit 1,0 mg Aluminium betrug der Fehler im Mittel nur —0,3%.

C. Colorimetrische Bestimmung des Aluminiums mittels o-Oxychinolins.

Allgemeines.

Auf Grund der kleinen Grenzkonzentrationen der meisten Metallfällungen mittels Oxychinolins — die Grenzkonzentration für Aluminium beträgt nach BERG in essigsaurer Lösung 1:310000, in ammoniakalischer 1:178000 — ließ sich das Oxychinolinverfahren auch zu colorimetrischen Methoden für die Bestimmung kleinster Metallmengen, bei Aluminium bis herab zu einigen Gamma, ausbauen. Man kommt hierbei also noch über eine Größenordnung tiefer als es mit der maßanalytischen Bestimmung (etwa bis 0,1 mg) möglich ist. Es sind bisher zwei verschiedene colorimetrische Verfahren angewendet worden. Die eine Methode beruht auf der Reaktion der aromatischen Hydroxylgruppe des Oxychinolins mit dem Reagens von FOLIN und DENIS (a), (b) (Phosphor-Wolfram-Molybdän-Säure), welche in alkalischem Medium unter Bildung intensiv blau gefärbter, kolloidaler Lösungen von niederen Oxyden des Molybdäns und Wolframs vor sich geht. Weiterhin besitzt das Oxychinolin als Phenolderivat die Eigenschaft, in alkalischer Lösung mit Diazoverbindungen (wie z. B. Diazobenzoesäure oder Diazonaphthionsäure) zu farbigen Kupplungsprodukten (5-Arylazofarbstoffen) zusammenzutreten, welche schon GUTZEIT und MONNIER zu empfindlichen Tüpfelnachweisen ausgewertet haben und die sich auch zur colorimetrischen Bestimmung des Oxychinolins eignen.

Die auf den soeben genannten zwei Prinzipien beruhenden colorimetrischen Bestimmungsmethoden können ebenso wie die bromometrische Bestimmung zunächst mittels eingestellter Oxychinolinlösungen unabhängig von der Fällung des Aluminiumoxinats untersucht werden. Dies ist bisher nur bei der zweiten colorimetrischen Bestimmungsmethode (Kupplung zu Azofarbstoff) in eingehenden Versuchen von SCHAMS geschehen.

Bezüglich der colorimetrischen Auswertung sei auf die Angaben bei der Bestimmung des Aluminiums mit Hilfe von Farblacken (S. 305) verwiesen. Sie erfolgt selbstverständlich wie dort entweder mittels des Eintauchcolorimeters, ohne Vergleichslösung mittels des Photometers oder auch noch genauer mit dem lichtelektrischen Colorimeter. Gegenüber den colorimetrischen Farblackmethoden zur Bestimmung kleinster Aluminiummengen haben die beiden Oxychinolinmethoden den Vorzug, gegen Schwankungen des p_H-Wertes unempfindlicher zu sein, sie setzen aber die peinlich sorgfältige, quantitative Fällung der kleinsten Aluminiumoxychinolatmengen voraus, welche teilweise noch wesentlich kleiner sind als die bei der gravimetrischen Mikrobestimmung gefällten Mengen (s. z. B. S. 267). Dabei kann das häufig bei Abscheidung kleiner Aluminiummengen beobachtete „Kriechen" des Niederschlages zu Verlusten während des Dekantierens aus dem Zentrifugenglas führen. Zur Verhinderung des Kriechens empfahl POPE die Zugabe von etwas 10%iger Natriumtaurocholatlösung. Wegen der erforderlichen quantitativen Abscheidung des Aluminiumoxychinolates besitzen die colorimetrischen Oxinmethoden im Gegensatz zu den Farblackmethoden nicht den Charakter von Schnellmethoden.

I. Bestimmung des Aluminiums nach TEITELBAUM mit Hilfe des FOLINschen Reagenses nach Abscheidung als Oxychinolat.

Vorbemerkung. Über die Reduktionswirkung der Phenole auf Phosphor-Wolfram-Molybdänsäure liegen offenbar eingehendere Angaben in der Literatur nicht vor. Wie SCHAMS erwähnt, konnte er bei der Nachprüfung der Methode die früheren Beobachtungen von FOLIN und DENIS (b) (vgl. auch TISDALL) bestätigen, nach welchen eine gewisse Abhängigkeit der Färbungsintensität vom Alkaligehalt vorhanden ist und die erhaltenen Lösungen leicht zum Ausflocken des Farbkomplexes neigen. Anwendung von Schutzkolloiden zur Stabilisierung der kolloiden Lösung der Wolframmolybdänoxyde ist wohl empfehlenswert.

Von JOSHIMATSU wurde die Reaktion des Oxychinolins mit dem Reagens von FOLIN und DENIS erstmalig gelegentlich der Bestimmung des Magnesiumgehaltes von Blut angewendet (allerdings ohne Berücksichtigung etwa vorhandenen Calciums). Auch BERG teilte Beleganalysen für die Magnesiumbestimmung mit. Etwa zur gleichen Zeit führte TEITELBAUM Aluminiumbestimmungen nach demselben Prinzip aus, wobei er eine entsprechend modifizierte Fällungsweise in essigsaurer Lösung benutzte. EVELETH und MYERS betrachten das Verfahren als zu ungenau, erhielten allerdings mit einer abgeänderten Vorschrift immer noch bessere Werte als nach der Aurintricarbonsäure- und der Alizarinmethode. Mengen von 10 bis 15 γ Aluminium je 50 cm³ Lösung ergaben nur schwache Blaufärbung, die jedoch wegen der grünlichen Eigenfärbung des FOLINschen Reagenses nicht leicht zu colorimetrieren ist.

Nach den Erfahrungen von EICHHOLTZ und BERG üben die Schwermetalle Gold und Kupfer einen hemmenden Einfluß auf die Reduktionsreaktion zwischen Oxin und Phosphor-Wolfram-Molybdänsäure aus, weshalb die verwendeten Reagenzien, auch das destillierte Wasser, auf Abwesenheit von Kupfer zu prüfen sind. Bezüglich der Berücksichtigung weiterer Fremdmetalle sei auf den nächsten Abschnitt verwiesen.

***Arbeitsvorschrift nach* TEITELBAUM *sowie* BERG[1].** **Reagenslösungen.** 1. Lösung nach FOLIN und DENIS: 4 g Phosphormolybdänsäure und 20 g Natriumwolframat werden in 10 cm³ 85%iger Phosphorsäure (D 1,7) und 150 cm³ Wasser 2 Std. am Rückflußkühler bis zum Sieden erhitzt. Nach dem Abkühlen verdünnt man auf 200 cm³ und filtriert. 2. 0,5%ige Oxychinolinacetatlösung: 1 g Oxin wird in 2 cm³ Eisessig in der Wärme gelöst und mit warmem Wasser auf 200 cm³ verdünnt. 3. Kalt gesättigte (25%ige) Natriumcarbonatlösung.

Arbeitsweise. Die schwach saure, etwa 1 cm³ betragende Aluminiumsalzlösung (p_H etwa 3) wird in Zentrifugenröhrchen von ungefähr 10 cm³ Volumen mit 0,3 bis 0,5 cm³ gesättigter Natriumacetatlösung und darauf in der Kälte mit 3 bis 4 Tropfen 0,5%iger Oxychinolinacetatlösung versetzt. Bei konzentrierteren Aluminiumlösungen bildet sich sofort, bei verdünnteren erst in der Wärme ein krystalliner Niederschlag. Die Röhrchen werden nun 15 Min. lang im siedenden Wasserbad erhitzt und dann abgekühlt. Man verdünnt mit kaltem Wasser auf etwa 5 cm³ und zentrifugiert bei 2000 Touren/Min. etwa 5 Min. lang. Danach wird dekantiert (oder abgehebert), mit 5 cm³ kaltem Wasser aufgeschlemmt, wieder zentrifugiert und das gleiche mit 2 cm³ Wasser 2mal wiederholt; der Niederschlag wird nun in 1 cm³ alkoholischer Salzsäure gelöst und mit wenig Wasser in ein Meßkölbchen von 25 cm³ Inhalt überspült. Nach Zusatz von 5 cm³ 25%iger Sodalösung und 1 cm³ FOLIN-Reagens füllt man bis zur Marke auf, erwärmt $^1/_2$ Std. auf 80° C und führt nach einer weiteren $^1/_2$ Std. den colorimetrischen Vergleich mit einer gleichzeitig angesetzten Probe der Standardlösung durch.

[1] BERG, R.: Die analytische Verwendung des o-Oxychinolins und seiner Derivate, S. 87. Stuttgart 1938.

Genauigkeit. TEITELBAUM gibt folgende Beleganalysen an:

Gegeben Aluminium γ	Gefunden Aluminium γ	Fehler γ	Fehler %	Gegeben Aluminium γ	Gefunden Aluminium γ	Fehler γ	Fehler %
31,9	31,3	—0,6	—1,9	4,1	4,2	+0,1	+2,5
28,9	29,3	+0,4	+1,4	2,3	2,5	+0,2	+8,7
8,6	8,4	—0,2	—2,3	1,8	1,7	—0,1	—5,5
5,6	5,8	+0,2	+3,6				

II. Bestimmung des Aluminiums durch Abscheidung als Oxychinolat und anschließende Bildung von Azofarbstoffen.

1. Verfahren nach ALTEN, WEILAND *und* LOOFMANN *(Kupplung des Oxins mit Sulfanilsäure).*

Vorbemerkung. Oxychinolin (bzw. gelöstes Aluminiumoxychinolat) bildet in alkalischer Lösung mit Diazobenzolsulfosäuren einen intensiv gelbroten Azofarbstoff (s. die Strukturformel), der sich nach den Versuchen von ALTEN und Mitarbeitern zur mikrocolorimetrischen Aluminiumbestimmung eignet

N

HO_3S⟨ ⟩N = N—⟨ ⟩OH.

Man colorimetriert die Farbstofflösung, welche, vor direktem Sonnenlicht geschützt, etwa 4 Std. unverändert haltbar ist, im ZEISSschen Stufenphotometer mit dem grünen Farbfilter 531 mμ, da hier etwa das Maximum der Lichtabsorption liegt. Es können noch 2 γ Aluminium bei einem Volumen der Farbstofflösung von 50 cm^3 erfaßt werden, der Extinktionskoeffizient bei dieser Konzentration betrug 0,112. Die Genauigkeit der Aluminiumbestimmungen war allerdings bei Konzentrationen von weniger als etwa 20 γ Aluminium in 50 cm^3 Lösung nicht ausreichend. In dem 2 bis 500 γ Aluminium in 50 cm^3 Lösung entsprechenden Bereich besteht Proportionalität zwischen Farbtiefe und Aluminiumkonzentration. Die Abscheidung des Aluminiumoxychinolates führten ALTEN und Mitarbeiter in grundsätzlich gleicher Weise wie TEITELBAUM in essigsaurer Lösung aus. Für die kleinen Aluminiummengen von weniger als 20 γ ist wohl das angewendete Fällungsvolumen von mehreren Kubikzentimetern für eine quantitative Abscheidung noch zu groß (vgl. die Versuche von SCHAMS), und außerdem ist das Waschen mit heißem Wasser mit Verlusten verbunden. SCHAMS bemerkt, daß er die Proportionalität zwischen Farbtiefe und Konzentration des Aluminiums (bzw. des Oxins) an Oxinlösungen und essigsauren Aluminiumoxinatlösungen von bekanntem Gehalt nachgeprüft hat. Die bei 2 und 4 γ Aluminium in 50 cm^3 erhaltenen gelbroten Lösungen ließen sich nicht gut colorimetrieren. Bei Zusatz von weniger als 10 cm^3 2 n Natronlauge trat Verblassen der Färbung und Übergang zu bräunlichem Farbton ein. Ein Überschuß an Sulfanilsäure war ohne Einfluß. Bei den unten angeführten Beleganalysen hat SCHAMS die Fällung im Mikrofilterbecher ausgeführt um jeglichen mechanischen Verlust an Oxin zu verhindern. Die beobachteten negativen Fehler müssen daher durch das Auswaschen nach den Angaben von ALTEN und Mitarbeitern verursacht worden sein.

Arbeitsvorschrift nach **ALTEN, WEILAND *und* LOOFMANN** (für reine Aluminiumsalzlösungen). **Reagenzien.** 1. 1%ige Oxychinolinacetatlösung. 2. Oxychinolinacetatstammlösung: 1 g Aluminium entspricht 16,13 g Oxin. 0,3226 g Oxin werden in 10 cm^3 Eisessig gelöst und dann auf 1000 cm^3 mit Wasser verdünnt. 1 cm^3 entspricht dann 20 γ Aluminium. 3. Gesättigte Natriumacetatlösung. 4. Alkohol-Salzsäure-Mischung: Reiner Alkohol und 2 n Salzsäure im Verhältnis 1:1. 5. Sulfanilsäurelösung: 8,6 g Sulfanilsäure werden in 1000 cm^3 30%iger Essigsäure gelöst.

6. Natriumnitritlösung: 2,85 g Natriumnitrit werden in 1000 cm³ Wasser gelöst. 7. 2 n Natronlauge. 8. 0,5 n Natronlauge. 9. 30%ige Hexamethylentetraminlösung.

Arbeitsweise. Die mit 2 Tropfen Eisessig angesäuerte Aluminiumsalzlösung (Volumen 3 bis 4 cm³) wird mit 0,6 cm³ gesättigter Natriumacetatlösung und 0,5 bis 1 cm³ Oxychinolinreagens versetzt. Aluminiummengen über 50 γ fallen schnell aus, kleinere erst beim Stehen über Nacht. Die Fällungsröhrchen stellt man nun etwa ½ Std. in 70° warmes Wasser, saugt dann die Mutterlauge mit einem Filterstäbchen (B 2) ab und wäscht 3mal mit je 1 cm³ heißem Wasser aus.

Das Filterröhrchen läßt man im Fällungsröhrchen und löst das Oxinat in 2 cm³ der Alkohol-Salzsäure-Mischung unter Erwärmen im Wasserbad. Dann wird die Lösung durch das Filterröhrchen unter Nachspülen mit Wasser in ein 50 cm³-Meßkölbchen übergesaugt. Bei Niederschlägen, welche schätzungsweise mehr als 50 γ Aluminium entsprechen, wird nur ein aliquoter Teil der Lösung des Oxinates weiter verarbeitet. Man gibt nun je 1 cm³ Sulfanilsäure- und Nitritlösung zu und nach 10 Min. 10 cm³ 2 n Natronlauge. Jetzt wird auf 50 cm³ aufgefüllt und nach weiteren 10 Min. gegen eine Standardoxychinolinlösung, welche wie beschrieben angefärbt wurde, colorimetriert.

Genauigkeit. Nachfolgende Tabelle bringt im oberen Teil die in reinen Aluminiumsalzlösungen von ALTEN und Mitarbeitern, im unteren Teil die von SCHAMS ausgeführten Beleganalysen. Es ist nach diesen Ergebnissen mit Fehlern von 4 bis 7% zu rechnen. Bezüglich der Unsicherheit bei der Bestimmung kleinster Aluminiummengen vgl. unter Vorbemerkung.

Gegeben Aluminium	Gefunden (im Mittel) Aluminium	Fehler (im Mittel)		Größte Abweichung		Autor
γ	γ	γ	%	%	%	
5	3,3	—1,7	—34	—38		ALTEN, WEILAND und LOOFMANN
10	9,3	—0,7	—7	—10		
25	24,6	—0,4	—1,6	—7	+5	
50	49,4	—0,6	—1,2	—6	+4,4	
100	95,9	—4,1	—4,1	—6,8		
200	199,5	—0,5	—0,25	—3,5		
10	9,68	0,32	—3,2			SCHAMS
10	9,25	0,75	—7,5			
10	9,50	0,50	—5,0			
20	18,36	1,64	—8,2			
20	19,05	0,95	—4,8			

Die Ergebnisse von ALTEN, WEILAND und LOOFMANN sind Mittelwerte aus je 3 bis 9 Bestimmungen, die von SCHAMS Mittelwerte aus je 5 Bestimmungen.

Zu ähnlichen Ergebnissen gelangten ALTEN, WEILAND und KURMIES bei der mikrocolorimetrischen Bestimmung des Magnesiums.

Bestimmung des Aluminiums in Gegenwart von Eisen, Calcium, Magnesium und Phosphorsäure.

Vorbemerkung. Mit der BERGschen Oxin-Malonsäure-Methode erzielten ALTEN und Mitarbeiter keine befriedigende Trennung von Eisen (vgl. SCHOKLITSCH sowie LEHMANN). Die Abtrennung mit Natronlauge führte zu guten Aluminiumwerten. Bei gleichzeitiger Anwesenheit von Aluminium, Eisen, Calcium, Magnesium und Phosphorsäure wird jedoch zweckmäßig zuerst eine Fällung von Eisen- und Aluminiumhydroxyd (phosphathaltig) mit Urotropin (Hexamethylentetramin) nach RÂY und CHATTOPADHYA sowie RÂY vorgenommen.

***Arbeitsvorschrift nach* ALTEN, WEILAND *und* LOOFMANN.** 2 bis 5 cm³ der zu untersuchenden schwach sauren Lösung mit 20 bis 500 γ Aluminium werden in ein Jenaer Zentrifugenglas (10 cm³ Volumen) gebracht, mit einigen Körnchen Ammoniumsulfat und 1 cm³ 30%iger Urotropinlösung versetzt und über kleiner Flamme kurz aufgekocht. Nach 3 Min. langem Zentrifugieren bei 2000 Touren/Min. wird die Mutterlauge mit einer hakenförmig gekrümmten Capillare abgesaugt, der

Niederschlag mit 2 cm³ Wasser aufgekocht, zentrifugiert und das Waschwasser ebenfalls durch Saugen entfernt. Man übergießt den Eisen-Aluminium-Niederschlag nun mit 1 cm³ 0,5 n Natronlauge, fügt bei größeren Aluminiummengen über 50 γ noch 1 cm³ Wasser hinzu und kocht auf. Nach kurzem Zentrifugieren wird mittels Porzellanfilterstäbchen die Aluminatlösung von Eisenhydroxyd getrennt und unter 2maligem Waschen mit 1 cm³ heißem Wasser in ein Zentrifugengläschen mit rundem Boden übergeführt. Des langsamen Filtrierens wegen muß man das Reagensgläschen in heißes Wasser einstellen. Aus der Aluminatlösung wird nach dem Ansäuern mit Eisessig, wie oben beschrieben, das Aluminiumoxychinolat abgeschieden.

Genauigkeit. Beleganalysen von ALTEN, WEILAND und LOOFMANN ergaben folgendes:

Gegeben Aluminium	Anwesend Fe, Ca, Mg, P_2O_5	Gefunden Aluminium	Fehler	
γ	g	γ	γ	%
10	0,5	11,7	+1,7	+17
25	0,5	24,1	—0,9	—3,6
50	0,5	48,7	—1,3	—2,6
100	0,5	101,2	+1,2	+1,2

2. *Verfahren nach* SCHAMS *(Kupplung des Oxins mit diazotierter Naphthionsäure).*

Vorbemerkung. SCHAMS fand in der diazotierten Naphthionsäure eine Azokomponente zur Kupplung mit Oxin, welche einen permanganatfarbenen Azofarbstoff liefert. Die Lösungen dieses Farbstoffes eignen sich zur Messung mit dem lichtelektrischen Colorimeter weit besser als die gelbrote Lösung des Kupplungsproduktes mit Sulfanilsäure, da ja die Sperrschichtphotozellen gegenüber gelbem Licht, das von violettroten Lösungen am stärksten absorbiert wird, empfindlicher sind. Die Färbung ist recht intensiv, so daß man bei 10 γ Aluminium auf ein Volumen von 200 cm³ verdünnen muß. In eingehenden Versuchsreihen studierte der genannte Autor mit genau eingestellter Oxinlösung mittels des lichtelektrischen Colorimeters die Reaktionsbedingungen bei der eigentlichen Farbreaktion, der Kupplung des Oxins mit diazotierter Naphthionsäure, wobei sich ergab, daß die Natronlaugekonzentration 0,8 n sein muß. Farblösungen, deren Intensität einem Aluminiumgehalt von 10 bis 50 γ/200 cm³ entspricht, sind sogleich oder binnen 1 Std. zu messen, während man bei 50 bis 500 γ/200 cm³ auch später (innerhalb 4 Std.) vergleichen kann. Weiter ergab sich, daß auch nach der Erzeugung der Färbung vorgenommene Verdünnung auf die Resultate keinen Einfluß hat, wenn sofort oder erst nach 4 Std. gemessen wurde. Überschüssige diazotierte Naphthionsäure und auch die übrigen Reagenzien in doppelter Menge beeinflussen die Bestimmung nicht. SCHAMS erwähnt nichts über Proportionalität zwischen Farbtiefe und Aluminium- (bzw. Oxychinolin-) Konzentration und stellt auch keine Eichkurve auf. Er arbeitete mit Vergleichslösungen von bekanntem Gehalt, d. h. also, er berechnete jedesmal die gesuchte Aluminiummenge aus dem Verhältnis der Galvanometerausschläge für Vergleichs- und Analysenprobe. Das Verhältnis der Aluminiumkonzentration in diesen beiden Proben durfte 1:3 und sogar 1:4 sein, woraus folgt, daß das BEERsche Gesetz (Konzentrationsproportionalität) weitgehend erfüllt ist.

Besondere Aufmerksamkeit widmete SCHAMS nochmals den ***Fällungsbedingungen*** kleinster Aluminiummengen bei Abscheidung aus essigsaurer und ammoniakalischer Lösung, wozu das in Verbindung mit dem lichtelektrischen Colorimeter auf weniger als 1% genau arbeitende Oxin-Naphthionsäure-Verfahren die Grundlage bot. (Verwendung des Mikrofilterbechers bei der Fällung des Oxinates nach EMICH.) Es ergab sich, daß bei Aluminiummengen unter 20 γ das Fällungsvolumen nur 1 cm³ betragen darf, der Oxinüberschuß klein sein muß und zwecks vollständiger

Abscheidung des Oxinates mehrstündiges Stehen im Kühlschrank erforderlich ist. Abscheidung von überschüssigem Oxin in der Kälte (3 bis 5° C) kann dadurch vermieden werden, daß man nach dem üblichen Erwärmen des Fällungsgemisches 1 bis 4 cm³ 70° heißes Wasser zusetzt. 3maliges Waschen mit je 1 cm³ kaltem Wasser oder heißer 50%iger Ammoniumchloridlösung (oder auch mit Benzin) führte zu guten Ergebnissen.

Für die praktische Anwendung seiner colorimetrischen Methode zur Aluminiumbestimmung in Pflanzenaschen gibt SCHAMS einen Arbeitsgang zur Trennung von Eisen, Calcium, Magnesium, Phosphorsäure, Zink, Mangan und Kupfer an, bei welchem zunächst die schon anderweitig vielfach benutzte Abscheidung von Aluminium- und Eisenphosphat [BERTRAND und LEVI (a), (b), LEHMANN, EVELETH und MYERS, UNDERHILL und PETERMANN] angewendet wird. Die daranschließende direkte Fällung des Aluminiums aus der Lösung der Phosphate nahm SCHAMS nach der Kaliumcyanid-Tarnungsmethode vor (vgl. S. 283), die sich hier auch als Mikromethode bewährte.

Arbeitsvorschrift. Die in 0,5 bis 2 cm³ 10%iger Salzsäure (je nach der Aluminiummenge) auf dem Wasserbad gelösten Phosphate (von Eisen und Aluminium) werden nach dem Abkühlen mit 0,2 cm³ gesättigter Ammoniumtartratlösung versetzt, gemischt und mit 3 bis 8 Tropfen konzentriertem Ammoniak alkalisch gemacht (gegen Phenolphthalein), bis die anfängliche Trübung verschwindet. Dann fügt man 6 bis 15 Tropfen (Überschuß schadet nicht) einer frisch bereiteten, gesättigten Kaliumcyanidlösung zu und kocht die klare, nun braune Lösung 2 Min. im Glycerinbad unter ständigem Umrühren auf. Die nach dem Sieden grüngelbe Lösung versetzt man noch heiß mit 1 Tropfen gesättigter Kaliummetabisulfitlösung, wodurch Reduktion zu farblosem Ferrocyan-Ion erfolgt.

Nach Zusatz von 0,5 cm³ gesättigter Ammoniumchloridlösung wird auf 60° erwärmt und das Aluminium mit 2 bis 8 Tropfen (je nach Aluminiummenge) Oxinlösung gefällt. Vorher ist das Volumen der zu erwartenden Aluminiummenge anzugleichen, und zwar beträgt es bei 10 γ Aluminium 0,5 bis 1 cm³, bei 20 bis 50 γ 2 cm³, bei Mengen über 50 γ 2 bis 5 cm³. Die quantitative Ausfällung des Oxinates erfolgt durch ½stündiges Erwärmen auf 60° und 4stündiges Aufbewahren im Kühlschrank.

Danach wird die Mutterlauge und anschließend die Waschflüssigkeit (vgl. oben) dekantiert und durch einen Porzellanfiltertiegel filtriert, in welchen erst nach der dritten Waschung die Hauptmenge des Niederschlages übergeführt wird. Niederschlagsmengen unter 50 γ Aluminium löst man in 2 cm³ warmer 30%iger Essigsäure, größere Mengen in 10 Tropfen Eisessig oder 3 Tropfen konzentrierter Salzsäure, und zwar wird zuerst der im Zentrifugenröhrchen befindliche Rest des Oxinates und dann die Hauptmenge im Filtertiegel gelöst, wobei man direkt in den 200 cm³-Meßkolben absaugt, in welchem nachher die Farbentwicklung stattfindet. Nachgewaschen wird anteilweise mit im ganzen 20 cm³ warmem Wasser.

Zur Vornahme der *Azokupplung* verdünnt man die Oxinlösung auf 150 cm³, fügt 1 cm³ Naphthionsäurelösung und 1 cm³ Natriumnitritlösung hinzu und läßt 2 Min. lang diazotieren. Nun macht man mit 20 cm³ 8 n Natronlauge alkalisch, füllt mit Wasser bis zur Marke auf und mischt gut. Die permanganatfarbene Lösung kann sofort oder nach 1 Std. (Aufbewahrung im Dunkeln) gegen die in gleicher Weise behandelte Oxinstandardlösung, die in 1 cm³ 4 γ Aluminium enthält, colorimetriert werden.

Genauigkeit. Die analysierten Salzgemische enthielten folgende Metallmengen:

Eisen	0,1 bis 15 mg	Zink.	0,05 bis 1 mg
Calcium . . .	0,5 bis 20 mg	Kupfer . . .	0,05 bis 1 mg
Magnesium . .	0,1 bis 15 mg		

20 bis 50 (150) γ Aluminium wurden mit einem mittleren Fehler von etwa ± 1 bis 2% wiedergefunden.

D. Trennungen des Aluminiums von anderen Metallen und von Nichtmetallen mit o-Oxychinolin.

I. Trennung des Aluminiums von Magnesium und den Erdalkalimetallen in schwach essigsaurer Lösung nach BERG.

Vorbemerkung. Ebenso wie von den Alkalimetallen kann Aluminium durch direkte Fällung in essigsaurer Lösung nach den oben beschriebenen Arbeitsvorschriften (vgl. S. 253 u. f.) auch von Magnesium getrennt werden, wie BERG (f) als erster zeigte. Nach den Messungen von GOTÔ beginnt erst bei über 7 liegenden p_H-Werten eine Abscheidung von Magnesiumoxinat, so daß ein genügend großer Abstand zum niedrigsten p_H-Wert der quantitativen Aluminiumabscheidung vorhanden ist. Die Abscheidung in essigsaurer Lösung eignet sich nach BERG besonders zur Bestimmung des Aluminiums neben größeren Mengen an überschüssigem Magnesium und bietet somit besondere Vorteile gegenüber dem Ammoniakverfahren, welches in diesem Fall doppelte (oder mehrfache) Fällung des Aluminiumhydroxydes erfordert. Hat man umgekehrt kleine Magnesiummengen von überschüssigem Aluminium zu trennen, so fällt man zweckmäßig zuerst das Magnesium aus natronalkalischer Lösung und bestimmt das Aluminium im Filtrat (vgl. S. 477). Nach BERG haben auch KNOWLES, ferner NAVEZ sowie SMITH Beleganalysen zur Aluminium-Magnesium-Trennung in saurer Lösung mitgeteilt. Selbstverständlich ist für die vorliegende Trennung die Einhaltung des richtigen Säuregrades unter Verwendung von Indicatoren ebenso wichtig wie für die Fällung des Aluminiums allein. In dieser Beziehung ist die von BERG (f) und von NAVEZ angewendete Arbeitsweise unter Abstumpfung der sauren, Aluminiumsalz und Magnesiumsalz enthaltenden Lösung mit Ammoniak bis zur „bleibenden Trübung" und Ansäuern mit Essigsäure ohne Zuhilfenahme von Indicatoren nicht allgemein befriedigend, weshalb man entweder nach KNOWLES (s. S. 258) arbeitet oder auch die von KOLTHOFF und SANDELL zur Aluminium-Beryllium-Trennung benutzte Fällungsweise anwendet. Auch bei der neuerdings von SMITH in schwach mineralsaurer Lösung unter Verwendung einer Kaliumbromat-Kaliumbromid-Natriumthiosulfat-Pufferlösung ausgeführten Aluminiumoxinatfällung (vgl. S. 264), ist die p_H-Einstellung ausreichend sicher.

Nach den Erfahrungen von W. A. TALER bietet die Aluminium-Magnesium-Trennung mit Oxychinolin bei der Analyse von magnesiumhaltigen Leichtmetalllegierungen besondere Vorteile. SCHLOSSMACHER und TROMMAU führten die Aluminium-Magnesium-Bestimmung und -Trennung in Spinellen mit Oxychinolin durch.

Auch von den *Erdalkalimetallen* wird Aluminium durch Fällung mittels Oxychinolins in schwach saurer Lösung getrennt. Eingehende spezielle Beleganalysen über diese Trennung liegen zwar nicht vor, aber schon aus der Tatsache, daß Magnesium in ammoniakalischer (!) Lösung von Calcium, Barium und Strontium als Oxychinolat getrennt werden kann (BERG), ergibt sich ihre Möglichkeit ohne weiteres. KOLTHOFF erwähnt, daß große Calciummengen keinen Einfluß auf die Aluminiumbestimmung hatten. RITTER bestimmte Aluminium mittels Oxins in verschiedenen Glassorten neben Calcium und Magnesium usw. Wie die von CHANDLER an einem Zement mit 6,29% Aluminiumoxyd und 64,61% Calciumoxyd ausgeführten Aluminiumbestimmungen zeigen, haben auch Zusätze von je 0,2 g Bariumchlorid oder Mangansulfat (bei 1 g Zementeinwage) keinen störenden Einfluß. Die von CHANDLER gelegentlich einiger Versuche über die Trennung des Aluminiums von Magnesium und den Erdalkalien in der Zementanalyse gemachte Angabe, daß unter den gleichen Bedingungen auch Trennung von Mangan erreicht wird, steht wohl in gewissem Widerspruch zu den Versuchen von GOTÔ, wonach Mangan bereits bei dem p_H-Wert 5,9 durch Oxin quantitativ gefällt wird (vgl. S. 246).

Arbeitsvorschrift. Zur Trennung von Magnesium und den Erdalkalimetallen (und von Mangan) benutzt man zweckmäßig die von KNOWLES, von KOLTHOFF und SANDELL (BENEDETTI-PICHLER) oder von SMITH für die Aluminiumfällung in schwach saurer Lösung angewendete Arbeitsweise. Das Magnesium wird im Filtrat des Aluminiumoxinates durch Fällung mittels Oxins in ammoniakalischer Lösung bestimmt. Nach BERG (g) sollen nicht mehr als 5 bis 30 mg Aluminium neben 200 mg Magnesium in 200 cm³ Gesamtvolumen vorhanden sein.

Genauigkeit. *13* von BERG angegebene Beleganalysen (8 maßanalytische und 5 gravimetrische) mit 1 bis 80 mg Aluminium neben 30 bis 200 mg Magnesium zeigten Abweichungen von —0,2 bis —0,5 mg (durchschnittlich etwa —0,3 mg). Die von NAVEZ nach der BERGschen Fällungsweise ausgeführten Bestimmungen (0,0496 g Aluminium, 0,04149 g Mangan) ergaben auf 0,08% richtige Aluminiumwerte. KNOWLES bestimmte nach seiner Arbeitsweise (s. S. 258) 0,100 g Aluminium gravimetrisch neben 0,050 und 0,100 g Magnesium, wobei sich um 0,2 bis 0,6 mg (0,2 bis 0,6%) zu hohe Resultate ergaben. Die von SMITH in schwach saurer Lösung durchgeführten 5 Trennungen von 0,05 bis 0,010 g Aluminium von 0,3 bis 5,0 g (!) Magnesium lieferten auf etwa +0,3% richtige Aluminiumwerte.

Mikroanalytische Trennung des Aluminiums von Magnesium und den Erdalkalimetallen. Für diese Trennung kann die von BENEDETTI-PICHLER angegebene mikroanalytische Fällung des Aluminiums ohne Abänderung angewendet werden. Diesbezügliche Modellversuche wurden von THURNWALD und BENEDETTI-PICHLER (b) (Trennung von Magnesium sowie von Beryllium und Magnesium) ausgeführt. Die gefundenen Aluminiumwerte stimmten auf weniger als 1% genau mit den gegebenen überein. K. SCHOKLITSCH teilte je 2 Mikroanalysen zweier Silicate mit, bei welchen er nach Abscheidung der Kieselsäure Aluminium, Eisen und Titan durch gemeinsame Fällung als Oxychinolat von Magnesium, Calcium und von (sehr kleinen Mengen) Mangan trennte. Die erhaltenen Mikrowerte wichen von den Makrowerten nur um etwa 1 bis 2% ab.

II. Trennung des Aluminiums von Beryllium.

Vorbemerkung. Das alte Problem der Trennung des Berylliums von Aluminium, welche bekanntlich bei Anwendung der klassischen Verfahren wegen des ähnlichen chemischen Verhaltens dieser beiden Elemente erhebliche Schwierigkeiten bereitet, wurde durch das Oxinverfahren in befriedigender Weise gelöst. Wie fast zur gleichen Zeit NIESSNER sowie KOLTHOFF und SANDELL unabhängig voneinander zeigten, erfolgt die Fällung des Aluminiums in essigsaurer Lösung unter üblichen Bedingungen (s. o.). NIESSNER fällt mit 2%iger alkoholischer Oxinlösung, was eigentlich im Hinblick auf die Löslichkeit des Aluminiumoxyinates in Alkohol nicht zu empfehlen ist. Die Resultate der Aluminiumbestimmungen dieses Autors sind aber trotzdem sehr gut, was wohl ähnlich wie bei den Ergebnissen von HAHN und VIEWEG (vgl. S. 253) durch Abdampfung des Alkohols zu erklären ist.

Im Anschluß an die von NIESSNER angegebene Trennung des Berylliums von Eisen mittels Oxins, bei welcher Weinsäure zugesetzt wird, um das Eisen in grobkrystalliner Form zu erhalten, wurde im Schrifttum verschiedentlich die gleiche Maßnahme bzw. vor allem Zugabe von Oxalsäure auch für die Aluminiumabtrennung von Beryllium empfohlen[1]. Oxalsäure darf jedoch keinesfalls zugesetzt werden, da ja gerade die Komplexbildung gewisser organischer Säuren mit Aluminium zur Verhinderung der Bildung bzw. Mitfällung von Aluminium-Oxinat in saurer Lösung angewendet wird (s. Trennung des Aluminiums von Eisen, Titan S. 474 vgl. S. 255). ZWENIGORODSKAJA und SMIRNOWA haben sich neuerdings durch Versuche Klarheit über diese widersprechenden Angaben verschafft und dargelegt, daß in Anwesenheit von Oxalsäure viel zu niedrige Aluminiumwerte erhalten werden.

TALER hebt hervor, daß die Trennung des Aluminiums von Beryllium auch für die Analyse von Leichtmetallen Bedeutung hat. Gelegentlich ihrer Analysen von

[1] Vgl. BERL-LUNGE, FRESENIUS u. FROMMES.

Aluminium-Beryllium-Silicaten stellten ROEBLING und TROMMAU fest, daß bei hoher Alkalisalzkonzentration, wie sie nach Aufschlüssen mit Soda oder Bisulfat vorhanden sein kann, Abscheidungen von Alkalioxinat Störungen verursachen können. Man fällt deshalb in solchen Fällen zweckmäßig Aluminium und Beryllium zunächst mit Ammoniak und führt dann erst die Oxintrennung durch.

Was über die Notwendigkeit der Einstellung eines bestimmten Mindest-p_H-Wertes bei der Abscheidung des Aluminiums aus reinen Aluminiumsalzlösungen gesagt wurde, gilt in noch verschärfter Form für die Abscheidung in Gegenwart von Beryllium. Hierauf hat auch KNOWLES aufmerksam gemacht.

Wenn wesentlich mehr Beryllium als Aluminium vorliegt, kann das Oxinverfahren ohne weiteres angewendet werden. Bei dem in der Praxis häufigeren Fall eines großen Aluminiumüberschusses (z. B. in Silicaten oder Legierungen) wird zweckmäßig zunächst eine Vortrennung ausgeführt, wozu man z. B. die Hydrolyse der alkalischen Lösung nach BRITTON sowie DEWAR und GARDINER oder das Salzsäureverfahren nach CHURCHILL, BRIDGES und LEE benutzen kann.

Arbeitsvorschrift. Man wendet die bei der Fällung des Aluminiums aus essigsaurer acetatgepufferter Lösung beschriebene Vorschrift nach KOLTHOFF und SANDELL (oder auch BENEDETTI-PICHLER) oder nach KNOWLES (Indicator!) an. Das Beryllium wird im Filtrat des Aluminiumoxychinolates mit Ammoniak gefällt vgl. III. Teil,) Bd. IIa, Kapitel „Beryllium").

Genauigkeit. Es liegen zahlreiche Beleganalysen mit besten Ergebnissen vor. NIESSNER führte 12 Trennungen aus mit 0,0067 bis 0,0337 g Aluminium und 0,0056 bis 0,1695 g Beryllium, wobei meist nur Abweichungen von $\pm 0,1$ und 0,2 mg auftraten. Ganz ähnliche Ergebnisse erzielten KOLTHOFF und SANDELL (13 Beleganalysen: 0,008 bis 0,1628 g Al_2O_3 neben 0,023 bis 0,2 g BeO); Fehler bei Aluminium im Durchschnitt $\pm 0,3\%$). Die 4 Aluminiumbestimmungen von KNOWLES mit 0,010 bis 0,100 g Al neben 0,10 g Be waren auch auf etwa $+0,5\%$ genau.

Mikroanalytische Trennung des Aluminiums von Beryllium. In gleicher Weise wie in Gegenwart von Magnesium läßt sich Aluminium auch neben Beryllium nach der von BENEDETTI-PICHLER angegebenen Vorschrift mikroanalytisch bestimmen. Die von BENEDETTI-PICHLER und SCHNEIDER sowie von THURNWALD und BENEDETTI-PICHLER (b) ausgeführten Beleganalysen ergaben sehr befriedigende (auf weniger als 1% genaue) Resultate.

III. Trennung des Aluminiums von Eisen, Nickel, Kobalt (Mangan), Kupfer, Chrom, Molybdän, Vanadin[1], Bor[1], Arsen[1], Phosphor[1] mittels Oxins nach Tarnung der Schwermetalle durch Kaliumcyanid.

Vorbemerkung. LANG und REIFER empfahlen 1933 zur Bestimmung des Aluminiums mit Oxin neben Eisen die Überführung des Eisens in Ferrocyanid durch Erhitzen der ammoniakalischen, tartrathaltigen Lösung mit Kaliumcyanid und Reduktion mit Sulfit[2]. Analysenergebnisse teilten die genannten Autoren nicht mit, ebensowenig wie BERG, welcher einige Angaben über die Ausführung der Trennung machte und auf die Verwendbarkeit von Hydroxylamin hinwies. Offenbar unabhängig von LANG und REIFER zeigte HECZKO, daß Aluminium aus ammoniakalischer tartrathaltiger Lösung mit o-Oxychinolin neben Eisen, Nickel, Kobalt, Kupfer, Chrom, Molybdän direkt gefällt werden kann, wenn diese Metalle vorher durch Kaliumcyanid in ihre komplexen Cyanide übergeführt wurden. Diese Trennungsmöglichkeit hat nicht nur für die Aluminiumbestimmung in niedrig- und hochlegierten Eisenlegierungen und Spezialstählen Bedeutung, sondern sie kann auch auf Legierungen, die Eisen nicht als Hauptbestandteil enthalten, wie z. B.

---

[1] PIGOTT, E. C.: J. Soc. chem. Ind. 58, 139 (1939).

[2] Die Tarnung mit Hilfe von Kaliumcyanid hat LANG schon 1927 [Fr. 71, 183 (1927)] bei der Fällung des Zinks neben Quecksilber mit Oxychinolin angewendet.

Aluminiumbronzen angewendet werden. HECZKO leitet zur Überführung des Eisens in das Ferrocyan-Anion Schwefelwasserstoff in die Lösung ein. In einer 1939 erschienenen Arbeit stellte PIGOTT fest, daß kurzes Erhitzen zum Sieden ohne weitere Reagenszusätze bei der durch den Kaliumcyanidüberschuß bedingten Alkalität für die Bildung der Cyankomplexe der zu tarnenden Schwermetalle ausreicht. Der Autor vertritt die Ansicht, daß dabei die komplexen Salze der Schwermetalle mit Ferrocyanwasserstoffsäure gebildet werden, was der Angabe von HECZKO über die Anwendbarkeit der Methode auf eisenfreies Material widerspricht. In seinem für komplizierter zusammengesetzten Eisensorten und Stähle entwickelten Arbeitsgang berücksichtigt PIGOTT nach eingehender Besprechung der analytischen Verhältnisse neben den Metallen Eisen, Kobalt, Nickel, Kupfer, Chrom, Molybdän und Mangan auch die Anwesenheit der Elemente Wolfram, Vanadin, Titan, Uran, Bor, Beryllium, Niob, Tantal, Selen, Tellur, Arsen und Phosphor. Wolfram, Niob und Tantal werden als Oxyde abgeschieden. Titan, Uran (und Cer[1]) fallen mit dem Aluminium als Oxinate aus. Bor[2], Arsen, Phosphor[3], Selen, Tellur stören nicht. Bemerkenswert ist, daß Molybdän und Vanadin, neben welchen nach dem Vorschlag von LUNDELL und KNOWLES das Aluminium in wasserstoffsuperoxydhaltiger, ammoniakalischer Lösung mit Oxin gefällt wird (vgl. S. 288), auch in cyankalischer Lösung nicht stören.

FAINBERG und TAL verwendeten die Methode von HECZKO (unter Benutzung von Natriumsulfit) zur Aluminiumbestimmung im Niederschlag der Sesquioxyde bei der Analyse von Erzen und Schlacken.

Der Chemikerausschuß des Vereins Deutscher Eisenhüttenleute hat neuerdings das Verfahren von HECZKO an mehrfach legierten Stählen geprüft und als brauchbar befunden (KLINGER).

***Arbeitsvorschrift nach* HECZKO.** Eine bis zu etwa 0,080 g Aluminium enthaltende Einwage der zu untersuchenden Eisenlegierung (etwa 0,5 g) wird in Königswasser gelöst und die Lösung auf 15 bis 20 cm³ eingedampft. Nach Zusatz von 8 bis 10 g Weinsäure wird mit 100 cm³ Wasser verdünnt und mit konzentriertem Ammoniak deutlich alkalisch gemacht. Nun setzt man 5 bis 10 g Kaliumcyanid zu und leitet 10 Min. lang einen lebhaften Schwefelwasserstoffstrom ein. Nach 1stündigem Stehen wird eine aus Kieselsäure (mit adsorptiv festgehaltenem Aluminium- und Eisenhydroxyd) sowie hauptsächlich aus Mangansulfid bestehende Trübung abfiltriert und mit schwefelammoniumhaltigem Wasser ausgewaschen[4]. Bei Siliciumgehalten unter 0,8% (0,5 g Einwage) kann das im Niederschlag enthaltene Aluminium vernachlässigt werden. Andernfalls wird wie üblich verascht, mit Flußsäure und Schwefelsäure abgeraucht, nach dem Aufschließen mit Kaliumpyrosulfat das Aluminium mit Ammoniak gefällt, der Niederschlag schließlich in etwas Weinsäure gelöst und die Lösung mit dem ersten Filtrat vereinigt.

Die Lösung wird nun bis nahe zum Sieden erhitzt und dann das Aluminium unter kräftigem Rühren langsam mit 10%iger alkoholischer Oxinlösung in geringem Überschuß (Orangefärbung!) gefällt. Einige Minuten nach der Fällung filtriert man mit Hilfe eines Glasfiltertiegels G 3, wäscht das Oxinat mit warmem Wasser aus und trocknet bei 150°.

Trennung von Chrom. In Anwesenheit größerer Chrommengen (z. B. bei Chromstählen) muß das gesamte Chrom vor Zusatz der Weinsäure zu Chromsäure oxydiert werden. Man löst die Legierung in Schwefelsäure 1:5, oxydiert mit einigen Grammen Ammoniumpersulfat unter Zusatz von wenig Silbernitrat durch Erhitzen bis zur Rotfärbung (Permanganat aus vorhandenem Mangan). Zur Zerstörung des über-

---

[1] Vgl. BERG u. E. BECKER: Fr. **119**, 1 (1940).
[2] Vgl. Fällung des Aluminiumsoxinates nach POPE, S. 274; s. auch GOTÔ.
[3] Vgl. Trennung des Aluminiums von Phosphorsäure, S. 286.
[4] Bei Manganmengen von mehr als 5 mg filtriert man zweckmäßig nur einen aliquoten Teil der Lösung durch ein Faltenfilter.

schüssigen Persulfates und des entstandenen Permanganates kocht man einige Minuten nach Zusatz von 10 cm 2 n Salzsäure und behandelt dann die Lösung wie oben beschrieben weiter.

Genauigkeit. Bei den von HECZKO zur Ausführung von Beleganalysen angesetzten Gemischen waren 0,067 g Aluminium (entsprechend einem Gehalt von etwa 10 bis 15% Aluminium) neben der 5fachen Menge Eisen bzw. neben der 1- bis 4fachen Menge der Metalle Nickel, Kobalt, Kupfer, Chrom und Molybdän (Mangan nur 6 bis 11 mg) vorhanden. Trotz dieser für die Fällung mit Oxin verhältnismäßig großen Aluminiummenge wurden gute Ergebnisse erzielt. Von 11 Bestimmungen ergaben 2 einen negativen Fehler von 0,1% (relativ), während bei den restlichen Bestimmungen ein mittlerer positiver Fehler von 0,44% und eine größte Abweichung von +0,69% vorhanden war.

Die an 3 aluminiumhaltigen Spezialstählen vom *Chemikerausschuß des Vereins Deutscher Eisenhüttenleute* ausgeführten Vergleichsanalysen zeigten, daß die Oxintrennung nach HECZKO dem Elektrolyseverfahren mit Quecksilberkathode (vgl. S. 435) und anschließender Fällung mit Oxin gleichwertig ist. Es ergaben sich bei diesen beiden Verfahren ebenso wie bei dem als Standardmethode herangezogenen Phosphatverfahren zwischen den Ergebnissen verschiedener Analytiker Abweichungen von etwa 0,5 bis 3% (bei einem Aluminiumgehalt von 14,7%) und etwa 10% (bei einem Aluminiumgehalt von 0,79 und 0,99%).

Die Zusammensetzung der verwendeten Stähle war folgende:

	Al[1]	C	Si	Mn	Cu	Ni	CO	Cr	Mo
1	0,79	0,09	0,51	0,48	—	—	—	6,7	0,54
2	0,99	0,34	0,33	0,46	—	1,80	—	1,45	0,18
3	14,7	0,03	0,36	0,05	1,54	24,4	4,4	—	—

Arbeitsvorschrift nach* PIGOTT *(für Eisenlegierungen). Die Auflösung erfolgt in bekannter Weise durch Lösen der Probe in Königswasser bzw. Schwefelsäure-Salpetersäure (Chromstähle!) unter Abscheidung von Kieselsäure, von Wolframsäure, Tantal und Niob und unter Oxydation vorhandenen Chroms zu Chromsäure. Die erhaltene Salz- oder Schwefelsäurelösung der Legierung wird in der Kälte mit 40 bis 50 cm³ 20%iger Weinsäure versetzt und dann mit Ammoniak (in kleinem Überschuß) alkalisch gemacht. Hierauf gibt man Kaliumcyanidlösung im Überschuß zu (Kaliumcyanidmenge etwa gleich dem 20fachen der Einwage) und kocht einige Minuten. Nach dem Abkühlen auf 40° wird ausgefallenes Manganferrocyanid abfiltriert und mit 10%iger Ammoniumchloridlösung ausgewaschen. Bei hohem Mangangehalt ist es erforderlich, etwa 30 Min. zu kochen. In dem erhaltenen Filtrat wird dann das Aluminium, wie bereits in der Arbeitsvorschrift von HECZKO beschrieben, mit 10%iger alkoholischer Oxinatlösung gefällt.

Genauigkeit. PIGOTT führte je eine gravimetrische Aluminiumbestimmung an 4 verschiedenen Gemischen aus mit 0,3 und 0,4 g Eisen, je 0,025 g mehrerer der Elemente Kobalt, Nickel, Mangan, Chrom, Kupfer, Molybdän, Vanadin, Titan, Uran, Bor, Beryllium, Niob, Tantal, Selen, Tellur, Arsen, Phosphor und 0,0515 g Aluminium. Die erhaltenen Aluminiumwerte waren: 0,0520, 0,0510, 0,0499 und 0,0523 g Aluminium.

Trennung des Aluminiums von Eisen mittels Oxin nach Tarnung durch o-Phenanthrolin oder α-α'-Dipyridyl (nach E. W. KOENIG).

Vorbemerkung. Zur direkten Bestimmung des Aluminiums in Silicaten (Feldspaten) trennte KOENIG Eisen (Titan und Mangan) durch Aufschluß mit Ätznatron im Nickeltiegel als Hydroxyde ab und fällte das Aluminium im Filtrat nach dem Ansäuern als Oxychinolat. Hierbei gelangten in das Filtrat der Hydroxyde meist kleine wechselnde Mengen von Eisen, deren Mitfällung als Oxychinolat der

[1] Nach dem Phosphatverfahren bestimmt.

Autor durch Bildung der Komplexsalze des Eisens mit α-α'-Dipyridyl oder o-Phenanthrolin verhinderte. Wie FERRARI neuerdings schon gezeigt hat, wird Eisen aus der Lösung des Ferro-α-α'-Dipyridylkomplexes weder als Hydroxyd, noch als Sulfid gefällt. Nach HILL ist diese Komplexverbindung zwischen p_H 3,5 und 8,5 beständig. Die Verhinderung der Fällung des Eisens durch Komplexbildung mit o-Phenanthrolin hatten SAYWELL und CUNNINGHAM bereits angewandt. In beiden Fällen muß das Eisen vor der Überführung in das Komplexsalz reduziert werden, am besten durch Hydroxylaminchlorid oder schweflige Säure. Genauere Angaben über die anzuwendende Menge an α-α'-Dipyridyl oder o-Phenanthrolin macht KOENIG nicht. Bei α-α'-Dipyridin war ein kleiner Überschuß über die der Formel $Fe(C_{10}H_8N_2)_3Cl_2$ entsprechende Menge ausreichend. Da die beiden genannten Komplexe des Eisens in der Siedehitze dissoziieren, darf bei der Fällung des Aluminiumoxychinolat nicht zum Sieden erhitzt werden. Nach R. OESPER ist der o-Phenanthrolinkomplex beständiger als der des α-α'-Dipyridyls.

Reagenslösungen. 2,5%ige Oxychinolin-Acetatlösung. 1%ige Lösung von o-Phenanthrolin oder α-α'-Dipyridyl in 6 n Salzsäure. 30%ige Ammoniumacetatlösung (als Pufferlösung).

Arbeitsvorschrift. Die getrocknete, feingepulverte Silicatprobe mit etwa 10 bis 30 mg Aluminiumoxyd wird durch Schmelzen mit der 10fachen Menge der Einwage an Ätznatron aufgeschlossen, wobei man zum Schluß zwecks Vervollständigung der Auflösung der Probe die Schmelze kurz auf 400 bis 500° C erhitzt (dunkle Rotglut des Tiegels). Die erkaltete Schmelze löst man in 100 cm³ Wasser und filtriert nach kurzem Aufkochen des Eisen- und Nickelhydroxydes ab. Mit heißem Wasser wird ausgewaschen.

Zum Filtrat fügt man 15 cm³ Oxychinolinlösung und bringt das ausgefallene Oxychinolat durch Rühren in Lösung. Nun gibt man unter dauerndem Umrühren so lange Salzsäure tropfenweise hinzu, bis das zunächst abgeschiedene Aluminiumoxinat gerade wieder vollständig gelöst und die Lösung schwach sauer ist. Hierbei kann man gegebenenfalls an einer grünlichen Färbung des Niederschlages feststellen, ob Eisen überhaupt vorhanden ist. Ist letzteres der Fall, so reduziert man das Eisen durch Hydroxylaminchloridlösung und erwärmt auf 80 bis 90° C. Nun setzt man einen kleinen Überschuß an α-α'-Dipyridyl oder o-Phenanthrolin zu und fällt das Aluminiumoxinat durch Zugabe von Ammoniumacetatlösung (10 cm³ mehr als zur quantitativen Fällung erforderlich). Durch Rühren wird das Koagulieren des Aluminiumoxinatniederschlages beschleunigt, mit kaltem Wasser wird ausgewaschen. Das Aluminium wird maßanalytisch nach R. BERG erfaßt.

Genauigkeit. Bei der Analyse zahlreicher Silicate mit 10 bis 37% Tonerde und einigen Prozent Eisen erhielt KOENIG stets eisenfreie Aluminiumoxinatniederschläge. Die gefundenen Aluminiumgehalte stimmen auf wenige Hundertstel Prozent Aluminium mit den Werten des National Bureau of Standards überein.

IV. Trennung des Aluminiums von Phosphorsäure.

Vorbemerkung. Diese wichtige Trennung läßt sich mit Hilfe des Oxychinolinverfahrens (in alkalischer Lösung) wesentlich einfacher als nach den klassischen Methoden durchführen.

Es kommen praktisch drei verschiedene Ausführungsmöglichkeiten in Betracht. Bei der ersten von LUNDELL und KNOWLES 1929 durchgeführten Arbeitsweise wird das Aluminiumoxinat derart abgeschieden, daß man zu der salz- oder schwefelsauren Aluminiumsalz-Phosphat-Lösung überschüssige Oxychinolinacetatlösung, dann einen gewissen Überschuß an konzentriertem Ammoniak kalt zusetzt und schließlich erwärmt. Es wurde bereits S. 261 und 263 auf die Angaben von LUNDELL, HOFFMAN und BRIGHT hingewiesen, nach welchen das gefällte Aluminiumoxychinolat direkt zur Wägung gebracht werden kann und keine Zersetzung des Oxinates und Fällung mit Ammoniak erforderlich ist (vgl. auch unten BALANESCU und MOTZOC). Die zweite Arbeitsweise besteht in der Fällung des Aluminiumoxinates in ammoniakalischer Lösung nach BERG in Anwesenheit von Tartrat; diese Methode wurde von JUNG ausgehend von der Tatsache, daß in

Gegenwart von Tartrat kein Aluminiumphosphat ausfällt, vorgeschlagen (keine Beleganalysen). Nach BERG (g) können 2 bis 50 mg Aluminium neben 10 mg Phosphorsäure (als P_2O_5) in 100 bis 150 cm³ Volumen nach seiner Vorschrift für die Fällung des Aluminiums in ammoniakalischer Lösung mit befriedigender Genauigkeit bestimmt werden (Beleganalysen fehlen). ISHIMARU hat sorgfältige Beleganalysen ausgeführt, ebenfalls in Gegenwart von Tartrat, jedoch bezüglich der Reihenfolge der Reagenszusätze usw. etwas abweichend von der Arbeitsweise von BERG (S. 262) und der von BÖTTGER und KOKTA (S. 263).

Die Trennung des Aluminiums von Phosphorsäure in schwach natronalkalischer Lösung nach BALANESCU und MOTZOC wurde bereits bei den Fällungsvorschriften des Aluminiums angeführt. Die genannten Autoren haben im Widerspruch zu den Analysen von LUNDELL und KNOWLES und von ISHIMARU nach den beiden Fällungsmethoden (mit und ohne Tartratgegenwart) in ammoniakalischer Lösung unbefriedigende Resultate erhalten. Eine neuere Arbeit von BALANESCU und MOTZOC über die Trennung des Aluminiums von Eisen und Phosphorsäure, nach welcher bei Einstellung des Mengenverhältnisses 1:2 zwischen dem mittels Natronlauge als Hydroxyd abzuscheidenden Eisen und der Phosphorsäure (P_2O_5) eine weitgehend aluminiumfreie Eisenhydroxydfällung erreicht wird, bringt weitere Belege für die Brauchbarkeit der Aluminium-Phosphorsäure-Trennungsmethode der Autoren mittels Oxins.

***1. Trennung des Aluminiums von Phosphorsäure in ammoniakalischer Lösung nach* LUNDELL *und* KNOWLES.** **Arbeitsvorschrift.** Die Fällung erfolgt nach der bereits S. 263 für die Bestimmung des Aluminiums angegebenen Vorschrift. Einmalige Fällung ist praktisch wohl ausreichend.

Genauigkeit. Die bereits S. 263 mitgeteilten Beleganalysen von LUNDELL und KNOWLES lassen erkennen, daß die Phosphorsäuremenge innerhalb weiter Grenzen schwanken kann, auch bei großem Phosphorsäureüberschuß erhält man noch gute Resultate (vgl. jedoch die Analysen von BALANESCU und MOTZOC).

***2. Trennung des Aluminiums von Phosphorsäure in ammoniakalischer, tartrathaltiger Lösung nach* BERG *sowie nach* ISHIMARU.** **Arbeitsvorschrift**[1]. Zur neutralen Analysenlösung fügt man 5 g Ammoniumtartrat und das gleiche Volumen 2 n Ammoniaklösung, wie das der zur nachfolgenden Fällung benutzten Oxychinolinacetatlösung (2 n an Essigsäure). Man gibt weiter 0,5 bis 1 cm³ konzentriertes Ammoniak tropfenweise hinzu und verdünnt auf 150 bis 200 cm³. Nach dem Erwärmen auf 70° C wird Oxychinolinreagens im Überschuß zugegeben und das Gemisch unter gelegentlichem Erwärmen des Ammoniaks solange warm gehalten, bis das Aluminiumoxychinolat sich abgesetzt hat. Das Waschen erfolgt mit warmem Wasser.

Genauigkeit. Die erhaltenen Resultate sind, wie nachstehende Tabelle zeigt, recht befriedigend, was insofern besonders bemerkenswert ist, als ISHIMARU auch bei der Fällung der größeren Aluminiummengen alkoholische und acetonische Oxychinolinlösung verwendet hat. Es lagen 100 mg Phosphat (als Dinatriumphosphat) neben wechselnden Mengen Aluminium vor:

Gegeben Aluminium g	Gefunden Aluminium g	Fehler mg	Lösungsmittel des Oxins	Gegeben Aluminium g	Gefunden Aluminium g	Fehler mg	Lösungsmittel des Oxins
0,00650	0,00653	0,0	Essigsäure	0,01950	0,01957	+0,1	Alkohol
0,01300	0,01302	0,0	Essigsäure	0,06513	0,06497	—0,2	Alkohol
0,01950	0,01971	+0,2	Essigsäure	0,05925	0,05900	—0,3	Aceton
0,06513	0,06513	0,0	Alkohol	0,08882	0,08840	—0,4	Aceton
0,00650	0,00650	0,0	Alkohol	0,01185	0,11796	—0,5	Aceton
0,01300	0,01283	—0,2	Alkohol				

[1] Es ist hier die von S. ISHIMARU benutzte Arbeitsweise mitgeteilt. Vgl. oben unter „Vorbemerkung".

***3. Trennung des Aluminiums von Phosphorsäure in schwach natronalkalischer Lösung nach* BALANESCU *und* MOTZOC. Arbeitsvorschrift.** Man befolgt die schon auf S. 265 als Arbeitsweise für die Bestimmung des Aluminiums gegebene Vorschrift.

Genauigkeit. Die von obigen Autoren nach ihrer eigenen Methode und nach den Vorschriften von LUNDELL und KNOWLES sowie von BERG erhaltenen Resultate sind in folgender Tabelle zusammengestellt.

Gegeben Aluminium	Gegeben P_2O_5	Aluminium gefunden nach					
		LUNDELL und KNOWLES		BERG		BALANESCU und MOTZOC	
mg	mg	mg	Fehler %	mg	Fehler %	mg	Fehler %
2,63	2,67	2,51	—4,56	—	—	2,62	—0,38
2,63	13,35	2,42	—7,98	2,48	—5,70	2,63	—0
2,63	26,70	2,44	—7,22	2,42	—8,00	2,62	—0,38
2,63	40,05	2,32	—11,78	—	—	2,62	—0,38
2,63	53,40	2,23	—15,21	2,41	—8,35	2,60	—1,14
5,23	2,67	4,99	—4,59	5,02	—4,01	5,22	—0,19
5,23	13,35	4,57	—12,62	4,96	—5,16	5,18	—0,96
5,23	26,70	4,75	—9,17	4,58	—12,42	5,20	—0,57
5,23	53,40	4,54	—13,19	4,52	—13,60	5,20	—0,57
5,23	106,80	4,63	—11,47	—	—	5,20	—0,57

Auch weitere Analysen, in welchen das Mengenverhältnis zwischen Aluminium und Phosphorsäure größenordnungsmäßig 1 : 1 ist, führten bei schwach natron-alkalischer Lösung zu guten Aluminiumwerten:

P_2O_5 gegeben	Aluminium		Fehler	P_2O_5 gegeben	Aluminium		Fehler
	gegeben	gefunden			gegeben	gefunden	
mg	mg	mg	%	mg	mg	mg	%
8,8	4,44	4,44	0	13,2	4,44	4,49	+1,12
8,8	8,88	8,95	+0,80	13,2	8,88	6,96	+0,90
8,8	13,22	13,40	+0,59	13,2	13,32	13,43	+0,82
8,8	17,76	17,72	—0,22	13,2	17,76	17,41	—1,97

Ganz ähnliche Resultate teilten BALANESCU und MOTZOC in ihrer bereits zitierten neueren Arbeit für Aluminiummengen von 2 bis 7,5 mg neben 2,5 bis 100 mg Phosphorsäure (P_2O_5) und 51 bis 206 mg Eisen mit.

V. Trennung des Aluminiums von Vanadin, Tantal, Niob, Titan, Molybdän und Zinn in ammoniakalischer, wasserstoffperoxydhaltiger Lösung nach LUNDELL und KNOWLES.

Vorbemerkung. LUNDELL und KNOWLES zeigten, daß zur direkten Abscheidung des Aluminiums als Oxychinolat neben den ersten fünf der genannten Metalle die von den Autoren zur Fällung in ammoniakalischer Lösung neben Phosphorsäure (vgl. S. 263) benutzte Arbeitsweise angewendet werden kann, wenn der Lösung Wasserstoffperoxyd zugesetzt wird. Hierdurch werden die das Aluminium begleitenden Metalle in ihre höheren Oxydationsstufen übergeführt und in Lösung gehalten. Auch PETERS empfiehlt diese Trennung des Aluminiums von Titan bei der Analyse von Chrom-Nickel- und Chrom-Eisen-Legierungen, teilt aber keine Analysenergebnisse mit. TAYLOR-AUSTIN konnte die Ergebnisse von LUNDELL und KNOWLES nicht bestätigen. Die erhaltenen Niederschläge flockten schlecht aus, färbten sich beim Stehen braun und ließen sich schlecht filtrieren. Die Lösung färbte sich tiefrot. Die erhaltenen Aluminiumwerte waren zu niedrig, weshalb dieser Autor die Methode nicht weiter anwandte. BRIGHT und FOWLER führten die Fällung des Aluminiums allein und in Anwesenheit von Molybdän, Vanadin und Zinn nach der ursprünglich von BERG angegebenen Vorschrift für die Abscheidung des Aluminiumoxinates in ammoniakalischer, tartrathaltiger Lösung (vgl. S. 262) in Gegenwart von Wasserstoffperoxyd durch. Die gleiche Modifikation der Arbeitsweise von LUNDELL und KNOWLES wendete der *Chemikerausschuß des Vereins Deutscher Eisenhüttenleute* (KLINGER) mit Erfolg bei systematischen Untersuchungen über die Aluminiumbestimmung in legierten Stählen an.

***Arbeitsvorschrift nach* LUNDELL *und* KNOWLES.** Es wird die bei der Trennung des Aluminiums von Phosphorsäure beschriebene Vorschrift der Autoren (vgl. S. 287) befolgt und nur insofern abgeändert, als man vor dem Hinzufügen der Oxychinolinacetatlösung 10 bis 15 cm³ 3%iges Wasserstoffperoxyd zusetzt. Das Volumen der Lösung beträgt nach der Fällung 200 cm³.

Genauigkeit. Die ausgeführten Beleganalysen sind in nachfolgender Tabelle aufgeführt. Für die Trennung von Niob, Tantal, Titan und Molybdän, welche stets durch doppelte Fällung auszuführen ist, geben LUNDELL und KNOWLES nur je eine Beleganalyse an. Nachstehende Tabelle enthält die Ergebnisse der Trennung des Aluminiums von Vanadin, Niob, Tantal, Titan und Molybdän nach LUNDELL und KNOWLES.

Gegeben: 0,0945 g Al_2O_3.

Gegeben Fremdmetalloxyd		Gefunden Al_2O_3	Fehler		Gegeben Fremdmetalloxyd		Gefunden Al_2O_3	Fehler	
	g	g	g			g	g	g	
V_2O_5	0,050	0,0947	+0,0002	1*	Nb_2O_5	0,050	0,0941	—0,0004	2*
V_2O_5	0,050	0,0945	±0	1	Ta_2O_5	0,050	0,0945	±0	2
V_2O_5	0,050	0,0944	—0,0001	2	TiO_2	0,050	0,0943	—0,0002	2
V_2O_5	0,050	0,0944	—0,0001	2	MoO_3	0,050	0,0938	—0,0007	2

Weiteren Aufschluß über die Brauchbarkeit der Methode geben die in der nächsten Tabelle enthaltenen Angaben von LUNDELL und KNOWLES. TAYLOR-AUSTIN erhielt bei Lösungen mit 5,15 mg Aluminium und 2,0 mg Titan um 0,3 bis 0,4 mg zu niedrige Aluminiumwerte.

Gegeben Fremdmetalloxyd		Al_2O_3	Fremdmetalloxyd im Niederschlag nach	
	g	g	einmaliger Fällung	doppelter Fällung
V_2O_5	0,5	0,050	0,2**	—
Nb_2O_5	0,2	0,050	1 mg	keines
Ta_2O_5	0,2	0,050	1,5 mg	keines
TiO_2	0,2	0,050	1 mg	0,1 mg
MoO_3	0,05	0,050	—	0,3 mg**

Arbeitsvorschrift nach* KLINGER *(Chemikerausschuß des Vereins Deutscher Eisenhüttenleute*[1]*). In legierten Stählen mit einem Gehalt von etwa 0,5% Aluminium und 1% Vanadin, Titan oder Molybdän wurde das Eisen entweder nach dem Ausätherungsverfahren (Einwage 5 g), dem Tartrat-Schwefelwasserstoff-Verfahren (nach GOOCH) (Einwage 5 g) oder durch Elektrolyse mit Quecksilberkathode (Einwage 0,25 g) entfernt.

Die Hälfte der bei dem ersten Verfahren nach Abtrennung von Eisenresten mit Natronlauge erhaltenen alkalischen Lösung, welche noch Vanadin und Molybdän neben Aluminium enthält (250 cm³ Volumen), wird mit konzentrierter Salzsäure neutralisiert mit 4 cm³ konzentrierter Salzsäure und 1 g Weinsäure versetzt und hierauf mit Ammoniak (D = 0,90) gegen *Lackmus* eben alkalisch gemacht. Nach Zusatz von 4 Tropfen überschüssigen Ammoniaks und 15 cm³ 3%iger Wasserstoffperoxydlösung erhitzt man auf 70° und setzt langsam unter dauerndem Rühren 2,5%ige Oxychinolinacetatlösung in geringem Überschuß zu. Nachdem nun noch 2 cm³ konzentriertes Ammoniak (D = 0,90) hinzugefügt wurden, läßt man 10 Min. in der Wärme stehen, kühlt auf 20° ab, filtriert nach dem Absitzen durch einen

* Die in dieser Spalte aufgeführten Zahlen geben die Zahl der Fällungen an (Umfällung!).
** *Im Filtrat* war kein Aluminium nachzuweisen.
[1] Einzelheiten bezüglich der Aufarbeitung der Stahlproben bis zur Fällung des Aluminiums s. in der Originalarbeit.

Glasfiltertiegel und wäscht mit 1%igem Ammoniak von 50° aus. Das Oxinat kann wie üblich gewogen oder auch titriert werden.

Bei der Beseitigung des Eisens nach dem Schwefelwasserstoffverfahren bleibt vorhandenes Titan (mit Vanadin) in Lösung, und es ist kein weiterer Weinsäurezusatz erforderlich. Nach der Fällung mit Schwefelwasserstoff füllt man im Meßkolben auf 500 cm³ auf, filtriert partiell, pipettiert 250 cm³ des Filtrates ab und verkocht den Schwefelwasserstoff. Dann gibt man 15 cm³ 3%ige Wasserstoffperoxydlösung zu und fällt in der Wärme wie beschrieben.

Durch die Elektrolyse mit Quecksilberkathode wird Molybdän mit den anderen Schwermetallen abgeschieden, während neben Aluminium Vanadin und Titan in Lösung bleiben und, wie oben angegeben, weiter getrennt werden.

Genauigkeit. An drei hier zu erwähnenden Stählen wurden in 11 Laboratorien Beleganalysen ausgeführt, die zu praktisch ausreichend genauen Ergebnissen führten.

Zusammensetzung der Stähle[1]		Ergebnisse der Aluminiumbestimmung[2] (% Al)		
		Ätherextraktionsverfahren	H_2S-Verfahren	Elektrolyse
0,42% Al	0,82% Ti	—	0,43 bis 0,45 (0,55)	0,43 bis 0,45 (0,57)
0,44% Al	1,03% V	0,42 bis 0,45	0,41 bis 0,45	0,41 bis 0,47 (0,37)
0,47% Al	1,12% Mo	0,47 bis 0,48	—	—

Nach den oben bereits angegebenen Einwagen (s. oben) lagen zur Trennung etwa folgende Metallmengen vor:

Ätherextraktions- und Schwefelwasserstoffverfahren: 0,020 bis 0,025 g Titan, Vanadin, Molybdän, etwa 0,010 g Aluminium; Elektrolyseverfahren: 0,0025 g Titan, Vanadin (Molybdän), 0,001 g Aluminium.

Nach obigen Ergebnissen sind also relative Abweichungen von etwa 2 bis 7% vom richtigen Aluminiumwert vorhanden, wobei allerdings die aus den Vortrennungen stammenden Fehler zu berücksichtigen sind.

VI. Trennung des Aluminiums von Fluor, Brom und Arsen (Arsenat).

Vorbemerkung. Schon 1929 zeigten LUNDELL und KNOWLES, daß die Fällung des Aluminiumoxychinolates in ammoniakalischer Lösung durch die Gegenwart von löslichem Fluorid, von Borat und Arsenat nicht gestört wird. Aber auch in essigsaurer Lösung kann Aluminium als Oxychinolat quantitativ von Fluor-Ionen getrennt werden, wenn man nach WASSILJEW Borsäure im Überschuß zur Lösung gibt. Hieraus folgt weiter, daß Bor auch in schwach saurer Lösung die Fällung des Aluminiumoxychinolates nicht beeinträchtigt. Die Bestimmung des Aluminiums in Gegenwart von Borax bei der durch dieses bedingten schwach alkalischen Reaktion führte bereits POPE aus (vgl. S. 274). GOTÔ benutzte bei seinen Studien über die p_H-Abhängigkeit der Fällung des Aluminiumoxychinolates ebenfalls Borax zur Einstellung bestimmter p_H-Werte im alkalischen Gebiet. Die Trennung des Aluminiums von Arsen (Arsenat) kann nach den 2 Beleganalysen von PIGOTT auch unter den Bedingungen der Aluminiumtrennung von Schwermetallen in cyankaliumhaltiger Lösung nach HECZKO erfolgen.

***1. Trennung des Aluminiums von Fluor, Bor und Arsen in ammoniakalischer Lösung nach* LUNDELL *und* KNOWLES.** **Arbeitsvorschrift.** Die Trennung erfolgt nach den bereits S. 263 zur Bestimmung des Aluminiums in ammoniakalischer Lösung angegebenen Vorschrift.

---

[1] Die Aluminiumgehalte waren nach dem Phosphatverfahren bestimmt worden.

[2] Es sind hier nur jene Analysen angegeben, bei welchen das betreffende Metall neben Aluminium bei der Oxinfällung auch vorhanden war.

Genauigkeit. LUNDELL und KNOWLES geben folgende Beleganalysen an:

Anwesend	Al_2O_3 gegeben g	Al_2O_3 gefunden g	Differenz mg	Bemerkungen[1]
1 g H_3BO_3	0,0945	0,0941	—0,4	—
0,5 g H_3BO_3	0,094	—	—	kein Al im Filtrat, kein B im Niederschlag
0,20 g NaF	0,0945	0,0942	—0,3	—
5,0 g NaF	0,094	—	—	kein Al im Filtrat, kein F im Niederschlag
0,05 g As_2O_5	0,0945	0,0940	—0,5	—
0,2 g As_2O_5	0,094	—	—	kein Al im Filtrat, weniger als 0,5 mg As im Niederschlag
1 g As_2O_5	0,094	—	—	kein Al im Filtrat, kein As im Niederschlag nach doppelter Fällung des Al

***2. Trennung des Aluminiums von Fluor in essigsaurer, borsäurehaltiger Lösung nach* WASSILJEW.** **Vorbemerkung.** WASSILJEW arbeitete nach der Resttitrationsmethode und stellte fest, daß bei 5 mg zu bestimmendem Aluminium in Gegenwart von 3 bis 10 mg Fluor Abweichungen bis zu —52% auftreten. Richtige Resultate ergaben sich, wenn das 30fache der zur komplexen Bindung des Fluors erforderlichen Borsäuremenge zugegeben wurde.

Arbeitsvorschrift. Zu der etwa 5 mg Aluminium und 3 mg Fluor enthaltenden, salzsauren Lösung gibt man 0,4 g Borsäure, verdünnt mit Wasser auf 100 cm³ und erhitzt auf 70 bis 80° C. Zur heißen Lösung fügt man tropfenweise unter Rühren eingestellte (2,5%ige) Oxychinolinacetatlösung in mäßigem Überschuß und hierauf 5 bis 7 g Ammoniumacetat. Bei einer Temperatur von 60 bis 80° läßt man dann 20 bis 30 Min. lang stehen. Anschließend spült man in einen 250 cm³-Meßkolben über, kühlt ab und füllt bis zur Marke auf. In 50 cm³ des Filtrates wird das überschüssige Oxin zurücktitriert (vgl. S. 267 u. f.).

Genauigkeit. Nach obiger Arbeitsvorschrift erhielt WASSILJEW bei 5 Bestimmungen mit je 5,0 mg Aluminium und 3 mg Fluor auf etwa ± 1 bis 2% richtige Werte.

VII. Trennung des Aluminiums von Uran in ammoniumcarbonathaltiger Lösung.

Vorbemerkung. Wie LUNDELL und KNOWLES feststellten, läßt sich ihre zur Trennung des Aluminiums von Phosphorsäure oder Vanadin (Titan, Molybdän, Niob, Tantal) angewendete Arbeitsweise, Anwendung ammoniakalischer Lösung bzw. ammoniakalischer Wasserstoffperoxydlösung (vgl. S. 288), zur Trennung von Uran nicht anwenden. Befriedigende Trennung erzielten die genannten Autoren jedoch, wenn sie nach der erwähnten Aluminium-Phosphorsäure-Trennungsmethode arbeiteten und dabei das Ammoniak durch einen Überschuß von Ammoniumcarbonat ersetzten. Letzteres hält bekanntlich das Uran als Ammoniumuranylcarbonat von der Zusammensetzung $(NH_4)[UO_2(CO_3)_3]$ in Lösung. Nach BERG enthält der Aluminiumoxinatniederschlag bei einer nur einmaligen Fällung stets noch wägbare Mengen Uran. Auch in tartrathaltiger Lösung konnte BERG keinen uranfreien Aluminiumniederschlag erhalten.

Arbeitsvorschrift nach* LUNDELL *und* KNOWLES *sowie nach* BERG *(g). Die schwach essigsaure Lösung versetzt man in der Kälte mit 3%iger Oxinacetatlösung im Überschuß, neutralisiert mit gesättigter Ammoniumcarbonatlösung und verdünnt nach Zusatz von 3 bis 6 g[2] festem Ammoniumcarbonat auf etwa 150 cm³. Nun erhitzt[3] man das Reaktionsgemisch so lange bis der durch mitabgefälltes

[1] Soweit nichts anderes bemerkt, beziehen sich alle Angaben dieser Tabelle auf 1malige Fällung des Aluminiums.

[2] Nach BERG: LUNDELL und KNOWLES verwendeten 25 cm³ gesättigte Ammoniumcarbonatlösung, entsprechend 10 g Salz.

[3] LUNDELL und KNOWLES: „auf 50° C"; BERG: „bis 90°".

Uranoxinat anfangs hellrote Niederschlag die rein grünliche Farbe des Aluminiumoxinates angenommen hat. Durch Wiederholung der Fällung kann der Aluminiumniederschlag uranfrei erhalten werden.

Genauigkeit. LUNDELL und KNOWLES geben an, daß bei einer Trennung von 0,05 g Aluminium von 0,2 g Urantrioxyd (einmalige Fällung) kein Uran im Aluminiumniederschlag nachzuweisen war. Eine unter doppelter Fällung des Oxinates ausgeführte Trennung von 0,0945 g Aluminiumoxyd und 0,050 g Urantrioxyd ergab einen Fehler von +0,1 mg.

Bestimmung des Aluminiums mit Hilfe von Dibromoxychinolin *nach* SANKO *und* BURSSUK. Vorbemerkung. Nach Versuchen von SANKO und BURSSUK kann Aluminium auch mit 5,7-Dibrom-8-oxychinolin, welches BERG und KÜSTENMACHER als Reagens zur Bestimmung und Trennung des Eisens, Kupfers und Titans von Aluminium und anderen Metallen empfohlen haben (vgl. S. 292), in ammoniakalischer Lösung gefällt und als Dibromoxychinolat zur Wägung gebracht werden. Praktische Bedeutung hat das Verfahren jedoch bisher nicht erlangt.

Arbeitsvorschrift. Der Aluminiumsalzlösung, die nicht mehr als 6 bis 8 mg Aluminiumoxyd enthalten soll, fügt man 3 g Ammoniumnitrat sowie 30 cm^3 Aceton hinzu und verdünnt auf etwa 200 cm^3. Die Lösung wird nun mit Ammoniak schwach alkalisch gemacht, zum Sieden erhitzt und tropfenweise mit 1%iger Lösung von Dibromoxychinolin in Aceton in geringem Überschuß versetzt. Da die Löslichkeit des Dibromoxins gering ist, muß ein größerer Reagensüberschuß vermieden werden. Der hellgelbe Niederschlag wird noch 10 Min. lang auf dem Wasserbad erwärmt und ballt sich dabei zusammen. Man filtriert durch Glasfiltertiegel, wäscht mit 1,5%iger Ammoniakkarbonatlösung welche 10% Aceton enthält und mit etwas Ammoniak versetzt ist, bis das ablaufende Filtrat farblos ist, und dann noch mehrmals mit warmem Wasser. Der Niederschlag wird hierauf unter allmählicher Steigerung der Temperatur bis auf 190° C getrocknet, um die letzten Spuren nicht ausgewaschenen Fällungsmittels zu entfernen. Sublimation des Aluminiumdibromoxychinolates findet bei der angegebenen Temperatur noch nicht statt.

Genauigkeit. Bei Bestimmungen mit 1,11 mg Aluminium erhielten die Autoren Auswagen zwischen 0,0379 und 0,0388 g. Theoretisch waren 0,0384 g Dibromoxychinolat zu erwarten. Ähnlich kleine Mengen Aluminium bestimmten SANKO und BURSSUK nach ihrer Vorschrift auch neben Titan nach Abtrennung desselben in saurer Lösung (vgl. S. 292) mit Dibromoxin bzw. neben Eisen und Titan, nachdem das erstere mit Oxin (essigsauer „Tartrat" nach BERG) und im Filtrat des Eisenoxinates das Titan wiederum als Dibromoxinat abgeschieden worden war. Die Analysenergebnisse sind in der folgenden Tabelle zusammengestellt:

Eisen		Titan		Aluminium		Fehler
Gegeben mg	Gefunden mg	Gegeben mg	Gefunden mg	Gegeben mg	Gefunden mg	mg
—	—	5,81	5,72	1,11	1,12	+0,01
—	—	5,81	5,87	1,11	1,09	—0,02
9,84	9,84	1,11	1,13	1,68	1,66	—0,02
9,84	9,86	1,17	1,20	0,84	0,83	—0,01

Literatur (Oxychinolinverfahren).

ALTEN, F., H. WEILAND u. H. LOOFMANN: Angew. Ch. **46**, 668 (1933). — ALTEN, F., H. WEILAND u. B. KURMIES: Angew. Ch. **46**, 697 (1933). — ATANASIU, J. A. u. A. J. VELCULESCU: Fr. **97**, 102 (1934).

BALANESCU, G. u. M. D. MOTZOC: Fr. **91**, 188 (1933). — BENEDETTI-PICHLER, A. A.: Mikrochemie, PREGL-Festschr., S. 6. 1929. — BENEDETTI-PICHLER, A. A. u. R. A. PAULSON: Mikrochemie (Mikrochemica Acta) **27**, 339 (1939). — BENEDETTI-PICHLER, A. A. u. F. SCHNEIDER: Mikrochemie, EMICH-Festschr., S. 1. 1930. — BERG, R.: (a) J. pr. [N. F.] **115**, 178 (1927); (b) Fr. **71**, 23 (1927); (c) **70**, 341 (1927); (d) **71**, 171 (1927); (e) **71**, 321 (1927); (f) **71**, 369 (1927); (g) Das o-Oxychinolin („Oxin"). Stuttgart 1935; 2. Aufl.: Die analytische Verwendung von o-Oxychinolin („Oxin") und seiner Derivate. S. 93. Stuttgart 1938; (g') desgl. S. 28; (h) Pharm. Z. **71**, 1542 (1926); (i) Mikrochemie, EMICH-Festschr., S. 18. 1930. — BERG, R. u. E. BECKER:

Fr. **119**, 1 (1940). — BERG, R. u. H. KÜSTENMACHER: Z. anorg. Ch. **204**, 215 (1932). — BERG, R. u. R. ROEBLING: R. BERG: Die analytische Verwendung von o-Oxychinolin („Oxin") und seiner Derivate. S. 93. Stuttgart 1938. — BERG, R. u. M. TEITELBAUM: Fr. **81**, 1 (1930). — BERL-LUNGE: Chemisch-technische Untersuchungsmethoden, 8. Aufl. Bd. 2, 1105. 1932. — BERTRAND, G. u. H. LEVI: (a) Ann. Sci. agronom. Franç. **2**, 1 (1932); (b) C. r. Aca. agr. France **17**, 2 (1931). — BÖTTGER, W. u. D. KOKTA: R. BERG: Die Chemische Analyse, Bd. 34: Das o-Oxychinolin („Oxin"), S. 47. Stuttgart 1935. — BRIGHT, H. A. u. R. M. FOWLER: Bur. Stand. J. Res. **10**, 327 (1933). — BRITTON, H. T. ST.: Analyst **46**, 359 (1921); C. **92 IV**, 1295 (1921). — BUCHERER, H. TH. u. F. W. MEIER: Fr. **82**, 10 (1930). — BUDNIKOFF, P. P. u. S. S. ZUKOWSKAJA: Chem. J. (Ser.) **9**, 2079 (1936).

CASTIGLIONI, A.: Ann. Chim. applic. **25**, 236 (1935). — CHANDLER, W. R.: Rock Products **39**, 52 (1936). — CHEMIKERAUSSCHUSS DES VEREINS DEUTSCHER EISENHÜTTENLEUTE: Arch. Eisenhüttenw. **13**, 21 (1939/40). — CHURCHILL, H. V., R. W. BRIDGES u. M. F. LEE: Ind. eng. Chem. Anal. Edit. **2**, 405 (1930). — CSIPKE, Z.: Ber. Ungar. pharm. Ges. (ungar.) **9**, 437 (1933).

DEWAR, J. u. P. GARDINER: Analyst **61**, 536 (1936); durch C. **107 II**, 2949 (1936).

EICHHOLTZ, F.: Bio. Z. **235**, 170 (1931). — EICHHOLTZ, F. u. R. BERG: Bio. Z. **225**, 352 (1930); C. **101 II**, 2810 (1930). — EVELETH, D. F. u. V. E. MYERS: J. biol. Chem. **113**, 449 (1936).

FAINBERG, S. J. u. J. M. TAL: Betriebslab. **5**, 1307 (1936); durch C. **108 II**, 3631 (1937). — FERRARI, C.: Ann. chim. applic. **27**, 479 (1937). — FLECK, H. R. u. A. M. WARD: (a) Analyst **58**, 388 (1933); (b) **62**, 378 (1937). — FLECK, H. R., F. J. GREENANE u. A. M. WARD: Analyst **59**, 325 (1934); vgl. Fr. **102**, 366 (1935). — FOLIN, O. u. W. DENIS: J. biol. Chem. (a) **12**, 239 (1912); (b) **22**, 305 (1915). — FRESENIUS, L. u. M. FROMMES: Fr. **87**, 275 (1932).

GADEAU, R.: Rev. Met. **32**, 398 (1935). — GOOCH, F. A.: Chem. N. **52**, 68 (1885). — GOTÔ, H.: (a) J. chem. Soc. Japan **54**, 725 (1933); Chem. Abstr. **27**, 5674 (1933); (b) Sci. Rep. of the Tôhoku Imp. Univ. Ser. 1 **26**, 391 (1937); C. **109 II**, 1821 (1938); (c) **26**, 418 (1938); durch C. **109 II**, 2803 (1938). — GREENBERG, D. M., C. ANDERSON und E. V. TUFTS: J. biol. Chem. **111**, 56 (1935); C. **1936 I**, 3188.

HAHN, F. L.: (a) Ch. Z. **50**, 754 (1926); (b) Angew. Ch. **39**, 1198 (1926); (c) Fr. **86**, 153 (1931). — HAHN, F. L. u. E. HARTLEB: Fr. **71**, 225 (1927). — HAHN, F. L. u. K. VIEWEG: Fr. **71**, 122 (1927). — HASLAM, J.: Analyst **58**, 270 (1933). — HECHT, F.: Mikrochim. A. **2**, 188 (1937); vgl. auch Fr. **118**, 438 (1940). — HECHT, F. u. H. KRAFFT-EBING: Mikrochemie **15**, 39 (1934). — HECHT, F. u. B. KROUPA: Fr. **102**, 81 (1934/35). — HECZKO, T.: Ch. Z. **58**, 1032 (1934). — HILL, R.: Proc. Roy. Soc. London Ser. B **107**, 205 (1930).

ISHIMARU, S.: Sci. Rep. Tôhoku-Univ. 1. Serie **24**, 493 (1935) C. **107 I**, 3872 (1936). — JOSHIMATSU: Tôhoku J. exp. Med. **14**, 29 (1929).

JUNG, E.: Z. Pflanzenernähr. Düng. Bodenkunde A **26**, 1 (1932/33).

KITAJAMA, J.: J. chem. Soc. Japan **55**, 889 (1934). — KLASSE, FR.: (a) Ber. Dtsch. keram. Ges. **15**, 560 (1934); (b) **16**, 120 (1935); (c) **16**, 628 (1935). — KLINGER, P.: Arch. Eisenhüttenw. **13**, 21 (1939/40). — KNOWLES, H. B.: Bur. Stand. J. Res. **15**, 87 (1935). — KOCH, P.: Ber. Dtsch. keram. Ges. **16**, 118 (1935). — KOENIG, E. W.: Ind. eng. chem. Anal. Edit. **11**, 532 (1939). — KOLTHOFF, I. M.: Chem. Weekbl. **24**, 606 (**1927**). — KOLTHOFF, I. M. u. E. B. SANDELL: Am. Soc. **50**, 1900 (1928).

LANG, R. u. J. REIFER: Fr. **93**, 161 (1933). — LAVOLLAY, J.: Application de la 8-hydroxyquinoleine à l'analyse biologique et agricole, Coll. Actualités sci. et ind. Nr 419. Paris 1937, Herrmann et Cie. — LEHMANN, K. B.: Arch. Hygiene **106**, **309** (1931). — LUNDELL, G. E. F., J. I. HOFFMAN u. H. A. BRIGHT: Chemical Analysis of Iron and Steel, S. 81. New York 1931. — LUNDELL, G. E. F. u. H. B. KNOWLES: Bur. Stand. J. Res. **3**, 91 (1929).

MOYER, H. V. u. W. J. REMINGTON: Ind. eng. Chem. Anal. Edit. **10**, 212 (1938).

NAVEZ, H.: Ing. Chimiste **23**, 1 (1939). — NIESSNER, M.: Fr. **76**, 135 (1928).

OESPER, R.: Newer Methods of Volumetrie Analysis, S. 188. New York, D. Van Nostrand 1938.

PETERS, FR. P.: Analyst **24**, 4 (1935). — PFEIFFER, H.: Org. Molekülverb. **1927**, 418. — PIGOTT, E. C.: J. Soc. chem. Ind. **58**, 139 (1939). — POPE, C. G.: Biochem. J. **25**, 1949 (1931).

RÂY, P.: Fr. **86**, 13 (1931). — RÂY, P. u. A. K. CHATTOPADHYA: Z. anorg. Ch. **169**, 99 (1928). — RITTER, H.: Glastechn. Ber. **9**, 667 (1931). — ROEBLING, W. u. H. W. TROMMAU: Zbl. Mineral., Geol., Paläont. Abt. A. **1935**, 134.

SANKO, A. M. u. A. J. BURSSUK: Chem. J. Ser. B. **9**, 895 (1936); C. **107 II**, 3928 (1936). — SAYWELL, L. G. u. B. B. CUNNINGHAM: Ind. eng. Chem. Anal. Edit. **9**, 57 (1937). — SCHAMS, O.: Mikrochemie **25**, 16 (1938). — SCHIBA, K.: Rep. Tokyo Imp. Ind. Res. Inst. **27** (8), 1, 17; (12), 1, 31. — SCHLOSSMACHER, K. u. H. W. TROMMAU: Neues Jahrb. Mineral. Geol., Abt. A **68**, 349 (1934). — SCHOKLITSCH, K.: Mikrochemie **15**, 247 (1936). — SCHULEK, E. u. O. CLAUDER: Fr. **108**, 385 (1937). — SMITH, G. F. u. R. L. MAY: J. Am. ceram. Soc. **22**, 31 (1939). —SMITH, G. ST.: Analyst **64**, 577 (1939). — STUCKERT, L. u. F. W. MEIER: Sprechsaal **68**, 527 (1935).

TALER, W. A.: Betriebslab. **2**, 10 (1933); durch C. **106**, 2221 (1935). — TAYLOR-AUSTIN, E.: Analyst **63**, 566 (1938). — TEITELBAUM, M.: Fr. **82**, 373 (1930). — THURNWALD, H. u. A. A. BENEDETTI-PICHLER: (a) Mikrochemie **9**, 324 (1931); (b) **11**, 200 (1932). — TISDALL, F. F.: J. biol. Chem. **44**, 409 (1920); C. **92 II**, 214 (1921).

UNDERHILL, E. P. u. F. J. PETERMANN: Am. J. Physiol. **90**, 1 (1929).
WASSILJEW, K. A.: Betriebslab. **6**, 432 (1937).
ZINBERG, S. L.: Betriebslab. **2**, 13 (1933). — ZUKOWSKAJA, S. S. u. S. T. BALJUK: Betriebslab. **4**, 397 (1935); durch Fr. **105**, 131 (1936). — ZWENIGORODSKAJA, V. M. u. T. N. SMIRNOWA: Fr. **97**, 323 (1934).

§ 9. Bestimmung des Aluminiums mittels Cupferrons.

A. Gravimetrische Bestimmung des Aluminiums mittels Cupferrons in neutraler oder schwach saurer Lösung.

Allgemeines.

Aluminium kann aus neutraler oder schwach saurer Lösung in der Kälte mit Hilfe von wäßriger Cupferronlösung quantitativ gefällt und nach dem Veraschen und Glühen des erhaltenen krystallinen Niederschlages als Aluminiumoxyd zur Wägung gebracht werden. Das Cupferronverfahren vermeidet einige Nachteile der Fällung des Aluminiums als Hydroxyd, wie z. B. die Filtrationsschwierigkeiten infolge der gelatinösen Beschaffenheit des Hydroxydes oder die Adsorptionsneigung. Es eignet sich daher auch zur Bestimmung von Aluminium in Lösungen mit Sulfat-Ion, welches bekanntlich ganz besonders hartnäckig von gefälltem Aluminiumhydroxyd festgehalten wird. Allerdings besitzt das Oxinverfahren (vgl. S. 248) diese Vorteile in noch ausgeprägterem Maße. In der Praxis hat die Abscheidung des Aluminiums mittels Cupferrons wenig Anwendung gefunden.

Eine Arbeitsvorschrift und Beleganalysen zur Bestimmung des Aluminiums in reinen Aluminiumsalzlösungen und neben den Alkalien (Sulfat) sowie neben Magnesium haben PINKUS und BELCHE angegeben. PINKUS und DERNIES fällten Aluminium mit Cupferron im Filtrat des aus saurer Lösung abgeschiedenen Cupferronkomplexes des Wismuts (Beleganalysen).

ZWENIGORODSKAJA und CERNICHOV teilten neuerdings Versuchsergebnisse über die Fällung des Aluminiums mittels Cupferron im Anschluß an die Abscheidung der Cupferronkomplexe von Eisen, Titan, Niob und Zirkon mit. Die gegebenen Aluminiumoxydmengen, 2,0 und 20,0 mg (8 Bestimmungen) wurden auf 0,1 mg genau wiedergefunden.

PINKUS und MARTIN studierten die Fällungsbedingungen der Cupferronkomplexe zahlreicher Metalle sowie deren Löslichkeit in Wasser, 1 n Salz-, Essig- und Salpetersäure, Kalilauge und 1 n Ammoniaklösung und versuchten eine Gruppeneinteilung der Metalle auf Grund ihrer Fällbarkeit bei verschiedener Säurekonzentration. Es ergibt sich jedoch aus den Angaben dieser Autoren keine Klarheit über die durch direkte Abscheidung des Aluminiums in schwach saurer Lösung möglichen Trennungen, da die p_H-Grenzen für die quantitative Fällung der herangezogenen Metalle (Blei, Cadmium, Zink, Kobalt, Nickel, Mangan, Chrom III, Silber, Quecksilber II) nicht festgestellt wurden. Außer der unten beschriebenen Trennung des Aluminiums von den Alkalimetallen und von Magnesium ist sehr wahrscheinlich auch die Abscheidung neben Arsen III und Arsen V sowie Antimon V möglich (PINKUS und MARTIN). Wichtiger als die direkte *Bestimmung* des Aluminiums mit Cupferron ist die in der Praxis häufig mit gutem Erfolg angewendete *Abtrennung* zahlreicher Metalle, deren Cupferronkomplexe im Gegensatz zu dem des Aluminiums in *mineralsaurer* Lösung quantitativ abgeschieden werden können (vgl. S. 426).

Eigenschaften des Cupferrons und des Aluminium-Cupferronkomplexes.

„Cupferron" ist das Ammoniumsalz des Phenylnitrosohydroxylamins von der Zusammensetzung $C_6H_9O_2N_3$, dessen Konstitution durch die tautomeren Formen I und II dargestellt wird.

$$\text{I}\quad C_6H_5\underset{\displaystyle OH}{\overset{}{N}}—N=O \qquad\qquad \text{II}\quad C_6H_5\underset{\displaystyle \overset{\|}{O}}{N}=N—OH$$

Molekulargewicht 155,2, Schmelzpunkt 163 bis 164°. Es ist leicht löslich in Wasser. Als Fällungsreagens wird eine 5- bis 6%ige wäßrige Lösung benutzt, die frisch bereitet schwach gelb gefärbt ist. Beim Stehen der Lösung findet Zersetzung zu Nitrosobenzol statt, zunächst unter Auftreten einer bräunlichen Färbung und nach einigen Wochen unter Abscheidung dunkler Verharzungsprodukte. Nach GERMUTH kann die Stabilität von Cupferronlösungen durch Zusatz von 0,05 g Phenacetin ($C_6H_4 \cdot OC_2H_5 \cdot NH \cdot C_2H_3O$) auf 100 cm^3 derart gesteigert werden, daß sie sich in 30 Tagen wenig verändert, selbst wenn sie dem Sonnenlicht ausgesetzt ist. Als erster hat O. BAUDISCH das Cupferron zur Fällung von Eisen und Kupfer vorgeschlagen, für welche Metalle der genannte Autor das Reagens ursprünglich als spezifisch betrachtete.

Die mit Cupferron aus Metallsalzlösungen erhaltenen Niederschläge sind innere Komplexsalze, in welchen das Ammonium-Ion des Kupferrons durch ein einwertiges Metallatom ersetzt ist. Dieses erfährt auch noch eine weitere Bindung an das Sauerstoffatom der Nitrosogruppe. Man kann dies durch nebenstehende Strukturformel ausdrücken, von welchen Formel II der Struktur des Iso-Phenylnitrosohydroxylamins (s. oben) entspricht.

I C_6H_5N—N, | O, ‖ O; O | I Me ⋯ O

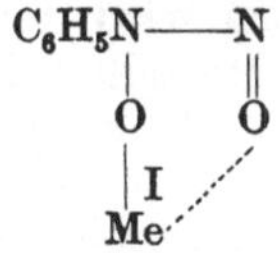

II (iso-) C_6H_5N═N, ‖ O, | O; O ⋯ Me I | O

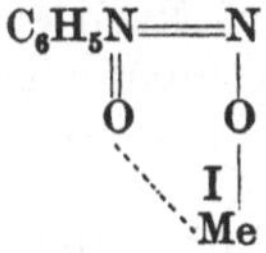

Bei der Cupferronverbindung des Aluminiums treffen auf 1 Atom Aluminium 3 Phenylhydroxylaminreste. Die weiße Verbindung zersetzt sich bei etwa 80° zu einer bräunlichen Flüssigkeit und ist nicht zum Trocknen bis zum konstanten Gewicht geeignet, weshalb das Aluminium durch Veraschen und Glühen im Platintiegel als Aluminiumoxyd bestimmt werden muß.

Frisch gefällt löst sich der flockige Aluminium-Cupferronkomplex leicht in verdünnter Säure. Während des Filtrierens und Auswaschens tritt eine gewisse Alterung ein, nach welcher er gegenüber 0,1 n Säure verhältnismäßig beständig ist (PINKUS und BELCHE)[1]. Ammoniak scheint nicht einzuwirken, Kalilauge greift nur langsam an. Die Löslichkeit des Niederschlages in Wasser beträgt nach PINKUS und MARTIN 0,9 mg Aluminium im Liter bei 18° (vgl. auch nephelometrische Bestimmung, S. 297).

Bestimmung des Aluminiums mittels Cupferrons nach PINKUS *und* BELCHE.

Vorbemerkung. Zur allgemeinen Methodik der Abscheidung von Metallen mittels Kupferrons haben PINKUS und MARTIN einige wichtige Punkte zusammengefaßt, die im folgenden angeführt werden:

1. Die Fällung wird in der abgekühlten (0 bis 10° C) und möglichst konzentrierten Lösung vorgenommen, um das Zusammenballen des Niederschlages zu begünstigen (wesentlich für die Fällung von Aluminium, Eisen, Antimon, Zinn).

2. Man arbeitet zweckmäßig nicht in salpetersaurer Lösung und filtriert möglichst bald nach der Fällung, da fast alle Cupferronniederschläge (besonders bei saurer Lösung) mit der Zeit ihre Farbe ändern.

3. Als Waschlösung benutzt man am besten kupferronhaltiges, kaltes Wasser (dem gelegentlich auch etwas Essig-, Salz-[2] oder Schwefelsäure[2] zugesetzt wird). Das von den meisten Autoren angewendete Waschen mit verdünntem Ammoniak kann zur Bildung kolloidaler Lösungen führen (bei Eisen, Zinn, Antimon). Die Entfernung überschüssigen Cupferrons mittels Ammoniaks erübrigt sich außerdem, da ja die Niederschläge zu Oxyd verascht werden.

In ihrer Arbeitsvorschrift für die Fällung des Aluminiums haben PINKUS und BELCHE allerdings keinen Vermerk über das Abkühlen der Lösung vor dem Fällen

---

[1] Eine Trennung des Aluminiums auf Grund dieser Erscheinung von den in neutraler Lösung gleichfalls durch Cupferron ausfallenden Metallen Chrom, Mangan, Nickel, Kobalt und Zink ließ sich nicht durchführen (PINKUS und BELCHE).

[2] Bei den aus mineralsaurer Lösung fällbaren Metallen, wie Eisen, Titan, Zirkon u. a.

gemacht. Auch müßte die Grenze des für die quantitative Fällung des Aluminiums zulässigen Säuregrades durch Angabe des p_H-Wertes festgelegt sein.

Arbeitsvorschrift. **Reagenslösung.** Das handelsübliche Cupferron enthält Zersetzungsprodukte, die zweckmäßig durch Extraktion mit Äther entfernt werden. Von dem gereinigten Produkt wird eine 5%ige Lösung hergestellt, welche frisch bereitet, schwachgelb gefärbt ist und einige Tage benutzt werden kann.

Arbeitsweise. Die zu untersuchende Lösung, die zweckmäßig zwischen 0,05 g und 0,2 g Aluminiumoxyd enthalten soll, wird annähernd neutralisiert (schwach sauer, um Hydrolyse zu vermeiden). Mit 0,005 n Schwefelsäure wird auf etwa 100 cm³ verdünnt. In der Kälte setzt man langsam unter Umrühren 5%ige Cupferronlösung (s. w. unten) hinzu. Man braucht etwa das Anderthalbfache der theoretischen Menge, d. h. ungefähr 0,26 g entsprechend 5 cm³ 5%iger Cupferronlösung für 0,01 g Aluminium. Bei Zugabe des Reagenses in einem Guß ohne Rühren wird der Niederschlag viel voluminöser.

Nach einigen Minuten wird der Niederschlag auf ein Papierfilter (mit Platinconus) oder in einen Porzellanfiltertiegel unter schwachem Saugen abfiltriert. Das Filtrat ist immer vollständig klar. GOOCH-Tiegel mit Asbesteinlage ergeben oft weniger klare Filtrate. Es wird mit kaltem Wasser, dem 0,5 g Cupferron je Liter zugesetzt sind, gewaschen, bis im Filtrat kein SO_4'' mehr nachweisbar ist. Filtrieren und Waschen erfordern erheblich weniger Zeit (etwa 1/2 bis 3/4 Std. Waschdauer) als die gleichen Operationen bei dem Hydroxydfällungsverfahren. Man verascht naß im Platin- oder Porzellantiegel und glüht das gebildete Aluminiumoxyd wie üblich im elektrischen Ofen bei 1200 bis 1300° C zur Gewichtskonstanz.

Genauigkeit. PINKUS und BELCHE geben folgende Zahlen an:

Angewendet Al_2O_3	Gefunden Al_2O_3	Abweichung Al_2O_3		Angewendet Al_2O_3	Gefunden Al_2O_3	Abweichung Al_2O_3	
mg	mg	mg-%	mg-%	mg	mg	mg-%	mg-%
51,3	51,3	±0	±0	205,2	204,8	—0,4	—0,19
51,3	51,5	+0,2	+0,39	205,2	204,9	—0,3	—0,15
102,6	102,5	—0,1	—0,10	222,8	222,4	—0,4	—0,18
102,6	102,2	—0,4	—0,39	222,8	222,0	—0,8	—0,36

Das Aluminium lag als *Sulfat* vor. Es wurde mit reinem Wasser ausgewaschen. Bei Anwendung einer Cupferron enthaltenden Waschlösung können die an sich kleinen Aluminiumverluste noch weiter verringert werden (vgl. unter „Genauigkeit“ bei „Trennung von den Alkalimetallen“, S. 296). Auch die von PINKUS und DERNIES gelegentlich ihrer Versuche über die Abtrennung des Wismuts von Aluminium mittels Cupferrons aus mineralsaurer Lösung im Filtrat der Wismutfällung ausgeführten Aluminiumbestimmungen waren befriedigend genau. 5 Beleganalysen ergaben bei 0,040 g Aluminiumoxyd einen mittleren Fehler von —0,5%.

B. Trennungen mit Hilfe des Cupferronverfahrens unter direkter Abscheidung des Aluminiums.

1. Trennung des Aluminiums von den Alkalimetallen nach PINKUS und BELCHE.

Arbeitsvorschrift. Die oben für die Bestimmung in reinen Aluminiumsalzlösungen angegebene Vorschrift kann praktisch unverändert für die Trennung von Alkalimetallen verwendet werden. Die Anwesenheit von Alkalisalzen übt eine Beschleunigung der Flockung des voluminösen Niederschlages aus (1 bis 3 Min. lang stehen lassen vor der Filtration). Zum Auswaschen werden etwa 1 bis 1 1/2 Std. Zeit (300 bis 450 cm³ Waschwasser) benötigt.

Genauigkeit. Die recht befriedigende Genauigkeit des Verfahrens ergibt sich aus folgenden Zahlen (PINKUS und BELCHE):

Angewendet Al_2O_3	Gefunden Al_2O_3	Abweichung Al_2O_3		Anwesenheit von g Alkalisalz				
mg	mg	mg	%	KCl	NaCl	NH_4Cl	K_2SO_4	Na_2SO_4
102,6	102,8	+0,2	+0,19	—	2	2	2	—
102,6	102,6	±0	±0	—	2	2	2	—
102,6	102,5	—0,1	—0,10	2	—	2	—	2
102,6	102,2	—0,4	—0,39	2	2	—	2	—
102,6	102,7	+0,1	+0,10	2	2	2	—	—

2. Trennung des Aluminiums von Magnesium nach PINKUS und BELCHE.

Vorbemerkung. Nach den Erfahrungen von PINKUS und BELCHE wird Magnesium nur aus konzentrierteren, neutralen Magnesiumsalzlösungen, deren Metallgehalt über 1 g Magnesium in 500 cm³ beträgt, als weißer Niederschlag gefällt. Es kann daher das Aluminium selbst bei Magnesiumüberschuß durch einmalige direkte Fällung aus schwach saurer Lösung abgetrennt werden. Im Gegensatz hierzu ist die Trennung von den Erdalkalimetallen (Calcium, Strontium und Barium) nicht möglich, da deren Cupferronkomplexe bei schwach saurer Reaktion weniger löslich sind (in verdünnter Mineralsäure sind sie löslich).

Arbeitsvorschrift. Man fällt das Aluminium aus sehr schwach saurer Lösung nach der bereits für die Bestimmung in reinen Aluminiumsalzlösungen benutzten Vorschrift. Nach dem Absetzen des Niederschlages filtriert man und wäscht durch Dekantieren mit 300 bis 400 cm³ cupferronhaltigem Wasser und läßt nach dem quantitativen Überspülen in das Papierfilter vollständig ablaufen und etwas „antrocknen". Nun übergießt man den Niederschlag im Filter mit 50 cm³ 0,1 n Salzsäure, die 0,6% Cupferron enthält. In Anwesenheit größerer Magnesiummengen läßt man die verdünnte Säure etwas länger mit dem Niederschlag zusammen und mischt auch vorsichtig mit dem Glasstab. Schließlich wäscht man mit cupferronhaltigem Wasser chlorfrei und arbeitet weiter wie bei der Bestimmung von Aluminium allein beschrieben. Das Magnesium kann im Filtrat wie üblich als Magnesiumammoniumphosphat in Anwesenheit des überschüssigen Cupferrons gefällt werden.

Genauigkeit. Die Trennung führt nach den 10 von PINKUS und BELCHE angegebenen Beleganalysen zu guten Ergebnissen. Aluminiumoxydmengen von 0,053 bis 0,214 g wurden mit einem mittleren Fehler von etwa ±0,4% wiedergefunden, die größte Abweichung war +0,83%. Das Magnesium war (als $Mg_2P_2O_7$) in einer Menge von 0,1 bis 1,1 g vorhanden und wurde auf etwa 0,3 bis 0,5% genau im Filtrat ermittelt.

C. Nephelometrische Cupferronmethode zur Bestimmung kleiner Aluminiummengen.

Allgemeines über nephelometrische Verfahren. Bekanntlich mißt man bei den nephelometrischen Bestimmungsmethoden die Trübung, welche durch eine in kolloid-disperser Verteilung vorliegende unlösliche Substanz in Wasser (oder einem andern Lösungsmittel) erzeugt wird und deren Stärke in dem in Frage kommenden Konzentrierungsbereich der Konzentration des zu bestimmenden Elementes ungefähr proportional sein soll.

Die Messung erfolgt zweckmäßig im seitlich zerstreuten Licht unter Benutzung sogenannter Trübungsmesser, wie sie als Zusatzgeräte zu den im allgemeinen Gebrauch befindlichen Photometern oder auch zu den einfacheren Colorimetern im Handel erhältlich sind. Bei dem Photometer wird gegen ein trübes Standard-Glasprisma gemessen und eine 1malig aufgestellte Eichkurve benutzt, während bei den Eintauchcolorimetern stets ein Vergleich mit in gleicher Weise angesetzten

Standardlösungen ausgeführt wird. Gegebenenfalls können aber auch schon ohne besondere Trübungsmesser mit dem Schichthöhencolorimeter Bestimmungen im *durchfallenden* Licht ausgeführt werden, ebenso auch mit photoelektrischen Colorimetern.

Die Erfüllung mehrerer allgemeiner Bedingungen ist Voraussetzung für die Anwendbarkeit des nephelometrischen Prinzipes:

1. die Herstellung der kolloiden Lösung muß gut reproduzierbar sein, d. h. unter gleichen Arbeitsbedingungen immer etwa die gleiche Teilchengröße ergeben;
2. Homogenität der kolloiden Lösung, d. h. die Teilchen untereinander sollen möglichst gleich groß sein;
3. Stabilität der kolloiden Lösung, d. h. sie soll innerhalb einer angemessenen Zeit nicht koagulieren;
4. entsprechend hohe Empfindlichkeit der angewendeten Fällungsreaktion.

Die kolloide Lösung des Aluminium-Cupferronkomplexes. Die genannten Bedingungen können nach den bisherigen Erfahrungen bei geeigneter Ausführung der Reaktion des Aluminiums mit Cupferron erfüllt werden. Bezüglich der Eigenschaften des Aluminium-Cupferron-Komplexes kann auf die bei der gravimetrischen Aluminiumbestimmung mit Hilfe von Cupferron gemachten Angaben verwiesen werden (S. 294). Man erhält die kolloidalen Lösungen des Niederschlages, welche im durchfallenden Licht eine gelbe, im seitlich zerstreuten Licht eine bläuliche Färbung zeigen, durch Zugabe wäßriger Cupferronlösung zu schwach sauren oder neutralen Aluminiumsalzlösungen, deren Aluminiumkonzentration unterhalb etwa $5 \cdot 10^{-6}$ Grammatom Aluminium im Liter (etwa $0{,}15\,\gamma$ Al/cm³; MEUNIER) liegt. Durch Zusatz eines geeigneten Schutzkolloides (Gelatine) haben DE BROUCKÈRE und BELCHE auch noch bei $5 \cdot 10^{-4}$ Grammatom Aluminium im Liter (etwa $13\,\gamma$ Al/cm³) stabile Lösungen erhalten, während jedoch SCHAMS schon bei $10\,\gamma$ Al/cm³ trotz Anwesenheit von Gelatinelösung Ausflockung des Niederschlages beobachtete. Die Grenzkonzentration des Aluminiums für die Bildung der kolloiden Trübung liegt etwa bei 10^{-6} Grammatom im Liter (etwa $0{,}03\,\gamma$ Al/cm³). Für die quantitative Auswertung soll der p_H-Wert zwischen 2,5 und 4,5 liegen, die Trübung bildet sich aber auch schon bei p_H 2 (MEUNIER).

Vorbemerkung zur analytischen Methodik. MARTIN hat bereits 1926 die Bildung der kolloiden Lösung des Aluminiumkomplexes zur colorimetrischen Bestimmung kleiner Aluminiummengen angewendet und auf die Gültigkeit des BEERschen Gesetzes hingewiesen. Gelegentlich eingehender Untersuchungen über die Löslichkeit der Cupferronkomplexe zahlreicher Metalle haben PINKUS und MARTIN auch die Löslichkeit des Aluminiumkomplexes im Wasser bestimmt, wofür sie die colorimetrische Cupferronmethode (ohne nähere Angaben) benutzten. Der gefundene Wert für die Löslichkeit des Aluminiumkomplexes (entsprechend $3{,}4 \cdot 10^{-5}$ Grammatom Aluminium je Liter) kann für die Beurteilung der Empfindlichkeit der Reaktion des Aluminiums mit Cupferron nicht benutzt werden, da die tatsächliche Löslichkeit in Gegenwart eines Überschusses an Fällungsmittel wesentlich kleiner ist (s. oben, Grenzkonzentration; vgl. auch PINKUS und DERNIES). Im Anschluß an die Versuche von MARTIN sowie von PINKUS und MARTIN haben DE BROUCKÈRE und BELCHE unter Angabe einer Arbeitsvorschrift (s. unten) einige Beleganalysen ausgeführt. Sie arbeiteten sowohl im durchfallenden Licht mit einem normalen Eintauchcolorimeter als auch mit einem Trübungsmeßgerät. MEUNIER gibt eine genauere Arbeitsvorschrift und empfiehlt mit einem Photometer oder mit einem photoelektrischen Nephelometer zu arbeiten. Er versucht vor allem auch zwei weiteren wichtigen Regeln der Nephelometrie gerecht zu werden, nämlich, 1. stets nur im Gebiet des Maximums der Trübung, das nach einer gewissen Zeit des Stehens des Reaktionsgemisches erreicht wird, zu messen, und 2. in jenem Konzentrationsbereich an Fremdelektrolyt zu arbeiten, in welchem das Maximum der Trübung nur eine Funktion des Gehaltes an der zu bestimmenden Substanz ist. Auch von GRANT wird die nephelometrische Cupferronmethode erwähnt.

Die colorimetrische Messung wird nach den Angaben von MEUNIER zweckmäßig 20 bis 30 Min. nach der Zugabe des Cupferrons ausgeführt. SCHAMS gibt an, nach 1stündigem Stehen eine Steigerung der Genauigkeit auf 1% erhalten zu haben. Auch weist der zuletzt genannte Autor auf die Farbtonschwierigkeiten hin, die beim Vergleich der Farbtiefe verdünnter Lösungen mit 0,1 und 0,5 γ Aluminium/cm³ auftreten. Danach wäre also auch im vorliegenden Fall die Anwendung eines objektiven, lichtelektrischen Colorimeters zu empfehlen. Über einen störenden Einfluß schwankender Wasserstoff-Ionen-Konzentration auf die erhaltenen Ergebnisse wird nicht berichtet.

Einfluß fremder Ionen. Die nephelometrische Aluminiumbestimmung ist grundsätzlich neben allen jenen Metallen möglich, die in schwach saurer Lösung (0,001 n an Salzsäure) durch Cupferron (nach PINKUS und MARTIN) nicht gefällt werden, wie Magnesium, Silber, Quecksilber II, Antimon V, Arsen V, Arsen III, Blei, Cadmium, Zink, Nickel, Kobalt, Mangan und Chrom III. Beleganalysen liegen allerdings nur für die Aluminiumbestimmung neben großem Zink- und Nickelüberschuß vor (DE BROUCKÈRE und BELCHE). Die Gruppe der bereits aus saurer Lösung durch Cupferron fällbaren Metalle wie Eisen, Titan, Kupfer, Zirkon, Wismut, Quecksilber I, Zinn II, Zinn V, Antimon III stört selbstverständlich die Aluminiumbestimmung. MEUNIER entfernte bei der Analyse von Pflanzenaschen Eisen, Titan und Kupfer durch Extraktion der Cupferronkomplexe mit Chloroform. Phosphat-Ionen verzögern nach MEUNIER die Bildung der kolloiden Lösung des Aluminiumkomplexes und dürfen in nicht höherer als 0,1 n Konzentration vorhanden sein.

***Arbeitsvorschrift nach* DE BROUCKÈRE *und* BELCHE.** 1. Aluminiumkonzentration 0,03 bis 0,003 g Al/l (10^{-3} bis 10^{-4} Grammatom Al/l). Zu 25 cm³ der Aluminiumlösung fügt man 1 cm³ wäßrige 1%ige Cupferronlösung und 1 cm³ 0,1%ige Gelatinelösung als Schutzkolloid hinzu. Nach Zugabe der gleichen Reagenzien zu 25 cm³ einer entsprechenden Aluminiumsulfat- oder Aluminiumchloridbezugslösung (0,001 bis 0,002 n an Salz- oder Schwefelsäure) vergleicht man im DUBOSCQ-Colorimeter (mit Blaufilter).

2. Aluminiumkonzentration ungefähr 0,003 bis 0,0015 g Al/l. Man gibt zu 25 cm³ der zu analysierenden Aluminiumlösung 1 cm³ wäßrige 1%ige Cupferronlösung und vergleicht mit einer in gleicher Weise hergestellten Bezugslösung unter Anwendung eines mit einem Trübungsmesser verbundenen DUBOSCQ-Colorimeters. Ein Zusatz von Schutzkolloid erübrigt sich also bei den vorliegenden großen Verdünnungen. Die Cupferronlösung wird stets frisch hergestellt, da schon bei wenige Tage alten Lösungen zu starke Eigenfärbung vorhanden ist. Das Kaliumsalz des Nitrosophenols ergibt beständigere Lösungen als Cupferron und ist von diesem Standpunkt aus vorzuziehen (DE BROUCKÈRE und BELCHE).

Verfahren nach* MEUNIER *(in Gegenwart von Schwermetallen). **Vorbemerkung.** Aus der salzsauren Lösung werden Eisen, Titan und Kupfer sowie alle in saurer Lösung mit Cupferron ausfallenden Kationen (s. o.) nach der Zugabe von überschüssigem Cupferronreagens durch Extraktion mit Chloroform entfernt. Die wäßrige Lösung wird dann durch Hinzufügen von Natriumacetat auf schwach saure Reaktion gebracht, worauf die eigentliche Aluminiumbestimmung erfolgt. Über die Größenordnung der abzutrennenden Schwermetallmengen liegen Zahlenangaben nicht vor. Aus der nachfolgenden Arbeitsvorschrift läßt sich jedoch entnehmen (Niederschlagsbildung), daß ein Vielfaches (etwa das 10fache) der Aluminiummenge zugegen sein kann.

Arbeitsvorschrift. 10 cm³ der in einem 50 cm³-Scheidetrichter befindlichen Aluminiumlösung, etwa 0,6 n an Salzsäure, werden mit wäßriger 5%iger Cupferronlösung versetzt bis ein obenauf schwimmender weißer Niederschlag auftritt.

Der entstandene Niederschlag (Eisen, Kupfer, Titan) wird durch zweimaliges Ausschütteln mit je 5 cm³ Chloroform, das sich gut unten absetzt, entfernt. Die klare wäßrige Phase spült man in einem 50 cm³-Meßkolben, fügt 5 cm³ 20%ige Ammoniumacetatlösung und 0,5 cm³ Cupferronlösung hinzu und mischt nach dem Auffüllen auf 50 cm³ gut durch. Nach 20 bis 30 Min. wird die Trübungsmessung vorgenommen.

Genauigkeit. DE BROUCKÈRE und BELCHE fanden bei Mengen von 338 γ, 60,8 γ und 9,1 γ Aluminium in 25 cm³ Lösung eine mittlere Genauigkeit von etwa 1 bis 2%, welche auch in Gegenwart eines etwa 300fachen Zink- und 2000fachen Nickelüberschusses die gleiche blieb. MEUNIER gibt für den Konzentrationsbereich von 10 bis 60 γ Aluminium in 50 cm³ Lösung (anwesende Eisen-, Kupfer- und Titanmenge nicht angegeben) eine Genauigkeit von $\pm 5\%$ an, welche SCHAMS auch bei 1 bis 5 γ Aluminium erreicht.

Literatur.

BAUDISCH, O.: Ch. Z. **33**, 1298 (1909). — BROUKÈRE, M. L. DE u. E. BELCHE: Bl. Soc. chim. Belg. **36**, 288 (1927).

GERMUTH, F. G.: Analyst **17**, 3 (1928). — GRANT, J.: Metal Industry (London) **46**, 457 (1935).

MARTIN, F.: Thèse. Brüssel 1926. — MEUNIER, P.: C. r. **199**, 1250 (1934).

PINKUS, A. u. E. BELCHE: Bl. Soc. chim. Belg. **36**, 277 (1927). — PINKUS, A. u. J. DERNIES: Bl. Soc. chim. Belg. **37**, 274 (1928). — PINKUS, A. u. F. MARTIN: Chim. et Ind. Congr. **17**, 182 (1927).

SCHAMS, O.: Mikrochemie **25**, 16 (1938).

ZWENIGORODSKAJA, V. M. u. JU. A. CERNICHOV: Betriebslab. **9**, 1089 (1940).

§ 10. Bestimmung des Aluminiums mittels Tannins.

Allgemeines.

Aus schwach essigsaurer, neutraler und auch ammoniakalischer Lösung wird Aluminium durch Tanninlösung als unlösliche voluminöse Adsorptionsverbindung von Tannin und Aluminiumhydroxyd mit wechselnder Zusammensetzung quantitativ gefällt. Lösungen von Tannin stellen in der Hauptsache kolloide Suspensionen von negativ geladenen Teilchen dar, die mit den positiv geladenen Teilchen des Aluminiumhydroxyd-Sols (Hydrolyse bei schwach saurer Reaktion!) zusammentreten und dadurch Ausflockung bewirken (die gleiche Wirkung hat Tannin auch auf schwach saure Lösungen anderer Metallsalze, wie die von Beryllium, Tantal, Niob, Titan, Zirkon, Thorium, Uran u. a.). Der Hauptvorzug des Tanninverfahrens besteht darin, daß die Aluminiumhydroxyd-Tannin-Niederschläge sich im Gegensatz zu Aluminiumhydroxyd leicht filtrieren und auswaschen lassen. Die Bestimmung des Aluminiums erfolgt durch Veraschen und Glühen zu Aluminiumoxyd.

Das Tanninverfahren hat trotz des erwähnten Vorzuges, welchen schon DEVINE auswertete, in der Praxis als Bestimmungsmethode für Aluminium wenig Bedeutung erlangt. Es mag dies zum Teil daran liegen, daß man infolge der voluminösen Beschaffenheit der Aluminiumhydroxyd-Tannin-Niederschläge schon bei verhältnismäßig kleinen Aluminiummengen unhandlich große Niederschlagsmengen erhält. Auch als Trennungsverfahren hat die Fällung des Aluminiums mit Tannin nur beschränkte Anwendung gefunden. Durch direkte Fällung kann Aluminium von Magnesium, den Erdalkalimetallen und von Beryllium getrennt werden, wofür heute jedoch häufig das Oxinverfahren benutzt wird. In schwach oxalsaurer Lösung werden Titan, Tantal und Niob [SCHOELLER und POWELL, POWELL und SCHOELLER (b)], in mineralsaurer Lösung (vgl. SCHOELLER und JAHN sowie MOSER und BLAUSTEIN) wird das Wolfram abgetrennt.

Nach SCHOELLER und WEBB ist Aluminium auch aus tartrathaltiger, ammoniakalischer Lösung durch Tannin quantitativ fällbar. Es handelt sich hierbei um einen in der analytischen Chemie des Aluminiums seltenen Fall, da sonst in Gegenwart von Tartrat das Löslichkeitsprodukt der meisten schwerlöslichen Aluminiumverbindungen infolge der stark verminderten Konzentration der Aluminium-Ionen noch nicht überschritten wird. Wie SCHOELLER und WEBB weiterhin feststellten, fällt der Aluminium-Tannin-Niederschlag aus tartrathaltiger, ammoniakalischer Lösung, welche Phosphat enthält, frei von Phosphat aus. Hierauf kann eine quantitative Trennung des Aluminiums von Phosphorsäure gegründet werden. Nähere Angaben über eine Arbeitsvorschrift liegen offenbar noch nicht vor.

Eigenschaften des Aluminium-Tannin-Niederschlages. Die Ausfällung des Niederschlages mit Tannin in tartrathaltiger Lösung spricht für die Komplexnatur der entstehenden Verbindung. Je nach den Arbeitsbedingungen fällt mehr oder weniger Tannin mit dem Aluminiumhydroxyd aus, wodurch die inkonstante Zusammensetzung bedingt ist. NICOLS und SCHEMPF fanden unter wechselnden Fällungsbedingungen (Tannin-, Ammoniumacetatmenge, Zeit des Erwärmens) Molverhältnisse zwischen Aluminium und Tannin von 0,40 bis 0,71. Der Niederschlag ist flockig, voluminös und von hellbrauner Farbe. In schwach saurer ($p_H > 4,6$), neutraler und ammoniakalischer Lösung ist er unlöslich, in verdünnten Mineralsäuren leicht löslich. Ob die bei Aluminiumhydroxyd bekanntlich stark ausgeprägte Neigung zur Adsorption von Alkalisalzen bei dem mit Tannin erhaltenen Niederschlag geringer ist, läßt sich aus dem vorhandenen Zahlenmaterial nicht ersehen (z. B. weil DEVINE eine Umfällung vornahm und weil bei MOSER und NIESSNER sowie NICOLS und SCHEMPF nur Ammoniumsalz anwesend war).

A. Bestimmung des Aluminiums unter Anwendung von Tannin.

Vorbemerkung. DEVINE fällte das Aluminium wie üblich mit Ammoniak und erreichte dabei schon durch die verhältnismäßig kleine Tanninmenge von 2 cm^3 2,5%iger Lösung die bereits erwähnte gute Filtrierbarkeit des Niederschlages. Dagegen waren die beim Ammoniakverfahren bekannten Fehlerquellen — Aluminiumverluste infolge zu hoher Ammoniakkonzentration — offenbar nicht beseitigt. Die von dem gleichen Autor ausgeführten (drei) Trennungen von je 0,090 g Aluminiumoxyd, 0,1 g Calciumoxyd und 0,1 g Magnesiumoxyd in Gegenwart von je 2 g Natrium- und Kaliumchlorid lassen nicht erkennen, ob die angewendete Arbeitsweise als Trennungsverfahren mehr leistet als das gewöhnliche Ammoniakverfahren, weil eine Umfällung des Aluminium-Tannin-Niederschlages vorgenommen wurde.

Im Gegensatz zu DEVINE scheiden MOSER und NIESSNER sowie NICOLS und SCHEMPF das Aluminium im Zusammenhang mit ihren Versuchen über die Trennung des Aluminiums von Beryllium durch Hydrolyse in schwach saurer Lösung und in Gegenwart viel größerer Tanninmengen (vgl. unten) ab. Die Fällung des Aluminium-Tannin-Niederschlages tritt hierbei in der sauren Lösung (p_H etwa 4) schon in der Kälte (!) ein und wird in der Hitze vervollständigt (s. auch unter Aluminium-Beryllium-Trennung mittels Tannins).

Anwendungsbereich. Wie bereits erwähnt, ist der Menge des bestimmbaren Aluminiums infolge der lockeren, voluminösen Struktur des Aluminium-Tannin-Niederschlages eine gewisse Grenze gesetzt, wenn man mit normalen Papierfiltern arbeitet. DEVINE konnte, da er nur 2 cm^3 Tanninlösung verwendete, noch 0,190 g Aluminiumoxyd bestimmen, während MOSER und NIESSNER sowie NICOLS und SCHEMPF, die mit etwa der 12- bis 15fachen Gewichtsmenge des vorhandenen Aluminiumoxydes an Tannin fällten, nur bis etwa 0,070 g Aluminiumoxyd erfassen konnten. SCHOELLER und WEBB setzen über 100fachen Tanninüberschuß zu und teilten mit, daß dabei Mengen über etwa 0,020 g Aluminiumoxyd unbequem große Niederschläge ergeben. Aus diesen Angaben ist zu folgern, daß mit steigendem Tanninüberschuß wachsende Tanninmengen mit dem zu fällenden Aluminiumhydroxyd abgeschieden werden.

Das Tanninverfahren erscheint wegen des großen Volumens der erhaltenen Niederschläge und vor allem auch infolge der Verhinderung der Aluminiumhydroxyd-Sol-Bildung zur Bestimmung kleinerer Aluminiummengen geeignet, welche mit der Ammoniakmethode nicht mehr erfaßt werden können. Hierauf haben SCHOELLER und WEBB hingewiesen. Nach MOSER und NIESSNER beträgt die *Grenzkonzentration* des Aluminiumnachweises mittels Tannins 0,027 mg/l.

SCHOELLER und WEBB führten die Fällung des Aluminiums mittels Tannins im ammoniumtartrathaltigen Filtrat der Eisensulfidfällung nach GOOCH mit gutem Erfolg aus. Für diesen Zweck hatte allerdings schon 2 Jahre vorher BERG das bequemere Oxinverfahren (s. S. 245) vorgeschlagen.

1. Methode nach* DEVINE *(Fällung in ammoniakalischer Lösung). **Arbeitsvorschrift.** Die etwa bis 0,1 g Aluminiumoxyd und Ammoniumchlorid enthaltende Aluminiumsalzlösung versetzt man mit 2 cm³ 2,5%iger Tanninlösung und einem geringen Überschuß an Ammoniak. Dann kocht man, bis nur noch schwacher Geruch nach Ammoniak vorhanden ist. Darauf wird nach dem Absetzen des Niederschlages filtriert, mehrmals mit heißem Wasser gewaschen und schließlich verascht und zu Aluminiumoxyd geglüht. Bei genauen Bestimmungen müssen noch im Filtrat verbliebene Reste des Aluminiums durch Eindampfen und erneute Ammoniakzugabe abgeschieden und zusammen mit der Hauptmenge des Niederschlages verascht werden.

Genauigkeit. Beleganalysen nach obiger Arbeitsweise an 25 (50) cm³ einer salzsauren Aluminiumchloridlösung mit 0,0950 g (0,1890 g) Aluminium ergaben nachfolgende Werte:

Gegeben Al_2O_3 g	Gefunden Al_2O_3 g	Fehler mg	Bemerkungen
0,0950	0,0939	—1,1	Ohne besondere NH_4Cl-Zugabe Al_2O_3 im Filtrat nicht bestimmt
0,0950	0,0938	—1,2	
0,0950	0,0943	—0,7	
0,0950	0,0937	—1,3	Zugabe von 1 g NH_4Cl Al_2O_3 im Filtrat nicht bestimmt
0,0950	0,0940	—1,0	
0,0950	0,0950	—0,0	
0,1890	0,1895	—0,5	Al_2O_3 im Filtrat nicht bestimmt
0,1890	0,1894	+0,4	
0,1890	0,1899	—0,1	Zugabe von 1 g NH_4Cl Al_2O_3 im Filtrat mitbestimmt
0,1890	0,1894	—0,6	
0,1890	0,1904	+0,4	

2. Methode nach* NICOLS *und* SCHEMPF *(Fällung in schwach saurer Lösung). **Arbeitsvorschrift.** Zu der schwach sauren Aluminiumsalzlösung, die nicht mehr als 0,080 g Aluminiumoxyd enthält, gibt man in einem 800 cm³-Becherglas 25 cm³ gesättigte Ammoniumacetatlösung, verdünnt auf 500 cm³ und stellt den p_H-Wert der Lösung durch Zutropfen von 30%iger Schwefelsäure bzw. Ammoniak 1:1 auf etwa 4 bis 5 ein. Nach dem Erhitzen zum Sieden gibt man langsam unter kräftigem Rühren 50 cm³ 30%ige Tanninlösung (bzw. die 12- bis 15fache Gewichtsmenge des zu bestimmenden Aluminiumoxydes an Tannin) hinzu und erhitzt anschließend 1 Std.[1] auf dem Wasserbad. Man läßt dann abkühlen, filtriert durch ein Papierfilter und wäscht mit einer Waschlösung, die aus 5%iger, mit Tannin versetzter Ammoniumacetatlösung vom p_H-Wert 4,6 besteht. Das Glühen zu Aluminiumoxyd wird im Platintiegel bei 1200 bis 1300° vorgenommen.

Genauigkeit. NICOLS und SCHEMPF erhielten bei 4 Bestimmungen in reiner Aluminiumsulfatlösung (je 0,0740 g Aluminiumoxyd) die Werte: 0,0738, 0,0742, 0,0739, 0,0743 g Aluminiumoxyd.

3. Methode nach* SCHOELLER *und* WEBB *(Fällung in ammoniakalischer, tartrathaltiger Lösung). **Arbeitsvorschrift.** Das ammoniakalische Filtrat der

[1] $^1/_2$ Std. scheint nach den vorliegenden Versuchen des Autors auszureichen.

Eisensulfidfällung nach GOOCH (vgl. S. 480 und 428) wird mit Essigsäure angesäuert und bis zur vollständigen Verflüchtigung des Schwefelwasserstoffes gekocht. Nach Zusatz von 5 bis 10 g Ammoniumchlorid (falls nicht schon vorhanden) und einer frischen Tanninlösung (1 g Tannin) kocht man weiter einige Minuten. Man läßt absetzen, filtriert und wäscht den Niederschlag mit verdünnter Ammoniumnitratlösung, welche etwas Tannin enthält, verascht und wägt. Wenn mehr als nur einige Milligramme Aluminium vorhanden sind, ist es zweckmäßig, den gewaschenen Niederschlag mit heißem, mit einigen Tropfen Salpetersäure versetztem Wasser zu behandeln, die Säure mit Ammoniak zu neutralisieren und erneut zu filtrieren.

Genauigkeit. Vier von den genannten Autoren durchgeführte Eisen-Aluminium-Trennungen ergaben nachfolgende Zahlen:

Gegeben Fe_2O_3 g	Gefunden Fe_2O_3 g	Fehler mg	Gegeben Al_2O_3 g	Gefunden Al_2O_3 g	Fehler mg
0,1131	0,1140	+0,9	0,0066	0,0074	+0,8
0,0954	0,0956	+0,2	0,0114	0,0116	+0,2
0,0764	0,0768	+0,4	0,0079	0,0081	+0,2
0,1108	0,1103	—0,5	0,0024	0,0025	+0,1

HASLAM erhielt meist etwas unreine Aluminiumniederschläge und die Ergebnisse waren um ungefähr 0,4 mg niedriger als die theoretischen.

B. Trennung des Aluminiums von anderen Metallen durch direkte Fällung des Aluminiums mittels Tannins.

Allgemeines.

Wie S. 300 bereits angedeutet, liegen keine Erfahrungen darüber vor, ob die Trennung des Aluminiums von den Alkalimetallen, den Erdalkalimetallen und dem Magnesium mittels Ammoniaks durch Anwendung von Tannin verbessert wird[1]. Die Fällung mittels Tannins in schwach saurer Lösung wurde zur Trennung von den genannten Metallen offenbar nicht versucht.

Trennung des Aluminiums von Beryllium.

Vorbemerkung. Nachdem POWELL und SCHOELLER (a) die Brauchbarkeit des Tanninverfahrens für die Niob-Tantal-Trennung gezeigt hatten, benutzten MOSER und NIESSNER Tannin zur Fällung des Aluminiums in Gegenwart von Beryllium, wobei sie gute Aluminium- und Berylliumwerte erhielten (diese Trennung wird durch das Oxychinolinverfahren in sehr befriedigender Weise erreicht, vgl. S. 282). SINGLETON führte die Trennung des Aluminiums von Beryllium in der gleichen Weise wie die genannten Autoren aus.

Wie die Praxis jedoch zeigte, erwies sich das von MOSER und NIESSNER zur Trennung von Aluminium und Beryllium vorgeschriebene Verfahren nicht als genügend zuverlässig, da schon innerhalb kleiner Abweichungen vom richtigen Säuregrad Mitfällung des Berylliums eintritt. So erhielten z. B. MITSCHELL und WARD keine guten Werte und auch DIXON weist bei der *Eisen*-Beryllium-Trennung nach dem Tanninverfahren von MOSER und NIESSNER auf Mitabscheidung von Beryllium hin.

TSCHERNICHOW und auch OSTROUMOW suchten die Arbeitsweise von MOSER und NIESSNER dadurch zu verbessern, daß sie die Fällung durch Eingießen der Aluminiumlösung in die Tannin-Ammoniumacetat-Lösung vornehmen.

In neueren Versuchen stellten NICOLS und SCHEMPF fest, daß eine sorgfältige Einstellung des p_H-Wertes bei der Fällung zu zuverlässigen Aluminium- und

[1] Dagegen sollen die Filtrationseigenschaften besser sein.

Berylliumwerten führt. Mehrere Versuchsreihen ergaben im Einklang mit den Erfahrungen von BRITTON bei Anwesenheit von Acetat höhere p_H-Werte für den Beginn der Hydrolyse von Aluminium- und Berylliumsalzlösung als in schwach mineralsaurer Lösung. In acetathaltiger Lösung erhielten NICOLS und SCHEMPF bei 85° C für Aluminium den Wert 4,96, für Beryllium 6,45. Die Hydrolyse des Berylliums tritt plötzlicher ein als die des Aluminiums, woraus die Autoren auf größere Beständigkeit des Berylliumacetates schließen. Im Zusammenhang mit der Tatsache, daß Beryllium in Gegenwart von Tannin und Acetat bei höherem p_H-Wert ebenfalls als Tanninkomplex gefällt wird, widerlegen sie die von MOSER und NIESSNER angenommene Existenz eines löslichen Beryllium-Tannin-Komplexes.

Bei Anwesenheit von Tannin beginnt die Hydrolyse der acetathaltigen Aluminiumlösung in der Hitze bei $p_H = 3{,}0$ und ist bei $p_H = 4{,}6$ vollständig. Schwankungen des p_H-Wertes von 4,4 bis 5,1 hatten keinen Einfluß auf die Ergebnisse bei reinen Aluminiumsalzlösungen. Da aber die Fällung des Berylliums unter den gleichen Bedingungen (Tannin, Hitze) bei 4,9 beginnt, ist es bei der Trennung des Aluminiums von Beryllium erforderlich, einen p_H-Wert von 4,6 möglichst genau einzustellen. Die p_H-Einstellung kontrollierten NICOLS und SCHEMPF mit der Glaselektrode. Weiter stellten diese Autoren fest, daß zwecks quantitativer Abscheidung des Aluminiums nach Zusatz des Tannins noch $^1/_2$ Std. weiter erhitzt werden muß.

***1. Methode nach* NICOLS *und* SCHEMPF.** Die Trennung erfolgt nach der bereits unter „Bestimmung des Aluminiums" angegebenen Vorschrift. Auf die Einstellung des p_H-Wertes 4,6 ist dabei besonders zu achten. Zur Bestimmung des Berylliums versetzen die Autoren das Filtrat des Aluminiums mit überschüssiger 3%iger Tanninlösung, erhitzen zum Sieden und machen durch tropfenweise Zugabe von Ammoniak gegen Lackmus gerade alkalisch. Es wird nach dem Absetzen sofort filtriert und mit einer Waschlösung, die 5% Ammoniumacetat, sowie etwas Tannin und Ammoniak (bis zur alkalischen Reaktion gegen Lackmus) enthält, gewaschen. Durch Ammoniaküberschuß tritt leicht Verharzung des Tannins ein.

Genauigkeit. NICOLS und SCHEMPF trennten in 8 Beleganalysen 0,012 bis 0,074 g Aluminiumoxyd von 0,026 bis 0,079 g Berylliumoxyd. Die Abweichungen der gefundenen Aluminiumoxyd- und Berylliumoxydwerte betrugen durchschnittlich $+0{,}2$ mg (d. h. 0,5%) bei Aluminium, $\pm 0{,}2$ mg bei Beryllium.

***2. Methode nach* MOSER *und* NIESSNER. Arbeitsvorschrift.** Die schwach schwefelsaure Aluminium-Beryllium-Lösung wird bei einem Gehalt von weniger als 0,1 g Al_2O_3 mit heißem Wasser auf 500 cm³, bei einem Gehalt von mehr als 0,1 g Al_2O_3 auf 600 bis 800 cm³ verdünnt. Die auf etwa 80° C erwärmte klare Ammoniumacetat-Tannin-Lösung (kalt gesättigte Ammoniumacetat-Lösung, die in 100 cm³ 3 g Tannin enthält), wird in einem Guß unter Umrühren zugefügt. Es erfolgt sofort die Abscheidung der Aluminiumhydroxyd-Tannin-Verbindung. Man kocht 2 Min., entfernt die Flamme und läßt den Niederschlag in der Kälte absitzen (Prüfung auf Vollständigkeit der Fällung durch Zugabe von einigen Tropfen des Fällungsmittels).

Sind nicht mehr als 0,060 g Al_2O_3 vorhanden, so filtriert man durch Filterpapier, wäscht mit warmer 5%iger Ammoniumacetatlösung aus, trocknet, verascht und glüht im Platintiegel. Nachdem man 2- bis höchstens 3mal mit Salpetersäure abgeraucht und vor dem Gebläse geglüht hat, erhält man ein rein weißes Aluminiumoxyd.

Bei größeren Aluminiummengen filtriert man die erhaltenen beträchtlichen Niederschlagsmengen zweckmäßiger in einen Glasfiltertiegel ab, wäscht aus, löst in Salpetersäure (1:3), zerstört das Tannin durch Kochen mit rauchender Salpetersäure und fällt das Aluminium aus der farblosen Lösung mit Ammoniak.

Beryllium wird im Filtrat des Aluminiumniederschlages nach Zerstörung des überschüssigen Tannins (Kochen mit Salpetersäure) mittels Ammoniaks gefällt und als Berylliumoxyd bestimmt (vgl. jedoch NICOLS und SCHEMPF).

Genauigkeit. 10 Beleganalysen mit 0,0123 bis 0,2461 g Aluminiumoxyd und 0,0162 bis 0,3244 g Berylliumoxyd ergaben für Aluminiumoxyd eine mittlere Abweichung von +0,3% (größter Fehler +0,7 mg), für Berylliumoxyd eine mittlere Abweichung von +0,56% (größter Fehler —0,4 mg).

***3. Methode nach* OSTROUMOW. Arbeitsvorschrift.** Die Aluminium (Eisen) und Beryllium enthaltende Lösung wird mit 1 Tropfen konzentrierter Salzsäure angesäuert und in ein mit 4 Tropfen konzentrierter Salzsäure angesäuertes Gemisch von 40 bis 45 cm³ Tanninacetatlösung (vgl. Vorschrift von MOSER und NIESSNER) und 200 bis 300 cm³ heißem Wasser gegossen. Jeder der beiden Lösungen sind 3 g Natriumchlorid zugesetzt. Man erhitzt kurze Zeit zum Sieden und läßt das Reaktionsgemisch 30 Min. auf dem Wasserbad stehen. Die weitere Behandlung des Niederschlages erfolgt wie üblich. Das Beryllium wird im Filtrat des Aluminiumniederschlages mit Ammoniak gefällt.

Genauigkeit. OSTROUMOW fand, daß seine Arbeitsweise der Oxychinolinmethode gleichwertig ist.

Literatur.

BRITTON, H. TH. ST.: Soc. **127**, 2110 (1925).

DEVINE, E.: J. Soc. chem. Ind. **24**, 11 (1905). — DIXON, B. E.: Analyst **54**, 268 (1929).

GOOCH, F. A.: Chem. N. **52**, 68 (1885).

HASLAM, J.: Analyst **58**, 270 (1933).

MITSCHELL, A. B. u. A. W. WARD: Modern Methods in quantitative Analysis, S. 304. New York 1936. — MOSER, L. u. W. BLAUSTEIN: M. **52**, 351 (1929). — MOSER, L. u. M. NIESSNER: M. **48**, 113 (1927).

NICOLS, M. L. u. J. M. SCHEMPF: Ind. eng. Chem. Anal. Edit. **11**, 278 (1939).

OSTROUMOW, E. A.: Seltene Metalle (russ.) **2**, Nr 5, 25 (1933); durch C. **1934 I**, 2796.

POWELL, A. R. u. W. R. SCHOELLER: (a) **50**, 485 (1925) bzw. Z. anorg. Ch. **151**, 221 (1926); (b) Analyst **55**, 605 (1930).

SCHOELLER, W. R. u. C. JAHN: Analyst **52**, 504 (1926). — SCHOELLER, W. R. u. A. R. POWELL: Analyst **57**, 550 (1932). — SCHOELLER, W. R. u. H. W. WEBB: Analyst **54**, 709 (1929). — SINGLETON, W.: Chem. Age **19**, 25 (1928).

TSCHERNICHOW, J. A.: Arb. VI. allruss. Mendelejew-Kongr. theor. angew. Ch. 1932, **2**, Nr 2, 338 (1935); durch C. **1936 II**, 3573.

§ 11. Colorimetrische Bestimmung des Aluminiums mit Hilfe von Farblacken.

Voraussetzung für die Entstehung von Aluminiumfarblacken. Aluminium reagiert mit einer Reihe organischer Farbstoffe unter Bildung gefärbter Verbindungen, die sich zur colorimetrischen Bestimmung eignen. Die Konstitution dieser sogenannten „*Farblacke*" ist heute noch nicht genügend erforscht. Es handelt sich bei einigen Stoffen dieser Gruppe sicher um innere Komplexverbindungen; bei anderen neigte man bisher dazu, sie ihrer Konstitution nach als weniger fest gebundene Adsorptionsverbindungen aufzufassen. Allen derart mit Aluminium reagierenden Farbstoffen ist das Vorhandensein von mehreren Hydroxylgruppen im Molekül gemeinsam. Es handelt sich in allen Fällen um mehrkernige, komplizierter gebaute Moleküle. Ein gemeinsames und wesentliches Kennzeichen der Aluminiumfarblacke ist der im p_H-Gebiet von etwa 4 bis 9 liegende Existenzbereich. Es ist dies zugleich das Existenzgebiet des Aluminiumhydroxydes, insbesondere in Form seines Sols. Die Bildung von Farblacken ist offenbar an das Vorhandensein von Aluminiumhydroxyd gebunden.

Soweit bisher Forschungsergebnisse vorliegen, hat sich gezeigt, daß das Aluminium anscheinend bis zu 3 Farbstoffmoleküle zu binden vermag (z. B. beim Eriochromcyanin, Morin, alizarinsulfosauren Natrium usw.). Die einzelnen Farbstoffreste scheinen jedoch in manchen Fällen verschieden fest gebunden zu sein und je nach den Reaktionsbedingungen (p_H-Wert), mehr oder weniger leicht abgespalten zu werden (vgl. z. B. beim Eriochromcyanin). Es ist möglich, daß hier auch gewisse Zusammenhänge mit der Fähigkeit der Farbstoffmoleküle bestehen, je nach dem p_H-Wert innere Umlagerungen zu erleiden[1]. Sämtliche Farbstoffe, die analytisch verwendbare Aluminiumfarblacke ergeben, eignen sich als Säure-Basen-*Indicatoren*. Nach den bekannten Untersuchungen von HANTZSCH und seiner Schule sind nun gerade viele derartige Indicatorfarbstoffe zu inneren Umlagerungen befähigt, die vom p_H-Wert abhängen.

Da die Anwesenheit von Aluminiumhydroxyd offenbar für die Lackbildung notwendig ist, wirken sich alle Umstände, die zur Beseitigung von Hydroxyd führen, ungünstig auf die Beständigkeit der Farblacke aus. Hierher gehören nicht nur höherer oder niedrigerer p_H-Wert, sondern auch Anwesenheit komplexbildender Anionen, wie Tartrat-, Citrat-, Fluorid-, Phosphat-Ionen usw. Allerdings ist die Wirksamkeit dieser Anionen noch nicht bei allen Farblacken untersucht worden (vgl. Tabelle S. 309).

Analytische Vor- und Nachteile der Aluminiumfarblacke. **Vorteile.** Die Aluminiumfarblacke erlauben die colorimetrische Bestimmung kleiner und kleinster Mengen Aluminium. Sie eignen sich sehr gut als *Mikro*verfahren zur Spurensuche. Diese Tatsache ist um so erfreulicher, als beim Aluminium sonst ein gewisser Mangel an Mikromethoden herrscht. Zur mikro*gravimetrischen* Bestimmung eignen sich z. B. höchstens das Oxin- und das Cupferronverfahren. Die auf der Hydroxydfällung beruhenden Verfahren sind wegen der geringen Molekülgröße und der ausgeprägten Neigung des Hydroxydes, sich bei Auftreten in geringen Mengen zu peptisieren, ungeeignet.

Folgende Tabelle gibt die Mengenbereiche für die colorimetrischen Methoden wieder, die auf den Farblacken beruhen. Es handelt sich dabei um diejenigen Mengen, die unmittelbar zur Bestimmung (in Rauminhalten zwischen etwa 10 und 100 cm³) angewendet werden. Zum Vergleich sind auch die Erfassungsgrenzen für den qualitativen Nachweis des Aluminiums mit den gleichen Farbstoffen angegeben.

Reagens	Quantitative Bestimmung, Mengenbereich in γ	Autoren	Qualitativer Nachweis	
			Erfassungsgrenze	Nachweisbedingung
Eriochromcyanin	1 bis 15 10 bis 80	MILLNER und KUNOS; ALTEN und Mitarbeiter	0,05 γ/cm³	Reagensglas
Aurintricarbonsäure (Aluminon)	5 bis 440	WINTER und Mitarbeiter	0,18 γ/cm³	Reagensglas
Alizarinsulfosaures Natrium	5 bis 80 100 bis 2000	MUSSAKIN; PRAETORIUS	0,2 bis 3 γ/cm³	Reagensglas (verschiedene Autoren)
Alizarin	2,5 bis 25	GAD	0,05 γ/cm³	Reagensglas
Chinalizarin	0,2 bis 5	KOLTHOFF	0,03 in 4,5 cm³	Reagensglas
Hämatoxylin	2,5 bis 100	GAD und NAUMANN		
Morin	0,04 bis 4 (in cm³) 10 bis 100	OKAČ WHITE und LOWE	0,018 γ/cm³	TYNDALL-Kegel

Die erwähnten colorimetrischen Verfahren sind bisher hauptsächlich mit Vorteil zur Bestimmung geringer Mengen Aluminium in Wässern, Stäuben, Pflanzenaschen und sonstigem biologischen Material (Nahrungsmitteln) angewendet worden. Sie eignen sich aber nach zweckmäßiger Aufarbeitung des Analysenmaterials zur Bestimmung kleiner Aluminiummengen in Legierungen, Stählen u. a.

[1] Die Aluminiumverbindung mit Alizarinrot S enthält z. B. bei dem p_H-Wert 8 3 Moleküle, bei dem p_H-Wert 4 2 Moleküle Alizarinrot S [BABKO (a) (b)].

Nachteile. Von verschiedenen Autoren ist bei den einzelnen Farblackmethoden ungenügende Konstanz der Färbungen — mit Recht und auch mit Unrecht — bemängelt worden. Es läßt sich nicht bestreiten, daß fast alle Verfahren mehr oder weniger empfindlich gegen kleine Veränderungen der Reaktionsbedingungen sind. Hierin unterscheiden sie sich z. B. von dem colorimetrischen Oxinverfahren (vgl. S. 275). Bei peinlichster Konstanthaltung der Arbeitsbedingungen ist es aber offenbar möglich, mit fast allen vorgeschlagenen Farblackverfahren einwandfreie Ergebnisse zu erhalten. Immerhin entspricht der Aufwand, der in manchen Fällen zur Gewährleistung der Sicherheit erforderlich ist, keineswegs den Wünschen des Analytikers.

Besonders empfindlich sind die Verfahren gegen Veränderung des p_H-Wertes. Die Bemühungen der Forscher, die sich für die Verwendung der Farblackverfahren eingesetzt haben, sind daher hauptsächlich darauf gerichtet gewesen, den günstigsten p_H-Bereich zu ermitteln und Bedingungen zu seiner Konstanthaltung (z. B. durch geeignete Pufferung) zu finden.

Die nächste Tabelle gibt einen Überblick über die günstigsten p_H-Werte bzw. p_H-Bereiche für die einzelnen Verfahren. Es ist dabei zu berücksichtigen, daß in manchen Fällen für die *Bildung* der Lacke ein anderer p_H-Wert gewählt werden muß als für die nachfolgende eigentliche *colorimetrische Bestimmung.*

Reagens	Günstiger p_H-Wert bzw. p_H-Bereich	
	Lackbildung	Colorimetrie
Eriochromcyanin	6	6
Aurintricarbonsäure (Aluminon)	4,5	7,1 bis 7,3
Alizarinsulfosaures Natrium	3,6 bis 3,8	3,6 bis 3,8
Alizarin	nicht genau bekannt	nicht genau bekannt
Chinalizarin	5,5 bis 5,7	5,5 bis 5,7
Hämatoxylin	8 bis 8,5	4,5
Morin	nicht genau bekannt	3,3

Eine *zeitliche* Inkonstanz der Färbung beruht offenbar auf einer gewissen Trägheit in der Einstellung des Reaktionsgleichgewichtes bei der Bildung und Zersetzung des Farblackes. In fast allen Fällen muß vor dem Colorimetrieren noch eine Zeitlang gewartet werden bis die Färbung ihre höchste Intensität und auch eine annähernde Konstanz erreicht hat. In den meisten Fällen reichen hierzu etwa 15 bis 20 Min. aus. Bei sehr kleinen Mengen (z. B. 1 γ Al) werden auch längere Zeiten vorgeschrieben (z. B. 20 Std. bei dem Eriochromcyaninverfahren von MILLNER und KÚNOS). Einige Autoren weisen darauf hin, daß sich die Einstellung des Gleichgewichtes durch Erwärmung beschleunigen läßt.

Bei manchen Methoden (z. B. dem Alizarin- und dem Hämatoxylinverfahren) zersetzt sich der Farblack offenbar bei kleinen Abweichungen des p_H-Wertes besonders rasch und ändert dabei die Farbe.

Von fast allen Analytikern, die an der Entwicklung der Farblackverfahren beteiligt sind, ist der Umstand als lästig empfunden worden, daß nicht nur der Farblack, sondern auch das überschüssige Reagens gefärbt ist. Es ergeben sich also Mischfarben, welche die Unterscheidung des Farblackes vom Reagens mit dem bloßen Auge erschweren, wenn nicht unmöglich machen. In manchen Fällen hat die systematische Erforschung der Absorptionspektra der Färbungen bereits Möglichkeiten zur Verwendung geeigneter Lichtfilter ergeben, die den störenden Einfluß des Reagensüberschusses weitgehend ausschalten (vgl. z. B. beim Eriochromcyanin). Die Weiterarbeit in dieser Richtung (bei manchen Verfahren liegen überhaupt noch keine derartigen Untersuchungen vor) ist erfolgversprechend. In manchen Fällen hat das Studium der p_H-Abhängigkeit der Färbungen ergeben, daß

z. B. das Reagens unter gewissen Bedingungen eine weniger störende Färbung ergibt. Aus diesem Grund ist z. B. bei dem Aurintricarbonsäureverfahren zum Colorimetrieren ein p_H-Bereich von 7,1 bis 7,3 (schwache Gelbfärbung des Reagenses) gewählt worden, während der günstigste p_H-Wert für die Bildung des Farblackes bei 4,5 liegt.

Manchen Autoren bereitete das gelegentliche Ausflocken des Farblackes bei größeren Mengen Aluminium oder in Gegenwart stark flockend wirkender Salze Schwierigkeiten. Diese Störung kann in den meisten Fällen durch Zusatz von organischen Kolloiden, z. B. von Gummi arabicum, die als Schutzkolloide wirken, beseitigt werden.

Wesentlich unangenehmer und auch schwieriger zu beseitigen ist die Störbarkeit der Farblackverfahren durch Anwesenheit fremder Kationen und Anionen. Beim Hämatoxylinverfahren (vgl. S. 333) ließ sich der Einfluß einiger störender Metalle durch Herabsetzung des p_H-Wertes nach der Erzeugung des Farblackes (vgl. Tabelle S. 307) verringern. Einige der Schwermetallfarblacke zersetzen sich bei dem tieferen p_H-Wert.

In der nächsten Tabelle sind die Angaben zusammengestellt, die bisher über die Wirksamkeit der Kationen bekanntgeworden sind. Dabei ist zu berücksichtigen, daß die Fälle, wo die Bestimmung laut Übersicht nicht gestört wird, sich im allgemeinen auf Verhältnisse beziehen, die bei Untersuchung von Wässern und von biologischem Material vorliegen. Man kann sie also z. B. nicht ohne weiteres auf die Metallanalyse übertragen und muß damit rechnen, daß bei größerem Überschuß der fremden Ionen (z. B. mehr als 100fach) Störungen eintreten können. In allen Fällen stört das ständig vorkommende Eisen mehr oder weniger (vgl. auch weiter unten).

Reagens	Ca	Be	Mg	Fe	Mn	Cr	Zn	Cd	Ni	Co	T	V		Tl(III)	Cu	Sn	Sb(III)	Bi	Pb
Eriochromcyanin	(+)	(+)	(+)	(+)	(+)						(+)	+	+		+				
Aurintricarbonsäure	(+)		(+)	+					(+)	(+)					(+)				
Alizarinsulfosaures Natrium	(—)		(—)	+	+	+	(—)		+	+					+	+			
Alizarin			+	+	+														
Chinalizarin . .	—	(+)	(+)	(+)	—	—	—	—	—						+	+	+	+	—
Hämatoxylin . .	(+)		(+)	(+)			+							—					—
Morin				+		+													

+ stört, (+) stört bei bestimmtem Überschuß, — stört nicht.

In einzelnen Fällen ist versucht worden, störende Begleitmetalle zu „*tarnen*“ indem man sie in nicht reagierende Komplexverbindungen überführt. Diese Technik dürfte bei weiterem Ausbau noch bedeutende Erfolgsaussichten haben. So hat Kolthoff beim Chinalizarinverfahren (vgl. S. 331) Natriumthiosulfat zur Tarnung des Kupfers verwendet. Dieses Tarnungsmittel dürfte auch bei anderen Farblackverfahren verwendbar sein und im übrigen nicht nur Kupfer, sondern auch andere Schwermetalle, wie z. B. Silber und Blei, tarnen. Kolthoff gelang es auch, den Einfluß des Eisens beim Chinalizarinverfahren durch Zusatz von Thiosulfat zu verringern (bis 1 mg/l Fe stört nicht). Gad und Naumann konnten beim Hämatoxylinverfahren (vgl. S. 335) ähnliche Wirkungen durch Tarnung mit Kaliumcyanid hervorrufen, das ebenfalls andere Schwermetalle, wie Zink, Nickel, Kobalt usw. tarnt. Hingegen mißlang der Versuch einer Tarnung des Eisens mit Citrat (Aurintricarbonsäureverfahren, vgl. S. 320), da Citratzusatz auch die Bildung des Aluminiumfarblackes verhindert.

Es ist wahrscheinlich, daß sich die übrigen Farblackverfahren hinsichtlich der Tarnwirkung, für die hier bisher nur einzelne Beobachtungen vorliegen, ganz ähnlich verhalten werden.

Einzelne Autoren haben Trennungsverfahren angegeben, mit denen störende Metalle vor Durchführung der Aluminiumbestimmung entfernt werden können. Auch diese zunächst in Verbindung mit bestimmten Farblackverfahren angewendeten Trennungsgänge dürften teilweise ebenfalls für die übrigen Farblackmethoden geeignet sein. Besonders brauchbar für die Abtrennung großer Mengen Schwermetalle, wie sie vor allem in der Metallanalyse vorliegen, ist die elektrolytische Abscheidung an der Quecksilberkathode. KOCH hat sie bei der Bestimmung von Aluminium mit Eriochromcyanin in der Stahlanalyse (vgl. S. 315) mit Erfolg verwendet. ALTEN, WANDROWSKY und HILLE trennen Aluminium (von nicht zu großen Mengen) von Eisen, Mangan, Calcium und Magnesium durch Mitfällung an Ammoniumuranat (vgl. S. 314). Durch anschließende Auflösung des Uranates in stets gleicher Säuremenge werden hierbei übrigens günstige Bedingungen für eine stets konstante Einstellung des p_H-Wertes geschaffen. Eine Trennung des Eisens von Aluminium führen verschiedene Autoren (vgl. beim Aurintricarbonsäureverfahren, S. 320) mit Natronlauge nach vorausgehender gemeinsamer Fällung beider Metalle als Hydroxyde oder Phosphate durch. Auch hier handelt es sich um nicht zu große Eisenmengen (z. B. bis zu 10fachem Überschuß).

Folgende Tabelle enthält eine Zusammenstellung über den Einfluß von häufiger vorkommenden Anionen auf die Farblackverfahren. Aus der Übersicht ergibt sich, daß das bisher vorliegende Material noch außerordentlich lückenhaft ist. Es liegt das wohl hauptsächlich daran, daß die Autoren die in Betracht kommenden Verfahren, wie schon erwähnt, größtenteils nur in der Analyse biologischen Materials und der Wasser-Analyse verwendet haben. Bei der Ähnlichkeit der Reaktionsweise der Farblacke darf man aber wohl annehmen, daß die Mehrzahl der Anionen, die bei der am besten durchgearbeiteten Eriochromcyaninmethode stören, auch für die übrigen Verfahren hinderlich ist.

Reagens	PO_4	SiO_3	BO_3	F	BF_4	SiF_6	CrO_4	$Fe(CN)_6$	Oxalat	Tartrat	Citrat
Eriochromcyanin	+	+		+	+	+	+	+	+	+	
Aurintricarbonsäure (Aluminon)	+		(+)								+
Alizarinsulfosaures Natrium	—?						(—)		(+)?	(+)?	(+)
Alizarin	+	+									
Chinalizarin										+	
Hämatoxylin											
Morin											

+ stört, (+) stört bei bestimmtem Überschuß, — stört nicht, (—) stört nur bei bestimmtem Überschuß.

Empfehlenswerte Verfahren. Die wichtigsten Anforderungen des Analytikers sind auch im vorliegenden Falle: Genauigkeit, einfache Handhabung, Schnelligkeit, geringe Störbarkeit. Hinzukommen können noch Sonderwünsche, wie Möglichkeit der Bestimmung besonders kleiner Mengen, besondere Eignung der Methode für bestimmte Apparate (z. B. Colorimetersysteme) usw.

Was die Genauigkeit anbelangt, so wird man bei den Farblackmethoden, die speziell zur Bestimmung *kleiner* Mengen dienen sollen, im allgemeinen nicht allzu anspruchsvoll sein. In vielen Fällen wird eine Genauigkeit von $\pm$ 10%, die sich meist erreichen läßt, genügen. Die Genauigkeit hängt bekanntlich bei dem colorimetrischen Verfahren nicht allein von den chemischen Belangen, sondern auch von den physikalischen Bedingungen der Messung ab. Mit einem modernen Absolutcolorimeter läßt sich die Genauigkeit (bei weitgehender Ausschaltung der Fehlerquellen chemischer Natur) noch erheblich steigern. Im günstigsten Falle erzielten MILLNER und KÚNOS bei der Eriochromcyaninmethode (vgl. S. 314) eine Genauigkeit von $\pm$ 2%.

Im übrigen dürfte das Eriochromcyaninverfahren, welches auch spektralphotometrisch gut durchgearbeitet ist, nach dem gegenwärtigen Stande als das sicherste und genaueste unter den Farblackverfahren gelten. Von den beiden hier in Betracht kommenden Verfahrenvarianten kann die Methode von ALTEN, WANDROWSKY und HILLE als die zwar etwas weniger genaue, aber einfachere und rascher arbeitende, die Methode von MILLNER und KÚNOS als die genauere und für besonders kleine Mengen (vgl. Tabelle 306) geeignete angesehen werden.

Relativ gut durchgearbeitet ist auch das Aurintricarbonsäureverfahren (vgl. S. 315). Es fehlen hier aber noch geeignete Unterlagen für die absolutcolorimetrische Bestimmung. Auch ist die Störbarkeit offenbar noch etwas größer als bei der Eriochromcyaninmethode. Das anscheinend zur Bestimmung kleinster Aluminiummengen geeignete (vgl. Tabelle S. 306) Chinalizarinverfahren (vgl. S. 331) ist in den Grenzen seiner Anwendbarkeit noch nicht genügend untersucht.

Weniger empfehlenswert sind infolge ihrer besonders großen Empfindlichkeit gegen Störungen das Alizarin- (vgl. S. 330) und das Hämatoxylinverfahren (vgl. S. 333).

A. Colorimetrische Bestimmung des Aluminiums mit Eriochromcyanin.

Allgemeines.

Das Eriochromcyanin hat sich, obwohl es erst in neuerer Zeit zur quantitativen Bestimmung des Aluminiums herangezogen wurde, als geeignetes und empfindliches Reagens erwiesen. Wenn auch ähnlich wie bei alizarinsulfosaurem Natrium (vgl. S. 322) oder Aurintricarbonsäure (vgl. S. 315) keineswegs völlige Klarheit über die bei der Farbreaktion sich abspielenden Vorgänge und auftretenden Gleichgewichte (s. unten) besteht, so kann doch bereits eine zuverlässige und genaue Bestimmung kleinster Aluminiummengen mit Eriochromcyanin ausgeführt werden.

Als erster hat EEGRIWE (a) das Eriochromcyanin R zum Nachweis von kleinsten Aluminiummengen benutzt. Er fand, daß der in schwach essigsaurer Lösung auftretende violettrote Farbton noch 0,5 γ Aluminium in 2 cm^3 Lösung nachzuweisen gestattet. Nach einer neuen Mitteilung des Autors (b) sind 0,5 γ Aluminium sogar in 1 cm^3 Lösung noch zu erkennen. Die von GEAKE angegebene Empfindlichkeit von 50 γ pro Kubikzentimeter ist unzutreffend.

Für die Ausführung des qualitativen Nachweises gibt EEGRIWE folgendes an:

Zu 1 bis 2 Tropfen der salzsauren Aluminiumlösung wird 1 Tropfen einer wäßrigen, 0,1 %igen Lösung von Eriochromcyanin R gegeben. Die Lösung wird mit 2 n Natronlauge bis zum Auftreten einer blauvioletten Färbung alkalisch gemacht. Nach Zusatz von 1 bis 2 Tropfen überschüssiger Lauge wird unter Schütteln tropfenweise 0,2 n Essigsäure zugefügt bis zur Gelbfärbung. Einige weitere Tropfen Essigsäure rufen in Anwesenheit von Aluminium sofort eine Violettrosa- bis Violettrotfärbung hervor.

Auf die angegebene Weise, d. h. durch langsamen Säurezusatz und Vermeidung eines Überschusses, gelingt der Nachweis neben der 100fachen Menge Eisen[1], das sonst eine ähnliche Farbreaktion eingeht. Bei Morin, Alizarin S und Alizarinrot PS ergeben sich schon Störungen, wenn das Verhältnis Al : Fe $\sim$ 1 : 1 ist, während das Grenzverhältnis gegenüber Kobalt, Nickel, Zink, Mangan und Chrom bei Eriochromcyanin R wie bei den genannten drei Farbreagenzien gleich ist und etwa 1 : 100 beträgt. In seiner neueren Mitteilung gibt EEGRIWE (b) an, daß 1 γ Aluminium noch neben 100 γ nachfolgender Kationen nachweisbar ist:

Pb, Ag, $Hg^{\cdot}$, Cd, Bi, $Hg^{\cdot\cdot}$, $Sb^{\cdot\cdot\cdot}$, $Sn^{\cdot\cdot}$, $Sn^{\cdot\cdot\cdot\cdot}$, Th, La, $Ce^{\cdot\cdot\cdot}$, W (als WO_4''), $Mo(MoO_4'')$, $U(UO_2^{\cdot\cdot})$, $Ti^{\cdot\cdot\cdot\cdot}$, Zr, Ba, Sr, Ca, Mg, K, Na, Li, Rb, Cs, $Tl^{\cdot}$, NH_4.

[1] Vgl. jedoch die Angaben von ALTEN und Mitarbeitern (S. 314) über den Einfluß des Eisens bei der quantitativen colorimetrischen Bestimmung des Aluminiums.

$Cu^{\cdot\cdot}$, $VO^{\cdot\cdot}$, $Tl^{\cdot\cdot\cdot}$ stören den Nachweis. $Ti^{\cdot\cdot\cdot\cdot}$, $Zr^{\cdot\cdot\cdot\cdot}$, Th geben blaue Färbungen mit Eriochromcyanin, welche jedoch den Aluminiumnachweis nicht stören. $Be^{\cdot\cdot}$ reagiert ebenfalls mit Eriochromcyanin. Es läßt sich jedoch noch 1 γ Aluminium neben 500 γ Beryllium durch die violettere Färbung des Aluminiumfarbkomplexes erkennen. Von den Anionen stören folgende:

$$PO_4''', C_2O_4'', F', C_4H_4O_6'', SiO_3'', BF_4', SiF_6'', Fe(CN)_6''' \text{ und } CrO_4''.$$

Das Reagens. Es wurde bisher meist eine wäßrige 0,1%ige Lösung des Farbstoffes benutzt, welche frisch bereitet einen orangefarbenen, nach einiger Zeit aber einen helleren, gelblicheren Farbton hat. Über diesen Alterungsvorgang und seinen Einfluß auf die quantitative Aluminiumbestimmung werden einige Angaben in der Literatur gemacht. EEGRIWE spricht von einer Zersetzung und erreichte durch Zusatz verdünnter Salzsäure eine Erhöhung der Haltbarkeit. ALTEN und Mitarbeiter benutzten stets frisch bereitete Lösungen, während MILLNER und KÚNOS eine mindestens 3 Wochen alte 0,1%ige Lösung verwendeten.

Eriochromcyanin R ist ein Triphenylmethanfarbstoff, für welchen in den Farbstofftabellen von SCHULTZ die folgende Konstitutionsformel angegeben ist:

COONa COONa NaO =O H_3C —C= CH_3 SO_3H

Es handelt sich also um Dimethylsulfo-Oxyfuchson-Dicarbonsäure-Trinatriumsalz $C_{23}H_{15}O_9SNa_3$.

Die frische, orangerote Lösung wird auf Zusatz von verdünnter Säure orangegelb und besitzt im alkalischen Gebiet einen weinroten Farbton.

Ergebnisse bisheriger Forschungsarbeiten. ALTEN, WEILAND und KNIPPENBERG haben Eriochromcyanin erstmalig als Reagens für die *quantitative* colorimetrische Bestimmung des Aluminiums (in Pflanzenaschen) im Anschluß an die Erfahrungen von EEGRIWE angewendet. Die Verfasser stellten fest, daß das Maximum der Lichtabsorption des Farblackes im Gelbgrün liegt (530 mμ), während die Reagenslösung die höchste Absorption im Blauviolett hat[1].

Danach ist also z. B. das Farbfilter S 53 des ZEISSschen Stufenphotometers zur Extinktionsmessung am geeignetsten. Es zeigte sich, daß auch die Bildung des Eriochromcyanin-Aluminium-Komplexes, wie andere Farbreaktionen des Aluminiums, stark von der Säurekonzentration der Reaktionslösung abhängt. Bei einem p_H-Wert von etwa 6 war die Extinktion der angesetzten Farblacklösungen über die Zeitdauer von einigen Stunden ungefähr konstant, weshalb die Autoren dann ihre weiteren Ansätze stets bei diesem p_H-Wert unter Verwendung eines Natriumacetat-Ammoniumacetat-Essigsäure-Puffers[2] ausführten.

Bei Anwendung eines gewissen Überschusses an Reagens ergab sich ausreichende Proportionalität zwischen Farbtiefe (Extinktion) und Aluminiumkonzentration.

Die bei konstanter Aluminium- und steigender Farbstoffmenge ausgeführten Extinktionsmessungen gaben Aufschluß über die zur Erreichung der höchsten Farbtiefe erforderliche Farbstoffmenge. Besonders bei kleinsten Aluminiummengen (z. B. unter 10 γ) darf der Farbstoffüberschuß nicht zu groß sein, da sonst die erforderliche große Schichtdicke nicht mehr angewendet werden kann.

Weiter stellten die Autoren bereits fest, daß mit zunehmendem Alter der benutzten Reagenslösung die (etwa 1 Std. nach dem Ansatz) gemessenen Extinktionen der Farblacklösungen kleiner wurden (vgl. MILLNER, S. 307).

Etwas später benutzten ALTEN, WANDROWSKI und HILLE bei der Aluminiumbestimmung in Pflanzenaschen eine verbesserte Methode zur Abtrennung von Calcium, Magnesium, Phosphat, Eisen und Mangan und eine etwas abgeänderte

[1] Auch KOCH hat die Absorptionskurve der Reagens- und der Farblacklösung mit dem Zeißschen Photometer nach PULFRICH gemessen.

[2] Zusammensetzung der Pufferlösung: 1 l Lösung enthält 274 g Ammoniumacetat z. A., 109 g Natriumacetat z. A. und 6 cm^3 Eisessig (Salze und Eisessig weitgehend aluminiumfrei). Verdünnung 1 : 5 muß den p_H-Wert 6 ergeben.

Arbeitsvorschrift für die colorimetrische Aluminiumbestimmung unter Anwendung konstanter Farbstoffmenge und Aufstellung einer Eichkurve.

Neuerdings haben MILLNER sowie MILLNER und KUNOS durch eine kritische experimentelle Untersuchung der Farblackbildung des Eriochromcyanins einen wertvollen Beitrag zur Klärung der Reaktionsverhältnisse und zur Verbesserung der Aluminiumbestimmung erbracht.

Aus dem Verlauf der bei konstanter Aluminiummenge (8 bis 15 γ) und wachsender Farbstoffmenge erhaltenen Extinktionskurve E_0 (s. Abb. 5) konnte mit Sicherheit auf eine konstante, vom Überschuß des Farbstoffs unabhängige Zusammensetzung des Aluminium-Eriochromcyanin-Farblackes geschlossen werden. Die Kurve der Gesamtextinktion E_0 verläuft nämlich vom Knickpunkt A ab parallel zu der den vorhandenen Farbstoffmengen allein entsprechenden Extinktionskurve E_F. Bei dem

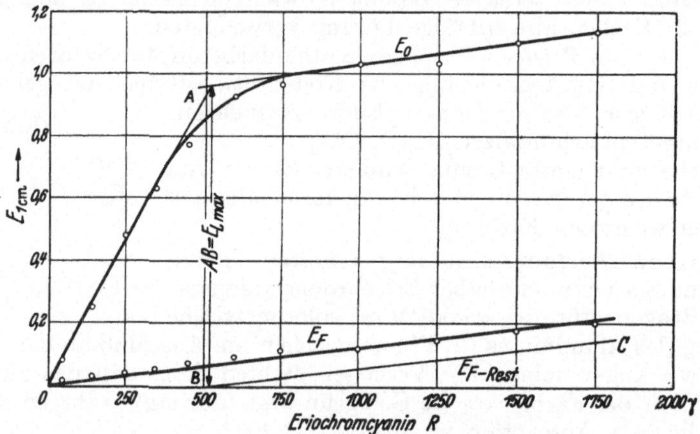

Abb. 5. Extinktionskurven für Eriochromcyanin R-Aluminiumfarblack- (E_0) und Eriochromcyanin R-Lösungen (E_F) nach MILLNER und KUNOS.

Knickpunkt A (Äquivalenzpunkt) ist das Molverhältnis zwischen Aluminium und Eriochromcyanin R nahe gleich 1 : 3, womit die Zusammensetzung Al$\equiv$(Eriochromcyanin $R)_3$ bewiesen ist. Die Gesamtextinktion E_0 der Farblacklösungen mit überschüssigem Farbstoff setzt sich also zusammen aus der dem vorhandenen Aluminium entsprechenden höchstmöglichen Extinktion des Farblackes $E_{L\,\max}$ und der Extinktion des Farbstoffüberschusses $E_{F\text{-Rest}}$. Es ist also: $E_0 = E_{L\,\max} + E_{F\text{-Rest}}$.

Bei der Aufnahme von Extinktionskurven von Farblacklösungen mit konstantem Farbstoff- und steigendem Aluminiumgehalt zeigte sich weiterhin, daß die drei an Aluminium gebundenen Eriochromcyaninmoleküle offenbar verschieden stark gebunden sind.

Wie ferner aus den Extinktionsmessungen abgeleitet werden konnte, sind die Differenzen zwischen den Extinktionen der mit einer bestimmten, überäquivalenten Farbstoffmenge bereiteten Farblacklösungen (E_{01}, E_{02}, E_{03} usw.) und der Extinktion der Farbstofflösung (E_F) prinzipiell unabhängig vom Farbstoffüberschuß und entsprechend der Gleichung

$$\frac{E_{01} - E_F}{E_{02} - E_F} = \frac{c_1}{c_2}$$

ein direktes Maß der im Farblack enthaltenen Aluminiummenge (c_1, c_2 sind Aluminiumkonzentrationen). Man braucht daher, um die wahren Farblackextinktionen gegen die Aluminiummengen in einer Eichkurve aufzutragen, nicht für jeden einzelnen Kurvenpunkt $E_{L\,\max} = E_0 - E_{F\text{-Rest}}$ zu berechnen. Von den bei steigender Aluminium- und gleichbleibender überschüssiger Farbstoffmenge gegen Wasser gemessenen Gesamtextinktionswerten E_0 wird vielmehr die gleiche Extinktion E_F, welche der vorhandenen Farbstoffmenge entspricht, abgezogen. Die erhaltenen E_0—E_F-Werte ergeben gegen die Aluminiummengen aufgetragen die Eichgerade.

MILLNER und KÚNOS machten die wichtige Beobachtung, daß eine gegebene Aluminiummenge im p_H-Bereich von 4,6 bis 5,6 mit Eriochromcyanin *R* in Gegenwart einer Natriumacetat-Essigsäure-Pufferlösung eine vielfach intensivere Färbung ergibt als das in Gegenwart eines Puffergemisches aus Natriumacetat-, Ammoniumacetat- und Essigsäure der Fall ist. Erst durch Ausnutzung dieser Tatsache wurde es möglich, mit Hilfe der Eriochromcyaninreaktion Aluminiummengen von 1 bis 15 γ in 25 cm³ Volumen sicher zu bestimmen. Zu bemerken ist noch, daß bei der MILLNERschen Arbeitsweise die Farbtonunterschiede (rötlich nach rotviolett) der Lacklösungen bei steigendem Aluminiumgehalt klarer hervortreten als bei dem Ansatz nach ALTEN und Mitarbeitern, was die Ausführung des colorimetrischen Schätzungsverfahrens durch Vergleich mit einer Vergleichslösungsreihe (ohne Colorimeter) begünstigt, nach SCHAMS aber das Colorimetrieren erschwert. An Hand der mit steigenden Farbstoffmengen ermittelten Extinktionskurven untersuchten MILLNER und KÚNOS den Einfluß der *Farbstoffvorbereitung* (Alter!), des p_H-Wertes und der Standzeit der Reaktionslösung auf die Farblackbildung. Sie entwickelten zur Klärung der gefundenen Zusammenhänge die Ansicht, daß in wäßrigen Lösungen von Eriochromcyanin *R* ein sich langsam einstellendes, p_H-abhängiges Gleichgewicht zwischen zwei verschiedenen Molekülarten von Eriochromcyanin *R* besteht, von welchen allein oder vorwiegend nur die stärker gefärbte Molekülart zur Lackbildung befähigt ist.

TRÉNEL und ALTEN benutzten die Arbeitsvorschrift von ALTEN und Mitarbeitern bei ihren Versuchen über die toxische Wirkung des Aluminiums in Maispflanzen. MILNER und KÚNOS (b) konnten nach ihrer Methode noch Aluminiumspuren von einigen γ in 0,1 g Wolfram bestimmen.

Arbeitsvorschriften.

Vorbemerkung. Die Vorschrift von ALTEN, WANDROWSKI und HILLE erlaubt eine verhältnismäßig rasche Bestimmung von Aluminiummengen zwischen 10 und 80 γ. Allerdings ist die Genauigkeit geringer als die der Methode von MILLNER und KÚNOS, welche andererseits umständlicher in der Durchführung ist und einschließlich Standzeit mindestens 21 Std. erfordert. Die wohl ohne Bedenken anwendbare Beschleunigung der Farblackentwicklung durch Erwärmen des Reaktionsgemisches auf 70 bis 80° C wurde von MILLNER und KÚNOS offenbar nicht versucht.

***Arbeitsvorschrift nach* ALTEN, WANDROWSKI *und* HILLE.** Nach der Abtrennung von Phosphat, Calcium, Magnesium, Eisen und Mangan (vgl. unten) versetzt man die schwach salzsaure Aluminiumlösung (10 bis 80 γ Aluminium enthaltend) in einem 100 cm³-Meßkolben mit 15 cm³ 0,1%iger Eriochromcyaninlösung und neutralisiert mit 2 n Natronlauge bis die orangerote Farbe der Lösung in ein dunkles Violettrot umgeschlagen ist. Dabei entsteht gleichzeitig eine Fällung von Ammoniumuranat und Molybdänsäure (vgl. unten). Man säuert nun mit etwa 10 Tropfen 5%iger Salzsäure an, wobei die Färbung von Violettrot nach Orangerot umschlägt und der Niederschlag bis auf eine geringe Trübung gelöst wird. Durch Zugabe von 20 cm³ Natriumacetat-Ammoniumacetat-Essigsäure-Pufferlösung[1] stellt man nun den p_H-Wert auf 6,0 ein und füllt mit destilliertem Wasser auf 100 cm³ auf. Nach etwa 1 Std. mißt man mit Farbfilter S 53 (ZEISS, *Jena*) die Extinktion gegen eine gleich behandelte Blindprobe. Aus der vorher aufgestellten Eichkurve entnimmt man die der gefundenen Extinktion entsprechende Aluminiummenge.

Eichkurve. Genau bekannte Aluminiummengen, etwa 20, 40, 60, 80 γ werden, wie beschrieben, mit Eriochromcyanin behandelt und in Stufenphotometer gegen

[1] Zusammensetzung: 400 cm³ 5 n Ammoniumacetatlösung = 154 g Salz,
200 cm³ 4 n Natriumacetatlösung = 109 g Salz auf 1 l aufgefüllt,
25 cm³ 4 n Essigsäure = 6 g Säure.

die aluminiumfreie Farbstoff-Blindlösung gemessen. Es ergibt sich eine im Bereich von 10 bis etwa 100 γ geradlinige Eichkurve. — Die von ALTEN und Mitarbeitern festgestellte Abhängigkeit der Extinktionskoeffizienten von der Schichtdicke der benutzten Küvetten wurden von KOCH und von MILLNER und KÚNOS nicht erwähnt.

***Arbeitsvorschrift nach* MILLNER *und* KÚNOS. Reagenzien.** 1. Eine wäßrige 0,1%ige Lösung von Eriochromcyanin *R* conc. (von Dr. G. GRÜBLER & Co., *Leipzig*). Die Farbstofflösung soll mindestens 3 Wochen lang im Dunkeln stehen, bevor sie benutzt wird und soll auch dauernd im Dunkeln aufbewahrt werden. 2. 2 n Natronlauge aus Natriumhydroxyd in Plätzchenform (MERCK). Die Natronlauge soll in paraffinierten Flaschen aufbewahrt werden. 3. 0,2 n Essigsäure. 4. Pufferlösung, p_H-Wert = 5,4, Zusammensetzung: 14,2 g Natriumacetat ($CH_3COONa \cdot 3H_2O$) und 1,74 g Essigsäure pro Liter.

Arbeitsweise. In einem 25 cm³- Meßkolben fügt man zu der etwa 5 cm³ betragenden, nicht mehr als 15 γ Aluminium enthaltenden, salzsauren Aluminiumlösung aus einer Mikrobürette 1,50 cm³ Eriochromcyanin *R*-lösung. Man versetzt tropfenweise mit 2 n Natronlauge bis zur Erreichung einer blaßgrauen Färbung, gibt noch einen weiteren Tropfen der 2 n Natronlauge hinzu und setzt zu der nunmehr blauviolett gefärbten Lösung unter Umschütteln tropfenweise 0,2 n Essigsäure bis zur Erreichung einer blaßgelben Färbung hinzu. Jetzt läßt man 15 cm³ Pufferlösung in die Lösung fließen und füllt bis zur Marke auf. In einem zweiten 25 cm³-Meßkolben bereitet man in der gleichen Weise eine Farbstofflösung mit 1,50 cm³ Eriochromcyanin *R*-lösung, aber ohne Aluminium.

Beide Lösungen läßt man 20 Std. (über Nacht) stehen und mißt dann im PULFRICH-Stufenphotometer von ZEISS mit einer 1 cm-Küvette und dem Farbfilter S 53 die Extinktion der Farblacklösung (E_0) und die Extinktion der Farbstofflösung (E_F) gegen reines Wasser. Die der Extinktionsdifferenz $E_0 - E_F$ entsprechende Aluminiummenge entnimmt man der Eichkurve.

Eichkurve. Wie bereits erwähnt (s. S. 312), setzen MILLNER und KÚNOS auch den überschüssigen Farbstoff in Rechnung, wodurch es erst möglich wird, auch kleinste Aluminiummengen unter 10 γ noch sicher zu bestimmen. Die Extinktionsmessung gegen eine Farbstoff-Blindlösung (ALTEN und Mitarbeiter; KOCH) liefert zwar eine gerade Eichkurve, ist aber nicht identisch mit der MILLNERschen Auswertung, da in letzterer ja die Tatsache berücksichtigt wird, daß der Farbstoffüberschuß bei verschiedenen Aluminiummengen keineswegs konstant ist.

Bemerkungen. I. Genauigkeit. Die an reinen Aluminiumchloridlösungen von MILLNER und KÚNOS ausgeführten Bestimmungen ergaben bei 1 bis 15 γ Aluminium Abweichungen von $\pm$ 0,25 γ, was für 15 γ weniger als 2% Fehler, bzw. etwa die höchste mit subjektiven Photometern erreichbare Genauigkeit ergibt. Die Genauigkeit ist sonst im allgemeinen kleiner und beträgt bei der Arbeitsweise nach ALTEN, WANDROWSKI und HILLE etwa 3 bis 6%. Bei Anwesenheit fremder Kationen, die in besonderem Trennungsgang (vgl. unten) zuerst entfernt werden, muß man mit Fehlern bis zu 10% rechnen. SCHAMS stellte bei der Nachprüfung der Methode von ALTEN und Mitarbeitern eine Fehlergrenze von $\pm$ 10 bis 15% fest.

II. Einfluß fremder Kationen. Wenn auch nach den Angaben von EEGRIWE der Aluminiumnachweis neben dem 100fachen Überschuß zahlreicher Kationen möglich ist, so zeigte sich doch bei der quantitativen Bestimmung, daß eine Anzahl von Metallen empfindlich störte. Wie ALTEN und Mitarbeiter fanden, erhöhen Eisen und auch die Erdalkalimetalle Magnesium-Calcium die Extinktion durch Bildung schwächer gefärbter Verbindungen. So erhöht sich z. B. bei einem Verhältnis von Al : Fe = 1 : 10 die Extinktion durch das Eisen um 10% und ähnlich auch bei Mangan. Phosphat-Ion schwächt schon in kleinen Mengen (gleiche Größenordnung wie Aluminium) die Intensität der Farbreaktion des Aluminiums. Die Autoren haben einen Trennungsgang für die Aluminiummikrobestimmung in Pflanzenaschen ausgearbeitet, bei welchen zunächst die Phosphorsäure mit Ammoniummolybdat abgeschieden (Mikrofiltration, Filterstäbchen) und dann Aluminium durch Mitfällung an Ammoniumuranat von Magnesium und Calcium getrennt wird. Größere Eisen- und Manganmengen müssen anschließend ebenfalls noch abgetrennt werden.

Die adsorptive Fällung mit Hilfe von Ammoniumuranat bietet auch die Möglichkeit, kleinste Aluminiummengen von einem großen Überschuß an Neutralsalzen zu trennen, welche gegebenenfalls die p_H-Einstellung mit Pufferlösung beeinflussen würden.

Bei der Bestimmung kleinerer Aluminiumgehalte in Stählen scheidet man nach Koch Eisen, Kobalt, Nickel, Molybdän (?), Chrom vorteilhaft durch Elektrolyse mit Quecksilberkathode (vgl. S. 435) ab. Dabei bleiben allerdings Titan und Phosphor in Lösung, was bei höherem Gehalt an diesen Elementen berücksichtigt werden muß. Bei einem Stahl mit 0,8% Titan und 0,46% Aluminium ergab die colorimetrische Aluminiumbestimmung eine wesentlich höhere Abweichung (+ 20%) als bei titanfreien Proben.

B. Colorimetrische Bestimmung des Aluminiums mit Aurintricarbonsäure („Aluminon").

Allgemeines.

Aurintricarbonsäure bzw. deren unter dem Namen „Aluminon" im Handel befindliches Natriumsalz bildet mit Aluminiumsalzen in schwach essigsaurer Lösung einen intensiv rot gefärbten Farbfleck, der nach Hammett und Sottery zum qualitativen Nachweis des Aluminiums verwendet werden kann. Präzise Angaben über die Empfindlichkeit der keineswegs spezifischen Farbreaktion machten die genannten Autoren nicht. Nach den nicht übereinstimmenden Angaben in den Arbeiten über die colorimetrische Aluminiumbestimmung mit Aluminon kann etwa 0,1 γ Aluminium im Kubikzentimeter nachgewiesen werden. Hammett und Sottery führen den Nachweis folgendermaßen aus: Zu 5 cm^3 der an Salzsäure etwa 1 n Aluminiumlösung fügt man 5 cm^3 3 n Ammoniumacetatlösung und 5 cm^3 einer wäßrigen 0,1%igen Lösung des aurintricarbonsauren Natriums. Nach dem Mischen macht man die Lösung mit einer Ammoniak-Ammoniumcarbonat-Lösung alkalisch, wobei der rote Aluminiumlack ausfällt bzw. bei kleinsten Aluminiummengen eine neben der gelben Färbung des überschüssigen Farbstoffes gut erkennbare Rotfärbung auftritt.

Der Aluminiumnachweis mit Aluminon wird vor allem durch Eisen gestört, das in essigsaurer Lösung einen tief violetten, in ammoniakalischer Lösung einen rotbraunen Niederschlag ergibt. Die durch große Mengen der Erdalkalien bei der Reaktionseinstellung des Aluminiumnachweises verursachten roten Fällungen werden durch Ammoniumcarbonat entfärbt. Auch die bei Wismut-, Blei-, Zinn(II)-, Quecksilber(II)- und Titansalzen sowie Kieselsäure auftretenden weißen Niederschläge stören nicht. Cadmium, Zink, Nickel, Kobalt und Magnesium geben keine Fällung oder Färbung. Neben größeren Phosphatmengen kann der Nachweis nicht ausgeführt werden, reduzierende Stoffe wie schweflige Säure oder Schwefelwasserstoff zerstören die Färbung (Hammett und Sottery).

Wie Middleton feststellte, geben Beryllium, Zirkon, Thorium und die Metalle der seltenen Erden, Yttrium, Lanthan, Cer, Neodym, Erbium mit Aluminon rote Farblacke, die tiefer als der Aluminiumlack gefärbt sind (besonders bei Cer), jedoch mit Ausnahme des Berylliumlackes durch Ammoniumcarbonatlösung entfärbt werden. Auch die roten Farbkomplexe des Aluminons mit Scandium, Gallium, Indium und Thallium werden durch Ammoniumcarbonat entfärbt, bei Gallium allerdings nur langsam. Germanium bildet keinen Lack (Corey und Rogers).

Das Reagens. Aurintricarbonsäure [vgl. Beilstein (a)] ist eine 4′ · 4″-Dioxyfuchsontricarbonsäure-(3 · 3′ · 3″) mit der Summenformel $C_{22}H_{14}O_9$ und der Strukturformel

$$OC\left\langle\begin{matrix} C(CO_2H) = CH \\ CH = CH \end{matrix}\right\rangle C = C\,[C_6H_3(OH)CO_2H]_2.$$

Das Reagens bildet aus Alkohol umkrystallisiert ein rotes metallglänzendes Pulver, das in Wasser löslich ist. Die bei etwa $p_H = 4$ besonders intensive Rosafärbung der wäßrigen Lösung geht wenig über $p_H = 7$ in Gelb über. Schon bei relativ kleiner Konzentration an Mineralsäure ($p_H = 1{,}8$) wird der Farbstoff aus der wäßrigen 0,1%igen Lösung in Form roter Flöckchen abgeschieden (WINTER und Mitarbeiter). Von SCHWARTZE und HANN wurde (unter Benutzung eines Spektralphotometers) die Lichtabsorptionskurve bei p_H-Werten von 4,2 bis 5,4 im sichtbaren Spektralbereich gemessen. Das Maximum der Absorption lag in diesem p_H-Bereich bei 525 bis 530 mμ[1].

Eigenschaften des Aluminium-Aluminon-Farblackes. Über die Zusammensetzung des Aluminium-Aluminon-Lackes liegen offenbar keine näheren Angaben vor. Die von SCHWARTZE und HANN im p_H-Bereich von 4,2 bis 5,4 gemessenen Lichtabsorptionskurven zeigen ein etwas nach dem roten Teil des Spektrums verschobenes Maximum, bei etwa 545 mμ, d. h. die Lacklösung ist etwas mehr violettrot gefärbt als der Farbstoff. Neuerdings hat BABKO (c) die Dissoziationskonstante der Aurincarbonsäure sowie ihres Aluminium- und Eisensalzes bestimmt und auch die Adsorptionsspektren untersucht. Die Salze zeigen ähnliche Färbung wie das Anion der Aurincarbonsäure und dissoziieren nur in geringem Maße. In den roten, mit kleinsten Aluminiummengen erhaltenen Farblösungen befindet sich der Farblack zweifellos in kolloider Lösung, deren Stabilität durch Zusatz von Gummi arabicum (THRUN) oder 1%ige Stärkelösung (SCHAMS) erhöht werden kann. YOE und HILL (a) fanden, daß bei einer Aluminiumkonzentration von 100 γ/cm^3 sofort, bei 20 γ/cm^3 nach 1 Std. Koagulation des Lackes eintritt. SCHAMS beobachtete nach 24stündigem Stehen Ausflockung, wenn 0,25 γ/cm^3 Aluminium vorhanden waren.

Quantitative Bestimmung. Vorbemerkung. Über die quantitative colorimetrische Aluminiumbestimmung mit Aluminon erschienen im Anschluß an die Angaben von HAMMETT und SOTTERY bis in die neueste Zeit etwa ein Dutzend Arbeiten hauptsächlich amerikanischer Autoren, welche sich mit dem Einfluß des Aluminiums auf die Physiologie des tierischen und pflanzlichen Organismus bzw. mit der Mikrobestimmung des Aluminiums in biologischem Material befassen. Obwohl bereits gute Ergebnisse bei der Aluminiumbestimmung erzielt wurden, besteht keine Übereinstimmung bezüglich der günstigsten Bedingungen, welche bei der Erzeugung der Farblacklösung und der colorimetrischen Auswertung anzuwenden sind.

LUNDELL und KNOWLES benutzten als erste das Aluminium zur quantitativen colorimetrischen Aluminiumbestimmung, wobei sie wie fast alle späteren Autoren [YOE und HILL (a); MYERS, MULL und MORRISON; WINTER, THRUN und BIRD; SCHWARTZE und HANN; COX, SCHWARTZE, HANN, UNANGST und NEAL; LAMPITT und SYLVESTER; STEUDEL; EVELETH und MYERS; SCHAMS] den Farblack in essigsaurer Lösung herstellen und den Farbvergleich in schwach ammoniakalischer Lösung (Zusatz von Ammoniumcarbonat-Ammoniak-Lösung) ausführen. Den wichtigsten Beitrag zur Untersuchung der Reaktionsbedingungen lieferten WINTER und Mitarbeiter in einer kritischen Arbeit. Sie fanden, daß die Intensität der Farblackfärbung bei $p_H = 4{,}5$ am größten ist, und bei diesem p_H-Wert beim Stehen mit der Zeit zunimmt. Durch Erwärmen auf 80° C oder kurzes Einstellen in ein kochendes Wasserbad wird die maximale Farbtiefe rascher erreicht, was die Autoren in ihrer Arbeitsvorschrift auch berücksichtigen. Bei dem zur „Entfärbung" des überschüssigen Farbstoffes bzw. zu dessen Überführung in eine relativ schwach gelbe Färbung erforderlichen p_H-Wert von 7,1 war die Färbung des Farblackes zeitlich konstant. Bei $p_H = 7{,}4$ beginnt langsame Abnahme der Farbtiefe und bei $p_H = 7{,}5$ rasches Verblassen. Die zuverlässige Einstellung eines p_H-Wertes von 7,1

[1] Da ähnlich wie bei anderen Farbreagenzien die im Handel befindlichen Produkte etwas verschiedene Färbungen ergeben, sei auf einige neuere Angaben über die Darstellung hingewiesen (RABINOWITSCH und PRIDOROGIN; SCHERRER und MOGERMANN).

bis 7,3 ist daher der wichtigste und bisher noch unsicherste Teil der Arbeitsmethode. Auf die Notwendigkeit der *Prüfung* dieses p_H-Wertes weisen WINTER und Mitarbeiter hin. MYERS, MULL und MORRISON, die im wesentlichen nach der Arbeitsweise von YOE und HILL (a) arbeiteten, werteten nur Farblackansätze aus, deren p_H-Wert mit Phenolrot colorimetrisch zu 7,1 bis 7,3 bestimmt worden war. Durch die Neutralisation der essigsauren Lösung mit Ammoniumcarbonat wird Kohlensäure frei, die teilweise gelöst bleibt, teilweise aber auch durch das Schütteln beim Mischen der Lösung entweicht und so die p_H-Einstellung beeinflußt (COX und Mitarbeiter).

YOE und HILL (a) haben bereits vor WINTER und Mitarbeitern den Einfluß der Temperatur auf die Farblackentwicklung und den „Einfluß der Salzsäuremenge" auf die endgültige Färbung in ammoniakalischer Lösung beobachtet, aber nicht die Konsequenzen für die praktische colorimetrische Arbeitsvorschrift gezogen. Wichtig sind ihre relativen Intensitätsmessungen bei Anwesenheit fremder Kationen.

Auch über den zweiten wichtigen Teil der Methode, die *colorimetrische Auswertung*, besteht noch keine Klarheit, zum Teil wohl deswegen, weil fast alle Autoren mit Eintauchcolorimetern arbeiten, während über die Anwendung der jetzt vielfach zur absoluten Extinktionsbestimmung gebräuchlichen Photometer offenbar nur von KULBERG und ROVINSKAJA berichtet wurde. Obwohl Aluminon gegenüber den anderen Farblackreagenzien, Alizarinrot S oder Eriochromcyanin, die Möglichkeit bietet, die Farbintensität des überschüssigen Farbstoffes relativ zur Färbung des Lackes weitgehend zu beseitigen, scheinen die bei $p_H = 7{,}1$ bis 7,3 erhaltenen Farbintensitäten nicht ganz dem BEERschen Gesetz zu folgen. WINTER und Mitarbeiter, ferner SCHAMS, weiterhin MYERS, MULL und MORRISON sowie STEUDEL und auch EVELETH und MYERS heben hervor, daß die Vergleichslösung eine fast ebenso große Aluminiumkonzentration aufweisen muß, wie die zu untersuchende Probe. COX und Mitarbeiter, die eine saure Thymolblaulösung als Bezugslösung benutzten, erhielten keine ganz lineare Eichkurve. Die von SCHWARTZE und HANN bei steigender Aluminiumkonzentration mit Hilfe eines Spektralphotometers gemessenen Extinktionskoeffizienten ergeben keine völlig lineare Abhängigkeit.

LAMPITT und SYLVESTER, die die Bereitung der Lacklösung nach WINTER und Mitarbeitern ausführten, weisen auf Farbtonschwierigkeiten beim Farbvergleich im gewöhnlichen Eintauchcolorimeter hin. Sie erhielten mit dem LOVIBOND-Tintometer (rote Farbgläser steigender Schichtdicke) allerdings eine gerade Eichkurve für Mengen zwischen 0 und 60 γ Aluminium. Auch YOE und HILL (a) sowie KULBERG und ROVINSKAJA (PULFRICH-Photometer) geben geradlinige Abhängigkeit der Farbintensität von der Aluminiummenge an.

Es ist wahrscheinlich, daß die stark gekrümmte Eichkurve, welche WINTER und Mitarbeiter erhielten, auf die Anwendung zu kleiner Farbstoffmengen (2 cm^3 0,1%ige Lösung bei 5 bis 70 γ/Al 50 cm^3) zurückzuführen ist, da YOE und HILL (a), ferner COX und Mitarbeiter sowie LAMPITT und SYLVESTER, die gerade bzw. fast gerade Eichkurven erhielten, bei kleinerer Aluminiummenge die $2^1/_2$fache Farbstoffmenge anwenden.

ROLLER schlug vor, die Erzeugung des Farblackes *und* die colorimetrische Messung bei dem p_H-Wert 6 auszuführen, da bei diesem p_H-Wert einerseits der Farblack genügend beständig und das Verhältnis zwischen den Färbungen des Lackes und des überschüssigen Farbstoffes noch günstig ist, während andererseits die über $p_H = 7$ bei unsachgemäßer Pufferung bestehende Gefahr der raschen Entfärbung des Lackes nicht vorhanden ist. Auch KULBERG und ROVINSKAJA erzeugen den Farblack in schwach essigsaurer Lösung.

Besondere Angaben über das anzuwendende *Mengenverhältnis* zwischen Aluminium- und Farbstoffmenge machen nur MYERS, MULL und MORRISON sowie ROLLER, die empfehlen, auf 10 γ Aluminium 1 cm^3 0,1%ige Aluminonlösung zu verwenden. SCHAMS hebt hervor, daß selbst bei der von WINTER und Mitarbeitern angewendeten (kleinsten) Farbstoffmenge von 2 cm³ 0,1%iger Lösung, die aluminiumfreie Blindprobe auch nach längerem Stehen eine klare Gelbfärbung behielt, so daß Aluminiummengen unter 0,25 γ/cm³ wegen eines braunlichen Stiches der Farblacklösung nicht mehr einwandfrei colorimetrierbar waren.

Durch geeignete Wahl der Reaktionsbedingungen (s. Arbeitsvorschrift) konnten SAHININA und KUMINOWA Aluminium neben großem *Chromat*überschuß mit Aluminon bestimmen. Die Autoren verhinderten die Bildung des Chrom-Aluminium-Lackes durch erhöhte Ammoniumcarbonatzugabe und arbeiteten mit einem lichtelektrischen Colorimeter (Selenzelle) nach der Substitutions- (Ausschlags-Methode).

MUSSAKIN (c) führte neuerdings eingehende Versuche über den Einfluß der verschiedenen Reaktionsbedingungen auf die Intensität der Färbung aus, unter Anwendung des Eintauchcolorimeters nach DUBOSQ. Mittels einer Ammoniumacetat-Salzsäurepufferlösung stellte er bei der Aluminiumbestimmung den p_H-Wert 5,5 ein.

Arbeitsvorschriften.

Eignung und Anwendungsbereich der verschiedenen Arbeitsvorschriften. Am zweckmäßigsten ist wohl für den Farbvergleich einer schwach ammoniakalischen Lösung die Arbeitsweise nach WINTER, THRUN und BIRD, in welcher die Erhöhung der Intensität des Farblackes (und damit der Empfindlichkeit) durch Erwärmung und auch die Größe des endgültigen p_H-Wertes berücksichtigt wird. Eine gewisse Unsicherheit in der Einstellung dieses p_H-Wertes (7,1 bis 7,3) und damit der Arbeitsmethode überhaupt bleibt jedoch noch vorhanden (vgl. die Arbeitsvorschrift von WINTER und Mitarbeitern) und ist wohl auf den Übergang von dem p_H-Wert 4,5 bei der Lackbildung zum endgültigen p_H-Wert und auf die Abgabe von Kohlendioxyd beim Mischen und Stehen der Lösung zurückzuführen. Auch ist der p_H-Bereich von 7,1 bis 7,3, der einerseits zwecks „Entfärbung" des überschüssigen Farbstoffes erreicht, andererseits aber wegen des über $p_H = 7{,}4$ rasch eintretenden Verblassens des Farblacks nicht überschritten werden soll, sehr eng begrenzt.

Obwohl WINTER und Mitarbeiter Aluminiummengen bis zu 70 γ in 50 cm³ eines Ansatzes bestimmen, erwähnen sie in ihrer Arbeitsvorschrift nichts über Anwendung von Schutzkolloiden zur Verhinderung der Ausflockung des Lackes. SCHAMS hält einen Zusatz von 3 cm³ 1%iger Stärkelösung für zweckmäßig. Von allen Autoren, welche die Aluminonmethode benutzten, und zwar sowohl ohne Erwärmen nach YOE und HILL (vgl. auch MYERS, MULL und MORRISON, ferner SCHWARTZE und HANN sowie STEUBEL), als auch mit Erwärmen (vgl. WINTER, THRUN und BIRD, ferner LAMPITT und SYLVESTER, weiterhin COX und Mitarbeiter sowie EVELETH und MYERS und endlich SCHAMS), erwähnen nur LAMPITT und SYLVESTER gewisse Farbtonschwierigkeiten. Diese Analytiker wendeten jedoch die gleiche Farbstoffmenge wie die meisten anderen Autoren nämlich 5 cm³ 0,1%ige Lösung auf 50 cm³ Volumen an. Wie andererseits die von SCHWARTZE und HANN für Farblacklösungen mit 0,75 bis 30 γ Aluminium und 5 cm³ 0,1%iger Farbstofflösung in 50 cm³ gemessenen spektralen Absorptionskurven zeigen, findet praktisch keine Verschiebung des Maximums der Absorption, d. h. also keine Änderung des Farbtons, statt. Danach ist also die Beobachtung von LAMPITT und SYLVESTER, das Verfahren unter colorimetrischem Farbvergleich (im Eintauchcolorimeter) mit Lösungen fast gleicher Aluminiumkonzentration vorzunehmen, auf die bei $p_H = 7$ der Aluminiumkonzentration nicht genau proportionale Intensitätszunahme der Farblacklösungen zurückzuführen.

Nach den vorliegenden Erfahrungen ist die Arbeitsweise von WINTER und Mitarbeitern zur Bestimmung von Aluminiummengen zwischen 5 und 30 bis 40 γ geeignet; COX und Mitarbeiter geben 5 bis 30 γ als geeigneten Anwendungsbereich an, LAMPITT und SYLVESTER bis zu 60 γ. Nach Erfahrungen von SCHAMS muß die Aluminiumkonzentration mindestens 20 γ in 50 cm³ betragen, wenn eine Genauigkeit von $+5\%$ erreicht werden soll.

Die Arbeitsvorschrift nach Cox und Mitarbeitern stellt eine Vereinfachung des Verfahrens nach WINTER, THRUN und BIRD dar. Das Verfahren von ROLLER, das offenbar bisher noch nicht nachgeprüft worden ist, bietet wesentliche Vorteile und verdient weitere Ausarbeitung.

***Arbeitsvorschrift nach* WINTER, THRUN *und* BIRD.** Die schwach saure Lösung wird in einem 50 cm^3-Meßkolben auf ein Volumen von 20 cm^3 gebracht, mit 5 cm^3 5 n Ammoniumacetatlösung und 5 cm^3 1,5 n Salzsäure sowie 2 cm^3 0,1%iger Aluminonlösung versetzt. Dann erwärmt man 10 Min. lang in einem Wasserbad von 80° C, fügt 5 cm^3 5 n Ammoniumchloridlösung hinzu und kühlt auf Zimmertemperatur ab. Nach dem Zusetzen von 5 cm^3 3,2%iger Ammoniumcarbonatlösung unter Schütteln füllt man auf 50 cm^3 auf und mischt. Jetzt soll der p_H-Wert etwa 7,1 bis 7,3 betragen und die rote Färbung einer Blindlösung in etwa 15 Min. verschwinden. Die genaue Konzentration der Reagenzien ist nicht wichtig, wohl aber der endgültige p_H-Wert, und die Ammoniumcarbonatmenge, die erforderlich ist, um die Lösung auf den angegebenen p_H-Wert zu bringen, sollte durch Neutralisation gleicher Lösungen ohne Farbstoffzugabe bestimmt werden. Gleichzeitig mit den Lösungen der Probe wird eine (oder wenn nötig mehrere) Vergleichslösung hergestellt. Nach 20 Min. langem Stehen zwecks Entfärbung des überschüssigen Farbstoffes vergleicht man im Colorimeter.

Bemerkungen. Die genaueste Gehaltsbestimmung der zum Colorimetrieren fertigen Lösung erfolgt durch Vergleich mit Bezugslösungen annähernd gleichen Aluminiumgehalts. Bequemer arbeitet man mit nur einer einzigen Vergleichslösung nach Aufstellung einer empirischen Eichkurve, die man bei der von WINTER und Mitarbeitern angewendeten Farbstoffmenge von 2 cm^3 0,1%iger Aluminonlösung zweckmäßiger wohl nur bis zu einem Gehalt von etwa 40 $\gamma/50$ cm^3 Aluminium (vgl. S. 317) benutzt und auf eine Lösung mit 15 $\gamma/50$ cm^3 Aluminium bezieht.

Genauigkeit (vgl. auch S. 318). WINTER und Mitarbeiter fanden beim colorimetrischen Vergleich unter Anwendung nahezu konzentrationsgleicher reiner Aluminiumlösungen die nachfolgend in Tabelle a, bei Verwendung ihrer empirischen Eichkurve (bezogen auf 30 γ Aluminium in 50 cm^3, Schichtdicke 30 mm), die in Tabelle b angegebenen Werte.

Tabelle a.

γ Aluminium		Fehler %
Gegeben	Gefunden	
30,0	30,6	+2,0
20,0	20,0	±0
50,0	49,6	—0,8
50,0	48,0	—4,0
40,0	41,3	+3,3
32,0	32,8	+2,5
52,0	51,6	—0,8
42,0	42,0	±0

Tabelle b.

γ Aluminium		Fehler %
Gegeben	Gefunden	
28,0	28,5	+1,8
40,0	41,0	+2,5
53,0	51,5	—2,8
67,0	69,0	+3,0
25,0	25,0	±0
5,0	5,2	+4,0

Arbeitsvorschrift nach* Cox *und Mitarbeitern. 20 cm^3 der gegen Lackmus schwach sauren Aluminiumlösung werden in einen trockenen 250 cm^3-ERLENMEYER-Kolben mit Schliffstopfen gegeben und mit 25 cm^3 Reagenslösung[1] versetzt, wodurch der p_H-Wert auf 4,5 bis 5,5 eingestellt wird. Die Lösung wird hierauf unter dem Pilzkühler (test-tube condenser) genau 1 Min. gekocht und dann in fließendem Wasser abgekühlt. Durch langsames Zugeben von etwa 5 cm^3 1,6 mol Ammoniumcarbonatlösung stellt man jetzt den p_H-Wert auf 7,1 ein und kehrt den verschlossenen Kolben 20mal zwecks weiterer Mischung der Lösung um, wobei man Kohlendioxyd durch vorsichtiges Heben des Schliffes entweichen läßt. Nach 20 Min. langem Stehen kann der Farbvergleich im Colorimeter vorgenommen werden.

---

[1] Die Reagenslösung enthält im Liter: 1 Mol Ammoniumacetat, 1 Mol Ammoniumchlorid, 80 cm^3 0,1%ige Aluminonlösung und 60 cm^3 6 n Salzsäure.

Als Vergleichslösung wird eine wäßrige Lösung von 5 cm³ 0,04%iger Thymolblaulösung und 8 cm³ 6 n Salzsäure in 500 cm³ Volumen angewendet und zur Aufstellung einer Eichkurve mit Farblacklösungen aus steigenden Mengen Aluminium bei stets gleicher Schichtdicke (30 mm) verglichen.

Angaben über die Genauigkeit dieser Arbeitsvorschrift haben Cox und Mitarbeiter nicht gemacht.

***Arbeitsvorschrift nach* Roller.** Die Aluminiumlösung, deren p_H-Wert etwa 6,3 ist, wird auf ein Volumen von 12 cm³ gebracht. Durch Zusatz von 5 cm³ einer Ammoniumacetat-Salzsäure-Pufferlösung[1] wird der p_H-Wert der Reaktionslösung genau auf 6,3 eingestellt. Man fügt nun 1 cm³ (pro 0,010 mg Aluminium) einer 0,1%igen Lösung des „Aluminons" zu und mischt gut. Nach etwa 15 Min. ist die maximale Farbintensität erreicht, die mehrere Stunden bestehen bleibt. Bei kleineren Aluminiummengen als 2 γ wird der Farbvergleich nicht im Colorimeter, sondern in Nessler-Zylindern ausgeführt.

Bestimmung des Aluminiums bei Gegenwart fremder Ionen.

Nach Yoe und Hill (a) (Verfahren ohne Erwärmen, 50 cm³ Gesamtvolumen stören schon Eisenmengen, die kleiner als die vorhandene Aluminiummenge sind, die Farbreaktion ganz erheblich, wie man an folgenden Vergleichswerten erkennt:

Eisen mg	Aluminium mg	Farbintensität
0,00	0,10	100
0,01	0,10	100
0,03	0,10	121

Der Versuch, das Eisen durch Zusatz von Citrat zu tarnen, war erfolglos, da auch die Farbreaktion des Aluminiums verhindert wird.

Eine Reihe weiterer Ionen zeigte bei einem Mengenverhältnis von 1 : 10 (0,1 mg Al neben 1 mg Fremd-Ion) praktisch keinen bzw. geringen Einfluß, während bei 10 mg Fremd-Ion meist infolge Trübung keine Messung mehr möglich war [Yoe und Hill (a)].

Fremd-Ion	$Ca^{··}$	$Mg^{··}$	$Cu^{··}$	$Ni^{··}$	$Co^{··}$	CrO_4''	PO_4''' *
Intensität bei Anwesenheit von 1 mg Fremdmetall (Intensität bei 0,1 mg Al/50 cm³ = 100 gesetzt)	102	102	100	108	110	112	107 **

* Von PO_4''' waren 5 mg zugegen. ** Es trat Trübung der Lösung auf.

Die meisten Arbeiten über die Verwendung des Aluminons wurden im Zusammenhang mit der Bestimmung kleinster Aluminiummengen in der Asche von *biologischem Material* ausgeführt, in welchem vor allem Eisen und Phosphorsäure (Kupfer) als störende Komponenten vorhanden sind, während Calcium und Magnesium keinen Einfluß ausüben. Die erforderliche Trennung des Aluminiums vom Eisen kann nach vorausgehender gemeinsamer Fällung [durch Hydrolyse in acetathaltiger Lösung (Myers, Mull und Morrison) oder durch Ammoniak [Lampitt und Sylvester, Yoe und Hill (a)] mit Hilfe von Natronlauge ausgeführt werden. Die kleinen Aluminiummengen werden durch das ausfallende Eisenhydroxyd adsorptiv mitgefällt, gegebenenfalls setzt man kleine Eisenmengen absichtlich zu. Cox uud Mitarbeiter fällen Aluminium und Eisen vor der Trennung mit Natronlauge als Phosphate (vgl. auch Lehmann).

Nach dem erwähnten Aufbereitungsverfahren fanden Lampitt und Sylvester zu Pflanzenmaterial zugesetzte Aluminiummengen zwischen 1 und etwa 100 γ mit einer Genauigkeit von etwa $\pm$ 4 bis 5% wieder, wenn gleichzeitig die 2- bis 10fache Menge des Aluminiums an Kupfer, Blei, Zinn, Zink, Eisen, Nickel oder die 100fache Menge an Calcium anwesend war. Auch die 10fache Menge Borsäure und Phosphorsäure übte praktisch keinen Einfluß aus. Etwa die gleiche Genauigkeit erzielten

[1] 4 n Ammoniumacetatlösung mit etwas Salzsäure.

MYERS, MULL und MORRISON bei ihren Aluminiumbestimmungen im tierischen Gewebe, die sie durch Zusatz bekannter Aluminiummengen kontrollierten. YOE und HILL (a) haben colorimetrisch (nach Eisenabtrennung) und gravimetrisch in *Wasserproben* folgende Aluminiumgehalte gefunden:

Eisen mg/l	Aluminium gravimetrisch mg/l	Aluminium colorimetrisch mg/l
0,00	0,05	0,05
0,66	1,03	1,09
0,23	0,51	0,41
5,00	0,59	0,62

KULBERG und ROVINSKAJA betonen, daß besonders Pyrophosphate, wie sie beim Veraschen und Glühen von phosphathaltigem, biologischem Material entstehen können, schon in sehr geringer Menge die Farbbildung stören. Dagegen können 5 γ Aluminium in 10 cm³ Lösungsvolumen noch bei Anwesenheit von 3 mg Phosphorsäure bestimmt werden. Zur Trennung des Aluminiums von größeren Mengen Calcium, Magnesium, Eisen und Phosphat[1] führen diese Autoren zunächst eine gemeinsame Abscheidung von Aluminium und Eisen als Oxinate durch, zerstören das Oxin des Niederschlages durch Abrauchen und schwaches Glühen in der Quarzschale und extrahieren das Eisen als Rhodanid mit Äther aus der salzsauren Lösung des Rückstandes. In nachfolgender Tabelle der Autoren ist eine Anzahl von Beleganalysen nach dem geschilderten Verfahren zusammengestellt.

Gegeben									Gefunden	Fehler
Al γ	Ca γ	Mg γ	P γ	Pyrophosphat γ	Cu γ	Zn γ	Mn γ	Fe γ	Al γ	γ
1,0	1000	—	1000	—	20	20	20	250	1,2	+0,2
3,0	2000	—	2000	—	—	—	—	250	3,6	+0,6
3,0	3000	—	—	—	—	—	—	250	3,1	+0,1
4,0	200	—	—	300	—	—	—	250	3,7	—0,3
5,0	1000	500	1000	—	20	20	20	250	6,0	+1,0
5,0	1000	500	3000	—	20	20	20	250	5,4	+0,4
5,0	2000	—	—	2000	—	—	—	250	6,7	+1,7
7,0	1000	2000	—	—	—	500	—	250	6,7	—0,3
7,0	—	—	3000	—	—	—	—	250	6,7	—0,3

Bestimmung des Aluminiums neben großem Chromatüberschuß nach SAHININA und KUMINOWA.

Arbeitsvorschrift. **10 cm³ der zu analysierenden Lösung werden mit 2 n Salzsäure bis zum Farbumschlag von Kongorot (Tüpfeln auf Kongorotpapier, Farbumschlag bei $p_H = 3{,}0$ bis 5,2) neutralisiert. Dann gibt man 5 cm³ 5 n Ammoniumacetatlösung, 10 bis 12 cm³ destilliertes Wasser und 5 cm³ 0,2%ige Aurintricarbonsäurelösung zu. Nun mischt man 1 bis 2 Min. lang gut durch und läßt zur Lackbildung weitere 5 Min. stehen. Unter dauerndem Umschütteln werden 2 cm³ 5 n Ammoniak und soviel 5 n Ammoniumcarbonatlösung zugegeben, als zur Beseitigung der Chromlackfärbung in der Vergleichsprobe (Blindprobe gleichen Chromatgehalts) erforderlich waren. Nach Hinzufügen von 5 cm³ Stärkelösung füllt man auf 50 cm³ mit Wasser auf und bestimmt den Galvanometerausschlag im Colorimeter. Die Lichtstärke (Stromstärke) der Glühbirne wird so geregelt, daß der der Vergleichschromatlösung entsprechende Ausschlag des Galvanometers stets am unteren Ende der Meßskala liegt.**

Genauigkeit. **Bei Ansätzen mit 0,0456 bis 0,256 mg Aluminium und 1,2 g Natriumchromat in 50 cm³ Lösung betrug die größte Abweichung von der linearen Eichkurve 11%. Größere Fehler erklärten die Autoren durch Schwankungen der Lichtstärke der benutzten Glühbirne des Colorimeters und durch gewisse Unvollkommenheiten der angewendeten Arbeitsbedingungen.**

[1] Über die zulässige Phosphatmenge bei der Abtrennung des Aluminiums mittels Oxins vgl. auch S. 286.

C. Colorimetrische Bestimmung des Aluminiums mit Hilfe von Alizarinrot S (alizarinsulfosaurem Natrium).

Allgemeines.

1915 hat ATACK als erster die bekannte Farbreaktion des Alizarinrot S mit Aluminium und Eisen zum qualitativen Nachweis und zur colorimetrischen Bestimmung des Aluminiums benutzt. Der Nachweis wird derartig ausgeführt, daß man zu der Aluminium enthaltenden Lösung etwas wäßrige Alizarinrot S-Lösung zusetzt und ammoniakalisch macht. Hierbei bildet sich die rote Aluminium-Alizarin S-Verbindung, und es tritt gleichzeitig die in ammoniakalischer Lösung violette Färbung des überschüssigen Alizarinrot S auf. Beim Ansäuren mit Essigsäure geht die Färbung des überschüssigen Alizarinrot S in Gelb über, so daß nunmehr die rote Färbung des Aluminium-Alizarinrot-Komplexes hervortritt. Bei größerem Aluminiumgehalt tritt Ausfällung in Form roter Flocken ein.

Über die Grenzkonzentration des Aluminiumnachweises (Reagensglasprobe) mit Alizarinrot S finden sich im Schrifttum widersprechende Angaben. Während ATACK eine Grenzkonzentration von etwa 0,1 γ Aluminium/cm^3 nannte, gibt FEIGL nach den Untersuchungen von HELLER und KRUMHOLZ 13 γ/cm^3 an. Auch WOLFF, VORSTMAN und SCHOENMAKER fanden eine geringere Empfindlichkeit als ATACK, nämlich etwa 2 γ/cm^3. Im Gegensatz dazu konnten YOE und HILL (b) noch etwa 0,02 bis 0,04, UNDERHILL und PETERMAN 0,2 γ/cm^3 und JOSHII und JIMBO sogar 0,001 γ/cm^3 nachweisen. Auch SCHAMS bezeichnet den Aluminiumnachweis mit Alizarinrot S als äußerst empfindlich. Die Widersprüche zwischen den vorliegenden Angaben lassen sich wohl dadurch erklären, daß die einzelnen Autoren bis zu verschiedenen Säurekonzentrationen angesäuert [p_H-Abhängigkeit, Verblassen bei $p_H = 2$ bis 1, vgl. MUSSAKIN (a)] und den Farbstoffüberschuß unterschiedlich bemessen haben.

Die von (ATACK angegebene Arbeitsvorschrift zur *quantitativen* colorimetrischen Bestimmung s. S. 326) erwies sich später als unzureichend, da wichtige Reaktionsbedingungen z. B. p_H-Einfluß) unberücksichtigt geblieben waren. Auch neuere eingehende Untersuchungen über die Reaktionsverhältnisse in den stark verdünnten Aluminium-Farbkomplex-Lösungen (vgl. unten und S. 323) führten noch nicht zu einer völlig befriedigenden Arbeitsvorschrift zur quantitativen Bestimmung.

Eigenschaften des Alizarinrot S. Alizarinrot S ist das Natriumsalz der 1,2-Dioxyanthrachinon-3-sulfosäure mit der Summenformel $NaC_{14}H_7O_7S \cdot H_2O$ und nebenstehende Strukturformel.

OH, CO, OH, SO$_3$Na, CO

Es bildet orangegelbe Krystalle, die in Alkohol und Wasser leicht löslich, in Äther aber unlöslich sind. Alizarinrot S wird auch als Indicator verwendet [KOLTHOFF (a)]. Die Färbung der wäßrigen Lösung schlägt im p_H-Bereich von 5,5 bis 6,8 von Gelb nach Violettrot (Lila in verdünnteren Lösungen) um.

Eigenschaften der wäßrigen Aluminium-Farbkomplex-Lösung. Über die Konstitution des durch Zugabe von Alizarinrot S-Lösung zu nicht extrem verdünnten Aluminiumsalzlösungen bei schwach essigsaurer Reaktion erhaltenen, roten Niederschlages ist einiges Erfahrungsmaterial vorhanden, nach welchem es sich um ein Aluminiumsalz der Alizarinsulfosäure von der Formel Al (Alizarinsulfosäurerest)$_3$ handelt. Der theoretische Aluminiumgehalt dieses Salzes beträgt 2,75%, während ATACK 2,85 und 3,0% fand, d. h. also, die gebundene Alizarinsulfosäuremenge war kleiner als die berechnete. Im Gegensatz dazu erhielt RAMSER einen etwas zu niedrigen Aluminiumgehalt, was durch Adsorption überschüssigen Farbstoffs an den ausfallenden voluminösen Flocken des Farblackes erklärt werden kann. Im Einklang mit den Erfahrungen von ATACK sowie RAMSER fand auch LEHMANN (b) bei der Fällung von Aluminium mit Alizarinrot S, daß die Zusammensetzung des roten

Niederschlages nicht genau definiert ist. Aus der Wägung des getrockneten Niederschlages unter Annahme der Verbindung Al (Alizarinsulfosäurerest)$_3$ ergaben sich zu hohe Aluminiumwerte (Farbstoffadsorption!), während durch Veraschen, Glühen und Wägen des erhaltenen Aluminiumoxydes richtige Aluminiumwerte (1,0 mg) erhalten wurden.

Man kann den Aluminium-Alizarinrot S-Farbkomplex in Analogie zu den näher untersuchten Aluminium-Alizarin-Farblacken [Möhlau u. a., vgl. Beilstein (b)] als inneres Komplexsalz von nebenstehender Struktur auffassen. Das Salz ist gegenüber verdünnten Säuren recht beständig.

O···Al$_{1/3}$, C, O, OH, SO_3H, CO

In den mit kleinsten Aluminiummengen erhaltenen stark, verdünnten Lösungen liegt der Aluminium-Alizarinrot S-Komplex offenbar in kolloider Form vor, da auch bei diesen verdünnten Lösungen nach längerem Stehen Ausflockung eintritt. Praetorius konnte bei der Ausarbeitung einer *indirekten* colorimetrischen Aluminiumbestimmungsmethode mit Hilfe von Alizarinrot S zeigen, daß diese Ausfällung auch bei Aluminiummengen von einigen Hundertstelmilligrammen unter Zusatz geeigneter Elektrolyte in annähernd reproduzierbarer Weise erfolgt (s. S. 327). (Der durch Zentrifugieren und Waschen von überschüssigem Farbstoff befreite Farblack wird hierbei in Natronlauge gelöst und die dadurch erhaltene violette Lösung mit einer auf bekannte Aluminiummengen eingestellten alkalischen Alizarinrot S-Lösung colorimetrisch verglichen.)

Für die direkte colorimetrische Bestimmung des Aluminiums in Anwesenheit eines Überschusses von Alizarinrot S ist es nun wichtig, daß der Aluminiumfarblack in stark verdünnter, kolloider Lösung gegen Säure eine gewisse Empfindlichkeit hat, d. h. es findet schon bei $p_H = 2$ bis 1 Verblassen der orangeroten Farblacklösung oder mit anderen Worten Zerlegung des Farblackes statt. Daher muß die Farblacklösung mit einem Puffer auf einen bestimmten p_H-Wert eingestellt werden. Durch das Zusammenwirken verschiedenster Einflüsse, nämlich der soeben genannten Säurekonzentration, der Indicatoreigenschaften des Alizarinrot S, der kolloiden Natur der Aluminium-Farblacklösung, der zeitlichen Veränderung der schwach essigsauren Farblacklösung, der Hydrolysegleichgewichte des Aluminiums, der Reaktion fremder Kationen wurden die Schwierigkeiten verursacht, welche bisher die Festlegung genauer Arbeitsweisen hemmten.

Ergebnisse bisheriger Forschungsarbeiten. Die von Atack angegebene Methode (s. unten), die kolloide Lösung des Aluminiumfarblackes bei ammoniakalischer Reaktion zu erzeugen und nach dem Ansäuern mit Essigsäure den Farbvergleich vorzunehmen, wurde von fast allen Autoren, welche das Alizarinrot S-Verfahren zu verbessern suchten, beibehalten. In wenig veränderter Form wurde die Vorschrift Atacks zur Aluminiumbestimmung in Wässern benutzt, so von Kolthoff (b), von Baldwin sowie von Ohlmüller und Spitta. Später berichtet Kolthoff (c) jedoch, sehr schwankende Resultate erhalten zu haben und empfiehlt seine Chinalizarinmethode (vgl. S. 331). Auch viele andere Autoren, z. B. Wolff und Mitarbeiter, ferner Lehmann (a), (b), weiterhin Alten, Weiland und Knippenberg sowie Hatfield geben an, keine befriedigenden Resultate mit der Arbeitsweise Atacks erhalten zu haben.

Schon Wolff, Vorstman und Schoenmaker stellten fest, daß der Farbwechsel beim Ansäuern der ammoniakalischen Aluminium-Alzarinrot S-Lacklösung nur allmählich erfolgt, weshalb man schlecht erkennen kann, wann die richtige Menge Essigsäure zugefügt ist. Diese Autoren benutzten daher *Alizarin* an Stelle von Alizarinrot S und erhielten dabei einen deutlicheren Farbumschlag beim Ansäuern, aber keine befriedigend genauen Analysenergebnisse (vgl. S. 330).

Erst UNDERHILL und PETERMAN haben auf die unbedingt erforderliche Einstellung eines bestimmten, in Vergleichs- und Analysenlösung gleichen p_H-Wertes hingewiesen. Als geeigneten p_H-Wert fanden die Autoren 3,6 bis 3,8. Auch machten sie auf den in der Vorschrift von ATACK genannten zu großen Farbstoffüberschuß aufmerksam, der besonders bei sehr kleinen Aluminiummengen stört, und zweckmäßig nach dem im festen Aluminium-Alizarinrot S-Farblack festgestellten Molverhältnis (Al : 3 Alizarinrot S) bemessen wird [vgl. auch YOE und HILL (b)]. Die Arbeitsvorschrift von UNDERHILL und PETERMAN ist ziemlich umständlich, da unter anderem zwecks vollständiger Farblackbildung das ammoniakalische Gemisch 24 Std. stehen soll, was besonders für kleinste Aluminiummengen wichtig ist. Um Farbtonunterschiede zu vermeiden, werden Bezugslösungen benutzt, deren Aluminiumgehalt in der Nähe der zu bestimmenden Gehalte liegt.

Auch YOE und HILL (b) lieferten einen experimentellen Beitrag zur Verbesserung der Alizarinrot S-Methode. Ihre bei steigender Aluminium- und konstanter Farbstoffmenge gemessene Lichtintensitätskurve zeigt gewisse Parallelen zu den von MILLNER bei Eriochromcyanin gefundenen Kurven.

In einigen neueren Arbeiten [MUSSAKIN (a), vgl. auch MUSSAKIN (b); BABKO (a), (b)] werden die Arbeitsbedingungen der colorimetrischen Bestimmung des Aluminiums mit Alizarinrot S bzw. Alizarin S weiter eingehend studiert, allerdings nur unter Verwendung von Eintauchcolorimetern, was die Auswertung der Ergebnisse unübersichtlicher macht, weil sich nur relative Lichtdurchlässigkeiten ergeben (Vorzüge der Bestimmung absoluter Extinktionswerte s. bei Eriochromcyanin, S. 311).

In Übereinstimmung mit UNDERHILL und PETERMAN stellte MUSSAKIN (a) fest, daß bei dem p_H-Wert 3,6 die Differenz der Färbungsintensitäten zwischen dem Farblack und dem überschüssigen Farbstoff am größten und damit der p_H-Wert 3,6 für den Farbvergleich im Colorimeter am günstigsten ist. Auch die Konstanz der Farbintensität scheint bei diesem p_H-Wert, welchen MUSSAKIN durch Zusatz einer Natriumacetat-Pufferlösung (s. Arbeitsvorschrift) einstellt, ausreichend zu sein. MUSSAKIN versuchte weiter die Auswertung der Ablesungen am Eintauchcolorimeter durch Berücksichtigung der Lichtabsorption des überschüssigen Farbstoffs zu verbessern, welche ja verursacht, daß die Lichtabsorption der Farblack-Alizarin-Lösungen dem BEERschen Gesetz, d. h. also der Gleichung $c_1 \cdot h_1 = c_2 \cdot h_2$, nicht gehorcht. Da bei erheblich unterschiedlichem Aluminiumgehalt zwischen Probe- und Vergleichslösung störende Farbtonunterschiede auftreten, benutzen die Autoren an Stelle der Eichkurven passende Vergleichslösungen (UNDERHILL und PETERMAN) und berechneten dann den Aluminiumgehalt nach dem BEERschen Gesetz, oder sie glichen die Vergleichslösung durch Zusatz von Aluminiumsalzlösung an die Färbung der Probelösung an [MUSSAKIN (b); SWATSCHENKO]. In der von MUSSAKIN angesetzten, korrigierten Gleichung $(c_1 + a)\,h_1 = (c_2 + a)\,h_2$ bedeutet a die Konzentration des überschüssigen Alizarinrot S, ausgedrückt durch die eine Färbung gleicher Intensität hervorrufende Aluminiumkonzentration. Der Autor machte zwar die unrichtige Annahme, daß die überschüssige Farbstoffmenge praktisch konstant sei, aber trotzdem gibt die neue Gleichung die gefundenen Intensitätsverhältnisse (bei steigendem Aluminiumgehalt) gut wieder. Auf die formale Übereinstimmung des Ansatzes von MUSSAKIN (a) mit der von MILLNER (vgl. S. 312) abgeleiteten Gleichung zur Aufstellung einer wahren, nur die Lichtabsorption des Farblackes selbst anzeigenden Eichkurve sei hingewiesen.

BABKO (a), (b) hat in zwei Arbeiten die Eigenschaften der kolloiden Aluminium-Alizarinrot S-Farblack-Lösungen untersucht. Zuerst benutzte der Autor das Doppelkeilcolorimeter nach BJERRUM-ARRHENIUS zur Feststellung des Mengenverhältnisses zwischen der Lackform und dem ungebundenen Alizarinrot S, aus welchem sich das Molverhältnis zwischen Aluminium und Alizarinrot S im Farblack berechnen läßt. In der einen Hälfte der Doppelkeilwanne befand sich die Aluminium-Farblack-Lösung, d. h. also Alizarinrot S mit überschüssigem Aluminium, in der anderen

Hälfte (bei gleichem p_H-Wert!) die Alizarinrot S-Lösung. Es ergab sich, daß bei großem Alizarinrot S-Überschuß in verdünnten Aluminiumsalzlösungen offenbar chemische Verbindungen, wie Al(Alizarinrot $S)_3$ und Al_2(Alizarinrot $S)_3$ entstehen, die in Lösungen höherer Aluminiumkonzentration in aluminiumärmere Adsorptionsverbindungen übergehen. Bei gleichbleibendem Mengenverhältnis zwischen Aluminium und Alizarinrot S wächst die mit 1 Mol Aluminium verbundene Alizarinmenge mit der Verdünnung. In seiner zweiten Arbeit konnte BABKO (b) durch Anwendung eines Doppel- (Stufen-) Eintauchcolorimeters, das bereits benutzte Prinzip des Vergleichs der Probelösung mit der in getrenntem Raum befindlichen Farblack- und Alizarinrot S-Lösung noch verfeinern. Der Verfasser weist auf eine Abhängigkeit der Zusammensetzung des Farblackes vom p_H-Wert hin. Er findet bei $p_H = 8{,}8$ die Verbindung Al(Alizarin $S)_3$, während bei Verwendung von Acetat-Essigsäure-Pufferlösung bei $p_H = 4{,}7$ nur 2 Moleküle Alizarinrot S auf 1 Atom Aluminium vorhanden sind. Über die nach BABKO (b) günstigste Herstellung der Farblacklösung s. unter Arbeitsvorschriften.

Auch ROSANOW und MARKOWA führten eine kritische Prüfung des Alizarinrot S-Verfahrens durch, wobei sie schwankende Resultate erhielten. OCKELIN und SABAREWA wendeten das Alizarinrot S-Verfahren zur Aluminiumoxydbestimmung im Aluminium an (vgl. S. 498).

In einer weiteren ausführlichen Arbeit führte BABKO (c) unter Anwendung eines lichtelektrischen Colorimeters mit Selenphotozelle und Lichtfiltern Absorptionsmessungen an Alizarinrot S sowie dessen Farblacke mit Aluminium und Eisen in etwa 10^{-4} molarer Lösung und im p_H-Bereich von 3 bis 13 aus. Danach existiert Alizarinrot S in den drei optisch verschiedenen Formen H_2 Aliz., H Aliz.′ und Aliz.″, für welche sich die Dissoziationskonstanten $K' = 3 \cdot 10^{-6}$ und $K'' = 3 \cdot 10^{-10}$ ergaben. Die Bildung des Aluminiumfarblackes ist bei $p_H = 3$ merklich und bei $p_H = 5$ vollständig. Bei $p_H = 11{,}5$ zerfällt der Farblack unter Bildung von Aluminat und Alkalisalz des Alizarinrots S. Die Lichtabsorption (Farbe) des Lackes stimmt weitgehend mit derjenigen des Anions Aliz.′ überein (weitere Ergebnisse auch bezüglich des sich ähnlich verhaltenden Eisens s. im Original). In dieser zuletzt beschriebenen Arbeit schlug BABKO neben der bereits in seiner II. Mitteilung (b) (Kompensations-Eintauch-Colorimeter!) über die Alizarinrot S-Farblacke des Aluminiums benutzten Arbeitsweise in essigsaurer Lösung ($p_H = 4{,}7$) auch die Erzeugung (und Messung) des Farblacks bei $p_H = 11$ vor.

Arbeitsvorschriften.

Vorbemerkung. Von den im Anschluß an die ATACKsche Arbeitsweise ausgearbeiteten, verbesserten Verfahren kommen für die Praxis nur jene in Betracht, welche den Einfluß der Wasserstoff-Ionen-Konzentration berücksichtigen. Dies ist bereits bei der Arbeitsvorschrift von UNDERHILL und PETERMAN der Fall, die jedoch umständlich und zeitraubend ist. Die Vorschrift von ATACK, die man als unvollständig und in den Konzentrationsverhältnissen unzweckmäßig bezeichnen kann, soll hier nur der historischen Vollständigkeit halber aufgeführt werden. Einfach ist die Vorschrift von MUSSAKIN (a), dessen Formel zur Berücksichtigung der Färbung des überschüssigen Farbstoffs allerdings insofern keinen besonderen Nutzen bringt, als bei der praktischen Ausführung des Farbvergleichs zur Vermeidung von Farbtonunterschieden die Aluminiumkonzentrationen in Probe- und Vergleichslösung ohnehin aneinander angeglichen werden müssen. Bei dem indirekten Verfahren nach PRAETORIUS, das als colorimetrisches Schnellverfahren nicht in Frage kommt, hat man keine Farbtonunterschiede beim Colorimetrieren, muß aber mit gewisser Unsicherheit bei der quantitativen Ausfällung des Farblackes rechnen (vgl. S. 328). Die von BABKO (b) vorgeschlagene Arbeitsweise ist eine der wenigen, bei welchen der Farblack in essigsaurer Lösung erzeugt wird (vgl. auch GIZOLME).

***1. Methode nach* Atack. Arbeitsvorschrift.** Man säuert die Aluminiumsalzlösung (5 bis 20 cm^3) mit Salzsäure oder Schwefelsäure an, gibt 10 cm^3 Glycerin und 5 cm^3 einer 1 %igen (!) Alizarinrot S-Lösung zu, verdünnt mit Wasser auf 40 cm^3 und macht mit Ammoniak schwach alkalisch. Nach 5 Min. langem Stehen wird mit verdünnter Essigsäure sauer gemacht, bis kein weiterer Farbwechsel mehr stattfindet. Die Lösung wird nun auf 50 cm^3 aufgefüllt und mit Bezugslösungen bekannten Aluminiumgehaltes (5 bis 50 γ Al_2O_3 in 50 cm^3) verglichen.

Gegeben Al mg	Gefunden Al mg	Relativer Fehler %
0,10	0,08	—20
0,050	0,05	0
0,030	0,03	0

Bemerkungen. Sowohl über die Ausführung des Farbvergleiches als auch über die erzielte Genauigkeit macht der Autor keine Angaben. Schams hat neuerdings die Genauigkeit des Verfahrens zu $\pm$ 10% angegeben. — Yoe und Hill (b) haben zu ihrer etwas abgeänderten Vorschrift [0,1 %ige Farbstofflösung, keine p_H-Kontrolle (!)] nebenstehende Werte angegeben.

***2. Methode nach* Mussakin *(a)*. Arbeitsvorschrift.** Die zu prüfende schwachsaure oder neutrale Lösung, die etwa 0,01 bis 0,15 mg Al_2O_3 in 0,1 bis 5 cm^3 enthält befreit man nach der Rhodanid-Extraktionsmethode von (3wertigem) Eisen. Dann fügt man 5 cm^3 0,1 %ige Alizarinrot S-Lösung und 1 n Ammoniaklösung zu, bis die Färbung durch 1 Tropfen Ammoniak von Gelb nach Rotlila umschlägt. Nach 5 Min. werden 40 cm^3 einer Pufferlösung vom p_H-Wert 3,6[1] zugesetzt. Dann füllt man auf 50 cm^3 auf, vergleicht (im Eintauchcolorimeter) mit einer Lösung bekannten Aluminiumgehaltes, die in gleicher Weise hergestellt wurde.

Die Berechnung der Aluminiummenge erfolgt nach der von Mussakin angegebenen Gleichung, in welcher die Lichtabsorption des überschüssigen Alizarinrot S durch die additive Konstante a (entsprechend 0,025 mg Aluminium/50 cm^3) berücksichtigt werden soll:

$$\frac{c_1 + a}{c_2 + a} = \frac{h_2}{h_1},$$

c_1 und c_2 bedeuten die bekannte Vergleichs- bzw. gesuchte Aluminiumkonzentration, h_1 und h_2 die zugehörigen Schichthöhen. Damit die Farbtöne der zu vergleichenden Lösungen sich nicht stark voneinander unterscheiden, kann man die Bezugslösungen nach der früher (b) vom Autor angegebenen Methode bereiten. Zu diesem Zweck gibt man zu der rotlilafarbenen Lösung ohne Aluminium, die die gleiche Menge an Beimengungen (Natriumchlorid, KSCN-Kaliumrhodanid) Salzsäure, Alizarinrot S und Ammoniak wie die zu prüfende Lösung enthält, eine neutrale Lösung von Aluminium bis zur gleichen (Rotorange-)Färbung hinzu. Nach 5 Min. fügt man zu beiden Lösungen (Bezugs- und Analysenlösung) die Pufferlösung hinzu, füllt auf 50 cm^3 auf und vergleicht im Colorimeter.

Genauigkeit. Über die Genauigkeit seines Verfahrens macht Mussakin keine Angaben.

***3. Methode nach* Babko *(b)*. Arbeitsvorschrift.** Bei einem Gesamtvolumen der Farblacklösung von 10 cm^3[2] sollen etwa 0,015 bis 0,080 mg Aluminium zugegen sein. Man fügt 0,75 cm^3 1/1000 mol. Alizarinrot S-Lösung ($\sim$ 0,32 g/l) und 1 cm^3 1 n Natriumacetatlösung hinzu und säuert nach 3 bis 5 Min. mit 1 cm^3 1 n Essigsäure an.

Der Farbvergleich mit der Bezugs-Aluminiumlösung erfolgt nicht in einem gewöhnlichen einstufigen Eintauchcolorimeter, sondern in einem zweistufigen Kompensationscolorimeter, wobei nur die wirklich vorhandene Lackmenge (neben dem überschüssigen Reagens) und damit der Aluminiumgehalt bestimmt wird.

***4. Methode nach* Underhill *und* Peterman. Arbeitsvorschrift.** Zu 5 cm^3 der von Eisen befreiten sauren Aluminiumlösung gibt man in 25 cm^3-Meßkölbchen 2,5 cm^3 eines Gemisches aus 4 Teilen Glycerin und 1 Teil 10 %iger Citronensäure und fügt 1 Tropfen 0,5 %ige Alizarinrot S-Lösung hinzu. Die Lösung wird dann durch einen Ammoniakgasstrom neutralisiert, bis die Färbung von Gelb nach Rosa

[1] Pufferlösung: 0,185 Mol Essigsäure und 0,015 Mol Natriumacetat auf 1 l.

[2] Nach den neueren Angaben des Verfassers in der Arbeit (d) arbeitet man mit Acetatpuffer vom p_H-Wert 4,6 und benutzt ein lichtelektrisches Colorimeter.

übergeht. Alle angesetzten Proben (vor allem auch die Vergleichslösungen) werden sorgfältig auf die gleiche Färbung eingestellt. Dann gibt man 0,5 cm³ der 0,5%igen Farbstofflösung und 0,2 cm³ konzentriertes Ammoniak zu, mischt die Lösung und läßt 24 Std. verschlossen stehen. Anschließend versetzt man mit 0,5 cm³ Eisessig, füllt mit Wasser bis zur Marke auf und mischt wieder durch. Dann wird der Farbvergleich mit einer der in gleicher Weise gleichzeitig hergestellten Bezugslösungen (0,5 bis 5 γ Al in 25 cm³) im Eintauchcolorimeter vorgenommen, und zwar wird die der Untersuchungslösung möglichst gleichgefärbte Bezugslösung zum Vergleich benutzt.

Genauigkeit. 5 Beleganalysen werden von den Autoren für eine Lösung folgender Zusammensetzung angegeben: 0,01 mg/cm³ Aluminiumsulfat, 0,5 mg/cm³ Eisenchlorid, je 0,05 mg/cm³ Calciumchlorid, primäres Kaliumphosphat, Magnesiumchlorid und 3 mg/cm³ Natriumchlorid. Die in den 5 cm³ analysierter Lösung vorhandenen etwa 2 γ Aluminium wurden mit einer größten Abweichung von 1,2% wiedergefunden.

***5. Methode nach* Praetorius. Vorbemerkung.** Die Methode von Praetorius wurde speziell zum Zwecke der Bestimmung des Aluminiums neben viel Beryllium ausgearbeitet (s. weiter unten). Sie könnte jedoch auch allgemein Verwendung finden, wenn störende Elemente vorher entfernt werden (s. unten). Allerdings erfordert das nicht ganz bequeme Verfahren mehr als 2 Tage Zeit (hauptsächlich durch die lange Dauer der vollständigen Abscheidung des Farblackes bedingt).

Arbeitsvorschrift. Reagenslösung. Nach Stock, Praetorius und Priess werden 100 g Ammoniumtartrat sowie 4 g alizarinsulfosaures Natrium getrennt in möglichst wenig Wasser gelöst. Ohne zu filtrieren, gibt man die Lösungen zusammen und verdünnt auf etwa 350 cm³. Man setzt 50 cm³ Eisessig und unter kräftigem Umschwenken allmählich 50 cm³ 2 n Ammoniaklösung hinzu. Örtliche ammoniakalische Reaktion muß hierbei vermieden werden, weil die dann ausfallenden gelatinösen Niederschläge sich nur schwer wieder in Essigsäure lösen. Man verdünnt die Lösung auf 500 cm³ und filtriert nach 24stündigem Stehen. Bei längerem Aufbewahren scheidet sich, besonders in der Kälte, etwas alizarinsulfosaures Ammonium ab. Vor dem Gebrauch filtriert man daher nochmals durch ein Faltenfilter. 10 cm³ der Lösung genügen zur Fällung von 2 mg Aluminium.

Arbeitsweise. Die zu untersuchende Lösung, die höchstens 2 mg Aluminium enthalten soll, wird im Platintiegel unter Zugabe weniger Tropfen konzentrierter Salzsäure vorsichtig bis fast zur Trockne abgeraucht, der feuchte Rückstand in wenig Wasser gelöst und die Lösung vorsichtig ammoniakalisch gemacht. Man bringt einen etwa entstandenen Niederschlag durch tropfenweisen Zusatz von Eisessig unter Erwärmen wieder in Lösung. Das Volumen dieser Lösung soll möglichst nicht mehr als 10 cm³ betragen. Man bringt die Lösung quantitativ in ein Zentrifugenglas von etwa 35 cm³ Inhalt und versetzt mit 10 cm³ Reagenslösung (s. weiter unten). Man läßt 2 Tage bis zur völligen Abscheidung des voluminösen Farblackes stehen und zentrifugiert diesen in einer schnellaufenden Zentrifuge ab. Durch abwechselndes Digerieren mit 5%iger, aluminiumfreier Ammoniumnitratlösung und Zentrifugieren wird der Niederschlag solange ausgewaschen, bis die Waschflüssigkeit nur noch schwach rötlich gefärbt oder farblos geworden ist. Zur Vermeidung von Verlusten wird die abdekantierte Waschlösung jedesmal durch ein Glaswollefilter filtriert.

Die Niederschläge im Zentrifugenglas und im Filter löst man dann in 0,1 n Natronlauge und bestimmt den Aluminiumgehalt der Lösung durch Vergleich ihrer Farbintensität mit derjenigen einer entsprechenden Lösung bekannten Aluminiumgehaltes in einem Eintauchcolorimeter. Man verdünnt hierzu die zu bestimmende Lösung am besten zuerst mit 0,1 n Natronlauge, daß beide Lösungen ungefähr gleich stark gefärbt sind. Da sich der Farbton der Lösung mit der Natriumhydroxydkonzentration ändert, ist stets die gleiche Konzentration an Natronlauge einzuhalten (mindestens 0,1 n). Die Vergleichslösung muß stets frisch hergestellt werden, da die Farbintensität mit der Zeit zurückgeht. Die colorimetrische Bestimmung sollte deshalb auch immer etwa nach derselben Zeit ausgeführt werden.

Genauigkeit. Mehr als 2 mg Aluminium lassen sich wegen der voluminösen Abscheidungsform des Farblackes nur schlecht vom überschüssigen Farbstoff befreien. Bei sehr kleinen Aluminiummengen ($< 0,1$ mg) macht sich bereits eine geringe Löslichkeit des Farblackes in der Waschflüssigkeit störend bemerkbar. Man verwendet dann besser eine 40%ige Ammoniumnitratlösung und wäscht nur wenige Male mit kleinen Anteilen dieser Lösung aus. 0,1 bis 0,5 mg Aluminium lassen sich nach PRAETORIUS sowie RAMSER mit einem Fehler bis zu $+5\%$, 0,003 mg Aluminium noch größenordnungsmäßig richtig bestimmen. Der Fehler ist wahrscheinlich infolge Adsorption von überschüssigem Reagens durch den Aluminiumlack meist positiv; er wird erst bei sehr kleinen Aluminiummengen bei der an sich geringen Löslichkeit des Farblackes negativ.

Bestimmung des Aluminiums neben anderen Metallen.

Allgemeines.

Eisen und andere Schwermetalle, wie Nickel, Kobalt, Mangan, Chrom, Kupfer (Zinn) stören die Bestimmung des Aluminiums, da sie ebenfalls Farblacke bilden. Nachfolgende Tabelle gibt einen Überblick über den von YOE und HILL (b) ausgeführten Vergleich der von verschiedenen Schwermetallen hervorgerufenen Farbintensitäten, wobei die durch 0,010 mg Al bedingte Intensität gleich 100 gesetzt ist (Volumen der Farblacklösung 50 cm³).

Fremdionen	Intensität [bezogen auf die Intensität bei 0,01 mg Al/50 cm³ (= 100)]			
Zugesetzte Menge	15 mg	10 mg	5 mg	1 mg
$Fe^{\cdots}$	starker Niederschlag	brauner Niederschlag	brauner Niederschlag	100
$Co^{\cdot\cdot}$	177[1]	tief gefärbt	204	185
$Ni^{\cdot\cdot}$	120 161[1]	103	100	100
$Mn^{\cdot\cdot}$	69 130[1]	69	70	88
$Cr^{\cdots}$	tief gefärbt	—	tief gefärbt	150
$Cu^{\cdot\cdot}$	tief rot	tief rot	200	110
$Sn^{\cdots\cdot}$	sehr trübe	sehr trübe	107 (trübe)	103

Die Alkalimetalle sowie je 15 mg Calcium, Magnesium, Zink oder Chrom als Chromat störten in dem oben genannten Volumen die Aluminiumbestimmung nicht [YOE und HILL (b)]. Die durch relativ größere Menge von Calcium und Zink in alkalischer Lösung bewirkten blauen Fällungen gehen beim Ansäuern ohne Eigenfarbe wieder in Lösung (UNDERHILL und PETERMAN).

Colorimetrische Bestimmung des Aluminiums neben Eisen.

ATACK hat vorgeschlagen, die Bildung des Eisen-Alizarinrot S-Komplexes durch Zusatz von Citrat zu verhindern. Verschiedene Autoren halten jedoch diese Tarnung des Eisens im vorliegenden für unzweckmäßig, da durch Citrat komplexe Bindung des Aluminiums und auch gegebenenfalls Pufferung im nicht gewünschten Sinne eintreten kann [GAD und NAUMANN; MUSSAKIN (a)]. Die Befürchtung störender Komplexbildung des Aluminiums mit Citrat ist jedoch nach den Messungen von YOE und HILL (b) in einem gewissen Konzentrationsbereich unbegründet, da diese Autoren bei einer Aluminiummenge von 0,10 mg und 10 cm³ 5 n Ammoniumcitratlösung in 50 cm³-Lösung noch keine Änderung der Lichtdurchlässigkeit gegenüber citratfreier Lösung beobachteten.

[1] Es wurde 0,2%ige Alizarinlösung verwendet (sonst stets 0,1%ige Lösung).

UNDERHILL und PETERMAN sowie auch MUSSAKIN (a), (b) entfernen das Eisen durch *Extraktion* des Rhodanids mit her bzw. Amylalkohol. Zur Ausführung von Reihenuntersuchungen, z. B. zur Aluminiumbestimmung in Wasser, ist dieses Verfahren wenig geeignet. Die soeben zuerst genannten Autoren setzen übrigens auch nach der Extraktion des Eisenrhodanids zu der zu analysierenden Lösung Citronensäure zu (s. oben S. 326). Wie GAD und NAUMANN angeben, ist die Tarnung des Eisens durch Natriumthiosulfat wesentlich einfacher und ohne Einfluß auf die colorimetrische Schätzung des Aluminiumgehaltes von Wässern mit Hilfe einer Farbvergleichsskala.

Colorimetrische Bestimmung des Aluminiums neben Eisen im Wasser nach GAD und NAUMANN.

Arbeitsvorschrift. **Reagenzien.** 1. Alizarinreagenslösung, bereitet durch Lösen von 0,1 g alizarinsulfosaurem Natrium in 100 cm³ Wasser und Mischen dieser Lösung mit 100 cm³ 3%iger Essigsäure. 2. Kaliumbicarbonatlösung, bereitet durch Lösen von 20 g $KHCO_3$ in 100 cm³ Wasser. 3. 30%ige Essigsäure. 4. Reines Natriumthiosulfat (krystallisiert). 5. Aluminiumvergleichslösung, bereitet durch Lösen von 0,8366 g $NH_4Al(SO_4)_2 \cdot 12H_2O$ in 1 l Wasser (1 cm³ Lösung = 0,050 mg Aluminium).

Arbeitsweise. In 50 cm³ des zu untersuchenden Wassers löst man durch Umschütteln 0,1 bis 0,2 g festes Natriumthiosulfat. Darauf fügt man nacheinander unter jedesmaligem Umschwenken 1 cm³ Alizarinreagens, 1 cm³ Kaliumbicarbonatlösung (bei stark sauren Wässern unter Umständen entsprechend mehr, bis die reingelbe Farbe der sauren Alizarinlösung in einen bräunlichen Farbton umschlägt) und nach 10 Min. langem Stehen noch 1 cm³ 30%ige Essigsäure hinzu und vergleicht mit einer Reihe von ebenso behandelten Vergleichslösungen, die aus der Aluminiumlösung und destilliertem Wasser bereitet wurden, und einen Gehalt von 0,05, 0,1, 0,2, 0,5, 1,0 mg/l Al haben. Ein Zusatz von Natriumthiosulfat erübrigt sich bei den Vergleichslösungen.

Die Farbtöne gehen mit steigendem Gehalt an Aluminium von Gelb über Orangegelb in ein kräftiges Orange über und entsprechen in 10 cm hoher Schicht folgenden Farben des OSTWALDschen Farbnormenatlas:

Aluminium mg/l		Aluminium mg/l	
0,0	1 ia reingelb	0,2	3 na
0,05	1 pa	0,5	3 na
0,1	2 g	1,0	4 na orange

Bester Meßbereich von 0,05 bis 0,6 mg/l Al_2O_3. Ein Gehalt des Untersuchungswassers an 3wertigem Eisen bis 5 mg/l Fe_2O_3 stört die Bestimmung nicht.

Bestimmung des Aluminums neben Beryllium nach PRAETORIUS.

Vorbemerkung. Die Methode von PRAETORIUS (vgl. S. 327) zur Bestimmung des Aluminiums durch Ausfällung des Farblackes und Wiederauflösung in Lauge nach Entfernung des Reagensüberschusses wurde speziell für die Trennung von (viel) Beryllium entwickelt. Soweit möglich, wird man heute dieses verhältnismäßig umständliche Verfahren durch die Oxintrennung (vgl. S. 283) ersetzen.

Arbeitsvorschrift. Das gewogene Gemisch der Oxyde beider Metalle, das nicht mehr als 50 mg Beryllium und 2 mg Aluminium enthalten soll, wird im Platintiegel 1- bis 2mal vorsichtig mit wenigen Tropfen konzentrierter Schwefelsäure bis fast zur Trockne abgeraucht. Das weitere Verfahren stimmt mit der auf S. 327 gegebenen Vorschrift zur Bestimmung von Aluminium vollkommen überein.

Genauigkeit. Enthielt die Lösung mehr als 50 mg Beryllium auf 100 cm³ Lösung, so treten unter Umständen Störungen auf, durch die sich zu hohe Aluminiumwerte ergeben können. Die Fehlergrenze der Aluminiumbestimmung beträgt etwa ± 5%.

D. Colorimetrische Bestimmung des Aluminiums mit Alizarin.

Allgemeines.

Qualitativer Aluminiumnachweis mit Alizarin. Alizarin bildet mit Aluminium einen Farblack, der eine tiefere Rotfärbung zeigt als der Lack der Alizarinsulfosäure (vgl. S. 322). Zum Nachweis des Aluminiums wird der Farblack in ammoniakalischer Lösung (mit alkoholischer Farbstofflösung) erzeugt und der Farbvergleich mit der Blindprobe nach dem Ansäuern mit Essigsäure ausgeführt. Nach den Erfahrungen von WOLFF und Mitarbeitern bei der colorimetrischen Bestimmung des Aluminiums kann man noch 0,2 γ Aluminium pro Kubikzentimeter und nach GAD sogar noch 0,05 γ Aluminium pro Kubikzentimeter erfassen. FEIGL und STERN fanden, obwohl sie den Nachweis als Tüpfelreaktion (mit Alizarinpapier) ausführten, eine wesentlich *höhere* Grenzkonzentration (10 γ Al/cm^3).

Auch Eisen, Mangan, Chrom und Uran bilden farbige Lacke mit Alizarin, ihre Störung beim Aluminiumnachweis kann aber durch Benutzung von Kaliumferrocyanidpapier beseitigt werden. Kobalt und Nickel stören bei 100fachem Überschuß noch nicht (hinsichtlich Einzelheiten vgl. F. FEIGL).

Das Reagens. Alizarin stellt durch Säuren gefällt ein ockergelbes Pulver dar und bildet bei Krystallisation aus Alkohol oder durch Sublimation orangerote Krystallnadeln (Schmelzpunkt 289 bis 290° C, Siedepunkt 430° C). In Wasser ist das Reagens praktisch unlöslich *(0,034 Teile in 100 Teilen siedendem Wasser)* in Alkohol mäßig löslich, löslich in Methylalkohol, Benzol, Eisessig, Schwefelkohlenstoff. Als Reagens wurde eine 0,1%ige alkoholische Lösung oder eine wäßrige Lösung des Alizarinnatriums benutzt. Im p_H-Gebiet zwischen 5,5 und 6,8 schlägt die Färbung von Alizarinlösungen von Gelb nach Violett um und zwischen den p_H-Werten 10,1 und 12,1 findet ein zweiter Farbumschlag von Violett nach Purpur statt.

Der Farblack. Über die Zusammensetzung der Farblacke des Alizarins mit Aluminium und anderen Metallen, die man gewöhnlich mit zu den inneren Komplexsalzen zählt, liegen zahlreiche Untersuchungen vor, deren Ergebnisse auch als Grundlage für die Klärung der Farblackbildung des Alizarinrot S in stark verdünnten Lösungen herangezogen wurden [vgl. S. 324, BABKO (a), (b)]. Von MÖHLAU wurde das Salz Al $(C_{14}H_7O_4)_3$ als dunkelbraunes, in Wasser unlösliches Pulver isoliert, das gegen 1 n Salzsäure beständig und in Natronlauge mit roter Farbe löslich ist. Auch WEINLAND und BINDER untersuchten die Alizarinfarblacke. In Analogie zu Alizarinrot S liegen wohl auch in den stark verdünnten, kolloiden Farblacklösungen des Alizarins keine definierten Salze, sondern Adsorptionsverbindungen vor. SAGET erhielt auch eine Verbindung $Al_2(C_{14}H_6O_4)_3 \cdot 8\ H_2O$ als rotbraunen, in Wasser unlöslichen Niederschlag. [Hinsichtlich weiterer Arbeiten über Alizarinfarblacke vgl. BEILSTEIN (c).]

Ergebnisse früherer Forschungsarbeiten. Im Gegensatz zum Natriumsalz der Alizarinsulfosäure (Alizarinrot S, vgl. S. 322) wurde das Alizarin selten zur *quantitativen* colorimetrischen Bestimmung des Aluminiums benutzt. ATACK hat zuerst eine alkoholische Alizarinlösung zum Aluminiumnachweis verwendet, hielt dann jedoch wegen der „Säureempfindlichkeit" des Alizarinfarblackes und des Einflusses fremder Metalle Alizarinrot S für geeigneter. Bekanntlich muß man aber auch bei Alizarinrot S die Schwermetalle (besonders Eisen) entfernen und die Säurekonzentration durch eine Pufferlösung auf einen bestimmten p_H-Wert einstellen.

Die Alizarinsulfosäure besitzt zwar den Vorzug der Wasserlöslichkeit, jedoch ist durch die Sulfosäuregruppe eine Verschiebung der Färbung des Farblackes von Rot (bei Alizarin) nach Orangerot eingetreten.

Wie GAD beobachtete, sind die mit Alizarin bei steigenden Aluminiummengen erhaltenen Farbtöne (gelb-orange-tiefrot) zur colorimetrischen Schätzung des Aluminiumgehaltes (in Wässern) mit Hilfe von Vergleichslösungen geeignet. Für die colorimetrische Bestimmung im Eintauchcolorimeter mit nur *einer* Vergleichslösung sind diese Farbtonänderungen selbstverständlich sehr nachteilig und wohl auch die Ursache für die geringe Anwendung des Alizarins bei dieser Art der Bestimmung. Durch eine Lösung von Gummi arabicum kann das Ausfallen des in Wasser unlöslichen Farbstoffes und Farblackes verhindert werden (GAD).

WOLFF, VORSTMAN und SCHOENMAKER wiesen besonders auf den schärferen Farbumschlag beim Ansäuern der ammoniakalischen Farblösung (von Purpur nach Weinrot) hin, der dagegen bei Alizarinrot S allmählich erfolgt und keine exakte Bemessung des Säureüberschusses ermöglicht. Die Autoren verwendeten eine 0,5%ige Alizarinnatriumlösung und arbeiteten im übrigen nach der Vorschrift von ATACK, also ohne p_H-Einstellung der Farblacklösung (vgl. S. 326). Ihre mit Hilfe von Vergleichslösungen an Aluminiummengen zwischen 10 γ und einigen Milligrammen ausgeführten Beleganalysen weisen meist größere Abweichungen bis zu 30% auf. Eisen, Mangan, Magnesium und Phosphorsäure müssen entfernt werden. Auch Kieselsäure stört.

Colorimetrische Schätzung des Aluminiumgehaltes im Wasser neben kleinen Eisenmengen nach GAD.

Kleine Eisenmengen bis zu 1 mg/l können durch Zusatz von einigen Milligrammen Natriumthiosulfat zu der zu untersuchenden Lösung (50 cm³) vor Zugabe der Alizarinlösung getarnt werden.

Arbeitsvorschrift. **Reagenzien.** 1. Eine Lösung von 0,1 g Alizarin in 100 cm³ absolutem Alkohol. 2. Eine Lösung von 10 g Gummi arabicum (extra weiß, von MERCK) in 100 cm³ destilliertem Wasser. 3. Eine 10%ige Natriumacetatlösung. 4. Festes, analysenreines Natriumthiosulfat. 5. Eine Aluminiumvergleichslösung, bereitet durch Lösen von 0,100 g reinem Aluminiumdraht in etwas überschüssiger verdünnter Salzsäure und Auffüllen der Lösung mit destilliertem Wasser zum Liter (1 cm³ dieser Vorratslösung enthält 0,100 mg Al). Von dieser Lösung werden vor Gebrauch 5,0 cm³ mit destilliertem Wasser auf 100 cm³ verdünnt (1 cm³ dieser verdünnten Lösung enthält 0,005 mg Al). 6. 0,1 n Salzsäure.

Arbeitsweise. Zunächst wird durch Titration von 100 cm³ des zu untersuchenden Wasser mit 0,1 n Salzsäure die Carbonathärte ermittelt. Darauf gibt man zu 50 cm³ der Wasserprobe in einem sogenannten KOCHschen Glaskölbchen von 125 cm³ Inhalt genau die Hälfte der bei der Carbonathärtebestimmung verbrauchten Salzsäuremenge und leitet zur Vertreibung der Kohlensäure einige Minuten Luft hindurch. Nach Beseitigung der Carbonathärte fügt man 1,0 cm³ einer 10%igen Lösung von Gummi arabicum und darauf unter Umschütteln tropfenweise 0,5 cm³ der 0,1%igen alkoholischen Alizarinlösung hinzu. Nun gibt man 0,5 cm³ 10%ige Natriumacetatlösung hinzu und gießt in Colorimeterzylinder von 50 cm³ Inhalt um. In derselben Weise behandelt man die mittels der Aluminiumvergleichslösung bereiteten Vergleichswässer von einem Aluminiumgehalt von 0,05, 0,1, 0,2, 0,3, 0,4 und 0,5 mg/l Al. Da zur Bereitung dieser Vergleichswässer destilliertes Wasser verwendet wird, fällt hierbei natürlich die Beseitigung der Carbonathärte fort. Man erhält gut unterscheidbare Farbtöne, die mit steigendem Aluminiumgehalt von Gelb über Orange nach Tiefrot übergehen. Die Färbungen sind nach kurzem Stehen ohne weiteres zum colorimetrischen Vergleich geeignet, doch kann man auch nach 10 Min. unmittelbar vor dem Colorimetrieren mit 1,0 cm³ 3%iger Essigsäure ansäuern. Im letzteren Falle ist es jedoch erforderlich, möglichst schnell zu arbeiten, weil die Färbungen in Gegenwart von Essigsäure bald etwas verblassen.

Genauigkeit. Angaben über die Fehlerbreite der Bestimmung hat GAD nicht gemacht.

E. Colorimetrische Bestimmung des Aluminiums mit Chinalizarin.

Allgemeines.

Nach den Erfahrungen von KOLTHOFF (c) und von HAHN ist Chinalizarin ähnlich wie Alizarinrot S ein empfindliches Nachweisreagens für Aluminium, das sich auch zur colorimetrischen Bestimmung des Aluminiums eignet. Die violettrote Färbung des Chinalizarin-Aluminium-Farblackes ist in schwach essigsaurer Lösung beständig und neben dem überschüssigen Farbstoff relativ gut zu beobachten. Die blauen Färbungen des Magnesiums (nach HAHN, WOLF und JÄGER) bzw. des Berylliums (nach FISCHER) werden in natronalkalischer Lösung erzeugt. Chinalizarin ist daher besonders zum Aluminiumnachweis neben größeren Magnesiummengen anwendbar (HAHN). Bei reinen Aluminiumlösungen stellte HAHN die Erfassungsgrenze zu 0,03 γ Aluminium (Reagensglasprobe) und das Grenzverhältnis zu $1{,}5 : 10^8$ fest.

Reagens und Aluminium-Chinalizarin-Farblack. Chinalizarin ist 1, 2, 5, 8-Tetraoxyanthrachinon ($C_{14}H_8O_6$) mit nebenstehender Strukturformel. Es bildet dunkelrote Krystallnadeln, die in Alkohol wenig, in verdünnter Alkalilauge unter violettroter Färbung leicht löslich sind. Der Farbstoff ist ein Säure-Basen-Indicator, welcher unterhalb $p_H = 6$ eine gelbe Färbung zeigt, die oberhalb $p_H = 7$ in Blauviolett übergeht.

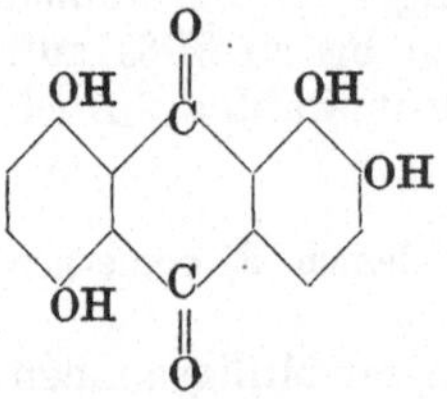

Über die Zusammensetzung des Chinalizarin-Aluminium-Farblackes liegen keine näheren Angaben vor. Zweifellos spielen aber ganz ähnliche Verhältnisse wie bei den Farblacken des Alizarins (vgl. S. 330) eine Rolle. Bei den violetten, schwach essigsauren Lösungen des Lackes mit kleinstem Aluminiumgehalt handelt es sich offenbar um kolloide Lösungen, da sich der Lack nach längerem Stehen in Form violett- bis purpurfarbener Flocken abscheidet. Blindproben ergaben unter gleichen Bedingungen gelbbraune Flocken.

Bei dem *qualitativen Nachweis* wird nach HAHN (vgl. auch FEIGL) zunächst (wie bei Alizarin und Alizarin S) in ammoniakalischer Lösung der Chinalizarin-Aluminium-Farblack erzeugt und dann erst schwach essigsauer gemacht. Hierbei schlägt die blauviolette Färbung des Chinalizarins bei Abwesenheit von Aluminium in Gelb, bei Anwesenheit von Aluminium in Violett um.

KOLTHOFF (c) arbeitet im Gegensatz hierzu von vornherein in schwach saurer Lösung, indem er zu 10 cm³ Untersuchungslösung 0,25 bis 1 cm³ Acetat-Pufferlösung[1] zur Einstellung des p_H-Wertes von 5,5 bis 5,7 und dann 0,3 cm³ Reagenslösung hinzufügt. Nach 15 bis 30 Min. wird mit einer Blindprobe verglichen.

SCHAMS erhielt bei der Nachprüfung der KOLTHOFFschen Vorschrift unter Anwendung von Lösungen mit 0,01 γ Al/cm³ und 0,02 γ Al/cm³ zu helle violette Färbung, die er nicht mehr colorimetrieren konnte, während bei einer Konzentration von 1 γ Al/cm³ der Farblack schon nach 15 Min. ausflockte. Durch Zusatz von Schutzkolloiden konnte das Ausflocken zwar verhindert werden, aber Lösungen verschiedenen Aluminiumgehaltes ergaben dann die gleiche Farbtiefe.

LEHMANN (a) gibt an, befriedigende Werte mit Chinalizarin erhalten zu haben, teilt jedoch die benutzte Arbeitsvorschrift nicht mit.

Arbeitsvorschrift nach KOLTHOFF.

KOLTHOFF (c) führt die quantitative Bestimmung ebenso aus wie den qualitativen Nachweis. Die erhaltene Farblacklösung wird nach 15 bis 30 Min. mit einer Vergleichslösungsreihe verglichen, deren Konzentrationsbereich etwa zwischen 0,2 und 5 γ Aluminium in 10 cm³ liegt. Man kann die KOLTHOFFsche Arbeitsvorschrift nach den vorhandenen Angaben als vorläufig noch *unvollständig* bezeichnen. Genauere Untersuchungen durch Messung der Extinktionen der Lacklösungen und Beleganalysen hat der Autor nicht mitgeteilt.

Die Entwicklung der Färbung des Aluminium-Chinalizarin-Lackes ging in der schwach essigsauren Lösung (p_H 5,4) langsam vor sich und erreichte bei Zimmer-

[1] Zusammensetzung der Pufferlösung: 10 cm³ 5 n Essigsäure + 9 cm³ 5 n Ammoniak; p_H-Wert bei Verdünnung $1 : 10 = 5{,}5$ bis 5,7.

temperatur etwa nach 1 Std. ihren Höchstwert. Je saurer die Lösung war, desto langsamer entwickelte sich die Lackfärbung. Durch Erwärmen konnte eine wesentliche Beschleunigung der Farblackbildung erzielt werden.

Bemerkungen. Einfluß fremder Kationen. Ebenso wie Magnesium sind die Erdalkalimetalle, Zink, Mangan, Nickel, Kobalt, Cadmium, Blei und Chrom ohne nennenswerten Einfluß, soweit sich dies durch Vergleich im NESSLER-Zylinder feststellen läßt. Kupfer stört durch Blaufärbung, kann aber durch Thiosulfatzusatz getarnt werden. Eisen stört, falls mehr als 2 mg pro Liter vorhanden sind. Ähnlich verhalten sich Zinn, AntimonIII und Wismut, die Niederschläge bilden. Durch Natriumtartratzusatz lassen sich die zuletzt genannten Metalle maskieren, aber die Empfindlichkeit der Farbreaktion ist dann wesentlich geringer (etwa $10\,\gamma$ Aluminium in $10\ cm^3$ Lösungsvolumen).

F. Colorimetrische Bestimmung des Aluminiums mit Hämatoxylin.

Allgemeines.

Hämatoxylin, der Farbstoff des Blauholzes, ergibt mit Aluminium und anderen Metallen Färbungen, die mehrfach das Interesse der Analytiker erregt haben. HATFIELD hat als erster die Verwendung dieses Farbstoffes zur annähernden colorimetrischen Bestimmung von Aluminium in Wässern vorgeschlagen. Die analytische Verwendung des Hämatoxylin-Aluminium-Farblackes hat mit anderen Aluminiumbestimmungsverfahren, die auf der Bildung von Aluminiumfarblacken beruhen, mehrere wesentliche Nachteile gemeinsam, die aber besonders beim Hämatoxylin so ausgeprägt sind, daß sie das Verfahren nicht als besonders empfehlenswert erscheinen lassen. Ein Nachteil, der allen derartigen Verfahren anhaftet, ist die starke Abhängigkeit vom p_H-Wert der Lösungen. Der Farbton des Farblackes ändert sich beträchtlich mit dem p_H-Wert. Auch der Farbton des reinen Reagenses verändert sich mit dem p_H-Wert (worauf sich seine Anwendung als Indicator gründet). HATFIELD hat festgestellt, daß in dem relativ engen Bereich von $p_H = 8$ bis 8,5 der Farblack am schnellsten und offenbar weitgehend vollständig gebildet wird. Bei der Bestimmung muß daher ein Puffer angewendet werden, der die Konstanthaltung des richtigen p_H-Wertes gewährleistet. Der einmal entstandene Farblack ist auch bei niedrigerem p_H-Wert, z. B. dem p_H-Wert 4,5, beständig. Ein weiterer Nachteil aller derartiger Farblackmethoden besteht darin, daß sowohl Farblack als auch Reagens gefärbt sind. Da ein Reagensüberschuß praktisch nicht zu vermeiden ist, erhält man *Mischfarben*, deren Beurteilung beim Colorimetrieren oft Schwierigkeiten macht. Im Falle des Hämatoxylin sind bei $p_H = 8$ bis 8,5 der Aluminiumfarblack blau und das reine Reagens rot gefärbt. Bei $p_H = 4{,}5$ behält der Lack seine Färbung, während die Farbe des Reagenses nach Gelb umschlägt. Man erhält als Endergebnis Mischfarben von Gelb über Braun zu violettem Purpur. Ein weiterer Unsicherheitsfaktor ist die Reaktionsfähigkeit der Lackbildner mit anderen Schwermetallen, die auch gefärbte Verbindungen ergeben. Störend ist im Falle des Hämatoxylins vor allem das fast stets in Spuren anwesende Eisen. Die Farblacke der meisten Schwermetalle werden beim p_H-Wert 4 zerlegt (Gelbfärbung). Die Colorimetrierung erfolgt daher zweckmäßig nach Ansäuren auf $p_H = 4{,}5$. Zwei Umstände machen, wie GINSBERG feststellte, das Hämatoxylinverfahren besonders unsicher und, nach Ansicht von GINSBERG, zur quantitativen Bestimmung von Aluminium vollkommen ungeeignet. Es sind dies die geringe Beständigkeit des Hämatoxylinfarblackes und mangelnde Proportionalität zwischen Farbintensität und Konzentration in sämtlichen Konzentrationsgebieten. Der Farbton verändert sich bereits im Laufe von $^1/_4$ bis $^1/_2$ Std. deutlich. Die spektralphotometrischen Messungen von GINSBERG ergaben z. B., daß die Absorption mit zunehmender Konzentration sogar abnimmt und daß die bei verschiedenen Zusätzen gefundenen Werte für ein und dieselbe Konzentration Schwankungen unterliegen. Die mit der Konzentration fallende

Tendenz in der Farbintensität ist ganz unregelmäßig und willkürlich. GINSBERG gibt dafür zahlenmäßige Belege, die bei $p_H = 4,5$ erhalten wurden. GOLUBEWA kommt bei visueller Colorimetrie allerdings zu ausreichend genauen Werten ($\pm$ 5%), wenn die Arbeitsbedingungen stets gleich gehalten werden. So müssen z. B. die verwendeten Pufferlösungen eine bestimmte, stets gleiche Zusammensetzung haben, es muß der Puffer in stets gleicher Weise mit der Lösung gemischt werden, der Ansäuerungsgrad (auf $p_H = 4,5$) muß immer genügend genau getroffen und schließlich muß stets eine gleiche Reaktionszeit (z. B. 15 Min.) eingehalten werden.

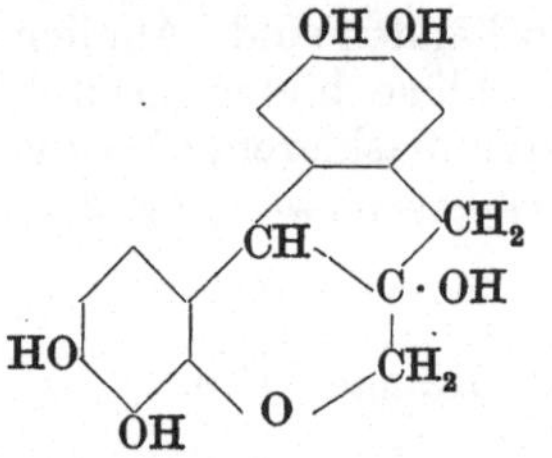

OH OH
CH CH₂
C·OH
HO CH₂
OH O

Hämatoxylin ist ein 3.7.8.5′.6′-Pentaoxy-[indeno-2′.1′: 3.4-chromen]-dihydrid-(3.4). Es hat die Summenformel $C_{16}H_{14}O_6$ und nebenstehende Struktur (BEILSTEIN (c).

In kaltem Wasser ist Hämatoxylin wenig, in heißem leichter löslich. In Alkohol und Äther ist es löslich. Aus schwefliger Säure oder Natriumsulfat enthaltender, wäßriger Lösung kann man farblose Krystalle des Trihydrates erhalten. An der Luft färbt sich die farblose Lösung des reinen Hämatoxylins durch Oxydation allmählich, schneller beim Erwärmen tiefrot.

Methode nach HATFIELD.

Vorbemerkung. Die Vorschrift, die speziell zur Bestimmung von Aluminium in Wässern dienen sollte, hat heute nur noch historisches Interesse. Sie nimmt zwar die wesentlichsten Punkte der späteren, genaueren Vorschriften vorweg, erlaubt aber mangels genügender Einengung der Arbeitsbedingungen nur eine annähernde Schätzung der Aluminiummenge.

Arbeitsvorschrift. **Reagenzien.** 1. Hämatoxylinlösung: 0,1 g Hämatoxylin (weiße Krystalle) in 100 cm^3 siedendem, destilliertem Wasser gelöst. Die Lösung bleibt in brauner Flasche 2 bis 3 Wochen stabil. 2. Gesättigte Ammoniumcarbonatlösung (500 cm^3 in einem mit Glasstopfen versehenen Kolben in Berührung mit einem Bodenkörper aus Ammoniumcarbonat aufbewahrt). 3. 30%ige Essigsäure. 4. Aluminiumstandardlösung bereitet durch Auflösen von 0,8366 g Ammoniumalaun in destilliertem Wasser. Die Lösung wird zu 1000 cm^3 in einem Meßkolben aufgefüllt. 1 cm^3 dieser Lösung entspricht (0,05 mg Aluminium).

Arbeitsweise. In 50 cm^3 Wasser (oder zu untersuchende annähernd neutralisierte Lösung) gibt man in einer hohen NESSLER-Röhre 1 cm^3 einer gesättigten Ammoniumcarbonatlösung und 1 cm^3 der Hämatoxylinlösung. Durch 2maliges Umkehren der Röhre werden die Lösungen gemischt. Man läßt 15 Min. stehen, damit sich die maximale Lavendelfärbung bildet und säuert dann mit 1 cm^3 30%iger Essigsäure an.

In der gleichen Weise und zu genau gleicher Zeit werden Standardfärbungen in entsprechenden Röhren unter Verwendung der Standardammoniumalaunlösung hergestellt. (Konzentrationen von 0,0 bis 1,0 mg/l Aluminium.) Bei Konzentrationen von weniger als 0,15 mg/l Aluminium wird die Färbung gegen weißes Papier in der Durchsicht von oben verglichen. Bei höherer Konzentration vergleicht man die Färbungen am besten durch die Seiten der Röhren.

GOLUBEWA empfiehlt in den Grenzen von 6,05 bis 0,15 mg/l Aluminium Abstufungen in der Vergleichsreihe von 0,5 mg/l zu wählen und die Färbungen von oben durch die Zylinder zu betrachten. Von 0,2 mg/l Aluminium an arbeitet man besser mit Abstufungen von je 0,1 mg/l. Als obere Grenze sieht GOLUBEWA bei der Arbeitsweise von HATFIELD eine Konzentration von 0,6 mg/l an.

Die Farbstandardlösungen sollen deshalb möglichst gleichzeitig mit den unbekannten Lösungen hergestellt werden, weil die Färbungen sich mit der Zeit ändern. Eine Differenz von 15 Min. verursacht gewisse Unterschiede in der Färbung, erlaubt aber Ablesungen bis zu 0,1 mg Aluminium/l („Grenzkonzentration“).

Bemerkungen. **I. Genauigkeit.** HATFIELD gibt in seiner Arbeit keine Beleganalysen. Er bemerkt aber, daß die mit der Methode erzielten Werte gut mit den auf gravimetrischem Wege erhaltenen (Aluminiumhydroxydfällung mit Ammoniak) übereinstimmen. Ihre Anwendung empfiehlt sich herab bis 0,1 mg Aluminium pro Liter. Nach GOLUBEWA beträgt die Genauigkeit durchschnittlich ± 5%. In der Arbeit von GOLUBEWA finden sich folgende Zahlenwerte:

a) Aluminium als Sulfat				b) Aluminium als Alaun			
Angewendet	Gefunden	Fehler		Angewendet	Gefunden	Fehler	
mg	mg	mg	%	mg	mg	mg	%
0,47	0,50	+0,03	+6	0,45	0,44	—0,01	—2
0,42	0,45	+0,03	+7	0,34	0,33	—0,01	—3
0,35	0,37	+0,02	+6	0,43	0,41	—0,02	—5
0,43	0,45	+0,02	+4	0,32	0,31	—0,01	—3
0,38	0,38	±0	±0	0,35	0,34	—0,01	—3
0,31	0,31	±0	±0	0,47	0,48	+0,01	+2

II. Reinigung des Ammoniumcarbonates. Nach GOLUBEWA ist es zweckmäßig, das käufliche Ammoniumcarbonat vor Verwendung zu reinigen. Manche Salze des Handels bestehen nicht aus dem üblichen Gemisch von Bicarbonat und Carbaminat. Ein Ammoniakgeruch des Salzes zeigt eine Abweichung von der üblichen Zusammensetzung an. Man erhält mit solchen Salzen zu hohe p_H-Werte (z. B. 9 statt 8,2). Zur Reinigung wird eine gesättigte Lösung in Wasser bereitet. Man gibt nach der Abkühlung Äthylalkohol hinzu. Das ausgefallene Salz wird abfiltriert, mit Alkohol ausgewaschen und an der Luft getrocknet. An Stelle dieses Verfahrens kann man auch das käufliche Salz zwischen Filtrierpapier solange aufbewahren, bis der Ammoniakgeruch praktisch verschwunden ist. Bei Zugabe von je 1 cm³ gesättigter Lösung dieses gereinigten Salzes zu 50 cm³ Wasser erhält man einen p_H-Wert von 8,2 bis 8,3. Die mit den gereinigten Salzen erhaltenen Färbungen sind nach GOLUBEWA stabil und ergeben gute Abstufungen.

III. Essigsäurezusatz. GOLUBEWA empfiehlt ferner eine Vorprobe zur Ermittlung des richtigen p_H-Wertes von 4,5, bei Zusatz der 30%igen Essigsäure. Das von HATFIELD vorgeschriebene Volumen von 1 cm³ der Säure ergibt bei Zusatz zu der zu untersuchenden Lösung oft niedrigere p_H-Werte als 4,5. In solchen Fällen waren die Färbungen nicht beständig und verblaßten. Die von GOLUBEWA empfohlene Vorprobe besteht darin, daß man durch Versuch die erforderliche Menge Essigsäure ermittelt, bei welcher die Färbungen deutlich und beständig sind. Die Essigsäuremengen schwanken zwischen 0,75 und 1 cm³. Zweckmäßig bewertet man drei Versuchsproben, bei denen die Menge der zugegebenen Säure sich um 0,1 cm³ unterscheidet (1,0, 0,9, 0,8 cm³). Ein sicheres Verfahren zur Ermittlung der erforderlichen Säuremenge ist die Anwendung der elektrometrischen Titration bei 50 cm³ Wasser, das 1 cm³ gesättigtes Ammoniumcarbonat (gereinigt, s. oben) enthält.

Methode nach GAD und NAUMANN.

Vorbemerkung. Die Autoren haben die Methode von HATFIELD für die Wasseranalyse in Gegenwart von kleinen Mengen Eisen in einigen Punkten verbessert und ergänzt, um die Sicherheit zu erhöhen. Eine Unsicherheit der HATFIELD-Methode besteht in der Störbarkeit bereits durch kleine Mengen 3wertigen Eisens (von 0,2 mg/l an). GAD und NAUMANN konnten Störungen von EisenIII in Mengen bis zu 1 mg/l Fe_2O_3 durch Überführung in komplexes Cyanid mittels Zusatzes von Kaliumcyanid ausschalten. Die geringe Stabilität der Hämatoxylinlösung verbesserten sie durch einen kleineren Zusatz von Essigsäure und durch Bereiten der Lösung in der Kälte. Eine störende Ausflockung des Aluminiumfarblackes (insbesondere bei Aluminiumgehalten über 0,5 mg/l) verhinderten sie durch Zugabe einer kleinen Menge einer Lösung von Gummi arabicum.

Arbeitsvorschrift. **Reagenzien.** 1. 0,1%ige Hämatoxylinlösung, bereitet durch Lösen von 0,1 g reinem, farblosem, gepulvertem Hämatoxylin in 100 cm³ 1%iger Essigsäure (bei Zimmertemperatur). Die Lösung muß in brauner Flasche aufbewahrt werden. 2. Gesättigte Ammoniumcarbonatlösung (wie in der Arbeitsvorschrift von HATFIELD, s. S. 334). 3. 30%ige Essigsäure. 4. 10%ige Kaliumcyanidlösung. 5. 10%ige, kalt bereitete, Lösung von Gummi arabicum, die zweckmäßig durch Zusatz einiger Tropfen Chloroform konserviert wird. 6. Aluminiumstandardlösung (wie in der Arbeitsvorschrift nach HATFIELD, s. S. 334).

Arbeitsweise. Zu 50 cm³ des zu untersuchenden Wassers fügt man nacheinander unter jedesmaligem Umschwenken 1 cm³ einer 10%igen Lösung von Gummi arabicum, 2 Tropfen 10%ige Kaliumcyanidlösung, 1 cm³ 0,1%ige Hämatoxylinlösung, 1 cm³ kalt gesättigte Ammoniumcarbonatlösung. Dann läßt man 15 Min. stehen, fügt 1 cm³ 30%ige Essigsäure hinzu, schüttelt um und vergleicht mit einer Reihe ebenso behandelter, mittels der Aluminiumstandardlösung und destilliertem Wasser bereiteter Vergleichswässer, die 0,05, 0,1, 0,2, 0,5, 1,0 und 2,0 mg/l Aluminium enthalten. Der Zusatz von Kaliumcyanidlösung kann hierbei natürlich fortfallen, da das Kaliumcyanid den Farbton nicht beeinflußt.

Da die Färbungen recht kräftig und gut unterscheidbar sind, kann man auch schon mit 10 cm³ Wasser auskommen und Reagensgläser verwenden. In diesem Falle darf man natürlich nur den 5. Teil der oben angeführten Mengen der Reagenzien anwenden. In 10 bis 2 cm hohen Schichten entsprechen die entstehenden Färbungen folgenden Farben des OSTWALDschen Farbnormenatlas:

In 10 cm hoher Schicht:		In 2 cm hoher Schicht:	
mg/l Al	Farbtöne	mg/l Al	Farbtöne
0,0	2 pa rötlichgelb	0,5	3 ng oliv
0,05	3 pa etwas stärker rötlichgelb	1,0	11 pi amethyst
0,1	3 pc bräunlichgelb	2,0	12 ne violett
0,2	4 pg bräunlich		

Bemerkungen. **I. Genauigkeit.** GAD und NAUMANN geben keine Beleganalysen an und äußern sich auch sonst nicht über die Genauigkeit ihrer Methode.

II. Einfluß fremder Kationen. In den bisher vorliegenden Arbeiten ist nur der Einfluß derjenigen Kationen erörtert worden, die im Gebrauchswasser vorkommen können. Die Konzentrationen der fremden Kationen sind dabei praktisch meist ziemlich klein. Ernstlich stört 3wertiges Eisen bei Mengen über 1 mg/l. Magnesium und Calcium können den Farbton etwas beeinflussen. HATFIELD empfiehlt, den Vergleichslösungen etwa gleiche Mengen dieser Kationen zuzusetzen, wie sie in der zu untersuchenden Lösung vorkommen. Nach NAUMANN stören Blei, Zink und Kupfer nicht.

G. Colorimetrische Bestimmung des Aluminiums mit Morin.

Allgemeines.

Zum qualitativen Nachweis des Aluminiums ist Morin als sehr empfindliches Reagens mehrfach mit Erfolg benutzt worden. Über die Eignung zur quantitativen colorimetrischen Bestimmung liegen jedoch nur wenige Erfahrungen vor. Nachweis und Bestimmung gründen sich auf die grünliche Fluorescenzfärbung, welche bei Zusatz von Morin zu neutraler essigsaurer Aluminiumsalzlösung auch in starker Verdünnung auftritt. Über den Nachweis wurde bereits 1869 von GOPPELSROEDER eingehend berichtet.

Die Grenze der Erkennbarkeit der Fluorescenzfärbung der Morinreaktion liegt für Beobachtung im Tageslicht bei einem Gehalt von einigen Gamma Aluminium im Kubikzentimeter. So gibt GOPPELSROEDER 1,5 bis 3 γ Al/cm³, EEGRIWE 0,6 γ/cm³ und FEIGL 1 γ/cm³ an. SCHANTL konnte bei Verwendung des Lichtes einer Bogenlampe noch 0,01 γ Al/cm³ nachweisen und benutzte bei seinen Versuchen ein

Luminoskop nach TSWETT, in welchem unter weitgehender Ausschaltung fremden Lichtes das von der von unten durchstrahlten Versuchslösung (TYNDALL-Kegel) ausgehende Fluorescenzlicht beobachtet wird.

Neuerdings stellte OKAČ unter Beobachtung im Licht der Quecksilberlampe fest, daß die Empfindlichkeit des Nachweises auch vom angewendeten Lösungsmittel abhängt, und zwar ergab sich für Alkohol 0,002 γ Al/cm³, für Cyclohexan 0,02 γ Al/cm³ und für wäßrige Aluminiumlösung mit einigen Tropfen alkoholischer Morinlösung 0,5 γ Al/cm³ als Grenzkonzentration. Bezüglich der *Reaktionsbedingungen* ist zu sagen, daß man zweckmäßig in neutraler oder essigsaurer Lösung arbeitet. In salzsaurer oder schwefelsaurer Lösung verschwindet die Fluorescenz, tritt aber beim Abstumpfen der überschüssigen Säure durch Ammoniak wieder auf. Salpetersäure wirkt auf Morin oxydierend und darf nicht zugegen sein. Nach Erfahrungen von SCHANTL hat Essigsäure eine charakteristische (mit steigender Konzentration) verstärkende Wirkung auf die Fluorescenz der Aluminium-Morin-Verbindung. Es tritt dabei ein gewisser Umschlag von gelbgrüner zu blaugrüner Fluorescenz auf, was bei stark verdünnten Aluminiumsalzlösungen besonders charakteristisch ist.—FEIGL empfiehlt zum *Nachweis* folgende *Arbeitsweise* (nach EEGRIWE): Störende Metalle (s. unten) werden durch Kalilauge gefällt. 1 Tropfen des Filtrats säuert man auf einer schwarzen Tüpfelplatte mit 2 n Essigsäure an und versetzt mit 1 Tropfen gesättigter methylalkoholischer Morinlösung. Grüne Fluorescenzfarbe zeigt dann die Anwesenheit von Aluminium an (bis 1 γ Al/cm³). Empfindlicher ist folgende Arbeitsweise (FEIGL): Auf Filtrierpapier, das mit einer frisch bereiteten Morinlösung imprägniert und dann getrocknet wurde, wird 1 Tropfen der neutralen oder schwach salzsauren Probelösung gebracht und getrocknet. Nach Betupfen mit 2 n Salzsäure erscheint dann unter der Analysenquarzlampe ein hellgrün fluorescierender Fleck (Grenzkonzentration 1 γ Al/10 cm³).

Ist Aluminium neben den Metallen der Schwefelammoniumgruppe nachzuweisen, so müssen die nach diesem Verfahren entstehenden Morinverbindungen der anderen Metalle durch Auftragen mehrerer Tropfen verdünnter Salzsäure weggespült werden.

Einfluß fremder Kationen auf den Aluminiumnachweis. Nach SCHANTL stören besonders Eisen und Chrom durch Bildung schwer löslicher Niederschläge („Trübungen“), die dieser Autor durch Filtration mittels eines PUKALLschen Kerzenfilters abtrennt, um dann im Filtrat die „leichter lösliche“ bzw. kolloid durch das Filter gehende Aluminium-Morin-Verbindung im ultravioletten Licht zu erkennen. Mangan, Zink, Nickel und Kobalt bilden leicht lösliche Morinsalze. Sie stören den Nachweis nicht, ebenso wie die Erdalkalimetalle, welche flockige schwerlösliche Fällungen bilden. Auch die Metalle der Schwefelwasserstoffgruppe stören mit Ausnahme von Silber den Nachweis nicht. In Übereinstimmung mit SCHANTL stellt EEGRIWE fest, daß 1 γ Aluminium noch neben folgenden Mengen von Metallen der Schwefelammoniumgruppe nachweisbar ist:

	Co	Ni	Zn	Mn	Cr	Fe
mg	0,1	0,1	0,1	0,1	0,01	0,003

Nach neueren Untersuchungen von BECK liefern wie Aluminiumsalze auch Gallium-, Scandium- und Indiumsalze grün fluorescierende Verbindungen verschiedener Beständigkeit. Durch Anwendung bestimmter Versuchsbedingungen (Tarnung, Zusatz von Alkalifluorid, Ammoniumcarbonat, Ammoniumtartrat oder Schwefelwasserstoff) ist es möglich, die genannten Elemente auch nebeneinander nachzuweisen. Wie ZERMATTEN angibt, läßt sich Beryllium neben Aluminium dadurch erkennen, daß die in alkalischer Lösung vorhandene gelbgrüne Fluorescenz der Beryllium-Morin-Verbindung (vgl. auch BECK) durch schwaches Ansäuern mit Salzsäure in die mehr blaugrüne Fluorescenzfärbung des Aluminiums übergeht. In Abwesenheit von Beryllium verschwindet die grüne Fluorescenz des Aluminiums, wenn die Lösung alkalisch gemacht wird.

Tougarinoff führt den Aluminiumnachweis mit Morin in einer systematischen Zusammenstellung über organische Reagenzien auf. Die Angaben von Dankwortt über die angewendeten Konzentrationsverhältnisse sind unklar.

Das Reagens. Morin ist der Farbstoff des Gelbholzes, ein Tetraoxyflavonol mit der Bruttoformel $(C_{15}H_{10}O_7) \cdot 2\, H_2O$ und der Strukturformel I oder II [Beilstein (d)]

I: OH, CO—CO, HO, CH—, O, OH, OH

II: OH, CO, C, OH, HO, C—, O, OH, OH

Die Verbindung krystallisiert aus verdünntem Alkohol mit 1 Mol Krystallwasser aus Wasser mit 2 oder 1 Mol Krystallwasser in leicht gelblichen Krystallen. Morin ist schwer löslich in Wasser: Bei 26° C löst sich 1 Teil Morin in 4000 Teilen Wasser, bei 100° C 1 Teil in 1060 Teilen Wasser. Es ist leicht löslich in Alkohol und Methylalkohol. Mit Alkalilauge reagiert Morin unter Bildung einer gelben, auch in Gegenwart von Aluminium nicht fluorescierenden Lösung. Essigsaure, alkoholische Morinlösung fluoresciert gelb.

Im Gegensatz zu Eegriwe und zu Feigl (gesättigt) verwenden Schantl und ebenso auch Okač zu ihren Versuchen keine konzentrierten, sondern $^1/_{100}$ und $^1/_{300}$ molare alkoholische Morinlösungen.

Die Aluminiumverbindung des Morins. In einer experimentellen Untersuchung hat Schantl das Morinsalz des Aluminiums hergestellt und analysiert. Der aus Aluminiumnitrat und gesättigter alkoholischer Morinlösung in der Wärme erhaltene bräunlichgelbe Niederschlag ist, frisch gefällt, in heißem Wasser löslich (fluorescierende Lösung), nach dem Trocknen bei 100° C aber schwer löslich. In Gegenwart kleinster Säuremengen löst er sich jedoch in der Hitze rasch zu einer stark fluorescierenden Lösung auf. Auch Alkohol nimmt das getrocknete Salz leicht unter Bildung einer fluorescierenden Lösung auf. Die Analyse ergab bei einem theoretischen Gehalt von 2,913%, bezogen auf Al $(C_{15}H_9O_7)_3$, die Werte 3,22%, 2,90%, 2,88% und 2,88% Al.

Daß es sich bei den stark verdünnten fluorescierenden Lösungen kleinsten Aluminiumgehalts um kolloide Lösungen der Aluminium-Morin-Verbindung handelt, zeigt bereits das Auftreten des Tyndall-Kegels im Tageslicht (Goppelsroeder) oder ultravioletten Licht (Schantl). Darüber hinaus bewies dies Schantl durch Ausführung einer Ultrafiltration durch eine Kollodiummembran, wobei im Filtrat keine Fluorescenz mehr vorhanden war. Dieser Versuch zeigte auch, daß die Aluminium-Morin-Verbindung der Träger der Fluorescenz ist.

Noch zwei weitere Versuche von Schantl geben Aufschluß über das molare Verhältnis zwischen Aluminium und Morin im Aluminiumsalz des Morins, nämlich die nephelometrische Bestimmung des Maximums der Trübung und der Fluorescenz bei Zusatz steigender Aluminiumsalzmengen zu alkoholischer Morinlösung und umgekehrt:

I. $^1/_{300}$ Mol Morinlösung in 5%igem Alkohol . .	5 cm³	10 cm³	20 cm³	
Etwa 0,01 n Aluminiumlösung	1,87 cm³	3,62 cm³	7,16 cm³	Maximum der Trübung (bzw. der Helligkeit des Streulichtes).
	1,84 cm³	3,60 cm³	7,16 cm³	
	1,86 cm³	3,58 cm³	7,14 cm³	

Theoretisch entsprechen 10 cm³ der Morinlösung 3,625 cm³ der Aluminiumlösung.

II. Etwa 0,01 n Aluminiumlösung.	0,5 cm³	1,0 cm³	
$^1/_{300}$ Mol Morinlösung	1,28 cm³	2,57 cm³	Maximum der Trübung.
	1,30 cm³	2,59 cm³	
	1,27 cm³	2,59 cm³	

Theoretisch entsprechen 1 cm³ der Aluminiumlösung 2,759 cm³ der Morinlösung.

Arbeitsvorschriften.

Vorbemerkung. Lehmann (a) hält Morin für die Aluminiumbestimmung in von Eisen und Phosphat freier Lösung geeignet, teilt aber keine Arbeitsvorschrift mit.

ALTEN, WEILAND und KNIPPENBERG erwähnen keine günstigen Ergebnisse erhalten zu haben und auch SCHAMS hatte keinen Erfolg mit der Morinreaktion.

OKAČ hat ausgehend von den Erfahrungen von GOPPELSROEDER und von SCHANTL colorimetrische Aluminiumbestimmungen durch visuellen Vergleich der Untersuchungsprobe im ultravioletten Licht (geeignete Filter!) mit einer Vergleichslösungsreihe ausgeführt, aber keine vollständige Arbeitsvorschrift und keine Beleganalysen mitgeteilt. Der Verfasser hebt den Einfluß (Schwächung) der Fluorescenz durch Mineralsäuren hervor, gibt aber keinen günstigen p_H-Bereich an. Der Anwendungsbereich erstreckt sich für alkoholische Lösungen von 0,02 γ Al/cm³ bis 4 γ Al/cm³ und verschiebt sich in Anwesenheit von Wasser nach höheren Aluminiumkonzentrationen. Wichtig erscheint der Hinweis auf die bei genügender Alkoholkonzentration vorhandene Stabilität der kolloiden Lösung des Aluminiumsalzes des Morins.

Neuerdings haben WHITE und LOWE unter Anwendung des Pulfrichphotometers (mit Quecksilberdampf-Lampe) und des lichtelektrischen Fluorescenzmessers nach HAND bzw. nach LEVIN (mit Selenphotozelle) eine Vorschrift ausgearbeitet, mit welcher Aluminiummengen im Bereich zwischen etwa 10 bis 100 γ in 100 cm³ Lösung bestimmt werden können. Die Autoren stellen durch Essigsäure den p_H-Wert 3,3 ein. Die Intensität der Fluorescenz geht bei Steigerung des Methylalkoholgehaltes und der Morinmenge (Aluminiumgehalt konstant) durch ein Maximum und fällt stark mit steigender Temperatur. Als günstigster Methylalkoholgehalt erwies sich 40 Volumprozent. Die bei der Aluminiumbestimmung in Lösungen unbekannten Gehalts anzuwendende günstigste Morinmenge (Maximum der Intensität) muß durch einige Versuche jeweils festgestellt werden. Auch bei der Aufstellung der Eichkurve werden für 10 bis 90 γ Aluminium steigende Morinlösungsmengen zugesetzt (1 bis 9 cm³). Die Messungen wurden bei einer Temperatur der Lösungen von 27° C ausgeführt.

Methode nach OKAČ.

Arbeitsvorschrift. Zur Bestimmung des Aluminiums fügt man zu 10 cm³ einer in einem Zylinder von 10 mm ⌀ befindlichen 1/300 mol Morinlösung in Methylalkohol eine entsprechende Menge der neutralen Aluminiumsalzlösung (Sulfat oder Chlorid) und verdünnt mit Methylalkohol auf 15 cm³. Nach sorgfältigem Mischen vergleicht man im ultravioletten Licht mit einer in gleicher Weise hergestellten Vergleichslösungsreihe.

Beleganalysen teilt OKAČ nicht mit.

Methode nach WHITE und LOWE.

Reagenslösung. 1,5 g Gelbholzextrakt werden in einem Liter 95 %igem Methylalkohol unter Schütteln gelöst. Vom Ungelösten wird abfiltriert. ***Apparatives:*** Die Messungen mit dem Pulfrichphotometer werden mit einem roten Farbfilter bei einer Schichtdicke der Cüretten von 1,8 cm ausgeführt. Die beiden Cüretten müssen bei allen Messungen an genau der gleichen Stelle zwischen der Lichtquelle und den Prismen stehen und mit der gleichen Flüssigkeitsmenge gefüllt sein. Bei den Messungen mit dem lichtelektrischen Colorimeter nach HAND-LEVIN wurde ein Gelbfilter benutzt.

Arbeitsvorschrift. 25 cm³ der zu untersuchenden Aluminiumsalzlösung werden unter Verdünnung auf 250 cm³ mit Essigsäure auf den p_H-Wert 3,3 gebracht. 5 cm³ der erhaltenen Lösung gibt man in einen 100 cm³-Meßkolben und füllt nach Zugabe von 20 cm³ Wasser, 2 cm³ Morinlösung und 35 cm³ 95 %igen Methylalkohol auf 100 cm³ auf. Im lichtelektrischen Colorimeter mißt man nun den Galvanometerausschlag für diese Lösung und ermittelt das Maximum dieses Ausschlags nach Zusatz von jeweils 1 cm³ der Morinlösung. Liegt das Maximum z. B. bei 6 cm³ Morinlösung, so gibt man erneut 5 cm³ der auf 250 cm³ verdünnten Aluminiumsalzlösung in einen 100 cm³ Meßkolben, fügt 20 cm³ Wasser, 6 cm³ Morinlösung und 34 cm³ Methylalkohol zu und füllt auf 100 cm³ auf. Nach 15 Min. langem Stehen mißt man im lichtelektrischen Colorimeter oder dem Pulfrichphotometer bei der zur Aufstellung der Eichkurven eingehaltenen Temperatur.

Genauigkeit. 4 Beleganalysen mit 40, 48, 100 und 190 γ Aluminium in 100 cm³ zeigen, daß mit einem Fehler von mehreren Prozent zu rechnen ist.

Einfluß fremder Ionen. WHITE und LOWE erwähnen, daß Phosphate, Arsenate und Fluoride in jeder Konzentration stören. Chloride und Nitrat haben keinen Einfluß, Sulfate nur bei Konzentrationen über 9 mg in 100 cm³. Blei, Zink und Molybdän fluorescieren ebenfalls, wenn die Lösung nicht genügend essigsauer ist.

Literatur.

ALTEN, F., L. WANDROWSKI u. E. HILLE: Angew. Ch. **48**, 273 (1935). — ALTEN, F., H. WEILAND u. E. KNIPPENBERG: Fr. **96**, 91 (1934). — ATACK, F. W.: J. Soc. chem. Ind. **34**, 936 (1915); C. **87 I**, 176 (1916).

BABKO, A. K.: (a) Chem. J. Ser. B **9**, **375** (1936); C. **107 II**, 1393 (1936); Bull. Sci. Univ. Etat Kiev Ser. Chim. **1935**, Heft 1, 163; (b) **1936**, Heft 2, 59, C **109 II**, 4103 (1938); (c) J. chim. appl. **12**, 1560 (1939); C. **111 I**, 2832 (1940); (d) Bull. Sci. Univ. Etat. Kiev. Ser. Chim. **3** (N. S.), Nr 3, 49; durch C **111 II**, 1184 (1940). — BALDWIN, F.: Waterworks and Sewerage **77**, **311** (1930); C. **101 II**, 2931 (1930). — BECK, G.: Mikrochim. A. **2**, 9, 287 (1937). — BEILSTEIN: (a) Handbuch der organischen Chemie, 4. Aufl., Bd. 10, S. 1050. Berlin 1927; (b) Handbuch der organischen Chemie, 4. Aufl., 1. Ergänzungswerk, Bd. 8, S. 710. Berlin 1931; (c) Bd. 8, S. 444. Berlin 1925. Ergänzungswerk Bd. 8, S. 710. Berlin 1931; (d) Bd. 18, S. 239. Berlin 1934. Ergängungswerk Bd. 18, S. 423. Berlin 1934; (e) Bd. 17, S. 219. Berlin 1933. Ergänzungswerk Bd. 17, S. 126. Berlin 1934.

COREY, R. B. u. H. W. ROGERS: Am. Soc. **49**, 216 (1927). — COX, G. J., E. W. SCHWARTZE, R. M. HANN, R. B. UNANGST u. J. L. NEAL: Ind. eng. Chem. **24**, 403 (1932).

DANKWORTT, P. W.: Ar. **274**, 184 (1936).

EEGRIWE, E.: (a) Fr. **76**, 438 (1929); (b) **108**, 268 (1937). — EVELETH, D. F. u. V. C. MYERS: J. biol. Chem. **113**, 449 (1936).

FEIGL, F.: Qualitative Analyse mit Hilfe von Tüpfelreaktionen, 2. Aufl. Leipzig **1935**; 3. Aufl. Leipzig 1938. — FEIGL, F. u. P. STERN: Fr. **60**, 9 (1921). — FISCHER, H.: Wiss. Veröffentl. Siemens-Konzern **5**, 99 (1926); Fr. **73**, 57 (1928).

GAD, G.: Kl. Mitt. v. Wasser, Boden, Hufthyg. **15**, 126 (1936). — GAD, G. u. K. NAUMANN: Gas- und Wasserfach 80, 58 (1937). — GEAKE, A.: J. textile Inst. Trans. **23**, 290 (1932); vgl. die Tabelle in Gm., System-Nummer 35: Aluminium, Teil A, Abt. 1, S. 431. Berlin 1934/35. — GINSBERG, G.: Angew. Ch. **51**, 663 (1938). — GIZOLME, L.: Ann. Falsific. **24**, 587 (1931); C. **103 I**, 1697 (1932). — GOLUBEWA, M. T.: Chem. J. Ser. B **9**, 1144 (1936). — GOPPELSROEDER, FR.: J. pr. **101**, 408 (1867); Fr. **7**, 195 (1868); C. **40**, 43, 49 (1869).

HAHN, F. L.: Mikrochemie **11**, 33 (1932). — HAHN, F., H. WOLF u. G. JÄGER: B. **57**, 1394 (1924); Mikrochemie, PREGL-Festschr., S. 127. 1929. — HAMMETT, L. P. u. C. T. SOTTERY: Am. Soc. **47**, 142 (1925). — HAND, B. D.: Ind. Eng. Chem. Anal. Edit. **11**, 306 (1939). — HATFIELD, W. D.: Ind. eng. Chem. **16**, 233 (1924). — HELLER, K. u. P. KRUMHOLZ: Mikrochemie **7**, 221 (1929).

JOSHII, J. u. T. JIMBO: Sci. Rep. Tôhoku Imp. Univ. **21**, 65 (1932).

KOCH, W.: Techn. Mitt. Krupp, Forschungsber. **3**, 43 (1938). — KOLTHOFF, I. M.: (a) Säure-Basen-Indikatoren. Berlin 1932; (b) Pharm. Weekbl. **54**, 1008 (1917); C. **79 I**, 652 (1918); (c) Chem. Weekbl. **24**, 447 (1927); J. Am. pharm. Assoc. **17**, 360 (1928). — KULBERG, L. u. E. ROVINSKAJA: Betriebslab. **9**, 145 (1940).

LAMPITT, L. H. u. N. D. SYLVESTER: Analyst **57**, 418 (1932). — LEHMANN, K. B.: (a) Arch. Hygiene **102**, 349 (1929); (b) **106**, 309 (1931). — LEVIN, J.: Dissertation Universität Maryland 1939. — LUNDELL, G. E. F. u. H. B. KNOWLES: Ind. eng. Chem. **18**, 60 (1926).

MIDDLETON, A. R.: Am. Soc. 48, 2125 (1926). — MILLNER, TH.: Fr. **113**, 83 (1938). Math. nat. Anz. ung. Akad. Wiss. **57**, 584 (1938). — MILLNER, TH. u. FR. KUNOS: (a) Fr. **113**, 102 (1938); (b) Magyar. Kém. Egyesülete, Szakmai Egyesületi Közlemenyek **1939**, 68 (ungar.); durch C. **111 II**, 240 (1940). — MÖHLAU, X.: B. **46**, 443 (1913). — MUSSAKIN, A. P.: (a) Chem. J. Ser. B **9**, 1340 (1936); Fr. **105**, 351 (1936); (b) Betriebslab. **3**, 1085 (1934); C. **106 II**, 2850 (1935); (c) **9**, 507 (1940). — MYERS, V. C., J. W. MULL u. D. B. MORRISON: J. biol. Chem. **78**, 597 (1928).

NAUMANN, E.: Ch. Z. **57**, 315 (1933).

OCKELIN, W. P. u. N. N. SABAREWA: Betriebslab. **2**, 18 (1933). — OHLMÜLLER, W. u. O. SPITTA: Untersuchung und Beurteilung des Wassers und des Abwassers, 5. Aufl., S. 126. Berlin 1931. — OKAČ, A.: Coll. Trav. chim. Tschécosl. **10**, 177 (1938).

PRAETORIUS, P.: Festschr. z. 60. Geburtstag v. H. GOLDSCHMIDT, S. 55. Dresden und Leipzig 1921.

RABINOWITSCH, P. N. u. W. L. PRIDOROGIN: Chem. Pharm. Ind. (russ.) **1933**, 271; C. **105 II**, 2216 (1934). — RAMSER, H.: Diss. Berlin 1927. — ROLLER, P. S.: Am. Soc. **55**, 2437 (1933). — ROSANOW, S. R. u. G. A. MARKOWA: Betriebslab. **4**, 1023 (1935); Chem. Abstr. **30**, 1683 (1936).

SAGET, G.: Moniteur scient. [3] **13**, 1087; Jbr. **1883**, 1822. — SAHININA, L. u. E. KUMINOWA: Betriebslab. **9**, 38 (1940). — SCHANTL, E.: Mikrochemie **2**, 174 (1924); C. **96 I**, 1770 (1925). — SCHAMS, O.: Mikrochemie **25**, 16 (1938). — SCHERRER, J. A. u. W. D. MOGERMANN: Bur. Stand. J. Res. **21**, 113 (1938). — SCHULTZ, G.: Farbstofftabellen. Erg.-W. Leipzig 1929. — SCHWARTZE, E. W. u. R. M. HANN: Science **69**, 167 (1929). — STEUDEL, E.: Bio. Z. **253**, 387 (1932). — STOCK, A., P. PRAETORIUS u. O. PRIESS: B. **58**, 1577 (1925). — SWATSCHENKO, P. S.: Betriebslab. **2**, 23 (1933).

THRUN, W. E.: J. physic. Chem. **33**, 977 (1929). — TOUGARINOFF, B.: Ann. Soc. Scie. Bruxelles B. **50**, 148 (1930). — TRÉNEL, M. u. F. ALTEN: Angew. Ch. **47**, 813 (1934). — TSWETT, M.: Ph. Ch. **36**, 450 (1901).

UNDERHILL, F. P. u. F. J. PETERMANN: Am. J. Physiol. **90**, 1 (1929).

WEINLAND u. BINDER: B. **47**, 977 (1914). — WHITE, C. E. u. C. S. LOWE: Ind. eng. Chem. Anal. Edit. **12**, 229 (1940). — WINTER, O. B., W. E. THRUN u. O. D. BIRD: Am. Soc. **51**, 2721 (1929). — WOLFF, L., N. VORSTMAN u. P. SCHOENMAKER: Chem. Weekbl. **20**, 193 (1923); C. **1923 IV**, 4.

YOE, J. H. u. W. L. HILL: (a) Am. Soc. **49**, 2395 (1927); (b) **50**, 748 (1928).

ZERMATTEN, H. L. J.: Pr. Kon. Akad. Wetensch. Amsterdam **36**, 899 (1933); C. **105 I**, 1359 (1934).

§ 12. Maßanalytische Verfahren unter Anwendung der Komplexsalzbildung des Aluminiums mit organischen Säuren.

A. Alkalimetrische Bestimmung des Aluminiums mit Hilfe von organischen Oxysäuren.

Allgemeines.

Neutrale Aluminiumsalzlösungen reagieren mit organischen Oxysäuren wie Weinsäure, Citronensäure, Milchsäure, Salicylsäure bzw. deren Salzen unter Komplexbildung, wobei Aluminium teilweise an Hydroxylgruppen gebunden wird und Wasserstoff-Ionen frei werden. Unter welchen stöchiometrischen Verhältnissen und Reaktionsbedingungen diese Umsetzungen stattfinden, liegt im einzelnen noch nicht bei allen Säuren fest, und es bestehen teilweise widersprechende Anschauungen im Schrifttum. Die Aluminiumkomplexsalze der genannten Säuren sind nur zum geringsten Teil isoliert oder festgestellt worden (bezüglich der Weinsäure, vgl. HANUŠ und QUADRAT sowie QUADRAT und KORECKÝ). Praktische Bedeutung haben die genannten Verfahren (s. unten) bisher nur zum Teil erreicht. Sie verdienen besondere Beachtung und weiteren Ausbau, weil sie die bereits S. 206 hervorgehobenen Schwierigkeiten der acidimetrischen Titration des Aluminiums (ohne komplexe Bindung des Aluminiums) vermeiden.

In dieser Richtung liegen die in mehreren neueren Arbeiten mitgeteilten Versuche von PAWLINOWA [(a), (b), (c), (d)], die die Alkalisalze von Milch-, Salicyl-, Citronen-, Weinsäure usw. auf ihre Eignung für vorliegenden Zweck prüfte. Wie sich hierbei ergab, genügt zur Komplexbildung und Abspaltung von Wasserstoff-Ionen die bloße Anwesenheit von Hydroxylgruppen nicht. So wurde z. B. die Fällung des Aluminiums durch 20%ige Lösungen von Mannit, Glucose, Saccharose und 12%ige Glycerinlösung nicht beeinflußt [PAWLINOWA (c)]. Die vorhandenen Hydroxylgruppen müssen sauren Charakter haben, was bei den oben genannten Säuren und auch bei Pyrogallol der Fall ist. Durch Pyrogallol (in 3%iger Lösung) wurden auf 1 Atom Aluminium drei Äquivalente Säure frei gemacht, welche mit 0,1 n Natronlauge gegen Methylrottitriert werden können [PAWLINOWA (c)].

I. Verfahren unter Anwendung von Weinsäure.

Vorbemerkung. Schon 1890 versuchte HEIDENHAIN die Bildung basischer Salze bei der Titration des Aluminiums durch Zugabe von Weinsäure zu umgehen. Bei dem angewendeten 100- bis 200fachen Überschuß an Seignettesalz ist jedoch der Umschlag von Phenolphthalein unscharf. Schon 5 bis 10% vor dem Endpunkt der Titration tritt schwache Rosafärbung ein. Sehr gute Resultate erhielten VIEBÖCK und BRECHER in Aluminiumsalzlösungen mit Hilfe ihrer kombinierten Tartrat-Bariumchlorid-Kaliumfluorid-Methode.

Nach TSCHERWJAKOW und DEUTSCHMANN reagiert Aluminiumsalz mit Natriumtartrat unter Freiwerden von 2 Wasserstoff-Ionen auf 1 Aluminium-Ion. Diese Autoren titrierten in der Kälte und bestimmten Aluminium in Bauxitproben mit befriedigendem Erfolg. Im Widerspruch zu TSCHERWJAKOW und DEUTSCHMANN nahm WHITE an, daß auf 1 Atom Aluminium 3 Wasserstoff-Ionen frei werden.

Auch PAWLINOWA führte Belegtitrationen nach der Tartratmethode (in Gegenwart von mindestens 1 Mol Tartrat auf 1 Grammatom Aluminium) aus, und zwar zuerst bei 30 bis 40° unter Hinweis auf Störungen bei Erwärmnng auf höhere Temperaturen [PAWLINOWA (b)] und später widersprechend hierzu bei 100° C [PAWLINOWA (d)].

1. Methode nach TSCHERWJAKOW und DEUTSCHMANN.

Die überschüssige Salzsäure enthaltende Aluminiumchloridlösung wird mit neutraler Seignettesalzlösung im Überschuß versetzt und dann mit 0,1 n Natronlauge gegen Phenolphthalein titriert. Man erhält so die Summe aus $^2/_3$ der an Aluminium gebundenen Säure und der freien Säure. Die freie Säure der salzsauren Lösung wird in einer getrennten Probe nach der Kaliumfluorid- oder der Natriumoxalatmethode titriert (gegen Phenolphthalein).

Genauigkeit. TSCHERWJAK und DEUTSCHMANN geben folgende Beleganalysen von Bauxiten an, deren Aluminiumgehalt auch gravimetrisch bestimmt worden war.

Bauxitsorten verschiedener Herkunft	Bestimmung von Aluminiumoxyd			Bauxitsorten verschiedener Herkunft	Bestimmung von Aluminiumoxyd		
	unter Anwendung von Natriumfluorid	unter Anwendung von Natriumoxalat	gravimetrisch		unter Anwendung von Natriumfluorid	unter Anwendung von Natriumoxalat	gravimetrisch
	% Al_2O_3	% Al_2O_3	% Al_2O_3		% Al_2O_3	% Al_2O_3	% Al_2O_3
1	72,01	69,90	70,41	5	43,25	42,50	43,10
2	60,05	59,41	58,90	6	44,10	43,91	44,02
3	56,27	56,40	56,57	7	67,02	66,12	66,62
4	31,10	30,22	30,90				

2. Methode nach VIEBÖCK und BRECHER.

Vorbemerkung. Das Prinzip der unten angeführten Aluminiumbestimmung ist folgendes: Die Aluminiumsalzlösung wird zunächst nach Zugabe von Kaliumnatriumtartrat und Bariumchlorid gegen Phenolphthalein neutralisiert. Die Lösung, die nun das komplexe weinsaure Salz von Barium und Aluminium enthält, wird mit Kaliumfluorid umgesetzt, wobei sich eine dem Aluminium äquivalente Menge Lauge bildet. Die Umsetzung verläuft nicht augenblicklich. Innerhalb von 3 bis 4 Min. werden bis zu 98% der theoretischen Laugemenge frei. Besonders hemmend wirkt die Gegenwart des Bariums, so daß man es mit Kaliumsulfat ausfällen muß. Zur vollständigen Umsetzung gibt man einen Säureüberschuß von einigen Prozenten hinzu und titriert nach einigen Minuten die überschüssige Säure zurück. Ein Mitfallen von Aluminiumhydroxyd kommt bei dieser Art der Ausführung nicht in Frage, weil das Aluminium an Weinsäure gebunden vorliegt.

Arbeitsvorschrift. Die Vorbereitung der aluminiumsalzhaltigen Lösung zur Titration hängt von der Menge der überschüssigen Säure ab. Liegt das Aluminium gebunden an eine starke Säure vor und enthält sie einen großen Überschuß davon, so neutralisiert man diese zunächst mit verdünnter Natronlauge, bis Dimethylgelb nicht mehr ganz den vollen roten Farbton zeigt ($p_H = 3$). Liegt das Aluminiumsalz einer schwachen Säure vor, so muß man die überschüssige Säure durch eine annähernde Titration ermitteln und auf Grund dieses Ergebnisses den Säureüberschuß abstumpfen. Gegebenenfalls ist auch die Verwendung von 1 n Kalilauge für den ersten Titrationsabschnitt in Betracht zu ziehen. Wurde die überschüssige Säure mit kohlensäurehaltiger Lauge abgestumpft, so ist natürlich die Kohlensäure durch Auskochen zu entfernen. Nun setzt man für 2 bis 3 Milliäquivalente Aluminium 10 cm^3 einer 20%igen neutralen Seignettesalzlösung hinzu und titriert unter Verwendung von viel Phenolphthalein bis zum Auftreten eines rosa Farbtones, der sich etwa 10% vor dem Äquivalenzpunkte einstellt. Nun setzt man für je 100 cm^3 verbrauchter Lauge 1 bis 1,5 cm^3 einer 1 n neutralen Bariumchloridlösung hinzu, schwenkt um, bis sich wieder alles gelöst hat, und titriert auf bleibendes Rosa. War die Lösung sulfathaltig, so ist die Bariumchloridmenge entsprechend zu erhöhen. In diesem Falle ist es aber günstiger, das Bariumchlorid gleich zur ursprünglichen Lösung zuzusetzen und hierauf erst die Seignettesalzlösung einzutragen. Nun bringt man für je 1 Milliäquivalent Aluminium 7 bis 8 cm^3 einer 10%igen Kaliumfluoridlösung in die Lösung, und titriert das entstehende Alkali mit 0,1 n Säure, wobei man dem Nachröten etwa 2 Min. lang Rechnung trägt. Zum Schlusse fällt man das Barium mit überschüssiger 1 n Kaliumsulfatlösung und verbraucht danach noch etwa 0,2 cm^3 Säure. Die insgesamt zugegebene Menge ist noch 1 bis 2% zu tief, man setzt daher noch 3 bis 4% Säure hinzu, als schon verbraucht wurde und titriert den Überschuß nach 3 bis 5 Min. mit Lauge zurück. 1 cm^3 0,1 n Säure entspricht 0,899 mg Aluminium.

Bemerkungen. **I. Genauigkeit.** Die von VIEBÖCK und BRECHER ausgeführten Beleganalysen ergaben bei genau eingestellter Kaliumalaunlösung (15,812 g/l) und Aluminiumchloridlösung (10,45 g $AlCl_3 \cdot 6H_2O$/l) auf etwa 0,1 bis 0,4% richtige Resultate.

II. Gefäßmaterial. Die Bestimmung kann ohne weiteres in einem Jenaer Kolben ausgeführt werden, denn die Fluoridlösung enthält ja nur am Ende eine minimale Menge Säure, und die Lösung ist überdies noch durch das Seignettesalz gepuffert. Es ist daher auf keinen Fall ein Verderben der Glasgefäße zu befürchten. Die Fluoridlösung selbst bewahrt man am besten in für Flußsäure bestimmten Gefäßen oder in sorgfältig mit Paraffin überzogenen Glasgefäßen auf.

II. Verfahren unter Anwendung von Citronensäure nach TITUS und CANNON.

Vorbemerkung. TITUS und CANNON haben neuerdings festgestellt, daß nicht wie bisher angenommen [z. B. von WHITE und von PAWLINOWA (a)] 2 Wasserstoff-Ionen auf 1 Aluminiumatom freigemacht werden, sondern, daß die Menge der freiwerdenden Säure vom Konzentrationsverhältnis zwischen Aluminium und Citronensäure abhängig ist. Ähnliche Beobachtungen hatte auch PAWLINOWA (a) gemacht, welche in der Kälte bei einem Molverhältnis von Aluminium zu Citrat von mindestens 1 : 1 gegen Thymolphthalein titrierte. TITUS und CANNON legten empirisch zwei Kurven für die Abhängigkeit des Natronlaugeverbrauchs von dem Verhältnis Aluminium : Citrat fest und stellten an Hand dieser Kurven zwei Gleichungen auf, welche aus dem jeweiligen Natronlaugeverbrauch die vorhandene Aluminiummenge in Aluminiumsalzlösungen zu berechnen gestatten.

Arbeitsvorschrift. a) Die *freie* Säure wird nach der Kaliumfluoridmethode (vgl. S. 243) bestimmt.

b) Zur Bestimmung der *gebundenen* Säure (also der an Aluminium gebundenen Menge) versetzt man die Aluminiumsalzlösung mit 25 cm^3 0,61 mol Natriumcitratlösung, verdünnt, gibt die der nach a) bestimmten freien Säure äquivalente Menge 0,5 n Natronlauge hinzu, bringt auf 100 cm^3 und kocht 5 Min. lang. Nach dem Abkühlen titriert man mit 15 Tröpfchen Thymolphthalein-Phenolphthalein-Indicator[1]

[1] Der Indicator besteht aus einer alkoholischen Lösung mit 0,075% Tymolphthalein und 0,025% Phenolphthalein.

auf Schwachrosa. Der Aluminiumgehalt wird mit Hilfe der beiden folgenden empirischen Gleichungen aus dem Natronlaugeverbrauch berechnet:

1. Bei alkalisalzfreien Aluminiumlösungen:
   Millimole Aluminium = Millimole Natronlauge · 0,697—0,341.
2. Bei alkalihaltiger Aluminiumlösung (Alaun):
   Millimole Aluminium = Millimole Natronlauge · 0,674—0,317.

Genauigkeit. Beleganalysen teilten die Autoren nicht mit. Sie erhielten befriedigende Resultate. Die von PAWLINOWA [(a), vgl. „Vorbemerkung"] ausgeführten Versuchstitrationen (gegen Thymolphthalein) ergaben auf etwa 0,3% richtige Resultate.

III. Verfahren unter Anwendung von Milchsäure oder Salicylsäure nach PAWLINOWA (a), (b).

Vorbemerkung. Gleichzeitig mit den unter II. bereits erwähnten Versuchen über die Anwendung von Citronensäure benutzte PAWLINOWA auch Natriumlactat. Der hierbei gefundene Verbrauch an 0,1 n Natronlauge zeigt, daß unter den angewendeten Bedingungen 3 Äquivalente Säure auf 1 Grammatom Aluminium frei werden. Das gleiche gilt auch für die Reaktion mit salicylsaurem Natrium. PAWLINOWA (b) gibt an, daß die Komplexsalze des Aluminiums mit Milchsäure und Citronensäure beständiger sind als diejenigen mit Salicylsäure (und Weinsäure).

1. Milchsäuremethode nach PAWLINOWA ***(a).*** **Arbeitsvorschrift.** Zu der aus Milchsäure und Natronlauge frisch bereiteten Lactatlösung, welche man in einem Mengenverhältnis von 3 Mol auf 1 Grammatom Aluminium anwendet, fügt man die neutrale Aluminiumsalzlösung und titriert kalt mit 0,1 n Natronlauge bis zur Rotfärbung gegen Phenolphthalein. Danach erhitzt man zum Sieden und titriert zu Ende.

Genauigkeit. PAWLINOWA erhielt bei der Titration von Kaliumalaunlösungen mit 0,154 und 0,324 g Kaliumalaun auf etwa 0,2% richtige Ergebnisse.

2. Salicylsäuremethode nach PAWLINOWA ***(b).*** **Arbeitsvorschrift.** Die neutrale Aluminiumsalzlösung versetzt man mit einem Überschuß von 9 bis 10 Mol Natriumsalicylat pro Grammatom Aluminium und titriert mit 0,1 n Natronlauge in der Kälte bis zur Rotfärbung von Phenolphthalein. Hierauf wird zum Sieden erhitzt und weiter titriert bis zur schwachen Rotfärbung.

B. Alkalimetrisches (bzw. jodometrisches) Oxalatverfahren zur Bestimmung der freien Säure (oder der Basizität) in Aluminiumsalzlösungen.

Allgemeines. Wie bei der Beschreibung der direkten acidimetrischen Bestimmung des Aluminiums hervorgehoben wurde (S. 206), verursacht die während der Neutralisation saurer Aluminiumsalzlösungen eintretende Hydrolyse eine gewisse Unsicherheit in der Erkennung des Endpunktes der Titration der freien Säure und somit auch der Ermittelung der gebundenen Säure (Differenz zwischen freier und gesamter Säure). Durch Überführung des Aluminium-Ions in das komplexe (wasserlösliche) Alkali-Aluminiumoxalat kann die Hydrolyse der Aluminiumsalze, ähnlich wie durch Bildung des AlF_6'''-Komplexes, weitgehend vermieden und so die freie Säure genauer als durch direkte acidimetrische Titration bestimmt werden. Das Oxalatverfahren wurde mehrfach mit Erfolg benutzt.

Das komplexe Aluminiumhexaoxalato-Anion, $Al(C_2O_4)_3'''$, bildet sich bei Zusatz von überschüssigem Natrium- oder Kaliumoxalat zu einer schwach sauren Aluminiumsalzlösung. Es besitzt nach den vorliegenden Erfahrungen auch im schwach alkalischen Gebiet noch ausreichende Beständigkeit, so daß man die freie Säure mit Natronlauge gegen Phenolphthalein als Indicator titrieren kann (vgl. unten HAHN und HARTLEB, ferner VIEBÖCK und FUCHS sowie TSCHERWJAKOW und DEUTSCHMANN). Eine eingehende Untersuchung über das Verhalten des Komplexanions gegenüber Natronlauge und über den anzuwendenden Indicator liegt offenbar nicht vor.

Die genannte Zusammensetzung des Aluminiumoxalatokomplexes ergab sich bereits aus den Versuchen von v. REIS (vgl. S. 347), der als erster Ammoniumoxalat (mit Calciumchlorid als Indicator) zur volumetrischen Aluminiumbestimmung benutzte. Erst nachdem zwischen dem Aluminium und dem Oxalatrest das Molverhältnis 1:3 erreicht ist, tritt durch weiteres Ammoniumoxalat unter Trübung die Bildung von Calciumoxalat ein.

Einige Angaben über die Darstellung und die Eigenschaften der Aluminiumoxalate, die schwer zu isolieren sind, finden sich in den Arbeiten von ROSENHEIM, von BURROWS und LAUDER sowie von WOSSKRESSENSKAJA (vgl. auch I. G. Farben E. P. 347419, E. P. 348789).

Zur Bestimmung der freien Säure von Aluminiumsalzlösungen haben erstmalig FEIGL und KRAUSS das Oxalatverfahren angewendet, wobei sie allerdings die freie Säure nicht alkalimetrisch, sondern [ebenso wie die Gesamtsäure (STOCK-Reaktion)] *jodometrisch* ermittelten (vgl. S. 198).

Über eine Anwendung des Oxalatverfahrens unter Benutzung von Phenolphthalein als Indicator für die alkalimetrische Titration berichteten HAHN und HARTLEB, welche aber keine eigentlichen Beleganalysen für die Bestimmung der *freien* Säure ausführten. Sie erhielten bei einer schwach sauren Aluminiumchloridlösung gleichgültig, ob sofort in der Kälte, in der Wärme oder nach Erhitzen und Wiederabkühlen titriert wurde, einen gut reproduzierbaren Wert für die freie Säure (0,80 cm³ in 10 cm³ der Lösung), deren Betrag 16% der bei dem acidimetrischen Oxinverfahren (vgl. S. 273) der Autoren titrierten Gesamtsäure ausmachte. Da dieses Verfahren aber durchschnittlich auf $\pm$ 0,3% richtige Aluminiumwerte ergab, mußte auch der Wert für die freie Säure entsprechend zuverlässig sein.

VIEBÖCK und FUCHS benutzten das alkalimetrische Oxalatverfahren, dessen Anwendbarkeit für genaue Analysen VIEBÖCK und BRECHER angezweifelt hatten, zur Bestimmung der Basizität offizineller Aluminiumacetatlösungen und fanden die Methode bei zweckmäßiger Ausführung recht brauchbar (keine Beleganalysen). Man muß dafür Sorge tragen, daß die eintropfende 0,1 n Natronlauge möglichst sofort verteilt wird, um der Entstehung von basischem Salz vorzubeugen.

Nach Angaben von KOLTHOFF können kleine Mengen freier Säure nach dem Oxalatverfahren nicht genau bestimmt werden. So erhielt dieser Autor bei Titration von 1 g Kaliumaluminiumsulfat in 30 cm³ Wasser nach Zusatz von 20 cm³ 20%iger Kaliumoxalatlösung mit verschiedenen Indicatoren folgenden Verbrauch an 0,1 n Natronlauge:

Gegen Phenolphthalein . . .	3,0 cm³	($p_H = 8$, unscharf),
Gegen Phenolrot	1,5 cm³	($p_H = 7{,}6$, unscharf),
Gegen Thymolblau	0,4 cm³	(bis Grün),
Gegen Thymolblau	0,7 cm³	(bis Grünblau).

Es fehlt allerdings die Angabe, ob die verwendete Kaliumoxalatlösung (wie HAHN und HARTLEB empfehlen) vorher mit Natronlauge gegen den entsprechenden Indicator neutralisiert worden war.

Die von WØHLK empfohlene Anwendung des alkalimetrischen Oxalatverfahrens im Anschluß an die Abscheidung des Aluminiumhydroxyds mit Ammoniak hat nur geringe praktische Bedeutung, da die direkte Titration ohne vorherige Fällung viel einfacher ist. WØHLK benutzte Methylrot als Indicator. TSCHIGRIN bringt eine kurze Notiz (ohne Analysenergebnisse) über die Anwendung des Oxalatverfahrens zur Aluminiumbestimmung in Silicaten im Anschluß an die Ammoniakfällung.

Nachfolgend seien noch einige Arbeiten aus der Praxis erwähnt, bei welchen das Oxalatverfahren zur Bestimmung der freien Säure bzw. zusammen mit der Titration der Gesamtsäure zur Aluminiumbestimmung verwendet wurde. BACHMUTOWA benutzt (vgl. unten) Berlinerblau als Indicator bei der Titration der freien Säure, titriert die Gesamtsäure (freie + gebundene) gegen Phenolphthalein und bestimmt nach dieser Arbeitsweise Aluminium in Aluminatlaugen, welche zunächst mit einem Säureüberschuß versetzt werden.

Zur Aluminiumbestimmung in Silicaten arbeitet BABKO nach dem alkalimetrischen und dem jodometrischen Oxalatverfahren. Der Autor hält seine jodometrische Arbeitsmethode für ungenau, aber auch die von ihm benutzte Form des alkalimetrischen Verfahrens kann wohl wegen der Adsorption von Ätzalkali an das mit Natronlauge gefällte Aluminiumhydroxyd nicht genau sein (nur wenige Beleganalysen für Al_2O_3). Nach dem üblichen Aufschluß und der Abscheidung der Kieselsäure fällt der Autor das Aluminium mit dem Eisen in der Siedehitze durch Natronlauge (bis zur schwachen Rotfärbung von Phenolphthalein) aus. Dann werden die filtrierten und gewaschenen Hydroxyde in eingestellter Säure gelöst (vgl. WØHLK), worauf man in einem aliquoten Teil der Lösung die nun vorhandene Gesamtsäure und in einem zweiten Teil nach Zusatz von Natrium- oder Kaliumoxalat sowie Magnesiumchlorid die freie Säure gegen Methylrot als Indicator titriert. Man erhält die Summe von Aluminium und Eisen und bestimmt Eisen in einer getrennten Probe.

Für die Schnellbestimmung des Aluminiums in Bauxiten geben TSCHWERWJAKOW und DEUTSCHMANN eine Arbeitsmethode an, bei welcher sie die nach dem Schmelzen der Probe mit Ätznatron und Lösen in Wasser erhaltene Aluminatlauge (Eisen und Titan im Rückstand) mit Salzsäure ansäuern und dann die freie Säure nach dem Oxalatverfahren und die Gesamtsäure nach dem Tartratverfahren (vgl. S. 341) bestimmen.

Arbeitsvorschriften.

Vorbemerkung. Es geht bereits aus den obigen Ausführungen über die bisher vorliegenden Erfahrungen hervor, daß eine spezielle Untersuchung der Eignung (mit Beleganalysen) des alkalimetrischen Oxalatverfahrens zur Bestimmung der freien Säure in Aluminiumsalzlösungen bisher noch nicht ausgeführt wurde. Aber die vorliegenden Ergebnisse der maßanalytischen Aluminiumbestimmungen aus der Gesamtsäure und der freien Säure (HAHN und HARTLEB, BACHMUTOVA, TSCHERWJAKOW und DEUTSCHMANN), in welche die Resultate des Oxalatverfahrens eingehen, zeigen dessen Brauchbarkeit.

***1. Methode nach* HAHN *und* HARTLEB.** 10 cm³ der Aluminiumsalzlösung[1] werden mit etwa 70 cm³ kalt gesättigter Lösung von Natriumoxalat versetzt und anschließend kalt mit 0,1 n Natronlauge und Phenolphthalein als Indicator titriert. Es ist gleichgültig, ob man in der Kälte, Hitze oder nach Erhitzen und Abkühlen titriert. Die gesättigte Oxalatlösung wird zweckmäßig vorher mit Natronlauge gegen Phenolphthalein neutralisiert.

***2. Bestimmung des Aluminiumhydroxyds in offizineller Aluminiumacetatlösung*[2] *nach* VIEBÖCK *und* FUCHS. Arbeitsvorschrift.** 2 cm³ Aluminiumacetatlösung werden mit 15,0 cm³ 0,1 n Salzsäure, 3 g neutralem Kaliumoxalat und reichlich Phenolphthaleinlösung versetzt. Nach kurzer Wartezeit titriert man unter anhaltendem Umschwenken auf die erste blaßrote Färbung mit 0,1 n Natronlauge. Der Titrierkolben wird verschlossen und beiseitegestellt. Die Rotfärbung darf beim Stehen nicht mehr wesentlich zunehmen, anderenfalls muß mit Säure zurücktitriert werden. Die Differenz aus der zugesetzten 0,1 n Säure (15 cm³) und der zum Zurücktitrieren verbrauchten Lauge entspricht dem in der Probe des basischen Aluminiumacetats vorhandenen Aluminiumhydroxyd.

***3. Jodometrische Bestimmung nach* FEIGL *und* KRAUSS.** Die jodometrische Methode dieser beiden Autoren zur Bestimmung der freien Säure wurde bereits bei der Besprechung der jodometrischen Bestimmung des Aluminiums (vgl. S. 198) beschrieben. Sie erfordert etwas mehr Zeit als das alkalimetrische Oxalatverfahren.

***4. Methode nach* BACHMUTOWA. Arbeitsvorschrift.** Ein aliquoter Teil der zu untersuchenden Aluminiumlauge wird mit Salzsäure angesäuert, mit 5 bis 10 Tropfen 2,5%iger Ferrocyankaliumlösung und 1%iger Eisenammoniumalaunlösung und dann

[1] Von den Autoren wurden 10 cm³ Lösung mit 4,73 mg Aluminium angewendet.

[2] Es handelt sich bei der offizinellen Aluminiumacetatlösung um eine 8%ige Lösung von Aluminiumdiacetat, $Al(OH)(CH_3COO)_2$.

mit Kaliumoxalat versetzt, so daß hiervon ein Überschuß von nicht mehr als etwa 0,3 g vorhanden ist. Danach titriert man bis zum Übergang von grünlicher zu blauer Färbung mit Natronlauge. Der Titer dieser Lauge wird durch Titration mit Salzsäure in Gegenwart von Berlinerblau (wie oben) und Kaliumoxalat bestimmt.

Genauigkeit der bisher behandelten Oxalatverfahren. FEIGL und KRAUSS teilten Beleganalysen für die Bestimmung der freien Säure mit (30 bis 50 cm³ 0,1 n Salzsäure neben 1 g Aluminiumchlorid), deren größte Fehler etwa ±1% betrugen. Die außerdem von den Autoren angegebenen Werte von Aluminiumbestimmungen in sauren und schwach sauren Aluminiumchloridlösungen (mit 0,0017 bis 0,043 g Aluminium, welche aus der Differenz zwischen freier und gesamter Säure erhalten wurden, waren auf etwa ± 1,5% genau. Die von BACHMUTOWA mit Alaunmengen bis zu 1 g ausgeführten Beleganalysen erbrachten mit wenigen Ausnahmen auf ± 0,2 bis 0,4% richtige Ergebnisse.

In gleicher Weise können auch die in Bauxiten von TSCHERWJAKOW und DEUTSCHMANN ausgeführten Aluminiumbestimmungen welche in der Tabelle S. 342, angegeben sind, zur Beurteilung des Oxalatverfahrens herangezogen werden.

C. Maßanalytische Bestimmung des Aluminiums mit Hilfe der Oxalatmethode nach v. REIS.

Vorbemerkung. v. REIS berichtet in einer kurzen Notiz über praktische Erfahrungen bei der Titration von Aluminiumsulfatlösung mit Ammoniumoxalat, wobei er Calciumchlorid als Indicator zusetzt. Erst nachdem (in der Hitze) sich das komplexe Aluminiumoxalat gebildet hat, in welchem 3 Moleküle Oxalsäure auf 1 Atom Aluminium vorhanden sind, tritt bleibende Trübung durch Ausfällung von Calciumoxalat ein.

Arbeitsvorschrift. Die Aluminiumlösung wird zur Neutralisation der freien Säure mit Ammoniak versetzt, mit Essigsäure schwach angesäuert, zum Sieden erhitzt und mit etwas Calciumchlorid versetzt. Man darf bei Aluminiumsulfatlösung nur wenig Calciumchlorid zugeben, damit kein Calciumsulfat ausfällt. Nun setzt man nach und nach eingestellte Ammoniumoxalatlösung zu der siedenden Aluminiumlösung, bis eine deutliche Trübung eintritt.

v. REIS hat auch eine etwas geänderte Arbeitsweise auf der gleichen Grundlage angewendet, indem er in der Hitze in Anwesenheit von Calciumchlorid mit einem Überschuß an Ammoniumoxalat versetzt, das entstandene Calciumoxalat abfiltriert und im Filtrat die an Aluminium komplex gebundene Oxalsäure mit Kaliumpermanganat titriert.

Genauigkeit. Während sich bei der direkten Titration mit Ammoniumoxalat bei 8 Analysen ein mittlerer Fehler von + 2,5% ergab, zeigte die Titration mit Kaliumpermanganat Abweichungen von + 15% und mehr.

Literatur.

BABKO, A. K.: Betriebslab. **4**, 891 (1935); C. **108 I**, 4999 (1937). — BACHMUTOWA, M. K.: Leichtmetalle (russ.) **3**, 37 (Heft 9) (1934); C. **106 II**, 560 (1935). — BURROWS, G. J. u. K. H. LAUDER: Am. Soc. **53**, 3600 (1931).

FEIGL, F. u. G. KRAUSS: B. **58**, 398 (1925).

HAHN, F. L. u. E. HARTLEB: Fr. **71**, 225 (1927). — HANUŠ, J. u. O. QUADRAT: Z. anorg. Ch. **63**, 306 (1909); C. r. de l'Acad. tchèque de Sci. **1909**. — HEIDENHAIN, H.: Pharm. Rundschau **8**, 189 (1890); C. **61 II**, 607 (1890).

KOLTHOFF, I. M.: Die Maßanalyse, 2. Aufl., Bd. 2, S. 186. Berlin 1931.

PAWLINOWA, A. W.: (a) Chem. J. Ser. B **9**, 1682 (1936); C. **108 I**, 2828 (1937); (b) **10**, 732 (1937); C. **109 I**, 4084 (1938); (c) Chem. J. Ser. B **10**, 1718 (1937); C. **110 I**, 193 (1939); (d Acta Univers. Veronegiensis **9**, 59 (1937) (deutsch S. 68); C. A. **1938**, 6970.

QUADRAT, O. u. J. KORECKÝ: Coll. trav. chim. Tchécosl. **2**, 169 (1930).

REIS, M. A. v.: B. **14**, 1172 (1881). — ROSENHEIM, A.: Z. anorg. Ch. **11**, 175 (1896).

TITUS, A. C. u. M. C. CANNON: Ind. eng. Chem. Anal. Edit. **11**, 137 (1939). — TSCHERWJAKOW, N. I. u. E. N. DEUTSCHMANN: Betriebslab. **4**, 508 (1935); vgl. Ref. Fr. **106**, 211 (1936);

C. 107 I, 2980 (1936). — TSCHIGRIN, M. F.: Betriebslab. 6, 758 (1937); C. 109 II, 4285 (1938).

VIEBÖCK, F. u. C. BRECHER: Ar. 270, 114 (1932). — VIEBÖCK, F. u. K. FUCHS Pharm. Monatshefte 15, 34 (1934).

WHITE, A. H.: Am. Soc. 24, 457 (1902). — WÖHLK, A.: Dansk. Tidsskr. Farm. 1927, 525; vgl. I. M. KOLTHOFF: Die Maßanalyse, 2. Aufl., Bd. 2, S. 187. Berlin 1931. — WOSSKRESSENSKAJA, N. K.: Chem. J. Ser. A 2, 630 (1932); durch C. 104 I, 3405 (1933).

§ 13. Polarographische Bestimmung des Aluminiums.

Vorbemerkung. Wenn auch bisher die polarographische Bestimmung des Aluminiums, die keine grundsätzlichen Schwierigkeiten bietet, für die analytische Praxis nur geringe Bedeutung erlangt hat, so verdient sie doch, nicht zuletzt wegen ihrer Anwendbarkeit als Mikromethode, besondere Erwähnung. Bezüglich der allgemeinen Arbeitsmethoden des polarographischen Verfahrens sei auf bekannte Spezialwerke verwiesen (HEYROVSKÝ, H. HOHN).

HOCHSTEIN benutzte das polarographische Verfahren zur Analyse von technischem Zinkchlorid und bestimmte außer dem Zinkgehalt (etwa 20%) auch als Verunreinigung vorhandenes Aluminium und Eisen.

***Arbeitsbedingungen für die polarographische Bestimmung des Aluminiums nach* PRAJZLER.** PRAJZLER hat im Rahmen der zahlreichen polarographischen Arbeiten von HEYROVSKÝ und seinen Mitarbeitern einen experimentellen Beitrag zur gleichzeitigen Bestimmung der Elemente Aluminium, Eisen, Chrom bzw. Nickel, Kobalt, Zink, Mangan geliefert. Für Aluminium (vgl. auch HEYROVSKÝ und OMELČENKO), Eisen und Chrom erwiesen sich etwa 0,05 n schwach saure Lösungen von Bariumchlorid oder Lithiumchlorid als Leitsalze („Grundlösungen") geeignet. Das Abscheidungspotential des Aluminiums in der angewendeten, schwach sauren Lösung lag bei —1,66 Volt, so daß die gleichzeitige Bestimmung neben Eisen und Chrom gut durchgeführt werden konnte. Bei Zugabe von 2 cm^3 0,02 n $AlCl_3$ Lösung zu 20 cm^3 0,05 n $BaCl_2$-Lösung und $^1/_{100}$ der vollen Empfindlichkeit des Galvanometers fand PRAJZLER eine Wellenhöhe von 40 mm. Man arbeitet also (ebenso bezüglich Eisen und Chrom) zweckmäßig in einer Konzentration, die einer Normalität von 10^{-3} bis 10^{-4} entspricht.

***Polarographische Bestimmung des Aluminiums in Silicaten nach* HOHN.** Für die Bestimmung von Aluminium, Eisen und Mangan in Silicaten gibt HOHN folgende *Arbeitsvorschrift*. Nach dem Aufschluß fällt man Aluminium, Eisen und Mangan ohne Rücksicht auf die vorhandene Kieselsäure mit carbonatfreiem Ammoniumsulfid in der Wärme, filtriert den erhaltenen Niederschlag ab und wäscht mit ammoniakhaltigem, warmem Wasser aus. Danach löst man den Niederschlag heiß in 20 cm^3 0,5 n Schwefelsäure, verkocht den Schwefelwasserstoff und oxydiert das Eisen mit etwas Wasserstoffperoxyd, dessen Überschuß durch weiteres Kochen (15 Min.) zerstört wird. Anschließend wird mit 0,5 n Lithiumhydroxydlösung gegen Methylrot neutralisiert und auf 100 cm^3 im Meßkolben aufgefüllt. Eine Probe der erhaltenen Lösung wird zwischen 0 und 0,4 Volt mit $^1/_{30}$ der vollen Empfindlichkeit aufgenommen, wobei sich die Ferri-Welle ergibt. Polarographiert man nun mit kleiner Empfindlichkeit (etwa $^1/_{200}$ wegen des großen Aluminiumgehalts) bis zum Endanstieg weiter, so erhält man die Summe Eisen-Mangan und das Aluminium. Die bei der Neutralisation der Schwefelsäure mit Lithiumhydroxyd entstehende Lithiumsulfatlösung dient bei diesen Bestimmungen von Eisen und Aluminium als Grundlösung. Das Mangan wird in einer besonderen Probe unter Zusatz von Ammoniak-Ammoniumchlorid-Grundlösung[1] aufgenommen. Auf den in der Praxis vorkommenden Fall der Anwesenheit kleiner Aluminiummengen neben großem Eisenüberschuß geht HOHN ebenso wie PRAJZLER nicht ein.

[1] Zusammensetzung: 200 cm^3 konzentriertes Ammoniak + 200 cm^3 Tylose S-Lösung (200 g der 10%igen Tylose S-Paste auf 1 l gelöst) + 1600 cm^3 destilliertes Wasser + 200 g Ammoniumchlorid.

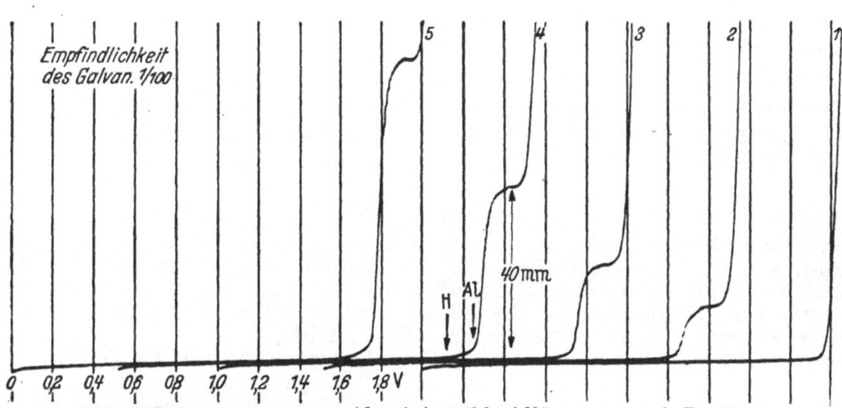

Abb. 6. Polarogramme von Aluminiumchloridlösungen nach PRAJZLER.
Lösungsgemische: Je 20 cm^3 0,05 n $BaCl_2$-Lösung („Grundlösung") wurden mit nachfolgenden Mengen 0,02 n $AlCl_3$-Lösung versetzt:

Polarogramm:	1	2	3	4	5
cm^3:	0,0	0,5	1,0	2,0	4,0

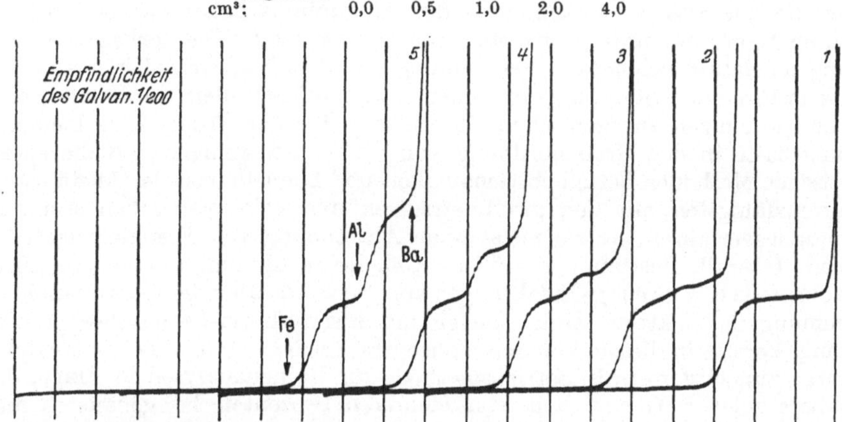

Abb. 7. Polarogramme von Aluminium-Eisenlösungen nach PRAJZLER.
Lösungsgemische: Je 20 cm^3 0,001 mol $Fe(NH_4)_2(SO_4)_2$-Lösung ($BaCl_2$ enthaltend [1]) mit nachfolgenden Mengen 0,02 n $AlCl_3$-Lösung versetzt:

Polarogramm:	1	2	3	4	5
cm^3:	0,0	0,25	0,5	1,0	2,0

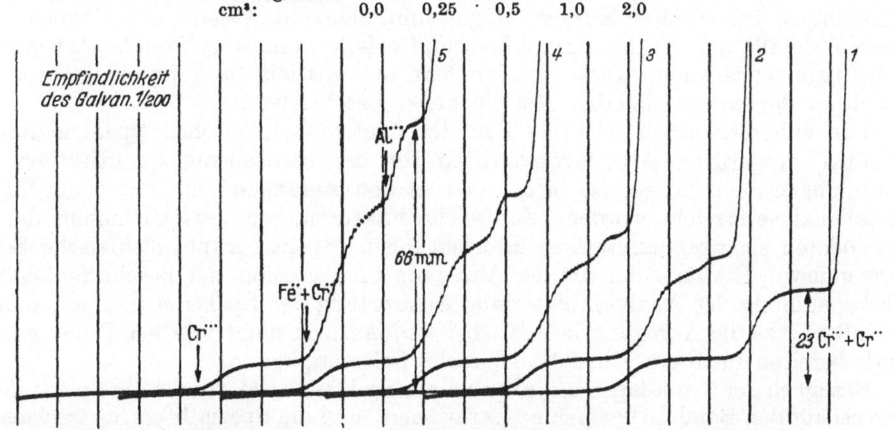

Abb. 8. Polarogramme von Aluminium-Eisen-Chromlösungen nach PRAJZLER.
Lösungsgemische: Je 20 cm^3 0,02 n $CrCl_3$-Lösung [2] mit nachfolgenden Mengen einer an $Fe(NH_4)_2(SO_4)_2$ *und* $AlCl_3$ 0,02 n Lösung versetzt:

Polarogramm:	1	2	3	4	5
cm^3:	0,0	0,25	0,5	1,0	2,0

[1] Keine besondere Konzentrationsangabe des Autors.
[2] Keine Angabe des Autors über Gehalt an $BaCl_2$.

Genauigkeit. Beleganalysen über Aluminiumbestimmungen wurden weder von HOHN noch von PRAJZLER angegeben. Die Fehlerbreite wird, wie allgemein bei den polarographischen Bestimmungen wenige Prozente betragen, wenn nach Zusatz einer geeigneten Grundlösung direkt polarographiert werden kann (wie oben neben Eisen, Chrom, Mangan). Notwendige Vortrennungen haben auf die Genauigkeit den gleichen Einfluß wie bei der gewöhnlichen quantitativen Analyse.

Literatur.

HEYROVSKÝ, J.: Polarographie, in: Physikalische Methoden der analytischen Chemie, herausgeg. von W. BÖTTGER, II. Teil, S. 260f. Leipzig 1936. — HEYROVSKÝ, J. u. M. OMELČENKO: Věstnik VI., sjezdn. čsl. přirodozpyteů lékařů a inzenýrů II., 25, 43 (1928). — HOCHSTEIN, J. P.: Betriebslabor. 5, 158 (1936); durch C. 107 II, 1979 (1936). — HOHN, H Chemische Analysen mit dem Polarographen. Berlin 1937.

PRAJZLER, J.: Collection of Czechoslov. chem. Communications 3, 406 (1931).

§ 14. Spektralanalytische Bestimmung des Aluminiums.

Allgemeines.

Für die quantitative Bestimmung des Aluminiums haben spektralanalytische Verfahren bisher nur untergeordnete Bedeutung erlangt. Die vorliegenden Untersuchungen befassen sich mit der Bestimmung bzw. dem Nachweis kleiner Aluminiummengen in Eisen und Stahl, in verschiedenen weiteren Metallen, wie Kupfer, Kobalt, Zinn und in einigen anorganischen Materialien. Bei der Ermittelung kleiner Aluminiumgehalte in der Größenordnung von 0,1% und weniger sind die spektralanalytischen Methoden bezüglich Genauigkeit und Schnelligkeit der Ausführung am konkurrenzfähigsten mit den gravimetrischen und colorimetrischen Aluminiumbestimmungsverfahren, da sie meist ohne Abtrennung von Fremdelementen auskommen. Über die Bestimmung größerer Gehalte an Aluminium von etwa über 1% liegen ebenfalls bereits einige Erfahrungen vor. So wurde über die spektralanalytische Bestimmung in Elektron, Zink, Nickel und Eisen-Chrom-Legierungen berichtet. Allerdings kommt in diesem höheren Konzentrationsbereich das spektralanalytische Verfahren zunächst nur als Betriebsmethode für Reihenanalysen in Frage, da die erreichbare relative Genauigkeit von mehreren Prozenten bei genaueren metallchemischen Untersuchungen vielfach kaum ausreichen wird.

Im Gegensatz zu der spektralanalytischen Bestimmung des Aluminiums selbst sind über Spektralanalyse von metallischem Aluminium und von Aluminiumlegierungen, bei welcher Kupfer, Magnesium, Silicium, Eisen, Zink, Mangan und andere Metalle neben Aluminiumüberschuß erfaßt werden, zahlreiche Arbeiten im Schrifttum erschienen. Diese werden hier nur gestreift und jeweils in den Abschnitten der entsprechenden Metalle näher beschrieben.

Das außerordentlich wichtige Ziel der heutigen chemischen Spektralanalyse, nämlich einheitliche Arbeitsvorschriften für die Ausführung quantitativer Bestimmungen zu schaffen, ist bisher erst in den Anfängen, und zwar nur für die Metallanalyse erreicht worden. Zahlreiche Faktoren, wie Verschiedenheit der angewendeten spektralanalytischen Einrichtungen (Spektrograph, elektrische Schaltungen usw.), Einflüsse der Art der Anregung zur Emission, der Beschaffenheit und Vorbehandlung des Analysenmaterials, Auswertung der Spektren u. a. m., welche, vor allem was die Anregung betrifft, bei weitem noch nicht in allen Teilen geklärt sind, bereiten in dieser Hinsicht vielfache Schwierigkeiten.

Bezüglich der Grundlagen und allgemeinen praktischen Methodik der Spektralanalyse sei auf den Band „Allgemeine Operationen" und die Spezialliteratur verwiesen[1].

[1] Zusammenstellungen finden sich bei G. SCHEIBE und F. LINSTRÖM: Chemische Spektralanalyse, in: Physikalische Methoden der analytischen Chemie, herausgeg. von W. BÖTTGER, I. Teil. Leipzig 1933; bei A. HENRICI und G. SCHEIBE: Chemische Spektralanalyse, in Physikalische Methoden der analytischen Chemie, herausgeg. von W. BÖTTGER, 3. Teil. Leipzig 1939; sowie bei FR. LÖWE: Optische Messungen des Chemikers und des Mediziners. Dresden und Leipzig 1939.

A. Analysenlinien des Aluminiums (Koinzidenzen, Stör- und Kontrollinien).

Bei der praktischen chemischen Spektralanalyse ist das Aufsuchen der jeweils für den Nachweis oder die quantitative Bestimmung eines Elementes in Frage kommenden Analysenlinien in den großen bekannten Tabellenwerken[1] außerordentlich umständlich und zeitraubend. Kleine Zusammenstellungen, welche nur die zur Analyse notwendigen und ausreichenden Linien unter Berücksichtigung der gegebenenfalls für bestimmte Stoffarten in Betracht kommenden Koinzidenzen und Störlinien bringen, sind deshalb in der Praxis besonders nützlich. Den praktischen Bedürfnissen Rechnung tragend, haben GERLACH und RIEDL auf Grund langjähriger Erfahrungen und eingehender Versuche mit mehreren Spektrographen ihre Tabellen zur qualitativen Spektralanalyse zusammengestellt, welchen die nachfolgende Tabelle für Aluminium entnommen ist. Es sind dabei die Bogen- und soweit erforderlich Funkenspektren von 57 Elementen berücksichtigt, nämlich von

Ag Al As Au	Os P Pb Pd Pt
B Ba Be Bi	Ra Rb Re Rh Ru
C Ca Cd Ce Co Cr Cs Cu	S Sb Sc Si Sn Sr
Fe Ga Ge Hg	Ta Te Th Ti Tl
In Ir K Li	U V W Y
Mg Mn Mo	Zn Zr
Na Nb Ni	

Zugrunde gelegt ist die Annahme, daß alle diese Elemente als Verunreinigungen aller dieser Grundsubstanzen vorkommen können. Daher sind alle Störungen der Nachweislinien jedes einzelnen Elementes durch starke und schwache Linien aller anderen Elemente berücksichtigt (von C, Ce, Nb, Re, Ta, Th, U, Y, Zr sind nur die stärksten Linien als Störungslinien berücksichtigt).

Zur Feststellung einer Koinzidenz zwischen einer Analysenlinie des nachzuweisenden Elementes und einer schwachen Störungslinie der Grundsubstanz zieht man Kontrollinien heran, welche den Störungslinien des Grundmetalles benachbart und ungefähr intensitätsgleich sind. Durch visuellen Intensitätsvergleich kann eine vorhandene Verstärkung einer Störlinie des Grundelementes erkannt und damit die Anwesenheit des nachzuweisenden Elementes festgestellt werden. Auch in dem praktisch weit häufigeren Fall der Koinzidenz mit Störlinien nicht als Grundsubstanz vorhandener Fremdelemente, deren Linien z. B. nur infolge geringer Konzentration schwach auftreten, werden solche Kontrollinien benutzt.

Die Häufigkeit und Möglichkeit der Koinzidenzen hängen von der Dispersion, Spaltbreite und Zeichnungsschärfe des angewendeten Spektrographen ab. Die Angaben in der Tabelle von GERLACH und RIEDL für Aluminium beziehen sich auf die ZEISSschen Quarzspektrographen Qu 18 und Qu 24. In der zweiten Spalte „Störende Elemente (Koinzidenzen)" sind unter 2 die linienreichen Elemente der 6., 7. und 8. Gruppe des periodischen Systems (außer Tellur, Vanadin und Titan) enthalten, welche mit dem Quarzspektrographen Qu 24 untersucht wurden. Unter 1 stehen die übrigen Elemente, für deren Nachweis der Apparat Qu 18 ausreicht.

Es kommen also für den qualitativen Nachweis und die Bestimmung kleinster Aluminiummengen hauptsächlich die vier aufgeführten stärksten Linien in Betracht, deren Intensität (Aufnahme im Quarzspektrographen Qu 24) in der Reihenfolge

$$3961{,}5 > 3944{,}0 \approx 3092{,}7 > 3082{,}2$$

fällt. Die Aluminiumlinien 3961,5 und 3944,0 liegen zwischen dem starken Calciumdublett 3969 3934.

HOLZMÜLLER hat auf Grund von Aufnahmen mit Hilfe des ZEISS-Quarzspektrographen Qu 24 und des kondensierten Funkens (nach FEUSSNER) Tabellen für die qualitative Analyse von Stählen aufgestellt. Es wurden dabei Stähle verschiedenster Zusammensetzung und mit einem Aluminiumgehalt zwischen 0,08 und 0,5% benutzt. Mit Ausnahme der Angaben, daß die Linie Al I 3961,5 durch große Mengen Nickel und die Linie Al 3082,2 durch große Molybdänmengen nicht gestört werden sollen, stimmen die Ergebnisse dieses Autors mit jenen von GERLACH und

[1] Ein Überblick über die bisher erschienenen Tabellenwerke findet sich bei FR. LÖWE (a. a. O.).

Analysenlinien des Aluminiums nach GERLACH und RIEDL.

Analysenlinien	Störende Elemente (Koinzidenzen) 1	Störende Elemente (Koinzidenzen) 2	Starke Störungslinien		Kontrollinien	
3961,5	Ca_s Co				≥Co	3917,1
I	[Fe]		[Fe]	3961,1		
	Mo Ni Os Sb_{fs}	Sb_{fd} (Sr) (W)			>Ni	3954,6
3944,0	(Ba) Co [Fe] Ir	[Mo] Ni [Os]				
I	Rh (Ru) [W]					
3961,5	Ca_s Sb_{fd} (Sr)	Co			≥Co	3917,1
I		[Fe]	[Fe]	3961,1		
		Mo Ni Os Pd_s			>Ni	3954,6
		Rh (W)	Cr I	3963,7	>Cr I	3919,2
			Pd I	3958,7	≥Pd I	3894,2
			Rh I	3958,9	≥Rh I	3856,5
			Ti I	3962,9	>Ti I	3964,3
			Ti I	3958,2	≥Ti I	3998,6
3944,0	(Ba)	Co Fe_v Ir Mo_v	Ti I	3948,7	≥Ti I	3981,8
I		Ni [Os] Rh	Ti I	3947,8		
		(Ru) V [W]				
3092,7	β (Au_{fv}) Mg	β [Fe] [Mo] V	(Au_{fv})	3093,3		
I			Fe I	3091,6	>Fe	3222,1
			V II	3093,1	b: >V I	3185,4
3082,2	β_v Au_{fd} Cd	Co_v Mo Os V	Co_v	3082,6	≥Fe I	3075,7
I		W	Fe I	3083,7		
			Ti II	3078,6	≥Ti II	3088,0

Erläuterungen zu den Zeichen der Tabelle.

I: z. B. Al 3961,5 I:	Bogenlinie des Aluminiums.
II: z. B. V II 3093,1:	Funkenlinie des Vanadins.
s: z. B. Ca_s:	Spektrum des Calciums hat bei Al 3961,5 I regelmäßig starken Untergrund (Banden).
b:	Angabe gilt für Bogenentladung.
β:	In der Nähe von Al 3092,7 I relativ scharfe Bande, die mit einer Linie zu verwechseln ist.
β_v:	Verbreiterung von Al 3082,2 durch scharfe Bande (Störung abhängig von Dispersion und relativer Intensität).
v: z. B. Fe_v:	Verbreiterung der Aluminiumanalysenlinie durch eine Eisenlinie.
f: z. B. Au_f:	Die störende Linie tritt besonders im Funkenspektrum auf.
d: z. B. Sb_d:	Diffuse Linie von Sb.
[ ]: z. B. [Fe]	Sehr schwache Eisenlinie stört.
( ): z. B. (W):	Schwache Wolframlinie.
>, ≥:	Diese Zeichen v vor den Elementsymbolen bedeuten, daß die als Analysenlinie angesprochene Spektrallinie stärker bzw. gleich oder stärker sein muß als die Kontrollinie, wenn eine Analyse möglich sein soll.

RIEDL überein. HOLZMÜLLER gibt für den Aluminiumnachweis in Stahl auch die Funkenlinie Al II 2816,2 an, welche durch Co 2815,6 und Mo 2816,2, nicht aber durch großen Gehalt an Chrom, Nickel, Wolfram oder Vanadin gestört wird. Nach SCHLIESSMANN und ZÄNKER wird die Linie Al II 2816,2 bei hochlegierten Stählen mit höherem Mangangehalt (über 5% Mangan) durch die Manganlinie 2816 gestört.

Außer den vier in der obigen Tabelle enthaltenen stärksten Bogenlinien des Aluminiums bringt LÖWE in seinem „Atlas der Analysenlinien der wichtigsten Elemente" noch folgende Aluminiumlinien (ohne Angabe der Störungsmöglichkeiten und Intensitäten)

[1854,7 III 1862,9 III 2367,1 I 2373,1 I],
2568,0 II 2575,1 I 2652,3 I 2660,2 II.

Bei der *quantitativen* Bestimmung des Aluminiums in Magnesiumlegierungen, welche meist ein relativ linienarmes Spektrum liefern, wurden noch andere Linien des Aluminiums benutzt, so z. B. von WWEDJEWSKI die im sichtbaren Bereich liegende Linie Al II 5697 und von WHALLEY die Linie Al 2568. ALEXANDROW und RAISKI verwendeten zur Bestimmung höherer Aluminiumgehalte in legierten Stählen die Linie Al 5727,7.

B. Empfindlichkeit des spektralanalytischen Aluminiumnachweises.

Man unterscheidet nach W. GERLACH zweckmäßig zwischen analytischer Empfindlichkeit (absoluter und relativer) einer Analysenlinie und ihrer Nachweisbarkeit. Hohe *Absolutempfindlichkeit* zeigen jene Linien, die schon bei geringsten spektroskopisch erkennbaren Mengen in einer Lichtquelle auftreten. *Relativ empfindlich* sind Linien, welche bei Änderung der Konzentration starke Änderung ihrer Intensität aufweisen. Für die *Nachweisbarkeit* einer Linie ist außer ihrer Absolutempfindlichkeit die Beschaffenheit des Untergrundes (Schwärzung durch Banden usw.) der photographischen Platte maßgebend.

Die Erfassungsgrenze und die Grenzkonzentrationen des spektralanalytischen Aluminiumnachweises lassen sich — wie allgemein bei der Spektralanalyse — nicht sicher festlegen, da die Ergebnisse stark von den Versuchsbedingungen abhängen. Hier sind besonders die elektrischen Entladungsbedingungen bei der Anregung zu nennen. Bekanntlich ist allgemein der elektrische Lichtbogen für den Nachweis von Spuren geeigneter als der Funke. Wie bereits erwähnt, kann das Auftreten störender Koinzidenzen durch Verwendung von Spektrographen höherer Dispersion und guter Abbildungsschärfe (kleine Spaltbreite) weitgehend vermieden werden, was aber eine Erniedrigung der Grenzkonzentrationen des Nachweises neben den verschiedensten Elementen mit sich bringt. Die Zusammensetzung des Analysenmaterials bzw. die Art der chemischen Bindung hat nach bisher vorliegenden Erfahrungen offenbar nur untergeordneten Einfluß auf die Empfindlichkeit des spektralanalytischen Nachweises der Elemente. Die erforderliche Überführung der Elemente in den Dampfzustand und die damit verknüpfte Spaltung von Verbindungen wird für die praktisch in Frage kommenden Stoffarten (Metalle, Legierungen, Oxyde, Salze, Mineralien, Gläser, Erze) bei geeigneter Anordnung (kleine Stoffmengen auf Hilfselektroden aus Kohle oder Reinmetall) im elektrischen Lichtbogen erreicht[1]. Die absolute Intensität der Analysenlinien hängt bei gleicher verdampfter Substanzmenge nur dann von deren Art ab, wenn diese die Entladungs- (bzw. allgemein Lichtanregungs-)Bedingungen beeinflußt (W. GERLACH), was z. B. bei der Einbringung größerer Mengen nichtleitender Stoffe (Oxyde, Mineralien) in die Entladungsstrecke der Fall ist.

Wie DEE TOURTELOTTE und RASK an Hand von qualitativen Versuchen unter Verwendung des elektrischen Bogens bzw. Funkens (Kupfer-Hilfselektroden) zeigten, sind die absoluten Intensitäten der Aluminiumlinien 3082, 3944, 3961,5 für Aluminiumchlorid, -oxyd und -phosphat bei gleicher Aluminiummenge untereinander gleich. Nach neuesten Untersuchungen ergibt sich bei Anregung im Funken für Aluminiumoxyd eine geringere Intensität als für das Metall selbst (SCHLIESSMANN).

Die von einigen Autoren im Schrifttum bei verschiedenen Arbeitsmethoden beobachteten Grenzen des spektralanalytischen Aluminiumnachweises (bzw. der Aluminiumbestimmung) sind in der nachfolgenden Tabelle zusammengestellt.

[1] Unabhängig hiervon kann in der Praxis für die Spurensuche eine besondere Wahl der Anregungs- (d. h. also Energie-) Bedingungen bei verschiedenen Stoffgruppen vorteilhaft sein. So empfiehlt z. B. neuerdings OWENS folgende Arbeitsverfahren: für anorganisch-chemische Produkte den Hochspannungswechselstrombogen, für metallurgische Proben den Gleichstrombogen, für geochemische Proben die kathodische Glimmschicht der Bogenentladung (MANNKOPF und PETERS), für organisch-chemische und biologische Präparate den kondensierten Funken oder die Hochfrequenzfunkenstrecke.

Grenzkonzentration des Aluminiumnachweises bei verschiedenen Arbeitsweisen und Grundsubstanzen.

Autor	Methode (Apparatur)	Untersuchte Grundsubstanz	Benutzte Aluminiumlinien	Beobachtete Grenzkonzentration in %	Bemerkung (Art der Versuche)
(1) SCHLIESSMANN (1934)	Bogen: 220 Volt; Spektroskop: 2 Flintglasprismen, visuelle Beobachtung	Stahl	3961,5	0,01	qualitativ
(2) HAMMERSCHMID, LINSTRÖM und SCHEIBE (1934/35)	Bogen, Quarzspektroskop von FUESS, Meßprojektor	Stahl	3961,5 3944,03 3092,72 3082,16	(0,01)	qualitativ
(3) RIVAS (1937)	Bogen, Kohleelektrodenlösungsmethode, Quarzspektrograph GH, STEINHEIL, Photometer	Fe-Al-Lösung	3092,85	0,0012	quantitativ
(4) GATTERER und JUNKES (1938)	Bogen, STEINHEIL-Dreiprismen-Glasspektrograph GH, Photometer	reines Eisen	3961,5	0,001	quantitativ
(5) HOLZMÜLLER (1938)	Kondensierter Funke, Quarzspektrograph ZEISS Qu 24, FEUSSNER Funkenerzeuger	Stahl	wie unter (2) dazu Al I 2816,2	(0,08)	qualitativ
(6) HARTLEIF (1939)	Kondensierter Funke, Apparat wie (5), Cu-Gegenelektrode, Photometer	Stahl Eisen	3961,5	0,012	quantitativ
(7) SCHLIESSMANN (1940)	Gesteuerter Funke, Kohlelektrodenlösungsmethode. RUTHERFORD-Glasprismenspektrograph, Photometer	Stahl, Eisen (Lösung)	3961,53	0,01 (0,001)[1]	quantitativ
(8) BRECKPOT und MEVIS (1934)	Bogen, Kohleelektrode. Quarzspektrograph HILGER-E 315, rotierender Sektor. Eichgemisch	Kupfer bzw. Kupferoxyd	3961,53 3944,02	0,001 bis 0,0001	halbquantitativ
(9) BRECKPOT (1937)	Anordnung wie (8)	Kobalt bzw. Kobaltoxyd	3092,7	0,01 und weniger	halbquantitativ
(10) SMITH (1936)	Funke, mittlerer Quarzspektrograph von HILGER, Testlegierungen	Zinn	3092,7 3082,2	0,001	halbquantitativ
(11) DEE TOURTELOTTE und RASK (1931)	Bogen und Funke, Kupferelektroden, Quarzspektrograph E 1, HILGER	Salzgemische	3082 3961,5 3944	0,001 0,0001	Schätzung
(12) LINDEMANN (1935)	Abreißbogen, Kupferelektroden, Gitterspektrograph, logarithmischer Sektor	Soda Knochenasche	3961,5 3961,5	0,0001 0,0005	quantitativ halbquantitativ
(13) MITCHELL und ROBERTSON (1934)	Flammenspektrograph (Beeinflussung von Ca- und Sr-Emission durch Al)	Lösungen	Ca, Sr!	0,04	quantitativ

[1] „Anreicherungsverfahren."

C. Quantitative spektralanalytische Bestimmung kleiner Aluminiumgehalte.

I. Bestimmung kleiner Aluminiummengen in Eisen und Stahl.

Allgemeines. Die Ermittlung kleinster Aluminiummengen in Eisen ist bei der Herstellung und Prüfung spektralreinen Eisens und für die technische Untersuchung von Stählen von Interesse. Nach der Desoxydation der Schmelzen bei der Stahlherstellung durch Zusatz von Aluminium verbleibt in der Eisenschmelze ein Gehalt von größenordnungsmäßig etwa 0,1 bis 0,01% Aluminium, welches teilweise als Oxyd und teilweise als Metall vorliegt. Obwohl der Stahlanalytiker über genaue Verfahren zur Bestimmung dieses Aluminiums verfügt, ist im Interesse einer verfeinerten Betriebsüberwachung der Einsatz der Spektralanalyse als Schnellmethode erwünscht, um gegebenenfalls den Grad der Desoxydation schon während des Schmelzprozesses zu verfolgen. Die quantitative Bestimmung erfordert infolge des Linienreichtums des Eisenspektrums einen Spektrographen ausreichend großer Dispersion.

Bei Verwendung eines Spektroskops mit 2 Flintglasprismen und schwenkbarem Fernrohr (im Gesichtsfeld gleichzeitig sichtbar das Spektrum des Carbonyleisens und der Stahlprobe) konnte SCHLIESSMANN zwar noch 0,01% Aluminium in Stahl mit Hilfe der Linie Al I 3961,5[1] im Bogen nachweisen, aber keine quantitative Schätzung mehr ausführen. GATTERER und JUNKES haben bei Anregung der Eisenelektroden im Lichtbogen mit Hilfe eines GH-STEINHEIL-Dreiprismen-Glasspektrographen ($f = 640$ mm, Dispersion 6 Å/mm bei $\lambda = 4000$ Å) und der Linie Al 3961,5 noch Aluminiumgehalte bis zu etwa 0,001% bestimmt. Mit der von SCHEIBE und RIVAS ausgearbeiteten Methode der Lösungsspektralanalyse hat RIVAS unter Benutzung eines STEINHEIL-Zweiprismen-Quarzspektrographen in reinem Eisen Aluminiumgehalte bis zu 0,0012% ermittelt. Der Autor benutzte dabei eine den unsicheren Belichtungsverhältnissen des Lichtbogens angepaßte Belichtungsweise und photometrische Auswertung (Aluminiumlinie 3961,5). Die funkenspektralanalytische Bestimmung geringer Aluminiumgehalte in Stahl und Eisen mit Hilfe der ZEISSschen spektralanalytischen Einrichtung (Einprismen-Quarzspektrograph Qu 24, FEUSSNER-Funkenerzeuger, Photometer) wurde erstmalig von HARTLEIF untersucht. Es ergab sich bei direktem Abfunken der Oberfläche von Gußproben mit Kupfergegenelektrode und Ausmessung des Linienpaares Fe 3963,10/Al 3961,53 eine brauchbare Arbeitsweise. Diese wird bereits im Eisenhüttenbetrieb als technisches Verfahren zur Aluminiumbestimmung im Bereich von 0,01 bis 0,04% (bei Abwesenheit von Chrom) angewendet (SCHLIESSMANN). Neuerdings hat SCHLIESSMANN in eingehenden Versuchen eine Arbeitsvorschrift zur Bestimmung kleiner Aluminiummengen in Stahl (Größenordnung 0,01% und weniger) ausgearbeitet und dabei das Lösungsspektralanalyseverfahren nach SCHEIBE und RIVAS benutzt. Die Aufnahmen der Spektren wurden dabei mit einem RUTHERFORD-Glasprismenspektrographen (Firma *Fueß*) gemacht, zur Anregung diente lichtstarke, gesteuerte Funkenentladung.

SSUCHENKO befaßte sich mit der spektralanalytischen Bestimmung des Aluminiums in legierten Stählen im Konzentrationsbereich von 0,1 bis 10% Aluminium neben 0,1 bis 1% Vanadin. Als Vergleichslinien dienten dabei Al 3944 und Fe 3930.

1. Aluminiumbestimmung in Stählen mittels Anregung fester Elektroden im kondensierten Funken nach HARTLEIF.

Vorbemerkung. Das Ziel der Versuche von HARTLEIF war, den Gesamtaluminiumgehalt (metallisches Aluminium und Oxyd) möglichst schnell und ohne langwierige Probenherstellung neben der üblichen Analyse der Gießgrubenprobe mit

[1] Aluminiumchlorid, -oxyd und -phosphat ergaben bei gleicher Aluminiummenge praktisch gleiche Intensität.

tragbarer Fehlergrenze zu bestimmen. Um der bekannten Neigung der bei der Desoxydation gebildeten Tonerde zu Seigerungen entgegenzuwirken, wurden besondere, kleine Kokillen verwendet, die sehr rasches Erstarren der Schöpfproben ermöglichten. Nähere Angaben über die Zusammensetzung der benutzten Stähle machte der Autor nicht.

Arbeitsvorschrift. **Apparatur.** Einprismen-Quarzspektrograph Qu 24 der Firma ZEISS, Jena, Funkenerzeuger nach FEUSSNER, Spektrallinienphotometer.

Arbeitsweise. Gegenelektrode: Sie besteht aus einem Kupferstab aus Elektrolytkupfer von 4 mm ⌀, mit schwach gekrümmter Endfläche. Stahlelektroden: Eine beliebige Fläche der zu Stangen von etwa 15×30 mm² Querschnitt ausgeschmiedeten Gußproben (kleine Kokillen!) wird durch Feilen mit bestimmter, bei allen Versuchen gleicher Rauheit versehen, da die erforderliche Vorfunkzeit von dieser Rauheit abhängig ist. Der Abfunkbereich auf der Stahlfläche ist durch den Elektrodenabstand (3,5 mm) und den Durchmesser der Kupferhilfselektrode gegeben.

Zwischenblende: Zwecks Abkürzung der Belichtungszeit wurde nur das der Stahlelektrode zugekehrte Drittel des Funkens etwa dreifach vergrößert auf der 5 mm hohen Zwischenblende abgebildet.

Spaltbreite: 0,02 mm.

Anregung: Der Funke wurde durch einen FEUSSNER-Funkenerzeuger mit 3000 cm Kapazität und 800000 cm Selbstinduktion erzeugt.

Vorfunkzeit: 4 Min., Belichtungszeit: 5 Min.

Photographische Platten: Silbereosinplatten von Fa. PERUTZ, *München*.

Photometrische Auswertung: In dem erprobten Konzentrationsbereich von 0,01 bis 0,04% Aluminium erwies sich das Linienpaar Al I 3961,5/Fe I 3963,1 als recht brauchbar zur Aufstellung der Eichkurve (Schwärzungsunterschied ΔS gegen log Al-Konzentration). Es muß jedoch berücksichtigt werden, daß Al I 3961,5 durch Mo 3961,49 (von einem Molybdängehalt >0,2% an) und Fe I 3963,1 durch Cr I 3963,69 (von einem Chromgehalt >0,2% an) gestört wird. Da bei den angewendeten Arbeitsbedingungen der Schwärzungsunterschied nicht über die ganze Länge der Linien gleich war, wurden auf dem Schirm der Photometerphotozelle entsprechende Abblendemarken angebracht.

Zeitbedarf: Die Bestimmung dauert einschließlich Probenherstellung etwa 70 Min.

Genauigkeit. An 4 chemisch analysierten Stahlproben mit 0,020, 0,015, 0,012 und 0,030% Aluminium wurden je 10 spektralanalytische Bestimmungen durchgeführt, wobei die größte Abweichung ±0,002% Al (in einem Fall 0,003%) betrug. Der relative Fehler lag durchschnittlich etwa bei ±5 bis 8%, war also etwa von gleicher Größenordnung wie der der chemischen Bestimmung derartig kleiner Gehalte.

Besondere Versuche über den Einfluß der Tonerdeadern in gewöhnlichen, nicht nach dem genannten Verfahren mit kleinen Kokillen hergestellten Walzstahlproben ergaben, daß nur beim Anfunken grober schon mit bloßem Auge erkennbarer Adern unbrauchbare Ergebnisse erzielt werden, während man sonst eben noch verwertbare Resultate erhält.

2. Bestimmung kleiner Aluminiumgehalte in Stählen mittels Kohleelektroden-Lösungsspektralanalyse und Funkenanregung nach SCHLIESSMANN.

Vorbemerkung. Bei dem vorliegenden Verfahren wird Aluminiumoxyd nach der bekannten Salzsäuremethode (s. KLINGER und FUCKE) durch Lösen des Stahls in 1,5 n Salzsäure abgetrennt, so daß im Filtrat das metallische Aluminium und das Gesamtaluminium nach Aufschluß des Aluminiumoxydrückstandes und Vereinigung aliquoter Teile des genannten Filtrats und des Aufschlusses bestimmt werden kann. Durch die erforderliche chemische Aufarbeitung der Analysenlösung geht zwar infolge des größeren Zeitbedarfs der Schnellmethodencharakter des spektralanalytischen Verfahrens verloren, dafür hat man aber bei dem lösungsspektralanalytischen Verfahren einen sicheren Durchschnitt und Unabhängigkeit von Seigerungen. Wie SCHLIESSMANN beobachtete, kann erhöhte Streuung der Analysenwerte auch schon durch Aluminiumoxydadern verursacht werden, die erst im Schliff zu erkennen sind (vgl. das Verfahren von HARTLEIF, S. 356). Außerdem fand SCHLIESSMANN bei Modellversuchen mit gepreßtem Eisenpulver, dem Aluminium bzw. Aluminiumoxyd in Mengen von 0,1% beigemischt worden war, für Aluminiumoxyd eine um 20% niedrigere Intensität der Linie Al 3961,5 als für metallisches Aluminium (vgl. SCHLEICHER und WUNDERLICH). Hiernach ist also die Analyse durch direktes Abfunken eigentlich nur anwendbar, wenn der Aluminiumoxydgehalt klein ist gegenüber Gehalten an metallischem Aluminium. Das Verhältnis zwischen Aluminiumoxyd und Aluminium war bei den von HARTLEIF benutzten Stahlproben nicht bekannt. Durch die Abscheidung des Aluminiums (mit dem Eisen) mittels Ammoniaks nimmt SCHLIESSMANN eine Trennung von Molybdän vor, dessen Linie 3961,49 die Aluminiumlinie schon bei Gehalten von 0,2% Molybdän ab stört.

Arbeitsvorschrift. **Apparatur** (Anregungsbedingungen). Zur Anregung dient mechanisch gesteuerte Funkenentladung: Primärspannung 220 Volt, Sekundärspannung 15000 Volt, Kapazität 17000 cm, Selbstinduktion 400000 cm, Primärstromstärke 4 Ampere. Der Funke wird mit Hilfe eines Kondensors ($f = 12$ cm) auf der Kollimatorlinse eines RUTHERFORD-Glasprismenspektrographen[1] ($f = 60$ cm) abgebildet. Die Dispersion dieses Apparates beträgt 12 Å/mm bei der Wellenlänge $\lambda = 4000$ Å und gestattet die Eisenlinie Fe 3961,15 von der zur Bestimmung benutzten Aluminiumlinie Al 3961,53 bei einer Spaltbreite von 0,007 mm zu trennen. Bei der für die quantitative photometrische Auswertung erforderlichen höheren Spaltbreite von 0,040 mm bleibt jedoch die Überlagerung durch diese eng benachbarte schwache Eisenlinie erhalten und wird mit in Kauf genommen. Zur Wiedergabe des Spektrums in zwei Schwärzungsstufen dient eine in halber Höhe vor dem Spalt befindliche Sektorscheibe, eingestellt auf 75% Lichtdurchlaß. Es wurden Agfa-Kontrastplatten verwendet. Die Auswertung erfolgt im Spektrenprojektor und Spektrallinienphotometer[2].

Arbeitsweise. 1. Herstellung der Stahllösung (Abtrennung des Aluminiumoxyds). Bezüglich dieses Teils der Arbeitsvorschrift sei auf die Originalarbeit verwiesen. Die vom Autor angegebene Aufarbeitungsweise der Analysenlösung wird wohl zweckmäßig derart abgeändert, daß man nach dem Lösen der Stahlprobe nicht das ganze, 10 g Einwage, enthaltende Filtrat, sondern nur einen abgemessenen (1 g Einwage entsprechenden) Teil desselben mit Ammoniak fällt. Die Fällung der geringen Aluminiummengen von etwa nur 1 mg und weniger mit Ammoniak im Aufschluß des Rückstandes erfolgt wohl sicherer, wenn vorher einige Milligramme Eisen als Chlorid zugefügt werden.

Die Fertigstellung der Probelösung beansprucht im allgemeinen 2 Std., die Belichtung und Auswertung eine weitere Stunde für eine Probe. Bei Prüfung weiterer Proben erhöht sich die Dauer der Bestimmung um jeweils 10 Min.

2. Aufnahme der Spektrogramme. Elektroden: reine Kohleelektroden von 5 mm ∅. Elektrodenabstand: 3 mm.

Obere Elektrode meißelförmig abgefeilt, Schneidekante wird parallel zur optischen Achse ausgerichtet. Untere Elektrode mit ebener Basisfläche. Der Funkenübergang erfolgt zunächst 1 Min. ohne Zugabe von Lösung. Darauf gibt man 0,1 cm³ Lösung auf beide Kohleenden ohne Verstellung der Elektroden, funkt nach vollkommener Adsorption (30 bis 60 Sek.) 30 Sek. vor und belichtet hierauf 90 Sek. lang. Diese Belichtung wird hierauf 2mal nach jeweils vorangegangenem Wechsel der Kohleelektroden, Abfunken und erneutem Aufgeben von Lösung in gleicher Weise wiederholt.

3. Photometrische Auswertung. In dem bearbeiteten Konzentrationsbereich von 0,006 bis 0,10% Aluminium erwies sich für die untere Eichkurve (0,006 bis 0,025%) das Paar Al 3961,53/Fe 3973,66 als geeignet, für die obere (0,01 bis 0,10%) das Paar Al 3961,53/Fe 3951,16 (geschwächt). Zur Aufstellung der beiden Eichkurven wurden salzsaure Eisenlösungen mit 10% Eisen und abgestuften Zusätzen von 0,010, 0,015, 0,020, 0,030, 0,050 und 0,080% Aluminium (bezogen auf Eisen) verwendet.

Genauigkeit. Aus den Aufnahmen von je 27 Spektren für jeweils einen Eichpunkt der Eichkurven ergibt sich, daß die Schwankung des Unterschiedes vom wahren Gehalt für die unteren Gehalte innerhalb $\pm 0{,}001$ bis $\pm 0{,}002$% liegt, für die höheren Gehalte innerhalb $\pm 0{,}003$%. Auch der Vergleich zwischen den chemischen und spektralanalytisch erhaltenen Werten für den Gesamtaluminiumgehalt von 50 Stahlproben (0,04 bis 0,85% Al) zeigt Abweichungen von durchschnittlich $\pm$ 0,003%, wobei zu berücksichtigen ist, daß die Fehlergrenze der chemischen Bestimmung $\pm 0{,}003$% beträgt.

3. Bestimmung kleinster Aluminiumgehalte in reinem Eisen mittels der Kohleelektroden Lösungsspektralanalyse und Bogenanregung nach RIVAS.

Vorbemerkung. Um auch die quantitative Bestimmung von Spuren beigemengter Elemente bis in die Größenordnung von 0,0001% in reinstem Eisen zu ermöglichen, benutzte RIVAS die bekannte von SCHEIBE und RIVAS ausgearbeitete Kohlelektroden-Lösungsspektralanalyse unter Anregung der Analysenprobe im Lichtbogen an Stelle des weniger empfindlichen Funkens. Dabei suchte RIVAS

[1] Hersteller R. FUESS, *Berlin-Steglitz.*
[2] Hersteller: C. ZEISS, *Jena,* R. FUESS, *Berlin-Steglitz.*

die infolge des unregelmäßigen Brennens des Bogens vorhandenen Schwankungen einerseits durch Beobachtung des Bogens und Verstellen einer der Elektroden während der Belichtung mittels einer Schraube und andererseits durch längeres Belichten auszugleichen. Um hierbei zu starke Linienschwärzung zu vermeiden, benutzt der Autor sein „Integralverfahren", d. h. er macht nacheinander 4 Aufnahmen und addiert dann zur Auswertung die entsprechenden 4 Ausschläge des Photometers. — Nach Aufstellung einer Eichkurve wurden die Aluminiumgehalte von drei reinen Eisensorten bestimmt.

***Arbeitsvorschrift.* Apparatur.** Spektrograph GH von STEINHEIL, mit Quarz-Sylvin-Triplet, einem Cornu-Prisma (Basis 65 mm) und einem Kameraobjektiv von 1600 mm Brennweite. Spektrallinienphotometer.

Arbeitsweise. Als Elektroden dienen 2 cm lange zylindrische Kohlestäbchen von 4,8 mm ∅ (Hersteller Firma RUHSTRAT). Die Anregung erfolgt im Gleichstrombogen bei 210 Volt und 3,7 Ampere. Herstellung der „Integralaufnahmen": 1. 30 Sek. Vorfunken. 2. Auf jede Kohle 0,015 cm^3 Analysenlösung mit Mikropipette aufbringen und nach Adsorption der Flüssigkeit eine Aufnahme mit 6 Sek. und eine mit 20 Sek. Belichtungszeit machen. In gleicher Weise werden auf dieselben Kohlen nochmals je 0,015 cm^3 Lösung aufgebracht und 2 Aufnahmen mit 6 und 20 Sek. gemacht. 3. Die Summe der für die Linie Al 3092,85 gemessenen Galvanometerausschläge stellt den Ausschlag der sogenannten ersten Integralaufnahme dar. In gleicher Weise werden zur Mittelwertsbildung 2 weitere Integralaufnahmen für jede Aluminiumbestimmung gemacht.

Die Eichkurve wurde durch Herstellung von Integralaufnahmen an drei Eisen-Aluminiumlösungen mit 0,0184, 0,0127 und 0,007% Aluminium (bezogen auf Eisen) und Messung der Untergrundschwärzung (entsprechend Null % Al) gewonnen. Als Eisenlinie wurde Fe 3093,81 benutzt. Das verwendete Eisenchlorid war nach dem von GATTERER beschriebenen Reinigungsverfahren gereinigt worden und enthielt noch 0,0006% Aluminium.

Genauigkeit. Die vom Autor für die Nickelbestimmung in reinem Eisen angegebenen Zahlen zeigen, daß die Galvanometerausschläge für die Integralaufnahmen auf etwa 5 bis 10% reproduzierbar sind. Für drei Sorten reinsten Eisens [Carbonyleisen (I.G. Farben), Eisen von Firma HILGER, Eisen des National-Physical-Laboratory] wurden die Gehalte 0,0021, 0,0012 und 0,0166% Aluminium ermittelt.

II. Bestimmung kleiner Aluminiumgehalte in Zinn, Kupfer und Kobalt.

SMITH beschäftigte sich eingehend mit der näherungsweisen Bestimmung von Aluminium (Cadmium und Zink) in metallischem *Zinn* im Konzentrationsbereich von 0,001 bis 1% mit Hilfe der Methode der homologen Linienpaare. Bogenentladung unter Verwendung von Kohleelektroden hat sich infolge starker Abfunkeffekte nicht bewährt. Die Aluminiumkonzentration von 0,001% ließ sich mit den Aluminiumlinien 3082,2 und 3092,7 auch im Funken noch erfassen. Die Anregungsbedingungen waren auf Intensitätsgleichheit des Fixierungspaares Sn I 3330,6/Sn II 3352,3 eingestellt und im einzelnen folgende:

Kapazität 0,006 μF, Selbstinduktion 0,19 mH; Elektrodenabstand 3 mm, Abstand des Funkens vom Spalt 20 cm (keine Sammellinse), Spaltbreite 0,02 mm.

Als Spektrograph diente ein mittlerer Quarzspektrograph der Firma HILGER. Die Standardproben wurden mit besonderer Sorgfalt durch Zusammenschmelzen von Zinn und Aluminium unter hochsiedendem Öl hergestellt. Die zur Aufstellung ungefährer Konzentrationsfixpunkte (homologer Linienpaare) benutzten Zinnlinien 3223,6 3218,7 und 3141,8 können selbstverständlich auch zum genauen photometrischen Vergleich mit den Aluminiumlinien 3082,2 und 3092,7 herangezogen werden.

Für die Bestimmung von Aluminium und zahlreichen anderen Metallen in *Kupfer* im Konzentrationsbereich von 0,001 bis 1% haben BRECKPOT und MEWIS geeignete Vergleichslinien unter visueller Schätzung der Intensitäten angegeben. Sie bedienten sich dabei der Kupferoxydmethode von BRECKPOT, bei welcher genau bekannte Mischungen von Kupferoxyd und dem zu bestimmenden Element im Kohlebogen bei etwa 1 Ampere Stromstärke zur Emission gebracht werden. Die Spektrogramme wurden mit Hilfe des HILGER-Quarzspektrographen E 315 aufgenommen. Außer den vier stärksten Aluminiumlinien (vgl. oben) sind auch die Linien Al 2660,39 und Al 2652,48, welche keine Koinzidenz zeigten, geeignet. Die Autoren konnten die beiden Aluminiumlinien 3961,53 und 3944,02 im Kupferspektrum noch bei einem Gehalt von 0,0001% gut erkennen. Als Kupferlinien wurden hauptsächlich folgende zum Vergleich herangezogen:

4022,70 3108,6 3093,99 2630,00.

Gelegentlich einer Untersuchung über die spektroskopische Bestimmung der Begleitmetalle und Verunreinigungen von Blei, Zinn und Kobalt ermittelte BRECKPOT auch geeignete homologe Linienpaare zur Bestimmung von Aluminium in *Kobalt*. Da die Herstellung von Testelektroden infolge der Härte des Kobalts und seiner Neigung zu Heterogenität gewisse Schwierigkeiten bereitet, erwies sich die Anregung von Kobalt in Form des Oxyds im Kohlebogen (1 Ampere, 55 Volt) auch hier als zweckmäßig. Der Gehalt der untersuchten Kobaltproben an Aluminium und anderen Verunreinigungen lag zwischen 0,001 und 0,003%. Nachfolgende Kobaltlinien waren bei verschiedenem Aluminiumgehalt mit der Aluminiumlinie 3092,71 intensitätsgleich (roh geschätzt)

Aluminiumkonzentration	1%	0,3%	0,1%	0,03%	0,01%
Kobaltlinien	3098,19	3313,47	3118,47	3099,77	3056,63

III. Bestimmung kleiner Aluminiumgehalte in anorganischen Salzen, Salzgemischen oder Oxyden.

Allgemeines. Über die Bestimmung kleiner Aluminiummengen in anorganischen Produkten liegen bisher im Schrifttum nur wenige Berichte vor. Praktische Erfahrungen bringen die beiden Arbeiten von LINDEMANN und von DEE TOURTELOTTE und RASK über die Aluminiumbestimmung in Aschen von biologischem Material. FOSTER und HORTON erwähnen, Aluminium- (Kupfer- und Eisen-) Spuren in Pflanzenmaterial nach ihrer zur direkten Bestimmung von Bor in pflanzlichem Material ausgearbeiteten Methode ermittelt zu haben. GAZZI schlägt spektralanalytische Bestimmung des Aluminiums im Eindampfrückstand von Wasserproben vor.

Spektrographische Aluminiumbestimmung in Aschen von biologischem Material nach LINDEMANN.

Vorbemerkung. Durch eine sorgfältig ausgearbeitete Arbeitsweise gelang es LINDEMANN unter Anwendung einer Abreißbogenentladung, gekühlter Kupferanode und Einstellung auf das für die Aluminiumemission in dem der Anode zugekehrten Teil der Bogenstrecke befindliche Glimmlicht (vgl. MANNKOPF) noch Aluminiumgehalte bis herab zu etwa 0,0001% zu bestimmen. Die für Aschen mit der Grundsubstanz Alkali benutzte Arbeitsweise (Eichkurve mit Soda) und auch die angegebene Schnellmethode für Reihenanalysen von Aschen gleicher Grundsubstanz (z. B. Natrium oder Calcium) sind hinreichend einfach für die Praxis. Dies ist jedoch weniger der Fall bei einer außerdem ausgearbeiteten dritten Auswertungsweise für Aschen mit anderer Grundsubstanz als Natrium (wie z. B. Calcium), bei welcher unter Benutzung der einmalig aufgestellten Eichkurve für Aluminium-Soda-Gemische das Prinzip der homologen Linienpaare herangezogen wurde. Es fragt sich, ob es nicht zweckmäßiger ist, ebenso wie für Natrium auch für Calcium als Grundsubstanz eine besondere Eichkurve aufzustellen.

Arbeitsvorschrift. **Apparatur.** Gitterspektrograph nach SCHUMANN (von Firma SCHMIDT & HAENSCH), Dispersion 68 Å/mm im Bereich der Aluminiumlinie 3961,5. Optische Anordnung mit 2 Linsen zur kontinuierlichen Ausleuchtung des Spaltes. Logarithmischer Sektor nach HAMBURGER und HOLST, Mikroskop mit Okularmikrometer zur Ausmessung der Spektrallinienlängen. Elektroden: Aus aluminiumfreiem Elektrolytkupfer, Kathode (untere Elektrode) zur Aufnahme der Substanz mit Bohrung von 6 mm ⌀ und 2 mm Tiefe, ⌀ 8 mm; Anode: 18 mm ⌀, mit

Wasserkühlung, ebene Stirnfläche (Justierung derartig, daß diese Fläche genau über dem Spalt abgebildet wird), Elektrodenabstand: 4 bis 5 mm.

Arbeitsweise. Zur Aufnahme wird die Anode so vorbereitet, daß man die in die Höhlung der Kathode eingeschmolzene Substanz im Bogen zum Glühen bringt und nach dem Abreißen des Bogens die Anodenstirnfläche durch Bestreichen mit einer Schicht der zähflüssigen Schmelze versieht. Die Anregung erfolgt bei einer Stärke des Bogenstromes von 4 bis 5 Ampere, und zwar wird der Bogen durch Abreißen nach je 10 Sek. langem Brennen gelöscht. Bei einer Spaltbreite von 0,20 mm und Verwendung von HAUFF-Ultrarapidplatten beträgt die Belichtungszeit je nach der Aluminiumkonzentration 10×10 bis 13×10 Sek. (Bei Benutzung der lichtstärkeren Prismenspektrographen hat man entsprechend kürzere Belichtungszeiten.)

Auswertung der Spektrogramme.

1. Alkali als Grundsubstanz. Zur Aufstellung einer Eichkurve werden Alaun-Soda-Mischungen mit 0,02 bis 0,0005% Aluminium sorgfältig hergestellt, von jeweils einigen Milligrammen der Mischungen 5 bis 8mal Aufnahmen gemacht und die Mittelwerte der Länge (l) von Al 3961,5 bestimmt. Vergleichslinie: Na 4393,0. Eichkurve: log (Al-Konzentration) gegen $l_{Na} - l_{Al}$ ($= \log I_{Na}/I_{Al}$).

Genauigkeit. Bei Auswertung von 6 Aufnahmen

bei Gehalten an Aluminium von 0,007 bis 0,002%	±2%,
0,001	±5%,
bei noch geringeren Gehalten Schätzung auf	±50%.

2. Schnellmethode für Reihenanalysen von Aschen mit gleicher Grundsubstanz. Diese beruht auf der weitgehenden Konzentrationsunabhängigkeit der Linienintensität der Grundsubstanz eines Stoffes bei konstanter elektrischer Anregung. Von jeder Asche (Grundsubstanz z. B. Calcium) macht man einige Aufnahmen, mißt die Längen der ausgewählten Calcium- und Aluminiumlinien und ermittelt ihre Längendifferenz $l_{Ca} - l_{Al} = a$. Der Wert ($l_{Na} - l_{Al}$), mit dem man aus der Eichkurve (s. oben) die Aluminium-Konzentration der Asche bestimmt, ergibt sich dann durch Addition der Längendifferenzen:

$l_{Ca} - l_{Al} = a$ (aus der Aufnahme der Asche),
$l_{Na} - l_{Ca} = d$ (einmalig festgelegt),
$l_{Na} - l_{Al} = a + d$.

Genauigkeit. Bei Auswertung von 3 Aufnahmen betrug die Genauigkeit ± 10%, bei 6 Aufnahmen ± 5%.

Versuchsergebnisse von DEE TOURTELOTTE und ROSK.

Als Voruntersuchung für die spektrographische Aluminiumbestimmung in Aschen von biologischem Material führten DEE TOURTELOTTE und RASK eine kritische Studie über die Empfindlichkeit und die Veränderlichkeit der Intensität der 3 Aluminiumlinien 3092, 3944 und 3961,5 bei Gegenwart von Salzen und Salzgemischen mit verschiedenem Anion durch. Die Autoren arbeiteten mit einem HILGER-Quarzspektrographen $E - 1$ und stellten stets sowohl Bogen- als auch Funkenaufnahmen her. Die Substanz wurde in bekannter Weise in der mit Ausbohrung versehenen unteren Elektrode aus aluminiumfreiem Kupfer angeregt.

Bogen- und Funkenspektren wurden aufgenommen, von den reinen Salzen Natriumbisulfat, Natriumsulfat, Dinatriumphosphat, Trinatriumphosphat, Natriumchlorid mit 0,0025 bis 0,05% Aluminium (als Ammoniumalaun), von drei Salzgemischen aus Tricalciumphosphat, primärem Kaliumphosphat, Natriumsulfat, Magnesiumsulfat, Kaliumsulfat, Trinatriumphosphat mit 0,0005 bis 0,1% Aluminium sowie von Aluminiumchlorid, Aluminiumoxyd und Aluminiumphosphat (in Mengen von je 1,0, 0,1, 0,01 und 0,001 mg Aluminium).

Die Stärke der genannten 3 Aluminiumlinien wurde für alle gewonnenen Spektren visuell in groben Stufen erfaßt und in Tabellen zusammengestellt. Bei allen Spektren ergab sich unabhängig von den jeweils vorhandenen Salzen sowohl im Bogen als auch im Funken das gleiche Bild. Aluminium war noch bis herab zu 0,0005% festzustellen. Auch bei der kleinen Substanzmenge von nur 0,001 mg Aluminium waren die Linien Al 3944 und Al 3961,5 noch mit bloßem Auge sichtbar (!).

IV. Indirekte flammenspektrographische Aluminiumbestimmung nach MITCHELL und ROBERTSON.

Vorbemerkung. MITCHELL und ROBERTSON haben die durch Anwesenheit von Aluminium verursachte Schwächung der Emission von Calcium und Strontium bei der flammenspektroskopischen Bestimmung dieser Erdalkalimetalle nach der bekannten Zerstäubungsmethode von LUNDEGARDH näher untersucht. Lösungen von etwa 0,000016 Grammatom/*l* Calcium oder 0,000040 Grammatom/*l* Strontium zeigen bei einer Aluminiumkonzentration von 0,00005 Grammatom/*l* noch normale Intensität der Calcium- und Strontiumlinien, während bei 0,05 Grammatom/*l* Aluminium praktisch keine Erdalkalimetalle mehr festzustellen sind. Diese schwächende Wirkung des Aluminiums haben MITCHELL und ROBERTSON zur Bestimmung des Aluminiums im Konzentrationsbereich von etwa 0,002 bis 0,010 mg/*l* Aluminium angewendet.

Arbeitsvorschrift. Man arbeitet nach dem Verfahren von LUNDEGARDH und nimmt zur Aufstellung der Eichkurve zunächst die Spektrogramme von 2 Lösungsreihen (zu etwa je 3 Lösungen), nämlich einer Reihe mit konstantem Calciumgehalt[1] (0,00016 Grammatom/*l*) und wachsendem Aluminiumgehalt (Bereich 0,00025 bis 0,001 Grammatom/*l*) sowie einer Reihe mit fallendem Calciumgehalt (von 0,00016 Grammatom/*l* ab) aber konstantem Aluminiumgehalt auf. Man erhält aus den Spektrogrammen der Calciumlösungen eine Eichkurve (Calciumkonzentration gegen Schwärzung bzw. Galvanometerausschlag) mit deren Hilfe die scheinbaren Gehalte der Aluminium-Calcium-Lösungen ermittelt werden. Diese scheinbaren Calciumgehalte trägt man ausgedrückt in Prozenten des wirklichen Calciumgehaltes (0,00016 Grammatom/*l*) gegen die entsprechenden Aluminiumgehalte auf und hat so die Eichkurve für die Aluminiumbestimmung. An Stelle von Calcium kann auch Strontium in einer Konzentration von 0,00040 Grammatom/*l* treten.

Da die schwächende Wirkung des Aluminiums von der Temperatur der Flamme abhängig ist, die Temperaturbedingungen in der Flamme sich aber bei verschiedenen Versuchen nicht genau reproduzieren lassen, muß man auf jede photographische Platte stets eine eigene Eichkurve mit aufnehmen. — Die Anwendbarkeit der Arbeitsmethode setzt natürlich voraus, daß die zu untersuchende Aluminiumlösung frei ist von Calcium, Strontium und von Kationen, welche die Wirkung des Aluminiums beeinflussen können.

Genauigkeit. 6 Beleganalysen ergaben im Bereich von 0,06 bis 0,0175 mg/*l* Aluminiumoxyd einen mittleren Fehler von etwa 5 bis 10%. Es sei hier erwähnt, daß die eigentlichen, direkten flammenspektrographischen Bestimmungen nach LUNDEGARDH im allgemeinen wesentlich genauer sind (auf etwa $\pm$ 1 bis 2%).

D. Quantitative spektrographische Bestimmung des Aluminiums als Legierungsbestandteil.

I. Spektrographische Bestimmung des Aluminiums in Magnesiumlegierungen.

Vorbemerkung. WWEDJENSKI und MANDELSTAM haben eine visuelle, polarisationsphotometrische Schnellbestimmung des Aluminiums in Elektron für den

[1] Über die in ihren Lösungen vorhandenen Anionen machen die Autoren keine Angaben. Sie haben wahrscheinlich Chloridlösungen der Erdalkalien und des Aluminiums verwendet, da ihre hier beschriebenen Versuche im Zusammenhang mit der flammenspektrographischen Analyse salzsaurer Bodenauszüge standen.

Konzentrationsbereich 4 bis 8% (neben 0,5 bis 1,5% Zink und 0,15 bis 0,5% Mangan) angegeben, die auf ± 6% genau sein soll und für Betriebsanalysen gut geeignet erscheint (Vergleichslinien: Mg I 5711,5/Al II 5697). Die für den gleichen Zweck (Vergleichslinien: Mg I 3074/Al I 3082) ausgearbeitete spektrographische Methode unter Auswertung der Spektrogramme durch sog. „photometrische Interpolation" mit Hilfe eines selbst hergestellten geeichten Stufenfilters (mit 8 Schwächungsstufen) ist ungenauer (etwa ± 8%) als die obige visuelle Methode und hat wohl nach der Einführung der genauen Spektrallinienphotometer keine praktische Bedeutung (s. unten, Arbeitsvorschrift des ZEISS-Werkes).

Mit der Bestimmung von Aluminium (Kupfer, Zink und Mangan) in Magnesiumlegierungen durch visuellen Vergleich der Spektrogramme der Proben mit jenen ähnlicher Legierungen von bekanntem Gehalt beschäftigte sich WHALLEY (a). Er zeigte hierbei, daß man durch Aufnahme je einiger Spektrogramme der Analysenprobe und der Testlegierung mit verschiedener Belichtungszeit zu einer einfachen Beziehung zwischen den Linienintensitäten der Grundsubstanz (Magnesium) und des Zusatzelements (Aluminium usw.) kommt, welche auch bei verhältnismäßig willkürlicher Belichtungszeit und unterschiedlichen, d. h. nicht ein für allemal festgelegten Anregungsbedingungen eine Auswertung erlaubt. In einer neueren Arbeit bringen McCLELLAND und WHALLEY eine kritische Gegenüberstellung der erwähnten Auswertung mit varianter und der sonst üblichen Methode mit konstanter Belichtungszeit sowie Angaben über deren Anwendung bei der Analyse von Lötzinn, Zink, Magnesium- und Aluminiumlegierungen. Als Vergleichslinien wurden zur Aluminiumbestimmung benutzt Mg 2916 und Al 2568, die bei Gehalten von 1 bis 10% Aluminium anwendbar sind.

Die Linienarmut des Magnesiumspektrums macht sich bei der Auswahl geeigneter Vergleichslinien störend bemerkbar. WHALLEY (b) benutzt deshalb eine Hilfselektrode aus Nickel und gibt auch geeignete homologe Linienpaare an, mit deren Hilfe Aluminium bei einer Konzentration von 4 bis 5% mit einer Abweichung von 0,2 bis 0,4% bestimmt werden kann. WWEDJENSKI und MANDELSTAM teilten geeignete Entladungsbedingungen für den kondensierten Funken bei Verwendung einer Hilfselektrode aus Eisen mit.

***Arbeitsvorschrift des Laboratoriums der Firma* C. ZEISS**[1]. Quarzspektrograph Qu 24, Funkenerzeuger nach FEUSSNER, Spektrallinienphotometer.

Elektrodenform: N (Normalform) 4 mm ∅, flache Basis, Kante leicht gerundet.
Elektrodenabstand: 2 mm.
Zwischenabbildung: für 3000 Å.
Zwischenblende: voll geöffnet.
Spaltbreite: 0,03 mm.
Anregung: FF4, $^1/_5$ C, $^1/_1$ L.
Vorfunken: 5 Min.
Belichten: 1 bis 2 Min.
Linien: Mg 2915,5/Al 3082,2.
Erprobter Bereich: Al 2 bis 8%.
Erläuterung:

FF 1, 2, 3, 4: FEUSSNER-Funke mit 8,0 9,3 10,6 und 12,0 Kilovolt (eff).
$^1/_5$, $^2/_5$, $^3/_5$ C usw.: 5 Unterteilungsstufen des Kondensators mit einer Gesamtkapazität von 3000 cm. $^1/_{10}$, $^1/_1$ L: $^1/_{10}$ oder volle Selbstinduktion (800000 cm).

***Arbeitsvorschrift nach* MANN. Vorbemerkungen.** MANN hat die Arbeitsvorschrift des Laboratoriums der Firma C. ZEISS weiterentwickelt. Durch Verkürzung der Vorfunkzeit auf nur 10 Sek. wird die Anwendung als Betriebsmethode bedeutend rationeller, außerdem führte erhöhte Anregungsenergie zu größerer Analysengenauigkeit. Ferner fand MANN das Vergleichslinienpaar Mg I 2777/Al II 2669 als

[1] Vgl. Druckschrift „Mess 266/III".

wesentlich geeigneter. Intensitätsgleichheit dieser beiden Linien besteht bei 5,2% Aluminium, so daß das Paar besonders für Legierungen mit 3 bis 7% Aluminium verwendbar ist.

Da sowohl rein binäre Magnesium-Aluminiumschmelzen wie auch die Legierungen mit 1% Zink und mit 3% Zink nach Umrechnung auf gleichen Magnesiumgehalt sehr gut auf der Eichkurve liegen, ist in diesem Konzentrationsbereich des Zinks keine Beeinflussung der Aluminiumbestimmung vorhanden. Danach kann sowohl für die Elektronlegierung AZG (3% Zn, 6% Al) als auch für die Elektronlegierung AZM (1% Zn, 6% Al) die gleiche Eichkurve benutzt werden.

Arbeitsvorschrift.

Elektrodenform: N (Normalform) 4 mm ⌀. Elektrodenabstand: 3 mm.
Zwischenabbildung: für 3000 Å (96/304). Zwischenblende: 0.
Spaltbreite: 0,03 mm, Dreistufenfilter (100 : 20 : 4).
Anregung: FF 4, $^3/_5$ C, $^1/_1$ L.
Vorfunken: 10 Sek. Belichten: 2 Min.
Linien: Mg I 2777 (4)/Al II 2669 (20).
Erprobter Bereich: 3 bis 7% Al (0,7 bis 3,5% Zn, 0,15 bis 0,50% Mn, 0,01 bis 0,60% Si, 0,04 bis 0,50 Cu).

II. Spektrographische Bestimmung des Aluminiums in Zinklegierungen.

Vorbemerkung. In einer ausführlichen Arbeit über die Veränderungen metallischer Elektroden im Hochspannungsfunken teilte Winter praktische Erfahrungen über die betriebsmäßige spektrographische Analyse einer Zinklegierung mit Gehalten von etwa 4% Aluminium, 0,02 bis 0,06% Magnesium und 0 bis 2,9% Kupfer mit. Die ursprünglich benutzte Eichkurve (Verhältnis der Galvanometerausschläge/Aluminiumkonzentration) erlaubte zwar das Aluminium mit einem mittleren Fehler der Einzelbestimmung von $\pm$ 2,6% zu ermitteln, war aber erheblich gekrümmt, während die nach einer *Vorfunkzeit* von 2 bis 3 Min. gewonnene Eichkurve innerhalb eines bedeutend weiteren Bereichs der Aluminiumkonzentration (4 bis über 10%) linear verlief. Als Vergleichslinien dienten Al I 3082/Zn I 3072 sowie Al I 3093/Zn I 3072; als Spektrograph wurde der Apparat Qu 24 (Zeiss) benutzt. Die Anregung erfolgte durch kondensierte Funkenentladung (2 bis 8000 cm Kapazität; veränderliche Selbstinduktion maximal 0,33 · 10^8 cm).

Im Anschluß an die Versuche von Winter und unter Verwertung der Erfahrungen von Wolbank (energiereiche Entladung!) haben sich Lueg und Wolbank mit der Bestimmung von Aluminium, Kupfer und Magnesium in Zinklegierungen beschäftigt. Zur Funkenerzeugung wurde die Resonanzschaltung nach Scheibe und Schöntag benutzt. Für das Gießen der Elektroden war eine Spezialkokille mit bester Wärmeableitung vorhanden.

Zur genauen Festlegung der Eichkurve wird bei jeder Analyse eine Anzahl von Eichlegierungen mit mindestens drei verschiedenen Gehalten an Legierungszusätzen mit aufgenommen. Die Auswertung der Analysenergebnisse hat bei größeren Unterschieden zwischen dem Gehalt der Analysen- und Eichproben unter Berücksichtigung der in den Legierungen vorhandenen verschiedenen Mengen des Grundmetalles (Zink) zu erfolgen. Über die gegenseitige Beeinflussung der Intensität der Aluminium- und Zinklegierungen wurde schon früher von Balz (a) berichtet. In einer weiteren eingehenden Arbeit über die zweckmäßigste Funkenanregung bei der Analyse von Zinklinien beschreiben Wolbank und Lueg eine allgemein gültige Arbeitsvorschrift für die Bestimmung der Legierungszusätze Aluminium, Kupfer und Magnesium, im Konzentrationsbereich von 1 bis 10% bzw. 6—12%[1] Aluminium.

[1] Vgl. auch Arbeitsvorschrift von Firma C. Zeiss, Druckschrift „Mess 266/III“.

Durch planmäßige Versuche stellte neuerdings BALZ (b) fest, daß der mit Wechselstrom (220 V) betriebene Pfeilsticker-Abreißbogen sich sehr gut zur Vollanalyse von Feinzinklegierungen (Typ Zn-Al 10-Cu 1 u. a.) eignet.

***Methode nach* BALZ (b). Apparatur.** Quarzspektrograph Qu 24 der Firma C. ZEISS, FEUSSNER-Funkenerzeuger mit PFEILSTRICKER-Abreißbogen (Zusatzgerät), Spektrallinienphotometer.

Arbeitsvorschrift. Anregungsbedingungen: FEUSSNER-Funkenerzeuger Stellg. 2, L = 0, C = 3000 cm; 300 Zündungen/Min., 220 Volt Wechselstrom, 6 A Kurzschlußstrom (entsprechend 3,2 A Bogenstrom).

Elektrodenform: Rundstab 5 mm ∅, vorn auf 3 mm ∅ abgesetzt, Kuppe: r = 1,5 mm.

Elektrodenabstand: 2 mm.

Blende: 15, Zwischenabbildung, Zwischenblende offen.

Spaltbreite: 0,02 mm ∅. Stufenfilter: 1 : 1/5/25.

Vorfunkzeit: 10 Sek. Belichtungszeit: 60 bis 120 Sek. (nach Plattensorte).

Linien: Al I 3082,2 (Filterstufe 1 : 25), Zn I 3072,0 (Filterstufe 1 : 25).

Konzentrationsbereich: 7 bis 13% Aluminium.

Genauigkeit: mittlerer Fehler bei 12 Aufnahmen ± 3,0%, größter Fehler ± 4,6%.

III. Spektrographische Bestimmung des Aluminiums in Eisenlegierungen.

Vorbemerkung. Über die Ausarbeitung einer Arbeitsvorschrift für die spektrographische Bestimmung des Aluminiums in einer Chrom-Eisen-Legierung mit 21% Chrom unter Benutzung des ZEISSschen Quarzspektrographen Qu 24 und kondensierter Funkenentladung berichtete RAMB. Die Eichkurve wurde mittels 5 Proben der Legierung mit 3,7 bis 6,30% Aluminium und dem Linienpaar Fe 3075,7/Al 3092, welches von 6 untersuchten Paaren den kleinsten mittleren Fehler ergab (4,11%) aufgestellt. Die größte Abweichung betrug dabei 8 bis 9%.

Versuche über die spektralanalytische Bestimmung des Aluminiums (1 bis 10%) in Stählen mit Hilfe der visuellen Methode nach SCHEIBE (Polarisationsphotometer) führten ALEXANDROW und REISKI durch, wobei die Aluminiumlinie 5722,7 zur Messung verwendet wurde.

Arbeitsvorschrift nach* RAMB[1] *für Eisen-Chromlegierungen (AV 6).

Elektrodenform: Dach 90°, 1 × 5 mm.

Elektrodenabstand: 4 mm.

Zwischenabbildung: für 3000 Å.

Zwischenblende: 0,8 mm.

Spaltbreite: 0,025 mm.

Anregung: FF 4, 1/1 C, 1/1 L[2].

Vorfunken: 4 Min.

Linien: Fe 3075,7/Al 3092,7.

Belichten: 1 bis 2 Min.

Erprobter Bereich: 3,7 bis 6,3% Al.

(Störungsmöglichkeiten: V 3093,1, Fe 3091,6, Zn 3075,9, Ti 3075,2.)

Literatur.

ALEXANDROW, S. A. u. S. M. RAISKIY: Betriebslab. 5, 755 (1936); durch C. 108 I, 2223 (1937).

BALZ, G.: (a) Metallkunde 30, 206 (1938); (b) 33, 261 (1941). — BRECKPOT, M. R.: Ann. Soc. Sci. Bruxelles Ser. B 57, 129 (1937); C. 108 II, 1238 (1937). — BRECKPOT, M. R. u. A. MEVIS: Ann. Soc. Sci. Bruxelles Ser. B 54, 99 (1934); C. 106 I, 754 (1935).

[1] ZEISS, Druckschrift Meß 266/III.

[2] Hinsichtlich der Bedeutung der Zeichen s. S. 362.

DEE TOURTELLOTTE u. O. S. RASK: Ind eng. Chem. Anal. Edit. 3, 97 (1931).
FOSTER, J. S. u. C. A. HORTON: Pr. Roy. Soc. London Sr. B **123**, 422 (1937); C. **109 I**, 134 (1938).
GATTERER, A.: Pontificia Acad. Scientiarum, Commentationes **1**, 77 (1937). — GATTERER, A. u. J. JUNKES: Specola astron. Vatic. Communicazione Nr. **6**, 17 (1938); C. **109 II**, 2243 (1938). — GAZZI, V.: Ann. Chim. applic. **24**, 226 (1934); C. **105 II**, 2262 (1934). — GERLACH, WALTHER u. WERNER GERLACH: Die chemische Emissionsspektralanalyse, II. Teil, S. 39ff. Leipzig 1933. — GERLACH, WALTHER u. E. RIEDL: Die chemische Emissionsspektralanalyse, III. Teil. Leipzig 1936.
HAMMERSCHMID, H., C. F. LINSTRÖM u. G. SCHEIBE: Wiss. Veröffentl. Gutehoffnungshütte-Konzern **3**, 223 (1935). — HARTLEIF, G.: Arch. Eisenhüttenw. **13**, 295 (1939/40). — HOLZMÜLLER, W.: Fr. **115**, 81 (1938).
KLINGER, P. u. H. FUCKE: Arch. Eisenhüttenw. **7**, 615 (1933/34). — KONISHI, K. u. T. TSUGE: J. agric. chem. Soc. Japan **12**, 216 (1936); Chem. Abstr. **30**, 6641 (1936).
LINDEMANN, R.: Z. Phys. **95**, 6 (1935). — LÖWE, FR.: Atlas der Analysenlinien, 2. Aufl. Dresden, Leipzig 1936. — LUEG, G. u. FR. WOLBANK: Metallwirtsch. **18**, 1027 (1939). — LUNDEGARDH, H.: Die quantitative Spektralanalyse der Elemente. Jena 1929; vgl. auch Metallwirtsch. **17**, 1222 (1938).
MANN, K. E.: Spectrochimica Acta **1**, 563 (1941). — MCCLELLAND, J. A. C. u. H. K. WHALLEY: Spectrochim. Acta **1**, 21 (1939). — MANNKOPF, R. u. CL. PETERS: Z. Phys. **70**, 444 (1931). — MITCHELL, R. L. u. I. M. ROBERTSON: J. Soc. chem. Ind. (Trans. **55**, 269 (1936).
OWENS, J. S.: Ind. eng. Chem. Anal. Edit. **11**, 59 (1939).
RAMB, R.: Metallwirtsch. **16**, 1102 (1937). — RIVAS, A.: Angew. Ch., Beiheft Nr. 29 (1937).
SCHEIBE, G. u. G. LIMMER: Metallwirtsch. **11**, 107 (1932); vgl. auch A. HENRICI u. G. SCHEIBE in Phys. Meth. der analytischen Chemie, herausgeg. von W. BÖTTGER, III. Teil. Leipzig 1939. — SCHEIBE, G. u. RIVAS: Angew. Ch. **49**, 443 (1936). — SCHLIESSMANN, O.: Arch. Eisenhüttenw. **14**, 211 (1940/41). — SCHLIESSMANN, O. u. K. ZÄNKER: Arch. Eisenhüttenw. **10**, 383 (1936/37). — SMITH, D. M.: Publ. Internat. Tin Res. and Develop. Council Ser. A, Nr. 46, 3 (1936/37). — SSUCHENKO, K. A.: Betrieblab. **7**, 693 (1938); C. **110 I**, 2041 (1939).
WHALLEY, H. K.: (a) J. Soc. chem. Ind. (Trans.) **56**, 180, 474 (1937); C. **110 I**, 478 (1939); (b) J. Soc. chem. Ind. (Trans.) **56**, 438 (1937); C. **110 II**, 1538 (1939). — WINTER, H.: Z. Metallkunde **29**, 341 (1937). — WOLBANK, FR. u. H. LUEG: Metallkunde **32**, 430 (1940). — WWEDJENSKI, L. u. S. MANDELSTAM: Techn. Physics USSR. **3**, 662 (1936); C. **107 II**, 3154 (1936).

Trennungsmethoden.

Trennung des Aluminiums von anderen Elementen durch Abscheidung derselben.

Die Möglichkeiten der Trennung des Aluminiums von anderen Metallen, bei denen Aluminium in *Lösung* bleibt, während die anderen Partner *ausfallen*, sind so mannigfaltig und vielseitig, daß im nachfolgenden Kapitel nur die hauptsächlichsten und charakteristischsten ausgewählt und an einzelnen Beispielen erörtert werden können. Die für jeden Einzelfall zu wählende Methode ergibt sich dann aus den angeführten Arbeitsvorschriften. Im übrigen muß auf die Kapitel der betreffenden Metalle in den anderen Bänden des Handbuches verwiesen werden.

Das Kapitel unterscheidet die folgenden drei Gruppen:

Trennungen, bei denen das Aluminium durch überschüssige Säure in Lösung bleibt.

Trennungen, bei denen das Aluminium durch überschüssige Alkalien in Lösung gehalten wird (als Aluminat).

Trennungen, bei denen das Aluminium durch Komplexbildung in Lösung gehalten wird.

Übersicht über die Trennungsmöglichkeiten.

Im folgenden soll ein zusammenfassender Überblick über die Möglichkeiten zur Trennung des Aluminiums von anderen Elementen gegeben werden. Die vom Aluminium zu trennenden Metalle sind zur leichteren Auffindbarkeit für den Analytiker in der für die qualitative Analyse geltenden klassischen Einteilung nach den fünf analytischen Gruppen: Salzsäuregruppe, Schwefelwasserstoffgruppe,

Schwefelammoniumgruppe, Erdalkaligruppe (Ammoniumcarbonatgruppe), Magnesium-Alkaligruppe aufgeführt.

Bei den Trennungsverfahren kann man methodisch zwei Arbeitsrichtungen unterscheiden: 1. Verfahren, bei denen *Aluminium* chemisch umgesetzt und in Form seines Reaktionsproduktes von den Begleitelementen abgetrennt oder auf irgendeine Weise unterschieden wird. 2. Verfahren, bei denen das oder die *Begleitelemente* chemisch umgesetzt und in Form ihrer Reaktionsprodukte vom Aluminium abgetrennt oder auf irgendeine Weise unterschieden werden. Aluminium verhält sich bei diesen Reaktionen indifferent.

Die Verfahren, welche zur ersten Arbeitsrichtung gehören, sind bereits in den vorhergehenden Kapiteln eingehend beschrieben worden, da das zur Trennung erforderliche Verfahren in vielen Fällen zugleich auch zur Bestimmung des Aluminiums dienen kann. Sie werden in der nachfolgenden Aufstellung in den einzelnen analytischen Gruppen noch einmal (mit dem Hinweis auf die betreffende Seite) genannt werden. Es ist angestrebt worden, diese Verfahren, bei denen Aluminium unmittelbar zur Reaktion gebracht wird, und die also für das analytische Verhalten des Aluminiums mehr oder weniger kennzeichnend sind, möglichst vollständig zu erfassen.

Eine lückenlose Wiedergabe der Verfahren der zweiten Arbeitsrichtung geht über den Rahmen dieses Handbuches hinaus. Außerdem werden diese Verfahren zum großen Teil in den weiteren Kapiteln des Handbuches bei dem jeweilig abzutrennenden Element ausführlich gebracht. In der erwähnten Aufstellung konnten daher im allgemeinen nur einige der wichtigsten Verfahren genannt werden. Diese Einschränkung gilt vor allem für *selten* vorkommende Trennungsfälle, z. B. für die Trennungen des Aluminiums von manchen Metallen der I. und II. analytischen Gruppe. Es wird in solchen Fällen auf die betreffenden anderen Kapitel des Handbuches verwiesen. Unter den Trennungsverfahren dieser Richtung wurden im übrigen nur solche ausgewählt, bei denen nach der Abtrennung des Begleitmetalls auch eine quantitative Bestimmung des Aluminiums vorgesehen ist. Auf möglichste Vollständigkeit und ausführlichere Wiedergabe wurde hingegen Wert gelegt, wenn die Abtrennung des Begleitmetalls nur dadurch möglich wird, daß das Aluminium in einer seiner besonderen chemischen Eigenart entsprechenden Weise in eine Verbindung übergeführt („getarnt") wird, die sich mit dem zur Abtrennung des Begleitmetalls erforderlichen Reagens *nicht* umsetzt. Dies betrifft z. B. Verfahren, bei denen die Begleitmetalle abgetrennt werden können, wenn Aluminium in indifferentes Aluminat oder in komplexe Salze hydroxylhaltiger organischer Säuren übergeführt wird.

Welcher der beiden Trennungswege vom Analytiker in der Praxis eingeschlagen wird, hängt von verschiedenen Umständen ab. Man wird bei großem Überschuß der Begleitelemente selbstverständlich Aluminium abscheiden und umgekehrt die Begleitelemente abtrennen, wenn Aluminium überwiegt. Im übrigen werden für die Wahl der Trennungsmethode manche anderen Gesichtspunkte bestimmend sein wie z. B. die Genauigkeit, die Schnelligkeit, die Einfachheit, die Möglichkeit einer gleichzeitigen Abtrennung mehrerer Elemente, die Möglichkeit, bestimmte störende Reagenzien zu vermeiden usw.

A. Salzsäuregruppe.

I. Trennung des Aluminiums von Silber. *1. Trennung durch Abscheidung bzw. sonstige Erfassung des Aluminiums.* Spezielle Trennungsverfahren dieser Art sind bisher offenbar nicht bekannt geworden. Die Methode der Abscheidung des Aluminiums als Hydroxyd dürfte wahrscheinlich infolge Adsorption von Silber Schwierigkeiten bereiten. Auch das Oxinverfahren scheint nicht anwendbar zu sein. Eine Verwendung des Phosphat- und des Chloridverfahrens kommt sicher nicht in Betracht.

Möglicherweise verwendbar, jedoch noch nicht beschrieben:

a) Abscheidung als Oxinat aus schwach ammoniakalischer Lösung in Gegenwart von Kaliumcyanid (vgl. die Trennung des Aluminiums von Kupfer), vgl. S. 283.

b) Abscheidung mit Cupferron aus schwach saurer Lösung (auch nephelometrisch), vgl. S. 297.

c) Spektralanalytische Bestimmung kleiner Mengen Aluminium, vgl. S. 297.

2. Trennung durch Abscheidung des Silbers. Am ehesten zu empfehlen:

a) Fällung aus saurer Lösung als Silberchlorid; vgl. die gebräuchlichsten Vorschriften im Kapitel „Silber". Bestimmung des Aluminiums im Filtrat nach beliebigem Verfahren möglich.

b) Fällung aus saurer Lösung mit Thionalid nach BERG, vgl. Kapitel „Silber".

Wahrscheinlich verwendbar, jedoch noch nicht als Methode ausgearbeitet:

c) Elektrolytische Abscheidung des Silbers aus saurer Lösung an der Quecksilberkathode, anschließend Bestimmung des Aluminiums nach beliebiger Methode, vgl. S. 435.

Im übrigen vgl. Spezialmethoden im Kapitel „Silber".

II. Trennung des Aluminiums von 1wertigem Quecksilber. *1. Trennung durch Abscheidung bzw. sonstige Erfassung des Aluminiums.* Spezielle Trennungsverfahren dieser Art sind bisher nicht bekannt geworden. Die Methoden zur Abscheidung des Aluminiums als Hydroxyd, Phosphat oder Chlorid dürften infolge gleichzeitiger Ausfällung von Quecksilber ausscheiden. Über Anwendbarkeit des Oxinverfahrens ist offenbar nichts bekannt. Möglicherweise läßt sich jedoch, ähnlich wie bei der Trennung von Zink[1] oder Cadmium[2], die Trennung in alkalischer Lösung in Gegenwert von Kaliumcyanids anwenden.

Bezüglich der Spektralanalyse vgl. das unter Silber Gesagte.

2. Trennung durch Abscheidung des Quecksilbers. Für diesen speziellen Fall sei auf das Kapitel „Quecksilber" verwiesen.

III. Trennung des Aluminiums von Blei. S. unter Blei in der Schwefelwasserstoffgruppe.

IV. Trennung des Aluminiums von 1wertigem Thallium. *1, Trennung durch Abscheidung bzw. sonstige Erfassung des Aluminiums.*

a) Als Hydroxyd mit Hilfe der Nitrit-Methylalkohol-Methode nach MOSER und Reif, vgl. S. 200.

b) Bezüglich der Spektralanalyse vgl. das unter Silber Gesagte.

c) Die in diesem Zusammenhang bisher nicht genauer untersuchte Methode zur Abscheidung von Aluminium als Hydroxyd mit Ammoniak dürfte wahrscheinlich ungeeignet sein (Mitfällung), das gleiche dürfte vermutlich von der Phosphatmethode gelten.

2. Trennung durch Abscheidung des Thalliums. Empfehlenswert (auch für kleinere Mengen Thallium).

a) Fällung mit Thionalid aus natronalkalischer Lösung in Gegenwart von Tartrat nach BERG und FAHRENKAMP, vgl. S. 482.

Ferner geeignet:

b) Fällung als Chromat aus schwach ammoniakalischer Lösung in Gegenwart von Sulfosalicylat nach MOSER und BRUKL, vgl. S. 469.

c) Elektrolytische Abscheidung aus saurer Lösung an der Quecksilberkathode, vgl. S. 435.

Wenig geeignet:

d) Fällung als Jodid aus schwach saurer Lösung, vgl. Kapitel „Thallium".

Weitere Trennungsmöglichkeiten s. im Kapitel „Thallium".

---

[1] BERG, R.: Fr. 71, 171 (1927).
[2] BERG, R.: Fr. 71, 321 (1927).

B. Schwefelwasserstoffgruppe.

I. Trennung des Aluminiums von 2wertigem Quecksilber. *1. Trennung durch Abscheidung bzw. sonstige Erfassung des Aluminiums.*

Chloridmethode (nach HAVENS, insbesondere zur Vortrennung großer Mengen Aluminium geeignet), vgl. S. 235.

Möglicherweise verwendbar, jedoch noch nicht genauer untersucht:

b) Fällung als Cupferronkomplex aus schwach saurer Lösung (insbesondere zur nephelometrischen Bestimmung kleiner Mengen Aluminium), vgl. S. 297.

Im übrigen gilt das bereits oben (S. 367) über die Trennung des Aluminiums von 1wertigem Quecksilber Gesagte.

2. Trennung durch Abscheidung des Quecksilbers.

a) Fällung aus saurer Lösung als Sulfid (vgl. das Kapitel „Quecksilber"), im Filtrat Bestimmung des Aluminiums auf beliebige Weise nach Verkochen des Schwefelwasserstoffs.

b) Fällung mit Thionalid aus mineralsaurer Lösung, vgl. das Kapitel „Quecksilber".

c) Fällung mit Thionalid aus natronalkalischer, tartrathaltiger Lösung, vgl. Kapitel „Quecksilber".

Möglicherweise verwendbar, jedoch noch nicht durchgearbeitet:

d) Elektrolytische Abscheidung des Quecksilbers an der Quecksilberkathode aus saurer Lösung, anschließend Bestimmung des Aluminiums nach beliebigem Verfahren.

e) Fällung als Cupferronkomplex aus saurer Lösung, vgl. S. 426.

Weitere Trennungsmöglichkeiten s. im Kapitel „Quecksilber".

II. Trennung des Aluminiums von Blei. *1. Trennung durch Abscheidung bzw. sonstige Erfassung des Aluminiums.* Spezielle Trennungsmethoden dieser Art sind bisher offenbar nicht bekannt geworden. Die Methoden zur Abscheidung des Aluminiums als Hydroxyd dürften wahrscheinlich infolge Adsorption von Blei Schwierigkeiten bereiten. Eine Verwendung des Phosphat- und des Chloridverfahrens kommt sicher nicht in Betracht. Das Oxinverfahren ist wahrscheinlich anwendbar.

Zur nephelometrischen Bestimmung kleiner Mengen Aluminium neben Blei eignet sich wahrscheinlich die Abscheidung mit Cupferron aus schwach saurer Lösung; vgl. S. 297.

Am ehesten dürfte für die Bestimmung kleiner Mengen Aluminium wohl die quantitative Spektralanalyse Aussicht besitzen, für die aber offenbar keine Vorschrift vorliegt.

2. Trennung durch Abscheidung des Bleies.

a) Über die bekannten Methoden der Abscheidung als Sulfat, Chromat, Molybdat, Sulfid oder (elektrolytisch) als Bleidioxyd usw. vgl. das Kapitel „Blei".

b) Fällung mit Thionalid aus schwach alkalischer Lösung in Gegenwart von Alkalicyanid und Tartrat, vgl. S. 482.

Möglicherweise verwendbar, jedoch noch nicht durchgearbeitet:

c) Elektrolytische Abscheidung des Bleies an der Quecksilberkathode aus saurer Lösung, anschließend Bestimmung des Aluminiums nach beliebigem Verfahren.

Weitere Trennungsmöglichkeiten s. im Kapitel „Blei".

III. Trennung des Aluminiums von Wismut. *1. Trennung durch Abscheidung bzw. sonstige Erfassung des Aluminiums.* Spezielle Trennungsmethoden dieser Art sind bisher offenbar nicht bekannt geworden. Die Methoden der Abscheidung des Aluminiums als Hydroxyd oder Phosphat kommen nicht in Betracht. Angaben über die Anwendung der quantitativen Spektralanalyse (für diesen Zweck) liegen nicht vor.

2. Trennung durch Abscheidung des Wismuts. a) Über die bekannten Methoden der Abscheidung als Sulfid, basisches Salz, Kupferronkomplex, Phosphat, wismutjodwasserstoffsaures Oxin usw., vgl. das Kapitel „Wismut".

b) Fällung mit Naphthochinolin (Naphthin) aus saurer, Schwefeldioxyd und Kaliumjodid enthaltender Lösung nach HECHT und REISSNER, vgl. das Kapitel „Wismut".

c) Fällung mit Thionalid aus mineralsaurer oder Alkalicyanid und Tartrat enthaltender Lösung, vgl. S. 482.

d) Elektrolytische Abscheidung des Wismuts an der Quecksilberkathode aus saurer Lösung, anschließend Bestimmung des Aluminiums nach beliebigem Verfahren, vgl. S. 435.

IV. Trennung des Aluminiums von Cadmium. *1. Trennung durch Abscheidung bzw. sonstige Erfassung des Aluminiums. Empfehlenswert:* a) Fällung als Hydroxyd mit Hilfe des Harnstoff-Succinat-Verfahrens nach WILLARD und TANG, vgl. S. 148.

Ferner geeignet:

b) Fällung als Hydroxyd mit Hilfe des Harnstoffverfahrens nach WILLARD und TANG, vgl. S. 146.

c) Fällung als Aluminiumchloridhydrat nach HAVENS (insbesondere bei großen Mengen Aluminium als Vortrennung), vgl. S. 235, wie bei Trennung vom Zink.

d) Fällung als Cupferronkomplex aus schwach saurer Lösung (bei kleinen Mengen Aluminium nephelometrisch), vgl. S. 299.

e) Spektralanalytische Bestimmung kleiner Mengen Aluminium.

2. Trennung durch Abscheidung des Cadmiums. Empfehlenswert: a) Fällung mit Naphthochinolin (Naphthin) aus saurer Lösung in Gegenwart von Tartrat, schwefliger Säure und Kaliumjodid nach BERG und WURM, vgl. Kapitel „Cadmium".

b) Fällung als Oxinat aus natronalkalischer Lösung in Gegenwart von Tartrat nach BERG, vgl. S. 477.

c) Fällung mit Thionalid aus natronalkalischer Lösung in Gegenwart von Tartrat nach BERG, vgl. Kapitel „Cadmium".

Ferner geeignet:

d) Fällung als Sulfid aus saurer Lösung, vgl. das Kapitel „Cadmium".

e) Fällung mit Thioharnstoff und Reineckesalz nach MAHR und OHLE, vgl. Kapitel „Cadmium".

Möglicherweise geeignet, jedoch noch nicht beschrieben:

f) Elektrolytische Abscheidung an der Quecksilberkathode aus saurer Lösung, anschließend Bestimmung des Aluminiums nach beliebigem Verfahren, vgl. S. 435.

V. Trennung des Aluminiums von Kupfer. *1 Trennung durch Abscheidung bzw. sonstige Erfassung des Aluminiums. Empfehlenswert:* a) Fällung als Oxinat aus schwach ammoniakalischer Lösung in Gegenwart von Tartrat und Kaliumcyanid nach HECZKO bzw. nach PIGOTT, vgl. S. 283, vgl. auch SCHAMS S. 280.

Geeignet zur Abscheidung großer Mengen Aluminium (Vortrennung):

b) Fällung als Aluminiumchloridhydrat nach HAVENS, vgl. S. 283.

Bei verschiedensten Mengenverhältnissen anwendbar:

c) Spektralanalytische Bestimmung des Aluminiums, vgl. S. 350.

Weniger geeignet:

d) Abscheidung als Hydroxyd mit Ammoniak (starke Mitfällung von Kupfer, insbesondere bei Kupferüberschuß), vgl. S. 131.

e) Abscheidung als basisches Acetat, vgl. S. 169.

f) Abscheidung als Phosphat (s. unter V, 2), vgl. S. 226.

2. Trennung durch Abscheidung bzw. sonstige Erfassung des Kupfers. Empfehlenswert: a) Über die meist übliche Methode der elektrolytischen Abscheidung von

Kupfer aus saurer Lösung an einer Platinkathode vgl. Kapitel „Kupfer". Aus der kupferfreien Lösung wird Aluminium nach beliebigem Verfahren bestimmt.

b) Abscheidung des Kupfers mit Benzoinoxim aus schwach ammoniakalischer Lösung in Gegenwart von Tartrat nach FEIGL (möglicherweise auch als mikrogravimetrische Methode geeignet), vgl. Kapitel „Kupfer".

c) Abscheidung des Kupfers aus saurer Lösung mit Thionalid nach BERG, vgl. Kapitel „Kupfer".

d) Abscheidung des Kupfers aus saurer Lösung mit 5,7 Dichlor-0-oxychinolin bzw. mit 5,7-Dibrom-0-oxychinolin, vgl. S. 425.

e) Abscheidung als Oxinat aus natronalkalischer Lösung in Gegenwart von Tartrat nach BERG, vgl. S. 477.

f) Spektralanalytische Bestimmung des Kupfers.

g) Elektrolytische Abscheidung an der Quecksilberkathode aus saurer Lösung, anschließend Bestimmung des Aluminiums nach beliebigem Verfahren, vgl. S. 435.

Ferner geeignet:

h) Abscheidung des Kupfers als Sulfid aus saurer Lösung, vgl. das Kapitel „Kupfer".

i) Abscheidung des Kupfers als Rhodanid aus saurer Lösung in Gegenwart von schwefliger Säure, vgl. das Kapitel „Kupfer"

k) Abscheidung des Kupfers mit α-Nitroso-β-naphthol, ferner mit Cupferron, aus schwach saurer Lösung, vgl. das Kapitel „Kupfer" und S. 424 bzw. 426.

VI. Trennung des Aluminiums von Arsen. *1. Trennung durch Abscheidung bzw. sonstige Erfassung des Aluminiums.* a) Abscheidung mit Cupferron aus schwach alkalischer oder schwach saurer Lösung nach PINKUS und MARTIN, auch nephelometrisch bei kleineren Mengen Aluminium, vgl. S. 299.

b) Fällung als Oxinat aus ammoniakalischer Lösung in Gegenwart von Tartrat und Cyanid (zugleich Anwesenheit anderer, mit Cyanid zu wohl „tarnender" Schwermetalle) nach PIGOTT, vgl. S. 285.

Möglicherweise verwendbar, jedoch bisher für die Trennung von Arsen noch nicht untersucht:

c) Spektralanalytische Bestimmung kleiner Mengen Aluminium, vgl. S. 350.

Ungeeignet:

d) Sämtliche Verfahren zur Abscheidung als Hydroxyd oder basisches Salz.

e) Abscheidung als Phosphat.

2. Trennung durch Abscheidung des Arsens. a) Trennung durch Destillation von Arsentrichlorid aus schwach saurer Lösung, vgl. Kapitel „Arsen" In der arsenfreien Lösung Aluminiumbestimmung nach beliebigem Verfahren.

b) Abscheidung als Sulfid aus saurer Lösung, vgl. das Kapitel „Arsen". In der arsenfreien Lösung Aluminiumbestimmung nach beliebigem Verfahren.

c) Abscheidung mit Thionalid aus saurer Lösung, vgl. das Kapitel „Arsen". Möglicherweise für kleinere Mengen Aluminium verwendbar; jedoch noch nicht untersucht.

d) Abscheidung als Ammoniummagnesiumarsenat aus ammoniakalischer Lösung bei Gegenwart von Citrat; vgl. S. 469.

VII. Trennung des Aluminiums von Antimon. *1. Trennung durch Abscheidung bzw. sonstige Erfassung des Aluminiums.* Hier gilt das bereits beim Arsen (unter a, c bis d) Gesagte.

2. Trennung durch Abscheidung des Antimons. a) Abscheidung als Sulfid aus saurer Lösung, vgl. das Kapitel „Antimon".

b) Abscheidung mit Thionalid aus Alkalicyanid und Tartrat enthaltender Lösung, vgl. S. 482.

Möglicherweise geeignet, jedoch noch nicht beschrieben:

c) Abscheidung mit Kupferron aus saurer Lösung, vgl. Kapitel „Antimon".

d) Elektrolytische Abscheidung an der Quecksilberkathode aus saurer Lösung, anschließend Aluminiumbestimmung nach beliebigem Verfahren, vgl. S. 435.

Weitere Trennungsmöglichkeiten vgl. das Kapitel „Antimon"

VIII. Trennung des Aluminiums von Zinn. *1. Trennung durch Abscheidung bzw. sonstige Erfassung des Aluminiums.* Spezielle Trennungsverfahren dieser Art sind offenbar bisher noch nicht bekannt geworden.

Möglicherweise verwendbar, jedoch bisher für diese Trennung noch nicht untersucht:

a) Abscheidung als Aluminiumchloridhydrat aus salzsaurer Lösung, vgl. S. 233ff.

b) Spektralanalytische Bestimmung kleiner Mengen Aluminium, vgl. S. 350.

Ungeeignet:

c) Sämtliche Verfahren zur Abscheidung als Hydroxyd[1] oder basisches Salz, vgl. § 1.

d) Abscheidung als Phosphat.

2. Trennung durch Abscheidung des Zinns. a) Abscheidung als Sulfid oder als Zinnsäure aus saurer Lösung, vgl. das Kapitel „Zinn"

b) Abscheidung durch Cupferron aus schwach saurer Lösung, vgl. das Kapitel „Zinn".

c) Abscheidung mit Thionalid aus saurer oder Alkalicyanid und -tartrat enthaltender Lösung, vgl. S. 482.

d) Abscheidung mit Phenylarsinsäure aus schwach saurer Lösung, vgl. S. 422.

Möglicherweise geeignet, jedoch noch nicht beschrieben:

e) Elektrolytische Abscheidung an der Quecksilberkathode aus saurer Lösung, anschließend Aluminiumbestimmung nach beliebigem Verfahren, vgl. S. 435.

IX. Trennung des Aluminiums von Molybdän. *1. Trennung durch Abscheidung bzw. sonstige Erfassung des Aluminiums.* a) Abscheidung als Oxinat aus ammoniakalischer Lösung in Gegenwart von Wasserstoffperoxyd nach LUNDELL und KNOWLES, vgl. S. 288.

b) Abscheidung als Oxinat aus ammoniakalischer Lösung in Gegenwart von Tartrat und Cyanid nach HECZKO bzw. PIGOTT, vgl. S. 283ff.

Möglicherweise geeignet, jedoch noch nicht beschrieben:

c) Abscheidung als Aluminiumchloridhydrat aus stark salzsaurer Lösung, vgl. S. 233ff.

d) Spektralanalytische Bestimmung kleiner Mengen Aluminium, vgl. S. 350.

2. Trennung durch Abscheidung des Molybdäns. a) Über die Abscheidung aus saurer Lösung als Bleimolybdat, als Sulfid, als Benzoinoximkomplex usw. s. das Kapitel „Molybdän".

Möglicherweise geeignet, jedoch noch nicht genauer untersucht:

b) Elektrolytische Abscheidung aus saurer Lösung an der Quecksilberkathode, anschließend Aluminiumbestimmung auf beliebige Weise, vgl. S. 435.

X. Trennung des Aluminiums von Vanadin. *1. Trennung durch Abscheidung bzw. sonstige Erfassung des Aluminiums.* a) Abscheidung als Phosphat (2malige Fällung), vgl. S. 228.

b) Abscheidung als Oxinat aus ammoniakalischer Lösung in Gegenwart von Wasserstoffperoxyd, vgl. S. 288.

c) Abscheidung als Oxinat aus ammoniakalischer Lösung in Gegenwart von Tartrat und Cyanid nach HECZKO bzw. PIGOTT, vgl. S. 283ff.

Möglicherweise geeignet, jedoch noch nicht beschrieben:

d) Abscheidung als Aluminiumchloridhydrat aus stark salzsaurer Lösung (bei Anwesenheit von viel Aluminium), vgl. S. 233ff.

e) Spektralanalytische Bestimmung kleiner Mengen Aluminium, vgl. S. 350.

[1] Abgesehen vielleicht von der Fällung aus Aluminatlösung.

2. Trennung durch Abscheidung des Vanadins. a) Abscheidung aus saurer Lösung als Bleivanadat oder als Kupferronkomplex, vgl. das Kapitel „Vanadin“

Möglicherweise geeignet, jedoch noch nicht genauer untersucht:

b) Elektrolytische Abscheidung aus saurer Lösung an der Quecksilberkathode, anschließend Aluminiumbestimmung auf beliebige Weise, vgl. S. 435.

XI. Trennung des Aluminiums von Wolfram. *1. Trennung durch Abscheidung bzw. sonstige Erfassung des Aluminiums.* a) Abscheidung als Phosphat (nur in Gegenwart kleiner Mengen Wolfram), vgl. S. 228.

b) Abscheidung als Aluminiumchloridhydrat aus stark salzsaurer Lösung (bei Anwesenheit von viel Aluminium), vgl. Kapitel „Wolfram“.

c) Spektralanalytische Bestimmung kleiner Mengen Aluminium, vgl. S. 350.

2. Trennung durch Abscheidung des Wolframs. a) Abscheidung aus saurer Lösung als Wolframsäure (Cinchoninzusatz), vgl. “Kapitel Wolfram“.

b) Abscheidung als Quecksilberwolframat, als Benzidinkomplex usw., vgl. das Kapitel „Wolfram“.

Möglicherweise geeignet, jedoch noch nicht genauer untersucht:

c) Elektrolytische Abscheidung aus saurer Lösung an der Quecksilberkathode, anschließend Aluminiumbestimmung auf beliebige Weise, vgl. S. 435.

d) Sodaaufschluß der Oxyde und Säurebehandlung nach Duparc, vgl. S. 454.

C. Ammoniumsulfidgruppe.

I. Trennung des Aluminiums von Zink. *1. Trennung durch Abscheidung bzw. sonstige Erfassung des Aluminiums.* Durch die Fällung mit Ammoniak als Hydroxyd ist infolge Mitreißens von Zink auch bei mehrfacher Wiederholung keine brauchbare Trennung zu erzielen. Dasselbe gilt für die meisten anderen Hydroxydmethoden, die eine schleimige, gallertartige Abscheidungsform ergeben.

Befriedigende Werte ergeben folgende Verfahren (bei 1- bis 2-maliger Fällung), bei denen körniges, dichtes Aluminiumhydroxyd in stark gealtertem Zustande abgeschieden wird:

a) Nitritmethode nach Järvinen, vgl. S. 191.

b) Jodid-Jodat-Methode nach Stock, vgl. S. 198.

c) Kaliumcyanatverfahren nach Okač, vgl. S. 188.

d) Harnstoff-Succinat-Verfahren bei 2maliger Fällung nach Willard und Tang, vgl. S. 149.

e) Hydracincarbonatverfahren bei 2maliger Fällung nach Jílek und Vřestal, vgl. S. 186.

Möglicherweise verwendbar, jedoch noch nicht beschrieben:

f) Spektralanalytische Bestimmung des Aluminiums, vgl. S. 363.

Zur Abtrennung großer Mengen Aluminium, als Vortrennung geeignet:

g) Aluminiumchloridmethode nach Havens, vgl. S. 235.

h) Fällung mit Ammoniak aus konzentrierter Lösung nach Ardagh und Bongard, vgl. S. 133.

Weniger geeignete Verfahren:

i) Phosphatverfahren, vgl. S. 226.

k) Benzoatmethode (mindestens 2 Fällungen), vgl. S. 173.

l) Bariumcarbonatverfahren (1 Fällung mit Bariumcarbonat, 2 mit Ammoniak), vgl. S. 182.

m) Acetatmethode (1. Fällung mit Acetat, 2. Fällung mit Ammoniak), vgl. S. 169,

n) Thiosulfatmethode (mindestens 2 Fällungen), vgl. S. 193.

o) Harnstoffverfahren (mehr als 2 Fällungen), vgl. S. 147.

p) Hexamethylentetraminverfahren (mindestens 2 Fällungen), vgl. S. 152.

q) Kaliumcyanatverfahren nach Ripan, vgl. S. 189.

r) Lithiumaluminatverfahren, vgl. S. 240.

s) Thermische Zersetzung des Sulfats nach Willard und Fowler, vgl. S. 215.

2. *Trennung durch Abscheidung des Zinks. Empfehlenswert:* a) Abscheidung als Sulfid aus ammoniumsulfathaltiger Lösung bei definiertem p_H-Wert nach FRERS, vgl. S. 388.

b) Abscheidung als Sulfid aus Sulfat-Bisulfat-Lösung bei definiertem p_H-Wert nach JEFFREYS und SWIFT, vgl. S. 387.

c) Abscheidung als Sulfid in Gegenwart von Chloressigsäure nach MAYR, vgl. S. 390.

d) Abscheidung als Chinaldinsäurekomplex aus schwach ammoniakalischer Lösung in Gegenwart von Tartrat nach RAY und MAJUNDAR, vgl. S. 482.

e) Extraktion als Dithizonkomplex mit Tetrachlorkohlenstoff aus schwach saurer Lösung nach FISCHER und LEOPOLDI). Dient zur Bestimmung kleiner Zinkmengen, vgl. Kapitel „Zink".

f) Elektrolytische Abscheidung aus schwach schwefelsaurer Lösung an der Quecksilberkathode, vgl. S. 435.

Ferner geeignet:

g) Elektrolytische Abscheidung aus natronalkalischer Lösung, vgl. S. 455.

h) Abscheidung als Sulfid aus ammoniumsulfathaltiger Lösung nach MAJDEL, vgl. S. 389.

i) Abscheidung als Sulfid aus ammoniumsulfathaltiger Lösung unter Zusatz von Kolloiden nach CALDWELL und MOYER, vgl. S. 390.

j) Abscheidung als Sulfid aus ameisensaurer Lösung, vgl. S. 390.

k) Abscheidung als Sulfid aus schwach salzsaurer Lösung nach TREADWELL, vgl. S. 390.

l) Abscheidung als Sulfid aus schwach alkalischer Lösung in Gegenwart von Oxalat nach SWIFT, BARTON und BACKUS, vgl. S. 463.

Weniger geeignet:

m) Abscheidung als Oxalat nach CLASSEN, vgl. S. 418.

n) Abscheidung als Sulfid aus neutraler Chlorid- oder Nitratlösung, vgl. S. 387.

o) Abscheidung als Sulfid in Gegenwart von Ammoniumrhodanid nach ZIMMERMANN, vgl. S. 387.

Bezüglich weiterer zur Trennung geeigneter Verfahren vgl. das Kapitel „Zink".

II. Trennung des Aluminiums von Mangan. *1. Trennung durch Abscheidung bzw. sonstige Erfassung des Aluminiums. Empfehlenswert:* a) o-Oxychinolinverfahren in schwach saurer Lösung nach BERG, vgl. S. 283.

b) o-Oxychinolinverfahren in schwach alkalischer, cyanhaltiger Lösung nach PIGOTT, vgl. S. 285.

c) Harnstoff-Succinat-Verfahren nach WILLARD und TANG, vgl. S. 148.

d) Harnstoffverfahren nach WILLARD und TANG, vgl. S. 146.

Ferner geeignet:

e) Hydrazinverfahren nach JÍLEK und LUKAS, vgl. S. 184.

f) Acetatverfahren, anschließend Fällung mit Ammoniak nach CARUS, vgl. S. 168.

g) Benzoatverfahren (1 bis 2 Fällungen) nach KOLTHOFF, vgl. S. 173.

h) Hydrazincarbonatverfahren nach JÍLEK und Mitarbeiter, vgl. S. 184.

i) Kaliumcyanatverfahren nach OKAČ, vgl. S. 188.

k) Thiosulfatverfahren (2 Fällungen) nach CLENNEL, vgl. S. 193.

l) Hexamethylentetraminverfahren (2 Fällungen) nach RAY, vgl. S. 151.

Weniger geeignet:

m) Ammoniakverfahren (2 Fällungen), vgl. S. 131.

n) Ammoniakverfahren in Gegenwart von Hydroxylamin (2 Fällungen) nach JANNASCH, vgl. S. 136.

o) Ammoniumcarbonatverfahren (2 Fällungen), vgl. S. 176.

p) Bariumcarbonatverfahren (2 Fällungen), vgl. S. 181.

q) Nitritverfahren nach SCHIRM, vgl. S. 190.

r) Kaliumcyanatverfahren nach RIPAN, vgl. S. 188.

s) Quecksilberoxydverfahren nach VOLHARD, vgl. S. 202.

t) Quecksilberamidochloridverfahren nach SOLAJA, vgl. S. 154.

Möglicherweise verwendbar, jedoch noch nicht beschrieben:

u) Spektralanalytische Bestimmung des Aluminiums, vgl. S. 350.

Ungeeignet:

v) Phosphatverfahren, vgl. S. 226.

2. Trennung durch Abscheidung des Mangans. Geeignet: a) Fällung als Dioxydhydrat nach dem Ammoniumpersulfatverfahren in schwach schwefelsaurer Lösung nach DITTRICH und HASSEL bzw. MAJDEL, vgl. S. 394.

b) Fällung als Dioxydhydrat nach dem Chloratverfahren in schwach salpetersaurer Lösung (2 Fällungen) nach HILDEBRAND und LUNDELL, vgl. S. 392.

c) Fällung als Dioxydhydrat aus alkalischer Lösung mit Natriumperoxyd nach SWIFT und BARTON, vgl. S. 444.

d) Fällung als Dioxydhydrat aus natronalkalischer Lösung, vgl. S. 441.

e) Fällung als Dioxydhydrat durch Elektrolyse nach CLASSEN und v. REISS, vgl. S. 394.

f) Elektrolytische Abscheidung an der Quecksilberkathode nach vgl. S. 435.

g) Fällung als Sulfid aus schwach alkalischer Lösung gemeinsam mit Eisen in Gegenwart von Sulfosalicylat nach MOSER und BRUKL, vgl. S. 464.

Weniger geeignet:

h) Fällung als Sulfid aus schwach alkalischer Lösung in Gegenwart von Tartrat nach HILLEBRAND und LUNDELL, vgl. S. 463.

i) Fällung als Oxalat nach CLASSEN, vgl. S. 418.

III. Trennung des Aluminiums von Eisen. *1. Trennung durch Abscheidung bzw. sonstige Erfassung des Aluminiums. Empfehlenswert:* a) Fällung als Hydroxyd in Gegenwart von Thiosulfat und Phenylhydrazin (1malige Fällung), nach ISHIMARU, vgl. S. 194.

b) Fällung als Phosphat (bei nicht zu großer Aluminiummenge) in Gegenwart von Thiosulfat (2malige Fällung), vgl. S. 223.

c) Fällung mit Ammoniak als Hydroxyd in Gegenwart von Thioglykolsäure (1- bis 2malige Fällung) nach MAYR und GEBAUER, vgl. S. 135.

d) Spektralanalytische Bestimmung des Aluminiums, vgl. S. 364.

Ferner geeignet:

e) Fällung als Oxinat aus ammoniakalischer Lösung in Gegenwart von Cyanid und Tartrat nach Reduktion von Fe (III) zu Fe (II), nach LANG und REIFER, vgl. S. 283.

f) Fällung als Hydroxyd mit Phenylhydrazin (1malige Fällung) nach HESS und CAMPBELL bzw. HILLEBRAND und LUNDELL, vgl. S. 161 und 162.

g) Fällung als Hydroxyd mit Natriumhydrosulfit (1malige Fällung) nach BARBIER, vgl. S. 195.

h) Fällung als Hydroxyd mit Harnstoff und Succinat (2malige Fällung) nach WILLARD und TANG, vgl. S. 149.

i) Fällung als Hydroxyd mit o-Phenetidin (1- bis 2malige Fällung) nach CHALUPNY und BREISCH, vgl. S. 160.

k) Fällung als Hydroxyd mit Hydrazincarbonat (2malige Fällung) nach JÍLEK und Mitarbeitern, vgl. S. 185.

l) Polarographische Bestimmung neben etwa gleichen Mengen Eisen nach PRAJZLER, vgl. S. 348.

Zur Vortrennung (bei großen Mengen Aluminium) geeignet:

m) Fällung als Alluminiumchloridhydrat nach GOOCH und HAVENS, vgl. S. 234.

n) Fällung als Aluminiumchloridhydrat nach PALKIN, vgl. S. 234.

o) Verflüchtigung als Aluminiumchlorid im Chlorwasserstoffstrom bei 190 bis 210° C nach JANDER und Mitarbeitern, vgl. S. 494.

Wenig geeignet:

p) Fällung als Hydroxyd mit Ammoniak in Gegenwart von Cyanid nach WAINER, vgl. S. 133.

q) Fällung als Hydroxyd mit Ammoniak in Gegenwart von α,α'-Dipyridyl nach FERRARI, vgl. S. 136.

r) Fällung als Hydroxyd mit Quecksilberamidochlorid nach SOLAJA, vgl. S. 155.

s) Fällung als Hydroxyd mit Ammoniak in Gegenwart von Thiosulfat nach CHANCEL, vgl. S. 192.

t) Fällung als Hydroxyd mit Formiat nach LECLERC, vgl. S. 171.

u) Fällung als Aluminiumchloridhydrat mit Acetylchlorid nach MINNIG, vgl. S. 234.

2. Trennung durch Abscheidung bzw. sonstige Erfassung des Eisens (vgl. auch das Kapitel „Eisen"). *Empfehlenswert:* a) Fällung als Oxinat aus essigsaurer Lösung unter Tarnung des Eisens durch Malonsäure oder Oxalsäure bzw. Weinsäure nach BERG, vgl. S. 474.

b) Elektrolytische Abscheidung an der Quecksilberkathode, vgl. S. 435.

c) Maßanalytische Bestimmung mittels Titantrichloridlösung, vgl. das Kapitel „Eisen".

d) Maßanalytische Bestimmung mittels Kaliumpermanganats, vgl. Kapitel „Eisen".

e) Colorimetrische Bestimmung (Spuren Eisen neben größeren Aluminiummengen) als Komplexverbindung mit Sulfosalicylsäure, vgl. das Kapitel „Eisen".

Ferner geeignet:

f) Fällung mit *Dibromoxin* aus schwach saurer Lösung in Gegenwart von Weinsäure nach BERG und KÜSTENMACHER bzw. SANKO und BURSSUK, vgl. S. 425 und 479.

g) Fällung mit *α-Nitroso-β-naphtol* aus schwach saurer Lösung nach ILINSKI und KNORRE, vgl. S. 423.

h) Fällung mit Cupferron nach BILTZ und HÖDKE (für nicht zu große Eisenmengen), vgl. S. 228.

i) Entfernung des Ferrichlorids durch Extraktion mit Äthyläther nach HARRIOT, nach ROTHE, nach GOOCH und HAVENS sowie nach SWIFT, vgl. S. 233, 430 und 432 oder mit Isopropyläther nach DODSON, FORNEY, SWIFT, vgl. S. 431.

k) Colorimetrische Bestimmung als Rhodanid (Spuren Eisen neben sehr großen Mengen Aluminium), vgl. Kapitel „Eisen".

l) Fällung als Sulfid aus ammoniakalischer Lösung in Gegenwart von Tartrat nach GOOCH, vgl. z. B. S. 460.

m) Fällung als basisches Phosphat aus natronalkalischer Lösung in Gegenwart von Phosphat nach BALANESCU und MOTZOC bzw. TELETOFF und ANDRONIKOWA, vgl. S. 445 und 446.

n) Fällung als Hydroxyd mit Mangandioxyd in Gegenwart von Chrom nach MARCHAL und WIERNICK, vgl. S. 396.

o) Aufschluß der Oxyde mit Soda in Gegenwart von Phosphat nach GLASER, vgl. S. 448.

p) Aufschluß der Oxyde mit Soda (2maliger Aufschluß) nach TSCHARKRIVANI und WUNDER, vgl. S. 447.

q) Aufschluß der Oxyde im Chlorwasserstoffstrom nach GOOCH und HAVENS und nach ROZCYCKI, vgl. S. 487 und 494.

r) Erhitzen der Oxyde im Wasserstoffstrom (Gewichtsabnahme durch Reduktion des Eisenoxydes entspricht seinem Sauerstoffgehalt) nach RIVOT, vgl. S. 486.

s) Erhitzen der Oxyde im Wasserstoffstrom (wie unter r) und Verflüchtigen des Eisens als EisenII-chlorid durch Erhitzen im Chlorwasserstoffstrom nach COOKE, vgl. S. 487. Verflüchtigen als EisenIII-chlorid durch Erhitzen im Chlorstrom nach POZZI-ESCOT, vgl. S. 487.

t) Abscheidung als basisches Nitrat durch Eindampfen der Lösung nach BEILSTEIN und LUTHER, vgl. S. 414.

Wenig geeignet:

u) Fällung als Hydroxyd mit Natronlauge (mehr als 2 Fällungen), vgl. S. 441.

v) Fällung als Hydroxyd mit Natriumperoxyd, vgl. S. 441.

w) Aufschluß der Oxyde mit Natriumhydroxyd, vgl. S. 442.

x) Fällung als Hydroxyd mit Trimethylamin nach VIGNON, vgl. S. 447.

y) Fällung als Hydroxyd mit Guanidin nach HAC, vgl. S. 447.

z) Fällung als Sulfid mit Natriumsulfid aus natronalkalischer Lösung, vgl. S. 523.

IV. Trennung des Aluminiums von Nickel. *1. Trennung durch Abscheidung bzw. sonstige Erfassung des Aluminiums. Empfehlenswert:* a) Fällung als Hydroxyd nach der Nitritmethode (1 bis 2 Fällungen) nach JÄRVINEN, vgl. S. 191.

b) Fällung als Phosphat (2malige Fällung; bei großen Mengen Nickel gegebenenfalls eine Zwischenfällung mit Ammoniak), vgl. S. 227.

c) Fällung als Oxinat nach Tarnung des Nickels mit Kaliumcyanid nach HECZKO, vgl. S. 283.

Ferner geeignet:

d) Fällung als Hydroxyd nach dem Jodid-Jodat-Verfahren nach STOCK, vgl. S. 198.

e) Fällung als basisches Carbonat nach dem Hydrazincarbonatverfahren (2malige Fällung) nach JÍLEK und Mitarbeitern, vgl. S. 186.

f) Fällung als Hydroxyd mit Harnstoff in Gegenwart von Succinat (2malige Fällung) nach WILLARD und TANG, vgl. S. 148.

Wenig geeignet:

g) Fällung als Hydroxyd mit Ammoniak (mindestens 2malige Fällung) nach LUNDELL und KNOWLES, vgl. S. 131.

h) Fällung als Hydroxyd mit Ammoniak in Gegenwart von Cyanid (2malige Fällung) nach CHIRUSIDE, vgl. S. 134.

i) Fällung als Hydroxyd in Gegenwart von Hydroxylamin (2malige Fällung) nach JANNASCH, vgl. S. 137.

j) Fällung als Hydroxyd mit Harnstoff (2malige Fällung) nach WILLARD und TANG, vgl. S. 146.

k) Fällung als Hydroxyd (bzw. basisches Salz) nach der Benzoatmethode (2malige Fällung) nach KOLTHOFF, STENGER und MOSKOVITZ, vgl. S. 173.

l) Fällung als Hydroxyd bzw. basisches Carbonat nach der Bariumcarbonatmethode (2malige Fällung), vgl. S. 181.

m) Fällung als Hydroxyd mit Quecksilberamidochlorid nach SOLAJA, vgl. S. 154.

Wahrscheinlich geeignet, jedoch Bestimmung neben Nickel noch nicht genau untersucht:

n) Spektralanalytische Verfahren.

o) Polarographische Methode nach vorhergehender Abtrennung als Hydroxyd durch Fällung mit Ammoniak nach PRAJZLER, vgl. S. 348.

Ungeeignet:

p) Acetatverfahren, vgl. S. 169.

q) Fällung als Hydroxyd durch Hexamethylentetramin nach RAY, vgl. S. 152.

2. *Trennung durch Abscheidung des Nickels. Empfehlenswert:* a) Fällung mit Dimethylglyoxim in Gegenwart von Tartrat, vgl. S. 472.

b) Fällung mit Dicyandiamidin in Gegenwart von Tartrat nach GROSSMANN, vgl. S. 473.

c) Elektrolytische Abscheidung an der Quecksilberkathode vgl. S. 435.

Ferner geeignet:

d) Fällung als Sulfid aus ammoniakalischer Lösung in Gegenwart von Oxalat nach SWIFT, BARTON und BACKUS, vgl. S. 463.

Wenig geeignet:

e) Fällung als Oxalat aus schwach saurer Lösung nach CLASSEN, vgl. S. 418.

Ungeeignet:

f) Fällung als NickelIII-hydroxyd mit Natriumperoxyd aus alkalischer Lösung nach SWIFT und BARTON, vgl. S. 444.

Weitere Trennungsmöglichkeiten s. im Kapitel „Nickel".

V. Trennung des Aluminiums von Kobalt. *1. Trennung durch Abscheidung des Aluminiums. Geeignet:* a) Fällung als Hydroxyd nach der Nitritmethode (1- bis 2malige Fällung) nach JÄRVINEN, vgl. S. 191.

b) Fällung als Oxinat nach Tarnung des Kobalts mittels Kaliumcyanids nach HECZKO, vgl. S. 283.

c) Fällung als Hydroxyd (bzw. basisches Carbonat) mit Hydrazincarbonat (2malige Fällung) nach JÍLEK und Mitarbeitern, vgl. S. 186.

d) Fällung als Hydroxyd nach der Jodid-Jodat-Methode von STOCK, vgl. S. 198.

e) Fällung als Hydroxyd nach der Harnstoff-Succinat-Methode (2malige Fällung) nach WILLARD und TANG, vgl. S. 148.

f) Fällung als Hydroxyd mit Hexamethylentetramin (2malige Fällung) nach RAY, vgl. S. 152.

g) Fällung als Hydroxyd (bzw. basisches Salz) nach dem Benzoatverfahren (2malige Fällung), vgl. S. 172.

h) Fällung als Hydroxyd nach der Harnstoffmethode (2malige Fällung) von WILLARD und TANG, vgl. S. 146.

Weniger geeignet:

i) Fällung als Hydroxyd mit Ammoniak in Gegenwart von Cyanid nach MOORE, vgl. S. 134.

j) Fällung als Hydroxyd (bzw. basisches Carbonat) nach dem Bariumcarbonatverfahren, vgl. S. 181.

Zur Vortrennung (bei Gegenwart von viel Aluminium) geeignet:

k) Fällung als Aluminiumchloridhydrat aus stark salzsaurer Lösung nach PINERUA, vgl. S. 235.

Ungeeignet:

l) Fällung als Hydroxyd mit Ammoniak, vgl. S. 133.

2. *Trennung durch Abscheidung des Kobalts. Geeignet:* a) Fällung mit α-Nitroso-β-naphthol aus schwach saurer Lösung nach ILINSKI und v. KNORRE, vgl. S. 423.

b) Fällung mit α-Nitro-β-naphthol aus schwach saurer Lösung nach MAYER, vgl. S. 423.

c) Fällung als Sulfid aus ammoniakalischer Lösung in Gegenwart von Oxalat nach SWIFT, BARTON und BACKUS, vgl. S. 463.

d) Elektrolytische Abscheidung an der Quecksilberkathode vgl. S. 435.

Weniger geeignet:

e) Fällung als Oxalat aus schwach saurer Lösung nach CLASSEN, vgl. S. 418.

Ungeeignet:

f) Fällung als CobaltIII-hydroxyd mit Natriumperoxyd aus alkalischer Lösung nach SWIFT und BARTON, vgl. S. 444.

Weitere Trennungsmöglichkeiten s. Kapitel „Kobalt“.

VI. Trennung des Aluminiums von Chrom. *1. Trennung durch Abscheidung bzw. sonstige Erfassung des Aluminiums. Geeignet:* a) Fällung als Hydroxyd aus alkalischer Aluminatlösung durch Einleiten von Kohlendioxyd nach vorheriger Oxydation des Chroms zu Chromat nach TREADWELL, vgl. S. 204.

b) Fällung als Oxinat nach Tarnung mit Kaliumcyanid (+ Tartrat) nach HECZKO, vgl. S. 283.

c) Fällung als Phosphat mit einer Zwischenfällung mit Ammoniak (nach Oxydation des Chroms zu Chromat), vgl. S. 227.

d) Spektrographische Bestimmung kleiner Mengen Aluminium, vgl. S. 358.

Wenig geeignet:

e) Fällung als Hydroxyd aus alkalischer Aluminatlösung durch Zusatz von Bromwasser nach JAKOB, vgl. S. 204.

f) Fällung als Hydroxyd mit Ammoniak nach Oxydation des Chroms zu Chromat (mindestens 2 Fällungen), vgl. S. 138.

2. Trennung durch Abscheidung bzw. sonstige Erfassung des Chroms. Geeignet: a) Fällung als Bleichromat aus salpetersaurer oder essigsaurer Lösung (vgl. Kapitel „Chrom“).

b) Elektrolyse mit der Quecksilberkathode, vgl. S. 435.

c) Jodometrische Bestimmung nach Oxydation zu Chromat, vgl. das Kapitel „Chrom“.

d) Colorimetrische Bestimmung durch Messung der Chromatfärbung, vgl. Kapitel „Chrom“.

Weniger geeignet:

e) Fällung als Bariumchromat, vgl. das Kapitel „Chrom“.

f) Fällung als Quecksilberchromat, vgl. das Kapitel „Chrom“.

Weitere Trennungsmethoden s. im Kapitel „Chrom“.

VII. Trennung des Aluminiums von Titan. *1. Trennung durch Abscheidung oder sonstige Erfassung des Aluminiums.* Bei den auf Hydroxydfällung beruhenden Verfahren zur Abscheidung von Aluminium fällt Titan gleichfalls mit. Das gleiche gilt für fast alle Methoden zur Abscheidung des Aluminiums.

Zur Trennung geeignet:

a) Phosphatverfahren, wenn eine Zwischenfällung mit Ammoniak durchgeführt wird, vgl. S. 227.

b) Spektralanalytische Bestimmung des Aluminiums, vgl. S. 350.

2. Trennung durch Abscheidung des Titans. Empfehlenswert: a) Fällung als Oxinat aus schwach saurer Lösung in Gegenwart von Oxalsäure bzw. Malonsäure bei gleichzeitiger Anwesenheit der Erdalkalien nach BERG und TEITELBAUM, vgl. S. 474.

b) Fällung als Cupferronkomplex aus schwefelsaurer (weinsäurehaltiger) Lösung (auch bei gleichzeitiger Anwesenheit von Phosphorsäure) nach BELLUCCI und GRASSI sowie nach THORNTON, vgl. S. 428 und 480.

c) Fällung als Titandioxydhydrat aus schwach saurer Lösung auf Zusatz von seleniger Säure nach BERG und TEITELBAUM, vgl. S. 416.

Ferner geeignet;

d) Fällung als Dibromoxinkomplex in Gegenwart von Weinsäure nach BERG und KÜSTENMACHER bzw. SANKO und BURSSUK, vgl. S. 479.

e) Fällung als Phosphat aus saurer Lösung nach JAMIESON und WRENSHALL sowie nach DA-TSCHANG und HOUONG, vgl. S. 412 und 468.

f) Fällung als Titandioxydhydrat durch Kochen der *Lösung der Chloride mit schwefliger Säure* nach BASKERVILLE bzw. NEUMANN u. MURPHY, vgl. S. 398.

g) Fällung als Titandioxydhydrat aus schwach saurer Lösung durch Hydrolyse nach dem Halogenid-Halogenat-Verfahren nach MOSER, IRÁNYI und KAYSER, vgl. S. 400 und 401.

h) Fällung als Titandioxydhydrat aus schwach alkalischer Lösung in Gegenwart von Sulfosalicylat nach MOSER und IRÁNYI, vgl. S. 465.

i) Sodaaufschluß der Oxyde nach TREADWELL bzw. GHOCH, vgl. S. 450.

k) Soda-Borax-Aufschluß der Oxyde nach WEISS und KAISER, vgl. S. 451.

l) Fällung mit Tannin aus oxalsaurer Lösung nach SCHOELLER und POWELL (1932), vgl. S. 300.

Wenig geeignet:

m) Fällung als Titandioxydhydrat durch Hydrolyse aus mineralsaurer Lösung, vgl. S. 397 und 398.

n) Fällung als Titandioxydhydrat durch Hydrolyse aus essigsaurer Lösung nach GOOCH und TREADWELL, vgl. S. 399 und 400.

o) Fällung als Titandioxydhydrat mit Natronlauge, vgl. S. 443.

p) Fällung als Phosphat aus schwach saurer Lösung in Gegenwart von Weinsäure, vgl. S. 468.

Weitere Verfahren s. im Kapitel „Titan".

VIII. Trennung des Aluminiums von Zirkon. *1. Trennung durch Abscheidung oder sonstige Erfassung des Aluminiums.* Spezialverfahren, die auf der Abscheidung des Aluminiums beruhen, sind bisher kaum bekannt geworden. Für die Trennung gilt das bereits beim Titan Gesagte.

Zur Trennung geeignet:

a) Ammoniumcarbonatverfahren (2malige Fällung) nach LESSNIG, vgl. S. 178.

b) Spektralanalytische Bestimmung des Aluminiums, vgl. S. 350.

2. Trennung durch Abscheidung des Zirkons. Empfehlenswert: a) Fällung mit Phenylarsinsäure aus saurer Lösung nach RICE, FOGG und JAMES, vgl. S. 421.

Ferner geeignet:

b) Fällung als Phosphat aus saurer Lösung, vgl. S. 412.

c) Fällung als Zirkonhydroxyd durch Fällung mit seleniger Säure aus saurer Lösung nach SIMPSON und SCHUMB, vgl. S. 417.

d) Fällung als Zirkonhydroxyd durch Hydrolyse mit Jodat nach DAVID jun., vgl. S. 403.

Wenig geeignet:

e) Fällung als Zirkonhydroxyd durch Kochen von Chloridlösungen mit schwefliger Säure nach BASKERVILLE, vgl. S. 398.

f) Fällung als Zirkonhydroxyd mit Natronlauge, vgl. S. 443.

g) Sodaaufschluß der Oxyde, vgl. S. 452.

Weitere Verfahren s. im Kapitel „Zirkon".

IX. Trennung des Aluminiums von Thorium. *1. Trennung durch Abscheidung oder sonstige Erfassung des Aluminiums.* Trennungsverfahren durch Ausfällung des Aluminiums sind offenbar bisher kaum ausgearbeitet worden.

Am ehesten dürfte sich zur Bestimmung des Aluminiums die quantitative Spektralanalyse eignen, vgl. S. 350.

2. Trennung durch Abscheidung des Thoriums. a) Fällung des Thoriums als Oxalat mit Oxalsäure in Anwesenheit von Alkalioxalat, vgl. das Kapitel „Thorium".

b) Fällung des Thoriums als Fluorid mit Flußsäure oder in Gegenwart von Mineralsäuren mit Ammoniumfluorid, vgl. das Kapitel „Thorium".

c) Fällung mit Phenylarsinsäure aus saurer Lösung nach RICE, FOGG und JAMES, vgl. S. 422.

Möglicherweise geeignet, jedoch nicht genau untersucht:

d) Fällung als Thoriumdioxyd mit seleniger Säure, vgl. S. 417.

Wenig geeignet:

e) Fällung als Thoriumhydroxyd mit Natronlauge, vgl. S. 443.

Weitere Möglichkeiten s. im Kapitel „Thorium".

X. Trennung des Aluminiums von Uran. *1. Trennung durch Abscheidung bzw. sonstige Erfassung des Aluminiums. Zur Trennung geeignet:* a) Ammoniumcarbonatverfahren nach MOSER (2malige Fällung), vgl. S. 180.

b) Ammoniumcarbonatverfahren nach TREADWELL (2malige Fällung), vgl. S. 180.

c) Ammoniumcarbonatverfahren nach SCHWARZ (2malige Fällung), vgl. S. 179.

d) Fällung mit Oxin in Gegenwart von Ammoniumcarbonat nach LUNDELL und KNOWLES, vgl. S. 291.

e) Spektralanalytische Bestimmung des Aluminiums, vgl. S. 350.

2. Trennung durch Abscheidung des Urans. Über die direkte Abscheidung des Urans neben Aluminium liegen offenbar keine Erfahrungen vor.

XI. Trennung des Aluminiums von Gallium. *1. Trennung durch Abscheidung bzw. sonstige Erfassung des Aluminiums.* Die Verfahren zur Abtrennung des Aluminiums haben sich als wenig geeignet erwiesen. Zu nennen sind:

a) Abscheidung als Hydroxyd mit Ammoniak (mehr als 2 Fällungen) nach FRICKE, vgl. S. 139.

b) Abscheidung als Aluminiumchloridhydrat nach HAVENS oder nach ATO als Vortrennung (bei großen Mengen Aluminium), vgl. S. 238.

c) Abscheidung als Aluminiumchloridhydrat mit Acetylchlorid, vgl. S. 238.

Zur Bestimmung kleiner Mengen Aluminium dürfte sich am ehesten die quantitative Spektralanalyse eignen, vgl. S. 350.

2. Trennung durch Abscheidung des Galliums. a) Fällung als Ferrocyanid aus saurer Lösung nach CROOKES, vgl. S. 416.

b) Fällung als Cupferronkomplex nach MOSER und BRUKL (s. auch SCHERRER), vgl. S. 429.

c) Entfernung des Galliumchlorids durch Extraktion mit Äther nach SWIFT bzw. SCHERRER, vgl. S. 432 und 433.

d) Fällung mit Camphersäure aus essigsaurer Lösung nach ATO (neben wenig Aluminium), vgl. S. 434.

XII. Trennung des Aluminiums von Indium. *1. Trennung durch Abscheidung bzw. sonstige Erfassung des Aluminiums.* Bisher sind offenbar keine geeigneten Verfahren zur Abtrennung des Aluminiums bekannt geworden.

Zur Bestimmung kleiner Mengen Aluminium dürfte sich die quantitative Spektralanalyse eignen, vgl. S. 350.

2. Trennung durch Abscheidung des Indiums. Fällung als Sulfid aus schwach saurer Lösung in Gegenwart von Sulfosalicylsäure nach MOSER und SIEGMANN, vgl. S. 464.

XIII. Trennung des Aluminiums von Beryllium. *1. Trennung durch Abscheidung bzw. sonstige Erfassung des Aluminiums. Empfehlenswert:* a) Abscheidung als Oxinat aus schwach saurer Lösung nach KOLTHOFF und SANDELL, NIESSNER u. a., vgl. S. 282.

b) Bei Anwesenheit eines großen Aluminiumüberschusses: Abscheidung der Hauptmenge Aluminium als Aluminiumchloridhydrat aus stark salzsaurer Lösung des restlichen Aluminiums (nach Zwischenfällung mit Ammoniak) als Oxinat aus schwach saurer Lösung nach CHURCHILL, BRIDGES und LEE, vgl. S. 283.

c) Spektralanalytische Bestimmung des Aluminiums.

Ferner geeignet:

d) Colorimetrische Bestimmung kleiner Mengen Aluminium mit alizarinsulfosaurem Natrium nach PRAETORIUS, vgl. S. 327.

e) Abscheidung als Adsorptionsverbindung mit Tannin aus schwach saurer Lösung nach MOSER und NIESSNER, vgl. S. 304.

Weniger geeignet:

f) Abscheidung als Aluminiumchloridhydrat aus saurer Lösung mit Acetylchlorid nach MINNIG, vgl. S. 234.

g) Abscheidung als Hydroxyd mit Natriumbicarbonat nach PARSONS und BARNES, vgl. S. 181.

h) Abscheidung mit Calciumferrocyanid nach GASPAR y ARNAL, vgl. S. 241.

Als Vortrennung geeignet (für große Mengen Aluminium):

i) Abscheidung als Aluminiumchloridhydrat aus stark salzsaurer Lösung nach HAVENS, vgl. S. 236.

Ungeeignet (Näheres vgl. im Kapitel „Beryllium"):

j) Fällung als Hydroxyd nach der Ammoniumcarbonatmethode nach VAUQUELIN.

k) Fällung als Hydroxyd mit Natriumcarbonat nach HART.

l) Fällung als Hydroxyd mit Bariumcarbonat nach SCHEERER.

m) Fällung als Hydroxyd nach dem Hexamethylentetraminverfahren nach AKIYAMA.

n) Fällung als basisches Sulfit nach dem Sulfitverfahren nach BERTHIER.

o) Fällung als Hydroxyd nach dem Thiosulfatverfahren nach JOY und GLASSMANN.

p) Fällung als Hydroxyd nach dem Ammoniumchloridverfahren nach BERZELIUS.

q) Fällung als basisches Sulfat nach dem Sulfatverfahren nach DEBRAY.

r) Fällung als basisches Acetat nach PENFIELD und HARPER.

s) Behandlung der basischen Acetate mit Chloroform nach HABER und VAN OORDT.

t) Destillation als wasserfreies Aluminiumchlorid nach RAMSER.

u) Thermische Zersetzung des Sulfatgemisches nach WILLARD und FOWLER.

2. Trennung durch Abscheidung bzw. sonstige Erfassung des Berylliums. Empfehlenswert: a) Fällung als Hydroxyd bzw. basisches Carbonat mit Guanidincarbonat in Gegenwart von Tartrat nach JÍLEK und KOTA, vgl. S. 483.

b) Colorimetrische Titration mit Chinalizarin in alkalischer Lösung nach FISCHER, vgl. Kapitel „Beryllium".

Ferner geeignet:

c) Aufschluß der Oxyde (in Gegenwart von Eisen und Chromoxyd) mit Soda nach WENGER und WÄHRMANN, vgl. S. 449 und 453.

d) Fällung als Hydroxyd mit Natronlauge in der Hitze nach DUPARC, vgl. S. 444.

Ungeeignet:

e) Aufschluß der Oxyde mit Kaliumhydroxyd nach WEEVER, vgl. Kapitel „Beryllium".

f) Fällung als Hydroxyd mit Natronlauge nach GMELIN und SCHAFFGOTSCH, vgl. S. 443.

g) Fällung als Hydroxyd mit Alkylaminbasen nach RENZ, vgl. S. 447.

h) Behandlung der komplexen Oxalate mit Wasser nach WYROUBOFF, vgl. das Kapitel „Beryllium".

i) Fällung als basisches Phosphat mit Bariumhydroxyd in Gegenwart von Phosphorsäure nach PENFIELD und HARPER, vgl. das Kapitel „Beryllium".

j) Abtrennung des Berylliums als basisches Acetat bzw. als Formiat auf dem Wege der Destillation nach KLING und GMELIN bzw. nach ADAMI, vgl. Kapitel „Beryllium".

XIV. Trennung des Aluminiums von den Elementen der seltenen Erden. *1. Trennung durch Abscheidung bzw. sonstige Erfassung des Aluminiums.* Geeignete gravimetrische Trennungsverfahren sind offenbar bisher nicht bekannt geworden. Spektralanalytische Bestimmung kleiner Mengen Aluminium.

2. Trennung durch Abscheidung bzw. sonstige Erfassung der Elemente der seltenen Erden. a) Fällung als Oxalate aus schwach saurer Lösung, vgl. S. 419.

b) Fluorid-Oxalat-Verfahren, vgl. S. 420.

c) Spektralanalytische Bestimmung des Aluminiums, vgl. S. 350.

D. Erdalkali-Alkaligruppe.

I. Trennung des Aluminiums von Magnesium. *1. Trennung durch Abscheidung bzw. sonstige Erfassung des Aluminiums. Empfehlenswert:* a) Fällung als Hydroxyd nach dem Harnstoff-Succinat-Verfahren nach WILLARD und TANG, vgl. S. 148.

b) Spektralanalytische Bestimmung des Aluminiums, vgl. S. 361.

Ferner geeignet:

c) Fällung als Hydroxyd nach dem Harnstoffverfahren nach WILLARD und TANG, vgl. S. 146.

d) Fällung als Hydroxyd nach dem Hexamethylentetraminverfahren, vgl. S. 151.

e) Fällung als Hydroxyd nach dem Acetatverfahren (eine 2. Fällung nach Ammoniak), vgl. S. 170.

f) Fällung als Hydroxyd nach dem Natriumsulfidverfahren von NICKOLLS (1 bis 2 Fällungen), vgl. S. 174 und 175.

g) Fällung als Hydroxyd nach dem Benzoatverfahren von KOLTHOFF, STENGER und MOSKOWITZ (1 bis 2 Fällungen), vgl. S. 173.

h) Fällung als Hydroxyd nach dem Thiosulfatverfahren von CLENNELL (2malige Fällung), vgl. S. 193.

i) Fällung als Oxyd durch mäßiges Erhitzen nach DEVILLE, nach FRESENIUS sowie nach CHARRIOU, vgl. S. 215 und 216.

Als Vortrennung geeignet:

j) Fällung als Hydroxyd nach dem Ammoniumsulfidverfahren von HILLEBRAND und LUNDELL, vgl. S. 174.

Wenig geeignet:

k) Fällung als Hydroxyd mit Ammoniak (2malige Fällung), vgl. S. 129.

l) Fällung als Hydroxyd mit Ammoniak in Gegenwart von Hydroxylamin nach) JANNASCH (2malige Fällung), vgl. S. 138.

m) Fällung als Hydroxyd mit Quecksilberamidochloriden nach SOLAJA, vgl. S. 154.

Wahrscheinlich verwendbar, aber noch nicht ausgearbeitet:

n) Fällung als Cupferronkomplex aus schwach saurer Lösung, vgl. S. 297.

2. Trennung durch Abscheidung des Magnesiums. Empfehlenswert: a) Fällung als Oxinat aus alkalischer Lösung in Gegenwart von Tartrat nach BERG, vgl. S. 477.

Ferner geeignet:

b) Fällung als Magnesiumammoniumphosphat in Gegenwart von Tartrat nach BLUMENTHAL, vgl. S. 466.

c) Fällung als Magnesiumammoniumphosphat in Gegenwart von Sulfosalicylat nach MOSER und BRUKL, vgl. S. 466.

d) Fällung als Oxalat aus essigsaurer Lösung nach CLASSEN, vgl. S. 419.

II. Trennung des Aluminiums von Calcium. *1. Trennung durch Abscheidung bzw. sonstige Erfassung des Aluminiums. Empfehlenswert:* a) Fällung als Hydroxyd nach der Harnstoff-Succinat-Methode nach WILLARD und TANG, vgl. S. 148.

b) Fällung als Oxinat aus schwach saurer Lösung nach BERG, vgl. S. 281.

Ferner geeignet:

c) Fällung als Hydroxyd nach der Harnstoffmethode von WILLARD und TANG, vgl. S. 146.

d) Fällung als Phosphat, vgl. S. 226.

e) Fällung als Hydroxyd nach der Natriumsulfidmethode von NICKOLLS (1 bis 2 Fällungen), vgl. S. 174.

f) Fällung als Hydroxyd nach der Benzoatmethode von KOLTHOFF, STENGER und MOSKOWITZ (1 bis 2 Fällungen), vgl. S. 173.

g) Fällung als Hydroxyd nach der Ammoniumcarbonatmethode (1 bis 2 Fällungen), vgl. S. 177.

h) Fällung als Hydroxyd nach dem Acetatverfahren (anschließend Fällung mit Ammoniak), vgl. S. 170.

i) Fällung als Oxyd durch mäßiges Erhitzen der Nitrate nach DEVILLE, nach FRESENIUS sowie nach CHARRIOU, vgl. S. 215 und 216.

Weniger geeignet:

j) Fällung als Hydroxyd mit Ammoniak (2 Fällungen), vgl. S. 129.

k) Fällung als Hydroxyd mit Hexamethylentetramin nach KOLLO und GEORGIAN, vgl. S. 152.

l) Fällung als Hydroxyd mit Quecksilberamidochlorid nach SOLAJA, vgl. S. 154.

Als Vortrennung geeignet:

m) Fällung als Hydroxyd nach dem Ammoniumsulfidverfahren, vgl. S. 174.

Wahrscheinlich verwendbar, aber noch nicht ausgearbeitet:

n) Fällung als Cupferronkomplex aus schwach saurer Lösung, vgl. S. 297.

2. Trennung durch Abscheidung des Calciums. a) Als Oxalat in Gegenwart von Citrat (bei nicht zu großen Mengen Aluminium und Eisen), vgl. S. 471.

Weitere Möglichkeiten s. im Kapitel „Calcium".

III. Trennung des Aluminiums von Barium. *1. Trennung durch Abscheidung bzw. sonstige Erfassung des Aluminiums.* a) Fällung als Hydroxyd nach dem Harnstoff-Succinat-Verfahren von WILLARD und TANG, vgl. S. 148.

b) Fällung als Oxinat aus schwach saurer Lösung nach BERG, vgl. S. 281.

c) Spektralanalytische Bestimmung kleiner Mengen Aluminium.

2. Trennung durch Abscheidung des Bariums. a) Fällung als Bariumsulfat aus saurer Lösung.

b) Fällung als Bariumchromat aus saurer Lösung.

IV. Trennung des Aluminiums von Natrium und Kalium. *1. Trennung durch Abscheidung bzw. sonstige Erfassung des Aluminiums. Empfehlenswert:* a) Fällung als Oxinat aus schwach saurer Lösung nach BERG, vgl. S. 281.

Ferner geeignet:

b) Fällung als Phosphat, vgl. S. 226.

c) Fällung als Hydroxyd mit Quecksilberoxyd nach VOLHARD, vgl. S. 202.

Wenig geeignet:

d) Fällung als Hydroxyd mit Ammoniak (2 Fällungen), vgl. S. 129.

e) Fällung als Hydroxyd nach der Acetatmethode (anschließend Fällung mit Ammoniak), vgl. S. 169.

f) Fällung als Hydroxyd nach dem Hydrazinverfahren (2 Fällungen), vgl. S. 158 und 187.

Als Vortrennung geeignet (insbesondere bei viel Aluminium).

g) Fällung als Hydroxyd mit Ammoniumsulfid, vgl. S. 174.

h) Fällung als Hydroxyd mit Ammoniumcarbonat nach SCHAFFGOTSCH, vgl. die Kapitel „Natrium" und „Kalium".

i) Fällung als Aluminiumchloridhydrat nach SCHÜRMANN und SCHOB und nach STEINHÄUSER, vgl. S. 235 und 236.

j) Fällung als Oxyd durch mäßiges Erhitzen der Nitrate nach DEVILLE, nach FRESENIUS sowie nach CHARRIOU, vgl. S. 216.

2. Trennung durch Abscheidung des Natriums bzw. Kaliums. Vgl. die Kapitel „Natrium" und „Kalium".

V. Trennung des Aluminiums von Lithium. *Trennung durch Abscheidung bzw. sonstige Erfassung des Aluminiums. Empfehlenswert:* a) Fällung als Oxinat aus schwach saurer Lösung nach BERG, vgl. S. 281.

Wenig geeignet:

b) Fällung als Hydroxyd nach dem Acetatverfahren (anschließend Fällung mit Ammoniak), vgl. S. 169.

Ungeeignet:

c) Fällung als Hydroxyd mit Ammoniak (mehr als 3 Fällungen), vgl. S. 129.

E. Trennung des Aluminiums von Anionen.

I. Trennung des Aluminiums von Phosphat. *1. Trennung durch Abscheidung bzw. sonstige Erfassung des Aluminiums. Empfehlenswert:* a) Fällung als Oxinat aus schwach natronalkalischer Lösung nach BALANESCU und MOTZOC, vgl. S. 288.

b) Fällung als Oxinat aus ammoniakalischer Lösung nach LUNDELL und KNOWLES, vgl. S. 287.

c) Fällung als Oxinat aus ammoniakalischer, tartrathaltiger Lösung nach BERG, sowie nach JSHIMARU, vgl. S. 287.

Als Vortrennung geeignet:

d) Fällung als Chloridhydrat aus stark salzsaurer Lösung nach GOOCH und HAVENS, vgl. S. 234).

Wahrscheinlich geeignet, jedoch nicht genauer durchgearbeitet:

e) Spektralanalytische Bestimmung, vgl. S. 350ff.

f) Abscheidung als Tanninkomplex aus ammoniakalischer tartrathaltiger Lösung, vgl. S. 301.

2. Trennung durch Abscheidung bzw. sonstige Erfassung des Phosphats. Empfehlenswert: a) Fällung als Phosphormolybdat aus saurer Lösung nach TELETOFF und ANDRONIKOWA, vgl. S. 413.

b) Fällung als Bariumphosphat aus alkalischer Lösung nach TELETOFF und ANDRONIKOWA, vgl. S. 454.

Ferner geeignet:

c) Fällung als Magnesiumammoniumphosphat aus ammoniakalischer Lösung in Gegenwart von Citrat nach H. und W. BILTZ, vgl. S. 467.

d) Fällung als Magnesiumammoniumphosphat aus ammoniakalischer Lösung nach MOSER und BRUKL, vgl. S. 466.

Weitere Trennungen s. im Kapitel „Phosphor".

II. Trennung des Aluminiums von Arsenat. S. unter Trennung des Aluminiums von Arsen, S. 370.

III. Trennung des Aluminiums von Silicat. *1. Trennung durch Abscheidung bzw. sonstige Erfassung des Aluminiums.* Bei der Abscheidung des Aluminiums als Hydroxyd wird Silicat mitgefällt.

Sehr gut geeignet:

a) Bromometrische Erfassung des Aluminiumoxinats in Gegenwart allenfalls mit abgeschiedener Kieselsäure nach Fällung in schwach essigsaurer oder schwach alkalischer Lösung, vgl. S. 268 und 272.

Anwendbar:

b) Spektralanalytische Bestimmung, vgl. S. 350.

2. Trennung durch Abscheidung bzw. sonstige Erfassung der Kieselsäure. a) Abscheidung als Siliciumdioxyd mit Salz- oder Salpetersäure, vgl. S. 404.

b) Abscheidung als Siliciumdioxyd mit Perchlorsäure nach TREADWELL, vgl. S. 406.

c) Abscheidung als Siliciumdioxyd mit Schwefelsäure oder durch Pyrosulfatschmelze, vgl. S. 406.

d) Colorimetrische Bestimmung als Silicomolybdat (vgl. das Kapitel „Silicium").

IV. Trennung des Aluminiums von Boraten. *1. Trennung durch Abscheidung bzw. sonstige Erfassung des Aluminiums.* a) Fällung als Oxinat aus ammoniakalischer Lösung nach LUNDELL und KNOWLES, vgl. S. 290.

b) Fällung als Oxinat aus schwach natronalkalischer Lösung nach BALANESCU und MOTZOC (vgl. auch POPE sowie GOTÔ (b) vgl. S. 288.

Wahrscheinlich geeignet, jedoch noch nicht genauer untersucht: Spektralanalytische Bestimmung.

2. Trennung durch Abscheidung bzw. sonstige Erfassung des Bors. S. im Kapitel „Bor".

V. Trennung des Aluminiums von (löslichen) Fluoriden. *1. Trennung durch Abscheidung bzw. sonstige Erfassung des Aluminiums.* Bei der Abscheidung als Hydroxyd wird Aluminiumfluorid mitgefällt.

Empfehlenswert: a) Fällung als Oxinat aus ammoniakalischer Lösung nach LUNDELL und KNOWLES, vgl. S. 290.

b) Fällung als Oxinat aus schwach essigsaurer, borathaltiger Lösung nach WASILJEW, vgl. S. 291.

2. Bezüglich Abscheidung bzw. Erfassung des Fluors s. im Kapitel „Fluor".

VI. Trennung des Aluminiums von Chromat, Molybdat, Vanadat, Wolframat, Tantalat, Niobat. Vgl. § 15, B und C.

VII. Trennung des Aluminiums von (Oxalat und) Tartrat. *Trennung durch Abscheidung des Aluminiums.* a) Fällung als Oxinat aus schwach ammoniakalischer Lösung nach R. BERG, vgl. S. 262, oder in schwach essigsaurer Lösung nach KNOWLES, vgl, S. 258.

b) Fällung als Tanninkomplex aus schwach alkalischer Lösung nach SCHOELLER und WEBB, vgl. S. 302.

§ 15. Trennung in saurer Lösung.

A. Sulfidtrennungen.

I. Trennung von den Metallen der Schwefelwasserstoffgruppe.

Aus saurer Lösung werden durch Schwefelwasserstoff die Metalle der Schwefelwasserstoffgruppe gefällt und können so vom Aluminium quantitativ getrennt werden. Die Trennung der Schwermetalle vom Aluminium mit Schwefelwasserstoff in saurer Lösung wird angewendet, wenn es sich darum handelt, *mehrere* Metalle der Schwefelwasserstoffgruppe abzutrennen. Bei der Abtrennung von einzelnen Metallen dieser Gruppe werden meist bequemere Methoden benutzt. So wird man z. B. Silber als Chlorid, Blei als Sulfat, Zinn durch Behandlung mit Salpetersäure als Zinnsäure, und Wismut als Oxychlorid abscheiden. Kupfer und Blei können z. B. durch Elektrolyse aus saurer Lösung quantitativ abgeschieden werden.

Sind neben Aluminium außerdem noch Metalle der Ammoniumsulfidgruppe zugegen, so muß die Lösung freie Mineralsäure enthalten, da sonst Zink und unter Umständen auch Kobalt und Nickel mit niedergeschlagen werden. Dabei ist jedoch zu bemerken, daß sich Zink bei einer sehr geringen Konzentration an freier Schwefelsäure quantitativ abscheidet und daher leicht mit den Metallen der Schwefelwasserstoffgruppe, namentlich mit Kupfer, gemeinsam ausfällt. Ist jedoch genügend Mineralsäure vorhanden, so wird kein Zinksulfid abgeschieden.

Überhaupt spielt bei den Schwefelwasserstoffällungen die Säurekonzentration eine ausschlaggebende Rolle. So ist nach den Angaben von H. und W. BILTZ (a) bei Quecksilber, Wismut, Arsen eine Konzentration von 3% an Salzsäure und darüber statthaft. Kupfer, Blei und Antimon werden gewöhnlich in Lösungen mit etwa 1,2 bis 2% Salzsäure gefällt. Bei einer sehr geringen Konzentration an Schwefelsäure ist Zink quantitativ fällbar und kann z. B. von Aluminium und Nickel getrennt werden. Daher wird in schwach saurer Lösung, z. B. bei der Trennung des Kupfers vom Zink, etwas Zink vom Kupfersulfid mitgerissen. Das sicherste Mittel zur Vermeidung von Fehlern bei den Trennungen mit Schwefelwasserstoff ist Wiederholung der Fällung.

Abtrennung von Molybdän. Die Schwefelwasserstoffällungen werden meist in salzsaurer Lösung ausgeführt. Manche Elemente fallen leichter in schwefelsaurer Lösung aus wie z. B. Platin und Molybdän. Starke Salpetersäure ist zu vermeiden, jedoch können verdünntere Lösungen von etwa 4 Vol.-% auch heiß verwendet werden.

Molybdän wird zusammen mit den Metallen der Schwefelwasserstoffgruppe mit Schwefelwasserstoff in schwefelsaurer Lösung gefällt. Ist gleichzeitig Wolfram oder Vanadin zugegen, so wird die Trennung am besten in Gegenwart von Weinsäure ausgeführt, die mit diesen beiden Elementen stabile Komplexverbindungen bildet (vgl. HILLEBRAND und LUNDELL). Als Waschflüssigkeit wird verdünnte Schwefelsäure (1:99) verwendet, der bei Gegenwart von Wolfram und Vanadin 20 g Weinsäure pro Liter zugesetzt sind. Nach MOSER und BEHR fallen die Resultate für Molybdän bei der Trennung des Molybdäns vom Aluminium mit Schwefelwasserstoff unter Druck an Schwefelsäure 0,5 n Lösung etwas zu hoch aus. Die Lösung muß mindestens 1 n an Schwefelsäure sein. Die Resultate sind dann auch bei einem großen Aluminiumüberschuß sehr gut.

Genauigkeit nach Analysen von MOSER und BEHR bei Trennung in Lösungen, die 1 n an Schwefelsäure sind. Bei Anwendung von 169 mg MoO_3 und 321 mg Al_2O_3 wurden bei zwei Analysen Differenzen von —0,1 und + 0,4 mg MoO_3 sowie —0,4 und + 0,6 mg Al_2O_3 gefunden. Zwei Analysen unter Anwendung von 169 mg MoO_3 und 1605 mg Al_2O_3 ergaben Differenzen von ± 0,0 und + 0,5 mg MoO_3 sowie —2,0 und + 2,2 mg Al_2O_3.

II. Trennung von den Metallen der Ammoniumsulfidgruppe.

Trennung von Zink nach der Sulfidmethode. **Vorbemerkung.** Die Anwendung der Bariumcarbonatmethode zur quantitativen Trennung des Aluminiums von Zink (vgl. S. 181) wird von vielen Autoren nicht als vollwertig angesehen, da sich die Fällungsgebiete, nämlich für Aluminiumhydroxyd der p_H-Bereich zwischen 3,6 und 6,4 und für Zinkhydroxyd der p_H-Bereich zwischen 5,2 und 7, stark überschneiden (vgl. BRITTON, ferner DANIEL sowie FRERS). Zum Natriumacetatverfahren bemerkt TREADWELL, daß die Abscheidung des Aluminiums meistens nicht vollkommen ist, während H. u. W. BILTZ (b) angeben, daß zuweilen eine vollkommene Trennung des Aluminiums von den zweiwertigen Metallen der Schwefelammoniumgruppe erst nach mehrmaliger Fällung möglich ist. Bei Verwendung anderer organischer Säuren anstatt der Essigsäure, wie z. B. Bernsteinsäure, für die Hydrolyse ergeben sich keinerlei Vorteile. Bei der Trennung des Aluminiums und Zinks mit Ammoniak bei Gegenwart von Hydroxylamin und Ammoniumchlorid nach JANNASCH ist nach FRIEDHEIM und HASENCLEVER kein zinkfreies Aluminiumhydroxyd zu erhalten, da der Hydroxylaminkomplex des Zinks offenbar nicht stark genug ist, um das Fällungsgebiet soweit nach der alkalischen Seite zu verschieben, daß die starke Überdeckung der Fällungsgebiete aufgehoben werden könnte. Dieselben Bedenken bestehen bei den Trennungsmethoden mit Ammoniak oder Ammoniumcarbonat in Gegenwart von Ammoniumchlorid für die Trennung des Aluminiums von Zink.

Als vorteilhafter haben sich die Verfahren erwiesen, bei denen das Zink primär aus schwach saurer Lösung mit Schwefelwasserstoff abgeschieden wird, während das Aluminium in Lösung bleibt.

Aus einer neutralen Lösung eines mineralsauren Zinksalzes wird das Zink durch Schwefelwasserstoff nicht quantitativ gefällt, da die Gleichung

$$ZnCl_2 + H_2S \rightleftharpoons ZnS + 2\,HCl$$

eine reziproke ist und mit der Zunahme des sich ausscheidenden Zinksulfids eine Anhäufung von Wasserstoff-Ionen stattfindet. Daher ist die Ausfällung nicht vollständig. Sie kann quantitativ werden, wenn die Anhäufung der Wasserstoff-Ionen verhindert wird, was durch Ersatz der beim Einleiten von Schwefelwasserstoff entstehenden freien Mineralsäure durch eine schwache Säure erreicht werden kann, die nur wenig dissoziiert ist und daher eine Lösung mit wenig Wasserstoff-Ionen liefert (vgl. BRUNER und ZAWADZKI). Der erforderliche Säuregrad wird z. B. mittels Puffermischungen organischer Säuren und ihrer Salze, oder durch Zurückdrängung der Dissoziation mit einem Überschuß an Anionen (z. B. von Ammoniumsulfat) eingestellt. Besonders empfehlenswert sind die Methoden, die bei definiertem p_H-Wert ausgeführt werden (Verfahren von JEFFREYS und SWIFT oder von FRERS). Wegen der guten Filtrierbarkeit des Zinksulfids ist die Anwendung der Chloressigsäuremethode (vgl. S. 390) vorteilhaft.

1. Fällung des Zinksulfids in Gegenwart anorganischer Säuren oder Salze.

a) Fällung aus neutraler Chlorid- oder Nitratlösung. Das Verfahren hat heute geringe Bedeutung. Es wurde ursprünglich zur Trennung des Zinks von Nickel, Kobalt und Mangan von SMITH bzw. BRUNNER ausgearbeitet und dann von C. R. FRESENIUS mit geringer Abänderung auf die Trennung des Zinks von Aluminium übertragen.

Arbeitsvorschrift. Man versetzt die Lösung der Chloride oder Nitrate mit Sodalösung, bis sie fast neutral ist und leitet in diese kalte Lösung Schwefelwasserstoff. Der Flüssigkeit werden dann einige Tropfen verdünnte Natriumacetatlösung zugesetzt, worauf abermals Schwefelwasserstoff eingeleitet wird. Man läßt dann 10 bis 12 Std. bei gewöhnlicher Temperatur stehen, filtriert, wäscht mit Schwefelwasserstoffwasser, das auf 100 cm^3 2 g Ammoniumsalz enthält und bestimmt das Zink als Oxyd oder Sulfid.

b) Fällung in Gegenwart von Ammoniumrhodanid nach **ZIMMERMANN.** Auch dieses Verfahren hat heute nur historisches Interesse, obwohl es an und für sich etwas größere Sicherheit bietet als Verfahren a). Man versetzt die fast neutrale Lösung der Metallchloride mit einem Überschuß von Ammoniumrhodanid und führt die Fällung des Zinksulfids bei 70° mit Schwefelwasserstoff aus, wobei das Ammoniumrhodanid, wie ZIMMERMANN annimmt, in der Hauptsache aussalzend wirkt.

c) Fällung aus Sulfat-Bisulfat-Lösung bei definiertem p_H-Wert nach **JEFFREYS *und* SWIFT. Vorbemerkung.** Nach den Versuchen von JEFFREYS und SWIFT über die Fällung des Zinksulfids aus durch Sulfat-Bisulfat gepufferten Lösungen ist anzunehmen, daß die Wasserstoff-Ionen-Konzentration der wesentliche Faktor ist, der sowohl die Form als auch die Löslichkeit des Niederschlages bestimmt. Die Fällung des Zinksulfides erfolgt am besten in einer Na_2SO_4-$NaHSO_4$-Pufferlösung (3:1) vom p_H-Wert von 1,78. Bei einem Anfangs-p_H-Wert der Lösung von 1,8 und dem End-p_H-Wert von 1,6 bleiben von 257 mg Zink in 250 cm^3 weniger als 0,25 mg Zink unausgefällt. Der p_H-Wert ist vorhanden, wenn diese Lösung 22 Millimol Natriumbisulfat und 66 Millimol Natriumsulfat enthält. Hohe Chlor-Ionen-Konzentration erhöht die Löslichkeit des Zinksulfids.

Arbeitsvorschrift. Zu der chloridfreien Lösung der Sulfate setzt man Natrium- oder Ammoniumsulfat und -bisulfat (oder Schwefelsäure) zu, bis das Verhältnis von Bisulfat zu Sulfat annähernd 1:3 und die Gesamtkonzentration an Sulfat und Bisulfat etwa 0,35 mol ist. Bei Lösungen, die Zinksulfat und einen unbekannten Überschuß an Schwefelsäure enthalten, neutralisiert man mit 1 n Natronlauge unter Anwendung von Methylorange als Indicator, und gibt dann die geeigneten Mengen Sulfat und Bisulfat zu. Vor dem Neutralisieren reduziert man Ferrisalze mit Schwefeldioxyd und vertreibt den Überschuß an Schwefeldioxyd. Bei großen Mengen von Aluminium und anderen von Zink zu trennenden Elementen muß die ungefähre Menge der an sie gebundenen Schwefelsäure berücksichtigt werden. Flüchtige Säuren können durch mäßiges Abrauchen mit Schwefelsäure entfernt werden.

Man verdünnt die Lösung auf 250 cm^3, erhitzt bis auf 60°, leitet Schwefelwasserstoff ein und setzt das Erhitzen fort, bis die Lösung 90 bis 95° C erreicht. Dann leitet man weiter Schwefelwasserstoff ein, bis sich der Niederschlag schnell absetzt, kühlt ab, sättigt noch einmal mit Schwefelwasserstoff, schließt das Fällungsgefäß und läßt stehen, bis die überstehende Flüssigkeit klar ist. Man filtriert und wäscht den Niederschlag mit 0,01 n Schwefelsäure, die mit Schwefelwasserstoff gesättigt ist.

***d) Fällung aus ammoniumsulfathaltiger Lösung bei definiertem p_H-Wert nach* Frers.** **Vorbemerkung.** Frers führt die Fällung des Zinks mit Schwefelwasserstoff und seine gleichzeitige Trennung von Aluminium in Gegenwart von Ammoniumsulfat in schwach schwefelsaurer Lösung aus. Danach sind die günstigsten Bedingungen Verwendung definierter Wasserstoff-Ionen-Konzentration und Erhöhung des Schwefelwasserstoffdruckes. Die Trennung des Zinks von Aluminium beruht darauf, daß Zinksulfid zwischen $p_H = 2$ und 3, Aluminiumhydroxyd dagegen zwischen $p_H = 3$ und 7 ausfällt. Durch Zusatz von Tropäolin 00 vom Titerexponenten $p_T = 2{,}8$ stellt man auf diesen p_H-Wert ein.

Die Pufferwirkung der bei diesem sogenannten Ammoniumsulfatverfahren zugesetzten Ammoniumsulfatmenge genügt, die schädliche Wirkung bei der Fällung freiwerdender Säure, z. B. die der Salzsäure, aufzuheben, wenn die freiwerdende Säuremenge, z. B. der Chloridgehalt, nicht allzugroß ist. Falls die Lösung nicht mehr Chlorid enthält, als dem Zink und Aluminium entspricht, braucht man nicht erst in die Sulfate überzuführen.

Arbeitsvorschrift. Ein aliquoter Teil der Lösung, der höchstens 0,5 g Zink enthalten soll, wird auf 400 cm³ aufgefüllt, nachdem man so viel Ammoniumsulfat zugesetzt hat, daß die Lösung nach dem Verdünnen etwa 4% Ammoniumsulfat enthält. Man setzt der Lösung etwa 20 Tropfen Tropäolin 00 zu. Fals die Lösung sauer reagiert, gibt man tropfenweise verdünntes Ammoniak zu, bis die Lösung die Vergleichsfarbe des Waschwassers zeigt. Das Waschwasser wird folgendermaßen hergestellt: Zu 400 cm³ 4%iger Ammoniumsulfatlösung setzt man etwa 20 Tropfen Tropäolin 00 und darauf tropfenweise verdünnte Schwefelsäure, bis eben nur Farbänderung sichtbar ist. Dies ist die Vergleichslösung. Das Waschen des Zinksulfidniederschlages geschieht mit dieser heißen, mit Schwefelwasserstoff gesättigten Lösung. Reagiert die ursprüngliche Zink und Aluminium enthaltende Lösung alkalisch, so stellt man mit verdünnter Schwefelsäure auf die Vergleichsfarbe des Waschwassers ein.

Die so vorbereitete Lösung, der die Hälfte eines fein zerfaserten 11 cm-Filters zugegeben worden ist, erhitzt man zum Sieden und leitet dann während der Abkühlung unter häufigem Umrühren während der ersten 10 Min. einen sehr lebhaften, während weiterer 30 Min. einen etwas schwächeren Strom von Schwefelwasserstoff ein. Das Zinksulfid wird darauf auf ein 11 cm-Blaubandfilter abfiltriert und unter Aufwirbelung des Niederschlages durch 4- bis 5maliges Auffüllen des Filters mit der heißen Waschflüssigkeit gewaschen. Das Filter läßt man zweckmäßig vor dem Gebrauch im Trichter 1 Std. lang mit destilliertem Wasser gefüllt stehen; dann kommt ein Durchlaufen des Niederschlages nicht vor. Filter und Niederschag werden in einem glasierten Porzellantiegel unter reichlichem Luftzutritt verascht. Der Tiegel wird darauf mit einem glasierten, durchlochten Deckel und einem Gaseinleitungsrohr versehen, im Schwefelwasserstoffstrom 10 Min. bei schwacher Rotglut des Bodens geglüht und 5 Min. im Schwefelwasserstoffstrom erkalten gelassen.

Die *Bestimmung* des Aluminiums im Filtrat geschieht durch Fällung mit Ammoniak oder mit Natriumthiosulfat. Die alte Methode von Chancel bewährt sich in folgender Ausführungsform: Das Filtrat wird soweit verdünnt, daß es in 200 cm³ höchstens eine 0,1 g Aluminiumoxyd entsprechende Menge Aluminium enthält. Dann gibt man für je 100 cm³ Lösung eine Lösung von 1 g Natriumthiosulfat zu, kocht 2 Min. und fügt etwa 30 Tropfen Phenolrot und dann unter Umrühren tropfenweise Ammoniak bis zur Rötung zu. Dann wird nochmals 1 Min. aufgekocht und auf ein 15 cm-Filter abfiltriert. Der Niederschlag wird, je nach dem Fremdsalzgehalt 5- bis 10mal durch Füllen des Filters unter Aufwirbelung des Niederschlages gewaschen. Als Waschflüssigkeit dient heiße 2%ige Ammoniumchloridlösung, die gegen Phenolrot mit Ammoniak alkalisch gemacht wurde. Die Waschflüssigkeit selbst wird nicht mit dem Indicator versetzt, sondern die Reaktion wird durch Spritzen von etwas Waschflüssigkeit auf ein Uhrglas mit Indicatorlösung festgestellt. Man vermeidet so die Adsorption größerer Mengen Indicator durch den Niederschlag. Dann wird der Niederschlag verascht und je 10 Min. bei 1200° zur Konstanz geglüht. Der Tiegel bleibt 1 Std. offen im Exsiccator und 10 Min. offen auf der Waage stehen und wird dann gewogen. Der Vorteil der Thiosulfatfällung gegenüber der Fällung mit Ammoniak besteht in einer geringen Verkürzung der Filtrations- und Auswaschdauer, da der Niederschlag infolge des Schwefelgehaltes lockerer ist und sich daher besser auswaschen läßt.

Genauigkeit. Bei Anwendung von Aluminium- und Zinkmengen in verschiedenem Verhältnis entsprechend berechneter Mengen von 116,3 bis 381,0 mg Al_2O_3 und 175,5 bis 376,8 mg ZnS wurden von FRERS bei 12 Analysen Differenzen von $-0{,}04$ bis $+0{,}39$ mg Al_2O_3 und $-0{,}34$ bis $+0{,}24$ mg ZnS gefunden.

***e) Fällung aus ammoniumsulfathaltiger Lösung nach* MAJDEL. Arbeitsvorschrift.** MAJDEL gibt für die Ausfällung des Zinks aus schwefelsaurer Lösung mit Schwefelwasserstoff und seine Trennung von den Elementen der Schwefelammoniumgruppe (Aluminium, Eisen, Chrom, Mangan, Nickel und Kobalt) folgende Vorschrift, die an sich gegenüber der Vorschrift von FRERS nichts wesentlich Neues bietet. Die Einwage darf nicht mehr als 0,3 g Zink enthalten. Das fein gepulverte Material wird in 20 cm³ Salpetersäure oder Königswasser gelöst. Wenn Silicate des Zinks vorhanden sind, so müssen sie mit Flußsäure und Schwefelsäure in einer Platinschale abgeraucht werden. Nach dem Auflösen wird auf dem Wasserbad zur Trockne verdampft und Kieselsäure und Gangart werden auf bekannte Weise abgeschieden. Zum Abdampfrückstand oder zum Filtrat von Kieselsäure und Gangart gibt man 5 bis 7 cm³ Schwefelsäure (1:1) und sulfatisiert, d. h. raucht ab, bis Schwefelsäuredämpfe weggehen. Nach dem Abkühlen verdünnt man mit genau 50 cm³ Wasser, erhitzt, fällt die Elemente der Arsen- und Kupfergruppe mit Schwefelwasserstoff und filtriert. Gewaschen wird mit Schwefelwasserstoffwasser, welches auf 100 cm³ 5 cm³ konzentrierte Schwefelsäure enthält. Das Filtrat wird nach dem Verkochen des Schwefelwasserstoffes in der Kälte genau neutralisiert, zuerst mit Ammoniak (1:1) und schließlich tropfenweise mit stark verdünntem Ammoniak (2 oder 1 n) entweder bis zur ersten bleibenden Trübung oder bis zum Umschlag ins Violette auf Kongopapier. Wenn die Säurekonzentration vor dem Neutralisieren gering war, muß eine solche Menge Ammoniumsulfat zugegeben werden, daß in der Lösung wenigstens 3 g Ammoniumsulfat vorhanden sind. Jetzt werden 8 cm³ 0,5 n Schwefelsäure aus einer Meßpipette zugefügt; man verdampft oder verdünnt auf 300 cm³, erwärmt auf 70° und leitet $^1/_2$ Std. einen schnellen Strom von Schwefelwasserstoff ein (etwa zwei Blasen in der Sekunde). Nach dem Erkalten läßt man den Niederschlag bei Zimmertemperatur mindestens 1 Std. lang absitzen, filtriert und wäscht mit einer Waschflüssigkeit aus, die auf 100 cm³ 1 g Ammoniumsulfat enthält und mit Schwefelwasserstoff gesättigt ist.

Bei Abwesenheit der Arsen- und Kupfergruppe unterbleibt die erste Schwefelwasserstoff-Fällung und die Menge der Schwefelsäure bei der Sulfatisierung kann geringer sein.

Genauigkeit. Bei der Trennung des Aluminiums von Zink wurden aus einer Lösung, die 1 g Kaliumalaun ($KAl(SO_4)_2 \cdot 12\,H_2O$) und eine Zinkmenge entsprechend 0,2946 g ZnS enthielt, 0,2943 g ZnS gefunden.

***f) Fällung aus ammoniumsulfathaltiger Lösung unter Zusatz von Kolloiden nach* CALDWELL *und* MOYER *u. a.* Vorbemerkung.** Die Verbesserung der Beschaffenheit des Zinksulfidniederschlages, namentlich bei Abscheidung größerer Zinkmengen, läßt sich nach BORNEMANN durch gleichzeitige Abscheidung von kolloidalem Schwefel oder nach MURMANN sowie nach H. und W. BILTZ (c) durch Zusatz von Quecksilberchlorid gegen Ende der Fällung erreichen. Nach CALDWELL und MOYER übt die Gegenwart gewisser hydrophiler Kolloide und einiger organischer Verbindungen einen starken Einfluß auf die physikalische Natur der Niederschläge aus, wodurch zugleich die Trennungsmöglichkeiten in gewissen Fällen verbessert werden können. So besitzen hydrophile Schutzkolloide wie *Agar-Agar*, *Gummi arabicum*, *Eiereiweiß* usw. eine ausflockende Wirkung auf die Zinksulfidniederschläge, indem sie eine Herabsetzung der Konzentration des auf der Oberfläche der Zinksulfidteilchen adsorbierten Schwefelwasserstoffes bewirken. Organische Verbindungen, wie *Aldehyde* usw., von denen Acrolein besonders wirksam ist, werden von der Oberfläche der Teilchen adsorbiert und reagieren mit dem adsorbierten Schwefelwasserstoff. Ihr Zusatz hat sich daher bei Trennungen für die Verhinderung der Nachfällung des in Lösung zu haltenden Sulfides als besonders günstig erwiesen (BRENNECKE). So ist es nach CALDWELL und MOYER möglich, Zink und Kobalt durch eine Fällung zu trennen.

Arbeitsvorschrift nach Caldwell und Moyer. Die chloridfreie Lösung, die etwa 0,25 g Zink und 6 bis 8 g Ammoniumsulfat enthält, wird auf 250 bis 300 cm^3 verdünnt und gegen Methylorange gerade sauer gemacht. Man leitet 30 Min. lang bei Zimmertemperatur einen lebhaften Strom von Schwefelwasserstoff ein, gibt 5 bis 10 cm^3 einer 0,02%igen Lösung von Gelatine unter gutem Umrühren hinzu und läßt den Niederschlag absitzen. Für diesen Zweck verwendet man eine Gelatine, die möglichst wenig Asche (unter 0,1% Asche) enthält. Wenige Tropfen Wintergrünöl machen eine verdünnte Lösung für einige Monate haltbar. Nach Zusatz der Gelatine tritt augenblicklich vollständige Ausflockung des kolloidalen Niederschlages ein; wenn 10 bis 20 mg Gelatine zugefügt werden, sind die Flocken des Niederschlages so groß, daß sie zusammenbacken und die Filtration verzögern. Nach 15 Min. ist die überstehende Flüssigkeit klar und kann vom Niederschlag dekantiert werden. Der Niederschlag wird durch Dekantieren mit destilliertem Wasser gewaschen. Bei Anwendung eines Blaubandfilters von Schleicher & Schüll werden klare Filtrate erhalten. Wenn Eisen zugegen ist, verwendet man als Waschwasser Schwefelwasserstoffwasser, um das Eisen in reduziertem Zustande zu erhalten.

Statt 0,5 bis 2 mg Gelatine können auch 2 bis 5 mg Agar-Agar zugesetzt werden, um eine augenblickliche und vollständige Ausflockung von 300 mg Zinksulfid in 300 cm^3 Lösung bei Zimmertemperatur zu erhalten. Auf diese Weise kann Zink von Aluminium, Nickel, Mangan, Chrom und Eisen getrennt werden.

Genauigkeit. Bei Fällung aus einem Volumen von 250 bis 300 cm^3 Lösung, die 6 bis 8 g Ammoniumsulfat, eine Zinkmenge entsprechend 0,3160 g ZnO und 0,25 g Aluminium enthielten, fanden Caldwell und Moyer im Zinksulfidniederschlag weniger als 0,1 mg Aluminium.

2. Fällung des Zinksulfids in Gegenwart organischer Säuren und Salze.

a) Fällung aus ameisensaurer Lösung. **Vorbemerkung.** Hampe bewirkt die Zinkfällung mit Schwefelwasserstoff aus heißer, mit Ameisensäure und Ammoniumformiat gepufferter Lösung. Funk gibt an, daß das Zinksulfid in stark mit Natriumacetat und Natriumformiat gepufferten Lösungen sehr schleimig ausfällt. Die günstigste Wasserstoff-Ionen-Konzentration, bei der ein schnell filtrierbarer, körniger, leicht auswaschbarer Niederschlag erhalten wird, liegt nach Fales und Ware zwischen $p_H = 2$ und $p_H = 3$.

Derselbe p_H-Wert ist auch einzuhalten, wenn man aus ammoniumcitrathaltiger Lösung oder aus einer Lösung fällt, die im Liter 30 cm^3 Ammoniak (15 Mol), 200 cm^3 Ameisensäure (23,6 Mol) und 250 g Ammoniumsulfat enthält. Ammoniumcitrat wird zugesetzt, um Metalle wie Eisen, Aluminium und Mangen durch Komplexbildung in Lösung zu halten. Der Nachteil der Verwendung eines Citratzusatzes besteht darin, daß Aluminium im Filtrat nur nach umständlicher Zerstörung des Citrats bestimmt werden kann.

Als weitere Bedingung für die Ausfällung körnigen Zinksulfids sind Verwendung einer starken Konzentration eines Ammoniumsalzes mit starker Säure sowie Verwendung von je 100 cm^3 Lösung auf 0,1 g Zink und Innehaltung einer Temperatur von 95 bis 100° C angegeben.

Arbeitsvorschrift. Die von den Metallen der Schwefelwasserstoffgruppe befreite Lösung wird auf 125 cm^3 eingeengt und mit Ammoniak versetzt, bis der zuerst entstehende Niederschlag nicht mehr in Lösung geht. Man fügt 25 cm^3 Ammoniumcitratlösung zu und macht mit Ammoniak gegen Methylorange neutral. Alsdann fügt man 25 cm^3 des oben angegebenen Ameisensäuregemisches zu und verdünnt auf 200 cm^3. Man erwärmt auf 60°, verdrängt die Luft durch Schwefelwasserstoff und sättigt damit bei 90 bis 100°. Der Niederschlag wird mit 0,1 mol Ameisensäure (4 cm^3 23,6 mol Säure im Liter Wasser) gewaschen.

b) Chloressigsäureverfahren nach Mayr. **Vorbemerkung.** Mayr verwendet für die Bestimmung und Trennung des Zinks von Aluminium als Zinksulfid einen Chloressigsäure-Acetatpuffer, und zwar bei einem p_H-Wert von 2,6. Der

Niederschlag ist körnig und leicht filtrierbar. Auf diese Weise läßt sich Zink von Aluminium, Chrom, Uran, Eisen, Mangan, Arsen und Kobalt trennen.

Arbeitsvorschrift. Lösungen von dem optimalen p_H-Wert 2,6 bis 2,7 erhält man nach folgender Vorschrift: Man bereitet sich für die Herstellung des Puffers zwei Lösungen vor, und zwar eine 2 n Chloressigsäurelösung durch Auflösen von 190 g krystallisierter Chloressigsäure mit destilliertem Wasser auf 1 l und eine 1 n Natriumacetatlösung durch Auflösen von 136 g krystallisiertem Natriumacetat auf 1 l.

Die Lösung, die am besten Chloride oder Nitrate enthält, befreit man durch Eindampfen zur Trockne von der überschüssigen Säuremenge, nimmt den Rückstand mit 10 bis 20 cm³ Wasser auf und versetzt die Lösung tropfenweise mit 2 n Sodalösung, bis eine bleibende Trübung entsteht (gegebenenfalls Verwendung von Methylrot als Indicator). Man setzt nun 10 cm³ Chloressigsäurelösung zu und schüttelt um; nachdem wieder vollkommene Kläsung eingetreten ist, fügt man 10 cm³ Natriumacetatlösung zu, verdünnt mit heißem Wasser auf 150 cm³ und leitet 10 bis 15 Min. lang einen kräftigen Strom von Schwefelwasserstoff ein. Nach 10 bis 20 Min. langem Stehen setzt sich der Niederschlag schön weiß und körnig zu Boden und kann in einen gewogenen Porzellanfiltertiegel gebracht werden.

Als Waschflüssigkeit bei der Trennung des Zinks vom Aluminium und den anderen Metallen der Schwefelammoniumgruppe verwendet man eine Lösung von je 10 cm³ obiger Chloressigsäure- und Natriumacetatlösung in 150 cm³ destilliertem Wasser, die in der Kälte mit Schwefelwasserstoff gesättigt ist. Nach 4maligem Auswaschen mit dieser Waschflüssigkeit wäscht man ebenso oft mit 4%iger, mit Schwefelwasserstoff gesättigter Essigsäure zwecks Entfernung des vorhandenen Natriumacetats nach.

Um die Chloressigsäure zu entfernen, engt man nach der Abscheidung des Zinksulfides das Filtrat auf dem Wasserbad ein und versetzt die Lösung nach der Entfernung des Schwefelwasserstoffes mit je 10 cm³ gesättigtem Bromwasser und konzentrierter Salzsäure. Nach dem Eindampfen wiederholt man diese Operation mit Bromsalzsäure. Der jetzt erhaltene Trockenrückstand ist frei von Chloressigsäure und die Bestimmung der noch vorhandenen anderen Kationen kann in beliebiger Weise durchgeführt werden.

Genauigkeit. Bei Anwendung von 117,4 mg Zn und 122,5 mg Al fand Mayr nach dieser Methode 117,7 mg Zn und 123,3 mg Al_2O_3.

Literatur.

Biltz, H. u. W. Biltz: Ausführung quantitativer Analysen. Leipzig 1930: (a) S. 69; (b) S. 160; (c) S. 80. — Bornemann, K.: Z. anorg. Ch. **82**, 216 (1913). — Brennecke, E.: „Die Chemische Analyse", Bd. 41: Schwefelwasserstoff als Reagens in der quantitativen Analyse, S. 124. Stuttgart 1939. — Britton, T. S.: Soc. **127**, 2110 (1925); Fr. **76**, 136 (1929). — Bruner, L. u. J. Zawadzki: Anz. Krakau. Akad. **1909**, 267; durch C. **81 I**, 5 (1910). — Brunner, C.: Dingl. J. **150**, 369 (1858); C. **30** (N.F. **4**), 26 (1859).

Caldwell, J. R. u. H. V. Moyer: Am. Soc. **57**, 2372, 2375 (1935). — Chancel, G.: C. r. **46**, 987 (1858); Fr. **3**, 391 (1864).

Daniel, K.: Diss. Erlangen 1894.

Fales, H. A. u. G. M. Ware: Am. Soc. **41**, 487—489 (1919); C. **90 IV**, 992 (1919). — Frers, J. N.: Fr. **95**, 1—36 u. 113—142 (1933). — Fresenius, C. R.: Anleitungen zur quantitativen chemischen Analyse, 6. Aufl., 1. Bd., S. 578. Braunschweig 1875. — Friedheim, C. u. P. Hasenclever: Fr. **44**, 608 (1905). — Funk, B. W.: Fr. **46**, 93 (1907).

Hampe, W.: Ch. Z. **9**, 543 (1885); Fr. **24**, 588 (1885). — Hillebrand, W. F. u. G. E. F. Lundell: Appied. Inorganic. Analysis, S. 247. New York 1929.

Jannasch, P.: J. pr. **72**, 7 (1905); Fr. **80**, 342 (1930). — Jeffreys, C. E. P. u. E. H. Swift: Am. Soc. **54**, 3219 (1932); Fr. **97**, 41 (1934).

Majdel, J.: Fr. **76**, 211 (1929). — Mayr, C.: Fr. **92**, 166—174 (1933). — Moser, L. u. M. Behr: Z. anorg. Ch. **134**, 72 (1924). — Murmann, E.: M. **19**, 19 (1898).

Smith: Vgl. C. Brunner a. a. O.

Treadwell, F. P.: Kurzes Lehrbuch der analytischen Chemie, 11. Aufl., Bd. 2, S. 127. Leipzig u. Wien 1930.

Zimmermann, Cl.: A. **199**, 3 (1879); **204**, 226 (1880); Fr. **20**, 412 (1881).

B. Oxydtrennungen.

I. Trennung des Aluminiums von Mangan durch Abscheidung desselben als Mangandioxydhydrat.

Allgemeines. Zur Trennung des Aluminiums von Mangan sind zahlreiche Verfahren vorgeschlagen worden, die auf der Abscheidung des Aluminiums als Hydroxyd beruhen (vgl. S. 373). Diese Verfahren sind unter Umständen durchaus brauchbar, wenn die Bedingungen so gewählt sind, daß kein Mangan mitgerissen wird. Diese Gefahr wird um so größer, je schleimiger und gallertartiger das gefällte Aluminiumhydroxyd ist. Bei der Mehrzahl der Verfahren ist daher eine doppelte Fällung des Aluminiumhydroxydes nicht zu vermeiden.

Der umgekehrte Weg der Abscheidung des Mangans als Dioxydhydrat aus saurer Lösung, wobei Aluminium in Lösung bleibt, ist vor allem bei Vorhandensein eines Überschusses an Aluminium von Interesse. Grundsätzlich läßt sich Mangandioxydhydrat aus schwach saurer Lösung mit verschiedenen stark oxydierenden Mitteln, wie freien Halogenen, Wasserstoffperoxyd, Chlorat, Persulfat abscheiden. Für die Analyse werden in der Regel nur die beiden letzteren Oxydationsmittel, und zwar Kaliumchlorat in salpetersaurer, Ammoniumpersulfat in schwefelsaurer Lösung verwendet.

Die Kaliumchloratmethode verlangt zur Beseitigung mitgerissenen Kaliums doppelte Fällung, während die Ammoniumpersulfatmethode in der Regel mit einer Fällung auszukommen gestattet. Bekannt ist die Neigung des Mangandioxydhydrates zur Sorption. Zwischen der Chlorat- und Persulfatmethode besteht in dieser Beziehung praktisch kein Unterschied. Die Sorption des Aluminiums ist nach JENSEN jedoch sehr gering.

1. Abscheidung des Mangans nach der Chloratmethode.

***a) Verfahren nach* DUPARC.** Dieses ziemlich langwierige Verfahren sei nur der Vollständigkeit halber angeführt.

Arbeitsvorschrift. Nach DUPARC scheidet man die Kieselsäure mit Salpetersäure ab, konzentriert die salpetersaure Lösung, die keine anderen Säuren enthalten darf, und setzt der Flüssigkeit unter Erwärmen in etwa 8 bis 10 Std. 30 g Kaliumchlorat auf 1 g Mangan in kleinen Portionen zu. Wenn alles Chlorat zugesetzt ist, fährt man mit dem Kochen fort, bis die Flüssigkeit ein Volumen von etwa 25 cm³ erreicht hat. Man verdünnt dann und erwärmt noch 1 Std. Nach der Ausfällung des Mangans wird mit kochendem Wasser verdünnt und noch 1 Std. erwärmt. Der schwarze Niederschlag wird abfiltriert und mit siedendem Wasser, das mit wenig Salpetersäure angesäuert ist, ausgewaschen. Nach dem Auflösen des Niederschlages in Salzsäure wird das Mangan als Manganphosphat gefällt.

***b) Verfahren nach* HILLEBRAND *und* LUNDELL *(a).* Vorbemerkung.** Diese an sich recht gut durchgearbeitete Methode erweist zugleich deutlich den Nachteil des Verfahrens, die umständliche Reinigung und Umfällung des Dioxydhydrates.

Arbeitsvorschrift. Man dampft die Lösung, die keine andere Säure als Salpetersäure enthalten soll, zur Sirupdicke ein und fügt dann 100 cm³ Salpetersäure hinzu. Man kocht einige Minuten und setzt dann 5 g Kaliumchlorat in sehr kleinen Mengen zu. Wenn alles Chlorat zugegeben ist, setzt man das Kochen fort, bis das Volumen auf etwa 25 cm³ eingedampft ist. Man spült Deckglas und Becherwandungen mit Wasser ab, setzt 40 cm³ kaltes Wasser zu und läßt schnell abkühlen. Man filtriert das abgeschiedene Mangandioxydhydrat auf ein dichtes Filter und wäscht mit kaltem salpetersäurehaltigem Wasser aus. Filtrat und Waschwasser prüft man nach der Wismutatmethode auf Mangan.

Zwecks Reinigung des Mangandioxyds führt man Niederschlag und Filter in das Fällungsgefäß über und gibt 10 bis 40 cm³ einer starken Lösung von Schwefeldioxyd zu. Man filtriert, wäscht mit heißem Wasser und versetzt das Filtrat mit 2 bis 3 cm³ Salzsäure. Alsdann erhitzt man, bis alle schweflige Säure ausgetrieben ist, fügt Bromwasser bis zur starken Färbung zu und kocht das überschüssige Brom weg. Man gibt verdünntes Ammoniak (1:1) zu, bis die Lösung gegen Methylrot eben alkalisch ist, kocht 2 Min. und filtriert sofort. Der Niederschlag wird 2- oder 3mal mit heißem Wasser gewaschen und das Filtrat aufgehoben. Nachdem man den Niederschlag in heißer, verdünnter Salzsäure (1:3) gelöst hat, wäscht man das Filter mit heißem Wasser aus, erhitzt die Lösung zum Kochen und fällt wie zuvor mit Ammoniak. Man filtriert und wäscht mäßig aus. Die vereinigten Filtrate säuert man mit Essigsäure an, erhitzt sie zum Kochen und leitet sodann 10 bis 15 Min. Schwefelwasserstoff ein. Man läßt 15 Min. warm stehen, filtriert und wäscht den Niederschlag mit Schwefelwasserstoffwasser aus, das mit Essigsäure angesäuert ist und wenig Ammoniumchlorid enthält. Das Filtrat enthält das gesamte Mangan, das als Manganphosphat bestimmt wird.

Genauigkeit. Nach HILLEBRAND und LUNDELL ist die Fällung nie ganz quantitativ und gibt Fehler bei kleinen Manganmengen von 1 bis 2 mg. Bei größeren Manganmengen würden nicht mehr als 0,1 bis 0,3 mg ungefällt bleiben. Die Chloratfällung in salpetersaurer Lösung ist wahrscheinlich die beste Methode zur Trennung des Mangans von anderen Elementen (vgl. HANNAY sowie FORD, ferner auch HAMPE).

Nach F. BEILSTEIN und L. JAWEIN können die Verunreinigungen des ersten Mangandioxyd-Niederschlages durch Wiederholung der Fällung beseitigt werden.

2. Abscheidung des Mangans nach der Persulfatmethode.

Allgemeines. Nach den Angaben MAJDELs (a) ist die Persulfatmethode nach G. v. KNORRE die einfachste universale Methode der Trennung und gravimetrischen Bestimmung des Mangans in Erzen und Legierungen des Mangans mit anderen Elementen. Nach dieser Methode kann man Mangan von der Mehrzahl der anderen Elementen trennen, wobei nur Blei, Barium und Strontium als Sulfate, Wismut, Zinn und Antimon mit Schwefelwasserstoff und Titan mittels Hydrolyse vorher abgeschieden werden müssen. Salzsäure, Salpetersäure, Nitrate und Chloride stören, weshalb sie durch Eindampfen der Probelösung mit Schwefelsäure vorher zu entfernen sind. Der Gehalt an freier Schwefelsäure darf eine gewisse Konzentration nicht überschreiten; diese ist von der Menge des vorhandenen Ammoniumpersulfats abhängig. Die Menge des zuzugebenden Ammoniumpersulfats ist auch von der Menge des in der Probe vorhandenen Mangans abhängig. Bei Mangel an Ammoniumpersulfat ist die Manganabscheidung nicht quantitativ.

Die Versuche von BAUBIGNY, von MAJDEL und von JENSEN zeigen, daß die zur vollkommenen Fällung des Mangans erforderliche Menge Persulfat in salpetersaurer und auch in chlorsaurer Lösung größer ist als in schwefelsaurer Lösung. Bei Gegenwart hinreichender Mengen Persulfat ist die Fällung noch vollständig bei einer Lösung, die etwa 2,5 n schwefelsauer ist. Aus Schwefelsäure 3 n Lösung läßt sich keine vollständige Fällung erreichen und aus Schwefelsäure 4 n Lösung tritt gar keine Fällung ein (Bildung CAROscher Säure). Da das Mangandioxyd beim Auswaschen mit reinem Wasser oft kolloidal gelöst wird, setzt man, um dies zu verhindern, dem Waschwasser Ammoniumpersulfat zu.

JENSEN hat die Sorption verschiedener Ionen durch das ausfallende Mangandioxydhydrat untersucht.

Es wurden zu 10 cm^3 einer Lösung, die 0,1188 g Mangan als Mangansulfat enthielt, 5 cm^3 einer 1 mol Lösung des betreffenden Metalls oder Ions zugesetzt; mit Wasser wurde auf 200 cm^3 verdünnt. Nachdem die Lösung auf 95° erhitzt war, wurde sie mit 2 g Ammoniumpersulfat versetzt und $^1/_4$ Std. gekocht. Dann wurde auf einen BÜCHNER-Trichter abgesaugt und 10mal mit heißem Wasser ausgewaschen. Dieses entfernt die Mutterlauge, verändert aber nicht die Sorption. Das Mangandioxyd wurde in Salzsäure und Wasserstoffperoxyd gelöst und das Metall, wie z. B. Aluminium, nach Abdampfen und Lösen des Rückstandes in Wasser direkt bestimmt,

Die sorbierte Aluminiummenge betrug dann 0,9 mg = 0,03 Millimol Aluminium. Durch eine einzige Fällung ist nach JENSEN die Trennung des Mangans von Kalium, Natrium, Beryllium, Magnesium, Chrom und Aluminium möglich. Durch 2- bis

3malige Fällung (das Manganperoxyd wird durch Auswaschen in schwefliger Säure gelöst und wieder gefällt) ist eine Trennung auch von Zink möglich.

***a) Verfahren nach* DITTRICH *und* HASSEL. Arbeitsvorschrift.** Die ein Volumen von 400 cm^3 einnehmende Lösung des Aluminiums und Mangans versetzt man mit 5 cm^3 verdünnter Schwefelsäure (1:1) (oder verdünnter Salpetersäure) und fügt zu der auf dem Wasserbade erwärmten Lösung unter Umrühren 15 bis 20 cm^3 10%ige Ammoniumpersulfatlösung hinzu. Man erwärmt noch etwa 2 Std. und filtriert den Niederschlag ab, der sich sehr rasch und gut filtrieren läßt. Man wäscht mit heißem Wasser aus und verascht im Platintiegel. Beim Glühen über dem Gebläse wird er in Mn_3O_4 verwandelt. Im eingeengten Filtrat wird die Tonerde durch Ammoniak abgeschieden und als Aluminiumoxyd gewogen. Letzteres ist rein weiß und enthält keine Spur von Mangan.

Genauigkeit. Bei Anwendung von Lösungen von Manganammoniumsulfat und Kaliumalaun wurden folgende Werte gefunden:

	Berechnet:	Gefunden:		Berechnet:	Gefunden:		Berechnet:	Gefunden:
1.	3,72% MnO	3,73% MnO	2.	8,57% MnO	8,57% MnO	3.	6,55% MnO	6,54% MnO
	8,56% Al_2O_3	8,58% Al_2O_3		5,68% Al_2O_3	5,70% Al_2O_3		6,93% Al_2O_3	6,95% Al_2O_3

Entgegen den Angaben von DITTRICH und HASSEL, daß sich Mangan durch Persulfat quantitativ von Calcium, Magnesium, Zink, Cadmium, Nickel, Aluminium, Kupfer und Chrom trennen läßt, konnte v. KNORRE (b) unter den angegebenen Bedingungen eine scharfe Trennung des Mangans von den anderen Metallen nicht erzielen. Eine Ausnahme macht allein Chrom, dessen Trennung vom Mangan sehr bequem und genau ist.

***b) Verfahren nach* MAJDEL *(b)*. Arbeitsvorschrift.** Die nicht mehr als 0,15 g Mangan enthaltende Probe wird in Salpetersäure, Salzsäure, Königswasser oder auf andere Weise in Lösung gebracht. Man scheidet die Kieselsäure in üblicher Weise ab, wobei etwas Titan bei der Kieselsäure bleibt. Nach Abscheidung der Metalle der Kupfer-Arsen-Gruppe mit Schwefelwasserstoff aus warmer schwefelsaurer Lösung, verjagt man Schwefelwasserstoff aus dem Filtrat durch Kochen, wobei auch Titan durch das Kochen gefällt und dann abgetrennt wird; hierauf neutralisiert man mit Ammoniak bis zu bleibender Trübung, fügt 25 cm^3 3 n Schwefelsäure zu, dampft bis auf 200 cm^3 ein, läßt erkalten, setzt 20 bis 25 cm^3 Ammoniumpersulfatlösung (200 g/l) zu und verdünnt mit Wasser auf 250 cm^3. Man bedeckt das Becherglas mit einem Uhrglas, erwärmt die Lösung auf dem Asbestdrahtnetz bis zum Sieden, kocht 15 Min. und läßt den Niederschlag von Mangandioxydhydrat sich absetzen. Nach dem Filtrieren durch ein Weißbandfilter von SCHLEICHER & SCHÜLL wäscht man mit heißem Wasser bis zum Verschwinden der Schwefelsäurereaktion aus. Das Filter mit dem Niederschlag trocknet man mit kleiner Flamme im schräg gestellten Porzellantiegel, verascht das Filter und verglüht über einem guten TECLU-Brenner vor dem Gebläse bei 940 bis 1100° bis zum konstanten Gewicht zu Mn_3O_4.

Es ist zu empfehlen, dem Filtrat 5 cm^3 Ammoniumsulfat zuzugeben und zur Kontrolle nochmals aufzukochen.

3. Abscheidung des Mangans als Dioxydhydrat und seine Abtrennung von Aluminium durch Elektrolyse.

***a) Verfahren nach* CLASSEN *und* v. REISS. Vorbemerkung.** Mangan kann aus salpetersaurer Lösung als Dioxyd durch Elektrolyse abgeschieden werden. Die Fällung ist jedoch nur bei kleineren Mengen quantitativ, wenn der Salpetersäuregehalt der Lösung gering ist und ohne Unterbrechung des Stromes ausgewaschen wird. Die vollständige elektrolytische Abscheidung des Mangans wird nach CLASSEN und v. REISS durch Zugabe von Oxalat im Überschuß erreicht. Der ausgeschiedene Niederschlag von Manganoxyd haftet jedoch nicht fest an der Elektrode. Daher wird der Niederschlag abfiltriert und durch Glühen in Manganoxyd übergeführt. Über die Trennung des Mangans von Aluminium und Eisen gibt CLASSEN folgendes an:

Bei der Trennung des Eisens von Mangan muß die Bildung von Mangandioxyd so lange vermieden werden, bis der größte Teil des Eisens an der negativen Elektrode abgeschieden ist, was durch Zugabe von Natriumphosphat oder Ammoniumoxalat erreicht wird. Zweckmäßig wird kein zu starker Strom angewendet[1]. Nachdem der größte Teil des Ammoniumoxalats in Carbonat übergeführt ist, tritt Bildung von Mangandioxyd auf. Da die Fällung des Mangans aus der Ammoniumoxalat enthaltenden Lösung nicht quantitativ ist, muß die Lösung, welche den größten Teil des Mangans als Dioxyd suspendiert enthält, zur Zersetzung des Ammoniumcarbonats gekocht, der Rest von Ammoniak mit Salpetersäure neutralisiert und das Mangan gravimetrisch durch Fällung mit Natronlauge und Natriumhypochlorit bestimmt werden.

Bei der Trennung des Aluminiums von Eisen wird die mit einem großen Überschuß von Ammoniumoxalat versetzte Lösung von Aluminiumammonium- und Eisenammoniumoxalat elektrolysiert. Dabei scheidet sich zuerst das Eisen als fest haftender Überzug auf der negativen Elektrode ab, während die Tonerde so lange in Lösung bleibt, als die Menge von Ammoniumoxalat größer ist, als die des gebildeten Ammoniumcarbonats. Man elektrolysiert so lange, bis der Elektrolyt keine Reaktion auf Eisen mehr gibt.

Arbeitsvorschrift zur Trennung von Aluminium, Eisen und Mangan nach CLASSEN. Man elektrolysiert die Lösung der oxalsauren Doppelsalze und unterbricht den Strom sobald alles Eisen reduziert ist. Läßt man den Strom länger einwirken, so daß auch Tonerde gefällt wird, so schlägt sich diese fest auf das Eisen nieder, so daß man genötigt ist, das Eisen nach Abgießen der Flüssigkeit in Oxalsäure zu lösen und nach dem Neutralisieren mit Ammoniak die Elektrolyse zu wiederholen. Man gießt die Flüssigkeit ab, kocht zur Zersetzung der Ammoniumsalze, fällt heiß mit einem Überschuß von Natronlauge und fügt wenige Kubikzentimeter Natriumhypochlorit hinzu. Das Mangandioxyd wird sofort abfiltriert, mit heißem Wasser, dem etwas Ammoniumnitrat zugefügt wird, ausgewaschen und wie gewöhnlich in Mn_3O_4 übergeführt. Die Tonerde wird im Filtrat durch Zusatz von Ammoniumchlorid unter Kochen gefällt.

Genauigkeit. CLASSEN fand bei 12 Analysen bei Anwendung von 122,0 mg Eisen, 61,0 mg Mangan und 50,5 mg Tonerde Differenzen von $-1{,}0$ bis 0,0 mg Eisen und $-0{,}5$ bis $+2{,}5$ mg Mangan. Die Tonerde wurde nicht bestimmt.

Arbeitsvorschrift zur Trennung von Aluminium, Eisen, Mangan und Chrom nach CLASSEN. Man verfährt im wesentlichen wie oben angegeben. Ist die gelbe Färbung der Chromsäure eingetreten, so gießt man die Flüssigkeit ab, kocht zur Zersetzung des Ammoniumbicarbonats, fällt heiß mit Natronlauge und fügt einige Kubikzentimeter Natriumhypochlorit hinzu. Der Manganniederschlag enthält stets etwas Chrom. Man löst ihn nach dem Abfiltrieren wieder in Salzsäure und wiederholt die Fällung mit Natronlauge und Natriumhypochlorit. Die vom Mangandioxyd abfiltrierte Flüssigkeit versetzt man mit Ammoniumchlorid im Überschuß und kocht, bis alle Tonerde gefällt ist. Sie wird abfiltriert und wie gewöhnlich bestimmt. Das Filtrat enthält die Chromsäure, die durch Kochen mit Salzsäure und Alkohol reduziert wird; das Chrom wird dann mit Ammoniak als Hydroxyd gefällt.

Genauigkeit nach Analysen von CLASSEN. Bei 12 Analysen wurden bei Anwendung von 122,0 mg Eisen, 30,5 mg Mangan, 46,4 mg Chrom und 50,5 mg Tonerde Differenzen von $-1{,}0$ bis $+1{,}0$ mg Eisen, $-0{,}5$ bis $+1{,}0$ mg Mangan, $-1{,}4$ bis $+0{,}6$ mg Chrom und $-0{,}5$ bis $+1{,}5$ mg Tonerde erhalten.

b) Andere Verfahren. Die größte Schwierigkeit bei der elektrolytischen Bestimmung des Mangans liegt in der geringen Haftbarkeit des Dioxydes. Nach der

[1] Nach CLASSEN sind „zwei BUNSEN-Elemente ausreichend“.

angeführten Methode von CLASSEN und v. REISS sowie nach der Methode von BRAND, der neben Ammoniumoxalat auch pyrophosphorsaures Natrium, letzteres in ammoniakalischer Lösung, verwendet, erhielt KAEPPEL keine befriedigenden Resultate. Durch Zusatz von Aceton zu der Manganlösung gelang es ihm jedoch, bei Anwendung einer mattierten Platinschale bis 1,6 g Mangandioxyd bei 4 bis 4,25 V Spannung und 0,7 bis 1,2 Ampere Stromstärke in 2 bis 5,5 Std. nach Zugabe von 1,5 bis 10 g Aceton, je nach der vorhandenen Manganmenge, völlig festhaftend, quantitativ abzuscheiden, wobei die günstige Beeinflussung des Dioxydes der entstehenden Essigsäure zugeschrieben wird.

ENGELS schlägt das Mangan an der Anode durch Elektrolyse in essigsaurer Lösung in Gegenwart von Chromalaun und Natriumacetat bei 80° C mit 0,6 bis 1,0 Ampere/qdm entsprechend einer Klemmenspannung von 2,8 bis 4 V nieder, während KÖSTER aus bewegtem Bade das Mangan in Gegenwart von Chromalaun und Alkohol aus der heißen ammoniakalischen Lösung mit 4 bis 4,5 Ampere fällt. SCHOLL bewirkt die Oxydfällung des Mangans aus ameisensaurer Lösung bei 0,8 bis 1,0 Ampere/qdm. Nach WOHLMANN läßt sich Mangan elektrolytisch als MnO_2 quantitativ an der Netzelektrode unter der Benutzung der von ENGELS, von KÖSTER und von SCHOLL angegebenen Elektrolytzusammensetzung bei 0,4 Ampere abscheiden. In Gegenwart 2wertiger, nicht oxydabler Kationen, außer Beryllium, werden richtige Ergebnisse erhalten. Störend wirken Wismut, Aluminium, Zirkon und Thoriumsalze. Nach den Versuchen von WOHLMANN liegen Manganitbildung und Adsorption vor.

II. Abtrennung des Eisens vom Aluminium (und Chrom) durch Fällung mit Mangandioxydhydrat nach MARCHAL *und* WIERNIK.

Wenn man frisch gefälltes Mangandioxydhydrat zu einer Lösung, welche Aluminium, Chrom und Eisen enthält, unter Erwärmen zugibt, so fällt alles Eisenhydroxyd quantitativ aus, und das gesamte Chrom wird gleichzeitig in Chromsäure übergeführt. Das Aluminium bleibt in Lösung. Das frisch gefällte Mangandioxydhydrat wird durch Wechselwirkung von Mangansulfat mit Kaliumpermanganat im molekularen Verhältnis hergestellt.

Arbeitsvorschrift. Zu der schwefelsauren oder salzsauren Lösung der drei Metalle fügt man Soda, bis ein geringer bleibender Niederschlag entsteht, den man durch 1 Tropfen Salz- oder Schwefelsäure löst. Man fügt nun frisch gefälltes, ausgewaschenes Mangandioxydhydrat hinzu, dessen Menge nach der vorhandenen Eisen- und Chrommenge bestimmt werden muß. Am besten setzt man nicht zuviel auf einmal zu, sondern läßt, nachdem man etwa 10 Min. zum Sieden erhitzt hat, ruhig absitzen, führt einerseits mit 1 Tropfen der klaren Lösung die Tüpfelreaktion auf Eisen mit Kalium-Ferrocyanid aus und sieht andererseits nach, ob die Lösung nun gelb ist. Gibt das Kaliumferrocyanid keinen blauen Niederschlag, und ist dabei die Lösung weißgelb gefärbt, so kann der Schluß gezogen werden, daß die zugesetzte Menge Dioxydhydrat genügend war. Ist das nicht der Fall, so wird noch mehr Dioxydhydrat hinzugefügt, nochmals einige Minuten gekocht und alsdann filtriert. Das Filtrat enthält die gesamte Tonerde und ferner alles Chrom als Chromsäure, wenn genügend Dioxydhydrat verwendet wird. Der Niederschlag besteht aus Mangandioxydhydrat und der Gesamtmenge des Eisenhydroxydes.

Der Niederschlag wird in Salzsäure gelöst, in der Lösung wird das Eisen nach der Acetatmethode vom Mangan getrennt; für genaue Bestimmungen wird der Niederschlag wiederum in Salzsäure gelöst und das Eisen mit Ammoniak als Hydroxyd gefällt.

In dem Aluminium und Chromsäure enthaltenden Filtrat, das noch etwas Mangan enthält, werden diese nach der üblichen Weise abgetrennt und bestimmt.

Genauigkeit. MARCHAL und WIERNIK fanden bei 3 Analysen folgende Werte:

	Angewendet:	Gefunden:		Angewendet:	Gefunden:
1. Fe_2O_3	42,0 mg	46,0 mg	2. Fe_2O_3	180,0 mg	182,0 mg
Al_2O_3	99,0 mg	95,0 mg	Al_2O_3	58,2 mg	58,4 mg
Cr_2O_3	100,0 mg	104,0 mg	Cr_2O_3	171,4 mg	170,8 mg

	Angewendet:	Gefunden:
3. Fe_2O_3	72,0 mg	72,0 mg
Al_2O_3	29,0 mg	29,3 mg
Cr_2O_3	70,0 mg	70,8 mg

III. Abtrennung des Titans und Zirkons als Oxydhydrate durch Hydrolyse aus saurer Lösung.

Allgemeines. Die Salze des 4wertigen Titans und Zirkons sind in wäßriger Lösung erheblich stärker hydrolytisch gespalten als die Salze des 3wertigen Aluminiums. Deshalb sind im Prinzip die Hydrolyseverfahren zur Abscheidung des Titans und Zirkons ebenso geeignet wie zur Abscheidung des Aluminiums (vgl. S. 164ff). Infolge der stärkeren Hydrolyse des Titans und Zirkons ist es möglich, die Elemente bei einem niedriger liegenden p_H-Wert abzuscheiden als das Aluminium. Auf diese Weise gelingen quantitative Trennungen des Titans und Zirkons von Aluminium.

Titan kann bereits aus stark schwefelsaurer Lösung in der Hitze vom Aluminium getrennt werden. Allerdings ist die Methode empfindlich gegen geringe Schwankungen der Acidität, die entweder unvollständige Fällung des Titans oder Mitfällung des Aluminiums ergeben können. Größere Sicherheit bietet die Methode des Hydrolyseverfahrens in Gegenwart einer starken Säure, die sich selbst verflüchtigt oder flüchtige Zersetzungsprodukte ergibt. Als geeignet haben sich schweflige Säure und Essigsäure erwiesen. In Gegenwart von schwefliger Säure kann auch Zirkon abgeschieden werden, doch ist dies Verfahren nicht besonders zuverlässig.

Ebenso wie beim Aluminium kann auch beim Titan das Halogenid-Halogenat-Verfahren (vgl. S. 401ff), jedoch in stark saurer Lösung, angewendet werden. Dies Verfahren ist bequemer und zuverlässiger als die anderen Trennungsverfahren. Zu erwähnen ist noch das Jodatverfahren, das auch eine Bestimmung des Zirkons erlaubt. Anwesenheit von Zirkon stört die Abtrennung des Titans und umgekehrt.

1. Abtrennung des Titans aus schwefelsaurer Lösung.

a) Verfahren nach* Levy *(a). **Vorbemerkung.** Die Methode ist mangels genauer Angaben über den p_H-Wert bei der Fällung nicht zu empfehlen, da in zu saurer Lösung Titanverluste eintreten können, während bei zu geringer Acidität Aluminium mitgerissen werden kann.

Arbeitsvorschrift. Levy fällt Titansäure durch Hydrolyse aus schwefelsaurer Lösung in folgender Weise:

Man schmilzt die Substanz mit Kaliumbisulfat, nimmt die Schmelze unter Ansäuern mit Wasser auf und neutralisiert mit Alkalilauge oder Ammoniak. Um aus dieser Lösung Titanoxyd zu fällen, setzt man 0,5 Vol.-% an konzentrierter Schwefelsäure zu und kocht 6 Std. lang unter Ersatz des verdampfenden Wassers. Bei Gegenwart von Eisenoxydsalzen ist die Methode nicht anwendbar.

Genauigkeit. Haas hat die Methode nachgeprüft und befriedigende Resultate erhalten. Da das Auflösen längere Zeit benötigt, schmilzt Haas mit Kaliumcarbonat, wobei eine klare Lösung der Schmelze weit schneller erreicht wird, wenn man statt verdünnter Schwefelsäure vorsichtig und allmählich konzentrierte Schwefelsäure zusetzt.

***b) Verfahren nach* Kayser.** **Vorbemerkung.** Kayser hat für die Trennung des Aluminiums vom Titan das gleiche Prinzip der Innehaltung bestimmter Wasserstoff-Ionen-Konzentrationen angewendet wie Moser und Irányi, die als obere Aciditätsgrenze für die völlige Titanabscheidung bei Anwendung eines Halogenid-Halogenat-Gemisches (vgl. S. 400) 0,05 n festgestellt haben, was mit der von Kayser angegebenen Aciditätsgrenze für reine Titansulfatlösungen von etwa 0,06 n ziemlich übereinstimmt. Bei alkalisulfathaltigen Lösungen steigt sie infolge Bildung von Bisulfat bis 0,10 n.

Arbeitsvorschrift. Man versetzt die Aluminium und Titan als Sulfat enthaltende Lösung mit einigen Tropfen Rosolsäure und mit reinem konzentrierten Ammoniak bis eben deutliche Rotfärbung zu erkennen ist. Darauf wird der Niederschlag zentrifugiert, die Flüssigkeit abgehebert, der Niederschlag 4- bis 5mal mit Wasser ausgewaschen und das letzte Waschwasser ebenfalls durch Abhebern entfernt. Der Niederschlag darf kaum mehr nach Ammoniak riechen. Gegebenenfalls muß unter Aufrühren des am Boden zusammenbackenden Niederschlages noch wiederholt ausgewaschen werden. Hierauf wird dieser direkt im Zentrifugenglas mit 1,30 cm³ 0,1 n Salzsäure oder einer entsprechenden Menge von ähnlich starker Schwefelsäure versetzt. Zum Abspülen der Gefäßwand kann man einige Kubikzentimeter Wasser hinzufügen, aber nur so viel, daß 10 bis 12 cm³ Gesamtvolumen entstehen. Es wird nun völlige Klärung abgewartet (etwa $^1/_2$ Std.), darauf die Lösung mit Wasser auf 400 cm³ aufgefüllt und 1 Std. im Wasserbad in leichtem Sieden erhalten. Nach dem Erkalten wird filtriert, mit Wasser, dem auf 100 cm³ 3 bis 5 Tropfen 2 n Schwefelsäure zugesetzt sind, ausgewaschen, verascht, geglüht und gewogen. Die Summe der Oxyde $Al_2O_3 + TiO_2$ soll 0,22 g hierbei nicht überschreiten. Ist die Lösung konzentrierter und sollen größere Mengen ausgewogen werden, so ist beim Auflösen der ausgewaschenen Hydroxyde die Menge der starken Schwefelsäure und des Fällungsvolumens entsprechend zu vergrößern.

Genauigkeit. KAYSER fand bei Anwendung von 0,0149 bis 0,1860 g Titanoxyd in Gegenwart von 0,02 bis 0,2 g Aluminiumoxyd bei 7 Analysen Differenzen von $-0,3$ bis $+0,1$ mg Titandioxyd.

Die Filtrate, in denen das Aluminium enthalten war, erwiesen sich als titanfrei. Ebenso waren die Titanoxydniederschläge frei von Aluminium.

2. Abscheidung des Titans mit Schwefeldioxyd aus Chloridlösungen.

a) Verfahren nach* BASKERVILLE *(a). **Vorbemerkung.** Beim Kochen einer neutralisierten Lösung von Titan-, Eisen- und Aluminiumchlorid von nicht zu großer Verdünnung mit einem Überschuß von Schwefeldioxyd wird das Eisen sofort reduziert und ein weißer flockiger Niederschlag von Metatitansäure abgeschieden. Der Niederschlag aus Chloridlösung ist reiner als wenn er aus einer Sulfatlösung gefällt wird. Ein längeres Kochen mit schwefliger Säure wird vermieden und ein reiner Niederschlag erhalten, der sich gut absetzt, an den Wandungen des Gefäßes nicht festbackt, sich gut filtrieren und mit heißem Wasser leicht waschen läßt.

Arbeitsvorschrift. Die Titan, Aluminium und Eisen enthaltende Lösung fällt man mit Ammoniak, löst den abfiltrierten Niederschlag in Salzsäure, macht fast neutral, leitet in die noch etwas saure Lösung Schwefeldioxyd ein und kocht 3 bis 5 Min. Titan fällt als feinkörnige Metatitansäure aus. Eisen und Aluminium ergeben sich im Filtrat. Wichtig ist die richtige Neutralisation vor dem Einleiten des Schwefeldioxyds.

Genauigkeit. Bei Anwendung von 32,2 mg Titansäure fand BASKERVILLE 30,8 mg Titansäure wieder und bei Anwendung von 31,7 mg Titanoxyd 31,4 mg Titanoxyd.

***b) Verfahren nach* ROSSI. Vorbemerkung.** NEUMANN und MURPHY halten die Trennung des Titans von Aluminium und Eisen nach BASKERVILLE, die auch von ROSSI angewendet wurde, und bei der aus der neutralisierten Lösung der Chloride bei Gegenwart von Schwefeldioxyd durch Kochen Metatitansäure gefällt wird, für ausgezeichnet.

Arbeitsvorschrift. Das mit Königswasser oder durch Schmelzen mit Kaliumbisulfat bzw. Natrium-Kaliumcarbonat aufgeschlossene Material wird mit Schwefelsäure abgeraucht, der Rückstand mit verdünnter Salzsäure aufgenommen und die abgeschiedene Kieselsäure abfiltriert. Da diese Titansäure enthalten kann, verflüchtigt man sie mit Fluß- und Schwefelsäure und wägt den Titansäurerückstand zurück. Aus dem Filtrat fällt man Aluminiumhydroxyd, Eisenhydroxyd und Titandioxyd mit Ammoniak, löst den abfiltrierten Niederschlag in Salzsäure, macht fast neutral, leitet in die noch etwas saure Lösung Schwefeldioxyd ein und kocht 3 bis 5 Min. Titan fällt als feinkörnige Metatitansäure quantitativ aus. Das Filtrat sättigt man zur Vorsicht nochmals mit Schwefeldioxyd und kocht wiederum. Wichtig ist die richtige Neutralisation vor dem Einleiten des Schwefeldioxyds.

Nach dem Verbrennen des Filters muß man den Rückstand mit einigen Tropfen Salpeter- oder Schwefelsäure befeuchten, weil die Titansäure sonst zu niedrigen Oxyden reduziert wird, die sich nicht wieder oxydieren. Das Glühen geschieht bei 1200° C und muß $^1/_2$ Std. fortgesetzt werden.

3. Abscheidung des Zirkons mit Schwefeldioxyd aus Chloridlösungen nach BASKERVILLE (b).

Die Fällung des Zirkons und seine Trennung von Aluminium und Eisen mit Schwefeldioxyd erfolgt nach BASKERVILLE nur quantitativ aus einer möglichst neutralen Lösung der Chloride. Beim Kochen mit einem Überschuß an Schwefeldioxyd in einer neutralisierten Lösung der Chloride der Metalle wird das Zirkon vollständig gefällt. Die Neutralisation der salzsauren Lösung geschieht mit Ammoniak, bis eine sich bildende schwache Fällung beim Kochen nicht mehr gelöst wird. Der Niederschlag wird dann mit 2 bis 3 Tropfen verdünnter Salzsäure aufgenommen. Er entsteht sofort nach Zugabe von Schwefeldioxyd, setzt sich nach 2 Min. langem Kochen schnell ab und läßt sich leicht filtrieren. Sulfate stören und müssen durch Fällung mit Ammoniak und Wiederauflösen des Niederschlages in Salzsäure in Chloride übergeführt werden.

Bemerkungen. Bei Gegenwart von Sulfaten fällt das Zirkonoxyd nicht vollständig aus.

Die Fällung des Zirkons und Titans durch Kochen der schwach sauren Lösung mit Schwefeldioxyd ist nach MOORE (a) ungenau und wegen der Empfindlichkeit der Fällung gegen Säurekonzentrationsänderungen außerordentlich schwierig.

Genauigkeit.

Angewendet:		Gefunden:
ZrO_2	Al_2O_3	ZrO_2
0,1042	0,0608	0,1043
0,1070	0,0316	0,1070

4. Abscheidung des Titans aus essigsaurer Lösung.

Vorbemerkung. Die Trennung des Aluminiums vom Titan durch Fällung des Titans aus kochender essigsaurer Lösung nach GOOCH bzw. TREADWELL (a) wurde früher viel in der Gesteinsanalyse angewendet. Dies ist heute nicht mehr der Fall, da die colorimetrischen und volumetrischen Methoden zuverlässiger und weniger zeitraubend sind, und das Zirkon bei der Fällung stört. Ebenso stören Kieselsäure, Eisen, Niob und Tantal.

***a) Verfahren nach* GOOCH. Arbeitsvorschrift.** Man versetzt die Tonerde und Titansäure enthaltende Lösung mit soviel Essigsäure, daß 7 bis 10 Vol.-% Essigsäure vorhanden sind und mit einer genügenden Menge Natriumacetat, um alle stärkeren Säuren in die Natriumsalze überzuführen. Die Flüssigkeit (400 cm³) wird nun rasch zum Sieden erhitzt und kurze Zeit bei dieser Temperatur erhalten. Der Niederschlag wird auf dem Filter gesammelt und mit 7%iger Essigsäure gewaschen. Um die letzten Reste Tonerde von der Titansäure zu trennen, schmilzt man den Niederschlag nach dem Veraschen des Filters mit Soda, zieht die Schmelze mit kochendem Wasser aus und schmilzt den verbleibenden Rückstand nochmals mit Soda. Die Schmelze löst man im Tiegel mit Schwefelsäure unter gelindem Erwärmen und gießt die erhaltene klare Lösung nach Abkühlen in 100 cm³ kaltes Wasser. Zu der klar bleibenden Flüssigkeit fügt man Ammoniak bis zur alkalischen Reaktion, und, um den entstandenen Niederschlag wieder zu lösen, eine Menge verdünnte Schwefelsäure, welche 2,5 g reiner Säure entspricht. Die sich so ergebende klare Lösung wird nochmals der ursprünglichen Behandlung unterworfen: Sie wird mit 20 g Natriumacetat und soviel Essigsäure versetzt, daß die Menge der letzteren 7 bis 10 Vol.-% Essigsäurehydrat beträgt und gekocht. Der ausgeschiedene Niederschlag wird mit 7%iger Essigsäure und schließlich mit heißem Wasser gewaschen, getrocknet, geglüht und gewogen.

Bemerkungen. I. Genauigkeit. Die Titansäure ist frei von Tonerde. Bei 4 Beleganalysen von GOOCH, bei denen 500 mg Tonerde und 133,7 bis 135,4 mg Titansäure angewendet wurden, wurden Differenzen von $-0{,}8$, $-0{,}9$, $-0{,}8$ und $+0{,}2$ mg TiO_2 gefunden.

II. Trennung von Aluminium und Titan bei Gegenwart von Eisen. Ist Eisen neben Aluminium und Titan vorhanden, so scheint das entstehende Eisenacetat die vollständige Fällung des Titans zu verhindern. GOOCH entfernt daher das Eisen, indem er mit Weinsäure versetzt und in die schwach ammoniakalische Lösung Schwefelwasserstoff einleitet; doch muß die Flüssigkeit auch vor der Filtration ammoniakalisch gehalten werden. Nach dem Ansäuern des Filtrats mit Schwefelsäure wird der Schwefelwasserstoff verkocht und zwecks Zerstörung der Weinsäure solange Kaliumpermanganat eingetragen, bis sich reichlich braunes Mangandioxydhydrat ausscheidet. Nachdem das gefällte Mangandioxydhydrat mit Ammoniumbisulfit wieder in Lösung gebracht ist und der Überschuß an schwefliger Säure weggekocht ist, kann die Trennung der Tonerde von der Titansäure wie oben angegeben ausgeführt werden.

***b) Verfahren nach* TREADWELL *(a).* Arbeitsvorschrift.** Nach TREADWELL wird zur Trennung des Aluminiums vom Titan die schwefelsaure Lösung durch Zusatz von Natriumacetat bis zu einem p_H-Wert von 3,8 abgestumpft. Dann werden 10 cm^3 2 n Essigsäure zugegeben. Nun wird die Lösung 10 Min. lang zum Sieden erhitzt, wobei alles Titan als Titansäure gefällt wird. Man filtriert durch ein Papierfilter und wäscht den Niederschlag mit heißem Wasser aus. Um die darin noch enthaltenen Reste Tonerde zu beseitigen ist eine Wiederholung der Fällung notwendig. Der Niederschlag wird mit Schwefelsäure auf ein kleines Volumen abgeraucht, wobei der Zusatz von Oxalsäure die Auflösung der Titansäure wesentlich erleichtert. Man läßt dann abkühlen, verdünnt die Lösung auf 200 cm^3 und wiederholt die Fällung in gleicher Weise.

Da beim Abspülen des Titanniederschlages erst noch Titansäurereste im Filter verbleiben, die sich durch Abwaschen nicht entfernen lassen, wird das Filter im Platintiegel verascht. Den Rückstand schließt man durch Schmelzen mit wenig Kaliumpyrosulfat auf und gibt die Lösung zur Hauptprobe.

Die Fällung des Titans durch Kochen aus saurer Lösung nach vorhergehender Abtrennung des Eisens versagt bei gleichzeitiger Anwesenheit von Zirkon. Auch kann Phosphorsäure mitgefällt werden [vgl. HILLEBRAND und LUNDELL (b)].

5. Abscheidung des Titans nach dem Halogenid-Halogenat-Verfahren.

***a) Verfahren nach* MOSER *und* IRÁNYI. Vorbemerkung.** Die Trennung des Titan IV und des Aluminiums aus ihren Lösungen gelingt nach MOSER und IRÁNYI durch fraktionierte Hydrolyse bei Anwendung eines Halogenid-Halogenat-Gemisches nach STOCK, s. S. 196.

Versuche, durch eine stufenweise Verringerung der Wasserstoff-Ionen-Konzentration eine Trennung des Titans vom Eisen und Aluminium zu erreichen, scheitern zumeist an der kolloidalen Adsorptionsneigung der gefällten Hydroxyde oder basischen Salze, was besonders für die Metatitansäure gilt. Um das störende Adsorptionsvermögen der Niederschläge zu vermeiden, muß die Fällung in der Hitze und möglichst aus saurer Lösung geschehen, um möglichst hydroxydarme Niederschläge zu erhalten. Als Beispiel sei auf das von LEVY (b) (vgl. S. 397) ausgearbeitete Verfahren hingewiesen, der Titansäure aus einer 5 Vol.-% Schwefelsäure enthaltenden Lösung durch 6stündiges Kochen fällt, wobei dem Niederschlag das lästige Adsorptionsvermögen nicht mehr anhaftet. Während die Trennung des viel basischeren Aluminiums vom 4wertigen Titan möglich ist, gelingt die Scheidung des 4wertigen Titans vom 3wertigen Eisen durch fraktionierte Hydrolyse nicht, da die Hydrolysierungsbereiche beider Ionen zu nahe beieinander liegen. Da Titansäure in der Siedehitze hinreichend wasserfrei ausfällt, sind solche Neutralisationsmittel anzuwenden, die erst bei dieser Temperatur wirksam werden und bis dahin die Acidität der Lösung unverändert lassen. Dies läßt sich durch Anwendung der Halogenid-Halogenat-Gemische nach STOCK erreichen, und zwar erfolgt die quantitative Abscheidung des 4wertigen Titans noch bei einer Acidität von rund 0,05 n, ohne daß dabei Hydrolyse von gleichzeitig anwesenden Aluminiumsalzen erfolgt. Diese Acidität wird am leichtesten durch das Reaktionssystem HCl-$HBrO_3$ bei Gegenwart von Kaliumsulfat erreicht, wobei das letztere die intermediäre Bildung von Titanylsulfaten bewirkt, die erst bei Siedehitze vollständig hydrolytisch gespalten werden und infolgedessen aluminiumfreie Niederschläge ergeben. Es wurde festgestellt, daß die gewünschte Endacidität bereits nach 5 Min. langem Kochen erreicht wird und daß eine Kochdauer von 40 Min. eine nennenswerte Verringerung der Wasserstoff-Ionen-Konzentration bewirkt.

Arbeitsvorschrift. Man bestimmt zunächst die Summe von Tonerde und Titansäure. Die gewogenen Oxyde schließt man durch Schmelzen mit Natrium-Kaliumcarbonat oder mit Natriumcarbonat allein auf, löst die Schmelze in verdünnter Salzsäure und neutralisiert die Lösung unter Vermeidung zu starker Erwärmung mit Natronlauge unter Verwendung von Methylorange. Man läßt 20 cm^3 Salzsäure [10 cm^3 Salzsäure (D 1,19) und 90 cm^3 Wasser] zufließen und wartet, bis in der Kälte Klärung erfolgt ist. Nach Zusatz von 1 g Kaliumsulfat und etwa 1,5 g Kaliumbromid bringt man auf 200 cm^3, erhitzt im bedeckten Becherglas zum Sieden und erhält 30 Min. lang in schwachem Kochen, wobei Titansäure quantitativ abgeschieden wird. Nach dem Absetzen filtriert man heiß und spült mit heißem Wasser aus. Den an den Wandungen des Gefäßes haftenden Niederschlag von Titansäure löst man durch Kochen in wenig konzentrierter Salzsäure, fällt durch tropfenweisen Zusatz von Ammoniak und filtriert durch dasselbe, inzwischen mit heißem Wasser aluminiumfrei gewaschene Filter. Der getrocknete Niederschlag wird samt dem Filter stark geglüht und als Titansäure gewogen. Die Lösung soll für 100 cm^3 nicht mehr als 0,05 g Aluminiumoxyd enthalten, gegebenenfalls verdünnt man, muß dann aber die Kochdauer entsprechend verlängern, z. B. für 400 cm^3 50 Min.

Genauigkeit. Nach den angeführten Analysenresultaten betrugen die Differenzen bei Anwendung von 0,0125 bis 0,1560 g Titansäure und 0,0125 bis 0,1560 g Aluminiumoxyd bei Titansäure $-0,3$ bis $+0,6$ mg.

***b) Verfahren nach* KAYSER.** Das Prinzip der Innehaltung bestimmter Wasserstoff-Ionen-Konzentrationen verwendet auch KAYSER für die Trennung des Titans und Aluminiums. Die von MOSER und IRÁNYI für das Salzsäure-Kaliumbromat-Gemisch angegebene obere Aciditätsgrenze von 0,05 n stimmt mit der von KAYSER festgestellten Aciditätsgrenze von 0,06 n für reine Titansulfatlösungen von etwa 0,06 n ziemlich überein. Bei kaliumsulfathaltigen Lösungen, die von MOSER und IRÁNYI vorgeschrieben sind, steigt sie infolge von Hydrosulfatbildung bis 0,10 n. Nach KAYSER wird die Abscheidungsform durch Kaliumsulfat im ungünstigen Sinn beeinflußt.

Die Arbeitsvorschrift s. S. 397.

6. Abscheidung von Titan nach dem Jodatverfahren von BEANS und MOSSMANN.

Vorbemerkung. Nach BEANS und MOSSMANN wird unter geeigneten Bedingungen durch Kaliumjodat ein krystallinisches Titansalz von der Zusammensetzung $Ti(JO_3) \cdot 3\,KJO_3$ gefällt, während Aluminium, Calcium, Magnesium, Nickel, Phosphor und Chrom, also gleichzeitig in Lösung befindliche Elemente, die als Begleiter des Titans in Erzen gewöhnlich vorkommen, in Lösung bleiben. Mit geringen Modifikationen läßt sich nach der Methode auch eine Trennung des Titans von Zirkon und Mangan erreichen.

Arbeitsvorschrift. (Trennung des Titans von Aluminium, Calcium, Magnesium und Nickel.) Zu der Lösung gibt man 27 cm³ Salpetersäure zu und füllt das Volumen auf 200 cm³ auf. Das Reagens besteht aus einer Auflösung von 10 g Kaliumjodat in 100 cm³ Wasser, das wenige Tropfen Salpetersäure enthält, die das Ausfallen des Kaliumjodats beim Abkühlen verhüten sollen. Das Reagens wird der Lösung allmählich unter Umrühren zugefügt. Man läßt den Niederschlag unter bisweiligem Umrühren 1 Std. stehen, bis er in eine dichte krystalline Form übergegangen ist. Er wird 5mal durch Dekantieren mit 20 cm³-Portionen einer 20%igen Lösung von Kaliumjodat gewaschen, die 6 cm³ konzentrierte Salpetersäure auf 100 cm³ enthält. Filter und Niederschlag gibt man dann in das Becherglas zurück, fügt 15 cm³ Salzsäure zu und zerkleinert das Filterpapier unter Anwendung eines Rührers. Dann wird etwas Wasser zugegeben und Schwefeldioxyd durch die Lösung geleitet, bis die zuerst braune Farbe vollständig verschwunden ist. Das Volumen wird dann auf 300 cm³ gebracht und das Schwefeldioxyd durch Kochen ausgetrieben. Das Titan wird dann durch Ammoniak gefällt, filtriert, gewaschen, geglüht und als Titansäure gewogen.

Bei doppelter Fällung wird der Jodatniederschlag mit heißem Wasser in das Becherglas zurückgegeben. Man fügt 25 cm³ konzentrierte Salzsäure zu und leitet Schwefeldioxyd durch die Lösung, bis die braune Färbung verschwunden ist. Das Schwefeldioxyd wird dann durch Kochen vollständig ausgetrieben, das Volumen auf 200 cm³ gebracht und Titan durch Zugabe von 10 g Kaliumjodat, in 100 cm³ Wasser gelöst, wieder gefällt. Die weitere Behandlung geschieht wie oben angegeben.

Erfolgt die Jodatfällung in Lösungen von größerer Acidität, so enthält das Filtrat noch Titan. Daher ist die Fällung in Lösungen, deren Säurekonzentration größer als 1,7 n ist, unvollkommen. Bei Anwesenheit von Titanmengen, die mehr als 0,1 g Titansäure entsprechen, ist es ratsam, die Menge des zugefügten Kaliumjodats zu vergrößern.

Bemerkungen. Phosphorsäure bleibt bei der Jodatfällung in Lösung und läßt sich gut vom Titan trennen. Bis 0,07 g Chrom fallen unter den angegebenen Bedingungen nicht aus. 0,05 g Vanadinpentoxyd geben einen hellroten Niederschlag, doch bringt 1 mg Vanadinpentoxyd, wie es in Titanerzen zugegen zu sein pflegt, keine Fällung hervor. Mangan wird unter den Fällungsbedingungen nicht abgeschieden, doch setzt sich nach 1 Std. ein geringer brauner Niederschlag ab, der Manganoxyd zu sein scheint. Genaue Resultate werden erhalten, wenn man die Fällung in Salzsäure und schwefliger Säure löst, 1 cm³ gesättigte Ammoniumbisulfatlösung zugibt und das Titan nach der Acetatmethode fällt. Eisen wird in kleinen Mengen durch Kaliumjodat nach der angegebenen Fällungsvorschrift vollständig niedergeschlagen. Größere Mengen (etwa 0,1 g Eisenoxyd) werden unvollkommen gefällt. Daher muß das Eisen vor der Titanfällung durch 3maliges Ausschütteln mit Äther entfernt werden. Die wäßrige Schicht wird dann auf 50 cm³ eingedampft, mit Wasser auf ein Volumen von 200 cm³ gebracht und Titan als Jodat gefällt. Es wird gewaschen, abfiltriert und mit heißem Wasser in das Becherglas zurückgegeben. Man löst in 15 cm³ konzentrierte Salzsäure unter Einleitung von Schwefeldioxyd, vertreibt den Überschuß an Schwefeldioxyd durch Kochen und fällt Titan nach der Acetatmethode unter Anwendung von Ammoniumbisulfat, um die noch vorhandenen Spuren Eisen als Ferrosalz in Lösung zu halten.

Genauigkeit. Die angegebenen Analysenresultate zeigen, daß eine genaue Trennung von 0,1 g Titansäure von 0,2 g Aluminiumoxyd, 0,1 g Calciumoxyd, 0,4 g Nickeloxyd und von sehr großen Mengen Magnesiumoxyd erreicht werden kann. Bei doppelter Fällung wächst die zulässige Menge an Aluminiumoxyd bzw. Calciumoxyd auf 0,35 g bzw. 0,2 g. Die Gegenwart größerer Mengen der angeführten Elemente ergibt bei 1maliger Fällung infolge Adsorption höhere Resultate für den Gehalt an Titansäure.

7. Abscheidung des Zirkons nach dem Jodatverfahren.

a) Verfahren nach* DAVIS *jun. **Vorbemerkung.** Die Trennung des Zirkons von Aluminium hat DAVIS jun. auf der Fällbarkeit des Zirkons mit Alkalijodat begründet. Aus neutralen oder schwach sauren Lösungen des Zirkons wird dieses vollständig gefällt, so daß im Filtrat mit Ammoniak kein Zirkon mehr nachzuweisen ist, während Aluminium in Lösung bleibt. Diese Methode ist von der geringsten Änderung der Säurekonzentration abhängig. BEANS und MOSSMANN halten sie daher für praktische Zwecke für unbrauchbar. Nach ihren Angaben ist die Fällung des Zirkons durch Jodat bei einer Säurekonzentration der Lösungen von 1,6 n nicht vollständig; sie wird jedoch vollständig, wenn die Lösung 0,3 n an Schwefelsäure ist.

Arbeitsvorschrift. Die salzsaure Lösung, die in 100 cm³ 0,1 g Zirkonoxyd enthält, wird mit Soda bis zur Bildung eines bleibenden Niederschlages versetzt, den man mit möglichst wenig verdünnter Salzsäure löst. Man fügt Natriumjodat im Überschuß zu, erhitzt die Lösung etwa 15 Min., läßt 12 Std. stehen, filtriert den Niederschlag ab und wäscht ihn mit kochendem Wasser aus. Man löst ihn alsdann wieder in heißer Salzsäure, fällt mit Ammoniak, filtriert, wäscht aus, glüht und wägt als Zirkonoxyd.

Nach WEISS und NEUMANN ist es nicht erforderlich, den Jodatniederschlag 12 Std. stehen zu lassen. Sofortiges Abfiltrieren ergibt keinen Fehler.

Genauigkeit. Bei 3 Analysen von titanfreiem Zirkonaluminium fanden WEISS und NEUMANN folgende Werte:

	I.	II.	III.
Zirkon	72,17%	72,32%	72,22%
Aluminium . .	27,58%	27,47%	27,65%
Summe	99,75%	99,79%	99,87%

bei 3 Analysen von geschmolzenem Zirkonaluminium:

	I.	II.	III.
Zirkon	91,22%	91,35%	91,19%
Aluminium . .	8,48%	8,54%	8,42%
Summe	99,70%	99,89%	99,61%

***b) Verfahren in Gegenwart von Titan nach* BEANS *und* MOSSMANN. Arbeitsvorschrift.** Gleichzeitig anwesendes Titan wird bei der Jodatfällung durch Wasserstoffperoxyd in Lösung gehalten; man verfährt folgendermaßen:

Die Lösung wird mit 35 cm³ Perhydrol versetzt, das Volumen auf 200 cm³ gebracht und das Zirkon durch Zugabe von 100 cm³ einer 10%igen Lösung von Kaliumjodat gefällt. Nach 3stündigem Stehen wird der Zirkonniederschlag in einen Porzellanfiltertiegel abfiltriert und durch Dekantieren mit 150 cm³ Wasser gewaschen, die 3 g Kaliumjodat und 3 cm³ Perhydrol enthalten. Zum Filtrat gibt man 9 cm³ Schwefelsäure und zerstört das Wasserstoffperoxyd durch Kochen, wobei ein Verspritzen der Flüssigkeit zu vermeiden ist (durch einen aufgesetzten umgekehrten Trichter). Nach der Zerstörung des Wasserstoffperoxydes fällt Titansäure aus. Man dampft auf 300 cm³ ein, läßt abkühlen und verfährt weiter, wie bei der Bestimmung des Titans oben beschrieben wurde. Zur Bestimmung des Zirkons löst man den Niederschlag durch den porösen Boden des Tiegels hindurch in konzentrierter Salzsäure und wäscht mit Wasser nach. Man leitet 1 bis 2 Min. lang Schwefeldioxyd durch die Lösung und kocht dann den Überschuß an Schwefeldioxyd weg. Zur Lösung gibt man Filterschleim, fällt das Zirkon mit Ammoniak, wäscht mit 2%iger Ammoniumsulfatlösung aus, verascht, glüht und wägt das Zirkon als Zirkonoxyd.

Genauigkeit. Bei Gegenwart von mehr als 10 mg Zirkonoxyd adsorbiert Titan große Mengen Zirkon. Da jedoch das Zirkon in Titanerzen nur in kleinen Mengen vorkommt, ist die Methode für diese verwendbar.

IV. Die Trennung der Kieselsäure von der Tonerde.

Allgemeines. Da die Kieselsäure gewöhnlich aus dem Gewichtsverlust nach der Behandlung mit Fluß- und Schwefelsäure bestimmt wird, ist ihre vollständige Trennung von den anderen Elementen meist nicht erforderlich. Nach dem Aufschluß der zu untersuchenden Substanz mit Säure oder mit Soda und Säure ist ein Teil der Kieselsäure als Hydrosol gelöst, während der andere Teil als gallertartiges und schwer filtrierbares Gel abgeschieden wird. Um die kolloidal in Lösung befindliche Kieselsäure unlöslich und leicht filtrierbar zu machen wird die Lösung mit Säure eingedampft und getrocknet. Dabei kommt es, um eine möglichst weitgehende Trennung der Kieselsäure von Aluminium, Eisen und anderen Elementen zu erreichen, auf die Einhaltung der Bedingungen für das Unlöslichmachen der Kieselsäure ganz besonders an. Wird zu kurz oder bei zu niedriger Temperatur getrocknet, so gehen beim Auflösen des Trockenrückstandes mit Wasser oder Säure größere Mengen Kieselsäure wieder in Lösung. Erwärmt man zu hoch, so wird zwar die gesamte Kieselsäure unlöslich, sie enthält jedoch reichlich Verunreinigungen an Tonerde, Eisenoxyd usw. Eine vollkommen quantitative Trennung ist daher bei Abscheidung der Kieselsäure schwer zu erreichen, weshalb man sowohl die Verunreinigungen der abgeschiedenen Kieselsäure als auch die in Lösung befindlichen Kieselsäuremengen berücksichtigen muß.

Eine genaue und ausführliche Arbeitsvorschrift zur Bestimmung der Kieselsäure in kieselsäurehaltigen Materialien (Silicaten) bringen z. B. H. u. W. Biltz (a), die nachstehend angegeben sei.

1. Trennung der Kieselsäure von Aluminium und anderen Elementen mit Salz- oder Salpetersäure.

Arbeitsvorschrift. 1 g der fein gepulverten Probe wird in einer Porzellanschale mit so viel konzentrierter Salzsäure übergossen, daß das Pulver etwa 1 cm hoch bedeckt ist. Man überläßt die Schale mehrere Stunden, am besten über Nacht, bei Zimmertemperatur sich selbst. Es ist wichtig, bei Zimmertemperatur zu arbeiten, denn die Kieselsäure scheidet sich dabei als Hydrosol ab und ist in dieser Form für Säuren und Salze durchlässig, so daß der Aufschluß ungehindert fortschreitet. Wird dagegen von vornherein erhitzt, so entsteht dichte, wenig durchlässige Kieselsäure, die noch unaufgeschlossene Substanzteilchen umhüllt und den vollständigen Aufschluß erschwert oder verhindert. Statt Salzsäure kann man auch Salpetersäure verwenden. Im allgemeinen wirken beide Säuren gleich. Manchmal führt Salpetersäure unmittelbar zu einer besonders vollständigen und reinen Abscheidung der Kieselsäure. War ein Sodaaufschluß erforderlich, so läßt man die Sodaschmelze, nachdem man den Platintiegel in eine Porzellanschale gebracht hat, mit Wasser völlig zerfallen. Ohne Salzsäure zuzufügen, entfernt man den Tiegel aus der Schale, befreit ihn mechanisch mit Wasser, Gummiwischer oder Federfahne möglichst von anhaftenden Teilen und bringt ihn in ein kleines Becherglas mit verdünnter Salzsäure; hier wird er völlig gereinigt und mit Wasser abgespritzt. Die benützte Salzsäure und das Spülwasser bringt man zum Inhalt der Schale. Der Tiegeldeckel wird mit heißem Wasser abgespritzt und nötigenfalls mit einem Gummiwischer oder einer Federfahne weiter gereinigt. Man hält den Schaleninhalt einige Zeit warm, und erst, wenn die Schmelze völlig zerfallen ist, werden in kleinen Anteilen 20 bis 30 cm^3 Salzsäure zugefügt, wobei die Schale während der stürmischen Kohlendioxydentwicklung durch ein Uhrglas bedeckt bleibt. Es ist ratsam, die Schmelze sofort ohne vorheriges Aufweichen und Lösen mit Wasser allein der Einwirkung der Säure auszusetzen, da die abgeschiedene Kieselsäuregallerte schützend auf noch Ungelöstes wirkt, und durch anwesende höhere Manganoxyde entstandenes Chlor lösend auf das Platin des Tiegels wirkt. Bei Präzisionsanalysen verwendet man Platinschalen, natürlich nur dann, wenn nicht auch gleichzeitig mit Salpetersäure gearbeitet wird. Wenn die Gasentwicklung nachläßt, fügt man nochmals

20 bis 30 cm^3 Salzsäure hinzu, zerdrückt etwa noch zusammenhängende Brocken mit einem Glasstab aus Jenaer Glas und erwärmt das Ganze gelind. Ist die Reaktion zu Ende, spült man das Uhrglas und den Tiegel sorgfältig mit heißem Wasser ab (Federfahne oder Gummiwischer).

Den Inhalt der Schale engt man zunächst auf dem Sandbade oder auf einem Asbestdrahtnetz ein und bringt dann die Masse auf einem lebhaft siedenden Wasserbad so weit wie möglich zur Trockne. Die Gel-Brocken werden dabei mit einem Stab aus Jenaer Glas zerkleinert, wodurch das Entwässern beschleunigt wird. Ist ein Sodaaufschluß vorhergegangen, so dauert das Eindampfen und Entwässern der verhältnismäßig großen Salzmasse lange. Man durchfeuchtet den Trockenrückstand mit 5 cm^3 konzentrierter Salzsäure und raucht diese nochmals ab. Es hinterbleibt eine pulverige Masse, deren Farbe im Vergleich mit der des ursprünglichen, noch feuchten Abdampfrückstandes meist merklich aufgehellt erscheint. Statt des zweiten Abrauchens mit Salzsäure hat sich ein Abrauchen mit Salpetersäure (natürlich nur in einer Porzellanschale) mehrfach bewährt. Die Kieselsäure wird dabei oft rein weiß und fast unlöslich: sie enthält nicht mehr Fremdstoffe als beim Abrauchen mit Salzsäure.

Den Trockenrückstand erhitzt man im Trockenschrank auf 110 bis 115°, bis er nicht mehr nach Salzsäure riecht, nimmt ihn dann mit etwa 5 cm^3 Salzsäure und 50 bis 100 cm^3 kochendem Wasser auf. Die abgeschiedene Kieselsäure darf keine unaufgeschlossenen Silicatteile mehr enthalten, was durch ein knirschendes Geräusch beim Umrühren kenntlich ist. Nötigenfalls wäre der Aufschluß zu wiederholen. Die Kieselsäure wird auf einem Filter gesammelt und zunächst mit schwach salzsäurehaltigem, dann mit reinem kochenden Wasser ausgewaschen und auf dem Filter aufbewahrt.

Zur Abscheidung des in der Lösung verbleibenden Restes der Kieselsäure verdampft man das Filtrat mit dem Waschwasser in der Schale zur Trockne und raucht ein zweites Mal mit 5 cm^3 konzentrierter Salzsäure ab. Man erhöht dann die Temperatur $^1/_2$ Std. auf etwa 110°, wobei jedes stärkere Erhitzen zu vermeiden ist. Man nimmt mit 5 cm^3 Salzsäure und dann mit etwa 50 bis 60 cm^3 kochendem Wasser auf. Die abgeschiedene Kieselsäure wird auf einem zweiten Filter gesammelt. Ganz vollständig ist die Abscheidung der Kieselsäure auch hier nicht, weswegen bei genauen Bestimmungen der im Gang der Analyse neben Aluminium auftretende Kieselsäurerest zu berücksichtigen ist. In diesem Fall kann das langwierige besondere Trocknen der zweiten Kieselsäureabscheidung unterbleiben. Man kann sich damit begnügen, den Eindampfrückstand so scharf zu trocknen, wie es ein lebhaft siedendes Wasserbad zuläßt.

Die abgeschiedene Kieselsäure kann, je nach der Art des kieselsäurehaltigen Materials, noch etwas Aluminium, Eisenoxyd, Magnesiumoxyd, Calciumoxyd, Titansäure usw. und gegebenenfalls auch Bariumsulfat und Phosphorsäure enthalten. Die beiden Filter mit der Kieselsäure werden in einem mit Deckel gewogenen Platintiegel feucht verascht; dann wird im bedeckten Tiegel 30 Min. über einem Starkbrenner, schließlich über einem Gebläse oder im elektrischen Ofen kräftig geglüht. Da die feinverteilte, hochgeglühte Kieselsäure hygroskopisch ist, muß der Tiegel während der Wägungen bedeckt bleiben. Man fügt dann zum Tiegelinhalt 1 cm^3 Wasser, 2 Tropfen konzentrierte Schwefelsäure und etwa 3 cm^3 reine, 40%ige Flußsäure und dampft das Gemisch auf dem Sandbad langsam zur Trockne ein. Der Rückstand wird mit 1 cm^3 Flußsäure ein zweites Mal ebenso behandelt. Die Schwefelsäure wird mit fächelnder Flamme entfernt und der im Tiegel verbleibende Oxydrückstand nochmals unter Zugabe eines Körnchens Ammoniumcarbonat verglüht. Man wägt wieder und stellt die Differenz gegen die erste Auswage als Siliciumdioxyd in Rechnung. Der Rückstand wird durch Erwärmen mit Salzsäure oder durch Aufschluß mit Kaliumpyrosulfat in Lösung gebracht und mit der Hauptlösung vereinigt.

Da noch eine geringe Menge Kieselsäure in der Hauptlösung in Lösung bleibt, ist diese bei der Bestimmung der einzelnen Elemente zu berücksichtigen. Diese Kieselsäurereste gelangen z. B. bei der Fällung mit Ammoniak in den Niederschlag der Hydroxyde des Aluminiums, Eisens usw. Die nach der Ammoniakfällung und dem Glühen erhaltenen Oxyde werden mit Kaliumpyrosulfat geschmolzen. Man nimmt die Schmelze mit schwefelsäurehaltigem Wasser auf, dampft die Lösung bis zum Auftreten von Schwefelsäuredämpfen ein, nimmt den Rückstand wieder mit warmem Wasser auf, hält die Lösung einige Zeit warm und filtriert sie. Durch Veraschen des Filters und Abrauchen der Asche mit Flußsäure ermittelt man den noch einige Milligramme betragenden Rest der Kieselsäure.

2. Abscheidung der Kieselsäure mit Perchlorsäure in Gegenwart von Aluminium usw.

Vorbemerkung. Wegen der günstigen Entwässerungsbedingungen wird zur Abscheidung der Kieselsäure auch die Behandlung mit Perchlorsäure empfohlen, bei der die Abscheidung der Kieselsäure schon beim ersten Eindampfen bis auf 0,3% erfolgt, während das Filtrat der ersten Kieselsäurefällung nach der Salzsäuremethode noch bis zu 5% Kieselsäure enthalten kann.

Arbeitsvorschrift nach Treadwell (b). 0,5 bis 1 g Substanz werden in einem Erlenmeyer-Kolben mit eingeschliffenem Rückflußkühler in 10 cm^3 Wasser aufgeschlämmt. Hierauf fügt man 20 cm^3 60%ige Perchlorsäure und 7 cm^3 konzentrierte Salzsäure hinzu und engt nun im Luftbad bis zum Entweichen von Perchlordämpfen ein. Organische Substanzen dürfen hierbei nicht zugegen sein. Sie würden zu gefährlichen Explosionen Anlaß geben. Zur weiteren Entwässerung der Kieselsäure wird noch 15 Min. mit aufgesetztem Kühler erhitzt. Nach dem Abkühlen wird die ausgeschiedene Kieselsäure noch mit 80 cm^3 10%iger Salzsäure auf dem Wasserbad digeriert und dann auf ein Papierfilter abfiltriert. Man wäscht 3- bis 4mal mit heißer 10%iger Salzsäure und zum Schluß mit heißem Wasser.

3. Abscheidung von Kieselsäure durch Schwefelsäure oder durch Pyrosulfatschmelze.

Bei Verwendung von Schwefelsäure als Dehydratisierungsmittel für die Abscheidung der Kieselsäure muß eine genügende Menge benützt werden, um die Bildung von festen Rückständen zu vermeiden, die ein Verspritzen verursachen oder die nachherige Auflösung der Salze erschweren. Das Erhitzen erfolgt bis zum Auftreten von Schwefelsäuredämpfen.

Wenn viel Aluminium zugegen ist, wird die Kieselsäure in einer dichteren und besser filtrierbaren Form erhalten, wenn man die heiße, rauchende Schwefelsäure etwas abkühlen läßt, schnell ein wenig kaltes Wasser in die noch warme Lösung gießt, erst dann die Lösung mit mehr Wasser verdünnt und zum Sieden erwärmt. Dieselbe Wirkung wie beim Abdampfen mit Schwefelsäure zur Abscheidung der Kieselsäure wird beim Aufschluß durch Schmelzen mit Alkalipyrosulfat erreicht. Kaliumpyrosulfat schmilzt bei etwa 300° C und entwickelt von 450° C an Dämpfe von Schwefelsäureanhydrid. Beim Aufschluß ist darauf zu achten, daß möglichst wenig davon entweicht, gegebenenfalls kann das verlorengegangene Anhydrid durch tropfenweisen Zusatz von konzentrierter oder rauchender Schwefelsäure ersetzt werden. Bisweilen ist Natriumpyrosulfat dem Kalisalz vorzuziehen, da es schneller wirkt und mit manchen Oxyden, z. B. mit Tonerde, leichter lösliche Salze bildet [vgl. Hillebrand und Lundell (b)].

4. Bestimmung der Kieselsäure in Gegenwart von Aluminium und Wolfram.

Ist Wolfram vorhanden, so befindet sich nach dem Eindampfen mit Salpetersäure die Wolframsäure bei der Kieselsäure mit den Verunreinigungen an Tonerde. In diesem Oxydgemisch kann man nach Treadwell (c) die Kieselsäure sehr genau durch Eindampfen mit Flußsäure und einem großen Überschuß von Schwefelsäure trennen. Die Trennung gelingt jedoch nicht, wenn man beide Säuren als Mercurosalze gefällt hat, da in dem durch Glühen der Mercurosalze erhaltenen Gemisch von Kieselsäure, Wolframsäure und den Verunreinigungen an Tonerde usw. die Kieselsäure derart von Wolframsäure umhüllt ist, daß erhebliche Mengen der Kieselsäure der Einwirkung der Flußsäure entzogen werden. In diesem Fall wird die von FRIEDHEIM, HENDERSON und PINAGEL nachgeprüfte Methode von PÉRILLON empfohlen, bei der Wolfram im trockenen Salzsäurestrom durch Erhitzen auf 750 bis 850° C verflüchtigt wird, während Kieselsäure zusammen mit den Verunreinigungen an Tonerde unverändert zurückbleibt. Sonst trennt man Kieselsäure von Wolfram, Tonerde usw. nach TREADWELL (d) in der Weise, daß man die Oxyde im Platintiegel mit Soda schmilzt, die Schmelze in Wasser löst, die Lösung in eine Platinschale bringt und 2mal mit einem Überschuß von je 10 cm³ Flußsäure auf dem Wasserbad zur Trockne eindampft. Man versetzt dann vorsichtig mit 10 cm³ Schwefelsäure (1:1) und raucht die Säure ab, um die Siliciofluoride in die Sulfate zu verwandeln. Der Rückstand wird mit 50 cm³ Salpetersäure (1:1) aufgenommen und zur Abscheidung der Wolframsäure auf dem Wasserbad eingedampft. Im Filtrat von der Wolframsäure wird dann die Tonerde bestimmt.

Verschiedene Autoren haben angegeben, daß sich Wolframsäure bei der Behandlung mit Schwefel- und Flußsäure verflüchtige; ARNOLD (a) stellt jedoch fest, daß der Verlust an Wolframsäure rein mechanisch zu erklären ist. Bei Verwendung hoher, gut bedeckter Tiegel tritt kein Verlust an Wolframsäure auf.

5. Bestimmung der Kieselsäure in Gegenwart von Tonerde und von Erdsäuren nach SCHOELLER und POWELL (a).

Bei Gegenwart großer Mengen Kieselsäure bestimmt man diese durch Gewichtsverlust bei der Behandlung des Oxydgemisches mit Flußsäure und Schwefelsäure. Sind nur kleine Kieselsäuremengen vorhanden, so wird diese Differenzmethode ungenau. Beim Schmelzen des Oxydgemisches mit Natriumhydroxyd und Extraktion der Schmelze mit Wasser hinterbleibt ein unlöslicher Rückstand aus Natriumtantalat und Natriumniobat, der mit verdünnter Natronlauge oder Sodalösung auszuwaschen ist. Das Filtrat, welches Kieselsäure und Tonerde als Silicat und Aluminat enthält, wird zur Abscheidung der Kieselsäure mit Säure eingedampft. SCHOELLER und POWELL fanden hierbei zu niedrige Werte für die Kieselsäure und zu hohe Werte für die Erdsäuren, welche noch Kieselsäure enthielten.

Nach dem Schmelzen des Oxydgemisches mit Kaliumcarbonat nach dem Verfahren von SCHOELLER und JAHN wird die Schmelze mit Wasser aufgenommen. Die Erdsäuren werden alsdann durch Zusatz von Natriumchlorid als Natriumsalze gefällt, wobei Tantal als $4\,Na_2O \cdot 3\,Ta_2O_5 \cdot 25\,H_2O$ und Niob als $7\,Na_2O \cdot 6\,Nb_2O_5 \cdot 32\,H_2O$ als dichter, mikrokrystallinischer Niederschlag erhalten werden. Während die Niob-Kieselsäure-Trennung fast befriedigende Werte ergibt, erhält man bei der Tantal-Kieselsäure-Trennung zu niedrige Werte für die Kieselsäure. Bei Gegenwart von Tantal ist die Trennung daher ungeeignet. SCHOELLER und POWELL wenden daher die Pyrosulfatschmelze an, wobei die Erdsäuren zusammen mit der Tonerde in lösliche Verbindungen übergeführt werden, während die Kieselsäure unlöslich bleibt. Da die Erdsäuren beim Auflösen der Schmelze leicht hydrolysieren, setzt man der Lösung Weinsäure oder Oxalsäure zu.

6. Bestimmung der Kieselsäure in Gegenwart von Aluminium, Niob und Tantal nach SCHOELLER und POWELL (b).

Arbeitsvorschrift. Das Oxydgemisch wird mit etwa 3 g Kaliumpyrosulfat geschmolzen und die Schmelze auf dem Wasserbad mit einer Lösung von ungefähr 3 g Oxalsäure oder Weinsäure digeriert. Nach dem Filtrieren wäscht man den Rückstand mit heißem Wasser aus, glüht und wägt. Die Kieselsäure wird mit Flußsäure und Schwefelsäure verflüchtigt. Es hinterbleibt ein geringer Rückstand, der mit Pyrosulfat geschmolzen wird. Die Schmelze wird in der Lösung einer organischen Säure (Weinsäure, Oxalsäure) gelöst. Die vereinigten Filtrate enthalten neben Tonerde die Erdsäuren. Eine Verflüchtigung von Erdsäuren beim Glühen tritt nicht ein, wenn sie mit Fluß- und Schwefelsäure zwecks Beseitigung der Kieselsäure und deren Bestimmung aus der Gewichtsdifferenz behandelt werden.

V. Trennung des Aluminiums von Wolfram in Gegenwart anderer Elemente.

Allgemeines.

Da sich Wolframsäure ähnlich wie Kieselsäure verhält, werden Wolframate oder wolframhaltige Materialien wie Silicate oder siliciumhaltige Substanzen aufgeschlossen. Beim sauren Aufschluß wird die Wolframsäure durch wiederholtes Eindampfen mit Mineralsäuren wie Salzsäure, Salpetersäure oder Königswasser ähnlich wie die Kieselsäure abgeschieden. Ist Aluminium zugegen, so werden die Hauptmengen des Aluminiums dabei von Wolfram getrennt und befinden sich im Filtrat von der abgeschiedenen Wolframsäure, das meist noch geringe Mengen Wolframsäure enthält, die durch nochmaliges Eindampfen mit Säure abgeschieden werden können. Um die noch im Wolframsäureniederschlag befindlichen Restmengen von Tonerde zu erfassen, wird der Niederschlag in Ammoniak gelöst und daraus die Wolframsäure durch Behandlung mit Säure abgeschieden. In den vereinigten Filtraten kann dann das Aluminium wie üblich bestimmt werden. Um Hydrosolbildung zu vermeiden, wird die Wolframsäure mit säure- oder ammoniumnitrathaltigem Wasser ausgewaschen. Das Wolframtrioxyd ist bereits bei 1000° flüchtig, daher soll der Wolframsäureniederschlag bei 900° im elektrischen Ofen oder über der Flamme des Bunsen-Brenners, nicht aber vor dem Gebläse geglüht werden.

Aus der Lösung der alkalischen Schmelze beim alkalischen Aufschluß, die Wolfram als Wolframat und Aluminium als Aluminat enthält, kann man das Aluminium nach der Neutralisation der wäßrigen Lösung der Schmelze mit Salpetersäure oder Salzsäure mit Ammoniak fällen [vgl. Seel, ferner *Chemikerfachausschuß der Gesellschaft Deutscher Metallhütten- und Bergleute (a)*, Wunder und Schapiro].

Umgekehrt läßt sich aber auch nach dem Ansäuern der alkalischen Schmelze mit Säure wiederholtes Eindampfen mit Säure, die Wolframsäure zusammen mit der Kieselsäure abscheiden und im Filtrat des Aluminiums durch Fällung mit Ammoniak bestimmen [vgl. Arnold (b) sowie Agte, Becker-Rose und Heyne].

Um Wolframsäure quantitativ aus einer Alkaliwolframatlösung abzuscheiden, verdampft man nach Treadwell (e) die möglichst konzentrierte Lösung mit dem gleichen Volumen konzentrierter Salzsäure auf dem Wasserbad zur Trockne und erhitzt 1 Std. bei 120° im Trockenschrank. Nach Zusatz von etwas Salzsäure kocht man, filtriert und wäscht mit 7%iger Salzsäure oder mit 10%iger Ammoniumsulfatlösung aus. Alsdann trocknet man und erhitzt, jedoch nicht über 900°. Im Filtrat sind noch geringe Mengen Wolframsäure gelöst, die durch nochmaliges Eindampfen zur Trockne nach Zusatz von Salz- oder Salpetersäure vollständig abgeschieden werden.

Die Schwierigkeit der Abscheidung der Wolframsäure durch Mineralsäuren beruht auf der Bildung von Alkalimetawolframat, das durch Säuren schwer zersetzt wird. Nach Philipp wird das Metawolframat durch Verdampfen des Filtrats mit Ammoniak zur Trockne in gewöhnliches Wolframat übergeführt, welches dann durch Salpetersäure zersetzt wird. Nach Treadwell bildet sich jedoch beim Verdampfen mit Säure wiederum Metawolframsäure, die nur durch mehrmaliges Eindampfen mit Salz- oder Salpetersäure in unlösliche Wolframsäure umgewandelt werden kann.

Um das Mitreißen von Verunreinigungen wie Aluminium, Eisen usw. bei der Ausfällung der Wolframsäure nach Möglichkeit zu verringern, läßt sich nach

ARNOLD (c) unter geeigneten Arbeitsbedingungen die Wolframsäure als körniger Niederschlag ausfällen, indem man die heiße, alkalische oder ammoniakalische Lösung in dünnem Strahl langsam in kochende Salzsäure einfließen läßt. Ferner kann man mit salzsäurehaltigem Wasser dekantieren, in dem die Verunreinigungen löslich sind und schließlich die ausgefällte Wolframsäure wieder in Ammoniak lösen und die Fällung wiederholen. Als Beispiel sei die Bestimmung des Wolframs in zinnhaltigem Wolframmineral nach ANGENOT angeführt, die auch bei Gegenwart von Tonerde anwendbar ist [vgl. BORNTRÄGER sowie TREADWELL (f)].

***1. Trennung des Wolframs von Aluminium, Kieselsäure und Zinn und die Bestimmung des Wolframs in Wolfram-Zinn-Material nach* ANGENOT.** **Arbeitsvorschrift.** 1 g des fein gepulverten Materials wird in einem Eisentiegel mit 8 g Natriumperoxyd geschmolzen, die Schmelze in Wasser gelöst, das Ganze in einem 250 cm^3-Meßkolben bis zur Marke aufgefüllt und durch ein trockenes Filter gegossen. 100 cm^3 des Filtrats läßt man in eine Mischung von 15 cm^3 Salpetersäure und 45 cm^3 Salzsäure fließen und dampft zur Trockne ein. Man setzt 500 cm^3 einer Lösung, die 100 g konzentrierte Salzsäure und 100 g Ammoniumchlorid im Liter enthält, hinzu, filtriert und wäscht mit derselben Lösung aus. Der Niederschlag, der Wolframsäure, Kieselsäure, Zinnoxyd und Tonerde enthält, wird in warmem Ammoniak gelöst und das Filter damit ausgewaschen. Die ammoniakalische Lösung läßt man nach dem Filtrieren in eine Mischung von 15 cm^3 konzentrierter Salpetersäure und 45 cm^3 konzentrierter Salzsäure fließen, verdampft wiederum zur Trockne, nimmt mit obiger Salzsäurelösung auf, filtriert durch einen GOOCH-NEUBAUER-Platintiegel und glüht im elektrischen Ofen bei 900°. Die so erhaltene Wolframsäure soll frei von Kieselsäure, Zinnoxyd und Tonerde sein.

Die Bestimmung des Wolframs in Gegenwart von Aluminium, Eisen, Kieselsäure, Kalk und Magnesia in Scheelit geben H. u. W. BILTZ (b) folgendermaßen an:

2. Bestimmung des Wolframs in Gegenwart von Aluminium, Eisen, Kieselsäure, Kalk und Magnesia nach* H. *und* W. BILTZ *(b). **Arbeitsvorschrift.** Ein inniges Gemisch von etwa 0,8 g sehr fein zerriebenem Scheelit wird mit etwa 4 g Soda im Platintiegel bei zunächst langsam steigender Temperatur über dem BUNSEN-Brenner geschmolzen und dann etwa 20 Min. mit dem Gebläse in klarem Flusse gehalten. Die Schmelze wird mit Wasser und Salpetersäure aufgenommen, abgeraucht, der Rückstand noch einmal mit konzentrierter Salpetersäure abgeraucht und schließlich auf 110 bis 120° erhitzt.

Man nimmt ihn mit heißer 1 n Salzsäure und heißem Wasser auf. Das Filtrat gibt bei erneutem Eindampfen manchmal noch etwas Kieselsäure und Wolframsäure. Filter mit Inhalt wird getrocknet, das Filter in einem gewogenen Platintiegel für sich verascht, die Hauptmenge dazugegeben und stark geglüht. Man wäscht aus und beseitigt die Kieselsäure durch 2maliges Abrauchen mit zunächst etwa 5 cm^3 und dann etwa 3 cm^3 Flußsäure unter Zusatz einiger Tropfen Schwefelsäure. Der geglühte Rückstand wird als Wolframoxyd ausgewogen. Beim Glühen ist zu beachten, daß Flammengase das Oxyd reduzieren können. Aus dem Filtrat werden Aluminium und Eisen mit Ammoniak niedergeschlagen, weiterhin Calcium mit Oxalsäure und Magnesium mit Natriumphosphat.

Über die Trennung des Wolframs von Aluminium in Gegenwart von anderen Elementen s. auch bei TREADWELL (g), bei ARNOLD (b), bei MENNICKE, bei V. und K. FROBOESE, bei MOORE (b) und bei dem *Chemikerfachausschuß der Gesellschaft Deutscher Metallhütten- und Bergleute* (b).

Bezüglich der Fällungsmethode des Wolframs und der Trennungsmöglichkeiten des Wolframs von Aluminium mit Cinchonin, Mercuronitrat, Benzidin, Tannin und Salicylsäure sei auf das Kapitel Wolfram verwiesen.

VI. Trennung des Niobs und Tantals von Aluminium.

Allgemeines. Bei der normalen Analyse befindet sich der größte Teil des Niobs und Tantals bei der durch Mineralsäuren abgeschiedenen Kieselsäure und ist dann in dem unlöslichen Rückstand enthalten, der nach dem Abrauchen der Kieselsäure mit Flußsäure und Schwefelsäure zurückbleibt und Verunreinigungen von Aluminium, Eisen usw. enthält. Beim Schmelzen des Oxydgemisches mit Pyrosulfat werden die Erdsäuren sowie Tonerde und Eisen in lösliche Verbindungen übergeführt, während die Kieselsäure unlöslich bleibt. Wegen der Neigung der Erdsäuren zur Hydrolyse gibt man beim Auflösen der Schmelze zu der Lösung nach HAUSER Mannit, nach PISANI Flußsäure, nach HEADDEN mit Schwefelsäure versetztes Wasserstoffperoxyd oder nach SCHOELLER und POWELL (b) Weinsäure zu. Nach PIED kann man statt Weinsäure jede organische Säure verwenden, welche mit Erdsäuren lösliche Komplexe bildet (z. B. Oxalsäure oder Ammoniumoxalat), um eine klare Lösung zu erhalten. Meist wird man Niob und Tantal zusammen mit dem Aluminiumniederschlag bei der Ammoniakfällung als Oxyde (Ta_2O_5 und Nb_2O_5) erhalten. Wenn dieser Niederschlag zwecks Abscheidung und Bestimmung der darin enthaltenen Kieselsäure weiter behandelt wird, findet eine Trennung der Erdsäuren vom Aluminium statt. Über die Fällung der Erdsäuren und ihre Trennung von Aluminium mit Cupferron aus mineralsaurer Lösung und mit Tannin aus schwach oxalsaurer und ammoniumchloridhaltiger Lösung ist an anderer Stelle berichtet (vgl. S. 429 bzw. 300).

1. Trennung der Erdsäuren von Zinnoxyd in Gegenwart von Aluminium. Über die Trennung der Erdsäuren von Zinnoxyd in Gegenwart von Tonerde berichten SCHOELLER und POWELL (b) und SCHOELLER und WEBB (a). *Liegen nur kleine Mengen Zinnoxyd vor,* so wird die Pyrosulfatschmelze mit Weinsäure oder Ammoniumtartratlösung (einer 20%igen Lösung von Weinsäure in Ammoniak, die einen Überschuß von konzentriertem Ammoniak enthält) behandelt, und der in Lösung gegangene Anteil des Zinnoxydes mit Schwefelwasserstoff nach Zusatz von etwas Quecksilberchlorid gefällt. Lösungsrückstand und Schwefelwasserstoffniederschlag werden zusammen geglüht und als Zinnoxyd gewogen. Hinsichtlich der Einzelheiten der Methode sei auf die Originalarbeit verwiesen.

Bei Gegenwart von großen Mengen Zinnoxyd eignet sich die Reduktion des Zinnoxydes zu metallischem Zinn durch Glühen der Oxyde im Wasserstoffstrom. Das Zinn wird dann in Salzsäure und Brom gelöst, die Lösung zur Trockne verdampft und die Behandlung wiederholt. Der verbleibende Rückstand wird mit verdünnter Salzsäure behandelt und nach dem Abfiltrieren und Glühen mit Kaliumpyrosulfat aufgeschlossen. Nach dem Auflösen der Schmelze mit Hilfe von Weinsäurelösung leitet man in die Lösung nach Zusatz von einigen Tropfen Quecksilberchloridlösung Schwefelwasserstoff und filtriert den entstandenen Niederschlag ab. Im Filtrat können die Erdsäuren mit Kupferron in mineralsaurer Lösung oder mit Tannin in schwach oxalsaurer und ammoniumchloridhaltiger Lösung nach SCHOELLER und WEBB gefällt und von Aluminium getrennt werden.

2. Trennung der Erdsäuren von Tonerde, Kieselsäure und Zinnoxyd nach* SCHOELLER *und* POWELL *(b) sowie nach* SCHOELLER *und* WEBB *(a). Wenn die Erdsäuren überwiegen, schmelzt man die Oxyde mit Pyrosulfat und zieht die Schmelze mit Wasser aus (doppelte Behandlung). Im Rückstand befinden sich Kieselsäure und Zinnoxyd, während das Filtrat die Erdsäuren, Tonerde und geringe Mengen Zinnoxyd enthält. Überwiegt das Zinnoxyd, so wird das fein gepulverte Gemisch der Oxyde im Wasserstoffstrom geglüht und das Reduktionsprodukt mit Salzsäure ausgezogen. Im Rückstand verbleiben Erdsäuren, Tonerde und Kieselsäure, während das Zinn in Lösung bleibt. Bei Anwesenheit größerer Mengen Kieselsäure wird die gewogene Substanz mit Fluß- und Schwefelsäure behandelt, wobei im Rückstand Erdsäuren, Tonerde und Zinnoxyd verbleiben. Silicate schmelzt man zuerst mit Alkalicarbonat und dampft die Schmelze mit Salpetersäure ein; der beim Aufnehmen mit Salpetersäure und Wasser verbleibende Rückstand wird abfiltriert, ausgewaschen, geglüht und gewogen. Hierauf wird die Kieselsäure verflüchtigt.

Literatur.

AGTE, K., H. BECKER-ROSE u. G. HEYNE: Angew. Ch. **38**, 1121 (1925). — ANGENOT, H.: Angew. Ch. **19**, 140 (1906). — ARNOLD, H.: (a) Z. anorg. Ch. **88**, 74 (1914); (b) **88**, 74, 3ᶜ (1914); (c) **86**, 84 (1914).

BASKERVILLE, C.: (a) Am. Soc. **16**, 427 (1894); vgl. Fr. **40**, 804 (1901); (b) Am. Soc. **16**, 475 (1894). — BAUBIGNY, H.: C. r. **135**, 965, 1110 (1902); **136**, 449, 1325, 1662 (1903). — BEANS, H. T. u. D. R. MOSSMANN: Am. Soc. **54**, 1905—1911 (1932). — BEILSTEIN, F. u. L. JAWEIN: B. **12**, 1530 (1879); Fr. **19**, 78 (1880). — BILTZ, H. u. W. BILTZ: Ausführung quantitativer Analysen. Leipzig 1930. (a) S. 359; (b) S. 387. — BORNTRÄGER, H.: Fr. **39**, 361 (1900). — BRAND, A.: Fr. **28**, 581 (1889).

Chemikerausschuß der Gesellschaft Deutscher Metallhütten- und Bergleute: Ausgewählte Methoden für Schiedsanalysen, 2. Aufl. Berlin 1931, (a) S. 429; (b) S. 429, 438—440. — Chemikerausschuß Deutscher Eisenhüttenleute: Arch. Eisenhüttenw. **9**, 505—512 (1934). — CLASSEN, A.: B. **14**, 2778 (1881). — CLASSEN, A. u. M. A. v. REISS: B. **14**, 1626, 1630, 2775 u. 2776 (1881).

DAVIS jun., J. T.: Am. Soc. **11**, 26 (1889); Fr. **29**, 454 (1890). — DITTRICH, M. u. C. HASSEL: B. **35**, 3266 (1902). — DUPARC, L.: Bl. Soc. Min. **42**, 138—241 (1919).

ENGELS, C.: Z. El. Ch. **2**, 413 (1895); **3**, 286, 305 (1896).

FORD, S. A.: Trans. Am. Inst. Mining. Eng. **9**, 397 (1880/81). — FRIEDHEIM, C., W. H. HENDERSON u. A. PINAGEL: Z. anorg. Ch. **45**, 398 (1905). — FROBOESE, V. u. K. FROBOESE: Fr. **61**, 107 (1922).

GOOCH, F. A.: Proc. Am. Acad. Arts an Sci., New Ser. **12**, 435 (1885); Chem. N. **52**, 55, 68 (1885); Fr. **26**, 242 (1887); vgl. S. M. CHATARD: Am. Chem. J. **13**, 106 (1891); Chem. N. **63**, 267 (1891).

HAAS, H.: Diss. Erlangen 1890; vgl. Mitteilungen aus dem pharmazeutischen Institut und Laboratorium für angew. Chemie der Universität Erlangen von A. HILGER 1889, 1. Heft, S. 1. — HAMPE, W.: Ch. Z. **7**, 73 (1883) u. **9**, 1478 (1885). — HANNAY, J. B.: Soc. **33**, 269 (1878). — HAUSER, O.: Z. anorg. Ch. **60**, 231 (1908). — HEADDEN, W. P.: Am. J. Sci. [5] **3**, 297 (1922). — HILLEBRAND, W. F. u. G. E. F. LUNDELL: Applied Inorganic Analysis, New York 1929, (a) S. 340; (b) S. 461; (c) S. 34.

JENSEN, K. A.: Fr. **86**, 422—438 (1931).

KAEPPEL, F.: Z. anorg. Ch. **16**, 268—283 (1898). — KAYSER, L.: Z. anorg. Ch. **138**, 58 (1924). — KNORRE, G. v.: (a) Angew. Ch. **14**, 1149 (1901) u. **16**, 905 (1903); (b) Fr. **43**, 1—14 (1904). — KÖSTER, J.: Z. El. Ch. **10**, 553 (1904).

LEVY, L.: (a) Fr. **29**, 600 (1890); (b) **29**, 600 (1890); C. r. **105**, 754 (1887).

MAJDEL, J.: (a) Fr. **81**, 14 (1930); (b) **81**, 24 (1930). — MARCHAL, C. u. J. WIERNIK: Angew. Ch. **4**, 511 (1891). — MENNICKE, H.: Die Metallurgie des Wolframs, S. 381—399. Berlin 1911. — MOORE, R. B.: Die chemische Analyse seltener technischer Metalle. Leipzig 1927, (a) 274; (b) 16—17. — MOSER, L. u. E. IRANYI: M. **43**, 673, 679 (1922); Fr. **64**, 444 (1924).

NEUMANN, B. u. R. K. MURPHY: Angew. Ch. **26**, 613 (1913); vgl. R. K. MURPHY: Diss. Darmstadt 1913.

PÉRILLON, F.: Bl. Soc. l'Industrie minér. **1884**, Heft 1. — PHILIPP, J.: B. **15**, 501 (1882). — PIED, H.: C. r. **179**, 897 (1924). — PISANI, F.: J. pr. **102**, 448 (1866). — POWELL, A. R. u. H. W. WEBB: Analyst **56**, 795 (1931).

ROSSI, A.: Titanium in Steel, S. 38 (1911); vgl. LUNGE-BERL: Chem.-techn. Untersuchungsmethoden, 7. Aufl., 1922, Bd. II, S. 746; Stahl Eisen **34**, 589 (1914); ferner A. ROSSI u. CH. BASKERVILLE: Fr. **40**, 804 (1901).

SCHOELLER, W. R. u. R. JAHN: Fr. **75**, 200 (1928). — SCHOELLER, W. R. u. A. R. POWELL: (a) Analyst **53**, 258 (1928); Fr. **99**, 207 (1934); (b) Analyst **47**, **93** (1922); Fr. **99**, 208—211 (1934). — SCHOELLER, W. R. u. H. W. WEBB: (a) Analyst **56**, 795 (1931); Fr. **99**, 208—211 (1934); (b) Analyst **54**, 710 (1929); **55**, 608 (1930); Fr. **99**, 211 (1934). — SCHOLL, G. P.: Am. Soc. **25**, 1055 (1903). — SEEL, K.: Angew. Ch. **35**, 644 (1922).

TREADWELL, W. D.: Tabellen und Vorschriften zur quantitativen Analyse. Leipzig u. Wien 1938, (a) 76; (b) 168; (c) Kurzes Lehrbuch der analytischen Chemie, 11. Aufl., Bd. 2, S. 260. Leipzig u. Wien 1930; (d) Tabellen und Vorschriften zur quantitativen Analyse, S. 91. Leipzig u. Wien 1938; (e) Kurzes Lehrbuch der analytischen Chemie, 11. Aufl., Bd. 2, S. 246. Leipzig u. Wien 1930; (f) 11. Aufl., Bd. 2, S. 258. Leipzig u. Wien 1930; (g) 11. Aufl., Bd. 2, S. 253. Leipzig u. Wien 1930.

WEISS, L. u. E. NEUMANN: Z. anorg. Ch. **65**, 259 (1910). — WOHLMANN, E.: Fr. **89**, 338 (1932). — WUNDER, M. u. A. SCHAPIRO: Ann. Chim. anal. **18**, 257 (1913); Fr. **62**, 308 (1923).

C. Phosphattrennungen.

Abtrennung von Titan und Zirkon als Phosphate.

1. Abscheidung des Titans als Phosphat aus saurer Lösung.

***a) Fällung aus salzsaurer Lösung nach* Da-Tchang *und* Houong.** Die genannten Autoren untersuchten die Titanfällung aus salzsauren Lösungen mit 1 bis 20% Salzsäure mit dem Ammoniumphosphat $(NH_4)_2HPO_4$ im großen Überschuß bei Wasserbadtemperatur, wobei auch die Trennung von Aluminium erfolgt. Die nach 12 Std. abfiltrierten Niederschläge werden mit heißer 5%iger Ammoniumnitratlösung dekantiert, mit Wasser gewaschen, getrocknet, zuerst bei bedecktem, dann im offenen Tiegel geglüht. Die Fällung ist quantitativ, und zwar hat das Verhältnis von Titanoxyd/Titanphosphat den konstanten Wert von 0,5234 nur innerhalb eines Konzentrationsbereiches der Lösung von 1 bis 10% Salzsäure.

***b) Fällung aus schwefelsaurer Lösung nach* Ghosh.** Das von Ghosh entwickelte Verfahren der Fällung des Titans als Phosphat gestattet die Trennung des Titans von Aluminium, Eisen und den meisten anderen Metallen außer von Zirkon.

Arbeitsvorschrift. Die fein gepulverte Probe wird im Platintiegel $^1/_2$ Std. lang mit Soda geschmolzen, die Schmelze mit 200 cm³ heißem Wasser ausgelaugt, der Natriumtitanat enthaltende Rückstand abfiltriert, mit heißem Wasser ausgewaschen und nach dem Auswaschen mit 30 cm³ Schwefelsäure (1:5) gelöst. Alsdann verdünnt man mit 200 cm³ Wasser, neutralisiert mit Ammoniak, versetzt mit 20 cm³ 20%iger Ammoniumphosphatlösung und verdünnt weiter auf 400 cm³. Sollte ein Niederschlag entstehen, so wird dieser mit verdünnter Schwefelsäure gerade in Lösung gebracht; außerdem werden noch 5 cm³ Schwefelsäure im Überschuß zugegeben. Die Lösung darf jetzt nicht mehr als 2% freie Schwefelsäure enthalten. Um das Ferrieisen zu reduzieren, setzt man 10 g Natriumthiosulfat und 15 cm³ Eisessig zu und kocht 30 Min., wobei alles Titan ausfällt, während die anderen Metalle, wie Aluminium, Eisen usw., in Lösung bleiben. Nach dem Abfiltrieren des Niederschlages wird er gewaschen, getrocknet, verascht und als Titanphosphat gewogen.

2. Abscheidung des Zirkons als Phosphat aus saurer Lösung.

Vorbemerkung. Die beste Trennung des Zirkons von Aluminium und den anderen Elementen ist seine Fällung als sekundäres Phosphat aus einer Lösung, die etwa 10 Vol.-% Schwefelsäure oder Salzsäure und auch Wasserstoffperoxyd enthält, wenn Titan zugegen ist.

Nach den Angaben von Nicolarde und Réglade ist bei der Bestimmung des Zirkons als Phosphat, um eine quantitative Trennung von Aluminium, Eisen und Chrom zu erreichen, bei Aluminium eine Acidität von 10%, bei Eisen und Chrom von 20% Schwefelsäure erforderlich. Die Fällung des Zirkonphosphates gelingt am besten in stark saurer 20%iger Schwefelsäure. Der Niederschlag ist aus schwefelsaurer oder salzsaurer Lösung nach dem Glühen rein weiß, während er bei Anwendung anderer Säuren grau bis schwarz ist. Die Filtration erfolgt am besten nach 2 Std., bei längerem Stehen schließt der Niederschlag leicht Verunreinigungen ein.

Nach J. R. Withrow erfolgt die Abscheidung des Zirkons am besten bei Zimmertemperatur aus einer Lösung, die 0,34 bis 0,67 n an Schwefelsäure ist. Salzsäure und Salpetersäure können etwas Zirkon in Lösung halten. Zum Abfiltrieren des Zirkonphosphates muß ein dichtes Filter verwendet werden.

***a) Verfahren nach* Lundell *und* Knowles *(b).* Arbeitsvorschrift.** Man fällt aus schwefelsaurer Lösung, die entsprechend ihrem Gehalt verdünnt ist, z. B. auf 25 cm³ für 0,5 mg ZrO_2 und auf 200 cm³ für 0,1 g. Bei Gegenwart von Titan setzt man einen Überschuß von Wasserstoffperoxyd zu und erhält diesen während der Fällung aufrecht. Die Acidität bringt man auf wenig mehr als 10 Vol.-% Schwefelsäure und fügt dann Diammoniumphosphat in 10- bis 100fachem Überschuß hinzu, so daß Dizirkonphosphat entsteht. Nachdem man auf 10 Vol.-% Schwefelsäure eingestellt hat, läßt man etwa 2 Std. lang bei 40 bis 50° stehen. Man fügt dann Filterschleim hinzu, filtriert und wäscht mit 5%iger Ammoniumnitratlösung aus, bis der Phosphatüberschuß entfernt ist. Nach dem Veraschen wird geglüht und als Zirkonphosphat gewogen.

Wenn viel Zirkon zugegen ist oder große Genauigkeit verlangt wird, schmelzt man den geglühten Niederschlag mit Soda, nimmt die Schmelze mit Wasser auf, wäscht mit 10%iger Sodalösung, dann mit Wasser und glüht den Rückstand. Man schmilzt ihn dann mit Kaliumbisulfat, löst in verdünnter Schwefelsäure, kocht und fällt mit Ammoniak. Man filtriert, wäscht mit einer heißen Lösung von Ammoniumnitrat, verascht, glüht und wägt als Zirkonoxyd. Da es schwierig ist, alles Phosphat durch eine Carbonatschmelze und Extraktion zu entfernen und alles Alkalisalz durch eine Fällung zu beseitigen, ist es besser, die angegebenen Operationen zu wiederholen.

b) Arbeitsvorschrift nach dem Chemikerausschuß des Vereins Deutscher Eisenhüttenleute. Nach dem Aufschließen der zirkonhaltigen Probe und nach der Abscheidung der Kieselsäure wird Zirkon mit Ammoniumphosphat in 10%iger schwefelsaurer Lösung doppelt gefällt und nach dem Veraschen und Glühen als Zirkonphosphat gewogen. Im Filtrat des Zirkonniederschlages fällt man Aluminium, Eisen und Titan mit Ammoniak, löst den Niederschlag und scheidet Aluminium und Titan gemeinsam als Phosphate ab. Titan wird colorimetrisch bestimmt. Im Filtrat kann Eisen gewichtsanalytisch ermittelt werden.

Genauigkeit. Bei mehreren Analysen einer feuerfesten Anstrichmasse und eines Zirkonsteines wurde folgendes gefunden:

Feuerfeste Anstrichmasse mit rund 37% Zirkonoxyd.

	Mittelwert %	Größte Abweichung vom Mittelwert %
ZrO_2 . .	37,75	—0,13 bis + 0,14
Al_2O_3 . .	3,93	—0,08 „ + 0,10
TiO_2. . .	0,77	—0,07 „ + 0,09
Fe_2O_3 . .	2,02	—0,05 „ + 0,04

Zirkonstein, auf die geglühte Probe bezogen.

	Mittelwert %	Größte Abweichung vom Mittelwert %
ZrO_2 . .	50,53	—0,25 bis + 0,22
Al_2O_3 . .	12,65	—0,20 „ + 0,19
TiO_2. . .	0,72	—0,08 „ + 0,11
Fe_2O_3 . .	2,84	—0,07 „ + 0,05

Literatur.

Chemikerfachausschuß des Vereins deutscher Eisenhüttenleute. Arch. Eisenhüttenw. **9**, 505—515 (1934).

DA-TSCHANG, T. u. L. HOUONG: C. r. **200**, 2173—2175 (1935).

GHOSH, J. C.: J. Indian chem. Soc. **8**, 695—698 (1931); C. **103 I**, 1807 (1932).

LUNDELL, G. E. F. u. H. B. KNOWLES: (b) Am. Soc. **41**, 1801 (1919).

NUVLADE, P. u. A. RÉGLADE: C. r. **168**, 348—351 (1919); Ann. Chim. anal. II **1**, 278 (1919).

READ, R. D. u. D. K. WITHROW: Am. Soc. **51**, 1311 (1929).

D. Phosphormolybdattrennung.

Abscheidung der Phosphorsäure als Molybdänphosphorsäure nach TELETOFF *und* ANDRONIKOWA.

Vorbemerkung. Nach TELETOFF und ANDRONIKOWA kann Phosphorsäure von Aluminium auf folgende Weise getrennt werden: Nach dem Ansäuern der Lösung mit Salpetersäure wird die Phosphorsäure mit Ammoniummolybdat gefällt, worauf aus derselben Lösung das Aluminium mit Ammoniak als Aluminiumhydroxyd abgeschieden wird.

Arbeitsvorschrift. Das Volumen der Aluminiumnitrat und Natriumphosphat enthaltenden Lösung wird auf 200 cm³ gebracht, mit Salpetersäure angesäuert und mit einem Überschuß von Ammoniummolybdat versetzt. Nach kurzem Erwärmen wird die Lösung stehen gelassen, bis sich der Niederschlag absetzt. Hierauf wird filtriert und der Niederschlag mit Wasser gewaschen. Nach Konzentrierung der erhaltenen Lösung wird das Aluminium mit Ammoniak gefällt und auf die übliche Weise bestimmt

Genauigkeit nach Angaben von TELETOFF und ANDRONIKOWA. Aus Lösungen die 57,7 mg bzw. 115,4 mg Aluminiumoxyd enthalten und denen je 10 cm³ 0,1 n Dinatriumphosphatlösung zugesetzt worden waren, wurden 57,6 bzw. 115,3 mg Aluminiumoxyd wiedergefunden.

Im Aluminiumhydroxydniederschlag ist nicht die geringste Spur von Phosphorsäure nachzuweisen.

Literatur.

TELETOFF, J. S. u. N. N. ANDRIKOWA: Fr. 80, 351 (1930).

E. Nitrattrennungen.

1. Trennung des Aluminiums von Strontium, Barium und Blei durch Fällung der letzteren als Nitrate nach WILLARD und GOODSPEAD.

Vorbemerkung. Strontium kann aus den wäßrigen Lösungen seiner Chloride oder Nitrate durch sehr langsame Zugabe von 100%iger Salpetersäure, bis die Endkonzentration der Säure nicht weniger als 79% beträgt, als dichter krystalliner Niederschlag abgeschieden und so vom Arsen, Antimon, Zinn, Wismut, Quecksilber, Cadmium, Kupfer, Silber, Selen, Tellur, Thallium, Aluminium, Chrom, Eisen, Beryllium, Uran, Cer, Lanthan, Nickel, Kobalt, Zink, Mangan, Calcium, Magnesium und den Alkalimetallen getrennt werden.

Das Verfahren hat gegenüber den Methoden mit Salpetersäure und organischen Lösungsmitteln, wie z. B. absolutem Alkohol, wasserfreiem Äther und Butylalkohol, tertiärem Butylalkohol, bei denen das Strontium schleimig und schwer filtrierbar oder unvollständig gefällt wird, den Vorteil, daß dichte krystalline und gut filtrierbare Fällungen erhalten werden.

Arbeitsvorschrift. Man dampft die Lösung der Chloride, Nitrate oder Perchlorate zur Trockne, löst den Rückstand in 10 cm³ Wasser, setzt 26 cm³ 100%ige Salpetersäure tropfenweise unter dauerndem mechanischen Umrühren zu. Man läßt 30 Min. stehen, filtriert durch einen GOOCH-Tiegel und wäscht 10mal mit je 1 cm³ 80%iger Salpetersäure aus. Nachdem man 2 Std. lang bei 130 bis 140° C getrocknet hat, wägt man als Strontiumnitrat.

Genauigkeit. Nach den Versuchen von WILLARD und GOODSPEAD lagen die Fehler bei Anwendung von 61,8 mg Strontium und meist 500 mg des abzutrennenden Metalles zwischen $-0{,}1$ und $+0{,}5$ mg.

Eine ähnliche Methode kann für die Abtrennung und Bestimmung des Bariums oder Bleies angewendet werden. Für die Trennung des Bariums von den angeführten Metallen genügt schon eine Salpetersäurekonzentration von 76%, während für Blei eine solche von 84% erforderlich ist. Da die Löslichkeit von Calciumnitrat mit zunehmender Säurekonzentration rasch abnimmt, wird für die Trennung ein Maximum von 80% empfohlen.

2. Trennung des Aluminiums von Eisen nach Überführung in basische Nitrate.

***a) Verfahren nach* BEILSTEIN *und* LUTHER. Vorbemerkung.** Die Trennung vom Eisen nach BEILSTEIN und LUTHER beruht auf der ungleichen Löslichkeit der basischen Nitrate des Aluminiums und Eisens im Wasser. Während beim Eindampfen einer Lösung von Aluminiumnitrat auf dem Wasserbad und Austrocknen des Rückstandes basisches Aluminiumnitrat entsteht, das wasserlöslich ist, ist das in gleicher Weise hergestellte EisenIII-nitrat wasserunlöslich. Jedoch bleibt das Eisensalz in fein verteiltem Zustand kolloidal in Lösung. Es geht trübe durch das Filter und setzt sich auch bei längerem Stehen nicht ab. Die Klärung gelingt jedoch sofort, wenn man einige Tropfen einer Sulfatlösung zusetzt.

Arbeitsvorschrift. Man löst die gefällten Hydroxyde in Salpetersäure, verdampft die Lösung auf dem Wasserbad und läßt den Rückstand so lange darauf, wie noch saure Dämpfe entweichen. Um solche nachzuweisen, hält man ein mit Schnee oder einer Kältemischung gefülltes Reagensglas über die Schale und prüft die Reaktion des am Reagensglas kondensierten Wassers. Man übergießt den Schaleninhalt mit heißem Wasser, zerdrückt den Rückstand und spült das Ganze in ein Becherglas und kocht 10 Min. lang. Nach dem Erkalten gießt man 2 bis 3 cm³ einer 10%igen Lösung von Ammoniumsulfat hinzu und filtriert das basische Eisennitrat durch ein doppeltes Filter. Man wäscht den Niederschlag — zunächst am besten durch Dekantation — mit verdünnter kalter und schließlich mit heißer Ammoniumnitratlösung aus. An der Schale anhaftende Teile werden mit Salzsäure gelöst und mit Ammoniak gefällt.

Da das erste Filtrat häufig noch etwas Eisenoxyd enthält, trotzdem es klar und farblos erscheint, muß man die zuerst durchfiltrierte Flüssigkeitsmenge (etwa 100 cm³) nochmals durch dasselbe Filter gießen und erhält dann stets ein eisenfreies Filtrat. Da das basische EisenIII-nitrat etwas Aluminium hartnäckig festhält, wird der Eisenniederschlag durch Erwärmen mit verdünnter Salpetersäure gelöst, die Lösung im Wasserbad verdunstet, getrocknet und dann wieder, ganz wie beschrieben, weiter behandelt.

Genauigkeit. Bei so ausgeführter 2maliger Abscheidung des Eisens erhalten BEILSTEIN und LUTHER folgende Analysenresultate:

Angewendet:		*Gefunden:*	*Angewendet:*		*Gefunden:*
77,4 mg Fe_2O_3		77,5 mg Fe_2O_3	15,5 mg Fe_2O_3		15,8 mg Fe_2O_3
99,4 mg Al_2O_3	im 1. Filtrat	98,0 mg Al_2O_3	198,8 mg Al_2O_3	im 1. Filtrat	197,3 mg Al_2O_3
	im 2. Filtrat	1,1 mg Al_2O_3		im 2. Filtrat	1,0 mg Al_2O_3
		99,1 mg Al_2O_3			198,3 mg Al_2O_3

b) Abgeändertes Verfahren. **Vorbemerkung.** Um die doppelte Fällung des Eisennitrats zu vermeiden, wird in Gegenwart von Alkalinitrat eingedampft. Es wird jedoch nicht viel dabei gewonnen, da man das Eisen noch einmal mit Ammoniak umfällen muß.

Arbeitsvorschrift. Man verdampft die Lösung von Aluminium- und Eisennitrat unter Zusatz von 5 cm³ einer 20%igen Lösung von Kalisalpeter wiederholt auf dem Wasserbad zur Trockne. Den eingetrockneten Rückstand übergießt man mit Wasser und erwärmt, wobei eine klare, mehr oder weniger dunkelrot gefärbte Lösung erhalten wird. Die Fällung des kolloidal gelösten Eisennitrats wird nun nicht durch Ammoniumsulfat, sondern durch eine gesättigte Glaubersalzlösung bewirkt, von welcher man 15 bis 20 Tropfen zufügt. Der erhaltene Eisenniederschlag wird abfiltriert, mit verdünnter Salpeterlösung ausgewaschen, dann in verdünnter Salzsäure gelöst und durch Ammoniak wieder niedergeschlagen.

Genauigkeit. Die so abgeänderte Methode ergab nach Analysen von BEILSTEIN und LUTHER folgende Ergebnisse:

Angewendet:		*Gefunden:*	
109,1 mg Al_2O_3	109,1 mg Al_2O_3	109,0 mg Al_2O_3	109,2 mg Al_2O_3
108,0 mg Fe_2O_3	21,7 mg Fe_2O_3	107,9 mg Fe_2O_3	21,4 mg Fe_2O_3

Die Untersuchung von Bauxit und Ferroaluminium nach dieser Methode ergab nach BEILSTEIN und LUTHER folgendes:

	Nach der Nitratmethode	Eisenoxyd und Tonerde wie gewöhnlich zusammen bestimmt und Eisenoxyd volumetrisch ermittelt
Bauxit	60,34% Al_2O_3	60,78% Al_2O_3
	20,63% Fe_2O_3	20,39% Fe_2O_3
Ferroaluminium	10,75% Al	10,82% Al
	83,52% Fe	83,72% Fe

Literatur.

BEILSTEIN, F. u. R. LUTHER: Fr. **31**, 206—211 (1892).

WILLARD, H. H. u. E. W. GOODSPEAD: Ind. eng. Chem. Anal. Edit. **8**, 414—418 (1936); C. **108 I**, 3838 (1937).

F. Ferrocyanidtrennung.

Abtrennung des Galliums durch Abscheidung als Ferrocyanid.

Die Trennung des Galliums von Aluminium und Chrom geschieht am besten nach der von LECOQ DE BOISBAUDRAN angegebenen Methode mittels Ferrocyankaliums in der mit $^1/_4$ bis $^1/_3$ ihres Volumens an Salzsäure versetzten Lösung. Der

Niederschlag wird mit Wasser, das $^1/_4$ bis $^1/_3$ seines Volumen an Salzsäure enthält, auf dem Filter ausgewaschen, getrocknet und geglüht. Man erhält ein Gemisch von Gallium- und Eisenoxyd, das nach dem Verfahren von PAPISH und HOAG mit α-Nitrose-β-naphthol getrennt werden kann. BROWNING und PORTER zersetzen das Galliumferrocyanid durch Schmelzen mit Ammoniumnitrat und darauf folgende Behandlung mit Natriumhydroxyd zwecks Trennung von Eisenoxyd. Näheres über diese Trennung s. im Kapitel „Gallium".

Nach diesem Verfahren kann man 1 Teil Gallium neben 200 Teilen Aluminium- oder Chromoxyd bestimmen. Bei sehr geringen Mengen Gallium, z. B. in dem Verhältnis 1:100000, setzt sich die Fällung mit Ferrocyankalium erst nach 1 bis 2 Tagen ab.

Bei Bestimmung von relativ geringen Galliummengen scheidet man diese gewöhnlich mit Hilfe von Metallsulfiden ab, welche das Gallium als Galliumsulfid oder -oxyd mitreißen. Diese Fällung geschieht entweder in alkalischer Lösung durch Ammoniumsulfid oder Schwefelwasserstoff in Gegenwart von Zink oder Mangan oder aber in essigsaurer Lösung, der Ammoniumacetat zugefügt ist, in Gegenwart von Zink oder Arsen (vgl. CLASSEN).

Bei der letzten Art der Abscheidung, die gewöhnlich angewendet wird, erfolgt nach CROOKES die Trennung des Arsens in folgender Weise: Das galliumhaltige Arsensulfür wird mit Wasser, das etwas Schwefelwasserstoff, Ammoniumacetat und Essigsäure enthält, ausgewaschen und darauf in Königswasser gelöst. Nach Zusatz von Schwefelsäure wird die Lösung eingedampft und der Rückstand in Wasser gelöst. Nach der Reduktion mit schwefliger Säure und dem Verdünnen mit Salzsäure wird das Arsen mit Schwefelwasserstoff als Schwefelarsen gefällt. Man filtriert und wäscht mit salzsäurehaltigem Wasser aus. Im Filtrat fällt man das Gallium durch Kochen mit Ammoniak.

Literatur.

BOISBAUDRAN, LECOQ DE: Fr. **16**, 242 (1872) u. **22**, 248 (1883). — BROWNING, P. E. u. L. E. PORTER: Am. J. Sci. [4] **222** (1917).

CROOKES, M.: Select Methods in Chemical Analysis, 3. Aufl., S. 159. London 1894; vgl. A. CLASSEN: Ausgewählte Methoden der analytischen Chemie, Bd. I, S. 689. Braunschweig 1901.

PAPISH, J. u. L. E. HOAG: Am. Soc. **50**, 2118 (1928).

G. Selenittrennungen.

Trennung des Titans und Zirkons von Aluminium mit seleniger Säure.

***1. Abscheidung des Titans mit seleniger Säure nach* BERG *und* TEITELBAUM.** **Vorbemerkung.** Die Bestimmung des Titans mit seleniger Säure und seine Trennung von Aluminium haben BERG und TEITELBAUM vorgeschlagen. Die Empfindlichkeit der Titanfällung beträgt 1:200000, d. h. in einer salzsauren Titanlösung von einem Volumen von 5 cm³ können noch 0,025 mg Titan als deutlich wahrnehmbarer Niederschlag gefällt werden. Das Verfahren gestattet eine Trennung von Aluminium, Kobalt, Nickel, Mangan und Zink und auch von Eisen, das nach einer Reduktion in 30- bis 40facher Menge direkt von Titan trennbar ist.

Uran und Chrom werden nicht gefällt, jedoch stark adsorbiert, so daß eine Trennung von Titan durch 1malige Fällung nicht zu erreichen ist. Da Zirkon und Thorium von seleniger Säure gefällt werden, ist eine Trennung dieser Elemente vom Titan nach der Methode nicht möglich.

Arbeitsvorschrift. In 100 cm³ der salzsauren Titanlösung, deren Säuregehalt eine höchstens 0,2 n Konzentration aufweisen darf, wird die Fällung des Titans durch Zusatz von seleniger Säure in der Kälte vorgenommen. Das Fällungsmittel wird unter Umrühren bis zu einem deutlichen Ausflocken und Zusammenballen des Niederschlages hinzugegeben. Nach Absetzen des Titanselenits wird durch ein mit Papierpulpe präpariertes Filter filtriert und mit kaltem Wasser gewaschen.

Bei größeren Titanmengen empfiehlt es sich, den Niederschlag auf dem Filter, dessen Spitze mit einem Platinkonus geschützt sein muß, an der Wasserstrahlpumpe abzusaugen. Die isolierte Fällung wird über kleiner Flamme vorgetrocknet und unter langsamem Steigern der Wärme im Abzuge (Se) verascht. Die Wägungsform ist Titanoxyd.

Im Filtrat wird das Aluminium nach BERG mit o-Oxychinolin gefällt und maßanalytisch bestimmt.

Genauigkeit. Bei Anwendung von 23,4 bis 43,2 mg Titan und 46,0 bis 79,6 mg Aluminium fanden BERG und TEITELBAUM bei 6 Analysen Differenzen von −0,3 bis +0,0 mg Titan und −0,4 bis +0,3 mg Aluminium.

***2. Abscheidung des Zirkons mit seleniger Säure nach* SIMPSON *und* SCHUMB. Vorbemerkung.** Nach den Untersuchungen von SIMPSON und SCHUMB wird Zirkon durch einen Überschuß von seleniger Säure als Zirkonselenit quantitativ aus saurer Lösung gefällt, wenn die Acidität der Lösung nicht größer als 0,6 n ist. Salzsäure ist das beste saure Medium für diese Fällung. Schwefelsäure verursacht langsamere Fällung, der Niederschlag ist schwieriger aus dem Becherglas zu entfernen und läßt sich schwerer wieder auflösen. Chloride und Nitrate des Ammoniums und der Alkalien stören nicht, doch dürfen nur geringe Mengen Alkalisulfat zugegen sein. Von den häufiger vorkommenden Elementen werden durch selenige Säure nur Zirkon, Titan, Thorium und Cerium IV gefällt. Ebenso wird auch Hafnium mit dem Zirkon gefällt. Um die Mitfällung von Titan zu verhindern, wird Wasserstoffperoxyd vor der Ausfällung des Zirkons zugegeben, wodurch gleichzeitig auch eine Reduktion des Cers zur Ceroverbindung stattfindet und dessen Ausfällung ebenfalls vermieden wird. Bei Gegenwart größerer Titanmengen muß jedoch die Fällung wiederholt werden. Der Niederschlag von Zirkonselenit kann in heißer 6 n Salzsäure wieder aufgelöst und mit seleniger Säure gefällt werden. Auf diese Weise wird er frei von adsorbierten Elementen (z. B. Vanadin- und Uransalzen) erhalten.

Arbeitsvorschrift. Zu der fast neutralen Lösung, die frei sein soll von Phosphat, Sulfat, Niob und Tantal, und deren Volumen nicht mehr als 100 cm^3 betragen soll, fügt man 20 cm^3 12 n Salzsäure und 20 cm^3 Alkohol. Man erhitzt beinahe bis zum Sieden, verdünnt auf 500 cm^3, erhitzt zum Kochen und fügt 20 cm^3 10%ige Lösung von seleniger Säure zu. Man läßt heiß stehen und absitzen, filtriert und wäscht etwas mit heißem Wasser. Man durchstößt das Filter, spritzt in den Fällungsbecher mit möglichst wenig Wasser zurück, ohne das Filter zu beschädigen. Man gibt 15 cm^3 12 n Salzsäure hinzu und erwärmt bis zum Auflösen des Niederschlages. Eine geringe Trübung ist belanglos. Nach Zusatz von 30 cm^3 3%igem Wasserstoffperoxyds erwärmt man, verdünnt auf 500 cm^3, erhitzt zum Sieden und fällt wieder mit seleniger Säure. Man filtriert, wäscht mit heißem Wasser, durchstößt das Filter und spritzt den Niederschlag zurück.

(A) Die beiden Filter werden mit 40 cm^3 10%iger Oxalsäurelösung digeriert und Filtrat und Waschwasser zu dem Zirkonniederschlag zugefügt. Man verdünnt auf 200 cm^3, erhitzt zum Sieden, setzt 12 cm^3 6 n Salzsäure zu und läßt wenigstens 10 Std. bei Zimmertemperatur stehen. Hierauf wird der Niederschlag abfiltriert, und mit einer Lösung von 40 cm^3 6 n Salzsäure und 25 cm^3 18 n Schwefelsäure in einem lose bedeckten Gefäß eingedampft. Wenn der Oxalsäureniederschlag groß ist, so spritzt man ihn in ein 400 cm^3 Becherglas zurück und dampft ihn nach Zugabe von 5 cm^3 18 n Schwefelsäure auf dem Wasserbad ein bis die Oxalsäure zerstört ist, d. h. bis keine Gasblasen mehr entweichen. Man verdünnt dann mit Wasser, macht ammoniakalisch, filtriert und löst in 12 cm^3 6 n Salzsäure. Nach dem Verdünnen auf 160 cm^3 erhitzt man zum Kochen und setzt 40 cm^3 10%ige Oxalsäure zu. Man läßt wenigstens 10 Std. stehen, filtriert und vereinigt das Filtrat mit der Hauptlösung.

Die Lösung wird dann auf dem Wasserbad bis zur Zerstörung der Oxalsäure eingedampft, bis die Entwicklung von Gasblasen aufhört. Glaswandungen und Deckglas werden abgespült und etwa abgeschiedenes Selen abfiltriert. Durch das Filter laufende Mengen von rotem Selen können vernachlässigt werden. Man macht die Lösung ammoniakalisch, filtriert und wäscht etwas mit heißem Wasser aus. Nach dem Durchstoßen des Filters spritzt man den Niederschlag mit möglichst wenig heißem Wasser in das Fällungsgefäß. Über das Filter gießt man 15 cm³ heiße 12 n Salzsäure in die Zirkonhydroxydsuspension und erwärmt bis der Niederschlag ganz aufgelöst ist. (B) Nach Zugabe von 20 cm³ 3%igem Wasserstoffperoxyd erwärmt man, verdünnt auf 500 cm³ und erhitzt zum Sieden. Dann setzt man 20 cm³ 10%ige selenige Säure zu und filtriert nach Klärung der überstehenden Flüssigkeit, wäscht aus, verascht den Niederschlag über der BUNSEN-Flamme, glüht dann 5 Min. über einem MÉKER-Brenner und wägt als Zirkonoxyd.

Bei Abwesenheit von Thorium kann die Methode abgekürzt werden, und zwar kann der Teil (A) der Arbeitsvorschrift weggelassen werden. In diesem Fall löst man den Zirkonselenitniederschlag, der bei (A) erhalten wird, durch Zugabe von 20 cm³ 12 n Salzsäure und erhitzt zum Sieden. Man fährt dann von (B) ab fort. Man verascht die beiden Papierfilter, aus denen die beiden ersten Fällungen ausgewaschen waren und fügt das Gewicht ihrer Asche zu dem Endgewicht von Zirkonoxyd hinzu.

Genauigkeit. Die Methode gibt nach den Analysen von SIMPSON und SCHUMB befriedigende Resultate auch bei Anwesenheit von Aluminium, Eisen, Thorium, Cer, Titan, Vanadin und Uran.

Literatur.

BERG, R.: (a) Fr. 71, 369 (1927). — BERG, R. u. M. TEITELBAUM: Z. anorg. Ch. 189, 108 bis 110 (1930).

SIMPSON, ST. G. u. W. C. SCHUMB: Am. Soc. 53, 921 (1931); Fr. 92, 432 (1933).

H. Oxalattrennungen.

1. Abscheidung der Metalle Mangan, Kobalt, Nickel, Zink und der Elemente der seltenen Erden als Oxalate.

1. a) Abscheidung von Mangan, Kobalt, Nickel und Zink als Oxalate nach CLASSEN (a).

Vorbemerkung. CLASSEN (a) bewirkt die Trennung des Aluminiums und Eisens von Mangan, Kobalt, Nickel und Zink, indem er die letzteren als Oxalate abscheidet.

Fügt man zu einer neutralen Eisenoxydlösung Kaliumoxalat und dann Essigsäure im Überschuß, so bleibt die Lösung selbst nach tagelangem Stehen vollkommen klar. Auch Aluminium bleibt dabei in Lösung. Die Methode besitzt für die Trennung des Zinks und verschiedener anderer Metalle von Aluminium heute nur noch geringes Interesse, da sie nicht sonderlich scharf ist. Auch ist die anschließende Bestimmung des Aluminiums im Filtrat wegen der schwierigen Zerstörung des Oxalates unbequem.

Arbeitsvorschrift. Zwecks Trennung des Aluminiums und 3wertigen Eisens von Mangan, Nickel, Kobalt und Zink versetzt man die neutrale konzentrierte Lösung der Metalle mit einer genügenden Menge Kaliumoxalat (1:6) und fügt unter Umrühren konzentrierte Essigsäure (80%) im Überschuß zu. Anstatt der Essigsäure kann man auch dem aus gleichen Volumteilen Essigsäure (80%), Alkohol (95%) und Wasser bestehendes Gemisch anwenden. Die Fällung wird zweckmäßig in einer Porzellanschale vorgenommen und die Flüssigkeit einige Zeit im Wasserbad erhitzt. Verdünnte Auflösungen werden vor der Fällung erst im Wasserbad konzentriert. Zeigt die zu fällende Flüssigkeit saure Reaktion, so wird die freie Säure vorher durch Abdampfen möglichst entfernt, dann die Flüssigkeit mit Natriumcarbonat bis zur alkalischen Reaktion versetzt, der Niederschlag in konzentrierter Oxalsäure gelöst, Kaliumoxalat und schließlich Essigsäure hinzugefügt. Nach dem Erkalten wird der entstehende Niederschlag abfiltriert und von dem Eisenoxalat durch Auswaschen mit Essigsäure oder der obigen Mischung vollkommen befreit. Ist die Menge von Eisenoxyd bedeutend, so halten die Niederschläge (wahrscheinlich infolge partieller Reduktion des Eisenoxalates) leicht eine geringe Menge desselben zurück, was bei Zink und Mangan schon an der Färbung der Niederschläge zu erkennen ist. In diesem Fall wird der durch Dekantieren ausgewaschene Niederschlag in der Porzellanschale mit verdünnter Salzsäure gelöst, die Lösung im Wasserbad bis fast zur Trockne verdampft, der Rückstand mit wenig Wasser versetzt, mit Natriumcarbonat alkalisch gemacht und dann mit Essigsäure übersättigt. Der jetzt erhaltene Niederschlag ist eisenfrei.

1. b) Trennung des Mangans, Aluminiums und Eisens von Calcium und Magnesium mit Oxalat nach CLASSEN (b).

Arbeitsvorschrift. Diese Trennung beruht auf Ausfällung des Magnesiums als Oxalat. Die Lösung der Analysensubstanz wird zur Trockne verdampft. Zwecks Oxydation des Eisens wird der Rückstand mit etwas Wasserstoffperoxyd oder Bromwasser erwärmt und die 2- bis 3fache Menge der angewendeten Substanz an neutraler Kaliumoxalatlösung (1 Teil Salz in 3 Teile Wasser gelöst) zugegeben, wobei alle Metalle außer Calciumoxalat in Lösung gehen. Das bei vollständiger Oxydation des Eisens rein weiße Calciumoxalat wird abfiltriert, mit heißem Wasser, dem man etwas Ammoniumoxalat zugesetzt hat, ausgewaschen und das Filtrat auf 25 cm³ verdampft. Erhitzt man nun die Lösung unter Zusatz eines gleichen Volumens konzentrierter Essigsäure (80 bis 90%) zum Sieden, so wird das Magnesium als Oxalat abgeschieden. Man läßt etwa 6 Std. lang bei 50° bedeckt stehen, filtriert dann ab und wäscht den Niederschlag mit einer Mischung aus gleichen Volumteilen konzentrierter Essigsäure, Alkohol und Wasser vollständig aus. Das Magnesiumoxalat wird durch Glühen im Platintiegel in das Oxyd übergeführt. Um hierbei Verluste zu vermeiden, wickelt man den Niederschlag in das noch feuchte Filter ein, erhitzt den bedeckten Tiegel ganz schwach so lange noch Dämpfe zwischen Deckel und Tiegel entweichen, läßt dann Luft hinzutreten und erhitzt bei derselben Temperatur weiter, bis die Kohle verbrannt und der Rückstand weiß geworden ist. Durch nachheriges stärkeres Erhitzen des bedeckten Tiegels bis zur Rotglut geht das Magnesiumcarbonat leicht in Oxyd über, dessen Gewicht bestimmt wird.

In der vom Magnesiumoxalat abfiltrierten Lösung werden Eisen und Aluminium nach dem Verdampfen von Alkohol und Essigsäure durch Ammoniak gefällt. Zur vollständigen Ausfällung beider digeriert man so lange auf dem Wasserbad, bis die über dem Niederschlag stehende Lösung vollkommen klar erscheint.

2. Abscheidung der Elemente der seltenen Erden durch Oxalsäure bzw. Oxalat.

***a) Verfahren nach* HILLEBRAND *und* LUNDELL.** Die nach dem Aufschluß und der Abscheidung der Kieselsäure und der Elemente der Schwefelwasserstoffgruppe in der üblichen Weise mit Schwefelwasserstoff in saurer Lösung in der Regel ausgeführte doppelte Ammoniakfällung enthält die gesamten Elemente der seltenen Erden einschließlich Thorium, Zirkon, Titan und der anderen durch Ammoniak fällbaren Elemente und soll frei sein von Mangan, Nickel, Zink, Alkalierdmetallen, Magnesium und Alkalimetallen, die mit Ammoniak in Gegenwart von Ammoniumchlorid in Lösung bleiben. Man löst den Niederschlag in Salzsäure, dampft die Lösung ein und nimmt den Rückstand mit Wasser und gerade so viel Salzsäure auf, daß eine klare Lösung entsteht. Durch Zugabe einer gesättigten Lösung von Oxalsäure im Überschuß werden die Elemente der seltenen Erden gefällt.

Bemerkungen. Bei Gegenwart von Ferrieisen und 6wertigem Uran muß darauf geachtet werden, daß genügend Oxalsäure zugegen ist, um Ferrioxalat und Uranyloxalsäure zu bilden und die Elemente der seltenen Erden zu fällen, da sonst Ferrieisen und 6wertiges Uran eine lösende Wirkung auf die Oxalate der Elemente der seltenen Erden ausüben (HAUSER, DITTRICH). Auch Aluminium- und Chromverbindungen lösen Oxalatniederschläge wieder auf bzw. verhindern ihre Fällung. Zur quantitativen Abscheidung des Cers z. B. muß ein außergewöhnlich großer Überschuß von gesättigter Oxalsäurelösung angewendet werden. Dabei erwies es sich als vorteilhafter, wie HAUSER und auch DITTRICH beobachteten, Ammoniumoxalat anstatt Oxalsäure selbst zu verwenden, weil so keine unnötige Erhöhung der Wasserstoff-Ionen-Konzentration erfolgt.

***b) Verfahren nach* SCHOELLER *und* POWELL.** **Arbeitsvorschrift.** Die Chloridlösung, die in 60 cm³ nicht mehr als 1 g der seltenen Erden enthalten soll, wird angesäuert, bis der Säuregehalt etwa 0,3 normal ist, und mit einer gesättigten Oxalsäurelösung versetzt. Der zuerst flockig ausfallende Oxalatniederschlag wird rasch krystallinisch. Man läßt über Nacht stehen, filtriert und wäscht mit heißem, leicht angesäuertem Wasser aus. Bei Gegenwart von großen Mengen anderer Metalle ist anzuraten, den Niederschlag mit Natronlauge zu behandeln, den Rückstand in Salpetersäure zu lösen und die Fällung zu wiederholen.

Genauigkeit. Nach diesem Verfahren wird eine vollständige Trennung der Elemente der seltenen Erden einschließlich des Cers und Thoriums von Aluminium, Titan, Zirkon, Eisen usw. erzielt.

3. Abscheidung der Elemente der seltenen Erden als Fluoride und — später — als Oxalate.

Vorbemerkung. Die Trennung der Elemente der seltenen Erden von Aluminium und anderen Metallen mit Flußsäure wird sich besonders bei niob- und tantalhaltigen Erzen empfehlen, die meist in Salz- oder Salpetersäure unlöslich sind, aber durch Flußsäure aufgeschlossen werden. Dabei fallen die Fluoride der Elemente der seltenen Erden, das Thoriumfluorid und das Uranfluorid fast vollständig aus und können mit verdünnter Flußsäure frei von fast allen anderen Elementen gewaschen werden. Nach HILLEBRAND und LUNDELL ist dies besonders vorteilhaft als ein Mittel, die Elemente der seltenen Erden und 4wertiges Uran von Niob, Tantal, Titan, Zirkon und 6wertigem Uran, Eisen, Aluminium usw. zu trennen, deren Fluoride löslich sind. Nach Überführung der Fluoride in die Sulfate und nach dem Auflösen dieser in verdünnter Salzsäure, befreit eine Fällung mit Ammoniak die Elemente der seltenen Erden von den Alkalierdmetallen, die ebenfalls als Fluoride gefällt worden sind. Wenn kein Uran vorhanden war, kann man die gewaschenen Hydroxyde direkt zu Oxyden verglühen; wenn 4wertiges Uran zugegen ist, kann man sie in Salzsäure oder Salpetersäure lösen, die Lösung eindampfen und die Elemente der seltenen Erden durch Oxalsäure im Überschuß fällen.

HILLEBRAND und LUNDELL empfehlen die Flußsäurebehandlung aber auch für den bei der Mineralanalyse erhaltenen Ammoniakniederschlag, um darin die Elemente der seltenen Erden von den anderen Metallen zu trennen. Sonst wird die Trennung als Fluoride mehr für die Trennung des Thoriums zusammen mit der ganzen Gruppe der Elemente der seltenen Erden von den anderen Elementen im Ammoniakniederschlag, wie er bei der gewöhnlichen Analyse erhalten wird, als für die Trennung großer Mengen Thorium von den gewöhnlichen Metallen angewendet. Die Trennung wird am besten unter Bedingungen benutzt, bei denen die Abwesenheit anderer Säuren als Flußsäure sicher ist, indem man z. B. den gewaschenen Niederschlag im Platintiegel mit Flußsäure behandelt und auf ein kleines Volumen verdampft. Eine vollständige Fällung wird besonders in Gegenwart von Mineralsäuren erhalten, wenn Ammoniumfluorid zugefügt wird.

a) Verfahren nach* HILLEBRAND *und* LUNDELL *(a). **Arbeitsvorschrift.** Die Behandlung des Ammoniakniederschlages wird sich nach seiner Zusammensetzung richten. Wenn Aluminium und Eisen gegenüber den Elementen der seltenen Erden überwiegen, ist es bequem, den Niederschlag mit Flußsäure zu behandeln, die Lösung fast zur Trockne einzudampfen, den Rückstand mit Wasser und wenig Flußsäure aufzunehmen und, nachdem man einige Zeit digeriert hat, zu filtrieren und mit flußsäurehaltigem Wasser auszuwaschen. Die Fluoride spült man in eine Platinschale, verascht das Filter, gibt die Asche in die Schale, dampft die Lösung mit Schwefelsäure ein, treibt den Überschuß derselben durch Erhitzen aus und löst die Sulfate in kaltem Wasser auf. Aus dieser Lösung werden sie durch Oxalsäure gefällt und mit 6%iger Oxalsäure ausgewaschen, geglüht und gewogen. Das Filtrat, von dem die Fluoride abgetrennt sind, wird mit Schwefelsäure eingedampft und erhitzt, bis das Fluor vollständig ausgetrieben ist. Der Rückstand wird mit verdünnter Salzsäure aufgenommen; Eisen, Aluminium usw. werden mit Ammoniak gefällt. Der Niederschlag wird geglüht und gewogen. Darin werden Beryllium und Titan quantitativ bestimmt. Phosphorpentoxyd wird in einer besonderen Probe bestimmt. Nach Abzug der verschiedenen so gefundenen Oxyde vom Gesamtgewicht der Oxyde wird der Rest als Tonerde berechnet.

***b) Verfahren nach* TREADWELL.** TREADWELL gibt folgende **Arbeitsvorschrift** für die Abtrennung des Aluminiums und der Metalle der Ammoniumsulfidgruppe von den seltenen Erden an: Die Chloride oder Nitrate werden mit Flußsäure im Platintiegel bis fast zur Trockne eingedampft. Der Rückstand wird in verdünnter Flußsäure aufgenommen, wobei die Metalle der seltenen Erden und Thorium als Fluoride ungelöst zurückbleiben, während die Glieder der Ammoniumsulfidgruppe gelöst werden, Zirkon als $H_2(ZrF_6)$. Nach der Filtration durch ein Papierfilter unter Verwendung eines paraffinierten Trichters raucht man den Niederschlag mit Schwefelsäure ab, fällt die Elemente der seltenen Erden mit Ammoniak, filtriert, wäscht mit heißem Wasser aus und löst nun die Hydroxyde in Salpetersäure, so daß für die weiteren Trennungsverfahren die reine Nitratlösung zur Verfügung steht.

Eine weitere Arbeitsvorschrift von HECHT (a) sei hier noch erwähnt. Bezüglich Einzelheiten sei auf die Bestimmung der Elemente der seltenen Erden verwiesen.

Literatur.

CLASSEN, A.: (a) B. **10**, 1317 (1877); (b) Fr. **18**, 373 (1879).
DITTRICH, M.: B. **41**, 4373—4375 (1908).
HAUSER, O.: Fr. **47**, 677—680 (1908). — HECHT, F.: (a) Fr. **110**, 397 (1937). — HILLEBRAND, W. F. u. G. E. F. LUNDELL: (a) Applied Inorganic Analysis, S. 433—437. New York 1929.
SCHOELLER, W. R. u. A. R. POWELL: The Analysis of Minerals and Ores of the Rarer Elements, p. 234. London 1919.
TREADWELL, W. D.: Tabellen zur quantitativen Analyse, S. 82. Leipzig u. Wien 1938.

J. Phenylarsinsäuretrennungen.

I. Abtrennung von Zirkon, Thorium und Zinn mit Phenylarsinsäure.

1. Abscheidung des Zirkons durch Phenylarsinsäure. **Vorbemerkung.** Die von RICE, FOGG und JAMES angegebene Fällung des Zirkons mit Phenylarsinsäure $C_5H_6OAs(OH)_2$ kann zur Trennung des Aluminiums und vieler Elemente wie Eisen II, Mangan, Kobalt, Nickel, Zink, Beryllium, Kupfer, der Elemente der Cergruppe usw. vom Zirkon dienen. Zirkon wird mit Phenylarsinsäure aus salz- oder schwefelsaurer Lösung quantitativ gefällt.

Arbeitsvorschrift. Die Lösung der Metalle, deren Volumen etwa 200 cm³ beträgt, und die 10%ige Salzsäure enthält, wird mit 10 cm³ einer 10%igen Lösung von Phenylarsinsäure versetzt und das Ganze zum Sieden erhitzt. Nachdem man 1 Min. lang gekocht hat, wird die Lösung heiß filtriert und der Niederschlag mit 10%iger Salzsäure ausgewaschen, getrocknet und geglüht. Um dem Niederschlag noch anhaftende Arsenmengen zu beseitigen, wird der getrocknete Niederschlag geglüht, bis die Kohle weggebrannt ist, darauf in einem Wasserstoffstrom schließlich über dem Gebläse geglüht und als Zirkonoxyd gewogen.

Bemerkung. Bei Gegenwart von sehr viel Ferrieisen werden Niederschlag und Filter in 15 cm³ Schwefelsäure (1:1) warm behandelt, bis das Zirkon gelöst ist, worauf 50 cm³ konzentrierte Salzsäure zugefügt werden. Man verdünnt auf 500 cm³, kocht und fügt 30 cm³ Phenylarsinsäure hinzu. Die Trennung des Zirkons von Eisen in der Ferroform ist leicht in Gegenwart von 10% Salzsäure durchführbar.

Auch in Schwefelsäure von 10 Vol.-% ist die Fällung des Zirkons quantitativ, während sich höhere Schwefelsäurekonzentrationen ungünstig auswirken.

In Anwesenheit von Titan ist vor der Fällung mit Phenylarsinsäure Wasserstoffperoxyd zugegeben. Bei Gegenwart von Titan verfährt man in schwefelsaurer Lösung ebenso wie bei Gegenwart von Eisen.

KLINGER hat die Phenylarsinsäuremethode für die Zirkonbestimmung in Stahl und Eisen mit gutem Erfolg angewendet. Der Niederschlag muß bei 1000° geglüht werden. Geringe Arsenbeimengungen lassen sich statt durch Glühen im Wasserstoffstrom einfacher durch Abrauchen mit Flußsäure und Schwefelsäure entfernen. Bei Gegenwart von Titan ist vor der Zirkonfällung mit Phenylarsinsäure Wasserstoffperoxyd zuzusetzen.

Genauigkeit. Bei 3 Versuchen von RICE, FOGG und JAMES wurden 0,2472 g Aluminiumoxyd und 0,2442 g Zirkonoxyd angewendet und 0,2448 g, 0,2445 und 0,2445 g Zirkonoxyd gefunden.

Nach O. HACKL [Fr. 122, 1—3 (1941)] reagiert Phenylarsinsäure viel weniger empfindlich mit Zirkon als Phosphat und ist deshalb in der Gesteinsanalyse zur Aufsuchung von Spuren Zirkon nicht geeignet.

2. Abscheidung des Thoriums mit Phenylarsinsäure. Da die Fällung des Thoriums mit Phenylarsinsäure in Lösungen, die große Mengen Essigsäure enthalten, unlöslich ist, während die Phenylarsinsäureverbindungen der Metalle der seltenen Erden gelöst bleiben, ist die Fällung des Thoriums mit Phenylarsinsäure zur Bestimmung des Thoriums in Gegenwart der Metalle der seltenen Erden und im Monazitsand verwendbar. Eine Vorschrift zur Trennung des Thoriums von Aluminium, die durchaus möglich erscheint, ist unbekannt.

3. Abscheidung des Zinns mit Phenylarsinsäure. KNAPPER, CRAIG und CHANDLEE haben die von RICE, FOGG und JAMES für die Bestimmung des Zirkons und Toriums verwendete Phenylarsinsäure auch für die Bestimmung des Zinns in Gegenwart von Aluminium und anderen Metallen benutzt.

Das Zinn wird durch Salpetersäure in die Metazinnsäure übergeführt und diese in konzentrierter Salzsäure gelöst. Die Fällung mit einer gesättigten wäßrigen Phenylarsinlösung geschieht aus der heißen Lösung, die höchstens 5 Vol.-% Salzsäure oder 7,5 Vol.-% Schwefelsäure enthält.

Das Zinn wird in heißer Lösung durch Zugabe von 35 cm^3 der gesättigten wäßrigen Lösung von Phenylarsinsäure gefällt. Wenn nur so viel Salzsäure zugefügt wird, wie eben zur Auflösung der Metazinnsäure erforderlich ist, kann die Fällung gleich filtriert werden. Wenn sich die Säuremengen den angegebenen Grenzen nähern, läßt man die Lösung vor der Filtration mehrere Stunden stehen. Anwendung einer kleinen Menge Filterschlamm ist für die Filtration vorteilhaft. Der Niederschlag wird mit 4%iger Ammoniumnitratlösung ausgewaschen, bis er frei von Chloriden oder Sulfaten ist, verascht, geglüht und zuletzt im elektrischen Ofen bei 1075 bis 1100° bis zur Gewichtskonstanz erhitzt.

Bei Gegenwart von Aluminium genügt die durch Hydrolyse entstehende freie Säure um eine Mitfällung des Aluminiums mit dem Zinn zu vermeiden (die sonst neben Zinn in Legierungen vorkommenden Metalle wie Kupfer, Zink, Blei, Nickel, Cadmium, Antimon lassen sich quantitativ vom Zinn trennen, wenn 1 cm^3 konzentrierte Salzsäure zu einem Volumen der Lösung der Metalle von 200 cm^3 zugegeben wird. Keines dieser Metalle zeigt eine Neigung mit dem Zinn auszufallen, mit Ausnahme von Eisen. Bei Anwesenheit des letzteren ist eine Doppelfällung erforderlich).

II. Abtrennung von Titan und Zirkon mit p-Oxyphenylarsinsäure.

SIMPSON und CHANDLEE wenden zur quantitativen Trennung des Titans und Zirkons von Aluminium und den meisten anderen Elementen, besonders von Eisen, p-Oxyphenylarsinsäure an, die mit Titan und Zirkon in verdünnter, mineralsaurer Lösung Niederschläge bildet, welche beim Veraschen und Glühen die Dioxyde hinterlassen. Bei Gegenwart von Wasserstoffperoxyd läßt sich auch Titan von Zirkon trennen, da sich lösliche Pertitansäure bildet, während Zirkon ausgefällt wird.

Über die Nachprüfung der Trennung des Titans vom Aluminium und Eisen mit p-Oxyphenylarsinsäure nach SIMPSON und CHANDLEE sei auf die kürzlich veröffentlichte Arbeit von F. RICHTER verwiesen (Einzelheiten s. Bd. Titan).

III. Trennung des Aluminiums von Zirkon durch Fällung des letzteren mit Natrium-p-aminophenylarsinat.

Nach CHANDELLE läßt sich Zirkon quantitativ als weißer voluminöser Niederschlag von basischem Zirkon-p-aminophenylarsinat aus an Salzsäure 1 n Lösungen ausfällen. Nach dem Trocknen wird der Niederschlag verascht, bei hoher Temperatur mit Wasserstoff behandelt und dann nochmals verascht. Auf diese Weise können Aluminium, Zink, Chrom, Nickel, Kobalt, Mangan, Kupfer, Calcium und Magnesium leicht von Zirkon getrennt werden. In dem geglühten Zirkonoxyd etwa noch vorhandene Spuren von Titanoxyd und Ferrioxyd können colorimetrisch bestimmt werden.

Literatur.

CHANDELLE, R.: Bl. Soc. chim. Belg. 4, 12—32 (1939); durch Ch. Z., Chem. techn. Übersicht 64, 37 (1940).

HACKL, O.: Fr. 122, 1—3 (1941).

KLINGER, P.: Techn. Mitt. Krupp 3, 2—8 (1935); Angew. Ch. 47, 403 (1934); vgl. P. KLINGER u. O. SCHLIESSMANN: Arch. Eisenhüttenw. 7, 113—115 (1933/34). — KNAPPER, J. S., K. A. CRAIG u. G. C. CHANDLEE: Am. Soc. 55, 3945—3947 (1933).

RICE, A. C., H. C. FOGG u. C. JAMES: Am. Soc. 48, 895—902 (1926).

SIMPSON, C. T. u. G. C. CHANDLEE: Ind. eng. Chem. Anal. Edit. 10, 642 (1938).

K. α-Nitroso-β-naphtholtrennungen.

Abtrennung des Eisens, Kobalts und Kupfers mit α-Nitroso-β-Naphthol.

***1. Abscheidung des Eisens mit α-Nitroso-β-naphthol nach* ILINSKI *und* v. KNORRE.** **Vorbemerkung.** Nach ILINSKI und v. KNORRE fällt aus der neutralen oder schwach sauren Lösung eines Ferrisalzes mit einer Lösung von α-Nitroso-β-naphthol in etwa 50%iger Essigsäure ein voluminöser, braunschwarzer Niederschlag von Ferrinitroso-β-naphthol aus, der sich in mäßig verdünnter Salz- oder Schwefelsäure beim Erwärmen löst, jedoch in 50%iger Essigsäure in der Kälte unlöslich ist.

Arbeitsvorschrift. Die Eisen und Aluminium als Sulfate oder Chloride enthaltende Lösung wird mit soviel Ammoniak versetzt, daß ein geringer Niederschlag entsteht, welcher in einigen Tropfen Salzsäure wieder gelöst wird. Darauf fügt man zur kalten Flüssigkeit das gleiche Volumen 50%iger Essigsäure und in 50%iger Essigsäure gelöstes α-Nitroso-β-naphthol in geringem Überschuß unter Umrühren hinzu.

Nach 6- bis 8stündigem Stehen filtriert man das ausgeschiedene Ferrinitroso-β-naphthol ab, wäscht zuerst mit kalter 50%iger Essigsäure, darauf mit kaltem Wasser aus, bis einige Tropfen des Filtrats auf dem Platinblech verdunstet, keinen Rückstand mehr hinterlassen. Nach dem Trocknen des ausgewaschenen Niederschlages bringt man ihn mit dem Filter in einen gewogenen Porzellantiegel, fügt ein dem Ferrinaphthol ungefähr gleiches Volumen reiner krystallisierter Oxalsäure hinzu, schließt das Filter, verascht vorsichtig bei ganz allmählich gesteigerter Temperatur und wägt.

Zur Bestimmung des Aluminiums dampft man das Filtrat in einer Porzellanschale stark ein, um die Hauptmenge der Essigsäure zu verjagen, verdünnt und fällt mit Ammoniak.

Die Gegenwart von Nitrosonaphthol hat keinen Einfluß auf die quantitative Abscheidung des Aluminiums, indessen ist es häufig vorzuziehen, die Aluminium und Eisen enthaltende Flüssigkeit in einem Meßkolben auf ein bestimmtes Volumen zu verdünnen und in einem aliquoten Teil das Eisen mittels α-Nitroso-β-naphthols, in einem zweiten Teil die Tonerde zusammen mit dem Eisenoxyd durch Ammoniak zu fällen und den Tonerdegehalt aus der Differenz zu ermitteln.

Genauigkeit. Beleganalysen von ILINSKI und v. KNORRE ergeben folgendes:

Angewendet:	Gefunden:
237,0 mg Fe_2O_3 und 174,0 mg Al_2O_3	237,4 mg Fe_2O_3 und 174,4 mg Al_2O_3
260,8 mg Fe_2O_3 und 403,3 mg Al_2O_3	360,0 mg Fe_2O_3 und 403,4 mg Al_2O_3
360,8 mg Fe_2O_3 und 403,3 mg Al_2O_3	361,3 mg Fe_2O_3 und 399,0 mg Al_2O_3

Bei Gegenwart von Phosphorsäure läßt sich die Trennung durch α-Nitroso-β-naphthol nicht ausführen. Der Niederschlag der Ferriverbindung enthält dann — auch bei Gegenwart der im Maximum zulässigen Menge freier Salzsäure — Phosphorsäure in mitunter nicht unbeträchtlichen Mengen.

2. Abtrennung des Kobalts nach* MAYR *und* FEIGL *bzw. nach* MAYR *mit α-Nitro-β-naphthol. **Vorbemerkung.** Während bei der Bestimmung des Kobalts nach der ursprünglich von ILINSKI und v. KNORRE gegebenen Vorschrift keine formelreine Kobaltverbindung entsteht, gestattet die von MAYR und FEIGL ausgearbeitete Methode die Abscheidung einer formelreinen Verbindung, die direkt zur Wägung gebracht werden kann. Das Verfahren eignet sich dazu, Kobalt von Aluminium (Zink und Nickel) zu trennen.

Die *Arbeitsvorschrift* von MAYR und FEIGL wurde später von MAYR etwas abgeändert (s. S. 424 unten).

Der bei 130° getrocknete Niederschlag hat die Zusammensetzung

$$[C_{10}H_6O(NO_2)]_3Co \cdot 2\,H_2O,$$

woraus sich als Faktor für die Ermittlung des Kobaltgehaltes 0,09649 ergibt.

Das Aluminium im Filtrat kann in derselben Weise bestimmt werden, wie sie in der Arbeitsvorschrift von MAYR (vgl. S. 424 unten) beschrieben ist.

MAYR und FEIGL haben die Methode für die Bestimmung von Kobalt in Rinmanns Grün und in Smalte, also bei Gegenwart von Zink und Aluminium mit gutem Erfolg angewendet.

MAYR verwendet das zuerst zur Kobaltfällung von HERFELD und GERNGROSS angewendete α-Nitro-β-naphthol zur raschen Trennung des Kobalts von Nickel, Zink, Mangan, Aluminium und Chrom.

Reagenslösung. Als Fällungsmittel dient am besten eine 1%ige Lösung von α-Nitro-β-naphthol in 50%iger Essigsäure.

Man löst 2 g Reagens in 100 cm³ kalter konzentrierter Essigsäure auf, setzt 100 cm³ heißes Wasser zu und filtriert. Diese Lösung hält sich viele Monate hindurch vollkommen klar und unzersetzt. Fällt man nun das Kobalt mit diesem Reagens aus einer Lösung, die das Metall als komplexes KobaltIII-acetat enthält, so erhält man einen Niederschlag, welcher bei 130° zur Gewichtskonstanz getrocknet, in bezug auf den Kobaltgehalt genau der Formel $(C_{10}H_6ONO_2)_3Co$ entspricht. Die Verbindung enthält 9,463% metallisches Kobalt.

Arbeitsvorschrift nach MAYR. Arbeitsweise. Die Fällung des Kobalts wird durchgeführt, indem man die schwach mineralsaure Lösung, die 1 bis 30 mg Kobalt enthalten soll, im Volumen von 10 bis 20 cm³, mit etwa 10 Tropfen Perhydrol und hierauf mit reiner Natronlauge bis zur erfolgten Ausfällung von Kobalthydroxyd versetzt, dann den Niederschlag, der auch die Hydroxyde des Aluminiums und anderer Metalle der Ammoniumsulfidgruppe, außer Eisen, enthält, durch Zusatz von Eisessig in Lösung bringt. Man verdünnt mit heißem Wasser auf ein Volumen von 150 bis 200 cm³, wobei man die Essigsäurekonzentration auf etwa 25 bis 30% einstellt. Dann nimmt man die Fällung mit etwa der anderthalbfachen erforderlichen Menge von obigem Reagens vor. Anschließend erhitzt man zum Sieden, läßt absitzen und filtriert durch einen Porzellanfiltertiegel A 1. Man wäscht anfangs 3mal mit 30%iger Essigsäure und hierauf noch einige Male mit heißem Wasser, bringt den Tiegel mit Niederschlag in den auf 130° erhitzten Trockenschrank, wägt nach 45 bis 60 Min. und überzeugt sich von der Konstanz durch weiteres $^1/_2$stündiges Trocknen bei 130°.

Zur Bestimmung des Aluminiums wird nach MAYR das Filtrat nach Zerstörung der organischen Substanz durch rauchende Salpetersäure zur Trockne eingedampft, der Rückstand mit einigen Tropfen konzentrierter Salzsäure befeuchtet, mit 1 g Weinsäure und 3 g Natriumacetat versetzt, auf 150 cm³ verdünnt, erwärmt und das Aluminium durch tropfenweisen Zusatz einer 4%igen Lösung von Oxin in 8%iger Essigsäure und Erhitzen zum Sieden gefällt. Der erhaltene gelbe Niederschlag wird in einen Porzellantiegel filtriert. Nach 2maligem Waschen mit heißem Wasser und mehrmaligem Waschen mit kaltem Wasser wird der Niederschlag bei 120° bis zum konstanten Gewicht getrocknet.

***3. Abtrennung des Kupfers nach* HINTZ.** Kupfer kann aus sehr verdünnter salzsaurer Lösung der Chloride oder Sulfate nach HINTZ abgetrennt werden. Die Methode hat keine praktische Bedeutung.

Literatur.

HERFELD, H. u. O. GERNGROSS: Fr. 94, 7 (1933). — HINTZ, E.: Fr. 28, 234 (1889).
ILINSKI, M. u. G. v. KNORRE: B. 18, 2728 (1885); Fr. 25, 406—410 (1886).
MAYR, C.: Fr. 98, 404 (1934). — MAYR, C. u. F. FEIGL: Fr. 90, 15 (1932).

L. Oxychinolintrennungen.

Abtrennung des Eisens, Titans und Kupfers in mineralsaurer Lösung mittels 5,7-Dichloroxychinolins und 5,7-Dibromoxychinolins.

Vorbemerkung. Nach den Versuchen von BERG (b) sowie von BERG und KÜSTENMACHER können die Metalle Eisen, Titan und Kupfer mit Hilfe von 5,7-Dichloroxychinolin oder 5,7-Dibromoxychinolin in schwach mineralsaurer Lösung quantitativ bestimmt und auch von Aluminium sowie zahlreichen anderen Metallen (vgl. unten) getrennt werden. Diese beiden empfindlichen Fällungsreagenzien sind für Eisen, Titan und Kupfer verhältnismäßig spezifisch, und besonders die Anwendung von Dibromoxychinolin ist vorteilhaft, weil damit eine weitere Trennung der drei genannten Metalle voneinander durchgeführt werden kann. Das Dichloroxychinolin hat den Vorzug, daß es für Mikrobestimmungen benutzt werden kann. Die Konzentration an Mineralsäuren muß bei der Fällung mit Dichloroxin etwa 0,2 n, bei Dibromoxychinolin ungefähr 0,05 n sein. Welche p_H-Werte eigentlich im günstigen Fällungsbereich vorliegen, geben die Autoren nicht an. Über die Trennung und Bestimmung von Eisen, Titan und Aluminium mittels Dibromoxins bei gleichzeitiger Anwesenheit dieser Metalle haben SANKO und BURSSUK Versuche angestellt (vgl. S. 479).

Gegenüber der sehr einfachen und sicheren Abtrennung von Eisen, Titan und Kupfer mittels Cupferrons (vgl. S. 426) in schwefelsaurer Lösung sind die Trennungsverfahren mittels Dichlor- und Dibromoxins wegen der erforderlichen Einhaltung der Säurekonzentration verhältnismäßig umständlich, weshalb man dem Cupferronverfahren (auch für Mikrotrennungen! Vgl. S. 427 oben) den Vorzug geben wird, wenn es sich nur um die Beseitigung der genannten drei Metalle zwecks anschließender Aluminiumbestimmung handelt.

1. Abtrennung von Eisen, Titan und Kupfer mittels Dichloroxychinolins. **Arbeitsvorschrift.** Die an Schwefel-, Salz- oder Salpetersäure etwa 0,2 n Analysenlösung, deren Volumen ungefähr 200 cm³ beträgt, wird nach dem Erwärmen auf 50° C tropfenweise mit einer 1- bis 2%igen acetonischen Dichloroxychinolinlösung in geringem Überschuß unter andauerndem Umrühren versetzt. Hierbei fällt Kupfer als grüngelber, Eisen als schwarzgrüner und Titan als orangebrauner mikrokrystalliner Niederschlag aus. Man erhitzt dann zum Sieden, erhält etwa 5 Min. bei Siedetemperatur und filtriert das heiße Gemisch sofort durch einen Jenaer Glasfiltertiegel (1 G 3 bei Kupfer, 1 G 4 bei Eisen- und Titanfällungen). Aus dem erhaltenen Filtrat scheidet sich bei Einhaltung richtiger Fällungsbedingungen allmählich das überschüssige Fällungsmittel in Form weißer Flocken ab. Das Auswaschen des Niederschlages nimmt man mit warmer 0,04 n Salz- oder Schwefelsäure vor, welche 25% Aceton enthält und wäscht zum Schluß mit heißem Wasser nach. Die bei 120 bis 140° C bis zur Gewichtskonstanz getrockneten Niederschläge haben auf Grund ihres Metallgehaltes folgende Zusammensetzung: $(C_9H_4Cl_2ON)_2Cu$ mit 13,00% Kupfer, $(C_9H_4Cl_2ON)_3Fe$ mit 8,03% Eisen und $(C_9H_4Cl_2ON)_2TiO$ mit 9,82% Titan.

Genauigkeit. Nebenstehende Tabelle gibt über die von BERG bei Trennungen angewendeten Mengenverhältnisse und die erzielte Genauigkeit Aufschluß.

Gefälltes Metall in Gegenwart von 0,05 g Fremdmetall	Gegebene Metallmenge g	Gewicht des Niederschlages g	Gefundene Metallmenge g
Kupfer	0,0125	0,0963	0,0125
Al, Pb, Bi, Cd, Co . .	0,0101	0,0795	0,0103
Ni, Mn, Zn, Cr, U . .	0,0051	0,0401	0,0052
Eisen	0,0100	0,1211	0,0097
Al, Cd, Ni, Co, Mn . .	0,0075	0,0946	0,0076
Zn, Cr, U, Be, Mg, Ca	0,0025	0,0311	0,0025
Titan	0,0113	0,1180	0,0115
Al, Ni, Co, Mn, Cd . .	0,0076	0,0782	0,0077
Zn, Cr, U, Be, Mg, Ca	0,0038	0,0395	0,0039

2. Abtrennung kleiner Mengen von Eisen, Titan und Kupfer mittels Dibromoxychinolins nach **BERG** ***und*** **KÜSTENMACHER. Vorbemerkung.** Die Abscheidung von Eisen, Titan und Kupfer wird ähnlich wie mit Dichloroxin ausgeführt, jedoch muß der Acetongehalt des Reaktionsgemisches nach beendeter Fällung 25 bis 30% betragen, damit sich kein überschüssiges Reagens mitabscheidet. Während sich für die Fällung von Eisen, Titan und Kupfer allein eine Säurekonzentration von 0,025 n eignet, muß zur Trennung von Aluminium, Chrom, Quecksilber und anderen Metallen eine höhere, etwa 0,05 n Konzentration eingestellt werden. Um andererseits unvollständige Fällung der genannten Metalle zu vermeiden, darf man mit dem Säuregehalt nicht höher als auf 0,05 n gehen.

Arbeitsvorschrift. Die 50° C warme schwach saure (s. oben) Analysenlösung wird tropfenweise unter Rühren mit einem mäßigen Überschuß an warmer acetonischer Reagenslösung versetzt. Man berechnet die erforderliche Reagensmenge überschlagsmäßig, indem man für je 1 mg Metall bei Kupfer 3 cm³, bei Eisen 7 cm³ und bei Titan 5 cm³ einer gesättigten acetonischen Dibromoxychinolinlösung einsetzt, weiter 10 cm³ Reagenslösung hinzufügt und mit Aceton auf 60 bis 70 cm³ auffällt. So gelangt man dann bei einem Gesamtvolumen des Fällungsgemisches von 200 bis 250 cm³ zu richtigen Konzentrationsverhältnissen. Nun wird langsam unter Umrühren zum Sieden erhitzt, 2 Min. im Sieden erhalten und anschließend durch Glasfiltertiegel filtriert. Man wäscht zuerst mit 0,05 n Salz- oder Salpetersäure, welche 10 bis 20% Aceton enthält und dann noch mit heißem Wasser aus. Der Niederschlag wird bei 105° vorgetrocknet und dann bis zur Gewichtskonstanz auf 140 bis 150° C erhitzt. Aus dem schwach gelbgrünen Filtrat scheidet sich beim Abkühlen überschüssiges Reagens in weißen Nadelbüscheln allmählich aus. (Das Aluminium kann aus einem aliquoten Teil des Filtrats in ammoniakalischer Lösung als Dibromoxychinolat gefällt werden, vgl. SANKO und BURSSUK).

Gefälltes Metall in Gegenwart von 200—300 mg an Fremdmetall	Gegebene Metallmenge mg	Gewicht des Niederschlages mg	Gefundene Metallmenge mg
Kupfer			
Al, Mg, Be . .	2,02	20,9	1,99
Eisen			
Cr, Al, U . . .	1,14	19,4	1,13
Titan			
Cr, Al, U . . .	1,02	14,1	1,01
Al, Ca, Mg, Be	1,02	14,0	1,00

Genauigkeit. Man ersieht aus den Beleganalysen von BERG und KÜSTENMACHER, daß kleine Eisen-, Titan- und Kupfermengen in der Größenordnung von einigen Milligrammen neben über 100fachem Überschuß an Aluminium und verschiedenen weiteren Metallen auf wenige Prozente genau bestimmt werden können.

Bezüglich der von SANKO und BURSSUK bei der Trennung von Titan und Eisen von 0,84 bis 1,68 mg Aluminium erhaltenen Werte vgl. S. 292.

Literatur.

BERG, R.: Z. anorg. Ch. **204**, 208 (1932). — BERG, R. u. H. KÜSTENMACHER: Z. anorg. Ch. **204**, 215 (1932).

SANKO, A. M. u. A. J. BURSSUK: Chem. J. Ser. B **9**, 895 (1936); C. **107 II**, 3928 (1936).

M. Cupferrontrennungen.

Abtrennung von Eisen, Titan, Zirkon, Vanadin, Zinn, Wismut, Niob, Tantal, Gallium und Uran durch Fällung mittels Cupferrons in mineralsaurer Lösung.

Allgemeines.

Im Gegensatz zur direkten Abscheidung des Aluminiums mittels Cupferrons in schwach essigsaurer Lösung (neben Alkalimetallen oder Magnesium, vgl. S. 296) stellt die Abtrennung der genannten Metalle durch Fällung als Cupferronkomplexe in mineralsaurer Lösung ein in der Praxis öfter angewendetes und bequemes Trennungsverfahren dar. Der Säuregrad der Fällungslösung ist zwar nicht bei allen obigen Metallen gleich groß, liegt aber meist bei 1 n Konzentration und kann in einzelnen Fällen auch ein mehrfaches hiervon betragen (z. B. bei Eisen oder Titan). Es handelt sich also um ein verhältnismäßig störungsunempfindliches Trennungsverfahren, bei welchem nicht wie beispielsweise bei der Trennung des Eisens und Titans von Aluminium mittels Oxychinolins in malonathaltiger[1] Lösung (vgl. S. 474) ein bestimmter p_H-Bereich eingehalten werden muß. Beleganalysen über die Bestimmung der aus mineralsauren Lösungen ausfallenden Metalle in Gegenwart von Aluminium liegen vor bei Eisen, Titan, Zirkon, Gallium und Wismut. Aluminium wurde bei Titan, Vanadin, Gallium und Wismut im Filtrat der Cupferronfällung mitbestimmt. Es ist jedoch sicher, daß auch die Abtrennung von Zinn, Niob, Tantal, Uran IV und weiteren in mineralsaurer Lösung quantitativ fällbaren Metallen störungsfrei verläuft, da Aluminium erst bei viel höherem p_H-Wert durch Cupferron abgeschieden wird als diese Metalle.

Praktische Bedeutung hat das Cupferronverfahren z. B. für die Aluminiumbestimmung in Silicaten oder Erzen, wobei nach gemeinsamer Abscheidung von Eisen, Titan (Zirkon) und Aluminium als Hydroxyde oder Oxychinolate die Abtrennung von Eisen, Titan und Zirkon als Cupferronverbindungen vorgenommen

[1] Verschiedene Autoren ziehen für diese Trennung das Cupferronverfahren dem Oxinverfahren nach BERG vor, z. B. ZUKOWSKAJA und BALJUK, ferner HECHT (a), (b) sowie SCHOKLITSCH.

werden kann. Bei der Reinheitsanalyse von Aluminiumsorten können alle obigen Metalle (soweit vorhanden) von der überschüssigen Masse des Aluminiums getrennt werden. Auch mikroanalytisch kann das Cupferronverfahren infolge der hohen Empfindlichkeit der Fällungen gute Dienste leisten [vgl. z. B. HECHT (a), (b) sowie SCHOKLITSCH].

Allgemeine Arbeitsvorschrift[1]. Die salz- oder schwefelsaure[2], auf etwa 10° C abgekühlte Lösung (etwa 200 cm^3) versetzt man langsam unter kräftigem Rühren mit wäßriger, meist 5%iger Cupferronlösung bis neben den Flocken des farbigen[3] Metall-Cupferron-Komplexes eine weiße Trübung durch überschüssiges Cupferron auftritt, welche sich in der Säure wieder löst. Man gibt dann noch einen mäßigen Überschuß des Fällungsmittels hinzu, ein größerer Überschuß wirkt nicht nachteilig. Die Abscheidung der Cupferronkomplexe tritt sofort ein. Das vollständige Zusammenballen des Niederschlages wird durch kräftiges Umrühren gegebenenfalls (mittels Rührvorrichtung) wesentlich begünstigt. Einige Minuten nach dem Fällen filtriert man durch ein Papierfilter, bei größeren Mengen unter mäßigem Saugen und Zuhilfenahme eines Platinconus. Auch Zugabe von etwas Papierfiltermasse begünstigt das Filtrieren[4]. Man wäscht mit kalter verdünnter[5] Salzsäure (1:10, etwa 1 n) oder auch Schwefelsäure, in der ungefähr 1 g Cupferron pro Liter gelöst ist. Die Bestimmung der als Cupferronkomplexe gefällten Metalle erfolgt durch Überführung in Oxyde, da die Wägung getrockneter Niederschläge keine brauchbaren Ergebnisse liefert. Das Trocknen und Verglühen der Niederschläge muß zur Vermeidung mechanischer Verluste sorgfältig durchgeführt werden.

Bemerkungen zur allgemeinen Arbeitsvorschrift. Die Cupferronniederschläge neigen zu einer gewissen Verharzung, die sich z. B. bei den gelben Flocken des Titankomplexes in der Verwandlung in eine relativ feste, krümelige Masse und teilweise auch im Festhaften an der Wand des Fällungsgefäßes äußert. Diese Erscheinung wird durch sorgfältiges Abkühlen der Lösungen auf Temperaturen unter etwa 10° vermieden, hängt aber auch mit zu hoher Säure- oder Neutralsalzkonzentration zusammen. Über die Zeiträume des Stehens vor der Filtration liegen teilweise voneinander abweichende Literaturangaben vor. Filtration nach wenigen Minuten ist, wenn sich der Niederschlag unter kräftigem Rühren genügend zusammengeballt hat, wohl richtig.

Einfluß fremder Metalle, die in saurer Lösung nicht ausfallen. Zu den Metallen, die die Trennung stören, gehören Blei (Bildung von Bleichlorid oder Bleisulfat), Silber (in salzsaurer Lösung), Cer, Thorium und Wolfram. Cer und Thorium[6] fallen nur teilweise aus, selbst in ganz stark schwefelsaurer Lösung (40%). HILLEBRAND und LUNDELL (a) zählen auch Quecksilber (I) zu den störenden Metallen, während PINKUS und MARTIN angeben, daß es in Gegenwart verdünnter Mineralsäuren quantitativ ausfällt. Kupfer steht bezüglich der p_H-Abhängigkeit seiner Fällung mit Cupferron zwischen Aluminium und den aus stark mineralsaurer Lösung fällbaren Metallen und wird voraussichtlich stets dann stören, wenn wesentlich unterhalb 1 n Konzentration gearbeitet werden muß. Alkali- und Erdalkalisalze stören nur, wenn sie in großen Mengen vorhanden sind. Gelegentlich ihrer Versuche

[1] Vgl. auch S. 480.

[2] Gegebenenfalls auch organische Säure oder Flußsäure enthaltend; bezüglich der Säurekonzentration im Einzelfalle vgl. weiter unten.

[3] Die meisten in mineralsaurer Lösung schwer löslichen Cupferronkomplexe sind farbig, z. B. ist die Komplexverbindung des Eisens rotbraun, die des Titans gelb, des Vanadins mahagonirot usw.

[4] Es können gegebenenfalls auch Porzellanfiltertiegel benutzt werden.

[5] Bei den aus stärker saurer Lösung fällbaren Metallen (Eisen, Zirkon, Titan) wurde Salzsäure (1:10, etwa 1 n) benutzt, während bei anderen Metallen, wie z. B. Vanadin, wohl eine 10fach kleinere Menge anzuwenden wäre.

[6] Thorium wird nach THORNTON jun. (a) aus 1- bis 2%iger schwefelsaurer Lösung quantitativ gefällt.

über die Trennung des Zirkons von Aluminium stellten THORNTON jun. und HAYDEN jun. fest, daß der Zirkon-Cupferron-Niederschlag bei Anwesenheit von 0,1 g Zirkonoxyd und der 25fachen Menge Kaliumoxyd 0,9 und 0,7 mg Kaliumsalz adsorbierte.

Neben Aluminium bleiben in Lösung: Zink, Cadmium, Arsen, Antimon V, Chrom, Mangan, Nickel, Kobalt, (Silber), außerdem Beryllium, Phosphor und Bor.

Spezielle Angaben über die Abtrennung mittels Cupferrons in mineralsaurer Lösung. **Vorbemerkung.** Die nachfolgenden Ausführungen bringen neben Hinweisen auf vorhandenes Schrifttum und ausgeführte Beleganalysen kurze Angaben, welche zur Ergänzung der oben beschriebenen allgemeinen Arbeitsvorschrift dienen und vor allem die zulässige Säurekonzentration betreffen. Diese entscheidet über die Möglichkeit einer Trennung von Aluminium, soweit noch keine Erfahrungen vorliegen.

1. Eisen. Auf der Grundlage der Versuche von BAUDISCH führten BILTZ und HÖDTKE sowie R. FRESENIUS Eisenbestimmungen in Gegenwart von Aluminium aus. Es wurden bis 50 mg Eisen III in 150 cm³ mineralsaurer Lösung gefällt. Das Mengenverhältnis zwischen Eisen und Aluminium betrug bei einer Versuchsreihe mit 0,0289 g Eisen 1:1 bis 1:50 (BILTZ und HÖDTKE), wobei sich Abweichungen der Eisenwerte von $\pm$ 0,1 bis 0,3 mg ergaben. Nach LUNDELL kann der Säuregehalt bis 20 Vol.-% Salz- oder Schwefelsäure betragen. Aluminiumbestimmungen wurden von den genannten Autoren im Filtrat der Eisenniederschläge nicht ausgeführt.

2. Titan. Die ersten Autoren, die Titan mit Cupferron aus saurer Lösung fällten, BELLUCCI und GRASSI, geben auch fünf Trennungen des Titans von Aluminium an. Bei einer Titanmenge von 0,0396 betrug das Mengenverhältnis von Titan zu Aluminium 1:1 bis 1:50, die Abweichungen vom richtigen Titanwert lagen zwischen $+$0,1 und 0,4 mg Titan, also etwa 0,25 bis 1%, Aluminium wurde nicht bestimmt. Genaue Angaben über die angewandte Säurekonzentration (HCl, H_2SO_4) machten die genannten Autoren nicht.

THORNTON jun. (b) erhielt bei der Trennung von 0,1066 g Titandioxyd und 0,1227 g Aluminiumoxyd in 200 cm³ 1 n schwefelsaurer Lösung noch einen Plusfehler des Titans von 2,6%. Auf 0,2 bis 0,5% richtige Titanwerte ergaben sich, wenn in 1 n oder 2 n schwefelsaurer mit 1,5 g Weinsäure versetzter Lösung (Gesamtvolumen bis 400 cm³) gefällt wurde. Weiter führte THORNTON jun. (b) die Bestimmung von 0,1066 g Titandioxyd neben 0,1 bis 0,2 g Eisenoxyd, ebensoviel Aluminiumoxyd und 0,0153 g Phosphorpentoxyd in sehr vorteilhafter Weise durch, indem er die Abtrennung des Eisens als Sulfid in tartrathaltiger Lösung nach GOOCH vornahm und das Titan aus dem mit Schwefelsäure versetzten Filtrat neben Aluminium und Phosphorsäure fällte. Titan wurde hierbei auf 0,2 bis 0,7% richtig wiedergefunden, Aluminium nicht bestimmt. Da also die tarnende Wirkung der Weinsäure einen offenbar günstigen, wenn auch nicht klar hervortretenden Einfluß auf die Trennung des Titans von Aluminium hat wird die Arbeitsvorschrift zur Trennung von Eisen, Titan, Aluminium und Phosphorsäure im § 17 S. 480 gebracht.

Sorgfältige Beleganalysen zur Trennung von Eisen, Titan, Zirkon, Aluminium und Mangan hat BROWN ausgeführt, wobei er aus der mit Eiswasser (!) gekühlten Lösung [Volumen 150 cm³; Schwefelsäuremenge 25 cm³ (1:1), Säurekonzentration also etwa 3 n] Eisen, Titan und Zirkon als Cupferronkomplexe fällte, und im Filtrat nach dem Zerstören des überschüssigen Cupferrons das Mangan durch Kochen mit Kaliumchlorat und das Aluminium mit Ammoniak abschied. Es waren folgende Metallmengen in 10 Gemischen vorhanden:

0,0470 bis 0,1787 g Fe_2O_3	0,1040 bis 0,1248 g Al_2O_3
0,1102 bis 0,2306 g ZrO_2	0,0051 bis 0,1254 g MnO_2
0,0050 bis 0,0749 g TiO_2	

Die gefundenen Werte stimmten bei Aluminium und allen anderen Metallen auf einige Zehntelmilligramme mit den gegebenen überein.

3. Zirkon. Trennungen des Zirkons von Aluminium führten THORNTON jun. und HAYDEN jun. sowie auch FERRARI aus, allerdings ohne das Aluminium zu bestimmen. In 2 n schwefelsaurer Lösung erfolgt die Abtrennung des Zirkons ohne Weinsäurezusatz quantitativ. Die Gegenwart von Weinsäure hat keine nachteilige Wirkung, so daß THORNTON jun. und HAYDEN jun. auch die Trennung des Eisens von Zirkon und Aluminium mit Schwefelwasserstoff nach GOOCH durchführen und die anschließende Zirkonabscheidung mit guten Zahlenergebnissen belegen konnten. Die diesbezüglichen Versuche von BROWN wurden schon oben erwähnt. Auch LUNDELL und KNOWLES beschäftigten sich mit der Fällung von Zirkon und Titan mit Cupferron.

4. Vanadin. Nach den Angaben von TURNER wird das Vanadin aus 1 %ig salz- oder schwefelsaurer Lösung gefällt, also bei wesentlich geringerer Säurekonzentration als Eisen, Titan und Zirkon. Im Einklang hiermit gibt SCHWARZ v. BERGKAMPF an, daß das Vanadin bei der Titanfällung mit Cupferron nach THORNTON jun. (b) nur teilweise mit ausgefällt wird. Abweichend von diesen Erfahrungen trennt CLARKE das Vanadin von Wolfram durch Fällung des ersteren aus 1 n salzsaurer Lösung, welche Aluminiumfluorid enthält.

HILLEBRAND und LUNDELL (b) betrachten Vanadin sogar als zur Gruppe Eisen, Titan, Zirkon gehörig, welche sie bei einer Schwefelsäurekonzentration von 20 bis 25 cm^3 konzentrierter Säure in 200 cm^3 Flüssigkeit abscheiden. DYMOW und MOLTSCHANOWA haben 6 Beleganalysen über die Trennung des Vanadiums und Titans von Aluminium in Stahl, im Anschluß an die Elektrolyse mit der Quecksilberkathode, ausgeführt. Nach Abscheidung des Vanadin-Titan-Cupferron-Niederschlages bei fast 1,5 n (!) Schwefelsäurekonzentration (Waschen mit kaltem Wasser) wurde im Filtrat das überschüssige Cupferron zerstört und Aluminium als Oxychinolat bestimmt. 0,05 bis 2,73% Aluminium wurden neben 1,25% Titan, 1,39% Vanadin (Einwage 1 bis 2 g Stahl) befriedigend genau wiedergefunden.

5. Zinn. Bestimmungen des Zinns mittels Cupferrons haben KLING und LASSIEUR sowie FURMAN ausgeführt. FURMAN fällt 0,1 bis 0,3 g Zinn mit einem Überschuß von 10%iger Cupferronlösung aus einer Lösung (Volumen 200 bis 500 cm^3), welche 5 cm^3 48%ige Flußsäure, 4 g Borsäure, 2 bis 5 cm^3 Schwefelsäure und 5 bis 10 cm^3 Salzsäure enthielt. Bei dem den genannten Säurekonzentrationen entsprechenden p_H-Wert erscheint eine Trennung des Zinns von Aluminium möglich. Dies geht wohl auch aus den Versuchen von PINKUS und CLAESSENS hervor, die das Zinn durch Fällung aus einer an Salz- oder Schwefelsäure 1 bis 1,5 n Lösung mit 1,5- bis 2fachem Überschuß von Cupferron bestimmten. Dabei betrugen die Abweichungen von den gegebenen Zinnmengen nur einige Zehntelmilligramme.

6. Wismut. Nach PINKUS und DERNIES darf die Lösung der zu trennenden Metalle Wismut und Aluminium nicht mehr als 1 n an freier Salz- oder Schwefelsäure sein. Der gelblichweiße Wismutniederschlag ballt sich leicht zusammen und ist gut filtrierbar. Er wird mit (100 bis 150 cm^3) 1%iger Cupferronlösung ausgewaschen. Im Filtrat fällten die Autoren nach Neutralisation das Aluminium durch Zusatz weiterer 10 cm^3 5%iger Cupferronlösung. 5 Beleganalysen mit je 0,2329 g Wismuttrioxyd und 0,0400 g Aluminiumoxyd ergaben folgende Abweichungen der Aluminiumwerte in Prozent: —0,5, —0,7, 0,0, —0,5, —1,2.

7. Niob und Tantal. PIED fällt diese beiden Metalle als Cupferronkomplexsalze aus stark salz- oder schwefelsaurer Lösung, die Oxal- oder Weinsäure enthält. Diese Versuchsbedingungen erlauben ohne weiteres die Trennung von Aluminium. KNOWLES führte je eine Bestimmung von Niob und Tantal (je etwa 0,2 g Einwage) in an Schwefelsäure 5- bzw. 10%iger, 5% Weinsäure enthaltender Lösung aus, wobei die gefundenen negativen Abweichungen unter 0,5% lagen.

8. Gallium. Durch Fällung des Galliums in 2 n schwefelsaurer Lösung konnten MOSER und BRUKL 0,01 bis 0,2 g Galliumoxyd von Mengen bis zu 5 g Aluminiumoxyd bei einem Lösungsvolumen von 200 bis 300 cm^3 trennen. Die Autoren weisen darauf hin, daß bei Temperaturen über 30° der weiße flockige Gallium-Cupferron-Niederschlag sich zu einem krystallinen Klumpen zusammenzieht, der leicht mit dem Glasstab zerdrückt werden kann. Mit 2 n Schwefelsäure wird chloridfrei gewaschen und zu Galliumoxyd verascht. Im Filtrat wurde das überschüssige Cupferron durch Abrauchen mit Schwefelsäure zersetzt und das Aluminium mit Ammoniak gefällt. Eine Umfällung des Galliums ist nur notwendig, wenn mehr als 2 g Aluminium vorhanden sind.

Es wurden folgende Ergebnisse von MOSER und BRUKL erzielt:

Gegeben		Gefunden		Gegeben		Gefunden	
Al_2O_3 g	Ga_2O_3 g	Al_2O_3 g	Ga_2O_3 g	Al_2O_3 g	Ga_2O_3 g	Al_2O_3 g	Ga_2O_3 g
0,1071	0,0080	0,1074	0,0082	0,0874	0,1825	0,0884	0,1818
0,0536	0,0268	0,0539	0,0271	0,8	0,0365	—	0,0366
0,1071	0,0268	0,1069	0,0268	5	0,0183	—	0,0173

Scherrer bestimmte das Gallium in Aluminiummetall, indem er zunächst aus der an Schwefelsäure 7%igen Lösung bei einer Einwage von 10 g Aluminium und 400 cm³ Volumen die Metalle Gallium, Eisen, Titan, Zirkon und Vanadin gemeinsam mittels Cupferrons fällte und dann weiter voneinander trennte. Der Galliumgehalt wurde aus der Differenz der Mengen von Titan-, Vanadin- und Zirkonoxyd und der mit Cupferron erhaltenen Summe der Oxyde bestimmt. Die Übereinstimmung zwischen den mit Hilfe der Cupferron- und der Ätherextraktionsmethode (vgl. S. 432) erhaltenen Galliumgehalte (0,0003 bis 0,022%) war befriedigend.

9. Uran. Holladay und Cunningham bestimmten bis 0,120 g Uran (IV) in 250 bis 350 cm³ 2 bis 8% Schwefelsäure enthaltender Lösung mittels Cupferrons und wuschen den Niederschlag mit schwefelsaurem Wasser, das 1,5 g Cupferron pro Liter enthielt, aus. Die Trennung von Aluminium ist hiernach wohl gut durchführbar. Auch Auger stellte fest, daß 4wertiges Uran in saurer Lösung quantitativ gefällt wird, während 6wertiges Uran in Lösung bleibt.

Literatur.

Auger, V.: C. r. **170**, 995 (1920).

Baudisch, O.: Ch. Z. **33**, 1298 (1909). — Bellucci, J. u. L. Grassi: G. **43**, 570 (1913). — Biltz, H. u. O. Hödtke: Z. anorg. Ch. **66**, 426 (1910). — Brown, J.: Am. Soc. **39**, 2358 (1917).

Clarke, S. G.: (a) Analyst **52**, 466 (1927); C. **98 II**, 2087 (1927); (b) **52**, 527 (1927); C. **98 II**, 2621 (1927).

Dymow, A. M. u. P. S. Moltschanowa: Betriebslab. **5**, 718 (1936); C. **108 I**, 1204 (1937).

Ferrari, F.: Atti Inst. veneto scienze lettere ecarti **73**, 445 (1914); Chem. Abstr. **9**, 1019 (1915). — Fresenius, R.: Fr. **50**, 35 (1911). — Furman, N. H.: Ind. eng. Chem. **15**, 1071 (1923).

Gooch, F. A.: Chem. N. **52**, 68 (1885).

Hecht, F.: (a) Mikrochemie **12**, 201 (1932); Fr. **110**, 397 (1937); (b) Mikrochim. A **2**, 188 (1927); vgl. auch Fr. **118**, 440 (1940). — Hillebrand, W. F. u. H. E. F. Lundell: (a) Applied inorganic Analysis, p. 109. New York 1929; (b) Applied inorganic Analysis, p. 110. New York 1929. — Holladay, J. A. u. Th. R. Cunningham: Trans. Am. electrochem. Soc. **43**, 329 (1923); vgl. Fr. **66**, 295 (1925).

Kling, A. u. A. Lassieur: C. r. **170**, 1112 (1920). — Knowles, H. B., W. F. Hillebrand u. H. E. F. Lundell: Applied inorganic Analysis, p. 112. New York 1929.

Lundell, G. E. F.: Am. Soc. **43**, 847 (1921); C. **93 II**, 177 (1922). — Lundell, G. E. F. u. H. B. Knowles: Ind. eng. Chem. **12**, 344 (1920).

Mayr, C. u. A. Gebauer: Fr. **113**, 189 (1938). — Moser, L. u. A. Brukl: M. **51**, 327 (1929).

Pied, H.: C. r. **179**, 897 (1924). — Pinkus, A. u. F. Claessens: Bl. Soc. chim. Belg. **36**, 413 (1927). — Pinkus, A. u. J. Dernies: Bl. Soc. chim. Belg. **37**, 274 (1928). — Pinkus, A. u. F. Martin: Chim. Ind. **17**, 182 (1927).

Scherrer, J. A.: J. Res. Bur. Stand. **15**, 585 (1935); C. **107 II**, 343 (1936); vgl. auch J. Franklin: Inst. **220**, 791 (1935); C. **107 I**, 2398 (1936). — Schoklitsch, K.: Mikrochemie **20**, 247 (1936). — Schwarz v. Bergkampf, E.: Fr. **83**, 345 (1931).

Thornton jun., W. M.: (a) Chem. N. **114**, 13 (1916); vgl. Fr. **58**, 286 (1919); (b) Z. anorg. Ch. **87**, 375 (1914); Am. J. Sci. [4] **37**, 173 (1914). — Thornton, jun., W. M. u. E. M. Hayden jun.: Am. J. Sci. [4] **38**, 137 (1914); Z. anorg. Ch. **89**, 377 (1914). — Turner, W. A.: Am. J. Sci. [4] **41**, 339 (1916); vgl. Fr. **61**, 64 (1920).

Zuckowskaja, S. S. u. S. T. Baljuk: Betriebslab. **3**, 485 (1934); vgl. Fr. **102**, 61 (1935).

N. Extraktionstrennungen.

I. Abtrennung des Eisens durch Extraktion mit Äther oder Ätherhomologen aus salzsaurer Lösung.

1. Extraktion mit Äther nach Rothe.

Vorbemerkung. Wird eine Lösung von Eisen III- und Aluminiumchlorid mit dem gleichen Volumen 33%iger Salzsäure versetzt und mit Äther durchgeschüttelt, so geht das Eisen III-chlorid in den Äther, während Aluminiumchlorid in der wäßrigen Lösung verbleibt. Nach Hanriot genügen unter gewöhnlichen Verhältnissen drei Behandlungen mit Äther, um die wäßrige Lösung eisenfrei zu machen. Durch die gleiche Behandlung sollen sich Eisen, Mangan, Chrom, Nickel, Kobalt und Uran trennen lassen, während etwas Zink in den Äther übergeht. Die Chloride von Zirkon und Beryllium können auf gleiche Weise von Eisen befreit werden.

ROTHE, der die Extraktion des Eisen III-chlorids für die Eisen- und Stahlanalyse verwendet, gibt an, daß 3wertiges Eisen beim wiederholten Ausschütteln mit Äther aus Salzsäurelösung in Form von Eisen III-chlorid an den Äther abgegeben wird, während Mangan II-, Chrom III-, Nickel II- und Aluminiumchlorid selbst bei Gegenwart von Eisen III-chlorid in Äther nicht löslich sind. Kobalt II- und Kupfer II-salze werden etwa in gleichem Maße gelöst, jedoch in relativ geringer Menge bei Gegenwart von Ammoniumsalzen. Gegenwart von Eisen II-chlorid ist zu vermeiden, ebenso überschüssiges Chlor, Salpetersäure und andere Äther zersetzende Agenzien. Der Gehalt an Salzsäure soll so groß sein, daß die rückständige ätherhaltige Salzsäure ein Gemisch von Äther mit 21 bis 22% Salzsäure (D bei 19° C 1,100 bis 1,105) ist.

Arbeitsvorschrift. Das Ausschütteln erfolgt in dem bekannten, von ROTHE konstruierten und nach ihm benannten Doppelschüttelgefäß, das von KÖNIG noch verbessert worden ist.

Bei größeren Mengen Aluminium, Mangan, Nickel und Chrom entfernt man Eisen wie folgt:

Die zum Ausschütteln mit Äther präparierte, konzentrierte Lösung wird mit möglichst wenig Wasser (10 bis 12 cm³) in das Schüttelgefäß gespült, mit 100 cm³ Äther versetzt und kräftig durchgeschüttelt. Nun wird nach und nach unter jedesmaligem Durchschütteln soviel Salzsäure (D 1,185) aus dem anderen Schüttelgefäß in die Lösung eingedrückt, bis sich die Farbe der Salzsäurelösung nicht mehr ändert. Die Eisen III-chloridlösung wird noch einmal mit 10 cm³ Salzsäure (D 1,104) nachgeschüttelt, ebenso wird auch nach dem Ausschütteln mit der zweiten Portion Äther das Gefäß mit der verdünnten ätherischen Eisen III-chloridlösung noch einmal mit 10 cm³ dieser Säure ausgeschüttelt. Unberücksichtigt bleiben die nach dem zweiten Ausschütteln noch vorhandenen Eisenmengen.

2. Extraktion mit Isopropyläther nach DODSON, FORNEY und SWIFT.

DODSON, FORNEY und SWIFT geben der Extraktion mit Isopropyläther vor derjenigen mit Äthyläther den Vorzug, und geben als Resultat ihrer Untersuchung folgendes an:

Bei Extraktion von 250 mg Eisen erreicht man mit Äthyläther eine Extraktionswirkung von 99% bei einer anfänglichen Salzsäurekonzentration von 5,5 bis 6,5 Mol/l. Ist der Salzsäuregehalt höher als 6,5 Mol/l, so fällt die Wirksamkeit der Extraktion schnell ab. Mit Isopropyläther erreicht die Leistungsfähigkeit der Extraktion 99% bei einer anfänglichen Säurekonzentration von 6,5 Mol/l und erreicht ein Maximum von 99,9% bei 7,75 bis 8,0 Mol/l Säurekonzentration. Vom Standpunkt der maximalen Endkonzentration sowohl als auch des Säurekonzentrationsbereichs, bei dem eine günstige Extraktionswirkung erreicht wird, ist Isopropyläther dem Äthyläther merklich überlegen. Mit abnehmendem Eisengehalt sinkt bei beiden Äthern die Ausbeute, jedoch ist Isopropyläther wie für die Extraktion größerer Mengen Eisen, so auch für die Extraktion kleiner Mengen Eisen besser geeignet, die von 1 mg Eisen unter optimalen Bedingungen bei Isopropyläther 96% und bei Äthyläther 80% beträgt. Im Hinblick auf die Vollständigkeit der Extraktion so kleiner Mengen wie 1 mg Eisen könnte man sagen, daß mit Isopropyläther eine sehr befriedigende Trennung vom Eisen möglich ist. Schütteln mit 3 aufeinander folgenden Portionen Isopropyläther würde eine praktisch quantitative Trennung ergeben.

Unter den Bedingungen der maximalen Extraktion sind die Volumenänderungen der Äther- und Wasserschichten mit Isopropyläther bedeutend geringer als mit Äthyläther, was als ein Vorteil bei analytischen Trennungen zu gelten hat, bei denen es erwünscht ist, die annähernde Säurekonzentration nach einer Extraktion zu erkennen.

Aus der nachstehenden Tabelle ist zu ersehen, daß eine befriedigende Trennung des Eisens von Kupfer, Kobalt, Mangan, Nickel, Aluminium, Chrom, Zink, 4wertigem Vanadin, Titan und Schwefel erreicht wird. Große Mengen 5wertiges Vanadin werden extrahiert. Phosphorsäure und Molybdän gehen mit dem Ferri-Ion in die Ätherschicht.

Extraktion verschiedener Elemente aus 7,7 Mol/l HCl-Lösungen durch ein gleiches Volumen Isopropyläther.

Angewandte Elemente	Menge mg	Menge im Äther gefunden	Extrahiert %	Angewandte Elemente	Menge mg	Menge im Äther gefunden	Extrahiert %
Cu''	500	0,0	0,0	{ V^{IV}	51,5	0,2	0,4
Co''	500	0,0	0,0	{ Fe'''	500	—	—
Mn''	500	0,00	0,00	Mo^{VI}	250	53	21
Ni''	500	0,00	0,00	{ Mo^{VI}	125	56	45
Al'''	500	0,00	0,00	{ Fe'''	250	—	—
Cr'''	500	0,03	0,01	Ti^{IV}	125	0,00	0,00
Zn''	500	0,0	0,0	{ S (als H_2SO_4)	62,5	0,2	0,3
V^{V}	250	54	22	{ Fe'''	250	—	—
{ V^{V}	48,5	21	43	P (als H_3PO_4) .	125	0,1	0,1
{ Fe'''	500	—	—	{ P (als H_3PO_4) .	62,5	39	62
V^{IV}	258	0,2	0,08	{ Fe'''	250	—	—

II. Abtrennung des Galliums durch Extraktion mit Äther oder Ätherhomologen aus salzsaurer Lösung.

1. Extraktion mit Äther nach Swift.

Vorbemerkung. Gallium läßt sich grundsätzlich in gleicher Weise als Chlorid aus salzsaurer Lösung mit Äther erhalten wie Eisen (III) nach dem Verfahren von Rothe (vgl. S. 430).

Allgemeines. Die Abtrennung des Äthers ist nach Swift am vollständigsten, wenn die Anfangskonzentration der Salzsäure annähernd 6 n ist, eine Konzentration, die auch für die Extraktion des Eisens am günstigsten ist.

In der nachfolgenden, von Swift zusammengestellten Tabelle, ist das Verhalten einiger Elemente unter diesen Bedingungen zusammengestellt, da die Werte unter nicht immer gleichen Verhältnissen erhalten sind, sind sie daher oft nur angenähert. Werte unter 1 bis 2% sind als Spur angegeben.

***a) Verfahren nach* Swift. Arbeitsvorschrift.** 5 g der Substanz werden in Lösung gebracht; die Lösung der Chloride soll an Salzsäure 6 n sein.

Man bringt die kalte Lösung in einen Scheidetrichter, fügt dazu ein gleiches Volumen Äther, schüttelt kräftig durch und läßt die beiden Schichten sich vollständig trennen. Man zieht die wäßrige Schicht in einen anderen Scheidetrichter ab und behandelt sie 2mal mit Äther wie oben beschrieben. Nach Vereinigung der Ätherextrakte in einem Scheidetrichter wäscht man sie durch Schütteln mit 5 cm³ 6 n Salzsäure. Man trennt die beiden Schichten und verdampft die ätherische Schicht auf dem Wasserbad fast zur Trockne. Den Rückstand löst man in 20 cm³ Wasser, fügt 2 bis 3 Tropfen Phenolphthaleinlösung und dann 6 n Natronlauge hinzu, bis eine rote Farbe entsteht. Nach dem Zufügen von 2 cm³ 1 n Natronlauge im Überschuß kocht man 2 Min., filtriert ab, ohne den Niederschlag zu berücksichtigen. Zum Filtrat gibt man 6 n Salzsäure, bis die Farbe des Phenolphthaleins eben verschwindet, dann noch 1 cm im Überschuß, verdünnt auf 100 cm³, fügt 10 cm³ 3 n Ammoniak zu und erhitzt 5 Min. lang zum Kochen. Das vorhandene Gallium trennt sich als ein weißer Niederschlag ab.

Verhalten verschiedener Elemente beim Schütteln einer an Salzsäure 6 n Lösung mit Äther.

Element	% extrahiert	Ref.-Nr.	Element	% extrahiert	Ref.-Nr.
Al	0	2	Mo(MoO_3)	80—90	9
Sb($SbCl_3$)	6	5	Ni	0	1
Sb($SbCl_5$)	81	5	Os	0	7
As($AsCl_3$) . . .	68	8	Pd($PdCl_2$)	0	5
As($AsCl_5$)	2—4	6	Pt($PtCl_4$) . . .	Spur	5
Bi	0	6	Seltene Erden . .	0	10
Cd	0	6	Rh	0	7
Cr	0	2	Se	Spur	6
Co	0	2	Ag	0	5
Cu	Spur	5	Te	34	5
Ga	97	6	Th	0	10
Ge	40—60	6	Tl($TlCl_3$)	90—95	3
Gl(Be)	0	8	Sn($SnCl_4$)	17	5
Au($AuCl_3$)	95	5	Sn($SnCl_2$)	15—30	6
In	Spur	4	Ti	0	3
Ir	5	5	W (mit PO_4) . .	0	8
Fe($FeCl_3$)	99	5	U	0	11
Fe($FeCl_2$)	0	6	V(V_2O_5)	Spur	6
Pb	0	5	Zn	Spur	5
Mn	0	2	Zr	0	3
Hg($HgCl_2$)	Spur	5			

Ref.-Nr. 1. LANGMUIR, A. C.: Am. Soc. **22**, 102 (1900).
Ref.-Nr. 2. SPELLER, F. N.: Chem. N. **83**, 124 (1901).
Ref.-Nr. 3. NOYES, A. A., W. C. BRAY u. E. B. SPEAR: Am. Soc. **30**, 515 u. 558 (1908).
Ref.-Nr. 4. WADA, J. u. S. ATO: Sci.-Pap. Inst. Tôkyô **1**, 70 (1922).
Ref.-Nr. 5. MYLIUS, F. u. C. HÜTTNER: B. **44**, 1315 (1911).
Ref.-Nr. 6. SWIFT, E. H.:
Ref.-Nr. 7. DALTON:
Ref.-Nr. 8. CARTER:
} Unveröffentlichte Versuche aus dem chemischen Laboratorium des kalifornischen Instituts der Technologie.
Ref.-Nr. 9. SAMMET:
Ref.-Nr. 10. WADA, J.:
} Unveröffentlichte Versuche, ausgeführt im Mass. Inst. Techn. in Zusammenarbeit mit A. A. NOYES.
Ref.-Nr. 11. KERN, E. F.: Am. Soc. **3**, 689 (1901).

Zwecks Identifizierung des Galliums sammelt man den Niederschlag auf einem kleinen Filter, löst ihn in warmer 6 n Salzsäure, fügt zu dieser Lösung 5 cm³ Wasser und 3 cm³ 1 n Natriumferrocyanidlösung und läßt die Mischung 5 bis 10 Min. stehen. Ein flockiger weißer oder bläulichweißer Niederschlag zeigt die Gegenwart von Gallium an.

Genauigkeit. Durch Behandlung einer galliumhaltigen 4,9 bis 5,9 n Salzsäure mit einer gleichen Menge Äther, welcher mit Salzsäure derselben Konzentration mehrere Male geschüttelt worden ist, werden nach SWIFT etwa 97% des Galliums extrahiert. Daher würden, wenn eine solche Lösung 1 g Gallium enthält, drei solcher Extraktionen nur 0,3 mg davon in der wäßrigen Schicht hinterlassen. Die zweckmäßigste Konzentration der Salzsäure für die Verteilung zwischen der ätherischen und wäßrigen Schicht liegt bei etwa 5,5 n.

b) Verfahren nach SCHERRER. SCHERRER trennt Gallium von Aluminium durch Ätherextraktion nach folgender **Arbeitsvorschrift:** Man löst 10 g der Probe, die mit 200 cm³ Wasser versetzt sind, durch vorsichtigen Zusatz von 250 cm³ Salzsäure (D 1,18). Nach dem Lösen verdampft man bis auf etwa 300 cm³, kühlt ab und verdünnt mit 150 cm³ Äther, der ebenfalls abgekühlt ist. Man schüttelt gut durch und kühlt wiederum durch Eintauchen in Eiswasser ab. Wenn sich die Schichten getrennt haben, läßt man die Säurelösung ab und bringt den Ätherextrakt in ein Becherglas. Das Gallium ist als Chlorid in den Äther übergegangen, während Aluminium in der Säurelösung zurückgeblieben ist. Man wiederholt die

Ätherextraktion dann noch 2mal unter Anwendung von 50 cm³ Äther bei jeder Extraktion. Bei der direkten Extraktion läßt man den Scheidetrichter bei Zimmertemperatur etwa 1 Std. stehen, bevor die Säurelösung entfernt wird. Auch die vereinigten Ätherextrakte läßt man stehen, bis sich die noch vorhandene kleine Menge Säurelösung getrennt hat. Man entfernt sie sorgfältig und behandelt sie 2mal mit einer kleinen Menge Äther. Den vollständigen Ätherauszug, der jetzt alles Gallium enthält, verdampft man zur Trockne, löst den Rückstand in Salpetersäure, setzt 5 cm³ Schwefelsäure zu und erhitzt bis sich Schwefelsäuredämpfe entwickeln, wobei zur vollständigen Zersetzung der organischen Substanz zeitweilig kleine Mengen Salpetersäure zugesetzt werden. Nach Entfernung der verunreinigenden Metalle der Schwefelwasserstoffgruppe wie Cadmium, Zinn usw. mit Schwefelwasserstoff und von Eisen durch Fällung mit Ammoniumsulfid in Gegenwart von Weinsäure wird das Gallium mit Kupferron gefällt (vgl. S. 429) und nach dem Glühen als Galliumoxyd gewogen.

Genauigkeit. Bei Bestimmung von bekannten Mengen Gallium in 10 g Aluminium fand SCHERRER folgende Ergebnisse:

Anwesend g	Gefunden g	Fehler g	Anwesend g	Gefunden g	Fehler g
0,0006	0,0006	0,0000	0,0100	0,0099	—0,0001
0,0007	0,0009	+ 0,0002	0,0102	0,0101	—0,0001
0,0011	0,0013	+ 0,0002			

SCHERRER erhielt bei Anwendung einer Lösung, enthaltend je 10 g Aluminium und 0,0076 g Gallium nach der ersten Extraktion 0,0069 bzw. 0,0065 g Gallium, nach der zweiten 0,0004 und 0,0006 g Gallium und nach der dritten 0,0003 bzw. 0,0003 g; der 4. Extrakt enthielt weniger als 0,0001 g Gallium. Die Gesamtmenge des wiedererhaltenen Metalls betrug 0,0076 bzw. 0,0074 g Gallium. Bei einem anderen Versuch, bei dem 0,0102 g Gallium zugesetzt worden waren, betrugen die aus drei Extraktionen wiedergefundenen Galliummengen 0,0078, 0,0016 und 0,0008 g oder die wiedergefundene Gesamtmenge 0,0102 g Gallium.

MOSER und BRUKL (b) sowie PAPISH und HOAG geben an, daß die Ätherlöslichkeit von Galliumchlorid zur vollständigen Trennung nicht ganz ausreichend ist.

Literatur.

DODSON, R. W., H. J. FORNEY u. E. H. SWIFT: Am. Soc. **46**, 668 (1926).

HANRIOT: Bl. [3] **7**, 161 (1892); C. **63 I**, 716 (1892).

KÖNIG, H.: Stahl Eisen **30**, 460 (1910).

MOSER, L. u. A. BRUKL: M. **47**, 668 (1926).

PAPISH, J. u. L. E. HOAG: Am. Soc. **50**, 2118 (1928).

ROTHE, J. W.: Stahl Eisen **12**, 1052 (1892).

SCHERRER, J. A.: Bur. Stand. J. Res. **15 II**, 585 (1935). — SWIFT, E. H.: Am. Soc. **46**, 2375 (1924).

O. Camphersäuretrennung.

Abtrennung des Galliums mit Camphersäure aus essigsaurer Lösung nach ATO.

Bei Gegenwart von wenig Aluminium empfiehlt ATO das Gallium mit Camphersäure zu fällen.

Arbeitsvorschrift. Die Lösung dampft man ein, löst den Rückstand mit 10 cm³ 6 n Essigsäure und 100 cm³ Wasser und fällt dann auf dem kochenden Wasserbad mit 1 bis 2 g Camphersäure. Der Niederschlag wird nach dem Filtrieren mit einer Mischung von 5 cm³ 6 n Essigsäure und 50 cm³ Wasser gewaschen, geglüht und als Galliumoxyd gewogen. Nach dem Eindampfen des Filtrats wird der Rückstand schwach geglüht, um die überschüssige Camphersäure zu zerstören, und in Salzsäsure gelöst. Die Aluminiumbestimmung erfolgt mit Ammoniak in der üblichen Weise.

Genauigkeit. Die Versuche von ATO mit Camphersäure ergaben folgendes:

Angewendet		Gefunden		Differenz	
Al_2O_3 mg	Ga_2O_3 mg	Al_2O_3 mg	Ga_2O_3 mg	Al_2O_3 mg	Ga_2O_3 mg
1,06	33,1	1,1	33,3		+ 0,04
1,06	66,1	1,0	66,1		— 0,06
2,12	132,2	2,2	132,0		+ 0,08
5,0	33,4	4,9	33,5		— 0,1

Bei größeren Mengen von Aluminium und Gallium empfiehlt ATO eine Haupttrennung durch Ausfällung des Aluminiumchlorids entweder mittels an Chlorwasserstoff gesättigter, ätherhaltiger Salzsäure (vgl. S. 238) oder mittels Acetylchlorids und Acetons (vgl. S. 238) oder mittels an Chlorwasserstoff gesättigter acetonhaltiger Salzsäure (vgl. S. 238) nach dem bereits S. 238 angegebenen Verfahren auszuführen und alsdann die noch in Lösung befindlichen Galliummengen mit Camphersäure zu erfassen.

Literatur.

ATO, S.: Sci. Pap. Inst. Tôkyô **14**, 35 (1930); Fr. **93**, 115 (1933).

P. Abtrennung von Schwermetallen durch Elektrolyse mit einer Quecksilberkathode in schwefelsaurer Lösung.

Allgemeines.

Die elektrolytische Abscheidung zahlreicher Schwermetalle an einer Quecksilberkathode bietet die Möglichkeit, diese Metalle in einfacherer Weise von Aluminium zu trennen (z. B. Abtrennung von Eisen, Zink, Chrom) als dies vielfach mit Hilfe der klassischen Methoden der Fall ist. GIBBS hat schon 1880 beobachtet, daß Eisen, Kobalt, Nickel, Kupfer auf diese Weise bis auf Spuren aus wäßriger Lösung entfernt werden können. Bereits 1891 verwendeten DROWN und MACKENNA das Verfahren zur Bestimmung geringer Gehalte von Aluminium in Stahl, wobei sie große Eisenmengen bis zu 5 und 10 g abtrennten. Die Abtrennung der in legierten Stählen und Schwermetall-Legierungen (z. B. Bronzen) vorhandenen Schwermetalle von den aus schwefelsaurer Lösung an der Quecksilberkathode nicht abscheidbaren Metallen zwecks anschließender Bestimmung derselben ist in neuerer Zeit das Hauptverwendungsgebiet dieses Elektrolyseverfahrens geworden. So bestimmten CAIN (1910) und später LUNDELL, HOFFMAN und BRIGHT (a) (1923) Vanadin in Stahl, BROPHY (1924) Aluminium in Aluminiumlegierungen, CRAIGHAD Aluminium (und Magnesium) in Zinkgußlegierungen, KAR Aluminium in Chromstählen und IPAVIC in Chrom-Nickel-Legierungen, GERKE und LJUBOMIRSKAJA sowie SCHUBIN Aluminium in Bronzen (neben Zinn, Kupfer, Eisen). Eine große Anzahl von Autoren berichtet neuerdings über die Anwendung des Quecksilberkathodeverfahrens zur Aluminiumbestimmung in Stählen und arbeitet praktisch nach der gleichen Methode (PETERS, RUBASCHKIN und GUTMAN, MUCHINA, DYMOW und MOLTSCHANOWA, MORSING, KLINGER, KOCH, PAVLISH und SULLIVAN).

Im Gegensatz zu den obenerwähnten Arbeiten, welche die Bestimmung der in Lösung bleibenden Metalle zum Ziele haben, wurden von SMITH und Mitarbeitern, BÖTTGER und Mitarbeitern, MOLDENHAUER, EWALD und ROTH sowie anderen Autoren quantitative Bestimmungen und Trennungen der an einer kleinen Quecksilberkathode abgeschiedenen Metalle durch Bestimmung der Gewichtszunahme des Quecksilbers vorgenommen. Die hierbei ausgearbeiteten Bestimmungsmethoden werden zwar in der Praxis heute seltener benutzt, lieferten aber die Grundlagen für die zur quantitativen Abscheidung der Schwermetalle anzuwendenden Arbeitsbedingungen.

An der Quecksilberkathode sind nachfolgende Elemente in saurer Lösung abscheidbar: Eisen, Kobalt, Nickel, Chrom, Kupfer, Cadmium, Zink, Molybdän, Wismut, Zinn, Germanium, Silber, Quecksilber, Gold, Rhodium, Palladium, Rhenium, Iridium, Platin, Gallium, Indium, Polonium, Thallium (LUNDELL und HOFFMAN). Da man in der Praxis meist mit schwefelsaurem Elektrolyt arbeitet, werden Metalle, die schwerlösliche Sulfate bilden, wie z. B. Blei, schon vor der Elektrolyse abgetrennt. In Lösung bleiben dabei außer Aluminium die Alkalimetalle, Erdalkalimetalle, Beryllium, Titan, Zirkon, Vanadin, Uran, Niob, Bor und die Elemente der seltenen Erden. Folgende Elemente werden quantitativ (oder teilweise) aus der Lösung abgeschieden, jedoch nicht vollständig von der Quecksilberkathode aufgenommen: Mangan, Arsen, Selen, Tellur, Antimon, Osmium, Ruthenium (LUNDELL und HOFFMAN).

Trennungen von Aluminium in schwefelsaurer Lösung wurden durchgeführt bei Eisen, Kobalt, Nickel, Chrom, Kupfer, Cadmium und Zink, sind aber auch bei den anderen genannten Metallen möglich. Eine Anzahl dieser Metalle wurde allerdings aus salpeter- bzw. salzsaurem, für die Praxis weniger geeignetem Elektrolyt abgeschieden [z. B. Zinn, Silber, Gold, Wismut; vgl. BÖTTGER (a)].

Bemerkungen zur allgemeinen Arbeitsmethodik. **1. Apparative Anordnung.** Die Elektrolyse mit Quecksilberkathode kann mit einfachen Mitteln ausgeführt werden. So kann man ein 400 cm^3-Becherglas verwenden, auf dessen Boden sich etwa 40 bis 50 cm^3 Quecksilber als Kathode befinden, die durch einen in eine Glasröhre eingeschmolzenen Platindraht mit dem negativen Pol der Gleichstromquelle verbunden ist. Als Anode benutzt man ein Platinblech, einen zu einer Spirale aufgerollten Platindraht oder auch V2A-Stahldraht. Da während der Elektrolyse Erhitzung des Elektrolyten eintritt, kühlt man zweckmäßig, entweder durch Einstellen des Elektrolysebechers in Wasser, durch eine kleine Kühlschlange oder durch einen Kühlmantel um das Elektrolysengefäß.

Der Elektrolyt wird nach beendeter Elektrolyse vorsichtshalber unter Stromschluß aus dem Elektrolysiergefäß entfernt, was mittels eines Hebers bequem ausgeführt werden kann (vgl. Abb. 1). Dabei muß die Anode zunächst ganz nahe an die Quecksilberoberfläche herangerückt werden, was zu störendem Kurzschluß führen kann. Dies wird in der Apparatur nach MELAVEN vermieden, bei welcher die Trennung durch Abfließenlassen des Quecksilbers der Kathode durch einen am Boden des Gefäßes angebrachten Zweiwegehahn in sehr befriedigender Weise erreicht wird. Diese Apparatur kann jedoch nur bei Abscheidung kleiner Schwermetallmengen verwendet werden, wobei es noch nicht zur Abscheidung der Amalgame in teigiger Form kommt. Derartige größere Amalgammengen würden den Hahn verstopfen. Auch die vielfach angewendete Apparatur nach CAIN schließt die Möglichkeit eines Kurzschlusses beim Ablassen des Elektrolyten unter Senken der Anode zur Kathode nicht aus; sie hat allerdings, wie die Apparatur von MELAVEN den Vorzug, daß nur wenig Wasser zum vollständigen Überspülen des Elektrolyten aus dem Elektrolysengefäß benötigt wird.

Der Elektrolyt und auch das Quecksilber der Kathode werden während der Elektrolyse umgerührt. Es wurden vielfach auch rotierende Anoden verwendet. Für den störungsfreien Verlauf der Elektrolyse ist reichlicher Quecksilberüberschuß wichtig, da durch Anreicherung der Amalgame im Quecksilber Änderungen der Abscheidungsspannungen der Schwermetalle eintreten können.

2. Zusammensetzung des Elektrolyten. a) Säuregrad. Aus den Versuchen von KOLLOCK und SMITH sowie von MYERS ergibt sich, daß die am häufigsten vorkommenden Metalle wie Eisen, Chrom, Kobalt, Nickel, Zink, Kupfer und Cadmium bei 1 n · Schwefelsäurekonzentration noch quantitativ abgeschieden werden (bei allerdings verhältnismäßig kleinem Flüssigkeitsvolumen). Bei der Elektrolyse von Stählen und Legierungen zwecks anschließender Aluminiumbestimmung setzt man aber in der Praxis den Elektrolyten ganz schwach schwefelsauer an (etwa 0,1 bis 0,2 n), weil ja bei Abscheidung der Schwermetalle aus der Lösung ihrer Sulfate nicht unerhebliche Schwefelsäuremengen frei werden (1 g FeIII entspricht 2,6 g H_2SO_4). Durch zu hohe Säurekonzentration würde die Abscheidung der Schwermetalle, besonders in der Wärme, unvollständig werden. Bei der Abscheidung verschiedener Metalle hat die Säurekonzentration während der Elektrolyse im Zusammenhang mit den Stromdichteverhältnissen eine noch nicht in allen Teilen bekannte Wirkung (vgl. S. 438 und 439).

In Anlehnung an die Versuche von SMITH und Mitarbeitern [vgl. BÖTTGER (a)] wird in der Praxis meist bei einer kathodischen Stromdichte von etwa 0,15 Ampere/cm² gearbeitet.

Verschiedentlich wurden Schwermetalle (Silber, Quecksilber, Zinn, Gold, Wismut u. a.) aus salpetersaurer und salzsaurer Lösung abgeschieden [vgl. BÖTTGER (a)]. Diese Verfahren kommen für die Praxis weniger in Frage, da bei salzsaurer Lösung Entwicklung von Chlor, bei salpetersaurer Lösung Reduktion der Säure zu Ammoniak an der Kathode eintritt [vgl. BÖTTGER (a); vgl. jedoch LURJE sowie GERKE und LJUBOMIRSKAJA].

Wie PAVLISH und SULLIVAN, welche den Elektrolyten auf 0,6 n Schwefelsäurekonzentration bringen, feststellen, kann bei der Elektrolyse eisenhaltiger Lösung auch Perchlorsäure oder Phosphorsäure anwesend sein.

b) Neutralsalze. Alkalisalze bewirken zwar eine bessere Leitfähigkeit des Elektrolyten, haben aber einen verzögernden Einfluß auf die Abscheidung der Schwermetalle (MORSING), weshalb manche Autoren in Anwesenheit größerer Alkalisalzmengen zunächst eine Abscheidung von Eisen und Aluminium mit Ammoniak durchführen und die Elektrolyse erst nach dem Lösen der Hydroxyde in verdünnter Schwefelsäure vornehmen (z. B. LAPIN und TEMYANKO). Die Neutralisation der nach dem Lösen von Stählen oder Legierungen erhaltenen schwefelsauren Lösungen (zwecks Einstellung des Säuregrades vor Beginn der Elektrolyse) wurde von verschiedenen Autoren mit Ammoniak vorgenommen, ohne daß Störungen durch das hierbei gebildete Ammoniumsalz während der Elektrolyse eintraten [CAIN; LUNDELL, HOFFMAN und BRIGHT (a); KLINGER; PETERS u. a.; vgl. jedoch hierzu BÖTTGER (a)].

3. Anwendungsbereich. Es können an der Quecksilberkathode etwa bis 5 g Schwermetall ohne Störung abgeschieden werden, wenn man ungefähr 50 bis 60 cm³ Quecksilber verwendet. Bei sehr kleinen Aluminiumgehalten können derartig hohe Einwagen notwendig werden. Verschiedene Autoren zogen es aber vor, zunächst Vortrennungen auszuführen. So trennen CAIN und auch LUNDELL, HOFFMAN und BRIGHT (bei der Vanadinbestimmung in Chromstahl) die Hauptmenge des Eisens durch Ausfällung des Vanadins (und Chroms) mit Natriumbicarbonat ab, was auch ohne weiteres auf die Aluminiumbestimmung übertragen werden kann. Auch KLINGER schlägt vor, falls größere Stahleinwagen als 0,3 g erforderlich sind, die Hauptmenge des Eisens vorher auszuäthern. Wichtig ist, daß die Abscheidung des Eisens bei sachgemäßem Arbeiten so weit geht, daß man das Aluminium im Anschluß an die Elektrolyse bei kleinen Einwagen von nur etwa 20 mg Stahl direkt colorimetrisch bestimmen kann (KOCH).

Arbeitsvorschrift zur Bestimmung des Aluminiums in (legierten) Stählen und Schwermetall-Legierungen (nach den in der Literatur vorliegenden Erfahrungen). Die schwefelsaure Lösung der zu untersuchenden Legierung, welche nach Möglichkeit nur wenig freie Schwefelsäure enthalten soll, wird mit Natronlauge bis zur ersten bleibenden Trübung durch Hydroxyd (Braunfärbung durch beginnende Hydrolyse des Eisens bei Stählen) neutralisiert und dann durch etwa 0,6 cm³ Schwefelsäure (1:1) auf 0,1 bis 0,3 n Schwefelsäurekonzentration gebracht. Das Volumen der Lösung beträgt bei kleineren Einwagen (0,1 bis 0,5 g einer Legierung) zweckmäßig nur 80 bis 100 cm³, bei größeren Einwagen (1 bis 5 g) etwa 200 bis 300 cm³. Man elektrolysiert mit einer kathodischen Stromdichte von 0,15 Ampere/cm² und einer Zellspannung von 8 bis 15 V (jenach dem inneren Widerstand der Elektrolysezelle) bis zur Entfärbung und weitgehendsten Entfernung der Schwermetalle (qualitative Probe auf Eisen, Nickel, Chrom usw.). Bei großen Einwagen von mehr als 1 g ist es zweckmäßig, zuerst nur einen Teil der schwachsauren Lösung der Legierung als Elektrolyten anzusetzen, und den Rest nach und nach in Teilen zuzufügen. Nach vollständiger Abscheidung der Schwermetalle (Zeitdauer 1 bis 3 Std., je nach der Metallmenge) wird der Elektrolyt von Kathodenquecksilber sorgfältig getrennt (s. oben) und das Aluminium nach bekannten Methoden bestimmt. Da es sich häufig um kleine Aluminiummengen handelt, wendet man mit Vorteil das o-Oxychinolinverfahren hierzu an.

Verhalten des Mangans. Mangan wird unter den bei der Elektrolyse mit Quecksilberkathode üblichen Bedingungen nur teilweise an der Kathode als Metall abgeschieden. Es findet außerdem intermediär je nach den Stromdichteverhältnissen an der Anode Bildung von Permangansäure statt, welche während der Elektrolyse in Mangandioxyd übergeht, und weiterhin bleibt häufig ein kleiner Teil des Mangans in Lösung. Vor der Bestimmung des Aluminiums muß also noch im Elektrolyten vorhandenes Mangan entfernt werden, am zweckmäßigsten unter Abscheidung als Dioxydhydrat durch Kochen mit etwas Ammoniumpersulfat.

Über die Frage des Verhaltens von Mangan bei der Elektrolyse liegen bis in die neueste Zeit widersprechende Angaben im Schrifttum vor. So zählte BROPHY das Mangan zu den quantitativ abscheidbaren Metallen, während es HILLEBRAND und LUNDELL zu den in Lösung bleibenden Metallen rechneten. Nach LUNDELL, HOFFMAN und BRIGHT (b) fällt die Hauptmenge als Mangandioxyd aus, nach MOLDENHAUER und Mitarbeitern findet nur teilweise Abscheidung statt. DROWN und MACKENNA gaben schon 1891 an, daß teilweise sowohl Oxydation zu Mangandioxyd als auch Reduktion zu Metall stattfindet und ein kleiner Teil in Lösung bleibt. In einer neueren Zusammenstellung führen LUNDELL und HOFFMAN (s. oben) das Mangan unter den vollständig oder teilweise vom Elektrolyten trennbaren, jedoch nicht quantitativ auf der Kathode abscheidbaren Metallen auf. Da Mangan gerade in den sehr häufig auf Aluminium zu untersuchenden Stoffen, wie in normalen oder legierten Stählen und anderen Legierungen, in bestimmter Menge vorhanden ist, liegt eine Klärung dieses Problems im allgemeinen Interesse.

ZWENIGORODSKAJA hebt hervor, daß Mangan auf Grund seines Normalpotentials (– 1,10 V) theoretisch bereits zu den nicht mehr an der Quecksilberkathode abscheidbaren Metallen gehört (die Überspannung des Wasserstoffes an der Quecksilberkathode beträgt, bezogen auf das Potential der Normalwasserstoffelektrode, 0,76 V). Elektrolysenversuche der genannten Autorin ergaben sowohl mit als auch ohne Zusatz von Hydrazinsulfat als Reduktionsmittel nur teilweise Abscheidung an der Kathode.

Die Arbeitsbedingungen waren folgende:

Lösungsvolumen: 75 cm³.
Säurekonzentration: 0,3 cm³ H_2SO_4 (D 1,84) in 75 cm³.
Apparatur: Zelle nach CAIN, 200 g Quecksilber.

Manganmenge: 0,0285 g (als $MnSO_4$).
Dauer der Elektrolyse: 2 bis 4 Std.
Nach der Elektrolyse waren in Lösung:
mit Reduktionsmittel: 0,016, 0,019 g Mn,
ohne Reduktionsmittel: 0,022, 0,025 g Mn.

CHLOPIN gelang es unter den für die Elektrolyse mit Quecksilber üblichen Bedingungen durch Zugabe von Wasserstoffperoxyd und anderen, die Bildung von Braunstein verhindernden Stoffen (Phosphorsäure, Weinsäure), die in Lösung bleibenden Manganmengen bis auf wenige Milligramme herabzudrücken. Eine restlose Abscheidung erhofft der Autor bei entsprechender Einstellung der Säurekonzentration *während* der Elektrolyse.

Verhalten des Molybdäns. Wie Mangan wird auch Molybdän bei den für die Aluminiumbestimmung in Stählen angewendeten Elektrolysebedingungen nicht immer mit Sicherheit quantitativ abgeschieden. Es kann bei zu geringer Säurekonzentration und zu hoher Stromdichte zur Abscheidung von Oxyden des niedriger wertigen Molybdäns kommen, welche nicht wieder in Lösung gehen. MORSING empfiehlt daher, besonders bei höherem Gehalt an Molybdän, dieses *vor* der Elektrolyse durch Schwefelwasserstoff abzuscheiden. Nach den Erfahrungen von MERRILL und RUSSELL sind die besten Bedingungen für die quantitative Abscheidung des Molybdäns: 0,6 bis 1,0 Ampere/cm² Stromdichte, Acidität 1,2 bis 1,4 n Schwefelsäure. Es kann so (bei Anwendung einer rotierenden Anode) 0,1 g Molybdän in 50 Min. abgeschieden werden. Der Einfluß der Acidität (bei schwefelsaurer Lösung) auf die Abscheidung ist größer als derjenige der kathodischen Stromdichte.

MYERS arbeitete bei kleinerer Stromdichte (etwa 0,13 und 0,18 Ampere/cm²) sowie höherer Schwefelsäurekonzentration und benötigte dabei zur quantitativen Abscheidung von 0,095 g Molybdän eine Elektrolysendauer von 14 Std.

Genauigkeit. Bereits aus den Angaben von GIBBS (1880, 1883) ergibt sich, daß Eisen, Kobalt, Nickel, Kupfer bis auf Spuren aus ihren Lösungen durch Abscheidung an der Quecksilberkathode entfernt werden können. Durch die quantitativen Bestimmungen der genannten und weiterer Schwermetalle (Zink, Cadmium, Chrom, Molybdän usw.) nach der Methode von SMITH und Mitarbeitern, welche auf 0,1 mg richtige Werte lieferten, sind diese Angaben von GIBBS bestätigt worden. Für die Zuverlässigkeit der bei Stählen und Legierungen erhaltenen Aluminiumwerte ist demnach also die jeweils angewendete Aluminiumbestimmungsweise nach beendeter Elektrolyse maßgebend.

Nachfolgend sollen einige aus dem vorliegenden Erfahrungsmaterial herausgegriffene Zahlenbeispiele angeführt werden:

Autor	Schwermetall g	Aluminium Gegeben	Aluminium Gefunden	Bestimmungsmethode
DROWN und MACKENNA . . .	Fe 0,2286	0,0283 g	0,0286 g	NH_3
		0,0142 g	0,0142 g	„
	Stahl 5	0,39%	0,38%	„
	Stahl 5	0,39%	0,37%	„
	Stahl 5	0,043%	0,045%	„
	Stahl 5	0,043%	0,048%	„
IPAVIC	Cr-Ni-Stahl 3	0,072%	0,076%	NH_3
		0,07%	0,08%	„
	Cr-Ni-Legierung 3	0,14%	0,13%	NH_3
		0,35%	0,38%	„
KLINGER	Stahl 0,3	0,19%	0,19%	Oxin
	Stahl 0,3	0,19%	0,18%	„
	Stahl 0,3	0,19%	0,20%	„
	Stahl 0,1	1,90%	1,87%	Oxin
	Stahl 0,1	1,90%	1,88%	„
	Stahl 0,1	1,90%	1,89%	„
	Stahl 0,1	1,90%	1,93%	„
	Stahl 0,1	1,90%	1,91%	„

Reinigung des Quecksilbers. Da besonders bei der Abscheidung größerer Metallmengen an der Quecksilberkathode verhältnismäßig große Mengen an Quecksilber benötigt werden, ist dessen Reinigung von den entstandenen Amalgamen von Interesse. Es werden für diesen Zweck verschiedene Verfahren angewendet.

Zunächst sei erwähnt, daß es nicht unbedingt erforderlich ist, destilliertes Quecksilber zu verwenden, obwohl die Destillation (im Vakuumspezialapparat) die sichere Entfernung der meisten Schwermetalle am besten gewährleistet. Mäßige Verunreinigungen des Quecksilbers mit den leichter zersetzbaren Amalgamen des Kupfers, Zinks, Cadmiums usw. werden durch kräftiges 24stündiges Schütteln mit dem doppelten Volumen 6 bis 10%iger Mercuronitratlösung entfernt. Die entsprechenden Metalle werden dabei als schwarzer Schlamm (oder Überzug) abgeschieden und nach dem Abhebern der trüben Mercuronitratlösung durch Lösen in konzentrierter Salzsäure entfernt. Diese Behandlung wird zweckmäßig 1- bis 2mal wiederholt.

Bei dem bekannten Verfahren nach HARRIES werden die das Quecksilber verunreinigenden Schwermetalle durch Erhitzen des Quecksilbers im Sandbad auf 150° unter Durchleiten von Luft, welche mit Salzsäuredampf gesättigt ist, in Chloride übergeführt. Hierbei werden jedoch meist nicht alle Metalle erfaßt, so daß anschließend auch noch das Schütteln mit Mercuronitratlösung angewendet werden muß [BÖTTGER (b)].

Verschiedene Schwermetalle, wie z. B. Eisen, Kobalt und Nickel, bilden mit Quecksilber bei der Abscheidung an der Kathode nach den Versuchen von RABINOWITSCH und ZYWOTINSKI keine Amalgame, sondern kolloidale Lösungen, welche die Schwermetalle an verdünnte Salzsäure und Schwefelsäure verhältnismäßig langsam abgeben. Liegen größere Mengen derartiger „Amalgame" vor, welche teilweise in teigiger Form abgeschieden sind, so trennt man diese zunächst vom Quecksilber, indem man durch einen weitporigen Jenaer Glasfiltertiegel filtriert (unter Saugen). Die Entfernung der Schwermetalle im Quecksilber und Filterrückstand erfolgt dann entweder durch Destillation oder nach MORSING durch Überschichten mit Schwefelsäure (1:10) und Eintragen von Ammoniumpersulfat unter Rühren (etwa 4 g Persulfat auf 1 g Eisen). Unter Wärmeentwicklung gehen hierbei die Schwermetalle in Lösung. PAVLISH und SULLIVAN entfernen die Schwermetalle, indem sie durch das mit Wasser überschichtete Quecksilber so lange (tagelang) Luft hindurchleiten, bis keine Trübung des mehrfach erneuten Wassers mehr eintritt.

Literatur.

BÖTTGER, W.: (a) Elektroanalyse. In Physikalische Methoden der analytischen Chemie, herausgeg. von W. BÖTTGER, 2. Teil, S. 137. Leipzig 1936; (b) Ch. Z. **53**, 471 (1929). — BROPHY, D. H.: Ind. eng. Chem. **16**, 963 (1924); C. **95 II**, 2603 (1924).

CAIN, J. R.: Bl. Bur. Stand. **7**, 377 (1911); Ind. eng. Chem. **3**, 476 (1911); C. **82 II**, 1487 (1911). — CHLOPIN, N. J.: Fr. **107**, 104 (1936). — CRAIGHEAD, CH. M.: Ind. eng. Chem. Anal. Edit. **2**, 188 (1930); vgl. Fr. **90**, 48 (1932); C. **101 II**, 1580 (1930).

DROWN, TH. M. u. A. G. MACKENNA: Chem. N. **64**, 194 (1891). — DYMOW, A. M. u. P. S. MOLTSCHANOWA: Betriebslab. **5**, 718 (1936); C. **108 I**, 1204 (1937).

GERKE, F. K. u. N. V. LJUBOMIRSKAJA: Betriebslab. **6**, 746 (1937); Chem. Abstr. **31**, 8432 (1937). — GIBBS, W.: Chem. N. **42**, 291 (1880).

HARRIES, C.: Angew. Ch. **34**, 359 (1921); **34**, 541 (1921). — HILLEBRAND, W. F. u. G. E. F. LUNDELL: Applied Inorganic Analysis, S. 343. New York 1929.

IPAVIC, H.: Jubiläumsfestschr. HERAEUS, Vakuumschmelze 1933, S. 303.

KAR, H. A.: Metals and Alloys **6**, 156 (1935); C. **107 I**, 1665 (1936). — KLINGER, P.: Arch. Eisenhüttenw. **13**, 21 (1939/40). — KOCH, W.: Techn. Mitt. Krupp, Forschungsber. **1938**, 337. — KOLLOCK, L. G. u. E. F. SMITH: Am. Soc. **27**, 1255 (1905); **27**, 1527 (1905); **29**, 797 (1907).

LAPIN, N. N. u. W. S. TEMJANKO: Betriebslab. **6**, 750 (1937); durch C. **109 II**, 2800 (1938). — LUNDELL, G. E. F. u. J. I. HOFFMAN: Outlines of Methods of Chemical Analysis, S. 94. New York 1938. — LUNDELL, G. E. F., J. I. HOFFMAN u. H. A. BRIGHT: (a) Ind. eng. Chem. **15**, 1064 (1923); (b) Chemical Analysis of Iron and Steel. New York 1934. — LURJE, J. J.: Betriebslab. **3**, 495 (1934); vgl. Fr. **102**, 116 (1935); C. **107 I**, 2398 (1936).

MELAVEN, A. D.: Ind. eng. Chem. Anal. Edit. **2**, 180 (1930); vgl. Fr. **83**, 131 (1931). — MERRILL, J. L. u. A. S. RUSSELL: Soc. **1929**, 2389. — MOLDENHAUER, W., K. F. A. EWALD u. O. ROTH: Angew. Ch. **42**, 331 (1929). — MORSING, J.: Jernk. Ann. **121**, 143 (1937); C. **108 II**, 1053 (1937). — MUCHINA, S. S.: Betriebslab. **5**, 715 (1936); C. **108 I**, 137 (1937). — MYERS, R. E.: Am. Soc. **26**, 1124 (1904).

PAVLISH, A. E. u. J. D. SULLIVAN: Metals and Alloys **11**, 56 (1940). — PETERS, F.: Chemist-Analyst **24**, 4 (1935).

RABINOWITSCH, B. M. u. D. B. ZYWOTINSKI: Kolloid-Z. **52**, 31 (1930). — RUBASCHKIN, S. J. u. S. M. GUTMAN: Betriebslab. **5**, 722 (1936); C. **108 I**, 1202 (1937).

SCHUBIN, M. I.: Betriebslab. **5**, 407 (1936); C. **107 II**, 2760 (1936). — SMITH, E. F.: Am. Soc. **25**, 883 (1903).

ZWENIGORODSKAJA, V. M.: Fr. **100**, 267 (1935).

§ 16. Trennungen in alkalischer Lösung.

Trennungen, die auf der Aluminatbildung beruhen.

I. Trennungen mit Natronlauge, gegebenenfalls in Gegenwart von Peroxyd.

Allgemeines.

In stark alkalischer Lösung geht Aluminiumhydroxyd bekanntlich als Alkalialuminat vollständig in Lösung. Hierdurch unterscheidet es sich von manchen anderen Metallhydroxyden, welche mehr oder weniger unangegriffen bleiben.

Schon frühzeitig hat man versucht, auf diesem Unterschied nicht nur qualitative, sondern auch quantitative Trennungsverfahren aufzubauen. Es bestehen Möglichkeiten, folgende Metalle als Hydroxyde von Aluminium abzuscheiden: Eisen, Mangan, Chrom (III), Nickel (III), Kobalt (III), Magnesium, Titan, Zirkon, Thorium und Beryllium. Am besten fügt man die stark saure Lösung der Elemente zu einem Überschuß von heißer Natronlauge.

Die Erfahrung hat gelehrt, daß alle diese Trennungen unscharf sind. Die Fällung des Chroms ist nicht ganz quantitativ. In der Regel fallen die Werte für Aluminium zu niedrig aus, weil der schleimige Hydroxydniederschlag der Schwermetalle stets merkliche Mengen Aluminium mitreißt. Auch durch zwei- und in manchen Fällen sogar durch mehrmalige Fällung ist noch keine genügend scharfe Trennung zu erzielen. Besonders stark ist dieser Mangel bei der Trennung des Magnesiums vom Aluminium ausgeprägt, die daher praktisch nicht in Betracht kommt. Grundsätzlich ergibt sich für die verschiedenen Trennungen auch das gleiche, wenn die Oxydgemische mit Natriumhydroxyd geschmolzen werden und der Schmelzrückstand anschließend mit Wasser ausgelaugt wird.

Auch die Verwendung von Natriumperoxyd an Stelle oder gemeinsam mit Natriumhydroxyd ändert an den obigen Befunden wenig. Besonders stark wird Aluminium bei der Fällung von Nickel und Kobalt mit Natronlauge und Natriumperoxyd mitgerissen, aber auch bei der Abscheidung von Eisen und Mangan ist eine solche Adsorption nicht ganz zu vermeiden.

Die Trennung des Berylliums von Aluminium, die sich von den übrigen Verfahren dadurch unterscheidet, daß Berylliumhydroxyd in Natronlauge in der Kälte als Beryllat in Lösung geht, während es in der Siedehitze (zum Unterschied von Aluminium) infolge Hydrolyse wieder ausgeschieden wird, ist ebenfalls ungenau und wenig empfehlenswert.

Die erwähnten Trennungsverfahren sind heute durch zuverlässigere Methoden verdrängt worden. Sie können allenfalls in besonderen Fällen als Betriebsmethoden noch eine gewisse Bedeutung haben.

Günstiger liegen die Verhältnisse für die Trennung des Aluminiums und Eisens, wenn sie in Gegenwart von Phosphat ausgeführt wird. Offenbar verhindert Phosphat die Mitfällung des Aluminiums, sei es, daß neben dem Aluminat ein stabiler Phosphatkomplex des Aluminiums entstanden ist, oder daß das Phosphat Aluminium in der Adsorption an Eisenhydroxyd verdrängt. Die von Balanescu und Motzoc und ferner von Teletoff und Andronikowa (in Gegenwart von H_2O_2) angegebene Arbeitsweise liefert befriedigend genaue Werte.

1. Abscheidung des Eisens mit Natronlauge.

Vorbemerkung. Die Abtrennung des Aluminiums von Eisen (III) mit Natronlauge oder Natriumperoxyd ist nicht vollständig, da ein kleiner Teil des Aluminiums von Eisenhydroxydniederschlag mitgerissen wird. Daher fallen bei 1maliger Fällung die Aluminiumwerte stets zu niedrig aus. H. Rose schreibt daher mehrmalige Fällung und Behandlung mit Alkalilauge vor.

***Arbeitsvorschrift nach* Duparc.** In einer Platinschale erwärmt man eine konzentrierte Lösung von Natrium- oder Kaliumhydrat zum leichten Sieden und gibt dann die Lösung der Oxyde tropfenweise in diese, während gleichzeitig mit einem Platinstab umgerührt wird. Man hält die Temperatur 10 Min. aufrecht, läßt abkühlen und filtriert kalt durch einen Kautschuktrichter, wäscht dann durch Dekantieren mit kochendem Wasser. Die alkalische Lösung wird mit Salzsäure angesäuert und Aluminium durch Ammoniak in der Wärme wie üblich gefällt, filtriert und als Aluminiumoxyd bestimmt.

Der Eisenhydroxydniederschlag wird in Salzsäure gelöst, aus der Lösung mit Ammoniak gefällt und als Eisenoxyd gewogen.

Genauigkeit. Nach dieser Methode erhält DUPARC bei 1maliger Fällung so große Differenzen, daß diese Methode nach seiner Ansicht nicht zu empfehlen ist. Er und seine Mitarbeiter fanden bei Anwendung von Kali- oder Natronlauge schwankende Differenzen von + 1,4 bis + 5,6% Eisenoxyd und — 0,3 bis — 2,8% Aluminiumoxyd.

G. BALANESCU und M. D. MOTZOC fanden bei 1maliger Eisenfällung folgende Differenzen für Aluminium:

Angewendet		Gefunden: Differenz	
mg Eisen	mg Aluminium	mg Aluminium	% Aluminium
2,09 bis 19,45	1,8	— 0,08 bis — 0,2	— 4,44 bis — 11,11
10 „ 40	5,5	— 0,15 „ — 0,24	— 2,72 „ — 4,36
5 „ 40	6,5	— 0,08 „ — 0,59	— 1,23 „ — 9,08
5 „ 40	8,0	— 0,08 „ — 0,20	— 1,00 „ — 3,50
10 „ 40	10,0	— 0,15 „ — 0,5	— 1,50 „ — 5,00

Man erhält also stets negative Differenzen, da stets Aluminium beim Eisen bleibt, und zwar wird der Fehler um so größer, je größer der Wert des Verhältnisses Fe:Al wird. Wenn der Eisenüberschuß nicht allzugroß und die Menge des zu bestimmenden Aluminiums nicht zu gering ist, sind die Resultate annehmbar für Betriebsanalysen.

2. Abscheidung des Eisens durch Schmelzen mit Alkalihydroxyd und anschließendem Auslaugen.

Für dieses Verfahren gilt das gleiche wie für die unmittelbare Abscheidung mit Natronlauge (s. unter 1).

***Arbeitsvorschrift von* DUPARC.** Man schmilzt die fein gepulverten Oxyde im Silbertiegel bei Rotglut mit Kalium- oder Natriumhydrat. Nach dem Erkalten löst man die Schmelze in Wasser und filtriert das Eisenoxyd durch ein doppeltes Filter. In Lösung gegangenes Silber wird aus der salpetersauren Lösung mit Salzsäure gefällt. Aus dem Filtrat von Silberchlorid fällt man Eisen mit Ammoniak und bestimmt das Eisen als Eisenoxyd. Die alkalische Lösung, die das Aluminium enthält, wird angesäuert und Aluminium mit Ammoniak wie üblich gefällt und als Aluminiumoxyd bestimmt.

Genauigkeit. DUPARC fand ebenfalls große Differenzen, da Aluminium beim Eisenoxyd verbleibt.

Da mit der Zahl der Fällungen auch das Verhältnis Eisen:Aluminium in der festen Phase ansteigt, wird das Aluminium von Eisenoxyd sehr energisch zurückgehalten. Deshalb sind mehrere Umfällungen erforderlich um das gesamte, vom Eisenhydroxyd zurückgehaltene Aluminium zu entfernen.

Für die Alkalihydratschmelze genügen nach O. BRUNCK und R. HÖLTJE auch Nickeltiegel für exakte Analysen. Auch bei Zusatz von Alkalinitrat als Oxydationsmittel verwendet man Nickeltiegel. Man schmilzt das Alkalihydrat, gibt auf die erstarrte Schmelze Salpeter, der vorher geschmolzen war, in kleinen Stücken und schmilzt wieder ein. Auf die wieder erstarrte Schmelze gibt man die fein zerriebene Substanz und erhitzt bis zur beginnenden Sauerstoffentwicklung. Bei richtiger Ausführung der Schmelze gehen nur Spuren Nickel in Lösung. Der Tiegel bedeckt sich mit einer mattglänzenden Oxydschicht, die so fest am Metall haftet, daß sie auch durch kräftiges Abwischen nicht entfernt wird.

Nach Versuchen von BRUNCK und HÖLTJE gingen bei halbstündigem Schmelzen von 5 g Natriumhydrat im Nickeltiegel in Lösung

bei 500° weniger als 0,1 mg Nickel,
bei 550° 0,1 bis 0,2 mg,
bei 590° 0,3 mg,
bei 650° 1 mg.

Da sich der Aufschluß meist schon bei 400° vollzieht, sind Temperaturen über 550°, also dunkle Rotglut, nicht erforderlich. Es genügt, wenn man bei abgeblendetem Licht sichtbare Rotglut vermeidet.

3. Abscheidung des Mangans mit Natronlauge.

Mangan kann von Aluminium durch Natronlauge getrennt werden [HILLEBRAND-LUNDELL (a)]. Die Trennung wird in gleicher Weise wie die des Eisens von Aluminium ausgeführt (vgl. Abschnitt 1, S. 441).

4. Abscheidung des Titans (und Zirkons) mit Natronlauge.

Über die Trennung des Titans vom Aluminium (Beryllium sowie anderen Elementen wie Molybdän, Vanadin und Phosphor, die bei der colorimetrischen Bestimmung des Titans störend wirken), geben HILLEBRAND und LUNDELL (b) folgendes an:

Wenn Titan allein zugegen ist, ist die Fällung nicht ganz vollständig. Sie ist nur bei Gegenwart von Eisen quantitativ. Bei Abwesenheit von Eisen gibt auch die Schmelze mit Natriumhydrat und die anschließende Extraktion mit Wasser Titanverluste.

Arbeitsvorschrift. Die Lösung wird mit Natronlauge fast neutralisiert. Dazu läßt man unter Rühren 200 ccm einer kochenden 5%igen Lösung von Natriumhydrat fließen. Man kocht 1—3 Min., filtriert und wäscht mit heißer verdünnter Natronlauge, die Natriumsulfat enthält. (Wenn viel Molybdän oder Vanadin zugegen ist, wird die Trennung wiederholt.) Da vollkommene Lösung des Niederschlages durch verdünnte Säuren schwierig ist, schmilzt man den Niederschlag nach dem Veraschen am besten mit Pyrosulfat und löst die Schmelze in verdünnter Schwefelsäure (1:9). Chrom kann zu gleicher Zeit beseitigt werden, wenn es durch Alkalipersulfat in verdünnter Schwefelsäure vor der Fällung durch Natronlauge oxydiert wird, oder wenn Natriumsuperoxyd oder Wasserstoffsuperoxyd zum Alkalihydrat zugegeben wird. In diesem Fall muß die Lösung 10 Min. oder länger gut durchgekocht werden, da sonst das Titan als lösliches Pertitanat in Lösung gehalten wird.

Die Abscheidung des Zirkons wird in gleicher Weise wie die des Titans durchgeführt. Durch Fällung mit Alkalilauge kann Zirkon ebenso wie auch Titan, Eisen, seltene Erden, 3wertiges Chrom, vom Aluminium getrennt werden. Auch durch Schmelzen der Oxyde des Aluminiums und des Zirkons mit Alkalihydroxyden läßt sich die Trennung quantitativ durchführen. Das dabei entstehende Alkalizirkonat wird beim Lösen der Schmelze in Wasser unter Abscheidung des weißen Hydrates $Zr(OH)_2$ gespalten, während die Tonerde als Aluminat in Lösung bleibt und so vom Zirkon getrennt werden kann, ein Verfahren, das bei der Analyse von Zirkonerzen und Zirkonprodukten vielfach angewendet wird [vgl. E. BERL (a)].

5. Abscheidung des Thoriums mit Natronlauge.

Da Thoriumhydroxyd in einem Überschuß von reiner, alkalicarbonatfreier Alkalilauge unlöslich ist, läßt es sich damit von Aluminium und Beryllium trennen [vgl. HILLEBRAND und LUNDELL (c), S. 441].

6. Abscheidung des Berylliums mit Natronlauge.

Vorbemerkung. Die zuerst von GMELIN und SCHAFFGOTSCH vorgeschlagene Trennung des Aluminiums vom Beryllium, die auf Fällung durch Hydrolyse, durch starkes Verdünnen und Kochen in Natriumhydrat oder besser Kaliumhydratlösung, in der die beiden Metalle enthalten sind, beruht, ist keine zufriedenstellende quantitative Methode. Es besteht die Gefahr, daß einerseits Beryllium nicht ganz quantitativ ausfällt, andererseits Aluminium vom Berylliumniederschlag mitgerissen wird (vgl. auch Band „Beryllium“). Es ist möglich, daß sich die Fehler bei ungefähr gleichen Mengen Metall annähernd kompensieren können. G. COTTIN hat die quantitative Trennung des Aluminiums, Eisens und Berylliums beim Fällen als Hydroxyde mit Natron- oder Kalilauge untersucht. Dabei werden $^1/_{500}$ Mol der Chloride in Wasser gelöst, mit verschiedenen Mengen Alkalihydrat versetzt, mit Wasser auf 500 cm^3 verdünnt, 40 Min. gekocht, abgesaugt, mit 2%iger Ammoniumnitratlösung chlor- und alkalifrei gewaschen, getrocknet und geglüht. Unterhalb des Molverhältnisses BeO zu Alkali wie 1:1 treten in der Kälte Niederschläge auf, die schlecht filtrierbar sind. Bei Anwendung von 5 und mehr Molen Alkali entsteht Beryllat, das beim Kochen quantitativ zu Hydroxyd hydrolysiert. Der Niederschlag ist dann körnig und läßt sich gut filtrieren. Die obere Grenze des Molverhältnisses BeO:Alkali ist 1:10. — Das Gebiet zwischen $p_H = 3$ und 4 ist zur Fällung des Berylliumhydrates in Gegenwart von Ferrieisen und Aluminium geeignet. Bei $p_H = 5$ beginnt die quantitative Fällung des Ferrihydrates, die auch bei höheren p_H-Werten quantitativ bleibt. Die quantitative Fällung vor Aluminiumhydrat liegt zwischen den p_H-Werten 6,8 und 7,2. Oberhalb dieses p_H-Wertes bildet sich Aluminat, das bei einem p_H-Wert von 9,75 auch nach 40 Min. langem Kochen nicht mehr hydrolysiert. Demnach kann Berylliumhydroxyd in Abwesenheit von Ferrieisen oberhalb dieses p_H-Wertes quantitativ durch Kochen gefällt werden, während das Aluminium als Aluminat in Lösung bleibt.

***Arbeitsvorschrift nach* Duparc.** Die salzsaure Lösung der Hydrate des Aluminiums und Berylliums wird auf dem Wasserbad zur Trockne eingedampft. Der Rückstand wird in möglichst wenig Wasser aufgenommen, dann fügt man eine gesättigte Lösung von Kalium- oder Natriumhydrat hinzu, die zuerst die Hydrate in gelatinösem Zustand ausfällt. Sie lösen sich wieder auf weiteren Zusatz von Alkalilauge, und man erhält eine klare Lösung. Man verdünnt diese mit 400 cm³ Wasser und kocht 1 Std. unter Ergänzung des verdampfenden Wassers. Der Niederschlag von Berylliumhydrat wird filtriert und mit heißem Wasser ausgewaschen. Man verascht und wägt nach dem Veraschen als Berylliumoxyd. Das Filtrat wird mit Salzsäure angesäuert und Aluminium darin wie üblich gefällt und als Aluminiumoxyd bestimmt. Die angewandte Alkalihydratmenge beträgt etwa 2 g.

***Genauigkeit nach Analysen von* Duparc *und seiner Mitarbeiter*.** Bei Anwendung von 56,5 bis 108,9 mg Aluminiumoxyd und 102,9 bis 147,5 mg Berylliumoxyd wurden bei 3 Analysen Differenzen von + 0,2 bis + 0,3 mg Aluminiumoxyd erhalten.

7. Abscheidung des Eisens, Mangans, Kobalts und Nickels aus alkalischer Lösung mit Natriumperoxyd.

S. H. Swift und R. C. Barton haben versucht mit dieser Methode die genannten Metalle von Aluminium (Chrom und Zink) zu trennen. Die quantitative Trennung besteht auf einer von A. A. Noyes und W. C. Bray angegebenen qualitativen Trennungsmethode und wird von Swift und Barton wie folgt ausgeführt.

Zu einer Lösung der zu trennenden Elemente, die 1 bis 2 cm³ 6 n Salzsäure enthält und ein Volumen von 15 bis 20 cm³ hat, wird tropfenweise Natronlauge zugegeben, bis die erste dauernde Trübung hervorgerufen wird. Dazu werden 20 cm³ 3%iges Wasserstoffperoxyd gefügt und die erhaltene Lösung tropfenweise in 5%ige Natronlauge gegeben, die während der Zugabe eben im Sieden gehalten wird. Die Mischung wird dann abgekühlt und während der Zugabe von 5 g Natriumperoxyd kalt gehalten. Schließlich wird die Lösung bis zur Zersetzung des Na_2O_3 gekocht und dann filtriert. Der Niederschlag wird mit 50 cm³ heißer 5%iger Natronlauge und dann mit 1%iger Natronlauge gewaschen, bis keine Reaktion auf das löslich getrennte Element mehr eintritt.

Als Ergebnis der Versuche fanden Swift und Barton folgendes: Bei Anwendung von 250 g jedes Elementes verbleiben im Mangan- und Eisenniederschlag 1 bis 3 mg Aluminium, im Kobaltniederschlag 12 bis 15 mg Aluminium, und im Nickelniederschlag 30 bis 40 mg Aluminium. Die Trennung des 3wertigen Chroms von diesen Elementen ist wegen der unvollständigen Oxydation des Chroms unvollständig. Wenn das Chrom ursprünglich als Chromat zugegen ist, wird nicht über 1 mg Chrom von den Niederschlägen mitgerissen, mit Ausnahme von Mangan, von dem 7 mg mitgefällt werden. Die Trennung vom Zink ist unbefriedigend, da 10 bis 40% von den Fällungen mit niedergeschlagen werden.

8. Abscheidung des Eisens mit Natriumperoxyd.

C. Glaser (a) gibt folgende Methode zur Trennung der Tonerde von Eisenoxyd an. Hat man Tonerde und Eisen in Abwesenheit von Calciumphosphat in Lösung, so wird diese annähernd mit Ammoniak neutralisiert und ist dann fertig zur Scheidung. [Ist phosphorsaurer Kalk vorhanden, so ist dieser vorher größtenteils durch eine vorsichtige Scheidung mittels Ammonacetat oder auch nach der Alkoholmethode von C. Glaser (b) zu entfernen.] Zu der gekühlten Flüssigkeit setzt man nun nach und nach so viel trockenes Natriumperoxyd, bis eine klare Lösung erhalten wird. 3 bis 6 g werden in der Regel auf 0,4 g Substanz genügen. Dann wird kurze Zeit zum Sieden erhitzt, absitzen gelassen und durch ein dichtes aschefreies Filter abgegossen. Im Filtrat bestimmt man Tonerde nach dem Ansäuern auf beliebige Weise. Das Eisen auf dem Filter wird in verdünnter warmer Salzsäure gelöst und gereinigt abgeschieden. C. Glaser fällt in der Regel 2mal als phosphorsaure Tonerde nach Zusatz von reiner Phosphorsäure mittels Ammonacetat.

***Genauigkeit*.** Nachstehend seien Beleganalysen von C. Glaser angegeben. Als Vergleichsbestimmungen dienen Analysen nach einer der später angegebenen Methoden von C. Glaser (c) (vgl. S. 448), bei der die durch Ammonacetat abgeschiedenen unreinen Phosphate des Aluminiums und Eisens mit Soda geschmolzen, die Schmelze ausgelaugt und im Filtrat die Tonerde als $AlPO_4$ durch doppelte Fällung abgeschieden wird. Das Eisen wird nach dem Auflösen in verdünnter warmer Salzsäure durch Fällung mittels Nitroso-β-Naphthol oder auch Schwefelammonium, letzteres in citronen- oder weinsaurer ammoniakalischer Lösung gereinigt und erst dann in das Oxyd übergeführt und gewogen.

	Schmelzmethode	Natriumperoxydmethode
1. Phosphorit		
Al_2O_3	1,51%	1,55%
Fe_2O_3	2,65%	2,25%
2. Thomasschlackenmehl		
Al_2O_3	0,08%	0,16%
Fe_2O_3	21,42%	21,79%
3. Eisen- und Tonerdephosphat unbekannter Herkunft		
Al_2O_3	29,63%	29,63%
Fe_2O_3	10,75 und 10,85%	10,80%
4. Florida-Phosphorit		
Al_2O_3	1,87%	1,83%
Fe_2O_3	1,22%	1,20%

Gegenüber den Zahlen kann natürlich eingewandt werden, daß die wahren Gehalte der Proben unbekannt waren, und möglicherweise beide Verfahren Fehler in etwa gleicher Richtung ergeben. Im Vergleich mit der Schmelzmethode gestattet jedenfalls die Anwendung von Natriumperoxyd ein bedeutend schnelleres Arbeiten. Es ist empfehlenswert, die Lösung der Tonerde- und Eisenverbindungen kieselsäurefrei zu machen, da, falls lösliche Kieselsäure vorhanden sein sollte, die Bestimmungen leicht zu hoch ausfallen.

9. Abscheidung des Eisens mit Natronlauge in Gegenwart von Phosphat.

***a) Verfahren nach* Balanescu *und* Motzoc. Vorbemerkungen.** Balanescu und Motzoc setzen dem Gemisch der Chloride beider Metalle Phosphation zu, welches die durch das Eisenoxydhydrat zurückgehaltenen Aluminiummengen verdrängen kann und die anschließende Bestimmung des Aluminiums nicht stört; und zwar erhält man richtige Ergebnisse, unabhängig von der anwesenden Menge Aluminium, wenn das Verhältnis Eisen zu Phosphorpentoxyd annähernd gleich 2 ist.

Arbeitsvorschrift (speziell für die Bodenanalyse). In einem aliquoten Teil bestimmt man Eisen (z. B. titrimetrisch) und in einem anderen aliquoten Teil die Phosphorsäure (z. B. nach der Molybdänmethode, vgl. S. 413) und ermittelt so das Verhältnis von Eisen zu Phosphorpentoxyd in der zu untersuchenden Lösung. Zu einem anderen aliquoten Teil setzt man die zum Verhältnis $Fe : P_2O_5 = 2$ fehlende Menge Phosphorpentoxyd in Form einer Lösung von Dinatriumphosphat von bekanntem Titer zu. Darauf fügt man tropfenweise konzentrierte Natronlauge zu, bis das Eisen vollständig gefällt ist und die überstehende Flüssigkeit klar und farblos ist. Man setzt dann noch 5 cm^3 n Natronlauge zu, rührt um und erhitzt die Flüssigkeit langsam zum Sieden. Darauf filtriert man und wäscht den Eisenhydroxydniederschlag gut mit kochendem, Natronlauge enthaltenden Wasser aus (5 cm^3 n Natronlauge auf 100 cm^3 Wasser). Das Filtrat neutralisiert man nach dem Abkühlen mit 3 n Salzsäure in Gegenwart von Phenolphthalein bis zum Verschwinden der rosa Farbe. Wenn die Aluminiummenge größer ist, fällt im gleichen Augenblick ein Niederschlag von $Al(OH)_3$ aus. Man löst ihn durch tropfenweisen Zusatz von n Natronlauge, bis die Rosafärbung gerade eben wieder erscheint. Wenn die Lösung noch opalesziert, so erreicht man die völlige Auflösung des Niederschlages, indem man die Lösung vorsichtig zum Sieden erhitzt und sie darin erhält, bis sie klar ist. Das Endvolumen beträgt 80 bis 100 cm^3. Man kühlt nun auf 50 bis 60° ab und fällt das Aluminium mit einer Lösung von 3% o-Oxychinolin in Alkohol. Darauf wird umgerührt und für einige Augenblicke zum Sieden erhitzt. Man filtriert heiß durch einen Jenaer Glasfiltertiegel G. 4 und wäscht mit kochendem Wasser, bis das Filtrat farblos wird; den Niederschlag löst man in 3 n Salzsäure und bestimmt das o-Oxychinolin maßanalytisch nach Berg.

1 cm^3 0,1 n Kaliumbromatlösung entspricht 0,000225 g Aluminium.

Genauigkeit. Die Methode wurde von Balanescu und Motzoc in 2 Bodenauszügen nachgeprüft, die nach der deutschen Methode mit 1%iger Salzsäure hergestellt waren. Man trennt Eisen, Aluminium und Phosphor nach der Acetatmethode und bestimmt das Aluminium in der salzsauren Lösung, die man beim Lösen der Hydroxyde erhalten hat. Für jeden Auszug wurden mehrere Bestimmungen ausgeführt, und zwar bei verschiedenen Konzentrationen. Die in der folgenden Tabelle zusammengestellten Ergebnisse sind durchaus zufriedenstellend.

Nr.	Fe_2O_3 im Auszug	P_2O_5 im Auszug	Al_2O_3 im Auszug	Gefunden Al_2O_3 ohne Zusatz von Phosphat	Differenz	N. Zusatz von Phosphat damit $\frac{g\ Fe_2O_3}{g\ P_2O_5} \approx 2,9$	Differenz
	mg	mg	mg	mg	%	mg	%
				Auszug A.			
1	41,9	8,5	11,7	11,0	— 5,98	11,7	0
2	75,0	15,3	21,1	20,6	— 2,37	21,2	+ 0,47
3	96,3	19,6	27,0	26,5	— 1,85	27,0	0
4	104,7	21,3	29,4	28,8	— 2,04	29,5	+ 0,34
5	125,5	25,6	35,2	34,1	— 3,12	35,5	0,95
				Auszug B.			
1	36,1	1,23	43,5	40,6	— 6,66	43,2	— 0,69
2	40,2	1,4	48,2	46,6	— 3,32	47,9	— 0,62
3	44,2	1,5	53,2	51,8	— 2,63	53,2	— 0,00
4	50,2	1,7	60,2	58,0	— 3,65	60,1	— 0,17
5	54,9	1,8	65,3	62,4	— 4,44	65,0	— 0,46

b) Verfahren von* TELETOFF *und* ANDRONIKOWA *(Abscheidung von Mangan und Eisen in Gegenwart von Phosphorsäure). **Vorbemerkung.** Das Verfahren bietet gegenüber der gut durchgearbeiteten Methode von BALANESCU und MOTZOC kaum Neues.

Arbeitsvorschrift nach TELETOFF und ANDRONIKOWA. Die Lösung von Aluminium-, Eisen- und Mangansalz wird auf 200 cm³ gebracht und mit einer 0,1 n Natriumphosphatlösung versetzt. Darauf werden 10 bis 12 cm³ 10- bis 12%iger Natronlauge und schließlich 1 bis 1,5 cm³ 30%ige Wasserstoffsuperoxydlösung tropfenweise zugesetzt. Die Flüssigkeit wird dann 30 Min. aufgekocht, wobei der Überschuß an Wasserstoffsuperoxyd völlig zersetzt wird. Der Niederschlag wird abfiltriert, zunächst mit leicht alkalischer Lösung dekantiert und weiterhin auf dem Filter 5mal gewaschen. Filtrat und Waschwasser werden auf 200 cm³ eingeengt. In dieser Lösung wird das Aluminium von der Phosphorsäure entweder in alkalischer Lösung mit Bariumnitrat (vgl. S. 454) oder in salpetersaurer Lösung mit Ammoniummolybdat getrennt und dann nach der Ammoniakmethode bestimmt. Einfacher dürfte eine Aluminiumbestimmung durch vorherige Abtrennung des Phosphates, z. B. nach der Oxinmethode (vgl. vorherigen Abschnitt, S. 445) oder nach der Phosphatmethode sein (vgl. S. 443). Im Niederschlag werden Eisen und Mangan bestimmt.

Genauigkeit nach Analysen von TELETOFF und ANDRONIKOWA. Die Ergebnisse von 5 Analysen sind folgende:

	I. mg	II. mg	III. mg	IV. mg	V. mg
			Angewendet		
Fe_2O_3	65,94	65,94	26,37	132,0	65,94
MnO	35,02	35,02	17,51	35,02	17,51
Al_2O_3	115,4	46,1	57,7	57,7	57,7
0,1 n Na_2HPO_4-Lösung	5 cm³	5 cm³	5 cm³	5 cm³	10 cm³
			Gefunden		
Fe_2O_3	65,91	65,92	26,37	13,18	65,94
MnO	35,04	35,01	17,61	35,03	17,58
Al_2O_3	115,2	46,1	57,6	57,7	57,7

Bezüglich der Genauigkeit der bei der Manganbestimmung erzielten Resultate ist zu bemerken, daß die nach der Methode zu bestimmenden Manganmengen 0,04 g Manganoxyd (MnO) nicht überschreiten dürfen.

II. Trennung mit organischen Aminbasen.

Vorbemerkung. Bei der Verwendung organischer Aminbasen, die bei genügender Alkalität mit Aluminium ebenfalls Aluminate ergeben, bieten sich praktisch kaum Vorteile vor den Trennungen mit Natronlauge. Aluminium wird ebenfalls von den schleimigen Hydroxydniederschlägen von Beryllium und Eisen mitgerissen. Analytisch haben die Methoden daher heute keine Bedeutung mehr.

1. Abscheidung des Berylliums mit Alkylaminbasen. Nach C. Renz ist Aluminiumhydroxyd in Methylamin, Äthylamin, Dimethylamin, Diäthylamin leicht löslich, selbst bei Gegenwart von etwas Chlorhydrat der Basen. Aus einer Lösung von Methylamin wird das Aluminiumhydroxyd weder durch Ammoniak noch durch Ammoniumchlorid, jedoch auf Säurezusatz gefällt.

Berylliumhydroxyd dagegen ist in Ammoniak, wie in Methylamin, Äthylamin, Dimethylamin und Diäthylamin unlöslich, wodurch eine Trennung des Aluminiums von Beryllium ermöglicht wird. Die quantitative Trennung der beiden Metalle wird in folgender Weise von Renz durchgeführt: 0,5432 g Berylliumoxyd und 0,3416 g Aluminiumoxyd wurden gemeinsam in verdünnter Salpetersäure gelöst. Die Lösung wurde stark konzentriert, in Wasser aufgenommen und mit einem großen Überschuß von Äthylamin geschüttelt. Nach dem Filtrieren und Auswaschen lieferte der Rückstand 0,5425 g Berylliumoxyd, während aus dem Filtrat 0,3410 g Aluminiumoxyd wiedergewonnen wurden.

2. Abscheidung des Eisens mit Trimethylamin. Zur Trennung der Tonerde vom Eisenoxyd empfiehlt L. Vignon die ziemlich verdünnte Lösung der Salze beider Metalle mit Trimethylamin in Überschuß zu versetzen und nach 24 Std. zu filtrieren. Da Tonerde in einem Überschuß des Fällungsmittels löslich ist, bleibt das Eisenhydroxyd allein auf dem Filter. Da auch Chromoxydhydrat in überschüssigem Trimethylamin löslich ist, so dürfte sich dieses ebenfalls vom Eisenoxyd trennen lassen.

3. Abscheidung des Eisens mit Guanidin. Nach R. Hac fällen Guanidin sowohl als auch Diguanid Eisen aus Eisenoxydsalzen quantitativ aus, während Tonerde im überschüssigen Fällungsmittel schon in der Kälte aufgelöst wird. Dicyandiamidin fällt ebenfalls aus, jedoch löst sich die Tonerde in einem Überschuß nicht auf. Die Reaktion mit Guanidin hat Hac für die Analyse ausgearbeitet und an Beispielen, z. B. bei der Untersuchung von Portlandzement, nachgeprüft.

III. Trennung durch Sodaaufschluß der Oxyde.

Allgemeines. Während die Trennung in Natronlauge oder durch Aufschluß mit Natriumhydroxyd mehr oder weniger unscharf wird (vgl. S. 441ff), lassen sich durch Trennungsmethoden, die hauptsächlich auf Sodaaufschluß und anschließendem Auslaugen in Wasser bestehen, bessere Ergebnisse erreichen. Dies ist vor allem dann der Fall, wenn sie wiederholt angewandt werden. Allerdings sind auch die Verfahren mancher anderen modernen Trennungsmethoden, die auf der Abscheidung organischer Komplexverbindungen beruhen, an Zuverlässigkeit und Bequemlichkeit erheblich überlegen. Immerhin ist man auf diese Aufschlußmethoden vor allem dann angewiesen, wenn in Säuren schwer lösliche Oxydgemische vorliegen. Sie sind vorgeschlagen worden für die Trennungen des Aluminiums von Eisen, Titan, Zirkon, Beryllium und Wolfram. Der weitaus größere Teil der Trennungsverfahren ist von Duparc und seinen Mitarbeitern ausgearbeitet worden.

Die höhere Genauigkeit der Sodaaufschlußverfahren gegenüber den Natriumhydroxydmethoden beruht offenbar einmal auf der schwächeren Wirkung des Natriumcarbonats, z. B. auf Berylliumoxyd und Titanoxyd. Ferner neigen die in der alkalischen Lösung ungelöst bleibenden Oxyde noch sehr stark zur Adsorption von Aluminium.

1. Trennung des Eisens und Aluminiums durch Sodaaufschluß nach Tscharkwiani und Wunder.

Arbeitsvorschrift. Zwecks Trennung des Aluminiums vom Eisen wird das Gemisch der Oxyde nach Mlle. Tscharkwiani und M. Wunder mit 8 g Soda im Platintiegel 2 bis 3 Stunden aufgeschlossen. Die erkaltete Schmelze behandelt man mit 200 bis 300 cm³ destilliertem Wasser. Man dekantiert die Flüssigkeit und wäscht den Niederschlag von Eisenoxyd zuerst durch Dekantieren, darauf auf dem Filter durch kochendes Wasser. Man löst den Niederschlag in Salzsäure, fällt das Eisen durch Ammoniak und filtriert und bestimmt durch Wägen als Eisenoxyd. Aus dem alkalischen Filtrat vom Eisen wird Aluminiumhydroxyd durch Ammoniak nach dem Ansäuern gefällt und als Aluminiumoxyd gewogen.

Genauigkeit. Die durch einen einzigen Aufschluß erhaltenen Werte ergaben nach Angaben von DUPARC und seinen Mitarbeitern bei 5 Analysen unter Anwendung von 44,9 bis 224,5 mg Eisenoxyd und 72,8 bis 292,9 mg Aluminiumoxyd Differenzen von $-0,3$ bis $+3,2$ mg Eisenoxyd und von $-0,4$ bis $-2,8$ mg Aluminiumoxyd.

Wird das nach der Trennung erhaltene Eisenoxyd noch einmal mit Soda aufgeschlossen, nach dem Auswaschen mit Salzsäure gelöst, mit Ammoniak gefällt und nach dem Auswaschen geglüht, und werden die verschiedenen erhaltenen Filtrate für die Aluminiumfällung benutzt, so erhält man nach den Analysen von Mlle. TSCHARKWIANI und WUNDER, den Mitarbeitern DUPARCs, bei 4 Versuchen bei Einwagen von 70,8 bis 214,4 mg Eisenoxyd und 69,9 bis 188,2 mg Aluminiumoxyd Differenzen von $-0,2$ bis $+2,0$ mg Eisenoxyd und $-0,6$ bis $+0,4$ mg Aluminiumoxyd.

2. Trennung des Eisens von Aluminium in Gegenwart von Phosphat durch Sodaaufschluß nach GLASER (c).

Vorbereitende Arbeiten. Nach C. GLASER (c) setzt man der Phosphatlösung, die Tonerde, Eisenoxyd und Kalk enthält, und in der kein freies Chlor vorhanden sein darf, einige Tropfen Methylorange zu und dann Ammoniak, bis die Flüssigkeit eben noch sauer reagiert. Einige Kubikzentimeter Natrium- oder besser Ammoniumacetatlösung bringen dann die gelbe Färbung der Flüssigkeit und mit dieser bei Erwärmen auf 70° C eine vollständige Fällung des Tonerde-Eisenoxydphosphates herbei. Eine Fällung der Kalksalze wird hierbei vermieden. Es wird nur mechanisch davon eine kleine Menge im Niederschlag festgehalten. Daher empfiehlt es sich, den letzteren nochmals in Salzsäure zu lösen und die Fällung, wie oben, unter Zusatz von etwas Natriumphosphat zu wiederholen. Die Phosphate von Tonerde und Eisenoxyd werden nunmehr auf dem Saugfilter mit Wasser von nicht über 70° C gründlich ausgewaschen und, wie üblich, geglüht und gewogen.

Trennung Sodaaufschluß. Die beiden Oxyde werden nun folgendermaßen bequem getrennt: Man schmilzt die Phosphate der Tonerde und des Eisenoxyds im Tiegel mit reiner Soda 10 Min. im Gebläsefeuer. Nach dem Erkalten löst man die Schmelze in Wasser, filtriert das gebildete Eisenoxyd vom Natriumaluminat und -phosphat heiß ab und wäscht mit heißem Wasser aus. Das Eisenoxyd wird nach dem Auflösen in Salzsäure mit Ammoniak wie üblich gefällt, um es von dem anhaftenden Alkali zu befreien. Im Filtrat kann die Tonerde als Phosphat nach der Acetatmethode abgeschieden werden.

Genauigkeit. Nach C. GLASERs Angaben lassen sich Bestimmungen von Tonerde und Eisenoxyd in Phosphaten nach dieser Methode in recht kurzer Zeit ausführen und genügen an Genauigkeit den Anforderungen der Praxis.

3. Trennung des Eisens von Aluminium in Gegenwart von Chrom und Phosphat durch Sodaaufschluß.

Nach L. DUPARC und Mlle. TSCHARKWIANI und M. WUNDER ist die Sodaschmelze auch zur Trennung der in Silicaten enthaltenen Tonerde, des Eisenoxyds, Chromoxyds und Phosphats gut geeignet. Das gilt z. B. für die Analyse von Chromiten.

Arbeitsvorschrift. Man schließt die Oxyde mit 5 bis 6 g Soda etwa 3 Std. lang über der Flamme eines Teclubrenners im offenen Tiegel auf und vollendet den Aufschluß in $^1/_2$ Std. durch Glühen über dem Gebläse. Die Schmelze behandelt man in einer Porzellanschale mit siedendem Wasser, indem man die kleinen, ungelöst bleibenden Klümpchen von Eisenoxyd mit einem Pistill zerdrückt. Nach dem Filtrieren und Auswaschen des Eisenoxyds verascht man und glüht in demselben Tiegel. Der Aufschluß wird dann in gleicher Weise noch einmal wiederholt. Man verfährt dann genau in der wie bei der Trennung des Aluminiums vom Eisen angegebenen Weise. Die nach der Filtration des Eisenoxyds vereinigten alkalischen Flüssigkeiten werden in einem Jenaer Becherglas zum Kochen erhitzt, dann gibt man Ammoniumnitrat portionsweise im Überschuß zu und erwärmt, bis sich keine Kohlensäure mehr entwickelt und Ammoniak aus der Flüssigkeit entwichen ist. Das gefällte Aluminiumhydroxyd wird durch Dekantieren gewaschen, aufs Filter gebracht und das Auswaschen beendet. Man verascht in feuchtem Zustand, glüht und wägt als Aluminiumoxyd. Wenn das Silicat Phosphorsäure enthält, so findet sich diese in dem geglühten Aluminiumhydroxydniederschlag. Man schließt dann die Tonerde mit Soda auf, löst die Schmelze in Wasser und Salpetersäure und fällt das Phosphat mit Ammoniummolybdat (vgl. S. 413). Bisweilen enthält die Tonerde auch geringe Mengen Kieselsäure, die durch Abrauchen mit Fluß- und Schwefelsäure entfernt werden können.

Das Filtrat von der Aluminiumfällung wird unter Vermeidung eines Überschusses mit Salpetersäure angesäuert und Alkohol zugefügt. Nach vollständiger *Reduktion* des Chromats zu Chromisalz fällt man das Chrom durch Ammoniak als Hydroxyd, filtriert, wäscht, glüht und wägt als Chromoxyd. Vorteilhaft ist es, den Aufschluß der Oxyde mit Soda in einem Luft- oder Sauerstoffstrom vorzunehmen, der in den Tiegel, wenn die Schmelze ruhig fließt, mittels eines Roserohres eingeführt wird. Das ist nicht immer unerläßlich, jedoch ist es stets erforderlich, den Aufschluß in dem inzwischen geöffneten Tiegel durchzuführen, um den Zutritt von Luft zu gewährleisten.

Genauigkeit. Die von Mlle. Tscharkwiani und Wunder ausgeführten Versuche der Trennung des Chromoxyds, Aluminiumoxyds und Eisenoxyds ergaben bei 7 Analysen unter Anwendung von 50,9 bis 109,6 mg Chromoxyd 55,0 bis 207,2 mg Aluminiumoxyd und 54,0 bis 206,6 mg Eisenoxyd Differenzen von −0,8 bis +0,6 mg Chromoxyd, −0,8 bis +0,8 mg Aluminiumoxyd und −1,0 bis +0.9 mg Eisenoxyd mit einem einzigen 7stündigen Aufschluß.

4. Trennung des Aluminiums von Beryllium.

Arbeitsvorschrift. Nach Wunder und Wenger wird das gewogene Gemisch der Oxyde des Aluminiums und Berylliums mit etwa 5 g Soda 2 bis 3 Std. bei anfangs bedecktem später offenem Tiegel geschmolzen. Die Schmelze wird in einer Platinschale mit Wasser ausgelaugt. Man setzt dann noch 1 g Soda hinzu, kocht einige Minuten und filtriert. Das Filter mit dem Berylliumoxyd wird geglüht und gewogen. Im Filtrat fällt man das Aluminium durch Kochen mit einem Überschuß von Ammoniumnitrat, filtriert, wäscht in üblicher Weise und glüht und wägt als Aluminiumoxyd.

Genauigkeit. Wunder und Wenger fanden bei 3 Analysen bei Anwendung von 46,2 bis 147,2 mg Berylliumoxyd und 49,8 bis 185,4 mg Aluminiumoxyd Differenzen von −0,6 bis +0,2 mg Berylliumoxyd und −0,6 bis +0,6 mg Aluminiumoxyd.

Nach A. Stock, O. Priess und P. Praetorius soll dieses Verfahren zu hohe Aluminiumwerte ergeben.

5. Trennung des Eisens und Berylliums von Aluminium in Gegenwart von Chrom durch Sodaaufschluß.

P. Wenger und J. Währmann schmelzen zwecks Trennung des Aluminiums, Eisens, Chroms und Berylliums die bis zur Gewichtskonstanz geglühten Oxyde dieser Elemente mit der 6fachen Menge Soda 2 Std. im offenen Platintiegel über einem Teclubrenner, bis die Masse ruhig fließt. Nach dem Abkühlen wird die

Schmelze im Wasser unter Kochen gelöst und die Lösung abfiltriert. Der Rückstand wird dann nochmals in der gleichen Weise behandelt. In dem nun verbleibenden Rückstand befinden sich Eisen und Beryllium, während Aluminium und Chrom als Aluminat und Chromat gelöst sind. Eisen und Beryllium werden nach dem Aufschluß mit Kaliumbisulfat wieder in Lösung gebracht und in dieser Lösung durch Behandlung mit Kalilauge getrennt. Aluminium wird aus der alkalischen Lösung der Sodaschmelze mit Ammoniumnitrat in bekannter Weise gefällt und als Aluminiumoxyd zur Wägung gebracht. Im Filtrat des Aluminiumniederschlages reduziert man das Chromat nach dem Ansäuern mit Alkohol zu Chromisalz und scheidet das Chrom als Hydroxyd mit Ammoniak ab.

6. Trennung des Titans (und Eisens) von Aluminium durch Sodaaufschluß.

a) Verfahren nach **Treadwell. Vorbemerkung.** Die Trennung des Aluminiums vom Titan durch Schmelzen mit Alkalihydrat und Extraktion mit Wasser ist fehlerhaft, da reines Titandioxyd in schmelzenden Alkalihydroxyden sehr merklich löslich ist und in frisch gefälltem Zustand auch von Alkalihydroxydlösungen etwas gelöst wird. Die Gegenwart größerer Mengen von Tonerde setzt die Löslichkeit des Titandioxyds in schmelzenden Alkalihydroxyden herab und größere Mengen Eisenoxyd verhindern sie vollständig. Vom schmelzenden Natriumcarbonat werden im Gegensatz dazu beim Auslaugen mit Wasser nur äußerst geringe Mengen gelöst (F. A. Gooch, W. F. Hillebrand sowie V. Auger).

Daher wird der Aufschluß mit Soda sehr oft auch zur Trennung des Aluminiums vom Titan namentlich bei Silicatanalysen verwendet. Die meisten Silicate enthalten kleine Mengen Titan (0,1 bis 2,3%). Bei der Analyse findet sich dieses Element zum Teil bei der Kieselsäure und zum Teil den Basen, welche durch Ammoniak gefällt werden. Bei der Behandlung der Kieselsäure mit Flußsäure und Schwefelsäure bleibt das Element in demselben Tiegel, in dem die mit Ammoniak gefällten Basen geglüht werden, so daß sich das Titan gemischt mit den geglühten Oxyden des Aluminiums, Eisens, Chroms usw. in seiner gesamten Menge befindet. Wenn man nun diese Oxyde mit Soda in gleicher Weise aufschließt, bleibt Titan beim Eisenoxyd und wird so von Aluminium, Chrom und der Phosphorsäure getrennt.

Arbeitsvorschrift nach W. D. Treadwell zur Trennung des Aluminiums und der Phosphorsäure vom Titan. Das Gemisch der Oxyde wird durch Schmelzen mit der 3- bis 6fachen Menge Soda im Platintiegel aufgeschlossen. Die Schmelze wird mit kaltem Wasser ausgelaugt, dabei gehen Tonerde und Phosphorsäure als Natriumaluminat und Natriumphosphat in Lösung, während Titan als Natriumtitanat Na_2TiO_3 mit wenig Aluminium verunreinigt im Rückstand verbleibt. Nach dem Auflösen des Rückstandes in Schwefelsäure erfolgt die Abscheidung der Titansäure durch Abstumpfen der schwefelsauren Lösung durch Zusatz von Natriumacetat bis zu einem p_H-Wert von 3,8, Zugabe von 10 cm³ 2 n Essigsäure und 10 Min. langes Kochen der Lösung. Das Auswaschen erfolgt durch heißes Wasser. Da beim Abspülen des Titansäureniederschlages vom Filter noch Spuren davon zurückblieben, wird das Filter in einem Platintiegel verascht, der Rückstand mit Kaliumpyrosulfat aufgeschlossen und die Lösung der Schmelze der Hauptprobe zugefügt. In den Filtraten der Titanfällung werden Tonerde und Phosphorsäure nach den üblichen Methoden bestimmt.

b) Verfahren von **Ghosh.** Auch J. O. Ghosh bestimmt kleine Mengen Titan neben Aluminium, Eisen und allen anderen Metallen mit Ausnahme von Zirkon durch Sodaschmelze. Man schmilzt 0,5 bis 1 g Substanz $^1/_2$ Std. im Platintiegel mit Soda, laugt die Schmelze mit 200 cm³ siedendem Wasser aus und filtriert. Der mit heißem Wasser gewaschene und Natriumtitanat enthaltende Rückstand wird in 30 cm³ Schwefelsäure (1:5) gelöst. Nach dem Abkühlen verdünnt man mit

200 cm^3 Wasser, neutralisiert mit Ammoniak, versetzt mit 20 cm^3 20%iger Ammoniumphosphatlösung [$(NH_4)_3PO_4$) und verdünnt mit heißem Wasser auf 400 cm^3.

Ein etwa entstehender Niederschlag wird mit der gerade nötigen Menge Schwefelsäure wieder in Lösung gebracht. Dann werden noch 5 cm^3 davon zugesetzt. Die freie Schwefelsäure darf 2% nicht übersteigen. Um Ferrisalz zu reduzieren, gibt man 10 g Natriumthiosulfat zu und kocht nach Zugabe von 15 cm^3 Eisessig $^1/_2$ Std. lang, wodurch alles Titan eisenfrei abgeschieden wird. Der Niederschlag wird abfiltriert, ausgewaschen, verascht, geglüht und als Titanphosphat gewogen.

Titan bildet mit Phosphorsäure die Verbindung $TiO_2 \cdot HPO_3 \cdot H_2O$ oder $2TiO_2 \cdot P_2O_5 \cdot 3H_2O$. In Gegenwart von Schwefelsäure entsteht $2TiO_2 \cdot 2HPO_4$, das beim Glühen in $Ti_2P_2O_9$ übergeht.

c) Verfahren von* WEISS *und* KAISER *(Soda-Boraxaufschluß). Trennung des Aluminiums vom Titan nach der abgeänderten* GOOCH-*Methode und durch Schmelzen mit Soda-Borax. Relativ genauere Resultate liefertdie Trennung des Aluminiums vom Titan durch Schmelzen mit den gleichen Gewichtsteilen Soda und Borax nach L. WEISS und H. KAISER.

Arbeitsvorschrift. Das Gemisch der Oxyde wird im Platintiegel mit der 20- bis 25fachen Menge gleicher Teile Soda und Borax mit dem Gebläse geschmolzen. Wenn der Fluß klar ist, wird noch einmal eine halb so große Menge des Gemisches zugesetzt, und wenn diese geschmolzen ist, erkalten gelassen. Die Schmelze ist glasartig durchsichtig und zeigt meist einen Stich ins Blaugrüne. Sie wird mit dem Tiegel in kaltes Wasser geworfen, in dem sich der Tiegelinhalt in etwa 24 Std. bis auf das in leicht filtrierbarer Form abgeschiedene Titan löst. Das Aluminium ist quantitativ in Lösung und kann im Filtrat nach vorsichtigem Ansäuern und nachfolgender Neutralisation mit Ammoniak in gewohnter Weise gefällt werden. Das Eisenoxyd befindet sich beim Titanoxyd und muß hiervon in Abzug gebracht werden. Absolut sichere Zahlen lassen sich bei Wiederholung des Verfahrens erzielen. Die Schmelze kann dabei auch in der Hitze in wenigen Minuten gelöst werden.

Genauigkeit. Die Analysen der von WEISS und KAISER untersuchten Probe von „Aluminid“ Al_2Ti_2 ergeben folgendes:

	Angewendetes Metall g	Gefunden TiO_2 g	Titan %	Gefunden Al_2O_3 g	Aluminium %
		a) Nach der modifizierten GOOCH-*Methode:*			
1.	0,1014	0,0998	54,60	0,0947	45,92
2.	0,1008	0,0912	54,11	0,0856	45,02
3.	0,1047	0,0929	53,07	0,0883	44,75
		b) Nach der Soda-Borax-Methode:			
1.	0,1283	0,1151	53,69	0,1099	45,12
2.	0,0764	0,0683	53,47	0,0646	44,88
3.	0,1109	0,0991	53,44	0,0947	45,28

Nach der von WEISS und KAISER modifizierten GOOCH-Methode werden Titan, Aluminium und Eisen zusammen mit Ammoniak gefällt. Den Niederschlag kocht man mit etwa 100—150 cm^3 Wasser auf, versetzt heiß mit 15 Vol.-% Essigsäure, erwärmt auf dem Wasserbade, filtriert den gebliebenen Titan-Niederschlag und wäscht mit 15%iger warmer Essigsäure aus. Im Filtrat werden Aluminium und Eisen in üblicher Weise bestimmt. Nach den Versuchen von KAISER ist die Soda-Borax-Schmelzmethode nur für größere Mengen Tonerde, Titansäure und Eisenoxyd brauchbar, sie versagt bei Bestimmung kleiner Mengen Tonerde und Titansäure in Eisenmaterialien.

7. Trennung des Zirkons (und Eisens) von Aluminium und Chrom in Gegenwart von Phosphor durch Sodaaufschluß.

L. DUPARC und seine Mitarbeiter M. WUNDER und B. JEANNERET haben versucht, auch das Zirkon durch Sodaschmelze von den begleitenden Elementen wie Aluminium, Eisen, Chrom usw. zu trennen.

Vorbemerkung. Viele Elemente enthalten kleine Mengen Zirkon (0,1 bis 0,3%), bisweilen auch Titan. Zuweilen finden sich 1 bis 5% und mehr. Die Methode hat also für die Analyse solcher Silicate und auch für andere zirkonhaltige Materialien, wie z. B. Ferrozirkon, Interesse. Sie basiert darauf, daß Zirkonoxyd durch Schmelzen mit Soda nicht angegriffen wird und in warmer Salzsäure unlöslich ist. Dies trifft jedoch nicht ganz zu, da bei der Behandlung des nach der Abtrennung des Aluminiums und Chroms verbleibenden Rückstandes von Zirkon- und Eisenoxyd mit Salzsäure geringe Mengen Zirkonoxyd mit dem Eisenoxyd in Lösung gehen. Nach P. WENGER und M. MÜLLER entsteht bei der Schmelze des Zirkonoxydes mit Soda etwas Zirkonat, das unlöslich in Wasser, aber löslich in heißer Salzsäure ist, dessen Menge von der Temperatur und der Dauer der Schmelze, der Angriffsfähigkeit des Schmelzmittels, der Korngröße und der Art des Glühens der Oxyde vor der Schmelze abhängig ist. Nach dem Auslaugen der Schmelze mit Wasser ist die Trennung des Aluminiums von Zirkon wohl quantitativ; durch die Behandlung des Rückstandes von Zirkon- und Eisenoxyd mit Salzsäure jedoch gehen geringe Mengen von Zirkon mit dem Eisen in Lösung. Nach WENGER und MÜLLER soll der Verlust etwa 0,5% Zirkonoxyd betragen. Das Trennungsverfahren ist daher bei Gegenwart von Eisen nicht ganz quantitativ, es kann aber angewendet werden, wenn keine zu große Genauigkeit verlangt wird und wenn viel Eisenoxyd neben wenig Zirkonoxyd vorhanden ist.

***Arbeitsvorschrift von* M. WUNDER *und* B. JEANNERET.** Die Oxyde von Eisen, Aluminium und Zirkon werden in einem Platintiegel mit etwa 6 g Soda geschmolzen. Die Schmelze wird mit Wasser aufgenommen und nach Zusatz von etwa 1 g Soda einige Minuten gekocht. Man filtriert und hat auf dem Filter das gesamte Eisen und Zirkon. Bei Gegenwart von viel Aluminium und evtl. Chrom wird das Filter verascht und das Schmelzen wiederholt. Aus dem Filtrat fällt man Aluminium durch Zusatz von Ammoniumnitrat im Überschuß.

Der Niederschlag wird auf dem Filter mit heißer Salzsäure (1:1) behandelt, wobei Eisen quantitativ in Lösung geht und auf übliche Weise bestimmt wird. Das zurückbleibende Zirkonoxyd wird direkt im Platintiegel bis zur Gewichtskonstanz geglüht und gewogen.

Nach L. DUPARC ist die Methode durchaus anwendbar für die Trennung der angegebenen Oxyde. Bei der Silicatanalyse schließt man den geglühten Niederschlag, den man durch die Ammoniakfällung in der von der Kieselsäure abfiltrierten Flüssigkeit erhalten hat, mit Soda auf. Dieser Aufschluß geschieht genau wie bei der Trennung des Eisens von Aluminium (und Chrom, vgl. S. 448 und 449) usw. angegeben ist und muß 2mal wiederholt werden. Man filtriert den Rückstand von Eisenoxyd und Zirkonoxyd durch ein gehärtetes Filter, dann löst man nach dem Waschen mit siedendem Wasser das Eisenoxyd auf dem Filter, indem man das Zirkonoxyd mit verdünnter Salzsäure wäscht, bis es vollkommen weiß ist und verascht feucht im Platintiegel. Eisen wird mit Ammoniak gefällt.

Genauigkeit. Die von M. WUNDER und B. JEANNERET sowie von L. DUPARC angegebenen Analysenwerte sind folgende:

1. *Trennung des Zirkonoxyds vom Aluminiumoxyd.* Einwagen von 200,0 bis 211,6 mg Zirkonoxyd und 214,0 bis 381,2 mg Aluminiumoxyd ergaben bei 3 Analysen Differenzen von $-0{,}2$ bis $-0{,}7$ mg Zirkonoxyd und $+0{,}2$ bis $+0{,}7$ mg Aluminiumoxyd.

2. Trennung des Zirkonoxyds von Tonerde und Eisenoxyd. Einwagen von 199,5 bis 305,8 mg Zirkonoxyd, 361,3 bis 401,1 mg Aluminiumoxyd, 237,9 bis 403,8 mg Eisenoxyd ergeben Differenzen von − 0,6 bis + 0,1 mg Zirkonoxyd, − 0,7 bis + 0,7 mg Aluminiumoxyd und − 0,8 bis + 0,3 mg Eisenoxyd bei 3 Analysen.

Bei Gegenwart von Titan hat man nach dem Aufschluß und nach dem Filtrieren der gelösten Schmelze in Wasser Zirkonoxyd, Titanoxyd und Eisenoxyd auf dem Filter.

8. Trennung des Berylliums von Aluminium durch Sodaaufschluß in Gegenwart von Eisen, Chrom, Titan, Zirkon, Phosphorsäure.

Vorbemerkung. Die Ansichten über die Zuverlässigkeit des Verfahrens sind verschieden. Auf jeden Fall enthält es mehr Fehlermöglichkeiten als das Oxinverfahren. Die Trennung des Berylliums vom Aluminium und des Eisens und Berylliums vom Aluminium und Chrom nach den Arbeiten von WUNDER und WENGER und WENGER und WÄHRMANN, den Mitarbeitern DUPARCs, ist bereits auf S. 449 erwähnt. Für die Trennung des Aluminiums, Eisens und Berylliums verfährt DUPARC in gleicher Weise.

***Arbeitsmethode von* DUPARC.** Die Oxyde werden mit Soda aufgeschlossen. Nach Auflösen der Schmelze in heißem Wasser wird Aluminium durch Filtrieren und Auswaschen mit heißem Wasser wie üblich abgetrennt. Der Rückstand von Eisen und Beryllium wird im Platintiegel mit Kaliumbisulfat aufgeschlossen, die Schmelze mit heißem Wasser aufgenommen und die Lösung in konz. Kalilauge gegossen. Das ausgefallene Eisenhydroxyd wird filtriert und dann Beryllium aus dem angesäuerten Filtrat mit Ammoniak gefällt.

Genauigkeit. Bei Anwendung beliebiger Mengen Aluminiumoxyd und Eisenoxyd und 46,2 bis 50 mg Berylliumoxyd fand DUPARC Differenzen von 0,0 bis + 0,6 mg Berylliumoxyd.

Wie bereits angegeben, erhält man nach A. STOCK, P. PRAETORIUS und O. PRIESS nach der Schmelzmethode mit Soda bei der Trennung des Berylliums vom Aluminium für letzteres zu hohe Werte. H. B. KNOWLES fand mit 0,1 g Berylliumoxyd nach dem Schmelzen mit Soda (6 g) 3 Std. lang bei 1100° im wässerigen Extrakt 0,6 mg Berylliumoxyd.

***Anwendung der Methode bei Gegenwart von Eisen, Chrom, Titan, Zirkon, Phosphat usw.* Arbeitsvorschrift.** Die allgemeine Methode für die Trennung des Berylliums und der Oxyde, die durch Glühen des Niederschlages erhalten sind, der durch Ammoniak in dem von der Kieselsäure filtrierten Filtrat entsteht, ist nach L. DUPARC folgende:

Man schließt die Oxyde mit Soda in 2 bis 3 Std. im inzwischen geöffneten Tiegel auf und wiederholt diesen Aufschluß ein zweites Mal. Chrom, Aluminium und Phosphorsäure gehen in Lösung, während Eisen, Berylliumoxyd (und eventuell Titan und Zirkon) als Rückstand hinterbleiben, der geglüht, gewogen und dann mit Bisulfat aufgeschlossen wird. Die erhaltene Lösung wird konzentriert und in eine konzentrierte Lösung von Kalilauge in einer Platinschale gegossen. Man erwärmt kurze Zeit, dekantiert die klare Lösung, wäscht den Eisenniederschlag. Diesen löst man wieder in Säure und wiederholt die Operation noch einmal. Die konzentrierte alkalische Flüssigkeit enthält alles Beryllium und Aluminium, die nach der angegebenen Methode getrennt werden. Der mit siedendem Wasser gewaschene Rückstand enthält alles Eisen und eventuell auch Titan und Zirkon. Er wird in Salzsäure gelöst und dann Eisen aus der Lösung mit Ammoniak gefällt. Sind beim Eisen auch Titan oder Zirkon zugegen oder auch beide, so muß das geglühte Eisenoxyd mit Bisulfat aufgeschlossen und entsprechend weiter behandelt werden.

9. Trennung des Aluminiums und Wolframs von Beryllium und Eisen.

Die von L. Duparc angegebene Trennungsmethode ist folgende: Berylliumoxyd und Wolframsäure werden mit 4 g Soda aufgeschlossen, und zwar zuerst mit dem Teclubrenner und dann mit dem Gebläse. Die Schmelze wird wie gewöhnlich mit Wasser aufgenommen und die Lösung unter Zugabe von 1 g Soda 20 Min. gekocht. Man wäscht mit heißem Wasser aus. Im klaren Filtrat wird die Wolframsäure durch Ansäuern mit Salpetersäure bis zur schwachsauren Reaktion (aufkochen lassen, um Kohlensäure zu entfernen) und Zufügen von einem Überschuß an Quecksilbernitrat gefällt. Man läßt einige Minuten kochen und dann abkühlen, wobei sich der gelbe Niederschlag absetzt. Um sicher zu sein, daß die Lösung neutral ist, fügt man tropfenweise Ammoniak hinzu, bis der Niederschlag eine schwärzliche Farbe annimmt. Man läßt 12 Std. absitzen, filtriert, wäscht mit heißem Wasser, trocknet und erhitzt, nachdem man das Filter von dem Niederschlag getrennt hat, im Porzellantiegel erst mäßig um das Quecksilber zu verjagen, dann stärker und wägt als Wolframoxyd.

Bei Gegenwart von Eisen ist die Methode identisch mit der Trennung von Beryllium, jedoch muß das Eisenoxyd nochmals in Salzsäure gelöst und aus dieser Lösung mit Ammoniak gefällt werden. Zur Trennung des Aluminiums schließt man unter denselben Bedingungen 3 Std. auf, alsdann löst man mit Wasser, dem man 1 g Soda zugesetzt hat. Aus der Aluminium und Wolfram enthaltenden Lösung fällt man das Aluminium durch Ammoniumnitrat und aus dem Filtrat die Wolframsäure durch Quecksilbernitrat.

Nach W. F. Hillebrand und G. F. Lundell (d) ist die Trennung der Wolframsäure von begleitenden Elementen durch Sodaschmelze und darauffolgender Wasserextraktion nicht befriedigend, wenn Zinn, Niob und Tantal zugegen sind. Wenn außerdem Chrom vorhanden ist, wird es zu Chromat oxydiert und bleibt beim Wolfram.

IV. Abtrennung des Phosphations aus alkalischer Lösung.

Vorbemerkung. Die quantitative Abscheidung des Phosphations nahmen Teletoff und Andonikowa auf folgende Weise vor:

Aus einer alkalischen Lösung von Natriumaluminat und Natriumphosphat lassen sich durch Einwirkung von Bariumnitrat alle PO_4'''-Ionen als Bariumphosphat ausfällen. In der alkalischen Lösung verbleibt nur das Natriumaluminat, in dem Aluminium nach dem Ansäuern mit Salz- oder Salpetersäure in der üblichen Weise bestimmt wird.

Arbeitsvorschrift. Das Volumen der Aluminiumnitrat und Natriumphosphat enthaltenden Lösung wird auf 200 cm³ aufgefüllt; darauf werden 10 bis 12 cm³ einer 12%igen Natronlauge zugesetzt. Nach kurzem Aufkochen wird der Lösung so viel Salz- oder Salpetersäure zugesetzt, daß sie nur noch schwach alkalisch reagiert, um eine übermäßige Bildung von Bariumhydroxyd zu vermeiden. Der Säurezusatz erfolgt nach Augenmaß. Sobald Trübung eintritt, wird so viel Natronlauge zugegeben, als zur Klärung der Mischung erforderlich ist. Nach Zusatz von Bariumnitrat wird das Ganze eine Zeitlang erhitzt, wodurch eine vollkommene Fällung der Phosphorsäure als $Ba_3(PO_4)_2$ erzielt wird. Der Niederschlag wird filtriert und mit heißem Wasser nochmals gewaschen. Nach Ansäuern des Filtrates mit Salpetersäure wird das Aluminium mit Ammoniak als Aluminiumhydroxyd gefällt.

Genauigkeit. Nach Analysen von Teletoff und Andronikowa. Aus Lösungen, die 57,7 mg bzw. 115,4 mg Aluminiumoxyd enthielten, und denen je 10 cm³ 0,1 n Natriumphosphatlösung zugesetzt waren, wurden 57,7 mg bzw. 115,3 mg Aluminiumoxyd wiedergefunden. Es war keine Spur Phosphat in der Tonerde nachzuweisen.

V. Trennung des Zinks vom Aluminium durch Elektrolyse in alkalischer Lösung.

Allgemeines. R. AMBERG fällt Zink durch elektrolytische Abscheidung an der Kathode ohne jeden Zusatz anderer Elektrolyte. Auf 0,5 g Zink werden 40 g Ätzkali bei einem Gesamtvolumen von 150 cm^3 angewendet. Die Lösung wird 60 bis 70° warm mit 3,0 bis 3,1 V beschickt und die Stromdichte nach der Abkühlung auf etwa 0,5 Ampere eingestellt. Von den mit dem Zink eingebrachten Anionen sind Schwefelsäure und Salzsäure gut verwendbar, während Nitrate schwammiges Zink ergeben. Aluminium läßt sich nach dieser Methode vom Zink trennen. G. VORTMANN verwendet alkalische Lösung unter Zusatz von Alkalitartrat. Nach F. SPITZER ist der Zusatz von Cyankalium eine überflüssige Komplikation der Versuchsbedingungen für die quantitative elektrolytische Abscheidung von Zink. Bei Anwendung von zylindrischen versilberten WINKLERschen Drahtnetzelektroden als Kathode ergibt die Elektrolyse in alkalischer Lösung genaue Resultate, wobei der hohe Alkaliüberschuß auf einen sehr kleinen Wert beschränkt werden kann. Bei gewöhnlicher Temperatur können so mit einem Strom von 0,8 Ampere in 2 Std. etwa 0,3 g Zink quantitativ bei etwa 4 V Spannung abgeschieden werden. Die nach dem Auswaschen mit Alkohol gespülte Kathode wird bei 70 bis 80° getrocknet. E. B. SPEAR und S. STRAHAN elektrolysieren nach Zusatz von 12 g Kaliumhydrat zum Elektrolyten. Als Kathode dient ein rotierendes Drahtnetz. Mit 3 Ampere dauert die Zinkabscheidung 30 Min. Nach der Elektrolyse erfolgt das Auswaschen ohne Stromunterbrechung.

K. BREISCH verwendet die aus der Analyse von Legierungen stammende Nitratlösung für die elektrolytische Zinkbestimmung, um das lästige und zeitraubende Abrauchen der Salpetersäure mit Schwefelsäure zu vermeiden. Die Reduktion der Nitrate erfolgt durch Zusatz von Paraformaldehyd (Trioxymethylen).

1. Elektrolytische Bestimmung des Zinks in Gegenwart von Aluminium nach BREISCH.

Arbeitsvorschrift. Nachdem das Kupfer aus salpetersaurer Lösung abgeschieden ist, wird die entkupferte Flüssigkeit, deren Volumen etwa 150 cm^3 beträgt, in einem mit Uhrglas bedeckten, zur Schnellelektrolyse geeigneten Becherglas von 500 cm^3 Inhalt mit 50 cm^3 konzentrierter Salzsäure versetzt und zum Kochen erhitzt. Vor beginnendem Sieden werden in kurzen Zeitabständen kleine Mengen Trioxymethylenpulvers zugegeben, bis die Reaktion einsetzt. Deren Verlauf ist von lebhaftem Kochen begleitet.

$$4\,HNO_3 + CH_2O \cdot CO_2 + 3\,H_2O + 4\,NO_2.$$

Die Reaktionsprodukte, Kohlensäure und Stickstoffdioxyd, werden schnell vom Wasserdampf ausgetrieben. Das Trioxymethylen wird so lange zugesetzt, bis Flüssigkeit und Dampfraum farblos geworden sind, was nach wenigen Minuten der Fall ist. Nach dem Abkühlen wird alkalisch gemacht und die nun wieder heiße Flüssigkeit sehr vorsichtig bei aufgelegtem Uhrglas mit 10 cm^3 auf das 3fache verdünntem Perhydrol versetzt, worauf zur Zerstörung des Überschusses noch kurz gekocht und die Flüssigkeit heiß der Elektrolyse unterworfen wird. Für diese werden Silberdrahtnetzelektroden verwendet. Gearbeitet wird mit einer Stromdichte von $ND_{100} = 3$ Ampere, was einer Badspannung von 4 bis 5 V entspricht. Die Geschwindigkeit des Rührers beträgt etwa 500 Touren. Die Abscheidungsdauer ist für Mengen bis zu 0,25 g längstens 30 Min.

Genauigkeit. Als Beispiel für die Genauigkeit gibt BREISCH folgende Analysen einer Legierung an:

Einwage in g	Zink abgeschieden	% Zink	% Kupfer Mittel	% Zinn Mittel	% Zink als Sulfid	
0,5042	0,0066	1,31	94,87	3,90	1,28	Blei Spur
0,5075	0,0068	1,34	—		1,30	Eisen weniger als 0,1%

Vorsicht ist beim Trocknen der Elektroden anzuwenden, die nach Eintauchen in Alkohol nur die unbedingt nötige Zeit bei etwa 80° getrocknet werden dürfen. Das Ablösen der Zinkniederschläge geschieht am besten durch längeres Stehenlassen der Kathode in kalter konzentrierter Salzsäure.

Die Zinkbestimmung nach dieser Methode wird nach BREISCH in Gegenwart von Aluminium nicht beeinflußt. Selbst eine im Vergleich zur Zinkmenge 20mal größere Aluminiummenge bedingt nur unwesentliche Erhöhung des Gewichts des abgeschiedenen Zinks. Die Durchführung ist bei Gegenwart von Aluminium genau so vorzunehmen, als ob eine reine Zinklösung vorliegen würde, nur ist entsprechend dem Aluminiumgehalt ein größerer Überschuß an Alkalihydroxyd zuzugeben.

2. Elektrolytische Bestimmung des Zinks neben Aluminium und Eisen nach BREISCH.

Vorbemerkung. Der Einfluß geringer Mengen von Mangan, das in alkalischen Elektrolyten zu Flocken von Superoxydhydrat oxydiert, und zum größten Teil vom Zinkniederschlag eingeschlossen wird, kann durch Zugabe von einigen Kubikzentimetern Phosphatlösung vor und Natriumsulfitlösung nach dem Alkalischmachen ausgeschaltet werden. Auch bei Gegenwart von Eisen, das fast in jeder technischen Aluminiumlegierung in Höhe von einigen Zehntelprozenten vorhanden ist, wird ein Teil des in der Lösung vorhandenen Ferrihydroxydes mit dem Zink an der Kathode abgeschieden, weshalb die Zinkbestimmungen zu hoch ausfallen.

Bei der elektrolytischen Bestimmung des Zinks neben Eisen, die in cyankalischer Lösung erfolgt, setzt G. VORTMANN der Lösung nach Reduktion des Eisens durch Natriumsulfit Cyankaliumlösung hinzu, bis der zuerst entstehende Cyanidniederschlag sich eben wieder gelöst hat, wodurch das Eisen in Kaliumferrocyanid übergeführt wird, welches die darauf folgende Zinkabscheidung durch Elektrolyse nicht stört. In Gegenwart von Aluminium ist das Verfahren nicht ohne weiteres anwendbar, da Cyankalium aus Aluminiumlösungen Aluminiumhydroxyd abscheidet, ohne daß ein Überschuß es rasch wieder löst. Um eine nachteilige Ferricyanidbildung zu vermeiden, setzt K. BREISCH als Reduktionsmittel der Lösung 2mal je 10 g Natriumsulfit ($Na_2SO_3 \cdot 7H_2O$) zu.

Arbeitsvorschrift nach **BREISCH.** Man macht nach Reduktion des Eisens mit Natriumsulfit die saure Lösung durch rasches Zugießen einer ziemlich konzentrierten Lösung von Kaliumhydroxyd alkalisch. Es bleibt das grauweiße Ferrohydroxyd zurück, das durch tropfenweisen Zusatz einer Cyankalilösung (10 cm³ $\equiv$ 2 g KCN) aus einem Tropfrohr oder aus einer Pipette unter kräftigem Umschwenken unter Bildung von Kaliumferrocyanid in Lösung gebracht wird. Zur Vermeidung von Ferricyanidbildung erfolgt der erste Zusatz von 10 g Natriumsulfit beim Beginn der Elektrolyse, während der zweite beim ND 100 = 3 Ampere ungefähr nach 25 bis 30 Min. nötig ist. Durch die Gegenwart von freiem Cyankalium wird die Zinkabscheidung etwas verzögert, weshalb jeder unnötige Überschuß zu vermeiden ist. Bei Gegenwart auch großer Aluminiummengen ist an der Arbeitsvorschrift nichts zu ändern, es muß nur ein entsprechend größerer Alkaliüberschuß zugesetzt werden.

Genauigkeit. BREISCH fand nach der Methode folgende Werte:

Angewendet			Verhältnis Zn:Fe:Al	Elektrolsye ergab Zink
Zn g	Fe g	Al g		g
0,0523	0,1530	0,2112	1:3:4	0,0522
0,0523	0,1530	1,0560	1:3:20	0,0525
0,0523	0,1560	1,0530	1:3:20	0,0524

3. Elektrolytische Fällung des Zinks in Gegenwart von Aluminium nach anderen Vorschriften.

Arbeitsvorschrift. Die elektrolytische Fällung des Zinks und seine Trennung von Aluminium aus natronalkalischer Lösung wird von vielen Autoren angegeben und empfohlen. E. BERL (b) neutralisiert die sulfathaltige Lösung, versetzt mit so viel Natronlauge, bis das Zink vollständig als Zinkat und das Aluminium als Aluminat in Lösung gegangen ist, gibt einen Überschuß von 3 bis 5 g Natriumhydroxyd hinzu und fällt bei einem Volumen von 100 bis 125 cm^3 ruhend bei gewöhnlicher Temperatur mit 0,5 bis 3 Ampere in 2 bis 3 Std. bei 0,3 g Zink. Schnellelektrolyse erfolgt unter kräftigem Rühren bei etwa 60° C mit 3 bis 5 Ampere und 15 bis 20 Min. bei 0,3 g Zink, oder in der Kälte bei 2 Ampere Stromstärke und 4 V Spannung mit Doppelnetzelektroden bei 80 Touren des Glasrührers in der Minute. Dabei können Stromstärke, Fällungsdauer und Alkalimengen in weiten Grenzen geändert werden. Chloride und Nitrate, welche die Beschaffenheit des Zinkniederschlages beeinträchtigen, werden durch Eindampfen mit Schwefelsäure entfernt. Ammoniak und Ammoniumsalze müssen aus dem Elektrolyten ebenfalls durch Kochen der natronalkalischen Lösung entfernt werden, da sie die vollständige Ausfällung des Zinks beeinträchtigen. Zweckmäßig verwendet man verkupferte Platinkathoden oder statt einer Platinkathode versilbertes oder verkupfertes Messingdrahtnetz.

W. BÖTTGER setzt der Lösung so viel 30%ige Natronlauge zu, bis sich der zuerst entstandene Niederschlag wieder gelöst hat und elektrolysiert bei Zimmer- oder auch bei hoher Temperatur, beginnend mit einer Stromstärke von 1 Ampere, die man nach 10 Min. auf 1,5 und nach weiteren 10 Min. auf 2 Ampere steigert. Man wäscht während des Stromdurchganges aus und trocknet nach dem Verdrängen des Wassers durch Aceton bei Zimmertemperatur. Störend wirken Ammonsalze, Chloride oder Nitrate. Es werden verkupferte oder versilberte Netzelektroden empfohlen.

Genauigkeit. Die Abscheidung ist nach BÖTTGER gewöhnlich nicht ganz vollständig; es bleiben leicht einige Zehntel Milligramme Zink in Lösung.

J. GUZMAN und J. SANZ D'ANGLADA verwenden Eisenelektroden und trocknen das aus alkalischer Lösung abgeschiedene Zink bei 70° C, nachdem die Kathoden mit Alkohol und Äther abgespült sind.

H. NISSENSON fällt aus der Lösung, aus der Eisen und Mangan zuvor abgeschieden sind, nach vollständiger Neutralisation mit Natronlauge und Ansäuern mit Weinsäure bei 70 bis 80° C mit 2 Ampere in $1^1/_2$ bis 2 Std. für 0,2 bis 0,3 g Zink.

4. Elektrolytische Trennung des Aluminiums von Zink, Eisen, Nickel und Kobalt aus pyrophosphorsäurehaltiger ammoniakalischer Lösung nach A. BRAND.

Arbeitsvorschrift. Aus der Lösung von Zinksalzen fällt durch pyrophosphorsaures Natrium ein weißer, gallertartiger Niederschlag, der im Überschuß des Fällungsmittels löslich ist. Zur quantitativen Bestimmung des Zinks wird die Lösung des Doppelsalzes mit Ammoniak oder besser Ammoniakcarbonat versetzt, aus der das Metall bei der Elektrolyse gut haftend abgeschieden wird. Wenn viel Zink (über 0,2 g) vorhanden ist, wird die Hauptmenge nach BRAND in einem Strom von 5 bis 10 cm^3 Knallgas pro Minute niedergeschlagen. Zur Beendigung der Reduktion ist aber ein Strom von 15 bis 20 cm^3 pro Minute erforderlich. Es muß ohne Unterbrechung des Stromes ausgewaschen werden.

Wird eine mit Ammoniumcarbonat versetzte Lösung, die neben den pyrophosphorsauren Doppelsalzen von Eisen, Nickel, Kobalt oder Zink auch Aluminium, Magnesium und Uran einzeln oder zusammen enthält, so werden erstere reduziert bei der Elektrolyse, während letztere in Lösung bleiben, wodurch eine Trennung dieser Metalle voneinander leicht zu erreichen ist.

***Genauigkeit nach* Brand.** In einem Gemisch von Kobalt, Nickel- und Eisenammoniumchlorid mit Ammoniaktonerdealaun, Magnesiumchlorid und Urannitrat, das 0,0573 g Kobalt, 0,1102 g Nickel und 0,0433 g Eisen enthielt, wurden 0,2101 g Eisen, Nickel und Kobalt gefunden.

Literatur.

Amberg, R.: B. **36**, 2489—2494 (1903). — Auger, V.: C. r. **177**, 1302 (1923); C. **1924 I**, 887.

Balanescu, G. u. M. D. Motzoc: Fr. **118**, 20 (1939). — Berl, E.: Berl-Lunge, Chem.-techn. Unters.-Meth. (a) Bd. II, S. 1626; (b) Bd. II, S. 983 (1932). — Böttger, W.: Leitfähigkeit, Elektrolyse und Polarographie, S. 223. 1936. — Brand, A.: Fr. **28**, 588—605 (1889). — Breisch, K.: Fr. **64**, 13—23 (1924). — Brunck, O. u. R. Höltje: Angew. Ch. **45**, 331 (1932).

Cottin, G.: Ing. Chimiste (Brux.) **23**, 39—61 (1939; C. **1939 II**, 480.

Duparc, L.: Bl. Soc. Min. **42**, 138—241 (1919).

Ghosh, J. C.: Fr. **93**, 204 (1933). — Glaser, C.: (a) Ch. Z. **21**, 678 (1897); (b) Angew. Ch. **2**, 636 (1889); (c) Fr. **31**, 383—388 (1892). — Gmelin, C. G.: Pogg. Ann. **50**, 176 (1840). — Gooch, F. A.: Proc. Am. Acad. Arts and Sci., New Series **12**, 436 (1884/85). — Guzmán, J. u. J. Sanz d'Anglada: An. Españ. **32**, 1053 (1934); C. **1935 I**, 2050; Fr. **103**, 439 (1935).

Hac, R.: Chem. Listy **7**, 95—97 (1913). — Hillebrand, W. F.: U. S. Geol. Surv. Bull. **700**, p. 132; vgl. Fr. **59**, 168 (1920). — Hillebrand, W. F. u. G. E. F. Lundell: Applied Inorganic Analysis. New York 1929, (a) S. 391; (b) S. 455; (c) S. 424; (d) S. 551.

Kaiser, H.: Diss. München 1909; Fr. **54**, 608 (1915); Angew. Ch. **26**, 614 (1913). — Knowles, H. B., Hillebrand u. Lundell: Applied Inorganic Analysis **1929**, S. 404.

Nissenson, H.: Die Untersuchungsmethoden des Zinks, Monographie. Stuttgart 1907, S. 68. — Noyes, A. A. u. W. C. Bray: A System of Qualitative Analys. for Rare Elements, p. 164, 168. New York: Macmillan & Co. 1927.

Renz, C.: B. **36**, 2751—2753 (1903). — Rose, H.: Handbuch der analytischen Chemie, 6. Aufl., S. 103. 1871.

Schaffgotsch, v.: Pogg. Ann. **50**, 183 (1840). — Spear, E. B. u. S. S. Strahan: Ind. eng. Chem. **4**, 889 (1912). — Spitzer, F.: Z. El. Ch. **11**, 391 (1905). — Stock, A., O. Priess u. P. Praetorius: B. **58**, 1577 (1925). — Swift, S. H. u. H. C. Barton: Am. Soc. **54**, 4155 (1932); Fr. **95**, 447 (1933).

Teletoff, J. S. u. N. N. Andronikowa: Fr. **80**, 351 (1930). — Treadwell, W. D.: Tabellen und Vorschriften zur quantitativen Analyse, S. 76. 1938. — Tscharkwiani, Mlle. u. M. Wunder: Bl. Soc. Min. **42**, 138—241 (1919).

Vignon, L.: Fr. **26**, 631 (1887). — Vortmann, G.: M. **14**, 536—552 (1893).

Weiss, L. u. H. Kaiser: Z. anorg. Ch. **65**, 345—402 (1910). — Wenger, P. u. M. Müller: Helv. 8, 512 (1925); Fr. **92**, 440 (1933); Chem. Abstr. **20**, 160 (1926). — Wenger, P. u. J. Währmann: Ann. Chim. anal. [2] **1**, 337 (1919); Fr. **68**, 58 (1926); C. **1920 II**, 91. — Wunder, M. u. B. Jeanneret: Fr. **50**, 733 (1911); C. **1911 II**, 1966. — Wunder, M. u. P. Wenger: Fr. **51**, 470—473 (1912); C. **1912 II**, 282.

§ 17. Trennungen, die auf der Tarnung des Aluminiums als Komplexverbindung beruhen.

Allgemeines.

Viele Elemente lassen sich durch Abscheidung aus saurer Lösung von Aluminium abtrennen, wenn entsprechende schwer lösliche Aluminiumverbindungen nicht existenzfähig sind. Eine andere Möglichkeit bietet sich durch Ausfällung mancher Elemente aus alkalischer Lösung, in welcher Aluminium als lösliches Aluminat zurückbleibt. Eine dritte Art der Trennung ergibt sich aus der Möglichkeit, Aluminium zu *tarnen*, d. h. in eine nicht reaktionsfähige, *lösliche* Komplexverbindung überzuführen. In Gegenwart eines solchen indifferenten Aluminiumkomplexes können andere Elemente abgeschieden und somit abgetrennt werden. Die Trennung wird also an sich im Existenzbereich bestimmter schwer löslicher Aluminiumverbindungen, z. B. des Hydroxydes, Phosphates, Oxinates usw. durchgeführt. Durch Zusatz des Tarnungsmittels muß die Konzentration der Aluminiumionen so weit herabgesetzt werden, daß das Löslichkeitsprodukt der betreffenden schwer löslichen Aluminiumverbindung nicht mehr erreicht wird.

Gebräuchliche Tarnungsmittel sind im Falle des Aluminiums z. B. organische Dicarbonsäuren, wie z. B. Oxalsäure, Malonsäure oder Hydroxylgruppen enthaltende

Säuren, wie z. B. Weinsäure, Citronensäure, Sulfosalicylsäure. Ähnlich verhalten sich viele andere Substanzen, welche Hydroxylgruppen enthalten, z. B. Apfelsäure, Gärungsmilchsäure, Dextrin usw. Sie haben bisher keine analytische Bedeutung erlangt. Mit den erwähnten Tarnungsmitteln können auch Eisen und manche andere Schwermetalle getarnt werden. Beim Eisen ist die Tarnungswirkung unter Umständen noch größer als beim Aluminium. Manche Zuckerarten tarnen bereits Eisen, während Aluminium noch mit den üblichen Mitteln gefällt werden kann.

Mit Oxalsäure reagieren Aluminiumionen unter Bildung der komplexen Aluminiumoxalsäure $H_3[Al(C_2O_4)_3]$ oder deren Salze. Mit Weinsäure bildet sich nach O. QUADRAT und J. KORECKY eine Komplexverbindung, welche auf 1 Molekül Weinsäure 1 Atom Aluminium enthält. Über die Komplexe der Citronensäure, Malonsäure und Sulfosalicylsäure ist wenig bekannt.

Nach den Erfahrungen des Analytikers, welche sich der Tarnungsmittel bedient haben, und den spärlichen systematischen Untersuchungen über dieses Gebiet ergibt Citronensäure die stabilsten, d. h. also die am wenigsten unter Abgabe freier Aluminiumionen dissoziierenden Komplexe. Es folgen Weinsäure, (wahrscheinlich) Sulfosalicylsäure, Malonsäure und Oxalsäure. Die Wirksamkeit dieser Tarnungsmittel hängt natürlich vom Löslichkeitsprodukt der schwer löslichen Aluminiumverbindungen ab, deren Entstehung verhindert werden soll. Das Löslichkeitsprodukt der verschiedenen Aluminiumhydroxydgele ist größer als das des sehr schwer löslichen Oxin- oder Kupferronkomplexes.

Daher wird die Abscheidung von Aluminiumhydroxyd in ammoniakalischer Lösung praktisch von allen genannten fünf Tarnungsmitteln verhindert. Immerhin ergeben sich auch hier bereits gewisse Unterschiede. Nach L. J. CURTMANN und H. DUBIN wird die Ausfällung der Hydroxyde des Aluminiums, Chroms und Eisens durch Ammoniak von Citronensäure am meisten beeinflußt, es folgen Weinsäure, Dextrin, Sucrose, Glucose und Lactose. So entsteht z. B. in 50 cm^3 einer 50 mg Weinsäure enthaltenden Lösung auf Ammoniakzusatz erst dann eine Fällung, wenn 20 mg Aluminium, 55 mg Eisen oder 70 mg Chrom zugegen sind. Bei Anwendung von 50 mg Citronensäure in 50 cm^3 einer Lösung, die Aluminium, Eisen oder Chrom enthält, beginnt sie auf Ammoniakzusatz erst bei 40 mg Aluminium, 70 mg Eisen und 90 mg Chrom. Citronensäure ist danach ein besseres Tarnungsmittel zur Verhinderung der Ausfällung der Oxydhydrate des Aluminiums, Eisens und Chroms als Weinsäure. Dies zeigt sich auch darin, daß die Fällung des Aluminiums durch Natriumphosphat in Gegenwart von Citronensäure, nicht aber in Gegenwart von Weinsäure verhindert wird.

Aluminiumphosphat wird z. B. von Tartrat noch nicht vollständig getarnt. Dies gelingt hingegen mit Citrat. Aluminiumoxinat kann in ammoniakalischer Lösung in Gegenwart von Tartrat quantitativ gefällt werden. (Über die Wirksamkeit von Citrat liegen offenbar noch keine Erfahrungen vor.) Die Tarnungswirkung ist abhängig vom p_H-Wert. Sie läßt mit sinkendem p_H-Wert infolge stärkerer Dissoziation des Komplexes nach. Andererseits wird das Löslichkeitsprodukt der Aluminiumverbindungen mit sinkendem p_H-Wert größer. Häufig nimmt dabei die Löslichkeit der schwer löslichen Aluminiumverbindungen mehr zu als die Dissoziation der löslichen Komplexe. Daher gelingt es in schwach saurer Lösung, Aluminium noch mit relativ schwachen Komplexbildnern, wie Oxalsäure, zu tarnen. In schwach saurer Lösung wird z. B. auch die Oxinfällung durch Tartrat getarnt, während sie in ammoniakalischer Lösung, wie erwähnt, quantitativ ist.

Praktisch wichtig ist die Möglichkeit, nach ausgeführter Abtrennung des Begleitelementes das Aluminium im Filtrat *unmittelbar*, *ohne umständliche Zerstörung* des Tarnungsmittels bestimmen zu können. In vielen älteren Vorschriften sind noch ziemlich langwierige Operationen zur Zerstörung des organischen Tarnungsmittels durch Oxydationsverfahren usw. angegeben. Erst nach völliger Beseitigung des Tarnungsmittels wird das Aluminium dann als Hydroxyd mit Ammoniak abgeschieden. Bei Verwendung der neuzeitlichen Fällungsverfahren mit organischen Reagenzien ist eine solche Zerstörung nicht mehr notwendig. Aluminium kann z. B. bequem in Gegenwart von Tartrat, Oxalat, Malonat mit Oxin oder 5,7-Dibromoxin in ammoniakalischer Lösung bestimmt werden. Ob Citrat und Sulfosalicylat stören, ist anscheinend noch nicht genauer untersucht worden. Bei Sulfosalicylat ist eine Störung unwahrscheinlich.

Wie schon erwähnt, wird Weinsäure bzw. Tartrat weitaus am häufigsten zur Tarnung verwendet. Oxalat tarnt in ammoniakalischer Lösung noch nicht ausreichend; in schwach saurer Lösung genügt seine Wirkung meistens. Es wurde in einigen Fällen hauptsächlich deshalb benutzt, weil es sich bequemer als Tartrat zerstören ließ. An Stelle von Tartrat und Oxalat wurde in Gegenwart von Calcium Malonat verwendet, weil Calciummalonat im Gegensatz zum Oxalat und Tartrat leicht löslich ist. Citrat wurde z. B. bei der Abtrennung des Calciums als Phosphat gewählt, weil Aluminium, wie schon erwähnt, in Gegenwart der schwächer tarnenden Mittel, z. B. Tartrat, noch teilweise abgeschieden wird. Die Wahl der Sulfosalicylsäure hängt von der Anwesenheit gewisser Begleitmetalle, wie z. B. Titan, ab. Sulfosalicylat erlaubt in der Hitze die vollständige Abscheidung von Titandioxyd durch Hydrolyse, während Aluminium in Lösung bleibt. In Gegenwart von Tartrat würde hingegen Titandioxyd bereits nicht mehr quantitativ ausfallen. In Gegenwart von Oxalat würde die Titanabscheidung andererseits zwar quantitativ, jedoch würde auch Aluminium bereits teilweise mitfallen. Bei der Wahl der Sulfosalicylsäure war seinerzeit auch der Gesichtspunkt maßgebend, daß die Säure nach dem Eindampfen zur Trockne durch Erhitzen leicht zersetzt bzw. wegsublimiert werden kann.

I. Abtrennung von Eisen, Zink, Nickel, Kobalt und Indium als Sulfide aus ammoniakalischer Lösung in Gegenwart eines Tarnungsmittels.

Allgemeines. Ein häufig angewandtes Verfahren für die Trennung des Eisens und gelegentlich auch anderer Metalle, wie Zink, Nickel, Kobalt und Indium von Aluminium (Chrom, Mangan, Vanadin, Titan, Zirkon, Thorium, Niob, Tantal, Beryllium, Phosphat usw.) ist die Fällung als Sulfid aus ammoniakalischer Lösung, die als Tarnungsmittel für Aluminium Tartrat, Oxalat oder Sulfosalicylat enthält.

Ein Vorteil dieses Verfahrens liegt in der Möglichkeit, die als Sulfide ausfallenden Metalle nicht nur von Aluminium, sondern zugleich auch von einer Reihe anderer Metalle abtrennen zu können. Das Verfahren dient lediglich als *Trennungs*methode. Die Bestimmungsform für das Eisen ist das Oxyd, das aus der Lösung des Sulfides in der üblichen Weise abgeschieden wird. Ein Nachteil des Verfahrens liegt in der Neigung der Sulfidfällung zur Solbildung und zur Verstopfung des Filters.

1. Abtrennung des Eisens als Sulfid in Gegenwart von Tartrat.

Vorbemerkung. Die Verwendung von Tartrat als Tarnungsmittel ist für die Eisen-Aluminium-Trennung durch Abscheidung von Eisensulfid das gebräuchlichste Verfahren. Die von F. A. GOOCH angegebene Methode besteht im Prinzip in der Reduktion von 3wertigem Eisen zu 2wertigem durch Einleiten von Schwefelwasserstoff in die schwach saure Lösung in Gegenwart von Weinsäure als erstem Schritt, dann Abscheidung des Eisensulfides durch Zusatz eines geringen Überschusses an Ammoniak. Das Sulfid wird abfiltriert und gewaschen. Das Eisen kann in der Lösung des Niederschlages in Salzsäure in der üblichen Weise als Oxyd bestimmt werden. Im Filtrat wird Aluminium nach Zerstörung des Tartrates als Hydroxyd gefällt und als Oxyd bestimmt. Der umständliche Weg der Zerstörung des Tartrates ist heute überholt. Statt dessen bestimmt man heute das Aluminium direkt in Gegenwart von Tartrat nach dem Oxinverfahren.

Arbeitsvorschrift. In dieser von W. F. HILLEBRAND und G. E. F. LUNDELL (a) gegebenen Vorschrift war die Erfahrung berücksichtigt, die in einer Reihe von Untersuchungen seit der Arbeit von GOOCH über die zweckmäßige Ausführung der Eisen-Aluminium-Trennung gesammelt worden sind. Zu 100 cm^3 der Lösung setzt man mindestens 3- oder 4mal so viel Weinsäure als die in Lösung befindlichen

Metalloxyde wiegen würden, macht mit Ammoniumhydroxyd alkalisch, säuert wieder mit der ursprünglich angewendeten Säure (1:1) an und fügt 2 cm³ im Überschuß hinzu. Um das Eisen zu reduzieren und spätere Fällung von wenig Titan mit dem Eisensulfid zu verhindern, sättigt man mit H_2S. Die Reduktion des Eisens hat außerdem den Zweck einer besseren Filtration, da sich Ferrosulfid leichter filtrieren läßt als Ferrisulfid. Man filtriert, wenn ein Sulfid ausfällt oder viel Schwefel vorhanden ist, macht deutlich ammoniakalisch, leitet dann, falls erforderlich, mehr H_2S ein (Sättigung unter Druck) und verfährt weiter, wie bei der gewöhnlichen Schwefelammonfällung üblich, fügt jedoch dem Waschwasser, das 2% NH_4Cl und wenig Ammonsulfid enthält, wenig Ammontartrat zu. In den meisten Fällen kann die Fällung in heißer Lösung ausgeführt und die Lösung auf einem Dampfbade digeriert werden. Es ist besser, den Niederschlag noch einmal zu lösen und wieder wie zuvor zu fällen, wenn er groß ist oder große Genauigkeit verlangt wird.

Falls das Eisen nicht nur abgetrennt, sondern auch quantitativ bestimmt werden soll, löst man den Niederschlag in Salzsäure, oxydiert mit Salpetersäure, fällt mit Ammoniak, filtriert, wäscht aus, glüht und wägt als Fe_2O_3. Nach E. S. VON BERGKAMPF kann der Eisensulfidniederschlag auch direkt in Fe_2O_3 durch $^1/_2$stündiges Glühen im Porzellantiegel bei 850° C übergeführt werden.

a) Zerstörung der Weinsäure im Filtrat. Diese Verfahren seien der Vollständigkeit halber angegeben, obwohl man sie heute bei der Möglichkeit einer direkten Bestimmung des Aluminiums seltener anwenden wird. Sie haben noch eher ihre Berechtigung, wenn zugleich mit dem Aluminium noch andere Elemente vorhanden sind, für deren unmittelbare Bestimmung neben Tartrat noch keine genügend zuverlässige Methode vorhanden ist, z. B. Chrom, Beryllium, Niob, Tantal, Uran, Vanadin usw. (Titan und Zirkon können direkt abgeschieden werden — vgl. S. 378 und 379.)

Zur Zerstörung der Weinsäure verdampft man nach HILLEBRAND und LUNDELL (b) das Filtrat in einer Platinschale mit 10 bis 12 cm³ konzentrierte Schwefelsäure, bis zu beginnenden Zersetzungserscheinungen, setzt nach dem Abkühlen 5 cm³ rauchende Salpetersäure zu und erwärmt, bis die organische Substanz zerstört ist. Wenn nötig, wiederholt man die Behandlung mit Salpetersäure. Nach dem Abkühlen löst man den Rückstand in Wasser und setzt Ammoniak zwecks Fällung vom Aluminium, Titan, Zirkonium, Beryllium, Niob, Tantal, Uran, ebenso von Phosphor und Vanadin, wenn diese nicht in größeren Mengen vorhanden sind, als zur Bindung an Basen erforderlich ist, zu. Bei Gegenwart von Aluminium ist ein Überschuß von Ammoniak zu vermeiden.

Das weinsäurehaltige Filtrat kann auch in einer Platinschale ohne Zugabe von Schwefelsäure zur Trockne verdampft werden. Man verkohlt den Rückstand und schmilzt ihn mit Soda unter Zugabe von wenig Salpeter. Die Schmelze wird mit Wasser ausgelaugt und alsdann wird filtriert. Titan und Zirkonium bleiben auf dem Filter, während Chrom und Vanadin als Chromate und Vanadinate zusammen mit Aluminium und Phosphorsäure in das Filtrat gehen.

b) Direkte Bestimmung des Aluminiums im Filtrat neben Textrat. α) Bestimmung mit Oxin. Das klare Filtrat wird sofort auf 70° C erhitzt und mit einer 5%igen Oxinatlösung (hergestellt durch Lösen von 5 g o-Oxychinolin in 12 g Eisessig unter schwachem Erwärmen und Auffüllen mit Wasser auf 100 cm³ unter Umrühren gefällt. Für 0,1 g Al_2O_3 ist es am besten 30 cm³ der Fällungslösung anzuwenden. Nachdem die Lösung noch 5 Min. heiß gestanden hat, ist der Niederschlag grob krystallin und leicht filtrierbar. Er wird gleich heiß durch einen Glasfiltertiegel (Nr. 4) filtriert und mit heißem Wasser gut gewaschen. Nach 2 bis 3stündigem Trocknen bei 140° C kann der Niederschlag gewogen werden.

Genauigkeit. In einem Lösungsgemisch, das je 10 cm³ einer Lösung von Eisenoxyd und Tonerde enthält, in denen nach der Ammoniakmethode 83,7 mg Fe_2O_3 und 70,8 mg Al_2O_3 festgestellt waren, fand E. SCHWARZ VON BERGKAMPF nach dieser Methode bei drei Parallelversuchen folgende Werte:

Fe_2O_3	84,1 mg	83,8 mg	83,7 mg
Al_2O_3	69,2 mg	69,6 mg	69,7 mg

β) Bestimmung als Phosphat. Nach I. SCHUBIN. Man säuert 200 cm³ des Filtrates mit 15 cm³ Schwefelsäure (1:3) an, verjagt den Schwefelwasserstoff durch Kochen und filtriert von abgeschiedenem Schwefel ab. Nach dem Neutralisieren des Filtrates mit Ammoniak wird schwach mit Essigsäure angesäuert. Man setzt der Lösung 2 g Ammoniumphosphat zu, erwärmt zum Kochen und filtriert den Niederschlag, der mit einer 1- bis 1,5%igen Lösung von Ammoniumacetat ausgewaschen wird. Nach dem Trocknen verascht man und wägt als Aluminiumphosphat.

Bemerkungen. Bei Gegenwart von viel Kalk ist die Methode der Trennung des Eisens von Aluminium nicht anwendbar, da sich fast die ganze Weinsäure als Calciumtartrat ausscheidet, wenn man ammoniakalisch macht (D. DE PAEPE). Daher muß Calcium zuvor entfernt werden. Man kann auch zunächst Eisen und Aluminium gemeinsam mit Ammoniak abscheiden und in der Lösung der Hydroxyde in Säure die obige Trennung vornehmen.

Nach HILLEBRAND und LUNDELL (c) gibt die Methode keine Trennung des gefällten Sulfids von Phosphorsäure, wenn Magnesium oder alkalische Erden zugegen sind. R. GADEAU verwendet das Verfahren zur Bestimmung des Aluminiums in Eisenlegierungen. Der Niederschlag adsorbiert selbst bei großem Volumen kein Aluminium.

2. Abänderungen des Trennungsverfahrens.

***a) Verfahren von* SCHUBIN.** Zur Trennung kleiner Mengen Aluminium von Eisen empfiehlt I. SCHUBIN die Fällung des Eisens mit Natriumsulfidlösung, die man durch Sättigung von 20%iger Natronlauge mit Schwefelwasserstoff erhält. Man gibt die Natriumsulfidlösung in die ammoniakalische, tartrathaltige Lösung. Für die Eisenfällung soll die Schwefelsäurelösung soviel Schwefelsäure enthalten, als etwa 25 bis 30 cm³ einer verdünnten Säure 1:3 entspricht, da sonst ein Teil des Eisens leicht in kolloidaler Form gelöst bleibt. Vor Zugabe der Natriumsulfidlösung soll die Lösung auf 80° C erwärmt und ihr etwa 0,07 bis 0,1 g festes Schwefelnatrium zugegeben werden. Zur Neutralisation der Lösung soll ein Überschuß von 3 bis 4 cm³ Ammoniak auf ein Volumen von 250 cm³ angewendet werden. Für einen Gehalt von 0,1 bis 0,12 g Eisen genügen 1,5 bis 2 cm³ der Schwefelnatriumlösung und 0,5 bis 1,0 g Weinsäure. Die Lösung wird alsdann nach der Fällung des Eisens und nach dem Abkühlen auf Zimmertemperatur auf 250 cm³ aufgefüllt und durch ein trocknes Faltenfilter filtriert.

b) Trennung in Gegenwart von Zink (nach* SCHUBIN*). SCHUBIN hat diese Methode für die Analysen von Legierungen, die Kupfer, Mangan, Eisen, Zinn, Zink und Aluminium enthalten, praktisch angewendet. Es werden 2,5 bis 3 g Legierung in Salpetersäure gelöst, Zinn durch Fällung und Kupfer elektrolytisch entfernt. Bei Gegenwart von Zink fällt man Eisen und Aluminium mit Ammoniak in geringem Überschuß, um das Zink nach Möglichkeit in Lösung zu halten. Den Niederschlag von Eisen und Aluminium wäscht man mit 2%igem Ammoniumsulfat, das in Liter 3 bis 5 cm³ Ammoniak enthält. Nach dem Auswaschen löst man ihn in 30 cm³ verdünnter Schwefelsäure, gibt Weinsäure zu und fällt nach dem Neutralisieren mit Ammoniak Eisen zusammen mit den noch vorhandenen Spuren Zink und Mangan wie oben angegeben mit Schwefelnatrium. Im Filtrat wird das Aluminium bestimmt.

Genauigkeit. Von SCHUBIN ausgeführte Analysen mit solchen Legierungen sowie auch die mit Lösungen reiner Salze ausgeführter Beleganalysen ergaben gute Resultate. Einwagen von 2,5 bis 5,0 g ergaben Differenzen von höchstens −0,01 bis −0,02%.

3. Abtrennung des Eisens als Sulfid in Gegenwart von Sulfosalicylat nach MOSER und IRÁNYI.

Vorbemerkung. Dieses Verfahren hat nur spezielles Interesse, wenn neben Eisen auch Titan vom Aluminium getrennt werden soll. (Durch Sulfosalicylat werden Aluminium und Titan in der Kälte als Komplexe in Lösung gehalten, während in der Hitze Titan als Dioxyd abgeschieden werden kann.)

Arbeitsvorschrift. Das Oxydgemisch wird mit Kaliumbisulfat oder mit Natriumcarbonat aufgeschlossen und die Schmelze in verdünnter kalter Schwefelsäure gelöst. Man versetzt mit 50 cm³ Sulfosalicylsäurelösung (3 g in 200 cm³ Wasser) und fügt solange Ammoncarbonat hinzu, bis die undurchsichtig violette, schwarze Farbe der Lösung in ein klares Rot umschlägt. Zu folgenden Fällungen des Eisens wird in die auf 200 cm³ verdünnte Lösung in der Kälte $^1/_2$ Std. lang Schwefelwasserstoff eingeleitet und das Schwefeleisen unter Verwendung von etwas Filterbrei filtriert, wobei der Trichter stets gefüllt zu halten ist, um Oxydation des Eisens zu vermeiden. Das Auswaschen des Niederschlages geschieht mit kaltem Wasser, das in 200 cm³ 10 cm³ der Sulfosalicylsäurelösung enthält, es wird unter Verwendung von Ammoncarbonat genau neutralisiert und mit H_2S gesättigt. Bezüglich der weiteren Trennung von Titan und Aluminium im Filtrat vgl. S. 465.

4. Abtrennung des Zinks, Nickels, Kobalts und Eisens als Sulfide in Gegenwart von Oxalat nach Swift, Barton und Backus.

Vorbemerkung. Es handelt sich hierbei um eine *Gruppentrennungsmethode*, bei der auf die Abtrennung der einzelnen Metalle, die als Sulfide niedergeschlagen werden, kein Wert gelegt wird. Oxalat ist als Tarnungsmittel offenbar deshalb gewählt, weil es sich im Filtrat leichter als Tartrat beseitigen läßt. (Die Notwendigkeit, die Tarnungsmittel vor Ausführung der Aluminiumbestimmungen zu zerstören, besteht heute nicht mehr, vgl. S. 459.)

Arbeitsvorschrift. Zu einer Lösung, die etwa 30 Millimole Salzsäure und die zu trennenden Elemente in einem Volumen von 100 cm³ enthalten, wird 6 n Ammoniaklösung zugesetzt, bis die Lösung gegen Lackmus eben sauer reagiert oder bis jeder örtliche sich bildende Niederschlag gerade wieder aufgelöst ist. Es werden 10 g Ammonoxalat zugegeben, die Lösung erhitzt, bis das Oxalat gelöst ist, abgekühlt und dann 0,1 g festes Natriumbicarbonat zugegeben, bis die Lösung gegen Lackmus neutral reagiert. Dann wird ein kräftiger Strom von Schwefelwasserstoff 3 bis 5 Min. lang durch die Lösung geleitet, darauf wird bei weiterem langsamen Einleiten von Schwefelwasserstoff auf 60 bis 80° erwärmt. Die Lösung wird mit Lackmus geprüft und, wenn sie sauer geworden ist, wieder mit Natriumbicarbonat neutralisiert. Man gibt einen Überschuß von 1,0 g Bicarbonat zu und leitet weiter 3 bis 5 Min. Schwefelwasserstoff durch die Lösung. Das wird wiederholt, bis die Lösung gegen Lackmus schwach alkalisch bleibt. Die Zusammenballung des Sulfidniederschlages wird durch mehrfaches Schütteln der heißen Lösung erheblich beschleunigt. — Man filtriert sogleich und wäscht mit einer heißen Lösung von 1 g Ammonoxalat in 100 cm³ Wasser, die mit Schwefelwasserstoff gesättigt ist. Bei Eisensulfid enthaltenden Niederschlägen ist es vorteilhaft, dem Waschwasser vor der Sättigung mit Schwefelwasserstoff 0,5 g Natriumbicarbonat zuzugeben.

Genauigkeit. Nach den Versuchen von Swift, Barton und Backus kann nach der angegebenen Arbeitsweise 1 mg eines Elementes der einen Gruppe von 500 mg eines Elementes der anderen Gruppe getrennt werden.

Bei quantitativen Bestimmungen hat sich gezeigt, daß 250 mg je eines Elementes der Zinkgruppe (Zink, Nickel, Kobalt, Eisen) quantitativ aus einer Lösung gefällt werden können, die 250 mg je eines Elementes der Aluminiumgruppe (Aluminium, Chrom, Mangan) enthält, und daß weniger als 1 mg eines Elementes der Aluminiumgruppe von dem Niederschlag mitgerissen wird.

5. Abtrennung des Kupfers, Zinks, Kobalts, Nickels, Mangans (Urans) als Sulfide in Gegenwart von Tartrat.

Die Metalle Kupfer, Zink, Kobalt und Nickel können ebenfalls nach der unter 1. *(S. 460)* für die Abtrennung von Eisen beschriebenen Methode abgeschieden werden. Nach Hillebrand und Lundell (d) ist die Fällung für Kupfer, Zink und Kobalt vollständig, für Nickel fast vollständig. Die Trennung des Mangans vom Aluminium gelingt nicht quantitativ. Uran wird überhaupt nicht gefällt. Das Verfahren wird im allgemeinen weniger als Gruppenfällungsmethode als zur Trennung des Eisens nicht nur vom Aluminium, sondern auch von Phosphat, Vanadin, Chrom, Titan, Zirkon, Beryllium, Niob und Tantal angewendet.

Wie bei allen Ammoniumsulfidfällungen werden bessere Nickel- und Kobaltfällungen durch Zugabe von neutralem Ammoniumsulfid zu der ammoniakalischen Lösung und durch Fällung in der Kälte erreicht.

6. Abtrennung des Indiums als Sulfid in Gegenwart von Sulfosalicylat.

Methode. Die Trennung erfolgt mit Schwefelwasserstoff, wobei Aluminium mit Sulfosalicylsäure in komplexer Lösung gehalten wird. Man verfährt wie bei der Trennung des Eisens vom Aluminium.

***Arbeitsvorschrift nach* Moser *und* Siegmann.** Die Lösung der beiden Metalle wird mit Sulfosalicylsäure und mit soviel Ammoncarbonat versetzt, bis neutrale Reaktion gegen Methylorange eintritt. Man säuert schwach mit Essigsäure an und leitet in die heiße Lösung Schwefelwasserstoff. Das Volumen der Lösung soll nicht zu groß sein, weil man sonst das Indiumsulfid in schlecht filtrierbarer Form erhält. Am besten verwendet man für 10 mg Indiumoxyd nicht mehr als 100 cm³. Das filtrierte und mit Ammonacetat gewaschene Indiumsulfid wird in verdünnter Salzsäure gelöst und mit Ammoniak als Indiumhydroxyd gefällt. Das Filtrat wird nach dem Eindampfen der Lösung mit konzentrierter Schwefelsäure bis zum Auftreten von Schwefelsäuredämpfen erhitzt. Man fällt dann Aluminium als Aluminiumhydroxyd mit Ammoniak und wägt nach dem Glühen als Aluminiumoxyd.

Genauigkeit.

Angewendet		Gefunden	
mg In_2O_3	mg Al_2O_3	mg In_2O_3	mg Al_2O_3
12,2	101,6	12,3	101,8
12,2	101,6	12,4	101,0
12,2	203,2	12,0	203,0

7. Abtrennung des Eisens und Mangans als Sulfide in Gegenwart von Sulfosalicylat.

Nach L. Moser und A. Brukl unter Mitarbeit von Ilona Vén wurden Eisen, Aluminium und Mangan in folgender Weise getrennt:

Eisen und Mangan werden bei Gegenwart von Sulfosalicylsäure aus ammoniakalischer Lösung durch Einleiten von Schwefelwasserstoff gefällt und so vom Aluminium getrennt, wie das bei der Trennung des Eisens vom Aluminium angegeben ist (vgl. S. 462 und 463).

II. Abtrennung von Titan als Oxyd in Gegenwart von Sulfosalicylat.

1. Abtrennung des Titans.

Vorbemerkung. In Gegenwart von Tartrat werden sowohl die Abscheidung von Aluminium als Hydroxyd als auch die Fällung von Titandioxyhydrat durch Hydrolyse (vgl. S. 460) verhindert. Die Trennung des Titans vom Aluminium kann zwar auch ohne Tarnungsmittel bei Einhaltung eines bestimmten niedrigen p_H-Wertes durch hydrolytische Abscheidung des Titanoxyhydrates durchgeführt werden (vgl. S. 397). Das Verfahren ist jedoch gegen geringe Änderungen des p_H-Wertes empfindlich. Sulfosalicylsäure tarnt in der Hitze nur Aluminium, während sich Titan quantitativ abscheiden kann. Die Abscheidung des Titandioxydhydrates kann dabei also ohne gleichzeitige Ausfällungen von Aluminium in einen nach oben erweiterten p_H-Bereich vorgenommen werden. Allerdings ist das gefällte Titanhydrat infolge Adsorption stets alumniumhaltig. Es gelingt aber, diesen Fehler durch doppelte Fällung praktisch vollkommen zu vermeiden. Ein Aufschluß ist dabei nicht notwendig, da die gefällte Titansäure in starker Salzsäure und in Sulfosalicylsäure löslich ist.

Durch Zusatz von Salzen bestimmter Säuren kann außerdem der p_H-Wert der Lösung in Gegenwart von Sulfosalicylsäure leichter in einem engen Bereich konstant gehalten werden. Nach L. Moser und E. Irányi sind dabei die drei verschieden stark sauren und daher verschieden reaktionsfähigen Gruppen der Sulfosalicylsäure zu berücksichtigen. Man kann durch Zusatz von Salzen entsprechender Säuren entweder nur die Phenolgruppen oder die Phenol- und Carboxylgruppe oder auch alle drei in Freiheit setzen, wodurch man verschiedene definierte H-Ionen-Konzentrationen erhält. Der erste Fall tritt ein, wenn man Alkali- oder Ammoncarbonat zusetzt. Da die Kohlensäure stärker als der saure Charakter des Phenols, aber schwächer als die beiden anderen Gruppen ist, so bildet sich die Säure $C_6H_3 \cdot OH$ (1) $COONH_4$ (2) SO_3NH_4 (5). Ammonoxalat bindet hingegen nur die Sulfosäuregruppe, wobei $C_6H_3 \cdot CH$ (1) COOH (2) $\cdot$ SO_3NH_4 (5) entsteht (O. Mendius).

Arbeitsvorschrift. Man versetzt die schwefel- oder salzsaure Lösung der Salze des Titans und Aluminiums mit 50 cm^3 Sulfosalicylsäure (3 g in 200 cm^3 Wasser), macht mit NH_3 stark alkalisch, erhitzt unter Umrühren zum Sieden und kocht 5 Min. über kleiner Flamme. Der Niederschlag von Titandioxydhydrat setzt sich rasch ab; es wird heiß filtriert und der Niederschlag 2mal mit heißem ammoniakalischem Wasser dekantiert. Um ihn zu lösen, fügt man 50 cm^3 konzentrierte Salzsäure und das gleiche Volumen Sulfosalicylsäurelösung zu und läßt 10 Min. auf dem Wasserbade stehen. Hierauf verdünnt man unter Kühlen durch tropfenweisen Zusatz von verdünntem Ammoniak, worauf sich das Komplexion bildet und eine klare gelbe Lösung entsteht. Man übersättigt mit Ammoniak, kocht 5 Min., dekantiert nach dem Absetzen des Niederschlages mehrmals mit heißem ammoniakalischem Wasser, filtriert und bestimmt das TiO_2 durch halbstündiges Glühen über dem Gebläse. Das Aluminium wird entweder nach vorheriger Bestimmung der Summe der Oxyde aus der Differenz bestimmt oder direkt derart, daß man die vereinigten Filtrate in einer Porzellanschale abdampft und den Rückstand auf 280° erhitzt, wobei die Sulfosalicylsäure zerfällt und absublimiert. Der Rückstand wird mit warmer konzentrierter Salzsäure aufgenommen und das Aluminium nach einer der bekannten Methoden gefällt. Es ist wahrscheinlich, daß auch in diesem Fall der einfachere Weg der direkten Fällung mit o-Oxychinolin möglich sein würde (vgl. S. 249).

2. Abtrennung des Eisens und Titans.

Ist neben Titan und Aluminium noch Eisen zugegen, so wird dieses in der auf S. 462 beschriebenen Weise nach Moser und Irányi als Sulfid abgetrennt.

Ist alles Titan im Filtrat, was man am farblos durchlaufenden Waschwasser leicht erkennt, so verdrängt man die Waschflüssigkeit durch Schwefelwasserstoffwasser, bis schwach saure Eisenchloridlösung keine Violettfärbung mehr gibt und bestimmt das Schwefeleisen als Eisenoxyd.

Das Filtrat vom Schwefeleisen wird mit Ammoniak übersättigt und weiterhin, wie oben bei der Trennung von Titan und Aluminium beschrieben, verfahren, wobei sich Titan ergibt. Das Aluminium wird aus der Differenz oder nach den obigen Angaben direkt bestimmt.

Genauigkeit. Die angegebenen Analysen zeigen, daß die Trennung von Titan (4), Eisen (3) und Aluminium in weiten Grenzen auch bei wechselndem Molverhältnis der einzelnen Bestandteile nach der Salicylsäuremethode brauchbare Ergebnisse liefert.

Bei 7 Analysen wurden bei Anwendung von 52,7 bis 210,8 mg Fe_2O_3 53,0 bis 212,0 mg TiO_2 und 33,5 bis 134,0 mg Al_2O_3 Differenzen für das aus der Differenz bestimmte Aluminiumoxyd von $-0,8$ bis $+0,6$ mg Al_2O_3 bei einer durchschnittlichen Differenz von $-0,2$ mg Al_2O_3 erhalten.

III. Abtrennung des Magnesiums und Titans als Phosphate, sowie der Phosphorsäure in Gegenwart von Tarnungsmitteln.

1. Abscheidung des Magnesiums als Magnesiumammoniumphosphat in Gegenwart von Tartrat.

Vorbemerkung. Bei der Bestimmung der kleinen Menge Magnesium in Aluminium und Aluminium-Zink-Legierungen hält WILKE-DÖRFURT (a) Aluminium und Zink mit Weinsäure bzw. weinsauren Salzen in Lösung und fällt Magnesium direkt mit Natriumphosphat. FR. L. HAHN und I. DORNAUF fanden, daß nach dieser Methode bald keine, bald amorphe Fällungen erhalten werden. G. JANDER gibt an, daß Aluminiumtartrat die Magnesiumfällung nur verzögert und nicht verhindert. Während WILKE-DÖRFURT (b) bei weiteren Arbeiten stets etwas höhere, aber brauchbare Werte erhält, findet F. L. HAHN stets zu niedrige Werte. H. BLUMENTHAL gibt bei der Magnesiumbestimmung in manganhaltigen Aluminium-Magnesium-Legierungen an, daß sich bei der Zersetzung der Legierungen ein Niederschlag bildet, der einen erheblichen Anteil des Aluminiums als Magnesium-Aluminat enthält, und daß die Abtrennung des Aluminiums und der anderen Metalle vor der Fällung des Magnesiums mit Phosphat Schwierigkeiten bereitet. BLUMENTHAL umgeht diese, indem er das Magnesium in Gegenwart der anderen Metalle des in Natronlaugelösung unlöslichen Niederschlages aus Tartrat enthaltender Lösung mit Phosphat fällt.

***Arbeitsvorschrift nach* BLUMENTHAL.** Die Späne der Legierung werden mit Natronlauge (für 1 g Legierung 3 g NaOH) zersetzt. Der Niederschlag wird abfiltriert, gewaschen und in Salzsäure und etwas Salpetersäure gelöst. Hierauf gibt man 20 cm³ Weinsäurelösung (1:1), ferner eine hinreichende Menge von Ammonphosphat und etwa 5 g Ammoniumchlorid zu. Nach dem Verdünnen mit Wasser auf etwa 150 cm³ stumpft man mit Ammoniak die Hauptmenge der freien Säure ungefähr ab. Man gießt die auf etwa 70° C erwärmte klare Lösung schnell in 50 cm³ zur 10%igen Ammoniaklösung und spült mit Wasser nach. Alsdann fügt man noch etwa 30 cm³ 25%iges Ammoniak hinzu und läßt einige Stunden stehen. Hierauf wird filtriert, gewaschen, verascht, geglüht und als Magnesiumpyrophosphat ($Mg_2P_2O_7$) gewogen.

Falls die Bestimmung nur auf die erste Dezimale genau sein muß, wird das Pyrophosphatgemisch ($Mg_2P_2O_7 + Mn_2P_2O_7$) zur Bestimmung des Mangangehaltes in Salzsäure gelöst, die Lösung mit Zinkoxyd abgestumpft und mit $KMnO_4$ nach VOLHARD titriert. Hierbei werden geringe Manganmengen von der Phosphorsäure zurückgehalten und infolgedessen nicht mittitriert; der dadurch bedingte Fehler kann aber für Betriebsanalysen in der Regel wohl vernachlässigt werden. Will man den Fehler ausschalten, so muß man die Phosphorsäure vor der Mangantitration durch Schmelzen mit Alkalicarbonat, Auslaugen mit Wasser unter Zusatz von etwas Natriumsuperoxyd und Filtrieren abtrennen.

Genauigkeit. Das Verfahren gibt gute Resultate und ist rasch durchführbar. Nach S. ISHIMARU können große Mengen Aluminium von Phosphat-Ion und von wenig Magnesium getrennt werden, indem man das Magnesium nach Zusatz von Ammoniumtartrat und Natronlauge als Oxinat fällt. Auf weiteren Zusatz von Oxin und von Ammoniak wird das Aluminium niedergeschlagen, während sich das Phosphat-Ion im Filtrat befindet.

2. Abscheidung des Magnesiums als Magnesiumammoniumphosphat in Gegenwart von Sulfosalicylat.

Vorbemerkung. Nach MOSER und BRUKL (a) erwies sich die Sulfosalicylsäure als geeigneter Komplexbildner, der eine Trennung und direkte Bestimmung auch bei Gegenwart von viel Aluminium und Eisen, z. B. in Leichtmetall-Legierungen ermöglicht, ohne daß das Aluminium vorher abgeschieden zu werden braucht.

***Arbeitsvorschrift von* Moser *und* Brukl.** Die Lösung der Salze (Chloride, Sulfate oder Nitrate) wird bis zu 0,5 g der Oxyde mit 50 cm³ Sulfosalicylsäure (330 g pro Liter) und mit festem Ammoniumchlorid (5 bis 10 g pro 100 cm³) versetzt. Dann fügt man soviel konzentrierten Ammoniak zu, daß ein Überschuß davon vorhanden ist, erhitzt zum Sieden und fällt Magnesium mit 10%iger Diammonphosphatlösung, die man unter Rühren in einem Guß zugibt, als krystallinisches Ammoniummagnesiumphosphat. Nach der Fällung wird noch einige Minuten unter Rühren gekocht, hierauf $^1/_3$ des Gesamtflüssigkeitsvolumens an konzentriertem Ammoniak zugefügt und einige Stunden in der Kälte stehen gelassen. Die Filtration geschieht mit Asbest oder mit Porzellansintermasse, der Niederschlag wird durch Dekantation mit 3%igem Ammoniak gewaschen, dem man auf 100 cm³ 2 cm³ Sulfosalicylsäurelösung zugesetzt hat. Auf dem Filter wird das Magnesiumammoniumphosphat mit $2^1/_2$%igem Ammoniak sulfosalicylsäurefrei ausgewaschen und durch Glühen im elektrischen Ofen in $Mg_2P_2O_7$ übergeführt.

Genauigkeit (nach Analysen von* Moser *und* Brukl*). Bei Anwendung von 16 bis 160 mg Magnesiumoxyd in Gegenwart von 25 bis 149,7 mg Al_2O_3 und 0 bis 255,5 mg Fe_2O_3 wurden bei 8 Analysen Differenzen von $-0,3$ bis $+0,4$ mg festgestellt. Die Höchstdifferenz betrug 0,4 mg und die Durchschnittsdifferenz $-0,1$ mg.

Bestimmung kleinster Mg-Mengen bei Gegenwart von wechselndem, besonders hohem Al-Gehalt wie bei Legierungen fanden Moser und Brukl bei Anwendung von 1,50 bis 3,18 mg Magnesiumoxyd in Gegenwart von 249,9 mg Al_2O bei 4 Analysen Differenzen von $-0,07$ bis $+0,16$ mg Magnesiumoxyd.

3. Abscheidung der Phosphorsäure als Magnesiumammoniumphosphat in Gegenwart von Citrat nach H. und W. Biltz.

Arbeitsvorschrift. Man verwendet eine Citronensäurelösung, die durch Lösen von 10 g Citronensäure in heißem Wasser und Verdünnen auf 100 cm³ hergestellt wird. Diese Lösung kann durch Zusatz von 0,5 g Salicylsäure pro Liter haltbar gemacht werden.

Die etwa 50 cm³ betragende Lösung mit einem Gehalt bis zu 0,2 g Phosphorsäure, die beliebige Mineralsäuremengen enthalten kann, wird mit 50 cm³ Citronensäurelösung versetzt, mit halbkonzentriertem Ammoniak gegen Methylorange nahezu neutralisiert und auf Zimmertemperatur abgekühlt. Man tropft nun unter Umrühren 25 cm³ Magnesialösung, wie sie zur Fällung von Phosphorsäure verwendet wird, dazu, gibt $^1/_3$ des Volumens an halbkonzentriertem Ammoniak hinzu, rührt noch einige Minuten und läßt die Mischung über Nacht stehen. Der Niederschlag wird dann in üblicher Weise gesammelt, geglüht und als Magnesiumpyrophosphat zur Wägung gebracht.

Genauigkeit. Das Verfahren eignet sich nur für calciumarme Lösungen, wie man sie bei geeignetem Aufschluß erhält. Von Aluminium und Eisen nimmt der Niederschlag nur wenig auf. Das wird dadurch ausgeglichen, daß unter den Versuchsbedingungen andererseits etwas Ammoniummagnesiumphosphat in Lösung bleibt, so daß die Resultate gut sind.

4. Abscheidung der Phosphorsäure als Magnesiumammoniumphosphat in Gegenwart von Sulfosalicylat nach Moser und Brukl (a).

Ganz entsprechend wie bei der Trennung des Magnesiums von Aluminium (vgl. S. 466) läßt sich nach Moser und Brukl die an Sulfosalicylsäuremethode auch zur Bestimmung von Phosphat in Gegenwart von Aluminium und Eisen anwenden.

Analysenvorschrift. Die Lösung, welche Eisen, Aluminium und Phosphorsäure enthält, wird bis zu 0,5 g der Oxyde mit 50 cm³ Sulfosalicylsäure (330 g pro Liter) und mit festem Ammoniumchlorid (5,10 g pro 100 cm³ Flüssigkeit), dann mit einem geringen Überschuß an konzentriertem Ammoniak versetzt, zum Sieden erhitzt und unter Umrühren Magnesiamischung in einem Guß zugefügt. Der Niederschlag muß krystallinisch sein; sollte er flockig ausfallen, dann waren entweder zu wenig Sulfosalicylsäure oder Ammonchlorid zugegeben. Nach beendeter Fällung wird noch $^1/_3$ des Gesamtvolumens an konzentriertem Ammoniak zugefügt und einige Stunden in der Kälte stehen gelassen. Die weitere Behandlung des Ammoniummagnesiumphosphates geschieht wie gewöhnlich und die Wägung als $Mg_2P_2O_7$.

Genauigkeit. MOSER und BRUKL fanden bei 6 Analysen folgendes: Bei Anwendung von 44,3 bis 405,2 mg Phosphorsäure in Gegenwart von 0 bis 254,0 mg Fe_2O_3 und 0 bis 249,5 mg Al_2O_3 wurden Differenzen von $-0,1$ bis $+1,3$ mg Phosphorsäure gefunden. Die Durchschnittsdifferenz betrug $+0,53$ mg Phosphorsäure.

5. Abscheidung des Titans als Phosphat in Gegenwart von Tartrat (und Eisen).

Vorbemerkung. GOOCH hatte seinerzeit zur Trennung des Eisens von Titan und Aluminium das Sulfidverfahren in Gegenwart von Tartrat empfohlen (vgl. S. 399). Im Filtrat von Eisensulfid hinderte das Tartrat die weitere Trennung, weshalb er Zerstörung desselben durch Kochen der angesäuerten Lösung mit Kaliumpermanganat oder Kaliumpersulfat empfahl. Dieser Weg ist umständlich und langwierig.

H. S. JAMIESON und R. WRENSHALL versuchten deshalb bei der Titanbestimmung in Gegenwart von Eisen und Aluminium das Titan ohne vorhergehende Beseitigung der Weinsäure zu fällen. Sie benutzten dazu eine von ERICSON beschriebene Methode in etwas abgeänderter Form.

Danach wird Titan aus saurer Lösung als Phosphat abgeschieden, nachdem man das Eisen durch schweflige Säure oder Schwefelwasserstoff reduziert hat. Die Fällung erfolgt aus salzsaurer Lösung in Gegenwart von Weinsäure, ohne daß vorhandene Ferro- und Aluminiumsalze mitfallen, wenn dafür Sorge getragen wird, daß die Salzsäuremenge ausreicht, um die Ausscheidung von Aluminiumphosphat zu verhindern. Die Phosphatmethode ist gegenüber modernen Verfahren (z. B. der Kupfermethode) im Nachteil, da sie weniger zuverlässig ist.

Arbeitsvorschrift. Man versetzt die 10 bis 30 mg Titan enthaltende Lösung mit 2 g Weinsäure, macht mit Ammoniak schwach alkalisch und leitet in der Wärme Schwefelwasserstoff ein. Das ausfallende Schwefeleisen braucht nicht abfiltriert zu werden, sondern wird durch Aufkochen nach Zugabe von 15 cm³ Salzsäure (1:1) gelöst. Man verdünnt auf 100 cm³, setzt 20 cm_3 10%ige Ammoniumphosphatlösung zu, läßt $^1/_2$ Std. kochen und mindestens 1 Std. absitzen. Den durch einen GOOCH-Tiegel filtrierten Niederschlag wäscht man mit heißem Wasser aus, glüht ihn über einer vollen BUNSEN-Flamme und wägt als Titanphosphat, welches durch Multiplikation mit 0,336 das vorhandene Titan ergibt.

Genauigkeit. Nach Angaben der Autoren ist die Methode zuverlässig, wenn man mit nicht viel größeren Mengen als den angegebenen Mengen Titan arbeitet; der Fehler soll dann nie mehr als 0,4 mg betragen. Bei weniger als 10 mg Titan nimmt der Fehler zu und wird bei sehr kleinen Mengen sehr erheblich. Verringert man die Salzsäuremenge für 100 cm³ Lösung auf etwa 6 cm³ und läßt 6 Std. absitzen, so kann wegen zu geringer Säurekonzentration Aluminium teilweise mitgefällt werden. Nach Angaben von L. MOSER und E. IRÁNYI hat das ausfallende Titanylphosphat keine konstante Zusammensetzung und daher keine sichere Wägungsform; außerdem soll die durch Phosphorsäure ausfallende Titanverbindung in der Weinsäure nicht unbeträchtlich löslich sein.

IV. Abtrennung des Thalliums als Chromat in Gegenwart von Sulfosalicylat.

Allgemeines. Nach L. MOSER und A. BRUKL (b) bleibt Aluminium bei Anwesenheit von Sulfosalicylsäure in Lösung, so daß zuerst die Fällung des Thalliums als Chromat aus ammoniakalischer Lösung erfolgen kann. Zur Bestimmung des Aluminiums wird das Filtrat eingedampft und der Rückstand zwecks Zerstörung der Sulfosalicylsäure geglüht, wobei das überschüssige Chromat zu Chromoxyd reduziert wird. Die Aluminiumbestimmung ist dadurch erschwert, weil Aufschluß und Trennung vom Chrom erfolgen muß. Wahrscheinlich dürfte das Oxinverfahren zur direkten Abscheidung des Aluminiums anwendbar sein (vgl. S. 249).

Genauigkeit (nach Analysen von MOSER und BRUKL).

Gegeben		Gefunden
Thallium g	Aluminium g	Thallium g
0,1941	0,0692	0,1939
0,0194	0,0346	0,0194
0,4853	0,0346	0,4869
0,0971	0,0692	0,0969

V. Trennung des Aluminiums von Arsen durch Fällung des letzteren als Ammoniummagnesiumarsenat.

Vorbemerkung. Analog der Abscheidung der Phosphorsäure als Ammoniummagnesiumphosphat in Gegenwart von Aluminium, wobei dieses mit Citronensäure als Komplexverbindung in Lösung gehalten wird (vgl. S. 467), liegt der Gedanke nahe, auch das in Lösung befindliche 5wertige Arsen in Gegenwart von Aluminium in gleicher Weise zu bestimmen. Jedoch sind die Löslichkeitsverhältnisse beim Ammoniummagnesiumarsenat ungünstiger als beim Ammoniummagnesiumphosphat. Nach J. F. VIRGILI löst sich 1 Teil Ammoniummagnesiumarsenat bei 17° in 19762 Teilen 2,5%igem Ammoniak, und die praktische Löslichkeit bei der Arsenfällung mit Magnesiamixtur beträgt 1:30000 oder je 0,001 g für je 30 cm³. Die im Niederschlag zurückgehaltenen, nicht auswaschbaren Verunreinigungen kompensieren jedoch unabhängig von dem Gewicht oder der Menge des Niederschlages innerhalb gewisser Grenzen die durch Löslichkeit verursachten Verluste. Die Löslichkeit des Arsenatniederschlages in den Waschwässern und in der Fällungslösung ist nahezu gleich. Für eine möglichst vollständige Kompensation ist nach VIRGILI die Konzentration am besten geeignet, bei der 0,1 g Arsen 300 cm³ Gesamtfiltrat entspricht.

Durch den Zusatz von Citrat bei Gegenwart von Aluminium wird die Löslichkeit des Ammoniummagnesiumarsenats erhöht, so daß seine quantitative Ausfällung unter gewissen Umständen verschlechtert bzw. mehr oder weniger verhindert werden kann. Nach R. E. O. PULLER beträgt die Löslichkeit je 1 Gewichtsteil Ammoniummagnesiumarsenat in 933,5 Gewichtsteilen 1%iger, schwach ammoniakalischer Ammoniumcitratlösung.

Daher ist bei der Trennung des Aluminiums von Arsen durch Fällung als Ammoniummagnesiumarsenat ein zu großer Überschuß an Ammoniumcitrat zu vermeiden, da er die Arsenfällung verhindern kann. Da aber auch die Citronensäure nach der Komplexbildung mit Aluminium eine vollständige Ausfällung des Arsens zu beeinträchtigen scheint, ist die Trennung des Arsens vom Aluminium durch Fällung des Arsens als Ammoniummagnesiumarsenat in Gegenwart von Citrat nur dann möglich, wenn die Menge des Aluminiums kleiner ist als die des gleichzeitig vorhandenen Arsens. Ähnlich wie Citrat verhält sich anscheinend auch Sulfosalicylat, von dem eine noch weit größere Menge zur Komplexbildung mit dem Aluminium benötigt wird.

J. SARUDI bewirkt die Arsenfällung als Ammoniummagnesiumarsenat mit einer etwa n Ammoniaklösung, die nur äußerst langsam zu der mit Magnesialösung versetzten, schwach sauren Lösung hinzugegeben wird. Es wird die Magnesiamischung nach B. SCHMITZ verwendet, die durch Lösen von 55 g Magnesiumchlorid

($MgCl_2 \cdot 6\,H_2O$) und 105 g Ammoniumchlorid zu einem Liter in Wasser, dem man ein wenig Salzsäure zufügt, bereitet ist. Zwecks Herabsetzung der Löslichkeit des durch 2malige Fällung gereinigten Niederschlages wird als Spülflüssigkeit das mit dem Niederschlag gesättigte Filtrat der zweiten Fällung verwendet, während als Waschflüssigkeit 10%iges Ammoniak, das 3% Ammoniumnitrat enthält, benutzt wird, wodurch praktisch verlustlos ein reiner Niederschlag erhalten werden soll.

Unter Zugrundelegung der nach SARUDI angegebenen Fällungsmethode würde sich für die Fällung des Arsens als Ammoniummagnesiumarsenat bei Gegenwart von Aluminium, zu dessen Inlösunghaltung vor jeder Fällung Zusatz der etwa 10fachen Citronensäuremenge des Aluminiumgehaltes erforderlich wäre, etwa folgende Arbeitsweise ergeben.

Arbeitsvorschrift. Die Lösung, die neben Arsen als Arsensäure [sonst Aufoxydation von As (3) zu As (5)] Aluminium in einer Menge enthalten darf, die kleiner ist als die vorhandene Arsenmenge, und die etwa 50 bis 60 cm³ beträgt, wird mit Salpetersäure schwach angesäuert und nach Zugabe einer dem Aluminiumgehalt gegenüber etwa 10fachen Menge an Citronensäure mit der nötigen Menge der angegebenen Magnesiamischung versetzt (auf 0,1 g Arsen 10 cm³). Die Lösung wird tropfenweise mit 10%igem Ammoniak versetzt, bis sich die erste Abscheidung zeigt. Diese wird mit 1 bis 2 Tropfen 4 n (etwa 25%iger) Salpetersäure wieder gelöst. Jetzt fügt man unter beständigem Umrühren eine n Ammoniaklösung aus einer Bürette tropfenweise zu, und zwar 10 bis 12 Tropfen pro Minute. Wenn die ersten Krystalle erscheinen, hört man mit der Zugabe von Ammoniak auf, rührt noch etwa 1 Min. um und läßt 4 bis 5 Min. stehen, damit der Niederschlag körnig krystallinisch wird. Dann fällt man unter beständigem Umrühren weiter, gibt 10 bis 12 Tropfen n Ammoniak in der Minute zu bis zur Rosafärbung der Lösung (Phenolphthalein als Indicator). Jetzt fügt man $^1/_3$ des Flüssigkeitsvolumens an konzentriertem Ammoniak hinzu. Nach 24stündigem Stehen gießt man die Lösung durch ein kleines Filter, löst den auf dem Filter gebliebenen Anteil des Niederschlages in 4 bis 5 cm³ 4 n Salpetersäure und läßt diese in das Becherglas zu der Hauptmenge des Ammoniummagnesiumarsenats fließen. Das Filter wird mit warmem, schwach salpetersäurehaltigem Wasser gut nachgewaschen. Dabei wird darauf geachtet, daß der im Becherglas befindliche Niederschlag ebenfalls klar gelöst wird. Nun werden wenige Tropfen Magnesiamischung und etwas Citronensäure zu der etwa 50 bis 70 cm³ betragenden Lösung hinzugefügt; sodann wird in derselben Weise wie oben gefällt, zur Lösung $^1/_3$ des Flüssigkeitsvolumens an konzentriertem Ammoniak hinzugefügt und 24 Std. stehen gelassen. Dann gießt man die Flüssigkeit durch einen Berliner Porzellantiegel, spült den Niederschlag mit dem Filtrat der zweiten Fällung, das man in eine kleine Spritzflasche gebracht hat, in den Tiegel und wäscht 6 bis 7mal mit je 5 cm³ 10%iger Ammoniaklösung, die 3% Ammoniumnitrat und geringe Mengen Ammoniumcitrat enthält, aus. Der scharf abgesaugte Niederschlag wird bei 100° getrocknet. Um eine Arsenverflüchtigung zu vermeiden, stellt man die Filtertiegel in einen gewöhnlichen Porzellantiegel (Durchmesser 40 mm), der in die kreisrunde Öffnung einer Asbestscheibe dicht eingepaßt ist. Der äußere Tiegel wird jetzt mit einer etwa 1 cm hohen Flamme erwärmt (Entfernung der Flamme vom Tiegelboden 6 bis 7 cm; Schornsteinaufsatz am Brenner). Der bedeckte Filtertiegel wird von Zeit zu Zeit gelüftet; die schwache Erwärmung wird fortgesetzt, bis kein Ammoniakgeruch mehr wahrgenommen wird (bei höherer Temperatur entweichendes Ammoniak reduziert den Niederschlag). Jetzt wird die Flamme allmählich verstärkt und der äußere Tiegel schließlich 10 Min. lang mit voller Flamme auf Rotglut erhitzt. Der noch ziemlich heiße Filtertiegel wird in den Exsiccator neben ein offenes, gut schließendes Wägegläschen gestellt und $^3/_4$ Std. lang darin gelassen. Man stellt den Tiegel nun in das Wägegläschen, schließt dieses rasch und wägt als $Mg_2As_2O_7$. Prüfung auf Gewichtskonstanz ist unerläßlich.

Bei kleineren, etwa 0,01 g betragenden Arsenmengen beträgt das Flüssigkeitsvolumen 25 cm³. Der Niederschlag wird in solchem Falle mit entsprechend weniger Waschflüssigkeit gewaschen als oben beschrieben ist.

VI. Abtrennung des Calciums als Oxalat in Gegenwart von Citrat (zugleich Trennung von Magnesium, Eisen, anderen Schwermetallen und Phosphorsäure).

Vorbemerkung. Zur Bestimmung von Calcium in Gegenwart von Aluminium, Eisen, Magnesium und Phosphorsäure eignet sich nach Angaben von F. JAKÓB die Fällung als Calciumoxalat in Gegenwart von Ammoniumcitrat. Aus der citrathaltigen Lösung wird durch Zusatz von Ammonoxalat ein unbeständiges hydratisches Calciumoxalat gefällt, das mit Magnesiumoxalat keine isomorphen Gemische bildet. Beim Kochen entsteht das beständige Calciumoxalat ($CaC_2O_4 \cdot H_2O$).

E. ERDHEIM gibt ein ganz ähnliches Verfahren zur Trennung des Calciums von einer Reihe anderer Metalle außer Aluminium an (Silber, Quecksilber, Blei, Kupfer, Wismut, Cadmium, Arsen, Antimon, Zinn, Kobalt, Nickel, Eisen, Mangan, Zink).

***1. Arbeitsvorschrift von* JAKÓB. Fällungsvorschrift.** Die von Kieselsäure, überschüssiger Säure und von größeren Ammonsalzmengen befreite Lösung, die 20 bis 300 mg Kalk enthält, wird mit Salzsäure bis zum Umschlag von Methylorange versetzt. Dazu gibt man Ammoniumcitratlösung (100 g Citronensäure pro Liter) hinzu. Darauf erhitzt man die nach Gelb umgeschlagene Lösung auf 40 bis 50° C und versetzt mit Ammoniumoxalat. Nach 12stündigem Stehen dekantiert man ab, fügt 100 cm³ Wasser und 5 cm³ Citratlösung zu, säuert mit Salzsäure bis zum Umschlag von Methylorange an, kocht auf, versetzt mit Ammoniumoxalatlösung, neutralisiert mit Ammoniak und filtriert durch das zum Dekantieren verwendete Filter.

Genauigkeit. Die Methode soll sich nach JAKÓB selbst bei Gegenwart großer Mengen Magnesium oder Phosphorsäure, aber nur bei geringer Konzentration der 3wertigen Metalle Aluminium und Eisen (bis zu 500 mg pro Liter) und bei nicht allzu kleinen Calciummengen bewährt haben.

***2. Arbeitsvorschrift von* ERDHEIM.** Die Abtrennung des Cadmium, Arsen, Antimon, Zinn, Kobalt, Nickel, Eisen, Aluminium, Mangan und Zink gibt E. ERDHEIM an. Die Lösung, welche die Metalle als Chloride, Nitrate oder Acetate enthält, wird mit einigen Tropfen Methylorange und bei nur schwach saurer Reaktion mit einigen Tropfen Salzsäure versetzt. Dann werden 25 cm³ einer Ammoncitratlösung, die durch Auflösen von 100 g Citronensäure in 650 cm³ Wasser und Zusatz von 350 cm³ 25%iger Ammoniaklösung hergestellt ist, und 5 bis 10 Tropfen 25%iges Ammoniak zugefügt. Man verdünnt auf 200 bis 250 cm³ mit Wasser. Nach dem Aufkochen setzt man 1 g Ammonoxalat zu und erhitzt nochmals kurze Zeit bis zum Sieden. Man läßt einige Stunden absetzen und filtriert durch ein Weißbandfilter und wäscht mit heißer verdünnter Ammoniaklösung aus. Der Niederschlag Calciumoxalat wird nach dem Lösen in etwa 25 bis 30 cm³ Schwefelsäure (1:1) mit n 10 Kaliumpermanganat titriert.

Genauigkeit. ERDHEIM beweist die Genauigkeit der Trennungsverfahren zur Abtrennung von zahlreichen Metallen durch 54 Beleganalysen.

VII. Abtrennung des Nickels mit Diacetyldioxim (neben Eisen und Kobalt) in Gegenwart von Tartrat.

Vorbemerkung. Bei der Trennung des Nickels von anderen Metallen wie Aluminium, Eisen, Chrom, z. B. bei der Analyse von Legierungen und Stählen auf gravimetrischem Wege durch Fällung des Nickels mit Diacetyldioxim hält man Eisen, Aluminium, Chrom als komplexe Tartrate oder Citrate nach O. BRUNCK in Lösung. Bei Gegenwart von Kobalt treten jedoch leicht Störungen auf. I. H. WEELDENBURG stellt ebenso wie BRUNCK fest, daß die gemeinsame Anwesenheit von Kobalt- und Ferrisalzen bei Fällung des Nickels stört und daß die Nickelwerte infolge mitausfallender Kobalt- und Eisensalze zu hoch ausfallen.

H. BALZ gibt über die Nickelfällungen in Gegenwart von Aluminium, Eisen, Kobalt und Kupfer folgendes an:

Die *Trennung des Nickels von Aluminium und Eisen* mit Diacetyloxim aus ammoniakalischer tartrathaltiger Lösung ist quantitativ.

1. Abtrennung des Nickels von Aluminium und Eisen. **Arbeitsvorschrift.** (Beispiel: Analyse eines Magnetstahls.) Es wurde ein Magnetstahl mit 29,2% Nickel, 12,8% Aluminium, Rest Eisen angewendet. Der Vorratslösung (2 g/500 cm³) wurden je 4 Proben zu je 200 mg entnommen. Nach Zugabe von 2 g Weinsäure und Abstumpfen der Hauptmenge der Säure mit Ammoniak wurde bei einem Gesamtvolumen von etwa 300 cm³ das Nickel mit 40 cm³ Diacetyldioximlösung (1%ige Lösung in Alkohol) und Ammoniak gefällt. Die Niederschläge sehen rein hellrot aus.

Genauigkeit. Bei den 4 Bestimmungen wurden folgende Nickelwerte gefunden: 29,19%, 29,21%, 29,20%, 29,20%.

2. Abtrennung des Nickels von Aluminium, Eisen und Kobalt.

Versuchsergebnisse von G. BALZ. Für die Fällung des Nickels *in Gegenwart von Aluminium, Eisen und Kobalt wurden mehrere* Fällungen unter verschiedenen Bedingungen mit jeweils gleichen Proben der Lösung eines kobalthaltigen Magnetstahles von der Zusammensetzung 26% Nickel, 5,8% Kobalt, 3,5% Aluminium, Rest Eisen, ausgeführt. Mit Rücksicht auf die Bestimmung des Aluminiums in der gleichen Einwage durch elektrolytische Trennung von den anderen Bestandteilen des Stahles nach TH. M. DROWN und A. G. MACKENNA, mit Hilfe einer Quecksilberkathode wurden 4 g Stahl in verdünnter Schwefelsäure unter tropfenweisem Zusatz von soviel Salpetersäure gelöst als eben nötig ist, um vollständige Lösung zu erzielen und alles Eisen in die 3wertige Form überzuführen. Diese Oxydation ist notwendig, um in der Lösung das Kobalt nach der Methode von P. DICKENS und G. MAASSEN, potentiometrisch titrieren zu können. Nach dem Verkochen der Stickoxyde wurde die Lösung in einem Meßkolben verdünnt, dem zur Bestimmung der einzelnen Bestandteile aliquote Teile entnommen wurden. Die Einwage von 4 g wurde zu 1 l gelöst, zu jeder Fällung werden 200 mg Stahl angewandt, der Weinsäurezusatz betrug jeweils 2 g, das Fällungsvolumen etwa 300 cm³.

a) Die Fällung aus schwach ammoniakalischer Lösung mit Diacetyldioxim bei Siedehitze liefert zu hohe Nickelwerte. Die Niederschläge sehen mehr oder weniger stark schmutzig braun aus und sind schlecht filtrierbar.

b) Es wird bei Siedehitze mit Diacetyldioxim unter Abstumpfen der Säure mit Natriumacetat gefällt. Wird sofort nach der Fällung rasch abgekühlt, so lassen sich die Niederschläge leicht filtrieren und sind kobaltfrei. Läßt man jedoch nach Entfernung der Wärmequelle etwa 10 Min. stehen und filtriert, so sind die Fällungen mißfarbig, lassen sich schlecht filtrieren und sind stark kobalthaltig.

c) Fällt man bei 70° C aus schwach ammoniakalischer Lösung wie bei a), so sind die Niederschläge hellrot und lassen sich gut filtrieren, sind jedoch nicht immer kobaltfrei.

d) Fällt man bei Gegenwart von Weinsäure aus natriumacetathaltiger essigsaurer Lösung bei 70° C, so sind die Niederschläge hellrot, lassen sich leicht filtrieren und sind kobaltfrei.

e) In Gegenwart von schwefliger Säure bzw. $NaSO_3$ ist die Nickelfällung sowohl aus ammoniakalischer als auch aus essigsaurer Lösung bei Gegenwart von Aluminium, Eisen und Kobalt quantitativ.

Arbeitsvorschrift. Zu einer Lösung von 200 mg eines Magnetstahles mit 23,6% Nickel, 5,8% Kobalt, 3,5% Aluminium, Rest Eisen, werden 10 cm^3 einer gesättigten schwefligen Säurelösung oder 4 g Natriumsulfit zugesetzt und die Hauptmenge der Säure nach Zusatz der Weinsäure mit Ammoniak abgestumpft. Dann wird die Lösung zum Sieden erhitzt und das Nickel aus je einer sulfithaltigen und einer schwefligen Säure enthaltenden Lösung einmal durch Zugabe von Ammoniak und dann durch Natriumacetat mit Diacetyldioxim gefällt. Die Niederschläge sind hellrot und leicht filtrierbar.

Genauigkeit. Bei je zwei Bestimmungen fand BALZ folgendes:

Aus essigsaurer Lösung . . . . 23,57% und 23,59% Nickel.
Aus ammoniakalischer Lösung . 23,58% und 23,56% Nickel.

3. Abtrennung des Nickels vom Aluminium, Eisen, Kobalt und Kupfer. Es wurde ein Stahl, der 20,3% Nickel, 10,8% Kobalt, 5,8% Kupfer, 7,3% Aluminium, Rest Eisen, enthielt, verwendet.

Arbeitsvorschrift. Der wie oben hergestellten Stammlösung werden 200 mg des Stahles entnommen, mit je 4 g Sulfit und dann mit 2 g Weinsäure oder 3 g Natriumtartrat versetzt. Die Hauptmenge der freien Säure wird anschließend mit Ammoniak abgestumpft. Das Fällungsvolumen beträgt 300 cm^3.

Bei Fällung aus siedend heißer ammoniakalischer Lösung sind die Niederschläge besonders beim Stehen mißfarbig, schlecht filtrierbar und zwar kobaltfrei, jedoch stark kupferhaltig. Die Fällung in essigsaurer Lösung dagegen durch Zusatz von Natriumacetat unter sonst gleichen Versuchsbedingungen gibt völlig reine Nickelniederschläge, die rein hellrot sind und sich schnell filtrieren lassen.

Genauigkeit. Die von BALZ gefundenen Nickelwerte ergaben gute Übereinstimmung. Es wurden folgende gefunden:

20,29%, 20,26%, 20,28% Nickel.

Zusammenfassend ergeben die Versuche von BALZ folgendes:

Das Eisen muß durch Zusatz von Natriumsulfit oder schwefliger Säure zu Ferrosalz reduziert werden. Das Nickel wird nach Zugabe der erforderlichen Menge Weinsäure in der Hitze mit Diacetyldioxim aus essigsaurer Lösung gefällt. Bei Abwesenheit von Kupfer kann die Fällung auch aus ammoniakalischer Lösung erfolgen. Die Fällung aus essigsaurer Lösung ohne Sulfit- oder schwefligem Säurezusatz kann leicht zu Fehlern führen.

Zur Bestimmung höherer Nickelgehalte in Gegenwart von Eisen, Aluminium oder Chrom ist nach F. NUSSBAUMER die Löslichkeit des Nickel-Dimethylglyoxims in alkoholischer Lösung zu berücksichtigen. Es darf daher nur geringer Überschuß des Fällungsmittels angewendet werden. Die Einwage ist so zu bemessen, daß bei der Fällung etwa 8% Nickel zugegen sind. Zur Fällung dieser Nickelmengen aus schwach ammoniak-alkalischer, tartrathaltiger Lösung sind 50 cm^3 Dimethylglyoximlösung (10 g Dimethylglyoxim auf 1 l 70%igen Alkohol) vollkommen ausreichend.

VIII. Abtrennung des Nickels mit Dicyandiamidin in Gegenwart von Tartrat.

Arbeitsvorschrift. Ebenso wie von Eisen läßt sich Nickel auch von Aluminium mit Dicyandiamidin nach dem Verfahren von H. GROSSMANNN und B. SCHÜCK trennen. Durch Zusatz von Seignettesalz wird das Aluminium als stark komplexes Aluminiumalkalitartrat in Lösung gehalten, während das Nickel aus dem weniger komplexen Nickelalkalitartrat auf Zusatz von Dicyandiamidinsalz und Kalilauge bei Gegenwart von überschüssigem Ammoniak gefällt wird. Die Seignettesalzmenge ist ungefähr die gleiche wie bei der Nickel-Eisen-Trennung (vgl. Kapitel „Nickel"). Man setzt zu 0,2 g beider Metalle 0,5 bis 1 g Seignettesalz, so daß auf 1 Mol Aluminium mindestens 2 Mole. Weinsäure vorhanden sind. Die Trennung mit Dicyandiamidin gewährt zwar eine rasche und bequeme Abscheidung des Nickels, doch ist die Bestimmung des Aluminiums nach der ursprünglichen Vorschrift umständlich. Es muß erst die Weinsäure zerstört werden. Das Aluminium muß 2mal mit Ammoniak gefällt werden, um mitgenommenes Kalium zu entfernen. Bei Anwendung der modernen Fällung mit o-Oxychinolin ist eine direkte Bestimmung ohne Zerstörung der Weinsäure und ohne Adsorption von Kalium möglich. Zu einer konzentrierten, möglichst wenig Ammoniumsalz enthaltenden Aluminium-Nickelsalzlösung gibt man Seignettesalz, dessen Mengen auf 0,2 g beider Metalle berechnet, 0,5 bis 1 g betragen kann, und fügt hierauf Ammoniak in starkem Überschuß hinzu, ohne daß eine Fällung eintreten darf. Man gibt zu dieser Lösung eine konzentrierte wäßrige Lösung von Dicyandiamidinsulfat (auf 0,1 g Nickel wendet man zweckmäßig 1 bis 2 g Nickelreagens an) und zu der völlig kalten Lösung Kalilauge (10%). Man läßt über Nacht stehen, saugt den quantitativ abgeschiedenen Nickelniederschlag im Porzellan-GOOCH-Tiegel ab, wäscht mit ammoniakalischem Wasser aus und trocknet den Tiegel bei 115° C bis zur Gewichtskonstanz. Das Nickel wird als Nickeldicyandiamidin Ni $(C_2H_5N_4O)_2$ gewogen, woraus sich der Nickelwert durch den Faktor 0,2250 ergibt.

Während das stark hydrolysierte Ferrialkalitartrat beim Aufkochen Ferrihydroxyd liefert, wird aus der stark komplexen Aluminiumalkalitartratlösung kein Hydroxyd gefällt.

Zur Fällungsbestimmung des Aluminiums im Filtrat der Nickelfällung mußte man daher früher vor der Fällung die Weinsäure durch Abrauchen mit Schwefelsäure zerstören (vgl. S. 461). Der Rückstand wird mit einigen Tropfen konzentrierter warmer Salzsäure aufgenommen, mit Wasser verdünnt und das Aluminium wie üblich mit Ammoniak gefällt. Zur völligen Befreiung von adsorbiertem Alkali ist ein nochmaliges Lösen des Niederschlages in heißer Mineralsäure und Fällung mit Ammoniak erforderlich. Heute wird man wegen der umständlichen Zerstörung des Tartratüberschusses das Aluminium zweckmäßig mit o-Oxychinolin bestimmen (vgl. S. 249).

Genauigkeit. Nach Analysen von GROSSMANN und SCHÜCK:

Berechnet:	0,1043 g Ni	0,0387 g Al	0,2086 g Ni	0,0387 g Al
Gefunden:	0,1041 g Ni	0,0377 g Al	0,2079 g Ni	0,0376 g Al

Gute Werte für Aluminium sind noch nach der alten Methode (Zerstörung des Tartrates usw.) erhalten worden. Bei Anwendung des o-Oxychinolinverfahrens dürften genauere Werte zu erhalten sein.

IX. Abtrennung des Eisens und Titans mit o-Oxychinolin aus schwachsaurer Lösung in Gegenwart von Malonat oder Tartrat nach BERG (a).

Vorbemerkung. In Gegenwart von Carbonsäuren wie Malonsäure, Oxalsäure[1] oder Oxycarbonsäuren wie Wein- oder Salicylsäure wird Aluminium bei bestimmter Säurekonzentration als Komplexverbindung in Lösung gehalten und im Gegensatz zum Eisen durch Oxychinolin nicht gefällt. Hierauf fußend hat BERG zwei Vorschriften zur Trennung des Eisens von Aluminium ausgearbeitet — eine Tartrat- und eine Malonatmethode —, von welchen die Arbeitsweise mit Tartrat sich mehr für die Abtrennung des Eisens von größeren Aluminiummengen eignet, jedoch zur Erzielung guter Resultate, wie BERG betonte, die genaue Einhaltung bestimmter Bedingungen wie Säurekonzentration, Überschuß des Fällungsmittels und Temperatur erfordert. Diese Einschränkungen stehen im Einklang mit den neuerdings von MOYER und REMINGTON ausgeführten Fällungen, die ergaben, daß nur der enge p_H-Bereich von 3,5 bis 4,0 für eine einwandfreie Trennung bei Tartratgegenwart in Frage kommt. Auch aus den Messungen von GOTO, nach welchen die quantitative Fällung des Eisens in essigsaurer Lösung ohne Tartrat bei p_H 2,8

[1] Oxalsäure kann nur in Abwesenheit der Erdalkalimetalle (Calcium, Strontium) angewendet werden, was bei Malonsäure nicht der Fall ist, da ihre Calcium- und Strontiumsalze löslich sind.

und die des Aluminiums bei 4,2 beginnt, lassen sich schon ähnliche Schlußfolgerungen ziehen. Trotzdem wurde die Tartratmethode von mehreren Autoren mit Erfolg angewandt, so von ZINNBERG, ZUKOWSKAJA und BALJUK, SANKO und BUTENKO, STRAUSS sowie NAVEZ.

Die Abtrennung größerer Eisenmengen (50 mg) von kleinen Aluminiummengen läßt die nach BERG durch Tarnung des Aluminiums mittels Natriummalonat in essigsaurer Lösung besser ausführen. Bei gleichzeitiger Anwesenheit von Malonat und Tartrat erhält man ebenfalls gute Resultate. Die Trennung kann auch mikroanalytisch angewendet werden (s. unten).

Etwas anders liegen die Verhältnisse bei der Abtrennung von Titan, bei welcher die Tarnung mittels Weinsäure deshalb nicht genügt, weil bei der für die quantitative Abscheidung des Titanyloxychinolats in Gegenwart von Tartrat erforderlichen schwachsauren Reaktion bereits Aluminiumoxychinolat mit ausfällt. Anwendung von Malonsäure bei schwachessigsaurer Reaktion führt nach BERG und TEITELBAUM zum Ziel. Wenn Eisen, Titan und Aluminium gleichzeitig anwesend sind, fällt bei der Durchführung der BERGschen Tartratmethode zunächst das Eisen als Oxinat aus und im Filtrat kann dann Titan von Aluminium nach Tarnung mit Malon- oder Oxalsäure getrennt und bestimmt werden, wie das SANKO und BUTENKO gemacht haben. Gegenüber der sehr einfachen und wenig störungsempfindlichen Abtrennung des Eisens und Titans mittels Kupferron, bieten vorliegende Oxychinolinmethoden nur dann Vorteile, wenn außer Aluminium auch diese beiden Metalle einzeln bestimmt werden sollen.

1. Abtrennung des Eisens.

a) Trennung in tartrathaltiger essigsaurer Lösung. **α) Arbeitsvorschrift nach BERG (c).** Man fügt zu der Analysenlösung (100 cm³ Volumen) 3 g Ammoniumacetat, 3 bis 4 g Ammoniumtartrat und so viel Eisessig, daß die Essigsäurekonzentration nach beendeter Fällung etwa 15 bis 20% beträgt. Die Fällung wird dann durch tropfenweisen Zusatz einer gemessenen überschüssigen Menge eingestellter (3- bis 4%iger) Oxychinolinacetatlösung zu der 50° C warmen Analysenlösung unter Umrühren ausgeführt. Nach dem Abkühlen füllt man auf 150 cm³ auf, filtriert durch ein Papierfilter und bestimmt in einem aliquoten Teil den Überschuß des Fällungsmittels bromometrisch. In einem zweiten aliquoten Teil wird das Aluminium in ammoniakalischer Lösung (vgl. S. 260) gefällt und titrimetrisch bestimmt.

Genauigkeit. Neun Beleganalysen [BERG (a)] mit 0,005 bis 0,050 g Eisen und 0,005 bis 0,10 g Aluminium ergaben für Eisen im Mittel auf etwa 0,2 mg, für Aluminium weniger genaue, auf etwa 0,5 bis 0,9 mg Aluminium richtige Resultate.

NAVEZ gibt als Mittel von 10 Analysen nebenstehende Werte an.

	Gegeben	Gefunden (Mittel)[1]	Fehler in %
Fe	0,03675	0,05678	+ 0,08
Al	0,04237	0,04219	— 0,5

β) Arbeitsvorschrift nach ZUKOWSKAJA und BALJUK. Die von diesen Autoren gelegentlich der Ausarbeitung geeigneter Methoden für die Analyse von Tonen, Schamotten und Bauxiten angewandte Arbeitsweise weicht von der BERGschen Vorschrift etwas ab (Verwendung von Phenolphthalein als Indicator usw.).

Die salzsaure Lösung der nach der üblichen Abscheidung der Kieselsäure mit Ammoniak gefällten Hydroxyde von Eisen, Titan und Aluminium versetzen die Autoren mit 5 g Weinsäure, neutralisieren mit Ammoniak gegen Phenolphthalein und säuern dann mit Eisessig (je 4 cm³ auf 100 cm³ Flüssigkeit) an. Nun fügt man 1 g krystallisiertes Ammoniumacetat zu und läßt 6 bis 7 cm³ 1,5%ige Oxinchloridlösung zulaufen. Man läßt 1 Std. stehen, filtriert und wäscht mit einer

[1] Keine Angaben über Durchführung der Mittelung.

1%igen Natriumacetatlösung, die 0,2% Natriumtartrat enthält. Der Eisenniederschlag wird in Salzsäure gelöst und das gebundene Oxin nach Zusatz von Phosphorsäure bromometrisch bestimmt. Das Aluminium wird in einem aliquoten Teil des Filtrats der Eisenfällung aus ammoniakalischer Lösung gefällt und titrimetrisch bestimmt.

b) Trennung in malonsäurehaltiger, essigsaurer Lösung. **Arbeitsvorschrift nach Berg (a).** Man fällt das Eisen bei 50° C in Gegenwart von 0,5 bis 1,5 g malonsaurem Natrium. Die Essigsäurekonzentration beträgt 5 bis 10%. Die Bestimmung des Eisens erfolgt durch Titration des in Salzsäure gelösten Oxychinolats, da die Resttitration des überschüssigen Fällungsmittels wegen der Bromierung von Malonsäure durch saure Kaliumbromat-Bromid-Lösung nicht anwendbar ist. Im übrigen arbeitet man wie bei a) und titriert das Aluminium im Anschluß an die Fällung aus ammoniakalischer Lösung.

Genauigkeit. Es wurden von Berg die in nachfolgender Tabelle aufgeführten Beleganalysen mitgeteilt, von welchen sich die im unteren Teil angegebenen Werte auf die Trennung in Anwesenheit von 1 bis 2,5 g Malonsäure (je nach der Aluminiummenge) und 0,5 bis 1 g Ammoniumtartrat beziehen.

Gegeben in mg		Gefunden in g		Differenz in mg für	
Eisen	Aluminium	Eisen	Aluminium	Eisen	Aluminium
0,05050	0,10340	0,05037	0,10408	— 0,13	+ 0,68
0,05050	0,05170	0,05070	0,05269	+ 0,2	+ 0,99
0,05050	0,02585	0,05032	0,02642	— 0,18	+ 0,57
0,05050	0,01293	0,05065	0,01301	+ 0,15	+ 0,08
0,05050	0,00517	0,05046	0,00515	— 0,04	— 0,02
0,03030	0,10340	0,02970	0,10373	— 0,60	+ 0,33
0,02020	0,10340	0,01992	0,10431	— 0,28	+ 0,91
0,0110	0,10340	0,01002	0,10404	— 0,08	— 0,64
0,0051	0,10340	0,00498	—	— 0,12	—
0,05038	0,10060	0,05011	0,10109	— 0,27	+ 0,49
0,05038	0,07545	0,04999	0,07430	— 0,39	— 1,15
0,05038	0,05030	0,05030	0,05150	— 0,02	+ 1,2
0,05038	0,02515	0,05055	0,02491	+ 0,17	+ 0,24
0,05038	0,01258	0,04986	0,01274	— 0,52	+ 0,16
0,05038	0,00503	0,05031	0,00486	— 0,07	+ 0,17

c) Mikroanalytische Trennung von Eisen und Aluminium. **Vorbemerkungen.** Kokta fällt das Eisen in Gegenwart von Tartrat und Malonsäure in der Kälte. Im Gegensatz dazu arbeitete Schoklitsch nur mit Malonsäure und bei 60 bis 70° C. Dieser Autor zeigte, daß man ausgezeichnete Resultate erzielen kann, hält jedoch die Methode wegen der erforderlichen hohen Malonsäurekonzentration für die mikrochemische Praxis weniger gut geeignet und verwendete im Gange Mikrosilicatanalysen meist Cupferron für den vorliegenden Zweck.

Arbeitsvorschrift nach Kokta. Zu 2 cm³ der ganz schwach mineralsauren Lösung mit etwa 0,7 mg Eisen(III) und 0,3 mg Aluminium werden in der Kälte 0,2 g Weinsäure und 0,2 g Malonsäure gegeben, dann 0,5 cm³ Eisessig und 0,25 cm³ 4%ige essigsaure Oxychinolinlösung, schließlich tropfenweise 2 cm³ gesättigte Ammoniumacetatlösung. Die Essigsäurekonzentration soll nach beendeter Fällung etwa 10% betragen. Nach 1stündigem Stehen wird bei Zimmertemperatur mittels eines Filterstäbchens filtriert und mit kaltem Wasser gewaschen.

Genauigkeit. Beleganalysen zu dieser Arbeitsweise sind am angegebenen Ort nicht mitgeteilt worden. 12 von Schoklitsch (nur mit Malonsäure) ausgeführte Beleganalysen waren sowohl bei gravimetrischer als auch bromometrischer Bestimmung des Eisens und Aluminiums meist genauer als ±0,5% (!). Auch

LEHMANN teilte im Zusammenhang mit seinen Untersuchungen über die Aluminiumbestimmung in Pflanzenaschen zahlreiche bromometrische Analysen nach der BERGschen (Malonsäure-) Methode mit. Die Resultate waren, trotzdem der Autor offenbar nach der eigentlichen Mikrovorschrift arbeitete, bei Aluminiummengen von 0,3 bis 5,0 mg und Eisenmengen von 3,0 bis 2,0 mg auf wenige Hundertstel genau. Das von der gemeinsamen Fällung des Eisens und Aluminiums als Phosphate vorhandene Phosphation hat praktisch keinen Einfluß auf die Bestimmungen.

2. Abtrennung des Titans nach BERG und TEITELBAUM.

Arbeitsvorschrift. Zu der zu untersuchenden Lösung fügt man 1 g Weinsäure, die 70- bis 80fache Menge des zu bindenden Aluminiums an Malonsäure und 1 g Natriumacetat. Man verdünnt auf 150 cm³, neutralisiert mit Ammoniak gegen Phenolphthalein und säuert mit 1 bis 2 cm³ Eisessig an. Nun wird auf 60° C erwärmt und das Titan mit 3%iger alkoholischer Oxinlösung im Überschuß unter Rühren als Titanoxychinolat gefällt. Nachdem man 10 Min. lang in leichtem Sieden erhalten hat, filtriert man heiß (Glasfiltertiegel G 3) und wäscht mit wenig heißem Wasser aus. Die Titanbestimmung erfolgt gravimetrisch als Titanyloxychinolat (Trockentemperatur 110° C, Faktor: 0,1361) oder Titandioxyd bzw. maßanalytisch (1 cm³ n/15 Kaliumbromat-Bromid-Lösung entspricht 0,000599 g Titan). Das Aluminium fällt man aus ammoniakalischer Lösung (vgl. S. 260). Bei den von BERG und TEITELBAUM ausgeführten Beleganalysen wurde das Titanfiltrat tropfenweise mit 3%iger Oxinacetatlösung und bei 50° C mit Ammoniak bis zur schwachammoniakalischen Reaktion versetzt und schließlich die Abscheidung des Aluminiums durch Erwärmen mit 80° C vervollständigt.

Genauigkeit. 14 bromometrische Beleganalysen (BERG und TEITELBAUM) ergaben bei 0,0023 bis 0,0915 g Aluminium und 0,0072 bis 0,0412 mg Titan Abweichungen von −0,3 bis +0,2 mg Aluminium und −0,4 bis +0,2 mg Titan.

X. Trennung des Kupfers, Magnesiums, Zinks und Cadmiums von Aluminium mittels Oxychinolin in natronalkalischer tartrathaltiger Lösung.

Allgemeines. Nach den Untersuchungen von BERG (b), (b'), (c), (d), (e), vgl. auch (f), werden Kupfer, Magnesium, Zink und Cadmium in natronalkalischer tartrathaltiger Lösung durch o-Oxychinolin quantitativ gefällt, so daß eine Trennung von Aluminium, Eisen (III), Chrom (III) und Metallen der Schwefelwasserstoffgruppe möglich ist, deren Oxychinolate unter den anzuwendenden Bedingungen löslich sind (vgl. p_H-Kurven, S. 246.) BERG faßt die Metalle Kupfer, Magnesium, Zink und Cadmium wegen ihrer charakteristischen Fällbarkeit in natronalkalischer Lösung als sogenannte „Oxingruppe" zusammen, gibt jedoch bei der Besprechung der einzelnen Metalle teilweise voneinander abweichende Bestimmungsvorschriften.

Klarheit über die bei der Trennung von Aluminium einzuhaltenden p_H-Grenzen besteht noch nicht überall. Diese Frage wurde auch noch nicht systematisch untersucht. Ohne Berücksichtigung einer etwaigen Nebenwirkung des Tartrates entspräche der von BERG empfohlene Zusatz von 10 bis 20 cm³ 2 n Natronlauge (vgl. unten) p_H-Werten zwischen 13 und 14. Die Oxinate von Kupfer und Zink sind gegen Natronlauge am beständigsten (Kupfer bis $p_H = 14{,}55$ [BERG (b'), (f)]; Zink bis $p_H = 13{,}5$ (FLECK und WARD, GOTO). Cadmium ist nach den Versuchen von GOTO noch über $p_H = 13{,}0$ und nach FLECK sogar bis 14,58 beständig, während Magnesium, wie FLECK und WARD feststellten, schon oberhalb $p_H = 12{,}5$ nicht mehr quantitativ bzw. über $p_H = 13{,}0$ überhaupt nicht mehr gefällt wird. Da nun *Aluminium* noch bei $p_H = 11$ teilweise gefällt wird[1], würde also für die

[1] Nach GOTO quantitativ bis $p_H = 9{,}8$.

Magnesium-Aluminium-Trennung nur ein relativ enger p_H-Bereich von etwa 11,5 bis 12,5 zur Verfügung stehen und Mitfällung von Aluminium auf jeden Fall zu erwarten sein. Bei den von BERG ausgeführten Trennungen in Gegenwart von *Tartrat* ist jedoch Mitfällung in ausgeprägter Weise nicht zu beobachten, weshalb man auch im vorliegenden Falle dem Tartrat, welches man zunächst zwecks Verhinderung der Ausfällung von Hydroxyd bei Einstellung der erforderlichen Alkalität zugibt, eine die Trennung begünstigende (tarnende) Wirkung beizumessen hat. (Das gleiche gilt wohl auch für Ferrieisen, das nach GOTO noch bei p_H 12,5 fast quantitativ durch Oxin gefällt wird und trotzdem von den Metallen der Oxingruppe getrennt werden kann.)

KOROSTISHEWSKAJA bestimmte Aluminium und Zink in pharmazeutischen Produkten, indem sie Zink aus natronalkalischem Aluminium und Zink aber gemeinsam aus essigsaurer Lösung fällt.

Die Fällung der Metalle der „Oxingruppe" in natronalkalischer Lösung ist auch zur mikrochemischen Trennung von Aluminium geeignet, wie die unten angegebenen Magnesiumbestimmungen neben Aluminium von BERG zeigen. Eine genaue Vorschrift zur Mikrobestimmung des Zinks (bromometrisch) und seine Trennung von Aluminium haben CIMMERMAN und WENGER angegeben. Zinkmengen in der Größenordnung von 1 mg lassen sich danach neben 15 bis 20 mg Aluminium bestimmen (vgl. Kapitel „Zink").

***Arbeitsvorschrift* [*nach den Angaben von* BERG (b), (b'), (c), (d), (e), (f)].** In der sauren Lösung löst man 3 bis 5 g Weinsäure (oder 4 bis 6 g Natriumtartrat), neutralisiert mit Natronlauge gegen Phenolphthalein, setzt 10 bis 20 cm³ (vgl. unten) 2 n Natronlauge hinzu und verdünnt auf ein Volumen von etwa 100 cm³. Zur Fällung der Metalle der Oxingruppe gibt man nun in mäßigem Überschuß 3%ige alkoholische (oder acetonische) Oxychinolinlösung in der Kälte unter Rühren zu und erwärmt dann auf 60 bis 70° C, bis der gesamte Niederschlag sichtbar krystallin geworden ist. Nach dem Erkalten wird filtriert und mit einer kalten, 1% Natriumtartrat enthaltenden, schwach alkalischen (Phenolphthalein) Waschlösung bis zur Farblosigkeit des Filtrats und schließlich mehrmals mit reinem Wasser gewaschen.

Das Aluminium wird im Filtrat zweckmäßig in ammoniakalischer Lösung gefällt, nachdem das Filtrat vorher bis zur klaren Lösung angesäuert und überschüssige Oxychinolinacetatlösung hinzugefügt wurde.

Bei kleinen Zink- und Cadmiummengen von wenigen Milligrammen tritt die Fällung erst einige Minuten nach dem Zusatz des Fällungsmittels ein, weshalb man vor dem Erwärmen etwa 10 Min. stehen läßt. Auch darf man dann erst nach völligem Abkühlen filtrieren, da die Löslichkeit von Zink- oder Cadmiumoxinat, nach den Grenzkonzentrationen zu schließen, schon bei Zimmertemperatur offenbar in der Größenordnung von einigen Zehntel Milligramm (bezogen auf Metall) liegt [vgl. BERG (f)].

Natronlaugekonzentration. Auf 100 cm³ der gegen Phenolphthalein neutralisierten Lösung fügt BERG bei Kupfer 20 cm³, bei Magnesium und Zink 15 bis 20 cm³ und bei Cadmium 10 bis 12 cm³ · 2 n Natronlauge zu. Nach den Versuchsergebnissen von BERG (e) ist Cadmiumoxinat im Verhältnis zu den Oxinaten von Kupfer, Zink und Magnesium gegenüber höherer Natronlaugekonzentration am empfindlichsten (vgl. jedoch oben unter Allgemeines).

Waschlösung. Über den Einfluß der Zusammensetzung und Temperatur der Waschflüssigkeit liegen besondere Versuchsergebnisse nicht vor. Jedenfalls wird man zur Beseitigung mitgefällten Aluminiums die Waschlösung schwach alkalisch halten, kalt waschen und die Reste von mitgerissenem Tartrat und Alkali mit kaltem Wasser entfernen. Bei maßanalytischer Bestimmung ist das Auswaschen mit Wasser nicht erforderlich.

Anwendungsbereich. Die Menge des Kupfers kann zwischen 3 und 100 mg liegen. Man bestimmt es nach dem Lösen des Oxinats in Salzsäure zweckmäßig jodometrisch nach BRUHNS. Das Oxinverfahren in alkalischer Lösung ist nach BERG besonders zur Trennung kleinerer Magnesiummengen von größerer Aluminiummengen geeignet. Bei umgekehrtem Mengenverhältnis zwischen Aluminium und Magnesium wendet man die Fällung des ersteren aus essigsaurer Lösung an (s. S. 253), Kupfer, Magnesium, Zink und Cadmium können neben je 50 mg Aluminium [Eisen (III), Chrom (III), Blei, Zinn (IV), Arsen (V), Antimon und Wismut] bestimmt werden, wenn die Gesamtmenge dieser Metalle 0,200 g in 100 cm³ der Lösung nicht übersteigt, anderenfalls ist Umfällung erforderlich.

Genauigkeit. Für die Trennung des Kupfers und des Magnesiums von Aluminium hat BERG (b) Beleganalysen ausgeführt, bei welchen im natronalkalischen Filtrat auch Aluminium (allerdings ohne nähere Angaben über die Arbeitsweise) bestimmt wurde. Die Beleganalysen der Kupfer-Aluminium-Trennung ergeben folgende Werte:

Gegeben		Gefunden		Differenz in mg für	
Cu g	Al g	Cu g	Al g	Cu	Al
0,1271	0,0105	0,1278	0,0102	+ 0,7	— 0,3
0,1001	0,0276	0,0998	0,0273	— 0,3	— 0,3
0,0513	0,0460	0,0515	0,0458	— 0,2	— 0,2
0,0200	0,0552	0,0202	0,0449	+ 0,2	— 0,3

ZINNBERG berichtet über einige Erfahrungen bei der Kupferbestimmung in einer Kupfer-Aluminium-Eisen-Legierung (58,30% Cu, 25,50% Al, 16,29% Fe), die einen Kupfergehalt von 58,36% (gravimetrisch) ergab.

Die Ergebnisse der von BERG (b) mitgeteilten Beleganalysen zur Magnesium-Aluminium-Trennung sind in folgender Tabelle aufgeführt:

Gegeben		Gefunden		Differenz in mg für	
Mg g	Al g	Mg g	Al g	Mg	Al
0,0101	0,3024	0,0106	0,3008	+ 0,5	— 1,6
0,0101	0,2501	0,0104	0,2492	+ 0,3	— 0,9
0,0076	0,1250	0,0079	—	+ 0,3	—
0,0025	0,1250	0,0031	0,1245	+ 0,6	— 0,5
0,0010	0,0905	0,0012	0,0902	+ 0,2	— 0,3
0,0008	0,1105	0,0008	0,1097	0,0	— 0,8
0,0005	0,0905	0,0004	0,0908	— 0,1	+ 0,3
0,0003	0,0439	0,0003	0,0441	± 0,0	+ 0,2

Zinkbestimmungen neben der 2- bis 10fachen Menge Aluminium (unter gleichzeitiger Anwesenheit von Eisen und Chrom) ergaben bei 0,045 bis 0,060 g Zink negative Abweichungen von etwa 1%, bei 0,014 und 0,025 g Zink von — 5% und — 11% [BERG (d)]. Bei *Cadmium*-bestimmungen (0,0725, 0,0498, 0,0299, 0,0073 g Cadmium) neben der 3- bis 40fachen Menge Aluminium und Eisen traten positive Fehler von 1,4 bis 4,5% auf [BERG (e)].

XI. Abtrennung von Eisen und Titan mit 5,7-Dibrom-8-Oxychinolin in Gegenwart von Weinsäure nach SANKO und BURSSUK.

1. Trennung und Bestimmung kleiner Mengen Eisen, Titan und Aluminium mit Dibromoxychinolin.

Vorbemerkung. Wie auf S. 292 bereits erwähnt wurde, kann man nach BERG und KÜSTENMACHER mittels 5,7-Dibromoxychinolin kleine Mengen von Eisen, Kupfer und Titan neben großem Aluminiumüberschuß bestimmen. SANKO und BURSSUK verwandten das gleiche Reagens, in weiterem Ausbau der ebenfalls von BERG und KÜSTENMACHER angegebenen Trennung des Eisens von Titan mittels Dibromoxin in tartrathaltiger Lösung, zur Fällung des Titans im Filtrat des

Eisendibromoxinats, sowie auch zur Abscheidung des Aluminiums im Filtrat des Titandibromoxinats.

a) Unmittelbare Abscheidung mit Dibromoxychinolin. **Arbeitsvorschrift.** Zu der Lösung gibt man 2 g Weinsäure, neutralisiert mit Ammoniak, setzt 5 cm³. 2 n Salzsäure und 15 Vol.% Aceton zu und erwärmt nach dem Zusatz von 1%iger Dibromoxychinolinlösung. Das hierdurch ausgeschiedene Eisendibromoxychinolat wird abfiltriert. Zu einem aliquoten Teil des Filtrats wird 2 n Salzsäure (10 cm³ auf 100 cm³ Filtrat) und Aceton zugegeben und erwärmt. Dabei beginnt Titan als Titandibromoxinat $TiO(C_3H_4Br_2NO)_2$ auszufallen, von dessen vollständiger Ausfällung man sich durch weiteren Zusatz von Reagens überzeugt. Man läßt auf dem Wasserbade absetzen, filtriert, wäscht aus und wägt nach dem Trocknen. Im Filtrat des Titans wird das Aluminium nach dem Neutralisieren der Flüssigkeit mit Ammoniak als Dibromoxychinolat nach der auf S. 292 beschriebenen Vorschrift von Sanko und Burssuk gefällt.

b) Abscheidung des Titans (nach Abtrennung des Eisens mit Oxin) durch Bromierung des Oxins. Bei höherem Eisengehalt lassen sich nacheinander o-Oxychinolin zur Trennung und Bestimmung des Eisens und Dibromoxychinolin zur Bestimmung des Aluminiums und Titans verwenden. Die Abtrennung des Eisens wird nach der auf S. 474 gegebenen Vorschrift durchgeführt. Ein Drittel bis die Hälfte des Filtrats wird auf 100 cm³ Endvolumen mit 10 cm³ 2 n Salzsäure, 2 g Ammoniumnitrat, sowie etwa 15 cm³ Aceton versetzt und auf 50° erwärmt. Das überschüssige Oxychinolin wird durch einen möglichst geringen Überschuß an Bromid-Bromat-Gemisch bromiert (etwa 9 cm³ 0,2 n $KBrO_3$-KBr-Lösung bei Gegenwart von 9,8 mg Eisen und Verwendung von 6 cm³ 2%iger Oxychinolinlösung). Man erwärmt unter Schütteln auf dem Wasserbade, wobei das Titan abgeschieden wird. Nach dem Filtrieren wird zuerst mit 200 cm³ 1/25 n Salzsäure, die 10% Aceton enthält, alsdann mit Wasser ausgewaschen und bei Temperaturen bis zu 185° C getrocknet. Im Filtrat wird das Aluminium, wie oben angegeben, bestimmt.

Genauigkeit. Die Beleganalysen von Sanko und Bursuk sind bereits auf S. 292 aufgeführt.

XII. Abtrennung des Titans mit Cupferron aus saurer, weinsäurehaltiger Lösung [bei Anwesenheit von Eisen und Phosphorsäure (vgl. S. 428)].

Arbeitsvorschrift nach **Thornton jun.** Zu der Lösung, deren Volumen nicht größer als 100 cm³ sein soll, setzt man wenigstens die 4fache Menge Weinsäure des Gesamtgewichts der vorhandenen 4 Oxyde zu. Um die Reduktion des Eisens zu erleichtern, wird die Lösung mit Ammoniak neutralisiert und wieder mit 2 cm³ Schwefelsäure (1:1) angesäuert. Dann leitet man Schwefelwasserstoff ein, bis die Lösung farblos geworden ist. Wenn nicht das Eisen in dieser Weise vor der Fällung reduziert wird, fällt ein Teil des Titans nicht aus. Nach der Reduktion setzt man Ammoniak in deutlichem Überschuß zu und leitet weiter Schwefelwasserstoff ein, bis das Eisen vollständig als Ferrosulfid ausgefällt ist, wobei aber die Lösung gegen Reagenspapier alkalisch bleiben muß. Das Ferrosufid wird abfiltriert und mit sehr verdünntem farblosem Ammoniumsulfid etwa 10mal ausgewaschen. Zum Filtrat setzt man dann 40 cm³ Schwefelsäure (1:1) und kocht den freigemachten Schwefelwasserstoff fort. Nach Abkühlen auf Zimmertemperatur wird die Lösung mit Wasser auf 400 cm³ verdünnt und mit einer 6%igen Lösung von Kupferron langsam unter stetigem Rühren versetzt. Nachdem der Niederschlag sich abgesetzt hat, prüft man die klare Flüssigkeit durch Zusatz einiger Tropfen des Reagens. Die Bildung eines weißen Niederschlages von Nitrosophenylhydroxylamin zeigt an, daß das Reagens im Überschuß vorhanden war, während man aus der Bildung seiner gelben Trübung erkennt, daß die Fällung unvollständig gewesen ist. Es ist zweckmäßig, auch das Filtrat in gleicher Weise zu prüfen. Den Niederschlag sammelt man auf Filtrierpapier unter schwachem Saugen und wäscht ihn 20mal mit Salzsäure (hergestellt durch Verdünnen von 100 cm³ Säure von spezifischem Gewicht 1,20 auf 1 l).

Nachdem der Niederschlag durch Absaugen von Waschwasser befreit ist, bringt man ihn mit dem Filter in einen tarierten Platintiegel und trocknet bei 110°. Sodann erhitzt man den Tiegel, welcher von dem Deckel nicht ganz bedeckt ist, zuerst mit kleiner Flamme. Nach Beendigung der ersten heftigen Rauchentwicklung steigert man die Hitze ein wenig, worauf die destruktive Destillation ganz ruhig von statten geht. Nach dem Wegbrennen der Kohle wird das verbleibende Titanoxyd auf dem MECKER-Brenner zur Gewichtskonstanz gebracht. Das Aluminium bestimmt man im Filtrat zweckmäßig ohne Zerstörung der Weinsäure mit o-Oxychinolin.

SCHWARZ VON BERGKAMPF gibt folgende Vorschrift: Das Filtrat wird in einem 800 cm³ Becher sofort mit einem Überschuß von Ammoniak (etwa 100 cm³) versetzt und erhitzt. Dabei muß die Lösung vollständig klar werden. Bei 70° C wird das Aluminium mit 25 cm³ Oxinacetatlösung (6%ig) gefällt. Durch gutes Rühren mit dem Glasstab und weiteres schwaches Erhitzen während 5 Min. wird der Niederschlag in gut filtrierbarer Form zum Absitzen gebracht. Die Farbe des Niederschlages muß hell grünlichgelb sein. Der Niederschlag wird gleich heiß durch einen Jenaer Glasfiltertiegel (3 G 4) filtriert und mit heißem Wasser gut gewaschen. Nach dem Trocknen, das bei 140° in 2 bis 3 Std. vollendet ist, wird der Niederschlag gewogen. Es empfiehlt sich, den Glasfiltertiegel nach dieser Einwirkung der heißen und ammoniakalischen Lösung auf Gewichtskonstanz zu prüfen und eventuell dieses letztere Leergewicht für die Bestimmung des Aluminiums zu verwenden.

Bemerkungen. Nach SCHWARZ VON BERGKAMPF läßt sich das Aluminium im Filtrat mit Oxin einwandfrei bestimmen, wenn bei der vorangehenden Abscheidung des Eisens als Sulfid kein zu großer Überschuß von Ammoniak und Schwefelwasserstoff angewandt wurde, so daß sich kein gelbes Ammoniumsulfid bilden kann.

Zum Unterschiede von der Vorschrift von THORNTON jun. vertreibt SCHWARZ VON BERGKAMPF den Schwefelwasserstoff nach der Entfernung des Eisensulfides nicht aus dem Filtrat, sondern fällt sogleich das Titan mit Cupferron. Die in der Lösung vorhandene Trübung von Schwefel wird durch den Titan-Cupferron-Niederschlag zum größten Teil entfernt. Der bleibende, kolloidverteilte Rest stört die Filtration nicht im geringsten. Der Niederschlag wird durch ein Weißbandfilter filtriert.

An Verunreinigungen, die bei Gesteinsanalysen in den einzelnen Niederschlägen zu erwarten sind, sind zu nennen:

Mit dem Eisensulfid fallen auch die vorhandenen anderen Sulfide der Schwefelammongruppe. Mit Kupferron werden neben Titan noch Zirkon, Thorium und Cer gefällt, während beim Aluminium in der Hauptsache noch Gallium, Scandium, Beryllium und die seltenen Erden zu suchen wären.

Genauigkeit. THORNTON jun. bestimmte in 6 Beleganalysen 0,1071 g Titandioxyd neben 0,10 bis 0,20 g Eisenoxyd, 0,11 bis 0,22 g Aluminiumoxyd und 0,015 g Phosphorpentoxyd mit einem positiven Fehler von 0,19 bis 0,66 %. Bei der Trennung des Aluminiums von Eisen und Titan nach der angegebenen Trennungsmethode wurden von SCHWARZ v. BERGKAMPF bei drei Bestimmungen folgende Werte erhalten:

	Angewandt	Gefunden		
	g	g	g	g
Fe_2O_3	0,0837	0,0834	0,0839	0,0837
TiO_2	0,0180	0,0178	0,0182	0,0181
Al_2O_3	0,0708	0,0703	0,0698	0,0698

XIII. Abtrennung des Zinks mit Chinaldinsäure in Gegenwart von Tartrat.

Vorbemerkung. Nach RÂY und MAJUNDAR werden Eisen, Aluminium, Chrom, Beryllium, Titan und Uran durch Chinaldinsäure zum Teil als basische Salze dieser Säure ausgefüllt. Bei Zusatz von Alkalitartrat in alkalischer Lösung tritt diese Fällung nicht ein. Darauf beruht die Trennung des Zinks von den genannten Metallen. Gute Werte erhält man, wenn die Lösung nach dem Zusatz eines Überschusses von Alkalitartrat ganz schwach alkalisch ist.

Arbeitsvorschrift. Bei Gegenwart von Fe(II)Salzen werden diese durch Zusatz einiger Tropfen konzentrierter Salpetersäure aufoxydiert. Nach der Abkühlung der Lösung setzt man 4 bis 5 g Seignettesalz und etwas Ammonchlorid hinzu und neutralisiert mit verdünntem Ammoniak unter Verwendung eines Mischindicators von Methylrot und Methylenblau. Man versetzt dann die Lösung mit einem Tropfen 2 n Ammoniak im Überschuß, verdünnt die Lösung auf 150 bis 160 cm^3 und erhitzt auf 50° C. Unter ständigem Umrühren fügt man nun tropfenweise eine Lösung von *Ammoniumchinaldinat* in geringem Überschuß zu und läßt den Niederschlag absitzen. Da Zinkchinaldinat in ammoniakalischer Lösung löslich ist, ist ein Überschuß von Ammoniak peinlich zu vermeiden. Man filtriert den Niederschlag in einem GOOCH-Tiegel, wäscht ihn zuerst durch Dekantieren mit heißem Wasser aus und dann auf dem Filter. Der bei 125° getrocknete Niederschlag wird gewogen und das Gewicht des Zinks nach der Formel $Zn(C_{10}H_6NO)_2 \cdot H_2O \cdot - Zn = 15{,}29\%$ berechnet.

Bei der Trennung des Zinks vom Aluminium wird das Aluminium im Filtrat nach der Zerstörung der Weinsäure durch Erhitzen mit konzentrierter Schwefelsäure bestimmt. Besser dürfte eine Bestimmung mit o-Oxychinolin (vgl. S. 249) sein, die in Verbindung mit diesem Verfahren noch nicht direkt angewandt wurde.

Genauigkeit. RÂY und MAJUNDAR finden bei Anwendung von 0,0490 bis 0,2940 g Zink und 0,0232 bis 0,3480 g Aluminium bei 5 Analysen theoretische Werte für Zink und bei Anwendung von 0,1960 g Zink und 0,0812 g Aluminium eine Differenz von + 0,1 mg Zink.

Bemerkungen. RÂY und BOSE haben die Fällung des Zinks mit Chinaldinsäure auch zur mikroanalytischen Ausführung der Trennung vom Eisen, Aluminium, Uran, Beryllium und Titan benutzt.

XIV. Abtrennung des Thalliums mit Thionalid aus natronalkalischer Lösung in Gegenwart von Tartrat.

Vorbemerkung. Die von BERG und FAHRENKAMP ausgearbeitete Trennungsmethode des Thalliums von Aluminium mit Thionalid (Thioglykolsäure-β-Aminonaphthalid) von der Bruttoformel $C_{10}H_7NH \cdot CO \cdot CH_2, SH$ — beruht darauf, daß bei ausreichender Hydroxyl-Ionen-Konzentration der Lösung in Gegenwart von Natriumtartrat und Kaliumcyanid nur das Thallium als Thionalat quantitativ gefällt wird, während Aluminium und auch fast alle anderen Metalle außer Au, Sn, Pb, Sb und Bi in Lösung bleiben. Der aus tartrat- und cyanhaltiger Lösung auf Zusatz von Thionalid sich bildende Thalliumkomplex (Fällungsempfindlichkeit 1:10000000) ist eine krystalline, citronengelbe Verbindung, die mit Aceton gewaschen und bei 100° getrocknet die konstante Zusammensetzung $Tl(C_{12}H_{10}ONS)$ mit einem Gehalt von 48,60% Thallium besitzt.

Arbeitsvorschrift. Nach dem Neutralisieren mit 2 n Natronlauge (Phenolphthalein als Indicator) wird die Lösung mit 2 g Natriumtartrat und 3 bis 5 g Cyankalium versetzt und mit 2 n Natronlauge alkalisch gemacht. Die dann auf 100 cm^3 aufgefüllte Lösung wird kalt mit dem 4- bis 5fachen Überschuß einer Lösung von 5% Thionalid in Aceton versetzt, kurz aufgekocht, abgekühlt und durch einen Glasfiltertiegel G 4 filtriert. Den Niederschlag wäscht man mit kaltem Wasser cyankalifrei, dann mit Aceton thionalidfrei und trocknet bei 100°. Die Thionalidlösung ist stets frisch herzustellen. Der Natriumtartratgehalt darf 5 g je 100 cm³ nicht übersteigen. Auch die Kaliumcyanidkonzentration soll im allgemeinen nicht mehr als 5 g in 100 cm³ betragen, da bei 10 g in 100 cm³ durch eine teilweise Zersetzung des Thalliumthionalidkomplexes unter Bildung von Tl_2S bereits Unterwerte erhalten werden.

Genauigkeit. BERG und FAHRENKAMP fanden bei Anwendung von 500 mg Aluminium und 32,88 mg Thallium 31,59 mg Thallium und bei Anwendung von 300 mg Aluminium und 32,88 mg Thallium 31,74 mg Thallium.

Titration. An Stelle der gravimetrischen Bestimmung ist auch die Titration der organischen Komponente anwendbar, die auf deren Umsetzung mit Jod-Jodkalium beruht:

$$2\,C_{10}H_7NHCOCH_2SH + J_2 = C_{10}H_7NHCOCH_2S - SH_2COCHNH_7C_{10} + 2\,H\,J.$$

Die Fällung wird wie bei der gravimetrischen Methode ausgeführt. Es wird durch ein Papierfilter (Weißband) filtriert und der Niederschlag nach dem oben angegebenen Waschprozeß mit dem Filter in das Fällungsgefäß zurückgegeben. Der Niederschlag wird dann mit einem Gemisch von 3 Teilen Eisessig und 1 Teil 2 n Schwefelsäure zersetzt. Bei Thalliummengen von 0,0100 bis 0,0375 g genügen 30 cm³ Eisessig und 10 cm³ 2 n Schwefelsäure, um den Komplex in Lösung zu bringen. Dann wird eine gemessene Menge einer 0,02 n Jodlösung im Überschuß, der an der Gelbfärbung der Flüssigkeit zu erkennen ist, hinzugefügt. Nach gutem Durchrühren wird dieser Jodüberschuß mit 0,02 n Natriumthiosulfatlösung gegen Stärke als Indicator zurücktitriert.

1 cm³ 0,02 n Jodlösung entspricht 0,00409 g Thallium.

XV. Abtrennung des Berylliums mit Guanidincarbonat in Gegenwart von Tartrat.

Vorbemerkung. Das Guanidin $C\begin{matrix}\diagup NH_2\\ =NH\\ \diagdown NH_2\end{matrix}$ kommt als starke einsäurige Base bezüglich seiner Leitfähigkeit in wäßrigen Lösungen dem Ätznatron nahe. Die Wirkung des Guanidincarbonats als analytisches Reagens beruht also auf der alkalischen Reaktion der wäßrigen Lösungen (vgl. PRODINGER). Eingehende Arbeiten über die Verwendung des Guanidincarbonats bei quantitativen Trennungen haben JÍLEK und KOTA geliefert. Aus diesen Arbeiten sei kurz folgendes angeführt:

Trennung des Aluminiums von Beryllium. **Allgemeines.** Aluminium wird durch Guanidincarbonat gefällt, ist jedoch in einem Überschuß des Fällungsmittels löslich, während sich Beryllium, das ebenfalls ausfällt, in einem Überschuß von Guanidincarbonat nicht löst. Aus ammontartrathaltigen Lösungen wird nur Beryllium, nicht aber Aluminium gefällt. Durch das mit einem Überschuß von Guanidincarbonat in Ammontartratlösung entstehende Ammoncarbonat kann der entstandene Berylliumniederschlag teilweise gelöst werden. Bei Anwendung kleiner Mengen Ammontartrat entsteht relativ wenig Ammoncarbonat, dessen Einwirkung auf Beryllium durch Zugabe von Formaldehyd durch Überführung des Ammoncarbonats in Hexamethylentetramin paralysiert werden kann.

Die Zusammensetzung des Niederschlages ist stark von den Fällungsbedingungen abhängig und deutet eher auf ein besonderes Berylliumcarbonat als auf ein Doppelcarbonat des Berylliums und Guanidins, dem sich die wahrscheinliche Formel

$$2\,BeCO_3 \cdot Be(OH)_2 \cdot H_2O$$

zuschreiben läßt.

Arbeitsvorschrift. Einer schwach sauren Lösung, für die man am besten Salzsäure oder Salpetersäure wählt (der Säureüberschuß wird verdampft) und die maximal 0,1 g BeO und 0,1 g Al_2O_3 enthält, werden 50 cm³ Ammontartratlösung, die durch Neutralisieren einer wäßrigen Lösung von etwa 42,5 g Weinsäure mit verdünntem Ammoniak und durch Verdünnen mit Wasser auf 2 l hergestellt ist, zugesetzt. Die Lösung wird durch verdünnte Kalilauge abgestumpft, so daß sie gegen Methylrot noch schwach sauer bleibt. Hierauf werden zu dieser Lösung unter ständigem Rühren und in der Kälte 150 cm³ filtrierte 4%ige Guanidincarbonatlösung und 2,5 cm³ 40%ige annähernd neutrale Formaldehydlösung hinzugefügt. Nach der Fällung wird mit Wasser auf etwa 250 cm³ aufgefüllt. Der während einiger Sekunden entstandene, seidenartig glänzende krystallinische Niederschlag wird nach 12- bis 14stündigem Stehen durch ein Blaubandfilter von SCHLEICHER SCHÜLL filtriert und mit einer kalten Flüssigkeit, die in einem Volumen von 250 cm³ Ammontartratlösung der erwähnten Konzentration, 150 cm³ 4%ige Guanidincarbonatlösung und 2,5 cm³ 40%iges Formalin enthält, bis zum Verschwinden der Chlorreaktion ausgewaschen. Der Niederschlag wird dann durch Glühen bis zum konstanten Gewicht in BeO übergeführt.

Bei einer größeren Menge von Ammonsalzen und bei unbekannter Konzentration müssen diese Salze vor der Fällung durch Formalin und Lauge beseitigt werden, um eine Veränderung der Konzentration des Fällungsmittels zu vermeiden. In Gegenwart von Ammonsalzen unbekannter Konzentration ist die Arbeitsvorschrift folgende:

Der zu fällenden Flüssigkeit werden 50 cm³ Ammontartratlösung und etwa 5 cm³ 40%ige Formaldehydlösung zugesetzt. Dann wird etwa 3 n Natronlauge bis zur dauernden Rotfärbung mit Phenolphthalein, die sich auch bei weiterem Zusatz von Formalin nicht mehr ändert, zugetropft. Hierauf wird die Fällung mit verdünnter Salzsäure bis zur sauren Reaktion gegen Methylrot angesäuert, der Überschuß dieser Säure mit verdünnter Lauge abgestumpft, so daß die Lösung gegen Methylrot schwach sauer bleibt, und im übrigen, wie bereits oben beschrieben wurde, verfahren.

Das Aluminium wird im Filtrat nach Abdampfen durch Mineralisierung mit konzentrierter Schwefelsäure (etwa 25 cm³) und Fällung mit Ammoniak (oder mit Oxin) bestimmt, wobei auf Verunreinigungen durch Kieselsäure aus den Reagenzien und aus dem Glas Rücksicht zu nehmen ist. Empfehlenswerter ist eine direkte Bestimmung mit Oxin zu versuchen (vgl. S. 245). Natrium- und Kaliumsalze wirken in keiner Weise störend auf die Fällung. Sulfate verlangsamen die Fällung.

Genauigkeit. Von JÍLEK und KOTA ausgeführten Fällungen von Beryllium neben Aluminium mit 150 cm³ 4%iger Guanidincarbonatlösung bei Anwesenheit von 50 cm³ Ammontartratlösung und verschiedener Mengen von Ammonsalzen, die vor der Fällung mit Formalin und Lauge beseitigt wurden, ergaben folgendes:

Bei Anwendung von 66,6 mg BeO und 102,1 mg Al_2O_3 wurden bei 2 Bestimmungen Differenzen von + 0,1 und + 0,2 mg BeO festgestellt. Bei Anwendung von 8,8 mg BeO und 102,1 mg Al_2O_3 wurde der theoretische Wert von 8,8 mg BeO wieder gefunden.

Bei Anwendung von 88,8 mg BeO und 102,1 mg Al_3O wurden in Gegenwart von Kalisalzen bei 2 Analysen Differenzen von − 0,3 und − 0,4 mg BeO festgestellt.

Nach der gleichen Vorschrift läßt sich auch die Trennung des Berylliums von Eisen, Uran, Thorium, Thallium, Chromat, Molybdat, Kupfer, arseniger und antimoniger Säure durchführen[1].

XVI. Elektrolytische Trennung von Nickel und Zink in Gegenwart von Aluminium nach TORRANCE.

Zur elektrolytischen Abscheidung von Nickel und Zink in Gegenwart von Aluminium werden Platinelektroden verwendet, während als Hilfselektrode eine von LINDSEY und SAND beschriebene dient.

[1] Fr. 89, 345 (1932).

Arbeitsvorschrift von TORRANCE. Zu 50 cm³ Lösung, die je 100 bis 200 mg Nickel und Zink und bis zu 500 mg Aluminium als Sulfate oder Chloride enthält, setzt man 5 g Weinsäure und 5 g Ammoniumchlorid. Man macht dann ammoniakalisch bis Phenolphthalein eben rot gefärbt wird und gibt noch einen Überschuß von 20 cm³ Ammoniak (D = 0,880) hinzu. Nach weiterer Zugabe von 2 g Natriumsulfit elektrolysiert man mit einem Hilfspotential von 1 V zwecks Abscheidung des Nickels. Nach den ersten 5 Min. erhöht man die Spannung auf 1,1 V und hält sie weitere 10 Min. lang konstant. Nachdem man dann die in der Spitze der Hilfselektrode befindliche Lösung in die Elektrolysenflüssigkeit hat abfließen lassen, elektrolysiert man noch weitere 5 Min. Die so vom Nickel befreite Lösung wird nun mit Eis auf Zimmertemperatur abgekühlt, mit 5 cm³ Ammoniak versetzt und das Zink in 25 bis 30 Min. bei 20° C durch einen Strom von 3 Ampere abgeschieden.

Genauigkeit. Nach dieser Arbeitsvorschrift von TORRANCE ausgeführte Beleganalysen ergaben vollkommen einwandfreie Ergebnisse.

Literatur.

BALZ, G.: Z. anorg. Ch. **231**, 15—23 (1937). — BERG, R.: (a) Fr. **76**, 191 (1929); (b) **71**, 369 (1927); (b') **70**, 341 (1927); (c) **71**, 23 (1927); (d) **71**, 171 (1927); (e) **71**, 321 (1927); (f) Das o-Oxychinolin (Oxin). Stuttgart 1935; 2. Aufl.: Die analytische Verwendung von o-Oxychinolin („Oxin") und seiner Derivate. Stuttgart 1938. — BERG, R. u. E. S. FAHRENKAMP: Fr. **109**, 305—315 (1917). — BERG, R. u. H. KÜSTENMACHER: Z. anorg. Ch. **204**, 208 (1932). — BERG, R. u. M. TEITELBAUM: Fr. **81**, 1 (1930). — BILTZ, H. u. W. BILTZ: Ausführung quantitativer Analysen 1930, S. 190. — BLUMENTHAL, H.: Mitt. dtsch. Mat.-Prüf.-Anst. Sonderheft XII, 42 (1933); Fr. **99**, 59 (1934). — BRUHNS, G.: Ch. Z. **42**, 301 (1918). — BRUNCK, O.: Ang. Ch. **20**, 1844 (1907).

CIMMERMANN, CH. u. P. WENGER: Arch. Sci. phys. nat. [5] **19**, 162 (1937). C. **1938 I**, 3503. — CURTMANN, L. J. u. H. DUBIN: Am. Soc. **34**, 1485 (1912).

DICKENS, P. u. G. MAASSEN: Arch. Eisenhüttenw. **9**, 487 (1935/36). — DROWN, TH. M. u. A. G. MACKENNA: Chem. N. **64**, 194 (1891); J. Anal. Ch. **5**, 627 (1891); C. **1892 I**, 179.

ERDHEIM, E.: Roczniki Chem. Ukraine **13**, 64 (1933); durch C. **105 I**, 2625 (1934).

FLECK, H. R.: Analyst **62**, 378 (1937). — FLECK, H. R. u. A. M. WARD: Analyst **58**, 388 (1933).

GADEAU, R.: Rev. Métall. **32**, 398—400 (1935); C. **107 I**, 2151 (1936). — GOOCH, F. A.: Chem. N. **52**, 68 (1885); Fr. **26**, 242 (1887). — GOTO, H. J.: Sci. Rep. Tohoku Imp. Univ. Ser. I, **26**, 391 (1937); C. **109 II**, 1821 (1938). — GROSSMANN, H. u. B. SCHÜCK: Ch. Z. **31**, 912 (1907).

HAHN, F. L.: B. **57**, 1854 (1924). — HAHN, F. L. u. J. DORNAUF: Angew. Ch. **35**, 229 (1922); Fr. **63**, 449 (1923). — HILLEBRAND, W. F. u. G. E. F. LUNDELL: Applied Inorganic Analysis, London **1929**, (a) S. 60; (b) S. 61 u. 62; (c) S. 60; (d) S. 60 u. 61.

ISHIMARU, S.: Sci. Rep. Tohoku Univ., 1. Serie **24**, 493 (1935); C. **107 I**, 3872 (1936).

JAKÓB, W. F.: Roczniki Chem. **5**, 159—172 (1925); C. **97 II**, 1774 (1926). — JAMIESON, G. S. u. R. WRENSHALL: J. ind. eng. Chem. **6**, 203 (1914); Fr. **54**, 606 (1915); C. **85 I**, 1524 (1914). — JANDER, G.: Angew. Ch. **36**, 587 (1923); Fr. **63**, 449 (1923). — JÍLEK, A. u. J. KOTA: Fr. 87, 422 (1931); **89**, 345 (1932).

KOKTA, D. u. R. BERG: R. BERG, Das o-Oxychinolin („Oxin"). Stuttgart 1935; 2. Aufl.: Die analytische Verwendung von o-Oxychinolin („Oxin") und seiner Derivate, S. 80. Stuttgart 1938. — KOROSSTISCHEWSKAJA, L. D.: Pharm. Ztg. (russ.) **9**, 26 (1936); C. **107 II**, 3145 (1936).

LEHMANN, K. B.: Arch. Hyg. **106**, 309 (1931). — LINDSEY, A. J. u. H. J. S. SAND: Analyst **59**, 328 (1934); Fr. **99**, 209 (1934).

MENDIUS, O.: Ann. **103**, 39 (1855). — MOSER, L. u. A. BRUKL: (a) B. **58**, 380 (1925); Fr. **78**, 141 (1929); (b) M. **47**, 715 (1926); vgl. L. MOSER u. W. M. REIF: M. **52**, 344 (1929); Fr. **93**, 137 (1933). — MOSER, L. u. E. IRÁNYI: M. **43**, 680 (1923). — MOSER, L. u. F. SIEGMANN: M. **55**, 21 (1930). — MOYER, H. V. u. W. J. REMINGTON: Ind. eng. Chem. Anal. Edit. **10**, 212 (1938).

NAVEZ, H.: Ing. Chimiste (Brux.) **23**, 1 (1939). — NUSSBAUM, F.: Metallwirtschaft, -wissenschaft u. -technik **20**, 599 (1941).

PAEPE, D. DE: Ch. Z. **20**, 1004 (1896). — PULLER, R. E. O.: Fr. **10**, 53 (1871). — PRODINGER, W.: Organische Fällungsmittel in der quantitativen Analyse 1939, S. 105.

QUADRAT, O. u. J. KORECKY: Coll. Trav. chim. Tchécosl. **2**, 169 (1930); C. **1930 I**, 3537.

RÂY, P. u. M. K. BOSE: Mikrochemie **18** (N. F. **12**), 89 (1935); C. **107 I**, 389 (1936). — RÂY, P. u. A. K. MAJUNDAR: Fr. **100**, 324 (1935).

SANKO, A. M. u. G. A. BUTENKO: Betriebslab. **5**, 415 (1936); C. **107 II**, 2760 (1936). — SANKO, A. M. u. A. J. BRUSSUK: Angew. Ch. (russ.) **9**, 895 (1935); C. **107 II**, 3928 (1936); Fr. **113**, 41 (1938). — SARUDI, J.: Fr. **110**, 117 (1937). — SCHMITZ, B.: Fr. **65**, 40 (1924/25). — SCHOKLITSCH, K.: Mikrochemie (N. F.) **14**, 247 (1936). — SCHUBIN, J.: Betriebslab. **3**, 485 (1934); durch Fr. **105**, 131 (1936). — SCHWARZ v. BERGKAMPF, E.: Fr. **83**, 347 (1931). — STRAUSS, K.: Alum. nonferrons. Rev. **2**, 418 (1936/37); C. **109 II**, 3577 (1938). — SWIFT, E. H., R. C. BARTON u. H. S. BACKUS: Am. Soc. **54**, 4161 (1932); Fr. **95**, 446 (1933).

THORNTON, jun., W. M.: Z. anorg. Ch. **87**, 380 (1914). — TORRANCE, S.: Analyst **63**, 488 (1938); Fr. **120**, 29 (1940).

VIRGILI, J. F.: Fr. **44**, 492 (1905); C. **76 II**, 985 (1905).

WEELDENBURG, J. G.: Rec. trav. chim. Pays-Bas **43**, 465 (1924); C. **95 II**, 513 (1924). — WILKE-DÖRFURT: (a) Wiss. Veröffentl. Siemens-Konzern **1**, 84 (1922); Fr. **66**, 110 (1925); (b) Wiss. Veröffentl. Siemens-Konzern **3**, 9 (1924).

ZINNBERG, S. L.: Betriebslab. **2**, 13 (1933). — ZUKOWSKAJA, S. S. u. S. T. BALJUK: Betriebslab. **4**, 397 (1935); durch Fr. **105**, 131 (1936).

§ 18. Besondere Trennungsverfahren; Aufschluß von Aluminiumoxyd-Eisenoxydgemischen durch Verfahren in trockenen Medien.

Allgemeines. Es handelt sich im folgenden um Verfahren, bei denen Eisenoxyd, das im Gemisch mit Aluminiumoxyd vorliegt, durch Erhitzen in bestimmter Atmosphäre Umsetzungen erfährt. Durch Erhitzen im Wasserstoffstrom wird es zu Metall reduziert. Aus der Gewichtsverminderung kann man auf die ursprünglich vorhandene Menge Eisenoxyd schließen, oder man kann das Eisen durch Auflösen in Salpetersäure, durch Verflüchtigen als Eisen(II)-Chlorid im Chlorwasserstoffstrom oder schließlich als Eisen(III)-Chlorid im Chlorstrom entfernen. Endlich ist auch eine unmittelbare Abtrennung des Eisens ohne vorherige Reduktion im Wasserstoffstrom möglich, wenn das Oxydgemisch bei geeigneter Temperatur in Chlorwasserstoffatmosphäre erhitzt wird.

Der analytische Wert dieser Verfahren ist heute verhältnismäßig gering, da sie umständlich sind und größeren apparativen Aufwand verlangen. Im Verhältnis dazu ist ihre Zuverlässigkeit keineswegs besonders hoch einzusetzen.

I. Bestimmung von Tonerde und Eisenoxyd durch Glühen im Wasserstoffstrom.

Vorbemerkung. RIVOT bestimmt Tonerde und Eisenoxyd, indem er das Gemisch beider Oxyde nach dem Glühen in einem Schiffchen wägt, dann in einem Rohr im trockenen Wasserstoffstrom glüht und wieder wägt. Während Aluminiumoxyd unverändert bleibt, wird das Eisenoxyd zu Eisen reduziert. Aus dem Verlust an Sauerstoff kann der Gehalt an Eisenoxyd berechnet werden. Ist viel Tonerde zugegen, so soll das Eisen durch Behandlung mit verdünnter Salpetersäure (1:30) extrahiert, dann die Tonerde für sich und das aus der Lösung mit Ammoniak gefällte Eisenoxyd nach dem Glühen gewogen werden.

Genauigkeit. RIVOT gibt folgende Beleganalysen an:

	I g	II g	III g
	Abgewogen		
Al_2O_3	0,500	0,152	0,053
Fe_2O_3	0,500	0,427	0,526
	Gefunden		
Sauerstoffverlust	0,156	0,132	0,161
oder Fe_2O_3	0,510	0,431	0,527

Nach dem Lösen des Eisens in verdünnter Salpetersäure, Fällen des Eisens mit Ammoniak, Wägen als Fe_2O_3 und gleichzeitiger Wägung der ungelösten Tonerde wurden erhalten:

	I g	II g	III g
Al_2O_3	0,492	0,148	0,052
Fe_2O_3	0,498	0,428	0,524

II. Abtrennung des Eisens aus dem Oxydgemisch durch Verflüchtigung als wasserfreies Chlorid im Chlorwasserstoff- oder Chlorstrom (gegebenenfalls nach vorheriger Reduktion des Eisenoxydes zu Metall).

1. Reduktion des Eisenoxydes mit Wasserstoff und anschließender Behandlung im Chlorwasserstoffstrom. COOKE hat das von DEVILLE zur Trennung des Eisenoxydes von den Erden durch Reduktion des Eisenoxydes im Wasserstoffstrom und anschließendes Erhitzen im Chlorwasserstoff-Gasstrom angegebene Verfahren zur Trennung des Eisenoxydes von der Tonerde, von Berylliumoxyd und den meisten seltenen Erden angewendet. Nach den Angaben von COOKE wird unter Verwendung eines Platinrohres statt des von DEVILLE benutzten Porzellanrohres gearbeitet. Das Verfahren besitzt nur historisches Interesse.

Das fein gepulverte Gemisch der Oxyde wird in ein Platinschiffchen eingewogen und dieses in ein Platinrohr hineingeschoben. Man erhitzt das Rohr vorher unter Durchleiten von Wasserstoffgas etwa $^1/_2$ Std. Nach der Reduktion des Eisenoxydes wird der Wasserstoff durch einen raschen Strom von reinem Salzsäuregas unter stärkerem Erhitzen ersetzt. Dadurch wird das Eisen in Eisen(II)-Chlorid verwandelt, welches mit dem Gasstrom flüchtig weggeführt und in Wasser geleitet wird. Man läßt dann im Wasserstoffstrom erkalten. Wenn der Rückstand im Schiffchen nicht vollkommen weiß erscheint, wird der Prozeß wiederholt. Nach COOKE soll man schließlich Tonerde und andere Oxyde rein erhalten.

***2. Reduktion des Eisenoxydes mit Wasserstoff und anschließender Behandlung im Chlorstrom nach* POZZI-ESCOT.** Auch dieses ziemlich umständliche Verfahren sei nur der Vollständigkeit halber erwähnt.

POZZI-ESCOT gibt als eine genaue gravimetrische Methode zur Trennung des Eisens vom Aluminium folgende an:

Die durch Fällung mit Ammoniak erhaltenen gemischten Oxyde des Eisens und Aluminiums werden in einem Quarzschiffchen im elektrisch beheizten Rohr erhitzt, wobei Eisenoxyd durch Wasserstoff bei 550 bis 600° zu Eisen reduziert wird. Das metallische Eisen wird im Chlorstrom als Ferrichlorid verflüchtigt und der Rückstand als Tonerde gewogen.

***3. Abtrennung des Eisens aus dem Oxydgemisch durch Erhitzen im Chlorwasserstoffstrom.* Vorbemerkung.** GOOCH und HAVENS haben festgestellt, daß beim Erhitzen von Eisenoxyd im trockenen Salzsäure-Gasstrom bei 180 bis 200° ein Teil des Eisenoxydes als Ferrichlorid flüchtig weggeht und daß ein rötlicher Rückstand hinterbleibt, der beim zweiten Erhitzen weiß wird und sich auch bei Steigerung der Temperatur bis auf 500° nicht ändert. Der weiße Rückstand erwies sich als Oxydulsalz, während der rötlich gefärbte Rückstand noch Oxyd enthielt. Es hinterblieben als Rückstand 5 bis 10% der angewendeten Eisenoxydmenge.

Läßt man das Salzsäuregas plötzlich bei 450 bis 500° auf das Eisenoxyd einwirken, so wird die gesamte Eisenoxydmenge verflüchtigt, und es hinterbleibt kein Rückstand. Dasselbe Resultat wird bei 180 bis 200° erreicht, wenn man dem Salzsäuregas etwas freies Chlor beimischt. Man kann so Eisen von Substanzen trennen, die unter denselben Bedingungen nicht flüchtig sind. Zum Beispiel läßt sich auf diese Weise Eisenoxyd von Tonerde quantitativ trennen, wie eine Versuchsreihe von GOOCH und HAVENS zeigt.

Arbeitsvorschrift nach MEINEKE. Eisenoxyd und Tonerde können nach MEINECKE durch Erhitzen im Salzsäuregasstrom getrennt werden. Die Oxyde befinden sich in einem Platinschiffchen, das in ein schwer schmelzbares in einem geeigneten Ofen liegendes Glasrohr eingeführt wird. Dieses Rohr ist auf der einen Seite mit einer mit Wasser bedeckten Vorlage und auf der anderen Seite mit der Salzsäure-Entwicklungsapparatur verbunden. Beim Erhitzen im Salzsäure-Gasstrom geht das Eisen als Ferrichlorid flüchtig fort, während Tonerde unverändert im Schiffchen zurückbleibt. Wenn alles Eisen übergetreten ist, ersetzt man den Salzsäure-Gasstrom durch einen trockenen Luftstrom, läßt darin erkalten und wägt die Tonerde.

Die zurückbleibende Tonerde enthält jedoch stets etwas Eisen, so daß sie meist schwach gelb gefärbt erscheint. Je größer die relative Menge des Eisens ist, um so genauer werden die Resultate.

Literatur.

COOKE, J. P.: Am. J. Sci. (Sill.) [2] **42**, 78 (1866); Fr. **6**, 226 (1867).

DEVILLE, H. SAINT-CLAIRE: Ann. Chim. et Phys. XXXVIII; Fr. **6**, 226 (1867).

GOOCH, F. A. u. F. S. HAVENS: J. Am. Sci. (Sill.) [4] **7**, 370 (1899); Fr. **44**, 714 (1905); C. **70 I**, 1270 (1899).

MEINEKE, C.: Lehrbuch der chemischen Analyse, Bd. I, S. 576.

POZZI-ESCOT, E.: Rev. cienc. facult. cienc. biol. fis mat. univ. Major de San Marco (Peru) **38**, No 417, 27 (1936); Chem. Abstr. **31** ,1723 (1937).

§ 19. Technische Sonderverfahren.

Allgemeines.

Die Aufgabe des vorliegenden Kapitels ist, einen möglichst umfassenden Überblick über die *grundlegenden* Methoden zur Bestimmung und Trennung des Aluminiums zu geben. Die Voraussetzung für ihre Anwendung ist das Vorhandensein des Aluminiums (und der übrigen Elemente) in *wäßriger Lösung* oder — allenfalls noch — in Form der Oxyde. Es ist dabei bewußt darauf verzichtet worden, spezielle Verfahren und Vorschriften zu bringen, die zur Analyse bestimmter technischer Erzeugnisse, wie z. B. Legierungen, keramische Stoffe, Gläser usw. oder bestimmter Naturstoffe, wie z. B. Mineralien, Gesteine, biologische Materialien usw., dienen sollen. In der überwiegenden Mehrzahl der Fälle kehren bei der Analyse dieser Stoffe stets die oben erwähnten grundlegenden Methoden in geeigneter Kombination und Abwandlung wieder. Eine Hauptaufgabe des Analytikers besteht ja darin, für jedes ihm neu gestellte analytische Problem den zweckmäßigsten Analysengang unter Auswahl der am besten geeigneten Verfahren aus dem vorhandenen Schatz an solchen grundlegenden Methoden zusammenzustellen.

In dem vorliegenden Kapitel sollen als Sonderfälle nur einige Verfahren erwähnt werden, die in ihrer Art allenfalls noch zu den grundlegenden Methoden gerechnet werden könnten. Sie unterscheiden sich von den bisher beschriebenen Verfahren dadurch, daß ihre Methode nicht mehr an wäßrige Lösungen (oder Oxydgemische), sondern an bestimmte, technisch vorkommende Stoffe, z. B. metallisches Aluminium, aluminiumhaltige Legierungen, aluminiumoxydhaltige Legierungen und Stähle usw. gebunden ist. Es handelt sich hierbei nicht um die Anwendung eines der für wäßrige Lösungen ausgearbeiteten und bereits in diesem Zusammenhang erörterten Verfahren, sondern um andersartige analytische Wege, die der Eigenart des zu untersuchenden Stoffes besonders angepaßt sind.

Hierzu gehören z. B. die gasvolumetrische Methode zur Bestimmung des Reinheitsgrades von Aluminiummetall durch Messen des mit Säure entwickelten Wasserstoffes, die Abtrennung des Aluminiums von anderen Legierungsbestandteilen durch Erhitzen der Legierung in einer Halogen- oder Halogenwasserstoffatmosphäre oder durch Behandlung der Legierungen mit Alkalilauge, Bestimmung eines Aluminiumoxydgehaltes in Legierungen auf trockenem oder nassem Wege u. a. m.

I. Gasvolumetrische Bestimmung des metallischen Aluminiums nach der Wasserstoffentwicklungsmethode.

Allgemeines. Die Methode beruht darauf, daß der durch Einwirkung von Schwefelsäure oder Alkalilauge auf metallisches Aluminium entwickelte Wasserstoff gemessen oder zu Wasser verbrannt und gewogen wird. Meist wird die gasvolumetrische Methode angewendet. Das Metall wird dabei in einem geeigneten Kolben am besten mit Alkalilauge zersetzt und der durch die Reaktion frei werdende Wasserstoff in einer oben erweiterten Bürette, die gewöhnlich mit einem Wassermantel umgeben ist, aufgefangen und gemessen, wobei Temperatur und Druck genau berücksichtigt werden, ebenso müssen auch die durch gewisse Zusätze oder Verunreinigungen des Aluminiums, wie z. B. von Eisen beim Arbeiten mit Säure oder von Silicium beim Lösen des Metalles in Lauge sich entwickelnden Wasserstoffmengen berücksichtigt und in Abzug gebracht werden.

CAPPS hat festgestellt, daß Schwefelsäure nicht nur auf Eisen, sondern auch auf Silicium einwirkt, so daß eine Korrektur des Wasserstoffs nicht nur für Eisen, sondern auch für Silicium anzubringen wäre.

Falls auch Magnesium und Zink vorhanden sind, sind auch die durch diese entstehenden Wasserstoffmengen abzuziehen, während Kupfer weder durch Laugen noch durch nicht oxydierende Säuren angegriffen wird. Nach WETOSCHKIN entwickeln von den im Aluminium vorhandenen Verunreinigungen bzw. Legierungsbestandteilen mit Alkalilauge Kupfer und Nickel keinen und Magnesium nur ganz geringe Mengen Wasserstoff.

Der Carbidgehalt des Handelsaluminiums ist meist so gering, daß die sich daraus nach der Gleichung

$$Al_4C_3 + 6\,H_2O = 3\,CH_4 + 2\,Al_2O_3$$

entwickelnden Methanmengen vernachlässigt werden können. Ebenso sind nach CAPPS die im Aluminium auftretenden Verunreinigungen an Aluminiumnitrid gering. Diese würden sich bei Einwirkung des Reagens nach der Gleichung umsetzen:

$$4\,AlN + 6\,H_2O = 4\,NH_3 + 2\,Al_2O_3.$$

Das entstandene Ammoniak würde sich in der Bürette in Wasser leicht auflösen und so keinen Einfluß auf das Wasserstoffvolumen ausüben, wenn die Mengen nicht so groß sind, daß sich ein merklicher Partialdruck des Ammoniaks ergibt, was übrigens durch Ansäuern des Sperrwassers vollkommen unterbunden werden könnte.

Wenn Salzsäure als Reagens für das Auflösen des Aluminiums verwendet wird, kann diese zum Teil mit dem Wasserstoff in die Meßbürette gelangen und sich hier in den an den Wandungen der Bürette haftenden Wasseranteilen auflösen. Hierdurch kann eine Erniedrigung des Wasserdampfdruckes eintreten und eine Ungenauigkeit bei der Ablesung des Gasvolumens verursacht werden. Zwecks Vermeidung dieser Fehlerquelle wird man ein geeignetes Reagens, am besten Alkalilauge, verwenden. Fehlerquellen durch im Aluminiummetall gelöste Gase sind sehr gering. Wenn man annimmt, daß der Gehalt des Metalls an solchen Gasen, die hauptsächlich aus Wasserstoff bestehen, nach den aus der Literatur bekannten Unterlagen im Höchstfalle etwa $^1/_{30}$ des Metallvolumens betragen, so kann sich der Fehler nach CAPPS auf etwa 0,01 Gew.-% belaufen. Im allgemeinen wird ein Fehler entstehen, der zu klein ist, um die Resultate wesentlich zu ändern.

Bestimmungsmethoden.

Vorbemerkung. FRESENIUS sowie BEILSTEIN und JAWEIN stellten zwecks Wertbestimmung des Zinkstaubes die Menge des beim Behandeln des Metallpulvers mit Laugen oder Säuren entwickelten Wasserstoffes fest. Auch die Methode von MEYER beruht darauf, daß der durch Zink mit verdünnter Schwefelsäure entwickelte Wasserstoff gemessen wird. KLEMP verbrennt für die Bestimmung des metallischen Aluminiums den in gleicher Weise bei der Behandlung des käuflichen Aluminiums mit Lauge entstandenen Wasserstoff in der von FRESENIUS bei den Zinkbestimmungen benutzten Apparatur zu Wasser, das gewogen wird und fand in einem Aluminium, in dem nach der Ammoniakfällungsmethode 98,14 und 98,13% Aluminium festgestellt waren, nach dieser Methode 98,42 und 98,37% Aluminium.

SCHULZE wandte bereits die gasvolumetrische Methode an, um verschiedene Aluminiumsorten vergleichen zu können, indem er die aus alkalischer Lösung entwickelte Gasmenge bestimmte. Die erhaltenen Gasmengen bezeichnet er als annähernd dem Gehalt an Aluminium entsprechend. LOSANA löst das Aluminium in einem geeigneten Kolben in Kalilauge und fängt den entbundenen Wasserstoff in einer oben erweiterten Bürette auf. Nach seinen Angaben entspricht 1 ccm Gas bei 0° und 760 mm Druck 0,000802 g Aluminium und nach seinen Versuchen stimmen die erhaltenen Resultate mit den nach der gravimetrischen Methode festgestellten Werten sehr gut überein. Ähnlich verfährt IWANIKOW, der das Aluminium oder die Aluminiumlegierung in einem mit Kali- oder Natronlauge beschickten Kolben durch einen seitlichen Stutzen mit einem Löffelchen einführt. Das entwickelte Gas wird in einer mit einem Wassermantel umschlossenen Bürette *aufgefangen.*

Nach LUNGE-BERL erfolgt die Wertbestimmung des Aluminiums gasvolumetrisch, wobei etwa 0,3 g des abgewogenen Metalls in ein Sturzfläschchen gebracht und darin mit 45 cm³ etwa 40%iger Kalilauge zersetzt werden (vgl. WOGRINZ). Ferner wird empfohlen, die Bestimmung in einem Zersetzungskolben nach BERL-JURISSEN auszuführen. Dieser besteht aus einem starkwandigen Rundkolben von 250 bis 300 cm³ Inhalt, dem durch einen Glasschliff eine Glashaube angefügt ist. Diese Haube trägt einerseits einen Tropftrichter mit Glashahn und andererseits ein Capillarrohr, das durch einen Hahn verschließbar ist, der sowohl Verbindung mit der Außenluft als auch mit der Bürette ermöglicht.

***Verfahren von* WETOSCHKIN.** WETOSCHKIN benutzt eine Meßbürette der zur Bewertung von Zinkstaub vorgeschlagenen Apparatur von MEYER, welche oben kugelförmig erweitert ist. Die Erweiterung hat ein Volumen von 260 cm³, während das Rohr von 260 bis 400 cm³ mit einer 0,5 cm³ Teilung versehen ist. Wie üblich, ist das Ende der Bürette mittels Gummischlauches mit einem Niveaugefäß zum Ausgleich der Wassersäule verbunden. An der Kugelöffnung befindet sich ein T-Stück, dessen eine Öffnung mit dem Entwicklungsgefäß, dessen zweite mit der Außenluft und dessen dritte mit der Bürette verbunden ist. Für die Bestimmung bringt man 0,2 bis 0,3 g Aluminiumspäne oder -stücke sowie ein Reagensglas mit der zur Lösung des Metalls erforderlichen Menge Lauge (1:1) in das Entwicklungsgefäß, welches darauf verschlossen und mit dem *T*-Stück verbunden wird. Nach dem Ausgleich von Druck und Temperatur wird der Apparat geschlossen, das *T*-Stück zur Bürette geöffnet und die im Reagensglas befindliche Lauge durch Neigen des Entwicklungsgefäßes zum Ausfließen gebracht. Für die Berechnung des Aluminiums aus dem entwickelten Wasserstoff setzt WETOSCHKIN das Atomgewicht des Aluminiums mit 26,97 und das des Wasserstoffs mit 1,008 ein.

***Verfahren von* KRAY. Prinzip und Apparatur.** Das Prinzip ist dasselbe wie das von MEYER für die Wertbestimmung des Zinks angewandte, der aus dem Metall mit verdünnter Schwefelsäure oder Alkalilauge erzeugte Wasserstoff wird gasvolumetrisch bestimmt. Als Reaktionsgefäß benutzt KRAY jedoch eine Art Tauchfilter aus Jenaer Glas, dessen Boden aus einer Jenaer Sinterglasscheibe mittlerer Porosität von 3 mm Stärke besteht. Hierdurch ist ein einfaches Mittel gegeben, den Gang der Reaktion dadurch zu kontrollieren, daß die Säure oder Lauge dem Reaktionsgefäß nach Belieben entzogen oder zugeführt werden kann. Ferner wird eine Anhäufung der durch die Reaktion entstandenen Salze auf der Oberfläche des Metalles vermieden, da ständig frische Reaktionsflüssigkeit zugeführt werden kann. Das in einem Becherglas befindliche Entwicklungsgefäß ist durch ein Capillarrohr mit dem Eudiometer verbunden. Dieses faßt 400 cm³, deren letzte 80 cm³ in $^1/_{10}$ cm³ eingeteilt sind. Der Reaktionskolben taucht bis zum Hals in Wasser. Durch Versetzen des Wassers mit Schwefelsäure oder Lauge wird die Wasserstoffentwicklung eingeleitet und durch entsprechendes Senken und Heben des Niveaugefäßes beschleunigt oder verzögert. Zur Bestimmung des Aluminiums wird zweckmäßig Lauge verwendet.

Ausführung der Bestimmung. Die Apparatur (vgl. Abb. 9) wird in einem Raum mit gleichmäßiger Temperatur untergebracht. Alle Gummischlauchverbindungen werden mit Draht befestigt und das Eudiometerrohr wird vollständig mit destilliertem Wasser gefüllt, das mit Wasserstoff gesättigt ist. Eine Metallmenge, die einer Menge von 300 cm³ Wasserstoff unter normalen Bedingungen entspricht, wird in das trockene, als Reaktionsgefäß dienende Eintauchfilter eingewogen. Ein Stück Gummischlauch von etwa 0,47 cm innerem Durchmesser und 10 cm Länge wird an das Entwicklungsgefäß angeschlossen. In dieses wird schnell destilliertes, mit Wasserstoff gesättigtes Wasser gegossen, bis dieses über das obere Ende des Gummischlauches ausfließt und der Schlauch alsdann mit einem Quetschhahn geschlossen, so daß das Wasser nicht durch das poröse Filter fließen kann und der Eintritt von Luft vermieden wird. Nach dem Zudrücken des Quetschhahnes und nach vollständigem Füllen des Gummischlauches mit Wasser wird das Reaktionsgefäß mit dem Eudiometer verbunden. Darauf wird in das Becherglas destilliertes Wasser gegeben, bis das Reaktionsgefäß bis zum Halse eintaucht und der Quetschhahn entfernt. Die Reaktion kann nun stattfinden. In das Becherglas wird ein wenig konzentrierte Lauge gegossen, der Hahn des Eudiometers geöffnet und durch Ausgleich mit dem Niveaugefäß durch leichtes Senken ein wenig Lauge in das Eintauchfilter gebracht. Die Reaktion wird dann durch Senken des Niveaugefäßes je nach Erfordernis verstärkt. Während einer Bestimmung wird das Niveaugefäß 2- bis 3mal gehoben und die Flüssigkeit aus dem Entwicklungsgefäß teilweise ausgetrieben. Beim Senken des Niveaugefäßes tritt wieder frische Lauge zu, und die Reaktion schreitet mit erneuter Kraft weiter fort. Zur Vervollständigung der Reaktion wird das Niveaugefäß langsam gesenkt und das gesamte im Entwicklungsgefäß und im Rohr befindliche Gas in das Eudiometerrohr übergetrieben, wo es nach 5 Min. in üblicher Weise gemessen wird.

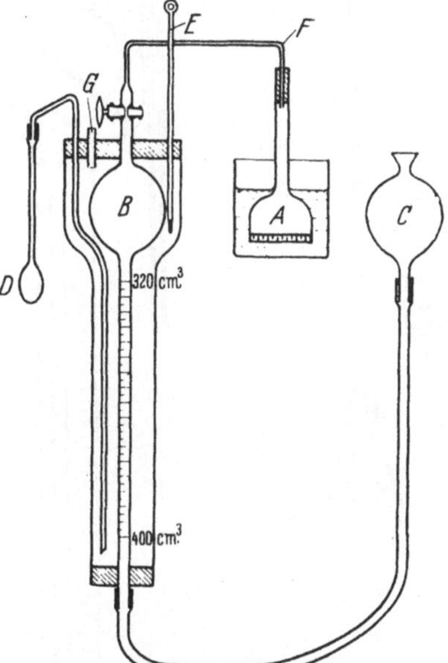

Abb. 9. Apparatur zur gasvolumetrischen Aluminiumbestimmung nach R. H. KRAY. *A* Tauchfilter, *B* Eudiometer, *C* Nivelliergefäß, *D* Wasserrührer, *E* Thermometer, *F* Capillarrohr, *G* Öffnung für den Ein- und Austritt der Luft.

Barometer- und Thermometerablesungen werden genau kontrolliert. Die Berechnung erfolgt nach der Formel

$$\frac{P \cdot V}{T} = \frac{(P' - v)\, V'}{T'} \cdot \frac{1 - (0{,}00018 \cdot t)}{1}$$

$$\frac{V}{X} \cdot 100 = \%\ \text{Metall in der Probe.}$$

X = Volumen von Wasserstoff unter normalen Temperatur- und Druckbedingungen entwickelt aus einer Gewichtsmenge reinen Aluminiummetalls.

Für Aluminium wird vorteilhaft Lauge als Reagens verwendet.

Genauigkeit. Nach Analysen von KRAY ergab die Untersuchung eines Aluminiumdrahtes 99,70% und 99,73% Aluminium nach der gasvolumetrischen Methode und 99,81% Aluminium nach der Aluminiumchloridmethode.

***Verfahren von* CAPPS. Prinzip.** Der bei der Behandlung des Aluminiums mit Säure oder Lauge frei werdende Wasserstoff wird in einer Bürette unter Berücksichtigung von Temperatur und Druck aufgefangen. Das Gas entspricht der Menge des metallischen Aluminiums und der des vorhandenen Eisens, wenn mit saurem Reagens gearbeitet wird, oder der Menge des Aluminiums und Siliciums, wenn das Metall in Alkalien gelöst wird. Etwa in Lösung gehende Mengen von Aluminiumoxyd spielen dabei keine Rolle.

Apparatur. Diese besteht nach folgender Abb. 10 aus einem Reaktionsgefäß *C*, das mit einer Meßbürette *E* verbunden ist. Das Reaktionsgefäß *C* ist mit einem 3fach durchbohrten Gummistopfen *L* versehen, der einen Tropftrichter *A* für die Aufnahme der Reagenslösung, ferner ein Ausflußrohr *G* und ein Capillarrohr *F* trägt, welches das Gas in die Meßbürette *E* führt. Diese ist eine Kugel von 750 cm³ Inhalt, deren Hals als normale graduierte Bürette von 50 cm³ ausgebildet ist, wie sie bei der volumetrischen Analyse verwendet wird. Durch einen Zweiwegehahn *D* wird einerseits die Verbindung zwischen Bürettenkugel *E* und Entwicklungsgefäß und andererseits zwischen Bürette und einen Wassermanometer *H* hergestellt. Als Absperrflüssigkeit dient Wasser. Das Wasserniveau wird durch eine Niveauflasche *B* eingestellt, mit der die Bürette am Ende durch einen Gummischlauch verbunden ist. Die Bürette selbst ist mit einem

Wassermantel J umgeben; das Wasser darin wird durch einen konstanten durchstreichenden Luftstrom durchgerührt, der bei K eintritt.

Ablesungen durch Heben des Niveaugefäßes, bis das Niveau des Wassers darin mit dem in der Bürette übereinstimmt, ergeben wegen der Capillarität in der letzteren einen konstanten Fehler. Deshalb wird die Apparatur mit dem Wassermanometer H versehen.

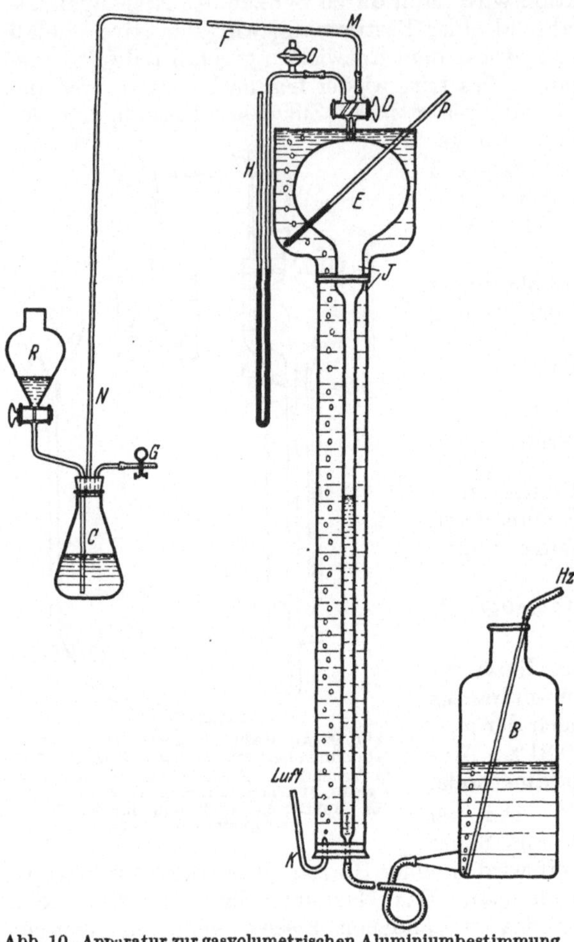

Abb. 10. Apparatur zur gasvolumetrischen Aluminiumbestimmung nach CAPPS.

Eine Kalibrierung der Gasmeßapparatur kann nach CAPPS' Angaben durch Wiegen der durch den entwickelten Wasserstoff verdrängten und ausfließenden Wassermengen erfolgen.

Arbeitsvorschrift. Die Aluminiumprobe wird in den ERLENMEYER-Kolben C eingewogen und mit wenig destilliertem Wasser einige Sekunden aufgekocht, um Gase und Luftanteile auszutreiben. Alsdann füllt man den Kolben vollständig mit ausgekochtem destilliertem Wasser und schließt ihn mit dem Stopfen L, wobei das Ausflußrohr G geöffnet bleibt. Durch Heben des Niveaugefäßes B wird die Bürette E vollständig mit Wasser bis zu Punkt M im Capillarrohr gefüllt. Der Hahn D am Bürettenaustritt wird nun geschlossen; der Entwicklungskolben C wird vom Tropftrichter A aus mit Wasser gefüllt, bis das Niveau bis zum Stopfen L reicht und Wasser durch G ausfließt. Nach dem Verschluß des Ausflußrohres G sind nun die Vorbereitungen für die Ausführung der Bestimmung vervollständigt.

Man gibt etwas Reagens in den Tropftrichter A und läßt zum Entwicklungsgefäß C zulaufen, wobei die entsprechende Wassermenge durch G ausfließt. Sobald die Gasentwicklung beginnt, wird G geschlossen. Das wachsende Gasvolumen, das sich in C ansammelt, treibt die Flüssigkeit nach A zurück. Diese Reaktion wird durch Erhitzen des ERLENMEYER-Kolbens C beschleunigt. Wenn etwa die Hälfte der Flüssigkeit von C nach A übergetreten ist, ist der gebildete freie Raum für eine schnellere Gasentwicklung ausreichend. Der Hahn von A wird geschlossen und D geöffnet. Man setzt eine frische Menge Reagens zu und die Gasentwicklung kann jetzt heftiger werden. Wenn die Reaktion nachläßt, bleibt C unter Erwärmung, bis die Reaktion vollständig ist und nach Zugabe von mehr Reagens von A alles Gas in die Bürette E übergetrieben ist. Die Flüssigkeit von C steht jetzt im Capillarrohr F um den Punkt N herum. Die kleine Capillare F ist nach wie auch vor der Reaktion gasgefüllt, so daß hier kein merklicher Fehler entsteht.

Wenn nötig, wird der Hahn *O* zum Manometer *H* geöffnet, um die Wasserstände im Manometer *H* auszugleichen. Wenn *O* geschlossen ist, wird Hahn *D* zunächst gedreht, um *E* mit *H* zu verbinden; die Wasserstände von *H* werden durch Adjustierung der Höhe von *B* wieder ausgeglichen. Jetzt ist der Druck auf das abgesperrte Gas in *E* identisch mit dem atmosphärischen Druck des Raumes.

Das Niveau des Wassers im graduierten Teil der Bürette *E* sowie Temperatur des Wassermantels und Barometerstand werden sorgfältig abgelesen und protokolliert. Nach 10 bis 15 Min. werden dieselben Verrichtigungen und Ablesungen wiederholt. Nach dieser Zeit wird das Wasser von den Wänden von *E* vollständig abgeflossen sein, das Gas wird die Temperatur des Wassermantels angenommen haben und eine Übersättigung des Gases wird durch Kondensation beseitigt sein.

Temperatur (t) wird bis auf 0,1° C, Druck (p) auf 0,1 mm Quecksilber und Volumen (v) auf 0,05 cm³ abgelesen. Das Gas wird auf normalen Druck und auf normale Temperatur umgerechnet nach der Formel

$$v \cdot \frac{p - \text{Wasserdampfdruck bei } t}{760} \cdot \frac{273}{273 + t} = V.$$

Die dem Wasserstoff äquivalente Menge des vorhandenen Eisens oder Siliciums wird je nach der Natur des angewendeten Reagens vom Gesamtvolumen des Wasserstoffes, auf 0° und 760 mm Druck reduziert, abgezogen. Dieses korrigierte Volumen geteilt durch 1240,7 gibt nach CAPPS das Gewicht des Aluminiummetalls in Gramm.

Alle anderen Bestandteile wie Kupfer, Nickel, Eisen, Silicium, Zink, Mangan und Magnesium in der Probe werden aus einer separaten Analyse festgestellt. Die Differenz zwischen der Summe aller dieser Elemente zusammen mit dem Aluminiummetall und dem Gesamtgewicht der Probe wird als Aluminiumoxyd (Al_3O_2) angenommen.

Genauigkeit. Die Genauigkeit der Gasmessungen und die Größe der Ablesefehler erhellt aus nebenstehenden Angaben von CAPPS.

Ablesefehler	Resultierende Fehler des Gasvolumens ccm	Resultierende Fehler der Prozente lA
0,1 mm am Barometer . .	0,1	0,014
0,1° C am Thermometer .	0,24	0,034
0,1 cm³ in der Bürette .	0,1	0,01

CAPPS hat seine Methode mit einer Aluminiumprobe folgender Zusammensetzung nachgeprüft:

Aluminium	98,60%
Aluminiumoxyd (Al_2O_3)	0,52%
Eisen	0,38%
Mangan	0,01%
Blei	0,02%
Kupfer	0,07%
Zinn	0,03%
Silicium	0,44%
Summa	100,07%

Bei Anwendung von Natronlauge als Reagens unter Berücksichtigung des aus Silicium entwickelten Wasserstoffs und unter Zugrundelegung des Wertes 1254,1 cm³ als das Wasserstoffvolumen, das von 1 g reinem Aluminium entwickelt wird, fand CAPPS übereinstimmende Resultate mit dem Wert 98,60% Aluminium. Bei 10 Analysen wurden 98,55 bis 98,63% Aluminium gefunden.

Bei der Verwendung von Schwefelsäure als Lösungsmittel stellte CAPPS fest, daß nicht nur Eisen, sondern auch Silicium aufgelöst wurde, so daß eine Korrektur des Wasserstoffvolumens sowohl für Eisen als auch für Silicium stattfinden mußte. Die gefundenen Werte variierten strenggenommen um 0,5%, aber ihr Durchschnitt lag dicht bei den nach der Laugenmethode festgestellten Werten.

Die Methode kann keinen Anspruch auf große Genauigkeit erheben. Ihr Wert liegt darin, daß sie eine direkte Bestimmung des Aluminiums gestattet, während dieses sonst meist aus der Differenz angegeben wird.

Literatur.

BEILSTEIN, F. u. L. JAWEIN: Fr. **20**, 301 (1881). — BERL u. JURISSEN: BERL-LUNGE, Bd. 1, S. 617. 1931.

CAPPS, J. H.: Ind. eng. Chem. **13**, 808 (1921).

FRESENIUS, R.: Fr. **17**, 465 (1878).

IWANIKOW, P. J.: Betriebslab. **3**, 865 (1934); durch C. **106 II**, 1065 (1935).

KLEMP, G.: Fr. **29**, 388 (1890). — KRAY, R. H.: Ind. eng. Chem. Anal. Edit. **6**, 250 (1934); C. **105 II**, 3013 (1934).

LOSANA, L.: Giorn. Chim. ind. ed applic. **3**, 239 (1921); Fr. **66**, 116 (1925). — LUNGE-BERL: vgl. BERL-LUNGE, Bd. III, S. 1201. 1932.

MEYER, F.: Fr. **39**, 336 (1900).

SCHULZE, F.: Fr. **2**, 289 (1863); C. **35**, 513 (1864).

WETOSCHKIN, W. F.: Wiss. Abh. Univ. Kasan **87 I**, 162 (1927) (russ.); Fr. **76**, 233 (1929).

II. Bestimmung des Aluminiums in aluminiumhaltigen Legierungen durch Erhitzen im Chlorwasserstoffstrom.

Allgemeines. Diese Verfahren beruhen auf Unterschieden in der Angreifbarkeit der zu untersuchenden Stoffe durch Chlorwasserstoff in der Hitze und auf der verschieden großen Flüchtigkeit der gebildeten wasserfreien Chloride in bestimmten Temperaturbereichen. Sie verlangen sämtlich besondere apparative Hilfsmittel für die Umsetzung mit Chlorwasserstoff in der Hitze und für die Destillation der entstandenen Chloride. In der praktischen Analyse sind die Methoden wegen der Unbequemlichkeit in der Handhabung und wegen des apparativen Aufwandes bisher kaum in Betracht gekommen. Sie dürften nur für analytische Sonderfälle oder bestimmte präparative Arbeiten Bedeutung haben.

1. Behandlung von Aluminiumlegierungen im Chlorwasserstoffstrom nach vorheriger Erhitzung in oxydierender Atmosphäre.

Die Verfahren, die heute kaum praktische Bedeutung für die Analyse haben, sind nur der Vollständigkeit halber erwähnt und entsprechend kurz behandelt.

Zwecks Bestimmung des Aluminiums in Stahl, Bronze und Ferroaluminium führt man nach RÓZYCKI die Metalle durch Erhitzen von 0,2 bis 2 g der Legierung im Sauerstoffstrom im Platinschiffchen, das sich in einem Porzellanrohr befindet, in die Oxyde über und erhitzt diese dann im HCl-Gasstrom. Im Schiffchen hinterbleibt Tonerde, die durch Kieselsäure verunreinigt ist. Durch Befeuchten mit Flußsäure und darauffolgendes Glühen werden die Verunreinigungen an Kieselsäure entfernt.

BORCK, der Tonerde und Eisenoxyd durch Erhitzen in einem Gemisch von Luft- und Salzsäuregas trennt, erhält die genauesten Resultate, wenn er statt Porzellan- oder Platinschiffchen solche aus Quarz verwendet.

2. Behandlung der Aluminiumlegierungen im Chlorwasserstoffstrom (ohne vorherige oxydierende Glühung).

JANDER und WENDEHORST benutzen die Umsetzung des Aluminiums zu wasserfreiem Aluminiumchlorid im Chlorwasserstoffstrom und die Verflüchtigung des Chlorides zur Trennung des Aluminiums und seiner Begleitmetalle Kupfer, Zink, Mangan, Eisen, Magnesium, Silicium usw. im Aluminium und vor allem Aluminiumlegierungen

***a) Arbeitsweise von* JANDER *und* WENDEHORST.** Die Späne der Legierung werden in einem Glasrohr unter Durchleiten eines trockenen Stroms von Salzsäuregas allmählich auf 200° erhitzt. Das gebildete Aluminiumchlorid setzt sich an den vor dem Schiffchen befindlichen kälteren Wandungen des Glasrohres ab, während im Schiffchen Kupfer, Eisen, Mangan usw. teils als Metall, teils als Chlorür verbleiben. Nachdem man das Schiffchen aus dem Rohr entfernt hat, wird das

Aluminiumchlorid mit verdünnter Salzsäure in Lösung gebracht und diese Lösung mit der Vorlageflüssigkeit eines an das Glasrohr angeschlossenen Zehnkugelrohres vereinigt. Man dampft die Lösung mehrmals mit Salpetersäure ein, nimmt den Rückstand mit verdünnter Salpetersäure auf, filtriert die Kieselsäure ab, wiegt sie und dampft das Filtrat in einem gewogenen Tiegel ein. Der Rückstand wird allmählich erhitzt und schließlich nach dem Glühen gewogen. Bei Gegenwart von Mangan und Magnesium, wie bei Al-Mg-Legierungen (Magnalium, Hydronalium usw.) und Duralumin, enthält die geglühte Tonerde noch kleine Mengen Magnesia und Mn_3O_4 (Manganoxyduloxyd). In diesem Fall lassen sich zwar alle Bestandteile bestimmen, indem die Tonerde aufgeschlossen, in der Lösung des Aufschlusses die geringen Mengen Magnesium und Mangan gravimetrisch und

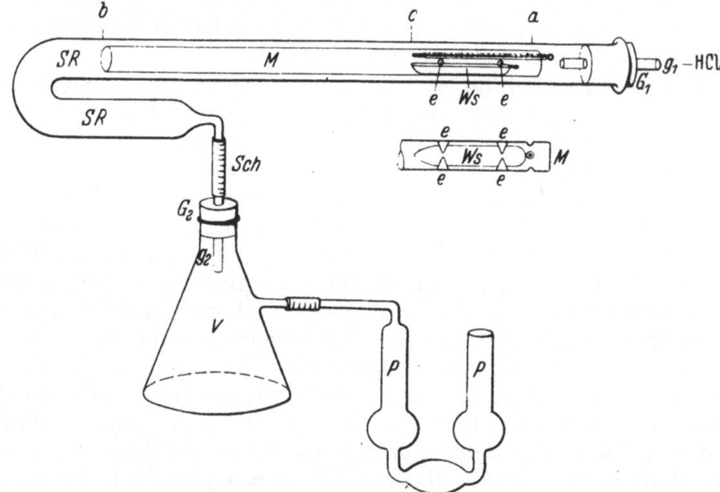

Abb. 11. Apparatur zum Aufschluß im Chlorwasserstoffstrom nach JANDER und WEBER. G_1 und G_2 Gummistopfen, *M* Manschettenrohr, *Ws* Wägeschiffchen, *SR* Sublimationsrohr, *Sch* Schlauch, *V* Vorlage, *P* Peligotrohr.

colorimetrisch bestimmt und von Rohoxyd abgezogen werden, doch wird das Verfahren dadurch umständlich und weniger genau.

***b) Arbeitsweise von* JANDER *und* WEBER. Apparatur.** JANDER und WEBER haben daher die Apparatur und die Arbeitsweise von JANDER und WENDEHORST (s. unter a) abgeändert, so daß das übergehende Aluminiumchlorid frei von Magnesium- und Manganchlorid ist (vgl. Abb. 11).

Das Salzsäuregas wird durch zwei Waschflaschen mit konzentrierter Schwefelsäure getrocknet und passiert ein Röhrchen, das mit trockener Glaswolle beschickt ist. Das Ende dieses Röhrchens g_1 durchdringt gasdicht den Gummistopfen G_1, welcher fest und gut schließend in das Sublimationsrohr *SR* eingesetzt werden kann. Das Sublimationsrohr ist am anderen Ende U-förmig nach der Seite hin umgebogen und läuft schließlich in eine rechtwinklig nach unten geführte Verjüngung aus, die durch ein Stück Gummischlauch *Sch* unterbrochen, als g_2 durch den Gummistopfen G_2 in die Vorlage *V* (eine kleine Saugflasche) hineinragt. Der Ansatz dieser Vorlage ist ebenfalls durch ein Gummistück mit einem Peligotrohr *P* verbunden, mündet also nicht mehr wie früher in ein Zehnkugelrohr. Während bei allen Gummiverbindungen möglichst dafür Sorge getragen wird, daß Glasrohr an Glasrohr sitzt, ist bei der Verbindung *Sch* der unteren Verjüngung von *SR* mit dem Glasröhrchen g_2 soviel Abstand gelassen, daß hier durch Zusammenpressen von Daumen und Zeigefinger Verschluß hergestellt werden kann. Das *Wägeschiffchen Ws* befindet sich im Innern eines längeren Manschettenrohres *M*, welches 1,5 cm lichte Weite und 50—55 cm Länge besitzt, und in das weitere Sublimationsrohr *SR* von *a* bis *b* bequem eingeschoben werden kann. Das Manschettenrohr *M* ist an seinem vorderen Ende, wo das Wägeschiffchen sich befindet, mit vier Einbeulungen *e* versehen, die zapfenförmig in das Innere hineinragen und kurz oberhalb des Wägeschiffchenrandes angebracht sind. Auf sie muß ein kurzes Thermometer gelegt werden können zur besseren Beobachtung der Temperatur in unmittelbarer Nähe der Aluminiumspäne im Wägeschiffchen.

Zu Beginn der Analyse liegt die zwischen *a* und *c* befindliche Strecke von *SR* und *M*, wohin das Wägeschiffchen eingeführt ist, auf einer dicken Asbestpappe über einem durch Stativ gehaltenen Ring. Dachförmig ist über diese Stelle von *SR* ein zweites, zusammengebogenes Asbestpappenstück gestellt, so daß das Sublimationsrohr gewissermaßen durch ein Heizkästchen hindurchgeht. Die Temperatur im Innern des Heizkästchens außerhalb des Sublimationsrohres muß gleichfalls durch ein parallel dem Sublimationsrohr eingeschobenes Thermometer gemessen werden können. Durch eine kurze gut regulierbare Längsbrennerreihe wird das Heizkästchen mit dem Sublimationsrohr erwärmt.

Arbeitsvorschrift (Verflüchtigung von Aluminiumchlorid). Nachdem die trokkenen Teile der Apparatur zusammengesetzt und das Wägeschiffchen mit Aluminiumspänen sowie Thermometer an die richtige Stelle gebracht sind, leitet man einen trockenen Salzsäuregasstrom durch die Apparatur. Wenn alle Luft verdrängt ist, legt man das Heizkästchen aus Asbestpappe um die Stelle des Sublimationsrohres, an welcher sich das Wägeschiffchen befindet und erwärmt langsam durch die Längsbrennerreihe, bis das Thermometer im Innern des Manschettenrohres etwa 190 bis 210° C anzeigt. Bei Aluminiumlegierungen, die Kupfer, Mangan, Zink, Silicium enthalten, setzt die Reaktion zwischen Salzsäure und Metall bei dieser Temperatur oder schon früher ein. Im Innern des Manschettenrohres dicht hinter dem Schiffchen setzt sich ein dicker weißer Beschlag von Aluminiumchlorid ab. Bei Reinaluminium des Handels oder Aluminiumlegierungen, die viel Magnesium enthalten, setzt die Reaktion nicht ein. Man behilft sich dadurch, daß man mit Daumen und Zeigefinger das Schlauchstück am Ende der Verjüngung einige Male fest zudrückt, dann kurz öffnet, wieder verschließt usw., bis die Reaktion also durch Erzeugung von Druckschwankungen beginnt. Das Aluminium ist mit einer dünnen, zusammenhängenden Oxydschicht überzogen, die bei Druckschwankungen zerreißt.

Sobald sich die ersten Anteile des Aluminiumchloridsublimats zeigen, unterbricht man die Wärmezufuhr von außen und läßt die Reaktion von selbst weitergehen. Fällt die Temperatur wieder auf 190°, so erwärmt man wieder auf 190 bis 210°. Die Reaktion ist beendet, wenn keine Wasserstoffblasen mehr durch das Peligotrohr hindurchperlen.

Um das Sublimat von Aluminiumchlorid frei von Magnesium- und Manganchlorid zu erhalten, wird es resublimiert. Das Heizkästchen wird um soviel nach links weiter geschoben, daß etwa noch $^1/_3$ der bisher erhitzten Strecke miterwärmt wird. Die Temperatur im Heizkästchen wird auf 190 bis 200° gehalten. Man rückt das Heizkästchen jedesmal weiter, wenn von der erwärmten Stelle des Manschettenrohres nichts mehr wegsublimiert. Bei magnesium-, mangan- und zinkhaltigen Aluminiumlegierungen hinterbleibt jedoch ein weißer Chloridrückstand. Das Resublimieren wird fortgesetzt, bis das gesamte Aluminiumchlorid quantitativ aus dem Manschettenrohr in das Sublimationsrohr übergeführt ist, was nach 4- bis 5maliger Wiederholung der Operation geschehen ist.

Bei magnesium-, mangan- und zinkfreien Aluminiumlegierungen ist das Resublimieren überflüssig, in diesem Falle genügt ein verkürztes Manschettenrohr.

Man läßt dann im Salzsäurestrom erkalten. Der Inhalt des Schiffchens sowie der Rückstand in dem Manschettenrohr werden nach dem Anfeuchten mit Wasser durch Erwärmen mit Salzsäure in Lösung gebracht und darin die vorhandenen Metalle bestimmt. Die Vorlageflasche wird von dem Sublimationsrohr abgenommen, wobei man den Gummischlauch an der Verjüngung läßt und ihn durch einen Quetschhahn verschließt. Man gibt in das senkrecht gestellte Sublimationsrohr einige Kubikzentimeter Wasser, worauf man es sofort wieder schließt. Nach Beendigung der ersten heftigen Reaktion bringt man durch Zusatz von Salzsäure alles in Lösung und spült in eine große Porzellanschale, ebenso die Flüssigkeit der Vorlagegefäße. Der Schaleninhalt enthält Kieselsäure und Aluminium und wird in bekannter Weise weiter analysiert.

c) Das Verhalten der verschiedenen Begleitmetalle des Aluminiums beim Erhitzen im Chlorwasserstoffstrom. α) **Kupfer und Eisen.** Kupfer hinterbleibt als metallisches Kupfer und Eisen als Eisen(II)-Chlorid. Beide Metalle zeigen keine Neigung, in das Sublimat überzugehen.

β) **Mangan.** Mangan geht zum Teil mit dem Aluminiumchlorid über, jedoch wurden bei der angegebenen Arbeitsweise nur 0,002 bis 0,007% Mangan in der gewogenen Tonerde gefunden.

γ) **Magnesium** bereitet die größten Schwierigkeiten. Bei seiner Gegenwart muß das Resublimieren häufig und bei möglichst niedriger Temperatur wiederholt werden.

Um die gewogene Tonerde auf Magnesium zu prüfen, schließt man mit Kaliumbisulfat auf, filtriert und versetzt nach Zugabe reichlicher Mengen Weinsäure in der Siedehitze mit Dinatriumphosphat und macht ammoniakalisch. Nach dem Erkalten gibt man noch einen Überschuß von Ammoniak hinzu, filtriert das Ammoniummagnesiumphosphat nach 3tägigem Stehen und bestimmt es.

Man kann auch so verfahren, daß man die siedende Lösung des Aufschlusses tropfenweise mit Ammoniak versetzt, bis das Aluminium abgeschieden ist und zum Filtrat Diammoniumphosphat zugibt. Nach 24 Std. ist das Magnesium quantitativ abgeschieden. Durch das Resublimieren ließ sich die Menge des mit dem Aluminium übergehenden Magnesiums bei 4% Gesamtmagnesium auf 0,025 herabmindern, eine Menge, die auch bei höheren Ansprüchen an die Genauigkeit von Analysenresultaten wohl vernachlässigt werden kann. Das Magnesium wird im Rückstand des im Manschettenrohr befindlichen Schiffchens in bekannter Weise bestimmt.

δ) **Zink** bleibt quantitativ im Rückstand. Es wird im Rückstand so bestimmt, daß es in ganz schwach essigsaurer Lösung, welche reichlich Alkaliacetat enthält, durch Schwefelwasserstoff niedergeschlagen wird. Vorher wird das Kupfer durch doppelte Fällung als Schwefelkupfer in salzsaurer Lösung und das Eisen nach der Acetatmethode entfernt.

ε) **Kieselsäure** bleibt unverändert im Rückstand, während elementares Silicium der Metallsilicide quantitativ als Siliciumwasserstoff oder Silicochloroform übergehen, Verbindungen, welche durch die Vorlageflüssigkeit unter Abscheidung von Kieselsäure zersetzt werden.

ζ) **Tonerde,** welche sich in Aluminiumlegierungen etwa findet, hinterbleibt bei der Sublimation im Rückstand, da sie durch Salzsäuregas nicht verändert wird (vgl. auch S. 487 u. 498).

Man bestimmt den Tonerdegehalt, indem man den Rückstand mit verdünnter lauwarmer Salzsäure aufnimmt und filtriert. Die Chloride des Magnesiums, Mangans und Zinks usw. gehen in Lösung, auf dem Filter bleiben Tonerde und Kieselsäure zurück. Man bestimmt ihre Summe durch Verglühen im Platintiegel, raucht dann mit Flußsäure ab und wägt den Rückstand. Die Differenz beider Wägungen ergibt den Gehalt an Kieselsäure.

Genauigkeit. Sie geht aus den 3- bis 4fach ausgeführten Beleganalysen hervor, deren Ergebnisse innerhalb folgender Grenzen liegen.

1. Magnalium: 94,80 bis 94,85% Al, 4,04 bis 4,11% Mg.
2. Duralumin: 93,86 bis 93,95% Al, 0,47 bis 0,55% Mg, 4,10 bis 4,13% Cu, 0,30 bis 0,40% Fe, 1,03 bis 1,09% Mn, 0,13 bis 0,17% Si.

Nach Angabe der Dürener Metallwerke hatte das Duralumin folgende Zusammensetzung: 0,51% Mg, 4,01% Cu, 0,34% Fe, 1,02% Mn, 0,15% Si und 100 — (Mg + Cu + Fe + Mn + Si) = 93,97% Al.

3. Aluminium-Zink-Legierung: 89,52 bis 89,68% Al,
8,20 bis 8,30% Zn,
0,40 bis 0,46% Mg,
0,57 bis 0,63% Fe,
0,72 bis 0,89% Cu,
0,42 bis 0,47% Si.

Nach den Angaben der Dürener Metallwerke hatte die Legierung folgende Zusammensetzung: 8,35% Zn, 0,22% Cu, 0,42% Mg, 0,58% Fe, 0,42% Si und 100 — (Mg + Zn + Cu + Fe + Si) = 90,01% Al.

Der Kupferwert konnte nicht bestätigt werden, daher stimmen auch die Aluminiumwerte nicht überein. Man ersieht daraus, wie wichtig eine Methode zur direkten Bestimmung des Aluminiums ist.

4. Silumin: 87,50 bis 87,63% Al, 12,45 bis 12,80% Si, 0,51 bis 0,53% Fe, 0,20 bis 0,24% Al_2O_3.

Bourion und Deshayes trennen Aluminiumoxyd von Chromoxyd durch Erhitzen des Oxydgemisches in einem mit Chlorschwefeldampf beladenen Chlorstrom, wobei die Masse durch Zusatz von Ammonsulfat zu dem Gemisch der Oxyde bei einem Gehalt von mehr als 20% Chromoxyd aufgelockert wird.

Literatur.

Borck, H.: Angew. Ch. **25**, 719 (1912); Ch. Z. **38**, 7 (1914). — Bourion, F. u. A. Deshayes: C. r. **156**, 1769—1771; **157**, 287—289 (1913).

Jander, G. u. F. Baur: Angew. Ch. **40**, 488 (1927). — Jander, G. u. W. Brösse: Angew. Ch. **41**, 702 (1928). — Jander, G. u. B. Weber: Angew. Ch. **36**, 586 (1923). — Jander, G. u. E. Wendehorst: Angew. Ch. **35**, 244 (1922).

Różycki, P.: Monit. scient. [4] **16**, 815 (1892); C. **63 II**, 1047 (1892); Fr. **44**, 771 (1905).

III. Bestimmung von Aluminiumoxyd in Aluminium und Aluminiumlegierungen.

Allgemeines. Beimengungen an Oxyd können von großem Einfluß auf die Verarbeitungsfähigkeit eines Metalls sein. Ein merklicher Sauerstoffgehalt, wie er bei wiederholtem Umschmelzen in das Aluminium hineingelangen kann, wirkt bei der Weiterverarbeitung des Aluminiums schädlich, da er leicht zu Rißbildungen bei der Verarbeitung Anlaß gibt und die Dehnung herabsetzt.

Eine genaue Methode zur Bestimmung des Oxydgehaltes von Aluminium, der besonders im Altaluminium bis zu einigen Prozenten betragen kann, ist daher wichtig, zumal ungünstige mechanische Eigenschaften des Aluminiums durch den hohen Oxydgehalt begründet sein können.

Zur Bestimmung des Oxydgehaltes von Aluminium und Aluminiumlegierungen sind sogenannte „trockene“ und „nasse“ Verfahren vorgeschlagen worden. Die trockenen Verfahren beruhen auf der Umsetzung des Aluminiums und anderer metallischer Legierungsbestandteile zu Chloriden, die bei höherer Temperatur verflüchtigt werden können, während das Aluminiumoxyd praktisch unangegriffen zurückbleibt. Die Umsetzung zu Chlorid geschieht entweder mit gasförmigem Chlorwasserstoff oder Chlor, wobei Chlorwasserstoff bereits bei tieferer Temperatur (250° C) mit Aluminium reagiert. Bei wesentlich höheren Temperaturen sind Fehler, die auf einer teilweisen Umsetzung von z. B. Kohlenstoff oder Silicium mit Aluminiumoxyd im Chlorstrom unter Verflüchtigung von Aluminiumchlorid beruhen, nicht ganz ausgeschlossen.

Wesentlich einfacher als die trockenen Verfahren sind die Naßmethoden, bei denen die metallischen Bestandteile in Schwermetallsalzlösungen gelöst werden, in denen Aluminiumoxyd praktisch unlöslich ist. Säuren sind ungeeignet, da sie das im Aluminium enthaltene Aluminiumoxyd noch merklich angreifen. Dieses Oxyd dürfte bei der relativ niedrigen Schmelztemperatur des Aluminiums praktisch aus der γ-Modifikation bestehen, die immerhin weniger säurebeständig ist als das α-Oxyd.

Die Lösungen der Chloride folgender Schwermetalle sind als Lösungsmittel vorgeschlagen worden: Eisen(III)-, Kupfer(II)-, Wismut-, ferner noch Quecksilber(II)-Nitrat.

Über die Genauigkeit aller dieser Methoden läßt sich nichts Sicheres sagen, weil bisher keine Möglichkeit zu ihrer exakten Nachprüfung unter Verwendung von Vergleichsmustern mit bekannten Oxydgehalten bestand. Das Aluminiumoxyd ist im Aluminium keineswegs gleichmäßig verteilt, sondern durchsetzt das Metall unregelmäßig, meist in Form von Oxydnestern oder dünner Häutchen.

Die Ergebnisse, die man bei Verwendung der verschiedenen Verfahren erhält, stimmen in der Regel leidlich gut überein. Es hat den Anschein, daß die Methode des Chlorwasserstoffaufschlusses bei sachgemäßer Durchführung etwas genauere Ergebnisse liefert als die übrigen Verfahren. In den meisten Fällen besteht der Rückstand nicht aus reinem Aluminiumoxyd, sondern enthält z. B. Silicium (bzw. Siliciumdioxyd), Kohlenstoff, Schwermetallreste usw. Er muß also meist noch aufgeschlossen und gereinigt werden.

1. Bestimmung von Aluminiumoxyd in Aluminium durch Erhitzen in gasförmigem Chlorwasserstoff.

Allgemeines. Unter den verschiedenen zur Bestimmung des Sauerstoffes in Aluminium verwendbaren Methoden ist nach Ansicht von WITHEY und

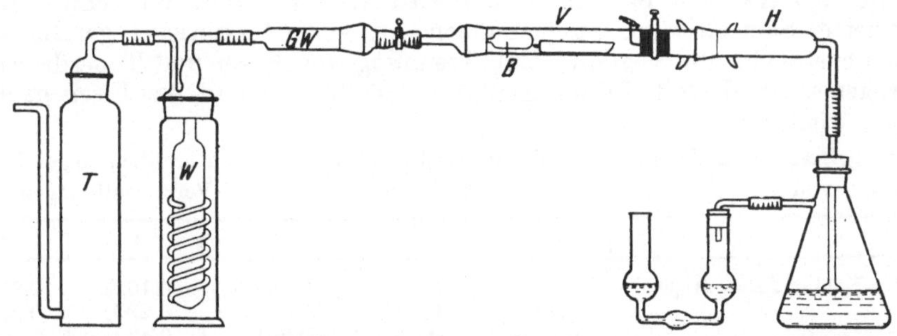

Abb. 12. Apparatur zum Chlorwasserstoff-Aufschluß nach JANDER und BAER. *T* mit Chlorcalcium gefüllter Trockenturm. *W* mit konzentrierter Schwefelsäure beschickte Schraubenwaschflasche. *GW* Glaswollfilter. *V* und *H* Sublimatsrohr. *B* Glasbolzen.

MILLAR die Verflüchtigung des Aluminiums durch Chlorwasserstoffgas diejenige, der am wenigsten Bedenken entgegenstehen, da etwa vorhandene Tonerde bei dem Arbeitsgang kaum eine Zersetzung erleidet. Die Resultate stimmen jedoch nicht besonders gut überein. Im Rückstand von der Tonerde verbleiben noch geringe Mengen anderer, nicht flüchtiger Bestandteile, die eine weitere Analyse des Rückstandes erforderlich machen. Reinstes Aluminium enthält nach den Untersuchungen nur Spuren Tonerde und diese sind wahrscheinlich nicht durch die ganze Masse verteilt, sondern nur als dünne Oberflächenhaut vorhanden.

Das Verfahren von JANDER und WEBER ergab unter Benutzung der auf S. 495 angegebenen Apparatur für die Bestimmung der im Aluminium enthaltenen Tonerde keine übereinstimmenden Werte.

Als Ursache dafür wurde der Gehalt des Chlorwasserstoffgasstromes an Luftsauerstoff und Feuchtigkeitsspuren verantwortlich gemacht. Infolgedessen wurden nach JANDER und BAER folgende Abänderungen bei der Apparatur und Arbeitsweise ausgeführt (vgl. Abb. 12).

Apparate und Arbeitsvorschrift. Um den HCl-Gasstrom von Sauerstoff und Feuchtigkeit zu befreien, wird ein Gasstrom aus etwa 9 Teilen Salzsäuregas und 1 Teil Wasserstoff über glühendes Platinasbest geleitet. So wird der Sauerstoff zu H_2O reduziert und das gebildete Wasser in den mit konzentrierter Schwefelsäure gefüllten beiden Waschflaschen zurückgehalten. Die Apparatur besteht aus einem

Sublimationsrohr, das in zwei Teile geteilt ist, die durch einen Schliff miteinander gasdicht verbunden sind. Der eine Teil von etwa 22 cm Länge enthält das Schiffchen mit der Substanz und wird während der Reaktion vom Schiffchen bis zum Ende mit einem Reihenbrenner erhitzt. Das ganze Rohr liegt in einer halbrunden, mit Asbest ausgekleideten Mulde, die mit Asbest abgedeckt ist.

Vor dem Schiffchen befindet sich ein Glasbolzen, der so stark ist, daß er fast die ganze Weite des Sublimationsrohres ausfüllt, so daß sich das Gas durch die freibleibenden schmalen Kanäle hindurchzwängen muß. Hierdurch wird eine Resublimation des Aluminiumchlorids und ein Niederschlagen des Aluminiumchlorids vor dem Schiffchen verhindert. Vor dem Schliff ist ein Glassinterfilter eingeschmolzen; ferner wird mittels eines eingeschmolzenen Platindrahtes und eines um das Rohr gewickelten Aluminiumstreifens ein Elektrofilter geschaffen. Durch die Wirkung eines damit erzeugten elektrischen Feldes wird praktisch alles Magnesiumchlorid im vorderen Teil des Sublimationsrohres zurückgehalten.

Um von vornherein Oxydation der Späne durch Luftsauerstoff sowie Verunreinigungen des Aluminiums durch Eisen zu vermeiden, werden nicht mehr Aluminiumspäne, sondern kompakte Stücke des Ausgangsmaterials für den Aufschluß verwendet. Statt des Gummistopfens wird für das Sublimationsrohr Glasschliffverbindung benutzt.

Bei der Analyse von Reinaluminium wird der Rückstand im Schiffchen mit konzentrierter Schwefelsäure aufgenommen, in einen Platintiegel gefüllt, eingedampft, abgeraucht und geglüht. Zur Trennung von Eisen und Tonerde werden die gewogenen Oxyde mit Kaliumbisulfat aufgeschlossen und das Eisen nach der Reduktion titriert.

Genauigkeit. Von Jander und Baur durchgeführte Analysen ergaben folgendes:
Analysen von Reinaluminium zur Bestimmung der oxydischen Verunreinigungen.

	1	2	3	4	5
Oxydische Beimengung, Al_2O_3 .	0,11%	0,12%	0,093%	0,16%	0,092%
Fe	0,24%	0,26%	0,19%	0,23%	0,20%
Si	0,47%	0,44%	0,50%	0,43%	—

Abänderungsvorschläge. In der Arbeit von Jander und Brösse wird festgestellt, daß bei Erhöhung der Zersetzungstemperatur von 200 bis 220° auf etwa 275° C zwecks Herabsetzung der Reaktionsdauer infolge zu lebhafter Reaktion kein Oxyd versprüht und daß sich die zugesetzten Oxydmengen restlos im Schiffchen befinden. Es werden keine Späne, sondern kompakte Stücke des Metalls verwendet. Nachdem die Reaktion beendet ist, wird die Vorlage gewechselt und nunmehr das Eisen im Chlorstrom überdestilliert. Im Schiffchen bleibt das bereits in der Legierung als Tonerde vorhandene Aluminium zurück.

Genauigkeit. Im Handelsaluminium gefunden 0,025 bis 0,035% Tonerde. Im Silumin 0,032 bis 0,041% Tonerde und in chemisch reinem Aluminium 0,030 bis 0,044% Tonerde. Bei Zusatz von reiner Tonerde zu der im Schiffchen befindlichen Legierung wurde diese restlos im Schiffchen wiedergefunden, dazu ein Mehr, das den bisher gefundenen Oxydmengen entsprach.

Nach der Destillation hinterbleibt im Schiffchen ein weißes zusammenhängendes Gewebe. Danach ist anzunehmen, daß das Oxyd schon als solches in der Legierung vorgelegen hat und beim Erstarren der Legierung als Zwischensubstanz abgeschieden, aber nicht erst durch Zersetzung gebildet wird.

Mit der Methode ist es also möglich, den Tonerdegehalt von solchen Legierungen zu bestimmen, die mehr als 0,02% Tonerde enthalten.

Sutton und Willstrop isolieren die auf Aluminium befindliche Oberflächenschicht (Oxydhaut) derart, daß sie schmale Aluminiumstreifen im Rohr im trockenen Wasserstoffstrom auf 300° erhitzen, und dann trockenes Salzsäuregas durch das Rohr leiten. Nach dem Wegsublimieren des metallischen Aluminiums bleibt die Oberflächenschicht mit einigen Verunreinigungen des Aluminiums zurück.

Ähnlich verfährt auch POGODIN, der zwecks Verdrängung der Luft zunächst Wasserstoff durch die Apparatur leitet und, nachdem die Temperatur von 250° erreicht ist, einen starken Salzsäuregasstrom durchschickt, wobei starke Temperaturerhöhung stattfindet und Aluminiumchlorid sublimiert. Die Reaktion ist in 15 bis 20 Min. beendet. In dem nicht flüchtigen Rückstand wird die Tonerde bestimmt, indem dieser nach dem Glühen mit Kaliumbisulfat geschmolzen und in verdünnter Säure gelöst wird. Mit Schwefelwasserstoff wird das Kupfer usw. abgeschieden. Aus dem Filtrat werden Eisenhydroxyd und Aluminiumhydroxyd nach der Oxydation des Eisens mit Ammoniak ausgefällt und in dem geglühten Oxyd das Eisen titrimetrisch bestimmt. Die Differenz ergibt dann Tonerde. POGODIN fand in reinem Aluminium etwa 0,1%, in Aluminiumteilen 0,06% Tonerde.

SCHANDOROW erhielt nach dieser Methode ungenaue Werte und empfiehlt statt dessen die Anwendung eines trockenen sauerstofffreien Chlorstromes (s. weiter unten) zur Destillation der Metalle. Im Rückstand befinden sich nur Tonerde und Kohlenstoff, nach dessen Verglühen nur Tonerde zurückbleibt. Zwecks Bestimmung des metallischen Aluminiums im Aluminiumpulver erhitzt KOHN-ABREST 10 Min. im Wasserstoffstrom auf 300° und dann bei derselben Temperatur etwa $^1/_2$ Std. lang in einem trockenen Strom von Chlorwasserstoff. Neben wenig Eisen sublimiert das metallische Aluminium als Chlorid ab, während in dem Schiffchen etwa vorhandene Tonerde neben etwas Fe_2O_3 zurückbleibt.

Versuche nach BROOK und WADDINGTON zur Verflüchtigung des Aluminiums als Aluminiumchlorid durch Erhitzen in Chlor oder Salzsäure waren unbefriedigend wegen der Gegenwart von Spuren Sauerstoff in den gemischten Gasen. Bessere Resultate wurden erzielt durch Anwendung einer Mischung von 1 Teil Wasserstoff auf 10 Teile Salzsäuregas. Man leitet kaltes Kohlensäuregas durch die Apparatur, bis alle Luft ausgetrieben ist und führt dann das Salzsäure- und Wasserstoffgemisch, das durch Überleiten über rotglühenden, platinierten Quarz von Sauerstoff befreit und hinterher getrocknet ist, ein. Während Salzsäure und Wasserstoff über die Substanz streichen, erhitzt man auf 250°. Hierdurch bildet sich aus Aluminiummetall flüchtiges Aluminiumchlorid, während Tonerde unangegriffen zurückbleibt. Schließlich erhitzt man den Inhalt des Schiffchens auf 900°, schmilzt den Rückstand von Tonerde mit Kaliumbisulfat und bestimmt aus der wäßrigen Lösung der Schmelze das Aluminium mit 8-Oxychinolin.

2. Bestimmung von Aluminiumoxyd in Aluminium, durch Erhitzen im Chlorstrom.

HAHN schließt die Aluminiumlegierung im trockenen Chlorstrom auf, wodurch sie in 3 Anteile zerlegt wird, einen nicht flüchtigen Rückstand, ein Sublimat und ein Destillat. Der geringe Rückstand besteht aus reiner Tonerde, im Sublimat ist das Eisen, der Rest des Aluminiums und ganz wenig Titan. Im Destillat ist das gesamte Silicium und die Hauptmenge des Titans. Dadurch, daß man die Verflüchtigung der entstehenden Chloride durch Beladung des Chlorstromes mit etwas Tetrachlorkohlenstoffdampf unter Erhitzen bei heller Rotglut erleichtert, erhält man einen ganz losen, von fein verteiltem Kohlenstoff völlig schwarz gefärbtem Rückstand, der bei kurzem Erhitzen an der Luft rein weiß wird. Er enthielt keine Kieselsäure und keine Titansäure und bestand aus reiner Tonerde. Die Menge dieses Rückstandes, die ziemlich konstant war, betrug 0,78 bis 0,83%. Es wird vermutet, daß bei diesem Aufschluß nur der Teil der Tonerde bestimmt wird, der als Korund im Aluminium vorhanden ist. Diese Werte übersteigen jedoch die von JANDER gefundenen (0,0025 bis 0,0044%) um das 200fache!

LÖWENSTEIN führt die von HAHN erhaltenen zu hohen Werte auf die Verwendung von Quarzschiffchen zurück. Wird die Analyse in einem kieselsäurehaltigen

Schiffchen bei der hohen Chlorierungstemperatur durchgeführt, so reagiert die Kieselsäure mit dem Aluminium unter Bildung von Tonerde, das zurückbleibt, und Silicium, das sofort in das Chlorid übergeführt wird und wegdestilliert. LÖWENSTEIN chloriert daher bei niedriger Temperatur (beginnende Rotglut) unter Verwendung von Schiffchen aus reiner Tonerde. Der Chlorierungsrückstand wird vorsichtig mit einem Pinselchen in einen Porzellantiegel gebracht und darin gewogen. Es wurden nach dieser Methode 0,0051 bis 0,0075% Tonerde gefunden, also Werte, die mit dem von JANDER gefundenen eher übereinstimmen. Die Oxydmenge im Aluminium ist von dessen Herkunft unabhängig und entsteht durch Oberflächenoxydation.

HARADA bestimmt die Tonerde im Aluminium durch Aufschluß im Chlorstrom, wobei Chlor von Sauerstoff durch Überleiten über glühende Kohlen befreit wird. Bei der Temperatur, die bei der Chlorierung in Frage kommt, reagiert Kohlenoxyd, das aus dem Sauerstoffgehalt des Chlors entstehen könnte, nicht mit Tonerde. Je nach der Anzahl der Umschmelzungen, der Umschmelztemperatur und der Umschmelzdauer nimmt der Sauerstoffgehalt zu. Durch Gefügeuntersuchungen stellt HARADA fest, daß bis zu 0,38% Sauerstoff im Aluminium in fester Lösung vorhanden sein können, bei höherem Sauerstoffgehalt erscheint derselbe als Tonerde an den Korngrenzen.

WITHEY und MILLAR versuchten eine Auflösung von Brom in Tetrachlorkohlenstoff zur Bestimmung des Oxydgehaltes im metallischen Aluminium zu verwenden, wobei jedoch die Reaktion wegen der Unlöslichkeit des Aluminiumbromids in Tetrachlorkohlenstoff bald zum Stillstand kommt. Auch bei der Verwendung von Schwefelkohlenstoff als Lösungsmittel treten Unregelmäßigkeiten bei der Umsetzung auf. Neuerdings hat WERNER methylalkoholische Lösungen von Jod oder Brom mit günstigem Erfolge angewendet, wobei die Endbestimmung des Aluminiums im Rückstand nach dem Abrauchen der Kieselsäure mit Schwefelsäure-Flußsäure und nach dem Aufschluß mit Natriumbisulfat mit Hilfe von Eriochromcyanin erfolgt.

3. Bestimmung von Aluminiumoxyd in Aluminium durch Entfernung der metallischen Bestandteile mit Kupferlösungen.

Vorbemerkung. EHRENBERG verwendet ein Verfahren zur Bestimmung von Tonerde in Aluminium und Aluminiumlegierungen, das auf der geringen Angriffswirkung von konzentrierter Kupferchloridlösung auf Tonerde beruht. Die Analysensubstanz wird mit der Kupferchloridlösung in Berührung gebracht, wobei alle Metalle, die unedler sind als Kupfer, gelöst werden. Das ausfallende schwammige Kupfer geht mit überschüssigem Kupferchlorid unter schwarzbrauner Färbung in Lösung, während Tonerde und Kieselsäure ungelöst zurückbleiben. Das nach dem Abfiltern und Auswaschen noch mit Salpetersäure vorhandene Silicium wird mit Salpetersäure und Flußsäure abgeraucht und der verbleibende Rückstand geglüht und gewogen.

***a) Arbeitsvorschrift von* EHRENBERG.** Zu 3 g einer möglichst fein gepulverten Durchschnittsprobe des Materials setzt man eine geeignete Menge reinen Kupferchlorids (etwa 70 g krystallisiertes Kupferchlorid) und gießt etwa 100 cm³ Wasser hinzu. Nach dem ersten Aufschäumen erhält man die schwach braune Lösung noch einige Minuten unter gelegentlichem Umrühren im Sieden, wobei außer der Legierung auch alles Kupfer in Lösung geht. Die Flüssigkeit, die keinen körnigen Bodensatz mehr enthalten darf, gießt man, bei siliciumfreien Legierungen sofort, bei siliciumreichen erst nach dessen völligem Absitzen, siedend heiß durch ein Filter von 12 cm ⌀, ohne sich um die weiße Ausscheidung im Filtrat und möglicherweise durch das Filter gelaufene feine Silicium zu kümmern. Das Filter soll im ersten Fall glatt, im zweiten Fall ein gutes Faltenfilter sein, in das man etwas aufgeschlämmtes Filtrierpapier gießt. Man wäscht zunächst mit heißem Wasser aus, bis das Filter nicht mehr braun gefärbt ist und dann mit heißem Wasser nach und verascht das feuchte Filter in einer gewogenen Platinschale. Nach schwachem Anfeuchten des

Rückstandes gießt man etwas konzentrierte Flußsäure in die Schale, dann tropfenweise vorsichtig konzentrierte Salpetersäure und raucht bis zum Verschwinden des graubraunen Siliciums auf dem Sandbad ab. Der nunmehr verbleibende Restrückstand wird *geglüht und nach dem Erkalten* gewogen.

Die dunkle Färbung der heißen Lösung rührt von einem Komplex her, die weiße Ausscheidung im erkalteten Filtrat ist Kupferchlorid.

Ergebnisse. (Oxydgehalt in Prozenten.)

1. Eine Umschmelzbestecklegierung: 0,060; 0,060; 0,063; 0,060.
2. Feinstes Aluminium-Broncepulver (Nr. 00): 0,71; 0,72.
3. Original-Hüttenaluminium: 0,04.
4. Umschmelzaluminium: 0,09.
5. Hüttensilumin: 0,044.
6. NELSON-BOHNALITE-Kolbenlegierung: 0,05.

Die angeführten Werte liegen um etwa eine Zehnerpotenz höher als die durch Erhitzen im Gasstrom erhaltenen. Es wird von EHRENBERG angenommen, daß beim Erhitzen im Gasstrom nur die beständigsten Oxydformen zurückbleiben, während die nasse Methode den gesamten Oxydgehalt ergibt.

b) Abgeändertes Verfahren. KLJATSCHKO (a) modifiziert das Verfahren von EHRENBERG zur Bestimmung von Tonerde in Aluminium und seinen Legierungen und arbeitet in folgender Weise: 3 g Metall werden mit 50 cm^3 Wasser überschichtet und dazu 120 bis 150 cm^3 einer gesättigten Kupferchloridlösung vorsichtig zugegeben. Nach der Lösung des Metalls und des abgeschiedenen Kupfers, was in 15 bis 20 Min. der Fall ist, setzt man 25 cm^3 Salpetersäure (1:5) zu, wodurch sich das Kupferchlorid löst und ein Niederschlag von Tonerde, Eisenoxyd und Kieselsäure zurückbleibt, der filtriert, mit heißem Wasser gewaschen und im Platintiegel verascht wird. Die Kieselsäure wird mit einigen Tropfen Flußsäure abgeraucht. Bei Gegenwart von Eisen wird der Rückstand mit Natriumpyrosulfat aufgeschlossen, die Schmelze in heißem Wasser gelöst und die Lösung mit Alkalilauge behandelt. Das abgeschiedene Eisen wird filtriert und im Filtrat Aluminium nach dem Ansäuern mit Ammoniak wie üblich gefällt und als Tonerde bestimmt.

KLJATSCHKO fand bei dieser Arbeitsweise im Aluminiumpulver 0,45 bis 0,47% Tonerde und für Aluminiumfolien 0,23 bis 0,45% Tonerde.

c) Arbeitsweise unter Verwendung von Kupferalkalichlorid. STRAUSS verwendet an Stelle von Kupferchlorid Cupriammonchlorid, um zu verhindern, daß sich beim Abkühlen der Lösung Kupferchlorid niederschlägt. Die Tonerde wird durch Aufschluß des Rückstandes mit Kaliumbisulfat und direkte Fällung der Tonerde mit Oxin bestimmt.

Auch NAKAMURA und YAMAZAKI lösen das Aluminium durch Verwendung von Kupferammonchlorid ($CuCl_2 \cdot 2\,NH_4Cl \cdot 2\,H_2O$). 10 g der Probe werden allmählich mit einer Lösung, die 240 g dieses Salzes enthält, versetzt. Nach Beendigung der heftigen Reaktion erhitzt man auf dem Sandbad und filtriert. Der Rückstand wird nach dem Auswaschen mit 1%iger Salzsäure und nach dem Trocknen mit Kaliumbisulfat aufgeschlossen. Aus der Lösung der Schmelze, der man 10 cm^3 Schwefelsäure (1:1) zugesetzt hat, wird das Kupfer durch Fällen mit Schwefelwasserstoff entfernt und aus dem Filtrat nach Oxydation des Schwefels mit Bromwasser das Eisen mit Natronlauge gefällt. Im Filtrat bestimmt man das Aluminium mit Oxin.

GERKE und SOLOTAREWA halten die Methode von EHRENBERG für die beste zur Bestimmung der Tonerde in Aluminium und seinen Legierungen. Von ihnen wird für den Aufschluß ein Gemisch von Kupferchlorid + Ammoniumchlorid empfohlen.

SSUCHOW und KOROTEWSKAJA wenden folgende Arbeitsweise an: Man löst 3 g Metall in einem Gemisch, das in 1 l Wasser 134,5 g Kupferchlorid und 149,1 g Kaliumchlorid gelöst enthält, zuerst kalt, dann warm. Der Rückstand von Tonerde, Eisenoxyd und Kieselsäure wird durch ein 3faches Filter abfiltriert. Man wäscht den Niederschlag mit heißer 20%iger Salpetersäure und dann mit Wasser und glüht im Platintiegel. Man verdampft die Kieselsäure im Rückstand mit Flußsäure wie üblich, behandelt den Rückstand mit konzentrierter Salzsäure auf einer heißen Platte, bringt die Mischung in ein Becherglas, behandelt mit Königswasser, verdünnt, filtriert, glüht und wägt die Tonerde. Die Genauigkeit der Bestimmung ist gleich der nach der alkalischen Schmelzmethode.

d) Weitere Arbeitsweisen. Subarewa und Ochotin bestimmen Tonerde in Aluminium, indem sie 1 g Aluminium in einem Gemisch von 2 cm^3 5%iger Quecksilber(II)-Nitratlösung und 70 cm^3 15%iger Weinsäurelösung in der Wärme auflösen. Man filtriert und wäscht mit heißem Wasser, entfernt das Quecksilber vom Filter. Filter mit Rückstand werden im Platintiegel geglüht. Der Glührückstand wird mit der 6fachen Menge Kalium-Natrium-Carbonat geschmolzen, die Schmelze in wenig Wasser gelöst, filtriert, mit Wasser gewaschen. Das Filtrat wird mit HCl schwach angesäuert und in einen aliquoten Teil desselben Aluminium colorimetrisch mit Natriumalizarinsulfonatlösung bestimmt.

Neben der Methode von Ehrenberg empfiehlt Kljatschko (b) den Aufschluß der Aluminiumlegierungen mit 7- bis 8%iger Wismutchloridlösung. Das ausgeschiedene Wismut und im Aluminium vorhandenes Kupfer werden in Salzsäure und Wasserstoffsuperoxyd gelöst, worin die Löslichkeit von Tonerde geringer sein soll als in der von Ehrenberg verwendeten Salpetersäure.

Wetzel empfiehlt zur Auflösung des Aluminiums eine Eisenchloridlösung. 2 bis 5 g Aluminium werden innerhalb von 2 Tagen unter häufigem Umschütteln in einer weinsäurehaltigen Eisenchloridlösung gelöst; die Lösung enthält in 200 cm^3 Wasser 5 g Weinsäure und 50 g Ferrichlorid. Die Menge der Lösung ist, da der Aufschluß in der Hauptsache auf der Reduktion des Ferrichlorids zu Chlorür beruht, so zu wählen, daß auf 1 Gewichtsteil Aluminium etwa das 25fache Gewicht Eisenchlorid entfällt. — Die Weinsäure wird zugegeben, um die Bildung unlöslicher basischer Eisensalze zu vermeiden.

Die Hauptmenge des Aluminiums ist innerhalb eines Tages gelöst. Alsdann wird zweckmäßig noch etwas Eisenchloridlösung hinzugegeben. Nach 2 Tagen ist alles gelöst. Der Rückstand, der die zu bestimmende Tonerde, mehr oder weniger große Mengen Silicium, Kieselsäure und etwas Eisen enthält, wird abfiltriert, verascht und in ihm nach dem üblichen Analysengang der Gehalt in Tonerde ermittelt. Da geglühte Tonerde von Lösungsmitteln nur in geringem Grade gelöst wird, so können nach Versuchen höchstens 5% in Lösung gehen. Es wurden 0,02 bis 0,04% Tonerde gefunden, z. B. im kaltgewalzten Aluminium 0,02% Tonerde und in einem Blech von 98%igem Aluminium 0,04% Tonerde.

Während Rhodin sowie Withey und Millar das Natronlaugeverfahren für ungeeignet halten, da Tonerde teilweise gelöst wird, ziehen Kljatschko und Gurewitsch den alkalischen Aufschluß vor, da die Löslichkeit der Tonerde in Alkalilaugen geringer sein soll als in Säuren.

Literatur.

Bourion, F. u. A. Deshayes: C. r. **156**, 1769—1771; **157**, 287—289 (1913). — Brook, G. B. u. A. G. Waddington: J. Inst. Metals **61**, Advance copy Nr 772 (1937).

Ehrenberg, W.: Fr. **91**, 1 (1933).

Gerke, F. K. u. N. W. Solotarewa: Betriebslab. **4**, 39—47 (1935); C. **107 I**, 1922 (1936).

Hahn, F. L.: Fr. **80**, 192 (1930). — Harada, T.: Anniversary Volume dedic. to Masumi Chikaschige, p. 237. Kyoto 1930.

Jander, G. u. F. Baur: Angew. Ch. **40**, 488 (1927). — Jander, G. u. W. Brösse: Angew. Ch. **41**, 702 (1928). — Jander, G. u. B. Weber: Angew. Ch. **36**, 586 (1923).

Kljatschko, J. A.: (a) Leichtmet. (russ.) **2**, 44 (1933); C. **1934 II**, 3013; (b) Betriebslab. **4**, 48 (1935); C. **107 I**, 2150 (1936). — Kljatschko, J. A. u. J. J. Gurewitsch: Leichtmet. (russ.) **3**, 24 (1934); Fr. **105**, 130 (1936). — Kohn-Abrest, E.: Ann. Chim. anal. **14**, 285 (1909); Ch. Z. **32**, 1280 (1908).

Löwenstein, H.: Z. anorg. Ch. **199**, 48 (1931).

Nakamura u. S. Yamazaki: J. Soc. chem. Ind. Japan (Suppl. **42**, 296 (1939); C. **111 I**, 1396 (1940).

Pogodin, S. A.: Mineral., Rohstoffe, Nichtmet. (russ.) **4**, 54 (1929); Fr. **83**, 302 (1931); C. **101 I**, 713 (1930).

Rhodin, J. G. H.: Trans. Faraday Soc. **14**, 134 (1919).

Schandorow, A. M.: Nichteisenmet. (russ.) **1930**, 672; C. **101 II**, 1407 (1930). — Ssuchow, S. J. u. B. H. Korotewskaja: Betriebslab. **4**, 1104 (1935); C. **107 II**, 4241 (1936). — Strauss, K.: Aluminium Non-Ferrous Rev. **3**, 29 (1937). — Subarewa, N. N. u. W. P. Ochotin: Betriebslab. **1933**, 18—19; C. **106 I**, 2414 (1935). — Sutton, H. u. J. W. Willstrop: Nature **119**, 673 (1927).

Werner, O.: Fr. **121**, 385 (1941). — Wetoschin, W. F.: Wiss. Abh. Kasanschen Univ. **87 I**, 162 (1927) (russ.). — Wetzel, E.: Metallbörse **13**, 936, 984, 1032 (1923). — Withey, H. H. u. H. E. Millar: J. Soc. chem. Ind. **45**, 170 (1926); Fr. **75**, 135 (1927).

IV. Die Bestimmung von Tonerde im Eisen und Stahl.

Allgemeines. Im Gegensatz zu dem Vakuum-Heißextraktionsverfahren[1], bei dem der Gesamtsauerstoff bestimmt wird und bei dem die Reduktion der Oxyde durch den Kohlenstoff des Kohletiegels bei 1800 bis 2000° C im Vakuum erfolgt, zielen die sogenannten Rückstandsverfahren darauf hin, durch Verflüchtigung oder Auflösung der metallischen und nichtoxydischen Bestandteile des Stahls oder der Eisenlegierung die Oxyde zu isolieren und zu bestimmen.

Die Entfernung der metallischen und nichtoxydischen Bestandteile geschieht entweder durch Verflüchtigung im Chlorstrom oder durch Auflösen in Salzsäure, Salpetersäure, Brom-Bromkalilösung, alkoholische Jodlösung, Kupfersalz-, Quecksilberchloridlösungen usw. oder schließlich durch Elektrolyse unter Bedingungen, die möglichst keinen Angriff des Aluminiumoxydes ergeben.

Die zur Bestimmung des Tonerdegehaltes angewandte Methodik ist also grundsätzlich die gleiche, wie bei der Bestimmung des Tonerdegehaltes von Aluminiumlegierungen (vgl. S. 498). Sie wird jedoch durch einen Unterschied gekennzeichnet, der im Aluminiumoxyd zu suchen ist. Das in Eisen und Stahl enthaltene Aluminiumoxyd besteht mit hoher Wahrscheinlichkeit aus der α-Modifikation, die sich oberhalb 1200° C bildet. Bei dem viel niedrigeren Schmelzpunkt der Aluminiumlegierungen (um 600° C) dürfte in diesem Falle nur das γ-Oxyd gebildet werden. Das α-Oxyd ist gegenüber Reagenzien, z. B. Säure erheblich beständiger als das γ-Oxyd. Während bei der Oxydbestimmung in Leichtmetall-Legierungen bei den sogenannten „Naßverfahren" auf die Verwendung von Säuren, wie z. B. Salzsäure oder Salpetersäure wegen ihrer angreifenden Wirkung verzichtet werden mußte, können diese Säuren bei der Bestimmung von Aluminiumoxyd in Eisen und Stahl unbedenklich verwendet werden.

Die Bestimmung der Tonerde in Stählen ist besonders deshalb von besonderer Bedeutung, weil durch den Zusatz von Aluminium zum flüssigen Stahl der gesamte Sauerstoff des Stahles an Aluminium gebunden und in Tonerde übergeführt wird, aus deren Bestimmung dann der Sauerstoffgehalt des Stahles festgestellt werden kann. Durch einen Gehalt an Aluminiumoxyd können die mechanischen Eigenschaften des Stahls erheblich verschlechtert werden.

Vergleich der verschiedenen Verfahrensarten. Klinger und Fucke (a) kommen bei ihrer Arbeit über die Bestimmung der Tonerde im Stahl zu folgendem Schluß:

„Bis auf die in den meisten Fällen zu hohen Werte nach dem Quecksilberchloridverfahren ergeben die verschiedenen Verfahren praktisch übereinstimmende Befunde.

Die Bestimmungsdauer der Tonerde nach dem Chlorverflüchtigungsverfahren, Brom-Bromkalium- und Salzsäureverfahren ist die gleiche, etwa 2 Tage, während das Salpetersäureverfahren ein Vielfaches dieser Zeit, nämlich 8 bis 12 Tage, benötigt.

Anwendbar sind die 4 Verfahren für alle Kohlenstoffstähle und Stähle mit geringen Legierungsanteilen. Beim Chlorrückstandsverfahren wird durch einen hohen Aluminiumgehalt bei Gegenwart von viel SiO_2 das Ergebnis in dem Sinne beeinflußt, daß zu hohe Werte gefunden werden.

Bei einfachen Stählen ist das Salzsäureverfahren gegenüber dem Chlorverflüchtigungsverfahren vorzuziehen, da es billiger ist, und da gleichzeitig sehr viele Bestimmungen durchführbar sind. Das Chlorverflüchtigungsverfahren ist dann zu wählen, wenn neben der Bestimmung der Tonerde noch die Ermittelung von anderen oxydischen Bindungsformen verlangt wird."

Colbeck, Craven und Murray (a) vergleichen die Methoden der Analysen der Rückstände, die nach dem Jod- und nach dem Chlorverfahren erhalten sind und stellen fest, daß alle untersuchten Methoden genügend genaue Resultate ergeben.

---

[1] Vgl. auch Band technische Analyse.

VOGELSOHN stellt fest, daß die Säuremethoden zur Bestimmung von Tonerde im Stahl, und zwar die Auflösung der Probe in Salzsäure, Schwefelsäure oder Salpetersäure unter Zugabe von Ammonpersulfat gleiche Resultate ergeben. Am schnellsten werden die Späne nach der Methode von KINZEL, EGAN und PRICE gelöst. Die Reinigung der Tonerde geschieht am zweckmäßigsten nach der Methode von GERKE und LJUBOMIRSKAJA durch Elektrolyse an der Quecksilberkathode (vgl. S. 435).

1. Bestimmung von Aluminiumoxyd im Eisen und Stahl durch Erhitzen im Chlorstrom.

Allgemeines. Das Chloraufschlußverfahren wird bei der Rückstandsanalyse der Stähle weitgehend angewendet, bei der es darauf ankommt, die metallischen und nichtoxydischen Bestandteile (Carbide, Sulfide, Phosphide, Nitride) zu entfernen, so daß die nichtmetallischen und oxydischen Einschlüsse unangegriffen zurückbleiben und so der darauffolgenden chemischen Analyse zugänglich gemacht werden können. Nach WASMUHT und OBERHOFFER tritt ein Angriff unter Sauerstoffverlust bei keinem der im Rückstand verbleibenden Oxyde unterhalb von 350 bis 400°, auch nicht in Gegenwart von Kohlenstoff ein. Reine geglühte Tonerde wird von 850° C an von Chlorgas merklich unter Bildung von Aluminiumchlorid angegriffen. In Gegenwart von Kohlenstoff ist dieser Angriff schon bei nicht zu hohen Temperaturen, etwa oberhalb 700°, zu beobachten. Handelt es sich lediglich darum, Kieselsäure und Tonerde zu bestimmen, so wendet man am vorteilhaftesten Chlorierungstemperaturen zwischen 500 bis 600° an. Die Reinigung des Chlorgases erfolgt durch Verflüssigung bei tieferen Temperaturen und Absaugen der nicht verflüssigten Fremdgasbestandteile. Vgl. auch BARDENHEUER und DICKENS.

MEISSNER, der das Chloraufschlußverfahren als das brauchbarste Verfahren zur Bestimmung der Oxyde im Eisen und Stahl angibt, fand, daß das im Stahl vorhandene γ-Oxyd bei etwa 550° C im Chlorstrom noch nicht angegriffen wird. Nach SPITZIN findet bei der Einwirkung von Chlor auf Tonerde bei 800° eine geringe Gewichtsabnahme statt, was auch von ROTH beobachtet wurde. Im Gegensatz dazu steht die Angabe von KANGRO und JAHN, die an einer in Luft bei 1300° C geglühten Tonerde einen merklichen Angriff erst über 1200° C fanden. Der Verlust betrug bei Behandlung mit 24 l Chlor in 1 Std. etwa 3% der Einwage.

Die einzelnen oxydischen Rückstandsbestandteile erleiden Umsetzungen oder werden unter Sauerstoffverlust angegriffen, wobei die Gegenwart von Kohlenstoff eine gewisse Rolle spielt, und zwar von gewissen Temperaturen an, die von WASMUHT und OBERHOFFER wie folgt angegeben sind:

	Umsetzung von Oxydul zu Oxyd ohne Sauerstoffverlust	Angriff des Oxyds unter Sauerstoffverlust
SiO_2	—	nicht angegriffen bei 1100°
$SiO_2 + C$	—	angegriffen ab 700°
Al_2O_3	—	„ ab 850°
$Al_2O_3 + C$	—	„ oberhalb 700°
Eisenoxyd	—	„ ab 500°
Eisenoxyd + C	—	„ ab 400°
Eisenoxydul	ab 150°	„ ab 400°
Eisenoxydul + C	ab 150°	„ ab 400°
Manganoxydul	ab 200°	„ (oberhalb 400°)?
Manganoxydul + C	ab 200°	„ (ab 400°)?

COLBECK, CRAVEN und MURRAY (c) haben die Chlormethode zur Bestimmung nichtmetallischer Einschlüsse in reinen Kohlenstoffstählen und in Gußeisen nachgeprüft. Sulfide werden durch Chlor vollständig zersetzt, während Phosphor zum Teil im Rückstand zurückgehalten wird. Störungen durch Nickel, Kupfer,

Molybdän, Kohlenstoff und Titan sind bei schwach legierten Stählen nach den bisherigen Versuchen nicht zu befürchten. Versuche zur Vermeidung der Abscheidung größerer Mn-Mengen bei grauem Gußeisen waren bisher ohne Erfolg. Abgesehen davon wird gute Übereinstimmung mit den nach den Heißextraktionsverfahren erhaltenen Ergebnissen erzielt.

COLBECK, CRAVEN und MURRAY (b) zeigen, daß Tonerde und Kieselsäure im Chlorstrom bei Gegenwart von Kohlenstoff unverändert bleiben, während Eisenoxyd und Manganoxyduloxyd stark angegriffen wurden.

Arbeitsvorschrift nach* KLINGER *und* FUCKE *(b). Zu den Untersuchungen wird reines Elektrolytchlor[1] in Bomben benutzt, das in bekannter Weise durch drei Rohre mit erhitzter Holzkohle, konzentrierter Schwefelsäure und Calciumchlorid gereinigt und getrocknet wird. Die Apparatur mit Aufnahmekolben und Ausräumer ist von ED. MAURER beschrieben.

Die Holzkohle wird unter ständigem Durchleiten von Chlor 1 Std. auf etwa 800° erhitzt. Hierauf wird eine zylindrische Probe des zu untersuchenden Materials von etwa 20 g im glasierten Porzellanschiffchen in das kalte Reaktionsrohr aus Bergkrystall eingesetzt, ohne daß hierbei der Chlorstrom gedrosselt wird. Die Temperatur soll nach $1^1/_2$ Std. 400° und nach weiteren $1^1/_2$ Std. 450° betragen. Die Verflüchtigung des metallischen Anteils ist bei einer Gasgeschwindigkeit entsprechend 2 bis 3 l/Std. (Rohrquerschnitt 6 cm²) meist in 7 bis 8 Std. beendet, es treten dann keine Chloridnebel mehr auf. Die sublimierten Chloride werden öfters mit dem Ausräumer aus dem Reaktionsrohr nach dem Aufnahmekolben befördert. Nach beendeter Chlorierung läßt man den Rückstand im Cl-Strom langsam erkalten (1 bis $1^1/_2$ Std.). Der Rückstand wird mit warmem Wasser in eine Platinschale gespült, über ein aschefreies, dichtes Filter filtriert, chlorfrei gewaschen, verascht und zur Verbrennung des Kohlenstoffes geglüht. Zur Vertreibung der Kieselsäure wird mit Fluß- und Schwefelsäure abgeraucht, worauf der Rückstand mit Kaliumsulfat aufgeschlossen wird. In der Schmelze wird das Aluminium als Phosphat oder Oxyd in bekannter Weise bestimmt. Im letzten Falle muß der Phosphorsäuregehalt der Rohtonerde ermittelt und in Abzug gebracht werden.

Genauigkeit. Tonerdebestimmungen nach dem Chlorverflüchtigungsverfahren in Stahlproben verschiedener Herkunft ergaben gute Übereinstimmung. Bei legierten Stählen (nickel-, chrom- oder wolframhaltigen Stählen) ergeben sich Schwierigkeiten, da solche Stähle erst bei Temperaturen über 500° vollständig aufgeschlossen werden können.

Fehlermöglichkeiten. KLINGER und FUCKE (b) führen bei Versuchen mit reiner Tonerde und mit Schlacken an, daß besonders bei Anwesenheit von freiem Kohlenstoff bei Temperaturen von 500° schon geringere Mengen Tonerde verloren gehen, so daß als obere Temperaturgrenze für die Chlorierung zum Zwecke der Tonerdebestimmung etwa 450° in Frage kommt. Dabei gehen die Chloride bis auf Manganchlorür schon flüchtig weg, da sie sich schon bei niedrigeren Temperaturen verflüchtigen (Eisenchlorid bei 280°, Aluminiumchlorid bei 183°, Silicumtetrafluorid bei 57°). Manganchlorür wird beim Auswaschen des Rückstandes mit Wasser leicht entfernt. Aluminiumcarbid wird in Aluminiumchlorid und Kohlenstoff übergeführt.

Bei den im Stahl üblichen Aluminium-, Phosphor- und Schwefelgehalten ist es sehr unwahrscheinlich, daß sich dabei Aluminiumphosphid und -sulfid bilden werden. Als eine Fehlerquelle ist die Anwesenheit von Aluminiumnitrid anzusehen, da das bei der Chlorierung nicht zersetzte Nitrid einen höheren Tonerdegehalt vortäuschen könnte. Nach der Chlorierung eines aluminiumnitridreichen Gemisches bei 450° enthielt der Rückstand noch 75% des im Ausgangsgemisches vorhandenen Stickstoffes oder Aluminiumnitrids.

[1] Empfehlenswert ist auch Reinigung des Chlors durch Verflüssigung (vgl. S. 506).

Als Fehlerquelle gilt auch die während der Chlorierung auftretende Möglichkeit der Reaktion der Oxyde, z. B. bei Stählen mit hohem Aluminiumgehalt, da Kieselsäure oder andere Oxyde unter Bildung von Al_2O_3 reduziert werden könnten. Man würde also einen zu hohen Gehalt an Tonerde und einen zu geringen Gehalt an Kieselsäure erhalten.

Nach KLINGERS Versuchen tritt diese Reaktion schon ein, wenn der Aluminiumgehalt 0,1% des Kieselsäuregehalts beträgt oder wenn bei 0,01% Kieselsäure im Stahl, 0,00001% Aluminium vorhanden sind. Praktisch würde diese Reaktion bei so geringen Anteilen nicht in Erscheinung treten. Sie erlangt jedoch Bedeutung, wenn der Aluminiumgehalt z. B. bei Aluminiumstählen hoch ist, etwa 1% und z. B. bei anderen viel Aluminium enthaltenden Stoffen. Das Aluminium kann außerdem auch mit der Kieselsäure des Schiffchens aus kieselsäurehaltigem Material in Reaktion treten und infolge Bildung neuer Tonerde den Grund für zu hohe Resultate bilden.

Demnach ist das Chlorierungsverfahren zur Tonerdebestimmung für die meisten Stähle geeignet. Ungenauigkeiten treten bei Stählen auf, die neben viel Kieselsäure viel Aluminium enthalten.

2. Bestimmung von Aluminiumoxyd in Eisen und Stahl nach dem Salzsäurelösungsverfahren.

Vorbemerkung. Wegen der großen chemischen Beständigkeit des Aluminiumoxydes läßt sich dieses von den metallischen Bestandteilen des Stahles durch Salzsäure leicht trennen.

KICHLINE stellt fest, daß die auf 1000° geglühte Tonerde nicht mehr in heißer verdünnter Salzsäure löslich war. Über die Abhängigkeit der Löslichkeit der Tonerde von der Glühtemperatur haben PODSZUS und MEYER Angaben gebracht. Nach den Versuchen von KLINGER und FUCKE (c) beträgt die Löslichkeit bei 1400° geglühter Tonerde verschiedener Korngröße (höchstens 1 μ) bei mehrstündiger Erwärmung auf 70 bis 80° bis zu 1,5% und bei Kochtemperatur bis zu 2%. Demnach ist die Löslichkeit praktisch sehr gering, zumal bei der Bestimmung der Tonerde im Stahl nicht mehrere Stunden gekocht wird.

Außer von der Unlöslichkeit der Tonerde in Salzsäure ist die Anwendung des Säureaufschlusses auch von der Zersetzlichkeit der Aluminiumcarbide und -nitride abhängig. Während nach dem Versuch von KLINGER und FUCKE das Carbid durch Salzsäure zersetzt wird, ist dies beim Nitrid nicht der Fall, wovon etwa die Hälfte der Behandlung mit Salzsäure unzersetzt zurückbleibt, wodurch man für die Tonerde zu hohe Werte erhält, weil die an Stickstoff gebundene Aluminiummenge ebenfalls als Tonerde mitbestimmt wird; daher ist das Salzsäureaufschlußverfahren für Stähle mit höherem Aluminium- und Stickstoffgehalt (nitrierte Stähle) nicht brauchbar.

SCHENK, RIESS und BRÜGGEMANN geben als ein einfaches Mittel zur Zerstörung der Carbide das Auswaschen des Lösungsrückstandes auf dem Filter mit 20%iger Salpetersäure oder mit 20%iger Ammoniumpersulfatlösung oder mit einer Lösung von Wasserstoffsuperoxyd in 20%iger Schwefelsäure an, von denen Tonerde nicht angegriffen wird. Hierbei geht die Zersetzung der Carbide am schnellsten vor sich.

Arbeitsvorschrift. KICHLINE benutzt die Unlöslichkeit der stark geglühten Tonerde in verdünnter Säure, um den Aluminiumgehalt in Stählen zu bestimmen, denen man zwecks Desoxydation Aluminium zugesetzt hat. Man kocht 50 g Bohrspäne in einer Mischung von 200 cm³ konzentrierter Salzsäure und 300 cm³ Wasser nach dem Auflösen auf, filtriert, wäscht zuerst mit heißer verdünnter Salzsäure und dann mit heißem Wasser. Nach dem Veraschen des Filters mit dem Rückstand im Platintiegel wird der Rückstand mit 0,5 g wasserfreiem Borax und 5 g calc. Soda aufgeschlossen. Nach dem Auflösen der Schmelze in heißem Wasser bestimmt man das Aluminium in üblicher Weise. Das in Stahl nicht an Sauerstoff gebundene Aluminium findet sich im ersten Filtrat und kann darin bestimmt werden.

d) Arbeitsvorschrift zur Bestimmung von Tonerde in legierten Stählen. Vorbemerkung. Bei legierten Stählen empfiehlt es sich daher, die Bestimmungen nach den Angaben von HERTY, GEINES jun., FREEMAN und LIGHTNER, die den Gesamtsauerstoff als Tonerde nach Desoxydation des flüssigen Stahls mit Aluminium bestimmen, folgendermaßen durchzuführen.

α) **Arbeitsvorschrift nach HERTY und seinen Mitarbeitern.** 20 g Späne werden mit 400 cm³ Wasser auf etwa 90° erwärmt und dann mit 100 cm³ konzentrierter Salzsäure versetzt. Sobald sich die Späne vollständig gelöst haben, wird filtriert und der Rückstand auf dem Filter zuerst 2mal mit heißem Wasser, dann 4- bis 5mal mit Salpetersäure (1:2), danach wieder 2mal mit heißem Wasser, dann 4mal mit Salzsäure (1:1) und schließlich wiederum 4mal mit Wasser gewaschen. Filter samt Rückstand werden in einem Platintiegel verascht, und die Kieselsäure mit Flußsäure und Schwefelsäure abgeraucht. Nach dem Glühen muß der Rückstand rein weiß sein.

Genauigkeit. Die Ursache der zu hohen Werte für Tonerde in hochlegierten Stählen bei dem Salzsäureverfahren führen auch HERASYMENKO und PONDELIK auf die Gegenwart schwer zersetzbarer Carbide des Molybdäns und Chroms zurück. Auch sie zerstören die Carbide durch Auswaschen des Lösungsrückstandes auf dem Filter mit Salpetersäure.

β) **Veränderte Arbeitsweise.** Nach THOMSON und ACKEN wird der Stahl mit verdünnter Salzsäure (1:2) behandelt. Der Rückstand wird aufgeschlossen, die Kieselsäure abgeschieden und durch Abrauchen mit Flußsäure bestimmt. Im Filtrat des Aufschlusses wird Aluminium nach Abtrennung von Eisen, Chrom, Mangan durch Natronlaugefällung als Phosphat bestimmt. Wenn der Stickstoffgehalt gering ist, wird die Bestimmung durch anwesendes Aluminiumnitrid nicht gestört. Bei nitrierten Stählen erscheint Aluminium fast nur als Nitrid im Rückstand. Vergleichende Versuche der beschriebenen Arbeitsweise mit dem Brom- und Salpetersäureverfahren ergaben eine gute Übereinstimmung.

γ) **Arbeitsvorschrift nach KLINGER und FUCKE (d).** 20 g Stahl werden in etwa 600 cm³ heißem Wasser und 100 cm³ Salzsäure (spez. Gew. 1,19) durch Erwärmen gelöst. Der verbleibende Rückstand, der aus Aluminiumoxyd, Kohlenstoff, Kieselsäure, Titansäure, Tonerde, Phosphor-, Eisen-, Chrom-, Mangan-, Kupfer- und Aluminium-Verbindungen bestehen kann, wird über ein doppeltes Blaubandfilter von Firma SCHLEICHER & SCHÜLL abfiltriert und mit salzsäurehaltigem Wasser (1:100) ausgewaschen. Zeigt sich nach 24stündigem Stehen im Filtrat noch ein Rückstand, so wird er abfiltriert und mit dem ersten vereinigt. Der gesamte Rückstand wird verascht (nicht glühen) und mit reiner Soda längere Zeit aufgeschlossen. Die Schmelze wird mit heißem Wasser aufgenommen und ein noch ungelöster Teil abfiltriert, der dann erneut mit Soda aufgeschlossen wird. Die beiden wäßrigen Auszüge werden vereinigt. Man verdünnt die Lösung auf 600 cm³, setzt zur Manganabscheidung 2 cm³ Alkohol zu und läßt über Nacht stehen. Mangansuperoxyd und Eisenoxydhydrat werden über ein doppeltes Filter abfiltriert und mit sodahaltigem Wasser (3 g Soda je 1 l Wasser) ausgewaschen. Bei Gegenwart von Chrom wird mit Salpetersäure und Kaliumchlorat zu Chromat oxydiert. Die Lösung wird hierauf mit Ammoniumchlorid versetzt, zum Sieden erhitzt und nach Zusatz von etwas Methylrot mit Ammoniak in geringem Überschuß gefällt (tropfenweise bis zur Gelbfärbung). Man läßt den Niederschlag absitzen, filtriert durch ein Weißbandfilter und wäscht mehrmals mit heißem Wasser, dem man einen Tropfen Ammoniak und etwas Ammoniumnitrat (2%) — (Prüfung mit Methylrot) — zugesetzt hat, sorgfältig bis zum Verschwinden der Chlorreaktion aus. Das Filter wird naß im Platintiegel verbrannt und kräftig im bedeckten Tiegel vor dem

Gebläse geglüht. Der geglühte Rückstand wird mit Fluß- und Schwefelsäure abgeraucht und gewogen. Ist der Rückstand nicht rein weiß, so müssen Aufschluß und Fällung wiederholt werden. Der Rückstand wird mit Kaliumbisulfat aufgeschlossen, worauf in der gelösten Schmelze in üblicher Weise der Phosphor bestimmt wird. Der ermittelte Phosphorgehalt wird als P_2O_5 von der Tonerdeauswage in Abzug gebracht.

Bei der Bestimmung des Aluminiums als Phosphat wird der abfiltrierte und veraschte Lösungsrückstand nach dem Abrauchen mit Fluß- und Schwefelsäure mit Kaliumbisulfat aufgeschlossen und die Schmelze in Wasser gelöst. Die Lösung wird bei 150 cm^3 Verdünnung mit Ammoniak genau neutralisiert, bis Kongopapier eben von Blau auf Rot gefärbt wird, wobei Eisen als Hydroxyd ausfällt.

Nun gibt man genau 4 cm^3 Salzsäure (1,12) zu und wartet, bis der Niederschlag vollständig gelöst ist und die Farbe der Lösung von Braun auf Gelb zurückgegangen ist. Dann wird auf 350 cm^3 verdünnt, 15 cm^3 Essigsäure (80%ig) und 20 cm^3 Ammoniumsulfat (30%ig) zugesetzt und die Lösung zum Sieden erhitzt. Zu der siedenden Lösung werden 20 cm^3 Ammoniumphosphatlösung (1:10) zugegeben und die Lösung $^1/_4$ Std. im Sieden erhalten. Nachdem sich der Niederschlag abgesetzt hat, wird er über ein 11 cm Filter (Weißband von Schleicher & Schüll) filtriert und mit heißem Wasser etwa 6mal ausgewaschen. Der Niederschlag wird in das Becherglas zurückgespült, das Filter mit heißer Salpetersäure (1:1) und mit heißem Wasser ausgewaschen, in bedecktem Becherglase eingedampft, ausgeschiedener Schwefel über das vorher gebrauchte Filter filtriert, im Porzellantiegel verascht und festgestellt, ob ein Rückstand zurückbleibt. Dieser wird gegebenenfalls im Platintiegel mit Kaliumbisulfat aufgeschlossen und zur Hauptlösung gegeben. Diese Lösung wird wieder weit eingeengt, mit 4 bis 5 g Kaliumchlorat versetzt und so lange gekocht, bis das etwa vorhandene Chrom zu CrO_3 oxydiert ist. In der oxydierten verdünnten Lösung wird das Aluminium in der oben bei der Oxydbestimmung angegebenen Weise mit Ammoniak gefällt, filtriert und ausgewaschen. Der Niederschlag wird im Platintiegel bei 400° verascht, mit etwa 8 g Soda gemischt und bei Rotglut aufgeschlossen. Die Schmelze wird in Wasser gelöst, einige Minuten gekocht, über ein Doppelfilter (11 cm) filtriert und mit sodahaltigem Wasser ausgewaschen. Das Filtrat wird mit Salzsäure angesäuert und die Kohlensäure durch Kochen vertrieben, worauf die Lösung unter genau denselben Vorsichtsmaßnahmen bei einer Verdünnung von 150 cm^3 mit Ammoniak neutralisiert und mit 4 cm^3 Salzsäure (spez. Gew. 1,12) versetzt wird, sodann werden 15 cm^3 Essigsäure (80%ig) zugegeben, die Lösung auf etwa 350 cm^3 verdünnt, 20 cm^3 Ammoniumthiosulfatlösung und 20 cm^3 Ammoniumphosphatlösung zugesetzt und zum Sieden erhitzt. Nach $^1/_4$stündigem Kochen läßt man absetzen und filtriert. Filter und Niederschlag werden gut mit heißem Wasser ausgewaschen, im vorgewogenen Platintiegel verascht (1000°) und nach Erkalten gewogen. Der Rückstand ist reines Aluminiumphosphat (chrom- und titanfrei, andernfalls nochmaliger Sodaaufschluß) mit 41,78% Al_2O_3.

Genauigkeit. Von Klinger und Fucke (d) ausgeführte Bestimmungen der Tonerde nach dem Salzsäureverfahren bei Kohlenstoff- und Chromstählen lieferten, sowohl bei Bestimmung als Oxyd als auch bei der Bestimmung als Phosphat gute Übereinstimmung. Auch Gegenüberstellung des Salzsäureverfahrens mit dem Chlorverflüchtigungsverfahren ergab praktisch gleiche Werte. Zahlreiche Untersuchungen von Schenk, Riess und Brüggemann nach dem Salzsäureverfahren ergaben Fehlergrenzen von $\pm$ 0,002%. Danach ist das Salzsäureverfahren zur Tonerdebestimmung in Kohlenstoffstählen und niedriger legierten Chromstählen sehr gut anzuwenden.

d) Veränderte Arbeitsweisen. Zinberg löst zur Bestimmung von Tonerde im Stahl in Salzsäure, filtriert den Rückstand und glüht ihn nach dem Auswaschen im Platintiegel. Die Kieselsäure wird nach dem Befeuchten mit Flußsäure und

Schwefelsäure durch Glühen entfernt. Der Rückstand wird mit Kaliumnatriumcarbonat geschmolzen und die Schmelze mit Wasser ausgelaugt, wobei das gesamte Aluminium in Lösung geht. Nach der Trennung vom Rückstand wird das Filtrat mit Salzsäure angesäuert, Ammoniumtartrat und sodann Ammoniak bis zur schwach alkalischen Reaktion zugegeben. Man neutralisiert mit Essigsäure, gibt 1 bis 2 Tropfen Ammoniak zu und fällt das Aluminium mittels o-Oxychinolin.

Motok und Waltz bestimmen Aluminium und Tonerde in Stahlsorten auf folgende Weise:

10 g Bohrspäne werden in 100 cm³ Salzsäure (1:2) bei 70 bis 80° C gelöst, filtriert und zuerst mit verdünnter Salzsäure (1:20), dann mit heißem Wasser, hinterher mit Sodalösung und wieder mit verdünnter Salzsäure (1:10) und zuletzt mit heißem Wasser ausgewaschen. Nach dem Veraschen des Rückstandes wird er in 20 cm³ konzentrierter Salzsäure und 10 cm³ Salpetersäure gelöst, mit 20%iger Natronlauge schwach alkalisch gemacht und dazu noch ein Überschuß von 40 cm³ derselben Natronlauge hinzugegeben. Alsdann verdünnt man auf 200 cm³, kocht auf und filtriert nach mehrstündigem Stehen. Jetzt kocht man mit 15 cm³ Bromwasser auf, säuert mit Salpetersäure an und fällt mit Ammoniak. Man wäscht wie üblich bei der Ammoniakfällung mit ammoniumnitrathaltigem, schwach ammoniakalischem Waschwasser aus, löst den Niederschlag in Salzsäure und wiederholt die Fällung. Nach dem Glühen und Abrauchen der Kieselsäure mit Fluß- und Schwefelsäure wird bei höherer Temperatur geglüht und als Tonerde gewogen.

Podkopajew wendet ebenfalls das Säureaufschlußverfahren an. 10 g Stahl werden in 150 cm³ Salzsäure (1:2) aufgelöst. Der abfiltrierte Rückstand wird mit verdünnter Salzsäure (1:25) ausgewaschen und nach dem Verglühen im Platintiegel und nach dem Abrauchen der Kieselsäure mit Fluß- und Schwefelsäure mit Kaliumbisulfat geschmolzen. Die Schmelze wird mit Wasser aufgenommen, das mit Schwefelsäure angesäuert ist, und die Lösung mit Ammoniak unter Zusatz von Methylorange als Indicator schwach alkalisch gemacht. Man säuert mit Schwefelsäure durch Zusatz eines Überschusses von 8 bis 10 Tropfen auf 75 cm³ Lösung an und elektrolysiert mit Quecksilberkathode. Der Elektrolyt, der das Aluminium enthält, wird mit 5 cm³ einer 20%igen Natriumammoniumphosphatlösung und Ammoniak versetzt. Man kocht 1 Min. auf, filtriert und glüht als Aluminiumphosphat das auf Tonerde umgerechnet wird.

Gray und Sanders geben zur Bestimmung des Gesamtsauerstoffs in Kohlenstoffstählen folgendes an: Durch Zusammenschmelzen des Stahles mit einem Überschuß an Aluminium bei 1100 bis 1200° im Wasserstoffstrom soll der gesamte, in Form verschiedener Oxydverbindungen vorhandene Sauerstoff zu Tonerde umgesetzt werden. 10 g Stahl werden unter Zusatz von 14 g Aluminium im Elektrographittiegel geschmolzen. Die Schmelze wird in Salzsäure (1:1) gelöst und mit 40 cm³ konzentrierter Salpetersäure oxydiert. Der Niederschlag wird filtriert und die mit abgeschiedene Kieselsäure durch 3%ige Sodalösung herausgewaschen. Anschließend wird nochmals mit verdünnter Salzsäure und warmem Wasser ausgewaschen. Man soll danach gute Übereinstimmung mit den nach dem Heißextraktionsverfahren erhaltenen Werten bekommen.

3. Bestimmung von Aluminiumoxyd in Eisen und Stahl nach dem Salpetersäure-Aufschluß-Verfahren.

Vorbemerkung. Auch durch Aufschluß durch Salpetersäure erhält man für Tonerde zuverlässige Werte, da geglühte Tonerde in verdünnter Salpetersäure sehr schwer löslich ist. Klinger und Fucke (e) fanden einen Verlust von 0,3 bis 0,4%, wenn bei 1400° geglühte Tonerde 2 Tage lang bei Zimmertemperatur mit 10%iger Salpetersäure behandelt wird.

***a) Arbeitsvorschrift nach* Dickenson.** Nach dem Verfahren von Dickenson, das auf einer Methode von Stead beruht, wird die Stahlprobe in 10%iger

Salpetersäure unter 2tägigem Durchleiten von Luft gelöst. Der Rückstand wird in schwach salpetersaurer Lösung von Kaliumpermanganat gekocht, um den Zementit zu zerstören und den Graphit zu oxydieren. Um das aus der Zersetzung des Zementits herrührende Eisen zu lösen und Silicium als Kieselsäure abzuscheiden, wird der Rückstand mit Salzsäure gekocht. Die ausgefallene Kieselsäure wird durch 2maliges aufeinanderfolgendes Aufkochen mit stark verdünnter Natronlauge wieder in Lösung gebracht. Etwa gebildete Eisensalze werden durch verdünnte Salzsäure gelöst. Der Rückstand wird dann gut ausgewaschen und filtriert.

Bemerkungen. MEISSNER berichtet über unbefriedigende Ergebnisse nach dem Verfahren von DICKENSON. Auch HERTY, FITTERER und ECKEL haben das Verfahren nachgeprüft und geben darüber folgendes an: Der große Zeitbedarf setzt den Wert des Verfahrens erheblich herab. Da man außerdem unbedingt zuverlässige Werte nur für Kieselsäure und Tonerde sowie für Verbindungen erhält, die sehr reich an Kieselsäure und Tonerde sind, erreicht man mit einer Untersuchung nicht mehr als mit einem Aufschluß der Proben im Chlorstrom. Für Rückstanduntersuchungen im Stahl ist das Chlorverfahren dem Salpetersäureverfahren schon wegen des geringeren Zeitbedarfs überlegen.

b) Arbeitsvorschrift nach* KLINGER *und* FUCKE *(e). In jedem von mehreren 1 l fassenden Kolben werden je 4 würfelförmige Probestücke (Gewicht eines Stückes etwa 20 g) in 750 cm^3 10%iger Salpetersäure unter gleichmäßigem Durchleiten von Luft gelöst. Nach 2 Tagen wird die abgestandene Lösung in ein großes Becherglas abgegossen. Der Kolben wird erneut mit 10%iger Salpetersäure aufgefüllt und das Lösen, unter jeweiligem Abgießen der Lösung nach 2 Tagen, so lange fortgesetzt, bis die Stücke vollständig gelöst sind. Die abgegossenen Lösungen werden im Becherglas vereinigt. Nach dem Absetzen des Rückstandes wird der größte Teil der Lösung bis auf 50 cm^3 vorsichtig abgehebert. Die Restlösung wird unter Zugabe von 20 cm^3 Kaliumpermanganatlösung (50 g/l) $^1/_2$ Std. zum Kochen erhitzt und darauf mit Wasserstoffsuperoxyd entfärbt. Man läßt absitzen und dekantiert wieder durch ein Blaubandfilter, ohne den Niederschlag aufzurühren. Man gibt 100 cm^3 5%ige Salzsäure zum Rückstand, kocht 10 Min., läßt absitzen und dekantiert wieder durch ein Filter. Hierauf wird der Rückstand 2mal mit je 50 cm^3 10%iger Natronlauge und anschließend wieder mit 100 cm^3 5%iger Salzsäure in gleicher Weise behandelt. Der Rückstand wird nun vollständig auf das Filter gebracht, mit Wasser gut ausgewaschen und verascht. Nach dem Abrauchen mit Fluß- und Schwefelsäure wird aufgeschlossen und die Tonerde unter Berücksichtigung der Verunreinigungen von Eisen, Mangan, Chrom usw. in bekannter Weise bestimmt.

Genauigkeit. Die Resultate zeigen nach den Versuchen von KLINGER und FUCKE (e) gute Übereinstimmung. Im Vergleich zum Brom-Chlorverflüchtigungs- und Salzsäureverfahren wurde befriedigende Übereinstimmung erreicht.

	% Al_2O_3 nach Verfahren		
	HNO_3	Cl	HCl
Basische S.M.-Proben mit Al beruhigt, zur Bestimmung des FeO-Gehaltes nach HERTY und Mitarbeiter	0,061	0,076	0,066
	0,010	0,011	0,008
	0,075	0,082	0,077
	0,075	0,080	0,080
	0,094	0,108	0,102
	0,097	0,104	0,092

Bei geringen Abweichungen sind die nach dem Salpetersäureverfahren ermittelten Werte danach stets die niedrigsten. KLINGER und FUCKE nehmen an, daß die Ursache dafür Einschlüsse mit geringem Aluminatgehalt sind, die Salpetersäure gegenüber weniger beständig sind. Trotzdem ist die Methode für die Praxis brauchbar. Nachteilig ist nur der bereits erwähnte große Zeitaufwand.

c) Veränderte Arbeitsweise. SCOTT beschleunigt das Lösen von Proben hoch kohlenstoffhaltigen Stahles in Salpetersäure durch Rühren, wofür eine Vorrichtung verwendet wird, mit der mit nur einem Motor, mehrere mit einem Rührer versehene Rundkolben bedient werden können.

CUNNINGHAM und PRICE verwenden, da das Jodverfahren etwas umständlich ist, das Salpetersäureverfahren. 20 g Späne werden in 600 bis 800 cm³ 20%iger Salpetersäure gelöst und im unlöslichen Rückstand die Tonerde in üblicher Weise bestimmt. Die erhaltenen Werte stimmen mit dem nach dem Jodverfahren erhaltenen gut überein.

4. Bestimmung von Aluminiumoxyd in Eisen und Stahl durch Auflösung in Säuregemischen.

a) Arbeitsvorschrift von* JOHNSON *(Auflösung in Schwefelsäure-Salpetersäuregemisch). MORIS JOHNSON löst den Stahl je nach seiner Zusammensetzung in Schwefelsäure (1:3), der bestimmte Zusätze von Salpetersäure (1,20) gemacht werden. Aus dem gewogenen Rückstand wird das beim Auflösen von Silicium (Si) gebildete Kieselsäuregel mit Sodalösung herausgewaschen. Der nun verbleibende ausgewaschene Rückstand wird geglüht und gewogen und der Rest der Kieselsäure, der ursprünglich als Kieselsäure (SiO_2) vorhanden war, mit Flußsäure abgeraucht und bestimmt. Ist der Rückstand rein weiß, so besteht er aus Tonerde, ist er gefärbt, so wird er durch Schmelzen mit Soda und Salpeter aufgeschlossen und Chrom colorimetrisch bestimmt.

b) Arbeitsvorschrift von* SCHKOTOWA *(Auflösung in Schwefelsäure-Salpetersäure-Salzsäuregemisch). Zur Sauerstoffbestimmung im Stahl werden nach SCHKOTOWA 5 g Bohrspäne des im flüssigen Zustande mit Aluminium desoxydierten Stahles mit 150 cm³ warmer verdünnter Schwefelsäure 1:5 gelöst, darauf mit 10 cm³ konzentrierter Salzsäure erhitzt und allmählich unter Umrühren mit 10 cm³ konzentrierter Salpetersäure versetzt. Der Rückstand wird nach dem Filtrieren und Auswaschen mit Salzsäure geglüht und nach dem Fluorieren wiederum geglüht und gewogen.

An diese Stelle sei das Verfahren von KINZEL, EGAN und PRICE zwecks Schnellbestimmung der Tonerde in unlegierten und niedrig legierten Stählen durch Lösen in Salpetersäure unter Zusatz von Ammoniumpersulfat erwähnt. Für diese Methode ist vom Chemikerausschuß des Vereins Deutscher Eisenhüttenleute eine Arbeitsweise festgelegt, bei der nach der Behandlung des Stahles mit Salpetersäure Ammoniumpersulfat und Salzsäure zugesetzt und so lange stehen gelassen wird, bis keine Auflösung mehr erfolgt. In dem gewogenen Rückstand, der außer Tonerde Verunreinigungen von Kieselsäure, Eisenoxyd und Phosphorsäure enthält, werden letztere bestimmt und von dem Gewicht des Rückstandes in Abzug gebracht.

Literatur.

BARDENHEUER, P. u. P. DICKENS: Mitt. Kais. Wilh.-Inst. Eisenforsch. Düsseldorf **9**, 195 (1927).

Chemikerausschuß des Vereins Deutscher Eisenhüttenleute: Handbuch für das Eisenhüttenlaboratorium, Bd. II, S. 442. 1941. — COLBECK, E. W., S. W. CRAVEN u. W. MURRAY: (a) Iron Steel Inst., Spec. Rep. Nr **25**, 195—200 (1939); durch C. **110 I**, 5016 (1939); (b) J. Iron Steel Inst. **134**, 251—286 (1936); C. **108 I**, 4133 (1937); (c) J. Iron Steel Inst. Spec. Rep. Nr **25**, 109 bis 120 (1939); C. **110 I**, 5016 (1939). — CUNNINGHAM, R. R. u. R. J. PRICE: Ind. eng. Chem. Anal. Edit. **5**, 27—29 (1933).

DICKENSON, J. H. S.: J. Iron Steel Inst. **113**, 177, 211 (1926); Stahl Eisen **46**, 1228 (1926).

GERKE, F. K. u. N. W. LJUBOMIRSKAJA: Betriebslab. (russ.) **5**, 727—731 (1936); C. **108 I**, 3028 (1937). — GRAY, N. u. M. C. SANDERS: J. Iron Steel Inst. **137**, 348—352 (1939); C. **110 I**, 2649 (1939).

HERASYMENKO, D. u. G. PONDELIK: Stahl Eisen **53**, 381 (1933). — HERTY, C. H., G. R. FITTERER u. J. F. ECKEL: Bl. Min. Met. Investigation Nr 37 (1928); Stahl Eisen **49**, 737 (1929). — HERTY, C. H., J. M. GANIES jun., H. FREEMAN u. M. L. LIGHTNER: Trans. Amer. Inst. min. metallurg. Engrs., Iron Steel Div. 28—44 (1930); Stahl Eisen **50**, 893—894 (1930).

JOHNSON, C. M.: Iron Age **132**, 24, 60 (1933); C. **105 I**, 88 (1934).

KANGRO, W. u. R. JAHN: Z. anorg. Ch. **210**, 325—336 (1933). — KICHLINE, F. O.: J. ind. eng. Chem. **7**, 806 (1908); Fr. **84**, 255 (1931). — KINZEL, A. B., J. J. EGAN u. R. J. PRICE: Metals and Alloys **5**, 96, 105 (1934); Stahl Eisen **55**, 575 (1935). — KLINGER, P. u. H. FUCKE: Arch. Eisenhüttenw. **7**, 616—625 (1933/34); (a) 625; (b) 616—618; (c) 621; (d) 621 u. 622; (e) 620 u. 621.

MAURER, E.: Arch. Eisenhüttenw. **6**, 39—42 (1932/33). — MEISSNER, F.: Mitt. Forsch.-Inst. Ver. Stahlw. A.G. Dortmund **1**, 223 (1939). — MEYER, O.: Arch. Eisenhüttenw. **6**, 193 (1932/33). — MOTOK, G. T. u. E. O. WALTZ: Iron Age **136**, Nr 26, 23—25 (1935); C. **107 I**, 2783 (1936); Fr. **108**, 354 (1937).

PODKOPAJEW, L. N.: Betriebslab. (russ.) **6**, 1053 (1937). — PODSZUS, E.: Ph. Ch. **92**, 231 (1918).

ROTH, W.: Arch. Eisenhüttenw. **2**, 829 (1928/29).

SCHENCK, H., W. RIESS u. E. O. BRÜGGEMANN: Z. El. Ch. **38**, 562—568 (1932); Stahl Eisen **53**, 381 (1933). — SCHKOTOWA, S. N.: Betriebslab. (russ.) **6**, 621—623 (1937); C. **110 I**, 740 (1939). — SCOTT, F. W.: Chemist.-Analyst **25**, 58 (1936); C. **108 I**, 668 (1937). — SPITZIN, V.: Z. anorg. Ch. **189**, 337—366 (1930). — STEAD, E.: Iron Steel Magazine **9**, 105 (1905).

THOMSON, F. G. u. J. S. ACKEN: Bur. Stand. J. Res. **9**, 615—623 (1932); C. **104 II**, 2564 (1933).

VOGELSOHN, JE. J.: Betriebslab. (russ.) **6**, 1276 (1937); C. **110 I**, 479 (1939).

WASMUHT, R. u. P. OBERHOFFER: Arch. Eisenhüttenw. **2**, 829—842 (1928/29); C. **100 II**, 2801 (1929).

ZINBERG, S. A.: Betriebslab. (russ.) **3**, 1129 (1934); C. **106 II**, 1408 (1935).

5. Bestimmung von Aluminiumoxyd in Stahl und Eisen nach der Brommethode.

Vorbemerkung. Die Bestimmung von Sauerstoff im Stahl und Eisen nach dem Bromverfahren ist von SCHNEIDER vorgeschlagen und von WÜST und KIRPACH verbessert worden. Das von SCHERRER und OBERHOFFER abgeänderte Bromverfahren zur Bestimmung oxydischer Verunreinigungen im Roheisen und Stahl hat zu unbefriedigenden Ergebnissen geführt, da bei dem Bromverfahren sowohl Manganoxydul als auch Eisenoxydul ganz oder zum Teil in Lösung gehen. Zur Bestimmung von Kieselsäure, Silicaten und Tonerde erscheint jedoch das SCHNEIDERsche Bromverfahren aussichtsreich. Die im Stahl vorhandenen Carbide und Silicide lassen sich nach KIRPACH in Lösung bringen, nur bei einigen hochgekohlten Sonderstählen (Chrom- und Nickel-, Wolframstählen) traten Schwierigkeiten auf.

OBERHOFFER und AMMANN fanden, daß geglühte Tonerde selbst in feinster Verteilung von der Bromlösung und den Waschflüssigkeiten nicht angegriffen wird und quantitativ erfaßt werden kann. Die erhaltenen Rückstände konnten nur schwer durch Sodaschmelzen, schneller durch Schmelzen mit Natriumbisulfat oder Borax in Lösung gebracht werden. Zur Bestimmung der Tonerde wurde das Differenz- und das Phosphatverfahren herangezogen.

Arbeitsvorschrift. 100 g Bromkali und 160 g Brom werden in 1 l Wasser gelöst und filtriert. 20 g Stahl werden mit diesem Filtrat in den Lösungskolben gebracht und $^1/_2$ Std. lang geschüttelt. Nach dem Lösen wird mit kaltem Wasser auf 2 l aufgefüllt. Unter gelindem Saugen wird der Kolbeninhalt durch ein Cellafilter filtriert (Cellafilter sind gegen Alkalien beständig, Membranfilter) und die letzten Reste mit kaltem Wasser auf das Filter gespritzt. Die Filtration soll ununterbrochen vor sich gehen, d. h. das Filter soll dauernd mit Flüssigkeit bedeckt bleiben. Solange das Filter durch die Waschflüssigkeit hindurch noch braun erscheint, wird zur Vermeidung der Bildung basischer Salze nur mit kaltem und dann erst mit heißem Wasser ausgewaschen. Ist das Filter weiß und das Filtrat klar, so wird mit 500 cm³ 3%iger heißer Sodalösung nachgewaschen und zur Entfernung des Natriumsilicats das Filter nacheinander mit heißem Wasser, kaltem Wasser, 500 cm³ kalter 5%iger Salzsäure und schließlich mit kaltem Wasser behandelt (Cellafilter sind empfindlich gegen warme, verdünnte Säuren). Nachdem schließlich noch die innere Glaswand des Apparates abgespült ist, wird das Filter trocken gesaugt, im Platintiegel vorsichtig verascht und im übrigen wie bei der üblichen Si-Bestimmung verfahren. Die Tonerde kann dann entweder aus der Differenz oder nach dem Aufschluß mit Alkalibisulfat oder Borax als Phosphat bestimmt werden.

Genauigkeit. OBERHOFFER und AMMANN fanden bei der Analyse synthetischer, mit Aluminium desoxydierter Schmelzen nebenstehende Werte. Armco-Eisen ergab bei 50 g Einwage 0,021% bzw. 0,023% Tonerde. Eine Kontrollbestimmung nach dem Jodverfahren ergab 0,021% Tonerde.

Differenzmethode	Phosphatverfahren
0,037% Al_2O_3	0,039% Al_2O_3
0,074% Al_2O_3	0,075% Al_2O_3
0,028% Al_2O_3	0,029% Al_2O_3
0,063% Al_2O_3	0,058% Al_2O_3
0,058% Al_2O_3	0,056% Al_2O_3
0,059% Al_2O_3	0,057% Al_2O_3

Das Bromverfahren wird von OBERHOFFER und AMMANN mit dem Salzsäureverfahren verglichen. Bei dem letzteren werden 50 g Stahl in 500 cm³ Salzsäure (1:1) unter Erwärmen gelöst. Nach dem Lösen des Stahles wird noch kurze Zeit gekocht, mit Wasser verdünnt und filtriert. Nach dem Auswaschen und Veraschen wird die Tonerde in dem weißen Glührückstand nach dem Phosphatverfahren bestimmt (s. nebenstehende Tabelle).

Bromverfahren	Salzsäureverfahren
0,038% Al_2O_3	0,029% Al_2O_3
0,074% Al_2O_3	0,063% Al_2O_3
0,029% Al_2O_3	0,031% Al_2O_3
0,061% Al_2O_3	0,048% Al_2O_3
0,058% Al_2O_3	0,051% Al_2O_3
0,058% Al_2O_3	0,052% Al_2O_3
0,056% Al_2O_3	0,051% Al_2O_3

Nach MEISSNER erhält man nach allen Verfahren, die mit Spänen arbeiten, infolge Oberflächenoxydation wesentlich zu hohe Sauerstoffwerte und das Bromverfahren soll auch für Kieselsäure und Tonerde unregelmäßig abweichende Werte ergeben. MEISSNER hält das Chloraufschlußverfahren als das brauchbarste Rückstandsverfahren.

KLINGER und FUCKE (a) haben die Arbeitsweise von OBERHOFFER und AMMANN nachgeprüft. Dabei erfolgte das Lösen der Probe bei gelinder Erwärmung unter Stickstoffatmosphäre in der HARTMANNschen Ente von 1 l Inhalt. Nach entsprechender Drehung der Ente wurde über ein Blaubandfilter von SCHLEICHER & SCHÜLL gleichfalls unter Luftabschluß, filtriert und ausgewaschen, um die Ausscheidung basischer Salze zu verhindern, die das Filtrieren und Auswaschen unnötig erschweren.

Die nebenstehenden Ergebnisse von Analysen ergaben untereinander gute Übereinstimmung, so daß KLINGER und FUCKE der Ansicht MEISSNERs, daß das Bromverfahren zur Bestimmung der Tonerde ungeeignet ist, nicht beipflichten können.

	% Al_2O_3	
Basische Si-M-Stähle	0,015	0,013
	0,10	0,10
	0,052	0,046
Saure S-M-Stähle	0,017	0,013
Thomasstähle	0,026	0,031
	0,010	0,008
Bessemerstahl	0,046	0,044
Elektrostahl	0,008	0,012

6. Bestimmung vom Aluminiumoxyd in Eisen und Stahl nach dem Jodverfahren.

Vorbemerkung. Da Jod weniger stark wirkt als Brom, ist die Anwendung des Jodverfahrens zur Bestimmung des Manganoxyduls gut geeignet, gestattet gleichzeitig aber auch die Bestimmung der Tonerde und der Kieselsäure. Von Nachteil ist dabei die längere Einwirkungsdauer und die Ausscheidungen basischer Salze, die beim Jod noch stärker auftreten als beim Brom.

WILLEMS, der das von ihm abgeänderte Verfahren von EGGERTZ benutzt und danach sowohl für Manganoxydul als auch für Kieselsäure und Tonerde gute Vergleichszahlen erhält, arbeitet in folgender Weise.

a) Arbeitsvorschrift nach WILLEMS. Als Lösungsflüssigkeit wird eine kaltgesättigte, wasserfreie alkoholische Lösung von 60 g Jod auf 600 cm³ Alkohol verwendet, die vor dem Gebrauch durch Filtration über ein geeichtes Cellafilter von den in Jod vorhandenen Verunreinigungen befreit ist. Das Lösen der Eisenspäne geschieht durch Schütteln in einer dickwandigen Flasche unter Luftabschluß in neutraler Stickstoffatmosphäre. Das Schütteln geschieht am besten mit Hilfe einer Schüttelmaschine, bei der mit einer Geschwindigkeit von etwa 60 Umdrehungen pro Minute geschleudert wird, so daß die Eisenspäne dauernd mit frischer Lösung in Berührung kommen.

Genauigkeit. Nach Versuchen von WILLEMS ergaben Untersuchungen nach dem Jodverfahren und Bromverfahren folgende Werte für Tonerde.

Probe	Al_2O_3 nach dem Jodverfahren %	Al_2O_3 nach dem Bromverfahren %
Armco-Eisen	0,021 0,021	0,021 0,023
Schmelze mit Al-Zusatz zur Desoxydation nach HERTY und Mitarbeiter	0,178 0,182	0,188

Die Übereinstimmung der nach beiden Verfahren unabhängig voneinander erhaltenen Werte kann danach als hinreichend angesehen werden:

Nach TAYLOR-AUSTIN (a) entstehen bei der Jod-Alkoholmethode nach WILLEMS (vgl. S. 515) zur Trennung der nichtmetallischen Einschlüsse im Roh- und Gußeisen Schwierigkeiten, die auf partielle Solvolyse zurückzuführen sind, wobei Eisenphosphid und Eisenphosphat in wechselnden Mengen entstehen. Manganoxydul, Mangansulfid wurden durch die Jod-Alkohollösung bei 65,5° völlig zersetzt. Titancarbid wird nicht angegriffen und bleibt unzersetzt zurück. Das Verhalten der Vanadinverbindungen ist ungewiß.

***b) Arbeitsvorschrift nach* ROONEY *und* STAPLETON.** Das von EGGERTZ zur Bestimmung von Schlackeneinschlüssen im Stahl und Eisen angewendete von WILLEMS verbesserte Jodrückstandsverfahren haben ROONEY und STAPLETON weiterhin verbessert. Der zur Ausschaltung des Luftsauerstoffs angewendete Stickstoff wird vollkommen getrocknet und vom Sauerstoff befreit. Die Probespäne werden mit besonderer Sorgfalt hergestellt, von etwaiger Oberflächenoxydation gereinigt und im Stickstoffstrom getrocknet. Zur Herstellung der Jodlösung löst man 7 g reines getrocknetes Jod in 600 cm³ wasserfreien Methylalkohol und filtriert durch ein Cellafilter. Das Auflösen des Eisens in der Jodlösung, Filtrieren und Auswaschen des Rückstandes mit Methylalkohol geschieht in einer Apparatur in einer Stickstoffatmosphäre.

Der schwarze oder dunkelgrüne Rückstand wird mit dem Filter im Platintiegel geglüht und der Glührückstand gewogen. Der Rückstand, der meist nur 5 bis 20 mg bei 7 bis 8 g Einwage beträgt, wird auf der Mikrowaage gewogen. Er wird mit konzentrierter Salzsäure behandelt, der unlösliche Teil wird abfiltriert, geglüht und gewogen. Die Bestimmung der Kieselsäure geschieht durch Verflüchtigung mit Fluß- und Schwefelsäure. Den verbleibenden Rückstand schließt man mit Soda auf, löst die Schmelze in Salzsäure und vereinigt die Lösung mit dem Filtrat der ersten Salzsäurebehandlung. Nach KOLTHOFF, STENGER und MOSKOWITZ wird in der Lösung Eisen mit Kupferron, Aluminium mit benzoesaurem Ammonium und Mangan mit Brom und Ammoniak bestimmt.

Genauigkeit. Die nach dem Verfahren gefundenen Werte sind sehr niedrig. Es wurde folgendes gefunden:

	Carbonyleisen	Stahl 0,10% C	Stahl 0,4% C	Stahl 0,6% C
Gewicht der Probe	9,1698 g	8,3808 g	8,2732 g	6,4612 g
Gewicht des Rückstandes	0,0092 g	0,0066 g	0,0076 g	0,0070 g
Rückstand	0,100%	0,07%	0,092%	0,108%
Gewicht des SiO_2	0,0002 g	0,0006 g	0,0008 g	0,0008 g
Gewicht des Fe_2O_3	0,0088 g	0,0019 g	0,0040 g	0,0020 g
Gewicht des Al_2O_3		0,0018 g	0,0015 g	0,0012 g
Gewicht des Mn_3O_4		0,0026 g	0,0010 g	0,0030 g

***c) Arbeitsvorschrift von* Cunningham *und* Price.** Sie bestimmen die nichtmetallischen Einschlüsse in einfachen Kohlenstoff- und Manganstählen mit Hilfe einer Ferrojodidlösung, wobei Kieselsäure, Manganoxydul, Eisenoxydul und Tonerde ungelöst bleiben. Die zur Lösung verwendete Eisenjodidlösung wird hergestellt, indem man 5 g Stahlspäne mit einem Siliciumgehalt unter 0,03% in 25 cm^3 Wasser, 4 g Ammoniumcitrat und 30 g Jod unter Kühlung mit Eiswasser auflöst und filtriert. Filtrat und Waschwasser sollen nicht mehr als 75 cm^3 betragen.

Zur Analyse werden 5 bis 10 g Späne in 75 g 150 cm^3 diesen Lösungen unter Kühlen mit Eiswasser gelöst, die Lösung wird durch Schütteln in einer Schüttelmaschine vervollständigt. Dann wird filtriert, und mit 2%iger Ammoniumnitratlösung zuerst kalt und dann zur Entfernung des Jods heiß nachgewaschen. Nach dem Veraschen wird bei 1000° geglüht. In dem Rückstand erfolgt die Bestimmung von Kieselsäure, Manganoxydul, Eisenoxydul und Aluminiumoxyd in bekannter Weise.

Sulfide und Nitride werden durch die Eisenjodidlösung zersetzt. Chrom- und Vanadiumcarbid, die in Kohlenstoff- und Manganstählen nur in ganz geringer Menge vorhanden sind, werden nicht aufgeschlossen. Die nach der Methode erhaltenen Werte stimmen mit den nach dem Salpetersäureverfahren gewonnenen gut überein.

Genauigkeit. Egan, Crafts und Kinzel haben die Brauchbarkeit des Jodverfahrens zur Bestimmung der Oxydaufschlüsse im Stahl nachgeprüft. In Probeschmelzen mit verschiedenen Gehalten an Kohlenstoff, Mangan und Silicium wurde der Gesamtsauerstoffgehalt einmal nach dem Jodverfahren und ein anderes Mal in mit Aluminium beruhigten Proben in Form von Tonerde nach dem von Herty, Gaines, Freeman und Lightner (vgl. S. 509) angegebenen Salzsäureverfahren bestimmt. Die Untersuchung ergab, daß der Gehalt an Gesamtsauerstoff, der durch das Jodverfahren ermittelt wurde, mit dem als Tonerde ermittelten Sauerstoffgehalt sehr gut übereinstimmt, daß also das Jodverfahren von Cunningham und Price für die Bestimmung oxydischer Einschlüsse in Stählen brauchbar ist, wenn der Kohlenstoffgehalt 0,75% und Mangangehalt 0,5% nicht überschreitet.

d) Arbeitsvorschrift nach* Taylor-Austin *(b). Er verwendet zur Bestimmung der nichtmetallischen Einschlüsse im Roh- und Gußeisen eine modifizierte wäßrige Jodmethode. Die Jodlösung wird durch Auflösung von 30 g Jodkalium und 30 g Jod in 100 cm^3 Wasser unter Rühren unter Kohlensäure bereitet. Man verdünnt auf 125 cm^3 und filtriert in einen mit Stickstoffzuleitungsrohr und Rührer versehenen Kolben. Unter Wasserkühlung wird $^1/_2$ Std. lang Stickstoff eingeleitet und dann werden 5 g Eisenspäne zugegeben. Bei stark phosphorhaltigem Eisen ist die Auflösung nach 3 Std. beendet. Man filtriert und wäscht mit einer 2%igen Natriumcitratlösung aus. Niederschlag und Filter behandelt man 4 Std. lang mit einer 10%igen Ammoniumcitratlösung bei 80° unter Kohlensäure. Alsdann filtriert man, wäscht mit einer 2%igen Citratlösung und mit Wasser aus, und glüht bei 1000°. Die Analyse des Rückstandes nach bekannten Methoden ergab Resultate, die mit den nach anderen Methoden erhaltenen Ergebnissen gut übereinstimmen.

7. Bestimmung von Aluminiumoxyd in Eisen und Stahl unter Verwendung von Kupfer- oder Quecksilbersalzlösungen.

a) Aufschluß in Kupfer-Ammoniumchloridlösungen. Entgegen den früheren Versuchen von Berzelius und von Fischer stellte F. Willems fest, daß zur Bestimmung von Kieselsäure und Tonerde im Stahl auch eine Kupfer-Ammoniumchloridlösung verwendet werden kann, wenn die Luft im Lösungsgefäß durch ein indifferentes Gas z. B. durch eine Stickstoffatmosphäre ersetzt wird. Durch diese Maßnahme wird die infolge Oxydation hervorgerufene Bildung basischer Kupfer- und Eisensalze verhindert.

Das Auswaschen geschieht zuerst mit einer frisch bereiteten Lösung des Lösungsmittels und darauf mit doppelt destilliertem Wasser. Die Tonerde im Rückstand bestimmte WILLEMS als Phosphat.

Genauigkeit. In Schmelzen, die nach dem Verfahren von HERTY und seinen Mitarbeitern mit Aluminium desoxydiert waren, erhielt WILLEMS, verglichen mit dem Jodverfahren, nebenstehende Werte.

Nach dem Kupferammonchloridverfahren	Nach dem Jodverfahren
0,177% Al_2O_3	0,178% Al_2O_3
0,173% Al_2O_3	0,182% Al_2O_3
0,170% Al_2O_3	

GERKE und LJUBOMIRSKAJA empfehlen für schnelle Bestimmung der Tonerde im Stahl Lösung in einem Gemisch von Kupferchlorid und Ammoniumchlorid. Der Rückstand vanadinhaltiger Stähle enthält Carbide, die durch Behandlung mit Permanganat oder Salpetersäure zersetzt werden.

Zwecks Trennung der Tonerde von den begleitenden Bestandteilen hat sich die Elektrolyse mit der Quecksilberkathode in schwach schwefelsaurer Lösung gut bewährt, wobei Eisen, Chrom, Nickel, Kobalt, Kupfer und Molybdän an der Kathode abgeschieden werden, während Aluminium, Titan, Vanadium und Phosphor in Lösung bleiben.

b) Aufschluß in Quecksilber(II)-Chloridlösungen. Die Umsetzung mit Quecksilberchlorid in einer indifferenten Atmosphäre nach den Arbeiten von MAURER, KLINGER und FUCKE geschieht in folgender Weise:

120 g Quecksilberchlorid werden in einer Kohlensäure- oder Stickstoffatmosphäre mit 10 g Spänen gemischt und allmählich 400 cm³ 50° warmes ausgekochtes Wasser zugegeben. Nun wird 2 Std. unter Einleiten von Kohlensäure und häufigem Umschütteln erwärmt, bis keine metallischen Anteile mehr vorhanden sind. Die Lösung wird dekantiert, und der Rückstand mit 200 cm³ 10%iger Schwefelsäure 2 Std. erwärmt. Man läßt im Kohlensäurestrom erkalten, filtriert den Rückstand ab und wäscht ihn gut aus.

Das Verfahren ist besonders zur Bestimmung des Eisen- und Manganoxyduls in Stählen mit niedrigem Phosphor-, Schwefel- und Stickstoffgehalt und bei Chromgehalten bis etwa 0,40% geeignet. Die Tonerdebestimmungen sollen im Vergleich zu den nach anderen Verfahren ermittelten Ergebnissen meist höhere Werte ergeben.

8. Bestimmung der Tonerde in Eisen-Stahl durch elektrolytische Verfahren.

Allgemeines. Bei diesem Verfahren wird die Eisen- oder Stahlprobe durch Elektrolyse in einem geeigneten, aus einer Neutralsalzlösung bestehenden Elektrolyten anodisch gelöst, wobei die Schlackeneinschlüsse zusammen mit der Tonerde und dem Kohlenstoff zurückbleiben. Fehlerquellen sind Anreicherung von Säure an der Anode, wodurch besonders Mangan- und Eisenoxydul der Schlackeneinschlüsse gelöst werden können, ferner an den Elektroden auftretende Nebenreaktionen, die eine Veränderung der oxydischen Einschlüsse hervorrufen können, und schließlich Oxydationswirkung infolge Einwirkung des an der Anode entstehenden Sauerstoffs (vgl. HERTY und seine Mitarbeiter).

***Arbeitsvorschrift nach* FITTERER *und* MICHIALOWA.** FITTERER elektrolysiert die Eisenprobe in einer Lösung, die 3% (Eisensulfat) Ferrosulfat und 1% Natriumchlorid enthält. Die Probe befindet sich in einem Kollodiumbeutel, dessen Poren den Durchgang der Eisen-Ionen gestatten, während die nichtmetallischen Einschlüsse angesammelt werden. In den abgeschiedenen Einschlüssen können die Einzelbestandteile wie Kieselsäure und Tonerde eventuell auch

Manganoxydul und Mangansulfid bestimmt werden. MICHIALOWA führt den nach dem Verfahren von FITTERER im Kollodiumbeutel erhaltenen Rückstand in ein Becherglas über, filtriert ihn durch ein gewogenes Filter, wäscht 3- bis 4mal mit Alkohol und trocknet bei 40 bis 50° C im Kohlensäurestrom. In einem Teil des Kieselsäure, Tonerde, Mangan-2-oxyd, Mangan-2-sulfid, Eisen-2-oxyd, Eisen-2-sulfid, Eisenhydroxyd, Eisen-3-hydroxyd und Graphit enthaltenden Rückstandes, den man zuvor pulverisiert hat, bestimmt man den Schwefel, während man den anderen Teil 15 bis 20 Min. lang mit 40 bis 50 cm³ gesättigter alkoholischer Jodlösung behandelt, wodurch Eisensulfid und Manganosulfid in Lösung gehen. Nach dem Filtrieren bestimmt man im Filtrat Mangan und Eisen titrimetrisch. Der Rückstand von der Behandlung mit Jodlösung wird nach dem Auswaschen mit Alkohol geglüht und die Kieselsäure darin in der üblichen Weise bestimmt. Das salzsaure Filtrat wird nach dem Auffällen mit Wasser auf 100 cm³ in zwei gleiche Teile geteilt. In dem einen wird nach Reduktion des Eisens die Tonerde nach der Phenylhydrazinmethode (vgl. S. 161) als Aluminiumhydroxyd gefällt und als Tonerde gewogen, während in der anderen Hälfte das Mangan titrimetrisch bestimmt wird.

Genauigkeit. KLINGER und FUCKE (b) haben das Verfahren von FITTERER in bezug auf die Bestimmung des Gehaltes an Tonerde nachgeprüft. Die Ergebnisse der Tonerdebestimmung nach dem elektrolytischen Verfahren von FITTERER in Gegenüberstellung zu anderen Verfahren ergaben folgendes:

Stahlart	Analyse			% Tonerde nach Verfahren		
	C %	Si %	Mn %	Elektrolytisch	Chlor	Salzsäure
Basische S-M-Stähle	0,70	0,01	0,33	0,088	0,084	0,086
	0,50	0,01	0,36	0,099	0,108	0,102
	0,37	0,09	0,65	0,008	0,011	0,008
Saure S-M-Stähle	0,61	0,03	0,17	0,049		0,027
	0,50	0,03	0,15	0,056		0,037
	0,22	0,03	0,17	0,056		0,046

Die Resultate fallen bei sauren Stählen etwas höher aus.

b) Arbeitsvorschrift nach* SCOTT *(a). Er bestimmt den Gehalt an Oxyden durch Elektrolyse in einer eine geringe Menge freien Jods enthaltenden Magnesiumjodidlösung, wobei die Oxyde von einem unter dem Eisen befindlichen Filtrierpapier aufgefangen werden. Als Kathode dient Kupfer. Zwecks Beschleunigung des Lösens von Proben hoch kohlenstoffhaltigen Stahles in Salpetersäure wird gerührt, ein Verfahren, das nur zur Bestimmung von Tonerde und Kieselsäure geeignet ist. Bei Gegenwart von im Verhältnis zur Kieselsäure größeren Mengen Oxyden des Eisens und Mangans empfiehlt SCOTT (b) ebenfalls die Verwendung von Säckchen aus Kollodium oder anodische Zersetzung in Bakelit- oder Glasrohren, die mit Filtrierpapier verschlossen sind. Viele Proben können zu gleicher Zeit in einem Kupfergefäß, das als Kathode geschaltet und mit Säure gefüllt ist, zur Auflösung gebracht werden.

***c) Arbeitsvorschrift nach* TREJE *und* BENEDICKS.** Sie elektrolysieren in einem durch ein Diaphragma unterteilten Glasgefäß. Dabei dient als Anolyt eine Kaliumbromidlösung mit 10% Natriumcitrat und als Katolyt eine Kupfersulfatlösung. Die in einem Kollodiumbeutel befindliche Probe ist die Anode, während als Kathode ein Kupferblech verwendet wird. Bei dieser Anordnung soll die anodische und kathodische Gasentwicklung vermieden werden. Zur quantitativen Erfassung der unzersetzten Rückstände muß die Elektrolyse in neutraler Lösung bei einem p_H-Wert von 6 bis 8 erfolgen, da bereits in einer Lösung vom p_H-Wert = 5 merkliche Lösung von Manganoxydul stattfindet. FITTERER berücksichtigt bereits diese Bedingungen bei seinem Verfahren, doch stellten KLINGER und FUCKE (c) bei der Nachprüfung der Methode fest, daß der Rückstand nach der Isolierung stark mit

Eisenhydroxyd verunreinigt war. Bei Vermeidung der Bildung von Eisenoxydhydrat nach den Versuchen von TREJE und BENEDICKS wird bei der Trennung mittels Tonzelle nach KIPPE und MEYER die anodische Lösung sauer. Infolgedessen gehen Mangan- und Eisenoxydul in Lösung, so daß das Verfahren nur zur Bestimmung von Kieselsäure und Tonerde dienen kann.

d) Veränderte Arbeitsweise von BIHET *und* WILLEMS. BIHET und WILLEMS verwendeten ein Elektrolysiergerät, bei dem während der Auflösung des zu untersuchenden Stahles durch die gleichzeitige kathodische Abscheidung des Eisens der p_H-Wert während der Elektrolyse konstant gehalten und somit die störende Ausfällung von Eisenhydroxyd vermieden wird.

Danach stimmen die Analysenwerte für basische Stähle gut überein, während die Resultate bei sauren Stählen höher ausfallen.

e) Arbeitsweise von KLINGER *und* KOCH. KLINGER und KOCH, bei denen die Gasentwicklung an Anode und Kathode vermieden wird, haben auf der Grundlage der Arbeiten von BENEDICKS ein Verfahren zur elektrolytischen Rückstandsisolierung ausgearbeitet, wobei die Isolierung in völlig neutraler Lösung in strömenden, stets frisch zufließenden Elektrolyten und unter Vermeidung jeder anodischen Oxydation durchgeführt werden kann. Durch Umsetzung mit einer Kupferbromidlösung unter Durchleiten eines Stickstoffstromes werden alle Karbide und Sulfide gelöst. Der verbleibende Rückstand wird mit gasfreiem Wasser auf ein hartes Filter gebracht und zur Entfernung kolloidaler Kieselsäure mehrmals mit 10%iger Sodalösung und darauf mit Wasser ausgewaschen. Nach dem Veraschen des Filters im Platintiegel wird der Rückstand mit Natriumcarbonat aufgeschlossen. Durch Mikroanalyse werden alle Bestandteile photometrisch bestimmt, und zwar Kieselsäure als Silicomolybdänsäure, Tonerde mit Erichoromcyanin, Mangan als Permanganat, Eisen als Rhodanid.

Der oxydische Rückstand bleibt unter den gewählten Bedingungen unangegriffen.

Literatur.

BERZELIUS, J. J.: Lehrbuch der Chemie, 3. Aufl., Bd. 7, S. 628. 1838. — BIHET, O. L. u. F. WILLEMS: Arch. Eisenhüttenw. **11**, 125—130 (1937/38); C. **109 II**, 4216 (1937).

CUNNINGHAM, T. R. u. R. J. PRICE: Ind. eng. Chem. Anal. Edit. **5**, 27—29 (1933); C. **104 I**, 3984 (1933).

EGAN, J. J., W. CRAFTS u. A. B. KINZEL: Am. Inst. Min. Met. Eng. Techn. Publ. Nr 498 (1933); Stahl Eisen **53**, 706 (1933); C. **104 I**, 3108 (1933). — EGGERTZ, V.: Polytechn. J. **188**, 119 (1868); Engg. **1868**, 71.

FISCHER, F.: Stahl Eisen **32**, 1564 (1912); Fr. **52**, 578 (1913). — FITTERER, G. R.: Techn. Publ. Amer. Inst. Met. Engineers **1931**, Nr 440; Stahl Eisen **51**, 1578 (1931); C. **102 II**, 3125 (1931).

GERKE, F. K. u. N. W. LJUBOMIRSKAJA: Betriebslab. (russ.) **5**, 727—731 (1936); C. **108 I**, 3028 (1937).

HERTY, C. H. u. Mitarb.: Trans. Amer. Inst. min. metallurg. Engrs., Iron Steel Div. 28—44 (1930); Stahl Eisen **50**, 893—894 (1930).

KIPPE, K. H. u. O. MEYER: Arch. Eisenhüttenw. **10**, 93—100 (1936/37); C. **108 I**, 3027 (1937). — KIRPACH, N.: Diss. Aachen 1921. — KLINGER, P. u. H. FUCKE: (a) Arch. Eisenhüttenw. **7**, 619 (1933/34); (b) **7**, 624 (1933/34); (c) Techn. Mitt. Krupp **3**, 4—14 (1935); Arch. Eisenhüttenw. **7**, 615 (1933/34). — KLINGER, P. u. W. KOCH: Techn. Mitt. Krupp, Forsch.-Ber. Mai **1938**, Heft 3; Arch. Eisenhüttenw. **11**, 569—582 (1937/38). — KOLTHOFF, J. M., V. A. STENGER u. B. MOSKOWITZ: Am. Soc. **56**, 812 (1934).

MAURER, E., P. KLINGER u. H. FUCKE: Techn. Mitt. Krupp **3**, 15—30, März 1935; Arch. Eisenhüttenw. **8**, 392 (1934/35); C. **106 I**, 3168 (1935). — MEISSNER, F.: Mitt. Forsch.-Inst. Ver. Stahlw. A.G. Dortmund **1**, 223 (1930). — MICHIALOWA, N. F.: Betriebslab. (russ.) **5**, 404 bis 407 (1936); C. **108 I**, 2828 (1937).

OBERHOFFER, P. u. E. AMMANN: Stahl Eisen **47**, 1536 (1927); C. **98 II**, 2213 (1927).

ROONEY, T. E. u. A. G. STAPLETON: Iron Coal Trades Rev. **130**, 759 (1935); Stahl Eisen **55**, 765 (1935); C. **106 II**, 2556 (1935).

SCHERRER, R. u. P. OBERHOFFER: Stahl Eisen 45, 1555 (1925). — SCHNEIDER, L.: Oest. Z. Berg- u. Hüttenw. 48, 258 (1900); Fr. 71, 308 (1927). — SCOTT, F. W.: (a) Ind. eng. Chem. Anal. Edit. 4, 121—125 (1932); Stahl Eisen 52, 1249 (1932); C. 103 II, 1661 (1932); (b) Chemist-Analyst 25, 58—59 (1936); C. 108 I, 668 (1937).

TAYLOR-AUSTIN, E.: (a) Iron Steel Inst. Spec. Rep. Nr 25, 159—172 (1939); C. 110 I, 5016 (1934); (b) Iron Steel Inst. Spec. Rep. Nr 25, 121—140 (1939); C. 110 I, 5016 (1934). — TREJE, R. u. C. BENEDICKS: Jernkont. Ann. 116, 165—196 (1932); Stahl Eisen 52, 1249 (1932); C. 103 II, 574 (1932).

WILLEMS, F.: Arch. Eisenhüttenw. 1, 655 (1927/28); ferner Z. anorg. Ch. 246, 46—50 (1941). — WÜST, F. u. N. KIRPACH: Mitt. Kais. Wilh.-Inst. Eisenforsch. 1, 31 (1920); Stahl Eisen 41, 1498 (1921).

V. Trennung des Aluminiums von alkaliunlöslichen Legierungsbestandteilen durch Auflösen in Alkalilauge.

Allgemeines. Das Auflösen des Aluminiums in Alkalilaugen wird häufig als ein Mittel zur Trennung des Aluminiums von seinen Beimengungen verwendet. Dabei gehen die Hauptmengen des Aluminiums, Siliciums und Zinks als Aluminat, Silicat und Zinkat in Lösung, während sich Kupfer, Eisen, Mangan, Titan, Calcium und Magnesium als Hydroxyde bzw. Oxyde zum Teil aber nicht quantitativ abscheiden, da sie teilweise merklich löslich sind. Auch ist der Niederschlag, namentlich bei größeren Beimengungen, trotz guten Auswaschens mit natronalkalischem Waschwasser stets aluminiumhaltig. W. BÖHM hat festgestellt, daß beim Auflösen von Aluminium in Natronlauge die vorhandenen Zinkmengen nicht vollständig in Lösung gehen, sondern zum Teil im unlöslichen Rückstand verbleiben. Für zuverlässige Analysen ist es daher erforderlich, diesen Zinkgehalt im Rückstand zu berücksichtigen. Der Rückstand wird in Bromsalzsäure gelöst; nach dem Vertreiben des Broms wird das Kupfer mit Schwefelwasserstoff gefällt und abfiltriert. Das Filtrat wird eingedampft, unter Zugabe von Methylorange mit Ammoniak neutralisiert und mit Ameisensäure schwach angesäuert. Aus dieser Lösung wird das Zink mit Schwefelwasserstoff gefällt und nach dem Filtrieren geglüht und als Zinkoxyd gewogen. Dieses unreine Zink, das noch Eisen enthält, wird in Salzsäure gelöst und mit Ammoniak von Eisen befreit.

Da es zweckmäßig ist, schon von vornherein alles Aluminium aus dem Analysengang zu entfernen, so löst STEINHÄUSER (a) den in Natronlauge unlöslichen Rückstand in Bromsalzsäure und übersättigt mit Natronlauge, da andernfalls im Rückstand Reste von Verbindungen des Aluminiums mit den Verunreinigungen zurückbleiben. Der Rückstand wird durch einen mit Asbest imprägnierten GOOCH-Tiegel (Glasfiltertiegel) mit aluminiumfreier Natronlauge gewaschen.

Silicium ist im Aluminium als elementares Silicium und als Silicid enthalten. Beim Auflösen des Metalls in Salzsäure können daher Verluste durch Verflüchtigung von Siliciumwasserstoff eintreten. Deshalb löst man in oxydierenden Säuren, z. B. in dem Säuregemisch von OTIS-HANDY oder in Schwefel- und Salpetersäure, am besten erst in Salpetersäure, der man erst nach dem Lösen überschüssige Schwefelsäure zusetzt. Nach den Standardmethoden der Aluminium Company of America (a) sollen sich bei Aluminiumlegierungen die Magnesiumsilicid enthalten, auch bei Anwendung oxydierender Säuren Siliciumverluste nicht immer vermeiden lassen, während URECH angibt, daß bei Anwendung von Salpetersäure die Bildung von Siliciumwasserstoff überhaupt nicht zustande kommt. Falls der Rückstand nach der Kieselsäureabscheidung noch graphitisches Silicium enthält, muß er durch Schmelzen mit Soda und Salpeter aufgeschlossen und die Kieselsäure nach dem Auflösen der Schmelze in Wasser und dem Ansäuern der Lösung wie üblich abgeschieden werden, denn Silicium kann durch einfaches Glühen nicht ohne weiteres in Kieselsäure übergeführt werden. In solchen Fällen ist es vorteilhaft, für die Siliciumbestimmung nach dem Verfahren von REGELSBERGER das Metall durch Alkalilauge aufzuschließen und das gesamte Silicium als Silicat in Lösung zu bringen, aus der die Kieselsäure hinterher durch die übliche Behandlung mit Säuren abgeschieden wird. Da die so abgeschiedene Kieselsäure meist noch Verunreinigungen von Natriumsalzen, Tonerde usw. enthält, so muß der Siliciumgehalt aus dem Glühverlust nach dem Abrauchen mit Schwefelsäure bestimmt werden. Ist viel Silicium zugegen, so kann Fällung von Aluminiumsilicat eintreten, die durch doppelte Behandlung mit Alkali weitgehend vermieden werden kann, indem man zuerst mit einer verdünnten Natronlauge das Aluminium auflöst und hinterher mit einer starken Lauge das Silicium in Lösung bringt.

Kupfer ist praktisch unlöslich in Alkalilauge, wenn kein Sauerstoff zugegen ist und frisch ausgekochtes Wasser verwandt wird. Eisen, Mangan und Titan fallen zum großen Teil aus, geringe Mengen gehen in Lösung oder bleiben in fein verteiltem Zustand suspendiert, so daß sie schwer zu filtrieren sind. Während Magnesium bei der Alkalibehandlung ungelöst zurückbleibt, soll die quantitative Abscheidung des Calciums bei größeren Mengen nicht ganz sicher sein. Nach den amerikanischen Standardmethoden wird sie durch Zusatz kleiner Mengen Soda zur Alkalilauge gesichert, während andere Autoren Zusatz von wenig Natriumoxalat zur Natronlauge empfehlen (GINSBERG).

Zur restlosen Abscheidung von in Lösung verbleibenden Mengen von Mangan, Eisen und Titan beim alkalischen Aufschluß mit Natronlauge setzt man dem stark alkalischen Filtrat von der Hauptfällung vorteilhaft Brom oder Wasserstoffsuperoxyd zu. Man erwärmt 1 bis 2 Std. auf dem Wasserbad, dekantiert den Niederschlag und vereinigt ihn mit der Hauptmenge. Wenn man den in Natronlauge unlöslichen Rückstand nicht einer besonderen Behandlung, z. B. nach STEINHÄUSER, wie oben angegeben, unterwirft, so ist er trotz guten Auswaschens mit verdünnter Natronlauge nie frei von Aluminium, was bei den späteren Trennungen zu berücksichtigen ist.

Bei der Bestimmung der Beimengungen des Aluminiums nimmt man die Abscheidung von Blei, Kupfer, Eisen, Mangan, Zink, Calcium und Magnesium nach dem Alkaliaufschluß vorteilhaft unter Zusatz von Natriumsulfid vor, wobei eine quantitative Ausfällung dieser Metalle stattfindet. Es wird also auch das Zink mit abgeschieden. Dabei ist darauf zu achten, daß bei Anwendung von zu großem Alkaliüberschuß etwas Zink verloren gehen kann.

Der Niederschlag wird nach dem Auswaschen mit natriumsulfidhaltiger verdünnter Natronlauge in Salpetersäure gelöst und die Lösung zwecks Bleiabscheidung mit Schwefelsäure abgeraucht. Bei Gegenwart größerer Bleimengen können diese bei der elektrolytischen Kupferbestimmung anodisch abgeschieden werden.

Nach Ausfällung des Kupfers durch Elektrolyse aus schwefelssaurer Lösung bleiben häufig noch geringe Mengen Kupfer in Lösung, die man nach der Abscheidung mit Schwefelwasserstoff colorimetrisch bestimmt. Fällt man das Kupfer mit Schwefelwasserstoff, so ist das Schwefelkupfer bei zinkhaltigen Legierungen häufig etwas zinkhaltig, weshalb die Fällung zu wiederholen ist. Um etwa mit dem Kupfer mitgefällte geringe Mengen Antimon und Zinn abzutrennen, ist der Niederschlag auf dem Wasserbad mit einer Lösung von Natriumsulfid zu behandeln, wobei diese Metalle als Sulfosalze in Lösung gehen.

Bei der elektrolytischen Zinkbestimmung in Aluminium und Aluminiumlegierungen empfiehlt es sich, den abgeschiedenen Zinkniederschlag zu lösen und auf etwa mitgefälltes Eisen zu prüfen (vgl. H. WAGNER und H. KOLB). Die Bestimmung kleiner Mengen Zink in Aluminium durch Elektrolyse in natronalkalischen Lösungen (vgl. S. 457) ist unzuverlässig, da das Zink unvollständig niedergeschlagen wird und merkliche Mengen Eisen enthält. Reine und quantitative Niederschläge werden nach SCHUBIN bei der Elektrolyse der ammoniakalischen Sulfatlösungen erhalten.

Nachfolgend seien Schemen für die Trennungsmethoden für den alkalischen und sulfoalkalischen Aufschluß nach dem Bureau International des Applications de l'Aluminium (a) angegeben, wobei das Silicium separat bestimmt wird.

1. Trennungsmethode bei Anwesenheit von Kupfer, Mangan, Magnesium, Calcium, Zink, Nickel, Eisen und Titan. **Alkalischer Aufschluß.** Die Späne werden mit 20%iger Natronlauge aufgeschlossen; man erhitzt auf dem Wasserbad und wäscht mit alkalischem Wasser aus.

Niederschlag:
Enthält die Oxyde von Kupfer, Mangan, Magnesium, Calcium, Nickel, Eisen und Titan. Man löst in Königswasser, versetzt mit Schwefelsäure und dampft ein bis zum Rauchen. Man nimmt mit Wasser und Salpetersäure auf.

- Niederschlag: Spuren von Siliciumoxyd zu verwerfen.
- Filtrat: Nitrate von Kupfer, Magnesium, Mangan, Calcium, Nickel, Eisen und Titan. Man elektrolysiert.
  - Kathode: Kupfer.
  - Filtrat: Zusatz von Ammoniak und Ammonpersulfat (man wiederholt die Fällung 2mal).
    - Niederschlag: Oxyde von Eisen, Titan, Mangan. Man löst in Schwefelsäure + schwefliger Säure. Man verdünnt und bestimmt in aliquoten Teilen.
      - Eisen: Titanchloridmethode
      - Mangan: Natriumwismutatmethode.
      - Titan: Colorimetrische Methode mit Wasserstoffsuperoxyd.
    - Filtrat: Enthält Calcium, Magnesium, Nickel. Man behandelt mit Dimethylglyoxim.
      - Niederschlag: Nickel.
      - Filtrat: Calcium, Magnesium. Man behandelt mit Ammonoxalat im Überschuß.
        - Niederschlag: Calcium.
        - Filtrat: Man versetzt mit Ammonphosphat und Ammoniak.
          - Niederschlag: Magnesium.

Filtrat:
Enthält das Aluminium als Aluminat, das Silicium zur Hauptsache als Silicat, das Zink als Zinkat. Man versetzt mit Natriumsulfidlösung, filtriert den Niederschlag von Zinksulfid ab, löst den Niederschlag in Salzsäure und versetzt mit Ammoniak.

- Niederschlag: Spuren von Aluminiumoxyd zu verwerfen.
- Filtrat: Man versetzt mit Ammoniumsulfid.
  - Niederschlag: Zink.

2. Trennungsmethode bei Anwesenheit sämtlicher Elemente des ersten Schemas und von Blei. **Sulfo-alkalischer Aufschluß. Die Späne werden mittels 20%iger Natronlauge gelöst, man erhitzt auf dem Wasserbad, verdünnt mit Wasser und versetzt mit 10%iger Natriumsulfidlösung. Man filtriert und wäscht mit natriumsulfidhaltigem Wasser aus.**

Niederschlag:	Filtrat:
Kupfer, Blei, Mangan, Magnesium, Calcium, Zink, Nickel, Eisen als Sulfide oder Oxyde. Man nimmt mit heißer Salpetersäure auf, dampft fast bis zur Trockne ein, nimmt wieder mit Salpetersäure auf, filtriert und elektrolysiert.	Enthält das Aluminium als Aluminat und das Silicium als Silicat, zu verwerfen.

Niederschlag:		Filtrat:
Kathode: Kupfer.	Anode: Blei.	Man versetzt mit Ammoniak und Ammonpersulfat, kocht und filtriert. Wiederholt die Fällung 2mal.

Niederschlag:	Filtrat:
Oxyde von Mangan, Titan, Eisen. Man löst in Schwefelsäure und schwefliger Säure, verdünnt und bestimmt in aliquoten Teilen.	Salze von Magnesium, Calcium, Nickel, Zink. Man fällt mit einer Lösung von Dimethylglyoxin und filtriert.

Eisen	Mangan	Titan

Niederschlag:	Filtrat:
Nickel.	Man versetzt mit Ammonoxalat und filtriert.

Niederschlag:	Filtrat:
Calcium.	Man versetzt mit Ammonphosphat und Ammoniak.

Niederschlag:	Filtrat:
Magnesium.	Man versetzt mit Ammonsulfid. Zink.

Weiterhin seien nachstehend einige Beispiele für die Bestimmung von Silicium, Kupfer, Blei, Mangan, Eisen, Zink, Calcium und Magnesium in Aluminium und in Aluminiumlegierungen angeführt.

3. Bestimmung von Kupfer, Blei, Mangan, Eisen, Magnesium und Nickel in Aluminiumlegierungen nach dem Chemikerfachausschuß der Metallhütten und Bergleute (a). 2 g der Legierung werden mit 50 cm³ 10%iger Natronlauge zersetzt. Nach dem Aufkochen verdünnt man auf 200 cm³, filtriert den Rückstand ab und wäscht mit heißem Wasser gründlich aus. Zu dem Filtrat, das fast alles Zink und Aluminium enthält, fügt man einige Kubikzentimeter Wasserstoffsuperoxyd (3%ig) um etwa gelöste Spuren von Mangan und Eisen niederzuschlagen. Man erwärmt gelinde und filtriert nochmals, falls nach längerem Stehen ein Niederschlag sichtbar ist. Diesen vereinigt man dann mit dem Hauptniederschlag, löst in 30 cm³ verdünnter Salpetersäure und filtriert nach dem Erhitzen in einen Elektrolysebecher. Man neutralisiert mit Ammoniak, fügt die dem Volumen und der vorhandenen Spannung entsprechende Menge Salpetersäure hinzu und bestimmt Blei und Kupfer in üblicher Weise auf elektrolytischem Wege.

Zu der von Kupfer und Blei befreiten Lösung werden 5 g festes Chlorammonium, Ammoniak im Überschuß und darauf Brom hinzugefügt, um das Mangan und Eisen zu fällen. Nach dem Erhitzen filtriert man ab, löst den Niederschlag nochmals in verdünnter Salzsäure und wiederholt die Fällung mit Ammoniak und Brom. Im abfiltrierten Niederschlag werden Eisen und Mangan volumetrisch und colorimetrisch bestimmt.

Aus den vereinigten Filtraten der beiden Ammoniakfällungen bestimmt man den Gehalt an Magnesium nach genauer Neutralisation und Zusatz von Ammonium-Natriumphosphatlösung und einem Überschuß von Ammoniak in üblicher Weise durch Wägen als Magnesiumphosphat. Dieses ist auf Abwesenheit von Mangan zu prüfen.

Aus dem Filtrat der Magnesiafällung verkocht man sodann die Hauptmenge des überschüssigen Ammoniaks, säuert mit Essigsäure schwach an und fällt Nickel durch Zusatz von ungefähr 10 cm^3 1%iger Dimethylglyoximlösung. Die Nickelfällung kann auch direkt aus dem Elektrolysenrückstand von der Kupfer-Bleibestimmung nach Zusatz von einigen Kubikzentimetern Weinsäurelösung vorgenommen werden.

4. Bestimmung von Kupfer, Blei, Zink und Mangan in Aluminium nach Chemikerfachausschuß der Gesellschaft Deutscher Metallhütten- und Bergleute (b). Bei geringen Verunreinigungen löst man 10 bis 20 g Späne in 90 bis 180 cm^3 Natronlauge (1:3) durch Zugabe in kleinen Mengen, versetzt mit 10 bis 20 cm^3 10%iger Natriumsulfidlösung (frei von Polysulfid), verdünnt auf das 2fache Volumen, läßt absitzen, filtriert und wäscht sorgfältig mit sehr verdünnter, Natriumsulfid enthaltender Natronlauge aus. Den Niederschlag löst man in Salpetersäure, raucht mit Schwefelsäure ab, bis sich alle Reste von Aluminiumsulfat gelöst haben und filtriert. Der Rückstand enthält Blei, das Filtrat F, das Kupfer, Zink, Mangan (außerdem Eisen, Calcium, Magnesium, Titan und Reste von Aluminium).

a) Blei. Zur Bleibestimmung glüht man den Rückstand, löst etwa durch Reduktion entstandenes metallisches Blei in Salpetersäure, raucht mit etwas Schwefelsäure ab, glüht wieder und wägt; man zieht das Bleisulfat 2mal mit schwach ammoniakalischem Ammonacetat aus, glüht den Rückstand und wägt wieder. Der Gewichtsunterschied entspricht dem Bleisulfat. Zur Kontrolle scheidet man das Blei aus der ammonacetathaltigen Lösung mit Natriumsulfid ab, löst den Niederschlag in verdünnter Salpetersäure, setzt ein wenig Kupfernitrat zu und scheidet Blei elektrolytisch als Bleioxyd an der Anode ab. Sind größere Mengen Blei vorhanden, so kann man sie bei der elektrolytischen Kupferbestimmung anodisch abscheiden.

b) Kupfer. Das Kupfer fällt man aus stark saurer Lösung mit Schwefelwasserstoff als Sulfid und zieht den Niederschlag, falls Zinn vorhanden ist, mit Natriumsulfidlösung (frei von Polysulfid) aus. Im Rückstand wird Kupfer als Kupferoxyd, elektrolytisch oder colorimetrisch bestimmt.

c) Zink und Eisen. Im Filtrat vom Kupfersulfidniederschlag wird der Schwefelwasserstoff verkocht. Man neutralisiert die Lösung mit Ammoniak, bis Kongopapier etwas violetter als nasses rotes erscheint, gibt 1 cm^3 n 2 Schwefelsäure und einige Gramm Ammoniumsulfat hinzu, bringt die Lösung auf 300 cm^3, erwärmt sie auf 70°, leitet Schwefelwasserstoff bis zum Erkalten ein und filtriert nach etwa 1stündigem Stehen in der Kälte. Den Niederschlag glüht man bei mindestens 950° und wägt ihn als Zinkoxyd. Dieses unreine Zinkoxyd löst man in etwas Salzsäure, übersättigt die Lösung mit Ammoniak, filtriert die geringen Mengen Eisenhydroxyd und Aluminiumhydroxyd ab, wäscht sie aus, verascht das Filter und glüht. Das Gewicht des erhaltenen Rückstandes zieht man vom Gewicht des unreinen Zinkoxydes ab.

d) Mlangan. Zur Manganbestimmung verwendet man entweder das Filtrat F unmittebar oder das von der Zinkbestimmung nach dem Verkochen des Schwefelwasserstoffes, indem man es mit Ammoniak übersättigt, zur vollständigen Manganfällung etwas Bromwasser zugibt und den Niederschlag filtriert und verascht. Nach dem Lösen des Rückstandes in verdünnter Salpetersäure und wenigen Tropfen Wasserstoffsuperoxyd wird das Mangan colorimetrisch bestimmt.

5. Bestimmung des Siliciums in Aluminium nach der Methode von REGELSBERGER. **a) Bestimmung des Siliciums nach Chemikerfachausschuß der Metallhütten und Bergleute (c).** Man setzt zu 2 g Metallspänen in einer bedeckten Platinschale das 5- bis 6fache Gewicht reinen Ätznatrons und 50 cm^3 Wasser, erwärmt gelinde, spritzt den Deckel ab, macht die Kieselsäure in üblicher Weise unlöslich und bestimmt das Silicium wie gewöhnlich durch Abrauchen mit Fluß- und Schwefelsäure.

b) Bestimmung des Siliciums nach Chemikerfachausschuß der Aluminiumzentrale (a). Zu 2 g Einwage in bedeckter Schale mit 6 bis 7 g Natriumhydroxyd in Plätzchen, 75 cm³ Wasser allmählich zuspritzen, $^1/_4$ Std. kochen, in eine Porzellanschale überspülen, welche 50 cm³ Schwefelsäure 1:1 enthält. Man erhitzt rasch, schwenkt bis zur Lösung um, dampft zur Trockne ein. Man läßt $^1/_2$ Std. stark rauchen, setzt 200 cm³ heißes Wasser zu, erwärmt bis zu klarer Lösung, filtriert, wäscht säurefrei aus, verascht im Platintiegel, glüht scharf und wägt aus. Alsdann wird mit Flußsäure und Schwefelsäure abgeraucht, wieder geglüht und gewogen.

Genauigkeit. ± 0,015% bei Silicium kleiner als 1%.
± 0,07% bei Silicium von 1 bis 5%.
± 0,1 % bei Silicium größer als 5%.

6. Bestimmung von Mangan als Pyrophosphat in Aluminium und Aluminiumlegierungen nach den Standardmethoden der Aluminium Company of America (b). Man löst 1 g Metall in 15 cm³ 20%iger Natronlauge. Wenn die Reaktion vorbei ist, verdünnt man auf 150 cm³ mit heißem Wasser, filtriert und wäscht. Zum Filtrat gibt man ein wenig Ammoniumsulfat, erhitzt kurze Zeit, filtriert und wäscht aus. Die vereinigten Rückstände löst man in 20 cm³ Salzsäure (1:1), gibt einige Tropfen Salpetersäure zu, filtriert und wäscht. Nach dem Aufkochen neutralisiert man das Filtrat mit Natronlauge oder Ammoniak, gibt 2 cm³ Salzsäure zu und leitet Schwefelwasserstoff ein. Den Sulfidniederschlag filtriert man und wäscht ihn mit angesäuertem schwefelwasserstoffhaltigem Wasser aus. Nach dem Verkochen des Schwefelwasserstoffes macht man das Filtrat deutlich alkalisch, fügt 2 g Ammoniumsulfat zu und kocht kurze Zeit, wobei man sich vergewissert, daß die Lösung alkalisch bleibt. Man filtriert und wäscht einige Male aus. Wenn Nickel oder Zink zugegen ist, löst man den Niederschlag wieder in Salzsäure (1:1) auf, und wiederholt die Fällung. Man bringt den Niederschlag in das Becherglas zurück, löst ihn in 30 cm³ Salzsäure (1:1) unter Zusatz von einigen Tropfen Wasserstoffsuperoxyd auf. Man verdünnt auf 150 cm³ und kocht stark, um das freigewordene Chlor zu entfernen. Zu der etwa 150 cm³ betragenden Lösung bringt man Methylrot als Indicator und Ammoniak, bis die Lösung neutral ist, indem man die letzten Zusätze langsam und allmählich zugibt und mit dem Zusatz aufhört, sobald die Farbe in ein deutliches Gelb umschlägt. Den Niederschlag filtriert man und wäscht ihn einige Male mit 2%iger Ammonchloridlösung, löst ihn in 15 cm³ Salzsäure (1:1), verdünnt auf 50 cm³, fällt wie vorher, filtriert und wäscht mehrere Male mit der Ammonchloridlösung aus. Die vereinigten Filtrate werden mit Salzsäure schwach angesäuert, 20 bis 30 cm³ 10%ige Diammoniumphosphatlösung zugegeben, bis nahe zum Sieden erhitzt und langsam unter kräftigem Rühren Ammoniak zugeführt. Darauf setzt man noch 15 cm³ Ammoniak zu und läßt $^1/_2$ Std. stehen. Man filtriert und wäscht mit einer kalten Lösung von 900 cm³ Wasser, 40 cm³ Salpetersäure und 100 cm³ Ammoniak. Man wägt als Manganpyrophosphat $Mn_2P_2O_7$.

7. Photometrisches Verfahren zur Bestimmung von Silicium, Eisen, Mangan und Kupfer in Aluminium- und Magnesiumlegierungen nach PINSL. Man löst 0,5 g Metall in Natronlauge, filtriert den Rückstand und bestimmt im Filtrat das Silicium mit der Molybdatreaktion. Der Rückstand wird in Salpetersäure gelöst und in 0,1 g Einwage entsprechendem Anteil das Eisen durch die Rhodanfärbung und das Mangan mit Persulfat bestimmt. Die Kupferbestimmung erfolgt in der 0,3 g Einwage entsprechenden Restflüssigkeit durch Blaufärbung mit ammoniakalischer Lösung. Die Messung wird mit dem ZEISS-PULFRICH-Photometer durchgeführt.

Die erhaltenen Werte sollen nach PINSL mit den Sollwerten verschiedener Aluminium-Kupferlegierungen sehr befriedigende Übereinstimmung ergeben. Die Bestimmung der 4 Elemente in einer Probe erfordert etwa 60 bis 70 Min.

***8. Bestimmung des Magnesiums als Pyrophosphat in manganhaltigen Aluminium-Magnesiumlegierungen nach* BLUMENTHAL.** **Vorbemerkungen.** Bei den üblichen Verfahren zur Bestimmung des Magnesiums in Aluminium-Magnesiumlegierungen bildet sich bei der Zersetzung mit Natronlauge ein Niederschlag, der einen erheblichen Anteil des Aluminiums als Magnesium-Aluminat enthält. BLUMENTHAL umgeht die bei der Abtrennung des Aluminiums und der anderen Metalle vor der Fällung des Magnesiums auftretenden Schwierigkeiten dadurch, daß er das Magnesium in Gegenwart der anderen Metalle des in Natronlauge unlöslichen Rückstandes aus Tartrat enthaltender Lösung mit Phosphat fällt.

Arbeitsvorschrift. Die feinen Späne der Legierung werden mit Natronlauge (für 1 g Legierung 3 g NaOH) zersetzt. Der Niederschlag wird abfiltriert, gewaschen und in Salzsäure und etwas Salpetersäure gelöst. Hierauf gibt man 20 cm³ Weinsäurelösung (1:1), ferner eine hinreichend große Menge Ammoniumphosphat und etwa 5 g Ammoniumchlorid hinzu. Man verdünnt mit Wasser auf etwa 150 cm³, stumpft mit Ammoniak die Hauptmenge der freien Säure nach Möglichkeit ab, gießt die auf etwa 70° erwärmte klare Lösung schnell in 50 cm³ einer 10%igen Ammoniaklösung und spült mit Wasser nach. Darauf fügt man noch etwa 30 cm³ 25%iges Ammoniak hinzu und läßt einige Stunden stehen. Man filtriert, wäscht, verascht, glüht und wägt als $Mg_2P_2O_7$.

Da das so erhaltene Magnesiumpyrophosphat noch Mangan enthält, bestimmt man das Mangan und zieht es als $Mn_2P_2O_7$ vom Gesamtgewicht ab. Da bei der Titration des Mangans nach VOLHARD Phosphorsäure stört, so muß diese vor der Mangantitration durch Schmelzen des Niederschlages mit Alkalicarbonat, Auslaugen mit Wasser unter Zusatz von Natriumsuperoxyd und Filtration abgetrennt werden.

***9. Bestimmung des Magnesiums in Aluminiumlegierungen nach der Citratmethode von* UBALDINI *und* PELAGATTI.** Der in Natronlauge unlösliche Rückstand wird abfiltriert, gewaschen, mit Salpetersäure (1:1) behandelt und die erhaltene Lösung filtriert und der Rückstand gut ausgewaschen. Das Filtrat neutralisiert man mit Ammoniak, setzt genügend Ammoniumcitratlösung zu und dann fällt man das Magnesium durch Zugabe von Natriumphosphatlösung und konzentriertem Ammoniak.

***10. Schnellbestimmung des Magnesiums in Aluminiumlegierungen der Type Aluminium-Silicium-Magnesium nach* BRENNER *und* HENGL.** Für die Magnesiumbestimmung nach diesem Verfahren, das sich für Magnesiumgehalt bis zu 1% eignet, wägt man so viel von der Legierung ein, daß man mit einer Auswage von etwa 0,1 g Magnesiumpyrophosphat rechnen kann. Man löst die Probe in n 10 Natronlauge (8 cm³/g Aluminium), erhitzt den Rückstand mit dem Filter in 10 cm³ konzentrierter Salzsäure und 1 cm³ 3%igem Wasserstoffsuperoxyd, verdünnt mit 20 cm³ Wasser, filtriert und wäscht mit möglichst wenig Wasser aus. Nach dem Verkochen des Wasserstoffsuperoxyds setzt man 0,3 g Citronensäure und 0,3 g Ammonphosphat hinzu, macht ammoniakalisch, kühlt ab und versetzt mit weiteren 25 cm³ Ammoniak. Nach 15 Min. wird filtriert, mit 2,5%igem Ammoniak ausgewaschen, feucht verascht und als $Mg_2P_2O_7$ ausgewogen.

Der Maximalfehler nach BRENNER und HENGL beträgt ± 1,5 mg bei 100 mg Auswage.

11. Bestimmung des Zinks in Aluminium und Aluminiumlegierungen nach den Methoden des Bureau International des Applications de l'Aluminium (b). Man löst 5 g Späne mittels 75 cm³ Natronlauge (20%ig). Nach vollständiger Lösung versetzt man mit 25 cm³ Natriumsulfid und läßt über Nacht stehen. Man filtriert und wäscht mit wenig natriumsulfidhaltigem Wasser aus. Der Niederschlag wird in die Schale zurückgegeben, mit 20 cm³ Salpetersäure 1:1 übergossen, erwärmt und filtriert. Nach Auswaschen mit salpetersäurehaltigem Wasser wird das Filtrat zum Sieden erhitzt und hierauf das Kupfer durch Elektrolyse abgetrennt. In der kupferfreien Lösung entfernt man das Eisen und die letzten Spuren Aluminium durch Fällen mit Ammoniak. Man läßt die Fällung etwa $^1/_2$ Std. auf einer Heizplatte bei 80° absitzen und filtriert. Die klare Lösung wird auf etwa 80° erwärmt und das Zink mit etwa 20 cm³ Ammonsulfidlösung gefällt. Bei Mengen unter 0,05% wird der Niederschlag nicht sofort sichtbar; es ist daher nötig, über Nacht stehen zu lassen. Man filtriert durch ein dichtes Filter unter Anwendung von etwas Filterschleim, wäscht Schale und Filter 2mal mit ammonsulfidhaltigem Wasser (22 cm³ Ammonsulfid auf 500 cm³ Wasser) aus, verascht im Porzellantiegel, glüht und wägt als Zinkoxyd.

Das so erhaltene Zinkoxyd enthält meist noch Spuren Tonerde, die bei der Trennung des Eisens mit dem Ammoniak in Lösung gegangen sind. Man versetzt daher den Rückstand im Tiegel mit einigen Kubikzentimetern Wasser, 4 bis 5 cm³ Eisessig, rührt und läßt $^1/_2$ Std. in der Wärme stehen. Dabei geht das Zink in Lösung und kann durch Filtrieren von den Beimengungen befreit werden. Diese werden in einem Platintiegel verascht, geglüht und gewogen. Die Differenz der beiden Wägungen ergibt das Zinkoxyd.

12. Bestimmung des Zinks in Aluminium und Aluminiumlegierungen.

a) Nach Chemikerfachausschuß der Aluminiumzentrale (b). 2 g Späne werden mit 25 cm³ Natronlauge (25%ig) gelöst, mit 2 cm³ Wasserstoffsuperoxyd in der Hitze oxydiert (Eisenabscheidung), 4 Std. absitzen gelassen (besser über Nacht) und filtriert. Rückstand samt Filter werden in 100 cm³ 2%iger Schwefelsäure, enthaltend 2 cm³ Wasserstoffsuperoxyd, gelöst und abfiltriert. Das Filtrat wird mit Natronlauge gerade übersättigt, mit 1 cm³ Wasserstoffsuperoxyd in der Hitze oxydiert und abfiltriert, die vereinigten Filtrate werden im Meßkolben aufgefüllt.

Zur Elektrolyse wird die Platinkathode in Kupfersulfatlösung gut verkupfert. Von der Analysenlösung wird zur Elektrolyse ein aliquoter Teil verwendet. Man elektrolysiert bei 70° C unter Rühren (4 bis 6 Ampere), nach 30 Min. wird ohne Stromunterbrechung mit heißem Wasser abgespült, mit Alkohol gewaschen und bei 70° C getrocknet.

Da das in der Lösung enthaltene Eisen mitabgeschieden wird, ist ein nur geringer Alkaliüberschuß zu verwenden, und, wenn angängig, im alkalischen Zustand lange stehen zu lassen.

b) Nach Schubin. Schubin gibt an, daß die Bestimmung des Zinks in natronalkalischer Lösung unzuverlässig ist, da das unvollständig niedergeschlagene Zink merkliche Eisenmengen enthält. Reine und quantitative Niederschläge soll man bei der Elektrolyse der ammoniakalischen Sulfatlösung erhalten.

Arbeitsvorschrift. 5 bis 10 g Aluminium werden in 150 bis 200 cm³ 20%iger Natronlauge in der Wärme gelöst und mit Wasser zu 250 bis 400 cm³ verdünnt. Das Filtrat wird mit 10 bis 15 cm³ Natriumsulfidlösung versetzt und bis auf 300 bis 600 cm³ eingekocht. Nach dem Abkühlen wird filtriert und erst mit natriumsulfidhaltigem und zuletzt mit destilliertem Wasser ausgewaschen. Man löst den Niederschlag in heißer Schwefelsäure (5 bis 7 cm³ konzentrierte Schwefelsäure und 20 bis 25 cm³ Wasser). Nach dem Wegkochen des Schwefelwasserstoffes kocht man nach Zusatz von einigen Tropfen 10%igen Wasserstoffsuperoxyds kurz auf, macht schwach ammoniakalisch und versetzt die Lösung nach dem Verdampfen des Ammoniaküberschusses mit 1 bis 2 cm³ 25%igem Ammoniak. Man filtriert, gibt nach dem Abkühlen noch Ammoniak hinzu und elektrolysiert unter Verwendung von gewogenen Platinnetzelektroden.

Weiterhin seien kurz folgende Methoden angeführt:

13. Bestimmung des Eisens in Reinaluminium nach dem Chemikerfachausschuß des Vereins Deutscher Metallhütten- und Bergleute (d). **a) Bestimmung des Eisens im Reinaluminium.** Man löst 2 g Aluminium in 10%iger eisenfreier Natronlauge, erwärmt, bis keine Gasentwicklung mehr stattfindet, oxydiert mit einigen Kubikzentimetern 3%iger Wasserstoffsuperoxydlösung, kocht auf und verdünnt langsam unter kräftigem Durchrühren mit etwa 200 cm³ n 5 Salzsäure bis zur soeben beginnenden Trübung durch ausfallendes Aluminiumhydroxyd; größere Niederschlagsmengen beeinträchtigen das Filtrieren. Nach dem Filtrieren löst man den tonerdehaltigen Eisenniederschlag in heißer, verdünnter Salzsäure, entfernt eventuell vorhandenes Kupfer durch doppelte Fällung mit Ammoniak und bestimmt das Eisen entweder nach ZIMMERMANN-REINHARD oder jodometrisch.

b) Bestimmung des Eisens in kupferfreien oder nur einige Hundertstel Prozent Kupfer enthaltendem Silumin. 2 g eines im Porzellanmörser zerriebenen Durchschnittsmusters werden in einem ERLENMEYER-Kolben von 1 l Inhalt mit etwas Wasser befeuchtet, darauf vorsichtig mit etwa 40 cm³ Natronlauge (etwa 20%ig) versetzt. Nach beendeter Reaktion verdünnt man mit Wasser, gibt etwa 60 cm³ Schwefelsäure (1:1) zu, füllt mit ausgekochtem Wasser auf etwa 700 cm³ auf, kühlt rasch ab und titriert mit etwa n 10 Kaliumpermanganatlösung.

14. Bestimmung des Calciums und Magnesiums in Aluminium nach dem Chemikerfachausschuß der Deutschen Metallhütten- und Bergleute (e). **a) Bestimmung des Calciums.** Man gibt nach und nach 10 g Späne zu 90 cm³ Natronlauge (1:3), verdünnt auf etwa das 2fache Volumen, läßt einige Stunden stehen, filtriert, wäscht mit natronlaugehaltigem Wasser aus, löst den Rückstand in Salpetersäure, raucht mit wenig Schwefelsäure zur Entfernung der Kieselsäure ab, nimmt mit Wasser auf, kocht bis zur Lösung etwa vorhandenen Aluminiumsulfats, filtriert, macht mit Ammonacetat essigsauer und fällt Calcium als Oxalat. Der Rückstand ist auf Reinheit zu prüfen.

b) Bestimmung von Calcium und Magnesium. Man verfährt zunächst wie bei der Calciumbestimmung angegeben. Aus dem Filtrat von der Kieselsäure entfernt man Kupfer und Reste von Blei mit Schwefelwasserstoff, beseitigt Eisen und Mangan durch mehrmalige Fällung mit Ammoniak und Brom, fällt in den vereinigten Filtraten Calcium mit Ammonoxalat und im Filtrat davon das Magnesium als Magnesiumammonphosphat in üblicher Weise; es empfiehlt sich, etwas Tartrat zuzusetzen, um Eisen- und Aluminiumhydroxyd in Lösung zu halten.

Die amerikanischen Normen [Standard-Methoden der Aluminium Company of America (c)] empfehlen zur Calcium- und Magnesiumbestimmung 1 g Probe in etwa 15 cm³ 20%iger Natronlauge zu lösen, die 5 g Natriumcarbonat enthält. Wenn die Reaktion vorüber ist, verdünnt man auf 150 cm³ mit heißem ausgekochtem Wasser, filtriert und wäscht 5mal mit heißer 5%iger Natriumcarbonatlösung. Nach dem Lösen des Niederschlages mit einigen Tropfen Salpetersäure und 40 cm³ heißer Salzsäure vom Filter und guten Auswaschen, wird die Lösung weiter behandelt.

15. Bestimmung von Calcium und Magnesium in Aluminium nach STEINHÄUSER *(b).* Man löst 10 g Aluminiumspäne in 90 cm³ Natronlauge (1:3), filtriert durch einen mit Asbest präparierten GOOCH-Tiegel, löst den Rückstand in Brom-Salzsäure, filtriert, übersättigt mit Natronlauge, gibt das Ganze, d. h. die alkalisch gemachte Flüssigkeit, zum Filtrat und erhitzt zum Sieden. In die noch heiße Lösung leitet man nach Zugabe von 30 mg Kupfer als Katalysator in Form eines Salzes 5 Min. lang einen kräftigen Bromstrom zur Überführung etwa vorhandenen Mangans in Mangandioxyd. Etwa gebildetes Permanganat wird durch Zugabe von 1 bis 2 cm³ Alkohol und 5 Min. langes Erhitzen zum Sieden reduziert; gleichzeitig wird überschüssiges Brom unschädlich gemacht. Man filtriert durch einen mit Asbest präparierten Gooch-Tiegel oder einen Glasfiltertiegel und wäscht gut mit natronlaugehaltigem Wasser zur Entfernung des Natriumaluminats aus. Im Filtrat können Blei und Zink bestimmt werden. Asbest und Niederschlag bzw. Glasfiltertiegel digeriert man 2 Std. auf dem offenen Dampfbad mit verdünnter Salpetersäure (100 cm³ Wasser und 4 ccm³ konzentrierte Salpetersäure) und filtriert. Im Filtrat bestimmt man Calcium und Magnesium, im Rückstand gegebenenfalls Mangan.

Das Filtrat raucht man mit 20 cm³ Schwefelsäure (1:1) zur Abscheidung der Kieselsäure ab, nimmt mit wenig verdünnter Salzsäure auf, filtriert, macht essigsauer, erhitzt auf etwa 70° C, fällt Calcium als Calciumoxalat durch Zugabe von Ammoniumoxalatlösung und kocht auf. Nach 12 Std. filtriert man ab, wiederholt, falls Eisen als basisches Acetat mit ausgefallen ist, die Fällung wie zuvor und bestimmt nach weiterem 12stündigem Stehen Calcium als $Ca(OOC)_2 \cdot H_2O$ im Gooch-Tiegel durch Trocknen bei 110° C. Das Filtrat von der ersten Calciumfällung wird zur Zerstörung der Oxalsäure mit etwa 5 cm³ konzentrierter Schwefelsäure abgedampft bis zur Entwicklung von Schwefeltrioxyddämpfen. Zur Fällung von Eisen löst man den Rückstand in 100 cm³ Wasser und 20 cm³ verdünnter Salzsäure, macht mit Ammonacetat essigsauer (Rotfärbung von Kongopapier), erhitzt nach Zugabe von Ammonphosphat im Überschuß zum Sieden und kann gleich filtrieren. Zum Filtrat gibt man Ammoniak im Überschuß ($^1/_4$ des Volumens), kocht noch einmal auf und läßt über Nacht stehen. Falls geringe Mengen Eisen als Acetat mit ausgefallen sind, löst man den Niederschlag in Salzsäure und wiederholt die Abscheidung des Eisens und die Fällung des Magnesiums in der angegebenen Weise. Den Niederschlag filtriert man ab, wäscht mit ammoniakhaltigem Wasser, verascht, glüht und wägt als Magnesiumpyrophosphat.

16. Volumetrische Schnellbestimmung des Magnesiums in Duralumin nach Sotowa. Man löst 2 g Späne in 40 cm³ 25%iger Kalilauge, verdünnt die Lösung mit heißem Wasser und filtriert den unlöslichen Rückstand. Nach dem Auswaschen mit heißem Wasser löst man den Niederschlag auf dem Filter mit 35 cm³ heißer Salpetersäure (D. 1,2) und wäscht 3- bis 4mal mit heißem Wasser nach. Man gibt 2 g Kaliumchlorat zur Lösung und dampft diese auf 10 cm³ ein, wobei alles Mangan als Dioxydhydrat ausfällt. Man verdünnt mit heißem Wasser auf 60 cm³ und setzt 30 cm³ einer 25%igen Lösung von Ammonchlorid und Ammoniak hinzu, wobei sich die Flüssigkeit blau färbt. Man filtriert das abgeschiedene Mangansuperoxyd-Ferrihydroxyd ab, wäscht mit heißem Wasser, dem man Ammonchlorid uud Ammoniak zugesetzt hat und gibt zum Filtrat tropfenweise eine 10%ige Cyankalilösung bis zur Entfärbung und dann noch 1 bis 2 cm³ hinzu. Aus der farblosen klaren Lösung fällt man das Magnesium bei 60° durch Zusatz von 7 bis 8 cm³ 25%iger alkoholischer Oxinlösung. Nach 10 bis 15 Min. filtriert man den gelbgrünen Niederschlag, wäscht ihn mit heißem ammoniakalischem Wasser aus, bis das Waschwasser farblos abläuft und hinterher noch 3- bis 4mal mit reinem Wasser. Der Niederschlag wird auf dem Filter in 30 cm³ 8%iger Salzsäure gelöst und das Filter mit heißem Wasser ausgewaschen. Zum Filtrat gibt man aus einer Bürette 0,1 n Bromid-Bromatlösung im Überschuß und dann noch 5 cm³ 20%ige Kaliumjodidlösung. Hierauf titriert man in bekannter Weise mit 0,1 n Thiosulfatlösung das freie Jod.

17. Bestimmung des Magnesiums in Duralumin nach Smith. 2 g der Legierung werden in 60 bis 70 cm³ 10%iger Natronlauge gelöst. Der Rückstand wird nach dem Filtrieren und Auswaschen mit heißem Wasser durch Kochen mit 5 cm³ Schwefelsäure (D. 1,2) und Wasser behandelt. Der jetzt noch verbleibende Rückstand ist magnesiumfrei, jedoch geht etwas Kupfer in Lösung. Die vereinigten Filtrate werden bis zur Bildung eines geringen Niederschlages mit Natronlauge versetzt, der wieder mit Schwefelsäure gelöst wird. Um Aluminium, Eisen und Mangan zu entfernen, gibt man aus einer Bürette 0,1 n oder 0,05 n Permanganatlösung zu, kocht auf, fügt Zinkoxyd in geringem Überschuß zu und läßt in die kochende Lösung so lange Permanganatlösung fließen, bis die Rotfärbung bei weiterem Kochen und weiterer Zugabe von Zinkoxyd bestehen bleibt. Der Permanganatüberschuß wird durch Alkohol entfernt. In der Lösung verbleiben etwas Kupfer und Nickel. Man fällt daraus das Magnesium nach Zusatz von 1 g Cyankalium mit 10 cm³ 10%iger Natronlauge, kocht kurze Zeit, filtriert nach einigem Stehen ab und wäscht mit 1%iger Natronlauge. Der Magnesiumniederschlag wird in verdünnter Schwefelsäure gelöst. Entsteht auf Zusatz von Ammoniak und Ammonchlorid zur Lösung ein Niederschlag, so waren Aluminium und Eisen unvollständig durch Zinkoxyd entfernt. Bei Anwesenheit eines Niederschlages wird die Lösung schwach angesäuert und das Magnesium in üblicher Weise mit Ammoniak und Ammonphosphat gefällt und als Pyrophosphat gewogen. Dieses enthält zu vernachlässigende Mengen Mangan. Auch im Manganniederschlag finden sich nie mehr als Spuren Magnesium.

***18. Schnellmethode zur Bestimmung von Silicium, Eisen, Kupfer und Zink in Aluminiumlegierungen von* Klinow *und* Arnold.** Silicium, Eisen und Kupfer werden colorimetrisch und Zink elektrolytisch bestimmt.

Man löst 1 g Legierung durch Erhitzen mit 20%iger Kalilauge, filtriert den Rückstand aus Kupfer und Eisen, durch ein mit 2%iger Kalilauge befeuchtete Filter in einen 200 cm³ Meßkolben ab und wäscht den Niederschlag 2- bis 3mal in 2%iger Kalilauge und dann 2mal mit Wasser aus. Den Niederschlag löst man für sich mit warmer verdünnter Salpetersäure (3:1).

In einem aliquoten Teil des alkalischen Filtrats fällt man das Zink elektrolytisch auf einer verkupferten Elektrode bei 2 Ampere und 3,5 V. In dem Rest des alkalischen Filtrats bestimmt man Silicium colorimetrisch, indem man zur Lösung 5 cm³ verdünnte Schwefelsäure (1:1) zugibt, abkühlt, 15 bis 20 cm³ Ammonmolybdatlösung (10%ig) zusetzt und auf 100 cm³ auffüllt. Die Vergleichslösung stellt man so her, daß man 10 cm³ einer Natriumsilicatlösung, die genau 0,0022 g Silicium enthalten soll, in einen 100 cm³-Meßkolben bringt, dann 10 cm³ Eisessig und nach dem Durchmischen 2,5 cm³ Ammonmolybdatlösung zusetzt und nun zur Marke auffüllt. Nach 5 Min. langem Stehen können beide Lösungen colorimetriert werden. Durch den Ammonium- und Zinkgehalt der zu untersuchenden Lösung treten Trübungen auf, die durch Schwefelsäurezusatz verhindert werden.

Zur Bestimmung von Kupfer und Eisen neutralisiert man die salpetersaure Lösung mit Ammoniak und setzt zur Fällung des Eisens einen Überschuß von 20 cm³ Ammoniak zu. Man filtriert in einen 250 cm³ Kolben ab, wäscht den Niederschlag mit schwachem Ammoniak aus und füllt das Filtrat zur Marke auf. Gleichzeitig pipettiert man 10 cm³ einer Standardkupferlösung in einen 250 cm³ Meßkolben, fügt ebensoviel Ammoniak zu, als die zu untersuchende Lösung enthält, füllt dann auf und vergleicht beide Lösungen im Colorimeter.

Das ausgefällte Eisen wird auf dem Filter in erwärmter verdünnter Salzsäure (1:1) gelöst und die Lösung in einen 1 l-Meßkolben gebracht; dann setzt man 10 bis 15 cm³ 30%ige Sulfosalicylsäurelösung bis zur bleibenden Violettfärbung zu und darauf Ammoniak bis zum Umschlag nach Gelb. Man füllt auf und vergleicht die Gelbfärbung mit der einer ebenso behandelten Standardlösung.

Im übrigen sei auf den Technischen Teil des Bandes „Aluminium“ sowie auf folgende Literatur hingewiesen:

1. Ausgewählte Methoden für Schiedsanalysen und kontradiktorisches Arbeiten bei der Untersuchung von Erzen, Metallen und sonstigen Hüttenprodukten. Mitteilungen des Chemikerfachausschusses der Gesellschaft Deutscher Metallhütten- und Bergleute. Berlin 1931, S. 10 bis 32.

2. E. Berl und G. Lunge, Chemisch-technische Untersuchungsmethoden, 8. Aufl., 1932, Bd. II, S. 1041—1077 sowie Ergänzungsband II, herausgegeben von Jean D'Ans 1939, S. 557 bis 583.

3. Chemische Analysen-Methoden für Aluminium und seine Legierungen, herausgegeben von der Aluminium-Zentrale, bearbeitet vom Chemikerfachausschuß der Aluminium-Zentrale. Berlin 1938 und 1939.

4. Chemical Analysis of Aluminium, Methods Standardized and Developed by the Chemists of Aluminium Company of America under the Direction of H. V. Churchill and R. W. Bridges. New Kensington, Pennsylvania 1935.

5. Chemische Analysen-Methoden (Schiedsanalysen) für Aluminium und Aluminium-Legierungen, herausgegeben vom Bureau International des Applications de l'Aluminium (Paris). Bearbeiter der deutschen Ausgabe P. Urech, Verlag Aluminium-Zentrale, Berlin.

6. L. Schönlau, Verfahren zur Gesamtuntersuchung von Leichtmetall-Automaten-Legierungen der Gattung Aluminium-Kupfer-Magnesium und Aluminium-Magnesium-Silicium mit Zusätzen von Blei, Wismut, Antimon, Nickel und Mangan. Fr. **119**, 351—359 (1940).

7. Leichtmetallanalyse von H. Ginsberg. Berlin: de Guyter & Co. 1941.

Literatur.

Aluminium Company of America: (a) Chemical Analysis, p. 38; (b) p. 32/33.

Blumenthal, H.: Mitt. dtsch. Mat.-Prüf.-Anst., Sonderh. XXII, S. 42 (1933); Fr. **99**, 59 (1934). — Böhm, W.: Fr. **71**, 244 (1927). — Brenner, A. u. S. Hengl: Metallwirtsch. **17**, 596 (1938). — Bureau International des Applications de l'Aluminium (Paris): Chemische Analysen-Methoden (Schiedsanalysen) für Aluminium und Aluminium-Legierungen, Bearbeiter der deutschen Ausgabe P. Urech. 1. Aufl., herausgeg. von der Aluminium-Zentrale Berlin, a) S. 65 u. 66; (b) S. 34.

Chemikerfachausschuß der Gesellschaft Deutscher Metallhütten- und Bergleute: Ausgewählte Methoden für Schiedsanalysen und kontradiktorisches Arbeiten bei der Untersuchung von Erzen, Metallen und sonstigen Hüttenprodukten. 2. Aufl., Berlin 1931, (a) S. 26 bis 28; (b) S. 12—15; (c) S. 11; (d) S. 12 u. 30; (e) S. 16. — Chemikerfachausschuß der Aluminium-Zentrale: Chemische Analysen-Methoden für Aluminium und seine Legierungen. Verlag Aluminium-Zentrale, Berlin 1938, (a) Blatt Si 2; (b) Blatt Zn 1.

Ginsberg, H.: Leichtmetallanalyse. Berlin: de Gruyter & Co. 1941, S. 20.

Klinow, J. J. u. T. J. Arnold: Betriebslab. (russ.) **3**, 894 (1934); Fr. **104**, 50 (1936)

Pinsl, H.: Aluminium **19**, 439—446 (1937); C. **106 II**, 2850 (1935) u. C. **108 II**, 3204 (1937).

Regelsberger, F.: Angew. Ch. **4**, 20, 52, 360, 442, 473 (1891).

Schubin, M. J.: Nichteisenmet. (russ.) **1932**, 147—162; C. **103 II**, 2212 (1932). — Smith, G. St.: Analyst **60**, 812 (1935); Fr. **108**, 359 (1937). — Sotowa, N.: Betriebslab. (russ.) **5**, 465 (1934); Fr. **100**, 133 (1935). — Standard-Methoden der Aluminium Company of America: Chemical Analysis of Aluminium, Methods Standardized and Developed by the Chemists of Aluminium Company of America under Direction of H. V. Churchill and R. W. Bridges, New Kensington, Pennsylvania **1935**, (a) S. 13; (b) S. 32 u. 33; (c) S. 38. — Steinhäuser, K.: (a) Fr. **78**, 184 (1929); (b) **78**, 187 (1929).

Ubaldini, J. u. V. Pelagatti: Chim. Ind. **19**, 131 (1931); Fr. **114**, 361 (1938); C. **108 I**, 4832 (1937). — Urech, P.: Z. anorg. Ch. **214**, 112 (1933).

Wagner, H. u. H. Kolb: Ch. Z. **56**, 890—891 (1932); C. **104 I**, 465 (1933).

Gallium.

Ga, Atomgewicht 69,72, Ordnungszahl 31.

Von GÜNTHER RIENÄCKER, Göttingen.

Inhaltsübersicht.

Bestimmungsmöglichkeiten.

Gallium kann bestimmt werden

A. Gewichtsanalytisch:

1. Als Oxyd Ga_2O_3 nach Fällung des Galliumhydroxyds mit Ammoniak, nach Fällung des Hydroxyds oder basischer Salze durch Hydrolyse, nach Fällung einer Adsorptionsverbindung von Galliumhydroxyd und Tannin, nach Fällung mit Cupferron, nach Fällung des camphersauren Galliums.
2. Als Gallium-oxychinolat $Ga(C_9H_6NO)_3$.
3. Als Galliummetall nach elektrolytischer Abscheidung.
4. Als Galliumferrocyanid $Ga_4[Fe(CN)_6]_3$.

B. Maßanalytisch:

1. Durch bromometrische Titration des Galliumoxychinolats.
2. Durch potentiometrische Verfolgung der Fällung des Galliums als Ferrocyanid.

C. Optisch:

1. Durch colorimetrische Bestimmung.
2. Durch spektralanalytische Bestimmung.
3. Durch röntgenspektrographische Bestimmung.

Eignung der wichtigsten Verfahren.

Von den gravimetrischen Verfahren sind folgende besonders zur genauen Bestimmung geeignet, die bei Galliummengen von einigen Milligramm bis etwa 0,1 bis 0,3 g mit der üblichen Genauigkeit von $\pm 0{,}1$ bis 0,2 mg arbeiten: Bestimmung als Galliumoxyd nach Fällung mit Cupferron, mit Tannin und Camphersäure, ferner die sehr genaue Bestimmung als Oxychinolat.

Welches Verfahren zu wählen ist, hängt im wesentlichen von den vorhandenen Begleitelementen ab; einige der erwähnten Verfahren sind recht spezifisch, so daß auch früher schwierige Trennungen, wie die von Aluminium, Zink, Indium u. a. heute leicht möglich sind. Am schwierigsten ist die Trennung von Eisen, die besondere Trennungsoperationen erfordert.

Zur Bestimmung kleiner Mengen Gallium ist als beste Methode die Spektralanalyse zu empfehlen; sie ist deshalb von besonderer Wichtigkeit, weil Gallium keine eigenen Mineralien bildet, sondern in sehr geringen Mengen recht häufig in anderen Mineralien enthalten ist. In der Mineralanalyse hat man daher immer mit außerordentlich kleinen Galliummengen zu rechnen, und eine Galliumbestimmung auf chemisch-analytischem Wege ist fast aussichtslos (s. § 8).

Vorbereitung des Untersuchungsmaterials.

Galliummetall und Galliumverbindungen haben recht große Ähnlichkeit mit Aluminium und seinen Verbindungen. Metallische Proben werden also in Säure gelöst, in allen Säuren ist Gallium, wenigstens in der Wärme, löslich. Die Wahl der Säure richtet sich naturgemäß nach den etwa vorhandenen Begleitmetallen.

Oxydisches oder silicatisches Material kann in üblicher Weise gelöst oder aufgeschlossen werden, auch eine Abscheidung der Kieselsäure durch Abrauchen ist in Gegenwart von Gallium möglich. Ganz allgemein — auch beim Lösen von Legierungen — ist jedoch zu beachten, daß Galliumchlorid leicht flüchtig ist. Salzsaure oder chloridhaltige Lösungen dürfen nur auf dem Wasserbad eingedampft und abgeraucht werden, beim Eindampfen auf freier Flamme und Erhitzen des Rückstandes, ferner beim Abrauchen von Ammoniumchlorid in Gegenwart von Galliumverbindungen entstehen sehr große Galliumverluste.

Bestimmungsmethoden.

§ 1. Gravimetrische Bestimmung als Gallium-3-oxyd.

Ga_2O_3, Molekulargewicht 187,44.

Allgemeines.

Übersicht über die Abscheidungsmethoden. Zur Bestimmung des Galliums als Galliumoxyd kann es aus Lösung abgeschieden werden als Hydroxyd, als basisches Salz, als Adsorptionsverbindung des Hydroxyds an kolloide Säuren oder als Salz bzw. innerkomplexes Salz organischer Säuren.

Da Galliumhydroxyd amphoter ist, ist es nur mit schwachen Basen, z. B. sehr verdünntem Ammoniak, oder durch Hydrolysenmethoden zu fällen. Die Abscheidung mit Ammoniak ist nicht ganz einfach und leidet an manchen Schwierigkeiten; in manchen Fällen ist die Fällung durch Hydrolyse vorzuziehen. Die Fällung unter Bildung einer sehr schwer löslichen Adsorptionsverbindung des Galliumhydroxyds an Tannin (Gerbsäure) und die Fällung mit organischen Reagenzien wie Cupferron u. a. sind der Ammoniakfällung überlegen, weil diese Methoden wesentlich empfindlicher und meist selektiver sind. Auf diese Methoden sei deshalb mit Nachdruck hingewiesen.

Überführung der Niederschläge in Galliumoxyd und Wägung. Die wichtigste Wägungsform des Galliums ist das Oxyd, das durch Verglühen der bei den erwähnten Fällungsmethoden entstehenden Niederschläge erzeugt wird.

Zum Veraschen und Verglühen benutzt man Porzellantiegel und arbeitet möglichst in oxydierender Atmosphäre, so daß durch Filterkohle etwa entstandene Reduktionsprodukte wieder oxydiert werden. Bis zur endgültigen Oxydation des Tiegelinhaltes soll vorsichtig erhitzt werden, da sonst Verluste durch Verflüchtigung möglich sind. Ga_2O_3 selbst ist bis gegen 2000° nicht merklich flüchtig (VON WARTENBERG und REUSCH), auch Galliummetall (Siedepunkt 2300° abs.) ist bei 1000° nicht merklich flüchtig (HARTECK). Der Gewichtsverlust beim Glühen von Galliumoxyd in reduzierender Atmosphäre ist verursacht durch das Auftreten von Ga_2O, das schon bei 660° sichtbar sublimiert [BRUKL (b)].

Hoch erhitztes (Rotglut) Ga_2O_3 greift etwas die Tiegelglasuren und auch Quarz an, was jedoch keine Gewichtsveränderung zur Folge hat [BRUKL (b)]. Das Glühen chloridhaltiger Niederschläge führt zu großen Verlusten infolge der hohen Flüchtigkeit des Galliumchlorids; Fällungen aus chloridhaltiger Lösung müssen daher stets mit besonderer Sorgfalt ausgewaschen werden. Galliumoxyd kann z. B. durch Erhitzen mit der doppelten Menge NH_4Cl bei 250° verflüchtigt werden [BRUKL (b)].

Bei 1200 bis 1300° C geglühtes Galliumoxyd ist nicht hygroskopisch (LUNDELL und HOFFMAN), jedoch sind die in üblicher Weise, z. B. über starkem TECLU-Brenner erhaltenen Oxydauswaagen stets sehr hygroskopisch, so daß sie rasch im bedeckten Tiegel oder im geschlossenen Wägeglas gewogen werden müssen [FRICKE und MEYRING; MOSER und BRUKL (a); PAPISH und HOAG; DENNIS und BRIDGMAN]. Platintiegel sind zum Glühen nicht zu verwenden, da in Gegenwart von Platin oft stärkere Reduktion des Oxyds durch Filterkohle eintritt unter merklicher Bildung von Platin-Gallium-Legierungen [FRICKE und MEYRING; BRUKL (b)].

Übliche Vorschrift zur Überführung eines Niederschlages in Oxyd. Der auf Papierfilter filtrierte Niederschlag wird mit dem Filter getrocknet, mit Filter in einem Porzellantiegel vorsichtig verascht und in möglichst stark oxydierender Atmosphäre bei Rotglut bis zur Gewichtskonstanz erhitzt. Gewogen wird rasch im bedeckten Tiegel oder nach Einstellen des kalten Tiegels in ein tariertes, geschlossenes Wägeglas.

Vorschrift nach WILLARD *und* FOGG. Zur Vermeidung der Reduktion durch Papier und Filterkohle wird durch einen Porzellanfiltertiegel filtriert, der nach dem Trocknen bei 850° geglüht und rasch gewogen wird. Sodann wird der Tiegelinhalt so weitgehend wie möglich in einen gewogenen unglasierten Porzellantiegel umgeschüttet, sofort gewogen und bei 1200° konstant geglüht. Der so gefundene Gewichtsverlust wird auf die Gesamtmenge umgerechnet.

Fällungsverfahren.

A. Fällung mit Ammoniak.

Vorbemerkung. Die Abscheidung des $Ga(OH)_3$ mit Ammoniak [zuerst angegeben von LECOQ DE BOISBAUDRAN (a)] ist früher oft angewandt worden. Obwohl sie durch bessere Methoden ersetzt werden kann, ist eine kurze Beschreibung nötig. Die Fällung eignet sich zur Abscheidung größerer Galliummengen, sofern man die unten angegebenen Vorsichtsmaßregeln beachtet und geringe Verluste durch die merkliche Löslichkeit des Galliumhydroxyds in Kauf nimmt.

Eigenschaften des Galliumhydroxyds. Mit Ammoniak gefälltes Galliumhydroxyd ist ein Hydrogel, das entsprechend seiner amphoteren Natur in Säuren und Laugen gut löslich ist, ferner merklich in Ammoniak und auch in Wasser. $Ga(OH)_3$ ist noch etwas stärker sauer als $Al(OH)_3$, der Beginn der Fällung von $Ga(OH)_3$ und $Al(OH)_3$ liegt, vom sauren und alkalischen Gebiet ausgehend, bei folgenden Werten (SCHWARZ V. BERGKAMPF; vgl. auch FRICKE und MEYRING; FRICKE und BLENCKE):

	pH des Beginns der Fällung aus	
	ursprünglich saurer Lösung	ursprünglich alkalischer Lösung
$Ga(OH)_3$	3,4	9,7
$Al(OH)_3$	4,15	10,4—10,8

Löslichkeit des $Ga(OH)_3$ in H_2O, NH_3 und NH_4-Salzen nach MOSER und BRUKL (a) bei 20° C:

Lösungsmittel	Löslichkeit in mg $Ga(OH)_3$/l
H_2O	1,0
NH_3 (4,64%ig)	32,2
NH_3 (m/109) + $(NH_4)_2SO_4$ (m/31)	57,4
$(NH_4)_2SO_4$ (m/25)	5,2

Die Löslichkeit ist vom Alterungszustand abhängig. Die Auflösung in Ammoniak ist durch die Gallatbildung zu erklären, die Löslichkeit wird bedeutend erhöht durch anwesende Ammoniumsalze, die wohl stets bei einer Ammoniakfällung zugegen sind. Für exakte Analysen ist die Ammoniakfällung infolgedessen nicht brauchbar und nicht zu empfehlen, zumal bessere Verfahren zur Verfügung stehen.

Mit Ammoniak gefälltes gelartiges $Ga(OH)_3$ klebt oft äußerst hartnäckig an der Wand des Becherglases, vor allem das durch Wegkochen eines Ammoniaküberschusses ausgeschiedene feinteilige Hydroxyd. Der anklebende Niederschlag ist durch Abwischen meist nicht quantitativ zu entfernen. Man muß daher bei der Fällung größere Ammoniaküberschüsse vermeiden.

Eine Fällung aus Alkaligallatlösung durch Kochen mit Ammoniumsalz ist wegen der Löslichkeit des Hydroxyds in ammoniumsalzhaltigen Lösungen nicht quantitativ und außerdem wegen der unangenehmen Eigenschaften des so erzeugten Niederschlages unbrauchbar [MOSER und BRUKL (a)].

Arbeitsvorschrift. Die zu fällende Lösung (Chlorid oder Sulfat) soll nur sehr schwach sauer sein, sie soll auf 10 mg Ga_2O_3 20 bis 30 cm^3 Volumen haben. Große

Säureüberschüsse werden am besten vorher durch Abrauchen entfernt. Dann wird mit einigen Tropfen Methylorange versetzt und so viel verdünntes Ammoniak (0,2 bis 0,3 n) zugegeben, bis eben reine Gelbfärbung auftritt; darauf gibt man noch 1 bis 2 Tropfen im Überschuß zu. Anschließend wird die Lösung etwa 1 Std. zum Sieden erhitzt (nach anderen Vorschriften kürzere Zeit, und zwar bis zum Verschwinden des Ammoniakgeruches und bis zur guten Zusammenballung des Niederschlages), nach dem Absitzen filtriert man durch ein Papierfilter, wäscht den Niederschlag aus und führt, wie auf S. 538 angegeben, in Ga_2O_3 über (FRICKE und MEYRING, FRICKE und BLENCKE, DENNIS und BRIDGMAN, PAPISH und HOAG).

***Arbeitsvorschrift nach* HILLEBRAND *und* LUNDELL.** Die Lösung soll wegen der Möglichkeit von Galliumverlusten beim Glühen chloridhaltiger Niederschläge chlorfrei sein. Sie wird nach dem Verdünnen auf 200 cm³ mit Methylrot versetzt und zum Sieden erhitzt. Man setzt carbonatfreies verdünntes Ammoniak zu, bis ein Niederschlag entsteht und fährt unter stetem Kochen mit dem Zusatz in kleinen Anteilen fort, bis der Indicator gerade nach Gelb umschlägt. Dann wird etwas Papierbrei zugefügt, noch 1 bis 2 Min. gekocht und filtriert. Der an den Wänden des Becherglases haftende Niederschlag wird anschließend rasch mit etwas verdünnter heißer Schwefelsäure wieder gelöst, wieder mit Ammoniak in der beschriebenen Weise gefällt und filtriert.

***Bemerkungen.* I. Auswaschen des Niederschlages.** Das Auswaschen kann mit kaltem oder heißem Wasser geschehen, es muß unbedingt bis zur Chlorfreiheit ausgewaschen werden (vgl. S. 538), was nach FRICKE und MEYRING leicht zu erreichen ist. HILLEBRAND und LUNDELL empfehlen heiße, 2%ige Ammoniumnitratlösung als Waschflüssigkeit, was nach den Vorbemerkungen auf S. 539 nicht unbedenklich erscheint.

II. Genauigkeit. Vgl. die Vorbemerkungen auf S. 539.

III. Einfluß anderer Bestandteile. Die Fällung ist selbstverständlich keineswegs spezifisch, da alle durch Ammoniak fällbaren Hydroxyde mitfallen, z. B. Al, Cr, Be, Ti, Zr, Th, Seltene Erden, Fe, In usw. Sie wird außerdem durch Oxalsäure und Weinsäure verhindert [LECOQ DE BOISBAUDRON (b); GOLDSCHMIDT, BARTH und LUNDE).

IV. Andere Fällungsmittel. Auch mit anderen schwachen Basen ist $Ga(OH)_3$ zu fällen, z. B. mit Anilin oder Phenylhydrazin, s. unter Fe-Ga-Trennung, S. 568, 569.

B. Fällung des $Ga(OH)_3$ bzw. basischer Salze durch Hydrolyse.

1. Fällung mit Sulfit nach DENNIS und BRIDGMAN bzw. PORTER und BROWNING.

Vorbemerkung. Durch Sulfite, besser durch saure Sulfite, wird Galliumhydroxyd infolge hydrolytischer Spaltung des Galliumsulfits quantitativ gefällt; der Niederschlag ist im Gegensatz zu dem mit Ammoniak gefällten körnig und gut filtrierbar.

Fällungsreagenzien. a) Festes $Na_2SO_3 \cdot 7\,H_2O$, oder b) Lösung von Ammoniumbisulfit, herzustellen durch Sättigen von Ammoniaklösung (1:4) mit gasförmigem Schwefeldioxyd, oder c) Natriumbisulfit, herzustellen durch Sättigen einer 10%igen Natriumsulfitlösung mit gasförmigem Schwefeldioxyd.

Arbeitsvorschrift. Die Lösung, aus der das Gallium gefällt werden soll (Volumen ungefähr 200 cm³), muß neutral oder ganz schwach sauer reagieren. Man setzt auf rund 100 mg Ga entweder 1,5 g festes Natriumsulfit oder 10 bis 15 cm³ der Lösungen b) oder c) zu; nach dem Reagenszusatz soll die Lösung gerade deutlich sauer gegen Lackmus reagieren. Darauf erhitzt man und hält 5 bis 6 Min. in kräftigem Sieden, läßt den Niederschlag absitzen und filtriert durch ein Papierfilter. Es wird mit Wasser bis zur Chloridfreiheit des Niederschlages ausgewaschen, das Filter wird getrocknet, verascht, zu Ga_2O_3 verglüht und gewogen (s. S. 538). Von der Vollständigkeit der Fällung überzeugt man sich durch nochmaligen Zusatz von Sulfit zum Filtrat und nochmaliges Kochen. Falls noch ein geringer Niederschlag ausfallen sollte — was bei richtigem Arbeiten in ganz schwach saurer Lösung nicht eintreten darf —, wird er gesondert filtriert, das Filter zum ersten in den Tiegel gegeben und mit diesem gemeinsam verascht.

Bemerkungen. **I. Genauigkeit.** Die Reaktion ist empfindlicher als die Fällung mit Ammoniak, 0,2 mg Ga in 5 cm^3 fallen mit Sulfit noch aus. Die Resultate der Beleganalysen (PORTER und BROWNING) mit 15 bis 47 mg Ga_2O_3 weichen durchschnittlich um $\pm 0{,}1$ mg, höchstens um 0,3 mg vom Sollwert ab, auch in Gegenwart von Zink (s. Bemerkung II).

II. Einfluß anderer Bestandteile. Die Methode eignet sich bei doppelter Fällung zur Bestimmung des Galliums in Gegenwart nicht zu großer Mengen Zink (bis maximal 350 mg Zink in Gegenwart von 15 bis 47 mg Galliumoxyd). Die doppelte Fällung wird folgendermaßen ausgeführt: Der durch Sulfit oder Bisulfit gefällte Niederschlag wird im Becherglas belassen, die überstehende Lösung wird durch ein Papierfilter möglichst vollständig abdekantiert, darauf wird der Niederschlag im Becherglas mit einigen Tropfen Salzsäure gelöst, 200 cm^3 Wasser hinzugegeben und, eventuell nach Abstumpfen eines etwa vorhandenen größeren Säureüberschusses, nochmals mit Bisulfit in gleicher Weise gefällt. Man filtriert durch das schon benutzte Filter, wäscht aus und verascht wie oben angegeben.

Die Ergebnisse in Gegenwart der angegebenen Zinkmengen sind sehr zufriedenstellend (s. Bemerkung I), durch besondere Versuche ist erwiesen, daß sogar durch 3malige Fällung keine Galliumverluste eintreten (PORTER und BROWNING).

2. Fällung mit Harnstoff nach WILLARD und FOGG.

Vorbemerkung. Aus sulfathaltigen, chloridfreien Galliumlösungen fällt mit Harnstoff nach dessen hydrolytischer Spaltung in der Wärme basisches Galliumsulfat als dichter Niederschlag. Das Löslichkeitsminimum liegt bei einem p_H-Wert von etwa 5, das Verhältnis von Ga zu SO_4 im Niederschlag beträgt ungefähr 8:1. Die Löslichkeit des Niederschlages ist mit rund 0,2 mg Ga/l wesentlich niedriger als bei der Fällung mit Ammoniak. Durch Glühen läßt sich das basische Galliumsulfat in Galliumoxyd überführen.

Arbeitsvorschrift. Die schwefelsaure, chloridfreie Lösung (enthaltend etwa 3 cm^3 konzentrierter H_2SO_4) wird mit 3 g Harnstoff versetzt, auf 500 cm^3 verdünnt und tropfenweise mit Ammoniak versetzt bis zur bleibenden Trübung. Dann erhitzt man und hält im Sieden, bis eine Probe der Lösung ein p_H zwischen 4 und 5,5 zeigt, d. h. bis sie eben alkalisch gegen Methylorange reagiert. Es wird filtriert und der Niederschlag nach der auf S. 538 angegebenen Vorschrift von WILLARD und FOGG in Galliumoxyd überführt. Das Auswaschen geschieht mit kaltem Wasser, da der Niederschlag in anderen Waschflüssigkeiten löslicher ist als in kaltem Wasser.

Bemerkungen. **I. Genauigkeit.** Durch colorimetrische Bestimmung wurde festgestellt, daß rd. 0,1 bis 0,2 mg Galliumoxyd in je 500 cm^3 Filtrat verbleiben, ferner werden durch 150 bis 200 cm^3 Waschwasser rd. 0,01 mg gelöst. Die größten Fehler entstehen durch das Kleben des Niederschlages an der Becherglaswand, trotz starken Auswischens können diese Mengen 0,1 bis 0,6 mg betragen.

II. Einfluß anderer Bestandteile. Calcium stört nicht, falls es nicht in so großer Menge vorhanden ist, daß es als Sulfat auskrystallisiert, also etwa über 0,2 g/500 cm^3. Zink und Mangan stören nicht bis zu Mengen von 1 g; bei derartigen Mengen ist eine doppelte Fällung notwendig.

3. Weitere Vorschläge zur Abscheidung durch Hydrolyse.

a) Fällung mit Natriumthiosulfat. Gallium kann mit Natriumthiosulfat gefällt werden; wegen der nicht vollständigen Abscheidung ist eine Nachfällung mit Anilin nötig. Diese Methode ist zur Eisen-Gallium-Trennung anwendbar und wird dort beschrieben (S. 568) [MOSER und BRUKL (b)].

b) Fällung mit Natriumazid nach DENNIS und BRIDGMAN. Zur schwach sauren Lösung, deren Volumen etwa 250 cm^3 auf 0,07 g Ga beträgt, werden 0,5 g Natriumazid zugesetzt. Nach 2 bis 5 Min. Kochen fällt gut filtrierbares Galliumhydroxyd aus; die Fällung ist quantitativ. Längeres Kochen erzeugt einen Niederschlag, der stark an der Glaswand klebt. Die Schwierigkeiten der Methode liegen in dem oft mangelhaften Reinheitsgrad des käuflichen Natriumazids und in den unangenehmen physiologischen Eigenschaften des sehr giftigen Stickstoffwasserstoffes, der beim Kochen entsteht und teilweise entweicht.

c) Fällung mit Bromid-Bromat ergibt quantitative Abscheidung des Galliumhydroxyds. Da Aluminiumhydroxyd unter den gleichen Bedingungen mitfällt und außerdem die Fällung schlecht filtrierbar ist, besitzt dies Verfahren keinen besonderen Wert [MOSER und BRUKL (a) und (b)].

d) Fällung mit Acetat ist im allgemeinen nicht quantitativ [MOSER und BRUKL (a)], durch ausfallendes basisches Eisenacetat wird Gallium wie Aluminium jedoch quantitativ mitgerissen (KRIESEL).

C. Fällung mit Tannin nach MOSER und BRUKL (a).

Vorbemerkung. Tannin (Gallusgerbsäure) tritt als negatives Hydrosol mit vielen positiven Hydroxydsolen in Reaktion unter Bildung sehr schwer löslicher, ausflockender Adsorptionsverbindungen. In essigsaurer Lösung tritt bei gleichzeitiger Anwesenheit von flockungsbegünstigenden Neutralsalzen wie NH_4NO_3 eine quantitative Fällung des Gallium-3-Ions durch Tannin ein; diese Reaktion ist wesentlich empfindlicher als z. B. die Fällung mit Ammoniak. Bei 2stündigem Stehen auf dem Wasserbad lassen sich noch sicher 0,2 mg Ga_2O_3/l nachweisen, die Empfindlichkeit der Reaktion ergab sich zu rd. $1 \cdot 10^{-6}$.

Arbeitsvorschrift. Die schwach essigsaure Lösung des Galliumsalzes wird mit so viel Ammoniumnitrat versetzt, daß eine ungefähr 2%ige Lösung entsteht, nach dem Erhitzen zum Sieden fügt man unter Rühren tropfenweise 10%ige Tanninlösung zu, bis die Fällung vollendet ist. Im allgemeinen genügt die 10fache Gewichtsmenge an Tannin, ihre absolute Menge soll jedoch auch bei Vorhandensein von wenig Gallium nicht unter 0,5 g sinken, da der Niederschlag sich sonst zu langsam absetzt. Es wird mit heißem Wasser, dem etwas Ammoniumnitrat und einige Tropfen Essigsäure zugesetzt sind, gewaschen, das Filtrat ist schwach gelb gefärbt und muß ganz klar sein. Das Filter wird mit Inhalt getrocknet und durch Verglühen im Porzellan- oder Quarztiegel in rein weißes, lockeres Galliumoxyd überführt. Man beachte die Bemerkungen über das Glühen und Wägen auf S. 538 und über das Auswaschen bis zur Chloridfreiheit auf S. 538.

Bemerkungen. **I. Tanninlösung.** Über die Bereitung der Tanninlösung sind keine besonderen Angaben gemacht; es ist anzunehmen, daß es sich, wie üblich, um eine Lösung von Tannin in kaltgesättigter Ammoniumacetatlösung handelt. Über die Herstellung der Lösung und die eventuelle nötige Reinheitsprüfung des Tannins vgl. man die Angaben in Bd. IIa des Teiles III dieses Handbuches, S. 24.

II. Genauigkeit. Die Ergebnisse der Beleganalysen sind sehr genau und weichen im allgemeinen nicht mehr als um $\pm 0{,}2$ bis 0,3 mg vom Sollwert ab.

III. Einfluß anderer Bestandteile. Die Anwesenheit von Komplexbildnern, wie Weinsäure, Sulfosalicylsäure und Ammoniumacetat hat keinen störenden Einfluß [BRUKL (a)]. Sehr schwache Basen, wie $Fe(OH)_3$, $Al(OH)_3$ und andere werden ebenfalls in essigsaurer Lösung durch Tannin gefällt, jedoch nicht die zweiwertigen Metalle, wie Zn, Ni, Co, Mn, Cd, Be und auch Tl. Allerdings neigt der Gallium-Tannin-Niederschlag zur Adsorption, so daß in Gegenwart der erwähnten Begleitelemente bei nur 1maliger Fällung zu hohe Werte erhalten werden. Bei doppelter Fällung erhält man jedoch stets richtige Galliumwerte.

IV. Arbeitsvorschrift in Gegenwart 2wertiger Metalle, wie Zink, Nickel, Kobalt, Mangan, Cadmium, Beryllium. Die schwach saure Lösung der Metallsalze wird mit Ammoniumacetat versetzt, so daß sie ungefähr 1% Essigsäure enthält; ist sie sehr sauer, so neutralisiert man zuerst annähernd mit Ammoniak. Auf je 100 cm³ Lösung fügt man je 2 g Ammoniumnitrat hinzu, erhitzt zum Sieden und fällt mit 10%iger Tanninlösung, deren Menge etwa 10mal so groß wie die zu erwartende Menge Galliumhydroxyd sein soll. Nach Filtration und Auswaschen mit der oben angegebenen Waschflüssigkeit wird der Niederschlag in heißer verdünnter Salzsäure gelöst und die Fällung wiederholt.

Zur Trennung von den erwähnten Metallen läßt sich diese Methode mit sehr gutem Erfolg benutzen, vgl. auch S. 558.

D. Fällung mit Cupferron nach MOSER und BRUKL (b).

Vorbemerkung. Durch Cupferron (Ammoniumsalz des Nitrosophenylhydroxylamins) wird Gallium in schwefelsaurer Lösung quantitativ gefällt, das Gallium wird nach Verglühen des Niederschlages als Ga_2O_3 ausgewogen. Diese Methode ist deshalb besonders wertvoll, weil sie im Gegensatz zu den meisten anderen Fällungen unter Einhaltung gewisser Vorsichtsmaßregeln die Bestimmung des Galliums in Gegenwart der sonst sehr störenden Ionen Al, Cr, In, Ce (+ Seltene Erden) und Uranylsalz erlaubt.

Arbeitsvorschrift. Die etwa 10 bis 300 mg Ga enthaltende Lösung, die nicht frei von Ammoniumsalzen zu sein braucht, wird vorsichtig neutralisiert, dann durch Zusatz von Schwefelsäure auf eine Acidität von möglichst genau 2 n-H_2SO_4 gebracht, das Volumen beträgt 100 bis 500 cm³. Nun versetzt man bei Zimmertemperatur mit einer 6%igen wäßrigen Cupferronlösung unter starkem Umrühren. Für 0,1 g Ga benötigt man theoretisch 0,6 g Cupferron, man wendet aber einen Überschuß an, nach MOSER und BRUKL etwa insgesamt 1 g Cupferron auf 0,1 g Ga, nach Versuchen von GASTINGER müssen jedoch 3 bis 4,5 g, also 50 bis 75 cm³ der 6%igen Lösung verwendet werden (vgl. auch SCHERRER). Es entsteht ein flockiger Niederschlag, falls dieser sich zu Klumpen zusammenballt oder an der Glaswand haftet, wird er mit einem Glasstab zu einem krystallinischen Brei zerdrückt. Der Niederschlag wird durch ein Papierfilter mit eingelegtem Platinkonus filtriert und zusetzt schwach abgesaugt. Der oft an der Gefäßwand als dünner Belag haftende Niederschlag wird mit etwas aschefreiem Filtrierpapier abgewischt und ebenfalls auf das Filter gebracht. Das erste Filtrat ist häufig schwach getrübt, man setzt dann noch 1 bis 2 cm³ Reagens zu, filtriert nochmals durch das gleiche Filter und saugt zuletzt scharf ab. In dem Filtrat darf nach 1stündigem Stehen keine Trübung entstehen, sonst muß die letzte Operation nochmals wiederholt werden. Nach SCHERRER und GASTINGER läßt sich die Filtration wesentlich erleichtern, wenn man die Fällung 10 Min. in fließendem Wasser kühlt und erst dann filtriert, nachträgliche Ausscheidungen treten dann nicht ein. Das Filter wird mit 2 n H_2SO_4 ausgewaschen bis zur völligen Chlorfreiheit, die Waschflüssigkeit wird jedesmal scharf abgesaugt. Man trocknet den Niederschlag in einem Porzellantiegel, verascht, glüht und wägt als Ga_2O_3, wie es auf S. 538 angegeben ist.

Bemerkungen. **I. Genauigkeit.** Die Ergebnisse der von MOSER und BRUKL sowie von GASTINGER angegebenen Beleganalysen sind sehr zufriedenstellend; das Fällungsvolumen ist in recht weiten Grenzen (100 bis 500 cm³) ohne Einfluß auf die Ergebnisse.

II. Einfluß anderer Bestandteile. Die Fällung mit Cupferron ist besonders als Trennungsmethode von großem Wert. Die Methode läßt sich vermutlich in Gegenwart aller durch Cupferron nicht fällbaren Metalle ohne weiteres durchführen, besonders untersucht wurde die Abscheidung in Gegenwart von Al, Cr, In, Ce, Sc, Y, Er und Uranylsalz. Es genügt meist einfache Fällung zur sauberen Abtrennung des Galliums.

In Gegenwart von Aluminium muß die Fällung gegebenenfalls wiederholt werden, es empfiehlt sich ferner, die Arbeitsweise etwas zu verändern (Vorschrift siehe § 6, A, 2); eine doppelte Fällung ist auch erforderlich in Anwesenheit von Scandium, das bei der ersten Fällung spurenweise mitgerissen wird [BRUKL (a)].

Bei Gegenwart von Indium muß ganz besonders sorgfältig ausgewaschen werden; um die Löslichkeit des Niederschlages in der zum Auswaschen benutzten 2 n H_2SO_4 noch herabzusetzen, setzt man der Waschflüssigkeit noch einige Kubikzentimeter Cupferronlösung zu.

In Anwesenheit von Uran muß darauf geachtet werden, daß alles Uran in der 6wertigen Stufe vorliegt und keine Reduktion eintreten kann, denn 4wertiges Uran wird durch Cupferron quantitativ gefällt.

Größere Mengen von Neutralsalzen, z. B. NaCl oder Na_2SO_4, stören bei sorgfältigem Auswaschen nicht. Gegebenenfalls laugt man das geglühte Galliumoxyd nochmals mit heißem Wasser aus, filtriert, wäscht gründlich aus und verascht und verglüht wiederum das so gereinigte Oxyd (GASTINGER).

In oxalsaurer Lösung bleibt die Fällung des Galliums mit Cupferron aus [BRUKL (a)]. Bei Anwesenheit von Tartrat ist zu beachten, daß dann in 2 n schwefelsaurer Lösung keine Fällung eintritt; die Konzentration der Schwefelsäure darf dann höchstens 0,3 Mol/l betragen. Diese Konzentration ist nahe an der Grenze, bei der Aluminium mitfällt, so daß in Gegenwart von Tartrat die Acidität mit besonderer Sorgfalt eingestellt werden muß (SCHWARZ VON BERGKAMPF). Es erscheint daher ratsam, die Weinsäure vor der Fällung durch Abrauchen in bekannter Weise zu zerstören.

E. Fällung mit Camphersäure nach ATO.

Vorbemerkung. Durch Camphersäure [1,2,2-Trimethylcyclopentandicarbonsäure-(1,3), $C_5H_5(CH_3)_3(COOH)_2$] wird Gallium quantitativ in neutraler oder schwach essigsaurer Lösung als camphersaures Gallium gefällt. Die Fällung ist empfindlich und recht spezifisch, so daß sie eine Trennung des Galliums von zahlreichen anderen Kationen erlaubt. Der Niederschlag ist bei 100° in Wasser und in 0,6 n Essigsäure höchstens spurenweise löslich; zur Wägung wird er durch Glühen in Galliumoxyd übergeführt.

Fällungsreagenzien. Wegen der geringen Löslichkeit der Camphersäure in Wasser ist eine wäßrige Lösung nicht zu benutzen. Die Fällung wird mit einem der folgenden Reagenzien empfohlen:

A. Lösung von 25 g Camphersäure in 100 cm^3 Alkohol.
B. Lösung von 10 g Camphersäure in 100 cm^3 Aceton.
C. Lösung von 25 g camphersaurem Natrium in 100 cm^3 Wasser.
D. Feste Camphersäure in Substanz.

Bei der Bestimmung großer Galliummengen empfiehlt sich die Verwendung des Reagenses in der unter C oder D angegebenen Form, um den Zusatz größerer Alkohol- oder Acetonmengen zu vermeiden.

Waschflüssigkeit. Es wird ausgewaschen mit ammoniumnitrathaltiger Essigsäure (10 cm^3 6 n Essigsäure + 20 cm^3 10%ige Ammoniumnitratlösung + 80 cm^3 Wasser), die bei Anwendung des Fällungsreagens C zur Verminderung der Löslichkeit des Niederschlages noch mit fester Camphersäure gesättigt werden muß.

Arbeitsvorschrift. Die zu fällende Lösung (Chlorid oder Nitrat) wird auf dem Wasserbad zur Trockne verdampft und der Rückstand in 100 cm^3 2%iger Ammoniumnitratlösung oder in 100 cm^3 0,6 n Essigsäure, die 2% Ammoniumnitrat enthält, gelöst. Zur Lösung wird ungefähr 1 bis 2 g Camphersäure (Lösungen A, B,

C oder auch festes Reagens D) hinzugefügt und das Reaktionsgemisch etwa 10 Min. im siedenden Wasserbad unter kräftigem Umrühren erhitzt. Anschließend erfolgt die Filtration durch ein Papierfilter; zum Auswaschen werden rd. 50 cm³ der angegebenen Waschflüssigkeit in kleinen Anteilen benutzt. Der getrocknete Niederschlag wird im gewogenen Porzellantiegel möglichst getrennt vom Filter verascht, schließlich wird das Filter hinzugefügt und alles zu Ga_2O_3 verglüht und gewogen (s. S. 538).

***Bemerkungen.* I. Genauigkeit.** Die Ergebnisse der mitgeteilten Beleganalysen sind sehr zufriedenstellend.

II. Einfluß anderer Bestandteile. Falls keine anderen Bestandteile zugegen sind, löst man nach dem Eindampfen besser in Wasser statt in Essigsäure, da sich der Niederschlag dann besser filtrieren läßt. Bei Fällung aus essigsaurer Lösung kann der Niederschlag gelegentlich fest an der Becherglaswand haften, eventuell können auch die ersten Anteile des Filtrats trübe durchlaufen, man muß sie dann zurückgeben.

Die Bestimmung des Galliums ist nach dem Verfahren in essigsaurer Lösung möglich in Gegenwart von Alkalien, Mg, Ca, Sr, Ba, Ni, Co, Zn, Mn, Cd, Ge, V, Cr, U, Be, Th, Ce, La, Pr und anderen, so daß diese Methode als Trennungsmethode von diesen Elementen sehr geeignet ist. In, Fe und andere werden jedoch durch Camphersäure quantitativ mitgefällt, diese Metalle dürfen also nicht zugegen sein (vgl. auch § 6, S. 559).

Literatur.

ATO, S.: Sci. Pap. Inst. Tokyo **12**, 225 (1929/30); **15**, 289 (1931).

BRUKL, A.: a) Monatsh. **52**, 253 (1929); b) Fr. **86**, 92 (1931).

DENNIS, L. M. u. J. A. BRIDGMAN: J. Am. Chem. Soc. **40**, 1544 (1918).

FRICKE, R. u. W. BLENCKE: Z. anorg. Chem. **143**, 183 (1925). — FRICKE, R. u. K. MEYRING: Z. anorg. Chem. **176**, 326 (1928).

GASTINGER, E.: Unveröffentlichte Versuche (1941). — GOLDSCHMIDT, V. M., T. BARTH u. G. LUNDE: Skr. Akad. Oslo **1925**, Nr. 7, S. 26.

HARTECK, P.: Z. physik. Chem. **134**, 9 (1928). — HILLEBRAND, W. F. u. G. E. F. LUNDELL: Applied Inorganic Analysis, New York **1929**, 387.

KRIESEL, F. W.: Ch. Z. **48**, 962 (1924).

LECOQ DE BOISBAUDRAN: a) Ann. Chim. Phys. [6] **2**, 181 (1884); b) C. r. **93**, 816 (1881). — LUNDELL, G. E. F. u. J. I. HOFFMAN: J. Res. Nat. Bureau of Standards **15**, 415 (1935).

MOSER, L. u. A. BRUKL: a) Monatsh. **50**, 181 (1928); b) **51**, 325 (1929).

PAPISH, J. u. L. E. HOAG: Am. Chem. Soc. **50**, 2118 (1928). — PORTER, L. E. u. P. E. BROWNING: J. Am. Ch. Soc. **41**, 1491 (1919).

SCHERRER, J. A.: J. RESEARCH Nat. Bur. Stand. **15**, 585 (1935). — SCHWARZ VON BERGKAMPF, E.: Fr. **90**, 333 (1932).

WARTENBERG, H. VON u. H. J. REUSCH: Z. anorg. Ch. **207**, 9 (1932). — WILLARD, H. H. u. H. C. FOGG: J. Am. Chem. Soc. **59**, 1179, 2422 (1937).

§ 2. Bestimmung des Galliums nach Fällung mit 8-Oxychinolin nach GEILMANN und WRIGGE und nach BRUKL.

Vorbemerkung. In ganz schwach saurer, nahezu neutraler Lösung, ebenso in schwach ammoniakalischer Lösung wird Gallium quantitativ als gelbgrünes Galliumoxychinolat von der Formel $Ga\,(C_9H_6NO)_3$ gefällt. In stärkeren Säuren, in stärkerem Ammoniak oder in Laugen tritt die Fällung nicht ein bzw. ist sie nicht quantitativ. In essigsaurer, acetatgepufferter Lösung wird ebenfalls keine vollständige Fällung erreicht.

Die Reaktion ist unter geeigneten Bedingungen recht empfindlich, in schwach ammoniakalischer Lösung ergeben 0,1 mg Ga in 50 cm³ Lösung nach 2 Std. noch eine deutliche Fällung, 0,02 bis 0,05 mg nach 24 Std. noch gerade sichtbare Niederschlagsspuren, so daß die Fällbarkeitsgrenze in schwach ammoniakalischer, oxychinolinhaltiger Lösung etwa bei einer Verdünnung von $1:10^6$ liegt.

Galliumoxychinolat läßt sich bei 110 bis 150° gewichtskonstant trocknen und entspricht dann der oben angegebenen Formel mit einem Gehalt von 13,89% Ga; Umrechnungsfaktor auf Ga: 0,1389 (log: 0,14279—1), auf Ga_2O_3: 0,1867 (log: 0,27126—1). Der Niederschlag ist praktisch unlöslich in Wasser von 20° (0,2 bis 0,4 mg beim Durchsaugen von 200 cm³ H_2O), etwas löslich jedoch in heißem Wasser (1,2 bis 1,4 mg in 200 cm³), in wäßrigem Alkohol (0,4 bis 0,6 mg in 200 cm³ 5%igem Alkohol, jedoch 40 bis 45 mg in 100 cm³ 50%igem Alkohol).

Beim Erhitzen auf höhere Temperatur schmilzt der Niederschlag unter Zersetzung, wobei erhebliche Sublimation stattfindet, so daß ein Verglühen zu Oxyd zum Zwecke der Auswaage oder der Wiedergewinnung des Galliums nicht vorgenommen werden darf. Ein Zusatz von Oxalsäure vermindert die Verluste, beseitigt sie jedoch nicht völlig.

Galliumoxychinolat löst sich in warmer Salzsäure (1:1) oder in warmer 2 n Schwefelsäure; aus der schwefelsauren Lösung kann das Gallium mit Cupferron ohne weiteres gefällt werden.

Die Fällung zum Zweck der quantitativen Bestimmung läßt sich aus saurer Lösung, aus alkalischer Lösung und auch aus tartrathaltiger Lösung vornehmen.

Die Bestimmung des Galliums kann entweder gravimetrisch durch Wägung des Oxychinolates oder des Oxydes (nach Fällung mit Cupferron in der schwefelsauren Auflösung des Oxychinolates) oder auch maßanalytisch durch bromometrische Titration erfolgen.

A. Gewichtsanalytische Bestimmung.

Fällungsreagens. a) 5%ige alkoholische Oxychinolinlösung oder b) 3%ige Oxychinolinlösung in Ammoniumacetat, oder c) ammoniakalische Oxychinolinlösung.

Herstellung von b: 6 g 8-Oxychinolin werden mit 6 g Eisessig innig verrieben, mit 150 cm³ heißem Wasser aufgenommen und tropfenweise mit Ammoniak bis zum Auftreten einer Trübung versetzt. Nach dem Verdünnen auf 200 cm³ und dem Erkalten wird filtriert. Bei der Bestimmung größerer Galliummengen ist Reagens b dem Reagens a vorzuziehen, damit nicht zu große Alkoholmengen eingeführt werden, in denen der Niederschlag merklich löslich ist.

Arbeitsvorschrift. **Abscheidung.**

a) Fällung aus saurer Lösung nach GEILMANN und WRIGGE. Die mineralsaure Lösung wird mit Wasser auf 100 bis 200 cm³ verdünnt, mit der zur Fällung erforderlichen Oxychinolinmenge in geringem Überschuß versetzt und bei 70 bis 80° tropfenweise mit Ammoniak neutralisiert. Ein schwacher Ammoniaküberschuß schadet nicht. Die Fällung bleibt $^1/_2$ bis 1 Std. bei häufigem Umrühren auf dem heißen Wasserbade stehen und wird nach dem Erkalten und 1- bis 2stündigem Stehen in der Kälte durch einen Porzellanfiltertiegel abgesogen. Ausgewaschen wird erst mit etwa 20 cm³ warmem Wasser, dann mit kaltem Wasser, bis dieses farblos abläuft.

b) Fällung aus ursprünglich alkalischer Lösung nach GEILMANN und WRIGGE. Liegen stark alkalische Lösungen vor, etwa Alkaliaufschlüsse von Oxyden, so ist es nicht zweckmäßig, vorher mit Säure zu neutralisieren und dann erst die Oxychinolinfällung vorzunehmen, sondern man verfährt dann folgendermaßen: Die alkalische Lösung wird mit einem geringen Überschuß des zur Fällung der zu erwartenden Galliummenge erforderlichen Oxychinolins (Reagens b) versetzt; nach dem Erwärmen auf etwa 70° und Zusatz eines passenden Indicators wird Salzsäure bis zum Farbumschlag zugesetzt, worauf das Oxychinolat quantitativ bei einem p_H-Wert zwischen 6 und 8 ausfällt. Geeignete Indicatoren sind Thymolblau und Bromthymolblau, von denen so viel zuzusetzen ist, daß die alkalische oxychinolinhaltige Lösung eine blaugrüne Mischfarbe zeigt, die sich im Umschlagsgebiet in rein gelb ändert, was leicht zu erkennen ist. Die Neutralisation muß zur

Erzielung guter Resultate sehr sorgfältig erfolgen. Man kommt auch auf folgendem Wege zum Ziel: Nach eingetretenem Farbumschlag des Indicators wird noch etwas Säure im Überschuß zugegeben, dann wird nach Vorschrift a ammoniakalisch gemacht und wie dort weiter verfahren. Nach dem Erkalten des Reaktionsgemisches und 2stündigem Stehen in der Kälte wird filtriert und ausgewaschen, wie es unter a angegeben ist.

c) Fällung aus ammoniakalischer Lösung nach BRUKL. Die Fällung aus ammoniakalischer Lösung ist zur Trennung des Galliums von Vanadium, Molybdän und Wolfram von Wert. Man verfährt so, daß die Hauptmenge des Galliums in stärker ammoniakalischer Lösung abgeschieden wird, der Rest wird in nahezu neutraler Lösung nachgefällt.

Die Lösung wird stark ammoniakalisch gemacht (5 cm^3 konzentriertes Ammoniak auf je 100 cm^3), zum Sieden erhitzt, wobei das Galliumhydroxyd zu Gallat aufgelöst wird, und dann ammoniakalische Oxychinolinlösung zugegeben, bis keine Niederschlagsbildung mehr eintritt. Nach $^1/_4$stündigem Stehen auf dem Wasserbad filtriert man durch ein Papierfilter und wäscht mit 1%igem Ammoniak gut aus. Das Filtrat wird mit Essigsäure genau neutralisiert, mit 1 cm^3 gesättigter Ammoniumcarbonatlösung versetzt und so lange im Sieden erhalten, bis es gegen Lackmus neutral reagiert. Man läßt erkalten und 2 bis 3 Std. stehen. Die geringe Menge dieses zweiten Niederschlages wird ebenfalls filtriert und ausgewaschen. Beide Niederschläge werden in warmer 2 n Schwefelsäure gelöst, aus dieser Lösung scheidet man das Gallium mit Cupferron in der auf S. 543 angegebenen Weise ab, verglüht und wägt als Ga_2O_3 (s. unten). Beträgt das Gewicht des zu fällenden Galliums weniger als 20 mg, so genügt es, die Fällung in folgender einfacher Weise vorzunehmen: Zur stark ammoniakalischen Lösung wird, wie oben, Oxychinolin zugegeben, dann ohne vorherige Filtration mit Essigsäure genau neutralisiert, wie oben mit Ammoniumcarbonat versetzt, ausgekocht und filtriert.

Auswägung des Galliums. Der nach Verfahren a) oder b) durch einen Porzellanfiltertiegel filtrierte Oxychinolatniederschlag wird im Tiegel bei 120° getrocknet und gewogen, Umrechnungsfaktor siehe oben (Vorbemerkungen, GEILMANN und WRIGGE). Wegen der Schwierigkeit der Wiedergewinnung des Galliums infolge der Flüchtigkeit des Oxychinolinats empfiehlt BRUKL nicht die direkte Auswage, sondern die Auswage als Oxyd in der in Vorschrift c angegebenen Weise. Hierzu ist zu bemerken, daß es wahrscheinlich wohl einfacher wäre, zuerst die sehr genaue Bestimmung durch Auswage des Oxychinolats vorzunehmen und nur zu präparativen Zwecken der Wiedergewinnung des Galliums die BRUKLsche Arbeitsweise anzuwenden, zumal die Wägung als Ga_2O_3 wegen der Eigenschaften des Oxyds (s. S. 538, 539) zweifellos unangenehmer ist als die des Oxychinolats.

***Bemerkungen.* I. Genauigkeit.** Die Bestimmung ist sehr genau, die Resultate der Beleganalysen von GEILMANN und WRIGGE mit 3 bis 70 mg Gallium und von GASTINGER mit 1 bis 20 mg Gallium weichen im Mittel um rund $\pm 0{,}1$ mg vom theoretischen Wert ab.

II. Einfluß anderer Bestandteile. Eine Trennung von Aluminium und anderen, mit Oxychinolin fällbaren Metallen ist auch durch Variation der Fällungsbedingungen nicht möglich (MOSER und BRUKL, BRUKL). Jedoch ist die Fällung als Oxychinolat, abgesehen von ihrem Wert zur genauen Einzelbestimmung, besonders geeignet zur Trennung des Galliums von Vanadium, Wolfram und Molybdän nach der von BRUKL angegebenen Arbeitsweise c. Falls bei der Fällung in Gegenwart von Vanadium die zweite, geringe Ausscheidung des Oxychinolats nicht hellgelb, sondern schmutzig-grün ist, deutet dies auf geringe Mitfällung von Vanadium. In diesem Falle muß diese geringe Niederschlagsmenge in wenig warmer Schwefelsäure nochmals gelöst und in kleinem Volumen nochmals gefällt werden. Die Ergebnisse der Beleganalysen BRUKLs in Anwesenheit von Vanadium, Molybdän und Wolfram sind zufriedenstellend, die Abweichungen vom theoretischen Wert übersteigen nicht 0,6 mg Ga_2O_3.

Für manche Trennungen ist es wertvoll, daß die Fällung nach GEILMANN und WRIGGE auch durch Tartrat nicht gestört wird. In Anwesenheit von 1 bis 2 g krystallisierter Weinsäure wurden gute Ergebnisse erzielt nach der Vorschrift a mit der Abänderung, daß der Ammoniakzusatz vor der Fällung erfolgte und so hoch bemessen wurde, daß die Lösung ziemlich stark nach Ammoniak roch.

B. Maßanalytische Bestimmung nach GEILMANN und WRIGGE.

Vorbemerkung. Die maßanalytische Bestimmung gefällter Oxychinolate ist durch bromometrische Titration möglich. Oxychinolin reagiert als Phenol und bindet 2 Atome Brom unter Bildung von 5,7-Dibromoxychinolin nach der Gleichung:

$$C_9H_7ON + 2\,Br_2 = C_9H_5ONBr_2 + 2\,HBr\,.$$

Das erforderliche Brom entsteht durch Reaktion von Bromat und Bromid in salzsaurer Lösung; der Endpunkt wird entweder so erkannt, daß man einen geeigneten Indicator zusetzt, der durch überschüssiges Brom zerstört wird, oder daß man einen geringen Überschuß von Brom hinzufügt, ihn mit Kaliumjodid zu freiem Jod umsetzt und mit Thiosulfat zurücktitriert. Das letztere Verfahren ist besonders bei der Titration des Galliums geeignet. 1 cm³ n/10-$KBrO_3$ entspricht 0,581 mg Gallium. Über die bromometrische Titration von Oxychinolaten vgl. im übrigen z. B. Band IIa des Teiles III dieses Handbuches, S. 172f.

Arbeitsvorschrift. Die Fällung des Oxychinolats wird in der gleichen Weise vorgenommen, wie es in der Vorschrift a oder b beschrieben ist; der Niederschlag wird auf einem Papierfilter gesammelt und mit warmer 10- bis 15%iger Salzsäure gelöst und in den Titrationskolben gespült. Dann wird mit 1 bis 2 g festem Kaliumbromid versetzt und mit n/10- oder besser n/5-$KBrO_3$-Lösung bis zu einem geringen Überschuß versetzt, was an dem Auftreten von freiem Brom leicht zu erkennen ist, der Bromüberschuß wird nach Zusatz von Kaliumjodid und Stärke mit n/10-Thiosulfat zurückgemessen. Die Ergebnisse sind genau, die Abweichungen vom theoretischen Werte betragen rund $\pm 0{,}1$ bis 0,15 mg, sind also etwas größer als bei der gewichtsanalytischen Bestimmung nach Vorschrift a oder b.

Literatur.

BRUKL, A.: Monatsh. **52**, 253 (1929).
GASTINGER, E.: Unveröffentlichte Versuche (1941). — GEILMANN, W. u. F. W. WRIGGE: Z. anorg. Ch. **209**, 135 (1932); **212**, 32 (1933).
MOSER, L. u. A. BRUKL: Monatsh. **51**, 325 (1929).

§ 3. Bestimmung als Galliummetall durch elektrolytische Abscheidung.

Vorbemerkung. Das Normalpotential des Galliums, gemessen gegen n-$Ga_2(SO_4)_3$ beträgt —0,58 V (RICHARDS und BOYER), infolgedessen ist eine Abscheidung in saurer Lösung schwierig, aus alkalischer jedoch möglich.

Nach REICHEL (a) haben die Abscheidungsspannungen in ammoniakalischer, ammonsulfathaltiger Lösung folgende Werte:

bei 20° C (festes Ga): 2,6 V
bei 75° C (flüssiges Ga): 2,4 V,

die Überspannung des Wasserstoffs beträgt an festem Ga bei 23° ungefähr 0,46 V, an flüssigem Ga bei 73° ungefähr 0,62 V, die Werte sind von der Elektrolytbewegung abhängig. Zur Erzielung einer glänzenden Metallabscheidung muß stark gerührt werden, die Metallmenge soll mindestens 20 mg auf 120 cm³ Elektrolyt betragen.

Bei der Elektrolyse geht anodisch Platin in Lösung, die Anodenverluste betragen rd. 2 mg, von denen rd. 40 bis 60% sich kathodisch abscheiden. Um richtige Werte zu erhalten, kann man entweder nach REICHEL (a) Korrekturen anbringen (Tabelle im Original) oder nach REICHEL (b) durch Zusatz von Hydrazinsulfat zwar nicht die Anodenverluste, wohl aber die kathodische Abscheidung des Platins weitgehend unterbinden.

Arbeitsvorschrift nach REICHEL. Der Elektrolyt soll das Gallium als Sulfat enthalten, Nitrat in sehr geringen Mengen schadet nicht. Die Lösung wird mit 50 cm^3 konzentriertem Ammoniak, 10 bis 40 g festem Ammoniumsulfat und zur Vermeidung der kathodischen Platinabscheidung mit 6 g festem Hydrazinsulfat versetzt und auf ein Volumen von 130 cm^3 gebracht. Zur elektrolytischen Abscheidung sind Galliummengen von 0,05 bis 0,2 g am besten geeignet. Die Elektrolyse wird mit einer FISCHERschen Doppelnetzelektrode aus Platiniridium (5% Ir) unter Rührung mit 1200 Umdr./Min. ausgeführt, der Elektrolyt wird, am besten mit Hilfe eines Wasserbades, auf 60 bis gegen 80° während der Elektrolyse gehalten und die Stromstärke auf konstant 5 Amp. eingestellt. Dabei beträgt die Spannung rund. 3,3 bis 4 Volt. Bei konstanter Stromstärke ist die Abscheidung meist in 30 bis 60 Min. beendet.

Zur Erkennung der Vollständigkeit der Abscheidung wird eine Probe des Elektrolyten mit verdünnter Schwefelsäure angesäuert, bis ein zugesetztes Indicatorgemisch aus gleichen Teilen Neutralrot und Bromthymolblau von Grünlich nach Rosa umschlägt, der p_H-Wert beträgt dann 7 bis 7,2. Wenn in dieser Probe nach einiger Zeit keine Ausscheidung von $Ga(OH)_3$ mehr eintritt, ist die Elektrolyse beendet. Dann wird der Elektrolyt durch Einstellen in kaltes Wasser völlig abgekühlt, darauf hebt man die Elektroden ohne Stromunterbrechung heraus und taucht sie sehr rasch in kaltes destilliertes Wasser, wäscht mehrmals mit Wasser, dann mit absolutem Alkohol und Äther; das Trocknen geschieht sehr vorsichtig hoch über einer kleinen BUNSEN-Flamme. Das silberweiße Gallium haftet in flüssigem Zustande gut an der Netzkathode; wenn es nach dem Abkühlen infolge Unterkühlung nicht von selbst erstarrt, bringt man es durch Berührung mit einem Stückchen festen Galliums zur Krystallisation (Erstarrungspunkt: 29,8° C), das abgeschiedene Metall wird dann blaugrau. Bei der Aufbewahrung im Exsiccator erfolgt keine merkliche Oxydation des abgeschiedenen Metalles.

Nach dem Wägen wird das Metall mit konzentrierter Salpetersäure abgelöst, eine Dunkelfärbung der Elektrode beseitigt man durch kurzes Eintauchen in Königswasser oder kurzes Ausglühen im BUNSEN-Brenner.

Bei langer Elektrolysendauer empfiehlt es sich, nochmals einige Gramm festes Hydrazinsulfat zuzusetzen.

***Bemerkungen.* I. Genauigkeit.** Die Ergebnisse der Beleganalysen sind gut, sowohl unter Benutzung der Korrektur für den Anodenverlust und die Platinabscheidung auf der Kathode als auch bei Zusatz von Hydrazinsulfat.

II. Einfluß anderer Bestandteile. Die Bestimmungsmethode wurde nur für reine Galliumlösungen ausgearbeitet, es ist anzunehmen, daß eine Trennung wohl nur von sehr unedlen Metallen möglich ist.

Literatur.

REICHEL, E.: a) Fr. **87**, 321 (1932); b) **89**, 420 (1932). — RICHARDS, TH. W. u. S. BOYER: Am. Soc. **41**, 133 (1919).

§ 4. Fällung mit Kaliumferrocyanid.

Vorbemerkung. Die Abscheidung des Galliums als $Ga_4[Fe(CN)_6]_3$ in stark saurer Lösung ist von LECOQ DE BOISBAUDRAN in die quantitative Analyse des Galliums eingeführt und vielfach angewandt worden. Für eine gravimetrische Bestimmung ist dies Verfahren nicht mehr empfehlenswert, da es durch neuere, bessere überholt ist. Es ist zwar in neuerer Zeit von PORTER und BROWNING nochmals durchgearbeitet worden, jedoch hat es im Vergleich zu anderen Verfahren viele Nachteile, deren größte sind: schlechte Filtrierbarkeit des Niederschlages und die Notwendigkeit besonderer, manchmal umständlicher Operationen, um das darin enthaltene Gallium zur Auswage zu bringen.

Eine gewisse Bedeutung hat indessen die Fällung immer noch zur Abtrennung des Galliums von anderen Metallen; wegen der guten Spezifität auch eventuell zur Anreicherung des Galliums bei der Aufbereitung von Mineralien usw.; ferner, weil sie eine potentiometrische Titration des Galliums ermöglicht.

Nach 1stündigem Stehen fallen in 12%iger Salzsäure noch 0,1 mg in 10 cm³, nach längerem Stehen noch kleinere Mengen mit Ferrocyanid aus, die Empfindlichkeit ist also nicht besonders groß.

A. Gravimetrische Bestimmung.

***Fällungsvorschrift nach* Porter *und* Browning.** Die Fällung wird in 12%iger Salzsäure mit Kaliumferrocyanidlösung bei 60 bis 70° vorgenommen, man hält ungefähr $^1/_2$ Std. auf dieser Temperatur, läßt dann abkühlen und mehrere Stunden stehen, bei sehr kleinen Galliummengen eventuell 1 bis 2 Tage. Wegen der schlechten Filtrierbarkeit des Niederschlages wird am besten durch Trichter mit doppeltem Filter unter schwachem Saugen filtriert, es empfiehlt sich, einen Platinkonus zum Schutz des Filters einzulegen. Die ersten, meist trüben Anteile des Filtrats werden zurückgegeben. Nach Papish und Holt wirkt ein Zusatz von Eieralbumin vorteilhaft auf die Filtrierbarkeit. Da in der stark sauren Lösung Ferrocyanid sich etwas zersetzt, tritt immer Bildung von Berliner Blau ein, es ist also eine direkte Auswage nicht möglich.

Bestimmung des Galliums im Niederschlag. Zur Überführung des Niederschlages in wägbare Verbindungen sind folgende Operationen vorgeschlagen worden:

a) Der Niederschlag wird verglüht, mit Salpetersäure, dann mit Salzsäure mehrfach abgeraucht; darauf wird in essigsaurer Lösung das Eisen mit α-Nitroso-β-Naphthol abgetrennt (Vorschrift s. S. 565). Im Filtrat kann Gallium wie üblich gefällt und bestimmt werden (Papish und Holt, Papish und Hoag).

b) Der Niederschlag wird zum Oxydgemisch verglüht. Das Oxydgemisch wird im Silbertiegel mit festem Natriumhydroxyd aufgeschlossen, die Schmelze wird gelöst, filtriert, dann bestimmt man das Gallium im Filtrat mit Oxychinolin. Vorschrift für diese Trennung siehe S. 567 (Rienäcker).

Ferner bestehen folgende ältere Vorschläge:

c) Der Niederschlag wird direkt in überschüssiger Natronlauge gelöst, aus der so erhaltenen Gallatlösung wird Galliumhydroxyd durch Einleiten von CO_2 gefällt, filtriert und als Galliumoxyd ausgewogen (Porter und Browning).

d) Durch Schmelzen mit Ammoniumnitrat wird das komplexe Cyanid zerstört, sodann soll durch Behandeln mit wäßriger überschüssiger Natronlauge Eisen gefällt werden, im Filtrat befindet sich Gallium als Gallat, das nach dem Ansäuern bestimmt werden kann. Über Bedenken gegen diese Eisen-Gallium-Trennung siehe S. 567 (Porter und Browning).

e) Der Niederschlag von Galliumferrocyanid wird in Lauge gelöst, das gelöste Ferrocyanid wird mit Wasserstoffperoxyd zu Ferricyanid oxydiert, dann wird aus der Gallatlösung das $Ga(OH)_3$ durch Kochen mit Ammoniumchlorid gefällt. Nach Erfahrungen von Moser und Brukl ist aber eine Ausfällung des $Ga(OH)_3$ nach dieser Methode keineswegs quantitativ, vgl. auch S. 539 (Porter und Browning).

f) Definiertes $Ga_4[Fe(CN)_6]_3$ läßt sich durch Verglühen in Ga_2O_3 und Fe_2O_3 überführen, demnach wäre theoretisch die Auswage als Summe der Oxyde möglich. Auch etwa eintretende Carbidbildung würde nicht schaden, da die Gewichte von Fe_2O_3 und $2\,FeC_2$ gleich sind. Jedoch fällt nach Ato nur aus 0,005 bis 0,0025 n-HCl definiertes Galliumferrocyanid, in stärker saurer Lösung ist das Verhältnis Ga:Fe stets kleiner als 1,333. Dies Verfahren der Auswage ist daher völlig unbrauchbar.

Bemerkungen. **I. Genauigkeit.** Es ist ersichtlich, daß die Brauchbarkeit des Verfahrens und der Ergebnisse ganz wesentlich von der Zuverlässigkeit der Methode der Aufarbeitung der Fällung abhängt. Am brauchbarsten erscheint die erste Trennungsmethode nach PAPISH und HOAG. Wegen der Schwierigkeiten und Umständlichkeiten einer sauberen Eisen-Gallium-Trennung und auch der Schwierigkeiten bei der Filtration des Ferrocyanidniederschlages erscheint die ganze Methode recht bedenklich, MOSER und BRUKL lehnen sie nach ihren Erfahrungen zur gravimetrischen Galliumbestimmung ab.

II. Einfluß anderer Bestandteile. Oxydierende Substanzen, auch Nitrat, müssen abwesend sein, ebenso selbstverständlich auch alle die Metalle, die unter den gleichen Bedingungen als Ferrocyanide ausfallen, z. B. Zink, Indium, Zirkonium. Hingegen ist die Fällung möglich in Gegenwart von Blei, Quecksilber, Wismut, Cadmium, Antimon, Kobalt, Mangan, Aluminium, Beryllium, Seltenen Erden, Ruthenium, Rhodium, Iridium, Erdalkalien, Borat und Phosphat.

B. Potentiometrische Bestimmung mit Kaliumferrocyanid nach ATO bzw. KIRSCHMAN und RAMSEY.

Vorbemerkung. Während das Galliumferrocyanid schwer löslich ist, ist das Ferricyanid leicht löslich. Bei Fällung des Galliums mit einer ferricyanidhaltigen Ferrocyanidlösung wird das an einer Platinelektrode meßbare Redoxpotential $Fe(CN)_6''''/Fe(CN)_6'''$ nach beendigter Fällung sprunghaft unedler wegen des Auftretens größerer Ferrocyanid-Konzentrationen, so daß damit die Möglichkeit der potentiometrischen Indizierung des Endpunktes gegeben ist. Diese Methode ist schon vielfach zur potentiometrischen Bestimmung von durch Ferrocyanid fällbaren Metallen benutzt worden, vor allem bei der Zinktitration. Bei der Bestimmung des Galliums müssen definierte, sehr kleine Säurekonzentrationen eingehalten werden (nach ATO 0,005 bis 0,0025 n-HCl), da nur dann der Niederschlag wirklich der formelmäßigen Zusammensetzung entspricht mit einem Verhältnis Ga:Fe = 1,333 (ATO). KIRSCHMAN und RAMSEY fanden in „schwach salzsaurer“ Lösung 1,304 bis 1,348, im Mittel 1,327.

In stärker sauren Lösungen, z. B. über 0,1 n-HCl, ebenso wie in zu schwach sauren Lösungen (unter 0,0005 n-HCl), ferner in stark neutralsalzhaltigen Lösungen ist der Endpunkt schlecht zu erkennen. Während der Titration stellt sich das Gleichgewichtspotential langsam ein (Dauer 3 bis 5 Min.), jedoch rascher in der Nähe des Endpunktes. Temperaturen über 40° sind zu vermeiden, da dann Zersetzung des Niederschlages eintritt, kenntlich an der Blaufärbung.

Arbeitsvorschrift. **Reagenslösungen.** 0,01 oder 0,05 molare $K_4Fe(CN)_6$-Lösung mit 0,5 bis 1 g $K_3Fe(CN)_6$ im Liter; der Gehalt an Ferricyanid darf in ziemlich weiten Grenzen schwanken.

Apparatur. Indicatorelektrode aus blankem Platin (z. B. Platindraht), konstante Bezugselektrode, z. B. Kalomelelektrode, elektrisch angetriebener Rührer, Einrichtung zum Messen der Potentiale, z. B. nach der POGGENDORFschen Kompensationsmethode.

Arbeitsweise. Die neutrale Galliumchloridlösung wird mit 0,005 normaler Salzsäure versetzt und bei Zimmertemperatur oder höchstens 40° unter Messung des Potentials mit der ferricyanidhaltigen Ferrocyanidlösung titriert.

Bemerkungen. **I. Genauigkeit.** Die Methode liefert zufriedenstellende Ergebnisse, falls die angegebene Säurekonzentration genau eingehalten wird.

II. Einfluß anderer Bestandteile. Die Titration ist in Gegenwart anderer Kationen nicht untersucht. Die Methode ist vermutlich nicht besonders selektiv, da bei der erforderlichen sehr geringen Acidität eine große Anzahl anderer Metalle ebenfalls schwerlösliche Ferrocyanide geben.

Literatur.

ATO, S.: Sci. Pap. Inst. Tokyo **10**, 1 (1929).

KIRSCHMAN, H. D. u. J. B. RAMSEY: Am. Soc. **50**, 1632 (1928).

LECOQ DE BOISBAUDRAN: Ann. Chim. Phys. [5] **10**, 124 (1877); [6] **2**, 194 (1884); C. r. **94**, 1228, 1439, 1526 (1882); **99**, 526 (1884); Chem. N. **45**, 228 (1882); **46**, 3 (1882).

MOSER, L. u. A. BRUKL: Monatsh. **50**, 181 (1928).

PAPISH, J. u. D. A. HOLT: J. physic. Chem. **32**, 146 (1928). — PAPISH, J. u. L. E. HOAG: Am. Soc. **50**, 2118 (1928). — PORTER, L. E. u. P. E. BROWNING: Am. Soc. **43**, 111 (1921).

RIENÄCKER, G.: Unveröffentlichte Versuche (1941).

§ 5. Optische Bestimmung des Galliums.

A. Colorimetrische Bestimmung des Galliums mit Chinalizarin nach WILLARD und FOGG.

Vorbemerkung. Chinalizarin (1,2,5,8-Tetraoxy-Anthrachinon) gibt, wie mit vielen Kationen, auch mit Galliumion einen charakteristisch gefärbten Lack. In ammoniakalischer, ammoniumchloridhaltiger Lösung fällt dieser Lack als blauvioletter Niederschlag aus und erlaubt so einen empfindlichen Nachweis von Gallium (PIETSCH und ROMAN); in schwach saurer Lösung, etwa bei einem p_H-Wert von 4,5 bis 6, bleibt die Verbindung mit einem Farbton von Orange bis Rot in Lösung, unter diesen Bedingungen ist Chinalizarin bei Abwesenheit von Gallium hellgelb (WILLARD und FOGG). Auf dem Vergleich der Intensität der Farbe des Lackes in saurer Lösung mit entsprechend hergestellten Standardlösungen beruht die Methode zur colorimetrischen Galliumbestimmung nach WILLARD und FOGG. Wegen der Eigenfarbe des Farbstoffes ist eine Messung im Colorimeter nicht möglich, sondern es muß mit einer Reihe von Vergleichsproben möglichst ähnlicher Konzentration gearbeitet werden.

Die Anwesenheit anderer Elemente kann die Bestimmung stören (s. Bemerkung III), die Bestimmung ist wegen dieser Störungen auf alle Fälle am besten in einer Lösung auszuführen, die normal in bezug auf Ammoniumacetat, halbnormal in bezug auf Ammoniumchlorid ist und 0,05% Natriumfluorid enthält, der p_H-Wert soll $= 5{,}0 \pm 0{,}1$ sein. Galliummengen von 0,02 mg/l sind noch gut zu erkennen, am günstigsten sind Mengen von 0,02 bis 0,2 mg/l zu bestimmen.

Arbeitsvorschrift. Die zu untersuchende möglichst neutrale Lösung wird mit so viel Ammoniumacetat und Ammoniumchlorid versetzt, daß sie 1 n an Acetat und 0,5 n an Ammoniumchlorid ist, ferner mit Natriumfluorid (0,5 g/l). 50 cm^3 der Lösung werden dann in einem NESSLER-Röhrchen mit 1 cm^3 einer 0,01%igen alkoholischen Chinalizarinlösung versetzt und durch Vergleich mit einer Skala ähnlich hergestellter Lösungen in gleichen Röhrchen bei Tageslicht oder unter Verwendung einer „Tageslichtlampe“ colorimetriert. Probelösung und Vergleichslösungen sollen einen p_H-Wert von möglichst genau 5,0 haben, was am besten durch Messung mit der Chinhydronelektrode nachgeprüft wird. Die Vergleichslösung enthält zweckmäßig 0,01 mg Ga im Kubikzentimeter.

Bemerkungen. **I. Chinalizarinlösung.** Die Lösung ist nicht sehr beständig; ferner sind ganz frische Lösungen nicht zu verwenden. Am besten arbeitet man mit einer 1 bis 4 Tage alten Lösung; nach 7 Tagen ist sie völlig unbrauchbar.

II. Genauigkeit. Die Genauigkeit ist natürlich von dem Intervall der einzelnen Stufen der Vergleichsskala abhängig. 10 bis 50 γ Gallium je Probe sind im allgemeinen mit einem Fehler von ± 1 bis 4 γ zu bestimmen. Nachprüfung der Methode durch RIENÄCKER bestätigte sowohl die Empfindlichkeit (2 γ in 20 cm³) als auch die Genauigkeit, auch bei Anwendung von nur jeweils 20 cm³ Lösung in Reagensgläsern.

III. Einfluß anderer Bestandteile. $Fe^{\cdots}$, $Sn^{\cdot\cdot}$, $Sb^{\cdots}$, $Cu^{\cdot\cdot}$, $Pb^{\cdot\cdot}$, $In^{\cdots}$, $Ge^{\cdots\cdot}$, $VO^{\cdot\cdot}$, VO_3', MoO_4'' geben störende Färbungen mit Chinalizarin, $Co^{\cdot\cdot}$ und $Ni^{\cdot\cdot}$ stören durch ihre Eigenfarbe. $Zr^{\cdots\cdot}$, $Th^{\cdots\cdot}$, Seltene Erden, $Sn^{\cdots\cdot}$, $Be^{\cdot\cdot}$, $Al^{\cdots}$, $Tl^{\cdots}$, $Ti^{\cdots\cdot}$, AsO_3''' und SbO_4''' geben nur bei Abwesenheit von Fluorid eine störende Färbung, während Alkalien, Erdalkalien, $Mg^{\cdot\cdot}$, $Mn^{\cdot\cdot}$, $Fe^{\cdot\cdot}$, $Hg^{\cdot\cdot}$, $Tl^{\cdot}$, $Cd^{\cdot\cdot}$, $UO_2^{\cdot\cdot}$, WO_4'' und AsO_4''' keine Färbung bewirken. Silber, $Hg^{\cdot}$, Wismut, Niob und Tantal fallen entweder als Chloride oder infolge Hydrolyse aus und stören so nach Filtration nicht mehr. $Zn^{\cdot\cdot}$ darf in Mengen bis zu 0,5 g/l zugegen sein. Citrat, Oxalat und Tartrat stören auf jeden Fall, Phosphat verringert die Farbintensität stark. Die Anwesenheit der störenden Elemente erfordert besondere Abtrennungsoperationen, um die Galliumbestimmung zu ermöglichen, nur für Vanadium und Molybdän sind keine Trennungsmöglichkeiten vorhanden, so daß diese Elemente nicht vorliegen dürfen.

Arbeitsvorschrift in Gegenwart von Aluminium. Die Lösung, die nicht mehr als einige Milligramm Kalium- oder 100 mg Natriumsalz enthalten darf, wird bis zur auftretenden Trübung mit Ammoniak versetzt, mit 6 n-HCl wieder geklärt darauf werden 4 cm³ HCl zugesetzt. Dann fügt man 7,7 g Ammoniumacetat und 2,7 g Ammoniumchlorid hinzu, verdünnt auf 70 bis 80 cm³ und erhitzt auf 70 bis 80°. Unter Rühren wird jetzt das Aluminium durch tropfenweisen Zusatz gesättigter Natriumfluoridlösung als Na_3AlF_6 gefällt und so viel NaF im Überschuß zugesetzt, daß 0,05 g/100 cm³ davon vorhanden ist. Nach 1 Std. wird nach Zufügen von Papierbrei abfiltriert, das Filtrat wird auf 100 cm³ aufgefüllt, mit der Chinhydronelektrode auf ein p_H von 5,0 gebracht und nun colorimetriert. Die Methode ist brauchbar, wenn in der Probe nicht mehr als 10 mg Aluminium vorhanden sind. Bei weniger als 1 mg Aluminium kann die Filtration des Na_3AlF_6 unterbleiben.

Arbeitsvorschrift in Gegenwart von Eisen und Indium. Eisen und Indium werden durch Fällung mit Natriumhydroxyd abgetrennt: Es wird zur siedenden Lösung soviel 3 n-NaOH zugesetzt, daß die Lösung 0,5 bis 1 n-NaOH enthält, Filtration nach Zusatz von Papierbrei und Auswaschen mit NaOH-haltiger Natriumchloridlösung. Das Filter wird mit heißer 1,5 n-NaOH gründlich extrahiert und mit Wasser nachgewaschen. Zum Filtrat werden in der Siedehitze 8 bis 10 Tropfen 1%ige $KMnO_4$-Lösung gegeben, dann einige Tropfen Alkohol bis zur Reduktion. Das ausfallende Mangandioxydhydrat reißt noch vorhandene störende Eisenmengen mit und wird abfiltriert und ausgewaschen. Das Filtrat wird neutralisiert, mit Ammoniumacetat, Ammoniumchlorid und Natriumfluorid versetzt und colorimetriert.

Man erhält brauchbare Resultate in Gegenwart von höchstens 2 bis 3 mg Eisen, auch dann treten schon Galliumverluste durch Adsorption ein. Nach RIENÄCKER ist eine Bestimmung in Gegenwart größerer Eisenmengen möglich, wenn man zur Trennung das Eisen-Gallium-Oxydgemisch einer Schmelze mit Ätznatron unterwirft. Das durch Auflösen der Schmelze entstehende Eisenhydroxyd ist körniger und adsorbiert viel weniger Gallium. Man bringt das Oxydgemisch in einen Eisen- oder Silbertiegel, setzt 3 bis 5 mg Mangansalz hinzu, schmilzt mit 2 g Ätznatron und löst den grünen Schmelzkuchen in so viel kaltem Wasser, daß eine etwa 15- bis 20%ige NaOH-Lösung entsteht. In der Kälte reduziert man mit sehr wenig H_2SO_3, das ausfallende $MnO(OH)_2$ reißt etwa vorhandenes kolloidales Eisen mit. Man filtriert durch ein laugenfestes Filter (SCHLEICHER und SCHÜLL Nr. 575), wäscht mit NaOH-haltiger Natriumchloridlösung aus, neutralisiert das eisenfreie Filtrat und colorimetriert, am besten unter Benutzung eines aliquoten Teiles des

Filtrates. In Gegenwart der 1000fachen Eisenmenge, z. B. 30 mg Eisen neben 30 γ Gallium, treten nur verhältnismäßig geringe Galliumverluste ein (gefunden 22 bis 28 γ Gallium).

Indium im Betrage von 100 mg beeinträchtigt die Genauigkeit nach WILLARD und FOGG nicht, falls es vorher wie das Eisen abgetrennt wird.

Falls neben Eisen noch Aluminium vorliegt, müssen aus dem eisenfreien Filtrat Aluminium und Gallium zusammen mit Ammoniak als Hydroxyd gefällt werden, die Hydroxyde werden in Salzsäure gelöst und die Lösung wird, wie oben beschrieben, zur Trennung von Aluminium und Gallium mit Fluorid behandelt.

Allgemeine Arbeitsvorschrift in Gegenwart störender Metalle. Die Lösung wird mit Salzsäure versetzt, etwa ausfallendes AgCl, HgCl und $PbCl_2$ wird abfiltriert. Dann wird aus stark salzsaurer Lösung etwa vorhandenes Germanium abdestilliert, der Rückstand wird so weit verdünnt, daß gerade keine Hydrolyse eintritt und zur Fällung der edleren Metalle mit einem kleinen Überschuß Cadmiumstaub behandelt. Nach Abfiltration der niedergeschlagenen Metalle und des überschüssigen Cadmiums raucht man die Salzsäure mit Schwefelsäure ab, fügt 100 cm^3 Wasser zu und entfernt das Cadmium durch Elektrolyse. Zur Abscheidung der letzten Cadmiumspuren und anderer Metallspuren fällt man mit Schwefelwasserstoff, filtriert, engt das Filtrat auf ein kleines Volumen ein, dann entfernt man etwa vorhandenes Eisen und Aluminium wie oben angegeben. So werden alle störenden Elemente außer Vanadium und Molybdän entfernt. Die störenden Elemente dürfen höchstens in Mengen bis zu 100 mg zugegen sein, die Aluminiummenge soll jedoch 10 mg und die Eisenmenge 1 mg nicht übersteigen.

B. Bestimmung durch Spektralanalyse im optischen Gebiet.

Gallium läßt sich im Flammen-, Bogen- und Funkenspektrum bestimmen. Die „letzten Linien“ des Galliums sind: 4172 und 4033 Å, unabhängig von den Anregungsbedingungen (Flamme, Bogen oder Funken) (DE GRAMONT, weitere Linien im Ultraviolett: LUNDEGÅRDH).

Bei Analyse mit Hilfe der wichtigsten Linie 4172 können Täuschungen oder Störungen auftreten durch Linien der Elemente Au, Co, Cr, Fe, Ir, Mo, Mn, Os, Pd, Rh, Ru, Sc, Si, Ti, V, W; es muß also durch Aufsuchen anderer Linien dieser Elemente geprüft werden, ob sie in störenden Mengen anwesend sind. Die störenden Linien der angegebenen Elemente mit Ausnahme von Os, Ti, Fe, Mn sind recht schwach und oft bei hoher Dispersion gut von der Galliumlinie zu trennen, so daß Fehler in den meisten Fällen nicht eintreten werden. Hingegen muß besonders auf anwesendes Ti, Fe und Mn Rücksicht genommen werden (GERLACH, GASTINGER). Auch die anderen Linien des Galliums sind nicht ganz ungestört: 2943,6 und 2874,2 koinzidieren mit Eisenlinien. Die Sichtbarkeit der Linie 4033 Å wird durch ein in Gegenwart von Mangan auftretendes Triplett beeinträchtigt (SMITH).

1. Bestimmung im Flammenspektrum.

Zur flammenspektroskopischen Bestimmung (LUNDEGÅRDH, RUSSANOW, KUNINA und WASSILJEW) benutzt man eine Acetylenflamme, in der die zu untersuchende Lösung zerstäubt wird. Als Vergleichssubstanzen werden z. B. gemessene Mengen von Kalium- oder Rubidiumsalz beigemischt, zum Vergleich eignen sich folgende Linienpaare:

Ga 4033,01 Å und K 4044,16 und 4047,22 Å bzw.
Ga 4172,05 Å und Rb 4201,81 und 4215,58 Å.

Durch Eichmischungen werden die Intensitätsverhältnisse festgelegt.

Es kann auch in der Knallgasflamme gearbeitet werden, zur Anregung der violetten Linien ist dann eine Mindestmenge von 0,01 mg Ga erforderlich (HARTLEY und MOSS, HARTLEY und RAMAGE).

2. Bestimmung im Bogenspektrum.

Gallium läßt sich in ausgezeichneter Weise bogenspektroskopisch bestimmen. Der Lichtbogen wird zwischen reinsten Spektralkohlen erzeugt, die Probesubstanz wird in eine Vertiefung einer Kohleelektrode gebracht und im Lichtbogen verdampft. Nach MANNKOPFF und PETERS verfährt man am besten so, daß man das sehr verstärkte Spektrum in der Glimmschicht vor der Kathode des Kohlelichtbogens beobachtet bzw. aufnimmt, dort herrschen konstante Entladungsbedingungen und die Empfindlichkeit ist außerordentlich groß (s. folgende Tabelle). Nach dieser Methode führten GOLDSCHMIDT und PETERS sehr zahlreiche Galliumbestimmungen aus. Die Konzentrationsbestimmung erfolgt mit Hilfe von Vergleichsaufnahmen auf dem gleichen Plattenmaterial, als Eichsubstanzen werden Gemische aus Quarz und Galliumoxyd benutzt. Die brauchbaren Linien sind mit der Nachweisbarkeitsgrenze in der folgenden Tabelle nach GOLDSCHMIDT und PETERS angegeben:

Linie (in Å)	Sichtbarkeit bei einem Ga_2O_3-Gehalt von					Linie (in Å)	Sichtbarkeit bei einem Ga_2O_3-Gehalt von				
	1%	0,1%	0,01%	0,001%	0,0005%		1%	0,1%	0,01%	0,001%	0,0005%
3020,5	Koinzidenz mit Fe 3020,48 Å					2719,7	+	+	+	—	—
2944,2	+	+	+	+	—	2659,9	+	+	+	—	—
2943,6	+	+	+	+	+	2500,2	+	+	+	—	—
2874,2	Koinzidenz mit Fe 2874,18 Å					2450,1	+	+	—	—	—

Vor allem sind also die Linien 2944,2 und 2943,6 Å zu benutzen. Diese Methode von GOLDSCHMIDT und PETERS eignet sich sehr zur direkten Bestimmung des Galliums in Gesteinen, Silicaten usw., das Material wird direkt in die Bohrung der Spektralkohle gebracht. Es lassen sich Gehalte bis zu 0,0002 Atom-% bestimmen, entsprechend 0,000003 mg Ga. Die Bestimmung wird durch Anwesenheit anderer Stoffe nicht beeinträchtigt.

Auch bei Verwendung salzsaurer Lösungen läßt sich Gallium bogenspektroskopisch bestimmen, in Mengen bis zu 0,1 γ mit Hilfe der Linien 4172 und 4033 Å, in Mengen unter 0,1 γ mittels der Linien 2943,6 und 2874,2 Å (PAPISH und HOLT).

3. Bestimmung im Funkenspektrum.

Eine funkenspektroskopische Galliumbestimmung unter Benutzung der letzten Linien (4033 und 4172 Å) wurde von DENNIS und BRIDGMAN ausgearbeitet. In einem mittels eines Schwingungskreises erzeugten Funken von rund 2,5 cm Länge wird Galliumchloridlösung verdampft, unter Verwendung eines KRÜSSschen Spektralapparates werden die Linien visuell beobachtet, sie können natürlich auch photographisch aufgenommen werden. Als Behälter der Lösung werden kleine Glasschälchen von 7 mm Durchmesser und 6 mm Länge benutzt, in die ein Platindraht eingeschmolzen wird (Herstellung der Schälchen am einfachsten aus einem Glasrohr), man benutzt ungefähr 3 Tropfen einer salzsauren Lösung (1 Vol. konzentrierte HCl + 4 Vol. H_2O).

Empfindlichkeit bei Beobachtung mit bloßem Auge:

Galliumkonzentration in der Probelösung (mg/Ga in 100 cm^3)	Galliummenge im Schälchen γ	Linie 4172 Å	Linie 4033 Å
3	4,6	schwach	unsichtbar
4,6	7	deutlich	unsichtbar
7,2	14	deutlich	sehr schwach
15,4	23	deutlich	deutlich

Bei rund 5 γ ist eine, bei 15 γ sind also beide Linien zu beobachten, die Intensitäten werden auch durch Anwesenheit der 100fachen Menge Indium nicht verändert.

Die Auswertung der Analyse mittels der Funkenspektren auf photographischem Wege dürfte ohne weiteres leicht möglich sein nach den Methoden, wie sie in der Spektralanalyse gebräuchlich sind.

C. Bestimmung durch Röntgenspektralanalyse.

Die Emissionslinien der K-Serie des Röntgenspektrums des Galliums haben folgende Wellenlängen (Mittelwerte aus den Angaben in GMELINs Handbuch):

$K\alpha_2$	$K\alpha_1$	$K\beta_1$	$K\beta_2$
1341,3 X-E	1337,5 X-E	1205,5 X-E	1193,8 X-E

Zur quantitativen Bestimmung des Galliums wird die zu untersuchende Substanz mit einer Vergleichssubstanz gemischt, auf die Antikathode einer Röntgenröhre gebracht und in einem Röntgenspektrographen, z. B. nach SIEGBAHN, mit Hilfe eines geeigneten Krystalls spektroskopiert. Das Intensitätsverhältnis der Linien des Galliums und der Vergleichssubstanz wird durch Eichaufnahmen bestimmt, durch Zumischung verschiedener Mengen Vergleichssubstanz zur Analysensubstanz versucht man sodann, möglichst den Eichaufnahmen ähnliche Verhältnisse herbeizuführen, dann ist die Mengenbestimmung am einfachsten und genauesten.

HEVESY und ALEXANDER empfehlen zur quantitativen Analyse des Galliums das Linienpaar:

$$\text{Ga } K\alpha_1 = 1337 \text{ X-E}$$
$$\text{Hf } L\beta_1 = 1371 \text{ X-E},$$

in diesem Falle müßten also gemessene Mengen von HfO_2 zugemischt werden. Zwischen den Kanten der Vergleichselemente liegen störende Linien folgender Elemente: As($K\alpha_1$), Pb($L\alpha_1$) und Ir($L\beta_1$).

Aluminiumantikathoden sind nicht zu verwenden, da sie stets Gallium enthalten können (GOLDSCHMIDT und PETERS)! SCHWARZ VON BERGKAMPF schlägt Eisen als geeignete Vergleichssubstanz vor; GOLDSCHMIDT und PETERS empfehlen Zink oder Indium.

Der von SCHWARZ VON BERGKAMPF benutzte Spektrograph hatte einen Durchmesser von 172 mm, die Strahlung wurde mittels eines Steinsalzkrystalles zerlegt, die Belichtungszeit betrug 1 Std. bei einer Belastung von 15 MA und 50 KV max. EISENHUT und KAUPP benützten eine Röntgenröhre mit LENARD-Fenster, bei der die Antikathode außerhalb der Röhre lag und wandten das Gallium als $GaCl_3$ an.

Zur Bestimmung kleiner Mengen muß das Gallium angereichert werden, wozu sich die Fällung mit Ferrocyanid eignet, es können dann gleich bekannte Mengen von Zn- oder In-Lösung vor der Fällung hinzugesetzt werden als Vergleichssubstanzen. So sind auch noch Galliumgehalte bis 0,01% zu bestimmen, die Ergebnisse auf röntgenspektrographischem und bogenspektroskopischem Wege stimmen gut überein (GOLDSCHMIDT und PETERS).

Literatur.

DENNIS, L. M. u. J. A. BRIDGMAN: J. Am. Ch. Soc. **40**, 1533 (1918).

EISENHUT, O. u. E. KAUPP: Z. Phys. **54**, 431 (1929).

GASTINGER, E.: Unveröffentlichte Versuche (1941). — GERLACH, W. u. E. RIEDL: Die chemische Emissions-Spektralanalyse, III. Teil, S. 59. Leipzig 1936. — GMELINs Handbuch der anorganischen Chemie, Systemnr. 36 (Gallium), 8. Aufl., S. 33. 1936. — GOLDSCHMIDT, V. M. u. C. PETERS: Nachr. Ges. Wiss. Göttingen **1931**, 168f. — GRAMONT, DE: C. r. **159**, 5 (1914); **171**, 1106 (1920); **175**, 1208 (1925).

HARTLEY, W. N. u. H. W. MOSS: Pr. Roy. Soc. A **87**, 39 (1917). — HARTLEY, W. N. u. H. RAMAGE: Astrophys. J. **9**, 214 (1899). — HEVESY, G. VON u. E. ALEXANDER: Praktikum der chemischen Analyse mit Röntgenstrahlen, S. 70. Leipzig 1933.

LUNDEGÅRDH, H.: Die quantitative Spektralanalyse der Elemente, Bd. II, S. 41f. Jena 1934.

MANNKOPFF, R. u. C. PETERS: Z. Phys. **70**, 448 (1931).

PAPISH, J. u. D. A. HOLT: J. physic. Chem. 32, 143 (1928). — PIETSCH, E. u. W. ROMAN: Z. anorg. Ch. **220**, 219 (1934).
RIENÄCKER, G.: Unveröffentlichte Versuche (1941). — RUSSANOW, A. K., S. I. KUNINA u. K. N. WASSILJEW: Betriebslab. (russ.) **6**, 1420 (1937); durch Centr.-Bl. **1939 I**, 1013.
SMITH, D. M.: J. Inst. Met. **56**, 264 (1935). — SCHWARZ VON BERGKAMPF, E.: Fr. **90**, 334 (1932).
WILLARD, H. H. u. H. C. FOGG: J. Am. Ch. Soc. **59**, 40 (1937).

Trennungsmethoden.

§ 6. Allgemeiner anwendbare Trennungsmethoden.

Allgemeines.

Beim üblichen Gruppentrennungsgang unter Verwendung von Schwefelwasserstoff usw. wäre Gallium in die Ammoniak- bzw. Ammoniumsulfidgruppe einzuordnen, da es mit H_2S in saurer Lösung nicht ausfällt, jedoch mit Ammoniak bzw. Sulfiden als $Ga(OH)_3$. Jedoch ist vor einer Abtrennung der mit Schwefelwasserstoff fällbaren Metalle durch Sulfidfällung im allgemeinen zu warnen (MOSER und BRUKL), da die Sulfide mehr oder weniger große Mengen Gallium mitreißen. Bei Vorliegen kleiner Galliummengen ist dies besonders zu beachten, diese können unter Umständen quantitativ im Schwefelwasserstoffniederschlag mit ausfallen, vor allem, wenn in schwach saurer Lösung gefällt wird.

Ganz allgemein werden bei einem Element wie Gallium diejenigen Verfahren vorzuziehen sein, bei denen das Gallium ausgefällt wird und die Begleitelemente in Lösung verbleiben oder bei denen Gallium ohne Fällung abgetrennt wird, z. B. durch Ausschütteln mit Lösungsmitteln, wie Äther, da in beiden Fällen Verluste durch Mitreißen ausgeschlossen sind.

Sind Ausfällungen anderer Elemente vor der Galliumbestimmung unerläßlich, so sollten nur Fällungen benutzt werden, bei denen krystallinische, wenig adsorbierende Niederschläge auftreten; so kann z. B. Blei als Sulfat vor der Galliumbestimmung abgeschieden werden.

Von der an sich sehr unerwünschten Erscheinung, daß Gallium durch andere Niederschläge mitgerissen wird, kann man gelegentlich bei der Anreicherung oder auch Trennung des Galliums mit Vorteil Gebrauch machen; so reißt in essigsaurer Lösung ausfallendes Arsentrisulfid Gallium einigermaßen quantitativ mit (LECOQ DE BOISBAUDRAN) (vgl. S. 560).

Im folgenden werden einige Trennungsmethoden erwähnt oder beschrieben, die allgemeinerer Anwendbarkeit fähig sind, Verfahren in speziellen Fällen sind im nächsten Paragraphen dargestellt.

Wegen der chemischen Ähnlichkeit oder des gemeinsamen Vorkommens ist die Trennung des Galliums von Zink, Blei, Eisen, Aluminium und Indium am wichtigsten.

A. Fällungsreaktionen zur Trennung des Galliums von anderen Elementen.

Übersicht über die Abtrennungsmöglichkeiten des Galliums. Zur Abtrennung des Galliums sind an neueren Verfahren benutzt worden die Fällungen mit

1. Tannin,
2. Cupferron,
3. Camphersäure,
4. Oxychinolin,
5. Harnstoff (Hydrolyseverfahren),

ferner die älteren, schon auf LECOQ DE BOISBAUDRAN zurückgehenden Fällungen mit

6. Kaliumferrocyanid,
7. Kupferhydroxyd bzw. Kupferoxydul,
8. Mißreißen des Galliums durch ausfallendes Arsentrisulfid,

die durch die neueren Methoden aber im wesentlichen überholt sind.

1. Abtrennung des Galliums mit Tannin nach Moser und Brukl. (Trennung des Galliums von 2wertigen Metallen, insbesondere von Zn, Cd, Co, Ni, Mn, Be, ferner von Tl^{I}.)

Die sehr empfindliche und quantitativ verlaufende Abscheidung des Galliums mit Tannin in essigsaurer Lösung ermöglicht bei doppelter Fällung eine saubere Trennung, insbesondere von Zink und den oben angegebenen Metallen, zweifellos auch von anderen, z. B. den Erdalkalien und Alkalien. Die Fällungsvorschrift wurde bereits in § 1, C, auf S. 543 gegeben.

Die Bestimmung der Begleitelemente im Filtrat bereitet keine Schwierigkeiten. Benutzt man Fällungen, bei denen zur Überführung in eine Wägungsform geglüht werden muß, so verbrennt die den Niederschlägen etwa anhaftende organische Substanz; das Tannin braucht dann nicht vorher zerstört zu werden. Wenn eine Zerstörung nötig ist, geschieht sie durch zweimaliges Abrauchen mit konzentrierter oder rauchender Salpetersäure.

Ohne Zerstörung des Tannins lassen sich Zn, Cd, Co, Ni, Mn als Sulfide fällen, die Niederschläge werden geglüht oder mit Salpetersäure abgeraucht und nach Überführen in Sulfate als solche gewogen. Beryllium kann im Filtrat der Galliumfällung in ammoniakalischer Lösung unter Zusatz von Tannin gefällt werden, es wird als BeO ausgewogen (Vorschrift s. Bd. IIa des Teiles III dieses Handbuches, S. 23).

Zur Bestimmung des Thalliums muß das Tannin mit rauchender Salpetersäure zerstört werden, dann läßt sich das Thallium als Tl_2CrO_4 in 10%ig alkoholischer Lösung fällen und auswägen (Vorschrift s. auf S. 610 dieses Bandes).

2. Abtrennung des Galliums mit Cupferron nach Moser und Brukl (Trennung von 3wertigen Metallen, insbesondere von Al, Cr, In, Ce, Y, Er, Sc, ferner von U).

Mit guter Genauigkeit ist die in § 1, D, S. 543 beschriebene Cupferronfällung in schwefelsaurer Lösung zur Trennung von den genannten Metallen zu benutzen.

Eine Trennung von Eisen ist so nicht möglich.

Nach Moser und Brukl ist in Gegenwart von Scandium, ferner in Gegenwart von über 2 g Aluminium eine doppelte Fällung nötig, da diese Elemente bei der ersten Fällung in kleinen Mengen mitfallen. Nach Versuchen von Wainer, von Gastinger und von Rienäcker ist die doppelte Fällung schon bei kleineren Aluminiummengen unbedingt erforderlich. Gastinger fand ferner, daß die Mitfällung von Aluminium sehr stark von der Arbeitsweise abhängt. Arbeitet man nach Moser und Brukl (Vorschrift in § 1, D), und zwar mittels mehrmaliger Filtration durch das gleiche Filter, so ist die Filtration sehr mühsam, außerdem fällt viel Aluminium mit; nach der unten gegebenen abgeänderten Vorschrift, die auf Scherrer zurückgeht, erhielt Gastinger bessere Erfolge, wie die folgenden Zahlen belegen:

Fällung in 200 cm^3 2 n H_2SO_4 mit 15 cm^3 6%iger Cupferronlösung.

Angewandte Menge Al (g)	Gefällte Menge Al (mg) bei Filtration	
	nach Moser und Brukl	nach Scherrer (Gastinger)
1,00	11,5	3,9
0,30	2,9	1,0
0,04	0,3	0,2

Auch unter den verbesserten Bedingungen muß also doppelt gefällt werden, und zwar gibt Gastinger an, bei einem Aluminiumgehalt der zu fällenden Lösung von mehr als 0,5 mg im Kubikzentimeter.

Arbeitsvorschrift nach Scherrer bzw. Gastinger. Die Fällung wird nach der in § 1, D gegebenen Vorschrift ausgeführt. Vor der Filtration wird die Fällung 1 bis 2 Stunden mit fließendem Leitungswasser gekühlt. Bei der nun folgenden

Filtration in der angegebenen Weise unter schwachem Saugen ist das Filtrat sofort klar, die Filtration gelingt leicht. Die weitere Verarbeitung erfolgt wie früher angegeben.

Ist die Aluminiumkonzentration höher als 0,5 mg im Kubikzentimeter, so muß das geglühte Galliumoxyd mit Kaliumpyrosulfat aufgeschlossen und nochmals gefällt werden.

Die so erhaltenen Ergebnisse der Bestimmung von 20 mg Ga neben 0,02 bis 1 g Al sind sehr zufriedenstellend.

Bei Aluminiummengen von mehr als 5 mg im Kubikzentimeter krystallisiert leicht Aluminiumsulfat aus; es erscheint dann zweckmäßiger, das Gallium von derart großen Aluminiummengen auf anderem Wege zu trennen, etwa durch Extraktion des Chlorids mit Äther.

In Gegenwart von Indium muß besonders sorgfältig ausgewaschen werden, vgl. S. 544.

Uran muß quantitativ in der 6wertigen Stufe vorliegen.

Zur Bestimmung der Begleitelemente wird das Filtrat unter Zusatz von etwas Wasserstoffperoxyd bis zum Auftreten der SO_3-Nebel eingedampft, der Rückstand wird mit Wasser aufgenommen, dann können z. B. Al, Cr, In in üblicher Weise mit Ammoniak gefällt und als Oxyd gewogen werden.

3. Abtrennung des Galliums mit Camphersäure nach ATO (Trennung von Zn, Pb, Mn, Be, Ni, Co, Cd, Ge, V, Cr, U, Tl, Th, Ce, La, Pr, Erdalkalien, Alkalien).

Die sehr spezifische Fällung mit Camphersäure wird in Gegenwart der oben angegebenen Begleitelemente genau so ausgeführt, wie es in der Vorschrift in § 1, E, auf S. 544 beschrieben ist. In und Fe fallen jedoch mit aus, sie dürfen nicht anwesend sein.

Die Ergebnisse von Beleganalysen in Gegenwart je eines der oben angegebenen Metalle sind sehr befriedigend. Mischungen in folgenden extremen Verhältnissen wurden noch mit gutem Erfolg getrennt:

mg Ga	Menge des Begleitelementes	mg Ga	Menge des Begleitelementes
90	1,5 mg Zn	75	50 mg Co oder Ni
6	2,5 g Zn	2	2 g Co oder Ni
20	1 mg Cd	50	200 mg Erdalkalien
6	5 g Cd	3 bis 6	2 bis 4 g Erdalkalien
75	1 mg Pb	50	1 mg Pr (La, Ce, Nd)
1	200 mg Pb [1]	1	100 bis 150 mg La, Ce, Pr, Nd
20	50 mg Mn		
6	2 g Mn		

Meist ist eine Bestimmung der Begleitelemente direkt im Filtrat (+Waschflüssigkeit) möglich. Falls eine Zerstörung der Camphersäure erforderlich ist, wird sie durch Abrauchen mit Schwefelsäure unter Zusatz von etwas Salpetersäure vorgenommen.

4. Abtrennung des Galliums mit Oxychinolin nach BRUKL (Trennung von Molybdän, Wolfram und Vanadium).

Die an sich wenig spezifische Fällung des Galliumoxychinolates eignet sich zur Trennung des Galliums von den angegebenen Elementen bei Fällung in ammoniakalischer Lösung, wie es auf S. 547 angegeben ist.

Über die Bestimmung der Begleitelemente im Filtrat liegen keine Angaben vor.

[1] Bei größeren Bleimengen ist vorherige Abscheidung als $PbSO_4$ notwendig.

5. Abtrennung des Galliums durch Fällung basischer Salze (Hydrolysemethoden) (Trennung von Zn, Mn, Ca).

Die auf S. 540f. beschriebenen Hydrolysemethoden erlauben eine Trennung von stärkeren Basen, vor allem von Zink. Besonders untersucht ist die Fällung mit Harnstoff (Vorschrift auf S. 541) und mit Sulfiten (S. 540).

Die Fällung als basisches Acetat ist im allgemeinen nicht quantitativ und nicht ratsam.

6. Abtrennung des Galliums mit Kaliumferrocyanid in stark saurer Lösung.

Diese von LECOQ DE BOISBAUDRAN (a) sehr häufig angewandte Methode zur Fällung des Galliums in Gegenwart von Pb, Hg^{II}, Bi, Cd, Ru, Rh, Sb, Ir, Co, Mn, Al, Be, Seltenen Erden, Erdalkalien usw. wird in stark saurer Lösung (12%iger Salzsäure) ausgeführt, wie es auf S. 550 beschrieben ist. Wegen der dort geschilderten Schwierigkeiten sollte diese Methode vermieden werden, wenn es angängig ist.

7. Abtrennung des Galliums mit Kupfer-1-oxyd oder Kupfer-2-hydroxyd (Trennung von stärkeren Basen, z. B. 2wertigen Metallen).

Kupfer-1-oxyd (oder Kupfer-2-hydroxyd) fällt in Aufschlämmung das sehr schwach basische Galliumhydroxyd quantitativ aus (LECOQ DE BOISBAUDRAN). Dies historische Verfahren ist im allgemeinen durch die neueren, schon erwähnten Methoden überholt. In neuerer Zeit wurde es von KRIESEL wieder zur Fällung des Galliums in Gegenwart von 2wertigem Eisen benutzt (nach vorheriger Reduktion des 3wertigen Eisens), für dies Beispiel sei die folgende Arbeitsvorschrift angegeben.

Arbeitsvorschrift. (Beispiel: Ga-Fe-Trennung nach* KRIESEL*). Die schwach schwefelsaure Lösung wird zur Reduktion von Fe^{+++} zu Fe^{++} mit Schwefelwasserstoff behandelt und vom Schwefel abfiltriert. Nach dem Wegkochen des Schwefelwasserstoffüberschusses und Abkühlen neutralisiert man mit Soda bis zur ganz schwach sauren Reaktion, setzt einen Überschuß von gefälltem und in Wasser aufgeschlämmtem Kupferoxydul hinzu und kocht einige Minuten. Das Gallium wird quantitativ gefällt und so vom Eisen getrennt. Der mit viel überschüssigem Kupferoxydul vermengte Niederschlag wird filtriert und heiß ausgewaschen. Da während des Filtrierens und Auswaschens geringe Oxydation des Eisens stattfindet, ist der Niederschlag noch schwach eisenhaltig und eine Umfällung ist nötig. Man löst in Salpetersäure, raucht mit Schwefelsäure ab, löst den Rückstand in Wasser und entfernt das Kupfer durch Elektrolyse in schwefelsaurer Lösung. Der kupferfreie Elektrolyt wird nach Reduktion des Eisens in der oben beschriebenen Weise nochmals mit Kupferoxydul gefällt. Aus dem nun eisenfreien Niederschlag kann nach dem Abtrennen des Kupfers durch Elektrolyse das Gallium in üblicher Weise gefällt werden.

8. Abtrennung des Galliums durch Adsorption an Arsensulfid.

Die von LECOQ DE BOISBAUDRAN beobachtete Tatsache, daß verschiedene in schwach saurer Lösung ausfallende Sulfide, insbesondere Arsensulfid, Gallium einigermaßen quantitativ mitreißen, läßt sich in manchen Fällen zur Trennung oder zur Anreicherung benutzen. Diese an sich nur noch selten angewandte Methode wurde kürzlich von KRIESEL zur Trennung des Galliums vom Aluminium wieder benutzt; ferner wurde sie von PAPISH und HOLT zur Gewinnung des Galliums aus Lepidolith angewandt; ein Beispiel für die Arbeitsweise sei hier wiedergegeben.

Arbeitsvorschrift (Beispiel: Ga-Al-Trennung nach* KRIESEL*). Die saure Lösung wird mit Soda bis zur schwach sauren Reaktion neutralisiert, auf etwa 500 cm³ verdünnt und mit 5 g Natriumacetat versetzt. Nun gibt man so viel einer Natriumarsenitlösung hinzu, daß die Menge des Arsens mindestens doppelt so groß ist wie die vorhandene Galliummenge und leitet in die kalte Lösung Schwefelwasserstoff ein. Arsen und Gallium fallen rasch als grünlich-gelber Niederschlag aus, dessen Farbe deutlich von der des reinen Arsensulfids verschieden ist. Aluminium bleibt im Filtrat. Es wird kalt filtriert und ausgewaschen, das Filtrat prüft man durch Zusatz von Kaliumferrocyanid auf etwa vorhandenes Gallium. Der Niederschlag wird in ein Becherglas gebracht, mit Salpetersäure oder Königswasser gelöst, nach Zusatz von Schwefelsäure bis zum Auftreten von SO_3-Nebeln abgeraucht und darauf stark salzsauer gemacht. Aus dieser Lösung fällt man das Arsen frei von Gallium durch Einleiten von Schwefelwasserstoff unter wiederholtem Erhitzen zur Reduktion des 5wertigen Arsens zu 3wertigem. Nach der Filtration und dem Wegkochen des Schwefelwasserstoffes kann das Gallium mit einem der üblichen Fällungsmittel bestimmt werden.

HILLEBRAND und LUNDELL empfehlen die Abtrennung des Arsens durch Abdestillation. Der galliumhaltige Sulfidniederschlag wird nach Lösen in Salpetersäure oder Königswasser mit Schwefelsäure abgeraucht, darauf wird das Arsentrichlorid aus salzsaurer, kaliumbromidhaltiger Lösung in der üblichen Weise abdestilliert. Im Kolbenrückstand bestimmt man das Gallium.

Bemerkungen. Bei KRIESEL sind keine Beleganalysen für diese Trennung angegeben. MOSER und BRUKL äußern starke Bedenken gegen diese Methode, speziell zur Trennung von Gallium und Aluminium.

Nach PAPISH und HOLT muß die Fällung des Arsensulfids aus schwach saurer Lösung mehrmals wiederholt werden, bis das Gallium quantitativ aus der Lösung entfernt ist, auch diese Autoren beobachteten, daß etwas Aluminium mitgerissen wird. Schwierigkeiten bereitet ferner auch die anschließende Entfernung des Arsens; die oben angegebene Abtrennung des Arsens vom Gallium durch Sulfidfällung in stark salzsaurer Lösung ist nicht ganz sauber, nach PAPISH und HOLT enthält das so gefällte Arsensulfid spektroskopisch nachweisbare Galliummengen.

B. Extraktionsverfahren nach SWIFT bzw. WADA und ISHII zur Trennung des Galliums von anderen Elementen.

Vorbemerkung. Galliumchlorid ist in Äther löslich, die Löslichkeit bzw. die Verteilung des Galliums zwischen den beiden Phasen ist sehr stark von der Salzsäurekonzentration abhängig (s. folgende Tabellen).

Löslichkeit des $GaCl_3$ in Äther in Abhängigkeit von der HCl-Konzentration (SWIFT) bei Ausschütteln von je 50 cm³ salzsaurer $GaCl_3$-Lösung (137 mg Ga_2O_3) mit je 50 cm³ Äther (vorher mit HCl entsprechender Konzentration gesättigt).

n-HCl	1,97	3,07	3,80	4,90	5,45	5,91	6,92	7,92
% Ga extrahiert	2,4	14,8	80,0	96,7	97,9	96,9	82,5	25,5

Bei 1maligem Ausschütteln von jeweils 20 cm³ saurer Lösung (enthaltend 100 mg bzw. 1 mg Ga) mit jeweils 30 cm³ Äther fanden WADA und ISHII folgende Galliummengen in der sauren Restlösung:

n-HCl vor dem Ausschütteln	6,5	6,0	5,5	5,0	4,5	4,0
mg Ga in der Restlösung (ursprünglich 100 mg Ga)	9,8	0,7	0,5	1,0	1,0	4,3
mg Ga in der Restlösung (ursprünglich 1 mg Ga)	0,3	0	0	0,1	0,1	0,4

Die geeignete HCl-Konzentration liegt also bei 5,5 bis 6 n-HCl.

Extraktion durch mehrmaliges Ausschütteln aus 5,5 n-HCl mit je 30 cm³ Äther nach WADA und ISHII.

mg Ga in der Ausgangslösung (20 cm³, 5,5 n-HCl)	Galliummenge in mg im			
	1. Ätherauszug	2. Ätherauszug	3. Ätherauszug	in der sauren Restlösung
100	99,6 (a) [1]	0,4	0	0
10	9,8	0,2	0	0
1	1 (b)	0	0	0

WADA und ISHII empfehlen daher eine 2malige Extraktion und 3maliges Auswaschen. Bei dieser Behandlung gehen von 38 untersuchten Metallen außer $GaCl_3$ folgende als Chlorid in die Ätherschicht:

Element	Ursprünglich vorhandene Menge in mg	In den vereinigten Ätherauszügen vorhandene Menge in mg	Element	Ursprünglich vorhandene Menge in mg	In den vereinigten Ätherauszügen vorhandene Menge in mg
Au	1	1	Re	100	0,8
In	100	0,1	Fe	250	246,1
Mo	100	76,5	Ir	100	0,3

Nicht berücksichtigt wurden die Elemente Ag, Tl, Ge, Sn, Nb, Ta, As, W, Se, Os, von denen nach SWIFT die Chloride von As, Tl, Sn, Ge, Se ebenfalls mehr oder weniger ätherlöslich sind.

Bei einem vollständigen, allgemein gültigen Trennungsgang muß also auf die ätherlöslichen Elemente besonders Rücksicht genommen werden. Nach der vollständigen Arbeitsvorschrift von WADA und ISHII werden Tl, Ag, Ge, Sn, Nb, Ta, As, W, Se, Os und zum Teil das Au vorher nach Methoden entfernt, die im Abschnitt Thallium (S. 643f. dieses Bandes) beschrieben sind. Anschließend läßt sich dann die Extraktion des Galliums und seine Trennung von den störenden Begleitern In, Mo, Re, Fe und Ir nach folgender Arbeitsvorschrift ausführen:

***Arbeitsvorschrift nach* WADA *und* ISHII.** Nach Entfernung der Elemente Tl usw. (s. oben und die Vorschrift auf S. 643f. dieses Bandes) wird die zu untersuchende Lösung auf ein Volumen von 20 cm³ und eine Acidität von 5,5 n-HCl gebracht, was durch mehrmaliges Abdampfen mit Salzsäure und entsprechendes Verdünnen geschieht.

Diese Lösung wird 2mal mit je 30 cm³ frischem Äther ausgeschüttelt, die beiden Ätherlösungen werden vereinigt (= Ätherlösung A) und 3mal mit je 5 cm³ 5,5 n-HCl ausgewaschen. Die Ätherlösung A enthält die Hauptmenge des Galliums und wird beiseite gestellt. Die drei Waschlösungen werden vereinigt und 1mal mit 15 cm³ Äther ausgeschüttelt, wodurch der Galliumrest wieder extrahiert wird, der Äther (= Ätherlösung B) wird mit 3 cm³ 5,5 n-HCl gewaschen und mit der Ätherlösung A vereinigt. Diese Lösung enthält jetzt das gesamte Gallium und außerdem mehr oder weniger große Mengen von Mo, Au, Re, Ir, Fe und etwas In. Der Äther wird abgedampft, der Rückstand mit 100 cm³ 0,9 n-HCl aufgenommen und in einer Druckflasche unter Eiskühlung mit Schwefelwasserstoff gesättigt. Die verschlossene Druckflasche wird nun 1 Std. im siedenden Wasserbad erhitzt und dadurch Mo, Au, Re und Ir ausgefällt. Der Niederschlag wird abfiltriert, das Filtrat kann außer Gallium noch Eisen und wenig Indium enthalten, es wird auf eine Acidität von 0,1 n-HCl und ein Volumen von 25 cm³ gebracht, mit Schwefelwasserstoff zur Reduktion des 3wertigen Eisens behandelt und endlich bei höherer Salzsäurekonzentration (5,5 n) wiederum mit Äther extrahiert (= Ätherlösung C), wobei Gallium und nur noch äußerst geringe Eisenmengen in den Äther gehen. Der Äther

[1] Beim Auswaschen der Ätherlösung mit 5 cm³ 5,5 n-HCl gingen bei a 0,1 mg, bei b 0 mg in die Waschflüssigkeit.

wird verdampft, der Rückstand in wenig Wasser unter Zusatz von einigen Tropfen Salzsäure aufgenommen und mit überschüssiger Natronlauge alkalisch gemacht, wodurch die geringen Eisenspuren frei von Gallium ausfallen. Im Filtrat kann dann das Gallium gefällt und bestimmt werden.

Bemerkungen. SWIFT, ferner auch SCHERRER und GASTINGER extrahieren nicht, wie WADA und ISHII, mit reinem Äther, sondern mit Äther, der mit dem doppelten Volumen 6 n-HCl vorher 3mal durchgeschüttelt worden ist. Zu Abtrennung der Galliums schreibt SWIFT 3maliges Ausschütteln mit je dem gleichen Volumen Äther vor (z. B. werden 50 cm^3 6 n-HCl-Lösung 3mal mit je 50 cm^3 Äther extrahiert), die Ätherauszüge werden vereinigt und zum Auswaschen 1mal mit 5 cm^3 6 n-HCl durchgeschüttelt.

Im Falle der Abtrennung des Galliums von großen Mengen von Begleitstoffen, z. B. von Aluminium, hat man dann wegen der beschränkten Löslichkeit der Chloride dieser Begleitmetalle in 5,5 bis 6 n-HCl ein recht großes Volumen und benötigt entsprechend große Äthermengen, deren Aufarbeitung umständlich ist. SCHERRER wies nach, daß auch mit kleineren Äthermengen gute Resultate erhalten werden, die durch Versuche GASTINGERS bestätigt wurden. Nach GASTINGER genügt es, etwa 350 bis 400 cm^3 einer salzsauren Lösung (5,5 n-HCl) einmal mit 200 und dann 2mal mit je 50 cm^3 Äther auszuschütteln, wodurch an Äther erheblich gespart wird, vor Gebrauch wird der Äther mit 5,5 n HCl mehrmals durchgeschüttelt. Die erste Äthermenge muß so hoch gewählt werden, weil sich viel Äther in der wäßrig-salzsauren Lösung löst.

In Gegenwart von Aluminium ist zu beachten, daß oft kleine Mengen von Aluminiumchlorid mit in den Äther gehen (GASTINGER), mit Cupferron ist aber das Gallium leicht frei von Aluminium zu fällen.

Zur Extraktion des Galliums in Gegenwart von Eisen empfiehlt SWIFT, das Eisen vorher in 6 n salzsaurer Lösung durch metallisches Quecksilber zur 2wertigen Stufe zu reduzieren.

Vor dem Verdampfen des Äthers zum Zweck der weiteren Verarbeitung des Galliumextraktes ist ein Zusatz von etwas schwefliger Säure zur Zerstörung der Ätherperoxyde ratsam (GASTINGER).

MOSER und BRUKL lehnen auf Grund ihrer Versuche (ohne Angabe von Beleganalysen) die Extraktion mit Äther ab.

Literatur.

ATO, S.: Sci. Pap. Inst. Tokyo **12**, 225 (1929/30); **15**, 289 (1931).

BRUKL, A.: Monatsh. **52**, 253 (1929).

GASTINGER, E.: Unveröffentlichte Versuche (1941).

HILLEBRAND, W. F. u. G. E. F. LUNDELL: Applied Inorganic Analysis. New York 1929.

KRIESEL, F. W.: Ch. Z. **48**, 962 (1924).

LECOQ DE BOISBAUDRAN: (a) C. r. **94**, 1228 (1882); Ann. Chim. Phys. [6] **2**, 194 (1884); (b) C. r. **94**, 1626 (1882); Ann. Chim. Phys. [6] **2**, 216 (1884).

MOSER, L. u. A. BRUKL: Monatsh. **50**, 181 (1928); **51**, 325 (1929).

PAPISH, J. u. D. A. HOLT: J. phys. Chem. **32**, 143 (1928).

RIENÄCKER, G.: Unveröffentlichte Versuche (1941).

SCHERRER, J. A.: J. Research. Nat. Bur. Stand. **15**, 585 (1935). — SWIFT, E. H.: J. Am. Ch. Soc. **46**, 2378 (1924).

WADA, I. u. R. ISHII: Sci. Pap. Inst. Tokyo **34**, 787 (1937/38). — WAINER, E.: Am. Soc. **56**, 348 (1934).

§ 7. Spezielle Trennungsmethoden.

Allgemeines.

Für sehr viele der praktisch in Frage kommenden Trennungen werden geeignete Methoden in der Zusammenstellung im § 6 zu finden sein. In § 7 sind in den Abschnitten A bis M die Trennungsverfahren des Galliums von den wichtigsten und häufigsten Begleitern nochmals übersichtlich dargestellt oder zusammengefaßt, ferner ausführlicher wichtige spezielle Trennungsverfahren, die sich nur auf den betreffenden Fall beziehen. Im Abschnitt N sind dann Trennungen von geringerer Bedeutung, vor allem von ganz fernliegenden Elementen, kurz registriert.

Die Abtrennung der Metalle der Schwefelwasserstoffgruppe durch Fällung mit Schwefelwasserstoff in saurer Lösung ist nicht besonders aufgeführt, man vergleiche die Bemerkung auf S. 557. Wo eine solche Trennung nötig scheint, ist es sehr ratsam, sich von der Galliumfreiheit des Sulfidniederschlages zu überzeugen, etwa durch spektralanalytische Prüfung des Niederschlages, denn sogar in stark saurer Lösung gefälltes Arsensulfid reißt Gallium mit (Papish und Holt).

Die Reihenfolge der hier aufgeführten Trennungsmethoden richtet sich ungefähr nach der Wichtigkeit der Begleitstoffe, wie folgende Übersicht ergibt:

Trennung des Galliums von:

A. Zink	E. Blei	I. Wolfram, Molybdän, Vanadium
B. Indium	F. Kupfer	K. Titan, Zirkonium, Thorium
C. Eisen	G. Arsen	L. Kieselsäure
D. Aluminium	H. Germanium	M. Fluorid
		N. Übrigen Elementen.

A. Trennung des Galliums von Zink.

Wegen des Vorkommens des Galliums in Zinkblenden und dementsprechend auch im Handelszink haben die Trennungsmethoden des Galliums vom Zink größere Bedeutung. Infolge der Basizitätsunterschiede von Gallium und Zink ist die Trennung nicht besonders schwierig; die brauchbaren Methoden sind in den vorstehenden Kapiteln schon beschrieben. Es eignen sich folgende Verfahren:

1. Fällung des Galliums mit Tannin (S. 542 und 558).
2. Fällung des Galliums mit Camphersäure (S. 544 und 559).
3. Fällung des Galliums mit Harnstoff oder Sulfit (Hydrolysemethode, S. 540, 541 und 560).
4. Extraktion des Galliums mit Äther (S. 561 f.).

Ferner wurden folgende Trennungsvorschläge gemacht:

5. Fällung des Galliums mit Kupferoxydul oder Kupferhydroxyd (S. 560).
6. Fällung des Zinks in Gegenwart des Galliums als Zinkmercurirhodanid, $ZnHg(CNS)_4$, nach Dennis und Bridgman. Dies Verfahren ist den oben verzeichneten unterlegen, weil vor der eigentlichen Galliumbestimmung zwei Fällungen notwendig sind, nämlich die Fällung des $ZnHg(CNS)_4$ und die Fällung des Quecksilberüberschusses mit Schwefelwasserstoff, so daß die Möglichkeit von Galliumverlusten gegeben ist.
7. Fällung des Zinks in alkalischer Lösung als Zinksulfid nach Porter und Browning. Auch hier besteht die Möglichkeit von Verlusten an Gallium, welches durch das ausfallende Zinksulfid mitgerissen wird.
8. Abtrennung des Zinks durch Destillation des Metalls (Browning und Uhler; Richards und Boyer). Diese Methode, die sich nur bei Vorliegen einer Metallprobe eignet, benutzt die leichte Flüchtigkeit des Zinkmetalles zur Trennung. Zink läßt sich im Vakuum oder im Wasserstoffstrom bei Rotglut verdampfen, während Gallium auch bei 1000° noch nicht merklich flüchtig ist. Dies Verfahren würde sich also besonders zur Anreicherung des Galliums eignen, die quantitative Bestimmung des Galliums läßt sich dann nach Abdestillation der Hauptmenge des Zinks in üblicher Weise vornehmen. Über Verfahren der Verdampfungsanalyse, speziell des Zinks, vgl. H. Töpelmann.

B. Trennung des Galliums von Indium.

Eine direkte und genaue Bestimmung des Galliums in Anwesenheit von Indium, ist mit Cupferron nach der auf S. 543 und 558 gegebenen Vorschrift möglich. Über die Bestimmung des Indiums, auch neben Gallium, vgl. Abschnitt „Indium" dieses Handbuches.

C. Trennung des Galliums von Eisen.

Allgemeines.

Die Trennung des Galliums vom Eisen gehört zu den schwierigsten Trennungsoperationen in der Analyse des Galliums. Von den in § 6 angegebenen allgemeiner anwendbaren Fällungsmethoden des Galliums eignet sich keine ohne weiteres, da stets Gallium mitfällt. Man ist deshalb auf spezielle Verfahren angewiesen, von denen manche entweder schwierig oder ungenau sind. Folgende Verfahren sind vorgeschlagen worden:

1. Abtrennung des Eisens mit α-Nitroso-β-Naphthol.
2. Abtrennung des Eisens als Eisen-2-sulfid.
3. Abtrennung des Eisens mit Natriumhydroxyd.
4. Fällung des Galliums mit Kupferoxydul nach Reduktion des Eisens zur 2wertigen Stufe (Vorschrift s. S. 560).
5. Extraktion des Galliums mit Äther nach Reduktion des Eisens zur 2wertigen Stufe (Vorschrift s. S. 561).
6. Fällung des Galliums mit Camphersäure nach Reduktion des Eisens zur 2wertigen Stufe.
7. Fällung des Galliums mit Anilin nach Reduktion des Eisens zur 2wertigen Stufe.
8. Fällung des Galliums mit Phenylhydrazin nach Reduktion des Eisens zur 2wertigen Stufe.
9. Weitere Vorschläge.

Trennungsverfahren.

1. Abtrennung des Eisens vom Gallium mit α-Nitroso-β-Naphthol nach Papish und Hoag.

Vorbemerkung. Papish und Hoag konnten nachweisen, daß Gallium durch α-Nitroso-β-Naphthol in essigsaurer Lösung nicht gefällt wird, Eisen fällt hingegen quantitativ, so daß eine recht einfache Trennungsmöglichkeit gegeben ist, zumal der Eisenniederschlag kein Gallium mitreißt.

Reagens. Lösung von 1 g α-Nitroso-β-Naphthol in 50 cm^3 50%iger Essigsäure. Die Lösung muß frisch hergestellt werden, vor Gebrauch ist sie zu filtrieren.

Arbeitsvorschrift. Die zu fällende Chloridlösung wird bis zur schwachen bleibenden Trübung mit Ammoniak versetzt, die Trübung wird in einem Tropfen Salzsäure wieder gelöst, darauf überschüssige 50%ige Essigsäure zugegeben. Man kann auch einen geringen Überschuß (einige Tropfen) Salzsäure zusetzen und dann statt der Essigsäure Ammoniumacetat hinzugeben, um essigsaure Reaktion zu erreichen. Dann wird mit der Reagenslösung gefällt, nach dem Absitzen überzeugt man sich von der Vollständigkeit der Fällung. Man läßt einige Stunden stehen, filtriert durch Papierfilter und wäscht zuerst mit kalter 50%iger Essigsäure, dann mit Wasser aus. Zur Eisenbestimmung trocknet man den Niederschlag, verascht sehr vorsichtig und verglüht zu Fe_2O_3. Im Filtrat kann das Gallium in üblicher Weise gefällt werden.

Bemerkungen. **I. Vollständigkeit der Trennung.** Die spektroskopische Untersuchung des Eisenniederschlages ergab, daß er völlig frei von Gallium war; der Galliumniederschlag enthielt gelegentlich sehr geringe Eisenspuren, die gewichtsmäßig zu vernachlässigen waren. Die Trennung ist also vollständig, insbesondere adsorbiert der ausfallende Eisenniederschlag kein Gallium. Da der Eisenniederschlag voluminös und das Fällungsreagens ziemlich teuer ist, ist die Methode wohl nicht bei sehr großen Eisenmengen brauchbar.

II. Genauigkeit. Die Ergebnisse der Beleganalysen mit rund 4 bis 44 mg Fe_2O_3 und 25 mg Ga_2O_3 sind zufriedenstellend, die Eisen- und Galliumwerte wichen um $\pm 0,1$ bis 0,4 mg vom theoretischen Wert ab.

2. Abtrennung des Eisens als Eisen-2-sulfid nach Moser und Brukl.

Vorbemerkung. Eisen läßt sich vom Gallium durch Fällung des Sulfides des 2wertigen Eisens in Anwesenheit eines Komplexbildners trennen, der die Ausfällung des Galliums verhindert; die Methode arbeitet also nach dem Vorbild der Trennung von Eisen und Aluminium durch Fällung des Eisen-2-sulfids in tartrathaltiger Lösung nach Berzelius. Als Komplexbildner wenden Moser und Brukl Sulfosalicylsäure an. Die Methode ist brauchbar bei Anwesenheit von verhältnismäßig wenig Gallium und wenig Eisen, etwa bis zu einer Oxydsumme von 300 mg. Da das Eisen-2-sulfid schlecht auszuwaschen ist, werden Fehler in Anwesenheit größerer Galliummengen beobachtet, weshalb unter diesen Bedingungen eine teilweise Vortrennung mit Ammoniak eingeschoben wird, durch die ein großer Teil des Galliums abgetrennt wird, das nunmehr schwach galliumhaltige Eisen wird dann nach der Sulfidmethode abgetrennt.

Arbeitsvorschrift a (wenig Gallium und wenig Eisen, bis zu Mengen von $Ga_2O_3 + Fe_2O_3 = 300$ mg). Die Lösung der Metallsalze wird mit Sulfosalicylsäurelösung (1:10) und dann mit so viel Ammoniak versetzt, bis sie schwach rot und völlig klar geworden ist. In die zum Sieden erhitzte Flüssigkeit wird Schwefelwasserstoff bis zum Erkalten eingeleitet, vom FeS abfiltriert und dieses mit schwefelammoniumhaltigem Wasser, dem etwas $(NH_4)_2SO_3$ zugefügt wurde, möglichst rasch gewaschen. Die Bestimmung des Eisens erfolgt dann als Fe_2O_3. Das Filtrat wird mit Essigsäure angesäuert, der Schwefelwasserstoff ausgekocht, Ammoniumacetat zugefügt und das Gallium als Tannin-Adsorptionsverbindung nach § 1, C (S. 542) gefällt, eine Zerstörung der Sulfosalicylsäure ist nicht erforderlich. Der Galliumniederschlag wird in der angegebenen Weise in Oxyd übergeführt und ausgewogen. Falls das Ion eines Alkalimetalls vorhanden ist, wird der Galliumniederschlag in verdünnter Salzsäure gelöst und die Fällung wiederholt.

Arbeitsvorschrift b (viel Gallium und wenig Eisen). Man gießt die fast neutrale Lösung der Metallsalze in eine heiße Ammoniaklösung langsam ein, wobei Eisenhydroxyd gefällt wird und die Hauptmenge des Galliums als Gallat in Lösung geht. Es wird filtriert und mit heißem Wasser ausgewaschen. Der Eisenhydroxydniederschlag enthält eine gewisse Menge Gallium in adsorbiertem Zustande; er wird in Säure gelöst, nun nimmt man nach Vorschrift a die quantitative Trennung des Eisens von den nun noch geringen Mengen Gallium vor. Die galliumhaltigen Filtrate der Ammoniakfällung und der Sulfidfällung werden vereinigt, aus ihnen wird das Gallium in der oben angegebenen Weise gefällt und bestimmt.

Bemerkungen. **I. Genauigkeit.** Die Ergebnisse der Beleganalysen mit 88 bis 590 mg Fe_2O_3 und 13 bis 54 mg Ga_2O_3 sind befriedigend; die Eisenwerte weichen bis zu 0,5%, die Galliumwerte um 0,1 bis 0,2 mg vom theoretischen Wert ab.

II. Reinigung der Sulfosalicylsäure. Die gewöhnliche Sulfosalicylsäure des Handels [$C_6H_3OH(1)$ COOH (2) SO_3H (5)] enthält oft Eisen, Aluminium und besonders Calcium, der Gesamtrückstand an anorganischen Verbindungen kann 0,3% betragen. Zur Reinigung stellt man eine bei Zimmertemperatur gesättigte Lösung in 96%igem Alkohol her, filtriert nach mehrtägigem Stehen von dem Rückstand, der hauptsächlich aus $CaSO_4$ besteht, durch eine Glasfritte ab und krystallisiert die Sulfosalicylsäure wieder aus. Bei 2- bis 3maliger Wiederholung dieser Operation gelingt es, die anorganischen Beimengungen bis auf Spuren zu entfernen. Neuerdings werden von bekannten Firmen auch reinste Präparate für analytische Zwecke geliefert.

3. Abtrennung des Eisens mit Natriumhydroxyd.

Vorbemerkung. Grundsätzlich läßt sich das nicht amphotere Eisen-3-hydroxyd vom Gallium durch Fällen mit überschüssigem Alkalihydroxyd trennen. So gibt SWIFT an, daß bei Versuchen der Trennung von rund 200 mg Eisen von 20 mg Gallium bei 1maliger Fällung mit Natronlauge der Eisenniederschlag praktisch galliumfrei sei, falls ein solcher Natronlaugeüberschuß angewandt wird, daß die Lösung nach der Fällung mindestens 0,3 n an NaOH sei. Schon LECOQ DE BOISBAUDRAN (a), auf den diese Trennungsmethode zurückgeht, schreibt jedoch mehrmalige Fällung vor, auch FRICKE, ATO (b) sowie ferner WADA und ISHII fanden, daß sogar bei Anwendung größerer NaOH-Überschüsse Galliumhydroxyd durch Adsorption an Eisenhydroxyd verloren geht. Zur Beurteilung der geringen Leistungsfähigkeit dieser an sich früher oft empfohlenen Methode seien Versuchsergebnisse von WADA und ISHII wiedergegeben.

Die angegebenen Eisen- und Galliummengen wurden mit Natronlauge gefällt, so daß nach der Fällung die Lösung 0,5 bzw. 1 n an NaOH war, die Fällung wurde 3mal wiederholt und nach jeder Trennung die im Filtrat vorhandene Galliummenge bestimmt.

mg Fe gegeben	mg Ga gegeben	Konzentration der überschüssigen NaOH	mg Ga im Filtrat der 1. Fällung	2. Fällung	3. Fällung	4. Fällung
250	50	0,5 n	viel	4,5	0,8	0,2
250	100	0,5 n	viel	6,6	1,8	0,3
500	1	0,5 n	0,4	n. b.	n. b.	n. b.
250	100	0,5 n	viel	5,1	0,5	0,2
250	100	1 n	viel	5,4	1	0,2
250	1	1 n	0,8	n. b.	n. b.	n. b.

Es ergibt sich also, daß auch bei doppelter Fällung keineswegs eine saubere Trennung statthat.

Wesentlich geringere Mengen Gallium werden adsorbiert durch Eisenhydroxyd, das durch Auflösen einer Natriumhydroxydschmelze entstanden ist. Durch colorimetrische Bestimmung mittels der in § 5 A beschriebenen Methode konnte nachgewiesen werden (RIENÄCKER), daß auch von größeren Eisenhydroxydmengen nur wenige γ Gallium adsorbiert werden. Durch Ätznatronaufschluß von Eisen-Gallium-Mischungen läßt sich so eine brauchbare Trennung des Eisens von Gallium auch bei Vorliegen größerer Eisenmengen rasch und einfach ausführen.

***Arbeitsvorschrift nach* RIENÄCKER.** Eisen und Gallium müssen zusammen als Oxydgemisch vorliegen, was durch gemeinsame Fällung mit Cupferron oder mit Ammoniak unter Einhaltung der entsprechenden Vorsichtsmaßregeln geschieht. Das Oxydgemisch wird dann im Silbertiegel mit 7 bis 8 g festem reinen Natriumhydroxyd aufgeschlossen, die Schmelze wird nach dem Abkühlen in 100 bis 200 cm^3 Wasser gelöst, kurz aufgekocht und durch ein laugefestes Filter filtriert (z. B. SCHLEICHER und SCHÜLL Nr. 575). Es wird mit NaOH-haltiger Natriumchloridlösung ausgewaschen. Im Filtrat wird dann das Gallium am besten nach GEILMANN und WRIGGE mit Oxychinolin gefällt und bestimmt, siehe § 2.

***Bemerkungen.* I. Vollständigkeit der Trennung.** Die Ergebnisse der Bestimmung von Gallium in Mengen von je 10 mg neben Eisen sind folgende: a) neben 50 mg Fe: 9,7; 9,9 mg Ga; b) neben 100 mg Fe: 10,2, 9,9, 9,8, 9,9, 10,3 mg Ga; c) neben 1000 mg Fe: 10,1, 9,87 mg Ga. Es ist also eine Bestimmung sogar neben der 100fachen Eisenmenge möglich.

II. Überführen des Oxydgemisches in den Silbertiegel. Falls Eisen und Gallium in Lösung vorlagen und dementsprechend gemeinsam gefällt werden mußten, geschieht das Verglühen des Niederschlages in einem gewogenen Porzellantiegel. Das Oxydgemisch wird gewogen und dann möglichst vollständig in den Silbertiegel überführt, etwa zurückbleibendes Oxydgemisch (meist 2 bis 4% der Gesamtmenge) wird zurückgewogen. Die nach der Trennung gefundene Galliummenge wird auf die ursprüngliche Gesamtoxydsumme umgerechnet.

Die Methode eignet sich auch zur Bestimmung des Galliums in verglühten Fällungen von Galliumferrocyanid.

III. Verfahren in Anwesenheit von Eisen und Aluminium. Aus der Lösung werden Eisen und Gallium gemeinsam mit Cupferron gefällt, dann zum Oxydgemisch verglüht. Das Oxydgemisch wird, wie angegeben, aufgeschlossen. Da geringe Aluminiummengen bei der ersten Cupferronfällung mit dem Gallium mitfallen, muß die endgültige Galliumbestimmung nicht mit Oxychinolin, sondern mit Cupferron vorgenommen werden.

4. Fällung des Galliums mit Kupfer-1-oxyd.

Die Vorschrift wurde auf S. 560 gegeben.

5. Extraktion des Galliums mit Äther.

Die Vorschrift wurde auf S. 561f. gegeben.

6. Fällung des Galliums mit Camphersäure nach Reduktion des Eisens zur 2wertigen Stufe nach Ato (b).

Vorbemerkung. Bei Zusatz von Thiosulfat zu einer Lösung, die Eisen und Gallium enthält, wird Eisen zur 2wertigen Stufe reduziert, Gallium fällt zum Teil aus, die Fällung kann mit Camphersäure vervollständigt werden, jedoch ist dieser Niederschlag noch schwach eisenhaltig. Er muß deshalb nochmals gelöst werden, die Abtrennung der geringen Eisenmenge gelingt dann mit überschüssiger Natronlauge, aus dem Filtrat läßt sich nunmehr Gallium rein abscheiden.

Fällungsvorschrift. Die zu fällende Lösung wird mit 10 cm^3 6 n Essigsäure und 10 cm^3 20%iger Natriumthiosulfatlösung versetzt, erhitzt und 10 Min. im Sieden erhalten, dann werden 2 g feste Camphersäure zugesetzt und weitere 10 Min. gekocht. Der entstandene Niederschlag wird abfiltriert, getrocknet und verglüht, wobei Schwefel entweicht und verbrennt. Der Rückstand wird in Königswasser gelöst, zur Trockne verdampft und in 50 cm^3 Wasser unter Zusatz einiger Tropfen Salpetersäure gelöst. Dann wird die Lösung 1 normal an NaOH gemacht, aufgekocht und filtriert, um Eisenhydroxyd zu entfernen. Das Filtrat neutralisiert man mit Essigsäure, setzt 10 cm^3 6 n Essigsäure und 2 g Camphersäure hinzu, kocht 10 Min. und fällt so das Gallium, das in der auf S. 544 beschriebenen Weise bestimmt wird.

Bemerkungen. Die Ergebnisse der Beleganalysen mit 1 bis 500 mg Fe_2O_3 bzw. 1 bis 150 mg Ga_2O_3 sind, insbesondere bei Vorliegen kleiner Galliummengen, sehr zufriedenstellend.

7. Fällung des Galliums mit Anilin nach Reduktion des Eisens zur 2wertigen Stufe nach Moser und Brukl.

Vorbemerkung. Wie in der vorigen Methode wird in dieser ebenfalls die Reduktion des Eisens zur 2wertigen Stufe durch Thiosulfat benutzt, die Fällung des Galliums wird mit Anilin vervollständigt. Auch bei dieser Methode ist der Galliumniederschlag schwach eisenhaltig; zur Abtrennung der geringen Eisenmengen wird das Eisen als Eisen-2-sulfid nach Vorschrift 2a (S. 566) entfernt, nach WAINER wird jedoch besser mit Phenylhydrazin getrennt (Vorschrift 8).

Arbeitsvorschrift. Die saure, ammoniumsalzfreie Lösung, deren Volumen möglichst gering sein soll, wird mit Soda fast neutralisiert (sie soll ganz schwach sauer bleiben) und in der Kälte so lange mit Natriumthiosulfatlösung versetzt, bis die Violettfärbung des Eisen-3-Komplexes unter Reduktion verschwunden ist, man setzt dann noch einen geringen Überschuß von Thiosulfat hinzu. Man erhitzt und hält 15 Min. im Sieden. Während dieser Zeit setzt man in Pausen von 5 Min. je 10 cm^3 Anilin zu, wobei Galliumhydroxyd ausfällt. Es wird heiß filtriert und mit heißem Wasser sehr sorgfältig ausgewaschen, um möglichst alle Natriumsalze zu entfernen. Der Niederschlag wird samt Filter getrocknet, in einem Porzellantiegel verbrannt und stark geglüht. In den meisten Fällen ist der Niederschlag nicht eisenfrei, dann muß man ihn mit Pyrosulfat aufschließen und die Abtrennung des Eisens nach Trennungsvorschrift 2a oder 2b oder nach Verfahren 8 mit Phenylhydrazin vornehmen. Das Filtrat der Anilinfällung ist völlig galliumfrei, es wird oft nach dem Erkalten durch ausgeschiedenes Anilin trübe.

Bemerkungen. Diese Methode dient zur Trennung des Galliums von sehr großen Eisenmengen (5 bis 50 g $FeCl_3$). Die erhaltenen Galliumwerte liegen etwas zu niedrig, z. B. 45,6 mg statt 46,1 in Anwesenheit von 5 g $FeCl_3$, 3,8 mg statt 4,6 mg in Anwesenheit von 50 g $FeCl_3$, jedoch sind diese extremen Verhältnisse auch selten vorhanden.

8. Fällung des Galliums mit Phenylhydrazin nach Reduktion des Eisens zur 2wertigen Stufe nach WAINER.

Vorbemerkung. Die Methode beruht wie die Verfahren 6 und 7 auf der Tatsache, daß aus einem Gemisch von 2wertigem Eisen und 3wertigem Gallium nur das schwach basische Gallium durch Hydrolyse oder schwache Basen zu fällen ist. Während bei Verfahren 6 oder 7 im allgemeinen jedoch ein eisenhaltiger Galliumniederschlag ausfällt, der erst noch einer Reinigung unterworfen werden muß, gelingt eine eisenfreie Fällung in einfacher Weise mit Phenylhydrazin, das eine schwache Base ist und gleichzeitig reduzierend wirkt. Die Fällung wird nach dem Vorbild der Aluminium-Eisen-Trennung nach HESS und CAMPBELL bzw. ALLEN vorgenommen.

In Anwesenheit außerordentlich großer Eisenmengen, etwa unter den von MOSER und BRUKL in Methode 7 angewandten Verhältnissen empfiehlt WAINER die Vortrennung nach MOSER und BRUKL (Verfahren 7), dann aber die endgültige Trennung nicht nach dem umständlicheren Verfahren 2a oder 2b, sondern mit Phenylhydrazin.

Arbeitsvorschrift. Zu der heißen Lösung (eventuell des nach Verfahren 7 vorliegenden Pyrosulfataufschlusses) wird so lange Ammoniak zugetropft, daß gerade noch keine Fällung eintritt. Nun setzt man tropfenweise eine gesättigte Lösung von Ammoniumbisulfit zu, bis das Eisen reduziert ist, neutralisiert vorsichtig mit Ammoniak und löst einen etwa entstandenen Niederschlag rasch wieder in einem Tropfen Salzsäure. Dann wird Phenylhydrazin (1 bis 3 cm^3) zugegeben, man rührt, bis der Niederschlag flockig geworden ist, prüft auf Vollständigkeit der Fällung mit wenig Phenylhydrazin, läßt kurz absitzen und filtriert. Es wird mit warmem Wasser, das etwas Sulfit und Phenylhydrazin enthält, ausgewaschen, verglüht und als Ga_2O_3 gewogen.

Bemerkung. Beleganalysen werden nicht mitgeteilt, jedoch soll nach Angabe des Autors die Trennung einfach und vollständig sein.

9. Weitere Vorschläge.

Einige weitere Vorschläge seien nur erwähnt, sie bieten keine besseren Möglichkeiten als die oben beschriebenen. So ist die Fällung des Galliums nach Reduktion des Eisens zur 2wertigen Stufe auch mit Bariumcarbonat vorgenommen worden. Eine Abtrennung kleiner Eisenmengen vom Gallium ist auch durch überschüssiges Ammoniak versucht worden, jedoch ist die Brauchbarkeit der letzteren Methode sehr umstritten (FRICKE und Mitarbeiter, MOSER und BRUKL, EINECKE und HARMS).

D. Trennung des Galliums von Aluminium.

Vorbemerkung. Wegen der Ähnlichkeit der Basizität von Aluminiumhydroxyd und Galliumhydroxyd fallen Aluminium und Gallium mit vielen Fällungsmitteln zusammen aus, jedoch sind gute Trennungsmethoden vorhanden.

1. Fällung des Galliums mit Cupferron.

Die Vorschrift für diese Trennung ist auf S. 543 und 558 gegeben.

2. Fällung des Galliums mit Camphersäure.

Die Methode eignet sich zur Fällung des Galliums in Gegenwart von höchstens 10 mg Aluminium, die Vorschrift findet sich auf S. 544 und 559.

3. Extraktion des Galliumchlorids mit Äther.

Vorschrift siehe S. 561f.

4. Verfahren zur Abtrennung großer Aluminiummengen als $AlCl_3 \cdot 6\,H_2O$.

Vorbemerkung. Aluminium kann bekanntlich in salzsaurer Lösung als $AlCl_3 \cdot 6\,H_2O$ abgeschieden werden, die Abscheidung geschieht entweder mit Chlorwasserstoff und Äther, mit Chlorwasserstoff und Aceton oder mit Acetylchlorid und Aceton. Diese Trennungen sind angebracht, wenn es sich um die Entfernung sehr großer Aluminiummengen im Betrage von mehreren Grammen handelt. Nach den Befunden von ATO (a) bleiben kleine Aluminiummengen (etwa 0,2 bis 0,7 mg) im Filtrat, in Gegenwart dieser kleinen Mengen ist aber die Galliumbestimmung leicht möglich, z. B. mit Camphersäure oder Cupferron. Eine Trennung von Eisen erlauben diese Methoden nicht.

Arbeitsvorschriften. **a) Fällung des Aluminiums mit Acetylchlorid nach ATO (a).** Die Lösung der Chloride wird auf dem Wasserbad eingedampft, zum Rückstand werden langsam unter Rühren 30 cm³ einer Lösung von 1 Teil Acetylchlorid in 4 Teilen Aceton hinzugefügt, man filtriert und wäscht mehrmals mit je 30 bis 50 cm³ Acetylchloridlösung aus. Das Filtrat enthält alles Gallium, es wird entweder verdampft, mehrmals mit Salpetersäure abgeraucht, geglüht und als Ga_2O_3 direkt gewogen, oder man fällt das Gallium frei von den stets anwesenden geringen Aluminiumresten (etwa 0,2 mg), z. B. mit Camphersäure.

Bemerkung. Das Acetylchlorid muß phosphorfrei sein, was bei vielen Handelspräparaten nicht der Fall ist.

b) Fällung des Aluminiums mit Chlorwasserstoff und Aceton nach ATO (a). Die Lösung der Chloride wird auf dem Wasserbad eingedampft, der Rückstand wird mit 20 cm³ 6 n-HCl und 20 cm³ Aceton aufgenommen, dann leitet man unter Eiskühlung Chlorwasserstoff bis zur Sättigung ein. Der Niederschlag wird filtriert, mit 40 bis 50 cm³ einer Mischung von 6 n-HCl und Aceton (1:1), die mit HCl-Gas gesättigt ist, ausgewaschen. Im Filtrat befindet sich Gallium neben etwa 0,3 bis 0,4 mg Aluminium, von dem es, wie oben angegeben, getrennt werden kann.

c) Fällung des Aluminiums mit Chlorwasserstoff und Äther. Arbeitsvorschriften für diese an sich bekannte Abscheidung des Aluminiums wurden zum Zwecke der Aluminium-Gallium-Trennung von DENNIS und BRIDGMAN, von BROWNING und

PORTER, von SCHERRER und von ATO (a) gegeben. Nach ATO verfährt man folgendermaßen: Die Lösung der Chloride wird auf dem Wasserbad eingedampft, der Rückstand wird mit 20 cm³ 6 n-HCl und 30 cm³ Äther aufgenommen, man leitet unter Eiskühlung Chlorwasserstoff bis zur Sättigung ein, filtriert, und wäscht mit 50 cm³ chlorwasserstoffgesättigter Äther-Salzsäuremischung aus. Neben dem Gallium befinden sich rund 0,2 bis 0,7 mg Aluminium im Filtrat, von denen das Gallium mit Camphersäure oder Cupferron getrennt werden kann. In Gegenwart von mehr als 500 mg Al_2O_3 ist eine doppelte Aluminiumfällung erforderlich, sonst werden zu geringe Galliumwerte gefunden.

Bemerkungen. Bei einer vergleichenden Prüfung der Methoden a bis c gibt ATO der Vorschrift c den Vorzug, seine Werte sind zufriedenstellend, während die Ergebnisse von DENNIS und BRIDGMAN mit größeren Fehlern behaftet sind. Auf alle Fälle ist es wohl unerläßlich, im Filtrat der Aluminiumfällung das Gallium von den stets vorhandenen geringen Aluminiummengen zu trennen. Zur Aluminiumbestimmung wird das Filtrat von der Galliumfällung eingedampft, die darin vorhandenen organischen Reagenzien (Camphersäure bzw. Cupferron) werden durch Glühen zerstört, man löst in Salzsäure, vereinigt mit der als $AlCl_3 \cdot 6\,H_2O$ vorliegenden Hauptmenge des Aluminiums und fällt nun das Aluminium in üblicher Weise, z. B. mit Ammoniak.

5. Weitere Trennungsvorschläge.

In Anbetracht der vorhandenen leistungsfähigen Trennungsverfahren sollen ältere oder zweifelhafte Methoden hier nur erwähnt werden, es sind dies die Trennungsmöglichkeiten durch Fällung des Galliums mit Ferrocyanid (s. S. 560), mit Kupferoxydul oder Kupferhydroxyd (s. S. 560) und die — recht umstrittene — Möglichkeit der Abtrennung geringer Aluminiummengen mit überschüssigem Ammoniak, zu letzterer Methode vgl. die Bemerkungen bei der ähnlichen Eisen-Gallium-Trennung auf S. 570.

E. Trennung des Galliums von Blei.

In Gegenwart von nicht mehr als 200 mg Blei kann eine direkte Galliumbestimmung mit Camphersäure ausgeführt werden. Im übrigen läßt sich in jedem Falle Blei mit gutem Erfolge in üblicher Weise als Sulfat abscheiden, z. B. durch Abrauchen mit Schwefelsäure; im Filtrat kann dann Gallium bestimmt werden.

F. Trennung des Galliums von Kupfer.

Als einfachste und gut brauchbare Methode zur Trennung empfiehlt sich die z. B. auch von KRIESEL angewandte elektrolytische Abscheidung des Kupfers in chloridfreier Sulfatlösung mit einer Klemmenspannung von 2 bis 2,2 V, das Kupfer wird galliumfrei abgeschieden, im kupferfreien Elektrolyten kann Gallium bestimmt werden.

G. Trennung des Galliums von Arsen.

Das Arsen kann durch Destillation des Chlorids aus salzsaurer Lösung in üblicher Weise vom Gallium abgetrennt werden, wobei man eine Überhitzung der nicht von der Flüssigkeit benetzten Kolbenwände wegen des verhältnismäßig niedrigen Siedepunktes von $GaCl_3$ (rd. 200°) vermeiden muß (WADA und ISHII, HILLEBRAND und LUNDELL). — Es ist ferner anzunehmen, daß verschiedene der Galliumfällungen, z. B. die mit Cupferron in schwefelsaurer Lösung, ohne weiteres in Anwesenheit von Arsenit oder Arsenat anzuwenden sind, Angaben von BRUKL deuten darauf hin.

H. Trennung des Galliums von Germanium.

Diese Trennung hat eine gewisse Bedeutung, weil der Germanit von Tsumeb (Ge-Gehalt 8,7%) nach KRIESEL 0,74% Gallium enthält. KRIESEL trennt das Germanium von Gallium durch Destillation des $GeCl_4$ aus konzentriert salzsaurer Lösung im Chlorstrom, das Gallium verbleibt im Destillationskolben.

I. Trennung des Galliums von Wolfram (Molybdän, Vanadium).

Die auf S. 547 beschriebene Oxychinolinfällung in ammoniakalischer Lösung nach BRUKL erlaubt die Abtrennung des Galliums von diesen drei Metallen. In Anwesenheit von Wolfram allein ist die Abscheidung des Wolframtrioxyds durch Abrauchen mit Salzsäure möglich, Gallium ist dann im Filtrat zu bestimmen [LECOQ DE BOISBAUDRAN (b), KRIESEL].

K. Trennung des Galliums von Titan, Zirkonium und Thorium.

Vorbemerkung. Die allgemeiner verwendbaren Trennungsmethoden erlauben keine Fällung des Galliums in Anwesenheit von Titan, Zirkonium und Thorium, so daß in Anwesenheit dieser Metalle besondere Verfahren angewandt werden müssen. LECOQ DE BOISBAUDRAN (c) wandte entweder die Fällung von Ti, Zr bzw. Th durch siedende Alkalilauge an oder die Mitfällung des Galliums durch ausfallendes Arsentrisulfid. Neue, befriedigendere Verfahren sind von BRUKL ausgearbeitet worden.

Eine Trennungsmöglichkeit beruht auf der Tatsache, daß in oxalsaurer Lösung durch Cupferron nur Titan, Zirkonium und Thorium gefällt werden, während das Gallium in Lösung bleibt; da die drei Metalle flockig ausfallen und so Gallium adsorbieren können, ist die Vollständigkeit der Trennung von der Menge des Titans usw. abhängig, als obere Grenze wird 0,1 g angegeben. In Gegenwart größerer Mengen dieser Elemente lassen sich die Fällungen von Titan und Zirkonium mit Phenylarsinsäure (zuerst von RICE, FOGG und JAMES angegeben) bzw. die Fällung des Thoriums mit Oxalsäure zur Trennung von Gallium benutzen. Diese Trennungen sind etwas zeitraubend, aber gut brauchbar.

1. Trennung des Titans, Zirkoniums und Thoriums von Gallium mit Cupferron nach BRUKL.

Arbeitsvorschrift. Die saure Lösung wird mit Ammoniak neutralisiert und überschüssiges Ammoniumoxalat zugegeben, dann setzt man so viel Oxalsäure hinzu, daß eine 1 n Lösung entsteht und fällt Ti, Zr oder Th mit Cupferronlösung. Nach 15 Min. wird durch ein Papierfilter mit eingelegtem Platinkonus filtriert und mit 1 n Oxalsäure unter scharfem Absaugen ausgewaschen. Der Niederschlag wird verascht und als TiO_2 bzw. ZrO_2 oder ThO_2 gewogen. Im Filtrat werden Cupferron und Oxalsäure durch Abrauchen mit einer gemessenen Menge konzentrierter Schwefelsäure und Wasserstoffperoxyd bis zum Auftreten der SO_3-Nebel zerstört, dann verdünnt man auf einen Säuregehalt von 3/2 n Schwefelsäure, prüft mit einem Tropfen $KMnO_4$ auf Wasserstoffperoxyd, entfernt das überschüssige Permanganat mit etwas schwefliger Säure und fällt das Gallium mit Cupferron in schwefelsaurer Lösung nach der auf S. 543 gegebenen Vorschrift.

Bemerkungen. **I. Die Menge der Begleitelemente** Ti, Zr und Th soll 0,1 g nicht übersteigen.

II. Genauigkeit. Die mitgeteilten Ergebnisse der Beleganalysen sind sehr zufriedenstellend, die Galliumauswagen (10 bis 30 mg) wichen im Durchschnitt um 0,2 bis 0,3 mg vom theoretischen Wert ab, mit gleicher Genauigkeit wurden auch Titan, Zirkonium und Thorium bestimmt.

2. Trennung größerer Titanmengen von Gallium mit Phenylarsinsäure nach Brukl.

Vorbemerkung. Dies Verfahren besteht aus mehreren Trennungsoperationen: 1. Abtrennung des Titans von der Hauptmenge des Galliums durch Sodaschmelze, 2. Abtrennung des Galliumrestes vom Titan durch Fällung des Titans mit Phenylarsinsäure, wobei etwas Titan beim Galliumrest verbleibt, 3. Trennung des titanhaltigen Galliums vom Titan mit Cupferron in oxalsaurer Lösung nach der in Abschnitt 1 wiedergegebenen Methode.

Arbeitsvorschrift. Man schließt die Oxyde mit der 8- bis 10fachen Menge Soda bis zum ruhigen Fluß auf, löst die Schmelze in Wasser, das mit etwas 2 n-NaOH versetzt ist, erhitzt zum Sieden und erhält so nach dem Filtrieren und Auswaschen mit verdünnter Natronlauge einen Niederschlag, der alles Titan neben geringen Galliummengen enthält. Im Filtrat wird die Hauptgalliummenge in schwefelsaurer Lösung mit Cupferron nach Vorschrift S. 543 gefällt und bestimmt.

Das galliumhaltige Titandioxydhydrat wird in Schwefelsäure 1:1 gelöst, die Lösung auf 2 n-H_2SO_4 verdünnt, mit 10 bis 15 g Ammoniumsulfat versetzt, zum Sieden erhitzt und mit der 5fachen Menge Phenylarsinsäure (10%ige Lösung) gefällt. Es wird heiß filtriert, mit warmer 1 n Schwefelsäure gewaschen, das Filtrat abgekühlt und mehrere Stunden stehen gelassen. Aus diesem Filtrat fällt ein zweiter, galliumhaltiger Titanniederschlag aus, der gesammelt, in wenig heißer Schwefelsäure (1:1) wieder gelöst und nochmals, wie oben angegeben, in kleinem Volumen gefällt wird, er ist dann galliumfrei. Die vereinigten Filtrate enthalten nunmehr alles noch vorhandene Gallium und etwas Titan. Man fällt beide Elemente aus schwefelsaurer Lösung mit Cupferron, verascht und schließt den Rückstand mit Kaliumpyrosulfat auf. Die Schmelze wird in ammoniumoxalathaltigem Wasser gelöst und das darin enthaltene Titan nach Vorschrift 1 vom Gallium getrennt. Der Galliumwert ergibt sich aus der Addition der beiden Auswagen an Galliumoxyd. Zur Titanbestimmung werden die Niederschläge der Phenylarsinsäure verascht, wobei sich bereits viel Arsen verflüchtigt (Vorsicht!), dann wird im Wasserstoffstrom bei Rotglut reduziert und schließlich nochmals im Gebläse geglüht, zu der so erhaltenen Auswage wird das Gewicht der nach Methode 1 abgeschiedenen Titanmenge zugeschlagen.

Bemerkung. **Genauigkeit.** Die Werte der angegebenen Beleganalysen sind trotz der Umständlichkeit des Verfahrens sehr befriedigend.

3. Trennung größerer Zirkoniummengen von Gallium mit Phenylarsinsäure nach Brukl.

Arbeitsvorschrift. Die 2 n schwefelsaure heiße Lösung wird mit Phenylarsinsäure gefällt, wodurch das gesamte Zirkonium abgeschieden wird. Man filtriert heiß und wäscht mit warmer, verdünnter Schwefelsäure aus. Das Filtrat ist frei von Zirkonium, aus ihm kann die Hauptmenge des Galliums mit Cupferron gefällt werden (der Niederschlag ist ebenfalls frei von Arsen). Der Zirkonniederschlag enthält etwas Gallium, er wird deshalb nochmals gelöst und umgefällt, wie es in der Vorschrift 2 beschrieben ist. Aus dem Filtrat kann der Rest des Galliums bestimmt werden, nach Veraschen des Zirkonniederschlages und Verglühen nach Vorschrift 2 kann das Zirkonium als ZrO_2 ausgewogen werden.

4. Trennung größerer Thoriummengen von Gallium mit Oxalsäure nach Brukl.

Die salzsaure, sulfatfreie Lösung wird mit Oxalsäure gefällt, wodurch eine vollständige Fällung des Thoriums erzielt wird, sofern keine Sulfate zugegen sind. Im Filtrat zerstört man die Oxalsäure entweder durch Abrauchen mit Schwefelsäure oder durch Oxydation mit Kaliumpermanganat und Entfernen des Permanganatüberschusses mit schwefliger Säure. Dann kann im Filtrat das Gallium neben Mangan ohne weiteres mit Cupferron in schwefelsaurer Lösung nach der auf S. 543 gegebenen Vorschrift bestimmt werden.

Bemerkung. **Genauigkeit.** Die Eregbnisse der Beleganalysen mit 10 bis 130 mg Ga_2O_3 neben 0,1 bis 2,3 g ZrO_2 bzw. 0,12 bis 2,4 g ThO_2 sind sehr gut.

L. Trennung des Galliums von Kieselsäure.

Es wird die Kieselsäure nach den in der Silicatanalyse üblichen Verfahren durch mehrmaliges Abrauchen mit Salzsäure unlöslich gemacht, wobei nur zu beachten ist, daß Überhitzungen wegen der Flüchtigkeit des Galliumchlorids vermieden werden müssen, man arbeitet also am besten nur auf dem siedenden Wasserbad. Nach sehr sorgfältigem Auswaschen findet sich die Hauptmenge des Galliums im Filtrat, nach dem Abrauchen des SiO_2 mit Flußsäure und Schwefelsäure und Lösen des verbliebenen Rückstandes in der in der Silicatanalyse üblichen Weise wird diese Lösung mit der Hauptlösung vereinigt, aus der dann die Galliumbestimmung vorgenommen werden kann (LECOQ DE BOISBAUDRAN (b), KRIESEL).

M. Trennung des Galliums von Fluorid nach HANNEBOHM und KLEMM.

Eine Fällung des Galliumhydroxyds mit Ammoniak in Gegenwart von Fluorid führt zu erheblichen Fehlbeträgen an Gallium im Niederschlag wie auch an Fluorid, die um so größer sind, je länger man erwärmt; es bildet sich also wahrscheinlich eine lösliche komplexe Verbindung, aus der weder Gallium mit Ammoniak noch das Fluor als PbClF quantitativ fällbar sind. Brauchbare Ergebnisse erhält man dagegen nach folgender ***Arbeitsvorschrift:***

Die fluoridhaltige Galliumlösung wird in einer Platinschale mit Kalilauge alkalisch gemacht, auf 40 cm^3 verdünnt und gelinde erwärmt. Diese Gallatlösung versetzt man tropfenweise mit verdünnter Salzsäure, bis zugesetztes Methylrot eben nach Rot umschlägt. Nach gelindem Erwärmen wird nochmals genau neutralisiert, indem man unter ständigem Rühren n/5-KOH bis zur Gelbfärbung und n/10-HCl bis zur Orangefärbung zutropfen läßt. Dann filtriert man durch ein mit Papierbrei belegtes Schwarzbandfilter im Platintrichter, wäscht mit wenig ammonnitrathaltigem heißen Wasser aus, spült Niederschlag und Papierbrei in eine Platinschale und löst wieder in verdünnter Salzsäure. Die Lösung wird fast bis zum Sieden erhitzt, mit verdünntem Ammoniak bis eben zur Gelbfärbung von Methylrot und mit n/10-HCl tropfenweise bis zur Orangefärbung versetzt. Der Niederschlag wird auf dem zuerst benutzten Filter gesammelt und gut mit heißem ammoniumnitrathaltigen Wasser gewaschen, Filter und Niederschlag werden getrocknet, vorsichtig verascht und geglüht.

Im Filtrat kann nun das Fluor in bekannter Weise als PbClF bestimmt werden.

Unlösliche Fluoride, z. B. GaF_3, müssen aufgeschlossen werden. Z. B. werden 50 mg Substanz mit 1 g gepulvertem Kaliumhydroxyd im Goldtiegel eben zum Schmelzen erhitzt (Dauer 2 bis 3 Min.), nach dem Abkühlen wird in Wasser gelöst und das Gallium, wie oben beschrieben, abgeschieden.

Bemerkung. **Genauigkeit.** Testanalysen zeigten, daß diese Methode für Gallium reproduzierbar um 1% zu niedrige Werte gibt (nach vorangegangenem Aufschluß 2%), die Fluorwerte werden um 1,5 bis 2% zu niedrig. Da diese Minuswerte reproduzierbar sind, kann man eine entsprechende Korrektur anbringen.

N. Übersicht über die Trennungsmöglichkeiten von den übrigen Elementen.

Im folgenden Absatz werden die Methoden zur Abtrennung des Galliums von nur sehr selten mit dem Gallium vergesellschafteten Elementen kurz registriert.

Häufig handelt es sich zudem um Verfahren, die alt sind und mit modernen Mitteln noch nicht überprüft sind. Die Reihenfolge der Elemente richtet sich nach dem periodischen System der Elemente.

1. Trennung des Galliums von den Alkalimetallen. Wahrscheinlich läßt sich Gallium mit den üblichen Methoden stets ohne weiteres in Gegenwart der Alkali-Ionen fällen. Mit Sicherheit ist dies der Fall bei der Fällung mit Ammoniak (LECOQ DE BOISBAUDRAN (a); die etwa mögliche Adsorption von Alkali-Ion bei sehr hohen Alkalikonzentrationen darf aber wahrscheinlich nicht außer acht gelassen werden), ferner bei den Fällungen mit Sulfit, mit Oxychinolin und mit Cupferron.

2. Trennung des Galliums von Silber. Am empfehlenswertesten erscheint die Abtrennung des Silbers als Silberchlorid, die Fällung als Silbersulfid ist ebenfalls möglich [LECOQ DE BOISBAUDRAN (d)], jedoch sei an die Bedenken gegen die Trennungen mittels Schwefelwasserstoff erinnert (vgl. die Vorbemerkung zu § 6). Trennung durch Extraktion mit Äther vgl. § 6, B (SWIFT).

3. Trennung des Galliums von Gold. Nach LECOQ DE BOISBAUDRAN (d) läßt sich Gold von Gallium durch Fällung als Sulfid mittels Schwefelwasserstoff in salzsaurer Lösung oder durch Fällung als Metall unter Reduktion durch schweflige Säure oder Kupfermetall trennen.

4. Trennung des Galliums von Beryllium. Fällung des Galliums mit Tannin (§ 6, A, 1), mit Kaliumferrocyanid (§ 6, A, 6), Trennung durch Extraktion des Galliumchlorids mit Äther (§ 6, B) oder durch Adsorption des Galliums an Arsensulfid (§ 6, A, 8).

5. Trennung des Galliums von Magnesium und den Erdalkalimetallen. Eine Reihe der üblichen Methoden sind in Gegenwart dieser Elemente anwendbar: die Fällung des Galliums mit Camphersäure (§ 6, A, 3) durch Hydrolyse (§ 6, A, 5, wenigstens in Gegenwart von Calcium), mit Kaliumferrocyanid in stark salzsaurer Lösung (§ 6, A, 6), mit Ammoniak [LECOQ DE BOISBAUDRAN (a)], wahrscheinlich auch die Fällungen mit Tannin oder Cupferron. — Eine Abtrennung der Elemente Barium, Strontium und Calcium von Gallium ist möglich durch Fällung der Sulfate, unter Umständen unter Zusatz von Alkohol [LECOQ DE BOISBAUDRAN (a)].

6. Trennung des Galliums von Cadmium. Fällung des Galliums mit Tannin (§ 6, A, 1) oder Camphersäure (§ 6, A, 3), auch mit Ammoniak [LECOQ DE BOISBAUDRAN (e)]. Von den älteren Trennungsverfahren sind anwendbar die Fällung des Galliums mit Kupferhydroxyd oder mit Kaliumferrocyanid (§ 6, A, 6 und 7). Die Trennung durch Fällung des Cadmiums mit Schwefelwasserstoff ist nicht möglich [LECOQ DE BOISBAUDRAN (e)].

7. Trennung des Galliums von Quecksilber. Quecksilber läßt sich von Gallium trennen durch Fällung als Sulfid mit Schwefelwasserstoff in salzsaurer Lösung oder durch Reduktion zum Metall durch Kupfer [LECOQ DE BOISBAUDRAN (d)]. Falls Quecksilber und Gallium als Nitrate vorliegen, verglüht man das Gemisch bei dunkler Rotglut; durch siedende Salzsäure wird dann aus dem Rückstand nur Gallium gelöst und so vom Quecksilber getrennt (PUTNAM, ROBERTS und SELCHOW). Bei der Extraktion des Galliumchlorids mit Äther (§ 6, B) treten Spuren von Quecksilberchlorid in den Äther über. Gallium läßt sich durch Fällung mit Kaliumferrocyanid von Quecksilber trennen (§ 6, A, 6).

8. Trennung des Galliums von Bor (Borsäure). Wahrscheinlich sind verschiedene der neueren Bestimmungsmethoden des Galliums in Gegenwart von Borsäure ausführbar. Von älteren Verfahren lassen sich die Fällung des Galliums mit Kaliumferrocyanid und mit Arsensulfid in Gegenwart von Borsäure anwenden (vgl. § 6, A, 6 und 8).

9. Trennung des Galliums von Thallium. In Gegenwart von Thallium, das in der 1wertigen Stufe vorliegen muß, läßt sich Gallium mit den meisten der üblichen Fällungen abscheiden, z. B. mit Ammoniak (§ 1), Tannin, Camphersäure, Kaliumferrocyanid (vgl. § 6, A). Thallium läßt sich von Gallium als Tl_2PtCl_6 trennen

[Lecoq de Boisbaudran (d)], weitere Fällungsmethoden für Thallium siehe Abschnitt Thallium in diesem Bande des Handbuches.

10. Trennung des Galliums von Scandium, Yttrium und den Seltenen Erden. Fällung des Galliums mit Cupferron, mit Camphersäure, mit Kaliumferrocyanid, mit Arsensulfid (vgl. § 6, A). Extraktion des Galliumchlorids mit Äther (§ 6, B). Fällung der Hydroxyde der Begleitmetalle mit Kaliumhydroxyd in der Siedehitze, Gallium bleibt als Gallat in Lösung [Lecoq de Boisbaudran (a)].

11. Trennung des Galliums von Zinn. Als Trennungsmethoden werden die Fällung des Zinns mit Schwefelwasserstoff angegeben [Lecoq de Boisbaudran (f), Scherrer] und die Fällung des Zinns als Zinndioxyd [Lecoq de Boisbaudran (f); Putnam, Roberts und Selchow]. Bei der Reduktion des Zinns zum Metall durch Zink wird unter den Bedingungen, unter denen die Abscheidung des Zinns quantitativ verläuft, stets Gallium mit niedergeschlagen [Lecoq de Boisbaudran (f); Putnam, Roberts und Selchow], so daß diese Trennung unbrauchbar ist, ebenso sind die Fällungen des Galliums mit Kaliumferrocyanid und Arsensulfid nicht brauchbar [Lecoq de Boisbaudran (f)].

12. Trennung des Galliums von Phosphorsäure. Beschrieben sind zur Trennung nur die Fällungen des Galliums mit Ferrocyanid und mit Arsensulfid. Zur Fällung der Phosphorsäure in Gegenwart von Gallium eignet sich die Molybdatmethode [Lecoq de Boisbaudran (b)].

13. Trennung des Galliums von Antimon. Trennung durch Fällung des Antimons durch Schwefelwasserstoff oder Kaliumferrocyanid. Die Reduktion des Antimons zum Metall durch Zink läßt sich zur Trennung nicht verwerten [Lecoq de Boisbaudran (f)].

14. Trennung des Galliums von Wismut. Fällung des Galliums mit Kaliumferrocyanid (§ 6, A, 6). Extraktion des Galliumchlorids mit Äther (§ 6, B). Abtrennung des Wismuts durch Fällung mit Schwefelwasserstoff in saurer Lösung führt nur nach mehrmaliger Wiederholung zum Erfolg; eine Trennung durch Fällung des Wismuts als Metall mit metallischem Kupfer ist nicht ganz vollständig, da Gallium spurenweise mit ausgeschieden wird [Lecoq de Boisbaudran (d)]. Nach Kriesel wird Wismut bei der Ausfällung von basischem Eisencarbonat mitgerissen und läßt sich so von Gallium trennen.

15. Trennung des Galliums von Niob und Tantal. Fällung des Galliums mit Arsensulfid (§ 6, A, 8). Niob und Tantal lassen sich von Gallium scheiden durch hydrolytische Spaltung der schwefelsauren Lösung. Beim Extrahieren der Pyrosulfataufschlusses der Oxyde mit siedendem Wasser wird nur Gallium gelöst [Lecoq de Boisbaudran (g)].

16. Trennung des Galliums von Selen und Tellur. Bei der Extraktion des Galliumchlorids mit Äther geht Selen spurenweise mit in die Ätherschicht (Swift, vgl. auch § 6, B). Selen und Tellur können durch Ausfällung mit Reduktionsmitteln, z. B. Schwefelwasserstoff oder schwefliger Säure, von Gallium getrennt werden [Lecoq de Boisbaudran (h), Kriesel].

17. Trennung des Galliums von Chrom. Im allgemeinen sind die gleichen Trennungsmethoden möglich wie zur Trennung des Galliums von Aluminium, also die Fällung mit Cupferron, mit Kaliumferrocyanid, mit Arsensulfid, die Extraktion des Galliumchlorids mit Äther (§ 6).

18. Trennung des Galliums von Uran. Fällung des Galliums mit Cupferron, mit Kupferhydroxyd, Extraktion des Galliumchlorids mit Äther (§ 6 A und B). Uran läßt sich durch überschüssiges Natriumhydroxyd als Natriumuranat abscheiden (Lecoq de Boisbaudran (e)].

19. Trennung des Galliums von Mangan. Die Trennung ist einfach auszuführen mit Tannin oder Camphersäure (§ 6, A, 1 und 3), ferner auch mit Ammoniak, Kupferhydroxyd, Kaliumferrocyanid, Arsensulfid (§ 6, A), schließlich auch durch Extraktion des Galliumchlorids mit Äther (§ 6, B).

20. Trennung des Galliums von Kobalt und Nickel. Die Trennung ist leicht auszuführen durch Fällung des Galliums mit Tannin oder Camphersäure (§ 6, A, 1 und 3); die Trennung mit Ammoniak ist nach MOSER und BRUKL nicht zu empfehlen. Trennung durch Extraktion des Galliumchlorids mit Äther vgl. § 6, B. An älteren Vorschlägen sei erwähnt die Möglichkeit der Fällung des Galliums mit Kupferhydroxyd (§ 6, A, 7).

21. Trennung des Galliums von den Platinmetallen. Durch Fällung mit Schwefelwasserstoff in salzsaurer Lösung sind von Gallium zu trennen die Elemente Ruthenium, Rhodium, Palladium, Osmium und Platin. Durch Reduktion mit metallischem Kupfer gelingt nur eine quantitative Trennung des Rhodiums und Palladiums von Gallium [LECOQ DE BOISBAUDRAN (i)]. Durch Fällung mit Kaliumferrocyanid kann Gallium getrennt werden von Ruthenium, Rhodium und Iridium [LECOQ DE BOISBAUDRAN (i)], durch Extraktion des Chlorids mit Äther (vgl. § 6, B) von Rhodium, Palladium, Osmium, Platin (SWIFT, vgl. aber auch WADA und ISHII in § 6, B). Iridium kann durch Kochen der Lösung der Sulfate mit Kaliumhydroxyd abgetrennt werden [LECOQ DE BOISBAUDRAN (i)].

Literatur.

ALLEN, E. T.: J. Am. Ch. Soc. **25**, 421 (1903). — ATO, S.: (a) Sci. Pap. Inst. Tokyo **14**, 36 (1930); (b) **24**, 277 (1934).

BROWNING, P. E. u. L. E. PORTER: Am. J. Sci. [4] **44**, 223 (1917). — BROWNING, P. E. u. H. S. UHLER: Am. J. Sci. [4] **41**, 352 (1916). — BRUKL, A.: Monatsh. **52**, 256 (1929).

DENNIS, L. M. u. J. A. BRIDGMAN: J. Am. Ch. Soc. **40**, 1544 (1918).

EINECKE, E. u. J. HARMS: Fr. **98**, 432 (1934).

FRICKE, R. u. W. BLENCKE: Z. anorg. Ch. **143**, 197 (1925). — FRICKE, R.: Z. anorg. Ch. **144**, 267 (1925).

GASTINGER, E.: Unveröffentlichte Versuche (1941).

HANNEBOHM, O. u. W. KLEMM: Z. anorg. Ch. **229**, 337 (1936). — HESS, W. H. u. E. D. CAMPBELL: J. Am. Ch. Soc. **21**, 776 (1899). — HILLEBRAND, W. F. u. G. E. F. LUNDELL: Applied Inorganic Analysis, New York 1929, 384, 210.

KRIESEL, F. W.: Ch. Z. **48**, 961 (1924).

LECOQ DE BOISBAUDRAN: (a) C. r. **94**, 228, 1440 (1882); A. Ch. [6] **2**, 66, 220 (1884); (b) C. r. **97**, 66, 521 (1883); A. Ch. [6] **2**, 206, 210 (1884); (c) C. r. **97**, 623 (1883); **94**, 1441, 1625 (1882); A. Ch. [6] **2**, 197, 203 (1884); (d) C. r. **95**, 159, 1193, 1332 (1882); A. Ch. [6] **2**, 230, 246 (1884); Chem. N. **47**, 16 (1883); (e) C. r. **95**, 412, 503 (1882); A. Ch. [6] **2**, 214, 227 (1884); Chem. N. **46**, 152, 165 (1882); (f) C. r. **95**, 703 (1882); A. Ch. [6] **2**, 237 (1884); Chem.-N. **46**, 211 (1882); (g) C. r. **97**, 730 (1883); A. Ch. [6] **2**, 199 (1884); Chem. N. **48**, 197 (1883); (h) C. r. **96**, 1839 (1883); **97**, 66 (1883); A. Ch. [6] **2**, 243 (1884); Chem. N. **48**, 15, 148 (1883); (i) C. r. **95**, 1332 (1882); **96**, 152, 1696, 1838 (1883); A. Ch. [6] **2**, 247 (1884); Chem. N. **47**, 17, 100, 299 (1883); **48**, 15 (1883).

MOSER, L. u. A. BRUKL: Monatsh. **51**, 328 (1929).

PAPISH, J. u. L. E. HOAG: J. Am. Ch. Soc. **50**, 2118 (1928). — PAPISH, J. u. D. A. HOLT: J. physic. Chem. **32**, 145 (1928). — PORTER, L. E. u. P. E. BROWNING: J. Am. Ch. Soc. **43**, 113 (1921). — PUTNAM, P. C., E. S. ROBERTS u. D. H. SELCHOW: Am. J. Sci. [5] **15**, 425 (1928).

RICE, A. C., H. C. FOGG u. C. JAMES: J. Am. Ch. Soc. **48**, 895 (1926). — RICHARDS, T. W u. S. BOYER: J. Am. Ch. Soc. **43**, 281 (1921). — RIENÄCKER, G.: Unveröffentlichte Versuche (1941).

SCHERRER, J. A.: J. Research nat. Bur. Stand. **15**, 585 (1935). — SWIFT, E. H.: J. Am. Soc. **46**, 2379 (1924).

TÖPELMANN, H.: Schnellanalyse anorganischer Stoffe durch Verdampfen auf trockenem Wege, in: Physikalische Methoden der analytischen Chemie, herausgeg. von W. BÖTTGER, 3. Teil, S. 75f. Leipzig 1939.

WADA, I. u. R. ISHII: Sci. Pap. Inst. Tokyo **34**, 787 (1937/38). — WAINER, E.: J. Am. Ch. Soc. **56**, 348 (1934).

§ 8. Anreicherung des Galliums bei der Analyse sehr galliumarmer Proben.

Zur quantitativen Analyse sehr galliumarmer Proben, z. B. von Mineralien und technischen Produkten, zum Zwecke der Bestimmung des Galliumgehaltes ist als rasche und zuverlässige Methode besonders die spektroskopische Bestimmung zu empfehlen. Eine gravimetrische Analyse derartiger Proben erfordert außerordentlich große Einwagen, so daß die Analyse dann auf eine Aufarbeitung und präparative Darstellung des Galliums mit quantitativen Methoden hinausläuft. Deshalb soll hier davon abgesehen werden, spezielle Anreicherungsverfahren zu beschreiben; es wird im folgenden nur ein Hinweis auf das Schrifttum gegeben. Es handelt sich bei den meisten Arbeiten um Verfahren zur Extraktion und Gewinnung des Galliums durch Aufarbeitung der jeweils in Klammern angegebenen Materialien.

Literatur.

BERG, R. u. W. KEIL: Z. anorg. Ch. **209**, 383 (1932) (Germanit). — BOULANGER, C. u. J. BARDET: C. r. **157**, 718 (1913) (Aluminium).

CRAIGH, W. M. u. G. W. DRAKE: Am. Soc. **56**, 584 (1934) (Blei bzw. Bleirückstände aus Handelszink).

EHRLICH, L.: Ch. Z. **9**, 78 (1885) (Zinkblende).

FEIT, W.: Angew. Ch. **46**, 216 (1933); Öst. Ch. Z. **35**, 137 (1932) (Mansfelder Kupferschiefer). FOGG, H. C. u. C. JAMES: Am. Soc. **41**, 947 (1919) (Zinkoxyd aus Retortenrückständen). — FOSTER, L. S., W. C. JOHNSON u. C. A. KRAUS: Am. Soc. **57**, 1828, 1832 (1935) (Germanit).

GRINBERG, A. A., A. N. FILIPPOW u. I. I. JASWONSKI: C. r. Acad. U. R. S. S. **1933**, 66, 69 (Aufbereitungsprodukte, Konzentrate sulfidischer Erze).

HARTLEY, W. N. u. H. RAMAGE: Pr. Roy. Soc. **60**, 393 (1896/97) (Roheisen aus Toneisenstein).

JAMES, C. u. H. C. FOGG: Am. Soc. **51**, 1459 (1929) (Zinkoxyd aus Retortenrückständen). — JUNGFLEISCH, E.: Bl. Soc. Chim. [2] **31**, 50 (1879). — JUNGFLEISCH, E. u. LECOQ DE BOISBAUDRAN: B. **12**, 382 (1879) (Zinkblende).

KEIL, W.: Z. anorg. Ch. **152**, 103 (1926) (Germanit). — KRIESEL, F. W.: Ch. Z. **48**, 961 (1924) (Germanit). — KUNERT, G.: Ch. Z. **9**, 1826 (1885) (Zinkblende).

LECOQ DE BOISBAUDRAN: C. r. **82**, 1098; **83**, 636 (1876); Bl. Soc. Chim. [2] **25**, 521; **26**, 437 (1876); Ann. Chim. Phys. [5] **10**, 129, 134 (1877); Chem. N. **33**, 230; **34**, 173 (1876); **35**, 167 (1877) (Zinkblende). — LECOQ DE BOISBAUDRAN u. E. JUNGFLEISCH: C. r. **86**, 475 (1878) (Zinkblende). — LLORD y GAMBOA, R.: An. Espan. **21**, 280 (1923) (Aluminium).

MORGAN, G. T.: J. chem. Soc. **1935**, 566 (Kohlenasche).

OBERHAUSER, F. u. P. RIPOLL: Univ. Chile An. Fac. Fil. Educ. Secc. Quim. **1934**, 45; C. **1936 I**, 527 (Chilenische Sande).

PAPISH, J. u. D. A. HOLT: J. physic. Chem. **32**, 145 (1928) (Lepidolith). — PATNODE, W. J. u. R. W. WORK: Ind. eng. Chem. **23**, 204 (1931) (Germanit). — PUTNAN, P. C., E. J. ROBERTS u. D. H. SELCHOW: Am. J. Sci. [5] **15**, 425 (1928) (Zinkblende, Sphalerit).

RICHARDS, T. W. u. W. M. CRAIGH: J. Am. Ch. Soc. **45**, 1156 (1923) (Blei bzw. Bleirückstände aus Handelszink). — ROSE, H. u. R. BÖSE: Naturwiss. **23**, 354 (1935) (Aquamarin).

SCHERRER, J. A.: J. Res. Nat. Bureau of Standards **15**, 585 (1935) (Aluminium). — SMITH, D. M.: J. Inst. Met. **56**, 264 (1935) (Aluminium).

THOMAS, J. S. u. W. PUGH: J. chem. Soc. **125**, 816, 822 (1924) (Germanit).

URBAIN, G.: C. r. **149**, 602 (1909) (Zinkblende).

WAINER, E.: J. Am. Ch. Soc. **56**, 348 (1934) (Anreicherung in Erzen)

Indium.

In, Atomgewicht 114,76. Ordnungszahl 49.

Von GÜNTHER RIENÄCKER, Göttingen.

Inhaltsübersicht.

Bestimmungsmöglichkeiten.

Unter den Bedingungen der Analyse kann Indium nur in Form 3wertiger Verbindungen vorliegen.

Indium kann bestimmt werden:

A. Gewichtsanalytisch:

1. Als Oxyd In_2O_3 nach Fällung des Hydroxyds mit Basen, insbesondere mit Ammoniak, oder nach Fällung des Hydroxyds infolge Hydrolyse, am besten nach Zusatz von Kaliumcyanat.

2. Als Indiumsulfid In_2S_3 nach Fällung mit Schwefelwasserstoff oder nach Überführung des Oxyds in Sulfid im trockenen Schwefelwasserstoffstrom.

3. Als Indiumoxychinolat $In(C_9H_6NO)_3$.

4. Als Indiumorthophosphat, $InPO_4$.

5. Als Indium-Hexamminkobaltichlorid, $InCo(NH_3)_6Cl_6$.

6. Als Indiumdiäthyldithiocarbamat, $In[SCS \cdot N(C_2H_5)_2]_3$.

7. Als Indiummetall nach elektrolytischer Abscheidung.

B. Maßanalytisch:

1. Durch Fällung als Kalium-Indium-Ferrocyanid unter potentiometrischer Indizierung des Endpunktes oder Indizierung mittels Redoxindicators.

2. Durch bromometrische Titration des Indiumoxychinolates.

C. Optisch:

Durch spektralanalytische Bestimmung und durch röntgenspektrographische Bestimmung.

Eignung der wichtigsten Verfahren.

Von den gravimetrischen Verfahren sind die Bestimmung als Sulfid und Oxychinolat sehr genau, gut ist auch die Bestimmung als Oxyd nach Fällung mit Ammoniak oder Kaliumcyanat. Dagegen ist die elektrolytische Abscheidung nicht zu empfehlen.

Welches Verfahren zu wählen ist, hängt im wesentlichen von den vorhandenen Begleitelementen ab. Die Fällungen mit Schwefelwasserstoff und mit Kaliumcyanat bieten manche wertvolle Trennungsmöglichkeit, vor allem auch von wichtigen und häufigen Begleitelementen, wie Eisen, Aluminium, Zink usw. Die Trennungen werden erst dann schwierig, wenn es sich um die Bestimmung des Indiums in sehr geringen Mengen neben zahlreichen Begleitelementen handelt.

Als beste Methode zur Bestimmung kleiner Mengen Indium ist die Spektralanalyse zu empfehlen, die deshalb von besonderer Wichtigkeit ist, weil das Indium keine eigenen Mineralien bildet, sondern nur in äußerst geringen Mengen selten in anderen Mineralien enthalten ist. Eine Bestimmung auf chemisch-analytischem Wege ist in solchen Fällen jedenfalls mit den sonst bei der Analyse üblichen Ansätzen aussichtslos; auch bei sehr großen Einwagen ist eine Analyse auf chemischem Wege sehr schwierig, da die stets nur spurenweise vorhandenen Indiummengen durch Mitreißen oder Adsorption leicht verloren werden.

Die chemische Analyse des Indiums hat also nur Bedeutung zur Bestimmung des Indiums in Konzentraten, technischen Produkten, Präparaten, Legierungen u. dgl.

Vorbereitung des Untersuchungsmaterials.

Aus dem oben Gesagten ergibt sich, daß allgemeine Regeln für die Vorbereitung des Untersuchungsmaterials nicht gegeben werden können.

An sich haben Indium und Indiumverbindungen einige Ähnlichkeit mit Zink und seinen Verbindungen. Das Metall ist in Säure löslich, so daß Legierungsproben so zu lösen sind, wie bei Zinklegierungen verfahren wird. Auch die Verbindungen des Indiums sind in Säure löslich. Oxydisches oder silicatisches Material kann in üblicher Weise aufgeschlossen werden, falls es durch Säuren nicht zersetzt wird.

Zu beachten ist nur, daß Indiumverbindungen, auch Indiumoxyd, in Gegenwart von Ammoniumchlorid bei höheren Temperaturen beträchtlich flüchtig sind; Abrauchen in Gegenwart von Chlorid und Ammoniumsalz muß daher unter allen Umständen vermieden werden.

Bestimmungsmethoden.

§ 1. Bestimmung als Indium-3-oxyd.

In_2O_3. Molekulargewicht 277,52.

Allgemeines.

Übersicht über die Abscheidungsmethoden. Indium kann zur Bestimmung als Indiumoxyd aus Lösung als Hydroxyd $In(OH)_3$ abgeschieden werden durch Fällung mit Ammoniak, mit organischen Basen oder durch Salze schwacher Säuren, die eine Abscheidung des Hydroxyds infolge Hydrolyse bewirken. Das Indiumhydroxyd ist nur sehr schwach amphoter, so daß in entsprechend gepufferten Lösungen leicht eine vollständige Fällung möglich ist.

Die Niederschläge werden durch Glühen in Oxyd überführt.

Überführung des Indiumhydroxyds in Oxyd und Wägung. Indium-3-oxyd, In_2O_3, ist gelb, bei höheren Temperaturen braun bis braunrot, der Schmelzpunkt liegt nach KLEMM und VON VOGEL bei etwa 2000°, nach GOLDSCHMIDT, BARTH und LUNDE sogar noch höher. Beim Erhitzen über 1000 bis 1200° gibt es unter partiellem Übergang in In_2O Sauerstoff ab, vor allem bei Anwesenheit reduzierender Gase (THIEL und KOELSCH), In_2O kann aber leicht an der Luft wieder oxydiert werden. Beim Glühen an der Luft soll In_2O_3 bis 1700° nicht merklich flüchtig sein (THIEL und LUCKMANN). Schwach geglühtes Indiumoxyd ist hygroskopisch, stark geglühtes (z. B. längere Zeit bei 850° und kurz auf 1000° erhitztes) hingegen nicht (THIEL und LUCKMANN; MOSER und SIEGMANN).

Die Entwässerung des Indiumhydroxyd unter Bildung von Oxyd ist nach THIEL und LUCKMANN bei Temperaturen von 850 bis 860° noch nicht ganz vollständig, die so erhaltenen Produkte sind etwas zu schwer, durchschnittlich um 0,59%, z. B. 0,0883 g In_2O_3 statt 0,0878 g oder 0,1531 g statt 0,1521 g. Auch KLEMM und VON VOGEL bestätigen dies. Längeres Erhitzen auf 1000° bewirkt sicher völlige Entwässerung, es besteht jedoch dann die Gefahr von Sauerstoffverlust. Unter Berücksichtigung aller dieser Umstände verfährt man am besten nach folgender Arbeitsvorschrift von MOSER und SIEGMANN: Der vorgetrocknete Niederschlag wird samt Filter im offenen Porzellan- oder Quarztiegel in gut oxydierender Atmosphäre nach und nach auf Rotglut gebracht (BUNSEN-Brenner) und zuletzt etwa eine Viertelstunde vor dem Gebläse geglüht. Da er nicht hygroskopisch ist, kann er im offenen Tiegel gewogen werden. HILLEBRAND und LUNDELL empfehlen Verglühen im elektrischen oder Muffelofen; beim Verglühen über Flammen setzt man zweckmäßig den Tiegel in eine durchbohrte Asbestscheibe, um den Inhalt vor Flammengasen zu schützen. Zur Kontrolle eignet sich sehr die Umwandlung in Indiumsulfid (s. S. 586).

Fällungsverfahren.

A. Fällung mit Ammoniak.

Vorbemerkung. $In(OH)_3$ fällt aus Indiumsalzlösungen mit Ammoniak als schleimiges, sehr voluminöses Gel, das in der Hitze nach einiger Zeit in eine körnige, gut filtrierbare Form übergeht (THIEL und KOELSCH; THIEL und LUCKMANN; MOSER und SIEGMANN). Ganz frisch gefälltes, schleimiges Hydroxyd ist nach THIEL und LUCKMANN in größeren Ammoniaküberschüssen merklich löslich, die Löslichkeit nimmt mit zunehmendem Alterungsgrad ab; nach MOSER und SIEGMANN werden durch 10%iges Ammoniak in Gegenwart von 10% Ammoniumchlorid keine wägbaren Mengen Indiumhydroxyd gelöst, so daß für die praktische Analyse ein Verlust durch Auflösung in überschüssigem Fällungsmittel bei vorschriftsmäßiger Arbeit nicht zu befürchten ist.

Beim Auswaschen des Niederschlages ist unbedingt auf Chloridfreiheit zu achten, da Indiumoxyd in Gegenwart von Ammoniumchlorid merklich flüchtig ist.

***Arbeitsvorschrift nach* MOSER *und* SIEGMANN.** Die Lösung des Indium-3-Salzes (Chlorid, Nitrat oder Sulfat), die ammoniumsalzfrei oder ammoniumsalzhaltig sein darf, wird in der Wärme mit einem Überschuß an Ammoniak versetzt und so lange im schwachen Sieden erhalten, bis der zuerst flockige Niederschlag dicht geworden ist. Dann wird heiß filtriert und mit heißem Wasser sorgfältig gewaschen, wobei zu beachten ist, daß bei Fällung aus chloridhaltigen Lösungen bis zur Chlorfreiheit zu waschen ist. Der Niederschlag wird mit dem Filter getrocknet und verascht, wie es oben angegeben ist.

***Bemerkungen.* I. Genauigkeit.** Nach MOSER und SIEGMANN liefert die Methode genaue Resultate.

II. Einfluß anderer Bestandteile. Die Fällung ist keineswegs spezifisch. Ob sie eine Abtrennung des Indiums von den an sich nicht durch Ammoniak fällbaren

Metallen erlaubt, scheint nicht ausführlich untersucht zu sein. Auch alte Angaben über eine Trennungsmöglichkeit von Indium und Thallium (BÖTTGER), ferner von Indium und Cadmium (RÖSSLER und WOLF) mit Ammoniak sind offenbar mit modernen Methoden nicht überprüft. In Gegenwart geringer Zinkmengen ist die Fällung jedoch möglich (s. S. 596 u. 597). Es sei im übrigen auf die gute Trennungsmöglichkeit des Indiums von einigen 2wertigen Metallen mit Hilfe der Fällung des $In(OH)_3$ durch Hydrolyse mit Cyanat (S. 584) verwiesen. In Weinsäure löst sich $In(OH)_3$ auf (MEYER); Tartrat verhindert die Fällung des Indiumhydroxyds.

B. Fällung mit organischen Basen.

Das schwach basische Indiumhydroxyd kann statt mit Ammoniak auch mit organischen Basen gefällt werden. Nach RENZ erfolgt quantitative Fällung mit Dimethylamin, Guanidin und Piperidin, nach MOSER und SIEGMANN auch mit Hexamethylentetramin und mit Pyridin. Jedoch sind diese Fällungsmethoden der Fällung mit Ammoniak in keiner Weise überlegen, weil sie auch nicht spezifischer sind.

C. Fällung durch Hydrolyse.

1. Fällung mit Kaliumcyanat nach MOSER und SIEGMANN.

Vorbemerkung. In Gegenwart von Cyanat-Ion wird Indiumhydroxyd infolge Hydrolyse quantitativ niedergeschlagen, der Niederschlag ist bei geeigneter Fällung gut filtrierbar, vor allem ist die Fällung mit gutem Erfolge in Gegenwart verschiedener anderer Metalle auszuführen, so daß diese Methode Trennungsmöglichkeiten bietet.

Arbeitsvorschrift. Die schwach saure, ammoniumsalzhaltige oder ammoniumsalzfreie Lösung, deren Volumen 200 bis 400 cm³ beträgt, wird nach Zugabe einiger Tropfen Methylorange bei Zimmertemperatur mit so viel 10%iger Kaliumcyanatlösung versetzt, daß die Farbe der Lösung nach Gelb umschlägt. Es wird zum Sieden erhitzt, wobei sich Indiumhydroxyd in dichter Form abscheidet; der Niederschlag wird durch ein Papierfilter abfiltriert, mit heißem Wasser chlorfrei gewaschen und nach der Vorschrift auf S. 583 zu Oxyd verglüht.

Bemerkungen. **I. Genauigkeit.** Die Methode liefert nach MOSER und SIEGMANN gute Ergebnisse.

II. Einfluß anderer Bestandteile. Die Cyanatfällung kann mit gutem Erfolg zur Trennung des Indiums von Zink, Nickel, Kobalt und 6wertigem Chrom benutzt werden, man muß die Ausfällung der Hydroxyde der Begleitmetalle dann durch geeignete Zusätze verhindern. Nähere Vorschriften siehe § 11. Mangan fällt stets zum Teil mit dem Indiumhydroxyd aus.

2. Weitere Vorschläge.

MOSER und SIEGMANN konnten Indiumhydroxyd quantitativ durch Hydrolyse in Gegenwart von Ammoniumnitrit fällen, die Fällung ist feinkörnig und bietet aber im übrigen nicht die Trennungsmöglichkeiten, wie sie mit der Cyanatmethode gegeben sind. Hydrolyse durch Bromid-Bromat führt zu einer zu hohen Endacidität, so daß die Fällung nicht quantitativ ist, Hydrolyse mit Jodid-Jodat führt nach THIEL und KOELSCH zu neutraler Reaktion der Lösung, wodurch zwar das Indium quantitativ gefällt wird, aber keine Trennungsmöglichkeiten gegeben sind. Außerdem ist der Niederschlag schwer auszuwaschen. Durch Alkalicarbonat wird Indiumhydroxyd ebenfalls quantitativ gefällt (s. S. 595 u. 600).

Bei der Hydrolyse in Gegenwart von Acetat verhält sich dagegen Indium wie Aluminium, es wird nicht quantitativ gefällt.

Literatur.
BÖTTGER: J. pr. Ch. **98**, 27 (1866).
GOLDSCHMIDT, V. M., T. BARTH u. G. LUNDE: Skr. Akad. Oslo **1925**, Nr 7, S. 8, 12.
HILLEBRAND, W. F. u. G. E. F. LUNDELL: Applied Inorganic Analysis **1929**, 382.
KLEMM, W. u. H. U. v. VOGEL: Z. anorg. Ch. **219**, 46, 60 (1934).
MEYER, R. E.: A. **150**, 145 (1869). — MOSER, L. u. F. SIEGMANN: M. **55**, 16 (1930).
RENZ, C.: B. **34**, 2763 (1901). — RÖSSLER, H. u. C. WOLF: Dingl. J. **193**, 489 (1869).
THIEL, A.: Z. anorg. Ch. **40**, 298 (1904). — THIEL, A. u. H. KOELSCH: Z. anorg. Ch. **66**, 293 (1910). — THIEL, A. u. H. LUCKMANN: Z. anorg. Ch. **172**, 358 (1928).

§ 2. Bestimmung als Indium-3-sulfid.

In_2S_3. Molekulargewicht 325,70.

Vorbemerkung. $In^{\cdots}$-Ion ist sowohl aus alkalischer als auch aus sehr schwach saurer Lösung als Sulfid zu fällen. Mit Ammoniumsulfid oder Natriumsulfid fällt aus tartrathaltiger ammoniakalischer Lösung ein weißer Niederschlag, der wahrscheinlich aus Hydrosulfid besteht, er ist in überschüssigem warmem Ammoniumsulfid löslich. Aus saurer Lösung fällt durch Schwefelwasserstoff hellgelbes Indiumsulfid (In_2S_3) (REICH und RICHTER; WINKLER; MEYER; vgl. auch GMELIN).

Die Fällung in saurer Lösung ist quantitativ entweder in acetathaltiger essigsaurer Lösung (THIEL und LUCKMANN) oder in sehr schwach salzsaurer Lösung. Bei Fällung aus salzsaurer Lösung tritt nur aus 0,03 bis 0,05 n HCl quantitative Abscheidung ein (MOSER und SIEGMANN), in 0,6 n HCl wird Indium nicht gefällt, in 0,3 n HCl nur teilweise, besonders in Gegenwart anderer durch Schwefelwasserstoff fällbarer Metalle (WADA und ATO). Es ist damit zu rechnen, daß bei Fällung anderer Metalle in Gegenwart von Indium durch Schwefelwasserstoff in stärker salzsaurer Lösung Indium teilweise mitgerissen wird (s. S. 594). Zur Einzelbestimmung sind beide Methoden gleichwertig. Die Fällung in schwach salzsaurer Lösung bietet die Möglichkeit zu Trennungen, weshalb sie in solchen Fällen mit Vorteil anzuwenden ist.

Die Bestimmung geschieht durch Auswage als In_2S_3, das in der Hitze nicht merklich flüchtig ist, beim Erhitzen an Luft jedoch oxydiert wird. Die erhaltenen Niederschläge müssen daher im luftfreien Kohlendioxydstrom oder noch besser im Schwefelwasserstoffstrom bis zur Gewichtskonstanz erhitzt werden; man erhält so ein sehr gut definiertes rotes Indiumsulfid, das eine Indiumbestimmung von hoher Präzision erlaubt. Auch In_2O_3 läßt sich durch Erhitzen im Schwefelwasserstoffstrom in definiertes In_2S_3 überführen, wovon man mit Vorteil zur Kontrolle der Auswagen als In_2O_3 Gebrauch machen kann.

1. Fällung in essigsaurer Lösung nach THIEL und LUCKMANN.

Die zu analysierende Indiumlösung wird nötigenfalls durch Eindampfen oder durch Abstumpfen von überschüssiger starker Säure befreit, auf je 0,1 g In mit 30 cm³ 2 n Essigsäure und 10 cm³ 2 n Ammoniak versetzt und auf 100 cm³ verdünnt. Die Lösung hat dann ein p_H von etwa 4. Nach dem Erhitzen bis nahe zum Sieden wird Schwefelwasserstoff eingeleitet und das Einleiten bis zum Erkalten der Lösung fortgesetzt. Der hellgelbe Niederschlag setzt sich gut ab und wird durch einen Porzellanfiltertiegel abfiltriert. Man wäscht aus mit 0,2 n Ammoniumacetat. Erhitzen und Wägen des Niederschlages vgl. nächsten Abschnitt.

2. Fällung aus salzsaurer Lösung nach MOSER und SIEGMANN.

Die zu analysierende Lösung wird genau auf eine Salzsäurekonzentration von 0,03 bis 0,05 n gebracht, wie oben angegeben gefällt und filtriert.

Überführung des Niederschlages in eine wägbare Form. Nach MOSER und SIEGMANN wird der Filtertiegel mit dem Niederschlag im Luftbade in einem Strom von trockenem Schwefelwasserstoff auf 350 bis 400° erhitzt, man läßt in diesem Gase erkalten. Diese Operation wird zur Prüfung auf Gewichtskonstanz wiederholt. THIEL und LUCKMANN empfehlen Erhitzen auf 500 bis 600° in einem Luftbade aus Jenaer Glas in einem Strom von luftfreiem Kohlendioxyd, nachdem man etwas reinen Schwefel auf den Niederschlag im Tiegel gegeben hat, oder auch Erhitzen im Schwefelwasserstoffstrom auf 350 bis 450°. Im allgemeinen genügt eine Erhitzungsdauer von 30 Min.

Zur Überführung von Indiumoxyd in Indiumsulfid wird das Oxyd in der gleichen Weise bei 350 bis 400° im Schwefelwasserstoffstrom erhitzt, es ist in rund 30 bis 45 Min. glatt in Sulfid umgewandelt.

***Bemerkungen.* I. Genauigkeit.** Nach beiden Verfahren erhält man sehr gute Ergebnisse, die Werte der Beleganalysen mit 20 bis 600 mg Indiumsulfid weichen im allgemeinen nicht mehr als um 0,1 bis 0,3 mg vom theoretischen Wert ab. Auch die Überführung des Oxyds in Sulfid gelingt mit der gleichen Genauigkeit.

II. Einfluß anderer Bestandteile. Die Methode eignet sich zur Bestimmung des Indiums in Gegenwart anderer, durch Schwefelwasserstoff in saurer Lösung nicht fällbarer Metalle; besonders sind Vorschriften zur Trennung des Indiums von Mangan, Eisen und Aluminium mit Schwefelwasserstoff ausgearbeitet, die in § 11 wiedergegeben werden.

III. Volumen der Lösung. Bei Fällung kleiner Indiummengen soll das Volumen nicht mehr als 100 cm^3 auf je 10 mg In_2O_3 betragen, da sonst das Sulfid in schlecht filtrierbarer Form ausfällt (MOSER und SIEGMANN).

Literatur.

GMELINS Handbuch der anorganischen Chemie, 8. Aufl. Syst.-Nr 37, Indium, S. 98—99 (1936).

MEYER, R. E.: Diss. Göttingen 1868, S. 43; A. **150**, 153 (1869). — MOSER, L. u. F. SIEGMANN: M. **55**, 18 (1930).

REICH, F. u. TH. RICHTER: J. pr. **92**, 482 (1864).

THIEL, A. u. H. LUCKMANN: Z. anorg. Ch. **172**, 359 (1928).

WADA, I. u. S. ATO: Sci. Pap. Inst. Tokyo **1**, 58, 65 (1922—1924). — WINKLER, CL.: J. pr. **94**, 8 (1865); **102**, 288, 294 (1867).

§ 3. Bestimmung des Indiums nach Fällung mit 8-Oxychinolin nach GEILMANN und WRIGGE.

Allgemeines. In essigsaurer, acetathaltiger Lösung und in schwach mineralsaurer Lösung vom p_H 2,5 bis 3 wird Indium durch 8-Oxychinolin als Indiumoxychinolat von der Formel $In(C_9H_6NO)_3$ gefällt. Der Niederschlag ist in starken Säuren löslich. In acetathaltiger, aber zu schwach essigsaurer Lösung fällt das Oxychinolat nicht rein, sondern vermischt mit Indiumhydroxyd aus.

Die Reaktion ist in essigsaurer, acetathaltiger Lösung sehr empfindlich; 0,2 mg In in 50 cm^3 geben sofort eine Fällung, nach 16stündigem Stehen geben sogar Mengen von 0,01 mg in diesem Volumen noch eine Trübung, so daß die Fällbarkeitsgrenze bei einer Verdünnung von $1:5 \cdot 10^6$ liegt.

Indiumoxychinolat läßt sich bei 110 bis 150° gewichtskonstant trocknen, seine Zusammensetzung entspricht dann der oben angegebenen Formel mit einem Indiumgehalt von 20,99%; Umrechnungsfaktor auf Indium: 0,2099 (log: 0,32203 —1), auf Indiumoxyd: 0,2538 (log: 0,40448 —1). Indiumoxychinolat ist wenig löslich in kaltem Wasser (0,2 bis 0,4 mg beim Durchsaugen von 100 bis 400 cm^3 H_2O von 20°), merklich löslich jedoch in heißem Wasser (rund 2 mg in 200 cm^3) und in wäßrigem Alkohol (2 mg in 100 cm^3 10%igem, 57 mg in 100 cm^3 50%igem Alkohol), so daß größere Alkoholmengen nicht zugegen sein dürfen.

Beim Erhitzen auf höhere Temperatur schmilzt das Indiumoxychinolat unter Zersetzung und teilweiser Verflüchtigung, im Vakuum ist es destillierbar. Aus diesem Grunde dürfen die Niederschläge zum Zwecke der Auswage oder der Wiedergewinnung des Indiums nicht verglüht werden, es können so Verluste bis zu 40% des Indiums auftreten. Zur Wiedergewinnung wird die Fällung mit konzentrierter Schwefelsäure unter tropfenweisem Zusatz von Salpetersäure abgeraucht, nach Zerstörung der organischen Substanz kann das Indium mit Ammoniak gefällt werden.

Die Bestimmung des Indiums kann mit großer Genauigkeit entweder gravimetrisch durch Auswage des getrockneten Oxychinolats erfolgen oder maßanalytisch durch bromometrische Titration des Oxychinolats.

A. Gewichtsanalytische Bestimmung.

Fällungsreagens. a) 5%ige alkoholische Oxychinolinlösung, oder b) 3%ige Oxychinolinlösung in Ammoniumacetat.

Herstellung von b): 6 g 8-Oxychinolin werden mit 6 g Eisessig innig verrieben, mit 150 cm³ heißem Wasser aufgenommen und tropfenweise mit Ammoniak bis zum Auftreten einer Trübung versetzt. Nach dem Verdünnen auf 200 cm³ und dem Erkalten wird filtriert. Bei der Bestimmung größerer Indiummengen ist das Reagens b) dem Reagens a) vorzuziehen, damit nicht zu große Alkoholmengen eingeführt werden, in denen der Niederschlag merklich löslich ist.

Arbeitsvorschrift. Die Indiumlösung soll von überschüssiger Säure möglichst frei sein, sie wird mit Essigsäure, Natriumacetat und heißem Wasser je nach Indiumgehalt in folgenden Mengen versetzt:

unter 5 mg In: 0,5 g Natriumacetat, 0,5 cm³ Eisessig, Volumen: 50 cm³.
5 bis 15 mg In: 1 g Natriumacetat, 1 cm³ Eisessig, Volumen: 100 cm³.
15 bis 100 mg In: 2 g Natriumacetat, 2 cm³ Eisessig, Volumen: 200 cm³.

Die Lösung wird unter Umrühren tropfenweise mit Oxychinolinlösung in geringem Überschuß bei 70 bis 80° gefällt, man läßt unter mehrfachem Umrühren erkalten und mindestens 2 bis 3 Std. stehen, dann wird durch einen Filtertiegel filtriert. Dabei überführt man den Niederschlag mit wenig heißem Wasser in den Filtertiegel, um die Hauptmenge Fällungsreagens zu entfernen, und wäscht dann mit kaltem Wasser oxychinolinfrei, was am Verschwinden der Gelbfärbung des Waschwassers zu erkennen ist. Je nach der Niederschlagsmenge braucht man 25 bis 75 cm³ kaltes Wasser. Man trocknet bei etwa 120° bis zur Gewichtskonstanz, die meist nach 1 bis $1^1/_2$ Std. erreicht ist.

Bemerkungen. **I. Genauigkeit.** Die Bestimmung ist sehr genau, die Resultate der Beleganalysen mit 1 bis 60 mg Indium wichen meist um weniger als 0,1 mg vom theoretischen Wert ab.

II. Einfluß anderer Bestandteile. Die Fällung des Indiums in Gegenwart anderer Metalle ist nicht untersucht, jedoch dürfte die Methode nicht spezifisch sein, Gallium, Aluminium, Eisen, Zink usw. fallen sicher mindestens teilweise mit aus.

B. Maßanalytische Bestimmung.

Vorbemerkung. Die maßanalytische Bestimmung gefällter Oxychinolate ist durch bromometrische Titration möglich. Oxychinolin reagiert als Phenol und bindet 2 Atome Brom unter Bildung von 5,7-Dibromoxychinolin nach der Gleichung:

$$C_7H_9ON + 2\,Br_2 = C_9H_5ONBr_2 + 2\,HBr\,.$$

Das erforderliche Brom entsteht durch Reaktion von Bromat und Bromid in salzsaurer Lösung, der Endpunkt wird so erkannt, daß man einen geeigneten Indicator zusetzt, der durch überschüssiges Brom zerstört wird. Über die bromometrische Titration von Oxychinolaten vgl. im übrigen z. B. Bd. IIa des Teiles III dieses Handbuches, S. 172f. 1 cm³ $KBrO_3$ (0,1 n) entspricht 0,9575 mg Indium.

Arbeitsvorschrift. Die Fällung des Indiumoxychinolats wird in der gleichen Weise vorgenommen, wie es bei der gewichtsanalytischen Bestimmung beschrieben ist; der Niederschlag wird auf einem Papierfilter gesammelt und mit warmer 10- bis 15%iger Salzsäure in den Titrationskolben gelöst. Dann wird mit 1 bis 2 g festem Kaliumbromid versetzt und nach Zusatz von Methylorange oder Methylrot in üblicher Weise mit Kaliumbromatlösung titriert.

Bemerkung. **Genauigkeit.** Die maßanalytische Bestimmung wurde von GEILMANN und WRIGGE mit der gleichen Genauigkeit bei Mengen von 6 bis 70 mg Indium ausgeführt wie die gewichtsanalytische Bestimmung.

Literatur.

GEILMANN, W. u. F. W. WRIGGE: Z. anorg. Ch. **209**, 129 (1932).

§ 4. Fällung mit Kaliumferrocyanid.

Allgemeines. Aus Indiumlösungen fällt auf Zusatz von Kaliumferrocyanid ein Niederschlag aus, der Indium und Eisen im Verhältnis 5:4 enthält und welchem dementsprechend die Formel $In_5K[Fe(CN)_6]_4$ zugeschrieben wird. Der Niederschlag ist in Essigsäure, Salpetersäure und Salzsäure (unter 4 n HCl) unlöslich, das Indiumferricyanid ist hingegen löslich. Infolgedessen wird bei Fällung des Indiums mit einer ferricyanidhaltigen Ferrocyanidlösung das an einer Platinelektrode meßbare Redoxpotential $[Fe(CN)_6]''''/[Fe(CN)_6]'''$ nach beendigter Fällung sprunghaft unedler werden wegen des Auftretens größerer $[Fe(CN)_6]''''$-Konzentrationen, so daß damit sowohl die Möglichkeit der potentiometrischen Indizierung des Endpunktes als auch der Titration mit Hilfe eines Redoxindicators gegeben ist. Beide Methoden sind ausgearbeitet worden.

A. Maßanalytische Bestimmung des Indiums mit Ferrocyanid unter Verwendung eines Redoxindicators nach HOPE, ROSS und SKELLY.

Vorbemerkung. Für diese Titration wird als Redoxindicator Diphenylbenzidin benutzt (2 g Diphenylbenzidin in 100 cm³ nitratfreier konzentrierter Salpetersäure). Maßlösung: Lösung von 2,5 g $K_4[Fe(CN)_6] \cdot 3\,H_2O + 0{,}2$ g $K_3[Fe(CN)_6]$ im Liter, die gegen Indium eingestellt ist.

Arbeitsvorschrift. Die etwa 10 bis 15 mg Indium enthaltende chloridfreie Lösung wird mit Eisessig bis zu einem Säuregehalt von etwa 40% versetzt und gekühlt. Nach Zusatz von 2 Tropfen der Indicatorlösung wird unter Schütteln mit der Maßlösung titriert. Die Farbe schlägt scharf von Schieferblau nach Erbsengrün um. Bei Gegenwart von 3wertigem Eisen wird genügend Kaliumfluorid zugesetzt, um das Eisen als $[FeF_6]'''$ komplex zu binden, und die Essigsäurekonzentration auf 60% gebracht; der Farbumschlag erfolgt dann von Dunkelgrün nach Hellblau.

B. Maßanalytische Bestimmung des Indiums mit Ferrocyanid auf potentiometrischem Wege nach BRAY und KIRSCHMAN.

Vorbemerkung. Zur potentiometrischen Bestimmung wird die Fällung am besten in verdünnt salzsaurer Lösung ausgeführt, die Konzentration der HCl soll höchstens 0,05 n betragen. Größere Säurekonzentrationen verkleinern den Potentialsprung, der sich zudem dann noch über ein größeres Intervall verteilt. Den gleichen nachteiligen Einfluß üben größere Mengen von Neutralsalzen aus. Vermutlich wird auch die Zusammensetzung des Niederschlages in stärker saurer Lösung sich ändern, vor allem wegen der Möglichkeit der Bildung von Berlinerblau (s. Gallium § 4), diese Verhältnisse sind hier nicht näher untersucht. Während der Titration stellt sich das Potential befriedigend rasch ein (in rund 30 Sek.), noch rascher in unmittelbarer Nähe des Endpunktes. Am besten wird bei Zimmertemperatur oder bei höchstens 45° gearbeitet.

Die Einstellung der Maßlösung (0,05 n $K_4[Fe(CN)_6]$ unter Zusatz von 0,5 g Kaliumferricyanid/Liter) geschieht potentiometrisch gegen eine Standard-Zinklösung.

Arbeitsvorschrift. **Apparatur:** Indicatorelektrode aus blankem Platin (z. B. Platindraht), konstante Bezugselektrode, z. B. Kalomelelektrode, elektrisch angetriebener Rührer, Einrichtung zum Messen der Potentiale, z. B. POGGENDORFsche Kompensationsschaltung. Die nahezu neutrale und möglichst neutralsalzfreie Indiumlösung wird auf eine Acidität an Salzsäure von 0,02 n gebracht und bei Zimmertemperatur unter Messung des Potentials mit der ferricyanidhaltigen Ferrocyanidlösung titriert.

Bemerkungen. **I. Genauigkeit.** Die Fehler betragen in der Regel höchstens 0,5%.

II. Einfluß anderer Bestandteile. Die Titration ist in Gegenwart anderer Kationen nicht untersucht, sie ist zweifellos nicht besonders spezifisch, da eine große Anzahl anderer Metalle ebenfalls unlösliche Ferrocyanide oder Ferricyanide bilden und so die Titration stören.

Literatur.

BRAY, U. B. u. H. D. KIRSCHMAN: Am. Soc. **49**, 2739 (1927).
HOPE, H. B., M. ROSS, J. F. SKELLY: Ind. Eng. Chem. Anal. Edit. **8**, 51 (1936).

§ 5. Bestimmung als Indiumorthophosphat.

Vorbemerkung. Indiumsalze bilden mit sauren und neutralen wasserlöslichen Phosphaten in neutraler oder schwach saurer Lösung Niederschläge von Indiumorthophosphat, $InPO_4$, welche sich nach ENSSLIN zur quantitativen Bestimmung des Indiums eignen. Die ausfallenden Niederschläge sind wasserhaltig, lassen sich aber durch Glühen über 800° vollkommen entwässern. Der Faktor zur Umrechnung auf Indium beträgt 0,547.

Die Fällung ist auch aus mineralsaurer Lösung noch vollständig, man erhält dann nur zu hohe Auswaagen, die nach ENSSLIN auf eine starke Adsorption freier Phosphorsäure an Indiumphosphat zurückzuführen sind. Durch Fällung von Indiumsulfat mit freier Phosphorsäure konnte so z. B. ein Niederschlag erhalten werden, der nach dem Glühen ein Verhältnis In:P = 1:1,13 aufwies.

***Arbeitsvorschrift nach* ENSSLIN.** Die Indiumlösung wird in essigsaurer Lösung, welche durch Zugabe von Ammoniumacetat zu der mineralsauren Lösung erzeugt wird, oder in schwach mineralsaurer Lösung in der Hitze mit 25 cm³ einer 10%igen Lösung von Diammoniumphosphat versetzt, wobei ein weißer Niederschlag von Indiumphosphat ausfällt. Der Niederschlag wird 15 Min. gekocht, nach dem Absitzen sofort filtriert und mit Wasser ausgewaschen. Das Filter wird feucht bei möglichst niedriger Temperatur verascht und der Niederschlag 1 Std. bei 1100° geglüht.

Bemerkungen. **I. Einstellung des Säuregrades.** Versuche über den Einfluß des Säuregehaltes ergaben, daß die besten Werte aus ursprünglich schwach mineralsauren Lösungen erhalten werden, die mit 15 cm³ 50%iger Ammoniumacetatlösung abgestumpft worden waren, oder aus neutralen Lösungen ohne Puffersubstanz bei direkter Fällung mit Diammoniumphosphat.

II. Genauigkeit. Die Ergebnisse der mitgeteilten Beleganalysen sind zufriedenstellend; Indiummengen von 200 bis 10 mg konnten mit einem Fehler von ±0,2%, von 1 mg mit einer Abweichung von 0,03 mg bestimmt werden. Ein Nachteil der Methode besteht darin, daß das Phosphat nur sehr langsam filtriert und daß das Auswaschen des Niederschlages beträchtliche Zeit erfordert.

Literatur.

ENSSLIN, F.: Met. Erz **38**, 305 (1941).

§ 6. Bestimmung als Indium-hexamminkobaltichlorid nach ENSSLIN.

Vorbemerkung. Bei Zusatz von Kobalthexamminchlorid, $Co(NH_3)_6Cl_3$, zu einer salzsauren Indiumlösung entsteht ein gelbbrauner krystalliner Niederschlag von Indium-hexamminkobaltichlorid, $InCo(NH_3)_6Cl_6$. Seine Zusammensetzung entspricht nach dem Trocknen genau der angegebenen Formel, der Umrechnungsfaktor auf Indium beträgt 0,2349.

Der Niederschlag ist in reinem Wasser leicht löslich, wesentlich schwerer jedoch in Ammoniumsalzlösungen oder Salzsäure, wie die folgenden Zahlen angeben:

Lösungsmittel	Gelöste Menge g/Liter
Wasser (20°)	10,1
5%ige Ammoniumchloridlösung (20°) . .	0,11
5%ige Salzsäure (20°)	0,0067

Man arbeitet also am besten in salzsaurer Lösung; wegen der immerhin noch merklichen Löslichkeit muß in kleinem Volumen gefällt werden und beim Auswaschen mit Vorsicht verfahren werden.

Arbeitsvorschrift. Zu der Indiumlösung (das Indium soll als Chlorid vorliegen), deren Volumen 75 cm³ nicht übersteigen soll, wird 20% ihres Volumens an konzentrierter Salzsäure zugegeben, dann fällt man das Indium in der Hitze mit einer 4%igen wäßrigen Lösung von Hexamminkobaltichlorid. Der Niederschlag scheidet sich beim Erkalten in feinkrystalliner, schwerer Form ab. Nach mindestens 12stündigem Stehen filtriert man ab, wäscht aus mit Salzsäure (1:4), die mit Indiumhexamminkobaltichlorid gesättigt ist, dann mit Alkohol und Äther, trocknet bei 105° und wägt den Niederschlag, dessen Gewicht zur Umrechnung auf Indium mit dem Faktor 0,2349 zu multiplizieren ist. Größere Mengen Indium fallen sofort, kleinere Mengen erst nach längerem Stehen aus.

Bemerkungen. **I. Genauigkeit.** Infolge der Löslichkeit des Niederschlages erhält man etwas zu niedrige Werte, der Fehler beträgt nach der oben gegebenen Arbeitsweise durchschnittlich —0,1 bis 0,5 mg; der prozentische Fehler ist infolgedessen bei großen Indiummengen relativ klein, bei kleinen aber erheblich (0,2 bis 0,5% bei 50 mg In; 10 bis 20% bei 1,3 mg In).

II. Einfluß fremder Bestandteile. Störend wirken Silber, Quecksilber, Thallium und Cadmium, welche ebenfalls ausfallen, ferner größere Mengen Eisen-III- und Kupfersalz, während Zink und Aluminium auch in größeren Mengen die Analyse nicht beeinflussen. Sulfat darf nur in kleinen Mengen vorhanden sein, da sonst Hexamminkobaltisalz ausfällt.

Literatur.

ENSSLIN, F.: Met. Erz 38, 305 (1941).

§ 7. Bestimmung als Indiumdiäthyldithiocarbamat nach ENSSLIN.

Vorbemerkung. In neutraler bis schwach saurer Lösung fällt Indium auf Zusatz von Natriumdiäthyldithiocarbamat als weißer, voluminöser Niederschlag von Indiumdiäthyldithiocarbamat, $In[SCS \cdot N(C_2H_5)_2]_3$, aus, dessen Zusammensetzung nach dem Trocknen bei 105° genau der Formel entspricht. Wegen der Beschaffenheit des Niederschlages soll die zu fällende Indiummenge 100 mg nicht überschreiten; infolge des günstigen Umrechnungsfaktors auf Indium von 0,2050 eignet sich die Methode zur Bestimmung kleiner Mengen von Indium.

Arbeitsvorschrift. Die Indiumlösung, die nicht mehr als 100 mg Indium enthalten soll, wird bei Zimmertemperatur in essigsaurer, acetatgepufferter Lösung bei einem p_H von 4 bis 5 mit einem kleinen Überschuß einer 2%igen wäßrigen Lösung von Natriumdiäthyldithiocarbamat gefällt. Ursprünglich mineralsaure Lösungen werden mit Ammoniumacetat abgestumpft, bis die Acidität den vorgeschriebenen Wert hat. Nach 8stündigem Stehen wird der weiße voluminöse Niederschlag durch einen Glasfiltertiegel abfiltriert, mit Wasser gewaschen und bei 105° getrocknet. Umrechnungsfaktor auf Indium: 0,2050.

Bemerkungen. **I. Genauigkeit.** Unter den angegebenen Bedingungen erhält man stets etwas zu niedrige Werte, und zwar um rund 0,1 bis 0,2 mg Indium bei einer angewandten Menge von 1 bis 20 mg Indium, 0,8 mg bei einer Indiummenge von 100 mg. In stärker saurer Lösung (p_H 1,2 bis 1,3), in schwach ammoniakalischer sowie in warmer Lösung sind die Abweichungen größer.

II. Einfluß fremder Bestandteile. Eine Reihe von Elementen stören die Bestimmung, insbesondere Blei, Cadmium, Zink, Kupfer, Eisen, deren Abtrennung vorher erforderlich ist (vgl. z. B. S. 596).

Literatur.

ENSSLIN, F.: Met. Erz **38**, 305 (1941).

§ 8. Bestimmung des Indiums als Metall nach elektrolytischer Abscheidung.

Das Normalpotential des Indiums beträgt — 0,34 Volt, es steht also dem Cadmium nahe. Eine vollständige elektrolytische Abscheidung derart unedler Metalle gelingt am besten in alkalischer Lösung unter Anwendung von Komplexbildnern, die ein Ausfallen des Hydroxyds verhindern, wie es bei den bekannten Verfahren der Elektrolyse des Zinks aus Zinkatlösung, des Galliums aus Gallatlösung, des Nickels aus Ammoniakatlösung usw. der Fall ist. Solche Möglichkeiten sind bei dem Indium bis jetzt noch nicht gefunden, so daß man auf die Elektrolyse in saurer Lösung angewiesen ist, die nicht sehr befriedigend ist, da die letzten Metallreste nur sehr schwierig abzuscheiden sind. Am besten arbeitet man in schwach schwefelsaurer Lösung mit einer Spannung von 5 bis 8 Volt und einer Stromstärke von 1 bis 4 Amp. Eine weitere Schwierigkeit besteht darin, daß Indium sich mit der Kathode legiert und auch etwas Platin kathodisch verstäubt, was durch Versilbern der Kathode oder durch Zusatz von Ameisensäure zum Elektrolyten weitgehend verhindert werden kann.

Da außerdem die elektrolytische Abscheidung wegen der Stellung des Indiums in der Spannungsreihe keine besonderen Trennungsmöglichkeiten bietet, ist sie als Bestimmungsmethode nicht zu empfehlen, denn zur Einzelbestimmung sind wesentlich bessere Verfahren vorhanden. Die Elektrolyse hat Bedeutung für präparative Arbeiten. Im übrigen sei auf das Schrifttum verwiesen.

Literatur.

BRAY, U. B. u. H. D. KIRSCHMAN: Am. Soc. **49**, 2739 (1927).
DENNIS, L. M. u. W. C. GEER: Am. Soc. **26**, 438 (1904).
KOLLOCK, L. G. u. E. F. SMITH: Am. Soc. **32**, 1248 (1910).
THIEL, A.: Z. anorg. Ch. **40**, 334 (1904). — THIEL, A. u. H. LUCKMANN: Z. anorg. Ch. **172**, 355 (1928).

§ 9. Spektralanalytische Bestimmung des Indiums.

Allgemeines. Eine Bestimmung des Indiums ist möglich mit Hilfe des Flammen-, Bogen- oder Funkenspektrums, ferner noch auf röntgenspektroskopischem Wege. Die letzten Linien des Indiums sind im sichtbaren Gebiet 4511 und 4102 Å (DE GRAMONT; SCHEIBE und LINSTRÖM), es eignen sich ferner zur Bestimmung auch die sehr intensiven und beständigen Linien 3256 und 3039 Å (PAPISH und HOLT; BREWER und BAKER; SEITH und PERETTI). Die Intensitätsverhältnisse sind weitgehend unabhängig von den Anregungsbedingungen (Flamme, Bogen oder Funken).

A. Bestimmung im Flammenspektrum.

Zur Bestimmung im Flammenspektrum wird die zu untersuchende Lösung zerstäubt und einer Acetylenflamme beigemischt. Als Vergleichselemente werden Kalium und Strontium benutzt; zum Vergleich dienen die Linienpaare

In 4101,76 Å — K 4044,16 bzw. 4047,22 Å

In 4511,31 Å — Sr 4607,34 Å.

Das Intensitätsverhältnis wird durch Photometrieren unter Benutzung von logarithmischem oder Stufen-Sektor bestimmt. Zur Anreicherung kann Indium zusammen mit Aluminium und Eisen durch Ammoniak gefällt oder durch metallisches Zink abgeschieden und dann in Schwefelsäure gelöst werden (Russanow und Kunina).

Auch mittels einer visuellen Methode kann die Bestimmung vorgenommen werden. Nach diesem Verfahren wird die Intensität der Linie In $\lambda = 4511$ Å durch Auslöschung mittels einer Lösung von Kaliumbichromat bestimmter Schichtdicke bestimmt. 0,2%ige $K_2Cr_2O_7$-Lösung wird in einer Keilküvette so lange verschoben, bis die Linie verschwindet. Nach entsprechender Eichung kann dann aus der Dicke der lichtabsorbierenden Schicht auf die Indiumkonzentration in der Flamme geschlossen werden. Das Verfahren arbeitet bei Indiumkonzentrationen von 0,2 bis 0,002% mit einem Fehler von rund $\pm$ 12%, Zink, Kupfer und Zinn in Konzentrationen von unter 3% stören nicht. Bei Gegenwart von mehr als 1% Eisen und Aluminium erhält man zu niedrige Resultate (Russanow und Ssolodownik).

B. Bestimmung im Bogenspektrum.

Indium läßt sich mit sehr gutem Erfolge bogenspektroskopisch bestimmen. Als Elektroden kommen entweder reinste Spektralkohlen in Frage, die jedoch bei der Bestimmung auf Grund der Linie 4511 Å nicht zu verwenden sind, weil im Kohlebogen die störende Cyanbande 4514,9 Å enthalten ist, oder man benutzt aus diesem Grunde zweckmäßig Metallelektroden (Papish und Holt), z. B. Eisenelektroden (Brewer und Baker).

Die untere Elektrode wird mit der zu untersuchenden Substanz (z. B. Lösung, die vorsichtig auf der Elektrode eingetrocknet wird) beschickt; die Substanz wird in einem Lichtbogen von 110 Volt und 5,5 Amp. bei Benutzung von Kohlen von 7 mm Durchmesser (Papish und Holt) oder von 100 Volt und 3 Amp. bei Benutzung von Eisenelektroden bei einer Belichtungszeit von 15 Sek. verdampft (Brewer und Baker).

Die wichtigsten Linien sind unter diesen Bedingungen nach Brewer und Baker noch bei folgenden Indiummengen bei Vorliegen von reinem Indium und in Anwesenheit von Silber und Zinn zu beobachten:

Wellenlänge in Å	Indium in mg					Wellenlänge in Å	Indium in mg				
	1	0,1	0,01	0,001	0,0001		1	0,1	0,01	0,001	0,0001
Reines Indium:											
4511,37	st	st	m	m	ss (?)	2837,01	m	s	s	—	—
4101,82	st	m	m	m	ss	2775,35	s	s	ss	—	—
3258,55	m	m	m	s	—	2753,98	m	s	s	—	—
3256,03	st	st	m	m	s	2714,00	m	s	—	—	—
3039,36	st	m	m	s	ss	2710,31	st	m	s	—	—
2957,14	m	m	s	—	—	2601,90	m	s	—	—	—
2932,62	st	m	s	s	—	2560,22	st	m	ss	—	—
In Gegenwart von überwiegenden Mengen Silber:											
4511,37	st	st	m	—	—	3256,03	st	m	m	m	—
4101,82	m	m	—	—	—	3039,36	st	st	s	s	—
3258,55	st	m	s	—	—	2932,62	st	m	—	—	—
In Gegenwart von überwiegenden Mengen Zinn:											
4511,37	st	st	m	s	ss (?)	3256,03	m	m	m	s	ss (?)
4101,82	st	m	m	ss	—	3039,36	m	m	m	s (?)	—
3258,55	m	s	s	s	—	2932,62	m	s	s	—	—

st stark, m mittel, s schwach, ss sehr schwach.

BREWER und BAKER führten Indiumbestimmungen in zahlreichen Metallen und Mineralien mit dieser Methode aus; Kupfer, Blei, Zink, Eisen und Gallium stören nicht; Zinn und Silber verändern etwas die Empfindlichkeit, wie aus der obigen Tabelle hervorgeht.

C. Bestimmung im Funkenspektrum.

Zur Bestimmung des Indiums in Metallen benutzen SEITH und PERETTI die funkenspektroskopische Methode unter Verwendung von Legierungen mit bekanntem Indiumgehalt (z. B. 0,3, 0,1 und 0,03 Atom-%) als Eichsubstanzen, so daß die Intensität der Indiumlinien der unbekannten Proben (In 4511,3, 4101,8, 3256, 3039,4 Å) mit derjenigen der Eichlegierungen verglichen wurde. Der Funke wird zwischen einer Gegenelektrode aus reinstem Gold und der zu untersuchenden Metallprobe erzeugt.

Gute Ergebnisse erhielten RUSSANOW und BODUNKOW mit einer Lösungselektrode (0,3 cm^3 Lösung). Es wurden die Intensitäten folgender Linien miteinander verglichen:

In 4511,3 und Cs 4555,3 Å,

man setzt also gemessene Mengen Caesiumsalz als Vergleichssubstanz zu. Bei einer Belichtungszeit von 10 Min. wird bei Konzentrationen von 0,2 bis 0,0008%. In in der Lösung eine Genauigkeit von $\pm 7\%$ erreicht.

D. Bestimmung durch Röntgenspektralanalyse.

Die Emissionslinien der L-Serie des Röntgenspektrums des Indiums haben folgende Wellenlängen (nach Angaben in GMELINS Handbuch):

$L\alpha_1$	$L\alpha_2$	$L\beta_1$	$L\beta_2$	$L\beta_3$
3763,67	3772,42	3547,83	3331,2	3461,9 X-E.

Eine quantitative Bestimmung des Indiums auf röntgenspektroskopischem Wege ist noch nicht ausgeführt worden. Zur Bestimmung müßte die zu untersuchende Substanz mit einer Vergleichssubstanz gemischt werden, auf die Antikathode einer Röntgenröhre gebracht und in einem Röntgenspektrographen mit Hilfe eines geeigneten Krystalls spektroskopiert werden. Als Vergleichssubstanzen wurden von v. HEVESY und ALEXANDER Cadmium oder Zinn vorgeschlagen, vergleichbare Linien:

$$\text{In } L\alpha_1 = 3764 \text{ mit Cd } L\beta_1 = 3730 \text{ oder}$$
$$\text{In } L\beta_1 = 3548 \text{ mit Sn } L\alpha_1 = 3592 \text{ X-E.}$$

Früher wurden von v. HEVESY und BÖHM vorgeschlagen:

$$\text{In } L\beta_2 = 3331 \text{ mit Cd } L\gamma_1 = 3328 \text{ X-E.}$$

Das Intensitätsverhältnis der Linien des Indiums und der Vergleichssubstanz muß durch Eichaufnahmen bestimmt werden; durch Zumischen verschiedener Mengen Vergleichssubstanz zur Analysenprobe versucht man sodann, möglichst den Eichaufnahmen ähnliche Intensitätsverhältnisse herbeizuführen, dann ist die Mengenbestimmung am einfachsten und genauesten.

Literatur.

BREWER, F. M. u. E. BAKER: Soc. **1936**, 1288.

GMELINS Handbuch der anorganischen Chemie, Syst.-Nr 37: Indium, S. 36f. 1936. — GRAMONT, A. DE: C. r. **151**, 310 (1910); **159**, 9 (1914); **171**, 1106 (1920); **175**, 1028 (1922); Ann. Chim. [9] **3**, 278, 285 (1915).

HEVESY, G. v. u. E. ALEXANDER: Praktikum der chemischen Analyse mit Röntgenstrahlen, S. 69. Leipzig 1933. — HEVESY, G. v. u. J. BÖHM: Z. anorg. Ch. **164**, 78 (1927).

PAPISH, J. u. D. A. HOLT: Z. anorg. Ch. **192**, 90 (1930).

RUSSANOW, A. K. u. B. I. BODUNKOW: Betriebslab. (russ.) **7**, 573 (1938); durch C. **1939 II**, 691. — RUSSANOW, A. K. u. S. I. KUNINA: Betriebslab. (russ.) **6**, 836 (1937); durch C. **1939 I**, 1012. — RUSSANOW, A. K. u. S. M. SSOLODOWNIK: Rare Metals (russ.) **6**, 29 (1937); durch C. **1938 I**, 3665.

SCHEIBE, G. u. C. F. LINSTRÖM: Chemische Spektralanalyse in BÖTTGER: Physikalische Methoden der analytischen Chemie, Teil 1, S. 84, 86. Leipzig 1933. — SEITH, W. u. E. A. PERETTI: Z. Elektrochem. **42**, 572 (1936).

Trennungsmethoden.

§ 10. Allgemeiner anwendbare Trennungsmethoden.

A. Abtrennung der Metalle der Schwefelwasserstoffgruppe von Indium.

Vorbemerkung. Da Indium nur in sehr schwach saurer Lösung mit Schwefelwasserstoff ausfällt, besteht grundsätzlich die Möglichkeit, die eigentlich zur Schwefelwasserstoffgruppe gehörigen Metalle in stärker saurer Lösung als Sulfide abzutrennen. Durch WADA und ATO sind die Verhältnisse genauer untersucht worden mit folgendem Ergebnis: Zur Abtrennung von Blei, Kupfer, Wismut und Cadmium ist eine Fällung aus 0,6 n HNO_3 oder 0,6 n HCl auszuführen. In stärker saurer Lösung fallen manche dieser Sulfide nicht mehr vollständig, in schwächer sauren Lösungen werden zu große Indiummengen mitgerissen. In Anwesenheit von Cadmium ist längeres Einleiten von Schwefelwasserstoff erforderlich, außerdem muß die Flüssigkeit nach erfolgter Fällung und Filtration soweit verdünnt werden, daß sie an Säure 0,3 n ist, um die letzten Cadmiumreste abzuscheiden. Iridium, Rhodium, Ruthenium und Platin werden unter diesen Umständen nicht quantitativ gefällt, in ihrer Gegenwart muß etwas anders verfahren werden, siehe Bemerkung I.

Unter den angegebenen Bedingungen werden durch rund 300 mg ausfallender Sulfide von Pb, Cu, Hg^{II}, Bi und Cd durchschnittlich folgende Indiummengen mitgerissen:

mg In ursprünglich vorhanden	mg In mitgefällt durch 300 mg des betreffenden Sulfids
1	0 (Bi, Cd); 0,2 bis 0,4 (Pb, Cu, Hg)
5	0 (Bi, Cd); 0,3 bis 0,5 (Pb); 2 (Cu, Hg)
20	0,5 (Bi); 1 (Pb); 5 (Cu); 6 (Hg)
50	2 (Pb, Bi); 3 (Cd); 7 (Cu)

Die mitgefällten Indiummengen verhalten sich im weiteren Trennungsgange der Schwefelwasserstoffgruppe genau wie das Wismut, so daß sie sich im Wismutniederschlag mit Ammoniak finden, sie können zur Wiedergewinnung leicht vom Wismut getrennt und mit der Hauptindiummenge wieder vereinigt werden.

***Arbeitsvorschrift nach* WADA *und* ATO.** Die Lösung wird mit Salzsäure oder Salpetersäure genau auf einen Säuregehalt von 0,6 n gebracht, in der Kälte mit Schwefelwasserstoff gesättigt und filtriert. Das Filtrat wird weiter mit Schwefelwasserstoff behandelt und mit Wasser auf das doppelte Volumen verdünnt; etwa noch ausfallende Sulfidmengen werden wiederum abfiltriert. Im Filtrat ist nun das Indium nach üblichen Methoden zu fällen. Falls der Sulfidniederschlag mehr als 100 mg beträgt, können etwa mitgerissene Indiummengen folgendermaßen wiedergewonnen werden: Das bei der Aufarbeitung des Schwefelwasserstoffniederschlages mit Ammoniak ausgefällte, indiumhaltige Wismuthydroxyd wird in Salzsäure gelöst, die Lösung wird bis fast zur Trockne verdampft. Zum Rückstand fügt man kaltes Wasser (20 cm^3 auf 50 mg, 100 cm^3 auf bis 300 mg Bi), erhitzt zum Sieden und filtriert von der durch Hydrolyse ausgeschiedenen Hauptmenge Wismut ab. Das Filtrat wird bis fast zur Trockne verdampft, mit 10 cm^3 6 n HCl aufgenommen und kalt mit Schwefelwasserstoff gesättigt. Man filtriert die so gefällten letzten Wismutreste ab, vertreibt den Schwefelwasserstoff durch Auskochen und fällt nun entweder die Indiumreste direkt oder gibt diese Lösung zur die Haupt-Indiummenge enthaltenden Lösung.

***Bemerkungen.* I. Verfahren in Anwesenheit von Platin, Iridium, Ruthenium, Rhodium.** Vor der Fällung in 0,6 n Säure wird die Lösung 1 n an Salzsäure gemacht, in einer Druckflasche mit Schwefelwasserstoff gesättigt und dann in der verschlossenen Druckflasche 1 Std. im siedenden Wasserbad erhitzt. Die Platinmetalle fallen aus, Indium wird nicht merklich mitgefällt. Dann wird wie oben weiter verfahren.

II. Genauigkeit. Die Trennungsergebnisse sind nach WADA und ATO befriedigend. Geringe Indiumverluste sind stets unvermeidlich, wenn Trennungen so vorgenommen werden müssen, daß andere Elemente aus der indiumhaltigen Lösung ausgefällt werden. Ganz allgemein empfiehlt es sich, besonders bei Vorliegen geringer Indiummengen, derartige Niederschläge spektroskopisch stets zur Kontrolle auf Indium zu untersuchen.

B. Allgemeines Verfahren zur Bestimmung des Indiums in Anwesenheit der Metalle der Ammoniakgruppe nach WADA und ATO.

Vorbemerkung. In dem normalen Trennungsgang fällt Indium mit Ammoniak oder Ammoniumsulfid zusammen mit den Metallen Fe, Mn, Tl^{III}, Zr, Ti, Al, Cr, Zn, Be, U und V aus. Die Möglichkeit der Aufarbeitung dieses Niederschlages unter Berücksichtigung des Indiums wurde von WADA und ATO untersucht, folgende Operationen führen einigermaßen zum Ziel: Die Lösung dieser Metalle wird zuerst mit überschüssiger Lauge unter Zusatz von Alkalicarbonat und Peroxyd behandelt, wobei In, Fe, Mn, Tl^{III}, Zr und Ti ausfallen. Aus dieser Mischung wird dann Mangan mit Salpetersäure und Chlorat als MnO_2 abgetrennt, der Rest wird in salzsaurer Lösung ausgeäthert, dabei lösen sich die Chloride von Eisen und Thallium im Äther. Endlich wird das Indium von Titan und Zirkonium getrennt durch Fällung als Indiumsulfid mit Ammoniumsulfid in ammoniumtartrathaltiger Lösung; durch diese Fällung können selbst Mengen von 1 mg In in Gegenwart von 100 mg Ti + 100 mg Zr gefällt werden. Vor der eigentlichen Fällung des Indiums erfolgt also nur eine einzige Ausfällung eines Begleitmetalles, nämlich die Manganfällung; hierbei können allerdings geringe Indiummengen mitgerissen werden.

Arbeitsvorschrift. Die Lösung des mit Ammoniak (oder Ammoniumsulfid) erhaltenen Niederschlages in Säure wird mit überschüssiger Natronlauge und dann mit 1 g Natriumperoxyd in kleinen Anteilen versetzt; zu der Mischung fügt man 5 cm^3 1 n Na_2CO_3-Lösung und kocht sie 3 Min. lang. Der Niederschlag, der alles Indium enthält, wird abfiltriert und mit 15 cm^3 HNO_3 (D 1,42) und 3 g festem $KClO_3$ behandelt, um das Mangan als Dioxyd zu fällen. Das Filtrat der Manganfällung wird mit Salzsäure eingedampft, mit 6 n HCl aufgenommen und 3mal mit Äther ausgeschüttelt; Eisen und Thallium werden so ausgeäthert. Die salzsaure Restlösung wird auf dem Wasserbad bis zur Vertreibung des Äthers erwärmt, mit 1 cm^3 Schwefelsäure versetzt und bis zum Auftreten von Schwefelsäuredämpfen abgeraucht. Falls dabei viel Rückstand auftritt, wird noch 1 cm^3 H_2SO_4 (D 1,20) zugegeben. Nun versetzt man mit 5 bis 10 cm^3 2 n Weinsäure, neutralisiert mit Ammoniak und fügt 2 cm^3 Ammoniak im Überschuß, ferner 5 cm^3 6 n Ammoniumsulfidlösung hinzu; es fällt dann weißes Indiumhydrosulfid (vgl. S. 585) aus. Nach einigen Minuten wird filtriert. Der Indiumniederschlag kann entweder direkt in wägbares Sulfid (S. 585) oder in Oxyd übergeführt und ausgewogen werden.

Bemerkungen. **Vollständigkeit der Trennung.** Es besteht die Möglichkeit von Indiumverlusten (etwa 10% der Indiummenge) bei Anwesenheit von mehr als 100 bis 200 mg Mangan. — In Gegenwart großer Eisenmengen ist oft die Entfernung des Eisens nicht vollständig, so daß bei der letzten Fällung mit Ammoniumsulfid ein grauer bis schwarzer Niederschlag entsteht. In diesem Falle wird der Niederschlag nochmals in Salzsäure gelöst und vor der endgültigen Indiumfällung aus kleinem Volumen noch einige Male ausgeäthert. — Weinsäure verhindert völlig die Fällung von Titan und Zirkonium, wenn sie in der 3fachen Gewichtsmenge, bezogen auf TiO_2 und ZrO_2 angewandt wird. (2 n Weinsäure enthält 1,5 g in 10 cm^3.)

C. Abtrennung des Indiums von fremden Elementen, insbesondere in Hüttenprodukten, nach Ensslin.

Das indiumhaltige Material (Hüttenprodukte, Konzentrate und ähnliche Proben) wird mit Salpetersäure oder Königswasser aufgeschlossen und mit Schwefelsäure abgeraucht. Nach dem Erkalten werden die Sulfate mit Wasser aufgenommen, wobei etwa vorhandene Kieselsäure mit dem Bleisulfat und Bariumsulfat ungelöst bleibt. In diese Lösung, welche etwa 10 bis 15 Vol.-% Schwefelsäure enthalten soll, wird ohne Filtration des Niederschlages Schwefelwasserstoff bis zur Sättigung eingeleitet, wobei die Elemente der Schwefelwasserstoffgruppe mit Ausnahme des Cadmiums quantitativ gefällt werden. Bei Anwendung einer geringeren Säurekonzentration ist der Sulfidniederschlag in Gegenwart größerer Mengen Indium stets indiumhaltig.

Das Filtrat des Schwefelwasserstoffniederschlages wird verkocht und zur Oxydation des Schwefelwasserstoffs und etwa vorhandenen Eisens mit Brom oder Wasserstoffperoxyd versetzt. Zur Abtrennung von dem Zink, dem Cadmium und den noch vorhandenen Erdalkalien fällt man nunmehr das Indium zusammen mit Eisen und Aluminium mit Ammoniak und filtriert. Der Niederschlag wird in Salzsäure gelöst, die Lösung mit 1 bis 5 g Sulfosalicylsäure, je nach der vorhandenen Eisen- und Aluminiummenge, versetzt und mit Ammoniak neutralisiert. Zu der neutralen Lösung gibt man auf je 100 cm³ Flüssigkeit 5 cm³ Ameisensäure und leitet Schwefelwasserstoff bis zur Sättigung ein. Das Indium fällt hierbei als rein hellgelbes Indiumsulfid aus, während Aluminium und Eisen in Lösung bleiben. Sollte der Indiumniederschlag infolge des Vorhandenseins sehr großer Eisenmengen nicht hellgelb, sondern dunkel gefärbt sein, so wird die Fällung mit Schwefelwasserstoff wiederholt. Das Indium kann dann nach bekannten Verfahren bestimmt werden.

D. Extraktionsverfahren zur Abtrennung des Indiums von anderen Metallen nach Wada und Ishii.

Vorbemerkung. Indiumchlorid ist im Gegensatz zu Galliumchlorid aus salzsaurer Lösung nicht mit Äther extrahierbar; von dieser Tatsache wurde zur Abtrennung des Galliums Gebrauch gemacht (vgl. Gallium, § 6 B). Indiumbromid, $InBr_3$, läßt sich jedoch aus bromwasserstoffsaurer Lösung (4,5 n HBr) praktisch vollständig mit Äther ausschütteln. Folgende Zahlen zeigen die Verteilung des Indiums zwischen den 2 Phasen:

mg In ursprünglich in 4,5 n HBr	mg In in den vereinigten Ätherauszügen	mg In in den Waschlösungen	mg In in der sauren Restlösung
100	99,4	0,5	0,1
1	0,95	0	0,05

Die angegebenen Indiummengen, enthalten in je 20 cm³ 4,5 n HBr, wurden 2mal mit je 30 cm³ Äther extrahiert, die vereinigten Ätherauszüge wurden 3mal mit je 3 cm³ 4,5 n HBr gewaschen.

Bei diesem Verfahren lösen sich von den untersuchten Begleitmetallen Gallium in größeren Mengen, ferner weniger als 10 mg Fe, Mo, Re und Ir und weniger als 1 mg Zn und Te im Äther auf. Gallium muß vorher entfernt werden durch Ausäthern in salzsaurer Lösung (s. Gallium § 6 B), Fe, Zn, Mo, Re und Ir können vom Indium getrennt werden. Dies geschieht am besten durch Ausfällen von Mo, Re und Ir mit Schwefelwasserstoff in salzsaurer Lösung, dann werden Eisen + Indium mit Ammoniak in Gegenwart von Ammoniumchlorid gefällt, während Zink in Lösung bleibt. Schließlich wird Eisen in salzsaurer Lösung durch Extraktion mit Äther von Indium getrennt.

Arbeitsvorschrift. Die galliumfreie Lösung (s. Bemerkung I) wird mit Bromwasserstoff abgedampft, um alle Salze in Bromide überzuführen, und der Rückstand mit 20 cm³ 4,5 n HBr aufgenommen. Diese Lösung wird 2mal mit je 30 cm³ frischem Äther ausgeschüttelt, die beiden Ätherlösungen werden vereinigt und 3mal mit je 3 cm³ 4,5 n HBr ausgewaschen. Diese Ätherlösung enthält die Hauptmenge Indium. Die 3 Waschlösungen werden vereinigt, mit 15 cm³ Äther ausgeschüttelt und vom Äther abgetrennt. Diese Ätherlösung wird mit 1 cm³ 4,5 n HBr gewaschen und mit der Hauptätherlösung vereinigt, die nunmehr praktisch alles Indium enthält.

Die gesamte Ätherlösung wird verdampft, der Rückstand mit Salzsäure abgeraucht und mit 0,9 n HCl aufgenommen. Man überführt in eine Druckflasche, sättigt unter Eiskühlung mit Schwefelwasserstoff und erhitzt dann die verschlossene Flasche 1 Std. im siedenden Wasserbad, wodurch die Sulfide von Mo, Te, Re und Ir ausgefällt werden. Der Sulfidniederschlag wird abfiltriert und mit 0,9 n HCl ausgewaschen.

Das Filtrat des Sulfidniederschlages enthält alles Indium neben wenig Eisen und sehr wenig Zink. Es wird bis zur Entfernung des Schwefelwasserstoffes aufgekocht und dann mit überschüssigem Ammoniumchlorid und Ammoniak versetzt; es fallen Eisen und Indium als Hydroxyde aus, Zink bleibt gelöst. Der Niederschlag wird abfiltriert und in 6 n HCl gelöst; aus dieser Lösung wird das Eisen durch mehrmaliges Ausschütteln mit Äther entfernt. Indium bleibt in der wäßrig-salzsauren Schicht und kann nun bestimmt werden.

Bemerkungen. **I. Anwesenheit von Gallium.** Falls Gallium vorhanden ist, muß es vorher nach der Vorschrift im Kapitel Gallium § 6 B ausgeschüttelt werden. Die Hauptmenge des Indiums befindet sich dabei in der zur Ätherlösung A und B gehörigen wäßrig-salzsauren Lösung, geringe Mengen befinden sich noch in der zur Ätherlösung C gehörigen wäßrigen Lösung und in den sauren Waschflüssigkeiten, die zur Gewinnung des Indiums alle vereinigt werden müssen. Die vereinigten Lösungen werden eingedampft, wie oben in die Bromide übergeführt und weiter behandelt.

II. In Anwesenheit großer Indiummengen kann bei der letzten Eisen-Indium-Trennung durch Ausschütteln mit Äther in salzsaurer Lösung etwas Indium in die Ätherschicht gehen. In diesem Falle muß die Ätherschicht nochmals abgedampft werden, den Rückstand löst man in 6 n HCl und äthert nochmals aus. Indium befindet sich dann in den vereinigten wäßrigen Schichten und kann in diesen bestimmt werden.

Literatur.

ENSSLIN, F.: Met. Erz 38, 305 (1941).
WADA, I. u. S. ATO: Sci. Pap. Inst. Tôkyô 1, 57 (1922/24). — WADA, I. u. R. ISHII: Sci. Pap. Inst. Tôkyô 34, 787 (1937/38).

§ 11. Spezielle Trennungsmethoden.

A. Trennung des Indiums von Zink.

Vorbemerkung. Das Zink ist eines der wichtigsten Begleitmetalle des Indiums. Für die Trennung des Indiums von Zink steht als beste Methode die Abscheidung des Indiums mit Kaliumcyanat nach MOSER und SIEGMANN zur Verfügung. Nach Angaben von WADA und ISHII ist ferner die Fällung des Indiums bei Anwesenheit geringer Zinkmengen mittels Ammoniak in Gegenwart von Ammoniumsalz möglich (siehe S. 597). Auch die Fällung des Indiums mit überschüssiger Natronlauge bewirkt eine Trennung von Indium und Zink (DENNIS und BRIDGMAN), am besten arbeitet man unter Zusatz von Carbonat, da sonst Indium in merklichen Mengen ins Filtrat geht (WADA und ATO, vgl. auch S. 595). Ältere, weniger brauchbare Verfahren sollen hier nicht beschrieben werden.

***Arbeitsvorschrift nach* MOSER *und* SIEGMANN.** Die schwach saure Lösung beider Metalle wird mit so viel Ammoniumchlorid versetzt, als zur Bildung des Zinkammoniakats nötig ist, das ist das 6fache der Zinkmenge. Nach Zusatz einiger

Tropfen Methylorange setzt man so viel Kaliumcyanat zu, daß die Farbe der Flüssigkeit nach Gelb umschlägt (vgl. auch die Vorschrift auf S. 584). Man erhitzt allmählich zum Sieden, filtriert den dichten Niederschlag von Indiumhydroxyd ab und wäscht heiß aus. Falls mehr als die 10fache Menge Zink vorhanden ist, wird der Niederschlag in verdünnter Salzsäure gelöst, die Lösung mit Ammoniak fast neutralisiert und die Fällung wiederholt. Es muß bis zur völligen Chloridfreiheit ausgewaschen werden, dann wird geglüht, wie auf S. 583 angegeben ist, und als Indiumoxyd ausgewogen.

In den vereinigten eingeengten Filtraten kann das Zink mit Schwefelwasserstoff gefällt und bestimmt werden.

Es wurden gute Ergebnisse, selbst in Anwesenheit von 4,5 g Zink neben 24 mg In_2O_3, erhalten.

B. Trennung des Indiums von Aluminium.

Vorbemerkung. Zur Trennung von Indium und Aluminium wird am besten die Fällung des Indiums mit Schwefelwasserstoff in schwach saurer (essigsaurer) Lösung benutzt. Um eine hydrolytische Abscheidung des Aluminiumhydroxyds zu verhindern, muß es als Komplex in Lösung gehalten werden, was nach MOSER und SIEGMANN am besten mit Sulfosalicylsäure geschieht. Auch aus ameisensaurer Lösung gelingt in Gegenwart von Sulfosalicylsäure die Trennung von Aluminium (siehe § 10, C, ENSSLIN). Eine weitere Trennungsmöglichkeit ist durch Fällung des Indiums mit überschüssiger Natronlauge gegeben (DENNIS und BRIDGMAN), deren Ergebnisse aber nicht sehr befriedigend sind, vgl. auch den allgemeinen Trennungsgang nach WADA und ATO auf S. 595.

***Arbeitsvorschrift nach* MOSER *und* SIEGMANN.** Die Lösung beider Metalle wird mit 50 cm^3 einer 1,5%igen Lösung von Sulfosalicylsäure in Wasser und so viel Ammoniumcarbonat versetzt, bis sie gegen Methylorange neutral reagiert. Nach dem schwachen Ansäuern mit Essigsäure wird erhitzt und in die heiße Lösung Schwefelwasserstoff eingeleitet. Das Volumen der Lösung soll nicht mehr als 100 cm^3 auf je 10 mg In betragen, da sonst das Indiumsulfid schlecht filtrierbar ist. Der Niederschlag wird abfiltriert, mit Ammoniumacetat gewaschen und in verdünnter Salzsäure gelöst; dann wird das Indium endgültig mit Ammoniak gefällt.

Zur Bestimmung des Aluminiums wird das Filtrat unter Zusatz von Schwefelsäure eingedampft, bis zum Auftreten der Schwefelsäurenebel erhitzt und als $Al(OH)_3$ mit Ammoniak gefällt.

***Bemerkungen.* I. Genauigkeit.** Die Ergebnisse sind bei Mengen von 100 bis 400 mg Al_2O_3 neben 12 mg In_2O_3 bei einfacher Fällung sehr zufriedenstellend, bei Gegenwart von bis zu 10 g Aluminium erhält man bei doppelter Fällung befriedigende Ergebnisse.

II. Herstellung der Sulfosalicylsäure. Sulfosalicylsäure [$C_6H_3\cdot$ OH (1) COOH (2) SO_3H (5)] stellt man dar durch Sulfurierung von Salicylsäure mit konzentrierter Schwefelsäure (Vorschriften bei REMSEN; ferner bei MOSER und IRÁNYI); das Präparat ist auch im Handel in analysenreiner Form zu beziehen.

C. Trennung des Indiums von Eisen.

Allgemeines. Zur Trennung des Indiums und Eisens kann sowohl so verfahren werden, daß aus der Lösung beider Elemente zuerst das Indium gefällt wird als auch umgekehrt. Wenn es auf eine genaue Indiumbestimmung ankommt, ist stets die Methode vorzuziehen, bei der Indium gefällt wird und Eisen in Lösung bleibt, weil dann keine Möglichkeit des Auftretens von Indiumverlusten durch Mitreißen besteht. Nach MOSER und SIEGMANN gelingt die Fällung des Indiums in Gegenwart von Eisen in schwach mineralsaurer Lösung mit Schwefelwasserstoff; sie liefert auch in Anwesenheit großer Eisenmengen gute Ergebnisse, nach ENSSLIN führt man die Fällung aus ameisensaurer Lösung aus (§ 10, C). In Anwesenheit kleiner

Eisenmengen kann auch das Eisen aus der indiumhaltigen Lösung ausgefällt werden, und zwar mit α-Nitroso-β-Naphthol (nach MATHERS) oder Cupferron (nach MATHERS und PRICHARD). Ältere, weniger leistungsfähige Trennungsvorschläge werden hier nicht beschrieben. Für präparative Zwecke läßt sich Indium von Eisen auf Grund der verschiedenen Flüchtigkeit der wasserfreien Chloride (THIEL, KLEMM) und Bromide (THIEL) befreien. Über die Trennung nach dem Extraktionsverfahren siehe § 10.

1. Fällung des Indiums in Gegenwart des Eisens mit Schwefelwasserstoff nach MOSER und SIEGMANN.

Vorbemerkung. Eine eisenfreie Fällung des Indiumsulfids gelingt nur aus salzsaurer Lösung; dabei ist auf genaue Einstellung der Acidität zu achten (s. S. 585), damit das Indium quantitativ gefällt wird. Aus essigsaurer Lösung fällt stets eisenhaltiges Indiumsulfid.

Arbeitsvorschrift. Die Lösung, die beide Metalle in 3wertiger Form enthalten soll, wird tropfenweise mit Ammoniak bis zur Bildung eines Niederschlages versetzt, der Niederschlag wird dann in so viel 0,1 n HCl gelöst, daß eine ungefähr 0,03 n salzsaure Lösung entsteht. (Die Konzentration der Salzsäure darf keinesfalls 0,05 n erreichen oder übersteigen!) Die Lösung wird auf 70° (nicht höher!) erwärmt, man leitet 2 Std. lang Schwefelwasserstoff ein, filtriert vom Indiumsulfid ab, wäscht mit ganz schwach angesäuertem Schwefelwasserstoffwasser aus und bestimmt das Indium entweder nach § 2 als Indiumsulfid oder nach § 1 als Oxyd, dazu muß das Sulfid in Salzsäure gelöst und mit Ammoniak gefällt werden.

Bei Vorhandensein großer Eisenmengen wird vorher in stark salzsaurer Lösung Schwefelwasserstoff eingeleitet zur Reduktion des Eisens zur 2wertigen Stufe; man entfernt den Überschuß an Schwefelwasserstoff durch Einleiten von Kohlendioxyd und neutralisiert mit Ammoniak. Durch Zusatz von Salzsäure wird, wie oben beschrieben, auf einen Säuregehalt von 0,03 n gebracht und dann mit Schwefelwasserstoff gefällt. Auch bei sehr großen Eisenmengen scheidet sich Indiumsulfid eisenfrei ab.

Das im Filtrat befindliche Eisen wird durch Ammoniak als FeS gefällt, nach dem Lösen des Sulfids in Salzsäure mit Salpetersäure oxydiert, als Hydroxyd gefällt und als Oxyd bestimmt.

Bemerkung. **Genauigkeit.** 17 mg In_2O_3 konnten in Gegenwart von 90 mg bis 6 g Fe_2O_3 mit guter Genauigkeit bestimmt werden. Auch die Ergebnisse der Eisenbestimmung sind gut.

2. Fällung des Eisens in Gegenwart von Indium mit α-Nitroso-β-Naphthol oder Cupferron.

Kleine Eisenmengen, z. B. bis zu 30 mg, können nach MATHERS in üblicher Weise aus 50%iger Essigsäure mit α-Nitroso-β-Naphthol gefällt werden. Die Ergebnisse sind nicht sehr genau, da der Eisenniederschlag stets etwas Indium enthält, wie nebenstehende Zahlen belegen:

Angewandte Menge In_2O_3 g	Angewandte Menge Fe_2O_3 g	Gefundene Menge Fe_2O_3 g	mg In_2O_3 im Eisenniederschlag g
0,3061	0,0262	0,0286	0,0024
0,1520	0,0262	0,0283	0,0021
0,2142	0,0262	0,0281	0,0019

Auch bei doppelter Fällung ist stets noch etwa 1 mg In_2O_3 im Eisenniederschlag enthalten.

Von MATHERS und PRICHARD wurde ferner festgestellt, daß kleine Eisenmengen in Gegenwart von Indium durch Cupferron zu fällen sind.

D. Trennung des Indiums von Gallium.

Allgemeines. Über die sehr gute Möglichkeit der quantitativen Ausfällung des Galliums in Gegenwart von Indium mittels Cupferron wurde im Abschnitt Gallium (§ 7 B) berichtet, diese Trennung liefert gute Ergebnisse.

Es bestehen ferner Möglichkeiten zur Fällung des Indiums in Gegenwart von Gallium; vor allem kommt dafür die Fällung des Indiums mit überschüssiger Alkalilauge in Frage, Gallium bleibt dann als Gallat in Lösung. Diese Reaktion benutzten z. B. DENNIS und BRIDGMAN. Sie verfahren so, daß Indium 2mal durch Kochen mit überschüssiger Natronlauge (1,5 g in 200 cm³) gefällt wird. Der Niederschlag wird dann wieder gelöst und endgültig mit Ammoniak gefällt und als Oxyd bestimmt. Die Ergebnisse sind nicht voll befriedigend. Zur annähernden Trennung ist diese Methode auch bei Mineralaufarbeitungen benutzt worden, so z. B. von PUTNAM, ROBERTS und SELCHOW. ATO lehnt jedoch die Methode auf Grund eigener Versuche ab, er benutzt zur Trennung die Fällung des Indiums mit überschüssiger Natriumcarbonatlösung; seine Trennungsergebnisse sind befriedigender.

Trennung des Indiums von Gallium mit Natriumcarbonat nach ATO.

Arbeitsvorschrift. Die Lösung wird mit überschüssigem Natriumcarbonat versetzt, so daß eine 5%ige Lösung entsteht; im allgemeinen genügt ein Volumen der zu fällenden Lösung von 60 cm³ und dementsprechend 3 g Natriumcarbonat. Die Mischung wird 5 Min. lang gekocht, der entstandene Niederschlag von Indiumhydroxyd abfiltriert und zuerst mit 1%iger Natriumcarbonatlösung, dann mit Wasser ausgewaschen. Zur Entfernung des anhaftenden Alkalis wird er nochmals in Salpetersäure gelöst und mit Ammoniak gefällt. Er kann dann als Indiumoxyd ausgewogen werden, wozu ATO folgendes, von der üblichen Vorschrift abweichendes Verfahren angibt: Der Niederschlag wird in einer kleinen Menge 6 n HNO_3 gelöst, die Lösung wird im Tiegel zur Trockne verdampft, der Rückstand wird zu In_2O_3 verglüht und gewogen.

Zur Bestimmung des Galliums werden Filtrat und Waschflüssigkeiten mit Essigsäure neutralisiert, mit 10 cm³ 6 n Essigsäure und 2 g Camphersäure versetzt, 10 Min. gekocht und filtriert. Der Niederschlag wird mit einer gesättigten Lösung von Camphersäure ausgewaschen und in Galliumoxyd übergeführt, es wird dann das Ga_2O_3 ausgewogen, wie es im Kapitel Gallium, § 1 E, beschrieben ist.

***Bemerkung.* Genauigkeit.** Die Ergebnisse mit 0,5 bis 80 mg In_2O_3 und 1 bis 94 mg Ga_2O_3 sind, auch bei extremen Mischungsverhältnissen, sehr zufriedenstellend.

E. Trennung des Indiums von Mangan.

Eine Abscheidung des Indiums durch Hydrolyse in Gegenwart von Mangan führt stets zu manganhaltigen Niederschlägen. Eine gute Trennungsmöglichkeit bietet indes die Fällung des Indiums mit Schwefelwasserstoff in essigsaurer Lösung nach der in § 2 gegebenen Vorschrift.

Die Bestimmung des Mangans im Filtrat geschieht nach MOSER und SIEGMANN durch Fällung mit Bromwasser und Ammoniak und Abrauchen des Niederschlages mit Ammoniumchlorid und Ammoniumsulfat; das Mangan wird als Sulfat ausgewogen.

Die Ergebnisse der Beleganalysen von MOSER und SIEGMANN sind sehr zufriedenstellend, selbst in Gegenwart von 20 g $MnSO_4 \cdot 5\,H_2O$ neben 12 mg In_2O_3; es genügt in allen Fällen eine einmalige Fällung.

F. Trennung des Indiums von Nickel.

Die Abscheidung des Indiums gelingt in Gegenwart von Nickel durch Hydrolyse nach Zusatz von Kaliumcyanat. Die Trennung wird genau so ausgeführt, wie es bei der Trennung Indium-Zink beschrieben ist. Größere Cyanatüberschüsse sind zu vermeiden, da sonst etwas Nickel mit ausfällt.

Die Ergebnisse der Trennung sind nach MOSER und SIEGMANN sehr gut, auch in Gegenwart bis zu 10 g Nickel.

G. Trennung des Indiums von Kobalt.

Vorbemerkung. Zur Abscheidung des Indiums in Gegenwart von Kobalt eignet sich die Fällung durch Hydrolyse in Anwesenheit von Cyanat. Allerdings gelingt es nicht, Kobalt als Ammoniakat in Lösung zu halten, wie es bei Zink und Nickel möglich ist, dagegen hat sich als Komplexbildner Cyanid bewährt.

***Arbeitsvorschrift nach* Moser *und* Siegmann.** Zu der mit Natriumcarbonat neutralisierten Lösung setzt man so viel Kaliumcyanidlösung, bis der anfänglich entstandene Niederschlag sich gerade gelöst hat, dann erfolgt der Zusatz von wenigen Kubikzentimetern Kaliumcyanatlösung (10%ig). Es wird zum Sieden erhitzt, wenige Minuten gekocht, der Niederschlag durch ein Papierfilter abfiltriert und ausgewaschen. Da die Fällung stets alkalihaltig ist, wird nochmals in Salzsäure gelöst und mit Ammoniak gefällt. Falls mehr als die 10fache Menge Kobalt vorhanden ist, muß die Trennung wiederholt werden.

Das Kobalt kann aus den vereinigten Filtraten elektrolytisch bestimmt werden (aus ammoniakalischer Lösung).

Man erhält gute Ergebnisse, selbst in Anwesenheit von bis zu 6 g Kobalt.

H. Trennung des Indiums von Chrom.

Die Fällung des Indiums ist nur in Anwesenheit von 6wertigem Chrom möglich, dann gelingt die Abscheidung mit Kaliumcyanat glatt und quantitativ.

Arbeitsvorschriften für die Cyanatmethode sind auf S. 584 und 597 gegeben. Das im Filtrat befindliche Chrom wird nach dem Ansäuern mit konzentrierter Salzsäure und Reduktion durch Alkohol mit Ammoniak bestimmt. Die Ergebnisse sind gut, selbst in Anwesenheit von 13 g Cr_2O_3 (Moser und Siegmann).

I. Bestimmung des Indiums in Anwesenheit von Fluorid.

Indium fällt wie Gallium als Hydroxyd in Anwesenheit von Fluorid mit Ammoniak nicht vollständig aus. Zur Indiumbestimmung verfährt man nach Hannebohm und Klemm bei reinen Indiumfluoriden daher am besten so, daß das Fluorid in einer Platinschale mit Schwefelsäure abgeraucht, zu Oxyd verglüht und dann gewogen wird.

Arbeitsvorschrift. Zur Bestimmung des Indiums aus fluoridhaltigen Lösungen wird nach Hannebohm und Klemm so vorgegangen, daß zur siedenden Lösung (Platinschale) tropfenweise 10%ige Kalilauge zugegeben wird, bis Methylrot nach Gelb umschlägt. Dann setzt man noch 1 cm^3 Lauge hinzu und erhitzt eine Viertelstunde mit kleiner Flamme, wobei gerührt werden muß, um Stoßen der Lösung zu vermeiden. Nun filtriert man durch ein mit Papierbrei belegtes Schwarzbandfilter, wäscht mit wenig ammonnitrathaltigem heißen Wasser aus, spült Niederschlag und Papierbrei in eine Platinschale und löst wieder in verdünnter Salzsäure. Diese Lösung wird mit Ammoniak gefällt, der Niederschlag in das schon benutzte Filter abfiltriert und in üblicher Weise in Oxyd übergeführt und gewogen.

Im Filtrat der Indiumfällung kann nun das Fluorid in bekannter Weise als PbClF bestimmt werden.

***Bemerkung.* Genauigkeit.** Die erhaltenen Indiumwerte fielen um 2% zu hoch aus, es ließ sich eine entsprechende Korrektur anbringen. Wahrscheinlich ist durch Umfällen eine Verbesserung zu erreichen, denn das Übergewicht wird auf adsorbiertes Alkali zurückzuführen sein. Die Fluorauswagen waren reproduzierbar um 2% zu niedrig (bei den Verhältnissen $In:F = 1:2$ bis $1:3$), auch hier muß eine entsprechende Korrektur angebracht werden.

Literatur.

ATO, S.: Sci. Pap. Inst. Tôkyô **24**, 270 (1934).
DENNIS, L. M. u. J. A. BRIDGMAN: Am. Soc. **40**, 1549 (1918).
ENSSLIN, F.: Met. Erz **38**, 305 (1941).
HANNEBOHM, O. u. W. KLEMM: Z. anorg. Ch. **229**, 339 (1936).
KLEMM, W.: Z. anorg. Ch. **152**, 254 (1926).
MATHERS, F. C.: Am. Soc. **30**, 210 (1908). — MATHERS, F. C. u. C. E. PRICHARD: Pr. Indiana Acad. Sci. **43**, 125 (1934); Chem. Abstr. **1934**, 7196. — MOSER, L. u. E. IRÁNYI: M. **43**, 681 (1922). — MOSER, L. u. F. SIEGMANN: M. **55**, 18 (1930).
PUTNAM, P. C., E. J. ROBERTS u. D. H. SELCHOW: Am. J. Sci. [5] **15**, 427 (1928).
REMSEN, I.: A. **179**, 107 (1875).
THIEL, A.: Z. anorg. Ch. **40**, 293, 317 (1904).
WADA, I. u. S. ATO: Sci. Pap. Inst. Tôkyô **1**, 69 (1922). — WADA, I. u. R. ISHII: Sci. Pap. Inst. Tôkyô **34**, 787 (1937/38).

§ 12. Anreicherung des Indiums bei der Analyse sehr indiumarmer Proben.

Indium kommt als „disperses" Element niemals in größeren Konzentrationen im Mineralreich vor, spezielle Indiummineralien sind unbekannt. Zur quantitativen Bestimmung des Indiums in Mineralien und ähnlichem Material ist als empfindlichste, rasche und zuverlässige Methode daher stets die spektralanalytische Bestimmung zu empfehlen. Eine gravimetrische Analyse derartiger Proben erfordert außerordentlich große Einwagen, so daß die Analyse dann auf eine Aufarbeitung in präparativem Maßstab hinausläuft.

Im folgenden sind einige Literaturhinweise angegeben, die sich auf Anreicherungen des Indiums zum Zwecke des Nachweises oder der spektralanalytischen Bestimmung beziehen.

Literatur.

BOROVICK, S. A. u. N. M. PROKOPENKO: C. r. Acad. Sci. URS. S. **24** (N. S. 7), 925 (1939) (russ.); durch C. **1941 I**, 2368. — BREWER, F. M. u. E. BAKER: Soc. **1936**, 1290 (Cylindrit, Chalkopyrit, metallisches Zinn).
HENKEL, G.: Diss. Würzburg **1932**, 11, 12 (tierische Organe und Exkrete). — HOPE, H. B., M. ROSS u. J. F. SKELLY: Ind. eng. Chem. Anal. Edit. **8**, 51 (1936) (Goldamalgame).
PUTNAM, P. C.; E. J. ROBERTS u. D. H. SELCHOW: Am. J. Sci [5] **15**, 427 (1928) (Sphalerit).
STEIDLE, H.: Arch. exp. Pathol. **173**, 459 (1933) (tierische Organe und Exkrete).

Im übrigen sei auf die allgemeinen Trennungsmethoden in § 10 verwiesen.

Thallium.

Tl, Atomgewicht 204,39. Ordnungszahl 81.

Von GÜNTHER RIENÄCKER, Göttingen.

Mit einem Anhang: „Spezielle Methoden zur Bestimmung des Thalliums in Handelspräparaten und in biologischem Material"

von K. LANG, Berlin.

Inhaltsübersicht.

Bestimmungsmöglichkeiten.

Für das Element Thallium liegt eine große Zahl von Bestimmungsmöglichkeiten vor; es wurde eine Auswahl getroffen, und folgende Verfahren sind in diesem Handbuch ausführlicher wiedergegeben:

I. Gewichtsanalytische Bestimmungen.

Wichtigste Methoden:

1. Fällung mit Chromaten als Tl_2CrO_4 (§ 1 und 14).
2. Fällung mit „Thionalid“ als $C_{10}H_7NH \cdot CO \cdot CH_2 \cdot STl$ (§ 2 und 12).
3. Fällung mit Jodiden als TlJ (§ 4).
4. Fällung mit Mercaptobenzthiazol als $C_7H_4NS_2Tl$ (§ 3).

Von den zahlreichen weiteren Methoden seien ferner genannt:

5. Fällung mit Alkalien als Tl_2O_3 (§ 5).
6. Elektrogravimetrische Bestimmungen unter Abscheidung als Thalliummetall (§ 7) oder anodischer Abscheidung als Tl_2O_3 bzw. $Tl_2O_3 \cdot HF$ (§ 5).

Als wichtige Abscheidungsform zur Abtrennung des Thalliums von anderen Metallen kommt ferner in Betracht:

7. Fällung als Thalliumperchlorat-Thioharnstoff-Verbindung bzw. Thalliumnitrat-Thioharnstoff-Verbindung $TlClO_4 \cdot 4\,CS(NH_2)_2$ bzw. $TlNO_3 \cdot 4\,CS(NH_2)_2$ (§ 13).

II. Maßanalytische Bestimmungen. Thallium kann sowohl mit Hilfe von Fällungstitrationen als auch besonders mit Hilfe oxydimetrischer oder reduktometrischer Methoden bestimmt werden, die letzteren beruhen auf dem leichten Übergang von $Tl^{\cdot}$ in $Tl^{\cdot\cdot\cdot}$ und umgekehrt.

A. Fällungstitrationen:

1. mit Jodiden als TlJ (§ 4).
2. mit Chromaten als Tl_2CrO_4 (§ 1).

B. Oxydimetrische Bestimmungen:

1. Oxydation von $Tl^{\cdot}$ zu $Tl^{\cdot\cdot\cdot}$ mit Kaliumbromat, Cer-4-sulfat oder Kaliumjodat u. a. (§ 8).
2. Oxydation der Thionalidfällung mit Jod (§ 2).

C. Reduktometrische Bestimmungen:

1. Reduktion von $Tl^{\cdot\cdot\cdot}$ zu $Tl^{\cdot}$ mit Jodid unter Bestimmung der dem Thallium äquivalenten Jodmenge mit Thiosulfat oder Arsenit (§ 9).
2. Direkte Reduktion von $Tl^{\cdot\cdot\cdot}$ zu $Tl^{\cdot}$ mit Thiosulfat oder Arsenit (§ 9).

D. Elektrometrische Titrationsmethoden:

Fast alle der unter II B und C genannten Titrationen sind als potentiometrische Titrationen ausführbar; die Fällungstitration mit Chromat ferner auch auf konduktometrischem Wege.

III. Zur Bestimmung kleiner Mengen von Thallium sind eine Reihe der schon erwähnten Verfahren geeignet, so z. B.

1. Bestimmung als Chromat (§ 1).
2. Bestimmung als Jodid (Anhang, § 2 A).
3. Bestimmung mit Thionalid, besonders als potentiometrische Mikrotitration (§ 2).
4. Verschiedene der Titrationsmethoden (vgl. z. B. Anhang, § 2 B und C).

An besonderen Mikromethoden stehen

5. colorimetrische und nephelometrische Methoden zur Verfügung (§ 10).

IV. Die spektralanalytische Bestimmung des Thalliums kann im Bogen-, Flammen- oder Funkenspektrum ausgeführt werden, ferner im Röntgenspektrum (§ 11).

Eignung der wichtigsten Verfahren.

Von den gewichtsanalytischen Bestimmungsmethoden mit anorganischen Fällungsmitteln hat die Bestimmung als Chromat den Anspruch, die genaueste und beste zu sein, da das Tl_2CrO_4 unter geeigneten Bedingungen genügend schwer löslich ist. Die Methode ist einfach und erlaubt vor allem auch die Bestimmung in Gegenwart zahlreicher anderer Metalle und die Ausführung vieler wichtiger Trennungen. Sehr häufig ist auch die Abscheidung und Bestimmung als TlJ benutzt worden, sie steht aber wohl an Genauigkeit der Chromatmethode nach, da das Jodid leichter löslich ist.

Den anorganischen Fällungsmitteln sind in neuester Zeit organische Fällungsmittel an die Seite getreten, von denen vor allem das „Thionalid" genannt sei. Die Fällung mit Thionalid ist als Bestimmungs- und Trennungsmethode an Empfindlichkeit, Genauigkeit und Spezifität von keinem anderen Verfahren erreicht und heute als nahezu „ideale" Methode in der quantitativen Analyse des Thalliums anzusprechen. Diese Methode dürfte auch z. B. in der gerichtlichen und medizinischen Chemie manche der noch üblichen alten Verfahren mit Vorteil ersetzen.

Zur äußerst spezifischen Abscheidung des Thalliums in Gegenwart fast aller Elemente ist ferner als neue Methode die Fällung als Thalliumperchlorat-Thioharnstoff-Verbindung ganz besonders geeignet; die Methode ist zwar kein Bestimmungsverfahren, bietet aber ebenfalls nahezu ideale Trennungsmöglichkeiten.

Zur raschen, sehr genauen und recht spezifischen maßanalytischen Bestimmung eignen sich vor allem die Titration des 1wertigen Thalliums mit Kaliumbromat und mit Cer-4-sulfat, die beide sowohl mit Farbindication als auch potentiometrisch durchgeführt werden können.

Die Bestimmung kleiner Mengen geschieht am einfachsten auf colorimetrischem Wege, es sind noch Mengen von einigen γ zu erfassen. Eine besonders empfindliche und gute Bestimmung ist mittels der Spektralanalyse möglich, vor allem bei Benutzung des Flammenspektrums.

Zur Anreicherung kleiner Mengen von Thallium sei besonders auf die Möglichkeiten der Extraktion mit nichtwäßrigen Lösungsmitteln verwiesen, die gerade im Falle des Thalliums besonders einfach und wirkungsvoll sind (§ 15).

Vorbereitung des Untersuchungsmaterials.

Die Vorbereitung richtet sich nach der Natur der vorliegenden Probe.

Thalliummetall wird von starker Schwefelsäure und Salpetersäure leicht gelöst, Legierungen sind daher leicht mit einer dieser Säuren aufzuschließen. Thallium geht im allgemeinen als 1wertiges Ion in Lösung, in Gegenwart starker Oxydationsmittel, z. B. Chlor oder Brom, dagegen 3wertig.

In Anwesenheit von Salzsäure oder Chloriden bildet 1wertiges Thallium schwerlösliches TlCl; bei kleinen Thalliummengen ist zwar die Anwesenheit von Chlorid unbedenklich, da z. B. in 1 l Wasser bei 25° 3,86 g TlCl löslich sind, bei größeren Mengen ist jedoch auf die Möglichkeit des Ausfallens von TlCl Rücksicht zu nehmen. Dies gilt z. B. auch für die Analyse von Thalliumgläsern; bei der üblichen Abscheidung der Kieselsäure durch Abrauchen mit Salzsäure ist dann die Kieselsäure stets mit TlCl verunreinigt.

Außer den Halogeniden ist vor allem noch das Chromat schwer löslich in Wasser, aber löslich in Säuren; alle anderen Thalliumverbindungen sind, zum mindesten in Säuren, löslich, so daß beim Auflösen keine Schwierigkeiten eintreten.

Die selten vorkommenden Mineralien, in denen Thallium als Hauptbestandteil vorhanden ist (es handelt sich, chemisch gesehen, um Sulfide, Sulfosalze oder Selenide) sind leicht säurelöslich. Nach HILLEBRAND und LUNDELL[1] löst man 1 g Mineral im ERLENMEYER-Kolben nach Zusatz von 2 g Kaliumsulfat mit 10 cm³ Schwefelsäure durch Erhitzen über freier Flamme. Nach dem Abkühlen fügt man 100 cm³ Wasser hinzu, kocht nochmals auf und läßt wieder erkalten. Dann wird filtriert; das Filtrat wird mit Natriumcarbonat neutralisiert; es werden noch 2 g im Überschuß hinzugegeben. Nachdem man auf 200 cm³ verdünnt hat, fügt man 3 g sulfidfreies Natriumcyanid hinzu, erhitzt zum Sieden und läßt 12 Std. stehen. Nun wird filtriert; den Rückstand wäscht man mit 1%iger Sodalösung aus. Das Filtrat enthält alles Thallium, es wird mit farblosem Ammoniumsulfid behandelt, bis kein weiterer schwarzer Sulfidniederschlag mehr ausfällt. Nach dem Abkühlen wird filtriert, der Niederschlag, in welchem das Thallium enthalten ist, wird mit verdünntem farblosem Schwefelammonium unter stetem Nachfüllen ausgewaschen, so daß das Filter nicht trocken läuft. Der Sulfidniederschlag wird in Schwefelsäure 1:4 aufgelöst, aus der Lösung vertreibt man den Schwefelwasserstoff durch Auskochen, fügt einige Tropfen schweflige Säure zu und neutralisiert nahezu mit Natriumcarbonat. In dieser — nötigenfalls nochmals filtrierten — Lösung kann dann das Thallium mit den üblichen Methoden bestimmt werden.

Zur Bestimmung geringer Mengen Thallium in Pyriten oder Zinkblenden geht man nach HILLEBRAND und LUNDELL folgendermaßen vor: 25 bis 100 g des fein gepulverten Materials werden mit Salzsäure versetzt, zum Sieden erhitzt und nach und nach durch Zusatz von Salpetersäure zersetzt. Dann wird überschüssige Schwefelsäure (1:1) zugefügt und bis zum Rauchen der Schwefelsäure abgedampft. Nach dem Abkühlen verdünnt man und filtriert. Zur Reduktion des Thalliums, Kupfers, Cadmiums und ähnlicher Metalle gibt man zum Filtrat metallisches Zink im Überschuß und läßt über Nacht stehen. Falls die Säure verbraucht ist, gibt man noch etwas hinzu, um die Reaktion mit dem Zink wieder in Gang zu bringen, dann filtriert man durch ein Filter, das einige Zinkstückchen enthält und wäscht den Niederschlag, der alles Thallium enthält, rasch mit etwas heißem Wasser. Man löst das Thallium mit heißer verdünnter Schwefelsäure heraus und behandelt die Lösung mit Natriumcarbonat und Natriumcyanid, wie es oben beschrieben wurde.

Über die Behandlung von organischem Material zur Thalliumbestimmung (Giftpräparate, Leichenteile usw.) vgl. Anhang, § 1 und 2.

§ 1. Bestimmung als Thallium-1-chromat.

Tl_2CrO_4. Molekulargewicht 524,79.

A. Gewichtsanalytische Bestimmung.

Vorbemerkung. Thallium-1-chromat fällt aus alkalischen Thallium-1-salzlösungen als gelber, schwer löslicher Niederschlag auf Zusatz löslicher Chromate aus. Der Niederschlag ist in heißem Wasser beträchtlich löslich, in kaltem weniger, doch immerhin noch so merklich, daß bei Fällung aus wäßriger Lösung das nachfolgende Auswaschen mit Wasser zu größeren Verlusten führt. Wesentlich geringer

[1] HILLEBRAND u. LUNDELL: Applied Inorganic Analysis, S. 374. New York 1929.

ist die Löslichkeit in wäßrigem Alkohol, vor allem in Gegenwart von Chromat und Ammoniak; über die Löslichkeiten gibt die folgende Zusammenstellung nach MOSER und BRUKL Auskunft:

Lösungsmittel	Löslichkeit in mg/l bei 20°	Lösungsmittel	Löslichkeit in mg/l bei 20°
H_2O	42,7	2% NH_3 + 2% K_2CrO_4 . .	9,5
Alkohol, 60%ig	9,2	5% NH_3 + 2% K_2CrO_4 . .	14,2
Alkohol, 70%ig	8,0	10% NH_3 + 2% K_2CrO_4 . .	20,5
Alkohol, 80%ig	7,2	2% NH_3 + 4% K_2CrO_4	
Alkohol, 96%ig	6,0	+ 10% Alkohol	6,0

Man arbeitet deshalb in einer chromathaltigen, schwach ammoniakalischen Lösung, zum Auswaschen benutzt man zuerst chromathaltige Waschflüssigkeit, später wäßrigen Alkohol. Unter diesen Bedingungen werden keine Verluste an Tl_2CrO_4 beim Auswaschen beobachtet. Die Anwesenheit großer Mengen von Ammoniumsalz ist zu vermeiden.

Die Zusammensetzung des Niederschlages entspricht der Formel. Nach dem Trocknen kann er direkt ausgewogen werden. Er enthält 77,895% Tl, also F(Tl) = 0,77895 (log = 89151). Die Methode ist nicht nur eine der genauesten gewichtsanalytischen Bestimmungsmethoden für das Thallium, sondern erlaubt auch die Bestimmung in Gegenwart zahlreicher anderer Metalle und die Ausführung vieler wichtiger Trennungen (s. § 14).

Unter geeigneten Bedingungen gestattet die Methode auch die Bestimmung kleiner Thalliummengen.

Die Chromatfällung wurde zuerst von CROOKES, einem der Entdecker des Thalliums, angegeben, sie ist bearbeitet oder verwandt worden von WILLM, CARSTANJEN, BODNÁR und TERÉNYI, BROWNING und HUTCHINS, ATO, MACH und LEPPER und vor allem von MOSER und BRUKL und von MOSER und REIF (a); den letzteren Autoren verdanken wir genaue Vorschriften über Anwendbarkeit insbesondere zu Trennungen.

***Arbeitsvorschrift nach* MOSER *und* BRUKL.** Die ammoniakalische Lösung wird zum Sieden erhitzt und unter Umrühren mit so viel einer Kaliumchromatlösung versetzt, daß die Gesamtlösung etwa 2% überschüssiges Kaliumchromat enthält; bei größeren Thalliummengen fällt sofort gelbes Tl_2CrO_4, sehr kleine Mengen fallen erst nach einiger Zeit bei kräftigem Rühren aus. Nach 12stündigem Stehen in der Kälte dekantiert man durch einen Filtertiegel, wäscht unter Dekantieren mit kalter 1%iger Kaliumchromatlösung, bringt den Niederschlag unter Verwendung der gleichen Flüssigkeit in den Tiegel und wäscht endlich mit 50%igem Alkohol sorgfältig aus, bis die Flüssigkeit farblos abläuft. Der Niederschlag wird bei 120 bis 130° getrocknet und als Tl_2CrO_4 ausgewogen.

***Bemerkungen.* I. Genauigkeit.** Das Filtrat ist praktisch thalliumfrei, der Niederschlag hat konstante Zusammensetzung, so daß die Ergebnisse genau sind (Abweichung bis zu $\pm$ 0,5 mg).

II. Bestimmung kleiner Mengen Thallium. Nach MOSER und REIF (b) lassen sich Mengen von 0,7 bis 2 mg Tl in einem Volumen von 6 bis 8 cm^3 als Chromat bestimmen. Man versetzt mit einem Tropfen Ammoniak, fügt Kaliumchromat bis zu einem Gehalt von 2% und bei Anwesenheit von Ammonsalz in der Kälte einige Kubikzentimeter 50%igen Alkohol zu. Man filtriert durch ein PREGLsches Filterröhrchen, wäscht im übrigen aus wie bei der Makrobestimmung und trocknet unter anfänglichem Durchsaugen von Luft im Trockenblock bei 120°. Der maximale Fehler betrug $\pm$ 0,006 mg.

III. Varianten. MACH und LEPPER waschen statt mit 50%igem Alkohol mit 80%igem Aceton aus. — ATO fällt die Sulfatlösung (hergestellt durch Abrauchen mit Schwefelsäure) nach Neutralisation mit Ammoniak und Zusatz von 5 cm³ 6 n NH_3 auf ursprünglich 20 cm³ Ausgangslösung mit so viel 30%iger Kaliumchromatlösung, daß die Lösung 4% davon enthält und setzt noch 10% Alkohol zu. Im übrigen wird nach MOSER und BRUKL verfahren. Da überschüssige Ammoniumsalze die Fällung ungünstig beeinflussen, wird nach MOSER und REIF (a) die Neutralisation saurer Lösungen besser mit Natriumcarbonat als mit Ammoniak vorgenommen.

IV. Reduktion von 3wertigem Thallium vor der Fällung. Die Probe wird durch Abrauchen mit Schwefelsäure in Sulfat überführt, durch Einleiten von Schwefeldioxyd reduziert, durch Erhitzen vom überschüssigen SO_2 befreit und dann weiter wie oben behandelt. Auch mittels Wasserstoffperoxyd ist eine Reduktion möglich (ATO), ferner durch Thioharnstoff (s. Bem. V).

V. Einfluß anderer Bestandteile. Bei der Bestimmung dürfen nicht zugegen sein:

Halogenion, da sonst unlösliche Thalliumhalogenide ausfallen. Halogene können durch Abrauchen mit Schwefelsäure entfernt werden;

Reduzierende Substanzen, die Chromat zur 3wertigen Stufe reduzieren. Arsenit oder 3wertiges Antimon werden in ammoniakalischer Lösung mit Wasserstoffperoxyd zur 5wertigen Stufe oxydiert und stören dann nicht mehr;

Ionen, die schwerlösliche Chromate bilden, wie Blei und 1wertiges Quecksilber.

Die Bestimmung ist ohne weiteres ausführbar in Gegenwart von Arsenat, Selenit und 5wertigem Antimon. Sie ist ferner möglich in Gegenwart zahlreicher Metalle nach deren Überführung in geeignete Komplexe, so z. B. neben Al, $Fe^{\cdot\cdot\cdot}$, $Cr^{\cdot\cdot\cdot}$, Be, Zn, Cd, Ni, Co, Ag, $Hg^{\cdot\cdot}$, Cu, $VO^{\cdot\cdot}$, WO_4'' und MoO_4'', Vorschriften siehe in § 14 unter „Trennungen". Folgende Metalle müssen nach ebenfalls in § 14 gegebenen Vorschriften vorher gefällt werden: Bi, Pb, Mn, Th, Ti, Zr, Ce, Ga; auch Al, Be, Fe und Cr konnen vorher abgeschieden werden.

Eine sehr gute Trennungsmöglichkeit von vielen Metallen besteht in der Abscheidung als Thalliumperchlorat-Thioharnstoff-Anlagerungsverbindung nach MAHR und OHLE. Die Fällung als quantitativ ausfallende Verbindung $TlClO_4 \cdot 4\,(CS(NH_2)_2)$ oder auch als entsprechendes Nitrat (dieses nur in Abwesenheit von Blei und Silber) ist in Gegenwart von Hg, Pb, Ag, Cu, Cd, Fe, Mn, Ni, Co, Cr, Al, Zn, Ba, Sr, Ca möglich, das im Niederschlag enthaltene Thallium wird dann als Chromat bestimmt. Arbeitsvorschrift nach MAHR und OHLE siehe § 13. Etwa vorhandenes 3wertiges Thallium wird durch Thioharnstoff reduziert.

B. Bestimmung auf maßanalytischem Wege.

Allgemeines. Die Fällung des Thalliums als Tl_2CrO_4 eignet sich zur maßanalytischen Thalliumbestimmung unter Anwendung folgender Verfahren:

1. Direkte Verfolgung der Fällung durch Leitfähigkeitsmessungen. Die konduktometrische Titration wird mit Natriumchromat (nicht mit Kaliumchromat) ausgeführt, da der Unterschied zwischen den spezifischen Leitfähigkeiten des Thalliums und Natriums größer ist als zwischen Thallium und Kalium.
2. Fällung des Thalliumchromates in üblicher Weise und Auflösen des ausgewaschenen Niederschlages in Schwefelsäure, anschließend erfolgt die Chromatbestimmung in der so erhaltenen Lösung auf jodometrischem Wege.
3. Fällung mit überschüssiger Chromatlösung bekannten Gehaltes und jodometrische Bestimmung des Chromatüberschusses.

***1. Bestimmung durch konduktometrische Titration nach* ROTHER *und* JANDER. Arbeitsvorschrift.** Am besten verfährt man zur Leitfähigkeitsmessung nach den von JANDER und Mitarbeitern entwickelten Methoden der visuellen Leitfähigkeitstitration (Benutzung eines Synchrongleichrichters oder empfindlichen Wechselstrominstruments). Die Thalliumlösung, z. B. Tl_2SO_4, wird mit einer etwa 0,07 molaren Natriumchromatlösung titriert unter Messung der Leitfähigkeit. Die

Meßpunkte liegen auf Geraden, die sich im Äquivalenzpunkt schneiden, die Leitfähigkeitsänderung am Äquivalenzpunkt ist sehr deutlich ausgeprägt. Die Ergebnisse stimmen sehr gut mit dem Sollwert überein.

***2. Maßanalytische Bestimmung nach* CUTTICA *und* CANNERI. Arbeitsvorschrift.** Das Thallium wird in üblicher Weise als Chromat gefällt, abfiltriert und ausgewaschen. Dann löst man den Niederschlag mit verdünnter Schwefelsäure, wäscht das Filtergerät sehr sorgfältig bis zur Chromatfreiheit aus, setzt die entstandene Lösung mit überschüssigem Kaliumjodid um und titriert die dem vorhandenen Chromat äquivalente ausgeschiedene Jodmenge mit 0,1 n Natriumthiosulfat.

***3. Maßanalytische Bestimmung nach* RUPP *und* ZIMMER. Arbeitsvorschrift.** Die neutrale (gegebenenfalls mit Ammoniak neutralisierte) Thalliumlösung wird im 50 oder 100 cm^3 fassenden Meßkolben zu einer Mischung von 10 bis 20 cm^3 genau eingestellter Kaliumchromatlösung, 10 bis 20 cm^3 Wasser und 1 bis 2 g gefälltem Calciumcarbonat unter Umschwenken zugegeben. Nachdem mit Wasser auf die Marke aufgefüllt und wiederholt tüchtig umgeschüttelt worden ist, läßt man 30 Min. stehen, gießt durch ein dichtes Filter ab und bestimmt in 20 bis 50 cm^3 des Filtrats den Chromatgehalt. Dazu wird mit 10 bis 15 cm^3 25%iger Salzsäure angesäuert, mit 1 g Kaliumjodid versetzt und nach 5 Min. mit 0,1 n Thiosulfat titriert. 1 cm^3 0,1 n Thiosulfat entsprechen 0,01362 g Tl.

Die Abweichungen von dem Sollwert betragen weniger als 1%, meist nur 0,2 bis 0,3%.

Literatur.

ATO, S.: Sci. Pap. Inst. Tokyo **24**, 273 (1934).

BODNÁR, J. u. A. TERÉNYI: Fr. **69**, 32 (1926). — BROWNING, P. E. u. G. P. HUTCHINS: Z. anorg. Ch. **22**, 381 (1900); Am. J. Sci. [4] **8**, 461 (1899).

CARSTANJEN: J. pr. **102**, 89 (1867). — CROOKES, W.: Soc. **17**, 131 (1864). — CUTTICA, V. u. G. CANNERI: G. **51**, I, 314 (1921).

MACH, F. u. W. LEPPER: Fr. **68**, 38 (1926). — MAHR, C. u. H. OHLE: Fr. **115**, 256 (1938/39). — MOSER, L. u. A. BRUKL: M. **47**, 709 (1926). — MOSER, L. u. W. REIF: (a) M. **52**, 343 (1929); (b) Mikrochemie, EMICH-Festschrift 1930, 215.

ROTHER, E. u. G. JANDER: Angew. Ch. **43**, 932 (1930). — RUPP, E.: Z. anorg. Ch. **33**, 156 (1902).

WILLM, J. E.: Ann. Chim. Phys. [4] **5**, 82 (1865).

ZIMMER, M.: Diss. Freiburg i. Br. 1902, S. 10.

§ 2. Bestimmung des Thalliums mit „Thionalid" nach BERG und FAHRENKAMP.

Vorbemerkung. Thioglykolsäure-β-Aminonaphthalid (abgekürzt als „Thionalid" bezeichnet), $C_{10}H_7NH \cdot CO \cdot CH_2 \cdot SH$, bildet mit einer Anzahl von Metallionen schwerlösliche innere Komplexe, besonders charakteristisch ist die Thallium-1-verbindung

$$C_{10}H_7{-}NH\cdot \underset{\underset{\displaystyle O\,\cdots\cdots}{\|}}{C}{-}CH_2{-}\underset{\underset{\displaystyle Tl,}{|}}{S}$$

die zu einer quantitativen Bestimmung des Thalliums und vor allem zu einer spezifischen Fällung des Thalliums in Gegenwart sehr zahlreicher Metalle hervorragend geeignet ist. Die citronengelbe, krystallinische Thalliumverbindung, „Thallium-Thionalat", enthält 48,60% Tl, der Faktor zur Umrechnung auf Thallium beträgt also 0,4860 (log = 68664). Sie ist in heißem Wasser etwas löslich, in der Kälte praktisch unlöslich, ferner unlöslich in Aceton, was wichtig ist, da infolgedessen die Entfernung überschüssigen Fällungsmittels mit Aceton möglich ist.

Die Fällung geschieht in alkalischer, tartrat- und cyanidhaltiger Lösung; unter diesen Bedingungen bleiben fast alle anderen Metalle in Lösung; 0,1 γ Tl im Kubikzentimeter fallen mit Thionalid noch aus.

Die Bestimmung des Thalliums kann gewichtsanalytisch durch Wägung des getrockneten Niederschlages oder maßanalytisch durch jodometrische Titration des Thionalids geschehen. Colorimetrische und nephelometrische Methoden sind in § 10 beschrieben.

A. Gewichtsanalytische Bestimmung.

Reagens. 5%ige Thionalidlösung in Aceton, die stets frisch herzustellen ist, da sie nur wenige Stunden unzersetzt haltbar ist. Thionalid ist in analysenreiner Form käuflich (KAHLBAUM).

Arbeitsvorschrift. Die zu fällende Lösung wird mit 2 n NaOH neutralisiert, mit 2 g Natriumtartrat und 3 bis 5 g Kaliumcyanid versetzt, durch Zusatz von 2 n NaOH etwa 1 n alkalisch gemacht und auf ein Volumen von 100 cm³ gebracht. Nunmehr versetzt man die Lösung in der Kälte mit einem 4- bis 5fachen Überschuß an Thionalidreagens und erhitzt unter gelindem Rühren bis zum Sieden, wobei der zuerst amorph ausfallende Niederschlag krystallin wird und die Lösung sich klärt. Man kühlt auf Zimmertemperatur durch Einstellen in kaltes Wasser ab, filtriert dann durch einen Glasfiltertiegel G 4 und wäscht zuerst mit kaltem Wasser cyanidfrei (Reaktion mit Silbernitrat und Salpetersäure), dann mit Aceton thionalidfrei. Der Tiegel wird bei 100° getrocknet und gewogen.

B. Maßanalytische Bestimmung.

Vorbemerkung. Die Bestimmung beruht auf der Oxydation des Thionalids mit Jod nach der Gleichung:

$$2\,C_{10}H_7NHCOCH_2SH + J_2 = C_{10}H_7NHCOCH_2S{-}SH_2COCHNH_7C_{10} + 2\,HJ.$$

1 cm³ 0,02 n Jodlösung entspricht 0,00409 g Tl.

Man setzt überschüssige Jodlösung zu und mißt den Jodüberschuß mit Thiosulfat zurück.

Arbeitsvorschrift. Die Fällung wird ebenso ausgeführt wie bei der gravimetrischen Methode. Zur Filtration benutzt man dagegen ein Papierfilter (Weißband von SCHLEICHER und SCHÜLL); der Niederschlag wird, wie oben angegeben, gewaschen und dann mit dem Filter in das Fällungsgefäß zurückgegeben. Nun zersetzt man ihn mit einer Mischung aus 3 Teilen Eisessig und 1 Teil 2 n H_2SO_4; für Mengen bis rund 40 mg Tl genügen 30 cm³ Eisessig und 10 cm³ H_2SO_4, um den Komplex zu zersetzen. Dann wird eine gemessene Menge 0,02 n Jodlösung im Überschuß zugesetzt, der Überschuß wird nach gutem Durchrühren mit 0,02 n Natriumthiosulfat unter Benutzung von Stärke als Indicator zurücktitriert.

***Bemerkungen.* I. Genauigkeit.** Die Einzelbestimmungen ergaben auf gewichtsanalytischem Wege mit 25 bis 75 mg Tl einen Fehler von maximal − 0,04 bis + 0,1 mg, meist ist der Fehler schwach positiv (rund + 0,05 mg), die Bestimmung ist also sehr genau. Auf maßanalytischem Wege beträgt die Abweichung im allgemeinen 0,1 bis 0,2, maximal 0,4 mg.

II. Einfluß anderer Bestandteile. Die Abscheidung des Thalliums aus tartrat- und cyanidhaltiger alkalischer Lösung ist in Gegenwart von Silber, Kupfer, Arsen, Antimon, Zinn, Wolfram, Molybdän, Zink, Aluminium, Kobalt, Nickel und 2wertigem Eisen ohne weiteres möglich; bei geringfügig veränderter Arbeitsweise auch in Gegenwart von Eisen (3wertig), Cadmium, Gold, Platin, Palladium, Vanadium, Uran, Erdalkalien, Magnesium, ferner schließlich Quecksilber, Wismut und Blei. Diese Fällung stellt somit eine der besten spezifischen Abscheidungsformen des Thalliums dar und ermöglicht die Bestimmung in allen in Betracht kommenden Fällen. Vorschriften für Trennungen sind in § 12 gegeben. Da die Bestimmung durch Wägung oder Titration außerdem sehr rasch auszuführen ist, eignet sie sich ausgezeichnet zu Schnellanalysen und Betriebsanalysen.

III. Potentiometrische Mikrotitration. Kleine Thalliummengen (0,25 bis 2,5 mg) lassen sich sehr genau durch potentiometrische Verfolgung der Titration des Thionalids mit 0,002 n Jodlösung bestimmen, auch in Gegenwart anderer Metalle mit Ausnahme von Hg, Pb und Bi. Die Lösung, deren Volumen 50 cm³ betragen soll, darf Cu, Cd, Ag, Sn, Sb, As, Au, Ni, Co und Zn bis zu 300 mg, Mn, Cr, Fe und Al bis zu höchstens je 25 mg enthalten. Man fällt mit Thionalid nach der oben angegebenen Vorschrift mit der Abweichung, daß man den Zusatz von Kaliumcyanid um 1 bis 2 g für 50 cm³ Lösung erhöht und daß man einen 10fachen Reagensüberschuß zugibt.

Der Niederschlag wird, wie oben angegeben, mit dem Papierfilter in das Titrationsgefäß gebracht, mit wenig Eisessig oder Methylalkohol und verdünnter Schwefelsäure in Lösung gebracht, mit heißem Wasser verdünnt und bei 50° potentiometrisch mit 0,002 n Jodlösung unter Verwendung einer Platinindicatorelektrode (blanker Platindraht) titriert. Die Potentialeinstellung erfolgt innerhalb 1 Min. Bei unbekannten Mengen empfiehlt sich eine orientierende Vortitration, dann kann bei der zweiten Titration fast die ganze Menge der Jodlösung auf einmal zugesetzt und tropfenweise bis zum Endpunkt titriert werden. Man benutzt eine Feinbürette von 2 cm³ Inhalt und 0,01 cm³-Teilung.

1 cm³ 0,002 n Jodlösung entspricht 0,409 mg Tl.

Die Ergebnisse weichen rund um 0,01 bis 0,04 mg vom Sollwert ab.

Literatur.

Berg, R. u. E. S. Fahrenkamp: Fr. **109**, 305 (1937); vgl. auch W. Prodinger: Organische Fällungsmittel in der quantitativen Analyse (in W. Böttger: Die chemische Analyse), 2. Aufl., S. 101. Stuttgart 1939. — Berg, R. u. E. S. Fahrenkamp: Mikrochim. A. **1**, 64 (1937) (potentiometrische Mikrotitration).

§ 3. Bestimmung als Thalliumsalz des Mercaptobenzthiazols nach Spacu und Kuras.

$C_7H_4NS_2Tl$. Molekulargewicht 370,62.

Vorbemerkung. 1wertige Thalliumverbindungen bilden mit Mercaptobenzthiazol in ammoniakalischer Lösung einen schwefelgelben mikrokrystallinen Niederschlag von der Formel $C_7H_4NS_2Tl$ mit einem Thalliumgehalt von 55,17%. Umrechnungsfaktor auf Thallium = 0,5517 (log = 74167). Der Niederschlag ist in Wasser, vor allem in der Wärme, spurenweise löslich, daher darf die Fällung nur in der Kälte, in nicht zu verdünnten Lösungen und mit einem entsprechenden Überschuß des Reagens ausgeführt werden. Der entstandene Niederschlag eignet sich nach Trocknung zur direkten Auswägung, die Bestimmung ist rasch und genau auszuführen.

Arbeitsvorschrift. Als Reagens benutzt man eine Lösung von 1 g Mercaptobenzthiazol in 100 cm³ 2,5%igem Ammoniak, die wegen ihrer geringen Haltbarkeit am besten stets frisch bereitet wird. Die höchstens 30 cm³ betragende Thalliumlösung wird in der Kälte mit der 3fachen Menge des Reagens tropfenweise versetzt und durch einen Filtertiegel filtriert. Man wäscht mit 30 cm³ 2,5%igem Ammoniak und trocknet bei 110° bis zur Gewichtskonstanz.

Bemerkungen. **I. Genauigkeit.** Die Beleganalysen mit rund 90 mg Thallium weichen um höchstens 0,1 bis 0,2% vom Sollwert ab.

II. Einfluß anderer Bestandteile. Eine Reihe anderer Metalle, z. B. Blei, Wismut, Gold, fallen unter den angegebenen Bedingungen mit aus, sie dürfen also nicht zugegen sein.

Literatur.

Spacu, G. u. M. Kuras: Fr. **104**, 90 (1936). — Siehe auch Prodinger: Organische Fällungsmittel in der quantitativen Analyse (in W. Böttger: Die chemische Analyse). 2. Aufl., S. 117. Stuttgart 1939.

§ 4. Bestimmung als Thallium-1-jodid.

TlJ. Molekulargewicht 331,31.

Allgemeines. Die Abscheidung des Thalliums als TlJ ist eine früher sehr häufig benutzte Bestimmungsmethode. Sie genügt keineswegs hohen Anforderungen an Genauigkeit, da das TlJ eine recht beträchtliche Löslichkeit besitzt: in 100 cm³ Wasser lösen sich nach KOHLRAUSCH bzw. BÖTTGER bei 10° 3 mg und bei 20° 6 mg TlJ. Bei Gegenwart von überschüssigem Jodion, so z. B. in einer 1%igen Kaliumjodidlösung, ist die Löslichkeit geringer, die Abscheidung ist aber auch dann nur nach längerer Krystallisationszeit vollständig. Wegen der Löslichkeit muß auch beim Auswaschen mit besonderer Vorsicht verfahren werden, Auswaschen mit Wasser ist nicht angängig, man wäscht am besten mit wäßrigem Aceton oder Alkohol. Gelegentlich beobachtet man unerwünschte Peptisationserscheinungen beim Auswaschen.

Die Fällung liefert verhältnismäßig brauchbare Werte, wenn sie aus essigsaurer oder schwach ammoniakalischer Lösung vorgenommen wird, aus neutraler Lösung erhält man weniger gute Ergebnisse (MACH und LEPPER). Um gut filtrierbare Fällungen zu erhalten, empfiehlt sich in allen Fällen die Abscheidung aus zuerst heißer Lösung mit anschließendem Stehenlassen in der Kälte.

Für Präzisionsbestimmungen verdienen die Fällungen mit Chromat oder mit organischen Reagenzien nach modernen Vorschriften entschieden den Vorzug.

Die Bestimmung als TlJ erfolgt im allgemeinen gewichtsanalytisch; es sind auch Methoden ausgearbeitet, um bei Fällungen mit gemessenen Jodidmengen den Überschuß des Fällungsmittels maßanalytisch bestimmen zu können. Eine Fällungstitration unter potentiometrischer Endpunktsindikation ist ebenfalls möglich. Über ein Verfahren zur colorimetrischen Bestimmung kleiner Mengen TlJ vgl. § 10.

A. Gewichtsanalytische Bestimmung.

***Arbeitsvorschrift nach* MACH *und* LEPPER.** 50 bis 100 cm³ der Lösung werden mit 2 cm³ Essigsäure angesäuert, zum Sieden erhitzt und mit so viel einer 4%igen Kaliumjodidlösung versetzt, daß der Überschuß daran etwa 1% beträgt. Nach 18 Std. wird die erkaltete Lösung durch einen Filtertiegel filtriert. Man wäscht den Niederschlag zuerst mit einer Lösung von 1%igem Kaliumjodid und 1%iger Essigsäure, dann mit wenig 80%igem Aceton und trocknet bei 120 bis 130°.

Zur Fällung aus ammoniakalischer Lösung versetzt man die neutrale Lösung statt mit Essigsäure mit 2 cm³ 20%igem Ammoniak, verfährt wie oben; zum Auswaschen wird zuerst eine Lösung von 1 g Kaliumjodid und 1 cm³ 1%igem Ammoniak auf 100 cm³ benutzt.

***Bemerkungen.* I. Genauigkeit.** Bei dieser Arbeitsweise erhält man bei Anwendung von 28 bis 400 mg Thallium geringe Minuswerte, die von der angewandten Thalliummenge abhängen, z. B. – 0,1 bis 0,4 mg bei 28 mg, – 3 mg bei 400 mg Tl.

II. Varianten. Da TlJ in 50%igem Alkohol praktisch unlöslich ist, Kaliumjodid hingegen löslich ist, kann auch mit dieser Flüssigkeit ausgewaschen werden (MOSER und BRUKL). Für die Löslichkeit des Niederschlages in den Waschflüssigkeiten ist auch die Anbringung von Korrekturen vorgeschlagen worden (WERTHER). Bei Bestimmungen kleiner Mengen ist das Arbeiten mit Waschlösung, die an TlJ gesättigt ist, zu empfehlen (SOULE, SHAW).

III. Einfluß anderer Bestandteile. Kationen, die unlösliche Jodide bilden, wie Blei, Kupfer oder Silber, ferner diejenigen, die z. B. infolge Hydrolyse in essigsaurer oder ammoniakalischer Lösung ausfallen, endlich Anionen, die schwerlösliche Thalliumsalze bilden, wie Chlorid oder Bromid, dürfen nicht zugegen sein.

Die Fällung ist möglich in Anwesenheit von Cd, Fe, Al, Cr, Co, Ni, Zn, Mn, Mg, Erdalkalien und Alkalien. In Gegenwart von Rhenium muß mit NaJ gefällt werden, um die Mitfällung von Kaliumperrhenat zu verhindern (HÖLEMANN).

B. Maßanalytische Bestimmung.

1. Titration auf visuellem Wege. Bei Fällung mit einem gemessenen Überschuß von Kaliumjodidlösung bekannten Gehaltes kann der Jodidüberschuß maßanalytisch bestimmt werden. Folgende Verfahren wurden vorgeschlagen:

a) Die Fällung wird unter kräftigem Umschütteln vorgenommen. Nach der Filtration versetzt man das Filtrat mit Nitrit und Säure bis zur völligen Ausscheidung des Jods, dieses wird mit Xylol ausgeschüttelt, im Scheidetrichter abgetrennt und mit Thiosulfat titriert. Der Fehler beträgt etwa 0,5% (STRECKER und DE LA PEÑA).

b) Der Jodidüberschuß im Filtrat wird mit einer bekannten Menge Kaliumjodat in saurer Lösung oxydiert. Dann kocht man das ausgeschiedene Jod aus und titriert das noch vorhandene Jodat mit Thiosulfat. Fehler etwa – 0,2% (BOGORODSKI und TROTZKI).

2. Potentiometrische Titration. Um den Endpunkt der Ausfällung des Thalliumjodids potentiometrisch zu indizieren, kann man folgenden Kunstgriff anwenden: Man setzt der Lösung etwas freies Jod zu und mißt das Redoxpotential J^-/J_2 an einer Platinindicatorelektrode. Am Endpunkt der Titration wird das Potential unedler durch den dann auftretenden Überschuß an freien Jodionen. Zur Titration setzt man der Thalliumlösung, die mindestens 0,05 normal an Thallium sein muß, einige Tropfen einer frisch bereiteten Jodlösung (in Alkohol) zu, man titriert unter Messung des Potentials an einer Platinelektrode in üblicher Weise, das Umschlagspotential liegt etwa bei 0,46 V gegen die Normalkalomelelektrode. Der Fehler beträgt etwa 0,2% (KOLTHOFF).

Literatur.

BOGORODSKI, A. J. u. M. W. TROTZKI: Žurnal obščej Chim. (russ.) **1**, 895 (1931), zit. nach GMELIN. — BÖTTGER, W.: Z. physik. Chem. **46**, 602 (1903).

HÖLEMANN, H.: Z. anorg. Ch. **235**, 11 (1938).

KOHLRAUSCH, F.: Z. physik. Chem. **64**, 129 (1908). — KOLTHOFF, I. M.: Rec. Trav. chim. **41**, 189 (1922).

LEPPER, W.: Fr. **79**, 323 (1930).

MACH, F. u. W. LEPPER: Fr. **68**, 40 (1926). — MOSER, L. u. W. BRUKL: Monatsh. **47**, 709 (1926).

SHAW, P. K.: Ind. eng. Chem. Anal. Edit. **5**, 93 (1933). — SOULE, S.: Chemist-Analyst **17**, Nr. 3, S. 4 (1928); zit. nach GMELIN. — STRECKER, W. u. P. DE LA PEÑA: Fr. **67**, 268 (1925/26).

WERTHER, G.: J. pr. Ch. **92**, 129 (1864): Fr. **3**, 1 (1864).

§ 5. Bestimmung als Thallium-3-oxyd.

Tl_2O_3. Molekulargewicht 456,78.

Vorbemerkung. Aus 3wertigen Thalliumsalzlösungen fällt mit Alkalien schwerlösliches, nicht amphoteres Thallium-3-hydroxyd aus. Es ist eine sehr schwache Base und läßt sich zu Thallium-3-oxyd entwässern, so daß damit grundsätzlich eine Fällungs- und Bestimmungsmöglichkeit für Thallium gegeben ist. Schwierigkeiten bereitet die völlige Entwässerung des Hydroxyds und Überführung in definiertes Oxyd. Über die einzuhaltenden Bedingungen liegen sehr widersprechende Angaben vor. Die Entwässerungstemperaturen werden z. B. mit 70° (R. J. MEYER) und gegen 500° (RABE) angegeben. Als Ursache für die sehr verschiedenen Ergebnisse, auch bezüglich möglicher Gewichtsverluste beim Überhitzen durch Sauerstoffverlust oder Verdampfung, ist in manchen Fällen eine Reduktion durch Flammengase oder auch eine Aufnahme schwefelhaltiger Verbindungen aus Flammengasen anzunehmen; diese Fehlermöglichkeiten müssen unbedingt berücksichtigt werden, was nicht immer geschehen ist. Beim Arbeiten im trockenen Luftstrom ist Thalliumoxyd erst bei Temperaturen von gegen 500° völlig zu entwässern (RABE); es scheint, daß die gegenteiligen Angaben über Entwässerung bei tieferen Temperaturen auf zufälliger Kompensation der Fehler beruhen, etwa derart, daß das Übergewicht infolge Wassergehaltes gleich dem Mindergewicht durch Reduktion ist. Wenn auch von einigen Autoren, z. B. von MACH und LEPPER, sehr gute Ergebnisse mit dieser Methode erzielt worden sind, so ist sie doch im allgemeinen als nicht sehr zuverlässig zu bezeichnen.

Zur Überführung etwa vorliegender 1wertiger Thalliumverbindungen in 3wertige empfiehlt sich die Oxydation in alkalischer Lösung mit Kaliumferricyanid oder in saurer Lösung mit Bromwasser. Die Methode kann zur maßanalytischen Thalliumbestimmung ausgenutzt werden, indem das entstandene Ferrocyanid mit Permanganat titriert wird. Thallium-3-hydroxyd kann auch durch Elektrolyse anodisch quantitativ abgeschieden werden.

A. Gewichtsanalytische Bestimmung durch Fällung.

***Arbeitsvorschrift nach* BROWNING *und* PALMER *bzw.* MACH *und* LEPPER.** Zu dei Lösung des 1wertigen Thalliumsalzes in 50 bis 100 cm³ fügt man 25 cm³ 5%ige Kalilauge und 25 cm³ 8%ige Kaliumferricyanidlösung, filtriert das ausgefallene braune Thallium-3-hydroxyd, eventuell nach 18stündigem Stehen, durch einen Filtertiegel, wäscht mit kaltem oder heißem Wasser aus und trocknet höchstens 1 Std. lang bei 200° bis zur Gewichtskonstanz des entstandenen Thallium-3-oxyds. Bei längeren Trocknungszeiten ist Gewichtsabnahme zu befürchten. Der Niederschlag soll, insbesondere beim Erhitzen, vor dem Zutritt der Flammengase und vor Kohlendioxyd geschützt werden.

***Bemerkungen.* I. Genauigkeit.** Die Methode liefert nach BROWNING und PALMER bzw. MACH und LEPPER sehr gute Werte, Mengen von 28 bis 420 mg Thallium wurden mit einem Fehler von rund 0,2 bis 0,5 mg bestimmt. Für die Bestimmung kleiner Mengen ist dies Verfahren nicht zu empfehlen.

II. Einfluß anderer Bestandteile. Reduzierende Substanzen, Ionen, die in Laugen schwerlösliche Ferri- oder Ferrocyanide bilden, und Ionen, die schwerlösliche Thalliumsalze bilden, wie Jodionen, dürfen nicht zugegen sein.

III. Varianten. Zur Oxydation kann in saurer Lösung mit Bromwasser bis zum Überschuß (Gelbfärbung) versetzt werden, auf Zusatz von Kaliumhydroxyd tritt dann die Fällung des Thallium-3-oxyds ein (BROWNING, R. J. MEYER). Die Fällung mit Ammoniak statt mit Alkalihydroxyd liefert leicht etwas zu niedrige Werte (BROWNING).

B. Gewichtsanalytische Bestimmung durch elektrolytische Abscheidung des Thallium-3-oxyds.

Vorbemerkung. In schwach sauren Lösungen wird bei der Elektrolyse anodisch Tl_2O_3 abgeschieden (HEIBERG, DIETERLE, GUTBIER und DIETERLE), das durch hydrolytischen Zerfall des anodisch gebildeten 3wertigen Thalliumsalzes entsteht. Infolgedessen ist die Abscheidung nur quantitativ, wenn die Hydrolyse quantitativ verläuft, also in schwach saurer Lösung. Aus schwefelsaurer Lösung scheidet sich nach GUTBIER und DIETERLE ein durch Sulfat verunreinigtes, also zu schweres Produkt ab, man muß daher in salpetersaurer Lösung arbeiten. Eine gleichzeitige kathodische Abscheidung des Metalls muß durch Einhalten besonderer Abscheidungsbedingungen und geeigneter Ausmaße der Kathode vermieden werden.

***Arbeitsvorschrift nach* DIETERLE.** Zur Abscheidung benutzt man eine mattierte Platinschale als Anode und eine Platin-Iridiumkathode von mindestens 12 cm² Oberfläche, die als elektrisch angetriebene Rührelektrode (300 Umdrehungen/Min.) ausgebildet ist. Die Thalliumnitratlösung (entsprechend etwa 150 bis 400 mg Tl_2O_3) darf höchstens bis zu 0,1 g freie Salpetersäure enthalten, sie wird auf 100 cm³ verdünnt und entweder mit 10 cm³ Alkohol oder 5 bis 10 cm³ Aceton versetzt. Man elektrolysiert bei einer Temperatur von möglichst genau

60° und einer Spannung von 2 bis 2,2 V (Akkumulator ohne Widerstand) unter mechanischer Rührung etwa 10 Std. lang, dann wird die Spannung auf 2,5 bis 3 V erhöht (Stromstärke = 0,05 Amp.), wodurch die vollständige Abscheidung erreicht wird. Während der Elektrolyse muß das Volumen stets konstant gehalten werden. Nach vollständiger Abscheidung (Ausbleiben einer Opalescenz bei Versetzen einer Probe mit Kaliumjodid) ersetzt man den Elektrolyten durch Wasser, wäscht die Schale mit Wasser gründlich aus, trocknet die Schale bei 160 bis 170° im elektrischen Trockenschrank und wägt als Tl_2O_3.

Bemerkungen. **I. Genauigkeit.** Die Werte stimmen auf rund 0,2% mit der Theorie überein. Bei Elektrolyse nach HEIBERG aus Sulfatlösung, auch unter Zusatz von Oxalsäure nach dem Vorschlage von GALLO und CENNI, erhält man nach Angaben von GUTBIER und DIETERLE hingegen um mehr als 1% zu hohe Werte.

II. Elektrolyse aus fluoridhaltiger Lösung. Bei Abscheidung aus Thalliumnitratlösung, die 1 bis 2 g 40%ige Flußsäure enthält, scheidet sich an der Anode bei ähnlicher Arbeitsweise ein Niederschlag von der ungefähren Formel $Tl_2O_3 \cdot HF$ ab mit einem empirisch bestimmten Thalliumgehalt von 84,44% (JÍLEK und LUKAS). Man elektrolysiert bei 2 bis 5 V und 0,2 Amp. Stromdichte (anodisch) mit rotierender Scheibenkathode in einer mattierten Platinschale etwa 3 bis 4 Std. lang. Eine kathodische Abscheidung wird durch Zusatz von jeweils 1 cm^3 30%igem Wasserstoffperoxyd je Stunde vermieden. Unter Benutzung des empirisch gefundenen Faktors 0,8444 sind die Ergebnisse genau. In Anwesenheit von Alkalisalz und Sulfat erhält man zu hohe Werte.

C. Maßanalytische Bestimmung nach BROWNING und PALMER.

Bei der Oxydation von 1wertigen Thalliumsalzen in alkalischer Lösung mittels Kaliumferricyanid wird eine dem Thallium äquivalente Menge Ferricyanid zu Ferrocyanid reduziert. Man fällt, wie unter A. angegeben ist, filtriert und wäscht sorgfältig aus. Das Filtrat, das alles Ferrocyanid enthält, wird mit Schwefelsäure angesäuert und mit Permanganat bis zur Rotfärbung titriert. Es ist nötig, als Indicatorkorrektur die zur deutlichen Rotfärbung der austitrierten Lösung erforderliche Permanganatmenge (0,1 bis 1 cm^3) zu ermitteln und in Abzug zu bringen. Die Ergebnisse sind nach dieser Methode gut; Mengen von 80 bis 160 mg Tl_2O_3 wurden mit einem Fehler von rund $\pm$ 0,1 bis 0,5 mg bestimmt.

1 Äquivalent $KMnO_4$ entspricht 0,5 Atomen Thallium, also 1 cm^3 0,1 n $KMnO_4$ = 10,22 mg Tl.

Literatur.

BROWNING, P. H.: Ind. eng. Chem. Anal. Edit. **4**, 417 (1932). — BROWNING, P. E. u. H. E. PALMER: Z. anorg. Ch. **62**, 219 (1909); Am. J. Sci. [4] **27**, 379 (1909).

DIETERLE, W.: Z. El. Ch. **29**, 493 (1923).

GALLO, G. u. G. CENNI: G. **39 I**, 285 (1909); Atti Accad. Lincei [5] **17 II**, 276 (1908), zit. nach GMELIN. — GUTBIER, A. u. W. DIETERLE: Z. El. Ch. **29**, 457 (1923).

HEIBERG, M. E.: Z. anorg. Ch. **35**, 347 (1903).

JÍLEK, A. u. J. LUKAS: Coll. Trav. chim. Tchécosl. **1**, 417 (1929); Chem. Listy **24**, 223, 245 (1930, tschech.).

MACH, F. u. W. LEPPER: Fr. **68**, 42 (1926). — MEYER, R. J.: Z. anorg. Ch. **24**, 364 (1900).

RABE, O.: Z. anorg. Ch. **50**, 158 (1906); **55**, 130 (1907).

§ 6. Weitere Bestimmungsmöglichkeiten auf gravimetrischem Wege.

Im folgenden wird auf weitere Bestimmungsmöglichkeiten hingewiesen, die ausgearbeitet worden sind. Da sie meist keine wesentlichen Vorteile gegenüber den üblichen Verfahren bieten oder noch keine besondere praktische Bedeutung erlangt haben, wird von einer ausführlichen Wiedergabe der Arbeitsvorschriften hier abgesehen, es muß auf die angegebene Originalliteratur verwiesen werden.

1. Bestimmung als Thallium-1-sulfat, Tl_2SO_4, geeignet zur Gehaltsbestimmung von Thalliumlösungen oder zur Analyse von Verbindungen des 1- und

3wertigen Thalliums flüchtiger Säuren nach Abrauchen mit Schwefelsäure und Trocknen des Rückstandes bei ganz schwacher Rotglut (MACH und LEPPER; SCHAEFER, BROWNING, RAMMELSBERG, CARSTANJEN, STORTENBEKER (a), PRATT). Die Angaben über das Verhalten des Sulfats beim Erhitzen sind etwas widersprechend [NEUMANN (a), R. J. MEYER, WERTHER (a, b), VOGEL, STORTENBEKER (a), BOUSSINGNAULT, CARSTANJEN, CROOKES (a), HAWLEY (a), BODNÁR und TERÉNYI].

2. Bestimmung als Thallium-1-chlorid, TlCl, wegen der beträchtlichen Löslichkeit des TlCl in wäßriger Lösung ungenau; es ist notwendig, in stark alkoholischer Lösung zu arbeiten [WERTHER (a), KUHLMANN, WILLM (a), CROOKES (b), STORTENBEKER (b), HARTWIG].

3. Fällung als Thallium-1-sulfid, Tl_2S. Die Fällung ist in neutraler oder sehr schwach saurer Lösung (p_H 5 bis 6) quantitativ [HILLEBRAND und LUNDELL (a)], besser fällt man in sehr schwach ammoniakalischer Lösung (MOSER und BEHR, MOSER und NEUSSER) oder mit Natriumsulfid [JÍLEK und LUKAS (a)]. Wegen der leichten Oxydierbarkeit der Fällung ist das Filtrieren und Auswaschen schwierig, eine Auswage ist nur bei besonderen Vorsichtsmaßregeln möglich [MOSER und NEUSSER, HILLEBRAND und LUNDELL, WILLM (a, b), HEBBERLING, RAMMELSBERG, PRATT], so daß diese Reaktion höchstens eine Abtrennungsmöglichkeit, aber keine gute Bestimmungsmöglichkeit bietet.

4. Bestimmung als Thalliummetall. Durch Reduktion mit unedlen Metallen, z. B. Magnesium oder Zink, läßt sich Thallium quantitativ als Metall niederschlagen. Diese Abscheidung ist benutzt worden zur gewichtsanalytischen Bestimmung, allerdings müssen bei der Auswage Vorkehrungen gegen Oxydation getroffen werden (STRECKER und DE LA PEÑA). In einigen Fällen ist diese Abscheidung als Trennungsmethode zu gebrauchen [HILLEBRAND und LUNDELL (b), SPENCER und LE PLA, WERTHER (c), NICKLÈS]. Außer der Auswägung des metallischen Thalliums ist die gasvolumetrische Bestimmung des mit Säure entwickelten Wasserstoffes empfohlen worden [STRECKER und DE LA PEÑA: nach Reduktion mit Magnesium; NEUMANN (b): nach elektrolytischer Abscheidung des Thalliums].

5. Bestimmung als Thalliumplatinchlorid, Tl_2PtCl_6. Der Niederschlag ist sehr schwer löslich und läßt sich bei höchstens 100° C gewichtskonstant trocknen. Die Bestimmung ergibt sehr genaue Werte, gelegentlich werden Schwierigkeiten bei der Filtration und dem Auswaschen beschrieben [CUSHMAN, CROOKES (a, b), CARSTANJEN, WERTHER (c), WILLM (b); über die Zusammensetzung des Niederschlages vgl. JÍLEK und LUKAS (b)].

6. Bestimmung als Thalliumkobaltnitrit. Je nach den Bedingungen fällt $NaTl_2[Co(NO_2)_6]$ oder $Tl_3[Co(NO_2)_6]$ aus, die Fällung läßt sich bei 100 bis 110° gewichtskonstant trocknen und auswägen (STRECKER und DE LA PEÑA, NISIHUKU, CUNNINGHAM und PERKIN).

7. Bestimmung als Thallium-1-Zinn-4-sulfid, Tl_4SnS_4 [HAWLEY (b)].

8. Bestimmung mit Kaliumferrocyanid. Mit Ca, Ba oder Mg bildet Thallium schwerlösliche Doppelsalze vom Typ $CaTl_2[Fe(CN)_6]$, die zu Thalliumbestimmungen benutzt worden sind (GASPAR y ARNAL).

9. Bestimmung mit Gold-3-bromwasserstoffsäure. 1wertige Thalliumverbindungen reduzieren Goldbromid unter Ausscheidung der äquivalenten Menge Gold, die ausgewogen werden kann (THOMAS).

Literatur.

BODNÁR, J. u. A. TERÉNYI: Fr. **69**, 34 (1926). — BOUSSINGNAULT: C. r. **64**, 1165 (1867). — BROWNING, P. E.: Z. anorg. Ch. **23**, 155 (1900).

CARSTANJEN: J. pr. Ch. **102**, 88, 132 (1867). — CROOKES, W.: (a) Chem. N. **8**, 243, 255 (1863); (b) Phil. Trans. **153**, 187 (1863). — CUNNINGHAM, M. u. F. M. PERKIN: J. chem. Soc. Lond. **95**, 1569 (1909). — CUSHMAN, A. S.: Am. Chem. J. **24**, 227 (1900).

GASPAR y ARNAL, T.: An. Españ. **30**, 398 (1932).

HARTWIG, F.: A. **176**, 262 (1875). — HAWLEY, L. F.: (a) Am. Soc. **29**, 300 (1907); (b) Am. Soc. **29**, 1011 (1907). — HEBBERLING, M.: A. **134**, 14 (1865). — HILLEBRAND, W. F. u. G. E. F. LUNDELL: Applied Inorganic Analysis, New York-London 1929 (a) S. 56; (b) S. 374.

JÍLEK, A. u. J. LUKAS: Coll. Trav. chim. Tchécosl. **1** (1929) (a) S. 426; (b) S. 88.

KUHLMANN, F.: C. r. **55**, 608 (1862).

MACH, F. u. W. LEPPER: Fr. **68**, 37 (1926). — MEYER, R. J.: Z. anorg. Ch. **24**, 363 (1900). — MOSER, L. u. M. BEHR: Z. anorg. Ch. **134**, 55 (1924). — MOSER, L. u. E. NEUSSER: Ch. Z. **47**, 543 (1923).

NEUMANN, G.: (a) A. **244**, 349 (1888); (b) Ber. **21**, 356 (1888). — NICKLÈS, J.: C. r. **58**, 132 (1864). — NISIHUKU, S.: J. Soc. chem. Ind. Japan (Suppl.) **37**, 180 B (1934).

PRATT, J. H.: Z. anorg. Ch. **9**, 20 (1895).

RAMMELSBERG, C.: Ann. Phys. [2] **16**, 694 (1895).

SCHAEFER, E.: Z. anorg. Ch. **38**, 170 (1904). — SPENCER, J. F. u. M. LE PLA: J. chem. Soc. **93**, 858 (1908). — STRECKER, W. u. P. DE LA PEÑA: Fr. **67**, 257, 264 (1925/26). — STORTENBEKER, W.: (a) Rec. Trav. chim. **21**, 94 (1902); (b) Rec. Trav. chim. **26**, 251 (1907).

THOMAS, V.: C. r. **130**, 1316 (1900); Bull. Soc. chim. [3] **27**, 470 (1902).

VOGEL, F.: Z. anorg. Ch. **35**, 405 (1903).

WERTHER, G.: (a) Fr. **3**, 1 (1864); (b) J. pr. Ch. **92**, 137 (1864); (c) J. pr. Ch. **91**, 390 (1864). — WILLM, J. E.: (a) Bl. Soc. chim. **1863**, 352; (b) Ann. Chim. Phys. [4] **5**, 24, 81 (1865).

§ 7. Elektrolytische Abscheidung als Thalliummetall.

Vorbemerkung. Thalliumsalze werden bei der Elektrolyse kathodisch zu Metall reduziert; unter geeigneten Bedingungen tritt anodisch eine Oxydation zu Thallium-3-oxyd ein, die, wie schon in § 5 B beschrieben, zur Thalliumbestimmung benutzt werden kann. Die kathodische Abscheidung ist ebenfalls analytisch verwertbar. Das Normalpotential des Thalliums ($Tl/Tl^{\cdot}$) beträgt $-0{,}336$ V, es ist in der Spannungsreihe also etwa folgendermaßen einzuordnen: — Fe Cd In *Tl* Co Ni Pb H+; da die Überspannung des Wasserstoffes an reinem Thallium recht groß ist (0,54 V in 0,01 n Schwefelsäure), ist eine quantitative Abscheidung möglich. Jedoch macht die Auswägung des Metalls Schwierigkeiten, da es sich leicht an der Luft oxydiert. Abhilfe schafft die Abscheidung des Thalliums in Form von Legierungen. Als flüssiges Kathoden-Legierungsmaterial eignet sich verdünntes Zink- oder Cadmiumamalgam (MORDEN); am besten arbeitet man nach einem von PAWKE und WEINER bzw. PAWEK und STRICKS angegebenen Verfahren mit flüssigem WOODschen Metall als Kathodenmaterial. Bei dieser Methode ist die Abscheidung aus salzsaurer Lösung vollständig; der Wasserstoff hat eine hohe Überspannung an WOODschem Metall, es tritt nur geringe Gasentwicklung in großen Blasen ein. Durch die anwesende Salzsäure fällt TlCl aus, das sich aber nach Maßgabe der Thalliumabscheidung während der Elektrolyse wieder auflöst. Einen Angriff der Platinanode durch Chlor verhindert man durch Zusatz von Hydroxylaminchlorhydrat. Die günstigsten Stromstärken betragen 2 bis 3 Amp., die Thalliumauswagen können bis zu 4 g betragen. Mit dem Kathodenmetall kann mehrmals elektrolysiert werden, die Legierung nimmt bis zu 15% Thallium auf und ist luftbeständig.

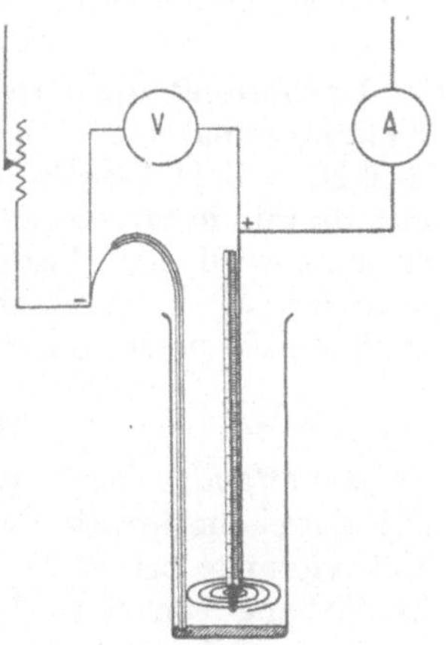

Abb. 1.

Arbeitsvorschrift nach PAWEK ***und*** STRICKS. **Apparatur und Elektroden.** Zur Elektrolyse benutzt man ein schmales, hohes Becherglas (etwa 4 cm Durchmesser, 11 cm Höhe). (Vgl. Abb. 1). Als Kathode dienen etwa 25 g WOOD-Metall, das durch Umschmelzen unter verdünnter Salzsäure gereinigt, mit Wasser, Alkohol und Äther gewaschen und anschließend gewogen wurde. Der Regulus wird auf den Boden des Becherglases gelegt; als Stromzuführung dient ein dünner Platindraht (0,5 mm), der in ein enges, gerade passendes Glasrohr eingeschmolzen wurde, so daß das freie untere

Ende 1 bis 2 mm lang herausragt. Als Anode benutzt man eine flache Spirale aus 1 mm Platindraht, die im Abstand von etwa 1 cm waagerecht über der Kathode angeordnet ist.

Ausführung der Bestimmung. Die Legierungskathode (mit der kathodischen Stromzuführung zusammen gewogen) wird in das Becherglas eingelegt, die Elektroden werden eingesetzt, dann wird mit heißem Wasser übergossen, bis auch die Anode benetzt ist, der Strom wird dann sogleich eingeschaltet. Nun setzt man 3 cm^3 konzentrierte Salzsäure und 3 bis 5 g Hydroxylaminchlorhydrat zu und spült dann erst die heiße Thalliumlösung (z. B. Sulfat) in das Elektrolysiergefäß. Die Einhaltung dieser Reihenfolge ist wichtig. Das Volumen soll etwa 80 cm^3 betragen. Am Anfang tritt eine weiße Trübung von TlCl ein, die sich bald wieder auflöst. Man elektrolysiert mit 2 bis 3 Amp. bei Temperaturen oberhalb des Erstarrungspunktes des WOOD-Metalles, die Spannung beträgt etwa 2 bis 6 V. In $2^1/_2$ bis 3 Std. ist die Abscheidung quantitativ, unabhängig von der Metallmenge und Stromstärke. Dann wird der Elektrolyt ohne Stromunterbrechung abgehebert und ständig durch heißes Wasser ersetzt, so daß die Kathode noch flüssig bleibt. Wenn der Elektrolyt völlig entfernt ist, wird die Stromzuführung aus der noch flüssigen Legierungskathode herausgezogen und das Metall durch Übergießen mit kaltem Wasser zum Erstarren gebracht. Es wird mit Wasser, Alkohol und Äther gewaschen, bei 60° getrocknet, man läßt im Exsiccator erkalten und wägt gemeinsam mit der Stromzuführung, an der geringe Metallmengen haften können.

Genauigkeit. Die maximalen Abweichungen betragen nach PAWEK und STRICKS einige Zehntel Milligramme.

Literatur.

MORDEN, G. W.: Am. Soc. **31**, 1045 (1909).

PAWEK, H. u. W. STRICKS: Fr. **79**, 124 (1930). — PAWEK, H. u. R. WEINER: Fr. **72**, 225 (1927).

§ 8. Maßanalytische Bestimmung durch Oxydation des 1wertigen Thalliums zur 3wertigen Stufe.

A. Oxydation zu 3wertigem Thallium mit Kaliumbromat nach KOLTHOFF bzw. ZINTL und RIENÄCKER.

Vorbemerkung. In salzsaurer Lösung werden 1wertige Thalliumsalze durch Kaliumbromat rasch und quantitativ oxydiert nach der Gleichung: $3\,Tl^{\cdot} + BrO_3' + 6\,H^{\cdot} = 3\,Tl^{\cdot\cdot\cdot} + Br' + 3\,H_2O$. Am Endpunkt bildet überschüssiges Bromat mit Bromid in salzsaurer Lösung freies Brom, welches entweder an der gelben Farbe erkannt wird oder besser an seiner Eigenschaft, zugesetzte Farbstoffe (Methylorange u. ä.) unter Ausbleichung zu zerstören. Sehr genau kann der Endpunkt auch durch potentiometrische Indication erkannt werden.

1. Titration mit Methylorange als Indicator.

***Arbeitsvorschrift nach* ZINTL *und* RIENÄCKER.** Die Lösung wird auf eine Salzsäurekonzentration von rund 5 bis 8% HCl gebracht und unter Zusatz von Methylorange bei 50 bis 60° mit 0,1 n $KBrO_3$ titriert. Der Endpunkt wird an der Entfärbung von Methylorange erkannt, am Resultat ist die im Blindversuch zu ermittelnde Indicatorkorrektur (einige Hundertel Kubikzentimeter) anzubringen. Etwa anfangs vorhandenes unlösliches TlCl löst sich während der Titration auf.

***Bemerkungen.* I. Genauigkeit.** Die Ergebnisse entsprechen innerhalb der in der Maßanalyse üblichen Fehler ($\pm 0{,}02$ cm^3) der Theorie. Wegen der hohen Genauigkeit wurde diese Methode, deren Zuverlässigkeit auch von vielen Seiten bestätigt wurde, von zahlreichen Autoren zum Einstellen von Thalliumlösungen benutzt.

II. Einfluß anderer Bestandteile. Siehe unter „potentiometrische Titration" mit Kaliumbromat.

2. Potentiometrische Titration mit Kaliumbromat.

***Arbeitsvorschrift nach* ZINTL *und* RIENÄCKER.** Die mit großer Genauigkeit ausführbare Titration wird in rund 5 bis 8%iger Salzsäure vorgenommen, entweder bei Zimmertemperatur oder in der Wärme. Bei Titration bei Zimmertemperatur ist anfangs ein Teil des Thalliums als unlösliches TlCl vorhanden, es löst sich im Laufe der Titration auf. Man titriert an einer blanken Platinelektrode als Indicatorelektrode unter Benutzung einer der üblichen Vergleichselektroden (Kalomel- oder ähnliche Elektrode) unter mechanischer Rührung. Der Potentialsprung ist scharf und groß, die Potentiale stellen sich gut ein, das Umschlagspotential beträgt rund 760 mV gegen die „gesättigte" Kalomelelektrode, der Potentialsprung rund 110 mV auf 0,03 cm^3 0,1 n $KBrO_3$.

***Bemerkungen.* I. Genauigkeit.** Die Ergebnisse weichen nicht mehr als um ±0,1 bis 0,2% vom theoretischen Wert ab.

II. Einfluß anderer Bestandteile. 5wertiges Arsen und Antimon, 4wertiges Zinn, 2wertiges Kupfer und Quecksilber, ferner Wismut, Cadmium und Blei stören die Titration nicht. 3wertiges Arsen und Antimon werden mit oxydiert, man erhält dann die Summe. In Anwesenheit von Eisen-3-salz erhält man etwas zu niedrige und schwankende Werte. Essigsäure stört nicht, jedoch darf Weinsäure nicht zugegen sein.

B. Oxydation zu 3wertigem Thallium mit Cer-4-sulfat nach WILLARD und YOUNG.

Vorbemerkung. In salzsaurer Lösung wird nach WILLARD und YOUNG $Tl^{\cdot}$ zu $Tl^{\cdot\cdot\cdot}$ durch Cer-4-sulfat oxydiert nach der Gleichung: $Tl^{\cdot} + 2\,Ce^{\cdot\cdot\cdot\cdot} = Tl^{\cdot\cdot\cdot} + 2\,Ce^{\cdot\cdot\cdot}$. Die Reaktion verläuft rasch und quantitativ, der Endpunkt der Titration kann visuell festgestellt werden, am besten mittels Redoxindicators, oder er wird elektrometrisch bestimmt.

1. Titration auf visuellem Wege.

Arbeitsvorschrift. Auf 200 cm^3 Gesamtvolumen setzt man 20 cm^3 konzentrierte Salzsäure zu, erhitzt bis nahe zum Sieden und titriert ohne weitere Wärmezufuhr mit Cersulfat. Der Endpunkt wird erkannt an der Gelbfärbung durch überschüssiges Cersulfat. Die zu dieser Gelbfärbung nötige Menge wird im Blindversuch ermittelt; sie beträgt unter den angegebenen Bedingungen 0,05 cm^3 und wird vom Ergebnis abgezogen.

Besser und genauer arbeitet man mit Hilfe von o-Phenanthrolineisen-2-sulfat als Indicator. Die zu titrierende Lösung soll auf 200 cm^3 40 bis 50 cm^3 konzentrierte Salzsäure enthalten, man setzt 5 cm^3 0,005 n Jodmonochloridlösung und einen Tropfen 0,025 m Indicatorlösung zu, erhitzt auf 50° und titriert auf blaßblau. Temperaturen unter 45° sind zu vermeiden.

***Bemerkungen.* I. Genauigkeit.** Die Ergebnisse sind sehr befriedigend, Mengen von 40 bis 300 mg Tl sind mit einer Genauigkeit von 0,1 bis 0,3% zu bestimmen.

II. Einfluß anderer Bestandteile. Siehe unter „potentiometrische Titration"

III. Titration unter Indication mit Jodmonochlorid in Gegenwart von Chloroform, die auf der Entfärbung des Jods infolge Oxydation durch überschüssiges Cer-4-salz beruht, gibt nach SWIFT und GARNER zu hohe Werte.

2. Potentiometrische Titration mit Cer-4-sulfat.

Die Titration ist mit großer Genauigkeit auf potentiometrischem Wege auszuführen. Die Lösung soll auf 200 cm^3 Gesamtvolumen zur Titration bei den angegebenen Temperaturen folgende Mengen konzentrierte Salzsäure enthalten, um gute Endpunktsindication zu erreichen:

bei 35°: 60 cm^3,
„ 45°: 50 cm^3,
„ 60°: 30 cm^3.

Es wird an einer blanken Platinelektrode als Indicatorelektrode unter Benutzung einer der üblichen Vergleichselektroden (z. B. Kalomel- oder Silberchloridelektrode) unter den angegebenen Bedingungen mit 0,1 n $Ce(SO_4)_2$ titriert. Der Potentialsprung am Äquivalenzpunkt ist scharf und groß, er beträgt rund 200 bis 250 mV auf 0,02 cm³ 0,1 n $Ce(SO_4)_2$-Lösung. Temperaturen von über 60° verschlechtern den Sprung.

Bemerkungen. **I. Genauigkeit.** Die Ergebnisse sind sehr genau und weichen im Mittel nur um 0,1% vom theoretischen Wert ab.

II. Einfluß anderer Bestandteile. Die Methode ist recht spezifisch und erlaubt eine Bestimmung in Anwesenheit von Kupfer-, Eisen-3-, Cadmium-, Wismut-, Zinn-4-, Blei-, Quecksilber-2-, Antimon-5-, Cr-3- und Zink-Ion, ferner von Selenit, Tellurit, Arsenat. In Anwesenheit von Cr-3-Ion muß bei niedriger Temperatur und hoher Säurekonzentration titriert werden, um die Oxydation des Chroms zu verhindern. 3wertiges Arsen und Antimon stören. Größere Mengen von Schwefelsäure und Überchlorsäure bewirken langsamere Reaktion; Salpetersäure stört auch in kleinen Mengen.

C. Oxydation zu 3wertigem Thallium mit Kaliumjodat.

Vorbemerkung. In salzsaurer Lösung werden 1wertige Thalliumsalze durch Kaliumjodat zu 3wertigen oxydiert nach der Gleichung: $JO_3' + 2\,Tl^{\cdot} + 6\,H^{\cdot} = J^{\cdot} + 2\,Tl^{\cdot\cdot\cdot} + 3\,H_2O$, das $J^{\cdot}$ liegt in Gegenwart von HCl hauptsächlich als JCl vor. Vor Erreichung des Endpunktes ist eine gewisse Konzentration an freiem Jod vorhanden, das erst am Äquivalenzpunkt quantitativ in J bzw. JCl überführt wird. Der Äquivalenzpunkt ist daher an dem Verschwinden der Jodfarbe zu erkennen, die durch Zufügung von Chloroform oder Tetrachlorkohlenstoff deutlicher sichtbar zu machen ist. Die Indizierung des Endpunktes ist auch auf potentiometrischem Wege möglich.

1. Titration auf visuellem Wege nach Berry bzw. Swift und Garner.

Arbeitsvorschrift. In einer Glasstöpselflasche wird die Thalliumlösung in 3 bis 5 n Salzsäure (chlorfrei!) nach Zusatz von 4 cm³ Tetrachlorkohlenstoff mit Kaliumjodat (0,1 n) titriert. Man titriert am besten in der Kälte (Wasserkühlung), schüttelt nach Zusatz der Maßlösung die verschlossene Flasche gut durch und beobachtet die Entfärbung der Tetrachlorkohlenstoffschicht nach Umkehren der Flasche.

Bemerkungen. **I. Genauigkeit.** Die Ergebnisse der rasch verlaufenden Titration sind nach Swift und Garner genau (Abweichung 0,1 cm³ Maßlösung), eine Endpunktskorrektur ist nicht nötig; etwa zugesetzte Jodatüberschüsse können mit eingestellter Jodidlösung zurückgemessen werden.

II. Einfluß anderer Bestandteile. Anwesenheit von Bromid stört nicht. Jodid und Rhodanid werden durch Jodat ebenfalls oxydiert [Berry (a)], und zwar nach den Gleichungen:

$$TlJ + JO_3' + 6\,H^{\cdot} = Tl^{\cdot\cdot\cdot} + 2\,J^{\cdot} + 3\,H_2O \text{ bzw.}$$
$$TlCNS + 2\,JO_3' + 5\,H^{\cdot} = Tl^{\cdot\cdot\cdot} + 2\,J^{\cdot} + HCN + SO_4'' + 2\,H_2O.$$

2. Potentiometrische Titration mit Kaliumjodat.

Der Endpunkt der Reaktion läßt sich potentiometrisch indizieren, man arbeitet in mindestens 4 n Salzsäure bei einer Temperatur von 10°; der an einer Platinindicatorelektrode meßbare Potentialsprung ist scharf. Die Titration liefert nach Singh und Ilahi genaue Ergebnisse.

D. Weitere Vorschläge zur maßanalytischen Bestimmung des Thalliums durch Oxydation zur 3wertigen Stufe.

1. Oxydation mit Permanganat. In salzsaurer Lösung wird 1wertiges Thallium durch Permanganat glatt zur 3wertigen Stufe oxydiert (Willm), nicht jedoch in chloridfreier, z. B. schwefelsaurer Lösung. Es wird aber im allgemeinen ein Überverbrauch an Permanganat festgestellt, der durch Oxydation des Chlorions verursacht ist. Trotz Anwendung empirischer Faktoren ist die Methode unzuverlässig und nicht genau. Es wird hier daher von der Wiedergabe ausführlicher Arbeitsvorschriften abgesehen und auf die Originalliteratur verwiesen, insbesondere auf Arbeiten von SWIFT und GARNER, JÍLEK und LUKAS, HAWLEY, PROSZT. Ferner ist diese Titration bearbeitet bzw. benutzt oder kritisiert worden von BODNÁR und TERÉNYI, BERRY (c), BRUNER und ZAWADSKI, W. J. MÜLLER, NOYES, BENRATH und ESPENSCHIED, LEPPER, J. MEYER und WILK, NEUMANN.

Titrationen mit Permanganat auf indirektem Wege beschrieben: BROWNING und PALMER, BERRY (c), SCHEE (Umsetzung des 1wertigen Thalliums mit Kaliumferricyanid und Titration des entstandenen Ferrocyanids, vgl. auch § 5 C); GASPAR y ARNAL (nach Fällung des Thalliums als $Tl_2Ca[Fe(CN)_6]$); STRECKER und DE LA PEÑA (nach Fällung als $NaTl_2[Co(NO_2)_6]$).

Die Titrationen mit den titerbeständigen Maßlösungen, wie Kaliumbromat oder Cer-4-sulfat, sind wesentlich brauchbarer und sehr genau, diese Maßlösungen sind daher für die Thalliumbestimmung dem Permanganat unbedingt vorzuziehen.

2. Oxydation mit anderen Oxydationsmitteln. Die Oxydation gelingt auch mit Bromwasser bzw. mit Chloramin-T (Natrium-p-toluolsulfochloramin), doch bieten diese zum Teil wenig titerbeständigen Oxydationsmittel keine Vorzüge gegenüber dem Bromat [SPONHOLTZ, BERRY (b)]. Die potentiometrische Titration ist ferner mit Kaliumchlorat (SINGH und SINGH) bzw. mit Hypobromit (TOMIČEK, JAŠEK und FILIPOVIČ) durchgeführt worden.

Stark alkalische Thalliumlösungen lassen sich direkt mit Kaliumferricyanid potentiometrisch titrieren (DEL FRESNO und VALDÉS).

Literatur.

BENRATH, A. u. H. ESPENSCHIED: Z. anorg. Ch. **121**, 364 (1922). — BERRY, A. J.: (a) Analyst **51**, 137 (1926); (b) **59**, 738 (1934); (c) Soc. **121**, 394 (1922). — BODNÁR, J. u. A. TERÉNYI: Fr. **69**, 33 (1926). — BROWNING, P. E. u. H. E. PALMER: Z. anorg. Ch. **62**, 218 (1909); Am. J. Sci. [4] **27**, 379 (1909). — BRUNER, L. u. J. ZAWADSKI: Bl. Acad. Crac. **1909**, II, 270 (zit. nach GMELIN).

DEL FRESNO, C. u. L. VALDÉS: An. Españ. **27**, 602 (1929); Z. anorg. Ch. **183**, 261 (1929).

GASPAR y ARNAL, T.: An. Españ. **30**, 398 (1932).

HAWLEY, L. F.: Am. Soc. **29**, 300 (1907).

JÍLEK, A. u. J. LUKAS: Coll. Trav. chim. Tchécosl. **1**, 83 (1929); Chem. Listy **23**, 124, 155 (1929) (zit. nach GMELIN).

KOLTHOFF, I. M.: Rec. Trav. chim. **41**, 189 (1922).

LEPPER, W.: Fr. **79**, 321 (1930).

MEYER, J. u. H. WILK: Z. anorg. Ch. **132**, 242 (1924). — MÜLLER, W. J.: Ch. Z. **33**, 297 (1909).

NEUMANN, G.: A. **244**, 353 (1888). — NOYES, A. A.: Ph. Ch. **9**, 608 (1892).

PROSZT, J.: Fr. **73**, 401 (1928).

SCHEE, J.: Beitr. gerichtl. Med. **7**, 16 (1928). — SINGH, B. u. I. ILAHI: J. Indian chem. Soc. **13**, 717 (1936); SINGH, B. u. S. SINGH: J. Indian chem. Soc, **16**, 27 (1939) (zit. nach GMELIN). — SPONHOLTZ, K.: Fr. **31**, 519 (1892). — STRECKER, W. u. P. DE LA PEÑA: Fr. **67**, 260 (1925/26). — SWIFT, E. H. u. C. S. GARNER: Am. Soc. **58**, 114 (1936).

TOMIČEK, O. u. M. JAŠEK: Am. Soc. **57**, 2409 (1935); TOMIČEK, O. u. F. FILIPOVIČ: Coll. Trav. chim. Tchécosl. **10**, 415 (1938).

WILLARD, H. H. u. PH. YOUNG: Am. Soc. **52**, 36 (1930); **55**, 3268 (1938). — WILLM, J. E.: Bl. Soc. chim. **1863**, 352; Ann. Chim. Phys. [4] **5**, 83 (1865).

ZINTL, E. u. G. RIENÄCKER: Z. anorg. Ch. **153**, 278 (1926).

§ 9. Maßanalytische Bestimmung durch Reduktion des 3wertigen Thalliums zur 1wertigen Stufe.

A. Reduktion zu 1wertigem Thallium mit Kaliumjodid.

Vorbemerkung. 3wertiges Thallium wird durch Jodid bzw. Jodwasserstoff rasch und quantitativ reduziert, falls genügend Säure vorhanden ist, um eine hydrolytische Abscheidung des $Tl(OH)_3$ zu verhindern. Auch die Konzentrationen an Thallium und Jodwasserstoff (Jodid) müssen sich in bestimmten Grenzen bewegen. Das ausgeschiedene, dem Thallium äquivalente Jod kann mit Thiosulfat oder mit Arsenit zurückgemessen werden, die Indication des Endpunktes wird visuell nach Stärkezusatz oder potentiometrisch vorgenommen.

1. Titrationen auf visuellem Wege.

a) Bestimmung des dem Thallium äquivalenten Jods mit Thiosulfat.

Arbeitsvorschrift nach* Čůta *(a). Die vorliegende Lösung der Probe, die Thallium meist 1wertig enthält und deren Thalliumgehalt zwischen 17 und 440 mg liegen kann, wird bis zur schwachen Gelbfärbung mit Bromwasser versetzt und nach Zugabe von 10 bis 30 cm³ konzentrierter Salzsäure durch Erhitzen und Auskochen von dem Bromüberschuß befreit. Nach Verdünnen auf nahezu 1 l, also auf eine etwa 0,0002 bis 0,004 n Tl-Lösung, fügt man 5 g Kaliumjodid hinzu (bei größeren Thalliummengen mehr), dann wird mit 0,1 n Thiosulfatlösung titriert unter Zusatz von Stärkelösung in genügender Menge.

***Bemerkungen.* I. Genauigkeit.** Die Ergebnisse sind nach dieser Methode im Mittel um rund 0,08% $\pm$ 0,15 zu niedrig.

II. Arbeitsvorschrift nach Proszt. Zur Bestimmung kleiner Mengen (1 bis 5 mg) gibt Proszt folgende Arbeitsweise an: Zu der Thalliumlösung im Volumen von 5 bis 30 cm³ werden 3 bis 4 Tropfen konzentrierte Salzsäure zugegeben, dann versetzt man tropfenweise mit Bromwasser bis zur deutlichen Gelbfärbung. Der Bromüberschuß wird mit Phenol (5%ige wäßrige Lösung) gebunden, dann setzt man etwas festes Kaliumjodid zu und titriert mit 0,01 oder 0,02 n Thiosulfat in einem Gesamtvolumen von 30 bis 60 cm³. Der Thiosulfatfaktor ist etwas von der Thalliummenge abhängig, es empfiehlt sich die Einstellung der Maßlösungen unter den Bedingungen der Methode gegen ähnliche Thalliummengen.

III. Varianten. Nach Hollens und Spencer kann das Ansäuern auch mit Essigsäure oder Schwefelsäure geschehen, die Oxydation des Thalliums wird mit Chlor vorgenommen, der Chlorüberschuß wird mit einem Luftstrom ausgetrieben. Der Endpunkt wird nach Zusatz von Chloroform am Verschwinden der Jodfarbe erkannt. Die Ergebnisse sind etwas zu niedrig (rund 0,5%).

In Gegenwart von 3wertigem Eisen setzt man nach der Oxydation mit Brom und dem Entfernen des Bromüberschusses durch Phenol dem Reaktionsgemisch vor der Zugabe von Kaliumjodid Dinatriumphosphat und Phosphorsäure zu (Fridli).

Liegt Thallium als Thioharnstoffperchlorat vor (s. § 13), so muß mit flüssigem elementarem Brom unter Aufkochen oxydiert werden (Mahr und Ohle).

b) Bestimmung des dem Thallium äquivalenten Jods mit Arsenit.

Arbeitsvorschrift nach* Čůta *(a). Etwa vorhandenes 1wertiges Thallium wird genau so zur 3wertigen Stufe oxydiert, wie es unter a) beschrieben ist. Die Lösung, die zwischen 20 und 250 mg Tl enthält, wird nun mit 10 cm³ konzentrierter HCl versetzt und nach Verdünnen auf etwa 1 l mit einem Überschuß von Kaliumjodid zur Reaktion gebracht (je nach der Thalliummenge 5 bis 22 g). Durch Zusatz von Ammoniumacetat wird die Acidität verringert bis auf ein p_H von rund 6, dann wird nach Zufügen von Stärkelösung mit 0,1 n Natriumarsenitlösung titriert.

***Bemerkungen.* I. Genauigkeit.** Die erhaltenen Werte sind im Mittel um rund 0,24% $\pm$ 0,3 zu niedrig.

II. Variante. Hollens und Spencer titrieren mit Arsenit in Bicarbonatlösung unter Zusatz von Chloroform, der Endpunkt wird an dem Verschwinden der Jodfarbe im Chloroform erkannt. Die Ergebnisse sind genau, jedoch nur bei größeren Thalliummengen, so daß mit 0,1 n Lösung titriert werden kann, bei Verwendung von 0,01 n Lösung ist der Endpunkt unscharf, bei 0,002 n unbrauchbar.

2. *Potentiometrische Titration.*

a) Bestimmung des dem Thallium äquivalenten Jods mit Thiosulfat.

Arbeitsvorschrift nach* Čůta *(a). Die Lösung wird, wie beschrieben, oxydiert, auf fast 1 l verdünnt und bei einem Salzsäuregehalt von 10 bis 30 cm^3/l mit 5 g KJ versetzt. Nun wird unter Indication mit einer Platin- oder Goldelektrode mit 0,1 n Thiosulfat titriert, die Potentialeinstellung ist gut, am Ende etwas zögernd. Die Ergebnisse sind im Mittel um 0,08%$\pm$0,15 zu niedrig.

***Arbeitsvorschrift nach* Hollens *und* Spencer.** Nach Oxydation zur 3wertigen Stufe wird in schwach essigsaurer Lösung mit Kaliumjodid versetzt und unter Messung des Potentials mittels eines bimetallischen Elektrodenpaares mit Thiosulfat titriert. Die Ergebnisse sind auf $\pm$0,1% genau, auch in Gegenwart von Zn und Fe(II); Cu und Pb stören. In Anwesenheit von freier Salzsäure oder Schwefelsäure erhält man geringe Überwerte.

b) Bestimmung des dem Thallium äquivalenten Jods mit Arsenit.

***Arbeitsvorschrift nach* Hollens *und* Spencer.** Die oben beschriebene Titration auf visuellem Wege läßt sich potentiometrisch indizieren, falls die Lösung bicarbonatalkalisch ist. Man setzt das Kaliumjodid in saurer Lösung zu und erst vor Beginn der Titration das erforderliche Bicarbonat. Die Titration mit Arsenit ist auf 0,1 bis 0,2% genau.

B. Reduktion zu 1wertigem Thallium mit Thiosulfat.

1. Titration auf visuellem Wege.

Vorbemerkung. 3wertiges Thallium wird in schwach saurer Lösung durch Thiosulfat quantitativ reduziert, offenbar unter Bildung von Tetrathionat (?), der Thiosulfatüberschuß kann nach Ausfällung des 1wertigen Thalliums als Thalliumjodid mittels Jodlösung zurücktitriert werden. Um eine Zersetzung des Thiosulfatüberschusses zu verhindern, arbeitet man bei größerer Verdünnung. Die Thiosulfatlösung muß entweder auf Thallium unter den Bedingungen der Bestimmung eingestellt werden oder der Faktor (gegen Jod) um 0,74% vergrößert werden.

***Arbeitsvorschrift nach* W. J. Müller.** Die 1wertige Thalliumlösung (0,1 bis 0,2 g Tl) wird auf ein Volumen von 300 cm^3 gebracht, mit 15 cm^3 konzentrierter HCl versetzt und bei 65° langsam mit Permanganat versetzt bis zur eben auftretenden Rotfärbung. Der Permanganatüberschuß wird durch Kochen zerstört, dann füllt man auf 500 cm^3 auf. Nach dem Abkühlen wird Thiosulfat im gemessenen Überschuß (etwa 3 bis 6 cm^3 im Überschuß) zugesetzt, darauf 25 cm^3 1%ige Kaliumjodidlösung erst tropfenweise, dann rascher unter Umschütteln zugegeben. Dadurch wird das Thallium als TlJ gefällt. Nun setzt man 2 cm^3 Stärkelösung zu und titriert mit Jodlösung zurück. Der Umschlag, der sehr scharf ist, zeigt sich in einer Mißfärbung der vorher durch den Niederschlag rein gelb bis orange gefärbten Flüssigkeit; durch einen Tropfen Thiosulfat muß die ursprüngliche Färbung wieder hergestellt werden können.

Bemerkung. **Genauigkeit.** Unter Verwendung des korrigierten Faktors der Thiosulfatlösung beträgt die Abweichung weniger als 0,5%.

2. Potentiometrische Titration mit Thiosulfat.

Vorbemerkung. Nach Čůta (b) verläuft die Oxydation des Thiosulfats durch 3wertiges Thallium bei 90° in salzsaurer Lösung bei Gegenwart von HgJ_2 bis zur Bildung von Sulfat, so daß also 1 Mol Thiosulfat 4 Atome Thallium zu reduzieren vermag. Das an einer Platinindicatorelektrode zu messende Umschlagspotential liegt bei 0,313 V gegen eine „gesättigte" Kalomelelektrode in etwa 2%iger Salzsäure. Durch den Zusatz von HgJ_2 als Katalysator wird die Reaktion und auch die Potentialeinstellung am Endpunkt beschleunigt und die Genauigkeit erhöht.

Arbeitsvorschrift nach ČŮTA. Die Lösung von ThalliumI-salz wird mit Bromwasser oxydiert, dann wird in 2%iger salzsaurer Lösung unter potentiometrischer Indikation mit Thiosulfat bis zum ersten Potentialsprung titriert, dadurch ist der Bromüberschuß zurückgemessen. Nun wird 0,02 g HgJ_2 hinzugefügt und in der Wärme mit Thiosulfat titriert bis zum zweiten Potentialsprung. Die zwischen beiden Sprüngen verbrauchte Maßlösung entspricht dem Thallium.

Bemerkungen. **I. Genauigkeit.** Die Ergebnisse der Bestimmung von 0,026 bis 0,44 g Tl in 200 bis 900 cm³ weichen im Mittel um $-0,5\% \pm 0,66$ vom theoretischen Wert ab.

II. Einfluß anderer Bestandteile. Chlorid, Bromid, Schwefelsäure, Phosphorsäure, Überchlorsäure, Hg^{II}- und Cd-Salz stört nicht. Dagegen darf Kupfer- und Eisensalz, ferner Arsenat nicht vorhanden sein.

C. Reduktion zu 1wertigem Thallium mit Arsenit.

Vorbemerkung. 3wertiges Thallium wird in saurer, in bicarbonatalkalischer und in stärker alkalischer Lösung durch Arsenit quantitativ zur 1wertigen Stufe reduziert. Die Bestimmungsmethode beruht darauf, daß mit gemessenen Überschüssen von Arsenit reduziert wird und der Arsenitüberschuß mit Jodlösung zurückgemessen wird (ČŮTA, BERRY).

Arbeitsvorschrift nach ČŮTA *(a).* Die Oxydation zu 3wertigem Thallium erfolgt, wie es auf S. 626 angegeben ist. Die oxydierte Lösung wird neutralisiert und zu der verdünnten alkalischen Arsenitlösung gegeben, die im Überschuß anzuwenden ist. Nach kurzem Stehen, besser nach kurzem Erwärmen ist die Reaktion beendet, der Arsenitüberschuß wird darauf in bicarbonatalkalischer Lösung unter Indication mit Stärkelösung mit 0,1 n Jodlösung zurücktitriert.

Bemerkungen. **I. Genauigkeit.** Der mittlere Fehler beträgt nach ČŮTA etwa 0,2%.

II. Reduktion in saurer oder bicarbonatalkalischer Lösung. In saurer Lösung (ungefähr 0,5 n HCl) verläuft die Reduktion langsamer, es ist mindestens ½stündiges Erhitzen auf dem Wasserbad erforderlich.

BERRY reduziert mit bicarbonatalkalischer Arsenitlösung unter Erhitzen, bis der Niederschlag von $Tl(OH)_3$ sich gelöst hat.

Literatur.

BERRY, A. J.: Soc. **121**, 398 (1922).

ČŮTA, F.: (a) Coll. Trav. chim. Tchécosl. **7**, 33, 42 (1935); (b) Coll. Trav. chim. Tchécosl. **6**, 383 (1934); Chem. Listy **28**, 320 (1934) (tschech.), zit. nach GMELIN.

FRIDLI, R.: Dtsch. Z. ges. gerichtl. Med. **15**, 479 (1930).

HOLLENS, W. R. A. u. J. F. SPENCER: Analyst **60**, 673 (1935).

MAHR, C. u. H. OHLE: Fr. **115**, 256 (1938/39). — MÜLLER, W. J.: Ch. Z. **33**, 297 (1909).

PROSZT, J.: Fr. **73**, 403 (1928).

§ 10. Colorimetrische und nephelometrische Bestimmungsmethoden.

A. Colorimetrische Bestimmung mit Thionalid und Phosphor-Wolfram-Molybdänsäure nach BERG, FAHRENKAMP und ROEBLING.

Allgemeines. Thionalid, das ein empfindliches und spezifisches Thalliumreagens darstellt (vgl. § 2), reduziert Phosphormolybdänsäure und Phosphorwolframsäure zu den blauen niederen Oxydationsstufen dieser Metalle; die Blaufärbung ist der vorhandenen Menge Thionalid proportional und dementsprechend auch der als Thionalat vorhandenen Thalliummenge. Die Farbintensität kann colorimetrisch bestimmt werden, wozu Standardlösungen bekannten Gehaltes erforderlich sind.

Da die Standardlösungen nicht längere Zeit haltbar sind, benutzt man zur groben Bestimmung (auf 20% genau) künstlich hergestellte Lösungen blauer Farbstoffe, zum Feincolorimetrieren dann frisch hergestellte Thalliumfärbungen.

Die Methode erlaubt die Bestimmung von Thalliummengen von rund 0,3 bis 0,005 mg.

Arbeitsvorschrift. **Erforderliche Reagenzien:**

2 n Natronlauge,

10%ige Kaliumcyanidlösung,

5%ige Lösung von Thionalid (Kahlbaum) in Aceton. Die Lösung ist nur 8 bis 10 Std. haltbar und muß also frisch hergestellt sein,

Aceton, reinst,

Äthylalkohol, 96%ig,

1 n Schwefelsäure,

Phosphor-Molybdän-Wolframsäure. Herstellung: 1 g Phosphormolybdänsäure, 5 g Natriumwolframat und 5 cm³ konzentrierte Phosphorsäure ($d = 1{,}70$) werden mit 18 cm³ Wasser 2 Std. im Schliffkolben unter Rückfluß erhitzt und nach dem Erkalten auf 25 cm³ aufgefüllt,

Formamid, reinst (Kahlbaum).

Vergleichslösungen aus Indigo, Chikagoblau, Naphthylaminschwarz und chinesischer Tusche, s. Bem. II.

Ausführung der Bestimmung. Die ganz schwach saure oder neutrale, etwa 3 bis 5 cm³ betragende Probelösung wird mit 0,5 cm³ 2 n Natronlauge und 0,5 cm³ 10%iger Kaliumcyanidlösung alkalisch gemacht und in der Kälte mit 5 bis 6 Tropfen der Thionalidlösung in einem Zentrifugengläschen vermischt. Darauf wird 5 Min. unter zeitweiligem Umrühren im Wasserbad auf etwa 90° erwärmt bis zum Krystallinischwerden des Niederschlages, was man daran erkennt, daß die milchige Trübung der Flüssigkeit verschwindet und der Niederschlag ein tieferes Gelb annimmt. Nach dem Erkalten wird scharf zentrifugiert, die überstehende Flüssigkeit so weit als möglich abgehebert und der Niederschlag unter Abspülung der Wände 2mal mit je 3 bis 5 cm³ Aceton aufgewirbelt und erneut zentrifugiert.

Nach Abhebern der Waschflüssigkeit wird der Niederschlag durch 2 Tropfen n Schwefelsäure und 1 cm³ Alkohol warm gelöst, die Lösung wird in ein Colorimeterglas gebracht; das Zentrifugenglas spült man 1mal mit 1 cm³ warmem Alkohol und 1- bis 2mal mit je 1 cm³ warmem Wasser nach.

Je nach der Menge des Thalliums setzt man nun 1 bis 3 Tropfen Phosphor-Wolfram-Molybdänsäure und 30 bis 40 Tropfen Formamid hinzu, schüttelt gründlich durch und läßt 15 Min. bei 40° stehen. Darauf nimmt man unter Benutzung der Farbstoffvergleichslösungen eine annähernde Schätzung des Thalliumgehaltes vor, ohne Benutzung des Colorimeters. Zur Feinbestimmung stellt man sich nach der eben beschriebenen Arbeitsweise eine dem geschätzten Gehalt gleiche Thalliumlösung genau bekannten Gehaltes her und gleichzeitig nochmals in gleicher Weise eine zweite Probe der unbekannten Lösung. Die entstandenen Blaufärbungen werden nun unter Benutzung eines empfindlichen Colorimeters verglichen, man nehme das Mittel von 4 bis 5 Ablesungen.

Bemerkungen. **I. Genauigkeit.** Mengen von 0,3 bis 0,005 mg Tl ließen sich mit einer Abweichung von rund — 2 bis 4% bestimmen.

II. Herstellung der Farbstoff-Vergleichslösungen. Bekannte Thalliummengen werden in der angegebenen Weise gefällt und behandelt, sie zeigen dann je nach der Menge Blaufärbungen bestimmter Intensität. Durch entsprechendes Mischen wäßriger Lösungen von Chikagoblau, Naphthylaminschwarz und einer Spur chinesischer Tusche werden möglichst gleiche Farbnuancen bereitet. Bei kleinen Mengen Tl (5 bis 15 γ) kann man auch 0,01%ige Indigolösung mit einer Spur der genannten Farbstoffe benutzen. Die Standardlösungen sind gut verschlossen und im Dunkeln aufzubewahren, sie sind dann längere Zeit haltbar und lassen eine orientierende Schätzung auf 20% Genauigkeit zu. Im Colorimeter sind sie nicht benutzbar.

B. Colorimetrische Bestimmung durch Messung der durch 3wertiges Thallium freigemachten Jodmenge.

Vorbemerkung. 3wertiges Thallium oxydiert Jodwasserstoff zu Jod unter Übergang in 1wertiges Thallium; diese Reaktion bildet die Grundlage der jodometrischen Titrationsverfahren (vgl. § 9 A). Bei Vorliegen kleiner Mengen ist eine gute und brauchbare Mikromethode durch colorimetrische Bestimmung der dem Thallium äquivalenten Jodmenge möglich. Die Bestimmung sehr kleiner Jodmengen wird durch Colorimetrieren der blauen Jodstärkefärbung vorgenommen (Arbeitsvorschrift nach HADDOCK), bei größeren Mengen kann man nach SHAW das Jod mit Schwefelkohlenstoff ausschütteln und diese Lösung colorimetrieren.

***Arbeitsvorschrift nach* HADDOCK.** (Thalliummengen von 5 bis 200 γ). Zur Oxydation des 1wertigen Thalliums wird die salzsaure, ammoniumchloridhaltige Lösung mit etwas Brom oxydiert, kurz aufgekocht und der Bromrest mit einigen Tropfen einer 25%igen Lösung von Phenol in Eisessig gebunden. Dann setzt man zu etwa 35 cm³ der Lösung 5 cm³ frische 0,2%ige Kaliumjodidlösung und 1 cm³ einer Stärke-Glycerinlösung zu (1 g Stärke + 50 cm³ Glycerin in 100 cm³ Lösung). Ein geringer Phosphatzusatz zur Maskierung etwa vorhandenen Eisens ist empfehlenswert. Man schüttelt um, läßt genau 5 Min. bei 18° stehen und colorimetriert gegen eine genau in gleicher Weise und gleichzeitig hergestellte Vergleichslösung.

Bemerkungen. **I. Genauigkeit.** Die Färbung ist von den Arbeitsbedingungen, also Konzentration, Temperatur, Wartezeit usw. abhängig. Bei exakter Innehaltung gleicher Bedingungen der Behandlung von Probelösung und Vergleichslösung lassen sich 5 bis 200 γ Tl auf etwa 2 bis 3 γ genau bestimmen. Es ist stets ein Blindversuch mit den Reagenzien allein auszuführen.

II. Einfluß anderer Bestandteile. Die Reaktion ist nicht spezifisch und wird durch andere Ionen leicht gestört oder beeinflußt. Von allen Ionen, auch Alkalisalzen, wird das Thallium am besten durch Extraktion mit Diphenylthiocarbazon (s. § 15 B) getrennt, wobei besonders auf völlige Trennung von Mangan und Zinn zu achten ist. Blei und Wismut in Mengen unter 0,5 mg sind leicht nach der Dithizonmethode zu entfernen.

***Arbeitsvorschrift nach* SHAW.** (Thalliummengen von 0,5 bis 5 mg.) Zu etwa 60 cm³ der salzsauren Lösung, in der das Thallium zuvor in bekannter Weise in die 3wertige Stufe überführt wurde, gibt man am besten in einem Scheidetrichter 5 cm³ 0,2%ige Kaliumjodidlösung und 20 cm³ Schwefelkohlenstoff. Man schüttelt 15 bis 30 Sek. lang und trennt die Schichten. Die Farbe der Schwefelkohlenstofflösung wird mit einer Lösung bekannter Jodmengen im Colorimeter verglichen, die man am besten auch in gleicher Weise, also aus einer bekannten, möglichst gleichen Menge Thalliumsalz, Kaliumjodid und Schwefelkohlenstoff herstellt, da dann die Fehler durch nicht vollständiges Ausschütteln des Jods eliminiert werden.

Bemerkungen. **I. Genauigkeit.** Es sind die Arbeitsbedingungen, vor allem Säuregehalt und Jodidmenge, bei der Untersuchung möglichst genau einzuhalten, unter diesen Umständen erreicht man eine Genauigkeit von $\pm 2\%$ bei Thalliummengen von 0,5 bis 3 mg.

II. Einfluß anderer Bestandteile. Chromat stört. Von anderen Ionen kann Thallium durch Extraktion des $TlCl_3$ aus chlorhaltiger salzsaurer Lösung mit Äther abgetrennt werden (vgl. § 15 A), es stören dann nicht je 5 mg Cu, Pb, As, Hg, W, Mo und Fe, letzteres muß außerdem durch Phosphatzusatz maskiert werden, die gleiche Menge Phosphat ist auch der Vergleichslösung zuzusetzen.

C. Colorimetrische Bestimmung von gefälltem Thallium-1-jodid.

Nach KLUGE zersetzt man kleine Mengen von gefälltem Thallium-1-jodid mit wenig konzentrierter Schwefelsäure, versetzt in einem Volumen von ungefähr 1 cm³ mit Natriumnitrit zur Oxydation des Jodids zu Jod und schüttelt mit 0,5 cm³ Chloroform aus. Man vergleicht die Jodmenge mit Lösungen, die durch gleiche Behandlung bekannter Thalliumjodidmengen entstanden sind. Die Methode ist zur Bestimmung von 0,05 bis 10 mg Thallium geeignet (vgl. Anhang, § 2 A).

D. Nephelometrische Bestimmung mit Phosphormolybdänsäure.

Vorbemerkung. 1wertiges Thallium bildet ein gelbes, schwerlösliches Phosphormolybdat. Der Niederschlag bleibt in salpetersaurer Lösung in Anwesenheit von überschüssiger Phosphormolybdänsäure suspendiert und läßt sich nicht filtrieren, eignet sich also zur Trübungsmessung. Die Reaktion ist ziemlich empfindlich, 20 γ/cm³ sind noch deutlich nachzuweisen; Pb, Bi, Cd und $Hg^{\cdot\cdot}$ stören nicht, erfordern nur unter Umständen (Pb, Bi) einen größeren Reagenzienüberschuß, $Hg^{\cdot}$ wird durch Salpetersäurezusatz unschädlich gemacht. Kalium- und Ammoniumsalz stört.

***Arbeitsvorschrift nach* PAVELKA *und* MORTH.** Die Probelösung, die in 1 cm³ etwa 20 bis 100 γ Tl enthalten soll, wird mit 2 bis 3 Tropfen Salpetersäure (1:1) und 2 bis 4 Tropfen 5%iger Phosphormolybdänsäurelösung versetzt; man läßt 5 Min. stehen und vergleicht nach dem Auffüllen auf ein bekanntes Volumen, z. B. 10 cm³, mit einer Trübung, die durch gleiche Behandlung einer Standardlösung bekannten Gehaltes hergestellt worden ist. Der Vergleich der Trübungen erfolgt am besten in einem geeigneten Meßgerät, etwa in einem Colorimeter oder Nephelometer.

Genauigkeit. Unter Benutzung des Keilcolorimeters nach AUTHENRIETH konnten 20 bis 50 γ Tl durchschnittlich auf 0,5 γ genau bestimmt werden. In Gegenwart von etwa 1 bis 2 mg Pb oder 0,4 bis 1,5 mg Bi beträgt der Fehler 1 bis 2 γ.

E. Nephelometrische Bestimmung mit Thionalid nach BERG, FAHRENKAMP und ROEBLING.

Die in § 2 beschriebene Ausfällung des Thalliums mit „Thionalid" läßt sich zur nephelometrischen Bestimmung benutzen. Bei Vorliegen sehr kleiner Mengen Thallium entsteht bei den üblichen Fällungsbedingungen eine Ausscheidung, die als Trübung erscheint und nicht ausflockt.

Man verfährt so, daß man gleichzeitig die Probelösung und parallel dazu bekannte Thalliummengen fällt und die Trübungen, eventuell erst nach einiger Zeit, im Nephelometer vergleicht.

Bei Anwesenheit von Oxydationsmitteln reduziert man vorher durch Aufkochen mit etwas Hydroxylaminsulfat.

F. Weitere nephelometrische Methoden.

Nach STICH kann die Trübung durch Ausscheidung von Thallium-1-sulfid zur Bestimmung verwandt werden (vgl. Anhang, § 2 D). Zur neutralisierten Thallium-1-lösung wird Natriumsulfid zugesetzt, im Parallelversuch werden bekannte Mengen Thallium in gleicher Weise behandelt, die bekannten Mengen sollen nicht um mehr als 20% von den unbekannten differieren. Es entsteht eine braunschwarze Trübung von Tl_2S. Blei und Wismut stört, auch in Gegenwart von Komplexbildnern, wie Kaliumcyanid.

Die Abscheidung von Thallium-3-oxydhydrat kann zur Bestimmung kleiner Thalliummengen nicht verwandt werden (HADDOCK).

Literatur.

BERG, R., E. S. FAHRENKAMP u. W. ROEBLING: Mikrochemie, Festschr. H. MOLISCH, S. 44. 1936.
HADDOCK, L. A.: Analyst **60**, 394 (1935).
KLUGE, H.: Z. Lebensm. **76**, 158 (1938).
PAVELKA, F. u. H. MORTH: Mikrochemie **11**, 30 (1932).
SHAW, P. A.: Ind. eng. Chem. Anal. Edit. **5**, 93 (1933). — STICH, C.: Pharm. Ztg. **74**, 27 (1929).

§ 11. Spektralanalytische Bestimmung des Thalliums.

A. Spektralanalyse im optischen Gebiet.

Allgemeines. Die Bestimmung des Thalliums kann im Flammen-, Bogen- und Funkenspektrum erfolgen. Thallium ist eines der wenigen Schwermetalle, die mit besonderer Empfindlichkeit im Flammenspektrum bestimmt werden können.

In der folgenden Übersicht sind die letzten Linien bzw. die zu einer spektralanalytischen Bestimmung besonders geeigneten Spektrallinien des Thalliums zusammengestellt. (Durch + oder ++ ist angedeutet, daß der betreffende Autor die bezeichnete Linie für geeignet bzw. besonders geeignet hält. B Bogen, F Funke, TF Tauchfunke, Fl Flamme.)

λ in Å	TWYMAN u. SMITH (B), LÖWE (F)	SCHEIBE (F, B)	DE GRAMONT (F)	LUNDEGÅRDH			BARDET (B)	HARTLEY u. MOSS	
				(Fl)	(F)	(TF)		(F)	(Fl)
6714,3		+							
6550		+							
5948,9				+					
5350,47	+	+	+	++	++	+			+
3775,73	+	+	+	++	+	++		+	+
3529,41	+							+	
3519,21	+	+	+	++	+	++	+	+	
3229,76	+	+	+	+	+	+	+		
2918,33	+	+		+	+	+	+		
2767,88	+	+	+	++	++	+	+	+	

1. Bestimmung im Flammenspektrum.

Die Bestimmung des Thalliums im Flammenspektrum ist außerordentlich empfindlich und genau, es ist die beste Methode zur Bestimmung kleinster Thalliummengen.

Nach LUNDEGÅRDH wird die Thalliumlösung in einer Acetylen-Luft-Flamme zerstäubt. Die Empfindlichkeitsgrenzen liegen bei folgenden Konzentrationen:

λ in Å	Grenzkonzentration der Lösung in Mol
5350,5	$5 \cdot 10^{-4}$
3775,7	$2 \cdot 10^{-6}$
3519,2	$1 \cdot 10^{-4}$
2767,9	$2 \cdot 10^{-3}$

Zur Intensitätsmessung können folgende Wege beschritten werden:

a) Photometrieren (LUNDEGÅRDH).

b) Direkte Intensitätsmessung der durch einen Monochromator ausgesonderten Linie mittels einer Photozelle (LUNDEGÅRDH).

c) Visuelle Messung der Intensität der Linie 5350,5: Man benutzt zur Absorption eine Lösung von $KMnO_4$ (0,04%ig), die in einer keilförmigen Cuvette so weit vor den Kollimatorspalt geschoben wird, bis die Linie im Spektroskop gerade verschwindet. Eichung mit bekannten Thalliummengen ist erforderlich. Fehler etwa 10 bis 15% (RUSSANOW).

d) Visuelle Messung durch schrittweises Verdünnen der eingeführten Thalliumlösung, bis die Linie 5350,5 bei Beobachtung mit dem Auge gerade verschwindet (HEMPEL und KLEMPERER, BALLMANN, BELL).

Nach HULTGREN zerstäubt man die Thalliumlösung in einer Wasserstoff-Aceton-Flamme, läßt durch die Flamme einen kondensierten elektrischen Funken schlagen und beobachtet die Linien 3775,7 und 3519,2. Anwesenheit von Natrium verstärkt die Intensität, dagegen sind auch größere Kupfer-, Silber- und Quecksilbermengen ohne Einfluß.

2. Bestimmung im Bogenspektrum.

Die Bestimmung im Bogenspektrum ist nicht so empfindlich wie die flammenspektroskopische Methode, vor allem nicht bei der Benutzung kohlehaltiger Elektroden, da die empfindlichsten Linien 3775,7 und 3519,2 durch C-Banden völlig verdeckt werden (GERLACH und ROLLWAGEN, SLAVIN, BRECKPOT und KÖRBER). Wenn es auf hohe Empfindlichkeit ankommt, arbeitet man daher besser mit dem Flammenspektrum, oder man benutzt Metallelektroden.

Es ist weiter zu beachten, daß die Linie 2767,9 in Gegenwart größerer Zinkmengen nur recht unempfindlich ist (SLAVIN), daß ferner eine Reihe von Koinzidenzen auftreten können, z. B. folgende: 3229,7 mit einer Bleilinie, 2767 mit einer schwachen Eisenlinie, 2709 mit einer Germaniumlinie (BRECKPOT).

Bogenspektroskopisch läßt sich Thallium in metallischem Blei in Mengen von 1% bis herab zu 0,0001% durch Vergleich mehrerer Tl-Linien mit Bleilinien bestimmen (BRECKPOT), in Kupferpräparaten in Mengen von 1% bis herab zu 0,001% durch entsprechenden Vergleich mit Kupferlinien (BRECKPOT und MEVIS), ebenso in Zinkverbindungen (BRECKPOT und KÖRBER).

Zur Bestimmung in festen, gepulverten Mineralien wird Barium als Bezugselement benutzt, man vergleicht die Linien Tl 3775,7 und 3519,2 mit Ba 4573,9 und 4523,2 Å. Der Bogen wird zwischen Kupferelektroden erzeugt und man schüttet das gepulverte Material stetig durch den Bogen. Man kann so Thalliumgehalte von 0,01 bis herab zu 0,0001% mit einer Genauigkeit von etwa $\pm 12\%$ bestimmen. Bei Benutzung von Kohleelektroden statt der Kupferelektroden ist die Methode wesentlich unempfindlicher (KUSMINA).

Weiter wurden als Bezugselemente vorgechlagen: Lanthan, Mangan u. a. Vergleichbare Linien: Tl 3519,2 — Mn 3330,6 Å (SLAVIN) oder Tl 3775,7 — La 3790,8 bzw. 3794,8 Å (VAN CALKER); bei letzterer Methode, die mittels des Abreißbogens ausgeführt wird, ist das Intensitätsverhältnis sehr von den Versuchsbedingungen und den Konzentrationen der Begleitstoffe abhängig, was überhaupt ganz allgemein gilt.

Zur Thalliumbestimmung in Cadmium sind die Cd-Linien als Bezugslinien nicht brauchbar (LAMB).

3. Bestimmung im Funkenspektrum.

Nach LUNDEGÅRDH, der alle spektralanalytischen Bestimmungsmethoden geprüft hat, ist die flammenspektroskopische Methode im allgemeinen wegen ihrer Empfindlichkeit auch der funkenspektroskopischen vorzuziehen.

Bei der Bestimmung im Funkenspektrum werden meist Lösungen benutzt, die Methode ist auch bei Vorliegen von metallischem Material mit festen Proben auszuführen, z. B. in Tl-Pb-Legierungen nach GUENTHER.

Die Gehaltsbestimmung geschieht meist auf photographischem Wege durch Auswertung des Spektrogramms, visuell oder mit dem Photometer.

Die Linie 2767,9 wird von LUNDEGÅRDH als die empfindlichste bezeichnet, die übrigen geeigneten Linien sind auf S. 632 angegeben, besonders geeignet ist auch 5450,3, die noch 3 bis 6 γ Tl auf 2 γ zu bestimmen gestattet (GORONCY und BERG). In Mineralien lassen sich Thalliumgehalte bis herab zu 0,0001% bestimmen unter Benutzung der Linien 3519,2 und 2775,7 Å. Die an sich sehr empfindliche Linie 2767,9 koinzidiert mit einer Eisenlinie (MORITZ).

Zur Erzeugung des Funkens benutzt LUNDEGÅRDH Graphitelektroden mit axialer Durchbohrung, durch die die Thalliumlösung in den Funken eingetropft wird. ROHNER benutzt Kupfer- oder Platinelektroden und läßt die Lösung auf die untere Elektrode auftropfen. Zur Abtrennung oder Anreicherung des Thalliums bewährt sich die Methode des Ausschüttelns mit Diphenylthiocarbazon (Dithizon, vgl. § 15 B), man kann die Dithizonlösung direkt zur spektralanalytischen Bestimmung benutzen (ROHNER).

Mit großer Empfindlichkeit, die allerdings die der flammenspektroskopischen Bestimmung auch nicht erreicht, läßt sich die Analyse auch mittels des Tauchfunkens durchführen mit Hilfe der in der Tabelle S. 632 unter TF angegebenen Linien, geeignet sind ferner noch 2580,2 und 2379,6 Å. Bei Benutzung von 3519,2 liegt das geeignetste Konzentrationsgebiet etwa bei 0,002 bis 0,0001 m Thalliumsalz (LUNDEGÅRDH).

Zur Bestimmung des Thalliums in Anwesenheit von organischem Material muß man wegen der Koinzidenz der empfindlichsten Linie 3775,7 Å mit den C-Banden einen Spektrographen hoher Dispersion benutzen (WA. GERLACH und WE. GERLACH).

Eine visuelle Bestimmung ist durch den Vergleich von Tl 5350,47 mit Fe 5270,36 und 5269,54 möglich. Man erzeugt den Funken zwischen einer Kohleelektrode und der Thalliumsalzlösung, die Thalliumgehalte bewegten sich zwischen 0,1 und 0,006%, das Volumen der Lösung betrug 0,35 cm³. Bei visueller Beobachtung im Spektroskop betrug der Fehler im Mittel gegen 6% (RUSSANOW und BODUNKOW).

B. Spektralanalyse im Röntgengebiet.

Die röntgenspektroskopische Methode ist bei der Bestimmung eines Elementes, das, wie Thallium, leicht und empfindlich auf spektralanalytischem Wege im optischen Gebiet oder auf chemischem Wege zu bestimmen ist, nicht von besonderer Bedeutung. Zur Bestimmung wären Linien der L-Serie zu benutzen, deren Wellenlängen in X-Einheiten nach SIEGBAHN betragen:

$L\alpha_2$	$L\alpha_1$	$L\beta_1$	$L\beta_2$	$L\beta_3$
1215	1205	1012	1006	998

Nach v. HEVESY und BÖHM vergleicht man $TlL\beta_1$ mit $OsL\gamma_1 = 1022$; nach v. HEVESY und ALEXANDER $L\alpha_1$ mit $AsK\alpha_1 = 1173$ oder $PbL\alpha_1 = 1172$ X-E.

Über die Grundzüge des experimentellen Verfahrens vgl. Gallium, § 5 C, Indium, § 9 D, Scandium usw. Kap. A, IV oder auch v. HEVESY und ALEXANDER.

Literatur.

BALLMANN, H.: Fr. **14**, 301 (1875). — BARDET, J.: Atlas de Spectres d'Arc, Paris 1926. S. 48. — BELL, L.: Am. chem. J. **7**, 35 (1885/86). — BRECKPOT, R.: Natuurwetensch. Tijdschr, **18**, 176 (1936); Ann. Soc. Scie. Bruxelles I **57**, 131 (1937). — BRECKPOT, R. u. W. KÖRBER: Ann. Soc. Scie. Bruxelles B. **56**, 387, 403 (1936). — BRECKPOT, R. u. A. MEVIS: Ann. Soc. Scie. Bruxelles B. **55**, 21, 29 (1935); zit. nach GMELIN.

VAN CALKER, J.: Z. anorg. Ch. **234**, 183 (1937).

GERLACH, WA. u. WE. GERLACH: Die chemische Emissionsspektralanalyse. Bd. 2, S. 166. Leipzig 1933. — GERLACH, W. u. W. ROLLWAGEN: Metallwirtsch. **16**, 1061, 1090 (1937). — GORONCY, K. u. R. BERG: Dtsch. Z. ges. gerichtl. Med. **20**, 226 (1933). — DE GRAMONT, A.: C. r. **144**, 1163 (1907); **159**, 9 (1914); **171**, 1108 (1920); Chem. N. **122**, 59 (1921). — GUENTHER, A.: Z. anorg. Ch. **200**, 415 (1931).

HARTLEY, W. N.: Trans. Dublin Soc. [2] **9**, 128 (1908). — HARTLEY, W. N. u. H. W. MOSS: Pr. Roy. Soc. A **87**, 39, 45 (1912). — HEMPEL, W. u. R. L. KLEMPERER: Angew. Ch. **23**, 1756 (1910). — HEVESY, G. VON u. E. ALEXANDER: Praktikum der chemischen Analyse mit Röntgenstrahlen, S. 68. Leipzig 1933. — HEVESY, G. VON u. J. BÖHM: Z. anorg. Ch. **164**, 78 (1927). — HULTGREN, R.: Am. Soc. **54**, 2320 (1932).

KUSMINA, W. P.: Zavodskaja Labor. **7**, 579 (1938) (russ., zit. nach GMELIN).

LAMB, F. W.: Pr. Am. Soc. Testing Materials **35**, II, 76 (1935). — LÖWE, F.: Atlas der Analysen-Linien der wichtigsten Elemente, 2. Aufl., S. 25. Dresden-Leipzig 1936. — LUNDEGÅRDH, H.: Die quantitative Spektralanalyse der Elemente. Bd. 1, S. 72, 122, 134. Jena 1929; Bd. 2, S. 66, 68, 87, 94, 105. Jena 1934; Lantbruks-Högskolans Ann. **3**, 84 (1936).

MORITZ, H.: N. Jahrb. Min. A. Beilagebd. 66, 201 (1933).

ROHNER, F.: Helv. 21, 23 (1938). — RUSSANOW, A. K.: Žurnal obščej Chim. 6, 1057 (1936) (russ., zit. nach GMELIN). — RUSSANOW, A. K. u. B. I. BODUNKOW: Zavodskaja Labor. 7, 573 (1938) (zit. nach GMELIN).

SCHEIBE, G.: Chemische Spektralanalyse, in W. BÖTTGER: Physikalische Methoden der analytischen Chemie, Bd. 1, S. 73 (1933). — SLAVIN, M.: Eng. Min. J. 134, 512 (1933).

TWYMAN, F. u. D. M. SMITH: Wavelength Tables for Spectrum Analysis, 2. Aufl., S. 129. London 1931.

Trennungsmethoden.

Allgemeines. Die Abtrennung des Thalliums von Begleitelementen bietet vor allem dank der Ergebnisse der analytischen Arbeiten der jüngsten Zeit keine Schwierigkeiten mehr. Einerseits ist die wichtigste und genaueste der „klassischen" anorganischen Bestimmungsmethoden, nämlich die Bestimmung als Thalliumchromat, durch die gründlichen Arbeiten MOSERS und seiner Mitarbeiter auf alle irgendwie wichtigen Trennungsmethoden hin durchgearbeitet worden. Dann sind durch die Auffindung sehr spezifischer Fällungen mit organischen Reagenzien (Thionalid und Thioharnstoff) geradezu ideale Trennungsverfahren neu geschaffen worden, wie sie für kaum ein zweites Element des periodischen Systems existieren. Schließlich stehen noch gute Extraktionsverfahren zur Verfügung, die eine Abtrennung ohne Fällung und Filtration ermöglichen, nämlich die Extraktion des Thallium-3-bromids mit Äther und die Extraktion des Thalliumdiphenylthiocarbazons.

Infolgedessen kann hier davon abgesehen werden, die ausführlichen Vorschriften vieler Spezialtrennungsverfahren aufzuführen.

In den nächsten Paragraphen werden ausführlichere Arbeitsvorschriften für die folgenden, allgemeiner anwendbaren Trennungsverfahren gegeben:

Trennungen durch Fällung des Thalliums mit Thionalid (§ 12),
Trennungen durch Fällung des Thalliums als Thioharnstoffperchlorat (§ 13),
Bestimmung des Thalliums als Chromat in Gegenwart anderer Metalle (§ 14),
Extraktionsverfahren zur Abtrennung des Thalliums von anderen Metallen (§ 15).

Mit diesen ausgewählten und guten Verfahren wird man in allen Fällen auskommen. Eine zusammenfassende Übersicht über die speziellen Trennungen von den einzelnen Elementen findet sich anschließend in § 16.

Es sei hier ferner nochmals darauf hingewiesen, daß einige der guten und zuverlässigen maßanalytischen Methoden zur Bestimmung des Thalliums, z. B. die Titration mit Kaliumbromat oder Cer-4-sulfat, recht spezifisch sind und eine Thalliumbestimmung in Gegenwart vieler Metalle rasch und genau erlauben.

Zum Verhalten des Thalliums bei dem allgemein üblichen Trennungsgang ist zu bemerken, daß in stark saurer Lösung durch Schwefelwasserstoff zwar kein Thallium gefällt wird, daß aber trotzdem die Benutzung der Sulfidfällung zur Abtrennung der entsprechenden Elemente von Thallium im allgemeinen nicht zu empfehlen ist, da viele Sulfide recht große Mengen von Thallium mitreißen (vgl. § 16, 8).

§ 12. Trennungen durch Abscheidung des Thalliums mit Thionalid nach BERG und FAHRENKAMP.

Vorbemerkung. Die Fällung des Thalliums mit Thioglykolsäure-β-Aminonaphthalid („Thionalid") ist außerordentlich spezifisch und ermöglicht die Abscheidung des Thalliums in Gegenwart fast aller der irgendwie in Frage kommenden Begleiter. Die Abscheidungsbedingungen werden im folgenden angegeben; die Bestimmung des Thalliums kann gewichtsanalytisch oder maßanalytisch nach den in § 2 gegebenen Vorschriften geschehen.

Reagenzien. 5%ige, frische Thionalidlösung in Aceton (s. § 2),
2 n Natronlauge,
20%ige Natriumtartratlösung,
20%ige Kaliumcyanidlösung (möglichst analysenreines Präparat).

1. Trennung des Thalliums von Silber, Kupfer, Arsen, Antimon, Zinn, Wolfram, Molybdän, Zink, Aluminium, Kobalt, Nickel und 2wertigem Eisen. Die Thalliumlösung wird für je 100 cm³ Gesamtvolumen mit 10 bis 25 cm³ Tartratlösung versetzt und mit Natronlauge gegen Phenolphthalein neutralisiert. Dann wird so viel Kaliumcyanid zugesetzt, daß im Endvolumen etwa 5% KCN vorhanden sind. Durch Zusatz von 2 n NaOH erhöht man dann die Alkalität auf etwa 1 normal (s. Bem. II). Die Fällung erfolgt mit der Thionalidlösung in der Kälte unter Anwendung eines 4- bis 5fachen Überschusses, also für 100 mg Tl etwa 0,4 bis 0,5 g Thionalid in 8 bis 10 cm³ Aceton. Darauf wird unter gelindem Rühren zum Sieden erhitzt, die zuerst milchige Ausscheidung ballt sich zusammen und wird krystallin und intensiv citronengelb. Man kühlt ab durch Einstellen in kaltes Wasser und filtriert durch einen Glasfiltertiegel G 4 (bei maßanalytischer Bestimmung durch ein Papierfilter, s. § 2). Beim Filtrieren und Auswaschen ist darauf zu achten, daß der Niederschlag nicht zu fest angesaugt wird, da sonst ein restloses Auswaschen der Fremdbestandteile erschwert ist. Zuerst wird mit kaltem Wasser cyanidfrei gewaschen (Silbernitratprobe in salpetersaurer Lösung), sodann mit Aceton in Anteilen von je 2 bis 3 cm³ solange befeuchtet, bis in dem ablaufenden Waschaceton kein Thionalid mehr festzustellen ist. Dieses ist daran zu erkennen, daß ein Teil des Waschacetons — auf das 2- bis 3fache mit Wasser verdünnt und mit Schwefelsäure angesäuert — nach Zusatz einiger Tropfen n Jodlösung keine Trübung oder Opalescenz mehr zeigt. Trocknen bei 100° und Auswage oder maßanalytische Bestimmung des Niederschlages s. § 2.

2. Trennung des Thalliums von 3wertigem Eisen, Gold, Platin, Palladium, Vanadium, Cadmium, Uran. 3wertiges Eisen geht durch den Cyanidzusatz in den Ferricyankomplex über, der Thionalid oxydiert. Ebenso wirken Gold-, Platin- und Palladiumsalz oxydierend. In Gegenwart von Vanadat scheiden sich schwerlösliche Thalliumvanadate ab, die die Fällung stören. Diese Störungen werden behoben durch vorher auszuführende Reduktion der betreffenden Ionen. Man kocht die Lösung mit Hydroxylaminsalz bis zur völligen Reduktion des betreffenden störenden Bestandteils, kühlt (nach eventuell nötiger Filtration) auf 30° ab und verfährt dann wie unter 1. angegeben.

In Gegenwart von Cadmium muß der Cyanidgehalt der Lösung auf 7 bis 9% erhöht werden, damit Cadmium durch genügend starke komplexe Bindung am Mitfallen verhindert wird.

In Anwesenheit von Uran fällt in der Hitze etwas Natriumuranat aus, was nicht zu verhindern ist. Vor dem Auswaschen des Thalliumniederschlages in der unter 1. beschriebenen Weise muß etwa vorhandenes Uran mit 10%iger Ammoniumcarbonatlösung ausgewaschen werden.

3. Trennung des Thalliums von Quecksilber, Wismut und Blei. Die angegebene Fällungsvorschrift versagt bei Anwesenheit von Quecksilber, Wismut und Blei, da diese Metalle zum Teil mit ausfallen. Die „Thionalate“ dieser drei Metalle sind jedoch in Aceton löslich, so daß man deren Fällung durch Acetonzusatz verhindern kann. Man verfährt folgendermaßen:

Es wird nach der in Abschnitt 1 gegebenen Vorschrift gearbeitet mit dem Unterschied, daß mit dem 10fachen Überschuß der theoretisch erforderlichen Reagensmenge versetzt wird, die in so viel Aceton gelöst wird, daß die Acetonkonzentration im Endvolumen etwa 30% beträgt. Bei Anwesenheit von Quecksilber wird ferner der Cyanidzusatz bis etwa 9 g KCN auf je 100 cm³ Endvolumen erhöht. Im übrigen verfährt man wie üblich.

4. Trennung des Thalliums von Erdalkalien und Magnesium. Die Erdalkalicarbonate und das Magnesiumhydroxyd sind in der alkalischen, cyanidhaltigen Lösung unlöslich, daher stört die Anwesenheit dieser Elemente. Die Störung wird behoben durch Arbeiten in ammoniakalischer, carbonatfreier Lösung: Die schwach saure Metallsalzlösung wird mit frisch bereitetem Ammoniakwasser etwa 1 n ammoniakalisch gemacht, in Gegenwart von Magnesium ferner noch mit Ammoniumsalz versetzt, dann gibt man den 5fachen Überschuß der Thionalidlösung hinzu, kocht auf und verfährt nach dem Erkalten in der üblichen Weise.

Bemerkungen. **I. Vollständigkeit der Trennung.** Die Bestimmung des Thalliums ist nach den angegebenen Beleganalysen in Gegenwart der angeführten Bestandteile mit einem relativen Fehler von rund $\pm 0{,}2\%$ möglich, es wurden jeweils Mengen von 2,5 bis 50 mg Tl neben 0,1 bis 1 g des Begleitmetalls bestimmt.

II. Einstellung der erforderlichen Alkalität. 5 g KCN in 100 cm^3 würden einer Alkalität von 0,75 n entsprechen, ein Zusatz von 10 cm^3 2 n Natronlauge ergibt eine Gesamtalkalikonzentration von etwa 1 n. In Gegenwart von Metallen, die Cyankomplexe bilden, muß deren Cyanidverbrauch in Rechnung gesetzt werden. So würden 0,55 g Fe 4,0 g KCN verbrauchen, das restliche KCN gibt der Lösung eine Hydroxyl-Ionen-Konzentration von 0,15 n. Es fehlen also etwa 40 cm^3 2 n Natronlauge, um die $^1/_1$ Normalität zu erhalten.

III. Zulässige Tartratmenge. Der Tartratgehalt darf 5% nicht übersteigen, bei 10% werden schon etwas zu geringe Auswagen an Thalliumthionalat erhalten. Sehr große Überschüsse an freiem (nicht komplex gebundenem) Cyanid sind ebenfalls schädlich.

Literatur.

BERG, R. u. E. S. FAHRENKAMP: Fr. **109**, 305 (1937); vgl. auch § 2.

§ 13. Trennungen durch Abscheidung des Thalliums mit Thioharnstoff nach MAHR und OHLE.

Vorbemerkung. Thioharnstoff, $CS(NH_2)_2$, lagert sich an 1wertiges Thalliumperchlorat und Thalliumnitrat an unter Bildung schwerlöslicher Komplexverbindungen $TlClO_4 \cdot 4\,CS(NH_2)_2$ bzw. $TlNO_3 \cdot 4\,CS(NH_2)_2$. Diese Verbindungen sind vor allem in thioharnstoffhaltiger Lösung praktisch unlöslich, so daß eine quantitative Fällung des Thalliums eintritt.

Von den Metallnitraten bildet vor allem das Bleinitrat eine ähnlich schwerlösliche Verbindung, während von den Perchloraten nur das Thalliumperchlorat mit Thioharnstoff ausfällt, so daß hiermit eine äußerst spezifische Fällungsmethode und damit eine ganz allgemein anwendbare Trennungsmethode gegeben ist. Sie ist erprobt in Anwesenheit von Quecksilber, Silber, Kupfer, Cadmium, Eisen, Mangan, Nickel, Kobalt, Chrom, Aluminium, Zink, Barium, Strontium und Calcium, bei doppelter Fällung ist sie auch in Gegenwart von Blei ausführbar.

Vor Ausführung der Trennung müssen andere vorliegende Säuren durch Abrauchen mit Überchlorsäure vertrieben werden, so daß nur Perchlorate vorliegen; bei Abwesenheit von Blei ist die Gegenwart von Nitrat erlaubt.

Da man die Fällung mit Thioharnstofflösung auswaschen muß, stellt sie keine Wägungsform dar. Man löst den Niederschlag infolgedessen wieder auf und bestimmt in der nunmehr nur Thallium enthaltenden Lösung dieses Element entweder gravimetrisch oder titrimetrisch.

Die Fällungsmöglichkeit mit Thioharnstoff ist unabhängig von der vorliegenden Oxydationsstufe des Thalliums, da 3wertiges Thallium durch Thioharnstoff zum 1wertigen reduziert und dann als Komplex gefällt wird.

Arbeitsvorschrift. Die etwa 2% freie Überchlorsäure enthaltende Lösung wird mit dem gleichen Volumen einer 10%igen Thioharnstofflösung versetzt. Den sofort ausfallenden Niederschlag läßt man noch 30 Min. unter Kühlung mit fließendem

Wasser stehen, da bei höherer Temperatur das Salz merklich löslich ist. Nun filtriert man durch eine Glasnutsche, wäscht den Niederschlag mit kalter, schwach überchlorsaurer 5%iger Thioharnstofflösung aus, saugt scharf ab, löst nach Wechseln der Vorlage den Niederschlag in heißem Wasser auf und wäscht gründlich nach. Bei Gegenwart von Blei wird die so erhaltene Lösung mit Überchlorsäure angesäuert, das Thallium erneut mit Thioharnstoff gefällt und der Niederschlag in der gleichen Weise behandelt.

Als gewichtsanalytische Bestimmungsform des nunmehr fremdmetallfreien Thalliums eignet sich die Fällung als Chromat. Die wäßrige Thallium-Thioharnstoff-Lösung wird mit 5 cm³ 10%igem Ammoniak versetzt, zum Sieden erhitzt und mit so viel Kaliumchromat versetzt, daß die Lösung 2%ig daran ist. Ein Ausfallen von Kaliumperchlorat ist in dieser verdünnten Lösung nicht zu befürchten. Nach 12-stündigem Stehen wird durch einen Porzellanfiltertiegel filtriert, mit 1%iger Kaliumchromatlösung und nachher mit 5 bis 10 cm³ 50%igem Alkohol bis zur Farblosigkeit gewaschen. Der Niederschlag wird dann bei 120° getrocknet.

Zur maßanalytischen Bestimmung kann man die Methode von PROSZT benutzen (s. § 9, S. 626). Man säuert die Thioharnstoff-Thallium-Lösung mit Salzsäure an, versetzt mit mindestens 0,5 cm³ flüssigem Brom, kocht bis zum Verschwinden des Broms und gibt nach dem Erkalten noch 5 Tropfen Bromwasser zu. Bei vollständiger Oxydation muß hierdurch eine deutliche Gelbfärbung eintreten. Dieser Bromüberschuß wird dann durch 5 cm³ 5%iger Phenollösung gebunden. Nach Zugabe von Kaliumjodid wird nunmehr das durch Thallium-3-salz ausgeschiedene Jod mit Natriumthiosulfat titriert, wie es in § 9 angegeben ist.

***Bemerkungen.* I. Vollständigkeit der Trennung.** Die Methode liefert in Gegenwart von bis zu 200 mg der oben angegebenen Begleitmetalle sehr gute Werte; Thalliummengen von 15 bis 60 mg wurden abgetrennt und mit einem Fehler von höchstens $\pm$ 0,18, meist unter 0,1 mg bestimmt.

II. Varianten. Liegt kein Blei und Silber vor, so kann die Abtrennung aus salpetersaurer Lösung statt überchlorsaurer Lösung erfolgen. Man muß dann wegen der leichteren Löslichkeit des Thallium-Thioharnstoff-Nitrates unter Eiskühlung und unter Sättigung mit Thioharnstoff arbeiten.

In Anwesenheit von Blei und Silber darf dagegen kein Nitrat zugegen sein, eventuell muß mit Überchlorsäure abgeraucht werden. Acetation stört nicht, ferner auch nicht Sulfation, sofern keine schwerlöslichen Sulfate ausfallen können.

Literatur.

MAHR, C. u. H. OHLE: Fr. **115**, 254 (1938/39).

§ 14. Bestimmung des Thalliums als Chromat in Gegenwart anderer Metalle nach MOSER und BRUKL bzw. MOSER und REIF.

Allgemeines. Auf der Grundlage der Fällung des Thalliums als Chromat sind von MOSER, BRUKL und REIF Trennungen ausgearbeitet worden von den Elementen:

Silber, Quecksilber, Blei, Arsen, Antimon, Zinn, Selen, Molybdän, Wolfram, Vanadium;

Kupfer, Wismut, Cadmium;

Kobalt, Nickel, Eisen, Aluminium, Beryllium, Chrom, Mangan, Zink, Thorium, Zirkon, Titan und Cer.

Vor Ausarbeitung der in den vorstehenden Abschnitten erwähnten Trennungsverfahren unter Benutzung spezifischer organischer Reagenzien bzw. der Extraktionsmethoden stellten die Arbeiten von MOSER und Mitarbeitern die einzige moderne, exakte und umfassende Untersuchung über die Trennung des Thalliums von allen wichtigen Elementen dar.

Die Trennungsverfahren lassen sich folgendermaßen einteilen:

a) Fällung des Tl_2CrO_4 aus ammoniakalischer Lösung: Trennung von As^V, Sb^V, Se^{IV}, Mo^{VI}, W^{VI}, ferner von den durch Ammoniak komplex gebundenen Metallen Zn, Cd, Ni, Co.

b) Fällung des Tl_2CrO_4 aus sulfosalicylsäurehaltiger Lösung: Trennung von den komplex gebundenen Metallen Fe, Al, Cr, Be.

c) Fällung des Tl_2CrO_4 aus cyanid- oder thiosulfathaltiger Lösung: Trennung von den komplex gebundenen Metallen Ag, Hg, Cu.

d) Fällung des Tl_2CrO_4 aus tartrathaltiger Lösung: Trennung von Vanadium.

e) Vorherige Abtrennung der Begleitelemente durch Hydrolyse mittels Ammoniumnitrit: Trennung von Al, Be, Cr, Fe, Th, Zr, Ti.

f) Vorherige Abtrennung der Begleitelemente durch Phosphat: Trennung von Bi, Pb, Mn.

g) Vorherige Abtrennung der Begleitelemente nach verschiedenen Methoden: Trennung von Sn und Ce.

a) Fällung aus ammoniakalischer Lösung; Trennung von Arsen, Antimon, Selen, Molybdän, Wolfram, Zink, Cadmium, Nickel, Kobalt.

Vorbemerkung. In Anwesenheit von 5wertigem Arsen und Antimon ist die Fällung des Tl_2CrO_4 ohne weiteres möglich, liegen diese Metalle in der 3wertigen Stufe vor, so müssen sie vorher oxydiert werden. 4wertiges Selen stört ebenfalls nicht, ferner Zink, Cadmium, Nickel und Kobalt, falls Ammoniak in genügendem Überschusse zugesetzt worden ist, so daß diese Metalle als Ammoniakate in Lösung sind. In Gegenwart von Molybdat und Wolframat fallen in saurer oder neutraler Lösung schwerlösliche Thallium-1-Molybdate oder Wolframate aus, die aber in überschüssigem Ammoniak löslich sind, aus der ammoniakalischen Lösung ist dann ebenfalls die Fällung des Tl_2CrO_4 möglich.

Arbeitsvorschrift in Anwesenheit von As, Sb, Se. Man gibt zur Probelösung überschüssiges Ammoniak, oxydiert, falls erforderlich, mit Wasserstoffperoxyd, wodurch bei größerer Verdünnung selbst bei 100° kein 1wertiges Thallium zur 3wertigen Stufe oxydiert wird, erhitzt und fällt das Thallium als Chromat, wie es in § 1 beschrieben ist.

Arbeitsvorschrift in Anwesenheit von Mo und W. In neutraler Lösung enthält die Probe in Anwesenheit von Molybdat oder Wolframat unlösliche Niederschläge. Man löst sie in wenig heißem konzentriertem Ammoniak, verdünnt etwas und fällt das Thallium als Chromat, wie es in § 1 beschrieben ist.

Arbeitsvorschrift in Anwesenheit von Zn, Cd, Ni, Co. Die ursprünglich saure oder neutrale Lösung wird zur Fällung des Thalliums neben Zink und Cadmium bei 60°, neben Nickel und Kobalt bei Zimmertemperatur tropfenweise unter Rühren mit Ammoniak versetzt, bis die entstandenen Niederschläge sich völlig klar gelöst haben. Dann wird bei 60° die Tl_2CrO_4-Fällung in der üblichen Weise (§ 1) vorgenommen.

Bemerkungen. **I. Genauigkeit.** Die Ergebnisse der Beleganalysen sind sehr zufriedenstellend.

II. Bestimmung der Begleitelemente. Zur Bestimmung des Antimons wird das Filtrat von Tl_2CrO_4 schwefelsauer gemacht, eingeengt, das Antimon zur 3wertigen Stufe reduziert und die Fällung mit Schwefelwasserstoff vorgenommen. Selen kann in üblicher Weise mit Hydroxylaminchlorid gefällt werden. Zur Zinkbestimmung neutralisiert man das Filtrat, fällt aus neutraler Lösung das Zink als Zinkammoniumphosphat, das nach Umfällung zu Pyrophosphat verglüht und gewogen wird. Bei nur 1maliger Ausfällung ist der Zinkniederschlag chromathaltig. Zur Cadmiumfällung eignet sich die Fällung mit Schwefelwasserstoff in schwefelsaurer Lösung (4 bis 6 cm^3 konzentrierter $H_2SO_4/100\ cm^3$). Nickel läßt sich im ammoniakalischen Filtrat mit Diacetyldioxim in bekannter Weise fällen und bestimmen. Zur Bestimmung des Kobalts vertreibt man im Filtrat auf dem Wasserbad das gesamte Ammoniak, dabei scheidet sich schon der größte Teil des Kobalthydroxyds aus. Der Rest wird mit Bromwasser und Kalilauge vollkommen gefällt und der Niederschlag von gelöstem Chromat abfiltriert, mit heißem Wasser chromfrei gewaschen und zur Kobaltbestimmung entweder im Wasserstoffstrom zu Metall reduziert oder nach Auflösen und Fällung mit Schwefelwasserstoff als Sulfat ausgewogen. Für die hier nicht aufgeführten Begleitelemente sind keine Vorschriften von MOSER und Mitarbeitern angegeben.

b) Fällung aus sulfosalicylsäurehaltiger Lösung; Trennung von Eisen, Aluminium, Chrom, Beryllium.

Vorbemerkung. Sulfosalicylsäure (s. Formel) ist ein ausgezeichnetes Reagens zur komplexen Bindung von 3wertigem Eisen, Chrom, Aluminium (MOSER und IRÁNYI) und Beryllium (MOSER und LIST), die Hydroxyde dieser Metalle fallen in Gegenwart von Sulfosalicylsäure mit Ammoniak nicht aus. Über eine etwa nötige Reinigung der Sulfosalicylsäure vgl. Abschnitt Gallium, S. 566 dieses Handbuches. In Gegenwart dieses Komplexbildners kann also Thalliumchromat aus ammoniakalischer Lösung ohne Beeinträchtigung durch anwesendes Eisen, Aluminium, Chrom oder Beryllium gefällt werden.

OH

COOH

HO_3S

Arbeitsvorschrift. Die Lösung wird mit einer genügenden Menge Sulfosalicylsäure (1:2) versetzt; für 0,1 g Fe_2O_3 reichen 10 cm^3 der Lösung aus, für die anderen Metalle sind entsprechende Mengen zu nehmen. Man erhitzt zum Sieden, macht ammoniakalisch, wobei die dunkelviolette Färbung des Eisenkomplexes in Rot übergeht, dann fällt man das Thallium wie üblich als Chromat (Vorschrift s. § 1). Etwa vorhandenes 2wertiges Eisen muß zuvor oxydiert werden. Die Methode liefert bei 1maliger Fällung gute Ergebnisse. Eine Bestimmung der Begleitelemente im Filtrat ist umständlich und unzweckmäßig, es sei auf die Arbeitsvorschrift der Methode e) verwiesen.

c) Fällung aus cyanid- oder thiosulfathaltiger Lösung; Trennung von Silber, Quecksilber und Kupfer.

Vorbemerkung. Silber, Quecksilber und Kupfer werden in ammoniakalischer Lösung durch Cyanidzusatz komplex gebunden, aus dieser Lösung ist dann die Fällung des Thalliumchromats störungsfrei möglich. Silber und Quecksilber können auch durch Thiosulfat maskiert werden, jedoch darf dann die Fällung des Thalliums nur in der Kälte vorgenommen werden, um eine Zersetzung des Thiosulfatkomplexes unter Sulfidabscheidung zu verhindern.

Arbeitsvorschrift. Die Probelösung wird schwach ammoniakalisch gemacht und mit so viel Kaliumcyanidlösung versetzt, bis eine klare Lösung entstanden ist. Nun wird die Fällung des Thalliums als Chromat in der üblichen Weise vorgenommen (s. § 1).

Zur Bestimmung der Begleitmetalle im Filtrat versetzt man mit viel Natriumthiosulfat, säuert stark mit Schwefelsäure an und kocht, bis die Schwermetalle quantitativ als Sulfide gefällt sind. Die Sulfide sind nicht immer ganz rein und müssen in geeigneter Weise umgefällt oder in andere zur Auswage geeignete Verbindungen umgewandelt werden, z. B. in Silberchlorid u. a.

Die Ergebnisse sind zufriedenstellend.

d) Fällung aus tartrathaltiger Lösung; Trennung von Vanadium.

Vorbemerkung. In Gegenwart von 5wertigem Vanadium ist eine Thalliumfällung als Chromat nicht möglich, weil unlösliche Thalliumvanadate vorliegen, die auch in Ammoniak unlöslich sind. Reduziert man das Vanadium zur 4wertigen Stufe, die sich durch Komplexbindung maskieren läßt, so ist in der Kälte eine

Chromatfällung möglich. Als Reduktionsmittel und Komplexbildner ist Weinsäure geeignet, es ist aber unbedingt nötig, größere Überschüsse zu vermeiden, da sonst Chromat reduziert wird und die Fällung des Thalliums unvollständig ist.

Arbeitsvorschrift. Der bei gleichzeitigem Vorhandensein von Thallium und 5wertigem Vanadium entstandene Niederschlag wird in einer konzentrierten Weinsäurelösung bei höchstens 40° gelöst, man nehme nicht mehr Weinsäure als erforderlich ist. Zu der entstandenen roten Lösung fügt man so viel Ammoniak, daß sie deutlich danach riecht, wobei die Farbe in blau (oder farblos, je nach der Vanadiummenge) umschlägt. In dieser Lösung wird das Thallium bei Zimmertemperatur mit Chromat gefällt.

Die Ergebnisse der Thalliumbestimmungen sind zufriedenstellend. Vanadiumbestimmungen wurden von Moser und Reif nicht ausgeführt.

e) Vorherige Abtrennung der Begleitelemente Aluminium, Eisen, Chrom, Beryllium, Thorium Zirkonium, Titan durch Ausfällung der Hydroxyde mit Ammoniumnitrit.

Vorbemerkung. Eine Ausfällung der Hydroxyde dieser schwach basischen Elemente zur Abtrennung von 1wertigem Thallium ist nur dann zu einer Trennung zu benutzen, wenn die Hydroxyde in dichter und wenig adsorbierender Form gefällt werden. Fällungen mit Ammoniak, Tannin und ähnlichen Fällungsmitteln führen zu stark adsorbierenden Hydrogelen. Gut brauchbar ist hingegen die Fällung durch Hydrolyse mittels Ammoniumnitrit in Gegenwart von Methylalkohol nach Moser und Singer. Der Methylalkohol bewirkt, daß die bei der Reaktion gebildete salpetrige Säure sich rasch unter Bildung von Methylnitrit verflüchtigt und so die Bildung von Salpetersäure verhindert wird, die lösend auf die Metallhydroxyde einwirken würde. Die ausgefällten Hydroxyde sind dicht, gut filtrierbar und gut auszuwaschen, so daß bei 1maliger Fällung schon eine gute Trennung zu erreichen ist.

Zur Trennung kleiner Thalliummengen von Al, Fe, Cr, Be benutzt man mit Vorteil die Methode b), da da das Thallium zuerst gefällt wird, zur Trennung großer Mengen hingegen diese Methode e).

Arbeitsvorschrift zur Abtrennung von Aluminium, Eisen, Chrom, Beryllium. Die saure Lösung (z. B. der Sulfate) wird mit Natriumcarbonat (nicht mit Ammoniak) annähernd neutralisiert, dann fügt man 20 cm^3 7%ige Ammoniumnitritlösung und nach Erwärmen auf 40° 20 cm^3 Methylalkohol hinzu, erhitzt zum Sieden und erhält ungefähr 20 Min. im schwachen Sieden. Durch erneuten Zusatz von Ammoniumnitrit und Methylalkohol überzeugt man sich davon, daß die Fällung vollständig ist. Nach dem Absitzen filtriert man heiß durch ein Papierfilter, wäscht mit ammoniumnitrathaltigem Wasser und verglüht zu Oxyd, das ausgewogen werden kann. Im Filtrat der Fällung ist Thallium enthalten. Man dampft das Filtrat auf 100 bis 200 cm^3 ein, macht ammoniakalisch und fällt das Thallium in der üblichen Weise als Chromat, s. § 1.

Die Ergebnisse sind sehr zufriedenstellend.

Arbeitsvorschrift zur Abtrennung von Thorium, Zirkonium, Titan. In der oben beschriebenen Weise verläuft die Hydrolyse bei diesen Metallen zu rasch, so daß schleimige, stark adsorbierende Niederschläge resultieren. Dichte Niederschläge erhält man, wenn man in der Kälte, also langsam, hydrolysieren läßt. Man setzt Ammoniumnitrit in der Kälte zu, erhitzt sehr langsam, und erst, nachdem ein Teil des Niederschlags bereits ausgefallen ist, setzt man Methylalkohol zu. Zum Schluß arbeitet man genau so wie oben, also in Anwesenheit von Al usw., angegeben wurde.

Die Ergebnisse sind sehr befriedigend.

f) Vorherige Abtrennung der Begleitelemente Wismut, Blei und Mangan durch Phosphat.

Vorbemerkung. Thallium fällt weder in schwach saurer, noch in ammoniakalischer, sulfosalicylathaltiger Lösung mit Phosphat aus. So ist die vorherige Abscheidung des Wismuts als Phosphat in schwach saurer Lösung und die des Bleis und Mangans in ammoniakalischer Lösung möglich.

Arbeitsvorschrift zur Abtrennung von Blei oder Mangan. Die saure, halogenfreie Lösung wird, falls erforderlich, mit etwas schwefliger Säure zur Reduktion etwa vorhandenen 3wertigen Thalliums versetzt. Nun setzt man nach Verkochen der schwefligen Säure 20 cm³ Sulfosalicylsäure 1:2 hinzu (vgl. S. 640), anschließend Diammoniumphosphat und macht schwach ammoniakalisch. Dann erhitzt man und hält im Sieden, bis der Niederschlag krystallinisch geworden ist, was nach einigen Minuten der Fall ist. Nach mehrstündigem Stehen filtriert man durch einen Filtertiegel, wäscht mit ammoniakalischer Ammoniumnitratlösung, trocknet und verglüht im elektrischen Ofen. Blei fällt als $Pb_3(PO_4)_2$ aus und wird als solches gewogen, Mn als $MnNH_4PO_4$ und wird als Pyrophosphat $Mn_2P_2O_7$ gewogen. Im Filtrat befindet sich das Thallium, man engt ein, macht wieder etwas ammoniakalisch und fällt, wie üblich, mit Chromat (s. § 1).

Die Trennung ist bei 1maliger Fällung sauber und quantitativ, die Ergebnisse der Beleganalysen sind sehr zufriedenstellend.

Arbeitsvorschrift zur Abtrennung von Wismut. Die Lösung der Nitrate wird so weit verdünnt, daß auf 100 cm³ ungefähr 0,1 g Bi vorhanden sind. Die zum Sieden erhitzte Lösung wird unter Rühren mit Diammoniumphosphat versetzt, wobei krystallinisches Wismutphosphat $BiPO_4$ erhalten wird, das nach dem Glühen gewogen wird. Das im Filtrat befindliche Thallium wird in üblicher Weise als Chromat gefällt. Die Ergebnisse sind zufriedenstellend in Gegenwart von 48 bis 700 mg Bi und 45 bis 900 mg Tl. Bei sehr kleinen Wismut- und sehr großen Thalliummengen versagt die Trennung, weil immer Thallium mitgerissen wird; eine doppelte Fällung ist aber wegen der Schwerlöslichkeit des Wismutphosphates in Salpetersäure nicht anwendbar.

g) Abtrennung des Zinns und Ceriums von Thallium.

Vorbemerkung. 3wertiges Cer wird aus schwefelsaurer Lösung mit Oxalsäure gefällt und so von Thallium getrennt. Wegen der beträchtlichen Löslichkeit des Niederschlages ist die Trennung nicht exakt. Zinn wird in essigsaurer, nitrathaltiger Lösung als Zinndioxydhydrat gefällt.

Arbeitsvorschrift zur Abtrennung von Cer. Die fast neutrale Lösung der Sulfate wird auf 60° erwärmt und das Cer durch einen geringen Überschuß von Oxalsäure gefällt. Nach 12stündigem Stehenlassen der Fällungsflüssigkeit wird der Niederschlag krystallinisch. Er wird filtriert, heiß gewaschen, getrocknet und zu CeO_2 verglüht. Im eingeengten Filtrat wird Thallium in üblicher Weise als Chromat bestimmt.

Arbeitsvorschrift zur Abtrennung von Zinn. Die saure Lösung, die Thallium nur in der 1wertigen Stufe enthalten darf, wird mit Ammoniak neutralisiert, man säuert mit wenig Essigsäure an, fügt etwas Ammoniumnitrat hinzu, verdünnt auf 500 cm³ und erhitzt zum Sieden. Nach Stehenlassen in der Wärme wird das Zinndioxydhydrat heiß abfiltriert und mit ammoniumnitrathaltigem Wasser gewaschen, getrocknet und verglüht. Im Filtrat wird das Thallium in üblicher Weise als Chromat bestimmt.

Mengen bis zu 1 g Thallium lassen sich von bis zu 0,5 g Sn so durch 1malige Fällung sauber trennen, bei größeren Zinnmengen ist eine doppelte Fällung des Zinndioxydhydrates nötig.

Literatur.

Moser, L. u. A. Brukl: M. 47, 709 (1926). — Moser, L. u. E. Irányi: M. 43, 679 (1922). — Moser, L. u. F. List: M. 51, 185 (1929). — Moser, L. u. Fr. Reif: M. 52, 343 (1929). — Moser, L. u. F. Singer: M. 48, 673 (1927).

§ 15. Extraktionsverfahren zur Abtrennung des Thalliums.

A. Abtrennung des Thalliums durch Extraktion mit Äther.

Vorbemerkung. $TlCl_3$ und $TlBr_3$ lassen sich aus chlorwasserstoff- bzw. bromwasserstoffsaurer Lösung mit Äther ausschütteln (NOYES, BRAY und SPEAR; BROWNING, SIMPSON und PORTER; SHAW; WADA und ISHII). Zur Extraktion des Chlorids ist das Arbeiten in etwa 4 n HCl am günstigsten, wie folgende Zahlen nach WADA und ISHII belegen:

Extraktion von 100 mg Tl als $TlCl_3$ aus 20 cm³ Lösung mit 30 cm³ Äther, der Äther wurde mit HCl der entsprechenden Konzentration vorher geschüttelt.

n HCl	0,5	1	2	4	6
mg Tl in der sauren Restlösung	3	2	1,5	1	2

Diese Trennung ist nicht sehr spezifisch, vor allem werden Gold, Eisen, Gallium, Indium, Molybdän und andere mitextrahiert.

Spezifischer ist die Extraktion des Bromids aus bromwasserstoffsaurer Lösung mit Äther, außerdem liegt der Verteilungskoeffizient des $TlBr_3$ günstiger als der des $TlCl_3$.

Folgende Zahlen nach WADA und ISHII geben Aufschluß über die Extrahierbarkeit sowohl des Thalliumbromids als auch einiger an sich unter gewissen Umständen ebenfalls ätherlöslichen Metallbromide.

Extraktion von Tl und anderen Elementen (je 20 cm³ Lösung mit 30 cm³ Äther geschüttelt, der vorher mit Bromwasserstoff der betreffenden Konzentration geschüttelt wurde). mg des betreffenden Elementes in der sauren Restlösung. Zahl in Klammern: ursprünglich vorhandene Menge.

n HBr	0,03	0,1	0,5	1,0	1,5	2,0	3,0	4,0	5,0	6,0
Tl (100)	1,5	1,0	1,0	0,8	0,2	0,3	0,3	0,2	0,4	8
Tl (1)	0	0	0	0	0	0	0	0	0	0,3
Fe (250)			250	250	249,9	249,5	226,2	76,3	68,7	99,0
Ga (83)			83	83	83	83	82,7	80,0	38,2	35,4
In (100)			99	96,8		80,8	10,7	1		1
Au (60)			0,5	0,5				0,5		16
Te (100)			99,7	98		97		97		97
Hg (100)			97	99		99,8		99,7		99,7

Am selektivsten ist also die Abtrennung durch Ausschütteln in 1 n HBr-Lösung. Nach 2maligem Ausschütteln ist Thallium quantitativ in die Ätherschicht überführt; im Äther befinden sich noch: Gold (quantitativ) und geringe Mengen von Indium, Tellur, Zink, Quecksilber, Molybdän und Antimon. Diese Elemente außer Gold können durch 1maliges Auswaschen mit 1 n HBr wieder völlig entfernt werden.

***Arbeitsvorschrift nach* WADA *und* ISHII.** Die Probelösung wird durch Abrauchen mit Bromwasserstoff in Bromidlösung verwandelt, mit Bromwasser oder Brom oxydiert und auf ein Volumen von 20 cm³ und eine Acidität von 1 n HBr gebracht. Man schüttelt mit 30 cm³ Äther, der vorher mit Bromwasserstoff gleicher Konzentration durchgeschüttelt wurde, trennt die Schichten und wiederholt die Operation. Die vereinigten Ätherauszüge werden mit 5 cm³ 1 n HBr ausgewaschen unter Durchschütteln. Falls man weitere Trennungen vorzunehmen beabsichtigt, vereinigt man Waschflüssigkeit und saure Hauptlösung.

Aus der Ätherlösung wird der Äther nach Zusatz von Wasser verdampft, das Thallium kann dann direkt, eventuell nach Reduktion zur 1wertigen Stufe, bestimmt werden, falls Gold abwesend ist.

Thallium kann so von den meisten Elementen getrennt werden. In Gegenwart von Gold und in Gegenwart der in Bemerkung II angeführten Elemente sind besondere Trennungsoperationen auszuführen, die in den Bemerkungen angegeben sind. Andere als die angegebenen Elemente stören nach WADA und ISHII nicht.

Bemerkungen. **I. Verfahren in Anwesenheit von Gold.** Gold findet sich quantitativ neben Thallium im Ätherauszug. Die Bestimmung des Thalliums geschieht dann auf folgende Weise: Der Ätherlösung wird 20 cm³ Wasser zugesetzt, dann vertreibt man den Äther auf dem Dampfbade. Zur Lösung fügt man zuerst 2 cm³ einer 10%igen Hydroxylaminchloridlösung und dann eine Mischung von 2 cm³ 10%iger Kaliumcyanidlösung und 2 cm³ 2 n Kalilauge. Man überzeugt sich, daß die Lösung alkalisch reagiert und fällt dann mit 1 cm³ 5%iger Kaliumjodidlösung. Nach einiger Zeit wird das TlJ abfiltriert und ausgewogen, wie es in § 4 beschrieben ist. Gold ist als Cyankomplex in Lösung, er kann durch Königswasser zerstört werden, darauf ist das Gold aus salzsaurer Lösung mit Schwefelwasserstoff zu fällen.

II. Verfahren in Anwesenheit von Germanium, Arsen, Selen, Silber und der Elemente der Niob- und Wolframgruppe. (Allgemeine Vorbereitung der Analyse.) Die Originalprobe wird mit 6 n HNO_3 zum Sieden erhitzt. Falls ein Metall vorlag, lösen sich die in Betracht kommenden Elemente (Tl, Ga, In usw.), eventuell muß mit Salpetersäure + Flußsäure aufgeschlossen werden. Die Lösung wird eingedampft, der Rückstand 1 Std. im Luftbad auf 120 bis 130° erhitzt, dann wird wieder mit Salpetersäure gelöst. Hierdurch werden die Elemente der Wolfram- und Niobgruppe entfernt. Man dampft die Lösung ein, versetzt sie mit Bromwasserstoff (d = 1,49) und einigen Tropfen Brom, bringt sie in den Kolben einer Destillationsapparatur und unterwirft sie der Destillation im brombeladenen Luftstrom. Germanium, Arsen und Selen werden quantitativ abdestilliert. Die zurückbleibende Lösung (3 cm³) wird im brombeladenen Luftstrom abgekühlt, dann mit 70 bis 100 cm³ Wasser versetzt, so daß die Konzentration an Bromwasserstoff noch 0,1 bis 0,3 n ist. Dann kühlt man mit Eiswasser, Silber fällt quantitativ als AgBr, eventuell fällt teilweise Blei und Antimon mit, jedoch kein Thallium. Das Filtrat vom Silberniederschlag wird nun auf die Konzentration 1 n HBr und ein Volumen von 20 cm³ gebracht und kann dann der Ätherextraktion unterworfen werden.

B. Abtrennung des Thalliums durch Extraktion mit Diphenylthiocarbazon (Dithizon).

Vorbemerkung. Diphenylthiocarbazon („Dithizon"),

$$C_6H_5 \cdot NH \cdot NH \cdot CS \cdot N = N \cdot C_6H_5$$

reagiert in Lösung (Chloroform oder Tetrachlorkohlenstoff) mit 1wertigem Thallium unter Bildung eines roten, in Chloroform oder Tetrachlorkohlenstoff löslichen Komplexes, der im p_H-Bereich von etwa 9 bis 12 beständig ist. Die optimale Beständigkeit liegt beim $p_H = 11$. Die Anwesenheit von Cyanid stört nicht, Cyanid kann deshalb zur Maskierung anderer, sonst störender Metalle zugesetzt werden.

Die Bildung dieser in organischen Lösungsmitteln löslichen Komplexverbindung ist für die quantitative Analyse des Thalliums von Bedeutung, weil es auf Grund dieser Reaktion möglich ist, sehr kleine Thalliummengen zu extrahieren und dementsprechend abzutrennen und anzureichern.

***Arbeitsvorschrift nach* HADDOCK.** Die Thalliumlösung (Tl-Gehalt etwa 10 γ/cm³) wird (evtl. aus einer Mikrobürette) zu einer Lösung von 0,5 g Kaliumcyanid und 0,5 g Ammoniumcitrat in 40 cm³ gegeben, das Thallium wird nun durch starkes Schütteln mit 4 Teilen von je 15 cm³ 0,1%iger Dithizonlösung in Chloroform extrahiert. Jeder Extrakt wird mit 20 cm³ Wasser gewaschen (s. Bem. II), die Extrakte werden dann vereinigt und zusammen in einem 100 cm³-Mikro-KJELDAHL-Kolben zur Trockne verdampft. Die organische Substanz wird durch vorsichtiges

Erhitzen mit 1 cm^3 konzentrierter Schwefelsäure und einigen Tropfen Wasserstoffperoxyd zerstört. Die Lösung ist dann für eine Thalliumbestimmung geeignet; nach HADDOCK colorimetriert man nach der in § 10 B gegebenen Vorschrift.

Bemerkungen. **I. Einfluß anderer Bestandteile.** Die Erfassungsgrenze beträgt 5 bis 200 γ (beim colorimetrischen Verfahren mit vorhergehender Extraktion) in Gegenwart von 1 g anderer Metallsalze. Blei und Wismut in Mengen von über 0,5 mg stören, ferner Quecksilber, Nickel und Zink in Mengen von über 0,1 g. In Elementen, die mit Dithizon in cyanidhaltiger Lösung nicht reagieren, lassen sich noch Spuren von 10^{-3}% Tl bestimmen, in Quecksilber, Zink, Mangan, Nickel und Zinn (2) noch 10^{-2}% (bei letzteren doppelte Extraktion). Der Analysenfehler liegt zwischen 5 und 10%.

II. Auswaschen der Extrakte. Nach FISCHER geschieht das Auswaschen der Dithizonextrakte wahrscheinlich besser mit einer schwach alkalischen Lösung vom $p_H = 11$, statt mit reinem Wasser.

Literatur.

BROWNING, P. E., G. S. SIMPSON u. L. E. PORTER: Am. J. Sci. [4] **42**, 108 (1916).
FISCHER, H.: Angew. Chem. **50**, 926 (1937).
HADDOCK, L. A.: Analyst **60**, 394 (1935); durch C. **1935 II**, 3135 u. H. FISCHER.
NOYES, A. A., W. C. BRAY u. E. B. SPEAR: Am. Soc. **30**, 516, 559 (1908).
SHAW, P. A.: Ind. eng. Chem. Anal. Ed. **5**, 93 (1933).
WADA, I. u. R. ISHII: Sci. Pap. Inst. Tokyo **24**, 135 (1934); **34**, 787 (1938).

§ 16. Übersicht über spezielle Trennungsverfahren.

Vorbemerkung. Im folgenden wird eine Übersicht über die Trennung des Thalliums von einzelnen Begleitern gegeben; von der Wiedergabe ausführlicher Arbeitsvorschriften kann abgesehen werden, da sie für die wichtigen der Trennungsverfahren bereits in den vorigen Paragraphen enthalten sind. In die Übersicht sind auch die fällungsanalytischen Trennungsverfahren der vorangehenden Paragraphen tabellarisch mit aufgenommen, also z. B. die Trennungen mit Thionalid, Thioharnstoffperchlorat und Chromat, nicht aber jedoch im allgemeinen die Extraktionsverfahren, die ja in § 15 zusammengestellt sind.

Die Reihenfolge der erwähnten Begleitelemente richtet sich nach dem üblichen Trennungsvorgang, beginnend mit den durch Salzsäure fällbaren Elementen.

1. Trennung von Silber und Thallium.

a) Fällung des Thalliums mit Thionalid (§ 12).

b) Fällung des Thalliums als Thioharnstoffperchlorat (§ 13).

c) Fällung des Thalliums als Thalliumchromat aus cyanidhaltiger Lösung (§ 14).

d) Fällung des Silbers als AgCl oder AgBr nach Oxydation des Thalliums zur 3wertigen Stufe [WILLM, WERTHER, SPENCER und LE PLA, WADA und ISHII (b) (vgl. auch § 15), BENEDETTI-PICHLER und SPIKES, HILLEBRAND und LUNDELL, NOYES und BRAY, MOSER und BRUKL (a)].

e) Fällung des Silbers als AgJ (WILLM).

f) Fällung des Silbers als Ag_2S (TREADWELL, SPENCER und LE PLA, STORTENBEKER, WILLM).

f) Gemeinsame Reduktion von Thallium und Silber durch metallisches Zink und Extraktion des Thalliums mit Schwefelsäure (SPENCER und LE PLA).

2. Trennung von Blei und Thallium.

a) Fällung des Thalliums mit Thionalid unter besonderen Bedingungen (§ 12).

b) Fällung des Thalliums als Thioharnstoffperchlorat unter besonderen Bedingungen (§ 13).

c) Fällung des Thalliums als TlJ in Anwesenheit von Thiosulfat (WERNER).

d) Fällung des Bleis als $PbSO_4$ [MOSER und BRUKL (a), BENEDETTI-PICHLER und SPIKES, HILLEBRAND und LUNDELL, NOYES und BRAY, EPHRAIM und BARTECZKO, WILLM, CROOKES (a)].

e) Fällung des Bleis als $Pb_3(PO_4)_2$ [MOSER und BRUKL (a), vgl. § 14, f].

f) Fällung des Bleis als PbS [TREADWELL, MOSER und BRUKL (a), STORTENBEKER, WILLM, BRUNER und ZAWADZKI].

g) Fällung des Bleis mit Natriumcarbonat, eventuell in Gegenwart von Cyanid [MONTIGNIE, SCHOELLER und POWELL, HILLEBRAND und LUNDELL, CROOKES (a), ZIMMER].

3. Trennung von Quecksilber und Thallium.

a) Fällung des Thalliums mit Thionalid unter besonderen Bedingungen (§ 12).

b) Fällung des Thalliums als Thioharnstoffperchlorat (§ 13).

c) Fällung des Thalliums als Tl_2CrO_4 aus cyanid- oder thiosulfathaltiger Lösung (§ 14).

d) Fällung des Thalliums als TlJ [CROOKES (a), WILLM, MOSER und BRUKL (a)].

e) Fällung des Quecksilbers als HgO mit Kaliumhydroxyd (WILLM).

f) Eine Trennung durch Fällung des Quecksilbers mit Schwefelwasserstoff in salzsaurer Lösung wurde vorgeschlagen (TREADWELL); jedoch wird durch das ausfallende HgS Thallium mitgerissen [BRUNER und ZAWADZKI, MOSER und BRUKL (a), WILLM].

4. Trennung von Gold, Platin, Palladium und Thallium.

1. Fällung des Thalliums mit Thionalid (§ 12).
2. Fällung des Thalliums in Anwesenheit von Gold als TlBr in cyanidhaltiger Lösung [WADA und ISHII (a)], vgl. auch § 15 A, Bemerkung I.
3. Fällung des Thalliums in Anwesenheit von Platin als TlJ (WARREN).
4. Fällung des Goldes in Gegenwart von Thallium durch Reduktion zum Metall mittels Oxalsäure [CROOKES (a)].

5. Trennung von Kupfer und Thallium.

1. Fällung des Thalliums mit Thionalid (§ 12).
2. Fällung des Thalliums als Thioharnstoffperchlorat (§ 13).
3. Fällung des Thalliums als Tl_2CrO_4 in ammoniakalischer, cyanidhaltiger Lösung (§ 14).
4. Eine Fällung des Thalliums als TlJ führt in Gegenwart von Kupfer zu einer Mitfällung von CuJ, das auch durch Auswaschen mit Ammoniak in Gegenwart von Luftsauerstoff nicht zu entfernen ist [CROOKES (c), MOSER und BRUKL (a)].
5. Fällung des Kupfers als Hydroxyd mittels Kaliumhydroxyd (WILLM, GEWECKE; vgl. jedoch NORDENSKIÖLD).
6. Eine Fällung des Kupfers mit Schwefelwasserstoff aus saurer Lösung führt zu einem Sulfidniederschlag, der thalliumhaltig ist (BRUNER und ZAWADZKI, NORDENSKJÖLD); eine bessere Trennung ist möglich durch Fällung des Thalliums als Sulfid aus Cyanidlösung [CROOKES (a, d), ALIMARIN und IWANOW-EMIN, SCHOELLER und POWELL, HILLEBRAND und LUNDELL], jedoch ist auch dies so gefällte Thalliumsulfid nicht ganz kupferfrei [MOSER und BRUKL (a)].

6. Trennung von Wismut und Thallium.

a) Fällung des Thalliums mit Thionalid (§ 12).

b) Fällung des Wismuts als Phosphat (§ 14, f).

c) Fällung des Wismuts als Hydroxyd bzw. basisches Salz [CROOKES (a, b), EPHRAIM und BARTECZKO, ZIMMER, MOSER und BRUKL (a), SCHOELLER und POWELL, HILLEBRAND und LUNDELL].

7. Trennung von Cadmium und Thallium.

a) Fällung des Thalliums mit Thionalid (§ 12).
b) Fällung des Thalliums als Thioharnstoffperchlorat (§ 13).
c) Fällung des Thalliums als Tl_2CrO_4 (§ 14).
d) Fällung des Thalliums als TlJ (WILLM).
e) Fällung des Cadmiums als Sulfid (WILLM, BRUNER und ZAWADZKI).

8. Trennung von Arsen und Thallium.

a) Fällung des Thalliums mit Thionalid (§ 12).

b) Fällung des Thalliums als Tl_2CrO_4 aus ammoniakalischer Lösung, Arsen muß in 5wertiger Stufe vorliegen (§ 14).

c) Abtrennung des Arsens durch Destillation des $AsCl_3$ aus salzsaurer, bromidhaltiger Lösung [MOSER und BRUKL (a), CROOKES (a)].

d) Eine Abtrennung des Arsens als Sulfid führt nicht zum Ziel infolge der Neigung des Thalliums zur Bildung von Doppelsulfiden oder festen Lösungen, und zwar nicht nur mit Arsensulfid, sondern auch mit den Sulfiden von Antimon, Zinn, Kupfer und Quecksilber (HAWLEY, BRUNER und ZAWADZKI, LOCZKA, GUNNING, CUSHMAN, FRESENIUS, EPHRAIM und BARTECZKO, STAVENHAGEN, ROSE, LAMY und DES CLOISEAUX).

9. Trennung von Antimon und Thallium.

a) Fällung des Thalliums mit Thionalid (§ 12).

b) Fällung des Thalliums als Tl_2CrO_4, Antimon muß in der 5wertigen Stufe vorliegen (§ 14).

c) Fällung des Antimons als Antimonsäure (LAMY und DES CLOISEAUX).

d) Eine Fällung des Antimons als Sulfid ist zum Zwecke der Trennung unbrauchbar, vgl. Abschnitt 8 (Arsen).

e) Eine Fällung des Thalliums als TlJ ist zum Zwecke der Trennung nicht zu benutzen, da das TlJ stets Antimon enthält (EPHRAIM und BARTECZKO, EPHRAIM, LAMY und DES CLOISEAUX).

10. Trennung von Zinn und Thallium.

a) Fällung des Thalliums mit Thionalid (§ 12).

b) Fällung des Zinns mit Ammoniumnitrat [MOSER und BRUKL (a), § 14, g].

c) Eine Fällung des Thalliums als Chromat ist unbrauchbar in Gegenwart von Zinn [MOSER und BRUKL (a)].

d) Eine Fällung des Zinns als Sulfid führt nicht zum Ziel, vgl. Abschnitt 8 (Arsen).

11. Trennung von Molybdän, Wolfram, Uran, Vanadin und Thallium.

a) Fällung des Thalliums mit Thionalid (§ 12).

b) Fällung des Thalliums als Tl_2CrO_4 in Gegenwart von Wolfram, Molybdän und Uran; bei Anwesenheit von Vanadin muß dieses zur 4wertigen Stufe reduziert werden und Tartrat zugesetzt werden (§ 14).

c) Fällung des Thalliums als TlJ in Gegenwart von Vanadium und Molybdän (CARNELLY, ROSENHEIM und GARFUNKEL).

d) Eine Abtrennung des Wolframs als WO_3 führt nicht zum Ziel, da der Niederschlag Thallium enthält und nur sehr schwer davon zu befreien ist (SCHAEFER).

12. Trennung von Rhenium und Thallium.

Fällung des Thalliums mit NaJ als TlJ, da K-Ionen wegen der geringen Löslichkeit des Kaliumperrhenats nicht zugegen sein dürfen (HÖLEMANN).

13. Trennung von Eisen, Aluminium, Chrom und Thallium.

a) Fällung des Thalliums mit Thionalid (§ 12).

b) Fällung des Thalliums als Thioharnstoffperchlorat (§ 13).

c) Fällung des Thalliums als Tl_2CrO_4 in Gegenwart von Sulfosalicylsäure (§ 14).

d) Fällung des Thalliums als TlJ, geeignet zur Trennung des Thalliums von 2wertigem Eisen, nicht jedoch von Aluminium [CERNOTZKY, MOSER und BRUKL (a), NOYES, BRAY und SPEAR, BROWNING, SIMPSON und PORTER, CROOKES (a), HILLEBRAND und LUNDELL].

e) Fällung von Eisen, Aluminium und Chrom als Hydroxyd [MOSER und REIF, MOSER und BRUKL (a), CERNOTZKY, BENRATH, CARSTANJEN, WILLM] (§ 14, e).

14. Trennung von Beryllium und Thallium.

a) Fällung des Thalliums als Tl_2CrO_4 in Gegenwart von Sulfosalicylsäure (MOSER und LIST, vgl. auch § 14).

b) Fällung des Berylliums als Hydroxyd durch Ammoniumnitrit (MOSER und LIST, vgl. auch § 14, e).

c) Es ist zu vermuten, daß die Fällungen des Thalliums mit Thionalid oder als Thioharnstoffperchlorat neben Beryllium in der gleichen Weise ausführbar sind, wie z. B. neben Aluminium.

15. Trennung von Gallium, Indium und Thallium.

a) Fällung des Galliums durch Tannin (vgl. Kapitel Gallium, § 1, C), nach Zerstörung des überschüssigen Tannins durch Salpetersäure kann Thallium als Tl_2CrO_4 bestimmt werden [MOSER und BRUKL (b)].

b) Fällung des Galliums mit Camphersäure (vgl. Kapitel Gallium, § 1, E); im Filtrat Bestimmung des Thalliums als Tl_2CrO_4 (ATO).

c) Fällung des Thalliums als Tl_2PtCl_6 (LECOQ DE BOISBAUDRAN).

d) Fällung der Hydroxyde des Galliums und Indiums (LECOQ DE BOISBAUDRAN, BÖTTGER).

e) Eine Fällung des Thalliums als TlJ ist in Anwesenheit von Gallium wenig geeignet (LECOQ DE BOISBAUDRAN).

f) Weitere Trennungsmöglichkeiten bieten die Extraktionsmethoden mit Äther (vgl. § 15).

g) Die Anwendbarkeit der Fällungsmöglichkeiten des Thalliums mittels Thionalid oder als Thioharnstoffperchlorat zur Abtrennung von Gallium und Indium ist wahrscheinlich, sie ist aber nicht geprüft.

16. Trennung von Titan, Zirkonium, Cerium, Thorium und Thallium.

a) Fällung von Ti, Zr, Th mit Ammoniumnitrit (§ 14, e).

b) Fällung des Ceriums als Oxalat (§ 14, g).

c) Fällung des Zirkoniums als Phosphat (BROWNING, SIMPSON und PORTER).

d) Abtrennung des Thalliums durch Extraktion (§ 15).

17. Trennung von Nickel, Kobalt, Zink, Mangan und Thallium.

a) Fällung des Thalliums mit Thionalid (§ 12).

b) Fällung des Thalliums als Thioharnstoffperchlorat (§ 13).

c) Fällung des Thalliums als Tl_2CrO_4 (§ 14).

d) Fällung des Thalliums als TlJ [BENRATH, MOSER und BRUKL (a), NISSENSON, CROOKES (a), HILLEBRAND und LUNDELL].

e) Fällung des Thalliums neben großen Zinkmengen durch Abscheidung des Thalliums als $Tl(OH)_3$ mittels $KMnO_4$ in neutraler Lösung. Das gleichzeitig ausfallende Mangandioxydhydrat dient als Spurenfänger für das Thallium; anschließend ist eine Thallium-Mangan-Trennung erforderlich (SLAVIN).

f) Fällung des Nickels, Kobalts, Zinks, Mangans als Carbonat oder Hydroxyd (GEWECKE, NISSENSON, PHIPSON, WILLM; vgl. auch MOSER und BRUKL (a), BENRATH).

g) Fällung des Mangans als $MnNH_4PO_4$ in Anwesenheit von Sulfosalicylsäure [MOSER und BRUKL (a)] (§ 14, f).

h) Fällung des Nickels mit Diacetyldioxim (BENRATH).

18. Trennung der Erdalkalien, einschließlich Magnesium und Thallium.

a) Fällung des Thalliums mit Thionalid (§ 12).

b) Fällung des Thalliums als Thioharnstoffperchlorat (§ 13).

c) Fällung des Thalliums als TlJ (WILLM, BENRATH, HILLEBRAND und LUNDELL).

d) Fällung des Thalliums als $Tl(OH)_3$ mit carbonatfreiem Ammoniak (GEWECKE).

e) Fällung des Thalliums als Thallium-I-cobaltnitrit (ROBIN).

f) Fällung der Erdalkalien als Sulfate (soweit sie schwerlöslich sind) (HILLEBRAND und LUNDELL, BENRATH, WILLM).

g) Fällung der Erdalkalien als Carbonate (GEWECKE).

19. Trennung der Alkalien, einschließlich Ammonium und Thallium.

a) Fällung des Thalliums mit den üblichen Fällungsmitteln (Thionalid, § 12; Thioharnstoff, § 13; Chromat, § 14); auch die Bestimmungen als Jodid (§ 4), als Tl_2O_3 (§ 5) und schließlich die Fällung als Tl_2S (WILLM, JÍLEK und LUKAS) sind in Anwesenheit der Alkalien möglich.

b) Fällung des Thalliums mit Silberwismutnitrit in Gegenwart von Kalium und Natrium (ROBIN).

c) Fällung des Thalliums mit Natriumcobaltinitrit in Gegenwart von Lithium (ROBIN).

d) Trennungsmöglichkeiten bietet ferner die verschiedene Löslichkeit der Platindoppelchloride des Thalliums und der Alkalien (SCHRÖTTER).

e) Fällung des Thalliums als Erdalkali-Thallium-Ferrocyanid (GASPAR y ARNAL).

20. Trennung von Selen und Thallium.

Fällung des Thalliums als Chromat [§ 14, MOSER und BRUKL (a)].

Literatur.

ALIMARIN, I. P. u. B. N. IWANOW-EMIN: Žurnal prikladnoj Chim. (russ.) 9, 1130 (1936), zit. nach GMELIN. — ATO, S.: Sci. Pap. Inst. Tokyo 24, 273 (1934).

BENEDETTI-PICHLER, A. A. u. W. F. SPIKES: Mikrochemie 19, 241 (1935/36). — BENRATH, A.: Z. anorg. Ch. 151, 25 (1926). — BÖTTGER: J. pr. Ch. 98, 27 (1866); Dingl. J. 182, 140 (1866). — BROWNING, P. E., G. S. SIMPSON u. L. E. PORTER: Am. J. Sci. [4] 42, 108 (1916). — BRUNER, L. u. J. ZAWADZKI: Z. anorg. Ch. 65, 139 (1910); Bl. Acad. Crac. 1909 II, 313.

CARNELLY, T.: J. chem. Soc. 26, 324 (1873); A. 166, 156 (1873). — CARSTANJEN: J. pr. 102, 136 (1887). — CERNOTZKY, A.: Fr. 93, 349 (1933). — CROOKES, W.: (a) Phil. Trans. 153, 189 (1863) (b) Chem. N. 7, 109 (1863); (c) Chem. N. 7, 218 (1863); (d) Chem. N. 7, 133 (1863). — CUSHMAN, A. S.: Am. Chem. J. 24, 227 (1900).

EPHRAIM, F. u. P. BARTECZKO: Z. anorg. Ch. 61, 249 (1909). — EPHRAIM, F.: Z. anorg. Ch. 58, 354 (1908).

FRESENIUS, C. R.: Anleitung zur quantitativen chemischen Analyse, 17. Aufl., S. 675, 678. Braunschweig 1919.

GASPAR y ARNAL, T.: An. Españ. 30, 398 (1932). — GEWECKE, J.: A. 366, 235 (1909). — GUNNING, J. W.: Chem. N. 17, 138 (1868).

HAWLEY, L. F.: J. physic. Chem. 10, 654 (1906); J. Am. Chem. Soc. 29, 1011 (1907). — HILLEBRAND, F. W. u. G. E. F. LUNDELL: Applied Inorganic Analysis, S. 375. New York-London 1929. — HÖLEMANN, H.: Z. anorg. Ch. 235, 11 (1938).

JÍLEK, A. u. J. LUKAS: Coll. Trav. chim. Tchécosl. 1, 426 (1929).

LAMY, A. u. DES CLOISEAUX: Ann. Chim. Phys. [4] 17, 344 (1869). — LECOQ DE BOISBAUDRAN: C. r. 95, 159 (1882). — LOCZKA, J.: Magyar Chem. Folyóirat 3 (1898); C. 1898 I, 657.

MONTIGNIE, E.: Bl. [5] 4, 2085 (1937). — MOSER, L. u. A. BRUKL: (a) M. 47, 720 (1926); (b) M. 50, 191 (1928). — MOSER, L. u. F. LIST: M. 51, 185 (1929). — MOSER, L. u. W. REIF: M. 52, 346 (1929).

NISSENSON, H.: Die Untersuchungsmethoden des Zinks in B. M. MARGOSCHES: Die chemische Analyse. Bd. 2, S. 106. Stuttgart 1907. — NORDENSKIÖLD, A. E.: Öfvers. Akad. Stockholm 1866, 365; Bl. Soc. chim. [2] 7, 413 (1867). — NOYES, A. A. u. W. C. BRAY: A System of Qualitative Analysis for the Rare Elements, S. 124. New York 1927. — NOYES, A. A., W. C. BRAY u. E. B. SPEAR: Am. Soc. 30, 516 (1908).

PHIPSON, T.-L.: C. r. 78, 563 (1872).

ROBIN, P.: J. Pharm. Chim. [8] 18, 384 (1933). — ROSE, H.: Handbuch der analytischen Chemie, 6. Aufl., Bd. 2, S. 932. 1871. — ROSENHEIM, A. u. A. GARFUNKEL: Ber. 41, 2388 (1908).

SCHAEFER, E.: Z. anorg. Ch. 38, 173 (1904). — SCHOELLER, W. R. u. A. R. POWELL: The Analysis of Minerals and Ores of the Rare Elements, S. 64. London 1919. — SCHRÖTTER, A.: Ber. Wien. Akad. 50, II, 280 (1864). — SLAVIN, M.: Eng. Min. J. 134, 512 (1933). — SPENCER, J. F. u. M. LEPLA: J. chem. Soc. 93, 859 (1908); Pr. chem. Soc. 24, 75 (1908). — STAVENHAGEN, A.: J. pr. Ch. [2] 51, 30 (1895). — STORTENBEKER, W.: Rec. Trav. chim. 26, 252 (1907); Z. Kryst. 45, 416 (1908).

TREADWELL, W. D.: Tabellen zur quantitativen Analyse, S. 89. Leipzig-Wien 1938.

WADA, I. u. R. ISHII: (a) Sci. Pap. Inst. Tokyo 24, 137, 147 (1934); (b) Sci. Pap. Inst. Tokyo 34, 789 (1938). — WARREN, H. N.: Chem. N. 55, 241 (1887). — WERNER, A.: Chem. N. 53, 51 (1886). — WERTHER, G.: J. pr. Ch. 92, 128 (1864). — WILLM, J. E.: Ann. Chim. Phys. [4] 5, 89 (1865).

ZIMMER, M.: Diss. Freiburg i. Br. 1902, S. 34.

Anhang.

Spezielle Methoden zur Bestimmung des Thalliums in Handelspräparaten und in biologischem Material.

Von K. LANG, Berlin.

Inhaltsübersicht.

§ 1. Bestimmung des Thalliums in Handelspräparaten.

Vorbemerkung. Die Bestimmung des Thalliums in Handelspräparaten stößt auf keine besonderen Schwierigkeiten, da der Thalliumgehalt dieser für die Bekämpfung von Schädlingen bestimmten Präparate so hoch ist (1, 2 oder mehr Prozente), ferner meist genügend Material zur Verfügung steht, daß die Analyse nach den üblichen Methoden erfolgen kann.

Vor der Analyse muß die in den Präparaten enthaltene organische Substanz zerstört werden. BODNÁR und TERÉNYI verkohlen die Masse in flachen Porzellanschalen im elektrischen Ofen oder über der Gasflamme und lösen das Thallium aus der Kohle mit heißer 10- bis 15%iger Schwefelsäure als Thallium-1-sulfat heraus, das sie dann mit Permanganat titrieren. Bei der Verkohlung entstehen jedoch Thalliumverluste. Diesem Umstand tragen BODNÁR und TERÉNYI dadurch Rechnung, daß sie bei ihren Bestimmungen zu den gefundenen Prozenten Thalliumsulfat stets 0,04% als Korrektur hinzurechnen. Besser dürfte die Veraschung der Substanz auf nassem Wege sein. MACH und LEPPER, ferner auch DONNOVAN veraschen mit Schwefelsäure und Salpetersäure, LEPPER empfiehlt außerdem noch, Natriumnitrat in kleinen Portionen einzutragen, weil dadurch die Aufschlußdauer erheblich herabgesetzt wird. Nach dem Aufschluß erfolgt die eigentliche Thalliumbestimmung gravimetrisch als Thallium-1-jodid oder Thallium-1-chromat.

***Arbeitsvorschrift von* LEPPER. a) Bestimmung als Thallium-1-jodid.** 5 g der gemahlenen Zeliokörner oder der Zeliopaste werden im KJELDAHL-Kolben mit 100 cm³ konzentrierter Salpetersäure und 10 cm³ konzentrierter Schwefelsäure unter Zugabe von Siedesteinchen so lange gekocht, bis die Salpetersäure verjagt ist. Man erhitzt weiter und gibt zu der dunkel gefärbten Lösung in kleinen Anteilen Natriumnitrat, bis die Veraschung beendet, d. h. die Flüssigkeit nur noch schwach gelb gefärbt oder farblos ist. Eine zu heftige Reaktion ist zu vermeiden, da sie zu Thalliumverlusten führen kann. Nach Aufkochen mit 60 bis 70 cm³ Wasser wird mit 25 cm³ 6%iger schwefliger Säure reduziert und das überschüssige Schwefeldioxyd verkocht. Man verdünnt mit Wasser, neutralisiert mit Ammoniak gegen Rosolsäure, spült in einen 200 cm³ fassenden Meßkolben über, versetzt mit 5 cm³ Eisessig und füllt mit Wasser bis zur Marke auf. Dann wird filtriert. Man erwärmt 100 cm³ des Filtrats auf 80 bis 90° und fällt das Thallium durch Zusatz von 25 cm³ 4%iger Kaliumjodidlösung aus. Nach dem Erkalten wird durch einen Berliner Porzellan-Filtertiegel filtriert, mit 1% Jodkalium und 1% Essigsäure enthaltendem Wasser nachgespült, mit wenig 80%igem Aceton ausgewaschen, $^1/_2$ Std. bei 120 bis 130° getrocknet und gewogen. 1 g TlJ = 0,6169 g Tl.

b) Bestimmung als Thallium-1-chromat. Der Aufschluß erfolgt wie unter a) beschrieben. Man spült den Inhalt des KJELDAHL-Kolbens in einen 200 cm³ fassenden Meßkolben über, fügt zur Entfernung der Phosphorsäure 10 cm³ 20%ige Ammoniaklösung, 10 cm³ Eisencitratlösung und 10 cm³ Magnesiamixtur zu, füllt mit Wasser zur Marke auf und schüttelt während einer $^1/_2$ Std. mehrmals kräftig durch. Bei phosphorsäurearmen Substanzen (z. B. Zeliopaste) ist es vorteilhaft, zur besseren Ausfällung der geringen vorhandenen Phosphorsäuremengen 2 bis 3 Tropfen einer Natriumphosphatlösung zuzusetzen. Man filtriert und versetzt 100 cm³ Filtrat unter Umrühren mit 25 cm³ 4%iger Kaliumchromatlösung. Nach $^1/_2$stündigem Stehen wird der Niederschlag auf einen Berliner Filtertiegel abfiltriert, mit 1%iger Kaliumchromatlösung nachgespült, mit 80%igem Aceton ausgewaschen, $^1/_2$ Std. bei 120 bis 130° getrocknet und gewogen.

Literatur.

BODNÁR, J. u. A. TERÉNYI: Fr. **69**, 29 (1926).
DONOVAN, C. G.: J. Assoc. offic. agric. Chem. **22**, 411 (1939).
LEPPER, W.: Fr. **79**, 321 (1930).
MACH, F. u. W. LEPPER: Fr. **68**, 36 (1926).

§ 2. Bestimmung des Thalliums in biologischem Material (z. B. in Leichenteilen).

Vorbemerkung. Die Bestimmung des Thalliums im biologischen Material, insbesondere die toxikologische Analyse, stößt häufig auf die Schwierigkeit, das Element noch in außerordentlich geringen Konzentrationen erfassen zu müssen. Bei vielen der bisher beschriebenen Vergiftungsfällen waren im Blut und in vielen Organen so geringe Thalliummengen vorhanden, daß sie mit Sicherheit nur spektrographisch nachweisbar und bestimmbar waren. Aus diesem Grunde empfehlen GORONCY und BERG, ferner VAN CALKER in erster Linie die spektrographische Bestimmung. Hinsichtlich ihrer Durchführung sei auf W. GERLACH, ROLLWAGEN und INTONI verwiesen. Größere, auch chemisch analytisch faßbare Thalliummengen wurden vor allem in Magen, Darm, Leber, Niere und auch im Harn aufgefunden.

Von den chemischen Analysenverfahren haben bisher nur 2 eine größere praktische Bedeutung zur Bestimmung des Thalliums im biologischen Material erfahren, die Abscheidung als Thallium-1-jodid und die Reduktion des $Tl^{\cdot\cdot\cdot}$ zu $Tl^{\cdot}$.

A. Bestimmung unter Fällung als Thallium-1-jodid.

1. Arbeitsvorschrift von KLUGE.

Von anderen, die Bestimmung störenden Elementen wird das Thallium auf Grund der Löslichkeit des Thallium-3-chlorids in Äther abgetrennt. Die Bestimmung kann gewichtsanalytisch oder bei kleinen Mengen (unter 1 mg) colorimetrisch erfolgen.

a) Gewichtsanalytische Methode. Die zerkleinerten Organe werden in üblicher Weise mit Salzsäure und Kaliumchlorat zerstört. Nach beendeter Aufschließung filtriert man die Flüssigkeit, die viel freies Chlor enthalten soll, von den geringen Resten unzerstörter Substanz durch Glaswolle ab, wäscht mit heißem Wasser nach und bringt das Filtrat je nach der eingesetzten Organmenge auf 100 cm^3 oder 250 cm^3. 90 cm^3 bzw. 225 cm^3 Filtrat werden nun 5mal mit Äther ausgeschüttelt. Die abgetrennte wäßrige Flüssigkeit wird mit Chlorgas behandelt und dann noch 2mal mit Äther ausgeschüttelt. Die vereinigten Ätherauszüge werden in einem KJELDAHL-Kolben zur Trockne verdampft. Zur Zerstörung der organischen Substanz versetzt man den Rückstand mit 3 Tropfen konzentrierter Schwefelsäure, erhitzt und gibt so lange konzentrierte Salpetersäure (oder Perhydrol) tropfenweise zu, bis die Flüssigkeit nur noch schwach gelblich gefärbt ist. Nach dem Abkühlen versetzt man mit Wasser und dampft wieder bis fast zur Trockne ein. Der Rückstand wird in Wasser aufgenommen, in ein kleines Glasschälchen übergeführt und auf dem Wasserbad stark eingeengt (bei kleinen Thalliummengen bis auf etwa 0,5 cm^3). Man macht mit einigen Tropfen einer 20%igen Ammoniaklösung schwach alkalisch und gibt 20%ige Kaliumjodidlösung im Überschuß zu. Nach Stehen über Nacht wird der Niederschlag auf einen GOOCH-Tiegel filtriert, mit Alkohol gewaschen, bei 100° getrocknet und gewogen. 1 mg TlJ = 0,6169 mg Tl.

b) Colorimetrische Methode. Die wie oben beschrieben in einem Glasschälchen stark eingeengte Lösung wird in ein Zentrifugenglas übergeführt, wobei das Volumen 1 cm^3 nicht übersteigen soll. Dann wird mit Ammoniak schwach alkalisiert und mit Kaliumjodidlösung gefällt. Nach Stehen über Nacht, gegebenenfalls noch länger, wird abzentrifugiert und der Niederschlag 2- bis 3mal mit Alkohol unter Zentrifugieren ausgewaschen. Dabei müssen die Flüssigkeitsreste in dem Gläschen nach dem Abgießen jedesmal mit Filtrierpapier abgetupft werden, damit das überschüssige Kaliumjodid entfernt wird. Man zersetzt nun den Thallium-1-jodid-Niederschlag mit 1 bis 2 Tropfen konzentrierter Schwefelsäure. Dann fügt man 1 cm³ Wasser, 1 bis 3 Tropfen einer 10%igen Natriumnitritlösung und 0,5 cm³ Chloroform zu und schüttelt kräftig durch. Die Flüssigkeit wird in ein Röhrchen von 10 cm Länge und 0,8 cm lichter Weite gegeben. Wenn sich die durch das abgeschiedene Jod rotviolett gefärbte Chloroformschicht abgesetzt hat, wird mit einer Chloroformschicht des gleichen Volumens, die eine bekannte Jodmenge enthält, verglichen.

Die Grenze der colorimetrischen Bestimmbarkeit liegt bei etwa 0,05 mg Thallium.

2. Methode von Goroncy und Berg.

Das organische Material wird mit konzentrierter Schwefelsäure und Salpetersäure aufgeschlossen, auf ein möglichst geringes Volumen eingeengt, mit Wasser verdünnt, mit Sulfid reduziert, mit Ammoniak bis zur bleibenden Trübung versetzt, dann wieder schwach mit Schwefelsäure angesäuert und mit Ammoniumacetat gekocht. Dadurch fallen die hydrolytisch spaltbaren Metallsalze als Hydroxyde aus, während das Thallium in Lösung bleibt. Um aber das Thallium quantitativ zu erhalten, muß man den Niederschlag 1- bis 2mal umfällen. Die vereinigten Filtrate werden auf ein kleines Volumen eingeengt. Nach Zusatz von Jodkaliumlösung läßt man 24 Std. stehen, zentrifugiert den Niederschlag ab, wäscht ihn zuerst mit jodkaliumhaltigem Wasser und dann zur Entfernung der Jodide von Silber, Blei und Kupfer mit 0,1 n Thiosulfatlösung aus. Das goldgelb gefärbte Thallium-1-jodid bleibt übrig und kann gewogen werden.

***Bemerkung von* Künkele.** Das Vorgehen von Goroncy und Berg wird zur Bestimmung sehr kleiner Thalliummengen dahin abgeändert, daß der Niederschlag von Thallium-1-jodid nicht nach 24 Std., sondern nach mehrtägigem Stehen abzentrifugiert wird. Der Niederschlag wird dann mit einer Skala von Vergleichsniederschlägen verglichen. Die Erfassungsgrenze liegt für 5 cm³ Lösung bei 1 γ Tl.

B. Bestimmung durch Reduktion von $Tl^{\cdot\cdot\cdot}$ zu $Tl^{\cdot}$.

***Arbeitsvorschrift von* Fridli.** Die Bestimmung erfolgt maßanalytisch auf Grund der Reaktion: $Tl^{\cdot\cdot\cdot} + 2\,J' = Tl^{\cdot} + J_2$. Das im biologischen Material immer anwesende Eisen wird durch Zusatz von Phosphat unschädlich gemacht.

50 bis 100 g Organ werden fein zerkleinert und in einer Porzellanschale auf dem Wasserbad nach Zusatz von 10 g Natriumhydroxyd so lange erwärmt, bis eine homogene Paste entstanden ist. Dann vertreibt man über freier Flamme zunächst das Wasser und erhitzt darauf, bis alles verascht ist. Die Asche wird zerrieben und nochmals erhitzt. Den Rückstand versetzt man bis zur schwach sauren Reaktion mit 10%iger Schwefelsäure, gibt dann noch 20 cm³ der Schwefelsäure zu und erwärmt 30 Min. auf dem Wasserbad. Man filtriert und bringt das Filtrat auf genau 200 cm³. Das Filtrat wird mit 10 g $Na_2HPO_4 \cdot 12\,H_2O$ und 20 cm³ 50%iger Phosphorsäure versetzt. Man oxydiert nun das Thallium mit Bromwasser und beseitigt dessen Überschuß durch Zusatz von 2 cm³ einer 5%igen Phenollösung. Die Titration erfolgt wie in § 9 beschrieben. Nach der Titration wird das ausgefallene Thallium-1-jodid abfiltriert und mit Königswasser in Lösung gebracht. Man verdampft die Lösung auf dem Wasserbad und kann mit dem Rückstand weitere Reaktionen zur Identifizierung des Thalliums vornehmen.

***Arbeitsvorschrift von* Shaw.** Das bei der Reaktion $Tl^{\cdot\cdot\cdot} + 2\,J' = Tl^{\cdot} + J_2$ freiwerdende Jod wird colorimetrisch bestimmt. Zur Abtrennung von etwaigen anderen störenden Elementen wird das Thallium zunächst in Thallium-3-chlorid übergeführt, das sich ausäthern läßt.

Man maceriert die Organe mit 1:1 verdünnter Salzsäure, erhitzt die Masse auf dem Wasserbad und fügt Kaliumchlorat in kleinen Anteilen so lange hinzu, bis die organische Substanz zerstört ist. Nach dem Abkühlen wird vom unzerstörten Fett abfiltriert, bis zur beginnenden dunklen Verfärbung eingedampft und in einen Scheidetrichter übergeführt. Nach Zusatz von überschüssigem Chlorwasser schüttelt man 2mal mit je 50 cm³ Äther aus. Man verdampft die Ätherextrakte zur Trockne, versetzt den Rückstand mit 15 cm³ Wasser, einigen Tropfen konzentrierter Salzsäure und 2 cm³ konzentrierter Schwefelsäure und erhitzt bis zum Auftreten von Schwefeltrioxyddämpfen. Durch Zutropfen von konzentrierter Salpetersäure wird die organische Substanz völlig zerstört. Nach dem Abkühlen versetzt man mit 30 cm³ 15%iger Ammoniumchloridlösung, verdampft über freier Flamme zur Trockne und nimmt den Rückstand in 20 cm³ Wasser auf. Zu dieser Lösung (oder einem aliquoten Teil derselben) fügt man 50 cm³ einer Mischung von 100 cm³ konzentrierter Salzsäure, 100 g sekundärem Natriumphosphat und 900 cm³ gesättigtem Bromwasser hinzu und kocht 3 Min. kräftig über freier Flamme. Die Lösung wird dann in einen Scheidetrichter übergeführt, auf etwa 60 cm³ verdünnt und mit 5 cm³ 0,2%iger Kaliumjodidlösung und 20 cm³ Schwefelkohlenstoff versetzt. Man schüttelt etwa $^1/_2$ Min. kräftig durch und colorimetriert dann die violettrote Schwefelkohlenstoffphase gegen eine genau gleich behandelte Standardlösung.

Bemerkung. HADDOCK benützt zur Bestimmung sehr kleiner Thalliummengen (5 bis 200 γ) die Colorimetrie der Jod-Stärkereaktion. Das Thallium wird von störenden Elementen durch Ausschütteln mit Dithizon in Chloroform abgetrennt.

C. Bestimmung durch Oxydation von $Tl^{\cdot}$ zu $Tl^{\cdot\cdot\cdot}$.

Methode von SCHEE. Die Organe werden in üblicher Weise durch Behandeln mit Kaliumchlorat und Salzsäure verascht. Durch Alkalisieren der Aschelösung mit Ammoniak und Versetzen mit Ammoniumsulfid werden Thallium und das im biologischen Material stets anwesende Eisen gefällt. Zur Abtrennung des Eisens glüht man den Niederschlag, wodurch das Eisen in das in Wasser unlösliche Oxyd, das Thallium in das leicht wasserlösliche Thallium-1-sulfat übergeführt werden. Der Glührückstand wird mit Wasser extrahiert, das Thallium durch Zugabe von Kaliumferricyanidlösung und Kalilauge als Thallium-3-hydroxyd ausgefällt, abfiltriert und das Filtrat nach Zusatz von verdünnter Schwefelsäure mit 0,01 n Permanganatlösung titriert. SCHEE bestimmte mit diesem Verfahren Thalliummengen bis herunter zu wenigen Milligrammen in Organen thalliumvergifteter Tiere.

D. Bestimmung als Thallium-1-sulfid.

Methode von STICH. Die Organe werden trocken verascht. Man nimmt die Asche in heißer, verdünnter Schwefelsäure auf und bringt die Lösung mit Wasser auf ein bestimmtes Volumen. Ein aliquoter Teil wird mit Kalilauge alkalisch gemacht, mit Wasser verdünnt und mit Natriumsulfidlösung versetzt. Die durch kolloidal gelöstes Thallium-1-sulfid schwarz gefärbte Lösung wird dann gegen eine in der genau gleichen Weise hergestellten Standardlösung colorimetriert. Voraussetzung ist die Abwesenheit aller anderen unter den angegebenen Bedingungen gefärbte Sulfide liefernden Metalle (vgl. auch § 10 F).

Literatur.

CALKER, VAN: Arch. Gewerbepathol. u. Gewerbehyg. **7**, 685 (1937).
FRIDLI, F.: Dtsch. Z. gerichtl. Med. **15**, 478 (1930).
GERLACH, WA., W. ROLLWAGEN u. R. INTONI: Virchows Arch. **301**, 588 (1938). — GORONCY u. R. BERG: Dtsch. Z. gerichtl. Med. **20**, 215 (1933).
HADDOCK, L. A.: Analyst **60**, 394 (1935).
KLUGE, H.: Z. Lebensm. **76**, 158 (1938). — KÜNKELE, F.: Ch. Z. **62**, 49 (1938).
SCHEE, J.: Beitr. gerichtl. Med. **7**, 14 (1928). — SHAW, P. A.: Ind. eng. Chem. Anal. Edit. **5**, 93 (1933). — STICH, C.: Pharmaz. Z. **74**, 27 (1929).

Scandium, Yttrium und die Elemente der seltenen Erden.

(Lanthan bis Cassiopeium.)

Von **Alfred Brukl**, Wien.

Röntgenspektralanalyse.

Von **Alfred Faessler**, Halle a. d. S.

Mit 3 Abbildungen.

Inhaltsübersicht.

Die Elemente der seltenen Erden.

Unter der Bezeichnung Elemente der seltenen Erden faßt man nicht nur die Elemente mit den Ordnungszahlen 57 bis 71, Lanthan, Cerium, Praseodym, Neodym, 61, Samarium, Europium, Gadolinium, Terbium, Dysprosium, Holmium, Erbium, Thulium, Ytterbium, Cassiopeium zusammen, sondern zählt noch Yttrium, Ordnungszahl 39, das sich in seinen chemischen Eigenschaften und in der Basizität zwanglos in die obige Reihe einordnet, hinzu. Meist wird noch wegen des häufig gemeinsamen Vorkommens Scandium, Ordnungszahl 21, mit angeführt, doch steht dieses Element mit seiner Basizität außerhalb der Erdenreihe und die chemischen Eigenschaften weisen auf einen deutlichen Übergang von den Elementen der seltenen Erden zu den Elementen der 4. Gruppe, vor allem zum Thorium hin.

An keiner Stelle des periodischen Systems zeigen benachbarte Elemente so große Ähnlichkeiten, wie in der Gruppe der Elemente der seltenen Erden. Die Basizität der Erden und die Löslichkeit ihrer Verbindungen ändert sich von Element zu Element nur geringfügig, so daß eine sehr häufige Wiederholung der Trennungsoperationen notwendig wird, um die kleinen Unterschiede so weit zu vergrößern, daß zwei Nachbarn rein dargestellt werden können. Meist ist es gar nicht möglich, eine annähernd quantitative Scheidung zu erreichen. Die erhaltenen reinen Endprodukte bilden daher nur einen kleinen Bruchteil der im Ausgangsgemisch vorhandenen Erden; der Rest verteilt sich auf Zwischenprodukte, deren Aufarbeitung sich nicht mehr lohnt.

Stets kommen alle seltenen Erden in der Natur gemeinsam vor. Wohl kennt man Mineralien, in denen die Cerit- oder Yttererden stark vorherrschen, doch sind auch da alle anderen Erden, wenn auch oft nur in sehr geringen Mengen, vorhanden.

Die 15 Elemente der seltenen Erden hat man schon frühzeitig in 2 Hauptgruppen eingeteilt. Den Ceriterden gehören an: Lanthan, Cerium, Praseodym, Neodym, Samarium, den Yttererden: Europium, Gadolinium, Terbium, Dysprosium, Holmium, Yttrium, Erbium, Thulium, Ytterbium, Cassiopeium. Diese Einteilung, ursprünglich auf Grund von chemischen Unterschieden vorgenommen, hat in jüngster Zeit eine theoretische Begründung durch W. KLEMM[1] erfahren, wobei Europium und Gadolinium in die erste Gruppe (in die Gruppe der Ceriterden) verwiesen wurde. Im älteren Schrifttum sind die Yttererden noch weitergehend unterteilt: Europium, Gadolinium, Terbium sind die Terbinerden, Dysprosium, Holmium, Yttrium, Erbium, Thulium, die Erbinerden und Ytterbium und Cassiopeium die Ytterbinerden.

Die analytische Chemie der Elemente der seltenen Erden hat erst in den letzten Jahren die notwendige Überprüfung und erwünschte Erweiterung erhalten. Bisher waren diese oft sehr wertvollen Elemente nur einem kleinen Kreis von Forschern zugänglich, die sich vor allem mit der Reindarstellung der einzelnen Glieder dieser Reihe beschäftigten. Die ursprünglichen Untersuchungsmethoden, chemischer wie physikalischer Art, dienten daher in erster Linie zur Verfolgung der Reinigungsprozesse, wobei es weniger auf die exakte Bestimmung der Menge einer Verunreinigung, als auf den sicheren Nachweis ihrer An- oder Abwesenheit ankam. Eine Sonderstellung nahm das schon frühzeitig in die chemische Industrie eingedrungene Cer ein, dessen Verbindungen eine vielseitige Verwendung gefunden hatten. In jüngster Zeit sind weitere seltene Erden technisch angewendet worden, so daß das Bedürfnis nach brauchbaren Analysenmethoden fühlbar wurde. Hinzu kamen die Grenzwissenschaften, z. B. Mineralogie und Geochemie, die an der exakten Bestimmung der Zusammensetzung eines Gemisches der seltenen Erden stark interessiert waren. Auf Grund vieler Untersuchungen verschiedener Forscher kann gesagt werden, daß es nur eine allgemein anwendbare Methode zur genauen Bestimmung der Bestandteile eines Gemisches der seltenen Erden gibt: die

[1] KLEMM, W.: Z. anorg. Ch. **184**, 345 (1929); **187**, 29 (1930); **209**, 321 (1932).

quantitative Röntgenspektroskopie, die selbst durch die Emissionsspektralanalyse nicht verdrängt werden kann.

In besonderen Fällen werden auch andere Methoden gute Dienste leisten, z. B. kann die Fähigkeit mancher Erden zur Bildung höherer oder niederer Wertigkeitsstufen mit Vorteil herangezogen werden. Vierwertig sind neben dem Cerium das Praseodym und Terbium, wobei nur das erstere so beständig ist, daß es auf Grund der höheren Wertigkeit analytisch und präparativ abgesondert werden kann. Zweiwertig können alle Erden sein, doch ist auch hier die Beständigkeit dieser Stufe sehr verschieden. Mit Erfolg konnte die niedere Wertigkeitsstufe analytisch nur beim Europium und Ytterbium ausgenützt werden.

Wie bereits erwähnt, nimmt das Scandium unter den Elementen der seltenen Erden eine Sonderstellung ein, da es sich zufolge seiner Eigenschaften nicht zwanglos in diese Reihe eingliedern läßt, sondern eine Übergangsstellung zwischen diesen Elementen und dem Thorium einnimmt. Es ist daher verständlich, daß sich das Scandium in einigen Reaktionen an die Elemente der seltenen Erden anlehnt, in anderen jedoch mit dem Thorium große Ähnlichkeit aufweist. Bei Mineralanalysen ist es unbedingt notwendig, zuerst eine qualitative Untersuchung auf die Anwesenheit von Scandium vorzunehmen. Auf Grund dieses Befundes kann erst der Analysengang ausgewählt werden.

Die echten seltenen Erden bilden eine kontinuierliche Reihe, in der die Basizität der Elemente vom Lanthan bis zum Cassiopeium abnimmt, wobei das Yttrium zwischen Dysprosium und Holmium zu stehen kommt. Die Trennung zweier, in dieser Reihe weit entfernt stehender Elemente bietet keine unüberwindliche Schwierigkeit; das Problem der Scheidung wird erst sichtbar, wenn benachbarte Elemente getrennt werden sollen. Aus dieser großen Ähnlichkeit ergibt sich, daß die meisten in der quantitativen Analyse verwendeten Reaktionen allen seltenen dreiwertigen Erd-Ionen zukommen. Bei der Durchführung einer Analyse trägt man dieser Tatsache Rechnung, indem man zuerst trachtet, die Erdelemente gemeinsam von den Begleitelementen abzutrennen, sie dann in die beiden Untergruppen zu zerlegen und schließlich aus diesen die einzelnen Erdelemente zu isolieren oder maßanalytisch zu bestimmen.

In diesem Handbuch ist erstmalig der Versuch unternommen worden, das im Schrifttum weit zerstreute Material über die analytische Chemie der Elemente der seltenen Erden kritisch zu sammeln. Es ist oft schwierig zu entscheiden, ob eine Trennungsmethode noch in das Gebiet der analytischen Chemie oder bereits in das der präparativen Chemie einzureihen ist. Für den Analytiker ist es manchmal vorteilhaft, die Wege kennenzulernen, die zur Reindarstellung der Elemente der seltenen Erden führten. Aus diesem Grunde sind, wenn auch äußerst kurz besprochen, die besten Methoden zur Isolierung angeführt.

Die Eigenart des Stoffes dieses Kapitels weist eine von den übrigen Teilen des Handbuches abweichende Einteilung auf. Der erste Abschnitt behandelt jene Untersuchungsmethoden, die allen Elementen der seltenen Erden gemeinsam sind. Hier findet man auch die allgemeinen Vorschriften und Bemerkungen über die physikalischen Analysenmethoden. Der zweite Abschnitt ist den einzelnen Elementen gewidmet.

A. Bestimmungsmethoden, die allen Elementen der seltenen Erden gemeinsam sind.

I. Gravimetrische und maßanalytische Methoden.

a) Allgemeines.

In der Einleitung wurde darauf verwiesen, daß bei Analysen zuerst alle Elemente der seltenen Erden gemeinsam abgetrennt werden, worauf sich die quantitative Bestimmung einzelner Elemente oder aller Bestandteile anschließt. Eine

Ausnahme von dieser Regel tritt bei der Bestimmung des Scandiums ein. Um die Einführung in die mannigfaltigen Analysenmethoden der seltenen Erden nicht unübersichtlich zu gestalten, ist in diesem Abschnitt das Scandium nicht berücksichtigt worden. Es ist im zweiten Abschnitt (S. 734) zusammenhängend und erschöpfend behandelt.

Abschnitte I bis V bringen die Beschreibung der in der Analyse immer wiederkehrenden Abscheidungs- oder Bestimmungsmethoden. Neben den gravimetrischen und maßanalytischen Verfahren sind die physikalischen Untersuchungsmethoden so ausführlich gebracht, daß in den folgenden Abschnitten auf ihnen weitergebaut oder auf sie hingewiesen werden kann.

Abschnitt VI ist dem Aufschluß von Mineralien und der Abtrennung der Elemente der seltenen Erden gewidmet. Ursprünglich waren diese Aufschlüsse für präparative Zwecke entwickelt worden; ihrer leichteren Durchführung wegen wurden sie von der quantitativen Analyse mit gutem Erfolg übernommen.

Aus den durch den Aufschluß gewonnenen Lösungen werden die Elemente der seltenen Erden stets nach den gleichen Methoden abgetrennt. Es ist daher vorteilhaft und übersichtlicher, die jeweiligen Aufschlüsse soweit zu besprechen, daß die im letzten Teil beschriebene Abscheidung der Elemente der seltenen Erden als Fortsetzung der vorhergehenden Analysenvorschriften gelten kann.

Bisher wurde eine Reihe von Trennungsmöglichkeiten aufgezeigt und es wurden die in der Analyse gebräuchlichsten Methoden besprochen; eine systematische Zusammenstellung aller im Schrifttum vorgeschlagener Verfahren zur Abtrennung der Elemente der seltenen Erden von anderen Elementen wird im Abschnitt VII gebracht.

Abschnitt VIII behandelt die Teilung der seltenen Erden in Untergruppen. Wenn eine röntgenspektroskopische Analyse nicht durchgeführt werden kann, gibt diese Teilung in Cerit- und Yttererden einen Einblick in die Zusammensetzung der im Gange der Analyse gewonnenen seltenen Erden. Eine weitere Verfeinerung dieses Ergebnisses wird erzielt, wenn nach Abschnitt IX das mittlere Atomgewicht eines jeden Teiles bestimmt wird. Analytisch gesehen, enthält dieser Absatz die exaktesten Untersuchungen auf dem Gebiet der seltenen Erden, da es sich meist um Methoden zur Atomgewichtsbestimmung handelt. Aus der Kritik der einzelnen Verfahren kann der Analytiker wertvolle Anregungen empfangen.

b) Wägungsform.

Die Elemente der seltenen Erden werden hauptsächlich als Oxyde ausgewogen, da bei der Trennung von anderen Elementen ihre Fällung durch Oxalsäure den Gang der Analyse beschließt. Die Oxalate selbst werden mit Ausnahme des Ceroxalates nicht als Wägungsform benützt, sondern zu Oxyden verglüht. Durch thermische Zersetzung des Oxalat-Ions werden zuerst basische Carbonate gebildet, die bei steigender Temperatur in Oxyde übergeführt werden. Da die Basizität der seltenen Erden mit der steigenden Ordnungszahl abnimmt, ist auch die Temperatur der Oxydbildung verschieden. Als niedrigste Glühtemperatur ist 900° anzusehen, bei der das stark basische Lanthan die letzten Anteile der Kohlensäure abgibt. Die hohe Glühtemperatur ist noch aus einem anderen Grunde sehr erwünscht; denn die Oxyde sind mehr oder weniger hygroskopisch und ziehen in fein verteiltem Zustand aus der Luft Feuchtigkeit und Kohlensäure an. Durch die hohe Glühtemperatur werden die Oxyde dichter und verringern ihre Oberfläche. Trotzdem ist bei genauen Analysen ein Schutzwägegläschen sehr erwünscht und der zum Auskühlen des heißen Tiegels verwendete Exsiccator soll zur Fernhaltung der Kohlensäure festes Kaliumhydroxyd enthalten. Als Tiegel verwendet man gewöhnlich einen Porzellantiegel; doch haben spektroskopische Aufnahmen gezeigt, daß aus den Tiegelwandungen Kieselsäure und Alkalien aufgenommen werden. Aus diesem Grunde ist ein

Platintiegel vorzuziehen. Die Glühdauer der Oxyde soll nach Veraschen des Filters wenigstens eine halbe Stunde betragen; meist ist dann das konstante Gewicht erreicht, doch muß auf jeden Fall die Unveränderlichkeit durch neuerliches Glühen auf 900—1000° während 15 Min. geprüft werden.

Das von der Umwandlung der Oxalate in Oxyde Gesagte gilt auch für die Bildung der Oxyde aus den Hydroxyden. Stets nehmen die letzteren während der Filtration mehr oder weniger große Mengen Kohlensäure aus der Luft auf, die durch die Verbrennungsprodukte des Filters noch vermehrt werden.

Mit Ausnahme der Oxyde des Cers, Praseodyms und Terbiums leiten sich die zur Wägung gelangenden Oxyde der seltenen Erden von der dreiwertigen Oxydationsstufe ab. Cer gibt beim Glühen an der Luft stets das stabile Dioxyd, das unter analytischen Verhältnissen seine Zusammensetzung nicht verändert. Hingegen bilden Praseodym und Terbium (s. S. 794) keine gleichmäßig zusammengesetzten höheren Oxyde. Wird bei genauen Analysen auf eine gut definierte Wägungsform Wert gelegt, so reduziert man bei 900° im Wasserstoffstrom. Cer bleibt unter diesen Reduktionsbedingungen vierwertig, während alle anderen seltenen Erden in dreiwertiger Form vorliegen. (Bei technischen Analysen werden stets die an der Luft geglühten Oxyde zur Auswage gebracht.)

Die anderen, seltener gebrauchten Wägungsformen sind bei der geeigneten Fällungsart eingehend beschrieben.

Bestimmungsformen.

a) Fällung als Hydroxyd.

1. Durch Ammoniak.

Aus allen Lösungen, mit Ausnahme von Lösungen, die Weinsäure, Citronensäure und andere Oxysäuren enthalten (H. Rose), fällt Ammoniak im Überschuß unlösliche Hydroxyde aus. Die in der Kälte erzeugten Niederschläge sind von schleimiger Beschaffenheit und schlecht filtrierbar, altern jedoch in der Siedehitze rasch und werden dichter. Die ersten Glieder der seltenen Erden sind ziemlich starke Basen, so daß bei quantitativer Fällung in Gegenwart von Ammoniumsalzen eine deutlich wahrnehmbare alkalische Reaktion vorhanden sein muß. Diese Umsetzung ist demnach umkehrbar und abhängig von der Ammoniumsalzkonzentration. Werden neutrale gesättigte Erdsalzlösungen in der Kälte mit berechneter Menge verdünntem Ammoniak gefällt, so tritt eine langsame Auflösung ein, wenn Ammoniumchlorid zugesetzt wird. Diese Verzögerung der Fällung durch Ammoniumsalze haben W. Prandtl und J. Rauchenberger eingehend untersucht und zur fraktionierten Trennung von Elementen der seltenen Erden herangezogen.

Die Hydroxyde adsorbieren stark die in der Lösung enthaltenen Fremd-Ionen. So dürfen die durch Alkalihydroxyde erhaltenen Fällungen nach T. C. Smith und C. James nicht zur Auswage gelangen, da die erhaltenen Werte viel zu hoch sind. Auch bei Fällungen mit Ammoniak können die Resultate zu hoch ausfallen, wenn glühbeständige Anionen vorhanden sind. An Lanthansalzen wurde gezeigt, daß Chlor- und Sulfat-Ionen bei einmaliger Fällung im verglühten Niederschlag nachzuweisen sind. Man wird daher eine doppelte Fällung vornehmen, wenn nichtflüchtige Substanzen anwesend sind. Die Auflösung des bei der ersten Fällung erhaltenen Hydroxydniederschlages wird zweckmäßig mit Salpetersäure vorgenommen.

Eigenschaften. Die Hydroxyde der seltenen Erden zählen zu den mittelstarken Basen, die nur wenig schwächer als Calcium-, doch bedeutend stärker als Aluminiumhydroxyd sind. Mit steigender Ordnungszahl nimmt die Basizität nach und nach ab, so daß die letzte Erde, das Oxyd des Cassiopeiums, sich den Sesquioxyden nähert. Die Erdhydroxyde sind in Ammoniak und in verdünnten Alkalihydroxyden im allgemeinen sehr wenig löslich; nur die Hydroxyde von Scandium und Cassiopeium weisen eine nicht zu vernachlässigende Löslichkeit auf (s. S. 785). In konzentrierten Laugen, sowie beim Aufschluß mit Alkalicarbonaten oder Hydroxyden offenbart sich der schwach saure Charakter der Erdhydroxyde, wobei salzartige Verbindungen gebildet werden. Die Löslichkeit der Hydroxyde der Elemente der seltenen Erden ist nur bei wenigen Elementen bestimmt worden; man findet diese Werte im Teil B bei den einzelnen Erden verzeichnet.

Durchführung. Die verdünnte Erdsalzlösung wird zum Sieden erhitzt und tropfenweise mit überschüssigem verdünntem Ammoniak gefällt. Um einen gut filtrierbaren Niederschlag zu erhalten, wird noch etwa eine Stunde auf dem siedenden Wasserbad erwärmt. Man achte darauf, daß die Lösung deutlich nach Ammoniak riecht. Der Niederschlag wird auf einem Papierfilter gesammelt. Ist eine doppelte Fällung angezeigt, dann spritzt man den mit verdünntem Ammoniak gewaschenen Niederschlag in das Fällungsgefäß, löst in der notwendigen Menge verdünnter Salpetersäure, fügt Wasser hinzu und fällt wie oben angegeben.

Die getrockneten Hydroxyde werden in einem Platin- oder Porzellantiegel zuerst bei niederer Temperatur, hierauf bei 900° gewichtskonstant geglüht.

Bemerkung. Infolge der geringen Löslichkeit der Hydroxyde gibt diese Methode sehr genaue Werte; sie wird vor allem bei kleinen Mengen seltener Erden gute Dienste leisten. Bei mehr als 0,5 g Oxyden wird der Niederschlag sehr voluminös und läßt sich schwer verarbeiten. Erdalkalien, Alkalien und Magnesium werden bei Gegenwart von Ammoniumsalzen, besonders bei doppelter Fällung sicher abgetrennt; Mangan bleibt stets in Spuren bei den seltenen Erden zurück.

2. Nach W. R. Schoeller und E. F. Waterhouse.

Zur Abscheidung geringer Mengen von Hydroxyden der seltenen Erden sowie zur sicheren Fällung von stark basischen Erden bei Gegenwart von viel Ammoniumsalzen empfehlen die Verfasser die Fällung der Erdhydroxyde als Adsorptionsverbindung an Gerbsäure.

Durchführung. Die auf 200 cm³ verdünnte Lösung wird mit 25 cm³ gesättigter Ammoniumchloridlösung und 5 g Natriumacetat versetzt und zum Sieden erhitzt. Nach Zugabe einer frisch bereiteten Lösung von 0,5 g Tannin wird schwach ammoniakalisch gemacht, worauf der voluminöse Niederschlag zur Abscheidung gelangt. Man erwärmt etwa eine halbe Stunde auf dem Wasserbad, filtriert heiß und wäscht gut mit ammoniumnitrathaltigem Wasser. Der Niederschlag wird verascht, bei 900° geglüht und gewogen: Oxyde der seltenen Erden.

Bemerkungen. Die Adsorptionsverbindung der Erdhydroxyde mit Gerbsäure ist meist schwach gelb gefärbt. Durch die Gegenwart von Cer sowie durch Luftoxydation wird ein Nachdunkeln verursacht. Der Niederschlag ist in Säuren, selbst in verdünnter Essigsäure, sehr leicht löslich.

Die Resultate sind auch bei kleinen Mengen sehr genau und zeigen keine zu niedrigen Werte. Zu hohe Werte werden durch ungenügendes Waschen verursacht, denn Alkali- und Halogen-Ionen werden hartnäckig zurückgehalten.

Die Sesquioxyde verhalten sich ebenso; nur Alkalien und Erdalkalien lassen sich nach dieser Methode entfernen. Eine besondere Bedeutung erhält diese Abscheidungsart dadurch, daß auch in weinsauren Lösungen die Elemente der seltenen Erden quantitativ gefällt werden.

3. Konduktometrisch nach G. Jantsch.

Die Fällung der Ionen seltener Erden durch verdünnte Alkalihydroxydlösungen läßt sich potentiometrisch nicht verfolgen; hingegen kann man unter bestimmten Bedingungen konduktometrisch eine quantitative Bestimmung der Elemente der seltenen Erden erzielen. Durch Anwendung der umgekehrten Titration (in die

Lauge die Lösung der Erdsalze eintropfen lassen), sowie durch konstant gehaltene höhere Temperatur (70 bis 90°) wird die Bildung basischer Fällungen vermieden. Da auch mit sehr verdünnten Lösungen titriert wird, ist die Adsorption auf ein Mindestmaß herabgedrückt.

Durchführung. In einem Titriergefäß werden 100 cm³ Wasser mit 0,8—1 cm³ genau gestellter n/2 Natronlauge zusammengebracht und auf 70 bis 90° erwärmt, wobei die Temperatur während des ganzen Vorganges konstant gehalten werden muß. Hierauf fügt man 1 bis 2 cm³ einer wäßrigen Aufschwemmung von Erdhydroxyden hinzu, die die gleiche Zusammensetzung wie das zu bestimmende Erdgemisch haben und die frei von $H^{\cdot}$- und OH'-Ionen sind. Unter gutem Rühren wird aus einer Mikrobürette die neutrale Lösung der Chloride der Erdelemente, die ungefähr 5 g im Liter enthält, langsam zutropfen gelassen. Der Neutralisationspunkt läßt sich genau bestimmen.

Bemerkungen. Diese Mikromethode wird für Serienanalysen gute Dienste leisten. Nach Angabe der Autoren beträgt der Fehler $\pm 1\%$.

b) Fällung als Oxalat.

1. Gravimetrisch.

Meist nimmt man diese für die Elemente der seltenen Erden so charakteristische Fällung in schwach saurer Lösung vor, um gleichzeitig eine Trennung von anderen Elementen vorzunehmen. Die Oxalate sind in Mineralsäuren merklich löslich, deshalb wird stets ein Überschuß des Fällungsmittels, der Oxalsäure oder des Ammoniumoxalats, aber auch eines Gemisches von beiden, angewendet. Beim Ammoniumoxalat ist zu beachten, daß die letzten Glieder der Erden lösliche Doppeloxalate bilden (s. S. 721).

Die Fällung der Elemente der seltenen Erden als Oxalate durch Alkalioxalate oder Oxalsäure wurde von G. P. BAXTER und H. W. DAUDT eingehend untersucht. Es wurde gefunden, daß die Oxalate der Erdelemente stets Alkalioxalate mitreißen, wobei die im Niederschlag befindliche Menge mit der steigenden Konzentration der Alkalisalze und mit steigender Temperatur zunimmt. Hierbei werden Kalium und Ammoniumsalze gegenüber den Natriumsalzen bevorzugt. In Gegenwart von Mineralsäuren wird die mitgerissene Menge sehr klein. Aus diesen Untersuchungen ergibt sich, daß bei der Fällung mit Alkali- oder Ammoniumoxalat stets mehr Säure vorhanden sein soll als dem zugesetzten Oxalat entspricht.

Von diesen Beobachtungen wird das Yttrium ausgenommen, denn es fällt sowohl in saurer als auch in neutraler Lösung als sehr reines Oxalat.

Löslichkeiten. Die Oxalate der Elemente der seltenen Erden unterscheiden sich bezüglich der Löslichkeit in Wasser und verdünnten Säuren erheblich voneinander. (Genaue Werte, soweit bekannt, siehe im Abschnitt B dieses Kapitels.) In Wasser ist die Löslichkeit gering, doch zeigen die Yttererden höhere Werte als die Ceriterden. In verdünnten Säuren sind die Oxalate beträchtlich löslich, wobei mit steigender Basizität eine steigende Löslichkeit wahrgenommen wird. In überschüssiger, reiner Oxalsäure sind die Oxalate der Erdelemente sehr wenig löslich; sie setzt in Gegenwart verdünnter Mineralsäuren den im Filtrat befindlichen Anteil an Elementen der seltenen Erden stark herunter. Die Oxalate neigen zur Bildung schwerlöslicher Komplexverbindungen, in denen das in der Lösung vorhandene Anion eingebaut wird. In der quantitativen Analyse stört diese Neigung (z. B. beim Praseodym) sehr, und man versucht durch umgekehrte Fällung die Reinheit des Niederschlages zu erhöhen. In Alkalioxalaten steigt die Löslichkeit mit fallender Basizität; in der Siedehitze sind die Ceriterden etwas löslich, doch scheiden sich beim Erkalten die Oxalate fast vollständig wieder aus. Die Yttererden bilden wohldefinierte Doppeloxalate, die mit steigender Ordnungszahl eine steigende Löslichkeit aufweisen (s. S. 721). Die Ammoniumdoppeloxalate werden zur Trennung und

Reindarstellung der Glieder der Yttererden herangezogen. Schließlich sei die in der Analyse nicht zu übersehende Löslichkeit der Oxalate der Erdelemente in Gegenwart der komplexen, leichtlöslichen Oxalate der drei- und vierwertigen Elemente erwähnt (s. S. 714).

Eigenschaften. Die Zusammensetzung der Oxalate entspricht im allgemeinen der Formel $R_2(C_2O_4)_3 \cdot 10\,H_2O$, doch finden sich bei reinen Erdelementen auch andere Hydrate vor, deren Bildung von Temperatur und Wasserstoff-Ionen-Konzentration weitgehend abhängig ist. Beim Trocknen bei erhöhter Temperatur werden Teile des Hydratwassers abgegeben; die völlige Entwässerung erfolgt erst oberhalb 200°. Mit der Abgabe der letzten Anteile der Feuchtigkeit ist meist eine Zersetzung des Oxalates verbunden. Als Wägungsform sind die Oxalate nur beim Cer verwendet worden (s. S. 761).

Durchführung. Die die Salze der Erdelemente enthaltende Lösung wird durch Ammoniak so weit abgestumpft, daß sie halb oder viertel normal sauer wird, und so weit verdünnt, daß etwa 1 g Erdoxyde in 60 cm^3 enthalten sind. Nun erwärmt man auf 60° und fällt mit 40 bis 50 cm^3 einer 10%igen Oxalsäurelösung (berechnet für 1 g). Der zuerst käsig anfallende Niederschlag wird bald krystallinisch und setzt sich gut ab. Nach 12stündigem Stehen wird das Oxalat in einem Papierfilter gesammelt und mit sehr verdünnter warmer Oxalsäurelösung gewaschen. Das Verglühen des Niederschlages ist mit großer Vorsicht durchzuführen, da die Oxalate und die bei niederer Temperatur erhaltenen Oxyde sehr fein verteilt sind und leicht zerstäuben. Man hält den Tiegel schräg und erhitzt an der Breitseite, wodurch die Zersetzung und Gasentwicklung langsam gegen die Mitte vorschreitet; für die erhaltenen Oxyde gilt das im vorhergehenden Abschnitt Gesagte.

Überführung der Oxalate in lösliche Form.

Zwecks Umfällung des Oxalatniederschlages ist die Zerstörung des Oxalat-Ions notwendig. Im allgemeinen wird der Niederschlag durch Verglühen bei niederer Temperatur, bis der Kohlenstoff völlig verbrannt ist, in basisches Carbonat umgewandelt und hierauf in Säure, vorteilhaft in Salpetersäure, gelöst. Manchmal zieht man dem Verglühen die Umsetzung mit Alkalihydroxyden vor. Der Niederschlag wird mit einer nicht zu verdünnten Natrium- oder Kaliumhydroxydlösung auf dem Wasserbad behandelt, bis er das Aussehen der Hydroxyde der Erdelemente angenommen hat. Man filtriert und wäscht mit heißem Wasser gut aus. Wenn größere Mengen der Oxalate umgewandelt werden sollen, kann die Oxydation mit Salpetersäure empfohlen werden. Meist wendet man konzentrierte Säure an, der man rauchende Salpetersäure zugesetzt hat. Ist in dem Erdengemisch Cer vorhanden, so katalysiert dieses Element die Oxydation der Oxalsäure beträchtlich; bei Abwesenheit desselben setzt man etwas an Mangansalzen (auch Kaliumpermanganat) zu. Die Reaktion ist oft sehr heftig, weshalb das Becherglas bedeckt und anfangs in der Kälte gehalten wird. Zur Entfernung der überschüssigen Säure dampft man nach vollendeter Oxydation zur Trockne ein.

Bemerkung. Diese Methode wird bei größeren Mengen stets angewandt. Sie gestattet eine Trennung vom dreiwertigen Eisen, Aluminium, Mangan, Zirkon, Titan, von den Erdsäuren und der Phosphorsäure. Sind die genannten Begleiter im Überschuß vorhanden oder die seltenen Erden in geringen Mengen zugegen, wird zuerst eine grobe Scheidung nach Abschnitt VI, S. 708 vorgenommen; hierauf werden die Elemente der seltenen Erden als Oxalate abgetrennt. Die Begründung für diese Änderung des Analysenganges ist auf S. 714 gegeben.

Die Gegenwart der Phosphorsäure gibt häufig Anlaß zur Bildung der schwerlöslichen Phosphato-Oxalat-Komplexe, die nur durch eine neuerliche Fällung zerlegt werden können. Über die Trennung der Elemente der seltenen Erden von der Phosphorsäure siehe S. 710.

Da beim Verglühen der Oxalate zu Oxyd stets unverbrannter Kohlenstoff hinterbleibt, versetzen L. A. Sarver und P. H. Brinton das geglühte Oxyd mit einigen Tropfen konzentrierter Salpetersäure (Vorsicht!), dampfen zur Trockne und glühen nochmals bei 900°. Hierbei werden auch die im Niederschlag enthaltenen Spuren von Chlor-Ionen völlig entfernt.

2. Maßanalytisch.

Wenn die Elemente der seltenen Erden als formelreine Oxalate abgeschieden werden, kann aus dem Gehalt der oxydimetrisch bestimmten Oxalsäure auf die Menge der im Niederschlag enthaltenen seltenen Erden geschlossen werden. Da die einzelnen Erdelemente eine verschieden große Neigung zur Bildung von Mischverbindungen zwischen der Oxalsäure und den in der Lösung befindlichen Anionen zeigen (z. B. Oxalochloride oder Oxalosulfate) hat man besondere Fällungsverfahren angegeben. W. Gibbs empfiehlt die umgekehrte Fällung; B. Brauner zerstört die Mischoxalate durch Digerieren des Niederschlages mit verdünnter Oxalsäure; P. H. Brinton und H. A. Pagel fällen in stärker saurer Lösung und neutralisieren die überschüssige Säure nach und nach (s. Praseodym S. 796). Das letztgenannte Verfahren führt auf einfache Weise zu genügend reinen Oxalaten.

Sowohl im Niederschlag als auch im Filtrat kann die Menge der anwesenden Oxalsäure ermittelt werden.

Im ersten Falle werden die Oxalate der Erdelemente gefällt, filtriert und gut ausgewaschen. Den Niederschlag löst man in einem Titrierkolben durch verdünnte Schwefelsäure auf und bestimmt durch Oxydation mit 0,1 n Kaliumpermanganatlösung die Oxalsäure. Mit Ausnahme der gefärbten Erden (Praseodym, Neodym und Erbium) ist der Farbenumschlag bei der Titration gut zu erkennen.

Im zweiten Falle werden mit einer bekannten Menge Oxalsäure die Elemente der seltenen Erden gefällt; im Filtrat wird der verbliebene Rest bestimmt. Stolba hatte diese Methode als erster angegeben, Brauner, sowie Browning hatten sie nachgeprüft und W. Gibbs hat sie für die Bestimmung des mittleren Atomgewichtes empfohlen.

Durchführung. Im ersten Falle werden die Oxalate der Erdelemente in schwachsaurer Lösung gefällt; nach mehrstündigem Stehen wird durch ein Filter dekantiert und der Niederschlag mit verdünnter Oxalsäurelösung digeriert, damit die möglicherweise gebildeten Oxalochloride oder -nitrate zersetzt werden. Nun wird filtriert und mit Wasser bis zum Verschwinden der Oxalsäurereaktion gewaschen. Das den Niederschlag enthaltende Filter wird in das Titriergefäß gebracht, mit 12%iger Schwefelsäure versetzt und bei 60° mit 0,1 n Kaliumpermanganatlösung titriert.

Die zweite Art der Bestimmung, die auf der Bestimmung des Überschusses der Oxalsäure fußt, wird so vorgenommen, daß die schwachsaure Erdsalzlösung mit einer bekannten Menge einer gestellten Ammoniumoxalatlösung gefällt wird. Nach Abkühlen und mehrstündigem Stehen wird filtriert und der Niederschlag gut mit Wasser ausgewaschen. Das Filtrat wird mit Schwefelsäure angesäuert, auf 70° erwärmt und titriert.

Berechnung. R_2O_3 ist im Niederschlag an drei Oxalsäurereste gebunden, die zur Oxydation durch Kaliumpermanganat drei Sauerstoffatome benötigen.

Bemerkungen. Die Bestimmung der Oxalsäure in den Erdoxalaten hat eine große praktische Bedeutung für die präparative Reindarstellung der Elemente der seltenen Erden. Man kann durch die Bestimmung des „mittleren Atomgewichtes" die Fortschritte bei der Trennung sehr gut verfolgen (s. S. 731).

Wie mehrfach erwähnt, ist die Neigung zur Bildung von Oxalatoverbindungen bei manchen Erdelementen stark ausgeprägt (z. B. beim Praseodym S. 796). W. Gibbs hatte ihre Bildung durch eine umgekehrte Fällung, d. h. Eingießen der Erdenlösung in die heiße Oxalsäurelösung, zu verhindern versucht. Nach J. A. N. Friend und

A. A. ROUND hat sich diese Variante bei der maßanalytischen Bestimmung der Oxalate der seltenen Erden recht gut bewährt.

Wird die Titration in Gegenwart des Filters vorgenommen, so ist es bei genauen Analysen notwendig, einen Blindversuch mit einem gleichartigen Papierfilter vorzunehmen, denn selbst die besten Filter verbrauchen ein wenig Permanganat. Bei der Bestimmung nach der Restmethode muß beachtet werden, daß die schwächer basischen Glieder der seltenen Erden eine merkliche Löslichkeit in Ammoniumoxalat besitzen. Gegenüber der gravimetrischen Methode ergibt sich stets ein kleiner Fehlbetrag.

3. Potentiometrische Bestimmung.

α) Nach C. MAYR und G. BURGER.

Die beiden Autoren hatten gefunden, daß sich Mercuronitrat zur potentiometrischen Titration von Oxalsäure sehr gut eignet, wenn eine amalgamierte Elektrode als Indicatorelektrode verwendet wird. Sie prüften am dreiwertigen Cer die Eignung dieser Methode zu einer raschen Bestimmung der Elemente der seltenen Erden. Titerlösung ist eine mercurisalzfreie Mercuronitratlösung, die durch Auflösen von 50 g reinstem Salz in 10 cm³ Salpetersäure (D = 1,1) und wenig Wasser und hierauf Verdünnen auf 2 Liter erhalten wird. Ein Tropfen Quecksilber verhindert die Bildung von Mercurinitraten.

Durchführung. Die Lösung des Ceronitrates wird mit einer gestellten Natriumoxalatlösung im Überschuß wie üblich gefällt. In einem aliquoten Teile des Filtrates bestimmt man potentiometrisch mit Mercuronitrat den Überschuß des Fällungsmittels. Die Indicatorelektrode besteht aus einem amalgamierten Platindraht.

Bemerkungen. Die Erdenlösung muß frei von Chloriden und Sulfaten sein. Über die Verwendung dieser Methode für alle seltenen Erden siehe die folgenden Bemerkungen. Im Gegensatz zur folgenden Methode können nach diesem Verfahren alle Elemente der seltenen Erden bestimmt werden. Analysenfehler etwa + 0,5%.

β) Nach G. JANTSCH und H. GAWALOWSKI mit Natriumoxalatlösung.

Die unter α) beschriebene Methode hat den Nachteil, die seltenen Erden auf Grund einer Resttitration also indirekt zu bestimmen. Die Löslichkeit des Mercurooxalates ist größer als die Oxalate der meisten Erdelemente. Eine Ausnahme bilden die Ytterbinerden, die die gleiche Löslichkeit besitzen und Yttrium, das ein Drittel dieses Wertes aufweist. Wenn nur Elemente der seltenen Erden bei Gegenwart von Mercuronitrat mit Oxalsäure potentiometrisch titriert werden, so scheiden sich die Oxalate der Erdelemente zuerst vollständig ab, worauf die Fällung des Mercuro-Ions einsetzt. Auf diese Weise kann die potentiometrische Titration mit Oxalsäure zu einer direkten Bestimmung der Elemente der seltenen Erden ausgebaut werden.

Durchführung. Die neutrale Erdennitratlösung wird mit einem Tropfen der nach α hergestellten Mercuronitratlösung versetzt und unter Rühren mit einer 0,1 n Natriumoxalatlösung langsam (4 Tropfen in der Sekunde) titriert. Indicatorelektrode ist ein amalgamierter Kupferdraht. Gegen Ende wird die Tropfenzugabe verlangsamt. In einer Blindprobe wird der Verbrauch des zugesetzten Mercuronitrates bestimmt und vom gefundenen Wert abgezogen.

Bemerkungen. An Lanthan, Praseodym, Neodym und Samarium wurde diese Methode geprüft. Gegenüber den gravimetrischen Werten ergab sich eine Erhöhung um 0,1 bis 0,2%, während Yttrium einen Verlust von 0,2 bis 0,4% aufwies. Ytterbium und Cassiopeium lassen sich nicht nach dieser Methode bestimmen. Größere Mengen von Nitraten (z. B. Magnesium und Ammonium) schaden nicht, weshalb sich diese Methode zur raschen Untersuchung der Doppelnitrate gut eignet.

γ) Nach G. Jantsch und H. Gawalowski mit Permanganatlösung.

Die gefärbten Ionen des Praseodym, Neodym und Erbium erschweren die direkte Titration der Oxalate der Erdelemente mit Kaliumpermanganat. Wie die beiden Autoren mitteilen, läßt sich diese quantitative Umsetzung potentiometrisch sehr gut verfolgen. Nur in den obengenannten Fällen ist die potentiometrische Bestimmung den gewöhnlichen Maßanalysen überlegen. Bei farblosen Erden sowie bei Bestimmung des Oxalsäureüberschusses (Resttitration) wird man die unter 2. beschriebenen Methoden vorziehen.

4. Konduktometrische Bestimmung.

Für Serienanalysen sehr ähnlich zusammengesetzter Erdengemische eignet sich die von G. Jantsch entwickelte Methode, die Fällung der Erden als Oxalate konduktometrisch zu verfolgen.

Durchführung. In einem Titriergefäß wird eine genau gestellte 0,1 n Natriumoxalatlösung auf 70 bis 90° erwärmt und während der Messung auf konstanter Temperatur gehalten. Nun gibt man zur Sättigung der Lösung mit Erdoxalat einige Kubikzentimeter einer Aufschlämmung der Oxalate von Erdelementen zu, die die gleiche Zusammensetzung, wie die zu untersuchenden Erdsalze haben. Aus einer Bürette läßt man die verdünnte (etwa 5 g im Liter) Erdchloridlösung unter gutem Rühren eintropfen. Die erste Reagenszugabe hat ein Absinken der Leitfähigkeit zur Folge, doch wird der richtige Wert nach kurzem Warten bald erreicht. Die Fällungsgerade verläuft horizontal. Die Reagensgerade soll möglichst steil sein, um den Schnittpunkt genau bestimmen zu können. Zu diesem Zwecke wählt man die Koordinaten derart, daß der Maßstab für die Werte b/a recht groß gehalten wird.

Bemerkungen. Diese Methode soll einen Fehler von $\pm 0{,}7\%$ besitzen.

c) Fällung als Sebacate und Bestimmung als Oxyde.

C. F. Whittemore und C. James sowie J. P. Bonardi und C. James empfehlen das sebacinsaure Ammonium zur quantitativen Abscheidung der Elemente der seltenen Erden. Das basische Salz ist in verdünnten Mineralsäuren sehr leicht löslich.

Eigenschaften. Getrocknet stellen die Sebacate der seltenen Erden ein lockeres Pulver dar, das die Zusammensetzung $R_2[C_8H_{16}(CO_2)_2]_3 \cdot x\,H_2O$ besitzt. Der Krystallwassergehalt unterliegt Schwankungen; die Verbindung mit Lanthan und Praseodym enthält zwei Mol Wasser, mit Neodym drei und mit Samarium und Yttrium vier. In Wasser sind die Sebacate sehr wenig löslich und erleiden in der Siedehitze Hydrolyse. Werte für die Löslichkeit sind nicht bekannt.

Durchführung. Die salpetersaure Lösung wird mit Ammoniak sehr genau neutralisiert, zum Sieden erhitzt und mit einer 10%igen Ammoniumsebacatlösung unter Umrühren langsam gefällt. Ein körniger, leicht filtrierbarer Niederschlag fällt aus, wird heiß filtriert und mit heißem Wasser gewaschen. Man verglüht und wägt als Oxyd.

Bemerkungen. Diese Methode wurde an Lanthan, Cer, Neodym, Yttrium und Dysprosium quantitativ geprüft und zur Trennung von Alkalien verwendet. Auch zur stufenweisen Fällung eignet sich dieses Reagens. Bei den Yttererden werden gute Trennungsergebnisse erzielt, wobei die Erdelemente mit dem höheren Atomgewicht zuerst ausfallen.

d) Fällung als Fluoride.

Wenn die Elemente der seltenen Erden in geringen Mengen neben einem großen Überschuß anderer Elemente zu bestimmen sind, kann zur ersten Abtrennung die Oxalatfällung nicht benutzt werden. Die Löslichkeit der Erdoxalate in Gegenwart größerer Mengen von komplexen Metalloxalosäuren nimmt zu und führt zu einer unvollkommenen Abscheidung (s. S. 714). Man hat daher die Erdfluoride herangezogen, die in sehr verdünnter Flußsäure sehr schwer löslich, während die vorhandenen Begleiter, meist die Sesquioxyde und Erdsäuren, leicht löslich sind. Wenn auch die Erdfluoride noch verunreinigt sind, so ist doch eine bedeutende Anreicherung erzielt worden.

Eigenschaften. Die Fluoride der Elemente der seltenen Erden werden aus neutralen Lösungen durch Alkalifluoride als schwerlöslicher Niederschlag gefällt. Dieser ist zunächst von schleimiger Beschaffenheit, wird jedoch beim Stehen oder Erwärmen krystallinisch und enthält dann ein halbes Mol Krystallwasser. Die Erdfluoride sind in Mineralsäuren leicht löslich; es scheint, daß die Löslichkeit mit steigender Basizität abnimmt. Über den Grad der Löslichkeit in Wasser und verdünnten Säuren ist bisher nichts Näheres bekannt. Zum Unterschied von Scandiumfluorid sind die Erdfluoride nicht befähigt, Alkalidoppelfluoride zu bilden. Durch Glühen an der Luft werden sie in Oxyde übergeführt.

Durchführung. Man geht von der Fällung der Hydroxyde mit Ammoniak aus, spritzt diese nach dem Waschen mit heißem Wasser in eine Platinschale und behandelt mit Fluorwasserstoffsäure, deren Überschuß hierauf durch Eindampfen bis fast zur Trockne verjagt wird. Man nimmt den Rückstand mit wenig Flußsäure enthaltendem Wasser auf und filtriert durch einen Platin- oder Gummitrichter. Der Niederschlag wird in einer Platinschale mit Schwefelsäure abgeraucht. Die Sulfate nimmt man mit verdünnter Salzsäure auf und fällt mit Ammoniak die noch unreinen Erdhydroxyde. Nach der Filtration löst man diese nochmals in verdünnter Salzsäure, dampft die Lösung zur Trockne und setzt den Rückstand in der Wärme mit einigen Kubikzentimetern konz. Oxalsäurelösung um. Der Niederschlag enthält die Elemente der seltenen Erden und das gesamte Thorium.

Bemerkung. Diese Methode hat eine vielseitige Anwendung in der Mineralanalyse gefunden, denn nicht nur die überschüssigen Sesquioxyde, sondern auch die schwierig abzutrennenden Erdsäuren werden rasch entfernt (s. hierzu S. 708).

Nach W. F. Hillebrand sind in 2 g einer Mineralprobe noch 0,03% seltene Erden genau zu erfassen.

Literatur.

Baxter, G. P. u. H. W. Daudt: Am. Soc. **30**, 571 (1908). — Bonardi, J. P. u. C. James: Am. Soc. **37**, 2642 (1915). — Brauner, B.: Chem. N. **71**, 283 (1895) und Z. anorg. Ch. **34**, 113, 207 (1903). — Brauner, B. u. A. Batěk: Z. anorg. Ch. **34**, 103 (1903). — Browning, P. E.: Z. anorg. Ch. **22**, 297 (1900).

Friend, J. A. N. u. A. A. Round: Soc. **131**, 1821 (1928).

Gibbs, W.: Am. Soc. **15**, 546 (1893).

Hauser, O. u. F. Wirth: Fr. **47**, 400 (1908). — Hillebrand, W. F.: Analyse der Silicat- und Carbonatgesteine, S. 141, 143, 146. 1910.

Jantsch, G.: Öst. Ch. Z. **40**, 79 (1937). — Jantsch, G. u. H. Gawalowski: Fr. **107**, 389 (1937).

Mayr, C. u. G. Burger: M. **56**, 113 (1930).

Prandtl, W. u. J. Rauchenberger: B. **53**, 843 (1920) und Z. anorg. Ch. **120**, 120 (1922).

Rose, H.: Pogg. Ann. **59**, 102 (1843).

Sarver, L. A. u. P. H. Brinton: Am. Soc. **49**, 943 (1927). — Smith, T. O. u. C. James: Am. Soc. **36**, 909 (1914). — Stolba: Sitzungsber. d. kgl. böhm. Gesellsch. d. Wissensch. vom 4. Juli 1879; durch Fr. **19**, 194 (1880); Sitzungsber. d. kgl. böhm. Gesellsch. d. Wissensch. 1882; Listy chem. **7**, 52; durch C. **53**, 826 (1882).

Whittemore, C. F. u. C. James: Am. Soc. **35**, 129 (1913).

II. Thermochemische Methode.

Die Nitrate der Ceriterden, sowie die Magnesiumdoppelnitrate besitzen scharfe Schmelzpunkte, die je nach den untersuchten Elementen mehr oder weniger weit auseinanderliegen.

Tabelle 1. Krystallisationstemperatur der seltenen Erd-Magnesium-doppelnitrate.

Atom-nummer		Nach JANTSCH °	Nach L. L. QUILL, R. F. ROBEY u. S. SEIFTER °
57	La	113,5	113,5
58	Ce	111,5	112,0
59	Pr	111,2	—
60	Nd	109,0	108,8
62	Sm	92,2	92,0
63	Gd	77,5	—
83	Bi	—	70,8

Tabelle 2. Schmelzpunkte der Nitrate (Hexahydrate).

Atom-nummer		Nach FRIEND °	Nach L. L. QUILL, R. F. ROBEY u. S. SEIFTER °
57	La	65,4	66,5
58	Ce	—	51,4
59	Pr	56,0	—
60	Nd	67,5	64,1
62	Sm	—	79,5
63	Gd (98% rein)	—	87,0

Aus den angeführten Zahlen ersieht man, daß für die thermochemische Analyse in der Reihe der Magnesiumdoppelnitrate die Paare Samarium-Gadolinium, Samarium-Wismut und Neodym-Samarium gut geeignet erscheinen. Bei den Nitraten zeigen die Paare Lanthan-Cer, Lanthan-Praseodym, Praseodym-Neodym und Neodym-Samarium eine genügend große Temperaturspanne.

Die Doppelnitrate kommen als $R_2Mg_3(NO_3)_{12} \cdot 24\,H_2O$ und die Nitrate als Hexahydrate zur Analyse, wobei zu ihrer Darstellung von den hochgereinigten Komponenten im stöchiometrischen Verhältnis ausgegangen wird. Die Doppelnitrate werden aus der salpetersauren Lösung, die Nitrate aus Wasser umkrystallisiert. Die so gewonnenen Präparate werden über 55%iger Schwefelsäure bis zum konstanten Gewicht getrocknet.

Durchführung. Zur Bestimmung der Krystallisations- oder Schmelztemperatur reicht eine einfache Versuchsanordnung aus. Das Präparat wird in einem Pyrex-Proberohr durch ein gleichmäßig erwärmtes Ölbad wenig über die Schmelztemperatur erwärmt. Hierauf wird die Schmelze unter dauerndem Rühren erkalten gelassen. Der Gang der Abkühlung wird mit einem geeichten Thermometer gemessen (L. L. QUILL, R. F. ROBEY u. S. SEIFTER).

a) Doppelnitrate.

Von den oben angeführten Paaren wurden untersucht: Samarium-Wismut und Cer-Samarium. Die folgende Tabelle gibt die gefundenen Temperaturen wieder.

Tabelle 3.

Sm %	Paar Sm — Bi Temperatur °	Paar Ce — Sm Temperatur °
100	92	92
90	—	96,1
80	—	99,5
76	90,9	—
70	—	103,2
60	87,0	—
50	85,0	106,2
40	83,0	—
30	80,0	110,0
20	77,7	110,8
10	74,5	111,5
0	70,8	112,0

Die Liquiduskurven haben ein sehr ähnliches Aussehen und können ungefähr durch die Gleichung:

$$P = 50\,[(f^2 - 4\,F)^{1/2} - f]$$

ausgedrückt werden, wobei P die Gewichtsprozente der Zusammensetzung angibt.

$$f = \left[\frac{d^3 - 32\,d^2 - 63\,d - 16}{16}\right]$$

und

$$F = D^2 + \left[\frac{63 + 16\,d - d^2}{16}\right] D$$

werden bestimmt durch d, die Differenz in Graden der Krystallisationstemperaturen der reinen Substanzen und D, die Differenz in Graden der Krystallisationstemperatur der gemessenen Mischung und des niedriger erstarrenden Bestandteiles. Die Gleichung wurde am System Nd—Sm geprüft und innerhalb von — 0,2° bestätigt gefunden.

b) Nitrate.

Im Gegensatz zu den Doppelnitraten kann die Krystallisationstemperatur durch den Haltepunkt nicht bestimmt werden, da wahrscheinlich niedere Hydrate zur Ausscheidung gelangen. Hingegen ist der Schmelzvorgang durch einen besser wahrnehmbaren Haltepunkt ausgezeichnet. Zur Untersuchung gelangten Paare, in denen Cer einen Bestandteil bildete. Die Verbindungslinie der gefundenen Schmelzpunkte nähert sich einer Geraden, die die Schmelzpunkte der reinen Komponenten verbindet. Eine Schwierigkeit ergibt sich dadurch, daß beim Schmelzvorgang das Ceronitrat in geringen Mengen in basisches Cerinitrat verwandelt wird, das die Temperatur der Verflüssigung in nicht kontrollierbarer Weise beeinflußt.

Bemerkungen. Nach den Angaben der Autoren müssen noch weitere Untersuchungen folgen, um diese Methode empfehlen zu können. Es ist selbstverständlich, daß nur genau definierte Hydrate zur Untersuchung gelangen, denn anhängende Mutterlauge, selbst in Bruchteilen von Prozenten, erniedrigt beträchtlich die Schmelztemperaturen.

Literatur.

Quill, L. L., R. F. Robey u. S. Seifter: Ind. eng. Chem. Anal. Edit. 9, 389 (1937).

III. Spektralanalytische Methoden.

§ 1. Absorptionsspektroskopie.

Neben der schon frühzeitig getroffenen Einteilung der seltenen Erden in Ceriterden und Yttererden, die auf der verschiedenen Löslichkeit der Alkalidoppelsulfate beruht, hatte sich eine weitere Ordnung nach der Färbung der Ionen eingebürgert. Die chemische und optische Einteilung wurde häufig gemeinsam angewandt, so daß eine weitere Gliederung der Gruppe der seltenen Erden entstand. Wenn z. B. von gefärbten oder bunten Yttererden gesprochen wurde, so waren Dysprosium, Holmium und Erbium gemeint, während die farblosen Ceriterden die Elemente Lanthan und das dreiwertige Cer umfaßten.

Von den dreiwertigen Ionen der 15 seltenen Erden sind 7 deutlich gefärbt: Praseodym grün, Neodym rotviolett, Samarium gelb, Dysprosium und Holmium schwach gelb, Erbium rosa und Thulium schwach grün. Nur die stark gefärbten Ionen des Praseodyms, Neodyms und Erbiums sind neben farblosen Erden bei einer optischen Prüfung des Absorptionsspektrums auch in größerer Verdünnung leicht zu erkennen. Europium und Terbium besitzen im sichtbaren Gebiet ebenfalls ein Absorptionsspektrum, doch sind sie, wie das Dysprosium, Holmium und Thulium nur in höherer Konzentration nachweisbar.

Diese für die seltenen Erden sehr charakteristischen Absorptionsspektren zeichnen sich durch eine besondere übersichtliche Verteilung, sowie durch scharf begrenzte Gebiete mit geringer Breite aus. Bei nicht zu konzentrierten Lösungen werden scharfe Linien beobachtet; doch ist es in einem rohen Erdengemisch nicht möglich, die vorkommenden Erdelemente mit Sicherheit nachzuweisen. Erst wenn eine weitergehende Entmischung durch Fraktionierung erreicht wurde, treten die lichtschwachen Teile des Spektrums auf.

Die Lage und die Intensität des Absorptionsspektrums eines gefärbten Erdelements unterliegen starken Schwankungen, die durch eine Reihe von Faktoren verursacht werden. Vor allem ist auf den Einfluß der Anionen und der Lösungsmittel hinzuweisen. Schon Bunsen hat auf diese Änderungen aufmerksam gemacht, und zahlreiche nachfolgende Untersuchungen haben diese Beobachtungen bestätigt. Muthmann und Stützel haben aus diesem Grund nur gleichartige neutrale Lösungen von reinen Praseodym- und Neodymsalzen verwendet und nach der

Doppelspaltmethode eine hinreichende Genauigkeit erzielt. L. F. YNTEMA sowie T. INOUE empfehlen Chloridlösungen, die in einer Molarität von 0,01 bis 0,06 angewendet werden sollen, wobei Schichtdicken von 1 bis 10 cm Verwendung finden. Durch Veränderung der Schichtdicken, sowohl der Lösung des Erdengemisches als auch der Vergleichslösung, wird erreicht, daß die einzelnen zur Messung gelangenden Banden gerade verschwinden.

Ungleich größer als der Einfluß der Anionen ist der der Gegenwart anderer Elemente, auch farbloser Erden. So vermag die Anwesenheit von viel Lanthan auffallende Veränderungen im Spektrum des Praseodyms hervorzurufen. Ähnliche Erscheinungen fand AUER V. WELSBACH bei Gemischen von Erbium und Ytterbium und LANGLET bei Yttrium-Erbiumgemischen. T. INOUE untersuchte den Einfluß gefärbter Erden auf das Spektrum des Samariums im Ultraviolett und fand, daß die Absorptionsbanden des Samariums verschoben werden, wenn die Lösung dreimal soviel Neodym oder nur ebensoviel Praseodym wie Samarium enthält.

Aus diesen Tatsachen ergibt sich die Notwendigkeit, daß Schlüsse, die sich auf die Änderung im Absorptionsspektrum stützen, nur mit Vorsicht gezogen werden dürfen (z. B. die oftmals behauptete Spaltbarkeit des Praseodyms, sowie Resultate bei Mineralanalysen, in denen Neodym, Praseodym und Erbium quantitativ bestimmt wurden).

Diese unübersichtlichen und oft widersprechenden Befunde unterzogen L. L. QUILL, P. W. SELWOOD und B. S. HOPKINS einer neuerlichen eingehenden Untersuchung. Die von früheren Autoren beobachteten Abweichungen wurden bestätigt, doch ließ sich keine Gesetzmäßigkeit auffinden. Die Änderungen der Banden, an zahlreichen Systemen studiert, waren von den Anionen und Kationen so stark abhängig, daß die Konzentrationen der Erdsalze nur ungenau erfaßt werden konnten. Ferner hatte sich entgegen der bisherigen Annahme ergeben, daß das BEERsche Gesetz nicht gilt und daß die Abweichung von demselben, gemessen an einer Neodymnitratlösung, der Wirkung eines Zusatzes von Salpetersäure gleicht. Auf Grund dieser Erfahrungen wird die quantitative Bestimmung einer seltenen Erde neben einer anderen durch Absorptionsspektroskopie abgelehnt. Selbst die qualitative Analyse erfordert äußerste Vorsicht und eine sorgfältige Kritik. Wenn auch durch die Zweifel früherer Forscher und durch die obengenannte wichtige Untersuchung die Absorptionsspektroskopie aus dem Reiche der quantitativen Bestimmungsmethoden der Elemente der seltenen Erden verbannt wurde, so sind doch bei den einzelnen Elementen die Wellenlängen der Banden und die Intensität sowie die vorliegende Literatur angeführt.

Aus Gründen des einheitlichen Vergleiches der Absorptionsspektren aller Elemente der seltenen Erden wurde die von W. PRANDTL und K. SCHEINER zusammengestellte Tabelle, die eine gute Übersicht bietet, herangezogen. Neben der Verwendung des im Ultraviolett nicht absorbierenden Chlor-Ions ist auf eine weitgehende Reinheit der Präparate Rücksicht genommen worden. Zur Untersuchung gelangten in gleichbleibender Schichtdicke von 50 mm neutrale Chloridlösungen, die aus einer Stammlösung durch immer wiederkehrende Verdünnung auf die Hälfte der vorhergehenden Konzentration erhalten wurden. Als Stammlösung diente eine Lösung, die ein Grammatom des zu untersuchenden Elementes in einem Liter enthielt; die folgenden Verdünnungen ergeben sich daher zu $^1/_2$, $^1/_4$, $^1/_8$, $^1/_{16}$ usf. der Stammlösung.

Die bei konzentrierten Lösungen auftretenden Banden erfahren durch die fortschreitende Verdünnung eine Schmälerung, häufig findet oberhalb eines bestimmten Gehaltes die Auflösung in zwei oder mehrere Spitzen statt, die dann meist durch große Intensität ausgezeichnet sind.

In der Literatur sind noch weitere Angaben und Messungen an anderen Verbindungen der seltenen Erden und deren Konzentrationen vermerkt. Eine Zusammenstellung findet man in GMELIN-KRAUTS Handbuch der anorganischen Chemie Bd. VI/II.

Literatur.

AUER, VON WELSBACH, C.: M. 29, 181 (1908).
BUNSEN. R: Pogg. Ann. 128, 100 (1866).
INOUE, T.: B. Ch. Soc. Jap. 1, 9 (1926).
LANGLET, A.: Phys. Ch. 56, 624 (1906).
MEYER, R. J. u. O. HAUSER: Analyse der seltenen Erden und Erdsäuren, S. 197. Stuttgart 1912. — MUTHMANN, W. u. L. STÜTZEL: B. 32, 2653 (1899).
PRANDTL, W. u. K. SCHEINER: Z. anorg. Ch. 220, 107 (1934).
QUILL, L. L., P. W. SELWOOD u. B. S. HOPKINS: Am. Soc. 50, 2929 (1928).
YNTEMA, L. F.: Am. Soc. 45, 907 (1923) u. 48, 1598 (1926).

§ 2. Emissionsspektralanalyse.

a) Bogenspektren.

Aus den spektroskopischen Untersuchungen von EBERHARD hatte sich ergeben, daß der elektrische Bogen für die quantitative Bestimmung der Elemente, die an der Anode zur Verdampfung gelangen, schlecht geeignet ist, da Schwankungen der Intensität im Verhältnis 1 : 10 nicht ausgeschaltet werden können. Selbst wenn eine Reihe von Faktoren, wie Bogenlänge und Stromstärke, konstant gehalten und der Bogen durch einen Lichtwirbel stabilisiert wird, sind die Resultate wegen der geringen Empfindlichkeit (0,01 Atomprozente sind nicht mit Sicherheit nachweisbar) wenig befriedigend.

R. MANNKOPFF und CL. PETERS haben gefunden, daß vor der Kathode eines Kohlenlichtbogens die Spektren der meisten Elemente verstärkt (etwa das 10- bis 70fache der Gassäule) erscheinen und daß die Intensitätsverhältnisse keinen so großen Schwankungen unterworfen sind. Aus dieser Erkenntnis wird im Gegensatz zu dem alten Verfahren die zu analysierende Substanz aus der Kathode verdampft.

1. Nach V. M. GOLDSCHMIDT und CL. PETERS.

Die zu untersuchenden Substanzen werden in fester Form auf die Kathode gebracht und durch den Bogen verdampft. Die Intensitäten der letzten Linien vergleicht man auf visuelle Art mit den Intensitäten von Eichmischungen und kann so den Gehalt bis auf eine halbe Zehnerpotenz abschätzen.

Durchführung. Man stopft die Substanz in die Bohrung der Kathode (Durchmesser 1 mm, Tiefe 1,5 mm), zündet den Bogen (220 Volt Gleichstrom 11 bis 13 Amp.), bildet die Kathode scharf auf dem Spalt ab und macht nacheinander eine Reihe von Aufnahmen mit gleicher Belichtungszeit. Die Linien der Elemente erscheinen der Flüchtigkeit ihrer Oxyde entsprechend in den einzelnen Aufnahmen in verschiedener Stärke. Die Elemente der seltenen Erden treten in Gegenwart von Oxyden, die bei niedrigerer Temperatur verdampfen (z. B. Calcium- oder Aluminiumoxyd) erst in der dritten Aufnahme auf und erreichen bei der vierten und sechsten Aufnahme ihr Maximum, das später wieder abnimmt.

Die Standardaufnahmen werden unter gleichen Aufnahme- und Entwicklungsbedingungen hergestellt.

Bemerkungen. Die Grenze der Nachweisbarkeit liegt bei den meisten Elementen bei etwa 0,001%. Unter günstigen Bedingungen können Intensitätsverhältnisse 1 : 2 oder 1 : 3 noch gut erfaßt werden. Daraus ergibt sich ein Fehler von $\pm$ 30 bis 50%. Siehe Scandium S. 737 und Yttrium S. 744.

Diese Methode wurde von G. WILD zur ungefähren Bestimmung des Yttriums, Europiums und Ytterbiums in Fluoriten herangezogen.

2. Nach H. BAUER.

Eine Erhöhung der Genauigkeit der Resultate wurde durch Einführung eines Hilfsstoffes erreicht, wobei die Methode der homologen Linienpaare zur Anwendung gelangte. Titandioxyd, Tantalpentoxyd und Zirkonoxyd wurden auf die Eignung als Eichsubstanz untersucht. Zirkondioxyd hat sich gut bewährt und wurde für die quantitative Bestimmung des Lanthans in Gegenwart von Calcium- oder Aluminiumoxyd verwendet (s. S. 750). Der Fehler beträgt bei 0,1% Lanthanoxyd in Calciumoxyd ± 11%; mittlerer Fehler ± 5%; doch treten gelegentlich Fehler bis zu 30% auf.

3. Nach McCarty, L. R. Scribner, M. Lawrenz und B. S. Hopkins.

Bei Anwendung von Zirkondioxyd als Hilfssubstanz wurden alle Fehlerquellen untersucht, um durch ihre Ausschaltung zu wesentlich besseren Resultaten zu gelangen. Die erste wichtige Feststellung zeigte die Beeinflussung der Intensität der Linie eines Elementes der seltenen Erden durch die Anwesenheit anderer Elemente der seltenen Erden. Gelegentlich der Untersuchung von Yttererden wurden die Intensitäten der homologen Linienpaare gemessen; als man mit Ceriterden verdünnte, wurde ein Fehler von 5% und bei weiterem Zusatz von Samarium und Europium ein Fehler von ± 15% festgestellt. Weitere Versuche ergaben, daß die gegenseitige Beeinflussung nicht spezifisch ist, sondern daß jedes Erdelement den gleichen Betrag der Intensitätsveränderung verursacht. Diese Beobachtung führte dazu, die Gesamtmenge der Elemente der seltenen Erden stets konstant zu halten.

Eine weitere Verfeinerung erzielte man durch eine entsprechende Vorbereitung der Kathodenkohle. 0,1 cm³ der zu untersuchenden Lösung wurde auf den Krater der ausgeglühten Kathode gebracht und 75 Min. lang in einem Trockenschrank bei 110° getrocknet. Durch diese Vorbehandlung wurde eine gleichmäßige Bogenbildung erreicht.

Schließlich wertete man die Schwärzungen der homologen Linien exakter aus. Mit Hilfe eines Photometers wurde die Lichtdurchlässigkeit der zu messenden Linien sowie die der Umgebung aufgenommen und hieraus das Verhältnis zwischen der relativen Intensität des Elementes der seltenen Erden und der des Hilfsstoffes errechnet, indem man die bei der Messung des Maximums der Kurve, die man bei der seltenen Erde erhielt, in Millimetern sich ergebende Zahl durch die entsprechende Zahl des Zirkons dividiert. Die Bestimmung dieses Intensitätsverhältnisses litt bisher an der ungenauen Festsetzung der Bezugslinie, von der die Höhe der Spitzen gemessen wurde. Als Basislinie wählte man daher die Linie der maximalen Lichtdurchlässigkeit, wie sie beim Durchgang des Lichtstrahles durch einen klaren Teil der Platte erhalten wurde. Auf einem doppelt logarithmischen Koordinatenpapier trug man nun als Abszisse die Verhältniszahlen der Standardmischungen auf, während auf der Ordinate der Gehalt des Elementes der seltenen Erden in der Standardmischung vermerkt wurde.

Durchführung. α) Festlegung der Eichkurve. Das hochgereinigte Oxyd der zu bestimmenden Erde wird in Salpetersäure gelöst und mit Zirkonnitrat in den Verhältnissen 5 : 1, 4 : 1, 3 : 1, 1 : 1, 0,6 : 1, 0,5 : 1, 0,4 : 1, 0,3 : 1, 0,2 : 1 und 0,1 : 1 versetzt. Um den Einfluß der anderen seltenen Erden, wie sie in Mineralien oder Fraktionen vorkommen, zu kompensieren, gibt man ein anderes Erdelement, meist Lanthan oder Neodym zu. (Dieses Element muß natürlich von der zu bestimmenden Erde völlig befreit sein.) Die Konzentration dieser Standardlösung wird so gewählt, daß in 0,1 cm³ der Lösung 10 mg der seltenen Erdoxyde (Lanthan oder Neodym und das zu bestimmende Erdelement) und 1 mg Zirkonoxyd enthalten sind. 0,1 cm³ wird in die Höhlung der Kathode eingefüllt und die Lösung bei 110° eingetrocknet. Der Bogen brennt bei 220 V mit 5,5 bis 6 Amp. Die Platten müssen unter gleichen Bedingungen und bei gleicher Temperatur entwickelt werden. Man berechnet die Verhältniszahlen aus homologen Linienpaaren im Gebiete von 2500 bis 3300 Å und zeichnet aus den erhaltenen Werten die Eichkurve, wobei aus je drei Aufnahmen der Mittelwert genommen wird.

Für jedes Element der seltenen Erden wird eine solche Eichkurve aufgestellt; Lanthan und Neodym nehmen gegenseitig die Rolle des Verdünnungsmittels an.

β) Analyse. Aus dem aufgeschlossenen Mineral werden die Elemente der seltenen Erden rein abgeschieden, wobei auf die Entfernung des Zirkons besondere Sorgfalt verwendet werden muß. Die Oxyde löst man in Salpetersäure, versetzt mit Zirkonnitrat und bringt auf die gewünschte Konzentration: 10 mg Erdoxyde und 1 mg Zirkonoxyd in 0,1 cm^3 Lösung. Man nimmt wie bei der Festlegung der Eichkurve das Bogenspektrum dreifach auf und behandelt die Platte unter genau gleichen Verhältnissen. Die errechneten Verhältniszahlen werden auf der Abszisse der Eichkurve aufgetragen; der gesuchte Gehalt des Erdelementes wird auf der Ordinate abgelesen. Auf diese Weise lassen sich alle auf der Platte durch Linien vertretenen Elemente der seltenen Erden bestimmen.

Bemerkungen. Während die Summe aller zu bestimmenden Erdelemente geringere Schwankungen zeigt ($\pm$ 3%), streuen die Werte der einzelnen Erdelemente bis zu $\pm$ 15%. Berücksichtigt man die Schwierigkeit der Analyse eines durch Fraktionieren nicht zerlegten Oxydgemisches, so kann man die Resultate als befriedigend bezeichnen.

Lanthan läßt sich in Gegenwart von Yttrium schwer bestimmen, da sehr starke Yttriumlinien nur wenige Ångströmeinheiten entfernt von den brauchbaren homologen Lanthan- und Zirkonlinien liegen.

Auf diese Weise wurden quantitativ bestimmt: Yttrium, Neodym, Samarium, Gadolinium, Dysprosium, Ytterbium und Lanthan. Die für die Auswertung wichtigen homologen Linienpaare sind nicht genannt.

Literatur.

Bauer, H.: Z. anorg. Ch. **221**, 209 (1935).

McCarty, L. R. Scribner, M. Lawrenz u. B. S. Hopkins: Ind. eng. Chem. Anal. Edit. **10**, 184 (1938).

Eberhard, G.: Sitzb. preuß. Akad. Wiss. 856 (1908) u. 413 (1910).

Goldschmidt, V. M. u. Cl. Peters: Nachrichten v. d. Ges. d. Wiss. Göttingen mathem. physik. Kl. **1931**, 257.

Mannkopff, R. u. Cl. Peters: Z. Phys. **70**, 444 (1931).

Wild, G.: Sitzb. Akad. Wiss. Wien Abtlg. II A **146**, 479 (1937).

b) Funkenspektren.

Im elektrischen Funken senden die Elemente der seltenen Erden zahlreiche Linien aus, die das Spektrum sehr unübersichtlich gestalten. Aus diesem Grunde schenkt man dem elektrischen Bogen eine größere Aufmerksamkeit, obwohl die Grenze der Nachweisbarkeit wesentlich tiefer liegt als beim Funken. Eine Verminderung der Linien erreicht R. Hultgren dadurch, daß Funken durch eine Flamme, in die die zu untersuchende Substanz eingeblasen wird, schlagen. Die erhaltenen Linien, die sonst in der Flamme nicht auftreten, sind gut zu unterscheiden und werden durch wechselseitige Einflüsse verschiedener Elemente nur wenig berührt. O. S. Plantinga und C. J. Rodden verwenden diese Methode „Funken in Flamme" zu einer halb quantitativen Bestimmung der Elemente der seltenen Erden.

Durchführung. Die zu untersuchende Lösung wird durch einen Zerstäuber in einen mit Wasserstoff gespeisten Brenner eingeblasen. Die Elektroden, zwischen denen der Funke gebildet wird, bestehen aus Wolfram und sind am Rande der Flamme senkrecht zur Strömungsrichtung gelagert. Der Gehalt an einem Element wird durch fortschreitende Verdünnung einer Lösung von bekannter Konzentration bis zum Verschwinden der Linien ermittelt.

Bemerkungen. Mittels dieser Methode lassen sich die Elemente der seltenen Erden im allgemeinen noch nachweisen, wenn sie in einer Konzentration von

0,0001 molar vorliegen, jedoch ist ein deutlicher Einfluß eines anderen Elementes der seltenen Erden wahrnehmbar. Zum Beispiel ist der Nachweis des Lanthans auf ein Zehntel des obengenannten Wertes gesunken, wenn die Lösung gleichzeitig 1,5 mol an Praseodym oder Natrium ist. Vorteilhaft werden Konzentrationen unterhalb 0,01 mol untersucht, wobei die Fehler zwischen 0,01 und 0,001% liegen.

Die Methode arbeitet rasch und sparsam, denn es genügt 0,1 cm^3 zur Zerstäubung. Bei der Verfolgung der fortschreitenden Trennung von Elementen der seltenen Erden durch Fraktionierung wird sie gute Dienste leisten.

Zur Erkennung des Lanthans wurden die Linien 4372, 4418 und 5600 Å und des Ytterbiums 5700 Å verwendet.

Literatur.

HULTGREN, R.: Am. Soc. 54, 2320 (1932).
PLANTINGA, O. S. u. C. J. RODDEN: Ind. eng. Chem. Anal. Edit. 8, 232 (1936).

IV. Röntgenspektralanalyse.

a) Einleitung.

1. Allgemeines. Der Anwendungsbereich der Röntgenspektralanalyse umfaßt zur Zeit alle Elemente etwa vom Kalium aufwärts bis zum Uran. Grundsätzlich lassen sich auch noch leichtere Elemente als das Kalium erfassen, jedoch treten bei diesen infolge der großen Absorbierbarkeit ihrer charakteristischen Strahlungen so erhebliche experimentelle Schwierigkeiten auf, daß die Röntgenspektralanalyse bis jetzt auf Elemente mit Ordnungszahlen kleiner als 19 nicht ausgedehnt worden ist.

Die Elemente Kalium bis Uran lassen sich sämtlich durch ihre K- oder L-Serie einfach und mit einem hohen Grad von Sicherheit röntgenspektroskopisch nachweisen, sofern sie überhaupt in einer für die Methode brauchbaren Form vorliegen. Die Sicherheit des röntgenspektroskopischen Nachweises beruht auf dem einfachen Bau des Röntgenspektrums und seiner Unabhängigkeit von äußeren Faktoren. Während das optische Spektrum zum Teil außerordentlich linienreich ist und stark von den Erregungsbedingungen abhängt, besteht das Röntgenspektrum aus einer verhältnismäßig kleinen Zahl von Linien, die bei der Überschreitung der für die betreffende Serie erforderlichen Mindestspannung gleichzeitig auftreten, und deren Intensitätsverhältnis von der an der Röntgenröhre liegenden Spannung unabhängig ist. Ferner sind die Wellenlängen und die Intensitäten der Röntgenspektrallinien praktisch völlig unabhängig von dem physikalischen und chemischen Zustand, in dem sich das nachzuweisende Element befindet[1]. Die Ursache dieses Verhaltens ist bekanntlich darin begründet, daß das Röntgenspektrum durch Elektronensprünge in den inneren Elektronenschalen zustande kommt, deren Energie beim Einbau des Atoms in einen Molekül- oder Krystallverband nicht verändert wird.

Die Röntgenspektren der verschiedenen Elemente sind in ihrem Bau weitgehend ähnlich. Sie unterscheiden sich dadurch, daß sich die entsprechenden Linien einer Serie mit zunehmender Ordnungszahl um einen bestimmten Betrag nach kürzeren Wellenlängen verschieben: Das Röntgenspektrum eines Elementes ist eine einfache Funktion der Ordnungszahl (MOSELEYsches Gesetz). Diese übersichtlichen Verhältnisse im Verein mit den oben beschriebenen Eigenschaften machen die Röntgenspektralanalyse besonders geeignet, wenn es sich um den Nachweis chemisch ähnlicher Elemente handelt, z. B. des Zirkons in Hafniumpräparaten, des Rheniums in Molybdänpräparaten oder der Platinmetalle nebeneinander. Ein fast unentbehrliches analytisches Hilfsmittel ist die Röntgenspektralanalyse für die Elemente der seltenen Erden, deren große chemische Ähnlichkeit den Nachweis

[1] Bei leichten Elementen ist eine zwar geringe, aber deutlich nachweisbare Abhängigkeit von der chemischen Bindung festgestellt worden. Für die Röntgenspektralanalyse ist dies jedoch völlig belanglos.

auf chemisch-analytischem Wege bekanntlich außerordentlich schwierig macht. Der Wert der röntgenspektroskopischen Methode für die Analyse der seltenen Erden zeigte sich besonders bei einer umfassenden Untersuchung über die Verteilung dieser Elemente in Mineralien (V. M. GOLDSCHMIDT und L. THOMASSEN 1924).

2. Grundlagen der qualitativen und quantitativen Röntgenspektralanalyse. Der qualitative röntgenspektroskopische Nachweis eines Elementes besteht in der Erzeugung seines Spektrums und in der Identifizierung der verschiedenen Linien einer Serie. In einfachen Fällen genügt die bloße Feststellung der Lage der Linien auf der photographischen Platte, d. h. der *Wellenlänge*. Enthält die untersuchte Substanz jedoch mehrere Elemente, deren charakteristische Strahlungen in den Bereich der charakteristischen Strahlung des gesuchten Elementes fallen, wie es gerade bei Gemischen der seltenen Erden häufig der Fall ist, dann muß zur sicheren Identifizierung auch das Intensitätsverhältnis der einzelnen Linien einer Serie herangezogen werden. Hierbei genügt oft eine einfache visuelle Abschätzung. In besonders komplizierten Fällen wird es manchmal nötig sein, eine weitere Serie zu untersuchen, z. B. außer der L-Serie die einfacher gebaute K-Serie.

Zur quantitativen Bestimmung eines Elementes muß die *Intensität* der Spektrallinien ausgewertet werden, entweder durch Messung der durch sie hervorgerufenen Schwärzungen einer photographischen Platte, oder — seltener — mit Hilfe einer Ionisationskammer.

Während zum qualitativen Nachweis wohl ausschließlich das Emissionsspektrum benutzt wird, ist zur quantitativen Bestimmung eines Elementes in einer Substanz auch das Absorptionsspektrum herangezogen worden.

Da die Röntgenspektralanalyse zusammen mit anderen physikalischen Methoden im 1. Teil dieses Handbuches allgemein behandelt wird, kann im folgenden auf Einzelheiten der Methodik und der verschiedenen apparativen Anordnungen nicht eingegangen werden.

b) Qualitative Röntgenspektralanalyse der Elemente der seltenen Erden.

1. Aufbau der K- und der L-Serie. Zum Nachweis der Elemente der seltenen Erden kann entweder die K-Serie oder die L-Serie benutzt werden. Es erleichtert die Auswertung eines Spektrogrammes wesentlich, wenn man die Lage der einzelnen Linien und ihre relativen Intensitäten innerhalb einer Serie ungefähr im Gedächtnis hat. Es sei daher zunächst eine kurze Beschreibung des Aussehens der beiden Serien gegeben. Die schematischen Zeichnungen (Abb. 1 und 2), in denen die stärksten Linien angegeben sind, dienen zur Erleichterung der Übersicht; die Dicke der Striche soll ungefähr die Intensität der Linien andeuten.

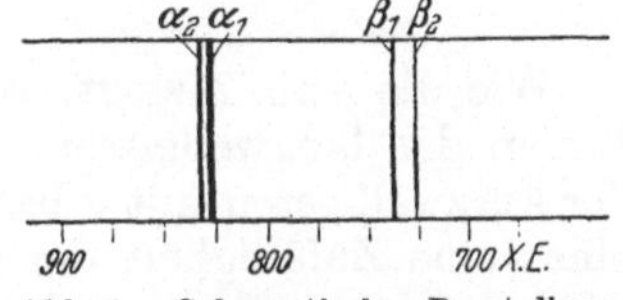

Abb. 1. Schematische Darstellung der K-Serie. (Die Wellenlängen sind die des Yttriums.)

Die K-Serie ist die kurzwelligste Liniengruppe eines Elementes und erfordert zu ihrer Erregung die höchste Spannung.

Ihre Struktur ist sehr einfach: Sie besteht aus 4 Linien, die mit α_2, α_1, β_1 und β_2 bezeichnet werden. Die beiden α-Linien, deren Abstand und Intensitätsverhältnis bei sämtlichen Elementen fast konstant sind, bilden ein charakteristisches Dublett; die α_2-Linie, die etwa gerade halb so intensiv ist wie die α_1-Linie, liegt dicht neben dieser auf der langwelligen Seite in einem Abstand von etwa 4 X-E[1]. In größerem Abstand auf der kurzwelligen Seite des α-Dublettes liegt die β_1-Linie, deren Intensität etwa $^1/_5$ der Intensität von α_1 beträgt. Neben der β_1-Linie erscheint die noch kurzwelligere, etwa halb so starke β_2-Linie.

[1] Die Wellenlängen im Röntgengebiet werden in X-Einheiten (X-E) oder in Ångström-Einheiten (Å-E) angegeben. 1 X-E = 10^{-3} Å-E = 10^{-11} cm.

Die Tabelle 4 enthält die Wellenlängenwerte der K-Linien der Elemente der seltenen Erden. Beim Scandium (und bei allen Elementen unterhalb von Zn) tritt noch eine weitere, schwache Linie auf, die nahe dem α-Dublett auf der kurzwelligen Seite liegt und mit α_3 bezeichnet wird. Die Wellenlänge von Sc K α_3 ist $\lambda = 3006$ X-E. Außerdem gibt es noch eine Anzahl sehr schwacher K-Linien, die indessen für den Analytiker unwichtig sind.

Tabelle 4. Wellenlängen der K-Serie der Elemente der seltenen Erden in X-Einheiten.

Element	α_1	α_2	β_1	β_2	β_3
21 Sc	3025,0	3028,4	2773,9	—	—
39 Y	827,1	831,3	739,2	727,1	739,7
57 La	370,0	374,7	327,3	319,7	328,1
58 Ce	356,5	361,1	315,0	307,7	315,7
59 Pr	343,4	348,1	303,6	296,3	304,4
60 Nd	331,3	336,0	292,8	285,7	293,5
62 Sm	308,3	313,0	272,5	265,8	273,3
63 Eu	297,9	302,7	263,1	256,5	263,9
64 Gd	287,8	292,6	253,9	247,6	254,7
65 Tb	278,2	282,9	245,5	239,1	246,3
66 Dy	269,0	273,8	237,1	231,3	237,9
67 Ho	260,3	265,0	—	—	—
68 Er	252,0	256,6	222,2	216,7	223,0
69 Tm	243,9	248,6	214,6	—	215,6
70 Yb	236,3	241,9	208,3	203,2	209,2
71 Cp	228,8	233,6	201,7	196,5	202,5
90 Th	132,3	136,8	116,9	113,4	—

Wesentlich linienreicher ist die L-Serie. Die Linien dieser Serie erfordern zu ihrer Erregung eine geringere Mindestspannung an der Röhre als die der K-Serie. Es ist bei der L-Serie zu beachten, daß ihre Linien in drei Untergruppen zerfallen, von denen jede nach Überschreiten einer gewissen Mindestspannung entsteht (für das Element La sind die Werte dieser Mindestspannungen 6,3, 5,9 und 5,5 KV). Die Linien einer Untergruppe entstehen gleichzeitig, wenn die Anregungsspannung für diese Untergruppe überschritten wird. Bei weiterer Erhöhung der Röhrenspannung ändert sich das Intensitätsverhältnis der einzelnen Linien einer Untergruppe nicht; das Intensitätsverhältnis zweier L-Linien, die *verschiedenen* Untergruppen angehören, ist indessen von der Röhrenspannung abhängig. Dies ist im Hinblick auf die quantitative Spektralanalyse zu beachten. Die Zugehörigkeit der einzelnen L-Linien zu den drei Untergruppen geht aus der folgenden Zusammenstellung hervor:

1. Untergruppe: l α_2 α_1 β_2 β_5 β_6 β_7.
2. „ η β_1 γ_1 γ_5 γ_6.
3. „ β_3 β_4 γ_2 γ_3 γ_4.

Wie die Abb. 2 zeigt, wird die L-Serie von drei Liniengruppen gebildet. Die Linien der langwelligsten Gruppe werden mit α, die der mittleren mit β und die der kurzwelligsten mit γ bezeichnet. Die drei Gruppen α, β und γ entstehen durch eine reine Zufälligkeit der Linienanordnung; sie haben nichts mit den vorhin erwähnten drei Untergruppen zu tun, deren Entstehung durch die verschiedenen Erregungsspannungen physikalisch begründet ist.

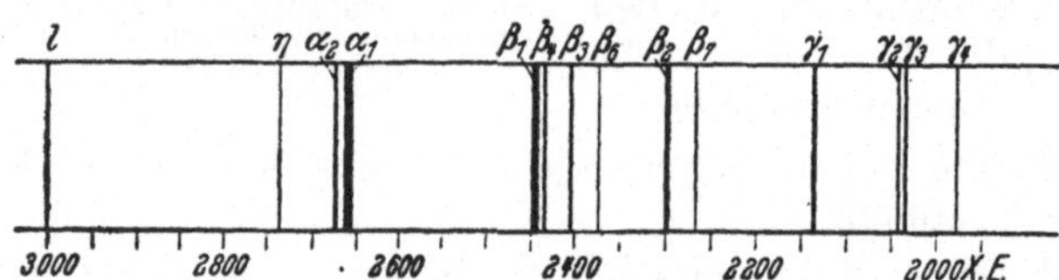

Abb. 2. Schematische Darstellung der L-Serie. (Die Wellenlängen sind die des Lanthans.)

Die stärkste L-Linie ist die $L\alpha_1$-Linie. Neben ihr auf der langwelligen Seite liegt $L\alpha_2$. Auch hier bilden die α-Linien ein Dublett, das jedoch von dem $K\alpha$-Dublett leicht zu unterscheiden ist: Sowohl der Abstand als auch der Intensitätsunterschied ist beim $L\alpha$-Dublett wesentlich größer. Während beim $K\alpha$-Dublett der Abstand etwa 4 X-E beträgt und das Intensitätsverhältnis $\alpha_1 : \alpha_2 = 2 : 1$ ist, beträgt der Abstand beim $L\alpha$-Dublett etwa 10 X-E, und das Intensitätsverhältnis $\alpha_1 : \alpha_2$ ist ungefähr gleich $10 : 1$. Innerhalb der β- und γ-Gruppe sind die Linien nach ihrer Intensität geordnet mit den Indices 1, 2, 3 usw. bezeichnet. Die β_1-Linie ist etwa halb so stark wie α_1. Die stärkste Linie der γ-Gruppe, γ_1, ist etwa so stark wie α_2. — Zwei weitere L-Linien, die außerhalb der drei Gruppen liegen, werden mit l und η bezeichnet. L l ist die langwelligste Linie der ganzen L-Serie. L η liegt bei den seltenen Erden teils auf der langwelligen, teils auf der kurzwelligen Seite des α-Dubletts. — Die relativen Intensitäten der L-Linien hängen von der Ordnungszahl ab und sind nur bei wenigen Elementen gemessen. Die Werte, die bei Wolfram gefunden wurden, sollen ein Bild von den Intensitätsverhältnissen innerhalb der L-Serie geben:

α_1	α_2	β_1	β_2	β_3	β_4	β_5	β_6	γ_1	γ_2	γ_3	γ_4	γ_5	γ_6	l	η
100	12	52	20	8	5	0,2	1	9	1,5	2	0,6	0,4	0,3	3	1,3

In der Tabelle 5 sind die wichtigsten L-Linien der Elemente der seltenen Erden zusammengestellt. Es wurde auch eine Anzahl von recht schwachen Linien mit aufgenommen, die an sich für spektralanalytische Zwecke nicht von Wichtigkeit sind; sie treten jedoch gelegentlich auf lang exponierten Aufnahmen auf, wenn in der Analysenprobe ein Element in großer Konzentration vorhanden ist.

Tabelle 5. Wellenlängen der L-Serie der Elemente der seltenen Erden in X-Einheiten.

Linie	57 La	58 Ce	59 Pr	60 Nd	62 Sm	63 Eu	64 Gd
α_1	2659,7	2556,0	2457,7	2365,3	2195,0	2116,3	2041,9
α_2	2668,9	2565,1	2467,6	2375,6	2205,7	2127,3	2052,6
l	3000,0	2885,7	2778,1	2670,3	2477,0	2390,3	2307,1
η	2734,0	2614,7	2507,0	2404,2	2214,0	—	—
β_1	2453,3	2351,0	2253,9	2162,2	1993,6	1916,3	1842,5
β_2	2298,0	2204,1	2114,8	2031,4	1878,1	1808,2	1741,9
β_3	2405,3	2305,9	2212,4	2122,2	1958,0	1882,7	1810,9
β_4	2443,8	2344,2	2250,1	2162,2	1996,4	1922,1	1849,3
β_6	2373,9	2276,9	2185,9	2099,3	1942,2	1870,5	1803,1
β_7	2270,0	2176,3	2087,4	2004,3	1852,3	1784,0	1719,6
γ_1	2137,2	2044,3	1956,8	1873,8	1723,1	1654,3	1588,6
γ_2	2041,6	1955,9	1875,0	1797,4	1655,9	1593,9	1531,0
γ_3	2036,6	1950,9	1869,9	1792,5	1651,7	1587,7	1525,9
γ_4	1978,7	1895,2	1815,3	1740,8	1603,3	1540,7	1481,8
γ_5	2200,8	2105,6	2016,1	1931,3	1775,1	1705,0	1637,6

Linie	65 Tb	66 Dy	67 Ho	68 Er	69 Tm	70 Yb	71 Cp	90 Th
α_1	1971,5	1904,6	1841,0	1780,4	1722,8	1667,8	1615,5	954,1
α_2	1982,3	1915,6	1852,1	1791,4	1733,9	1678,9	1626,4	965,9
l	2229,0	2154,0	2082,1	2015,1	1951,1	1890,0	1831,8	1112,8
η	—	1892,2	1822,0	1754,8	1692,3	1631,0	1573,8	852,8
β_1	1772,7	1706,6	1643,5	1583,4	1526,8	1472,5	1420,7	763,6
β_2	1679,0	1619,8	1563,7	1510,6	1460,2	1412,8	1367,2	791,9
β_3	1742,5	1677,7	1616,0	1557,9	1502,3	1449,4	1398,2	753,2
β_4	1781,4	1716,7	1655,3	1596,4	1541,2	1488,2	1437,2	791,9
β_5	—	—	—	—	—	—	1339,8	—
β_6	1737,5	1677,7	1618,8	1563,6	1511,5	1462,7	1414,3	826,5
β_7	1655,8	1595,7	—	1489,2	—	—	1345,9	772,8
γ_1	1526,6	1469,7	1414,2	1362,3	1312,7	1264,8	1220,3	651,8
γ_2	1473,8	1420,3	1637,7	1318,4	1271,2	1225,6	1183,2	640,8
γ_3	1468,3	1413,9	1361,3	1311,8	1265,3	1219,8	1177,5	634,1
γ_4	1423,9	1371,4	1319,7	1273,2	1226,4	1182,0	1141,1	609,5
γ_5	1574,2	1515,2	1459,0	1403,0	1352,3	1303,0	1256,0	673,4
γ_6	—	—	—	—	—	1240,5	1196,9	631,1

2. Wahl der zum Nachweis geeigneten Serie. Die Aufgabe, in einer Substanz ein Element (oder mehrere benachbarte Elemente) röntgenspektroskopisch nachzuweisen, erfordert zunächst eine Entscheidung darüber, welche Serie für den Nachweis benutzt werden soll. Zu dieser Frage ist allgemein folgendes zu sagen: Das K-Spektrum hat den Vorzug, daß es aus nur wenigen Linien besteht, von denen das charakteristische α-Dublett zudem leicht zu erkennen ist. Die große Linienzahl in der L-Serie ist besonders dann unbequem, wenn die Substanz mehrere Komponenten enthält, deren Spektren sich zum Teil überdecken. Man hat dann mit Koinzidenzen zu rechnen, und die Auswertung einer solchen Aufnahme ist manchmal nicht ganz leicht. Man würde also im allgemeinen der K-Serie den Vorzug geben, indessen ist noch eine Reihe von anderen Faktoren zu berücksichtigen. Die Anregung der K-Serie als der härtesten Liniengruppe eines Elementes erfordert bei Elementen höherer Ordnungszahl beträchtliche Spannungen. So beträgt die Anregungsspannung der K-Serie des Lanthans bereits 38,7 KV, die des Cassiopeiums 63,4 KV. Da die Röhrenspannung aus verschiedenen Gründen beträchtlich über der Anregungsspannung liegen soll, so erfordert die Anregung der K-Serie der Elementenreihe La-Cp Spannungen von weit über 100 KV. So hohe Spannungen verlangen sehr gutes Röhrenvakuum und sind nicht mit jeder Hochspannungsanlage zu erzielen. Dazu kommt, daß die kurzwelligen K-Strahlen eine geringe photographische Wirksamkeit besitzen. Schließlich ist ein dritter Faktor vorhanden, der die Verhältnisse im kurzwelligen Gebiet ungünstig beeinflußt. Man erregt auf der Antikathode einer Röntgenröhre außer der charakteristischen Strahlung des Antikathodenmaterials das kontinuierliche Röntgenspektrum (auch Bremsspektrum genannt). Die Eigenlinien eines Elementes sind daher stets einem kontinuierlichen Untergrund überlagert, der von dem Bremsspektrum herrührt. Im kurzwelligen Gebiet steigt die Intensität des Bremsspektrums stark an; bei langen Belichtungen wird daher der kontinuierliche Untergrund so stark geschwärzt, daß schwache Linien in ihm „ertrinken“. Es ergibt sich aus diesen Überlegungen, daß die Empfindlichkeit des röntgenspektroskopischen Nachweises mit abnehmender Wellenlänge immer kleiner wird. Die Erfahrung hat gezeigt, daß es nicht zweckmäßig ist, wesentlich unter eine Wellenlänge von etwa 550 X-E herunterzugehen.

Das bedeutet — wie ein Blick auf die Wellenlängentabellen zeigt — für die Elemente der seltenen Erden: Scandium und Yttrium werden stets mit Hilfe der K-Serie nachgewiesen. Die L-Serie kommt bei beiden Elementen wegen zu großer Absorbierbarkeit nicht in Frage. Die K-Spektren (Sc $K\alpha_1$ 3025 X-E, Y $K\alpha_1$ 827 X-E) liegen hingegen bezüglich ihrer photographischen Wirksamkeit günstig, und die Anregungsspannung ist nicht zu hoch (4,49 bzw. 17,0 KV).

Für die Reihe Lanthan bis Cassiopeium kommt im allgemeinen die L-Serie in Betracht. Nur in Ausnahmefällen wird man für ein Element dieser Reihe das K-Spektrum heranziehen, z. B. dann, wenn infolge von Koinzidenzen (vgl. S. 690) eine sichere Identifizierung in der linienreichen L-Serie nicht möglich ist.

Das Thorium wird in der Regel ebenfalls mit Hilfe der L-Serie nachgewiesen. Als zweite Möglichkeit kommt die M-Serie in Betracht, die bei diesem hochatomigen Element im Wellenlängenbereich der praktischen Spektralanalyse liegt (stärkste M-Linie des Thoriums $\lambda = 4130$ X-E). Die K-Serie des Thoriums ist so extrem hart, daß sie für spektralanalytische Zwecke ausscheidet.

Wie die Tabellen 4 und 5 zeigen, kommt also für den Nachweis der Elemente der seltenen Erden — wenn wir das Thorium zunächst außer Betracht lassen — das Wellenlängengebiet von 3100 bis 1200 X-E in Frage. In diesem Gebiet liegen die K-Serie von Scandium, die K-Serie 2. und 3. Ordnung von

Yttrium, die L-Serien der Reihe Lanthan bis Cassiopeium und die L-Serie von Thorium in 2. und 3. Ordnung. Die K-Serie von Yttrium und die L-Serie von Thorium in der 1. Ordnung liegen in dem Bereich von etwa 980 bis 640 X-E. Beide Wellenlängenbereiche kann man mit einem Spektrographen ohne Vakuum erfassen, indessen ist die Verwendung eines Vakuumspektrographen von etwa 2 bis 2,5 Å an zu empfehlen, da hier die Absorption der Strahlung in Luft recht merklich zu werden beginnt. Steht kein Vakuumspektrograph zur Verfügung, so kann man die Elemente La bis etwa Gd in einzelnen Fällen auch mit Hilfe der K-Serie nachweisen, wenn die dazu nötigen hohen Spannungen erreicht werden können.

Tabelle 6. Anregungsspannungen (in KV) der K- und der L-Serie der Elemente der seltenen Erden.

Element	K-Serie	L-Serie[1]	Element	K-Serie	L-Serie[1]
21 Sc	4,49	—	65 Tb	52,0	8,70
39 Y	17,0	2,36	66 Dy	53,8	9,03
57 La	38,7	6,26	67 Ho	55,8	9,38
58 Ce	40,3	6,54	68 Er	57,5	9,73
59 Pr	41,9	6,83	69 Tm	59,5	10,1
60 Nd	43,6	7,12	70 Yb	61,4	10,5
62 Sm	46,8	7,73	71 Cp	63,4	10,9
63 Eu	48,6	8,04	90 Th	109,0	20,5
64 Gd	50,3	8,37			

3. Erregung des Röntgenspektrums. Die Erregung des charakteristischen Röntgenspektrums eines Elementes geschieht entweder durch Bombardieren mit Kathodenstrahlen oder durch Bestrahlung mit Röntgenstrahlen. Man unterscheidet danach in der Spektralanalyse kurz die Primärmethode, bei der die durch Kathodenstrahlen erzeugten primären Röntgenstrahlen zur Analyse verwendet werden, und die Sekundärmethode, bei der die durch primäre Röntgenstrahlen erzeugten sekundären Röntgenstrahlen (auch Fluoreszenzstrahlen genannt) zur Untersuchung gelangen [R. Glocker und H. Schreiber (1928), H. Schreiber (1929), G. v. Hevesy, I. Böhm und A. Faessler (1929)]. Die Primärmethode ist beschränkt auf schwer flüchtige, unzersetzliche Substanzen, da die Analysenprobe direkt auf die Antikathode der Röntgenröhre gebracht und daher thermisch stark beansprucht wird. Mit Hilfe der Sekundärmethode können auch leichter flüchtige und zersetzliche Substanzen untersucht werden.

Die *Primärmethode*, die wegen der wesentlich kürzeren Belichtungszeiten im allgemeinen vorgezogen wird, ist für die Elemente der seltenen Erden besonders geeignet, da diese wohl meist in Form der sehr schwer flüchtigen Oxyde zur Analyse gelangen, so daß eine Verdampfung unter dem Bombardement der Kathodenstrahlen nicht zu befürchten ist.

Die Substanz wird in fein pulverisierter Form auf die aufgerauhte Antikathode aufgerieben. Als Antikathodenmaterial wird Kupfer, gelegentlich auch Aluminium, verwendet. Kupfer hat den Vorteil, daß es als gut wärmeleitendes Metall höher belastbar ist. Obgleich Aluminium einen schwächeren kontinuierlichen Untergrund gibt, wird es nur dann als Antikathodenmaterial benutzt, wenn Kupfer wegen Koinzidenzen ausscheidet.

Die Substanz ist nach Möglichkeit kurz vor dem Auftragen auf die Antikathode auszuglühen, damit ein ruhiger Betrieb der Röhre gewährleistet ist.

Die Spannung an der Röhre soll mindestens das Doppelte, besser das 3- bis 5fache der Anregungsspannung des nachzuweisenden Elementes betragen. Wenn

[1] Kurzwelligste Untergruppe.

für die Reihe La-Cp auf die Anregung der K-Serie verzichtet wird — dies wird meistens der Fall sein — so genügt also eine Hochspannungsanlage bis 50 KV maximal. Zur Not kommt man auch mit 25 bis 30 KV aus. Bei gegebener Leistung ist es zweckmäßiger, mit hoher Spannung und kleinem Strom zu arbeiten als umgekehrt, denn die Intensität der Linien steigt mit der Röhrenstromstärke proportional, mit der Röhrenspannung jedoch stärker als proportional an. (Es gilt: J prop. $(V\text{-}V_0)^n$, wo V die angelegte Spannung, V_0 die Anregungsspannung der betreffenden Serie und $n \sim 2$ ist.)

Die *Sekundärmethode* ist zum qualitativen Nachweis (über die Vorzüge der Sekundärmethode in der quantitativen Analyse vgl. S. 702) bei den Elementen der seltenen Erden dann zu verwenden, wenn die Empfindlichkeit der Primärmethode nicht ausreicht. Man kann durch Verlängern der Belichtungszeit infolge des Fehlens des kontinuierlichen Untergrundes bei der Sekundärmethode die Empfindlichkeit ganz wesentlich steigern. Infolge der geringeren Lichtstärke bei der Sekundärmethode sind freilich beträchtliche Belichtungszeiten nötig, so daß die Methode weniger für Gesamtanalysen in Frage kommt als vielmehr dann, wenn es sich darum handelt, in einem Präparat ein einzelnes Erdelement mit der äußersten Empfindlichkeit nachzuweisen. Ferner wird man die Sekundärmethode dann verwenden, wenn eine Verbindung vorliegt, die unter dem Einfluß der Kathodenstrahlen verdampft oder zersetzt würde, und endlich, wenn es sich um eine wertvolle Substanz handelt, die nicht verloren gehen soll. Es ist bei der Sekundärmethode ohne Schwierigkeiten möglich, die Substanz quantitativ wieder zu gewinnen, während man bei Anregung mit Kathodenstrahlen stets mit Verlusten zu rechnen hat; beim Auftreten von Gasentladungen, die sich mit absoluter Sicherheit nicht vermeiden lassen, kann der Verlust praktisch vollständig werden.

Die fein pulverisierte Substanz wird entweder auf ein aufgerauhtes Aluminiumblech gerieben, und zwar in einer dicken Schicht, so daß das Aluminium völlig zugedeckt ist, oder es wird eine dünne Pastille gepreßt. Das Aluminium-Blech bzw. die Pastille werden auf dem Sekundärstrahlträger angeschraubt. Zum Schutz gegen Zerstäubung kann das Präparat mit einer dünnen Aluminium-Folie (etwa 7 bis 10 μ) bedeckt werden. Bei weicher Strahlung ($\lambda > 1500$ X-E) ist es besser, die Substanz mit einem Tropfen Kollodiumlösung zu fixieren, den man über den Strahler laufen läßt.

Als Antikathodenmaterial wird am besten ein Metall gewählt, dessen charakteristische Strahlung etwas kurzwelliger ist als die Absorptionsbandkante des nachzuweisenden Elementes. Je näher die Strahlung der Absorptionsbandkante liegt, desto stärker ist die Anregung. Ist der Abstand größer als etwa 500 X-E, so erfolgt die Anregung im wesentlichen nur noch durch die Bremsstrahlung, die viel weniger kräftig wirkt. Läßt sich das in Frage kommende Metall nicht in kompakter Form als Antikathodenmaterial verwenden, so genügt es auch, es in Pulverform oder als Oxyd in eine Cu-Antikathode einzureiben. Die Verhältnisse liegen, wie die Tabelle 7 zeigt, bei den Elementen der seltenen Erden recht günstig. In dieser Tabelle sind in der zweiten Spalte die Wellenlängenwerte der K- bzw. L-Absorptionsbandkanten der anzuregenden Elemente angegeben; in der dritten Spalte ist jeweils das Metall verzeichnet, dessen charakteristische Strahlung für die Erregung des betreffenden Elementes günstig ist. Man sieht, daß es sich um leicht zugängliche und als Antikathodenmaterial brauchbare Metalle handelt. Es ist bei der Auswahl zu beachten, daß es nicht nur auf die günstige Lage der anregenden Linien ankommt, sondern daß natürlich auch die Belastbarkeit des Metalles berücksichtigt werden muß. Hier lassen sich allgemeine Regeln nicht angeben; man wird die günstigsten Verhältnisse für jeden Fall in einem Vorversuch ausprobieren müssen. — Für die Anregung mit Bremsstrahlung allein ist Wolfram das geeignetste Antikathodenmaterial.

Die Sekundärmethode erfordert leistungsfähigere Hochspannungsanlagen als die Primärmethode. Man arbeitet bei Spannungen von 40 bis 60 KV und Stromstärken zwischen 20 und 50 MA. Auch hier gilt, daß bei gleicher Leistung hohe Spannung und kleine Stromstärke größere Intensitäten gibt als niedere Spannung und hohe Stromstärke.

Tabelle 7. Charakteristische Strahlungen, die für die Anregung der Elemente der seltenen Erden günstig sind.

Anzuregendes Element	Wellenlänge der Absorptionsbandkante	Günstiges Antikathodenmaterial	Stärkste Linie der erregenden Strahlung
21 Sc	2752	Ti	K α_1 2743
		V	K α_1 2498
39 Y	726	Mo	K α_1 708
57 La	2252	Mn	K α_1 2097
58 Ce	2159	Mn	K α_1 2097
59 Pr	2072	Fe	K α_1 1932
60 Nd	1992	Fe	K α_1 1932
62 Sm	1841	Co	K α_1 1785
63 Eu	1772	Ni	K α_1 1655
64 Gd	1706	Ni	K α_1 1655
65 Tl	1644	Cu	K α_1 1537
66 Dy	1587	Cu	K α_1 1537
67 Ho	1532	W	L α_1 1473
68 Er	1480	W	L α_1 1473
69 Tm	1430	Pt	L α_1 1310
70 Yb	1386	Pt	L α_1 1310
71 Cp	1338	Pt	L α_1 1310
90 Th	760	Nb	K α_1 745
		Mo	K α_1 708

4. Aufnahme. Auf Einzelheiten bei der Einstellung des Spektrographen, der Inbetriebnahme der Röhre usw. kann hier nicht eingegangen werden. Hingewiesen sei nur auf folgende Punkte: Als Spektrometerkrystalle für den Wellenlängenbereich der seltenen Erden dienen Kalkspat und Steinsalz. Das letztere reflektiert wesentlich besser [A. FAESSLER und G. KÜPFERLE (1935)], besonders im Gebiet kurzer Wellenlängen (bei $\lambda =$ 500 X-E 3,5mal, bei $\lambda = 1932$ X-E 2mal stärker als Kalkspat). Indessen wird diese Überlegenheit des Steinsalzes beeinträchtigt durch die Unvollkommenheit seiner Flächen, die sich durch stärkeren und ungleichmäßig geschwärzten kontinuierlichen Untergrund störend bemerkbar macht.

In der Tabelle 8 sind die BRAGGschen Reflexionswinkel für Kalkspat und Steinsalz für den in Frage kommenden Wellenlängenbereich angegeben.

Tabelle 8. BRAGGsche Reflexionswinkel und Wellenlängen nach SIEGBAHN.

Wellenlänge in X-E	Reflexionswinkel für		Wellenlänge in X-E	Reflexionswinkel für	
	Steinsalz	Kalkspat		Steinsalz	Kalkspat
300	3° 3′	2° 50′	1800	18° 39′	17° 17′
400	4° 4′	3° 47′	1900	19° 44′	18° 17′
500	5° 6′	4° 44′	2000	20° 49′	19° 16′
600	6° 7′	5° 41′	2100	21° 54′	20° 17′
700	7° 9′	6° 38′	2200	23° 1′	21° 18′
800	8° 10′	7° 35′	2300	24° 7′	22° 19′
900	9° 12′	8° 33′	2400	25° 14′	23° 20′
1000	10° 14′	9° 30′	2500	26° 22′	24° 22′
1100	11° 16′	10° 28′	2600	27° 31′	25° 25′
1200	12° 19′	11° 25′	2700	28° 40′	26° 28′
1300	13° 21′	12° 23′	2800	29° 50′	27° 31′
1400	14° 24′	13° 22′	2900	31° 1′	28° 36′
1500	15° 27′	14° 20′	3000	32° 13′	29° 41′
1600	16° 31′	15° 19′	3100	33° 25′	30° 47′
1700	17° 35′	16° 18′	3200	34° 39′	31° 53′

Liegt ein Präparat zur Analyse vor, das auf alle seltenen Erden zu prüfen ist, so können sämtliche Elemente mit einer einzigen Aufnahme erfaßt werden, wenn die Schwenkvorrichtung es erlaubt, den Krystall über einen so großen Winkelbereich zu schwenken. Dieses Verfahren empfiehlt sich jedoch nur, wenn eine rohe Übersicht gewünscht wird; es hat den Nachteil, daß die Streustrahlung, die eine allgemeine Schwärzung des Films hervorruft, relativ zur einzelnen Linie um so länger einwirkt, je größer der Winkelbereich ist; damit wird aber die Empfindlichkeit der Methode verringert. Man erfaßt daher besser einen so großen Wellenlängenbereich mit zwei oder drei Aufnahmen, indem man ihn in passender Weise unterteilt. Wenn man in einem Präparat sämtliche Elemente der seltenen Erden, also Sc, Y, La-Cp und Th nachweisen will, so kann man z. B. folgendermaßen unterteilen: Zunächst weist man Scandium für sich allein nach, indem man im Winkelbereich 27,0 bis 30,3° auf Sc K α und β exponiert. Die Reihe Lanthan bis Cassiopeium unterteilt man in zwei Aufnahmen[1]; die erste umfaßt die Elemente La bis Tb (Wellenlängenbereich 2700 bis 1900 X-E, Schwenkwinkel 28,7 bis 19,7°), die zweite die Elemente Tb bis Cp (Wellenlängenbereich 2000 bis 1200 X-E, Schwenkwinkel 20,8 bis 12,3°). Eine vierte Aufnahme wird im Winkelbereich 10,2 bis 6,1° hergestellt, entsprechend den Wellenlängen 1000 bis 600 X-E; sie enthält die stärksten Th L-Linien sowie die K-Linien des Yttriums in der 1. Ordnung.

Ist man an den Elementen Thorium und Yttrium nur beiläufig interessiert, so genügen die beiden Aufnahmen, welche die Reihe Lanthan bis Cassiopeium umfassen; die Linien von Th und Y erscheinen hier in der 2. Ordnung[2].

In anderen spezielleren Fällen ergibt sich die Unterteilung von selbst.

5. Auswertung der Aufnahme. Die Ausmessung der Aufnahme erfolgt in der Weise, daß man die Abstände der einzelnen Linien von einer bekannten Linie ausmißt und unter Verwendung der bekannten Dispersion die Wellenlängen ausrechnet.

Als Bezugslinie benutzt man z. B. die Cu K α_1-Linie, die sehr stark auftritt, wenn eine Antikathode aus Kupfer verwendet wird. Sie liegt zwischen den L α- und β-Linien des Cassiopejums und kann daher für dieses Element und die vorhergehenden als Bezugslinie dienen. Ist in dem Wellenlängenbereich, in dem man arbeitet, eine solche Linie nicht vorhanden, so gibt häufig die ungefähr bekannte Zusammensetzung des Präparates einen Anhalt. Untersucht man z. B. ein fast reines Samariumpräparat auf seine Verunreinigung etwa durch Neodym und Gadolinium, so wird man auf der Aufnahme das stark exponierte L α-Dublett des Samariums ohne weiteres als solches erkennen und als Bezugslinien benutzen. Falls die Aufnahme keine markante Linie enthält, hilft man sich so, daß man bei derselben Einstellung des Spektrographen eine zweite Aufnahme macht, die nur wenige Linien enthält, deren Zuordnung eindeutig ist.

Die Dispersion des Spektrographen (d. h. die Anzahl X-E, die 1 mm auf der Platte entsprechen) ergibt sich zunächst grob aus dem Spektrographenradius. Nachdem eine Linie identifiziert ist, errechnet man aus den Abständen und den exakten Wellenlängenwerten dieser Linie und der Bezugslinie den genauen Wert der Dispersion in dem betreffenden Wellenlängenbereich. Da sich die Dispersion mit der Wellenlänge etwas ändert, so bestimmt man sie an einer zweiten, und wenn nötig, an einer weiteren Stelle der Platte von neuem, indem man sie ähnlich wie oben aus den Abständen und den exakten Wellenlängenwerten zweier identifizierter Linien berechnet.

Der wichtigste Teil der Auswertung ist die richtige Zuordnung der gefundenen Linien. Gerade bei den Elementen der seltenen Erden bereitet die eindeutige Zuordnung der beobachteten Linien — und damit der sichere Nachweis eines Elementes — oft erhebliche Schwierigkeiten, und zwar besonders dann, wenn in einem Präparat eine größere Anzahl der seltenen Erden vorliegt oder gar sämtliche seltenen

[1] Es erleichtert die Auswertung, wenn sich die Aufnahmen ein wenig überdecken. — Die Winkel sind in dem Beispiel für Steinsalz berechnet.

[2] Es ist zu beachten, daß die Reflexionen 2. und 3. Ordnung wesentlich schwächer sind als die 1. Ordnung.

Erden anwesend sind. Da sich die Spektren überlagern, tritt infolge der großen Linienzahl der L-Serie eine Reihe von Koinzidenzen (Zusammenfallen von Linien verschiedener Elemente) auf, die sehr gründlich zu diskutieren sind, wenn man nicht grobe Fehler machen will.

Tabelle 9. Linienkoinzidenzen für die wichtigsten K-Linien von Scandium und Yttrium (vgl. S. 694).

	α_2	α_1	β_1
21 Sc	3028 II Dy L γ_5 3030	3025 II Er L β_{14} 2024 II Tu L β_6 2023 III Tl L β_2 2024	2774 II Cu K β_1 2779
39 Y	831 II Sb K β_1 832	827 Th L β_6 826 Rb K β_1 827	739 II La K α_1 740 III Tb K β_1 737
39 Y 2. Ordnung	1663 Tb L β_{10} 1664	1654 Sm L γ_3 1652 Eu L γ_1 1654 Ni K α_1 1655 Ho L β_4 1655 Tb L β_7 1656 Sm L γ_2 1656 II Th L β_6 1653 II Rb K β_1 1654	1478 —
39 Y 3. Ordnung	2494 Ti K β_2 2494 II Re L β_6 2496	2481 Cs L β_7 2480 Cs L β_{11} 2483 II Pt L η 2481 III Th L β_6 2479 III Rb K β_1 2481	2218 Ba L γ_7 2218

Schwierig wird die Auswertung oft auch dann, wenn ein Element in hoher Konzentration anwesend ist, ein Fall, der bei den seltenen Erden häufig vorkommt. Es soll z. B. ein fast reines Erdenpräparat auf geringste Verunreinigungen untersucht werden. Man wird die Aufnahme kräftig exponieren, um die nötige Empfindlichkeit zu erreichen. Dies hat aber zur Folge, daß im Spektrum des Hauptbestandteiles zahlreiche schwache und schwächste Linien erscheinen. (Man beobachtet sogar nicht selten auf solchen Aufnahmen eine Linie, die in den Tabellen sämtlicher Röntgenlinien nicht verzeichnet ist.) Die Gefahr, daß eine solche schwache Linie mit der Hauptlinie einer gesuchten Verunreinigung zusammenfällt, ist bei der großen Zahl dieser schwachen Linien nicht zu unterschätzen. Es sei hier an die wiederholt angekündigte Entdeckung des Elementes 61 erinnert, das bis heute noch nicht sichergestellt ist. Es steht außer Zweifel, daß in diesem Falle irgendeine schwache Linie eines anderen Elementes mit einer der nach dem MOSELEYschen Gesetz berechneten Hauptlinien des Elementes 61 identifiziert wurde.

Es ist jedoch nachdrücklichst zu betonen, daß bei Anwendung aller Vorsichtsmaßregeln sich derartige Fehldeutungen vermeiden lassen. Zum mindesten aber ist der erfahrene Spektralanalytiker in der Lage, in komplizierten Fällen den Grad der Sicherheit seiner Aussage zu beurteilen. — Bevor auf die Faktoren eingegangen wird, die bei der Auswertung zur Vermeidung von Irrtümern zu berücksichtigen sind, sei auf einige Mittel hingewiesen, durch die man sich die Auswertung von vornherein erleichtern kann.

1. Die *Dispersion* des Spektrographen soll nicht zu klein sein. Mit einem BRAGG-Spektrographen von 150 mm Radius erhält man bei Verwendung eines

Tabelle 10. Linienkoinzidenzen für die wichtigsten L-Linien der Elemente La-Cp und Th (vgl. S. 694).

	α_2	α_1	β_1	β_2	β_3	γ_1
57 La	2669 Nd L l 2670	2660 Cs L β_4 2661 II Ta L β_6 2657	2453 II Yb L γ_2 2451 II Tu L γ_4 2453	2298 —	2405 Nd L η 2404 II W L β_9 2404	2137 II Au L β_2 2136 III Mo K α_2 2137 II Hg L β_4 2138
58 Ce	2565 Ba L β_1 2562 Te L γ_2 2565 II Ta L β_2 2564	2556 II W L β_1 2558	2351 II Re L β_5 2349 III Pb L γ_4 2352 III Zr K α_1 2353	2204 Sm L α_2 2206 II Se K α_1 2205 II Ta L γ_2 2206	2306 Gd L l 2307 II Bi L α_2 2306 III Sr K β_2 2308	2044 Gd L α_1 2042 La L γ_2 2042 II Os L γ_1 2044
59 Pr	2468 II W L β_8 2470	2458 —	2254 II Ge K β_1 2253 II Ir L β_8 2254	2115 Eu L α_1 2116 II Bi L η 2113 II Pt L β_{10} 2114	2212 Ce L β_{14} 2212 Sm L η 2214 II Se K α_2 2213	1957 Ce L γ_2 1956 Sm L β_3 1958 II Se K β_2 1956 Tl L β_5 1957 III Th L γ_1 1956
60 Nd	2376 La L β_6 2374 Ba L β_7 2376 III Th L β_2 2376	2365 II Yb L γ_4 2364 II Cp L γ_2 2366 III Zr K α_2 2366	2162 —	2031 —	2122 Pr L β_{14} 2122 II W L γ_3 2120 II Au L β_8 2122 III Mo K α_1 2124	1874 Pr L γ_2 1875 II Bi L β_3 1873
62 Sm	2206 Ce L β_2 2204 II Se K α_1 2205 II Ta L γ_2 2206 II Ir L β_5 2207 II Au L β_4 2208 III U L β_7 2204	2195 II W L γ_1 2193 II Ta L γ_3 2194	1994 III Nb K β_1 1993	1878 —	1958 Ce L γ_2 1956 Pr L γ_1 1957 II Se K β_2 1956 II Tl L β_2 1957 III Nb K β_2 1958	1723 Tu L α_1 1723 Tl L l 1725
63 Eu	2127 II Ta L γ_4 2125 III U L β_3 2126	2116 Pr L β_2 2115 II Pt L β_{10} 2114 II Re L γ_1 2117	1916 Dy L α_2 1916 II Ir L γ_3 1914	1808 —	1883 Pr L γ_{10} 1881 Sm L β_{14} 1885	1654 Sm L γ_3 1652 Ho L β_4 1655 Ni K α_1 1655 Tb L β_7 1656 Sm L γ_2 1656 II Th L β_6 1653 II Y K α_1 1654 II Rb K β_1 1654
64 Gd	2053 Ce L γ_9 2051 II Au L β_{10} 2052 II W L γ_4 2052	2042 La L γ_2 2042 Ce L γ_1 2044	1843 Ho L α_1 1841 III U L γ_1 1842	1742 Fe K β_2 1741 Nd L γ_4 1741 Tb L β_3 1743	1811 III U L γ_2 1812	1589 Eu L γ_3 1588

65 Tb	1982 II Se Kβ_1 1980 II Bi Lβ_6 1983	1972 II Pt Lγ_5 1971	1773 Sm Lγ_5 1775	1679 Yb Lα_2 1679 Dy Lβ_3 1678	1743 Fe Kβ_2 1741 Nd Lγ_4 1741 Gd Lβ_2 1742 II Hg Lγ_2 1745	1527 Gd Lγ_3 1526 Tu Lβ_1 1527 II Th Lβ_1 1527 III Pd Kβ_2 1527
66 Dy	1916 Eu Lβ_1 1916 II Ir Lγ_3 1914	1905 Mn Kβ_1 1906 II Bi Lβ_2 1906	1707 Eu Lγ_5 1705	1620 Ho Lβ_6 1619 Co Kβ' 1620 II Tl Lγ_4 1620	1678 Yb Lα_2 1679 Tb Lβ_2 1679 II Pb Lγ_1 1676	1469 Tb Lγ_3 1468 Ta Lη 1468 III Sn Kα_1 1469
67 Ho	1852 Sm Lβ_7 1852 II Pt Lγ_3 1852	1841 Gd Lβ_1 1843 II U Lα_2 1841 III U Lγ_1 1842	1644 Eu Lγ_7 1644	1564 Er Lβ_6 1564 Hf Lα_1 1566 II Sr Kβ_1 1563	1616 Cp Lα_1 1616 Co Kβ_1 1617 III Cd Kα_2 1615	1414 Yb Lβ_2 1413 Dy Lγ_3 1414 Cp Lβ_6 1414 Ho Lγ_9 1416
68 Er	1791 Co Kα_2 1789 Nd Lγ_3 1793 II Pt Lγ_4 1790 II Au Lγ_3 1792 III U Lγ_3 1791	1781 Tb Lβ_4 1781 Eu Lβ_{14} 1781 III U Lγ_6 1780	1584 II Th Lβ_2 1584	1511 Tu Lβ_6 1512	1558 III Pd Kβ_1 1558	1361 Ir Lα_2 1360 Cp Lβ_{11} 1360 Ho Lγ_3 1361 III In Kβ_1 1361
69 Tu	1734 —	1723 Sm Lγ_1 1723 Ta Ll 1725	1527 Gd Lγ_3 1526 Tb Lγ_1 1527 II Th Lβ_1 1527	1460 Ho Lγ_5 1459 III Ag Kβ_2 1458	1502 Er Lβ_{11} 1501	1313 Er Lγ_3 1312 Bi Ll 1314 Cp L ? 1315 III J Kα_2 1311
70 Yb	1679 Dy Lβ_3 1678 Tb Lβ_2 1679	1668 —	1473 W Lα_1 1473 Tb Lγ_2 1474	1413 Ho Lγ_1 1414 Dy Lγ_3 1414 Cp Lβ_6 1414	1449 II U Lβ_5 1450	1265 Tu Lγ_3 1265
71 Cp	1626 Dy Lβ_{14} 1625 Re Ll 1627 II Pb Lγ_3 1626	1616 Ho Lβ_3 1616 Co Kβ_1 1617 III Cd Kα_2 1615	1421 Dy Lγ_2 1420 III Sb Kα_2 1422 III Cd Kβ_1 1422	1367 Ho Lγ_2 1368 III Te Kα_2 1365	1398 Os Lα_2 1398	1220 Yb Lγ_3 1220 W Lβ_7 1222 III Sb Kβ_2 1221
90 Th	966 Pb Lβ_3 967	954 Bi Lβ_2 953 Au Lγ_5 954 Pt Lγ_1 956	764 II J Kβ_1 766 III Gd Kβ_1 761 III Gd Kβ_3 763	792 Bi Lγ_2 794	753 U Lβ_2 753	652 Nb Kβ_2 653 III Er Kβ_2 650
90 Th 2. Ordnung	1932 Nd Lγ_5 1931 Fe Kα_1 1932 II Pb Lβ_3 1934	1908 Mn Kβ_1 1906 II Bi Lβ_2 1906 II Au Lγ_5 1907	1527 Gd Lγ_3 1526 III Pd Kβ_2 1528	1584 Er Lβ_1 1583	1506 II U Lβ_2 1506	1304 Yb Lγ_5 1303 Ta Lβ_3 1304
90 Th 3. Ordnung	2898 Cs Lα_2 2896 II Yb Lβ_3 2899	2862 II Zn Kα_1 2864 III Bi Lβ_2 2860 III Au Lγ_5 2861	2291 Cr Kα_2 2289	2376 La Lβ_6 2374 Ba Lβ_7 2376 Nd Lα_2 2376	2260 II W Lγ_5 2260 III U Lβ_2 2259	1955 Ce Lγ_2 1956 Pr Lγ_1 1957 II Se Kβ_2 1956 II Tl Lβ_5 1957

Kalkspatkrystalls eine Dispersion von etwa 20 X-E je Millimeter. Die kleinen Analysenspektrographen, die früher oft benutzt worden sind, geben eine zu geringe Dispersion.

2. Die Spaltbreite soll so eingestellt werden, daß die Komponenten des K α-Dubletts noch sauber getrennt erscheinen, d. h. das *Auflösungsvermögen* soll etwa 2 bis 3 X-E betragen.

3. Eine vorhergehende chemische Trennung kann die Auswertung ganz wesentlich vereinfachen. So empfiehlt sich z. B. in manchen Fällen die chemisch leicht ausführbare Abtrennung des Cers und Thors oder eine Trennung in Cerit- und Yttererden.

Die Messung der Abstände der Linien erfolgt z. B. mit Hilfe einer in Zehntelmillimeter geteilten Glasskala unter Benutzung einer guten Lupe. Besser ist die Verwendung eines Meßmikroskopes, mit dem sich eine Genauigkeit von ± 1 X-E ohne besondere Mühe erreichen läßt.

Nachdem die Wellenlängen der einzelnen Linien ermittelt sind, benutzt man zu ihrer Zuordnung eine Tabelle, die praktisch sämtliche bekannten Röntgenlinien, nach der Wellenlänge geordnet, enthält. Ist eine Zuordnung erfolgt, so müssen die möglichen *Koinzidenzen* diskutiert werden. Dies ist gerade bei den Elementen der seltenen Erden sehr wichtig. Ein Beispiel mag die Verhältnisse erläutern. Auf einer Aufnahme eines Gemisches seltener Erden wird eine mittelstarke Linie der Wellenlänge $\lambda = 2116$ X-E festgestellt. In der Wellenlängentabelle finden wir für die Wellenlänge 2116 die Eu L α_1-Linie angegeben. Es darf nun nicht ohne weiteres behauptet werden, die Substanz enthalte Europium. Denn für $\lambda = 2115$ ist Pr L β_2 angegeben, und die Meßgenauigkeit ist nicht so groß, daß zwischen den beiden Möglichkeiten auf Grund der Wellenlängenmessung entschieden werden kann; mit der Anwesenheit von Praseodym ist natürlich zu rechnen. Wir versuchen folgenden Weg: Wir überzeugen uns davon, ob das Präparat überhaupt Praseodym enthält, indem wir nach anderen Linien von Praseodym, z. B. nach L α_1 und L β_1 suchen. Diese Linien sind nicht festzustellen, die beobachtete Linie kann also nicht vom Praseodym herrühren. Wir stellen ferner fest, daß es auch keine Linie höherer Ordnung sein kann, denn eine Linie der Wellenlänge $\lambda/2$ oder $\lambda/3$ gibt es nicht. Wir betrachten also vorläufig die Linie 2116 als die Eu L α_1-Linie. Nun folgt eine wichtige *Kontrolle*: wenn es sich wirklich um die Eu L α_1-Linie handelt, so müssen auch die α_2-, β_1- und β_2-Linien des Europiums festzustellen sein. Die Eu L α_2-Linie ist in der Tat eben noch sichtbar (falls sie nicht vorhanden wäre, müßten wir überlegen, ob auf Grund der Intensität der Eu L α_1-Linie die 10mal schwächere α_2-Linie noch zu sehen sein müßte; im Zweifelsfalle ist eine stärker belichtete Aufnahme nötig). Ebenso findet sich die Eu L β_1-Linie, die aber mit Dy Lα_2 koinzidiert. Nun ist Dysprosium zwar vorhanden, denn wir finden die L α_1-Linie dieses Elementes, aber die Intensitätsverhältnisse zeigen, daß die Dy L α_2-Linie von einer anderen Linie überlagert wird, und dies kann nur Eu L β_1 sein. Schließlich finden wir die Eu L β_2-Linie, die mit keiner anderen Linie koinzidiert. — Wir haben damit vier Linien des Europiums festgestellt und betrachten den Nachweis dieses Elementes als gesichert.

Das Beispiel zeigt, wie gefährlich es im Gebiet der Elemente der seltenen Erden ist, auf Grund einer einzigen Linie auf das Vorhandensein eines Elementes zu schließen. Es zeigt aber auch, daß man durch gründliche Diskussion der Koinzidenzen und durch Aufsuchen mehrerer Linien des nachzuweisenden Elementes unter Berücksichtigung der ungefähren Intensitätsverhältnisse in den meisten Fällen zu einem sicheren Ergebnis gelangt.

Zur Erleichterung der Auswertung sind in den Tabellen 9 und 10 die Koinzidenzen für die wichtigsten Linien der seltenen Erden zusammengestellt. Aufgenommen sind sämtliche Linien, deren Wellenlängen auf ± 3 X-E und weniger mit der

Wellenlänge der betreffenden Erdenlinie übereinstimmen (Wellenlängenwerte auf ganze X-Einheiten abgerundet). Für die Linien 2. und 3. Ordnung, die durch II bzw. III gekennzeichnet sind, ist als Wellenlänge 2 λ bzw. 3 λ angegeben. Der Vollständigkeit halber sind auch sehr schwache Linien angeführt; viele von diesen werden auf den meisten Aufnahmen aus Intensitätsgründen überhaupt nicht in Betracht kommen.

6. Empfindlichkeit des Nachweises der Elemente der seltenen Erden. Die Empfindlichkeit der röntgenspektroskopischen Analyse hängt von der Wellenlänge ab. Beim Nachweis der Elemente der seltenen Erden in pulverförmigen Gemischen, die nach der Primärmethode untersucht werden, liegt die erreichbare Empfindlichkeit etwa bei 0,05 bis 0,1‰ [W. Noddack (1933), A. Faessler (b) (1934), L. Mazza (1935)]. Da 1 bis 0,1 mg Substanz für eine Aufnahme ausreicht, so ist die kleinste nachweisbare Menge (Erfassungsgrenze) etwa 10^{-7} bis 10^{-8} g (in sehr günstigen Fällen kann man sogar mit 0,01 mg Substanz auskommen, was einer Erfassungsgrenze von 10^{-9} g entspricht).

Eine Grenze für die Empfindlichkeit der Sekundärmethode läßt sich schwer angeben. Infolge des Fehlens des kontinuierlichen Untergrundes kann die Belichtungszeit fast beliebig ausgedehnt werden. Doch sind zum Nachweis von Elementen in Konzentrationen, die kleiner als 0,1‰ sind, Belichtungszeiten von 20 und mehr Stunden nötig.

c) Quantitative Röntgenspektralanalyse der Elemente der seltenen Erden.

A. Emissionsanalyse.

1. Das Zumischungsverfahren. Die quantitative röntgenspektralanalytische Bestimmung eines Elementes mit Hilfe seines Emissionsspektrums ist im Prinzip sehr einfach und übersichtlich. Sie beruht auf dem Intensitätsvergleich zweier Linien, von denen die eine dem zu bestimmenden Element, die andere einem der Analysenprobe in bekannter Menge zugesetzten Grundstoff angehört. Kennt man das Atomzahlverhältnis, bei dem die beiden Vergleichslinien gleich stark erscheinen, so läßt sich aus der Menge des zugesetzten Grundstoffes und dem beobachteten Intensitätsverhältnis des Vergleichslinienpaares die Menge des zu bestimmenden Elementes in der Analysenprobe berechnen. Das Atomzahlverhältnis, das Intensitätsgleichheit der beiden Linien ergibt — der sog. Atomfaktor — wird empirisch ermittelt[1]. Es sei f der Atomfaktor, und es seien zu a Gramm der Analysenprobe Z Grammatome des Vergleichselementes zugesetzt worden; die Aufnahme der Analysenprobe ergebe ein Intensitätsverhältnis A der beiden Linien. Dann ist die Anzahl Grammatome des gesuchten Elementes in a g der Probe

$$x = f \cdot A \cdot Z.$$

Wichtig ist die Wahl von geeigneten Vergleichslinien. Es ist anzustreben, daß sowohl die Linien selbst als auch die zugehörigen Absorptionsbandkanten nahe beieinander liegen. Ist dies nicht der Fall, so können leicht Störungseffekte durch Fremdelemente auftreten. Liegt z. B. die Absorptionsbandkante eines in der Analysenprobe vorhandenen dritten Elementes zwischen den Vergleichslinien, so wird die härtere Linie von diesem viel stärker absorbiert als die weichere, und es entsteht dadurch eine Bevorzugung der weicheren Linie (Absorptionseffekt). Enthält die Analysenprobe ein Fremdelement, dessen charakteristische Strahlung zwischen den Absorptionsbandkanten der beiden Vergleichselemente liegt, so wird das Element mit der langwelligen Kante durch diese Strahlung angeregt, das Element

[1] Da das Intensitätsverhältnis zweier Linien etwas von der Spannung abhängt, soll der Atomfaktor bei derjenigen Röhrenspannung ermittelt werden, mit der bei der Analyse gearbeitet wird. Die Spannungsabhängigkeit ist jedoch nur gering, wenn die Röhrenspannung genügend über den (nicht sehr verschiedenen) Anregungsspannungen der beiden Linien liegt.

Tabelle 11. Vergleichslinien zur quantitativen Bestimmung der Elemente der seltenen Erden nach dem Zumischungsverfahren.

	Zu bestimmendes Element	Linie in X-E	Kante in X-E	Vergleichselement	Linie in X-E	Kante in X-E
1a	Sc	K α_1 3025	2751	Sb	L β_2 3017	2995
b	Sc	K β_1 2774	2751	J	L β_2 2746	2712
2	Y	K α_1 827	726	U	L α_1 908	720
3	La	L α_1 2660	2254	Cs	L β_1 2678	2307
4a	Ce	L α_1 2556	2160	Ba	L β_1 2562	2200
b	Ce	L β_1 2351	2008	Cr	K α_2 2289	2068
5a	Pr	L β_1 2254	1920	Cr	K α_1 2285	2068
b	Pr	L β_2 2115	2073	Cr	K β_1 2080	2068
6a	Nd	L α_1 2365	1992	Cr	K α_2 2289	2068
b	Nd	L γ_1 1874	1838	Mn	K β_1 1906	1892
7	Sm	L β_2 1878	1841	Mn	K β_1 1906	1892
8a	Eu	L α_1 2116	1773	Mn	K α_1 2097	1892
b	Eu	L β_1 1916	1623	Fe	K α_1 1932	1739
9a	Gd	L β_2 1742	1706	Fe	K β_1 1753	1739
b	Gd	L α_1 2042	1706	Mn	K α_1 2097	1892
10a	Tb	L α_1 1971	1644	Fe	K α_1 1932	1739
b	Tb	L β_1 1773	1498	Co	K α_1 1785	1602
11a	Dy	L α_1 1905	1587	Fe	K α_1 1932	1739
b	Dy	L β_1 1707	1435	Ni	K α_2 1659	1489
12	Ho	L β_1 1644	1386	Ni	K α_1 1655	1489
13a	Er	L β_1 1583	1336	Hf	L α_1 1566	1293
b	Er	L β_1 1583	1336	Co	K β_1 1617	1602
14a	Tu	L β_1 1526	1284	Cu	K α_1 1537	1378
b	Tu	L α_1 1722	1429	Ni	K α_2 1659	1489
15a	Yb	L β_1 1473	1242	Au	L l 1457	1038
b	Yb	L β_1 1473	1242	Zn	K α_2 1436	1281
16a	Cp	L β_2 1367	1338	Hf	L β_1 1371	1152
b	Cp	L α_1 1616	1338	Er	L β_1 1583	1336
17a	Th	L α_1 953	760	Rb	K α_1 924	814
b	Th	L β_1 763	629	Nb	K α_2 745	650

mit der kurzwelligen Kante hingegen nicht. Das Intensitätsverhältnis erleidet damit eine Verschiebung zugunsten des Elementes mit der kurzwelligen Absorptionsbandkante (Anregungseffekt). Je näher sich die Linien und Absorptionsbandkanten der Vergleichselemente liegen, desto kleiner ist die Wahrscheinlichkeit für das Auftreten solcher Störungseffekte.

Es sind ferner bei der Wahl der Vergleichslinien auch chemische Faktoren zu beachten. Man wird als Vergleichselement möglichst einen solchen Stoff wählen, der in der Analysenprobe nicht schon vorhanden ist. Zur quantitativen Bestimmung eines Elementes der seltenen Erden wird man also nicht ein anderes Element der seltenen Erden wählen, da ja sehr häufig alle seltenen Erden gleichzeitig vorkommen.

Die Tabelle 11 enthält für sämtliche Elemente der seltenen Erden Vergleichslinien, die unter den genannten Gesichtspunkten ausgesucht sind. Die Möglichkeiten sind aber damit keineswegs erschöpft; nicht selten wird sich für ein Element ein anderes Vergleichslinienpaar finden lassen, das dem speziellen Zweck angepaßt ist.

Es lassen sich nur wenige Vergleichslinienpaare finden, bei denen überhaupt keine Möglichkeit für einen der oben geschilderten Störungseffekte vorhanden ist. Für jedes der in der Tabelle 11 angeführten Linienpaare gibt es störende Elemente. In der Tabelle 12 sind diese für jedes einzelne Linienpaar zusammengestellt, und zwar sind unter A verzeichnet die Linien fremder Elemente zwischen den Kanten der Vergleichselemente, unter B die Kanten fremder Elemente zwischen den Vergleichslinien. — Es ist jedoch zu betonen, daß die störenden Effekte nur bei großem

Tabelle 12. Störende Elemente (vgl. S. 696).

A. Linien fremder Elemente zwischen den Kanten der Vergleichselemente. B. Kanten fremder Elemente zwischen den Vergleichslinien.

Nr.		Elemente
1a	A.	Ba L α_1, Cs L α_1, J L β_1,
	B.	—
b	A.	Ti K α_1
	B.	Sn L_3
2	A.	—
	B.	Hg L_3, Tl L_2, Au L_3, Hg L_2 Pt L_3, Au L_2
3	A.	Pr L β_1, V K β_1, Cr K α_1
	B.	—
4a	A.	Nd L β_1, Sm L α_1
	B.	—
b	A.	Gd L α_1, Ce L γ_1
	B.	Cs L_2
5a	A.	Fe K α_1, Tb L α_1, Sm L β_1, Gd L α_1, Ce L γ_1
	B.	V K, Xe L_3
b	A.	—
	B.	La L_2
6a	A.	Sm L β_1, Gd L α_1
	B.	Ba L_1, Cs L_2
b	A.	Ho L α_1, Gd L β_1
	B.	Mn K, Ce L_3
7	A.	Ho L α_1, Gd L β_1, Nd L γ_1
	B.	Ce L_3
8a	A.	Tb L β_1, Co K α_1, Ho L α_1, Gd L β_1, Nd L γ_1
	B.	La L_2
b	A.	Ho L β_1, Eu L γ_1, Ni K α_1, Yb L α_1, Dy L β_1, Tu L α_1, Sm L γ_1
	B.	Pr L_2
9a	A.	Sm L γ_1, Dy L β_1, Tu L α_1
	B.	—
b	A.	Dy L β_1, Tu L α_1, Sm L γ_1, Fe K β_1, Er L α_1, Co K α_1, Ho L α_1, Gd L β_1, Nd L γ_1
	B.	Ba L_3, Cr K, Pr L_1, La L_2
10a	A.	Eu L γ_1, Ni K α_1, Yb L α_1, Dy L β_1, Tu L α_1, Sm L γ_1
	B.	La L_3
b	A.	Ta L α_1, Tu L β_1, Cu K α_1, Hf L α_1, Er L β_1, Gd L γ_1
	B.	Eu L_1
11a	A.	Er L β_1 Cp L α_1, Co K β_1, Ho L β_1, Eu L γ_1, Ni K α_1, Yb L α_1, Dy L β_1
	B.	Pr L_2
b	A.	Zn K α_2, Yb L β_1, W L α_1
	B.	Gd L_1, Sm L_2
12	A.	Os L α_1, Cu K β_1, Cp L β_1, Zn K α_1, Dy L γ_1, W L α_1, Yb L β_1
	B.	Tb L_1
13a	A.	Zn K β_1, Pt L α_1, Ta L β_1
	B.	—
b	A.	Ga K α_1, Ir L α_1, Hf L β_1, Os L α_1, Cu K β_1, Cp L β_1, Zn K α_1. Yb L β_1, W L α_1, Ni K β_1, Ta L α_1, Cu K α_1, Hf L α_1
	B.	Dy L_1, Sm L_3
14a	A.	Zn K β_1, Pt L α_1, Ta L β_1, Ga K α_1, Ir L α_1, Er L γ_1, Hf L β_1
	B.	Ho L_1, Eu L_3
b	A.	Zn K α_1, Dy L γ_1, Yb L β_1, W L α_1
	B.	Sm L_2, Gd L_1
15a	A.	Br K α_1, Hg L β_1, As K β_1, W L γ_1, Se K α_1, Pt L β_1, Ge K β_1, Bi L α_1, Ir L β_1, Pb L α_1, As K α_1, Hf L γ_1, Os L β_1, Tl L α_1, Ga K β_1, Cp L γ_1, Hg L α_1
	B.	Gd L_3
b	A.	Ge K α_1, Au L α_1, W L β_1
	B.	Dy L_2, Gd L_3
16a	A.	Ir L β_1, Pb L α_1, As K α_1, Os L β_1, Tl L α_1, Ga K β_1, Hg L α_1, Ge K α_1, Yb L γ_1, Au L α_1, W L β_1, Zn K β_1, Pt L α_1, Ta L β_1
	B.	—
b	A.	Ga K α_1
	B.	Dy L_1, Co K, Sm L_3
17a	A.	Sr K β_1, Zr K α_1, Bi L γ_1
	B.	Pt L_2, Os L_1 (?)
b	A.	Mo K β_1, Ru K α_1
	B.	Bi L_1

Überschuß der Fremdsubstanz merklich werden; meist kann die Analyse ohne Berücksichtigung der Störungseffekte ausgeführt werden. Besonders der Anregungseffekt erreicht nur dann einen merkbaren Betrag, wenn es sich um eine starke charakteristische Strahlung (Kα-Strahlung) eines in großer Konzentration vorhandenen Elementes handelt. Läßt sich in einem solchen Falle kein anderes Linienpaar finden, so ist eine zuverlässige Analyse ohne Kenntnis wenigstens der ungefähren Zusammensetzung der Probe nicht möglich. Man hat die Menge des Fremdelementes abzuschätzen und bestimmt den Atomfaktor in einer Grundsubstanz, die etwa ebensoviel von dem störenden Element enthält, wie die zu untersuchende Probe. Rechnet man bei der Analyse mit dem so ermittelten Atomfaktor, so ist der Störungseffekt eliminiert.

In einzelnen Fällen kann von der Zumischung eines Vergleichselementes abgesehen und ein in der Analysenprobe vorhandener Stoff zum Vergleich herangezogen werden. Soll z. B. in einem praktisch reinen Dysprosiumpräparat eine kleine Verunreinigung von Holmium bestimmt werden, so kann man die Ho L α_1-Linie mit einer schwachen Dysprosiumlinie, etwa Dy L η vergleichen, wobei man bei der Auswertung so rechnet, als ob die Dy L η-Linie von einem 100%igen Dysprosiumpräparat emittiert worden wäre. Auch hier ist aber der Atomfaktor Ho L α_1 : Dy L η empirisch zu ermitteln.

2. Vergleich korrespondierender Linien benachbarter Elemente. Nicht selten werden korrespondierende Linien benachbarter Elemente miteinander verglichen, wobei mit dem Atomfaktor 1 gerechnet wird, d. h. es wird angenommen, daß bei gleichen Atomzahlen der beiden Elemente die korrespondierenden Linien die gleiche Intensität haben. Dieses Verfahren ist besonders naheliegend, wenn nur das Mengen*verhältnis* der beiden Elemente bestimmt werden soll. Es hat sich aber gezeigt, daß die Annahme eines Atomfaktors gleich 1 bei korrespondierenden Linien keineswegs immer zutrifft, und daß infolgedessen bei diesem Verfahren erhebliche Fehler auftreten können. Für die Elemente der seltenen Erden ist das Intensitätsverhältnis der L α_1-Linien und der L β_1-Linien je zweier benachbarter Elemente bekannt. Die Tabelle 13 enthält die Zahlenwerte, welche die direkten unkorrigierten Meßergebnisse darstellen. Man sieht, daß die Abweichung des Intensitätsverhältnisses zweier korrespondierender Linien vom Wert 1 bis zu 30% betragen kann.

Tabelle 13. Intensitätsverhältnis der L α_1-Linien und L β_1-Linien je zweier benachbarter Elemente der seltenen Erden.

	Verhältnis der Intensität der L α_1-Linien	Verhältnis der Intensität der L β_1-Linien
La 57 : Ba 56	1,1	1,1
Ce 58 : La 57	1,1	1,15
Pr 59 : Ce 58	1,3	1,25
Nd 60 : Pr 59	1,1	1,05
Eu 63 : Sm 62	0,9	0,85
Gd 64 : Eu 63	0,95	1,0
Tb 65 : Gd 64	1,0	1,05
Dy 66 : Tb 65	1,05	(0,75)
Ho 67 : Dy 66	1,10	1,10
Er 68 : Ho 67	1,05	1,05
Cp 71 : Yb 70	1,05	1,05
Hf 72 : Cp 71	0,8	0,9

Allgemein ist zu sagen, daß der Intensitätsvergleich entsprechender Linien benachbarter Elemente mit unkontrollierter Annahme eines Atomfaktors vom Wert 1 nur für halbquantitative Analysen in Frage kommt. So wurde z. B. in einem Mineral, das zahlreiche seltene Erden enthielt, der Hauptbestandteil, das Thorium, nach dem Zumischungsverfahren durch Vergleich von Th L β_1 und Nb K α_1 exakt bestimmt. Der Gehalt an Yttrium wurde aus dem Intensitätsverhältnis von Nb K α_1 und Y K α_1 abgeschätzt, das Mengenverhältnis der übrigen Elemente der seltenen Erden durch Vergleich der einander entsprechenden Linien [A. Faessler (a) (1931)].

3. Messung der Linienintensitäten (Photometrierung). Im einfachsten Falle kann der Vergleich der Linienintensitäten visuell unter Benutzung einer guten Lupe erfolgen. Bei einiger Übung läßt sich das Intensitätsverhältnis nahezu gleich starker Linien mit einer für viele Fälle ausreichenden Genauigkeit schätzen.

Werden die Linienintensitäten mit Hilfe eines Photometers bestimmt, so dient als Maß für die Intensität meist der maximale Ausschlag des Photometers, gelegentlich auch — falls es sich um ein registrierendes Instrument handelt — die Fläche unter der Photometerkurve. Im ersten Falle ist jede Linie an mehreren Stellen zu photometrieren und der Mittelwert der Einzelausschläge zu bilden, da der maximale Ausschlag von zufälligen Kornanhäufungen in der photographischen Schicht abhängt.

4. Genauigkeit der Methode. Die Genauigkeit der Röntgenspektralanalyse wird im wesentlichen durch die Genauigkeit der Photometrierung bestimmt. Wenn man nach dem Zumischungsverfahren arbeitet, läßt sich jedes Element günstigstenfalls mit einem Fehler von ± 1 bis 2% seines Gehaltes bestimmen; im allgemeinen beträgt der Fehler 2 bis 4% [H. SCHREIBER (1929), G. v. HEVESY, I. BÖHM und A. FAESSLER (1930), W. NODDACK (1933), I. NODDACK (1935)]. Beim Vergleich korrespondierender Linien benachbarter Elemente hat man mit Fehlern bis zu ± 30% zu rechnen.

5. Besondere Verfahren zur Bestimmung mehrerer Elemente der seltenen Erden nebeneinander. Man kann in einem Gemisch, das mehrere oder gar alle seltenen Erden enthält, ein Element nach dem anderen unter Zusatz eines geeigneten Vergleichselementes nach dem einfachen Zumischungsverfahren quantitativ bestimmen. Dieser Weg ist wohl der zuverlässigste, jedoch umständlich und zeitraubend. Es sind daher zur quantitativen Bestimmung mehrerer seltener Erden nebeneinander besondere Verfahren ausgearbeitet worden.

Bei der Bestimmung der seltenen Erden in Tonschiefern (E. MINAMI 1935) wurde eine Variante des Zumischungsverfahrens benutzt: Die Analysenprobe wurde mit einer bekannten Menge Cr_2O_3 gemischt, und die Intensitäten der Linien aller seltenen Erden wurden auf die Cr K α_1-Linie bezogen. Aus den gemessenen Intensitäten in Prozenten der Cr K α_1-Linie und dem bekannten Gehalt der Probe an Cr_2O_3 ergaben sich unter Verwendung einer Reihe von Eichkurven die Gehalte an seltenen Erden. Der Gang der Analyse gestaltete sich im einzelnen folgendermaßen:

Es wurde zunächst eine Eichmischung aufgenommen, die folgende Zusammensetzung hatte: je 5 mg Y_2O_3, Er_2O_3, Dy_2O_3, Gd_2O_3, Sm_2O_3, Nd_2O_3; 5,3 mg CeO_2; je 10 mg NiO, Cr_2O_3; 220 mg Al_2O_3. Die Aufnahme wurde im Registrierphotometer photometriert; als Maß der Intensitäten der Linien dienten die Photometerausschläge in Millimeter. Die Photometerausschläge für die L α_1-Linien der seltenen Erden wurden auf gleiche Atomzahlen umgerechnet und gegen die Wellenlänge aufgetragen; dasselbe wurde für die L β_1-Linien ausgeführt. Die so erhaltenen Kurven (I und II) stellen die Wellenlängenabhängigkeit der gesamten Absorption der Röntgenstrahlen in der Substanz selbst, im Fenster der Röhre und im Luftweg dar. Sie dienten zur Korrektion des mit der Wellenlänge sich ändernden Einflusses der Absorption auf die Intensität der Linien, und zwar wurden alle Photometerausschläge umgerechnet auf eine Absorption, welche der Wellenlänge der Cr K α_1-Linie entsprechen würde.

Es mußte weiter der Zusammenhang zwischen korrigiertem Photometerausschlag und Intensität der Linien in bezug auf die Cr K α_1-Linie ermittelt werden. Dies geschah auf folgende Weise: Die Photometerausschläge für die stärksten Linien des Gadoliniums (L α_1, β_1, β_2 und γ_1) wurden für die verschiedene Absorption korrigiert, bezogen auf Gd L β_1 und die korrigierten Ausschläge gegen die wirklichen Intensitäten aufgetragen, die sich verhalten wie 100:56:20,5:11 (Kurve III). Nun wurde der Photometerausschlag von Cr K β_1 auf Absorption mit Bezug auf die Cr K α_1-Linie korrigiert und der diesem korrigierten Wert entsprechende Punkt auf der Intensitätsachse die Kurve III als 20% der Cr K α_1-Linie eingetragen (wie auf S. 683 erwähnt, ist die Intensität von K β_1 gleich $^1/_5$ der Intensität von K α_1. Die Kurve III stellt dann also die gesuchte Beziehung zwischen dem für Absorption korrigierten Ausschlag und der wahren Intensität, gerechnet in Prozenten der Cr K α_1-Linie, dar.

Das Intensitätsverhältnis Cr K α_1:L α_1 eines seltenen Erdelementes für die Eichmischung ergab sich im Mittel zu 100:9,1. Das Gewichtsverhältnis Chromoxyd : Erdenoxyd in der Eichmischung war 2:1. Bei einem Gewichtsverhältnis $Cr_2O_3 : Sm_2O_3 = 1$ (für Sm_2O_3 ist die Korrektion für die Absorption am kleinsten) ergab sich also das Intensitätsverhältnis Cr K α_1 : Sm L α_1 = 100:18,2.

Es folgte also: Wenn den aus den Mineralien extrahierten Oxyden der seltenen Erden eine bestimmte Menge Cr_2O_3 zugemischt wurde, so konnte die Menge des Samariumoxydes in der Mischung aus der Gleichung

$$\text{Gewichtsprozente } Sm_2O_3 = x : 18{,}2 \text{ Gewichtsprozente } Cr_2O_3$$

ermittelt werden, wo x die Intensität der Sm $L\alpha_1$-Linie in Prozenten der Cr K α_1-Linie des zugemischten Chroms bedeutet. Für alle anderen Oxyde mußte der mit dieser Gleichung gefundene Wert noch multipliziert werden mit dem Quotienten

$$\frac{\text{Molekulargewicht des Sesquioxyds}}{\text{Molekulargewicht von } Sm_2O_3}.$$

Auf diese Weise wurden zunächst die seltenen Erden gerader Atomnummer bestimmt. Der Analysenprobe wurde außer Cr_2O_3 noch ZrO_2 zur Bestimmung von Yttrium beigemischt, ferner NiO als Eich- und Kontrollsubstanz für mittlere Wellenlängen, und endlich Al_2O_3 als Verdünnungsmittel. Die Photometerausschläge der Aufnahme wurden mit Bezug auf Cr K α_1 für die verschiedene Absorption korrigiert und aus den korrigierten Ausschlägen die Intensitäten der L α_1-Linien in Prozenten von Cr K α_1 ermittelt, unter Benutzung einer Hilfskurve, die in analoger Weise wie oben mit Hilfe der Photometerausschläge der stärksten Linien des Neodyms erhalten wurde.

Zur Bestimmung der seltenen Erden ungerader Atomnummern, die in geringerer Konzentration vorhanden sind, wurde eine zweite Aufnahme der extrahierten Oxyde ohne Beimengungen hergestellt. Als Eichsubstanz konnte nunmehr eine der Erden gerader Atomnummern, z. B. Neodym, verwendet werden. Die Photometerausschläge wurden wieder in bezug auf die verschiedene Absorption korrigiert und aus den korrigierten Ausschlägen die Intensitäten der L α_1- und L β_1-Linien unter Verwendung einer sinngemäß erhaltenen Hilfskurve in Prozenten von Nd L β_1 ermittelt. Hieraus und aus dem bekannten Gehalt an Nd_2O_3 ergaben sich dann auch die Gehalte an den Erden ungerader Atomnummern.

Das Yttrium wurde durch Vergleich von Y K α und Zr K α bestimmt, wobei das Verfahren sinngemäß das gleiche war wie oben. Schließlich wurde Thorium durch Vergleich von Th L β_1 und Y K β_1 bestimmt.

Angaben über die Genauigkeit der geschilderten Methode werden nicht gemacht. Der Fehler läßt sich nur schwer abschätzen, doch darf man wohl annehmen, daß er wesentlich größer ist als beim einfachen Zumischungsverfahren.

Ein anderer, übersichtlicherer Weg wurde bei der Analyse der aus Steinmeteoriten extrahierten Elemente der seltenen Erden eingeschlagen [J. Noddack (1935)]. Hier war ein besonderes Verfahren insbesondere deshalb erforderlich, weil nur wenige Milligramm Substanz für die Analyse zur Verfügung standen, und weil das Präparat im Hinblick auf das Ausgangsmaterial und den mühevollen chemischen Trennungsgang einen gewissen Wert repräsentierte.

Auch bei diesem Verfahren wurde der Analysenprobe eine bestimmte Menge Chromoxyd zugesetzt. Der Zweck dieses Zusatzes ist aber hier ein anderer: Die Erdenlinien werden nicht mit der Cr K α_1-Linie verglichen, sondern mit den entsprechenden Linien eines möglichst ähnlichen Erdenpräparates bekannter Zusammensetzung. Dieses Vergleichspräparat enthält denselben Prozentsatz an Chromoxyd wie die Analysenprobe. Die Chromlinien auf den beiden Aufnahmen erlauben es, den Unterschied der Aufnahmebedingungen, die bei zwei verschiedenen Aufnahmen niemals ganz konstant gehalten werden können, zu berücksichtigen.

Zunächst wurde mit einem Bruchteil der Substanz — ohne Zusatz — eine Übersichtsaufnahme hergestellt. Mit zwei Aufnahmen, von denen die eine den Wellenlängenbereich 2780 bis 1900 X, die andere den Bereich 2000 bis 1200 X überdeckte, wurden die genannten Elemente erfaßt (Sc K β, Y K-Serie in der 2. und 3. Ordnung, L-Serie der Elemente La-Cp, vgl. S. 686). Auf Grund dieser Übersichtsaufnahme wurde aus reinen Erdenpräparaten ein dem Originalpräparat O möglichst ähnlich zusammengesetztes Vergleichspräparat V hergestellt. Nun wurden Aufnahmen vom Original- und vom Vergleichspräparat unter gleichen Bedingungen hergestellt. Wenn sowohl die Zusammensetzung der beiden Präparate als auch die Aufnahmebedingungen identisch waren, so sollten für jede Wellenlänge die entsprechenden Linienintensitäten L auf den beiden Spektrogrammen denselben Wert haben. Bestand jedoch bei einem Element ein kleiner Konzentrationsunterschied in den beiden Präparaten, so mußte auch ein Intensitätsunterschied d L/L der zugehörigen Linien auftreten, und es war zu erwarten, daß sich aus diesem bei genügend kleinem d L/L der Konzentrationsunterschied ergeben würde, immer unter der Voraussetzung gleicher Aufnahmebedingungen. Es wurde nun zunächst die zulässige Größe von d L/L ermittelt[1]. Zu diesem Zweck wurde eine Reihe verschiedener Erdenmischungen bekannter Zusammensetzung hergestellt, die unter denselben Bedingungen wie das Vergleichspräparat V aufgenommen wurden. Aus den Aufnahmen wurde mit Hilfe von V die relative und absolute Zusammensetzung der Mischungen bestimmt. Aus der nachfolgenden Zusammenstellung geht hervor, welche Fehler die Methode bei verschiedenen Werten von d L/L ergibt:

d L/L	± Abweichung in % des Gehaltes bei	
	Relativ-bestimmung	Absolut-bestimmung
0,05	4	6
0,10	4	8
0,20	5	15
0,50	7	25

Es zeigt sich, daß der *relative* Erdengehalt eines Präparates nach der geschilderten Methode mit einem Fehler von ± 4% bestimmt werden kann, wenn man sehr ähnlich zusammengesetzte Präparate zum Vergleich heranzieht. Der Fehler bei der Absolutbestimmung ist indessen wesentlich größer und steigt mit zunehmendem d L/L stark an. Die Ursache liegt in der ungenügenden Konstanz der Aufnahmebedingungen. Es ist unmöglich, bei zwei verschiedenen Aufnahmen sämtliche Faktoren, die die Intensität der Spektrallinien beeinflussen, konstant zu halten. (Die Erkenntnis dieser Tatsache führte zum Zumischungsverfahren, bei dem die Aufnahmebedingungen für die beiden Vergleichslinien identisch sind.)

Um nun in dem obigen Beispiel den Fehler bei der Absolutbestimmung zu verringern, wurden sowohl dem Original- als auch dem Vergleichspräparat 3% Cr_2O_3 zugesetzt. Aus dem Intensitätsverhältnis der Cr-Linien auf den beiden Aufnahmen erhält man ein Maß für deren Belichtungsverhältnis. Das Verfahren gestaltet sich nunmehr folgendermaßen: Sämtliche Linien der Erdelemente und des zugesetzten Chroms wurden photometriert; als Maß für ihre Intensität diente die Amplitude des Photometerausschlags (in mm). Alle Linienintensitäten der Aufnahme des Originalpräparates wurden mit dem Verhältnis L_v/L_0 multipliziert, wobei L_v die Intensität einer Cr-Linie des Vergleichpräparates, L_0 die Intensität derselben Linie des Originalpräparates bedeutet. So wurde den verschiedenen Aufnahmebedingungen Rechnung getragen und L_0 (korr.) erhalten. Für alle brauchbaren Erdenlinien wurde nun das Verhältnis L_0 (korr.)/L_v gebildet; durch Multiplikation dieser Zahl mit dem bekannten Gehalt jedes Erdelementes im Vergleichspräparat wurde der Gehalt im Originalpräparat erhalten. Die mit den verschiedenen Linien eines Elementes erhaltenen Einzelwerte wurden gemittelt.

Der Fehler bei der Absolutbestimmung betrug nunmehr nur noch ± 4 bis 5%, für d L/L $\cong$ 0,04 bis 0,15, d. h. er war ungefähr ebensogroß wie bei der Relativbestimmung. Beispiel:

Bestimmung von Samarium.

1. Bestimmung des Belichtungsverhältnisses Vergleichspräparat : Originalpräparat.

Linie	Photometerausschlag in mm		L_V/L_0
	Vergleich	Original	
Cr Kα_1	29,4	26,2	1,12
Cr Kβ_1	5,8	5,3	1,09
			1,105 im Mittel

[1] Daß bei großem d L/L erhebliche Fehler auftreten, ist vorauszusehen.

Das Belichtungsverhältnis Vergleichspräparat : Originalpräparat ist also 1,105. Mit dieser Zahl sind die Intensitäten der Sm-Linien des Originalpräparates zu multiplizieren.

2. Bestimmung des Sm-Gehaltes im Originalpräparat.

Linie	Photometerausschlag in mm			Okorr./V
	Original	Orig. (Korr.)	Vergleich	
Sm Lα_1	19,5	21,6	23,1	0,935
Sm Lβ_1	11,7	12,9	13,6	0,949
Sm Lβ_2	4,5	5,0	5,4	0,926
				0,937 im Mittel

Das Vergleichspräparat enthält 1,81% Sm; der Sm-Gehalt des Originalpräparates ist also $1{,}81 \cdot 0{,}937 = 1{,}696\%$ Sm.

6. Vorteile der Sekundärmethode bei der quantitativen Analyse. Die quantitative Röntgenspektralanalyse liefert nur dann richtige Resultate, wenn die Zahl der emittierenden Atome des zu bestimmenden Elementes und des Vergleichselementes sich während der Belichtungszeit nicht ändert. Diese Voraussetzung ist bei Erregung mit Kathodenstrahlen nicht immer erfüllt. Unter dem Einfluß der Kathodenstrahlen wird die Substanz sehr stark erhitzt, so daß die Analysenresultate durch Verdampfung, Entmischung der Probe durch Verbindungsbildung u. dgl. gefälscht werden können. Die Primärmethode ist daher nur beschränkt anwendbar. Für die Elemente der seltenen Erden kann sie unbedenklich angewendet werden, wenn diese in Form ihrer sehr schwer schmelzbaren Oxyde vorliegen, und wenn das Vergleichselement ebenfalls in einer derartigen Form zugemischt wird.

Die Einführung der Sekundärmethode (Anregung mit Röntgenstrahlen) hat diese Beschränkung in der Anwendbarkeit der Röntgenspektralanalyse beseitigt. Diese Methode erlaubt es, auch leichter flüchtige Verbindungen zu verwenden (es sind z. B. so leicht flüchtige bzw. zersetzliche Substanzen wie NH_4Cl und MgS für die Röntgenspektralanalyse zugänglich geworden).

Ein ganz besonderer Vorteil der Sekundärmethode besteht darin, daß sie es erlaubt, auch unaufgeschlossene Minerale quantitativ zu analysieren. Die Primärmethode versagt hierbei oft vollkommen. Dies zeigte sich zuerst, als der Hafniumgehalt von Mineralien direkt bestimmt werden sollte (mit Cassiopeium als Vergleichselement; ebenso hätte auch ein etwaiger Cassiopeiumgehalt mit Hilfe von Hafnium als Vergleichselement bestimmt werden können). Es wurden völlig falsche Resultate erhalten. Die Ursache ist auch hier in der Kathodenstrahleneinwirkung zu suchen, durch die offenbar die Analysenprobe derart verändert wird, daß die Ausstrahlung der einen Atomart gegenüber der anderen benachteiligt ist. Daß bei Erregung mit Röntgenstrahlen derartige Störungen nicht auftreten, wurde durch die Bestimmung des Hafniums in dem Mineral Cyrtolith gezeigt. Die Sekundärmethode ergab bei der Analyse sowohl des unaufgeschlossenen Minerals als auch des extrahierten ZrO_2-HfO_2-Gemisches den richtigen Wert für den Hafniumgehalt, während die Primärmethode nur für das extrahierte Oxydgemisch den richtigen Wert lieferte, im Falle des unaufgeschlossenen Minerals hingegen einen sehr stark abweichenden Wert. — Bei Mineralanalysen kann die Sekundärmethode daher trotz der längeren Belichtungszeiten eine erhebliche Zeitersparnis bringen, da die oft umständlichen und langwierigen Aufschlüsse wegfallen.

B. Die Absorptionsanalyse.

Die quantitative Analyse mit Hilfe des Röntgenabsorptionsspektrums ist bisher auf die Elemente der seltenen Erden praktisch nicht angewendet worden und soll deshalb hier nur gestreift werden. Sie beruht auf der Messung des Absorptionssprunges, d. h. des Verhältnisses der Intensität des kontinuierlichen Spektrums zu beiden Seiten einer Absorptionsbandkante. Aus dieser Größe läßt sich die durchstrahlte Masse p des betreffenden Elementes berechnen, denn es gilt die einfache Beziehung

$$\frac{J_2}{J_1} = e^{-c \cdot p},$$

wo J_2/J_1 der Absorptionssprung und p die von einem Strahlenbündel von 1 cm² Querschnitt durchstrahlte Masse (in g/cm²) ist. c ist eine für jedes Element charakteristische Konstante [R. GLOCKER und W. FROHNMAYER (1925), N. H. MOXNES (1931).

Der Vorteil der Absorptionsmethode besteht darin, daß auch Flüssigkeiten bzw. Lösungen untersucht werden können, da die Substanz nicht in das Hochvakuum der Röntgenröhre, sondern zwischen den Spalt und den Krystall des Spektrographen gebracht wird. Indessen ist die Anwendbarkeit der Methode anscheinend beschränkt auf höheratomige Elemente, die in Gemeinschaft mit niederatomigen Elementen vorliegen, ein Fall, der bei den Elementen der seltenen Erden kaum vorkommt.

Die Empfindlichkeit der Absorptionsmethode für die Elemente der seltenen Erden ist an wäßrigen Lösungen der Nitrate von La, Pr, Nd und Sm geprüft worden (L. MAZZA 1935). Sie hängt von der Ordnungszahl des zu untersuchenden Elementes ab und wird durch die Anwesenheit stärker absorbierender Elemente erheblich beeinträchtigt. Je nach der Ordnungszahl kann ein Element in einer Konzentration von 1 g in 200 bis 300 cm³ Lösung nachgewiesen werden.

Betreffs Einzelheiten wird auf die Originalliteratur verwiesen.

Literatur.

I. Zusammenfassende Darstellungen.

GLOCKER, R.: Materialprüfung mit Röntgenstrahlen, 2. Aufl. Berlin 1936.

HEVESY, G. v.: Chemical Analysis by X-Rays and its Applications. New York 1932. — HEVESY, G. v. u. E. ALEXANDER: Praktikum der chemischen Analyse mit Röntgenstrahlen. Leipzig 1933.

SIEGBAHN, M.: Spektroskopie der Röntgenstrahlen, 2. Aufl. Berlin 1931.

II. Einzelarbeiten.

FAESSLER, A.: (a) Zbl. Min. A, Nr 1, 10 (1931). (b) Z. Phys. 88, 342 (1934). — FAESSLER, A. u. G. KÜPFERLE: Z. Phys. 93, 237 (1935).

GLOCKER, R. u. W. FROHNMAYER: Ann. Phys. [4] 76, 369 (1925). — GLOCKER, R. u. H. SCHREIBER: Ann. Phys. [4] 85, 1089 (1928). — GOLDSCHMIDT, V. M. u. L. THOMASSEN: Videnskapssels kapets Skrifter I. Mat.-Naturw. Klasse 1924, 5, 1; durch C. 95 II, 1327 (1924).

HEVESY, G. v., I. BÖHM u. A. FAESSLER: Z. Phys. 63, 74 (1930).

MAZZA, L.: (a) G. 65, 724 (1935). (b) G. 65, 730 (1935). — MINAMI, E.: Nachr. Ges. Wiss. Göttingen, Math.-phys. Kl. IV (N. F.) 1, 155 (1935). — MOXNES, N. H.: Ph. Ch. A 152, 380 (1931).

NODDACK, I.: Z. anorg. Ch. 225, 337 (1935). — NODDACK, W.: Erg. techn. Röntgenkunde 3, 67 (1933).

V. Magneto-chemische Analyse.

Fußend auf den Untersuchungen über den Paramagnetismus der Elemente der seltenen Erden (ST. MEYER, WILLS und LIEBKNECHT) entwickelte G. URBAIN eine Analysenmethode, die ursprünglich nur für die Elemente der seltenen Erden bestimmt war, heute jedoch eine wesentlich allgemeinere Anwendung in Forschung und Analyse gefunden hat (W. KLEMM). Schon die ersten Messungen deuteten innerhalb der Reihe der seltenen Erden nicht nur zahlenmäßige Unterschiede, sondern auch ein völlig verschiedenes Verhalten mancher Erden an. Während die Ionen des (Scandiums) Yttriums, Lanthans und Cassiopeiums diamagnetisch waren, zeigten die der bunten Erden einen nicht unbeträchtlichen Paramagnetismus, der mindestens ebenso stark, häufig jedoch stärker als der der Elemente der Eisengruppe war. Der Zusammenhang zwischen Farbe und Paramagnetismus wurde frühzeitig erkannt (St. Meyer, E. Wedekind) und von R. Ladenburg durch *die unvollständigen Zwischenschalen* gedeutet. Die von St. Meyer sowie B. Cabrera herrührende magnetische Kurve teilt die Elemente der seltenen Erden in zwei Teile, deren Maxima beim Neodym und Dysprosium liegen, demnach bei Elementen, deren Ionen stark gefärbt sind.

Für die magneto-chemische Analyse der seltenen Erden ist die Erscheinung von Bedeutung, daß das magnetische Moment der Ionen durch die Gitterfelder wenig beeinflußt wird. G. Urbain wendet für seine Untersuchungen das aus den Oxalaten durch Glühen erhaltene Oxyd an, während Decker sowie Zernike und C. James die Oktohydrate der Sulfate zur Messung heranziehen. Eine wichtige Voraussetzung für die Anwendung der magnetischen Analyse auf Gemische von seltenen Erden liegt in der strengen Additivität der magnetischen Suszeptibilitäten der einzelnen Bestandteile. Von G. Urbain sichergestellt, ist im Laufe der Untersuchungen verschiedener Autoren kein Fall der Ausnahme bekannt geworden.

Für die Analyse von Gemischen seltener Erden mit Hilfe der magnetischen Waage kommen Fraktionen in Betracht, die zwei seltene Erden enthalten. Nur für den Fall, daß auf chemischem Wege eine Komponente quantitativ bestimmt werden kann, eignen sich auch ternäre Gemische. Die klassische Anwendung dieser Methode erstreckte sich auf die Elementpaare Yttrium-Dysprosium und Ytterbium-Cassiopeium, besonders günstige Fälle, da je ein Erdelement (Yttrium und Cassiopeium) diamagnetisch war. Im allgemeinen kann man zwei benachbarte Erden zur Analyse verwenden, wenn die Werte der magnetischen Suszeptibilität nicht zu nahe liegen.

Tabelle der magnetischen Suszeptibilitäten ($\varkappa \times 10^{-6}$) der festen Oktohydratsulfate. (Korrigiert um den Wert des Sulfations und des Krystallwassers.)

Yttrium	diamagnetisch	Terbium	37200
Lanthan	diamagnetisch	Dysprosium	50400*
Cer	2377	Holmium	45470
Praseodym	5100	Erbium	39250
Neodym	5270	Thulium	22100**
Samarium	997	Ytterbium	8311
Europium	6700*	Cassiopeium	diamagnetisch
Gadolinium	25860		

(Die Werte sind zum größten Teil der Untersuchung Zernicke und C. James entnommen; die mit einem Stern bezeichneten Zahlen stammen von Decker, während der Wert für Thulium (2 Sterne), das die vorgenannten Forscher nicht untersuchten, auf B. Cabrera zurückgeht.)

Wie aus der Zusammenstellung zu ersehen ist, sind folgende Elementpaare für die Analyse schlecht oder nicht geeignet: Yttrium-Lanthan, Lanthan-Cerverbindungen (da das Cer IV-Ion praktisch diamagnetisch ist), Praseodym-Neodym und Dysprosium-Holmium. Sehr günstig liegen die Differenzen bei Samarium, Europium und Gadolinium, bei denen jedes folgende Ion den fünffachen Wert der magnetischen Suszeptibilität des vorhergehenden besitzt.

Durchführung. Die apparativen Anforderungen zur Durchführung einer magnetischen Analyse sind von W. Klemm sowie A. Eucken ausführlich beschrieben worden.

In den meisten Fällen handelt es sich um die Bestimmung von Relativwerten, so daß es genügt, diese Größen als Ausschläge der magnetischen Waage für stets gleiche Mengen zu registrieren. Bei stark paramagnetischen Substanzen können Proben von 2 mg genügen. Wenn Fraktionen auf fortschreitende Trennung untersucht werden sollen, ist es vorteilhaft die Ausschläge beider Komponenten in reinem Zustand bei gleicher Temperatur (die auch bei folgenden Messungen genau eingehalten werden muß) festzustellen. Den Gehalt an einem Bestandteil des zu untersuchenden Erdenpräparates berechnet man, da sich die magnetische Suszeptibilität eines Präparates additiv aus den Komponenten zusammensetzt, nach der Mischungsregel durch eine einfache Proportion.

Bemerkungen. Mit allem Nachdruck muß betont werden, daß die magnetischen Untersuchungsmethoden besondere Ansprüche an die Reinheit des Materiales stellen. Vor allem stören Eisen und seine Verbindungen (metallisches Eisen kann bis 10^{-5}% sehr unangenehme Störungen hervorrufen). Hingegen gestattet diese hohe Empfindlichkeit beim Yttrium, Verunreinigungen an bunten Yttererden nachzuweisen, die mit anderen Methoden nicht aufgefunden werden können.

Im allgemeinen treten Fehler von 1 bis 1,5% auf; bei sehr günstigen Differenzen der Suszeptibilitäten der Bestandteile können die Abweichungen äußerst kleine Beträge annehmen.

Literatur.

Cabrera, B.: J. de Phys. **6**, 252 (1925).
Decker, H.: Ann. Phys. [4] **79**, 324 (1926).
Eucken, A.: Der Chemie-Ingenieur II/IV. 294.
Klemm, W.: Magnetochemie. Leipzig 1936.
Ladenburg, R.: Z. El. Ch. **26**, 270 (1920).
Meyer, St.: (a) B. **33**, 320 (1900); (b) Naturwiss. **8**, 284 (1920). (c) Phys. Z. **26**, 51, 479 (1925).
Urbain, G.: C. r. **150**, 913 (1910).
Wedekind, E.: B. **54**, 253 (1921). — Wills, A. P. u. O. Liebknecht: Verh. phys. Ges. **1**, 170, 236 (1899).
Zernike, J. u. C. James: Am. Soc. **48**, 2827 (1926).

VI. Der Aufschluß von Mineralien und die Abscheidung der Elemente der seltenen Erden.

a) Allgemeines.

Aus zahlreichen Gesteinsuntersuchungen, die in der jüngsten Zeit durchgeführt worden sind, wissen wir, daß die seltenen Erden viel mehr verbreitet sind als man ursprünglich vermutet hat. Man wird bei der genauen Bestimmung der Bestandteile von Gesteinen oder Mineralien stets mit ihrem Vorkommen rechnen müssen und die Analysenmethoden so wählen, daß die Elemente der seltenen Erden quantitativ erfaßt werden. Bei den älteren Untersuchungen übersah man meist ihre Gegenwart und im Gange der Analyse wurden sie mit einem sich ähnlich verhaltenden Element gemeinsam abgeschieden und als jenes in Rechnung gestellt.

Der größte Teil der durchgeführten Analysen dient wissenschaftlichen Zwecken, und die Abscheidungsmethoden richten sich danach, ob die seltenen Erden den Hauptbestandteil, eine wenige Prozente betragende Beimengung oder ein spurenweises Vorkommen im Mineral bilden. Die Untersuchung von Ausgangsprodukten auf seltene Erden für technische Zwecke hat eine sehr geringe Bedeutung, da sie als Nebenprodukte anfallen. Der Monazitsand, aus dem man den größten Teil der vorhandenen seltenen Erden gewonnen hat, wird nach dem Thoriumgehalt gehandelt.

Die Vorbereitung der Mineralien zur Analyse wird wie üblich durchgeführt, doch muß beachtet werden, daß häufig ihre Oberfläche verwittert ist. Man wird daher eine sorgfältige Auslese der Bruchstücke vornehmen. Der im Handel vorkommende Monazitsand ist nicht einheitlich, sondern enthält eine Reihe von beigemengten Fremdmineralien. Für technische Analysen wird man sie im Durchschnittsmuster belassen, für wissenschaftliche Untersuchungen jedoch strebt man ihre weitgehende Entfernung an. Eine derartige Aufbereitung haben M. Baltuch und G. WEISSENBERGER beschrieben. Siehe ferner elektro-mechanische Scheidung der Erze und Sande (LUNGE-BERL).

Zu den leicht aufschließbaren Mineralien zählen die Silicate und Phosphate der Elemente der seltenen Erden. Niobate, Tantalate und Titanate sind oft mit einem Aufschluß nicht vollständig in Lösung zu bringen. Es ist daher notwendig, die Proben äußerst fein zu pulvern, um unaufgeschlossene Rückstände zu vermeiden oder auf ein Mindestmaß herabzudrücken.

Die Einwage der zu analysierenden Substanzen richtet sich sowohl nach der Menge der vorhandenen Erdelemente als auch nach der Untersuchungsmethode. Für die übliche Durchführung wird nur die Summe der Elemente der seltenen Erden verlangt; eine Menge von etwa 1 g Ausgangssubstanz wird meist hinreichen. Wird die Zusammensetzung der seltenen Erden röntgenspektroskopisch bestimmt, so ist man von der Größe der Einwage ziemlich unabhängig, da bereits etwa 10 mg der abgeschiedenen und gereinigten Erdoxyde für die Untersuchung genügen. Wünscht man eine gravimetrische Trennung der Ceriterden von den Yttererden, so werden 5 bis 10 g eingewogen. Bei Columbiten und Tantaliten, in denen eine Niob- und Tantaltrennung sowie eine Cer- und Yttertrennung vorgenommen werden soll, müssen 20 bis 30 g aufgeschlossen werden. Eine weitergehende Zerlegung des Gemisches der seltenen Erden wird mit Ausnahme des leicht zu erfassenden Cers selten gefordert werden, denn sie überschreitet den Rahmen einer Analyse und ist nur auf präparativem Wege mit Ausgangsmengen von etwa 800 g gereinigten Erdoxyden durchführbar. Für technische Analysen wählt man aus Rücksicht auf ein gutes Durchschnittsmuster Einwagen bis zu 50 g, füllt die Lösung des aufgeschlossenen Minerals in einem Meßkolben und verwendet aliquote Teile, deren Gehalt sich in den oben angegebenen Grenzen bewegt.

b) Aufschluß.

SPENCER gibt für die verschiedenen Mineralien der seltenen Erden folgende Aufschlußmethoden an: Cerit, Orthit, Gadolinit, Thorit und Yttrialith lassen sich durch konz. Salzsäure in Lösung bringen. Xenotim, Yttrotitanit, Thorianit und Monazit werden durch Schwefelsäure aufgeschlossen. Die Niob und Tantal enthaltenden Minerale, wie Fergusonit, Euxenit, Polycras, Samarskit und Yttrotantalit werden durch Bisulfate oder durch Fluorwasserstoffsäure zerlegt. Es ist für die Wahl der Aufschlußmethoden sehr wichtig, über die vorhandenen Bestandteile unterrichtet zu sein. Manchmal gelingt es, aus der Herkunft der Probe Schlüsse zu ziehen; meist jedoch wird eine qualitative oder spektroskopische Untersuchung notwendig sein.

1. Mit konzentrierter Schwefelsäure.

Das am häufigsten angewandte Aufschlußmittel ist konz. Schwefelsäure, die in dem Temperaturintervall von 200° bis zum Siedepunkt auch die widerstandsfähigsten Partikeln angreift. Der Monazitsand wird sowohl für technische als auch für analytische Zwecke durch Schwefelsäure in Lösung gebracht. Oft kombiniert man die Arten des Aufschlusses, indem die von der Schwefelsäure nicht angegriffenen Teile abgetrennt und mit Bisulfat oder Flußsäure nochmals behandelt werden. An dem Beispiel des Monazitsandes sei ein derartiger Aufschluß beschrieben.

Durchführung. In einer Platinschale wird die eingewogene Probe mit dem dreifachen Gewicht an konz. Schwefelsäure übergossen und allmählich auf 200° erwärmt. Nach etwa 4 Stunden hat sich das Mineral in einen weißlich grauen Brei verwandelt. Die Vollständigkeit des Aufschlusses prüft man durch Herausnahme einer kleinen Menge auf ein Uhrglas. Man verreibt mit einigen Tropfen Wasser und beobachtet durch eine Lupe, ob gelbe Monazitteilchen noch aufzufinden sind. Ist dies nicht der Fall, so läßt man abkühlen und trägt den Brei in 400 bis 750 cm^3 kalten Wassers unter gutem Umrühren langsam ein. Man läßt die Flüssigkeit unter gelegentlichem

Rühren einige Zeit stehen und filtriert hierauf in einen 1 l fassenden Meßkolben. Man extrahiert die im Becherglas zurückbleibenden Sulfate nochmals, filtriert und sammelt den gesamten Rückstand auf dem Filter. Dieses wird getrocknet, verascht und nochmals mit etwa 10 cm³ konz. Schwefelsäure während $1^1/_2$ Stunden aufgeschlossen. Man löst, wie oben angegeben, und vereinigt nach Filtration die Lösung mit der Hauptmenge. Der im Filter verbleibende Rückstand ist die Gangart. Manchmal bilden sich in der ursprünglich klaren Lösung Niederschläge, bestehend aus Hydrolyseprodukten der Erdsäuren. Vor weiterer Behandlung der Lösung muß diese Trübung durch Filtration entfernt werden. Mit verdünnter Schwefelsäure wäscht man den Meßkolben und das Filter gut aus.

Bemerkungen. C. R. HENNINGS nimmt den Aufschluß in einem KJELDAHL-Kolben vor; die ständig siedende Schwefelsäure schließt rasch und vollständig auf. Ist in der zu untersuchenden Substanz Phosphorsäure enthalten, so darf beim Aufschluß die überschüssige Schwefelsäure nicht völlig fortgedampft werden, da sich die Phosphate der seltenen Erden rückbilden. Ist keine Phosphorsäure vorhanden, so kann man den Aufschluß durch schwaches Glühen (bei etwa 400°) vervollständigen. Der erkaltete Rückstand wird in etwa 2%iger Schwefelsäure aufgenommen.

2. Mit Bisulfaten.

In der älteren Literatur findet man häufig die Verwendung von Kaliumbisulfat verzeichnet. Man ist wegen der Bildung schwerlöslicher Kaliumdoppelsulfate von seiner Verwendung abgegangen und hat an seiner Stelle Natriumbisulfat genommen. Das käufliche krystallisierte oder wasserfreie Salz wird in einem Platintiegel durch vorsichtiges Schmelzen und Erhitzen von der Feuchtigkeit vollständig befreit und nach dem Erkalten gepulvert.

Durchführung. Das sehr fein zerteilte Mineral wird mit der 5- bis 6fachen Menge des Natriumbisulfates gemischt und im Platintiegel mit aufgesetztem Deckel langsam erhitzt. Während des Aufschlusses, der in 40 bis 50 Min. beendet ist, rührt man mit einem Platinspatel um und ergänzt nach teilweiser Abkühlung die verdampfte Schwefelsäure durch Zugabe einiger Kubikzentimeter konzentrierter Säure. Schließlich wird bis zur Rotglut erhitzt. Nach dem Erkalten wird vorsichtig in kaltem Wasser aufgenommen, in einen großen Rundkolben quantitativ übergeführt, mit Wasser auf 2 l aufgefüllt und mit aufgesetztem Rückflußkühler 24 Std. gekocht. Es fallen durch Hydrolyse die Niob-, Tantal- und Titansäure quantitativ aus; ferner sind die Kieselsäure, Wolframsäure und Zinnsäure neben Bleisulfat und Antimonoxyd im Niederschlag enthalten. Man filtriert und wäscht mit heißem Wasser, bis die ablaufende Flüssigkeit keine mit Ammoniak fällbaren Stoffe mehr enthält. Im Filtrat sind als Sulfate anwesend: Thorium, Zirkon, Eisen, Aluminium, Calcium, Magnesium und die Elemente der seltenen Erden. Durch Fällung bei Gegenwart von Ammoniumchlorid mit Ammoniak, Filtrieren und Waschen mit heißem Wasser werden die unlöslichen Hydroxyde von Calcium und Magnesium abgetrennt. Man löst den Niederschlag in möglichst wenig Säure auf (Analysengang nach O. HAUSER und H. HERZFELD).

Bemerkungen. Die Hydrolyse der Niob- und Tantalsäure ist meist nach 2- bis $2^1/_2$stündigem Kochen am Rückflußkühler beendet. Schwieriger gestaltet sich die Abscheidung der Titansäure. Gelingt es nicht, durch einfaches Kochen vollständige Hydrolyse zu erreichen, so stumpft man die überschüssige Säure durch sehr verdünntes Ammoniak etwas ab; die Lösung muß jedoch deutlich sauer reagieren. Man kocht einige Stunden und überzeugt sich durch Tüpfeln mit Wasserstoffperoxyd von der völligen Hydrolyse.

Wenn unaufgeschlossene Mineralteilchen in dem Hydrolysenniederschlag aufzufinden sind, verglüht man den Niederschlag und schließt nochmals mit Natriumpyrosulfat auf. (Beim Veraschen achte man darauf, daß der Platintiegel durch Blei, Zinn und Antimon nicht zerstört wird.)

Sind in dem Mineral Schwermetalle der Schwefelwasserstoffgruppe vorhanden, so fällt man diese vor der Fällung mit Ammoniak durch Schwefelwasserstoff. Im Filtrat verkocht man das gelöste Gas und oxydiert hierauf das Eisen. Nun folgt die weitere Abtrennung über die Hydroxyde. Diese früher oft angewendete Scheidung leidet an der schwierigen Durchführung, sowie an der reichlichen Adsorption der in der Lösung befindlichen Ionen durch die Hydrolysenprodukte. Die Trennung mit Fluorwasserstoffsäure ist leichter durchführbar und gibt exaktere Resultate.

3. Mit konzentrierter Salzsäure.

Die durch konzentrierte Salzsäure aufschließbaren Mineralien (s. S. 706) sind durchweg Silicate. Zur Abscheidung der Kieselsäure verfährt man wie üblich, d. h. man dampft die Lösung 2- bis 3mal zur Trockne, befeuchtet mit konzentrierter Salzsäure und verdünnt mit heißem Wasser. Nachdem die Kieselsäure durch Filtration entfernt worden ist, fällt man die Schwermetalle mit Schwefelwasserstoff. Im Filtrat verkocht man das überschüssige Gas und oxydiert das Eisen. Wenn Calcium und Magnesium zugegen sind, entfernt man diese durch eine Trennung über die Hydroxyde.

4. Mit Fluorwasserstoffsäure.

I. LAWRENCE SMITH hat gezeigt, daß Erdsäuren enthaltende Mineralien mit Flußsäure schon in der Kälte leicht aufgeschlossen werden können, wobei eine weitgehende Trennung der löslichen Erdsäuren von den unlöslichen basischen Bestandteilen erreicht werden kann. Schwerer zersetzen sich die Niobite und Tantalite, deren Auflösung durch gelindes Erwärmen unterstützt werden muß.

Durchführung. Das sehr fein gepulverte Mineral wird in einer Platinschale mit Wasser gut befeuchtet und vorsichtig mit etwa 10 cm^3 Flußsäure übergossen. Die zuerst heftige Einwirkung läßt bald nach, worauf man noch eine weitere Menge Säure hinzugibt. Man erwärmt gelinde und erneuert von Zeit zu Zeit die verdampfte Flußsäure. Wenn keine Mineralteilchen mehr wahrzunehmen sind, dampft man den Inhalt der Schale weitgehend ab und nimmt mit Wasser auf. Man erwärmt den Aufschluß, filtriert durch einen Platin- oder Kautschuktrichter und wäscht den Niederschlag mit sehr verdünnter Flußsäure aus. In Lösung gehen als Fluoride: die Erdsäuren, Zirkon, Wolfram, Zinn, Eisen und sechswertiges Uran. Ungelöst bleiben Thorium, vierwertiges Uran, die seltenen Erden und Calcium. Der Niederschlag wird in eine Platinschale gespritzt, das Filter verbrannt und die Asche zu den unlöslichen Fluoriden getan. Nun raucht man mit Schwefelsäure ab, löst in kaltem Wasser, trennt durch Schwefelwasserstoff die Schwermetalle und hierauf mit Ammoniak bei Gegenwart von Ammoniumchlorid die Hydroxyde der seltenen Erden vom Calcium ab. Die Hydroxyde werden durch eine eben hinreichende Menge Säure gelöst.

Bemerkungen. Dieser Aufschluß hat für die Verarbeitung größerer Mengen von Columbiten und Fergusoniten Bedeutung erlangt; auch analytisch ergeben sich gegenüber der Bisulfatmethode bedeutende Vorzüge. Nach W. R. SCHOELLER und E. F. WATERHOUSE ist diese Methode stets anzuwenden, wenn auch die von WELLS geäußerten Bedenken bestehen. Die Trennung der Elemente der seltenen Erden und des Thoriums von den Erdsäuren ist quantitativ; hingegen verteilen sich die üblichen Elemente zwischen der Lösung und dem Niederschlag.

5. Mit Alkalicarbonaten.

BOUDOUARD schließt Monazit mit der doppelten Menge Soda bis zum ruhigen Schmelzen auf, behandelt den Aufschluß mit Wasser und wäscht den Niederschlag alkalifrei. Im Filtrat bestimmt man Kieselsäure, Phosphorsäure und Aluminium. Der Niederschlag wird in Säure gelöst und wie S. 710 weiterverarbeitet.

Auch CHESNEAU zieht bei phosphorhaltigen Mineralien den alkalischen Aufschluß der Behandlung mit Schwefelsäure vor, da eine nicht zu vernachlässigende Menge Thorium ungelöst zurückbleiben soll. Er schmilzt das Mineral mit der 6fachen Menge Kaliumnatriumcarbonat 1 Std. lang bei heller Rotglut, nimmt den erkalteten Aufschluß in 1%iger Natronlauge auf, filtriert den Rückstand ab und wäscht mit kaltem Wasser.

WENGER und CHRISTIN führen an, daß die seltenen Erden durch die Sodaschmelze nicht vollständig in Lösung gehen. Es wird ein kombinierter Aufschluß vorgeschlagen, der neben einer raschen Durchführung zuverlässige Resultate gewährleistet. Nach Absatz b S. 706 schließt man mit Schwefelsäure auf, löst die Sulfate in Eiswasser, filtriert vom unlöslichen Rückstand ab und wäscht gut aus. Das Filter wird verascht, die Kieselsäure mit Flußsäure und Schwefelsäure verflüchtigt und hierauf der Rückstand nach kurzem Glühen mit der 6fachen Menge Soda aufgeschlossen. Der gut gewaschene Rückstand ist meist in verdünnter Salzsäure löslich; sollten trotzdem geringe Mengen zurückbleiben, so bestehen diese aus Zirkon, das mit Kaliumbisulfat völlig in Lösung gebracht werden kann.

6. Mit Chlorschwefel.

Die Überführung der Oxyde in wasserfreie Chloride durch Schwefelchlorür wurde bald nach ihrer Auffindung durch E. SMITH für die analytische Chemie nutzbar gemacht. Es hatte sich nicht nur ein guter Aufschluß für die Erdsäure enthaltenden Mineralien ergeben, sondern auch eine weitgehende Trennung der flüchtigen Chloride und Oxychloride von den nichtflüchtigen basischen Bestandteilen. HALL, MATIGNON und BOURION, HICKS, HESS und WELLS untersuchten die verschiedensten Oxyde auf diese Reaktion und berichteten über vollkommene Aufschlüsse. Wenn man Niob- und Tantalerze, feinst gepulvert, unter Überleiten von Schwefelchlorürdämpfen bei 300° erhitzt, so werden quantitativ Chloride und Oxychloride gebildet. Es verflüchtigen sich: Eisen- und Aluminiumtrichlorid, Nioboxychlorid, Niob und Tantalpentachlorid, Wolframoxychloride, Antimontrichlorid, ferner Silicium-, Titan- und Zinntetrachlorid. Im Rückstand befinden sich die Alkali-, Erdalkali- und die nichtflüchtigen Schwermetallchloride, ferner die Chloride der Elemente der seltenen Erden und Teile von unangegriffener Kieselsäure.

Durchführung. Die feinst gepulverte Mineralprobe wird in ein Porzellanschiffchen eingewogen und in ein Verbrennungsrohr eingeschoben. Dieses ist auf einer Seite nach abwärts gebogen und taucht in einen mit verdünnter Salpetersäure gefüllten ERLENMEYER-Kolben, die andere Seite ist mit einem Fraktionierkolben verbunden, in dem Schwefelchlorür durch eine kleine Flamme zum Verdampfen gebracht wird, wobei man vorteilhaft ein Transportgas wie reinen Stickstoff oder besser Chlor verwenden kann. Das Verbrennungsrohr wird mit einem Reihenbrenner auf etwa 300° und erst gegen Ende des Aufschlusses auf dunkle Rotglut erwärmt. Nach 2 bis $2^1/_2$ Std. sind die Oxyde in Chloride umgewandelt, worauf man einen getrockneten Chlorwasserstoffstrom durchleitet und darin erkalten läßt. Man zieht das Schiffchen vorsichtig heraus. Der Rückstand wird in Wasser gelöst, die Schwermetalle durch Schwefelwasserstoff, Calcium und Magnesium nach Fällung der Sesquioxyde durch Ammoniak entfernt.

Bemerkungen. Diese Methode wurde von HICKS nur oberflächlich ausgearbeitet und hat seit dieser Zeit keine Nachprüfung und Verbesserung erfahren. Sie ist schon aus apparativen Gründen dem Natriumbisulfataufschluß unterlegen. Eine Unsicherheit in der Trennung ergibt sich noch dadurch, daß der im Schiffchen verbleibende Rückstand die Chloride in sehr feiner Verteilung enthält. Beim Sublimieren, sowie durch die Strömung der durchgeleiteten Gase kann leicht ein Verstäuben eintreten.

K. Agte, H. Becker und G. Heyne bestätigen diese Zerstäubung anläßlich der Bestimmung sehr kleiner Mengen seltener Erden neben viel Wolframsäure, denn sie berichten, daß bei 400°, einer Temperatur, bei der die Erdchloride noch nicht verdampfen, seltene Erden im Sublimat anzutreffen waren. Wird an Stelle des Chlorschwefels das von Nicolardot empfohlene Gasgemisch, Chloroform und Luft, verwendet, so bleiben beim Erhitzen auf 800° die Elemente der seltenen Erden quantitativ als Oxyde oder als Oxychloride zurück.

c) Abscheidung der Elemente der seltenen Erden aus der Aufschlußlösung.

Die Weiterbehandlung der nach den Aufschlußmethoden 1—5 erhaltenen Lösungen wurde im vorhergehenden Abschnitt soweit beschrieben, daß die folgenden Ausführungen gemeinsam gelten. Die Lösungen enthalten als Chloride Eisen, Aluminium, Zirkon, Thorium, die Elemente der seltenen Erden und Phosphorsäure (Chrom, Beryllium, Mangan usw.).

1. Fällung der Elemente der seltenen Erden und des Thoriums als Oxalate.

Die Aufschlußlösung wird mit einem Überschuß von Oxalsäure gefällt und 12 Std. stehen gelassen. Man filtriert die Oxalate ab, wäscht sie mit oxalsäurehaltigem Wasser aus und spritzt den Niederschlag in eine Schale. Da der Niederschlag stark phosphorsäurehaltig ist (s. S. 671), wird er mit konzentrierter Salzsäure angerührt und nach Zusatz von etwas fester Oxalsäure auf dem Wasserbad erhitzt. Hierauf wird stark verdünnt, stehen gelassen und dann filtriert. Der ausgewaschene Niederschlag wird geglüht und in Salpetersäure gelöst. Die Nitratlösung wird durch Eindampfen von dem Überschuß an Säure befreit und mit Wasser verdünnt.

Bemerkungen. Die völlige Beseitigung der Phosphorsäure ist sehr wichtig, da sie im folgenden die seltenen Erden stets begleitet. Miner (Welsbach Co.) schlägt daher eine umgekehrte Fällung vor, indem die Aufschlußlösung in eine kalte gesättigte Oxalsäurelösung tropfenweise unter mechanischem Rühren eingetragen wird. Der Niederschlag bleibt über Nacht stehen und wird, wie oben angegeben, weiter verarbeitet. Das Filtrat von der Oxalsäurefällung enthält noch seltene Erden. Es wird daher mit Ammoniak neutralisiert, mit 1,5 cm^3 konzentrierter Salzsäure auf je 100 cm^3 Lösung angesäuert, wobei der Rest der Erdelemente als Oxalophosphate ausfällt. Diese geringe Menge wird auf einem Filter gesammelt, gewaschen und verascht. Man befeuchtet den Glührückstand mit Wasser, löst in wenig konzentrierter Salzsäure, verdünnt, filtriert und versetzt mit einem großen Überschuß von Oxalsäure. Nach mehrstündigem Stehen werden die Erdoxalate abfiltriert, gewaschen und mit der Hauptmenge vereinigt.

Diese Fällung trennt die Elemente der seltenen Erden und das Thorium von allen Begleitern, hauptsächlich von Zirkon und Phosphorsäure.

2. Die Trennung der Elemente der seltenen Erden vom Thorium.

Es gibt eine Reihe von Methoden, die eine Trennung der Elemente der seltenen Erden vom Thorium ermöglichen (s. S. 717). An dieser Stelle seien nur zwei ausführlich behandelt.

α) Nach R. J. Meyer und M. Speter. Zu 100 cm^3 der Nitratlösung, in der das Cer dreiwertig vorliegt, gibt man 50 cm^3 konzentrierte Salpetersäure und läßt abkühlen. Hierauf fügt man eine kalte Lösung von 15 g Kaliumjodat in 30 cm^3 Wasser und 50 cm^3 konzentrierte Salpetersäure hinzu; der weiße flockige Niederschlag wird $^1/_2$ Std. unter Umrühren stehen gelassen und dann filtriert. Das Waschwasser enthält 2 g Kaliumjodat in 50 cm^3 Salpetersäure (D 1,2) und 200 cm^3 Wasser. Der Niederschlag wird in das Fällungsgefäß gespritzt, mit 100 cm^3 der

Waschflüssigkeit gut durchgerührt und nochmals auf das Filter gebracht. Nach dem Waschen wird eine Umfällung vorgenommen, indem man den Niederschlag mit heißem Wasser in das Fällungsgefäß zurückbringt, das Wasser bis fast zum Sieden erhitzt und unter tropfenweisem Zusatz von 30 cm³ konzentrierter Salpetersäure den Niederschlag löst.

Die Wiederausfällung erfolgt durch 4 g Kaliumjodat in wenig heißem Wasser und etwas verdünnter Salpetersäure. Man läßt erkalten, filtriert durch das früher benützte Filter, wäscht, dekantiert wie oben. In den vereinigten Filtraten werden die seltenen Erden durch Ammoniak als Hydroxyde abgeschieden, gut gewaschen, in wenig Salzsäure aufgelöst, verdünnt und als Oxalate gefällt, verglüht und ausgewogen.

Bemerkungen. Die Reihenfolge der Trennungen kann bei technischen Analysen geändert werden. Meist bestimmt man die Summe der Oxyde der seltenen Erden und des Thoriums und wägt nach der Scheidung mit Kaliumjodat das Thoriumoxyd aus. Die seltenen Erden bestimmt man aus der Differenz. Bei Monazitanalysen wird die Jodatfällung nach der Schwermetallabscheidung durch Schwefelwasserstoff eingeschoben; die schwefelsaure Lösung stört nicht. Als Jodat wird Thorium vom Titan und Zirkon begleitet; das Filtrat enthält die Sesquioxyde, Erdalkalien, Alkalien und seltene Erden. Zuerst wird die Hydroxydfällung vorgenommen und hierauf die seltenen Erden über die Oxalate gereinigt und quantitativ abgeschieden. Bei diesem vereinfachten Analysengang wird eine Oxalatfällung (die Summe: Elemente der seltenen Erden und Thorium) eingespart.

β) Nach Smith und C. James. Sebacinsäure scheidet das Thorium in neutraler oder sehr schwach saurer Lösung quantitativ ab. Die Elemente der seltenen Erden bleiben unter dieser Bedingung in Lösung, da ihre Abscheidung durch Mineralsäuren verhindert wird. Aus dem Filtrat fällt man die Erdelemente aus.

Durchführung. Die salpetersaure Lösung, in der das Cer dreiwertig vorliegt, wird vorsichtig mit Ammoniak soweit neutralisiert, daß der durch den einfallenden Tropfen erzeugte Niederschlag eben noch aufgelöst wird. Man erhitzt zum Sieden und fällt mit heißer Sebacinsäurelösung. Die Fällung wird hierauf einige Minuten im Sieden gehalten und heiß filtriert. Man wäscht mit heißem Wasser; das Filtrat wird nochmals mit Ammoniak bis zum Auftreten eines Niederschlages neutralisiert zum Sieden erhitzt; die Elemente der seltenen Erden werden mit sebacinsaurem Ammoniak gefällt (s. S. 674). (C. F. Whittemore und C. James.)

Bemerkungen. Nach R. B. Moore ist diese Methode die sicherste und bequemste, um Thorium von den Elementen der seltenen Erden abzutrennen.

d) Quantitative Bestimmung von Spuren seltener Erden in Mineralien.

Als Beispiel für eine zweckentsprechende Anreicherung kann die von Ida Noddack durchgeführte quantitative Analyse der seltenen Erden in Meteoriten angesehen werden. Bei Steinmeteoriten werden die Einwagen zwischen 100 und 160 g, bei Eisenmeteoriten zwischen 500 bis 650 g gehalten. Die Steinmeteorite wurden durch dreifaches Abdampfen mit Flußsäure aufgeschlossen, hierauf durch dreimaliges Abrauchen mit Schwefelsäure in Sulfate übergeführt. Das erkaltete etwas freie Schwefelsäure enthaltende Sulfatgemisch wird mit Wasser übergossen und zwei Tage stehen gelassen. Man filtriert durch ein gehärtetes Filter und wäscht mit heißem Wasser gut aus. Der Rückstand besteht aus Calciumsulfat und wird durch Kochen mit einer konzentrierten Natriumcarbonatlösung in Calciumcarbonat umgewandelt. Man filtriert und löst den Carbonatniederschlag in Salzsäure und fällt mit Ammoniak.

Das Filtrat vom Calciumcarbonat wird ebenfalls mit Salzsäure angesäuert und mit Ammoniak gefällt. Man filtriert getrennt, wäscht gut aus und vereinigt die in den beiden Filtern enthaltenen Niederschläge. Die so gewonnenen Hydroxyde enthalten einen Bruchteil der Elemente der seltenen Erden.

Das schwefelsaure Filtrat wird nun 2 bis 3 mal mit Ammoniak bei Gegenwart von Ammoniumchlorid gefällt; die erhaltenen Hydroxyde werden stets in Salzsäure aufgelöst. Hierauf extrahiert man in stark salzsaurer Lösung den Großteil des Eisentrichlorides mit eisgekühltem Äther. Die wäßrige Lösung wird von Äther befreit und mit einem Überschuß von 0,1%iger Natronlauge gefällt. Beryllium und Aluminium werden gelöst. Der Niederschlag wird in Schwefelsäure gelöst, das Chrom mit Wasserstoffperoxyd zu Chromat oxydiert und nochmals mit 0,1% Lauge gefällt. Der Niederschlag ist nun weitgehend von Aluminium und Chrom befreit, wird in sehr verdünnter Säure gelöst und mit Ammoniak gefällt. Die so anfallenden Hydroxyde werden in Salzsäure gelöst und durch Fällung mit Schwefelwasserstoff von den Schwermetallen befreit. Das Filtrat wird eingedampft, oxydiert und mit der Auflösung der Hydroxyde, die aus dem Calciumsulfatrückstand gewonnen worden sind, vereinigt. Man hat jetzt nur noch kleine Substanzmengen zu verarbeiten, die jedoch noch immer die seltenen Erden in starker Verunreinigung enthalten. Man wendet daher die oben angeführten Methoden nochmals an. Das Eisen läßt sich jetzt vorteilhafter als Rhodanid ausschütteln. Zum Schluß erhält man ein Präparat, das neben Eisen, Titan und Mangan als Hauptbestandteil die Gesamtmenge der Elemente der seltenen Erden enthält. Das Titan kann durch öfteres Abrauchen mit Flußsäure bis zur Trockne weitgehend entfernt werden. Die nun folgende Weiterverarbeitung hängt von der Untersuchungsmethode ab. Wird röntgenspektroskopisch gearbeitet, so brauchen die Erden nicht vollständig gereinigt vorzuliegen. Wird eine gravimetrische Bestimmung erstrebt, wird in kleinstem Volumen eine Oxalatfällung angezeigt sein.

Bemerkungen. Solange die Elemente der seltenen Erden in großer Verdünnung vorliegen, darf keine andere Fällungsart verwendet werden als die der Hydroxyde, da diese die kleinste Löslichkeit aller Erdverbindungen besitzen und vom mitfallenden Eisenhydroxyd quantitativ mitgerissen werden. Die Fällungen, bei denen die Erdelemente in den Niederschlag gehen, werden in der Hitze vorgenommen, worauf man mindestens einen Tag stehen läßt. Alle Filtrationen werden mit gehärtetem Filter ohne Anwendung von Unterdruck durchgeführt.

Auf diese Weise kann man die Elemente der seltenen Erden aus einer 10000fachen Verdünnung quantitativ erfassen.

Literatur.

AGTE, K., H. BECKER-ROSE u. G. HEYNE: Angew. Ch. **38**, 1121 (1925).

BALTUCH, M. u. G. WEISSENBERGER: Z. anorg. Ch. 88, 88 (1914). — BOUDOUARD, O.: Bl. [3] **19**, 10 (1898). — BOURION, F.: A. Ch. [8] **20**, 547 (1910).

CHESNEAU: C. r. **153**, 429 (1911).

HALL, R. D.: Am. Soc. **26**, 1243 (1904). — HAUSER, O. u. H. HERZFELD: Zbl. Min. 758 (1910). — HENNINGS, C. R.: Angew. Ch. **33 II**, 218 (1920). — HESS, F. L. u. R. C. WELLS: Am. J. Sci. [4] **31**, 438 (1911). — HICKS, W. B.: Am. Soc. **33**, 1492 (1911).

JOHNSTONE, S. J.: The rare earth industry, 1915.

KITHIL, K. L.: Monazite, Thorium and mesothorium, Bureau of Mines Tech. paper **110**, 22 (1915); Chem. N. **114**, 266, 275, 283 (1916).

LUNGE-BERL: Chemische Technische Untersuchungsmethoden, 8. Aufl., Bd. II/2, S. 1621. 1932.

MATIGNON, C. u. F. BOURION: C. r. **138**, 631, 760 (1904).— MEYER, R. J.: Z. anorg. Ch. **71**, 65 (1911). — MEYER, R. J. u. O. HAUSER: Die Analyse der seltenen Erden und Erdsäuren, S. 260. 1912. — MEYER, R. J. u. M. SPETER: Ch. Z. **34**, 306 (1910). — MINER: s. R. B. MOORE: Die chemische Analyse seltener technischer Metalle, S. 49. 1927. — MOORE, R. B.: Die chemische Analyse seltener technischer Metalle, S. 35. 1927.

NICOLARDOT, P.: C. r. **147**, 795 (1908). — NODDACK, IDA: Z. anorg. Ch. **225**, 337 (1935).

SCHOELLER, W. R. u. E. F. WATERHOUSE: Analyst **60**, 284 (1935). — SMITH, E. F.: Am. Soc. **20**, 289 (1898). — SMITH, L.: Am. Chem. J. **5**, 44, 73 (1883); B. **16**, 1886 (1883). — SMITH, T. O. u. C. JAMES: Am. Soc. **34**, 281 (1912). — SPENCER, J. F.: The metals of the rare earths, S. 240. 1919.

WELLS, R. C.: Am. Soc. **50**, 1017 (1928). — WENGER, P. u. P. CHRISTIN: Ann. Chim. anal. [2] **4**, 231 (1922); durch C. **1922 IV**, 1003. — WHITTEMORE, C. F. u. C. JAMES: Am. Soc. **34**, 772 (1912); **35**, 129 (1913).

VII. Verfahren zur Abtrennung der Elemente der seltenen Erden von anderen Elementen.

Im vorhergehenden Abschnitt sind die gebräuchlichen Trennungsverfahren angeführt worden, die in der Mineralanalyse zur Abscheidung und Bestimmung der Elemente der seltenen Erden verwendet werden. Im folgenden Teil findet man eine Zusammenstellung der im Schrifttum verstreuten Angaben über andere Möglichkeiten der Trennung der Elemente der seltenen Erden von anderen Elementen.

a) Von den Alkalimetallen.

1. Durch Ammoniak.

Wie auf S. 668 vermerkt wurde, vermag eine einfache Fällung durch Ammoniak zufolge des großen Adsorptionsvermögens der Erdhydroxyde für Fremd-Ionen keine vollkommene Scheidung von den Alkalimetallen zu ergeben. Deshalb ist eine doppelte Fällung nötig. Durchführung siehe S. 669.

2. Durch sebacinsaures Ammoniak.

WHITTEMORE und C. JAMES zeigten, daß in einer neutralen Lösung die Trennung von den Alkalien mit sebacinsaurem Ammoniak durch eine Fällung durchgeführt werden kann. Hierzu siehe S. 674.

3. Durch Oxalsäure oder Ammoniumoxalat.

Der eingehenden Untersuchung von T. O. SMITH und C. JAMES sowie G. P. BAXTER und H. W. DAUDT über die Fällungen der Elemente der seltenen Erden, studiert am Lanthan, ist zu entnehmen, daß der Oxalsäureniederschlag stets geringe Mengen von Alkalien enthält. Eine doppelte Fällung wird jedoch nur dann angezeigt sein, wenn eine sehr hohe Konzentration an Fremdstoffen vorliegt (s. S. 670).

Literatur.

BAXTER, G. P. u. H. W. DAUDT: Am. Soc. **30**, 571 (1908).
SMITH, T. O. u. C. JAMES: Am. Soc. **36**, 909 (1914).
WHITTEMORE, C. F. u. C. JAMES: Am. Soc. **35**, 129 (1913).

b) Von den Erdalkalien und Magnesiun.

1. Durch Ammoniak.

Ist der Gehalt an Erdalkalien kleiner als 0,1 g, so wird eine Fällung der Hydroxyde aus einem Volumen von etwa 500 cm^3 durch Ammoniak bei Gegenwart von Ammoniumsalzen zufriedenstellende Werte ergeben. Bei einem höheren Gehalt ist eine doppelte Fällung nicht zu entbehren. Man geht nach S. 668 vor, wobei man die Fällung in einem ERLENMEYER-Kolben vornimmt, um die Einwirkung der Luftkohlensäure, die zur Abscheidung von Erdalkalicarbonaten führen würde, auf einen kleinen Betrag herunterzusetzen.

2. Durch Elektrolyse.

Bis vor wenigen Jahren galt es als unmöglich, Elemente der seltenen Erden kathodisch abzuscheiden. Wohl hatte man gefunden, daß primär eine Reduktion zu Metall an Quecksilber möglich ist, doch ließen sich infolge der großen Unbeständigkeit die gebildeten Amalgame nicht fassen. Stets traten Sekundärreaktionen auf, die zur Bildung von Erdhydroxyden führten. Lösungen von reinen Erdalkalichloriden lassen sich hingegen an Quecksilberkathoden zu einem recht beständigen Amalgam reduzieren. TH. P. MCCUTCHEON benutzte diese Unterschiede, um eine quantitative Trennung der seltenen Erden von den Erdalkalien auszuarbeiten. Es hatte sich jedoch gezeigt, daß in einer HILDEBRAND-Zelle nur Barium und Strontium vorteilhaft getrennt werden können, während Calcium in Gegenwart der Erden oder des Magnesiums kein beständiges Amalgam bildet, sondern sich gleich diesen unter Hydroxydbildung zersetzt.

Da Barium und Strontium in nennenswerten Mengen bei Abwesenheit von Calcium die seltenen Erden in der Natur nie begleiten, hat diese Trennungsmethode nur ein theoretisches Interesse.

Literatur.

McCutcheon, Th. P.: Am. Soc. **29**, 1449 (1907).

c) Von Eisen.

1. Durch Oxalsäure.

Zweiwertiges Eisen darf bei der Fällung der Elemente der seltenen Erden durch Oxalsäure nicht zugegen sein, da es beinahe vollkommen als schwerlösliches Ferrooxalat mitgefällt wird. Ionen des dreiwertigen Eisens bilden mit Oxalsäure so beständige lösliche Komplexe, daß sie, mit Erdoxalaten zusammengebracht, eine Umsetzung hervorrufen, wobei die Elemente der Erden in Lösung gehen. Wenn demnach in Gegenwart von Eisen die Elemente der seltenen Erden als Oxalate abgeschieden werden sollen, so tritt zuerst die Bildung von Ferrioxalaten und dann erst die Fällung der Elemente der seltenen Erden ein (Dittrich). Bei großen Mengen Eisen wird der Verbrauch an Fällungsreagens sehr groß sein, wobei die Löslichkeit der Erdoxalate merklich zunimmt. Man hat versucht, durch längeres Stehenlassen des Niederschlages eine vollständigere Abscheidung zu erzielen, trotzdem verbleiben noch 0,2 bis 0,7% der seltenen Erden in Lösung. 0,5 g Eisen dürfte die oberste Grenze sein, bei der die Trennung über die Oxalate noch brauchbare Ergebnisse liefert.

2. Durch Schwefelwasserstoff.

Bei der Untersuchung von Cer-Eisenpräparaten spielt diese Trennung eine große Rolle; man hat wegen der oben angeführten Ungenauigkeiten die Oxalatfällung verlassen und die Abscheidung des Eisens als Sulfid vorgezogen. Nach H. Arnold sowie A. Wöber fällt man in ammoniakalischer Lösung bei Gegenwart von Weinsäure das Eisen durch Schwefelwasserstoff. Auf 1 g des Oxydgemisches wendet man 2 bis 3 g Weinsäure an, die in Wasser gelöst und deutlich ammoniakalisch gemacht wird. In diese Lösung gießt man langsam und unter Umrühren die neutrale Cer-Eisenlösung, die keinen Niederschlag bilden darf. Nach der Fällung mit Schwefelwasserstoff wird 1 Std. auf dem Wasserbad erwärmt, wobei der Niederschlag sich gut absetzen muß. Man filtriert und wäscht rasch mit sehr verdünntem Ammonsulfid. Die im Filtrat enthaltenen Erdelemente konnten ursprünglich erst nach der Zerstörung der Weinsäure isoliert werden. Der einfachste Vorgang wäre das Eindampfen der Lösung und Verglühen des Rückstandes. Man löst ihn hierauf in Säure und fällt die Elemente der seltenen Erden.

Nach S. 669 können nun die Elemente der seltenen Erden auch aus weinsaurer Lösung quantitativ abgeschieden werden. Meist jedoch werden diese aus der Differenz der Summe der Oxyde und dem gefundenen Eisenoxyd bestimmt.

3. Durch Ausäthern.

Ist die Menge des vorhandenen Eisens sehr groß, die Menge der seltenen Erden dagegen klein, so wird die Entfernung des Hauptbestandteiles durch Ausschütteln der Chloride mit Äther sehr rasch zu einer Trennung führen. Die Elemente der seltenen Erden bleiben quantitativ in der wäßrigen Lösung. Nach W. Fischer und Mitarbeitern soll die auszuschüttelnde Lösung 20% (6 n) Salzsäure enthalten. Im übrigen siehe S. 712.

4. Durch Elektrolyse.

R. E. Myers trennt Eisen von den Elementen der seltenen Erden über das Eisenamalgam. Die neutrale Sulfatlösung wird für je 10 cm³ mit einem Tropfen konzentrierter Schwefelsäure versetzt und in einem Becherglas, Quecksilber als Kathode, Platin als Anode, elektrolysiert. Bei einer Stromdichte von 0,05 Amp. je Kubikzentimeter und bei 4 bis 8 Volt läßt sich Eisen in 6 bis 14 Std. quantitativ abtrennen. Im Filtrat bestimmt man die Erdelemente.

R. C. BENNER und M. L. HARTMANN scheiden bei 6 bis 7 Volt mit 3 bis 4 Amp. das Eisen als Amalgam schnellelektrolytisch in etwa 15 Min. ab. Diesen elektrolytischen Methoden kommt keine praktische Bedeutung zu.

Literatur.

ARNOLD, H.: Fr. **53**, 496 (1914); Ch. Z. **43**, 27 (1919).
BENNER, R. C. u. M. L. HARTMANN: Am. Soc. **32**, 1628 (1910).
DITTRICH, M.: B. **41**, 4373 (1908).
FISCHER, W., K. BRÜNGER, W. DIEK u. H. GRIENEISEN: Angew. Chem. **49**, 31 (1936).
MYERS, R. E.: Am. Soc. **26**, 1132 (1904).
WÖBER, A.: Ch. Z. **42**, 470 (1918).

d) Von Aluminium und Chrom.

1. Durch Oxalsäure.

Aluminium- und Chromi-Ionen bilden leichtlösliche Oxalokomplexe. Für diese gilt weitgehend das beim Eisen, S. 714, Gesagte. Ist die Menge beider Elemente nicht zu groß, etwa 0,5 g, so wird bei geeigneter Verdünnung eine gute Trennung erzielt. Die Chromioxalsäure erzeugt mit seltenen Erden unlösliche Salze, die bei ungeeigneter Fällung den Niederschlag verunreinigen. Es ist daher vorteilhaft, die auf S. 710 beschriebene umgekehrte Fällung vorzunehmen, wobei auf einen reichlichen Überschuß an Oxalsäure zu achten ist.

2. Durch Natriumhydroxyd.

Große Mengen Aluminium und Chrom entfernt man nach Oxydation des letzteren zu Chromat durch eine Behandlung mit 0,5 bis 1%iger Natriumhydroxydlösung. Die Erdhydroxyde fallen quantitativ, sind jedoch durch ihr großes Adsorptionsvermögen stark verunreinigt. Meist ist eine zweite Fällung der Hydroxyde nicht notwendig, da eine Reinigung über das Oxalat vorgenommen werden kann. Zu diesem Zwecke löst man die Hydroxyde in Salzsäure, kocht zur Reduktion des Chromat-Ions und fällt, wie oben angegeben.

Literatur.

BJØRN-ANDERSEN, H.: Z. anorg. Ch. **210**, 93 (1933).

e) Vom Gallium.

Obwohl die Trennung des Galliums von den Elementen der seltenen Erden nicht an allen Gliedern dieser Reihe erprobt wurde, können aus den vorhandenen Ergebnissen Schlüsse gezogen werden, die für alle Elemente der seltenen Erden gelten.

1. Durch Kaliumhydroxyd.

Galliumhydroxyd ist in überschüssiger Lauge unter Bildung von Alkaligallaten leichtlöslich, während die Erdhydroxyde quantitativ ausgefällt werden. Da Scandiumhydroxyd und Ytterbinhydroxyde eine geringe Löslichkeit in Alkalihydroxyden aufweisen, ist, wie beim Aluminium angegeben, nur mit 1- bis 2%igen Laugen zu fällen. Vorteilhaft wird eine umgekehrte Fällung vorgenommen, in dem in die erwärmte Kaliumhydroxydlösung die zu untersuchende neutrale Lösung eingegossen wird. Die Trennung ist nicht scharf, denn es verbleiben bei den Erdhydroxyden merkliche Mengen Gallium. Für die Trennung geringer Mengen von Elementen seltener Erden von viel Gallium ist zur ersten Anreicherung diese Fällung sehr zu empfehlen.

2. Durch Kaliumferrocyanid.

In stark salzsaurer Lösung wird Gallium durch Kaliumferrocyanid als schwerlösliches weißes Galliumferrocyanid gefällt. Da der Niederschlag leicht durch das Filter läuft, wird unter Anwendung von Filterbrei filtriert oder zentrifugiert. Man wäscht mit verdünnter Salzsäure. Im Filtrat fällt man die seltenen Erden als Oxalate.

3. Durch Kupferron.

In 1,5 normaler schwefelsaurer Lösung fällt in der Kälte Kupferron das Gallium, während die Elemente der seltenen Erden in Lösung bleiben. Mit Ausnahme des Scandiums werden die Elemente der seltenen Erden, selbst in großem Überschuß, durch eine einmalige Fällung abgetrennt. In Gegenwart von Scandium ist eine doppelte Fällung notwendig. Zu diesem Zwecke wird der erst erhaltene Niederschlag verascht, mit Kaliumbisulfat aufgeschlossen, in Wasser gelöst und nach Ansäuern mit Schwefelsäure nochmals mit Kupferron gefällt. Die Elemente der seltenen Erden werden nach Zerstörung der organischen Substanzen durch Wasserstoffperoxyd und Eindampfen bis zum Auftreten von Schwefelsäuredämpfen und nachfolgendem Verdünnen mit Ammoniak gefällt.

4. Durch Oxalsäure (s. Aluminium).

5. Durch Hydrolyse in Gegenwart von Arsentrisulfid.

In schwach essigsaurer Lösung wird das kolloidal, gelöste basische Galliumacetat durch frisch gebildetes Arsentrisulfid ausgefällt. Diese Methode ist nicht genau, da das Gallium weder hinreichend rein noch quantitativ abgeschieden wird.

Literatur.

LECOQ DE BOISBAUDRAN: C. r. **97**, 1463 (1883). — BRUKL, A.: M. **52**, 253 (1929).

f) Von Titan und Zirkon.

1. Durch Oxalsäure.

Beide Elemente geben leichtlösliche Oxalatokomplexe (s. S. 714 und 671).

2. Durch Fluorwasserstoffsäure.

Diese Trennung kann sowohl gleich zu Beginn der Analyse, demnach beim Aufschluß der Mineralien, als auch mit dem durch Ammoniak fällbaren Anteil vorgenommen werden. Titan und Zirkon geben in verdünnter Flußsäure lösliche Fluoride, während die Erden ungelöst bleiben (s. S. 675 und 708).

3. Durch Phenylarsinsäure.

Zirkonsalze geben, wie H. C. RICE, N. C. FOGG und C. JAMES zeigten, mit Phenylarsinsäure sehr schwerlösliche Niederschläge, deren Löslichkeit von der Acidität weitgehend unabhängig ist. In sehr verdünnten und starksauren Lösungen gibt Titan, allein vorhanden, eine unvollkommene Abscheidung. Werden Zirkon und Titan gemeinsam gefällt, so geht fast das gesamte Titan mit in den Niederschlag. (Eine Trennung des Titans vom Zirkon wird dadurch erreicht, daß eine Oxydation zur Pertitansäure vorgenommen wird, die mit Phenylarsinsäure nicht reagiert.) Die seltenen Erden bleiben gelöst.

Durchführung. Die 10%ige salzsaure Lösung, enthaltend Titan, Zirkon und Elemente der seltenen Erden, wird mit 10%iger Phenylarsinsäurelösung gefällt und zum Sieden erhitzt. Nach einigen Minuten Sieden wird heiß filtriert und mit 1%iger Salzsäure gewaschen. Das klare Filtrat wird mit Ammoniak gefällt, in Säure gelöst und die Elemente der seltenen Erden als Oxalate abgeschieden.

Bemerkungen. Gewöhnlich genügt eine einfache Fällung. Das Zirkondioxyd ist nach dem Glühen rein weiß. Das eventuell in Lösung verbliebene Titan wird bei der Abscheidung der Elemente der seltenen Erden durch Oxalsäure entfernt. Auch bei Abwesenheit von Titan müssen die Erdoxalate gebildet werden, um die Phenylarsinsäure vollkommen zu entfernen, die sonst beim Verglühen beträchtliche Mengen von Arsensäure in den Erdoxyden zurücklassen würde. Weiteres siehe S. 720.

p-Hydroxyphenylarsinsäure ist nach C. T. SIMPSON und CH. C. CHANDLEE zur Trennung des Zirkons und Titans von den seltenen Erden [geprüft an Cer(III)salzen] gut geeignet. Die Lösung soll an freier Säure enthalten: bei Gegenwart von Salzsäure 0,6 n und bei Schwefelsäure 1,8 n. Eine 4%ige wäßrige Lösung des Fällungsmittels erzeugt in der Siedehitze zugesetzt einen weißen Niederschlag. Nachdem die über dem Niederschlag befindliche Lösung klar geworden ist und auf Zimmertemperatur abgekühlt wurde, filtriert man und wäscht mit n/4-Salz- oder Schwefelsäure, der man auf 100 ccm 12,5 ccm des Fällungsmittels zugesetzt hat. Im Filtrat werden die seltenen Erden als Oxalate abgeschieden. Cer in vierwertiger Form wird mit Titan und Zirkon gemeinsam abgeschieden.

4. Durch selenige Säure.

L. NILSON beobachtete, daß aus mäßig sauren Titan- und Zirkonlösungen durch selenige Säure basische Selenite fallen, die mit einem Überschuß des Fällungsmittels gekocht, krystallinische neutrale Selenite ergeben. M. M. SMITH und C. JAMES haben die Methode zur Trennung des Zirkons, R. BERG und M. TEITELBAUM zur Trennung des Titans vom Aluminium, den Elementen der seltenen Erden und von wenig Eisen empfohlen. Zirkon fällt quantitativ in 5%iger salzsaurer Lösung, Titan hingegen in 1%iger Lösung; sind jedoch beide Elemente zugegen, so begleitet Titan das Zirkon auch bei höheren Säurekonzentrationen fast vollständig. Die Selenite der seltenen Erden sind in überschüssiger seleniger Säure, sowie in verdünnten Mineralsäuren sehr leicht löslich.

Durchführung. Die zu trennenden Elemente müssen als Chloride vorliegen (Sulfate und Nitrate entfernt man über die Hydroxyde). Die Lösung enthält 1 bis 2% Salzsäure und wird in der Kälte tropfenweise mit einem Überschuß an seleniger Säure gefällt. Der Niederschlag ballt sich gut und kann sofort filtriert werden. Man wäscht mit kaltem Wasser, das mit wenig Salzsäure schwach angesäuert wurde. Das Filtrat wird mit Ammoniak neutralisiert, und die Elemente der seltenen Erden werden als Oxalate gefällt.

Bemerkungen. Die geringen Mengen von Titan, die im Filtrat stets nachzuweisen sind, werden durch die Oxalatfällung beseitigt. Diese Methode eignet sich vor allem für die Analyse von Zirkonmineralien. Ist nur Titan abzuscheiden, so fälle man in 0,5 bis 1% salzsaurer Lösung. Dreiwertiges Eisen geht als basisches Selenit in den Niederschlag; man kann es jedoch auch durch Reduktion in Lösung halten.

Literatur.

BERG, R. u. M. TEITELBAUM: Z. anorg. Ch. **189**, 101 (1930).
NILSON, L.: Researches of the salts of selenius. acid. Upsala 1875.
RICE, H. C., N. C. FOGG u. C. JAMES: Am. Soc. **48**, 898 (1926).
SIMPSON, C. T. u. CH. C. CHANDLEE: Ind. eng. Chem. Anal. Edit. **10**, 642 (1938).

g) Von Thorium.

Allgemeines.

Zu den wichtigsten Trennungen der Elemente der seltenen Erden gehört die Scheidung von Thorium, der von der technischen, präparativen und analytischen Seite große Beachtung geschenkt wird. Dies findet in den zahlreichen Abhandlungen und Vorschlägen zu ihrer Durchführung einen deutlichen Ausdruck, denn bis in die jüngste Zeit ist dieses Problem immer wieder behandelt worden. Von den vielen Methoden, die sich im Schrifttum vorfinden, haben nur wenige eine allgemeine Verbreitung gefunden; denn die an dieser Trennung interessierten Industrien forderten neben einer hinreichenden Genauigkeit eine rasche und billige Durchführung.

Um die Jahrhundertwende waren die unter 1. und 2. genannten Verfahren sehr gebräuchlich. Die erste Methode, die eine Trennung mit Hilfe des Natriumthiosulfates ausführte, war zwar recht zeitraubend, lieferte hingegen befriedigende Werte. Die zweite Methode arbeitete schneller, jedoch wesentlicher ungenauer und kam nur als Betriebsverfahren in Betracht. Später fand die auf S. 710 beschriebene Trennung durch Kaliumjodat, sowie die unter 3. genannte Scheidung durch Natriumhypophosphat für genaue Analysen Verwendung. In neuester Zeit ist ein Verfahren bekannt geworden, das wegen seiner einfachen Durchführung besondere Beachtung verdient. Es ist dies die Fällung mit Hexamethylentetramin (s. unter 8), die durch ihre sehr genauen Resultate besticht. Solange keine Überprüfung dieser Methode stattgefunden hat, ist die Trennung mit Kaliumjodat zu empfehlen.

1. Mit Natriumthiosulfat.

E. Hintz und H. Weber benutzten die Eigenschaft des Natriumthiosulfates, aus neutralen Chloridlösungen das Thorium quantitativ als basisches Thiosulfat zu fällen, zu einer Trennung von den Elementen der seltenen Erden. Der aus basischem Thoriumthiosulfat und Schwefel bestehende gelbe Niederschlag ist nicht ganz frei von Erden; er muß umgefällt werden. Diese Trennung wurde mehrmals eingehend untersucht und brauchbar befunden; so von Drossbach, Benz, F. J. Metzger, Hauser und Wirth, Schoeller und Powell. In der Durchführung ist die Arbeitsvorschrift von Hauser und Wirth wiedergegeben, in den Bemerkungen die von Schoeller und Powell vorgeschlagenen Änderungen.

Durchführung. Die Lösung der Chloride, die durch Eindampfen oder durch Neutralisieren mit Ammoniak vom Überschuß der Säure befreit wurde, erhitzt man zum Sieden und versetzt mit einem Überschuß einer konzentrierten Natriumthiosulfatlösung. Man setzt das Kochen einige Zeit fort und filtriert den entstandenen Niederschlag ab. Der mit Wasser gewaschene Niederschlag wird gemeinsam mit dem Filter in das Fällungsgefäß zurückgebracht, mit etwas konzentrierter Salzsäure aufgekocht, verdünnt und vom Filterschleim und Schwefel abfiltriert. Das Filtrat wird mit Ammoniak neutralisiert und nochmals mit Natriumthiosulfat gefällt. Die Filtrate werden vereinigt, eingeengt, durch Salpetersäure die Polythionsäuren zerstört, die Lösung eingedampft, mit wenig Salzsäure aufgenommen und die Elemente der seltenen Erden als Oxalate gefällt.

Bemerkungen. Das so erhaltene Thoriumoxyd ist durch sehr geringe Mengen von seltenen Erden meist schwach rosa gefärbt, doch wird hierdurch das Resultat nur wenig beeinflußt.

Schoeller und Powell geben folgende Anderungen an, die zu weißen Thoriumoxydpräparaten führen sollen. Die 200 cm³ betragende neutrale Chloridlösung wird mit 9 g Natriumthiosulfat, gelöst in 30 cm³ Wasser, versetzt und über Nacht stehen gelassen. Dann wird 10 Min. lang gekocht und filtriert (Niederschlag a). Das Filtrat wird 1 Std. zum Sieden erhitzt und die kleine Menge des Abgeschiedenen auf einem Filter gesammelt (Hauptfiltrat und Niederschlag b). Niederschlag a) wird mit wenig Wasser in das Fällungsgefäß zurückgebracht in 10 cm³ konzentrierter Salzsäure gelöst, in eine Porzellanschale filtriert (Niederschlag c) und das Filtrat zur Trockne gedampft. Der Rückstand wird in 150 cm³ Wasser aufgenommen, mit 3 g Thiosulfat, in wenig Wasser gelöst, versetzt und 12 Std. stehen gelassen, wie oben 10 Min. zum Sieden erhitzt und filtriert (Filtrat a). Der Niederschlag wird zum dritten Male in Salzsäure gelöst und wie oben behandelt (Filtrat b). Der hier anfallende Niederschlag enthält den größten Teil des anwesenden Thoriums und ist rein (Niederschlag d). Die Filtrate a) und b) werden vereinigt und mit Ammoniak gefällt und die Hydroxyde auf dem Filter gesammelt. Dieses Filter wird zusammen mit dem Niederschlag b) und den nach Salzsäurebehandlung verbleibenden Schwefelrückständen Niederschläge c) und d) verascht und geglüht. Man schließt mit Kaliumbisulfat auf, fällt mit Ammoniak, löst in wenig Salzsäure die abfiltrierten und gewaschenen Hydroxyde auf und dampft zur Trockne. Wie oben angegeben, wird die Thiosulfatfällung nochmals angewendet. Der Niederschlag enthält den Rest des Thoriums und ist ebenfalls rein. Dieses Filtrat wird mit dem Hauptfiltrat vereinigt, aus dem die seltenen Erden durch eine Fällung mit Oxalsäure abgetrennt werden.

Diese Methode ist sehr zeitraubend und wird nur mehr selten angewandt. Gemeinsam mit Thorium fallen Aluminium, Titan, Zirkon und Scandium. Über die Trennung des letzteren Elementes vom Thorium siehe S. 740.

Hennings empfiehlt die von Schoeller und Powell mitgeteilte Vorschrift, vereinfacht sie jedoch für technische Analysen, indem das Thorium als Thiosulfat nur zweimal gefällt wird.

2. Durch Wasserstoffperoxyd.

In neutraler oder sehr schwach saurer Lösung fällt Wasserstoffperoxyd ein Thoriumperoxydhydrat aus, während nach Wyrouboff und Verneuil die Elemente der seltenen Erden in Lösung bleiben. Benz empfiehlt die Gegenwart von Ammoniumsalzen, wodurch das Thoriumperoxyd in leicht filtrierbarer Form anfällt.

Durchführung. Die neutrale Nitratlösung wird auf etwa 100 cm^3 gebracht, mit 10 g Ammoniumnitrat versetzt, auf 60 bis 80° erwärmt und mit 20 cm^3 3%iger Wasserstoffperoxydlösung gefällt. Der Niederschlag, der die Zusammensetzung Th_2O_5, N_2O_5 besitzt, wird sofort abfiltriert und mit 2%iger Ammoniumnitratlösung gewaschen. Da geringe Mengen seltener Erden durch Adsorption zurückgehalten werden, löst man ihn in verdünnter Salpetersäure, dampft zur Trockne und nimmt in 100 ccm 10%iger Ammoniumnitratlösung auf. Die Fällung wird nun wiederholt. Aus den vereinigten Filtraten gewinnt man die seltenen Erden.

Bemerkungen. Diese Methode wurde geprüft von Borelli, Schoeller und Powell, Treadwell und Hall und von Spencer. Nach Meyer und Hauser führt diese Methode nur bei kleinen Thoriummengen zu befriedigenden Resultaten. In der Technik wird die endgültige Reinigung des Thoriums über die Oxalate vorgenommen. Nachdem das basische Thoriumperoxydnitrat in verdünnter Salpetersäure gelöst und hierauf verdünnt wurde, fällt man es mit Oxalsäure. Der auf dem Filter gewaschene Niederschlag wird in das Fällungsgefäß gespritzt und mit konzentrierter Ammoniumoxalatlösung behandelt. Die klare Lösung wird auf 750 cm^3 verdünnt. Nach längerem Stehen fallen nur die seltenen Erden aus (s. S. 721).

3. Durch Natriumhypophosphat.

Das Natriumsalz der Unterphosphorsäure fällt in stark saurer Lösung Titan, Zirkon und Thorium als Hypophosphate aus. Diese Reaktion wurde von M. Koss aufgefunden, von A. Rosenheim zu einer quantitativen Trennung ausgebaut und von F. Wirth, S. Levy und J. F. Spencer überprüft. Man arbeitet vorteilhaft in salzsaurer Lösung, um die bei Gegenwart von Schwefelsäure auftretenden unlöslichen Natrium- und Erd-Doppelsulfate zu vermeiden.

Durchführung. Die Lösung wird mit dem gleichen Volumen konzentrierter Salzsäure versetzt, zum Sieden erhitzt und mit einer siedenden Lösung von Natriumsubphosphat versetzt. Den Niederschlag kocht man einige Zeit, läßt ihn absitzen und prüft auf quantitative Fällung. Hierauf wird heiß filtriert und mit heißem, mit Salzsäure schwach angesäuertem Wasser gewaschen, bis Ammoniak keine Hydroxydfällung gibt. Das Filtrat stumpft man weitgehend mit Ammoniak ab und fällt die Elemente der seltenen Erden mit Oxalsäure.

Bemerkung. Diese Methode läßt sich sehr einfach durchführen und ist sehr billig. Sie wird der Thiosulfat- und Wasserstoffperoxydmethode vorgezogen.

4. Durch Natriumpyrophosphat.

Dreiwertige Elemente der seltenen Erden geben in schwach saurer Lösung mit Natriumpyrophosphat keinen Niederschlag, während Zirkon und Thorium sowie vierwertiges Cer ausgefällt werden. CARNEY und CAMPBELL haben diese Trennungsmethode aufgefunden und gezeigt, daß nach Reduktion mit schwefliger Säure auch Cer vom Thorium abgetrennt werden kann.

Durchführung. Die Sulfat- oder Chloridlösung wird genau auf 0,3 n Säuregehalt gebracht, aufgekocht und solange vorsichtig mit einer wäßrigen Lösung von Natriumpyrophosphat versetzt, bis die Fällung des Thoriums vollständig erfolgt ist. Man kocht noch weitere 5 Min., läßt etwa 10 Min. absitzen, filtriert und wäscht den Niederschlag mit 0,3 n Säure gut aus. Zwecks Umfällung wird er in einer kleinen Schale mit etwas konzentrierter Schwefelsäure und Ammoniumperchlorat (zur Zerstörung der organischen Substanzen) erwärmt. Man verdünnt mit wenig Wasser, gießt in Natronlauge und filtriert die Hydroxyde ab. Nach gutem Auswaschen löst man sie in verdünnter Salzsäure und reduziert das mitgerissene Cer durch schweflige Säure. Die Lösung wird nun auf genau 0,3 n Säuregehalt gebracht und die Fällung wie oben wiederholt. In den vereinigten Filtraten scheidet man die Elemente der seltenen Erden als Oxalate ab.

Bemerkungen. Die Methode gibt bei doppelter Fällung gute Resultate, hat jedoch den großen Nachteil, daß die Säurekonzentration sehr genau eingehalten werden muß. Ist zu wenig Säure vorhanden, bilden sich lösliche Natrium-Thorium-Doppelsalze; bei Vorhandensein von mehr Säure nimmt die Löslichkeit des Thoriumpyrophosphates beträchtlich zu. Aus diesem Grunde wendet man die Pyrophosphatmethode nur selten an.

5. Durch Kaliumjodat (s. S. 710).

6. Durch Phenylarsinsäure.

Auf S. 716 wurde die Abscheidung des Zirkons durch Phenylarsinsäure beschrieben. Auch Thorium läßt sich mit Hilfe dieses Fällungsmittels von den Elementen der seltenen Erden abtrennen, wenn in stark essigsaurer Lösung gearbeitet wird.

Durchführung. Die neutrale Lösung, die das Thorium- und Erdengemisch (Cer ist in die Cerostufe durch schweflige Säure übergeführt worden) als Nitrate, Sulfate oder Chloride enthalten kann, wird auf etwa 300 cm^3 gebracht, zum Sieden erhitzt und mit 30 cm^3 10%iger Phenylarsinsäure und 75 cm^3 Eisessig versetzt. Die Fällung wird durch tropfenweisen Zusatz einer konzentrierten Ammoniumacetatlösung hervorgerufen, die solange zugegeben wird, bis das Thorium quantitativ abgeschieden ist. Man läßt 10 Min. auf dem siedenden Wasserbade stehen, filtriert hierauf ab und wäscht mit verdünnter Essigsäure aus. Der Niederschlag wird in das Fällungsgefäß zurückgebracht, in 30 cm^3 Salzsäure 1 : 1 gelöst, etwas schweflige Säure zugefügt, auf 300 cm^3 verdünnt und zum Sieden erhitzt. Nachdem man einige Kubikzentimeter der Phenylarsinsäure sowie 75 cm^3 Eisessig zugesetzt hat, fällt man mit genügend Ammonacetat. Die beiden Filtrate enthalten die Elemente der seltenen Erden, die nach weitgehender Abstumpfung der Essigsäure als Oxalate abgeschieden werden.

Bemerkungen. Diese Methode liefert sehr gute Werte und wird in der Monazitsandanalyse verwendet. Hat man in Mineralien, die Zirkon und Thorium enthalten, nur die seltenen Erden zu bestimmen, so geht man wie folgt vor: Die salzsaure Lösung, in der das Cer dreiwertig enthalten ist, wird nach der auf S. 716 angegebenen Art von Zirkon und Titan durch Phenylarsinsäure befreit. Der Niederschlag enthält beträchtliche Mengen von Thorium und Eisen. Die stark saure Lösung sowie ein sorgfältiges Waschen verhindern, daß nennenswerte Mengen von seltenen Erden okkludiert werden. Das Filtrat wird weitgehend mit Ammoniak neutralisiert und das Thorium, wie oben angegeben, abgeschieden. War viel Thorium zugegen, so fällt an dieser Stelle nur der in Lösung verbliebene Rest, der nun leicht umgefällt und gereinigt werden kann. Die Filtrate enthalten die Elemente der seltenen Erden.

Die quantitative Bildung des phenylarsinsauren Thoriums ist von der Essigsäurekonzentration weitgehend unabhängig. L. E. KAUFMANN überprüfte diese Trennung und fand bei Gegenwart von Cer keine befriedigenden Ergebnisse für Thorium. Er zieht die Fällung mit Kaliumjodat dieser Methode vor.

7. Durch Sebacinsäure (s. S. 674).

8. Durch Hexamethylentetramin.

Unter Einwirkung von Wasserstoff-Ionen zerfällt das Hexamethylentetramin in Formaldehyd und Ammoniak; in neutraler Lösung hingegen bleibt diese Verbindung erhalten. Die stark hydrolytisch gespaltenen Thoriumsalze werden demnach durch dieses Reagens quantitativ in unlösliche Hydroxyde übergeführt, während die stärker basischen seltenen Erden in Lösung verbleiben. A. M. ISMAIL und H. F. HARWOOD haben diesen Unterschied zu einer Trennung benutzt.

Durchführung. Die schwach saure, etwa 100 cm^3 betragende Lösung wird auf 30° erwärmt, mit 5 g Ammoniumchlorid versetzt und mit einer 10%igen wäßrigen Lösung von Hexamethylentetramin in geringem Überschuß tropfenweise unter gutem Rühren gefällt. Nach dem Absitzen wird filtriert und mit warmer 2%iger Ammonnitratlösung gut gewaschen. Der Niederschlag wird in heißer verdünnter Salzsäure aufgelöst und das Filter mit heißem Wasser nachgewaschen. Diese Lösung wird mit Ammoniak neutralisiert, schwach salzsauer gemacht und nochmals wie oben gefällt.

Aus den vereinigten Filtraten werden die seltenen Erden durch Ammoniak abgeschieden.

Bemerkungen. Als Vertreter der Elemente der seltenen Erden wurden Lanthan, Cer, Praseodym, Neodym und Yttrium untersucht. Über die schwächer basischen Endglieder Ytterbium und Cassiopeium liegt noch keine Erfahrung vor. Die Resultate sind bei doppelter Fällung sehr gut; der Fehler beträgt ± 0,2 mg bei wechselnden Auswagen.

9. Durch Ammoniumoxalat.

Die beträchtliche Löslichkeit des Thoriumoxalates in gesättigter Ammoniumoxalatlösung hat C. GLASER veranlaßt, diese Eigenschaft als Grundlage für eine Trennung von den Elementen der seltenen Erden vorzuschlagen. Die Ceriterden sind unter den gleichen Bedingungen nur spurenweise löslich, während die Yttererden mit steigendem Atomgewicht zunehmende Löslichkeit besitzen. AUER VON WELSBACH schied über die Ammoniumdoppeloxalate Ytterbium vom Cassiopeium. B. BRAUNER gibt folgende Relativzahlen für die Löslichkeit der Doppeloxalate an, wenn diese auf Oxyde berechnet und die gelöste Menge des Lanthanoxydes gleich eins gesetzt wird:

ThO_2	2663	Nd_2O_3	1,5
Yb_2O_3	105	Pr_2O_3	1,2
Y_2O_3	11	La_2O_3	1,0
Ce_2O_3	1,8		

38 g Wasser, die 1 g Ammoniumoxalat enthalten, lösen bei 20° 0,000233 g La_2O_3 (BRAUNER).

E. HINTZ und H. WEBER, DROSSBACH sowie BENZ zeigten jedoch bald, daß diese Methode für analytische Zwecke ungeeignet ist. Nur wenn Ceriterden von Thorium einfach und schnell abgetrennt werden sollen, wird dieses Verfahren angewendet (s. S. 719).

10. Durch Natriumazid.

Die quantitative Fällung des Thoriums durch Hydrolyse wird auch durch Natriumazid, wie DENNIS sowie KORTRIGHT zeigten, bewirkt. Die Stickstoffwasserstoffsäure ist eine nur wenig stärkere Säure als konzentrierte Essigsäure und läßt sich, da sie mit Wasserdämpfen flüchtig ist, aus der siedenden wäßrigen Lösung sehr weitgehend entfernen. Die seltenen Erden, die der Hydrolyse fast nicht unterliegen, verbleiben quantitativ in der Lösung.

Durchführung. Die neutrale Lösung, enthaltend Thorium und die Elemente der seltenen Erden, wird mit einigen Kubikzentimetern einer 0,32%igen Natriumazidlösung versetzt. Ist die Lösung an Thorium nicht zu verdünnt, so wird schon in der Kälte ein Niederschlag gebildet. In verdünnteren Lösungen fällt beim Erwärmen das Thorium als Hydroxyd und seine Abscheidung ist nach 5 Min. langem Sieden vollendet. Man filtriert heiß und wäscht gut mit heißem Wasser. Im Filtrat fällt man die Elemente der seltenen Erden als Oxalate.

Bemerkungen. Die Ceriterden lassen sich durch eine einmalige Fällung gut abtrennen, über Yttererden liegen keine Untersuchungen vor. Wegen der früher vorhandenen Schwierigkeiten, reine Alkaliazide zu gewinnen, hatte diese Methode keine Anwendung gefunden. Die Werte für Thorium sind stets etwas zu niedrig. Der Fehler beträgt bei kleinen Mengen etwa —1 %; bei größeren Mengen fehlen 1 bis max. 2 mg Thoriumoxyd.

11. Durch Fumarsäure.

In wäßriger Lösung werden Thoriumsalze durch Fumarsäure selbst in der Hitze nur unvollständig gefällt. In Gegenwart von Alkohol wird die quantitative Fällung als fumarsaures Thorium ermöglicht, wobei Elemente der seltenen Erden in Lösung verbleiben (F. J. METZGER).

Durchführung. Die durch Eindampfen der Nitrate gewonnene neutrale Lösung wird mit Alkohol und Wasser soweit verdünnt, daß 200 cm³ einer 40%igen alkoholischen Lösung entstehen. Man erhitzt zum Sieden und fällt mit einer Fumarsäurelösung, die man durch Auflösen von 1 g krystallisierter Säure in 100 cm³ 40%igem Alkohol erhält. Nach kurzem Kochen wird heiß filtriert und wiederholt mit heißem 40%igem Alkohol gewaschen. Der Niederschlag und das Filter werden in das Fällungsgefäß zurückgebracht, mit 25 bis 30 cm³ verdünnter Salzsäure gekocht, vom Filterbrei abgetrennt, der Rückstand gut gewaschen und zur Trockne eingedampft. Die Chloride werden in Wasser aufgenommen, mit Alkohol versetzt und, wie oben angegeben, nochmals gefällt. In den vereinigten Filtraten fällt man die Elemente der seltenen Erden durch Ammoniak; hierbei wird ein Teil derselben als fumarsaure Salze abgeschieden.

Bemerkungen. Zwecks Umfällung kann der Niederschlag auch in verdünnter Salpetersäure gelöst werden. Zur Entfernung der Fumarsäure wird diese Lösung mit überschüssiger Kalilauge gefällt, die Hydroxyde werden durch Filtration abgetrennt, gut gewaschen und nochmals in verdünnter Salpetersäure gelöst. Die Nitrate werden nun zur Trockne eingedampft und wie oben angegeben, nochmals gefällt. Verbleibende Kohleteilchen stören die Weiterverarbeitung nicht.

Ceriterden sowie Yttrium werden durch diese Methode abgetrennt; hingegen fallen die schwächer basischen Yttererden, wie am Erbium gezeigt wurde, mit dem Thorium gemeinsam, doch unvollständig aus. Aus diesem Grunde hat diese Trennung keine Verbreitung gefunden.

12. Durch Metanitrobenzoesäure.

Nitrobenzoesäuren fällen das Thorium aus neutralen Nitratlösungen quantitativ; praktisch hat sich, zufolge der größeren Wasserlöslichkeit, die Metasäure bewährt. Unabhängig voneinander haben NEISH sowie KOLB und AHRLE die Trennung der

Elemente der seltenen Erden vom Thorium beschrieben. Der weiße Niederschlag besteht aus Thoriumnitrobenzoat; er ist in Mineralsäuren sehr leicht löslich.

Durchführung. Die neutrale Lösung der Nitrate wird nach und nach unter dauerndem Umrühren mit 150 cm³ einer 4 g im Liter enthaltenden Metanitrobenzoesäurelösung versetzt und auf dem Wasserbad auf 60 bis 80° erwärmt, bis sich der Niederschlag, gut zusammengeballt, am Boden abgesetzt hat. Man filtriert und wäscht mit einer 5%igen Lösung des Fällungsmittels. Zur Umfällung wird der Niederschlag in das Fällungsgefäß zurückgebracht, in heißer Salpetersäure 1 : 5 gelöst, auf 600 cm³ verdünnt und mit 25 cm³ der Nitrobenzoesäurelösung versetzt. Der Niederschlag, der sich nur in neutraler Lösung bildet, wird durch Zugabe von Ammoniak 1 : 10 hervorgerufen. Um eine alkalische Reaktion der Lösung zu vermeiden, wird Methylorange als Indicator zugegeben und vorsichtig neutralisiert. Schließlich fügt man noch 50 cm³ des Fällungsmittels zur völligen Abscheidung im Überschuß hinzu.

In den vereinigten Filtraten fällt man die Elemente der seltenen Erden durch Ammoniak.

Bemerkungen. Der Endpunkt der Neutralisation durch Ammoniak ist schwer zu erfassen, daher wird der umständlichere Weg, Eindampfen der Nitratlösung, bei genaueren Untersuchungen empfohlen.

Kolb und Ahrle, die diese Methode kritischer untersucht haben, berichten über die leichte Löslichkeit des Niederschlages, selbst in sehr verdünnten Säuren. Bei größeren Mengen Thorium genügt die bei der Fällung frei werdende Salpetersäure, um eine unvollständige Fällung hervorzurufen. Zur gelinden Neutralisation verwenden sie das nitrobenzoesaure Anilin. Bei der Abtrennung muß das Cer in der dreiwertigen Form, die durch Reduktion mit Schwefelwasserstoff erhalten wird, vorliegen; vierwertig begleitet es das Thorium. Bei einfacher Trennung sind die Werte für Thorium zu hoch und das Oxyd zeigt eine rötliche Farbe. Bei Gegenwart von Essigsäure wird die im Niederschlag befindliche Menge der seltenen Erden merklich verringert, doch zeigt auch das Thoriumnitrobenzoat eine deutliche Löslichkeit. Aus diesen Ergebnissen folgt, daß eine doppelte Fällung stets notwendig sein wird.

Über die Trennung des Thoriums von den Elementen der Yttererden liegen keine Beobachtungen vor; es ist jedoch anzunehmen, daß sie hartnäckiger als die Ceriterden dem Niederschlag anhaften werden. Diese Methode ist nur selten angewendet worden.

13. Durch andere Methoden.

Im Schrifttum findet sich noch eine Reihe von Trennungsmethoden vor, die wegen der unzureichenden Scheidung keine Anwendung gefunden haben.

α) Trennung über die Alkalidoppelcarbonate.

Thoriumcarbonat ist in Alkalicarbonaten unter Bildung wohldefinierter Doppelcarbonate in der Kälte leicht löslich; in der Hitze wird ein Teil des gelösten Salzes abgeschieden, der beim Erkalten wieder gelöst wird. Die Ceriterden sind unter gleichen Bedingungen nur wenig löslich. (Siehe hierzu R. J. Meyer, der die Ceriterden mit Hilfe der Doppelcarbonate getrennt und gereinigt hat.)

β) Trennung durch Natriumsulfit (s. S. 801).

γ) Trennung durch Bleicarbonat.

Zur hydrolytischen Fällung des Thoriums aus einem neutralen Gemisch von Nitraten der seltenen Erden benutzt Giles fein verteiltes Bleicarbonat, das in der Kälte im Überschuß zugegeben, nach gutem Umrühren das Thorium niederschlägt. Der abfiltrierte Rückstand wird mit Wasser gewaschen, in sehr verdünnter

Salpetersäure gelöst und das Blei durch Schwefelwasserstoff als Sulfid gefällt. Im Filtrat fällt man, nach Entfernung des überschüssigen Schwefelwasserstoffes, das Thorium durch Oxalsäure.

Bemerkungen. Die Fällung ist nicht scharf, denn das als Hydroxyd ausfallende Thorium enthält stets mehr oder minder große Mengen seltener Erden. Nach den Angaben des Autors ist man jedoch in der Lage, sehr kleine Thoriummengen aus einem großen Überschuß seltener Erden abzutrennen; es gelang ihm bei einer Konzentration von 1 bis 2 g seltener Erdoxyde in 100 cm³ Lösung noch 0,602% Thorium zu erfassen. Cer in der vierwertigen Stufe begleitet quantitativ das Thorium.

Literatur.

AUER v. WELSBACH: Z. anorg. Ch. **86**, 58 (1914).

BENZ, E.: Angew. Ch. **15**, 297 (1902). — BORELLI, B.: J. Soc. chem. Ind. **28**, 625 (1909). — BRAUNER, B.: Soc. **73**, 951 (1898).

CARNEY, R. J. u. E. D. CAMPBELL: Am. Soc. **36**, 1134 (1914).

DENNIS, L. M.: Z. anorg. Ch. **13**, 412 (1897). — DENNIS, L. M. u. F. L. KORTRIGHT: Z. anorg. Ch. **6**, 35 (1894). — DROSSBACH, G. P.: Angew. Ch. **14**, 655 (1901).

ESPIL, R.-L.: C. r. **152**, 380 (1911).

FRESENIUS, R. u. E. HINTZ: Fr. **35**, 525 (1896).

GILES, W. B.: Chem. N. **92**, 1, 30 (1905). — GLASER, C.: Ch. Z. **20**, 612 (1896); Fr. **36**, 213 (1897).

HAUSER, O. u. F. WIRTH: Angew. Ch. **22**, 484 (1909). — HENNINGS, A.: Angew. Ch. **33**, 218 (1920). — HINTZ, E. u. H. WEBER: Fr. **36**, 27 u. 676 (1897).

ISMAIL, A. M. u. H. F. HARWOOD: Analyst. **62**, 185 (1937).

JOHNSTONE, S. J.: J. Soc. chem. Ind. **33**, 55 (1914).

KAUFMANN, L. E.: Chem. J. Ser. B **10**, 1648 (1937); durch C. **1939 I**, 194. — KOLB, A. u. H. AHRLE: Angew. Ch. 18, 92 (1905). — KOSS, M.: Ch. Z. **36**, 686 (1912).

LEVY, S.: The rare earths, S. 341. New York 1915.

MEYER, R. J.: Z. anorg. Ch. **41**, 97 (1904). — MEYER, R. J. u. O. HAUSER: Die Analyse der seltenen Erden und Erdsäuren, S. 262. Stuttgart 1912. — METZGER, F. J.: Am. Soc. **31**, 523 (1909).

NEISH, A. C.: Am. Soc. **26**, 780 (1904).

ROSENHEIM, A.: Ch. Z. **36**, 821 (1912).

SCHOELLER, W. R. u. A. R. POWELL: The analyses of minerals and ores of the rarer elements, S. 234. 1919. — SPENCER, J. F.: The metals of the rare earths, S. 240. 1919.

TREADWELL, F. P. u. W. T. HALL: Quantitative Analyse. S. 857. 1912.

WIRTH, F.: Angew. Ch. **25**, 1678 (1912); Ch. Z. **37**, 773 (1913). — WYROUBOFF, G. u. A. VERNEUIL: C. r. **126**, 340 (1898); **127**, 412 (1898); **128**, 1331 (1899).

h) Von Niob und Tantal.

1. Durch Hydrolyse.

Diese Abscheidungsart hatte früher für die Analyse von Mineralien, in denen Niob und Tantal sowie die Elemente der seltenen Erden als Hauptbestandteile auftraten, eine große Bedeutung. Wenn auch die durch den Bisulfataufschluß erhaltenen Lösungen bereits in der Kälte hydrolysieren, so muß doch zur quantitativen Fällung der Erdsäuren längere Zeit zum Sieden erhitzt werden. Ist nur Niobsäure vorhanden, so wird unter den gewöhnlichen Bedingungen die Hydrolyse unvollständig sein; kleinste Mengen von Tantalsäure bedingen jedoch vollständige Abscheidung. Die Ausflockung der Niobsäure in der Siedehitze kann durch schweflige Säuren sowie durch Einleiten von Schwefelwasserstoff vervollständigt werden. Über das Verhalten von Titan bei der Hydrolyse sowie über die Arbeitsvorschrift siehe S. 707.

2. Durch Fluorwasserstoffsäure.

Vorteilhaft verbindet man die Trennung der Erdsäuren von den Elementen der seltenen Erden durch Flußsäure mit dem Aufschluß der zu untersuchenden Mineralien. Dieser Analysengang wird besondere Berechtigung haben, wenn neben viel Erdsäuren reichliche Mengen von seltenen Erden zu bestimmen sind. Über die Durchführung siehe S. 675 und 708.

3. Nach H. Pied.

Das verschiedene Verhalten der Elemente der seltenen Erden und der Erdsäuren gegenüber der Oxalsäure hat H. Pied zur Trennung benutzt, wobei sich zwei Möglichkeiten der Anwendung ergaben.

a) Die Oxyde schließt man mit Kaliumpyrosulfat auf und laugt den erkalteten Schmelzkuchen mit 2%iger Oxalsäurelösung aus. Die Erdsäuren gehen in Lösung, während die seltenen Erden als Oxalate zurückbleiben.

W. R. Schoeller und E. F. Waterhouse haben diese Methode eingehend untersucht und gefunden, daß nur bei kleinen Mengen Erdsäuren (einige hundertstel Gramm) befriedigende Resultate erhalten werden. Weiter beobachteten sie, daß Kaliumbisulfat zur Abscheidung des schwerlöslichen Kaliumtetraoxalates führt. Deshalb ziehen sie den Aufschluß mit Natriumpyrosulfat vor und laugen die Schmelze mit 100 cm³ 5%iger Oxalsäure aus. Man läßt über Nacht stehen, filtriert und wäscht mit verdünnter Oxalsäure.

b) Man kann ferner den Aufschluß mit einer Weinsäurelösung aufnehmen und die Elemente der seltenen Erden durch Oxalsäure abscheiden.

Auch diese Methode gibt, wie R. W. Schoeller und E. F. Waterhouse gezeigt haben, nur bei Gegenwart von kleinen Mengen Erdsäuren gute Werte. Größere Mengen verunreinigen stark die seltenen Erden durch partielle Hydrolyse. Die Resultate sind bei 12stündigem Stehen der Fällung gut und weisen einen Fehler von — 0,5% auf.

4. Nach W. R. Schoeller und E. F. Waterhouse.

Zur Trennung größerer Mengen Erdsäuren von geringen Mengen seltener Erden wird die Hydrolyse der weinsauren Lösungen empfohlen.

Durchführung. 0,5 g der Oxyde werden mit 6 g Kaliumbisulfat in einem Quarztiegel aufgeschlossen und in 60 cm³ einer 10%igen Weinsäurelösung aufgelöst. Man verdünnt auf 400 cm³, setzt 50 cm³ konzentrierte Salzsäure zu und hält während 3 Min. im Sieden. Der Niederschlag wird mit Filterschleim auf einem 12,5 cm-Filter unter geringem Druck gesammelt, in das Becherglas zurückgebracht, mit verdünnter Salzsäure verrührt und nochmals filtriert und gewaschen. Der Niederschlag wird verascht und nochmals mit Kaliumbisulfat aufgeschlossen, wenn Thorium oder größere Mengen seltener Erden vorhanden sind. Man wiederholt die oben geschilderte Hydrolyse und erhält so völlig gereinigte Erdsäuren, die nach Verglühen zur Auswage gelangen.

Durch diese Hydrolyse ist der Großteil der Erdsäuren entfernt worden. Der Rest sowie die Elemente der seltenen Erden werden in dem Filtrat durch Zusatz von 10 g Ammoniumacetat, 0,7 g frisch gelöstem Tannin und verdünntem Ammoniak in geringem Überschuß in der Siedehitze gefällt (s. S. 669). Man filtriert, wäscht den Niederschlag mit ammoniumnitrathaltigem Wasser und verglüht. Es verbleiben die nur mehr wenig Erdsäuren enthaltenden Oxyde der seltenen Erden, die nach den in 3a) oder b) angegebenen Verfahren weiter gereinigt werden.

Bemerkungen. Diese Methode, obwohl recht zeitraubend, ist sehr zu empfehlen und gibt im Falle der extremen Verhältnisse gute Resultate. Wenn Spuren von seltenen Erden in Erdsäuren gesucht werden, nimmt man mehrmals 0,5 g in Arbeit. Die aus den Filtraten der Hydrolyse gewonnenen angereicherten Oxyde werden vereinigt, mit Kaliumbisulfat aufgeschlossen und nochmals durch Hydrolyse von dem größten Teil der Erdsäuren befreit. Die endgültige Reinigung erfolgt nach 3a) oder b). Die Resultate sind sehr befriedigend.

Literatur.

Pied, H.: C. r. **179**, 897 (1924).
Schoeller, W. R. u. E. F. Waterhouse: Analyst **60**, 285 (1935).

i) Von Uran.

In den Uranmineralien sind stets mehr oder minder große Mengen seltener Erden enthalten. Der Aufschluß wird mit Salpetersäure vorgenommen und zum Abscheiden des Unlöslichen zur Trockne eingedampft. Der mit sehr verdünnter Salpetersäure aufgenommene Rückstand wird durch Filtration von der Gangart getrennt und durch Einleiten von Schwefelwasserstoff von den Sulfiden befreit. Das Filtrat wird zur Trockne gedampft und mit Wasser aufgenommen. Es enthält Eisen, Aluminium, Calcium, Magnesium, Uran und die Elemente der seltenen Erden.

Zur Trennung des Urans von den Elementen der seltenen Erden steht uns nur die Oxalsäure zur Verfügung, die lösliche Uranyloxalsäuren bildet. Diese haben die unangenehme Eigenschaft, wie O. HAUSER nachgewiesen hat, seltene Erden gelöst zu halten. Nimmt man jedoch zur Abscheidung einen reichlichen Überschuß, so wird die Fällung wesentlich vervollständigt.

Durchführung. Die nach dem oben beschriebenen Analysengang erhaltenen neutralen Nitrate werden in eine Ammoniumcarbonatlösung eingegossen. Nach längerem Stehen scheiden sich die Hydroxyde von Eisen und Aluminium, ferner Calciumcarbonat und ein Teil der seltenen Erden ab, während Uran und der Rest der Erden gelöst bleiben. Der beim Eisen verbleibende Anteil der Erden wird nach S. 714 behandelt. Die Ammoniumcarbonatlösung wird mit Salzsäure übersättigt und eingedampft. Im Rückstand werden die Ammoniumsalze verjagt. Man nimmt mit wenig Salzsäure auf, verdünnt auf 50 cm³ und fällt mit einem Gemisch von Oxalsäure und Ammoniumoxalat.

Bemerkungen. Diese Methode ist nicht sehr genau, da das uranhaltige Filtrat der Oxalsäurefällung häufig noch kleine Mengen von Elementen der seltenen Erden enthält. JOHNSTONE gewinnt diesen Anteil wie folgt: Das Filtrat wird zur Trockne eingedampft und zur Zerstörung der Oxalate geglüht. Der Rückstand wird in wenig Salpetersäure gelöst und durch mehrmaliges Eindampfen mit Schwefelsäure in Sulfate verwandelt. Man löst in wenig kaltem Wasser, gibt die dreifache Menge Alkohol hinzu und läßt 12 Std. stehen. Es fallen die Sulfate der seltenen Erden, die nach Filtration in Oxalate verwandelt und zur Hauptmenge der seltenen Erden zugegeben werden.

Literatur.

HAUSER, O.: Fr. 47, 677 (1908).
JOHNSTONE, S. J.: The rare earths industry, S. 97. 1915; s. a. R. B. MOORE: Die chemische Analyse seltener technischer Metalle, S. 37. Leipzig 1927.

j) Von Kobalt und Nickel.

Man fällt die Metalle aus weinsäurehaltiger ammoniakalischer Lösung durch Schwefelwasserstoff. Die Durchführung ist auf S. 714 beschrieben.

Eine weitere Methode siehe S. 756.

k) Von Mangan.

Bei der Fällung der Elemente der seltenen Erden als Hydroxyde oder Oxalate verbleiben auch bei doppelter Durchführung der Trennung stets kleine Mengen Mangan in den Niederschlägen. Eine zufriedenstellende Scheidung wird nur bei Anwendung der Fluoridmethode erreicht (S. 674).

l) Von den Schwermetallen der Schwefelwasserstoffgruppe.

Man fällt in saurer Lösung (2 bis 5% freie Säure) die Schwermetalle durch Schwefelwasserstoff, verkocht im Filtrat das überschüssige Gas und scheidet die Elemente der seltenen Erden nach S. 670 ab.

m) Von Wolframsäure.

1. Durch Alkalicarbonatschmelze.

WUNDER und SCHAPIRO schmelzen das Oxydgemisch mit 5 g Natriumcarbonat und nehmen den Aufschluß in Wasser auf; im klaren Filtrat wird nach Neutralisation mit verdünnter Salpetersäure die Wolframsäure durch Mercuronitrat gefällt.

2. Durch Verflüchtigung des Wolframs als Oxychlorid.

α) Durch Chlorschwefel (s. S. 709).

β) Durch ein Chloroform-Luftgemisch.

NICOLARDOT trennte Kieselsäure von Wolframsäure durch Überführung der letzteren in Oxychloride, die bei 500° in eine Vorlage übergetrieben wurden. Gelegentlich einer genauen Analyse von Wolframerzen und Wolframmetallsorten wandten K. AGTE, H. BECKER-ROSE und G. HEYNE diese Methode mit Vorteil an, wobei die seltenen Erden im Schiffchenrückstand quantitativ zurückblieben.

Durchführung. In ein schwer schmelzbares Glasrohr, das an einem Ende schräg nach abwärts gebogen ist, wird die in einem Schiffchen eingewogene Probe durch das gerade Ende eingeführt. Der gebogene Teil taucht in einen mit verdünnter Salpetersäure beschickten ERLENMEYER-Kolben, während das gerade Ende durch einen Gummistopfen, durch den ein Gaszuleitungsrohr führt, verschlossen wird. Zur Chlorierung verwendet man ein Gasgemisch, das sich beim Durchleiten von nicht ganz trockener Luft durch schwach erwärmtes Chloroform bildet. Das Schiffchen wird auf 500° erwärmt; hierbei wird die Wolframsäure in leichtflüchtige Oxychloride umgewandelt, die teils an den kälteren Rohrwandungen, teils in der Vorlage verdichtet werden. Die Dauer der Verflüchtigung ist von der Menge der anwesenden Wolframsäure abhängig und beträgt meist 2 bis 3 Std. Vor der Beendigung der Ersetzung erhöht man die Temperatur auf 800° und läßt hierauf im Luftstrom erkalten. Den Schiffchenrückstand löst man in verdünnter Säure und fällt die Elemente der seltenen Erden als Hydroxyde oder Oxalate.

Bemerkungen. Zur Bestimmung geringer Mengen von Elementen der seltenen Erden neben viel Wolframsäure eignet sich diese Methode vorzüglich, da die Einwage der zu untersuchenden Substanz keiner Begrenzung unterliegt.

Literatur.

AGTE, K., H. BECKER-ROSE u. G. HEYNE: Angew. Ch. **38**, 1121 (1925).
NICOLARDOT, P.: C. r. **147**, 795 (1908).
WUNDER, M. u. A. SCHAPIRO: Ann. Chim. anal. **18**, 257 (1913).

VIII. Bestimmung der Untergruppen der Elemente der seltenen Erden.

Bedingt durch die große chemische Ähnlichkeit sind die seltenen Erden im Mineralreich stets gemeinsam und fast immer vollzählig anzutreffen. Auf Grund zahlreicher Analysen haben V. M. GOLDSCHMIDT und THOMASSEN die seltene Erden enthaltenden Mineralien in zwei Gruppen eingeteilt: in solche, die komplette Erdenbestände, und in solche, die selektive Erdenbestände enthalten. Durch die Unterschiede in der Basizität kann eine Verschiebung in der Zusammensetzung eintreten, derart, daß in einem Mineral die basischeren Ceriterden überwiegen, z. B. im Monazit, in einem anderen die Yttererden, z. B. im Yttrotantalit, oder wie im Thortveitit das Scandium. Komplette Erdenbestände zeichnen sich durch das fast vollständige Vorhandensein der Elemente der seltenen Erden vom Lanthan bis Cassiopeium und durch die mehr oder weniger gleichen Mengen von Cerit- und Yttererden aus. In selektiven Beständen ist eine der Gruppen deutlich vorherrschend. Ferner kann das Verhältnis Ceriterden zu Yttererden innerhalb eines Minerales sehr stark schwanken und weitgehend von der Fundstelle abhängig sein. So enthält ein Monazit aus Arendal 4% Yttererden, 55,4% Ceriterden, davon 29,2% Ce_2O_3 und das gleiche Mineral aus Brasilien 0,8% Yttererden und 68,4% Ceriterden, davon 32,4% Ce_2O_3. Es ist begreiflich, daß man diese Mannigfaltigkeit in der Zusammensetzung nicht nur auf Grund langwieriger präparativer Methoden, sondern auch rasch mit analytischen Hilfsmitteln festlegen wollte.

a) Fällung als Alkalidoppelsulfate.

Berzelius sowie Klaproth (1804) fanden, daß die Alkalidoppelsulfate der Ceriterden in Wasser sehr wenig löslich sind, und daß sie, wie N. J. Berlin, Wöhler und Gibbs zeigten, zu einer Trennung von den leichter löslichen Alkaliyttererdsulfaten verwendet werden können. Eine quantitative Trennung der Hauptgruppen ist jedoch zufolge der sich kontinuierlich ändernden Löslichkeiten nicht durchführbar. Theoretisch sollten sich die Elemente der seltenen Erden in bezug auf die Löslichkeit der Alkalidoppelsulfate in 3 Gruppen einteilen lassen: a) sehr schwerlösliche Doppelsulfate: Elemente der Ceriterden und Scandium; b) mittlere Löslichkeit: Elemente der Terbinerden; c) leichtlösliche Doppelsulfate: Elemente der Yttererden. Praktisch läßt sich diese Einteilung nicht aufrechterhalten, da die Terbinerden zwischen der Lösung und dem Niederschlag verteilt sind. Zwar kann man Yttererden weitgehend von wenig Ceriterden trennen, doch immer auf Kosten der Terbinerden. Schwieriger noch ist es, ein ceriterdenreiches Material von wenig Yttererden zu befreien. Im großen zerlegt man die Alkalidoppelsulfate in eine Reihe von Fraktionen, deren Zusammensetzung man durch eine spektroskopische Prüfung und durch eine Bestimmung des mittleren Atomgewichtes abschätzt. Ungenauer werden die Resultate, wenn es sich um so kleine Mengen handelt, wie sie bei der Analyse von Mineralien anfallen.

Durchführung. Die von anderen Elementen befreiten Elemente der seltenen Erden, in denen das Cer dreiwertig ist, werden in Salzsäure gelöst, eingedampft und mit einigen Tropfen Salzsäure und Wasser aufgenommen. Man erwärmt auf 50 bis 60° und sättigt mit fein gepulvertem Natriumsulfat. Nach 12stündigem Stehen sind die Ceriterden und ein Teil der Terbinerden ausgefallen. Man filtriert und wäscht einmal mit gesättigter Natriumsulfatlösung aus. Das Filtrat wird mit Ammoniak gefällt, die Hydroxyde filtriert und gewaschen und durch Erhitzen mit einer Oxalsäurelösung in Oxalate verwandelt. Die durch Glühen erhaltenen Oxyde werden als Yttererden in Rechnung gesetzt; die Ceriterden ergeben sich aus der Differenz (R. J. Meyer und O. Hauser).

S. J. Johnstone empfiehlt für die Untersuchung des Monazitsandes eine doppelte Fällung, da der ungünstige Extremfall, viel Cerit- neben wenig Yttererden, vorliegt. Die neutrale, auf ein kleines Volumen gebrachte Chloridlösung wird mit 200 cm³ gesättigter Kaliumsulfatlösung und mit 5 g fein gepulvertem Kaliumsulfat versetzt. Nach 12stündigem Stehen wird filtriert, der Niederschlag über das Hydroxyd in Chlorid verwandelt und die Fällung wiederholt. Die vereinigten Filtrate fällt man mit Ammoniak, löst in wenig Säure und fällt als Oxalate. Die Ceriterdendoppelsulfate werden in 400 cm³ Wasser gelöst und zur quantitativen Cerbestimmung verwandt.

Bemerkungen. Nach dem oben Gesagten darf nur eine bescheidene Genauigkeit erwartet werden. C. James und T. O. Smith stellen fest, daß Natriumsulfat Lanthan unvollständig ausfällt; hingegen nimmt Kaliumsulfat stets etwas an Yttererden mit. Trotzdem hat diese Trennung, verbunden mit einer quantitativen Cerbestimmung sowie mit der Bestimmung des mittleren Atomgewichtes beider Fraktionen eine brauchbare Vergleichsmöglichkeit ergeben.

b) Fällung als ferricyanwasserstoffsaure Erden.

Das Bedürfnis, wenig Yttererden von viel Ceriterden vorteilhafter als es die Alkalidoppelsulfatmethode gestattet zu trennen, veranlaßte W. PRANDTL und S. MOHR die ferricyanwasserstoffsauren Erden auf ihre Eignung zur Gruppentrennung zu untersuchen. Die Ceriterden und das Yttrium zeigen eine genügende Löslichkeit, während die anderen Yttererden abgeschieden werden.

Löslichkeiten. Ein Liter Wasser bei 20° löst an Erdferricyaniden, $RFe(CN)_6 \cdot 4\,H_2O$:

5,316 g La_2O_3	0,268 g Sm_2O_3	0,142 g Er_2O_3
2.342 g Pr_2O_3	0,136 g Gd_2O_3	
,530 g Nd_2O_3	0,298 g Dy_2O_3	0,602 g Y_2O_3

Durchführung. Die möglichst neutrale oder neutralisierte Erdsalzlösung wird soweit verdünnt, daß 25—30 cm^3 1 g Erdoxyde enthalten. Man fällt mit der berechneten Menge einer kalt gesättigten Kaliumferricyanidlösung, vermischt gut und erwärmt bis zur Bildung des Niederschlages. Nach einigen Stunden Stehens (vorteilhaft an einem dunklen Ort) wird der Niederschlag abgesaugt und mit wenig Wasser gewaschen. Nun zersetzt man die Ferricyanide durch Kochen mit Natronlauge, filtriert die Hydroxyde ab und wäscht mit heißem Wasser gut aus.

Bemerkungen. Diese Trennung wird bei größeren Mengen von Yttrium zu wiederholen sein. Auch sie gibt nur eine ungefähre Scheidung, bei der die mittleren Glieder der Lanthaniden auf Filtrat und Niederschlag verteilt werden. Hingegen gestattet sie eine rasche Anreicherung der Yttererden und bei mehrfacher Anwendung eine weitgehende Entfernung des stets in größerem Überschuß vorhandenen Yttriums. Diese Methode leistete bei der Reindarstellung der Elemente der seltenen Erden sehr gute Dienste.

Literatur.

BERLIN, N. J.: K. Vet. Acad. Handl. **1835**, 209; durch Jbr. BERZELIUS **16**, 101 (1837) u. C **9**, 180 (1838).

GIBBS, W.: Am. J. Sci. (2) **37**, 354 (1864); Fr. **3**, 397 (1864). — GOLDSCHMIDT, V. M. u. THOMASSEN: Geochemische Verteilungssätze III. Osloer Ak. Ber. **1924**, Nr. 5.

HISINGER, W. u. J. BERZELIUS: Afhandl. fys. kemi Mineralog. **1**, 58 (1803).

JAMES, C. u. T. O. SMITH: Ch. N. **106**, 73 (1912). — JOHNSTONE, S. J.: Soc. Chem. Ind. **33**, 55 (1914); C. **1914 I**, 915.

KLAPROTH, M. H.: Neues allg. J. Chem. (Gehlen) **2**, 312 (1804).

MEYER, R. J. u. O. HAUSER: Die Analyse der seltenen Erden und Erdsäuren, S. 191, 238. 1912.

PRANDTL, W. u. S. MOHR: Z. anorg. Ch. **236**, 243 (1938); **237**, 160 (1938).

WÖHLER: G. **6 I**, 414. Heidelberg 1928.

IX. Bestimmung des mittleren Atomgewichtes.

Um den Gang in einer Fraktionierungsreihe verfolgen sowie die Zusammensetzung der aus den Mineralien gewonnenen Erden charakterisieren zu können, wendet man neben den optischen Methoden auch die quantitative Analyse an, indem man einfache Verfahren heranzieht, die die Berechnung des mittleren Atomgewichtes (R) oder des mittleren Molgewichtes der Oxyde R_2O_3 der anwesenden seltenen Erden gestatten. Diese Verfahren sollen rasch durchführbar und von hinreichender Genauigkeit sein, doch wird die große Exaktheit einer Atomgewichtsbestimmung nicht verlangt. Man kann jedoch nur dann erfolgreich das mittlere Atomgewicht zur Kontrolle verwenden, wenn die Atomgewichte der anwesenden Elemente der Erden nicht zu nahe aneinander liegen. Die Methode ist für die Ceriterden weniger gut geeignet; die vorteilhafte Anwendung liegt bei den Yttererden, bei denen die Atomgewichte weit auseinanderliegen und die zarten Farben der Ionen keine gute Vergleichsmöglichkeit bieten.

a) Gravimetrische Methode.

Das Verhältnis $R_2O_3 : R_2(SO_4)_3$ haben BAHR und BUNSEN zur Atomgewichtsbestimmung der Elemente der seltenen Erden verwendet. Man kann sowohl vom eingewogenen Oxyd (synthetische Methode) als auch von einer bekannten Menge Sulfat (analytische Methode) ausgehen. Das erste Verfahren wird bei den stark basischen Ceriterden und dem Yttrium vorteilhafter sein, weil die letzten Reste der Schwefelsäure erst bei sehr hohen Temperaturen, etwa bei 1300°, vollständig abgegeben werden. Bei den Elementen der Erbin- und Ytterbingruppe hingegen kann man vom Sulfat ausgehen. Es braucht nicht betont zu werden, daß die für diese Bestimmungen vorgesehenen Erdenpräparate sehr rein und frei von Zirkon, Thorium und vierwertigem Cer sein müssen.

Die zu untersuchenden Erden werden in jedem Falle in schwach salpetersaurer Lösung durch Oxalsäure gefällt. Den Niederschlag saugt man auf einer Siebplatte ab, wäscht mit warmem Wasser, absolutem Alkohol und Äther sorgfältig aus und glüht im Platintiegel erst über dem BUNSEN-Brenner, dann im elektrischen Ofen bei etwa 1000°.

1. Synthetische Methode.

Durchführung. 0,5 bis 1 g der Oxyde werden in einen Platintiegel genau eingewogen, mit wenig Wasser angefeuchtet und in verdünnter Salz- oder Salpetersäure auf dem Wasserbad aufgelöst. Nach vollständiger Lösung gibt man etwas mehr als berechnet verdünnte Schwefelsäure hinzu und dampft zur Trockne ein. Im Luftbad wird dann langsam auf 300° erwärmt, bis die Schwefelsäuredämpfe nicht mehr sichtbar sind. Inzwischen ist ein elektrischer Ofen auf 450 bis 500° eingestellt worden, man überträgt den Tiegel aus dem Luftbad in den Ofen und erhitzt ihn 1 Std. lang. Über Schwefelsäure oder Phosphorpentoxyd läßt man abkühlen und wägt hierauf. Das Erhitzen bis zur Gewichtskonstanz muß unbedingt vorgenommen werden.

Bemerkungen. Die direkte Umsetzung der Erdoxyde mit konzentrierter Schwefelsäure ist nicht empfehlenswert, da die Erdsulfate in der Säure unlöslich sind, daher die Oxyde umhüllen und eine vollständige Umwandlung verhindern.

Die Festlegung der experimentellen Bedingungen für die Darstellung einwandfreier Oxyd- und Sulfatpräparate war Gegenstand zahlreicher Untersuchungen. Neben apparativen Angaben, die durch Verwendung moderner Geräte als überholt betrachtet werden können, z. B. TH. POSTIUS, A. LOOSE, spielt die Frage der formelreinen Zusammensetzung der Sulfate eine große Rolle.

G. KRÜSS hatte ursprünglich die Temperatur von 350° zur Entfernung der überschüssigen Schwefelsäure als ausreichend erklärt. Neuere Untersuchungen zeigten (JONES, BRILL, WILD), daß diese Temperatur zu niedrig ist, um neutrale Sulfate zu bilden. Zwischen 400 und 550° sind die Erdsulfate stabil und haben die Hauptmenge der ungebundenen Schwefelsäure abgegeben. Schon B. BRAUNER hatte darauf aufmerksam gemacht, daß die bei diesen Temperaturen hergestellten Sulfate, in Wasser gelöst, sauer reagieren.

So haben R. J. MEYER und J. WUORINEN gelegentlich der Bestimmung des Atomgewichtes des Yttriums einen Mehrwert von 0,07 bis 0,1% der Auswage erhalten, der als zurückgehaltene Schwefelsäure einwandfrei bestimmt werden konnte. Da die freie Schwefelsäure von Fall zu Fall verschiedene Beträge annehmen kann, ist ihre nachträgliche Bestimmung sehr zu empfehlen. Zu diesem Zweck wird das Sulfat in Wasser gelöst und mit n/10 Natronlauge titriert, bis Methylorange den Neutralpunkt anzeigt. Von dem Gewicht der Sulfate wird die Menge der so gefundenen Schwefelsäure abgezogen.

In jüngster Zeit haben sich B. S. HOPKINS und C. W. BALKE gegen die Anwendung dieser Methode ausgesprochen, da der Punkt, bei dem die Sulfate absolut rein sind, nicht angegeben und dadurch auch kein konstantes Gewicht erzielt werden kann. Ein weiterer Nachteil ist die starke Hygroskopizität der zu wägenden Sulfate, die selbst bei Anwendung gut schließender Wägegläser zu Fehlern führen kann.

2. Analytische Methode.

Die nach der im vorhergehenden Abschnitt beschriebenen Art hergestellten neutralen Sulfate werden in Platintiegel eingewogen und auf dem Gebläse oder im elektrischen Ofen bei etwa 1100° bis zum konstanten Gewicht geglüht. Bei Anwesenheit stark basischer Erden wird zum Schluß noch mit Ammoniumcarbonat oder im Ammoniakstrom erhitzt, um die letzten Anteile der Schwefelsäure mit Sicherheit zu entfernen.

Um mit Bestimmtheit zu neutralen Sulfaten zu gelangen, geht G. URBAIN von schwefelsauren Erdlösungen aus und fällt die Sulfathydrate durch absoluten Alkohol. Das Krystallpulver wird abgesaugt, gut mit Alkohol gewaschen und zur Entfernung der Feuchtigkeit langsam auf 400° erhitzt. Bei der Untersuchung von Erdfraktionen kann diese Arbeitsvorschrift nur mit besonderer Vorsicht benützt werden, denn auch die Sulfate der Erdelemente weisen Löslichkeitsunterschiede auf, die sich bei der Fällung mit Alkohol auswirken. Man muß daher die gesamten in Lösung befindlichen Sulfate ausfällen, so daß im Filtrat keine Erdelemente mehr nachzuweisen sind.

W. BILTZ gibt folgende Zahlen für die Fällung der Sulfate mit Alkohol an: 100 cm³ einer 0,8- bis 1%igen Sulfatlösung zeigen bei Zusatz von 50 cm³ Alkohol beginnende Trübung, von 60 cm³ deutliche Ausfällung und von 70 cm³ völlige Abscheidung.

Nach O. BRILL kann man die Bestimmung des mittleren Atomgewichtes auch mikrochemisch vornehmen. In ein Platintiegelchen wägt man einige Milligramme der Oxyde ein, löst in einigen Tropfen Salpetersäure auf, gibt ebensoviel Schwefelsäure zu, dampft ein, erhitzt 10 Min. auf 450° und wägt. Zur Zersetzung der Sulfate kann ein guter BUNSEN-Brenner dienen, wobei die kleine Menge in einigen Minuten in das Oxyd übergeführt ist.

Berechnung.

$(2\,R + 48)\,n = a$ (g Oxyde)

$(2\,R + 288)\,n = b$ (g Sulfate), wobei n die Molzahl darstellt,

$$R = \frac{24\,(6\,a - b)}{b - a} = \frac{a}{b - a} \cdot 120 - 24.$$

b) Kombinierte Methode.

Das Verhältnis $R_2O_3 : (C_2O_3)_3$ kann nach W. GIBBS auch mit gutem Erfolg zur Bestimmung des mittleren Atomgewichtes herangezogen werden. Es ist gleichgültig, wieviel Wasser das zu untersuchende Oxalat enthält, wesentlich ist, daß die Einwagen zur Umwandlung in das Oxyd und zur Ermittlung des Oxalat-Ions von dem gleichen Präparat herrühren. Über die Herstellung des für diese Methode geeigneten Oxalates gibt B. BRAUNER folgende Vorschrift.

Durchführung. Das aus schwach saurer Lösung in der Siedehitze durch Oxalsäure gefällte Oxalat ist nicht ganz rein, denn es enthält noch Nitrat- oder Chlor-Ionen. Um diese zu entfernen, wird die über dem Niederschlag stehende Flüssigkeit abdekantiert und der Rückstand mit einer Lösung von Oxalsäure digeriert. Man saugt nun den Niederschlag ab, wäscht gut mit Wasser nach und läßt bis zum konstanten Gewicht, vor Staub geschützt, an der Luft trocknen. Hierauf siebt man die Erdoxalate durch ein feines Platinnetz und wägt von dem homogenen Anteil 1 g für die Umwandlung in Oxyd in einen Platintiegel ein. Das Erhitzen muß vorsichtig geschehen, um ein Verstäuben zu vermeiden. Aus diesem Grunde wird der schräg gestellte Tiegel von der Seite erhitzt, so daß die Zersetzung des Oxalates gegen die Mitte zu fortschreitet. Nachdem die Kohle verbrannt ist, glüht man bei 1000° und wägt nach dem Abkühlen.

Ein zweiter Anteil, etwa 0,5 g, wird in 12%iger Schwefelsäure aufgelöst, erwärmt und bei 60° mit einer n/10 Kaliumpermanganatlösung titriert (s. S. 672).

Berechnung.

$n \cdot R_2O_3 = a$; $n(C_2O_3)_3 = b$; n bedeutet die Molzahl, a und b sind in Prozenten des angewendeten Oxalates ausgedrückt. $b : a = 216 : x$, wobei x das Molgewicht der Oxyde bedeutet; es ist dann

$$R = \frac{a \cdot 108}{b} - 24.$$

Für den speziellen Fall des Cers, bei dem aus dem Cerooxalat das Cerioxyd resultiert, gilt

$$R = \frac{a \cdot 108}{b} - 32.$$

Bemerkungen. Diese Methode hat sich aus den Untersuchungen von F. STOLBA entwickelt, der die Titration des Oxalat-Ions zur quantitativen Bestimmung der Elemente der seltenen Erden benutzte. W. GIBBS wandte sie auf die Atomgewichtsbestimmung an, und B. BRAUNER legte die Bedingungen fest, unter welchen brauchbare Resultate erzielt werden. L. M. DENNIS und B. DALES lehnten jedoch die Anwendung dieser Methode ab, da bei der Oxalatfällung Schwankungen in der Zusammensetzung auftreten. Eine eingehende Untersuchung über diese Streitfrage führten G. P. BAXTER und H. W. DAUDT aus (s. S. 670), und V. LENHER gab nun auf Grund der gesammelten Ergebnisse folgendes Verfahren an, um ein einheitlich zusammengesetztes Oxalat zu erhalten: 1 g der gereinigten Oxyde wird in Salpetersäure gelöst und die schwachsaure Lösung auf 500 cm³ verdünnt. Man fällt in der Siedehitze mit überschüssiger Oxalsäure. Diese verbesserte Methode hatte in der folgenden Zeit mehrfach Anwendung gefunden. So berichten E. W. ENGLE und C. W. BALKE sowie I. K. MARSH, daß diese Bestimmung der Sulfatmethode gleichwertig ist.

Um reproduzierbare Werte zu erhalten, ist es wesentlich, daß die Erdoxalate homogen zusammengesetzt sind, was durch ein gutes Durchmischen der getrockneten Probe erreicht wird. Beim Lanthan hatte man jedoch Abweichungen gefunden, die durch das Vorhandensein von basischen oder sauren Oxalaten bedingt sein dürften.

c) Maßanalytische Methoden.

Der Versuch, die Bestimmung des mittleren Atomgewichtes auf Grund der Oxalatfällung maßanalytisch in einer Operation auszuführen, wurde von KRÜSS und LOOSE zuerst unternommen. Das gewogene Oxyd löste man in Salzsäure, dampfte zur Trockne ein, nahm in Wasser auf und führte diese Lösung in einen Meßkolben über. Teile davon wurden mit einer bekannten Menge einer gegen Kaliumpermanganat gestellten Oxalsäure gefällt und im Filtrat die überschüssige Säure mit Permanganat zurückgemessen.

Dieser Analysengang hat sich nicht bewährt, denn eine Reihe von Fehlern (Bildung von Doppeloxalaten) ergab stets zu hohe Werte.

1. Nach W. WILD.

Auf ähnlichen Überlegungen fußend, hat W. WILD mit größerer Genauigkeit das mittlere Atomgewicht bestimmt.

Durchführung. Er löst 0,1 bis 0,2 g der Oxyde der seltenen Erden in einer genau gemessenen Menge, etwa 30 bis 40 cm³, einer gestellten n/10 Schwefelsäure unter Erhitzen auf, fällt mit 5 cm³ einer neutralen Kaliumoxalatlösung 1 : 5 die

Erdoxalate und titriert mit n/10 Natronlauge in Gegenwart von Phenolphthalein die unverbrauchte Säure zurück.

Bemerkungen. Diese Methode hat ursprünglich keine praktische Anwendung gefunden, erst als H. C. HOLDEN und C. JAMES sie neuerlich untersuchten, wurde sie häufiger angewandt. Im allgemeinen kann man die Rücktitration mit n/10 Lauge in Gegenwart des Niederschlages vornehmen; stört jedoch die Farbe der Oxalate die Erkennung des Indicatorumschlages, so ist eine Filtration angezeigt, wobei der Niederschlag mit Wasser gut gewaschen werden muß. B. S. HOPKINS und C. W. BALKE haben die drei Methoden der mittleren Atomgewichtsbestimmung verglichen und gefunden, daß jede Methode um einige Zehntel differiert, wobei den niedrigsten Wert die Rücktitration mit Lauge ergibt. Den höchsten Wert hat die Permanganatmethode nach W. GIBBS, während die Sulfatwerte in der Mitte liegen.

Bei der Bestimmung der mittleren Atomgewichte der Ytterreihe wird diese Methode gute Werte geben.

2. Nach W. FEIT und PRZIBYLLA.

Ein sehr rasches und gut brauchbares Verfahren haben W. FEIT und PRZIBYLLA angegeben; sie lösen die Oxyde in Schwefelsäure auf und titrieren die unverbrauchte Säure mit Lauge zurück.

Durchführung. Von den bis zur Gewichtskonstanz geglühten Oxyden wird in einem ERLENMEYER-Kolben soviel eingewogen, daß etwa 18 cm^3 einer 0,5 n Schwefelsäure neutralisiert werden (z. B. Atomgewicht 144, Einwage 0,5 g). Man übergießt die Oxyde mit etwas Wasser, gibt 19,5 cm^3 einer gestellten 0,5 n Schwefelsäure zu und bringt sie unter Rühren und Erwärmen in Lösung. Nach dem Abkühlen wird bei Gegenwart von Methylorange mit 0,1 n Lauge schwach alkalisch gemacht, mit 0,5 cm^3 der 0,5 n Säure angesäuert und nun sorgfältig zu Ende titriert.

Bemerkungen. Diese Methode ist tatsächlich geeignet, die zeitraubende Sulfat-Oxydmethode zu ersetzen, wenn einige Vorsichtsmaßregeln beobachtet werden. Der ERLENMEYER-Kolben muß aus Jenaer Geräteglas sein und das destillierte Wasser völlig neutral. Eine weitere Verfeinerung erreicht man, wenn die 0,5 n Schwefelsäure eingewogen und reines Wasser, mit der gleichen Menge Indicator wie die Probe versetzt, als Vergleichsflüssigkeit verwendet wird. Der Endpunkt der Titration wird um so unschärfer sein, je schwächer basisch die Erde ist. Bei Scandium und bei vierwertigem Cer versagt diese Methode vollständig. Ihr Hauptanwendungsgebiet liegt bei den Cerit- und Terbinerden. Bei den Ytter- und Ytterbinerden ziehen S. JORDAN und B. J. HOPKINS die Permanganatmethode vor.

d) Andere Methoden.

Neben den bewährten Verfahren finden sich in der Literatur noch andere Vorschläge, die jedoch nie eine Anwendung gefunden haben. P. SCHÜTZENBERGER geht von wasserfreien Sulfaten aus und errechnet auf Grund der Bariumsulfatauswage das mittlere Atomgewicht. W. GIBBS verglüht die Oxalate der seltenen Erden in Gegenwart von frisch bereitetem, eingewogenem Natriumwolframat, wodurch sehr genaue Werte für die Erdoxyde erhalten werden sollen. B. BRAUNER empfiehlt, die Entwässerung der Erdsulfate im Schwefeldampf vorzunehmen.

Literatur.

BAHR, J. u. R. BUNSEN: A. **137**, 21 (1866). — BAXTER, G. P. u. H. W. DAUDT: Am. Soc. **30**, 571 (1908). — BILTZ, W.: Z. anorg. Ch. **71**, 430 (1911). — BRAUNER, B.: Z. anorg. Ch. **33**, 317 (1903); **34**, 208 (1903). — BRAUNER, B. u. A. BATĚK: Z. anorg. Ch. **34**, 113 (1903). — BRILL, O.: Z. anorg. Ch. **47**, 464 (1905).

DENNIS, L. M. u. B. DALES: Am. Soc. **24**, 418 (1902).

ENGLE, E. W. u. C. W. BALKE: Am. Soc. **39**, 57, 67 (1917).

FEIT, W. u. K. PRZIBYLLA: Z. anorg. Ch. **43**, 212 (1905).

GIBBS, W.: Am. Chem. J. **15**, 548 (1893).

HOLDEN, H. C. u. C. JAMES: Am. Soc. **36**, 639 (1914). — HOPKINS, B. S. u. C. W. BALKE: Am. Soc. **38**, 2337 (1916).
JONES, H. C.: Z. anorg. Ch. **36**, 92 (1903). — JORDAN, S. u. B. J. HOPKINS: Am. Soc. **39**, 2617 (1917).
KRÜSS, G.: Z. anorg. Ch. **3**, 46 (1893). — KRÜSS, G. u. A. LOOSE: Z. anorg. Ch. **4**, 161 (1893).
LENHER, V.: Am. Soc. **30**, 577 (1908). — LOOSE, A.: Studien über seltene Erden. Diss. München 1892.
MARSH, J. K.: Soc. **1935**, 772. — MEYER, R. J. u. J. WUORINEN: Z. anorg. Ch. **80**, 24 (1913).
POSTIUS, TH.: Untersuchungen in der Yttergruppe. Diss. München 1902.
SCHÜTZENBERGER, P.: C. r. **120**, 1143 (1895). — STOLBA, F.: Chem. N. **41**, 31 (1880); Sitzungsber. d. kgl. böhm. Gesellsch. d. Wissensch. vom 4. Juli 1879; durch Fr. **19**, 194 (1880).
URBAIN, G.: A. Ch. [7] **19**, 216 (1900).
WILD, W.: Z. anorg. Ch. **38**, 191 (1904).

B. Die Elemente der seltenen Erden einzeln behandelt.

In diesem Teil sind die einzelnen Elemente der seltenen Erden getrennt angeführt. Fußend auf dem ersten Teil sind bei jedem Element die charakteristischen Daten, wie: Löslichkeit, Absorptionsspektren, letzte Linien und Analysenlinien, soweit bekannt, angegeben. Für alle Elemente (mit Ausnahme des Scandiums) gelten die im ersten Teil angeführten Bestimmungsmethoden; nur wenn besondere Bemerkungen anzubringen waren, sind diese nach der im ersten Teil gebrauchten Einteilung angeführt. Es folgen nun die Methoden, nach denen das Element von den anderen Elementen der seltenen Erden, teils quantitativ, teils präparativ getrennt werden kann.

Da aus Gründen der Übersicht Scandium im ersten Teil nicht behandelt wurde, findet es sich als das erste Element dieser Reihe mit einer ausführlichen Beschreibung vor. Das Cer nimmt wegen seiner besonderen Stellung unter den Elementen der seltenen Erden einen großen Raum ein; neben den zahlreichen gravimetrischen und maßanalytischen Verfahren ist auch auf die Bestimmung in technischen Produkten Rücksicht genommen worden.

Scandium.

Sc, Atomgewicht 45,10, Ordnungszahl 21.

Scandium bildet farblose Ionen und besitzt kein Absorptionsspektrum. Die Verbindungen sind durch eine starke Neigung zur Hydrolyse ausgezeichnet. Nach J. ŠTĚRBA-BÖHM fällt das Scandiumhydroxyd bei einer Wasserstoff-Ionenkonzentration $p_H = 6{,}10$. Das Scandium läßt sich auf Grund seiner Eigenschaften und derjenigen seiner Verbindungen nicht zwanglos in die Reihe der seltenen Erden einordnen, vielmehr bildet es einen Übergang von diesen zu den vierwertigen Elementen Zirkon und Thorium. Entsprechend dieser Stellung ist das Scandiumoxyd die am schwächsten basische seltene Erde, und die Neigung zur Bildung von Komplexverbindungen ist stärker ausgeprägt als bei den anderen Elementen dieser Reihe. Bedingt durch diese Unterschiede sind der quantitativen Analyse des Scandiums leichter gangbare Wege zugewiesen, so daß seiner Abtrennung und Bestimmung keine allzugroßen Schwierigkeiten entgegenstehen.

Scandiumoxyd.

Die gebräuchliche Wägungsform ist das Scandiumoxyd, Sc_2O_3; es entsteht durch Glühen des Nitrates, Hydroxydes, Carbonates, Oxalates und Tartrates. Nachdem bei schwacher Rotglut die Scandiumverbindung in Oxyd übergeführt wurde, steigert man die Temperatur und hält schließlich den Porzellan- oder Platintiegel durch mehrere Minuten auf 900°. Das so geglühte Oxyd ist nicht hygroskopisch. Auch das Sulfat, Chlorid und Fluorid erleiden eine vollkommene thermische Zersetzung, doch werden die genannten Verbindungen selten auf diesem Wege in das Oxyd umgewandelt.

Eigenschaften. Farbe schneeweiß, D = 3,864 (berechnet 3,89), unschmelzbar; kubische Krystallart C. Verdünnte Säuren lösen das Oxyd auch in der Hitze nur langsam auf; konzentrierte Säuren greifen in der Kälte wenig an, in der Siedehitze lösen sie vollkommen. Abrauchen mit konzentrierter Schwefelsäure führt nur teilweise in Sulfat über, da dieses in konzentrierter Schwefelsäure unlöslich ist und das umhüllte Oxyd vor weiterem Angriff schützt. Konzentrierte Salz- und Salpetersäure sind die üblichen Lösungsmittel.

Reinheitsprüfung. Das Oxyd muß rein weiß sein; die wahrscheinlichsten Verunreinigungen sind Thorium und Yttererden, manchmal auch Blei, Eisen, Mangan. Auf Yttererden prüft man mit der Natriumthiosulfatreaktion (s. S. 736); das Filtrat darf keine Elemente der seltenen Erden (spektroskopische Prüfung) enthalten. Zur Prüfung auf Thorium wird die Jodatprobe (s. S. 710) ausgeführt. Oft hilft auch das Elektroskop die Anwesenheit von Thorium zu entdecken, da Scandium nicht radioaktiv ist.

Literatur.

ŠTĚRBA-BÖHM, G.: Coll. Trav. chim. Tchécosl. 7, 131 (1935).

1. Bestimmungsformen des Scandiums.

§ 1. Fällung als Hydroxyd.

Eigenschaften. Aus allen Scandiumlösungen fällt Ammoniak das weiße, voluminöse Hydroxyd, das im Überschuß unlöslich ist. Es ist leicht löslich in Natrium- und Ammoniumcarbonat und etwas löslich in Kalilauge unter Bildung von $K_2[Sc(OH)_5H_2O)] \cdot 3\,H_2O$ (J. ŠTĚRBA-BÖHM u. M. MELICHAR). Weinsäure verhindert die Fällung nur in der Kälte, beim Erhitzen fällt basisches Scandiumtartrat (s. S. 737). Der voluminöse Niederschlag des Hydroxydes adsorbiert reichlich die in der Lösung befindlichen Fremd-Ionen.

Durchführung siehe S. 668.

Löslichkeiten unbekannt.

Bemerkungen. Beim Erhitzen des Hydroxydes bildet sich, nachdem die Feuchtigkeit vollkommen entfernt worden ist, unter Erglühen aus dem amorphen Zustand das krystallinische Oxyd.

Literatur.

ŠTĚRBA-BÖHM, J.: Z. El. Ch. 20, 289 (1914).

§ 2. Fällung als Scandiumoxalat $[Sc_2(C_2O_4)_3 \cdot 5\,H_2O]$.

Eigenschaften. Von den Oxalaten der Elemente der seltenen Erden unterscheidet sich das Scandiumoxalat durch seine leichtere Löslichkeit in verdünnten Säuren, sowie durch die Bildung löslicher Alkalidoppeloxalate. Es steht mit dieser Reaktion dem Thorium und dem Zirkon sehr nahe. Um die Fällung als Oxalat in neutraler oder schwachsaurer Lösung quantitativ zu gestalten, ist ein großer Überschuß an Oxalsäure notwendig.

Durchführung siehe S. 670, ferner S. 740.

Löslichkeiten.

100 g n Oxalsäurelösung	von 25°	lösen		0,1188 g	Scandiumoxalatpentahydrat
100 g Wasser	„ 25°	„	etwa	0,84 mg	wasserfreies Oxalat
100 g 0,1 n Salzsäure	„ 25°	„	„	0,02990 g	„ „
100 g 0,5 n „	„ 25°	„	„	0,0650 g	„ „
100 g n „	„ 25°	„	„	0,1020 g	„ „
100 g 0,1 n „	„ 50°	„	„	0,04201 g	„ „
100 g 0,5 n „	„ 50°	„	„	0,0870 g	„ „
100 g 0,5 n „	„ 50°	„	„	0,1435 g	„ „

Überschüssige Oxalsäure verändert die Löslichkeit in Schwefelsäure beträchtlich; so sinkt bei 0,5 n Oxalsäure und 2,43 n Schwefelsäure die Löslichkeit um 74,71%.

Bemerkungen. Nach R. J. MEYER fällt Oxalsäure aus Sulfatlösungen das Scandiumoxalat nur langsam und unvollständig aus, während unter gleichen Bedingungen aus Chlorid- und Nitratlösung eine quantitative Abscheidung erfolgt. Alkalisalze dürfen nicht zugegen sein, da sie sich wahrscheinlich als Doppeloxalate im Niederschlag wiederfinden.

Literatur.

MEYER, R. J.: Z. anorg. Ch. **86**, 276 (1914).
WIRTH, F.: Z. anorg. Ch. **87**, 3 (1914).

§ 3. Fällung als basisches Scandiumthiosulfat.

Aus schwach sauren Nitrat- oder Chloridlösungen (nicht Sulfatlösungen) fällt Natriumthiosulfat (CLEVE) unvollkommen basisches Scandiumthiosulfat, $Sc(OH)S_2O_3$, aus, das sich als gelblicher schwerer Niederschlag gut absetzt. Wird die Lösung bis zur bleibenden Trübung neutralisiert, so fällt Scandium quantitativ als ein Gemisch von Hydroxyd und basischem Thiosulfat. Der Niederschlag ist dann heller gefärbt und flockiger. R. J. MEYER konnte im Filtrat keine Spur von Scandium nachweisen.

Durchführung. Die Chloridlösung wird bis zur Trockne eingedampft und hierauf der gelöste Rückstand durch Zusatz von Natriumcarbonat genau neutralisiert. Nun wird mit dem auf die eingewogenen Oxyde bezogenen sechsfachen Gewicht an Natriumthiosulfat versetzt und kurze Zeit zum Sieden erhitzt. Die Fällung wird heiß filtriert und der Niederschlag mit Wasser gut gewaschen. Man bringt den Rückstand in das Fällungsgefäß zurück, löst in heißer verdünnter Salpetersäure, filtriert durch das benutzte Filter vom Schwefel ab und fällt das klare Filtrat mit Ammoniak.

Bemerkungen. An Stelle des Natriumthiosulfates kann auch Ammoniumthiosulfat verwendet werden. Diese Abscheidung wird nur im Gange einer Mineralanalyse oder einer Reinigung des Roh-Scandiums angewendet. Sie scheidet Scandium von den Elementen der seltenen Erden. Die Trennung wird stets wiederholt, indem der aus der ersten Fällung erhaltene Niederschlagin das Fällungsgefäß gespritzt und in einigen Kubikzentimetern Salzsäure gelöst wird. Man filtriert vom Schwefel durch das gebrauchte Filter, wäscht gut nach und dampft das Filtrat zur Trockne. Der Rückstand wird in Wasser aufgenommen und nochmals gefällt. In den meisten Fällen schließt sich nun eine Scandium-Thorium-Trennung an.

Literatur.

MEYER, R. J.: Z. anorg. Ch. **86**, 282 (1914); **60**, 148 (1908); **67**, 399 (1910).

§ 4. Fällung als Scandiumfluorid.

Wie alle Elemente der seltenen Erden besitzt das Scandium ein unlösliches Fluorid, das sich jedoch von den Erdfluoriden durch seine hohe Säurebeständigkeit unterscheidet.

Eigenschaften siehe S. 742.

Löslichkeiten unbekannt.

Durchführung. Die neutrale Chloridlösung (die überschüssige Säure wird durch Eindampfen entfernt) wird in einer Platin- oder Bleischale in der Kälte mit Flußsäure versetzt. Der anfangs ausfallende Niederschlag löst sich bei weiterem Zusatz der Säure teilweise auf. Es hinterbleibt ein weißer flockiger Niederschlag, der sich gut absetzt. Man filtriert ihn in einer Bleinutsche oder in einem Platin-GOOCH-Tiegel und wäscht mit heißem Wasser aus. Nun bringt man den Niederschlag in eine Platinschale, zersetzt mit konzentrierter Schwefelsäure, raucht ab, bis die Masse teigig wird, kühlt ab und kocht mit Wasser aus. Die klare Lösung wird mit Ammoniak gefällt und das Hydroxyd weiter verarbeitet.

Bemerkungen. Der Niederschlag enthält neben Scandium das gesamte Thorium. Diese Methode wird ebenfalls nur im Gang der Analyse angewendet, wenn eine Trennung von Eisen, Mangan und Aluminium erreicht werden soll. Dann findet man neben Scandium und Thorium noch Calcium, Blei, wenig Eisen und einen Teil der Elemente der seltenen Erden.

Das Scandiumfluorid kann auch aus einer sauren Lösung durch Kieselfluorwasserstoffsäure oder deren Natriumsalz erhalten werden. Das Scandiumsilicofluorid zerfällt beim Kochen, wobei das normale Fluorid zur Abscheidung gelangt. Über diese Methode siehe S. 739. Nach J. Štěrba-Böhm fällt das Scandium nicht als Fluorid, sondern als Silicofluorid. Die Fällung ist jedoch quantitativ.

Literatur.

Meyer, R. J.: Z. anorg. Ch. **60**, 149 (1908); **86**, 263 (1914).

Štěrba-Böhm, J.: Z. El. Ch. **20**, 289 (1914).

§ 5. Fällung als basisches Scandiumtartrat.

Mit den Elementen der Yttererden hat Scandium die Fällung der weinsäurehaltigen Lösung in der Siedehitze durch Ammoniak gemeinsam. Es fällt das schwerlösliche basische Scandiumtartrat.

Durchführung. Die neutrale Lösung wird in eine 10- bis 20%ige Lösung von neutralem Ammoniumtartrat in der Kälte unter automatischem Rühren langsam eingetragen. Die so erhaltene klare Lösung wird zum Sieden erhitzt und mit Ammoniak gefällt. Man läßt den Niederschlag einige Zeit auf dem siedenden Wasserbade stehen, filtriert ihn und wäscht mit verdünnter Ammoniumtartratlösung. Nach dem Trocknen wird der Niederschlag zu Oxyd verglüht.

Bemerkungen. Diese Methode gestattet das Thorium vom Scandium zu trennen, da ersteres unter gleichen Bedingungen nicht gefällt wird. Hingegen fallen Yttererden teilweise mit. Da diese Abscheidungsart auch mit größeren Mengen durchgeführt werden kann, kommt ihr bei der Reindarstellung von Scandium eine besondere Bedeutung zu. In diesem Falle wird die Fällung als basisches Tartrat wiederholt. Spencer empfiehlt diese Methode und N. H. Smith hat sie zur Reinigung des zur Atomgewichtsbestimmung verwendeten Scandiums mit Vorteil benutzt.

Literatur.

Meyer, R. J.: Nernst-Festschrift, S. 306. 1912. — Meyer, R. J. u. H. Winter: Z. anorg. Ch. **67**, 399 (1910); s. a. R. J. Meyer u. O. Hauser: Die Analyse der seltenen Erden und Erdsäuren. Stuttgart 1912. S. 248.

Smith, N. H.: Am. Soc. **49**, 1642 (1927). — Spencer: The metals of the rare earths, London 1919.

II. Spektralanalytische Methoden.

Emissionsspektralanalyse.

a) Bogenspektren. Nach dem Verfahren von R. Mannkopff und Cl. Peters haben V. M. Goldschmidt und Cl. Peters (s. S. 679) Scandium in Mineralien quantitativ ermittelt. Als Eichsubstanzen wurden Gemische von Scandiumoxyd mit Kieselsäure, Scandiumoxyd und Magnesiumoxyd und schließlich Gemische aller drei Verbindungen verwendet. Aus der Stärke der Scandiumlinien kann man den Gehalt bis auf eine halbe Zehnerpotenz genau schätzen.

Tabelle der empfindlichen Linien.

Å	1%	0,1%	0,05%	0,01%	0,005%	0,001%	0,0005% Sc_2O_3
3359,69	st st	st[1]	st	m	m	s	ss
3361,32	st	m	m	s	ss	—	—
3361,97	m	m	s	ss	—	—	—
3368,97	st	m	m	s	—	—	—
3372,17	st	m	m	s	ss	—	—
3618,83	st st	st	st	m	m	s	ss
3630,75		fällt mit Calcium			3630,73	} zusammen	
3642,81		fällt mit Titan			3642,70		
3645,32	st	s	s	ss	—	—	—
3651,83	st	m	m	ss	—	—	—

Bei Gegenwart von Zirkon wird die stärkste Linie des Scandiums durch eine schwache Zirkonlinie überdeckt; auch die Gegenwart von Wolfram stört. Man vergleicht daher die Linien 3361,32 und 3368,97 Å.

Literatur.

Goldschmidt, V. M. u. Cl. Peters: Nachr. Götting. Ges. **1931**, 257.

b) Funkenspektren. Mit abnehmenden Gehalt verbleiben als Restlinien: 3907,40 und 3911,81 Å; bei weitergehendem Ionisieren 3613,83, 3630,75 und 3642,81 Å. A. de Gramont sowie W. A. Gerlach und E. Riedl führen als Analysenlinien noch an: 4314,1, 4246,9, 4023,7 und 3572,6.

Literatur.

Gramont, A. de: C. r. **171**, 1106 (1920). — Gerlach, Wa. u. E. Riedl: Chemische Emissionsspektralanalyse, Teil 3, S. 115.

III. Quantitative Bestimmung des Scandiums in Mineralien und Fabrikationsrückständen.

§ 1. Bestimmung des Scandiums allein.

a) Einwage und Aufschluß. Je nach der zu erwartenden Scandiummenge wird man 5 bis 100 g einwägen.

Wolframitrückstände löst man in konzentrierter Salzsäure auf, filtriert von dem Rückstand ab und wiederholt mit diesem die Säurebehandlung. Die Filtrate werden vereinigt.

Zinnschlacken schließt man mit Soda im Eisentiegel auf, löst in Wasser, säuert mit Salzsäure an und scheidet durch zweimaliges Eindampfen Kieselsäure und Wolframsäure ab (R. J. Meyer und H. Winter).

Zinnstein, feinst gepulvert, wird in einem Schiffchen, das sich in einem schwer schmelzbaren Glasrohr befindet, bei beginnender Rotglut durch Wasserstoff reduziert. Der Rückstand wird auf dem Wasserbad mit konzentrierter Salzsäure behandelt, wobei Unlösliches, bestehend aus Kieselsäure, Wolframsäure und den Erdsäuren, etwas Eisen und Thoriumdioxyd, zurückbleibt. Die filtrierte Lösung wird verdünnt und das Zinn und die Schwermetalle durch Schwefelwasserstoff als Sulfide gefällt. Mit Natriumsulfid trennt man die Schwermetalle vom Zinn und scheidet dieses aus oxalsaurer Lösung elektrolytisch ab (R. J. Meyer).

Der unlösliche Schiffchenrückstand wird verascht und mit Natriumbisulfat aufgeschlossen, mit Wasser aufgenommen und von den unlöslichen Säuren abfiltriert. Das Filtrat wird zwecks Entfernung der Sulfat-Ionen mit Ammoniak gefällt und die gut ausgewaschenen Hydroxyde werden in verdünnter Salzsäure gelöst. Man vereinigt diese Lösung mit dem Hauptfiltrat.

[1] st stark, m mittel, s schwach, ss sehr schwach.

In Thortveitit.

P. und G. URBAIN bestimmen das Scandium durch Aufschluß des feinst gepulverten Minerales mit Natriumhydroxyd. 1 g der Substanz wird in einem Silber- oder Nickeltiegel unter häufigem Umrühren mit 5 bis 6 g Natriumhydroxyd bei dunkler Rotglut aufgeschlossen, bis das Mineral völlig zersetzt ist. Der Aufschluß wird in Wasser aufgenommen, heiß filtriert, und mit heißem Wasser gewaschen. Der Rückstand wird in Schwefelsäure gelöst und zur Trockne eingedampft. Die durch Auflösung der Sulfate in kaltem Wasser gewonnene Lösung wird mit einem Überschuß an Ammoniak gefällt; der erhaltene Niederschlag wird gewaschen und in verdünnter Salpetersäure gelöst. Man dampft zur Trockne ein, löst in kaltem Wasser und fällt hierauf das Scandium gemeinsam mit den Ceriterden durch Kaliumsulfat. Nach etwa 24stündigem Stehen wird filtriert, mit gesättigter Kaliumsulfatlösung gewaschen und hierauf mit 25%iger Ammoniumcarbonatlösung digeriert. Das Filtrat wird zum Sieden erhitzt, wobei das als Doppelcarbonat in Lösung gegangene Scandium hydrolysiert und als basisches Carbonat völlig abgeschieden wird. Der Niederschlag wird auf dem Filter gesammelt, mit heißem Wasser gewaschen, verglüht und als Scandiumoxyd gewogen.

Als ein weiterer Aufschluß kommt noch die auf S. 708 beschriebene Fluorwasserstoffmethode in Betracht.

b) Gewinnung des Roh-Scandiums. Die salzsaure Lösung wird zum Sieden erhitzt und allmählich mit einer Lösung von Natriumsilicofluorid versetzt. Nachdem das Kochen $^1/_2$ Std. fortgesetzt worden ist, ist die Abscheidung des Scandiums und Thoriums als Fluorid beendet und der weiße, schleimige Niederschlag hat sich gut abgesetzt. Man gießt die überstehende Flüssigkeit durch ein Filter, dekantiert und wäscht mit heißem Wasser aus. Der Niederschlag wird in das Fällungsgefäß zurückgebracht, mit verdünnter Salzsäure (0,5 n) ausgekocht, abfiltriert und gewaschen (R. J. MEYER). Der Niederschlag wird in einer Platinschale durch konzentrierte Schwefelsäure zersetzt und hierauf abgeraucht, bis der größte Teil der Säure entfernt ist. Die noch feuchte erkaltete Masse wird mit Wasser ausgekocht, die Lösung durch zwei- bis dreimalige Fällung mit Ammoniak vom Calcium befreit und das zuletzt erhaltene Hydroxyd mit Oxalsäure zu Oxalat umgesetzt. Der Niederschlag wird geglüht und soll von weißer Farbe sein. Das Roh-Scandium enthält nun etwas Blei, wenig Yttererden und das gesamte Thorium.

c) Reinigung des Roh-Scandiums. Man löst die Substanz in Salpetersäure und fällt das Blei aus sehr schwachsaurer Lösung mit Schwefelwasserstoff; vorteilhaft wird diese Fällung in der Druckflasche vorgenommen. Hierauf engt man das Filtrat ein und verwandelt durch mehrmaliges Abdampfen mit konzentrierter Salzsäure die Nitrate in Chloride. Der trockene Rückstand wird in Wasser aufgenommen und das Thiosulfatverfahren nach S. 736 durchgeführt. Diese Trennung wird wiederholt; der zuletzt anfallende Niederschlag enthält nur mehr Scandium und Thorium. Er wird in Salzsäure gelöst, zur Trockne gedampft und nach S. 737 das Scandium als basisches Ammoniumtartrat abgeschieden. Der Niederschlag, der das völlig gereinigte Scandium enthält, wird verascht, bei 900° verglüht und als Sc_2O_3 gewogen.

§ 2. Bestimmung des Scandiums, des Thoriums und der Elemente der seltenen Erden.

Man schließt das feinst gepulverte Analysenmaterial nach § 1a, S. 738 auf und verarbeitet es, bis die in dem obengenannten Abschnitt erwähnte salzsaure Lösung erhalten wird. Man neutralisiert mit Ammoniak, bis eben ein Niederschlag bestehen bleibt, und fällt in der Hitze mit Oxalsäure, deren Gewicht fast gleich der eingewogenen Analysensubstanz ist (R. J. MEYER). Nach 24stündigem Stehen scheiden sich die unreinen Oxalate ab. Man filtriert sie ab und verascht sie. Die Oxyde sind durch Mangan braun bis schwarz gefärbt, enthalten neben den Elementen der seltenen Erden, Thorium und Scandium noch Calcium, Blei und Eisen. Man löst sie in Salzsäure auf, fällt das Blei durch Schwefelwasserstoff in schwach saurer Lösung aus, schließt hieran eine doppelte Fällung mit Ammoniak an, spritzt die zuletzt erhaltenen Hydroxyde in eine Platinschale und trennt nach S. 708 Eisen und Mangan mit Flußsäure ab (die auf S. 739 angegebene Arbeitsvorschrift würde einen Verlust an seltenen Erden ergeben, da deren Fluoride in Salzsäure und Flußsäure merklich löslich sind). Die durch Abrauchen der Fluoride erhaltenen Sulfate fällt man durch Ammoniak als Hydroxyde, filtriert, wäscht mit heißem Wasser und verwandelt sie durch Oxalsäure in Oxalate. Man filtriert diese ab, wäscht und verglüht. Die Auswage besteht aus den Oxyden der seltenen Erden, Scandium und Thorium. Nach S. 736 werden durch eine doppelte Thiosulfatfällung die Erden abgetrennt, worauf sich eine Thorium-Scandium-Trennung nach S. 741 anschließt. Die Elemente der seltenen Erden fällt man aus den Filtraten der Thiosulfattrennung nach S. 718. Ist das Scandium nach der Tartratmethode abgeschieden worden, so bestimmt man das Thorium aus der Differenz, da seine Gewinnung aus der weinsäurehaltigen Lösung sehr zeitraubend und umständlich ist.

Literatur.

MEYER, R. J.: Z. anorg. Ch. **60**, 145 (1908).
URBAIN, P. u. G.: C. r. **174**, 1310 (1922).

IV. Trennung des Scandiums von anderen Elementen.

a) Durch Reaktionen, die Scandium und die Elemente der seltenen Erden gemeinsam haben.

Das Scandium hat mit den Elementen der seltenen Erden die Fällung als Hydroxyd, Oxalat und Fluorid gemeinsam. Man kann daher die im Abschnitt A S. 668 angegebenen Methoden benutzen. Die Fällung als Hydroxyd trennt jenes von Alkalien, Erdalkalien und Magnesium. Die Oxalsäure scheidet von dreiwertigem Eisen, Aluminium, Chrom, Titan und Zirkon. Bei der Durchführung dieser Trennung sorge man für die Abwesenheit von Sulfat-Ionen, die die quantitative Fällung verhindern, und für einen reichlichen Oxalsäureüberschuß (s. S. 735). Das Scandiumfluorid ist in verdünnten Mineralsäuren schwerer löslich als die übrigen Erdfluoride. Die Arbeitsvorschrift auf S. 708 scheidet das Scandium mit den anderen Elementen der seltenen Erden gemeinsam und quantitativ ab. Hierbei entfernt man die Erdsäuren Titan, Eisen, Aluminium, Mangan und Zirkon. In der auf S. 736 beschriebenen Ausführung enthält hingegen der Niederschlag, da von Chloridlösungen ausgegangen wurde, neben dem Scandium nur einen Teil der Elemente der seltenen Erden.

Mit diesen drei Abscheidungsmethoden kann man das Scandium von den übrigen Elementen trennen, nicht jedoch von Thorium und den Elementen der seltenen Erden.

b) Die Trennung des Scandiums von den Elementen der seltenen Erden.

Zufolge der schwächeren basischen Eigenschaften läßt sich das Scandium von den Elementen der seltenen Erden, die eine geringere Neigung zur Hydrolyse zeigen, gut abtrennen. Die Fällung als basisches Scandiumthiosulfat, durch R. J. MEYER eingehend untersucht, führt sowohl präparativ als auch analytisch zu zufriedenstellenden Resultaten. Die Durchführung ist auf S. 736 beschrieben; es wird stets eine doppelte Fällung vorgenommen, wobei das Thorium das Scandium quantitativ begleitet.

c) Trennung des Scandiums vom Thorium.

Für diese wichtige Trennung stehen vier Methoden zur Verfügung, deren Anwendung von dem Verhältnis Thorium zu Scandium sowie von der Menge des Gemisches abhängig ist. Für die Reindarstellung größerer Mengen von Scandium wird die auf S. 737 beschriebene Ammoniumtartrat- oder die Natriumcarbonatmethode mit gutem Erfolg verwendet. Kleinere Mengen Substanz befreit man vom anwesenden Thorium nach dem Jodat- oder dem Ammoniumfluoridverfahren, wobei dem letzteren der Vorzug zu geben ist. Die Reinheitsprüfung der anfallenden Scandiumniederschläge kann leicht mit einem Elektroskop vorgenommen werden; Scandium ist nicht radioaktiv, während Thorium auch in geringen Mengen sicher nachgewiesen werden kann.

1. Durch Ammoniumtartrat (s. S. 737).

2. Durch Natriumcarbonat. Scandium bildet mit Natriumcarbonat eine Komplexverbindung, die in glasglänzenden, nicht umkrystallisierbaren Krystallen bei Siedehitze ausfällt und die Zusammensetzung $Sc_2(CO_3)_3 \cdot 4\, Na_2CO_3 \cdot 6\, H_2O$ besitzt. Dieses Doppelcarbonat ist in kaltem Wasser schwer, in *kalter* konzentrierter Sodalösung leichter löslich. Selbst in großer Verdünnung (etwa 2%) wird eine hydrolytische Spaltung erst nach 16stündigem Stehen in der Kälte wahrgenommen. Beim Kochen fallen aus der wäßrigen Lösung basische Salze, während aus der Carbonatlösung das schwerlösliche Doppelsalz abgeschieden wird. Thorium gibt unter den gleichen Bedingungen eine leicht lösliche Komplexverbindung (R. J. Meyer und H. Winter).

Durchführung. Die Chloridlösung wird auf dem Wasserbad zur Trockne gedampft, in wenig Wasser aufgenommen und in eine kalte 20%ige Sodalösung (berechnet auf wasserfreies Natriumcarbonat) eingegossen. Für je 1 g Oxyd wendet man 100 cm³ Lösung an. Durch Rühren und schwaches Erwärmen wird eine klare Lösung erzielt. Nun erhitzt man zum lebhaften Sieden. Nach wenigen Minuten scheiden sich am Boden der Porzellanschale die Krystalle ab und verursachen ein störendes Stoßen und Spritzen. Mit Hilfe eines mechanischen Rührers, der die Krystalle am Boden bewegt, kann das $^1/_2$ Std. währende Sieden ohne Verluste vorgenommen werden. Das Volumen der Lösung wird durch Zusatz von siedendem Wasser konstant gehalten. Man gießt die heiße Lösung durch ein Filter und kocht die in der Schale verbliebenen Krystalle noch dreimal je eine Viertelstunde mit 20%iger Sodalösung aus. Die so gewonnenen reinen Krystalle werden in kaltem Wasser, für je 1 g Oxyd 200 cm³, nach mehrstündigem Rühren klar gelöst. Hierbei kann ein kleiner Rückstand verbleiben, der aus den Verunreinigungen der Soda stammt. Man entfernt ihn und säuert hierauf das Filtrat mit Salzsäure an. Aus der *heißen* Lösung scheidet man das Scandium durch Ammoniak als Hydroxyd ab. Die Fällung wird, um alkalifreie Niederschläge zu erhalten, wiederholt. Schließlich fällt man als Oxalat und verglüht es zu Oxyd.

Bemerkungen. Nach einmaliger Anwendung dieser Methode ist das Thorium vollständig entfernt; nur bei sehr großem Überschuß sind Spuren davon im Scandium nachzuweisen.

3. Durch Jodat. Dieses und das folgende Verfahren eignen sich für die vollständige Entfernung kleiner Mengen Thorium aus Scandiumpräparaten bei Einwagen von 0,5 bis 1 g.

Auf S. 710 wurde die Fällung des Thoriums als Jodat zur Trennung von den Elementen der seltenen Erden beschrieben. Auch Scandium bleibt wie diese in Lösung, während das Thorium ausgefällt wird; doch ist die Empfindlichkeit dieser Reaktion durch die nicht unerhebliche Löslichkeit des Thoriumjodats in einer Scandiumjodatlösung herabgesetzt. Durch Einhalten eines kleinen Fällungsvolumens läßt sich diese Ungenauigkeit beheben (R. J. Meyer und H. Winter).

Durchführung. Die Nitrate, die durch Eindampfen von überschüssiger Säure befreit werden, werden in 5 cm³ Wasser und einigen Tropfen verdünnter Salpetersäure aufgenommen und mit 5 bis 10 cm³ einer Lösung, die aus 15 g Kaliumjodat, 50 cm³ konzentrierter Salpetersäure und 100 cm³ Wasser besteht, tropfenweise und unter Umrühren gefällt, bis kein weiterer Niederschlag mehr gebildet wird. Hierauf setzt man 10 bis 20 cm³ einer verdünnteren Jodatlösung zu, die 4 g Kaliumjodat,

100 cm³ Salpetersäure (D = 1,2) und 400 cm³ Wasser enthält. Man digeriert bei 60 bis 80° etwa 15 Min. und läßt hierauf bis zum völligen Absitzen des Niederschlages stehen. Nach dem Erkalten darf ein geringer Zusatz der konzentrierteren Jodatlösung keine weitere Fällung ergeben. Man filtriert und wäscht mit der verdünnten Lösung gut aus. Das Filtrat wird in der Hitze stark mit Ammoniak übersättigt, das Scandiumhydroxyd abfiltriert, jodatfrei gewaschen, das Filter getrocknet und zu Scandiumoxyd verglüht.

Bemerkungen. In einer neueren Mitteilung haben R. J. MEYER und A. WASSJUCHNOW das Scandium aus dem Filtrat auf einem umständlicheren Wege abgeschieden, da nach dem älteren Verfahren Jod und Alkali im auszuwägenden Oxyd nachzuweisen waren. Bei der Fällung des Filtrates mit Ammoniak enthält der Niederschlag neben Hydroxyd auch etwas Scandiumjodat. Man löst daher die gut gewaschenen Hydroxyde in Salzsäure, setzt zur Reduktion des Jodates etwas schweflige Säure hinzu und fällt nochmals mit Ammoniak. Das anfallende Hydroxyd wird gut gewaschen, in verdünnter Salpetersäure gelöst und hierauf das Scandium als Oxalat gefällt. Nach den Angaben des Autors ist diese Methode für größere Mengen unbequem und nur zur Bestimmung des Thoriums in einem Scandium-Thorium-Gemisch gut geeignet.

4. Durch Ammoniumfluorid. Das Scandiumfluorid ist nach S. 736 in verdünnten Mineralsäuren schwer löslich, hingegen leicht in Alkalifluoriden unter Bildung von $(Alk)_3[ScF_6]$; 100 cm³ einer 3,5%igen Ammoniumfluoridlösung lösen bei normaler Temperatur 2,5 g der oben angeführten Ammoniumkomplexverbindung. Das Doppelsalz ist sehr beständig; so fällt Ammoniak kein Hydroxyd und verdünnte Säuren zersetzen es in der Kälte nur langsam. Zur Abscheidung des Scandiums wird mit konzentrierter Schwefelsäure abgeraucht. Thorium bleibt unter gleichen Bedingungen unlöslich (R. J. MEYER und A. WASSJUCHNOW).

Durchführung. Die neutrale Chloridlösung wird in eine Ammoniumfluoridlösung, die sich in einer Platinschale befindet, eingegossen. Auf je 1 g der Oxyde werden 8 g Ammoniumfluorid angewandt. Man engt auf dem Wasserbad ein und läßt erkalten. Das Thoriumfluorid setzt sich schleimig ab, während das Scandium-Ammoniumfluorid nur bei zu starkem Einengen auskrystallisiert; es ist dann durch Verdünnen mit Wasser und gelindes Erwärmen wieder in Lösung zu bringen. Man filtriert durch einen Platin- oder Guttaperchatrichter und wäscht mit verdünntem Ammoniumfluorid. Das Filtrat wird eingedampft und mit Schwefelsäure zersetzt, wobei sich das schwerlösliche Ammonium-Scandiumsulfat bildet, das zum Stoßen und Spritzen neigt. Das zurückbleibende Sulfat wird in heißem Wasser unter Zusatz von Salzsäure gelöst, das Scandium als Hydroxyd durch Ammoniak gefällt und in das Oxalat verwandelt.

Bemerkungen. Diese Methode gibt sehr befriedigende Resultate und wurde von N. H. SMITH zur Reinigung der zur Atomgewichtsbestimmung dienenden Scandiumproben herangezogen.

Literatur.

MEYER, R. J.: Z. anorg. Ch. **71**, 67 (1911). — MEYER, R. J. u. B. SCHWEIG: Z. anorg. Ch. **108**, 310 (1919). — MEYER, R. J. u. A. WASSJUCHNOW: Z. anorg. Ch. **86**, 266 (1914). — MEYER, R. J. u. H. WINTER: Z. anorg. Ch. **67**, 409 (1910).

SMITH, N. H.: Am. Soc. **49**, 1642 (1927).

URBAIN, P. u. G.: C. r. **174**, 1310 (1922).

Yttrium.

Y, Atomgewicht 88,92, Ordnungszahl 39.

Das Yttrium ist das häufigste Element der seltenen Erden und findet sich in etwa dreimal so großen Mengen wie das nächst häufigere Cer vor. Obwohl es im periodischen System außerhalb der Reihe der Elemente der seltenen Erden steht, ist es doch als ein typischer Vertreter dieser Gruppe anzusehen, denn es schließt sich in seinem chemischen Verhalten eng den Elementen der Yttererden an, vor allem dem Erbium, Dysprosium und Holmium, von denen es sehr schwer zu trennen ist. Die hydrolytische Spaltung der Verbindungen ist gering und liegt innerhalb der Werte der stärker basischen Ceriterden. Aus einer 0,0133 mol Yttriumchloridlösung beginnt auf Zusatz von Natronlauge bei der Wasserstoff-Ionen-Konzentration $p_H = 6{,}78$ die Fällung, die anfangs zu Oxychloriden führt. Die Ionen des Yttriums sind farblos und es treten weder im ultravioletten noch im sichtbaren Gebiet Absorptionsbanden auf.

Yttriumoxyd.

Als einzige Wägungsform ist das Oxyd bekannt.

Eigenschaften. Es ist von weißer Farbe, krystallisiert regulär und hat im amorphen Zustand die Dichte 4,842, im hochgeglühten Zustand 5,02 (berechnet 5,0); Schmelzpunkt nahe bei 2415°; Siedepunkt bei 4300°.

Säuren lösen das amorphe Oxyd leicht auf; krystallisierte Präparate werden erst nach längerer Erwärmung (am besten mit konzentrierter Schwefelsäure) in Lösung gebracht.

Reinheitsprüfung. Das Oxyd muß rein weiß sein, und es dürfen in der konzentrierten Nitrat- oder Chloridauflösung keine Absorptionslinien auftreten. Die endgültige Entscheidung liefert jedoch das Bogenspektrum.

I. Bestimmungsformen.

§ 1. Fällung als Hydroxyd (s. S. 668).

Eigenschaften. Yttriumhydroxyd bildet frisch gefällt eine weiße, leicht zu waschende Gallerte, die aus der Luft Kohlensäure anzieht, in verdünnten Säuren leicht löslich ist und aus Ammoniumsalzlösungen Ammoniak in Freiheit setzt.

Löslichkeiten. Yttriumhydroxyd besitzt nach W. Busch ein Löslichkeitsprodukt von $8{,}00 \cdot 10^{-6}$ bei 29°. In Gegenwart von Ammonsalzen ist die Löslichkeit größer, denn in 100 g einer 4 n oder 5 n Ammoniumnitratlösung sind bei 100° 0,06 g Y_2O_3 enthalten. Bei 1,2 und 3 n Lösungen, sowie bei niedrigeren Temperaturen sind die Werte nur wenig geringer (W. Prandtl). Unlöslich in Alkalihydroxyden.

Durchführung siehe S. 668.

Literatur.

Busch, W.: Z. anorg. Ch. **161**, 161 (1927).
Prandtl, W.: Z. anorg. Ch. **143**, 278 (1925).

§ 2. Fällung als Oxalat.

Eigenschaften. Yttriumoxalat ist ein weißes krystallinisches Pulver, das 9 Mole Krystallwasser enthält. In großer Reinheit verglüht, zerstäubt es sehr heftig; mit anderen Erden verunreinigt zeigt es diese Erscheinung nicht.

Löslichkeiten. Nach Rimbach und Schubert enthält ein Liter Wasser bei 25° 1,0606 mg $Y_2(C_2O_4)_3$ gelöst. In verdünnten Säuren ist das Yttriumoxalat leichter löslich als das Cerooxalat. Schwefelsäure löst wie folgende Zahlen (in 100 g Lösung) zeigen: 0,1 n H_2SO_4 0,02623 g $Y_2(C_2O_4)_3$; 0,5 n H_2SO_4 0,1003 g; n H_2SO_4 0,2002 g. Oxalsäure setzt die Löslichkeit stark herunter. Nach B. Brauner sind in 100 g einer 2,63%igen Ammoniumoxalatlösung 0,00674 g Y_2O_3 enthalten. In Kaliumoxalat ist das Yttriumoxalat sehr leicht löslich und bildet Doppelsalze, die mit 12 Molen Wasser krystallisieren.

1. Gravimetrische Bestimmung.

Durchführung siehe S. 670.

Bemerkungen. Nach G. P. Baxter und H. Daudt wird das Yttriumoxalat sowohl durch Oxalsäure als auch durch Alkalioxalate, demnach in saurer und neutraler Lösung, in großer Reinheit abgeschieden.

2. Maßanalytische Bestimmung siehe S. 672.

3. Potentiometrische Bestimmung.

α) Nach C. MAYR und G. BURGER. Siehe S. 673.

β) Nach G. JANTSCH und H. GAWALOWSKI.

Bemerkungen. Infolge der nahe beieinander liegenden Löslichkeiten des Ytteroxalates und Mercurooxalates fallen die Werte für das Yttrium stets zu tief aus. Es empfiehlt sich, eine andere Methode anzuwenden.

Literatur.

BAXTER, G. P. u. H. DAUDT: Am. Soc. **30**, 571 (1908). — BRAUNER, B.: Soc. **73**, 951 (1898). RIMBACH, E. u. A. SCHUBERT: Ph. Ch. **67**, 195 (1909).

§ 3. Fällung als Sebacat siehe S. 674.

§ 4. Fällung als Fluorid siehe S. 674.

II. Spektralanalytische Methoden.

Emissionsspektralanalyse.

a) Bogenspektren. V. M. GOLDSCHMIDT und CL. PETERS (s. S. 679 und 738) geben für Yttrium folgende Empfindlichkeitstabelle an (Abkürzungen s. S. 738).

Å	1%	0,1%	0,01%	0,001%	⟨ 0,001% Y_2O_3
3242,28	st	m	ss	—	—
3600,73	st st	st	m	s	ss
3601,92	st	m	s	ss	—
3633,13	st	st	s	s	ss
3710,30	st st	st	m	s	ss

Bemerkungen. Die Resultate sind innerhalb der Schätzungsreihen von Zehnerpotenzen als übereinstimmend anzusehen.

Literatur.

GOLDSCHMIDT, V. M. u. CL. PETERS: Nachr. Götting. Ges. **1931**, 257.

b) Funkenspektren. Restlinien nach abnehmendem Yttriumgehalt im Funken 3774,33, 3710,29, 3600,7 Å, ferner 4643,69, 4674,84 und bei stärkerer Ionisation 3710,30, 3774,33 und 3788,69 Å. W. GERLACH und E. RIEDL führen noch folgende Analysenlinien an 4177,5, 4375,0 Å.

Literatur.

GERLACH, WA. u. E. RIEDL: Chemische Emissionsspektralanalyse, Teil 3, S. 139. — GRAMONT, A. DE: C. r. **171**, 1106 (1920).
MEGGERS, W. F.: International Critical Tables of Numerical Data, Physics, Chemistry and Technology. Hauptherausgeber E. W. WASHBURN, **5**, 324. New York 1929.

III. Trennung des Yttriums von den anderen Elementen der seltenen Erden.

Das zur Reindarstellung des Yttriums notwendige Ausgangsprodukt wird aus Erdengemischen erhalten, die nach wiederholten Abtrennungen von den Ceriterden und Ytterbinerden gereinigt wurden. Die Elemente der Ceriterden scheidet man nach S. 728 als Kaliumdoppelsulfate ab. Die so konzentrierten Elemente der Yttererden werden stufenweise gefällt, entweder als Hydroxyde oder als ferricyansaure Salze. Die Entfernung der letzten Verunreinigungen, Erbium, Dysprosium und Holmium ist sehr schwierig und zeitraubend. Hierbei bedient man sich mit Vorteil der fraktionierten Krystallisation der Bromate.

a) Nach W. PRANDTL. Von den Yttererden ist das Yttrium die stärkste Base und reiht sich, seiner hydrolytischen Spaltung entsprechend, bei den Ceriterden, etwa dem Neodym, ein. Es ist verständlich, daß man diesen Unterschied innerhalb der so ähnlichen Yttererden auf verschiedene Art auszunützen versuchte. Nach den guten Erfahrungen, die bei der stufenweisen Fällung durch Ammoniak in Gegenwart von Cadmiumnitrat und Ammoniumnitrat bei Praseodym-Lanthangemischen gesammelt wurden, suchte W. PRANDTL nach den günstigsten Fällungsbedingungen für die Elemente der Yttererden. Hierbei ergab sich, daß Zinknitrat günstiger wirkte als das Cadmiumnitrat und daß die Ammoniumnitratlösung durch Erhöhung der Löslichkeit der Ytterhydroxyde eine langsame Fällung, daher eine vorteilhafte Fraktionierung gestattete.

Durchführung. Die konzentrierte Yttererdennitratlösung wird mit äquivalenten Mengen Zinknitrat und soviel Ammoniumnitrat versetzt, daß eine etwa 3 n Ammoniumnitratlösung entsteht. Man erhitzt bis fast zum Sieden und tropft unter mechanischem Rühren langsam verdünntes Ammoniak zu. Nach vollzogener Fällung beläßt man während 1 Std. den Niederschlag in der Mutterlauge und filtriert heiß. Die erste Fällung enthält neben Thorium, Zirkon und Scandium die Ytterbinerden. In der zweiten Fällung sind die Erbinerden vorherrschend. Hierauf werden drei weitere Fraktionen gebildet, von denen die letzte als stärkste basische Fällung die geringen Mengen von anwesenden Ceriterden enthält. Diese trennt man über die Kaliumdoppelsulfate ab und fraktioniert das unreine Yttrium über die Bromate.

Bemerkungen. Diese Methode wurde von W. PRANDTL wieder verlassen, als er die Kaliumferricyanidfällung näher untersuchte. In einer späteren Arbeit berichtet er über die auf S. 729 beschriebene Methode. Als Ausgangslösung diente das nach der Kaliumsulfatfällung erhaltene Filtrat, das solange fraktioniert gefällt wurde, bis die gefärbten Erden im Spektroskop nicht mehr nachzuweisen waren.

b) Nach H. C. FOGG und L. HESS. Harnstoff hatte sich als ein gutes Fällungsmittel zur Trennung der schwächer basischen Sesquioxyde von den stärker basischen Monoxyden erwiesen. Eine Übertragung dieser Erfahrungen auf die Yttererden führte zu einer Methode, die einen größeren Trennungsgrad als alle anderen Verfahren erreicht.

Durchführung. Die neutralen Lösungen der Yttererdennitrate werden soweit verdünnt, daß 5- bis 6%ige Lösungen entstehen. Der Zusatz an Harnstoff wird so berechnet, daß etwa 11 bis 12 Fraktionen entstehen. Der Lösung setzt man Ammoniumsulfat zu, dessen Gewicht ein bis zwei Zehntel der berechneten Harnstoffmenge beträgt. Unter dauerndem Rühren wird auf 90 bis 95° während 6 bis 7 Std. erwärmt. Hierauf wird filtriert und das klare Filtrat mit einer weiteren Harnstoffmenge versetzt.

Bemerkungen. Nach 9 bis 10 Fällungen ist das mittlere Atomgewicht des Filtrates unter 100 gesunken. Nach den Angaben der Autoren gelangt man nach dieser Methode sehr rasch zu hochwertigen Ytteroxyden.

Literatur.

FOGG, H. C. u. L. HESS: Am. Soc. **58**, 1751 (1936).
PRANDTL, W.: Z. anorg. Ch. **143**, 277 (1925) und **238**, 321 (1938).

Lanthan.

La, Atomgewicht 138,92, Ordnungszahl 57.

Die Ionen des Lanthans sind farblos und besitzen im Absorptionsspektrum keine Banden. Die wäßrigen Lösungen zeigen keine hydrolytische Spaltung, da das Lanthan das elektropositivste Element unter allen seltenen Erden ist.

Dementsprechend liegt die Wasserstoff-Ionen-Konzentration der beginnenden Fällung durch Natriumhydroxyd von allen Elementen der seltenen Erden am höchsten. J. A. C. BOWLES und H. M. PARTRIDGE finden bei 0,01 mol Lösungen für $LaCl_3$ $p_H = 8{,}03$ und für $La_2(SO_4)_3$ $p_H = 7{,}61$.

Lanthanoxyd.

Aus allen Verbindungen mit flüchtigen Säuren entsteht beim Glühen das Oxyd La_2O_3. Aus Sulfaten ist nach W. BILTZ das Oxyd schwer rein darzustellen, da zwischen 950 und 1050° das basische Salz $La_2O_3 \cdot SO_3$ beständig ist.

Eigenschaften. Das Oxyd ist von weißer Farbe und hat nach starkem Glühen die Dichte 6,53 (berechnet 6,57). Es schmilzt bei 1840° (O. RUFF und J. SUDA) und siedet bei etwa 4200°. In verdünnten Säuren ist es selbst im hochgeglühten Zustand sehr leicht löslich, da es die Eigenschaften einer starken Base besitzt. So führt die Feuchtigkeit der Luft (oberhalb 60%) allmählich in Hydroxyd über und Kohlensäure wird aufgenommen. Aus Ammoniumverbindungen, z. B. aus Lösungen des Chlorides, wird schon in der Kälte Ammoniak freigemacht, wobei Lanthan als Chlorid in Lösung geht.

Wird das Oxyd als Wägungsform verwendet, muß es bei 900° geglüht werden, da Kohlensäure hartnäckig zurückgehalten wird. Nach I. M. KOLTHOFF und R. ELMQUIST sind die Werte der Auswagen von aus Oxalaten durch Glühen bei 700° gewonnenen Oxyden um etwa 6% zu hoch. Durch die hohe Glühtemperatur wird auch das Oxyd dichter, wodurch die hygroskopischen Eigenschaften stark vermindert werden. Trotzdem wird die Verwendung eines Wägegläschens empfohlen.

Reinheitsprüfung. Neben dem Fehlen eines Absorptionsspektrums in konzentrierter Lösung ist die rein weiße Farbe des Oxydes ausschlaggebend.

Literatur.

BILTZ, W.: Z. anorg. Ch. **71**, 427 (1911). — BOWLES, J. A. C. u. H. M. PARTRIDGE: Ind. eng. Chem., Anal. Edit. **9**, 124 (1937).

KOLTHOFF, I. M. u. R. ELMQUIST: Am. Soc. **53**, 1217 (1931); **53**, 1225 (1931); **53**, 1232 (1931).

RUFF, O. u. J. SUDA: Z. anorg. Ch. **82**, 398 (1913).

I. Bestimmungsverfahren.

§ 1. Fällung als Hydroxyd (s. S. 668).

Eigenschaften. Das weiße Hydroxyd zieht aus der Luft begierig Kohlensäure an und ist in verdünnten Säuren sehr leicht löslich.

Löslichkeit. Bei 20° sind in einem Liter Wasser 0,0076 g $La(OH)_3$ gelöst (B. MÜLLER, I. M. KOLTHOFF und R. ELMQUIST), in ammoniumchloridhaltigen Lösungen wurden folgende Zahlen festgestellt: 100 cm^3 einer 1,07%igen Lösung enthalten 0,0213 g und einer 0,27%igen Lösung 0,0090 g Lanthanhydroxyd.

Durchführung siehe S. 668.

Bemerkungen. Die Neigung zur Bildung von basischen Verbindungen ist bei Lanthan stark ausgeprägt. Sehr störend wirkt sich diese Eigenschaft bei der Fällung in schwefelsaurer Lösung aus, da beim Glühen am Gebläse das basische Sulfat nicht zerlegt wird (W. BILTZ). Es ist daher eine doppelte Ammoniakfällung durchzuführen oder das Lanthan als Oxalat abzuscheiden.

Literatur.

BILTZ, W.: Z. anorg. Ch. **71**, 427 (1911).

KOLTHOFF, I. M. u. R. ELMQUIST: Am. Soc. **53**, 1217 (1931).

MÜLLER, B.: G. **6/II**, 17. Heidelberg 1932.

§ 2. Fällung als Oxalat.

Eigenschaften. Weißes Pulver, das meist als 11-Hydrat erhalten wird.

Löslichkeiten. Bei 25° enthält ein Liter Wasser 0,00214 g (0,00208 nach I. M. KOLTHOFF und R. ELMQUIST); bei der Siedetemperatur 0,075 g $La_2(C_2O_4)_3$.

Lanthanoxalat besitzt in verdünnten Säuren die größte Löslichkeit von allen Oxalaten der Elemente der seltenen Erden. Es lösen 100 g bei 25°:

n/10 Schwefelsäure 0,0208 g La_2O_3; n/2 Schwefelsäure 0,0979 g.
n/10 Salzsäure 0,0208 g $La_2(C_2O_4)_3$; n/4 Salzsäure 0,0567 m; n/2 Salzsäure 0,1384.
n/4 Salpetersäure 0,0354 g $La_2(C_2O_4)_3$; 2 n Salpetersäure 0,9256 g.
n Oxalsäure 0,00032 g La_2O_3; 3,2 n Oxalsäure 0,00045 g.

Löslichkeit bei Gegenwart von Oxalsäure in 100 g Lösung bei 25° (SARVER und BRINTON):

Normalität der HCl	0,978	0,978	1,484
Normalität der $H_2C_2O_4$ . .	0,1	0,5	gesättigt
g $La_2(C_2O_4)_3$	0,0532	0,0062	0,0058

Ammoniumoxalat: In 100 cm³ einer 2,63%igen Ammoniumoxalatlösung sind bei 20° 0,00061 g La_2O_3 enthalten (B. BRAUNER).

1. Gravimetrische Bestimmung.

Durchführung siehe S. 670.

Bemerkungen. BILTZ führt die Fällung mit Oxalsäure in einer mit einigen Tropfen verdünnter Natriumcarbonatlösung ganz schwach alkalisch gemachten Lösung in der Siedehitze durch. Der möglichst kleine Oxalsäureüberschuß wird mit Ammoniak neutralisiert. Nach mehrstündigem Stehen wird filtriert. H. J. BACKER und K. H. KLAASSENS haben bei Fällungen des Lanthans mit Oxalsäure unter den üblichen Bedingungen gute Resultate erhalten.

a) Wägung als Oxyd (s. S. 670).

b) Wägung als basisches Lanthancarbonat. Beim Erhitzen der Lanthanoxalatniederschläge an der Luft lassen sich die Teilvorgänge bis zur Oxydbildung gut verfolgen. Zuerst wird das Krystallwasser entfernt, bei 300° wird die gebundene Oxalsäure in Kohlenmonoxyd und -dioxyd zerlegt, wobei das Präparat eine graue Färbung durch fein verteilten Kohlenstoff annimmt. Bei 400° wird die weiße Farbe wieder hergestellt und es bildet sich quantitativ ein basisches Carbonat von der Zusammensetzung $La_2O_3 \cdot CO_2$, das bis 500° beständig und als Wägungsform gut geeignet ist (H. J. BACKER und K. H. KLAASSENS).

Durchführung. Die neutrale Lanthanlösung wird mit Oxalsäure, wie üblich gefällt, nach mehrstündigem Stehen durch einen Porzellanfiltertiegel filtriert und mit Wasser gewaschen. Auf ein Glühschälchen gesetzt, wird das im Tiegel befindliche Oxalat bei kleiner Flamme getrocknet und dann mit einem TECLU-Brenner auf 400° erhitzt, bis der Niederschlag völlig weiß geworden ist. Man wägt als La_2CO_5 aus.

Bemerkungen. Die von den Autoren mitgeteilten Resultate zeigen mit den Oxydauswagen eine gute Übereinstimmung und einen mittleren Fehler von ±0,3%.

2. Maßanalytische Bestimmung siehe S. 672.

Bemerkungen. Nach I. M. KOLTHOFF und R. ELMQUIST sind die von G. KRÜSS und LOOSE, sowie von W. A. DRUSHEL mitgeteilten unbefriedigenden Werte der Titration des Lanthanoxalates darauf zurückzuführen, daß die zur Fällung notwendige Oxalsäure in einem zu geringen Überschuß vorhanden war und daß das Waschen des Niederschlages zu wenig gründlich vorgenommen wurde.

Es wird zum Waschen 275 cm³ Wasser vorgeschrieben. Die direkte Titration ergibt dann Resultate, die auf 0,1% genau sind.

Bei Gegenwart von Alkalisalzen bilden sich schwerlösliche Lanthanalkalioxalate, die durch das Waschwasser nicht zerlegt werden. So entsteht bei Konzentrationen von 0,0012 n an Ammoniumoxalat, 0,02 n an Natriumoxalat bzw. 0,01 n an Kaliumoxalat das Doppelsalz $La_2(C_2O_4)_3$ $(Alk)_2C_2O_4 \cdot x$ H_2O und über 0,125 n an Kaliumoxalat das $La_2(C_2O_4)_3 \cdot 2\,K_2C_2O_4 \cdot j$ H_2O. Oxalsäure selbst bildet keine Doppelsalze. Bei Gegenwart von Alkalisalzen sind die Resultate um etwa 0,2% zu hoch.

Die direkte Titration des Lanthanoxalates eignet sich recht gut, um geringe Mengen bestimmen zu können. 4 mg Lanthanoxalat konnten mit n/100 Kaliumpermanganatlösung noch gut bestimmt werden.

3. Potentiometrische Bestimmung.

α) β) γ) siehe S. 673.

δ) **Nach J. A. Atanasiu.** Bei der potentiometrischen Auswertung der Fällung des Lanthans durch Oxalsäure-Ionen ergibt sich in wäßriger Lösung, wahrscheinlich infolge der langsamen Niederschlagsbildung, eine Verschiebung des Äquivalenzpunktes. In alkoholischer Lösung erscheint der Endpunkt sehr scharf, und bei etwa 60° ergeben sich für 0,1 cm³ m/10 Natriumoxalatlösung Potentialsprünge von 130 bis 140 m V.

Durchführung. Die neutrale Lanthannitrat- oder -chloridlösung wird zu 100 cm³ 50%iger alkoholischer Lösung verdünnt, auf 60° erwärmt und mit m/10 Natriumoxalatlösung, Platin als Indicatorelektrode, titriert.

Bemerkungen. Natrium-Ionen verschleiern ein wenig den Endpunkt, wenn ihr Gehalt 1% überschreitet. Kalium und Ammonium stören nur dann, wenn mehr als 3% zugegen sind. (Siehe das entgegengesetzte Verhalten bei der Certitration.) Sulfate dürfen wegen Bildung des schwerlöslichen Lanthandoppelsulfates nicht vorhanden sein. Die Resultate sollen theoretische Werte ergeben.

Literatur.

Atanasiu, J. A.: Fr. **112**, 19 (1938).

Backer, H. J. u. K. H. Klaassens: Fr. **81**, 104 (1930). — Biltz, W.: Z. anorg. Ch. **71**, 429 (1911). — Brauner, B.: Soc. **73**, 951 (1898).

Drushel, W. A.: Am. J. Sci. [4] **24**, 197 (1907).

Kolthoff, I. M. u. R. Elmquist: Am. Soc. **53**, 1217—1236 (1931). — Krüss, G. u. A. Loose: Z. anorg. Ch. **4**, 161 (1893).

Sarver, L. A. u. P. H. M.-P. Brinton: Am Soc. **49**, 944 (1927).

§ 3. Fällung als Oxychinolat.

Lanthansalze werden in ammoniumacetathaltiger, schwach ammoniakalischer Lösung durch o-Oxychinolin quantitativ gefällt. Diese Reaktion ist sehr empfindlich, denn es können in 5 cm³ noch 0,0001 g Lanthan eine deutliche Fällung geben (Th. I. Pirtea).

Durchführung. 10 bis 20 cm³ der Lanthannitratlösung werden mit 30 bis 40 cm³ destilliertem H_2O verdünnt, zum Sieden erhitzt, 5 cm³ 2 n Essigsäure und im Überschuß eine 3%ige alkoholische Lösung von o-Oxychinolin zugefügt und tropfenweise unter Rühren mit 10%iger Ammoniaklösung gefällt. Hierauf erwärmt man noch 2 bis 3 Min. und läßt etwa 1 Std. stehen. Zweckmäßig filtriert man durch einen Glassintertiegel und wäscht mit heißem Wasser gut aus. Die Weiterverarbeitung dieses Niederschlages kann sowohl gravimetrisch als auch maßanalytisch erfolgen.

1. Gravimetrische Bestimmung.

Man trocknet bei 130° im Trockenschrank bis zur Gewichtskonstanz. Hierbei wird der Niederschlag gelbgrün.

Berechnung. Faktor 0,2433 für Lanthan.

2. Maßanalytische Bestimmung.

Aus dem Glassintertiegel löst man den Niederschlag durch 20 bis 30 cm³ 2 normale Salzsäure, wäscht 2 bis 3mal mit der gleichen Säure nach und bringt die Lösung in einen Titrierkolben. Nun fügt man 0,5 bis 1 g Kaliumbromid, einige Tropfen 1%ige Indigocarminlösung als Indicator hinzu und läßt tropfenweise eine n/10 Kaliumbromatlösung zutropfen, bis der Indicator entfärbt ist. Der Überschuß an Bromat wird jodometrisch zurückgemessen.

Berechnung. 1 cm³ n/10 $KBrO_3$ = 0,001167 g La.

Bemerkungen. Der Fehler beträgt ungefähr 1%.

Da alle Elemente der seltenen Erden unter wenig geänderten Bedingungen mit o-Oxychinolin reagieren, ist die Bestimmung für Lanthan nicht spezifisch. Trennungen von anderen Elementen sind nicht angegeben.

Literatur.

PIRTEA, TH. I.: Fr. **107**, 191 (1936).

II. Maßanalytische Methode.

Fällung als Kalium-Lanthanferrocyanid.

Nach J. A. Atanasiu. Die Fällung von Lanthansalzen mit Kaliumferrocyanid ergibt, wie W. D. Treadwell und D. Chervet zeigten, ein Gemisch von $La_4[Fe(CN)_6]_3$ und $LaKFe(CN)_6$, wenn hinreichend konzentrierte Lösungen zur Umsetzung gelangen. J. A. Atanasiu konnte in 30% alkoholischer Lösung ein einheitliches Reaktionsprodukt, das Kalium-Lanthanferrocyanid, erhalten. Während in wäßriger Lösung bei potentiometrischer Verfolgung der Fällung kein deutlicher Wendepunkt aufzufinden ist, wird in alkoholischer Lösung der Potentialsprung deutlich sichtbar.

Durchführung. Die neutrale Lösung, die 30% Alkohol enthält, wird auf 60 bis 70° erwärmt und mit 0,1 n Kaliumferrocyanidlösung potentiometrisch titriert. Ein Platindraht dient als Indicatorelektrode, eine Kalomelhalbzelle als Bezugselektrode. Die Kaliumferrocyanidmaßlösung wird mit einigen Tropfen einer n/10 Kaliumferricyanidlösung stabilisiert.

Bemerkungen. Die Resultate zeigen gute Übereinstimmung; es konnen Sulfate, Chloride und Nitrate vorliegen.

Literatur.

ATANASIU, J. A.: J. Chim. phys. **23**, 501 (1926); Fr. **108**, 329 (1937).

III. Colorimetrische Methode.

Nach I. M. Kolthoff und R. Elmquist. Neutrale Lanthansalzlösungen geben mit alizarinsaurem Natrium eine klare violette Färbung; aus dieser Lösung beginnt nach etwa 10 Std. ein Niederschlag auszuflocken. Die Farbe ist abhängig von der Wasserstoff-Ionen-Konzentration.

Durchführung. Zu 10 cm³ der fast neutralen Lanthanlösung werden 1 cm³ eines Acetatpuffers, bestehend aus 2 n Ammoniumacetatlösung und 2 n Essigsäure und 0,4 cm³ einer 0,1%igen Lösung von alizarinsaurem Natrium hinzugefügt. Man vergleicht mit einer frisch bereiteten Standardlösung.

Bemerkungen. Diese Methode eignet sich zur Bestimmung von 0,1 bis 2 mg Lanthan im Liter. Als Vergleichslösung wird eine Sulfatlösung empfohlen. Die Resultate sind gut und die größten Abweichungen betragen — 0,13 mg bei 2,08 mg.

Literatur.

KOLTHOFF, I. M. u. R. ELMQUIST: Am. Soc. 53, 1217—1236 (1931).

IV. Spektralanalytische Verfahren.

Emissionsspektralanalyse.

a) Bogenspektren. 1. Nach P. W. SELWOOD. Die ersten Versuche, Lanthan quantitativ in einen Erdengemisch zu bestimmen, sind von P. W. SELWOOD unternommen worden. Besonderes Interesse erweckte die Bestimmung von Lanthan in hochgereinigtem Yttrium, da bei der basischen Trennung beide Elemente in der Lösung verbleiben. Standardaufnahmen mit einem Lanthangehalt von 10 bis 0,001% wurden zum visuellen Vergleich mit der ursprünglichen Probe herangezogen. Da die konzentrierten Lösungen auf der Anode zur Verdampfung gelangten, war die Empfindlichkeit gering und betrug nur 0,1% Lanthan. Die Linien des Lanthans waren von denen des Yttriums gut zu unterscheiden. Als letzte Linien erwiesen sich: 4333,8, 4086,7, 3995,8, 3988,5 und 3949,1 Å.

2. Nach H. BAUER (s. S. 679). Die im Durchmesser 5 mm betragende Kathode wird auf den Durchmesser von 2,5 mm abgedreht und mit einer Bohrung von 0,7 mm Durchmesser und 4 mm Tiefe versehen. Als Hilfssubstanz wird Zirkonoxyd in einer Menge von 5% der Probe zugesetzt, wodurch Lanthan in überschüssigem Calciumoxyd und Aluminiumoxyd mit Hilfe der homologen Linienpaare bestimmt werden kann. In den ersten drei Aufnahmen treten die Linien der seltenen Erde gegenüber denen des Hauptbestandteiles zurück. Die vierte und fünfte Aufnahme zeigen das Maximum an Intensität. Die Standardaufnahmen sind unter gleichen Bedingungen und bei gleicher Zusammensetzung der zu untersuchenden Probe durchgeführt.

Auswertung. Die homologen Linienpaare des Zirkons und Lanthans wurden mit einem Photometer ausgemessen und die Intensitätsverhältnisse errechnet.

Tabelle der Intensitäten für das System Lanthanoxyd-Calciumoxyd.

	1%	0,5%	0,25%	0,1%	0,05%	0,025%	0,01%	0,005% La_2O_3
$\frac{\text{La } 3995{,}74}{\text{Zr } 3998{,}97}$	11,6	4,3	2,0	0,72	0,29	0,12	0,04	0,015
$\frac{\text{La } 3995{,}74}{\text{Zr } 3991{,}13}$	9,6	3,6	1,6	0,58	0,25	0,11	0,037	0,012
$\frac{\text{La } 3929{,}22}{\text{Zr } 3929{,}53}$	5 3	2,7	1,6	0,81	0,40	0,19	—	—
$\frac{\text{La } 3921{,}54}{\text{Zr } 3921{,}79}$	4,5	2,5	1,6	0,88	0,41	0,16	—	—

Bemerkungen. Für den subjektiven Vergleich eignen sich vorteilhaft die an dritter und vierter Stelle stehenden Linienpaare, die gut übersehen und geschätzt werden können. Der Fehler beträgt bei 0,1% Lanthanoxyd ± 11%; der mittlere Fehler ± 5%, doch sind größere Abweichungen bis zu 30% vorhanden. Die Empfindlichkeit beträgt 0,0025% Lanthanoxyd in Calciumoxyd.

Tabelle der Intensitäten für das System Lanthan-Aluminiumoxyd.

	1%	0,1%	0,01%	0,005%	0,002% La_2O_3
La 3995,74 / Zr 3998,97	30	2,1	0,20	0,078	0,016
La 3995,74 / Zr 3991,13	28	1,8	0,16	0,068	0,014
La 3929,22 / Zr 3929,53	15	1,8	0,24	0,11	—
La 3921,54 / Zr 3921,79	12	2,1	0,21	0,10	—

Bemerkungen. Im Aluminiumoxyd läßt sich noch 0,001% Lanthanoxyd eindeutig nachweisen.

Dieses Oxydgemisch hat die unangenehme Eigenschaft, im Bogen zu verspritzen. Zur Herabminderung dieser lästigen Erscheinung erhitzt man die Kathode bei sich berührenden Elektroden durch einen Strom von 15 Amp. zur Weißglut und entfernt dadurch die Feuchtigkeit. Trotzdem ist ein ruhiger Bogen nicht gewährleistet. Um falsche Resultate auszuschließen ist es angezeigt, den Bogen während der Aufnahme zu beobachten.

Ist Eisenoxyd in der Probe enthalten, so sind die Aufnahmen zur quantitativen Auswertung unbrauchbar, da der Bogen sehr unruhig und ungleichmäßig brennt.

Literatur.

BAUER, H.: Z. anorg. Ch. **221**, 209 (1935).
SELWOOD, P. W.: Ind. eng. Chem. Anal. Edit. **2**, 95 (1930).

b) Funkenspektren. Bei abnehmendem Lanthangehalt verbleiben im kondensierten Funken die Linien 3949,10 Å (A. DE GRAMONT). W. GERLACH und E. RIEDL führen noch folgende Linien an: 4333,8, 4123,2, 4086,7, 4429,9, 3794,5 und 3337,5 Å.

Literatur.

GRAMONT, A. DE: C. r. **171**, 1106 (1920). — GERLACH, WA. u. E. RIEDL: Chemische Emissionsspektralanalyse, Teil 3, S. 147. Leipzig 1936.

V. Trennung des Lanthans von den anderen Elementen der seltenen Erden.

1. Von den Elementen der Ceriterden.

Da das Lanthan das am stärksten basische Element aller seltenen Erden ist, können die begleitenden Erden durch stufenweise Fällung (z. B. als Hydroxyde) oder Zersetzung (Nitrate) verhältnismäßig leicht entfernt werden. Schon frühzeitig war dieser Unterschied gegenüber den anderen Erden bekannt und bereits um die Mitte des vergangenen Jahrhunderts gelang es hoch gereinigte Lanthanoxyde darzustellen (s. hierzu S. 799). Durch die technische Aufarbeitung der Ceriterden, die man in großen Mengen aus dem Monazitsand gewinnt, kommen derzeit hochprozentige Lanthansalze in den Handel, die nur einer leichtauszuführenden Nachbehandlung bedürfen, um den Ansprüchen der Reinheitsprüfung zu genügen.

Die Abtrennung des Lanthans aus dem Gemisch der Ceriterden beruht auf der Schwerlöslichkeit der Magnesium- oder Ammoniumdoppelnitrate. Die entsprechenden Doppelsalze aller anderen Erden weisen in der Reihenfolge der abnehmenden Basizität eine zunehmende Löslichkeit auf, so daß sich das Lanthandoppelsalz als schwerstlöslicher Anteil in der Kopffraktion ansammelt. Dieses Verfahren, von C. AUER VON WELSBACH aufgefunden, hat bis heute seine beherrschende Stellung in der Industrie der seltenen Erden behauptet. Ursprünglich hatte man das Cer im Erdengemisch in der dreiwertigen Stufe belassen und so ein Einschieben dieses Elementes in die Fraktionen zwischen Lanthan und Praseodym erreicht. Derzeit scheidet man das Cer vorher ab und erreicht so eine Verminderung des Gewichtes der Ausgangsprodukte um ungefähr 40%.

Aus dem Vorhergehenden ergibt sich, daß man in den schwerlöslichen Kopffraktionen mit der Anwesenheit von Cer und Praseodym zu rechnen hat. Cer läßt sich (nach S. 758) einfach entfernen. Für die Abtrennung des Praseodyms liegen zwei Methoden vor, die den geringen Unterschied in der Basizität zur Reindarstellung heranziehen.

a) Nach W. PRANDTL und K. HÜTTNER. Wenn Erdsalzgemische von Lanthan und Praseodym unvollständig als Hydroxyde durch Ammoniak gefällt werden, so reichert sich das Praseodym im Niederschlag um so mehr an, je langsamer die Fällung vor sich geht und je verdünnter das zugesetzte Fällungsmittel ist. W. PRANDTL hatte beobachtet, daß Ammoniumsalze und Ammoniakate des Zinks und Cadmiums die Fällung der Hydroxyde so stark verzögern, daß eine rationelle stufenweise Fällung erzielt wird, die rascher als eine erschöpfende Krystallisation der Doppelnitrate zum Ziele führt.

Durchführung. Die zu verarbeitenden Oxyde werden in Salpetersäure zu einer konzentrierten Lösung aufgelöst, hierauf mit der äquivalenten Menge Cadmiumnitrat und soviel Ammoniumnitrat versetzt, daß eine 2 normale Ammoniumnitratlösung entsteht. Unter Rühren wird fast bis zum Sieden erhitzt. Man fällt mit verdünntem Ammoniak derart, daß vier Fällungen vorgenommen werden. Jedesmal läßt man den Niederschlag $^1/_2$ bis 1 Std. unter Rühren mit der Mutterlauge in Berührung, wodurch neben einer besseren Fraktionierung auch ein gut filtrierbarer Niederschlag erreicht wird. Dieser wird heiß filtriert und wenig ausgewaschen. Man fällt die Filtrate, bis eine Prüfung des Absorptionsspektrums die Abwesenheit der gefärbten Erden anzeigt. Die Niederschläge werden in Salpetersäure gelöst und nach Zusatz von Ammonium- und Cadmiumnitrat nochmals stufenweise gefällt, bis das Filtrat von Praseodym befreit ist.

Bemerkungen. Kleine Mengen von reinem Lanthanoxyd lassen sich auf diese Weise ohne Schwierigkeiten darstellen. Eine völlige Scheidung vom Praseodym ist nur nach etwa 20 Reihen fraktionierter Fällung erreichbar (s. S. 797).

b) Nach J. W. NECKERS und H. C. KREMERS. Elektrolysiert man neutrale Lösungen der Erdennitrate zwischen einer Quecksilberkathode und einer Platinanode, so werden Erdhydroxyde, wahrscheinlich als Umsetzungsprodukte des primär gebildeten, jedoch sehr zersetzlichen Amalgams gebildet. Da diese Hydroxydabscheidung sehr langsam vor sich geht, wird eine Trennung der in dem Erdengemisch vorhandenen Elemente nach der Basizität stattfinden. Das Lanthan ist das elektropositivste Element, es wird daher in der Lösung angereichert, während die Niederschläge, beginnend mit dem am schwächsten basischen Samarium, die Verunreinigungen enthalten.

Durchführung. Zur hydrolytischen Fällung gelangen etwa 8%ige Lösungen von Nitraten oder Chloriden von Elementen der seltenen Erden, die in großen Glasgefäßen (10 bis 15 Liter) elektrolysiert werden. Als Kathode dient Quecksilber; als Anode Platin, das von einer Tonzelle umgeben ist. Mit einer Stromstärke von 1,0 bis 4,0 Amp., einer Spannung von 6 bis 7 Volt und dauerndem Rühren werden die besten Resultate erreicht. Zu Beginn der Elektrolyse kann man vorteilhaft mit größeren Stromdichten arbeiten; wenn jedoch die aus den ausgeschiedenen Hydroxyden gewonnenen Oxyde hellfarbig werden, geht man auf etwa 1 Amp.

hinunter. Die Dauer der Elektrolyse wird so bemessen, daß jedesmal etwa 20 bis 40 g Oxyde anfallen. Man kann die Dauer ungefähr im voraus festlegen, da aus Chloridlösungen je Stunde und Ampère etwa 2 bis 3 g Oxyde abgeschieden werden. Die zurückbleibende Lösung enthält 99 bis 100% Lanthan.

Bemerkungen. Wie eingehende Versuche zeigen, gestattet diese Methode eine Unterteilung der Ceriterden nach der Basizität; zur Reindarstellung von Elementen der seltenen Erden kann sie nur beim Lanthan herangezogen werden. Praseodym und Neodym werden in ihrer prozentuellen Zusammensetzung nicht verändert.

2. Von Yttrium.

Bei der Scheidung des Yttriums von den Yttererden durch basische Fällung kann in der Lösung das Lanthan verbleiben. Da Natriumsulfat das Lanthan als Natrium-Lanthansulfat nicht vollständig fällt, suchten C. James und T. O. Smith nach einer besseren Trennung. Kaliumsulfat fällt Lanthan vollständig, doch wird auch etwas Yttrium in den Niederschlag mitgenommen. Eine halbwegs brauchbare Scheidung wird erzielt durch Krystallisation des Lanthans als Wismut-Magnesiumdoppelnitrat. In Salpetersäure D = 1,42 ist das Doppelsalz unlöslich, während Yttrium keine Doppelsalze bildet. Die Resultate sind für das Lanthan um etwa 1% zu niedrig, dementsprechend für Yttrium zu hoch.

Literatur.

Auer von Welsbach, C.: M. **4**, 634 (1883).
James, C. u. T. O. Smith: Chem. N. **106**, 73 (1912).
Neckers, J. W. u. H. C. Kremers: Am. Soc. **50**, 951 (1928).
Prandtl, W. u. K. Huttner: Z. anorg. Ch. **136**, 289 (1924).

Cer.

Ce, Atomgewicht 140,13, Ordnungszahl 58.

Nur in der dreiwertigen Oxydationsstufe verhält sich das Cer als ein echtes Element der Reihe der seltenen Erden und zeigt große Verwandtschaft mit dem Lanthan. Die vierwertige Form lehnt sich in ihren chemischen Eigenschaften stark an das Zirkon und Thorium an. Beide Wertigkeitsstufen lassen sich leicht und quantitativ ineinander überführen und geben eine Fülle von Reaktionen und Trennungsmethoden, durch die das Cer schon sehr frühzeitig rein hergestellt werden konnte.

Die Verbindungen des dreiwertigen Cers sind farblos und zeigen eine geringe hydrolytische Spaltung. Nach J. A. C. Bowles und H. M. Partridge beginnt beim Cer(III)-Sulfat die Fällung durch Hydroxyl-Ionen bei einer Wasserstoff-Ionen-Konzentration $p_H = 7{,}07$; das Absorptionsspektrum besitzt im Ultraviolett charakteristische Banden.

Die Ceristufe ist durch eine gelbrote Farbe und durch eine große Neigung zur Hydrolyse ausgezeichnet. Die obengenannten Autoren fanden für Cer(IV)Sulfat $p_H = 2{,}65$. Die Stabilität dieser Stufe ist in Gegenwart starker Säuren nicht sehr groß; schon eine 0,01 n Lösung zeigt nach 20 Min. langem Sieden eine geringe Sauerstoffentwicklung, wobei Cerosalze gebildet werden. Stärkere Lösungen sowie eine höhere Acidität weisen einen Zerfall bis zu 20% auf. In alkalischen Lösungen hingegen zeigen die Ceroverbindungen das Bestreben in die vierwertige Stufe überzugehen.

Reinheitsprüfung. Das Oxyd muß schwach gelb, fast farblos sein; geringe Mengen von Praseodym (0,1%) sind an einem deutlichen rötlichen Farbton erkennbar.

Eine Beimengung an Lanthan läßt sich nur röntgen- oder emissionsspektroskopisch feststellen.

Cerdioxyd.

Beim Verglühen unter Luftzutritt von Ceri- und Cerosalzen mit leicht flüchtigen Säurenresten hinterbleibt das Cerioxyd. Es ist das beständigste Oxyd des Cers und wird als Wägungsform häufig verwendet. Bei niederen Temperaturen geglüht, hält es immer Kohlendioxyd und Feuchtigkeit zurück und wird erst vor dem Gebläse gewichtskonstant. Sulfate lassen sich auf diese Weise nicht in Oxyd verwandeln, da die letzten Anteile von Schwefeltrioxyd erst bei 1500° völlig entfernt werden.

Eigenschaften. Cerdioxyd ist ein gelblich weißes Pulver, das je nach Herstellungsart und Glühtemperatur mehr oder weniger intensiv gefärbt ist. Es krystallisiert im Fluorittypus und hat die Dichte 6,405 bis 7,1318 (je nach Glühtemperatur); berechnete Dichte 7,181.

Frei von anderen seltenen Erden ist das Cerdioxyd in konzentrierten Säuren fast unlöslich. Konzentrierte Schwefelsäure führt bei 110° in Cer(IV)Sulfat über. Salzsäure und Salpetersäure greifen in der Siedehitze nur wenig an; wird jedoch ein Reduktionsmittel zugesetzt, z. B. Wasserstoffperoxyd, Fe(II)Salze oder Kaliumjodid, so wird Lösung als Cerosalz erzielt. Erdgemische, die weniger als 50% Cer enthalten, sind in konzentrierten Säuren löslich.

Literatur.

Bowles, J. A. C. u. H. M. Partridge: Ind. eng. Chem. Anal. Edit. **9**, 126 (1937).

I. Bestimmungsverfahren.

Allgemeines.

Unter den zahlreichen angeführten Methoden genügen den Ansprüchen der modernen analytischen Chemie nur zwei Verfahren, die Trennung mit Trinitratotriamminkobalt (S. 756) und mit Kaliumbromat (S. 758). Zur Anreicherung von Cer aus einem nur sehr wenig von diesem Element enthaltenden Erdengemisch wird sich die nach d und e modifizierte Mosander-Methode eignen, die die Verwendung beliebig großer Einwagen gestattet und bei der das gesamte Cer, wenn auch stark verunreinigt, abgeschieden wird. Aus diesem Niederschlag wird nach dem erstgenannten Verfahren das reine Cer gewonnen, das als Dioxyd ausgewogen wird.

§ 1. Bestimmung durch Abscheidung als Cerihydroxyd.

a) Fällung durch Ammoniak. Aus Cerisalzlösungen fällt Ammoniak gelbes Cerihydroxyd, aus Cerolösungen das weiße Cerohydroxyd. Letzteres ist sehr leicht oxydierbar und nimmt aus der Luft Sauerstoff auf, wobei eine Farbänderung von Weiß über Grau nach Gelb erfolgt. Die auf diese Art erhaltenen Niederschläge geben beim Glühen ein unansehnliches Cerdioxyd, da durch Umhüllung eine vollständige Oxydation verhindert wird und das geglühte Produkt nicht ganz der Formel entspricht. Man setzt daher bei der Fällung verdünntes Wasserstoffperoxyd zu, wobei das Cerohydroxyd in der Wärme über braune Cerperoxyde und darauffolgende Sauerstoffabgabe in das gelbe Cerihydroxyd übergeht.

Die Fällung wird nach S. 668 vorgenommen.

Bemerkung. Wenn bei einer notwendigen Umfällung das Cerihydroxyd in Salpetersäure nicht vollständig löslich sein sollte (Alterung), wird mit einigen Tropfen Wasserstoffperoxyd reduziert.

b) Nach J. A. C. Bowles und H. M. Partridge. Cerisalzlösungen neigen stark zur Hydrolyse und werden durch Hydroxyl-Ionen vor den dreiwertigen Erdelementen quantitativ abgeschieden. J. A. C. Bowles und H. M. Partridge trennen das vierwertige Cer von Lanthan bei genau einzuhaltender Wasserstoff-Ionen-Konzentration $p_H = 5,78$. Die Sulfatlösung fällt man vorsichtig mit Lauge unter Kontrolle der Acidität, worauf der Niederschlag filtriert und mit Wasser gewaschen wird. Im Filtrat scheidet man mit Oxalsäure das Lanthan ab, verascht und glüht bei 900°.

Die Resultate sind um etwa 1% zu niedrig. Das Lanthanoxyd enthält geringe Mengen Cer, deren Vorhandensein die Autoren auf ursprünglich anwesendes dreiwertiges Cer zurückführen.

c) Nach C. G. Mosander. Wenn geringe Mengen Cer aus einem Gemisch seltener Erden abgetrennt werden sollen, so benutzt man zur ersten Abscheidung ein Anreicherungsverfahren, bei dem das gesamte Cer in stark verunreinigtem Zustand anfällt. In diesem Konzentrat läßt sich das Cer leicht nach den üblichen Methoden gravimetrisch oder maßanalytisch bestimmen. Diese Anreicherung wurde bis in die jüngste Zeit nach der Methode von Mosander durchgeführt, die darauf beruht, daß die mit Chlorgas behandelten Erdhydroxyde als Chloride und Hypochlorite in Lösung gehen, während das Cer als schwerlösliches Cerihydroxyd ungelöst bleibt.

Durchführung. Die Lösung, in der die Elemente der seltenen Erden als Chloride enthalten sind, wird mit Kalilauge bis zur deutlich alkalischen Reaktion versetzt, hierauf nach O. N. Witt und W. Theel auf dem Wasserbade erwärmt und mit Chlorgas gesättigt. Das verschlossene Fällungsgefäß läßt man einige Tage an einem kühlen Ort stehen, bis sich das ausgeschiedene gelbe Cerihydroxyd am Boden gesammelt und die überstehende Flüssigkeit völlig geklärt hat. Man filtriert, wäscht mit 5%iger Kaliumchloridlösung und bestimmt das in diesem Konzentrat enthaltene Cer nach einem geeigneten Verfahren.

Bemerkung. Diese Trennungsmethode war ursprünglich für die präparative Reindarstellung von Cer gedacht, denn nach 5- bis 6maliger Wiederholung der Chlorbehandlung gelangte man zu sehr reinen Endprodukten. Eine große Anzahl von Untersuchungen, die sich mit Abänderungen sowie mit der Festlegung der günstigsten Bedingungen befaßten, haben nur präparatives Interesse. Für die Analyse sind nachfolgende Erkenntnisse wichtig:

Nach Cleve sowie Mengel ist das Filtrat nach der Chlorbehandlung völlig cerfrei, wenn man die mit Chlor gesättigte Lösung 15 Std. stehen läßt. Štěrba-Böhm und Matula haben bei geringen Mengen Cer eine zufriedenstellende Abscheidung erst nach einigen Tagen erreicht. O. N. Witt und W. Theel fanden, daß die zur Fällung benutzte Kalilauge nicht durch Natronlauge ersetzt werden darf, wenn eine völlige Abscheidung des Cers angestrebt wird.

d) Nach O. Hauser und F. Wirth. Eine eingehende Untersuchung über die Mosander-Methode sowie über die erschienenen Verbesserungsvorschläge stammt von O. Hauser und F. Wirth. Sie erbrachte wertvolle Einblicke in die Vorgänge bei der Auflösung und Oxydation der Erdhydroxyde durch Chlor. Eine vollständige Abscheidung des Cers erfolgt nur dann, wenn vor dem Einleiten des Chlors durch genügenden Zusatz von Hydroxyl-Ionen das gesamte Cer gefällt wurde. Bei unvollkommener Fällung bleiben die Cero-Ionen auch in Gegenwart von gelöstem Chlor unverändert. Ferner wurde gefunden, daß die Einwirkungsdauer der Chlorierung wesentlich verkürzt werden kann, wenn man den Hydroxydniederschlag oxydiert. Aus diesen Verbesserungen hat sich folgende Vorschrift ergeben.

Durchführung. Die zu untersuchende Lösung, die sich in einem weithalsigen Erlenmeyer-Kolben befindet, wird mit Ammoniak gefällt, bis ein dauernder Geruch bestehen bleibt; ein mäßiger Überschuß schadet nicht. Nach dem Erkalten setzt man in kleinen Anteilen 3%iges Wasserstoffperoxyd zu, bis der Niederschlag eine rein gelbe Farbe erhält. Die Menge des Oxydationsmittels soll nicht zu groß sein; für 100 g Ceroxyd benötigt man 346,5 cm³ 3%iger Lösung. Nun verschließt man das Fällungsgefäß durch einen Stopfen, durch den ein Rührer, ein Gaszu- und Ableitungsrohr führt. Man leitet hierauf während 90 Min. einen lebhaften Chlorstrom hindurch; zuerst geht das Lanthan und dann das Praseodym und Neodym in Lösung. Man filtriert, wäscht und löst in Salpetersäure unter Mithilfe von Wasserstoffperoxyd. Die Fällung wird wiederholt, da das Ende des völligen Herauslösens der dreiwertigen Erden nicht erkannt werden kann.

Bemerkungen. Bei kleinen Mengen seltener Erden ist das Rühren nicht notwendig, da ein gelegentliches Schütteln genügt. Die nach dieser Vorschrift gewonnenen Werte sind in der Regel um einige Prozent zu hoch.

e) Nach P. E. Browning und E. J. Roberts. Die Mosander-Methode leidet an dem Übel, daß größere Mengen von Chlorgas hergestellt und angewendet werden müssen. Schon Drossbach schlug vor, Chlor durch Brom oder Jod zu ersetzen; die eingehende Untersuchung auf ihre Brauchbarkeit verdanken wir jedoch Browning und Roberts, die folgende Arbeitsweise empfehlen.

Durchführung. Die Lösung der Ceriterden wird mit Natrium- oder Kaliumhydroxyd schwach alkalisch (Lackmuspapier) gemacht und mit Brom oder Bromwasser im deutlichen Überschuß versetzt. Man erwärmt nun auf dem Wasserbad, bis der größte Teil des unverbrauchten Oxydationsmittels vertrieben ist, filtriert und wäscht mit Wasser.

Bemerkungen. Auch diese Trennung muß vier- bis fünfmal wiederholt werden, um eine völlige Reinigung zu erzielen. Die Anwendung des Broms verkürzt ganz wesentlich die Analysendauer; trotzdem wird man bei geringen Mengen Cer mit der Filtration so lange warten müssen, bis sich das Hydroxyd zusammengeballt und gut abgesetzt hat; denn fein verteiltes Cerihydroxyd geht sehr leicht durch das Filter. Das Filtrat ist stets cerfrei. Die Einwage der Oxyde der seltenen Erden wird so bemessen, daß das Gewicht des abgeschiedenen Cerihydroxydes etwa 0,1 g beträgt.

f) Nach W. Prandtl und J. Lösch. Nach den Untersuchungen von W. Prandtl und J. Lösch haben sich Metallammoniakate bei Gegenwart von Ammoniumsalzen als sehr günstige Fällungsmittel bei der stufenweisen Hydrolyse von Erdsalzen erwiesen. Für die Abtrennung des Cers von seinen Begleitern nehmen die Kobaltiake eine bevorzugte Stellung ein, denn neben der langsamen und homogenen Neutralisation der Lösung durch das abgespaltene Ammoniak tritt auch eine Oxydation des Cero-Ions zum Ceri-Ion ein, wobei das Kobalt zur zweiwertigen Stufe reduziert wird. Besonders gut hat sich das Trinitratotriamminkobalt bewährt. (Darstellung nach S. M. Jörgensen.)

Durchführung. In der salpetersauren Lösung der Erden wird durch tropfenweise Zugabe von Wasserstoffperoxyd das Ceri-Ion reduziert. Nun dampft man zur Entfernung der freien Säure, sowie des überschüssigen Peroxydes zur Trockne ein und nimmt in 400 bis 500 cm^3 3%iger Ammoniumnitratlösung auf. Sollte eine leichte Trübung zu bemerken sein, so werden wenige Tropfen sehr verdünnter Salpetersäure zugegeben. Auf je 0,5 g Erdoxyde werden 2 g Trinitratotriamminkobalt angewandt. Auf dem Wasserbad erwärmt man nun auf 60° und behält diese Temperatur bis zur Beendigung der Fällung bei. Der Kobaltkomplex wird hierbei mit violettroter Farbe gelöst. Nach etwa einer halben Stunde trübt sich die Lösung und es scheidet sich langsam dichtes, hellgelbes Cerihydroxyd ab. Je nach dem Cergehalt dauert die Fällung 4 bis 8 Std., und es muß dafür gesorgt werden, daß die Lösung stets schwach sauer bleibt. Das Ende der Reaktion wird an der Farbänderung erkannt. Das Violettrot geht über Dunkelrot in Hellrot und schließlich in Braun über. Nach mehrstündigem Stehen in der Kälte wird das Cerihydroxyd auf einem Papierfilter gesammelt und mit ammoniumnitrathaltigem Wasser gewaschen. Gewöhnlich ist dem Niederschlag etwas Kobalt zugesellt. Deshalb löst man aus dem Filter mit einem Gemisch von heißer verdünnter Salpetersäure und Wasserstoffperoxyd (Gasentwicklung!) den Niederschlag auf, dampft nun ein, nimmt in Wasser auf und fällt das Cer als Oxalat. Man filtriert durch das schon verwendete Filter, wäscht, verascht und glüht bei 900°. Das Cerdioxyd ist rein.

Die im Filtrat der Cerihydroxydfällung enthaltenen Elemente der Erden werden von der großen Menge der Kobaltsalze, wie folgt, abgetrennt: Die braunrote Lösung wird mit einigen Kubikzentimetern konzentrierter Salpetersäure aufgekocht und, nachdem sie klar geworden ist, mit Ammoniak im großen Überschuß versetzt, dem etwas Wasserstoffperoxyd zugegeben wurde. Man läßt eine halbe Stunde stehen. Es haben sich nun lösliche Cobaltiverbindungen gebildet, die durch Dekantieren von den Erdhydroxyden getrennt werden. Noch sind Spuren im Niederschlag enthalten. Man digeriert daher den Rückstand mit etwas Ammoniumsulfid, wäscht aus und löst ihn in 5%iger Salzsäure. Schwefel und Kobaltsulfid bleiben ungelöst zurück. Die salzsaure Erdenlösung wird schließlich mit Oxalsäure gefällt.

Bemerkungen. Die Methode ist genau und das erhaltene Cer sehr rein. Sie leidet jedoch an der schweren Zugänglichkeit des Trinitratotriamminkobalts und an der langen Analysendauer. Die Einwage für diese Trennung ist so zu bemessen, daß die Summe der seltenen Erden zwischen 0,5 bis 0,8 g liegt.

W. Biltz und H. Pieper, sowie R. Lessnig bestätigen die Arbeitsvorschrift und die guten Werte.

Literatur.

Biltz, W. u. H. Pieper: Z. anorg. Ch. **134**, 13 (1924). — Bowles, J. A. C. u. H. M. Partridge: Ind. eng. Chem. Anal. Edit. **9**, 126 (1937). — Browning, P. E. u. E. I. Roberts: Z. anorg. Ch. **64**, 302 (1909).

Cleve: Gmelin-Kraut 7. Aufl. Bd. 6/I. Heidelberg 1928, (a) S. 444, (b) S. 439.

Drossbach: Z. anorg. Ch. **37**, 383 (1904).

Gmelin-Kraut: 7. Aufl., Bd. 6/I, (a) S. 444; (b) 439.

Hauser, O. u. F. Wirth: Fr. **48**, 679 (1909).

Jörgensen, S. M.: Z. anorg. Ch. **5**, 185 (1894).

Lessnig, R.: Fr. **71**, 168 (1927).

Mengel, P.: Z. anorg. Ch. **19**, 70 (1899). — Mosander, C. G.: J. pr. **30**, 276 (1848) und Phil. Mag. [3] **28**, 241 (1843).

Prandtl, W. u. J. Lösch: Z. anorg. Ch. **122**, 159 (1922).

Štěrba-Böhm, J. u. V. Matula: R. **44**, 400 (1925).

Vogel, R.: Z. anorg. Ch. **72**, 320 (1911).

Winkler, Cl.: J. pr. **95**, 410 (1865). — Witt, O. N. u. W. Theel: B. **33**, 1315 (1900).

§ 2. Bestimmung durch Fällung als basische Cerisalze.

a) Nach Wyrouboff und Verneuil. Der erste Versuch, Cer von den anderen Elementen der seltenen Erden zu trennen und gravimetrisch zu bestimmen, stammt von Wyrouboff und Verneuil. Fußend auf den Erfahrungen der präparativen Darstellung von Cerverbindungen wurde die Fähigkeit der Ceristufe zum Hydrolysieren zur Abscheidung herangezogen. Die Abtrennung erfolgt in zwei Teilen. Zuerst wird die Hauptmenge als basisches Cerinitrat in zufriedenstellender Reinheit gefällt. Im Filtrat werden nach Entfernung der Ammoniumsalze die restlichen Anteile als basisches Ceriacetat abgeschieden.

Durchführung. Die Oxyde der seltenen Erden werden in Salpetersäure, gegebenenfalls unter Zusatz von Wasserstoffperoxyd, in Lösung gebracht und mit Ammoniak bis zur deutlich alkalischen Reaktion versetzt. Gleichzeitig fügt man 10 cm^3 einer 3%igen Wasserstoffperoxydlösung hinzu, um das Cer(III)-Hydroxyd zu oxydieren und kocht den von Peroxyden braun gefärbten Niederschlag solange, bis die Farbe in Gelb umschlägt. Man filtriert durch ein Papierfilter, wäscht mit heißem Wasser und trocknet den Niederschlag bei 110°. Hierauf trennt man ihn vorsichtig von dem Filter und gibt ihn in eine Porzellanschale. Das Filter wird verascht und der geringe Rückstand in Salpetersäure gelöst. Die in der Porzellanschale befindliche Hauptmenge wird ebenfalls mit Salpetersäure bis zur Lösung behandelt, mit der Lösung des Filterrückstandes vereinigt und bis zur Sirupdicke eingedampft.

Beim Erkalten soll eine glasige Masse gebildet werden, die man nun in 100 cm³ 5%iger Ammoniumnitratlösung aufnimmt und auf 70° erhitzt. Das basische Cerinitrat fällt als gelber schwerer Niederschlag zu Boden; die Abscheidung ist beendet, wenn die überstehende Flüssigkeit klar geworden ist. Man filtriert und wäscht den Niederschlag mit ammoniumnitrathaltigem Wasser. Das Filter wird verascht, der Niederschlag bei 900° verglüht und dann gewogen. Das Filtrat ist noch cerhaltig. Man fällt die Elemente der Erden mit Ammoniumoxalat, läßt 12 Std. stehen, filtriert und glüht gelinde, bis alle Kohleteilchen verbrannt sind. Die Oxyde werden wieder in Salpetersäure gelöst, das vorhandene Cer durch etwas Wasserstoffperoxyd reduziert und zur Trockne verdampft. Man nimmt mit Wasser auf, setzt Ammoniumacetat und 10 cm³ Wasserstoffperoxydlösung zu und kocht. Das basische Ceriacetat scheidet sich in groben Flocken ab und wird nach Klärung der überstehenden Flüssigkeit auf einem Filter gesammelt. Man wäscht mit ammoniumacetathaltigem Wasser, verascht, glüht bei 900° und wägt.

Bemerkungen. Die oben geschilderte Methode ist sehr zeitraubend und auch ungenau. Im ersten Teil der Trennung werden etwa 70 bis 80% des Cers in großer Reinheit abgeschieden. Die folgende Acetattrennung jedoch ergibt ein unreines Produkt, das einige Prozente anderer Erden enthält.

b) Nach K. Swoboda und R. Horny. Cersalze geben in essigsaurer Lösung auf Zusatz von Wasserstoffperoxyd eine quantitative braunrote Fällung von Perceriacetat, die in verdünnten Mineralsäuren sehr leicht löslich ist. Durch längeres Kochen zerfällt diese Verbindung unter Sauerstoffentwicklung und Bildung des leichter löslichen basischen Ceriacetates.

Durchführung. Die Cernitratlösung wird auf 200 cm³ verdünnt und mit Ammoniak neutralisiert. Nach Zusatz eines Tropfens Salpetersäure und von 0,5 g Natriumacetat wird in der Siedehitze mit 15 cm³ Wasserstoffperoxydlösung (15 Gewichtsprozent) gefällt. Hierauf wird 2 Min. gekocht, der Niederschlag absitzen gelassen und unter Anwendung von Filterschleim rasch filtriert. Als Waschwasser wird ein wasserstoffsuperoxydhaltiges Wasser (10 cm³ auf 1 Liter) verwendet. Der Niederschlag wird verascht, geglüht und als Cerdioxyd gewogen.

Bemerkungen. Ammoniumsalze bei etwa 1%igem Gehalte begünstigen den Zerfall der Perceriverbindung und geben daher zu niedere Resultate. Ebenso führt ein zu langes Kochen, durch das das überschüssig angewendete Wasserstoffperoxyd zerstört wird, zu unbefriedigenden Werten. Wichtig ist die Nichtbeeinflussung der Fällung durch Weinsäure. Chrom als Chromi-Ion und Wolframsäure bei Gegenwart von 1 g Weinsäure stören die quantitative Abscheidung nicht. Die Resultate sind sehr gut und zeigen bei 0,03 g Cerdioxyd keine nennenswerten Abweichungen (s. S. 792).

c) Nach C. James und Pratt sowie James. Neutrale oder schwach saure Ceronitratlösungen werden in der Siedehitze durch Kaliumbromat oxydiert und die gebildeten Ceriverbindungen hierauf hydrolysiert unter Abscheidung von basischen Nitraten und Bromaten. Im Laufe dieser Reaktionen nimmt die H-Ionen-Konzentration zu, und es wird bald ein Zustand erreicht, bei dem die weitere Hydrolyse unterbleibt. Zur Neutralisation der freien Säure wird ein Stückchen Marmor verwendet, dessen Oberfläche glatt, d. h. ohne Sprünge ist, damit nach dem Abspülen kein Niederschlag haften bleibt.

Durchführung. Die etwa 0,4 g Cerdioxyd enthaltende Ceronitratlösung wird auf 100 cm³ verdünnt, mit einem Stückchen Marmor und 5 g Kaliumbromat versetzt und zum Sieden erhitzt. Nach etwa dreiviertelstündigem Erhitzen prüft man in der klaren Lösung mit Wasserstoffperoxyd und Ammoniak auf Cer und filtriert bei negativem Befund nach Abspülen des Marmorstückes von dem schweren gelben Niederschlag ab. Ist noch Cer in der Lösung vorhanden, so füllt man mit Wasser auf das ursprüngliche Volumen auf und verlängert das Erhitzen um weitere 15 Min. Der Niederschlag wird abfiltriert, mit 5%iger Ammoniumnitratlösung gewaschen und samt dem Filter in das Fällungsgefäß zurückgegeben. Man löst in Salpetersäure, oxydiert das Filter mit etwas Kaliumbromat und dampft zur Trockne ein. Hierauf wird mit Wasser aufgenommen und die Fällung wiederholt. Der nun reine Cerniederschlag wird in verdünnter Salzsäure gelöst, vom Filterbrei abgetrennt, zur Trockne gedampft und nach Aufnehmen mit Wasser durch Oxalsäure gefällt.

Bemerkungen. Die Anwendung dieser Methode hat im Laufe der folgenden Jahre eine Verschiebung nach der präparativen Seite erfahren (James und Pratt sowie W. Prandtl und Lösch). Das Marmorstück kann durch andere Neutralisationsmittel nicht ersetzt werden, weil diese sich rasch mit der Lösung umsetzen, die Fällung beschleunigen und dadurch wesentlich unreinere Cerpräparate liefern. Die erhaltenen Werte sind gegenüber den geforderten um 1 bis 2% zu hoch. Diese Methode eignet sich gut zur Abtrennung des Cers von allen anderen Elementen der seltenen Erden.

d) Nach M. P. Brinton und C. James. Die von R. J. Meyer und Speter aufgefundene Methode zur quantitativen Abtrennung des Thoriums von den Elementen der seltenen Erden mit Hilfe der Jodsäure läßt sich auch auf das Cer anwenden, wenn dieses in der vierwertigen Stufe vorliegt. In stark salpetersaurer Lösung wird durch Kaliumbromat die Oxydation des Cers vorgenommen, an die sich die Fällung mit einem Überschuß an Kaliumjodat anschließt. Der flockige voluminöse Niederschlag wird in einem Papierfilter gesammelt und mit Oxalsäure umgesetzt. Das Ceroxalat wird zu Cerdioxyd verglüht.

Durchführung. Die Lösung der Erdnitrate, die nicht mehr als 0,15 g Cer enthalten soll, wird auf etwa 50 cm^3 gebracht und mit soviel konzentrierter Salpetersäure versetzt, daß diese ein Drittel der Lösung ausmacht. Zu der nun 75 cm^3 betragenden Lösung fügt man ungefähr 0,5 g festes Kaliumbromat und nach dessen Auflösung die 10- bis 15fache Menge des erforderlichen Kaliumjodats hinzu. Das Fällungsmittel wird in Lösung angewandt (100 g Kaliumjodat und 333 cm^3 konzentrierter Salpetersäure im Liter) und unter Rühren langsam zugesetzt. Das Cerijodat wird solange in der Kälte absitzen gelassen, bis die überstehende Flüssigkeit praktisch klar geworden ist. Man filtriert durch ein gehärtetes Filter, bringt den Niederschlag ziemlich vollständig auf das Filter und spült das Becherglas mit einer kleinen Menge der Waschflüssigkeit einmal nach. Diese enthält 8 g Kaliumjodat und 50 cm^3 konzentrierter Salpetersäure im Liter. Nachdem die Flüssigkeit aus dem Trichter abgelaufen ist, spritzt man mit Hilfe der Waschflüssigkeit den gesamten Niederschlag in das Becherglas zurück und verteilt ihn gleichmäßig mit einem Glasstab. Nochmals bringt man ihn auf das Filter und wäscht wie oben nach. Nun folgt die Umfällung. Mit heißem Wasser spritzt man den Niederschlag in das Becherglas, erhitzt zum Sieden und setzt tropfenweise so viel konzentrierte Salpetersäure hinzu, bis der Niederschlag gelöst ist. Für 0,1 g Cer benötigt man etwa 20—25 cm^3. Nun gibt man 0,25 g Kaliumbromat und dasselbe Gewicht an Kaliumjodat, wie das erste Mal, jedoch gelöst in einem kleinen Volumen Salpetersäure 1 : 2 hinzu. Nach dem Abkühlen und Absitzen des Niederschlages wird durch das gebrauchte Filter filtriert, wenig gewaschen, in das Fällungsgefäß, wie vorhin angegeben, zurückgebracht, gut verrührt und nun endgültig auf dem Filter gesammelt. Man wäscht noch dreimal kurz nach. Filter und Niederschlag werden hierauf in ein Becherglas gebracht und mit 50 cm^3 Wasser übergossen, in dem 5 bis 8 g Oxalsäure gelöst sind. Nun bedeckt man mit einem Uhrglas und erwärmt vorsichtig, um schließlich zu kochen, bis keine Joddämpfe mehr verflüchtigt werden. Das Uhrglas sowie die Wände werden abgespült. Nach mehrstündigem Stehen bringt man das Ceroxalat gemeinsam mit dem Filterbrei auf ein neues Filter, verascht in einem Platintiegel und glüht vor dem Gebläse.

Bemerkung. Obwohl die von den Autoren angegebenen Werte recht zufriedenstellend sind ($\pm 1\%$), wird diese Methode wegen der großen Zahl von umständlichen Operationen nur eine begrenzte Anwendung finden.

e) Nach J. W. Neckers und H. C. Kremers. Barbieri zeigte, daß sich das in schwach saurer Lösung bildende unlösliche Ceriphosphat zu einer maßanalytischen Bestimmung des Cers heranziehen läßt (S. 774). Neckers und Kremers legten die Bedingungen fest, unter welchen aus der volumetrischen Methode eine gravimetrische Trennung und eine präparative Reindarstellung des Cers erhalten werden können. Aus schwach salpetersauren Lösungen, in denen das Cer in der vierwertigen Form vorliegt, wird durch Phosphat-Ionen das schwere, flockige schwachgelbe Ceriphosphat gefällt, das in 5 n Säure wenig, in 2,5 n sehr wenig löslich ist. Die dreiwertigen Erdelemente bleiben bei diesem hohen Säuregehalt in Lösung.

Durchführung. Die Erdennitrate, in denen das Cer vierwertig ist, werden mit soviel konzentrierter Salpetersäure versetzt, bis die Lösung etwa 5% an freier Säure enthält. Man erhitzt auf 80° und gibt unter Rühren tropfenweise eine Natriumphosphatlösung hinzu. Der Niederschlag setzt sich rasch ab, wird filtriert und mit halbprozentiger Salpetersäure erdenfrei gewaschen.

Liegt in den Nitraten das Cer nicht vierwertig vor, so setzt man der auf 80° erwärmten Lösung die erforderliche Natriumphosphatmenge zu und oxydiert hierauf unter Rühren und langsamem Zusatz mit Kaliumpermanganat, bis eine blaßrosa Färbung bestehen bleibt. Mit etwas Phosphatlösung prüft man die vollendete Abscheidung.

Der Ceriphosphatniederschlag wird aus dem Filter in das Fällungsgefäß gespritzt und mit Natriumhydroxyd zersetzt. Man filtriert das Cerihydroxyd ab, wäscht gut aus, löst in verdünnter Salpetersäure und fällt das Cer als Oxalat.

Bemerkung. Im Filtrat verbleiben bei den Erden 0,02% Cer. Diese Methode gestattet mit einmaliger Fällung eine sehr scharfe Trennung des Cers von den übrigen Elementen der seltenen Erden. Durch die große Schwerlöslichkeit sowie durch die deutliche Niederschlagsbildung lassen sich auch kleine Mengen Cer erfassen. Man verwendet in diesem Falle etwa 5%ige Erdenlösungen und geht von entsprechend großen Einwagen aus. Zirkon und Thorium begleiten quantitativ das Cer.

Literatur.

Barbieri, G. A.: Atti Accad. Lincei [5] **25/I**, 37 (1916); durch C. **1916 II**, 3. — Brinton, P. H., M.-P. u. C. James: Am. Soc. **41**, 1080 (1919).

James, C.: Am. Soc. **34**, 757 (1912). — James, C. u. L. A. Pratt: Am. Soc. **33**, 1326 (1911).

Meyer, R. J. u. Speter: Ch. Z. **34**, 306 (1910); Z. anorg. Ch. **71**, 65 (1911).

Neckers, J. W. u. H. C. Kremers: Am. Soc. **50**, 955 (1928).

Prandtl, W. u. J. Lösch: Z. anorg. Ch. **122**, 159 (1922).

Swoboda, K. u. R. Horny: Fr. **67**, 389 (1925/26).

Wyrouboff, G. u. A. Verneuil: Bl. [3] **19**, 219 (1898).

§ 3. Bestimmung durch Fällung als Cerooxalat.

Die für die Elemente der seltenen Erden so charakteristische Reaktion, die Fällung mit Oxalsäure, kommt nur dem dreiwertigen Cer zu. Das Ceri-Ion gibt unter gleichen Bedingungen einen leichtlöslichen, gelb gefärbten Komplex, der jedoch bald unter Reduktion des Cers und Oxydation der Oxalsäure zum normalen Ceroxalat führt. In der Siedehitze geht dieser Zerfall so rasch vor sich, daß man ihn zu einer maßanalytischen Bestimmung des Cers heranziehen kann (s. S. 778). Im allgemeinen wird jedoch vor der Fällung mit dem Oxalat-Ion das vierwertige Cer reduziert; vorteilhaft wendet man Wasserstoffperoxyd in geringem Überschuß an.

Eigenschaften. Das Cerooxalat ist ein weißes Pulver, das gewöhnlich als 11-Hydrat erhalten wird und die D = 2,4313 besitzt.

Löslichkeiten. Wasser hält im Liter bei 25° 0,41 mg $Ce_2(C_2O_4)_3 \cdot 10\,H_2O$ gelöst (Rimbach und Schubert). Das Cerooxalat ist in verdünnten Säuren sehr wenig löslich, jedoch leicht löslich in konzentrierten Säuren. Die Löslichkeit in verdünnten Mineralsäuren wird durch die Anwesenheit von Oxalsäure, wie aus folgenden Zahlen zu ersehen ist, sehr stark zurückgedrängt.

Tabelle 14 (SARVER und BRINTON).

Normalität der Salzsäure bei 25°	0,1008	0,2576	0,5004	1,018	0,978
Normalität der Oxalsäure	—	—	—	—	0,1
g $Ce_2(C_2O_4)_3$ in 100 g Lösungsmittel	0,0131	0,0376	0,0834	0,2174	0,0272

Normalität der Salzsäure bei 25°	0,978	1,484	1,484	2,00	2,00	2,00
Normalität der Oxalsäure	0,5	—	gesättigt	—	0,1	0,5
g $Ce_2(C_2O_4)_3$ in 100 g Lösungsmittel	0,0049	0,3552	0,0068	0,5518	0,2150	0,038

In schwefelsaurer Lösung sind die Löslichkeitswerte geringer, in Salpetersäure etwas höher als die angeführten Zahlen. So löst n/4 Schwefelsäure bei Gegenwart n/4 Oxalsäure 0,0046 g und n/2 Schwefelsäure bei Anwesenheit n/2 Oxalsäure 0,0010 g Cerooxalat (HAUSER und WIRTH).

Oxalsäure allein zeigt folgende Zahlen:

0,1 n	0,5 n	1 n	3,2 n	
2 mg	8,3 mg	0,4 mg	1,9 mg	CeO_2 bei 25° und dem Bodenkörper $Ce_2(C_2O_4)_3 \cdot 9\,H_2O$ (HAUSER und WIRTH).

Die Löslichkeit in 100 cm³ einer 2,63%igen Ammoniumoxalatlösung beträgt nach B. BRAUNER 1,09 mg Ce_2O_3 bei 20°.

a) Gravimetrische Bestimmung siehe allgemeiner Teil S. 670.

Bemerkungen. Das nach obiger Vorschrift gewonnene Cerooxalat kann entweder nach Glühen bei 900° als Cerdioxyd nach α) (allgemein üblich) oder auch nach dem Trocknen bei 100° als Cerooxalat · 3 H_2O nach β) und schließlich lufttrocken mit 10 H_2O nach γ) ausgewogen werden.

α) Wägung als Cerdioxyd siehe S. 667.

β) Wägung als Cerooxalat mit 3 Molekülen Hydratwasser. W. GIBBS hatte gefunden, daß ein bei 100° getrocknetes Cerooxalat sich sehr gut als Wägungsform eignet. Ursprünglich wurde ein bei 100° gewichtskonstant getrocknetes Filter zum Sammeln des Niederschlages verwendet. L. A. CONGDON und E. L. RAY überprüften diese Methode, doch nahmen sie an Stelle des Filters einen Asbest-GOOCH-Tiegel oder Glassintertiegel. Der Niederschlag wurde mit Wasser gewaschen und bei 100° bis zur Gewichtskonstanz getrocknet. Die Resultate waren sehr zufriedenstellend, denn der mittlere Fehler betrug +0,36%. Zum Vergleich sei angeführt, daß die Werte bei Wägung als Dioxyd eine höhere Differenz + 0,49% aufweisen.

TH. LINDEMAN und M. HAFSTAD beobachteten, daß bei längerem Trocknen noch weiter Wasser abgegeben wird, so daß nach 6 Std. bei 100° nur mehr 2 Hydratwasser verbleiben. Auch diese Modifikation der Wägungsform ergibt nach den Angaben der Autoren gute Resultate.

γ) Wägung als Cerooxalat mit 10 Molekülen Hydratwasser. Da das gefällte Oxalat bei normaler Temperatur an der Luft sehr beständig ist, d. h. weder Feuchtigkeit anzieht noch Krystallwasser abgibt, kann es als Wägungsform benutzt werden. Die Versuche, mit wenig Mühe zu verläßlichen Resultaten zu gelangen, wurden von W. SCHRÖDER und H. SCHACKMANN erfolgreich unternommen.

Durchführung. Die zu untersuchende Substanz, die etwa 0,1 bis 0,3 g der Ceroverbindung enthalten soll (die Versuche wurden mit Sulfaten vorgenommen), wird in 200 cm³ Wasser gelöst, das mit 1 cm³ verdünnter Salzsäure angesäuert worden ist. Man erhitzt zum beginnenden Sieden und fällt unter gutem Umrühren mit einem Überschuß von Ammoniumoxalat (für die angegebene Cermenge 10 cm³ einer 5%igen Ammoniumoxalatlösung). Man läßt über Nacht stehen, filtriert durch einen Porzellansintertiegel A 1 und wäscht mit etwa 250 cm³ heißem Wasser gut aus. Nach dem Abkühlen des Tiegels wird mit 20 cm³ Alkohol und hierauf mit 20 cm³ Äther langsam nachgewaschen und schließlich gut abgesaugt. Nach 1 Std. Stehen an der Luft wird gewogen.

Bemerkungen. Die Übereinstimmung mit den durch Verglühen und Wägen als Cerdioxyd erhaltenen Werten ist sehr gut. Die Fehler liegen innerhalb der Wägefehler und betragen unabhängig von der Größe der Auswage $\pm 0,2$ mg.

b) Maßanalytische Bestimmung siehe S. 672.

c) Potentiometrische Bestimmung.

α) Nach C. WEYR und G. BURGER s. S. 673.

β) Nach G. JENTSCH und H. GEWALOWSKI s. S. 673.

γ) Nach G. JENTSCH und H. GEWALOWSKI s. S. 674.

δ) Nach J. A. ATANASIU. Da das Cerooxalat in neutraler Lösung sehr wenig löslich ist, kann man den Verlauf der Fällung potentiometrisch verfolgen. In wäßriger Lösung wird der Äquivalenzpunkt durch einen sehr kleinen Potentialsprung angedeutet, der auch in der Wärme keine wesentliche Verstärkung erfährt. In alkoholischer Lösung hingegen ist der Potentialsprung deutlich ausgeprägt und beträgt 54 bis 59 mV. Anfänglich ist die Potentialeinstellung träge, doch je mehr man sich dem Endpunkt nähert, um so genauer werden die Ablesungen, so daß im Wendepunkt eine Wartezeit unnötig wird.

Durchführung. Die Ceronitrat- oder -chloridlösung wird mit Alkohol und Wasser verdünnt, bis 100 cm^3 einer 50%igen alkoholischen Lösung resultieren. Man titriert mit einer m/10 Natriumoxalatlösung, wobei ein blanker Platindraht als Indicatorelektrode und eine Normal-Kalomelelektrode als Bezugselektrode verwendet werden.

Berechnung. 1 cm^3 n/10 Natriumoxalat entspricht 0,0093 g Ce.

Bemerkung. An Stelle von Alkohol können Aceton und Methylalkohol in der gleichen Konzentration mit gutem Erfolg verwendet werden. Sulfate stören, da sie in alkoholischen Lösungen zur Ausfällung von Cerosulfat führen. Natrium und Ammonium sowie Chlor und Nitrat-Ionen begünstigen die Ausbildung des Potentialsprunges. Hingegen verschleiern und verschieben Kalium-Ionen, selbst wenn sie 1% nicht überschreiten, den Wendepunkt erheblich; bei genauen Titrationen dürfen sie nicht anwesend sein.

d) Konduktometrische Bestimmung siehe S. 674.

Literatur.

ATANASIU, J. A.: Fr. **112**, 15 (1938).
BRAUNER, B.: Soc. **73**, 972 (1898).
CONGDON, L. A. u. E. L. RAY: Chem. N. **128**, 233 (1924).
GIBBS, W.: Fr. **3**, 395 (1864). — Chem. N. **12**, 208 (1865); **99**, **96** (1909).
HAUSER, O. u. F. WIRTH: Fr. **47**, 394 (1908).
LINDEMAN, TH. u. M. HAFSTAD: Fr. **70**, 440 (1927).
RIMBACH, E. u. A. SCHUBERT: Ph. Ch. **67**, 183 (1909).
SARVER u. BRINTON: G. **6**, 225. Heidelberg 1932. — SCHRÖDER, W. u. H. SCHACKMANN: Z. anorg. Ch. **220**, 395 (1934).

§ 4. Bestimmung durch Fällung als Kaliumceroferrocyanid.

Lösungen seltener Erden geben mit Kaliumferrocyanid Niederschläge, die in Wasser und bei verschiedenen Aciditäten recht unterschiedliche Löslichkeiten besitzen. Man hat diese Verbindungen zur fraktionierten Fällung, besonders bei Yttererden herangezogen. Durch größere Unlöslichkeit zeichnen sich die Ceriterden aus, vor allem dann, wenn ein hinreichender Überschuß an dem Fällungsmittel vorhanden ist. W. D. TREADWELL und D. CHERVET untersuchten potentiometrisch die Zusammensetzung der Niederschläge, die durch Einwirkung von Kaliumferrocyanid auf Ceronitratlösungen entstehen. In der Kälte und in wäßriger Lösung wird das normale Salz $Ce_4[Fe(CN)_6]_3$ gebildet, während bei 70° und in 30%iger alkoholischer Lösung, wie J. A. ATANASIU zeigte, das $KCeFe(CN)_6$ ausfällt. Die Auswertung dieser Umsetzung kann auf zweierlei Art für die Analyse dienstbar gemacht werden.

a) Nach P. Spacu. Der Niederschlag hat die Zusammensetzung

$$KCeFe(CN)_6 \cdot 4\,H_2O$$

und kann, da er krystallinisch und gut filtrierbar ist, im Vakuum getrocknet und ausgewogen werden.

Durchführung. Eine kalte neutrale Cerosalzlösung, die ein Volumen von 40 cm³ nicht überschreiten soll, wird tropfenweise und unter ständigem Umrühren mit einem Überschuß einer 0,1 m Kaliumferrocyanidlösung gefällt. Es scheidet sich $KCeFe(CN)_6 \cdot 4\,H_2O$ als schweres krystallinisches Pulver ab. Nach einer halben Stunde filtriert man durch einen Porzellanfiltertiegel, wäscht mit 50%igem Alkohol salzfrei, dann mit 96%igem Alkohol und schließlich mit Äther aus. Man trocknet im Vakuum.

Berechnung.

$$\%\ Ce = \frac{\text{Auswage} \cdot 100 \cdot 0{,}30254}{\text{Einwage}},$$

$$\text{Faktor} = 0{,}30254;\ \log F = 0{,}48079 - 1.$$

Bemerkungen. Die angeführten Beleganalysen sind mit Ceronitratlösungen durchgeführt worden. Der Autor hat weder andere Säurereste noch die Gegenwart von Ammonium- oder Alkalisalzen in den Kreis seiner Untersuchungen gezogen. Deshalb und wegen der gleichartigen Reaktion anderer Elemente der seltenen Erden hat diese Methode nur einen sehr beschränkten Anwendungsbereich. Die Resultate zeigen einen mittleren Fehler von ±0,2%.

b) Potentiometrisch nach J. A. Atanasiu. Wie die ersten potentiometrischen Versuche von W. D. Treadwell und D. Chervet zeigen, ist der Potentialsprung im Äquivalenzpunkt sehr klein. In 30%iger alkoholischer Lösung wird er jedoch so deutlich, daß eine analytische Verwendung möglich wird. Hingegen tritt eine merkliche Verschiebung des Äquivalenzpunktes ein, die nach P. Spacu durch einen Zusatz von 1,5 bis 2 g Kaliumnitrat behoben werden kann.

Durchführung. Die neutrale Cerosalzlösung, in der 1,5 bis 2 g Kaliumnitrat enthalten sind, wird mit Alkohol solange versetzt, bis eine 30%ige Lösung entsteht. Man erwärmt hierauf auf etwa 70° und titriert mit einer n/20 Kaliumferrocyanidlösung, die einige Tropfen einer 0,1%igen Kaliumferricyanidlösung enthält. Als Indicatorelektrode dient ein blanker Platindraht; gegen Ende der Titration muß die langsame Einstellung abgewartet werden. Der Potentialsprung ist gut ausgeprägt.

Bemerkung. Nach P. Spacu soll die umgekehrte Titration, wenn in der Kälte gearbeitet wird, günstiger sein. Die Versuchsfehler betragen 0,2 bis 0,4%.

Literatur.

Atanasiu, J. A.: J. Chim. phys. **23**, 501 (1926); Fr. **105**, 422 (1936).
Spacu, P.: (a) Fr. **104**, 28 (1936); (b) Fr. **104**, 119 (1936).
Treadwell, W. D. u. D. Chervet: Helv. **6**, 550 (1923).

§ 5. Bestimmung als Cerosulfat.

Nur in ganz seltenen Fällen wird es notwendig sein, das Cer als wasserfreies Sulfat zur Wägung zu bringen. Im Gegensatz zu den anderen dreiwertigen Erdelementen geht man nicht vom Cerdioxyd, sondern von einer Lösung aus. Erhitzt man nämlich das Oxyd mit konzentrierter Schwefelsäure, so wird nur unvollständig Cerisulfat gebildet und der verbleibende Rückstand kann trotz mehrmaligem Abrauchen nicht aufgeschlossen werden. Das Cerisulfat zerfällt oberhalb 250°; bei 393° hat das Schwefeltrioxyd bereits einen Dampfdruck von 47 mm Quecksilber. Zwischen 500 und 600° wird ein halbes Mol Trioxyd abgegeben und Cerosulfat gebildet, das oberhalb 900 bis 1000° in Cerdioxyd übergeht. Es ist wesentlich einfacher, das krystallisierte Cerosulfat herzustellen, es zu trocknen und bis zum konstanten Gewicht zu glühen. Zu diesem Zwecke wird die Cerlösung, die keine durch Alkohol fällbaren Substanzen enthalten darf, auf ein kleines Volumen eingeengt, mit etwas mehr als berechneter Menge verdünnter Schwefelsäure und zur Reduktion tropfenweise mit schwefliger Säure oder Wasserstoffperoxyd bis zur Entfärbung versetzt. Nun gießt man diese Lösung unter gutem Rühren in das vierfache Volumen von 96%igem Alkohol. Ein feines weißes Krystallpulver von $Ce_2(SO_4)_3 \cdot 8\ H_2O$ setzt sich rasch zu Boden. Man filtriert durch einen Porzellansintertiegel, wäscht säurefrei mit absolutem Alkohol und trocknet bei 100°, wobei 4 Mol Wasser abgegeben werden. Hierauf erhitzt man vorsichtig auf 450°, läßt über Phosphorpentoxyd erkalten und wägt in einem gut schließenden Wägegläschen (s. S. 731); das Filtrat muß stets mit Ammoniak auf vollständige Fällung geprüft werden.

W. Schröder und H. Schackmann haben mit Vorteil diese Wägungsform benützt, als es galt, Ceroalkalidoppelsulfate zu analysieren. Durch Glühen bei 450° wurden die Doppelsalze entwässert und hierauf zur Wägung gebracht.

Literatur.

Schröder, W. u. H. Schackmann: Z. anorg. Ch. **220**, 395 (1934).

II. Maßanalytische Methoden.

Die volumetrischen Bestimmungen des Cers beruhen auf dem Vorhandensein zweier beständiger Oxydationsstufen, deren Überführung ineinander ohne Schwierigkeiten und ohne Nebenreaktionen, demnach in stöchiometrischen Verhältnissen, erfolgt. Die Cerisalze sind intensiv gelb gefärbt und sehr starke Oxydationsmittel. Cerosalze sind farblos, doch läßt sich dieser Farbenwechsel für quantitative Bestimmungen nur bedingt heranziehen. Bis vor etwa 10 Jahren war die Auswahl an titrimetrischen Methoden sehr klein; erst als die elektrometrische Analyse Eingang gefunden hatte, konnten mehrere wohlbekannte Reaktionen quantitativ ausgewertet werden. Einen weiteren Fortschritt bedeutete die Einführung der Redox-Indicatoren, die durch ihre einfache Handhabung in einigen Fällen die potentiometrischen Methoden ersetzten. Schließlich sei noch an die Verwendung von Katalysatoren in der Maßanalyse gedacht, die den Kreis der ausnutzbaren Reaktionen wesentlich erweiterten. Man hatte nun die Möglichkeit, langsam verlaufende Umsetzungen zu beschleunigen und quantitativ zu Ende zu führen. Das große Oxydationsvermögen der Cerisalze, die geringen Kosten geeigneter Cerpräparate, sowie die genaue Erfassung des Reaktionsendpunktes trugen dazu bei, daß das Cerisulfat als neue Maßlösung in die Oxydimetrie eingeführt wurde. Eingehende Untersuchungen, die meist von amerikanischen Forschern stammen, zeigten die große Verwendungsmöglichkeit der Cerimetrie auf. Es ist nicht im Sinne dieses Handbuches, alle diese Methoden im Rahmen der „seltenen Erden" zu besprechen, denn das Cer tritt hier als Maßlösung auf. Diese Verfahren werden bei den betreffenden Elementen aufzufinden sein.

Behandelt sind neben den Bestimmungsmethoden, die nur für die quantitative Erfassung des Cers ausgearbeitet wurden, noch jene, die auf einer gut meßbaren Umsetzung mit häufig anzutreffenden Maßlösungen beruhen. In diesem Falle sind hauptsächlich Reaktionen angeführt worden, bei denen man sowohl mit der Cerilösung als auch mit dem anderen Reaktionspartner die Titration beenden kann.

In der vierwertigen Form ist das Cer nur in schwefel- und salpetersaurer Lösung beständig. Halogenwasserstoffsäuren, auch wenn sie verdünnt sind, werden rasch oxydiert unter Bildung der freien Halogene. Muß man eine Titration in ihrer Gegenwart vornehmen, so gibt man die zu bestimmende Cerilösung in einen geeigneten Meßkolben, ergänzt das Volumen mit Wasser bis zur Marke, schwenkt gut um und füllt mit dieser Lösung eine Bürette. In einem Titriergefäß wird eine bekannte Menge der halogenwasserstoffsauren Maßlösung, deren Gehalt geringer ist als der der zu erwartenden Cerilösung, vorgelegt. Nachdem der Umsatz der Cerilösung mit der Maßlösung stets rascher als mit der Halogenwasserstoffsäure erfolgt, kann die Titration richtig durchgeführt werden. Eine Nichtbeachtung dieser Vorschrift führt zu untereinander schwankenden, außerdem falschen Resultaten.

Im Gange der quantitativen Analyse fällt das Cer meist in dreiwertiger Form an. Die gebräuchlichsten volumetrischen Methoden gehen jedoch vom vierwertigen Cer aus. Es ist daher verständlich, daß eine Reihe von genauen Untersuchungen über die vollständige Überführung von Ce^{III} in Ce^{IV} vorliegt, hängt doch von dieser Vorbereitung die Güte der erhaltenen Resultate wesentlich ab. Diese Oxydationsverfahren sollen, da sie immer wiederkehren, den speziellen maßanalytischen Methoden vorangestellt werden.

1. Oxydation mit Ammoniumpersulfat nach v. Knorre. Die neutrale Cerosulfatlösung wird mit möglichst wenig verdünnter Schwefelsäure und mit einer Ammoniumpersulfatlösung versetzt. Für 0,3 g Ce werden 3 g Persulfat benötigt, das in Wasser gelöst in drei Anteilen zugegeben wird. Zuerst trägt man die Hälfte in die kalte Cerlösung ein, erhitzt 1 bis 2 Min. zum Sieden, kühlt auf 40 bis 60° ab, fügt wiederum die Hälfte der übriggebliebenen Persulfatlösung zu und verfährt wie vorhin. Nach abermaliger Kühlung und Zusatz des letzten Anteils an Persulfat erhitzt man zur Zerstörung des unverbrauchten Oxydationsmittels noch 10 bis 15 Min. Gegen Ende des Siedens setzt man noch etwas verdünnte Schwefelsäure hinzu.

Diese Oxydation muß genau nach der Vorschrift vorgenommen werden. Die Schwierigkeit, die jedoch durch Übung überwunden werden kann, liegt in dem ersten Zusatz der verdünnten Schwefelsäure. Ist dieser zu gering, dann hydrolysiert die Ceriverbindung und die Probe muß verworfen werden. Ist zuviel freie Säure da, dann wird aus dem Ammoniumpersulfat Wasserstoffperoxyd gebildet, das sich mit dem Ceri-Ion unter Reduktion umsetzt. Man erhält so das Gegenteil von dem, was man erreichen wollte, eine unvollständige Oxydation.

Nachdem dieses Verfahren wegen der geringen Kosten in der Cer- und Thoriumindustrie vielfach Anwendung gefunden hatte, versuchte man die günstigsten Bedingungen für die Oxydation festzulegen. Schon G. P. Drossbach sowie Hintz und Weber befaßten sich mit ihrer Durchführung, bestätigten die guten Resultate, präzisierten jedoch nicht die Bedingungen. Innerhalb der Cer verarbeitenden Industrie hat sich in der folgenden Zeit eine Vorschrift sehr bewährt, die W. Biltz und H. Pieper mitteilen.

Arbeitsvorschrift. Die schwefelsaure Lösung, enthaltend 0,1 bis 0,15 g Cer, wird in einem Erlenmeyer-Kolben mit verdünntem Ammoniak soweit abgestumpft, daß eben kein Niederschlag entsteht. Hierauf fügt man 10 cm³ einer Schwefelsäure hinzu, die 6 g konzentrierte Schwefelsäure enthält. Diese verdünnte Säure wird einem größeren Vorrat entnommen, der zur sicheren Zerstörung oxydierbarer Stoffe mit Kaliumpermanganat vorbehandelt worden ist. Die Cerlösung wird nun auf 100 cm³ verdünnt. Dann gibt man anteilweise 10 cm³ einer 20%igen Ammoniumpersulfatlösung hinzu, bedeckt mit einem Uhrglas und hält 1 Min. im Sieden. Das Gefäß wird unter einem Strahl der Wasserleitung auf etwa 40° abgekühlt. Nochmals fügt man 5 cm³ der obengenannten Persulfatlösung hinzu, erhitzt zum Sieden und kühlt ab. Schließlich wird die Oxydation vervollständigt durch einen weiteren Zusatz von 5 cm³ der Persulfatlösung und durch 15 Min. langes Sieden. Das Ende wird dadurch angezeigt, daß durch das Ausbleiben der Sauerstoffbläschen die siedende Lösung zu stoßen beginnt.

Bemerkungen. Die genannten Autoren machen ausdrücklich darauf aufmerksam, daß nur ein genaues Einhalten dieser Vorschrift zu guten Werten führt. Durch eigene Versuche zeigen sie, daß die untere Grenze für 0,1 g Ce bei 10 cm³ Schwefelsäure 1 : 4 liegt, entsprechend der Hälfte der vom „Cererdenverband“ vorgeschriebenen Säure.

Weitere ergänzende Untersuchungen stammen von TH. LINDEMAN und M. HAFSTAD. Es wird gezeigt, daß beim Kochen in Gegenwart von 2,6 g konzentrierter Schwefelsäure auf 100 cm³ Lösung noch eine feine Trübung durch Hydrolyse hervorgerufen wird. Zwischen 2,6 bis 9,5 g konzentrierter Schwefelsäure sind die Resultate gleichwertig gut, oberhalb 12 g tritt eine deutliche Reduktion durch das freigewordene Wasserstoffperoxyd ein.

Ferner wird in der gleichen Mitteilung auf eine neue Arbeitsvorschrift hingewiesen, in der bei Gegenwart von Magnesiumsulfat die konzentrierte Schwefelsäure auf 3,2 g gehalten werden kann, da die Dissoziation der Cerisulfate zurückgedrängt wird. Nach diesem Verfahren oxydierte Cerolösungen weisen bei der Titration höhere Werte als die Standardmethode auf. Eine Überprüfung durch N. H. FURMAN ergab, daß das Ammoniumpersulfat durch das Magnesiumsalz stabilisiert und bei der nachfolgenden Certitration mitbestimmt wurde. Demnach ist diese Vorschrift zu verwerfen.

L. WEISS und H. SIEGER haben die Oxydation durch Ammoniumpersulfat neuerlich eingehend untersucht und gefunden, daß eine Kochdauer von 10 Min. recht gute Ergebnisse liefert. Wird länger erhitzt, so tritt Reduktion des Ceri-Ions ein und die erhaltenen Werte können bis zu 5% zu niedrig ausfallen.

2. Methode von H. H. WILLARD und P. YOUNG. Zur Oxydation größerer Mengen Cerosalz mit Ammoniumpersulfat hatte A. BARBIERI Silbernitrat als Katalysator verwandt. Dieses einfache und sichere Verfahren übertrug H. WILLARD und P. YOUNG auf die quantitative Analyse. Wie L. WEISS und H. SIEGER zeigten, beschleunigt Silbernitrat nicht nur die Oxydation des Cero-Ions und den Zerfall des überschüssigen Persulfates, sondern stabilisiert auch das gebildete Ceri-Ion, so daß die bei der Methode v. KNORRE mit Unsicherheit behaftete Siededauer an Bedeutung verliert.

Arbeitsvorschrift. Die etwa 200 cm³ betragende Cerosalzlösung kann entweder 2,5 bis 10 cm³ konzentrierte Schwefelsäure oder 5 cm³ Salpetersäure vom spezifischen Gewicht 1,42 enthalten. Zur Oxydation verwendet man 1 bis 5 g festes Ammoniumpersulfat sowie 2 bis 5 cm³ einer Silbernitratlösung, die 2,5 g dieses Salzes im Liter enthält. Nachdem 10 Min. zum Sieden erhitzt worden war, ist die Oxydation quantitativ beendet und der Überschuß an Persulfat zerstört.

Bemerkung. Diese Methode gibt sehr gute Werte. Wird eine nach diesem Verfahren oxydierte Cerlösung mit Kaliumjodid titriert, so muß das vorhandene Silber-Ion und der damit zusammenhängende Mehrverbrauch berücksichtigt werden.

3. Methode von A. WAEGNER und A. MÜLLER. In stark salpetersaurer Lösung wird durch Wismuttetroxyd in der Kälte eine Oxydation zu Ce IV erzielt.

Arbeitsvorschrift. Die salpetersaure Cerolösung soll 25 bis 30 cm³ betragen und wird in einen Meßkolben von 110 cm³ übergeführt. Nun fügt man das gleiche Volumen an konzentrierter Salpetersäure hinzu und läßt erkalten (Verdünnungswärme); auf je 0,1 g verwendet man 2 bis 2,5 g Wismuttetroxyd, das in kleinen Anteilen unter Umschwenken eingetragen wird. Nach einer halben Stunde wird mit Wasser zur Marke aufgefüllt und durchgeschüttelt. Der Niederschlag wird absitzen gelassen (etwa 1 bis 2 Std.) und, ohne den Bodensatz aufzuwirbeln, durch ein trockenes Filter gegossen. Genau 100 cm³ des Filtrates werden zur Titration verwendet und mit dem gleichen Volumen Wasser verdünnt.

Bemerkung. Nach v. KNORRE ist die Oxydation vollständig und die Verwendung von Papierfiltern zulässig. Störend wirkt die stark salpetersaure Lösung. W. BILTZ und H. PIEPER erhielten nicht immer vollständige Oxydation, bisweilen trat Ozongeruch auf.

L. WEISS und H. SIEGER lehnen diese Methode ab, da auf Grund ihrer Versuche Fehler bis zu 15% entstehen.

4. Methode von F. J. Metzger. In schwefelsaurer Lösung oxydiert Natriumwismutat, bei Gegenwart von Ammoniumsulfat, das Cero-Ion vollständig.

Arbeitsvorschrift. Die Erdoxyde werden in 10 cm³ konzentrierter Schwefelsäure durch Erhitzen gelöst und nach Abkühlung langsam in 100 cm³ eiskaltes Wasser eingegossen. Nachdem 2 g Ammoniumsulfat und 1 g Natriumwismutat eingetragen wurden, kocht man auf und filtriert durch einen Gooch- oder Neubauer-Tiegel. Der Niederschlag wird mit 150 cm³ 2%iger Schwefelsäure ausgewaschen.

Bemerkung. Einige Übung erfordert die Herstellung der Sulfatlösung aus den Erdoxyden. Sollte sich nach dem Aufschluß mit konzentrierter Schwefelsäure und nach dem Verdünnen mit Eiswasser nicht alles Oxyd gelöst haben, so gibt man noch 10 cm³ konzentrierte Schwefelsäure hinzu und erwärmt auf der Heizplatte oder dem Wasserbad, bis die Flüssigkeit klar gelb geworden ist. Man engt nun auf 100 cm³ ein.

Dieses Verfahren hat eine sehr große Verbreitung gefunden, da die Oxydation leicht und quantitativ erfolgt. Kin'ichi Someya vergrößert den Zusatz an Natriumwismutat auf 2 g und stellt die notwendige Menge an Schwefelsäure fest. Zwischen 6,4 und 12 n ist die Oxydation vollständig. Unterhalb 6 n sind die durch Titration erhaltenen Werte zu hoch. Wird reinstes Natriumwismutat verwendet, so kann nach der Oxydation eine Entfernung des Niederschlages durch Filtration unterbleiben.

N. H. Furman bestätigt die von Someya mitgeteilten Erfahrungen und findet, daß diese Oxydationsmethode ebenso gute Werte liefert wie die von v. Knorre angegebene.

5. Methode nach A. Job. Die ursprünglichen Schwierigkeiten, die in der Persulfatoxydation lagen, suchte A. Job zu umgehen, indem er die bekannte Reaktion mit Bleidioxyd und konzentrierter Salpetersäure zur quantitativen Überführung von Ce^{III} in Ce^{IV} empfahl. Man hatte des öfteren diese Versuche neu aufgenommen, ohne brauchbare Resultate zu erhalten. Die Oxydation war stets unvollkommen (s. v. Knorre, G. Autié und L. Weiss und H. Sieger).

6. Elektrochemisches Verfahren nach J. A. Atanasiu. Die elektrochemische Oxydation des Cero-Ions in schwefel- oder salpetersaurer Lösung hatte man schon seit langer Zeit präparativ angewendet. Hengstenberger hatte in einer ausführlichen Untersuchung die Bedingungen festgelegt und F. C. Smith und C. A. Getz benutzten diese Erfahrungen gelegentlich der Bestimmung der Elektrodenpotentiale Ce^{III} bis Ce^{IV}. Die letztgenannten Forscher berichten über eine meist vollkommene Oxydation, die nur ausnahmsweise auf 98% sank. Wenn auch die Ergebnisse der anodischen Oxydation präparativ befriedigten, so war die analytische Brauchbarkeit nicht erwiesen, denn durch die notwendige Anwendung eines Diaphragmas mußte die Ionenwanderung eine Verarmung des Anodenraumes an Cer bedingen. J. A. Atanasiu (Originalarbeit nicht zugänglich durch C.) teilt nun aus seinen Untersuchungen folgende Daten mit:

Für Sulfatlösungen enthält der Katholyt 20% Schwefelsäure, der Anolyt 0,18 g-% Cerdioxyd in 20- bis 50%iger Schwefelsäure. Stromdichte 0,02 Amp. mit 0,05% elektrochemischer Ausbeute. Platinblech als Anode, Bleidraht als Kathode.

Zur Oxydation in salpetersaurer Lösung enthält die Kathodenflüssigkeit 20% Salpetersäure, die Anodenflüssigkeit 0,26g-% Cerdioxyd in 20 bis 50%iger Salpetersäure. Stromdichte 0,005 bis 0,04 Amp. mit 0,2% elektrochemischer Ausbeute. Elektroden: Platinblech als Anode und Platindraht als Kathode.

Unter den angegebenen Bedingungen bleibt das Cer quantitativ im Anodenraum. In einer späteren Mitteilung wird folgende Durchführung gegeben: Als Kathode dient ein Platindraht, der nur in die obere Flüssigkeitsschicht taucht, als Anode ein Platinblech. Man elektrolysiert mit 0,01 Amp./cm² und 0,6 Amp./Std. für 0,1 g Cer. Bei Erdgemischen wird die Summe der Erdoxyde als Cerdioxyd gerechnet. Über Säurekonzentration finden sich keine Angaben, wahrscheinlich handelt es sich um 10- bis 20%ige Lösungen.

Diese Methode wurde noch nicht überprüft.

Literatur.

ATANASIU, J. A.: Bl. Chim. pura aplicata. Bukarest **30**, 61—67 (1927); durch C. **1928 II**, 1313 und Fr. **108**, 333 (1937). — AUTIÉ, G.: Bl. [4] **41**, 1535 (1927).

BARBIERI, G. A.: Atti Acad. Lincei. **25 I**, 37 (1916); durch C. **1916 II**, 3. — BILTZ, W. u. H. PIEPER: Z. anorg. Ch. **134**, 13 (1924).

DROSSBACH, G. P.: B. **35**, 2830 (1902).

FURMAN, N. H.: Am. Soc. **50**, 761 (1928).

HENGSTENBERGER: Über die elektrolytische Oxydation von Cerosalzen. Diss. München, Techn. Hochschule 1914. — HINTZ, E. u. H. WEBER: Fr. **37**, 103 (1898).

JOB, A.: C. r. **128**, 101 (1899).

KNORRE, G. v.: Angew. Ch. **10**, 685, 717 (1897); B. **33**, 1924 (1900).

LINDEMAN, TH. u. M. HAFSTAD: Fr. **70**, 433 (1927).

METZGER, F. J.: Am. Soc. **31**, 523 (1909). — METZGER, F. J. u. A. HEIDELBERGER: Am. Soc. **32**, 642 (1910).

SMITH, G. F. u. C. A. GETZ: Ind. eng. Chem. Anal. Edit. **10**, 191 (1938). — SOMEYA, KIN'ICHI: Z. anorg. Ch. **168**, 56 (1928).

WAEGNER, A. u. A. MÜLLER: B. **36**, 282 (1903). — WEISS, L. u. H. SIEGER: Fr. **113**, 305 (1938). — WILLARD, H. H. u. P. YOUNG: Am. Soc. **50**, 1380 (1928).

Die verschiedenen maßanalytischen Bestimmungen.

Allgemeines.

Während die gravimetrischen Bestimmungen des Cers, bei gleichzeitiger Trennung von den Elementen der seltenen Erden, eine mehr untergeordnete Rolle spielen, finden die maßanalytischen Verfahren eine weite Verbreitung und in der Industrie eine laufende Anwendung. Dies liegt darin begründet, daß zu der Zeit, als die unter § 1, Abschnitt 1 genannte Methode von v. KNORRE allgemein verwendet wurde, die gravimetrischen Trennungen über kein gleichwertiges und ebenso einfach auszuführendes Verfahren verfügten. Ging v. KNORRE in seiner Methode von Ceriverbindungen aus, so wandten R. J. MEYER und SCHWEITZER, § 3 a) die Cerostufe in der Ausgangslösung an, wobei auch das bei dem ersten Verfahren unerwünschte Chlor-Ion die Oxydation des Cers durch Permanganat nicht störte. Wenn auch dieses zweite Verfahren weniger genau war, so genügten diese beiden Methoden den Ansprüchen der Betriebskontrolle, um so mehr als keine besseren Methoden zur Verfügung standen. Wie in der Einleitung zu diesem Abschnitt ausgeführt wurde, brachte das verflossene Jahrzehnt eine rasch anschwellende Entwicklung, die in der Einführung der elektrometrischen Maßanalyse und der Redoxindicatoren gelegen war. Aus den zahlreichen Mitteilungen heben sich durch ihre große Genauigkeit folgende Verfahren ab, die die beiden obengenannten Methoden auch durch ihre einfache Durchführung überflügeln.

a) Verwendung von Redox-Indicatoren. Die in § 2 Absatz c 3 beschriebene Ferroin als Indicator verwendende Methode ist geeignet, das von v. KNORRE aufgefundene Verfahren durch Kürze und Einfachheit zu ersetzen. In salpetersauren Lösungen bewährte sich das von R. LANG angegebene Verfahren, das von der Cerostufe ausgehend, als Ersatz der weniger genauen Methode von R. J. MEYER und SCHWEITZER anzusehen ist. Die in § 4 a) angeführte Oxydation durch Kaliumferricyanid hatte einer Überprüfung standgehalten und erwies sich auch zur Bestimmung weniger Milligramm Cer als sehr geeignet. Schließlich sei noch die Bestimmung mit arseniger Säure erwähnt, die im § 7 b) aufzufinden ist.

b) Elektrometrische Verfahren. Die von O. TOMIČEK, § 4 b) angegebene Methode zeichnet sich durch eine hohe Genauigkeit aus, hat jedoch den Nachteil der Verwendung einer komplizierten Apparatur. Bei Serienanalysen werden sich die Verfahren: § 1 c), § 2 *d*), § 5 *b*), α) und § 8 *d*) gut bewähren.

§ 1. Titration mit n/10 Wasserstoffperoxyd.

a) Nach v. Knorre. Saure Cerilösungen werden durch Wasserstoffperoxyd schon in der Kälte zum farblosen Cerosalz reduziert, wobei Sauerstoff entweicht. Der Farbenwechsel ist gut sichtbar, so daß A. Job ihn als Indicator zu verwenden suchte. Bei Nachprüfung seiner Angaben wurde jedoch festgestellt, daß die Empfindlichkeit dieses Farbenumschlages zu gering ist, um für analytische Zwecke brauchbar zu sein. v. Knorre verwendete einen geringen Überschuß an Wasserstoffperoxyd zur Reduktion und bestimmte diesen durch Rücktitration mit n/20 Kaliumpermanganat.

Durchführung. In der Kälte wird unter Umschwenken aus einer Bürette die n/10 Wasserstoffperoxydlösung zutropfen gelassen, bis die anfänglich gelbe Farbe völlig verschwunden ist. Stets wird ein kleiner Überschuß vorhanden sein, der sofort mit n/20 Kaliumpermanganat zurückgemessen wird. Die schwachrote Farbe soll nach Beendigung der Titration eine halbe Minute bestehen bleiben.

Berechnung.

$$2\,Ce = 2\,Fe = {}^1/_2\,O_2.$$

Die Wasserstoffperoxydlösung ist auf die Kaliumpermanganatlösung eingestellt und enthält 6 Gew.-% Schwefelsäure zur Stabilisierung.

Bemerkungen. Diese Methode gibt sehr gute Werte und gestattet die Bestimmung des Cers neben anderen Elementen der seltenen Erden, Zirkon und Thorium. Titan und Phosphorsäure dürfen nicht anwesend sein. Wenn man gealterte Cerilösungen zu bestimmen hat, kann die Reduktion durch Wasserstoffperoxyd sehr langsam verlaufen. In diesem Falle erhitzt man die Lösung vor der Titration nach Zusatz einiger Kubikzentimeter konzentrierter Schwefelsäure zum Sieden und läßt abkühlen. Nun verläuft die Bestimmung normal.

Zur Oxydation der Cerolösung kommen die Verfahren 1 (S. 765), 2 (S. 766) und 4 (S. 767) in Betracht. Ein kleiner Nachteil liegt in der geringen Beständigkeit der Wasserstoffperoxydlösung, die nur wenige Stunden ihren Wert unverändert hält. Es ist vorteilhaft, ihn knapp vor der Certitration durch eine Bestimmung mit n/20 Kaliumpermanganatlösung festzulegen.

Diese Methode war sehr verbreitet, galt als eine der besten Cerbestimmungen und wurde wiederholt nachgeprüft (Hintz und Weber, Waegner und Müller, Drossbach, Autié, W. Biltz und Pieper, W. G. Schtscherbakow).

Hingegen haben in jüngster Zeit L. Weiss und H. Sieger diese Titration abgelehnt, da sie keinen Vorteil gegenüber der Reduktion mit Ferrosulfat oder arseniger Säure aufzuweisen hat. Mitgeteilte Resultate zeigen, daß die Lösungen etwa 2 n Säure enthalten müssen; unterhalb dieser Acidität und oberhalb 4 n erhält man zu geringe Werte. Auch die Menge des anwesenden Cers ist maßgebend; so ergeben größere Mengen höhere Resultate als verdünntere Lösungen, die sich dem theoretischen Wert nähern. Die beiden Autoren empfehlen nur schwefelsaure Lösungen, da Salpetersäure eine genaue Titration unter keinen Bedingungen zuläßt. Ferner vermeiden sie die Rücktitration des überschüssig verwendeten Wasserstoffsuperoxydes, da zufolge eines geringen Umsatzes zwischen Ce III und Kaliumpermanganat Fehler verursacht werden.

An dieser Stelle sei noch eine weitere Methode erwähnt, die G. Autié mitteilte. Man führt das Erdengemisch in die löslichen Alkalidoppelcarbonate über, versetzt mit Wasserstoffperoxyd und verkocht den Überschuß. Hierauf säuert man mit Salpetersäure an und titriert das Ceri-Ion mit einer n/10 Wasserstoffperoxydlösung. Die Resultate befriedigen nach Angabe des Autors nicht, da der Überschuß des Oxydationsmittels durch Kochen nicht vollständig zerstört werden kann.

b) Nach H. H. Willard und P. Young. Das Ceri-Ion kann mit einer n/10 Wasserstoffperoxydlösung unter Mithilfe des Indicators Ferroin titriert werden. Die schwefel- oder salpetersaure Cerilösung, die bis zu 5% freie Säure enthalten kann, wird tropfenweise mit der Wasserstoffperoxydlösung titriert, bis die gelbe Farbe fast ganz verschwunden ist. Nun setzt man 1 Tropfen Ferroinlösung zu (S. 771) und beendet die Titration. Farbenumschlag von Schwachblau nach Rosa.

Bemerkung. Wird der Indicator zu früh zugesetzt, so oxydiert und zerstört ihn das Ceri-Ion, und es kommt zu keiner Farbenentwicklung.

c) Potentiometrische Titration nach N. H. Furman und J. H. Wallace. Die salpeter- oder schwefelsaure Lösung, oxydiert nach 1 (S. 765), 2 (S. 766) und 4 (S. 767), wird auf 2 n angesäuert und mit einer n/10 Wasserstoffperoxydlösung potentiometrisch titriert. Der Potentialsprung ist sehr scharf.

Bemerkung. Diese Methode läßt sich schnell durchführen, und die Resultate sind sehr genau. Das Gleichgewicht stellt sich sehr rasch ein und die Menge der freien Säure ist in weiten Grenzen ohne Einfluß. Als Hilfselektroden wurden ein blanker Platindraht und eine Normal-Kalomelelektrode verwandt. J. A. Atanasiu und V. Stefanescu haben unabhängig davon die gleiche Ausführung empfohlen.

Literatur.

Atanasiu, J. A. u. V. Stefanescu: B. **61**, 1343 (1928). — Autié, G.: Bl. [4] **41**, 1535 (1927).
Biltz, W. u. H. Pieper: Z. anorg. Ch. **134**, 13 (1924).
Drossbach, G. P.: B. **35** 2830 (1902).
Furman, N. H. u. J. H. Wallace: Am. Soc. **51**, 1452 (1929).
Hintz, E. u. H. Weber: Fr. **37**, 94 (1898).
Job, A.: C. r. **128**, 101 (1898).
Knorre, G. v: Angew. Ch. **10**, 685, 717 (1897); B. **33**, 1924 (1900).
Schtscherbakow, W. G.: Betriebslab. **6**, 160 (1937); durch C. B. **1938 II**, 363.
Waegner, A. u. A. Müller: B. **36**, 282 (1903). — Weiss, L. u. H. Sieger: Fr. **113**, 305 (1938). — Willard, H. H. u. P. Young: Am. Soc. **55**, 3269 (1933).

§ 2. Titration mit Ferroammoniumsulfat.

a) Nach Metzger. An Stelle der wenig beständigen Wasserstoffperoxydlösung wird eine Ferroammoniumsulfatlösung angewendet. Der Überschuß wird mit Kaliumpermanganat zurückgemessen.

Durchführung. Die Titration erfolgt in der Kälte, und die n/40 Ferroammoniumsulfatlösung wird bis auf Farblos zufließen gelassen. Die Rücktitration mit n/10 Permanganatlösung kann sofort angeschlossen werden.

Berechnung.

$$2\,Ce = 2\,Fe = {}^1/_2 O_2.$$

Bemerkung. Diese Methode gibt ganz vorzügliche Werte. Da nur in schwefelsaurer Lösung gearbeitet werden kann, wird die Oxydationsmethode 1 (S. 765) oder 4 (S. 767) anzuwenden sein.

b) Nach R. Lessnig. Während für alle vorhergenannten Bestimmungsarten Erdsalzlösungen vorliegen müssen, wird hier versucht, von den Oxyden auszugehen. Bei Gegenwart von Ferroammoniumsulfat als Reduktionsmittel werden die Cer enthaltenden Oxyde durch verdünnte Schwefelsäure aufgelöst. Der Überschuß an Ferrosalz wird oxydimetrisch ermittelt und aus der Differenz das Cer berechnet.

Durchführung. In einem Erlenmeyer-Kolben werden die Oxyde der seltenen Erden, 0,1 bis 0,2 g, eingewogen und mit 10 cm³ einer n/10 Ferroammoniumsulfatlösung und 50 cm³ Schwefelsäure (1 : 5) übergossen. Mit einem doppelt durchbohrten Stopfen, durch dessen eine Bohrung ein bis auf den Boden reichendes Einleitungsrohr und durch dessen zweite Bohrung eine kurze Gasableitung führt, wird der Kolben verschlossen. Man verdrängt in der Kälte aus dem Kölbchen die Luft durch Kohlensäure und erhitzt hierauf zum gelinden Sieden. In etwa 5 Min. sind die Oxyde gelöst und nun läßt man im Kohlendioxydstrom erkalten. Man verdünnt mit Wasser und titriert das unverbrauchte Ferroammoniumsulfat mit n/20 Kaliumpermanganatlösung zurück.

Berechnung.

$$1\,Fe = 1\,Ce.$$

Bemerkungen. Die Verläßlichkeit der nach dieser Methode erhaltenen Resultate wird durch einen Gehalt an Praseodym und Terbium, die höhere Oxyde bilden, stark beeinträchtigt. Bei kleinen Cer- und großen Praseodymmengen kann sich der Mehrbetrag bis auf 30% des vorhandenen Cers vergrößern. Es besteht kein Zusammenhang zwischen dem Praseodymgehalt und den erhaltenen Werten. Cerdioxyd, rein oder in Mischung mit Lanthan, Neodym und Yttererden, gibt einwandfreie Werte.

G. Autié hat unabhängig von R. Lessnig dieselbe Methode in der gleichen Durchführung empfohlen.

c) Nach N. H. Furman. Nach Untersuchungen von N. H. Furman und J. H. Wallace kann man bei der Titration des Cerisulfates mit dem Ferro-Ion die Restbestimmung mit Permanganat umgehen, wenn man Redoxindicatoren anwendet. Für die Umsetzung Cerisulfat-Ferrosulfat haben die Autoren drei brauchbare Indicatoren, Methylrot, Erioglaucin und Eriogrün experimentell geprüft.

1. Methylrot. Der Indicator wird durch Auflösen von 0,2 g Methylrot in 100 cm³ 6 n Schwefelsäure hergestellt. Der geringe unlösliche Rückstand wird durch Filtration entfernt.

Durchführung. Die n/10 Ferrosulfatlösung wird zugefügt, bis die zu titrierende Flüssigkeit nur mehr eine schwach gelbe Färbung aufweist. Nun gibt man 0,05 cm³ des Indicators und 25 cm³ einer Schwefelsäure-Phosphorsäuremischung (je 150 cm³ der konzentrierten Säuren auf ein Liter Wasser) hinzu. Die schwach gelbe Färbung der Lösung wird verstärkt, und bei vorsichtiger Zugabe der Ferrosulfatlösung schlägt im Endpunkt der Indicator auf Violett um.

Bemerkung. Der Zusatz von Phosphorsäure verschärft den Farbenumschlag, der nun gut mit dem elektrometrisch bestimmten Wendepunkt übereinstimmt. Bei ganz genauen Analysen muß eine kleine Indicatorkorrektur von 0,03 cm³ n/10 Ferrosulfatlösung vorgenommen werden.

2. Erioglaucin und Eriogrün. Die Indicatoren werden in 0,1%iger wäßriger Lösung verwendet. 0,5 cm³ dieser Lösung genügen für eine Titration. Im Gegensatz zum Methylrot können diese Farbstoffe zu Beginn der Titration zugefügt werden. Die Farbe ist zuerst rosa oder rot, bei Gegenwart von Ferri-Ionen orange; gegen Ende des Umsatzes tritt das Rot stärker hervor, um im Endpunkt innerhalb eines kleinen Intervalles in Gelb umzuschlagen. Diese beiden Indicatoren geben in beiden Titrationsrichtungen gute Resultate, ohne eine Korrektur zu erfordern.

Als Indicatoren werden ferner vorgeschlagen:

3. Ferroin. G. H. Walden, L. P. Hammett und R. P. Chapman empfehlen als Indicator das Ferroin. In einer 2 n schwefelsauren Lösung, deren Volumen 100 bis 300 cm³ betragen kann, läßt sich in der Kälte das Ceri-Ion mit Ferrosulfat sehr genau bestimmen. Der Farbenumschlag erfolgt von Schwachblau nach Rosa, wobei der Indicator erst dann zugesetzt wird, wenn der größte Teil des Ceri-Ions reduziert ist.

Der Indicator wird in folgender Weise hergestellt: 0,075 m Phenantrolinmonohydrat werden in einer 0,025 m Ferrosulfatlösung zu $Fe(C_{12}H_8N_2)_3SO_4$ aufgelöst. Ein Tropfen dieser Lösung genügt für eine Titration und verbraucht 0,01 cm³ eines n/10 Oxydationsmittels. Demnach wird nur bei sehr verdünnten Lösungen eine Indicatorkorrektur notwendig sein.

Nach dieser Methode erhielten L. Weiss und H. Sieger sehr gute Werte. Nitrate und Salpetersäure dürfen nicht anwesend sein. Die Ferrosulfatlösung wurde durch Auflösungen von Klavierdraht unter Bunsen-Ventilschutz hergestellt.

4. Diphenylaminsulfosaures Natrium. Dieser Indicator wurde von L. A. SARVER und I. M. KOLTHOFF in die Cerimetrie eingeführt und hatte die bisher üblichen Stoffe, wie Diphenylamin und Diphenylbenzidin, durch die Schärfe des Umschlages verdrängt. Man löst 0,317 g des Bariumsalzes in 100 cm³ Wasser unter Zusatz von 0,5 g Natriumsulfat. Nach Entfernung des abgeschiedenen Bariumsulfates ist der Indicator gebrauchsfertig. Für eine Titration verwendet man 0,3 cm³ der Indicatorlösung und setzt, um die oxydierende Wirkung des Eisen(III)ions auszuschalten, auf je 100 cm³ Lösung 5 cm³ Phosphorsäure (D = 1,7) zu. Der Umschlag erfolgt von tiefblau auf grünlich, wobei in der Nähe des Endpunktes die Maßlösung langsam zugegeben wird. Als Indicatorkorrektur müssen 0,03 cm³ n/10 Ferrosulfat zum abgelesenen Volumen hinzugefügt werden.

d) Potentiometrische Bestimmung. KIN'ICHI SOMYEA hat die Umsetzung Cerisulfat-Ferrosulfat potentiometrisch verfolgt und ihre besondere Eignung zur quantitativen Bestimmung des Cers festgestellt. Zur Messung wurden ein Potentiometer, als Nullinstrument ein empfindliches Galvanometer und als Elektroden eine Normalkalomelhalbzelle und ein blanker Platindraht verwendet.

Durchführung. Die auf 300 cm³ verdünnte Cerilösung kann bis 20 cm³ konzentrierte Schwefelsäure enthalten. Es wird in der Kälte titriert; solange die gelbe Farbe noch sichtbar ist, geht die Potentialeinstellung rasch, gegen Ende muß jedoch 3 bis 5 Min. gewartet werden. Das Umschlagspotential liegt bei 0,85 V, gemessen gegen die Normalkalomelelektrode; der Potentialsprung ist sehr scharf.

Bemerkungen. Die Cerilösung kann nach dem Oxydationsverfahren 1 (S. 765) und 4 (S. 767) hergestellt werden. Wurde bei dem Verfahren 4 nicht reinstes Natriumwismutat verwendet, so muß unter gleichen Bedingungen ein Blindversuch unternommen werden. N. H. FURMAN und J. A. ATANASIU bestätigen die oben angeführte Titrationsvorschrift, und H. H. WILLARD und P. YOUNG zeigen, daß auch in salpeter- und perchlorsaurer Lösung gute Werte erhalten werden.

e) Nach R. LANG. Bestimmung des Ceri-Ions mit Ferrosulfatlösung nach vorhergehender induzierter Oxydation durch Chromsäure und arsenige Säure.

Cerosalzlösungen werden im allgemeinen durch Chromsäure nicht oxydiert. Bei Gegenwart von arseniger Säure wird jedoch die Chromsäure reduziert und sowohl die arsenige Säure als auch das Cerosalz oxydiert. Das so gebildete Cerisalz unterliegt seinerseits weiter der induzierten Reduktion durch das Gemisch Chromsäure—arsenige Säure. Es bildet sich ein Gleichgewichtszustand $Ce^{III} \rightleftharpoons Ce^{IV}$ heraus, der sich mit wachsender Acidität zugunsten des Cerisalzes verschiebt, ohne jedoch eine vollständige Oxydation zu erreichen. Ist nun Metaphosphorsäure in der Lösung vorhanden, so bildet diese sowohl mit dem dreiwertigen als auch dem vierwertigen Cer lösliche Komplexverbindungen, die das Potential Ce^{III}/Ce^{IV} hinreichend negativ gestalten, um die induzierte Reduktion des Cerisalzes zu verhindern. Unter diesen Bedingungen wird die quantitative Oxydation des Cersalzes leicht erreicht und die überschüssig angewendete arsenige Säure wirkt auf die stabilisierte Ceristufe nicht ein. Nun kann man mit einer gestellten Ferrosulfatlösung das Cerisalz titrieren. Die ursprünglich tief blau violette Lösung wird bei Gegenwart einer Diphenylaminlösung als Indicator auf Grasgrün titriert.

Durchführung. Erforderliche Lösungen:

1. 15 g Kaliumbichromat im Liter.
2. 15 g arsenige Säure und etwa 10 g Natriumcarbonat im Liter.
3. n/10 Ferrosulfatlösung: 28 g krystallisiertes Ferrosulfat und 10 cm³ konzentrierte Schwefelsäure im Liter. Der Titer kann auf Kaliumbichromat oder Kaliumpermanganat gestellt werden.
4. 1 g Diphenylamin in 100 cm³ sirupöser Phosphorsäure als Indicator.

Die Cerosalzlösung, die auf 200 cm³ 5 bis 30 cm³ konzentrierte Salzsäure oder 5 bis 50 cm³ konzentrierte Salpetersäure oder 3 bis 40 cm³ konzentrierte Schwefelsäure enthalten darf, wird mit einer Lösung von 4 bis 5 g glasiger Phosphorsäure in 10 bis 20 cm³ Wasser und mit 3 Tropfen = 0,1 cm³ der Diphenylamin-Indicatorlösung versetzt. Nun wird unter Umschwenken Chromsäure und arsenige Säure zufließen gelassen. Für 0,35 g Cer benötigt man 30 cm³ Bichromat und 35 bis 40 cm³ arsenige Säure; für 0,63 g Cer : 50 cm³ Bichromat und 55 bis 60 cm³ arsenige Säure. Nach einer halben Minute wird mit Ferrosulfat auf Grasgrün titriert. Die Indicatorkorrektur beträgt —0,015 cm³ n/10 Ferrosulfatlösung.

Berechnung.

$$1\ \mathrm{Ce} = 1\ \mathrm{Fe}.$$

Bemerkungen. Die Indicatorkorrektur —0,015 cm³ n/10 Ferrosulfatlösung bezieht sich auf den Zusatz vor der Vermischung mit Chromsäure-arsenige Säure. Wird der Indicator knapp vor der Titration zugegeben, also nach erfolgter Oxydation des Cersalzes, so muß mit einer Korrektur von + 0,07 cm³ n/10 Ferrosulfatlösung gerechnet werden. Diese Zahlen wurden für 0,1 cm³ Diphenylaminlösung experimentell bestimmt.

Ein Vorzug dieser Methode liegt in den weiten Grenzen der Acidität. Ist mehr Säure vorhanden als angegeben, so kann die Lösung bis zu 400 cm³ verdünnt werden. Bei Gegenwart von viel Salpetersäure fügt man etwas Harnstoff zu, um die Stickoxyde zu entfernen, die die Farbe des Indicators beeinflussen. Die Methode ist sehr genau, wenn in salpetersaurer Lösung gearbeitet wird. Die Beleganalysen zeigen sehr geringe Schwankungen, max 0,5% und seltene Erden stören nicht. In schwefelsaurer Lösung fallen die Werte um einige Prozente zu hoch aus, während in Gegenwart von Salzsäure ein Verlust von 1 bis 2% festzustellen ist (L. Weiss und H. Sieger).

Literatur.

Atanasiu, J. A.: B. **61**, 1343 (1928). — Autié, G.: Bl. [4] **41**, 1535 (1927).

Furman, N. H.: Am. Soc. **50**, 761 (1928). — Furman, N. H. u. J. H. Wallace: Am. Soc. **52**, 2351 (1930).

Lang, R.: Fr. **97**, 395 (1934). — Lessnig, R.: Fr. **71**, 161 (1927).

Metzger, F. J.: Am. Soc. **31**, 523 (1909). — Metzger, F. J. u. M. Heidelberger: Am. Soc. **32**, 642 (1910).

Sarver, L. A. u. I. M. Kolthoff: Am. Soc. **53**, 2902 (1931). — Someya, Kin'ichi: Z. anorg. Ch. **168**, 56 (1928).

Walden jun., G. H., L. P. Hammett u. R. P. Chapman: Am. Soc. **55**, 2653 (1933). — Weiss, L. u. H. Sieger: Fr. **113**, 316 (1938). — Willard, H. H. u. P. Young: Am. Soc. **50**, 1322 (1928).

§ 3. Titration mit Kaliumpermanganat.

a) Nach R. J. Meyer und A. Schweitzer. Cerosalze werden in saurer Lösung durch Kaliumpermanganat nur äußerst langsam oxydiert; in neutraler oder alkalischer Lösung tritt jedoch sofort ein Umsatz ein, bei dem Cerihydroxyd zusammen mit Braunstein abgeschieden wird.

Schon Cl. Winkler hatte versucht, das Cer mit Permanganat quantitativ zu bestimmen, indem er durch Quecksilberoxyd die freiwerdende Säure neutralisierte. Gleichartige Versuche mit Zinkoxyd von Stolba oder mit überschüssigem Kaliumhydroxyd von B. Brauner schlugen fehl, da sich der Luftsauerstoff an der Oxydation in unkontrollierbarer Weise beteiligte. Nach C. R. Böhm zeigen die so erhaltenen Werte einen konstanten Fehlbetrag, der durch Titerstellung der Kaliumpermanganatlösung gegen eine bekannte Cerolösung unschädlich gemacht werden sollte. Eine brauchbare Lösung zur Ausschaltung der Oxydation durch den Luftsauerstoff stammt von R. J. Meyer und Schweitzer. Entgegen den bisherigen Versuchen hatten sie die Permanganatlösung alkalisch gemacht und die neutrale *Cerolösung aus einer* Bürette *in* das alkalische Gemisch einfließen lassen. Die Neutralisation der Säure und die Oxydation des Cers finden demnach gleichzeitig statt. Der Endpunkt ergibt sich durch das Entfärben der vorgelegten Permanganatlösung.

Arbeitsvorschrift. Die neutrale Cerolösung, erhalten durch Eindampfen oder durch genaues Neutralisieren mit Natriumcarbonat, bis eben eine schwache Trübung bestehen bleibt, wird in einen geeigneten Meßkolben überführt und bis zur Marke mit Wasser verdünnt. Die gut durchgemischte Lösung wird in eine Bürette gefüllt. In einem Titrierkolben wird reinste, ausgeglühte Magnesia, die mit Wasser milchig verrieben wurde, auf 60 bis 70° erhitzt und mit 25 bis 30 cm^3 einer n/10 oder n/20 Kaliumpermangatlösung vermischt. Nun läßt man aus der Bürette unter dauerndem Umschütteln die Cerolösung zutropfen. Die Farbe des sich bildenden Niederschlages ist zunächst braun und geht schließlich in Gelb über. Gegen Ende der Titration verlangsamt sich die Umsetzung; man unterbricht daher das Zutropfen und läßt den Niederschlag absitzen. Der Umschlag von rot auf farblos ist sehr scharf.

Berechnung.

$$2\,Ce = {}^1/_2\,O_2.$$

Bemerkungen. Für reine Cerlösungen gibt diese Bestimmungsart einwandfreie Werte, die sehr gut mit den Resultaten der Methoden von v. KNORRE sowie von METZGER übereinstimmen (G. AUTIÉ). Sind jedoch Praseodymsalze zugegen, so werden auch sie zum Teil oxydiert. Die Werte liegen dann 1 bis 2% über dem Cerwert. Die einfache Handhabung dieser Titration sowie die Unabhängigkeit von den vorhandenen Anionen hat zu einer großen Verbreitung in der Industrie geführt.

V. LENHER und C. C. MELOCHE haben die Bedingungen der Ceroxydation durch Permanganat eingehend nachgeprüft. Sie verwendeten Ceronitratlösungen und untersuchten verschiedene Neutralisationsmittel, von denen sich das Magnesiumoxyd auf das beste bewährte. Auch die Vorgänge bei der Titration wurden verändert. Auf Grund der gesammelten Erfahrung empfehlen die Autoren folgende Arbeitsweise: Der Cerosalzlösung fügt man den größten Teil der zu verbrauchenden Permanganatmenge auf einmal zu, hierauf das mit Wasser fein zerriebene Magnesiumoxyd. Nun wird zum Sieden erhitzt und bis zum Auftreten der Schwachrosa-Färbung titriert. Nach L. A. CONGDON und E. L. RAY ergibt diese Variante einen Fehler von + 0,74%.

Ferner wird eine gesättigte Boraxlösung als Neutralisationsmittel empfohlen. In die Cerolösung wird nach und nach Boraxlösung eingetragen, bis gegen Lackmus alkalische Reaktion besteht. Dann wird wie oben angegeben weiter verfahren.

Für beide Methoden gilt bei Anwesenheit von Praseodym das bei dem Verfahren nach R. J. MEYER und SCHWEITZER Gesagte.

b) Nach L. WEISS und H. SIEGER. An Stelle der oben angeführten Neutralisationsmittel wird ein Natriumacetatpuffer $p_H = 8$ vorgeschlagen. Da die entstehenden rotgefärbten Manganisalze die Beobachtung des Titrationsendpunktes unmöglich machen, wird der Umsatz potentiometrisch verfolgt. Die Resultate schwanken zwischen — 1,5 bis + 1,5%. Diese Titration ist rasch durchzuführen. Über den Einfluß anderer Elemente der seltenen Erden auf die Güte der Resultate findet sich kein Hinweis.

c) Nach G. A. BARBIERI. Phosphorsäure fällt aus schwach saurer Lösung Ceriphosphat quantitativ, während die Cerosalze gelöst bleiben. Aus neueren Untersuchungen ist bekannt, daß das Ce^{III}/Ce^{IV}-Potential in Anwesenheit von Phosphat-Ionen zufolge von Komplexbildung sehr niedrig liegt. Wird das Ceri-Ion dauernd abgefangen, so ist es möglich, auch in Gegenwart von H-Ionen das Cersalz mit Permanganat zu oxydieren.

Durchführung. Die Lösung soll in 100 cm^3 0,1 g Cer enthalten und wird mit 20 cm^3 Phosphorsäure (D 1,35) versetzt. Man titriert in der Hitze mit n/10 Kaliumpermanganatlösung, bis die Rosafärbung bestehen bleibt. Es fällt weißes basisches Ceriphosphat aus und die überstehende Lösung erscheint bis gegen Ende der Titration farblos.

Bemerkung. Diese Methode wurde noch nicht nachgeprüft. Die Gegenwart von Praseodym sollte nicht störend wirken. Bei der Berechnung beachte man, daß in saurer Lösung titriert wird.

Literatur.

AUTIÉ, G.: Bl. [4] **41**, 1535 (1927).
BARBIERI, A.: Atti Accad. Lincei [5] **25 I**, 37 (1914); durch C. **1916 II**, 3. — BÖHM, C. R.: Angew. Ch. **16**, 1129 (1903). — BRAUNER, B.: Chem. N. **71**, 283 (1895).
CONGDON, L. A. u. E. L. RAY: Chem. N. **128**, 233 (1924).
LENHER, V. u. C. C. MELOCHE: Am. Soc. **38**, 67 (1916).
MEYER, R. J. u. A. SCHWEITZER: Z. anorg. Ch. **54**, 104 (1907).
STOLBA: Sitzungsber. d. kgl. böhm. Gesellsch. d. Wissensch. 1878.
WEISS, L. u. H. SIEGER: Fr. **113**, 323 (1938). — WINKLER, CL.: Fr. **3**, 423 (1864).

§ 4. Titration mit Kaliumferricyanid.

a) Nach P. E. BROWNING und H. E. PALMER. Wenn man das leicht oxydable Cerohydroxyd mit einem milden Oxydationsmittel zusammenbringt, so besteht die Möglichkeit, daß nur das Cer in die vierwertige Form gebracht wird, während das Praseodym in seiner ursprünglichen Wertigkeit erhalten bleibt. Das Kaliumferricyanid erfüllt diese Forderung und das hierbei durch Reduktion entstehende Ferrocyanid kann dann im Filtrat oxydimetrisch bestimmt werden.

Durchführung. Die Cerosulfatlösung wird mit 20 cm³ einer 2%igen Kaliumferricyanidlösung und hierauf mit soviel Kaliumhydroxyd versetzt, bis die Erdhydroxyde vollständig ausgefällt sind. Nun filtriert man den Niederschlag ab, wäscht gut mit Wasser aus und verdünnt das Filtrat auf 200 bis 250 cm³. Dieses wird mit Schwefelsäure deutlich angesäuert und das durch Reduktion entstandene Ferrocyanid mit einer n/10 Kaliumpermanganatlösung titriert.

Berechnung.

$$1\ \mathrm{Ce} = 1\ \mathrm{Fe}.$$

Bemerkungen. Dieses Verfahren ist sehr rasch durchführbar, da in der Kälte gearbeitet wird. Durchschnittliche Analysendauer 25 Min. Eine Einschränkung erleidet diese Methode dadurch, daß nur Sulfate zugegen sein dürfen. Hingegen stören begleitende seltene Erden nicht. Die Resultate differieren um $\pm$ 0,5%.

L. WEISS und H. SIEGER ergänzen die oben angeführte Vorschrift. Die ein kleines Volumen besitzende Cerlösung wird auf je 0,1 g Ce mit 20 cm³ Kaliumferricyanidlösung versetzt, hierauf mit 8%iger Natronlauge im Überschuß gefällt. Nach dem Abkühlen wird mit ausgekochtem Wasser auf 200 cm³ aufgefüllt. Man kann sogleich durch ein Blaubandfilter filtrieren und einen aliquoten Teil mit n/10 Kaliumpermanganat titrieren.

Bei kleinen Cermengen fallen die Resultate meist zu hoch aus, da die qualitativen Filter das Ferricyanion reduzieren. Man trennt daher den Niederschlag durch Zentrifugieren, Absitzen oder durch Verwendung eines Glassintertiegels. Ferner tritt eine deutliche Zersetzung ein, wenn ein zu großer Überschuß an Hydroxyl-Ionen vorhanden ist. Schon in der Kälte ist diese unerwünschte Reduktion bemerkbar, die in der Wärme zu beträchtlichen Fehlern führen kann. Aus diesen Erfahrungen ergibt sich für Mikrobestimmungen die folgende Durchführung.

Die Cerlösung darf höchstens 25 cm³ betragen und wird in einen 100 cm³ ERLENMEYER-Kolben eingefüllt. Man kühlt mit einer Eis-Kochsalzkältemischung die zu verwendenden Lösungen und gibt hierauf 5 bis 10 cm³ einer normalen Kaliumferricyanidlösung (deren Eisengehalt durch einen Blindversuch bestimmt wurde) und in möglichst geringem Überschuß eine Natronlauge 1 : 2 zu. Man zentrifugiert, wäscht den Niederschlag mit 1,5 cm³ Lauge in 30 bis 40 cm³ Wasser aus, säuert die klare, gelbe Lösung mit Schwefelsäure 1 : 4 an und titriert mit n/10 Kaliumpermanganat. Auf diese Weise lassen sich Mengen von wenigen Milligramm Cer hinreichend genau bestimmen. Fehler max $\pm$0,5 mg.

b) Potentiometrisch nach O. Tomiček. Die dreiwertigen Elemente der seltenen Erden bilden mit überschüssigen Alkalicarbonaten lösliche Komplexsalze; das Kaliumcerocarbonat nimmt aus der Luft Sauerstoff auf und bildet eine leicht lösliche, gelbe Doppelverbindung. Wenn man unter Luftabschluß arbeitet und die Oxydation mit einer gestellten Ferricyanidlösung vornimmt, kann man den Cergehalt sehr genau erfassen.

Durchführung. Die zu titrierende neutrale oder sehr schwach saure Lösung, die Sulfat- oder Chlor-Ionen enthalten kann, wird auf etwa 20 cm^3 eingeengt und mit etwa $^3/_4$ der zu erwartenden Kaliumferricyanidlösung versetzt. Der Titrierkolben ist durch einen Gummistopfen verschlossen, der fünf Bohrungen besitzt. Durch diese gehen hindurch: 1 Thermometer, 1 Platindrahtnetz als Hilfselektrode, die Kalomelhalbzelle, 1 Gaszuleitungsrohr und 1 Gasableitungsrohr. Letzteres ist mit einer mit gesättigter Kochsalzlösung gefüllten Waschflasche verbunden. Durch sauerstofffreie Kohlensäure wird die Luft aus der Apparatur und der Lösung verdrängt; hierauf wird unter andauerndem Rühren eine starke Kaliumcarbonatlösung (ungefähr 50%ig) solange eingetragen, bis die Carbonatkonzentration etwa 30% beträgt. Die Titration mit n/10 oder n/20 Kaliumferricyanidlösung wird nun fortgesetzt und jeder Zusatz potentiometrisch verfolgt. Die Platinelektrode erreicht sehr schnell den konstanten Wert. Der Potentialsprung am Ende der Titration ist sehr scharf.

Bemerkung. Da die Bildung eines Niederschlages vermieden wird, erreicht diese Methode eine Genauigkeit von $\pm 0{,}2\%$ (bestätigt von G. Autié). Die Gegenwart anderer Elemente der seltenen Erden, sowie von Zirkon, Thorium und dreiwertigem Eisen beeinflussen die Werte nicht. Hingegen erfordert diese Bestimmungsart eine eigene Apparatur und eine sehr sorgfältige Durchführung.

Eine neuerliche Prüfung dieser Methode durch L. Weiss und H. Sieger ergab gute Resultate, wenn die zu verwendenden Lösungen vom Luftsauerstoff völlig befreit wurden. Die Endkonzentration an Kaliumcarbonatlösung braucht nicht 20 bis 25% zu betragen, denn auch die Hälfte dieser Menge gibt noch einwandfreie Werte.

Diese Methode ist nicht anwendbar auf Nitrate. Ist eine größere Menge von Schwefelsäure zugegen, so wird vor Zusatz der Pottaschelösung mit Natronlauge neutralisiert, wodurch die Bildung der schwerlöslichen Kaliumdoppelsulfate vermieden wird.

c) Nach L. Weiss und H. Sieger. Es wurde versucht, in mit Acetat oder Biphthalat gepufferten Lösungen das Cero-Ion durch Kaliumferricyanid potentiometrisch zu bestimmen. Unterhalb $p_H = 7$ findet sich kein deutlicher Wendepunkt; bei $p_H = 8$ sind zwei Haltepunkte vorhanden. Der erste scharfe Punkt zeigt die Hälfte der zur Oxydation notwendigen Menge an. Hierbei fällt die Hälfte des Cers als blaßviolettes Cerihydroxyd aus. Bei weiterem Zusatz der Maßlösung ergibt sich ein unscharfer Wendepunkt. Auch die Umkehrung dieser Reaktion wurde untersucht, doch führte auch sie zu keinen guten Werten. Die Autoren empfehlen diese Methode nicht.

Literatur.

Autié, G.: Bl. [4] **41**, 1535 (1927).
Browning, P. E. u. H. E. Palmer: Z. anorg. Ch. **59**, 71 (1908).
Tomiček, O.: R. **44**, 410 (1925).
Weiss, L. u. H. Sieger: Fr. **113**, 318, 322 (1938).

§ 5. Titration mit Kaliumferrocyanid.

a) Nach H. H. Willard und P. Young. Im vorhergehenden Abschnitt wurde die Oxydation von Cerosalzen durch Kaliumferricyanid in alkalischer Lösung beschrieben. Diese Reaktion geht sehr schnell vor sich, wechselt jedoch sofort die Richtung, wenn Wasserstoff-Ionen zugesetzt werden. Auch dieser entgegengesetzte

Verlauf wird mit hinreichend großer Geschwindigkeit vollzogen, so daß man ihn zu einer maßanalytischen Bestimmung verwenden kann. Mit dem Indicator Ferroin läßt sich der Endpunkt der Reaktion Cerisulfat-Ferrocyanid gut erfassen, wenn in salzsaurer Lösung gearbeitet wird (s. S. 764).

Durchführung. Die gemessene n/10 Kaliumferrocyanidlösung wird im Titriergefäß mit 5 bis 10 cm³ konzentrierter Salzsäure versetzt und auf 100 bis 200 cm³ verdünnt. Ein Tropfen Ferroinlösung (S. 771) wird zugefügt und mit der zu bestimmenden Cerisulfatlösung titriert, bis die braunrote Farbe in Gelbgrün umschlägt.

Bemerkung. Die von den Autoren angeführten Resultate sind zufriedenstellend, doch wird bei Gegenwart von viel Sulfat-Ionen der Farbenumschlag unscharf. L. Weiss und H. Sieger haben bei Gegenwart von Schwefelsäure und direkter Titration (Cerisalz mit Ferrocyankalium bei Zimmertemperatur) gute Resultate erhalten, wenn die Hauptmenge der Maßflüssigkeit in einem Guß zugesetzt wird.

b) Potentiometrisch nach Kin'ichi Someya. Die Umsetzung von Cerisulfat mit Kaliumferrocyanid zählt zu den empfindlichsten potentiometrischen Methoden der Cerimetrie. Es ist gleichgültig, welcher von den beiden Reaktionsteilnehmern bestimmt und mit welchem die Titration beendet werden soll. Die Umsetzung zu Cerosalz und Kaliumferricyanid geht in Gegenwart von H-Ionen sehr schnell vor sich, so daß in der Kälte titriert werden kann. Indicatorelektrode: blanker Platindraht.

Durchführung. Die etwa 100 cm³ betragende Cerisulfatlösung wird mit 2,5 cm³ konzentrierter Schwefelsäure versetzt und mit einer n/10 Kaliumferricyanidlösung titriert. Die Gleichgewichtseinstellung erfolgt sehr rasch; beim Endpunkt warte man 1 bis 2 Min. Der Potentialsprung ist sehr deutlich.

Bemerkung. Die Resultate sind sehr genau, und die größten Fehler betragen 0,05%. J. A. Atanasiu und V. Stefanescu bestätigen die Durchführung und die einwandfreien Resultate. N. H. Furman und O. M. Evans untersuchten diese Titration nochmals eingehend und fanden, daß es vorteilhaft ist, die n/10 Ferrocyanidmaßlösung rasch zufließen zu lassen. Die besten Resultate erhält man in 1 n schwefelsaurer Lösung, doch ist die Abhängigkeit von der Säurekonzentration nicht sehr groß. Erst über 4 n wird der Endpunkt unscharf. Someya ist mit dieser Modifikation einverstanden und zieht sie seiner ersten Vorschrift vor.

c) Trennung des Cers von Lanthan nach J. A. Atanasiu (a). Die potentiometrische Bestimmung des Cers durch Kaliumferrocyanid kann bei Cer^{III}-Verbindungen fällungsanalytisch und bei Cer^{IV}-Verbindungen oxydimetrisch vorgenommen werden (s. u. S. 763). Auch Lanthan kann nach der gleichen Methode wie Cer^{III} quantitativ ermittelt werden (S. 749). J. A. Atanasiu zeigte, daß durch Kombination dieser Verfahren Lanthan und Cer nebeneinander mit einer Maßlösung sehr genau und rasch bestimmt werden können.

Durchführung. Wie auf S. 763 und 749 beschrieben, werden Cer und Lanthan gemeinsam als Kaliumferrocyanide gefällt. Bei diesem Teil der Analyse können Nitrate, Chloride und Sulfate in neutraler Lösung zugegen sein. Das Cer befindet sich in der Cerostufe.

Für die Bestimmung des Cers dürfen nur Sulfate vorliegen, die man bei Anwesenheit anderer Anionen durch Abrauchen herstellt. Man oxydiert nach Methode 1 (S. 765) oder 4 (S. 767). Die Titration wird in 10 bis 15%iger schwefelsaurer Lösung durchgeführt.

Bemerkungen. Es ist für die Berechnung der Analyse sehr zweckmäßig, beide Titrationen mit der gleichen Gewichtsmenge oder dem gleichen Volumen vorzunehmen, da sowohl bei der Fällung als auch bei der Reduktion auf ein Mol der seltenen Erden ein Mol Kaliumferrocyanid verbraucht wird. Es ergibt sich daher der Wert für Lanthan aus der Differenz der verbrauchten Kubikzentimeter n/10 Kaliumferrocyanidlösung für die Fällungsanalyse weniger der Anzahl Kubikzentimeter, die für die Reduktion des Cerisulfates verwendet wurde.

Diese Titration kann auch mit dem bimetallischen Paar Platin-Nickel durchgeführt werden. Da beide Titrationen sehr genaue Werte liefern, sind auch die Werte für Lanthan zufriedenstellend.

J. A. ATANASIU (b) hat versucht, Thorium neben den beiden Elementen der seltenen Erden zu bestimmen. Die Versuche waren nicht erfolgreich, da der Wendepunkt die Summe aller drei Elemente anzeigt.

Literatur.

ATANASIU, J. A.: (a) Fr. **108**, 329 (1937); (b) Bl. Chim. pura aplicata Bukarest **30**, 51 (1927); durch C. **1928 II**, 1239. — ATANASIU, J. A. u. V. STEFANESCU: B. **61**, 1343 (1928).

FURMAN, N. H. u. O. M. EVANS: Am. Soc. **51**, 1131 (1929).

SOMEYA, KIN'ICHI: Z. anorg. Ch. **181**, 183 (1929) und **184**, 428 (1929).

WEISS, L. u. H. SIEGER: Fr. **113**, 309 (1938). — WILLARD, H. H. u. P. YOUNG: Am. Soc. **55**, 3268 (1933).

§ 6. Titration mit Natriumoxalat.

a) Nach H. H. WILLARD und P. YOUNG. Der quantitative Umsatz zwischen Cerisulfat und Oxalsäure findet erst bei höherer Temperatur, am leichtesten in der Siedehitze statt. Wird jedoch ein Katalysator zugesetzt, so wird die Reaktion derart beschleunigt, daß man bei mittleren Temperaturen mit einem geeigneten Indicator den Endpunkt der Titration festlegen kann. Als Katalysatoren eignen sich Jodverbindungen, doch praktische Verwendung findet nur das Jodmonochlorid, weil es am Ende der Titration wieder unverändert auftritt und daher keine Korrektur benötigt. Da der Katalysator nur in stark salzsaurer Lösung seine Wirkung entfalten kann, muß eine umgekehrte Titration vorgenommen werden (S. 764). Ferroin, das bei einer Temperaturerhöhung bis auf etwa 60° seine Farbeigenschaften nicht verliert, wird als Indicator verwendet. An Stelle des Ferroins kann auch Methylenblau vor dem Endpunkt als Indicator zugesetzt werden. Der Farbenumschlag erfolgt von blau, manchmal über rosa nach grün.

Durchführung. Die Jodmonochloridlösung wird hergestellt durch Auflösen von 0,279 g Kaliumjodid und 0,178 g Kaliumjodat in 250 cm^3 Wasser und Zusatz des gleichen Volumens an konzentrierter Salzsäure. Die Lösung ist auf Jodmonochlorid berechnet 0,005 m. Die n/10 Natriumoxalatlösung wird in einen Titrierkolben eingefüllt, 20 cm^3 konzentrierte Salzsäure und 5 cm^3 der 0,005 m Jodmonochloridlösung hinzugegeben und auf 100 cm^3 verdünnt. Nach Erwärmen auf 50° (Rührthermometer) wird 1 Tropfen 0,025 m Ferroinlösung zugefügt, wobei eine deutlich rote Farbe sichtbar wird. Man titriert mit der Cerisulfatlösung, wobei man gegen Ende die Temperatur genau auf 50° hält, bis der Indicator auf Blaßblau umschlägt.

Bemerkung. Der Farbenumschlag wird stark durch die Gegenwart von Sulfat-Ionen beeinträchtigt; so darf die Cerisulfatlösung nicht mehr als 0,5 m an freier Schwefelsäure sein. Ist die Acidität höher, so bemißt man die Menge der vorgelegten n/10 Natriumoxalatlösung derart, daß 25 bis 35 cm^3 der Cerilösung verbraucht werden. Durch den engen Spielraum, der den Sulfat-Ionen zugewiesen wird, erfährt diese Methode eine starke Einschränkung. Die Resultate sind zufriedenstellend.

b) Potentiometrische Titration mit Natriumoxalat.

α) **Ohne Katalysator.** Die Reduktion der Cerisalze durch Oxalsäure wird bei höherer Temperatur und in Gegenwart von freier Säure vorgenommen. Als Indicatorelektrode wird blanker Platindraht verwendet.

Durchführung. Die in einem Titrierkolben befindliche Cerisulfatlösung wird auf 70° erwärmt, wobei in 200 cm^3 Lösung nicht mehr als 5 cm^3 konzentrierte

Schwefelsäure anwesend sein sollen. Nun läßt man die n/10 Natriumoxalatlösung zutropfen. Der Potentialsprung ist sehr scharf.

Bemerkungen. An Stelle der Schwefelsäure können 25 cm³ 73%ige Perchlorsäure oder 5 bis 20 cm³ konzentrierte Salpetersäure treten. In Gegenwart letzterer Säuren sowie bei höherer H-Ionenkonzentration wird der Potentialsprung weniger scharf. Chlor-Ionen dürfen nicht zugegen sein.

β) Mit Katalysator. Die auf S. 778 beschriebene Methode kann auch potentiometrisch durchgeführt werden. Hinsichtlich der Titration in stark salzsaurer Lösung sei auf S. 764 verwiesen.

Durchführung. Man legt in den Titrierkolben ein bekanntes Volumen einer n/10 Natriumoxalatlösung vor, fügt 15 bis 25 cm³ konzentrierte Salzsäure und 10 cm³ der Jodmonochloridlösung hinzu und verdünnt auf etwa 100 cm³. Die Cerisulfatlösung wird hierauf aus einer Bürette zutropfen gelassen. Der Potentialsprung ist sehr deutlich und genau.

Bemerkung. Die nach dieser Methode gewonnenen Resultate sowie die nach der Ferrosulfat- oder der Oxalatmethode (ohne Katalysator) erhaltenen Werte sind gleich gut und sehr genau. Fehler etwa $\pm 1^0/_{00}$.

Literatur.

WILLARD, H. H. u. P. YOUNG: Am. Soc. **50**, 1322 (1928); **55**, 3260 (1933).

§ 7. Titration mit arseniger Säure.

a) Nach R. LANG. BROWNING und CUTLER untersuchten die Möglichkeit, Cerisalze mit arseniger Säure zu titrieren. Zufolge des langsamen Verlaufes war diese Umsetzung für volumetrische Zwecke nicht verwendbar. R. LANG zeigte nun, daß mit Hilfe von Katalysatoren die Reaktion derart beschleunigt werden kann, das praktisch eine augenblicklich ablaufende Reduktion erzielt wird. Eine eingehende Untersuchung der obwaltenden Verhältnisse deckte eine mehrfache Katalyse auf. Bei Gegenwart von Mangansulfat in genügend hoher Konzentration wird das Ceri-Ion nach folgender Gleichung reduziert:

$$Ce^{IV} + Mn^{II} \rightarrow Ce^{III} + Mn^{III}.$$

Das intermediär gebildete Mn^{III}-Salz unterliegt seinerseits der jodkatalytischen Reduktion durch arsenige Säure. Die Erkenntnis dieser Vorgänge erlaubte, für die Bestimmung des Cers ein maßanalytisches und ein potentiometrisches Verfahren auszuarbeiten. Ferner hat der Verfasser ein neues Oxydationsmittel angegeben, um das Cero-Ion in die Ceriform überzuführen. Ausgehend von der Erfahrung, daß die von v. KNORRE angegebene Ammoniumpersulfatmethode erst nach dreimaliger Anwendung und längerem Sieden die quantitative Oxydation des Cers erreicht, hatte er in den höheren Nickeloxyden einen schon in der Kälte wirkenden Sauerstoffüberträger in die Analyse eingeführt.

α) Volumetrische Bestimmung. Zur volumetrischen Bestimmung wird die Cerisulfatlösung (die entweder nach dem Verfahren von v. KNORRE 1 (S. 765) oder nach dem Nickeldioxydverfahren erhalten wurde) mit Salzsäure stark angesäuert, mit Mangansulfat und einer Spur Kaliumjodat als Katalysatoren und mit einem gemessenen Überschuß an n/10 arseniger Säure versetzt. Nach dem Farbenumschlag von Gelb nach Weiß wird der Überschuß mit Kaliumpermanganat zurückgemessen.

Durchführung. 1. Die Oxydation der Ausgangslösung kann nach v. KNORRE (S. 765) vorgenommen werden. Die vom Verfasser angegebene Methode lehnt sich weitgehend an die Arbeitsvorschrift des „Cererdenverbandes“ an (S. 765).

2. Das Nickeldioxydverfahren. Der schwach schwefelsauren Ceronitrat- oder -sulfatlösung werden 20 cm³ einer Nickelsulfatlösung (120 g mangan- und praktisch kobaltfreies, krystallisiertes Nickelsulfat im Liter), hierauf 20 bis 25 cm³ 2,5 n

chloridfreie Natronlauge und 2 g gelöstes reines Ammoniumpersulfat zugefügt. Es wird gut umgerührt und nach 1 bis 2 Min. mit 50 cm³ 5 n Schwefelsäure in einem Guß angesäuert. Nach öfterem Umrühren wird die Lösung klar und kann titriert werden.

Die nach 1 oder 2 erhaltene kalte Lösung wird mit 10 cm³ Salzsäure 1 : 1 angesäuert, mit 10 cm³ Mangansulfatlösung (50 g krystallisiertes Mangansulfat in 100 cm³) und 1 Tropfen 0,005 m Kaliumjodatlösung versetzt. Die im Überschuß angewendete, bekannte Menge n/10 arseniger Säure wird zufließen gelassen und nach dem Farbenumschlag mit n/10 Kaliumpermanganatlösung zurücktitriert.

Berechnung. Die n/10 arsenige Säure und die n/10 Permanganatlösung sind aufeinander eingestellt:

$$2\,\mathrm{Ce} = {}^1/_2\,\mathrm{O_2}.$$

Bemerkung. Diese Methode gestattet, sowohl Nitrat als auch Sulfatlösungen zu verwenden. Andere Elemente der seltenen Erden, vor allem Praseodym, stören nicht. Ammoniumpersulfat, das in der Lösung unzersetzt verblieben sein kann, wirkt sich auf das Resultat nicht aus, da es mit den Maßlösungen nicht reagiert. Bei der Oxydation mit Hilfe der höheren Nickeloxyde muß die Zugabe von Schwefelsäure in einem Guß erfolgen, da ein langsamer Zusatz infolge von Adsorptionserscheinungen zur unvollständigen Bildung von Cerisulfat führt. Nach L. Weiss und H. Sieger sind die Werte um 1 bis 2% zu niedrig.

β) Direktes potentiometrisches Verfahren. Infolge eines großen Potentialsprunges kann sowohl nach der Kompensationsmethode als auch nach dem Verfahren des entgegengeschalteten Umschlagspotentials gearbeitet werden. Man mißt bei dieser Titration das Potential von $\mathrm{Mn^{III}}$-arsenige Säure.

Durchführung. Die nach 1 oder 2 oxydierte Cerlösung wird mit 10 cm³ Salzsäure (1:1) dann 10 cm³ der oben angeführten Manganlösung und einem Tropfen 0,005 m Kaliumjodatlösung versetzt. Nun wird unter gutem Rühren arsenige Säure zugegeben, wobei nach jedem Zusatz die Potentialänderung mit einer Platin-Indicatorelektrode verfolgt wird.

Bemerkungen. Die Indicatorelektrode darf, wenn nach dem Nickeldioxydverfahren oxydiert wurde, erst nach vollständigem Zerfall der höheren Oxyde in das Reaktionsgefäß gesenkt werden. Wenn im Laufe der Titration eine Braunsteinausscheidung erfolgen sollte, so setzt man etwas Salzsäure zu oder man wartet die meist rasch erfolgende Auflösung ab.

b) Nach H. H. Willard und P. Young. Die Reaktion zwischen Cerisulfat- und arseniger Säure läßt sich auch durch Jodmonochlorid katalysieren und durch den Redoxindicator Ferroin gut sichtbar zu Ende führen.

Durchführung. In einem Titrierkolben legt man eine bekannte Menge arseniger Säure vor (S. 764), gibt 15 bis 20 cm³ konzentrierter Salzsäure und 2,5 cm³ Jodmonochloridlösung (S. 778) hinzu und verdünnt auf 100 cm³. Nun wird 1 Tropfen 0,025 m Ferroin (S. 771) zugefügt und mit der nach Oxydationsverfahren 1 (S. 765) oder 4 (S. 767) erhaltenen Cerisulfatlösung titriert, bis die ursprünglich braune Farbe des Indicators nur mehr langsam wiederkehrt. Nun erwärmt man auf genau 50° (Rührthermometer) und titriert langsam zu Ende, bis die braune Farbe 1 Min. lang nicht wiederkehrt.

Bemerkung. Sulfat-Ionen und andere Elemente der seltenen Erden stören nicht. Die vorgeschriebene Endacidität von 3,0 bis 4,2 n gilt nur für die anwesende Salzsäure, demnach nicht für die Gesamtacidität. Der Indicator kann durch Chloroform ersetzt werden, wobei im Äquivalenzpunkt die Jodfarbe verschwindet. Auch auf potentiometrischem Wege kann diese Reaktion quantitativ ausgewertet werden. Die von den Autoren angegebenen Resultate sind sehr zufriedenstellend und werden durch E. H. Swift und C. H. Gregory sowie durch L. Weiss und H. Sieger bestätigt.

c) Nach K. GLEU. Ein weiterer Katalysator für die Reaktion Cerisulfat-arsenige Säure wurde im Osmiumtetroxyd gefunden. Ferroin (S. 771) wirkt als Redoxindicator, der von Tiefrot auf Farblos umschlägt. Der Farbenwechsel ist am besten sichtbar, wenn mit Cerisulfat die Titration beendet wird. Bei der quantitativen Bestimmung des Cers wird man daher nach S. 764 verfahren. Hat man jedoch eine n/10 Cerisulfatmaßlösung vorrätig, so behandelt man die zu bestimmende Cerilösung mit einem Überschuß von n/10 arseniger Säure und nimmt diesen mit der gestellten Cerilösung zurück.

Durchführung. 1. Die nach dem Oxydationsverfahren 1 (S. 765) oder 4 (S. 767) erhaltene Cerilösung wird auf 100 bis 200 cm^3 verdünnt, mit 3 Tropfen einer 0,01 m Osmiumtetroxydlösung und 3 Tropfen 0,025 m Ferroinlösung versetzt und nun mit einer n/10 arsenigen Säure titriert, bis der Indicator durch seine tiefrote Farbe einen Überschuß an Reduktionsmittel anzeigt. Mit n/10 Cerisulfatlösung wird nun auf Farblos titriert.

2. In einem Titrierkolben wird eine gemessene Menge n/10 arsenige Säure vorgelegt, wie oben mit Osmiumtetroxyd und Ferroin versetzt und auf 100 bis 200 cm^3 verdünnt. Mit der zu bestimmenden Cerlösung wird auf Farblos titriert.

Bemerkungen. Der Farbenumschlag ist in schwefelsaurer Lösung am ausgeprägtesten: Chlor-Ionen bis 0,1 n schaden nicht, doch wird der Farbenwechsel unscharf; sind größere Mengen von Chlor-Ionen vorhanden, dann kann man sie durch Zugabe von Mercuriperchlorat unschädlich machen. Diese Methode gibt gute Resultate, ist schnell durchzuführen und in schwefelsaurer Lösung ziemlich unabhängig von der Wasserstoff-Ionen-Konzentration. Man arbeitet in 0,5 bis 2 n Lösung. Vorhandene Elemente der seltenen Erden stören nicht.

d) Potentiometrisch nach H. H. WILLARD und P. YOUNG. In stark salzsaurer Lösung in Gegenwart von Jodmonochlorid kann Cerisulfat potentiometrisch sehr genau bestimmt werden. Die Reaktionsgeschwindigkeit ist wesentlich abhängig von der Wasserstoff-Ionen-Konzentration. Ist mehr als 4,6 n und weniger als 3 n Salzsäure vorhanden, so stellt sich das Gleichgewicht nur sehr langsam ein.

Durchführung. Die vorgelegte n/10 arsenige Säure wird mit konzentrierter Salzsäure versetzt, bis eine Endkonzentration von 3 bis 4,2 n erreicht ist. Hierauf fügt man 5 cm^3 Jodmonochloridlösung (S. 778) zu und titriert nun mit der Cerisulfatlösung. Der Potentialsprung ist scharf.

Bemerkung. Unter gleichen Bedingungen kann auch der Redox-Indicator Methylenblau verwendet werden, der keine Indicatorkorrektur verlangt und von Grün auf Mattblau umschlägt.

Literatur.

BROWNING, P. E. u. WM. D. CUTLER: Z. anorg. Ch. **22**, 303 (1900).
GLEU, K.: Fr. **95**, 305 (1933).
LANG, R.: Fr. **91**, 5 (1933).
SWIFT, E. H. u. C. H. GREGORY: Am. Soc. **52**, 905 (1930).
WEISS, L. u. H. SIEGER: Fr. **113**, 318 (1938). — WILLARD, H. H. u. P. YOUNG: Am. Soc. **50**, 1375 (1928); **55**, 3264 (1933).

§ 8. Jodometrische Methoden.

a) Nach BUNSEN, überprüft von P. E. BROWNING, G. A. HANFORD und F. J. MALL. Ceroxyde, die mehr als 50% an anderen seltenen Erden enthalten, sind in konzentrierter Salzsäure löslich; hierbei geht das Ceroxyd dreiwertig in Lösung, während eine genau äquivalente Menge Chlor in Freiheit gesetzt wird. In einer vorgelegten, mit Kaliumjodidlösung beschickten Waschflasche wird das Chlor aufgefangen und umgesetzt und das entbundene Jod hierauf mit Natriumthiosulfat titriert. Sind reinere Ceroxyde zu untersuchen, die sich nicht in konzentrierter Salzsäure lösen, so muß ein stärkeres Reduktionsmittel angewandt werden, Jodwasserstoffsäure, die aus Kaliumjodid und Salzsäure im Lösungskolben hergestellt wird. Das freie Jod wird mit Natriumthiosulfat gemessen. BUNSEN hat ursprünglich ohne Rücksicht auf die Löslichkeit des zu untersuchenden Ceroxydes stets mit Kaliumjodid und Salzsäure gearbeitet. Einem kleinen Rundkolben, in dem sich das eingewogene Oxyd und 1 g Jodkalium befand, wurde der Hals vor dem Gebläse bis auf eine kleine Öffnung ausgezogen. Dann wurde mit reinster Salzsäure bis nahe an die Verjüngung aufgefüllt und schließlich mit einem Körnchen Natriumcarbonat die noch vorhandene Luft durch Kohlendioxyd verdrängt. Nun wurde an der engsten Stelle abgeschmolzen. Auf einem Wasserbad wurde bis zur Lösung der Oxyde erhitzt, dann abkühlen gelassen, die Spitze geöffnet und das Jod titriert. BROWNING, HANFORD und MALL hatten diese Versuche mit einer Stöpselflasche nachgeprüft.

Durchführung. In einem ungefähr 100-cm^3-Kölbchen mit eingeschliffenem Stopfen wurden 0,1 bis 0,2 g der Oxyde eingewogen, 1 g jodatfreies Kaliumjodid und etwas Wasser zum Lösen desselben hinzugefügt. Während 5 Min. wurde zur Verdrängung der Luft ein Kohlendioxydstrom hindurchgeleitet und dann 10 cm^3 konzentrierte Salzsäure einfließen gelassen. Nach Aufsetzen und Befestigen des Stopfens wurde eine Stunde auf dem Wasserbad erwärmt. Der Inhalt des abgekühlten Kolbens wurde in das Titrationsgefäß übergeführt und auf 400 cm^3 verdünnt. Das freie Jod wurde mit n/10 Natriumthiosulfatlösung titriert.

Die unbequeme Druckflasche ersetzte man jedoch bald durch ein Destillationsgefäß und fing die Joddämpfe in einer Waschflasche auf, die mit 3% Kaliumjodidlösung beschickt war. Vor und während des ganzen Versuches leitete man Kohlensäure durch. Im übrigen sind die obengenannten Mengen beibehalten worden, doch vermehrte man das zugesetzte Wasser auf 15 cm^3. Die Lösung erhitzte man solange zum Sieden, bis das Volumen auf die Hälfte gesunken und das Jod völlig in die Vorlage getrieben worden war. Das Jod in der Waschflasche titrierte man mit n/10 Natriumthiosulfatlösung.

Berechnung.

$$1\,Ce = 1\,J.$$

Bemerkungen. Diese Methode hat geschichtliches Interesse, weil sie die erste maßanalytische Bestimmung des Cers darstellt. Auch sie leidet an unzuverlässigen Werten bei Gegenwart von höheren Praseodymoxyden; durch die Verwendung des kostspieligen Kaliumjodids ist sie in der Industrie nie im größeren Maße angewendet worden. L. A. CONGDON und E. L. RAY stellten einen Fehler von +0,4% fest.

J. MARTIN hat die Reaktion Ceri-Ion-Jod-Ion nachgeprüft und gefunden, daß das Cero-Ion den Umsatz Jodwasserstoffsäure-Luftsauerstoff katalysiert. Es muß daher bei der jodometrischen Cerbestimmung auf völligen Luftabschluß großer Wert gelegt werden.

b) Nach ŠTĚRBA-BÖHM und V. MATULA. Cerosulfat- oder -chloridlösungen werden in alkalischer Lösung durch Kaliumpersulfat oxydiert, worauf durch Kochen der Überschuß des Oxydationsmittels zerstört wird. Nach dem Erkalten und Ansäuern wird mit Kaliumjodid das vierwertige Cer reduziert und das ausgeschiedene Jod mit n/10 Thiosulfatlösung titriert.

Durchführung. 0,2 bis 0,5 g der Erdsulfate werden in einem ERLENMEYER-Kolben in 40 bis 60 cm^3 kaltem Wasser gelöst. Nun fügt man 3 bis 4 cm^3 3,5%ige Kaliumpersulfatlösung und aus einer Pipette tropfenweise 1 n Natriumhydroxydlösung hinzu. Wenn die Hydroxyde auszufallen beginnen, wird ein Tropfen Phenolphthalein und bis zur deutlich alkalischen Reaktion Lauge zugefügt. Nun erhitzt man zum Sieden und achtet darauf, daß die Lösung stets alkalisch bleibt. Während des Siedens ändert sich die Farbe des Niederschlags von Hellbraun auf Hellgelb. Nun erhitzt man noch 25 Min., schüttelt öfter um und läßt erkalten. Hierauf werden 1 bis 1,5 g Kaliumjodid und 3 bis 4 cm^3 20%ige Salzsäure zugesetzt, worauf sich der Niederschlag in einigen Minuten löst und Jod ausgeschieden wird. Mit n/40 Natriumthiosulfatlösung wird das Jod titriert.

Der so erhaltene Wert ist nicht zufriedenstellend. Man wiederholt daher mit einer neuen Einwage den ganzen Vorgang, bemißt jedoch den Kaliumpersulfatzusatz genau, so daß auf 1 g Ce 1,5 g Kaliumpersulfat verwendet werden. Das jetzt erhaltene Resultat ist richtig.

Bemerkung. Diese Methode ist sehr zeitraubend und ungenau, die Werte streuen zwischen $\pm 2\%$. Nach L. WEISS und H. SIEGER beträgt der Fehler $+20\%$. Siehe hierzu die Bemerkungen zu der vorhergehenden Bestimmungsart.

c) Nach D. Lewis. B. BERG hat gezeigt, daß sich Jod in Gegenwart von verdünnter Schwefelsäure mit Aceton zu Jodaceton rasch und vollständig umsetzt. Diese Beobachtung hat in der Jodometrie eine wesentliche Vereinfachung gebracht, denn bei Reaktionen, die Jod in Freiheit setzen, wird die Rücktitration mit n/10 Thiosulfatlösung überflüssig, und man kann den Umsatz mit einer genau gestellten n/10 Kaliumjodidlösung quantitativ durchführen. Nachdem Kaliumpermanganat auf diese Weise genau bestimmt werden konnte, versuchte D. LEWIS Kaliumjodid mit Cerisulfat zu titrieren.

Durchführung. Ein genau bekanntes Volumen einer gestellten n/10 Kaliumjodidlösung wird in einer enghalsigen Flasche (Jodaceton reizt die Augenschleimhäute) mit 25 cm^3 reinstem Aceton, 1 Tropfen Ferroinindicator, 10 cm^3 9 n Schwefelsäure versetzt und mit Wasser auf 100 cm^3 verdünnt. Aus einer Bürette wird die Cerisulfatlösung zufließen gelassen. Sollte zu Beginn die Jodausscheidung durch schnellen Zusatz des Oxydationsmittels zu rasch vor sich gehen, so schüttelt man das Titriergefäß gut um. Das Ende der Reaktion zeigt der Indicator an, der von Braunrot auf Blau umschlägt.

Bemerkungen. Nach späteren Angaben von D. LEWIS ist diese Methode sehr genau und zeigt einen Fehler von $\pm 0,1\%$, wenn die freie Schwefelsäure 0,9 bis 2,7 n ist. Unterhalb dieser Konzentration sind die Werte höher, oberhalb die Resultate zu niedrig. L. WEISS und H. SIEGER überprüften dieses Verfahren und fanden zu niedrige Werte, auch dann, wenn über Permanganat destilliertes Aceton verwendet wurde.

Das Kaliumjodid wird bei 125 bis 130° während 3 Std. getrocknet und kann für die Maßlösung eingewogen werden.

d) Potentiometrisch nach H. H. Willard und P. Young. Die Reduktion von Cerisalzen durch Kaliumjodid kann potentiometrisch gut verfolgt werden.

Durchführung. Der Cerilösung, die nach dem Oxydationsverfahren 1 (S. 765) oder 4 (S. 767) hergestellt wurde, fügt man 2,5 cm^3 konzentrierte Schwefelsäure zu und verdünnt auf 200 cm^3. Mit einer 0,05 n Kaliumjodidlösung wird potentiometrisch titriert. Der Potentialsprung ist sehr ausgeprägt.

Bemerkungen. Die Werte sind sehr genau. Die Cerilösung kann auch nach dem Oxydationsverfahren 2 (S. 766) hergestellt werden. Es muß jedoch die zur Katalyse notwendige Silbernitratmenge bekannt sein, denn der Potentialsprung zeigt Cer und Silberjodid gemeinsam an.

Die Resultate sind nach KIN'ICHI SOMEYA sehr befriedigend, und der mittlere Fehler beträgt 0,06%. Ein Zusatz von 5 cm^3 3%iger Kaliumcyanidlösung soll den Potentialsprung wesentlich vergrößern.

Literatur.

BROWNING, P. E., mit G. A. HANFORD u. F. J. MALL: Z. anorg. Ch. **22**, 297 (1900). — BUNSEN, R.: A. **105**, 49 (1858).

CONGDON, L. A. u. E. L. RAY: Chem. N. **128**, 233 (1924).

LEWIS, D.: Ind. eng. Chem. Anal. Edit. **8**, 199 (1936); Am. Soc. **59**, 1401 (1937).

MARTIN, J.: Am. Soc. **49**, 2133 (1927).

SOMEYA, KIN'ICHI: Z. anorg. Ch. **181**, 183 (1929). — ŠTĚRBA-BÖHM, J. u. V. MATULA: R. **44**, 400 (1925).

WEISS, L. u. H. SIEGER: Fr. **113**, 315 (1938). — WILLARD, H. H. u. P. YOUNG: Am. Soc. **50**, 1381 (1928).

§ 9. Potentiometrische Titration mit Hypobromit nach O. Tomiček und M. Jašek.

Die Oxydation des Cero-Ions wird in stark alkalischer Lösung durch eingestellte Natriumhypobromitlösung vorgenommen. Infolge der großen Empfindlichkeit des Cerohydroxydes gegen Luftsauerstoff muß in einer völlig geschlossenen Apparatur (s. S. 776) gearbeitet werden.

Durchführung. Die Cerochlorid- oder -sulfatlösung wird in die oben angegebene Apparatur eingefüllt, die Luft durch Kohlendioxyd verdrängt, hierauf mit soviel konzentrierter Kaliumcarbonatlösung versetzt, bis in dem Titrationsgefäß eine 20- bis 30%ige Carbonatlösung entsteht. Die klare Lösung wird auf Zusatz von Hypobromit klar gelb. Die Potentialeinstellung geht sehr langsam vor sich, weshalb man die erste Probe übertitriert, um bei der nachfolgenden Bestimmung fast die ganze erforderliche Menge an Hypobromit auf einmal zuzusetzen und die wenigen fehlenden Zehntel Kubikzentimeter zur Vollendung der Titration zu verwenden.

Bemerkung. Nach den Angaben der Autoren ist diese Methode nicht zu empfehlen, da es eine ganze Reihe von besseren und leichter durchzuführenden Bestimmungsarten gibt.

Literatur.

Tomiček, O. u. M. Jašek: Am. Soc. **57**, 2409 (1935).

§ 10. Titration mit Natriumnitrit.

a) Nach H. H. Willard und P. Young. Zur Reduktion von Cerilösungen können auch Nitrite herangezogen werden, vor allem das leicht rein zu erhaltende Natriumnitrit. Als Indicator wird das in der Cerimetrie gebräuchliche Ferroin angewandt.

Durchführung. Die 100 bis 200 cm³ betragende Cerilösung wird mit 5 bis 10 cm³ konzentrierter Salpetersäure versetzt, auf 50° erwärmt und mit einer n/10 Natriumnitritlösung titriert, bis nur mehr eine schwach gelbe Lösung verbleibt. Nun gibt man 1 Tropfen Ferroinlösung (S. 771) hinzu und titriert langsam zu Ende. Nach Zusatz eines jeden Tropfens muß einige Zeit gewartet werden; der Farbenumschlag erfolgt von Blaugrau auf Rosa.

b) Potentiometrisch nach H. H. Willard und P. Young. Unter den oben angeführten Bedingungen kann die Reaktion zwischen Cerisulfat- und Natriumnitrit auch potentiometrisch ausgewertet werden. Das Volumen der Lösung, die Acidität sowie die Temperatur sind gleich. In der Nähe des Wendepunktes stellt sich das Gleichgewicht nur sehr langsam ein, und auch der Potentialsprung ist geringer als bei den gebräuchlichen Cerbestimmungen.

Bemerkungen. Man kann diese Methode auch in Gegenwart von 5 bis 20 cm³ konzentrierter Schwefelsäure auf 200 cm³ Lösung anwenden, doch wird der Potentialsprung noch kleiner als in salpetersaurer Lösung. Perchlorsäure verhindert den quantitativen Umsatz. Die Resultate sind gut.

Literatur.

Willard, H. H. u. P. Young: Am. Soc. **50**, 1383 (1928); **55**, 3268 (1933).

§ 11. Potentiometrische Titration mit Titan(III)sulfat.

Anläßlich einer Untersuchung von R. G. van Name und F. Fenwick über das Verhalten von Elektroden aus Platin und Platinlegierungen in der elektrometrischen Analyse wurde die Titration einer Cerisulfatlösung mit Titan(III)sulfat beschrieben. Obwohl keine Arbeitsvorschrift mitgeteilt wurde, ist aus den begleitenden Bildern zu ersehen, daß die Umsetzung quantitativ erfolgte und der Potentialsprung deutlich ausgebildet war. Die Titration wurde unter Luftausschluß bei Gegenwart von Kohlendioxyd durchgeführt. R. JANSSENS bestätigt den quantitativen Umsatz und den deutlichen Potentialsprung.

Literatur.

JANSSENS, R.: Natuurwetensch. Tijdschr. **13**, 257 (1931); durch C. **1932 I**, 977.
NAME, R. G. VAN u. F. FENWICK: Am. Soc. **47**, 19 (1925).

§ 12. Titration mit Kaliumwolfram(III)chlorid.

Nach R. UZEL und R. PŘIBIL können die unbeständigen Titerlösungen des Titan(III)sulfates und Vanadin(IV)sulfates durch $K_3W_2Cl_9$ vorteilhaft ersetzt werden. Diese Verbindung ist im festen Zustand beständig und wird nur in neutraler oder alkalischer Lösung durch den Luftsauerstoff rasch oxydiert. In Gegenwart von Salzsäure nimmt die Beständigkeit mit steigender Acidität zu. Zur Herstellung der n/10 Maßlösung werden entsprechende Mengen des Salzes in normaler Salzsäure aufgelöst, der man etwas Alkohol oder Citronensäure zugesetzt hat. Während der Titration leitet man Kohlensäure durch die zu titrierende Lösung hindurch. Um die Maßlösung in der Bürette vor dem Luftsauerstoff zu schützen, wird mit einer Benzinschicht überdeckt. Die Stärke der Maßlösung kann weitgehend verändert werden; es sind n/5 bis n/50 Lösungen verwendet worden.

Titerstellung. Der Gehalt der Maßlösung wird entweder jodometrisch (Oxydation durch eine bekannte Menge n/10 Jodlösung und Rücktitration des unverbrauchten Überschusses durch n/10 Natriumthiosulfat) oder potentiometrisch durch Oxydation mit n/10 Kaliumbichromat bestimmt.

Durchführung. Die schwefelsaure Cerisulfatlösung wird potentiometrisch mit n/10 $K_3W_2Cl_9$ titriert. Als Hilfselektroden werden ein Platindraht und eine Normalkalomelelektrode verwendet. Vor dem Titrationsendpunkt ist eine Wartezeit zur Potentialeinstellung notwendig. Der Wendepunkt ist deutlich zu erkennen.

Bemerkungen. Die aus zwei Analysen stammenden Resultate zeigen Abweichungen von weniger als 1%. Die Beendigung der Titration kann auch durch einen Indicator angezeigt werden. Neben dem gebräuchlichen Ferroin wird noch das Kakothelin empfohlen.

Literatur.

UZEL, R. u. R. PŘIBIL: Coll. Trav. chim. Tchécosl. **10**, 330 (1938).

§ 13. Titration mit Vanadylsulfat.

P. C. BANERJEE bestimmt das nach dem v. KNORRE-Verfahren (S. 765) in die vierwertige Stufe gebrachte Cer in schwefelsaurer Lösung mit Vanadylsulfat. Die Lösung wird auf 200 cm³ mit sauerstofffreiem Wasser verdünnt und in einer Kohlendioxydatmosphäre nach Zugabe von 5 bis 10 cm³ konzentrierter Schwefelsäure, sowie 2 Tropfen einer 1%igen Lösung von Diphenylamin in konzentrierter Schwefelsäure auf farblos titriert. Man kann auch mit einem Überschuß der Maßlösung versetzen und diesen mit Kaliumpermanganat zurückmessen. Die Vanadylsulfatlösung wird im ersten Fall gegen Cerisulfat, im zweiten Fall gegen Kaliumpermanganat gestellt.

Bemerkungen. N. H. FURMAN hat diese Umsetzung, die quantitativ verläuft, zur Bestimmung von Vanadin in technischen Produkten verwendet. Da bis jetzt kein gut verwendbarer Indicator aufgefunden werden konnte, wird der Endpunkt des Umsatzes potentiometrisch bestimmt.

Literatur.

BANERJEE, P. C.: J. Indian Ch. Soc. **15**, 475 (1938); durch C. **1939 I**, 3595.
FURMAN, N. H.: Am. Soc. **50**, 755 (1928).

III. Gasvolumetrische Bestimmung des Cers.

Versetzt man eine saure Cerisalzlösung mit Wasserstoffperoxyd, so wird das Ceri-Ion zu Cero-Ion reduziert und es wird auf 2 Ce ein O_2 entwickelt. Der in Freiheit gesetzte Sauerstoff wird in einer Bürette aufgefangen und gemessen.

Durchführung. Die abgemessene Menge der Cerisalzlösung wird in den äußeren Raum einer WAGNERschen Zersetzungsflasche gebracht und mit 50 cm^3 verdünnter Schwefelsäure (D 1,5) vermischt. In den inneren Raum bringt man die zur Zersetzung der Cerilösung hinreichende Menge einer 2%igen Wasserstoffperoxydlösung. Das Zersetzungsgefäß wird an das mit Quecksilber als Sperrflüssigkeit gefüllte Gasvolumeter angeschlossen, der Überdruck durch Lüften des Hahnes ausgeglichen, durch Senken des Niveaugefäßes Unterdruck erzeugt und hierauf durch Schütteln der Umsatz der beiden Lösungen herbeigeführt. Nach Beendigung der Sauerstoffentwicklung bringt man das Gasvolumen auf Atmosphärendruck, liest das Volumen des entwickelten Sauerstoffes ab und reduziert auf 0° und 760 mm.

Berechnung. Die Hälfte des reduzierten Volumens entspricht dem vom Ceri-Ion abgegebenen Sauerstoff. Multipliziert man diese Zahl mit 0,038464, so erhält man die entsprechende Menge CeO_2.

Bemerkungen. Verwendet man bei der Zersetzung einen nicht zu großen Überschuß an Wasserstoffperoxyd, so erhält man recht brauchbare Werte.

Literatur.

TREADWELL, F. P.: Kurzes Lehrbuch der analytischen Chemie, Bd. 2, S. 729. Leipzig u. Wien 1923.

IV. Colorimetrische Methoden.

a) Nach E. HINTZ und H. WEBER. In der Thoriumindustrie hat eine rasche Bestimmung von sehr wenig Cer neben viel Thorium eine große Bedeutung. Die gravimetrischen und maßanalytischen Methoden sind sehr zeitraubend, weshalb man nach physikalischen Bestimmungsformen Ausschau gehalten hat. Die stark gefärbten Ceri- und Percerisalze eignen sich gut für colorimetrische Gehaltsbestimmungen.

Durchführung. Man schließt die Oxyde mit Kaliumbisulfat auf, fällt die Lösung des Aufschlusses mit Ammoniak, filtriert, wäscht mit Wasser aus, löst den Niederschlag in Salpetersäure und dampft zur Trockne. Der Rückstand wird in Wasser aufgenommen (bei Gegenwart von Thorium kann ein kleiner Rückstand von basischem Thoriumnitrat hinterbleiben, der abfiltriert wird), mit Citronensäure versetzt (die Menge wird jeweils durch eine Probe ermittelt), dann Wasserstoffperoxyd zugesetzt und die Säure durch Ammoniak abgestumpft. Man colorimetriert mit einer gleich behandelten Cernitratstandardlösung, enthaltend 0,55 mg CeO_2 in 5 cm^3 Lösung, der man die aus der Einwage bekannte Menge an Thorium als Thoriumnitrat zusetzt. Steht kein Colorimeter zur Verfügung, kann man den Cergehalt annähernd bestimmen, wenn in gleichartigen Gefäßen bei gleichen Volumen die Färbung der steigenden Cergehalte (2,5 cm^3, 5 cm^3, 10 cm^3) mit der Probelösung verglichen wird.

Bemerkungen. Über die Größe der Fehler wurden keine Angaben gemacht.

b) Nach F. M. SCHEMJAKIN und T. W. WASCHEDTSCHENKO. Pyrogallol oder Gallussäure geben in ammoniakalischer Lösung mit Cero- oder Cerisalzen eine violette bis blaue Fällung. In sehr verdünnten Lösungen bleibt diese Fällung aus und an ihrer Stelle wird eine deutliche blauviolette Färbung, bedingt durch die feine Verteilung des Niederschlages, sichtbar. Während der Niederschlag beständig ist, wird die Lösung durch den Luftsauerstoff gebräunt.

Zur Auswertung dieser empfindlichen Reaktion wird zum Fernhalten des Luftsauerstoffes die Lösung mit einer indifferenten Flüssigkeit, z. B. Äther, Benzol, Toluol überschichtet und mit Natriumsulfit versetzt.

Empfindlichkeit: 14 bis $70 \cdot 10^{-7}$ g Ce je Kubikzentimeter bei einer optimalen Wasserstoff-Ionen-Konzentration $p_H = 11{,}5$.

Durchführung. In einem 10 cm³ fassenden und mit einem Glasstopfen zu verschließenden zylindrischen Colorimetergefäß werden 2,7 cm³ einer 0,001 m Gallussäure und so viel einer Ceri- oder Ceronitratlösung eingefüllt, daß ein Kubikzentimeter der Lösung $3 \cdot 10^{-5}$ bis $7 \cdot 10^{-5}$ g Cer enthält. Man mischt gut durch, überschichtet mit 2 cm³ der organischen Flüssigkeit und setzt unter die Deckschicht 5,3 cm³ einer n/10 Ammoniaklösung, die auf 100 cm³ 1 g krystallisiertes Natriumsulfit enthält. Mit Wasser wird bis zur Marke aufgefüllt, gut durchgemischt und mit einer frisch bereiteten Standardlösung verglichen.

Bemerkungen. Die Angaben sind sehr dürftig gehalten, und es werden keine Resultate angeführt. Titan unter einem Gehalt von $8 \cdot 10^{-1}$ g, Thorium von $1 \cdot 10^{-5}$ g und Lanthan von $1{,}5 \cdot 10^{-5}$ g je Kubikzentimeter Lösung stören nicht. Nach E. Herzfeld ist diese Reaktion für Cer spezifisch. Während alle anderen Ceriterden graue Tyndallkegel geben, ist Cer an der blauvioletten Färbung gut zu erkennen.

Literatur.

Herzfeld, E.: Fr. **115**, 422 (1939). — Hintz, E. u. H. Weber: Fr. **36**, 676 (1897). Schemjakin, F. M.: Z. anorg. Ch. **217**, 272 (1934); Betriebslab. **3**, 1090 (1934); durch C. **1935 II**, 3551. — Schemjakin, F. M. u. T. W. Waschedtschenko: Chem. J. Ser. A **5**, 667 (1935); durch C. **1936 I**, 599.

V. Spektralanalytische Methoden.

§ 1. Absorptionsspektroskopie siehe S. 677.

Obwohl das Ceri-Ion ein gut wahrnehmbares Absorptionsspektrum aufweist, sind keine Versuche bekannt, dieses für quantitative Zwecke auszunützen.

Die farblosen Lösungen des dreiwertigen Cers besitzen im ultravioletten Teil des Absorptionsspektrums eine breite Bande, die bei 2530 und 2372 Å ein Maximum von so hoher Empfindlichkeit aufweist, wie sie bei keiner anderen seltenen Erde anzutreffen ist.

Banden bei 1 Grammatom im Liter von Å bis Å	Teilung bei Verdünnung	Å der Spitzen	Verschwinden bei Verdünnung auf
3252 bis zur ständigen Absorption	1/32	3047 2966 2874 2530 2372	1/64 1/256 1/64 1/131072 1/131072

T: Inoue versuchte das Cer quantitativ aus dem ultravioletten Teil des Spektrums neben den anderen Ceriterden zu bestimmen.

Literatur.

Inoue, T.: Bl. Soc. Japan **1**, 9 (1926).

§ 2. Emissionsspektralanalyse.

a) Bogenspektren siehe S. 679.

b) Funkenspektren. Als Restlinien bezeichnet A. de Gramont 4012,9 und 4040,76 Å. W. Gerlach und E. Riedl führen als Analysenlinien an: 4186,6, 4137,6, 4133,8, 3801,5 und 3560,8 Å.

Literatur.

Gerlach, Wa. u. E. Riedl: Chemische Emissionsspektralanalyse, Teil 3, S. 45. — Gramont, A. de: C. r. **171**, 1106 (1920).

VI. Die Bestimmung der beiden Wertigkeitsstufen des Cers nebeneinander.

Für diese Bestimmungen liegen meist Lösungen oder in Wasser oder verdünnten Säuren leicht lösliche Verbindungen vor. Aus dem Verhalten des Ceri-Ions gegenüber Halogenwasserstoffsäuren ergibt sich, daß in sauren Lösungen keine Halogen-Ionen vorhanden sein dürfen. Die geeigneten Lösungsmittel sind verdünnte Schwefel- oder Salpetersäure, die jedoch im Überschuß und vor allem bei längerer Siededauer eine Reduktion des Ceri-Ions begünstigen (s. S. 753). Bei Gegenwart von Halogen-Ionen wird manchmal bei peinlichstem Luftabschluß eine 15- bis 30%ige Kaliumcarbonatlösung ein brauchbares Lösungsmittel darstellen.

Aus der großen Zahl der maßanalytischen Methoden des Cers lassen sich für die Bestimmung der beiden Wertigkeitsstufen eine Reihe von Verfahren verwenden, vor allem dann, wenn bei dem Verhältnis Ceri- zu Cero-Ion keine extremen Verhältnisse vorliegen und der Gesamtgehalt an Cer nicht zu klein ist. Meist bestimmt man entweder gravimetrisch oder maßanalytisch den Gesamtgehalt an Cer und in einer getrennten Einwage maßanalytisch den Cero- oder Cerigehalt.

a) Bestimmung des Cero-Ions. Nach V. LENHER eignet sich die Titration des Cero-Ions mit Kaliumpermanganat nach dem auf S. 774 beschriebenen, modifizierten Verfahren sehr gut, wobei das anwesende Ceri-Ion nicht störend wirkt.

L. WEISS und H. SIEGER haben die von BROWNING angegebene Oxydation des Cero-Ions durch Kaliumferricyanid in alkalischer Lösung sehr empfohlen und für die Bestimmung sehr kleiner Mengen Cero-Ion neben viel Ceri-Ion eine besondere Vorschrift, die sehr gute Resultate liefert, ausgearbeitet (s. hierzu S. 775).

b) Bestimmung des Ceri-Ions. Alle Verfahren, die die Ceristufe durch Wasserstoffperoxyd, Ferroammoniumsulfat oder Oxalsäure reduzieren, werden geeignet sein, bei Anwesenheit von Ce(III)-Verbindungen für Ce(IV) brauchbare Werte zu liefern.

Die jodometrische Methode (Destillation nach BROWNING) wird in besonderen Fällen von Vorteil sein, wenn z. B. halogenhaltige feste Präparate zur Untersuchung vorliegen (s. S. 781). Auch das von R. LESSNIG angegebene Verfahren wird für feste Substanzen anwendbar sein, doch muß das Nitrat-Ion unbedingt abwesend sein (s. S. 770).

VII. Die Trennung des Cers von den anderen Elementen der seltenen Erden.

Allgemeines. Die quantitative Bestimmung des Cers neben einem anderen Element der seltenen Erden bietet keine Schwierigkeiten, denn aus der Summe der Oxyde, sowie aus der maßanalytischen Bestimmung des Cers lassen sich beide Bestandteile genau ermitteln. Allgemein können alle Titrationen verwendet werden, die auf dem Wechsel der Wertigkeit des Cers beruhen. Eine Einschränkung erfährt diese Verallgemeinerung durch die Anwesenheit von Praseodym. Da dieses Element höhere Oxyde besitzt und diese auch in alkalischer Lösung in Gegenwart des Cers und eines starken Oxydationsmittels bildet, dürfen nur Titrationsmethoden angewandt werden, die das in Lösung befindliche Cer IV-Ion zu Cer III-Ion reduzieren. Die Summe der Oxyde wird nach S. 668 bestimmt. Das Terbium ähnelt in seinen Eigenschaften dem Praseodym und wird analytisch wie dieses behandelt, doch ist eine Cer-Terbiumtrennung kaum zu erwarten.

Für ternäre Gemische haben BAHR und BUNSEN einen Analysengang vorgeschlagen, der dem Sinne nach noch heute Gültigkeit besitzt. In einem Teil der Oxyde wird das Cer jodometrisch nach S. 781 ermittelt. (Diese Bestimmungsart wird nur dann zu empfehlen sein, wenn in dem Oxydgemisch das möglicherweise vorkommende Praseodym in dreiwertiger Form vorliegt. Anderenfalls löst man die Oxyde und wendet eine der im Abschnitt II beschriebenen Titriermethoden an.)

Einen anderen Teil des Gemisches führt man in Sulfate über, entwässert diese bei 450° nach S. 731 und bringt sie zur Wägung. Hierauf verwandelt man sie in Oxyde, glüht bei 900° und wägt nochmals. Aus den drei Werten kann der Gehalt der anwesenden seltenen Erden errechnet werden.

Neben den in Abschnitt I, S. 713, genannten Methoden gibt es noch eine Reihe weiterer Trennungsmöglichkeiten des Cers von den anderen Elementen der seltenen Erden. Teils sind diese Verfahren von historischer Bedeutung, teils hatten sie sich für die quantitative Analyse als nicht ganz geeignet erwiesen. Sie werden im folgenden beschrieben, um eine geschlossene Darstellung zu geben.

a) Nach M. Pattison und J. Clark. Die Chromate der Elemente der seltenen Erden sind bei 110° beständig, während Cerochromat unter Bildung von Cerdioxyd und Chromsäure zerfällt. Man löst die Erdoxyde oder -hydroxyde in der Wärme in einer Chromsäurelösung, dampft zur Trockne und erhitzt auf 110°. Der Rückstand wird in Wasser aufgenommen, wobei Lanthan, Praseodym und Neodym in Lösung gehen. Cerdioxyd bleibt zurück.

b) Nach P. Mengel. Die Lösung der Ceriterden wird in der Kälte durch eine Lösung von Natriumperoxyd in Eiswasser oxydiert. Der rotbraune Niederschlag (Cerperoxydhydrate) wird filtriert, mit heißem Wasser gewaschen und bei 110 bis 130° getrocknet. Er wird in kleinen Anteilen in konzentrierte Salpetersäure eingetragen und nach Zusatz von Ammoniumnitrat als schwer lösliches Ceriammoniumnitrat abgeschieden.

c) Nach G. Wyrouboff und A. Verneuil. Die konzentrierte salpetersaure Erdenlösung wird mit Ammoniak und Wasserstoffperoxyd gefällt und zur Trockne gedampft. Hierauf erhitzt man über freier Flamme, bis die Ammoniumsalze sich zu verflüchtigen beginnen. Man löst nun in verdünnter Salpetersäure und dampft nochmals bis zur Sirupdicke ein, fügt auf 0,5 g Erdoxyd 150 cm³ Wasser hinzu und kocht auf. Das Cerinitrat hydrolysiert; durch Zugabe von 1 cm³ einer 5%igen Ammoniumsulfatlösung wird die Abscheidung vervollständigt. Man filtriert, wäscht mit heißem Wasser nach und verglüht. 90% des anwesenden Cers wird auf diese Weise rein erhalten, den Rest gewinnt man aus dem Filtrat in wesentlich unreinerer Form. Man oxydiert die Lösung mit 0,05 g Ammoniumpersulfat und macht mit 1 cm³ 50%iger Natriumacetatlösung schwach essigsauer. Beim Aufkochen werden die letzten Anteile des Cers hydrolysiert und abgeschieden.

d) Nach G. A. Barbieri. Cerojodat ist in verdünnter Salpetersäure leicht löslich und wird in stark saurer Lösung durch Kaliumpermanganat zum schwer löslichen Cerijodat oxydiert. Zur titrimetrischen Bestimmung ist diese Reaktion nicht geeignet, da das Permanganat auch Mangan (II) zu Mangan (IV) oxydiert und dieses ein dem Cerijodat isomorphes Manganijodat bildet. Hingegen kann sie zu einer brauchbaren quantitativen Trennung von den anderen Elementen der seltenen Erden herangezogen werden.

Durchführung. Eine Lösung, enthaltend 0,3 g Ceronitrat in 50 cm³ Wasser, wird mit 20 cm³ einer 10%igen Jodsäurelösung und 15 cm³ konzentrierter Salpetersäure versetzt. Man oxydiert mit 10 cm³ n/10 Kaliumpermanganatlösung und erwärmt auf dem Wasserbad, bis sich der Niederschlag, bestehend aus Ceri- und Manganijodat, gut abgesetzt hat. Nun wird filtriert und mit verdünnter Salpetersäure ausgewaschen (s. hierzu S. 759).

Literatur.

Bahr, J. u. R. Bunsen: A. **137**, 29 (1866). — Barbieri, G. A.: Atti Accad. Lincei [5] **25** I, 37 (1916); durch C. **1916** II, 3.

Mengel, P: Z. anorg. Ch. **19**, 71 (1899).

Pattison, M. u. J. Clark: Chem. N. **16**, 259 (1867).

Wyrouboff, G. u. A. Verneuil: C. r. **128**, 1331 (1899).

VIII. Die Trennung des Cers von anderen Elementen.

Für die Trennung des dreiwertigen Cers von anderen Elementen hat das im allgemeinen Teil S. 713 Gesagte volle Gültigkeit.

Liegt das Cer hingegen in der höheren Oxydationsstufe vor, so ergeben sich neue Möglichkeiten, die jedoch nur dann ausgenützt werden, wenn die für die niedere Stufe vorhandenen Methoden nicht ausreichen und daher verbessert werden sollen.

a) Von Strontium. Strontiumnitrat ist in rauchender konzentrierter Salpetersäure unlöslich, während Cerinitrat in Lösung bleibt.

Durchführung. Die Lösung wird zur Trockne gedampft, in 10 cm³ Wasser aufgenommen und mit 26 cm³ 100%iger Salpetersäure tropfenweise unter mechanischem Rühren versetzt. Man läßt in der Kälte eine halbe Stunde stehen, filtriert durch einen Glassintertiegel, führt den Niederschlag in den Tiegel über und wäscht zehnmal mit ungefähr 1 cm³ 80%iger Salpetersäure. Der Niederschlag wird bei 130 bis 140° während 2 bis 3 Std. getrocknet und als wasserfreies Nitrat ausgewogen. Cer wird im Filtrat bestimmt.

Bemerkungen. Die Lösung kann Cer und Strontium als Nitrate und Perchlorate enthalten. Die Resultate sind gut und weisen nur kleine Abweichungen auf. Hingegen muß die 100%ige Salpetersäure selbst hergestellt werden. Barium fällt unter gleichen Bedingungen quantitativ mit, während Calcium sich auf Niederschlag und Lösung verteilt.

b) Von Blei, Chrom, Vanadin und Wolfram. Wie EVANS zeigte, kann Cer in Gegenwart größerer Mengen Blei durch Perborat als Perceriacetat abgeschieden werden. Bei doppelter Fällung werden selbst kleine Mengen Cer quantitativ erfaßt (s. S. 792).

Werden Chromihydroxyd, Vanadin- oder Wolframsäure durch Weinsäure in Komplexe übergeführt, so kann in schwach essigsaurer Lösung das Cer durch Wasserstoffperoxyd als Perceriacetat quantitativ abgetrennt werden (s. S. 758).

c) Von Zirkon. Ceri- und Ceronitrat geben in salpetersaurer Lösung mit Natriumarsenat einen Niederschlag, der aus saurem Ceriarsenat besteht. Ist Wasserstoffperoxyd zugegen, so wird das Cerisalz reduziert und die Fällung unterbleibt. Zirkon hingegen wird gefällt.

Durchführung. Die Lösung der Nitrate wird mit Salpetersäure 1 : 3 stark angesäuert, mit 10 cm³ 3%iger Wasserstoffperoxydlösung versetzt, zum Sieden erhitzt und mit einer konzentrierten Lösung Natriumarsenat (20 g in 100 cm³ Wasser) in geringem Überschuß gefällt. Man läßt auf dem Wasserbad absitzen, filtriert, wäscht zuerst mit salpetersäurehaltigem Wasser und hierauf mit heißem Wasser den Niederschlag alkalifrei. Im Filtrat fällt man durch doppelte Fällung mit Ammoniak das Cer (L. MOSER und R. LESSNIG).

Bemerkungen. Diese Methode wird nur dann zur Anwendung kommen, wenn die Fällung des Cers als Oxalat nicht durchgeführt werden kann. Der Niederschlag, bestehend aus Zirkonarsenat, ist wegen der schleimigen Beschaffenheit schwer filtrierbar und schlecht waschbar.

Die Resultate zeigen gegenüber den angewendeten Mengen nur geringe Abweichungen.

Literatur.

EVANS, B. S.: Analyst 58, 454 (1933).
MOSER, L. u. R. LESSNIG: M. 45, 329 (1924).
WILLARD, H. H. u. E. W. GOODSPEED: Ind. eng. Chem. Anal. Edit. 8, 415 (1936).

IX. Methoden zur Untersuchung cerhaltiger technischer Produkte.

1. Cer-Eisen-Legierungen. Ursprünglich begnügte man sich mit der Fällung der Elemente der seltenen Erden durch Oxalsäure und nachfolgender Abscheidung des Eisens durch Ammoniak im Filtrat. Als die unvollständige Fällung der Erdoxalate in Gegenwart von viel Eisen aufgefunden (s. S. 714) und auch der Anspruch auf erhöhte Genauigkeit technischer Analysen laut wurde, verließ man die direkte Bestimmung der Ceriterden, ermittelte den Gehalt aller Beimengungen und errechnete aus der Differenz die seltenen Erden (W. Arnold).

Durchführung. 0,5 bis 1 g der Legierung wird in eine Porzellanschale eingewogen mit Wasser übergossen und in Bromsalzsäure gelöst. Zur Abscheidung der Kieselsäure dampft man zur Trockne und erhitzt im Trockenschrank. Manchmal enthält das Cereisen Antimon, das über 100° als Trichlorid sublimieren könnte. Zur Vermeidung dieser Unsicherheit werden 0,5 g Kaliumchlorid zugegeben, wodurch nichtflüchtige Komplexverbindungen gebildet werden. Der trockene Rückstand wird mit konzentrierter Salzsäure befeuchtet mit heißem Wasser gelöst, hierauf die Kieselsäure abfiltriert und der gut gewaschene Niederschlag verglüht. Im Filtrat löst man 3 bis 5 g Weinsäure auf und gießt diese Lösung unter gutem Rühren in 50 cm³ konzentriertem Ammoniak. Der klaren Lösung setzt man tropfenweise 15 bis 30 cm³ Schwefelammonium zu und erwärmt während $1^1/_2$ bis 2 Std. auf dem Wasserbad. Der Sulfidniederschlag, bestehend aus Kupfer, Blei, Eisen, Zink, Mangan und Cadmium, wird auf einem Blaubandfilter gesammelt und 15mal mit Weinsäure, Ammoniak und Schwefelammonium enthaltendem Wasser gewaschen. Die völlig cerfreien Sulfide werden wie üblich getrennt. Das Filtrat wird noch 1 bis 2 Std. auf dem Wasserbad belassen, um zu prüfen, ob die Sulfidfällung quantitativ erfolgt ist. Das Cer kann im Filtrat erst nach der Zerstörung der Weinsäure abgeschieden werden. Zu diesem Zweck gibt man 2 g Kaliumchlorat und 10 cm³ konzentrierte Salpetersäure zu, erhitzt 1 Std. auf dem Sandbad und dampft zur Trockne ein. Der Rückstand wird in 10 cm³ konzentrierter Salpetersäure aufgenommen, nochmals 1 g Kaliumchlorat zugegeben und auf dem Sandbad 15 bis 30 Min. belassen. Nun ist die Weinsäure zerstört, man verdünnt mit Wasser und fällt das Cer als Oxalat nach S. 760.

Bemerkungen. Die umständliche Zerstörung der Weinsäure kann nach S. 669 umgangen werden.

2. Bestimmung des Cers in Schnelldrehstählen nach K. Swoboda und R. Horny. 2 g der Probe werden in einem 500-cm³-Becherglas in 60 cm³ Salzsäure 1 : 1 unter Erwärmen gelöst. Unter Vermeidung eines Überschusses wird aus einem Tropfgläschen soviel konzentrierte Salpetersäure zugegeben, wie zur Oxydation des Eisens und der Wolframsäure notwendig ist. Zu der heißen Lösung werden sogleich 60 cm³ einer 25%igen Weinsäurelösung und 30 bis 35 cm³ einer 10%igen salzsauren Zinnchlorürlösung zugesetzt. Hierauf wird mit konzentrierter Natronlauge in geringem Überschuß gefällt und in einen 500-cm³-Meßkolben übergeführt. Nach Abkühlen der Lösung wird 10 cm³ Alkohol zugegeben, zur Marke aufgefüllt, gut umgeschüttelt, durch zwei ineinandergelegte Faltenfilter und, um die Zeit der Filtration und dadurch die Oxydation des Ferrohydroxydes möglichst gering zu halten, durch 2 Trichter filtriert. Der Niederschlag enthält Eisen, Kobalt, Nickel als Hydroxyde und metallisches Tantal; im Filtrat sind die weinsauren Salze des Cers, Chroms, der Molybdän-, Wolfram- und Vanadinsäure enthalten. 250 cm³ des Filtrates werden in ein 500-cm³-Becherglas gebracht und mit Salzsäure tropfenweise bis zur deutlich sauren Reaktion versetzt. Nun erhitzt man zum Sieden, entfernt die Flamme und fällt mit 2 g Ammoniumfluorid. Die überstehende Flüssigkeit wird mit Ammoniak neutralisiert, mit 1 bis 2 Tropfen Salzsäure angesäuert und 1 Std. absitzen gelassen. Hierauf wird durch ein Barytfilter unter Anwendung von Filterschleim filtriert und mit heißem Wasser, das je Liter 3 g Ammoniumfluorid enthält, alkalifrei gewaschen. Der Niederschlag wird in einem Platintiegel verascht, geglüht und als Cerdioxyd gewogen.

Bemerkungen. Die mitgeteilten Resultate zeigen eine sehr beachtliche Übereinstimmung mit den angewendeten Mengen. Unabhängig von der Größe der Auswage bewegen sich die Fehler innerhalb der Wägefehler und betragen — 0,1 bis — 0,2 mg.

3. Bestimmung des Cers in Kupfer-Schweißdrähten. 10 g der Legierung werden in Königswasser gelöst, die Stickoxyde verkocht und nach Zusatz von 1 cm³ 10%iger Eisentrichloridlösung mit Ammoniak gefällt. Man kocht auf, läßt eine halbe Stunde stehen, filtriert die Hydroxyde ab und wäscht mit schwach ammoniakalischem Wasser. Den Niederschlag spritzt man in das Fällungsgefäß zurück, löst in verdünnter Salzsäure und verdünnt auf etwa 200 cm³. Nun leitet man während 20 Min. Schwefelwasserstoff ein und filtriert das gebildete Kupfer- und Antimonsulfid ab. Das Filtrat wird auf etwa 100 cm³ eingedampft und tropfenweise mit Wasserstoffperoxyd oxydiert. Man filtriert vom ausgeschiedenen Schwefel ab, macht schwach ammoniakalisch und setzt 5 g Oxalsäure zu. Nach kurzem Kochen fällt das Cerooxalat, das nach längerem Stehen filtriert, gewaschen und zu Cerdioxyd verglüht wird (E. PACHE).

Bemerkungen. Dieser Arbeitsvorschrift sind keine Resultate beigegeben worden. Das gefällte Cerooxalat muß, wie K. SWOBODA und R. HORNY zeigten, 12 Std. absitzen gelassen werden.

4. Bestimmung des Cers in Bleilegierungen nach B. S. EVANS. Geringe Mengen Cer neben viel Blei lassen sich nicht zur Ceristufe oxydieren, ohne daß Bleidioxyd Cerdioxyd einschließt und in den Niederschlag mitnimmt. Auch die Trennung über das Bleisulfat befriedigt nicht, da beträchtliche Teile des Cerosulfates in den Niederschlag gelangen. Hingegen gibt die von K. SWOBODA und K. HORNY mitgeteilte Fällung als Perceriacetat einen gut gangbaren Weg, um ohne vorhergehende Abtrennung des Bleis Cer quantitativ zu isolieren.

Durchführung. 10 g der Legierung werden in 50 cm³ verdünnter Salzsäure 1 : 1 gelöst, mit 50 cm³ Wasser verdünnt, mit Ammoniak schwach alkalisch gemacht und sofort mit Essigsäure gegen Lackmus neutralisiert. Hierauf fügt man noch 3 bis 4 Tropfen dieser Säure hinzu, erwärmt auf 90° und fällt mit 2 g Natriumperborat. Es wird einige Sekunden gerührt und sogleich filtriert. Da das gefällte Perceriacetat leicht in der Siedehitze unter Sauerstoffabgabe zerfällt und dann in Lösung geht, muß man die Fällung schnell filtrieren oder rasch abkühlen. Der Niederschlag wird mit heißem Wasser gewaschen, in das ursprünglich benutzte Becherglas zurückgebracht und in Salpetersäure (D 1,2) gelöst. Man neutralisiert mit Ammoniak und wiederholt, wie oben angegeben, die Fällung. Aus dem Filter löst man das nun weitgehend gereinigte Perceriacetat in 50 cm³ Schwefelsäure 1 : 3 und wäscht mit 150 cm³ heißem Wasser nach. Das Filtrat wird mit 2 g Natriumwismutat unter Kochen während 5 Min. oxydiert. Man filtriert durch Asbest, wäscht mit 2%iger Schwefelsäure aus, fügt als Indicator 1 cm³ einer 0,1%igen Disulphinblaulösung hinzu, reduziert das Ceri-Ion mit einer gemessenen n/10 Ferroammoniumsulfatlösung und mißt den Überschuß der Maßlösung mit n/100 Kaliumpermanganatlösung zurück.

Bemerkungen. Der Indicator gestattet, den Endpunkt der Titration scharf zu erfassen.

Die Resultate sind sehr befriedigend; Cer kann noch bei einem Gehalt von 0,01% genau ermittelt werden. Der Fehler ist meist positiv und beträgt unabhängig von der Menge des gefundenen Cer 0,3 mg.

5. Cer in unbrauchbar gewordenen Glühkörpern. Die Glühstrümpfe enthalten neben der Hauptmenge Thoriumoxyd etwa 1% Cerdioxyd. Die an größeren Verbraucherstellen, sowie in der Fabrikation anfallenden Rückstände werden zwecks Weiterverwendung und Aufarbeitung gesammelt.

Durchführung. 6 g fein gepulvertes Durchschnittsmuster wird langsam mit konzentrierter Schwefelsäure abgeraucht, der Rückstand in 250 cm³ Wasser gelöst und die Hauptmenge der Säure unter Kühlung mit Ammoniak neutralisiert. In einem Meßkolben wird auf 500 cm³ verdünnt und von der erhaltenen Lösung 100 cm³ zur Analyse genommen. Man oxydiert das Cer mit Ammoniumpersulfat (S. 765) und titriert nach v. KNORRE mit einer n/10 Wasserstoffperoxydlösung.

Bemerkungen. Auf gleiche Art wird Thoriumnitrat auf den Gehalt an Cer geprüft. Da meist wenig Cer zu erwarten ist, wägt man 10 g ein, verdünnt auf 500 cm³ und nimmt 200 cm³ zur Oxydation und Titration (H. Weber).

6. Bestimmung des Cers in der Fluidlösung. Zum Imprägnieren der Auerglühstrümpfe wird eine verdünnte Lösung von Nitraten, die neben anderen Elementen hauptsächlich Thorium und Cer enthält, verwendet. Zur quantitativen Untersuchung auf Cer werden 5 cm³ der Lösung mit Schwefelsäure angesäuert, mit Ammoniumpersulfat oxydiert (S. 765) und mit n/10 Wasserstoffperoxyd titriert (S. 769). Meist wird auch eine Bestimmung der Summe der Oxyde angeschlossen. Man dampft in einem gewogenen Porzellantiegel 3 cm³ der ursprünglichen Lösung ein und verglüht die Nitrate zu Oxyd.

7. Bestimmung des Cers in Rohstoffen der Glasindustrie nach H. Heinrichs und G. Jaeckel. Eine Beimengung von 2—6% Cer in Gläsern ruft eine ausgezeichnete Absorption im Ultraviolett hervor. Das zum Erschmelzen solcher Gläser verwendete Cerdioxyd ist sehr unrein und zeigt im fertiggestellten Glase deutlich wahrnehmbare Mengen von Didym. Für farblose Gläser nimmt man angereicherte Ceritoxyde, die entweder über die Hydroxyde (über „Hydrat“) oder über „Oxalat“ gereinigt wurden. Solche Präparate enthalten etwa 96% seltene Erden, hiervon 80 bis 90% Cer. Da der Kaufpreis der Ceritoxyde mit steigendem Cergehalt zunimmt, anderseits der Gehalt an seltenen Erden für die gleichmäßige Fabrikation und für gleichbleibende optische Eigenschaften von Wichtigkeit ist, sind einheitliche Untersuchungsmethoden ausgearbeitet worden.

Durchführung. 4,5 g der Oxyde der seltenen Erden werden in einer geräumigen Porzellanschale mit 50 cm³ konzentrierter Salzsäure übergossen, zum Sieden erhitzt und anteilsweise mit einer 10%igen Kaliumjodidlösung versetzt. Bei Oxyden mit geringerem Cergehalt genügen 15 bis 20 cm³, bei hochwertigen Oxyden müssen 40 bis 50 cm³ zugesetzt werden, wobei dauernd im Sieden gehalten und häufig umgerührt wird. Die Probe geht bis auf einen kleinen Rückstand in Lösung, der aus Sand besteht und etwa 0,1% beträgt. Man filtriert in einen 500-cm³-Meßkolben und wäscht das Filter gut aus. Der Rückstand wird im Platintiegel verascht, gewogen, mit Flußsäure und Schwefelsäure abgeraucht, geglüht und nochmals gewogen. Die Differenz ergibt die Kieselsäure. Sollte der nach dem Abrauchen verbleibende Rückstand wägbar sein, so wird er mit Kaliumbisulfat aufgeschlossen, in Wasser gelöst und zu dem im Meßkolben befindlichen Hauptfiltrat hinzugegeben. Nun neutralisiert man mit Ammoniak bis zum bleibenden Niederschlag, setzt 50 cm³ Salzsäure (D 1,124) hinzu und füllt zur Marke auf. Nach gutem Umschütteln werden 100 cm³ dieser Lösung in 70 cm³ einer kalt gesättigten Oxalsäurelösung einfließen gelassen; darauf wird mit heißem Wasser auf 300 cm³ verdünnt und auf dem Wasserbade unter häufigem Rühren erwärmt. Nachdem über Nacht die Fällung sich selbst überlassen wurde, filtriert man und wäscht hierauf den Niederschlag mit 2%-iger heißer Oxalsäurelösung. In einem Porzellantiegel wird das Filter getrocknet, verascht und schließlich bei etwa 1100° während 50 Min. geglüht. Eine Prüfung auf Gewichtskonstanz ist unerläßlich; man glüht daher nochmals während 15 Min. und betrachtet eine Differenz von wenigen Zehntel Milligramm als zulässigen Fehler. Aus dem Filtrat der Oxalsäurefällung bestimmt man das Eisen und das Calcium. Der Cergehalt wird aus 25 cm³, die dem Meßkolben entnommen werden, ermittelt. Man setzt der in einer Porzellanschale befindlichen Lösung zur Zerstörung vorhandener Jodwasserstoffsäure einige Tropfen einer Wasserstoffperoxydlösung zu und dampft zur Trockne. Der Rückstand wird mit Schwefelsäure befeuchtet, bis zum Auftreten der schweren weißen Dämpfe erhitzt und abkühlen gelassen. Nun spült man mit Wasser die Wände ab, dampft zur Trockne und verjagt die überschüssige Säure. Der in Wasser gelöste Rückstand wird nach v. Knorre (s. S. 765) oxydiert und mit Wasserstoffperoxyd titriert (S. 769).

Bemerkungen. Auf ähnliche Weise werden Gläser auf ihren Cergehalt untersucht. 1 bis 2 g werden mit Soda aufgeschlossen, mit Wasser aufgenommen und vom Ungelösten abfiltriert. Der Niederschlag enthält die gesamten Elemente der seltenen Erden, die nach dem Lösen in verdünnter Salzsäure, wie oben angegeben, bestimmt werden.

Literatur.

ARNOLD, H.: Fr. **53**, 498 (1914).
EVANS, B. S.: Analyst **58**, 454 (1933).
HEINRICHS, H. u. G. JAECKEL: Sprechsaal **60**, 705, 730 (1927).
KNORRE, G. v.: Angew. Ch. **10**, 685, 717 (1897); B. **33**, 1924 (1900).
PACHE, E.: Ch. Z. **62**, 102 (1938).
SWOBODA, K. u. R. HORNY: Fr. **67**, 386 (1925/26).
WEBER, H.: Fr. **42**, 446 (1903).

Praseodym.

Pr, Atomgewicht 140,92, Ordnungszahl 59.

Die Verbindungen und Ionen des Praseodyms besitzen eine charakteristische grüne Farbe. Die Salze erleiden eine nur sehr geringe hydrolytische Spaltung, die jedoch stärker als die der Lanthanverbindungen ist. Die Fällung einer 0,0114 mol Praseodymchloridlösung durch Natriumhydroxyd setzt bei einer Wasserstoff-Ionen-Konzentration $p_H = 7,05$ (nach H. TH. ST. BRITTON) und die einer 0,01 mol Sulfatlösung bei $p_H = 6,98$ ein (J. A. C. BOWLES und H. M. PARTRIDGE).

Das Absorptionsspektrum zeigt fünf sehr charakteristische Banden: zwei im Gelb, zwei im Blau und eine im Violett.

Praseodymoxyde.

Während in Lösung bisher nur dreiwertige Ionen festgestellt werden konnten, weisen die Oxyde noch eine höhere Wertigkeit auf. Glüht man Salze mit flüchtigen Säureresten in der Luft, so erhält man ein braunschwarzes Oxyd von der Formel Pr_6O_{11}. Aus diesem erhält man durch Reduktion mit Wasserstoff das normale Sesquioxyd. Beide Oxyde werden als Wägungsformen verwendet.

a) Eigenschaften des Pr_2O_3. Je nach der Glühtemperatur grünlichgelbe bis hellgelbe Krystalle, die verschiedenen Modifikationen angehören. Dichte 20/4=6,87 — 7,068, berechnet 7,07. Beim Erhitzen an der Luft wird Sauerstoff aufgenommen und das braunschwarze Oxyd Pr_6O_{11} gebildet. Das Oxyd ist in verdünnten Säuren leicht löslich.

b) Eigenschaften des Pr_6O_{11}. Dunkelbraunes bis schwarzes Pulver, das eine Dichte D_4^{20} von 6,704 besitzt. W. PRANDTL betrachtet dieses Oxyd als ein basisches Praseodymat $2\ Pr_2O_3 \cdot Pr_2O_5$. Es ist in verdünnten Säuren in der Kälte mäßig, in der Hitze leicht löslich, wobei Sauerstoff oder bei Gegenwart von Halogenwasserstoffsäuren Halogene in Freiheit gesetzt werden. Bei gewöhnlicher Temperatur ist dieses Oxyd hygroskopisch und kann 1 bis 1,5% Wasser aufnehmen, das erst bei 180° wieder abgegeben wird (W. PRANDTL und HUTTNER).

Reinheitsprüfung. Lanthan und Cer sind nur durch die Prüfung des Bogenspektrums aufzufinden. Neodym verrät sich im Absorptionsspektrum durch seine Banden im Grün.

Literatur.

BOWLES, J. A. C. u. H. M. PARTRIDGE: Ind. eng. Chem. Anal. Edit. **9**, 124 (1937). — BRITTON, H. TH. ST.: Soc. **127**, 2142 (1925).
PRANDTL, W. u. G. RIEDER: Z. anorg. Ch. **238**, 225 (1938). — PRANDTL, W. u. K. HUTTNER: Z. anorg. Ch. **149**, 235 (1925).

I. Bestimmungsmethoden.

§ 1. Fällung als Hydroxyd siehe S. 668.

Eigenschaften. Das Praseodymhydroxyd ist ein grüner, schleimiger Niederschlag, der in verdünnter Säure sehr leicht löslich ist, und aus der Luft lebhaft Kohlendioxyd anzieht.

Durchführung siehe S. 668.

Bemerkungen. Wie oben erwähnt, bildet sich beim Glühen des Praseodymhydroxydes das braunschwarze Oxyd Pr_6O_{11}, das nur dann zur Auswage gelangen darf, wenn das Praseodym frei von anderen seltenen Erden ist. Die üblichen Begleiter beeinflussen die Zusammensetzung wesentlich, so daß im Molekül mehr oder weniger Sauerstoff vorhanden sein kann als der Formel entspricht. So erhöht Cer, auch in kleinen Mengen, den Sauerstoffgehalt, während Lanthan und Neodym ihn teils erhöhen, teils herabsetzen. Außerdem wird eine sehr geringe Gewichtskonstanz erreicht (R. MARC). Eingehend wurde diese Sauerstoffaufnahme durch W. PRANDTL und K. HUTTNER untersucht.

α) Wägung als Pr_6O_{11} nach P. H. BRINTON und H. A. PAGEL. Der Niederschlag, der nur aus Praseodymhydroxyd oder Oxalat bestehen darf, wird verascht und mit voller BUNSEN-Flamme 20 Min. geglüht.

Die Auswage ist bis auf 1 mg konstant und verursacht einen Fehler von ±0,75%.

β) Wägung als Pr_2O_3. Um mit anderen Erden verunreinigte Praseodymoxyde gravimetrisch genau bestimmen zu können, wird die Reduktion mit Wasserstoff oder die Überführung in das wasserfreie Sulfat vorgenommen. Erstere Methode wird dann vorteilhaft sein, wenn das Praseodym nur etwa die Hälfte der Bestandteile ausmacht. Das durch Reduktion mit Wasserstoff erhaltene Oxyd hat manchmal die Eigenschaft, in der Kälte aus der Luft Sauerstoff aufzunehmen und teilweise in das höhere Oxyd überzugehen (EPHRAIM). Nehmen die anderen anwesenden Erden einen größeren Bruchteil der Zusammensetzung ein, so wird das Praseodymoxyd weitgehend geschützt.

Durchführung. Der Niederschlag samt Filter wird bei möglichst niedriger Temperatur in einem Platintiegel verascht und erkalten gelassen. Hierauf wird der Tiegel mit einem durchbohrten Deckel verschlossen, durch den ein Gaseinleitungsrohr geführt wird (ROSE-Deckel und -Pfeife). Vorteilhafter ist es, den Tiegel in ein Quarzrohr zu stellen, das senkrecht gelagert ist und eine Gaszu- und -ableitung trägt. Nach dem Verdrängen der Luft durch reinsten Wasserstoff wird bei 900° reduziert, bis das Erdengemisch eine helle Färbung erlangt hat. Es wird im Wasserstoff erkalten gelassen und rasch gewogen.

γ) Wägung als Praseodymsulfat. SARVER und BRINTON vermeiden die Unsicherheit der Zusammensetzung der Praseodymoxyde und wenden als Wägungsform das wasserfreie Praseodymsulfat an.

Durchführung siehe S. 730.

Bemerkungen. Bei raschem Wägen sowie bei Anwendung eines Schutzwägegläschens sind zufriedenstellende Werte zu erlangen.

Literatur.

BRINTON, P. H. M.-P. u. H. A. PAGEL: Am. Soc. **45**, 1460 (1923).
EPHRAIM, F.: B. **61**, 82 (1928).
MARC, R.: B. **35**, 2383 (1902).
PRANDTL, W. u. K. HUTTNER: Z. anorg. Ch. **149**, 235 (1925).
SARVER, L. A. u. P. H. M.-P. BRINTON: Am. Soc. **49**, 943 (1927).

§ 2. Fällung als Oxalat siehe S. 670.

Eigenschaften. Das Praseodymoxalat ist hellgrün und krystallinisch (monoklin) und enthält meist 10 Mol Krystallwasser.

Löslichkeit. 1 Liter Wasser bei 25° enthält nach RIMBACH und SCHUBERT 0,74 mg $Pr_2(C_2O_4)_3 \cdot 10\,H_2O$, nach SARVER und BRINTON 1,49 mg.

Löslichkeit in 100 g der verdünnten Säuren bei 25°
nach L. A. SARVER und P. H. BRINTON.
g wasserfreies Oxalat in 100 g Lösung.

Norm. der HNO_3	0,2482	1,992	2,000	2,000		
Norm. der Oxalsäure	—	—	0,1	0,5		
% $Pr_2(C_2O_4)_3$	0,0289	0,5102	0,1295	0,0295		
Norm. der H_2SO_4	0,1	0,5075	1			
% $Pr_2(C_2O_4)_3$	0,0153	0,0643	0,1345			
Norm. der HCl	0,1008	0,2576	0,5004	1,018	0,978	0,978
Norm. der Oxalsäure	—	—	—	—	0,1	0,5
% $Pr_2(C_2O_4)_3$	0,0098	0,0279	0,0625	0,1603	0,0128	0,0026

Nach B. BRAUNER sind in 100 g einer 2,63%igen Ammoniumoxalatlösung 0,00077 g Pr_2O_3 enthalten.

1. Gravimetrische Bestimmung. Durchführung siehe S. 670.

2. Maßanalytische Bestimmung. Lösungen von Praseodymsalzen mit Oxalsäure gefällt, geben keine formelrein zusammengesetzten Oxalate. Wie G. KRÜSS und LOOSE zeigten und W. PRANDTL und K. HUTTNER an Sulfaten bestätigten, entstehen sehr stabile Oxalatoverbindungen, die die maßanalytische Bestimmung des Praseodyms sehr erschweren. Die direkte Titration des Praseodymoxalates mit n/10 Kaliumpermanganatlösung wird zufolge der starken Eigenfärbung selten vorgenommen, hingegen erfreut sich die Resttitration (d. h. die Bestimmung der überschüssigen Oxalsäure im Filtrat) häufiger Anwendung. Ohne Vorsichtsmaßnahmen wird die Oxalsäurebestimmung zu hoch, die Umrechnung auf Praseodym zu niedrig ausfallen. P. H. BRINTON und H. A. PAGEL fällen in stark saurer Lösung, da, wie G. P. BAXTER und R. C. GRIFFIN mitteilen, Praseodymoxalat Ammonium- und Alkalioxalate mitreißt.

Durchführung. Aus stark salpetersaurer Lösung (auf je 0,1 g Oxyd 1 cm^3 konzentrierter Salpetersäure, verdünnt auf 100 cm^3) wird bei 60 bis 70° mit überschüssiger gemessener Oxalsäure gefällt. Nach etwa 1 Std. wird über einen Zeitraum von mehreren Stunden durch tropfenweisen Zusatz von Ammoniak die Säure weitgehend neutralisiert. Das Filtrieren und Waschen des Niederschlages, sowie die Titration der unverbrauchten Oxalsäure wird wie üblich vorgenommen.

Literatur.

BAXTER, G. P. u. R. C. GRIFFIN: Am. Soc. **28**, 1684 (1906). — BRAUNER, B.: Soc. **73**, 951 (1898). — BRINTON, P. H. M-P. u. H. A. PAGEL: Am. Soc. **45**, 1460 (1923).
KRÜSS, G. u. A. LOOSE: Z. anorg. Ch. **4**, 161 (1893).
PRANDTL, W. u. K. HUTTNER: Z. anorg. Ch. **149**, 239 (1925).
RIMBACH, E. u. A. SCHUBERT: Ph. Ch. **67**, 198 (1909).
SARVER, L. A. u. P. H. M.-P. BRINTON: Am. Soc. **49**, 943 (1927).

II. Maßanalytische Methode.

Bei Abwesenheit von Cer versuchte v. SCHEELE die höhere Wertigkeit des Praseodyms in einem an der Luft geglühten Erdoxydgemisch zu einer maßanalytischen Bestimmung des Praseodyms auszuwerten. Die in einem Kölbchen eingewogenen Oxyde werden in einer schwefelsauren Ferroammoniumsulfatlösung von bekanntem Gehalt aufgelöst und das unverbrauchte Ferro-Ion durch Kaliumpermanganat zurückgemessen. Die Durchführung wird entsprechend der beim Cer beschriebenen Methode nach R. LESSNIG (S. 770) vorgenommen. Nach den Untersuchungen von W. PRANDTL (S. 795) ist in einem Oxydgemisch der Gehalt an höherwertigem Praseodym von der Zusammensetzung weitgehend abhängig; man wird daher von dieser Methode nur eine sehr bescheidene Genauigkeit zu erwarten haben.

Literatur.

SCHEELE, C. v.: Z. anorg. Ch. **27**, 53 (1901).

III. Spektralanalytische Methoden.

§ 1. Absorptionsspektroskopie.

Das Praseodym besitzt zwei charakteristische Banden, die bei Verdünnung der Untersuchungslösung in fünf schmälere, sehr charakteristische Banden aufgelöst werden.

Banden bei 1 Grammatom je Liter von Å bis Å	Teilung bei Verdünnung	Å der Spitzen	Verschwinden bei Verdünnung auf	Banden bei 1 Grammatom je Liter von Å bis Å	Teilung bei Verdünnung	Å der Spitzen	Verschwinden bei Verdünnung auf
6042—5784	1/8	5971 5890	1/32 1/128	4885—4326	1/2 1/4	4819 4688 4440	1/512 1/256 1/512

Literatur.

DELAUNEY, E.: C. r. 185, 354 (1927).
MUTHMANN, W. u. L. STÜTZEL: B. 32, 2653 (1899).

§ 2. Emissionsspektralanalyse siehe S. 679.

WA. GERLACH und E. RIEDL geben als charakteristische Analysenlinien des Praseodyms an: 4408,8, 4225,3, 4223,0, 4179,4, 4100,8, 4062,8, 3908,4 (+3908,1) Å.

Literatur.

GERLACH, WA. u. E. RIEDL: Chemische Emissionsspektralanalyse, Teil 3, S. 147.

IV. Trennung des Praseodyms von den anderen Elementen der seltenen Erden.

Der hartnäckigste Begleiter des Praseodyms ist das Neodym, das nur durch die fraktionierte Krystallisation der Ammonium- oder Magnesium-Doppelnitrate nach AUER VON WELSBACH getrennt werden kann (s. S. 799). Zur Reindarstellung des Praseodyms geht man von Fraktionen aus, die frei von Neodym sind, jedoch wechselnde Mengen von Lanthan enthalten. Nach W. PRANDTL kann man Praseodym von Lanthan nur durch die stufenweise basische Fällung trennen. Oxyde, die neben wenig Praseodym viel Lanthan enthalten, werden nach S. 752 aufgearbeitet. Die anfallenden praseodymreichen Niederschläge werden mit den anderen Fraktionen vereinigt und einer systematischen stufenweisen basischen Fällung in Gegenwart von Cadmiumnitrat und Ammoniumnitrat unterzogen.

Durchführung. 600 g Oxyde werden in Nitrate übergeführt, mit 1850 g Cadmiumnitrat versetzt und mit 5 Liter 2 n Ammoniumnitratlösung vermischt. Zuerst werden mit verdünntem Ammoniak 6 bis 7 Fällungen durchgeführt, die nach dem Schema der fraktionierten Krystallisation weiter behandelt werden. Schon nach der dritten Reihe wird nur ein schwach gefärbtes Lanthanoxyd ausgeschieden, während das Praseodym von der 8. Reihe an in großer Reinheit erhalten wird.

Aus den Endlaugen fällt man die Elemente der seltenen Erden durch Ammoniumcarbonat aus. Das Filtrat wird zwecks Zerstörung des Carbonates erhitzt und kann hierauf den Kopffraktionen neuerlich zugesetzt werden.

Literatur.

AUER VON WELSBACH, C.: M. 4, 634 (1883).
PRANDTL, W.: Z. anorg. Ch. 238, 321 (1938). — PRANDTL, W. u. K. HUTTNER: Z. anorg. Ch. 136, 289 (1924).

Neodym.

Nd, Atomgewicht 144,27, Ordnungszahl 60.

Die Salze des Neodyms sind rosa bis violett-rosa gefärbt und weisen eine sehr geringe hydrolytische Spaltung auf. Eine 0,01 mol Neodymchloridlösung beginnt durch Natronlauge bei einer Wasserstoff-Ionen-Konzentration $p_H = 7{,}40$, eine 0,01 m Sulfatlösung bei einem $p_H = 6{,}73$ stark basische Salze abzuscheiden. Das Absorptionsspektrum zeigt zahlreiche Banden, die im Gelb und Grün charakteristisch sind.

Neodymoxyd.

Im Gegensatz zu Praseodym ist das Neodym auch in seinem Oxyd nur dreiwertig. Im älteren Schrifttum finden sich Angaben über höhere Oxyde, die jedoch durch hartnäckig zurückgehaltene Feuchtigkeit und Kohlensäure vorgetäuscht werden. Nd_2O_3 ist als Wägungsform nach Glühen bei 900° gut geeignet (W. PRANDTL).

Eigenschaften. Neodymoxyd ist von hellblauer oder hellpurpurner Farbe und hat die Dichte $D_4^{15} = 7{,}24$ (berechnet 7,22). Es zieht aus der Luft rasch Feuchtigkeit an, hydratisiert jedoch bei gewöhnlicher Temperatur nicht; es ist leicht löslich in verdünnten Säuren.

Reinheitsprüfung. Das Oxyd ist nur im reinen Zustand hellblau oder blaurot; andere seltene Erden geben eine stumpfe, graue oder bräunliche Färbung (C. JAMES). Samarium und Praseodym, die häufigsten Verunreinigungen, werden im Absorptionsspektrum entdeckt.

Literatur.

BOWLES, J. A. C. u. H. M. PARTRIDGE: Ind. eng. Chem. Anal. Edit. **9**, 127 (1937).
JAMES, C.: Am. Soc. **30**, 989 (1908).
PRANDTL, W.: B. **55**, 693 (1922).

I. Bestimmungsformen.

§ 1. Fällung als Hydroxyd siehe S. 668.

§ 2. Fällung als Oxalat siehe S. 670.

Eigenschaften. Zart rosaviolettes, fein krystallinisches Pulver, das *stets* als 11-Hydrat abgeschieden wird (C. JAMES und J. E. ROBINSON).

Im Gegensatz zu Praseodym neigt das Neodym nach P. W. SELWOOD nicht zur Bildung von Oxalatoverbindungen, wenn in der Siedehitze aus verdünnten Lösungen mit verdünnter Oxalsäure langsam gefällt wird. Die Resultate sind aus Chloridlösungen auf 0,1% genau.

Löslichkeit. Nach SARVER und BRINTON löst 1 Liter Wasser bei 25° 1,48 mg $Nd_2(C_2O_4)_3 \cdot 10\,H_2O$ (nach RIMBACH und SCHUBERT 0,49 mg).

Löslichkeit in 100 g der verdünnten Säuren bei 25° nach L. A. SARVER und P. H. M.-P. BRINTON.

Norm. HNO_3	0,2482	1,992	2,000	2,000	
Norm. Oxalsäure	—	—	0,1	0,5	
% $Nd_2(C_2O_4)_3$	0,0238	0,4287	0,1138	0,0195	
Norm. der HCl	0,1008	0,5	1,018	0,978	0,978
Norm. der Oxalsäure	—	—	—	0,1	0,5
% $Nd_2(C_2O_4)_3$	0,0076	0,0270	0,1260	0,0082	0,0020
Norm. der H_2SO_4	0,086	0,419	1,0		
% $Nd_2(C_2O_4)_3$	0,0091	0,0415	0,1173		

In 100 g einer 2,63%igen Ammoniumoxalatlösung sind nach B. BRAUNER 0,00088 g Nd_2O_3 gelöst.

Durchführung siehe S. 670.

Literatur.

BRAUNER, B.: Soc. **73**, 951 (1898).
JAMES, C. u. J. E. ROBINSON: Am. Soc. **35**, 758 (1913).
RIMBACH, E. u. A. SCHUBERT: Ph. Ch. **67**, 198 (1909).
SARVER, L. A. u. P. H. M.-P. BRINTON: Am. Soc. **49**, 943 (1927). — SELWOOD, P. W.: Am. Soc. **52**, 4309 (1930).

II. Spektralanalytische Methoden.

§ 1. Absorptionsspektroskopie.

Das Neodym besitzt zahlreiche Banden von sehr verschiedener Intensität, die sich vom roten bis zum ultravioletten Gebiet ziehen.

Bande bei 1 Grammatom je Liter von Å bis Å	Teilung bei Verdünnung	In Spitzen Å	Verschwinden bei Verdünnung	Bande bei 1 Grammatom je Liter von Å bis Å	Teilung bei Verdünnung	In Spitzen Å	Verschwinden bei Verdünnung
6902—6705	1/2	6877	1/16	4332			1/16
		6786	1/32	4296			1/2
6369			1/4	4272			1/256
6288			1/4	4182			1/8
5228			1/8	3806			1/2
5944—5622		5784	1/128			3557	1/16
		5752	1/512	3596—3446	1/4	3538	1/64
		5724	1/128			3504	1/32
5342—4984	1/4	5320	1/32			3455	1/64
		5219	1/512	3400			1/2
		5207		3342—3233		3282	1/16
		5129	1/128	3138			1/2
		5090	1/128	2997			1/2
4802			1/16	2984			1/16
4755			1/128	2911			1/4
4709—4648	1/2	4691	1/128	2899			1/4
		4612	1/32				

Literatur.

DELAUNEY, E.: C. r. **185**, 354 (1927).
MUTHMANN, W. u. L. STÜTZEL: B. **32**, 2653 (1899).

§ 2. Emissionsspektralanalyse siehe S. 679.

A. DE GRAMONT bezeichnet 3951,1, 4177,36, 4303,61 Å als Restlinien. WA. GERLACH und E. RIEDL führen noch folgende Analysenlinien an: 4109,5 (+4109,1), 4156,2, 4012,3, 4061,1 und 4451,6.

Literatur.

GERLACH, WA. u. E. RIEDL: Chemische Emissionsspektralanalyse, Teil 3, S. 147.
GRAMONT, A. DE: C. r. **171**, 1106 (1920).

III. Trennung des Neodyms von den anderen Elementen der seltenen Erden.

Aus dem alten Didym lassen sich Neodym und Praseodym nur nach dem AUERschen Verfahren der fraktionierten Krystallisation der Magnesium- oder Ammoniumdoppelnitrate isolieren. Die Trennung dieser beiden Elemente geht nur sehr langsam vor sich, denn erst in der 8. Reihe beobachtet man rote und grüne Fraktionen. Die praseodymfreien Laugen erkennt man an der weißblauen Farbe der Oxyde.

Allgemeines. Im älteren Schrifttum findet man Trennungsmethoden angegeben, die dem modernen Stand der analytischen Chemie nicht mehr entsprechen. Da Neodym und Praseodym mit den Mitteln der chemischen Analyse nicht zu trennen waren, hatte man bei gravimetrischen Methoden bis über die Jahrhundertwende hinaus den gemeinsamen Namen Didym beibehalten. Nur wenige dieser Methoden sind bisher erwähnt worden; aus Gründen der Vollständigkeit wird im folgenden diese Lücke geschlossen.

1. Trennung des Didyms und Lanthans von Cer. a) Nach A. DAMOUR und N. SAINTE CLAIRE-DEVILLE. Man fällt die Elemente der seltenen Erden enthaltene Lösung mit Kalilauge, filtriert und schwemmt die erhaltenen Hydroxyde in verdünnter Lauge auf. Nun leitet man Chlorgas ein, wobei Didym und Lanthan in Lösung gehen, während Cerihydroxyd den Niederschlag bildet. Cerihydroxyd wird in Salzsäure gelöst und als Ceroxalat gefällt.

Aus dem Lanthan und Didym enthaltenden Filtrat werden die Elemente der Erden als Oxalate abgeschieden, geglüht und gewogen. Die Oxyde löst man in verdünnter Salpetersäure, dampft in einer Porzellanschale zur Trockne und erhitzt auf 400 bis 500°. Bevor die Nitrate vollständig zersetzt worden sind, läßt man abkühlen und löst in kaltem Wasser: Lanthannitrat geht in Lösung, während Didym als basisches Nitrat in Flocken zurückbleibt. Nach längerem Stehen wird gekocht und filtriert. Mit dem so gewonnenen Filtrat wird noch zweimal die gleiche Operation vorgenommen; schließlich erhält man eine farblose Lösung, die frei von Didym ist. Die aus den drei Niederschlägen erhaltenen Oxyde werden als Didymoxalat ausgewogen.

Bemerkungen. Diese Methode liefert keine brauchbaren Resultate, da die Scheidung nicht quantitativ erfolgt.

b) Nach W. Gibbs. Man kocht die stark salpetersaure Erdenlösung mit Bleidioxyd, dampft die durch Cerinitrat stark gefärbte Lösung zur Trockne und glüht hierauf, bis ein Teil der Nitrate zerlegt ist. Man nimmt in Wasser auf und filtriert vom Niederschlag, der neben Bleioxyd das gesamte Cer als basisches Cernitrat enthält, ab. Der Niederschlag wird in Salpetersäure gelöst, das Blei durch Schwefelwasserstoff abgeschieden und hierauf das Cer als Oxalat gefällt. Lanthan und Didym sollen völlig rein sein.

c) Nach W. Muthmann und H. Rölig. Die neutrale Nitratlösung wird mit aufgeschlämmtem Zinkoxyd verrührt und tropfenweise mit einer Kaliumpermanganatlösung versetzt, bis die überstehende Flüssigkeit schwach rosa erscheint. Im Niederschlag befindet sich neben Zinkoxyd das Cer als Cerihydroxyd. Das Filtrat wird anteilweise mit Magnesia gefällt, bis die Lösung im Absorptionsspektrum keine Didymbanden mehr aufweist.

d) Nach Cl. Winkler. Der neutralen salzsauren Lösung wird ein auf nassem Wege bereitetes Quecksilberoxyd zugegeben und unter Umrühren eine verdünnte Kaliumpermanganatlösung zugefügt. Wenn unverbrauchtes Permanganat an der schwach roten Lösung erkannt wird, läßt man den Niederschlag absitzen, filtriert und wäscht ihn durch Dekantieren aus. Er besteht aus unverbrauchtem Quecksilberoxyd, Mangandioxyd, Cerihydroxyd und fast dem ganzen Didym als Superoxyd. (Die Fällung des Didyms als Superoxyd ist eine unbewiesene Annahme; in Wirklichkeit findet durch das Quecksilberoxyd eine Fällung des schwächer basischen Didyms statt.) Man glüht den Niederschlag, löst den Rückstand in Salzsäure, dampft mit Schwefelsäure zur Trockne, löst in Eiswasser und trennt die Elemente der Erden vom Mangan über die Kaliumdoppelsulfate. Das lanthanhaltige Filtrat wird mit Oxalsäure gefällt und der Niederschlag nach dem Glühen als Oxyd ausgewogen.

e) Nach C. G. Mosander. Die Sulfate des Lanthans und Didyms zeigen bei verschiedenen Temperaturen ungleiche Löslichkeiten. Während in Eiswasser und bei 5 bis 6° die wasserfreien Sulfate leicht löslich sind, fällt aus konzentrierten Lösungen unterhalb von 50° (30 bis 35°) das Enneahydrat des Lanthansulfates aus, während das Didymsulfat fast vollständig gelöst bleibt. Das Lanthansulfat wird durch Glühen entwässert, in Eiswasser gelöst und nochmals der fraktionierten Krystallisation unterworfen. Dieser Vorgang wird solange wiederholt, bis die Mutterlauge der letzten Krystallisation im Absorptionsspektrum keine Didymbanden enthält. Da bei jeder Fraktionierung Lanthan beim Didym verbleibt, müssen die Filtrate weiter verarbeitet werden. Man erwärmt sie auf etwa 50°, wobei neben rotem Didymoktosulfat auch wesentlich hellere Krystalle anfallen. Durch Auslesen trennt man diese ab und wiederholt nochmals die Fraktionierung. Schließlich verbleibt ein Sulfatgemisch, das eine weitere Trennung nicht mehr gestattet. Man führt daher die Sulfate in Oxyde über und behandelt diese mit zur Lösung unzureichenden

Mengen Salpetersäure. Dadurch entsteht eine lanthanreiche Lösung, während der Rückstand Didym als Hauptbestandteil enthält. Die schließliche Reinigung wird über die fraktionierte Krystallisation der Oxalate erreicht.

f) Nach P. SCHÜTZENBERGER. Die zur Trockne gedampften Nitrate von Lanthan, Cer und Didym werden mit acht Teilen Kaliumnitrat geschmolzen und bei 300 bis 325° solange gehalten, bis keine nitrosen Gase mehr auftreten. In Wasser aufgenommen, wird das Cerdioxyd abfiltriert, gewaschen und in Cerosulfat übergeführt. Man löst in Eiswasser, erwärmt, bis keine weitere Krystallisation auftritt, verwandelt die Oktohydrate in Oxalate und diese schließlich in Nitrate. Die oben beschriebene partielle Zersetzung wird wiederholt und nun ein reines Cerdioxyd erhalten, das im Absorptionsspektrum keine Banden der gefärbten Erden aufweist. Die stark kaliumnitrathaltigen Filtrate werden zur Trockne gebracht und bei 350 bis 360° geschmolzen. Die wäßrige Lösung ist didymärmer geworden. Man wiederholt diese partielle Zersetzung bei immer steigenden Temperaturen, bis die Filtrate völlig weiß geworden sind und demnach nur noch Lanthan enthalten.

g) Nach R. BUNSEN. Die Oxalate werden mit der Hälfte des Gewichtes an Magnesiumcarbonat gemengt und bei schwacher Rotglut bis zur Zerstörung der Oxalate geglüht. Man nimmt in heißer Salpetersäure auf, verjagt den Überschuß der Säure und hydrolysiert durch Eingießen in heißes, mit etwas Schwefelsäure angesäuertes Wasser. Basisches Cerisulfat fällt aus.

Bemerkungen. Nach B. BRAUNER muß die Hydrolyse 11mal wiederholt werden, bis ein reines Cerdioxyd erhalten wird.

2. Trennung des Didyms, Lanthans, Cers von Thorium. Nach CHAVASTELON. Die grobe Trennung der Elemente der seltenen Erden von Thorium wird mit Natriumsulfit durchgeführt. Eine gesättigte Sulfitlösung fällt die Elemente der seltenen Erden, während Thorium nur mit Spuren der Erden verunreinigt in Lösung bleibt. Die als Sulfite gefällten Erden sind jedoch nicht ganz rein. Man unterwirft daher sowohl das Filtrat als auch den Niederschlag einer endgültigen Trennung mit Wasserstoffperoxyd (s. S. 719). Aus den beiden thoriumfreien Filtraten fällt man mit Ammoniak die Elemente der seltenen Erden als Hydroxyde, filtriert und spritzt diesen Niederschlag in das Fällungsgefäß, gibt überschüssiges Alkalicarbonat hinzu und leitet Kohlensäure zur Bildung von Bicarbonaten ein. Cer wird als rotbraunes PerceriaIkalicarbonat gelöst, während die anderen Elemente der Erden als unlösliche Carbonate zurückbleiben. War von der vorhergehenden Thoriumtrennung genügend Wasserstoffsuperoxyd zugegen, so sind die zurückbleibenden Erden vom Cer befreit. Man filtriert, prüft den Niederschlag durch Auftropfen von Wasserstoffperoxyd auf die Abwesenheit von Cer. Tritt keine Farbänderung ein, ist die Trennung gelungen; beobachtet man eine Rotbraunfärbung, so muß nach Zugabe von Wasserstoffperoxyd die Trennung wiederholt werden.

Bemerkungen. Man kann den Gang dieser Analyse derart ändern, daß das Cer, gemeinsam mit Thorium als lösliches Doppelcarbonat von den anderen Elementen der seltenen Erden abgetrennt und hierauf mit Hilfe von Natriumsulfit Cer von Thorium geschieden wird.

Nach GROSSMANN ist diese Methode unbrauchbar, da das Thorium bei kleinen Mengen nur zu etwa 10% gelöst wird.

Literatur.

AUER VON WELSBACH, C.: M. **4**, 634 (1883).

BRAUNER, B.: G. **6/I**, 451. Heidelberg 1928. — BUNSEN, R.: Pogg. Ann. **155**, 375 (1875).

CHAVASTELON, R: C. r. **130**, 781 (1900).

DAMOUR, A. u. H. SAINTE CLAIRE-DEVILLE: C. r. **59**, 272 (1864).

GIBBS, W.: Fr. **3**, 396 (1864). — GROSSMANN, H.: Z. anorg. Ch. **44**, 229 (1905).

MOSANDER, C. G.: Phil. Mag. [3] **28**, 251 (1843). — MUTHMANN, W. u. H. RÖLIG: B. **31**, 1718 (1898).

SCHÜTZENBERGER, P.: C. r. **120**, 663, 1143 (1895).

WINKLER, CL.: J. pr. **95**, 410 (1865).

Samarium.

Sm, Atomgewicht 150,43, Ordnungszahl 62.

Die Ionen des Samariums sind schwach gelb gefärbt und besitzen im Absorptionsspektrum, vor allem im violetten und ultravioletten Teil, starke Banden. Die hydrolytische Spaltung der Samariumsalze ist bereits etwas größer als bei den Neodymverbindungen; nach H. TH. BRITTON beginnt die Fällung einer 0,0121 molaren Samariumchloridlösung bei der Wasserstoff-Ionen-Konzentration $p_H = 6{,}83$.

Samarium kann drei- und zweiwertig auftreten. Die niedere Wertigkeitsstufe ist schwer zugänglich, da die Samarium(II)verbindungen in wäßriger Lösung äußerst unbeständig sind. Sie kommt vorläufig für analytische Zwecke nicht in Betracht.

Eine weitere Eigenschaft, die für die quantitative Analyse noch nicht ausgewertet wurde, ist die Radioaktivität, durch die sich das Samarium als α-Strahler von allen anderen Elementen der seltenen Erden unterscheidet (v. HEVESY, M. PAHL).

Samariumoxyd.

Das bei 900° geglühte Oxyd ist die meist angewendete Wägungsform.

Eigenschaften. Sm_2O_3 ist von schwach gelber Farbe, hat die Dichte $D_4^{15} = 7{,}43$ und schmilzt im Knallgasgebläse. Es ist leicht löslich in verdünnten Säuren, doch etwas schwerer als Praseodym- und Neodymoxyd.

Reinheitsprüfung. Sowohl die chemische Prüfung als auch die Absorptionsspektralanalyse geben keine entscheidenden Befunde. Nur das Bogenspektrum gibt Auskunft über die anwesenden Verunreinigungen.

Literatur.

BRITTON, H. TH. ST.: J. chem. Soc. 127, 2142 (1925).
HEVESY, G. v. u. M. PAHL: Z. Physik 83, 43 (1933).

I. Bestimmungsverfahren.

§ 1. Fällung als Hydroxyd.

Eigenschaften. Das Samariumhydroxyd ist eine schwach gelbliche, fast weiße Gallerte, die aus der Luft Kohlendioxyd anzieht. Löslichkeit unbekannt.

Durchführung siehe S. 668.

§ 2. Fällung als Oxalat.

Eigenschaften. Weiße Flocken, die bald krystallinisch werden, wobei eine schwach gelbe Färbung zum Vorschein kommt.

Löslichkeit. Nach L. A. SARVER und P. H. BRINTON löst 1 Liter Wasser 1,48 mg $Sm_2(C_2O_4)_3$; nach E. RIMBACH und A. SCHUBERT 0,70 mg.

Löslichkeit in verdünnten Säuren bei 25° nach L. A. SARVER und P. H. M.-P. BRINTON sowie O. HAUSER und F. WIRTH.
g wasserfreies Oxalat in 100 g Lösung.

Norm. HNO_3	0,2482	1,992	2,000	2,000			
Norm. Oxalsäure	—	—	0,1	0,5			
% $Sm_2(C_2O_4)_3$	0,0189	0,3408	0,0905	0,0134			
Norm. HCl	0,1008	0,2576	0,5702	0,978	0,978	0,978	
Norm. Oxalsäure	—	—	—	—	0,1	0,5	
% $Sm_2(C_2O_4)_3$	0,0052	0,0181	0,0267	0,0712	0,0061	0,0010	
Norm. H_2SO_4	0,05	0,5	0,86	0,96	1	1,19	1,445
Norm. Oxalsäure	0,5	0,5	—	0,5	—	0,5	—
% $Sm_2(C_2O_4)_3$	0,0009	0,001	0,0090	0,0032	0,1015	0,0042	0,1804

Durchführung siehe S. 670.

Literatur.

HAUSER, O. u. F. WIRTH: Fr. **47**, 393 (1908).
RIMBACH, E. u. A. SCHUBERT: Ph. Ch. **67**, 198 (1909).
SARVER, L. A. u. P. H. M.-P. BRINTON: Am. Soc. **49**, 943 (1927).
WIRTH, F.: Z. anorg. Ch. **76**, 196 (1912).

II. Spektralanalytische Methoden.

§ 1. Absorptionsspektroskopie siehe S. 677.

Die wichtigsten Banden des Samariums liegen im violetten und ultravioletten Teil des Spektrums.

Bande bei 1 Grammatom pro Liter von Å bis Å	Teilung bei Verdünnung	In Spitzen Å	Verschwinden bei Verdünnung	Bande bei 1 Grammatom pro Liter von Å bis Å	Teilung bei Verdünnung	In Spitzen Å	Verschwinden bei Verdünnung
5593			$^1/_8$	4097—3902	$^1/_2$	4016	$^1/_{32}$
4995			$^1/_8$	3905			$^1/_4$
4892			$^1/_4$	3776—3713		3746	$^1/_{16}$
4870—4720	$^1/_4$	4793	$^1/_{16}$	3650—3589		3620	$^1/_{16}$
4674—4602	$^1/_4$	4639	$^1/_{32}$	3535			$^1/_2$
4513			$^1/_4$	3466—3424		3444	$^1/_8$
4446—4376			$^1/_4$	3226			$^1/_8$
4180			$^1/_8$	3175			$^1/_8$
4164			$^1/_8$	3055			$^1/_4$
4148			$^1/_8$	2900			$^1/_4$
4097—3902	$^1/_2$	4074	$^1/_8$	2790			$^1/_8$
		4056	$^1/_4$	2737			$^1/_2$

§ 2. Emissionsspektralanalyse.

a) Bogenspektren. Nach P. W. SELWOOD. Geringe Mengen Samarium wurden in Neodymoxyd nach der visuellen Methode bestimmt. Als Vergleichssubstanzen dienten Mischungen dieser Elemente von 10 bis 0,001%, die als Lösungen auf die Anode gebracht und im Bogen verdampft wurden. Im Hinblick auf die zahlreichen Koinzidenzen war es schwierig, den Gehalt an Samarium unterhalb von 0,1% zu bestimmen. Bei einem Gehalt von 0,1% sind sichtbar: 4280, 4361, 4670; ferner die letzten Linien 4434,34, 4424,35 und 4390,87 Å. Bei 1% Samarium kommen noch die Linien 3365,86, 3254,38 und das Doublett 3187,90 und 3187,12 Å hinzu (s. ferner S. 679).

Literatur.

SELWOOD, P. W.: Ind. eng. Chem. Anal. Edit. **2**, 93 (1930).

b) Funkenspektren. Reststrahlen sind nach W. F. MEGGERS 4390,87, 4424,35 und 4434,34 Å. W. GERLACH und E. RIEDL führen noch als Analysenlinien an 4281, 4280, 4467,3, 3592,6, 3609,5, 3634,5, 3568,3 Å.

Literatur.

GERLACH, WA. u. E. RIEDL: Chemische Emissionsspektralanalyse, Teil 3: Tabellen zur qualitativen Analyse, S. 147. Leipzig 1936.
MEGGERS, W. F.: International Critical Tables of Numerical Data, Physics, Chemistry and Technology. Hauptherausgeber E. W. WESHBURN. Bd. 5, S. 324. 1929.

III. Trennung des Samariums von den anderen Elementen der seltenen Erden.

Aus den gelb gefärbten Endlaugen der Krystallisation der Ceriterden über die Magnesiumdoppelnitrate gewinnt man das Samarium, das verhältnismäßig noch gut krystallisiert. Zur Erleichterung der Trennung haben URBAIN und LACOMBE das Magnesiumwismutnitrat eingeschoben, das bei der Krystallisation das Samarium in die Kopffraktionen mit sich nimmt. W. PRANDTL zieht bei größeren Erdsalzmengen die Abscheidung des Nitrates aus salpetersäurehaltigen Lösungen der URBAINschen Methode vor. Im Laufe dieser Aufarbeitung sammelt sich das Europium an und wird elektrolytisch (s. S. 806) in Gegenwart von Sulfat-Ionen als schwer lösliches Europium(II)sulfat abgeschieden. Die ersten Kopffraktionen nehmen das in Lösung enthaltene Neodym mit; die folgenden bestehen aus sehr reinem Samarium.

In jüngster Zeit ist es gelungen, Samariumchlorid in Lösung zu reduzieren (A. BRUKL). Da die niedere Wertigkeitsstufe in wäßriger Lösung unbeständig ist, werden in absolut alkoholischer Lösung die Mischchloride durch Calciumamalgam reduziert, wobei das Samarochlorid in leuchtend dunkelroten Krystallen ausfällt. Der Niederschlag besteht aus sehr kleinen Krystallen, die durch Filtration von der Mutterlauge nicht getrennt werden können; hingegen erreicht man eine saubere Scheidung durch Zentrifugieren. Die große Luftempfindlichkeit des Niederschlages erfordert ein rasches Arbeiten und ein Verschließen der Zentrifugiergefäße. Diese Methode eignet sich vor allem für größere Mengen von Gemischen seltener Erden und erlaubt eine Abtrennung des Samariums bis auf etwa 2%.

Durchführung. Die Reduktion wird in einem dickwandigen Scheidetrichter mit 1%igem Calciumamalgam durchgeführt, wobei man als Lösung einen an wasserfreien Erdchloriden gesättigten absoluten Alkohol verwendet. Zu Beginn der Reduktion wird eine schmutzige Färbung erzeugt, die zum Teil durch kleine Mengen des grünen Samarohydroxydes hervorgerufen wird. Der Umsatz des Calciums mit Samariumtrichlorid geht sehr rasch vor sich; neben dieser Reduktion findet auch in kleinerem Umfang Alkoholatbildung unter Wasserstoffentwicklung statt. Wenn das Amalgam aufgebraucht ist, wird mit 1 bis 2 cm^3 absolut alkoholischer Chlorwasserstoffsäure angesäuert und hierauf zentrifugiert.

Bemerkungen. Bei einer Reduktion können bis zu 60 g Samariumoxyd abgeschieden werden. Geht man von einem Erdengemisch mit etwa 55% Samarium aus, so ergibt die erste Reduktion ein Produkt mit 91% Samarium und 8% Gadolinium, wobei eine merkliche Anreicherung an Europium stattfindet. Verarbeitet man die aus mehreren Reduktionen erhaltenen Oxyde auf wasserfreie Chloride und reduziert neuerlich, so erhält man neben einer starken Europiumvermehrung ein fast gadoliniumfreies Samarium: 95,8% Samarium, 4% Europium, 0,2% Gadolinium.

Literatur.

BRUKL, A.: Angew. Ch. **52**, **151** (1939).
PRANDTL, W.: Z. anorg. Ch. **238**, 327 (1938).
URBAIN, G. u. H. LACOMBE: C. r. **137**, 792 (1903).

Europium.

Eu, Atomgewicht 152,0, Ordnungszahl 63.

Aus der Reihe der Elemente der seltenen Erden hebt sich das Europium durch die Fähigkeit, zweiwertige Verbindungen von ausreichender Stabilität zu bilden, deutlich ab. Ursprünglich wurde diese niedere Wertigkeitsstufe mühevoll durch Reduktion des wasserfreien Trichlorides durch Wasserstoff erhalten; in der jüngsten Zeit sind Methoden aufgefunden worden, die den Valenzwechsel zu einer Anreicherung und folgenden Reindarstellung ausnützen. So wurde dieses Element, das seltenste unter den seltenen Erden, leicht zugänglich, und aus der Notwendigkeit, die erhaltenen Produkte auf den Europiumgehalt zu untersuchen, entstanden quantitative Bestimmungsverfahren.

In der dreiwertigen Form schließt sich das Europium den stetig verlaufenden Eigenschaften der Elemente der seltenen Erden an; es steht zwischen dem Samarium und dem Gadolinium. Die Ionen sind sehr schwach rötlich gefärbt, und das

Absorptionsspektrum zeigt charakteristische scharfe Linien. Die zweiwertigen Verbindungen weisen eine große Ähnlichkeit mit den Erdalkalien, vor allem dem Strontium, auf, mit dem in einigen Verbindungen Isomorphie besteht. Zweiwertige Europium-Ionen sind ebenfalls sehr schwach gefärbt und besitzen ein Absorptionsspektrum, das von der dreiwertigen Stufe wesentlich verschieden ist.

Europiumoxyd.

Die einzige Wägungsform ist das Oxyd. Es ist weiß, mit einem schwach roten Farbton und bei 900° geglüht nicht hygroskopisch. Es krystallisiert kubisch und hat die Dichte 7,42, wenn es aus dem Oxalat, und 6,55, wenn es aus dem Nitrat hergestellt wurde. Berechnete Dichte = 7,30. Das Europiumoxyd ist in Säuren leicht löslich. Weitere Eigenschaften sind nicht bekannt.

Reinheitsprüfung. Mit gutem Erfolg wird die röntgenspektroskopische Prüfung angewandt, wobei den Elementen Samarium, Gadolinium und Ytterbium besondere Beachtung zu schenken ist.

I. Bestimmungsformen.

Die quantitative Bestimmung des Europiums wird nach § 1 und 2 S. 668 vorgenommen.

Über Löslichkeiten des Hydroxydes und des Oxalates liegen keine Untersuchungen und Angaben vor.

II. Maßanalytische Methoden siehe S. 807.

III. Spektralanalytische Methoden.

§ 1. Absorptionsspektroskopie.

Das Absorptionsspektrum des Europiums ist verhältnismäßig schwach, aber sehr einfach und durch seine schmalen scharfen Linien sehr charakteristisch.

Bande bei Grammatom im Liter Å	Spitze bei Å	Verschwindet bei Verdünnung	Bande bei Grammatom im Liter Å	Spitze bei Å	Verschwindet bei Verdünnung
5360		1/2	3617		1/8
5255		1/16	3273—3253		1/2
4656			3204		1/2
4651		1/32	3189—3160	3179	1/32
4647				3168	1/8
3977—3926	3943	1/64	3000	2980	1/32
3853		1/4		2930	1/4
3809				2861	1/32
3766		1/4		2853	1/32
3749					

§ 2. Emissionsspektralanalyse siehe S. 679.

Reststrahlen nach A. de Gramont 4129,7 Å; W. F. Meggers beobachtet noch die Linie 4205,03 Å. Wa. Gerlach und E. Riedl vervollständigen diese Angaben durch 4435,5, 4594,1 und 3819,6 Å. Nach Piccardi werden die ersten zwei Linien durch Gadolinium gestört; hingegen treten drei recht intensive Linien 4661, 4627, 4594,1 Å bei so tiefer Temperatur auf, bei der die übrigen anwesenden Elemente nur noch ein Bandenspektrum liefern.

Literatur.

Gerlach, Wa. u. E. Riedl: Chemische Emissionsspektralanalysen, Teil **3**, S. 146. — Gramont, A. de: C. r. **171**, 1106 (1920).

Meggers, W. F.: International Critical Tables of Numerical Data, Physics, Chemistry and Technology. Hauptherausgeber E. W. Washburn. Bd. 5, S. 324. 1929.

Piccardi, G.: Atti Accad. Lincei [6] **17** 1092—1094 (1933); durch C. **1933 II**, 2861.

IV. Trennung des Europiums von den anderen Elementen der seltenen Erden.

G. URBAIN und F. BOURION fanden, daß Europium(III)chlorid durch reinsten Wasserstoff zum Europium(II)chlorid reduziert werden kann. Neuere Untersuchungen dieser wichtigen Umsetzung durch W. KLEMM und J. ROCKSTROH sowie durch G. JANTSCH, H. ALBER und H. GRUBITSCH zeigten, daß Europium in der zweiwertigen Form ziemlich stabile Verbindungen bildet, die den entsprechenden Erdalkalisalzen, vor allem dem Strontium und Barium, sehr nahe stehen. Als analytisch bedeutsam ist die Schwerlöslichkeit des Europium(II)sulfates in Wasser und des Europium(II)chlorides in konzentrierter Chlorwasserstoffsäure zu werten. Der erste Versuch, das Europium auf Grund seines Wertigkeitswechsels von den anderen Erden zu trennen, wurde von L. F. YNTEMA unternommen, der aus Chloridlösungen in Gegenwart von Sulfat-Ionen das Europium elektrolytisch an Quecksilberkathoden reduzierte und das gebildete, schwer lösliche Europium(II)-sulfat durch Filtration von den Begleitern abtrennte. Diese Methode wurde durch KAPFENBERGER sowie durch A. BRUKL weiter entwickelt.

Einen anderen Weg schlug McCOY ein, nachdem es ihm gelungen ist, Europium(III)lösungen durch Zink in schwach saurer Lösung zu reduzieren. Ursprünglich für präparative Zwecke gedacht, entwickelte sich aus dieser Umsetzung ein maßanalytisches Verfahren, nach dem das Europium jodometrisch neben anderen Erden bestimmt werden kann. Für die Verfolgung der Reinigung von Europium(II)-sulfat ist ferner eine oxydimetrische Methode ausgearbeitet worden.

In den meisten Fällen wird es sich darum handeln, Europium in Fraktionen zu bestimmen, in denen es im Laufe der Erdenaufarbeitung angesammelt wurde. Es ist das seltenste Element der seltenen Erden und kann im Roherdengemisch nur mit großer Ungenauigkeit quantitativ erfaßt werden. Erfolgreicher wird die Analyse, wenn nach Abtrennung der Elemente Lanthan bis Neodym und ausreichender Entfernung der Yttererden Fraktionen von Samarium und Gadolinium verwendet werden. Der Gehalt solcher Präparate an Europium schwankt je nach der Herkunft der aufgearbeiteten Mineralien zwischen 0,5 und 3%. Nachdem das elektrolytische Verfahren auch nach der quantitativen Richtung hin durchgearbeitet wurde, empfiehlt es sich, aus einer größeren Einwage (etwa 100 bis 500 g Oxyde) eine Anreicherung auf diesem Wege vorzunehmen und hierauf den Gehalt an Europium maßanalytisch zu bestimmen.

1. Die Anreicherung des Europiums auf elektrolytischem Wege. a) Nach W. KAPFENBERGER. W. KAPFENBERGER entwickelte eine Apparatur, die den ersten Versuchsbedingungen L. F. YNTEMAs weitgehend entsprach, jedoch für die Aufarbeitung größerer Mengen seltener Erden auf Europium wesentlich geeigneter erschien. Von einer etwa $2^1/_2$ l fassenden Flasche wird der Boden abgesprengt, der Hals mit einem Gummistopfen fest verschlossen, durch den ein Capillarhahn führt. Die Flasche wird mit dem Hahn nach unten in ein Stativ eingespannt, einige Zentimeter hoch reines Quecksilber eingefüllt und dieses mit der Erdchloridlösung überschichtet. Das Quecksilber dient als Kathode und wird durch einen gegen die Lösung isolierten Platinkontakt mit dem negativen Pol verbunden. Ein Rührer taucht in die Lösung ein. In einer 2 l fassenden WOULFEschen Flasche, mit 3 oben angebrachten Hälsen und einem am Boden befindlichen Tubus, wird 1 n Schwefelsäure eingefüllt. Die beiden Gefäße werden durch einen weiten, mit 1 n Schwefelsäure gefüllten Heber verbunden. Durch den zweiten oberen Tubus ragt die Platinanode in den Anolyten hinein. Der 3. Tubus dient zum Entweichen der anodisch gebildeten Gase.

Durchführung. Die über dem Quecksilber befindliche Erdenlösung enthält etwa 160 g Oxyde (gelöst als Chloride) im Liter. Man säuert mit Schwefelsäure an, stellt den Rührer an und elektrolysiert mit einer Stromdichte von 0,01 Amp./cm² bei 80 V. Nach 2 bis 3 Tagen ununterbrochener Elektrolyse hat sich das Europium(II)sulfat zu größeren Krystallen vereinigt und gut abgesetzt. Nach Entfernen des Quecksilbers wird der Niederschlag rasch filtriert, wenig gewaschen und mit konzentrierter Salzsäure oxydiert. In der europiumhaltigen Lösung befinden sich neben den Elementen der seltenen Erden auch Schwermetalle; man verdünnt daher stark, fällt mit Schwefelwasserstoff, entfernt im Filtrat durch Auskochen dieses Gas und bringt durch nachfolgende Oxydation das Eisen in die Ferriform. Nun fällt man mit Oxalsäure, verglüht und bestimmt in diesem Präparat das Europium jodometrisch nach S. 808.

Bemerkungen. Diese Methode scheidet das Europium von den begleitenden Erden bis auf 0,3% ab. Auf Grund des röntgenspektroskopisch bestimmten Wertes berechnet sich die Löslichkeit des Europium(II)sulfates auf 0,7833 g je Liter. Bei sehr genauen Analysen muß dieser Wert in Rechnung gestellt werden.

b) Nach A. Brukl. Eine wesentlich einfachere und rascher zum Ziele führende Anordnung hat A. Brukl mitgeteilt. Die Trennung des Anodenraumes vom Kathodenraum wird durch ein Diaphragma (Tonzelle) erreicht. Die höhere Stromdichte sorgt für die hinreichende Durchmischung des Elektrolyten, und das durch Reduktion erhaltene Europium(II)sulfat wird isomorph in Strontiumsulfat eingebaut.

Durchführung. In ein 2 l fassendes, außen gut gekühltes Griffinsches Becherglas wird etwa 2 cm hoch Quecksilber eingefüllt, das mit einem gegen die Lösung isoliertem Platin- oder Nickelkontakt als Kathode verwendet wird. Der Elektrolyt enthält 120 bis 180 g Oxyde je Liter als Chloride und wird mit Schwefelsäure (1 normal) angesäuert. Als Anode dient ein Kohlenstab, der in eine mittelgroße, mit 1 normaler Schwefelsäure gefüllte Tonzelle taucht. Man elektrolysiert mit 0,05 bis 0,1 Amp./cm^2 und 72 V. Ein gut ziehender Abzug entfernt das entwickelte Chlorgas. Nach 1 Std. Elektrolyse beginnt man mit dem Zusatz von Strontiumchlorid, das in der 10fachen Menge des zu erwartenden Europiums angewendet wird. Halbstündig setzt man Teile der Strontiumchloridlösung zu, die 1 Std. vor der Stromunterbrechung aufgebraucht sein soll. Im Elektrolyten bildet sich Strontiumsulfat, das das eben gebildete Europium(II)-sulfat einbaut und stabilisiert. Nach 8stündiger Elektrolyse wird unterbrochen, das Strontiumsulfat abfiltriert und kurz gewaschen. Der Elektrolyt enthält, auf Erdoxyde berechnet, 0,2 bis 0,3% Europium. Wiederholt man die Elektrolyse unter den gleichen Bedingungen mit derselben Lösung, so sinkt der Europiumgehalt auf 0,1%. Das Strontiumsulfat wird entweder durch einen Sodaaufschluß oder durch längeres Kochen mit einer Natriumcarbonatlösung in Carbonat verwandelt, vom Natriumsulfat abfiltriert und gut gewaschen. Den Niederschlag löst man in Salpetersäure und fällt die Elemente der seltenen Erden als Hydroxyde durch Ammoniak bei Gegenwart von Ammoniumchlorid. Das Filtrat des Aufschlusses wird mit Salpetersäure angesäuert und ebenfalls mit Ammoniak gefällt. Die Hydroxyde werden getrennt filtriert, mit heißem Wasser gut gewaschen, in Salpetersäure gelöst, hierauf vereinigt und mit Oxalsäure gefällt. Dieser Niederschlag wird verglüht und der Gehalt an Europium jodometrisch bestimmt.

Bemerkungen. Der nach der Elektrolyse in den verbleibenden Erden röntgenspektroskopisch bestimmte Europiumgehalt erlaubt eine Löslichkeit von 0,2611 g je Liter zu berechnen. Diese Methode hat den Vorteil der großen Einfachheit und wurde ursprünglich für eine präparative Darstellung von Europium entwickelt; sie wird bei jenen Präparaten gute Dienste leisten, in denen der Europiumgehalt unter 1% liegt. Beide elektrolytische Methoden reichern das in dem Elektrolyten enthaltene Ytterbium an.

2. Die maßanalytische Bestimmung. Das nach dem vorhergehenden Abschnitt angereicherte Europium wird in Salzsäure gelöst, zur Trockne gedampft, mit Wasser aufgenommen und in einen Meßkolben übergeführt. Nach dem Zusetzen von soviel Salzsäure, daß eine n/10 Lösung resultiert, füllt man zur Marke auf und entnimmt aliquote Teile (entsprechend etwa 0,2 g Erdoxyde), in denen der Europiumgehalt maßanalytisch bestimmt wird.

a) Jodometrisch nach McCoy. Die Europiumchloridlösung wird durch reinstes, amalgamiertes Zink, das sich in einem Jones-Reduktor (21 cm hoch, 1,75 cm Durchmesser) befindet, reduziert. Genauere Untersuchungen über die Oxydation der auf diese Weise gewonnenen Lösungen durch Luftsauerstoff zeigten, daß richtige Resultate nur dann erzielt werden, wenn die Luft durch ein inertes Gas ersetzt wird. Aus dem gleichen Grunde läßt man die reduzierte Lösung sofort in eine vorgelegte n/25 Jodlösung einfließen, deren Überschuß hierauf mit Natriumthiosulfat zurückgemessen wird.

Durchführung. Der Jones-Reduktor ist mit 150 g reinstem, amalgamiertem Zink, das eine Korngröße von 1 bis $1^1/_2$ mm besitzt, gefüllt. Vor jeder Titration gießt man in den Reduktor einige Kubikzentimeter einer n/20 Salzsäure, schüttelt gut durch und läßt die Flüssigkeit abfließen. Hierauf wird nachgewaschen, indem soviel der verdünnten Säure eingefüllt wird, daß die Zinksäule völlig bedeckt ist. Nach dem Entleeren der Flüssigkeit ist der Reduktor für die Analyse vorbereitet.

In einem Titrierkolben von 400 cm^3 Inhalt wird die n/25 Jodlösung (meist 20 cm^3) vorgelegt und der Kolben hierauf mit einem Gummistopfen, der 3 Bohrungen enthält, verschlossen. Durch eine Bohrung taucht der Reduktor in die Titerlösung ein, die anderen Öffnungen dienen zur Aufnahme eines Gaszu- und ableitungsrohres, durch die Kohlensäure geleitet wird. Nach der Verdrängung der Luft läßt man die Europiumlösung so langsam durchlaufen, daß sie 5 bis 6 Min. mit dem Zink in Berührung bleibt. Man wäscht mit 150 cm^3 einer n/20 Salpetersäure nach. Reduzieren und Waschen dauert etwa 20 Min. Nach einer kurzen Wartezeit wird der Überschuß an Jod durch eine n/25 Natriumthiosulfatlösung zurückgemessen.

Berechnung.

$$1\,\mathrm{Eu} = 1\,\mathrm{J}.$$

Bemerkungen. Nach den Angaben des Autors zeigt diese Methode einen Fehler von weniger als 1%, doch wird aus den beigefügten Analysen eine größere Abweichung ersichtlich. Es wurden auch Versuche unternommen, das Europium ohne vorhergehende Anreicherung in den seltenen Erden des Monazitsandes jodometrisch zu bestimmen. Durch eine doppelte Natriumsulfattrennung scheidet man die Ceriterden von den Yttererden, entfernt vollständig aus den ersteren das Eisen, die Phosphor- und Schwefelsäure und stellt konzentrierte Chloridlösungen her, die in 1 cm^3 etwa 0,11 g Oxyde enthalten; 50 cm^3 dieser Lösung verwendet man zur Reduktion und Titration.

Für orientierende Untersuchungen mag dieses Schnellverfahren gute Dienste leisten, doch für exakte Bestimmungen ist die elektrolytische Anreicherung vorzuziehen, da die in der Lösung verbliebenen geringen Europiummengen bekannt sind und in Rechnung gestellt werden können.

b) Oxydimetrisch nach McCoy. Europium(II)sulfat wird von einer Jodlösung zufolge seiner Schwerlöslichkeit nur langsam oxydiert. Im Laufe der Reindarstellung des Europiums ist man oft genötigt, Gehaltsbestimmungen in Sulfatniederschlägen vorzunehmen. In diesem Falle führt die Oxydation mit Kaliumpermanganat rasch und sicher zum gewünschten Resultat.

Durchführung. Das Europiumsulfat wird in einem Sintertiegel gesammelt, mit verdünnter Salzsäure gut gewaschen und diese durch Methylalkohol verdrängt. Man trocknet bei 75° und wägt hierauf etwa 0,1 g zur Analyse in einen Titrierkolben ein. Das Präparat wird mit 30 cm^3 3 n Schwefelsäure übergossen, mit n/25 Kaliumpermanganatlösung bis zur Rotfärbung und einem weiteren Überschuß von 0,6 bis 0,8 cm^3 versetzt. Nachdem das schwerlösliche Sulfat vollständig verschwunden ist, wird mit einer genau gestellten Ferrosulfatlösung der Überschuß zurückgemessen.

Berechnung.

$$1\,\mathrm{Eu} = 1\,\mathrm{Fe}.$$

Bemerkungen. Die Beständigkeit des Europium(II)sulfates ist sehr groß; es kann daher die oben angeführte Filtration und Trocknung ohne Bedenken vorgenommen werden. Die von dem Autor angeführten Werte zeigen gute Übereinstimmung, doch wäre eine exakte Überprüfung sehr erwünscht.

3. Polarographische Bestimmung. L. HOLLECK gibt eine polarographische Bestimmungsart des Europiums an. Die Potentiallage und Stufenhöhe der Entladungsstufe $Eu^{\cdots} \rightarrow Eu^{\cdot\cdot}$ können danach zur qualitativen und quantitativen Bestimmung ausgewertet werden. Als Bezugselement zur Lage- und Konzentrationsbestimmung wird Zink in Form von Zinkchlorid (Lösung 0,002 molar an $ZnCl_2$ bei 0,02 molar an Europiumchlorid) angewandt. Aus dem Abstand der Wendepunkte wird für $Eu^{\cdots} \rightarrow Eu^{\cdot\cdot}$ der Potentialwert zu 0,77 V (auf 1 n-Kalomelelektrode bezogen) gefunden. Da es sich meistens um Bestimmungen von Europium in kleinen Konzentrationen handeln wird, ist es notwendig, den im Elektrolyten gelösten Luftsauerstoff durch Durchleiten von Wasserstoff zu verdrängen und überhaupt unter einer Wasserstoffatmosphäre in einer angegebenen Apparatur zu arbeiten.

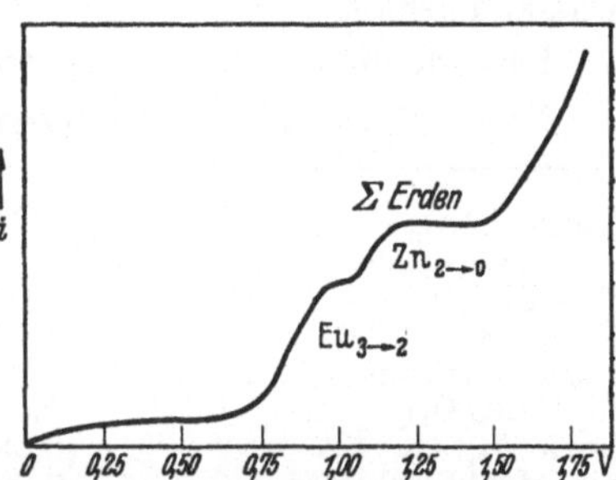

Abb. 3. Polarographische Stromspannungskurve eines Erdenchloridgemisches (zur Gehaltsbestimmung des Europiums mit Zinkchlorid versetzt).

Da Schwermetalle mit edlerem Entladungspotential wie das Reduktionspotential des $Eu^{\cdots}$-Ions stören, ist eine vorangehende Fällung mit Schwefelwasserstoff notwendig. Die Elemente der seltenen Erden werden als Oxalate oder Hydroxyde mit den entsprechenden Säuren in die gewünschten Salze überführt. Bei geringen Europiumkonzentrationen eignen sich die Chloride wegen ihrer großen Löslichkeit am besten, da die Gesamterdenkonzentration verhältnismäßig hoch gewählt werden kann. Der Zusatz eines Leitsalzes ist gewöhnlich nicht notwendig, da die Fremderdenkonzentration ausreichend ist oder bei Europiumpräparaten die Europiumkonzentration selbst ausreicht. Erweisen sie sich doch als notwendig, so eignen sich Alkalichloride am besten. Die Abb. 3 gibt eine erhaltene Kurve wieder.

Der Autor erhält einwandfreie Ergebnisse bis zu Europiumkonzentrationen von etwa 3 bis $5 \cdot 10^{-5}$ mol.

Literatur.

BRUKL, A.: Angew. Ch. **49**, 159 (1936).
HOLLECK, L.: Fr. **116**, 161 (1939).
JANTSCH, G., H. ALBER u. H. GRUBITSCH: M. **53/54**, 307 (1929).
KAPFENBERGER, W: Fr. **105**, 199 (1936). — KLEMM, W. u. J. ROCKSTROH: Z. anorg. Ch. **176**, 181 (1928).
McCOY, H. N.: Am. Soc. **58**, 1577 (1936).
URBAIN, G. u. F. BOURION: C. r. **153**, 1156 (1911).
YNTEMA, L. F.: Am. Soc. **52**, 2782 (1930).

Gadolinium.

Gd, Atomgewicht 156,9, Ordnungszahl 64.

Die Ionen des Gadoliniums sind farblos und besitzen im sichtbaren Gebiet kein Absorptionsspektrum. Die Basizität ist etwas kleiner als die des Europiums, jedoch größer als die des Terbiums.

Gadoliniumoxyd.

Gd_2O_3 ist weiß und hat die Dichte 7,40 (berechnet 7,62). Es ist hygroskopisch, doch in geringerem Maße als die Oxyde der anderen Ceriterden. Löslich in verdünnten Säuren.

Reinheitsprüfung. Geringe Mengen von Terbium verraten sich an der gelblichen bis bräunlichen Färbung des sonst ganz weißen Oxydes. Samarium und Europium werden im Bogen- und Röntgenspektrum aufgefunden.

I. Bestimmungsformen.

§ 1. Fällung als Hydroxyd.

Eigenschaften. Weißer, gallertartiger Niederschlag, dessen Löslichkeit noch nicht bestimmt wurde.

Durchführung siehe S. 668.

§ 2. Fällung als Oxalat.

Eigenschaften. Weißer krystallinischer Niederschlag, der meist 10 Mole Krystallwasser enthält.

Löslichkeiten. 1 l Wasser enthält bei 25° 0,69 mg $Gd_2(C_2O_4)_3$ (SCHOLVIEN).

Nach SARVER und BRINTON lösen verdünnte Säuren in 100 g bei 25°:

Norm. HNO_3	0,2482	1,992	2,00	2,00		
Norm. Oxalsäure	—	—	0,1	0,5		
% $Gd_2(C_2O_4)_3$	0,0219	0,2785	0,0768	0,0128		
Norm. HCl	0,1008	0,2576	0,5004	1,018	0,978	0,978
Norm. Oxalsäure	—	—	—	—	0,1	0,5
% $Gd_2(C_2O_4)_3$	0,0024	0,0099	0,0329	0,0938	0,0061	0,0011
Norm. H_2SO_4	0,086	0,419	0,958	1,846		
% $Gd_2(C_2O_4)_3$	0,0086	0,0401	0,0988	0,2047		

Nach BENEDICKS lösen 100 g einer 2,63%igen Ammoniumoxalatlösung 0,00218 g Gd_2O_3.

Durchführung siehe S. 670.

Literatur.

BENEDICKS, C: Z. anorg. Ch. **22**, 393 (1900).

SCHOLVIEN: s. G. **6 II**, 576. Heidelberg 1932. — SARVER, L. A. u. P. H. M.-P. BRINTON: Am. Soc. **49**, 943 (1927).

II. Spektralanalytische Methoden.

§ 1. Absorptionsspektroskopie.

Die farblosen Gadolinium-Ionen zeigen im Ultraviolett eine Absorption, die, verglichen mit dem dreiwertigen Cer, schwächer und von geringerer Empfindlichkeit ist:

Bande bei 1 Grammatom im Liter von Å bis Å	Teilung bei Verdünnung	In Spitzen Å	Verschwindet bei Verdünnung
3108			1/4
3055			1/4
3051			1/4
		2791	1/16
		2762 } 2756 }	1/64
		2729	1/128
2990 (ständige Absorption)	1/4	2521	1/8
		2457	1/8
		2436	1/8

§ 2. Emissionsspektralanalyse.

a) Bogenspektren. 1. Nach P. W. SELWOOD. Die Bestimmung des Gadoliniums neben Samarium und Neodym ist durch die feinen Linien außerordentlich erschwert.

Die Standardmischungen wurden als Lösung auf die Anode aufgetragen. Bei 0,1% Gadolinium, der Grenze der Nachweisbarkeit, sind sichtbar: 4225,1, 4225,9, 3646,19, 3768,40 Å. Die beiden letztgenannten Linien werden durch die Cyanbande verdeckt. Bei 1% sind außer den genannten noch sichtbar: 3362,4, 3358,77, 3350,63 3100,66, 3034,06, 3032,85 und 3027,60 Å.

Literatur.

SELWOOD, P. W.: Ind. eng. Chem. Anal. Edit. **2**, 95 (1930).

b) Funkenspektren. Nach W. F. MEGGERS sind folgende Linien als Reststrahlen zu bezeichnen: 3646,19 und 3768,40 Å. WA. GERLACH und E. RIEDL führten noch an: 3422,5, 3350,5, 3362,3, 3585,0, 4098,6 und 4184,3 Å.

Literatur.

GERLACH, WA. u. E. RIEDL: Chemische Emissionsspektralanalyse, Teil 3, S. 146.

MEGGERS, W. F.: International Critical Tables of Numerical Data, Physics, Chemistry and Technology. Hauptherausgeber E. W. WASHBURN. Bd. 5, S. 323. 1929.

III. Die Trennung des Gadoliniums von den anderen Elementen der seltenen Erden.

Als Ausgangsfraktionen kommen die von Samarium befreiten, nicht mehr krystallisierenden Endlaugen der Magnesiumdoppelnitratscheidung, sowie die angereicherten Yttererden in Betracht. Durch stufenweise Fällung als Erdferricyanid (s. S. 729) wird der Hauptteil des Yttriums entfernt, worauf die Weiterfraktionierung der Bromate beginnt.

Diese Methode, von C. JAMES aufgefunden, hat für die Yttererden dieselbe Bedeutung wie die fraktionierte Krystallisation der Doppelnitrate für die Ceriterden. Der Linienzug, verbindend die Löslichkeitspunkte der Bromate der seltenen Erden bei 25°, hat eine Parabelform, an dessen Scheitel das Europium als schwerlöslichste Erde steht. Der linke Ast besteht aus den Elementen der Ceriterden, wobei mit fallender Atomnummer größere Löslichkeit verbunden ist. Der rechte Ast weist mit steigender Ordnungszahl, steigende Löslichkeit auf. Ordnet man die Elemente der seltenen Erden nach der Löslichkeit ihrer Bromate, so erhält man folgende Reihenfolge, beginnend mit der größten Löslichkeit: Erbium, Lanthan, Yttrium, Holmium, Praseodym, Dysprosium, Neodym, Terbium, Samarium, Gadolinium und Europium.

Da Europium sehr selten ist, bildet das Gadolinium den am schwersten löslichen Anteil und nimmt dabei die geringen Mengen der Ceriterden mit, die dann nach der Alkalidoppelsulfattrennung ausgeschieden werden können. Hartnäckig wird jedoch das Gadolinium von Terbium und Samarium begleitet. Da Gadolinium sehr häufig anzutreffen ist, wird die Fraktionierung der schwerlöslichen Teile so geführt, daß bei erschöpfender Krystallisation nur die mittleren Ausscheidungen zur Reindarstellung des Gadoliniums herangezogen werden. Hierbei ist zu beachten, daß bei 5° die Löslichkeiten der Bromate des Gadoliniums und Samariums fast gleich sind; bei tieferen Temperaturen bildet Samariumbromat den unlöslichen Teil, bei höheren Gadoliniumbromat. Es ist sehr schwer, die letzten Spuren von Terbium, das das weiße Gadoliniumoxyd schwach bräunlich färbt, vollständig zu entfernen.

Literatur.

JAMES, C.: Am. Soc. **30**, 182 (1908).

PRANDTL, W.: Z. anorg. Ch. **238**, 328 (1938).

ZERNIKE, J. u. C. JAMES: Am. Soc. **48**, 2871 (1926).

Terbium.

Tb, Atomgewicht 159,2, Ordnungszahl 65.

Unter den Yttererden ist das Terbium das einzige Element, das neben der normalen dreiwertigen Form noch eine höhere Wertigkeit besitzt. Ähnlich dem Praseodym sind die farblosen Ionen des Terbiums nur in der Hauptwertigkeit vorhanden, während die Oxyde die höhere Wertigkeitsstufe aufzeigen. Die Basizität steht im Einklang mit der Stellung des Terbiums innerhalb der Reihe der Elemente der seltenen Erden. Das Absorptionsspektrum zeigt eine schwache Bande im blauen Gebiet, die nur bei stärkerer Anreicherung auftritt.

Terbiumoxyde.

a) Tb_2O_3. Das niedere Oxyd ist weiß, hat nach J. K. MARSH die Dichte 7,68 (7,81 berechnet) und wird nur aus dem höheren Oxyd durch Reduktion im Wasserstoffstrom bei 400° (R. MARC) erhalten. Es ist nicht pyrophor und in verdünnten Säuren löslich.

b) Tb_4O_7. Aus allen Verbindungen, die, an der Luft verglüht, das Oxyd ergeben, bildet sich das dunkelbraun gefärbte Oxyd Tb_4O_7, das die Dichte 6,27 besitzt. Nach Untersuchungen von W. PRANDTL ist es in Säuren schwer löslich, wird jedoch rasch in Lösung gebracht, wenn zu der Säure anteilweise verdünntes Wasserstoffperoxyd zugegeben wird. Das starke Färbevermögen dieser Verbindung erlaubt in Erdgemischen das Terbium schon in geringen Mengen zu erkennen. Nach R. MARC sind Erden mit 1,5% Tb gelb bis ockerbraun gefärbt, bei etwa 13% dunkelzimtbraun. Diese Farbenskala ist jedoch nicht quantitativ auswertbar, vielmehr, wie W. PRANDTL zeigte, von den Bestandteilen des Gemisches sehr stark abhängig. Auch der über die Zusammensetzung Tb_2O_3 hinausgehende Sauerstoffgehalt ist bei Erdgemischen starken Schwankungen unterworfen. Tb_4O_7 wird sich daher nur bei reinen Terbiumsalzen als Wägungsform eignen, wenn keine zu große Genauigkeit verlangt wird.

Reinheitsprüfung. Den sichersten Nachweis der Abwesenheit von Verunreinigungen gibt das Bogen- und Röntgenspektrum.

Literatur.

MARC, R.: B. **35**, 2383 (1902). — MARSH, J. K.: J. chem. Soc. Lond. **147**, 772 (1935).
PRANDTL, W.: Z. anorg. Ch. **238**, 65 (1938).

I. Bestimmungsformen.

§ 1. Fällung als Hydroxyd.

Eigenschaften und Löslichkeiten unbekannt.

Durchführung siehe S. 668.

Bemerkungen. a) Wägungsform Tb_4O_7. Aus mehreren von W. PRANDTL und G. RIEDER mitgeteilten Versuchsergebnissen folgt, daß beim Glühen des normalen Oxydes Tb_2O_3 an der Luft ein Endprodukt entsteht, das ziemlich nahe an die Formel Tb_4O_7 heranreicht. Dieses als $Tb_2O_3 \cdot 2\,TbO_2$ formulierte Oxyd gibt bereits oberhalb 350° Sauerstoff ab; bei 700° ist die Dissoziation in Sesquioxyd und Sauerstoff fast vollständig.

Läßt man so hoch erhitzte Präparate erkalten, so glühen sie einige Zeit lang nach infolge der Wiederaufnahme des verlorenen Sauerstoffes. Der Sauerstoffgehalt der auf diese Weise gewonnenen Präparate ist nun abhängig von der Dauer des Erkaltens und wird um so näher der Formel Tb_4O_7 liegen, je langsamer man die Abkühlung vornimmt (W. PRANDTL und G. RIEDER).

Durchführung. Filter und Niederschlag werden in einen Platintiegel gebracht, vorsichtig getrocknet und verascht. Nun erhitzt man einige Minuten auf helle

Rotglut und verkleinert hierauf die Flamme des Brenners so weit, daß der Platintiegel auf etwa 300 bis 350° erwärmt wird. Diese Temperatur hält man während 15 Min. ein und läßt danach im Exsiccator erkalten.

Bemerkungen. Nach den mitgeteilten Resultaten ergibt sich ein Fehler von + 0,15%. Eine Kontrolle der Auswage kann ohne viel Mühe vorgenommen werden, wenn Tb_4O_7 in das normale Sesquioxyd übergeführt wird.

b) Wägung als Tb_2O_3. Schon bei gelindem Glühen wird (in Gegensatz zu Praseodym) das Tb_4O_7 durch Wasserstoff glatt zu Tb_2O_3 reduziert.

Durchführung. Das in einem Tiegel befindliche Oxyd wird mit einem gelochten Deckel, durch den ein Gaseinleitungsrohr führt, bedeckt. Man leitet reinsten Wasserstoff ein, erhitzt auf helle Rotglut und läßt, wenn das Oxyd farblos geworden ist, im Wasserstoffstrom erkalten.

Bemerkungen. Wenn Serienanalysen durchgeführt werden sollen, empfiehlt es sich, das beim Praseodym (s. S. 795) beschriebene Quarzrohr an Stelle des ROSE-Tiegels zu verwenden. J. K. MARSH reduziert bei 700 bis 800° während 15 Min. Bei der Atomgewichtsbestimmung des Terbiums wurde diese Wägungsform mit Vorteil angewendet.

c) Wägung als wasserfreies Terbiumsulfat siehe S. 730.

§ 2. Fällung als Oxalat siehe S. 670.

Literatur.

MARSH, J. K.: Soc. **1935**, 772.

PRANDTL, W.: Z. anorg. Ch. **238**, 65 (1938). — PRANDTL, W. u. G. RIEDER: Z. anorg. Ch. **238**, 229 (1938).

II. Spektralanalytische Methoden.

§ 1. Absorptionsspektroskopie siehe S. 677.

Im Violett und Ultraviolett zeigt das Terbium eine schwache Absorption. Eine neuerliche Untersuchung des Spektrums durch W. PRANDTL ergab nur eine im sichtbaren Gebiet liegende schwache Bande bei 4875 Å.

Bande bei 1 Grammatom im Liter von Å bis Å	In Spitzen Å	Verschwindet bei Verdünnung	Bande bei 1 Grammatom im Liter von Å bis Å	In Spitzen Å	Verschwindet bei Verdünnung
4875		$^1/_4$	3052		$^1/_4$
3797—3752		$^1/_2$	2900	2842	$^1/_8$
3694		$^1/_8$	(ständige	2418	$^1/_{16}$
3418		$^1/_2$	Absorption)		
3196—3160		$^1/_2$			
3111		$^1/_8$			

Literatur.

PRANDTL, W.: Z. anorg. Ch. **220**, 107 (1934).

§ 2. Emissionsspektralanalyse siehe S. 679.

Restlinien nach W. F. MEGGERS: 3509,18, 3561,75, 3848,76 und 3874,19 Å. Weitere Linien teilen WA. GERLACH und E. RIEDL mit: 3676,3, 3702,9, 3703,9; ferner im Bogen 4326,4 Å. 4325,8, 4318,9, 4278,5, 4144,5 Å und im Funken 4287,5, 4144,5, 4326,4, 4325,8 und 4318,9 Å.

Literatur.

GERLACH, WA. u. E. RIEDL: Chemische Emissionsspektralanalyse, Teil 3, S. 147.

MEGGERS, W. F.: International Critical Tables of Numerical Data, Physics, Chemistry and Technology. Hauptherausgeber E. W. WASHBURN. Bd. 5, S. 324.

III. Die Trennung des Terbiums von den anderen Elementen der seltenen Erden.

Aus den löslichen Anteilen der Gadoliniumdarstellung gewinnt man durch erschöpfende Krystallisation der Bromate Fraktionen, die durch die zunehmende braune Farbe der Oxyde die Ansammlung des Terbiums anzeigen. Nach dem Ausscheiden der stark gadoliniumhaltigen Krystalle bildet das Terbium die Kopffraktion, doch ist, da die Trennung nur langsam fortschreitet, eine zufriedenstellende Entfernung der beiden Nachbarn, Gadolinium und Dyprosium, nicht zu erreichen. Man wendet sich daher einem anderen Verfahren der Fraktionierung der Ammoniumdoppeloxalate zu, das sich bei der Reindarstellung der anderen Yttererden sehr bewährt hat.

Die Löslichkeit der Erdoxalate in Ammoniumoxalatlösungen ist bei den Ceriterden bei Zimmertemperatur sehr gering; sie wird bei den Yttererden, beginnend mit Holmium, merklich größer und nimmt mit steigender Temperatur stark zu. In siedender konzentrierter, schwach ammoniakalischer Ammoniumoxalatlösung ist das Terbium schon so weit löslich, daß man es umkrystallisieren kann. Beim Abkühlen scheidet sich zuerst viel Ammoniumoxalat aus, das durch Abgießen der Lösung entfernt wird. In der nächsten Krystallisation fallen die Ammoniumdoppeloxalate an. Die unlöslichsten Anteile bestehen aus Ammoniumoxalat und Gadoliniumammoniumoxalat, die Endlaugen enthalten das Dysprosium. Aus den mittleren Fraktionen gewinnt man sehr reines Terbiumoxyd in kleiner Ausbeute.

Dysprosium.

Dy, Atomgewicht 162,46, Ordnungszahl 66.

Die Ionen des Dysprosiums treten nur dreiwertig auf, haben eine schwach citronengelbe bis grünlichgelbe Farbe und besitzen im Absorptionsspektrum sowohl im sichtbaren als auch im ultravioletten Gebiet zahlreiche Banden, die vielfach die des Terbiums und Holmiums überdecken.

Dysprosiumoxyd.

Dy_2O_3 ist rahmfarben bis fast weiß und wird durch Glühen von Verbindungen mit flüchtigen Anionen bei 900° erhalten. Dichte 7,81 (Engle und Balke), berechnet 8,20. Im Vergleich mit anderen seltenen Erden ist das Dysprosiumoxyd eine schwache Base, die in Ameisensäure wenig löslich ist. Andere Säuren lösen es hingegen leicht.

Reinheitsprüfung. Das Oxyd darf keine bräunliche Färbung besitzen, denn selbst geringe Mengen von Terbium lassen sich auf diese Weise deutlich nachweisen. Holmium zeigt im Absorptionsspektrum gut bemerkbare Banden bei 6407 und 5368 Å. Yttrium wird im Bogenspektrum aufgefunden.

Literatur.

Engle, E. W. u. C. W. Balke: Am. Soc. **39**, 63 (1911).

I. Bestimmungsformen.

§ 1. Fällung als Hydroxyd.

Eigenschaften und Löslichkeit unbekannt.
Durchführung siehe S. 668.

§ 2. Fällung als Oxalat.

Eigenschaften. Das Dysprosiumoxalat ist weiß, krystallinisch und enthält 10 Mole Krystallwasser.

Löslichkeit. Die Bestimmungen der Löslichkeit des Dysprosiumoxalates in verschiedenen Säuren und bei wechselnden Konzentrationen sind noch nicht systematisch vorgenommen worden. So wird die Löslichkeit in Wasser als „fast unlöslich" angegeben.

100 cm^3 normaler Schwefelsäure lösen bei 20° 0,1893 g (JANTSCH und OHL); bei 25° 0,1420 g $Dy_2(C_2O_4)_3$ (E. BODLÄNDER). Bei 90° sind in 100 cm^3 2,5 normaler Salpetersäure 1,8458 g und in Gegenwart von 5% Oxalsäure 0,4215 g Dy_2O_3 enthalten (J. W. NECKERS und H. C. KREMERS).

Durchführung siehe S. 670.

Literatur.

BODLÄNDER, E.: G. **6 II**, 603. Heidelberg 1932.
JANTSCH, G. u. A. OHL: B. **44**, 1275 (1911).
NECKERS, J. W. u. H. C. KREMERS: Am. Soc. **50**, 953 (1928).

II. Spektralanalytische Methoden.

§ 1. Absorptionsspektroskopie.

Das Absorptionsspektrum des Dysprosiums zeigt große Ähnlichkeit mit dem des Samariums.

Bande bei 1 Grammatom im Liter von Å bis Å	Teilung bei Verdünnung	In Spitzen Å	Verschwindet bei Verdünnung	Bande bei 1 Grammatom im Liter von Å bis Å	Teilung bei Verdünnung	In Spitzen Å	Verschwindet bei Verdünnung
4789—4685			1/2	3382			1/8
		4534		3280—3198		3249	1/64
4549—4479	1/2	4501	1/16	3022			1/2
4274			1/8	2994			1/2
3976			1/4	2981			1/2
3927—3850		3883	1/6	2960			1/16
3819			1/4	2977			1/4
3796			1/4	2800	1/2	2785	1/4
3689—3611		3649	1/32	(ständige		2743	1/8
3582			1/2	Absorption)	1/4	2579	1/16
3552—3458		3504	1/64			2561	1/32

§ 2. Emissionsspektralanalyse siehe S. 679.

Von F. W. MEGGERS werden als Reststrahlen aufgezählt: 4000,50, 4046,0, 4077,98, 4167,99, 4211,74 Å. WA. GERLACH und E. RIEDL vermehren die Linien um 3968,4, 3645,4, 3531,7 und 3407,8 Å.

Literatur.

GERLACH, WA. u. E. RIEDL: Chemische Emissionsspektralanalyse, Teil 3, S. 146.
MEGGERS, W. F.: International Critical Tables of Numerical Data, Physics, Chemistry and Technology. Hauptherausgeber E. W. WASHBURN. Bd. 5, S. 323. 1929.

III. Die Trennung des Dysprosiums von den anderen Elementen der seltenen Erden.

Der zur Gewinnung von reinem Terbiumoxyd aufgefundene Weg führt auch bei der Darstellung des Dysprosiums zum Ziel. Hierbei ist zu beobachten, daß sowohl die Löslichkeit der Bromate als auch die der Ammoniumoxalate zugenommen hat.

Holmium.

Ho, Atomgewicht 163,5, Ordnungszahl 67.

Die Ionen des Holmiums sind gelb gefärbt und besitzen ein kompliziertes Bandenspektrum. Die Kenntnisse über die Eigenschaften dieses Elementes und seiner Verbindungen sind sehr gering, da seiner Reindarstellung große Schwierigkeiten im Wege stehen.

Holmiumoxyd.

Ho_2O_3 ist gelb und hat die Dichte (berechnet) 8,36. Es wird nach den üblichen Verfahren hergestellt und ist in verdünnten Säuren löslich.

Reinheitsprüfung. Die Prüfung des Absorptionsspektrums erlaubt keine bindenden Aussagen über die Reinheit des Präparates, da kleine Mengen Erbium und Dysprosium durch die verbreiteten Gebiete verdeckt werden. Sichere Schlüsse gestattet das Bogen- und Röntgenspektrum.

I. Bestimmungsformen (s. S. 668).

II. Spektralanalytische Methoden.

§ 1. Absorptionsspektroskopie.

Das Absorptionsspektrum ist sehr bandenreich und erstreckt sich über das ganze sichtbare und ultraviolette Gebiet.

Bande bei 1 Grammatom im Liter von Å bis Å	Teilung bei Verdünnung	In Spitzen Å	Verschwindet bei Verdünnung	Bande bei 1 Grammatom im Liter von Å bis Å	Teilung bei Verdünnung	In Spitzen Å	Verschwindet bei Verdünnung
		6567	1/16	3896			1/4
6588—6363	1/4	6525	1/16	3863			1/4
		6407	1/64	3645—3578		3612	1/16
	1/2	5494	1/16	3500			1/4
5498—5330	1/4	5434	1/32	4790			1/2
		5368	1/128	3452			1/4
4914—4820	1/2	4910	1/8	3356—3319		3337	1/8
		4852	1/128	3264—3240			1/4
4799			1/8			2956 bis	1/4
4756—4712		4734	1/16			2924	
4677			1/16	2980	1/4	2870	1/128
4580—4438	1/32	4509	1/128	(ständige		2841	1/4
		4503		Absorption)		2783	1/64
4225—4130	1/2	4220	1/64				
		4170					

§ 2. Emissionsspektralanalyse siehe S. 679.

Als Reststrahlen bei weitgehender Ionisierung bezeichnet W. F. Meggers die Linien 3748,19, 3891,02 und 2936,8 Å. W. Gerlach und E. Riedl ergänzen diese Wellenlängen durch 4163,0, 4103,8, 4045,4, 4053,9, 3810,7, 3453,1 und 3399,0 Å.

Literatur.

Gerlach, Wa. u. E. Riedl: Chemische Emissionsspektralanalyse, Teil 3, S. 146.

Meggers, F. W.: International Critical Tables of Numerical Data, Physics, Chemistry and Technology. Hauptherausgeber E. W. Washburn. Bd. 5, 323. 1929.

III. Die Trennung des Holmiums von den anderen Elementen der seltenen Erden.

Die Reindarstellung des Holmiums ist, wie aus Literaturangaben geschlossen werden kann, noch keinem Forscher gelungen. Der Grund dafür liegt darin, daß Holmium entsprechend seiner ungeraden Ordnungszahl selten ist und von Yttrium, Dysprosium und Erbium, die um ein Vielfaches häufiger vorkommen, hartnäckig begleitet wird. Jede dieser Trennungen ist mit großen Holmiumverlusten verbunden, so daß für die endgültige Reinigung nur mehr kleine Mengen des wertvollen Materiales zur Verfügung stehen.

Der Gang der Reinigung wird zuerst über die Bromate geführt, wobei der Hauptteil des Dysprosiums und Erbiums entfernt wird. Anschließend fällt man das Holmium als Ferricyanid, wobei das Yttrium in Lösung bleibt. Das schon hochprozentige Holmiumoxyd wird schließlich über die Ammoniumoxalate endgültig gereinigt.

Literatur.

PRANDTL, W.: Z. anorg. Ch. **238**, 330 (1938).

Erbium.

Er, Atomgewicht 167,2, Ordnungszahl 68.

Neben dem Yttrium ist das Erbium das häufigste Element in einem Yttererdengemisch. Ausgezeichnet durch die rosenrote Färbung seiner Verbindungen, besitzt es im Absorptionsspektrum zahlreiche Banden, die durch ihre Übersichtlichkeit und Schärfe leicht gefunden und gedeutet werden können. Erbium bildet nur dreiwertige Ionen.

Erbiumoxyd.

Er_2O_3 ist schwach rosenrot und hat die Dichte (K. A. HOFMANN) 8,616 (berechnet 8,65). Das Oxyd ist nicht hygroskopisch, hält jedoch Kohlendioxyd hartnäckig zurück. So ist das durch Glühen bei 885° aus Erbiumoxalat hergestellte Oxyd noch nicht formelrein; erst oberhalb 900° werden die letzten Anteile Kohlendioxyd abgegeben (E. WICHERS, B. S. HOPKINS und C. W. BALKE). Es ist in verdünnten Säuren langsam löslich; hochgeglühte Präparate sind in konzentrierten Säuren fast unlöslich. In diesem Falle ist der Aufschluß mit Natrium- oder Kaliumbisulfat zu empfehlen.

Reinheitsprüfung. Im Absorptionsspektrum ist das Holmium in geringen Mengen nicht auffindbar; hingegen läßt sich das Thulium an der Bande im äußersten Rot bei 6825 Å leicht nachweisen. Yttrium und Holmium findet man am sichersten im Röntgenspektrum. Nach A. E. BOSS und B. S. HOPKINS ist das Bogenspektrum zur Reinheitsprüfung des Erbiums nicht geeignet.

Literatur.

BOSS, A. E. u. B. S. HOPKINS: Am. Soc. **50**, 298 (1928).
HOFMANN, K. A.: B. **43**, 2631 (1910). — HOFMANN, K. A. u. O. BURGER: B. **41**, 308 (1908).
WICHERS, E., B. S. HOPKINS u. C. W. BALKE: Am. Soc. **40**, 1619 (1918).

I. Bestimmungsformen.

§ 1. Fällung als Hydroxyd.

Eigenschaften. Erbiumhydroxyd ist ein amethystfarbener, gallertartiger Niederschlag, der begierig Kohlendioxyd anzieht und von verdünnten Säuren leicht aufgelöst wird. Eine konzentrierte Ammoniumchloridlösung wirkt nur in der Siedehitze langsam auflösend. Die Löslichkeit in Wasser ist noch unbekannt. Das von W. BUSCH mitgeteilte Löslichkeitsprodukt $1,28 \cdot 10^{-5}$ bezieht sich auf das Oxyd, das jedoch nicht definiert erscheint, da der Grad der Hydratisierung nicht untersucht wurde.

Durchführung siehe S. 668.

§ 2. Fällung als Oxalat.

Eigenschaften. Hellrosenrote, stark doppelbrechende Krystalle, die, bei 50° aus schwach saurer Lösung gefällt, 10 Mole Krystallwasser, in der Kälte gefällt, 14 Mole Krystallwasser enthalten.

Löslichkeit. Normale Schwefelsäure löst bei 25° 0,1948% $Er_2(C_2O_4)_3$, 2,16 normale Schwefelsäure löst bei 25° 0,5144% $Er_2(C_2O_4)_3$ (BODLÄNDER sowie F. WIRTH). Andere Werte sind nicht bekannt.

Literatur.

BODLÄNDER: G. **6 II**, 629. Heidelberg 1932. — BUSCH, W.: Z. anorg. Ch. **161**, 161 (1927). WIRTH, F.: Z. anorg. Ch. **76**, 181 (1912).

II. Spektralanalytische Methoden.

§ 1. Absorptionsspektroskopie.

Die quantitative Bestimmung des Erbiums mit Hilfe der Absorptionsspektralanalyse wurde sehr häufig angewandt, da dieses Element empfindliche und deutlich wahrnehmbare Banden im sichtbaren Gebiete besitzt. Auch das Spektrum im Ultraviolett wurde durch T. INOUE herangezogen, wobei die Linie 2470 Å zum Vergleich herangezogen wurde (s. ferner S. 677).

Bande bei 1 Grammatom im Liter von Å bis Å	Teilung bei Verdünnung	In Spitzen Å	Verschwinden bei Verdünnung	Bande bei 1 Grammatom im Liter von Å bis Å	Teilung bei Verdünnung	In Spitzen Å	Verschwinden bei Verdünnung
		6669	1/32	3686—3626	1/8	3645	1/16
6700—6459	1/4	6525	1/64			3640	1/32
		6484	1/32	~3600 bis	1/2	3590	1/4
5522—5476		5488	1/8	~3550		3559	1/32
5430—5400		5413	1/32	3355			1/4
		5230	1/128	3162			1/4
5281—5150	1/16	5206	1/64	3012			1/2
		4915	1/32	2954			1/2
4946—4824	1/2	4877	1/128	2928			1/4
4553			1/4	2884			1/2
4534			1/8	2866			1/4
4511—4480		4497	1/32	2755—2724	1/2	2749	1/16
4422			1/8			2733	
		4070		2690		2588	1/16
4130—4032	1/8	4054	1/32	(ständige	1/4	2550	1/128
3842—3740		3794	1/128	Absorption)		2431	1/64

Literatur.

INOUE, T.: Bl. chem. Soc. Jap. **1**, 9 (1926).
PURVIS, J. E.: Pr. Cambr. Phil. Soc. **12 III**, 202 (1903); durch C. **1903 II**, 1394.

§ 2. Emissionsspektralanalyse siehe S. 679.

Im kondensierten Funken bleiben bei abnehmendem Gehalt nach A. DE GRAMONT folgende Restlinien erhalten: 3499,12, 3692,65, 3906,36 Å. WA. GERLACH und E. RIEDL ergänzen durch folgende Analysenlinien: 4151,1, 4008,0, 3906,3 und 3372,8 Å.

Literatur.

GERLACH, WA. u. E. RIEDL: Chemische Emissionsspektralanalyse, Teil 3, S. 146. — GRAMONT, A. DE: C. r. **171**, 1106 (1920).

III. Die Trennung des Erbiums von den anderen Elementen der seltenen Erden.

Ursprünglich hatte man das Erbium durch stufenweise Zersetzung der Sulfate bei höheren Temperaturen von den anderen Yttererden getrennt. Die Ytterbinerden sind durch Glühen während 10 Std. auf 845° in basische Sulfate umgewandelt worden, die bei der folgenden Extraktion mit Wasser ungelöst zurückblieben. Das

Filtrat wurde eingedampft, 30 Min. auf 950° erhitzt und nochmals mit Wasser ausgezogen. Der Rückstand bestand größtenteils aus den basischen Sulfaten des Erbiums, während die Lösung die stärker basischen Erden, vor allem das Yttrium, enthielt. Durch oftmalige Anwendung dieser partiellen Zersetzung erhielten K. A. HOFMANN und O. BURGER ein sehr hochwertiges Erbiumoxyd. Ähnlich wirkt die von DRIGGS und HOPKINS angewandte Zerlegung der Nitrate und nachfolgende Fraktionierung der Bromate.

W. PRANDTL empfiehlt zur Hauptscheidung der Yttererden die stufenweise Fällung durch Ammoniak bei Gegenwart von Cadmium- und Ammoniumnitrat (s. S. 752). Als erster Niederschlag fallen die Ytterbinerden, hierauf folgt der größte Teil des Erbiums. Diese Teile werden der Bromatkrystallisation unterworfen. Das schon stark angereicherte Präparat enthält als Verunreinigung Yttrium, Thulium und Holmium. Zuerst wird über die Erdferricyanide das Yttrium entfernt und hierauf als letzte Reinigung die von C. AUER VON WELSBACH eingeführte Ammoniumdoppeloxalatscheidung vorgenommen.

Literatur.

AUER VON WELSBACH, C.: Z. anorg. Ch. **86**, 58 (1914).
DRIGGS, F. H. u. B. S. HOPKINS: Am. Soc. **47**, 364 (1925). — Thesis Univ. Illinois 1921.
HOFMANN, K. A. u. O. BURGER: B. **41**, 308 (1908).
PRANDTL, W.: Z. anorg. Ch. **238**, 331 (1938).

Thulium.

Tu, Atomgewicht 169,4, Ordnungszahl 69.

Zu den am wenigsten untersuchten Elementen der seltenen Erden zählt das Thulium, das weitgehend angereichert erst in jüngster Zeit erhalten wurde (C. JAMES sowie A. BRUKL). Die Lösungen zeigen nur in größerer Konzentration bei Tageslicht eine blaß grünlichgelbe Färbung; bei künstlichem Licht hingegen ist die Farbe stärker und schön smaragdgrün. Das Absorptionsspektrum ist reich an Banden, die bei steigender Konzentration an Breite sehr stark zunehmen.

Thuliumoxyd.

Tu_2O_3 ist weiß, mit einem schwach grünlichen Ton. Berechnete Dichte 8,77. Es ist in konzentrierten Säuren löslich und wird, bei 900° geglüht, als Wägungsform verwendet.

Reinheitsprüfung. Das Oxyd muß eine weiße Farbe haben und darf im Absorptionsspektrum keine Erbiumbanden aufweisen. Ytterbium wird im Bogen- oder Röntgenspektrum aufgefunden.

Literatur.

BRUKL, A.: Angew. Ch. **50**, 28 (1937).
JAMES, C.: Am. Soc. **32**, 517 (1910) und **33**, 1332 (1911).

I. Bestimmungsformen.

§ 1. Fällung als Hydroxyd.

Eigenschaften. Das Thuliumhydroxyd ist weiß und setzt sich, selbst in der Kälte gefällt, gut ab. Leicht löslich in verdünnten Säuren.

§ 2. Fällung als Oxalat.

Eigenschaften. Weißer, grünlich getönter Niederschlag, der 6 Mole Hydratwasser enthält. Die Löslichkeit in Ammoniumoxalat hat gegenüber den vorangehenden Erden merklich zugenommen. Zahlenwerte sind nicht bekannt.

II. Spektralanalytische Methoden.

§ 1. Absorptionsspektroskopie.

Bande bei 1 Grammatom im Liter von Å bis Å	Teilung bei Verdünnung	In Spitzen Å	Verschwindet bei Verdünnung
7025—6766	1/2	6990	1/8
		6825	1/64
6583		4642	1/8
4649—4634			1/8

§ 2. Emissionsspektralanalyse siehe S. 679.

W. F. Meggers bezeichnet 3462,21, 3761,34 und 3761,91 Å als Reststrahlen. W. Gerlach und E. Riedl führen noch an: 3131,3, 3425,1, 3848,0, 4105,8, 4094,2, 4105,8, 4187,6 und 4242,2 Å.

Literatur.

Gerlach, Wa. u. E. Riedl: Chemische Emissionsspektralanalyse, Teil 3, S. 147.
Meggers, W. F.: International Critical Tables of Numerical Data, Physics, Chemistry and Technology. Hauptherausgeber E. W. Washburn. Bd. 5, S. 324.

III. Die Trennung des Thuliums von den anderen Elementen der seltenen Erden.

Durch die leicht durchzuführende elektrolytische Reduktion des Ytterbiums zur zweiwertigen Oxydationsstufe wurde das einst so schwer erhältliche Thulium gut zugänglich. Zu seiner Reindarstellung geht man von den am schwächsten basischen Fraktionen der Yttererden aus, den sog. Ytterbinerden, die aus Thulium, Ytterbium und Cassiopeium bestehen. Man vereinigt diese mit den leicht löslichen und farblosen Teilen der Bromat- und Ammoniumoxalatkrystallisation.

Die Zerlegung dieses Materials erfolgt über die Ammoniumdoppeloxalate und wird solange fortgesetzt, bis das Erbium in der Kopffraktion angesammelt wurde. Die nach Wegnahme des Erbiums verbleibenden Fraktionen werden nun nach S. 821 von dem beigemengten Ytterbium durch Elektrolyse weitgehend befreit. Die endgültige Reinigung wird nochmals über die Doppeloxalate vorgenommen, wobei Thulium in hoher Reinheit und guter Ausbeute gewonnen wird.

Ytterbium.

Yb, Atomgewicht 173,04, Ordnungszahl 70.

Die gleichförmige Reihe der Yttererden wird durch die Fähigkeit des Ytterbiums, zwei- und dreiwertige Verbindungen zu bilden, unterbrochen. Dieser Valenzwechsel, von W. Klemm und W. Schüth aufgefunden, hatte ursprünglich nur im Zusammenhang mit theoretischen Überlegungen Bedeutung erlangt. Erst als R. W. Ball und L. F. Yntema zeigte, daß in wäßriger Lösung der niederen Wertigkeitsstufe eine hinreichende Beständigkeit zukommt, nutzte man den Valenzwechsel für präparative und analytische Zwecke aus.

Die dreiwertigen Ytterbium-Ionen sind farblos und besitzen kein Absorptionsspektrum. Die zweiwertigen Ionen sind deutlich gelbgrün gefärbt und weisen im chemischen Verhalten eine nahe Verwandtschaft zu den Erdalkalien, vor allem dem Strontium, auf. Wichtig ist das schwerlösliche Ytterbosulfat, das sich vom Europium(II)sulfat durch seine etwas größere Löslichkeit unterscheidet.

Ytterbiumoxyd.

Yb_2O_3 ist das einzige bekannte Oxyd und hat die Dichte 9,175 (berechnet 9,28). Es ist von weißer Farbe und wird in der Kälte von Säuren nur langsam, beim

Kochen rasch gelöst. In der quantitativen Analyse wird es nach dem Glühen bei 900° als Wägungsform benützt.

Reinheitsprüfung. Die Anwesenheit anderer Elemente der seltenen Erden als Verunreinigung wird durch das Bogen- oder Röntgenspektrum festgestellt.

Literatur.

BALL, R. W. u. L. F. YNTEMA: Am. Soc. **52**, 4264 (1930).
KLEMM, W. u. W. SCHÜTH: Z. anorg. Ch. **184**, 353 (1929).

I. Bestimmungsformen.

§ 1. Fällung als Hydroxyd.

Eigenschaften. Das Ytterbiumhydroxyd ist ein schwerer, mehr oder weniger durchsichtiger, weißer Niederschlag, der aus der Luft Kohlensäure unter Bildung basischer Carbonate anzieht. Er ist in verdünnten Säuren leicht löslich.

Durchführung siehe S. 668.

§ 2. Fällung als Oxalat.

Eigenschaften. Weißer mikrokrystalliner Niederschlag, der gewöhnlich 10 Mole Krystallwasser enthält.

Löslichkeit. 1 l Wasser löst bei 25° 3,34 mg $Yb_2(C_2O_4)_3$ (RIMBACH und SCHUBERT). 100 cm³ normale Schwefelsäure enthält 0,3053 g, nach zweistündigem Kochen und anschließendem Abkühlen 0,3719 g $Yb_2(C_2O_4)_3$. 2,613 g Ammoniumoxalat in 100 g Wasser gelöst enthalten 0,06967 g Yb_2O_3 (CLEVE).

Literatur.

CLEVE, A.: Z. anorg. Ch. **32**, 129 (1902).
RIMBACH, E. u. A. SCHUBERT: Ph. Ch. **67**, 183 (1909).

II. Maßanalytische Methoden (s. S. 823).

III. Spektralanalytische Methoden.

Emissionsspektralanalyse siehe S. 679.

Bei abnehmendem Ytterbiumgehalt verbleiben nach A. DE GRAMONT folgende Linien: 3289,30, 3694,19, 3988,01 Å. Der Funken besitzt nach W. A. GERLACH und E. RIEDL noch die charakteristische Analysenlinie 2891,4 Å.

Literatur.

GERLACH, WA. u. E. RIEDL: Chemische Emissionsspektralanalyse, Teil 3, S. 147. — GRAMONT, A. DE: C. r. **171**, 1106 (1920).

IV. Die Trennung des Ytterbiums von den anderen Elementen der seltenen Erden.

Die klassische Zerlegung des von MARIGNAC als Ytterbium bezeichneten Erdengemisches durch C. AUER VON WELSBACH in Aldebaranium und Casseiopeium gelang über die Ammoniumdoppeloxalate. G. URBAIN, der unabhängig das gleiche Ziel verfolgte, spaltete das Gemenge durch fraktionierte Krystallisation der Nitrate aus Salpetersäure und nannte die neuen Elemente Neoytterbium und Lutetium. Durch die Möglichkeit, Ytterbium über das Ytterbium(II)sulfat von Thulium und Cassiopeium zu trennen, haben die von den Entdeckern angewendeten Methoden nur noch für die Reindarstellung der Nachbarelemente eine Bedeutung. Ytterbium wird in höchster Reinheit durch elektrolytische Reduktion in guter Ausbeute gewonnen.

a) Präparative Trennung von Thulium und Cassiopeium. Reduziert man ein ytterbiumhaltiges Erdensulfatgemisch elektrolytisch an einer Quecksilberkathode, so wird die anfangs farblose Lösung deutlich grün. Nach etwa einer halben Stunde fallen aus der tief gelbgrünen Lösung Krystalle von $YbSO_4$ aus, die ziemlich beständig sind und bald die Kathodenoberfläche bedecken. W. PRANDTL setzte die orientierenden Versuche L. F. YNTEMAS fort, hatte jedoch mit Schwierigkeiten zu kämpfen, die durch basische Fällungen der begleitenden Erdelemente verursacht wurden. Eine eingehende Untersuchung aller bestimmender Faktoren durch A. BRUKL führte zu einer, auch im größeren Maßstabe durchführbaren Methode, die neben der Gewinnung eines reinen Ytterbiumoxydes die Anreicherung der beiden Nachbarelemente bis auf etwa 95% gestattet.

Durchführung. In einem dickwandigen Becherglas wird reinstes Quecksilber 1 cm hoch eingefüllt und durch einen gegen die Lösung isolierten Nickel- oder Platinkontakt mit dem negativen Pol der Stromquelle verbunden. Als Elektrolyt wird eine Lösung von 120 g Erdsulfaten und 50 g konz. Schwefelsäure im Liter in den Elektrolyseur eingefüllt. Als Anode dient ein Kohlestab, der in eine mit verdünnter Schwefelsäure gefüllte Tonzelle eintaucht. Um die Bildung großer Mengen des Niederschlages zu ermöglichen, ohne daß eine störende Bedeckung der Kathode stattfindet, baut man einen Rührer derart ein, daß die Flüssigkeit und die Oberfläche des Quecksilbers in Bewegung gehalten werden. Das Becherglas wird von außen durch fließendes Wasser gekühlt, denn die Temperatur des Elektrolyseurs soll 20° nicht überschreiten. Man elektrolysiert bei einer Spannung von 72 V mit einer Stromdichte von 0,05 Amp. je Quadratzentimeter. Es ist nicht ratsam, eine höhere Stromdichte anzuwenden, denn die Bildung des Ytterbium(II)sulfates soll nicht zu schnell fortschreiten, damit die Adsorption von Fremd-Ionen nicht zu groß wird. Nach etwa 2 bis 3 Std. bedeckt der Niederschlag die Kathode in einer Höhe von 2 bis 4 cm. Nun wird die Elektrolyse abgebrochen, da die Stromausbeute sinkt und eine weitere Vermehrung des Ytterbium(II)sulfates nicht mehr stattfindet. Man filtriert rasch durch einen BÜCHNER-Trichter, wäscht einmal mit Wasser nach, drückt mit einem Pistill den Niederschlag fest nieder und saugt die Feuchtigkeit ab.

Das Filtrat wird immer wieder der Elektrolyse zugeführt, bis eine Niederschlagsbildung nicht mehr eintritt. Man dampft nun die Lösung stark ein, läßt die Erdsulfate auskrystallisieren und trennt die überstehende verdünnte Schwefelsäure ab. Die aus weiteren gleichen Operationen gesammelten Krystalle löst man in Wasser und stellt aus ihnen eine an Erdsulfaten gesättigte Lösung her. Bei einer Elektrolyse aus neutraler Lösung wird nochmals Ytterbium(II)sulfat abgeschieden, das jedoch nicht mehr so rein ist wie das in saurer Lösung hergestellte. Es enthält nur etwa 90% Ytterbium. Auch diese Elektrolyse wird so oft wiederholt, bis keine Abscheidung mehr eintritt. Der Elektrolyt enthält nun 8 bis 12 g Yb_2O_3 je Liter. Um diese Menge noch weiter zu vermindern, werden Elektrolysen angeschlossen, bei denen das gebildete Ytterbium II-Sulfat in das isomorphe Strontiumsulfat eingebaut wird. Man geht von etwa 0,5%iger schwefelsaurer Lösung aus (diese Acidität stellt sich bei der Reduktion der neutralen Lösungen durch Bildung des (II)sulfates aus dem (III)sulfat selbsttätig ein) und setzt nach einstündiger Elektrolyse ein aus 3 g Strontiumcarbonat und genauer Neutralisation mit Schwefelsäure hergestelltes Strontiumsulfat zu. Da die Bildung und das Wachsen der Krystalle im Elektrolyten stattfinden soll, wobei das $YbSO_4$ mit eingebaut wird, muß die Zeitspanne zwischen der Neutralisation des Carbonates und dem Einbringen des Sulfates möglichst kurz gehalten werden. Der Zusatz an Strontiumsulfat wird noch zweimal nach je 1 Std. wiederholt. Nach 4 bis 5 Std. wird die Elektrolyse unterbrochen, der Niederschlag abfiltriert und kurz gewaschen. Nach zehnmaliger Wiederholung der Elektrolyse mit Zusatz von Strontiumsulfat ist der Elektrolyt bis auf 3 g Yb_2O_3 im Liter verarmt. Eine weitere Verminderung des Ytterbiums durch Elektrolyse kann nicht mehr erreicht werden.

Die aus saurer Lösung gewonnenen Ytterbium(II)sulfatniederschläge enthalten meist etwa 98% Ytterbium. Man bringt sie in ein Becherglas, übergießt mit Wasser, setzt etwas verdünnte Schwefelsäure zu und löst durch tropfenweisen Zusatz von Wasserstoffperoxyd auf. Wenn ein Gehalt von 120 g Erdsulfaten im Liter erreicht ist, säuert man mit 50 g konz. Schwefelsäure an und elektrolysiert wie oben angegeben. Das nun anfallende (II)sulfat ist röntgenspektroskopisch rein, d. h. es enthält von jeder anderen Erde weniger als 0,1%.

Die aus der neutralen Lösung gewonnenen Niederschläge werden gesammelt und in den Mutterlaugen, aus denen das reine Ytterbium abgeschieden wurde, aufgelöst. Durch Elektrolyse fällt ein hochprozentiges, jedoch noch nicht ganz reines Produkt an. Man löst daher nochmals auf und elektrolysiert in saurer Lösung.

Das in dem Strontiumsulfat eingebaute Ytterbium kann nur durch Zerstörung des Krystallgitters zurückerhalten werden. Durch Glühen an der Luft wird das Ytterbium oxydiert und kann nun durch konzentrierte Salzsäure auf dem Wasserbade herausgelöst werden. Man verdünnt, setzt etwas verdünnte Schwefelsäure zu und läßt über Nacht das Strontiumsulfat sich absetzen. Aus dem Filtrat werden durch Oxalsäure die Elemente der seltenen Erden gefällt, nach 12stündigem Stehen filtriert und bei nicht zu hoher Temperatur verglüht. Das Oxydgemisch enthält etwa 80% Yb_2O_3 und wird in Sulfate übergeführt. Diese löst man in dem von der zweiten Reinigung stammenden Elektrolyten und gewinnt wieder durch Elektrolyse ein 98%iges Produkt.

Wenn das gesamte Erdengemisch auf diese Weise getrennt wurde, führt man sowohl die verbleibenden Elektrolytlösungen als auch das gereinigte Ytterbium in Oxalate über. Letzteres wird zu Oxyd verglüht. Die Oxalate aus den Elektrolyten enthalten als Hauptbestandteile Thulium oder Cassiopeium neben etwa 3 bis 5% Ytterbium und werden über die Ammoniumdoppeloxalate völlig gereinigt. Eine kleine Mittelfraktion bleibt sowohl bei der Elektrolyse als auch bei der Fraktionierung stets zurück, sie enthält etwa 80 bis 90% Yb_2O_3.

Löslichkeiten. Die Löslichkeit des elektrolytisch gewonnenen Ytterbium(II)-sulfates ist von der Acidität stark abhängig. Eine 1%ige Schwefelsäure löst etwa 4 g; eine 5%ige etwa 8 g und eine $12^1/_2$%ige etwa 20 g $YbSO_4$ je Liter. Diese Werte sind nur größenordnungsmäßig richtig, da zweiwertige Ytterbiumverbindungen sehr unbeständig sind und unter Oxydation aus Wasser Wasserstoff in Freiheit setzen.

Bemerkungen. D. W. Pearce, C. R. Naeser und B. S. Hopkins reduzieren elektrolytisch das Ytterbium aus wesentlich verdünnteren Lösungen (n/4 an Yb). Um die Löslichkeit des Ytterbosulfates herunterzusetzen, werden die Erdsulfate in einer konzentrierten, jedoch nicht gesättigten Natriumsulfatlösung aufgenommen. 90% des vorhandenen Ytterbiums wird so von den begleitenden Erden abgetrennt. Die Methode von A. Brukl arbeitet schneller und gibt eine bessere Ausbeute J. K. Marsh empfiehlt an Stelle des Quecksilbers eine aus reinstem Blei bestehende amalgamierte Kathode. Die Ausbeute an Ytterbium sowie die Anreicherung des Cassiopeiums entspricht den Werten, die A. Brukl bei der Elektrolyse aus neutralen Lösungen gefunden hat.

b) Maßanalytische Bestimmung. Unter der Voraussetzung, daß das in der Lösung befindliche Ytterbium an der Quecksilberkathode quantitativ reduziert wird, kann man das starke Reduktionsvermögen zu einer maßanalytischen Bestimmung heranziehen, wobei die Anwesenheit gefärbter Erden (Erbium) nicht störend wirkt. Die Genauigkeit dieser Methode wird jedoch durch die kurze Lebensdauer der Ytterbiumverbindungen stark beeinträchtigt. Die Oxydation wird mit einer Ferriammoniumsulfatlösung vorgenommen und hierauf das gebildete Ferro-Ion mit einer n/10 Kaliumpermanganatlösung bestimmt.

Durchführung. Die zu untersuchenden Oxyde, die von Schwermetallen völlig befreit sein müssen, werden durch Abrauchen mit konzentrierter Schwefelsäure in Sulfate übergeführt und hierauf in Wasser gelöst. Die Größe der Einwage richtet sich nach dem vermuteten Ytterbiumgehalt; in 50 cm³ der Lösung sollen 0,05 bis 0,20 g Yb_2O_3 enthalten sein. Als Elektrolyseur verwendet man ein 100 bis 150 cm³ fassendes Becherglas, das mit reinstem Quecksilber als Kathode beschickt wird. Die entsprechend kleine Tonzelle wird mit 1 normaler Schwefelsäure gefüllt, in die eine Kohlenstabanode taucht. Die Lösung ist 5%ig schwefelsauer und wird mit einer Stromdichte von 0,1 Amp. je Quadratzentimeter unter guter Kühlung elektrolysiert. Nach 1 Std. ist die Reduktion beendet; nur bei Lösungen, deren Ytterbiumgehalt sich der oberen Grenze nähert, wird die Elektrolyse um die Hälfte der Reduktionsdauer verlängert. Nach Beendigung der Reduktion wird die Tonzelle rasch herausgehoben, 10 cm³ einer bereitgestellten 5%igen Ferriammoniumsulfatlösung zugegeben, die Stromzuleitung zur Quecksilberkathode herausgenommen, mit wenig Wasser abgespült und mit einem Glasstab umgerührt. Nach 5 Min. mißt man das gebildete Ferro-Ion mit n/10 Kaliumpermanganatlösung zurück. Eine Blindprobe wird mit dem gleichen Gefäß und unter gleichen Bedingungen vorgenommen und hat den Zweck, die stets vorhandene Reduktion des Ferri-Ions durch den gelösten Wasserstoff festzulegen. Die Blindprobe zeigt einen Verbrauch von 0,4 ± 0,2 cm³ n/10 Permanganatlösung.

Berechnung.

$$1\ Fe = 1\ Yb.$$

Bemerkungen. Durch eine Reihe von Unzulänglichkeiten, die in der kurzen Lebensdauer der Ytterbium(II)lösung begründet liegen, wird ein Fehler von ±5% verursacht. Ein Mindergehalt wird durch unvollständige Reduktion, sowie durch die Tonzelle, die beim Herausheben nicht abgespült wurde, verursacht. Ein zu hoher Wert wird durch den kathodisch gelösten Wasserstoff, der eine Reduktion des Ferri-Ions bewirkt, herbeigeführt. Der letztere Fehler soll durch eine Blindprobe behoben werden.

Diese Methode wurde zum Zwecke der Beobachtung der Fortschritte bei der Reindarstellung von Ytterbium und bei der Fraktionierung von ytterbiumhaltigen Erdgemischen entwickelt. Für exakte Gehaltsbestimmungen ist sie nicht geeignet.

Literatur.

Auer v. Welsbach: Z. anorg. Ch. **86**, 58 (1914).

Ball, R. W. u. L. F. Yntema: Am. Soc. **52**, 4264 (1930). — Brukl, A.: Angew. Ch. **50**, 28 (1937).

Marignac, J. de: C. r. **87**, 578 (1878). — Marsh, J. K.: Soc. **1937**, 1367.

Pearce, D. W., C. R. Naeser u. B. S. Hopkins: Trans. electrochem. Soc. Preprint 11 (1936). — Prandtl, W.: Z. anorg. Ch. **209**, 13 (1932).

Urbain, G.: C. r. **145**, 759 (1907).

Cassiopeium.

Cp, Atomgewicht 175,0, Ordnungszahl 71.

Die für die Lanthaniden so eigentümliche Auffüllung der inneren Elektronenbahnen ist beim Cassiopeium zum Abschluß gelangt. Die Salze sind daher farblos und besitzen kein Absorptionsspektrum. Die Verbindungen leiten sich nur von der dreiwertigen Oxydationsstufe ab und die Basizität hat den kleinsten Wert unter allen Erden eingenommen.

Cassiopeiumoxyd.

Cp_2O_3 ist weiß und hat die berechnete Dichte von 9,42. Unter den gleichen Bedingungen wie die anderen Oxyde der seltenen Erden wird es als Wägungsform verwendet.

Reinheitsprüfung. Größere Mengen von Verunreinigungen werden röntgenspektroskopisch aufgefunden. Spuren und kleinere Mengen bis zu 0,2% müssen im Bogenspektrum aufgesucht werden.

I. Bestimmungsformen.

§ 1. Fällung als Hydroxyd.

Eigenschaften. Das Cassiopeiumhydroxyd ist weiß, gut filtrierbar und in verdünnten Säuren leicht löslich. Löslichkeit unbekannt.

§ 2. Fällung als Oxalat.

Eigenschaften. Schwerer, weißer, krystallinischer Niederschlag, der in Ammoniumoxalatlösungen die größte Löslichkeit von allen Erdoxalaten besitzt. Bestimmungen der Löslichkeit des Cassiopeiumoxalates liegen nicht vor.

II. Spektralanalytische Methoden.

Emissionsspektralanalyse siehe S. 679.

Nach W. F. MEGGERS sind als Reststrahlen anzusehen: 4518,5, 2894,86, 2911,40, 3397,02, 3472,49, 3554,43 Å. W. GERLACH und E. RIEDL führen als Analysenlinien noch an: 2615,4, 2911,40 und 3077,6 Å.

Literatur.

GERLACH, WA. u. E. RIEDL: Chemische Emissionsspektralanalyse, Teil 3, S. 146.
MEGGERS, W. F.: International Critical Tables of Numerical Data, Physics, Chemistry and Technology. Hauptherausgeber E. W. WASHBURN. Bd. 5, S. 323.

III. Die Trennung des Cassiopeiums von den anderen Elementen der seltenen Erden.

AUER VON WELSBACH hat Cassiopeium durch erschöpfende Krystallisation der Ammoniumdoppeloxalate rein dargestellt. Durch die elektrolytische Abtrennung des Ytterbiums (s. dort) wird die Gewinnung des im periodischen System als letztes Element der seltenen Erden stehenden Cassiopeiums wesentlich erleichtert. Aus den bei der Entfernung der Ytterbiums hinterbleibenden Elektrolyten werden die Elemente der seltenen Erden als Oxalate abgeschieden. Neben wenig Thulium enthält das so angereicherte Cassiopeium etwa 4 bis 6% Ytterbium. Man reinigt über die Ammoniumdoppeloxalate und sammelt in den Kopffraktionen das schwerer lösliche Thulium und Ytterbium an. In den letzten Mutterlaugen findet sich quantitativ das stets vorhandene Scandium und Thorium wieder. Die mittleren Anteile enthalten in sehr guter Ausbeute das von seinen Nachbarn weitgehend befreite Element.

Literatur.

AUER VON WELSBACH, C.: Z. anorg. Ch. **86**, 58 (1914).
BRUKL, A.: Angew. Ch. **50**, 28 (1937).
PRANDTL, W.: Z. anorg. Ch. **238**, 332 (1938).

Aktinium und Mesothor 2.

Von O. ERBACHER, Berlin.

Mit 1 Abbildung.

Inhaltsübersicht.

Aktinium.

Mesothor 2.

Aktinium.

Ac, Atomgewicht 227, Ordnungszahl 89, Halbwertszeit 13,5 Jahre.

A. Nachweismethoden.

Radiometrischer Nachweis. Zum qualitativen Nachweis von Aktinium kann wegen seines Vorkommens in sehr geringer Menge ausschließlich die radiometrische Methode verwendet werden.

Radiometrischer Nachweis (vgl. Teil III, Bd. IIa, Radium, A. § 1).

Die β-Strahlung des Aktiniums selbst ist für praktische Meßzwecke viel zu weich. Aus diesem Grunde erfolgt der radiometrische Nachweis ausschließlich durch seine Folgeprodukte.

1. Aus der Nachbildung der Folgeprodukte des Aktiniums.

Man trennt von dem Aktiniumsalz die Folgeprodukte Radioaktinium, Aktinium X und den aktiven Niederschlag nach den unter C, § 3, II. angegebenen Methoden ab und mißt in Zeitabständen die α- oder die β-Strahlen des Präparates, das vorher mit einem luftdichten Verschluß versehen wird, der aber durchlässig für die α- bzw. β-Strahlen sein muß. Man erhält dann einen Anstieg der α- bzw.

β-Aktivität — gleich am Anfang wird keine Aktivität gemessen —, der für die Nachbildung der Folgeprodukte des Aktiniums charakteristisch ist, und nach etwa 5 Monaten eine praktisch konstante Aktivität. Die bei einigen Folgeprodukten auftretende γ-Strahlung besitzt keine für den Nachweis gut geeignete Intensität.

2. Aus dem Zerfall der Folgeprodukte des Aktiniums.

Zum Nachweis des Aktiniums kommen von den Folgeprodukten in erster Linie das Aktinon und der aktive Niederschlag in Betracht.

a) Aus dem Zerfall des Aktinons. Das Aktinon wird von dem Aktinium durch geeignetes Erhitzen, durch einen Luftstrom oder durch Abpumpen abgetrennt, wobei das Präparat als feste Substanz, eventuell in hoch emanierender Form und als Lösung vorliegen kann, und die Abnahme der α-Aktivität mit der Zeit bestimmt. Das Aktinon hat eine Halbwertszeit von T = 3,9 Sek.

b) Aus dem Zerfall des aktiven Niederschlags. Liegt ein mehr oder weniger emanierendes, d. h. Aktinon von selbst abgebendes Präparat vor, so erhält man den aktiven Niederschlag auf sehr einfache Weise, wenn das zu untersuchende Präparat in einem geschlossenen Gefäß aufbewahrt wird, in das ein negativ geladenes Blech oder ein negativ geladener Draht eingeführt ist. Auf dem Blech oder Draht sammelt sich dann der aktive Niederschlag in hoch konzentrierter Form an und sein Abfall kann dann in einfacher Weise gemessen werden.

B. Bestimmungsmethoden.

I. Bestimmung der Aktiniummenge.

Da das Aktinium gewichtsmäßig nur in sehr geringer Menge herstellbar ist, erfolgt seine Bestimmung ausschließlich auf radiometrischem Wege.

Radiometrische Methoden. Da das Aktinium eine für praktische Meßzwecke viel zu weiche β-Strahlung besitzt, kann es nur durch die Strahlung seiner Folgeprodukte bestimmt werden. Man muß deshalb vor jeder Bestimmung zweckmäßig etwa 5 Monate nach der letzten Abtrennung der Folgeprodukte warten, bis sich nämlich die Folgeprodukte bis zur praktischen Einstellung des Gleichgewichtes nachgebildet haben. Die Bestimmung des Aktiniums kann dabei entweder nach der Emanationsmethode oder nach der α-β-Methode erfolgen.

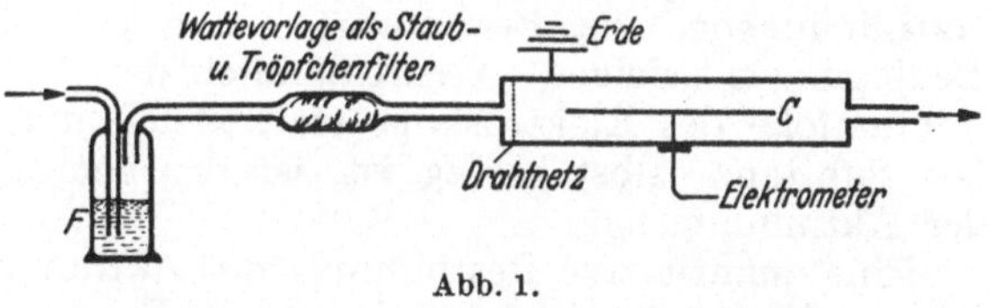

Abb. 1.

1. Emanationsmethode. Die Bestimmung beruht auf einem Vergleich der α-Strahlung des Aktinons, das von dem im Gleichgewicht mit Radioaktinium und Aktinium X befindlichen Aktiniumpräparat gebildet wird, mit derjenigen Aktinonmenge, die sich im Gleichgewicht mit einer bekannten Aktiniummenge befindet. Als bekannte Aktiniummenge dient eine Probe eines möglichst thoriumfreien Uranerzes, z. B. Pechblende, in dem das Verhältnis Uran : Radium : Aktinium $= 1 : 3{,}4 \times 10^{-7} : 1{,}3 \times 10^{-10}$ als gesichert und nicht durch sekundäre Veränderungen gestört angesehen werden kann. Wegen des raschen Zerfalls des Aktinons (Halbwertszeit T = 3,9 Sek.) sind analoge Methoden wie für das Radon nicht anwendbar. Man kann jedoch die Vergleichsmessung mittels der sogenannten „Strömungsmethode“ ausführen, bei der immer derselbe Bruchteil der insgesamt gebildeten Aktinonmenge zur Messung gelangt. Hierbei wird in möglichst identischer Weise nacheinander die Lösung des Präparats mit der unbekannten Aktiniummenge, die mit Radioaktinium und Aktinium X bereits im Gleichgewicht sein muß, und die Lösung des aufgeschlossenen Uranerzes in die Waschflasche nach einer etwa der Abb. 1 entsprechenden Anordnung eingeführt und ein

konstanter Strom von Luft oder eines anderen Gases durchgesaugt. Die in der Zeiteinheit entstehende Aktinonmenge, soweit sie nicht schon auf dem Wege von der Lösung bis zu dem mit dem Elektrometer verbundenen Mitteldraht (C) des Zylinderkondensators zerfallen ist, gelangt zur Messung.

Eine Variierung des Abstandes $F—C$ oder der Strömungsgeschwindigkeit gestattet eine Kontrolle der Genauigkeit der Meßmethodik. Die Anwesenheit von Radium in der Probe stört dabei nicht merklich, da sein Folgeprodukt Radon nur mit der Halbwertszeit T = 3,825 Tage, das Aktinon aber fast momentan nachgebildet wird.

Das Verhältnis der gefundenen Aktinonmengen gibt auch das Verhältnis der in den beiden Proben enthaltenen Aktiniummengen. Die in dem Uranerz enthaltene Aktiniummenge ergibt sich durch eine Uranbestimmung oder durch eine radiometrische Bestimmung des Radiums nach der Emanationsmethode (s. Teil III, Bd. IIa, Radium, B. § 1, I. 2) aus dem oben angegebenen Verhältnis Uran: Radium: Aktinium (MEYER und SCHWEIDLER).

2. α-β-Methode. Liegen schwache Aktiniumpräparate vor, so läßt sich ein ungefährer Vergleich ihrer Stärke durch Feststellung der α-Strahlenaktivität der Folgeprodukte durchführen, wobei auf eine eventuelle Veränderung der Aktivität mit der Zeit zu achten ist. Bei einer derartigen Bestimmung ist erforderlich, daß das Präparat nur wenig emaniert, d. h. nur wenig von dem insgesamt gebildeten Aktinon freiwillig abgibt, und daß der Einfluß der Absorption der α-Strahlen in der Substanz bei dem Vergleich möglichst herabgesetzt wird. Letzteres geschieht durch den Vergleich der Aktivitäten von gleichen Substanzmengen, die auf gleich großer Oberfläche in gleichmäßiger Schicht verteilt sind.

Die Bestimmung genügend starker Aktiniumpräparate erfolgt durch Messung der β-Strahlung. Hierzu wird das Aktiniumpräparat, das mit Radioaktinium und Aktinium X bereits im Gleichgewicht sein muß, in ein flaches Schälchen übergeführt und mit einer dünnen Folie luftdicht verschlossen. Nach 3 Std. sind das Aktinon und der aktive Niederschlag im Gleichgewicht mit dem Aktinium X. Die darauf ausgeführte Messung der β-Strahlung gibt ein Maß für die vorhandene Aktiniummenge als Bezugswert, wenn die Messungen immer unter denselben Bedingungen erfolgen. Wenn nämlich der Abstand des Präparates von der Aluminiumfolie des Elektroskops stets gleich und die Absorption der β-Strahlen in der Substanz selbst gering ist, ist der gemessene Ionisationsstrom proportional der Aktiniummenge.

Eine quantitative Bestimmung des Aktiniums kann auf folgendem Wege stattfinden. Man stellt sich zunächst durch Exponieren eines Bleches in einer Aktinonatmosphäre den aktiven Niederschlag des Aktiniums in gewichtsloser Menge her. 50 Min. nach dem Exponieren befindet sich der aktive Niederschlag im laufenden Gleichgewicht und wird seine α- und β-Aktivität dann fortlaufend gemessen. Bei der β-Messung werden praktisch nur die β-Strahlen des Aktinium C'' mit der Halbwertsdicke von 243 μ in Aluminium und, da das Aktinium C' nur zu 0,3% aus dem Aktinium C entsteht, bei der α-Messung nur die α-Strahlen des Aktiniums C gemessen. Die α-Messung wird ohne und mit Abdeckung des Präparats durch eine Folie von 60 μ Dicke ausgeführt. Die Differenz zeigt den Anteil der β-Strahlen bei der α-Messung, woraus sich die reine α-Aktivität des aktiven Niederschlags berechnet. Auf diese Weise wird also das Verhältnis α-Aktivität/β-Aktivität des aktiven Niederschlags im laufenden Gleichgewicht experimentell bestimmt. Daraus und aus den Halbwertszeiten läßt sich dann das Verhältnis α-Aktivität/β-Aktivität im dauernden Gleichgewicht (mit Aktinium) berechnen, das größer ist als das im laufenden Gleichgewicht.

Aus den bekannten Zahlen der durch die α-Teilchen der einzelnen α-Strahlen pro Sek. erzeugten Ionenpaare ergibt sich, daß die Aktivität aller α-Strahlen gegenüber der Aktivität der α-Strahlen des Aktinium C $9{,}98 \cdot 10^5/2{,}03 \cdot 10^5 = 4{,}91$ mal größer ist. Jetzt wird das zu untersuchende Aktiniumpräparat 3 Std.

nach dem Einschließen im β-Elektroskop gemessen, die Absorption der β-Strahlen in der Abdeckfolie bestimmt und bei der erhaltenen β-Aktivität berücksichtigt. Aus der so erhaltenen β-Aktivität des Aktiniumpräparates ergibt sich entsprechend dem obigen Verhältnis α-Aktivität/β-Aktivität und dem Faktor 4,91 die Gesamt-α-Aktivität des Aktiniumpräparates. Nun ist es weiter notwendig, die dieser α-Aktivität entsprechenden elektrostatischen Einheiten zu bestimmen, was z. B. durch Bestimmung der dem Ladungsstrom entsprechenden Elektrizitätsmenge erfolgen kann. Aus der Zahl der elektrostatischen Einheiten kann man dann durch Division durch die Zahl der erzeugten Ionenpaare $9{,}98 \cdot 10^5$ und die Elementarladung e die Zahl der pro Sek. ausgesandten α-Strahlen des Aktiniums im Gleichgewicht mit den Folgeprodukten erhalten. Schließlich läßt sich aus dieser Zahl und der Zahl der von 1 mg Radium (allein) pro Sek. ausgesandten α-Teilchen ($3{,}7 \cdot 10^7$) unter Berücksichtigung des genetischen Anteils (Radium 95,4%, Aktinium 4,6%) die gesuchte Gewichtsmenge des Aktiniums berechnen (NAHMIAS).

II. Bestimmung der Reinheit des Aktiniumsalzes.

Bestimmung des Gehaltes an anderen Salzen, insbesondere an Seltenen Erden.

Bei der Bestimmung eines etwaigen Gehaltes eines Aktiniumsalzes an anderen Salzen handelt es sich in der Regel um die Feststellung der Beimengungen an Seltenen Erden, da sich das Aktinium, wie aus Abschnitt C ersichtlich, von allen anderen Elementen mit Ausnahme der Seltenen Erden unschwer abtrennen läßt.

Zur Bestimmung des Gehaltes eines Aktiniumsalzes an anderen Salzen findet eine

Kombination der gewichtsanalytischen und der radiometrischen Bestimmung

Verwendung. Wird nämlich das Gewicht eines Salzes von bekanntem Anion und Wassergehalt und hierauf auf radiometrischem Wege der Gehalt dieser Salzmenge an Aktinium-Element bestimmt, so kann man daraus den Anteil des Aktinium-Salzes an dem Gesamtgewicht des Salzes und damit die Konzentration des Aktiniumpräparates berechnen.

a) Gewichtsanalytische Bestimmung. Die gewichtsanalytische Bestimmung erfolgt zweckmäßig durch Fällen des Aktiniumpräparates als Oxalat oder Hydroyxd, das nach dem Trocknen zu Oxyd bis zum Eintreten der Gewichtskonstanz verglüht wird.

Bei Rotglut ist das Aktinium nicht flüchtig (STRÖMHOLM und THE SVEDBERG). Auch beim Glühen von Lanthan, das das Aktiniumisotop Mesothor 2 enthielt, traten keinerlei Verluste an Mesothor 2 ein (MARIE CURIE).

b) Radiometrische Bestimmung. Nachdem man nach a) das Gewicht des vorliegenden Salzes bestimmt hat, ist es zur Bestimmung der Beimengungen des Aktiniumsalzes noch notwendig, durch die radiometrische Bestimmung den Gehalt des Salzes an Aktinium-Element festzustellen. Da das Aktinium nur in äußerst kleinen Gewichtsmengen vorkommt — mit 1 g Uran sind $1{,}30 \times 10^{-10}$ g Aktinium im Gleichgewicht —, diese Bestimmungsmethode der Reinheit eines Aktiniumsalzes aber die gewichtsanalytische Bestimmung zur Voraussetzung hat, kommt sie nur für wägbare Beimengungen des Aktiniumsalzes in Frage, wie sie bei den aus den Uranlaugrückständen hergestellten Aktiniumpräparaten bisher stets vorgelegen haben. Die radiometrische Bestimmung des Gehaltes an Aktinium-Element erfolgt nach den unter I. angegebenen Methoden.

Literatur.

CURIE, MARIE: J. Chim. phys. **27**, 7 (1930).
MEYER, ST. u. E. SCHWEIDLER: Radioaktivität, 2. Aufl., S. 311. Leipzig 1927.
NAHMIAS: C. r. **188**, 1165 (1929); J. Chim. phys. **26**, 319 (1929).
STRÖMHOLM, D. u. THE SVEDBERG: Z. anorg. Ch. **63**, 199 (1909).

C. Trennungsmethoden.

§ 1. Trennung des Aktiniums von anderen Salzen.

Da das Aktinium ein Glied der nach ihm benannten Zerfallsreihe ist, deren Stammvater Aktino-Uran $^{235}_{92}$AcU mit 0,720% zusammen mit dem Stammvater der Uran-Radium-Reihe Uran I $^{238}_{92}$UI mit 99,274% und mit Uran II $^{234}_{92}$U II mit 0,006% das Mischelement Uran bildet, kommt das Aktinium in allen Uranmineralien vor. Und zwar ist entsprechend dem Anteilsverhältnis der Aktinium-Reihe von 4,6% im Gleichgewicht zu Uran I eine Gewichtsmenge von $1{,}3 \cdot 10^{-10}$ g Aktinium vorhanden. Die Gewinnung von Aktinium-Präparaten erfolgte bisher ausschließlich aus den Uranlaugenrückständen, indem man diese auf Seltene Erden verarbeitet, speziell auf Lanthan, dem sich das Aktinium beigesellt und von dem es noch nicht vollständig hat abgetrennt werden können. Wer nicht im glücklichen Besitze von jahrelang gealtertem reinen Protaktinium ist und daraus durch eine einfache Umfällung des Protaktiniumsalzes das nachgebildete Aktinium frei in Lösung erhalten kann, ist nach wie vor auf den schwierigen und langwierigen Weg einer Abtrennung des Aktiniums aus einem Uranmineral angewiesen. Die Reaktionen, die zur Trennung des Aktiniums von den dabei hauptsächlich in Frage kommenden Elementen führen und die jeweils nach den vorliegenden Verhältnissen abwechselnd wiederholt werden müssen, sind im folgenden aufgeführt.

1. Trennung des Aktiniums von Uran und anderen in verdünnter Schwefelsäure löslichen Substanzen.

Fällung mit Schwefelsäure. Fällt man aus einer sauren, etwas Barium enthaltenden Lösung des Aktiniums Bariumsulfat aus, so wird das Aktinium mitgerissen. Schon durch eine einzige solche Fällung kann man ein stark aktiniumhaltiges Präparat herstellen [Debierne (a), Giesel, Auer v. Welsbach (a), Henrich (a)]. Trotzdem erfolgt diese Mitfällung von Aktinium nur teilweise. So konnte aus einer Lösung von Barium, Lanthan und dem gewichtslosen Aktinium-Isotop Mesothor 2 durch eine einmalige Fällung mit Schwefelsäure nur 10% des Mesothor 2 im Bariumsulfat erhalten werden [Marie Curie (a)].

Die Trennung des im Mineral enthaltenen Aktiniums vom Uran erfolgt auf folgende Weise: Die Pechblende wird nach dem Rösten mit konzentrierter Schwefelsäure behandelt, unter Vermeidung eines Überschusses über die zur Lösung des Urans notwendige Menge, und nach der Reaktion der erhaltene Brei mit Waschwasser wiederholt ausgelaugt; man erhält so die Uranylsulfatlauge und die Uranlaugrückstände [Erbacher (a)]. Dabei dürfte jedoch der größere Teil des ursprünglich in dem Mineral enthaltenden Aktiniums (und ein kleinerer Teil des Ioniums-Thoriums) mit dem Uran in die schwefelsaure Lösung gehen [Marie Curie (b)]. Es ist schwierig, aus dieser ungeheure Uranmengen enthaltenden Lösung das Aktinium abzutrennen [Marie Curie (c)].

2. Trennung des Aktiniums von Kieselsäure, Tonerde, Blei, Aluminium, Calcium und daran gebundener Schwefelsäure.

Behandlung mit heißer konzentrierter Natronlauge. Die nach der Behandlung des Uranminerals mit Schwefelsäure verbleibenden Uranlaugrückstände werden mit konzentrierter Natronlauge gekocht und dann ausgewaschen. Dadurch werden Kieselsäure, Tonerde, sowie Blei, Aluminium, Calcium und die damit verbundene Schwefelsäure in Lösung gebracht [Erbacher (b)]. Das Aktinium bleibt mit dem Barium-Radium-Sulfat im Rückstand.

3. Trennung des Aktiniums von Barium und Radium.

a) Behandlung mit Salzsäure. Aus dem gewaschenen Rückstand von der Natronlauge-Behandlung der Uranlaugrückstände wird mit Salzsäure der größte

Teil des darin enthaltenen Aktiniums, Poloniums und Ioniums-Thoriums herausgelöst, im Rückstand bleibt das Radium-Barium-Sulfat [ERBACHER (b)]. Aus der salzsauren Lösung werden dann mit *Ammoniak im Überschuß* die sogenannten „Hydrate" gefällt, die wiederholt als Ausgangsmaterial für die Aktinium-Gewinnung dienten [DEBIERNE (b), AUER VON WELSBACH (b), HENRICH (b)].

b) Krystallisation der Chloride. Liegt eine Mischung von Radium, Barium, Calcium, Eisen, Seltenen Erden, Ionium-Thorium und Aktinium vor, so erreicht man durch fraktionierte Krystallisation der Chloride eine Konzentrierung des Radiums und Bariums in der schwerstlöslichen Fraktion, während sich die übrigen genannten Elemente in den am meisten löslichen Endfraktionen ansammeln [MARIE CURIE (d)].

c) Behandlung mit Alkohol. Die Lösung von Bariumnitrat, dem Radiumisotop Mesothor 1 und seinen Zerfallsprodukten Mesothor 2, Radiothor usw., sowie von Lanthannitrat wird zur Trockne eingedampft und der Eindampfrückstand mit absolutem Alkohol behandelt und filtriert: in Lösung gehen das Radiothor und das Lanthan mit dem Aktiniumisotop Mesothor 2, im Rückstand bleiben das Barium und die Radiumisotope Mesothor 1 und Thorium X (HAISSINSKY. Vgl. 9, e).

4. Trennung des Aktiniums von Calcium, Blei und Wismut bzw. von Calcium und Blei allein.

a) Behandlung mit Schwefelsäure. Die in den „Hydraten" enthaltenen Mengen von Gips, Blei und Wismut werden großenteils durch Behandlung mit Schwefelsäure entfernt [AUER v. WELSBACH (c), HENRICH (c)].

b) Behandlung mit konzentrierter Salzsäure. Bei wiederholter Behandlung der „Hydrate" mit konzentrierter Salzsäure erhält man einen Rückstand, der nur Gips, Bleisalze u. a. enthält, während Wismut und die Elemente der seltenen Erden mit Aktinium in die Lösung gehen [AUER v. WELSBACH (d), HENRICH (c)].

5. Trennung des Aktiniums von Blei, Kupfer und Wismut.

Fällung mit Schwefelwasserstoff aus salzsaurer Lösung. Aus der mit Salzsäure angesäuerten Lösung werden Blei, Kupfer, Wismut und (aus etwas vorhandenem Radium D gebildetes) Polonium mit Schwefelwasserstoff gefällt, das Aktinium bleibt in Lösung [AUER v. WELSBACH (e), HENRICH (a), MARIE CURIE (e)].

6. Trennung des Aktiniums von Wismut.

Fraktionierte Fällung mit Wasser und verdünntem Ammoniak. Die schwefelsaure bzw. salzsaure Lösung wird (nach Entfernung der Hauptmengen von Calcium, Blei und Wismut mit Schwefelsäure bzw. von Calcium und Blei allein mit konzentrierter Salzsäure, s. 4.) fraktionsweise solange mit Wasser und verdünntem Ammoniak versetzt, wie basisches Wismut ausfällt. Der Niederschlag kann zwecks Abtrennung von eventuell adsorbiertem Aktinium mit Salpetersäure gelöst und neuerdings mit Wasser und verdünntem Ammoniak gefällt werden [AUER v. WELSBACH (f), HENRICH (d)].

7. Trennung des Aktiniums von den Erdalkalimetallen.

a) Fällung mit verdünnter Natronlauge oder Ammoniak. Die Hydroxyde der seltenen Erden (vgl. § 2) sind wesentlich schwerer löslich als die Erdalkalihydroxyde und werden daher aus salzsaurer Lösung im Gegensatz zu diesen durch verdünnte Alkalilauge oder Ammoniak auch bei Gegenwart von Ammoniumsalzen vollständig gefällt (vgl. 3, a) [AUER v. WELSBACH (g), HENRICH (a), MARIE CURIE (f), REMY (a)]. S. auch § 2! Doch ist dabei zu beachten, daß bei Gegenwart von Ammoniumsalzen das Aktinium durch Ammoniak nicht vollständig gefällt wird [AUER v. WELSBACH (h), HENRICH (e), MARIE CURIE (g)]. Es kann aber aus basischen

Lösungen bei Gegenwart von Mangan als Aktinium-(Lanthan-)Manganit gefällt werden [AUER v. WELSBACH (h), HENRICH (e)]. S. auch § 2, II, 3, e.

b) Fällung basischer Salze. Eisen, Thorium, Uran und die Elemente der seltenen Erden (vgl. § 2) einschließlich Aktinium werden aus der stark verdünnten salpetersauren Lösung nach Zufügen von Ammoniumnitrat durch Zugabe von verdünntem Ammoniak (1:20) unter starkem Umrühren und darauffolgendem Aufkochen fraktioniert als basische Salze gefällt, während das Calcium und verwandte Elemente in Lösung bleiben [AUER v. WELSBACH (i), HENRICH (f)]. S. § 2, I, 1, b.

8. Trennung des Aktiniums von Eisen.

a) Fällung mit Fluorwasserstoffsäure. Werden die mit Ammoniak gefällten Hydroxyde mit verdünnter Fluorwasserstoffsäure behandelt, so wird das Eisen aufgelöst, während Thorium, Cer, Didym und Lanthan mitsamt dem Aktinium als unlösliche Fluoride zurückbleiben. Diese werden entweder in die Sulfate oder durch Behandlung mit einer kochenden Lösung von Natronlauge und Natriumcarbonat in die Carbonate umgewandelt, die in verdünnter Salzsäure gelöst werden [DEBIERNE (c), HENRICH (g), MARIE CURIE (f)]. Doch ist dabei die Trennung des Eisens vom Thorium und den Seltenen Erden mit Aktinium nicht vollständig, da anscheinend die Fluoride des Lanthans und Aktiniums in saurer Lösung ein wenig löslich sind. Es empfiehlt sich deshalb, die Lösung des Eisens mit Ammoniak zu fällen und die Hydroxyde auf etwa eingeschlossenes Aktinium zu kontrollieren [MARIE CURIE (e)].

b) Fällung mit Oxalsäure. Werden die Chloride bzw. frische Ammoniakfällungen in schwach saurer Lösung mit überschüssiger Oxalsäure behandelt, so bleibt viel Eisen in Lösung, die das Aktinium enthaltenden Oxalate der seltenen Erden fallen aus (werden gewaschen, zu Oxyd geglüht und in Salpetersäure gelöst) [DEBIERNE (d), AUER v. WELSBACH (k), HENRICH (b), (d)]. Doch hält dabei die das Eisen enthaltende Lösung etwas Aktinium zurück, dessen Oxalat sicher wie das des Lanthans ein wenig in saurer Lösung löslich ist. Der aus der Eisenlösung gefällte Ammoniakniederschlag muß daraufhin kontrolliert werden [MARIE CURIE (g)]. Hinsichtlich der Löslichkeit von Aktiniumoxalat in saurer Lösung vgl. § 2, II, 2, b). Gleichzeitig mit den Elementen der seltenen Erden wird auch das Thorium aus saurer Lösung als Oxalat gefällt [REMY (b)].

Zum besseren Verständnis sei hier eine Übersicht über die verschiedenen Trennungsmethoden, bei denen die Oxalate zur Verwendung kommen, angefügt:

Mit Oxalsäure im Überschuß werden die Seltenen Erden mit Aktinium ausgefällt, Eisen bleibt in Lösung (§ 1, 8, b).

Durch Behandlung mit Ammoniumoxalat bei gewöhnlicher Temperatur wird aus dem Gemisch der Erdoxalate das Thorium herausgelöst (§ 1, 9, c).

Durch Behandlung mit einer heißen gesättigten Ammoniumoxalatlösung werden die Yttererden aus dem Gemisch der Erdoxalate herausgelöst (§ 2, I, 2, a).

Die fraktionierte Behandlung der Ammoniakfällung der Seltenen Erden mit Oxalsäure führt ebenfalls zur Abreicherung der Yttererden (§ 2, I, 2, b).

Die fraktionierte Krystallisation der Oxalate der Ceriterden aus stark saurer Lösung führt zur Anreicherung des Aktiniums und Lanthans in der Lösung (§ 2, II, 2, b).

Die fraktionierte Krystallisation der Oxalate von Aktinium und Lanthan aus stark saurer Lösung führt zur Anreicherung des Aktiniums in der Lösung (§ 2, II, 3, a).

9. Trennung des Aktiniums von Ionium-Thorium.

a) Fällung mit Natriumthiosulfat $Na_2S_2O_3$ bzw. Natriumhyposulfit $Na_2S_2O_4$. Ionium kann man durch Ausfällen mit Natriumthiosulfat bei Gegenwart von Thorium abtrennen, wobei das Aktinium in Lösung bleibt [HENRICH (h)]. Man gibt zu der neutralen oder schwach sauren Lösung des Thoriumsalzes überschüssiges Natriumthiosulfat in der Hitze zu, wodurch Thoriumthiosulfat quantitativ mit Schwefel zusammen ausfällt. Am besten bereitet man sich eine Lösung des Thoriums in Salzsäure, verdampft den Überschuß so weit als möglich, verdünnt und versetzt tropfenweise mit Ammoniak, bis ein entstehender Niederschlag nur noch schwer verschwindet. Nun erhitzt man zum Sieden und setzt einen Überschuß von Thiosulfat zu. Man kocht noch einige Zeit, bis der Niederschlag sich gut absetzt und filtriert. Ist Cerium beigemengt, so muß die Fällung wiederholt werden. Wie Thorium werden auch Zirkon und Scandium durch Thiosulfat gefällt; jedoch ist Zirkonoxalat in überschüssiger Oxalsäure löslich [Henrich (i)]. Man kann zur Abtrennung des Thoriums von den Seltenen Erden und Aktinium die Fällung anstatt mit Natriumthiosulfat auch mit Natriumhyposulfit ausführen [Marie Curie (e)]. Eventuell in dem Thoriumniederschlag bzw. in dem damit ausgefallenen Schwefel eingeschlossenes Aktinium kann dadurch entfernt werden, daß man den Niederschlag mit Salzsäure auskocht, vom Schwefel und Filterresten abfiltriert und das Thorium, nachdem seine Lösung mit Ammoniak fast neutralisiert war, mit Oxalsäure fällt [Henrich (k)], bzw. daß man den Schwefel in einem geschlossenen Gefäß abdestilliert, der sich dann völlig inaktiv niederschlägt [Marie Curie (g)].

b) Fällung mit Wasserstoffsuperoxyd. Versetzt man eine neutrale oder ganz schwach salzsaure oder schwach salpetersaure (höchstens 1 cm^3 HNO_3 1:10 auf 100 cm^3) Lösung von Thorium mit Ammoniumnitrat und einigen Kubikzentimetern 10%igem reinem Wassertoffsuperoxyd und erwärmt auf 60°, so scheidet sich ein flockiger Niederschlag von Thoriumperoxydhydrat ab, der nach dem Abfiltrieren gut ausgewaschen wird. Bei der Veraschung muß man den Niederschlag gut in das Filter einwickeln und vorsichtig erhitzen, weil das Peroxydhydrat bei der Überführung in Thoriumdioxyd spratzt. Die Cererden fallen hierbei mit aus [Henrich (l)]. Aktinium wird, wie mit Mesothor 2 geprüft wurde, von dem in schwach salpetersaurer Lösung durch Wasserstoffsuperoxyd gefällten Thoriumhydroxyd nicht adsorbiert (Yovanovitch).

c) Behandlung mit Ammoniumoxalat (vgl. bei § 1, 8, b!). Die salpetersaure Lösung von Thorium und Seltenen Erden wird erst mit Oxalsäure gefällt und der Niederschlag dann zur Entziehung von Thorium mit Ammoniumoxalat ausgezogen [Auer v. Welsbach (l), Henrich (m), Marie Curie (g)]. Dabei ist zu beachten, daß sich Aktinium bei Gegenwart von Ammoniumsalzen durch Ammoniumoxalat nicht vollständig niederschlagen läßt [Auer v. Welsbach (h), Henrich (n)]. (S. § 2, II, 3, e.) Eine eventuell zu Meßzwecken gewünschte Umwandlung der übrigbleibenden Oxalate in die Oxyde durch Glühen macht die Möglichkeit, die Oxyde wieder aufzulösen, keineswegs zunichte, solange ein Gemisch von Thorium und seltenen Erden vorliegt, erst im Fall des reinen Thoroxalates ist die Auflösung des geglühten Oxyds unmöglich [Marie Curie (g)].

d) Fällung mit Natriumsubphosphat $NaHPO_3$ bzw. Natriumpyrophosphat $Na_4P_2O_7$. Die Fällung des Thoriums mit einer konzentrierten Lösung von Natriumsubphosphat in stark salzsaurer Lösung in der Hitze gilt zugleich als der empfindlichste Nachweis des Thoriums. Es fällt dabei Thoriumsubphosphat $ThP_2O_6 \cdot 11\,H_2O$ aus, während die 3-wertigen Erden in Lösung bleiben, wenn die Lösung stark sauer ist. Ist Titansäure vorhanden, so hindert ein Zusatz von Wasserstoffsuperoxyd auch die Fällung des Titans, da Pertitansäure durch Subphosphat nicht gefällt wird [Henrich (o)]. Man kann die Thoriumfällung auch mit Natriumpyrophosphat in 0,3 n Salzsäure ausführen [Marie Curie (g)].

e) Behandlung mit Pyridin. Die alkoholische Lösung von Lanthannitrat mit dem Aktiniumisotop Mesothor 2 und von Radiothor (s. 3, c) wird mit krystallisiertem Thoriumnitrat und Pyridin versetzt, wodurch Thorium und Radiothor ausfallen. Das Filtrat enthält Lanthan und sehr reines Mesothor 2, das mit dem Lanthan als Hydroxyd oder Oxalat gewonnen werden kann (HAISSINSKY).

Literatur.

AUER v. WELSBACH, C.: (a) M. **31**, 1197 (1910); Z. anorg. Ch. **69**, 387 (1911). (b) M. **31**, 1159 (1910); Z. anorg. Ch. **69**, 353 (1911). (c) Ber. Wien. Akad. **119 IIa**, 1011 (1910); M. **31**, 1162, 1200 (1910); Z. anorg. Ch. **69**, 355, 389, 390 (1911). (d) Ber. Wien. Akad. **119 IIa**, 1011 (1910); M. **31**, 1177, 1181 (1910); Z. anorg. Ch. **69**, 369, 372 (1911). (e) M. **31**, 1166, 1172, 1200 (1910); Z. anorg. Ch. **69**, 359, 365, 389 (1911). (f) Ber. Wien. Akad. **119 IIa**, 1011 (1910); M. **31**, 1162, 1178, 1181, 1183, 1200 (1910); Z. anorg. Ch. **69**, 356, 369, 372, 374, 389 (1911). (g) M. **31**, 1175 (1910); Z. anorg. Ch. **69**, 367 (1911). (h) Ber. Wien. Akad. **119 IIa**, 1, 1011 (1910); M. **31**, 1168 (1910); Z. anorg. Ch. **69**, 361 (1911). (i) M. **31**, 1173, 1178 (1910); Z. anorg. Ch. **69**, 365, 370 (1911). (k) M. **31**, 1166, 1175, 1181, 1199 (1910); Z. anorg. Ch. **69**, 359, 367, 372, 389 (1911). (l) Ber. Wien. Akad. **119 IIa**, 1011 (1910); M. **31**, 1175, 1178, 1179, 1185, 1186 (1910); Z. anorg. Ch. **69**, 367, 370, 371, 376, 377 (1911).

CURIE, MARIE: (a) J. Chim. phys. **27**, 7 (1930). (b) **27**, 6 (1930). (c) **27**, 8 (1930). (d) **27**, 2 (1930). (e) **27**, 3, 4 (1930). (f) **27**, 3 (1930). (g) **27**, 4 (1930).

DEBIERNE, A.: (a) C. r. **130**, 906 (1900); **131**, 333 (1900). (b) C. r. **129**, 594 (1899). (c) C. r. **130**, 906 (1900). (d) C. r. **130**, 906 (1900); **139**, 539 (1904).

ERBACHER, O.: (a) GM., System-Nummer 31: Radium und Isotope, S. 28. (b) GM., System-Nummer 31: Radium und Isotope, S. 34.

GIESEL, F.: B. **37**, 1698 (1904); **38**, 776 (1905).

HAISSINSKY, M.: C. r. **196**, 1788 (1933). — HENRICH, F.: (a) Chemie und chemische Technik radioaktiver Stoffe, S. 244. Berlin 1918. (b) Chemie usw. S. 243, 244. (c) S. 333. (d) S. 333, 334. (e) S. 245, 339. (f) S. 245, 333, 334, 339. (g) S. 243. (h) S. 245. (i) S. 258, 259. (k) S. 260. (l) S. 259, 260. (m) S. 336. (n) S. 339. (o) S. 259.

REMY, H.: (a) Lehrbuch der anorganischen Chemie, Bd. 2, S. 380. Leipzig 1932. (b) Lehrbuch der anorganischen Chemie, Bd. 2, S. 41. Leipzig 1932.

YOVANOVITCH, D. K.: J. Chim. phys. **23**, 16 (1926).

§ 2. Trennung des Aktiniums von den Elementen der seltenen Erden.

Zu den Elementen der seltenen Erden gehören die Elemente 21 Scandium, 39 Yttrium, 57 Lanthan und die Lanthanidengruppe 58 Cerium bis 71 Cassiopeium. Seinem chemischen Verhalten nach wäre auch das höhere Homologe des Lanthans, das Aktinium in die Gruppe der Seltenen Erden einzubeziehen, während das Thorium als naher Verwandter zu gelten hat. Dem allgemeinen Verhalten nach unterscheidet man bei den Elementen der seltenen Erden folgende Untergruppen.

	Lanthanidengruppe				
	$_{58}$Ce $_{59}$Pr $_{60}$Nd $_{61}$—$_{62}$Sm	$_{63}$Eu $_{64}$Gd $_{65}$Tb	$_{66}$Dy $_{67}$Ho $_{68}$Er $_{69}$Tu	$_{70}$Yb $_{71}$Cp	
		2. Terbinerden	3. Erbinerden	4. Ytterbinerden	
Gruppe IIIa i. period. System	[$_{89}$Ac] $_{57}$La	$_{39}$Y 1.			$_{21}$Sc 5.
	I. Ceriterden	II. Yttererden			

Die Verbindungen des Aktiniums haben sich als isomorph mit denen des Lanthans erwiesen. (STRÖMHOLM und THE SVEDBERG.)

I. Trennung des Aktiniums von den Elementen der Yttererden.

1. Als Hydroxyde.

a) Fraktionierte Fällung mit Ammoniak bzw. Natronlauge. Durch tropfenweisen Zusatz von sehr verdünnter Alkalilauge zur Lösung der 3wertigen Ionen der Seltenen Erden erfolgt die Fällung in der Reihenfolge Sc, Cp, Yb, Tu, Er, Ho, Dy, Tb, Sm, Gd, Eu, Y, Nd, Pr, Ce, La. Man erreicht auf diese Weise zwar keine völlige Trennung der Elemente der seltenen Erden, es tritt aber bei öfterer Wiederholung der fraktionierten Fällungen eine der angegebenen Reihenfolge entsprechende teilweise Scheidung ein. Die so erhaltene Reihe entspricht einer solchen von steigenden Werten der Löslichkeitsprodukte und damit steigender Basizität der Hydroxyde. Das am schwächsten basische Hydroxyd der Lanthanidengruppe, das Cassiopeiumhydroxyd, leitet zum Scandiumhydroxyd über, im Vergleich zu dem es allerdings noch verhältnismäßig stark basisch ist, so daß Scandium von den übrigen Seltenen Erden verhältnismäßig leicht durch fraktionierte Fällung mit Ammoniak getrennt werden kann [REMY (a)].

Das Aktinium steht in seinem basischen Charakter zwischen Lanthan und Calcium [AUER V. WELSBACH (a), HENRICH (a)]. Bei der fraktionierten Fällung der Elemente der seltenen Erden aus salzsaurer Lösung mit Ammoniak [AUER v. WELSBACH (b), HENRICH (b)] ist zu beachten, daß das Aktinium durch Ammoniak bei Gegenwart von Ammoniumsalzen nur unvollkommen gefällt wird [AUER v. WELSBACH (c), HENRICH (c), MARIE CURIE (a)]. Über die vollständige Fällung als Manganit vgl. II, 3, e.

b) Fraktionierte Fällung basischer Salze aus salpetersaurer Lösung mit verdünntem Ammoniak („Hydratverfahren" von AUER v. WELSBACH). In die stark verdünnte salpetersaure Lösung läßt man nach Zugabe von Ammonnitrat unter lebhaftem Umrühren stark verdünntes Ammoniak (1:20) einfließen, bis sich ein entsprechender Teil der Hydroxyde abgeschieden hat und kocht dann auf. Die abgeschiedenen Hydroxyde wirken dann auf die noch in Lösung befindlichen Nitrate ein und bilden basische Salze. Durch mehrmalige Wiederholung dieser Fällung nach jedesmaliger Abtrennung des Niederschlags läßt sich unschwer eine fast quantitative Trennung der einzelnen Bestandteile bzw. Gruppen von Bestandteilen durchführen. (Zuerst fällt dabei Eisen aus, das am leichtesten basische Salze bildet, dann folgt Thorium, das auch in schwach sauren Lösungen noch leicht basisch wirkt, weiter Uran), dann fallen die Elemente der seltenen Erden in der Reihenfolge Scandium, die Ytterbinerden Cassiopeium und Ytterbium und dann nacheinander die übrigen Erden der Yttererden zuletzt die Ceriterden [darunter die Cer(III)salze, während Cer(IV)salze sehr leicht basische Salze geben und daher mit den ersten Fraktionen ausfallen]. Von den Ceriterden bildet das Lanthan als stärkste Base unter den vorliegenden Reaktionsbedingungen am schwierigsten basische Salze. Das Calcium und verwandte Elemente bleiben in Lösung [AUER v. WELSBACH (d), HENRICH (d)].

2. Als Oxalate.

Bei den Oxalaten der Seltenen Erden steigt die Löslichkeit (La < Sc) im großen und ganzen (genauere Angaben bei SARVER und BRINTON) mit abnehmender Basizität (La > Sc), während umgekehrt die Säurelöslichkeit (La > Sc) der Oxalate beim Lanthanoxalat am größten ist (vgl. II, 2, b) [REMY (b)].

a) Behandlung mit heißer Ammoniumoxalatlösung (vgl. bei § 1, 8, b!). Die verschiedene Löslichkeit der Oxalate der Seltenen Erden (Sc > Y > La) in einer heißen gesättigten Ammoniumoxalatlösung ist ein wichtiges Mittel zur Trennung der Seltenen Erden voneinander [REMY (c)]. Nach der Abtrennung des Thoriums werden die Seltenen Erden mit Ammoniak als Hydroxyde gefällt, in Oxalate umgewandelt und dann mit einer kochenden Lösung von Ammoniumoxalat behandelt. Die dabei unlöslich gebliebenen Oxalate enthalten Aktinium in einer Mischung von Cer, Lanthan, Neodym und Praseodym [AUER v. WELSBACH (e), MARIE CURIE (b)], während sich die Oxalate von Scandium und Yttrium in der heißen gesättigten Ammoniumoxalatlösung unter Bildung von Doppeloxalaten lösen (REMY (c)].

b) Fraktionierte Fällung der Oxalate (vgl. bei § 1, 8, b!). Behandelt man die *Ammoniakfällung* der Seltenen Erden fraktioniert mit Oxalsäure, so wird das Aktinium mit den Ceriterden angereichert, und zwar ist das Aktinium vom Lanthan am schwersten zu trennen [GIESEL (a), AUER v. WELSBACH (f), HENRICH (b)].

II. Trennung des Aktiniums von den Ceriterden.

1. Trennung des Aktiniums von Cerium.

a) Fällung des Cer(IV)hydroxyds. In der salpetersauren Lösung der Ceriterden wird zunächst das Cer(IV)salz zu Cer(III)salz reduziert, dann die Lösung durch Zugabe von Alkalicarbonat fast neutralisiert, erwärmt und hierauf eine Lösung enthaltend 1 Mol $KMnO_4$ auf 4 Mol K_2CO_3 oder Na_2CO_3 hinzugefügt. MnO_4^- wird dabei zu Mn^{4+} reduziert und Ce^{3+} zu Ce^{4+} oxydiert und es fallen Mangandioxydhydrat und Cer(IV)hydroxyd aus. Der Niederschlag enthält nur sehr wenig Aktinium, das übrigens durch Wiederholung der Fällung nach vorausgegangener Abtrennung des Mangans als Mangandioxyd wiedergewonnen werden kann. Aus der Lösung, die einen kleinen Überschuß von Kaliumpermanganat enthält, werden die Seltenen Erden als Oxalate gefällt und durch Glühen in Oxyde übergeführt [MARIE CURIE (b), (a)]. Vgl. Mesothor 2, C, a, ξ.

b) Fällung von basischem Cer-Salz. Man löst das Oxydgemisch in Salpetersäure, vertreibt den Säureüberschuß durch Eindampfen der Lösung bis zur Sirupbildung und löst diesen dann durch Zugabe von Wasser. Darauf fügt man zur warmen Lösung eine genügende Menge von Ammoniumnitrat (WYROUBOFF und VERNEUIL), oder Ammoniumpersulfat zu und kocht auf. Dadurch wird das Cer als basisches Salz gefällt, während die anderen Erden Lanthan, Praseodym, Neodym und Samarium sowie das Aktiniumisotop Mesothor 2 in der Lösung bleiben, die die violette Farbe der Didymsalze annimmt und aus der die Erden mit Oxalsäure wieder gefällt werden können [YOVANOVITCH (a)].

c) Behandlung der alkalischen Lösung mit Chlor bzw. Brom. α) Die Lösung der Chloride oder Nitrate wird mit Kalilauge oder Natronlauge im Überschuß gefällt und dann durch die suspendierten Hydroxyde ein Chlorstrom geleitet. Dadurch wird Cer(III)hydroxyd zu unlöslichem Cer(IV)hydroxyd oxydiert, die Hydroxyde von Lanthan, Praseodym, Neodym und Samarium werden dagegen in die Chloride verwandelt und gelöst (MOSANDER, DENNIS und MAGEE, KRÜSS). Das ebenfalls in der Mischung der Hydroxyde befindliche Aktiniumisotop Mesothor 2 geht dabei gleichfalls in die Lösung [YOVANOVITCH (a)].

β) Die Oxyde der Ceriterden werden in die Hydroxyde verwandelt und in der alkalischen Lösung suspendiert. Fügt man Brom zur Suspension, dann geht das Lanthanhydroxyd als erstes in Lösung (BROWNING), und mit ihm 87,4% des in der Mischung ebenfalls enthaltenen Aktiniumisotops Mesothor 2, während Neodym und Praseodym noch ungelöst sind (GLEDITSCH und CHAMIÉ).

d) Herauslösen mit Äther. Liegt eine Mischung der Salze von Cer, Lanthan und Aktinium vor, so läßt sich das Cer (IV) aus diesem Gemisch mit Äther ausschütteln, von dem Aktinium geht weniger als 1% in den Äther (IMRE).

2. Trennung des Aktiniums von Neodym, Praseodym und Samarium.

a) Fraktionierte Krystallisation der Doppelnitrate des Ammoniums. Bei der fraktionierten Krystallisation der Doppelnitrate der Ceriterden und des Ammoniums in salpetersaurer Lösung bei Gegenwart von Ammonnitrat (AUER v. WELSBACH), geht das Aktinium zusammen mit dem Lanthan in die weniger lösliche Fraktion [GIESEL (b), AUER v. WELSBACH (h), MARIE CURIE (b)]. So z. B. zeigten sieben Fraktionen eines Gemisches von Aktinium, Lanthan, Neodym und Samarium folgende willkürliche Aktinium-Aktivitäten (die Messungen wurden $4^1/_2$ Monate nach der Umwandlung in die Oxalate ausgeführt):

La ⟶ Sm

Fraktion	1	2	3	4	5	6	7
Aktivität	3,37	2,75	2,26	1,58	1,91	1,05	0,82

(MAURICE CURIE und TAKVORIAN).

Auch beim Einengen des in konzentrierter Salpetersäure gelösten Gemisches des Aktiniumisotops Mesothor 2 mit Lanthan, Praseodym, Neodym und Samarium bei Gegenwart von Ammoniumnitrat enthielten die entsprechenden Fraktionen stets einen annähernd gleich großen mit fortschreitender Fraktionierung langsam abfallenden Anteil des Aktiniumisotops. So betrug beispielsweise die prozentuale Verteilung des Mesothor 2 in den einzelnen Fraktionen auf gleiche Gewichtsmengen der Fällungen bezogen:

Fraktion . . .	1	2	3	4	5
% Mesothor 2 .	28,2	23,9	19,1	16,2	12,6

[Yovanovitch (b)].

War ein wenig Cer in der Lösung, so scheidet sich dieses in Form schöner roter Krystalle an erster Stelle aus. Der Fortschritt der Operationen kann durch Prüfung der Absorptionsspektren der verschiedenen Fraktionen verfolgt werden, wobei sich die Gegenwart des Didyms (Neodym und Praseodym) durch charakteristische Absorptionslinien anzeigt. Wenn diese Linien nicht mehr erscheinen, dann liegt praktisch nur mehr Lanthan vor, die erhaltenen Krystalle sind dann völlig farblos und das daraus erhaltene Oxyd rein weiß. Die Gewinnung des Aktiniums mit dem Lanthan ist dabei befriedigend, der Gehalt der am Ende ausgeschiedenen Fraktion an Aktinium ist schwach. Die fraktionierte Krystallisation der Doppelnitrate der Ceriterden und des Ammoniums ist, da sie zur Anreicherung des Aktiniums mit dem Lanthan führt, dann nicht zweckmäßig, wenn in dem Gemisch der Ceriterden das Lanthan vorherrscht [Marie Curie (c)].

b) Fraktionierte Krystallisation der Oxalate aus stark saurer Lösung. (Vgl. bei § 1, 8, b!) Werden stark saure Nitratlösungen der Ceriterden mit Oxalsäure fraktioniert gefällt, so reichert sich das Aktinium in der Mutterlauge der Oxalatfällungen an [Giesel (c), Auer v. Welsbach (i), Henrich (e)]. Bei der fraktionierten Fällung von Lanthan, Praseodym, Neodym und Samarium aus heißer, 5% freie Salpetersäure enthaltenden Lösung wird erst das Samarium gefällt und schließlich das Aktiniumisotop Mesothor 2 in den letzten Fraktionen mit dem Lanthan angereichert. Beispielsweise betrug die prozentuale Verteilung des Mesothor 2 in den einzelnen Fraktionen auf gleiche Gewichtsmengen der Fällung bezogen:

Fraktion	1	2	3	4
% Mesothor 2.	0,8	9,2	18,9	71,1

[Yovanovitch (c)].

Durch Umkrystallisation der Oxalate der Ceriterden aus Salpetersäure oder Salzsäure geht das Aktinium in die am leichtesten löslichen Fraktionen und kann so von den Ceriterden und zum Teil auch von Lanthan abgetrennt werden. Man sättigt heiße Salzsäure mit den Edelerdenoxalaten, nach dem Erkalten scheidet sich der größte Teil (der das Ionium enthält) wieder ab. Die Mutterlauge enthält dann fast alles Aktinium [Keetman, Henrich (f)].

Löslichkeit des Aktiniumoxalates in 0,1 n Salzsäure. Bei sehr ähnlichen Mischkrystallsystemen scheint ein ungefähres Parallelgehen zwischen den Löslichkeiten und den An- bzw. Abreicherungen der Mikrokomponente in den Krystallen zu bestehen. Bei Fällungen der Oxalate der Seltenen Erden Lanthan, Cer, Praseodym und Neodym in Anwesenheit des Aktiniumisotops Mesothor 2 aus 0,1 n Salzsäure wurde zwar das Aktinium in den Krystallen aufgenommen, es fand aber immer eine Abreicherung statt und der Betrag der Abreicherung stimmte innerhalb gewisser Grenzen ganz gut mit dem Gang der sehr genau bestimmten Löslichkeiten der Erdoxalate in 0,1 n Salzsäure (Sarver und Brinton) überein. Die Ergebnisse sind in der folgenden Tabelle 1 zusammengestellt.

Tabelle 1.

Oxalat	g Löslichkeit in 100 g n/10 Salzsäure	Verteilung in 100 g n/10 HCl gefunden	nach Mittelwert Verteilung/Löslichkeit berechnet	Verteilung/Löslichkeit
La	0,021	0,39	0,42	18,6
Ce	0,013	0,32	0,26	24,4
Pr	0,0098	0,21	0,20	21,4
Nd	0.0076	0,12	0,15	15,8
			Mittel	20

Aus diesem mittleren Wert 20 für das Verhältnis Verteilung/Löslichkeit ergibt sich für ein gewichtsmäßig vorliegendes Aktiniumoxalat, für das die Verteilung seines Isotops Mesothor 2 natürlich 1 wäre, die Löslichkeit zu 0,05 g in 100 g n/10 HCl (HAHN und WEVER).

c) Fraktionierte Fällung mit verdünntem Ammoniak. Da das Aktiniumhydroxyd basischer als die Hydroxyde von Lanthan, Praseodym, Neodym und Samarium ist, erhält man bei der fraktionierten Fällung mit 0,1 n Ammoniak eine Anreicherung des Aktiniums (untersucht mit dem Aktiniumisotop Mesothor 2) mit dem Lanthan in den letzten Fraktionen. So betrug beispielsweise die prozentuale Verteilung des Mesothor 2 in den einzelnen Fraktionen auf gleiche Gewichtsmengen der Fällung bezogen:

Fraktion	1	2	3	4
% Mesothor 2	4,31	10,1	26,3	59,3

[YOVANOVITCH (d)]. Vgl. auch I, 1, a.

d) Fällung mit einer konzentrierten Kaliumsulfatlösung. Aus der Lösung der Nitrate von Lanthan, Praseodym, Neodym und Samarium kann man durch eine konzentrierte Kaliumsulfatlösung den größten Teil des Lanthans und Praseodyms fällen, in Lösung bleiben Neodym und Samarium, da die Doppelsulfate von Lanthan und Praseodym schwerer löslich sind als das des Neodyms (SCHÜTZENBERGER und BOUDOUARD). Das Aktinium geht dabei mit dem Lanthan [GIESEL (d), HENRICH (b)]. So z. B. werden bei Gegenwart des Aktiniumisotops Mesothor 2 über 90% des Mesothor 2 in der ersten Lanthan und Praseodym enthaltenden Fraktion erhalten [YOVANOVITCH (e)].

e) Behandlung der alkalischen Lösung mit Brom. Vgl. II, 1, c, β!

3. Trennung des Aktiniums von Lanthan.

a) Fraktionierte Krystallisation der Oxalate aus saurer Lösung (vgl. bei § 1, 8, b!). Bei der fraktionierten Krystallisation der Oxalate von Lanthan und Aktinium (vgl. 2, b) aus Salpetersäure oder Salzsäure geht das Aktinium in die leichter lösliche Fraktion und kann so vom Lanthan zum Teil abgetrennt werden [KEETMAN, HENRICH (f)]. Vgl. die Unvollständigkeit der Fällung des Aktiniums mit den Seltenen Erden als Oxalate aus salpeter- oder salzsaurer Lösung (§ 1, 8, b und 9, c). Als Beispiel für die dadurch erzielte Anreicherung sei die Verarbeitung von 80 g La_2O_3 enthaltend 1560 willkürliche β-Aktivitätseinheiten von Aktinium mitgeteilt, wobei die vier Fraktionen von insgesamt zehn Verarbeitungen zusammengerechnet sind, die aus salpetersaurer Lösung von jeweils passender Konzentration gewonnen wurden:

Fraktion	1	2	3	4
% La_2O_3	77,5	7,4	9,5	2,0
% Ac.	4,7	3,9	19,9	71,5

Die Fraktionierung des Oxalats von Lanthan und des Aktiniumisotops Mesothor 2 zeigt die folgenden Ergebnisse, wobei in beiden Fällen die geringe in der Endlösung gebliebene Aktiniummenge (etwa 3%) nicht mitgerechnet ist.

Tabelle 2.

Fraktion	1. aus n HNO_3	2. mit H_2O bis n/2 HNO_3	3. durch Neutralisation mit NH_3
% von 1,09 g Lanthanoxalat .	75,9	23,6	0,37
% Mesothor 2	1,4	6,8	91,8
% von 1,424 g Lanthanoxalat .	98,3	—	1,7
% Mesothor 2	4,2	—	95,8

Man sieht aus allen diesen Ergebnissen, daß bei der Fällung durch Oxalsäure in salpeter- oder salzsaurer Lösung das Lanthan leichter ausfällt als das Aktinium. Bei diesem Fraktionierungsverfahren steht dem Vorteil einer verhältnismäßig guten Anreicherung des Aktiniums der Nachteil einer etwas umständlichen Arbeitsweise gegenüber. Man muß nämlich jedesmal das gefällte Oxalat in Oxyd umwandeln, bevor man eine neue Fällung ausführt. Ebenso muß (zum Zwecke der Messung) aus jeder von einer unvollständigen Fällung herrührenden Lösung das Lanthan herausgeholt und als Oxyd gewonnen werden. Schließlich müssen die bei den letzten Fällungen erhaltenen ammoniakalischen Lösungen verdampft und die Rückstände geglüht werden, um das noch darin befindliche Aktinium (etwa 3%) zu sammeln [MARIE CURIE (b), (d)].

b) Fraktionierte Krystallisation der Doppelnitrate des Magnesiums. Bei der fraktionierten Krystallisation der Nitrate von Aktinium, Lanthan, Neodym und Samarium zusammen mit Magnesiumnitrat fällt zuerst das Magnesium-Lanthan-Nitrat aus (DEMARÇAY), das Aktinium sammelt sich mit Neodym und Samarium in der Mutterlauge an [DEBIERNE (a), GIESEL (e), HENRICH (g), (b)]. In sieben Fraktionen aus salpetersaurer Lösung eines Gemisches Aktinium, Lanthan, Neodym und Samarium wurden folgende willkürliche Aktinium-Aktivitäten erhalten (die Messungen wurden $4^1/_2$ Monate nach der Umwandlung in die Oxalate ausgeführt):

La ————————————————→ Sm

Fraktion . .	1	2	3	4	5	6	7
Aktivität . .	1,09	2,15	5,62	7,10	9,89	4,0	2,85

(MAURICE CURIE und TAKVORIAN).

c) Fraktionierte Krystallisation der Doppelnitrate des Mangans. Bringt man die Nitrate von Aktinium, Lanthan, Neodym und Samarium mit Mangannitrat zusammen, so entstehen Doppelsalze, bei deren fraktionierter Krystallisation sich das Aktinium mit Neodym und Samarium in den Mutterlaugen ansammelt [DEBIERNE (b), HENRICH (g)].

d) Fraktionierte Krystallisation der Doppelnitrate des Ammoniums. Die fraktionierte Krystallisation des Lanthans und des Aktiniumisotops Mesothor 2 mit Ammoniumnitrat in salpetersaurer Lösung führt nur zu einer schwachen und unstetigen Anreicherung des Aktiniumisotops in den Krystallen [MARIE CURIE (b) (e)].

e) Fällung als Manganit. Aktinium läßt sich bei Gegenwart von Ammoniumsalzen weder durch Ammoniak noch durch Ammonoxalat vollständig niederschlagen (vgl. § 1, 7, a und 9, c). Es kann dann aus basischer Lösung bei Gegenwart von Mangan nahezu vollständig als Aktinium-(Lanthan-)Manganit gefällt werden [AUER v. WELSBACH (k), HENRICH (c)].

Literatur.

AUER v. WELSBACH, C.: (a) M. **31**, 1160 (1910); Z. anorg. Ch. **69**, 354 (1911). (b) M. **31**, 1198 (1910); Z. anorg. Ch. **69**, 388 (1911). (c) Ber. Wien. Akad. **119** IIa, 1, 1011 (1910); M. **31**, 1168 (1910); Z. anorg. Ch. **69**, 361 (1911). (d) Ber. Wien. Akad. **119** IIa, 1011 (1910); M. **31**, 1173, 1178 (1910); Z. anorg. Ch. **69**, 365, 370 (1911). (e) M. **31**, 1163, 1167 (1910); Z. anorg. Ch. **69**, 356, 360 (1911). (f) M. **31**, 1182, 1184 (1910); Z. anorg. Ch. **69**, 373, 375 (1911). (g) M.

6, 477 (1885). (h) M. **31**, 1196 (1910); Z. anorg. Ch. **69**, 386 (1911). (i) Ber. Wien. Akad. **119 II**a, 1011 (1910); M. **31**, 1167, 1182, 1195 (1910); Z. anorg. Ch. **69**, 360, 373, 385 (1911). (k) Ber. Wien. Akad. **119 II**a, 1011 (1910); M. **31**, 1169 (1910); Z. anorg. Ch. **69**, 361 (1911).

BROWNING, P. E.: C. r. **158**, 1679 (1914).

CURIE, MARIE: (a) J. Chim. phys. **27**, 4 (1930). (b) **27**, 3 (1930). (c) **27**, 5 (1930). (d) **27**, 7 (1930). (e) **27**, 6 (1930). — CURIE, MAURICE u. S. TAKVORIAN: C. r. **198**, 1688 (1934).

DEBIERNE, A.: (a) in: MARIE CURIE: Die Radioaktivität, Bd. 1, S. 181. Leipzig 1912. (b) C. r. **139**, 540 (1904). — DEMARCAY, E.: C. r. **130**, 1019 (1900). — DENNIS, L. M. u. W. H. MAGEE: Z. anorg. Ch. **7**, 252 (1894).

GIESEL, F.: (a) B. **35**, 3611 (1902); **36**, 343 (1903); **37**, 1698 (1904). (b) B. **38**, 777 (1905). (c) B. **35**, 3611 (1902). (d) B. **36**, 343, 344 (1903). (e) B. **38**, 776 (1905); in MARIE CURIE: Die Radioaktivität, Bd. 1, S. 183. Leipzig 1912. — GLEDITSCH, E. u. C. CHAMIÉ: C. r. **182**, 381 (1926).

HAHN, O. u. I. WEVER: In O. HAHN: Applied Radiochemistry, S. 89. Ithaca, New York 1936. — HENRICH, F.: (a) Chemie und chemische Technik radioaktiver Stoffe, S. 242. Berlin 1918. (b) S. 244. (c) S. 245, 339. (d) S. 244, 333, 334, 339. (e) S. 334, 339. (f) S. 245. (g) S. 243.

IMRE, L.: Z. anorg. Ch. **166**, 13 (1927).

KEETMANN, B.: Diss. Berlin 1909. — KRÜSS, G.: A. **265**, 13 (1891).

MOSANDER: J. pr. **30**, 276 (1843).

REMY, H.: (a) Lehrbuch der anorganischen Chemie, Bd. 2, S. 380. Leipzig 1932. (b) Lehrbuch usw., Bd. 2, S. 391. Leipzig 1932. (c) Lehrbuch usw., Bd. 1, S. 290. Leipzig 1932.

SARVER, L. A. u. P. H. M. P. BRINTON: Am. Soc. **49**, 943 (1927). — SCHÜTZENBERGER, P. u. O. BOUDOUARD: Bl. (3) **19**, 228 (1898). — STRÖMHOLM, D. u. THE SVEDBERG: Z. anorg. Ch. **63**, 199 (1909).

WYROUBOFF u. A. VERNEUIL: Bl. (3) **17**, 680 (1897); (3) **19**, 224 (1898); C. r. **124**, 1231 (1897).

YOVANOVITCH, D. K.: (a) J. Chim. phys. **23**, 17 (1926). (b) C. r. **175**, 309 (1922); J. Chim. phys. **23**, 24 (1926). (c) C. r. **175**, 309 (1922); J. Chim. phys. **23**, 20 (1926). (d) C. r. **175**, 309 (1922); J. Chim. phys. **23**, 18 (1926). (e) C. r. **175**, 309 (1922); J. Chim. phys. **23**, 21 (1926).

§ 3. Trennung des Aktiniums von anderen radioaktiven Atomarten.

I. Trennung des Aktiniums von seiner Muttersubstanz Protaktinium.

a) Beim Vorliegen eines Gemisches mit anderen Elementen. Liegen das Protaktinium und das Aktinium in einem Gemisch mit anderen Elementen vor, wie es z. B. in Uranlaugenrückständen der Fall ist, so führt Erwärmen mit Flußsäure und Schwefelsäure zu einer Trennung des Aktiniums und Protaktiniums, indem Uranoxyfluorid, Blei, Erdalkalimetalle, Seltene Erden und mit diesen das Aktinium (nebst allen übrigen radioaktiven Atomarten) ungelöst bleiben. In Lösung gehen dabei Eisen, Zirkon, Erdsäuren und Protaktinium [HAHN und MEITNER, v. GROSSE (a), GRAUE und KÄDING (a)], auf Grund der leichteren Löslichkeit von PaO in Flußsäure [v. GROSSE (b)].

b) Beim Vorliegen von Protaktinium und Aktinium allein. Liegt das Protaktinium als reines Kalium-Protaktinium-Doppelfluorid K_2PaF_7 vor (hergestellt durch Lösen von Pa_2O_5 in Flußsäure und Zugabe von soviel Kaliumfluorid, wie für die Krystallisation des Doppelfluorids notwendig ist [GRAUE und KÄDING (b)] und wurde das Salz entsprechend lange gelagert, um eine genügende Menge von Aktinium (Halbwertszeit $T = 13{,}5$ Jahre) nachzubilden, so erhält man durch Auflösen des Kalium-Protaktinium-Doppelfluorids in verdünnter Flußsäure und Zugabe einer geringen Menge Lanthansalz einen Niederschlag von Lanthanfluorid, der das Aktinium enthält. Aus dem Filtrat wird das Protaktinium durch Zugabe von genügend Kaliumfluorid wieder als Doppelfluorid gefällt.

II. Trennung des Aktiniums von seinen Zerfallsprodukten.

Da keines der Zerfallsprodukte des Aktiniums mit diesem isotop ist, lassen sich alle seine Folgeprodukte von ihm abtrennen.

1. Trennung des Aktiniums vom Radioaktinium.

Da das Radioaktinium ein Thoriumisotop ist, kann die Abtrennung des Aktiniums vom Radioaktinium nach allen Reaktionen erfolgen, die eine Aktinium-Thorium-Trennung bewerkstelligen. In der Literatur beschrieben sind folgende Reaktionen:

a) Durch Ausfällen des Radioaktiniums. Fraktionierte Fällung mit Ammoniak: Gibt man zu einer Lösung eines mehrere Monate alten Aktiniumpräparates nur so viel Ammoniak hinzu, daß eine geringe Fällung entsteht, so enthält diese Radioaktinium angereichert, wiederholt man diesen Prozeß in dem Filtrat, so werden noch weitere radioaktiniumhaltige Niederschläge gewonnen. Die Fällungen müssen, bevor sie filtriert werden, etwa 2 Std. stehen, das Aktinium X bleibt in Lösung, zum größten Teil auch das Aktinium [Hahn (a)].

b) Durch Ausfällen des Radioaktiniums durch Zugabe einer Trägersubstanz. α) Durch Fällen des Radioaktiniums mit Zirkonhydroxyd. Man setzt zu der sehr schwach salzsauren Aktiniumlösung etwas Zirkon (oder Thorium [Hahn (b)]) zu und fällt mit Natriumthiosulfat das Radioaktinium aus. Aktinium und Aktinium X bleiben dabei in Lösung, aus der ersteres mit Ammoniak gefällt werden kann [Hahn und Rothenbach (a), Paneth und Ulrich (a)].

β) Durch Fällen des Radioaktiniums mit Thoriumhydroxyd. Die Abtrennung des Radioaktiniums aus einer Aktiniumlösung kann auch durch Fällung mit Wasserstoffsuperoxyd bei 60° nach Zugabe von etwas Thorium zu der sehr schwach salzsauren Aktiniumlösung erfolgen (McCoy und Leman).

γ) Durch Fällen des Radioaktiniums mit Cer(IV)hydroxyd: Siehe Mesothor 2, D, IV, 1, d bzw. C, a, ζ.

δ) Durch Fällen des Radioaktiniums mit feinen Niederschlägen. Aus Lösungen von Aktinium kann man das Radioaktinium stets angereichert ausscheiden, wenn man in ihnen einen sehr feinen Niederschlag erzeugt, z. B. durch Schwefel bei Zusatz von Natriumthiosulfat zu einer ziemlich stark salzsauren Aktiniumlösung [Hahn (c), Giesel, Levin], oder durch Schütteln mit Tierkohle (Henrich).

2. Trennung des Aktiniums vom Aktinium X.

Da das Aktinium X ein Radiumisotop ist, kann diese Trennung wegen der Isomorphie aller bisher bekannten Radium-Barium-Salze durch jede Reaktion erfolgen, die eine Aktinium-Barium-Trennung zur Folge hat.

a) Durch Ausfällen des Aktiniums. α) Die Lösung eines mehrere Monate verschlossen aufbewahrten, also im Gleichgewicht mit seinen Zerfallsprodukten befindlichen Aktiniumpräparats wird mit Ammoniak gefällt. Nach 2stündigem Stehen auf dem Wasserbad wird das ausgefällte Aktinium und Radioaktinium abfiltriert. Da die Fällung des Aktiniums mit Ammoniak nicht vollständig ist, wird die vollständige Entfernung des Aktiniums aus dem angesäuerten Filtrat durch eine Eisen- bzw. Aluminiumfällung nach β) bewirkt [Hahn (d), Hahn und Rothenbach (a), Paneth und Ulrich (a)].

Man kann auch aus der Aktiniumlösung vorher das Radioaktinium nach 1, b) abtrennen und dann das Aktinium durch Ammoniak ausfällen [Hahn und Rothenbach (b)], wobei man zweckmäßig, um das leicht adsorbierbare Aktinium X in Lösung zu halten, vorher etwas Bariumnitrat zugibt [Meyer und Paneth (a)].

β) Das Radioaktinium und Aktinium werden aus einer Aktiniumlösung nach Zugabe von Eisen- bzw. Aluminiumsalz durch Fällung mit Ammoniak vollständig abgeschieden, das Aktinium X bleibt in Lösung [Hahn und Rothenbach (a), Paneth und Ulrich (b)].

γ) Reste von Aktinium (und Radioaktinium) können aus einer Aktinium X-Lösung durch 2malige HgS-Fällung mit Schwefelwasserstoff in ammoniakalischer Lösung — die zunächst eintretende Hydroxydfällung läßt man unberücksichtigt — entfernt werden, da hierdurch Aktinium, Radioaktinium und der aktive Niederschlag vollständig ausgefällt werden [MEYER und PANETH (b), PANETH und ULRICH (b)].

b) Durch Ausfällen des Aktinium X. α) Aus einer schwach salzsauren Aktiniumlösung kann das Aktinium X (nach Abtrennung des Radioaktiniums) nach Zugabe von Bariumchlorid- und Natriumacetatlösung mit Kaliumchromat ausgefällt werden. Aus dem Filtrat wird das Aktinium nach Zusatz von Chromisalz mit Ammoniak abgetrennt [HAHN und ROTHENBACH (b)].

β) Das Aktinium X kann aus der Lösung auch durch Fällung von Bariumsulfat mit Schwefelsäure abgeschieden werden [HAHN und ROTHENBACH (a), McCOY und LEMAN, MEYER u. PANETH (b)]. Dabei kann jedoch ein Teil des Aktiniums von dem Bariumsulfatniederschlag mitgerissen werden (vgl. § 1, 1).

3. Trennung des Aktiniums vom Aktinium K.

Die vor kurzem entdeckte, natürliche radioaktive Atomart des Elements 87, das Aktinium K, entsteht als Zweigprodukt (1%) aus dem Aktinium durch Abspaltung eines α-Teilchens. Das Aktinium K sendet β-Strahlen aus und zerfällt mit der Halbwertszeit $T = 21$ Min. Die Möglichkeiten zur Abtrennung des Aktinium K von anderen radioaktiven Atomarten sind durch sein chemisches Verhalten als Alkalimetall gegeben.

α) Nach Abtrennung der Folgeprodukte des Aktiniums (nach II, 1 und 2) werden von dem aktiniumhaltigen Lanthan die letzten Spuren von Radioaktinium nach Oxydation der Lösung durch Cer(IV)hydroxyd entfernt, der aktive Niederschlag nach Zugabe von Blei mit Schwefelwasserstoff gefällt und schließlich das aktiniumhaltige Lanthan bei Gegenwart von Barium durch carbonatfreies Ammoniak gefällt, während das Aktinium X mit dem Barium in Lösung bleibt. Schließlich wird Bariumcarbonat gefällt, das Aktinium K bleibt in Lösung (PEREY).

β) Das Aktinium K kann auch aus einer Suspension von Aktinium enthaltendem Lanthanfluorid in Wasser abgetrennt werden. Die verschiedenen radioaktiven Zerfallsprodukte des Aktiniums (außer Aktinium K) werden durch 8mal aufeinanderfolgende Fällungen von Blei, Barium und Lanthan mit Ammoniumcarbonat entfernt. Die restliche Lösung wird verdampft und der Rückstand geglüht, er enthält das Aktinium K (PEREY und LECOIN).

Literatur.

GIESEL, F.: B. **40**, 3012 (1907). — GRAUE, G. u. H. KÄDING: (a) Angew. Ch. **47**, 650 (1934). (b) **47**, 653 (1934). — GROSSE, A., V.: (a) B. **61**, 237 (1928). (b) B. **61**, 242 (1928).

HAHN, O.: (a) Phys. Z. **7**, 560, 856, 861 (1906); Phil. Mag. **12**, 249 (1906). (b) B. **39**, 1605 (1906). (c) B. **39**, 1605 (1906); Phys. Z. **7**, 856, 861 (1906); Phil. Mag. **13**, 166, 176 (1907). (d) Phys. Z. **7**, 856 (1906); Phil. Mag. **13**, 166 (1907). — HAHN, O. u. L. MEITNER: B. **52**, 1821 (1919). — HAHN, O. u. M. ROTHENBACH: (a) Phys. Z. **14**, 409 (1913). (b) Phys. Z. **14**, 410 (1913). — HENRICH, F.: Chemie und chemische Technik radioaktiver Stoffe, S. 246. Berlin 1918.

LEVIN, M.: Phil. Mag. **12**, 184 (1906).

McCOY, H. N. u. E. D. LEMAN: Phys. Z. **14**, 1281 (1913); Phys. Rev. (2) **4**, 409 (1914). MEYER, ST. u. F. PANETH: (a) Ber. Wien. Akad. **127 IIa**, 147 (1918). (b) **127 IIa**, 153 (1918).

PANETH, F. u. C. ULRICH: (a) in C. DOELTER: Handbuch der Mineralchemie, Bd. 3, 2. Hälfte, S. 324. Dresden u. Leipzig 1926. (b) in C. DOELTER: Handbuch der Mineralchemie, Bd. 3, 2. Hälfte, S. 325. Dresden u. Leipzig 1926. — PEREY, M.: C. r. **208**, 97 (1939). — PEREY, M. u. M. LECOIN: Nature **144**, 326 (1939).

Mesothor 2.

$MsTh_2$, Atomgewicht 228, Ordnungszahl 89, Halbwertszeit 6,13 Std.

A. Nachweismethoden.

Da mit 1 mg Mesothor 1, dem ja bei gleicher Strahlenwirkung gewichtsmäßig bereits eine einige hundert Male größere Radiummenge entspricht, eine Gewichtsmenge von nur $1{,}05 \cdot 10^{-4}$ mg Mesothor 2 im Gleichgewicht steht, kann das Mesothor 2 ausschließlich in gewichtsloser Menge gewonnen werden. Der Nachweis für Mesothor 2 ist deshalb allein auf radiometrischem Wege möglich.

Radiometrische Methoden.

1. Aus der Bestimmung der Abfallskurve.

Der Nachweis des Mesothor 2 erfolgt gewöhnlich durch den charakteristischen Abfall der β- oder γ-Strahlenaktivität nach der Isolierung des Mesothor 2 aus dem Gemisch mit seinen Folgeprodukten und seiner Muttersubstanz Mesothor 1, die nach den unter D, IV. und III. angegebenen Methoden erfolgen kann. Entsprechend der Halbwertszeit des Mesothor 2 nimmt die Aktivität in 6,13 Std. um die Hälfte ab.

2. Durch Aufnahme einer Absorptionskurve.

Da die γ-Strahlen des Mesothor 2 eine den γ-Strahlen von Radium (Radium C) und denen von Radiothor (Thorium C'') gegenüber verschiedene Durchdringbarkeit, besonders für Blei, besitzen, kann man auch durch Aufnahme der Absorptionskurve der γ-Strahlen Aufklärung über die Anwesenheit des Mesothor 2 erhalten.

B. Bestimmungsmethoden.

I. Bestimmung der Mesothor 2-Menge.

Das Mesothor 2 kann ausschließlich auf radiometrischem Wege bestimmt werden, da es nur in gewichtsloser Menge herstellbar ist.

Bei starken Mesothor 2-Präparaten wird die γ-Strahlenaktivität durch Vergleichsmessung einer Radiumnormalen unter denselben Bedingungen mit der Wirkung der γ-Strahlen des Radiums verglichen. Auf diese Weise erhält man eine Angabe über die Menge Radiumelement, die hinsichtlich der γ-Strahlenaktivität bei gleichen bestimmten Meßbedingungen (gewöhnlich durch 5 mm Blei) der Mesothor 2-Menge äquivalent ist.

Hätten die γ-Strahlen des Mesothor 2 genau das gleiche Ionisierungsvermögen wie die des Radiums (Radium C), wären beide also unmittelbar vergleichbar, dann entspräche 1 „mg" γ-Strahlenäquivalent Mesothor 2 $6{,}13/1600 \cdot 365 \cdot 24 = 4{,}38 \cdot 10^{-7}$ mg (im Gewichtsmaß). Nun ist aber bei gleicher Anzahl zerfallender Atome die ionisierende Wirkung der γ-Strahlen des Mesothor 2 geringer als die der γ-Strahlen des Radiums (beide durch 5 mm Blei gemessen). Für gleiche Wirkung gilt in diesem Fall das Verhältnis Mesothor 2: Radium $= 1 : 0{,}835$. Somit hat 1 „mg" γ-Strahlenäquivalent Mesothor 2 ein Gewicht von $4{,}38 \cdot 10^{-7}/0{,}835 = 5{,}24 \cdot 10^{-7}$ mg (im Gewichtsmaß):

Bei schwachen Mesothor 2-Präparaten kann die Bestimmung durch Messung der β-Strahlen ausgeführt werden. Der Aktivitätsabfall der β-Strahlung ist der gleiche wie der der γ-Strahlung.

II. Bestimmung der Reinheit des Mesothor 2-Salzes.

Da das Mesothor 2 stets in gewichtsloser Menge vorliegt, kann es sich bei der Frage der Reinheit nur um die radioaktive Reinheit handeln, also um eine etwaige Beimengung von Mesothor 1 bzw. Radiothor und dessen Folgeprodukten. Zum

Nachweis dieser Reinheit des Mesothor 2 wird die Abfallskurve über längere Zeit aufgenommen. Eine reine Exponentialkurve mit der Halbwertszeit von 6,13 Std. zeigt an, daß das Mesothor 2 radioaktiv rein war. Tritt jedoch mit der Zeit eine immer stärker werdende Verlangsamung des Abfalls ein, so erhält man durch die Differenzbildung mit der theoretischen Abfallskurve den Anteil von Mesothor 1 bzw. Radiothor und Folgeprodukten an der Gesamtaktivität.

C. Fällung und Adsorption durch andere Salze.

Da das Mesothor 2 niemals in sichtbarer und wägbarer Menge erhalten werden kann, ist es von Interesse, mit welchen Niederschlägen das Mesothor 2 durch Mitfällen bzw. Adsorption mitgerissen wird und bei welchen es im Filtrat bleibt.

a) Hydroxyde.

α) Das gesamte in der Lösung enthaltene Mesothor 2 wird mitgerissen durch die im Überschuß von Ammoniak in der Wärme gefällten (und mit warmem Ammoniakwasser gewaschenen) Hydroxyde von Eisen, Aluminium, Cer, Lanthan, Praseodym, Neodym, Samarium, Yttrium und Erbium [YOVANOVITCH (a)].

β) Das in schwach salpetersaurer Lösung durch Wasserstoffsuperoxyd gefällte Thoriumperoxydhydrat adsorbiert das Mesothor 2 nicht [McCOY und VIOL (a), YOVANOVITCH (b)]. Vgl. Aktinium, C: § 1, 9, b!

γ) Fällt man aus einer Lösung von Mesothor 2, den Ceriterden und Magnesiumchlorid durch Zugabe von Ammoniak und Ammoniumchlorid die Elemente der seltenen Erden als Hydroxyde, so folgt das Mesothor 2 den Elementen der seltenen Erden, während das Magnesium vollständig inaktiv in Lösung bleibt [GLEDITSCH und CHAMIÉ (a)].

δ) Fügt man zu einer Lösung von Mesothor 2 und den Ceriterden Aluminiumsulfat zu und fällt darauf mit Ammoniak, so bleibt keine Spur des Mesothor 2 bei den Ammoniumsalzen. Werden die gewaschenen Hydroxyde darauf mit Natronlauge behandelt, so geht das Aluminiumhydroxyd als Aluminінat in Lösung, die übrigen Hydroxyde bleiben mit dem gesamten Mesothor 2 ungelöst [GLEDITSCH und CHAMIÉ (b)].

ε) Beim Einleiten von Chlor in die durch Lauge im Überschuß gefällten in der Lösung suspendierten Hydroxyde der Ceriterden wird Cer(III)hydroxyd zu unlöslichem Cer(IV)hydroxyd oxydiert, die Hydroxyde von Lanthan, Praseodym, Neodym und Samarium werden dagegen in die Chloride verwandelt und gelöst, ebenso wird das Mesothor 2 gelöst und nicht von dem Cer(IV)hydroxyd adsorbiert [YOVANOVITCH (c)]. Die Oxyde der Ceriterden werden in die Hydroxyde umgewandelt und in einer alkalischen Lösung nach Zufügen von Mesothor 2 suspendiert. Durch Zufügen von Brom gingen das Lanthanhydroxyd als erstes in Lösung (BROWNING) und mit ihm 87,4% des Mesothor 2, während Neodym und Praseodym noch ungelöst sind [GLEDITSCH und CHAMIÉ (b)]. Vgl. Aktinium, C, § 2, II, 1, c.

ζ) Man bereitet eine Lösung von Kaliumpermanganat und Kaliumcarbonat und fügt dazu die kochende Lösung der Ceriterden, die das Cer als Cer(III) enthält. Dadurch wird Cer(IV)hydroxyd und Mangandioxyd ausgefällt. Wenn man die Lösung sorgfältig neutral hält, erreicht man die Abtrennung des Cers in vollständiger Weise. Enthält die Lösung Mesothor 2, so ist das Cer völlig inaktiv, das gesamte Mesothor 2 bleibt mit den anderen Erden in Lösung [GLEDITSCH und CHAMIÉ (b)]. Vgl. D, IV, 1, d und Aktinium, C, § 2, II, 1, a.

η) Bei der fraktionierten Fällung der Ceriterden Lanthan, Praseodym, Neodym und Samarium durch 0,1 n Ammoniak erfolgt die Anreicherung des Mesothor 2 in den letzten Fraktionen, da das Mesothor 2-Hydroxyd basischer ist als die Hydroxyde der Ceriterden [YOVANOVITCH (d)]. Vgl. Aktinium, C, § 2, II, 2, c.

b) Basische Salze.

Wird durch Zufügen von Ammoniumpersulfat zur warmen Lösung der Nitrate der Ceriterden basisches Cerisalz gefällt, so bleibt das Mesothor 2 mit Lanthan, Praseodym, Neodym und Samarium in Lösung [YOVANOVITCH (c)]. Vgl. Aktinium C, § 2, II, 1, b.

c) Halogenide.

α) Wird zu einer heißen Lösung von Bariumchlorid und Mesothor 1 in wenig Wasser konzentrierte Salzsäure gegeben und erkalten lassen, so wird das Barium mit Mesothor 1 gefällt, während das Mesothor 2 größtenteils mit sehr wenig Barium in Lösung bleibt [YOVANOVITCH (e), (f)].

β) Eine zeitliche Änderung der Adsorption von Mesothor 2 wurde festgestellt an Silberjodid [IMRE (a)], Silberbromid [IMRE (b)] und Silberchlorid, [IMRE (c)].

d) Nitrate.

α) Erfolgt fraktionierte Krystallisation der Doppelnitrate der Ceriterden und des Ammoniums durch Einengen des in konzentrierter Salpetersäure gelösten Gemisches von Lanthan, Praseodym, Neodym und Samarium bei Gegenwart von Ammonnitrat, so nimmt mit fortschreitender Fraktionierung der Gehalt an Mesothor 2 langsam ab [YOVANOVITCH (g)]. Vgl. Aktinium, C, § 2, II, 2, a.

β) Die fraktionierte Krystallisation der Doppelnitrate von Lanthan und Mesothor 2 mit Ammoniumnitrat in salpetersaurer Lösung führt nur zu einer schwachen und unstetigen Anreicherung des Mesothor 2 in den Krystallen [MARIE CURIE (a)]. Vgl. Aktinium, C, § 2, II, 3, d.

e) Sulfate.

α) Bei der Fällung der Doppelsulfate der Ceriterden durch Zugabe von konzentrierter Kaliumsulfatlösung zur Lösung der Nitrate von Lanthan, Praseodym, Neodym und Samarium wird der größte Teil von Lanthan und Praseodym und Mesothor 2 gefällt [YOVANOVITCH (h), GLEDITSCH und CHAMIÉ (b)]. Vgl. Aktinium, C, § 2, II, 2, d.

β) Bei der Fällung von Bariumsulfat aus schwach saurer Mesothor 2 enthaltender Lösung wird das Mesothor 2 am Niederschlag adsorbiert [McCOY und VIOL (b)]. Bei der Fällung von Bariumsulfat aus einer Lanthan und Mesothor 2 enthaltenden Lösung mit Schwefelsäure werden 10% des Mesothor 2 mit dem Bariumsulfat mitgerissen [MARIE CURIE (b)]. Vgl. Aktinium, C, § 1, 1. Eine zeitliche Änderung der Adsorption von Mesothor 2 an Bariumsulfatniederschlägen und dabei eine Abhängigkeit von der Ba^{2+}- bzw. SO_4^{2-}- Ionenkonzentration, sowie der Salzsäurekonzentration in Lösung wurde von IMRE (d) festgestellt.

f) Sulfide.

Die in saurer Lösung durch Schwefelwasserstoff gefällten Sulfide von Quecksilber [McCOY und VIOL (b)], Blei und Wismut adsorbieren Mesothor 2 nicht [YOVANOVITCH (b)].

g) Oxalate.

α) Die durch überschüssige Oxalsäure aus schwach saurer Lösung in der Wärme gefällten Oxalate von Lanthan, Cer, Praseodym, Neodym und Samarium fällen das gesamte in Lösung befindliche Mesothor 2 [YOVANOVITCH (b)]. Vgl. Aktinium, C, § 1, 8, b.

β) Die fraktionierte Fällung der Ceriterden Lanthan, Praseodym, Neodym und Samarium aus heißer salpetersaurer Lösung (mit 5% freier Salpetersäure) durch Oxalsäure bei Gegenwart von Mesothor 2 ergibt dessen Anreicherung mit dem Lanthan in den letzten Fraktionen [YOVANOVITCH (i)]. Vgl. Aktinium, C, § 2, II, 2, b.

Die Fraktionierung der Oxalate von Lanthan und von Mesothor 2 aus salpetersaurer Lösung ergibt die Anreicherung des Mesothor 2 in der leichter löslichen Fraktion [MARIE CURIE (b)]. Vgl. Aktinium C, § 2, II, 3, a.

D. Trennungsmethoden.

I. Trennung des Mesothor 2 von anderen Salzen.

Um die Chemie des Aktiniums kennenzulernen, wurden verschiedentlich Fällungsversuche des im Gegensatz zum Aktinium selbst leicht rein herstellbaren und nachweisbaren Aktiniumisotops Mesothor 2 mit anderen Elementen ausgeführt. Dabei wird eine Trennung des Mesothor 2 bewirkt von den Elementen:

Magnesium, wenn aus einer Lösung von Magnesiumchlorid und der Ceriterden samt Mesothor 2 die beiden letzteren durch Zugabe von Ammoniak und Ammoniumchlorid gefällt werden, das Magnesium bleibt vollständig inaktiv in Lösung, s. C, a, γ.

Barium, wenn aus einer Lösung von Bariumchlorid (und Mesothor 1) und Mesothor 2 in wenig Wasser durch Zugabe von konzentrierter Salzsäure das Bariumchlorid (und Mesothor 1) ausgefällt wird, das Mesothor 2 bleibt mit sehr wenig Barium größtenteils in Lösung, s. C, c, α.

Aluminium, wenn durch Zugabe von Natronlauge zu den Hydroxyden der Ceriterden und des Mesothor 2 sowie des Aluminiums das letztere als Aluminat in Lösung gebracht wird, die Seltenen Erden samt dem ganzen Mesothor 2 bleiben ungelöst, s. C, a, δ.

Eisen, wenn eine das Mesothor 2 enthaltende geringe Eisenhydroxydmenge in verdünnter Salzsäure gelöst und dann mit einer Platinkathode elektrolysiert wird, wobei sich das Eisen als Hydroxyd an der Kathode niederschlägt, während sich das Mesothor 2 erst in fast neutraler Lösung abscheiden würde, s. D, III, 4, a.

Quecksilber, Blei und Wismut, wenn diese Metalle aus saurer Lösung mit Schwefelwasserstoff gefällt werden, denn diese Sulfide adsorbieren in saurer Lösung kein Mesothor 2, s. C, f.

Thorium, wenn Thoriumhydroxyd aus schwach salpetersaurer Lösung durch Wasserstoffsuperoxyd gefällt wird, da dabei das Mesothor 2 nicht adsorbiert wird, s. C, a, β.

II. Trennung des Mesothor 2 von den Seltenen Erden.

Um Aufschluß über den Verbleib des Aktiniums bei den verschiedenen in Frage kommenden Fraktionierungen der Seltenen Erden (und damit gleichfalls über die Chemie des Aktiniums) zu erhalten, wurden verschiedentlich Versuche nicht mit dem nur sehr umständlich nachweisbaren Aktinium, sondern mit seinem in gewichtsloser Menge vorkommenden Isotop Mesothor 2 angestellt, nachdem dieses (nach erfolgter Abtrennung von Mesothor 1) mit den Seltenen Erden vermischt worden war. Diese Versuche sind im vorausgehenden Abschnitt C unter a, ε bis η, b, d, α und β, e, α sowie g, β angeführt. Vgl. auch Aktinium, C, § 2.

III. Trennung des Mesothor 2 von seiner Muttersubstanz.

Bei allen Abtrennungen des Mesothor 2 von seiner Muttersubstanz dem Radiumisotop Mesothor 1 wird zugleich mit letzterem stets auch das Radiumisotop Thorium X (s. IV, 2) und, wenn, wie es größtenteils der Fall ist, radiumhaltiges Mesothor vorliegt, auch das Radium selbst abgetrennt.

1. Fällung des Mesothor 1 mit konzentrierter Salzsäure.

Das Gemisch Bariumchlorid, Mesothor und eventuell Radium wird unter Erhitzen auf dem Wasserbad in wenig Wasser vollständig gelöst, dann langsam konzentrierte Salzsäure bis zum doppelten Volumen zugegeben und schließlich erkalten lassen. Dann wird die klare Säurelösung, die den größten Teil des Mesothor 2, Radiothor und den aktiven Niederschlag von Thorium (und eventuell Radium), sowie eine geringe Menge Bariumchlorid mit einer sehr kleinen Menge Mesothor 1 (und eventuell Radium) enthält, von den Krystallen abgegossen. Die Krystalle enthalten das Bariumchlorid, Mesothor 1, Thorium X und eventuell Radium. Sie werden auf dem Wasserbad getrocknet und nach Auflösen in wenig Wasser die Fällung zwecks vollständiger Abtrennung des Mesothor 2 vom Mesothor 1 wenn nötig ein paar Mal wiederholt [YOVANOVITCH (e), (f)]. Die Entfernung der weitaus größten Mesothor 1-Menge durch die Krystallisation mit konzentrierter Salzsäure ist vor jeder Mesothor 2-Abtrennung aus einem Mesothorpräparat mit Hilfe eines schwer löslichen Hydroxyds als Träger (s. 3) zu empfehlen, da dadurch eine Verunreinigung des Hauptpräparates mit Ammoniumsalzen infolge der Ammoniakfällungen vermieden wird [YOVANOVITCH (e), (k)].

2. Behandlung mit absolutem Alkohol.

Zu einer Lösung von Bariumnitrat und Mesothor 1 mit seinen Zerfallsprodukten wird Lanthannitrat gegeben und die Lösung zur Trockne eingedampft, der Eindampfrückstand mit absolutem Alkohol behandelt und filtriert: Im Rückstand bleibt das Barium, Mesothor 1, Thorium X und eventuell Radium. Das Filtrat enthält das Lanthan und Mesothor 2 sowie das Radiothor (HAISSINSKY). Über die Abtrennung des Radiothors vom Mesothor 2 s. IV, 1, a.

3. Fällung des Mesothor 2 mit einem schwer löslichen Hydroxyd als Trägersubstanz.

Zu der schwach sauren Lösung des Mesothor 1 und Mesothor 2 wird (zweckmäßig nach erfolgter Abtrennung der Hauptmenge des Mesothor 1 mit konzentrierter Salzsäure nach 1) eine der unten genannten Trägersubstanzen zugegeben und dann in der Wärme mit Ammoniak in geringem Überschuß unter Ausschluß von Kohlendioxyd das Hydroxyd gefällt, das Mesothor 1 bleibt dabei in Lösung, das Mesothor 2 wird mit der Trägersubstanz gefällt. Als Trägersubstanz kann Verwendung finden: Zirkon (HAHN), Eisen [MARCKWALD, MEITNER, YOVANOVITCH (e), (f), HAHN und ERBACHER], Aluminium [McCOY und VIOL (c), YOVANOVITCH (e)], Thorium (CRANSTON, WIDDOWSON und RUSSELL), über eine eventuell vorausgehende Reinigung des Thoriums vgl. bei IV, 1, b, Lanthan (v. HEVESY, GUEBEN), Ceriterden [YOVANOVITCH (l)].

Noch weitgehender wird das Mesothor 2 von Mesothor 1, Thorium X und Radium befreit, wenn man die das Mesothor 2 enthaltende Hydroxydfällung wieder in Säure löst und von neuem mit kohlendioxydfreiem Ammoniak fällt [GUEBEN (b)], wobei es am wirksamsten ist, wenn zur Lösung vor der Fällung Bariumchlorid zugegeben wird (HAHN und ERBACHER). Oder man fällt nach Zugabe eines Bariumsalzes mit Schwefelsäure [GUEBEN (c)]. Vgl. C, e, β.

4. Abscheidung des Mesothor 2 durch Elektrolyse.

a) Kathodische Abscheidung nach erfolgter Hydroxydfällung. Nachdem aus dem Mesothorpräparat (nach IV, 3, b, β) alle Folgeprodukte mit Ausnahme des Mesothor 2 abgetrennt sind, wird nach Zusatz einer geringen Eisenmenge das Mesothor 2 zusammen mit dem Eisen durch Ammoniak gefällt, der Niederschlag in verdünnter Salzsäure gelöst und nun das Eisen durch Elektrolyse an einer Platinkathode als Hydroxyd niedergeschlagen. Nach Entfernung des Eisens aus der Lösung wird diese fast neutralisiert und das Mesothor 2 unter ständigem Kochen der Lösung an einer Silberkathode elektrolytisch abgeschieden. Es gelang so, auf einem Silberdraht von 0,19 mm Dicke und 10 mm Länge mehrere Milligramm γ-Strahlenäquivalent Mesothor 2 zu konzentrieren (MEITNER). Wird in eine 0,1 bis 0,05 nSalzsäurelösung von Eisen und Mesothor 2 zu 0,5 mg Eisenchlorid 1 mg

Bariumchlorid zugegeben und unter Kohlendioxyd-Einleiten elektrolysiert, so scheidet sich Mesothor 2 an der Kathode ab (TÖDT).

b) Kathodische Abscheidung direkt aus der Mesothor 1-Lösung. Um auf diesem einfachen Weg reines Mesothor 2 zu erhalten, muß das hierzu verwendete Mesothor 1 frei von Radium sein. Ferner müssen das Radiothor und der aktive Niederschlag des Thoriums nach IV, 1, e bzw. 3, b abgetrennt worden sein. Dann läßt sich das Mesothor 2 rein aus der Mesothor 1-Lösung abscheiden, die etwa 0,5 g Bariumchlorid enthalten soll, damit keine Mesothor 1-Spuren mit abgeschieden werden. Die Salzsäurekonzentration der Lösung soll 0,01 bis 0,02 normal sein, dann scheidet sich an einer Platinkathode von etwa 0,8 cm^2 bei einer Spannung von 4 Volt und einer Stromstärke von 80 bis 100 Milliampere schon in 2 bis 3 Std. reines Mesothor 2 mit einer Ausbeute von 50 bis 60% ab. Bei kleineren H^+-Konzentrationen scheidet sich an der Kathode auch etwas Barium + Mesothor 1 als Carbonat aus, bei größeren H^+-Konzentrationen aber ist die Rücklösung des Mesothor 2 zu stark [IMRE (e)].

IV. Trennung des Mesothor 2 von seinen Zerfallsprodukten.

Sämtliche Zerfallsprodukte des Mesothor 2 lassen sich von diesem selbst abtrennen, da sie mit ihm nicht isotop sind.

1. Trennung des Mesothor 2 vom Radiothor.

Diese Trennung wird durch jede Reaktion bewirkt, die eine Aktinium-Thorium-Trennung zur Folge hat. In der Literatur beschrieben sind folgende Reaktionen. Vgl. Aktinium, C, § 3, II, 1.

a) Behandlung der alkoholischen Lösung mit Pyridin. Zur alkoholischen Lösung von Lanthannitrat, Mesothor 2 und Radiothor (s. III, 2) werden krystallisiertes Thoriumnitrat und Pyridin zugegeben, wodurch Thorium und Radiothor ausfallen. Das Filtrat enthält Lanthan und sehr reines Mesothor 2, das mit dem Lanthan als Hydroxyd oder als Oxalat gewonnen werden kann (HAISSINSKY). Der im Filtrat enthaltene aktive Niederschlag kann nach 3. entfernt werden.

b) Durch Fällen des Radiothors mit Thoriumhydroxyd. Die fast neutrale Lösung wird nach Zugabe von wenig Thorium mit Wasserstoffsuperoxyd bei 60 bis 70° gefällt, das Radiothor geht in den Niederschlag, das Mesothor bleibt in Lösung [MCCOY und VIOL (a), YOVANOVITCH (e), (l), GUEBEN (b)]. Eine eventuell notwendige vorausgehende Reinigung des zur Lösung zugegebenen Thoriums von seinen radioaktiven Zerfallsprodukten erfolgt zweckmäßig auf folgende Weise: Man fügt eine Lösung einer Mischung der Nitrate von Blei, Wismut, Lanthan und Barium hinzu, neutralisiert beinahe mit Ammoniak und fällt dann das Thorium mit Wasserstoffsuperoxyd. Die Fällung wird nach Aufnahme des Niederschlages in Salpetersäure wiederholt [GUEBEN (c)].

c) Durch Fällen des Radiothors mit Zirkon. Der Niederschlag des Trägerhydroxyds mit dem Mesothor 2 wird in verdünnter Salzsäure gelöst, nach Zugabe von Zirkon (und eventuell wenig Thorium) mit Ammoniak kongoneutral gemacht (das Indicatorpapier soll gerade rot bleiben), dann bei gewöhnlicher Temperatur mit Ammoniumthiosulfat gefällt, auf dem Wasserbad erhitzt, und der das Radiothor enthaltende Niederschlag abfiltriert. Das Mesothor 2 bleibt in Lösung (HAHN und ERBACHER).

d) Durch Fällen des Radiothors mit Cer(IV)hydroxyd. Gibt man zur kochenden Lösung der Ceriterden, worin das Cer als Cer (III)-Ion vorliegt, eine Lösung von Kaliumpermanganat und Kaliumcarbonat, so fallen Cer(IV)hydroxyd und Mangandioxyd aus. Enthält die Lösung Mesothor 2 und Radiothor, so bleibt das gesamte Mesothor 2 in Lösung, während das Radiothor vollständig mit dem

Cer(IV)hydroxyd mitgefällt wird [GLEDITSCH und CHAMIÉ (b)]. Vgl. C, a und Aktinium, C, § 2, II, 1, a.

e) Durch Wiederholung der Fällung 2 Tage nach der 1. Fällung. Fällt man aus der Mesothorlösung mit Ammoniak ein schwerlösliches Hydroxyd (s. III, 3) aus, so werden mit dem Hydroxyd das Mesothor 2 und Radiothor gefällt, während das Mesothor 1 in Lösung bleibt. Fällt man nun nach 2 Tagen aus dem Filtrat neuerdings ein schwerlösliches Hydroxyd aus, so wird das inzwischen aus dem Mesothor 1 nachgebildete Mesothor 2 (T = 6,13 Std.) wieder mitgefällt, während sich praktisch noch kein Radiothor (T = 1,9 Jahre) nachgebildet hat. Man erhält also auf diese Weise das Mesothor 2 frei von Mesothor 1 und Radiothor [HAHN, MEITNER, YOVANOVITCH (e), (f)].

2. Trennung des Mesothor 2 vom Thorium X und Thoron. Vgl. Aktinium, C, § 3, II, 2.

Die Abtrennung des Mesothor 2 vom Thorium X erfolgt zweckmäßig durch Fällung eines schwerlöslichen Hydroxydes mit Ammoniak als Trägersubstanz für das Mesothor 2 (s. III, 3), wobei das Thorium X, insbesondere wenn vorher zur Lösung etwas Bariumsalz gegeben wurde (HAHN und ERBACHER), in Lösung bleibt.

Man kann auch nach Zufügen von Bariumsalz zur Lösung das Thorium X mit dem Barium zusammen mit Schwefelsäure ausfällen [GUEBEN (c)]. Vgl. C, e, β.

Nach der Entfernung des Thorium X kann in dem Mesothor 2-Präparat auch kein Thoron (T = 54,5 Sek.) mehr nachgebildet werden.

3. Trennung des Mesothor 2 vom aktiven Niederschlag, nämlich Thorium B und Thorium C.

a) Durch Fällen des aktiven Niederschlags mit einem Metallsulfid. War das Mesothor 2 aus einem radiumhaltigen Mesothor-Präparat abgetrennt, so wird mit dem aktiven Niederschlag des Thoriums auch der kurzlebige Niederschlag des Radiums, nämlich Radium B und Radium C, und der langlebige Niederschlag des Radiums, nämlich Radium D, Radium E und Polonium mitgefällt.

Der aktive Niederschlag des Thoriums wird aus der schwach sauren Mesothor 2-Lösung (z. B. durch Auflösen von Eisenhydroxyd, das Mesothor 2, Radiothor, Thorium B und Thorium C mitgefällt hat, in Salzsäure erhalten) durch eine Fällung mit Schwefelwasserstoff entfernt, nachdem man vorher zur Lösung z. B. Quecksilber [McCOY und VOIL (a)], oder Blei (HAHN und ERBACHER, HAISSINSKY), oder Blei und Wismut [YOVANOVITCH (e), GUEBEN (c)] zugegeben hat.

b) Durch Wiederholung der Trennung des Mesothor 2 vom Mesothor 1 alle 2 Tage während eines Monats. α) Fällung des Mesothor 1 mit konzentrierter Salzsäure (s. III, 1). Wird das Mesothor 1 zusammen mit dem Bariumchlorid alle 2 Tage während eines Monats mit konzentrierter Salzsäure ausgefällt, so wird neben dem in dieser Zeit stets im Gleichgewicht nachgebildeten Mesothor 2 auch die geringe jeweils daraus nachgebildete Radiothormenge samt dem entsprechenden über das Thorium X gebildeten aktiven Niederschlag in der Säurelösung erhalten. Auf diese Weise wird das Thorium X, das stets mit dem Mesothor 1 ausgefällt wird, allmählich ganz zerfallen, da seine Muttersubstanz Radiothor sich infolge ihrer dauernden Abtrennung im Mesothor 1 nicht mehr ansammeln kann. Bei der schließlich nach einem Monat ausgeführten Krystallisation wird dann nur mehr Mesothor 2 allein (mit einer geringen Menge von Mesothor 1 und Bariumchlorid) in der Säurelösung erhalten, da auch der aktive Niederschlag sich wegen völligen Zerfalls des Thorium X beim Mesothor 1 nicht mehr nachbilden konnte [YOVANOVITCH (f)].

β) Fällung des Mesothor 2 mit einem schwerlöslichen Hydroxyd als Trägersubstanz (s. III, 3). Man kann die in Zeitabständen von ein paar

Tagen öfters zu wiederholende Trennung des Mesothor 2 vom Mesothor 1 auch durch Fällungen eines schwerlöslichen Metallhydroxydes, z. B. Eisenhydroxyd, mit Ammoniak durchführen. In diesem Fall werden Mesothor 2, Radiothor und der aktive Niederschlag mit dem Metallhydroxyd gefällt, während Mesothor 1 und Thorium X im Filtrat bleiben. Aus den unter α) angegebenen Gründen befindet sich nach etwa einem Monat beim Mesothor 1 nur sein Folgeprodukt Mesothor 2, das dann durch eine erneute Ammoniakfällung nach Zugabe von sehr wenig Eisen vom Mesothor 1 abgetrennt werden kann (MEITNER).

Literatur.

BROWNING, P. E.: C. r. **158**, 1679 (1914).

CRANSTON, J. A.: Phil. Mag. (6) **25**, 712 (1913). — CURIE, MARIE: (a) J. Chim. phys. **27**, 6 (1930). (b) **27**, 7 (1930).

GLEDITSCH, E. u. C. CHAMIÉ: (a) C. r. **182**, 380 (1926). (b) **182**, 381 (1926). — GUEBEN, G.: (a) Recherches sur le Mesothor 2, Bruxelles 1933, S. 17, 19. (b) Recherches S. 17. (c) Recherches S. 18.

HAHN, O.: Phys. Z. **9**, 246, 392 (1908). — HAHN, O. u. O. ERBACHER: Phys. Z. **27**, 532 (1926). — HAISSINSKY, M.: C. r. **196**, 1788 (1933). — HEVESY, G., v.: Danske Vid. Selsk. Math. Fys. Medd. **7**, 11 (1926).

IMRE, L.: (a) Ph. Ch. A **153**, 132 (1931). (b) **153**, 134 (1931). (c) **153**, 136 (1931). (d) **153**, 266 (1931). (e) **153**, 130 (1931).

MARCKWALD, W.: B. **43**, 3421 (1910). — McCOY, H. N. u. C. H. VIOL: (a) Phil. Mag. (6) **25**, 336, 337, 350 (1913). (b) **25**, 337 (1913). (c) **25**, 336, 350 (1913). — MEITNER, L.: Phys. Z. **12**, 1097 (1911).

TÖDT, F.: Ph. Ch. **113**, 329 (1924).

WIDDOWSON, W. P. u. A. S. RUSSELL: Phil. Mag. (6) **49**, 137 (1925).

YOVANOVITCH, D. K.: (a) C. r. **175**, 309 (1922); J. Chim. phys. **23**, 15 (1926). (b) J. Chim. phys. **23**, 16 (1926). (c) **23**, 17 (1926). (d) **23**, 18 (1926). (e) C. r. **175**, 308 (1922). (f) J. Chim. phys. **23**, 5 (1926). (g) C. r. **175**, 309 (1922); J. Chim. phys. **23**, 22 (1926). (h) C. r. **175**, 309 (1922); J. Chim. phys. **23**, 21 (1926). (i) C. r. **175**, 309 (1922); J. Chim. phys. **23**, 20 (1926). (k) J. Chim. phys. **23**, 4 (1926). (l) **23**, 6, 7 (1926).